CHEMISCHES ZENTRALBLATT

1830 gegründet
1897—1945 von der Deutschen Chemischen Gesellschaft fortgeführt

Herausgegeben im Auftrage
der Deutschen Akademie der Wissenschaften zu Berlin,
der Chemischen Gesellschaft in der DDR,
der Akademie der Wissenschaften zu Göttingen
und der Gesellschaft Deutscher Chemiker
von Prof. Dr. HEINRICH BERTSCH und Prof. Dr. Dr. h. c. WILHELM KLEMM

Chefredakteure
Dr. HELGA VÖLZ und Dr.-Ing. CHRISTIAN WEISKE

REFERAT 0001—3391
SEITE 1—344
139. JAHRGANG

37/1968

11. SEPTEMBER 1968

AKADEMIE-VERLAG GMBH · BERLIN · VERLAG CHEMIE GMBH · WEINHEIM · BERGSTRASSE

Inhalt

CHEMISCHES ZENTRALBLATT

1830 gegründet
1897—1945 von der Deutschen Chemischen Gesellschaft fortgeführt

Herausgegeben im Auftrage
der Deutschen Akademie der Wissenschaften zu Berlin,
der Chemischen Gesellschaft in der DDR,
der Akademie der Wissenschaften zu Göttingen
und der Gesellschaft Deutscher Chemiker
von Prof. Dr. HEINRICH BERTSCH und Prof. Dr. Dr. h. c. WILHELM KLEMM

Chefredakteure
Dr. HELGA VÖLZ und Dr.-Ing. CHRISTIAN WEISKE

139. JAHRGANG
1968

Nr.	Referat	Seitenzahl	Ausgabe-Datum
33	0001—3556	1—344	14. August 1968
34	0001—3207	1—328	21. August 1968
35	0001—3197	1—344	28. August 1968
36	0001—3197	1—336	4. September 1968

AKADEMIE-VERLAG GMBH · BERLIN – VERLAG CHEMIE GMBH · WEINHEIM · BERGSTRASSE

Abkürzungsverzeichnis

Bitte besonders beachten:

1. Die Abkürzungen werden auch bei zusammengesetzten Wörtern verwendet. Die abgekürzten Wortteile werden durch einen Bindestrich verbunden. Der Bindestrich fällt weg, wenn der abgekürzte Wortteil am Wortende steht (Bldg.-Wärme, aber Wärmebldg.; ungesätt.).
2. Die Endung „isch" (chemisch, physikalisch, organisch usw.) wird durch einen Punkt ersetzt, ausgenommen sind Wörter, bei denen „isch" an einen Vokal angehängt ist (algebraisch).
3. Das letzte Wort eines Satzes wird nicht abgekürzt. Die Kurzzeichen für Maßeinheiten bilden hierbei eine Ausnahme (z. B. m, A).

A.	Äthanol, Äthylalkohol
Abb.	Abbildung(en)
abs.	absolut(e)
Ae.	Äther (nur Diäthyläther)
akt.	aktiv(e)
allg.	allgemein(e)
Anm.	Anmerkung(en)
App.	Apparat(e), Apparatur(en)
Ausb.	Ausbeute(n)
ausg.	ausgegeben
$[\alpha]_D^{20}$	optische Drehung, spezifische (nur in Verbindung mit Indizes und/oder Zahlenangaben, z. B. bei 20°, D-Linie)
ber.	berechnet(e)
bes.	besondere, besonders, insbesondere
Best.	Bestimmung(en)
bez.	bezüglich
Bibl.	Bibliographie(n)
bin.	binär(e)
Bldg.	Bildung(en)
Bzl.	Benzol (nur für die Verbindung C_6H_6)
Bzn.	Benzin
bzw.	beziehungsweise
C.	Chem. Zentralblatt
D.	Dichte(n) (auch in Verbindung mit Indizes und/oder Zahlenangaben, z. B. bei 20° auf Wasser der Dichte bei 4° bezogen: D_4^{20})
dad. gek.	dadurch gekennzeichnet
Darst.	Darstellung(en)
Deriv.	Derivat(e)
Dest.	Destillation(en)
dest.	destillieren, destilliert(e)
d. h.	das heißt
E.	Erstarrungspunkt(e)
Eig.	Eigenschaft(en)
Einfl.	Einfluß, Einflüsse
Einw.	Einwirkung(en)
Entw.	Entwicklung(en)
et al.	und Mitarbeiter
evtl.	eventuell
F.	Schmelzpunkt(e)
fl.	flüssig(e)
Fl.	Flüssigkeit(en)
frakt.	fraktioniert(e)
gasf.	gasförmig
geb.	geboren
Geh.	Gehalt(e)
gek.	gekennzeichnet
gesätt.	gesättigt(e)
Geschw.	Geschwindigkeit(en)
gest.	gestorben
Gew.	Gewicht(e)
ggf.	gegebenenfalls
Ggw.	Gegenwart
Herst.	Herstellung
ibid.	ibidem
Koeff.	Koeffizient(en)
koll.	kolloid(e), kolloidal(e)
Koll.	Kolloid(e)
Kondens.	Kondensation(en)
Konfig.	Konfiguration(en)
Konform.	Konformation(en)
konst.	konstant(e)
Konst.	Konstante(n)
Konstit.	Konstitution(en)
Konz.	Konzentration(en)
konz.	konzentriert(e)
korr.	korrigiert(e)
Kp.	Siedepunkt(e) (Siedepunkt z. B. bei 10 Torr: $Kp._{10}$)
Krist.	Kristall(e)
krist.	kristallisieren, kristallisiert(e), kristallin(e)
KW-Stoff(e)	Kohlenwasserstoff(e)
Labor.	Laboratorium, Laboratorien
l.c.	loco citato
Leg.	Legierung(en)
lösl.	löslich(e)
Lsg.	Lösung(en)
Lsgm.	Lösungsmittel
Max.	Maximum
Meth.	Methode(n)
Min.	Minute(n), allgemein
Mitt.	Mitteilung(en)
mkr.	mikroskopisch(e)
mol.	molekular(e)
Mol.	Molekül(e)
Molgew.	Molekulargewicht(e)
n_D^{20}	Brechungsindex (nur in Verbindung mit Indizes und/oder Zahlenangaben, z. B. bei 20°, D-Linie)
nachst.	nachstehend(e)
Nachw.	Nachweis(e)
Nd.	Niederschlag, Niederschläge
Orig.	Original(e)
Ox.	Oxydation(en)
ox.	oxydiert(e)
PAe.	Petroläther
Präp.	Präparat(e)
prim.	primär(e)
Prior.	Priorität(en), Unionspriorität(en)
Prod.	Produkt(e)
‰ig.	promillig(e)
%ig.	prozentig(e)
Py.	Pyridin (nur für die Verbindung C_5H_5N)
qual.	qualitativ(e)
quant.	quantitativ(e)
quart.	quartär(e) (Bindigkeit)
quatern.	quaternär(e)
rac.	racemisch(e)
Red.	Reduktion(en)
red.	reduziert(e)
Ref.	Referat(e)
Rk.	Reaktion(en)
s.	siehe
sd.	siedend(e), siedet
sek.	sekundär(e)
Sek.	Sekunde(n), allgemein
sog.	sogenannt(e)
Std.	Stunde(n), allgemein
std.	stündig(e)
Subl.	Sublimation(en)
subl.	sublimiert(e)
symm.	symmetrisch(e)
Synth.	Synthese(n)
Syst.	System(e)
Temp.	Temperatur(en)
tern.	ternär(e)
tert.	tertiär(e)
u.	und
u. a.	und andere, unter anderem
u. dgl.	und dergleichen
Unters.	Untersuchung(en)
usw.	und so weiter
Verb.	Verbindung(en)
verd.	verdünnt(e)
Verf.	Verfahren
Verh.	Verhalten
Vers.	Versuch(e)
Verw.	Verwendung(en)
Vf.	Verfasser, Verfasserin(nen)
Vgl.	Vergleich(e)
vgl.	vergleiche
Vol.	Volumen, Volumina
Vork.	Vorkommen
vorl. Mitt.	vorläufige Mitteilung(en)
Vorr.	Vorrichtung(en)
vorst.	vorstehend(e)
W.	Wasser
Wrkg.	Wirkung(en)
wss.	wäßrig(e)
z. B.	zum Beispiel
Zers.	Zersetzung(en)
z. T.	zum Teil
Zus.	Zusammensetzung(en)

Mathematische Zeichen

$\approx$	angenähert gleich, rund, zirka
⌀	Durchmesser
$\triangleq$	entspricht
$>$	größer als
$\geqq$	größer oder gleich
$<$	kleiner als
$\leqq$	kleiner oder gleich
$\sim$	proportional
∞	unendlich

Patent-Abkürzungen

Aust.P.	Australisches Patent
Belg.P.	Belgisches Patent
Belg.A.S.	Belgische Auslegeschrift
Brit.P.	Britisches Patent
Can.P.	Canadisches Patent
Dän.P.	Dänisches Patent
D.A.S.	Deutsche Auslegeschrift
D.B.P.	Deutsches Bundes-Patent
D.P.[DDR]	Deutsches Pat. [DDR]
Finn.P.	Finnisches Patent
F.P.	Französisches Patent
Ind.P.	Indisches Patent
Israel.A.S.	Israelische Auslegeschrift
It.P.	Italienisches Patent
Jap.A.S.	Japanische Auslegeschr.
Niederl.P.	Niederländisches Patent
Norw.P.	Norwegisches Patent
Oe.P.	Österreichisches Patent
Port.P.	Portugiesisches Patent
Schwed.P.	Schwedisches Patent
Schwz.P.	Schweizer Patent
Tschech.P.	Tschechoslowakisches Patent
UdSSR.P.	Sowjetisches Patent
Ung.P.	Ungarisches Patent
U.S.P.	Amerikanisches Patent

Dr. Helga Völz und Dr.-Ing. Christian Weiske

Namenregister Nr. 37

Ein vollständiger oder gekürzter Abdruck der Referate ist ohne Genehmigung der Redaktion und des Verlages verboten!

Patentregister

Australische Patente — Aust.P.

Nr.	Ref.-Nr.	Bezugspatent
2 684	1990	(D.A.S. 1 210 862)
252 450	2728	(U.S.P. 3 041 255)
253 193	3161	(D.A.S. 1 189 543)
253	2833	(U.S.P. 3 054 806)
440	2442	(Ind.P. 77 413)
630	2509	(Ind.P. 73 792)
891	2720	(Brit.P. 970 362)
254 240	2428	(Brit.P. 949 724)
256 436	2857	(Brit.P. 928 754)
257 779	1925	(Ind.P. 72 412)
261 470	1907	(Brit.P. 974 899)
497	1987	(Ung.P. 149 986)
		(Brit.P. 898 863)
262 001	2001	(U.S.P. 3 096 347)
007	3167	(F.P. 1 245 833)
017	2927	(U.S.P. 2 944 086)
029	3143	(Ung.P. 150 795)
035	2421	(D.A.S. 1 167 316)
045	2822	(D.A.S. 1 160 839)
049	2733	(F.P. 1 324 024)
056	3135	(U.S.P. 3 144 652)
063	2847	(D.A.S. 1 161 262)
078	2923	(Brit.P. 970 680)
084	1928	(U.S.P. 3 080 374)
110	2919	(Brit.P. 953 188)
166	3158	(Oe.P. 231 723)
170	3175	(Can.P. 688 340)
173	1953	(U.S.P. 3 075 968)
191	2510	(D.A.S. 1 171 793)
216	3155	(D.A.S. 1 138 545)
223	1988	(D.A.S. 1 159 455)
247	1890	(Oe.P. 230 544)
250	3333	(Brit.P. 991 939)
267	3323	(Brit.P. 960 649)
269	3343	(Brit.P. 963 300)
325	1998	(Brit.P. 910 456)
333	2964	(Brit.P. 928 705)
336	1950	(Oe.P. 236 386)
337	2705	(F.P. 1 321 066)
352	3165	(Brit.P. 924 630)
353	2844	(Brit.P. 930 161)
375	1927	(Brit.P. 961 343)
378	2853	(Brit.P. 938 691)
411	2819	(Brit.P. 931 211)
435	2828	(U.S.P. 3 170 946)
444	1909	(D.A.S. 1 105 427)
504	2704	(D.A.S. 1 136 722)
527	3329	(Brit.P. 927 834)
542	2411	(U.S.P. 3 106 457)
546	3332	(U.S.P. 3 087 865)
567	3147	(D.A.S. 1 157 786)
		(D.A.S. 1 157 787)
		(D.A.S. 1 154 636)
584	3164	(Brit.P. 938 698)
601	2419	(U.S.P. 3 096 969)
612	3328	(D.A.S. 1 143 668)
660	2817	(Brit.P. 902 952)
671	2716	(Brit.P. 949 101)
756	2726	(Brit.P. 927 576)
771	2741	(U.S.P. 3 125 593)
779	2967	(Brit.P. 932 925)
784	3148	(Brit.P. 940 180)
262 798	2848	(Brit.P. 977 964)
811	1999	(D.A.S. 1 176 796)
834	1919	(Oe.P. 230 373)
843	1991	(Brit.P. 965 856)
909	2727	(Brit.P. 936 174)
922	2813	(U.S.P. 3 059 035)
940	3180	(Brit.P. 969 370)
264 723	2505	
267 365	1962	(D.A.S. 1 154 103)
385	1963	(D.A.S. 1 178 426)
611	2852	(F.P. 1 294 146)
619	3151	(Oe.P. 241 125)
635	1946	(Ung.P. 150 442)
649	1921	(F.P.[Méd.] 1 448)
790	1989	(F.P. 1 310 843)
803	1911	(Brit.P. 934 935)
860	1923	(Brit.P. 1 013 908)
870	1993	(D.A.S. 1 188 763)
907	1920	(Brit.P. 1 009 012)
956	2004	(D.A.S. 1 191 383)
268 094	1952	(D.P.[DDR] 31 380)
127	1955	(F.P.[Méd.] 328)
170	1939	(Brit.P. 993 156)
252	3227	(Oe.P. 233 162)
259	1968	(Can.P. 697 709)
261	1935	(Jap.A.S. 7 197/1965)
270	1974	(D.A.S. 1 179 202)
274	3138	(Brit.P. 965 623)
325	3341	(Brit.P. 989 041)
362	1934	(D.A.S. 1 194 868)
414	2842	(F.P. 1 325 447)
455	2858	(Brit.P. 962 691)
479	3139	(Brit.P. 969 403)
525	1954	(D.A.S. 1 206 908)
606	1929	(Brit.P. 992 732)
607	1932	(Brit.P. 995 369)
612	1935	(Jap.A.S. 7 197/1965)
613	1983	(Brit.P. 975 379)
687	1994	(Brit.P. 982 252)
696	1940	(D.A.S. 1 173 475)
702	1947	(Brit.P. 953 716)
748	1986	(Brit.P. 962 719)
769	3173	(D.A.S. 1 212 729)
774	2854	(D.A.S. 1 217 971)
781	3177	(D.A.S. 1 171 615)
785	3176	(Brit.P. 971 682)
794	3135	(Brit.P. 957 984)
803	3152	(Oe.P. 230 632)
858	1906	(Brit.P. 1 024 482)
867	2812	(U.S.P. 3 166 602)
877	3331	(D.A.S. 1 168 914)
884	2410	(F.P. 1 341 577)
902	3136	(F.P. 1 311 489)
905	2814	(U.S.P. 3 166 602)
937	1951	(Oe.P. 237 623)
949	3326	(Brit.P. 997 038)
959	1978	(D.A.S. 1 168 900)
978	1910	(Oe.P. 235 307)
983	1913	(Brit.P. 978 088)
993	2348	(Brit.P. 957 442)
269 071	1965	(Brit.P. 954 568)
076	2859	(F.P. 84 271)
139	1984	(D.A.S. 1 205 103)
166	1916	(D.A.S. 1 176 130)
269 256	1924	(U.S.P. 3 242 192)
277	1958	(U.S.P. 3 057 860)
303	2000	(Brit.P. 967 897)
321	1964	(D.A.S. 1 192 201)
324	1931	(D.A.S. 1 173 899)
326	1915	(Brit.P. 966 479)
344	1917	(D.A.S. 1 183 498)
347	3325	(Ind.P. 82 378)
353	1957	(Brit.P. 933 105)
357	1960	(F.P. 1 332 764)
388	2424	(D.A.S. 1 178 409)
393	1961	(D.A.S. 1 195 748)
403	1918	(D.A.S. 1 189 556)
407	3145	(Oe.P. 235 020)
425	3144	(Can.P. 687 414)
426	1959	(D.A.S. 1 161 883)
428	1997	(F.P. [Méd.] 1 056)
468	1942	(D.A.S. 1 154 804)
474	1981	(Brit.P. 1 005 821)
489	1979	(Brit.P. 960 099)
609	3334	(F.P. 1 369 058)
610	1992	(U.S.P. 3 220 925)
618	1977	(U.S.P. 3 119 841)
620	1995	(Brit.P. 992 983)
624	1912	(Brit.P. 1 005 026)
721	3132	(F.P. 1 308 284)
723	1996	(U.S.P. 3 098 792)
736	2703	(Brit.P. 952 929)

Belgische Auslegeschriften — Belg.A.S.

Nr.	Ref.-Nr.	Bezugspatent
627 279	1973	(F.P. 1 343 410)
633 410	2702	(F.P. 1 365 554)
634 733	2881	
637 260	3103	
639 996	2707	(F.P. 1 339 319)
641 762	2834	(U.S.P. 3 232 985)
643 504	3172	(D.A.S. 1 173 641)
890	3169	(D.A.S. 1 191 565)
644 104	1969	(D.A.S. 1 226 099)
308	3170	(D.A.S. 1 193 243)
673	2915	(Brit.P. 994 278)
645 071	3171	(D.A.S. 1 178 012)
402	2920	(F.P. 1 392 091)
565	1966	(D.A.S. 1 227 903)
738	1967	(D.A.S. 1 214 225)
646 956	2423	(D.A.S. 1 201 821)
647 696	3166	(D.A.S. 1 210 984)
649 440	2425	(Brit.P. 1 011 448)
650 913	2886	
651 812	1976	(F.P. 1 422 885)
652 304	2952	
654 835	2963	(D.A.S. 1 224 857)
656 083	2718	(D.A.S. 1 240 671)
997	1970	(U.S.P. 3 189 623)
658 054	2717	(Brit.P. 1 019 679)
		(F.P. 1 426 415)
662 099	2732	(F.P. 1 430 615)
664 213	2713	(Brit.P. 1 033 450)
666 148	2706	(F.P. 1 439 596)
594	2724	(F.P. 1 439 636)
725	2709	(F.P. 1 441 028)
669 767	2723	(F.P. 1 447 082)

Britische Patente — Brit.P.

Nr.	Ref.-Nr.	Bezugspatent
931 586	3330	(D.A.S. 1 195 315)
932 028	3229	(Can.P. 691 981)
946 437	2815	(F.P. 1 292 469)
957 979	2825	(F.P. 1 268 146)
961 146	2349	(Ind.P. 80 949)
965 717	1975	(D.A.S. 1 192 201)
		(D.A.S. 1 192 200)
973 934	2840	(Oe.P. 225 693)
980 596	2454	(F.P. 1 365 569)
982 610	2883	
986 116	2968	(D.A.S. 1 155 755)
		(D.A.S. 1 179 908)
989 191	1857	
376	2845	(Oe.P. 225 698)
		(Oe.P. 226 681)
		(Oe.P. 227 680)
496	3130	(U.S.P. 3 100 779)
991 282	3086	
, 920	2005	(Can.P. 694 307)
		(Can.P. 694 308)
992 114	3231	(Ind.P. 76 887)
994 390	2426	(D.A.S. 1 175 811)
995 193	2833	(U.S.P. 3 054 806)
996 543	2916	(U.S.P. 3 101 996)
998 353	3154	(F.P. 1 308 115)
668	2811	(U.S.P. 3 234 294)
999 127	2960	
1 001 524	2453	(F.P. 1 321 714)
1 002 639	2512	(F.P. 1 344 787)
1 003 266	2346	(D.A.S. 1 176 105)
1 005 473	2415	(D.A.S. 1 172 245)
893	1938	(Oe.P. 242 142)
1 007 492	2414	(D.A.S. 1 220 540)
987	2832	(U.S.P. 3 231 608)
1 008 578	3133	(UdSSR.P. 162 528)
854	3103	
1 009 961	2918	(Belg.A.S. 640 818)
1 010 074	2860	(Ind.P. 91 432)
115	2452	(F.P. 1 346 279)
536	2926	(F.P. 81 706)
1 011 112	1866	
785	2715	(F.P. 1 414 288)
		(D.A.S. 1 242 373)
1 015 020	2427	(D.A.S. 1 200 984)
928	3071	
1 016 830	1922	(U.S.P. 3 095 424)
888	2922	(D.A.S. 1 177 623)
966	2951	
1 018 254	3304	
385	2982	
940	2981	
1 019 130	3092	
1 020 740	2990	
1 021 998	2477	
1 022 047	1926	(U.S.P. 3 072 653)
935	1867	
936	1867	
958	3053	
1 023 250	3055	
387	3178	(D.A.S. 1 194 579)
931	3054	
1 024 270	3059	
298	3060	
1 027 139	3061	
759	2958	
806	2651	
1 028 915	3093	
1 029 047	3050	
184	2710	(F.P. 1 356 050)
965	2650	
1 031 490	3318	
1 032 130	2481	
440	2834	(U.S.P. 3 232 985)
736	2478	
1 034 489	2952	
499	3312	
1 035 123	2821	(D.A.S. 1 229 508)
1 036 086	1878	
088	1878	
187	2660	
502	2666	
694	1851	
1 037 023	1879	
062	2347	(F.P. 1 335 526)
568	2661	
1 038 725	1856	
1 040 544	1853	
545	1853	
661	2418	(D.A.S. 1 183 484)
1 041 547	2879	
1 042 602	2671	
612	2708	(F.P. 1 351 241)
1 043 148	3327	(D.A.S. 1 176 319)
1 044 150	2959	
1 045 685	2954	
1 048 069	2483	
1 049 750	1948	(U.S.P. 3 113 075)
1 050 220	3360	
762	3356	
1 051 153	2692	
219	2966	(D.P.[DDR] 44 754)
393	2680	
1 052 625	2691	
860	2989	
1 059 315	2441	(F.P. 1 375 302)
		(F.P. 1 375 303)
1 062 464	2457	(D.A.S. 1 200 817)
1 064 127	2488	(D.A.S. 1 230 205)
1 070 042	1871	
1 072 042	3192	(D.A.S. 1 222 681)
827	3190	(D.S.A. 1 217 950)
1 083 598	2456	(F.P. 1 379 798)

Canadische Patente — Can.P.

Nr.	Ref.-Nr.	Bezugspatent
682 541	2486	(Oe.P. 233 269)
683 729	2856	(U.S.P. 3 065 230)
690 727	3168	(Brit.P. 1 000 084)

Auslegeschriften der Patentanmeldungen des Deutschen Patentamtes München — D.A.S.

Nr.	Ref.-Nr.	Bezugspatent
1 202 781	2850	(F.P. 1 304 517)
1 210 880	3310	
1 213 847	2843	(F.P. 1 270 942)
1 217 331	3187	
369	1848	
1 219 240	2439	(Aust. P. 247 192)
1 222 462	3189	(Brit.P. 972 396)
492	2818	(U.S.P. 3 114 779)
1 224 940	2722	(Oe.P. 235 326)
1 225 791	2962	
1 226 089	2541	
092	2823	(Brit.P. 1 024 684)
738	2881	
1 227 666	2712	(U.S.P. 3 152 889)
1 228 546	2291	
1 229 506	2811	(U.S.P. 3 234 294)
1 231 708	1866	
1 232 687	2886	
1 233 407	1867	
817	3185	
818	2949	
853	1849	
1 234 028	3223	
1 235 855	2948	
1 237 566	1875	
1 238 133	2953	
135	2960	
432	3186	
1 239 265	2944	
854	3066	
1 240 519	2783	
610	2911	
1 241 617	3067	
943	1893	
1 242 249	3288	
549	3181	
1 243 679	1880	
818	3224	
1 244 681	2879	
748	2399	
766	2765	
776	1877	
1 245 025	2882	
028	2880	
123	3097	
129	3075	
306	3183	
342	2396	
522	2292	
525	2751	
926	2398	
966	3306	
977	3315	
995	3284	
1 246 158	3220	
169	3305	
732	2807	
742	1863	
747	1881	
748	1881	
756	2794	
771	3286	
921	2896	
1 247 024	3090	
288	2787	
289	2780	
290	2782	
295	2786	
298	2753	
319	1904	
328	2788	
524	2907	
526	2892	
527	2906	
548	1900	
549	1895	
550	1894	
646	3120	
655	3101	
741	2889	
742	2888	
1 248 028	2781	
030	2799	
205	2893	
206	2891	
295	2436	
610	2945	
1 248 632	2778	
640	2756	
655	2808	
668	2784	
807	2449	
842	2985	
858	3219	
926	3109	
930	3111	
1 249 002	3316	
004	3307	
211	3184	
241	2403	
254	2755	
261	3314	
272	2806	
368	2448	
429	2883	
431	2912	
453	1872	
455	1899	
456	1896	
522	3088	
532	2372	
533	2434	
536	2435	
844	2757	
847	2772	
875	2801	
881	1850	
1 250 133	2438	
160	2106	
404	2961	
417	3287	
423	1903	
447	2797	
450	2785	
456	3283	
593	3221	
658	2145	
795	2389	
796	2395	
797	2409	
803	2404	
811	2764	
823	1873	
833	1865	
951	2900	
966	1898	
969	1902	
1 251 022	3089	
309	2767	
328	2774	
333	1854	
465	3222	
520	3127	
725	2399	
760	2809	
911	1882	
951	3095	
1 252 200	2759	
207	1892	
210	3285	
347	2895	
366	1897	
414	3096	
651	2768	
654	1846	
664	2769	
666	2758	
672	2979	
683	2791	
684	3114	
686	2770	
700	1855	
835	2290	
846	2943	
892	3108	
894	3070	
1 253 256	2373	
259	2762	
269	1905	
273	2773	
274	3076	
389	2884	
393	2903	
394	2902	
412	1901	
450	3105	
451	3068	
550	2433	
666	2947	
697	2779	
699	3313	
710	3091	
717	1870	
720	1847	
739	2437	
843	2955	
849	2986	
1 254 143	2754	
144	2766	
149	1876	
153	1858	
273	2988	
275	2901	

Nr.	Ref.-Nr.	Bezugspatent
1 254 276	2894	
357	3099	
611	2752	
613	1868	
614	2761	
615	2771	
621	2760	
796	2887	
864	3119	
1 255 097	2763	
222	2904	
301	3107	
303	3069	
354	2225	(F.P. 72 426)
432	2914	
628	2946	
658	2777	
664	2802	
1 256 215	2793	
222	2897	
345	2905	
409	3106	
421	2810	
505	2432	
623	2950	
646	2775	
826	2909	
940	3311	
1 257 331	2890	
332	2913	
333	2898	
334	2908	
1 258 535	2899	
537	2910	

Deutsche Patente — D.P.[DDR]

Nr.	Ref.-Nr.	Bezugspatent
46 318	2289	
517	2992	
47 176	3188	
49 321	2397	
493	2983	
831	2978	
50 584	2393	
594	2977	
817	2391	
51 024	2390	
025	2388	
027	2400	
302	2386	
304	2405	
305	2402	
485	3289	
627	2394	
680	2288	
52 132	2406	
356	2401	
661	2392	
56 324	2407	
422	2371	
879	2991	
933	2984	
57 054	2408	

Französische Patente — F.P.

Nr.	Ref.-Nr.	Bezugspatent
1 265 752	2861	(Schwz.P. 396 902)
1 316 190	3229	(Can.P. 691 981)
1 318 079	3338	(Brit.P. 937 897)
1 321 416	2830	(Aust.P. 250 667)
418	2831	(U.S.P. 3 109 025)
1 327 488	3133	(UdSSR.P. 162 528)
1 331 346	1972	(Schwz.P. 396 898)
1 346 938	2839	(Brit.P. 1 023 704)
1 378 740	3134	(D.A.S. 1 175 643) (Brit.P. 1 020 302)
1 379 967	2951	
1 380 845	1869	
1 386 540	2834	(U.S.P. 3 232 985)
1 396 613	2981	
1 403 438	2886	
1 410 234	2960	
1 412 233	2658	
1 414 494	2718	(D.A.S. 1 240 671)
1 415 605	3320	
1 418 334	2670	
363	2652	
1 420 064	2958	
1 441 247	2649	
1 442 247	2659	
1 444 981	2879	
1 445 420	2959	
1 455 351	2676	
1 459 408	2646	
1 460 392	2681	
1 462 718	2669	
1 468 125	2690	

Indische Patente — Ind.P.

Nr.	Ref.-Nr.	Bezugspatent
80 844	2729	(Brit.P. 952 493)
81 363	3342	(F.P. 1 321 686)
417	3335	(U.S.P. 3 058 878)
82 774	3321	
84 869	2485	(U.S.P. 3 108 007)
85 640	3324	(Can.P. 694 368)
88 290	2740	(U.S.P. 3 109 864)
91 251	2834	(U.S.P. 3 232 985)

Israelische Auslegeschriften — Israel.A.S.

Nr.	Ref.-Nr.	Bezugspatent
19 660	3317	

Italienische Patente — It.P.

Nr.	Ref.-Nr.	Bezugspatent
628 564	2502	
630 723	2501	
637 839	2668	
639 015	2836	(D.A.S. 1 183 493)
640 226	2482	
244	2826	(Brit.P. 950 978)
648 560	2657	
650 164	2816	(Brit.P. 935 631)
312	3228	(Oe.P. 233 162)
313	3226	(Brit.P. 929 330)
400	3340	(F.P. 1 327 314)
405	3162	(F.P. 1 317 001)
512	3141	(Brit.P. 938 780)

Niederländische Patente — Niederl.P.

Nr.	Ref.-Nr.	Bezugspatent
112 130	3159	(F.P. 1 195 311)
166	2827	(U.S.P. 2 920 098)
175	2917	(U.S.P. 2 971 905)
184	1930	(Schwz.P. 362 074)
195	3191	(F.P. 1 223 793)
223	3337	(D.A.S. 1 098 508)
243	1971	(D.A.S. 1 179 548)
113 191	3230	(Schwz.P. 347 297)
120 503	3150	(D.A.S. 1 054 714)
508	3149	(D.A.S. 1 169 134)
121 566	2711	(Brit.P. 936 557)
581	3174	(Can.P. 648 434)

Österreichische Patente — Oe.P.

Nr.	Ref.-Nr.	Bezugspatent
229 861	2846	(Brit.P. 920 013)
240 507	2881	
242 865	1985	(Brit.P. 978 299) (D.A.S. 1 205 103)
245 700	2957	
247 384	2699	(Brit.P. 985 577)
248 177	3319	

Portugiesische Patente — Port.P.

Nr.	Ref.-Nr.	Bezugspatent
44 520	2798	
967	2803	
969	2804	
970	2805	
45 106	2387	
125	3182	
461	1891	
473	1883	
477	3116	
546	3087	
665	2792	

Schwedische Patente — Schwed.P.

Nr.	Ref.-Nr.	Bezugspatent
188 331	2838	(Ind.P. 73 286)
191 527	2837	(D.A.S. 1 154 085)
192 500	2969	(Brit.P. 896 260)
661	2829	(F.P. 1 262 501)

Schweizer Patente — Schwz.P.

Nr.	Ref.-Nr.	Bezugspatent
396 255	2965	(D.A.S. 1 184 438)
397 250	3146	(Brit.P. 946 034)
686	1943	(D.A.S. 1 182 237)
398 520	2851	(D.A.S. 1 195 286)
401 050	2738	(Brit.P. 925 457)
402 243	2504	
865	1944	(D.A.S. 1 171 922)
866	1945	(D.A.S. 1 095 283)
867	1945	(D.A.S. 1 095 283)
403 440	2730	(F.P. 1 351 302)
731	2345	(Can.P. 635 691)
783	2003	(D.A.S. 1 193 060)
404 053	2925	(Brit.P. 964 268)
405 819	3322	(Brit.P. 947 243)
406 496	2507	
498	2924	(Brit.P. 882 295)
408 029	1864	
409 907	2820	(D.A.S. 1 182 651)
998	2849	(U.S.P. 3 230 260)
410 413	3157	(Brit.P. 964 485)
436	2721	(D.A.S. 1 179 005)
413 356	3163	(D.A.S. 1 177 332)
414 073	2479	
658	1956	(Brit.P. 943 078)
415 671	2774	
419 046	2950	
422 778	3194	(D.A.S. 1 223 380)
427 814	3306	
431 359	2440	(U.S.P. 3 022 180)
433 234	2742	(D.A.S. 1 199 266)
434 083	2487	(D.A.S. 1 153 309)

Tschechoslowakische Patente — Tschech.P.

Nr.	Ref.-Nr.	Bezugspatent
117 266	2374	
294	2450	
120 290	2714	(F.P. 1 356 121)
629	3225	(Oe.P. 233 162)
122 781	1941	(D.A.S. 1 161 902)
783	1941	(D.A.S. 1 161 902)

USA-Patente — U.S.P.

Nr.	Ref.-Nr.	Bezugspatent
3 081 256	2739	(Oe.P. 219 015)
3 095 432	2825	(F.P. 1 268 146)
449	1914	(Brit.P. 815 211)
3 135 594	3286	
3 138 635	1975	(D.A.S. 1 192 200) (D.A.S. 1 192 201)
3 150 141	1933	(Ind.P. 76 647)
3 164 441	2413	(D.A.S. 1 078 098)
3 172 888	3345	(F.P. 1 282 807)
3 174 962	1982	(Brit.P. 908 203)
3 179 730	2511	(F.P. 1 245 105)
3 180 762	2455	(F.P. 1 298 261)
3 182 015	2921	(Brit.P. 934 429)
3 188 313	1937	(Brit.P. 944 443)
3 196 156	1936	(D.A.S. 1 216 313)
3 198 600	2719	(D.A.S. 1 190 680)
3 199 998	3193	(Brit.P. 968 717)
3 201 474	2824	(D.A.S. 1 182 652)
3 202 534	2731	(F.P. 80 278)
3 207 777	3160	(Oe.P. 239 538)
3 208 932	2928	(Brit.P. 977 643)
3 210 299	2344	(D.A.S. 1 174 983)
843	2725	(Brit.P. 957 173)
3 215 497	2412	(D.A.S. 1 144 240)
3 223 477	2420	(D.A.S. 1 167 316)
3 224 051	2701	(F.P. 1 353 672)
3 225 011	3103	
019	3153	(Brit.P. 980 756)
021	3142	(Brit.P. 984 815)
3 227 603	2987	
676	3081	
678	3082	
777	3079	
3 230 173	2694	
3 231 537	2697	
572	1862	
3 232 796	2655	
3 234 052	2653	
173	3086	
3 235 330	2500	
3 238 071	2662	
138	3051	
176	3072	
3 242 114	2508	
3 243 405	3080	
408	3058	
3 244 652	3074	
688	3078	
3 245 936	3359	
949	3057	
3 247 031	2648	
156	3073	
157	3085	
204	1859	
205	1860	
3 248 351	3062	
359	3056	
404	2790	
3 260 591	3355	
706	2695	
772	3052	
776	1861	
3 251 646	2417	(D.A.S. 1 162 090)
698	2480	
758	2663	
890	2841	(Brit.P. 936 610)
3 252 980	2693	
3 253 981	3309	
3 255 028	3357	
3 256 330	3339	(D.A.S. 1 233 863)
363	3084	
364	3083	
3 257 350	3179	(Brit.P. 924 700)
3 258 446	3156	(D.A.S. 1 150 523)
3 259 485	2700	(F.P. 1 343 184)
604	3064	
3 261 665	2673	
696	2484	
3 262 916	3098	
3 264 063	2422	(D.P.[DDR] 27 891)
175	3336	(Port.P. 42 501)
219	2678	
322	2855	(Brit.P. 1 036 085)
3 265 596	2685	
658	3140	(F.P. 1 225 683)
3 266 912	2476	
3 267 257	3065	

Nr.	Ref.-Nr.	Bezugspatent
3 268 368	2658	
513	1884	
514	1887	
515	1888	
516	1885	
517	1886	
518	1839	
519	1889	
565	2862	(D.A.S. 1 159 444)
3 269 861	2683	
925	2684	
926	2416	(D.A.S. 1 142 345)
942	3358	
3 271 109	2409	
237	3361	
358	3063	
3 274 008	2503	
085	2696	
158	3077	
231	3131	(Brit.P. 1 017 457)
3 275 625	1949	(D.A.S. 1 125 938)
718	3344	(Brit.P. 956 343)
3 277 105	2002	(Brit.P. 1 045 819)
3 278 278	2373	
344	2656	
3 279 957	2688	
958	2687	
3 280 038	2672	
3 281 276	2698	
277	2698	
3 281 278	2698	
279	2698	
280	2698	
281	2698	
432	2980	
471	2835	(D.A.S. 1 189 083)
3 282 851	2674	
949	1908	(Brit.P. 1 025 044)
3 284 248	2686	
249	2689	
326	2677	
3 285 717	2654	
3 286 684	2665	
3 287 238	2675	
3 288 690	2682	
3 290 305	3327	(D.A.S. 1 176 319)
3 293 028	2647	
741	2667	
896	2664	
3 294 623	3354	
625	3353	

Ungarische Patente — Ung.P.

Nr.	Ref.-Nr.	Bezugspatent
152 787	2800	
793	1874	
802	2776	
816	2885	
152 838	2796	
840	2789	
873	2795	

Sowjetische Patente — UdSSR.P.

Nr.	Ref.-Nr.	Bezugspatent
148 511	3125	
700	2679	
149 882	3118	
151 810	3102	
812	3113	
813	2506	
820	3115	
821	3100	
152 565	3124	
571	3123	
157 101	3104	
102	3110	
103	3094	
105	3112	
107	3121	
109	3117	
451	2956	
489	3126	
490	3128	
491	3122	
166 861	3308	
167 298	3129	
176 029	2105	

CHEMISCHES ZENTRALBLATT

Nr. 37 · 11. September 1968
Referat 0001 – 3391
Seite 1 – 344

Geschichte, Dokumentation, Unterricht

0001 **George Hevesy.** F. Szabadváry. (J. radioanalyt. Chem. [Budapest] **1** (1968) 2, 97–102; Inst. for Gen. and Analyt. Chem., TU, Budapest; engl.) – Nachruf u. Würdigung der Arbeiten von George Hevesy (geb. 1. 8. 1885, gest. 6. 7. 1966) auf dem Gebiet der Radioanalyse. Gerhard Schulze 1

0002 **Zoja Fedorovna Šachova.** Anonym. (Zav. Labor. **33** (1967) 12, 1595; russ.) – Nachruf auf die im 61. Lebensjahr verstorbene Dozentin der Moskauer Universität u. Analytikerin Z. F. Šachova. – Bild. H. Roschkowski 1

0003 **Vladislav V. Voevodskii.** V. N. Kondratiev. (Combust. and Flame **11** (1967) 6, 515–16; Acad. of Sci. of the U.S.S.R. Inst. of Chem. Phys.; engl.) – Nachruf auf den bedeutenden Physikochemiker u. Mitglied der Akad. der Wissenschaften der UdSSR V. V. Voevodskii (geb. am 25/7. 1917, gest. 20/2. 1967). E. Klever 1

0004 **Carl Emanuel Brunner (1796–1867) und die Anfänge des chemischen Unterrichts an der Berner Hochschule.** Berend Strahlmann. (Chimia (Aarau, Schweiz] **21** (1967) 12, 566–72; Inst. für Lebensmittelchem., Univ., Bern; dt.) D. Hoene 1

0005 **Zum 125. Geburtstag von A. M. Zajcev.** A. S. Ključevič. (Ž. vses chim. Obšč. im D. I. Mendeleeva **12** (1967) 4, 460; russ.) – Erinnerung an den bes. auf dem Gebiet der Fettchemie hervorgetretenen früheren Professor der Kasaner Universität, A. M. Zajcev. H. Roschkowski 1

0006 **Zur Geschichte der Theorie der Säuren und Basen.** M. Usanovič und G. Gehlen. (Izvest. Akad. Nauk Kaz.SSR, Ser. chim. Nauk **17** (1967) 5, 5–14; russ.) H. Roschkowski 2

0007 **Übersicht über die Chemie der Organophosphorverbindungen in der UdSSR.** A. N. Pudovik, I. V. Gur'janova und R. A. Čerkasov. (Ž. obšč. Chim. **37(99)** (1967) 11, 2393–2420; Kazanskij gos. univ. im. Ul'janova-Lenina; russ.) – 274 Literaturangaben. H. Roschkowski 2

0008 **Geschichte der elektrochemischen Theorie der Entwicklung. 1. Mitt. Erste Arbeiten über die elektrochemische Theorie der Entwicklung.** G. P. Faerman. (Ž. nauč. prikl. Fotogr. Kinematografii **11**, 145–56, 1966; russ.) – Vf. verweist auf in Vergessenheit geratene Ansichten von Lermantov (1877), wonach die Entwicklung photograph. Abb. mit der Arbeitsweise eines galvan. Elementes vergleichbar sei. Arbeiten von Chamantov (1882), Bredig u. Abegg werden der „Übersättigungstheorie" (Ostwald) gegenübergestellt. Nach Sheppard/Mees (1907), Nietz (um 1920) u. Volmer (1921) begann um 1925 die quant. Durchdringung der Theorie. Bes. werden sowjet. Arbeiten (Kravez/Ssavostjanova, Faerman/Schischkina, Bagdasserjan u. a.) berücksichtigt. Die Adsorptionstheorie wird als in der Ggw. überwunden betrachtet. – 99 Zitate. Dietmar Linke 2

0009 **Datenkompilierung.** K. Way. (Science [Washington] **159** (1968) 3812, 280–82; ORNL, Oak Ridge, Tenn.; engl.) – Diskussion von Vorschlägen zur Kompilierung der Daten für die Datendokumentation. P. Frenzel 4

0010 **Vorlesungsversuch über Aufbau und Zerfall von Radioaktivität.** Lawrence Ruby. (Amer. J. Physics **34,** 246–48, 1966; Dep. of Nucl. Engng., Univ. of Calif., Berkeley, Calif.; engl.) – Vf. aktiviert mit einer fest angeordneten 10-Ci-PuBe-Neutronenquelle mit Paraffinmoderator eine Ag-Folie, die auf einer rotierenden Holz-Kreisscheibe (⌀ ca. 80 cm) aufgeklebt ist u. sich an der Neutronenquelle vorbeibewegt. Nach einer halben Drehung passiert die aktivierte Ag-Stelle ein fest angeordnetes Zählrohr. K. R. Fröhner 6

A. Allgemeine, physikalisch-anorganische und anorganische Chemie

A–1. Physik der Atomkerne

0011 **Kernforschung.** (Nuclear Physics [Amsterdam] **A 109** (1968) 3, 481–704; engl.) – ^{203,205}Tl(α, t)^{204,206}Pb [Best. von σ(E_t, θ) bei E_α = 44 MeV u. Ableitung der Niveaus von ^{204,206}Pb] (O. Nathan, G. Bruge, A. Bussière, P. Kossanyi, J. M. Loiseaux, P. Roussel, J. Testoni und L. Valentin; 481–88); Unelast. Deuteronenstreuung an ^{148}Sm, ^{150}Sm, ^{152}Sm u. ^{154}Sm [σ-Best. von ^{148,150,152,154}Sm(d, d') bei E_d = 12 MeV, von ^{148,150}Sm(α, α') bei E_α = 15,1 MeV u. von ^{152,154}Sm·(α, α') bei E_α = 16,1 MeV] (E. Veje, B. Elbek, B. Herskind u. M. C. Olesen; 489–506); Unters. angeregter Zustände von ^{11}C bis zu 8,43 MeV u. der 5,03- u. 6,81-MeV-Niveaus von ^{11}B nach einer Teilchen–γ-Korrelationstechnik [aus ^{12}C(^{3}He, αγ) bei E(^{3}He) = 4–12 MeV bzw. aus ^{9}Be(^{3}He, pγ) bei E(^{3}He) = 3 u. 4 MeV] (L. G. Earwaker u. J. H. Montague; 507–28); Angeregte Zustände in ^{111}Cd (E_γ-Messung nach Coulomb-Anregung) (J. McDonald u. D. Porter; 529–38); Kerndynamik u. Röntgenstrahlenspektrum myon. Atome (Detaillierter Vgl. von 3d–2p- u. 2p–1s-Übergängen mit theoret. Voraussagen) (Wilhelm Pieper u. Walter Greiner; 539–60); Positronenspektrum von ^{22}Na (Koinzidenzmessung mit dem 2298-keV-γ-Summenpeak) (H. Wenninger, J. Stiewe u. H. Leutz; 561–76); Lebensdauer des 3,163-MeV-Niveaus von ^{35}Cl(τ_γ ≧ 0,6 ps) (R. E. Azuma, N. Anyas-Weiss u. A. M. Charlesworth; 577–87); Einfl. von Kohlenstoffverunreinigungen auf die Intensitätsverhältnisse des Mössbauer-Spektrums von metall. Eisen (Hanan Shechter u. Moshe Ron; 588–93); ^{2}H(^{3}He, γ)^{5}Li bei E(^{3}He) ≦ 5,5 MeV (Nachw. einer Resonanz bei 16,6 MeV Anregung in ^{5}Li mit σ = 38 μb) (L. Kraus, M. Suffert u. D. Magnac-Valette; 593–602; franz.) Durch den Zerfall von ^{99}Mo bevölkerte Energieniveaus von ^{90}Nb (J. A. Cooper, J. M. Hollander u. J. O. Rasmussen; 603–24); Isospin u. Kernniveaudichte (Berechnung der Niveaudichten von ^{24}Na, ^{24}Mg, ^{28}Al, ^{28}Si) (I. Kanestrøm; 625–32); Statist. Rk. bei sich spaltenden Kernen. 2. Mitt. Bei (n, γ)-Rk. bevölkerte Spaltisomere (1. vgl. ibid. **A 108**, 1967, 241) (Ableitung der wahrscheinlichsten Spinwerte für das Spaltisomer in ^{242}Am) (S. Jägare; 633–40); S'-Zustand im Trinucleon (Best. der μ-Einfangrate des Dreiteilchensystems (T. K. Lim; 641–48); Niveaustruktur von ^{48}V [^{46}Ti(^{3}He, p) u. ^{50}Cr(d, α)] (W. E. Dorenbusch, T. A. Belote u. J. Rapaport; 649 bis 656); Niveaustruktur von ^{52}Mn [Unters. durch die Zweinucleonen-Transfer-Rk. ^{50}Cr(^{3}He, p) u. ^{54}Fe(d, α)] (J. Rapaport, W. E. Dorenbusch u. T. A. Belote; 657–65); Anregung von ^{56}Co durch Zweiteilchen-Transferreaktioen [Unters. der Rk. ^{54}Fe(^{3}He, p) u. ^{58}Ni(d, α) bei Energien von 12,0 bzw. 7,0 MeV, Identifizierung des Analogs des Grundzustandes von ^{56}Fe] (T. A. Belote, W. E. Dorenbusch u. J Rapaport; 666–75); ^{6}Li·(^{3}He, $^3He_0$)^{6}Li, ^{6}Li(d, d_0)^{6}Li, ^{7}Li(d, d_0)^{7}Li u. ^{6}Li(^{3}He, $d_{0,1}$)·^{7}Be [Messung von σ(E, Θ) bei E = 8–20 MeV u. E = 11,8 MeV] (H. Lüdecke, Tan Wan-Tjin, H. Werner u. J. Zimmerer; 676–88); Erzeugungsquerschnitt von ^{11}C aus natürlichem Kohlenstoff für 385-MeV-Protonen [^{12}C(p, pn), σ = 36,7 ± 0,6 mb] (P. T. Andrews, P. G. Butler, A. Christy, A. N. James, P. Kirkby, B. G. Lowe u. B. W. Renwick; 689–93); (n, 2n)-Wrkg.-Querschnitte u. Spinverteilungen an beiden In-Isotopen

[^{113}In(n, 2n)^{112}In, $\sigma_m = 1{,}49 \pm 0{,}15$ b, $\sigma_g = 0{,}30 \pm 0{,}03$ b; ^{115}In(n, 2n)^{114}In, $\sigma_m = 1{,}47 \pm 0{,}12$ b, $\sigma_g = 0{,}34 \pm 0{,}07$ b] (H. Rötzer; 694–96; dt.) Gerhard Schmidt 15

0012 **Kernforschung.** (Physics Letters [Amsterdam] **26 B** (1968) 4, 181–244; engl.) – Mögliche Erklärung des Anwachsens der Energielücke in spaltenden Kernen (Variation der Paarungskraftstärke G proportional zur Größe der Kernoberfläche) (W. Stępień u. Z. Szymański; 181–83); Protonenschalenmodell-Potentiale für Blei u. die Stabilität von superschweren Kernen (E. Rost; 184–87); Coulomb-Energie von ^{3}He u. lokale u. nichtlokale Potentiale im Dreinucleonensystem (K. Okamoto u. C. Lucas; 188–90); Formfaktoren von ^{6}Li (Magnet. u. Ladungsformfaktoren) (M. Bouten, M.C. Bouten u. P. Van Leuven; 191–93); Phasenverschiebungen der d + α-Streuung (D. R. Thompson u. Y. C. Tang; 194–96); Photodesintegration des Dreinucleonensyst. in einem Modell mit trennbarem Potential (Zwei- u. Dreikörper-Desintegrationsquerschnitte von ^{3}H u. ^{3}He) (J. S. O'Connell u. F. Prats; 197–200); Einfl. des Strahlungs-Background auf Myon- u. Elektronstreuung an Kernen (L. C. Maximon u. C. Tzara; 201 bis 203); Spektroskop. Faktoren aus Isobarenanalogresonanzen bei elast. Protonenstreuung (Zustände in ^{139}Ba, ^{141}Ce, ^{143}Nd, ^{145}Sm, ^{147}Nd) (H. L. Harney, C. A. Wiedner u. J. P. Wurm; 204–06); Effekte höherer Ordnung in einigen abnormal erlaubten β-Übergängen (von ^{22}Na, ^{56}Co, ^{58}Co, ^{60}Co, ^{110m}Ag, ^{124}Sb, ^{134}Cs u. ^{154}Eu) (K. S. R. Sastry, R. J. Quellette, Y. Sharma u. R. Strange; 207–209); Zum Verständnis des Übergangs zwischen sphär. u. deformierten ungerade-A-Gd-Kernen [Unters. zu den Intensitäts- u. Energiesystematiken der Nilsson-Zustände in ^{155,157,159}Gd aus (d,p)- u. (d,t)-Reaktionen) (R. K. Sheline u. Y. Shida; 210 bis 212); Totale Rk.-Querschnitte für 29-MeV-^{3}He-Teilchen (für Mg, Al, Fe, Ni, Cu u. Ag) (R. Balcarcel u. J. A. R. Griffith; 213–14); Rk. ^{207}Pb(d,pγ_0)^{208}Pb bei 10 MeV (R. Ballini, N. Cindro, J. Delaunay, J. P. Fouan, O. Nathan u. J. P. Passerieux; 215 bis 217); Winkelverteilung von Photospaltungsfragmenten nahe der Schwelle (Photospaltung von ^{232}Th, ^{238}U, ^{240}Pu, ^{242}Pu, ^{239}Pu im Bremsstrahlungsbereich E_{max} = 5 bis 8 MeV) (N. S. Rabotnov, G. N. Smirenkin, A. S. Soldatov, L. N. Ysachev, S. P. Kapitza u. Yu. M. Tsipeniuk; 218–19); Winkelverteilung von γ-Strahlen aus (α,n)- u. (p,n)-Rk. [^{63}Cu(p,n)^{63}Zn, ^{60}Ni(α,n)^{63}Zn, ^{68}Zn(p,n)^{68}Ga, ^{65}Cu(α,n)^{68}Ga] (L. Birstein, R. Chechik, Ch. Drory, E. Friedman, A. A. Jaffe u. A. Wolf; 220–22). Herbert Weber 15

0013 **Neutronenwirkungsquerschnitte und Resonanzparameter von nichtspaltenden Nucliden im Resonanzenergie-Bereich.** (Int. atomic Energy Agency, Vienna, Proc. Ser., Proc. Conf. nuclear Data, microscop. Cross-Sect. other Data Basic for Reactors. Paris 1966 **1** (herausgeg. 1967). – Neutronenquerschnitte von Pr, Yb, Lu, Er, Ho u. Tm (0,001 bis 1,0 eV) (R. L. Zimmerman, L. Q. Amaral, R. Fulfaro, M. C. Mattos, M. Abreu u. R. Stasiulevicius; 53–59; engl.); Totaler Querschnitt von Dy, Lu u. Ir für Neutronen zwischen 0,01 u. 10 eV (J. Brunner u. F. Widder; 61–70; engl.); Totaler Neutronenquerschnitt von ^{230}Th bei 0,02–50 eV (C. M. Kalebin, P. I. Ivanov, P. N. Palej, Z. K. Karalova, G. M. Kukavadze, B. N. Pyžova, N. P. Sibaeva u. G. V. Pukolajne; 71–77; russ.); Neutronenspektroskop. Unters. von getrennten Ag-Isotopen (Messung des Strahlungseinfangs von Neutronen in ^{107}Ag u. ^{109}Ag im Energiebereich bis zu 1000 eV) (G. V. Muradjan u. Ju. V. Adamčuk; 79–91; russ.); Neutronenspektroskop. Unters. von getrennten Cd-Isotopen (Messung totaler Neutronenquerschnitte u. Strahlungseinfangquerschnitte) (Ju. G. Ščepkin, Ju. V. Adamčuk, L. S. Daneljan u. G. V. Muradjan; 93 bis 99; russ.); Totale Neutronenquerschnitte von schweren gg-Isotopen von Sn im Energiebereich bis zu 10 keV (Stärkefunktionen von ^{116,118,122,124}Sn) (Ju. V. Adamčuk, S. S. Moskalev u. G. V. Muradjan; 101–06; russ.); Ausrüstungen u. Programme zur Erlangung u. Behandlung von Laufzeitinformationen (P. Ribon, B. Cauvin, H. Derrien, A. Michaudon u. M. Sanche; 107–18; franz.); Unters. einiger Streuquerschnitte u. totaler Neutronenquerschnitte im Resonanzbereich (Na, Xe, Gd) (R. Ribon, B. Cauvin, H. Derrien, A. Michaudon, E. Silver u. J. Trochon; 119–28; franz.); Querschnitte von Na für Neutronen niedriger Energie (M. C. Moxon u. N. J. Pattenden; 129–36; engl.); Messungen von Wrkg.-Querschnitten mit hoher Auflsg. für einige Strukturmaterialien schneller Reaktoren im keV-Energiebereich (Totale Neutronenquerschnitte für ^{51}V, ^{55}Mn, ^{57}Fe u. natürliches Fe) (G. Rohr, E. Frieland u. J. Nebe; 137–46; engl.); Verarbeitung u. Analyse von Neutronentransmissionsdaten u. Betrachtungen der Genauigkeit (T. Fuketa, A. Asami, M. Ohkubo, Y. Nakajima, Y. Kawarasaki u. H. Takekoshi; 147–55; engl.) Herbert Weber 16

0014 **Untersuchung der elastischen Neutronenstreuung nach dem optischen Modell. – Schwere Kerne.** R. L. Cassola und R. D. Koshel. (Nuovo Cimento, B [10] **53** (1968) 2, 363–97; Dep. of Phys., Ohio Univ., Athens, O.; engl.) – Analyse für E_n = 6–24 MeV. Herbert Weber 16

0015 **Streuung von 14-MeV-Neutronen durch ^{12}C.** C. Joseph, G.-A. Grin, J.-C. Alder und B. Vaucher. (Helv. physica Acta **40** (1967) 6, 693–709; Inst. Phys. Nucl. de l'Univ. Lausanne; franz.) – Mit Hilfe eines Flugzeitspektrometers wurden die Winkelverteilungen der differentiellen Streuwirkungsquerschnitte von 14,1-MeV-Neutronen an ^{12}C, Q = $0^{(0+)}$; $-4{,}43^{(2+)}$; $-7{,}65^{(0+)}$ u. $-9{,}63^{(3-)}$ MeV gemessen. Es wurde ein Anzeichen für die Anregung eines breiten Niveaus bei ca. 10 MeV gefunden. Die Vielfachstreuung wurde durch ein Monte-Carlo-Programm korrigiert. G. Richard 16

0016 **Niveaudichte der Atomkerne.** Th. Neugebauer. (Acta physica Acad. Sci. hung. **23** (1967) 1, 95–110; Inst. für Theoret. Phys. der Roland Eötvös-Univ. Budapest; dt.) – Theoret. Diskussion von klass. Behandlung, Bohrscher Theorie u. Quantenmechanik. Herbert Weber 18

0017 **Compoundkern-Wirkungsquerschnitte weit unterhalb der Coulomb-Barriere.** Kazumasa Miyano, Hajime Ohnuma und Haruhiko Morinaga. (J. physic. Soc. Japan **23** (1967) 4, 895; Dep. of Phys., Univ. of Tokyo, Bunkyo-ku, Tokyo; engl.) – Messung des sehr kleinen Wrkg.-Querschnittes von ^{87}Rb(p,n)^{87m}Sr bis zu E_p = 1,5 MeV. Herbert Weber 20

0018 **Dreikörpernäherung für direkte Kernreaktionen.** P. E. Shanley und R. Aaron. (Ann. Physics **44** (1967) 3, 363–425; Crocker Nucl. Labor., Univ. of Calif., Davis, Calif.; engl.) – Unters. der Rk. d + ^{16}O → p + ^{17}O* (0,871-MeV-Niveau) unter Einschluß von Spin, Isospin u. einer Proton–Core-Wechselwrkg., jedoch unter Vernachlässigung von Coulomb-Effekten. Von ^{17}O* u. ^{17}F* wird hierbei angenommen, daß sie die gleiche Bindungsenergie u. Einzelteilchen-Wellenfunktion besitzen. Gerhard Schmidt 20

0019 **Erzeugung von Deuteronen hohen Impulses aus Kernen beim Beschuß mit 1-GeV-Protonen.** R. J. Sutter, J. L. Friedes, H. Palevsky, G. W. Bennett, G. J. Igo, W. D. Simpson, G. C. Phillips, D. M. Corley, N. S. Wall und R. L. Stearns. (Physic. Rev. Letters **19** (1967) 20, 1189–91; Brookhaven Nat. Labor., Upton, N.Y.; engl.) – Messungen mit Magnetspektrometer u. Laufzeitsyst. für die Targets ^{4}He, ^{6}Li, ^{12}C, ^{16}O u. Pb. Alle Ergebnisse sind in Einklang mit der Rk. p + (A, Z) → d + p + (A – 2, Z – 1). Herbert Weber 20

0020 **Quasifreie Proton–Proton-Streuung an deformierten Kernen.** Yoshiteru Kudo und Shota Suekane. (Progr. theoret. Physics [Kyoto] **38** (1967) 2, 520–22; Dep. of Phys., Osaka City Univ., Osaka; engl.) – Analyse von ^{27}Al(p,2p)^{26}Mg bei 460 MeV. Herbert Weber 20

0021 **^{2}H(p,2p)n bei 9,0 und 10,5 MeV.** W. Dwain Simpson, W. R. Jackson und G. C. Phillips. (Nuclear Physics [Amsterdam] **A 103** (1967) 1, 97–126; T. W. Bonner Nucl. Labor., Rice Univ., Houston, Texas; engl.) Herbert Weber 20

0022 **Winkelkorrelation in $^{12}C(p,2p)^{11}B$ bei 45,5 MeV.** Kenneth E. Richie und Byron T. Wright. (Physic. Rev. [2] **159** (1967) 4, 839–45; Phys. Dep., Univ. of Calif., Los Angeles, Calif.; engl.) — Vgl. der Daten (abs. Ungenauigkeit 10%, Winkelauflsg. $\pm 2{,}5°$) mit Computerrechnungen nach einer Parameterunters. der DW-t-Matrix-Approximationstheorie.
Gerhard Schmidt 20

0023 **$^{14}N(d,\alpha)^{12}C$ bei E_d = 2,3 bis 5,8 MeV.** K. Boehle, J. Leifson, V. Meyer und H. H. Müller. (Helv. physica Acta **40** (1967) 8, 973–80; Phys.-Inst. der Univ. Zürich; dt.) — Messung abs. Anregungskurven für die α-Gruppen α_1, α_2, α_3 u. für die Protonengruppen p_0, p_{1+2}, p_3, p_4, p_5, p_6, p_7, die zu angeregten Zuständen von ^{15}N führen.
Herbert Weber 20

0024 **Winkelkorrelationen bei E_d = 1,6 MeV in $^{19}F(d,p_1\gamma)$ ^{20}F.** G. Calvi, S. Cavallaro, A. S. Figuera und M. Sandoli. (Nuovo Cimento, B [10] **58** (1968) 2, 485–493; Ist. di Fis., Univ. Catania; engl.) Herbert Weber 20

0025 **(2J + 1)-Regel in $^{25}Mg(d,\alpha)^{23}Na$ bei niedrigen Energien.** W. N. Wang, E. K. Lin, Ren Chiba, T. J. Lee, Y. C. Yang, C. C. Hsu und T. Chiao. (Nuclear Physics [Amsterdam] **A 102** (1967) 3, 537–44; Nat. Tsing Hua Univ. and Acad. Sinica; Taiwan; engl.) — Die totalen Wrkg.-Querschnitte liegen für die beobachteten 13 α-Gruppen zwischen 1,02 u. 5,14 mb; sie weichen von der (2 J + 1)-Regel ab. Die mit der statist. Compoundkerntheorie ber. Werte stimmen dagegen gut mit den experimentellen Werten überein.
Heinrich J. Schroeder 20

0026 **Analyse von ($^3He,\alpha$)-Reaktionen an ^{25}Mg und ^{26}Mg bei 5,50 MeV.** S. Galassini und F. Pellegrini. (Nuovo Cimento, B [10] **53** (1968) 1, 188–94; Ist. Naz. di Fis. Nucl., Sez. di Padova; engl.) — Hauser-Feshbach-Theorie. Herbert Weber 20

0027 **Analyse von Kernreaktionen mit ^{29}Si als Zwischensystem.** G. Corleo, G. Pappalardo und A. Rubbino. (Nuovo Cimento, B [10] **52** (1967) 1, 248–50; Ist. di Fis., Univ., Catania; engl.) — Unters. an Fluktuationen von Wrkg.-Querschnitten bei den Rk. $^{28}Si(n,\alpha)$, $^{27}Al(d,\alpha)$, $^{27}Al(d,p)$ u. $^{26}Mg(^3He,\alpha)$. Herbert Weber 20

0028 **Struktur des Querschnitts der Reaktion $^{40}Ca(\gamma, p)$.** B. I. Gorjačev, B. S. Iščhanov, I. M. Kapimonov, I. M. Piskarev, V. G. Ševčenko und O. P. Ševčenko. (Ž. ėksper. teoret. Fiz.-Pis'ma v Redakciju **5** (1967) 7, 225–27; Moskva, Gos. univ. im. Lomonosova, NII jadernoj fiz.; russ.) — Unters. an einem Betatron bei 35 MeV. Die Kurven der Rk.-Ausb. werden für 2 energet. Protonengruppen $E_p \geqq 2$ u. 7 MeV aufgenommen. In beiden Fällen wird bei $E_{\gamma max}$ = 8,0–30,0 MeV mit $\Delta E_{\gamma max}$ = 0,250 MeV gemessen. Die Querschnittskurven zeigen Max. bei 12,7, 18,7, 19,9, 20,9, 21,8, 23,2, 25,0 u. 28,0 (18,7, 19,9, 24,0, 27) MeV. Der integrale Querschnitt bis 30 MeV der Hochenergiegruppe der Protonen beträgt 240 ± 40 MeV · mbar. Die Lage der Maxima stimmt gut mit derjenigen für die Rk. $^{40}Ca(\gamma, n)$ überein.
R. K. Müller 20

0029 **Abnahme von ^{59}Fe und angeregte Niveaus von ^{59}Co.** Robert Béraud, Istvàn Berkes, Joannès Danière, Michèle Lévy, Gilbert Marest und Robert Rougny. (C. R. hebd. Séances Acad. Sci., Sér. A et B **265** (1967) 23, B 1354–56; Inst. de Phys. nucl. de Lyon, Villeurbanne, Rhône; franz.) — Energie u. Intensitäten der Übergänge zwischen den ^{59}Co-Niveaus wurden mit Ge(Li)-Detektor bestimmt. Ein Zerfallsschema $^{59}Fe \rightarrow {}^{59}Co$ wird vorgeschlagen. ^{59}Fe wurde durch (n, γ)-Rk. an angereichertem ^{58}Fe erzeugt. Herbert Weber 20

0030 **Zerfall von ^{72}Ga(14 h) zu ^{72}Ge.** M. S. El-Nesr und Z. Awwad. (Nuovo Cimento, B [10] **53** (1968) 1, 98–112; Nucl. Phys. Dep., AEE, Cairo; engl.) — Neuunters. von Konversionselektronen mit doppelfokussierendem β-Spektrometer. Herbert Weber 20

0031 **γ-Strahlung hoher Energie von ^{106}Rh.** Hugues Forest, Michel Huguet und Christian Ythier. (C. R. hebd. Séances Acad. Sci., Sér. A et B **264** (1967) 23, B 1614–17; Labor. Chim. phys. atom. et struct., Fac. des Scienc., Nice, Alpes-Maritimes; franz.) — Mit einem Paarspektrometer unter Verw. einer n–i–p-Diode als Detektor wurde eine Reihe neuer γ-Linien beobachtet (Energie- u. Intensitätstabelle). Diskussion der ^{106}Pd-Zustände. G. Richard 20

0032 **Zerfall von ^{121}J.** Henri Sergolle. (C. R. hebd. Séances Acad. Sci., Sér. A et B **266** (1968) 7, B 434–36; Inst. de Phys. nucl., Labor. Joliot-Curie, Orsay, Essonne; franz.) — Die Unters. des γ-Spektrums (Ge-Detektor u. γ–γ-Koinzidenzkreis) führt zu einem partiellen Niveauschema von ^{121}Te. Gerhard Schmidt 20

0033 **γ–γ-Winkelkorrelationen am ^{124}Sb.** Manfred Neumann und Karl Heinz Lauterjung. (Z. Physik **199** (1967) 1, 8–24; Inst. für Kernphys. der Univ. Köln; dt.) — Unters. der Kaskaden 1,69–0,603 u. 2,09 bis 0,603 MeV im Zerfall $^{124}Sb \rightarrow {}^{124}Te$.
Herbert Weber 20

0034 **γ-Strahlung von ^{136}Cs.** J. Frána, I. Řezanka, A. Špalek und A. Maštalka. (Czechoslov. J. Physics, Sect. B **17** (1967) 11, 1048–49; Nucl. Res. Inst., Czechosl. Acad. Sci., Řež; engl.) — Messung der Energien u. Intensitäten der γ-Übergänge in ^{136}Ba beim Zerfall von ^{136}Cs(12,9 d). Herbert Weber 20

0035 **γ-Strahlung von ^{135}Ce.** I. Řezanka, A. Špalek, J. Frána und J. Jursík. (Czechoslov. J. Physics, Sect. B **17** (1967) 11, 1050–52; engl.) — Vgl. vorst. Referat.
Herbert Weber 20

0036 **β–γ-Winkelkorrelations-Messungen an der Kaskade 3/2⁻(720 keV, β)3/2⁺(103,17 keV, γ)5/2⁺ in ^{153}Sm.** K. S. Row, D. L. Sastry und S. Jnanananda. (Nuovo Cimento, B [10] **53** (1968) 1, 113–19; Labor. for Nucl. Res., Andhra Univ., Waltair; engl.)
Herbert Weber 20

0037 **Koeffizient der inneren K-Konversion der 84,3-keV-Strahlung beim Zerfall $^{170}Tm(\beta^-)^{170}Yb$.** José G. Ferreira, Lidia Ferreira Salgueiro, Maria H. Cardoso und Fernando B. Gil. (C. R. hebd. Séances Acad. Sci., Sér. A et B **265** (1967) 20, B 1135–37; Labor. de Phys., Fac. des Sci. de Lisbonne, Portugal; franz.) — Best. zu α_K = 1,50 ± 0,09.
Herbert Weber 20

0038 **Zerfall von $^{178g,m}Lu$.** Tsutomu Tamura. (J. physic. Soc. Japan **23** (1967) 4, 691–700; Div. of Res., Tokai Establishm., Japan Atom. Energy Res. Inst., Tokai-mura, Ibaraki-ken; engl.) — Unters. mit Ge(Li)-γ-Spektrometer; Best. der Halbwertszeiten des Grund- u. des Isomerenzustandes zu 30 ± 1 bzw. 23 ± 1 min. Der Grundzustand (1^+) zerfällt zum Grundzustand (0^+) u. 1. angeregten Zustand (2^+; 93,1 keV) von ^{178}Hf mit β-Strahlen von 2,05 (60%) bzw. 1,96 MeV (20%). Der Isomerenzustand (7^-) zerfällt zu zwei 8^--Zuständen bei 1,147 u. 1,479 MeV (85 bzw. 15%) in ^{178}Hf. ^{178}Lu wurde durch (γ, p)-Rk. an Hf erzeugt.
Herbert Weber 20

0039 **Halbwertszeiten von natürlichen ^{176}Lu und ^{180}Ta.** Koh Sakamoto. (Nuclear Physics [Amsterdam] **A103** (1967) 1, 134–44; Inst. for Nucl. Study, Univ. of Tokyo, Tanashi, Tokyo; engl.) — Für $T_{1/2}$ von ^{176}Lu wurden (5,0 ± 0,3) · 10^{10} a aus Einkrist.-Summenkoinzidenzspektren der γ-Strahlen erhalten. Für ^{180}Ta wurde eine untere Grenze für $T_{1/2}$ von (1,5 ± 0,5) · 10^{13} a abgeleitet.
Herbert Weber 20

0040 **Zerfall von ^{188}Re.** Robert Béraud, Istvan Berkes, Joannès Danière, Bernard Escudie, Michèle Lévy, Gilbert Marest und Robert Rougny. (C. R. hebd. Séances Acad. Sci., Sér. A et B **265** (1967) 25, B 1492–95; Inst. de Phys. nucl. de Lyon, Fac. des Sci., Villeurbanne, Rhône; franz.) — Präzisionsbest. der Energien zwischen 155,03 ± 0,03 keV u. 2021 ± 2 keV u. Intensitäten der γ-Strahlen in ^{188}Os mit einem Ge(Li)-Detektor u. Aufstellung eines Zerfallsschemas mit Spins u. Paritäten sowie log *ft*-Werten.
Gerhard Schmidt 20

0041 **Härtere γ-Strahlen von ^{191}Os.** G. P. Agin, G. E. Clark, C. E. Mandeville und V. R. Potnis. (Nuovo Cimento, B [10] **52** (1967) 1, 220–21; Kan. State Univ., Manhattan, Kan.; engl.) — Beobachtung von γ-Quanten von 129 u. 187 keV u. Zerfallsschema $^{191}Os \rightarrow {}^{191}Ir$.
Herbert Weber 20

0042 **Den Zerfällen von 86-min-^{197m}Pt und 18-h-^{197}Pt folgende Übergänge.** E. Bashandy und M. Migahed. (Ann. Physik [7] 20 (1967) 3/4, 152–61; Cairo, U.A.R., Nucl. Phys. Div., A.E.E.; engl.) — Unters. der inneren Konversion mit Nachw. eines neuen 548-keV-Niveaus in ^{197}Au u. eines neuen γ-Strahls von 202,5 $\pm$ 0,1 keV. Herbert Weber 20

0043 **β-Zerfall des ^{208}Tl.** Hermann Ostertag und Karl Heinz Lauterjung. (Z. Physik **199** (1967) 1, 25–40; Inst. für Kernphys. der Univ. Köln; dt.) — Nachw. einer neuen, vierten β-Gruppe mit einer Endpunktsenergie von 0,64 $\pm$ 0,03 MeV u. einer Intensität von (4,5 $\pm$ 1,5)%, die zu einer Gruppe von Niveaus um das 4,3-MeV-Niveau von ^{208}Pb führt. Herbert Weber 20

A–2. Physik der Atome und Moleküle

0044 **Reduzierte Dichtematrizen von Atomen und Molekülen. 2. Mitt. N-Darstellungsproblem.** Frank Weinhold und E. Bright Wilson jun. (J. chem. Physics **47** (1967) 7, 2298–2311; Dep. of Chem., Harvard Univ., Cambridge, Mass.; engl.) — 1. vgl. C. **1968**, 17-0078. — Unters. für DOCI-Wellenfunktionen. H. Liepack 22

0045 **3d-Radialfunktionen in der sp^{3}d-Konfiguration von Phosphor.** G. S. Chandler und T. Thirunamachandran. (J. chem. Physics **47** (1967) 3, 1192–93; William Ramsay and Ralph Forster Labor., Univ. Coll., London; engl.) — Ähnliche Berechnungen der 3d-Funktionen von P (sp^{3}d) (**I**) wie die von D. P. Craig u. I. Thirunamachandran (vgl. C. **1967**, 38-0105a) an S (s^{3}d^2) (**II**) durchgeführten, zeigen erhebliche Unterschiede zu diesen. Spektroskop. Terme wie der Hauptradius $\bar{r}$ u. die Radialmax. r_m der niedrigliegenden ^{6}D, ^{4}G u. ^{4}S-Zustände von **I** werden ber. u. mit dem ^{7}F-Zustand von **II** sowie dem ^{5}D-Zustand von S (s^{2}p^{3}d) verglichen. R. Blank 22

0046 **Polarisierbarkeit des Heliums im 2^{3}S-Zustand.** R. C. Sklarew und J. Callaway. (Physics Letters [Amsterdam] **25 A** (1967) 3, 177–78; Dep. of Phys., Univ. of Calif., Riverside, Calif.; engl.) — Mit einer Hartree-Fock-Störungstheorie werden die elektron. Polarisierbarkeit α u. der Dipolabschirmungsfaktor γ für He im metastabilen 2^{3}S-Zustand zu α = 322a_0^3 u. γ = 1,0000 berechnet. R. Blank 22

0047 **Dipolpolarisierbarkeiten der Natriumreihe.** M. Cohen und G. W. F. Drake. (Proc. physic. Soc. **92** (1967) 575, 23–36; Dep. of Phys., Centre for Res. in Exp. Space Sci., York Univ., Toronto, Ontario; engl.) — Vf. verallgemeinern eine von M. Cohen (vgl. C. **1967**, 27-0120) entwickelte Meth. zur Berechnung der Dipolpolarisierbarkeiten u. Abschirmfaktoren, so daß sie für alle Alkalimetallatome anwendbar wird u. berechnen die entsprechenden Werte für folgende Elemente der isoelektron. Na-Reihe: *Na*, Mg^+, Al^{2+}, Si^{3+}, Cl^{6+}, Ca^{9+}, V^{12+}, Fe^{15+}. R. Blank 22

0048 **Obere und untere Grenzen höchster Genauigkeit für Eigenwerte am Beispiel von H_2^+.** C. M. Rosenthal und E. Bright Wilson jun. (Physic. Rev. Letters **19** (1967) 4, 143–45; Dep. of Chem., Harvard Univ., Cambridge, Mass.; engl.) — Berechnung für den Grundzustand von H_2^+ bei einem Kernabstand von R = 2 a. E. bez. der nichtrelativist. Schrödinger-Energie. R. Blank 22

0049 **Eine Methode der zweiatomigen Gruppen in Molekülen. 5. Mitt. Theoretische Voraussagen von stabilem Li_2H^+ und fast stabilem LiH_2^+.** Ay-Ju A. Wu und Frank O. Ellison. (J. chem. Physics **47** (1967) 4, 1458 bis 1464; Dep. of Chem., Univ. of Pittsburgh, Pittsburgh, Pa.; engl.) — 3. vgl. C. **1964**, 50-0494. — Auf der Basis von jeweils drei kanon. VB-Wellenfunktionen wenden Vf. die Zweiatomtheorie im Mol. auf die Mol.-Ionen LiH_2^+ (**I**) u. Li_2H^+ (**II**) an. Ausgang dieser Theorie sind die VB-Wellenfunktionen u. Potentialenergiekurven für die Elektronengrundzustände von H_2, Li_2 u. *LiH* sowie für die Grund- u. ersten angeregten Zustände von H_2^+, Li_2^+ u. LiH^+. Danach ist der Grundzustand von **I** um 2,5 kcal stabiler als Li^+ + H_2 u. der Grundzustand von **II** um 10 kcal stabiler als Li^+ + LiH. Die Gleichgew.-Lage für **I** scheint ein symm., gleichschenkliges Dreieck zu sein mit R_{LiH} = 5,0 Bohr u. R_{HH} = 1,4 Bohr. **II** ist symm. u. linear mit R_{LiH} = 3,4 Bohr. Ein stabiler, linearer, angeregter $^1\Sigma_u^+$-Zustand liegt 35 kcal über dem $^1\Sigma_g^+$-Grundzustand von **II**. R. Blank 22

0050 **Normalschwingungen des Diphosphatanions, Symmetrie D_3, D_{3h} und D_{3d}.** R. W. Mooney, S. Z. Toma und J. Brunvoll. (Spectrochim. Acta [Oxford], Part A **23 A** (1967) 5, 1541–49; TU of Norway, Trondheim, Norway; engl.) — Die Mol.-Schwingungen eines X_2Y_7-Modells mit Symmetrie D_3, D_{3h} oder D_{3d} werden theoret. behandelt. Unter Verw. der bekannten Kraftkonst. des PO_4^{3-} werden die Schwingungsfrequenzen des $P_2O_7^{4-}$ ber. u. mit den an ZrP_2O_7 u. β-$Mg_2P_2O_7$ beobachteten Werten verglichen. Die Übereinstimmung der ber. Frequenzen mit experimentellen Werten stützt die Annahme diskreter $P_2O_7^{4-}$-Ionen in ZrP_2O_7. E. Beßler 22

0051 **Verhältnis der Verschiebung zur Breite einer selbstionisierenden Linie.** J. Davis. (Physics Letters [Amsterdam] **25 A** (1967) 3, 183–85; Dep. of Phys., Imperial Coll., London, England; engl.) — Best. der Größenordnung für das Verhältnis Verschiebung zur Breite aus einer Dispersionsbeziehung von Muller mit den Beispielen *He*(^{1}S), *He*(^{3}S) u. H^-(^{1}S). R. Blank 22

0052 **Strahlung von nichtisothermen Gasen.** Gilbert N. Plass. (Appl. Optics **6** (1967) 11, 1995–99; Southwest Center for Advanced Studies, Dallas, Tex.; engl.) — Theorie der Strahlung eines nichtisothermen Gases in Abhängigkeit von der Gleichgew.-Breite der zugehörigen Spektrallinien. Numer. Rechnungen wurden für vier verschiedene Temp.-Verteilungen zur Demonstration der Meth. durchgeführt. R. Blank 22

0053 **Übersicht über die Atom- und Molekül-Frequenzstandards.** Viktor Trhal. (Postępy Fizyki **18** (1967) 2, 215–22; pol.) — Analyse der verschiedenen Aspekte. — 10 Literaturangaben. R. K. Müller 22

0054 **L-Emissionsspektrum von Lutetium-71.** G. B. Deodhar, R. B. Singh und P. P. Varma. (Proc. physic. Soc. **92** (1967) 577, 826–29; Phys. Dep., Univ., Allahabad, India; engl.) — Im Röntgen-L-Emissionsspektrum von ^{71}Lu (untersucht in der Form von Lu_2O_3) werden erstmalig Linien bei 1193,95 XE (L_IN_I-Nichtquadrupolübergang), 1143,92 XE (L_IO_I-Nichtquadrupolübergang) u. 1138,88 XE ($L_IO_{IV,V}$-Quadrupolübergang) beobachtet (Genauigkeit der Daten: $\pm$0,1 XE). Vf. bestätigen das Auftreten der von Allais beobachteten Dipolübergänge $L_{III}N_{IV}$ (β_{15}-Linie) u. $L_{III}O_{IV,V}$ (β_5-Linie), der Quadrupolübergänge L_IN_{IV}, L_IN_V (γ_{11}-Linie) u. $L_{III}O_{II,III}$ sowie des „verbotenen" $L_{II}O_{II,III}$-Übergangs, während die von Allais gefundenen $L_{III}M_{II}$- u. $L_{II}M_{II}$-Übergänge nicht bestätigt werden können (tabellar. Angabe der Wellenlängen u. ν/R-Werte). H.-U. Chun 24

0055 **Bestimmung der Elektronenstruktur von Molekülen aus Daten der Röntgenspektren.** V. I. Nefedov. (Ž. strukturnoj Chim. 8 (1967) 6, 1037–42; Inst. obščej i neorg. chim. im. Kurnakova AN SSSR; russ.) — Die prinzipielle Möglichkeit der Best. der Energie der Niveaus komplexer oder von Inselverb. durch Röntgenspektroskopie wird aufgezeigt. Aus Vers.-Daten zu den letzten Linien der K- u. L-Serie sowie der K-Absorptionskante wird ein Niveauschema für SO_4^{2-} u. ClO_4^- abgeleitet, das halbquant. mit den Ergebnissen von MO-Berechnungen übereinstimmt. Aus den L-Spektren von ClO_2^-, ClO_3^- u. ClO_4^- (in den Na-Salzen) folgt, daß die Anzahl der 3d-Elektronen in dieser Verb.-Reihe wächst u. daß der nicht zentrale Teil des Ligandenfelds auf die Niveauaufspaltung unbedeutend einwirkt. H. Roschkowski 24

0056 **Franck-Condon-Faktoren für den Übergang $B^2\Pi$–$X^2\Pi$ des Radikals NS.** Basile Petropoulos, Odile Dessaux, Didier Chaffiol und Pierre Goudmand. (C. R. hebd. Séances Acad. Sci., Sér. A et B **265** (1967) 6, B 355–58; Labor. de Rech. phys., Fac. des Sci., Paris; franz.) — Die Intensität der NS-Banden, die bei Einwrkg. von akt. Stickstoff auf SCl_2 auftreten, wurde gemessen. Ihre Verteilung wurde mit der für das Syst.

$B^2\Pi_{3/2}$–$X^2\Pi_{3/2}$ ($v' = 0$, v'') von NS ber. Verteilung der Franck-Condon-Faktoren verglichen. Die Übereinstimmung ist gut. Die Spin-Orbital-Wechselwrkg. hat keinen wesentlichen Einfl. (für $v' = 0$) auf die Verteilung der Franck-Condon-Faktoren. D. Hoene 26

0057 **Spektrophotometrische Untersuchung von Cyclopentadienylytterbium(III)-Komplexen bei der Temperatur von flüssigem Helium.** R. Pappalardo und C. K. Jørgensen. (J. chem. Physics **46** (1967) 2, 632—38; Cyanamid Europ. Res. Inst., Cologny/Genève, Schweiz; engl.) — Bei der Temp. von fl. He werden die Spektren des adduktfreien subl. *Yb*$(C_5H_5)_3$ **(I)** u. seiner Lsg. in *2-Methyltetrahydrofuran*-Glas untersucht. Der $^2F_{7/2} \rightarrow {}^2F_{5/2}$-Übergang des dunkelgrünen $Yb(C_5H_5)_3$, dessen Farbe durch eine schwache, bei tiefen Temp. eine auffällige Feinstruktur aufweisende Bande verursacht wird, u. von I-Addukten mit Lewis-Basen (bes. NH_3) zeigt eine völlig ungestörte $4f^{13}$-Elektronenkonfiguration. Die MO-Behandlung von $M(C_5H_5)_3$, bei dem die Zentren der drei zykl. Liganden ein regelmäßiges Dreieck mit dem Zentralatom in der Mitte bilden, wird diskutiert. Vorl. Ergebnisse werden für $YbCl(C_5H_5)_2$ u. $YbCl_2(C_5H_5)$ mitgeteilt. K.-H. Bielicki 26

0058 **Elektronische Effekte in Ferrocenylphosphinoxiden.** Eberhard W. Neuse. (J. organometallic Chem. [Amsterdam] **7** (1967) 2, 349—56; Polymer Labor., Missile & Space Syst. Div., Douglas Aircraft Comp., Santa Monica, Calif.; engl.) — Es werden UV-Absorptionsmax. (im 205-, 255-, 330- u. 440-nm-Bereich in Cyclohexan, A. u. Chlf.) des *Triferrocenyl-* u. des *Diferrocenylphenylphosphinoxids* mit denen des *Diferrocenylphenylmethans* u. des *Ferrocens* verglichen. Die bathochromen u. hyperchromen Verschiebungen sind gering. Theoret. Aspekte vgl. Original. H.-J. Schönherr 26

0059 **Messung der Landé-Faktoren von Neon durch Untersuchungen der durch ein Laserbündel hervorgerufenen Sättigungen.** Bernard Decomps und Michel Dumont. (C. R. hebd. Séances Acad. Sci., Sér A et B **265** (1967) 4, B 249—52; Fac. des Sci., Labor. de Spectrosc. hertzienne de l'E.N.S., Paris; franz.) — Die im Fluoreszenzlicht von Ne-Atomen, die einem magnet. Feld u. der Strahlung eines Lasers ausgesetzt waren, beobachteten Resonanzsättigungen erlauben die Messung der Landé-Faktoren der Niveaus $2s_2$, $2p_4$ u. $3p_4$. W. Gauster 28

0060 **Verbreiterung der Niveau-Überschneidungskurven des Zustandes 6^3P_1 von ^{199}Hg durch Stöße mit Edelgasatomen.** Jean-Pierre Faroux. (C. R. hebd. Séances Acad. Sci., Sér. A et B **264** (1967) 23, B 1573—76; Fac. Sci., Labor. Spectr. hertzienne de l'E.N.S., Paris; franz.) — Die Verbreiterung der Überschneidung der Niveaus (F, m_F) (3/2, —3/2) u. (1/2, 1/2) von ^{199}Hg durch Stöße mit *He* u. *Ne*-Atomen wurde gemessen. Die erhaltenen Ergebnisse sind in befriedigender Übereinstimmung mit der Theorie; die Breite der Absorptions- oder Dispersionssignale in Gauß hängt linear vom benutzten Edelgasdruck ab. G. Richard 28

0061 **Untersuchung der Hyperfeinstruktur des 7^3S_1-Niveaus von ^{199}Hg und ^{201}Hg mit Hilfe der Methode der gekreuzten Niveaus.** Maurice Chantepie und Jean Margerie. (C. R. hebd. Séances Acad. Sci., Sér. A et B **265** (1967) 5, B 302—05; Labor. Spectrosc. atom. associé au C.N.R.S. Fac. des Sci. de Caen, Caen, Calvad; franz.) — Durch stufenweise opt. Anregung der 7^3S_1-Niveaus der ungeraden Hg-Isotope konnten Vf. mit Hilfe der Meth. der gekreuzten Niveaus die Werte $(A/g_J)_{199} = (10732{,}7 \pm 1{,}6)$ MHz u. $(A/g_J)_{201} = -(3968{,}2 \pm 0{,}7)$-MHz bestimmen. G. Richard 28

0062 **Hyperfeinstruktur des Grundzustandes und kernmagnetisches Moment von Thulium-169.** D. Giglberger und S. Penselin. (Z. Physik **199** (1967) 2, 244—55; I. Phys. Inst. der Univ. Heidelberg; engl.) — Die Hfs des $4f^{13}6s^2\,^2F_{7/2}$-Grundzustandes von ^{169}Tm wurde nach der magnet. Atomstrahlresonanz-Meth. untersucht. Aus den stark feldabhängigen Übergängen in äußeren Magnetfeldern zwischen 2200 u. 3000 Gauß wurde die Wechselwrkg. zwischen dem kernmagnet. Dipolmoment μ_I u. dem äußeren Feld bestimmt. Als direkter, von den elektron. Eig. des Tm-Atoms unabhängiger Wert wurde $\mu_I = -0{,}2310(15)\,\mu_n$ (diamagnet. korr.) erhalten; es wurden ferner die magnet. Dipol-Wechselwrkg.-Konst. $a = -374{,}137661(3)$ MHz u. $g_J(4f^{13}6s^2\,^2F_{7/2}) = 1{,}141189$ (3) ermittelt. H. Liepack 28

0063 **Absorptionsmodulation der Resonanzstrahlung bei Anregung durch moduliertes Licht.** L. N. Novikov. (Optika i Spektroskopija **23** (1967) 3, 498—500; russ.) — Die Anregung eines Syst. von Atomen durch zirkular polarisierte Resonanzstrahlung, die senkrecht zum konst. Magnetfeld gerichtet ist, führt zur Entstehung eines kohärenten Superpositionszustandes im Atomsyst., wenn die Intensität des Lichtes harmon. wechselt u. die Modulationsfrequenz ω nahe der Übergangsfrequenz zwischen den Zeeman-Niveaus des Grundzustandes $\omega_0 = \gamma H_0$ liegt. Die Amplitude des Signals der magnet. Resonanz ist unter diesen Bedingungen proportional m^2, mit $m \leq I$. Die quadrat. Abhängigkeit der Größe des Effektes von dem Index der Modulation m erschwert die experimentelle Untersuchung. Verallgemeinert wird die Wechselwrkg. mit einem atomaren Syst. betrachtet, das einer modulierten Erregung unterliegt, deren zweiter Lichtstrahl entlang der Achse OY gerichtet ist u. konst. Intensität hat. Die Bedingungen werden theoret. diskutiert u. die Schlußfolgerungen durch experimentelle Unters. am Dampf des ^{85}*Rb* bei 45° überprüft. S. Lampenscherf 28

0064 **Messung der Isotopieverschiebung des 3,39 μm ($3s_2 \rightarrow 3p_4$) Neon-Überganges.** H. Eichler. (Z. angew. Physik **22** (1967) 5, 380—81; I. Physikal. Inst. der TU Berlin; dt.) — Die Strahlung eines He–^{22}Ne-Lasers (Wellenlänge 3,39 μm) wurde durch ein He–^{20}Ne-Entladungsrohr verstärkt u. eingestrahlte u. verstärkte Intensität als Funktion der Frequenz des Laserlichtes gemessen. Laser- u. Verstärkerrohr waren mit den Isotopen ^{22}Ne bzw. ^{20}Ne gefüllt. Deshalb sind die Mittenfrequenzen von Laser u. Verstärker gegeneinander verschoben. Die Verschiebung wurde zu 93 MHz $\triangleq$ 3,1 · 10^{-3} cm^{-1} bestimmt, wobei das ^{22}Ne-Isotop die geringere Frequenz besitzt. G. Malow 30

0065 **Verbreiterungsmechanismus optischer Niveaus im Phononenspektrum von Metallhydriden.** I. Karimov, E. G. Brovman, M. G. Zemljanov, V. A. Somenkov und N. A. Černoplekov. (Fiz. tverdogo Tela **9** (1967) 7, 1991—95; russ.) — Diskussion über einen Verbreiterungsmechanismus der Niveaus, der den Schwingungen der *H*-Atome in den opt. Zweigen entspricht. I. Zoll 30

0066 **Schwingungsspektrum von Phenylquecksilberthiocyanat.** Kurt Dehnicke. (J. organometallic Chem. [Amsterdam] **9** (1967) 1, 11—17; Stuttgart, TH, Labor. für anorg. Chem.; dt.) — Das Schwingungsspektrum des Phenylquecksilberthiocyanats (IR u. Raman) sowie sein Massenspektrum werden gemessen u. zugeordnet. Es ergibt sich ein dimeres Mol. mit einem planaren Hg_2S_2-Vierring (Symmetrie D_{2h}). E. Hengge 30

0067 **Strukturvorschlag für $HFeCo_3(CO)_{12}$ und $HRuCo_3 \cdot (CO)_{12}$.** M. J. Mays und R. N. F. Simpson. (Chem. Commun. 1967, **20,** 1024—25; Univ. Chem. Labor., Cambridge; engl.) — Interpretation der Massenspektren u. IR-Spektren der beiden Komplexe führt zum Schluß, daß deren H-Atom sich im Innern eines Metallatom-Käfigs befindet. Dabei kann das formal an Eisen (bzw. Ruthenium) gebundene H-Atom auch mit den drei Co-Atomen in Wechselwrkg. treten. H. Riemer 30

0068 **IR-Spektren ^{15}N-substituierter Kupferkomplexe.** Emily Pitcher Dudek und Gerald Dudek. (Inorg. nuclear Chem. Letters **3** (1967) 7, 241—44; Suppl. zu: J. inorg. nuclear Chem.; Wellesley, Mass., Wellesley Coll., Dep. of Chem.; engl.) — Untersucht wurden einige Cu(II)-Komplexe mit Schiffschen Basen. Die Isotopenverschiebungen betrugen weniger als 14 cm^{-1}, da die C=N-Schwingung koppelt. Um 1600 cm^{-1} liegende starke Banden werden ihr unter Vorbehalt zugeordnet.

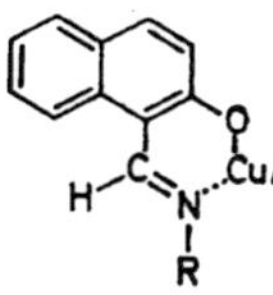

$R=C_6H_5$

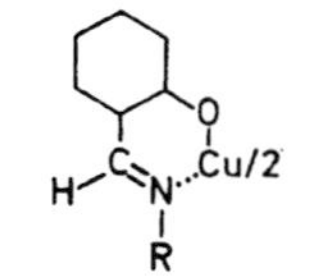

$R=C_6H_5, CH_3$

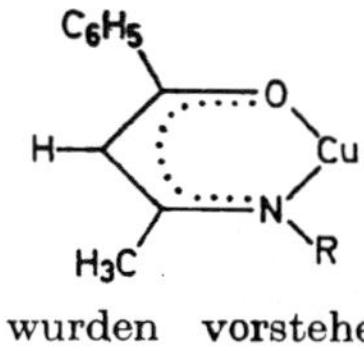

$R=C_6H_5$

Im einzelnen wurden vorstehende Komplexe untersucht. U. Goetze 30

0069 **Synthese und ^{119}Sn-Kernquadrupolresonanzspektren von Addukten des SnF_4 mit Halogenfluoriden.** V. F. Suchoverchov und B. Z. Dzevickij. (Doklady Akad. Nauk SSSR **177** (1967) 3, 611–14; Inst. obšč. i neorgan. chim. im. Kurnakova AN SSSR; russ.) — Die Größe der chem. Verschiebung u. der Quadrupolaufspaltung der Linien der ^{119}Sn-Spektren von SnF_4 u. aus den Komponenten hergestelltem $SnF_4 \cdot BrF_3$, $SnF_4 \cdot 1{,}7BrF_3$, $SnF_4 \cdot 2JF_5$, $SnF_4 \cdot 2BrF_3$, $SnF_4 \cdot 2BrF_5$, $SnF_4 \cdot 2ClF_3$, $(NO_2)_2[SnF_6]$, $(H_3O)_2SnF_6$ (SnF_4-Lsg. in 22 n HF), $(FH_2)_2[SnF_6]$ (SnF_4-Lsg. in wasserfreiem HF), $[(C_6H_5)_2Br]_2[SnF_6]$, $Li_2[SnF_6]$, $K_2[SnF_6]$, $Rb_2[SnF_6]$, $Cu[SnF_6]$, $Fe[SnF_6]$, $Sr[SnF_6]$ u. $BeSnF_6$ wurden bestimmt. Die Donatorfähigkeit der Fluoride wächst in der Reihenfolge $ClF_3 < BrF_5 \leqq JF_5 < BrF_3 < NO_2F < NOF \leqq F^-$. Das Sn-Atom hat, von 6 F-Atomen umgeben, die Elektronensymmetrie D_{4h}. Nicht stöchiometr. SnF_4-Addukte enthalten Sn–F–Sn- u. Sn–F–X-Brücken. J. J. Pohl 32

0070 **Zeitcharakteristiken eines optischen He–Ne-Lasers.** G. B. Krivoščekov, G. G. Telegin und K. G. Folin. (Izvest. vysšich učebnych Zavedenij [Gor'kij], Radiofiz **10** (1967) 12, 1656–60; Inst. fiz. poluprovodnikov SO AN SSSR; russ.) — Ausdrücke für die Einstellzeit stationärer Bedingungen des He–Ne-Lasers u. für seine Schwingungsdämpfung werden theoret. abgeleitet u. experimentell bestätigt. H. Roschkowski 34

0071 **Sättigung der Verstärkung der Linien 4880, 4765 und 5145 Å im Argonionenlaser.** A. I. Odincov, V. V. Lebedeva und V. A. Sautkin. (Ž. prikl. Spektroskopii **7** (1967) 5, 754–56; russ.) — Unters. der Liniensättigung bei kontinuierlichem Betrieb. Es werden Schlüsse auf die Verkürzung der Lebensdauer der oberen Niveaus gezogen. H. Roschkowski 34

0072 **Laseraktivität von Terbiumtrifluoracetylacetonat in p-Dioxan und Acetonitril bei Raumtemperatur.** Sven Bjorklund, G. Kellermeyer, C. R. Hurt, N. McAvoy und N. Filipescu. (Appl. Physics Letters **10** (1967) 5, 160–62; Lockheed Electron. Co. at NASA, Code 524 Greenbelt, Md.; engl.) — Es wurde eine $2{,}5 \cdot 10^{-3}$ mol. Lsg. von Tris-[1.1.1-trifluoracetylacetonato]-terbium in p-Dioxan oder Acetonitril verwendet, die erforderliche Pumpenergie war > 1700 Joule. Die Wellenlänge (5470) entspricht dem $^5D_4 \rightarrow {}^7F_5$-Übergang am Tb^{3+}-Ion. Über die Herst. der Lsg. u. den Aufbau des Lasersyst. wird berichtet. R. Fuchs 34

0073 **Resonatormoden von Submillimeterwellenlasern.** F. K. Kneubuhl und H. Steffen. (Physics Letters [Amsterdam] **25 A** (1967) 8, 639–40; ETH, Zürich; engl.) — Die Resonanzlängen der $TEM_{q+1,m,n-1}$-Moden in Submillimeterwellenlasern ($\lambda < 0{,}774$ mm), die mit C- u. N-haltigen Gasen ($BrCN + H_2$, JCN) arbeiten, mit 2 konkaven Spiegeln von gleichem ⌀ aber verschiedenem Krümmungsradius wurden ber. u. interferometr. bestätigt. Der Lasermechanismus wurde für das Gas JCN diskutiert. H. D. Schwartz 34

0074 **Lokale Magnetfeldverschiebung in natürlichem Krypton.** D. Brinkmann. (Physics Letters [Amsterdam] **25 A** (1967) 7, 520–21; Phys.-Inst. der Univ. Zürich, Switzerland; engl.) — Die lokale Magnetfeldverschiebung der ^{83}Kr-NMR in natürlichem Krypton wurde experimentell zu $\Delta H(\varrho) = (1{,}31 \pm 0{,}15) \cdot 10^{-7}\,\varrho H_0$ bestimmt. Eine Berechnung unter Verw. eines 12-6-Potentials ergab für 300 °K $\Delta H = 0{,}75 \cdot 10^{-7}\,\varrho H_0$. H. Liepack 36

0075 **Berechnung der NMR-Spin–Spin-Kopplungskonstanten von Fluormethanen und anderen Fluoriden von Elementen der ersten Periode.** J. N. Murrell, Philip E. Stevenson und G. T. Jones. (Molecular Physics **12** (1967) 3, 265–72; Chem. Labor., Univ. of Sussex, Falmer, Brighton; engl.) — Grundlage der Berechnungen (für CH_4, CH_3F, CH_2F_2, CHF_3, HH, ^{13}CH, ^{13}CF, FF, HF, BF, NF, OF) ist die Einelektron-Valenzschalen-MO-Theorie von Pople u. Santry. Coulomb-Integrale wurden durch Skinner-Pritchard-Valenzzustands-Ionisationspotentialwerte ausgedrückt, die bez. der Elektronenverschiebung zum elektronegativeren Atom korr. wurden. Der Korrekturwert wurde auf Grund von Vers.-Berechnungen am BF_3 abgeschätzt. Berechnungen für F_2 zeigten, daß die Mulliken-Näherung zum Abschätzen der Resonanzintegrale erforderlich ist. Der Einfl. der Änderung des „Scale-"Faktors in der Mulliken-Näherung sowie des Slater-Exponenten von H_2 wurden untersucht. Beste Übereinstimmung mit experimentell bestimmten Kopplungskonst. ergaben der „Scale"-Faktor 0,75 u. der Slater-Exponent 1,3 für H_2. Berechnete geminale Kopplungskonst. waren in schlechter Übereinstimmung mit experimentellen Werten. D. Gerlatzek 36

0076 **Wechselwirkung von Dimethyl-bis-[acetylacetonato]-zinn und Methyl-bis-[acetylacetonato]-zinnhalogeniden mit Benzol.** Y. Kawasaki. (Molecular Physics **12** (1967) 3, 287–88; Dep. of Chem., Osaka Univ., Osaka; engl.) — Es wurden ^{1}H-NMR-Spektren von $(CH_3)_2 \cdot Sn(acac)_2$ (**I**), $(CH_3)BrSn(acac)_2$ (**II**), $(CH_3)ClSn(acac)_2$ (**III**) u. $Cl_2Sn(acac)_2$ (**IV**) (Hacac = Acetylaceton) in Chlf. u. Bzl. untersucht. Die Protonensignale der Methyl- u. γ-Protonen des acac in diesen Komplexen wurden in Bzl. bei höheren Feldstärken als in $CHCl_3$ beobachtet, während die Signale der an Sn gebundenen Methylprotonen in Bzl. bei niedrigeren Feldstärken als in $CHCl_3$ liegen. Die Protonen der an das Sn gebundenen Methylgruppen treten mit dem paramagnet. Teil des Bzl., die Methyl- u. γ-Protonen des acac mit dem diamagnet. Teil in Wechselwirkung. In folgender Reihenfolge nimmt die chem. Verschiebung der Methyl- u. γ-Protonen des acac in diesen Komplexen zu: **I** < **II** ≈ **III** < **IV**. K.-J. Zwietasch 36

0077 **Indirekte Kernspinkopplung in den Tetramethylverbindungen der IV. Gruppe.** Herbert Dreeskamp und Gerhard Stegmeier. (Z. Naturforsch. **22a** (1967) 9, 1458–64; Stuttgart, TH, Inst. für phys. Chem.; dt.) — Es wurden die Kernresonanzspektren folgender, teilweise mit ^{13}C angereicherter Verb. aus dem ^{1}H-NMR-Spektrum mit Hilfe der Doppelresonanz-Meth. bestimmt: $C(CH_3)_4$, $Si(CH_3)_4$, $Sn(CH_3)_4$, $Pb(CH_3)_4$. Die normierten Kopplungskonst. tragen folgende Vorzeichen: direkt gebundene Kerne +, über zwei Bindungen gebundene Kerne —, über drei bzw. vier Bindungen gebundene Kerne +. Aus diesen Ergebnissen läßt sich schließen, daß die XH-Kopplungskonst. in Hydriden XH_4 positives Vorzeichen besitzen müssen. Hans Bürger 36

0078 **Temperaturabhängige Spin–Spin-Relaxationszeiten: Anwendung auf die Mössbauer-Spektren von Hämin.** M. Blume. (Physic. Rev. Letters **18** (1967) 9, 305–08; Phys. Dep., Brookhaven Nat. Labor., Upton, N.Y.; engl.) — Die Mössbauer-Spektren von *Hämin* sind nach Messungen von Shulman u. Wertheim für 4, 20, 78 u. 298 °K in Diagrammen angegeben. Bei Temp.-Erhöhung tritt in den Spektren eine zunehmende asymm. Verbreiterung der Linienprofile auf, durch die das bei 4 °K vorliegende Quadrupol-Linienpaar zugunsten einer einzigen breiten Linie bei 298 °K verschwindet. Vf. deuten diese Erscheinung auf der Grundlage von Spin–Spin-Relaxation durch die Annahmen, daß bei Temp.-Erhöhung angeregte Spinzustände des Fe(III)-Ions mit kleineren Relaxationszeiten besetzt werden u. daß die

Spin–Spin-Relaxationszeiten mit steigender Temp. geringer werden. H.-U. Chun 37

0079 **Berechnung magnetischer Suszeptibilitäten zweiatomiger Moleküle.** 5. Mitt. **Homonukleare Moleküle.** J. R. De La Vega und H. F. Hameka. (Physica [Utrecht] **35** (1967) 2, 313–22; Villanova, Pa., Univ., Dep. of Chem.; engl.) — 4. vgl. C. **1964,** 45-0244. — Aus den LCAO–MO–SCF-Funktionen werden die diamagnet. Suszeptibilitäten einiger gleichkerniger zweiatomiger Mol. berechnet. Die Ergebnisse in 10^{-6} cgs-Einheiten sind −32,683 für Li_2, −31,381 für Be_2, −20,496 für C_2, −13,837 für N_2 u. −18,597 für F_2. Diese Ergebnisse stimmen mit bekannten theoret. u. gemessenen Werten gut überein. H. U. Borgstedt 38

0080 **Berechnung magnetischer Suszeptibilitäten zweiatomiger Moleküle.** 8. Mitt. **Anisotropien und magnetische Rotationsmomente.** J. R. de la Vega und H. F. Hameka. (J. chem. Physics **47** (1967) 5, 1834–36; Dep. of Chem., Villanova Univ., Villanova, Pa.; engl.) — 5. vgl. vorst. Ref.; 7. vgl. Physica [Utrecht] **37** (1967) 2, 265. — Berechnungen für Li_2, Be_2, C_2, N_2, F_2, *LiH, BH, HF, CO, BF* u. *LiF* bei guter Übereinstimmung mit experimentellen Werten für F_2. H. Liepack 38

0081 **Einige neue Beziehungen zwischen Moleküleigenschaften und Elektronen- und Röntgenstrahl-Beugungsintensitäten.** R. A. Bonham. (J. physic. Chem. **71** (1967) 4, 856–62; Dep. of Chem., Univ. of Oslo, Blindern, Norway; engl.) — Integralbeziehungen zwischen den differentiellen Wrkg.-Querschnitten für Röntgenstrahl- u. Elektronen-Beugungsintensitäten einerseits u. folgenden Mol.-Eig. andererseits werden abgeleitet: Mol. Erwartungswerte für verschiedene Potenzen der Elektron–Kern- u. Elektron–Elektron-Abstände, Elektronenladungsdichten an den Kernorten u. die mol. Elektronendichte. Eine Übersicht über die bisher bekannten Beziehungen dieser Art wird gegeben. Die gegenwärtig noch mangelhafte Präzision der Intensitätsmessungen schränkt zur Zeit noch die volle prakt. Ausnutzung der gegebenen Beziehungen ein. F. Lenz 40

0082 **Bestimmung der Schwingungsfrequenzen des $AlCl_3$-Moleküls unter Verwendung elektronographischer Daten.** E. Z. Zasorin und N. G. Rambidi. (Ž. strukturnoj Chim. **8** (1967) 4, 591–94; Mosk. gos. univ. im. Lomonosova; russ.) — Die Kraftfeldkonst. u. Schwingungsfrequenzen des $AlCl_3$-Mol. werden auf der Basis der durch Elektronenbeugung gemessenen mittleren quadrat. Schwingungsamplituden u. Kernabstandsverkleinerungen berechnet. H. Roschkowski 40

0083 **Massenspektroskopischer Nachweis von extrem kleinen Alkalimetallmengen.** J. Kremer. (Z. Physik **199** (1967) 1, 94–97; 1. Phys. Inst. der Univ. Köln; dt.) — Es werden Experimente zum Ionennachw. mit dem Geiger-Zähler in Kombination mit einem 60°-Massenspektrometer mit Festkörperquelle zur Anwendung der Spurenanalyse einiger Alkalimetalle (Na, K, Rb, Cs) beschrieben. Für Cs wurde die Empfindlichkeit in der Größenordnung von einigen 10^{-19} g gefunden. E. Otto 42

0084 **Experimentelle Bestimmung der Wechselwirkungspotentiale für Edelgase mit O- und F-Atomen.** Yu. M. Belyaev und V. B. Leonas. (Chem. Physics Letters [Amsterdam] **1** (1967) 9, 375–76; Moscow State Univ., Moscow, USSR; engl.) — Aus der elast. Streuung schneller O- u. F-Atomstrahlen durch *Ar, Kr* u. *Xe* wurden die Parameter für die abstoßenden Wechselwrkg.-Potentiale der Form $V = K/r^n$ bestimmt. Es wurden Wechselwrkg.-Energien im Bereich 0,3–2,0 eV untersucht. Im Fall O–Xe wurde eine anomale Abhängigkeit des effektiven totalen Wrkg.-Querschnitts von der Strahlenenergie gefunden. H. Liepack 44

0085 **Theorie energiereicher unelastischer Stöße zwischen molekularen Systemen. Dissoziation von H_2^+ beim Stoß mit H_2.** James M. Peek, Thomas A. Green und W. H. Weihofen. (Physic. Rev. [2] **160** (1967) 1, 117–24; Sandia Labor., Albuquerque, N.Mex.; engl.) — Theoret. Unters. der unelast. Stöße zwischen H_2^+ u. H_2 nach der 1. Bornschen Näherung. Eine bes. Betrachtung läßt die Möglichkeit zu, daß sich vor dem Stoß H_2^+ in einem angeregten Schwingungszustand befindet. Geeignete Summen der theoret. Wrkg.-Querschnitte werden mit den Messungen des Wrkg.-Querschnittes σ_1 für die Dissoziation von H_2^+ in ein Proton u. ein H-Atom u. von $\sigma_1 + \sigma_2$ identifiziert, wobei σ_2 der Ionisationsquerschnitt von H_2 ist. Die Übereinstimmung zwischen Theorie u. σ_1 ist gut für Stoßenergien > 50 keV u. zwischen Theorie u. $\sigma_1 + \sigma_2$ für Stoßenergien > 1 MeV. H. Liepack 44

0086 **Abhängigkeit der Wahrscheinlichkeit der Schwingungsdesaktivierung von Jod-Molekülen vom Verhältnis zwischen Stoßzeit und Schwingungsperiode.** N. A. Generalov und V. D. Kosýnkin. (Doklady Akad. Nauk SSSR **175** (1967) 5, 1033–35; Mosk. gos. univ.; russ.) — Die Abhängigkeit der Wahrscheinlichkeit der Desaktivierung des ersten Schwingungsniveaus von Jodmol. J_2 von $\omega \cdot \tau_{Stoß}$ mit ω = Schwingungsfrequenz der J_2 wurde für Stöße mit J_2, *He, Ar*, N_2 u. auch für Stöße O_2–O_2 bestimmt. Auch die Temp.-Abhängigkeit im Bereich 800 bis 3500 °K wurde bestimmt. Die Wahrscheinlichkeit erreichte im Bereich $\omega\tau \approx 1$ ein Max. u. fiel dann wieder ab. M. Wiedemann 44

0087 **Strahlungsrekombination von Chloratomen in Stoßwellen.** Ralph A. Carabetta und Howard B. Palmer. (J. chem. Physics **46** (1967) 4, 1325–32; Dep. of Fuel Sci., Pa. State Univ., University Park, Pa.; engl.) — Die Lichtemission aus dem Gleichgew.-Bereich hinter den Stoßwellen wurde in Cl_2–Ar-Mischungen als Funktion der Temp., Wellenlänge u. Cl-Konz. gemessen. Die Ergebnisse stimmen mit einer Theorie überein, die auf der Berechnung der Gleichgew.-Konz. von Mol. in angeregten Zuständen basiert. P. Sliwinski 44

0088 **Dissoziationsgeschwindigkeit des Chlors in Stoßwellen.** Ralph A. Carabetta, und Howard B. Palmer. (J. chem. Physics **46** (1967) 4, 1333–38; engl.) — Vgl. vorst. Referat. — Die aus der Rekombinationsstrahlung der Cl-Atome in einer Cl_2–Ar-Mischung (1:5) bestimmte Konst. der Dissoziationsgeschw. $-d[Cl_2]/dt = k_d[Cl_2][M]$ genügt der Beziehung $k_d = 10^{13,94} \exp(-48300\ \mathrm{cal}/RT) \cdot \mathrm{cm^3 Mol^{-1} s^{-1}}$ im untersuchten Temp.-Bereich von 1735 bis 2582 °K. P. Sliwinski 44

0089 **Anregung und Messung akustischer Ionenwellen.** G. M. Sessler. (J. acoust. Soc. America **42** (1967) 2, 360 bis 366; Murray Hill, N.J., Bell Telephone Labor., Inc.; engl.) — Die gemeinsamen longitudinalen Schwingungen von Ionen oder Elektronen in Plasmen, die akust. Ionenwellen, werden in einer Hochvakuum-App. mit Hilfe eines Paares von Gittern angeregt u. mit einer Sonde aus einem weiteren Paar von Gittern gemessen. So werden in Plasmen in *Ar, Kr* u. H_2 bei geschätzten Ionengas-Temp. von 2000–4000 °K bei Schallfrequenzen von 0,1–6 MHz Phasengeschw. u. Dämpfung der Ionenwellen bestimmt. Beide sind unabhängig von der Gitterdimension u. der Signalspannung. Auch scheinen die Messungen nicht durch Partikelströmungen oder radiale u. axiale Inhomogenitäten des Plasmas beeinflußt zu werden. Unterhalb der Ionenplasmafrequenz ist die Phasengeschw. frequenzunabhängig u. etwa gleich der Tonks-Langmuir-Geschw., aber abhängig von der Ionenmasse. Bei hohen Frequenzen nimmt die Phasengeschw. leicht zu, die Dämpfung pro Wellenlänge fällt leicht ab. H. U. Borgstedt 46

0090 **Elektrischer Strom in einem strömenden Plasma zwischen kalten Elektroden.** D. Distéfano und H. J. Pain. (Brit. J. appl. Physics **18** (1967) 8, 1085–93; Phys. Dep., Imperial Col. of Sci. and Technol., London; engl.) — Es wird die Spannung zwischen zwei ebenen Elektroden in einem stoßerhitzten Plasma in Abhängigkeit von der Stromdichte untersucht. Die aufgestellte Theorie wird an Hand von Messungen an einem *Ar*-Plasma ($n_e \approx 10^{17}\ \mathrm{cm^{-3}}$, $\sigma > 10^3\ \mathrm{mho\ m^{-1}}$, $T_e \approx 12000$ °K mit verschiedenen Elektrodenquerschnitten geprüft. W. Pusch 46△

0091 **Ionentemperatur in einem durch Kontaktionisation erzeugten Plasma.** J. G. Hirschberg, J. E. Hesser, E. Hinnov und N. Rynn. (Physics of Fluids **10** (1967)

5, 1114—16; Plasma Phys. Labor., Princeton Univ., Princeton, N.J.; engl.) — In *Ba-* u. *Ba–Cs*-Plasmen werden Ionentemp. u. -dichte, Elektronentemp. u. -dichte in der Q-1-Anordnung gemessen. Die Ionentemp. T_i wird aus der Doppler-Verbreiterung der π- u. σ-Komponenten der Ba^+-Linie bei 4934 Å bestimmt, die Elektronentemp. T_e aus dem Verhältnis der beiden Ba^+-Resonanzlinien. Die D. werden mit der Meth. der Resonanzstreuung ermittelt. T_i liegt in allen Ba-Plasmen viel höher als T_e, wenn die D. niedrig ist. Bei D. $\sim 3 \cdot 10^{11}$ cm^{-3} werden T_i u. T_e vergleichbar. Bei Cs-Zusatz steigt T_i noch mehr, so daß höhere D. erforderlich sind, damit T_i u. T_e gleich werden. — In reinen Ba-Plasmen steigen T_i u. Ionendichte N_i etwas, wenn von außen Strom zugeführt wird, fallen aber bei höherem Strom schnell ab Wird die Stromrichtung umgekehrt, so nehmen T_i u. N_i monoton mit dem Strom ab. W. Pusch 46△

0092 **Anfangsverteilung der Ionenenergie und die Messung von sehr tiefem Druck.** 2. Mitt. George Comşa. (Rev. roum. Physique **12** (1967) 1, 63—68; Inst. of Atom. Phys., Acad. of the Socialist Republ. of Romania; engl.) — 1. vgl. C. **1968, 24-1944.** — Es wird die Röhrenempfindlichkeit, gek. durch den Faktor f (collection factor), in Abhängigkeit von der Ionenenergieverteilung (nach Maxwell) betrachtet. Danach nimmt f mit steigender Ionentemp. ab u. fällt mit steigendem Abstand der erzeugten Ionen von der Röhrenachse, f steigt ferner etwa linear mit dem Gitter-Kollektorpotential an. Mit zunehmender Anfangsenergie der Ionen ergibt sich ebenfalls eine exponentielle Abnahme von f. C. Grywnow. 46

A-3. Physik der Festkörper und Flüssigkeiten

0093 **Charakterisierung von d-Elektronen in Festkörpern durch die Struktur.** 2. Mitt. **Spontane kristallographische Formänderung.** John B. Goodenough. (Mater. Res. Bull. **2** (1967) 2, 165—84; Lincoln, Labor., MIT, Lexington, Mass.; engl.) — Spontane kristallograph. Umwandlungen in eine Phase niedrigerer Symmetrie bei tiefen Temp. können entweder von lokalisierten d-Elektronen oder von d-Elektronen in schmalen Bändern verursacht werden. Ferroelektr. u. Halbleiter-Metall-Übergänge sind Beispiele der Wrkg. kollektiver Elektronen. Es werden die kristallograph. Eig. verschiedener Oxide u. deren Interpretation gebracht. G. Ertl 50

Struktur

0094 **Klassifizierung von Silicatradikalen.** Ch. S. Mamedov und Ju. A. Achundov. (Azerbajdžanskij chim. Ž. **1967,** 2, 126—28; Inst. neorg. i fiz. chim. AN Azerb. SSR; russ.) — Kristallchem. Definition der verschiedenen Silicatgruppen. H. Roschkowski 51

0095 **Bestimmung der Symmetrieelemente einer Raumgruppe aus den „allgemeinen Lagen" der International Tables for X-ray Crystallography, Vol. I.** H. Wondratschek und J. Neubüser. (Acta crystallogr. [Copenhagen] **23** (1967) 3, 349—52; Karlsruhe, TH, Miner. Inst.; engl.) — Kristallgeometr. Untersuchung. C. Gottfried 51△

0096 **Neue Entwicklungen in der Strukturbestimmung durch die Faltmolekülmethode.** W. Hoppe und E. F. Paulus. (Acta crystallogr. [Copenhagen] **23** (1967) 3, 339—42; München, MPI für Eiweiß-Lederforsch.; engl.) C. Gottfried 51△

0097 **Einfluß der Kristallsymmetrie von geordneten Legierungen auf die feldionenmikroskopischen Diagramme.** R. W. Newman und J. J. Hren. (Surface Sci. [Amsterdam] **8** (1967) 4, 373—80; Gainesville, Fla., Univ. of Fla., Dep. of Metallurg. and Mater. Engng.; engl.) — Bisher wurde angenommen, daß die Krist.-Struktur, wie sie durch die Atompackung gegeben wird, die Orte von Facetten bei feldionenmkr. Proben bestimmt. Dies gilt aber nur für ungeordnete Leg. oder reine Metalle. Für geordnete Leg. führt dies zu Mehrdeutigkeiten, da hier einem Gitterplatz mehr als ein Atom zugeordnet ist. Die Krist.-Struktur wird jetzt durch die Symmetrie des resultierenden Punktgitters gegeben. Es wird gezeigt, daß für geordnetes Ni_4Mo u. PtCo die Ebenen, die bei Feldverdampfung entstehen, einfach durch geordnete Elementarzellen beschrieben werden können. Bei PtCo ergibt sich statt einer tetragonal-flächenzentrierten eine tetragonal-primitive Struktur mit a = 2,682; c = 3,675 Å; Ni_4Mo kann beschrieben werden als raumzentrierte tetragonale Zelle mit a = 5,727 Å, c = 3,56. P. Meischner 51

0098 **Beugungskontrast durch nichtsphärische Störungen — insbesondere einen würfelförmigen Einschluß.** S. L. Sass, T. Mura und J. B. Cohen. (Philos. Mag. [8] **16** (1967) 142, 679—90; Technol. Inst., Northwestern Univ., Evanston, Ill.; engl.) — Ableitung von Gleichungen für das von einem kohärenten, würfelförmigen Einschluß erzeugte Versetzungsfeld. Aus der theoret. Behandlung folgt, daß mit einem Transmissionselektronenmikroskop unter bestimmten Umständen ein würfelförmiger Einschluß von einem sphär. unterschieden werden kann. Dies wird experimentell an einer *Ni–Ti*-Leg. bestätigt. R. Blank 51

0099 **Gültigkeit der Reihennäherung in der Elektronenmikroskopie.** Bernard Jouffrey und Daniel Taupin. (Philos. Mag. [8] **16** (1967) 142, 703—15; Labor. de Phys. des Solides associé au C.N.R.S., Orsay, France; engl.) — Erweiterung einer Theorie von Takagi (Acta Cryst. **15** (1962) 1311) für den Nichtreihen-Fall. Danach sind die Abweichungen zur Reihennäherung normalerweise sehr gering, nur im Falle großer Bragg-Winkel ($\geq 4°$) scheinen sie eine größere Rolle zu spielen. Numer. Resultate für eine Elektronenenergie von 100 keV bei einer einzelnen Kantenversetzung u. einem Versetzungsdipol nahe der oberen Oberfläche werden angegeben. R. Blank 51

0100 **Bestimmung der Extinktionslänge durch die dynamische Mehrstrahltheorie; Vergleich mit experimentellen Daten bei Beschleunigungsspannungen von 100—1200 keV.** René Ayroles und Annie Mazel. (C. R. hebd. Séances Acad. Sci., Sér. A et B **265** (1967) 11, B 645—48; Labor. d'Opt. électron., C.N.R.S., Toulouse; franz.) — In der Zweistrahlnäherung nimmt die Extinktionslänge proportional zur Elektronengeschw. zu. Die experimentell für den (200)-Reflex an *MgO* bestimmten Extinktionslängen nehmen dagegen bei höheren Elektronenenergien langsamer zu. Diese Diskrepanz wird durch eine Mehrstrahlnäherung beseitigt, die für bis zu 10 der (h00)-Reflexe mit geraden h durchgeführt wird. F. Lenz 51

0101 **Korrekturen für anomale Streuung von Röntgen-K_β-Strahlen.** A. C. Hazell. (Acta crystallogr. [Copenhagen] **23** (1967) 6, 1096—98; Dep. of Inorganic Chem., Univ., Aarhus, Denmark; engl.) — Berechnung der Komponenten $\Delta f'$ u. $\Delta f''$ (anomaler Streuanteil) des Atomstreufaktors $f = f_0 + \Delta f' + i \cdot \Delta f''$ für die Elemente Z = 10—98 u. die $K_{\beta 1}$-Strahlungen von *Cr, Mn, Fe, Co, Ni, Cu, Zn, Mo, Rh, Pd* u. *Ag* nach der Meth. von Parratt u. Hempstead (1954) unter Verw. der Oszillatorenstärken nach Cromer. Tabellar. Angabe der ber. Werte. H.-U. Chun 51

0102 **Untersuchungen der Struktur und Transporteigenschaften von Flüssigkeiten mit Streustrahlung.** P. A. Egelstaff. (Discuss. Faraday Soc. 1967, **43,** 149—59; Solid State Phys., Div., A.E.R.E., Harwell; engl.) — Die experimentellen Meth. zur Unters. von Fl. mit Streustrahlung werden ebenso wie die zugehörigen Theorien zusammengefaßt. Hervorgehoben wird bes. die Beziehung zwischen den Meth. der Neutronen- u. Röntgenstreuung. Ferner wird die Möglichkeit, Elektronenbewegungen durch Messen des Intensitätsverhältnisses von Röntgen- zu Neutronenstrahlen zu untersuchen, diskutiert. Ebenso werden Zusammenhänge zwischen den beobachteten Streuintensitäten u. den allg. Transportkoeff. besprochen. W. Pusch 51△

0103 **Allgemeiner Strukturfaktor-Formalismus zur Interpretation genauer Röntgen- und Neutronenbeugungsdaten.** B. Dawson. (Proc. Roy. Soc. [London], Ser. A **298** (1967) 1454, 255—63; Div. of Chem. Phys., C.S.I.R.O. Chem. Res. Labor., Melbourne, Australia; engl.) — Die Entw. eines neuen Strukturfaktor-Formalismus bei genauen Krist.- u. Mol.-Strukturunters. ist notwendig, da der bisher in Strukturanalysen angewandte Formalismus beim Erkennen antisymm. Merkmale, verbunden mit nicht-kugelförmiger Ladungsverteilung u. mit anharmon. Komponenten der Schwingungsamplituden, versagt. Vf. zeigt die Möglichkeit, einen allg. Formalismus zu entwickeln, der sich aus einem Atomformfaktor- u. einem Temp.-Faktorkomplex zusammensetzt u. der es gestattet, obige antisymm. Merkmale bei der Analyse der Beugungsdaten gleich vorzusehen. Beziehungen zwischen Atombewegungen u. stat. Lagen werden als Ausdrücke des Gleichgew. u. dem zeitlichen Durchschnitt der Schwingungsverschiebungen betrachtet u. die Unterschiede zwischen letzteren dargelegt. Die Beziehungen dieser Begriffe zu den in der Analyse der Beugungsdaten verwendeten Schwingungsannäherungen werden aufgezeigt u. die Diskussion wird auf allg. Betrachtungen über das atomare Streuvermögen ausgedehnt. P. Zäske 51

0104 **Kovalente Bindung in Diamant.** B. Dawson. (Proc. Roy. Soc. [London], Ser. A **298** (1967) 1454, 264—88; engl.) — Vgl. vorst. Referat. — Der vom Vf. hergeleitete allg. Strukturfaktor-Formalismus wird auf eine Unters. der Elektronenverteilung der kovalenten Bindung in Diamant angewandt. Die Ladungsverteilung des gebundenen Atoms wird als Summe ausgedrückt, die sich aus Radial-Funktionen u. geeigneten kub. Harmonien von von der Lage u. Bethe als Komponenten zusammensetzt. Die Beiträge zu den Atomformfaktoren, die durch die kugelförmige Komponente der Ladungsverteilung aufgebracht werden, können dargestellt werden als Kombination der Hartree-Fockschen f-Werte für die durchschnittliche kugelförmige Ladungsverteilung eines isolierten Atoms im Grundzustand mit dem isotropen Temp.-Faktor $\exp(-0{,}20 \sin^2 \Theta/\lambda^2)$. Die nicht-kugelförmigen Merkmale von f, die durch Kombination von Radialfunktionen mit kub. Harmonien erfaßt werden können, führen u. a. auf eine quant. Erklärung des verbotenen, jedoch zu beobachtenden 222-Reflexes. Die aus je einer derartigen Kombination bestehenden 2 Komponenten sind direkt mit der kovalenten Bindung im Diamant in Verb. u. erfordern in bezug auf die kugelförmige Ladungsverteilung am isolierten Atom eine Neuverteilung derart, daß auf jede Bindung 0,087 Elektronen entfallen. Es wird gezeigt, daß der kovalenten Bindung ein Elektronendichtemax. von 0,64 e/Å^3 entspricht. Entsprechende Fourier-Synth. wurden ber. u. sind graph. gegeben. P. Zäske 51

0105 **Anharmonische Schwingung in Fluorit-Strukturen.** B. Dawson, A. C. Hurley und V. W. Maslen. (Proc. Roy. Soc. [London], Ser. A **298** (1967) 1454, 289—306; engl.) — Vgl. vorst. Referate. — Die mit Fluorit-Struktur krist. Verb. UO_2 u. CaF_2 zeigen bei Neutronenbeugungsunters. eine Temp.-Abhängigkeit der Beugungsintensitäten, die durch die übliche Annahme harmon. Schwingungen um die Gleichgew.-Atomlagen nicht erklärt werden kann. Der Vers., diese Diskrepanzen durch Anwendung des von Vf. hergeleiteten allg. Strukturfaktor-Formalismus, der die antisymm. Eig. von Atomen mit nicht-zentrosymm. Gitterlagen berücksichtigt, zu erfassen, wird unternommen. Die numer. Analyse der Neutronenbeugungsdaten in Ausdrücken eines für effektive Ein-Partikel-Potentialfelder des Typs $V_j(r) = V_{0,j} + {}^1/_2\, \alpha_j \cdot (x^2 + y^2 + z^2) + \beta_j xyz$ + Terme 4. Potenz entwickelten anharmon. Schwingungs-Formalismus zeigt, daß die wesentlichen Merkmale der ungewöhnlichen Temp.-Abhängigkeit der Meßdaten bereits durch die antisymm. (β) Komponente, verbunden mit der tetraedr. Punktsymmetrie der Anionen-Lagen, erklärt werden. Werte für die α_j- u. β_j-Parameter sind für beide Verb. gegeben, u. ihre Fähigkeit, die Meßdaten zu reproduzieren, wird detailliert dargelegt. Der allg. Strukturfaktor-Formalismus wird damit auf den Bereich der Neutronenbeugung erweitert. Die für CaF_2 hergeleiteten Parameter werden mit theoret., aus einem Modell vom Einstein-Typ resultierenden Abschätzungen verglichen, wobei sich eindeutig zeigt, daß die Pauling-Radien für Ca^{2+} u. F^- dem physikal. Verh. dieses Syst. nicht genügen. P. Zäske 51

0106 **Anharmonische Schwingung und verbotene Reflexe in Silicium und Germanium.** B. Dawson und B. T. M. Willis. (Proc. Roy. Soc. [London], Ser. A **298** (1967) 1454, 307—15; engl.) — Vgl. vorst. Referate. — Eine Abschätzung der antisymm. Grundzüge der Schwingungsanharmonizität in Ge u. Si wird gegeben, die durch Neutronenbeugungsunters. bei höheren Temp. belegt werden konnte. Analog zu früheren Unters. an UO_2 u. CaF_2 basiert die Diskussion auf einem allg. Strukturfaktor-Formalismus u. den Folgerungen aus effektiven Ein-Partikel-Potentialen der Form $V_j(r) = V_{0,j} + {}^1/_2\alpha_j \cdot (x^2 + y^2 + z^2) + \beta_j xyz$, die der T_d-Symmetrie der Atomlagen genügen. Die über die charakterist. Temp. Θ hergeleiteten Werte der α-Parameter für Si u. Ge ähneln entsprechenden Werten, die aus einer Schwingungsanalyse der Neutronenbeugungsdaten von UO_2 u. CaF_2 stammen u. legen daher eine Fluorit-ähnliche Abschätzung der Schwingungsanharmonizität nahe. Die resultierenden Voraussagen für die Bragg-Streuung oberhalb Θ wurden für vollkommene Krist. u. Mosaikstrukturen überprüft. Die anharmon. Phänomene geben speziell für den 1. Fall eine Erklärung für die bei hohen Temp. zu beobachtende Streuung, die den verbotenen Reflexen 666 u. 864 entspricht. Da diese Ergebnisse analog denen für den verbotenen 222-Reflex bei Diamant sind, ist damit eine nochmalige Erweiterung der Theorie für die Neutronenbeugung gegeben. P. Zäske 51

0107 **Intensität der Röntgenbeugungslinien von Eisen nach plastischer Verformung und Glühung.** G. M. Vorob'ev und A. D. Ljučkov. (Fiz. Metallov Metallovedenie **24** (1967) 3, 476—81; Dnepropetrovskij metallurg. inst.; russ.) — Widersprüchliche Unters.-Ergebnisse über die Veränderung der Intensität der Interferenzlinien von Metallen nach einer plast. Verformung werden, außer durch Gerätefehler, durch eine ungenügende Berücksichtigung des Extinktionseffektes erklärt. Beim Fehlen des Extinktionseffektes wird im Ausgangsmaterial nach der plast. Verformung eine bevorzugte Schwächung der Linien höherer Ordnung festgestellt. Die Schwächung der Beugungslinien von Fe nach einem Glühen entspricht nicht der Formel des Effektes der sek. Extinktion. Aus drei bekannten Beziehungen für den Primärextinktionseffekt bester Übereinstimmung mit der experimentell bestimmten Abhängigkeit der Intensität der Interferenzlinie des geglühten Fe vom Winkel Θ ergibt sich die Richtigkeit der Eckstein-Formel. Eine Berechnung der Blöckchengröße nach der Eckstein-Formel ergab Werte, die mit Abnahme der Strahlungswellenlänge ansteigen. H. Hochstein 51

0108 **Nachweisbarkeit makroskopischer Fehler in leitenden Materialien mit elektrischen Untersuchungen.** Nicolae Andreescu, Elena Lăbuşcă und S. Vasiliu. (Rev. roum. Physique **12** (1967) 5, 503—13; Bucarest, Inst. de Phys. Atomique, Labor. de Métallurgie; franz.) — Mit Hilfe einer Anordnung mit vier kreuzförmigen Kontakten, wobei jeweils zwei Strom- u. zwei Spannungskontakte einander gegenüberliegen, können makroskop. Fehler in leitenden Materialien nachgewiesen werden. Diese Meth. erweist sich bei der Anwendung auf Inhomogenitätsunters. in Reaktorgraphit empfindlicher als die übliche Unters.-Meth. mit Ultraschall. Die Meth. läßt sich auch auf andere leitende Materialien anwenden. K. H. Härdtl 51

0109 **Methode zum Ätzen von pyrolytischem Siliciumcarbid.** D. E. Y. Walker. (J. Mater. Sci. **2** (1967) 2, 197—99; UKEA Reactor Group, Reactor Fuel Element Labs., Springfields Works, Salwick Preston, Lancs., UK; engl.) — Pyrolyt. SiC hat je nach Abscheidungsgeschw. unterschiedliche Struktur. Um diese untersuchen zu können, wurde ein zweistufiges Ätzverf. entwickelt: zuerst Ätzpolieren mit grünem Cr-Oxid unter Zusatz von wenigen Tropfen 0,002% HF, dann elektrolyt. Ätzen bei 3—5 V u. 1 A mit verschiedenen Elektrolyten. R. Zimmer 51

0110 **Chemisches Polierverfahren für KCl.** Dennis Chesters und Earl F. Zwicker. (J. appl. Physics **38** (1967) 4, 1983—84; Ill. Inst. of Technol., Chicago, Ill.; engl.) — Zum Polieren von KCl wird folgende Meth. verwendet: 1. Mechan. Polieren, 2. chem. Polieren in W.,

3. Polieren in einer Mischung A.–W., 4. Polieren in reinem A. u. 5. Polieren in Petroläther. Anschließend werden die Proben im Luftstrom bei 60° getrocknet.
F. Portele 51

0111 **Unstimmigkeiten bei einer perfekten Anpassung der Ätzmuster auf gegenüberliegenden Spaltflächen in Bi_2Te_3.** A. Sagar und J. W. Faust jun. (J. appl. Physics **38** (1967) 5, 2240–43; Westinghouse Res. Labor., Pittsburgh, Pa.; engl.) — Auf gegenüberliegenden Spaltflächen von Bi_2Te_3-Krist. treten Ätzmuster auf, die keine vollständige Zuordnung der Ätzgrübchen zulassen. Es kann experimentell nachgewiesen werden, daß diese Abweichungen durch Biegung u. Verzweigung von Versetzungen entstehen. K. H. Härdtl 51

0112 **Ermittlung der mittleren Maßzahlen von Partikeln eines Körpersystems durch Messungen auf dem Rand eines Schnittbereichs.** Hans Giger. (Z. angew. Math. Physik [Basel] **18** (1967) 6, 883–88; Bern, Schweiz; dt.) — Integralgeometr. begründete Formelsyst. dienen zur Angabe von Rückschlußmöglichkeiten für räumliche Bereiche aus Auszählungen u. Messungen im Bereich einer Schnittebene. Die Exaktheit der mathemat. Grundlagen erlaubt, daß die Formeln auch bei kleinen Beobachtungsbereichen Rückschlüsse auf die das Bereichsyst. kennzeichnenden Mittelwerte ergeben. Dabei werden die angeschnittenen Partikel in der Mittelwertbldg. mit berücksichtigt. Ausgang der Betrachtungen ist ein integralgeometr. Modell. H. U. Borgstedt 51

0113 **Röntgenographische Untersuchung der Kristallstruktur von Jod bei hohem Druck.** S. S. Kabalkina, T. N. Kolobjanina und L. F. Vereščagin. (Doklady Akad. Nauk SSSR **172** (1967) 2, 313–16; Inst. fiz. vysokich davlenij AN SSSR; russ.) — Röntgenograph. wurden *J*-Pulverpräp. bei Zimmertemp. bis zu Drücken von 60 kbar untersucht. Demnach verläuft in Übereinstimmung mit Bridgman der Phasenübergang zwischen 10 u. 20 kbar. Dabei bleibt die rhomb. Symmetrie erhalten, jedoch geht die Flächenzentrierung von (ab) verloren, was einem Auswandern der J_2 aus den Symmetrieebenen $y = 0$ u. $y = {}^1/_2$ entspricht. Damit ergeben sich die allg. Punktlagen der Raumgruppe D_{2h}^{15} u. die J_2-Hochdruckmodifikation kann als rhomb. verzerrte Variante des CO_2-Typs beschrieben werden. Grobe Intensitätsabschätzungen lassen auf einen Winkel zwischen der Mol.-Achse u. der (ac)-Fläche im Bereich von 10–20° schließen. Eine Tabelle der intermol. Abstände in Abhängigkeit von diesem Winkel wird für 1 atm u. 30 kbar angegeben. P. Zäske 52

0114 **Sechs neue Zinksulfidpolytypen der Familie 16 L–48 R.** S. Mardix und O. Brafman. (Acta crystallogr. [Copenhagen] **23** (1967) 3, 501–03; Jerusalem, Hebrew Univ., Dep. of Phys.; engl.) — In 2 aus der Dampfphase gewachsenen ZnS-Krist. wurden röntgenograph. 6 weitere Polytypen der Familie 16 L–48 R nachgewiesen.
C. Gottfried 52△

0115 **Mehrfache gerichtete Kristallisation.** A. N. Kirgincev und V. I. Kosjakov. (Izvest. sibirskogo Otd. Akad. Nauk SSSR, Ser. chim. Nauk **1967**, 4, 35–44; Inst. neorg. chim. SO AN SSSR, Novosibirsk; russ., Auszug: engl.) — Theoret. Analyse (Verteilungskurven) der mehrfachen gerichteten Kristallisation in offenen u. geschlossenen Systemen. H. Roschkowski 54

0116 **Einige Varianten der mehrfachen gerichteten Kristallisation.** A. N. Kirgincev und V. I. Kosjakov. (Izvest. sibirskogo Otd. Akad. Nauk SSSR, Ser. chim. Nauk **1967**, 4, 45–49; russ., Auszug: engl.) — Vgl. vorst. Referat. — Theoret. Analyse der Verteilungskurven für drei Varianten der mehrfachen gerichteten Kristallisation im offenen System. H. Roschkowski 54

0117 **Berücksichtigung der Verdampfung von Beimengungen beim Zonenschmelzen.** S. I. Pejzulaev. (Izvest. Akad. Nauk SSSR, Neorg. Mater. **3** (1967) 9, 1523–32; russ.) — Das Verh. flüchtiger Beimengungen beim Zonenschmelzen im Vakuum wird unter der Voraussetzung mol. Verdampfung theoret. untersucht. Eine Beziehung zur Best. der Konz. der flüchtigen Beimengungen nach einer beliebigen Anzahl von Zonendurchgängen wird abgeleitet. Ein Verf. zur Ermittlung der optimalen Bedingungen für die Zonenschmelzreinigung wird vorgeschlagen. H. Roschkowski 54

0118 **Einfluß eines elektrischen Gleichfelds auf das Schicht-Spiral-Wachstum von Kristallen.** M. I. Kozlovskij. (Kristallografija **12** (1967) 6, 1099–1101; Tiraspol'skij ped. inst.; russ.) — Der Einfl. eines elektr. Gleichfelds (10000 V/cm) auf das Wachstum von Diphenylkrist. aus der Dampfphase wird untersucht. Die Veränderungen des Wachstums im Feld werden u. a. auf elektrokinet. Erscheinungen zurückgeführt, die die Übersättigung verändern. H. Roschkowski 54

0119 **Kristallisation durch dünne Legierungszonen.** D. T. J. Hurle, J. B. Mullin und E. R. Pike. (J. Mater. Sci. **2** (1967) 1, 46–62; Royal Radar Establ., Great Malvern, Worcs.; engl.) — Die Grundregeln der Krist.-Züchtung mittels Diffusion durch eine dünne Leg.-Zone (TAZ) aus einer dritten festen, fl. oder dampfförmigen Phase werden beschrieben. Durch einen thermodynam. Potentialgradienten in der Zone tritt die Kristallisation ein. Es werden hierbei Wachstumsgeschw. erreicht, bei denen Materialeinschlüsse vermieden werden. Verschiedene Meth. zur Erlangung eines solchen Gradienten werden erwogen. Der Ablauf der Prozesse in verschiedenen Aggregatzuständen wird besprochen. Zur Erklärung der Geschw., mit der sich diese Zone unter dem Einfl. des Temp.-Gradienten oder des elektr. Stromes bewegt, u. um die Unterkühlung an einem Punkt des Syst. zu bestimmen, werden Berechnungen durchgeführt. Für metastabile Phasen müssen dabei die thermodynam. Gleichgew.-Bedingungen der fest–fl. Zwischenstufe berücksichtigt werden. Ein Vorteil gegenüber der Schmelzflußtechnik ist die durch die dünnere Zone geringere Unterkühlung. Berechnungen hierfür werden gemacht. Anwendung findet die Meth. zur Herstellung homogener Einkrist., auch von Halbleitern, u. in metastabilen Phasen. P. Zimmer 54

0120 **Keramischer Schmelztiegel für Bariumtitanatschmelzen.** C. A. Miller. (J. Mater. Sci. **1**, 308–09, 1966; Central Electricity Res. Labor., Leatherhead, Surrey; engl.) — Auf Grund der Unters. des Phasendiagramms des Syst. $BaTiO_3$–$SrTiO_3$ wird ein Tiegel aus 2 Mol.-% $SrTiO_3$ u. 98 $BaTiO_3$ (F.-Minimum des Syst. bei 1585° bei 2,5 Mol.-% $SrTiO_3$) vorgeschlagen, der für Krist.-Züchtungen verwendbar ist. D. Hoene 54

0121 **Abhängigkeit des effektiven Verteilungskoeffizienten von Beimengungen von der Züchtungsgeschwindigkeit von Einkristallen.** V. V. Voronkov, V. P. Grišin und Ju. M. Šaškov. (Izvest. Akad. Nauk SSSR, Neorg. Mater. **3** (1967) 12, 2139–43; Giredmet; russ.) — Bei der Züchtung von Si-Krist. mit kleinem ⌀ hängt der effektive Verteilungskoeff. k_{eff} nicht von der Umdrehungsgeschw. des Keimkrist. ab u. wächst mit steigender Wachstumsgeschw. bis auf einen Grenzwert, der sich von 1 unterscheidet. Bei turbulenter Vermischung der Schmelze ist k_{eff}^{*} gleich dem wahren Ungleichgew.-Verteilungskoeffizienten. Eine Gleichung für den Grenzwert von k_{eff} bei großen Züchtungsgeschw. wird abgeleitet. H. Roschkowski 54

0122 **Wandernde Lösungsdefekte an Siliciumscheibchen.** E. Biedermann. (J. electrochem. Soc. **114** (1967) 2 Pt. 1, 207–08; IBM Labor., Boeblingen; engl.) — Bei der Herst. von epitakt. Si-Schichten bei Temp. von 1100–1200° werden auf den Oberflächen „Nageldefekte" beobachtet, die aus ca. 1 mm langen, mit einem Kopf versehenen Streifen bestehen u. die statist. über die Oberfläche verteilt sind. Die Streifen sind stets parallel zum Gasstrom bzw. zur Schwerkraft ausgerichtet. Ihre Bldg. wird der Wanderung von fl. Verunreinigungströpfchen zugeordnet. Nach Analysen mit der Elektronenmikrosonde enthalten die Tröpfchen neben Si Fe, Cr u. Ni u. sind demnach ein Eutektikum, das unter den Vers.-Bedingungen nicht abgebaut wird.
Herbert Müller 54

0123 **Einfluß der Vibration auf die Kristallisation von Cadmium.** D. L. Lejčkis, N. V. Michajlov und P. A. Rebinder. (Doklady Akad. Nauk SSSR **176** (1967) 3,

564–67; 1 Tafel, Inst. fiz. chim. AN SSSR; russ.) — Die Kristallisation von 99,95% reinem Cd mit 0,02% Pb, 0,01% Zn, 0,003% Fe u. 0,01% Cu wurde im elektromagnet. Vibrator bei 5–5000 Hz u. Beschleunigungen bis 100 m/s^2 verfolgt. Die Schliffe wurden elektrolyt. in 55%ig. wss. H_3PO_4 poliert u. geätzt. Die Abhängigkeit des mittleren Korndurchmessers von der Geschw. u. Beschleunigung der Vibration wurde an der Schlifffläche u. an der Probenoberfläche untersucht. Die Vibrationsdispergierung verläuft an der Oberfläche u. im Vol. nach dem gleichen Mechanismus. Ohne Vibrationseinfl. werden die Dendriten bei wachsender Entfernung von der Wand breiter, unter Vibrationseinw. dagegen dünner. Der Unterschied beruht auf Verschiedenheiten der Keimbldg., sie wird durch den Vibrationseinfl. bei geringster Unterkühlung begünstigt. Über 380° bleibt die Behandlungstemp. auf die Korngröße der zentralen Zone prakt. ohne Einfluß. J. J. Pohl 54

0124 **Darstellung von Einkristallen aus Mischkristallen, die eine starke Segregation der Komponenten beim Kristallisieren zeigen.** S. I. Tairov, V. I. Tagirov, M. G. Šachtachtinskij, V. N. Vigdorovič und A. A. Kuliev. (Doklady Akad. Nauk SSSR **176** (1967) 4, 851–54; Inst. fiz. AN Azerb. SSR; russ.) — Eine Meth. zur Darst. homogener Einkrist. wurde am Beispiel von Ge–Si-Mischkrist. ausgearbeitet. Während des Wachstums eines Einkrist. der einen Komponente wird die Schmelze kontinuierlich mit der zweiten Komponente versetzt. Der Geh. an der zweiten Komponente wuchs bis zur erforderlichen Konz. in der festen Phase u. wurde dann konst. gehalten. Auf diese Weise u. durch kontinuierliche Änderung der Schmelztemp. wurde das Auftreten einer Seigerung vermieden u. die Konstanz der Zus. der Schmelze gesichert. Die erhaltenen Einkrist. wurden röntgenograph. u. metallograph. untersucht. D.- u. elektr. Leitfähigkeitsdaten zeigen, daß die Proben einheitlich sind. Die elektr. Eig. von p-Halbleiter-Mischkrist. aus Ge + 15 Atom-% Si wurde bei 77–1100°K bestimmt. Die Stromträgerkonz. in den Einkrist. beträgt bei Zimmertemp. $1 \cdot 10^{15} - 6 \cdot 10^{15}$ cm^{-3}. Mit wachsendem Si-Geh. nimmt die Beweglichkeit der Fehlstellen in den Proben zu. Sie ändert sich nach $U_p = AT^{-3/2}$ (cm^2/V · s), wobei A für jede Zus. eine Konst. ist. Einen wichtigen Einfl. auf die Eig. der Mischkrist. übt die chaot. Verteilung der Ge- u. Si-Atome in den Gitterzwischenräumen des Krist. aus. J. J. Pohl 54

0125 **Durch Pyrolyse der Hydride erhaltene einkristalline Germanium- und Siliciumschichten.** T. A. Zeveke, L. N. Kornev und V. A. Tolomasov. (Kristallografija **12** (1967) 6, 1058–61; Gor'kovskij issl. fiz.-techn. inst.; russ.) — Die Herst.-Bedingungen epitakt. Ge- u. Si-Schichten auf dem jeweils gleichen Material durch Pyrolyse von GeH_4 u. SiH_4 wird untersucht. Epitakt. Schichten werden durch Abätzen der Substrate mit HCl-Dampf unmittelbar vor der Abscheidung erhalten. Die elektr. Leitfähigkeiten der epitakt. Schichten entsprechen denen von nach üblichen Verf. gezogenen Einkristallen. H. Roschkowski 54

0126 **System Niob–Sauerstoff–Stickstoff.** 2. Mitt. **Ausscheidungsvorgänge aus übersättigten Niob–Sauerstoff–Stickstoff-Mischkristallen.** Erich Gebhardt, Rolf Rothenbacher und Ingard Kvernes. (Z. Metallkunde **58** (1967) 11, 790–99; MPI für Metallforsch., Inst. für Sondermetalle, Stuttgart; dt.) — Weitere 2. vgl. C. **1967,** 24-0548. — Ausscheidungsvorgänge beim Anlassen (200–850°) von übersätt. homogenen Nb–N–O-Mischkrist. (ca. 3,8 Atom-% O, ca. 0,4 N) werden licht- u. elektronenmkr. sowie mit Hilfe von Härtemessungen untersucht. Zunächst werden Nitride entlang den Korngrenzen u. in der Matrix ausgeschieden. Oxidausscheidungen werden bei > 650° nur in den Korngrenzen, bei < 650° in orientierter Stäbchen- oder Plättchenform innerhalb der Körner beobachtet. Die Nitride werden von den später ausgeschiedenen Oxiden umhüllt. Die Aushärtungserscheinungen sind durch Bldg. u. Wachstum kohärenter Zonen bedingt. M. Frenzel 54

0127 **Chemische Abscheidung von Mo auf Si aus der Dampfphase.** J. J. Casey, R. R. Verderber und R. R. Garnache. (J. electrochem. Soc. **114** (1967) 2 Pt. 1, 201–04; Sprague Electr. Co., North Adams, Mass.; engl.) — Auf (100)- u. (111)-Flächen von Si-Einkrist., die bei 1200° mit epitakt. Si-Schichten vorbelegt waren, werden bei Temp. T_t von 600–1350° aus $MoCl_5$- bzw. MoO_2Cl_2-halt. H_2 50–500 Å dicke Mo-Schichten abgeschieden. Bei Verw. von $MoCl_5$-Quellen werden auf (100)-Flächen bei T_t < 1000° polykrist., Mo-reiche Schichten mit geringer Vorzugsorientierung erhalten, während bei 1000–1100° einkrist. $MoSi_2$-Schichten auftreten, die bei höheren T_t polykrist. werden. Auf (111)-Flächen werden bei Verw. von $MoCl_5$ bei 800° metastabile Phasen mit $MoSi_5$ u. $MoSi_{12}$ abgeschieden, die bei T_t = 950° in einkrist. Mo_3Si übergehen. Bei T_t > 1000° werden komplexe, einkrist. Mo–Si-Phasen erhalten. Auf (100)-Flächen werden durch H_2-Red. von MoO_2Cl_2 für T_t < 850° amorphe, Mo-halt. Schichten erhalten, während bei 850 < T_t < 900° polykrist. Mo_3Si u. bei 1100 < T_t < 1200° poly- u. einkrist. $MoSi_2$ entsteht. Die Dicke der Mo-Schichten wird bes. bei höherem T_t durch Ätzprozesse begrenzt. Herbert Müller 54

0128 **Wachstum von α-Plutoniumkörnern unter hydrostatischem Druck.** J. Cornet und B. Spriet. (Mém. sci. Rev. Métallurgie **64** (1967) 5, 467–76; Centre d'Etudes Nucléaires, Fontenay-aux-Roses; franz.) — Eine Vers.-App. wird beschrieben, in der Drücke um 1000 kb bei 1000° über lange Zeit ausgeübt werden können. Die App. wird benutzt, um das Kornwachstum von α-Pu durch Phasenwechsel u. durch gesteigertes Wachstum unter hydrostat. Druck untersuchen zu können. Es werden Körner mit einer Größe von 10 mm erhalten. F. Vier 54

0129 **Ausscheidung der α-Phase in δ-Plutonium.** R. A. Knight, B. R. Spicer, B. J. Ward und J. S. White. (J. nuclear. Mater. [Amsterdam] **24** (1967) 2, 223–29; UKAEA, AWRE, Aldermaston, Berks.; engl.) — Der Einfl. der Kaltbearbeitung bei –80° auf die Ausscheidung der α-Phase in Pu–3Atom-% Ga wird untersucht. Die Gießbedingungen (Eingießen in Formen mit Temp. von 70–670°) verursachen ausgehöhlte δ-Phasen-Strukturen, in denen die Kaltbearbeitung die Gebiete mit unterschüssigem gelösten Material zur α-Phase umwandelt. Die Ausbldg. der α-Phase hat ein Verfestigen der δ-Phase zur Folge. Der Grad der Verfestigung hängt von der Dispersion der α-Phase ab. M. Frenzel 54

0130 **Epitaktisches Wachstum von Eisen auf Wolfram-Feldemissionsspitzen.** Allan J. Melmed. (Surface Sci. **7** (1967) 3, 478–81; Metallurg. Div., Inst. for Mater. Res., NBS, Washington, D.C. engl.) — Auf W-Emissionsspitzen wird bei Drücken von ca. 10^{-10} Torr Fe aufgebracht. Wie sich aus den Feldemissionsbildern ergibt, wachsen bei Substrattemp. zwischen 350 u. 750° epitakt., kub. raumzentrierte Fe-Krist. auf die W-Substrate auf. Bei einer weiteren Temp.-Erhöhung wird eine offensichtlich diffusive Vermischung zwischen Fe u. W beobachtet. K. H. Härdtl 54

0131 **Identifizierung von Fe_3Si-Kristallen, die in den ersten Stufen der Zementierung von Eisen durch Silicium aus der Gasphase gebildet werden.** Gilbert Monnier, Raymond Rivière, René Borrelly und Sylvain Audisio. (C. R. hebd. Séances Acad. Sci., Sér. C **265** (1967) 6, 356–58; Inst. Nat. des Sci. appl., Villeurbanne; franz.) — Bei 1030° bilden sich in den ersten Stufen der Zementierung von Fe durch Si mittels gasf. $SiCl_2$ u. $SiCl_4$ auf den Oberflächen der Fe-Körner Krist. von Fe_3Si, die an Zahl u. Vol. anwachsen, bis sie die ganze Oberfläche der Körner bedecken. Die Unters. erfolgen mittels Röntgenstrahlbeugung. F. Vier 54

0132 **Mechanismus des Kristallwachstums von Graphit in einer Fe–C–Si-Schmelze.** Ju. S. Achmatov, K. P. Bunin und Ju. N. Taran. (Doklady Akad. Nauk SSSR **177** (1967) 3, 560–61; Inst. černoj metallurg. Dnepropetrovsk; russ.) — Erörterung des Schemas einer geschichteten graphit. Dendritenbldg. in Fe–C–Si-Schmelzen. Es werden zwei Stadien des Wachstums von Graphitrosetten beobachtet. Im ersten Stadium bildet sich in einer Ce-freien, bis unterhalb der Liquiduskurve unterkühlten Schmelze Primärgraphit von üblicher lamellarer

Form. Ein Ce-Zusatz zur Schmelze vor Beginn der eutekt. Umwandlung führt zu einer Desorption oberflächenaktiver Elemente. Das Querwachstum der Basislamelle wird dad. stark beschleunigt. Die bevorzugte Entw. von einzelnen Oberflächengebieten, die eine spezif. Art eines zellenförmigen Anwachsens der Graphitkrist. in der Fe-Schmelze darstellt, führt zur Bldg. des geschichteten graphit. Dendrites. H. Hochstein 54

0133 **Kinetik der Martensitbildung.** H. Langer. (Wiss. Z. Techn. Hochschule Otto von Guericke Magdeburg **11** (1967) 3/4, 473—85; Fak. für Grundwiss., I. Phys. Inst.; dt.) — Die Änderungen des elektr. Widerstandes u. des magnet. Kraftflusses bei der Bldg. von Martensit-Krist. in Fe–ca. 30% Ni werden oszillograph. untersucht. Die Meßmeth. werden auf ihre Brauchbarkeit geprüft u. die Meßergebnisse auf ihren Informationsgeh. hinsichtlich der Ausbreitungsgeschw. der Martensitphase untersucht. Die auftretenden Effekte werden diskutiert. Die Relief-Bldg. auf polierten Oberflächen wird mit einem Piezoelement verfolgt. M. Frenzel 54

0134 **Entstehung von Martensit in einer explosivartigen Umwandlungskinetik unterworfenen Fe–Ni-Legierungen.** O. P. Maksimova und V. V. Nemirovskij. (Doklady Akad. Nauk SSSR **177** (1967) 1, 81—84; Inst. metallovedenija i fiz. metallov CNIIČMET im. Bardina; russ.) — In zwei Fe–Ni-Leg. mit 0,02(%) C, 30,4 bzw. 31,6 Ni, 0,25 bzw. 0,28 Mn, 0,07 bzw. 0,02 Si, Rest Fe wird die Entstehung von Martensit bei einer explosivartigen martensit. Umwandlung untersucht. Es zeigt sich, daß im Austenit der untersuchten Leg. bei bestimmten Bedingungen tatsächlich Strukturbldg. existieren, die als Keime der im Augenblick der Explosion gebildeten Martensitkrist. angesehen werden können. Die gesetzmäßige Veränderung der Temp. u. der Explosionsgrößen infolge der Alterung des abgeschreckten u. nahe des Martensitpunktes gehaltenen Austenits ist offenbar durch die Menge der bei der Alterung blockierten Keime bedingt. Die Keimmenge hängt ihrerseits von der Temp. ab, bis zu der der Austenit vor der Alterung vorabgekühlt war. Die Hemmung der Umwandlung, die mit dem Zustand der austenit. Matrix (bes. mit der Austenitkorngröße) zusammenhängt, zeigt sich im gesamten Bereich der martensit. Umwandlung konst., während die durch die Blockierung der Keime bedingte Hemmung zeitlich ist, da sie ja nur bis zur Explosionstemp. wirkt. H. Hochstein 54

0135 **Beziehung zwischen Polygonisation und Rekristallisation von Nickel.** P. Bartuška. (Czechoslov. J. Physics, Sect. B **17** (1967) 9, 798—804; Inst. of Solid State Phys., Prag; engl.) — Die Temp. von Beginn u. Ende der Rekristallisation von Ni mit 99,85 u. mit 99,997% Reinheit wurden bestimmt. Der Unterschied in der Reinheit ergibt eine Verschiebung der Temp. um ca. 200°. Mit wachsendem Verformungsgrad nehmen die Rekristallisationstemp. zuerst sehr stark ab. Bei 20%-Verformung verlangsamt sich diese Abnahme sehr u. wird linear. Je höher der Grad der Verformung oder der Reinheit des Ni ist, um so weniger polygonisiert die Matrix, in der Rekristallisationskeime auftreten. Es wurde festgestellt, daß bei isotherm. Wärmebehandlung die Kornwachstumsgeschw. verlangsamt wird. F. Vier 54

0136 **Rekristallisationskeimbildung von schwach verformtem Nickel.** Pavel Bartuška. (Českoslov. Časopis Fysiku, Sekce **A 17** (1967) 5, 450—53; tschech.) — Vgl. vorst. Referat. — Ni-Folien (0,05 mm) wurden nach Verformung durch Walzen u. therm. Behandlung direkt im Elektronenmikroskop erhitzt. Die Rekristallisation wurde mit jener der kompakten Proben verglichen. In dünnen Schichten treten keine Rekristallisationskeime auf. V. Burjan 54△

0137 **Einfluß der Reinheit des Kupfers auf die Sekundärrekristallisation.** Jacques Le Héricy. (C. R. hebd. Séances Acad. Sci., Sér. C **265** (1967) 12, 620—23; Centre d'Etude de Chim. métallurg., Vitry-sur-Seine; franz.) — Bei der Unters. der sek. Rekristallisation von zonengeschmolzenem Cu verschiedener Herkunft wurde festgestellt, daß bei sehr reinem, vertikal zonengeschmolzenem Cu nur sehr geringe Abweichungen der Orientierung der bei hoher Temp. entstandenen Krist. auftreten, während bei weniger reinem Cu sehr deutliche bevorzugte Orientierungen beobachtet wurden. F. Vier 54

0138 **Orientierte Kristallisation von Kupfer aus Schmelzen an monokristallinem Molybdän und Wolfram.** Ju. D. Čistjakov, A. I. Pekarev und D. N. Gulidov. (Izvest. Akad. Nauk SSSR, Metally **1967**, 6, 87—93; Moskva; russ.) — Das strukturgeometr. Prinzip epitakt. Aufwachsungen zwischen zwei reinen Metallen ist nur für den Fall plausibel, wenn die verwachsenen Metalle selbst Leg.-Syst. mit Bereichen der Nichtlöslichkeit im festen u. fl. Zustand bilden u. ihre Zustandsdiagramme dem monotekt. Typ entsprechen. Gerade durch diesen Typ werden die Wechselwirkungen im Syst. Cu–Mo(W) charakterisiert. W.-D. Heußner 54

0139 **Keimbildungsdichte von Gold auf Natriumchlorid-Spaltflächen.** Tadao Inuzuka und Ryuzo Ueda. (Surface Sci. [Amsterdam] **8** (1967) 4, 445—48; Tokyo, Japan, Waseda Univ. Dep. Appl. Phys.; engl.) — Sehr dünne Goldschichten zwischen 0,01 u. 1 Å wurden im Hochvakuum auf luftgespaltene u. vakuumgespaltene NaCl-Krist. bei 250—350° aufgedampft u. elektronenmkr. untersucht. Die D. von Keimen wurde in Abhängigkeit von der mittleren Schichtdicke betrachtet. Sie war nahezu dickenunabhängig. Bei luftgespaltenen Krist. betrug sie ca. $10^{12}/cm^2$; bei vakuumgespaltenen Krist. ca. $3 \cdot 10^{11}/cm^2$. P. Meischner 54

0140 **Epitaktische Goldaufdampfschichten im Hochvakuum.** Helmut Viefhaus. (Z. Naturforsch. **22a** (1967) 12, 2123, 1 Tafel; Inst. für Theoret. Phys., Univ. Karlsruhe; dt.) — Ca. 300 Å dicke epitakt. Au-Schichten werden im Hoch- bzw. Ultrahochvakuum von ca. 10^{-6} bzw. ca. 10^{-9} Torr auf Glimmer (Basistemp. $T_n = 20$ bis 450°) hergestellt u. durch Elektronenbeugung (schnelle Elektronen) untersucht. Bei $T_n = 20—100°$ ergeben sich polykrist. Schichten, bei $> 420°$ Einkrist.-Schichten mit (111) parallel zur Unterlage, bei 100—ca. 350° wird zunehmende Einfachorientierung (die bei 390° vollständig wird) mit [111] senkrecht zur Unterlage beobachtet. Langsame Elektronen liefern wegen der beträchtlichen Gasbelegung keine Beugungsbilder. Für Einkrist.-Bldg. erforderliche Temp. liegen bei Vers. im Ultrahochvakuum wesentlich höher als bei Vers. im Hochvakuum. M. Frenzel 54

0141 **Struktur und Orientierung von Kristallen in Metallabscheidungen auf Glimmer.** J. G. Allpress und J. V. Sanders. (Surface Sci. [Amsterdam] **7** (1967) 1, 1—25; Commonwealth Sci. and Ind. Res. Organizat. Div. of Tribophys., Univ. of Melbourne, Australia; engl.) — Dünne *Gold-* (**I**), *Palladium-* (**II**) u. *Nickel*-Filme (**III**) wurden während ihrer verschiedenen Wachstumsstufen im Ultrahochvakuum ($< 10^{-8}$ Torr) auf frisch geschnittenem *Glimmer* bez. ihrer Struktur u. Orientierung bei verschiedenen Dicken u. Substrattemp. zwischen 100 u. 500° elektronenmkr. untersucht. Danach bestehen die Filme in den frühen Wachstumsstufen aus kleinen mehrfachverzwillingten Krist. (50—200 Å) vor dem eigentlichen Zusammenwachsen. Dieser Wachstumsmechanismus wird bez. der hohen Zwillingsbldg. diskutiert. Die zum Schluß kontinuierlichen Filme von **II** u. **III** sind {111}-Einkrist., aber mit unterschiedlichen Orientierungen bez. des *Glimmers*. **I** bildet einen polykrist. Film mit einer [111]-Textur. R. Blank 54

0142 **Eisbildungsaktivität der Wände eines Eiskristalls.** L. Krastanov, G. Miloshev und L. Levkov. (Doklady bolgarskoj Akad. Nauk **20** (1967) 9, 915—18; Geophys. Inst., Bulg. Acad. of Sci.; engl.) — Theoret. Unters. der Bldg.-Arbeit zweidimensionaler Eiskrist.-Keime an Eiskristallen. H. Roschkowski 54

0143 **Eigenschaften von im Plasma gewachsenen SiO_2-Filmen.** E. R. Skelt und G. M. Howells. (Surface Sci. **7** (1967) 3, 490—95; Central Res. Labor., AEI Ltd., Rugby, Warwicksh., England; engl.) — Für nach der Tieftemp.-Plasma-Technik hergestellte SiO_2-Filme der Dicke > 3000 Å ergeben sich Abweichungen vom parabol. Wachstumsprozeß mit einer erniedrigten Geschw.-Konstanten. Unter dem Einfl. von W.-Dampf verändert

sich die Wachstumscharakteristik beträchtlich. Partialdrücke von 0,1—0,4 Torr H_2O beim Gesamtdruck von 0,5 Torr liefern ca. 2200 Å dicke Filme (gegenüber 5600 Å in trockenem Sauerstoff). Die physikal. Eig. dieser Oxide wurden mit denen der therm. erzeugten Oxide durch Unters. der Ätzgeschw., IR-Schwingungsspektren u. Brechungsindices verglichen. Es werden bei den ersteren größere Störstellendichten beobachtet.
G. Malow 54

0144 **Dotieren von α-SiC-Einkristallen beim Züchtungsprozeß.** I. G. Pičugin und N. A. Smirnova. (Izvest. Akad. Nauk SSSR, Neorg. Mater. **3** (1967) 12, 2153—57; Leningradskij ėlektrotechn. inst. im. Ul'janova-Lenina; russ.) — Durch Überleiten eines Ar-Stroms mit Beimengungen von N_2, $Al(C_2H_5)_3$ oder BF_3 über α-SiC-Einkrist. während des Züchtungsprozesses werden mit N (10^{17}—10^{19} Donatoren/cm^3), B oder Al ($5 \cdot 10^{17}$ bis $8 \cdot 10^{18}$ Akzeptoren/cm^3) dotierte Proben erhalten. Der Zusammenhang zwischen Partialdruck der Dotierungen u. ihrer Konz. in den Einkrist. wird bestimmt.
H. Roschkowski 54

0145 **Einige Besonderheiten des Wachstums von Kaliumdihydrogenphosphat-Einkristallen unter statischen Bedingungen.** I. G. Javorovskij. (Kristallografija **12** (1967) 6, 1104—05; NI radiofiz. inst. pri Gor'kovskom gos. univ.; russ.) — Kurze morpholog. Beschreibung der in zwei Arten von Kristallisationsgefäßen unter stat. Bedingungen aus wss. Lsg. erhaltenen KH_2PO_4-Einkristalle. H. Roschkowski 54

0146 **Züchtung von synthetischen Calcit-Einkristallen.** J. F. Nester und J. B. Schroeder. (Amer. Mineralogist **52** (1967) 1/2, 276—80; Norwalk, Conn., Perkin-Elmer Corp., Res. Dep.; engl.) — Zur Darst. von Calciteinkrist. wurde ein Gemisch von $CaCO_3$ u. Li_2CO_3 im Molverhältnis 1:1 in einem Au-Tiegel in CO_2-Atmosphäre auf 800° erhitzt, mit einer Geschw. von 0,5—1,0°/Std. auf 650° u. dann auf Zimmertemp. abgekühlt. Auf diese Weise konnten 1 cm × 1 cm × 0,1 cm große, von Einschlüssen freie Krist. erhalten werden. Größere Krist. lassen sich durch Zusatz von 1 Mol-% Na_2CO_3 zu der Schmelze darstellen. C. Gottfried 54△

0147 **Züchtung von Saphir-Einkristallen.** B. Cockayne, M. Chesswas und D. B. Gasson. (J. Mater. Sci. **2** (1967) 1, 7—11; Royal Radar Establ., Malvern, Worcs.; engl.) — Meth. zur Züchtung von Saphireinkrist. hoher Güte (100 mm Länge, 15 mm Durchmesser) aus dem Schmelzfluß wurden entwickelt. Die Krist. können vertikal gezogen oder nach einem Rekrist.-Verf. aus der Fließzone hergestellt werden. Die aus reinstem Ausgangsmaterial hergestellten Krist. zeigen Tyndall-Streuung durch beim Schmelzen entstandene Al-Suboxide u. andere aufgenommene Verunreinigungen (Ir aus dem Tiegel). Nach beiden Verf. hergestellte Krist. zeigen Hohlräume, die durch Schmelzverunreinigungen entstanden sind. Sie können vermieden werden, wenn die Wachstumsgeschw. u. der Krist.-Durchmesser klein gehalten u. Verunreinigungen ausgeschaltet werden. Durch einen Nachheizer wird das Temp.-Gefälle beim Abkühlen des Krist. u. damit die Ausbldg. von Versetzungen u. Kleinwinkelkorngrenzen vermindert. Vertikal gezogene Krist. zeigen dann überhaupt keine Kleinwinkelkorngrenzen, die Versetzungsdichte liegt bei 10^2—10^3/cm^2. R. Zimmer 54

0148 **Kristallisationsbedingungen für Fluorphlogopit im System K_2O–MgF_2–Al_2O_3–MgO–SiO_2.** I. N. Anikin. (Izvest. Akad. Nauk SSSR, Neorg. Mater. **3** (1967) 11, 2061—66; VNII sint. miner. syrja; russ.) — Fluorphlogopitkrist. $KMg_3[AlSi_3O_{10}]F_2$ werden aus Schmelzen des Fünfkomponentensyst. K_2O–MgF_2–Al_2O_3–MgO–SiO_2 gezüchtet. In dem Fall, wo das Syst. der Zus. des angeführten Glimmers entspricht, krist. hauptsächlich (zu 96—98%) Fluorphlogopit. Um große Glimmerkrist. zu erhalten, wurden als Ausgangskomponenten krist. *Periklas*, reiner natürlicher oder synthet. *Kaliumfeldspat* u. MgF_2 als grobkörnige (0,2—3 mm) Fraktionen verwendet. Die Kristallisation erfolgt unter isothermen Bedingungen bei Einstellung der Wärmeableitung aus dem Zentrum der Schmelze in luftdichten Tiegeln, wobei die Schmelze nicht mehr als 15—20° über der Kristallisationstemp. getempert wird u. anschließend mit 5 Grad/Tag oder weniger bei 0,5—1 kg Schmelze abgekühlt wird.
H. Korn 54

0149 **Versetzungsfreies epitaktisches GaAs.** U. Zimmerli und A. Steinemann. (Solid State Commun. **5** (1967) 6, 447—50; Suppl. zu: J. Physics Chem. Solids; Geneva, Battelle Inst.; engl.) — Versetzungsfreie epitakt. GaAs-Schichten (Oberfläche ca. 1 cm^2, Dicke 30—60 μ) können aus der Dampfphase auf orientierten versetzungsfreien GaAs-Einkrist.-Oberflächen aufwachsen. Die Unters. des Verlaufs einzelner frisch entstandener Versetzungen verweist ihre Quellen meist an die Grenze Substrat-Schicht. Versetzungen u./oder Stapelfehler sind unerläßlich für pyramidenförmiges Wachstum.
K. H. Härdtl 54

0150 **Orientiertes Wachstum von Indiumarsenid auf Galliumarsenid.** Gerhard Nentwich und Günther Bauer. (Acta physica austriaca **25** (1967) 4, 336—46; Inst. für Grundlagen und Theorie der Elektrotechn. der TH Wien; dt.) — Es wurden Epitaxieschichten von InAs auf GaAs hergestellt. Untersucht wurde die Abhängigkeit der Krist.-Perfektion der ausgewachsenen Schichten von der Substrattemp. u. der Substratorientierung mit Röntgen- u. Elektronenbeugung in Reflexionsstellung.
I. Zoll 54

0151 **Darstellung von Einkristallen im System InAs–CdTe durch Gastransport.** A. V. Vojcechovskij und V. P. Drobjazko. (Izvest. Akad. Nauk SSSR, Neorg. Mater. **3** (1967) 12, 2263—65; Kievs'kij gos. ped. inst. im. Gor'kogo; russ.) — Durch Transportrk. mit Jod als Transportmittel (Temp. der Rk.-Zone 900—820°; Temp. der Kristallisationszone 690—840°) konnten Einkrist. des Syst. mit 100; 90 u. 10 Mol.-% InAs erhalten werden. Die Mischkrist. haben Zinkblendestruktur. Diskussion der Leitfähigkeit der Kristalle.
H. Roschkowski 54

0152 **Prozesse der Übertragung und Kristallisation eines festen Stoffes in der Gaslösung InP–J_2.** I. V. Gordeev, L. A. Klinkova und V. I. Torbov. (Izvest. Akad. Nauk SSSR, Neorg. Mater. **3** (1967) 12, 2266—68; Inst. novych chim. problem AN SSSR; russ.) — Kinet. Unters. der Gastransportrk. im Syst. *InP–J_2*. Vf. bestimmen die Abhängigkeit der Überführungsgeschw. von InP von der Jodkonz. im geschlossenen Syst. sowie die der Form der gebildeten InP-Einkrist. von den Kristallisationsbedingungen. Manfred Schenk 54

0153 **Kristallzüchtung nach der Verneuil-Methode oberhalb 2200°.** 2. Mitt. A. C. Pastor und R. C. Pastor. (Mater. Res. Bull. **2** (1967) 5, 555—59; Korad Corp., Subsidiary of Union Carbide Corp., Santa Monica, Calif.; engl.) — Unter bes. Berücksichtigung der durch Strahlung erzeugten Wärmeverluste werden durch theoret. Betrachtungen die optimalen Bedingungen für die Züchtung von Ln_2O_3-Einkrist. (Ln = *Seltenerdmetall* mit C-Struktur) abgeleitet. Außer Sc_2O_3- u. Y_2O_3-Einkrist. konnten auch Ln_2O_3-Einkrist. (Ln = Dy, Ho, Er, Tm, Y, Lu) mit C-Struktur erhalten werden. Dieser Befund steht im Widerspruch zu Ergebnissen von Shafer et al. (J. Amer. ceram. Soc. **42** (1959) 563), wonach Sesquioxide der Seltenerdmetalle nur dann in der C-Form krist. können, wenn die Ordnungszahl des betreffenden Seltenerdmetalls größer als 67 ist. W. Laqua 54

0154 **Darstellung von $SmInS_3$-Einkristallen.** Z. S. Karaev, A. M. Gadymov und U. Ė. Bagirova. (Doklady Akad. Nauk Azerbajdž. SSR **23** (1967) 7, 22—23; Inst. neorgan. i fiz. chim.; russ.) — $SmInS_3$-Einkrist. können durch Subl. von polykrist. Proben in einer Quarzampulle bei 10^{-3} Torr in Ggw. eines Temp.-Gefälles von 1100—900° erhalten werden. Die Einkrist. wurden röntgenograph. untersucht, sie haben a = 3,99, b = 11,78, c = 21,0 Å, Z = 8, D_R = 4,86 g/cm^3.
J. J. Pohl 54

0155 **Kristallisation von Titannitrid aus der Gasphase.** M. I. Ajvazov und V. F. Melechin. (Izvest. Akad. Nauk SSSR, Neorg. Mater. **3** (1967) 11, 2109—10, 1 Tafel; Inst. novych chim. problem AN SSSR; russ.) — Die Kristallisation von TiN aus der Gasphase entsprechend der Rk. $2TiCl_4 + 4H_2 + N_2 \rightarrow 2TiN + 8HCl$

wird mit Hilfe einer bes. beschriebenen App. untersucht. Bei 1400° u. Ti:N = 1:4 werden 3 × 3 mm große Krist. mit 21 Gew.-% N erhalten. H. Roschkowski 54

0156 **Chemische Aufdampfung von Titancarbidüberzügen auf Eisen.** Takehiko Takhashi, Kohzoh Sugiyama und Kensuke Tomita. (J. electrochem. Soc. **114** (1967) 12, 1230–35; Dep. of Appl. Chem., Fac. of Engng., Nagoya, Univ., Nogaya, Japan; engl.) — Durch Red. von $TiCl_4$ mit Ar als Trägergas an einem Ti-Schwamm u. anschließendes Überleiten der Prod. über einen C-haltigen Stahl bei 850–1000° bildet sich auf der Stahloberfläche ein Titancarbidfilm (~15 μm Dicke), dessen Dicke linear mit der Quadratwurzel der Zeit ansteigt. Wird eine Mischung von Wasserstoff u. Propan als Trägergas verwendet, so wächst der Carbidfilm linear mit der Zeit. Vorherige Elektro-Aufdampfung von Co (~20 μm) auf kohlenstoffarmen Stahl bewirkt die Ausbldg. guter Titancarbidüberzüge (~ 60 μm). G. Malow 54

0157 **Epitaktische Oxydation von Zirkonium bei verschiedenen Temperaturen.** F. W. Vahldiek. (J. Less-common Metals [Amsterdam] **12** (1967) 1, 19–28; Air Force Mater. Labor., Wright-Patterson Air Force Base, O.; engl.) — Bei 750° u. 10^{-6} Torr angelassene, 0,005 cm dicke Folien aus 99,8%ig. Zr werden innerhalb eines Elektronenmikroskops bei 10^{-5} Torr durch den Elektronenstrahl auf Temp. zwischen 100 u. 170° erhitzt. Außerdem können die Zr-Proben während der Beobachtung auf Temp. bis 700 erhitzt werden. Ox. bei den tieferen Temp. führt zu einer bevorzugten Oxidkeimbldg. auf (0001)- u. $(2\bar{1}\bar{1}0)$-Ebenen von Zr, während zwischen 200 u. 700° überwiegend statist. orientiertes ZrO_2 (I) auftritt. Bei allen Temp. liefert die Ox. im Anfangsstadium monoklines I. Die Orientierungsbeziehungen sind primär $(0001)_{Zr} \| (001)_I$ mit der Wachstumsrichtung [001], u. sek. wird $\{2\bar{1}\bar{1}0\}_{Zr} \| (001)_I$ u. $\{2\bar{1}\bar{1}0\}_{Zr} \| \{100\}_I$ beobachtet. DerBeginn der epitakt. Ox. liegt bei Übersättigung des Zr mit gelöstem O, das an Versetzungen in Form von monoklinem I ausgeschieden wird. Herbert Müller 54

0158 **Züchtung von $CdSnAs_2$-Einkristallen.** N. A. Gorjunova, A. S. Borščevskij, Ja. Ja. Venkrbec und N. M. Koršak. (Izvest. Akad. Nauk SSSR, Neorg. Mater. **3** (1967) 1, 180–81; Fiz.-techn. inst. im. Joffe AN SSSR; russ.) — Vf. fanden für *$CdSnAs_2$* bei DTA-Unters. den F. bei 596 ± 2° u. bei 587 ± 2° eine polymorphe Umwandlung zwischen Zinkblende- u. Chalkopyrit-Typ. Diese polymorphe Umwandlung sowie die Tatsache, daß bei Vorhandensein eines Temp.-Gradienten ein Zerfall der Schmelze unter Ausscheidung von gasförmigem Cd u. As u. Ausbldg. der schwerer schmelzbaren u. weniger flüchtigen Verb. Cd_3As_2 stattfindet, was zur Anreicherung der Schmelze mit Sn u. zum Entstehen von SnAs- u. Sn-Einschlüssen führt, erschwert die Züchtung von intakten $CdSnAs_2$-Einkrist. stark, unabhängig von dem zur Anwendung gelangenden Verfahren. Vf. unterwarfen die durch direktes Zusammenschmelzen bei 620° unter Ar dargestellte Verb. $CdSnAs_2$ einem Zonenschmelzprozeß. Als brauchbare Betriebsdaten sind angegeben: Temp. der Schmelzzone ca. 600°, Temp. des Ofens > 550°, Temp.-Gradient in der Kristallisationsfront 20°/cm u. Kristallisationsgeschw. 8 mm/Std. Der nach einem Durchgang erhaltene Barren hat in der 1. Hälfte einkrist. Charakter, enthält in der Mitte Zwillinge u. zeigt am Ende Risse u. Einschlüsse. Für aus derartigen Barren herausgeschnittene Proben ergeben sich bei 300 °K Ladungsträgerkonz. zwischen $2{,}1 \cdot 10^{18}$ u. $1 \cdot 10^{18}$ cm^{-3}, spezif. Leitfähigkeiten zwischen 2030 u. 1430 Ω^{-1} cm^{-1} u. Beweglichkeiten zwischen 6100 u. 8900 cm²/Vs. Wird an einkrist. Objekten das Zonenschmelzverf. mehrfach angewendet, entstehen $CdSnAs_2$-Barren mit grober Blockstruktur, die einkrist. Körner bis 50 mm Länge enthalten. Diesen entsprechen Ladungsträger(Elektronen)-Konz. von $7 \cdot 10^{16}$–$5 \cdot 10^{18}$ cm^{-3}. P. Zäske 54

0159 **Herstellung und Eigenschaften von Vanadin(IV)-oxid-Filmen.** J. B. MacChesney, J. F. Potter und H. J. Guggenheim. (J. electrochem. Soc. **115** (1968) 1, 52–55; Murray Hill, N.J., Bell Telephone Labor., Inc.; engl.) — Nach der Abschreckmeth. unter Anwendung röntgenograph. Verf., sowie mit Hilfe einer Thermowaage wurde das bin. Syst. VO_2 (I)–V_2O_5 (II) untersucht; das Zustandsdiagramm ist graph. wiedergegeben. Dünne Filme (DF; Dicke: 0,1–1,0 μ) von II wurden durch Zers. von $VOCl_3$(g) bei Temp. < 127° unter einem Druck von 1 atm CO_2 hergestellt. Die DF von II werden durch Erhitzen auf 500–550° in einer dem Partialdruck des O_2 entsprechender Atmosphäre zu DF von I reduziert. Die Umwandlungstemp. von I beträgt 67°. — Vgl. nachst. Referat. G. Gattow 54

0160 **Herstellung dünner Filme von Vanadin(III, IV und V)-oxid.** G. A. Rozgonyi und W. J. Polito. (J. electrochem. Soc. **115** (1968) 1, 56–57; Murray Hill, N.J., Bell Telephone Labor., Inc.; engl.) — Vgl. vorst. Referat. — 500–4000 Å dicke Filme von V_2O_3 (I), VO_2 (II) u. V_2O_5 wurden nach bekannten Verf. hergestellt u. röntgenograph. sowie durch Best. der elektr. Leitfähigkeit (ELF) als Funktion der Temp. im Hinblick auf die Umwandlung der Art Metall ⇌ Halbmetall untersucht. Die Hysteresis der ELF am Umwandlungspunkt von I ist größer als die von II. G. Gattow 54

0161 **2,5-Spinelle des Tantals und die Lichtabsorption des Co^{2+} und Ni^{2+}.** Horst Kasper. (J. inorg. nuclear Chem. **29** (1967) 11, 2693–2700; Anorg.-chem. Inst., Univ., Bonn; dt.) — Während die Darst. des reinen Zn-Tantalates mit Spinellstruktur $Zn_3(Zn_4Ta_2)O_{12}$ nicht gelang, konnte durch Festkörperrk. aus Mischungen der entsprechenden Oxide nach 10 Std. bei 1240° eine reine Spinellphase der Zus. $Zn_3[Zn_{2,5}Ni_{1,5}Ta_2]O_{12}$ erhalten werden. Durch 12std. Sintern bei 1220° entstand aus einer entsprechenden Oxid-Mischung die Spinellphase $Zn_5Co_2Ta_2O_{12}$. Beide Spinellphasen besitzen einen kleinen Existenzbereich; die Gitterkonst. betragen 8,573 bzw. 8,585 Å. Aus der Lichtabsorption des Co^{2+} u. Ni^{2+} in diesen Phasen folgt, daß die farbgebenden Kationen vorwiegend oktaedr. koordiniert sind. Aus dem Vgl. des Krist.-Feldparameters Δ des Ni^{2+} in verschiedenen Spinellphasen folgt, daß er nur verhältnismäßig wenig von den Unterschieden in den Gitterkonst. beeinflußt wird. Teilweise konnte eine Zunahme von Δ mit zunehmender Gitterkonst. beobachtet werden. Entsprechende Spinellphasen mit Nb^{5+} an Stelle von Ta^{5+} konnten nicht dargestellt werden. W. Laqua 54

0162 **Wachstumsstreifen in vertikal gezogenen Oxid- und Fluorid-Einkristallen.** B. Cockayne und M. P. Gates. (J. Mater. Sci. **2** (1967) 2, 118–23; Royal Radar Establ., Malvern, Worcs.; engl.) — Das Auftreten von feinen Wachstumsstreifen in vertikal gezogenen *$CaWO_4$*- u. *CaF_2*-Einkrist. wurde auf Temp.-Schwankungen in der Schmelze zurückgeführt. Die Proben wurden unter Ar/5 Vol.-% Sauerstoff oder reiner Ar-Atmosphäre mit Induktionsheizung von 450 kHz erschmolzen. Die Streifen wurden im Schliff durch Ätzen mit Orthophosphorsäure bei 250° sichtbar gemacht. Intensität u. Breite der Streifen sind von der Bewegung der Schmelze u. der Wachstumsgeschw. abhängig. Es findet in der Schmelze eine an der Oberfläche sichtbare radiale Materialbewegung statt, die von Temp.-Schwankungen begleitet ist. Bei Rotation der Schmelze ändert sich das Oberflächenbild, die Temp.-Schwankungen u. folglich auch die Wachstumsstreifung. R. Zimmer 54

0163 **Kristallmorphologie und Wachstumsmechanismen von α-Fe_2O_3-Whiskern auf Eisen.** Richard L. Tallman und Earl A. Gulbransen. (J. electrochem. Soc. **114** (1967) 12, 1227–30; Westinghouse Electric Corp., Res. and Development Center, Pittsburgh, Pa.; engl.) — Röntgenstrahlenbeugungsunters. einzelner bei 400–500° auf Fe gebildeter α-Fe_2O_3-Whisker u. Texturunters. oxydierter Oberflächen ergaben eine $[\bar{1}\bar{1}20]$-Whisker-Achse. Die axiale Rotation der Proben resultiert aus einer axialen Verdrehung, was als Beweis für eine einfache, axiale Schraubenversetzung der meisten einfachen Oxid-Whisker angesehen wird. Das Wachstum der Whisker wird mittels Diffusion der Fe-Atome oder Ionen durch die Versetzung u. durch die Rk. mit Sauerstoff an der Spitze diskutiert. G. Malow 54

0164 **Epitaktische Bildung von Ferriten bei chemischen Transportreaktionen.** Ja. A. Zajončkovskij, V. V. Ljukšin und Ju. G. Saksonov. (Izvest. Akad. Nauk

SSSR, Neorg. Mater. **3** (1967) 11, 2048–51; russ.) — Die epitakt. Ferritbldg. bei chem. Transportrk. hängt im wesentlichen von der Übereinstimmung der Krist.-Struktur von Unterlage u. dünner Schicht ab. Stimmen die Strukturen nicht überein, so wird die Bldg. der Ferrite durch die Größe der Freien Bldg.-Enthalpie aus den Oxiden u. die Temp. der Unterlage bestimmt. Es wird folgender Mechanismus der Bldg. dünner Ferritschichten bei chem. Transportrk. vorgeschlagen: $MFe_2O_{4(Polykrist.)} + 8HCl \xrightarrow{T_1} MCl_{2(Gas)} + 2FeCl_{3(Gas)} + 4H_2O_{(Gas)} \xrightarrow{T_2} MO_{(Krist.)} + Fe_2O_{3(Krist.)} + 8HCl_{(Krist.)}$ u. $MO_{(Krist.)} + Fe_2O_{3(Krist.)} \rightarrow MFe_2O_4$ (Ein- oder Polykrist)., wobei $T_1 > T_2$ (Temp. der Oberfläche des Ausgangsferrits, M = Mg, Ni, Co, Mn, Li_2). B. Karos 54

0165 **Einkristallzüchtung eines Yttriumeisengranats durch Verwendung der Czochralski-Methode mit geschmolzenem Salz als Lösungsmittel.** M. Kestigian. (J. Amer. ceram. Soc. **50** (1967) 3, 165–66; Sudbury, Mass., Sperry Rand Res. Center; engl.) — Die neue Meth. wird an Hand eines Beispiels beschrieben: ein Gemisch von 10,3 (Mol-%) Y_2O_3, 25 Fe_2O_3, 42,5 $BaCO_3$ u. 26,7 B_2O_3 wurden zum Schmelzen gebracht, der Impfkrist. dicht oberhalb der Oberfläche angebracht u. die Temp. wenigstens 24 Std. bei 1100° belassen. Hierauf wurde der langsam rotierende Impfkrist. in die Schmelze eingetaucht. Nach gewünschtem Wachstum der Granatkugel wurde gemäß Czochralski mit einer Geschw. von 1 mm pro Tag gezogen. Mit Hilfe dieser Meth. wurde ein $1^3/_4$ in. langer Krist. mit einem Durchmesser von $^3/_8$ in. erhalten. Mit einem aus dem Einkrist. geschnittenen Stab wurden bei 1200 MHz magnetoelast. Echos bei Zimmertemp. im transversal magnetisierten Stab beobachtet; ebenfalls wurde magnetostat. Wellenfortpflanzung beobachtet. C. Gottfried 54△

0166 **Bildung von „Hohlwhiskern" von Metallen durch Reaktion mit Cyanoferrat(II) und Cyanoferrat(III).** Warren P. Iverson. (Nature [London] **213** (1967) 5075, 486–87; Agent Develop. and Engng. Labor., Fort Detrick, Frederick, Md.; engl.) — Blaue, whiskerähnliche Strukturen wachsen auf Fe-Partikeln oder auf Fe-Leg. in 10%ig. mit 0,06 n HCl angesäuerten $K_3[Fe(CN)_6]$-Lsg. in Form hohler Röhren, wobei sich infolge beträchtlicher Verzweigung ein Bild ergibt, das einem Myzellium ähnelt. Wachstumsgeschw., Röhrendurchmesser, Grad der Verzweigung u. Form der Röhren hängen direkt von den Konz. in den Lsg. u. vom Typ der Leg. ab. Ähnliche Wachstumsformen sind teils in $[Fe(CN)_6]^{3-}$- bzw. $[Fe(CN)_6]^{2-}$-Lsg., mitunter auch in beiden, für *Zn*, *Cd*, *Ni*, *Co*, *Pb*, *Sn*, *Cr* u. *Cu* zu beobachten. Der Wachstumsmechanismus wird diskutiert. P. Zäske 54

0167 **Züchtung von $CuSO_4$-Kristallen aus wäßriger Lösung unter Röntgenbestrahlung.** Ja. S. Abdullaeva und G. A. Gumanskij. (Kristallografija **12** (1967) 6, 1099; Taškentskij gos. univ.; russ.) — Es werden Vgl.-Vers. zur Kristallisation von $CuSO_4$ aus gesätt. wss. Lsg. ohne bzw. unter Röntgenbestrahlung (14400 r/h, 40 kV) vorgenommen. In der bestrahlten Lsg. entsteht in gleicher Zeit eine größere Menge gröberer u. besser entwickelter Krist. als in der unbestrahlten Lösung. Der Kristallw.-Geh. der Krist. ist unter beiden Bedingungen gleich. H. Roschkowski 54

0168 **Kristallzüchtung des Kupfer-Phthalocyanins aus der Dampfphase.** C. Hamann. (Z. physik. Chem. [Leipzig] **236** (1967) 5/6, 271–76; Inst. für Metallphys. u. Reinstmetalle der DAW zu Berlin, Dresden; dt.) — Eine Quarzapp. zur Züchtung größerer Einkrist. des β-Cu-Phthalocyaninats aus der Dampfphase im Hochvakuum ohne Kühlung der Unterlage wird beschrieben. Der Wachstumsmechanismus wird erörtert; die gewonnenen Krist. (lange Nadeln, 1·1·25 [in mm], 3·1,5·8, 2·8·0,1) werden spektroskop. charakterisiert. M. Frenzel 54

0169 **Wachstum von Silberhalogenideinkristallen in Silicagelen bei Zimmertemperatur.** Z. Blank, D. M. Speyer, W. Brenner und Y. Okamoto. (Nature [London] **216** (1967) 5120, 1103–04; Res. Div., School of Engng. and Sci., New York Univ.; engl.) — Durch Kontrollierte Zers. von $H[AgBr_2]$, H $[AgJ_2]$ oder $[Ag(NH_3)_2]$·Cl u. Diffusion der Komponenten in ein entsprechend präpariertes Gel können Einkrist. der drei Ag-Halogenide dargestellt werden. AgJ: hexagonale Plättchen von 10–12 mm ⌀; AgBr: kub. Krist. von ca. 1 mm Kantenlänge; AgCl: oktaedr. Krist. von 6–8 mm Kantenlänge. K. Strenge 54

0170 **Gründe für das Vorherrschen der Linksform von Epsomit.** É. D. Rogačeva. (Kristallografija **12** (1967) 6, 1093–95; Gor'kovskij issl. fiz.-techn. inst.; russ.) — Als Ursache für das Vorherrschen der Linksform von Epsomit in der Natur können nach Kristallisationsvers. in Ggw. von Cellulosebakterien Reste von Mikroorganismen angesehen werden, die als „asymm." Spuren bei der Kristallisation wirken. H. Roschkowski 54

0171 **Färbung eisenhaltiger synthetischer Turmaline.** I. E. Voskresenskaja und S. V. Grum-Gržimajlo. (Kristallografija **12** (1967) 2, 363–65; Inst. Kristall. AN SSSR; russ.) — Synthet. Turmaline wurden im Stahl-Autoklaven bei 400–600° u. 1000–2000 atm durch Rk. von Aluminiumsilikaten, wie Disthen oder Topas, mit Mischungen wss. Lsg. von H_3BO_3 u. NaF(Cl) bei Ggw. von LiF- u. CaF_2-Zuschlägen dargestellt. Durch die korrodierende Wrkg. der Halogenidionen können Eisenoxidgeh. bis zu 18% in den resultierenden einkrist. Schichten auftreten, die dadurch schwarz gefärbt werden u. in dünnen Schnitten grün u. blau erscheinen. Wird die Ox. durch Pt- oder Cu-Einlagen unterbunden, so entstehen bei geringen Fe-Geh. in der Lsg. grüne, blaugrüne u. hellblaue Krist., in einigen Fällen auch farblose Krist. mit Zonarbau, der sich in einer dünnen schwarzen Kopfzone äußert. Spektrale Absorptionskurven wurden senkrecht zur opt. Achse aufgenommen u. ergaben bei allen Proben eine Absorptionsbande im roten Gebiet mit einem Max. bei 720 nm, wie sie für Verb. charakterist. ist, deren Färbung durch Fe^{2+} verursacht wird. Im Anschluß an das Max. steigt die Kurve bei grünen Verb. zu kürzeren Wellenlängen hin stufenweise an. Dieser Anstieg im sichtbaren Gebiet ist für bläuliche Verb. geringer bis kaum merklich. In jedem Fall steigt im UV-Bereich die Absorption sprunghaft an. P. Zäske 54

0172 **Versetzungen und optische Erscheinungen in Ionenkristallen.** N. G. Politov. (Izvest. Akad. Nauk SSSR, Ser. fiz. **31** (1967) 12, 1926–35; Inst. fiz. AN Gruz. SSR; russ.) — Übersicht (Versetzungen, Farbzentren, Bestrahlungsverh. von Krist.) an Hand von 41 Literaturangaben. H. Roschkowski 56

0173 **Hemmung von Überversetzungen mit Schwellen in der $L1_2$-Überstruktur.** L. E. Popov. (Izvest. vysšich učebnych Zavedenij [Tomsk], Fiz. **10** (1967) 11 (66), 32–40; Sibir. fiz.-techn. inst. im. Kuznecova; russ.) — Theoret. Untersuchung. H. Roschkowski 56

0174 **Zur geometrischen Gleichung der Versetzungsdynamik.** H.-A. Bahr und H.-G. Schöpf. (Ann. Physik [7] **20** (1967) 3/4, 207–08; Lehrstuhl für Mathemat. Phys., T.U., Dresden; dt.) — Diskussion einer von Holländer (Czech. J. Phys. B **12** (1962) 35) abgeleiteten Gleichung bez. der Versetzungsdynamik. Vf. weisen darauf hin, daß die abgeleiteten Sachverh. nur für einen engen Spezialfall gelten. K. H. Härdtl 56

0175 **Kinetik von Versetzungsstrukturen.** A. N. Orlov. (Fiz. Metallov Metallovedenie **24** (1967) 5, 817–28; Fiz.-techn. inst. im. Joffe AN SSSR; russ.) — Ein früher (Doklady Akad. Nauk SSSR **157** (1964), 1338) erhaltener Erhaltungssatz für die D. der Elemente der Versetzungsstruktur wird verallgemeinert u. auf die zeitliche Entw. einer beliebigen Versetzungsstruktur angewandt. Als Beispiel wird die Versetzungskinetik bei der plast. Verformung kub.-flächenzentrierter Krist. behandelt. Die Abhängigkeit der Versetzungsdichte von der Größe der plast. Verformung wird berechnet. H. Roschkowski 56

0176 **Schwingung einer Versetzung: Effektive Masse und Linienspannung.** Toshiyuki Ninomiya und Shunya Ishioka. (J. physic. Soc. Japan **23** (1967) 2, 361–72; Dep. of Phys., Univ. of Tokyo, Tokyo; engl.) — Auf der Basis des Peierls-Modells wird eine Beziehung für das Wandern einer Versetzung abgeleitet. Daraus wird die

Masse eines Kinks u. die Wechselwrkg. zwischen Kinks unter Berücksichtigung des Verzögerungseffektes berechnet. Masse u. Linienspannung einer schwingenden Versetzung von unendlicher Länge sind abhängig von der Schwingungsfrequenz u. der Wellenlänge der Schwingung. Bei schrägem Einfall eines transversalen Phonons in eine Schraubenversetzung findet Resonanzstreuung statt. Für eine haftende Versetzung gilt das von Vf. für die effektive Masse u. die Linienspannung entwickelte Konzept in der Nähe der Haftpunkte nicht mehr. W. Laqua 56

0177 **Verhalten von Versetzungsschleifen in einem dünnen Film, auf dessen freien Oberflächen die Temperatur periodisch mit der Zeit wechselt.** L. V. Tichonov. (Fiz. Metallov Metallovedenie **24** (1967) 4, 577—87; Inst. metallofiz. AN USSR; russ.) — Die auf kleine rein prismat. u. Gleitschleifen in Oberflächenschichten dünner Filme bei Einw. period. Temp.-Wechsel einwirkenden Kräfte werden theoret. untersucht.
H. Roschkowski 56

0178 **Nahordnung in Mischkristallen.** V. I. Iveronova und A. A. Kacnel'son. (Fiz. Metallov Metallovedenie **24** (1967) 5, 966—76; Mosk. gos univ. im. Lomonosova; russ.) — Überblick über grundlegende Ergebnisse von theoret. u. experimentellen Unters. der Nahordnung in Leg. an Hand von 85 Literaturangaben.
H. Hochstein 56

0179 **Entwicklung der Versetzungsstrukturen in Oberflächenschichten von Metallen bei verschiedener Belastung.** B. I. Kosteckij und V. V. Ševelja. (Doklady Akad. Nauk SSSR **176** (1967) 1, 70—72, 1 Tafel; Kievskij inst. inženerov graždanskoj aviacie'; russ.) — Elektronenmkr. Unters. eines nichtrostenden Stahles nach stat. u. Wechsellastbeanspruchung. H. Richter 56

0180 **Verteilung der Teilchen disperser Phasen nach ihren Abmessungen in metallischen Legierungen.** V. I. Psarev. (Izvest. vysšich učebnych Zavedenij [Tomsk], Fiz. **10** (1967) 11 (66), 69—73; Cernovickij gosuniv.; russ.) — Ermittlung eines mathemat. Ausdrucks für die Funktion der Verteilung disperser Teilchen, die nach ihren Abmessungen den experimentell beobachteten Abmessungen in metall. Leg. entsprechen. Den Haupteinfl. auf die Transformation der Verteilungsfunktion während der Zusammenballung der dispersen Teilchen zeigt die Veränderung der Größe der Kristallabmessung sowie der Breite der Diffusionszone. Mittels der erhaltenen Formeln werden folgende Größenwerte geschätzt: Breite des Diffusionsweges, krit. Radius u. spezif. Oberflächenenergie auf der Phasengrenze nach Zusammenballungswerten der Zementitteilchen (Fe_3C) während eines Hochtemp.-Anlassens bei 630° in C-Stählen mit 0,4 u. 0,7(%) C sowie in Mo-Stählen mit 0,3 u. 0,36 C u. 0,4 u. 1,2 Mo.
H. Hochstein 56

0181 **Strukturuntersuchungen von natürlichen Diamantkristallen der kubischen Form.** Vorl. Mitt. C. K. R. Varma. (Philos. Mag. [8] **16** (1967) 142, 657—62; Royal Holloway Coll., Englefield Green, Egham, Surrey; engl.) — Wird ein Würfel des selten auftretenden kub. *Diamants* in einem Mikroskop so justiert, daß die (100)-, (001)- u. (010)-Flächen gleiche Neigung zur opt. Achse haben, so zeigt der rauhe, unebene u. nichtglänzende Klumpen bestimmte Strukturmerkmale: an verschiedenen Stellen im Krist.-Körper werden Dreiecke sichtbar, unabhängig davon, welche der acht Ecken betrachtet wird. Danach ist der Würfel schichtenartig in der (111)-Ebene gewachsen. Auf Grund der Struktursymmetrie greifen die Schichten zwillingsartig ineinander. R. Blank 56

0182 **Änderung der Versetzungsgeschwindigkeit mit dem Ferminiveau in Silicium.** J. R. Patel und P. E. Freeland. (Physic. Rev. Letters **18** (1967) 20, 833—35; Bell Telephone Labor., Murray Hill, N.J.; engl.) — Mit Hilfe der topograph. Röntgenstrahlmeth. von Lang wird die Versetzungsgeschw. in undotierten u. stark p- u. n-dotierten Si-Krist. gemessen. As-dotierte Krist., mit Elektronenkonz. von ca. 10^{19} cm^{-3} zeigen bei Verspannung bei 600° eine Erhöhung der Versetzungsgeschw. um den Faktor 6 gegenüber undotierten Krist., während Ga-dotierte Krist. mit Löcherkonz. von ca. $6 \cdot 10^{17}$ cm^{-3} eine gegenüber undotierten Krist. um den Faktor 0,65 erniedrigte Versetzungsgeschw. aufweisen. Diese Ergebnisse werden mit den akzeptorähnlichen Eig. von Versetzungen in Si gedeutet, wie sie auch von Ge her gut bekannt sind.
K. H. Härdtl 56

0183 **Einfluß von Gitterdefekten und mechanischen Spannungen auf das Ätzverhalten von Silicium.** H. Seiter. (Surface Sci. **7** (1967) 3, 332—50; Forschungslabor. Siemens-Halske-Werke der Siemens AG, München; dt.) — Die Auflsg. von Si-Einkrist. in wss. Lsg. von HF u. Cr(IV)-Oxid wird in Abhängigkeit von der Zus. des Ätzmittels untersucht. Es wird gefunden, daß der Ätzmechanismus in einem weiten Konz.-Bereich des Ätzmittels unabhängig von der Diffusion ist u. daß deshalb mit dem Ätzmittel Ätzgrübchen an Versetzungspunkten erzeugt werden können. Werden Si-Proben unter elast. Druck geätzt, so entsteht ein durch den Druck verursachtes Ätzmuster. Lage u. Form dieser Ätzgrübchen werden durch die Überlagerung des von außen angelegten Druckes mit dem Spannungsfeld der Versetzung bestimmt. Wie an Proben von epitakt. Si-Schichten auf Spinellsubstraten gezeigt werden kann, verursacht isotroper Druck ähnliche Ätzmuster. K. H. Härdtl 56

0184 **Einfluß kleiner Zusätze einiger Metalle auf die Substruktur von Zn-Einkristallen.** I. K. Zasimčuk und D. E. Ovsienko. (Fiz. Metallov Metallovedenie **24** (1967) 3, 430—35; Inst. metallofiz. AN USSR; russ.) — Unters. der Substruktur von Zn-Einkrist. mit verschiedenen metall. Beimengungen (Cd, Al, Cu, Ag), die in gleichen Mengen (0,003 Atom-%) im Zn enthalten sind. Der Charakter der Substruktur hängt stark von der Größe des Verteilungskoeff. des Begleitstoffes ab. Eine wesentliche Veränderung der Versetzungsdichte in Abhängigkeit von der Art des Begleitstoffes wird nicht festgestellt.
H. Hochstein 56

0185 **Bildung von Versetzungen in Aluminium während langsamer Erhitzung und Abkühlung.** B. Nøst, G. Sørensen und E. Nes. (J. Crystal Growth [Amsterdam] **1** (1967) 3, 149—59; Univ. of Oslo, Blindern, Inst. of Phys.; engl.) — Die Versetzungsbldg. wurde röntgenograph. in zonengereinigten Al-Einkrist. bei erhöhten Temp. untersucht. Die Erhitzungs- bzw. Abkühlungsgeschw. betrugen 2—20° pro Std. im Temp.-Bereich zwischen 270 u. 370°. Neue Versetzungen werden als reihenförmige koaxiale prismat. Schleifen sowohl bei Erhitzung als auch bei Abkühlung gebildet. Die Leerstellenüber- bzw. -untersättigung der Krist. während der Erhitzung bzw. Abkühlung werden berechnet. Es wird gezeigt, daß die reihenförmigen Schleifen dann gebildet werden, wenn die Über- bzw. umgekehrte Untersättigung im Krist. annähernd 1,1 beträgt. Der Ursprung der reihenförmigen Versetzungsschleifen sind schraubenförmige Kletterquellen, die aus einer Schubschleife bestehen, die prismat. Versetzungsschleifen in Richtung ihres Burgers-Vektors erzeugt. Der Bldg.-Mechanismus für therm. Ätzgruben bzw. Hügel wird diskutiert.
H. Richter 56

0186 **Änderung der Versetzungsstruktur bei der Herstellung von Folien zur transmissionselektronenmikroskopischen Untersuchung.** M. M. Myšljaev. (Fiz. tverdogo Tela **9** (1967) 6, 1669—73; Inst. fiz. tverdogo tela AN SSSR, Černogolovka; russ.) — Unters. an Oberflächen ox. Al-Folien. In verformten Proben wurden bei der Behandlung (wiederholte anod. Ox. in Weinsäure u. Ablösen der Oxidschicht in HF) Strukturänderungen beobachtet (Kriechprozesse), in ausgetemperten nicht.
K. Jaeger 56

0187 **Einfluß der Leerstellenkonzentration auf die Aushärtungskinetik von AlZnMg-Legierungen.** Jochen Schubert. (Neue Hütte **12** (1967) 8, 494—500; Bergakad., Freiberg; dt.) — Durch Vgl. rechner. ermittelter Leerstellenkonz. u. des Aushärtungsverh. von AlZnMg-Leg. wird versucht zu entscheiden, ob die Entmischungsgeschw. durch die Konz. der Mg-Atom-Leerstellenpaare bestimmt wird. Trotz gewisser Abweichungen des vorhergesagten Verh. bei einigen Vers.-Variablen, wahrscheinlich bedingt durch die noch unzureichende Kenntnis der Wechselwrkg. zwischen Leerstellen u. den hochdispersen Anfangsformen der einphasigen Entmischung, wird das Modell zumindest qual. bestätigt. Bei Berücksichtigung

der Besonderheiten des Syst. Al–Zn–Mg kann geschlossen werden, daß die Entmischung durch Leg.-Effekte nicht techn. wünschenswert beschleunigt werden kann.
F. Vier 56

0188 **Ausbildung einer Polygonsubstruktur in verformten α-Zirkonium-Einkristallen.** A. Dedo, D. Mills und G. B. Craig. (J. nuclear Mater. [Amsterdam] **24** (1967) 2, 237—39; Dep. of Metallurg. and Mater. Sci., Univ. of Toronto, Toronto; engl.) — Bei $\geq 300°$ ist Klettern der Versetzungen u. Polygonisierung zu beobachten (Röntgenunters. in Verb. mit einem Versetzungsätzverf.). Dekorierung der Gleitversetzungen wird beobachtet u. auf eine Beimischung, die einen Diffusionskoeff. ähnlich dem Selbstdiffusionskoeff. von Zr hat (vermutlich Sauerstoff), zurückgeführt.
M. Frenzel 56

0189 **Einfluß der Walztemperatur auf die in gewalzten, zirkoniumreichen Legierungen gebildete Textur.** B. A. Cheadle und C. E. Ells. (J. nuclear Mater. [Amsterdam] **24** (1967) 2, 240—44; Fuel and Mater. Div., Chalk River Nuclear Labor., Ontario; engl.) — Unters. an Nb, Zircaloy-2 u. Zr-2,5 Gew.-% Nb (50%, Walztemp.: Zimmertemp., 400, 800 u. 1000°; Abkühlen in Luft) ergeben Texturänderung in Abhängigkeit von der vorliegenden Phase (α- oder β-Phase) u. von der Walztemperatur.
M. Frenzel 56

0190 **Gleichgewichts-Leerstellenkonzentration in reinem Blei und verdünnten Pb–Tl- und Pb–In-Legierungen.** R. Feder und A. S. Nowick. (Philos. Mag. [8] **15** (1967) 136, 805—12; T. J. Watson Res. Center, IBM Corp., Yorktown Heights, N.Y.; engl.) — Vf. bestimmen durch Vgl. der makroskop. Wärmeausdehnung mit der durch Präzisionsmessungen der Gitterkonst. erhaltenen mkr. Ausdehnung die Gleichgew.-Konz. der Leerstellen in der Nähe von F. für reines Pb u. für die Pb-Leg. mit 1% In, 0,5% Tl u. 5% Tl. Die abs. Ausdehnung des reinen Pb wird interferometr., die der Leg. durch eine sehr genaue differentielle Meth. gemessen. Reines Pb besitzt eine Leerstellenkonz. von $\Delta N/N = 17 \cdot 10^{-5}$, eine Leerstellenbldg.-Energie von $0{,}49 \pm 0{,}10$ eV u. eine Bldg.-Entropie von $0{,}7 \pm 2{,}0$ (in k-Einheiten). Die Ergebnisse für die Leg. zeigen im Gegensatz zu einer früheren Arbeit von d'Heurle et al. keine nachweisbare Abweichung von denen für reines Pb.
H.-D. Schenke 56

0191 **Adsorption von Natrium an Korngrenzen einer eutektischen Blei–Zinn-Legierung.** Wolfgang Pistor. (Z. Naturforsch. **22a** (1967) 10, 1637—38; Inst. für Phys. Chem. u. Elektrochem. TH, Braunschweig; dt.) — In einer eutekt. Pb–Sn-Leg. (61,9 Gew.-% Sn) mit verschiedenen Na-Zusätzen bis $\sim 1\%$ wurden die Lamellenabstände gemessen. Bei Na-Geh. $> 0{,}1$ Atom-% zeigte sich statt des Lamellengefüges eine Koloniestruktur. Am reinen Eutektikum wurde ein um 25% kleinerer Abstand gemessen, als nach der Extrapolation der Werte nach Chadwick [1963] zu erwarten war. Die Adsorptionsenergie des Na wurde zu 10 kcal/g-Atom berechnet.
G. Malow 56

0192 **Gefügeveränderungen in Chrom bei der Verformung.** V. A. Manilov, V. G. Tkačenko, V. I. Trefilov und S. A. Firstov. (Izvest. Akad. Nauk. SSSR, Metally **1967,** 2, 114—21, 2 Tafeln; Kiev; russ.) — Cr mit hohem Verformungsvermögen wird durch Strangpressen u. nach einer Zwischenglühung durch Auswalzen zu Bändern verformt; ein anderes Material wird rekrist. u. bei verschiedenen Temp. (bis 700°) gewalzt. Die Rückbldg.-Prozesse des bei Raumtemp. um 20% verformten Cr wurden bei Temp. bis 1200° verfolgt. Bei kleinen Verformungsgraden des bei 20° verformten Cr haben die Versetzungen unregelmäßige Form, es wird eine bedeutende Menge von Versetzungsschleifen festgestellt. Mit zunehmendem Verformungsgrad bilden sich Versetzungswolken. Die Rückbldg. beginnt zwischen 200—400°. Bei Glühtemp.-Erhöhung nimmt die Versetzungsdichte ab; die Versetzungen vereinigen sich zu regelmäßigen Netzen. Nach 1200° treten Versetzungen im Korngefüge fast nicht mehr auf. Während des Warmwalzens führt eine Überlagerung der gleichzeitig ablaufenden Verfestigungs- u. Entfestigungsprozesse zur Bldg. einer Zellstruktur. Die Versetzungs-D. nimmt mit den Zellenwänden zu. Die Größe der Verformungszellen ist von der Walztemp. abhängig. Die Desorientierung zwischen benachbarten Zellen ist beim Walzen bei 800° wesentlich geringer als beim Walzen bei 550°. Die beim Warmwalzen erhaltenen Verformungs-Substruktur bleibt beim nachfolgenden Erwärmen nicht erhalten.
H. Hochstein 56

0193 **Elektronenmikroskopische Untersuchung von unter hohem Druck verformtem Chrom und Molybdän.** E. D. Martynov, V. I. Trefilov, S. A. Firstov, B. I. Beresnev und Ju. N. Rjabinin. (Doklady Akad. Nauk SSSR **176** (1967) 6, 1276—77, 2 Tafeln; Inst. fiz. Zemli im. Šmidta AN SSSR; russ.) — Vgl. vorst. Referat. — An zylindr. Proben aus Cr u. Mo hoher Reinheit werden Druckvers. zwischen parallelen Ambossen bei atmosphär. Druck, als auch innerhalb einer Fl. unter hohem Druck von 14—18 kBar vorgenommen, wobei eine Reihe von Gefügebesonderheiten durch den hohen Druck während der plast. Verformung festgestellt wird. So sind die sich unter Druck bildenden Blöckchen fast frei von Versetzungen. Bei einer Erhöhung der Verformungstemp. werden die Blöckchen prakt. vollkommen von Versetzungen befreit. Eine Erhöhung der Verformungstemp. führt zur Bldg. einer gleichmäßigeren Zellenstruktur. Elektronograph. Unters. zeigen, daß zwischen benachbarten Zellen eine bedeutende Desorientierung (8—12°) besteht. Die plastifizierende Wrkg. der Verformung unter Druck hängt neben anderen Faktoren mit der Bldg. eines ausschließlich feinen (2—3 μ) Kornes auf der Basis einer stark desorientierten Zellenstruktur zusammen.
H. Hochstein 56

0194 **Struktur der Oberflächen negativer Kristalle (Poren) von Molybdän.** G. A. Klejn und V. A. Krachmalev. (Kristallografija **12** (1967) 6, 1096—97; russ.) — Die Feinstruktur von Poren in Mo u. einer Mo–Zr-Leg. wird mit Hilfe von C–Pt- u. C-Abdrücken elektronenmkr. untersucht. Die die Poren begrenzenden Krist.-Flächen werden angegeben.
H. Roschkowski 56

0195 **Strukturelle Umwandlungen von U-Legierungen mit 1,5% Mo bei schneller Abkühlung und Ausgang von der γ-Phase.** R. Sifferlen, J. Guillaumin und A. Saulnier. (J. nuclear Mater. [Amsterdam] **23** (1967) 3, 270 bis 279; Labor. de la Soc. Ind. de Combustible Nucl., Veurey-Voroize; franz.) — Ausgehend von der γ-Phase werden die Leg. durch therm. Analyse sowie mkr. u. elektronenmkr. untersucht. Mit abnehmender Geschw. des Abkühlens sind folgende Typen zu unterscheiden: martensit. Strukturen, submkr. Widmanstätten-Strukturen u. Geflecht-Strukturen (basket-weave). Die beiden ersten sind hart u. spröde. Ferner erfolgt während des Abschreckens eine perlit. Rk. in der Umgebung von Korngrenzen u. Einschlüssen. Diese Strukturen können nebeneinander vorkommen. Ihr Aussehen wird in Abhängigkeit von der Abkühlungsgeschw. beschrieben.
D. Hoene 56

0196 **Elektronenmikroskopische Untersuchung von Plutonium.** L. Ekbom, U. Johansson und M. Törnqvist. (J. nuclear Mater. [Amsterdam] **24** (1967) 2, 230—31; Försvarets Forskninganstalt, Stockholm; engl.) — Durchstrahlungsunters. von an den durchlässigen Stellen teilweise oxydierten α-Pu-Folien lassen angenähert rechteckige sowie säulenförmige Subkörner u. eine Kornstruktur ähnlich dem α-Pu erkennen. Vermutlich liegt PuO_2, z. T. neben anderen Oxiden, vor. Das Oxid kann offenbar auch amorph auftreten. Bei höheren Strahlströmen erfolgt lokale Erhitzung u. Rekristallisation des Oxids.
M. Frenzel 56

0197 **Verhalten von C in gehärtetem Stahl.** G. V. Kurdjumov. (Fiz. Metallov Metallovedenie **24** (1967) 5, 909 bis 917; Inst. metallovedenija i fiz. metallov CNIIČERMET; russ.) — In Martensitkrist. müssen nach ihrer Entstehung Prozesse einer Neuverteilung der C-Atome auftreten, die nicht mit dem Zustand der Übersättigung der festen Lsg. zusammenhängen u. die durch die Wechselwrkg. der C-Atome unter sich u. mit den Störstellen eines regelmäßigen Krist.-Aufbaues bedingt sind. Solche Prozesse können die Verschiebung der C-Atome zu den Störstellen u. Ordnungsvorgänge oder Unordnungsvorgänge in der Verteilung der C-Atome in den Poren des raumzentrierten Gitters sein. Experimentell wird das Bestehen

solcher Prozesse, die hinreichend schnell bei Raumtemp. ablaufen u. dem Prozeß des ersten Stadiums des Martensitzerfalls vorangehen, nachgewiesen.
H. Hochstein 56

0198 **Einfluß der Vorverformungsbedingungen auf die Prozesse der Reckalterung von Armco-Eisen.** D. G. Ryvkina und V. D. Jaroševič. (Fiz. Metallov Metallovedenie **24** (1967) 3, 482—86; Fiz.-techn. inst. im. Joffe AN SSSR; russ.) — Unters. des Einfl. der Verformungsgeschw. u. der Art des Spannungszustandes auf die Reckalterung von Armco-Fe. Dabei wird festgestellt, daß die Geschw. u. die Art des Spannungszustandes einer Vorverformung die Art des Diagrammes der nachfolgenden Verdichtung beeinflussen. Einer der Gründe der beobachteten Erscheinung ist das Nichtzusammenfallen der Gleitflächen der Vor- u. der Nachverformung.
H. Hochstein 56

0199 **Veränderung der physikalischen Eigenschaften und der kristallographischen Textur beim Vorrekristallisationsglühen von siliciumhaltigem Eisen.** R. A. Adamesku, A. S. Šišmakov, N. T. Cygankova und P. V. Gel'd. (Fiz. Metallov Metallovedenie **24** (1967) 3, 454—58; Ural'skij politechn. inst. im. Kirova; russ.) — Unters. der Veränderung des elektr. Widerstandes, der Koerzitivkraft, der Mikrohärte u. der Textur in Proben aus kaltgewalztem Si-haltigen Fe (3% Si) während einer von Raumtemp. bis 700° gehenden Glühung. Dabei zeigt sich, daß die Vorgänge, die bei einer vorrekristallisierenden Glühung der Fe–Si-Leg. ablaufen, sich von den klass. Rückbildungsprozessen unterscheiden u. einen komplizierten Charakter tragen. In einem gewissen Temp.-Bereich tritt eine Veränderung in der Verformungstextur auf.
H. Hochstein 56

0200 **Versetzungsbewegung in Kristallen einer Fe–Si-Legierung.** D. E. Linkova, L. A. Čebotkevič und V. V. Veter. (Fiz. Metallov Metallovedenie **24** (1967) 3, 568 bis 569; Dal'nevostočnyj gos univ.; russ.) — Unters. der Versetzungsbewegung in Einkrist. einer Fe–Si-Leg. auf kleine Entfernungen (1—3 μ) bei elast. Verformung u. bei einer Magnetisierung der Kristalle. Die Versetzungen werden bei der Magnetisierung des Einkrist. nur in bestimmten kristallograph. Richtungen verschoben. Auf der Fläche (110) sind dies die Richtungen [111], [110] u. [113] u. auf der Fläche (100) die Richtungen [100] u. [012], was den geometr. Berechnungen entspricht. Die Versetzungsbewegung im Magnetfeld ist offenbar das Ergebnis einer magnetoelast. Wechselwrkg. einer Domänengrenze mit einer Versetzung. Die Versetzungsbewegung bei einer Verformung der Krist. der Fe–Si-Leg. ist das Ergebnis einer direkten Einw. äußerer Spannungen u. der magnetoelast. Wechselwrkg. der Domänengrenzen mit den Versetzungen.
H. Hochstein 56

0201 **Einfluß eines starken magnetischen Impulsfeldes auf die martensitische Umwandlung in feinen Stahlteilchen.** L. D. Vorončichin und I. G. Fakidov. (Fiz. Metallov Metallovedenie **24** (1967) 3, 459—62; Inst. fiz. metallov AN SSSR; russ.) — Eine Feinzerkleinerung einer Stahlprobe führt zu einer bedeutenden Erniedrigung des Martensitpunktes, jedoch ist der Grad der $\gamma \to \alpha$-Umwandlung bei der Abkühlung des Stahlpulvers auf 77° derselbe wie bei einer kompakten Probe. Ein starkes magnet. Impulsfeld bewirkt eine $\gamma \to \alpha$-Umwandlung in einer kompakten Probe ebenso wie in feinen Stahlteilchen, wobei die Umwandlungstemp. auf den gleichen Wert erhöht wird. Verformungen, die in Stahlproben unter der Einw. ponderomotor. Kräfte im Impulsmagnetfeld entstehen können, sind nicht die Hauptursache der hierbei auftretenden martensit. Umwandlung.
H. Hochstein 56

0202 **Elektronenmikroskopische Untersuchung der strukturellen Härtung eines austenitisch-martensitischen rostfreien Stahls bei gesteuerter Umwandlung.** Rinaldo Campos Soares, Barry Thomas und Guy Henry. (C. R. hebd. Séances Acad. Sci., Sér. C **265** (1967) 22, 1220—23; Inst. de Recherches de la Sidérurgie franç., Saint-Germain-en-Laye, Yvelines; franz.) — In einem Stahl mit 0,082(%) *C*, 0,74 *Si*, 0,71 *Mn*, 14,90 *Cr*, 7,00 *Ni*, 2,14 *Mo*, 1,05 *Al* konnte die intermetall. Verb. NiAl festgestellt u. analysiert werden. Diese Verb. schied sich im Laufe des Alterns im Martensit u. im δ-Ferrit bei der sek. Härtung aus. Elektronenbeugungsaufnahmen ergaben, daß ein geordneter Zustand vorlag.
F. Vier 56

0203 **Elektronenmikroskopische Untersuchung der räumlichen Verteilung der Keimphase. Ausscheidung bei der Alterung von Cu–Be- und Ni–Be-Legierungen.** A. V. Gavrilova, Ju. D. Tjapkin und M. P. Usikov. (Doklady Akad. Nauk SSSR **176** (1967) 5, 1052—55, 1 Tafel, CNIIČMET im. Bardina; russ.) — Elektronenmkr. Unters. an dünnen Folien einer Cu-Leg. mit 2% Be u. einer Ni-Leg. mit 2,2% Be, wobei die Cu–Be-Leg. nach Anlassen bei 200—300° u. die Ni–Be-Leg. bei 400 bis 500° untersucht wurden. Im Verlauf einer Stunde zeigt sich nach Anlassen bei 275 u. 300° in der Cu–Be-Leg. u. im Verlauf von 32 Std. nach Anlassen bei 500° in der Ni–Be-Leg. eine bestimmte Gesetzmäßigkeit in der Lage der ausgeschiedenen Phasenteilchen. Die Ausscheidungen bilden period. Netze, wobei die Symmetrie dieser Netz mit der Symmetrie der Ebene parallel zur Bildebene zusammenfällt. Eine Erklärung dieser Erscheinung wird versucht.
H. Hochstein 56

0204 **Orientierungssubstrukturen in Nickel–Kobalt-Legierungen mit 50 und 75% Nickel durch Bestrahlung mit Elektronen im Magnetfeld.** William Chambron. (C. R. hebd. Séances Acad. Sci., Sér. A et B **265** (1967) 6, B 342—45; Centre d'Etudes nucléaires, Grenoble; franz.) — Die Ni–Co-Leg. zeigen nach Elektronenbestrahlung in einem magnet. Feld eine magnet. einachsige Anisotropie, die sich durch die Theorie der Orientierungssubstrukturen deuten läßt. Eine Ordnungsumwandlung wurde nicht beobachtet.
F. Vier 56

0205 **Quergleitung in β'-CuZn.** H. McI. Clark. (Philos. Mag. [8] **16** (1967) 142, 853—59; Dep. of Mining, Metallurgy and Petroleum Engng., Univ. of Ill., Urbana, Ill.; engl.) — Unters. der Gleitlinien von bin. *β'-CuZn* (I) sowie von tern. I-Leg. mit *Mn*- bzw. *Au*-Zusätzen zur Erniedrigung bzw. Erhöhung der krit. Temp. für Fernordnungen. Danach ist eine Quergleitung von $^1/_2 a_0\langle 111\rangle$ „superpartieller" Versetzungspaare in Leg. von CsCl-Struktur möglich, wenn deren Entfernung genügend klein ist.
R. Blank 56

0206 **Einfluß der Elektronenstruktur auf die Verformung des Gitters um das Beimengungsatom.** V. V. Krasavin, Ju. S. Stark und A. F. Ševakin. (Izvest. vysšich učebnych Zavedenij [Moskva], cernaja Metallurg. **10** (1967) 11, 115—19; Mosk. inst. stali i splavov; russ.) — Erörterung der Einw. folgender Faktoren auf die Gitterkonst. (a) in festen Lsg.: 1. Veränderung des mittleren Fermi-Niveaus, bedingt durch den Übergang von Valenzelektronen der Beimengungsatome in die Leitfähigkeitszone; Veränderung der Elektronendichte rings um das Beimengungsatom, hervorgerufen durch die Wechselwrkg. der Leitfähigkeitselektronen mit der Beimengung; 3. lokale Verzerrungen des Fermi-Niveaus infolge Veränderung der Elektronendichte rings um das Beimengungsatom. Aufstellung von Berechnungsgleichungen für Δ a/a u. ihre Überprüfung an bin. Cu–Zn-, Cu–Al- u. Cu–Sn-Legierungen.
H. Hochstein 56

0207 **Leerstellenkonzentration und -zusammenballung in abgeschrecktem reinem Gold und Gold–Silber-Legierungen.** F. J. Fraikor und J. P. Hirth. (J. appl. Physics **38** (1967) 5, 2312—18; Dep. of Metallurg., O. State Univ., Columbus, O.; engl.) — Die dilatometr. bestimmten Gleichgew.-Leerstellenkonz. von Au-Einkrist. u. polykrist. Drähten stimmen gut mit Ergebnissen von Simmons u. Balluffi überein. Ähnliche Messungen an Au–Ag-Leg. u. reinem *Ag* zeigen einige Anomalien, die durch das Auftreten einer Ordnungsrk. bei ca. 600° u. durch das Wandern von Doppelleerstellen in den Ag-reichen Krist. erklärt werden können. Gleichzeitige elektronenmkr. Beobachtungen an abgeschreckten Au–Ag-Folien zeigen, daß die „black-spot"-Fehlstelle die wichtigste Art der Leerstellenvernichtung ist. Die r²-Beziehung zwischen der Probengröße, Leerstellenkonz. u. Bldg.-Energie gilt nicht für die untersuchten Systeme.
H.-D. Schenke 56

0208 **Stapelfehlerdichte in kaltbearbeitetem Palladium.** K. Krishna Rao und P. Rama Rao. (J. physic. Soc. Japan **23** (1967) 2, 473—74; Dep. of Mechan. Engng., Univ. of Nebr., Lincoln, Nebr.; engl.) — Durch Unters. der Linienprofile von Röntgenreflexen wurde die D. intrins., extrins. u. von Zwillingsstapelfehlern quant. bestimmt. Für die Stapelfehlerwahrscheinlichkeit wurden die Werte 0,0043, 0,0004 bzw. 0,0056 erhalten. W. Laqua 56

0209 **Struktur ultradünner, beim Verdampfen von Tantal und Iridium im Vakuum erhaltener Filme.** D. I. Lajner und V. A. Cholmjanskij. (Kristallografija **12** (1967) 6, 1051—57; Gos. NI i procktnyj inst. splavov i obrabotki cvetnych metallov; russ.) — Ta u. Ir wurden auf Quarzfilme mit aufeinanderfolgend aufgestäubten C- u. SiO_2-Schichten aufgestäubt u. durch Elektronenbeugung bzw. elektronenmkr. untersucht. Ta wird bei der Kondens. zu TaO ox., das kub.-flächenzentriert krist., Ir bildet das normale Metallgitter. Die Größe der erhaltenen Kristallite wird berechnet. H. Roschkowski 56

0210 **Nahordnung und elektrischer Widerstand einer Pd–Pt-Legierung.** A. A. Kacnel'son und Š. A. Alimov. (Fiz. Metallov Metallovedenie **24** (1967) 6, 1117—19; Moskovskij gos univ. im. Lomonosova; russ.) — In einer Pd–Pt-Leg. von äquiatomarer Zus. wird durch Messung der diffusen Röntgenreflexe Nahordnung festgestellt, deren Änderung eine Veränderung des elektr. Widerstandes bewirkt. H. Hochstein 56

0211 **Künstliche Verzwillingung in synthetischen Quarzkristallen.** V. Z. Ušakovskij, K. F. Kaškurov, A. V. Simonov und P. P. Bururin. (Kristallografija **12** (1967) 6, 1087—88; russ.) — Beschreibung der Bldg. mechan. Dauphiné-Zwillinge in synthet. Quarzkrist. beim Zerkleinern. H. Roschkowski 56

0212 **Elektronenmikroskopische Untersuchung von synthetischem Quarz mit einer nicht strukturierten Beimengung.** I. P. Chadži und V. E. Chadži. (Doklady Akad. Nauk SSSR **172** (1967) 6, 1321—22; VNII sinteza mineral'nogo syr'ja; russ.) — Quarz-Einkrist. wurden auf Substraten parallel zur Fläche (0001) in Na_2CO_3-Lsg. mit einer Wachstumsgeschw. von 0,6 mm in 24 Std. aufgewachsen. Aus pinakoidalen Wachstumspyramiden, die den Tyndall-Effekt zeigen, wurden Spaltstücke herauspräpariert, von den Spaltflächen Repliken angefertigt u. elektronenmkr. Unters. bei 4000—50000-facher Vergrößerung durchgeführt. Während bei analogen Quarzproben, die den Tyndall-Effekt nicht zeigen, keinerlei Uneinheitlichkeiten u. keine Defekte zu beobachten sind, sind in obigen opaleszierenden Proben gleichmäßig verteilte Einschlüsse von isometr. Form sichtbar. Die Lage der Ätzgruben (10%ig. HF) entspricht in Lage u. Verteilungscharakter den Einschlüssen. Vgl.-Unters. wurden an entsprechenden Quarzproben durchgeführt, die vorher 1 Std. bei 700° getempert wurden. Das Relief derartiger Spaltflächen ist im Vgl. zu ungetemperten Präp. durch aus Mikrorissen resultierende Spannungen gekennzeichnet. Zu beobachten ist das Auftreten isometr., nahezu kugelförmiger Hohlräume, deren Verteilungscharakter dem der Einschlüsse in nicht getemperten Proben entspricht. Ätzung der getemperten Proben mit HF verwandelt die Hohlräume in dreiflächige flache Gruben, die sich bei Weiterführung des Ätzprozesses ausweiten u. ihre Flächenzahl erhöhen. Die Beoabchtungen zeigen, daß der opaleszierende synthet. Quarz eine kolloiddisperse Beimengungsphase enthält, die gleichmäßig über das gesamte Krist.-Vol. verteilt ist. P. Zäske 56

0213 **Dekorieren von Quarz mit einem im Ergebnis einer chemischen Reaktion auftretenden Niederschlag.** E. V. Cinzerling. (Kristallografija **12** (1967) 2, 370—71, 2 Tafeln; Inst. Kristallogr. AN SSSR; russ.) — *Quarz*-Krist., die 0,08—0,07 Gew.-% Al_2O_3 als strukturelle u. nicht strukturelle Beimengung enthielten, zeigten 1. eine Mosaikstruktur, in deren Folge Blockgrenzen von parallelen Rissen durch $(10\bar{1}1)$ mitunter durchbrochen werden, 2. Deformation von Ätzfiguren, 3. verminderte Plastizität, dadurch geringere Neigung zur Zwillingsbldg. u. erhöhte Stabilität, wenn es sich um eine strukturelle Beimengung, also einen Ersatz von Si durch Al im O-Tetraeder, handelt, u. 4. Erhöhung der Fähigkeit des Quarzes, sich bei Bestrahlung zu färben u. Anwachsen der Gitterparameter. Quarzproben wurden auf Temp. oberhalb der β-α-Umwandlung erhitzt, im kalten Zustand 4 Std. mit 40%ig. wss. HF angeätzt u. 3,5 Jahre trocken aufbewahrt. Dabei bildet sich ein weißer Anflug, der sich bes. auf die Rhomboederflächen konz. u. in Form paralleler Reihen, die sich annähernd unter 90° schneiden, orientiert ist. Opt. Immersionsvers. ergeben für den Nd. die Brechungsindices $n_g = 1,507$, $n_m = 1,495$ u. $n_p = 1,474$, was in guter Übereinstimmung mit $AlF_3 \cdot H_2O$ ist. Bei der Spektralanalyse sind kräftige Al- u. F-Linien zu verzeichnen. Dies führt zu der Annahme, daß der Bldg. des Nd. die Rk. $Al_2O_3 + 10HF + SiO_2 \rightarrow 2AlF_3 + 5H_2O + SiF_4$ entspricht. Wegen der Schwerlöslichkeit von $AlF_3 \cdot H_2O$ schlagen Vf. als Ätzmittel für Quarz Gemische aus Al_2O_3 u. HF vor. P. Zäske 56

0214 **Einfluß von Lichtimpulsen auf die Versetzungsstruktur von Natriumchlorid.** T. M. Aver'janova, L. I. Mirkin und N. F. Pilipeckij. (Kristallografija **12** (1967) 6, 1022—29, 2 Tafeln; NII mechan. Mosk. gos. univ.; russ.) — Durch Ätzen (mit CdO in A.) werden NaCl-Einkrist. nach Einw. 10^{-3}—10^{-8} s langer Laserimpulse untersucht. Bei Lichtfokussierung auf die Krist.-Oberfläche entstehen Krater, die von einem rechtwinkligen Netz von Rissen u. Gleitbändern umgeben sind, die aus Schraubenversetzungen bestehen. Bei Lichtfokussierung in das Krist.-Vol. entstehen keine Krater u. die plast. Verformung verläuft über Kantenversetzungen parallel u. senkrecht zum Strahl. Die Einw. des Lichtstrahls geht auf die Bldg. starker Temp.-Gradienten zurück. H. Roschkowski 56

0215 **Versetzungsstruktur dekorierter NaCl-Kristalle.** A. A. Predvoditelev, V. N. Rožanskij und E. V. Darinskaja. (Kristallografija **12** (1967) 2, 319—24; Mosk. gos. univ. im. Lomonosova Inst. Kristall. AN SSSR; russ.) — *NaCl*-Krist. wurden durch 3std. Bedampfen mit Na bei 680° oder nach der Meth. von Amelinckx dekoriert u. anschließend mit Hilfe eines Dunkelfeldkondensors untersucht. Bei hoher Versetzungsdichte ist die Lage von Einzelversetzungen nicht zu ermitteln, wohl aber ihre Verteilung im Krist.-Volumen. Bei einer konzentrierten höheren Belastung ergeben sich Gebiete mit hoher Versetzungsdichte in den Richtungen ⟨110⟩, vergleichbar mit den Strahlen von Ätzrosetten. In den Richtungen ⟨100⟩ sind Gebiete minimaler Versetzungsdichte zu beobachten. Bei geringerer Versetzungsdichte erlaubt die Dekorierungsmeth. die Beobachtung einzelner Versetzungen u. ihrer Wechselwirkungen. Beobachtbar sind zwei Arten prismat. Schleifen sowie Helices. Bei theoret. Vers. zur Klärung der Orientierung der Rekombinationszone in (001) ergibt sich, daß diese bevorzugt eine Lage parallel ⟨100⟩ oder ⟨110⟩ einzunehmen anstrebt, u. zwar unabhängig von der Orientierung der beiden rekombinierenden Versetzungen. Der 2. Fall tritt ein, wenn der Burgers-Vektor der Rekombinationszone in (001) liegt, der 1., wenn dies nicht der Fall ist. Da dieses Verhalten der Rekombinationszone experimentell bestätigt gefunden wurde, bietet sich hier eine prakt. Unterscheidungsmöglichkeit bez. der Burgers-Vektoren der Rekombinationszonen an. P. Zäske 56

0216 **Selektive Ätzung an Versetzungen von Kaliumtartratsemihydrat-Kristallen.** V. A. Melešina. (Kristallografija **12** (1967) 2, 371—73; russ.) — Einkrist. des monoklinen $K_2C_4H_4O_6 \cdot {}^1/_2 H_2O$ werden aus wss. Lsg. erhalten u. zeigen gute Spaltbarkeit nach (001) u. (100). Als Ätzmittel wird eine Lsg. aus 1,7 (Vol.-Teilen) 96%ig. A. u. 1 wasserfreiem Glycerin verwendet, Spülung mit Aceton u. anschließend mit 96%ig. Alkohol. Ätzvers. an spiegelsymm. Spaltflächen, aufeinanderfolgende Ätzungen an schon entwickelten Ätzgruben, wobei deren Form u. deutliche Begrenzung erhalten bleibt, sowie Ätzvers. an Makrospaltdefekten werden an Hand von Abb. beschrieben. P. Zäske 56

0217 **Geladene Versetzungen in Cäsiumjodid.** R. De Batist, E. Van Dingenen, Ju. N. Martyšev, I. M. Sil'vestrova und A. A. Urusovskaja. (Kristallografija **12** (1967) 6, 1012—21; CEN, Mol, Belgien; russ.) — Unter der Einw. mechan. Schwingungen u. Punktbelastungen werden auf der Oberfläche von CsJ-Krist. Potentialdifferenzen beobachtet. Das Potentialverh. bei verschiedenen Verformungen oder Temp. deutet darauf hin, daß es durch Bewegung positiv geladener Versetzungen entsteht. Die Ladungsdichte an Versetzungen bei Raumtemp. ist ca. 10^{-5} CGSE/cm. H. Roschkowski 56

0218 **Mit dem Elektronenmikroskop sichtbar gemachte, wachstumsbedingte Oberflächenbilder auf BeO-Kristallen.** H. W. Newkirk, D. K. Smith, E. S. Meieran und D. A. Mattern. (J. Mater. Sci. **2** (1967) 2, 194—96; Lawrence Radiat. Labor., Univ. of Calif., Livermore, Calif., USA; engl.) — Die vorliegenden Resultate von *BeO*-Zwillingskrist. zeigen, daß prismat. u. pyramidenförmige Krist. mit einer schraubenförmigen Versetzung wachsen. Jede ist im Innern von einem kleinen Kegel umgeben, der als Ausgang für Wachstumslagen angesehen werden kann. Wichtige Hinweise auf den Wachstumsmechanismus konnten aus der Beobachtung der Oberflächenfiguren gewonnen werden. Dazu wurden ein- u. zweistufige Abdrücke angefertigt bzw. das Objekt im Reflexionsmikroskop direkt betrachtet. R. Zimmer 56

0219 **Versetzungen und deren Ursprung in aus der Gasphase gewachsenen Cadmiumsulfid-Kristallen.** W. Möhling. (J. Crystal Growth [Amsterdam] **1** (1967) 3, 115 bis 124; DAW Berlin, Phys.-Techn. Inst.; engl.) — Art u. Anordnung der Versetzungen wurde mit der Röntgenbeugungstopographie untersucht. Die Mehrzahl der Krist. enthalten Stufenversetzungen mit Burgers-Vektor b = ⟨0001⟩ bei einer D. von 0—100/cm². Höhere Defektdichten werden bei den Krist. gefunden, die gemeinsam mit einem angrenzenden Krist. gewachsen waren. Neben den typ. Stufenversetzungen treten Versetzungen auf, deren Burgers-Vektor parallel der Basisebene liegt. Diese Versetzungen sind durch plast. Deformation während des Abkühlprozesses entstanden. Innere Spannungen an Verunreinigungssegregationen führen ebenfalls zur Versetzungsbldg., ein Mechanismus der Versetzungsvervielfältigung wird diskutiert. H. Richter 56

0220 **Ätzgrübchen in aus dem Schmelzfluß gezogenem Korund.** J. A. Champion und M. A. Clemence. (J. Mater. Sci. **2** (1967) 2, 153—59; Nat. Phys. Labor., Teddington, Middlesex.; engl.) — Meth. zum chem. Polieren u. Ätzen der verschiedenen Flächen von *Rubin* u. *Saphir* wurden entwickelt. Die Krist. wurden aus einer PbF_2-Schmelze (für Rubin mit Cr_2O_3-Zusatz) gezogen. Nach Halten bei 1150° für einen Tag wurde um 1 Grad/Std. auf 800° abgekühlt. Ätzmittel für folgende Flächen werden angegeben: {0001}, $\{10\bar{1}1\}$, $\{10\bar{1}2\}$, $\{1\bar{1}00\}$, $\{11\bar{2}0\}$. Form u. Orientierung der Ätzgrübchen sind für jede Ebene charakteristisch. Die Häufigkeit beträgt 10^2 bis $10^4/cm^2$. Rubin u. Saphir verhalten sich ähnlich. Es konnte bewiesen werden, daß die Ätzgrübchen auf Fehlstellen entstehen. R. Zimmer 56

0221 **Mikrostruktur durchscheinender polykristalliner Korund-Keramik und ihr Zusammenhang mit der Lichtdurchlässigkeit.** É. V. Degtjareva. (Izvest. Akad. Nauk SSSR, Neorg. Mater. **3** (1967) 12, 2212—15; Ural'skij NII ogneuporov, Char'kov; russ.) — Die Mikrostruktur (Unters. an Schliffen u. Immersionspräp., welche mit geschmolzenem $K_2S_2O_7$ geätzt wurden) u. Lichtdurchlässigkeit (IR-Bereich) durchscheinender Korund-Keramik wurde in Abhängigkeit vom MgO-Geh. (0,05—0,2%), der Temp. (1700—1900°) u. der Dauer der Temp.-Einw. (4—15 Std.) unter Vakuum untersucht. Die Mikrostruktur der durchscheinenden Korund-Keramik zeichnet sich durch gleichmäßige Körnung u. Bldg. gut entwickelter Krist. hexagonaler Form mit sich unter einem Winkel von 120° schneidenden Begrenzungsflächen aus. Die Abmessungen der Korundkrist. in der durchscheinenden Keramik hängen vom MgO-Geh. ab u. erreichen ein Max. von 100—150 μ bei einem MgO-Geh. von 0,1%. Die Krist.-Größe verringert sich mit sinkender Temp. u. mit Verringerung der Zeitdauer der Temp.-Einw. (150 μ bei 15std. Einw. einer Temp. von 1900°, 110 μ bei 4std. Einw. von 1900°). Die Lichtdurchlässigkeit hängt von der Größe der Korundkrist. ab u. erreicht einen Wert bis zu 75%. B. Karos 56

0222 **Polierätzung von Galliumarsenid.** K. E. Mironov. (Izvest. sibirskogo Otd. Akad. Nauk SSSR, Ser. chim. Nauk **1967**, **4**, 169—71; Inst. neorg. chim. SO AN SSSR Novosibirsk; russ.) — Am Beispiel der Ätzlsg. H_2SO_4: H_2O_2:H_2O wird gezeigt, daß die polierende Ätzung von GaAs abhängt von der Verzögerung der Auflösung des GaAs durch das Ätzmittel. Diese Ätzlsg. enthalten im wesentlichen nichtdissoziierte Säuremoleküle. Ein Einfl. der Peroxomonoschwefelsäure H_2SO_5 bei der Polierätzung von GaAs mit der H_2SO_4-Lsg. ist möglich. Es wird vermutet, daß Peroxodisulfat $(M_2^IS_2O_8)$-Zusätze die polierende Wrkg. der Ätzlsg. günstig beeinflussen. Die Polierätzung von GaAs mit HNO_3–HCl–Glycerin-Gemischen wird diskutiert. H. Richter 56

0223 **Konzentration und Typ der Punktdefekte in Galliumarsenid.** S. A. Semiletov. (Kristallografija **12** (1967) 2, 333—35; Inst. Kristallogr. AN SSSR; russ.) — Vf. gibt eine Zusammenstellung der neueren Literatur über Präzisionsgitterkonst.-Best. für *GaAs* in Verb. mit stöchiometr. Betrachtungen u. Dichtebestimmungen. Auf der Grundlage präziser Röntgendaten betreffs der Gitterkonst. von GaAs u. einer auf die Abhängigkeit zwischen Leerstellenkonz. u. Gitterkonst. für den Verb.-Typ $A^{III}B^{V}$ führenden krist.-chem. Analyse gibt Vf. eine Abschätzung der oberen Grenze der Konz. punktförmiger Defekte in GaAs, verbunden mit stöchiometr. Abweichungen. Bei Lsg. von As im Gitter können sich bis $1{,}3 \cdot 10^{19}$ cm^{-3} Kationenleerstellen u. bei Lsg. von Ga bis $2{,}2 \cdot 10^{18}$ cm^{-3} Zwischengitteratome ausbilden. Die Zus. der betrachteten Phase erstreckt sich folglich von 49,99 bis 50,06 Atom-% As. Analoge Abschätzungen sind für alle Verb. mit ZnS-Struktur möglich. P. Zäske 56

0224 **Bildung von Fällungen in GaAs bei Eindiffusion von Zink.** J. F. Black und E. D. Jungbluth. (J. elektrochem. Soc. **114** (1967) 2 Pt. 1, 181—87; Gen. Telephone and Electronics Labor. Inc., Bayside, N.Y.; engl.) — GaAs-Einkrist. mit Versetzungsdichten von 10^2—10^5 cm^{-2} werden zusammen mit GaAs–Zn-Mischungen bzw. $ZnAs_2$ in evakuierten Quarzampullen 2—24 Std. lang auf Temp. von 700—1100° erhitzt. Die nach beendeter Diffusionstemperung abgeschreckten Proben werden mit Röntgenbeugungstopographie sowie licht- u. IR-mkr. untersucht. Vor der Diffusion sind die Proben für Röntgen- u. IR-Strahlung durchlässig u. nur auch durch chem. Ätzen nachweisbare Versetzungen sind sichtbar. Nach der Diffusion sind die Proben bes. bei Verw. von Zn-Diffusionsquellen infolge von Fehlordnung in der Diffusionszone nicht mehr durchstrahlbar. Verw. von $ZnAs_2$-Quellen führt nach längerer Diffusionstemperung ebenfalls zu Fehlordnungen, die als submkr. Fällungen identifiziert werden. Die Bldg. der gestörten Schichten erfolgt bei 700—725° nach einer Inkubationszeit von ca. 2 Std., u. in dieser Zeit treten nur geringe Abnahme der Röntgentransmission sowie keine Änderungen der Ätzstruktur auf, obwohl die Tiefe der p^+p-Übergänge bereits 7—10 μ beträgt. Auch mit $3{,}5 \cdot 10^{19}$ Zn/cm³ dotierte GaAs-Proben mit Versetzungsdichten von $5 \cdot 10^3$ cm^{-2} zeigen erst nach einer Zn-Diffusion bei 1000° die Bldg. stark gestörter Oberflächenschichten. Herbert Müller 56

0225 **Bildung von dekorierten Versetzungen und Fehlern unterhalb der Oberfläche in GaAs bei Eindiffusion von Zink.** J. F. Black und E. D. Jungbluth. (J. electrochem. Soc. **114** (1967) 2 Pt. 1, 188—92; engl.) — Vgl. vorst. Referat. — Nach dem l.c. beschriebenen Verf. einer 2std. Diffusionsbehandlung mit GaAs–Zn-Quellen bei 800—1000° unterworfene GaAs-Einkrist. werden röntgentopograph. u. IR-mkr. sowie nach chem. Ätzen lichtmkr. untersucht. Die Krist. zeigen nach Diffusion bei 800° ca. 50 μ tiefe, stark gestörte Zonen, in denen submkr. Fällungen vorliegen, während das darunter liegende GaAs unverändert ist. Diffusion bei höheren Temp. liefert neben den gestörten Zonen im restlichen Krist. ebenfalls eine große Fehlstellendichte, die dem Vorliegen starker innerer Spannungen zugeordnet wird. Im Bereich zwischen den submkr. Fällungen u. dem gestörten Krist.-Inneren werden bei GaAs-Proben, die bereits in der Schmelze mit $5 \cdot 10^{18}$ Zn/cm³ dotiert waren, dekorierte Versetzungen beobachtet.

Herbert Müller 56

0226 **Thermische Zersetzung von III-V-Verbindungsoberflächen im Vakuum.** G. J. Russell, H. K. Ip und D. Haneman. (J. appl. Physics **37**, 3328–30, 1966; Univ. of New South Wales, Australia, School of Phys.; engl.) — Das Verh. von (111)-, ($\bar{1}\bar{1}\bar{1}$)-, (110)- u. (100)-Oberflächen von *InSb*, (111)-, ($\bar{1}\bar{1}\bar{1}$)-, (110)- u. (100)-Oberflächen von *GaSb* sowie von (111)- u. ($\bar{1}\bar{1}\bar{1}$)-Oberflächen von *GaAs* beim Erhitzen auf Temp. beträchtlich unterhalb der F. der Verb. bei Drücken von 10^{-6} bis 10^{-9} Torr wird untersucht. Die tatsächlichen Verdampfungsgeschw. wurden in allen Fällen zu 30–100% der freien Verdampfungsgeschw. abgeschätzt. Die Oberflächenstrukturen vor u. nach dem Erhitzen wurden bei Zimmertemp. mkr. u. elektronenmkr. untersucht. Erhitzen aller Krist.-Oberflächen auf gewisse Temp. T_h < als die F. der Verb. führte zur Bldg. kleiner Hügel, deren Größe mit steigender Temp. u. längerer Erhitzungszeit zunahm. Auf den bis auf T_h erhitzten ($\bar{1}\bar{1}\bar{1}$)-, (110)- u. (100)-InSb-Oberflächen bildeten sich gleichzeitig therm. Grübchen, während sich auf den (111)-Oberflächen die Grübchen nur beim Erhitzen > T_h bildeten. Oberhalb T_h wurden auf GaSb- u. GaAs-Oberflächen keine Grübchen beobachtet. Die auf InSb- u. GaAs-Oberflächen gebildeten Grübchen hatten die Symmetrie des Oberflächengitters, bei den GaSb-Oberflächen hatten die Grübchen nicht die Symmetrie des Oberflächengitters. Bei vorsichtiger chem. Ätzung wurde festgestellt, daß die Hügel aus 2 Teilen bestanden, einer „Haube" u. einer „Basis". Die Haube bestand aus dem Element der Gruppe III, die Basis aus der III–V-Verb., die epitakt. auf dem Substrat aufgewachsen war. Der Bldg.-Mechanismus der Grübchen wird ausführlich besprochen.

C. Gottfried 56△

0227 **Röntgenographische Untersuchung von Lanthanboriden.** N. N. Žuravlev, R. M. Manelis, N. V. Gramm und A. A. Stepanova. (Poroškovaja Metallurg. 7 (1967) 2, 95–101; Mosk. gos. univ. im. Lomonosova; russ., Auszug: engl.) — Lanthanboride verschiedener Zus. wurden vakuumtherm. durch Red. von La_2O_3 mit amorphem B bei $(2-5) \cdot 10^{-5}$ Torr dargestellt. Röntgenograph. u. metallograph. Unters. zeigen, daß LaB_6 einen schmalen Homogenitätsbereich zwischen LaB_6 u. $LaB_{6,5}$ hat. Die Phasenanalyse von Proben mit etwas höherem B-Geh. als im LaB_6 zeigt eine Zweiphasenstruktur, wobei LaB_6 die Grundphase darstellt mit einem kleinen Defizit an La-Atomen u. freien B-Atomen. J. J. Pohl 56

0228 **Punktweise radiokristallographische Untersuchung eines monokristallinen Plättchens von $BaTiO_3$ mit Hilfe der Methode von Lambot-Vassamillet und Einfluß des elektrischen Feldes.** L. Castet und G. Mesnard. (Acta crystallogr. [Copenhagen] **23** (1967) 3, 352–57, 1 Tafel; Lyon, Fac. des Sci., Labor. d'Électron. et de Phys. du Solide; franz.) — Vf. berichten über Beobachtungen von Fehlorientierungen u. Parameteränderungen in $BaTiO_3$-Plättchen in Zusammenhang mit der Textur bei Anwendung der obigen Meth. (vgl. Lambot et al., Acta Metallurg. [New York] **1** (1953), 940). Bei Anlegung eines elektr. Feldes konnten Rotationen der Achsen parallel zu den Grenzen der Bereiche u. von Punkt zu Punkt auftretende Verformungen der variablen Zelle festgestellt werden. C. Gottfried 56△

0229 **Einfluß des Elektronenstrahls bei LEED-Experimenten auf die Struktur der (010)-Oberfläche von Vanadinpentoxid.** L. Fiermans und J. Vennik. (Physics Letters [Amsterdam] **25 A** (1967) 9, 687–88; Lab. voor Kristallografie en Studie van de Vaste Stof, Rijksuniv., Gent; engl.) — Durch den Elektronenstrahl wird bei LEED-Unters. eine Strukturänderung von $V_2O_5(010)$ zu $V_{12}O_{26}$ (010) verursacht, die stark von der Elektronenenergie u. -intensität abhängt. Außerdem wird die Strukturänderung durch Gase wie H_2, CH_4, CO_2 u. CCl_4 beschleunigt, möglicherweise durch teilweise Ionisation. Der durch die Strukturumwandlung freigesetzte Sauerstoff desorbiert als CO_2. N_2 u. *Ar* zeigen keinen Effekt. G. Ertl 56

0230 **Dekorierte Versetzungen in $LiNbO_3$ und $LiTaO_3$.** H. J. Levinstein und C. D. Capio. (J. appl. Physics **38** (1967) 7, 2761–65; Bell Telephone Labor., Murray Hill, N.J.; engl.) — Es wurde gefunden, daß Versetzungen in $LiNbO_3$- u. $LiTaO_3$-Einkrist. durch (durch elektr. Felder u. Tempern bei 600° hervorgerufene) Diffusion von Au oder Pt ins Innere des Krist. dekoriert werden können.

F. Portele 56

0231 **Morphologie der Oxidreduktion: Chromoxid.** H. E. N. Stone und N. A. Lockington. (J. Mater. Sci. **2** (1967) 2, 112–17; Dep. of Metallurg. and Mater. Technolog., Univ. of Surrey, London; engl.) — Der Schrumpfmechanismus bei Red. von Cr_2O_3 wurde durch mikrograph. u. analyt. Meth. sowie Widerstandsmessungen untersucht. Freies *Cr* ist im Schliff bei normalem Licht zu erkennen, unter gekreuzten Nicols kann gealtertes u. nicht gealtertes Oxid unterschieden werden. Widerstandsmessungen wurden durchgeführt für Proben unter verschiedenen Bedingungen. Nach dem mkr. Bild entsteht ein intergranulares Netzwerk, aus dem beim Altern eine kub. Struktur entsteht. Cr_2O_3 wurde bei 400–1400° zu Cr u. nicht zu einer Zwischenform reduziert.

R. Zimmer 56

0232 **Nichtstöchiometrie und Versetzungen an den Zwischenflächen von Wolframtrioxid.** J. Spyridelis, P. Delavignette und S. Amelinckx. (Mater. Res. Bull. **2** (1967) 6, 615–20; Solid State Phys. Dep., S.C.K.-C.E.N., Mol, Belgium; engl.) — Aus der Dampfphase in strömendem Ar gezüchtete WO_3-Krist. wurden elektronenmkr. untersucht. Die dünnen Plättchen enthalten regulär angeordnete, gerade Versetzungen, die parallel zur [001]-Richtung des WO_3-Gitters verlaufen u. nicht beweglich sind. Die Versetzungen enden an geraden Linien, die parallel zueinander verlaufen. Die Ergebnisse werden auf die Existenz einer großen Anzahl von Überstrukturen des WO_3 mit großen Elementarzellen zurückgeführt, deren Zus. von der stöchiometr. Zus. durch ein geringes O-Defizit abweicht. Die geraden Linien, an denen die regulären Versetzungen enden, bedeuten Zwischenflächen zwischen Schichten unterschiedlicher stöchiometr. Zus. (Einkrist.). W. Laqua 56

0233 **Nachweis von Leerstellen in Molybdänit.** G. L. Montet. (Appl. Physics Letters **11** (1967) 7, 223–24; Argonne Nat. Labor., Argonne, Ill.; engl.) — Die für Graphit entwickelte Ätz-Dekorationsmeth. wird für den Nachweis von Gitterleerstellen in Molybdänit (MoS_2) angewendet. Es wird gezeigt, daß Leerstellen an den Gitterpunkten auftreten, an denen ein Mo-Atom fehlt. Die durch Ätzung entwickelten Ätzgruben an diesen Stellen können durch mehrere Atomschichten hindurchgehen, während mit der Au-Dekoration monoatomare Stufen (6,15 Å) nachgewiesen werden. H. Richter 56

0234 **Nachweis monoatomarer Stufen und von Leerstellen auf Molybdändisulfid-Flächen.** O. P. Bahl, E. L. Evans und J. M. Thomas. (Surface Sci. [Amsterdam] **8** (1967) 4, 473–77; Bangor, Caernarvonshire, Univ. Coll., Dep. of Chem.; engl.) — Durch Dekoration mit Au bei 300° können Stufen von nur 6,15 Å Höhe auf MoS_2 sichtbar gemacht werden. Es werden dreieckige Gruben, die bei der Ox. (10 Torr O_2, 600°) entstanden, nachgewiesen. Sie sind um 60° gegeneinander verdreht, wenn sie sich in benachbarten {0001}-Ebenen befinden. Die Orientierung der dreieckigen Gruben wird durch die verschieden große Ox.-Geschw. in den verschiedenen kristallograph. Richtungen erklärt.

P. Meischner 56

0235 **Kristallchemie der isomorphen Substitution in Molybdaten und Wolframaten zweiwertiger Metalle.** L. N. Dem'janec, V. V. Iljuchin, A. V. Čičagov und N. V. Belov. (Izvest. Akad. Nauk SSSR, Neorg. Mater. **3** (1967) 12, 2221–34; Inst. kristallogr. AN SSSR; russ.) Die Isomorphie von ABO_4-Wolframaten u. -Molybdaten sowie die Grenzen der Bldg. von Mischkrist. in den Syst. ABO_4–$A'B'O_4$ werden an Hand der Literatur u. eigener Unters. der Isomorphiebeziehungen in den Syst. von $CaWO_4$ mit $BaWO_4$, $SrWO_4$, $PbWO_4$, $CdWO_4$, $ZnWO_4$ u. $MgWO_4$ sowie von $CdMoO_4$ mit $BaMoO_4$, $SrMoO_4$,

$PbMoO_4$, $CaMoO_4$ u. $ZnMoO_4$ zusammenfassend besprochen. — 28 Literaturangaben.
H. Roschkowski 56

0236 **Röntgenographische Untersuchungen über einige gemischte Oxidsysteme mit Pseudobrookit-Struktur.** Gudrun Åsbrink und Arne Magnéli. (Acta chem. scand. **21** (1967) 7, 1977; Stockholm, Univ., Inst. of Inorg. and Phys. Chem.; engl.) — Röntgenograph. Unters. der in den Syst. von Ti_3O_5 mit Al_2TiO_5 u. Fe_2TiO_5 bzw. $MgTi_2O_5$ auftretenden, im Pseudobrookit-Typ krist. Mischoxide der Zus. $Al_{3-x}Ti_xO_5$ u. $Fe_{3-x}Ti_xO_5$ mit $1 \leq x \leq 3$. Die c-Konst. sind als Funktion von x graph. wiedergegeben. Im Bereich der Zus. $FeTi_2O_5$ treten Diskontinuitäten auf.
G. Gattow 56

0237 **Morphologische Besonderheiten von hexagonalen Ferriten.** Charles F. Cook jun. und William F. Nye. (Mater. Res. Bull. 2 (1967) 1, 1—12; Fort Monmouth, N.J., U.S. Army Electron. Command, Inst. for Explor. Res.; engl.) — Auf der Oberfläche eines Einkrist. der Zus. $Ba_2Zn_2Fe_{12}O_{22}$, der von der Oberfläche seiner Schmelze erhalten wurde, wurden mkr. sog. Depressionswachstumsspiralen festgestellt. Die Spiralarme entsprechen nicht Zelldimensionen, sondern sind aus gebündelten Stufen zusammengesetzt. Auf der Oberfläche eines aus der Schmelze entnommenen Krist. wurden Spiralen vom Vizinalhügeltyp ermittelt. Die Schichtstrukturen u. Stapelfolgen der Ferrite werden besprochen. Die stärkste Unvollkommenheit in den Ferritphasen ist das Auftreten von gemischten Phasen. In einem der untersuchten Fälle ist auf der Oberfläche eines Krist. $BaZn_2Fe_{16}O_{27}$ nachzuweisen, das von $Ba_3Zn_2Fe_{24}O_{41}$ umgeben ist; auf der Rückseite des Krist. wurde die Phase $Ba_2Zn_2Fe_{28}O_{46}$ beobachtet, in der sich ein Einschluß des Spinells $CoFe_2O_4$ befand.
C. Gottfried 56△

0238 **Übergang 1. Ordnung in $LaCoO_3$: lokalisiertes Elektron ⇌ Kollektivelektron.** P. M. Raccah und J. B. Goodenough. (Physic. Rev. [2] **155** (1967) 3, 932—43; Lincoln Labor., MIT, Lexington, Mass.; engl.) — $LaCoO_3$ besitzt nach röntgenograph. Unters. unterhalb 375° die Raumgruppe $R\bar{3}c$, oberhalb 375° $R\bar{3}$. In der $R\bar{3}$-Symmetrie liegt Fernbereichsordnung diamagnet. Co-Ionen auf Co_I-Plätzen u. paramagnet. Co(II)-Ionen auf Co_{II}-Plätzen vor. Kalorimetr. Unters. weisen auf einen Übergang 1. Ordnung bei $T_t = 937°$ u. auf einen Übergang höherer Ordnung zwischen 125 u. 375° hin. Nach DTA-Messungen ergibt sich bei ca. 650° ein weiterer Übergang höherer Ordnung. Raumgruppe u. Gitterkonst. der pseudokub. Elementarzelle bleiben beim Durchschreiten von T_t unverändert, während der Rhomboederwinkel von 60,4 auf 60° abfällt; gleichzeitig verschieben sich La^{3+}-Ionen diskontinuierlich entlang der c-Achse gegen die Co_I-Ionen. Eine ähnliche Verschiebung der La^{3+}-Ionen findet im Bereich $400 < T < 650°$ statt. Der Übergang bei T_t ist ein Übergang lokalisiertes Elektron ⇌ Kollektivelektron von Elektronen in e_g-Orbitalen. Die Anzahl der Ladungsträger bleibt bei diesem Übergang konst.; auch die Ladungsträgerbeweglichkeit zeigt ein kontinuierliches Verhalten. Der Übergang höherer Ordnung im Bereich $125 < T < 375°$ weist auf ein Gebiet mit Nahbereichsordnung hin, wobei die geordnete Phase bei höheren Temp. auftritt. Durch gleichzeitiges Auftreten von dia- u. paramagnet. Co-Ionen spielen Exzitonenübergänge in $LaCoO_3$ eine bedeutende Rolle.
W. Laqua 56

0239 **Drehung von Ätzgruben auf Grundflächenschnitten von Apophyllitkristallen.** M. S. Joshi und M. A. Ittyachen. (Philos. Mag. [8] **16** (1967) 142, 717—21; Phys. Dep., Sadar Patel Univ., Vallabh Vidyanagar, India; engl.) — Entlang der (001)-Ebene geschnittene Apophyllit-Einkrist. wurden mit $(NH_4)HF_2$-Lsg. verschiedener Konz. geätzt. Bei Lsg. zwischen 0,6 u. 3 n bilden sich quadrat. Ätzgruben mit ihren Seiten parallel zur ⟨100⟩-Richtung, bei höheren Konz. verschwimmen sie an den Ecken u. ihre Seiten liegen parallel zur ⟨110⟩-Richtung. Die Drehung der Ätzgruben um 45° wird den Unterschieden in der Widerstandsfähigkeit gegen die Ätzung der „a"(100)–„p"(111)-Flächen, die in die Schnittfläche hineinragen, zugeordnet.
R. Blank 56

0240 **Gitterparameter von Eis I bei tiefen Temperaturen.** R. Brill und A. Tippe. (Acta crystallogr. [Copenhagen] **23** (1967) 3, 343—45; Berlin, MPG, Fritz-Haber-Inst.; engl.) — Mit Hilfe von Pulveraufnahmen bestimmten Vf. die Gitterparameter von Eis I bei Temp. von —80° u. —260°. Die erhaltenen Werte, zusammen mit den Ausdehnungskoeff. der beiden Gitterparameter, sind tabellar. angegeben. Die von La Placa u. Post (ibid. **13** (1960) 503) beobachtete Anomalie des Parameters a zwischen —100° u. —130° konnte nicht bestätigt werden. Das Achsenverhältnis c/a ist temperaturunabhängig u. erreicht auch bei tiefen Temp. nicht den Idealwert 1,633. Das kann bedeuten, daß die O–O-Abstände parallel zur c-Achse geringer sind als in anderen Richtungen u. die Tetraederwinkel geringfügig vom Idealwert abweichen.
C. Gottfried 58△

0241 **Kristall- und Molekularstruktur von Phosphortricyanid. Erratum.** K. Emerson. (Acta crystallogr. [Copenhagen] **23** (1967) 3, 506; Minneapolis, Minn., Univ. of Minn.; engl.) — Berichtigung zu Emerson u. Britton (C. **1965**, 21-0477).
C. Gottfried 58△

0242 **K_8Si_{46}, ein Silicid mit Käfigstruktur.** J. Gallmeier, Herbert Schäfer und Armin Weiss. (Z. Naturforsch. **22b** (1967) 10, 1080; Inst. für Anorgan. Chem., Univ. München; dt.) — Durch Einw. von K-Dampf auf elementares Si bei 800° entsteht eine Si-reiche Phase in Form bläulicher, metall. glänzender Kristalle. Sie sind an Luft u. gegen HCl beständig u. werden in einem Gemisch aus HF u. HNO_3 sowie in starken Laugen gelöst. Die Verb. krist. kub., $a = 10{,}30 \pm 0{,}01$ Å, O_h^3-Pm3n, $Z = 1$, D_{exp} 2,39 g · cm^{-3}, D_R 2,439 g · cm^{-3}. Durch diese Kaliumverb. wird die früher abgeleitete Strukturvorstellung für Na_8Si_{46} bestätigt u. verfeinert.
E. Schmidt 58

0243 **Strukturbesonderheiten und Kristallchemie binärer Magnesium-Intermetallverbindungen.** V. P. Perminov. (Poroškovaja Metallurg. **7** (1967) 5 (53), 89—97; inst. fisiko-chim. osnov pererabotki mineral. sirija SO AN SSSR; russ., Auszug: engl.) — Klassifizierung der Mg-Metallverb. nach prinzipiellen Strukturtypen u. Angabe einer kurzen Beschreibung für die Unterscheidung bei der Einteilung sowie Erläuterung der kristallograph. Eig. aller bekannten Mg-Metall-Phasen. — 15 Literaturabgaben.
W.-D. Heußner 58

0244 **Kristallstruktur von α-$Sr_2P_2O_7$.** J.-C. Grenier und R. Masse. (Bull. Soc. franç. Minéralog. Cristallogr. **90** (1967) 3, 285—92; Labor. d'Electrostat. et du Phys. du Métal, CNRS, Grenoble; franz.) — Die Titelverb. krist. in $Pna2_1$ mit $a = 8{,}87$, $b = 13{,}27$, $c = 5{,}39$ Å, $Z = 4$, D_R 3,65. Das Diphosphation wird durch einen Winkel POP von 135,5° charakterisiert. Die zwei unabhängigen Sr-Atome haben KZ 8. Möglicherweise liegt ein Symmetriezentrum vor (die beobachtete schwache Piezoelektrizität kann auf β-$Sr_2P_2O_7$ zurückzuführen sein).
D. Hoene 58

0245 **Kristallstruktur von Kaliumstrontiumtetrametaphosphat: $K_2Sr(PO_3)_4$.** I. Tordjman, C. Martin und A. Durif. (Bull. Soc. franç. Minéralog. Cristallogr. **90** (1967) 3, 293—98, Labor. d'Electrostat. et du Phys. du Métal, CNRS, Grenoble; franz.) — Die Titelverb. krist. tetragonal in $I\bar{4}$ mit $a = 7{,}445$, $c = 10{,}17$ Å, $Z = 2$. Angabe der Atomkoordinaten, Bindungslängen u. -winkel. Die Geometrie der P_4O_{12}-Ringe wird diskutiert. Ferner wird das Pulverdiagramm von $K_2Pb(PO_3)_4$ angegeben.
D. Hoene 58

0246 **IR-Absorptionsspektrogramm von Fresnoit. Kristallographische Daten des isomorphen Digermanats $Ba_2TiGe_2O_8$.** R. Masse und A. Durif. (Bull. Soc. franç. Minéralog. Cristallogr. **90** (1967) 3, 407—08; franz.) — Vgl. vorst. Referat. — Im Ir-Spektrum von $Ba_2TiSi_2O_8$ treten zwischen 450 u. 1100 cm^{-1} einige Frequenzen auf, die der $Si_2O_7^{6-}$-Gruppe entsprechen. Die Bande bei 667 cm^{-1} wird einer A_1-Schwingung der Disilicatgruppe zugeordnet. Nach Pulveraufnahmen krist. $Ba_2TiGe_2O_8$ mit $a = 8{,}684 \pm 0{,}007$, $c = 5{,}365 \pm 0{,}005$ Å, D_R 4,89.
D. Hoene 58

0247 **Kristallstruktur der Phase $BaLi_2Si$.** H. Axel, W. Müller, Herbert Schäfer und Armin Weiss.

(Z. Naturforsch. **22b** (1967) 10, 1081; Inst. für Anorgan. Chem., Univ., München; dt.) — Durch kurzes Erhitzen äquimolarer Mengen von *BaSi* u. *Li₂Si* im Fe-Tiegel auf ca. 1000° erhält man einen metall. glänzenden Regulus mit säulenförmigen, aus der Oberfläche herausstehenden Krist., der nicht die erwartete Zus. $BaLi_2Si_2$ hat, sondern weitgehend aus reinem $BaLi_2Si$ (**I**) besteht. Überschüssiges Si bildet während der Rk. an der Gefäßwand Eisensilicide. **I** krist. orthorhomb. mit a = 4,74, b = 6,75, c = 6,25 Å in D^{13}_{2h}–Pmmn. $D_{\cdot exp}$ 2,95 g · cm⁻³, $D_{\cdot R}$ 2,99 g · cm⁻³, Z = 2. E. Schmidt 58

0248 **Raumgruppe von Diglycin-bariumchloridmonohydrat.** P. Narayanan und Shanta Venkataraman. (Z. Kristallogr., Kristallgeometr., Kristallphys., Kristallchem. **124** (1967) 6, 460; Dep. of Phys., Univ. of Mysore, India; engl.) — Die opt. zweiachsig negative Titelverb. krist. rhomb. in V_h^{14}–Pbcn mit a = 8,302 ± 0,015, b = 14,801 ± 0,025, c = 9,324 ± 0,015 Å, $D_{\cdot exp}$ 2,2, $D_{\cdot R}$ 2,182 g/cm³, Z = 4. M. Frenzel 58

0249 **Kristallstruktur des synthetischen Na-Zinksilicats Na_2ZnSiO_4.** V. V. Iljuchin, A. V. Nikitin und N. V. Belov. (Doklady Akad. Nauk SSSR **171** (1967) 6, 1325 bis 1328; Inst. Kristallogr. AN SSSR; russ.) — Untersucht wird die neben anderen Phasen bei Hydrothermalsynth. bei 350—550° u. NaOH-Konz. > 25% im Syst. Na_2O–ZnO–SiO_2–H_2O anfallende Verb. *Na_2ZnSiO_4*. Sie krist. opt. zweiachsig mit n_g = 1,663, n_m = 1,655, n_p = 1,640, Härte 4, das spezif. Gew. 3,4, zeigt einen starken Piezo-Effekt u. lumineszíert kräftig im grünen Spektralbereich bei UV-Bestrahlung. Aus Röntgen-Pulverdaten resultierende d-Werte sind tabelliert. An Hand von Einkrist.-Aufnahmen ergibt sich eine monokline Zelle mit a = 8,75, b = 5,48, c = 5,33 Å, β = 127°, C^2_s–Pa, Z = 2, die in eine annähernd orthogonale nach a′ = (a + c)/2 = 7,02, b = b′, c = c′, β = 90°20′, C^2_s–Pn transformiert wird. Patterson-Projektionen u. Elektronendichteprojektionen führen zu R_{0kl} = 15, R_{hk0} = 16 u. R_{h0l} = 18%. Atomkoordinaten u. -abstände sind tabelliert. Grundelemente der Struktur sind Si–O- u. Zn–O-Tetraeder, von denen erstere kaum, letztere etwas stärkere Abweichungen von den üblichen Atomabständen zeigen. Ungewöhnlich sind dagegen die 2 verschiedenen Typen von Na–O-Polyedern: während 3 O an Na_1 im ungefähren Abstand der Ionenradien liegen, befinden sich 3 weitere, die bereits als zur 2. Koordinationssphäre gehörend angesehen werden können, 2,87 bis 3,12 Å entfernt, so daß ein stark verzerrtes Oktaeder entsteht. Na_2 hat die KZ 5 gemäß 4 naher Nachbarn u. 1 O in 3,20 Å Entfernung. Die 4 Spitzen der Zn-Tetraeder sind jeweils 4 Si-Tetraedern gemeinsam u. umgekehrt, wodurch ein dreidimensionales Gerüst entsteht, dessen Elemente den Ketten in der Pyroxen-Struktur entsprechen. Obwohl in der dreidimensionalen Struktur Hohlkanäle parallel z ausgebildet sind, befinden sich die großen Na-Ionen nicht direkt in ihnen, sondern liegen ober- u. unterhalb der die Si- u. Zn-Tetraeder innerhalb einer Pyroxen-Kette verbindenden O. P. Zäske 58

0250 **Atomdurchmesser von Seltenerdmetallen in einigen ausgewählten kubischen Zwischenphasen und hexagonalen Mischkristallen.** I. R. Harris und R. C. Mansey. (J. less-common Metals [Amsterdam] **13** (1967) 6, 591—602; Birmingham (Great Britain), Univ. of Birmingham, Dep. of Phys. Metallurg. and Sci. of Mater.; engl.) — Von einer Anzahl kub. Zwischenphasen u. Mischkrist. (hexagonal dichteste Packung), die Seltenerdmetalle (SE) enthalten, wurden die Gitterkonst. zur Abschätzung der Atomdurchmesser (AD) der entsprechenden SE-Komponente untersucht. Die wichtigsten Folgerungen der Unters. sind: 1. Die Gitterkonst. der (C 15) (SE)X_2-Phasen zeigen eine lineare Änderung mit $D_{\cdot R}$, mit Ausnahme der Phasen (SE)Al_2 u. (SE)Pt_2, bei denen eine Aufweitung der AD der Elemente *Sm, Nd, Pr* u. *Ce* auftritt. Der AD von *Gd* in den GdX_2 Phasen entspricht der nicht-ferromagnet. Form, abgesehen von der ferrimagnet. Phase *$GdCo_2$*, bei der der AD des *Gd* dem von α-Gd entspricht. Der AD von *Ce* in den Phasen *$CeIr_2$, $CeRh_2$* u. *$CeNi_2$* ist angenähert gleich u. liegt zwischen den charakterist. für γ- u. α-Ce. Die Gitterkonst. der (SE)Fe_2-Phasen sind größer als nach dem allg. Verh. bei den anderen Phasen erwartet, wohl auf Grund schwacher Wechselwrkg. zwischen den SE- u. Fe-Atomen. 2. In den (SE)Pd_3-Phasen vom Cu_3Au-Typ wird eine leichte Änderung der Gitterkonst. mit $D_{\cdot R}$ u. ein starker Anstieg der Neigung für die leichten SE beobachtet. In den isomorphen (SE)In_3-Phasen erscheint eine Aufweitung der AD für *Sm, Nd, Pr* u. *Ce* über die für die reinen Elemente charakterist. Werte. Analog verhalten sich diese Elemente in den Phasen (SE)Al_2 u. (SE)Pt_2. Die Gitterkonst. der (SE)Sn_3-Phasen vom Cu_3Au-Typ mit *Gd, Sm, Nd, Ce* u. *La* ändern sich linear als Funktion von $D_{\cdot R}$. 3. Der AD von *Ce* in fester Lsg. von α-Gd entspricht der 3wertigen Modifikation des *Ce* unter Annahme effektiver Valenzen von 3,06 ± 0,01 u. 3,76 ± 0,05 für γ- bzw. α-Ce. Der AD von *Pr* in fester Lsg. in α-Gd entspricht dem von α-Pr. In Lsg. von α-Y nehmen sowohl *Ce* als auch *Pr* aufgeweitete AD an u. diese sind ähnlich denen, die in den Phasen $CeAl_2(CePt_2)$ u. $PrAl_2(PrPt_2)$ beobachtet wurden. E. Schulte 58△

0251 **Strukturdaten von Seltenerdmetallegierungen.** A. Raman. (Naturwissenschaften **54** (1967) 21, 560; Dep. of Engng. Mechan., La. State Univ., Baton Rouge, La.; engl.) — Strukturtyp u. Gitterparameter nachst. Leg.-Phasen werden mitgeteilt: *Gd_2NiCu, Er_2AlSi, Er_4Ni_3Si, Er_2NiCu, Gd_4AlSi_3, Er_4AlSi_3, La_2FeSi_3, La_2NiSi_3, La_2CuSi_3, Ce_2NiSi_3, Ce_2CuSi_3, Ce_2Cu_3Si, Nd_2Cu_3Si, Gd_2Cu_3Si, Y_2Cu_3Si, Er_2Cu_3Si, Er_2CuSi_3, Nd_3Si_5* u. *Sm_3Si_5*. M. Frenzel 58

0252 **Röntgenographische Untersuchung von Praseodymtelluriden.** E. I. Jarembaš, A. A. Eliseev, E. S. Vigileva und L. I. Antonova. (Izvest. Akad. Nauk SSSR, Neorg. Mater. **3** (1967) 12, 2184—89; Inst. obščej i neorg. chim. im. Kurnakova AN SSSR; russ.) — Bei der Umsetzung von Pr mit Te wurden röntgenograph. die Phasen PrTe, $Pr_{3-x}Te_4$, Pr_4Te_{7-x}, $PrTe_{1,9}$; $Pr_2Te_{5\pm x}$ u. $PrTe_{3-x}$ nachgewiesen. PrTe krist. kub., a = 6,307 ± 0,001 Å mit Z = 4 in O_h^5–Fm3m, NaCl-Typ; $Pr_{3-x}Te_4$ (Homogenitätsbereich $PrTe_{1,33}$–$PrTe_{1,5}$) kub. mit a = 9,481 ± 0,001; Z = 4 in I_d^6–I$\bar{4}$3d (Th_3P_4-Typ); $Pr_4Te_{7\pm x}$ (Homogenitätsbereich $PrTe_{1,68}$–$PrTe_{1,8}$) mit a = 8,858 ± 0,005; c = 9,064 ± 0,005; Z = 2 in D_{4h}^5–P4/mbm; $PrTe_{1,9}$ (Homogenitätsbereich $PrTe_{1,82}$–$PrTe_{1,9}$) mit a = 4,459; c = 9,072; Z = 2 in D_{4h}^7–P4/nmm; $Pr_2Te_{5\pm x}$ (Homogenitätsbereich $Pr_2Te_{4,34}$–$Pr_2Te_{5,2}$ tetragonal; a —; c —; $PrTe_3$ mit a = 4,374 ± 0,005; c = 25,57 ± 0,01; Z = 4 in C_{4h}^4–$P4_2$/2n. H. Roschkowski 58

0253 **Kristallstruktur von Li_8SnO_6.** M. Trömel und J. Hauck. (Z. Naturforsch. **23b** (1968) 1, 110; Frankfurt a. M., Univ., Inst. für anorg. Chem.; dt.) — Li_8SnO_6 (**I**), hergestellt durch Umsetzung von LiOH mit SnO_2 bei 600° im N_2-Strom, krist. rhomboedr. mit Z = 3 in R$\bar{3}$–C_{3i}^2: $a_{hex.}$ = 5,464 ± 0,003, $c_{hex.}$ = 15,267 ± 0,008 Å. Die Struktur von **I** wurde mit Hilfe der Meth. der kleinsten Quadrate sowie durch trial-Rechnungen bestimmt u. bis auf R = 0,093 verfeinert; die Parameter sind tabelliert. In **I** liegen isolierte SnO_6-Oktaeder vor (Sn–O = 2,12 ± 0,05 Å). Die O-Atome allein bilden nahezu eine hexagonal-dichteste Kugelpackung, in der die Li-Atome tetraedr. u. oktaedr. Lücken besetzen. Zwischen den Verb. des Typs $Li_8Me^{IV}O_6$ u. denen von $Li_7Me^{V}O_6$ besteht strukturelle Verwandtschaft. G. Gattow 58

0254 **Kristallstrukturen von Zink- und Bleidiäthyldithiocarbamat.** Z. V. Zvonkova, A. N. Chvatkina und N. S. Ivanova. (Kristallografija **12** (1967) 6, 1065—68; Fiz.-chim. inst. im. Karpova; russ.) — Bis-[diäthyldithiocarbamato]-zink krist. nach Röntgenbeugungsdaten mit a = 10,02; b = 10,67; c = 16,35 Å; β = 112°0′; Z = 4 in $P2_1/c$. Die Atomparameter werden mit Hilfe des Verf. statist. Indentitäten [Weiterentw. des von Kitajgorodskij et al., Ž. strukturnoj Chim. **2** (1961) 622, beschriebenen Verf.] ermittelt u. mit bekannten Daten verglichen. — Bis-[diäthyldithiocarbamato]-blei krist. ebenfalls monoklin mit a = 16,58; b = 11,75; c = 9,55 Å; β = 118°, Z = 4 in $C2_1/c$. Die Unterschiede der Struktur der Pb- u. der Zn-Verb. werden erörtert. H. Roschkowski 58

0255 **Neue Verbindungen mit Granatstruktur.** 1. Mitt. **Arsenate und Vanadate.** H. Schwarz und L. Schmidt. (Inorg. nuclear Chem. Letters **3** (1967) 6, 199—203; Suppl. zu: J. inorg. nuclear Chem.; Karlsruhe, TH, Inst. of Anorgan. Chem.; dt.) — Dargestellt u. röntgenograph. untersucht wurden die folgenden neuen Verb. mit Granatstruktur: $\{NaCa_2\}[Mg_2](As_3)O_{12}$, weiß, (a) 12,348 ± 0,002 (Å); $\{NaCa_2\}[Co_2](As_3)O_{12}$, hellviolett, 12,368 ± 0,001; $\{NaCa_2\}[Ni_2](As_3)O_{12}$, gelb, 12,296 ± 0,001; $\{MgCa_2\}[LiMg](As_3)O_{12}$, weiß, 12,312 ± 0,005; $\{CoCa_2\}[LiCo](As_3)O_{12}$, hellviolett, 12,339 ± 0,003; $\{NiCa_2\}[LiNi](As_3)O_{12}$, gelb, 12,179 ± 0,004; $\{Na_3\}[Fe_2]\cdot(As_3)O_{12}$, weiß, 12,221 ± 0,002; $\{Na_3\}[Cr_2](As_3)O_{12}$, hellgrün, 12,150 ± 0,002; $\{Na_3\}[Cr_2](V_3)O_{12}$, olivgrün, 12,291 ± 0,002 u. $\{Na_3\}[Al_2](Li_3)F_{12}$, weiß, 12,129 ± 0,002. C. Gottfried 58△

0256 **Elektronographische Untersuchung dünner Filme von Tantaldioxid.** V. I. Chitrova, V. V. Klečkovskaja und Z. G. Pinsker. (Kristallografija **12** (1967) 6, 1044 bis 1050; Inst. kristallogr. AN SSSR; russ.) — Durch Ox. dünner Ta-Filme im Vakuum ($10^{-4}-5\cdot10^{-6}$ Torr) werden tetragonale TaO_2-Filme (a = 13,32; c = 6,12 Å) erhalten, deren Struktur elektronograph. ermittelt wird. Die genannte Phase hat eine wechselnde Zus. der Art 32 (TaO_{2-x}) mit $0 \leqq x \leqq 1$, Angabe der in $I4_1/a$ ermittelten Atomparameter. H. Roschkowski 58

0257 **Kristallstruktur von Kaliumchromatojodat, KCr·JO₆.** Percy Löfgren. (Acta chem. scand. **21** (1967) 10, 2781—91; Stockholm, Univ., Inst. of Inorg. and Phys. Chem.; engl.) — Rotes $KCrJO_6$ (I) wurde durch Krist. einer wss. Lsg., bestehend aus 7,5 g $K_2Cr_2O_7$ in 40 cm³ H_2O nach Zusatz von 6,5 g HJO_3 u. Zugabe von 40 cm³ konz. HNO_3 hergestellt. I krist. monoklin mit Z = 4 in $P2_1/c$: a = 9,200 ± 0,002, b = 4,694 ± 0,002, c = 14,220 ± 0,006 Å, β = 107,21 ± 0,32°; $D_{\cdot R}$ 3,56 g/cm³. Die Struktur von I wurde mit den üblichen Verf. bestimmt u. mit Differenzsynth. sowie nach der Meth. der kleinsten Quadrate bis auf R = 8,9% verfeinert; die Parameter u. individuellen Temp.-Faktoren sind tabelliert. In I liegen verzerrte CrO_4-Tetraeder u. deformierte JO_3-Pyramiden vor, die über ein gemeinsames O-Atom das Ion $[CrJO_6]^-$ aufbauen: Cr–O = 1,593, 1,617, 1,659, 1,855 Å; J–O = 1,742, 1,787, 1,899 Å; ∢ CrOJ = 126,8°. K ist unregelmäßig von 9 O-Atomen koordiniert (K–O = 2,758 bis 3,157 Å). — I zersetzt sich in verd. wss. Lsg. nach I(f) + $H_2O \rightarrow K^+ + H^+ + HCrO_4^- + JO_3^-$. Der pK_a-Wert von $HCrO_4^-$ wurde zu 6,5 bestimmt. G. Gattow 58

0258 **Vorläufige Daten zur Kristallstruktur von Magnesiummolybdat.** V. I. Pachomov und A. V. Medvedev. (Kristallografija **12** (1967) 6, 1064; russ.) — Röntgenbeugungsunters. an $MgMoO_4$-Einkrist. führen auf monokline Symmetrie, a = 10,35; b = 9,23; c = 7,12 Å; β = 106,5°; Z = 8; Cm, C2 oder C2/m. Angabe aus Patterson-Projektionen erhaltener vorläufiger Atomparameter. Die Struktur scheint sich von der anderer Molybdate zu unterscheiden. H. Roschkowski 58

0259 **Gitterparameter des pseudobinären Systems UN-ThN.** J. T. Venard, J. E. Spruiell und O. B. Cavin. (J. nuclear Mater. [Amsterdam] **24** (1967) 2, 245—46; Metals and Ceram. Div., ORNL, Oak Ridge, Tenn.; engl.) — Die Gitterparameter für vorst. Syst. mit 0 bis 100 Mol.-% betragen 4,89034—5,16190 Å; es gilt die Vegardsche Regel. Ein Geh. von < 0,5 Gew.-% Sauerstoff soll keinen Einfl. auf die Gitterparameter haben. M. Frenzel 58

0260 **α-Mangan(III)-oxid. Ein Sesquioxid vom C-Typ mit rhombischer Symmetrie.** Rolf Norrestam. (Acta chem. scand. **21** (1967) 10, 2871—84; Stockholm, Univ., Inst. of Inorg. and Phys. Chem.; engl.) — Einkrist. von α-Mn_2O_3 (I) wurden durch therm. Zers. von MnO_2 bei 800° u. anschließende Temperung bei 1050° in evakuierten Quarzgefäßen hergestellt. I krist. rhomb. mit Z = 16 in Pbca: a = 9,4118 ± 0,0008, b = 9,4177 ± 0,0007, c = 9,4233 ± 0,0007 Å. Unter Verw. von dreidimensionalen Röntgendaten wurde die Struktur von I nach den üblichen Verf. bestimmt u. nach der Meth. der kleinsten Quadrate bis auf R = 3% verfeinert; die Parameter u. anisotropen Temp.-Faktoren sind tabelliert. In I, das dem rhomb. C-Typ der Seltenerdmetallsesquioxide angehört, liegen 2 verschiedene MnO_6-Oktaeder vor: Mn–O = 1,96—1,99 (4x), 2,06—2,07 (2x) Å bzw. 2,19 —2,31 (2x), 1,96—2,01 (2x), 1,88—1,92 (2x) Å. G. Gattow 58

0261 **Kristallstruktur von Triphenylstannoxytetraphenylcyclopentadienylmangantricarbonyl.** Robert F. Bryan und Hans Peter Weber. (J. chem. Soc. [London], Sect. **A 1967**, 5, 843—53; Dep. of Biophys., John Hopkins Univ. School of Med., Baltimore, Md.; engl.) — Die dreidimensionale Krist.-Strukturanalyse der von Gorsich (vgl. C. **1963**, 6147) beschriebenen Verb. der empir. Formel $C_{50}H_{35}MnO_4Sn$ zeigt, daß es sich um *Triphenylstannoxy-tetraphenylcyclopentadienyl-mangan(II)-tricarbonyl* handelt. Die Verb. ist monoklin mit a = 10,49 ± 0,02 (Å), b = 17,58 ± 0,03, c = 22,11 ± 0,04, β = 90°15′; Z = 4; Raumgruppe $P2_1/n$. $D_{\cdot R}$ = 1,42 (g · cm⁻³), $D_{\cdot exp}$ = 1,42. Die σ-Bindungen, die die fünf Substituenten an den Cyclopentadienyl-Ring binden, sind einheitlich außerhalb der Ringebene um ca. 6° geneigt in Richtung vom Mn-Atom weg angeordnet. Atomparameter, Bindungslängen u. -winkel, beobachtete u. ber. Strukturfaktoren sind tabellar. angegeben. Die Struktur ist in Abb. dargestellt. E. Schulte 58△

0262 **Kristallstrukturen der Verbindungen NbFeB und TaFeB.** Ju. B. Kuz'ma. (Dopovidi Akad. Nauk Ukr. SSR, Ser. A-fiz.-techn. mat. Nauki **1967**, 10, 939—40; L'vivs'kyj deržuniv.; ukrain., Auszug: engl.) — Beide Verb. besitzen nach röntgenograph. erhaltenen Daten die ZrAlNi-Struktur (Fe_2P-Überstruktur, D_{3h}^3–$P\bar{6}2m$); die Gitterkonst. betragen (a =) 6,015 ± 0,004; (c =) 3,222 ± 0,003 (Å) für NbFeB bzw. 5,984 ± 0,004; 3,195 ± 0,003 für TaFeB. Angabe der Atomkoordinaten. H. Roschkowski 58

0263 **Strukturdaten der β-Phase von FeSi₂.** Roland Bucksch. (Z. Naturforsch. **22a** (1967) 12, 2124; AEG Forsch.-Inst., Frankfurt/M.-Niederrad; dt.) — Guinier-Aufnahmen u. Elektronenbeugungsaufnahmen an mkr. kleinen Kristalliten ergeben für β-$FeSi_2$ orthorhomb. Struktur mit a = 9,8792 ± 0,0012, b = 7,7991 ± 0,0006, c = 7,8388 ± 0,0006 Å, Z = 16 (mit $D_{\cdot exp}$ 4,93 g/cm³); mögliche Raumgruppen D_h^{19}–Cmmm, D_2^6–C222, C_{2v}^{11}–Cmm2 u. C_{2v}^{14}–Cm2m. M. Frenzel 58

0264 **Neutronenbeugungsuntersuchung von antiferromagnetischem FeCr₂Se₄.** Maurice Chevreton und Bernadette Andron. (C. R. hebd. Séances Acad. Sci., Sér. A et B **264** (1967) 4, B 316—19; Villeurbanne, Inst. Nat. des Sci. appl.; franz.) — Neutronenbeugungsunters. an $FeCr_2Se_4$ ergaben eine monokline Zelle mit den Dimensionen a = 6,27 (Å); b = 3,62; c = 11,85; β = 90°49′; Raumgruppe C_{2h}^3–I2/m; Z = 2. Die Fe-Atome liegen in den Leerstellen-(001)-Ebenen u. die Cr-Atome in den besetzten Ebenen. Aufnahmen bei 4,2°K ergeben eine antiferromagnet. Struktur, entsprechend der des $NiCr_2\cdot Se_4$. C. Gottfried 58△

0265 **Struktur der I-Phase (V–Ni–Si) und der S-Phase (Mn–Co–Si).** Clara Brink Shoemaker und David P. Shoemaker. (Trans. metallurg. Soc. AIME **239** (1967) 6, 937—40; Cambridge, Mass., MIT; engl.) — Röntgenbeugungsaufnahmen ergaben für die S-Phase Mn_2CoSi u. die I-Phase $V_{41}Ni_{36}Si_{23}$, abgesehen von wenigen Unterschieden in den Intensitäten, gleiche Strukturen. F. Vier 58

0266 **Kristallographische Untersuchung von hexagonalen Trimetaphosphaten NH₄Mᴵᴵ(PO₃)₃ (Mᴵᴵ = Zn, Co, Ca, Cd, Mg, Mn). P₃O₉-Ring in einem isomorphen Kaliumsalz: KMg(PO₃)₃.** René Masse, Jean-Claude Grenier, Marie-Thérèse Averbuch-Pouchot, Duc Tranqui und André Durif. (Bull. Soc. franç. Minéralog. Cristallogr. **90** (1967) 2, 158—61; Grenoble, C. N. R. S., Labor. d'Électrostat. et de Phys. du Métal; franz.) — Unter Bezugnahme auf eine Arbeit von Pouchot et al. (ibid. **89** (1966) 405), in der die Isomorphie einer Reihe von Trimetaphosphaten des Typs $M^IM^{II}(PO_3)_3$ mit Benitoit $BaTi(SiO_3)_3$ nachgewiesen worden war, stellten Vf. mit Hilfe der l.c. beschriebenen Meth. die folgenden Trimetaphosphate dar, die sich ebenfalls als isomorph mit dem Benitoit erwiesen: $NH_4Mg(PO_3)_3$ (I), $NH_4Co(PO_3)_3$ (II), $NH_4Zn(PO_3)_3$ (III), $NH_4Mn(PO_3)_3$ (IV), $NH_4Cd\cdot(PO_3)_3$ (V) u. $NH_4Ca(PO_3)_3$ (VI). Durch Verfeinerung der Struktur von $KMg(PO_3)_3$ wurden die geometr. Eig. des P_3O_9-Ringes festgelegt. Die hexagonalen Zelldimensionen der obigen 6 Verb. sind: **I** (a =) 6,698 (± 0,003) (Å); (c =) 9,831 (± 0,005); **II**: 6,695; 9,819; **III**: 6,718; 9,819; **IV**: 6,771; 10,026; **V**: 6,879; 10,233 u. **VI**: 6,887; 10,448. Angegeben sind die Daten der Pulverdiagramme der 6 Verbindungen. In einer Tabelle sind die verfeinerten Atomkoordinaten von $KMg(PO_3)_3$ angegeben. In einer Abb. sind die geometr. Eig. des Ringes P_3O_9 wiedergegeben. C. Gottfried 58△

0267 **Kristallstruktur der rhombischen Form von Ammoniumkobaltmetaphosphat, $NH_4Co(PO_3)_3$.** Tranqui Duc, J.-C. Grenier, A. Durif und J.-C. Guitel. (Bull. Soc. franç. Minéralog. Cristallogr. **90** (1967) 2, 252–56; franz.) – Vgl. vorst. Referat. – Die Modifikation wird röntgenograph. untersucht. Zelldimensionen sind nicht angegeben; mögliche Raumgruppen sind $Pca2_1$ oder Pbcm. Die Struktur wurde mit Hilfe von Patterson-Projektionen u. mehreren Fourier-Synth. bestimmt. Die Parameter u. die interatomaren Abstände sind zusammengestellt. Die Struktur besteht aus unendlichen $(PO_3)_\infty$-Ketten. Jede Zelle enthält 2 Ketten. Zwischen den beiden Ketten liegen Co-Atome in kleineren Hohlräumen, die NH_4^+-Ionen in größeren Hohlräumen. C. Gottfried 58△

0268 **Rotation des komplexen Ions in und Dimorphie von Aquopentamminkobalt(III)-perchlorat.** R. W. W. Fletcher und I. A. McDoom. (Acta crystallogr. [Copenhagen] **23** (1967) 3, 436–38; St. Augustin, Trinidad, Univ. of West Indies, Coll. of Arts and Sci.; engl.) – Polarisationsmkr. Unters. zeigten, daß das obige Salz Krist. mit oktaedr. bzw. prismat. Habitus bildet. Die erste Art von Krist. ist opt. isotrop, die zweite Art opt. anisotrop zweiachsig. Die D. der anisotropen u. isotropen Krist. wurden zu 1,96 ± 0,01 bzw. 2,09 ± 0,01 gemessen. Röntgenaufnahmen ergaben für die anisotrope Form rhomb. Symmetrie u. Z = 4. Weißenberg-Aufnahmen ergaben a = 11,37 (Å); b = 16,74 u. c = 7,79 ± 0,05; $Pmn2_1$. Die isotrope kub. Form krist. mit a = 22,68 Å, $D_{\cdot exp}$ 2,09 ± 0,01, Z = 32 in Pn3n. Die Röntgenaufnahmen ergaben außerdem, daß die kub. Form pseudoflächenzentriert mit a = 11,34 ± 0,01 u. der Raumgruppe Fm3m ist. Es wird angenommen, daß die Beugungseffekte dieser Pseudosymmetrie auf eine Ellipsenrotation des komplexen Kations hindeuten. C. Gottfried 58△

0269 **Kristallstruktur von Amminkobalt(III)-Komplexen mit einer intrasphärischen Thiocyanat-Gruppe. $[Co\cdot(NH_3)_5NCS]X_2$ (X = NO_3, Cl, NCS).** I. D. Samus' und N. V. Belov. (Doklady Akad. Nauk SSSR **173** (1967) 1, 83–86; Inst. Kristallogr. AN SSSR; russ.) – Aus Patterson-Synth. ist zu schließen, daß in $[Co(NH_3)_5\cdot NCS](NO_3)_2$ die Bindung des Co zur Thiocyanatgruppe über N verläuft u. daß Co oktaedr. von 6 N (5 aus NH_3 u. 1 aus NCS stammend) in statist. Verteilung koordiniert ist. Über den R-Wert kann geschlossen werden, daß keine Drehbarkeit der O um N vorliegt, sondern daß die 24 O statist. auf die 96(k)-Lage der Raumgruppe O^5_h-Fm3m verteilt sind. Die Gitterkonst. beträgt 10,687 Å, der R-Wert 14,2% bei einem Temp.-Faktor B = 2,6 Å². Interatomare Abstände u. Atomlagen sind gegeben. Weiterhin wird an Hand von Pulveraufnahmen eine Röntgenstrukturunters. von $[Co(NH_3)_5NCS]Cl_2$ durchgeführt. Die Verb. krist. kub. mit a = 10,23 Å u. Z = 4, wie aus $D_{\cdot exp.}$ = 1,72 u. $D_{\cdot R}$ = 1,69 g/cm³ folgt. Aus den Patterson-Synth. $P_{(x00)}$ u. $P_{(xxx)}$ resultiert die gleiche oktaedr. Koordination des Co durch 6 N wie oben. Die Cl sind in den Zentren der Oktanten der Elementarzelle gelegen, so daß sich Co–Cl zu 4,43 Å ergibt. Für $[Co\cdot(NH_3)_5NCS](NCS)_2$ werden die Laue-Symmetrie O_h-m3m, a = 10,94 Å, $D_{\cdot exp.}$ = 1,63, $D_{\cdot R}$ = 1,61 g/cm³, Z = 4 u. als mögliche die holoedr. Raumgruppen O^5_h–Fm3m, O^3-F432 u. T^2_d-F$\bar{4}$3m ermittelt. Als Grundlage für Fourier-Synth. wird Co in 0,0,0 angenommen u. es ergibt sich wiederum die gleiche oktaedr. Koordination um Co. In jedem Fall ist die Struktur formal wie die CaF_2-Struktur beschreibbar, die NCS-Gruppe ist linear. P. Zäske 58

0270 **Kristallstruktur der intermetallischen Verbindungen T_3Ni (T: Seltenerdmetall oder Yttrium).** R. Lemaire und D. Paccard. (Bull. Soc. franç. Minéralog. Cristallogr. **90** (1967) 3, 311–15; Labor. d'Electrostat. et de Phys. du Métal, Centre d'Etudes nucl., Grenoble; franz.) – Die Verb. haben die Struktur der entsprechenden Co-Leg. u. krist. orthorhomb. im Al_3Ni (oder Fe_3C)-Typ. Das hauptsächlichste Strukturelement ist ein trigonales Seltenerdmetallprisma, in dessen Zentrum sich das Ni befindet. La_3Ni a = 7,22, b = 10,24, c = 6,60 Å; Pr_3Ni 7,07, 9,96, 6,49; Nd_3Ni 7,04, 9,86, 6,43; Sm_3Ni 6,99, 9,72, 6,37; Gd_3Ni 6,95, 9,68, 6,36; Tb_3Ni 6,88, 9,61, 6,29; Dy_3Ni 6,85, 9,60, 6,26; Ho_3Ni 6,83, 9,54, 6,25; Er_3Ni 6,79, 9,45, 6,23; Tm_3Ni 6,77, 9,40, 6,19; Y_3Ni 6,92, 9,49, 6,36. D. Hoene 58

0271 **Ordnungsstruktur der festen Lösung in Legierungen vom Typ Magnico.** M. P. Arbuzov, L. I. Leskevič, A. A. Pavljukov und B. V. Chaenko. (Fiz. Metallov Metallovedenie **24** (1967) 3, 411–13; Inst. problem materialovedenija; russ.) – Röntgenograph. wird die Lage der Atome im kub. raumzentrierten Gitter der Matrix der Leg. vom Magnico-Typ (JuNDK35T5 mit 34[%] Co, 15 Ni, 7 Al, 4 Cu, 5 Ti, Rest Fe; JuNDK mit 34 Co, 15 Ni, 7 Al, 4 Cu, 40 Fe u. JuNDK24 mit 24 Co, 13,5 Ni, 9 Al, 3 Cu, 50,5 Fe) ermittelt. Dabei ergibt sich, daß die Atome Al, Fe u. Ti die Zentren der Elementarzellen einnehmen u. die Co-, Ni- u. Cu-Atome statist. an den Zellkanten angeordnet sind. H. Hochstein 58

0272 **Kristallstrukturen einiger Verbindungen in den Systemen Nb–Ni und Ta–Ni.** P. I. Kripjakevič und E. N. Pylaeva. (Kristallografija **12** (1967) 2, 350–52; L'vovskij gos. univ. Inst. metallurg. im. Bajkova; russ.) – Vf. untersuchen einige in den Syst. Nb–Ni u. Ta–Ni auftretende Verb. mittels der Röntgen-Pulvermethode. Für die im W_6Fe_7-Typ kristallisierende μ-Phase wird eine wechselnde Zus. entsprechend dem Intervall $Nb_{1,6-1,0}Ni$ angegeben, wobei bei Erhöhung des Nb-Geh. die Gitterkonst. a u. c steigen, während sich das Verhältnis c/a verringert. Die Verb. Nb_xNi mit x > 4 konnte nicht in reiner Form erhalten werden. So entstehen bei Leg.-Vers. mit 1,86 u. 2,78 Atom-% Ni bei 800° Nb_xNi u. Nb, während bei entsprechenden Vers. mit 6,37–20,00 Atom-% Ni Nb_xNi gemeinsam mit Nb u. der μ-Phase auftritt. Die aus den Pulverdiagrammen derartiger Leg. eliminierbaren Linien für Nb_xNi konnten auf der Basis einer kub. flächenzentrierten Zelle mit a = 11,64 Å indiziert werden. Die Intensitäten deuten auf den Ti_2Ni-Typ hin. Die bez. Fd3m-O^7_h durchgeführte Lagenbesetzung gemäß 48 Nb in 48(f) mit x = 0,195, 32 Nb in 32(e) mit x = 0,835 u. 16 Ni in 16(d) entspricht der Zus. Nb_5Ni. Eine Struktur des gleichen Typs hat eine Ta–Ni-Verb., die in einer bei 800° dargestellten Leg. mit 13,9 Atom-% Ni im Gleichgew. mit Ta vorliegt u. für die sich a = 11,63 Å ergibt. Röntgenogramme von $TaNi_2$ können auf der Basis einer tetragonalen raumzentrierten Zelle mit a = 3,16, c = 7,95 Å indiziert werden, was in Zusammenhang mit der Intensitätsabfolge auf den Cr_2Al-Typ deutet. Intensitätsrückrechnungen auf der Grundlage von I4/mmm-D_{4h}^{17} mit 2 Ta in 2(a) u. 4 Ni in 4(e) mit z = 1/3 zeigen mit Ausnahme des Reflextyps 001 gute Übereinstimmung. Die auffällige Verstärkung der 001-Reflexe wird auf Vorzugsorientierung in den Pulverpräp. zurückgeführt. P. Zäske 58

0273 **Neue Verbindungen mit dem Strukturtyp $W_2Cr_{21}C_6$.** Ju. B. Kuz'ma und Ju. V. Vorošilov. (Kristallografija **12** (1967) 2, 353; L'vovskij gos. univ.; russ.) – Glieder der tern. Syst. *R–Co–B* u. *R–Ni–B* mit R = *Sc, Ti, V, Mn, Nb, Hf, Ta* wurden für die Zus. 20,6 Atom-% B u. 3,5, 6,7, 10,4, 15 u. 20 Atom-% R durch 2std. Sintern im Vakuum bei 1200° u. anschließendes Tempern zwecks Homogenisierung bei 800° für 120 Std. dargestellt. Röntgenphasenanalyt. ergab sich, daß in allen Syst. sich dem $W_2Cr_{21}C_6$-Typ entsprechende τ-Phasen gebildet hatten. In den Fällen, wo die Formel $R_2Co_{21}B_6$ ($R_2Ni_{21}B_6$) entspricht, besetzt R die 8(c)-Lage in Fm3m-

O_h^5 mit der KZ = 16. Bei R-Überschuß sind die Atome statist. mit Co oder Ni auf 4(a) u. 32(f) mit x = 0,385 u. 48(h) mit x = 0,165, entsprechend den KZ 12, 13 u. 14, gelegen. Identifiziert wurden folgende Verb. u. ihre Gitterkonst. (a[Å]): $Sc_2Co_{21}B_6$ (10,537), $Ti_2Co_{21}B_6$ (10,510), $Hf_2Co_{21}B_6$ (10,590), $V_2Co_{21}B_6$ (10,479), $Nb_2Co_{21}\cdot B_6$ (10,526), $Mn_3Co_{20}B_6$ (10,518), $Sc_3Ni_{20}B_6$ (10,585), $Ti_2Ni_{21}B_6$ (10,510), $Hf_2Ni_{21}B_6$ (10,604), $V_3Ni_{20}B_6$ (10,483), $Ta_2Ni_{21}B_6$ (10,550) u. $Mn_3Ni_{20}B_6$ (10,510). P. Zäske 58

0274 **Kristall- und Molekularstruktur von Bis-[dithiocarbamato]-nickel.** Giovanna Fava Gasparri, Mario Nardelli und Angiola Villa. (Acta crystallogr. [Copenhagen] **23** (1967) 3, 384—91; Parma, Univ. degli Stud., Ist. di Struttur. Chim.; engl.) — $[Ni(SCNH_2)_2]$ wurde durch Mischen von $NiCl_2$ u. Ammoniumdithiocarbamat in wss. Lsg. erhalten. Aus A. wurden kurze grünschwarze monokline Prismen erhalten. Dreh- u. Weißenberg-Aufnahmen lieferten die Zelldimensionen a = 8,962 ± 0,018 (Å); b = 9,825 ± 0,005; c = 11,280 ± 0,019; β = 129°16′ ± 7′; $P2_1/c$; Z = 4; $D_{\cdot exp.}$ 2,09; $D_{\cdot R}$ 2,098. Mit Hilfe einer Patterson-Projektion wurden zuerst die Koordinaten von Ni bestimmt; die weitere Verfeinerung der Struktur erfolgte mit Elektronendichteprojektionen u. Differenzsynthesen. Die Atomkoordinaten sind tabellar. angegeben. Die Koordination um jedes Ni-Atom ist nicht streng eben u. umfaßt 4 S-Atome von 2 CS_2-Gruppen. Die 4 Ni–S-Abstände sind nur wenig voneinander verschieden, jedoch wesentlich kürzer als die Summe der Paulingschen kovalenten Radien. Die beobachtete Abweichung von der Planarität in der Koordinationsebene läßt sich durch Packungs- u. H-Bindungswechselwrkg. zwischen den S-Atomen u. den NH_2-Gruppen erklären. C. Gottfried 58△

0275 **Kristallstruktur von $Cu(N_3)_2$.** Ingela Agrell. (Acta chem. scand. **21** (1967) 10, 2647—58; Göteborg, Univ. of Göteborg, Chalmers Inst. of Technol., Dep. of Inorg. Chem.; engl.) — $Cu(N_3)_2$ (**I**), hergestellt nach der Meth. von Straumanis et al. (1943), krist. rhomb. mit Z = 4 in Pnma: a = 13,481 ± 0,002, b = 3,084 ± 0,001, c = 9,076 ± 0,002 Å; $D_{\cdot R}$ 2,50, $D_{\cdot exp.}$ 2,59 g/cm³. Unter Verw. von dreidimensionalen Röntgendaten wurde die Struktur von **I** nach den üblichen Patterson- u. Fourier-Verf. bestimmt u. nach der Meth. der kleinsten Quadrate bis auf R = 0,063 verfeinert; die Parameter u. anisotropen Temp.-Faktoren sind tabelliert. In **I** ist Cu verzerrt oktaedr. von 6 N-Atomen im Abstand von Cu–N = 1,98 (4x), 2,60 (1 ×) u. 2,70 (1 ×) Å umgeben. Die CuN_6-Oktaeder sind über gemeinsame Kanten unter Ausbldg. von Doppelketten verknüpft. Es liegen 2 verschiedene asymm. N_3-Gruppen vor: N–N = 1,097 u. 1,232 Å bzw. 1,100 u. 1,189 Å; ∢ NNN = 176,7 bzw. 179,0°. G. Gattow 58

0276 **Elektronographische Bestimmung der Struktur der filmartigen Modifikation von Kupferglycinatmonohydrat.** B. K. Vajnštejn, I. A. D'jakon und A. V. Ablov. (Kristallografija **12** (1967) 2, 354—55; Inst. Kristall. AN SSSR; russ.) — $Cu(NH_2CH_2COO)_2\cdot H_2O$ wird bei Zimmertemp. mit einer zur völligen Auflsg. nicht ausreichenden Menge einer 20%ig. wss. Lsg. von A. verrührt. Ein Tropfen dieser Suspension wird auf einer Zelluloid-Unterlage stufenweise auf 60°, jedoch nicht bis zur völligen Trockne erhitzt. Danach wird ein 2. Tropfen auf die gleiche Stelle gebracht u. der Vorgang 8—10mal wiederholt. Als Resultat entstehen nach völliger Eintrocknung filmartige Präp., die am Rand aus einem Gemisch der plättchen- u. nadelförmigen Modifikation, in der Mitte ausschließlich aus ersterer bestehen u. sich für Elektronen-Durchstrahlungsaufnahmen eignen. Für die plättchenförmige Modifikation ergibt sich eine raumzentrierte monokline Zelle mit a = 14,73, b = 5,208, c = 9,46 Å, β = 92°12′, Z = 4 u. in der flächenzentrierten Aufstellung a = 17,20, b = 5,208, c = 9,46 Å u. β = 121°. Aus den Auslöschungen u. einer 3dimensionalen Patterson-Synth. wird auf C_{2h}^6 u. Cu in den Symmetriezentren geschlossen. Die weitere Auflsg. erfolgt nach der Schweratommethode. 2 Glycinat-Ionen liegen mit Cu in einer Ebene derart, daß die Amino-Gruppen zueinander trans-Stellung einnehmen. Cu ist oktaedr. von je 2 O u. N in ca. 2 Å u. von 2 weiteren O zweier verschiedener Glycinat-carboxyl-Gruppen in 2,80 Å Entfernung koordiniert. Die H_2O-Sauerstoffe liegen außerhalb der Cu-Koordinationssphäre in Kanälen, die sich zwischen den Kupferglycinatmol. befinden. Die leichte Dehydratisierung der untersuchten Modifikation ist durch diese Struktur erklärbar. P. Zäske 58

0277 **Kristallstruktur der ternären intermetallischen Phasen Li_2EX (E = Cu, Ag, Au; X = Al, Ga, In, Tl, Si, Ge, Sn, Pb, Sb, Bi).** Hermann Pauly, Alarich Weiss und Helmut Witte. (Z. Metallkunde **59** (1968) 1, 47 bis 58; Eduard-Zintl-Inst., TH Darmstadt; engl.) — 20 tern. intermetall. Phasen der im Titel genannten Zus. werden hergestellt u. anhand von Pulverdiagrammen röntgenograph. untersucht. Die Leg. krist. kub.-flächenzentriert mit Z = 16, vorwiegend völlig geordnet in T_d^2-F$\bar{4}$3m. Die Atome nehmen die folgenden Lagen im Gitter ein: Li_I in (4a) 000↖, Li_{II} in (4b) ¼¼¼↖, E in (4c) ½½½↖, X in (4d) ¾¾¾↖. Diese Krist.-Struktur stellt eine Alternativstruktur zum Heuslerschen $L2_1$-Typ (Cu_2AlMn) dar. Es besteht eine enge Verb. zwischen der Struktur der tern. Leg. Li_2EX u. den bin. Zintl-Phasen des NaTl-Typs. Die Beziehungen zwischen den Atomradien in diesen Leg. werden diskutiert. Die Phasen zeigen intensive Färbung in all den Fällen, bei denen die Valenzelektronenkonz. < 2,0 ist. M. Frenzel 58

0278 **Gitterparameter der Phase CuAu(I).** E. Bjerkelund, W. B. Pearson, Kari Selte und A. Kjekshus. (Acta chem. scand. **21** (1967) 10, 2900—01; Ottawa, Canada, Nat. Res. Council, Div. of Pure Phys.; engl.) — Das bin. Syst. Cu-Au wurde im Konz.-Bereich von 40 bis 60 Atom-% Au nach Zusammenschmelzen aus den Komponenten u. anschließendes Tempern bei 650° (6 Std.) u. 300—310° (16 Monate) röntgenograph. untersucht. Der Verlauf der Gitterkonst. der strukturell bekannten Phase CuAu(I) wird als Funktion der Zus. graph. wiedergegeben. G. Gattow 58

0279 **Legierungen der Edelmetalle mit elektropositiveren Elementen. 12. Mitt. Phasen vom C11-Typ in Seltenerdmetallegierungen.** Riccardo Ferro, Renzo Capelli, Aldo Borsese und Stefano Delfino. (Atti Accad. naz. Lincei, Rend., Cl. Sci. fisiche, mat. natur. [8] **42** (1967) 1, 60—64; Catania, Univ., Ist. di chim. Gen.; ital.) — 11. vgl. C. **1968,** 28-0220. — Dargestellt wurden die folgenden im tetragonalen C11-Typ (D_{4h}^{17}-I4/mmm) krist. Legierungen: $GdAg_2$ (**I**), $GdAu_2$ (**II**), $TbAg_2$ (**III**), $TbAu_2$ (**IV**), $DyAg_2$ (**V**), $DyAu_2$ (**VI**), $HoAg_2$ (**VII**), $HoAu_2$ (**VIII**), $ErAg_2$ (**IX**), $TmAg_2$ (**X**) u. $LnAg_2$ (**XI**). Die Punktlagen u. der Parameter Z für die Metallatome sind angegeben. Die Zelldimensionen sind: **I** (a) 3,726 (Å); (c/a) 2,495; **II** 3,732; 2,415; **III** 3,712; 2,493; **IV** 3,710; 2,423; **V** 3,698; 2,491; **VI** 3,694; 2,426; **VII** 3,686; 2,492; **VIII** 3,675; 2,434; **IX** 3,673; 2,496; **X** 3,648; 2,507; **XI** 3,635; 2,503. In einer Tabelle werden $D_{\cdot exp.}$ u. $D_{\cdot R}$ angegeben. Die Koordination der Seltenerdmetalle beträgt 2 + 8; alle 10 Nachbarn befinden sich in der gleichen Entfernung. Der Abstand Seltenerdmetall–Edelmetall ist längs der c-Achse für Au anstelle von Ag stets kleiner. Der Abstand Seltenerdmetall–Seltenerdmetall ist unabhängig vom Metall. C. Gottfried 58△

0280 **Kohlenstoffverbindungen der Übergangsmetalle. 6. Mitt. Reaktionsprodukt von Azobenzol mit Eisencarbonylen. Struktur von μ-N.N′-Dehydrosemidinato-bis-[tricarbonyleisen].** P. E. Baikie und O. S. Mills. (Inorg. chim. Acta [Padova] **1** (1967) 1, 55—60; Dep. of Chem., Univ., Manchester; engl.) — 5. vgl. J. organometallic Chem. [Amsterdam] **9** (1967) 2, 339; 4. vgl. C. **1964,** 32-0470. — Das Rk.Prod. von Fe-Carbonylen mit Azobenzol entspricht der Summenformel $C_{18}H_{10}Fe_2\cdot N_2O_6$ u. ist nach der Röntgenstrukturbest. als o-Semidin-Deriv. aufzufassen. Kristallograph. Daten: Rote Krist., F. 163—164°, triklin, a = 8,59 ± 0,02, b = 13,92 ± 0,03, c = 7,85 ± 0,02 Å, α = 92°14′ ± 15′, β = 93°24′ ± 15′, γ = 90°24′ ± 15′, $D_{\cdot exp.}$ 1,65, $D_{\cdot R}$ 1,655 g/cm³, Z = 2, Raumgruppe P$\bar{1}$ (C_i^1). Im Mol. sind zwei $Fe(CO)_3$-Einheiten durch das o-Semidin-Skelett verbunden, das während der Synth. der Verb. aus Azobenzol u. Eisencarbonyl entsteht. Im so gebildeten Eisen–Stickstoff-

Tetraeder beträgt der Fe–Fe-Abstand 2,37 Å u. der Fe–N-Abstand 2,00 Å. Im Komplex sind die N-Atome nicht mehr aneinander gebunden. Der Rk.-Mechanismus wird kurz erörtert. Bindungslängen u. -winkel im Original.
A. Blaschette 58

0281 **Kohlenstoffverbindungen der Übergangsmetalle. 7. Mitt. Struktur eines Kobaltcarbonyls mit einer γ-Lactonbrücke (trikline Modifikation).** O. S. Mills und G. Robinson. (Inorg. chim. Acta [Padova] **1** (1967) 1, 61–64; engl.) — 6. vgl. vorst. Referat. — Durch Rk. von $Co_2(CO)_6(HCCH)$, welches aus $Co_2(CO)_8$ u. Acetylen

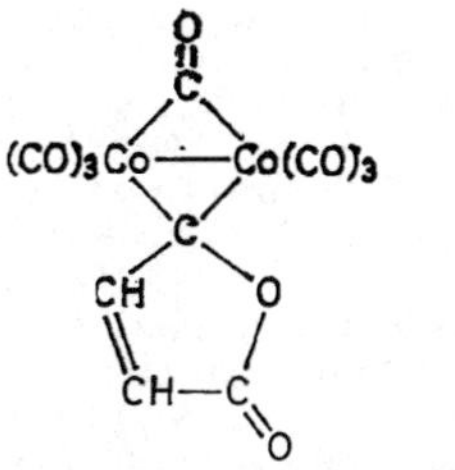

erhältlich ist, mit weiterem CO unter Druck entsteht eine krist. Verb. der empir. Zus. $Co_2(CO)_9(HCCH)$, die nach der Röntgenstrukturanalyse einen ungesätt. Lactonring als verbrückende Gruppe zwischen den beiden Co-Atomen enthält (Abb.). Kristallograph. Daten: triklin, a = 7,279 ± 0,003, b = 8,589 ± 0,004, c = 12,560 ± 0,006 Å, α = 94°39′ ± 6′, β = 115°26′ ± 3′, γ = 93°22′ ± 13′, $D_{\cdot exp.}$ 1,86, $D_{\cdot R}$ 1,87 g/cm³, Z = 2, angenommene Raumgruppe P$\bar{1}$. Mittlere Bindungslängen: Co–Co 2,45 ± $0{,}01_5$, Co–C (Brückenatom, sp²-hybridisiert) 1,93 ± 0,08, Co–C (Brückenatom, sp³-hybridisiert) 2,02 ± 0,08, Co–C (in endständigem CO) 1,81 ± 0,08, C–O (endständig) 1,15 ± 0,10 Å. Die Geometrie des Mol. ähnelt der von $Co_2(CO)_8$.
A. Blaschette 58

0282 **Kohlenstoffverbindungen der Übergangsmetalle. 8. Mitt. Struktur von Tris-[π-cyclopentadienylcarbonylrhodium].** O. S. Mills und E. F. Paulus. (J. organometallic Chem. [Amsterdam] **10** (1967) 2, 331–36; Manchester, Univ. of Manchester, Dep. of Chem.; engl.) — 7. vgl. vorst. Referat. — Die Krist.-Struktur der Titelverb., $C_{18}H_{15}O_3Rh_3$, wurde mit Hilfe röntgenograph. Einkrist.-Meth. bestimmt. Die Verb. krist. monoklin P2_1 oder P2_1/m (gelöst nach C_{2h}^2-P2_1/m) mit a = 7,06 ± 0,04 (Å), b = 12,92 ± 0,05, c = 9,47 ± 0,04, β = 94°45′ ± 9′; $D_{\cdot R}$ = 2,27 g · cm⁻³, Z = 2, R = 8,0%. Atomparameter, Bindungslängen u. -winkel werden tabellar. angegeben, die Struktur wird in einer Abb. dargestellt. Sie besteht aus einer dreieckigen Anordnung von Rh-Atomen mit einer Verschiebung der π-Cyclopentadienylgruppen auf eine Seite des Dreiecks u. der brückenbindenden Carbonylgruppen auf die andere Seite des Dreiecks.
E. Schulte 58△

0283 **Kohlenstoffverbindungen der Übergangsmetalle. 9. Mitt. Beweis für und Struktur von Dicyclopentadienyltricarbonyldirhodium.** O. S. Mills und J. P. Nice. (J. organometallic Chem. [Amsterdam] **10** (1967) 2, 337–42; Manchester, Univ. of Manchester, Dep. of Chem.; engl.) — 8. vgl. vorst. Referat; 11. vgl. C. **1968**, 58-0018. — Bei der UV-Bestrahlung einer Lsg. von $Rh(C_5H_5)(CO)_2$ in Pentan wurden dunkelrote Krist. von $Rh_2(C_5H_5)_2(CO)_3$ (I) erhalten u. röntgenograph. untersucht. $C_{13}H_{10}O_3Rh_2$ krist. triklin., C_i^1-P$\bar{1}$, mit a = 8,08 ± 0,04, b = 8,95 ± 0,05, c = 9,46 ± 0,05 (Å), α = 73°8′, β = 80°33′, γ = 83°9′ (± 10′), Z = 2. $D_{\cdot exp.}$ = 2,15 (gcm⁻³), $D_{\cdot R}$ = 2,17. R = 8,4% (für Intensitäten ≠ 0), 13,7% (für alle beobachteten Reflexe). Atomparameter, Bindungslängen u. -winkel werden tabellar. angegeben. Die Struktur wird in einer Abb. dargestellt. Charakterist. ist eine einzelne bindende CO-Gruppe. Die Konfig. um die beiden Rh-Atome ist ähnlich; eine angenähert zweifache Drehungsachse geht durch die brückenbindende Carbonylgruppe senkrecht zum Vektor Rh–Rh. Die Cp-Gruppen liegen zueinander in trans-Stellung vor. Die Struktur kann als verzerrtes Analogon der Strukturen von $Cp_2Fe_2(CO)_4$ u. $Cp_2Ru_2(CO)_4$ (Cp = π-Cyclopentadienyl) angesehen werden. Das Massenspektrum von I wird diskutiert.
E. Schulte 58△

0284 **Kristallstruktur von Carbocernait (Na, Ca) (SE, Sr, Ca, Ba)$(CO_3)_2$.** A. A. Voronkov und Ju. A. Pjatenko. (Ž. strukturnoj Chim. 8 (1967) 5, 935–42; Inst. miner., geochim. i kristallochim. redkich èlementov; russ.) — Das Mineral (Fundort Kola-Halbinsel) krist. rhomb. mit a = 6,41 ± 0,03; b = 7,30 ± 0,03; c = 5,32 ± 0,02 Å; Z = 2 in C_{2v}^2-Pb2_1m. Best. der Atomparameter (SE = Seltenerdmetalle) durch Patterson- u. Fourier-Synthesen. Die Struktur des Minerals ist analog zu der der synthet. Verb. $NaLa(CO_3)_2$ oder NaCe · $(CO_3)_2$.
H. Roschkowski 58

0285 **Kristallstruktur von Cheralith.** J. J. Finney und N. Nagaraja Rao. (Amer. Mineralogist **52** (1967) 1/2, 13–19; Golden, Colo., Colo. School of Mines, Dep. of Geol. Engng.; engl.) — Cheralith ähnelt in seinen morpholog., opt. u. strukturellen Eig. dem Monazit, ist jedoch in seiner chem. Zus. wesentlich anders. Zus.: $(Ce_{0,580}La_{0,532}Y_{0,012}Th_{1,304}Ca_{1,260}Pb_{0,040}U_{0,196})_{3,924}(P_{3,836} \cdot Si_{0,140})_{3,976}O_{16}$. Eig.: Monokline Symmetrie mit a = 6,717 ± 0,005; b = 6,920 ± 0,005; c = 6,434 ± 0,005; β = 103°50′ ± 5′; Z = 4 (XPO_4, X: großes Kation); $D_{\cdot exp}$ 5,20. Die Struktur wurde mit Patterson-Projektionen bestimmt u. mit der Meth. der kleinsten Quadrate weiter verfeinert, R = 0,084. Die Atomkoordinaten, Bindungslängen u. -winkel werden tabellar. angegeben.
C. Gottfried 58△

0286 **Kristallstruktur von Heulandit (Ca, Na_2)[$Al_2Si_7O_{18}$] · 6H_2O.** A. B. Merkle und M. Slaughter. (Amer. Mineralogist **52** (1967) 1/2, 273–76; Columbia, Mo., Univ. of Mo., Dep. of Geol.; engl.) — Nach Weißenberg-Aufnahmen krist. Heulandit monoklin in Cm mit a = 17,73 (Å); b = 17,82; c = 7,43; β = 116°20′; Z = 4. Die Struktur wurde mit Hilfe von dreidimensionalen Patterson-Funktionen u. mehreren dreidimensionalen Fourier-Synth. gelöst. Die noch nicht weiter verfeinerten Atomkoordinaten werden tabellar. angegeben. Die Struktur des Minerals ist durch große, sich schneidende Kanäle charakterisiert, die aus 12-, 10- u. 8gliedrigen Ringen zusammengesetzt sind u. die durch Schichten von 6-, 5- u. 4gliedrigen Ringgruppen zusammengehalten werden. Die mittleren Bindungsabstände sind Si–Si = **3,13** (Å); Si–O = 1,65 u. O–O = 2,68. Die neue Heulanditstruktur zeigt große Ähnlichkeit mit Zeolithstrukturen. Die Unters. wird fortgesetzt.
C. Gottfried 58△

0287 **Kristallstruktur von Metavauxit.** W. H. Baur und B. Rama Rao. (Naturwissenschaften **54** (1967) 21, 561; Dep. of Geol., Univ. of Ill. at Chicago Circle, Chicago, Ill.; engl.) — Metavauxit, $[AlPO_4(OH)(H_2O)]_2$ · $[Fe(H_2O)_6]$, krist. monoklin in P2_1c mit a = 10,22, b = 9,56, c = 9,94 Å, β = 97,9°, Z = 2. Die Koordinationsoktaeder um Al bilden $[AlO_3OHOH_2]^{4-}$-Ketten parallel c, die durch Phosphat zu zweidimensionalen unendlichen $[AlPO_4 \cdot OHOH_2]^-$-Komplexen verknüpft sind [parallel zu (100)]. Dazwischen liegen isolierte oktaedr. $[Fe(OH_2)_6]$-Gruppen, verbunden über H-Brücken.
M. Frenzel 58

0288 **Kristallstruktur von Pyrosmalit.** A. A. Kašaev. (Kristallografija **12** (1967) 6, 1062–64; Inst. geochim. SO AN SSSR; russ.) — Pyrosmalit, $(Mn, Fe)_8Si_6O_{15}(OH, Cl)_{10}$, krist. mit a = 13,37; c = 7,11 Å, Z = 2 in P$\bar{3}$m1. Best. der Atomparameter aus Röntgenbeugungsintensitäten mit Hilfe üblicher Patterson- u. Fourier-Methoden. Angabe einer Projektion der Struktur.
H. Roschkowski 58

0289 **Der Parakristall als Modell für flüssige Kristalle.** R. Hosemann, K. Lemm und W. Wilke. (Molecular Crystals **2** (1967) 4, 333–62; Fritz-Haber-Inst., MPG, Berlin; engl.) — Zur Erklärung der Linienverbreiterung der integralen Linienbreiten von Röntgen-, Elektronen- u. Neutronenbeugungsreflexen werden parakrist. Verzerrungen u. Teilchengrößeneinfl. herangezogen; es kann gezeigt werden, wie diese Einfl. ebenso wie der Einfl. therm. Schwingungen voneinander trennbar sind. Die Ergebnisse werden auf parakrist. Mosaikblöcke in einkrist. *Polyäthylen*-Krist. u. auf parakrist. Ultrafasern in gestrecktem Polyäthylen angewandt. Die Mosaikblöcke besitzen Größen von etwa 300 Å u. g-Werte von 2%; der Durchmesser der Ultrafasern beträgt 100 Å, ihr g-Wert 3%. 2° unterhalb u. einige Grade oberhalb des F. besteht *Pb* ebenfalls aus solchen Mikroparakristalliten. Ihre mittlere Größe beträgt 23° oberhalb des F. 30 Å (g = 11,5%), 223° oberhalb des F. 10 Å (g = 12,5%); 2° unterhalb des F. fällt g auf 4% ab. Am F. entsteht plötzlich ein Netzwerk parakrist. Korngrenzen, während die therm. u. parakrist. Verzerrungen innerhalb der Parakrist. mehr oder weniger kontinuierlich mit steigender Temp. zunehmen. Innerhalb der Parakrist. existieren Subgruppen von Atomen mit einem geringeren Betrag parakrist. Verzerrung. Alle bisher untersuchten fl. Metalle (Au, Ag, Pb, Mg, Na, K, Rb, Hg) bestehen bis wenigstens 100° oberhalb des F. aus Aggregaten atomarer Cluster in parakrist. verzerrter hexagonal dichtester Packung. Mischkrist. von *α-Fe* mit 15 Atom-% Al besitzen g-Werte von 1%; die g-Werte starrer Atome sollten etwa zweimal so groß sein. Dieser Unterschied wird auf die Deformierbarkeit der Elektronenwolken zurückgeführt. Der g-Wert der Laves-Phase Fe_2Zr beträgt bis zu 0,7%, der von getemperten Mischungen aus Carbonyl-*Fe* mit 3% Al_2O_3 etwa 1%. Die parakrist. Verzerrungen weisen charakterist. Anisotropien auf; die Hinweise auf die Anordnung von Fremdatomen oder Subgruppen im Gitter geben. W. Laqua 60

0290 **Einfluß von Alkalimetallhalogeniden auf die Struktur von Wasser.** J. Greyson. (J. physic. Chem. **71** (1967) 7, 2210—13; Atom. Internat. Div. of North Amer. Aviat., Inc., Canoga Park, Calif.; engl.) — Aus EMK-Messungen an Zellen mit schwerem u. normalem W. u. einem Ionenaustauscher als Trennwand sowie mit bekannten Lsg.-Wärmen konnten die Entropien für den Übergang von Alkalimetallhalogeniden aus D_2O in H_2O ermittelt werden. Aus diesen Werten ergaben sich für die Stärke der Strukturbeeinflussung die folgenden Reihen: $K^+ > Na^+ > Li^+$ u. $I^- > Br^- > Cl^- > F^-$. Die strukturzerstörende Wrkg. hängt für die Anionen stärker vom Ionenradius ab als für die Kationen. H. Karge 60

0291 **Diffraktometeruntersuchungen der Struktur von amorphem Gallium mittels eines Elektronenbeugungsgerätes mit Gegenfeld.** B. T. Bojko, L. S. Palatnik und A. S. Derevjančenko. (Fiz. tverdogo Tela **9** (1967) 6, 1625—30; Char'kovskij politechn. inst. im. Lenina; russ.) — Unter Berücksichtigung des inkohärenten Streuuntergrundes werden zwei Koordinationskugeln mit den Radien 2,8 u. 5,6 Å gefunden. Die Koordinationszahl der kleineren Kugel ist 8. K. Jaeger 60

0292 **Viskosität und Struktur von Gläsern des Systems Schwefel–Arsen.** G. Z. Vinogradova, S. A. Dembovskij, T. N. Kuz'mina und A. P. Černov. (Ž. neorg. Chim. **12** (1967) 12, 3240—47; Inst. obščej i neorg. chim. im. Kurnakova AN SSSR; russ.) — Die Aktivierungsenergie des viskosen Fließens von Gläsern des Syst. S–As wurde auf Grund der Unters. der Viskosität im Bereich 10^5—10^{13} Poise untersucht. Die Werte der thermodynam. Charakteristika bestätigen die Anwesenheit von As_2S_3 u. lassen das Auftreten von As_2S_5 mit tetraedr. Koordination des Arsens annehmen. DTA- u. röntgenograph. Daten zeigen, daß im Bereich 6,3—21 Atom-% As Schwefel auskrist., synthet. As_2S_3 u. natürliches Auripigment sind identisch. Elektronenmkr. Unters. von S–As-Gläsern bestätigen deren Inhomogenität in einem großen Temp.-Bereich, während As_2S_3 eine homogene Struktur aufweist. J. J. Pohl 60

0293 **Thermographische Untersuchung des kritischen Temperaturgebietes im glasähnlichen System Arsen–Germanium–Tellur.** V. R. Panus und Z. U. Borisova. (Izvest. Akad. Nauk SSSR, Neorg. Mater. **3** (1967) 12, 2190—93; Leningradskij gos. univ. im. Ždanova; russ.) — Nach der Meth. der DTA (Temp.-Intervall 0—800°, Erhitzungsgeschw. 7 Grad/Min., Einwaage 0,6 g, Kurnakov-Pyrometer) wurden die Erweichungstemp. für Gläser der Zus. $AsTeGe_x$, $AsTe_xGe_{0,3}$ u. $As(TeGe)_x$ bestimmt u. ihre Abhängigkeit vom Te- u. Ge-Geh. graph. dargestellt. Die Erweichungstemp. der glasartigen Leg. beträgt in Abhängigkeit von der Zus. 130—300°, sie steigt mit der Erhöhung des Ge-Geh. u. sinkt bei Erhöhung des Te-Gehaltes. Die Gläser des Syst. As–Ge–Te besitzen starke Neigung zur Kristallisation. Die Kristallisation der meisten Schmelzen erfolgt während der thermograph. Messungen. Verhältnismäßig kristallisationsbeständig sind die Gläser, welche sich im Zentrum des Bereiches der Glasbldg. befinden. Bei der Kristallisation von Gläsern der Zus. $AsTe_xGe_y$ bildet sich als erste krist. Phase GeTe. B. Karos 60

0294 **Interpretation der Ergebnisse röntgenographischer Untersuchungen von Silicat- und Boratgläsern mit schweren Elementen.** T. A. Sidorov. (Izvest. Akad. Nauk SSSR, Neorg. Mater. **3** (1967) 12, 2235—39; russ.) — Zusammenfassende Darst. der Ergebnisse einer Reihe früherer Unters. der Struktur von Borat -u. Silicatgläsern mit röntgenograph. Methoden. — 19 Literaturangaben. H. Roschkowski 60

0295 **Zusammenhang zwischen Struktur und Zusammensetzung einiger Sitalle des Lithiumalumosilicatsystems.** O. V. Žukovskaja und E. V. Poduško. (Izvest. Akad. Nauk SSSR, Neorg. Mater. **3** (1967) 12, 2250—58; russ.) — Die IR-Reflexionsspektren einer Reihe von Sitallen des Syst. Li_2O–Al_2O_3–SiO_2 werden zum Zweck der Strukturbest. aufgenommen. Bei Zus.-Änderung der Tieftemp.-Sitalle durch Übergang über den Schnitt $Al_2O_3/Li_2O = 1$ ändert sich die Struktur der Sitalle nicht, wenn der untersuchte Schnitt die 1:1-Linie unterhalb der Spodumenzus. schneidet u. ändert sich, wenn er sie oberhalb der Spodumenzus. schneidet. In Tieftemp.-Sitallen mit $Al_2O_3/Li_2O \geq 1,7$ wird die Bldg. einer krist. Komponente mit 6fach koordiniertem Al festgestellt. H. Roschkowski 60

0296 **Struktur und Eigenschaften einer Lithiumzinksilicat–Glas-Keramik.** P. W. McMillan, S. V. Phillips und G. Partridge. (J. Mater. Sci. **1**, 269—79, 1966; Nelson Res. Labor. Engl. Electr. Co. Ltd., Stafford; engl.) — Das Einsetzen der Kristallisation eines Li–Zn-Silicat-Glases [SiO_2 72,5 (Mol.-%), Li_2O 22,3, K_2O 1,5, ZnO 3,0, P_2O_5 0,7] wird durch Viskositätsmessung, DTA u. Widerstandsmessungen bestimmt. Die Veränderungen im Elastizitätsmodul, der mechan. Festigkeit u. des therm. Ausdehnungskoeff. weisen auf verschiedene Krist.-Typen hin. Die Struktur u. die Zus. des Materials während des Kristallisationsprozesses werden röntgenograph. u. elektronenmkr. verfolgt. D. Hoene 60

0297 **Einfluß der Sitallisation auf die Geometrie von Schlackensitallstreifen.** K. T. Bondarev und V. A. Minakov. (Izvest. Akad. Nauk SSSR, Neorg. Mater. **3** (1967) 11, 2078—81; russ.) — Verschiedene Phasenübergänge innerhalb des Schlackensyst. CaO–SiO_2–F^-–Al_2O_3 führen zur Verbreiterung bzw. zur Schrumpfung der Oberfläche, was eine Krümmung der weißen Schlackensitallstreifen (0,5 mm dick) zur Folge hat. Die Ursache liegt in ungleichmäßigen Kristallisationsbedingungen, die durch Temp.-Stufen im Gradientenofen erzeugt werden. Die Streifengeometrie hängt sowohl von den Temperzeiten als auch von konstitutionellen Bedingungen (Beständigkeit der Zus. u. strukturell-chem. Homogenität des Schlackensitallglases) ab. H. Korn 60

Mechanische und thermische Eigenschaften

0298 **Phasentheorie fehlgeordneter Systeme.** Jun-ichi Hori. (Suppl. Progr. theoret. Physics [Kyoto] Nr. **36**, 3—54, 1966; Dep. of Phys., Hokkaido Univ., Sapporo; engl.) — Theoret. Unters. über lineare Ketten, Verunreinigungseinfl. auf spektrale Eig., Feinstrukturen des Spektrums u. Art der Eigenschwingungen fehlgeordneter Ketten. — 49 Literaturangaben. E. Otto 72

0299 **Anharmonische Beiträge zur Helmholtzschen Freien Energie eines einfachen Kristall-Modells.** J. L. Feldman und G. K. Horton. (Proc. physic. Soc. **92** (1967) 575, 227—43; Phys. Dep., Rutgers Univ., New Brunswick, N.J.; engl.) — Die wesentlichen anharmon. Beiträge bes. zur Nullpunktsenergie u. zu C_v (bei hohen Temp.) werden unter Verw. von $m\sigma$-Mie-Lennard-

Jones-Potentialen für *Ne*, *Ar*, *Kr* u. *Xe* theoret. untersucht. Numer. Berechnungen mit Hilfe von Computer-Programmen werden mitgeteilt u. mit den Ergebnissen anderer Autoren verglichen. H. Karge 72

0300 **Oberflächendeformation des Gitters in kubisch-flächenzentrierten Kristallen.** J. J. Burton und George Jura. (J. physics. Chem. **71** (1967) 6, 1937—39; Inorg. Mat. Res. Div., Lawrence Radiat. Labor., Dep. of Chem., Univ. of Calif., Berkeley, Calif.; engl.) — Unter Annahme eines Morse- bzw. eines Lennard-Jones-Potentials werden für {111}, {100} u. {110} von *Pb, Ag, Ni, Cu, Al, Ca* u. *Ar* die Oberflächenenergien E_0, die Gitterdeformation δ_i in der Oberfläche sowie die dadurch bedingten Änderungen von E_0 ber., wobei über ein Gitter von 2000 Atomen (für E_0) bzw. 360 Atomen (für δ_i) summiert wird (CD6-6600-Computer). Daß dies bei Wechselwrkg. kurzer Reichweite genügt, wird durch einen Vgl. mit früheren Resultaten an wesentlich größeren Krist. gezeigt. Für alle betrachteten Stoffe ist E_0 für {111} am niedrigsten, für {110} am höchsten. Die Gitterdeformationen, die für {100} am stärksten sind, erniedrigen E_0 um maximal 6%, beeinflussen aber das Verhältnis der Oberflächenenergien der verschiedenen Flächen nur geringfügig. H. Karge 72

0301 **Paarweise Wechselwirkungsenergie zwischen Ionen in sieben Metallen.** R. Pick. (J. Physique **28** (1967) 7, 539—50; Service de Phys. de Solide et de Résonance Magnét., C. E. N., Saclay; franz.) — Für *Li, Be, Na, Mg, Al, K* u. *Ca* werden die Wechselwrkg.-Energien mit Hilfe eines Pseudopotentials, dessen Haupteig. kurz angegeben werden, berechnet. Die verschiedenen Vgl. mit experimentell gefundenen Werten zeigen stets qual. Übereinstimmung, nicht immer aber exakt quantitative. Aus theoret. Gründen kann die Berechnung keine Erscheinungen beschreiben, bei denen sich die D. des Elektronengases ändert. Sie gibt bessere Ergebnisse für die Metalle der ersten beiden Perioden als für K u. Ca. Sie erlaubt eine passende Beschreibung der relativen Stabilität der Krist.-Phasen, das Phononenspektrum kann aber nur näherungsweise ber. werden. W. Gauster 72

0302 **Berechnung des Born-Mayer-Abstoßungspotentials in ionischen Gasen und Kristallen mit dem Ladungsaustauschmodell.** D. W. Hafemeister und J. D. Zahrt. (J. chem. Physics **47** (1967) 4, 1428—37; Univ. of Calif., Los Alamos Sci. Lab., Los Alamos, N.Mex.; Dep. of Phys., Carnegie Inst. of Technol., Pittsburgh, Pa.; engl.) — Durch Berücksichtigung der Deformation der freien Ionen sowie Anwendung des Ladungsaustauschmodells (ECM) von Dick u. Overhauser (Phys. Rev. **112** (1958) 90) u. Meth. der symm. Orthogonalisierung von Löwdin (Advances in Physics **5** (1956), 1) berechnen Vf. die Radialabhängigkeit des Abstoßungspotentials für alle Alkalimetallhalogenide u. -Hydride *MeX* mit Me = *Li, Na, K, Rb, Cs* u. X = *H, F, Cl, Br* u. *J*. Dabei ist das Abstoßungspotential U eine Summe der elektrostat. Energie zwischen den effektiven Kernladungen u. der Austauschladungen u. genügt dem Born-Mayer-Abstoßungspotential U = B exp.($-r/\rho$) auf 0,2%. Die ECM-Werte für Gase hängen nicht von der Größe der effektiven Kernladungen ab u. die ϱ-Werte stimmen mit den experimentellen Werten innerhalb 10% überein. Bei den krist. Substanzen sind die ϱ-Werte noch vernünftig, obwohl schon Abweichungen auftreten. Sie hängen nur von den Hartree-Fock-Funktionen für die freien Ionen ab, wogegen die Berechnungen der Dissoziationsenergien, Mol.-Kraftkonst., Schwingungsfrequenzen, Kohäsionsenergien, Kompressibilitäten u. Debye-Temp. auch vom Gleichgew.-Abstand abhängen. R. Blank 72

0303 **Phononendispersionsbeziehung für Diamant.** G. Peckham. (Solid State Commun. **5** (1967) 4, 311—13; Suppl. zu: J. Physics Chem. Solids; Reading, Berks. Univ., J. J. Thomson Physical Labor.; engl.) — Mit Hilfe unelast. Neutronenstreuung werden die Phononenfrequenzen von Diamant bei 1000° bestimmt. Das Ergebnis ist in guter Übereinstimmung mit den Raumtemp.-Werten von Warren et al. Im Vgl. zu dieser Arbeit werden zusätzliche Meßwerte im LO-Zweig der [100]-Richtung gefunden. K. H. Härdtl 72

0304 **Thermische Schwingungsamplituden von Kohlenstoffatomen im Graphitgitter senkrecht zur c-Achse.** B. T. Kelly. (J. nuclear Mater. [Amsterdam] **24** (1967) 2, 210—14; UKAEA, Reactor Mater. Labor., Culcheth, Warrington, Lancs.; engl.) — Die therm. Schwingungsamplitude von C-Atomen im Graphitgitter parallel zur kristallograph. c-Achse wird berechnet. Die Gitterdynamik eines Halbkontinuum-Modells nach Komatsu wird angewendet. Es sollen nur Schwingungen beitragen, die parallel zur c-Achse polarisiert sind („out-of-plane" modes). Die Schubwechselwrkg. zwischen den Schichten sind zu berücksichtigen, um Übereinstimmung mit den Vers.-Werten zu erhalten. M. Frenzel 72

0305 **Gitterschwingungen in Eisen bei 296°K.** B. N. Brockhouse, H. E. Abou-Helal und E. D. Hallman. (Solid State Commun. **5** (1967) 4, 211—16; Suppl. zu: J. Physics Chem. Solids; Hamilton, Ontario, Canada, McMaster Univ., Dep. of Phys.; engl.) — Mit Hilfe unelast. Neutronenstreuung werden die Dispersionsbeziehungen der Gitterschwingungen in den Hauptsymmetrie-Richtungen von kub.-raumzentriertem Fe bei Raumtemp. gemessen. Die Ergebnisse werden mit den allg. Kräften von Born-von Karman gedeutet, wobei Kräfte zwischen drittnächsten Nachbarn berücksichtigt werden müssen. K. H. Härdtl 72

0306 **Beziehungen zwischen der Leerstellenbildungs- und -wanderungsenergie sowie der Aktivierungsenergie der Diffusion und der Debye-Temperatur von Metallen.** G. M. Neumann. (Z. physik. Chem. [Frankfurt/M.] [N.F.] **56** (1967) 5/6, 342—51; Osram Studienges., Augsburg; dt.) — Die im Titel genannten Beziehungen werden an Hand von Modellvorstellungen für kub.-flächenzentrierte, kub.-raumzentrierte u. hexagonal dichtest gepackte Metalle begründet. Die Beziehungen erlauben eine Berechnung der genannten Energien mit einer Genauigkeit von 10%. M. Frenzel 72

0307 **Bindungsenergien zwischen einer Leerstelle und einem Be- oder Ti-Atom in den Legierungen Al–4,4 Atom-% Zn und Al–0,18 Atom-% Ag.** Mutsuo Ohta, Fumio Hashimoto und Tadashi Tanimoto. (J. physic. Soc. Japan **22** (1967) 1, 352—53; School of Engng., Okayama Univ., Tsushima, Okayama; engl.) — Die Bindungsenergie zwischen einer Leerstelle u. einem Be-Atom wurde in der Leg. Al–4,4 Atom-% Zn (**I**) zu 0,28 ± 0,05 (eV) ermittelt. Die Bindungsenergie zwischen einer Leerstelle u. einem Ti-Atom beträgt in **I** 0,30 ± 0,05 u. in der Leg. Al–0,18 Atom-% Ag 0,31 ± 0,05. E. Schulte 72△

0308 **Bemerkung zu „Versetzungsklettern und Bestimmung von Stapelfehlerenergien in Al und Al–1% Mg".** J. A. Turnbull. (J. appl. Physics **38** (1967) 10, 4075—76; Central Electricity Generating Board, Berkeley Nucl. Labor., Berkeley, Glos., England; engl.) — Vf. diskutiert die Unters. von Kannan u. Thomas (ibid. **37** (1966) 2363; C. **1967**, 36-0204) u. zeigt, daß durch Vernachlässigung chem. Spannungseffekte in der Deutung der Vers. schwere Fehler bei der Best. der Stapelfehlerenergien eingehen können. Für Al–1% Mg wird eine minimale Stapelfehlerenergie von 117 erg/cm² ermittelt. H. Liepack 72

0309 **Erwiderung auf „Bemerkung zu Versetzungsklettern und Bestimmung von Stapelfehlerenergien in Al und Al–1% Mg."** V. C. Kannan und G. Thomas. (J. appl. Physics **38** (1967) 10, 4076—77; Lawrence Radiat. Labor., Univ. of Calif., Berkeley, Calif.; engl.) — Vgl. vorst. Referat. — Diskussion der Bemerkungen von Turnbull. Durch entsprechende Korrekturen der Leerstellenübersättigung für reines Al wird eine Stapelfehlerenergie von 160 erg/cm² ermittelt; dieser Wert ist 20% niedriger als ohne Korrektur. Da nicht genügend Information über das Syst. bekannt ist, können Vf. nicht schließen, daß Mg einen großen Einfl. auf die Stapelfehlerenergie von Al hat. H. Liepack 72

0310 **Der unvollkommene Aufbau des Hafniumnitrids und das Bindungsproblem.** M. E. Straumanis und C. A. Faunce. (Z. anorg. allg. Chem. **353** (1967) 5/6, 329—36; Rolla, Mo., Univ. of Mo., Grauate Mater. Res. Center; dt.) — **HfN (I)**, das keine merkliche Phasenbreite besitzt, krist. kub. mit a = 4,5118 ± 0,0001 Å bei 25°. Der zwischen 10,0 u. 59,95° auf röntgenograph. Wege bestimmte therm. Ausdehnungskoeff. beträgt α = 7,60 · 10^{-6} [°C^{-1}]. Aus einem Vgl. von D^{25}_{exp} (11,696 ± 0,002 g/cm^3) u. D_R^{25} (13,386 g/cm^3) folgt, daß 12,63% Lücken in den beiden Untergittern von **I** vorhanden sind. In **I** liegen Hf^{3+}- u. N^{3-}-Ionen vor; die Bindung besitzt vorwiegend Ionencharakter. Über den Zusammenhang zwischen physikal. Eig. u. Bindung wird ausführlich diskutiert. G. Gattow 72

0311 **Variante der Modulationsmethode zur Messung der spezifischen Wärme von Metallen.** O. A. Kraev. (Teplofiz. vysokich Temperatur **5** (1967) 5, 817—20; Inst. teplofiz. SO ANSSSR; russ.) — Beschreibung eines Verf., bei dem ein Metallfaden durch Wechselstrom erwärmt wird u. die Schwankungen seines Widerstands mit einer Kompensationsschaltung ermittelt werden. Anwendung auf *W* bei 1300—3000°K · c_p wird graph. angegeben. H. Roschkowski 74

0312 **Die Wirkung von okkludiertem Wasserstoff auf die charakteristische Temperatur von Palladium und auf die Schwingung seiner Atome.** E. A. Owen und E. W. Evans. (Brit. J. appl. Physics **18** (1967) 5, 605—09; Phys. Dep., Univ. Coll. of North Wales, Bangor; engl.) — Die Best. der charakterist. Temp. durch Messung des Abfalls der Röntgenstrahlreflexion mit zunehmender Temp. an gasfreiem, reinem Pd ergibt etwa denselben Wert (267°K) wie aus Messungen der spezif. Wärme (270°K) u. der elektr. Leitfähigkeit (275°K). Die charakterist. Temp. von Pd, das kleine Mengen H enthält, nimmt mit steigender H-Konz. zu (bis zu 311°K für 0,7 Atom-% H). Die mittlere Verschiebung $\sqrt{\bar{x}^2}$ der Pd-Atome bei Raumtemp. nimmt mit zunehmendem H-Geh. von 0,131 Å (gasfreier Zustand) auf 0,113 Å (0,7 Atom-% H) ab. M. Wiedemann 74

0313 **Charakteristische Temperatur und Entropie von einigen schwerschmelzenden Thoriumverbindungen.** S. Aronson und A. Ingraham. (J. nuclear Mater. [Amsterdam] **24** (1967) 1, 74—79; BNL, Upton, N.Y.; engl.) — Vf. ermitteln röntgenograph. die charakterist. Temp. von *ThS*, *ThN*, $ThC_{0,91}$, $ThP_{0,95}$, Th_3P_4, ThO_2 u. ThB_6. Aus der Abnahme der Intensität bei 25—1000° wurden die Entropie u. die Schwingungsamplitude der Atome in den Verb. berechnet. Die ber. Werte werden mit nach anderen Meth. gewonnenen verglichen. D. Hoene 74

0314 **Wärmekapazität von Kaliumkobalttrifluorid.** C. Deenadas, H. V. Keer, R. V. Gopalarao und A. B. Biswas. (Brit. J. appl. Physics **18** (1967) 12, 1833 bis 1834; Nat. Chem. Labor., Poona-8, India; engl.) — In der spezif. Wärme von $KCoF_3$ wird zwischen 80 u. 300°K bei 109,5°K ein Max. festgestellt, das dem Übergang Antiferromagnetismus–Paramagnetismus entspricht. Bei 298,15°K betragen C_p 28,84cal Mol^{-1} $Grad^{-1}$, Entropie 39,40 cal$Mol^{-1}$$Grad^{-1}$, Enthalpie 5669 cal · Mol^{-1} u. Freie Energie — 20,26 cal$Mol^{-1}$$Grad^{-1}$. H.-D. Schenke 74

0315 **Präparation von Wismut-Oberflächen für Ultraschallmessungen.** R. Augeri und S. J. Freedman. (J. acoust. Soc. America **41** (1967) 5, 1369—70; Brooklyn, N.Y., Polytechn. Inst., Phys. Dept; engl.) — Ebene Flächen von Bi-Einkrist. werden mit einer kombinierten Meth. durch Elektropolieren u. mechan. Schleifen erzeugt. Mit derartig vorbereiteten Proben werden oberhalb 30 MHz kleinere Dämpfungen als mit Standardoberflächen erhalten. Die bei der Anwendung von Standardtechniken des Schleifens erhaltenen Frequenzgänge der überschüssigen Dämpfung werden mit Theorien der Dämpfung in polykrist. Material verglichen. H. U. Borgstedt 76

0316 **Klassifizierung der verschiedenen Stadien der elastisch-plastischen Verformung von Realkristallen.** R. I. Garber, I. I. Sološenko und O. A. Chaldej. (Izvest. vysšich učebnych Zavedenij [Tomsk], Fiz. **10** (1967) 12 (67), 114—15; Char'kovskij gospedinst. im. Skovorody; russ.) — Vers. zur Schematisierung verschiedener Verformungsstufen von Realkristallen. H. Roschkowski 78

0317 **Bestimmung der Elastizitätsgrenze in Ferromagnetika mit Hilfe des mechanischen Barkhausen-Effekts.** Ju. N. Charitonov. (Izvest. vysšich učebnych Zavedenij [Tomsk], Fiz. **10** (1967) 12 (67), 112—14; Abakanskij gospedinst.; russ.) — Beschreibung eines Verf. zur Best. der Elastizitätsgrenze durch Auswertung des mechan. Barkhausen-Effekts (Barkhausen-Effekt beim Anlegen mechan. Zug- oder Druckspannungen im konst. äußeren Magnetfeld). Anwendung auf *Ni*-, *Fe*- u. *Permalloy*-Proben. H. Roschkowski 78

0318 **Innere Reibung einer seignetteelektrischen Keramik auf der Basis von Bleizirkonattitanat(CTS).** V. S. Postnikov, V. S. Pavlov, S. A. Gridnev, S. K. Turkov, B. M. Darinskij und I. A. Glozman. (Izvest. Akad. Nauk SSSR, Ser. fiz. **31** (1967) 11, 1845 bis 1849; Voronež, Politechn. inst.; russ.) — Nach der Meth. eines niederfrequenten Torsionspendels wurde bei 20—400° die Temp.-Abhängigkeit der inneren Reibung u. die Abhängigkeit der inneren Reibung vom elektr. Feld für die Keramik $Pb_{0,95}Sr_{0,05}(Zr_{0,53}Ti_{0,47})O_3$ + 3 Gew.-% *PbO* gemessen. Anomalien wurden bei 140° u. 240° gefunden. Es wurde ein Zuwachs der inneren Reibung mit der Erhöhung des elektr. Felds bei Zimmertemp. beobachtet. Die Resultate wurden durch die Wechselwrkg. der Domänengrenzen mit Gitterdefekten geklärt. V. Burjan 78△

0319 **Abhängigkeit der Mikrohärte eines Mehrstoffglases von der thermischen Bearbeitung.** A. V. Saruchanišvili und E. M. Miljukov. (Soobšč. Akad. Nauk Gruz. SSR **43** (1967) 3, 587—90; Leningradskij technol. inst. im. Lensoveta; russ.) — Die Mikrohärte eines Glases mit 53,7 (Gew.-%) SiO_2; 1,1 TiO_2; 17,5 Al_2O_3; 7,9 Fe_2O_3 + FeO; 0,6 MnO; 5,7 MgO; 8,1 CaO u. 5,4 R_2O nach verschiedenen Wärmebehandlungen zwischen 600 u. 900° wird untersucht. Seigerungserscheinungen im Glas vermindern die Mikrohärte. H. Roschkowski 78

0320 **Temperaturabhängigkeit der Festigkeit und des Elastizitätsmoduls von Glas und Sitall.** È. M. Rabinovič, L. N. Čurilov und G. N. Kazenova. (Izvest. Akad. Nauk SSSR, Neorg. Mater. **3** (1967) 11, 2073—77; russ.) — Untersucht wurden zwei Gläser des Syst. SiO_2–Al_2O_3–MgO–CaO–TiO_2 u. Sitalle, die durch Kristallisation dieser Gläser erhalten worden waren. Es wird festgestellt, daß bei höheren Temp. (400—500°) die Festigkeitswerte der beiden Gläser u. des Sitalls, das *Diopsid* u. *Rutil* mit den Ausdehnungskoeff. 50 · 10^{-7} u. 84 · 10^{-7} $Grad^{-1}$ (entspricht etwa dem der Glasphase) enthält, anwachsen. Die Festigkeit des Sitalls mit den Kristallphasen *Klinoenstatit*, Rutil u. *β-Cristobalit*, deren Ausdehnungskoeff. etwa 10mal größer als der der Glasphase ist, ist niedriger u. hängt unwesentlich von der Temp. ab, was auf den Cristobalitgeh. zurückgeführt wird. Der Elastizitätsmodul der untersuchten Materialien bleibt fast unverändert. H. Korn 78

0321 **Ableitung einiger Gleichungen für die Gitterwärmeleitfähigkeit von Kristallen in Debyescher Näherung mit Hilfe des „Π"-Theorems der Dimensionstheorie.** L. G. Nagornych und K. M. Kul'kin. (Izvest. vysšich učebnych Zavedenij [Tomsk], Fiz. **10** (1967) 11 (66), 125—27; Udmurtskij gos. ped. inst.; russ.) H. Roschkowski 82

0322 **Einfluß der Porosität auf die Wärmeleitfähigkeit von UO_2.** J. R. MacEwan, R. L. Stoute und M. J. F. Notley. (J. nuclear Mater. [Amsterdam] **24** (1967) 1, 109—12; Atom. Energy of Canada Ltd., Chalk River Nucl. Labor., Ontario, Canada; engl.) — Vf. überprüfen die korrigierte von Loeb abgeleitete Beziehung zur Berechnung $\lambda_p = \lambda_c (1 - \alpha p)$ [λ_p: Wärmeleitfähigkeit des porösen Krist., λ_c: des Krist., p: Porenvol.-Anteil, α: Konst.] an UO_2-Sinterkörpern mit p 0,021—0,112. Im Gegensatz zu den Erwartungen ergeben sich hohe α-Werte von 2 bis 3. Durch Bestrahlung mit Spaltprod. werden die α-Werte um 27—28% reduziert. D. Hoene 82

0323 **Selbstdiffusion von Uran in Uranmonocarbid.** R. Lindner, R. Riemer u. H. L. Scherff. (J. nuclear Mater. [Amsterdam] **23** (1967) 2, 222—30; engl.) — Die Selbstdiffusion von U in monokrist. u. gegossenem UC mit geringer Hypo- u. Hyperstöchiometrie wurde zwischen 800 u. 2100° mit einer α-Energiedegradationstechnik gemessen. Für beide Materialien wurden ähnliche Aktivierungsenergien von ~30 kcal/Mol für $T \leq 1600°$ (Gew.-% C ~ 4,68) bzw. für $T \leq 1400°$ (Gew.-% C ≈ 4,83) gefunden. Bei höheren Temp. ergeben sich jedoch unterschiedliche Werte für die Aktivierungsenergie: 70 ± 5 kcal für hypo- u. 90 ± 6 für hyperstöchiometr. UC. D. Hoene 84

0324 **Oberflächenselbstdiffusion von Urandioxid.** G. L. Reynolds. (J. nuclear Mater. [Amsterdam] **24** (1967) 1, 69–73; Central Electricity Generating Board, Berkely, Glos., UK; engl.) — Das Verschwinden von Kratzern auf der Oberfläche von UO_2 bei 1450–1700° wurde untersucht. Ihre Breite wurde interferometr. nach Glühen in feuchtem H_2 gemessen. Der Prozeß wird durch die Oberflächendiffusion bestimmt. Der Diffusionskoeff. folgt $D_s = (5{,}6 \pm 2{,}4) \cdot 10^6 \exp[(-119000 \pm 15000)/RT]$. Mögliche Mechanismen werden diskutiert. D. Hoene 84

0325 **Thermische Leerstellen in NiAl.** R. J. Wasilewski. (Acta metallurg. [New York] **15** (1967) 11, 1757 bis 1759; E. I. du Pont de Nemours & Co., Wilmington, Del.; engl.) — Poly- u. einkrist. NiAl mit 48,2–51,4% Al (CsCl-Struktur) wird dilatometr. u. röntgendiffraktometr. untersucht. Gleich anderen isomorphen Leg. ist die therm. Leerstellenkonz. nahe der Solidus-Temp. sehr hoch. Die Wanderungsaktivierungsenergie der Leerstellen wird bestimmt zu 33,000 cal/g · atom, die der Selbstdiffusion zu 67–70 kcal. Die charakterist. Temp. wird berechnet. Ina Sieber 84

0326 **Edelgase in Festkörpern.** 34. Mitt. **Diffusion von Xenon in neutronenbestrahlten Cs-Halogeniden.** F. W. Felix und K. Meier. (Z. Naturforsch. **22a** (1967) 12, 2075–77; Hahn-Meitner-Inst. für Kernforsch., Berlin; dt.) — 30. vgl. C. **1968,** 15-0288. — Die Abgabe von Xe-133 m u. Xe-133 aus neutronenbestrahlten Einkrist. der Cs-Halogenide wurde als Funktion der Temp. u. der Neutronendosis gemessen. Die Abgabe kann über die Vol.-Diffusion ausgedrückt werden. Die Temp.-Abhängigkeit in *CsF, CsBr* u. *CsJ* kann über die Aktivierungsenergien von ≤ 2; 1,45 u. 1,14 eV u. die Frequenzfaktoren $\leq 1 \cdot 10^2$; $1 \cdot 10^2$ u. 2,0 cm²/sec bei 450–600°; 260–580° u. 200–500° ausgedrückt werden. Eine Erhöhung der Neutronendosis erniedrigt die Diffusionskoeff. in CsBr u. CsJ. G. Malow 84

0327 **Edelgase in Festkörpern.** 35. Mitt. **Diffusion von Edelgasen in Calciumfluorid.** J. Biersack und A. Brenner. (Nukleonik [Berlin] **10** (1967) 5, 264–67; dt.) — 34. vgl. vorst. Referat. — In CaF_2-Einkrist. wurden die Diffusionskoeff. von *Ar* u. in dotiertem CaF_2 (0,055 Mol-% U) die Diffusionskoeff. von Ar, *Kr* u. *Xe* bei 1010 bis 1240° gemessen. Die Arrhenius-Geraden zeigen für die 3 Edelgase die gleiche Neigung, Q = 4 eV, was gegen die Deutung der Edelgasdiffusion durch einen Zwischengittermechanismus spricht. G. Malow 84

0328 **Edelgase in Festkörpern.** 36. Mitt. **Deutung der Edelgas- und Selbstdiffusions-Mechanismen im Calciumfluorid.** J. Biersack. (Nukleonik [Berlin] **10** (1967) 5, 267–69; dt.) — 35. vgl. vorst. Referat. — In theoret. Unters. wird gezeigt, daß die Edelgasatome als Zwischengitteratome nicht bewegungsfähig wären, daß sie aber wohl über Dreifach-Leerstellen wandern können. Unter dieser Annahme ergibt die Theorie den richtigen Wert der Aktivierungsenergie u. erklärt auch zwanglos die beobachtete Unabhängigkeit der Edelgasdiffusion von Dotierungen. Das verwendete Modell liefert auch die Selbstdiffusionsdaten von CaF_2 in guter Übereinstimmung mit den gemessenen Werten. G. Malow 84

0329 **Untersuchung des Elektronendurchdringungsvermögens in Festkörpern unter Verwendung kathodolumineszenter dünner Filme.** R. J. Bieringer. (Physic. Rev. [2] **142,** 550–54, 1966; Fund. Res., Owens-Ill. Techn. Center, Toledo, O.; engl.) — Unter der Annahme eines statist. Verlusts beim Durchdringen von Elektronen bis zu einer gegebenen Tiefe in einen Festkörper zeigen Messungen, der beim Durchdringen von Elektronen durch kathodolumineszentes Glas (SiO_2:Ce, SiO_2:Tb, Bariumaluminosilicatglas mit Tb) emittierten Strahlung, daß der Energieverlust der Einzelteilchen durch das einfache Thomson-Widdington- (quadrat.) Gesetz gut vorausgesagt werden kann. W. Menz 86

0330 **Zerstäubung von Gold durch niedrigenergetische Gasionen.** 2. Mitt. H. G. Scott. (J. appl. Physics **37,** 287–90, 1966; Div. of Tribophys. CSIRO, Univ. of Melbourne, Parkville, Australia; engl.) — 1. vgl. C. **1963,** 8425. — Die Zerstäubung von Au bei Beschuß mit *Ne*- u. *Xe*-Ionen mit Energien von 40–100 eV wird durch Messung der Änderung des elektr. Widerstandes der dünnen Au-Folien bestimmt. W. Menz 86

0331 **Zerstäubungsversuche mit 1–5-keV-Ar^+-Ionen.** 2. Mitt. **Einkristalltargets aus Al, Cu und Au.** Mark T. Robinson und A. L. Southern. (J. appl. Physics **38** (1967) 7, 2969–73; Solid State Div., ORNL, Oak Ridge, Tenn.; engl.) — 1. vgl. C. **1964,** 23-0434. — Die Zerstäubungsausb. wurden für senkrechtes Auftreffen auf polykrist. Au, ⟨100⟩-, ⟨110⟩- u. ⟨111⟩-Au-Einkrist., einem ⟨111⟩-Al-Einkrist. u. verschiedenen ⟨Okl⟩-Cu-Einkrist. gemessen. Die Orientierungsabhängigkeit der Ausb. niedriginduzierter Cu-, Au- u. Ge-Krist. genügt dem Onderdelindenschen Transparenzmodell. Die ⟨114⟩-Emissionsbilderflecke von ⟨111⟩-kub.-flächenzentrierten Krist. werden fokussierten Folgen entlang ⟨100⟩ zugeschrieben. H. Liepack 86

Optische Eigenschaften

0332 **Mott- und Wigner-Übergänge.** W. Kohn. (Physic. Rev. Letters **19** (1967) 14, 789–91; Univ. Paris, Paris, France; engl.) — Es werden auf Grund neuer Ergebnisse über Exzitonen-Phasen weitere Gesichtspunkte für eine Theorie der Mott-Wigner-Übergänge in einem Syst. wechselwirkender Elektronen mit einem gleichmäßigen Ladungsuntergrund angeführt. Dabei werden nur spinlose Fermi-Ionen mit der Hartree-Fock-Theorie u. einer abgeschirmten phänomenolog. Wechselwrkg. behandelt. G. Richard 91

0333 **Punktgruppen-Auswahlregeln und Polarisation eines alternativen Singulett–Triplett-Übergangsmechanismus.** Ying-Nan Chiu. (J. chem. Physics **46** (1967) 2, 772–84; Dep. of Chem., The Catholic Univ. of Amer., Washington, D.C.; engl.) — Ein Strahlungs-Übergangsmechanismus mit direkter Wechselwrkg. Spin-Strahlungsfeld wird für den Grenzfall schwacher Spin–Bahn-Kopplung behandelt. Dabei werden die spinabhängigen Multipole ungerader Parität u. niedrigster Ordnung berücksichtigt, also die Operatoren Spin–elektr. Dipol u. Spin–magnet. Quadrupol. Es wird für Singulett–Triplett-Übergänge gezeigt, daß, obwohl diese beiden sphär. Operatoren in der dreidimensionalen Rotationsgruppe sehr verschieden transformieren, vergleichbare Strahlungsübergangsbeiträge von beiden zu erwarten sind. Zur Anwendung bei der Polarisationsspektroskopie an orientierten Mol.-Krist. werden Ausdrücke für diese Operatoren in quadrat. Prod. der kartes. Koordinaten mit den Spinkomponenten entwickelt u. die expliziten Formen tabelliert. Die Auswahlregeln für den Koordinatenanteil werden für D_6-Symmetrie abgeleitet, für den Spinanteil (ungekoppelt) quantisiert relativ zur Mol.-Hauptachse u. relativ zu einem äußeren Magnetfeld. Formeln für die Winkelabhängigkeit der Intensität werden mit Rotationsmatrizen angegeben. Weiterhin werden Intensitäts- u. Polarisationsbeziehungen für die „direkte" Phosphoreszenz u. für die 3 Triplettkomponenten abgeleitet u. als Funktionen Eulerscher Winkel u. red. Rotationsmatrizen tabelliert. Dabei wurden alle möglichen Übergänge mit symmetrieadaptierten Spinfunktionen u. Symmetrien, die niedriger als Axialsymmetrie sind, berücksichtigt. W. Haberditzl 91

0334 **Einfluß der Coulombschen Fernwirkung auf den linearen Zeeman-Effekt bei dipolaktiven Exzitonen in kubischen Kristallen.** S. A. Moskalenko und M. I. Šmigljuk. (Fiz. Techn. Poluprovodnikov **1** (1967) 3, 430–35; Kišinev, Inst. prikl. fiz. AN MoldSSR; russ.) — Es wird die Coulombsche Fernwrkg. auf den Brechungsindex in Abhängigkeit von der Strahlungsfrequenz u. die

Form der Absorptionsbanden von dipolakt. Exzitonen im Magnetfeld unter Benutzung des Wellenvektors mathemat. dargestellt. Danach hängt der lineare Zeeman-Effekt bei Anregung im Querfeld von der Beziehung zwischen der Exzitonenenergie u. der Aufspaltung δ des Exzitonniveaus unter der Coulombschen Fernwrkg. ab. Bei $\mu_B H \gg \delta$ kommt der Zeeman-Effekt dem in freien Atomen gleich, bei $\mu_B H \lesssim \delta$ ändern sich beide σ-Komponenten der Zeeman-Spaltung u. die Dispersionskurven mit dem Magnetfeld. J. Tůmová 91△

0335 **Selbsterhöhung von Lichtimpulsen.** F. De Martini, C. H. Townes, T. K. Gustafson und P. L. Kelley. (Physic. Rev. [2] **164** (1967) 2, 312—23; Dep. of Phys., MIT, Cambridge, Mass.; engl.) — Unters. der Selbsterhöhung oder Änderung der Form von Lichtimpulsen bei der Fortpflanzung in einem Medium mit intensitätsabhängigem Brechungsindex. H. Liepack 91

0336 **Kritische Opaleszenz von flüssigen Natrium-Lithium-Mischungen.** H. Brumberger, N. G. Alexandropoulos und W. Claffey. (Physic. Rev. Letters **19** (1967) 10, 555—56; Dep. of Chem., Syracuse Univ., Syracuse; N.Y.; engl.) — Die krit. Opaleszenz von *Na-Li*-Schmelzen in der Nähe der Entmischungstemp. $T_c \approx 301°$ wird durch Röntgenstreuung (Streuwinkel 0,001 rad.) zwischen 280 u. 430° untersucht. Der Maximalwert der Streuintensität bei T_c wird durch Elektronendichteschwankungen verursacht. H. Kelm 92

0337 **Optische Konstanten von Plutonium bei 5461 Å.** D. T. Larson und D. L. Cash. (J. nuclear Mater. [Amsterdam] **24** (1967) 2, 232—33; The Dow Chem. Comp., Rocky Flats Div., Golden, Colo.; engl.) — Brechungsindex n u. Absorptionskoeff. k von δ-Pu werden mit Hilfe eines ellipsometr. Verf. bestimmt: $n = 2{,}07 \pm 0{,}03$, $k = 3{,}61 \pm 0{,}01$; komplexer Brechungsindex $n' = 2{,}07 - 3{,}61$ i. Die Werte sollen für die ellipsometr. Unters. der Ox. von Pu hinreichend genau sein. M. Frenzel 92

0338 **Optische Eigenschaften von MoO_3.** A. L. Škol'nik. (Izvest. Akad. Nauk SSSR, Ser. fiz. **31** (1967) 12, 2050 bis 2051; russ.) — Reflexions- u. Photoleitungs(PL)-Spektren dünner MoO_3-Schichten werden gemessen. Das erste PL-Max. (0,33 mμ) ist durch die Eigen-PL, das zweite (0,35 mμ) durch die PL der F-Zentren bedingt. Breite des verbotenen Bandes 3,76 eV, Schichttiefe der F-Zentren 3,54 eV. Nach Bestrahlung im Bereich der Eigenabsorption oder aus tiefen F-Niveaus tritt im PL-Spektrum eine zusätzliche induzierte PL mit Max. bei etwa 1,5 mμ u. einer Schichttiefe der Niveaus von 0,82 eV auf. Energieniveauschema von MoO_3-Einkrist. bei opt. u. therm. Anregung. P. Amberger 92

0339 **Inversion der Leitungs- und Valenzbänder in $Pb_{1-x}Sn_xSe$-Legierungen.** A. J. Strauss. (Physic. Rev. [2] **157** (1967) 3, 608—11; Lincoln Labor., MIT, Lexington, Mass.; engl.) — Einkrist. Schichten von $Pb_{1-x}Sn_xSe$-Leg. mit NaCl-Struktur ($0 \leq x \leq 0{,}33$) werden auf (100)-Spaltflächen von KCl-Substraten aufgedampft. Durch Messungen der opt. Durchlässigkeit zwischen 2 u. 25 μ wird der Bandabstand E_G bei 300, 195 u. 77 °K in Abhängigkeit von x bestimmt. Mit steigendem x u. abnehmender Temp. nimmt E_G für kleine Werte von x ab, für $x > 0{,}2$ u. $T = 77$ °K jedoch zu. Der Verlauf von E_G kann nach der Gleichung $E_G = 0{,}13 + 4{,}5 \cdot 10^{-4} \cdot T - 0{,}89 \cdot x$ eV beschrieben werden. Der Inversionspunkt in welchem $E_G = 0$ u. die L_6^+- u. L_6^--Bandextrema entartet sind, ist $x = 0{,}19$ bei 77 °K u. $x = 0{,}30$ bei 300 °K. Damit zeigen die $Pb_{1-x}Sn_xSe$-Leg. die gleiche Inversion der Bandstruktur, wie sie für die entsprechenden Te-Leg. vorgeschlagen wurde. K. H. Härdtl 92

0340 **Spektralphotometrische Ermittlung der Koordinationsverhältnisse in Kristallgittern.** 1. Mitt. **Koordinationsverhältnisse in Zinkniobat und -tantalat.** Horst Kasper. (Z. anorg. allg. Chem. **355** (1967) 1/2, 1—11; Bonn, Univ., Anorg.-chem. Inst.; dt.) — Röntgenograph. Unters. der bin. Syst. $ZnO–Ta_2O_5$ u. $ZnO–Nb_2O_5$ zeigten die Existenz von $ZnNb_2O_6$, $Zn_3Nb_2O_8$ (**I**) u. $ZnTa_2O_6$, $Zn_3Ta_2O_8$ (**II**). Ersetzt man in **II** Zn durch größere Mengen Co, Ni oder Cu (bis $CoZn_2Ta_2O_8$ bzw. $CoZn_2Nb_2O_8$; $Ni_{0,1}Zn_{2,9}Nb_2O_8$, bzw. $Ni_{0,3}Zn_{2,7}Ta_2O_8$; $CuZn_2Ta_2O_8$ bzw. $CuZn_2Nb_2O_8$), so geht die Struktur von **II** in die von **I** über. Lichtabsorptionsmessungen im Bereich von 0,1 bis 2,2 μ ergaben, daß die zweiwertigen Kationen in **II** Oktaeder- u. Tetraederlücken besetzen, in **I** jedoch nur die Oktaederlücken. Die röntgenograph. d-Werte u. Intensitäten der Pulveraufnahmen (Co-Strahlung) von **II** werden mitgeteilt. G. Gattow 92

0341 **Spektralphotometrische Ermittlung der Koordinationsverhältnisse in Kristallgittern.** 3. Mitt. **Magnesiumtellurat, Mg_3TeO_6, und Magnesiumindiumantimonat, Mg_2InSbO_6.** H. Kasper. (Z. anorg. allg. Chem. **356** (1968) 5—6, 329—36; Bonn, Univ., Anorg.-chem. Inst.; dt.) — 2. vgl. Mh. Chem. **98** (1967) 1206. — Nachst. Verb. wurden aus den Oxiden hergestellt u. röntgenograph. untersucht: Ni_3TeO_6 u. Ni_2InSbO_6 gehören dem hexagonalen (rhomboedr.) Ilmenit-Typ mit $a = 5{,}106$ u. $5{,}217$, $c = 13{,}765$ u. $14{,}105$ Å an. Mg_2InSbO_6 (**I**), Mg_3TeO_6 (**II**) u. Cd_2InSbO_6 (**III**) sind untereinander isostrukturell u. krist. rhomboedr. mit $Z = 2$ in einem neuen Strukturtyp: $a_{hex} = 8{,}768$ (**I**), $8{,}597$ (**II**) u. $9{,}128$ (**III**) Å, $c_{hex} = 10{,}496$, $10{,}316$ u. $10{,}977$ Å; $D_{\cdot R}$ 5,43, 4,47 u. 7,01 g/cm³, $D_{\cdot hex}$ 5,25, 4,42 u. 6,97 g/cm³. In **I** u. **II** wurde Mg^{2+} isomorph durch Ni^{2+} u. Co^{2+} ersetzt. Aus den Unters. der Lichtabsorption (Angabe der Übergänge) folgt, daß in **I** u. **II** Mg^{2+} gegenüber Sauerstoff die KZ 6 besitzt. — 1. vgl. vorst. Referat. G. Gattow 92

0342 **Bestimmung des Absorptionskoeffizienten fester Stoffe im kurzwelligen Teil des Millimeterbereiches.** E. M. Dianov und N. A. Irisova. (Z. prikl. Spektroskopii **5**, 251—54, 1966; russ., Auszug: engl.) — Beschreibung des Meßverfahrens. Für *NaCl*, *CsJ*, *Plexiglas*, *Quarzglas*, *Teflon* u. *Glas K-8* werden die Absorptionskoeff. u. Brechungsindices bei $\lambda = 2$ mm angegeben. H. Roschkowski 92

0343 **Gitterdynamik und IR-Absorption von Diamant.** R. Wehner, H. Borik, W. Kress, A. R. Goodwin und S. D. Smith. (Solid State Commun. **5** (1967) 4, 307—09; Suppl. zu: J. Physics Chem. Solids, Frankfurt/M., Inst. für Theoret. Phys.; engl.) — Neue Messungen der Zwei-Phononen-Absorption in Diamant werden mit Rechnungen verglichen, die das Dipolmoment zweiter Ordnung bis zu zweitnächsten Nachbarn berücksichtigen. Eine befriedigende Übereinstimmung zwischen Experiment u. Theorie ergibt sich, wenn Kräfte bis zu zweitnächsten Nachbarn angenommen werden. K. H. Härdtl 92

0344 **Reflexionsvermögen von kompakten Pulvermischungen.** Elihu A. Schatz. (J. opt. Soc. America **57** (1967) 7, 941—50; American Machine and Foundry Comp., Alexandria, Va.; engl.) — Berechnung des Reflexionsvermögens im Bereich 0,23—2,65 μ von festen Zweikomponenten-Pulvermischungen aus der Reflexion der Komponenten bei konst. Teilchengröße. Danach können drei Syst. unterschieden werden: a) undurchlässig–undurchlässig, b) undurchlässig–transparent u. c) transparent–transparent. Mischungen der Gruppe a) weisen ein gemitteltes Reflexionsvermögen auf, die der Gruppe b) verhalten sich wie a) oder haben ein niedrigeres Reflexionsvermögen u. die der Gruppe b) haben gemittelte Werte ihrer Komponenten. Vgl. der ber. u. experimentellen Werte an folgenden Syst.: a) *Ni–TiB₂*, *Ni–B₄C*, *Al–TiB₂*, *TiB₂–ZrSi₂*, *Al–Ni*, *Al–Ti*, b) *Al–ZrO₂*, *Al–TiO₂*, *Al–SiO₂*, *Ti–TiO₂*, *B₄C–MoO₃*, *TiB₂–SiO₂*, *ZrSi₂–TiO₂*, *Ni–MoO₃*, *Ni–SiO₂*, c) *Al₂O₃–SiO₂*, *TiO₂–ZrO₂*, *MoO₃–SiO₂*, *MnO–TiO₂* u. *ZrO₂–Al₂O₃*. R. Blank 92

0345 **Spannungsoptischer Koeffizient des Poly-(dimethylsiloxan)-Netzwerkes.** Kazuo Nagai und Toshihide Ishikawa. (J. chem. Physics **45**, 3128—40, 1966: Government Ind. Res. Inst., Osaka, Oyodo-cho Kita 1, Oyodo-ku, Osaka, Japan; engl.) — Ein Ausdruck für die opt. Anisotropie $\Delta\Gamma$ von Kuhns „random link" (äquivalent dem opt. Spannungskoeff.) wird auf der Grundlage des Additivitätsprinzips der Bindungspolarisierbarkeiten u. des rotationsisomeren Zustands für Polymere der Form $(-A-B-)_n$ abgeleitet, wobei die Abhängigkeit zwischen benachbarten Bindungsrotationen berücksichtigt wird. Anwendung bez. Poly-(dimethylsiloxan). A. Jaeschke 92

0346 **Polarisation des Lichtes durch das seignetteelektrische SbSJ im Gebiet des Phasenübergangs.** T. S. Travina, L. L. Golik, E. I. Gerzanič, I. I. Grošik, M. I. Elinson, P. V. Ionov, V. A. Ljachovickaja und V. M. Fridkin. (Fiz. tverdogo Tela **9** (1967) 12, 3664 bis 3665; Inst. radiotechn. u. èlektron. AN SSSR, Moskva; russ.) — Es wurde die Temp.-Abhängigkeit der Polarisation von monochromat. Licht ($\lambda = 650-785$ nm) durch nadelförmige seignetteelektr. SbSJ-Einkrist. im Temp.-Bereich von 15—30° untersucht. Die Polarisation ist maximal bei der Temp. des Phasenübergangs (~19,6°) u. nimmt sowohl im seignetteelektr. als auch im paraelektr. Gebiet schnell ab. W. Müller-Litz 92

0347 **Landau-Niveaus und magneto-optische Effekte an Sattelpunkten.** A. Baldereschi und F. Bassani. (Physic. Rev. Letters **19** (1967) 2, 66—68; Inst. di Fis., Univ., Pisa, Italy; engl.) — Quantenmechan. Behandlung der Eigenzustände von Elektronen in der Nähe von Sattelpunkten der Energiebänder in Ggw. eines konst. Magnetfeldes. Es existieren Niveaus vom Landau-Typ in Abhängigkeit von der Orientierung des Magnetfeldes. Entsprechend werden Max. der Zwischenband-Übergangswahrscheinlichkeiten gefunden, u. es werden Auswahlregeln der Landau-Quantenzahlen diskutiert. Das Verh. der opt. Konst. für eine gewählte Magnetfeldrichtung wird gezeigt, u. es werden experimentelle Konsequenzen angedeutet. J. M. Spaeth 92

0348 **Faraday-Rotation und gyromagnetische Effekte von Europium(III)-Ionen.** L. Sander und C. Kittel. (J. appl. Physics **38** (1967) 3, 1476—77; Dep. of Phys., Univ. of Calif., Berkeley, Calif.; engl.) — Berechnungen. P. Frenzel 92

0349 **Energieniveaus des Hg–Li-Paares in Ge.** R. L. Williams und B. H. Breazeale. (Physic. Rev. Letters **18** (1967) 25, 1129—30; Tex. Instruments, Dallas, Tex.; engl.) — In Hg-dotiertes Ge werden durch Diffusion verschiedene Konz. von Li eingebracht. Aus dem spektralen Photoleitungsverh. bei 11 °K, das in den Li-diffundierten Proben einen bis auf 38 μ erweiterten Empfindlichkeitsbereich zeigt, wird auf ein Energieniveau des Hg–Li-Komplexes von 32 meV geschlossen. Wahrscheinlich werden auch Hg–Li_2-Komplexe gebildet, doch ist ihr Nachw. nicht möglich, da sie elektr. inakt. sind. K. H. Härdtl 94

0350 **Relativistische Kristallfeldaufspaltung von Mn^{2+}.** Alan Van Heuvelen. (J. chem. Physics **46** (1967) 12, 4903—05; Dep. of Phys., N. Mex. State Univ., University Park, N.Mex.; engl.) — Es wird die Krist.-Feld-Aufspaltung des $^6S_{5/2}$-Grundzustands von Mn^{2+} unter Verw. der von Wybourne beschriebenen relativist. Effekte erklärt. Die relativist. axiale Aufspaltung hat richtiges Vorzeichen u. richtige M-Abhängigkeit u. ca. den halben Betrag der in den meisten Krist. beobachteten Aufspaltung. H. Liepack 94

0351 **Untersuchung der Energieniveaus von Co^{2+} in angenähert tetraedrischen Kristallagen.** N. Pelletier-Allard. (J. Physique **28** (1967) 7, 587—94; Labor. Aimé-Cotton, C.N.R.S., 92-Bellevue; franz.) — Die Berechnung der Energieniveaus eines Ions im Grundzustand $3d^7$ in einem etwa tetraedr. Krist.-Gitter D_{2d} erlaubt die Interpretation der Absorptionsspektren von $Cs_3[CoCl_5]$ mit u. ohne Einw. eines Magnetfeldes. Die ber. Parameter des Hamilton-Operators stimmen mit den experimentell gefundenen gut überein. W. Gauster 94

0352 **Temperaturabhängigkeit der Hyperfeinkopplung von Ionen im S-Zustand in kubischer Umgebung.** E. Šimánek und R. Orbach. (Physic. Rev. [2] **145**, 191—94, 1966; Dep. of Phys., Univ. of Calif., Los Angeles, Calif.; engl.) — Zur Erklärung der von Walsh et al. (ibid. **139** (1965) A 1338) beobachteten Temp.-Abhängigkeit der Hyperfeinkopplungskonst. A von $MgO:Mn^{2+}$, die im Gegensatz zum Beitrag der therm. Gitterexpansion mit steigender Temp. abnimmt, wird folgender Mechanismus vorgeschlagen: durch ein dynam., phononeninduziertes, nichtkub. Feld werden der $3d^5$-Grundkonfig. angeregte $3d^4$-ns-Konfig. beigemischt, deren Spins parallel zum Spin der $3d^5$-Konfig. stehen. Das ergibt eine Verkleinerung des Hyperfeinfelds mit steigender Temp., da die Hyperfeinkopplung im Grundzustand durch Core-Polarisation entsteht. Die beobachtete Temp.-Abhängigkeit stimmt mit der Theorie überein, eine Abschätzung der Größe des Mechanismus unter Benutzung eines Punktladungsmodells der nächstbenachbarten Ionen liefert zu kleine Werte; diese Diskrepanz kann auf die Bestimmung der Bahn–Gitter-Kopplungskonst. zurückgeführt werden. B. Stender 94

0353 **Untersuchung der optischen Absorption sehr dünner Kaliumschichten im Wellenlängenbereich 2400 bis 11000 Å.** Roger Payan und David Roux. (C. R. hebd. Séances Acad. Sci., Sér. A et B **265** (1967) 4, B 285—88; Centre d'Études des Couches minces, Marseille; franz.) — Die Schichten wurden im UHV bei 10^{-10} Torr aufgedampft u. im gleichen Vakuum bei —20° untersucht. Es wurden zwei anomale Absorptionsbanden bei 2,5 u. 1,5 eV gefunden. Die Absorptionsmax. liegen bei 5300 u. 8000 Å. P. Meischner 94

0354 **Eigenschaften thermisch gewachsener Siliciumnitrid-Filme.** Kazuo Okada, Hideo Sakane und Yasoichi Sugioka. (J. physic. Soc. Japan **23** (1967) **3**, 655; The Central Res. Labor., Mitsubishi; Electr. Corp., Minamishimizu, Amagasaki; engl.) — Si-Nitrid-Filme wurden durch Erhitzen von Si-Krist. in N_2 von 1 atm auf 1300—1350° erhalten. Aus Messungen des IR-Transmissionsspektrums folgt, daß die Filme eine starke, auf die Si–N-Bindung zurückzuführende Bande bei 930 cm^{-1} u. weitere Absorptionsbanden zwischen 350 u. 600 cm^{-1} besitzen. Elektronenbeugungs-Unters. ergaben, daß die Filme aus mikrokrist. α-Si_3N_4 bestehen. W. Laqua 94

0355 **Exzitonenspektrum von trigonalem Selen bei 20 °K.** S. Tutihasi und I. Chen. (Solid State Commun. **5** (1967) 4, 255—57; Suppl. zu: J. Physics Chem. Solids; Webster, N.Y., Xerox Corp., Res. Labor.; engl.) — Das Reflexionsspektrum von trigonalem Se wird bei **300** u. 20 °K untersucht. Bei 20 °K u. bei Einstrahlung mit polarisiertem Licht $E \perp c$ kann in der Nähe der Absorptionskante eine scharfe Struktur beobachtet werden. Dabei wird das erste Max. bei 1,940 eV als Exzitonen-Absorptionslinie angesehen. Die Bandstruktur in der Nähe der Absorptionskante wird auf Grund der Polarisationseig. des Spektrums diskutiert. K. H. Härdtl 94

0356 **Absorptionslinie (n = 1) von Cu_2O.** Kazuo Tokiwano und Masakazu Hayashi. (J. physic. Soc. Japan **23** (1967) 3, 654; Dep. of Phys., Fac. of Sci., Hokkaido Univ., Sapporo; engl.) — Der von Vf. bereits früher erhaltene Befund (vgl. Progr. theoret. Physics [Kyoto] **12,** Suppl. (1959), 160), daß im roten Bereich des Absorptionsspektrums von Cu_2O die von Gross (Nuovo Cimento **3,** Suppl. (1956) 672) beobachtete scharfe Absorptionslinie (n = 1) nicht existiert, wird durch Messung der Extinktion dieser Absorptionslinie von bei 950° u. unterschiedlichen O_2-Drücken ox. Cu-Platten untermauert. Danach gehört die genannte Absorptionslinie nicht zum Absorptionsspektrum des Cu_2O, sondern zu einem Cu-Oxid, dessen Zus. zwischen Cu_2O u. CuO liegt. W. Laqua 94

0357 **20 °K-Spektrum von Natriumthiochromit.** S. L. Holt und A. Wold. (Inorg. Chem. [Washington] **6** (1967) 8, 1594—96; Polytechn. Inst., Brooklyn, N.Y.; engl.) — Es werden Einkrist. von $NaCrS_2$ durch Aufheizen einer Mischung von 90 g $KNaCO_3$, 90 g S u. 3 g K_2CrO_4 auf 850° innerhalb von 7 Std. u. 1std. Verweilen bei 850° gezüchtet. $NaCrS_2$ krist. in der Raumgruppe R$\bar{3}$m. Jedes Cr ist von 6 S im Abstand von 2,44 Å umgeben. Es wird das Elektronen-Absorptionsspektrum von $NaCrS_2$ der (001)-Fläche (axial) bei 300 u. 20 °K im Spektralbereich von $(12-18) \cdot 10^3$ cm^{-1} aufgenommen (Abb.). Die beobachteten Banden werden zugeordnet. Ein Energiediagramm für oktaedr. u. trigonale Ligandenfelder wird angegeben. G. Buttgereit 94

0358 **Nichtstöchiometrie in Seltenerdmetall–Aluminium-Boraten.** M. J. M. Leask, K. J. Maxwell und Barbara M. Wanklyn. (J. chem. Physics **47** (1967) 9, 3665—67; Clarendon Labor., Oxford, England; engl.) — Opt. Spektroskopie von $Eu(Eu_{0,5}Al_{2,5})(BO_3)_4$ u. von $EuAl_3$ ·

$(BO_3)_4$ weist auf merkliche Nichtstöchiometrie hin, die durch weitere Röntgenunters. bestätigt wird. Detaillierte Unters. als Funktion von Magnetfeld u. Temp. des Überganges $^7F_0$–$^5D_1$ (Absorptionsspektrum) zeigen, daß nicht nur Al^{3+}-, sondern auch andere Plätze durch Seltenerdmetallionen besetzt sind. Krist.-Feld-Aufspaltungen in $^5D_1$ u. $^7F_1$ stimmen gut mit durch Niveauzuordnung bestätigten Berechnungen von Judd überein. E. Otto 94

0359 **Dichroismus und magnetische Anisotropie von Erbium–Ferrit-Granaten.** A. I. Beljaeva, V. V. Erëmenko, V. N. Pavlov und A. V. Antonov. (Ž. èksper. teoret. Fiz. **53** (1967) 6 (12), 1879–84; Fiz.-techn. inst. nizkich temp. AN Ukr. SSR; Auszug: engl.) — Der Einfl. von Magnetfeldern bis zu 25 kOe auf die Struktur der opt. Absorptionsspektren von Er–Ferrit–Granat-Einkrist. wird bei 4,2°K untersucht. Die Austauschaufspaltung der Bande des Übergangs $^4I_{15/2} \rightarrow {}^4S_{3/2}$ ist anisotrop. Unters. des Dichroismus der Absorptionsbanden. Die magnet. kristallograph. Anisotropiekonst. von Er–Ferrit–Granat werden zu $K_1 = 9 \cdot 10^6$ u. $K_2 = 5 \cdot 10^7$ erg/cm³ bestimmt. I. Zoll 94

0360 **Raman-Spektren von polykristallinem CO_2 und N_2O.** J. E. Cahill, K. L. Treuil, R. E. Miller und G. E. Leroi. (J. chem. Physics **47** (1967) 9, 3678–79; Frick Chem. Labor., Princeton Univ., Princeton, N.J.; engl.) — Raman-Streuung wurde an CO_2 u. N_2O im Gitterbereich 25–200 cm⁻¹ unter Benutzung des konventionellen Toronto-Bogens u. Laseranregung (He–Ne-Gaslaser) untersucht. Die laserangeregten Spektren sind dargestellt, u. die Temp.-Abhängigkeit der Raman-Frequenzen wird für 90 u. 170°K angegeben. E. Otto 94

0361 **Temperaturabhängiges Raman-Spektrum von Strontiumtitanat.** D. C. O'Shea, R. V. Kolluri und H. Z. Cummins. (Solid State Commun. **5** (1967) 4, 241–45; Suppl. zu: J. Physics Chem. Solids; Baltimore, Md., Johns Hopkins Univ., Dep. of Phys.; engl.) — Das Raman-Spektrum von $SrTiO_3$-Krist. wird zwischen 27 u. 563°K gemessen u. ergibt sich als Spektrum erster Ordnung. Es wird eine Schwingung gefunden, die dem von Cochran vorhergesagten Verh. für ferroelektr. Krist. entspricht, doch ist ihre Frequenz um den Faktor drei höher als die von Cowley et al. beobachtete Schwingung. K. H. Härdtl 94

0362 **Radiolumineszenz von LiF:U.** È. D. Aluker, L. È. Intenberg, A. V. Podin' und S. A. Černov. (Izvest. Akad. Nauk Latv. SSR, Ser. fiz. techn. Nauk **1967**, 5, 58–61; Inst. fiz. AN Latv. SSR; russ., Auszug: engl.) — Die Temp.-Abhängigkeit der Radiolumineszenz von LiF:U mit verschiedenen Aktivatorkonz. bei Anregung mit Röntgen- u. Reaktorstrahlung wurde untersucht. H. Roschkowski 96

0363 **Phosphoreszenzanregung der Halogenide des Cd, Ba, und Pb bei niedrigen Temperaturen.** Yves Sost und Loïc Langouët. (C. R. hebd. Séances Acad. Sci., Sér. A et B **264** (1967) 23, B 1603–06; Labor. Luminesc. Fac. Sci., Rennes-Beaulieu, Ille-et-Vilaine; franz.) — Für die Temp. 20 u. −185° wird die Lage des Max. des Phosphoreszenzspektrums für $PbCl_2$, $PbBr_2$, $CdCl_2$, $CdBr_2$, $BaCl_2$ u. $BaBr_2$ angegeben. Für bestimmte Banden findet man keine Verschiebung des Max. bei den beiden Temp.; jedoch treten bei den tiefen Temp. bei $CdCl_2$ u. $CdBr_2$ neue Anregungsbanden auf. Durch Verunreinigung der Cd u. Ba-Halogenverb. mit Pb konnte ein neuer Anregungsmechanismus für Phosphoreszenz nachgewiesen werden. Die Beobachtung der Phosphoreszenzanregungsspektren bei niedriger Temp. bestätigte die Existenz von Direktübergängen von Band zu Band. G. Richard 96

0364 **Elektrolumineszenz von Galliumphosphiddioden.** L. A. Angelova, V. S. Vavilov, Z. Vyborny und A. E. Junovič. (Fiz. Techn. Poluprovodnikov **1** (1967) 7, 1051–54; Mosk. gos. univ. im. Lomonosova; russ.) — Die Rekombinationsspektren (5300–6800 Å; 77–300°K) zeigten Excitonen- u. Donator–Akzeptor-Rekombinationsmechanismen. Der Einfl. von *GaN*- u. *Si*-Dotierungen auf die Struktur der Spektren u. auf die Quantenausb. werden untersucht. K. Jaeger 96

0365 **Strahlungsrekombination in GaAs mit Rest- und Strahlungsdefekten.** V. D. Tkačev, D. S. Domanevskij, V. M. Lomako und V. F. Stel'mach. (Fiz. Techn. Poluprovodnikov **1** (1967) 7, 986–89; Beloruss. gos. univ. im. Lenina, Minsk; russ.) — Die durch Anregung mit schnellen Elektronen (50 keV) erhaltenen n-GaAs-Rekombinationsspektren zeigten Max. bei 1,508, 1,21 u. 0,96 eV (80°K). Durch Bestrahlung mit γ-Quanten u. mit schnellen Neutronen wird eine Neuverteilung der Intensitäten sowie ein zusätzliches Max. bei 1,35 eV erhalten. Dieses Max. wird einer als Elektronenhaftstelle wirkenden As-Leerstelle (E_v + 0,16 eV) zugeschrieben. Eine mit zunehmenden Bestrahlungsstromdichten beobachtete Verschiebung der Emissionskante bei 1,508 eV wird durch ein Überwechseln von *Si*- u. *C*-Fremdatomen von Ga- auf As-Leerstellen gedeutet. K. Jaeger 96

0366 **Induzierte Emission von $NaCaCeF_6$:Nd^{3+} bei Raumtemperatur.** A. A. Kaminskii, Y. E. Lapsker und B. P. Sobolev. (Physica Status solidi [Berlin] **23** (1967) 1, K5–7, 1 Tafel; Inst. of Crystallogr., Acad. of Sci. of USSR, Moscow; engl.) — $Na_xCa_{3-2x}Ce_xF_6$-Krist. mit 1 Gew.-% Nd^{3+} wurden nach Stockbarger unter HF gezüchtet. Das Absorptionsspektrum (0,32–1,0 μ) bei 300°K, Lumineszenzspektrum bei 300 u. 77°K u. das Laserspektrum bei 300 u. 77°K werden angegeben. Die Verb. zeigt eine Laseremission bei 10653 Å mit geringer Schwellenenergie. H. Roschkowski 96

0367 **Anorganische Phosphore mit konstanter Quantenausbeute.** R. C. Ropp. (J. opt. Soc. America **57** (1967) 10, 1240–42; Westinghouse Electr. Corp. Bloomfield; engl.) — Die Phosphore YVO_4:Sm (**I**), YVO_4:Dy (**II**) u. YVO_4:Eu wurden untersucht. Nur für **I** u. **II** erhält man die gleiche Zahl von Photonen pro einfallendes Photon unabhängig von der Wellenlänge (im Gebiet 2000–3450 Å), also konst. Quantenausb. (QA). Aus den Reflexionsspektren wird geschlossen, daß das Material genau stöchiometr. sein muß, damit man eine konst. QA erhält. Die energet. Prozesse werden diskutiert. H.-D. Schwartz 96

0368 **Quantenausbeute von Nd^{3+} in Glas, Calciumwolframat und Yttriumaluminiumgranat.** Richard A. Brandewie und Charles L. Telk. (J. opt. Soc. America **57** (1967) 10, 1221–25; North Americ. Aviat., Inc., Anaheim, Calif.; engl.) — Im Hinblick auf die Verwendbarkeit als Lasermaterial werden die Absorptions- u. Anregungsspektren im Bereich von 3250–9300 Å von Nd^{3+} in Corning Code 0580-Laserglas 4,7 Gew.-% Nd_2O_3 (**I**); $CaWO_4$ [1 (Atom-%) Nd, 2 Na] (**II**) u. $Y_3Al_2(AlO_4)_3$ (1 Nd) (**III**) gemessen. Die relative Quantenausb. (QA) für die $^4F_{3/2} \rightarrow {}^4I_{11/2}$-Fluoreszenz wird abgeschätzt. Für die Krist. ist die QA (innerhalb ± 12% für **I** u. ± 13% für **III**) vom gepumpten Niveau unabhängig. Abgesehen von einer leichten Löschung von Niveaus zwischen 4000 bis 5500 Å ist auch die QA von **I** vom Pumpniveau innerhalb ± 5% unabhängig. H.-D. Schwartz 96

0369 **Sättigung inhomogen verbreiteter magnetischer Resonanzlinien in Festkörpern.** O. P. Židkov. (Fiz. tverdogo Tela **9** (1967) 11, 3229–33; Inst. avtomatiki AN Kirg. SSR, Frunze; russ.) — Theoret. Untersuchung. H. Roschkowski 98

0370 **EPR-Linienmomente in Systemen mit vorherrschender Austauschwechselwirkung.** S. M. Rjabčenko und L. A. Šul'man. (Fiz. tverdogo Tela **9** (1967) 3298 bis 3304; Inst. fiz. AN USSR, Kiev; russ.) — Theoret. Untersuchung. H. Roschkowski 98

0371 **Theorie der Linienform der EPR in äußeren elektrischen Gleich- und Wechselfeldern.** M. D. Glinčuk, M. F. Dejgen und G. V. Korobko. (Fiz. tverdogo Tela **9** (1967) 11, 3198–3204; Inst. poluprodnikov AN USSR, Kiev; russ.) — Theoret. Unters. am Beispiel eines Krist. mit T_d-Symmetrie u. paramagnet. Teilchen mit Spin I = 1. H. Roschkowski 98

0372 **Resonanzabsorption des Ions V^{3+} in Korund bei der Wellenlänge λ = 1,21 mm.** E. A. Vinogradov, N. A. Irisova, T. S. Mandel'stam, A. M. Prochorov und T. A. Šmaonov. (Ž. èksper. teoret. Fiz.-Pis'ma v Redakciju **4**, 373–76, 1966; Akad. nauk SSSR, fiz. inst.

im. Lebedeva; russ.) — Die Resonanzabsorption von V^{3+} in Korund bei $\lambda = 1{,}21$ mm wird bei der Temp. des fl. He in Magnetfeldern von 0—5 kOe untersucht. Die Frequenzen der Übergänge vom unteren Singulettniveau von V^{3+} (Konz. ca. 0,1%) zum Dublettniveau D_1 (D_2) sind 247,3 ± 0,3 (248,9 ± 0,3) GHz, die Anfangsaufspaltung des Dubletts erfolgt bei 2E = 1,6 ± 0,6 GHz. Der Koeff. der Resonanzabsorption von V^{3+} in Korund ist $\alpha \geqq 0{,}3$ cm^{-1}. Die Absorptionslinie besteht aus 8 Komponenten der Hyperfeinstruktur (Kernspin I = 7/2).
R. K. Müller 98

0373 **Methode zur Bestimmung der Struktur des Leitungsbandes und der effektiven Elektronenmasse in Kristallen aus Daten der Elektron–Kern-Doppelresonanz.** V. G. Gračev, M. F. Dejgen und S. I. Pekar. (Fiz. tverdogo Tela 9 (1967) 11, 3157—66; Inst. poluprovodnikov AN USSR, Kiev; russ.) — Beschreibung eines ENDOR-Verf. mit Anwendung auf *KCl* u. *NaF*. Für diese Krist. wird eine komplexe Struktur des Leitungsbands [sechs äquivalente Energieminima auf (100)-Achsen des k-Raums, Rotationsellipsoid als Oberfläche gleicher Energie] nachgewiesen.
H. Roschkowski 98

0374 **EPR von kolloidem Lithium in neutronenbestrahlten LiF-Kristallen.** L. I. Džordžišvili, T. L. Kalabegišvili, N. G. Politov und S. V. Sobolevskaja. (Fiz. tverdogo Tela 9 (1967) 10, 2986—87; Inst. fiz. AN Gruz. SSR, Tbilisi; russ.) — LiF-Krist. wurden im Reaktor mit Neutronen beschossen ($\leqq 10^{18}$ n/cm^2) u. das EPR-Spektrum der Proben bei 9280 MHz u. Raumtemp. aufgenommen. Die EPR-Linienform in Beziehung zur Größe der koll. Li-Teilchen wird besprochen.
H. Roschkowski 98

0375 **EPR von Nickel- und Eisenionen in CaF_2.** M. M. Zaripov, V. S. Kropotov, L. D. Livanova und V. G. Stepanov. (Fiz. tverdogo Tela 9 (1967) 10, 2983—84; Kazanskij gos. univ. im. Ul'janova-Lenina; russ.) — Bei 290 °K wird kein EPR-Spektrum von CaF_2:Ni^{2+} erhalten, bei 77 °K werden vier gleichartige magnet. Zentren beobachtet. Die Ni^{2+}-Ionen ersetzen isomorph Ca^{2+} in CaF_2. In mit Fe dotierten Krist. werden bei 4,2 °K zwei Typen magnet. Zentren festgestellt, die auf Fe^{3+}-Ionen in Feldern axialer bzw. tetragonaler Symmetrie zurückgehen. Angabe der Parameter der Spin-Hamilton-Operatoren. H. Roschkowski 98

0376 **Beobachtung von V^{2+} in SrF_2.** M. M. Zaripov, V. S. Kropotov, L. D. Livanova und V. G. Stepanov. (Fiz. tverdogo Tela 9 (1967) 10, 2984; russ.) — Vgl. vorst. Referat. — EPR-Unters. an SrF_2:V^{2+} weisen auf die Ggw. von 4 magnet. nicht äquivalenten Zentren in Feldern axialer Symmetrie hin. Die Parameter des Spin-Hamilton-Operators betragen $|b_2^0| = 47{,}62 \pm 0{,}005$ GHz, $g_\parallel = 1{,}927 \pm 0{,}005$; $g_\perp = 1{,}944 \pm 0{,}005$; $|A| = 242 \pm 1$ MHz u. $|B| = 267 \pm 1$ MHz.
H. Roschkowski 98

0377 **EPR von Kupfer- und Titanionen in CaF_2.** M. M. Zaripov, V. S. Kropotov, L. D. Livanova und V. G. Stepanov. (Fiz. tverdogo Tela 9 (1967) 10, 2985; russ.) — Vgl. vorst. Referate. — Cu-Ionen in CaF_2 ergeben bei 4,2 °K ein komplexes EPR-Spektrum, bei 77 °K wird kein Effekt beobachtet. Die Unters. der Winkelabhängigkeit des Spektrums bei 4,2 °K zeigt, daß 6 magnet. Zentren in gleichartigen elektr. Feldern rhomb. Symmetrie vorliegen. Im Krist. ist Cu als Cu^{2+} stabilisiert u. befindet sich entweder auf Ca^{2+}-Punktlagen oder in kub., von F^--Ionen gebildeten Hohlräumen. In mit Ti dotierten Krist. tritt auch bei Raumtemp. ein EPR-Spektrum auf. Das komplizierte Spektrum kann durch einen Spin-Hamilton-Operator mit effektivem Spin S = 2 nicht beschrieben werden. H. Roschkowski 98

0378 **Ein neues Defektzentrum in Ammoniumhalogeniden: Bewegungseffekte.** F. W. Patten. (Physics Letters [Amsterdam] 21, 277—78, 1966; US Naval Res. Labor., Washington, D.C.; engl.) — Es wird ein neues strahlungsinduziertes paramagnet. Defektzentrum, NH_3X (X = Halogenatom), beschrieben, welches therm. bedingte Bewegungseffekte zwischen 90 u. 150 °K zeigt, die zu einer Reorientierung der NH_3^+-Gruppe führen. Untersucht werden NH_4Cl, ND_4Cl u. NH_4Br. N. Vana 98

0379 **Paramagnetische Resonanz flacher Akzeptoren in Galliumarsenid.** S. P. Fedotov, V. A. Presnov und V. K. Baženov. (Fiz. tverdogo Tela 9 (1967) 11, 3332 bis 3333; russ.) — Die EPR-Spektren von mit Cd ($3 \cdot 10^{17}$ bis 10^{18} cm^{-3}) dotierten GaAs-Einkrist. bei 77 °K u. 9432 ± 1 MHz wurden aufgenommen. Das Spektrum wird auf die Ggw. flacher Akzeptoren zurückgeführt. Abätzen der Krist.-Oberflächen führt zu einer starken Abnahme der EPR-Signalintensität.
H. Roschkowski 98

0380 **Paramagnetische Elektronenresonanz von partiell reduziertem Rutil.** V. N. Bogomolov und L. S. Sočava. (Fiz. tverdogo Tela 9 (1967) 11, 3355—56; Inst. poluprovodnikov AN SSSR, Leningrad; russ.) — Das EPR-Spektrum von partiell in H_2 (1 atm, 1 h) bei 700—900° red. Rutilproben bei 77 °K u. 9,2 GHz wird aufgenommen. Die EPR-Linie hat Lorentz-Form mit anisotropem g-Faktor, $g_\parallel = 1{,}935 \pm 0{,}005$ (parallel c) u. $g_\perp = 1{,}965 \pm 0{,}005$ (senkrecht zu c). Diskussion der Defektzentren.
H. Roschkowski 98

0381 **EPR von Chrom(III) in $YAl_3(BO_3)_4$-Kristallen.** V. A. Acarkin, V. B. Kravčenko und I. G. Matveeva. (Fiz. tverdogo Tela 9 (1967) 11, 3353—54; Inst. radiotechn. i elektron. AN SSSR, Moskva; russ.) — Das EPR-Spektrum der Krist. wird bei Raumtemp. u. Wellenlängen von 3 bzw. 0,8 cm aufgenommen. Es besteht aus drei Liniengruppen, die 3 nicht äquivalenten Cr^{3+}-Ionenkomplexen angehören. Die Komplexe unterscheiden sich nur in der Orientierung der magnet. Achsen u. gehen durch 120°-Drehung um die dreizählige Krist.-Achse ineinander über. Die Parameter der rhomb. Spin-Hamilton-Operatoren werden angegeben.
H. Roschkowski 98

0382 **Thermolumineszenz und paramagnetische Elektronenresonanz bestrahlter Alumosilicate.** V. A. Ioffe und I. S. Jančevskaja. (Optika i Spektroskopija 23 (1967) 3, 494—96; russ.) — Die Zentren der Thermolumineszenz u. ESR im bestrahlten *Quarz* sind bedingt durch *Al*-Verunreinigungen, die das Si im Quarz substituieren. Ziel der Unters. ist die Klärung der Möglichkeit der Bldg. von gleichartigen Zentren in Strukturen, deren Gitter durch Si–O- u. Al–O-Tetraeder gebildet ist. Feldspat besitzt diese Struktur. Es werden Proben sechs natürlicher Na–Ca-Feldspate der Zus. $(1\text{-}x\text{-}y)NaAlSi_3O_8 + xCaAl_2Si_2O_8 + yKAlSi_3O_8$ bei $0{,}08 < x < 0{,}2$ u. $0{,}04 < y < 0{,}05$ untersucht. Die Bestrahlung erfolgt bei 77 °K, die Messung der Thermolumineszenz im Bereich von 77—600 °K. In unbestrahlten Proben wurde keine Thermolumineszenz beobachtet. Die Ergebnisse sind in Diagrammen dargestellt. S. Lampenscherf 98

0383 **Paramagnetische Resonanz des Fe^{3+}-Ions in Natrolith.** V. A. Acarkin und A. V. Francesson. (Fiz. tverdogo Tela 9 (1967) 11, 3352—53; Inst. radiotechn. i elektron. AN SSSR, Moskva; russ.) — Das EPR-Spektrum von Fe^{3+} in Natrolith im 8-mm-Bereich bei 293 u. 4,2 °K wird aufgenommen. Erwärmen der Proben auf 400° führt zu einem Verschwinden des EPR-Spektrums, der Effekt ist reversibel u. wird auf die Abgabe bzw. Wiederaufnahme von zeolith. W. zurückgeführt.
H. Roschkowski 98

0384 **EPR von Mn^{2+} in Borat- und Silicatgläsern.** É. I. Abrašitova und N. R. Jafaev. (Fiz. tverdogo Tela 9 (1967) 11, 3172—74; Kazanskij fiz.-techn. inst. AN SSSR; russ.) — Bei 9250 MHz u. 293—4 °K wird das EPR-Spektrum von Mn^{2+} in Gläsern der Zus. $5Na_2O \cdot 94{,}8B_2O_3 \cdot 0{,}2MnO$; $5Na_2O \cdot 94B_2O_3 \cdot 1MnO$, $5Na_2O \cdot 90B_2O_3 \cdot 5MnO$ u. $33{,}3PbO \cdot 65{,}7SiO_2 \cdot 1MnO$ aufgenommen. Die Parameter der axialsymm. Spin-Hamilton-Operatoren werden angegeben.
H. Roschkowski 98

0385 **Hyperfeinstruktur der Linie der paramagnetischen Elektronenresonanz von Mn^{2+} mit dem g-Faktor von 4,3 in den Chalkogenidgläsern $Tl_2Se \cdot As_2Se_3$, $Tl_2S \cdot As_2S_3$ und $Tl_2Te \cdot As_2Te_3$.** V. N. Lazukin und I. V. Čepeleva. (Doklady Akad. Nauk SSSR 174 (1967) 6, 1306—08; Gos. univ. im. Lomonosova, Moskva; russ.) — An den angeführten Proben, die therm. behandelt u. dann gekühlt wurden, wurde die Hyperfeinstruktur bei 77 °K gemessen. Die Linien der Hyperfeinstruktur mit dem g-

Faktor 4,3 werden durch die Wechselwrkg. mit dem Isotop ^{55}Mn bedingt. Die Aufspaltungsgröße wurde zu ca. 68 Oe bestimmt. Diese Größe sinkt mit der Verminderung der Elektronegativität der betreffenden Elemente S, Se u. Te in den drei Gläsern. Die Intensitätsänderung einzelner Komponenten soll durch die Wechselwrkg. mit den Isotopen ^{77}Se oder ^{74}As bedingt sein. Die Hyperfeinstruktur mit g ca. 4,3 verschwindet bei steigender Mn^{2+}-Konzentration. V. Burjan 98△

0386 **Verstärkung eines amplitudenmodulierten Lichtsignals mit Hilfe eines Festkörperlasers.** E. E. Fradkin und Z. K. Jankauskas. (Optika i Spektroskopija **23** (1967) 3, 489—92; russ.) — Theoret. Untersuchung. H. Roschkowski 100

0387 **Erzeugung stimulierter Strahlung mit Hilfe eines „doppelten Pumpimpulses".** B. A. Ermakov, A. V. Lukin, A. A. Mak, Ju. N. Michajlov, A. I. Stepanov und G. G. Jarovaja. (Ž. prikl. Spektroskopii **7** (1967) 2, 182—86; russ.) — Beschreibung des Doppelimpulsbetriebs von Xe-, Ar- oder Ne-Entladungslampen, die das Pumplicht für einen Nd-Glaslaser erzeugen. H. Roschkowski 100

0388 **Energetische Wechselwirkung und stimulierte Strahlung von Neodym- und Ytterbiumionen in Silicatglas.** G. O. Karapetjan, M. N. Tolstoj, P. P. Feofilov und V. N. Šapovalov. (Ž. prikl. Spektroskopii **7** (1967) 2, 174—81; russ.) — Die Energieübertragung von Nd^{3+}- auf Yb^{3+}-Ionen bei 300, 77 u. 4,2°K in Silicatgläsern wird bei unterschiedlichen Aktivatorkonz. untersucht. Laserwrkg. kann in den Gläsern sowohl bei für Nd^{3+}, als auch bei für Yb^{3+} charakterist. Wellenlängen erzielt werden. H. Roschkowski 100

0389 **Synchronisation von durch Galliumarsenid-Laser erzeugten Lichtimpulsen.** Ju. P. Zacharov, I. N. Kompanec, V. V. Nikitin und A. S. Semenov. (Ž. ėksper. teoret. Fiz. **53** (1967) 5 (11), 1553—55; Fiz. inst. im. Lebedeva AN SSSR; russ., Auszug: engl.) — Unters. eines unter Maximalbedingungen arbeitenden Lasers, derart, daß ein HF-Signal gleichzeitig mit dem Injektionsstromimpuls angewendet wird. Die Amplitude des HF-Stroms beträgt mehrere % der Höhe des Injektionsstroms. Die Frequenz der synchronisierten Strahlungspeaks ist genau die gleiche wie die des HF-Generators u. die Dauer des Peaks wird durch das Niveau des Injektionsstroms bestimmt. I. Zoll 100

Elektrische Eigenschaften

0390 **Neue vereinfachte Formulierung der Pseudopotential-Methode.** L. Szasz. (Physics Letters [Amsterdam] **24 A** (1967) 12, 681—82; Dep. of Phys., Fordham Univ., N.Y.; engl.) — Für die Berechnung der Wellenfunktionen der Elektronen in Festkörpern wird eine vereinfachte Beziehung abgeleitet, die sich für die Berechnung der Banden-Strukturen u. zur Berechnung volumenabhängiger Eig. eignet. Mit Hilfe dieser Meth. wurde die Kohäsions-Energie von metall. *Li*, *Na* u. *K* berechnet. Die erhaltenen Ergebnisse stimmen mit den nach der früheren Meth. ber. gut überein. W. Gauster 111

0391 **Neue Variationsmethode in der Transporttheorie des gekoppelten Elektron–Phonon-Systems.** Richard W. Davies. (Physic. Rev. [2] **162** (1967) 3, 621—28; MIT, Lincoln Labor., Lexington, Mass.; engl.) — Entw. einer Theorie über die Störungstheorie für endliche Temp. unter Benutzung der Betke-Salpeter-Gleichung mit Anwendung auf die elektr. Leitfähigkeit. H. Liepack 111

0392 **Thermisches Abfließen von Elektronen in bestrahlten Dipolsystemen.** Robert Schiller. (J. chem. Physics **47** (1967) 7, 2278—80; Central Res. Inst. for Phys., Budapest, Hungary; engl.) — Unters. der Möglichkeit des therm. Abfließens von Elektronen aus der Umgebung positiver Ionen vom Standpunkt der Änderung der freien Energie. Es wird eine hinreichende Bedingung für die Abnahme der freien Energie formuliert. Diese wird in jedem Syst. erfüllt, wenn die Elektron–Elektron-Abstoßung groß ist, oder in polaren Syst., wenn die Elektronen nicht zu schnell sind. Kurze dielektr. Relaxationszeit u. große Differenz zwischen stat. u. IR-DK erhöhen die Wahrscheinlichkeit des Abfließens. H. Liepack 111

0393 **Ohmsche und thermoelektrische Eigenschaften zwischen —100 und +100° von dünnen Gold-Schichten, die im Hochvakuum gebildet und untersucht wurden.** Jean Gouault und Michel Hubin. (C. R. hebd. Séances Acad. Sci., Sér. A et B **265** (1967) 25, B 1478—81; I.N.S.C.I.R. et Fac. des Sci., Univ. de Rouen, Mont-Saint-Aigan; franz.) — Durch Unters. des Thermopaares Goldschicht–massives Gold, wurde für Schichtdicken von 117—2300 Å die elektr. Leitfähigkeit u. das thermoelektr. Verh. dieser Goldschichten im Hochvakuum (10^{-9} Torr) bestimmt u. angegeben. W. Gauster 112

0394 **Thermoelektrische Eigenschaften von Praseodymseleniden bei Raumtemperatur.** I. S. Lisker, B. E.-Š. Malkovič, E. I. Jarembaš und V. I. Kalitin. (Izvest. Akad. Nauk SSSR, neorg. Mater. **3** (1967) 5, 783—88; Leningrad, Agrofiz. NII; russ.) — An Proben mit 24 bis 70 Atom-% *Se*, die aus den Elementen hergestellt sind, werden bei Zimmertemp. elektr. Leitfähigkeit σ, Wärmeleitfähigkeit λ, Thermo-EMK α u. $Z = \alpha^2\sigma/\lambda$ in Abhängigkeit von der Zus. bestimmt u. die Ergebnisse mit Literaturdaten verglichen. Heinz Vogel 112

0395 **Abhängigkeit der Thermo-EMK von Niob- und Hafniummonocarbid vom Kohlenstoffgehalt im Homogenitätsbereich.** A. Ja. Kučma. (Izvest. Akad. Nauk SSSR, neorg. Mater. **3** (1967) 5, 884—86; Inst. problem materialovedenija AN USSR; russ.) — *Niobcarbid* bzw. *Hafniumcarbid* werden mit Nb- bzw. Hf-Pulver gemischt u. nach dem Verpressen bei 2000° u. $2 \cdot 10^{-2}$ Torr homogenisiert. Bei 45—48 Atom-% C hat NbC_x ein Max. der Thermo-EMK α, bei HfC_x liegt dieser Wert bei 43—45 Atom-% C. Die zwischen x = 0,7—1 gemessenen (α, x)-Kurven werden anhand der Metall-Elektronenkonfig. diskutiert. Heinz Vogel 112

0396 **Elektronenemission von in Luft-, Sauerstoff-, Stickstoff- und Wasserdampfatmosphäre geschliffenem Aluminium.** J. A. Ramsey. (Surface Sci. [Amsterdam] 8 (1967) 3, 313—22; Newcastle, N.S.W., Australia, Univ. of Newcastle; engl.) — Die Exoelektronen-Emissionsstromdichte wurde im Druckbereich 10^{-5}—10^{-8} Torr in Abhängigkeit von der Zeit nach Beendigung des Schleifprozesses u. von der Art des Restgases gemessen. Dabei zeigte sich, daß für den anfänglichen Anstieg der Emissionsstromdichte die Adsorption von H_2O-Dipolen verantwortlich ist, während der nachfolgende Abfall mit der Ausbldg. eines Ox.-Films zusammenhängt. C. Herold 114

0397 **Einfluß von Calcinierung und Röntgenstrahldosis auf die Exoemission von Elektronen und Thermolumineszenz bei CaF_2.** B. Sujak und K. Gieroszyńska. (Acta physica polon. **32** (1967) 4(10), 541—49; Wroclaw, Univ., Chair of Solid State Phys.; engl.) — Chem. reines gepulvertes CaF_2 wurde vor der Messung 30 min. bei Temp. zwischen 373°K u. 1170°K calciniert. Nach der Calcinierung erfolgte eine Bestrahlung des CaF_2 mit Röntgenstrahlung (U_a = 60 kV, I_a = 10 mA). Unmittelbar nach der Bestrahlung (bis zu 60 sec) erfolgte die Messung der Exoemission von Elektronen u. der Thermolumineszenz. Es wurde gefunden, daß CaF_2 zwei ausgeprägte Emissionsmax. bei 440°K u. 515°K u. ein weniger ausgeprägtes Max. bei 355°K besitzt. Die Maxima für Lumineszenz werden bei 355°K u. 435°K beobachtet. Es wird gezeigt, daß die Gesamtzahl der emittierten Elektronen u. Quanten sehr stark beeinflußt wird durch die Calcinierungstemp. u. durch die Dosis der die Emission anregenden Röntgenstrahlung. D. Scherbaum 114

0398 **Einfluß von Chromionen auf die thermisch angeregte (Exo-)Emission von Elektronen und auf die Thermolumineszenz von Al_2O_3-Kristallen.** B. Sujak und A. Niklas. (Acta physica polon. **31** (1967) 4, 769—73; Pedag. Coll. of Opole; engl.) — Reine u. mit Cr^{3+} dotierte (0,08 u. 0,1 Gew.-%) Al_2O_3-Krist. wurden nach einer Röntgenbestrahlung (30 Min.; Cu, 50 kV, 8 mA) im Bereich 300—800°K untersucht. Die Emissions- u.

Lumineszenzkurven aller Proben zeigen gleiche Verläufe. Die Max. werden Elektronenübergängen zugeordnet. K. Jaeger 114

0399 **Experiment zur Beziehung zwischen Zweiphotonenabsorption und Kohärenz des Lichts.** F. Shiga und S. Imamura. (Physics Letters [Amsterdam] **25 A** (1967) 10, 706—07; Japan Broacast. Corp., Tokyo; engl.) — Mit dem in der Arbeit beschriebenen Vers.-Aufbau wird nachgewiesen, daß die Zweiphotonenabsorptionsrate für inkohärentes Licht doppelt so groß wie für kohärentes Licht ist. Zweiphotonen-Photoelektronenemission einer Cs_3Sb-Photokathode. H.-D. Schwartz 114

0400 **Photoelektrische Emission von Silicium für Photonenenergien von 6—9,6 eV.** T. A. Callcott. (Physic. Rev. [2] **161** (1967) 3, 746—56; Bell Telephone Labor., Murray Hill, N.J.; engl.) — Es wurden die Energieverteilungen der photoemittierten Elektronen von sauberen u. bis zu einer Monoschicht mit *Cs* bedeckten (111)-Si-Spaltflächen gemessen. Bei einer vollständigen Cs-Monoschicht liegt die Oberflächen-Fermi-Kante $\leq$ 0,4 eV über der der sauberen Oberfläche, die 0,33 eV über der Valenzbandkante E_v liegt. Die Struktur in der Verteilung, die auf Photoanregung zu Endzuständen mehr als ca. 4,3 eV über der Valenzbandkante zurückzuführen ist, wird direkten Übergängen zugeordnet, es können jedoch indirekte Übergänge zum Untergrund beitragen. H. Liepack 114

0401 **Untersuchung des Energiemodells der Photoemission von HgSe.** J. Wojas. (Acta physica polon. **31** (1967) 4, 745—58; Inst. of Techn., Warsaw; engl.) — Messung der Photostrom-Spannung-Kurven, des Hall-Effektes u. der spezif. elektr. Leitfähigkeit (77—300°K). Bestimmt wurden die therm. u. die Photoaustrittsarbeit, die Lage des Fermi-Niveaus u. die effektiven Massen. Ein Modell der Photoemission wird diskutiert. K. Jaeger 114

0402 **Photoemissionsuntersuchungen von CdTe.** J. L. Shay und W. E. Spicer. (Physic. Rev. [2] **161** (1967) 3, 799—814; Stanford Electron. Labor., Stanford Univ., Stanford, Calif.; engl.) — Aus der Struktur in den Energieverteilungen der von CdTe photoemittierten Elektronen u. der Struktur in den opt. Daten wurden die abs. Energien der Anfangs- u. Endzustände für die Übergänge bestimmt, die mit den Max. im Reflexionsvermögen bei 6,8 u. 7,6 eV u. den Schultern bei 5,8 u. 8,7 eV im Zusammenhang stehen. Die Struktur in den Verteilungen wird auf eine Mischung von direkten u. indirekten Übergängen zurückgeführt. Aus den direkten Übergängen folgen die Lagen der Leitungsbandzustände Γ_{15} u. Γ_1 bei 5,8 u. 8,7 eV über dem Valenzbandmax., das oberste Valenzband entlang der Zonenkante W nach K bei —1,3 eV u. das zweite Leitungsband entlang der Zonenkante W nach K bei 5,3 eV. Die nichtdirekten Übergänge sind vorwiegend auf ein Max. bei —1,9 eV in den effektiven Zustandsdichten des Valenzbandes u. ein schwaches Max. bei 6,2 eV in den effektiven Zustandsdichten des Leitungsbandes zurückzuführen. Ein tiefes Valenzband, das versuchsweise als Cd-4d-Band identifiziert wurde, wurde 10,3 eV unter dem Valenzbandmax. lokalisiert. H. Liepack 114

0403 **Ladungsträgerbeweglichkeit in polykristallinen halbleitenden Filmen nach der Theorie für massive Einkristalle.** R. L. Ramey und W. D. McLennan. (J. appl. Physics **38** (1967) 9, 3491—94; School of Engng. and Appl. Sci., Univ. of Va., Charlottesville, Va.; engl.) — Die Temp.- u. Dickenabhängigkeit der Trägerbeweglichkeit von im Vakuum aufgedampften *Ge*-Filmen kann durch $1/\mu_e = 1/\mu_L + 1/\mu_J + 1/\mu_d + 1/\mu_F$ dargestellt werden, wobei die ersten drei Terme Gitter-, Störstellen- u. Versetzungsstreuung im massiven Material darstellen; μ_F enthält die Oberflächen- u. Korngrenzenstreuung, es gilt die empir. Beziehung $1/\mu_F = A \cdot \log(\delta/a)$. Dieser Term ist bestimmend für polykrist. Filme < 5000 Å oder für Einkrist.-Filme < 1800 Å Dicke. A wurde für polykrist. Filme zu 0,0219 V · s · cm^{-2} bestimmt u. für Einkrist.-Filme nach Sloope u. Tiller zu 0,0176. Die charakterist. Dicke δ hängt von der Korngrenzenstreuung ab, sie betrug für polykrist. Filme 8000 Å u. für Einkrist.-Filme 2000 Å. H. Liepack 116

0404 **Theorie der Schallverstärkung in Vieltalhalbleitern.** S. V. Gantsevich und V. L. Gurevich. (Physic. Rev. [2] **161** (1967) 3, 736—45; Inst. of Semiconductors, Acad. of Sci., Leningrad, USSR; engl.) — Entw. einer Theorie für die Ultraschallverstärkung in Vieltalhalbleitern in elektr. Gleichfeldern. H. Liepack 116

0405 **Physikalische Eigenschaften des Systems Se–S.** O. Watanabe und S. Tamaki. (Electrochim. Acta [London] **13** (1968) 1, 11—17; Nat. Res. Inst. for Metals, Nakameguro, Tokyo; engl.) — Opt. Absorption u. elektr. Leitfähigkeit im festen u. fl. Zustand werden gemessen. Die Energie für den Band-Übergang hängt nicht linear von der Zus. ab; im Konz.-Bereich von über 85 Atom-% S dominiert der Isolatorcharakter des Systems. Die magnet. Suszeptibilität zeigt keine stärkeren Änderungen bei Zunahme der Temperatur. M. Frenzel 116

0406 **Elektronische Effekte in den Elastizitätskonstanten von n-Silicium.** John J. Hall. (Physic. Rev. [2] **161** (1967) 3, 756—61; IBM Watson Res. Center, Yorktown Heights, N.Y.; engl.) — Für reines Si u. für mit ca. 2 · 10^{19} *P*-Atome/cm^3 dotiertes Si wurden die Temp.-Abhängigkeit der Elastizitätsmoduln 2. Ordnung u. die Elastizitätskonst. 3. Ordnung bei 25° untersucht. Bestimmte Kombinationen der Elastizitätskonst. bleiben durch die Dotierung unbeeinflußt, andere zeigen große Änderungen, die durch die Keyessche Theorie des Elektronenbeitrags zu den Elastizitätskonst. gedeutet werden. Die Übereinstimmung zwischen Theorie u. Experiment ist ausgezeichnet u. erlaubt eine thermodynam. Best. der Trägerkonz. der dotierten Probe u. der Konst. Ξ_u des Scherdeformationspotentials für das Si-Leitungsband bei 25° zu 8,6 eV. H. Liepack 116

0407 **Selbstdiffusion in eigen- und störleitendem Silicium.** J. M. Fairfield und B. J. Masters. (J. appl. Physics **38** (1967) 8, 3148—54; IBM Components Div., East Fishkill Facility, Hopewell Junction, N.Y.; engl.) — Die Selbstdiffusionskoeff. wurden durch Unters. der Diffusion von ^{31}Si in Si-Krist. verschiedener Dotierung u. verschiedenem Perfektionsgrad bestimmt. Für eigenleitendes Si kann der Selbstdiffusionskoeff. dargestellt werden durch $D = 9000 \exp(-5{,}13\ \mathrm{eV}/kT)\ \mathrm{cm}^2/\mathrm{s}$. Dotierung über das Eigenleitungsniveau erhöht den Diffusionskoeffizienten. Es wird angenommen, daß Si über Leerstellen diffundiert, die als Akzeptoren wirken; der Einfl. der n-Dotierung kann einer Vergrößerung der totalen Leerstellenkonz. zugeschrieben werden, die durch die Überschußelektronen durch ein Massenwrkg.-Prinzip verursacht wird. Der Leerstellenmechanismus ist der wahrscheinlichste für die Si-Diffusion. Aus den Ergebnissen könnte geschlossen werden, daß das Leerstellen-Akzeptorniveau ca. 0,34 eV unter dem Leitungsband in Si liegt. H. Liepack 116

0408 **Einfluß einaxialer Spannung auf Silicium und Germanium.** K. Bulthuis. (Physics Letters [Amsterdam] **25 A** (1967) 7, 512—13; Philips' Res. Labor., Eindhoven, Netherlands; engl.) — Es wurde die Druckabhängigkeit des Bandabstandes für Spannungen in ⟨100⟩, ⟨110⟩ u. ⟨111⟩ aus Messungen an p–n-Übergängen bestimmt. H. Liepack 116

0409 **Transversale magnetische Widerstandsänderung in n-Ge.** Jean W. Gallagher und W. F. Love. (Physic. Rev. [2] **161** (1967) 3, 793—98; Univ. of Colo., Boulder, Colo.; engl.) — Die transversale magnet. Widerstandsänderung u. der Hall-Koeff. von n-Ge mit hohem Widerstand wurden in magnet. Impulsfeldern bis zu 175 kG bei Temp. zwischen 20 u. 70°K gemessen. Das Verhältnis der magnet. Widerstandsänderung war für Felder > 100 kG u. Temp. < 40°K für **H** parallel [111] sowie für **H** parallel [110] mit **I** parallel [1$\bar{1}$0] angenähert proportional $HT^{-1,2}$; für **H** parallel [001] war es angenähert proportional $H^{1,2}T^{-1,5}$. Der Hall-Koeff. nahm bei Temp. < 20°K für **H** parallel [001] u. in kleinerem Maße für **H** parallel [111] mit H zu. Dieses Verh. wird auf eine Abnahme der Leitungsband-Elektronendichte infolge einer Änderung in der Ionisationsenergie zurückgeführt. H. Liepack 116

0410 **Berechnung der Punkte Γ und X für Valenz- und Leitungsbänder von Natriumchlorid.** A. B. Kunz. (Physics

Letters [Amsterdam] **25 A** (1967) 7, 538—39; Dep. of Phys., Lehigh Univ., Bethlehem, Pa.; engl.) — Berechnung nach der OPW-Methode. H. Liepack 116

0411 **Ionenleitung und thermische Fehlordnung in Thallium(I)-chlorid.** B. J. H. Jackson und D. A. Young. (Trans. Faraday Soc. **63** (1967) 537, 2246—53; Dep. of Chem. Engng. and Chem. Technol., Imp. Coll., London; engl.) — Raumladungs-Polarisationskapazität u. elektr. Leitfähigkeit von TlCl-Einkrist. werden zwischen 80° u. F. (427°) in Abhängigkeit von der Frequenz (500 Hz bis 200 kHz) bestimmt. Die Freien Enthalpien für Bldg. u. Wanderung von Schottky-Defekten werden ber. zu h_f = 1,36 (eV); h_m (Kation) = 0,40, h_m (Anion) = 0,09. Die Defektkonz. am F. beträgt $\varkappa_0(T_m) \approx 0{,}08$ Atom-%. D. Hoene 116

0412 **Elektrische Leitfähigkeit von gasförmigem Berylliumfluorid.** G. T. Petrovskij und B. S. Kondrat'eva. (Izvest. Akad. Nauk SSSR, Neorg. Mater. **3** (1967) 10, 1939—41; russ.) — Der Einfl. der Reinheit der Ausgangssubstanz auf den spezif. Widerstand von BeF_2 wurde bei Darst. der Proben aus $(NH_4)_2BeF_4$ bestimmt. Der spezif. Widerstand von glasförmigem BeF_2 ist in den Bereichen 80—170 u. 170—400° von der Temp. linear abhängig. Die Auswertung der Vers.-Daten ergibt $\varrho = A_{exp}(E/2\,RT)$, E = 50 bzw. 32 kcal/Mol u. log A = 3,0 bzw. —1,8 für die beiden Bereiche. Der Leitungsmechanismus der Proben beruht auf Dissoziation der Strukturfehlstellen $[BeF_{4/2}] \leftrightarrows [BeF_{3/2}]^+ + [F]^-$. Die Aktivierungsenergie des viskosen Fließens beträgt im Bereich niedrigerer Temp. 55 kcal/Mol. J. J. Pohl 116

0413 **Temperaturabhängigkeit der Breite der verbotenen Zone einiger Kristalle vom Typ $A^VB_3^{VII}$.** I. D. Turjanycja und D. V. Čepur. (Ukraïns'kyj fiz. Ž. **12** (1967) 3, 500—01; Užgorods'kij deržuniv.; ukrain.) — Die Breite ΔE der verbotenen Zone der Verb. vom Typ $A^VB_3^{VII}$ nimmt mit steigender Temp. (T °K) linear ab, es gilt $\Delta E = \Delta E_0 - \beta T$. Die ΔE_0 (eV) u. die Koeff. $\beta(\cdot 10^4$ eV/Grad) sind für *AsJ_3* 2,54 bzw. —8,2, für *SbJ_3* 2,49 (—9), für *BiJ_3* 2,03 (—3,5) auf T = 0 °K extrapolierte Werte. R. K. Müller 116

0414 **Elektrische Eigenschaften von ZrC–NbC-Mischkristallen.** A. I. Avgustinik, O. A. Golikova, L. V. Kudrjaševa, S. S. Ordan'jan und V. A. Snetkova. (Izvest. Akad. Nauk SSSR, Neorg. Mater. **3** (1967) 10, 1823—27; Leningradskij technol. inst. Lensoveta Inst. poluprovodnikov AN SSSR; russ.) — Die Stromträgerkonz. in ZrC–NbC-Mischkrist. wächst mit zunehmendem Nb-Gehalt. Die Anwesenheit von Kohlenstoffleerstellen im Nichtmetall-Untergitter u. von Verzerrungen (verursacht durch Atome anderer Wertigkeit) im Metalluntergitter übt einen geringen Einfl. auf die Beweglichkeit der Stromträger aus. Ihre Beweglichkeit wird in erster Linie durch ihre Konz. bestimmt. Die Bandstruktur von ZrC wird von ZrC–NbC-Mischkrist. bis 30 Atom-% Nb im wesentlichen beibehalten. Oberhalb 50 Atom-% Nb geht die Bandstruktur stufenweise in die von NbC über. J. J. Pohl 116

0415 **Epitaktisches InAs auf InAs-Substraten.** G. R. Cronin und S. R. Borrello. (J. electrochem. Soc. **114** (1967) 10, 1078—79; Tex. Instruments Inc., Dallas, Tex.; engl.) — Vgl. ibid. **113** (1966) 12, 1336. — InAs wurde auf undotierten InAs-Substraten, die (100)-Orientierung besaßen, epitakt. abgeschieden. Bei 300 u. 77 °K wurden Ladungsträger-Konz. u. Hall-Beweglichkeit der epitakt. InAs-Schichten (Schichtdicke 75—100 μm) gemessen. Die Elektronenbeweglichkeit beträgt bei 300 °K durchschnittlich 30 000 cm²/Volt·s; wahrscheinlich ist die Elektronenbeweglichkeit durch opt. Phononenstreuung begrenzt. Bei 77 °K ist die Elektronenbeweglichkeit eine Funktion der Ladungsträger-Konzentration. Die Temp.-Abhängigkeit der Elektronenbeweglichkeit wurde zwischen 80 u. 300 °K bestimmt; die Ergebnisse lassen sich auf polare opt. Phononentrennung u. Streuung an ionisierten Verunreinigungen zurückführen. Die Donator-Konz. wurde zu 6,5 · 10^{15}/cm³, die Akzeptor-Konz. zu 2,5 · 10^{15}/cm³ berechnet. W. Laqua 116

0416 **Faraday-Rotation für freie Träger von dendritischen InSb-Filmen im X-Band-Mikrowellenbereich.** D. J. White, R. J. Dinger und H. H. Wieder. (J. appl. Physics **38** (1967) 8, 3171—78; Naval Ordnance Labor., Corona, Calif.; engl.) — Es wurde die Faraday-Rotation an ca. 1 μ dicken aufgedampften u. rekrist., polykrist. InSb-Filmen gemessen. Die Vers. erfolgten bei Zimmertemperatur. Für ein Feld von 2 kOe wurden Rotationen von 30 u. 40° beobachtet. Die Ergebnisse werden durch ein theoret. Modell unter Zugrundelegung der Faraday-Rotation für freie Träger u. Einbeziehung von Mehrfachreflexionen unter Annahme der Ausbreitung einer ebenen Welle gedeutet. Die experimentellen Ergebnisse sind mit dem Modell für H < 1,5 kOe in guter quant. Übereinstimmung u. für höhere Felder in qual. Übereinstimmung. H. Liepack 116

0417 **Herstellung und Eigenschaften von epitaktischem Galliumphosphid.** G. S. Kamath und D. Bowman. (J. electrochem. Soc. **114** (1967) 2 Pt. 1, 192—95; Xerox Corp., Webster, N.Y.; engl.) — Auf (111)A-Flächen von GaAs-Trägern, die Temp. von 780° haben, werden aus mit 35 cm³/min strömenden H_2–PCl_3-Gemischen, die beim Leiten über Ga bei 1000° mit Ga-Chloriden angereichert waren, 200 μ bis einige mm dicke GaP-Schichten mit Geschw. von 40 μ/Std. epitakt. abgeschieden. Nach Ablösen der GaAs-Träger mit HCl–HNO_3-Gemischen werden die GaP-Schichten röntgenograph. untersucht u. ihre Transmissionsspektren (0,4—10 μ) sowie spezif. elektr. Widerstand ϱ u. Hall-Koeff. bestimmt. Die Bldg. des GaP erfolgt nach der Globalrk. $5Ga + 2PCl_3 \rightarrow 2GaP + 3GaCl_2$. Die Schichten sind p-leitend mit Trägerkonz. von ca. 10^{14} cm^{-3} u. Beweglichkeiten bis 150 cm²/V·s bei 300 °K. Zusatz von H_2O-Dampf mit Partialdrücken p von 0,1—10 Torr zum H_2-Trägergas führt mit steigendem p zu einer Erhöhung von ϱ bis auf Werte von 10^{10} Ω · cm. Herbert Müller 116

0418 **Elektrische Leitfähigkeit von Keramik aus Bornitrid.** D. N. Polubojarinov, N. V. Šiškov und I. G. Kuznecova. (Izvest. Akad. Nauk SSSR, Neorg. Mater. **3** (1967) 10, 1828—34; Mosk. chim.-technol. inst. im. Mendeleeva; russ.) — Der elektr. Widerstand von Bornitrid ist von der Temp. bis 2000° exponentiell abhängig. Die Aktivierungsenergie der Eigenleitfähigkeit von BN beträgt 5,2 eV. Der spezif. Widerstand von BN ist im Beimengungsbereich stark vom B_2O_3-Geh. abhängig. Im Bereich der Eigenleitfähigkeit ist der elektr. Widerstand aller Zus. gleich groß. BN hat bis 1800° gute Elektroisolierungseig. in Ggw. von < 10% B_2O_3 u. kann in sauerstofffreien Medien als Hochtemp.-Isolator verwendet werden. J. J. Pohl 116

0419 **Photoleitungsabklingen in gestörten Kristallen.** Richard H. Bube, Wayne M. Grove und Rolf K. Murchison. (J. appl. Physics **38** (1967) 9, 3515—18; Dep. of Materials Sci., Stanford Univ., Stanford, Calif.; engl.) — Es wurden die Abklingkurven gesinterter *Cd(SSe)*-Photoleiterschichten untersucht. Es liegt eine angenähert exponentielle Haftstellenverteilung $N_t(E) = N_0 \exp(-E/kT^*)$ mit $N_0 = 2{,}0 \cdot 10^{17}$ cm^{-3} eV^{-1} u. T* = 852 °K zwischen 0,3 u. 0,6 eV unterhalb des Leitungsbandes vor. Es wurden die Abklingkurven in Abhängigkeit von der Temp. zwischen 298 u. 348 °K u. in Abhängigkeit von der Anregungsintensität über zwei Größenordnungen in befriedigender Übereinstimmung mit den Experimenten berechnet. H. Liepack 116

0420 **Spektrale Verteilung der Photoempfindlichkeit von In_4S_5-Einkristallen.** O. V. Ljubčenko und N. M. Lebedeva. (Ukraïns'kyj fiz. Ž. **12** (1967) 3, 494—96; Kyïv, AN Ukr. SSR, Inst. napivprovidnykiv; ukrain.) — An durch Zonenschmelze erhaltenen Einkrist. von p-In_4S_5 wird die spektrale Verteilung der stationären Photoempfindlichkeit G_t u. der Relaxationszeit τ_t des Photostroms bei λ = 0,6—1,5 μ u. 20° im Vakuum (10^{-3} Torr) untersucht. Das Max. von G_t liegt bei 1,22 μ (1 eV); die aus dem Halbwert der Abnahme von G_t an der langwelligen Kante ber. Breite ΔE der verbotenen Zone ist 0,9 eV, der Temp.-Koeff. von ΔE —3 · 10^{-4} eV/Grad. Es scheinen 2 Typen von Rekombinationszentren in der verbotenen Zone vorzuliegen; sensibilisierende

r-Zentren u. schnelle s-Zentren. Bei $\lambda < 0{,}87\ \mu$ nimmt τ_r stark ab. Der Mechanismus dieser Abnahme wird erörtert.
R. K. Müller 116

0421 **Photoeffekt von den an ZnO adsorbierten Farbsubstanzen und der Mechanismus der Spektralsensibilisierung.** N. A. Akimov, V. M. Benca, F. I. Vilesov und A. N. Terenin. (Doklady Akad. Nauk SSSR **172** (1967) 2, 371–74; russ.) — Der Mechanismus der Sensibilisierung von ZnO mit *3.3'-Diäthyl-9.11.15.17-bis-[β.β'-dimethyltrimethylen]-thiapentacarbocyaninjodid* u. *3.3'-Diäthylthiapentacarbocyaninjodid* wurde durch die Messung der spektralen Photoleitfähigkeiten der sensibilierten Proben u. danach durch die Konstruktion des Niveauschemas von ZnO u. der daran adsorbierten sensibilisierenden Farbsubstanzen geklärt. Das angeregte Niveau des Sensibilators ist 4,5 eV u. ist um 0,8 eV niedriger als der Boden der Leitfähigkeitszone von ZnO (3,7 eV). Die Sensibilierung erfolgt also durch Übergabe von Energie u. nicht von Elektronen an den Halbleiter.
V. Burjan 116△

0422 **Photoleitungsoszillationen in halbleitendem Diamant.** J. B. Krumme und W. J. Leivo. (J. appl. Physics **38** (1967) 10, 3879–82; Res. Foundat. and Phys. Dep., Okla. State Univ., Stillwater, Okla.; engl.) — Die Messungen erfolgten im Spektralbereich 0,8–4,7 μ bei Krist.-Temp. von 4,2–77°K. Es wurden Photoleitungsminima, von denen die meisten nicht im opt. Absorptionsspektrum beobachtet wurden, bei 3,6, 3,5, 2,72, 2,65, 2,48, 2,41, 2,38, 2,35, 1,97, 1,87, 1,83, 1,78, 1,56, 1,44, 1,21, 1,05, 0,92 u. 0,83 μ, kleinere Merkmale bei 2,44, 2,52, 2,02, 1,33 u. 1,13 μ gefunden. Es wurden Aktivierungsenergien von 0,21, 0,30, 0,37, 0,52 u. 0,7 eV beobachtet. Zwischen den Aktivierungsenergien E_{Ai} ($i = 1, \ldots, 5$) u. den Photoleitungsminima besteht die Beziehung $E_n = E_{Ai} + nE_{ph}$, $E_{ph} = 0{,}165$ eV die Energie eines Raman-Frequenz-Phonons, $n = 1, \ldots, 8$. Zur Erklärung der Minima wird angenommen, daß Löcher durch die auftreffende Strahlung zum Valenzband angeregt werden. Sie verlieren ihre Energie hauptsächlich durch Emission von Raman-Frequenz-Phononen. Bei passenden Energiebeziehungen bleiben Löcher in angeregten Bindungszuständen auf Akzeptorplätzen zurück u. tragen nicht zum Leitungsprozeß bei.
H. Liepack 116

0423 **Eigen- und Fremd-Photoleitfähigkeit von natürlichem Diamant im Ultraviolettbereich.** P. Denham, E. C. Lightowlers und P. J. Dean. (Physic. Rev. [2] **161** (1967) 3, 762–68; Wheatstone Labor., King's Coll., London; engl.) — Unters. der Photoleitfähigkeit einiger Typen natürlichen Diamants im Spektralbereich zwischen 3,0 u. 5,9 eV. Es wurde gezeigt, daß die oszillator. Struktur der Photoleitfähigkeit jenseits der Grundgitter-Absorptionskante bei 5,49 eV in enger Beziehung zu einer ähnlichen oszillator. Struktur im Lumineszenz-Anregungsspektrum steht, aber daß sie nicht im Absorptionsspektrum erscheint. Die Oszillationen erscheinen nur zusammen mit dem N 9 Absorptions/Lumineszenz-Syst. mit Null-Phononen-Linien bei 5,25 u. 5,26 eV. Die Photoleitfähigkeits-Minima u. die Lumineszenz-Anregungs-Max. werden der vergrößerten Wahrscheinlichkeit der Erzeugung von gebundenen Exciton-N9-Zuständen zugeschrieben, wenn die restliche kinet. Energie der freien Excitonen nach der Dissipation des Großteils ihrer Überschußenergie durch die Kaskadenemission opt. Phononen sehr niedrig ist. Eine Photoleitfähigkeitslöschung wurde ebenfalls im Bereich der Null-Phononenlinien des N9-Syst. gefunden. In allen isolierenden Diamant-Proben wurde eine Photoleitfähigkeitsschwelle bei 4,05 eV beobachtet, welche als Photoionisierungsgrenze für den isolierten substitutionellen N-Donator angesehen wird. Zur Unterstützung dieser Erklärung wurden Photo-Hall-Effekt-Messungen ausgeführt.
J. M. Spaeth 116

0424 **Massen-Renormalisierung in Palladium.** D. R. Penn. (Physics Letters [Amsterdam] **25 A** (1967) 3, 269–70; Atomic Energy Res. Establ., Harwell, Didcot, Berks.; engl.) — Berechnung der Vergrößerung der effektiven Masse in Pd infolge von longitudinalen u. transversalen Spin-Fluktuationen.
J. M. Spaeth 118

0425 **Einfluß dissoziierender und thermisch stabiler Gasbeimengungen auf den elektrischen Widerstand von Alkalimetallen.** M. N. Arnol'dov, M. N. Ivanovskij, V. I. Subbotin und B. A. Šmatko. (Teplofiz. vysokich Temperatur **5** (1967) 5, 812–16; Fiz.-ėnerget. inst.; russ.) — Die Abhängigkeit des elektr. Widerstands von Li bei 300° vom N_2-, O_2-, H_2- u. C-Geh. sowie die von Na bei 350° vom O_2- u. H_2-Geh. wird untersucht. Die Meßdaten hängen von der Beimengungskonz., von der Temp., dem Druck u. den Abmessungen des Syst. ab, in dem sich das Metall u. der Gasraum über ihm befinden.
H. Roschkowski 118

0426 **Widerstand von hypoeutektoidischen Kohlenstoffstählen nach ihrer Austenitisierung.** Aimé Langlet. (C. R. hebd. Séances Acad. Sci., Sér. C **265** (1967) 17, 907 bis 909; École Nat. Supérieure de mécan., Nantes; franz.) — Der elektr. Widerstand von verschiedenen hypoeutektoid. Stählen (XC 10, XC 18, XC 38 u. XC 48) wurde in Abhängigkeit von der Temp. der Wärmebehandlung gemessen. Bei allen vier Stählen verliefen die aufgenommenen Kurven parallel. Bei 723° erreichte der Widerstand ein Minimum. Ihm liegt die Rk. Ferrit + Zementit → Austenit zugrunde. Danach erreichte der Widerstand bei 740° einen scharfen Anstieg mit dem Auftreten der nach Sadovski bezeichneten „harten" Phase, bei der die von der Zers. des Zementits stammenden C-Atome Zwischengitterstellungen in der Ferrit-Matrix einnehmen. Die große Anzahl von Fehlstellen bewirkt das scharfe Ansteigen von Widerstand u. Härte. Oberhalb 780° überlagern sich mehrere Umwandlungen bei Wärmebehandlung.
F. Vier 118

0427 **Elektrische Leitfähigkeit und Hall-Effekt in dünnen Vanadinschichten.** Ramesh Chander, R. E. Howard und S. C. Jain. (J. appl. Physics **38** (1967) 10, 4092–93; Nat. Phys. Labor., New Delhi, India; engl.) — Die Schichten wurden durch Aufdampfen auf Glas bei Zimmertemp. im Vakuum von 10^{-5} Torr erhalten. Die Hall-Spannung hing für alle Schichtdicken (bis 600 Å) linear vom angelegten Magnetfeld u. vom Strom ab. Unterhalb 300 Å Schichtdicke steigt die Hall-Spannung sehr stark mit abnehmender Schichtdicke an. Das gleiche Verh. zeigt der elektr. Widerstand. Durch Tempern der Schichten konnten die Hall-Beweglichkeit vergrößert u. der elektr. Widerstand verringert werden.
P. Meischner 118

0428 **Abhängigkeit der elektrischen Leitfähigkeit ultradünner Tantalfilme von ihrer nachfolgenden thermischen Behandlung.** D. I. Lajner und V. A. Cholmjanskij. (Izvest. Akad. Nauk SSSR, Neorg. Mater. **3** (1967) 12, 2147–52; Gidrocvetmetobrabotka; russ.) — Die Leitfähigkeitsänderungen dünner, auf Quarz aufgedampfter Ta-Schichten beim Anlassen auf 250–650° werden untersucht u. die Aktivierungsenergien u. Präexponentialfaktoren der Leitfähigkeit ermittelt. Ein Aufstäuben von SiO_2 auf die Ta-Filme führt zu einer starken Verminderung der Aktivierungsenergie u. des Widerstands.
H. Roschkowski 118

0429 **Paarbildungskriterium beim elektronischen Mechanismus der Supraleitfähigkeit.** B. T. Gejlikman. (Fiz. tverdogo Tela **9** (1967) 11, 3359–61; Mosk. fiz.-techn. inst.; russ.) H. Roschkowski 120

0430 **Supraleitfähigkeit in einem Ungleichgewichtssystem.** É. G. Batyev. (Ž. ėksper. teoret. Fiz. Pis'ma v Redakciju **5** (1967) 2, 45–48; Inst. fiz. poluprovod. Sibir. otdel AN SSSR; russ.) — Theoret. wurde die Möglichkeit der Erniedrigung der effektiven Temp. der Supraleitfähigkeit durch Einleitung des Stroms durch einen Kontakt Halbleiter–Metall–Halbleiter berechnet. Anwendung auf das Syst. β-Sb–Zn–Ge mit Zn-Elektroden.
V. Burjan 120△

0431 **Kritische Temperatur von Supraleitern geringer Abmessungen.** E. A. Šapoval. (Ž. ėksper. teoret. Fiz. Pis'ma v Redakciju **5** (1967) 2, 57–61; Moskau, Akust. inst.; russ.) — Theoret. wurde die Erhöhung der krit. Temp. der Proben sehr kleiner Abmessungen im Rahmen der Theorie von Bardeen, Cooper-Schrieffer ohne zusätzliche Mechanismen der Elektronenpaarbldg. gezeigt.
V. Burjan 120△

0432 **Thermische Eigenschaften von Supraleitern mit starker Elektron–Phonon-Wechselwirkung.** B. T. Gejlikman und V. Z. Kresin. (Fiz. tverdogo Tela **9** (1967) 11, 3111–19; Mosk. gos. zaočnyj ped. inst.; russ.) — Das Verh. von Supraleitern mit starker Kopplung nahe der krit. Temp. wird theoret. untersucht. Eine Gleichung für die Temp.-Abhängigkeit der Bandlücke wird abgeleitet. Die spezif. Wärme wird ausgehend von der Näherung starker Kopplung höher erhalten als nach den üblichen Theorien. Für *Pb* wird $\beta = 3{,}4$ in Übereinstimmung mit dem Vers. berechnet. Die elektron. Wärmeleitung anomaler Supraleiter wird besprochen.
H. Roschkowski 120

Dielektrische und magnetische Eigenschaften

0433 **Statische Aufladung von Mineralien.** 2. Mitt. **Kontaktaufladung.** Wiktoria Skudlarska. (Wiadomości chem. **21** (1967) 10 (244), 671–95; Zakład Technol. Nawozów, ICHF, PAN; pol.) — 1. vgl. ibid. **21** (1967) 487. — Diskutiert wird der Mechanismus der Ladungsübertragung zwischen Festkörpern (Metall, Halbleiter, Isolator) nach der Elektronentheorie von Herper (1951) u. nach der Theorie der Übertragung durch Ionen. Graph. Darst. der Potentialschwellen bei der Kontaktladungsübertragung zwischen Festkörpern.
Rolf Heyer 132

0434 **Messung der Hauptachsen-Dielektrizitätskonstanten von Sapphir mit Hilfe einer mechanischen Methode.** W. L. V. Price. (Brit. J. appl. Physics **18** (1967) 12, 1679–88; London, Norwood Techn. Coll.; engl.) — Vf. beschreibt eine neue mechan. Meth. zur Messung der DK von synthet. Sapphir. Sie basiert auf einer Messung der Kopplung, der eine Kugel aus dem zu untersuchenden Werkstoff in einem gleichförmigen elektr. Feld unterworfen ist u. die von der Größe der DK in Richtung der Hauptachsen abhängt. Die bei 50 Hz erhaltenen DK-Werte sind $\varepsilon_\perp = 7{,}9 \pm 0{,}5$ u. $\varepsilon_\parallel = 6{,}5 \pm 0{,}4$.
D. Scherbaum 132

0435 **Messung der Mikrowellendielektrizitätskonstanten von Rochellesalz bei Gammabestrahlung.** Georges Asch und Robert Michel. (Jap. J. appl. Physics **6** (1967) 8, 1008; Lyon, Univ., Lab. de Phys. Electron.; engl.) — Vf. besprechen die Ergebnisse von DK-Messungen an Rochellesalz bei 35 GHz als Funktion der Temp. bei −200° bis 40°. Die gleichen Messungen wurden nach Bestrahlung der Proben mit γ-Strahlung aus einer ^{60}Co-Quelle wiederholt. Bei Strahlungsdosen höher als 2,4 Mr verschwinden die Minima im Verlauf der Mikrowellen-DK (Meßrichtung ferroelektr. Achse).
D. Scherbaum 132

0436 **Messung der komplexen Dielektrizitätskonstanten bei einer Wellenlänge von 8,6 mm im Temperaturbereich von 1–60°.** E. H. Grant und R. Shack. (Brit. J. appl. Physics **18** (1967) 12, 1807–14; London, Univ., Queen Elizabeth Coll., Dep. of Phys.; engl.) — Mittels eines 8,6 mm Mikrowellen-Brückenmeßplatzes u. einer dielektr. Zelle wurde die komplexe DK von *W.* bei 1–60° bestimmt. Aus den erhaltenen Meßwerten für ε' u. ε'' folgt, daß die Hochfrequenz-DK ε_∞ sehr stark mit der Temp. variiert von $4{,}9 \pm 0{,}3$ bei 1° bis zu $3{,}1 \pm 0{,}8$ bei 60°. Die durchgeführten Vers. zeigen in Übereinstimmung mit bereits bekannten Ergebnissen, daß eine Unterscheidung zwischen einem Debyeschen Verhalten, d. h. der Zuordnung einer einzigen Relaxationszeit zur Dispersionskurve oder der Zuordnung einer geringeren Anzahl von Relaxationszeiten sehr schwer möglich ist. Vf. vergleichen die erhaltenen Ergebnisse mit denen anderer Autoren u. kommen zu dem Schluß, daß das dielektr. Verh. von W. durch die von Cole angegebenen Gleichungen beschrieben wird.
D. Scherbaum 132

0437 **Im Vakuum aufgedampfte Siliciummonoxid-Dünnschichtkondensatoren.** K. van Steensel. (Microelectronics and Reliability **6** (1967) 4, 261–68; Eindhoven, Philips Res. Labor.; engl.) — Die dielektr. Eig. von SiO-Kondensatoren werden bestimmt durch Aufdampfgeschw. u. O_2-Partialdruck beim Aufdampfprozeß u. die sich daran anschließende Temperung. Kapazität u. tan δ werden durch eine Temperung bei 400° red., wobei diese Abnahme um so größer ist je kleiner Abscheidungsrate u. je höher O_2-Partialdruck waren. In den Kondensatoren sind „schwache Stellen" vorhanden, die zu einer Erhöhung des tan δ u. dann weiter zu Durchschlägen führen. Diese Durchschläge führen entweder zu einem Kurzschluß oder sind selbstheilend. Eine Wärmebehandlung führt zu einer Erhöhung der Zahl der schwachen Stellen. Indem man den Kondensator für einige Minuten sehr hohen Feldstärken von 1–2 MV/cm mit beiden Polaritäten unterwirft, kommt es zu einer Selbstheilung. Derartige Kondensatoren, die einer Wärmebehandlung mit anschließendem Heilungsprozeß unterworfen wurden, sind stabil u. zeigen keine weiteren Durchschläge.
D. Scherbaum 132

0438 **Hochtemperatur-Reihenentwicklung für magnetische Gitter mit willkürlichen Wechselwirkungen: Anwendung auf $GdCl_3$.** C. D. Marquard. (Proc. physic. Soc. **92** (1967) 577, 650–64; Dep. of Theoret. Phys., Univ., Oxford; engl.) — Zur Berechnung der Koeff. solcher Reihen für magnet. Syst. mit willkürlichen symm. Tensorwechselwrkg. zwischen allen Spinpaaren wird eine Diagramm-Meth. entwickelt. Für die ersten drei Koeff. der Suszeptibilitäts- u. spezif. Wärme-Reihen werden allg. Ergebnisse mit Gliedern verschiedener Gittersummen, die die Wechselwrkg. langer Reichweite enthalten, berechnet. In allen Einzelheiten wird der Fall behandelt, daß sowohl Heisenberg-Austausch- wie Dipolwechselwrkg. einwirken. Die dabei gefundenen Ergebnisse werden auf $GdCr_3$, einem ferromagnet. Isolator, der bei 2,2°K geordnet wird, angewendet. Durch Vgl. mit dem Experiment werden für die beiden Hauptaustauschkonst. J_1 u. J_2 die beiden möglichen Wertepaare; $J_1 = 0{,}073 \pm 0{,}004$°K; $J_2 = 0{,}007 \pm 0{,}003$°K oder $J_1 = -0{,}025 \pm 0{,}006$°K; $J_2 = 0{,}040 \pm 0{,}002$°K gefunden, wobei ein positives Vorzeichen zum Ferromagnetismus führt. Zwischen den Möglichkeiten kann aus diesem Experiment nicht unterschieden werden; nach Resonanzmessungen an verd. Salzen ist das zweitgenannte Wertepaar begünstigt.
H. Fahlenbrach 136

0439 **Spinwellenberechnungen für ferromagnetisches $GdCl_3$.** C. D. Marquard und R. B. Stinchcombe. (Proc. physic. Soc. **92** (1967) 577, 665–79; engl.) — Vgl. vorst. Referat. — Das Magnonen-Spektrum von $GdCr_3$, einem Ferromagneten mit 2 Untergittern, in denen die Stärke der Dipolwechselwrkg. mit den beiden Austauschwechselwrkg. vergleichbar ist, wird analyt. u. numer. untersucht. Mit einer Verallgemeinerung der Hollstein-Primakoff-Ergebnisse für ein Syst. von 2 äquivalenten Untergittern mit willkürlichen, symm. Wechselwrkg. zwischen allen Spinpaaren werden die Spinwellenenergien berechnet. Die Dipol–Dipol-Wechselwrkg. werden nach der Edward-Meth. exakt behandelt. Für den Langwellenbereich wird eine Formel für die quadrat. Näherung des Spektrums abgeleitet, die eine komplizierte Winkelabhängigkeit ergibt. Diese wird zur Berechnung der Form der exponentiellen Magnetisierungskurve bei sehr tiefen Temp. benutzt. Aus den experimentellen Werten bei hohen Temp. werden die Dispersionsbeziehungen ohne Renormalisierungsmaßnahmen voll hergeleitet. Die Folgerungen für die vorst. möglichen J_1- u. J_2-Wertepaare werden erörtert. Eine Integration über die Brillouin-Zone zeigt, daß der Nullpunkt-Spindefekt klein ist. Die Temp.-Abhängigkeiten der Magnetisierung u. der spezif. Wärme werden berechnet.
H. Fahlenbrach 136

0440 **Magnetische Verunreinigungen in einem Metall; Näherungsmethoden zum Kondoschen Problem.** André Blandin, Jacques Perrier und Gérard Toulouse. (C. R. hebd. Séances Acad. Sci., Sér. A et B **265** (1967) 13, B 719–721; Orsay, Essonne, Fac. des Sciences, Lab. de Phys. d. Solides; franz.) — Zur Erklärung der beobachteten Anomalien vom Kondo-Typ, d. h. unterhalb der Kondo-Temp., bei magnet. Verunreinigungen in Metallen wird eine theoret. Unters. durchgeführt. Dabei werden aus der Anderson-Theorie für die Grenze $U \to \infty$ der Hamilton-Operator u. weitere Notationen benutzt. Man erhält bei genügend tiefer Temp. 2 unabhängige Max. der spektralen Energiedichte.
H. Fahlenbrach 136

0441 **Magnetische Polarisation einer einzelnen magnetischen Verunreinigung in Metallen.** Sang Boo Nam und

James Wing Fai Woo. (Physic. Rev. Letters **19** (1967) 11, 649–52; Dep. of Phys., Rutgers, State Univ., New Brunswick, N.J.,; engl.) — Mit einer Variations-Näherungsmeth., ähnlich der von Heeger u. Jensen, wird das Verh. der einzigen magnet. Verunreinigung in einem äußeren Magnetfeld ber., wobei Bedingungen wie antiferromagnet. s–d-Wechselwrkg. u. große zwischenatomare Coulomb-Wechselwrkg. angenommen werden, damit die Verunreinigungen nie doppelt besetzt sein können. Mit dieser Theorie werden Ergebnisse von Frankel et al. die mit Mössbauer-Unters. an verd. *Fe* in *Cu* eine nicht vollständige Zerstörung des gebundenen Zustandes unterhalb der Kondo-Temp. fanden, gut bestätigt.
H. Fahlenbrach 136

0442 **Über die Kumulierung von Elektronenzuständen in ferromagnetischen Legierungen.** André J. P. Meyer. (C. R. hebd. Séances Acad. Sci., Sér. A et B **265** (1967) 8, B 448–51; Labor. Pierre Weiss, Inst. de Phys., Strasbourg, Bas-Rhin; franz.) — Die Änderung des magnet. Momentes ferromagnet. Leg. durch die gelösten Leg.-Partner wird nach der Bändertheorie kollektiver Elektronen veranschaulicht. Dabei wird gezeigt, daß sich die Kumulierungsgesetze mit den d-Zuständen der lösenden Leg.-Partner verschieden schreiben, je nachdem ob der gelöste Partner periphere d-Zustände besitzt oder nicht. Das wird an Leg. von *Ni*, *Co* u. *FeNi* mit *Cu*, *Au* bzw. *Zn* u. an Leg. der 3 ferromagnet. Elemente mit *Al* u. *Si* erläutert. Das magnet. Moment ist eine lineare Funktion der atomaren Konz. c des gelösten Partners. Die Faktoren des spektralen Zerfalls g(c) sind für die Natur der Zustandsübertragung charakteristisch.
H. Fahlenbrach 136

0443 **Domänenverschiebungen durch Néel-Quasi-Néel-Wandpaare in Zweischichten-Ni–Fe-Legierungsschichten.** Carl E. Patton und Floyd B. Humphrey. (J. appl. Physics **38** (1967) 10, 4102–03; Calif. Inst. of Techn., Pasadena, Calif.; engl.) — Zur Entscheidung zwischen verschiedenen Deutungsmöglichkeiten werden Beweglichkeitsmessungen an von Middelhoek u. Wild (Nature **211** (1966) 1169) verwendeten Doppelschichten (80%-*Permalloy*, 400 Å dick, getrennt durch SiO, 100 Å dick) durchgeführt. Die Beweglichkeitswerte betragen nur $^1/_3$ der l.c. gefundenen. Die Domänenwand-Struktur der untersuchten Schicht zeigt Néel-Quasi-Néel-Wandpaare. Es wird bewiesen, daß die Ergebnisse mit geläufigen stat. Informationen über die Wandform verträglich sind u. einen phänomenolog. Landau-Lifshitz-Dämpfungsparameter $\alpha = 0{,}014$ besitzen, der auch für die Wandbewegung in Einfachschichten kennzeichnend ist. H. Fahlenbrach 136

0444 **Über die Magnetisierung der Legierung Ni_3Mn.** V. Tutovan und J. Feron. (An. stiinţ. Univ. „Al. I. Cuza", Iaşi, Sect. I, b **13** (1967) 17–24; Fac. de Phys. Univ., Jassy; franz.) — Es wird experimentell festgestellt, daß Ni_3Mn, mit Ausnahme des vollständig geordneten Zustandes, unabhängig vom Atomordnungszustand, in einem magnet. Gleichfeld von 30000 Oe noch nicht gesätt. magnetisiert wird, selbst wenn es sich um Einkrist.-Proben handelt. Für alle Ordnungszustände bleibt die Anisotropie-Energie jedoch sehr klein. Aus den gemessenen Temp.-Magnetisierungskurven wird auf die Anwesenheit mehrerer Komponenten mit charakterist. verschiedenen magnet. Eig. geschlossen. Mit einem Modell, das der Tatsache mehrerer Phasen Rechnung trägt, kann man die beobachteten Ergebnisse der Magnetisierungsabhängigkeit von Feld u. Temp. gut beschreiben. Eine solche thermomagnet. Analyse wird an einem Beispiel erläutert. H. Fahlenbrach 136

0445 **Einwirkung einer Neutronenbestrahlung auf die Koerzitivkraft von Mo-Permalloy.** B. V. Vasil'ev. (Fiz. Metallov Metallovedenie **24** (1967) 4, 757–59; russ.) — Unters. des Einfl. einer isochronen Glühung bei Temp. bis 500° auf die Koerzitivkraft H_c von einer in einem Kernreaktor neutronenbestrahlten Mo-Permalloy-Legierung. Vor der Bestrahlung wurden die Proben in H_2 bei 1200° 2 Std. lang geglüht. Ihr mit dem Vibrationsmagnetometer gemessenes H_c betrug 70 MOe. Bei der Bestrahlung mit einer geringen Dosis schneller Neutronen bilden sich in den Proben Punktfehler. Diese Punktfehler sind nicht in der Lage, einen Einfl. auf die Verschiebung der Zwischendomänen-Grenzen auszuüben, jedoch tritt im Verlauf des Glühens eine Kondens. der überschüssigen Leerstellen an Beimengungen, Versetzungen, Blöckchen- u. Korngrenzen auf. Ein weiteres Glühen führt zum Wachsen der gebildeten Poren auf dem Wege ihrer Zusammenballung. Beim kontinuierlichen Zuwachsen der Porenabmessungen wird H_c verändert, indem bei mittlerer Porengröße ein Max. auftritt.
H. Hochstein 136

0446 **Einfluß von Temperatur und Mikrostruktur auf die Koerzitivkraft von Stahl mit 0,8% C.** A. T. English. (Acta metallurg. [New York] **15** (1967) 10, 1573–80; Bell Telephone Labor., Inc., Murray Hill, N.J.; engl.) — Unters. der Temp.-Abhängigkeit der Koerzitivkraft H_c ergeben ein scharfes Max. von H_c beim Curie-Punkt von Zementit bei ca. 210°. Das Max. tritt in Proben mit lamellarer Mikrostruktur u. wahrscheinlich auch in gehärteten Stählen nach Tempern bei niedrigen Temp. auf, fehlt jedoch in Proben mit relativ großen sphäroiden Teilchen. Das Max. von H_c wird als Kriterium für einen magnetostat. Beitrag magnet. Einschlüsse zur Koerzitivkraft angesehen. M. Frenzel 136

0447 **Magnetomechanisches Dämpfungsverhalten von reinem Nickel und einer Nickel-Legierung mit 20 Gew.-% Kupfer.** J. T. A. Roberts und P. Barrand. (Acta metallurg. [New York] **15** (1967) 11, 1685–92; Dep. of Metallurgy, Univ. of Manchester; engl.) — Der Einfl. der magnet. Krist.-Anisotropie auf die Frequenz von Barkhausen-Sprüngen wird mit Hilfe der inneren Reibung bei kleiner Frequenz untersucht. Nach Korrelation dieser Ergebnisse mit Beobachtungen der Temp.-Abhängigkeit des Barkhausen-Anteils der gesamten Magnetisierung steht der Parameter Δm des Max. der magnet. Dämpfung direkt mit der Sprungzahl in Zusammenhang. In reinem Ni wird eine Temp.-Abhängigkeit von Δm qual. durch zwei Typen von spannungsinduzierter Wandbewegung erklärt, die größere ordnende Wandbewegung hängt stark von der vorliegenden magnetokrist. Anisotropie ab. Das Auftreten zweier Max. in der Leg. hängt möglicherweise mit der Überwindung eines zweiten Spannungsmax. welches von einer Ordnung der Fremdatome in Bereichwänden herrührt, zusammen. In diesem Fall wird eine lineare Abhängigkeit des Δm von der Temp. beobachtet.
M. Frenzel 136

0448 **Magnetische Eigenschaften verdünnter Lösungen von Übergangsmetallen in Kupfer–Zink-Legierungen.** J. H. Waszink und B. R. Coles. (Proc. physic. Soc. **92** (1967) 557, 731–38; Phys. Dep., Imperial Coll., London; engl.) — Zwischen 1,8 u. ca. 300°K werden die Suszeptibilitäten verschiedener Cu–Zn-Leg.-Phasen mit Geh. von bis zu 0,15 Atom-% Cr, Mn, Fe u./oder Co untersucht. Dabei zeigen die 3d-Übergangsmetalle ein magnet. Verh., das mit der Elektronenkonz. zusammenhängt. Mit Ausnahme von ε-Co konnte die Temp.-Abhängigkeit durch ein Curie- oder ein Curie-Weiss-Gesetz dargestellt werden, woraus die magnet. Atommomente hergeleitet werden. Für diese Momente werden einfache theoret. Regeln nicht bestätigt. Die kleinen Momente der γ-Phasenleg. sprechen bes. dafür, daß nicht mit einer mittleren Elektronenzahl pro Atom gerechnet werden kann. H. Fahlenbrach 136

0449 **Einfluß der Warmbehandlung auf die magnetischen Eigenschaften der Legierungen N32Ch6 und N32Ch8 in starken Magnetfeldern.** B. P. Chromov und G. N. Dement'ev. (Fiz. Metallov Metallovedenie **24** (1967) 4, 629–35; Krasnojarskij politechn. inst.; russ.) — Proben aus den Fe–Ni–Cr-Elinoarleg. N32Ch6 u. N32Ch8 werden nach plast. Verformung wiederholt geglüht. Nach jeder Glühung werden ihre Magnetisierbarkeit u. Suszeptibilität gemessen. In allen Fällen tritt in starken Magnetfeldern die Magnetisierung infolge einer Drehung u. eines Paraprozesses auf. Es zeigt sich, daß die durchgeführte Behandlung die Magnetisierungsprozesse u. die Sättigungsmagnetisierung stark beeinfluß u. zur Bldg. einer Textur in der Probe führen kann. Die Messungen werden in Feldern bis zu 3000 Oe bei Raumtemp. durchgeführt. Dabei hängt die Sättigungsmagnetisierung auch vom Cr-Geh. der Leg. u. von der Verformung der Probe ab. In allen Fällen bewirkt die gleiche Behandlung von Leg. mit 6% Cr eine größere Sättigungsmagnetisierung als die Leg. mit 8% Cr. H. Hochstein 136

A-4. Thermodynamik, Mechanik der Gase und Flüssigkeiten, Gleichgewichte

0450 **Kalorimetrische Methode zur Bestimmung von ΔC_p bei chemischen Reaktionen.** Gunnel Öjelund und Ingemar Wadsö. (Acta chem. scand. **21** (1967) 7, 1838—40; Lund, Schweden, Univ., Thermochem. Labor.; engl.) — Direkte Best. von ΔC_p bei chem. Rk. unter Anwendung elektr. Kalibrierungsmeth. in einem nicht-isothermen Kalorimeter. Als Testrk. wurde die Umsetzung von Tris-[hydroxymethyl]-aminomethan mit 0,1 m HCl untersucht. Aus den Ergebnissen folgt, daß ΔC_p bei Rk. in verd. Lsg. (0,05 m) über einem kleinen Temp.-Bereich (0,3°) mit einer Genauigkeit von < 0,5 cal/Grad · Mol ermittelt werden kann. G. Gattow 142

0451 **Nullfrequenzverhalten der thermodynamischen Greenschen Funktionen.** H. Callen, R. H. Swendsen und R. Tahir-Kheli. (Physics Letters [Amsterdam] **25 A** (1967) 7, 505—06; Dep. of Phys., Univ. of Pa., Philadelphia, Pa.; engl.) — Es wird das Nullfrequenzproblem im Zusammenhang mit der Entkopplung aller Korrelationsfunktionen für den Grenzfall $t \to \infty$ diskutiert. H. Liepack 142

0452 **Überführungserscheinungen im System zweier wechselwirkender Fermi-Gase.** 1. Mitt. S. B. Anochin und A. S. Kondrat'ev. (Vestnik Leningradskogo Univ., Ser. Fiz. Chim. **22** (1967) 16 Ser. 3, 38—44; russ., Auszug: engl.) — Die Rückwrkg.(response)-Funktionen eines Fermi-Zweikomponentensyst. bei geringer äußerer Störung werden in Hartree-Näherung berechnet. Die Möglichkeit von Nullschall in den betrachteten Syst. wird erörtert. H. Roschkowski 142

0453 **Ableitung von Reziprozitätsgesetzen höherer Ordnung.** Curtis F. Holmes und Robert G. Mortimer. (Ind. Engng. Chem., Fundamentals **6** (1967) **3**, 321—25; Dep. of Chem., Ind. Univ., Bloomington, Ind.; engl.) — Die Ausdehnung der irreversiblen Thermodynamik über den Gültigkeitsbereich der linearen phänomenolog. Gesetze wird diskutiert. Die Onsagerschen Reziprozitätsgesetze werden erweitert, wobei das Prinzip der mkr. Reversibilität Anwendung findet. Die Koeff. werden durch ein Gleichungssyst. bestimmt u. sind als Reihenentw. darstellbar. Die erste Gleichung entspricht der Onsager-Gleichung, die folgenden enthalten Ableitungen höherer Ordnung. H. Kelm 142

0454 **Gleichungen, die räumlich veränderliche stochastische Prozesse wiedergeben.** J. J. Mahony und J. R. Philip. (Physics of Fluids **10** (1967) 7, 1403—05; Div. of Engng. and Applied Phys., Harvard Univ., Cambridge, Mass.; engl.) — Die Unters. der turbulenten Diffusion führt auf einen stationären, aber räumlich veränderlichen stochast. Vorgang, der nur durch die spezif. lokale Entstehungsgeschw. der Momente nullter, erster u. zweiter Ordnung definiert ist. Eine Verb. zwischen den spezif. lokalen Entstehungsgeschw. der verschiedenen Momente u. den räumlich veränderlichen Koeff. einer damit verknüpften partiellen Differentialgleichung wird hergestellt. Damit wird nachgewiesen, daß der gegebene Prozeß durch eine räumlich veränderliche Fokker-Planck-Gleichung richtig wiedergegeben ist. W. Pusch 142△

0455 **Eigenschaften der Fokker-Planck-Gleichung.** Richard L. Liboff und James B. Fedele. (Physics of Fluids **10** (1967) 7, 1391—1402; School of Electr. Engng. and School of Aerospace Engng., Cornell Univ., Ithaca, N.Y.; engl.) — Es wird nachgewiesen, daß der Stoßterm J_F der stochast. abgeleiteten Fokker-Planck-Gleichung den Erhaltungssätzen genügt, u. zwar unabhängig von der Form des zwischenmol. Potentials. Für Potentiale, die von einer Potenz des reziproken Abstandes r abhängen, wird J_F ber. u. mit der Form verglichen, die man aus einer Entw. des Boltzmannschen Stoßintegrals erhält. Nur für den Fall Coulombscher Kräfte sind beide Ausdrücke gleich. Die Beziehung zwischen dem Diffusionskoeff. b u. dem Reibungskoeff. a, grad b = a, gilt nur für das zwischenmol. Potential r^{-1}. Für den Stoßterm der Fokker-Planck-Gleichung wird ein H-Theorem angegeben. W. Pusch 142△

0456 **Parachor und kritische Daten.** J.-Y. Parlange. (Nature [London] **216** (1967) 5119, 1002—03; Dep. of Engng. and Appl. Sci., Yale Univ., New Haven, Conn.; engl.) — Das experimentell schwer zugängliche Molvol. V_c kann über den Parameter P u. die anderen krit. Daten (p_c, T_c) nach folgender Formel ber. werden: V_c (cm³) = 7,10 $P^{2/3}$ (c.g.s.) $T_c^{4/18}$(°K) $p_c^{-4/9}$(Atm.). Die zu erwartenden Abweichungen von den Meßdaten liegen zwischen **3** u. 5%. H. Kelm 142

0457 **Ein neuer Typ des Clusius-Dickelschen Trennrohres.** Jürgen Meinrenken. (Ber. Bunsenges. physik. Chem. **71** (1967) 9/10, 1092—95; Inst. für Phys. Chem., Univ., Göttingen; dt.) — Es wird ein neuer Trennrohrtyp mit einer Heizung aus mehreren ringförmig angeordneten Drähten beschrieben, der die Vorteile des Draht- u. Ringspaltentrennrohres in sich vereinigt. Bei Messungen der Gleichgew.-Einstellung eines hexanären Isotopengemisches (*Kr*) erweist sich das Theorem der unabhängigen Trennung auch für die zeitabhängigen Trennfaktoren Q als gültig. D. Hoene 142

0458 **Gesetzmäßigkeiten der Thermodynamik des Isotopenaustauschs.** 4. Mitt. **Möglichkeit zur Berechnung der Zustandssummen isotoper Formen mehratomiger Moleküle durch die Vergleichsmethode.** A. N. Bantyš, A. A. Ivlev und D. A. Knjazev. (Ž. fiz. Chim. **41** (1967) 8, 1915—22; Mosk. chim.-technol. inst. im. Mendeleeva; russ.) — 3. vgl. ibid. **41** (1967) 6, 1441; 2. C. **1968,** 5-0556. — Auf die Verb.-Gruppen HF–HCl–HBr–HJ, H_2O–H_2S–H_2Se–H_2Te, NH_3–PH_3–AsH_3–SbH_3, CH_4–SiH_4–GeH_4–SnH_4, CX_4–SiX_4–GeX_4–SnX_4 mit X = F, Cl, Br, J werden Vgl.-Meth. zur Berechnung der Zustandssummen isotoper Mol. angewendet. Zwischen den Zustandssummen einerseits u. den Kraftkonst. der totalsymm. Schwingungen der zentrosymm. Mol., den Isotopen-Massenabweichungen u. den Massen der Elemente andererseits bestehen hinreichend strenge Beziehungen, die die Ermittlung der Zustandssummen isotroper Mol. gestatten. Einige Näherungsgleichungen werden angegeben. H. Roschkowski 142

0459 **Das umhüllte Atom, Grundeinheit eines quasichemischen Modelles der binären Lösungen.** 3. Mitt. **Einführung einer Schwingungszustandssumme.** Pierre Hicter, Jean-Claude Mathieu, Francis Durand und Étienne Bonnier. (J. Chim. physique Physico-Chim. biol. **64** (1967) 2, 261—65; Labor. de Thermodynam. et Physicochim. métallurg., C. N. R. S., Grenoble; franz.) — 2. vgl. C. **1967,** 2-0536. — Die Einführung der Zustandssumme führt zu einer kompletten Darst. der thermodynam. Mischungsgrößen. Es wird gezeigt, daß die Mischungsenthalpie durch den Schwingungsterm nur wenig, die Überschußentropie dagegen stark geändert wird. Behandelt werden die Syst. *Ag–Au*, *Pb–Na* u. Pb–*Mg*. W. Gauster 142

0460 **System von Bosonen mit anziehenden Wechselwirkungen.** K. K. Singh und Satish Kumar. (Physic. Rev. [2] **162** (1967) 1, 173—85; Dep. of Phys. and Astrophys., Univ. of Delhi, Delhi, India; engl.) — Quantenfeldtheoret. Unters. für die Temp. null. H. Liepack 144

0461 **Modell des ausgeschlossenen Volumens für ein entartetes Fermi-Gas harter Kugeln.** B. M. Barker, M. S. Bhatia und G. Szamosi. (Nuovo Cimento, B [10] **52** (1967) 2, 355—74; Dep. of Phys., Univ. of Windsor, Windsor, Ontario; engl.) — Unters. des Problems der Zustandsgleichung bei der Temp. null. Die Verteilungsfunktion wird exakt abgeleitet, Energiedichte, Druck u. Schallgeschw. in dem Syst. werden berechnet. H. Liepack 144

0462 **Kondensation für ein wechselwirkendes Bosonensystem.** A. Coniglio und M. Marinaro. (Nuovo Cimento, B [10] **48** (1967) 2, 249—61; Ist. Nazionale di Fis. Nucl., Sezione di Napoli; engl.) — Es wird ein unendliches Syst. wechselwirkender Bosonen bei T = 0 nach einer selbstkonsistenten Meth. 1. Ordnung untersucht. Für dieses Syst. kann Kondensation in Einteilchen- oder in Mehrteilchen-Zustände erfolgen. Die Art der Kondensation hängt vom Wechselwrkg.-Potential ab. Es werden das Anregungsspektrum u. die Existenz einer Lücke in diesen untersucht. H. Liepack 144

0463 **Zusammenbruch von Symmetrie und lückenloses Spektrum in Viel-Bosonen-Systemen.** A. Coniglio und M. Marinaro. (Nuovo Cimento, B [10] **48** (1967) 2, 262—92; engl.) — Vgl. vorst. Referat. — Es wird eine Näherungsmeth. zur Berechnung des Anregungsspektrums u. der Grundzustandsenergie eines unendlichen Syst. von wechselwirkenden Bosonen bei $T = 0$ entwickelt. Die Meth. ist zur Beschreibung von Syst. wechselwirkender Bosonen geeignet, die Kondensation in Einteilchenzuständen oder im Zweiteilchenzustand zeigen. In beiden Fällen ist das Anregungsspektrum ohne Lücke u. der Strom bleibt erhalten. H. Liepack 144

0464 **Prinzip der übereinstimmenden Zustände.** Jovanka M. Zivojinov. (Rev. gén. Thermique **6** (1967) **71**, 1417—19; Inst. de Phys., Univ. de Belgrade; franz.) — Vf. gibt die red. Werte $\mu = P/P_c$, $\varphi = V/V_c$ u. $\Theta = T/T_c$ für die Inertgase *Ar*, *Kr* u. *Xe* an. Die red. Werte werden in Tabellenform mitgeteilt u. mit nach anderen Gleichungen erhaltenen Werten verglichen. E. Otto 146

0465 **Eine elementare gaskinetische Betrachtung zur Struktur von Stoßwellen.** Dietrich Rues. (Z. angew. Math. Physik [Basel] **18** (1967) 6, 765—74; Aachen, Dt. Vers.-Anstalt für Luft- und Raumfahrt, Inst. für theoret. Gasdynamik; dt.) — Durch ein elementares gaskinet. Verf. ohne Lsg. der Boltzmann-Gleichung u. ohne Kenntnis der Verteilungs-Funktion wird die Struktur von Stoßwellen ebenso gut wie nach der Näherung von Mott-Smith bestimmt. Dazu werden zwei Teilchenklassen, die nur durch Mol.-Stoß ineinander übergehen können, angenommen. Die Zahl der wirksamen Stöße soll dabei durch die Differenz der Zahl der Stöße in einer verdichtungsstoßbehafteten Strömung u. in einer äquivalenten Strömung ohne Verdichtungsstoß gegeben sein. Diese vereinfachte Darstellung läßt einen einfachen Einblick in den Einfl. mol. Stoßgesetze u. der Verteilungsfunktion auf die Stoßwellenstruktur gewinnen. Die Verhältnisse unter Annahme einer Maxwell-Verteilung der Mol.-Geschw. werden gleichfalls betrachtet. H. U. Borgstedt 146

0466 **Verwendung des Spinechos bei der optischen Orientierung zur Untersuchung der Diffusion in Gasen.** L. N. Novikov. (Optika i Spektroskopija **23** (1967) 5, 677—79; russ.) — Beschreibung eines Verf. zur Diffusionsunters. in Gasgemischen durch Auswertung von Spinechoimpulsen am Beispiel der Diffusion von ^{133}Cs in Ar. H. Roschkowski 146

0467 **Verwendung von Radionukliden für Diffusionsuntersuchungen in Ein- und Mehrphasensystemen. Eine methodische Übersicht.** K. Winkler. (Isotopenpraxis **3** (1967) 2, 41—46; Inst. für Phys. Chem., Akad. der Wiss., Berlin; dt.) — Meßmeth. zur Best. von Diffusions- u. Selbstdiffusionsgrößen in festen (Absorptionsmeth., Schichtmeth., indirekte Verf.), fl. (Diaphragmazellmeth., Kapillarmeth.) u. gasförmigen Systemen. — 216 Literaturangaben. D. Ertel 146

0468 **Akustische Methode zur Bestimmung der kritischen Temperatur eines Stoffs.** I. S. Radovskij. (Teplofiz. vysokich Temperatur **5** (1967) 6, 1063—66; Mosk. inženerno-fiz. inst.; russ.) — Beschreibung eines Verf. zur Best. der krit. Temp. aus Messungen der Schallgeschw. in gesätt. Dämpfen entlang einiger Isochoren im Bereich des krit. Punkts. Die Kurve der Temp.-Abhängigkeit der Schallgeschw. a″ in gesätt. Dämpfen zeigt am krit. Punkt den Wert $(da''/dt)_{kr} = -\infty$, so daß die Best. der krit. Temp. mit diesem Verf. sehr genau sein sollte. Für *Ar* wird $T_{kr} = 150{,}62$°K erhalten. H. Roschkowski 146

0469 **Zustandsgleichung für Gase im kritischen Gebiet.** M. S. Green, M. Vicentini-Missoni und J. M. H. Levelt Sengers. (Physic. Rev. Letters **18** (1967) 25, 1113—17; Heat Div., NBS, Washington, D.C.; engl.) — Die Zustandsgleichung von Widom-Kadanoff wird für N_2O, $CClF_3$, CO_2, SF_6, *Xe* u. *Ar* für D., die bis zu 50% von der krit. D. abweichen, u. innerhalb weniger % unter- u. oberhalb der krit. Temp. bestätigt. Mit einer neuen Meth. wird der Exponent δ, der die Form der krit. Isotherme bestimmt, zu $\approx$ 5 ermittelt. Die Kompressibilitätsexponenten γ u. γ' sind beide gleich 1,4. Das berechnete chem. Potential als Funktion der berechneten D. im krit. Gebiet, das red. chem. Potential $\Delta\mu$ als Funktion der red. D. $\Delta\varrho$ entlang verschiedener Isothermen u. $(\partial\Delta\mu/\partial\Delta\varrho)$ als Funktion der red. Temp. t entlang der krit. Isochore ($t > 0$) u. entlang der Koexistenzkurve ($t < 0$) werden graph. für die oben genannten Gase mitgeteilt. W. Pusch 146△

0470 **Beitrag verbundener Doppelmoleküle zum zweiten Virialkoeffizienten polarer Gase.** Yashwant Singh, Anil Saran und A. K. Barua. (Indian J. Physics Proc. Indian Assoc. Cultivat. Sci. **41/50** (1967) 6, 426—32; Indian Assoc. for the Cultiv. of Sci., Calcutta; engl.) — Die frühere Berechnungsmeth. von Barua, Chakraborti u. Saran wird verbessert, so daß nun eine bessere Möglichkeit gegeben ist, den zweiten Virial-Koeff. B(T) für polare Gase unter Einschluß der Orientierung u. der Wechselwrkg. der Dipolmol. zu ermitteln. H. U. Borgstedt 146

0471 **Stoßwellen in einem mit Schwingungen angeregten Gas.** George S. Campbell und Paul C. Klimas. (AIAA Journal **5** (1967) 9, 1713—14; Univ. of Conn., Storrs, Conn.; engl.) — Mit Hilfe einer geeigneten kalor. Zustandsgleichung u. einer Linearisierung der Stoßwellengleichungen wird eine einfache analyt. Meth. zur Berechnung von Einfl. der Schwingungsanregung auf das Verh. von Stoßwellen beschrieben. Für eine schräge Stoßwelle mit einer Machzahl $M = 3$, einem Winkel von 37° u. einer Ausgangstemp. von 293°K in Cl_2 werden alle Stoßwellendaten (D.-Verhältnis, Druck-, Temp.- u. Enthalpie-Verhältnis) nach dieser Meth. ber. u. mit den Ergebnissen der exakten Rechnung verglichen. W. Pusch 146△

0472 **Einfluß eines elektrischen Feldes auf die Wärmeleitfähigkeit polarer Gase.** J. J. de Groot, A. Van Oosten, C. J. N. Van den Meydenberg und J. J. M. Beenakker. (Physics Letters [Amsterdam] **25 A** (1967) 5, 348—49; Kammerlingh Onnes Labor., Leiden, Netherlands; engl.) — Eine Meth., mit der die Änderung der Wärmeleitfähigkeit von Gasen in einem dem Temp.-Gradienten parallelen elektr. Feld quant. bestimmt werden kann, wird beschrieben. Für NF_3, $CHCl_3$, C_2H_5Cl, CH_3CN u. C_2H_5CN wird die Wärmeleitfähigkeit gemessen. Bei den 1. drei Verb. nimmt die Wärmeleitfähigkeit im elektr. Feld ab u. bei den letzten zwei Verb. zu. W. Pusch 146△

0473 **Einfluß eines Magnetfeldes auf die Transporteigenschaften vielatomiger Gase. Vergleich der Theorie mit dem Experiment.** J. Korving, H. F. P. Knaap, R. G. Gordon und J. J. M. Beenakker. (Physics Letters (Amsterdam] **24 A** (1967) 13, 755—56; engl.) — Vgl. vorst. Referat. — Einfl. eines Magnetfeldes auf die Transporteig. vielatomiger Gase (O_2, NO, N_2, CO, CO_2, H_2, D_2, HD, CH_4, CD_4 u. CF_4) können mit einer Theorie, die inelast. Stöße berücksichtigt, erklärt werden. Die Wrkg.-Querschnitte für die inelast. Stöße, die aus der Feldabhängigkeit der Viskosität ber. werden können, stimmen ausgezeichnet mit Werten aus NMR-Daten überein. W. Pusch 146△

0474 **Thermomagnetische Drehkräfte in Gasen geringer Dichte.** A. C. Levi und J. J. M. Beenakker. (Physics Letters [Amsterdam] **25 A** (1967) 5, 350—52; engl.) — Vgl. vorst. Referate. — Die Drehkräfte, die in vielatomigen Gasen unter der gleichzeitigen Wkrg. eines Magnetfeldes u. eines Temp.-Gradienten auf einen eingetauchten Zylinder wirken, können mit Hilfe der kinet. Theorie vielatomiger Gase erklärt werden, wenn Näherungen höherer Ordnung herangezogen werden. Sie können ferner zum Senftleben-Effekt in Beziehung gesetzt werden. Die Berechnungen werden graph. mit experimentellen Ergebnissen an N_2 verglichen. W. Pusch 146△

0475 **Diffusionskoeffizienten von sieben binären Gasgemischen.** R. DiPippo, J. Kestin und K. Oguchi. (J. chem. Physics **46** (1967) 12, 4986—87; Brown Univ.,

Providence, R. I.; engl.) — Für die Syst. *He–Ar, He–Ne, Ne–Ar,* NH_3*–Ar, Ne-*N_2*, He-*CO_2 u. N_2–Ar werden die Diffusionskoeff. D_{12} bei 20° u. 30° experimentell bestimmt (P = 1 atm.). Die Meßergebnisse werden tabellar. mit ber. D_{12}-Werten verglichen. W. Pusch 146△

0476 **Transportwärme der Edelgase in einer Membran.** J. Lielmezs. (J. physic. Chem. **71** (1967) 9, 3065—66; Dep. of Chem. Engng., Univ. of British Columbia, Vancouver, BC.; Canada; engl.) —. An Hand verfügbarer Daten für die Transportwärmen Q* von *He, Ne, Ar, Kr, Xe* sowie H_2 u. CO_2 zeigen Vf., daß die Q* für den Transport der Gase durch eine Gummimembran mit dem quantenmechan. de-Boer-Parameter $\Lambda^* = (m\ \varepsilon\sigma^2)^{1/2}h$ korrelieren. Die Änderung von Q* mit Λ^* verläuft monoton. Ein Übergang von positiven zu negativen Q*-Werten zeigt, daß die quantenmechan. Korrektur für große Massen m vernachlässigbar wird, während der Einfl. der Quanteneffekte auf Q* bei kleinem m groß ist. W. Pusch 146△

0477 **Wärmeleitfähigkeit binärer, ternärer und quaternärer Gemische von Edelgasen.** S. Mathur, P. K. Tondon und S. C. Saxena. (Molecular Physics **12** (1967) 6, 569—79; Dep. of Phys., Univ. of Rajasthan, Jaipur, India; engl.) — Die Wärmeleitfähigkeit von *Ne–Ar-, Ne–Kr-, Ar–Xe-* u. *Kr–Xe*-Gemischen wird bei 40, 65 u. 90° experimentell als Funktion der Konz. bestimmt u. tabellar. mitgeteilt. Ebenso werden die Wärmeleitfähigkeiten der tern. Gemische *Kr–Ar–Ne, Xe–Kr–Ar* u. des quatern. Syst. *Xe–Kr–Ar–Ne* ermittelt u. mitgeteilt. Dabei wird eine Leitfähigkeitszelle mit dickem Heizdraht verwandt. Die experimentell bestimmten Wärmeleitfähigkeiten werden mit theoret. ber. Werten verglichen. Die theoret. Werte werden mit der Chapman-Enskog-Theorie, der Näherung von Mason u. Saxena, einer halbtheoret. Meth. nach Gambhir u. Saxena (C. **1967,** 46-0510), einer empir. nach Srivastava u. Saxena (C. **1958,** 4107), sowie mit einfacheren Beziehungen, wie der linearen Mischungsregel, der reziproken Mischungsregel, der Meth. von Burgoyne u. Weinberg (**1953**) u. einer quadrat. Gleichung für bin. Gemische ber. u. tabellar. angegeben. Die relative Eignung der verschiedenen Meth. zur Berechnung der Wärmeleitfähigkeit von Vielkomponenten-Gasgemischen wird diskutiert. W. Pusch 146△

0478 **Berechnung der thermodynamischen Parameter des Gases hinter starken Stoßwellen in Argon.** V. V. Žurin und O. K. Kostko. (Teplofiz. vysokich Temperatur **5** (1967) 6, 1109—10; Inst. fiz. Zemli AN SSSR; russ.) — Ber. u. graph. dargestellt wurde das Verhältnis des Grades der einfachen u. doppelten Ionisation unter bzw. ohne Berücksichtigung der Anregung von Elektronenniveaus. M. Wiedemann 146

0479 **Einheitliche Behandlung der Relaxationserscheinungen in strahlenden Argon–Plasma-Strömungen.** Peter E. Oettinger und Daniel Bershader. (AIAA Journal **5** (1967) 9, 1625—32; Stanford Univ., Stanford, Calif.; engl.) — Die Elektronenrelaxation einer durch Stoßwellen erhitzten Nichtgleichgew.-Strömung eines *Ar-Plasmas* wird mit einer kombinierten theoret. u. experimentellen Unters. behandelt. Das verwandte physikal. Modell berücksichtigt die mkr. Stöße u. die Strahlungsvorgänge. Mit den makroskop. Erhaltungssätzen ergibt das die Gleichungen für die Strömung mit Relaxation. Eine numer. Lsg. dieser Gleichungen wird mit interferometr. Messungen der Strömung hinter einer starken einfallenden Stoßwelle in Ar verglichen. Für Machzahlen der Stoßwelle von 11—18 ist die Übereinstimmung bei Drücken von 3—5 Torr gut. Ermittelt werden Ionisationsgrad, D., Elektronendichte, Druck u. Temp. der schweren Teilchen u. Elektronen hinter der Stoßfront in Abhängigkeit vom Abstand von der Stoßfront. W. Pusch 146△

0480 **Messungen der Viskosität und Wärmeleitfähigkeit eines partiell ionisierten Argon-Plasmas.** A. Kanzawa und. I. Kimura. (AIAA Journal **5** (1967) 7, 1315—19; Univ. of Tokyo, Tokyo, Japan; engl.) — Die Werte für die Viskosität u. die Wärmeleitfähigkeit eines partiell ionisierten Ar-Plasmas wurden durch Unters. des Abfalls der Temp. u. der Strömungsgeschw.-Verteilung in einem Ar-Plasmastrahl bei Atmosphärendruck erhalten. Die Ergebnisse stimmen mit denen aus der kinet. Theorie gut überein. G. Malow 146

0481 **Thermodiffusionsfaktoren aus Messungen an einer Trennschaukel: Ar–He und Kr–Ne.** B. P. Mathur, R. K. Joshi und S. C. Saxena. (J. chem. Physics **46** (1967) 12, 4601—03; Dep. of Phys., Kurukshetra Univ., Kurukshetra, India; engl.) — An einer Trennschaukel aus acht Glasrohren, deren Enden auf 0° bzw. 100° gehalten werden, wird der Thermodiffusionsfaktor α_T für Ar–He u. Kr–Ne gemessen. Für Ar–He (81,6% Ar) ist α_T = 0,30 bei 318,6°K u. für Kr–Ne (27,5% Ne) ist α_T = 0,30$_3$ bei 318,5°K. Die Meßergebnisse werden tabellar. mitgeteilt u. mit anderen Werten verglichen. An Hand neuer Ergebnisse werden früher beobachtete Anomalien erklärt. W. Pusch 146△

0482 **Näherungsberechnung der dissipativen Glieder im Gleichungssystem des Wasserstoff-Plasmastrahls beim Vorliegen der chemischen Zersetzungsreaktion von Methan.** T. A. Muchtarova und L. S. Polak. (Teplofiz. vysokich Temperatur **5** (1967) 6, 1018—24; Inst. neftechim. sinteza AN SSSR; russ.) — Beschreibung elektron. Berechnungen der dissipativen Glieder unter Berücksichtigung von Diffusion, Viskosität u. Wärmeleitfähigkeit für den Fall, daß in einem H_2-Plasmastrahl eine chem. Zers. von CH_4 verläuft. Die Eig. aller Komponenten des Syst. werden auf der Grundlage des Lennard-Jones-Potentials behandelt. H. Roschkowski 146

0483 **Kinetische Eigenschaften dissoziierenden Wasserstoffs.** Ju. N. Beljaev und V. B. Leonas. (Teplofiz. vysokich Temperatur **5** (1967) 6, 1123—24; Mosk. gos. univ.; russ.) — Die Parameter des Wechselwrkg.-Potentials $V = K/r^n$ in den Syst. H–H_2 u. H–He sowie die Stoßintegrale für H–H_2, H_2–H_2, H–He u. H_2–He im Bereich 2000—10000°K wurden berechnet. Hieraus lassen sich die kinet. Eig. ableiten. M. Wiedemann 146

0484 **Hochtemperaturultraschallmessungen der Rotationsrelaxation in Wasserstoff, Deuterium, Stickstoff und Sauerstoff.** Thomas G. Winter und Garnett L. Hill. (J. acoust. Soc. America **42** (1967) 4, 848—58; Stillwater, Okla., Okla. State Univ., Dep. of Phys.; engl.) — Von Raumtemp. bis 1000° werden im Frequenzbereich 0,7—40 MHz/atm an H_2, D_2, N_2 u. O_2 in einem Interferometer Schallgeschw. u. -absorption gemessen. In dem Frequenzbereich sind die Relaxationen der Rotation von H_2 u. D_2, nicht jedoch die Absorptionsmax. von N_2 u. O_2 enthalten. Die Frequenz des Absorptionsmax. nimmt mit steigender Temp. ab u. zeigt das umgekehrte Verh. der Schwingungsrelaxation. In H_2 liegt bei 800° mehrfache Relaxation vor, während bei Raumtemp. die Daten mit einer einfachen Relaxationskurve übereinstimmen. Die Frequenzen der Absorptionsmax. verschieben sich mit der Temp. bei H_2 von 13 (22°) auf 5 (800°) u. bei D_2 von 15 auf 4 MHz/atm. Bei N_2 u. O_2 ist die Frequenz des Absorptionsmax. nahezu gleich, die Temp.-Abhängigkeit ergibt 300 (23°) u. 45 MHz/atm bei 1000°. H. U. Borgstedt 146

0485 **Schallabsorption in Mischungen von Sauerstoff und Wasserdampf.** R. George Harlow und M. E. Nolan. (J. acoust. Soc. America **42** (1967) 4, 899—900; London, Großbritannien, Univ. of Surrey; engl.) — In einem Resonanzrohr wird die Schallabsorption sorgfältig präparierter O_2/H_2O-Mischungen in Abhängigkeit von der Schallfrequenz u. dem Molenbruch des H_2O bestimmt. Die dabei gemessenen Relaxationsfrequenzen zeigen in ihrer Abhängigkeit von der Gaszus. gute Übereinstimmung mit Literaturwerten. Ist h der Molenbruch des $H_2O \cdot 10^3$, so läßt sich die Frequenz des Absorptionsmax. darstellen nach $f_0 = 9 + 162\,h + 144\,h^2$, wobei f_0 in Hz bei 1 at angegeben ist. H. U. Borgstedt 146

0486 **Experimentelle Untersuchung der Strahlung von Wasserdampf bei Ungleichgewichtstemperaturen und Methode zur Berechnung der Strahlung von Gasen.** L. A. Čukanova und A. S. Nevskij. (Teplofiz. vysokich Temperatur **5** (1967) 5, 827—36; VNII metallurg. teplotechn.; russ.) — Beschreibung eines Verf. zur Mes-

sung der Gesamtstrahlung erhitzter Gase u. Anwendung auf H_2O-Dampf mit Temp. bis 1200 °K.
H. Roschkowski 146

0487 **Wärmeleitfähigkeit und Relaxationseffekte im System $N_2O_4 = 2NO_2$.** T. K. Rai Dastidar und A. K. Barua. (Proc. physic. Soc. **92** (1967) 577, 800–04; Indian Assoc. for the Cultiv. of Sci., Calcutta; engl.) — Mit der Heizdraht-Meth. wird in dem Gleichgew. $N_2O_4 = 2NO_2$ bei 35° u. 50° bei Drücken im Bereich 0,05–0,8 at die Wärmeleitfähigkeit gemessen, um die Gültigkeit der Relaxationstheorie der Wärmeleitung in dissoziierenden Syst. zu prüfen. Durch Relaxationseffekte können nur bis zu einer bestimmten Höhe des Drucks die Meßwerte erklärt werden. Dagegen läßt sich eine Wrkg. der Diffusion, die von der chem. Rk. beeinflußt wird, auf die Wärmeleitung feststellen. H. U. Borgstedt 146

0488 **Temperaturfeld im Volumen von Kohlendioxid.** S. P. Detkov, V. N. Girs und É. A. Luk'janec. (Teplofiz. vysokich Temperatur **5** (1967) 5, 837–40; Ural'skij élektromechan. inst. inženerov železnodorožnogo transporta; russ.) — Beschrieben wird ein Schema zur Best. des Temp.-Felds in einem beliebigen CO_2-Vol. über ein gegebenes Wärmeabgabefeld. Numer. Berechnungen für eine planparallele Schicht.
H. Roschkowski 146

0489 **Experimentelle Bestimmung der Wärmeleitfähigkeit von Natrium- und Kaliumdampf in Abhängigkeit von Temperatur und Druck.** D. L. Timrot und E. E. Tockij. (Teplofiz. vysokich Temperatur **5** (1967) 5, 793–801; Inst. vysokich temp. AN SSSR; russ.) — Tabellar. Angabe von Meßdaten für Na-Dampf bei 886–1264°K u. 0,034–0,69 kp/cm² bzw. für K-Dampf bei 841–1241°K u. 0,022–0,94 kp/cm².
H. Roschkowski 146

0490 **Experimentelle Untersuchung der Wärmeleitfähigkeit von Kalium- und Natriumdampf.** N. B. Vargaftik und A. A. Voščinin. (Teplofiz. vysokich Temperatur **5** (1967) 5, 802–11; Mosk. aviacionnyj inst.; russ.) — Mit Hilfe einer bes. beschriebenen App. wird die Wärmeleitfähigkeit (WL) von K-Dampf bei 550–820° u. 0,005 bis 1,3 atm bzw. die von Na-Dampf bei 670–900° u. 0,008 bis 0,82 atm gemessen. Die Druckabhängigkeit von WL wird durch die Dissoziation zweiatomiger Mol. im Dampf verursacht. H. Roschkowski 146

0491 **Stimulierte Brillouin-Streuung: Messung von Hyperschallgeschwindigkeiten in Gasen.** W. M. Madigosky, A. Monkewicz und T. A. Litovitz. (J. acoust. Soc. America **41** (1967) 5, 1308–11; White Oak, Silver Spring, Mf., U.S. Naval Ordnance Labor.; engl.) — Die Meßergebnisse verschiedener Autoren für Gase mit Hilfe der stimulierten Brillouin-Streuung werden diskutiert. Die Messungen der Hyperschall-Geschw. in *CO_2*, *CH_4* u. *N_2* zeigen Diskrepanzen in den experimentellen Ergebnissen u. den theoret. Voraussagen. Eine sorgfältige Analyse der theoret. vorausgesagten Werte deutet dahin, daß die Daten von Rank et al. in guter Übereinstimmung mit Werten sind, die sich aus Messungen mit Ultraschall niedrigerer Frequenz ableiten lassen.
H. U. Borgstedt 146

0492 **Statistische Eigenschaften molekularer Wechselwirkungen in flüssigen Lösungen. 1. Mitt. Allgemeine Formulierung.** Lionel Bonamy, Daniel Robert und Louis Galatry. (J. molecular Structure [Amsterdam] **1**, (1967) 1, 91–116; Fac. des Sci. de Besançon [France]; franz.) — Es wird die Verteilungsfunktion der Wechselwrkg. zwischen einem polaren Mol., das in einem nichtpolaren Lsgm. gelöst ist, u. dem Lsgm. selbst untersucht. Unter Anwendung des intermol. Potentials u. Einführung eines Netzmodells zur Darst. der Lsg.-Struktur sind die Mol. nicht in den Netzknoten fixiert, sondern können um die mittlere Ruhelage schwingen. Nach der Meth. von Markoff wird die Wahrscheinlichkeitsdichte der Wechselwrkg. berechnet. Die Ergebnisse werden später für die Berechnung der der freien Rotation in fl. Lsg. entgegenwirkenden Potentialschwelle benutzt. E. Otto 146

0493 **Modifiziertes Zellenmodell für Flüssigkeiten: Ordnungsdefekte und zwischenmolekulare Potentiale.** Friedrich Kohler und J. Fischer. (Discuss. Faraday Soc. 1967, **43**, 32–39; Inst. of Phys. Chem., Univ. of Vienna, Australien; engl.) — Bei einem Zellenmodell können Koordinationsdefekte explizit berücksichtigt werden. Bei bin. Fl.-Gemischen führen diese Koordinationsdefekte nur zu geringen Korrekturen der thermodynam. Exzeßeig. der Mischung. Die freie Exzeßenergie wird erniedrigt u. die Konz.-Abhängigkeit genauso wie bei der quasichem. Näherung beeinflußt. Darüber hinaus wird das modifizierte Zellenmodell zur Berechnung der thermodynam. Eig. von *fl.* u. *festem Ar* unter Verw. eines Kihara-Paarpotentials verwandt. Die Ergebnisse werden mit früheren Berechnungen, bei denen ein Lennard-Jones-Potential benutzt wurde, verglichen. Die genaue Form des Paarpotentials beeinflußt die thermodynam. Eig. nicht wesentlich. W. Pusch 146△

0494 **Korrekturen an einem Flüssigkeitsmodell starrer Kugeln.** Neil S. Snider. (J. physic. Chem. **71** (1967) 9, 2952–56; Dep. of Chem., Queen's Univ., Kingston, Ontario, Canada; engl.) — Für eine Fl., deren Mol.-Wechselwrkg. durch ein Paarpotential beschrieben werden kann, wird die Konfig.-Zustandssumme Q untersucht, wobei die Hauptterme einer Entw. von $N^{-1} \ln Q$ nach gemischten Potenzen von ν^{-1} u. λ betrachtet werden (N = Zahl der Mol., ν = Exponent des Anziehungsterms des Paarpotentials, $3 + \lambda$ = Exponent des Abstoßungsterms). Viele thermodynam. Eig. von Fl., die aus kleinen, unpolaren Mol. bestehen, können an Hand einer Entw. bis zu linearen Gliedern gedeutet werden (Anwendung für *Bzl.*, *CCl_4* u. *Cyclohexan*). W. Pusch 146△

0495 **Kinetische Theorie von Flüssigkeitsgemischen hoher Dichte. 4. Mitt. Berechnungen am Kastenpotential.** J. Palyvos, K. D. Luks, I. L. McLaughlin und H. T. Davis. (J. chem. Physics **47** (1967) 6, 2082–89; Dep. of Chem. Engng., Univ. of Minn., Minneapolis, Minn.; engl.) — 1. vgl. C. **1967,** 46-0515. — Es wurden die Viskosität, die Wärmeleitfähigkeit u. die Temp.-Leitfähigkeit bin. Fl.-Gemische berechnet. Die Wechselwrkg. der Teilchen wird durch ein Kastenpotential beschrieben. Für fl. Gemische aus *Methan*, *Ar*, *Kr* u. *Xe* stimmen die ber. Viskositäten gut mit den experimentellen Werten überein. Die Ergebnisse des Kastenpotentialmodells werden mit der Diffusionstheorie nach Rice u. Allnatt verglichen. Beim Kastenpotential sind die Temp.-Leitfähigkeiten um 25% größer als beim Potentialmodell starrer Kugeln. H. Kelm 146

0496 **Phänomenologische Theorie des Transportes in Vielkomponentensystemen.** Fred M. Snell und Robert A. Spangler. (J. physic. Chem. **71** (1967) 8, 2503–10; Dep. of Biophys. and Center for Theoret. Biology, State Univ. of N.Y. at Buffalo, Buffalo, N.Y.; engl.) — Die Bewegungsgleichungen für jede Komponente in isothermen Vielkomponentensyst., die aus kugelförmigen, nicht reagierenden Mol. bestehen, werden an Hand makroskop. phänomenolog. Betrachtungen abgeleitet. Sie umfassen eine neue Formulierung des partiellen Spannungstensors, in dem die gleichen phänomenolog. Reibungskoeff. auftreten wie bei der Diffusion. Auch werden die notwendigen mol. Parameter einbezogen. Wie im Fall der Reibungskoeff. können diese Parameter prakt. bestimmt werden. Dabei ergeben sich allg. Beziehungen zwischen den verschiedenen Diffusionskoeff. u. den Viskositätskoeffizienten. Es werden diese Beziehungen für *W.*, *Bzl.*, *Bromäthan*, *Methylalkohol*, *A.*, *n-Propyl-*, *Isopropyl-*, *n-Butyl-* u. *tert.-Butylalkohol*, *Hg*, *Pb*, *S* u. *CCl_4* auf die Beziehung zwischen Viskosität u. Selbstdiffusionskoeff. angewandt u. dafür tabellar. numer. Werte angegeben. W. Pusch 146△

0497 **Kompressibilität und thermische Ausdehnung von Flüssigkeiten.** Aleksandra Blinowska und Witold Brzostowski. (Wiadomości chem. **21** (1967) 9 (243) 639–52; Inst. Chem. Fiz. PAN, Warszawa; pol.) — Diskussion der Meßmeth. der isothermen u. adiabat. Kompressibilität sowie der therm. Ausdehnung von Fl. an Hand von 40 Literaturzitaten.
Rolf Heyer 146

0498 **Verwendung der kernmagnetischen Resonanz zur Untersuchung der Besonderheiten der thermodynamischen Eigenschaften von ^3He–^4He-Lösungen am λ-Übergang.**

V. N. Grygor'jev, B. N. Jesel'son, E. A. Masimov, H. A. Mychajlov und P. S. Novykov. (Ukraïns'kyj fiz. Ž. **12** (1967) 11, 1785—93; Fiz.-techn. inst. nyz'kych temp. AN URSR, Charkiv; ukrain., Auszug: engl.) — Eine Meth. zur Best. der Verteilung von ^3He zwischen Fl. u. Dampf in He-Isotopenlsg. durch NMR-Messungen wird beschrieben. Verteilungsdaten für 15,0 u. 31,8%ig. Lsg. von ^3He bei 1,45—2,1 °K werden angegeben. H. Roschkowski 146

0499 **Bildung einer superfluiden Schicht in verdünnten flüssigen Mischungen aus Helium-4 in Helium-3.** J. R. G. Keyston und J. P. Laheurte. (Physics Letters [Amsterdam] **24 A** (1967) 2, 132—33; Centre de Rech. sur les Très Basses Temp., Grenoble, France; engl.) — Gemessen wurde die charakterist. Temp. T_f, unterhalb derer sich eine superfluide Schicht bildet, in Abhängigkeit von der molaren Konz. des ^4He. Mit steigenden molaren Konz. ergibt sich ein Anstieg für T_f. F. Wendler 146

0500 **Theorie der Viskosität in nahezu ferromagnetischen Fermi-Flüssigkeiten.** Michael J. Rice. (Physic. Rev. [2] **162** (1967) 1, 189—91; Solid State Theory Group, Dep. of Phys., Imperial Coll., London, England; engl.) — Die auf Teilchenstreuung durch Paramagnonen basierende Transporttheorie wird zur Berechnung des Viskositätskoeff. η erweitert. Die theoret. Temp.-Abhängigkeit, nach der η mit zunehmender Entfernung von 0 °K zunehmend weniger schnell als T^{-2} abfällt, stimmt mit der beobachteten Viskosität von fl. ^3He überein. H. Liepack 146

0501 **Brillouin-Streuung in flüssigem Helium II.** Michael A. Woolf, P. M. Platzmann und M. G. Cohen. (Physic. Rev. Letters **17**, 294—97, 1966; Murray Hill, N.J., Bell Telephone Labor.; engl.) — Die Meth. der Messung von Ultraschalldämpfung mit Hilfe der Brillouin-Streuung erlaubt Unters. des fl. He II unterhalb des Lambda-Punkts bei sehr hohen Frequenzen (556 u. 723 MHz) u. sehr hohen Dämpfungen. Die experimentelle Meth. u. das neue Verf. zur Beobachtung des Brillouin-gestreuten Lichts werden beschrieben. H. U. Borgstedt 146

0502 **Berechnungen der thermodynamischen Eigenschaften von flüssigem Argon aus Lennard-Jones-Parametern mit einer Monte-Carlo-Methode.** I. R. McDonald und K. Singer. (Discuss. Faraday Soc. 1967, **43**, 40—49; Dep. of Chem., Royal Holloway Coll., Englefield Green, Surrey; engl.) — Erweiterungen der Monte-Carlo-Meth. von Metropolis et al., die sowohl eine isochore als auch eine isotherme Extrapolation von Monte-Carlo-Daten erlauben, werden beschrieben. Mit Lennard-Jones-Parametern werden die thermodynam. Eig. von fl. Ar für einen ausgedehnten Bereich in der V-T-Ebene ber. u. für T(°K) = 86,3°, 97°, 108,2° 136° u. 148,2° tabellar. mitgeteilt. Die Übereinstimmung zwischen ber. u. experimentellen Werten ist befriedigend. W. Pusch 146△

0503 **Wärmeleitfähigkeit von Schwefeldioxid und Diäthyläther bei verschiedenen Temperaturen.** A. Das Gupta. (Indian J. Physics Proc. Indian Assoc. Cultivat. Sci. **41/50** (1967) 6, 419—25; Indian Assoc. for the Cultiv. of Sci., Calcutta; engl.) — Die Wärmeleitfähigkeit von SO_2 u. $(C_2H_5)_2O$ wird mit Hilfe der Glühdraht-Meth. bei Temp. von 39—200,6° gemessen. Die mit den Messungen von Baker u. de Haas gut übereinstimmenden Werte werden zur Prüfung der Theorie von Mason u. Monchik benutzt. Relaxationserscheinungen scheinen beim Energieaustausch zwischen den Freiheitsgraden der Translation u. Rotation eine bedeutende Rolle zu spielen. H. U. Borgstedt 146

0504 **Anwendung der Technik der stimulierten Brillouin-Streuung.** J. A. Bucaro und E. F. Carome. (J. acoust. Soc. America **41** (1967) 5, 1370—71; Cleveland, O., John Carroll Univ., Dep. of Phys.; engl.) — Bei der Anwendung der Technik der stimulierten Brillouin-Streuung zur Best. von Hyperschallgeschw. sind als Fehlerquellen vor allem Laserstrahlen mit mehr als einer Mode u. Verstärkung des Streulichts anzusehen. Schaltet man diese Fehlerquellen aus, so erhält man Werte, die mit der Ultraschalltechnik bei niedrigeren Frequenzen in guter Übereinstimmung sind. Es werden Messungen an Bzl., CH_2Cl_2 u. CS_2 diskutiert. H. U. Borgstedt 146

0505 **Stimulierte Brillouin-Streuung: Messung der Hyperschallgeschwindigkeit in Flüssigkeiten.** N. R. Goldblatt und T. A. Litovitz. (J. acoust. Soc. America **41** (1967) 5, 1301—07; Washington, D. C., Catholic Univ. of America; engl.) — Mit Hilfe der stimulierten Brillouin-Streuung werden in CS_2 u. H_2O bei einer Frequenz von ca. 5,5 GHz Geschw. der Hyperschallwellen gemessen. Übereinstimmung mit den Ergebnissen von Ultraschallmessungen erhält man nur, wenn der Strahl des Rubinlasers nur aus einer Mode mit einer Breite von weniger als 200 MHz besteht. Die Hyperschallgeschw. kann bis zu einer Genauigkeit von 5 m/s bestimmt werden. Bei 21° betragen die Werte 1251 ± 2 m/s für CS_2 u. 1486 ± 5 m/s für H_2O. H. U. Borgstedt 146

0506 **Wärmeleitfähigkeit und Struktur von Wasser.** I. S. Andrianova, O. Ja. Samojlov und I. Z. Fišer. (Ž. strukturnoj Chim. 8 (1967) 5, 813—16; Odesskij gos. univ. im. Mečnikova; russ.) — Entw. einer Theorie der Wärmeleitfähigkeit (WL) von reinem W., die die beobachtete anomale Temp.-Abhängigkeit von WL einschließt. Die theoret. Resultate können als Bestätigung des Strukturmodells von W. angesehen werden, das eine Auffüllung der Hohlräume der eisähnlichen Karkasse der Fl.-Struktur vorsieht. H. Roschkowski 146

0507 **Zustandsgleichung von Wasser und Seewasser.** Yuan-Hui Li. (J. geophys. Res. **72** (1967) 10, 2665—78; Palisades, N.Y., Columbia Univ., Lamont Geol. Labor.; engl.) — P-V-T Daten, Kompressibilitätsdaten u. Schallgeschw.-Daten von W. u. Seewasser (Literaturdaten) wurden mit Hilfe der Tait- u. der Tait-Gibson-Gleichungen analysiert. Die P-V-T Beziehung für W. wird gut durch die Tait-Gleichung wiedergegeben, $V_0^{(P)} = V_0^{(1)} - C \cdot \log[(B + P)/(B + 1)]$, die für Seewasser durch die Tait-Gibson-Gleichung $V^{(P)} = V^{(1)} - (1 - S \cdot 10^{-3}) \cdot C \log[(B^* + P)/(B^* + 1)]$ wobei $C = 0{,}315 \cdot V_0^{(1)}$ u. $B = 2668{,}0 + 19{,}867t - 0{,}311t^2 + 1{,}778 \cdot 10^{-3}t^3$ für Daten von Amagat im Bereich $0 \leqq t \leqq 45°$ u. $1 \leqq P \leqq 1000$ bar u. $B^* = (2670{,}8 + 6{,}89656 \cdot S) + (19{,}39 - 0{,}0703178 \cdot S)t - 0{,}223t^2$ für Ekmans' Seewasser-Daten im Bereich $0 \leqq t \leqq 20°$, $1 \leqq P \leqq 1000$ bar u. $30 \leqq S \leqq 40‰$. E. Schulte 146△

0508 **Schalldämpfung in Mischungen flüssig-fest.** L. R. B. Duykers. (J. acoust. Soc. America **41** (1967) 5, 1330—35; San Diego, Calif., U.S. Navy Electron. Labor.; engl.) — Die Schalldämpfung in *Meerwasser* bei Hörfrequenzen wird an Hand von Zweiphasenmischungen betrachtet. Demnach scheint der Energieverlust in diesem Frequenzgebiet durch die Viskosität der feste Teilchen enthaltenden Fl. bedingt zu sein. Durch die Geschw.-Unterschiede der festen u. fl. Teile müssen diese eine Bewegung gegeneinander ausführen. Die auf dieser Basis ber. Werte stimmen mit oceanograph. Meßdaten überein. H. U. Borgstedt 146

0509 **Mathematische Berechnung der Dichte und Viskosität konzentrierter Phosphorsäurelösungen.** Z. V. Kondratenko, I. G. Fedorčenko und I. A. Kovalev. (Ž. prikl. Chim. **40** (1967) 9, 1947—51; Char'kovskij politechn. inst. im. Lenina; russ.) — Gleichungen zur Berechnung der D. u. Viskosität von konz. H_3PO_4 (mit 65,2—74,6% H_3PO_4) werden vorgeschlagen. Die Dichte kann mit Hilfe der Gleichung $\varrho = 0{,}0196\,C - 0{,}00076367\,t + 0{,}4769$, C = Konz., t = Temp., bestimmt werden. Für die Viskosität gilt bei 65,2, 71,8, 73,2 u. 74,6% P_2O_5 $\eta = 313{,}2/(1 + 0{,}0833t + 0{,}00202t^2 + 0{,}0000076t^3)$, $\eta = 490/(1 + 0{,}00883 + 0{,}00228t^2 + 0{,}0000026t^3)$, $\eta = -10853{,}6/(1 - 0{,}80735t - 0{,}00822t^2 - 0{,}00027t^3)$ u. $\eta = 9930{,}7/(1 + 0{,}1167t + 0{,}003083t^2 + 0{,}0001615t^3)$. J. J. Pohl 146

0510 **Untersuchungen starker Elektrolyten.** 3. Mitt. **Bestimmung der Viskosität von $Th(ClO_4)_4$-Wasserlösungen.** Håkan Högnäs. (Suomen Kemistilehti **B 40** (1967) 12, 328; Abt. Anorg. Chem., Univ. Helsinki; dt.) — 2. vgl. C. **1968**, 32-0631. — Für die Konz.-Abhängigkeit der Viskosität von wss. $Th(ClO_4)_4$-Lsg. (0,001—2,000 m, 20—30°) gilt $\eta/\eta_0 = 1 + A \cdot c^{1/2} + B \cdot c + C \cdot c^2 + D \cdot c^3 + E \cdot c^{11}$. Werte für die Konst. A, B, C, D u. E bei 20, 25 u. 30° werden mitgeteilt. M. Frenzel 146

0511 **Physikalisch-chemische Eigenschaften des Schwefels. 1. Mitt. Einfluß des Druckes auf die Viskosität von flüssigem Schwefel.** Tsunesuke Doi. (Rev. physic. Chem. Japan **37** (1967) 1, 62; engl.) — Vgl. C. **1964,** 46-0322. — Aus Viskositätsmessungen bei 440, 450, 470 u. 510 °K wurde die l.c. angegebene Gleichung durch eine empir. Gleichung ersetzt: $\log \eta = -4{,}01 + 4{,}06 \cdot 10^5/T^2 + 1{,}23 \log p + 1{,}52 \log \Phi$. G. Malow 146

0512 **Interdiffusion von ^{6}Li und ^{7}Li in nahezu isotopenreinen Lithiummetall-Schmelzen.** L. Löwenberg und A. Lodding. (Z. Naturforsch. **22a** (1967) 12, 2077—80; Phys. Dep., Chalmers Univ. of Techn., Gothenburg, Sweden; engl.) — Zur Unters. der Interdiffusion von ^{6}Li u. ^{7}Li in nahezu reinem (ca. 94%) ^{6}Li bzw. ^{7}Li wurde eine Kapillar-Reservoir-Technik entwickelt. Am F. beträgt das Verhältnis dieser Diffusionskoeff. $\sim 1{,}30$ ($D_6 = 7{,}65$ ($\pm$ 0,15) $\cdot 10^{-5}$ cm²/sec; $D_7 = 5{,}87$ ($\pm$ 0,30) $\cdot 10^{-5}$ cm²/sec, bei 286° betragen die entsprechenden Werte 12,5 ($\pm$ 0,25) $\cdot 10^{-5}$ cm²/sec bzw. 10,50 ($\pm$ 0,15) cm²/sec). Eine Extrapolation auf Tracer-Konz. ergibt eine gute qual. Übereinstimmung mit dem Verhältnis der Viskositäten des ^{7}Li u. ^{6}Li. Das Interdiffusionskoeff.-Verhältnis der Schmelzen nimmt mit steigender Temp. ab. Für die starke Abhängigkeit von der Isotopenmasse werden Quanteneffekte verantwortlich gemacht. G. Malow 146

0513 **Magnetoakustische Dämpfung in flüssigem Gallium bis 150 kG.** Y. Shapira. (J. acoust. Soc. America **41** (1967) 3, 584—86; Nat. Magnet. Labor., MIT, Cambridge, Mass.; engl.) — Die Änderung der Dämpfung von Schallwellen (8,5, 24 u. 56 MHz) mit dem Magnetfeld bis 146 kG wird gemessen. Die Dämpfung nimmt monoton mit dem Feld zu, sie entspricht der Andersonschen Theorie für die magnetoakust. Dämpfung in fl. Metallen. P. Frenzel 146

0514 **Viskosität der Schmelzen von Thallium(I)-Chlorid und Magnesiumbromid.** K. H. Grothe. (Naturwissenschaften **54** (1967) 21, 562—63; Inst. für Anorg. Chem., TH Hannover; dt.) — Best. mit Hilfe der Meth. des schwimmenden Hohlkörpers, die auch Best. an luftempfindlichen Stoffen oder an Stoffen mit hohem Dampfdruck erlaubt, ergeben für TlCl (F. 430°, Kp. 806°, 460—780°) bzw. $MgBr_2$ (F. 714°, Kp. 1182°, 750—950°) $\eta = A \exp E\eta/RT$ mit $E\eta$ 3,4 bzw. $\sim$ 15 kcal/Mol. M. Frenzel 146

0515 **Solvatation von Wasserstoffionen durch Wassermoleküle in der Gasphase. Solvatationswärmen und -entropien der Reaktionen $H^+(H_2O)_{n-1} + H_2O \rightarrow H^+ \cdot (H_2O)_n$.** P. Kebarle, S. K. Searles, A. Zolla, J. Scarborough und M. Arshadi. (J. Amer. chem. Soc. **89** (1967) 25, 6393—99; Edmonton, Alberta, Canada, Univ. of Alberta, Chem. Dep.; engl.) — Unter Verw. von mit 100 kV Protonen bestrahltem H_2O(g) wurden die Solvatationsrk. $H_2O(g) + H^+(H_2O)_{n-1}(g) \rightleftharpoons H^+ \cdot (H_2O)_n(g)$ zwischen 15 u. 600° im Druckbereich von 0,1 bis 6 Torr massenspektrometr. in der Gasphase untersucht. Nachst. Solvatationsenthalpien (SE) ΔH, Freie SE ΔG^0, Solvatationsentropien ΔS u. Temp.-Funktionen der Gleichgew.-Konst. (K in Torr; T in °K) $\log K = (A/T) \cdot 10^3 - B$ wurden ermittelt: $\Delta H = -36$ kcal/Mol, $\Delta G^0 = -25$ kcal/Mol, $\Delta S = -33{,}3$ cal/Grad · Mol u. A = 7,41, B = 9,55 für n = 2; —22,3, —13,6, —29 u. 4,76, 9,05 für n = 3; —17, —8,5, —28,3 u. 3,63, 8,86 für n = 4; —15,3, —5,5, —32,6 u. 3,33, 10,00 für n = 5; —13, —3,9, —30,3 u. 2,84, 9,46 für n = 6; —11,7, —2,8, —29,6 u. 2,53, 9,24 für n = 7; —10,3, —2,2, —27 u. 2,17, 8,50 für n = 8. G. Gattow 150

0516 **Bildungsenthalpie der Anlagerung zwischen Antimon(V)-chlorid und Wasser.** Gerd Olofsson. (Acta chem. scand. **21** (1967) 7, 1887—91; Lund, Schweden, Univ., Thermochem. Labor.; engl.) — Durch Umsetzung der Lsg. von $SbCl_5$ u. H_2O in Äthylenchlorid wurde die Enthalpie der Bldg. von $SbCl_5 \cdot H_2O$ zu $\Delta H = -24{,}3 \pm 0{,}3$ kcal/Mol kalorimetr. bestimmt. G. Gattow 150

0517 **Bildungsenthalpien und Stabilitätskonstanten der Additionsverbindungen zwischen Antimon(V)-chlorid und substituierten Äthylacetaten.** Gerd Olofsson. (Acta chem. scand. **21** (1967) 1892—902; engl.) — Vgl. vorst. Referat. — Auf kalorimetr. Wege wurden die Bldg.-Enthalpien u. Stabilitätskonst. nachst. Additionsverb. (AV) mit $SbCl_5$ (**I**) in Äthylenchlorid als Lsgm. bestimmt: **I** · *Äthylmonochloracetat* $\Delta H = -12{,}80$ kcal/Mol u. $K = 3{,}8 \cdot 10^3$ Liter/Mol; **I** · *Äthyldichloracetat* —9,35 u. 49; **I** · *Äthyltrichloracetat* —3,05 u. 1,7; **I** · *Äthylpropionat* —16,82 u. $3{,}0 \cdot 10^6$; **I** · *Äthylisobutyrat* —16,37 u. $8{,}8 \cdot 10^5$; **I** · *Äthylpivalat* —13,03 u. $2{,}3 \cdot 10^3$. Die IR-spektroskop. Verschiebungen der CO-Absorptionen in den AV werden mitgeteilt u. diskutiert. G. Gattow 150

0518 **Chemie der Alkalimetalltrithiocarbonate.** Étienne Philippot. (Rev. Chim. minérale **4** (1967) 3, 643—98; Montpellier, Fac. des Sci., Labor. de Chim. minér.; franz.) — Mit Hilfe chem., thermogravimetr., röntgenograph. u. IR-spektroskop. Meth. wurden die Eig. von *Na_2CS_3* (**I**), **I** · $2H_2O$, **I** · NH_3, **I** · $2NH_3$, *K_2CS_3* (**II**), **II** · H_2O, **II** · NH_3, *Rb_2CS_3* (**III**), **III** · H_2O, **III** · NH_3, *Cs_2CS_3* (**IV**), **IV** · H_2O u. **IV** · NH_3, deren Darst. beschrieben wurden, untersucht; die röntgenograph. d-Werte u. Intensitäten sowie die Absorptionsbanden im IR-Bereich sind tabelliert. Durch Best. der isothermen Zers.-Drücke (P in Torr; T in °K) wurden die Rk.-Enthalpien ermittelt: $\log P = -3{,}223 \cdot 10^3/T + 12{,}7696$ u. $\Delta H = -14{,}7 \pm 0{,}5$ kcal/Mol für $\mathbf{I} \cdot NH_3 \rightleftharpoons \mathbf{I} + NH_3$ (g); $\log P = -1{,}799 \cdot 10^3/T + 8{,}7035$ u. $\Delta H = -8{,}2 \pm 0{,}5$ für $\mathbf{I} \cdot 2NH_3 \leftrightharpoons \mathbf{I} \cdot NH_3 + NH_3$ (g). Bei der Hydrolyse bzw. Ammonolyse der Trithiocarbonate M_2CS_3 (**V**) bei höheren Temp. finden folgende Rk. statt: $\mathbf{V} + 2H_2O \rightarrow 2MHS + H_2S + CO_2$ bzw. $\mathbf{V} + NH_3 \rightarrow MSCN + MHS + H_2S$. **V** zersetzt sich therm. nach $\mathbf{V} \leftrightharpoons M_2S + CS_2$ (g) bzw. in Ggw. von O_2 nach $\mathbf{V} + 5\,O_2 \rightarrow M_2SO_4 + 2SO_2 + CO_2$. G. Gattow 150

0519 **Experimentelle Beobachtungen am System Kalium-Graphit.** F. J. Salzano und S. Aronson. (J. chem. Physics **47** (1967) 8, 2978—81; Upton, N.Y. Brookhaven Nat. Labor.; engl.) — Unter Verw. einer elektr. Thermowaage wurde nach der Effusions-Meth. das Syst. K-Graphit durch therm. Zers. von C_8K (**I**) zwischen 300 u. 450° untersucht. Die Enthalpien der Rk. $5\mathbf{I}(f) \leftrightharpoons 4C_{10}K(f) + K(g)$, $12/7\ C_{10}K(f) \leftrightharpoons 5/7\ C_{24}K(f) + K(g)$ u. $3C_{24}K(f) \leftrightharpoons 2C_{36}K(f) + K(g)$ betragen 31, 22 u. 23 kcal/Mol K. Die Ergebnisse werden mit denen an den Syst. von Graphit mit Rb u. Cs erhaltenen verglichen u. diskutiert. G. Gattow 150

0520 **Thermische Untersuchung an II–IV-Halbleitern. Gitterwärmen und Freie Bildungsenthalpien. Molwärme von Mg_2Si zwischen 15 und 300 °K.** B. C. Gerstein, F. J. Jelinek, M. Habenschuss, W. D. Shickell, J. R. Mullaly und P. L. Chung. (J. chem. Physics **47** (1967) 6, 2109—15; Ames, Ia., Ia. State Univ., Inst. for Atom Res.; engl.) — Im Temp.-Bereich von 15—308 °K wurden die Molwärmen von Mg_2Si (**I**) kalorimetr. u. die thermodynam. Funktionen von **I** berechnet; die Werte sind tabelliert. Für 298,15 °K werden angegeben: $C_p = 68{,}43$, $S^0 = 75{,}799$, $(H_T^0 - H_0^0)/T = 41{,}969$, $-(G_T^0 - H_0^0)/T = 33{,}830$ J/Grad · Mol. Die Bldg.-Enthalpien (BE) u. Freien BE wurden für 298 °K ber.: $\mathbf{I}\ \Delta H_f^0 = -77{,}8$ kJ/Mol u. $\Delta G_f^0 = -75{,}4$ kJ/Mol; Mg_2Ge —115,0 u. 108,8; Mg_2Sn —80,4 u. —76,0; Mg_2Pb (**II**) —49,8 u. —46,6. Die Werte werden mit den in der Literatur angegebenen verglichen u. diskutiert. Die Entropie von **II** wurde zu 118,94 J/Grad · Mol errechnet. G. Gattow 150

0521 **Lösungsenthalpien von CaF_2 und MgF_2 in geschmolzenem Kryolith.** J. L. Holm. (Acta chem. scand. **21** (1967) 8, 2292; Chicago, Ill., Univ. of Chicago, James Franck Inst.; engl.) — Auf kalorimetr. Wege wurden die Lsg.-Enthalpien (LE) von MgF_2 (**I**; 0,0291—0,0881) u. CaF_2 (**II**; 0,0252 — 0,0649) in fl. Na_3AlF_6 (**III**) bei 1014 ± 1° zu 13,2 ± 0,2 u. 9,7 ± 0,3 kcal/Mol bestimmt. Die von Nicollin et al. (vgl. Bull. Soc. chim. France **1967,** 550) ermittelten LE sind nicht richtig. Während die Mischungsenthalpie von fl. **I** in fl. **III** negativ ist, ist die von fl. **II** in fl. **III** positiv. G. Gattow 150

0522 **Mischungsenthalpien einiger binärer Erdalkalimetallhalogenide.** G. N. Papatheodorou und O. J. Kleppa. (J. chem. Physics **47** (1967) 6, 2014—20; Chicago, Ill., Univ. of Chicago, Dep. of Chem., James Franck Inst.; engl.) — Vf. bestimmten kalorimetr. die

Mischungsenthalpien (ME) in den bin. Syst. *$MgCl_2$* (**I**) — *$CaCl_2$* (**II**) bei 800°, **I** — *$SrCl_2$* (**III**) bei 900°, **I** — *$BaCl_2$* (**IV**) bei 1000°, **II**—**III** bei 900°, **II**—**IV** bei 1000° u. **III**—**IV** bei 1000° über dem gesamten Konz.-Bereich; die Werte sind tabellar. u. graph. wiedergegeben. Während sich die ME in den bin. Syst. zwischen **II**, **III** u. **IV** durch einfache Beziehungen beschreiben lassen, treten in den Syst. mit **I** Abweichungen auf, die durch Vorliegen kovalenter Mg–Cl–Mg-Brücken bedingt sind. G. Gattow 150

0523 **Untersuchung der Thermodynamik von Zinkchlorid–Natriumchlorid-Schmelzen mit Hilfe von EMK-Messungen.** C. G. M. Dijkhuis und J. A. A. Ketelaar. (Electrochim. Acta [London] **12** (1967) 7, 795—800; Labor. voor Elektrochem., Univ. von Amsterdam; engl.) — Die Freie Überschußmischungsenthalpie bei 600° wird aus EMK-Messungen an W|Zn|$ZnCl_2$ $(1-x_1)$, NaCl(x_1) Pyrexglas|$CdCl_2$, NaCl|Pyrexglas|$ZnCl_2$ $(1-x_2)$, NaCl · (x_2)|Zn|W berechnet. Das Syst. zeigt größere negative Abweichung von der Idealität als die Syst. mit $PbCl_2$ u. $CdCl_2$. M. Frenzel 150

0524 **Thermodynamische Eigenschaften von Aluminium-(III)-hydrid.** G. C. Sinke, L. C. Walker, F. L. Oetting und D. R. Stull. (J. chem. Physics **47** (1967) 8, 2759 bis 2761; Midland, Mich., Dow Chemical Comp., Thermal Res. Labor.; engl.) — Durch kalorimetr. Best. der Zers.-Enthalpie von AlH_3 (**I**; hexagonal mit a = 5,45 u. c = 11,81 Å) wurde die Bldg.-Enthalpie (BE) von **I** bei 298,15°K zu $\Delta H_f^0 = -2{,}73 \pm 0{,}20$ kcal/Mol ermittelt. Aus den zwischen 15,0 u. 308,4°K auf kalorimetr. Wege bestimmten Molwärmen wurden die thermodynam. Funktionen von **I** errechnet; die Werte sind tabelliert. Für 298,15°K werden angegeben (in cal/Grad · Mol): $S^0 = 7{,}18 \pm 0{,}10$; $C_p^0 = 9{,}61$; $(H^0-H^0_0)/T = 4{,}36$; $-(G^0-H^0_0)/T = 2{,}82$. Die Gibbssche Freie BE von **I** beträgt $\Delta G_f = 11{,}11 \pm 0{,}23$ kcal/Mol bei 298°K. G. Gattow 150

0525 **Massenspektrometrische Untersuchung der Sublimation von CeC_2 mit der Knudsen-Zelle sowie thermische und röntgenographische Analyse von CeC_2.** P. Winchell und N. L. Baldwin. (J. physic. Chem. **71** (1967) 13, 4476—79; San Diego, Calif., General Dynamics Corp., General Atomic Div., John Jay Hopkins Labor. for Pure and Appl. Sci.; engl.) — Durch Kombination von Massenspektrometer u. Knudsen-Zelle wurde die Subl. von CeC_2 (**I**) zwischen 1908 u. 2309°K untersucht; in der Gasphase liegt vorwiegend **I** (g) vor. Die Subl.-Drücke von **I** über **I**(f) lassen sich durch die Temp.-Funktion $-RT \cdot \ln P = (151 \pm 4) \cdot 10^{-3} - (43 \pm 5)T$ beschreiben (P in atm; T in °K); die Subl.-Enthalpie beträgt 151 kcal/Mol. Unter Verw. von bekannten thermochem. Daten wurde die Bldg.-Enthalpie von **I**(f) bei 298°K zu $\Delta H_f^0 = -19{,}5$ kcal/Mol berechnet. **I** wandelt sich bei 1373 ± 10°K von der tetragonal innenzentrierten Modifikation ($a = 3{,}878 \pm 0{,}001$, $c = 6{,}488 \pm 0{,}001$ Å) in den kub. Pyrit-Typ ($a = 5{,}939 \pm 0{,}002$ Å bei 1323°K) um. Die eutekt. Temp. im Syst. **I**–C beträgt 2543 ± 20°K. G. Gattow 150

0526 **Untersuchungen über die Verdampfung von Gadolinium und Gadoliniumdicarbid mit einer Knudsen-Zelle.** Clarence L. Hoenig, Norman D. Stout und Paul C. Nordine. (J. Amer. ceram. Soc. **50** (1967) 8, 385—92; Livermore, Calif., Univ. of Calif., Lawrence Radiat. Labor.; engl.) — Nach der Knudsen-Meth. (Zelle aus Ta) wurde die Verdampfung von Gd bzw. GdC_2 (**I**) zwischen 1626 u. 2018 bzw. 2088 u. 2636°K thermochem. untersucht. Die unter Anwendung des 2. bzw. 3. Hauptsatzes für 298°K errechnete Enthalpie der Rk. Gd(fl) ⇋ Gd(g) beträgt $\Delta H^0 = 95{,}2 \pm 0{,}3$ bzw. $97{,}3 \pm 0{,}8$ kcal/g-Atom. Für **I**(f) ⇋ Gd(g) + 2C(f) ist $\Delta H^0 = 125 \pm 9$ kcal/Mol. Die Bldg.-Enthalpie von **I** errechnet sich zu $\Delta H_f = -30 \pm 9$ kcal/Mol. G. Gattow 150

0527 **Thermodynamische Untersuchungen des Systems Mn–MnO mit Hilfe von Oxidfestelektrolyten.** C. B. Alcock und S. Zador. (Electrochim. Acta [London] **12** (1967) 6, 673—77; Royal School of Mines, Imperial College, London S. W.; engl.) — Die Freie Bldg.-Enthalpie von MnO (**I**) wird durch EMK-Messungen an den Zellen Ni|NiO|ThO_2–$YO_{1,5}$-Elektrolyt|Mn|**I** u. Fe|$Fe_{0,95}O$|ThO_2–$YO_{1,5}$-Elektrolyt|Mn|**I** im Temp.-Bereich von 923 bis 1273°K ermittelt. Die Ergebnisse entsprechen den kalorimetr. ermittelten Werten der Rk. Mn + $^1/_2O_2$ → **I**. Oxidelektrolyte auf Th-Basis bei Temp. um 1000° sind zur Unters. der Thermodynamik von Oxidsyst. mit Sauerstoffdrücken von ca. 10^{-24} atm geeignet. M. Frenzel 150

0528 **Massenspektrometrische Untersuchung der gasförmigen Platinoxide mit einer Knudsen-Zelle.** J. H. Norman, H. Gene Staley und Wayne E. Bell. (J. physic. Chem. **71** (1967) 11, 3686—89; San Diego, Calif., Gen. Dynamics, Gen. Atomic Div.; engl.) — Durch Kombination von Knudsen-Zelle u. Massenspektrometer wurden die gasf. Platinoxide sowie Pt(g) im Temp.-Bereich von 1750—2050°K untersucht. Die thermochem. Kenngrößen nachst. Rk. wurden ermittelt: Pt(f) ⇌ Pt(g) $\Delta H_{1900} = 129{,}5 \pm 2{,}5$ kcal/Mol; Pt(f) + $^1/_2O_2$ ⇌ *PtO*(g) $\Delta H_{2000} = 100{,}5 \pm 4{,}6$ kcal/Mol u. $\Delta S^0_{2000} = 19{,}5 \pm 2{,}3$ cal/Grad · Mol bzw. $\Delta H^0_{298} = 105 \pm 5$ u. $\Delta S^0_{298} = 24{,}2 \pm 3$; Pt(f) + O_2 ⇌ *PtO_2*(g)$\Delta H_{1900} = 36{,}6 \pm 2{,}3$ kcal/Mol u. $\Delta S^0{}_{2000} = -5{,}0 \pm 1{,}1$ cal/Grad · Mol. G. Gattow 150

0529 **Dissoziationsentropie binärer kristalliner Phasen (Verbindungen) vom gleichen Strukturtyp.** V. A. Gejderich und Ja. I. Gerasimov. (Ž. fiz. Chim. **41** (1967) 10, 2601—04; Mosk. gos. univ. im. Lomonosova, chim. fak.; russ.) — Auf Grund der Analyse von Literaturdaten zur Dissoziationsentropie von Phasen des Strukturtyps NiAs, Markasit, Pyrit u. NaCl wird angenommen, daß im Falle von Phasen mit einem großen Anteil metall. Bindungen die Größe der Dissoziationsentropie isostruktureller Phasen untereinander ähnlich ist. Im Falle von Phasen, in denen gerichtete Bindungen überwiegen, ist diese Gesetzmäßigkeit nicht gültig. $Fe_{0,43}Te_{0,57}$, eine Phase von NiAs-Strukturtyp, zeigt infolge der großen Abweichung der Zus. von 1:1 ein anomales Verhalten. J. J. Pohl 150

0530 **Experimentelle Bestimmung der Partikelzahl bei homogener Keimbildung in der Dampfphase.** Gilbert D. Stein und Peter P. Wegener. (J. chem. Physics **46** (1967) 9, 3685—86; Dep. of Engng. and Appl. Sci., Yale Univ., New Haven, Conn.; engl.) — Die Keimbldg. in feuchter Luft von ca. 600 Torr (Verw. eines Ultraschall-Zerstäubers) wird durch Messung der Rayleigh-Streuung des Lichtes eines He/Ne-Lasers (6328 Å) in Abhängigkeit von der Übersättigung verfolgt. Bei einer Feuchtigkeit von $\omega_0 = 0{,}003$ g H_2O/kg Luft ergibt sich als Keimradius r = 40 Å u. als Keimzahl $N = 4 \cdot 10^{12}$ cm^{-3}. Dies Ergebnis ist in guter Übereinstimmung mit der klass. Theorie von Volmer ($N = 16 \cdot 10^{12}$ cm^{-3}), wenn für die spezif. Freie Oberflächenenergie $\sigma = 75$ erg cm^{-2} angenommen wird. H. Karge 152

0531 **Statistisches Modell der Tropfenkondensation.** A. P. Solodov und V. P. Isačenko. (Teplofiz. vysokich Temperatur **5** (1967) 6, 1032—39; Mosk. ėnerget. inst. russ.) — Ableitung einer mathemat. Beschreibung der Tropfenkondens. auf der Grundlage eines statist. Modells. Eine Größenverteilungsfunktion der Tröpfchen wird abgeleitet u. die Intensität des Wärmeaustauschs unter Berücksichtigung des Zusammenfließens der Tröpfchen ermittelt. H. Roschkowski 152

0532 **Theorie der Kondensation und der kritische Punkt.** Michael E. Fisher. (Physics [New York] **3** (1967) 5, 255—83; Ithaca, N.Y., Cornell Univ., Baker Labor.; engl.) — Krit. Neuformulierung u. Erweiterung der Tröpfchen- bzw. Cluster-Theorie der Kondensation. Zahlreiche Zitate neuester Literatur zum Kondensationspunkt u. zu den Singularitäten des krit. Punktes. J. M. Spaeth 152

0533 **Wirkung von elektromagnetischen Feldern auf das Verdampfen von Metallen.** K. Schretzmann. (Physics Letters [Amsterdam] **24 A** (1967) 9, 478—79; Inst. of Neutronphys. and Reactor Techn. Sci., Karlsruhe; engl.) — Experimente mit Heizröhren, welche durch Induktion aufgeheizt wurden, zeigten, daß die Verdampfung von Metallen (Edelstahl) im Vakuum um $^1/_3$ red. wird, wenn ein elektromagnet. Feld von ungefähr 0,6 V/cm u. 60 Gauß anwesend ist. G. Richard 152

0534 **Bestimmung der thermodynamischen Daten von geschmolzenen Rubidium- und Cäsiumhalogeniden durch Dampfdruckmessungen.** I. G. Murgulescu und Letiţia Topor. (Rev. roum. Chim. **12** (1967) 9, 1077–83; Bucharest, Acad. of the Socialist Republ. of Romania, Inst. of Phys. Chem.; engl.) – Nach der quasistat. Meth. von Rodebush u. Dixon wurden die Dampfdrücke P (in atm) von nachst. geschmolzenen Halogeniden über einen weiten Temp.-Bereich bestimmt u. die Verdampfungsenthalpien (VE) ΔH (in cal/Mol) sowie die Freien VE ΔF^0 (in cal/Mol) ermittelt; es gelten die Temp.-Funktionen (T in °K): *RbCl* (Kp 1660°K) $\log P = -9749{,}7/T - 3{,}5235 \cdot \log T + 17{,}172$; $\Delta H = 44610 - 7 \cdot T$; $\Delta F^0 = 44610 + 16{,}12 \cdot T \cdot \log T - 78{,}56 \cdot T$. *RbBr* (Kp. 1615°K) $\log P = -9825{,}1/T - 3{,}5235 \cdot \log T + 17{,}344$; $\Delta H = 44950 - 7 \cdot T$; $\Delta F^0 = 44950 + 16{,}12 \cdot T \cdot \log T - 79{,}35 \cdot T$. *RbJ* (Kp. 1537°K) $\log P = -9870{,}1/T - 3{,}5235 \cdot \log T + 17{,}558$; $\Delta H = 45160 - 7 \cdot T$; $\Delta F^0 = 45160 + 16{,}12 \cdot T \cdot \log T - 80{,}33 \cdot T$. *CsCl* (Kp. 1572°K) $\log P = -9822{,}9/T - 3{,}5235 \cdot \log T + 17{,}423$; $\Delta H = 44940 - 7 \cdot T$; $\Delta F^0 = 44940 + 16{,}12 \cdot T \cdot \log T - 79{,}71 \cdot T$. *CsBr* (Kp. 1577°K) $\log P = -10053{,}7/T - 3{,}5235 \cdot \log T + 17{,}672$; $\Delta H = 46000 - 7 \cdot T$; $\Delta F^0 = 46000 + 16{,}12 \cdot T \cdot \log T - 80{,}85 \cdot T$. *CsJ* (Kp. 1544°K) $\log P = -9483{,}9/T - 3{,}5235 \cdot \log T + 17{,}320$; $\Delta H = 43390 - 7 \cdot T$; $\Delta F^0 = 43390 + 16{,}12 \cdot T \cdot \log T - 79{,}24 \cdot T$. G. Gattow 152

0535 **Eine neue Methode zur Bestimmung des Übergangsdruckes von Quecksilber bei 0° als Fixpunkt für hohe Drücke.** Kazuo Yasunami. (Rev. physic. Chem. Japan **37** (1967) 1, 1–9; Labor. of High Pressures in Kobe Steele Ltd. Kobe, Japan; engl.) – Der Umwandlungsdruck fest–fl. für Hg bei 0° wurde nach einer neuen Meth. der Messung der Temp.-Änderung u. der direkten Druckmessung zu 7571,0 ± 1,2 bar bestimmt. G. Malow 152

0536 **Elektrische Leitfähigkeit und Zustandsgleichung von Quecksilber im Temperaturbereich 0–2000° bei Drücken von 200–5000 Atmosphären.** I. K. Kikoin und A. P. Senčenkov. (Fiz. Metallov Metallovedenie **24** (1967) 5, 843–58; russ.) – Mit Hilfe bes. Hochdruckapp. werden elektr. Leitfähigkeit u. Zustandsgleichung von Hg im vorst. Bereich ermittelt. Temp.-Druckdaten werden tabellar. angegeben. Bei D. unterhalb 8,5–9 g/cm³ ändert sich der Charakter der elektr. Leitfähigkeit von Hg. Aus den Dichte-Temp.-Isobaren werden die krit. Parameter $T_k = 1480 \pm 10°$; $P_k = 1500 \pm 10$ ata u. $\varrho_{k12} = 5{,}7 \pm 0{,}2$ g/cm³ abgeleitet. H. Roschkowski 152

0537 **Umwandlungen von aus der Gasphase abgeschiedenem Aluminium(III)-oxid zwischen 300 und 1200°.** A. L. Dragoo und J. J. Diamond. (J. Amer. ceram. Soc. **50** (1967) 11, 568–74; Washington, D.C., NBS; engl.) – Vf. untersuchten die Umwandlungen von amorphem, aus der Gasphase abgeschiedenem Al_2O_3 (**I**) zwischen 300 u. 1200° mittels DTA, thermogravimetr. u. mkr. Meth., sowie mit Röntgen- u. Elektronenbeugung. Amorphes **I** geht zwischen 570 u. 670° (16 Std.) in ein schlecht krist. (sk) **I** über, das nachst. Transformationen unterworfen ist: sk–**I** → γ–**I** → δ–**I** → α–**I**. Ein geringer Anteil von sk-**I** wandelt sich nach sk–**I** → Θ–**I** → α–**I** um. Bei Temp. > 900° ist die Umwandlung δ–**I** ⇌ Θ–**I** wahrscheinlich möglich. – DTA-Aufnahmen von amorphem **I** zeigten exotherme Effekte bei 320 u. 860°. G. Gattow 152

0538 **Röntgenographische und spektrographische Untersuchung von Phasenumwandlungen in schwer schmelzenden Oxiden (ZrO_2 und Seltenerdmetalloxide).** V. B. Glushkova und E. K. Koehler. (Mater. Res. Bull. **2** (1967) 5, 503–13; Inst. of Silicate Chem., Acad. of Sci. of USSR, Leningrad; engl.) – Zur Unters. des Mechanismus der polymorphen Phasenumwandlungen von *Nd_2O_3* u. ZrO_2 wurden röntgenograph. Unters. bei Raum-Temp. u. Temp. bis zu 2000°, IR-Absorptionsmessungen, DTA, TGA u. chem. Analyse herangezogen. Die Umwandlung der metastabilen kub. C-Form von Nd_2O_3 in die A-Form läßt sich im Temp.-Bereich von 800–1000° durch eine Gleichung der Art $K = C \exp(-\Delta E/RT)$ mit $\Delta E = 100{,}26 \pm 0{,}04$ kcal/Mol u. $C = 1{,}03 \cdot 10^{16}\,\mathrm{min}^{-1}$ beschreiben. Die C-Form von Nd_2O_3, die durch therm. Zers. H_2O-haltiger Nd-Salze oder durch Luft-Ox. von metall. Nd. erhalten wird, konnte als ein Hydrat der Zus. $3Nd_2O_3 \cdot H_2O$ identifiziert werden. Pro Elementarzelle scheinen 8–10 OH-Gruppen enthalten zu sein, von denen die eine Hälfte O-Plätze u. die andere Hälfte die tetraedr. Zwischenräume einnimmt. Die Umwandlung der metastabilen C-Form in die stabile A-Form ist bei Temp. von 800–1000° von einer H_2O-Abgabe begleitet. Die Bldg. von ZrO_2 durch therm. Zers. des Hydroxids bzw. des H_2O-haltigen Nitrats u. die bei weiterem Erhitzen stattfindenden Phasenumwandlungen lassen sich durch folgendes Schema wiedergeben: $Zr(OH)_4$ bzw. $Zr(NO_3)_4 \cdot 6H_2O \xrightarrow{400°} ZrO_2$) (amorph) → ZrO_2(kub.) $\xrightarrow{600-800°}$ ZrO_2(monoklin) $\underset{1000°}{\overset{1190°}{\rightleftharpoons}}$ ZrO_2(tetragonal). Weiterhin wurde der Einfl. der Seltenerdmetalloxide auf die Phasenumwandlung monoklin-tetragonal von ZrO_2 untersucht. Bei Temp. von 500–900° beträgt die Löslichkeit der Seltenerdmetalloxide im monoklinen ZrO_2 etwa 2 Mol.-%; die Löslichkeit in der tetragonalen Phase beträgt bei 1600° etwa 3–4 Mol.-%. Die Umwandlungs-Temp. monoklin-tetragonal nimmt mit steigendem Geh. an Seltenerdmetalloxiden ab. W. Laqua 152

0539 **Massenspektrometrische Untersuchungen bei hohen Temperaturen. 17. Mitt. Sublimations- und Dampfdrücke der Fluoride von Dy(III), Ho(III) und Er(III).** G. Besenbruch, T. V. Charlu, K. F. Zmbov und J. L. Margrave. (J. Less-common Metals [Amsterdam] **12** (1967) 5, 375–81; Dep. of Chem., Rice Univ., Houston, Tex.; engl.) – 16. vgl. J. physic. **71** (1967) 9, 2893. – Durch massenspektrometr. u. gravimetr. Meth. werden die Dampf- u. Subl.-Drücke als Funktion der Temp. sowie die Verdampfungs- u. Subl.-Wärmen für DyF_3, HoF_3 u. ErF_3 bestimmt. Die Dampfdrücke werden durch $\log p_D$ (atm) $= -2{,}325 \cdot 10^4/T + 10{,}72$ für DyF_3, $\log p_D = -2{,}309 \cdot 10^4/T + 16{,}65$ für HoF_3 u. $\log p_D = -2{,}339 \cdot 10^4/T + 10{,}68$ für ErF_3 beschrieben. Die entsprechenden Subl.-Drücke können durch $\log p_S = -1{,}93 \cdot 10^4/T + 7{,}538$ (DyF_3), $\log p_S = -1{,}847 \cdot 10^4/T + 7{,}333$ (HoF_3) bzw. $\log p_S = -1{,}93 \cdot 10^4/T + 7{,}777$ (ErF_3) wiedergegeben werden. Die Subl.-Wärmen betragen etwa 106 kcal/Mol, die Verdampfungswärmen etwa 85 kcal/Mol. D. Graf 152

0540 **Verdampfung von flüssigem Zinndijodid und dessen Dimerisierung in der Dampfphase.** N. V. Karpenko. (Ž. neorg. Chim. **12** (1967) 12, 3248–52; russ.) – Der Sättigungsdampfdruck, sowie der Druck nicht gesätt. Dämpfe von SnJ_2 wurden bei 500–850° bestimmt. Der Assoziationsgrad von SnJ_2 ist in der Nähe des Schmelzpunktes klein u. wächst bei zunehmender Temp. bis zur Schmelztemperatur. Der Sättigungsdampfdruck zeigt die Temp.-Abhängigkeit $\log p_{atm} = -(5092/T) + 5{,}092$; p = 1 atm bei 727°. $\Delta H_T{}^0$ u. $\Delta S_T{}^0$ der Dimerisierung von SnJ_2 in der Gasphase betragen bei 700–850° 15 kcal/Mol bzw. 20 Clausius, die der Verdampfung von fl. SnJ_2 bei 500–700 23 bzw. 23 u. die der Subl. von festem SnJ_2 26 bzw. 28. J. J. Pohl 152

0541 **Bestimmung der Dampfdrücke von Mangan bei hohen Temperaturen mit Hilfe einer neuen Torsions–Effusions-Apparatur.** P. J. Spencer und J. N. Pratt. (Brit. J. appl. Physics **18** (1967) 10, 1473–78; Birmingham, Univ., Dep. of Phys. Metallurg. and Sci. of Mater.; engl.) – Die Dampfdrücke von Mn wurden zwischen 1250 u. 1550°K mit Hilfe einer ausführlich beschriebenen App. nach der Torsions–Effusions-Meth. bestimmt; sie lassen sich durch nachst. Temp.-Funktionen beschreiben (P in atm; T in °K): $\log P = -14195/T + 6{,}459$ für β-Mn (1248–1360°K); $\log P = -13960/T + 6{,}287$ für γ-Mn (1360–1410°K); $\log P = -13693/T + 6{,}097$ für δ-Mn (1410–1517°K); $\log P = -12779/T + 5{,}495$ für fl. Mn. Die unter Anwendung des 3. Hauptsatzes ber. Subl.-Enthalpie beträgt $\Delta H_{298}{}^0 = 68095 \pm 400$ cal/g-Atom. G. Gattow 152

0542 **Experimentelle und theoretische Untersuchungen über das Zustandsdiagramm von festem Wüstit oberhalb 910°.** 1. Mitt. C. Carel. (Mém. sci. Rev. Métallurgie **64**

(1967) 9, 737—44; Labor. de Chim. gén. A, Fac. des Sci. de Rennes (Ille-et-Vilaine); franz.) — Unters. des spezif. Vol. durch Dilatometrie (speziell für die Phasenübergänge der drei festen Wüstitphasen), der inneren u. äußeren Begrenzungen des Wüstitzustandsdiagramms u. Angaben der linearen Ausdehnungskoeff. im Temp.-Bereich von 700—1100°. — 16 Literaturangaben.
E. Otto 152

0543 **Experimentelle und theoretische Untersuchungen über das Zustandsdiagramm von festem Wüstit oberhalb 910°.** 2. Mitt. C. Carel. (Mém. sci. Rev. Métallurgie **64** (1967) 10, 821—36; franz.) — Vgl. vorst. Referat. — Bestimmung der Gitterparameter der drei Wüstitphasen (W_1, W_2, W_3). Thermodynam. Ableitung der Existenzbereiche der drei Varietäten. Es treten allotrope Umwandlungen 2. Ordnung auf. E. Otto 152

0544 **Bestimmung des Dissoziationsdruckes von nichtstöchiometrischen Kupfersulfiden.** An. N. Nesmejanov, G. I. Samal' und M. M. Pavljučenko. (Ž. neorg. Chim. **12** (1967) 12, 3229—32; Mosk. gos. univ. im. Lomonosova; russ.) — Der Dissoziationsdruck von nichtstöchiometr. Kupfersulfiden wurde stat. unter Verw. von ^{35}S bei 510—580° untersucht. Der Dissoziationsdruck sinkt mit dem Übergang von $Cu_{1,75}S$ zu Cu_2S. Die erhaltenen Daten liegen an der Gerade log p(Torr) = 5,076 —(4660/T), deren Neigung die Dissoziationswärme —21,29 kcal/Mol ergibt. Die Dissoziation der Cu-Sulfide kann durch die Gleichung $(2 - y)Cu_{2-x}S \rightleftharpoons (2 - x)Cu_{2-y}S + (x - y/n)S_n$ beschrieben werden, wobei x u. y das Cu-Defizit in bezug auf die stöchiometr. Zus. Cu_2S für das Ausgangs- u. Endprod. ausdrücken u. n die Anzahl der Atome in S-Mol. ist (n = 2, 4, 6 u. 8). Die Rk. wird durch Mischkristallbldg. gebremst, der Dissoziationsdruck sinkt mit abnehmendem S-Geh. der festen Phase.
J. J. Pohl 152

0545 **Chemie der Lösungsmittelextraktion.** (Solvent Extraktion Chemistry) D. Dyrssen, J.-O. Liljenzin und J. Rydberg (Hrsg.). (Amsterdam: North-Holland Publishing Co. **1967**, I—XXVI, 1—682; engl.) — Verw. der Lsgm.-Extraktion von Metallchelaten zur Unters. der Komplex-Bldg. in wss. Lsg. (J. Starý; 2—10); Lsgm.-Extraktion von Hydroxo- u. Acidokomplexen in Ggw. von Chelatbildnern. Phosphato- u. Trichloroacetatokomplexe von Pa(V) (R. Guillaumont, R. Muxart u. G. Bouissieres; 11—17); Komplexbldg. zwischen Pa(V) u. Acetylaceton (J. O. Liljenzin u. J. Rydberg; 18—25); Stabilität von Po(IV)-Chelatkomplexen (H. Koch u. W. D. Falkenberg; 26—31); Lsgm.-Extraktionsunters. der Hydrolyse von Te(IV) bei sehr geringer Konz. in saurem ClO_4^--Medium (T. Sekine; 32—38); Erste Hydrolysekonst. von Sc(III)-Ion, bestimmt mit Hilfe der Lsgm.-Extraktions-Technik (K. Schweitzer u. D. C. Winkley; 39—45); Einfl. der Änderung des Ionenmediums auf die Stabilitätskonst. von $Eu(NO_3)^{2+}$ (G. R. Choppin, D. A. Kelly u. E. H. Ward; 46—53); Trennung der Seltenen Erden durch Lsgm.-Extraktion u. Chromatographie mit umgekehrten Phasen von komplexen wss. Lsg. (G. Werner; 54—59); Lsgm.-Extraktion von Zn-Sulfatkomplexen in wss. Lsg. (D. S. Flett; 60—65); Komplexbldg. von Ni u. Fe mit einigen α-Dioximen, durch Lsgm.-Extraktion untersucht (V. Peshkova, V. Savostina u. E. Astakhova-Ivanova; 66—70); Best. der Stabilitätskonst. von Tl(III)-Chlorokomplexen durch Lsgm.-Extraktion (R. M. Walters u. R. W. Dodson; 71—78); Einige NMR-Beobachtungen an $HMCl_4$-haltigen Dreiphasensyst. (M = Au, Ga) (Z. B. Maksimovic; 79—84); Anwendung der Lsgm.-Extraktionstechnik zur Unters. der Technik für schnelle Rk. (Henry Freiser; 85—88); Synergismus bei der Lsgm.-Extraktion von Metallchelaten (H. M. N. H. Irving; 91—110); Synergismus u. Vernichtung des Synergismus mit einigen β-Diketonen u. neutralen Addukten (S. M. Wang, D. Y. Park u. N. C. Li; 111—18); Synergismus bei der Lsgm.-Extraktion von Alkalimetallen (T. V. Healy; 119—27); Gemischte β-Diketone (L. Newman u. P. Klotz; 128—34); Lsgm.-Extraktion von Hf(IV) u. Zr(IV) mit N-Benzoyl-N-phenylhydroxylamin u. 2-Thenoyltrifluoraceton aus stark sauren Lsg. (J. Hála; 135—41); Extraktion von Nb (V. Pfeifer u. H. Bildstein; 142—46); Lsgm.-Extraktion von Pd mit Resacetophenonoxim (RAPOX) (K. S. Bhatki u. A. T. Rane; 147—53); Extraktion einiger Metallcaprate (Motoharu Tanaka, Noriyuki Nakasuka u. Sumiko Goto; 154—59); Lsgm.-Extraktion von Metallionen aus wss. Lsg. mit Carbonsäuren (M. J. Jaycock u. A. D. Jones; 160—67); Lsgm.-Extraktion von anion. u. kation. Chelaten (Yu. A. Zolotov, V. V. Bagreev u. O. M. Petrukhin; 168 bis 172); Extraktion von Metallkationen mit Chlorophosphonazo DAL (2.7-Bis-[p-chlor-o-phosphonophenylazo]-chromotropsäuredianilid) (B. Budesinsky u. K. Haas; 173 bis 181); TBP-Treffpunkt von Wissenschaft u. Technologie (H. A. C. Mc Kay; 185—94); Probleme in der physikal. Chemie der Lsgm.-Extraktion (A. M. Rozen; 195—235); Extraktion von U aus UO_2SO_4- u. UO_2Cl_2-Lsg. mit Tri- u. Dicaprylphosphaten (E. Szabó, A. Balózs u. L. Bakos; 236—42); Extraktion von Elementen der Ga- u. As-Untergruppe mit Alkylphosphorsäuren. Mechanismus der Extraktion (I. S. Levin, I. A. Vorsina, A. A. Shatalova, N. A. Balakireva, T. F. Rodina, T. G. Azarenko u. E. E. Zaev; 243—49); Einfl. des Verdünnungsmittels auf die Lsgm.-Extraktion von Tb(III) u. Eu(III) mit Di-n-octylphosphorsäure (Zdeněk Kolařik; 250 bis 255); Extraktion von Hf(IV) mit einigen Dialkylphosphorsäuren aus ClO_4-Medium (O. Navratil; 256 bis 263); Komplexbldg. zwischen neutralen Organophosphorverb. u. Dialkylphosphorsäuren u. ihr Einfl. bei der Metallextraktion (Djiet Hay Liem; 264—69); Lsgm.-Extraktionseig. von Methylen-bis-[dialkylphosphinoxiden] (J. W. O'Laughlin u. C. V. Banks; 270—77); Einige neue Phosphorylverb. $(n\text{-}C_6H_{13})_2OPCH_2PO \cdot (n\text{-}C_6H_{13})_2$, $n\text{-}C_7H_{15}\text{–}CO\text{–}PO(n\text{-}OC_8H_{17})_2$, $CH_3COCH_2PO \cdot (n\text{-}OC_8H_{17})_2$) als neue Extraktionsmittel für Zr, Nb u. Ta (H. Meider-Goričan; 278—82); Aktivitäten von TBP in $TBP\text{–}UO_2(NO_3)_2\text{–}H_2O$-Lsg. (W. Davis jun. u. J. Mrochek; 283—95); Gaschromatograph. Unters. in Extraktionssyst.: $TBP\text{–}HNO_3\text{–}H_2O$–Actinidennitrate u. Seltenerdmetallnitrate (A. Apelblat u A. Hornik; 296 bis 304); Dimerisierung von TBP (Dj. M. Petković; 305—08); Spektroskop. Unters. der Extraktion von U(IV) u. U(VI) aus HCl-Lsg. mit neutralen phosphororgan. Verb. (V. M. Vdovenko u. A. A. Lipovsky; 309—12); Phasengleichgew. in bin. u. tern. Syst. (A. V. Nikolayev, I. I. Yakovlev u. Yu. A. Dyadin; 313 bis 321); Bldg. einer dritten Phase zwischen einigen Actinidnitraten (Th, Pu(IV), Pu(VI)) u. 20% TBP/farbloses Kerosin (A. L. Mills u. W. R. Logan; 322—26); Extraktion von Pt-Metallen mit TBP (A. T. Casey, E. Davies, T. L. Meek u. E. S. Wagner; 327—34); Verw. von Tartraten zur Trennung von U(VI) u. Pu(IV) durch Extraktion mit TBP (J. Ortega, L. Ramos Salvador u. B. Lopez-Perez; 335—42); Lsgm.-Extraktion von Pd mit TBP (Anil K. De u. Asit K. Sen; 343—45); Amin-Extraktionssyst. (R. M. Diamond; 349—61); Massenwrkg. u. Nichtidealität bei der Extraktion mit $TOA\text{–}H_2SO_4$ (Tri-n-octylamin = TOA) (C. F. Coleman u. J. W. Roddy; 362—68); Extraktion von H_2SO_4 in Bzl. mit TOA (Archie S. Wilson; 369—72); Extraktion von HNO_3 u. H_2O mit Trilaurylammoniumnitrat-Lsg. (Daniel Gourisse; 373—82); Aggregation von langkettigen Aminsalzen, untersucht durch Zweiphasen-EMK-Titrationen. Extraktion von Essigsäure mit TLA, gelöst in Heptan u. o-Xylol (Erik Högfeldt u. Folke Fredlund; 383—89); Assoziation von langkettigen tert. Amin-Salzen in KW-Stoffen. Osmometr. Messungen (G. Markovits u. A. S. Kertes; 390—97); Einige thermodynam. Daten zur Verteilung von Anionen zwischen Lsg. von Alkylammoniumsalzen in Bzl. u. wss. Elektrolytlsg. (G. Scibona, J. F. Byrum, K. Kimura u. J. W. Irvine jun.; 398—407); Aggregation von tert. Alkylammoniumsalzen (F. Orlandini, P. R. Danesi, S. Basol u. G. Scibona; 408—15); Extraktion von HCl mit in Chlf. gelöstem Diisononylamin (Björn Warnqvist; 416—20); Extraktion von HBr mit in o-Xylol gelöstem TLA (M. A. Lodhi u. E. Högfeldt; 421—25); Basenstärke von Aminen in Fl.-Verteilungssyst. (R. R. Grinstead; 426—32); Extraktion von Pt-Metallen mit Alkylammoniumsalzen. Anionenaustauschextraktion (L. M. Gindin, S. N. Ivanova, A. A. Mazurova, A. A. Vasilyeva, L. Ya. Mironova, A. P. Sokolov u. P. P. Smirnov; 433—38); Extraktion von Fe(III)-

Thiocyanatkomplexen mit Trinonylamin (A. R. Burkin, N. M. Rice u. M. J. Rogers; 439—46); Solvatation von extrahierten komplexen Metallsäuren. 2. Mitt. (1. vgl. J. Amer. chem. Soc. **88** (1966) 2099) (C. V. Kopp u. R. L. Mc Donald; 447—53); Extraktion von Fe(III) mit TLA · HCl (L. Kuča, E. Högfeldt u. L. G. Sillén; 454—57); Best. der Stabilitätskonst. von Chlorozink-Komplexen durch Extraktion mit TLA · HCl (P. J. D. Lloyd; 458—64); Extraktion von $ZnCl_2$ mit TLA · HCl u. TLA in Xylol (D. Dyrssen u. M. De Jesus Tavares; 465—69); Einige wichtige analyt. Beziehungen betreffend BiJ_3 u. J^- (D. Dyrssen u. A.-C. Yen; 470—76); Extraktion von anion. Th(IV)- u. U(VI)-Chelaten (1.2-Dihydroxyanthrachinon-3-sulfonat) mit langkettigen Alkylammoniumverb. (Taichi Sato u. Mary L. Good; 477—84); Quatern. Ammoniumnitrate als Extraktionsmittel für dreiwertige Actinide (J. van Ooyen; 485—92); Beziehungen zwischen den Verteilungsverhältnissen u. der Mol.-Struktur von Nb u. Ta extrahierenden Spezies mit einigen neuen Extraktionsmitteln (Dioctylaminoäthanol, Dioctylaminobutanol) (C. Djordjevič; 493 bis 498); Einige Struktur-Einfl. in Extraktionsmittelmol. (T. H. Siddall III; 501—08); Organ. Oxide als Extraktionsmittel für Metallanionen (F. Krašovec u. C. Klofutar; 509—16); Anwendung der Theorie regulärer Lsg. von Hildebrand u. Scott auf Verteilungsdaten (B. Skytte-Jensen; 517—21); Sekundäre Tröpfchenbldg. während der Tropfenkoaleszenz (A. H. Brown u. C. Hanson; 522—31); Unters. der Grenzflächendiffusion in Zweiphasen-Fl.-Syst. (D. S. Brown u. D. G. Tuck; 532—39); Grenzfläche u. Überträgerstoffe bei der Aminextraktion von U (W. J. McDowell u. C. F. Coleman; 540—46); Grenzflächenphänomene u. Austauschkinetik bei der Lsgm.-Extraktion mit einem quatern. Ammoniumsalz (G. Scibona, P. R. Danesi, F. Orlandini, B. Scuppa u. M. Magini; 547—51); Lsgm.-Extraktion von geschmolzenen Salzen (Y. Marcus; 555 bis 580); Gemischte Zn(II)-Halogenidkomplexe in geschmolzenem Salz u. aromat. Lsgm. (M. Zangen; 581—87); Koextraktion von H_2O u. Na-Polyjodiden in Nitrobenzol (Louis M. Slater u. Maret Kukk; 588—94); Unters. der Extraktionsaustauschrk. $Cs^+(aq) + H^+(org) \rightleftharpoons Cs^+(org) + H^+(aq)$ zwischen einer wss. Phase u. Nitrobenzol (J. Rais u. M. Kyrš; 595—99); Systemat. Analyse durch Lsgm.-Extraktion Teil 3 (Teil 2 vgl. Anal. chim. Acta **32** (1965) 117) (R. A. Chalmers u. G. Svehla; 600—04); Lsgm.-Extraktionschemie u. Konstruktion von selektiven Membranen (R. Bloch, O. Kedem u. D. Vofsi; 605—11); Schnellmeth. zur Best. genauer Verteilungswerte (H. Reinhardt u. J. Rydberg; 612—19); Charakterisierung von extraktiven Trennungsprozessen durch einen integralen Trennungsfaktor (G. Günzler, C. Fischer u. P. Mühl; 620—24); Extraktive Reinigung von Mo(VI) in HCl-Lsg. 2. Mitt. Entfernung von Fe(III) (1. vgl. Reinstoffprobleme, Bd. 1 Akademie-Verlag, Berlin 1966) (P. Mühl, C. Fischer u. G. Günzler; 625—29); Verw. der Lsgm.-Extraktion für substöchiometr. Best. von Metallspuren (J. Růžicka, J. Starý u. A. Zeman; 630—31); Industrielle Anwendung der Lsgm.-Extraktion (Diskussion) (B. F. Warner et al.; 635—62). Ch. Weiske 154

0546 **Extraktion und Trennung von Lutetium und Salpetersäure im System $Lu(NO_3)_3$–HNO_3–H_2O–$(C_4H_9O)_3PO$.** A. V. Nikolaev und A. I. Rjabinin. (Doklady Akad. Nauk SSSR **175** (1967) 3, 610—12; Inst. neorg. chim. SO AN SSSR; russ.) — Das Syst. $Lu(NO_3)_3$–HNO_3–H_2O–$(C_4H_9O)_3PO$ wurde bei 25° im Konz.-Bereich der wss. Gleichgew.-Phase von 1—50 Gew.-% $Lu(NO_3)_3$ u. 0—85% HNO_3 mit der Strahlenmeth. untersucht. In die organ. Phase geht Lu in Form von $Lu(NO_3)_3 \cdot 6HNO_3$ über. Bei Säurekonz. von $\geqq 47\%$ wird Lu aus dem Extrakt vollständig entfernt. Der Platz von Lu-Nitrat in der Trennungsreihe ist bei HNO_3-Konz. $C_H > 25\%$ $La(NO_3)_3 \ldots HNO_3 \ldots Lu(NO_3)_3 \ldots Th(NO_3)_4$ u. bei $C_H < 25\%$ $La(NO_3)_3 \ldots Lu(NO_3)_3 \ldots HNO_3 \ldots Th(NO_3)_4$. Saure Salze werden im Falle von Lu ab 25% HNO_3, von La ab $> 60\%$ HNO_3 gut extrahiert. J. J. Pohl 154

0547 **Zusammensetzung von Zirkoniumsolvaten mit Tributylphosphat.** S. S. Korovin, V. V. Dubrovskaja, P. G. Berežko und I. A. Apraksin. (Ž. neorg. Chim. **12** (1967) 11, 3128—31; Mosk. inst. tonkoj chim. technolog. im. Lomonosova; russ.) — Die Löslichkeit von festem $ZrOCl_2 \cdot 8H_2O$ in TBP beträgt bei einer Kontaktzeit von 30—40 Min. ca. $1 \cdot 10^{-3}$ g · Atom/Liter, sie wächst mit steigendem HCl-Geh. im TBP u. erreicht bei **3,93 m** HCl 0,32 g-Atom/Liter. Eine Sättigung von TBP durch extrahierte Komplexe wurde nicht erreicht. Zr wird durch TBP in Form der Solvate $ZrCl_4 \cdot 2TBP$ oder aus Nitratlsg. in Ggw. von HNO_3 als $Zr(NO_3)_4 \cdot 2TBP$ extrahiert. Bei der Extraktion von Zr aus LiCl-Lsg. wird ebenfalls $ZrCl_4 \cdot 2TBP$ extrahiert. J. J. Pohl 154

0548 **Einfluß des Lösungsmittels und der Zusammensetzung der wäßrigen Phase auf die Extraktion von Germanium-8-hydroxychinolinat.** L. V. Kovtun und N. P. Rudenko. (Ž. neorg. Chim. **12** (1967) 11, 3123—27; russ.) — Die Extraktion von Ge aus salpetersaurer Lsg., z. T. mit Li-, K- oder NH_4-Nitrat durch 8-Hydroxychinolinlsg. in Bzl., $CHCl_3$, Chlorbenzol, Isobutanol u. Nitrobenzol bei 18—20° u. $\mu = 0{,}1$ wurde untersucht. Der Extraktionsgrad hängt von der DK des organ. Lsgm. ab. Die Unters. des Extraktionsgrades in $CHCl_3$-Lsg. in Abhängigkeit von der Ionenstärke der Lsg. zeigt, daß er mit der Hydratationszahl des Kations im Puffergemisch u. mit der Kationenkonz. in der Lsg. wächst. J. J. Pohl 154

0549 **Untersuchung der Acidokomplexe von Wismutchlorid durch Extraktion mit Aminen sowie UV-Spektrophotometrie.** I. A. Ševčuk, N. A. Kerimbekova und A. V. Kerimbekov. (Ž. neorg. Chim. **12** (1967) 11, 3111—13; russ.) — Die UV-Spektren von Bi-Chloridkomplexen in 0,3—10 n HCl-Lsg. u. in $CHCl_3$-Extrakten der Komplexe mit n-Dodecylamin bei der Extraktion aus 0,3—3 n HCl-Lsg. wurden bei 310—350 nm aufgenommen. Der Vgl. der Absorptionsspektren der extrahierten Bi-Chlorid-Komplexe bei der Verw. von n-Dodecylamin, Trilaurylamin u. Tributylamin zeigt, daß das Absorptionsmax. bei **331** $\pm$ 1 nm durch $BiCl_6^{3-}$ in den extrahierten Komplexen $(R_3NH)_2 \cdot H[BiCl_6]$ u. $(RNH_3)_3[BiCl_6]$, $R = C_4H_9$ bzw. $C_{12}H_{25}$, hervorgerufen wird. J. J. Pohl 154

0550 **Kinetik der Extraktion von Eisen mit Diisopentylorthophosphorsäure.** Ju. B. Kletenik und V. A. Navrockaja. (Ž. neorg. Chim. **12** (1967) 11, 3114—22; russ.) — Die Kinetik der Extraktion von Fe(III) durch 0,5 n benzol. Lsg. von Diisopentylorthophosphorsäure wurde bei konst. Größe der Phasengrenzfläche verfolgt. Die Extraktionsgeschw. ist in bestimmten Grenzen von der Vermischungsgeschw. der Phasen unabhängig. Das Verhältnis der Größe der Geschw.-Konst. der Hin- u. Rückrk. stimmt mit experimentellen Daten des Verteilungskoeff. überein. Die Extraktionsgeschw. von Fe aus Mineralsäurelsg. wächst in der Reihenfolge der 5 n Säuren H_2SO_4–$HClO_4$–HNO_3–HCl. Chloridionen beschleunigen die Extraktion von Fe aus anderen Mineralsäuren. Monoalkylphosphorsäuren erhöhen ebenfalls die Extraktionsgeschw., diese Wrkg. hat katalyt. Charakter u. sinkt mit der zunehmenden Größe des Alkylradikals. J. J. Pohl 154

0551 **Extraktion von Kobalt(II) aus salzsaurer Lösung durch Tri-n-octylamin.** Taichi Sato. (J. inorg. nuclear Chem. **29** (1967) 2, 547—53; Dep. of Appl. Chem., Fac. of Engng., Shizuoka Univ., Hamamatsu; engl.) — Vf. untersucht die Verteilung von Co(II) zwischen seiner salzsauren Lsg. u. benzol. Lsg. von Tri-n-octylamin (TOA) in Abhängigkeit von der HCl-Konz. sowie vom Zusatz von LiCl zur wss. Phase. Die Absorptionsspektren (400—800 nm) von wss. u. organ. Phase sowie die IR-Spektren der organ. Phase (Abb., Tabelle der Absorptionsbanden) werden mitgeteilt u. diskutiert. Es wird an Hand der Ergebnisse folgender Extraktionsmechanismus vorgeschlagen: $CoCl_2$ (wss.) + $2R_3NHCl$ (org.) $\rightleftharpoons (R_3NH)_2 \cdot CoCl_4$(org.) ($R_3N$ = TOA). Zusatz von LiCl zur wss. Phase bewirkt eine erhebliche Vergrößerung des Verteilungskoeffizienten. J. Oguntke 154

0552 **Extraktion von Thorium aus salpetersauren Lösungen durch Bis-[2-äthylhexyl]-phosphorsäure.** Taichi Sato. (J. inorg. nuclear Chem. **29** (1967) 2, 555—63; engl.) — Vgl. vorst. Referat. — Vf. untersucht die Verteilung von Th^{4+} zwischen seiner salpetersauren Lsg. u. Lsg. von Bis-[2-äthylhexyl]-phosphorsäure (I) in Kerosin in Abhängigkeit von der Temp., der Konz. an HNO_3 u. I sowie der Konz. an Th^{4+}. An Hand der IR-Spektren (Abb.) sowie der Abhängigkeit des Verteilungskoeff. von den genannten Variablen sowie einem Zusatz von $NaNO_3$ zur wss. Phase wird der Extraktionsmechanismus diskutiert. Für 6 m HNO_3-Lsg. wird folgender Mechanismus vorgeschlagen: Th^{4+}(wss.) + $4NO_3^-$(wss.) + $(HX)_2$(org.) $\rightleftharpoons$ $Th(NO_3)_4(HX)_2$(org.) [$(HX)_2$ = Dimeres von I]. Bei Extraktion aus Lsg. geringerer Acidität wird die Bldg. eines 1:3-Komplexes zwischen Th^{4+} u. I in der organ. Phase angenommen. J. Oguntke 154

0553 **Löslichkeitskonstanten und freie Bildungsenthalpien von Metallsulfiden. 4. Mitt. Löslichkeit von H_2S in $HClO_4$–$NaClO_4$–H_2O-Mischungen.** H. Gamsjäger, W. Rainer und P. Schindler. (Mh. Chem. **98** (1967) 5, 1793–1802; Leoben, Montanist. Hochschule, Inst. für Phys. Chem.; dt.) — 3. vgl. C. **1967**, 35-0507. — Durch jodometr. Best. der Gesamtkonz. $[H_2S]_{tot}$ wurde die Löslichkeit (LK) von H_2S (I) bei 25° in wss. Lsg. von $HClO_4$ (II) + $NaClO_4$ (III) verschiedener Konz. ermittelt. Für $Kp._{12}$, definiert als $Kp._{12} = [H_2S]_{tot} \cdot p_{H_2S}^{-1}$, gilt die Funktion $\log Kp._{12} = -0{,}991 - 0{,}059_0[Na^+] + 0{,}008_1[H^+] - 0{,}000_1[H^+]^4$. Die LK von I, für die die Additivitätsregel gilt, werden durch II erhöht (Einsalzeffekt), durch III erniedrigt (Aussalzeffekt). Die scheinbare Basenkonst. $K_{13} = [H_3S^+] \cdot [H_2S]^{-1} \cdot [H^+]^{-1}$ beträgt 0,154 bei 25°. G. Gattow 154

0554 **Löslichkeitskonstanten und freie Bildungsenthalpien von Metallsulfiden. 5. Mitt. Löslichkeit von α-MnS (Alabandin).** H. Gamsjäger. (Mh. Chem. **98** (1967) 5, 1803–09; dt.) — 4. vgl. vorst. Referat. — Unter Verw. elektrochem. u. analyt. Meth. wurde die Löslichkeit von α-MnS (I) in wss. $HClO_4$-$NaClO_4$-Lsg. u. bei bestimmten H_2S-Partialdrücken bei 25° ermittelt. Die Gleichgew.-Konst. (GK) der Rk. I(f) + $2H^+$(aq) $\rightleftharpoons$ Mn^{2+}(aq) + H_2S(g) beträgt $\log {}^*Kps_0 = 7{,}27 \pm 0{,}10$ bei 25° in 3 m $NaClO_4$. Für die GK der Rk. I(f) + $2H^+$(aq) $\rightleftharpoons$ Mn^{2+}(aq) + H_2S(aq) bzw. I(f) + H_2S(g) $\rightleftharpoons$ Mn^{2+}(aq) + $2HS^-$(aq) folgt $\log [Mn^{2+}] \cdot [H_2S] \cdot [H^+]^{-2} = 6{,}10 \pm 0{,}10$ bzw. $\log [Mn^{2+}] \cdot [HS^-] \cdot p_{H_2S}^{-1} = -8{,}7 \pm 0{,}8$. G. Gattow 154

0555 **Isopiestische Untersuchung ternärer Lösungen. 9. Mitt. Lösungen mit starker chemischer Wechselwirkung.** A. N. Kirgincev und A. V. Luk'janov. (Radiochimija **9** (1967) 1, 62–67; russ.) — 8. vgl. C. **1968,** 5-0571. — Vf. betrachteten theoret. die Veränderung des W.-Geh. (Δp) bei einer Vermischung von 2 bin. Lsg. W.–Salz. Wenn der W.-Geh. in den beiden Syst. p_1 u. p_2 (in g) u. die Molalität entsprechend m_{10} u. m_{20} beträgt, sowie die Molenbrüche der Salze durch y_1 u. y_2 ausgedrückt werden, dann ergibt sich Δp nach der Gleichung $\Delta p = by_1y_2(m_{10}p_1 + m_{20}p_2)$. Die Konst. b charakterisiert die Wechselwrkg. der Salze in der vermischten Lsg.; bei b = 0 (Δp = 0) verändert sich das isopiest. Gleichgew. beim Vermischen nicht, bei b > 0 oder b < 0 ist zur Erreichung des isopiest. Gleichgew., des neuen Syst. W. zuzufügen oder W. zu entfernen. Eine negative Abweichung charakterisiert die Tendenz zur Ausbldg. einer Verbindung. Vf. untersuchten nach der isopiest. Meth. bei 25° mit Hilfe eines von Scatchard (J. Am. Chem. Soc. **60** (1938), 12, 3061) beschriebenen Geräts die tern. Lsg. UO_2SO_4–$MeSO_4$–H_2O (Me = H, Li, Na, NH_4) Alle Syst. zeigen eine negative Abweichung (b < 0) von der Idealität. Diese Abweichung vergrößert sich mit dem Ionenradius von Me (H < Li < Na < NH_4). G. Ewald 154

0556 **Isopiestische Untersuchung ternärer Lösungen. 10. Mitt. H_2SO_4–Me_2SO_4–H_2O-Lösungen.** A. N. Kirgincev und A. V. Luk'janov. (Radiochimija **9** (1967) 1, 68–72; russ.) — 9. vgl. vorst. Referat. — Nach der gleichen (l.c.) Meth. untersuchten Vf. die Syst. H_2SO_4–Me_2SO_4–H_2O (Me = K, Rb, Cs). Die Abhängigkeit der reziproken Gesamtmolalität (1/m) von dem Molenbruch y_1 (H_2SO_4) zeigt eine negative Abweichung von der Idealität (b < 0) u. durchläuft bei y_1 = 0,43 ein Minimum. Das Minimum entspricht der Verb. $4\,MeSO_4 \cdot 3\,H_2SO_4$. Der Wert b hängt ebenfalls von y_1 ab u. zeigt ein Minimum bei $y_1 \sim 0{,}3$. Die Konst. b verringert sich linear mit der W.-Aktivität. Die Absolutwerte von b vergrößern sich in der Reihe K < Rb < Cs, d. h. mit dem Ionenradius. G. Ewald 154

0557 **Physikalisch-chemische Untersuchung des Vierkomponentensystems Natriumhydroxid–Borsäure–Trihydroxyglutarsäure–Wasser bei 25°. 1. Mitt. Isothermer Schnitt des Systems Natriumpentaborat(Natriumdecaborat)–Natriumtrihydroxyglutarat–Wasser.** A. Ja. Putnin', E. M. Švarc und A. F. Ievin'š. (Izvest. Akad. Nauk Latv. SSR, Ser. chim. **1967**, 3, 298–303; Inst. neorgan. chim. Akad., nauk Latv. SSR; russ., Auszug: engl.) — Die Löslichkeit im Syst. $NaB_5O_8(Na_2B_{10}O_{16})$–$Na_2C_5H_6O_7$–$H_2O$ wurde bei 25° untersucht, die ausgefallenen festen Phasen analysiert, das spezif. Gew. d der Lsg., ihre Viskosität η, die spezif. elektr. Leitfähigkeit ϰ, die Brechungszahl n_D u. der pH-Wert der fl. Phase bestimmt, die Vers.-Ergebnisse tabelliert u. d, η, ϰ, n_D in Abhängigkeit vom Molverhältnis $Na_2C_5H_6O_7/Na_2B_{10}O_{16} = C_1/C_2$ graph. dargestellt. Im Syst. $NaB_5O_8(Na_2B_{10}O_{16})$–$Na_2C_5 \cdot H_6O_7$ krist. drei Verb. aus: $NaB_5O_8 \cdot 5\,H_2O(Na_2B_{10}O_{16} \cdot 10\,H_2O$, I; Kristallisation im Bereich pH = 6,75–7,8, Brechungszahl N_g = 1,481, N_p = 1,430), $Na_2O \cdot B_2O_3 \cdot C_5H_6O_6 \cdot 4\,H_2O$ (II; sehr kleine nadelförmige Krist., Krist. im Bereich pH = 6,05–7,9, Brechungszahlen konnten nicht ermittelt werden), $Na_2C_5H_6O_7 \cdot H_2O$ (III; Krist. im Bereich pH = 6,05–7,46, Brechungszahlen N_g = 1,565, N_p = 1,543). Dem Punkt der gemeinsamen Kristallisation von I u. II bzw. II u. III entsprechen die Molverhältnisse C_1/C_2 von 0,772 bzw. 1,757. K. Karos 154

0558 **Physikalisch-chemische Untersuchung des Vierkomponentensystems Natriumhydroxid–Borsäure–Trihydroxyglutarsäure–Wasser bei 25°. 2. Mitt. Isothermer Schnitt des Systems Borsäure–Natriumhydrogentrihydroxyglutarat–Wasser.** A. Ja. Putnin', E. M. Šwarc und A. F. Ievin's. (Izvest. Akad. Nauk Latv. SSR, Ser. chim. **1967**, 3, 304–08; Inst. neorg. chim., Akad. nauk Latv. SSR; russ., Auszug: engl.) — 1. vgl. vorst. Referat. — Die Löslichkeit im Syst. H_3BO_3–$NaHC_5H_6O_7$–H_2O wurde bei 25° untersucht, die ausgefallenen festen Phasen analysiert, das spezif. Gew. d der Lsg., ihre Viskosität η, die spezif. elektr. Leitfähigkeit ϰ, die Brechungszahl n_D u. der pH-Wert der fl. Phase bestimmt, die Vers.-Ergebnisse tabelliert u. d, η, ϰ, n_D in Abhängigkeit vom Molverhältnis $NaHC_5H_6O_7/H_3BO_3 = C_1/C_2$ graph. dargestellt. Im Syst. H_3BO_3–$NaHC_5H_6O_7$–H_2O krist. fünf Verb. aus: H_3BO_3 (I; Kristallisation im Bereich pH = 3,67–6,01), $NaB_5O_8 \cdot 5\,H_2O$ (II; Kristallisation im Bereich pH = 4,53–6,01), $2\,Na_2O \cdot B_2O_3 \cdot 2\,C_5H_6O_6 \cdot 3\,H_2O$ (III; rhomb. Krist., Kristallisation im Bereich pH = 3,75–4,53, Brechungszahlen N_g = 1,538, N_p = 1,472, spezif. Gew. bei 25° 1,69 g/cm³), $Na_2O \cdot B_2O_3 \cdot C_5H_6O_6 \cdot 4\,H_2O$ (IV; sehr kleine nadelförmige Krist., Kristallisation im Bereich pH = 3,3–4,4), $NaHC_5H_6O_7 \cdot H_2O$ (V; Kristallisation im Bereich pH = 2,91–3,7). Die bin. Punkte gemeinsamer Kristallisation von I u. II, II u. III, III u. IV, IV u. V entsprechen dem Verhältnis C_1/C_2 von 0,270, 0,368, 2,286 bzw. 3,886. K. Karos 154

0559 **Interchalkogenverbindungen. 2. Mitt. System Schwefel–Tellur.** R. Cooper und J. V. Culka. (J. inorg. nuclear Chem. **29** (1967) 8, 1877–79; Parkville, Australien, Univ. of Melbourne, Chem. Dep.; engl.) — 1. vgl. C. **1968**, 27-0825. — Mischungen von S u. Te verschiedener Konz. wurden in evakuierten Quarzgefäßen bei 900° zusammengeschmolzen u. die Rk.-Prod. mit CS_2 extrahiert. Die Extraktionsprod. wurden massenspektrometr. untersucht. Es treten nur Spezies der Art S_7Te_1 auf. G. Gattow 154

0560 **Thermische Untersuchung einiger Systeme. 2. Mitt. Alkalimetallhalogenid–Aluminiumhalogenid.** C. T. H. M. Cronenberg und J. W. van Spronsen. (Z. anorg. allg. Chem. **354** (1967) 1–2, 103–10; Utrecht, Reichsuniv., Analyt.-Chem. Labor.; dt.) — 1. vgl. ibid. **353** (1967) 1–2, 93. — Vf. untersuchten die bin. Syst. von $AlBr_3$ mit *KBr*, *RbBr* u. *CsBr*; die Zustandsdiagramme sind bis zu einem Geh. von 60 Mol-% Alkalimetallbromid (AB) graph. wiedergegeben. In den Syst., die bis etwa 22 Mol-%

AB Entmischungsgebiete aufweisen, treten nachst. Verb. auf (k = kongruent, i = inkongruent): $KAlBr_4$ (F. 192,5° k), KAl_2Br_7 (196° i), $RbAlBr_4$ (278° k), $RbAl_2Br_7$ (110° i), $CsAlBr_4$ (357° k), $CsAl_2Br_7$ (154° i). Auf die mögliche Existenz von $K_2Al_7Br_{23}$, $Rb_2Al_7Br_{23}$ u. $Cs_2Al_7Br_{23}$ wird hingewiesen. G. Gattow 154

0561 **Numerisch-graphische Methoden zur Bestimmung sukzessiver Komplexbildungskonstanten.** 1. Mitt. C. Konečny. (Z. physik. Chem. [Leipzig] **236** (1967) 5/6, 362; Nuclear Res. Inst., Czechoslov. Acad. of Sci., Řež near Prague; engl.) — Erratum zu C. **1966,** 15-0482. M. Frenzel 156

0562 **Untersuchungen an Stickstoff–Brom-Verbindungen.** 3. Mitt. **UV-spektroskopischer Nachweis von Gleichgewichten zwischen Mono- und Dibromaminen in ätherischer Lösung. Violettes Monobromamin.** Jochen Jander und Christian Lafrenz. (Z. anorg. allg. Chem. **349,** 57—67, 1966; Anorg.-Chem. Labor., TH München; dt.) — 2. vgl. C. **1961,** 5002. — UV-spektroskop. Unters. ergaben, daß die gelben Lsg. von NH_2Br in Ae. (N:Br = 1:1) kein reines Prod. enthalten, sondern eine Gleichgew.-Mischung von $NHBr_2$, NH_3 u. NH_2Br. Das gleiche gilt für die gelben Ae.-Lsg. von N-Brommethylamin, das bei N:Br = 1:1 im Gleichgew. mit N.N'-Dibrommethylamin u. Methylamin vorliegt. Die reinen monobromierten Amine sind nur bei Überschuß an freiem Amin vorhanden. Angabe der UV-Spektren. — Reines NH_2Br, aus solvatisierender Ae.-Lsg. durch nicht zur Solvatisierung befähigtes Pentan ausgefällt, ist schwarzviolett. Auch eingefrorene Ae.-Lsg. von NH_2Br sind rotviolett. Auf Grund dessen werden die schwarz- u. rotvioletten Farbtöne auf eine Assoziation des unsolvatisierten NH_2Br zurückgeführt. A. Jaeschke 156

0563 **Polarographische Bestimmung der Stabilitätskonstanten von Metallkomplexen durch Messung der Kathodenwellenverschiebung des Liganden.** Enric Casassas und Luis Eek. (J. Chim. physique Physico-Chim. biol. **64** (1967) 6, 971—77; Fac. des Sci., Univ., Barcelone; franz.) — Die Verschiebung der Halbwellenpotentiale von organ. Liganden bei Komplexbldg. mit einem Metall (wobei der Ligand an der Hg-Elektrode leichter als das Metall reduzierbar ist) kann zur Best. der Stabilitätskonst. dieser Komplexe dienen. Anwendung auf Komplexe von *1-Nitroso-2-naphthol* u. 2.4-Dinitrophenol mit *Co* u. *Ni* bei pH 6,0 (Tabellen der Konst.). L. Kramar 156

0564 **Ramanspektroskopische Untersuchung der Komplexbildung von $ZnCl_2$ in wäßriger Lösung.** B. Gilbert. (Bull. Soc. chim. belges **76** (1967) 9/10, 493—504; Liège; franz.) — Es wurde die Eigenkomplexbldg. von $ZnCl_2$-Lsg. untersucht. Eine detaillierte Unters. der Intensität der Bande bei 284 cm^{-1} bestätigt das Vorliegen von $ZnCl_4^{2-}$ u. $ZnCl_2$ in 1 u. 4 m Lösungen. Die Dissoziationskonst. für die Bldg. von $ZnCl_4^{2-}$ u. $ZnCl_2$ (aus $ZnCl_4^{2-}$) werden angegeben. D. Hoene 156

0565 **Stabilität von Cd-Komplexverbindungen mit Pyridinderivaten.** L. V. Nazarova. (Ž. neorg. Chim. **12** (1967) 11, 3062—65; Kišinevskij gos. univ., Kaf. neorgan. chim.; russ.) — Die Stabilitätskonst. des protonisierten Liganden LH^+ u. des 1:1-Komplexes Cd^{2+}–Ligand wurden für folgende Liganden bei 25 ± 0,5 u. μ = 0,3 auf Grund von potentiometr. Daten bestimmt: *Pyridin* = (pK_A =) 5,25, (log β_1) 1,04; *β-Picolin* 6,04, 1,28; *Chinolin* 5,20, 0,25; *3-Brompyridin* 3,48, 0,64 u. *Nicotinsäureäthylester* 3,33, 0,60. Die Stabilität der Proton–Ligand- u. Metall–Ligand-Komplexe zeigt einen linearen Zusammenhang, wobei jedoch Chinolin eine Ausnahme bildet. Der stark herabgesetzte Wert der Stabilitätskonst. des Metall–Chinolin-Komplexes wird durch die Auswrkg. einer ster. Hinderung erklärt. Bei der Komplexbldg. erfolgt eine stufenweise Substitution der W.-Mol. im oktaedr. $[Cd(H_2O)_6]^{2+}$-Ion. J. J. Pohl 156

0566 **Wechselbeziehung der Stabilität von Gallium-, Indium- und Zinkkomplexverbindungen.** V. N. Kumok. (Ž. neorg. Chim. **12** (1967) 11, 3010—15; Tomskij gos. univ. im. Kujbyševa, Kaf. neorgan. chim.; russ.) — Die Stabilitätskonst. der Komplexe von *Xylenolorange* (H_6X) mit Ga, In u. Zn wurden bei 20° u. μ = 0,2 {[Na, H)Cl} spektrophotometr. bei 560 nm bestimmt. Nach Korrekturen durch Berücksichtigung der Komplexbldg. mit Chlorid beträgt 10 g β_{12} von $[ZnH_2X]^{2-}$ 6,02 ± 0,10. $[InH_2X]^-$ 9,94 ± 0,07 u. $[GaH_2X]^-$ 13,36 ± 0,08. Sehr viele Liganden bilden, wie Literaturdaten zeigen, mit In u. Ga Komplexe der Zus. 1:1, deren Stabilität durch die Beziehung $\log \beta_M = a_{M,Zn} \log \beta_{Zn} + b_{M,Zn}$ beschrieben werden kann, wobei $a_{In,Zn}$ = 1,365 ± 0,019 u. $a_{Ga,Zn}$ = 1,92 ± 0,13 ist. Das Verhältnis stimmt mit dem Verhältnis der Ionenpotentiale der Kationen etwa überein. Die Parameter $b_{In,Zn}$ u. $b_{Ga,Zn}$ betragen 1,47 ± 0,18 u. 0,06 ± 0,60. J. J. Pohl 156

0567 **Thermodynamische Eigenschaften von Seltenerdmetallkomplexen.** 5. Mitt. **Freie Energie-, Enthalpie- und Entropieänderungen für die Bildung von Seltenerdmetallacetatkomplexen in Wasser(5%)–Methanol(95%).** Ingmar Grenthe und David R. Williams. (Acta chem. scand. **21** (1967) 2, 347—58; Chem. Inst., Univ. of Lund, Sweden; engl.) — 4. vgl. ibid. **18** (1964) 293. — Die Änderungen der obengenannten thermodynam. Eig. werden bei 25,00° u. in 0,500 m $NaClO_4$ für *La-*, *Pr-*, *Nd-*, *Sm-*, *Gd-*, *Dy-*, *Er-* u. *Yb(3+)*-Acetatkomplexe angegeben. Die Stab.-Konst. u. Änderungen der Freien Energie werden potentiometr. u. die Enthalpieänderungen kalorimetr. gemessen. Die Entropieänderungen werden berechnet. In W.–Methanol (5:95 Vol.-%) gegenüber W. liegen die Stab.-Konst. um den Faktor ~ 1000 höher. Die Verhältnisse, gemessen an den stufenweisen Enthalpie- u. Entropieänderungen in der Reihe der Seltenerdmetalle, sind in W.–Methanol (5:95) u. W. ähnlich. K.-J. Zwietasch 156

0568 **Stabilität der Komplexverbindungen von Pr, Nd und Eu mit Benzoylaceton in Methanol.** A. A. Žoldakov und N. K. Davidenko. (Ž. neorg. Chim. **12** (1967) 11, 3066—71; russ.) — Die Konst. der sauren Dissoziation von Benzoylaceton beträgt $-\log K_a$ = 11,95 ± 0,01. Die stufenweisen Stabilitätskonst. K_n der Komplexverb. von Pr^{3+}, Nd^{3+} u. Eu^{3+} mit Benzoylaceton betragen in Ggw. von 0,1 m NaCl u. 22° $\log K_1$ (Pr) 10,7 ± 0,2, (Nd) 10,8 ± 0,2, (Eu) 11,1 ± 0,2, $\log K_2$ 8,4 ± 0,1, 8,5 ± 0,1, 8,7 ± 0,1, $\log K_3$ 4,4 ± 0,1, 4,4 ± 0,1, 4,6 ± 0,1, $\log K_4$ 2,6 ± 0,1, 2,6 ± 0,1, 2,9 ± 0,1. J. J. Pohl 156

0569 **Bestimmung der kumulativen Stabilitätskonstanten von Lactato- und α-Hydroxyisobutyratopromethium-Komplexen.** H. Deelstra und F. Verbeek. (Bull. Soc. chim. belges **76** (1967) 9/10, 557—58; Gent; engl.) — Durch Ionenaustausch u. unter Verw. bekannter Werte der analogen Nd- bzw. Sm-Komplexe werden die Stabilitätskonst. der PmL_3-Komplexe bei 25° zu β_3 = 5,36 (Lactat) bzw. β_3 = 6,00—6,06 (Butyrat) bestimmt. D. Hoene 156

0570 **KMR-Untersuchung der Solvatkomplexe von $ThCl_4$ mit DMF und CH_3OH.** A. M. Golub, V. A. Kalibabčuk und B. S. Kuc. (Ž. neorg. Chim. **12** (1967) 11, 2983—88; russ.) — Die Umsetzung von $ThCl_4$ mit DMF wurde in Acetonlsg. KMR-spektroskop. untersucht. Es entsteht hierbei der Komplex $ThCl_4 \cdot 2\,DMF$, dessen Dissoziationskonst. in Aceton $(4,7-5) \cdot 10^{-2}$ beträgt. DMF koordiniert sich an Th über das Carbonylsauerstoffatom. Mit Methanol bildet $ThCl_4$ in Aceton den Solvatationskomplex $ThCl_4 \cdot 4\,CH_3OH$ mit der Dissoziationskonst. $5,5 \cdot 10^{-4}$. J. J. Pohl 156

0571 **Chemismus der Umsetzung von Zirkoniumionen mit Arsenazo-1.** O. V. Mandžgaladze und V. A. Nazarenko. (Soobšč. Akad. Nauk Gruz. SSR **47** (1967) 2, 303—08; Tbilisskij gos. univ.; russ.) — Die spektrophotometr. Unters. der Rk. von Zr^{4+}-Ionen mit Arsenazo-1 im Bereich 400—650 nm bei 20 ± 1° zeigt die Bldg. von zwei Komplexen. Im sauren Medium entsteht ein Komplex mit dem Komponentenverhältnis 1:1. Der Komplex im alkal. Medium ist unbeständig. Der Mechanismus der Komplexbldg. im sauren Medium wird diskutiert, es wird an das Kation $Zr(OH)_3^+$ die tautomere Chinonhydrazonform des Arsenazo-1-Anions koordiniert. J. J. Pohl 156

0572 **Untersuchung der Komplexbildung von Thorium-(IV) mit N-Cinnamoylphenylhydroxylamin mit der Vertei-**

lungsmethode. F. G. Žarovskij, R. I. Suchomlin und M. S. Ostrovskaja. (Z. neorg. Chim. **12** (1967) 9, 2476 bis 2480; russ.) — Die Extraktion von $C_6H_5CONOHCH=CHC_6H_5$ (I; HA) im Syst. C_6H_6–H_2O wurde bei 20 ± 0,5° u. β = 0,1 ($HClO_4$–$NaClO_4$–NaOH) untersucht, die Verteilungskonst. beträgt 183,5 ± 2,1. Die Extraktion des Th(IV)-Komplexes von **I** als ThA_4 wurde bei den gleichen Bedingungen in Abhängigkeit von der Th(IV)-Konz., der **I**-Konz. in $CHCl_3$ u. dem pH-Wert der wss. Phase verfolgt. Die Stabilitätskonst. β_n der Th(IV)–**I**-Komplexe $[ThA_n]^{4-n}$ betragen im Syst. $CHCl_3$–H_2O $\beta_1 = 5{,}8 \cdot 10^{12}$, $\beta_2 = 5{,}0 \cdot 10^{24}$, $\beta_3 = 5{,}2 \cdot 10^{35}$ u. die sog. Zweiphasenstabilitätskonst. $\lambda_4 \cdot \beta_4 = 1{,}6 \cdot 10^{49}$. J. J. Pohl 156

0573 **Umsetzung von Germanium mit Trihydroxyfluoronen.** V. A. Nazarenko, G. V. Fljantikova und A. M. Andrianov. (Ž. neorg. Chim. **12** (1967) 11, 3072 bis 3075; Inst. obšč. i neorg. chim. AN Ukr. SSR, Labor v Odessa; russ.) — Vgl. C. **1964, 34**-0519. — Die Rk. von GeO_2 mit 9-Propyl-2.3.7-trihydroxy-6-fluoron in Lsg. mit I = 8,0 wurde bei 20 ± 0,5° spektrophotometr. bei 440 bis 580 nm untersucht. Das einwertige Propylfluoronanion wird am $Ge(OH)_2^{2+}$-Kation koordiniert. Der Chemismus der Rk. ist bei hohen u. niedrigen Elektronenkonz. in der Lsg. gleich. Das Löslichkeitsprod. des Ge-Propylfluoronats beträgt bei der Ionenstärke I = 8,0 $8{,}8 \cdot 10^{-24}$. Der Komplexbldg.-Grad wurde in Abhängigkeit vom pH-Wert der Lsg. bestimmt.
J. J. Pohl 156

0574 **Komplexe organometallischer Verbindungen.** 16. Mitt. **Stabilitätskonstanten von Organozinn(IV)-fluorid- und -chlorid-Komplexen in wäßriger Lösung.** A. Cassol, L. Magon und R. Barbieri. (Inorg. nuclear Chem. Letters **3** (1967) 1, 25—29; Centro Chim. Radiazioni Radioelementi C.N.R., Padova; engl.) — 15. vgl. C. **1968,** 21-0820. — Die Stabilitätskonst. von $[(CH_3)_3SnX_n]^{1-n}$ $[(CH_3)_2SnX_n]^{2-n}$ u. $[CH_3SnX_n]^{3-n}$ ($X = F^-, Cl^-$) in wss., Lsg. werden ermittelt. Die Koordinationstendenz des Sn für die F^--Liganden nimmt mit sinkender Zahl der gebundenen Methylgruppen zu. Die anion. Methylzinn(IV)-chlorid-Komplexe sind nur wenig stabil. Hierbei hat die Zahl der koordinierten Methylgruppen keinen wesentlichen Einfl. auf die Koordinationstendenz der Cl^--Liganden. Bei diesen Komplexen wird maximal die Koordinationszahl 5 erreicht. M. Steidinger 156

0575 **Bestimmung der Zusammensetzung und Stabilität von Wismutnitratkomplexen durch Ionenaustauschchromatographie.** É. E. Kapancjan und B. I. Nabivanec. (Ukrainskij chim. Ž. **33** (1967) 9, 961—64; Inst. obšč. i neorg. chim. AN Ukr. SSR; russ.) — Die Absorption von Bi an der H^+-Form von KU-2 wurde bei einer H^+-Konz. von 0,2 m u. sich ändernder $NaNO_3$-Konz. bei μ = 1,0 ($NaClO_4$) u. an der NO_3^--Form des Anionits AV-17 bei Säurekonz. von 0,1—10 n verfolgt. Die Absorption von Bi an AV-17 wächst mit steigender HNO_3-Konz. u. ist im Bereich 3—6 n HNO_3 konstant. In diesem Bereich liegt der Komplex $[Bi(NO_3)_6]^{3-}$ vor. Die ber. sukzessiven Stabilitätskonst. von $[Bi(NO_3)_6]^{3-}$ betragen k_1 = 0,11 ± 0,03, k_2 = 0,24 ± 0,05, k_3 = 0,45 ± 0,07, k_4 = 0,86 ± 0,1, k_5 = 1,51 ± 0,2, k_6 = 3,61 ± 0,4. Mehr als 5% des Bi liegen bei HNO_3-Konz. > 0,5 n in anion. Form vor. J. J. Pohl 156

0576 **Assoziation von optisch aktiven Ionen.** 1. Mitt. **Assoziationskonstanten des Systems Tris-[äthylendiamin]-kobalt(III)-/Tartrat-Ionen.** Kazuko Ogino und Umihiko Saito. (Bull. chem. Soc. Japan **40** (1967) 4, 826 bis 829; Katahira-cho, Sendai, Tohoku Univ.; engl.) — Das unterschiedliche Verh. (Reaktivität, Diffusion) der Enantiomeren eines opt.-akt. Metallkomplexes in Ggw. eines anderen opt.-akt. Ions wird einer Assoziation zugeschrieben. Vf. geben eine mathemat. Behandlung des Gleichgew. an für Lsg., die eine oder beide Antipoden eines opt.-akt. Ions u. opt.-akt. Gegenionen enthalten, u. wenden diese auf das Syst. $[Co\ en_3]^{3+}/d$-*tartrat* an. In Ggw. von Natartrat steigt die charge transfer(CT)-Absorption des $[Co\ en_3]^{3+}$ bei 265 mμ in der Reihe l- < dl- < d-$[Co\ en_3]^{3+}$ an; Vf. konnten daraus die Assoziationskonst. von *d*-$[Co\ en_3]^{3+}/[d$-*Tartrat*$]^{2-}$ u. *l*-$[Co\ en_3]^{3+}/[d$-*Tartrat*$]^{2-}$ zu 26 bzw. 21 (bei einer Ionenstärke von μ = 0,1; 25°) bestimmen. E. Daltrozzo 156

0577 **Abhängigkeit der Instabilitätskonstanten von Komplexverbindungen von der Elektronegativität ihrer Komponenten.** 9. Mitt. **Stabilität und Struktur von Ni(II)-Cyanato-Komplexen in wäßriger Lösung.** Alicja Łodzińska. (Roczniki Chem. [Ann. Soc. chim. Polonorum] **41** (1967) 7/8, 1155—60; Kat. Chem. Nieorg. Univ. M. Kopernika, Torun; pol.) — 8. vgl. C. **1968, 30**-0564. — Nach der Meth. von J. Bjerrum wurden die Instabilitätskonst. der vier Dissoziationsstufen zu pK_1 = 1,97, pK_2 = 1,56, pK_3 = 1,37, pK_4 = 1,3 bestimmt. Eine Einfachbande bei 25000 (cm^{-1}) u. eine Doppelbande bei 16000—13000 legen für die wss. Lsg. des Komplexes eine oktaedr. Struktur nahe, im Gegensatz zur tetraedr. Struktur in nichtwss. Lösungsmitteln.
S. Borek 156

0578 **Komplexbildung im System $Cu(NO_3)_2$-1-Methyl-2-hydroxymethylbenzimidazol–Methanol.** M. V. Artemenko und K. F. Sljusarenko. (Z. neorg. Chim. **12** (1967) 11, 3055—60; Kievskij technol. inst. piščevoj prom.; russ.) — Die Komplexbldg. im Syst. $Cu(NO_3)_2$-1-Methyl-2-hydroxymethylbenzimidazol–Methanol wurde spektrophotometr. bei 320—1100 nm mit der Meth. der isomol. Reihen untersucht. Das koordinativ gesätt. Prod. der stufenweisen Komplexbldg. stellt eine Verb. mit dem Komponentenverhältnis 1:3 dar, wobei jedes Imidazolmol. zwei Koordinationsstellen einnimmt. Mit Hilfe der spektralen Daten sowie der Verw. der Krist.-Feldtheorie wird gezeigt, daß alle Komplexverb. eine tetragonal bipyramidale Konfig. haben. Die Zus. u. die Spektraldaten der Komplexverb. sind analog zu denen im Syst. Cu · $(NO_3)_2$-2-Hydroxymethylbenzimidazol–Methanol.
J. J. Pohl 156

0579 **Beständigkeit von Silber-Komplexverbindungen mit Thioharnstoff in wäßrig-alkoholischen Lösungen.** L. V. Nazarova und V. I. Prižilevskaja. (Ž. neorg. Chim. **12** (1967) 11, 3051—54; Kišinevskij gos. univ., Kaf. neorg. chim.; russ.) — Die Komplexbldg. von $AgNO_3$ mit Thioharnstoff (TH) wurde in wss. Lsg. in Ggw. von 0, 25, 50, 75 u. 85% Methanol, A. u. Propanol potentiometr. bei 25 ± 0,5° u. μ = 0,4 ($LiNO_3$) untersucht. In allen untersuchten Lsgm. entsteht in Ggw. eines TH-Überschusses der Komplex $[Ag(TH)_3]^+$. Die Größe der Stabilitätskonst. des Komplexes ist von der Menge des zugefügten Alkohols abhängig u. ist bei der Zugabe von gleichen Mengen der verschiedenen Alkohole gleich groß.
J. J. Pohl 156

0580 **Stabilität der isomeren Diaminkomplexe $[Pt \cdot (NH_2OH)_2Cl_2]$ und $[Pt(NH_2OCH_3)_2Cl_2]$.** A. A. Grinberg, M. I. Gel'fman, A. I. Stecenko und N. D. Mitkinova. (Ž. neorg. Chim. **12** (1967) 11, 3097—3100; russ.) — Die Instabilitätskonst. der isomeren Diaminkomplexe bei 18°, entsprechend der Abgabe des ersten Cl^--Ions beträgt bei μ = 0,1 u. einer Genauigkeit von ± 10% für cis- bzw. ± 20—25% für trans- bzw. cis-$[Pt(NH_2OCH_3)_2Cl_2]$ $6{,}3 \cdot 10^{-5}$ bzw. $0{,}9 \cdot 10^{-3}$, für trans- bzw. cis-$[Pt(NH_2OH)_2 \cdot Cl_2]$ $3{,}6 \cdot 10^{-4}$ bzw. $1{,}2 \cdot 10^{-3}$. Die Stabilität der Bindung des Cl^--Ions ist also auch in diesem Fall in der trans-Form größer als in der cis-Form. In NH_2OCH_3-haltigen Aminen ist die Stabilität der Cl^--Bindung etwas größer als in Diaminen mit Beteiligung der Amine NH_3, $CH_3 \cdot NH_2$ u. $C_2H_5NH_2$. J. J. Pohl 156

A–5. Elektrochemie

0581 **Berechnung der Dissoziationskonstanten von Elektrolyten mit elektronischen Rechenmaschinen.** V. M. Centovskij und N. G. Centovskaja. (Élektrochimija **3** (1967) 10, 1214—16; Kazanskij' chim.-technol. inst. im. Kirova; russ.) — Zur maschinellen Auswertung der Fuoss-Onsagerschen Gleichung wird eine Meth. für stark u. schwach assoziierte Elektrolyte beschrieben. Berechnete Werte für *NaJ* in A. u. Methyläthylketon; *Li-Pikrat* in Aceton u. W.; Essigsäure in Dimethylformamid u. Aceton werden angegeben.
C. Herold 162

0582 **Ionenpaar-Assoziationskonstanten und Zusammensetzung des Lösungsmittels.** M. J. Blandamer. (Nature [London] **214** (1967) 5086, 380—81; Dep. of Chem., Univ. of Leicester; engl.) — Anhand von LiJ in Dioxan/W. wird gezeigt, daß es vorteilhafter ist, die Assoziierungs-

konst. (K_A) bzw. log K_A als Funktion des mittleren Molgew. anstelle der Extinktion (ε) des Lsgm. darzustellen, da ε selbst eine Funktion der Zus. des Lsgm. ist.
G. Schatz 162

0583 **Messungen der Aktivitätskoeffizienten in wäßrigen NaCl–LiCl- und NaCl–KCl-Elektrolyten mit Natriumamalgam-Elektroden.** James N. Butler, Rima Huston und Philomena T. Hsu. (J. physic. Chem. **71** (1967) 10, 3294–3300; Tyco Labor., Inc., Waltham, Mass.; engl.) — Gemessen wird das Potential der Zelle *Na, Hg/Na*$^+$, *M*$^+$, *Cl*$^-$*/AgCl/Ag* [*M*$^+$ = *Li*$^+$ oder *K*$^+$]. Im Fall des *LiCl–NaCl*-Elektrolyten können die Aktivitätskoeff. aus diesen Messungen in Übereinst. mit den Ergebnissen nach der isopiest. Meth. ber. werden. Beim *KCl–NaCl*-Elektrolyten stört die Nebenrk. $Na(Hg) + K^+ \rightleftharpoons K \cdot (Hg) + Na^+$. Dieser Mechanismus wird diskutiert, die in *KCl*-Elektrolyten beobachteten Potentiale werden quant. gedeutet.
R. Blank 162

0584 **Aktivitätskoeffizient des Calciumions in gemischten Salzlösungen.** Adam Shatkay. (J. physic. Chem. **71** (1967) 12, 3858–61; Weizman Inst. of Sci., Rehovoth, Israel; engl.) — Der Aktivitätskoeff. von Ca^{2+} ($f_{Ca^{2+}}$ in ca. 10^{-3} m $CaCl_2$-Lsg. (+ 0 bis 1 m NaCl oder $MgCl_2$) wurde mit 2 (handelsübliche u. selbst hergestellte Membran-Elektrode) Ca^{2+}-spezif. Elektroden gegen SCE (gesättigte Kalomel-Elektrode) bestimmt. Mittels der vereinfachten Beziehung $f_{Ca,I} \approx f^{\pm}_{Ca,C^x}$ (Ca = Konz. Ca^{2+}, I = Ionenstärke, C^x = veränderte Ca-Konz.) wurde $f_{Ca^{2+}}$ ber. u. mit nach der Gleichung von Guggenheim-Glueckauf ber. u. gemessenen Werten verglichen. Die nach der ersten Meth. ber. Werte liegen näher an den gemessenen. Die Verminderung von f durch das Fremdsalz ist größer, als die Ionenstärke erwarten läßt.
G. Schatz 162

0585 **Cadmiumjodidlösungen in Äthylalkohol.** Henry Brusset und Jeanne Garcin. (C. R. hebd. Séances Acad. Sci., Sér. C **265** (1967) 25, 1364–67; Labor. de Rech. de Chim. systemat., E.N.S., Paris; franz.) — Die Dissoziation von CdJ_2 wurde durch Best. der spez. Leitfähigkeit (χ) u. der Extinktion (= 200–280 nm) als Funktion der Konz. (c) u. des W.-Geh. untersucht. Abs. u. wasserhaltige Lsg. mit c > $5 \cdot 10^{-5}$ Mol/l verhalten sich für W. < 0,5% ident.; für kleineres c ergeben sich empfindliche Unterschiede. Aus der Extinktion folgt für 10^{-6}–$5 \cdot 10^{-5}$ das Vorliegen von J^-, aus χ für c > $5 \cdot 10^{-6}$ von CdJ^+; ab c = $2{,}5 \cdot 10^{-6}$ das Auftreten von CdJ_2; aus dem Verh. der beiden Kurven schließen Vf. ferner auf die Existenz von $[CdJ_2(OC_2H_5)_2]^{2-}$ oder $[CdJ_2(OH)_2]^{2-}$, CdJ_3^- u. CdJ_4^{2-}.
G. Schatz 162

0586 **Chronopotentiometrische Bestimmung des Diffusionskoeffizienten von Titanionen in Chlorid–Fluorid-Schmelzen.** Ju. K. Delimarskij und P. A. Pogrebnoj. (Ukrainskij chim. Z. **33** (1967) 12, 1308–09; Inst. obšč. i neorgan. chim. AN Ukrain SSR; russ.) — Der Diffusionskoeff. von Ti-Ionen in Cl^-–F^--Schmelzen wurde bei Elektrolysetemp. von 800–850° in Ar-Atmosphäre bestimmt. Die untersuchte Schmelze enthielt 80% NaCl, 20% K_2TiF_6 u. 0,5% TiO_2. Der Mittelwert des Diffusionskoeff. beträgt bei 850° $3{,}4 \cdot 10^{-6}$ cm^2/s.
J. J. Pohl 162

0587 **Säure–Basen-Reaktionen in Nitromethan–Essigsäure-Mischungen.** Vincent Plichon. (Bull. Soc. chim. France 1967, **7**, 2382–93; Faculté des Sci., Paris, associé au CNRS; franz.) — Vf. stellt Werte der Löslichkeit von anorgan. Verb. in Nitromethan (**I**) nach Literaturangaben zusammen. Die Löslichkeit von *$KMnO_4$, LiCl, H_3PO_4* u. *Li-Acetat* in I–CH_3COOH-Mischungen wird bestimmt. Die pK-Werte von *A.*; *Acetanilid* (**II**); *4-Chlor-2-nitro-, 2.6-Dichlor-4-nitro-, 2.4-Dichlor-6-nitro-, 2.4-Dinitroanilin* u. *Azobenzol* werden in **I**-Lsg. mit 5% CH_3COOH ermittelt. Die Potentiale für die Halbneutralisation u. die pK-Werte in **I**-Lsg. mit 5% CH_3COOH werden für *$HClO_4$*, **II**, *Acetamid, Harnstoff, p-Nitranilin, Coffein, m-Nitranilin, Antipyrin, p-Dimethylaminoazobenzol, Py., Na-* u. *NH_4-Acetat* sowie *Diphenylguanidin* bestimmt, eine Aciditätsskala wird für diese Verb. aufgestellt. Der Einfl. der **I**-Konz. auf den Aciditätsbereich wird untersucht. Für *H_2SO_4*, H_3PO_4 u. *Thymolblau* werden Aciditätsbereich u. pK in Abhängigkeit von der Zus. der Lsgm. (0,1–100% CH_3COOH) bestimmt. Die Acidität wird in pH-1/DK-Diagrammen für **I**-CH_3COOH-Lsg. über den gesamten Zus.-Bereich dargestellt, der Einfl. der DK auf die Stärke von Säuren u. Basen, das Solvatationsverh. u. den Aciditätsbereich lassen sich daraus schnell entnehmen.
G. Schatz 162

0588 **Gerät zur Messung der Leitfähigkeit nichtwäßriger Elektrolytlösungen im Hochspannungsfeld.** V. P. Barabanov, S. G. Sannikov und I. A. Kločkov. (Ėlektrochimija **3** (1967) 10, 1253–56; Kazanskij chim.-technol. inst. im. Kirova; russ.) — Vf. beschreiben den Aufbau (Blockschaltbild) eines Gerätes zur Unters. der Wien-Effekte mit folgenden Daten: Meßbereich 5–100 kΩ, Rechteckspannung 50–15000 V, Impulsdauer 0,1 bis 10 μs, Frequenz 30–20 Hz. Leitfähigkeitsmessungen an 0,00023 m *LiBr* u. 0,00017 m *KJ* in Aceton stimmen gut mit Literaturwerten überein.
E. Bomke 164

0589 **Leitfähigkeit und Viskosität von Lithiumchloridlösungen in Gemischen von Methylalkohol und Dioxan.** A. M. Škodin, N. K. Levickaja und V. A. Ložnikov. (Ėlektrochimija **3** (1967) 12, 1474–77; Charkovskij gos. univ. im. Gorki; russ.) — Es wurden Lsgm.-Gemische in einem DK-Bereich von 29,4–6,32 u. Konz.-Bereich von 2,0–0,00007 Mol/l untersucht. Die Waldensche Regel wird für diese Syst. nicht erfüllt, u. es tritt ein Minimum in Abhängigkeit von der Konz. auf. Die Äquivalentleitfähigkeit wurde nach Fuoss u. Onsager berechnet. Die Abhängigkeit von $\lambda_0 \cdot \eta_0$ von der DK wurde graph. ausgewertet.
J. Tutschku 164

0590 **Leitfähigkeit von KOH-Lösungen bei hohen Temperaturen.** V. Ju. Juškevič, I. N. Maksimova und V. G. Bullan. (Ėlektrochimija **3** (1967) 12, 1491–93; Leningradskij technol. inst. im. Lensovjeta; russ.) — Es wurden KOH-Lsg. (10–50 Gew.-%) bei 25–260° untersucht. Bei Temp. von 220–250° erreicht die Kurve $\varkappa$ = f(T) den maximalen Wert. Auch die Isotherme $\varkappa$ = f(c) zeigt ein Max., dessen Lage von der Temp. abhängig ist. Das Verh. der KOH-Lsg. wird mit dem von NaOH-Lsg. verglichen.
J. Tutschku 164

0591 **Eigenschaften von Lösungen einiger Nitrate von ein- und zweiwertigen Metallen.** P. I. Procenko, O. N. Razumovskaja und T. I. Ivleva. (Z. prikl. Chim. **40** (1967) 11, 2576–79; Rostovskij-na-Donu gos. univ.; russ.) — Die elektr. Leitfähigkeit, D. u. Viskosität von 1 n Metallsg. wurden bei 4–90° bestimmt. Die elektr. Leitfähigkeit von Alkalimetallnitraten ist höher als die von Erdalkalimetallnitraten. Die Temp.-Abhängigkeit der elektr. Leitfähigkeit $\varkappa(\Omega^{-1}\,cm^{-1})$ bei 0–100° beträgt für *$LiNO_3$* $\varkappa_t$ = 0,0387 + 0,00119 t; $NaNO_3$ $\varkappa_t$ = 0,0396 + 0,00142 t; *KNO_3* $\varkappa_t$ = 0,0545 + 0,00150 t; *$RbNO_3$* $\varkappa_t$ = 0,0540 + 0,00155 t; *$CsNO_3$* $\varkappa_t$ = 0,0831 + 0,00152 (t-20), *$AgNO_3$* $\varkappa_t$ = 0,0410 + 0,00140 t; *$TlNO_3$* $\varkappa_t$ = 0,0102 + 0,000375 t (0,2 n Lsg.); *$Ca(NO_3)_2$* $\varkappa_t$ = 0,0350 + 0,00120 t, *$Sr(NO_3)_2$* $\varkappa_t$ = 0,037 + 0,00113 t, *$Ba(NO_3)_2$* $\varkappa_t$ = 0,0087 + 0,0003 t (0,2 n Lsg.). Die Messungen für $CsNO_3$ wurden bei 20–100° durchgeführt. Die Viskosität der Nitratlsg. ändert sich exponentiell mit der Temp., log η ist von 1/T linear abhängig. Die Dichtepolythermen der Nitrate sind denen von W. analog.
J. J. Pohl 164

0592 **Elektrische Leitfähigkeit von Gallatlösungen.** N. A. Ljubimova, L. P. Ruzinov, N. P. Selechova und N. A. Fomina. (Ėlektrochimija **3** (1967) 9, 1045–48; Gos. naučno-issl. i proektnyj inst. redkometall. prom.; russ.) — Vf. geben eine Interpolationsformel zur Berechnung der spezif. Leitfähigkeit von Galliumelektrolyten in Abhängigkeit von der Änderung der Konz. an Gallium- u. OH^--Ionen bei Temp. zwischen 30 u. 80° an. Die Ga-Konz. betrugen 20–120 g/l, die NaOH-Konz. 70–250 g/l. Mit Erhöhung von c_{NaOH} steigt die Leitfähigkeit bis zu einem Maximum. Eine Steigerung von c_{Ga} bewirkt ein Absinken der Leitfähigkeit, da die OH^--Ionen unter Komplexbldg. als $[Ga(OH)_{3+n}]^{n-}$ abgefangen werden. Der Temp.-Koeff. sinkt mit steigender c_{Ga}.
H. Berge 164

0593 **Elektrische Leitfähigkeit binärer Mischungen geschmolzener Salze mit gemeinsamem Kation.** Ştefania

Zuca und Laura Ionescu-Vasu. (Rev. roum. Chim. **12** (1967) 11, 1285–93; Inst. of Phys. Chem., Acad. of the Socialist Republic of Romania, Bucharest; engl.) – Für die bin. Syst. Na(Cl–Br), Na(Br–J), Na(Cl–J), K(Cl–Br), K(Br–J) wurde die D. u. elektr. Leitfähigkeit (L) (Ω^{-1} cm^2) für Temp. bis ca. 200° oberhalb F. bestimmt. Die Isothermen des Molvol. sind für vorst. Syst. näherungsweise additiv, während die Isothermen der L eine negative Abweichung von der Additivität aufweisen. Die Abweichung vergrößert sich mit zunehmendem Unterschied bez. Größe u. Polarisierbarkeit des Anions. Die Abweichung hängt somit von denselben Parametern ab, wie die Wechselwrkg. der Ionen. Nach der Meth. der kleinsten Quadrate werden die Konst. für die Gleichung der Temp.-Abhängigkeit der D. u. der L ermittelt; sie sind für verschiedene Zus. der Syst. u. Temp. von ca. 700–950° tabelliert. G. Schatz 164

0594 **Äußere Transportzahlen in geschmolzenem Zinkbromid.** C.-A. Sjöblom und J. Andersson. (Z. Naturforsch. **23a** (1968) 2, 235–38; Dep. of Phys., Chalmers Univ. of Technol., Gothenburg, Sweden; engl.) – Die äußere Transportzahl t wird in Abhängigkeit von der Temp. gemessen. Es gilt t (Zn^{2+}) = 0,791–3,68 · 10^{-4} (T – 394) für 469–562° (T in °C). Die Ergebnisse entsprechen dem „neuen Formalismus" von Laity. M. Frenzel 164

0595 **Potentialverteilung in der Nähe einer rotierenden Scheibenelektrode.** D. H. Angell, T. Dickinson und R. Greef. (Electrochim. Acta [London] **13** (1968) 1, 120–23; Dep. of Phys. Chem., Univ., Newcastle upon Tyne; engl.) – Äquipotentialkurven an rotierenden Pt-Elektroden verschiedener Geometrie in $KJ–J_2$-Lsg. werden ermittelt. Die Potentialverteilung ist im wesentlichen unabhängig von der Elektrodengeometrie. M. Frenzel 166

0596 **Elektrochemische Potentiale von Zinkeinkristallen in wäßrigen Elektrolyten.** H. Bode und A. Oliapuram. (Electrochim. Acta [London] **13** (1968) 1, 71–80; VARTA AG Kelkheim/Ts; dt.) – Die in der Literatur berichteten Potentialunterschiede ΔE zwischen den verschiedenen Zn-Einkrist.-Flächen sind entweder auf die Bldg. von verschiedenen $Zn(OH)_2$-Modifikationen auf den Krist.-Flächen oder auf Mischpotentiale zurückzuführen. Messungen an sauberen, nicht vorbehandelten Basisflächen von Einkrist. u. an sauberen polykrist. Flächen in NH_4Cl-, $Zn(ClO_4)_2$- bzw. $ZnCl_2$-Lsg. zeigen zunächst keine ΔE. Erst nach ca. 20 Sek. ist ein ΔE zu beobachten, der auf die Bldg. von unterschiedlichen $Zn(OH)_2$-Schichten zurückzuführen sein soll. Da Mischpotentiale schlecht reproduzierbar sind u. stark von der Oberflächenbeschaffenheit abhängen, können sie Potentialunterschiede zwischen den Krist.-Flächen vortäuschen. M. Frenzel 166

0597 **Elektrochemische Spannungsreihe von Metallchloriden in geschmolzenem Dimethylammoniumchlorid.** A. Kisza. (Z. physik. Chem. [Leipzig] **237** (1968) 1/2, 97–123; Dep. of Phys. Chem., Univ. Wroclaw (Poland); engl.) – In geschmolzenem $[(CH_3)_2NH_3]Cl$ (**I**) existiert das Säure–Basen-Gleichgew. $(CH_3)_2NH_2^+ = (CH_3)_2 \cdot NH + H^+$. Die Ggw. von H^+ in reinem geschmolzenem **I** ermöglicht die Verw. einer H_2-Standard-Bezugs-Elektrode. Die H_2-Elektrode liefert ein reversibles, sehr stabiles (± 0,1 mV) u. leicht reproduzierbares Potential. Unter Verw. der Kette (–) Pt, H_2 (1 atm)/**I**//**I** + $HCl(x_1)$/ H_2(p), Pt(+) wird festgestellt, daß für die Gleichgew.-Konst. log K_x = –(3116,16 · T^{-1}) + 0,2556 gilt. Die Kenntnis von $[H^+]$ in reinem geschmolzenem **I** erlaubt die Best. der Temp.-Abhängigkeit der Standardelektrodenpotentiale der Syst. $MeCl_n$–Me durch EMK-Messungen der reversiblen Zellen (–) Pt, H_2 (1 atm)/**I**//**I** + $MeCl_n(x_1)$/ Me(+). Die Messungen werden für *AgCl, CuCl, $CuCl_2$, $BiCl_3$, $SnCl_2$, $PbCl_2$, $NiCl_2$, $CoCl_2$, $CdCl_2$, $HgCl_2$* u. *$PtCl_2$* durchgeführt. Die so erhaltene Spannungsreihe weicht von den ähnlichen Reihen in anderen Lsgm. wesentlich ab. Auf der Basis der Meßergebnisse u. Berechnungen wird das thermodynam. Verh. der Solvatisierung der $MeCl_n$ in geschmolzenem **I** erörtert. M. Frenzel 166

0598 **Potentiometrische Methode zur Untersuchung des einfachen Soret-Effektes in wäßrigen Lösungen von KBr, NaBr, $BaBr_2$ und $SrBr_2$.** Lydie Mousselin. (J. Chim. physique Physico-Chim. biol. **64** (1967) 6, 997–1003; Labor. de Phys. Appl. du Muséum, Paris; franz.) – Durch Verw. von Ag/AgBr-Elektroden gelang es auf potentiometr. Wege, den Soret-Effekt der vorst. genannten Bromide im Konz.-Bereich 0,005–1 n zu bestimmen. Aus den gemessenen Potentialdifferenzen (P) werden die thermoelektr. Kraft für die Zeit t = 0 u. t = ∞ sowie der Soret-Koeff. ($grad^{-1}$) errechnet. Die ermittelten Werte sind tabelliert. G. Schatz 166

0599 **EMK eines galvanischen Elements mit einer Ionenaustauschmembran, das ein- und zweifach geladene Gegenionen enthält.** O. K. Stefanova und M. M. Šul'c. (Vestnik Leningradskogo Univ., Ser. Fiz. Chim. **22** (1967) 16 Ser. 3, 103–09; russ., Auszug: engl.) – Es wird eine Beziehung zwischen der EMK eines galvan. Elements, in dem die beiden Elektrodenräume, die ein Gemisch von Elektrolyten des Typs AX u. BX_2 enthalten, durch eine Ionenaustauschmembran getrennt sind, u. der Elektrolytaktivität abgeleitet. Zur Lsg. des die Diffusionspotentiale in der Membran beschreibenden Integrals wird vereinfachend vorausgesetzt, daß die Membran nur für die Gegenionen durchdringbar u. für die Coionen vollständig undurchdringbar ist, sowie eine Lsgm.-Überführung vernachlässigt werden kann. Je nach den gemachten Voraussetzungen bez. der Konz.-Abhängigkeit des chem. Potentials des Ionenaustauschers werden unterschiedliche Ausdrücke erhalten. C. Herold 166

0600 **Angriff und Zerstörung der Glaselektrode durch einige Anionen.** Guy Goldstein und Jean-Paul Schwing. (Bull. Soc. chim. France **1967**, 2, 728–33; Inst. de Chim., Strasbourg; franz.) – Mit einfachen Vers. wird gezeigt, daß MoO_4^{2-} u. WO_4^{2-}-Ionen in wss. Lsg. Glas unabhängig vom pH-Wert angreifen. Der Einfl. der MoO_4^{2-}-Ionen auf die pH-Messung mit der Glaselektrode Philips UN 201 wird mit einer Chinhydronelektrode verglichen u. statist. an Hand von 128 Einzelmessungen ausgewertet. Zur kinet. Unters. der Änderung des pH-Wertes wird eine 0,5 m Na_2MoO_4-Lsg. bei pH 2 15–20 Std. lang gemessen, wobei ein Abfall von mehr als 0,5 pH eintritt. Gründlich gereinigte Elektroden sprechen in der gleichen Lsg. nur langsam an u. sind gegen Erschütterungen empfindlich. In einer 0,01 n HCl + n NaCl-Lsg. zeigt die Elektrode dann unregelmäßige Abweichungen von 0,1 pH. Eine kurzzeitige Behandlung mit 10%iger HF regeneriert die Elektrode nicht. Das aus einer Glaselektrode Corning 015 herausgelöste SiO_2 wird spektralphotometr. bei 630 nm als Molybdatkomplex quant. bestimmt. Nach rund 20 Std. nimmt in einer neutralen Lsg. von 100 g $Na_2WO_4 \cdot 2H_2O$/l die gelöste Menge SiO_2 einen konst. Wert von 80 µg Si an, in einer Molybdat-Lsg. 40 µg u. in einer Vanadat-Lsg. 50 µg bei gleicher Elektrodenoberfläche. In dem Maß wie SiO_2 aus dem Glas herausgelöst wird, werden MoO_4^{2-}-Ionen in das Glas an Stelle der SiO_4-Tetraeder eingebaut. Das Molverhältnis Si/Mo beträgt rund 4. Die MoO_4^{2-}-Menge wird nach Ätzen mit HF als Citratkomplex polarograph. bestimmt. Ein Vgl. mit den Goldschmidtschen Ionenradien zeigt, daß Glas immer von solchen Ionengruppen angegriffen wird, die einen ungefähr gleich großen Ionenradius wie das Si^{4+}-Ion besitzen. A. Kumm 166

0601 **Kinetik der elektrolytischen Wasserstoffabscheidung auf Chrom mit verschiedener Kristallstruktur.** I. P. Nenov, Ž. L. Georgiev und R. Raičev. (Doklady bolgarskoj Akad. Nauk **20** (1967) 11, 1173–76; Chem.-technolog. Hochschule Sofia 56; dt.) – Die elektrolyt. Wasserstoffabscheidung auf kub. u. hexagonalem Chrom wurde potentiometr., durch Aufnahme von Polarisationskurven u. Messung der Überspannung u. Stromdichte untersucht. Die Meßwerte ergeben für den nach log i_0 = E_0/2,303 RT + log c (E_0 = Aktivierungsenergie, c = Präexponentialfaktor) ber. Austauschstrom für die kub. Modifikation (E_0, kcal/g-Ion, 13,4 ± 0,2, (log c) 4,38 ± 0,14 u. ($i_0 \cdot 10^6$, 25°) 4,1, für die hexagonale Form 11,7 ± 0,2, 2,81 ± 0,17 u. 2,0. Der Symmetriefaktor α (α = 2,303 RT/bF, b = Tafel-Konst.) sinkt mit zunehmender Temp. im Falle der kub. Form, während er im Falle der hexagonalen Form keine Temp.-Abhängigkeit zeigt. J. J. Pohl 168

0602 **Abscheidung von Mangan an der rotierenden Elektrode in Gegenwart von Zusätzen.** D. P. Zosimovič, N. A. Švab und V. N. Belinskij. (Ėlektrochimija **3** (1967) 12, 1481—85; Inst. obščej i neorg. chim. AN Ukr. SSR, Kiev; russ.) — Mn wird aus schwefelsaurer Lsg. an einer rotierenden Scheibenelektrode abgeschieden u. der Einfl. von Cu-, Co- u. Ni-Zusätzen im Elektrolyt untersucht. Es wird die Stromausb. in Abhängigkeit von der Konz. des Cu, Co u. Ni bestimmt u. mit den Literaturwerten einer ruhenden Elektrode verglichen. Die optimale Umdrehungsgeschw. für die Abscheidung lag zwischen 5000 u. 1000 min^{-1}. Bei kleineren wird H_2 mit abgeschieden, bei höheren wirkt der gelöste O_2 stärker auf das Mn. An der rotierenden Elektrode haben die Zusätze von Cu, Co u. Ni nur einen unbedeutenden Einfl., sie werden als Leg. mit abgeschieden. Mn wird in der γ-Modifikation erhalten. J. Tutschku 168

0603 **Pulspolarisator und seine Anwendung in der Korrosionsforschung.** Sven E. Lind. (Acta polytechn. scand., Chem. includ. Metallurg. Ser. **1967,** 69, 3—16; Res. Inst. of the Nat. Defence, Sundbyberg; engl.) — Übersicht (Verw. zu Unters. in der elektrochem. Kinetik, der Metallkorrosion, der Schutzwrkg. von Überzügen u. Korrosionsinhibitoren). — 20 Literaturangaben. M. Frenzel 170

0604 **Dynamische Kondensatormethode bei der Messung des Kontakt- und Oberflächenpotentials in der Oberflächenchemie und Korrosionsforschung.** Sven E. Lind. (Acta polytechn. scand., Chem. includ. Metallurg. Ser. **1967,** 69, 17—36; engl.) — Vgl. vorst. Referat. — Übersicht über Theorie, App. u. Anwendungen. — Ca. 80 Literaturangaben. M. Frenzel 170

0605 **Bestimmung des Ohmschen Widerstands eines Elektrolyten bei einer elektrochemischen Schnellmethode zur Korrosionsuntersuchung.** D. M. Abramov und B. V. Evdokimov. (Azerbajdžanskij chim. Ž. **1967,** 4, 74—78; Inst. neorg. i fiz. chim. AN Azerb. SSR; russ.) — Beschreibung des Meßverf. am Beispiel von Korrosionsunters. an Stahlelektroden in NaCl-Lsg., z. T. in Ggw. von Kerosin, H_2S, Erdöl oder Korrosionsinhibitoren („Katapin A"). H. Roschkowski 170

0606 **Grundlagen der Theorie des Elektrodenphotoeffekts.** Ju. Ja. Gurevič, A. M. Brodskij und V. G. Lewič. (Elektrochimija **3** (1967) 11, 1302—10; Inst. ėlektrochim. AN SSSR; russ.) — In die Ein-Photonen-Näherung für die Photostromstärke I wurde die Voraussetzung eingeführt, daß bei Photoemission in eine Elektrolytlsg. oder ein polares Dielektrikum die Oberflächenkräfte rasch mit dem Abstand abnehmen, u. damit folgende Abhängigkeit erhalten: $I \sim (\omega - \omega_0)^{5/2}$ (ω_0: Rotgrenze des Photoeffekts; ω: Frequenz der Strahlung). Bei Polarisation der Elektrode verschiebt sich die Rotgrenze gemäß $\hbar\omega_0(\varphi) = \hbar\omega_0(0) + e\varphi(\omega_0(0)$: Rotgrenze ohne Polarisation). Der Vgl. der Theorie mit experimentellen Ergebnissen zeigte gute quant. Übereinstimmung. Eine angenäherte Best. der Austrittsarbeit schneller Elektronen aus Hg in W. aus experimentellen Daten ergab 3,3 eV. Der allg. Charakter der Abhängigkeit $I(\omega)$ — einschließlich des von der Schwelle entfernten Gebiets — u. die Abhängigkeit von der Polarisation der Elektrode werden diskutiert. C. Herold 170

0607 **Entladungsgrenzströme von Wasserstoffionen aus HCl-Lösungen mit wechselnder Konzentration eines indifferenten Elektrolyten.** Ja. V. Durdin und V. V. Malev. (Elektrochimija **3** (1967) 11, 1412—16; Leningradskij gos. univ. im. Ždanova; russ.) — Die Grenzstromdichte der H^+-Entladung aus einer Lsg. von **3,13** $\cdot 10^{-3}$ m HCl + 0,1 m KCl wurde an einer rotierenden Scheibenelektrode gemessen. Im Bereich der Rotationsgeschw. von 100 bis 350 U/Min. wurde Übereinstimmung mit ber. Werten erhalten. Bei konst. Rotationsgeschw. wurde eine nahezu lineare Abhängigkeit der Stromdichte von $1 + c_{10}/c_{10} + c_{20}$ (c_{10}: HCl-, c_{20}: KCl-Konz.) gefunden u. daraus durch Extrapolation auf $c_{20} \to \infty$ eine direkte Proportionalität zwischen c_{10} u. I_∞ erhalten. Der Gang einer theoret. Behandlung wird umrissen u. die Ergebnisse werden angegeben. Abweichungen zwischen theoret. u. experimentellen Ergebnissen werden der Vernachlässigung der Abhängigkeit der Ionenbeweglichkeiten von der Elektrolytkonz. bei den Berechnungen zugeschrieben. C. Herold 170

0608 **Elektrochemische Oxydation von Wasserstoff an Platin.** V. V. Sobol', A. A. Dmitrieva und A. N. Frumkin. (Ėlektrochimija **3** (1967) 9, 1040—44; Mosk. gos. univ. im. Lomonosova; russ.) — Vf. untersuchten die Kinetik der elektrochem. Ox. von mol. H_2 an einer glatten Pt-Oberfläche in 1 n HCl u. 1 n HBr. Mit der rotierenden Scheibenelektrode (300—10000 U/Min.) sowie mit der Meth. der Veränderung des H_2-Partialdruckes (0,21—1 Atm.) über der Lsg. wird gezeigt, daß in Abhängigkeit von der Vorbehandlung der Pt-Oberfläche eine Rk. nullter oder erster Ordnung auftritt. Für den Fall einer Rk. erster Ordnung in 1 n HCl ist die Geschw. der Migration u. Ionisation höher als die Adsorption von H_2 aus der Lösung. Beim Übergang zur Rk. nullter Ordnung verringert sich der kinet. Strom, die Geschw. der Stadien, die der Adsorption nachfolgen, wird geringer. H. Berge 170

0609 **Sauerstoffionisation an der „Dreiphasengrenze" in sauren Lösungen.** 2. Mitt. **Einfluß der Konzentration von Phosphorsäure auf die Kinetik.** L. A. Mazitov und N. A. Fedotov. (Ėlektrochimija **3** (1967) 12, 1477—81; Fiz.-chim. inst. im. Karpova, Moskva; russ.) — 1. vgl. C. **1967,** 38-0600. — Die Stromstärke wurde in Abhängigkeit von der Eintauchtiefe der Pt-Elektroden in 7,1; 3,5 u. 1 m H_3PO_4 gemessen. Zusätzlich wurde die Spannung von 0,60—0,060 V u. die Temp. von 30—90° variiert. Die Temp.-Abhängigkeit der Stromstärke zeigt ein Max. u. die Konz.-Abhängigkeit bei 5 m Lsg. ebenfalls. Die Maxima sind unabhängig vom Potential, was mit der entgegengesetzten Wrkg. der Diffusion des Gases u. dem Ohmschen Widerstand des Filmes an der Metalloberfläche erklärt wird. J. Tutschku 170

0610 **Aktivität des Systems Nickel–Silber in bezug auf den Ionisationsprozeß des Sauerstoffs in alkalischen Lösungen.** Gu Lin-in, N. A. Šumilova, V. S. Bagockij und P. F. Bel'mer. (Elektrochimija **3** (1967) 10, 1279 bis 1282; Inst. ėlektrochim. AN SSSR, Moskva; russ.) — An rotierenden (1000 U/min.) Scheibenelektroden aus heiß gepreßtem Ni- u. Ag-Pulver wurden die stationären Polarisationskurven der O_2-Ionisation in 0,1 n KOH bei 25° gegen eine H_2-Elektrode aufgenommen. Eine Silberelektrode ist sowohl bei red. als auch bei ox. Oberfläche akt., während an der ox. Nickelelektrode O_2 nicht ionisiert wird. Entgegen der Vorstellung, daß sich die Polarisationskurven von Ni–Ag-Mischungen additiv aus dem Anteil der Komponenten zusammensetzen, wurde eine bedeutend höhere Aktivität vor allem an ox. Ni–Ag-Elektroden schon bei relativ niedrigem Ag-Geh. beobachtet. Die kinet. Ströme bei 0,1 V an schnell rotierenden-S-förmigen Elektroden setzen sich additiv aus dem Anteil der Komponenten zusammen, wenn man die experimentellen Werte im 1/i–1/m-Diagramm auf $m \to \infty$ extrapoliert. E. Bomke 170

0611 **Effektive Geschwindigkeitskonstanten der Auflösung von Jod in Jodid.** I. P. Gladkich und A. Ja. Gochštejn. (Ėlektrochimija **3** (1967) 10, 1262—65; Inst. ėlektrochim. AN SSSR, Moskva; russ.) — Vf. geben eine neue elektrochem. Meth. zur Messung der effektiven Geschw.-Konst. der Auflsg. von J_2-Filmen in 0,01—0,1 m KJ-Lsg. an. Es wird der Einfl. der Struktur u. Porosität auf die Auflsg.-Geschw. untersucht. Bei höheren Temp. bildet sich ein Film mit größerer Porosität. Für einen anod. in 0,05 m KJ-Lsg. bei 0,2 V gewonnenen J_2-Film ergibt sich eine Geschw.-Konst. von $2 \cdot 10^{-3}$ cm/s. H. Berge 170

0612 **Oberflächenleitung von n-Halbleitern bei anodischer Auflösung.** V. A. Mjamlin. (Ėlektrochimija **3** (1967) 6, 779—81; Moskva, Inst. ėlektrochim. AN SSSR; russ.) — Mathemat. Analyse des Einfl. des durch das Syst. Elektrolyt–Halbleiter fließenden Stromes auf die Oberflächenleitfähigkeit des Kontakts. Heinz Vogel 170

0613 **Photoelektrochemisches Verhalten von n-Galliumphosphid.** V. V. Eleckij, Ja. Ja. Kuljavic und Ju. V. Pleskov. (Ėlektrochimija **3** (1967) 6, 753—56; Moskva,

Inst. èlektrochim. AN SSSR; russ.) — *GaP* mit n = 4 · 10^{16}—10^{18} cm^{-3} wird mit In-Aufdampfkontakten versehen u. die Polarisationsspannung in n-NaOH im Dunkeln u. bei Belichtung gegen eine Kalomelelektrode gemessen. GaP löst sich anod. unter Beteiligung der Löcher. Der Polarisationsstrom steigt bei Belichtung an. Mit Veränderung des Potentials in positiver Richtung von —1,0 V nach +1,5 V nimmt die differentielle Kapazität C des GaP bes. bei hochdotierten Proben ab. Der Photostrom nimmt mit 1/C linear zu, die hieraus ber. Diffusionslänge für Löcher beträgt 10^{-5}—10^{-6} cm. Die Photo-EMK der Elektroden des GaP ist auf Oberflächenladungen durch den Photostrom zurückzuführen.
Heinz Vogel 170

0614 **Mechanismus der Auflösung einiger intermetallischer Verbindungen auf der Basis von Antimon.** L. E. Cygankova und V. I. Vigdorovič. (Élektrochimija **3** (1967) 10, 1216—19; Voronežskij gos. med. inst.; russ.) — Vf. untersuchten den Korrosionsmechanismus der intermetall. Verb. *CdSb*, Cd_3Sb_2, Cd_4Sb_3, Zn_3Sb_2, Zn_4Sb_3, *InSb*, *AlSb*, Mg_3Sb_2. Bei der Auflsg. dieser Verb. in saurer Lsg. ist der prozentuale Anteil an Sb in der Lsg. (3—10%) stets niedriger als in den Leg., deren Oberfläche sich mit einer schwarzen Schicht von Sb überzieht. Dabei geht Sb prim. erst in Lsg. u. wird dann an der anod. Phase reduziert. In neutraler Lsg. ist die Red. durch Bldg. von $Sb(OH)_3$ erschwert. Bei Zn_3Sb_2, Zn_4Sb_3 u. Mg_3Sb_2 werden vorwiegend die unedlen Komponenten in den Ionenzustand überführt. Neben der Red. des schon gelösten Sb erfolgt auch eine Umgruppierung der entstandenen Gitterdefektstellen unter Bldg. des Sb-Gitters.
H. Berge 170

0615 **Fließende Bewegungen an der Oberfläche einer tropfenden Galliumelektrode und der Einfluß auf die Oxydation des Ga.** I. A. Bagockaja und N. M. Genkina. (Élektrochimija **3** (1967) 12, 1485—87; Inst. èlektrochim. AN SSSR, Moskva; russ.) — Es wird die tangentiale Ausflußgeschw. an der Oberfläche eines wachsenden Ga-Tropfens bestimmt u. als Elektrolyt HCl u. $K_2S_2O_8$ benutzt. Als Grundelektrolyt diente KCl unterschiedlicher Konzentration. Es wird die Diffusionsstromdichte bestimmt u. mit der theoret. verglichen.
J. Tutschku 170

0616 **Elektrochemisches Verhalten von Titan in schwefelsauren, chloridhaltigen sowie sulfat- und chloridhaltigen Lösungen.** V. G. Bundže, Ju. D. Dunaev und Z. A. Nysanbaeva. (Izvest. Akad. Nauk Kaz. SSR, Ser. chim. Nauk **17** (1967) 6, 13—17; russ.) — In 2—15 n H_2SO_4, in chloridhaltiger (300 g NaCl/l) u. in sulfat- u. chloridhaltiger (12 g Na_2SO_4/l + 8 g NaCl/l) Lsg. wurden die Polarisationskurven von techn. Ti der MarkeVT-1-1 u. der Ti-Leg. OT-4 (0,23% Mn, 1,77% Al) im Bereich von —0,6 V bis +20 V aufgenommen. Durch potentiostat. Messungen konnte nachgewiesen werden, daß bei +2,0 V die Korrosion von VT-1-1 in SO_4^{2-}- + Cl^--haltiger Lsg. größer ist als in schwefelsaurer. In SO_4^{2-}- + Cl^--haltiger Lsg. ist OT-4 beständiger als VT-1-1.
E. Bomke 170

0617 **Anodische Passivierung und Glanzbearbeitung von Wolfram in alkalischen Lösungen.** F. F. Fajzullin und V. K. Levina. (Élektrochimija **3** (1967) 10, 1225—28; Kazanskij gos. univ. im. Ul'janova-Lenina; russ.) — Die potentiostat. Unters. des elektrochem. Verh. von W in alkal. Lsg. zeigt, daß sich W in Abhängigkeit von den Potentialen in folgenden 4 Zuständen befinden kann: Kathod. Passivierung, akt. anod. Auflsg., Passivierung u. Glanzzustand. In 1 n KOH tritt Glanzoberfläche von 1,0—18 V, in 0,1 n KOH zwischen 60 u. 110 V auf. Die Oberflächenschichten sind in allen Stadien n-Leiter. Der Übergang vom passiven zum Glanzzustand vollzieht sich durch Zerstörung der Passivierungsschicht.
H. Berge 170

0618 **Kinetik und Mechanismus der Elektrodenreaktionen von Eisen in Nitratlösungen.** R. V. Moshtev und N. I. Hristova. (Corrosion Sci. **7** (1967) 5, 255—64; Inst. of Phys. Chem., Bulgarian Acad. of Sci., Sofia; engl.) — Mittels stationärer u. Impulspolarisationsmeth. wurde die anod. Auflsg. von reinem aktiviertem (poliertem, entfettetem, geätztem) Fe u. die kathod. Red. von NO_3^- untersucht. Hierbei werden adsorbierte H-Atome gebildet, welche sich im Quasigleichgew. mit der nachfolgenden, reaktionsbestimmenden Desorptionsstufe befinden. Der RG-bestimmende Schritt der anod. Auflsg. vollzieht sich durch Aufnahme von 2 Elektronen. Kinet. Gleichungen für den Anoden- u. Kathodenstrom werden abgeleitet.
G. Schatz 170

0619 **Anodische Oxydation von Kobalt(II)-hydroxid in alkalischer Lösung.** R. V. Boldin. (Élektrochimija **3** (1967) 10, 1259—61; Leningradskij naučno-issl. akkumuljatornyj inst.; russ.) — Vf. bestimmte die Zus. der anod. Ox.-Prod. von in Lauge gelöstem $Co(OH)_2$. Das Standardpotential der Rk. $Co(OH)_2$ + KOH + OH^- = $KCoO_2$ + 2 H_2O + e beträgt in der Wasserstoffskala + 0,22 V, die Freie Gibbssche Enthalpie $G^O_{KCoO_2}$ = —139 kcal/Mol. Bei langsamer Ox. durch Luftsauerstoff fällt $CoHO_2$ als brauner Nd. aus, der kathod. in KOH nicht wieder in Lsg. geht.
H. Berge 170

0620 **Faraday-Gleichrichtung und Elektrodenprozesse. 5. Mitt. Abschätzung der kinetischen Parameter über die Durchtrittscharakteristik einer linearen R-L-C-Schaltung.** Hideo Imai, Senkichi Inouye und Takuma Tanaka. (Rev. Polarogr. [Kyoto] **14** (1967) 3—6, 147—54; Coll. of Gen. Educat., Hiroshima Univ.; engl.) — 4. vgl. C. **1968**, 7636. — Vf. bestimmen polarograph. die Elektrodenrk. u. Durchtrittskoeff. von $[Cr(CN)_6]^{3-}$, $[Fe(C_2O_4)_3]^{3-}$ u. $[Cu(NH_3)_4]^{2+}$ in wss. Lösungen.
G. Schatz 170

0621 **Umsetzung von Gold, Selen und Tellur mit Thionalid.** V. M. Tarajan und G. N. Šapošnikova. (Doklady Akad. Nauk Arm. SSR **45** (1967) 1, 21—27; Erevanskij gos. univ.; russ.) — Die Umsetzung von Au(III) mit 1,046 · 10^{-3}—1,046 · 10^{-2} m alkohol. Thionalid(I)-Lsg. wurde potentiometr. bei pH 1,0—5,0 unter Verw. einer Pt-Indikator- u. einer Au-Elektrode amperometr. u. durch Best. der elektr. Leitfähigkeit verfolgt. Bei der Rk. Au^{3+} + 3 $C_{10}H_7NHCOCH_2SH$ ⇌ Au · $(C_{10}H_7NHCOCH_2S)_3$ + 3 H^+ entsteht ein schwerlösl. Niederschlag. Der Diffusionsstrom ist im Bereich 4 · 10^{-5} bis 1 · 10^{-3} m proportional zur Au-Konzentration. Im alkal. Medium (0,2 n KOH) gibt Au(III) an der Graphitelektrode keine Red.-Welle; an der Hg-Tropfelektrode tritt eine gut ausgeprägte Welle bei 0,4—0,6 V auf. Die Rk. dürfte nach $[Au(OH)_4]^-$ + $C_{10}H_7NHCOCH_2S^-$ ⇌ OH^- + $[Au(OH)_3C_{10}H_7NHCOCH_2S]^-$ ablaufen, die entstehende Verb. ist schwerlöslich. Die Anwesenheit von OH-Gruppen wurde IR-spektroskop., die Zus. chem.-analyt. bestätigt. Die Au-Konz. ist im Bereich 2 · 10^{-4} bis 9 · 10^{-4} m dem Diffusionsstrom proportional. — Bei der Rk. von Te mit I entsteht im sauren u. neutralen Bereich eine schwerlösl. Verb., während im stark alkal. Medium (2 n KOH) keine Rk. stattfindet. — Se wird in 1 n HCl an der Hg-Tropfelektrode bei 0,4—0,8 V reduziert. Titrations- u. Leitfähigkeitsvers. zeigen, daß die Rk. im Konz.-Bereich 1,4 · 10^{-4}—1,4 · 10^{-3} m beim Komponentenverhältnis Se(IV):I = 1:4 abläuft. Te(IV) reagiert in 5 n HCl bei 0,2 V ebenfalls im Verhältnis 1:4, die TeO_3^{2-}-Konz. ist bei der Konz. 2,6 · 10^{-4}—8 · 10^{-4} m zum Diffusionsstrom proportional. Sowohl bei Se als auch bei Te entsteht ein hellgelber Nd., der in A., Butylacetat u. Aceton unlösl. ist. Die Rk. dürfte nach SeO_3^{2-} + 6H^+ + 2 $C_{10}H_7NHCOCH_2SH$ ⇋ Se(II) + 3 H_2O + $(C_{10}H_7NHCOCH_2$-S-S-$CH_2CONHC_{10}H_7)$; Se(II) + 2 $C_{10}H_7NHCOCH_2SH$ ⇋ $Se(C_{10}H_7NHCOCH_2S)_2$ + 2 H^+ verlaufen. Im alkal. Medium (pH 10) verläuft die Red. von El(IV) = Se(IV) bzw. Te(IV) nach: El(IV) + 4 $C_{10}H_7NHCOCH_2SH$ ⇋ El + 2 $(C_{10}H_7NHCOCH_2$-S-S-$CH_2CONHC_{10}H_7)$.
J. J. Pohl 170

0622 **Einschluß von Alkalimetallen in feste Kathoden** B. N. Kabanov. (Electrochim. Acta [London] **13** (1968) 1, 19—25; Inst. of Electrochem., Acad. of Sci. of the USSR, Moscow; engl.) — Der kathod. Einschluß in Pb, Sn, Zn, Cd, Ag, Al, Bi u. anderen Metallen in Alkalimetallionen enthaltenden Lsg. wird an Hand von Ergebnissen aus der Literatur erörtert. Die Einschlußgeschw. ist von der Anzahl der Leerstellen im Gitter des Elektrodenmaterials nahe der Oberfläche abhängig. Die anod. Auflsg. des Alkalimetalls aus der Elektrode wird diskutiert.
M. Frenzel 170

0623 **Stationäre Arbeitsbedingungen von porösen Flüssigkeitselektroden bei Zufuhr des Reagenzes von der (unpolarisierten) Rückseite aus.** I. G. Gurevič und V. S. Bagockij. (Élektrochimija **3** (1967) 11, 1405—09; Minsk, Inst. teplo- i massoobmena AN Beloruss. SSR; russ.) — Durch Lsg. geeigneter nichtlinearer Differentialgleichungen u. Verw. entsprechender Randbedingungen wurde die Konz., Stromdichte- u. Polarisationsverteilung über die poröse Elektrode unter den genannten Bedingungen untersucht. Die Konz. des Reagenzes fällt monoton, mit zunehmender Polarisation in steilerer Weise, in Richtung zur Gegenelektrode ab. Die Intensitätsverteilung des Prozesses ist durch ein Minimum charakterisiert, dessen Lage in den meisten realen Fällen unabhängig von der Belastung mit der Frontoberfläche zusammenfällt. Für die Polarisation wurde ein monotoner Anstieg von der Rück- zur Frontseite der Elektrode erhalten. Unterschiede in den Parametern der porösen Elektrode bei Reagenszufuhr von der Rück- bzw. Frontseite werden diskutiert. C. Herold 170

0624 **Induzierte Polarisation und elektrochemische Aktivität pulverförmiger Diaphragmen bei verschiedenen Feuchtigkeiten.** M. P. Sidorova und D. A. Fridrichsberg. (Vestnik Leningradskogo Univ., Ser. Fiz. Chim. **22** (1967) 16 Ser. 3, 146—50; russ., Auszug: engl.) — An Diaphragmen aus Quarzpulver (160 u. 115 μm) u. Glaskügelchen (90 μm) wurde die induzierte Polarisation u. die Ionenüberführungszahl in Abhängigkeit vom W.-Geh. der Diaphragmen untersucht. Schema der Meßzelle u. Schaltbild der Meßanordnung werden angegeben. Es wurde eine Zunahme der Kationenüberführungszahl mit abnehmendem W.-Geh. beobachtet. Die induzierte Polarisation durchlief bei 4% W. ein Maximum. C. Herold 170

0625 **Polarographie.** (Pure appl. Chem. **15** (1967) 2, 207—332; engl.) — Plenarvorträge beim International Congress of Polarography, Kyoto, Japan, 1966: Theorie der polarograph. Ströme (Übersicht mit 118 Literaturangaben) (J. Koryta; 207—225); Polarographie in Salzschmelzen (Übersicht mit 42 Literaturangaben) (H. A. Laitinen; 227—37); Theorie des Stroms in der Wechselstrompolarographie (G. C. Barker; 239—61); Adsorption von organ. Stoffen an der freien W.-Oberfläche u. an der Grenzfläche W.–Hg (Übersicht, Diskussion — 44 Literaturangaben) (A. Frumkin u. B. Damaskin; 263 bis 281); Polarograph. Analysenmeth. (Übersicht, 22 Literaturangaben) (Wiktor Kemula; 283—96); Neuere Entw. in der organ. Polarographie (Übersicht, 76 Literaturangaben) (Philip J. Elving; 297—312); Wechselstrompolarographie u. Tensammetrie (Übersicht, 75 Literaturangaben) (Bruno Breyer; 313—32). M. Frenzel 172

0626 **Polarographie ionischer Schmelzen.** Ju. K. Delimarskij. (Teoret. èksper. Chim. **3** (1967) 6, 765—71; Inst. obščej i neorg. chim. AN USSR, Kiev; russ.) — Übersicht. — 36 Literaturangaben. H. Roschkowski 172

0627 **Vereinfachte Formulierung der Kouteckýschen F(χ)-Funktion und der Matsuda-Ayabeschen $\Psi(\xi)$-Funktion für den gleichstrompolarographischen Momentanstrom.** Donald E. Smith, Thomas G. McCord und Hoying L. Hung. (Analytic. Chem. **39** (1967) 10, 1149 bis 1152; Dep. of Chem., Northwestern Univ., Evanston, Ill.; engl.) — M. Frenzel 172

0628 **Theorie des durch die Adsorption von oberflächenaktiven Substanzen beeinflußten polarographischen Diffusionsstromes.** Hiroaki Matsuda. (Rev. Polarogr. [Kyoto] **14** (1967) 3—6, 87—92; Govt. Chem. Ind. Res. Inst., Tokyo; engl.) — Durch Berücksichtigung des Einfl. des Adsorptionsfilmes auf den Diffusionsprozeß des Depolarisators wird eine Beziehung abgeleitet, die es gestattet, die polarograph. Strom–Zeit-Kurve für die beiden Extremfälle der Adsorption zu erklären: die Ausbldg. des Filmes wird vorwiegend durch die Diffusionsgeschw. der oberflächenakt. Stoffe oder durch das Adsorptionsgleichgew. bestimmt. G. Schatz 172

0629 **Polarographie mit pulsierender Spannung: Analytische und kinetische Untersuchung.** Robert A. Osteryoung und Edward P. Parry. (Rev. Polarogr. [Kyoto] **14** (1967) 3/6, 134—37; North American Aviat. Sci. Ctr., Thousand Oaks, Calif.; engl.) — Die theoret. Grundlagen u. die für die prakt. Anwendung notwendigen Gleichungen werden beschrieben. Für Tl^+, Cd^{2+}, Bi^{3+} wurde die Abhängigkeit der Halbwertsbreite der Peaks von der Amplitude der pulsierenden Spannung berechnet. Die Empfindlichkeit wurde an einer Lsg. mit 10^{-7} bis $5 \cdot 10^{-6}$ m Cd^{2+} neben 10^{-3} m Cu^{2+} nachgewiesen. Die RG der Red. von Zn^{2+} ist von der Konz. an Grundelektrolyt ($NaNO_3$) abhängig. G. Schatz 172

0630 **Wechselstrompolarographie bei niedriger Konzentration des Grundelektrolyten.** T. Kambara und K. Hasebe. (Rev. Polarogr. [Kyoto] **14** (1967) 3/6, 186 bis 192; Fac. of Sci., Hokkaido Univ., Sapporo, Japan; engl.) — Vf. untersuchen die Abhängigkeit der Peak-Höhe von der Konz. des Grundelektrolyten (G). Mit abnehmender Konz. des Depolarisators können niedrigere G-Konz. verwendet werden. Die Peak-Höhe ist unabhängig vom Elektrodenabstand. Für Pb^{2+}, Cd^{2+} u. Tl^+ (10^{-4} m) genügen HCl-Konz. > 0,001. Die Unters. von Zn^{2+} ist in 0,01 m KCl oder HCl, nicht in LiCl u. NaCl, möglich. Ni^{2+} u. Mn^{2+} erfordern KCN-Konz. > 0,3 m, Fe^{3+} u. Cu^{2+} 0,1—0,3 m $H_2C_2O_4$. Der Zusatz eines dritten Elektrolyten muß die Peakhöhe nicht unbedingt verändern (Zn^{2+} u. Cd^{2+} in 0,5 m $[(CH_3)_4N]Cl$ u. 1 m KCl). KCl bewirkt eine Zunahme der Peakhöhe von Cu^{2+} in 0,05 m $H_2C_2O_4$. G. Schatz 172

0631 **Koaleszenz von Quecksilbertropfen in wäßrigen Lösungen unter besonderer Berücksichtigung der Untersuchung der Wechselwirkung mit der Doppelschicht.** Shinnosuke Usui, Taro Yamasaki und Junzo Shimoiizaka. (J. physic. Chem. **71** (1967) 10, 3195 bis 3202; Res. Inst. of Miner. Dressing and Metallurg., Tohoku Univ., Nagamachi, Sendai; engl.) — Die Koaleszenz von Hg-Tropfen in wss. 10^{-3}—10^{-2} m KF-Lsg. wird mit Hilfe von Zwillings-Hg-Tropfelektroden untersucht. Aus den krit. Potentialen für Koaleszenz zweier gleichgeladener Hg-Tropfen ergibt sich für die Hamaker-Konst. von Hg in W. $1{,}2 \cdot 10^{-12}$. Krit. Potentiale für den asymm. Fall (zwei Hg-Tropfen ungleicher Ladung) werden ebenfalls bestimmt. Es wird auf die Gültigkeit der Derjaguin-Landau-Verwey-Overbeek-Theorie u. der Doppelschichtwechselwrkg.-Theorie geschlossen. Das Koaleszenzverh. bei spezif. Adsorption von J^- wird qual. mit Hilfe des Potentials der äußeren Helmholtz-Fläche an der Grenzfläche Hg-Lsg. erklärt. M. Frenzel 172

0632 **Charakter der Reduktionswelle des Tetrathionat-Anions.** I. Žežula. (Collect. czechoslov. chem. Commun. **33** (1968) 1, 18—25; Inst. für Anorg. Chem., P. J. Šafárik-Univ., Košice; dt.) — Die Abhängigkeit des Grenzstromes von der Behälterhöhe, die Abhängigkeit des mittleren Grenzstromes von der Tropfzeit u. die Zeitabhängigkeit des Momentanstromes für die elektrolyt. Red. von $S_4O_6^{2-}$ in 0,01—0,90 m KCl-Lsg. (Hg-Tropfelektrode mit Smoler-Kapillare) wird untersucht. Die theoret. Analyse der Ergebnisse weist auf kinet. Charakter des anomalen Stromverlaufs hin u. bestätigt die Anwendbarkeit der gegenwärtigen Theorie der irreversiblen Durchtrittsreaktionen. M. Frenzel 172

0633 **Polarographisches Verhalten von Organoderivaten des Arsens und Phosphors.** 3. Mitt. **Elektrochemisches Verhalten von Phosphoniumsalzen $[(C_6H_5)_3PR']X$ an der Hg-Elektrode.** H. Matschiner und K. Issleib. (Z. anorg. allg. Chem. **354** (1967) 1/2, 60—68; Halle/Saale, Martin-Luther-Univ., Inst. für Anorg. Chem.; dt.) — 2. vgl. ibid. **351** (1967) 5/6, 251. — Verb. der Zus. $[(C_6H_5)_3 \cdot PR']X$ ($R' = CH_3, CH_2{-}COCH_3, CH_2{-}COOCH_3, CH_2{-}CN$, $X = Br$; $R' = CH_2COOC_2H_5$, $CH_2{-}C_6H_5$, $X = Cl$), ferner $[(C_6H_5)_3PC_6H_5]NO_3$, $[(C_6H_5)_3P{-}CH_2{-}P(C_6H_5)_3]Br_2$, $[(C_6H_5)_3P{-}CH(CH_2C_6H_5){-}P(C_6H_5)_2]Cl$ u. $[(C_6H_5)_3P{-}CCH_3(CH_2C_6H_5){-}P(C_6H_5)_2]Cl$ werden bei Potentialen um —1300 bis —1700 mV an der Hg-Elektrode reduziert. Bei dem Elektrodenvorgang werden die Phosphoniumsalze zunächst unter Aufnahme eines Elektrons reversibel red. u. zerfallen in einer nachgelagerten chem. Rk. unter Beteiligung des Hg zu einem tert. Phosphin u. einem

Radikal. Die Red.-Prod. reagieren unter bestimmten Bedingungen mit Protonen, was sich durch das Auftreten katalyt. Wasserstoffwellen äußert. Die Möglichkeit der katalyt. Wasserstoffabscheidung infolge „CH-acider" Phosphoniumsalze wird erörtert. P. Scharner 1 72

0634 **Polarographie in 1.2-Propandiolcarbonat. 1. Mitt. Ionen der Alkali- und Erdalkalimetalle.** V. Gutmann, M. Kogelnig und M. Michlmayr. (Mh. Chem. **99** (1968) 2, 693—98; Inst. für Anorg. Chem., TH Wien; dt.) — NH_4^+, Alkali- u. Erdalkalimetallionen werden in 1.2-Propandiolcarbonat polarograph. untersucht, die Art der Grenzströme, die Diffusionsstromkonst., die Diffusionskoeff., die Art der Abscheidungsvorgänge u. die $E_{1/2}$(SCE) werden bei 25,0° in 0,1 m Lsg. von Tetraäthylammoniumperchlorat in 1.2-Propandiolcarbonat bestimmt. Alle untersuchten Ionen geben je eine klare Red.-Stufe mit diffusionsbedingtem Grenzstrom, wobei die Elektrodenrk. an der tropfenden Hg-Elektrode für Na^+, K^+, NH_4^+, Rb^+, Cs^+, Sr^{2+} u. Ba^{2+} reversibel, für Li^+, Be^{2+}, Mg^{2+} u. Ca^{2+} irreversibel abläuft. Analyt. Simultanbest. von Na u. K bzw. Ca, Sr u. Ba sind auf Grund der Lage der $E_{1/2}$ möglich. Der Einfl. von W. ist bis zu 1% unmerklich. M. Frenzel 172

0635 **Polarographie in 1.2-Propandiolcarbonat.** 2. Mitt. **Verbindungen von Thallium, Aluminium, Zinn und einigen Übergangselementen.** V. Gutmann, M. Kogelnig und M. Michlmayr. (Mh. Chem. 99 (1968) 2, 699—706; dt.) — 1. vgl. vorst. Referat. — Die Perchlorate von Tl(I), Fe(III), Co(II), Ni(II), Cu(II), Zn(II) u. Cd(II) sowie $AlCl_3$, $SnCl_4$ u. $SnCl_2$ werden in 1.2-Propandiolcarbonat polarograph. untersucht; die Art der Grenzströme, die Diffusionsstromkonst., die Diffusionskoeff., die Art der Abscheidungsvorgänge u. die Lage der $E_{1/2}$ werden bei 25° in 0,1 M-Lsg. von Tetraäthylammoniumperchlorat bestimmt. Es erfolgen ausschließlich direkte Red. zur Ox.-Stufe O, die mit Ausnahme von Tl(I)--Tl(O) irreversibel sind. Analyt. Anwendungen sollen möglich sein. M. Frenzel 172

0636 **Polarographie in 1.2-Propandiolcarbonat.** 3. Mitt. **Verbindungen von Titan, Vanadin und Chrom.** V. Gutmann, M. Kogelnig und M. Michlmayr. (Mh. Chem. **99** (1968) 2, 707—14; dt.) — 2. vgl. vorst. Referat. — Die Art der Grenzströme, die Diffusionsstromkonst., die Diffusionskoeff., die Art der Abscheidungsvorgänge u. die Lage der $E_{1/2}$ von $TiCl_3$, $TiO(ClO_4)_2$, VCl_3, $VO(ClO_4)_2$, $Cr(ClO_4)_3$ u. $CrCl_3$ werden bei 25° in 0,1 M-Lsg. von Tetraäthylammoniumperchlorat bestimmt. Die Red.-Vorgänge Ti(IV)–Ti(III), V(III)–V(II), V(IV)–V(II), Cr(III)–Cr(II) u. Cr(II)–Cr(O) werden gefunden, nur V(III)–V(II) verläuft reversibel. Die Red.-Stufen sollen für analyt. Zwecke ausgenutzt werden können. W. hat nur bei VCl_3 wesentlichen Einfluß. M. Frenzel 172

0637 **Elektrochemisches Verhalten von Indiumamalgamen in alkalischen Lösungen.** R. D. Armstrong, A. B. Suttie und H. R. Thirsk. (Electrochim. Acta [London] **13** (1968) 1, 1—10, 1 Tafel; Dep. of Phys. Chem., Univ. of Newcastle upon Tyne; engl.) — Die anod. Auflsg. von In-Amalgamen (0,1 u. 1 Atom-%) in 0,1—10 n NaOH ist ein dreistufiger Ox.-Vorgang, analog dem in sauren Lsg. (potentiostat. Stromzeitkurven, Impedanzmessungen, Stromspannungskurven). Die sich auf dem Amalgam bildenden anod. Schichten bestehen aus amorphem *In–Hydroxid* (Elektronenbeugungsaufnahmen). Sie sind bei sehr positiven Potentialen sehr dünn, bei weniger positiven Potentialen bedeutend dicker. Die auf 1%ig. Amalgam in 0,1 m NaOH gebildeten anod. Schichten sind weder merklich ionen- noch elektronenleitend. Kathod. Abscheidung u. anod. Elektrokristallisation werden erörtert. M. Frenzel 172

0638 **Polarographische Untersuchung der Elektrodenreaktion des Ytterbium-Ions.** J. N. Gaur und N. K. Goswami. (Rev. Polarogr. [Kyoto] **14** (1967) 3—6, 246—50; Univ. of Rajasthan, Jaipur, India; engl.) — Yb^{3+} wird irreversibel zu Yb^{2+} reduziert. Durch Best. der kinet. Parameter (Standard-RGK = K_s; α = Durchtrittskoeff.) kann der Rk.-Mechanismus bei Verw. der Grundelektrolyte (G): $NaClO_4$, $LiCl$ u. $[(CH_3)_4N]Br$ geklärt werden. Der Einfl. der Halogenide (*NaCl, NaBr, NaJ*) auf die Red. wird bei 30 u. 40° untersucht. Aus K_s folgt, daß die Reversibilität der Rk. der Ordnung J > Br > Cl > ClO_4 u. 40 > 30° gehorcht; dies ist eine Folge der Adsorption der Halogenidionen an der Hg-Elektrode. Vf. nehmen an, daß die Red. über 2 Simultanrk. erfolgt, eine an der freien, die andere an der mit Halogenid bedeckten Elektrode. G. Schatz 172

0639 **Polarographische Bestimmung des Diffusionskoeffizienten des Nitroamminkobalt(III)-Komplexions.** Haruko Ikeuchi. (Rev. Polarogr. [Kyoto] **14** (1967) 3/6, 101—04; Fac. of Sci. and Tech., Sophia Univ. Tokyo; engl.) — Für nachst. Komplexe (K) wurde der Diffusionskoeff. (D_K) für verschiedene Ionenstärken (I, 0,1—2 m) bestimmt: $[Co(NH_3)_6]^{3+}$, $[CoNO_2(NH_3)_5]^{2+}$, *cis*-$[Co(NO_2)_2(NH_3)_4]^+$, *trans*-$[Co(NO_2)_2(NH_3)_4]^+$, $[Co \cdot (NO_2)_3(NH_3)_3]$, $[Co(NO_2)_4(NH_3)_2]^-$; Grundelektrolyt: 10^{-3} m K, 0—2 m KNO_3, 10^{-2} HNO_3, 0,0005% Triton X 100. Zur Abschwächung des Verarmungseffektes wurde die Strom–Zeit-Kurve für die Dauer eines Hg-Tropfens bei konst. Potential ermittelt u. D_K nach der modifizierten Ilkovič-Gleichung berechnet. Die Werte sind für verschiedene I tabelliert. D_K zeigt eine komplizierte Abhängigkeit von I u. läßt sich mit der Beziehung von Gosting u. Harned [1951] nicht erklären. G. Schatz 172

0640 **Einfluß des Wassers und der Anionen auf das polarographische Verhalten von Ni^{2+} in wäßrigen und Äthanol-Lösungen.** Kazuko Tanaka und Reita Tamamushi. (Rev. Polarogr. [Kyoto] **14** (1967) 3/6, 259—62; Inst. of Phys. and Chem. Res., Bunkyo-ku, Tokyo, Japan; engl.) — In konz. wss. Lsg. nicht komplexbildender Elektrolyte [$Ca(ClO_4)_2$, $Mg(ClO_4)_2$, $Ca(NO_3)_2$, $Mg(NO_3)_2$] ergibt Ni^{2+} eine irreversible Red.-Stufe, deren Grenzstrom u. $E_{1/2}$ von der Art u. Konz. des Grundelektrolyten abhängt. Analog verhalten sich A.-Lösungen. Enthalten diese geringe Mengen Cl^- (z. B. $8 \cdot 10^{-1}$ m), so erhält man eine zweistufige Red.; i_d der 1. Stufe ist der Konz. an Cl^- direkt u. der an W. umgekehrt proportional. Die erste Stufe könnte der Red. von Chlorokomplexen des Ni^{2+} zugeschrieben werden, die den Komplexen, wie sie in konz. wss. Cl^--Lsg. vorliegen, analog sind. G. Schatz 172

0641 **Katalytischer polarographischer Strom von Metallkomplexen.** 5. Mitt. **Theoretische Betrachtung des Systems Ni(II)-organisches Amin.** Harry B. Mark jun. und Lowell R. McCoy. (Rev. Polarogr. [Kyoto] **14** (1967) 3—6, 122—33; Univ. of Mich., Ann Arbor, Mich.; engl.) — 2. vgl. C. **1967,** 5-0669. — Vf. untersuchen die polarograph. Vorwellen (V), die für das Syst. *Ni(II)-o-Phenylendiamin* (**I**) bei konst. Ni(II)- u. **I**-Konz. bei Variation der Konz. der Grundelektrolyte (LiCl, LiBr, LiJ, $LiClO_4$, $LiNO_3$, KF, KCl, KBr, KJ, KCH_3COO) auftreten. Die V-Werte zeigen qual. ein Verh., wie es für eine geschw.-bestimmende Oberflächenrk. erwartet wird. Das Gleichgew. der Oberflächenbedeckung durch den Liganden stellt sich rasch ein, so daß eine einfache mathemat. Behandlung des Rk.-Mechanismus möglich ist. Die theoret. Voraussage stimmt mit den experimentellen Daten gut überein. G. Schatz 172

A–6. Kolloidchemie, Grenzflächen

0642 **Radiochemische Untersuchungsmethode für Kolloide, die bei ultrakleinen Konzentrationen von radioaktiven Isotopen gebildet werden.** I. A. Skul'skij und V. V. Glazunov. (Radiochimija **9** (1967) 5, 602—11; russ.) — Die Meth. ist dad. gek., daß genet. verbundene radioaktive Isotope A u. B (Mutter- u. Tochterisotop A → B), die sich in der Lsg. in einem Gleichgew. oder in einem gegebenen Verhältnis A/B befinden, durch adsorbierende Oberflächen unterschiedlich u. unabhängig, d. h. unter Veränderung des Verhältnisses A/B adsorbiert werden, wenn A u. B als Ionen in der Lsg. existieren. Ist A Bestandteil eines Koll., so wird auf dem Adsorbenten nach gegebener Zeit u. bei einem erschwerten Austausch von B das Verhältnis A/B der Lsg. wieder erreicht (Nachbldg. von B im adsorbierten Koll.). Eine weniger selektive Adsorption zeigt somit die Ggw. von Koll. in der Lsg. an. Vf. untersuchten die Adsorption von ^{137}Cs

(A) an Fluoroplast-4 in Ggw. von Natriumtetraphenylborat (**I**) ($NaBPh_4$), das mit Cs in Makrokonz. einen in W. unlösl. Nd. bildet. Aus ^{137}Cs bildet sich das kurzlebige (T = 152 s) ^{137}Ba, das mit **I** nicht reagiert. Die Adsorptionsdauer betrug 1 min.; gemessen wurde die Aktivität A_0 sofort nach Beendigung der Adsorption, d. h. die Aktivität des aus der Lsg. adsorbierten ^{137}Ba, sowie die Aktivität A_∞ nach Erreichung des Gleichgew. $^{137}Cs/^{137}Ba$, die somit der adsorbierten Cs-Menge entspricht. Bei $A_0/A_\infty \sim 1$ ist die Adsorption nicht selektiv, bei $A_0/A_\infty = 0{,}20 - 0{,}50$ ist sie sehr selektiv. Die Adsorption erfolgte aus einer $5 \cdot 10^{-3}$ n Lsg. von **I**, die durch Zusammengießen gleicher Vol. verd. Lsg. von **I** u. von Cs in 1 n $NaNO_3$ hergestellt wurden. In den ersten 3,5 h der Existenz der Lsg. verringert sich die Selektivität bei hohen Absolutwerten: A_0/A_∞ vergrößert sich von 0,21 auf 0,54. Die Menge des adsorbierten Ba beträgt nur 5–10% der Cs-Menge. Bei einem Alter der Lsg. von 20 h beträgt A_0/A_∞ 0,92 u. verringert sich dann mit zunehmendem Alter der Lösung. Somit werden über polymere Keime u. Ultramikrokrist. allmählich Koll. gebildet, die das Adsorptionsverh. ändern. Bei Zugabe von konz. Cs-Lsg. zu **I** fällt die latente Anfangsperiode weg. Die Adsorption von Cs in Ggw. von 0,1 Mol/Liter $Ba(NO_3)_2$ verringert sich bei Abwesenheit von **I** (Konkurrenz), sie vergrößert sich in Ggw. von **I**, wobei Ba zunächst in der Lsg. verbleibt. Mit dem Altern der Lsg. vergrößert sich die Adsorption von Cs u. Ba. Da die Adsorption von Ba nicht charakterist. ist, gelangt dieses Ba als Bestandteil von $CsBPh_4$-Koll. auf die Oberfläche des Adsorbenten u. kann in diesen Koll. auch nicht durch die inaktiven Ba-Ionen der Lsg. ausgetauscht werden. Durch das Verh. von Ba u. Cs in Ggw. u. bei Abwesenheit von **I** bei der Dialyse werden die Ergebnisse der Adsorptionsunters. bestätigt.

G. Ewald 182

0643 **Bedeutung der Kieselsäure bei der Bildung von Pseudokolloiden.** G. S. Sinicyna, L. I. Il'menkova, B. N. Raevskij und Ju. P. Tarlakov. (Radiochimija **9** (1967) 4, 397–403; russ.) — Vf. untersuchten die Auflösung von techn. *Glas* u. von *Quarz* unter Einw. von KOH unterschiedlicher Konz. (1,0; 0,1 u. 0,01 Mol/Liter) bei verschiedenen Einw.-Zeiten (T = 1, 3 u. 10 Tage). Verwendet wurden Reagenzgläser (h = 36 cm, ∅ = 1 cm) bei einer Füllhöhe von 20 cm (Oberfläche: Vol. = 3,14 cm^{-1}). Die α-Form von SiO_2 wurde colorimetr. bestimmt. Bei 1 n KOH beträgt die in 10 d von 1 cm^2 Glas bzw. von 1 cm^2 Quarz abgelöste SiO_2-Menge $18{,}6 \cdot 10^{-6}$ bzw. $22{,}4 \cdot 10^{-6}$ Mol SiO_2. Diese Menge verringert sich bei Verminderung der Konz. u. Einw.-Dauer. Die Gesamtkonz. von SiO_2 in der Lsg. betrug bei 1 n KOH u. T = 10 d ca. 70–85 mg/Liter, d. h. das Löslichkeitsprod. der α-Form von SiO_2 wird in keinem Falle erreicht. Somit werden auch keine polymeren Formen der Kieselsäure gebildet. Die gelöste Kieselsäure hat keinen Einfl. auf das pseudokoll. Verh. von Radionukliden.

G. Ewald 182

0644 **„Vergleich von Modellen für die elektrische Doppelschicht" von Levine und Matijević. — Kritik und Erwiderung.** M. Mirnik. (J. Colloid Interface Sci. **24** (1967) 2, 282–85; Inst. „Ruđer Bošković", Zagreb; engl.) — Stellungnahme zur Kritik von Levine u. Matijević (ibid. **23** (1967) 188) an der Ionenaustauschtheorie der Koagulation an Hand früherer eigener Unters. über *Ag-Halogenid-Sole* (AgJ) sowie theoret. Überlegungen. Die l.c. gebrachten Einwände werden als inkorrekt bezeichnet.

M. Frenzel 186

0645 **Elektrokinetisches Potential von kolloiden Blei- und Cadmiumsulfiden, die mit Gelatine aktiviert wurden, und seine Wirkung auf die Größe der Adsorption der dispersen Phase aus Hydrosolen an der Phasengrenze Flüssigkeit–Gas.** G. S. Krasnova und S. G. Mokrušin. (Izvest. vysšich učebnych Zavedenij [Ivanovo], Chim. i chim. Technol. **10** (1967) 10, 1111–14; Ural'skij politechn. inst. im. Kirova; russ.) — Die Abhängigkeit des elektrokinet. Potentials von koll. Pb- u. Cd-Sulfidlsg. vom pH-Wert des Hydrosols wurde bestimmt. Das elektrokinet. Potential wird durch den Ladungszustand der aktivierenden Gelatinemol. bei gegebenem pH-Wert bestimmt. Die Größe der Adsorption des Sulfidkolloids an der Phasengrenzfläche Fl.–Gas ist im Bereich des isoelektr. Punktes des Sols erhöht. Die Adsorption aus dem Hydrosol wird durch Elektrolyte wie KCl, K_2SO_4, $K_4[Fe(CN)_6]$ nicht beeinflußt.

J. J. Pohl 186

0646 **Stabilität und elektrokinetisches Potential des Sols von Kupfer- und Cadmiumhexacyanoferrat(III).** Nirmalendu Maitra. (J. Indian chem. Soc. **44** (1967) 5, 401–06; Univ. of Calcutta, Calcutta-9; engl.) — Die negativ geladenen Sole $Cu_3[Fe(CN)_6]_2$ (**I**) u. $Cd_3[Fe(CN)_6]_2$ (**II**) wurden mit hoher Reinheit dargestellt u. in Ggw. verschiedener Elektrolyte (*KCl*, $BaCl_2$, $La(NO_3)_3$) in einer Konz., die ausreicht, um ein bestimmtes Sol-Vol. in der gleichen Zeit zu koagulieren, das Zeta-Potential gemessen. Für **I** ergab sich im Bereich rascher Koagulation (K.; 15 Min.) 16,4 mV u. für **II** im Bereich langsamer K. (24 Std.) 24,7. Auf mkr. Wege wurden die kataphoret. Beweglichkeit u. die Partikelgröße bestimmt: **I** = 2 μ, **II** = 4 μ. Die elektroosmot. u. die mikrokataphoret. Ergebnisse stimmen gut überein. **I** erhält man durch Zufügen von $K_3Fe(CN)_6$ (**III**) zu $CuCl_2$; der grüne Nd. wird durch einen Überschuß von **III**-Lsg. peptisiert u. gegen dest. W. dialysiert (1 Woche); nach 2 Wochen Alterung ist das Prod. verwendungsfähig; das Sol besitzt negative Ladung, pH 4,46 u. eine spez. Leitfähigkeit (L) von $2{,}36 \cdot 10^{-4}$ ($\Omega^{-1} \cdot cm^{-1}$) (für 25°). **II** erhält man durch tropfenweises Zufügen von $CdCl_2$ zu **III**; die überstehende Suspension wird mit einem Überschuß **III** geschüttelt u. der Dialyse unterworfen; während der Dialyse findet Peptisation statt (3 Wochen); danach läßt man das Sol noch 1 Monat altern; es ist negativ geladen, pH 6,30, L = $2{,}39 \cdot 10^{-4}$.

G. Schatz 186

0647 **Abhängigkeit der Schwellenkonzentration des Elektrolyten von der Größe der Kolloidteilchen.** V. M. Muller und B. V. Derjagin. (Doklady Akad. Nauk SSSR **176** (1967) 5, 1111–13; Inst. fiz. chim. AN SSSR; russ.) — Ableitung von Ausdrücken für die krit. Konz. von Elektrolyten, bei der die langsame Koagulation eines Koll. in eine schnelle Koagulation übergeht. Verw. der erhaltenen Gleichungen zur Beschreibung der Abhängigkeit der Schwellenkonz. von $Ba(NO_3)_2$ vom Teilchenradius eines Polystyrollatex in der Größenordnung 300 bis 2115 Å.

J. J. Pohl 188

0648 **Elastizitätsmodul, effektive und plastische Viskosität thixotrop grenzstabilisierter, fester Koagulationsstrukturen.** V. A. Fedotova, Ch. Chodžaeva und P. A. Rebinder. (Doklady Akad. Nauk SSSR **177** (1967) 1, 155–18; Inst. fiz. chim. AN SSSR; russ.) — Die Elastizitäts- u. Plastizitätseig. wss. Bentonitsuspensionen (2,7 Vol.-%) wurden in zwei Bereichen des plast. Fließens im Svedovschen u. Binghamschen Bereich untersucht.

J. J. Pohl 190

0649 **Strukturbildung in wässerigen Dispersionen der Monokationformen von Monothermit.** N. N. Kruglickij und V. I. Orobčenko. (Ukrainskij chim. Ž. **33** (1967) 2, 161–65; Inst. obščej i neorg. chim. AN USSR; russ.) — Die Eig. der Bldg. u. Entw. der Koagulationsstruktur in wss. Dispersionen von homogen modifiziertem Monothermit wurden untersucht. Der Einfl. der Kationenform (K^+, Na^+, H^+, Ca^{2+}, Mg^{2+} u. Al^{3+}) auf die strukturmechan. Eig. u. Kristallform wurde bestimmt.

J. Eliassaf 190

0650 **Dehydratation von Peroxoniobsäurehydrogelen bei konstanten Temperaturen und Drücken in Abhängigkeit von der Zeit.** A. A. Mambetov, F. G. Abbasova und S. T. Aliev. (Azerbajdžanskij chim. Ž. **1967**, **4**, 79–81; AzSchI, Kirovabad; russ.) — Peroxoniobsäurehydrogele gehen nach Entfernung von überschüssigem W. durch Pressen bei 20° u. 0,08 Torr über H_2SO_4 in ein Hydrat der Zus. $HNbO_4 \cdot 3{,}5H_2O$, bei 20° u. 15,58 Torr über H_2SO_4 in $HNbO_4 \cdot 17H_2O$ über. Diese beiden Verb. sind unter den genannten Bedingungen über lange Zeit stabil.

H. Roschkowski 192

0651 **Haftfestigkeit dünner Schichten auf einem Substrat.** H. G. Schneider und S. Meyer. (Kristall u. Techn. **2** (1967) 4, K 15–20; Inst. für Standardisierung u. Gütesicherung, TH, Ilmenau; dt.) — Definition der Haftfestigkeit, Beschreibung einer Meth. zu ihrer Best.

u. experimentelle Unters. zur Haftfestigkeit von *Cr–Ni-*, *Fe–Ni-*, *Al-* u. *Cr–Cu*-Schichten auf Glas.
H. Roschkowski 198

0652 **Graphisch-analytische Berechnung der Diffusionskoeffizienten in porösen Sorbentien aus der Sorptionsgeschwindigkeit.** V. I. Nazarok und P. M. Halyč. (Dopovidi Akad. Nauk Ukr. SSR, Ser. B-Geologija, Geofiz., Chim. Biol. **1967**, 11, 1010–12; Inst. chim. vysokomol. spoluk AN URSR; ukrain., Auszug: engl.) — Zur Ermittlung der Koeff. der Diffusion in kugel- bzw. zylinderförmigen Sorbentien wird eine von der Geschw. der nichtstationären Diffusion ausgehende graph. Meth. beschrieben, die sich auf die Best. des äußeren Massenaustauschs u. des Henryschen Koeff. stützt.
H. Gümbel 200

0653 **Übertragungsmechanismus von Substanzen in formierten Zeolithen.** A. S. Ponomarev, E. M. Šarefova und D. P. Timofeev. (Doklady Akad. Nauk SSSR **177** (1967) 2, 395–96; Inst. fiz. chim. AN SSSR; russ.) — Die Geschw. der stationären Diffusion von N_2 (Träger) He; A., He; A., N_2; n-Heptan, N_2; n-Hexan, N_2; Bzl., N_2; Methanol, He; Bzl., He; n-Heptan, He u. n-Hexan, He in den Körnchen der Zeolithe CaA-I u. CaA-II wurde bestimmt. Die Diffusionskoeff. wachsen proportional mit $T^{1,5}$. Die Koeff. von A sind in Ggw. von He bedeutend höher als in Ggw. von N_2. Die Übertragung dürfte im wesentlichen über die Gasphase in der sek. Phase ablaufen.
J. J. Pohl 200

0654 **Anwendung der zentralen Streuung von Röntgenstrahlen zur Untersuchung poröser fester Stoffe.** 3. Mitt. **Anwendungsgrenzen des Gesetzes von Porod.** Albert Renouprez, Gisèle Dalmai, Dominique Weigel und Boris Imelik. (J. Chim. physique Physico-Chim. biol. **64** (1967) 6, 934–41; Villeurbanne, C.N.R.S., Inst. de Rech. sur la Catalyse; franz.) — 2. vgl. C. **1966**, 35-0575. — Vf. bestimmen durch Kleinwinkelstreuung die spezif. Oberflächen von nichtporösen (A) u. porösen (B) Festkörpern sowie von Festkörpern mit geschlossenen Poren (C). Vgl. werden mit BET-Messungen durchgeführt. Untersucht wurden A: *Carborund*, *Aerosil* u. durch therm. Zers. von $Ni(OH)_2$ bei 200° erhaltenes *NiO*; B: 2 nach Planck [1954] dargestellte *Silicagele*, SiO_2 mit 13% Al_2O_3, bei verschiedenen Temp. vorbehandelte TiO_2-Proben, durch therm. Zers. von $Ni(NO_3)_2 \cdot 6H_2O$ bei 310° an Luft erhaltenes NiO sowie durch Behandlung eines Borosilicatglases mit HCl dargestelltes poröses *Glas*; C: verschieden therm. u. mechan. vorbehandeltes NiO sowie *Petrolkoks*. Im allg. wurde Übereinstimmung in den nach den beiden Meth. bestimmten Werten erhalten, u. zwar für Oberflächen von 1 m^2/g bis zu mehreren Hunderten von m^2/g. Bei einigen NiO-Proben lagen die röntgenograph. Werte niedriger als die BET-Werte. Nach elektronenmkr. Unters. hatten diese Proben eine besondere Textur.
C. Gottfried 200△

0655 **Physikalisch-chemische Untersuchung von auf chemischem oder elektrolytischem Wege dargestelltem aktivem γ-Mangandioxid.** Le Tran Khanh. (J. Chim. physique Physico-Chim. biol. **64** (1967) 6, 922–33; Labor. d'Electrochim. et de Chim. Phys. du Corps solide, Strasbourg; franz.) — Durch chem. Aktivierung von natürlichem Mineral (**I**) u. anod. Ox. von $MnSO_4$ (**II**) hergestellte *MnO_2*-Proben unterscheiden sich, obwohl strukturell ident., wesentlich hinsichtlich ihrer Oberfläche (O), Porosität u. des KJ/DMF-Testes. Nach Adsorptionsisothermen für N_2 bei −195,8° besitzt **I** eine größere O.; für monomol. Belegung beträgt das adsorbierte Vol. 15,87 ml · g^{-1} gegen 7,34 für **II**. Die spezif. O. [ca. 70 gegen 30 (m^2g^{-1})]; die Adsorptionsenthalpie (2,16 u. 2,13 kcal/mol; die mittlere Porengröße (für beide Prod. ca. 21 Å) u. die stat. Verteilung der Poren als Funktion der Porengröße werden für **I** u. **II** berechnet. Die Proben besitzen einen pH von 5,35 (**I**) u. 7,35 (**II**); der W.-Geh. beträgt 3,07 bzw. 2,47%. Elektronenmkr. Aufnahmen zeigen für **I** eine ausgeprägtere Porosität.
G. Schatz 200

0656 **Physikalische Grundlagen der Benetzung.** J. J. Bikerman. (Kolloid-Z., Z. Polymere **218** (1967) 1, 52–56; Horizons Inc., 2905 East 79th Street, Cleveland, O. 44104 (USA); engl.) — Vf. zeigt, daß die Young-Beziehung zwischen dem Kontaktwinkel Θ in den Grenzflächenspannungen nicht einwandfrei ist u. die Laplace-Annahme ebenfalls zu Widersprüchen führt. Es wird eine neue Beziehung zwischen Θ u. den auf Mol. an der Grenzfläche wirkenden Kräften abgeleitet. Sie beruht auf der Annahme, daß die Arbeit, um ein Mol. aus dem Innern an die Grenzfläche einer Fl. zu bringen, an jeder Stelle gleich sein muß. Die Gleichung lautet: $\Theta = \pi \cdot (\gamma_{12}A - \Psi)/\gamma_{12}A$ (γ_{12} = Grenzflächenspannung der Fl., A = Flächenbedarf des Mol. an der Grenzfläche, Ψ = Arbeit für den Transport des Mol. von der Grenzfläche$_{\text{fest:fl.}}$ in das Fl.-Innere. Das durch Oberflächenrauhigkeit hervorgerufene Spreiten von Fl. wird erläutert.
E. Otto 202

0657 **Theorie der Übergangsschicht und Oberflächenspannung.** I. P. Bazarov. (Ž. fiz. Chim. **41** (1967) 7, 1635–42; Mosk. gos. univ. im. Lomonosova; russ.) — Eine Gleichung für die D. eines Zweiphasensyst., bestehend aus Fl. u. Dampf nahe dem krit. Zustand, wird aufgestellt. Hieraus wird eine Näherungstheorie der Übergangsschicht u. der Oberflächenspannung zwischen einer Fl. u. deren gesätt. Dampf abgeleitet.
J. Eliassaf 202

0658 **Dicke von Oberflächenschichten als Zustandsparameter.** A. I. Rusanov und F. M. Kuni. (Doklady Akad. Nauk SSSR **176** (1967) 4, 876–78; Leningradskij gos. univ. im. Ždanova; russ.) — Aus den von den Vf. abgeleiteten Gleichungen für D. bzw. Druck als Funktionen des Abstandes von der Phasengrenze u. des Zustandes der Nachbarphase (vgl. Kuni et al., ibid. **175** (1967) 1,) ergibt sich die Dicke τ der Grenzflächenschicht, in der die Abweichung der betreffenden Eig. von der Eig. im Phaseninnern einen zu vereinbarenden Wert übersteigt. Am Beispiel des krit. Punktes werden die Veränderungen von τ erläutert.
H. Gümbel 202

0659 **Oberflächenenergie von Ionenkristallen an der Grenze zu organischen Flüssigkeiten.** S. N. Zadumkin, Ch. T. Šidov und M. A. Kardanova. (Izvest. vysšich učebnych Zavedenij [Tomsk], Fiz. **10** (1967) 12 (67), 49–52; Kabardino-Balkarskij gosuniv.; russ.) — Vf. ber. die Zwischenphasen-Oberflächenenergie von Ionenkrist. an der Grenze zu organ. Fl. ausgehend von der Dupreschen Gleichung $\sigma_{12} = \sigma_1 + \sigma_2 - W$ (σ_1, σ_2 = Oberflächenenergien der in Kontakt stehenden Verb., W = Adhäsionsarbeit). Die Adhäsionsenergien u. Kantenwinkel zwischen *Xylol* u. Spaltbarkeitsflächen von *LiF*, *LiCl*, *LiBr*, *MeX* (Me = *Na*, *K*; X = *F*, *Cl*, *Br*, *J*), *RbCl*, *RbBr* u. *RbJ* werden ber. u. mit Vers.-Daten verglichen.
H. Roschkowski 202

0660 **Neuere Aspekte der Untersuchung der Chemisorption an Metallen und an Halbleitern.** E. I. Segal. (Studii Cercetări Chim. [Bucureşti] **15** (1967) 2, 129–45; Bucureşti, Acad. Rep. Soc. România, Centr. de cerc. de chim. fiz.; rum.) — Übersicht über Probleme der Kinetik der Chemisorption von Gasen an Metallen u. Halbleitern u. die bei ihrer Unters. angewandten Methoden. — 35 Literaturangaben.
R. K. Müller 204△

0661 **Von Molekülen in der Adsorptionsschicht eingenommene Fläche.** G. V. Cicišvili, Š. I. Sidamonidze, C. M. Okropiridze und M. G. Adolašvili. (Soobšč. Akad. Nauk Gruz. SSR **43** (1967) 3, 575–80; grusin., Auszug: russ.) — Vf. zeigen, daß die von adsorbierten Mol. eingenommene Fläche von der chem. Natur der Adsorbentoberfläche sowie von Orientierungseffekten des Adsorbats bestimmt wird.
H. Roschkowski 204

0662 **Numerische Berechnungen von Gas-Oberflächen-Wechselwirkungen.** Richard A. Oman. (AIAA Journal **5** (1967) 7, 1280–87; Grumman Aircraft Engng. Corp., Bethpage, N.Y.; engl.) — Es wird über Berechnungen der Gas-Oberflächen-Wechselwrkg. (Einfl. verschiedener Gitterstrukturen u. Orientierungen, adsorbierte Verunreinigungen, therm. Gitterschwingungen) bei epithermalen Energien berichtet. Der Energieaustausch wird untersucht. Vgl. werden mit (100)-Flächen von kub.-flächenzentrierten Gittern durchgeführt.
G. Malow 204

0663 **Betrachtung der Absorptionsgleichungen vom Hüttig-Typ.** 2. Mitt. **Ableitung von Adsorptionsgleichun-**

gen vom Hüttig-Typ und Betrachtung der Struktur der Adphase in ihren Isothermen. Hiroshi Utsugi. (J. chem. Soc. Japan, pure Chem. Sect. [Nippon Kagaku Zasshi] 88 (1967) 6, 598—604; Dep. of Appl. Sci., Fac. of Engng., Tohoku Univ., Sendai-shi, Japan; jap., Auszug: engl. S. A 37.) — Für eine lokalisierte Monoschichtadsorption u. unter der Annahme, daß die zweite u. die nachfolgenden adsorbierten Schichten nicht unterscheidbar sind (Modell des zweidimensionalen Gases in jeder Schicht) wird die Adsorptionsisotherme vom Hüttig-Typ abgeleitet. Für den Fall, daß sich die adsorbierten Mol. der zweiten u. der nachfolgenden Schichten nur über die in der ersten Schicht adsorbierten Mol. bewegen können, wird eine weitere Beziehung abgeleitet. Die Adsorptionsisothermen für die monomol. Schicht werden beträchtlich durch die Struktur der zweiten oder der nachfolgenden adsorbierten Schichten beeinflußt. G. Malow 204

0664 **Betrachtung der Adsorptionsgleichungen vom Hüttig-Typ. 3. Mitt. Vergleich der Gleichungen vom Hüttig-Typ mit den experimentellen Adsorptionsisothermen.** Hiroshi Utusgi und Yoshihiko Takamura. (J. chem. Soc. Japan, pure Chem. Sect. [Nippon Kagaku Zasshi] 88 (1967) 6, 604—08; jap., Auszug: engl. S. A. 38.) — An feinen Pulvern aus *FeO*, *Ni* u. ihren Mischungen, Ni–Fe-Oxalaten sowie an *Ni-Ferrit* wurden die Adsorptionsisothermen von *Ar* bei 80°K aufgenommen u. mit der BET-Gleichung u. den Gleichungen vom Hüttig-Typ verglichen. In allen Fällen stimmen die experimentell erhaltenen Isothermen mit den Gleichungen vom Hüttig-Typ über größere Bereiche des relativen Druckes besser überein als mit der BET-Gleichung. Die erhaltenen Oberflächengrößen streuten im Bereich von 20%. — 2. vgl. vorst. Referat. G. Malow 204

0665 **Gleichgewicht von neutralen und geladenen Teilchen bei Chemisorption an Halbleitern.** O. Pešev. (Izvest. Inst. obšt. neorg. Chim., Bălgarska Akad. Nauk. 5 (1967) 135—42; russ., Auszug: engl.) — Die Kinetik der Chemisorption an Halbleitern in Ggw. u. in Abwesenheit eines Elektronengleichgew. zwischen neutralen u. geladenen chemisorbierten Teilchen wird theoret. untersucht. J. J. Pohl 204

0666 **Theorie der Atom-Metall-Wechselwirkungen. 1. Mitt. Adsorption von Alkalimetallatomen.** J. W. Gadzuk. (Surface Sci. [Amsterdam] 6 (1967) 2, 133—58; Dep. of Mechan. Engng. and Res. Labor. of Electronics, MIT, Cambridge, Mass.; engl.) — Werden Alkalimetallatome auf einer Metalloberfläche adsorbiert, so ändern sich durch deren niedriges Ionisationspotential die Elektronen- u. Ionenemissionseig. der Oberfläche. Durch Behandlung der Atom–Metall-Wechselwrkg. mit einer Störungstheorie wird gezeigt, daß diese Wechselwrkg. eine Verschiebung u. Verbreiterung des Valenzterms des Alkalimetallatoms verursacht u. daß die Elektronenübergänge zwischen virtuellen Atom- u. Metallzuständen formal äquivalent den Standardumlagerungsprozessen entsprechen. Mit einer ber. Verschiebung von $\sim 0{,}3$ eV u. einer theoret. Bandbreite von < 1 eV für auf einem Metall adsorbiertes Alkaliatom relativ zum Leitfähigkeitsband des Metalls wird gezeigt, daß zwischen Adsorbat u. Substrat ion. Bindungen ausgebildet werden. Außerdem tendieren die Elektronen aus dem Metallinnern zur Oberfläche hin. Die resultierenden Oberflächendipole werden daraufhin im Zusammenhang mit den Elektronenemissionseig. der Oberfläche betrachtet. R. Blank 204

0667 **Theorie der Atom–Metall-Wechselwirkungen. 2. Mitt. Einelektronübergangsmatrixelemente.** J. W. Gadzuk. (Surface Sci. [Amsterdam] 6 (1967) 2, 159—70; engl.) — 1. vgl. vorst. Referat. — Durch Orthogonalisierung der Zustände beim Übergang eines Elektrons von einem Atom-s-Zustand zum Metalleitfähigkeitsband erhält Vf. kompakte Matrixelemente, mit denen die Resonanzionisation der Atome oder Neutralisation der Ionen durch Metalle beschrieben werden können. R. Blank 204

0668 **Näherung zur Prüfung der Bindungskräfte von chemisorbiertem Wasser an Metalloxiden.** Tetsuo Morimoto, Mahiko Nagao und Fujiko Tokuda. (Bull. chem. Soc. Japan 40 (1967) 11, 2723; Dep. of Chem., Fac. of Sci., Okayama Univ., Tsushima, Okayama; engl.) — Es wird eine quant. Näherung zur Best. der Haftfestigkeit von chemisorbiertem W. (als Hydroxylgruppen) auf einer Metalloxidoberfläche aus alternierenden Adsorptions- u. Desorptionsvers. beschrieben. G. Malow 204

0669 **Elektronendichte in einem Metall in der Nähe eines chemisorbierten Atoms oder Moleküls.** T. B. Grimley. (Proc. physic. Soc. 92 (1967) 577, 776—82; Donnan Labor., Univ., Liverpool; engl.) — Die Störung der Elektronendichteverteilung in einem Metall bei Chemisorption eines Atoms oder Mol. wird mit einem einfachen Modell behandelt, in dem die Chemisorptionsbindung zwischen Atom u. Metall durch Linearkombination der Wellenfunktion des Atom-Valenzelektrons u. einer Serie Wellenfunktionen von Elektronen im Leitfähigkeitsband des Metalls beschrieben wird. Die Störung ergibt sich als weitreichend, oszillator. u. im allg. als anisotrop. Numer. Werte werden für *Alkalimetallatome* auf *W* angegeben. C. Herold 204

0670 **Potentialtheorie und Adsorption bei kleinen Drücken.** A. Grossmann und K. Fiedler. (Z. physik. Chem. [Leipzig] 236 (1967) 1/2, 38—48; Inst. für Phys. Chem., DAW zu Berlin; dt.) — Die Adsorptionsdaten für *Propan* an *Zeolith 5 A* bei 5—75° zeigen eine Abweichung von der Dubinin-Raduškevič-Gleichung beim Unterschreiten eines bestimmten Druckes. Es wird eine erweiterte Form der Gleichung vorgeschlagen, die bei kleinen Drücken anwendbar ist, was an Adsorptionsmessungen von Propan, *Propylen* u. *n-Butan* an Zeolith 5 A u. *n-Tetradecan* an *Zeolith NaMgA* bei 356,2° geprüft wird. G. Malow 204

0671 **Untersuchung der Adsorption von PH_3 an der (111)-Si-Oberfläche mittels Beugung langsamer Elektronen.** A. J. Van Bommel und F. Meyer. (Surface Sci. [Amsterdam] 8 (1967) 4, 381—98; Philips Res. Labor., Eindhoven; engl.) — Bei Wechselwrkg. zwischen PH_3 u. einer reinen Si(111)-Oberfläche treten eine Reihe von Überstrukturen auf, die als P-7, P-$6\sqrt{3}$, P-$2\sqrt{3}$ u. P-1 bezeichnet werden. Das Beugungsbild der P-$6\sqrt{3}$-Struktur konnte mit Mehrfachbeugung erklärt werden; es scheint sich dabei um eine dichtgepackte Phosphorschicht auf der Oberfläche zu handeln. Für die reversiblen Übergänge zwischen P-$6\sqrt{3}$ u. P-1 bzw. P-$2\sqrt{3}$ u. P-1 wurden die Rk.-Enthalpien bestimmt. Zwischen Adsorptionsmessungen an Pulvern u. den aus LEED-Messungen abgeleiteten Bedeckungsgraden besteht keine Übereinstimmung. Es wird außerdem über LEED-Unters. an den Syst. *Ge*-(111) bzw. Si-(111) u. NH_3 bzw. AsH_3 berichtet. G. Ertl 204

0672 **Argon aus Gettersubstanzen.** J. J. B. Fransen und J. P. A. Kleingeld. (Suppl. Nuovo Cimento [1] 5 (1967) 1, 18—25; N. V. Philips' Gloeilampenfabrieken, Central Phys.-Chem. Labor., Elcoma, Eindhoven; engl.) — Aus Messungen der Gleichgew.-Drücke über einem Ba-Getter folgt, daß das Getter Ar nicht nur während der Verdampfung, sondern auch während des Getterns von Gasen abgibt. Die von einem Ba-Film u. von einem nichtverdampfenden Porengetter abgegebenen Ar-Mengen sind eine Funktion der adsorbierten Gasmenge (N_2, H_2 u. CO). G. Malow 204

0673 **Entwicklung von Methan aus Bariumfilmen.** J. J. Moscony. (Suppl. Nuovo Cimento [1] 5 (1967) 1, 7—17; Radio Corp. of America, Electron. Components and Devices, Lancaster, Pa.; engl.) — Bei kleiner Entgasungsrate u. kleiner Restgasmenge vor der Getterverdampfung in einer Vakuumapp. ist es möglich, relativ große CH_4-Mengen nach der Getterverdampfung zu erzeugen. Die aus dem Edelstahl des Getterringes freigesetzten Gase (CO, CO_2, H_2, H_2O) reagieren am Ba-Film unter Bldg. von CH_4. G. Malow 204

0674 **Entgasungsgeschwindigkeitskonstante für verdünnte Lösungen von Stickstoff in Tantal.** R. Griffiths und J. A. Pryde. (Trans. Faraday Soc. 64 (1968) 542, 507—15; Phys. Dep., Sir John Cass Coll., London; engl.) — Die Entgasung von in Ta gelöstem Stickstoff wurde bei Drücken von $5 \cdot 10^{-5}$ bis 10^{-8} Torr u. Temp. von

1600—2300°K untersucht. Unter der Annahme, daß die Desorption von der Oberfläche bei niedrigen Konz. der bestimmende Schritt ist, wird eine Theorie entwickelt. Die theoret. Vorhersagen, daß $1/\sqrt{p}$ (p = Druck) eine lineare Funktion der Zeit ist u. daß die Aktivierungsenergie für diesen Prozeß gleich der Lsg.-Wärme ist, werden durch die Ergebnisse bestätigt. Aus einem einfachen statist. Modell für die auf der Oberfläche chemisorbierten u. gelösten Stickstoffatome wurde die Geschw.-Konst. 2. Ordnung zu $3{,}5 \cdot 10^{-3}$ cm^{-2} Atom^{-1} sec^{-1} berechnet. Dieser Wert liegt in der gleichen Größenordnung wie der für die Stickstoffdesorption von Metallen mit vernachlässigbarer Löslichkeit, z. B. Wolfram.
G. Malow 204

0675 **Kommentar zu Leed-Untersuchungen der Adsorptionssysteme W(100) + N_2 und W(100) + N_2 + CO.** Charles W. Tucker jun. (J. chem. Physics **47** (1967) 5, 1880—81; General Electric Res. and Development Center, Schenectady, N.Y.; engl.) — Für die aufeinanderfolgende Adsorption von N_2 u. CO auf einer W(100)-Fläche hatten Estrup u. Morrison (J. chem. Phys. **46** (1967) 567) eine 1 × 4-Überstruktur gefunden. Es wurde geschlossen, daß es sich um eine echte 1 × 4-Überstruktur u. nicht um ein Koinzidenzgitter handelt. Hier werden verschiedene Gründe dafür angeführt, daß im vorliegenden Fall trotzdem ein Koinzidenzgitter vorliegen kann, obwohl eine eindeutige Entscheidung nicht möglich ist.
G. Ertl 204

0676 **Problem der Konfiguration des Adsorbats in der W(100)(1 × 4)-(N + CO)-Struktur.** P. J. Estrup und J. Anderson. (J. chem. Physics **47** (1967) 5, 1881; Bartol Res. Foundation of the Franklin Inst., Swarthmore, Pa.; engl.) — Vgl. vorst. Referat. — Es wird eine erweiterte Definition des Begriffs „Koinzidenzgitter" vorgeschlagen: Eine period. Anordnung von Streuzentren, welche mit dem Substratgitter nach einer bestimmten (kleinen) Anzahl von Atomabständen „in Schritt" kommt, unabhängig von der Natur der individuellen Streuzentren.
G. Ertl 204

0677 **Beobachtungen von Stickstoff auf Rhenium mit dem Feldemissionsmikroskop.** Ralph Klein und James W. Little. (Surface Sci. [Amsterdam] **6** (1967) 2, 193 bis 207; NBS, Washington, D.C.; engl.) — Die sich in einer geringen Emissionsabnahme bemerkbar machende Adsorption von Stickstoff auf Rhenium (**I**) wird bez. der chemi- u. physisorbierten Bindungszustände von **I** untersucht.
R. Blank 204

0678 **LEED-Untersuchung der Sauerstoffadsorption und Oxidbildung auf (011)-Eisenoberflächen.** A. J. Pignocco und G. E. Pellissier. (Surface Sci. **7** (1967) 3, 261—78; United States Steel Corporation, Monroeville, Pa.; engl.) — Bei Sauerstoffpartialdrücken von einigen 10^{-8} Torr bilden sich auf der (011)-Eisenoberfläche Überstrukturen aus, die bei geringen Bedeckungen mit Sauerstoffatomen auf eine geordnete Anordnung der Sauerstoffatome hinweisen. Es treten bei wachsenden Bedeckungsgraden folgende Strukturen auf: c(2 × 2), c(3 × 1), c(5 × 1). Bei größerem Sauerstoffangebot u. höheren Temp. (550°) bildet sich FeO, das epitakt. mit der (111)-Fläche parallel zur Unterlage aufwächst.
F. Portele 204

0679 **Temperaturabhängigkeit des Widerstandes dünner Metallfilme von der Gasadsorption.** D. Lazarov und G. Bliznakov. (Doklady bolgarskoj Akad. Nauk **20** (1967) 3, 209—12; Dep. of Inorganic Chem., Sofia Univ.; engl.) — Für den Temp.-Koeff. des Widerstandes von dünnen *Fe*-Filmen im Temp.-Bereich von 293—573°K wurden für den nicht vorbelegten Film Werte von α = 0,00182 Grad^{-1} u. für mit steigenden O_2-Mengen vorbelegte Filme α = 0,00181—0,00168 Grad^{-1} gefunden. Für *Mo*-Filme wurde der entsprechende α-Wert sowohl für den sauberen als auch für einen vollständig mit Sauerstoff bedeckten Film zu 0,000279 Grad^{-1} bestimmt. Aus der Temp.-Abhängigkeit des Effektes der O_2-Adsorption auf den Widerstand folgt, daß mit steigendem Widerstand die Widerstandsänderung von der Temp. abhängt.
G. Malow 204

0680 **Thermische Facettierung von Kupfer und Strukturen bei Sauerstoffadsorption.** E. Menzel, B. Schichler und U. Jeschkowski. (Surface Sci. **7** (1967) 3, 482—85; TH, Braunschweig; engl.) — Die (111)- u. (001)-Facetten, die sich auf Cu in Ggw. von Sauerstoff ausbilden, haben keine Beziehung zu den Strukturen bei Sauerstoffadsorption, die man mittels Elektronenbeugung findet. Dagegen hängen die vor kurzem gefundenen (014)- u. (035)-Facetten mit den dichten (1 × 1)-Adsorptionsstrukturen zusammen.
F. Portele 204

0681 **Adsorption von Sauerstoff und Wechselwirkung des adsorbierten Sauerstoffs mit Wasserstoffmolekülen an Silberfilmen.** G. K. Boreskov und A. V. Chasin. (Doklady Akad. Nauk SSSR **177** (1967) 1, 145—48; Inst. kataliza SO AN SSSR; russ.) — Die Homogenität von adsorbiertem Sauerstoff wurde durch die Unters. seiner Umsetzung mit H_2 in Ag-Filmen bei 20° u. stat. Bedingungen verfolgt. Die Adsorption ist bei Vers.-Bedingungen prakt. irreversibel, ein Absaugen während 16 Std. führt zu keiner merklichen Desorption. Die Umsetzung mit H_2 wurde bei H_2-Drücken von $(2{,}3-2{,}4) \cdot 10^{-2}-(0{,}7-0{,}8) \cdot 10^{-2}$ Torr untersucht. 80% des adsorbierten Sauerstoffes erwies sich als reaktionsfähig. Nach einigen Vers. nahm die Menge des reaktionsfähigen Sauerstoffes ab. Die Rk. erfolgt im Verhältnis O_2:H_2 = 1:2.
J. J. Pohl 204

0682 **Charakteristiken von durch Verdampfung hergestellten Metallfilmen.** Yvon Delaunois, Alfred Frennet und Georges Lienhard. (J. Chim. physique Physico-Chim. biol. **64** (1967) 3, 572—81; Labor. de Chim. Nucl., École Roy. Milit., Bruxelles; franz.) — Die nach einer von Vf. früher beschriebenen Meth. (vgl. C. **1967**, 37-0643) hergestellten Metallfilme (*Ag, Cu, Ni, Pd, Ti, Rh, Mo, Ta, Re, W*) werden bez. Filmdicke, Kondens.-Geschw. Wandtemp. u. Größe der Filme untersucht. Proportionalität zwischen Größe u. Filmdicke wird beobachtet, wenn die Dicke größer als ein von der Kondens.-Temp. abhängiger Wert ist. Die spezif. Oberfläche von Ni-, Mo u. Re-Filmen wird durch Kondens.-Geschw. in der Größenordnung 10^{17} at·mn^{-1} cm^{-2} nicht beeinflußt. Die Chemisorption von H_2 u. CH_4 bei Temp. < 200° verändert die Größe von Mo-Filmen nicht.
G. Malow 204

0683 **Beziehung zwischen Infrarot-Frequenzen von adsorbiertem Kohlenmonoxid und Metall-Elektronenzahl.** J. K. A. Clarke. (J. Catalysis **8** (1967) 2, 200—02; Dep. of Chem., Univ. Coll., Dublin, Ireland; engl.) — Bei Unters. der Störung der Schwingungsfrequenz von *CO* durch Adsorption an kub. flächenzentrierten Gittern der Übergangsmetalle *Cu, Ag, Co, Pt, Pd* u. *Ni* wurde ein Ansteigen der Frequenz mit der Konst. der spezif. Elektronenwärme gefunden. Wird die beobachtete Frequenz in die Valenzelektronenzahl umgerechnet u. gegen die spezif. Elektronenwärmekonst. aufgetragen, welche ein Maß für die Besetzungszahl des Fermi-Niveaus des Metalles ist, so ergibt sich ein linearer Zusammenhang.
A. Becker 204

0684 **Chemisorptionsmethode zur Bestimmung der aktiven Oberflächen einiger katalytischer Systeme.** Henri Charcosset, Denise Barthomeuf, Radka Nicolova André Revillon, Louise Tournayan und Yves Trambouze. (Bull. Soc. chim. France **1967**, 12, 4555 bis 4558; Univ. de Lyon; franz.) — Es werden *Pt, Ni* u. Cr_2O_3 auf *Aluminiumsilicaten* verschiedener Zus. mikrothermogravimetr. untersucht. Im Falle von Pt werden die Resultate analysiert u. verglichen, die bei der Adsorption von O_2 u. CO erhalten wurden. Für Katalysatoren auf der Basis von Ni werden Vers. zur Erarbeitung einer Oberflächenbest.-Meth. durch O_2-Adsorption beschrieben.
H.-D. Schwartz 204

0685 **Oberflächenheterogenität einer Holzkohle. Vergleich der Resultate nach NMR- und Adsorptionsmethoden.** J. K. Thompson und H. A. Resing. (J. chem. Physics **47** (1967) 9, 3685—86; Naval Res. Labor., Washington, D.C.; engl.) — Die nach der Theorie von Ross u. Oliver (On Physical Adsorption, Interscience Publishers, Inc., N.Y., 1964) aus NMR-Daten ber. Adsorptionskurven für *Bzl.* an Hohlzkohle N-182 stimmen bei nicht zu hohen Drücken (Monoschichtadsorption vorausgesetzt) sehr gut mit den experimentellen Daten überein. Ein schemat. Modell der Oberfläche von Holzkohle wird angegeben. H.-D. Schwartz 204

0686 **Adsorption von Kohlenwasserstoffen an graphitisiertem Kohlenstoff.** S. E. Hoory und J. M. Prausnitz. (Trans. Faraday Soc. **63** (1967) 530 Pt. 2, 455—60; Dep. of Chem. Engng., Univ. of Calif., Berkeley; engl.) — Die experimentellen Ergebnisse der Monoschicht-Adsorption von *Methan, Äthylen, Äthan, Propylen, Propan, Isobutan* u. *n-Butan* an homogen graphitisiertem C (2700°) werden mitgeteilt. Die Daten wurden mit Hilfe einer zweidimensionalen Van der Waals-Zustandsgleichung abgeleitet. Die Henry-Konst., laterale Wechselwrkg.-Parameter, Adsorptionswärmen u. -Entropien wurden berechnet. Für die höheren KW-Stoffe wird eine Abnahme der Rotationsentropie von 2—4 cal/Grad · Mol auf Grund behinderter Rotation an der Oberfläche beobachtet. Aus den Daten wird geschlossen, daß bei normalen Temp. (250—350 °K) die KW-Stoffe an graphitisiertem C eher in einer „liegenden" als in einer „stehenden" Position adsorbiert werden. E. Schulte 204△

0687 **Änderung der Oberflächenleitfähigkeit und des Voltapotentials bei der Adsorption von Akzeptor- und Donatorgasen an durch Strahlung und thermische Behandlung modifizierten Polyäthylenoberflächen.** V. B. Margulis und L. I. Boguslavskij (Ėlektrochimija **8** (1967) 10, 1256—58; Moskva, Inst. ėlektrochim. AN SSSR; russ.) — Polyäthylen mit einer spezif. Leitfähigkeit von $10^{-3}\,\Omega^{-1}\,cm^{-1}$ u. einer Aktivierungsenergie der Leitfähigkeit von 1,4 eV wurde bei 250° bis zu einem konst. Druck von 1 bis $2 \cdot 10^{-7}$ Torr entgast. Nach Einw. von O_2 (10 Torr), H_2 (10 Torr), J_2 (0,25 Torr), H_2O (4,6 Torr) u. N.N-Dimethyl-n-octylamin (I) (0,11 Torr) wurde die Änderung des Voltapotentials nach der dynam. Kondensatormeth. u. die relative Änderung der Oberflächenleitfähigkeit gemessen. Außer bei **I** wurde eine Erhöhung der Elektronenaustrittsarbeit u. in allen Fällen eine entsprechende Änderung der Oberflächenleitfähigkeit beobachtet. Eine Besonderheit zeigte O_2: Je nach Oberflächenzustand (ox. oder völlig entgast) zeigte sich eine Erhöhung oder Erniedrigung der Leitfähigkeit bei Zunahme der Elektronenaustrittsarbeit in beiden Fällen. Die Abhängigkeit des Voltapotentials vom W.-Dampfdruck ergab einen extremalen Verlauf, wogegen die relative Leitfähigkeit stufenförmig anstieg. C. Herold 204

0688 **Photosorption von Sauerstoff an Magnesiumoxid.** A. A. Lisačenko und F. I. Vilesov. (Doklady Akad. Nauk SSSR **176** (1967) 5, 1103—06; Naučno-issl. fiz. inst. Leningradskij gos. univ. im. A. A. Ždanova; russ.) — Der Einfl. von UV-Bestrahlung auf die Adsorption u. den isotropen Sauerstoffaustausch an MgO wurde mit der photomassenspektroskop. Meth. untersucht. Die Proben wurden im Vakuum oder bei einem O_2-Druck von 1 Torr u. 500° u. evtl. bei 1—10 Torr O_2 bei 900° oder bei 10 Torr O_2 bei 880° während 5 Std. behandelt. Die Photosorptionsaktivität wurde bei 20—250° bei $5 \cdot 10^{-2}$ Torr O_2 bestimmt. Die Aktivität hängt von der Anwesenheit von Hydroxylgruppen an der Probenoberfläche ab. Der Photosorptionseffekt wird bei steigender Temp. infolge der stärkeren Desorptionsrk. schwächer. Bei 300° ist die Desorption vollständig. UV-Licht aktiviert einen Isotopenaustausch des Gasphasensauerstoffes mit Sauerstoff der Probenoberfläche. In Ggw. von Wasserstoff nimmt der Photosorptionsgrad des Sauerstoffes infolge herabgesetzter Desorption zu. Ein Mechanismus des Sorptionsprozesses wird vorgeschlagen. J. J. Pohl 204

0689 **IR-spektroskopische Untersuchung der Oberflächen-Hydroxylgruppen und der Chemisorption von Wasserstoff an Magnesiumoxid.** A. A. Lisačenko und V. N. Filimonov. (Doklady Akad. Nauk SSSR **177** (1967) 2, 391—94; russ.) — Vgl. vorst. Referat. — MgO mit der spezif. Oberfläche 35 m^2/g wurde mehrere Std. lang in einer O_2-Atmosphäre bei 250—800° gehalten u. 5 Std. bei 850—950° abgesaugt. Die OD-Valenzschwingungsbande von physisorbierten D_2O liegt bei 2100 bis 2800 cm^{-1}. Im Falle von H_2O liegt eine breite Bande bei 3200—3800 cm^{-1}. MgO adsorbiert bei $< 200°$ reversibel, bei $> 200°$ irreversibel Wasserstoff. Die irreversible Adsorption beruht auf der Bldg. von Hydroxylgruppen an der MgO-Oberfläche. Der Isotopenaustausch von H u. D verläuft, wie massenspektroskop. Daten zeigen, bei $> 180°$ genügend schnell. Der Isotopenaustausch von Wasserstoff mit OD-Gruppen der MgO-Oberfläche beginnt etwa bei der gleichen Temperatur. J. J. Pohl 204

0690 **Untersuchung von Katalysatoren und Adsorbentien mit der Thermodesorptionsmethode.** 1. Mitt. **Aluminiumoxid und Siliciumdioxid.** I. V. Krylova, A. P. Filonenko und Ju. P. Sitonite. (Ž. fiz. Chim. **41** (1967) 11, 2839—41; Moskovskij gos. univ. im. Lomonosova, Chim. fak.; russ.) — Zwei Max. auf den Thermodesorptionskurven von Al_2O_3 u. SiO_2 entsprechen zwei Typen der aktivierten Adsorption von Wasser. Die Zentren der aktivierten Adsorption von H_2O entsprechen Zentren der Exoelektronenemission von Al_2O_3 u. SiO_2. Die Aktivierungsenergien für die Thermodesorption werden zu 6,5 (1. Max., Al_2O_3 u. SiO_2) bzw. 25 (2. Max., Al_2O_3) u. 19 kcal/Mol (2. Max., SiO_2) berechnet. D. Hoene 204

0691 **Untersuchung von Katalysatoren und Adsorbentien mit der Thermodesorptionsmethode.** 2. Mitt. **Platinierte Alumogele.** T. S. Ustinova, A. P. Filonenko und I. V. Krylova. (Ž. fiz. Chim. **41** (1967) 11, 2941—43; russ.) — 1. vgl. vorst. Referat. — Es besteht eine lineare Beziehung zwischen der Menge an desorbiertem Gas u. der Intensität der Exoelektronenemission für Pt/Al_2O_3-Katalysatoren bei Temp. von 20—140°. Die Max. auf den Temp.-Intensität-Kurven (20—370°) werden dem Vorliegen von zwei Typen von Zentren für die aktivierte Adsorption von H_2O u. O_2 zugeschrieben. D. Hoene 204

0692 **Untersuchung von Katalysatoren und Adsorbentien mit der Thermodesorptionsmethode.** 3. Mitt. **Thermisch stimulierte Exoemission und Thermodesorption von Zinkoxid.** T. V. Barmakova, T. S. Ustinova und I. V. Krylova. (Ž. fiz. Chim. **41** (1967) 11, 2945—48; russ.) — 2. vgl. vorst. Referat. — Drei Max. der Thermodesorptionsgeschw. von ZnO bei 80—100, 140—160 u. 260° entsprechen drei Max. der therm. stimulierten Exoelektronenemission. Zusätze von Pt verändern die Menge der adsorbierten Gase u. die Intensität der Exoelektronenemission symbat. Es besteht eine lineare Beziehung zwischen der Menge des desorbierten Gases u. der Intensität der Exoelektronenemission. D. Hoene 204

0693 **Physikalische Adsorption von Gasen.** 2. Mitt. **Mischungen von Xenon und Argon an Pyrexglas.** B. G. Baker, L. A. Bruce und P. G. Fox. (Trans. Faraday Soc. **64** (1968) 542, 477—88; Commonwealth Scientific and Industrial Res. Organ., Div. of Tribophys., Univ. Melb.; engl.) — 1. vgl. C. **1966,** 36-0522. — Die Adsorption von Xe, Kr u. ihrer Mischungen an Pyrexglas wurde bei 77—90 °K gemessen. Die Gleichgew.-Drücke lagen bei $3 \cdot 10^{-10}$ bis $2 \cdot 10^{-5}$ Torr. Die Adsorptionswärmen u. Entropien wurden als Funktion des Bedeckungsgrades berechnet. Zur Berechnung der Adsorption eines Gases an einer heterogenen Oberfläche wurde eine Meth. entwickelt. Auf dem Hauptanteil der Pyrexglasoberfläche läßt sich das adsorbierte Kr im Gegensatz zum adsorbierten Xe nicht lokalisieren. Bes. bei niedriger Bedeckung geht die hohe Beweglichkeit des adsorbierten Kr verloren, wenn Kr aus einer Mischung mit einem Xe-Überschuß adsorbiert wird. G. Malow 204

0694 **Tieftemperaturadsorption von Sauerstoff an Plutoniumdioxid.** J. L. Stakebake. (J. nuclear Mater. [Amsterdam] **23** (1967) 2, 154—62; Dow Chem. Co., Rocky Flats Div., Golden, Colo.; engl.) — O_2 wird an unterstöchiometr. PuO_2 zwischen 76 u. 193° physisorbiert. Die Änderung der freien Enthalpie u. differentiellen Adsorptionswärme von Sauerstoff (I) bei monol. Bedeckung u. T = 85 °K betrug 0,595 bzw. 0,675 kcal/Mol. Beide Werte nahmen mit zunehmender Oberflächenbedeckung ab. Die differentielle Entropie war negativ bis zu einer relativen Bedeckung von $\Theta = 1{,}90$ mit einem Minimum von —1,16 cal/Mol. Gad bei $\Theta = 1{,}02$. O_2

wird anfangs durch die Wechselwrkg. mit einer (100)-Fläche einer PuO_2-Elementarzelle adsorbiert. Weitere Adsorption bis zu monomol. Bedeckung erfolgt weniger spezifisch. Die BET-Oberfläche des Oxids betrug 16,9 m^2/g D. Hoene 204

0695 **IR-Absorptionsspektren natürlicher Sorbenten.** N. K. Nadirov und G. A. Nadirova. (Ž. fiz. Chim. **41** (1967) 11, 2928—31; Chabarovskij gos. pedagog. inst.; russ.) — Während einer fünfstd. sauren Aktivierung von Sorbenten erleiden, wie mit Hilfe von IR-Spektren gezeigt wird, in erster Linie die Oberflächen tiefgehende physikal.-chem. Veränderungen. Im Falle von montmorillonit. Sorbenten entsteht an der Oberfläche des Alumosilicatskeletts ein Netz von Wasserstoffbindungen. Das mol. W. der Hydrargillitschicht wird durch Säuren um so mehr entfernt, je stärker das H-Bindungsnetz ausgebildet ist u. je höher die Adsorptionsfähigkeit des Sorbenten ist. Die Montmorillonit–Kaolinit-Oberfläche wird beim Überwiegen der zweiten Komponente beim Aktivieren stärker mit Hydroxylgruppen gesätt., die Adsorptionsfähigkeit einer solchen Oberfläche ist sehr klein. Minerale mit überwiegendem Halloysit-Geh. verlieren unter der Einw. der sauren Behandlung leicht freies SiO_2, die Oberfläche wird mit Kationen u. mit einem Netz von Wasserstoffbindungen gesättigt. Ein Kontakt mit konz. Säuren ($\geq 20\%$) führt zur teilweisen Zus. des Kristallgitters u. zur Abnahme der Adsorptionsfähigkeit des Sorbenten. J. J. Pohl 204

0696 **Wesen der Wechselwirkung von Wasser mit der Oberfläche von Montmorillonit.** 2. Mitt. **Adsorptionswärme und -entropie von Wasserdampf an kationensubstituiertem Montmorillonit.** Ju. I. Tarasevič und F. D. Ovčarenko. (Ukrainskij chim. Ž. **33** (1967) 2, 165—72; Inst. obščej i neorg. chim. AN USSR; russ.) — 1. vgl. C. **1968**, 16-0665. — Die differentielle Freie Energie, Enthalpie u. Entropie des an Montmorillonit adsorbierten W. in Abhängigkeit von der sorbierten Menge wurden berechnet. Die Max. u. Minima in der ΔH-Kurve werden auf Eindringen des W. in weitere Schichten u. Zwischenräume des Montmorillonitkrist. zurückgeführt. Eine Korrelation der Veränderung der ΔH-Kurve in K-, Na-, Ca-, Ba- u. Fe-Montmorillonit mit der Bldg. von internen Adsorptionskomplexen wird aufgestellt. Der Verlauf der ΔH-Kurven u. ΔS-Kurven ist parallel; das Minimum in beiden Kurven entspricht der durch BET-Meth. bestimmten Größe einer Monoschicht. J. Eliassaf 204

0697 **Thermodynamik der Adsorption von Wasserdampf an Palygorskit.** Ju. I. Tarasevič. (Ukrainskij chim. Ž. **33** (1967) 12, 1313—15; russ.) — Vgl. vorst. Referat. — Die Sorptionsisothermen von Wasserdampf an Palygorskit wurden bei 12 u. 23° konstruiert. Die differentielle Adsorptionswärme sinkt stark mit der Auffüllung der Monoschicht. Im Bereich a = 4,5—7 μMol/g ist sie prakt. konst. (12—11,5 kcal/Mol) u. nähert sich dann der Kondensationswärme. Es sind Adsorptionszentren verschiedener Art zugegen: oktaedr. Kationen an beiden Seiten der Kanäle, Austauschkationen, Sauerstoff, nadelförmige Mineralteilchen, OH^--Gruppen u. andere. Die energet. Heterogenität der Palygorskit-Oberfläche wird außerdem auf die Geometrie der Oberfläche selbst zurückgeführt. Die Kurve der differentiellen Adsorptionsenergie nähert sich bei großen Adsorptionswerten dem Wert Null. J. J. Pohl 204

0698 **Kernmagnetische Resonanz der Protonen von an Vermiculit adsorbiertem Wasser.** F. D. Ovčarenko, V. V. Mank, I. V. Matjaš, Ju. I. Tarasevic, Ja. Ja. Ščerbak und V. E. Poljakov. (Doklady Akad. Nauk SSSR **177** (1967) 5, 1131—33; russ.) — Vgl. vorst. Referat. — Die KMR-Spektren der polykrist. Li^+-, Ca^{2+}-, Mg^{2+}-, Zn^{2+}-, Cu^{2+}- u. Co^{2+}-Formen von Vermiculit wurden bei Zimmertemp. u. 64 °K aufgenommen. Bei einer bestimmten Feuchtigkeit enthält das Spektrum eine breite Linie, ΔH beträgt 4,1; 4,1; 4,1; 3,5; 5,4 bzw. 4,1 Oe. Die Linie besteht aus zwei Komponenten, eine wird den Strukturhydroxylgruppen des Minerals u. die andere adsorbierten Wassermol. zugeordnet. Beim Abkühlen von Proben mit 2,6—3,4 μMol/g adsorbiertem W. bis 64 °K ändert sich die Breite der Resonanzlinie nicht. Bei 7,7 μMol/g erscheint im Spektrum von Ca-Proben eine zusätzliche Komponente mit ΔH ca. 12 Oe. Die Wassermol. in den Schichtzwischenräumen dürften stark deformiert sein. Es dürften Hydroxokationen vom Typ $[Me^{2+}(H_2O)_nOH]^+$ entstehen. J. J. Pohl 204

0699 **Konkurrenzgleichgewichte in radiochemischen Sorptionssystemen unter Teilnahme von Oxidhydratkollektoren.** Ju. V. Egorov und B. N. Chrustalev. (Radiochimija **9** (1967) 5, 569—88; russ.) — Diese Übersicht betrifft die konkurrierenden Sorptionsrk. in Syst. mit Oxidhydraten (Makrokomponente) u. Kationen (Mikrokomponente). Betrachtet wird u. a. der Einfl. der H-Ionen. Zur Erklärung der Abweichung der effektiven Ladungskoeff. Z von der formalen Ladung des Sorbations werden folgende Möglichkeiten untersucht: Assoziation u. Hydrolyse, Kompensation der Überflußladung durch Anionen, kombinierte Substitution. Vf. ordnen die Vers.-Ergebnisse auf der Grundlage eines Modells der Austausch-Chemisorption u. des WMG. — 131 Literaturangaben. G. Ewald 204

0700 **Gegenseitige Beeinflussung von Beimengungen bei ihrer Absorption aus Elektrolyten an Siliciumoberflächen.** V. S. Sotnikov und A. S. Belanovskij. (Radiochimija **9** (1967) 4, 505—07; russ.) — Vf. untersuchten den Einfl. von Beimengungen, d. h. von Elementen der I–V. u. VIII. Gruppe des Periodensyst., auf die Adsorption von Au bei der Ätzung von Si-Plättchen mit dem Ätzmittel SR (Gemisch von HNO_3 u. HF im Verhältnis 4:1). Unter Verw. des Indikators ^{198}Au wurde Abhängigkeit der pro cm^2 Si adsorbierten Au-Menge von der Konz. der Beimengung im Ätzmittel aufgenommen. Folgende Beimengungen wurden verwendet: Li, Na, K, Rb, Cs, Cu, Ag; Be, Mg, Ca, Sr, Ba, Zn, Cd, Hg; B, Al, Ga, In, Tl; Sn, Pb, P, As, Sb, Bi; Fe, Co u. Ni. Die Ggw. von Elementen, die im elementaren Zustand adsorbiert werden (Ag, Hg, Fe, Co, Ni, Bi), führt bei Konz. C $10^{-3}\%$ zu einer Vergrößerung der Au-Adsorption. Diese Elemente bilden mit Si stärkere Mikrokathoden (Si–Ag, Si–Hg, Si–Fe) als die entsprechenden Abschnitte auf der Si-Oberfläche. Die Ggw. von Cu führt zu einer Verringerung der Adsorption, der Einfl. von Pb u. von Sn (komplizierte Abhängigkeiten) ist nicht geklärt. Alle übrigen Elemente haben keinen Einfl. auf die Adsorption von Au. Gleiche Ergebnisse wurden mit dem Ätzmittel HNO_3 + HF + CH_3COOH erhalten. G. Ewald 204

0701 **Einfluß der Elemente der I.—VIII. Gruppe auf die Adsorption von Quecksilber aus Elektrolyten an Silicium.** V. S. Sotnikov und A. S. Belanovskij. (Radiochimija **9** (1967) 4, 507—09; russ.) — Vgl. vorst. Referat. — Es wurde die in l.c. beschriebene Unters. unter Verw. der gleichen Beimengungen (bis auf In u. Hg, jedoch mit Au) für die Adsorption von Hg durchgeführt. Die Ggw. von Au u. Ag ($> 10^{-3}\%$) führt wiederum zu einer Adsorptionsvergrößerung proportional der Au- bzw. Ag-Menge in der Lösung. Der Einfl. von Sn ist nicht geklärt. Alle übrigen Beimengungen haben keinen Einfl. auf die Adsorption von Hg. G. Ewald 204

0702 **Einfluß der Elemente der I.—VII. Gruppe auf die Adsorption von Eisen aus Elektrolyten an Silicium.** V. S. Sotnikov und A. S. Belanovskij. (Radiochimija **9** (1967) 4, 509—11; russ.) — Vgl. vorst. Referate. — Es wurde die in l.c. beschriebene Unters. unter Verw. der gleichen Beimengungen (bis auf Hg) für die Adsorption von Fe durchgeführt. Die Ggw. von Co u. Ni führt in Abhängigkeit von ihrer Konz. (ab $10^{-4}\%$) zu einer Verringerung, die Ggw. von Bi, Pb, Ag, Au, Cu u. Hg zu einer Vergrößerung (ab $10^{-2}\%$) der Adsorption von Fe proportional der Konz. der Beimengung in der Lösung. Der Einfl. von Sn ist ungeklärt (evtl. Bldg. von H_2SnO_3). Alle übrigen Beimengungen haben keinen Einfl. auf die Adsorption von Fe an Si. Die Adsorption von Fe (10^{-5} bis $10^{-3}\%$) verläuft nach der Freundlich-Isotherme. Das Gleichgew. wird nach 1—2 min erreicht. G. Ewald 204

0703 **Röntgenographische und elektronenmikroskopische Untersuchung der Phasengrenze NH_4ClO_4/ÉD-5.** A. E. Pereverzev, D. A. Vlasov und V. D. Černych. (Ž. prikl. Chim. **40** (1967) 11, 2506—13; Leningradskij technolog. inst. im. Lensoveta; russ.) — Das Epoxidharz ÉD-5 wurde, gelöst in Aceton, auf NH_4ClO_4-Krist. aufgetragen u. mit Maleinsäureanhydrid ausgehärtet. Die Debye-Scherrer-Diagramme der Präp. zeigten neben den Linien des NH_4ClO_4 schwache zusätzliche Linien, die auf orientierte Adsorption des Harzes schließen lassen. H. Gümbel 204

0704 **Einfluß des pH-Werts der Porenlösung auf die Sorption von Sulfationen an anodischem Aluminiumoxid. Relative Sorptionsaffinität von Anionen zum Oxid.** V. T. Belov und A. F. Bogojavlenskij. (Izvest. vysšich učebnych Zavedenij [Ivanovo], Chim. i chim. Technol. **10** (1967) 10, 1106—10; Kazanskij aviacionnyj inst. Kaf. obšč. chim.; russ.) — Die Sorption von Sulfationen an anod. Al_2O_3-Filmen wurde bei Sättigung der Filme mit H_2SO_4- u. NaOH-Lsg.-Gemischen bei verschiedenen pH-Werten u. konst. Sulfationenkonz. (0,1 m) bestimmt. Im pH-Bereich, in dem die Auflsg. des Filmes minimal ist, sinkt die Sorption der Sulfationen mit wachsendem pH analog wie im Falle von Phosphat- u. Dichromationen. Die Hauptursache der relativen Abnahme der Sorption der Anionen ist die Abnahme des Austauschgrades $OH^- \leftrightharpoons Anion^{x-}$, x = 1, 2, infolge der Abnahme der Menge von Hydroxylionen an der Filmoberfläche. Die Sorptionsaffinität wächst in der Reihenfolge $H_2PO_4^- > HCrO_4^- > HPO_4^{2-} > SO_4^{2-} > CrO_4^{2-}$. J. J. Pohl 204

0705 **Einfluß der Beschaffenheit des Adsorbenten und Eigenschaften der Volumenlösung auf die Selektivität der Adsorption.** V. S. Komarov und A. T. Rozin. (Doklady Akad. Nauk Beloruss. SSR **11** (1967) 4, 338—41; Inst. obščej i. neorg. chim. AN BSSR; russ.) — Die selektive Adsorption von A. aus Bzl.-Lsg. oder von Aceton aus $CHCl_3$-Lsg. fällt in der Reihenfolge: Zeolith NaX (**I**), Silicagel (**II**). Die Selektivität von **II** nimmt mit dem spezif. Sorptionsvol. zu; an Kanalruß u. Aktivkohle wird Bzl. bevorzugt adsorbiert. J. Eliassaf 204

0706 **Spektroskopische Verfolgung der Umsetzung organischer Moleküle mit der Oberfläche des Leerstellen-Halbleiters TlJ.** Ju. D. Pimenov. (Doklady Akad. Nauk SSSR **176** (1967) 3, 556—59; russ.) — Die Elektronendonator- u. -akzeptoreig. von *Tetramethyl-p-phenylendiamin*, *N-Methyldiphenylamin*, *Tetracyanäthylen*, *p-Chloranil* u. *p-Benzochinon* wurden im Hochvakuum nach Entgasen bei 10^{-6} Torr untersucht. Die spektrale Verteilung der Photoleitfähigkeit nach Adsorption dieser Verb. an TlJ während 3 Std. wurde bestimmt. Bei der Adsorption von Elektronenakzeptormol. erfolgt in der Oberflächenschicht eine Inversion des Fermi-Niveaus. Die Rekombinationsgeschw. der Träger dürfte an der TlJ-Oberfläche nach der Adsorption der Mol. größer sein als im Volumen. Bei genügend großer Konz. der chemisorbierten Mol. tritt ein anomaler Dember-Effekt im Bereich der schwachen opt. Absorption von TlJ auf. Das Verh. des Kondensator-EMK im Bereich der schwachen opt. Absorption von TlJ kann auch durch die Anwesenheit von Spuren der kub. roten TlJ-Form erklärt werden. Bei erhöhter Temp. (bis 150°) werden geladene Mol. absorbiert. An der Oberfläche entstehen nicht sehr starke Ladungsübertragungskomplexe. Die Photoübertragung des Elektrons ist reversibel, in 10^{-9} s kehrt das Syst. in den Ausgangszustand zurück. J. J. Pohl 204

0707 **Adsorptionsmaxima bei der Anionenadsorption an Metalloberflächen.** I. Dreyer und R. Dreyer. (Z. physik. Chem. [Leipzig] **236** (1967) 1/2, 107—10; Zentralinst. für Kernforsch., Rossendorf, Bereich Radiochem.; dt.) — Mit Hilfe von mit ^{35}S-markiertem Na_2SO_4 wurde die SO_4^{2-}-Adsorption bei 20° u. 80° an *Zr*-, *Cu*- u. *Ni*-Oberflächen untersucht. Bei 80° treten an Zr- u. Ni-Proben Adsorptionsmax. auf, zu deren Deutung die Bldg. von Oxidschichten u. damit verbunden eine Änderung der Bindungsverhältnisse zwischen Metall u. adsorbierten Anionen herangezogen wurden. G. Malow 204

0708 **Untersuchung der Selektivität der Adsorption und Desorption von Cäsium im System „hydrophobe Oberfläche–Flüssigkeit" nach dem Verhältnis $^{137}Ba/^{137}Cs$ auf der Oberfläche des Adsorbenten.** V. V. Glazunov und I. A. Sjul'skij. (Radiochimija **9** (1967) 4, 403—09; russ.) — Vf. untersuchten nach einer früher (ibid. **8** (1966) 5, 604) beschriebenen Meth. die Ad- u. Desorption der genet. verbundenen Nuklide ^{137}Cs u. $^{137}Ba^*$ (Isomer) durch Polyäthylen u. Fluoroplast-4 aus wss. Lsg. in Ggw. u. bei Abwesenheit von Natriumtetraphenylborat (**I**). Es wurde ausschließlich die γ-Aktivität des an den scheibenförmigen Proben (⌀ = 30 mm, h = 1,5 mm) adsorbierten, angeregten ^{137}Ba mit Hilfe einer Szintillationsmeßeinrichtung (NaJ/Tl) zunächst in Abständen von 10, später 100 s bestimmt. Die Anfangsaktivität A_0 charakterisiert die Ba-Adsorption, die Gleichgew.-Aktivität A_∞ die Cs-Adsorption. Jede Veränderung der Aktivität der Probe zeugt von einer bevorzugten Ad- oder Desorption eines der Elemente. Eine Verringerung der Aktivität ($A_0/A_\infty > 1$) charakterisiert einen Ba-Überschuß zu Ende der Adsorptionsrk. (bei Trennung der Phasen), eine Aktivitätserhöhung während der Meßdauer ein Ba-Defizit. Es wurde entweder mit Mikro- oder mit Makromengen von Cs gearbeitet. Bei Abwesenheit von **I** wird bevorzugt Ba adsorbiert. Bei Zugabe von $NaNO_3$ verringert sich die Adsorption von Ba u. Cs sowie auch die Selektivität der Adsorption. Nach Zugabe von **I** erhöht sich die Adsorption von Cs u. die Selektivität zu Gunsten von Cs. Cs wird durch W. relativ gut desorbiert. Diese Desorption wird durch die Ggw. von **I** in der Lsg. behindert. Die Bremswrkg. wird mit der Bldg. von Cs-Tetraphenylborat (**II**) auf der Oberfläche erklärt. **II** wird durch Dioxan u. Aceton selektiv desorbiert; auf der Oberfläche verbleibt ein Ba-Überschuß ($A_0/A_\infty > 1$). G. Ewald 204

0709 **Einfluß der Temperatur auf die Lage des Ionenaustauschgleichgewichtes.** Ju. I. Ignatov, Ju. V. Šostenko und I. G. Muratov. (Ukrainskij chim. Ž. **33** (1967) 12, 1241—45; Char'kovskij naučno-issl. chim.-pharm. inst.,; russ.) — Beim Austausch von Ionen gleicher Wertigkeit an den Ioniten KU-2 u. RF bewirkt eine Temp.-Zunahme die Abnahme der Spezifität des Ionits in bezug auf das Ion mit der kleineren Hydrathülle. Die Größe der Verschiebung des Ionenaustauschgleichgew. mit der Temp. ändert sich mit dem Unterschied der Hydratationswärmen der auszutauschenden Ionen. Die Lage des Austauschgleichgew. bei 25, 50 u. 90° wurde in den Syst. Cd^{2+}–Cs^+, Li^+–Cs^+, Na^+–Cs^+, K^+–Cs^+ u. Ag^+–Cs^+ untersucht. Die Sorbierbarkeit von Cd^{2+} ist bei 25° klein u. steigt mit wachsender Temp., wahrscheinlich infolge abnehmender Komplexbldg.-Fähigkeit. Beim Austausch an schwachquellenden Ioniten ist die Wrkg. der Temp. auf die Lage des Gleichgew. stärker. J. J. Pohl 206

0710 **Austauschwärme von Jodid- mit Chlorid-Ionen an einem schwach basischen, unifunktionellen Anionenaustauscher bei 25°.** G. E. Boyd und A. Schwarz. (J. physic. Chem. **71** (1967) 5, 1355—57; Oak Ridge Nat. Labor., Oak Ridge, Tenn.; engl.) — Best. der partiellen Austauschwärmen von J^- gegen Cl^- bei 25° in Abhängigkeit von der Zus. des Austauschers; dabei wurden unifunktionelle schwach u. stark bas. Anionenaustauscher auf der Basis von leichtverzweigtem Polystyrol verwendet. Die aus den Partialwärmen ber. Standardwärmen ΔH_0 wurden mit den Freien Energien ΔG_0 zur Berechnung der Standard-Entropieänderung ΔS_0 für die Austauschrk. herangezogen; die ΔG_0-Werte wurden aus den experimentell bestimmten Gleichgew.-Selektivitätskoeff. abgeleitet. Die Werte von ΔG_0, ΔH_0 u. ΔS_0 für den schwachbas. Austauscher erwiesen sich als meist ident. mit den Werten für den stark bas. Austauscher, woraus hervorgeht, daß die Wechselwrkg. der J^-- u. Cl^--Ionen mit den austauschenden Gruppen in beiden Materialien meist ident. sind. D. Ertel 206

0711 **Änderung der thermodynamischen Funktionen bei einigen Ionenaustauschreaktionen von Bentonit aus Oglanglin.** F. Ch. Tadžiev und T. Ch. Muksinov. (Uzbekskij chim. Ž. **11** (1967) 5, 49—52; Taškentskij politechn. inst.; russ.) — Die Ionenaustauschwärme an Bentonit aus Oglanglin wurde kalorimetr. für folgende Ionenpaare bei 25 ± 0,5° bestimmt: Li^+–H^+ (ΔH =) —550 (cal/g-Äqu.) (ΔS, Clausius) 2,05, Na^+–H^+ —830; 5,97, K^+–H^+ —1600; 9,74, NH_4^+–H^+ —1150; 10,23, Ba^{2+}–2 H^+ —1970; 9,40, Li^+–K^+ —1070; 12,71, Na^+–K^+ —720; 9,36, Li^+–Na^+ —280; 4,33. J. J. Pohl 206

0712 **Einige Gesetzmäßigkeiten der Ionenaustauschsorption im System Kaliumbenzoat–Ionit.** P. Z. Beridze, P. A. Javič und A. G. Sarabunovič. (Soobšč. Akad. Nauk Gruz. SSR **43** (1967) 3, 609–14; AN GruzinSSR, Inst. pharmakochim. im. Kutateladze; russ.) — Der Ionenaustausch von 0,1 n Kaliumbenzoat–KOH-Lsg. wurde an den Ioniten KU-2, KU-1, KB-4 (in H-Form), AV-16, AV-17, EDE-10P, AN-2F u. AN-1 (in OH-Form) verfolgt. Der Austausch an Anioniten wurde bei Zimmertemp., an Kationiten bei 80° untersucht. Die Sorptionsfähigkeit gegenüber K sinkt nach KU-2x24 > KU-2x28 > KU-1 > KB-4, gegenüber Benzoesäure nach AV-17 > AV-16 > ÈDÈ-10P > AN-2F > AN-1. J. J. Pohl 206

0713 **Sorption von radioaktiven Isotopen durch Ionite aus verdünnten Lösungen.** F. V. Rauzen und T. S. Vediščeva. (Radiochimija **9** (1967) 5, 612–21; russ.) — Vf. untersuchten die Möglichkeit der Feinreinigung von radioakt. Abwässern in Abhängigkeit vom Salz- u. vom Säuregeh. der Lösung. Theoret. wurde eine Beziehung zwischen dem Reinigungskoeff. K_0 für ein radioakt. Isotop u. der Austauschgleichgew.-Konst. dieses Isotopes hergestellt, wobei unter Reinigungskoeff. K_0 das Verhältnis der spezif. Aktivitäten der Ausgangs- u. der gereinigten Lsg. verstanden wird. Zu 20–50 ml einer künstlichen einen Tag alten Lsg. wurden 0,2–0,5 g eines Kationiten (KU-2) oder eines Anioniten (AN-2F, AN-21, AN-22, starkbas. Anionit AV-17 u. Mehrfunktionsanionit ÈDÈ-10P) zugegeben u. 4 h lang geschüttelt. Vf. bestimmten die Austauschgleichgew.-Konst. K^{H}_{Me} für den Austausch H–Me an KU-2 für die Ionen Cs^+, Na^+, Sr^{2+} u. Ca^{2+} aus verd., 0,005–0,01 n Lsg. (Tabelle) u. ferner die Koeff. K_0 für folgende zwei Lsg. (Konz. in mVal/Liter): 1. Lsg.: $Ca(NO_3)_2$ – 1; $CaCl_2$ – 2; $NaNO_3$ – 1; Na_2SO_4 – 2; 2. Lsg.: $NaNO_3$ – 2. –K_0 beträgt für KU-2 (8–9%) Belastung u. die Ionen Cs^+, Na^+, Sr^{2+} u. Ca^{2+}: Lsg. 1:20; 8,6; 1000 u. 1100 (theoret. ber. Werte: 21,4; 6,8; 1210 u. 985); Lsg. 2 (16% Belastung des Kationits bei Cs u. Na, Indikatormengen bei Sr u. Ca): 17,3; 8; 420 u. 600 (theoret. Werte: 23,3; 7,4; 300; –). Mit Vergrößerung der Sorption von Fremdionen wächst die H-Ionen-Konz. u. verringert sich K_0. Eine Veränderung des pH-Wertes von 9 auf 2,5 führt nur zu einer geringen Veränderung von K_0 bei KU-2 u. ^{137}Cs, ^{22}Na, ^{90}Sr u. ^{45}Ca. Vf. bestimmten ferner die notwendigen minimalen HNO_3-Konz. für eine gemeinsame u. getrennte Desorption von Na u. Ca von KU-2. Die schwachbas. Anionite kommen für eine Reinigung von Abwässern von Radioaktivität (Anionen) nur bis zu einem pH $\leq$ 2,4 in Frage, der Anionit bis pH 12. Eine Vergrößerung der Anionenkonz. führt bei pH = konst. zu einer Vergrößerung der Sorption durch die schwachbas. Anionite AN-2F, AN-21 u. AN-22. Die ausgetauschte Menge ist der H^+-Konz. in der Lsg. proportional. Bei dem starkbas. Anioniten AV-17 ist bei pH = konst. die adsorbierte Anionenmenge der Konz. der Anionen in der Lsg. proportional. ÈDÈ-10P nimmt eine Mittelstellung zwischen diesen Gruppen ein. G. Ewald 206

0714 **Untersuchung der Umsetzung radioaktiver Spuren in wäßrigen Lösungen mit Alkylarylsulfonsäuren durch Schaumbildung.** 1. Mitt. **Natur der Bindung von ^{90}Sr, ^{90}Y und ^{144}Ce mit Alkylarylsulfonsäuren.** V. V. Puskarev, V. G. Berezjuk und B. N. Chrustalev. (Radiochimija **9** (1967) 4, 438–43; russ.) — Beim Durchblasen von Luft durch ein durch direkte Sulfurierung der Kerosin- u. Gasfraktion des Erdöls erhaltenes Prod. (Petrov-Kontakt) bildet sich Schaum, der durch den Kontakt stabilisiert wird u. Säurefunktionen besitzt. Die Phasengrenze des Schaumes kann deshalb als pseudofester Ionenaustauscher in H^+-Form angesehen werden. Unter Beachtung der konst. Zus. des Syst. (gleichbleibende, in der Lsg. verbleibende Mengen an Alkylarylsulfonsäuren), des konst. Schaumvol. u. unter Vernachlässigung der Modifikationen der Sulfonsäuren kann die Verteilung von Spuren zwischen Lsg. u. Schaum durch die allg. Gleichung des Ionenaustausches $\log \varepsilon = B + z\,pH$ (1) (ε = Verteilungskoeff., B u. z = Konst.) beschrieben werden. Vf. untersuchten die Wechselwrkg. zwischen Spuren von ^{90}Sr, ^{90}Y u. ^{144}Ce u. Schaum in Abhängigkeit vom pH-Wert bei 18–20°. Die Schaumbldg. u. die Abtrennung der Radionuklide mit dem Schaum erfolgte unter Verw. des Petrov-Kontaktes sowie der „reinen“, aus diesem Kontakt abgetrennten Sulfonsäuren. Diese Abhängigkeiten zeigen in diesen beiden Fällen Unterschiede. Bei Verw. des Kontaktes liegt für ^{90}Y der maximale Abtrennungsgrad (92%) bei pH 2,5–3,5, für ^{144}Ce (95%) bei pH 2,0–2,5 u. für ^{90}Sr (76%) bei pH 6,0–7,0. Bei Verw. der reinen Sulfonsäuren verbreitert sich der Bereich der maximalen Abtrennung bei ^{90}Y auf pH 2,8 bis 8,0 u. bei ^{90}Sr auf pH 7,0–9,0. Die Abtrennungsgrade betragen hier 100 u. 90% entsprechend. Die Abhängigkeit $\log \varepsilon = f(pH)$ ist linear u. bestätigt die Gleichung (1). Der Koeff. z beträgt bei Verw. des Kontaktes (der abgetrennten Sulfonsäuren) für ^{90}Sr 0,164 (0,122), für ^{90}Y 0,937 (0,952) u. für ^{144}Ce – 1,12 (–). Somit zeigt sich eine ansteigende Affinität der Radionuklide zu den Sulfonsäuren in der Reihe ^{144}Ce ^{90}Y ^{90}Sr. G. Ewald 206

0715 **Einfluß der Salzzusammensetzung des Kationits KU-2 auf die Geschwindigkeit der Innerdiffusionsprozesse der Sorption von Seltenerdmetallen.** N. N. Matorina, L. V. Šepetjuk und K. V. Čmutov. (Ž. fiz. Chim. **41** (1967) 7, 1802–04; Inst. fiz. chim. SSSR, Moskva; russ.) — Die Kinetik der Sorption von Eu^{3+} aus 2 n $HClO_4$ am Kationiten KU-2, der z.T. gesätt. mit Diäthylentriaminpentaessigsäure (**I**) vorliegt, wurde gemessen. Die Koeff. der Innerdiffusion von Eu^{3+} sind in Ggw. bzw. Abwesenheit von **I** $(1{,}4 \pm 0{,}3) \cdot 10^{-7}$ bzw. $(2{,}2 \pm 0{,}5) \cdot 10^{-7}$ cm²/s. Die Veränderung der Ionenzus. des Harzes infolge der Sorption von **I** hat keinen Einfl. auf die Geschw. der Innerdiffusion. J. Eliassaf 206

0716 **Diffusionsmechanismus der Eluierung von Seltenerdmetallen.** G. B. Maslova, P. P. Nazarov und K. V. Čmutov. (Ž. fiz. Chim. **41** (1967) 11, 2985–87; Inst. fiz. chim. AN SSSR, Moskva; russ.) — Seltenerdmetalle wurden mit 0,25 m Milchsäure bzw. 1–1,5 m HCl aus Kationiten eluiert. Die Kurven für Mikromengen von Ce ($^{144}Ce \rightarrow {}^{144}Pr$) u. ^{147}Pm am Kationit KU-2 × 8 sind abgebildet. Der innere Diffusionskoeff. von Ce an der Na-Form des Kationits aus Milchsäurelsg. beträgt $D_s = 1 \cdot 10^{-7}$ cm²/s, an der H-Form $D_s = 3 \cdot 10^{-7}$, von Pm an der Na-Form $5{,}8 \cdot 10^{-8}$. Die Trennschärfe wird in den untersuchten Syst. durch einen gemischten Diffusionsmechanismus der Ionen bestimmt. J. J. Pohl 206

0717 **Austausch von Seltenerdmetallkationen am Kationiten in Gegenwart von Äthylendiamintetraessigsäure.** 1. Mitt. **Kinetik der Desorption des Lanthans am Kationiten KU-2 unter den der Industrie nahekommenden Bedingungen.** I. A. Legenčenko und V. I. Burdukevič. (Ukrainskij chim. Ž. **33** (1967) 7, 702–06; Inst. obščhej i neorg. chim. AN USSR, Labor. v Odesse; russ.) — Die Kinetik der Desorption von La am Kationit KU-2 durch Na_4AeDTA u. $(NH_4)_2Na_2AeDTA$ wurde unter stat. Bedingungen gemessen. Die Geschw. des Prozesses ist dem reziprokalen Radius des Kationitteilchens proportional u. steigt mit der Mischungsintensität. Der Temp.-Einfl. hängt von der Zus. der fl. Phase ab; außer bei hohen pH-Werten wird die Geschw. durch Temp.-Erhöhung beschleunigt. J. Eliassaf 206

0718 **Ionenwechselwirkung mit Knochenasche.** 2. Mitt. **Kontrolle des Ca^{2+}- und PO_4^{3-}-Austausches durch Substitution einwertiges Kation-Ca^{2+} an der Hydroxylapatitkristalloberfläche.** Charles Y. C. Pak und Frederic C. Bartter. (Biochim. biophysica Acta [Amsterdam] **141** (1967) 2, 410–20; Nat. Heart Inst., Nat. Inst. of Health, Bethesda, Md.; engl.) — 1. vgl. ibid. **141** (1967) 2, 401. — Es ergaben sich Hinweise, daß an der Oberfläche synthet. Hydroxylapatitkrist. eine 1:1-Substitution von Ca^{2+} durch Li^+, Na^+, K^+ u. Cs^+ stattfindet. Eine derartige Kationsubstitution verändert die Oberflächenladungsasymmetrie, die dann durch ein verändertes Gleichgew. entgegengesetzt geladener Ionen (Ca^{2+}, PO_4^{3-}) in der Hydratationshülle der Krist. kompensiert wird. Austauschbares PO_4^{3-} u. Ca^{2+} in der letzteren wurde auf Grund von Vers. mit $^{45}Ca^{2+}$ u. $^{32}PO_4^{3-}$ berechnet. Li^+, Na^+, K^+ u. Cs^+ vermehrten austauschbares Ca^{2+} ohne Veränderung des austauschbaren Phosphats. Hiernach reichert sich anscheinend Ca^{2+} in der Hydratationshülle zwecks Kompensation der Verminderung der positiven Nettoladung an die Krist.-Oberfläche an, die durch Substitution von Ca^{2+} durch einwertige Kationen zustande kommt. Umgekehrt setzte Ca^{2+} in der Lsg. den Ca^{2+}-Austausch, wahrscheinlich durch eine Nettozunahme der positiven Ladung an der Krist.-Oberfläche, herab. *Tetramethylammonium-* u. *Tris-[hydroxymethyl]-aminomethan*-Ion beteiligen sich nicht an der Kationsubstitution. Ein zusätzlicher Beweis für die Kationsubstitution ergab sich aus $^{22}Na^{+}$- u. $^{42}K^{+}$-Auswaschvers., die zeigen, daß Na^{+} u. K^{+} mit der Krist.-Oberfläche austauschen, u. aus der Best. des Ca^{2+}-Nettoverlusts des Krist., der einen Verlust an Oberflächen-Ca^{2+} bei Kationsubstitution erkennen läßt. K. Maier 206

0719 **Ionenaustauscheigenschaften von Erdalkalimetallsilicaten, -aluminaten und -ferriten und von Industrieabfällen, die diese Verbindungen enthalten.** A. M. Ševjakov und N. F. Fedorov. (Izvest. Akad. Nauk SSSR, Neorg. Mater. **3** (1967) 11, 2088—91; Leningradskij inž.-ėkon. inst. im. Toljatti; russ.) — Aus den Carbonaten, Oxiden bzw. Hydroxiden wurden bei 1300—1500° durch ein- oder mehrmaliges Brennen im Verlauf von 4—7 Std. folgende Verb. erhalten: α- u. β-$2CaO \cdot SiO_2$ (stabilisiert mit Ca-orthophosphat), $3CaO \cdot SiO_2$, $CaO \cdot SiO_2$, $3CaO \cdot 2SiO_2$, $2SrO \cdot SiO_2$, $K_2O \cdot CaO \cdot SiO_2$, $2BaO \cdot SiO_2$, $CaO \cdot Al_2O_3$, $2CaO \cdot Al_2O_3$, $8CaO \cdot 3Al_2O_3 \cdot Fe_2O_3$, $6CaO \cdot 2Al_2O_3 \cdot Fe_2O_3$, $4CaO \cdot Al_2O_3 \cdot Fe_2O_3$, $8CaO \cdot Al_2O_3 \cdot 2Fe_2O_3$, $2CaO \cdot Fe_2O_3$, $5CaO \cdot 3Al_2O_3$, $3CaO \cdot Al_2O_3$. Der Ionenaustausch wurde nach 2- bzw. 10tägiger Einw. von 0,1 n $CuSO_4$-Lsg. mit pH 3,7—4 bestimmt. Die besten Sorptionseig. besitzen die Silicate. IR-spektroskop. wurde nach der Sorption bei den Ca-Silicaten $CaSO_4$ u. Cu-hydrosilicat nachgewiesen, d. h., Ionen, die weniger lösl. Hydrosilicate als Ca bilden, werden sorbiert. Einige silicat. Abfallprod. könnten zur Reinigung von Abwässern verwandt werden. U. Strobel 206

0720 **Chrom(III)-orthophosphat als Ionenaustauscher.** L. Szirtes und L. Zsinka. (Chem. Zvesti **21** (1967) 8, 620—24; Inst. izotopov, Budapešt; russ.) — Chrom(III)-orthophosphat (**I**) gehört in die Gruppe gelartiger, synthet., anorgan. Ionenaustauscher. **I** ist ein polyfunktioneller Austauscher, in dem die austauschfähigen H-Ionen durch Dissoziation der Phosphatgruppen entstehen. Eig. u. Austauschmechanismus von **I** sind ähnlich dem von Zirkonyl-Phosphat. Angabe von Austauschdaten für das Syst. Rb^{+}/Cs^{+}. O. Langer 206△

0721 **Gebrauch einer mit ^{14}C markierten Komponente zur Bestimmung des Aktivitätskoeffizienten bei unendlicher Verdünnung durch die Gas–Flüssigkeits-Chromatographie.** L. Chekalov und K. E. Porter. (Chem. Engng. Sci. **22** (1967) 6, 897—98; Dep. of Chem. Engng., Univ., Birmingham; engl.) — Der Aktivitätskoeff. wird dadurch bestimmt, daß eine Komponente die stationäre Phase bildet u. eine kleine Menge der anderen dampfförmig im Luftstrom über diese geführt wird. Mit einer einfachen Beziehung läßt sich der Aktivitätskoeff. berechnen. Als Beispiel wird *2-Methylnaphthalin* behandelt. K. Bohmhammel 208

0722 **Wirksame Methode der Modifizierung von Trägern der Verteilungs-Gaschromatographie.** E. A. Zarin'š. (Izvest. Akad. Nauk Latv. SSR, Ser. chim. **1967, 4**, 422—26; Inst. chim. drevesiny AN Latv. SSR; russ., Auszug: engl.) — Ein Vgl. der Asymmetriekoeff. der Max. u. der Retentionsvol. für Hexan, Bzl., Aceton u. A. zeigt, daß die in der Literatur vorgeschlagene Behandlung der Trägermaterialien Diatomit u. Kaolin mit Säuren, Basen oder durch Erwärmen ihre Adsorptionseig. nur ungenügend herabsetzt. Die wirksamste Modifizierung der Trägersubstanzen erfolgt bei ihrer Behandlung mit einer Trimethylchlorsilanlsg. u. Bedeckung der Oberfläche mit 0,1% Polyäthylenglykol-400. Die Einw. von gasförmigem Trimethylchlorsilan führt zu stärkeren Schwankungen der Eig. des modifizierten Materials. J. J. Pohl 208

0723 **Bestimmung der chromatographischen Aktivität von kristallinen Aluminiumhydroxiden mittels Dünnschichtchromatographie.** R. K. Buman, A. R. Vejs und M. A. Olte. (Izvest. Akad. Nauk Latv. SSR, Ser. chim. **1967**, 3, 309—17; Rižskij politechn. inst.; russ., Auszug: engl.) — Mittels Dünnschichtchromatographie wurde gezeigt, daß verschiedene Modifikationen von $Al(OH)_3$ unterschiedliche chromatograph. Aktivität aufweisen, bes. in bezug auf Azo- u. p-Aminoazobenzol. In Abhängigkeit von der spezif. Oberfläche u. der möglichen Ggw. von amorphem Aluminiumhydroxid ist die chromatograph. Aktivität von Boehmit u. Bayerit, aber nicht die von Gibbsit sehr veränderlich. Zur Erklärung werden π-Komplexe u. Wasserstoffbrücken Sorbent–Sorbat, Sorbent–Lsgm. u. Lsgm.–Sorbat herangezogen. J. Eliassaf 208

0724 **Ionenaustausch-Membranen.** 14. Mitt. **Einfluß von Temperatur und Stromdichte auf die elektrodialytische Konzentrierung von NaCl-Lösung.** Tadao Hakushi, Takatsugu Azumi und Shiro Takashima. (J. chem. Soc. Japan, ind. Chem. Sect. [Kōgyō Kagaku Zasshi] **70** (1967) 5, 647—48; Idei/Japan, Himeji Inst. of Technol.; jap., Auszug: engl.) — 10. vgl. C. **1967, 38**-0649. — Best. von Konz. u. Vol. der konz. NaCl-Lsg. im Gleichgew.-Zustand bei der elektrodialyt. Konzentrierung mit Ionenaustauschmembranen als Funktion der Stromdichte u. Temperatur. Vf. schließen aus den Ergebnissen dieser Unters., daß die pro Elektrizitätseinheit transportierte Salzmenge konst. u. unabhängig von den o. a. Parametern ist. Die Konz. des NaCl-Konzentrates wird vom W.-Transport bestimmt. Die Temp.-Abhängigkeit des Diffusionsflusses ist größer als die des elektroosmot. W.-Flusses. Vf. zeigen, daß die maximal erreichbare NaCl-Konz. aus der im elektroosmot. Fluß transportierten Stoffmenge abgeschätzt werden kann. D. Ertel 208

0725 **Ionenaustausch-Membranen.** 15. Mitt. **Elektrodialytische Konzentrierung von NaCl- und $CaCl_2$-Lösungen durch Anwendung von Ionenaustausch-Membranen.** Tadao Hakushi, Takatsugu Azumi und Shiro Takashima. (J. chem. Soc. Japan, ind. Chem. Sect. [Kōgyō Kagaku Zasshi] **70** (1967) 5, 791—92; Idei/Japan, Himeji Inst. of Technol.; jap., Auszug: engl.) — 14. vgl. vorst. Referat. — Vf. leiten aus Konz.- u. Vol.-Messungen an NaCl- u. $CaCl_2$-Lsg., die bei verschiedenen Stromdichten aufkonzentriert wurden, eine Beziehung zwischen diesen Größen ab. Mit Hilfe des Koeff. dieser Formel sind Vf. in der Lage, die Konz. u. das Vol. gemischter NaCl/$CaCl_2$-Lsg. bei verschiedenen Stromdichten abzuschätzen. Diese Schätzwerte stimmen mit experimentellen Ergebnissen überein. D. Ertel 208

A–7. Kinetik, Katalyse

0726 **Theorie der elementaren Atom–Molekül-Prozesse.** E. E. Nikitin. (Teoret. ėksper. Chim. **3** (1967) 6, 734 bis 742; IChF AN SSSR, Moskva; russ.) — Einführende Übersicht an Hand von 35 Literaturangaben. H. Roschkowski 211

0727 **Unimolekulare Reaktionen in thermischen Systemen.** J. Troe und H. Gg. Wagner. (Ber. Bunsenges. physik. Chem. **71** (1967) 9/10, 937—79; Inst. für Phys. Chem., Univ., Göttingen; dt.) — Übersicht (Experimente bes. an kleinen Mol., Theorie, Nieder- u. Hochdruckbereich). — 236 Literaturangaben. D. Hoene 211

0728 **Auswahl und kinetische Berechnung des Mechanismus einer komplizierten chemischen Reaktion mit einem Elektronenrechner am Beispiel des Strahlungsisotopenaustausches von Deuterium mit den Hydroxylgruppen von Silicagel.** S. G. Gagarin, Ju. A. Kolbanovskij und L. S. Polak. (Chim. vysokich Ėnerg. **1** (1967) 6, 592—600; Inst. neftechim. sint. im. Topčieva, AN SSSR; russ.) D. Hoene 211

0729 **Monte Carlo-Untersuchung der Kinetik der Hochtemperaturzersetzung von Molekülen.** S. A. Denisik, S. N. Lebedev, Ju. G. Malama und L. S. Polak. (Chim. vysokich Ėnerg. **1** (1967) 5, 500—03; russ.) — Vgl. vorst. Referat. — Der Verlauf der therm. Zers. von Mol. bei (1—1,5) · 10^{4}°K wird theoret. untersucht. Im Rahmen der elementaren Stoßtheorie wird die Zers.-Kinetik von CH_4 u. $SiCl_4$ unter Ungleichgew.-Bedin-

gungen behandelt. Numer. Berechnungen werden elektron. mit Hilfe des Monte-Carlo-Verf. durchgeführt.
H. Roschkowski 211

0730 **Näherungsrechnung der Dissoziationsgeschwindigkeiten und Inkubationszeiten.** Charles A. Brau. (J. chem. Physics **47** (1967) 8, 3076—77; Aro Everett Res. Labor., Everett, Mass.; engl.) — Näherungsberechnung der Vektorverteilungsfunktion zur Ermittlung der inneren Freiheitsgrade in der stochast. Theorie der Dissoziation in der Gasphase u. der Rekombination zweiatomiger Mol. in Inertgasen. E. Otto 211

0731 **Linearisierung experimenteller Kurven mit Anwendung auf reaktionskinetische Probleme.** W. Boguth und R. Repges. (Ber. Bunsenges. physik. Chem. **71** (1967) 9/10, 1046—51; Inst. für Biochem. u. Endokrinologie, Univ. Gießen; dt.) — Es wird ein Verf. entwickelt, mit dem sich eine große Klasse experimentell vorgegebener Kurven bis auf Terme dritter Ordnung linearisieren läßt. Dadurch ist es möglich, die Anfangstangente auch stark gekrümmter Kurven unter Angabe eines maximalen Fehlers sehr genau zu bestimmen. Anwendungen in der Rk.-Kinetik werden besprochen.
M. Frenzel 211

0732 **Behandlung von unimolekularen Dissoziationsreaktionen mit Hilfe einer Riccatischen Differentialgleichung.** D. Ilten. (Ber. Bunsenges. physik. Chem. **71** (1967) 9/10, 1051—54; Inst. für Phys. Chem., Univ. Frankfurt a. M.; dt.) — Die Rk.-Schemata von unimol. Zerfallsrk. mit anschließender Folgerk. führen in bestimmten Fällen zu Riccatischen Differentialgleichungen, deren Lsg. diskutiert werden. Die in dieser Arbeit betrachteten Mechanismen werden auf Photork. angewendet. M. Frenzel 211

0733 **Mathematische Planung chemischer Versuche.** Ju. V. Granovskij, L. N. Komissarova, N. S. Smirnova und Vikt. I. Spicyn. (Doklady Akad. Nauk SSSR **176** (1967) 3, 621—22; Mosk. gos univ. im Lomonosova; russ.) — Die nach Box-Wilson bzw. mit der Simplex-Planung bestimmten Minima der erforderlichen Anzahl von Vers. zur Aufstellung von linearen Regressionsgleichungen werden verglichen. J. J. Pohl 211

0734 **Faßbarkeit sehr schneller Reaktionen an Phasengrenzen.** W. Nitsch. (Naturwissenschaften **54** (1967) 23, 613—14; Inst. für Techn. Chem., TH, München; dt.) — Diskussion der Geschw.-Konst. für die Phasengrenzrk. beim Durchtritt von *Ameisen-*, *Essig-*, *Propion-* u. *Buttersäure* aus CCl_4 in H_2O u. der Möglichkeit zu ihrer Erfassung.
D. Hoene 211

0735 **Temperaturabhängigkeit der Geschwindigkeit von Gasphasenreaktionen.** V. N. Kondrat'ev und E. E. Nikitin. (Usp. Chim. **36** (1967) 11, 2007—25; Inst. chim. fiz. AN SSSR, Moskva; russ.) — Übersicht (Theorie der Geschw. von Dissoziations-, Rekombinations- u. Austauschrk.) an Hand von 46 Literaturangaben.
H. Roschkowski 212

0736 **Induktionszeiten und exponentielle Anstiegsgeschwindigkeiten bei Kettenverzweigungsreaktionen.** J. N. Bradley. (Trans. Faraday Soc. **63** (1967) 540, 2945 bis 2954; Dep. of Chem., Univ. of Essex, Wivenhoe Park, Colchester, Essex; engl.) — Die Verw. der Quasistationaritäts-Hypothese u. die Annahme, daß Kettenverzweigungsrk. durch die RG eines einzigen Zwischenprod. charakterisiert werden können, wird für drei formale Rk.-Mechanismen nochmals untersucht. Für die drei Rk.-Mechanismen wird die Bldg.-Geschw. der Prod. ber. u. ebenfalls eine Induktionszeit τ. Beziehungen zwischen τ, der exponentiellen Anstiegsgeschw. u. der RGK werden abgeleitet. An Hand dieser Beziehungen werden experimentelle Ergebnisse für die Syst. $H_2 + O_2$, $H_2S + O_2$, $NH_3 + O_2$ u. $CH_4 + O_2$ neu untersucht u. ausgewertet. W. Pusch 212△

0737 **Kinetik der Halogenwasserstoffe in Stoßwellen.** 2. Mitt. **Neue Bestimmung der Dissoziationsgeschwindigkeit des Wasserstoffs.** T. A. Jacobs, R. R. Giedt und Norman Cohen. (J. chem. Physics **47** (1967) 1, 54—57; Aerospace Corp., El Segundo, Calif.; engl.) — Vgl. C. **1967**, 5-0712. — Die Zerfallsgeschw. von H_2 in Ar hinter einfallenden Stoßwellen wird bei 2900—4700 °K untersucht. Die IR-Emission von *HCl* wird zur Markierung des H_2-Zerfalls verwandt. Die Konst. der Rekombinationsgeschw. für die Dreierstoßpartner H, H_2 u. Ar werden angegeben.
W. Pusch 212△

0738 **ESR-Messung der Atom–Molekül-Kinetik.** 2. Mitt. **Ergebnisse für $D + H_2 \rightarrow HD + H$ und $H + D_2 \rightarrow HD + D$.** A. A. Westenberg und N. de Haas. (J. chem. Physics **47** (1967) 4, 1393—1405; Appl. Phys. Labor., The Johns Hopkins Univ., Silver Spring, Md.; engl.) — 1. vgl. ibid. **46** (1967) 2, 490. — Nach der l.c. beschriebenen Meth. werden die Geschw.-Konst. der isotopen Rk. $D + H_2 \rightarrow HD + H$ (im Temp.-Bereich 250—750 °K) u. $H + D_2 \rightarrow HD + D$ (im Temp.-Bereich 300—750 °K) gemessen. Bei gegebener Temp. beträgt die Meßgenauigkeit u. wahrscheinlich auch die Absolutgenauigkeit ± 5%, bei der niedrigsten Temp. ± 8%. Bei Temp. von 450 bis 750 °K gilt für beide Geschw.-Konst. das Arrheniussche Gesetz: $k_1 = 4{,}4 \cdot 10^{13} \exp[-7610/RT]$ $cm^3\,Mol^{-1} \cdot s^{-1}$ u. $k_2 = 4{,}9 \cdot 10^{13} \exp[-9390/RT]$ $cm^3\,Mol^{-1}\,s^{-1}$. Dieser lineare Bereich wird mit der Theorie der abs. Rk.-Geschw. ohne Tunneleffekte interpretiert. Durch Anpassung der gemessenen Aktivierungsenergien nach der Meth. von Sato wird die Energiepotentialfläche in guter Übereinstimmung mit Westons Ergebnis für den H_3-Komplex berechnet. Das Verhältnis k_1/k_2 wird durch die Stoßfrequenzen u. die Differenz der Nullpunktsenergien von H_2 u. D_2 bestimmt. Die zwischen 250 u. 450 °K beobachtete Abweichung vom Arrheniusschen Gesetz wird wie allg. üblich durch Tunneleffekte interpretiert; dabei ergeben sich aber im Gegensatz zu allen Theorien Korrekturfaktoren τ für den Tunneleffekt mit $\tau_1 < \tau_2$.
B. Stender 212

0739 **Schwingungs- gegen Translationsaktivierung bei den Austauschreaktionen zwischen H_2 und H_2 bzw. H_2 und D_2.** K. Morokuma, L. Pedersen und M. Karplus. (J. Amer. chem. Soc. **89** (1967) 19, 5064—65; Dep. of Chem., Harvard Univ., Cambridge, Mass.; engl.) — Es wurde die H_2/H_2-Austauschrk. mit einer quasiklass. Trajektorienmeth. behandelt. Die Potentialfläche wurde nach einer semiempir. VB-Meth. ermittelt. Die Rk. wird durch angeregte Schwingungszustände zwar stark begünstigt, wegen der relativ geringen Besetzung dieser angeregten Zustände rührt aber z. B. bei 1600 °K noch ca. 25% der totalen Rk.-Geschw. von Stößen zwischen Mol. im Schwingungsgrundzustand her.
G. Ertl 212

0740 **Chemische Relaxationsphänomene hinter senkrechten Stoßwellen bei freier Strömung mit Dissoziation.** Robert M. Nerem, Leland A. Carlson und James E. Hartsel. (AIAA Journal **5** (1967) 5, 910—16; O. State Univ., Columbus, O.; engl.) — Bei Ausgangsdrücken von 0,2 u. 0,5 Torr werden in *Luft* Stoßwellen erzeugt (Geschw. 4,9—6,8 mm/μs). Am Stoßrohrende wird hinter der reflektierten Stoßwelle bei Gleichgew.-Temp. von 7300—10300 °K, Drücken von 1—3 atm u. Dissoziationsgraden von 30—60% der zeitliche Verlauf der emittierten Strahlung (3000—5000 Å) gemessen. Die Hauptemissionsquelle ist die 1. negative Bande des N_2^+. Zur Unters. des Einfl. der Dissoziation in der freien Gasströmung hinter der reflektierten Stoßwelle auf die chem. Relaxationsphänomene werden der zeitliche Verlauf der Translationstemp., der Schwingungstemp. des N_2 u. der N_2-Konz. hinter der reflektierten Stoßwelle ber., u. zwar für thermodynam. äquivalente Stoßwellen (Stoßwellen anderer Stärke u. anderer Bedingungen in der freien Strömung, die den gleichen thermodynam. u. chem. Gleichgew.-Zustand besitzen wie die experimentell untersuchten Stoßwellen). Ein Vgl. der theoret. u. experimentellen Ergebnisse zeigt, daß der Einfl. der Dissoziation u. der Schwingungsrelaxation in der freien Strömung auf die Relaxationserscheinungen in normalen Stoßwellen gering ist u. daß die Teilchenrelaxationszeiten hinter Stoßwellen mit ident. thermodynam. Gleichgew.-Zuständen stromabwärts nahezu gleich sind. W. Pusch 212△

0741 **Hochtemperaturfixierung von Oxiden des Stickstoffs.** V. A. Rejsig, S. A. Stadnik und G. M. Ščegolev. (Chim. vysokich Enorg. **1** (1967) 6, 587—91; Inst. techn. teplofiz. AN USSR; russ.) — Es wird ein Syst. kinet. Gleichungen gelöst, das die Veränderung der chem. Zus.

der dissoziierten Luft in Abhängigkeit von der Temp. u. der Abkühlungsgeschw. beschreibt. Aus rechner. Daten wird das Abkühlungsgesetz abgeleitet, das die maximale Abschreckung der Stickoxide gewährleistet.
A. Pinkowski 212

0742 **Bildung von Stickstoffoxiden bei der Wechselwirkung eines Stickstoff-Plasmastrahls mit Wasser.** G. I. Kozlov, G. N. Chudjakov und Ju. B. Kobzev. (Chim. vysokich Énerg. **1** (1967) 5, 495—99; Énerget. inst. im Kržižanovskogo; russ.) — Die Bldg. von N-Oxiden bei der Wechselwrkg. eines Stickstoff-Plasmastrahls mit W. u. W.-Dampf im Plasmotron einer Leistung von 40 kW wird untersucht. Die maximale Ausb. an NO in den Rk.-Prod. mit W. betrug 7,7%; mit W.-Dampf 12%.
H. Roschkowski 212

0743 **Wird N_3 in Reaktionen zwischen N_2^+ und N_2 gebildet?** William B. Maier II. (J. chem. Physics **47** (1967) 2, 859—60; Los Alamos Sci. Labor., Univ. of Calif., Los Alamos, N.Mex.; engl.) — Vf. untersucht die Rk. zwischen N_2^+ u. N_2 auf die mögliche Bldg. von N_3. Die Ergebnisse werden mit der Rk. $N_2^+ + N_2 \rightarrow N^+ + N + N_2$ interpretiert, sie zeigen, daß fest gebundenes N_3 sehr wahrscheinlich nicht in Rk. zwischen $N_2^+(X^2\Sigma_g^+)$ u. N_2 $(X^1\Sigma_g^+)$ gebildet wird. Die von anderer Seite gefundene Existenz von fest gebundenem N_3 kann zwar nicht widerlegt werden, doch folgt aus den Ergebnissen, daß die Dissoziationsenergie $D(N_2–N)$ nur klein ist.
H. U. Borgstedt 212

0744 **Kinetik der homogenen Austauschreaktion: $^{14-14}N_2 + {}^{15-15}N_2 = 2\,{}^{14-15}N_2$. Einzelimpuls-Stoßrohruntersuchungen.** Akiva Bar-Nun und Assa Lifshitz. (J. chem. Physics **47** (1967) 8, 2878—88; Dep. of Inorganic Chem., The Hebrew Univ., Jerusalem; engl.) — Die Unters. der Rk. des Isotopenaustauschs von N_2 in verd. Lsg. in Ar führt zur Aufstellung eines kinet. Gesetzes $R = k_b[Ar][^{14}N_2] + k_b[Ar][^{15}N_2]$, das eine Summe von zwei parallelen Rk. darstellt. Die Rk.-Konst. errechnet sich zu $k_b = 10^{13,82} \exp[-116 \cdot 10^3/RT]$. Die Austausch-Rk. verläuft nicht über eine Radikalkette. Der geschwindigkeitsbestimmende Rk.-Schritt scheint eine Schwingungsanregung des N_2 zu sein. Spuren von O_2 beeinflussen die Rk.-Geschw. nur sehr wenig. Bei höherem O-Geh. der Mischungen dürfte der Mechanismus $N + N_2 \xrightarrow{k_s} N + N_2$ die Rk. auslösen.
H. U. Borgstedt 212

0745 **Kinetik der thermischen Reaktionen zwischen Tetrafluorhydrazin und Bis-[fluorsulfuryl]-peroxid bzw. Fluorfluorosulfonat.** G. von Ellenrieder, E. Castellano und H. J. Schumacher. (Z. physik. Chem. [Frankfurt/M.] [N.F.] **57** (1968) 1/2, 19—27; Fac. de Quim. y Farm., Inst. Sup. de Invst. de La Plata; dt.) — Die therm. Rk. zwischen N_2F_4 (**I**) u. $S_2O_6F_2$ (*Peroxodisulfuryldifluorid*, **II**) verläuft bei —15 bis +15° homogen u. ohne Druckänderung. RG ist der ersten Potenz von **II** direkt proportional u. unabhängig vom Druck von **I**, O_2 oder N_2. Der RG-bestimmende Schritt der Gesamtrk. ist der monomol. Zerfall von **II** in FSO_3. Die Dissoziationsenergie von **II** beträgt 24000 ± 500 cal/Mol. Die therm. Rk. von **I** mit F_2SO_3 bei 50—80° verläuft ebenfalls ohne Druckänderung u. führt zur Bldg. von NF_3 u. ebenfalls FSO_3NF_2. RG folgt $-d[F_2SO_3]/dt = k[I]^{1/2}[F_2SO_3]$, der Mechanismus wird diskutiert.
D. Hoene 212

0746 **Chemiionisation und Chemianregung bei der Oxydation von gasförmigem Kohlenstoff.** P. D. Zavitsanos und L. E. Brewer. (J. chem. Physics **47** (1967) *8*, 3093 bis 3094; Space Sci. Labor., General Electric Comp., King of Prussia, Pa.; engl.) — In therm. entgastem Graphit werden durch Laserstrahlverdampfung Graphitdampfanteile erzeugt, welche mit Luft zur Rk. gebracht werden. Mit Hilfe der Mikrowellentechnik wird festgestellt, daß die höchste Elektronenkonz. bei einem Luftdruck von 22 Torr erreicht wird. Durch Emissionsspektroskopie werden je nach Gas u. Druck C_2, *CN* nebeneinander oder einzeln gefunden. Es wird geschlossen, daß die Rk. $C_3(g) + O_2 = CO_2 + C_2^*$ u. $C_3(g) + O = CO + C_2^*$ den Mechanismus in Ggw. von viel O_2 bestimmen.
H. U. Borgstedt 212

0747 **Besonderheiten der Wärmestrahlung von Auer-Welsbach-Netzen in Flammen.** M. B. Kondratenko und V. A. Sokolov. (Izvest. vysšich učebnych Zavedenij [Tomsk], Fiz. **10** (1967) 11(66), 95—102; Tomskij politechn. inst. im. Kirova; russ.) — Die Wärmestrahlung dünner Netze u. Stäbe aus einem Th_2O_3–CeO_2-Gemisch in Flammen wird unter Berücksichtigung von Radikalrekombinationsprozessen u. der partiellen Transparenz der Oxide theoret. analysiert.
H. Roschkowski 214

0748 **Struktur der binären Explosion bei Übergangsbedingungen der Verbrennung.** L. N. Pjatnickij. (Doklady Akad. Nauk SSSR **176** (1967) 3, 631—34; Énerget. inst. im. Kržižanovskogo; russ.) — Die Flammenbeschleunigung beim Übergang zur Detonation kann phänomenolog. als Erhöhung der Summengeschw. der Kompression des Gemisches in der Brennzone gedeutet werden. Es entsteht darin ein wachsender Druck, der sich von dieser Zone aus in den Bereich des Ausgangsgemisches u. der Verbrennungsprod. ausbreitet. Ableitung eines Gleichungssyst. zur Beschreibung der Zusammenhänge.
J. J. Pohl 214

0749 **Dynamische Bedingungen thermischer Explosionen. 5. Mitt. Experimentelle Bestimmungsmethode der kritischen Wärmeexplosionsbedingungen der autokatalytischen Reaktion bei abgekürzter Induktionsperiode.** A. G. Meržanov, A. G. Strunina und V. G. Abramov. (Fiz. Gorenija Vzryva **3** (1967) 2, 242—47; Moskva; russ.) — 4. vgl. Naučno-techn. Probl. Gorenija Vzrya **1966,** Nr. 2, 3; 3. vgl. C. **1966,** 47-0573. — Eine neue wirksamere dynam. Meth. zur Best. der krit. stat. Temp. einer beliebigen autokatalyt. Rk. wird vorgeschlagen. Die mathemat. Grundlagen der Meth. werden abgeleitet, die Vers.-Führung sowie Vers. zur therm. Explosion von *Tetryl-Pyroxylin*, $(NH_4)_2Cr_2O_7$ u. $Ag_2C_2O_4$ werden beschrieben.
J. J. Pohl 214

0750 **Erste Grenze der Wasserstoff–Sauerstoff-Reaktion in Gefäßen, deren Wände mit Bariumbromid bedeckt sind.** A. C. Howson und R. F. Simmons. (Trans. Faraday Soc. **63** (1967) 534, 1385—93; Univ., Manchester, Inst. of Sci. and Technol.; engl.) — Für *Knallgas* wird die 1. Explosionsgrenze in Gefäßen, deren Wände mit $BaBr_2$ bedeckt sind, bestimmt. Für *Knallgas–Stickstoff*-Gemische wird außerdem die Abhängigkeit der 1. Explosionsgrenze vom O_2-Molenbruch y u. N_2-Molenbruch x ermittelt, u. zwar in Gefäßen, deren Wandungen mit $BaBr_2$ oder CsCl bedeckt sind. Sind die Gefäßwände mit $BaBr_2$ bedeckt, so ist die Explosionsgrenze bei konst. x unabhängig von y u. nimmt bei konst. y stetig mit abnehmendem x zu. Bei CsCl-Beschichtung ändert sich dagegen die Grenze proportional zu 1/y (x = konst.) u. ist bei konst. y unabhängig von x. Die Abhängigkeit von P · d von x u. y wird tabellar. mitgeteilt (P = Gasdruck, d = Gefäßdurchmesser). An Hand der Messungen werden verschiedene Rk.-Mechanismen diskutiert. Es zeigt sich, daß neben O-Atomen auch H-Atome an der Gefäßwand vernichtet werden. Die Wirksamkeit von $BaBr_2$-Oberflächen für die Vernichtung von H-Atomen ist direkt proportional dem Partialdruck des O_2 im Rk.-Gemisch. Die möglichen Ursachen dieses Verhaltens werden diskutiert.
W. Pusch 214△

0751 **Berechnung des Zündverzugs im System Wasserstoff–Luft.** K. N. Bascombe. (Combust. and Flame **11** (1967) 1, 2—10; Min. of Aviation, Explosives Res. and Dev. Establ., Waltham Abbey, Essex; engl.) — Für H_2-Luft-Gemische werden die Induktionszeiten t für die Entzündung bei Temp. von 800—2000°K, Drücken von 0,01—10 atm u. stöchiometr. Verhältnissen von 0,2—2,5 mit einem einfachen Modell berechnet. Das Modell setzt eine plötzliche Mischung der vorgeheizten Gase voraus. Für das Ende der Induktionsperiode wird angenommen, daß die OH-Konz. 10^{-6} Mol/Liter erreicht hat. Die Induktionszeiten liegen zwischen 10^{-3} sek. bei 800°K u. 10^{-6} sek. bei 2000°K für ein stöchiometr. Gemisch bei 1 atm. Eine graph. Auftragung von log t gegen log p ergibt nahezu eine Gerade, deren Neigung etwas größer als 1 ist.
W. Pusch 214△

0752 **Reaktionsmechanismus der Hemmung schneller und heißer Flammen durch halogenierte Verbindungen in**

der Gasphase. Georges LeBras, Issam Hajal, Jean Combourieu und Paul Laffitte. (J. Chim. physique Physico-Chim. biol. **64** (1967) 7–8, 1153–60; Labor. de Chim. gén., Fac. des Sci., Paris; franz.) — Die Wrkg. halogenierter Inhibitoren (*Halogenderiv. des Methans* u. *Halogenwasserstoffe*) auf die Fortpflanzungsgeschw. von zwei schnellen u. heißen Flammen wurde untersucht: a) Zers.-Flamme von HN_3 (rein bzw. verd. mit N_2); b) Verbrennung von *Acetylen* (in O_2 bzw. *Luft*). Die Wirksamkeit der Hemmung wurde durch das Verhältnis von gehemmten u. ungehemmten Flammgeschw. gemessen. Die Vers. wurden bei niedrigen Anfangsdrücken u. konst. Vol. im kugelförmigen Gefäß mit zentraler Zündung durchgeführt. Gleiche Gruppen von Inhibitoren verhalten sich in bezug auf die beiden Arten der Flammen unterschiedlich, was auf den jeweils vorherrschenden Mechanismus in der ungehemmten Flamme zurückgeführt wird. Hemmung der HN_3-Zers. wird durch Konkurrenzrk. zwischen HN_3 u. Inhibitormol. mit als Kettenüberträgern wirkenden *H-Atomen* erklärt. Bei Verbrennung von C_2H_2 könnte die Inhibitorwrkg. auf teilweise Entfernung akt. Spezies (*OH-Radikale*) durch Halogenwasserstoffe, die bei vorheriger Dissoziation des Inhibitors gebildet werden, zurückzuführen sein. Untersuchte Inhibitoren: CH_4, CH_3Cl, CH_3Br, CH_3J, CH_2Br_2, CCl_4, *HCl*, *HBr*. H. Riemer 214

0753 **Reaktionsordnung der Graphit-Verbrennung.** Henri Amariglio und Xavier Duval. (J. Chim. physique Physico-Chim. biol. **64** (1967) 6, 916–18; Fac. des Sci., Nancy; franz.) — Bei Verw. von reinem Graphit (G) in wasserfreier Atmosphäre ergab sich eine Rk.-Ordnung von 0,57 (die Verbrennung erfolgte bei 571° u. $40 < p_{O_2} < 760$ Torr). Das Verhältnis CO/CO_2(V) ist zu p_{O_2} umgekehrt proportional. Katalysiert man die Rk. durch Behandlung von G mit Pb, so ergibt sich ein konst. V für CO/CO_2, eine Rk.-Ordnung ließ sich nicht ermitteln. G. Schatz 214

0754 **Verbrennungsgeschwindigkeiten eines Pyrographits in einem großen Temperaturbereich.** Michel Otterbein und Lucien Bonnetain. (C. R. hebd. Séances Acad. Sci., Sér. C **264** (1967) 8, 645–48; Inst. Nat. des Sci. appl., Villeurbanne, Rhône; franz.) — Vf. untersuchten für einen bei 3000° erhaltenen *Pyrographit* die Verbrennungsgeschw. zwischen 600 u. 1060° bei einem gleichmäßigen O_2-Druck von 0,11 Torr. Zur Berechnung der scheinbaren Aktivierungsenergie wurde graph. die gesamte totale Verbrennung — ausgedrückt in Mikrogrammen des pro Min. vergasten C — in logarithm. Darst. gegen die reziproke Temp. aufgetragen. Es wurde gefunden, daß unterhalb 900° die Aktivierungs-Energie 52 ± 3 kcal · mol^{-1} beträgt; sie nimmt dann progressiv bei höheren Temp. ab u. erreicht schließlich einen Wert von 10 kcal mol^{-1}. Hiermit wird die von anderen Seiten beobachtete Existenz eines Max. der Verbrennungsgeschw. bestätigt. C. Gottfried 214△

0755 **Isentropische Ausdehnung von Detonationsprodukten von Hexogen.** N. M. Kuznecov und K. K. Švedov. (Fiz. Gorenija Vzryva **3** (1967) 2, 203–10; Moskva; russ.) — Die Änderung der thermodynam. Parameter von Gasbläschen der Explosionsprod. bei genügend langsamer Ausdehnung wurde bestimmt. Bei bekannter Dichte u. Vol. der Ladung kann auf Grund der erhaltenen u. tabellierten Daten der Druck der Explosionsprod. als Funktion des Vol. der Ausdehnung der Gasbläschen bestimmt werden. J. J. Pohl 214

0756 **Probleme der physikalischen Chemie von Koordinationsverbindungen.** K. B. Jacimirskij. (Teoret. èksper. Chim. **3** (1967) 6, 743–52; Inst. obščej i neorg. chim. AN USSR, Kiev; russ.) — Kurze Übersicht, bes. zur Rk.-Kinetik von Komplexverb. in Lösung. H. Roschkowski 216

0757 **Substituion des am gesättigten Kohlenstoffatom gebundenen Quecksilberatoms durch Halogen.** 9. Mitt. **Untersuchung des Lösungsmitteleinflusses auf die Geschwindigkeit der Reaktion von Benzylmercurichlorid mit Jod.** I. P. Beleckaja, T. P. Fetisova und O. A. Reutov. (Izvest. Akad. Nauk SSSR, Ser. chim. **1967**, 5, 990–96; Mosk. gos. univ. im. Lomonosova; russ.) — Vgl. C. **1967**, 24-0699. — Spektralphotometr. u. in einigen Fällen titrimetr. wird die Rk. von *Benzylmercurichlorid* (**I**) mit J_3^- in Methanol (**II**), A., Butanol (**III**), Acetonitril (**IV**), 70%ig. wss. Dioxan (**V**), DMF, DMS u. Bzl. sowie in Gemischen dieser Lsgm. kinet. untersucht. Die Rk. läuft bez. jeder Komponente nach 1. Ordnung, summar. nach 2. Ordnung ab. Die RG steigt in der Reihe der Lsgm. **II** (Aktivierungsenergie E‡: 9,2 kcal/Mol; $\Delta S^{\ddagger}$: $-30{,}0$ Entropieeinheiten) > Bzl. (9,7; $-23{,}8$) > **IV** (10,1; $-27{,}2$) > **V** (11,5; $-22{,}6$) > A. (12,4; $-19{,}8$) > DMF (13,8; $-15{,}1$) > DMS (15,2; $-10{,}5$) > **III** an. Die Unters. der Temp.-Abhängigkeit der RGK zeigt die Existenz eines kompensator. Effekts mit einer isokinet. Temp. $\beta = 320 \pm 10°$, was auf einen in allen verwendeten Lsgm. einheitlich wirkenden Mechanismus hinweist. Ein Vgl. der E‡- u. $\Delta S^{\ddagger}$-Werte zeigt, daß in proton. Lsgm. bedeutend niedrigere Werte gemessen werden als in aproton. Lsgm., was durch unterschiedliche Solvatationseffekte in den einzelnen Medien u. damit zusammenhängende unterschiedliche Rk.-Fähigkeit des **I** erklärt werden kann. Die RGK der genannten Rk. werden auch in Gemischen der aufgeführten Lsgm., d. h. bei verschiedenen DK-Werten u. wechselnder Solvatationskraft des Rk.-Mediums gemessen u. die Ergebnisse ausführlich diskutiert. Alle Beobachtungen stehen in Übereinklang mit einem Rk.-Ablauf nach $RHgX + J_3^- \rightarrow [RHgXJ_3]^- \rightarrow RJ + HgXJ_2^-$. K. Jasche 216△

0758 **Organometallverbindungen.** 5. Mitt. **Elektrophile Substitution von Dialkylzink durch Phenylquecksilberchlorid.** M. H. Abraham und P. H. Rolfe. (J. organometallic Chem. [Amsterdam] **8** (1967) 3, 395–99; Univ. of Surrey, London, Joseph Kenyon Labor.; engl.) — 4. vgl. C. **1967**, 45-0679. — Die Substitution von R durch Cl in ZnR_2 (**I**) ($R = C_2H_5$) mit Hilfe von $HgClC_6H_5$ (**II**) erfolgt unter CO_2 bei 0° in einer Rk. 1. Ordnung bez. **I** u. **II** mit $k_2 = 0{,}64$ (Liter · Mol^{-1} · sec^{-1}) in THF u. mit $k_2 = 6{,}1$ in Ae. Die relativen Geschw.-Konst. für die Substitution durch **II** in Ae. bei 35° betragen für **I** (R =) $CH_3:C_2H_5:C_3H_7:$iso-C_3H_7 = 1:4,5:17:~22; diese Reihenfolge spricht für einen $S_Ei(S_EC_i)$-Mechanismus der elektrophilen Substitution am gesätt. C-Atom. In THF unterliegen die vier **I**-Verb. der Substitution mit annähernd gleicher Geschw.; das mag auf einen genauen Ausgleich von ster. u. polarem Einfl. beim S_Ei-Mechanismus oder darauf zurückzuführen sein, daß die Ersetzung des an das Zn-Atom koordinierten THF durch **II**, wenigstens teilweise, geschwindigkeitsbestimmend ist. G. Heller 216

0759 **Untersuchungen in der Organometallchemie der IV. Gruppe.** 23. Mitt. **Mechanismus der Hydrostannolyse von Zinn-Element-Bindungen.** H. M. J. C. Creemers, F. Verbeek und J. G. Noltes. (J. organometallic Chem. [Amsterdam] **8** (1967) **3**, 469–77; Inst. for Org. Chem., TNO, Utrecht; engl.) — 22. vgl. C. **1968**, **17**-0784. — Wie frühere Messungen (Mitt.-Reihe) der Extinktionsänderung der Sn–H-Valenzschwingungsfrequenz im IR-Spektrum zeigen, unterliegen Rk. von Organozinnhydriden (A) mit Organozinnheteroverb. (B) mit Sn–N- oder Sn–O-Bindungen, bei denen sich Sn–Sn-Bindungen bilden (Hydrostannolyse), in Lsgm., wie Cyclohexan u. Butyronitril, einem polaren Rk.-Mechanismus. Das wird aus dem Fehlen der Aktivität von Substanzen, die freie Radikale erzeugen oder binden, u. dem Einfl. der Polarität des Lsgm. auf die Rk.-Geschw. geschlossen. Kinetik, Isotopeneffekt u. Einfl. der an Sn u. N gebundenen Substituenten auf die Geschw. der Hydrostannolyse von B mit Sn–N-Bindung zeigen den elektrophilen Angriff des H-Atoms von A auf das N-Atom von B als ersten u. geschwindigkeitsbestimmenden Schritt an. Ein ident. Mechanismus wird bei Hydrostannolyse von B mit Sn–O-Bindung beobachtet. Bei der Rk. von A u. B mit Sn–P-, Sn–As- u. Sn–S-Bindungen überlagern Austauschrk. die Hydrostannolyse. Diese Art von Rk., die näher mit Hilfe von NMR-Unters. beobachtet wurde, scheint ein Gleichgew. zu erreichen. Ein Vierzentren-Mechanismus ist wahrscheinlich, bei dem A jetzt als nucleophile Substanz reagiert. G. Heller 216

0760 **Untersuchung der Hydrolyse von Vanadinoxidchlorid durch Infrarotspektrophotometrie.** 2. Mitt. E. A.

Kopylova, N. N. Ruban und V. D. Ponomarev. (Izvest. Akad. Nauk Kaz. SSR, Ser. chim. **17** (1967) 1, 3–9; russ.) — 1. vgl. Trudy Inst. metallurg. i obogaščenija AN KazSSR **12** (1965), 145–49. — Die IR-spektroskop. Unters. von $VOCl_3$ über mehrere Tage (Konz. der Hydrolyseprod. $< 1-2\%$) erlaubt die Zuordnung bestimmter Absorptionsbanden zu bestimmten Hydrolyseprodukten. Die Bande bei 835 cm^{-1} wird der entarteten Grundschwingung $\nu_3(F_2)$ des Orthovanadations zugeordnet. Bei 1035 cm^{-1} wird eine V=O-Schwingung des $VOCl_3$ beobachtet. Die Absorptionsmax. bei 2935, 2827 u. 2730 cm^{-1} werden Schwingungen von entstandener HCl zugeschrieben. Bei 3177, 3354, 3437 u. 3502 cm^{-1} werden Valenzschwingungen der OH-Gruppen der gebildeten H_3VO_4 beobachtet. Bei 1380 cm^{-1} tritt die ebene Deformationsschwingung saurer OH-Gruppen auf. Absorptionsbanden bei 1614 u. 993 cm^{-1} werden als Schwingungen von hydratisiertem $VOCl_2$ gedeutet. Die Farbe der Lsg. geht im Verlauf der Hydrolyse von zitronengelb nach rotbraun.

D. Radeck 216

0761 **Ligandenverdrängungsreaktionen. 1. Mitt. Kinetik der Reaktion zwischen Trimethylphosphit und einigen Tricarbonyl-(aren)-molybdänkomplexen.** A. Pidcock, J. D. Smith und B. W. Taylor. (J. chem. Soc. [London], Sect. A **1967**, 6, 872–76; Brighton, Univ. of Sussex, Chem. Labor.; engl.) — Die Rk. zwischen Trimethylphosphit (**I**) u. Tricarbonylligandmolybdänkomplexen [ligand (L) = Bzl., Toluol, o-, m-, p-Xylol, Mesitylen, 1.2.4.5-Tetramethylbenzol, Hexamethylbenzol, N.N-Dimethylanilin] in Methylcyclohexan bei 50° ist bez. jedes Reaktanten von 1. Ordnung u. ergibt nur cis-Tricarbonyl-tris-[trimethylphosphit]-molybdän u. L. Für die Rk. wird ein S_N2-Mechanismus diskutiert. Durch Methylsubstituenten an L wird die Rk. verzögert. In 1.2-Dichloräthan (**II**) werden bei niedrigen **I**-Konz. Komplikationen beobachtet, die der Rk. mit dem Lsgm. zugeschrieben werden.

Versuche: *Tricarbonylligandmolybdän*: (Ligand =) *o-Xylol*, (Meth. A): durch 4std. Kochen von Hexacarbonylmolybdän (**III**) u. o-Xylol; aus Isopropyläther gelbe Nadeln; 58% (Ausb.). — *1.2.4.5-Tetramethylbenzol*, (Meth. B): aus **III** u. 1.2.4.5-Tetramethylbenzol in Heptan nach 10std. Kochen; Krist. aus Isopropyläther; 48%. — Analog: *Bzl.*, (Meth. A); 35%. — *Toluol*, (Meth. A); 69%. — *m-Xylol* (Meth. A); 63%. — *p-Xylol* (Meth. A); 70%. — *Mesitylen* (Meth. A); 81%. — *Hexamethylbenzol* (Meth. B); 66%. *N.N-Dimethylanilin* (Meth. B); 35%. — *cis-Tricarbonyl-tris-[trimethylphosphit]-molybdän*, $C_{12}H_{27}\cdot MoO_{12}P_3$, durch Schütteln von **I** mit Tricarbonylmesitylenmolybdän in **II**; aus Pentan Nadeln; 97%.

P. Scharner 216

0762 **Ligandenverdrängungsreaktionen. 2. Mitt. Kinetik der Reaktion zwischen Trimethylphosphit und den Tricarbonylcycloheptatrienkomplexen des Chroms, Molybdäns und Wolframs.** A. Pidcock und B. W. Taylor. (J. chem. Soc. [London], Sect. A **1967**, 6, 877–79; engl.) — 1. vgl. vorst. Referat. — Rk. von überschüssigem Trimethylphosphit (**I**) mit Verb. der Zus. $[(C_7H_8)M(CO)_3]$ (M = Cr, Mo, W) in Methylcyclohexan führen zur quant. Bldg. von cis-$[M(CO)_3\{(CH_3O)_3P\}_3]$. Die Kinetik ist bez. jedes Reaktanten von 1. Ordnung. Aktivierungsparameter für den Bereich von 30–50° werden auf der Grundlage eines S_N2-Mechanismus erörtert. Die Frequenzen der CO-Schwingungen aller dargestellten Verb. werden angegeben.

Versuche: *Tricarbonylcycloheptatrienmetall*: (Metall) *Chrom* (**II**), F. 130° (Zers.), durch 8std. Kochen von Chromhexacarbonyl u. Cycloheptatrien (**III**) in Heptan. — *Molybdän* (**IV**), F. 98–100°, durch 16std. Kochen von Tricarbonylmesitylenmolybdän mit **III** in Heptan. — *Wolfram*, F. 117–119° (Zers.), a) analog vorst. Verb. aus Tricarbonyl-N.N-dimethylanilinwolfram (72 Std.); b) aus Tris-[acetonitril]-tricarbonylwolfram. — *cis-Tricarbonyl-tris-[trimethylphosphit]-metall*: (Metall =) *Chrom*, durch 4std. Kochen von **I** mit **II** in Hexan; Krist.; 80% (Ausb.). — *Molybdän*, F. 140° (Zers.), durch 1std. Schütteln von **I** mit **IV** bei Raumtemp.; Nadeln; 90%. Analog: *Wolfram*, F. 130° (Zers.); 90%.

P. Scharner 216

0763 **Hydrolyse von Hexahalogenotechnaten(IV). 1. Mitt. Verhalten des $[TcBr_6]^{2-}$-Ions in sauren, neutralen und alkalischen Lösungen.** Luigia Ossicini. (Ricerca sci. **37** (1967) 7–8, 655–59; Ist. di Chim., Univ. di Roma; ital.) — Als Ausgangsmaterial wurde $(NH_4)_2[TcBr_6]$ mit ^{99}Tc ($t_{1/2}$ 2,12 · 10^5 Jahre) in 8,9 n *HBr*-Lsg. benutzt. Die Rk. wurden bei Raumtemp. papierchromatograph., elektrophoret. u. spektroskop. untersucht. Die Hydrolyse von $[TcBr_6]^{2-}$ verläuft in saurer, verd. Lsg. unter Bldg. von anion., neutralen u. kation. Verbindungen. Nach einigen Std. überwiegt die kation. Art (über 80%), sie ist auch über mehrere Tage stabil. In neutraler (H_2O) u. alkal. Lsg. erfolgt Ox. von Tc(IV) zu Tc(VII). Sie verläuft sehr schnell u. wird durch $[OH^-]$ beeinflußt.

E. Otto 216

0764 **Kinetik und Mechanismus der Extraktion von Kobalt(II) mit substituierten Diphenylthiocarbazonen.** Joon S. Ohl und Henry Freiser. (Analyt. Chem. **39** (1967) 13, 1671; Tucson, Ariz., Univ. of Ariz., Dep. of Chem.; engl.) — Die Rk. von Co(II) mit substituierten Dithizonen ist erster Ordnung. Verglichen mit den entsprechenden Rk. von Ni(II) u. Zn(II) läßt sich bez. der Rk.-Geschw. die Reihe Zn > Co > Ni aufstellen. Konst. log k [l/Mol · s] der Bldg. der Co(II)-Dithizon-Chelate (zweiter Ordnung) für 25° u. $\mu = 0{,}1$: *Diphenyl-* 4,94, *Di-p-bromphenyl-* 6,89; *Di-p-jodphenyl-* 7,18; *Di-o-tolyl-* 5,88; *Di-p-tolyl-* 6,87; *Di-p-methoxyphenylthiocarbazon* 6,58.

W. Heinemann 216

0765 **Redoxreaktionen der komplexen Oxalate einiger dreiwertiger Übergangsmetalle. 1. Mitt. Trioxalatoionen.** I. G. Murgulescu, T. Oncescu und Z. Simon. (Rev. roum. Chim. **12** (1967) 6, 737–42; Univ., Bukarest; dt.) — Es werden die therm. u. photochem. Aktivierung der inneren Redoxrk. einiger komplexer Oxalate 3wertiger Übergangsmetalle besprochen. Zwei energet. Größen sind für die innere Redoxfähigkeit bedeutend: die Energien E_R u. E_I (bezogen auf das Trioxalatoion) der Prod. der Rk. $[M(III)(C_2O_4)_3]^{3-}$ (I) $\rightarrow$ $[M(II)(C_2O_4)_2]^{2-}$ + $C_2O_4^{2-}$ u. I $\rightarrow$ $[M(III)(C_2O_4)_2]^-$ + $C_2O_4^{2-}$. Je nach der Lage der E_R zu E_I tritt R· ein. Das Anwachsen der Fähigkeit zur Redoxrk. in der Reihe Cr^{3+}, Fe^{3+}, Co^{3+}, Mn^{3+} fällt mit dem Absinken der polarograph. Halbstufenpotentiale (M^{2+}/M^{3+}) (korrigiert für einen konst. Spinzustand), d. h. mit der Elektronenaffinität dieser Ionen zusammen.

G. Schatz 216

0766 **„Ungewöhnlicher" kinetischer trans-Effekt von Ammoniak in oktaedrischen Rhodium(III)-Komplexen.** A. J. Poë und K. Shaw. (Chem. Commun. **1967**, 1, 52–54; Imp. Coll. of Sci. and Technol., London; engl.) — Es werden die trans-Effekte in oktaedr. Komplexen vom Typ *trans*-$[RhA_4LX]^+$ u. *trans*-$[RhA_4LOH_2]^{2+}$ untersucht (A = 0,5 en oder NH_3; L = NH_3; X = *Cl, Br, J*). Die Größe des trans-Effekts (bestimmt aus den unterschiedlichen Aktivierungsenthalpien für die einzelnen verdrängten Gruppen; Tabelle) für die verdrängten Gruppen H_2O, Cl^- u. Br^- ist gegeben durch folgende Reihen: J > Br > Cl > NH_3, J > Br > NH_3 > Cl u. J > NH_3 > Br > Cl. Daraus könnte geschlossen werden, daß NH_3 im Vgl. mit den Halogeniden einen ungewöhnlichen kinet. trans-Effekt hat. Vf. können jedoch an Hand eines Diagramms, bei dem die Aktivierungsenthalpien gegen die Enthalpieänderungen bei den entsprechenden Rk. aufgetragen sind, zeigen, daß in jedem Falle für die Größe des trans-Effektes gilt: J > Br > NH_3 $\gtrsim$ Cl. Die Zunahmen der Aktivierungsenthalpien in dieser Reihe betragen: 3,0, 1,7 u. ~0,2 kcal/mol.

Helmut Schneider/Darmstadt 216

0767 **Abhängigkeit der Oxydation von Siliciumcarbid von Temperatur und Sauerstoffdruck.** W. W. Pultz. (J. physic. Chem. **71** (1967) 13, 4556–58; Corning, N.Y., Corning Glas Works, Res. and Development Labor.; engl.) — Vf. untersuchte die Ox. von SiC (**I**) in He–O_2-Mischungen zwischen 1355 u. 1445°. Die Ox.-Geschw. ist in dem O_2-Partialdruckbereich von 100–760 Torr prakt. druckunabhängig; < 30 Torr wird der Vorgang durch chem. Rk. bestimmt. Die mittlere Aktivierungsenergie der Diffusion von O_2 durch die auf **I** gebildete SiO_2-Schicht beträgt 151 kcal/Mol. G. Gattow 218

0768 **Reaktion von Quecksilber(II)-jodid mit elementarem Quecksilber.** Maurice M. Kreevoy und Eugene M. Wewerka. (J. physic. Chem. **71** (1967) 13, 4534—37; Minneapolis, Minn., Univ. of Minn., School of Chem.; engl.) — Mit Hilfe spektralphotometr. Meth. wurde die reversible Rk. $HgJ_2 + Hg \rightleftharpoons Hg_2J_2$ in Isooctan u. Methanol kinet. untersucht. Die Geschw. der Rk. hängt sowohl von der Transportgeschw. der Substanz als auch von der Aggregationsgeschw. des Hg_2J_2 ab. Die Gleichgew-Konst. der Rk. verhält sich umgekehrt proportional zur Löslichkeit des HgJ_2 im Lösungsmittel. G. Gattow 218

0769 **Untersuchung der Reaktionen von Aluminium mit Wasser durch Erhitzen mit Laserstrahlen.** L. Leibowitz und L. W. Mishler. (J. nuclear Mater. [Amsterdam] **23** (1967) 2, 173—82; Argonne Nat. Labor., Argonne, Ill.; engl.) — Durch schnelle Erhitzung mit Laserstrahlen wurde ein schneller Kontakt zwischen W. u. erhitztem, dispergiertem Al zustande gebracht, der für die Simulierung von Reaktorbedingungen notwendig ist. Bei 0,03 atm W.-Druck war noch keine vollständige Rk. festzustellen, wohl aber bei 1 u. 10 atm, wenn eine krit. Laserenergie erreicht wurde. Es wird vermutet, daß eine Entzündung der Teilchen u. vollständige Rk. nur dann erfolgen kann, wenn die aufgebrachte Energie genügt, um den F. von Al_2O_3 zu erreichen. Oberhalb dieser Temp. ist die Rk. durch die Diffusion von W. durch Wasserstoffoberflächenschichten um die Partikel kontrolliert. Der Kp. von Al ist bei p = 0,03 atm niedriger als der F. des Oxids. Daher kann das Oxid nicht schmelzen, bzw. die Partikel können sich nicht entzünden. Berechnungen der Diffusion u. des Wärmetransports unterstützen diesen Mechanismus. D. Hoene 218

0770 **Kinetik der Oxydation von bestrahlten Urandioxidkugeln in trockener Luft.** K. T. Harrison, C. Padgett und K. T. Scott. (J. nuclear Mater. [Amsterdam] **23** (1967) 2, 121—38; UKAEA Res. Group, Ceramics Div., Atomic Energy Res. Establ., Harwell, Berks; engl.) — Beschreibung einer fernbedienbaren App. für die Thermographie von bestrahlten UO_2-Kugeln. Die Ergebnisse zur isothermen Ox. in trockener Luft zwischen 320 u. 380° werden diskutiert. Die Ox. läßt sich durch eine Rk. 1. Ordnung beschreiben, die in 2 Stufen verläuft, wobei die RGK in der 2. Stufe größer ist. Die Geschw.-Kurven stimmen mit keinem bisher für den Ox.-Mechanismus abgeleiteten Modell überein. Bestrahlung bis zu einem Abbrand von 9% aller U-Atome führte zu keiner grundsätzlichen Änderung des Ox.-Mechanismus, erniedrigte aber die Rk.-Geschwindigkeiten. So stieg die Aktivierungsenergie für die 2. Stufe von ≈ 15 kcal/Mol für unbestrahltes UO_2 auf ≈ 25 kcal/Mol für UO_2 mit 8,5% Abbrand. D. Hoene 218

0771 **Oxydation von unlegiertem Plutonium an der Atmosphäre bei geringer relativer Feuchtigkeit.** J. B. Raynor und J. F. Sackman. (J. nuclear Mater. [Amsterdam] **23** (1967) 3, 302—08; UKAEA, Atom. Weapons Res. Establ., Aldermaston, Berks.; engl.) — Vf. bestimmen die Ox.-Geschw. von unlegiertem Pu bei 90° (bis zu 3000 Std.) über verschiedenen Trockenmitteln [*NaOH, $CaSO_4$, MgO, Al_2O_3, $CaCl_2$, $Mg(ClO_4)_2$, CaO, Mol.-Sieb Linde 5A, BaO, P_2O_5, KOH*]. Die Ergebnisse bestätigen den S-förmigen Verlauf der Ox.-Geschw. in Abhängigkeit von der relativen Feuchtigkeit. Die „Knickstelle", unterhalb derer die Feuchtigkeit verringert werden muß, um eine nennenswerte Abnahme der Ox.-Geschw. zu erzielen, liegt bei 2%. Der Dampfdruck von H_2O über den angegebenen Trockenmitteln bei 90° wird bestimmt. D. Hoene 218

0772 **Thermische Stabilität und einige physikalische Eigenschaften von Silberchlorit, -chlorat und -perchlorat.** F. Solymosi. (Z. physik. Chem. [Frankfurt/M.] [N.F.] **57** (1968) 1/2, 1—18; Res. Labor. Phys. and Chem. of Solids, Cavendish Labor., Cambridge, UK; engl.) — Die Kinetik u. der Mechanismus der therm. Zers. von $AgClO_2$ (85 bis 120°), $AgClO_3$ (316—339°) u. $AgClO_4$ (414—445°) werden bestimmt. Die Stabilität nimmt in der Reihe $AgClO_2$, $AgClO_3$, $AgClO_4$ zu. $AgClO_2$ wird unterhalb der Zers.-Temp. zu AgCl u. $AgClO_3$ disproportioniert. Die Aktivierungsenergien der Zers. werden bestimmt. Ferner werden angegeben: F., Brechungsindex, DK, Molrefraktion, Absorptionskante, opt. u. therm. Aktivierungsenergie zur Erzeugung eines freien Elektrons u. Bldg.-Enthalpie. D. Hoene 218

0773 **Kinetik der Sauerstoffübertragung aus CO_2 an die Oberfläche von Metallen.** H.-J. Grabke. (Ber. Bunsenges. physik. Chem. **71** (1967) 9/10, 1067—73; MPI für Metallforsch., Stuttgart; dt.) — Die Geschw. der O-Übertragung aus CO_2 an die Oberfläche von *Au, Ag, Pd, Cu, Ni, Co, Fe* u. *W* nach CO_2 (gas) → CO(gas) — O(ads) wurde in einer Durchströmungsapp. bei ca. 800—1100° u. eingestelltem Gleichgew. mit Hilfe von $^{14}CO_2$ gemessen. Das Geschw.-Gesetz für die Hinrk. lautet $dn_{CO}/dt = kAa_0^{-m}p_{CO_2}$. Die O-Aktivität a_0 an der Metalloberfläche wird durch das Verhältnis p_{CO_2}/p_{CO} bestimmt. Die Rk. an den edleren Metallen ist unabhängig von a_0 (m = 0). Für die Rk. an Co, Fe u. W ist m > 0, d. h. durch hohe O-Bedeckung ist die O-Übertragung gehemmt. Die effektiven Aktivierungsenergien u. Häufigkeitsfaktoren wurden bestimmt u. diskutiert. Die relativen Aktivitäten der Metalle nehmen mit der Bldg.-Enthalpie der Oxide zu bis zu einem Max. bei Co; Fe u. W zeigen wieder geringere katalyt. Aktivität, die durch den hemmenden Einfl. der Bedeckung mit O hervorgerufen wird. D. Hoene 218

0774 **Wirkungsmechanismus löslicher komplexer Polymerisierungskatalysatoren.** F. S. D'jačkovskij und A. E. Šilov. (Ž. fiz. Chim. **41** (1967) 10, 2515—27; Filial inst. chim. fiz. AN SSSR, Černogolovka; russ.) — Übersicht (Ziegler-Katalysatoren) an Hand von 60 Literaturangaben. H. Roschkowski 220

0775 **Massenspektrometrische kinetische Untersuchungen bei niedrigen Drücken.** V. I. Simulis und É. Takano. (Ž. fiz. Chim. **41** (1967) 7, 1806—08; Univ. družby narodov im. Lumumby, Moskva; russ.) — Eine Methodik der massenspektrometr. Unters. der Kinetik heterogener katalysierter Rk. bei Drücken des Ausgangsmaterials von 10^{-5}—10^{-2} Torr wurde ausgearbeitet. Der stufenförmige Charakter der Abhängigkeit der Anfangsgeschw. der Dehydrierung von Cyclohexan vom Druck wird hervorgehoben; eine neue Stufe bei p < 10^{-3} Torr wurde beobachtet. J. Eliassaf 220

0776 **Bindungsenergie von Atom-Organogenen mit Metallkatalysatoren.** P. Tétényi. (Acta chim. Acad. Sci. hung. **54** (1967) 3/4, 267—76; Inst. izotopov Vengerskoj AN, Budapest; russ.) — Die Bindungsenergie von Wasserstoff, Kohlenstoff u. Sauerstoff mit Fe, Co, Ni, Cu, Ru, Rh, Pd, Ag, Ir, Pd u. Au wurde auf Grund der kinet. Daten der Aktivierungsenergie verschiedener katalyt. Rk. bestimmt. Mit Hilfe dieser Werte kann auch die Aktivierungsenergie anderer katalyt. Rk. ermittelt werden. Der numer. Wert der Aktivierungsenergie ist von der Art des Metalles wenig abhängig. J. J. Pohl 220

0777 **Magnetische Eigenschaften ferrodielektrischer Katalysatoren.** 3. Mitt. **Verallgemeinertes Dispersitätskriterium.** V. B. Evdokimov und T. N. Bredichina. (Ž. fiz. Chim. **40**, 2396—2401, 1966; Mosk. gos. univ. im. Lomonosova; russ.) — 1. vgl. C. **1968**, 5-0708. — Theoret. Untersuchung. Es wird der Begriff des verallgemeinerten Dispersitätskriteriums eingeführt u. seine Beziehung zum verallgemeinerten magnet. Ordnungsfaktor aufgezeigt. E. Klever 220

0778 **Magnetische Eigenschaften ferrodielektrischer Katalysatoren.** 4. Mitt. **Vergleich der Eigenschaften ferrodielektrischer Katalysatoren mit den Eigenschaften von Mischkristallen.** R. A. Sembaeva und V. B. Evdokimov. (Ž. fiz. Chim. **40**, 2402—05, 1966; russ.) — 3. vgl. vorst. Referat. — Aus der Gegenüberstellung von Literaturdaten zeigt sich, daß für die ferrodielektr. Katalysatoren u. für die festen Lsg. von ferromagnet. Substanzen, wie Fe-Au u. Fe-Cu, eine „Verwaschenheit" der Curie-Punkte charakterist. ist. Die Erniedrigung der abs. Sättigungsmagnetisierung der ferromagnet. Lsg. ist mit einer magnet. Veränderung im „molekularen" Niveau verbunden, im Gegensatz zu den ferrodielektr. Katalysatoren, bei denen beide Arten von magnet. Verd. vorhanden sind. E. Klever 220

0779 **Magnetische Eigenschaften ferrodielektrischer Katalysatoren.** 5. Mitt. **Thermomagnetische Bestimmung der Teilchengrößen.** V. B. Evdokimov und M. N. Kuznecova. (Ž. fiz. Chim. **40,** 2406–11, 1966; russ.) – 4. vgl. vorst. Referat. – Es wird die Anwendbarkeit der Langevin-Gleichung zur Beschreibung des Verh. disperser ferrodielektr. Katalysatoren aufgezeigt. Die Berechnung der chaot. Komponente des magnet. Momentes in der Langevin-Formel erlaubt es, den experimentellen Befund, nach dem die relative Magnetisierung bei einem bestimmten vom Null differierendem H nach Null konvergiert zu erklären. Bei der Best. der mittleren Dimensionen der Teilchen ist es erforderlich, zwei entgegengesetztwirkende Faktoren zu berücksichtigen: 1. die Wärmebewegung, die danach strebt, sämtliche Orientierungen der magnet. Momente der Teilchen gleich wahrscheinlich zu machen u. 2. die Ggw. eines verallgemeinerten Feldes, die als Folge von Austauschwechselwrkg. über die Träger auftritt u. die Unbestimmtheit der Lage des magnet. Momentes in bezug zum äußeren Feld verringert. E. Klever 220

0780 **Einfluß des Dehydratationsgrads von Silicagelen auf den Mechanismus der an ihnen verlaufenden Hydrolyse von Trichlorsilan.** S. I. Kol'cov und V. B. Aleskovskij. (Ž. fiz. Chim. **41** (1967) 3, 665–66; Leningradskij technol. inst. im. Lensovjeta; russ.) – Die Hydrolyse von $HSiCl_3$ an gekörntem Silicagel (I) (spezif. Oberfläche 230 m^2/g) wird in Abhängigkeit von der Sintertemp. (180–600°) untersucht. Bis zu einer Sintertemp. von 450°, d. h. einem OH-Geh. der I-Oberfläche von 1,8 mg-Äquivalent/g reagieren zwei benachbarte OH-Gruppen mit dem $HSiCl_3$ unter Ausbldg. eines *cycl. Siloxans.* Ab 1,0 mg-Äquivalent/g OH-Geh. (Sintertemp. 600°) reagiert nur jeweils eine OH-Gruppe mit $HSiCl_3$, wenn die Abstände zwischen den einzelnen OH-Resten $> 3{,}3$ Å sind. K. Jasche 220△

0781 **Katalytische Aktivität und Photo-EMK von Cadmiumtellurid.** A. V. Pamfilov, Ja. S. Mazurkevič und S. Ju. Muchlja. (Ukrainskij chim. Ž. **33** (1967) 5, 435–38; Černovickij gos. univ.; russ.) – Vf. untersuchen die katalyt. Aktivität von CdTe bei der Red. von Methylenblau (I) in Ggw. von Formaldehyd. Die Rk.-Geschw. in der Dunkelheit u. im Licht unterscheiden sich nicht, wobei in beiden Fällen Red. bis zur Leukoform von I erfolgt. Frisch gemahlene CdTe-Präp. ändern ihre katalyt. Aktivität mit der Zeit. Sie sinkt zunächst stark ab u. bleibt dann nach ~ 100 Std. konstant. Die untersuchten CdTe-Proben waren durch Lochleitfähigkeit u. positives Vorzeichen der Photo-EMK gekennzeichnet. Die Verringerung der katalyt. Aktivität des CdTe mit der Zeit ist mit der Bldg. einer Oxidhaut an der Oberfläche verbunden u. wird durch anwachsende elektr. Leitfähigkeit begleitet. Die Verringerung der katalyt. Aktivität des CdTe hängt ebenfalls von der Temp. ab, bei der das Präp. vorbehandelt wurde. Bei Erhitzung in einem ox. Medium bei 50° tritt keine merkliche Änderung der katalyt. Aktivität ein, bei 100° sinkt die katalyt. Aktivität in 2 Std. um fast eine Größenordnung u. bei 200 °geht die katalyt. Aktivität irreversibel vollständig verloren. Unter den gleichen Bedingungen sinkt auch die Photo-EMK auf Null ab. In inerter Gesamtatmosphäre ändert sich die katalyt. Aktivität beim Erhitzen prakt. nicht. A. Hermann 220

0782 **Einfluß der Reduktion auf die Eigenschaften von Aluminium–Chrom–Kalium-Katalysatoren bei der Dehydrierung von Isopentan zu Isoamylen.** O. D. Sterligov und N. A. Eliseev. (Kinetika i Kataliz **8** (1967) 4, 829 bis **833**; Inst. org. chim. im. Zelinskogo AN SSSR; russ.) Die Eig. red. Al–Cr–K-Oxidkatalysatoren (I) bei der Dehydrierung von Isopentan bei 550° unter Verw. von H_2, CO, CH_4, C_2H_4, C_2H_6 als Red.-Mittel wird untersucht. Durch die Red. wird die Anfangsaktivität der I erhöht u. in Abhängigkeit vom Red.-Mittel u. von der Dauer des Spülens des Katalysators mit Ar oder H_2 nach der Red. werden maximal 40–45 Gew.-% Isoamylen erhalten. Die Skelettisomerisierung wird durch die red. I ebenfalls erhöht. Durch H_2O u. CO werden die Isomerisierungs- u. Dehydrierungszentren der I vergiftet. Die Aktivität des Katalysators für Krackrk. wird durch red. I nur in der Anfangsphase etwas verringert. D. Radeck 220

0783 **Elektrische Leitfähigkeit von Bi_2O_3–MoO_3- und SnO_2–MoO_3-Katalysatoren.** Jan Pluta. (Z. anorg. allg. Chem. **356** (1967) 1–2, 105–12; Inst. für Schwere Organ. Synth., Blachownia Śląska, Polen; dt.) – Es werden die elektr. Leitfähigkeiten von Bi_2O_3, MoO_3, SnO_2 sowie von Bi_2O_3–MoO_3- u. SnO_2–MoO_3-Katalysatoren in Propylen u. Luft bestimmt. Die Best. erfolgen stat. bei 380, 420 u. 460°. Nach den Ergebnissen wirkt Bi_2O_3 als Aktivator des MoO_3 beschleunigend auf die Chemisorption des O_2. Ähnlich wirkt in etwas schwächerem Maße SnO_2 im MoO_3–SnO_2-Katalysator. H. J. Schönherr 220

0784 **Differenzierte Bestimmung der Oberflächen komplexer Katalysatoren durch eine chromatographische Methode.** 1. Mitt. **Nickel auf Trägern.** N. E. Bujanova, A. P. Karnauchov, L. M. Kefeli, I. D. Ratner und O. N. Černjavskaja. (Kinetika i Kataliz **8** (1967) 4, 868–77, 1 Tafel; Inst. kataliza SO AN SSSR; russ.) – Vf. erarbeiteten eine schnelle Meth. (30–40 Min.) zur Best. von Ni-Oberflächen an Ni-Trägerkatalysatoren durch Sauerstoffchemisorption. Dazu werden bestimmte O_2-Mengen portionsweise mit He als Trägergas durch den Katalysator gegeben u. anschließend das austretende Gas mittels eines Detektors auf O_2 untersucht. Aus der Höhe des Max. des nach vollständiger Bedeckung der Ni-Oberfläche austretenden O_2 ergibt sich die Gesamtmenge des chemisorbierten O_2. Die Meth. erlaubt nur die Best. von freiem metall. Ni. Die geringe Korrektur von O_2 am Träger wird nicht berücksichtigt. Vf. untersuchen mittels der angegebenen Meth. die Oberfläche u. Dispersion verschiedener Ni-Katalysatoren. Die mittlere Abweichung der beschriebenen chromatograph. Meth. von der bekannten stat. Meth. beträgt nur $\pm$ 3%. D. Radeck 220

0785 **Katalytische Aktivität von Cu–Ni-Legierungen in bezug auf die Isotopenaustauschreaktion von Wasserstoff.** K. N. Žavoronkova, G. K. Boreskov und V. N. Nekipelov. (Doklady Akad. Nauk SSSR **177** (1967) 5, 1124–27; Mosk. chim. technolog. inst. im. Mendeleeva; russ.) – Die katalyt. Aktivität von ca. 400 Å dicken Cu–Ni-Filmen, die im Hochvakuum erhalten wurden, wurde mit der stat. Meth. in Ggw. von 0,5 Torr eines äquimol. H_2–D_2-Gemisches bei –100 bis +100° untersucht. Die Verteilung von Cu u. Ni im Film ist gleichmäßig, Elektronograph. Unters. zeigen, daß die Filme aus Mischkrist. aufgebaut sind. Die spezif. katalyt. Aktivität gegenüber der Austauschrk. ist bei –60 bis +20° konst., die Aktivierungsenergie beträgt **3,25** kcal/Mol. Bei 40–60° wird die katalyt. Aktivität der Leg.-Oberfläche durch adsorbierten Wasserstoff verändert, die Aktivierungsenergie beträgt vor der Adsorption 2,9, nachher 7–9 kcal/Mol. J. J. Pohl 220

0786 **Einfluß der katalytischen Oxydation von Äthylen, Kohlenmonoxid und Wasserstoff auf das Chemisorptionsverhalten von Silberpulver.** A. W. Czanderna. (J. Colloid Interface Sci. **24** (1967) 4, 500–07; Union Carbide Corp., Chemical and Plastic, Res. and Dev. Dep., South Charleston, W.va.; engl.) – An Ag-Pulver mit reproduzierbarem Chemisorptionsverh. wurden Mischungen von H_2, C_2H_4 u. CO mit O_2 katalyt. oxydiert. Messungen der Oberflächengröße u. des Chemisorptionsverh. des Ag-Pulvers nach der Rk. zeigten eine zunehmende Oberflächenstörung mit $H_2 > C_2H_4 >> CO$. Es wird angenommen, daß während der Rk. kontinuierlich neue Oberfläche bis zum Erreichen eines staionären Zustandes gebildet wird. G. Malow 220

0787 **Katalytische Aktivität von Platinkatalysatoren.** 5. Mitt. **Einfluß von KOH auf die Aktivität von platinierten Holzkohlen.** K. H. Schnabel. (Kinetika i Kataliz **8** (1967) 3, 583–91; Inst. für anorg. Katalyse, DAW, Berlin; russ.) – Die durch Red. von mit H_2PtCl_6 getränkten Holzkohlen mittels Formalin u. KOH hergestellten platinierten Holzkohlen zeigen eine größere katalyt. Aktivität bei der C_5-Dehydrozyklisation von Isooktan zu 1.1.3-Trimethylcyclopentan (I) als durch Red. mit H_2 bei 350° erhaltene. Die Aktivität beider

Katalysatoren u. der Anteil der Sekundärrk. von I unter Ringzerstörung zu Xylol wird durch KOH beeinflußt. Kleinere Mengen KOH (0,6—0,7 Mol KOH/g-Atom Pt) erhöhen die Aktivität beider Katalysatortypen bei der C_5-Dehydrocyclisation. Größere Mengen KOH vergiften die Katalysatoren. Sek. Isomerisierungsrk. werden durch KOH gesenkt. Die Lebensdauer der Katalysatoren wird durch KOH-Zusatz erhöht u. es tritt eine Stabilisierung der aktiven Zentren der Katalysatoren ein. Vf. zeigen, daß an der Katalysatoroberfläche verschiedene aktive Zentren mit verschiedenen Eig. u. unterschiedlicher Bedeutung für die untersuchte Rk. existieren, wobei Platinzentren zusammen mit Graphitsextetten wahrscheinlich die Dehydrocyclisation u. die sauren Zentren auf der Oberfläche die Isomerisierung u. die Vergiftung der Platinzentren katalysieren. Die Aktivierungsenergie schwankt mit dem KOH-Gehalt. D. Radeck 220

0788 **Einfluß der substituierenden Kationen auf die katalytische Aktivität des Kationits KU-2.** Ja. Ju. Gafurdžanov und Ch. R. Rustamov. (Uzbekskij chim. Ž. **11** (1967) 5, 58—59; Taškentskij politechn. inst.; russ.) — Die Abhängigkeit der katalyt. Aktivität von KU-2 von der Menge des substituierenden Na^+, K^+, Ca^{2+}, Li^+ u. Al^{3+} wurde bestimmt. Die Geschw.-Konst. der Veresterung von Äthylenglykol mit Essigsäure bezogen auf 1 mg-Äqu. katalyt. akt. H^+-Ion sinkt mit zunehmender Kationenmenge in der Reihenfolge $Na^+ < K^+ < Ca^{2+} < Li^+ < Al^{3+}$ immer stärker. Organ. Kationen bewirken eine schwache Zunahme der katalyt. Aktivität des Kationits, der Einfl. wächst nach $(C_2H_4OH)_3 \cdot NH^+ < CH_3NH_3^+ < C_2H_4OHNH_3^+$. Die Zugabe von 0,7 bzw. 1,5 mg · Äqu. NaCl bewirkt eine Zunahme der RGK von $17,3 \cdot 10^{-4}$ auf $25,6 \cdot 10^{-4}$ bzw. $26,6 \cdot 10^{-4}$. J. J. Pohl 220

0789 **Paramagnetische Katalyse der Ortho-Parawasserstoff-Umlagerung.** Svend E. Nielsen und John S. Dahler. (J. chem. Physics **46** (1967) 2, 732—44; Dep. of Chem. Engng., Univ. of Minn., Minneapolis, Minn.; engl.) — Es wird eine Theorie für die paramagnet. Katalyse der o-p-Umlagerung von H_2, D_2 u. T_2 entwickelt. Als Katalysatormodelle werden „Hund(a)"-Katalysatoren (starke axiale Kopplung von Spin- u. Bahnmoment, Beispiel NO), „Hund(b)"-Katalysatoren (keine Kopplung, Beispiel O_2) sowie $^1\Sigma$-Katalysatoren verwandt. Die inhomogenen Magnetfelder, die bei verschiedenen Stoßanordnungen auftreten, treten als Störungsparameter einer quantenmechan. Berechnung der Stoßprozesse auf. Speziell wird der O_2-katalysierte $p(L = 0) \rightarrow o(L = 1)$-Übergang für H_2 berechnet. Die erhaltenen Rk.-Geschw. (für 77,3 u. 86°K) betragen jedoch nur 25—30% der experimentellen Werte. W. Haberditzl 220

0790 **Homomolekularer Isotopenaustausch von Wasserstoff an Nickelfilmen.** K. N. Žavoronkova, G. K. Boreskov und V. N. Nekipelov. (Kinetika i Kataliz **8** (1967) 4, 841—47; Mosk. chim.-technol. inst. im. Mendeleeva; russ.) — Die katalyt. Aktivität des Isotopenaustauschs von Wasserstoff wurde mit äquimol. H_2–D_2-Gemischen zwischen 77 u. 370°K bei 0,5 Torr an Nickelfilmen untersucht. Zwischen 140 u. 240°K beträgt die Aktivierungsenergie der Austauschrk. 3,2 ± 0,3 kcal/Mol u. der Frequenzfaktor $1,7 \cdot 10^{-19}$. Zwischen 77 u. 140°K wurde die Aktivierungsenergie mit ≈ 0 kcal/Mol u. der Frequenzfaktor mit $5,5 \cdot 10^{14}$ Mol./cm² · s ermittelt. Die Rk. verläuft in beiden Rk.-Gebieten nach verschiedenen Rk.-Mechanismen. Bei Temp.-Erhöhung über 250°K wird eine Verringerung der spezif. Aktivität des Ni-Films durch Blockierung der Oberfläche mit fest gebundenem H_2 oder Verunreinigungen beobachtet. Die Aktivierungsenergie beträgt 7,3 ± 0,2 kcal/Mol u. der Frequenzfaktor $7,4 \cdot 10^{20}$. Bei Temp.-Erniedrigung ist die Blockierung reversibel. Aus der Druckabhängigkeit der Rk. zwischen 0,05 u. 2 Torr beträgt die Rk.-Ordnung für alle untersuchten Temp.-Gebiete 0,75 ± 0,05. D. Radeck 220

0791 **Oxydation von Wasserstoff mit Stickoxid an im Ultravakuum gereinigtem Platin.** I. I. Tret'jakov, B. R. Šub und S. Z. Roginskij. (Doklady Akad. Nauk SSSR **176** (1967) 3, 641—44; Inst. chim. fiz. AN SSSR; russ.) — Die Ox. von H_2 durch N_2O an einem Draht aus spektralreinem Pt wurde bei einem Gesamtdruck der Gase von $1 \cdot 10^{-1}$—$1 \cdot 10^{-4}$ Torr u. —30 bis 200° untersucht. Die Rk. von H_2 mit O_2 verläuft schneller u. bei niedrigeren Temp. als die mit N_2O. Die Ox. durch NO_2 dürfte nach einem Mehrstufenschema verlaufen. Die effektive Aktivierungsenergie des Prozesses beträgt 7000 ± 500 cal/Mol, die ber. Rk.-Geschw. in Ggw. eines H_2-Überschusses $2,8 \cdot 10^{14}$ Mol/cm² · s, der experimentelle Wert $1,2 \cdot 10^{14}$. Die Langmuir-Hinshelwoodsche Gleichung ist verwendbar. J. J. Pohl 220

0792 **Kinetik und Mechanismus des Ammoniakzerfalls an metallischen Katalysatoren.** 1. Mitt. **Anfangsgeschwindigkeit des Ammoniakzerfalls an Pd, Ni und Mo in Abhängigkeit vom Ammoniakdruck zwischen 450 und 980°.** R. E. Mardalejšvili, Chu Sin'-Čžou und Z. Ja. Smorodinskaja. (Kinetika i Kataliz **8** (1967) 4, 786 bis 795; Mosk. gos. univ. im. Lomonosova, chim. fak.; russ.) — Die Kinetik des Zerfalls von NH_3 (I) bzw. ND_3 an Pd, Ni, Mo u. Quarz wird zwischen 450 u. 980° bei Drücken von 20—130 Torr untersucht. Es existieren zwei Temp.-Gebiete mit den Rk.-Ordnungen 1 u. 0,5 für I. Für Pd wird zwischen 500 u. 700°, für Ni zwischen 450 u. 740 u. für Mo zwischen 700 u. 800° eine Rk. 0,5. Ordnung u. für Pd. u. Quarz ab 873° eine Rk. 1. Ordnung beobachtet. Zwischen beiden Gebieten ist ein kontinuierlicher Übergang vorhanden. Das begrenzende Stadium ist in beiden Temp.-Gebieten der Rk. die Bldg. von adsorbiertem NH_2 auf der Katalysatoroberfläche, daß im Gebiet 0,5. Ordnung zu I zurückreagiert u. im Gebiet 1. Ordnung in N_2 u. H_2 zerfällt. Der Bruch der N–H-Bindung in beiden Fällen würde das Auftreten eines Isotopeneffektes in beiden Temp.-Gebieten erklären. D. Radeck 220

0793 **Zerfall von N_2O an Chromoxid.** Ken-ichi Tanaka und Atsumu Ozaki. (J. Catalysis **8** (1967) 4, 307—11; Res. Labor. of Resource Utilizat., Tokyo Inst. of Technol.; Tokyo; engl.) — Die Rk. wurde an pulverförmigem Katalysatormaterial untersucht; sie verläuft nur auf einem begrenzten Teil der Oberfläche. Die Rk.-Geschw. gehorcht der Beziehung $r = k \cdot p_{N_2O}/(1 + K \cdot p_{O_2}^{1/2})$. Die Adsorption von Sauerstoff nahm im Druckbereich von 1 bis 25 Torr während des Rk.-Ablaufs prakt. linear mit $K o_{O_2}^{1/2}/(1 + K p_{O_2}^{1/2})$ zu, während bei kleineren O_2-Drücken dieser lineare Zusammenhang nicht zu erwarten war. Dadurch wird der Langmuir-Hinshelwood-Mechanismus an einer Oberfläche bestätigt, bei welcher die akt. Zentren teilweise mit adsorbierten Sauerstoff-Atomen belegt sind. G. Ertl 220

0794 **Katalysierter thermischer Zerfall von Ammoniumperchlorat.** Leonard Dauerman. (AIAA Journal **5** (1967) 1, 192; New York Univ., New York, N.Y.; engl.) — Die katalyt. Wrkg. der Übergangsmetalle, Erdalkalimetalle u. Alkalimetalle (wie Zn, Cd u. Mg) auf den $NH_4 \cdot ClO_4$(I)-Zerfall wird durch die Annahme, daß sich bei der Rk. ein NH_3-Komplex des entsprechenden Metallions bildet, qual. geklärt. Infolge des Mechanismus sollten Katalysatoren, die auf den I-Zerfall wirken, beim Zerfall von Alkaliperchloraten unwirksam sein. W. Pusch 220△

0795 **Fluoraustausch in Schwefeltetrafluorid.** E. L. Muetterties und W. D. Phillips. (J. chem. Physics **46** (1967) 7, 2861—62; Central Res. Dep., E. I. du Pont de Nemours and Co., Wilmington, Del.; engl.) — Die Kritik von *Redington* u. *Berney* (vgl. C. **1966**, 47-0123) an dem vorgeschlagenen intermol. F-Austausch in SF_4 wird zurückgewiesen. Starke Lewis-Säuren, wie PF_5, AsF_5, SbF_5 u. BF_3 katalysieren bereits in geringen Mengen den F-Austausch in SF_4. Der Austausch scheint demnach über ion. Zwischenstufen oder über Fluorbrückenbindungen zu verlaufen. P. Sartori 220

0796 **Fluoraustausch in Schwefeltetrafluorid.** R. L. Redington und C. V. Berney. (J. chem. Physics **46** (1967) 7, 2862—64; Utah State Univ., Logan, Utah, Dep. of Chem.; engl.) — Vgl. vorst. Referat. — Der innermol. F-Austausch in SF_4 (dimerisiert über die Anlagerung der einsamen Elektronenpaare eines Mol. an die beiden äquatorialen F-Atome des zweiten Mol.) kann auch nach

der von Muetterties et. al. aufgefundenen Säurekatalyse aufrecht erhalten werden. Entscheidung zwischen inner- oder intermol. F-Austausch könnte nur die Unters. der ^{33}S-Satelliten in ^{33}S-angereichertem SF_4 bringen.
P. Sartori 220

0797 **Kinetik der Lichtabsorption bei der Photobleichung von Medien.** Henry C. Kessler jun. (J. physic. Chem. **71** (1967) 8, 2736–37; Hamilton Standard Div., United Aircraft Corp., Windsor Locks, Conn.; engl.) — Unter der Annahme, daß die zeitliche Konz.-Änderung des Pigmentes infolge chem. Rk. durch Lichtabsorption u. die räumliche Intensitätsänderung des Lichtstrahles proportional dem Prod. aus Konz. u. Intensität sind, wird für eine endliche Säule von lichtempfindlichem Material eine Gleichung für die Intensität I als Funktion der Zeit t u. der Eindringtiefe für einen parallelen monochromat. Strahl abgeleitet. Die Pigmentkonz. kann sowohl aus der Lichtintensität als auch aus der Konz. des gebleichten Prod. erhalten werden, auch wenn das Prod. einer chem. Änderung durch eine nachfolgende Dunkelrk. 1. Ordnung unterliegt. W. Pusch 222△

0798 **Oxydation metallorganischer Verbindungen.** 6. Mitt. **Photoinitiierte Oxydation von Tetraäthylzinn und Tetraäthylblei mit Sauerstoff.** Ju. A. Aleksandrov, B. A. Radbil und V. A. Šušunov. (Ž. obšč. Chim. **37(99)** (1967) 1, 208–13; Gor'kovskij gos. univ. im. Lobačevskogo; russ.) — 5. vgl. ibid. **36** (1966) 543. — Die durch UV-Bestrahlung initiierte Fl.-Phasen-Ox. von Tetraäthylzinn (**I**) u. Tetraäthylblei (**II**) durch O_2 erreicht nach kurzer Zeit unter Geschw.-Abnahme einen stationären Zustand. Im Gesamtprozeß konkurrieren eine Photo- u. eine Dunkelrk. unter Beteiligung des bei der Ox. gebildeten *Äthylperoxytriäthyl-zinns* (**III**) bzw. *-bleis* (**IV**), wobei die mit steigender Temp. anwachsende Quantenausb. auf zunehmende Dunkelrk. hinweist. Als **I**-Ox.-Prod. werden neben **III** noch *$(C_2H_5)_2SnO$, A., CH_3CHO, W.* u. *Stannoxan* erhalten. **II** bildet neben **IV** *$(C_2H_5)_3\cdot PbOC_2H_5$, $(C_2H_5)_3PbOH$, PbO, CH_3CHO, A., W.* u. *harzige Produkte.* Für die Bldg. der **I**-Ox.-Prod. wird eine homolyt. **III**-Spaltung zu $(C_2H_5)_3SnO\cdot$ u. $C_2H_5O\cdot$ u. Kettenfortpflanzung unter **I**- u. O_2-Beteiligung diskutiert. Bei **IV** besteht neben der Homolyse noch die Möglichkeit, weiteres **II** zu $(C_2H_5)_3PbOC_2H_5$ zu oxydieren.
K. Jasche 222△

0799 **Retention und Isotopieeffekte der (n, γ)-Reaktion in einigen Zinnverbindungen.** R. V. Bogdanov und S. I. Bondarevskij. (Radiochimija **9** (1967) 4, 521–22; russ.) — $SnCl_2 \cdot 2H_2O$ (**I**), SnO u. Zinntetraphenyl (**II**) wurden 5 h lang in einem Reaktorneutronenfluß von $3 \cdot 10^{13}$n/$cm^2 \cdot s$ bei 55–60° bestrahlt. **I** wurde nach der Bestrahlung in Methylalkohol gelöst; danach wurden Sn(II) u. Sn(IV) nach einer früher beschriebenen Meth. getrennt. SnO wurde in 10 n HCl gelöst; danach wurde Sn(IV) nach Zugabe eines Trägers mit CsCl als Chlorostannat gefällt u. abgetrennt. **II** wurde in sd. Bzl. gelöst, die anorgan. Sn-Verb. wurden durch Extraktion mit 6 n HCl abgetrennt. Bei **I** u. SnO zeigt sich der gleiche Isotopieeffekt: die Retention von ^{117m}Sn ist geringer als die von ^{119m}Sn u. ^{113}Sn, die Retention von ^{113}Sn ist etwas größer als die von ^{119m}Sn. Der Isotopieeffekt von **II** unterscheidet sich von diesen Effekten: mit der Verringerung der Massenzahl des Sn-Isotops verringert sich auch die Retention. G. Ewald 222

0800 **An 13 Co(III)-Komplexen untersuchte Beziehung zwischen dem isomeren Effekt beim Szilard-Chalmers-Rückstoß und der chemischen Konstitution des Targets.** E. Lazzarini. (Energia nucleare **13**, 233–37, 1966; Politecnico-Centro Studi Nucleari E. Fermi, Milano; engl.) — Die Reaktivität in den Co(III)-Komplexen *[Co(acac)$_3$]*, *K[CoY]* (Hacac = *Acetylaceton*, H_4Y = *AeDTE*), *$[Co(NH_3)_5CO_3]NO_3$*, *$[Co(NH_3)_4CO_3]NO_3$*, *$[Co(NH_3)_5F](NO_3)_2$*, *$[Co(NH_3)_6](NO_3)_3$*, *$[Co(NH_3)_5(CH_3COO)](NO_3)_2$*, *$[Co(NH_3)_5H_2O](NO_3)_3$*, *$[Co(en)_3](NO_3)_3$*, *$[Co\cdot(NH_3)_6]_2(SO_4)_3$*, *$[Co(NH_3)_3(NO_2)_3](NO_3)$*, *$[Co(en)_2(NO_2)_2]\cdot NO_3$*, *trans*-*$[Co(en)_2(NO_2)_2]NO_3$* mit ^{60g}Co u. ^{60m}Co, gebildet durch (n, γ) Rk. ist von 1 verschieden u. abhängig von der chem. Konstit. des bestrahlten Targets.
W. Menz 222

0801 **Bestimmung der Quantenausbeute einiger chemilumineszenter Reaktionen der Oxydation von Luminol.** I. E. Kaliničenko. (Ukrainskij chim. Ž. **33** (1967) 7, 749–53; Inst. obščej inorg. chim. AN USSR; russ.) — Vf. bestimmt die Quantenausb. der Chemilumineszenz bei der Ox. von Luminol mit $K_3[Fe(CN)_6]$, Hypochlorit u. Gemischen aus H_2O_2 u. $K_3[Fe(CN)_6]$; H_2O_2, $CoCl_2$ u. Na_2CO_3; H_2O_2, $Fe_2(SO_4)_3$ u. Acetylaceton sowie H_2O_2 u. Acetessigester. Für die Rk. mit Beteiligung von H_2O_2 beträgt die Quantenausb. $(6-7) \cdot 10^{-3}$ u. für die übrigen Rk. $10^{-4}-10^{-5}$ Photonen/Mol. Die Ergebnisse zeigten also, daß in Ggw. von H_2O_2 die Quantenausb. konst. ist, unabhängig von der Natur des anderen Ox.-Mittels oder des Katalysators der Ox. mit H_2O_2. Folglich bildet sich in allen diesen Syst. der Strahler im Ergebnis ein u. derselben Rk., an denen H_2O_2 teilnimmt. Man kann annehmen, daß das Luminol unter diesen Bedingungen vollständig zu einer Verb. ox. wird, die das Licht ausstrahlt, während ohne Zusatz von H_2O_2 der Hauptteil des Luminols infolge „dunkler“ Prozesse verbraucht wird. Es wird angenommen, daß bei der Ox. des Luminols das Anion der 3-Aminophthalsäure als Strahler auftritt. A. Hermann 224

A–8. Darstellung und Reaktionen von Elementen und anorganischen Verbindungen

Nichtmetalle

0802 **Bildung und Eigenschaften höher- und hochmolekularer Verbindungen von Elementen der 3., 4. und 5. Gruppe des Periodensystems.** G. Fritz. (Angew. Chem. **80** (1968) 1, 2–7, dt.; int. Edit. **7** (1968) 1, 1–6; engl.; Inst. für Anorg. Chem., Univ., Karlsruhe) — Übersicht (Unterschiede zwischen Si- u. C-Verb.; Aufbau von Kieselsäure, Silicaten, Carbosilanen, Siloxane; B–N-Verb.). — 20 Literaturangaben. D. Hoene 228

0803 **Natur des zweiwertigen Xenons in wäßriger Lösung.** Evan H. Appelman. (Inorg. Chem. [Washington] **6** (1967) 6, 1268–69; Chem. Div., ANL, Argonne, Ill.; engl.) — Messungen der elektr. Leitfähigkeit gesätt. wss. Lsg. von *XeF_2* bei 0° sowie Isotopenaustauschrk. mit $H^{18}F$ ergaben, daß mindestens 97% des gelösten XeF_2 anfangs mol. vorliegen. Die Leitfähigkeit ist durch das bei der Ox. des H_2O gebildete HF bedingt. Da nach 2 Std. der Isotopenaustausch nur 0,8% beträgt, scheiden reversible Gleichgew. zwischen gelöstem XeF_2 u. F^--Ionen der Lsg. aus. D. Gerlatzek. 235

0804 **Fluorcarbonylhypofluorit.** Ronald L. Cauble und George H. Cady. (J. Amer. chem. Soc. **89** (1967) 20, 5161–62; Dep. of Chem., Univ. of Wash., Seattle, Wash.; engl.) — Die neue Verb. *FC(O)OF* (**I**), F. −141,4 ± 0,8°, Kp. ca. −55°, wird in 15%ig. Ausb. durch 4std. Bestrahlung eines Gemischs von FC(O)OOC(O)F u. F_2 mit pyrexgefiltertem UV-Licht bei Zimmertemp. neben CO_2, COF_2, CF_3OF, CF_3OOCF_3, *$FC(O)OOCF_3$* (neue Verb.) u. *CF_3OOOCF_3* erhalten, ferner auch in geringer Ausb. (<5%) aus den gleichen Ausgangsprod. ohne Bestrahlung (2 Wochen bei 20°). Sie reagiert heftig mit 1 n NaOH nach $I + 4\,OH^- \rightarrow CO_3^{2-} + 2F^- + 2H_2O + 0{,}5\,O_2$ u. macht aus wss. KJ-Lsg. Jod frei. In Pyrexglas erfolgt reaktive Zers. zu CO_2, SiF_4 u. O_2. In einer Monel-Bombe reagiert **I** bei 20° mit überschüssigem F_2 in Ggw. von etwas CsF als Katalysator zu *$F_2C(OF)_2$*. Diese Verb. entsteht dagegen nicht bei der UV-Bestrahlung eines CO_2-**I**-F_2-Gemischs. **I** konnte nicht aus CO_2 u. F_2 in Ggw. von CsF erhalten werden. Die Prod. der Rk. von **I** mit SF_4 unter UV-Bestrahlung sind CO_2, COF_2, SF_6, SO_2F_2, SOF_2 u. geringe Mengen der neuen Verb. *Pentafluoroschwefelfluoroformiat, $FC(O)\cdot OSF_5$*. IR- u. ^{19}F-NMR-Spektrum von **I** werden mitgeteilt u. zugeordnet. A. Blaschette 246

0805 **Elektrochemische Synthese von Chlorheptoxid.** É. V. Kasatkin, A. A. Rakov und V. I. Veselovskij. (Élektrochimija **3** (1967) 9, 1034–39; Fiz.-chim. inst. im. Karpova, Moskva; russ.) — Zur elektrochem. Synth. von Cl_2O_7 wird eine 50–73%ig. $HClO_4$-Lsg. bei 0 bis

$-50°$, 3.1–3,9 V u. 0,16 bis 0,56 A/cm² elektrolysiert. Die Konstruktion einer Glaszelle mit gekühlter Pt-Anode zur Elektrolyse wird angegeben. Bei $-25°$ beträgt die stationäre Stromausb. 13–14%. Eine Erniedrigung der Temp. gestattet eine höhere Säurekonz. u. führt zu einer besseren Reinheit des Cl_2O_7. Die Verw. einer gekühlten Anode bewirkt eine Verlängerung der Lebensdauer u. Anreicherung der intermediär entstandenen Radikale. Als Mechanismus der Synth. von Cl_2O_7 wird ein Dimerisationsprozeß der entladenen ClO_4-Ionen an der Pt-Oberfläche angenommen. H. Berge 247

0806 **Reduktion von Nitrosylschwefelsäure in konzentrierter Schwefelsäure.** 1. Mitt. F. Wolf und H. Hummel. (Z. anorg. allg. Chem. **354** (1967) 1/2, 10–11; Halle/Saale, Inst. für Techn. Chem., Martin-Luther-Univ.; dt.) — Vf. berichten über Unters. zur Entfernung von NO^+ aus techn. konz. H_2SO_4 mit Formaldehyd oder Hydraziniumsulfat. Rk.-Mechanismen für die Red.-Vorgänge werden vorgeschlagen. R. Braun 253

0807 **Reduktion von Nitrosylschwefelsäure in konzentrierter Schwefelsäure.** 2. Mitt. Friedrich Wolf und Schen Yao-Dzen. (Z. anorg. allg. Chem. **354** (1967) 1/2, 12–14; dt.) — 1. vgl. vorst. Referat. — Nitrosylschwefelsäure kann in konz. (96%ig.) H_2SO_4 elektrolyt. zersetzt werden. Vf. bestimmten die Zers.-Spannungen an Pt- sowie an Kohle-Elektroden. Ferner wird der Einfl. der Temp., der Konz. von H_2SO_4 bzw. $NOHSO_4$ sowie der Rk.-Dauer auf den Elektrolysevorgang untersucht. R. Braun 253

0808 **Reaktionsfähigkeit von Fluoroschwefelsäure gegenüber Metallen.** J. N. Brazier und A. A. Woolf. (J. chem. Soc. [London], Sect. A **1967**, 1, 99–100; Univ., Birmingham; engl.) — *Au, Mg, Zn, Cd, B, Al, Ce, Sm, Lu, Ga, V, Cr, W, Mn, Re, Fe, Co, Ni, Ru, Os* u. *Pt* sind gegenüber sd. HSO_3F inert. *Ag, As* u. *Sb* lösen sich unter Bldg. einer farblosen Lsg., beim Auflösen von *Cu* u. *Bi* bildet sich ein weißer Niederschlag. Im Falle von *Nb, Ta, U* u. *Tl* bilden sich grüne Lsg., im Falle von *Na, K, Ca, In, Tl* u. *Sn* weiße Nd. in einer grünen Mutterlauge. ESR-spektroskop. Unters. in verd. Lsg. zeigen, daß das sechswertige S der Säure in Abhängigkeit von der Metallart bis S^{IV} oder bis S^0 red. werden kann. Im Falle von Cu besteht der sich bildende Nd. aus $Cu(SO_3F)_2$, $CuSO_3F \cdot HSO_3F$ oder $CuF_2 \cdot 2SO_3$. Als flüchtige Prod. entstehen SO_2 u. H_2. Ein möglicher Mechanismus der ablaufenden Rk. wird vorgeschlagen. Wenn der Säuregrad des Lsgm. durch die Zugabe von SbF_5 erhöht wird, lösen sich auch *Mg, Cd, Ti, V, Mn, U, Fe* u. *Ni*, während *Al, Zr, Mo* u. *Re* resistent bleiben. Bei Zimmertemp. lösen sich anod. *Au, Ti, V, W, Mn* u. *Re*, während *Cd, Al, Zr, Bi, Ni* u. *Pt* inert sind. J. J. Pohl 253

0809 **Bequeme Darstellung von B-Trichlorborazin.** Eugene F. Rothgery und L. F. Hohnstedt. (Inorg. Chem. [Washington] **6**, (1967) 5, 1065–66; Dep. of Chem., Univ., St. Louis, Mo.; engl.) — In Abänderung der Darst. nach Brown et al. (1955) wird *B-Trichlorborazin*, F. 82 bis 84°, unter N_2 durch Einleiten von BCl_3 in eine Lsg. von Acetonitril in Chlorbenzol, Zugabe von trockenem NH_4Cl u. 2,5std. Erhitzen des Rk.-Gemisches u. Subl. bei 50–60° 0,2 Torr erhalten; 57% (Ausb.). K. Jasche 258△

0810 **Darstellung und Eigenschaften von Hexachlorborazol.** J. G. Haasnoot und W. L. Groeneveld. (Inorg. nuclear Chem. Letters **3** (1967) 12, 597–601; Suppl. zu: J. inorg. nuclear Chem.; Labor. voor Anorg. Chem., Leyden, Netherlands; engl.) — $(ClBNCl)_3$ (I), F. 176–177° (aus CH_2Cl_2 oder nach Subl. bei 150–180° im Vakuum), Kp. 250–260° (Zers.), wird in quant. Ausb. durch Zufügen einer 18%ig. Lsg. von NCl_3 in CCl_4 bei 0° zu überschüssigem BCl_3, 3std. Rückflußerhitzen bei 20–45°, Versetzen mit Pentan u. Abkühlen erhalten. Es reagiert mit W., unter Umständen explosionsartig, nach $I + 9\,H_2O \rightarrow 3\,H_3BO_3 + 3\,NH_2Cl + 3\,HCl$, mit Methanol nach $I + 12\,CH_3OH \rightarrow 3\,B(OCH_3)_3 + 3\,NH_4Cl + 3\,CH_3 \cdot OCl$, mit Äthanol jedoch nach $I + 12\,C_2H_5OH \rightarrow 3\,B(OC_2H_5)_3 + 3\,NH_4Cl + 3\,CH_3CHO + 3\,HCl$. Auf Vorsichtsmaßnahmen bei der Handhabung von NCl_3-Lsg. wird hingewiesen. A. Blaschette 258

0811 **Bortrichloridverbindungen mit Aminophenolen, Aminobenzoesäuren, Nitranilinen, p-Aminoacetanilid und heterocyclischen Basen.** Sarju Prasad und Narayani Prasad Singh. (Z. anorg. allg. Chem. **350** (1967) 5/6, 332–36; Varanasi (India), Banaras Hindu Univ. engl.) — Verb. des Typs $BCl_3 \cdot 3\,L$ wurden dargestellt; sie sind unlösl. oder kaum lösl. in Ae., Bzl., CCl_4, Chlf. u. Dioxan, jedoch lösen sich die Verb. mit L = *o-, m-* u. *p-Nitranilin, o-* u. *p-Aminophenol* u. *Piperidin* in A. sowie mit *Piperidin, Morpholin* u. *m-Nitranilin* in Äthylacetat (I). Die Verb. sind in trockener Atmosphäre mäßig stabil, aber zersetzen sich an feuchter Luft, in verd. Säuren u. Basen. Das IR-Spektrum der Verb. mit L = *o-Aminobenzoesäure* wurde aufgenommen u. die wichtigsten Peaks zugeordnet (Tabelle). Die Strukturen der Verb. werden diskutiert.

Versuche: $BCl_3 \cdot 3\,L$, (L =) *o-Aminobenzoesäure*, F. 197°, durch Zutropfen einer gekühlten verd. Lsg. von BCl_3 in Bzl. zu der gekühlten Lsg. von L im molaren Verhältnis 1:3,1 in I unter wasserfreien Bedingungen; — analog: *m-Aminobenzoesäure*, F. 300°; *p-Aminobenzoesäure*, F. 320°, *o-Aminophenol*, Zers. 225°; *m-Aminophenol*, F. 260°; *p-Aminophenol*, Zers. 285°; *p-Aminoacetanilid*, Zers. 240°; analog aus einer Lsg. von L in Bzl.: *o-Nitranilin*, F. 193°; *m-Nitranilin*, F. 222°; *p-Nitranilin*, F. 185°; *Piperidin*, F. 247°; *β-Diäthylaminoäthanol*, F. 191°, u. *Morpholin*, F. 176°. G. Heller 258

0812 **Chlorierung von 1-Methyl-o-barenyl-(2)-magnesiumbromid.** V. I. Stanko und G. A. Anorova. (Ž. obšč. Chim. **37(99)** (1967) 10, 2359–60; Inst. biofiz. Ministerstva zdravoochranenija SSSR; russ.) — Folgende Prod. wurden durch Dünnschichtchromatographie an Al_2O_3 isoliert: *1-Methyl-2-chlor-o-baren* (I), F. 231–233°, bei der Chlorierung von 1-Methyl-o-barenylmagnesiumbromid (II) mit CCl_4. I bildet sich auch bei der Einw. von Chlor auf das Li-Deriv. von 1-Methyl-o-baren. *1-Methyl-2-brom-o-baren*, F. 220–221°, aus II durch Behandlung mit Brom. *1-Methyl-2.B-dichlor-o-baren*, F. 222–224°, durch Chlorierung von II in Ggw. von Äthylmagnesiumbromid. *1-Methyl-2.9.10.11.12-pentachlor-o-baren*, F. 236 bis 238°, durch Chlorierung von I oder aus dem Li-Deriv. von 1-Methyl-9.10.11.12-tetrachlor-o-baren u. Chlor. *1-Methyl-2.10-dichlor-*, F. 149–150°, u. *1-Methyl-2.12-dichlor-o-baren*, F. 175–176°, aus den Li-Deriv. von 1-Methyl-10-chlor- bzw. 1-Methyl-12-chlor-o-baren u. Chlor. J. J. Pohl 258

0813 **Disilyltellurid.** Hans Bürger und Ulrich Goetze. (Inorg. nuclear Chem. Letters **3** (1967) 12, 549–52, Suppl. zu: J. inorg. nuclear Chem.; Inst. für Anorg. Chem., TH, Braunschweig; dt.) — Rk. von Li_2Te (aus Li u. Te in fl. NH_3) mit H_3SiJ in Tetralin (3 Tage/70°) liefert in 40–50%ig. Ausb. $(H_3Si)_2Te$ (I) als schwachgelbe, extrem luft- u. feuchtigkeitsempfindliche Fl. mit $Kp._{50}$ 49° u. $D._4^{20}$ 1,7030. Es zersetzt sich bereits an rauhen Glasoberflächen unter Te-Abscheidung; Luftsauerstoff spaltet nach $I + \frac{1}{2}\,O_2 \rightarrow Te + (H_3Si)_2O$. Gegensatz zum farblosen $[(CH_3)_3Si]_2Te$ (II) färbt sich I beim Bestrahlen mit blauem Licht braun, ebenso beim Erhitzen auf über 70°. II entsteht in 40%ig. Ausb. aus Li_2Te u. $(CH_3)_3SiCl$. ^1H-NMR-, IR- u. Raman-Spektrum von I werden mitgeteilt u. mit den Spektren der Silylchalkogenide $(H_3Si)_2X$ (X = O, S, Se) verglichen. Chem. Verschiebung u. ^1H-^{29}Si-Kopplungskonst. zeigen einen systemat. Gang. Der Si–Te–Si-Winkel in I beträgt ca. 90°. Die SiX-Valenzkraftkonst. bleibt für X = S, Se u. Te weitgehend konstant. A. Blaschette 261

0814 **Neue kettenförmige und cyclische Phosphane.** M. Baudler, H. Ständeke, M. Borgardt, H. Strabel und J. Dobbers. (Naturwissenschaften **53**, **4**, 106, 1966; Inst. für Anorg. Chem. der Univ. Köln; dt.) — Bei Hydrolyse von Calciumphosphid bzw. bei Disproportionierung von Diphosphan entstehen höhere Phosphane (Triphosphane u. phosphorreichere Verb.) mit einem Anteil von 25–29% im kondensierten Rohphosphan (ohne PH_3), die durch fraktionierte Kondens. u. Kristallisation bei $-30°$ bis $-125°$ weitgehend aufgetrennt werden konnten. Massenspektrometr. konnten folgende Phosphane identifiziert werden: P_3H_5, P_4H_6, P_5H_7, P_6H_8 u. P_7H_9 aus der P_nH_{n+2}-Reihe; P_3H_3, P_4H_4, P_5H_5, P_6H_6,

P_7H_7, P_8H_8, P_9H_9 u. $P_{10}H_{10}$ aus der P_nH_n-Reihe; P_4H_2, P_5H_3, P_6H_4, P_7H_5, P_8H_6 u. $P_{10}H_8$ aus der P_nH_{n-2}-Reihe; P_6H_2, P_7H_3, P_8H_4 u. P_9H_5 aus der P_nH_{n-4}-Reihe sowie P_9H_3, $P_{10}H_4$, $P_{11}H_6$, $P_{12}H_4$, $P_{14}H$, $P_{10}H_2$ u. $P_{11}H_3$, die keiner Phosphanreihe zugeordnet werden konnten. Bei der Anreicherung u. anschließenden massenspektrometr. Unters. kann die Disproportionierung der Phosphane nicht ausgeschlossen werden. Mit steigendem P-Geh. nimmt die Tendenz zur Bldg. wasserstoffärmerer Phosphane zu. Die höheren Phosphane sind erheblich flüchtig. Ihre Selbstentzündlichkeit an Luft nimmt mit steigendem P-Geh. allmählich an Heftigkeit ab. Bei 0° findet im Dunkeln langsame Zers. statt, die bei Raumtemp. oder Lichteinw. rasch zu P-reichen, festen, gelben Prod. führt.

H. J. Schönherr 264

0815 **Reaktionen von Dimethylaminophosphinen mit Dimethylchloramin.** S. R. Jain, L. K. Krannich, R. E. Higsmith und Harry H. Sisler. (Inorg. Chem. [Washington] **6** (1967) 5, 1058—60; Dep. of Chem., Univ. of Fla., Gainesville, Fla., USA; engl.) — Dimethylaminodimethylphosphin (**I**) u. Bis-[dimethylamino]-methylphosphin (**II**) setzen sich mit Dimethylchloramin (**III**) unter Bldg. der Phosphoniumsalze $[\{(CH_3)_2N\}_2P(CH_3)_2]Cl$ (**IV**) bzw. $[\{(CH_3)_2N\}_3PCH_3]Cl$ (**V**) um. Die Chloraminierung verläuft nach ^{1}H-NMR-Messungen am P-Atom des Aminophosphins. Die Umsetzung von Tris-[dimethylamino]-phosphin (**VI**) mit **III** führt infolge ster. Hinderung nicht zum Tetrakis-[dimethylamino]-phosphoniumsalz, sondern es entstehen *Chloro-tris-[dimethylamino]-phosphoniumchlorid* u. Tetramethylhydrazin. Mit NH_3/Chloramin bzw. NH_3-freiem Chloramin bildet **VI** Tris-[dimethylamino]-aminophosphoniumchlorid (**VII**), dessen Cl-Anion durch den Hexafluorophosphat- u. Tetraphenylborat-Rest substituierbar ist. IR-Daten vgl. Original.

Versuche: *Dimethyl-bis-[dimethylamino]-phosphoniumchlorid* (**IV**), Zutropfen von frisch hergestelltem **III** in abs. Ae. zu **I** in Ae.; weiße hygroskop. Masse, unschmelzbar bis 300°; 65% (Ausb.). — Analog: *Tris-[dimethylamino]-methyl-phosphoniumchlorid* (**V**), aus **III** u. **II** als weiße hygroskop. Verb., Zers. > 250°; 68%. — *Chloro-tris-[dimethylamino]-phosphoniumchlorid*, F. 252 bis 254°, durch Zutropfen von **VI** zu **III** in Ae.; ~ 15% (bei längerer Rk.-Dauer Ausb. bis 80% bei abnehmender Reinheit des Rk.-Prod.). *Tetrachloräthan-Addukt*, $[\{(CH_3)_2N\}_3PCl]Cl \cdot C_2H_2Cl_4$, Zers. 145—150°, nach Umsetzung von **III** u. **VI** im Molverhältnis 1:1 u. Umkrist. aus Tetrachloräthan. — **VII**, F. 146—149° (Chloroform/Ae.) a) durch Einleiten von Chloramin in eine Lsg. von **VI** in PAe. bei Ggw. von NH_3; Nadeln; 80%. b) durch Rk. von äquimol. Mengen **VI** u. NH_3-freiem Chloramin in Ae.; 82%. — *Tris-[dimethylamino]-aminophosphoniumhexafluorophosphat*, F. 269—272° (n-Propanol), Zutropfen von gesätt. wss. Kaliumhexafluorophosphat-Lsg. zur wss. Lsg. von **VI**, weißer Nd., Umkrist.; 95%. — *-phosphoniumtetraphenylborat*, F. 265—266° (Chloroform), durch Zugabe von wss. Natriumtetraphenylborat zur wss. Lsg. von **VI**, Umkrist. des weißen Nd.; 90%.

K. Jasche 264△

0816 **Synthese und Charakterisierung von HPF_4 und H_2PF_3.** P. M. Treichel, Ruth A. Goodrich und S. B. Pierce. (J. Amer. chem. Soc. **89** (1967) 9, 2017—22; Dep. of Chem., Univ. of Wis., Madison, Wis.; engl.) — Die Gasphasenrk. von $(CH_3)_3SnH$ u. PF_5 in einer Pyrexglasapp. liefert beim Molverhältnis 1:1 überwiegend HPF_4 (**I**) u. festes $(CH_3)_3SnPF_6$. Überschuß von $(CH_3)_3 \cdot SnH$ begünstigt die Bldg. von H_2PF_3 (**II**), wobei jedoch ein gelber Nd. als Nebenprod. entsteht. Kondensiert man die beiden Komponenten bei —196° u. läßt sie zur Rk. auftauen, entstehen neben **I** u. **II** reichlich nichtkondensierbare Gase u. ebenfalls der gelbe Niederschlag. Durch wiederholte Fraktionierung lassen sich **I** u. **II** rein darstellen, wenn man bei folgenden Temp. kondensiert: —64° (weniger flüchtige Prod.), —96° (**II**), —112° (POF_3), —126° (**I**), —145° (PF_5) u. —196° (PF_3, PH_3 u. SiF_4). Mit $(CH_3)_3SnD$ entstehen auf gleichem Wege DPF_4 (**III**) u. D_2PF_3 (**IV**). **I** u. **II** zersetzen sich langsam durch Rk. mit dem Glas der App., wobei u. a. *feste polymere Phosphorwasserstoffe* entstehen. Aus den Zers.-Prod. von **I** konnte in geringer Menge durch Fraktionierung reines $HPOF_2$ (**V**) gewonnen werden. In Kel-F-Gefäßen erfolgt Zers. nach **I** → PF_3 + HF. Die Ergebnisse von massenspektrometr. Unters. von **I**, **II** u. **V**, ^{19}F- u. ^{31}P-NMR-Messungen an **I**, **II**, **III** u. **IV** sowie die IR-Banden der gasf. Verb. **I**–**V** im Bereich von 400—4000 cm^{-1} sind tabelliert u. ausführlich diskutiert. Danach scheinen **I** u. **II** die Struktur äquatorial-substituierter Bipyramiden zu haben; in **V** scheint ein erheblicher ion. Bindungsanteil für das H-Atom vorhanden zu sein.

Versuche: **I**, F. —98 ±2°, Kp. —35,9°, aus $(CH_3)_3SnH$ u. PF_5 (1:1 Mol) bei Raumtemp. nach Fraktionierung mit ca. 30% Ausb., log p_{fest} [Torr] = —(1729/T) +11,011; log $p_{fl.}$ = —(1152/T) +7,737; $\Delta H_{Subl.}$ = 7,9 kcal/Mol; $\Delta H_{Verd.}$ = 5,3 kcal/Mol; Trouton-Konst. = 22,2 cal/Mol · Grad. — **II**, F. —47 ± 2°, Kp. +0,9°, dargestellt wie **I** mit ca. 32% Ausb.; log p_{fest} = —(2216/T) +11,521; log $p_{fl.}$ = —(1561/T) +8,579; $\Delta H_{Subl.}$ = 10,1 kcal/Mol; $\Delta H_{Verd.}$ = 7,1 kcal/Mol; Trouton-Konst. = 26,1 cal/Mol · Grad. — **III**, aus $(CH_3)_3SnD$ u. PF_5 u. anschließender Fraktionierung; p = 1,3 bzw. 16,4 Torr bei —111,6 bzw. —96°. — **IV**, wie **III**; p = 7,6 bzw. 52,6 Torr bei —64,3 bzw. —45,5° bei geringen Verunreinigungen mit $(CH_3)_4Sn$. — **V**, Kp. 67,7°, aus den Zers.-Prod. von **I** durch Fraktionierung bei —112, —126 u. —196°; log $p_{fl.}$ = —(1775/T) +8,089; $\Delta H_{Verd.}$ = 8,1 kcal/Mol; Trouton-Konst. = 23,8 cal/Mol · Grad.

D. Gerlatzek 264

Metalle

0817 **Alkalimetallfluorohalogenide.** A. A. Opalovskij. (Usp. Chim. **36** (1967) 10, 1673—1700; Inst. neorg. chim. SO AN SSSR; russ.) — Übersicht. — 154 Literaturangaben.

H. Roschkowski 272

0818 **Mitfällung von Kalium- und Cäsiumtetraphenylborat.** A. N. Kirgincev und V. P. Kozickij. (Ž. neorg. Chim. **12** (1967) 12, 3326—30; Inst. neorg. chim. SO AN SSSR; russ.) — Eine Anreicherung von Cäsiumtetraphenylborat im Nd. kann bei 25 ± 0,1° durch Fällen von KCl–CsCl-Lsg. mit $Na[B(C_6H_5)_4]$ sowie Umkrist. des Nd. erreicht werden. Die langsame Zugabe des Fällungsmittels ist wesentlich wirksamer als eine Umkristallisation. Im Falle konz. Lsg. kann das Fällungsmittel am besten durch eine eintauchende Kapillare zugeführt werden. Im Falle verd. Lsg. ist eine tropfenweise Zugabe ebenso zweckdienlich. Die Vers.-Daten zeigen die Bldg. von $KCs_3 \cdot [B(C_6H_5)_4]_4$ u. $KCs_9[B(C_6H_5)_4]_{10}$, bei raschem Versetzen mit dem Lsgm. bildet sich $K_nCs_{20-n}[B(C_6H_5)_4]_{20}$.

J. J. Pohl 277

0819 **Herstellung und Struktur der Reformatzky-Komplexe aus Mono- und Dibrommalonsäurediäthylester.** Marcel Gaudemar. (Bull. Soc. chim. France **1966**, 3113—17; Paris, Fac. des Sci.; franz.) — Die Reformatzky-Komplexe aus Mono- bzw. Dibrommalonsäurediäthylester wurden IR-spektroskop. u. bez. ihrer Rk. mit Butyraldehyd untersucht. Es werden zwei Strukturen (eine die den Metallchelaten von β-Diketonen, eine mit Zn–C-Bindung) diskutiert. Eine Enolatstruktur ohne Chelatisierung des Zn kann nicht ausgeschlossen werden. Der Rk.-Mechanismus wird diskutiert.

Versuche: $BrZnCH(COOC_2H_5)_2$ (**I**) bzw. $BrZn \cdot CBr(COOC_2H_5)_2$ (**II**) durch Rk. von Zn mit den Malonaten in HCHO, Hydrolyse von **I** ergibt wieder $CH_2(COOC_2H_5)_2$, Kp.$_{11}$ 83—84°, Ausb. 89%, von **II** $CHBr(COOC_2H_5)_2$, Kp.$_9$ 109,5—111°, 82%. — *Äthyl-2-Äthoxycarbonyl-3-hydroxy-hexanoat* (**III**), $C_{11}H_{20}O_5$, durch Rk. von Butyraldehyd mit **I** in HCHO bei 0—5°, Kp.$_{12}$ 137—138°, $D._4^{24}$ 1,054, n_D^{24} 1,431, Ausb. 53%; Dehydratisierung in 2 n H_2SO_4 bei 50° ergibt *Äthyl-2-äthoxycarbonyl-hexen-(2)-oat*, $C_{11}H_{18}O_4$, Kp.$_{11}$ 122—124°, Ausb. 46%. — *Äthyl-2-brom-2-äthoxycarbonyl-3-hydroxy-hexanoat*, $C_{11}H_{19}BrO_5$, durch Rk. von Butyraldehyd mit **II** in HCHO bei 0—5°, Kp.$_{11}$ 153—155°, $D._4^{24}$ 1,325, n_D^{24} 1,466, Ausb. 30%.

H. Jehne 288

0820 **Umsetzung von Cadmiumhalogeniden mit Nicotinsäureamid.** M. K. Aljavija und Ž. M. Tepljakova. (Ž. neorg. Chim. **12** (1967) 12, 3393—94; Taškentskij gos. med. inst., Kaf. obščej chim.; russ.) — $CdCl_2 \cdot 2\,C_6H_6N_2O$, F. 350°, entsteht beim Versetzen einer heißen, gesätt. wss. $CdCl_2$-Lsg. mit einer heißen, gesätt. Nicotinsäureamidlsg. im Verhältnis 1:2 unter Rühren während

3 Std., weißer Niederschlag. *$CdBr_2 \cdot 2\ C_6H_6N_2O$*, F. 310° unter Zers., u. *$CdJ_2 \cdot 2\ C_6H_6N_2O$*, F. 233—238°, bilden sich analog. Die Löslichkeit der Verb. in 100 g H_2O beträgt bei 25° 0,1627, 0,2434 bzw. 0,6417, die mol. elektr. Leitfähigkeit in einer 0,001 m Lsg. bei 25° 233,3, 255,00 bzw. 200,00, entsprechend einer Dissoziation in drei Ionen nach $CdX_2 \cdot 2\,L \leftrightharpoons [Cd \cdot 2\,L]^{2+} \cdot 2\,X^-$, L = Ligand, X = Cl, Br oder J. J. J. Pohl 289

0821 **Leichte Spaltung von Pentafluorphenylquecksilber-Verbindungen.** G. B. Deacon. (J. organometallic Chem. [Amsterdam] **9** (1967) 1, P1—2; Clayton, Va., Australia, Monash Univ. Dep. of Chem.; engl.) — Bis-[pentafluorphenyl]-quecksilber wird leicht mit Jodidionen in $[HgJ_4]^{2-}$- u. C_6F_5-Radikale gespalten, die in alkohol. Lsg. zu C_6F_5H u. $C_2H_5O^-$ weiterreagieren. Vf. führen die Spaltung mit NaJ u. Methyltriphenylarsoniumjodid durch. Die Rk. verläuft in Ggw. von Säuren zur Neutralisation der gebildeten Base fast quant. unter Bldg. von Bis-[methyltriphenylarsonium]-tetrajodomercurat (II). E. Hengge 290

0822 **Einwirkung der intramolekularen Umlagerung auf Reaktionen metallorganischer Verbindungen.** 1. Mitt. **Organoquecksilberfulminate.** M. V. Kashutina und O. Yu. Okhlobystin. (J. organometallic Chem. [Amsterdam] **9** (1967) 1, 5—9; Moscow, Acad. of Sci., Inst. of Organo-Element Compounds; engl.) — Phenyl-(nitromethyl)-quecksilber lagert sich intramol. schnell in Phenylquecksilberfulminat (**I**) unter H_2O-Abspaltung um. **I** erhält man aus Phenylquecksilberhydroxid mit Nitromethan (Weg a) oder aus HgO u. Diphenylquecksilber in Nitromethan (Weg b). Das Butylderiv. (**III**) u. das Methylderiv. (**II**) entsteht entsprechend. Im Gegensatz zu **I** ist Butyl-(trinitromethyl)quecksilber (**IV**) u. das Phenylderiv. (**V**) beständig gegen die intramol. Umwandlung, was auf die hier nicht mögliche W.-Abspaltung zurückgeführt wird.

Versuche: **I**, C_7H_5HgNO, a) aus Phenylquecksilberhydroxid u. Nitromethan, bei 20° rühren, bis die Mischung fest wird, umkrist. aus Bzl., F. 178°, 60% (Ausb.), b) zu frisch hergestelltem HgO in großem Überschuß CH_3NO_2 u. dann Diphenylquecksilber in A. zugeben; 5 Std. kochen, F. 178°, 62%. **II**, C_2H_3HgNO, a) Bis-[methylquecksilber]-oxid u. Nitromethan in A. 2 Std. kochen, einengen, umkrist. aus Cyclohexan, F. 146°, quant.; b) analog **I** a, 88%. **III**, C_5H_9HgNO, nach der HgO-Meth. analog **I** b, 53%, F. 82—83°. **IV**, $C_5H_9HgN_3O_6$, aus Bis-[trinitromethyl]-quecksilber u. Dibutylquecksilber in A., 6 Std. kochen, einengen, aus Heptan umkrist., 50%, F. 87°. **V**, $C_7H_5HgN_3O_6$, analog **IV** mit Diphenylquecksilber, umkrist. aus CCl_4, 86%, F. 146°. E. Hengge 290

0823 **Thermische Abspaltung von H_2 aus $Mg(OH)_2$, $Al(OH)_3$ und Kaolinit.** F. Freund und H. Gentsch. (Naturwissenschaften **54** (1967) 7, 164; Anorg.-Chem. Inst., Univ., Göttingen; dt.) — Bei der Entwässerung von $Mg(OH)_2$-, $Al(OH)_3$- u. $Al_2[(OH)_4/Si_2O_5]$-Einkrist. findet nach Erreichen eines Entwässerungsgrades von ca. 80—90% Abspaltung von mol. H_2 in der Größenordnung 10^{17}—10^{18} Mol. H_2 pro Mol des Hydroxids statt; das entspricht einem Bruchteil von 10^{-5}—10^{-7} des ursprünglich in Form von OH^--Gruppen vorhandenen H_2O. Ein möglicher Mechanismus für die H_2-Bldg. wird diskutiert. W. Laqua 294

0824 **Anthronkomplexe mit Metallhalogeniden.** 4. Mitt. **Anthronkomplexe mit den Halogeniden von Jod(I), Zink, Quecksilber(II), Bor und Aluminium.** Ram Chand Paul, Ram Parkash und Sarjit Singh Sandhu. (J. inorg. nuclear Chem. **29** (1967) 8, 1915—20; Dep. of Chem., Panjab Univ., Chandigarh, India; engl.) — 3. vgl. C. **1968**, 29-0839. — *Benzanthron* (A), *Anthron* (B), *10-Nitroanthron* (C), *10-Benzalanthron* (D) u. *10.10-Dibenzylanthron* (E) bilden mit den Halogeniden von J(I), Zn, Hg(II), B u. Al in Bzl. 1:1-Anlagerungskomplexe. Die Werte für die mol. Leitfähigkeit der Jodhalogenkomplexe in Nitrobenzol deuten darauf hin, daß die Komplexe, obwohl nicht exakt als ein-einwertige Elektrolyte anzusehen, doch beträchtlich ionisiert vorliegen. Die IR-Spektren der A-Komplexe von Jod- u. Hg(II)-Halogeniden zeigen, daß die Bindung über das Carbonyl-O erfolgt u. daß die Chloride stärkere Elektronenakzeptoren als die entsprechenden Bromide sind. Sämtliche Komplexe zerfallen bei Zugabe von W. unter quant. Abgabe des entsprechenden Ketons. In Bzl., Chlorbenzol, Toluol, Cyclohexan, Methylenchlorid, Chlf. u. CCl_4 sind die Komplexe unlösl., während sie sich in Essigester, Aceton, Methanol, Dioxan, THF, DMF u. Nitromethan langsam, jedoch unter teilweiser Zers., auflösen. Im einzelnen wurden folgende Verb. dargestellt: *B·JCl*, F. 158°, dunkelbraun; *A·JCl*, F. 95—96°, rot; *A·JBr*, F. 137—139°, braun; *$A \cdot ZnCl_2$*, F. 138—139°, rot; *$A \cdot ZnBr_2$*, F. 183—185°, dunkelbraun; *$A \cdot HgCl_2$*, F. 178—179°, orangerot; *$A \cdot HgBr_2$*, F. 175—176° (Zers.), rot; *$B \cdot BCl_3$*, F. > 250°, braun; *$A \cdot BCl_3$*, F. > 250°, rot; *$D \cdot BCl_3$*, F. > 250°, braun; *$E \cdot BCl_3$*, F. nicht bestimmt, da sehr feuchtigkeitsempfindlich, gelb; *$B \cdot BBr_3$*, F. > 250°, grüngelb; *$A \cdot BBr_3$*, F. > 250°, dunkelbraun; *$D \cdot BBr_3$*, F. > 250°, rot; *$C \cdot BBr_3$*, grün; *$A \cdot AlCl_3$*, F. 168—170°, orange; *$D \cdot AlCl_3$*, F. nicht bestimmt, rot; *$A \cdot AlBr_3$*, F. > 280°, rotorange; *$D \cdot AlBr_3$*, braun. R. Braun 294

0825 **Untersuchungen an Seltenerdmetallelementen.** 26. Mitt. **Darstellung und thermische Zersetzung der Seltenerdmetalldibutylorthophosphate.** Tsutomu Shinike, Jiro Shiokawa und Toshio Ishino. (J. chem. Soc. Japan, pure Chem. Sect. [Nippon Kagaku Zasshi] **88** (1967) 9, 944—48; Dep. of Chem. Technol., Fac. of Engng., Osaka, Univ.; Higashinoda, Miyakojime-ku, Osaka-shi; jap., Auszug: engl.) — 25. vgl. ibid. **85** (1967) 496. — Die Phosphate werden durch Umsetzung von $LnCl_3$ mit TBP erhalten, die therm. Zers. wird röntgenograph., IR-spektroskop. u. durch therm. Analyse verfolgt. Beim Erhitzen von $LnCl_3$ (Ln = Y, *La, Pr, Nd, Sm, Eu, Gd, Tb, Dy, Ho, Er, Yb, Lu*) in TBP auf 150 bis 170° wird n-C_4H_9Cl entwickelt; die sich abscheidenden Nd. haben die Zus. $Ln[(n\text{-}C_4H_9)_2PO_4]_3$ (**I**). Sie sind unlösl. in W. u. den meisten organ. Lösungsmitteln. Die krist. Verb. werden beim Erhitzen in Inertgasatmosphäre bei 115° amorph, sie zersetzen sich bei 310° endotherm. zu cycl. Trimetaphosphat, LnP_3O_9, das hygroskop. ist u. zu $LnPO_4$ u. H_3PO_4 hydrolysiert wird. Bei 745° erfolgt eine exotherme Rk. unter Bldg. von krist. LnP_3O_9, als Endprod. entsteht $LnPO_4$. Beim Erhitzen an Luft erfolgt die exotherme Umwandlung von amorphem **I** in amorphes LnP_3O_9 bei 250°. D. Hoene 303

0826 **Di-π-cyclopentadienyltitan (IV)-organoselenide.** Hartmut Köpf, Barbara Block und Max Schmidt. (Z. Naturforsch. **22b** (1967) 10, 1077—78; Inst. für Anorgan. Chem., Univ. Würzburg; dt.) — Verb. des Typs $(C_5H_5)_2Ti(SeR)_2$ (R = $-C_2H_5$ (**I**), $-C_6H_5$ (**II**), $-CN$ (**III**)) wurden dargestellt u. spektroskop. (^{1}H-NMR, IR, UV) untersucht. **I** u. **II** sind in Bzl. monomer. Alle 3 Verb. sind unter Ausschluß von Licht in festem Zustand haltbar, zers. sich aber in Lsg. u. bei Belichtung.

Versuche: Alle Rk. wurden in N_2-Atmosphäre, unter Feuchtigkeitsausschluß u. Vermeidung intensiver Belichtung durchgeführt. — **I**, $C_{14}H_{20}Se_2Ti$, F. 99—101° (Zers.), aus einer Suspension von Di-π-cyclopentadienyltitan(IV)-chlorid (**IV**) in abs. Ae. bzw. THF u. Äthanselenol in Ggw. von Triäthylamin, dunkelgrünes Pulver, Ausb. 71%. — **II**, $C_{22}H_{20}Se_2Ti$, F. 120—122° (Zers.), analog **I** mit Selenophenol, blauviolett schimmernde Krist.-Büschel, Ausb. 78%. — *Di-π-cyclopentadienyltitan(IV)-selenocyanat* (**III**), $C_{12}H_{10}N_2Se_2Ti$, Zers. ab 140°, aus einer Suspension von KSeCN in Aceton u. **IV**, moosgrün schimmernde Nädelchen, Ausb. 29%. E. Schmidt 321

0827 **Bis-[trimethylgermyl]-quecksilber.** C. Eaborn, W. A. Dutton, F. Glockling und K. A. Hooton. (J. organometallic Chem. [Amsterdam] **9** (1967) 1, 175 bis 176; Univ. of Durham, Dep of Chem.; engl.) — Bis-[trimethylgermyl]-quecksilber (**I**) entsteht aus Bromtrimethylgerman mit Na-Amalgam (Weg A) oder aus Trimethylgerman mit Diäthylquecksilber als gelbe Kristalle. ^{1}H-NMR-Spektrum (π = 9,53 ppm) u. Massenspektrum werden mitgeteilt.

Versuche: **I**, $C_6H_{18}Ge_2Hg$, F. 120—122° (Vakuum), nach A aus Bromtrimethylgerman in 20 ml Cyclohexan u. Na-Amalgam durch längeres Schütteln. Nach

Filtrieren unter N_2 u. Abziehen des Lsgm. sublimieren (83°/10^{-2} mm), 35% (Ausbeute). — Nach B werden Trimethylgerman u. Dimethylquecksilber in einem Kolben mit Kühlfinger u. angeschlossener Gasbürette bei 60° in Ar-Atmosphäre so lange geschüttelt (etwa 11 Std.), bis die entwickelte Äthanmenge etwa der theoret. entspricht. Aufarbeitung analog A. E. Hengge 326

0828 **CX_2-Einlagerung in Silicium–Quecksilber- und Germanium–Quecksilberverbindungen.** Dietmar Seyferth, Ronald J. Cross und Bela Prokai. (J. organometallic Chem. [Amsterdam] **7** (1967) 2, P 20—21; Cambridge, Mass., MIT, Dep. of Chem.; engl.) — Ähnlich wie in Hg–C-Bindungen lagert sich CCl_2 zwischen Silicium- bzw. Germanium–Quecksilberverb., wobei über instabile Prod., wie $(CH_3)_3SiHgCCl_2$–$Si(CH_3)_3$ u. $(CH_3)_3 \cdot SiHgCCl_2CCl_2Si(CH_3)_3$ stabiles *Trimethyl-(trichlorvinyl)-silan* entsteht.

Versuche: 24,9 mMol $C_6H_5HgCCl_2Br$ in 15 ml Bzl. unter Ar wird bei 65—75° tropfenweise mit 12,45 mMol Bis-[trimethylsilyl]-quecksilber (**I**) versetzt. Nach 70 Min. Kochen u. Filtrieren wird gaschromatograph. aufgearbeitet u. $(CH_3)_3SiCCl{=}CCl_2$ (43%), $(CH_3)_3SiCl$ (31%) u. *Tetrachloräthylen* neben anderen Nebenprod. isoliert; $(CH_3)_3GeCCl{=}CCl_2$ entsteht neben $(CH_3)_3GeCl$ u. $Cl_2C{=}CCl_2$ in 63%ig. Ausb. aus Bis-[trimethylgermyl]-quecksilber u. $C_6H_5HgCCl_2Br$. — Aus **I** u. $C_6H_5HgCClBr_2$ im Verhältnis 1:2 entsteht in Bzl. beim Kochen unter Rückfluß in 37%ig. Ausb. ein Silan mit der angenommenen Struktur $(CH_3)_3SiCCl{=}CClBr$. Rk. mit $[(C_2H_5)_3 \cdot Si]_2Hg$ u. $[(n\text{-}Bu)_3Ge]_2Hg$ ergaben Trichlorvinylderiv. der entsprechenden Elemente. E. Hengge 326

0829 **Mono- und Trititanate von cyclischen Nitrilotriäthylentriorganozinntitanaten(IV).** Howard J. Cohen. (J. organometallic Chem. [Amsterdam] **9** (1967) 1, 177 bis 179; Baltimore, Md., Glidden Co. Res. Center; engl.) — Es wird die Darst. von cycl. *Nitrilotriäthylentriphenylzinntitanat(IV)*, (**I**), *Nitrilotriäthylen-tributylzinn-titanat(IV)* (**II**) u. *Nitrilotriäthylentributylzinntitanat(IV)-bis-[nitrilotriäthylen]-titanat(IV)* (**III**) beschrieben. **I**, $(C_6H_5)_3SnOTi \cdot (OC_2H_4)_3N$, aus 0,1 Mol Triäthanolamin, das zu einer Lsg. von 0,1 m Tetra-i-propyltitanat in 1 l Toluol getropft wird. Nach Abdest. des i-Propanol/Toluol-Azeotropes werden 0,1 m Triphenylzinnhydroxid zugegeben u. wiederum azeotrop abdest., filtriert u. der Nd. mit Petroläther/Toluol gewaschen u. getrocknet, 46% (Ausb.) (bei Verw. von Cyclohexan 97%) $C_{24}H_{27}NO_4SnTi$. — **II**, $(C_4H_9)_3SnOTi(OC_2H_4)_3N$: 90 g Tributylzinnacetat werden zu 90,8 g Tetrabutyltitanat gegeben u. das gebildete Butylacetat (93%) abdestilliert. Nach Zugabe von 35,4 ml Triäthanolamin wird Butanol im Vakuum abgezogen u. **II** bei 74°/0,05 Torr abdest., $C_{18}H_{39}NO_4SnTi$, n_D^{28} 1,4592. — **III**, $[(C_4H_9)_3SnOTi(OC_2H_4)_3N][N(C_2H_4O_3) \cdot TiOTi(OC_2H_4)_3N]$. Beim längeren Stehenlassen von **II** entsteht ein Nd.: abfiltrieren u. auswaschen mit Petroläther: $C_{30}H_{63}N_3O_{11}SnTi_3$, F. 177° (Zers.). E. Hengge 327

0830 **Koordination vom Brückentyp Sn···O in Bis-[trialkylzinn]-carbonaten.** Hiroyasu Sato. (Bull. chem. Soc. Japan **40** (1967) 2, 410—11; Dep. of Appl. Chem., Fac. of Engng., Osaka Univ., Higashinoda, Mijakojima, Osaka; engl.) — *Bis-[trialkylzinn]-carbonate*, $(R_3Sn)_2CO_3$, [$R = CH_3$, F. > 200°, C_2H_5, F. 119—142°] werden durch Behandlung von Trialkylzinnhydroxid mit trockenem CO_2 dargestellt. Aus den IR-Spektren (Nujol; KBr; Tabelle, Abb.) geht hervor, daß eine Koordination zum CO_3^{2-} über Sn···O-Brücken vorliegt. H. Markert 327

0831 **Reaktionen zwischen Pb^{2+} und (J^- + J_3^-) in sauren Silicagelen.** Philip F. Kurz. (Ohio J. Sci. **67** (1967) 2, 74—77; Columbus, O., Battelle Mem. Inst.; engl.) — Die Rk. zwischen Pb^{2+} u. J^-, bzw. J_3^- führt in saurem Kieselsäuregel zur Bldg. von PbJ_2-Kristallen. Im Falle des J_3^--Ions tritt außerdem noch krist. J_2 auf. Auch ein großer Überschuß von Pb^{2+}-Ionen bildet mit diesen Jodkrist. kein PbJ_2, während Hg^{2+}, Ag^+ oder Tl^+ die entsprechenden Jodide bilden. Bei einem Unterschuß von Pb^{2+} tritt keine Trennung der PbJ_2- u. J_2-Krist.-Zonen im Gegensatz zu den erwähnten Schwermetallionen ein. E. Hengge 328

0832 **Konstitution des $V_2O_5 \cdot J_2O_5 \cdot 4H_2O$ bzw. $VO_2JO_3 \cdot 2H_2O$.** G. Ladwig. (Z. anorg. allg. Chem. **353** (1967) 5/6, 311—19; Berlin-Adlershof, DAW zu Berlin, Inst. für Anorg. Chem.; dt.) — Gelbes $V_2O_5 \cdot J_2O_5 \cdot 4H_2O$ (**I**) wurde nach dem Verf. von Rosenheim et al. (1923) bei einem pH-Wert von ≤ 1 hergestellt u. mit chem., röntgenograph. u. IR-spektroskop. Meth., sowie mittels DTA u. thermogravimetr. untersucht; das zugeordnete IR-Spektrum wird mitgeteilt. Aus den Unters.-Ergebnissen folgt, daß **I** als $VO_2JO_3 \cdot 2H_2O$ zu formulieren ist, in dem VO_2^+- u. JO_3^--Gruppen über partiell kovalente Bindungen zu einem koordinationspolymeren Gitter verknüpft sind. Die therm. Entwässerung von **I** erfolgt unter hydrolyt. Zusammenbruch des Gitters. G. Gattow 330

0833 **Synthese von Alkalimetall- und Ammoniumchlorooxovanadaten und einige physikalisch-chemische Eigenschaften der synthetisierten Verbindungen.** I. S. Morozov und A. I. Morozov. (Izvest. Akad. Nauk SSSR, Neorg. Mater. **3** (1967) 6, 1039—48; Inst. obščej i neorgan. chim. im. Kurnakova AN SSSR; russ.) — M_2VOCl_4 ($M = K$, Rb, Cs, NH_4) wurde durch 16—40std. Erhitzen auf 270 bis 530° von in zugeschmolzenen Ampullen untergebrachten stöchiometr. Gemischen aus MCl u. aus durch fraktionierte Dest. gereinigtem $AlCl_3$ u. V_2O_5 bei 160 bis 200° hergestelltem $VOCl_3$ gemäß $4MCl + 2VOCl_3 \rightleftharpoons 2M_2VOCl_4 + Cl_2$ der durch Sättigung einer salzsauren, $VOCl_3$ u. MCl im Molverhältnis 1/2 enthaltenden Lsg. mit HCl, Abfiltern, Trocknen u. Erhitzen auf 180—200° im Ar- oder HCl-Strom hergestellt. Die erhaltenen Verb. werden analyt., thermograph. u. röntgenograph. untersucht u. die IR-Absorptionsspektren aufgenommen. Außerdem wurden die Syst. K_2VOCl_4–KCl, Rb_2VOCl_4–RbCl u. Cs_2VOCl_4–CsCl untersucht u. ihre Zustandsdiagramme konstruiert. Die synthetisierten Alkalimetall- u. Ammoniumtetrachlorooxovanadate enthalten die Vanadylgruppe V=O, sie sind sehr hygroskop. u. lösen sich gut in verd. Säuren. Das Syst. K_2VOCl_4–KCl gehört zu den Syst. mit einfachem Eutektikum bei 18,5 Mol-% KCl u. F. 470°; bei 430° erfolgt eine polymorphe Umwandlung. Das Syst. Rb_2VOCl_4–RbCl gehört ebenfalls zu den Syst. mit einfachem Eutektikum bei 43 Mol-% RbCl u. F. 485°; bei 400° erfolgt eine polymorphe Umwandlung. Im Syst. Cs_2VOCl_4–CsCl existiert die bei 509° kongruent schmelzende Verb. Cs_3VOCl_5. Zwischen $CsV \cdot OCl_4$ u. Cs_3VOCl_5 sowie zwischen Cs_3VOCl_5 u. CsCl bilden sich Eutektika bei 32,5 bzw. 66 Mol-% CsCl, welche bei 480 bzw. 492° schmelzen. K. Karos 330

0834 **Tris-[trimethylgermyl]-bismutin.** Ingeborg Schumann-Ruidisch und Hans Blass. (Z. Naturforsch. **22b** (1967) 10, 1081—82; Inst. für Anorgan. Chem., Univ. Würzburg; dt.) — $(CH_3)_3GeCl$ reagiert mit einer Suspension von Na_3Bi in fl. NH_3 unter Ausschluß von O_2 u. Luftfeuchtigkeit sofort unter Abscheidung von NaCl u. feinverteiltem Bi. Nach Entfernung von NH_3 u. Zugabe von Ae. kann $[(CH_3)_3Ge]_3Bi$ (**I**) in 5—10%ig. Ausb. abdest. werden. Eine Darst. aus Trimethylgermyldimethylamin u. BiH_3 gelang nicht. **I** ist eine schwach gelbe Fl. ($Kp._1$ 114—116°), die nur unter Ar-Atmosphäre im Dunkeln haltbar ist. Bei Einw. geringster Spuren Feuchtigkeit u. Luft-O_2 bildet sich $[(CH_3)_3Ge]_2O$ u. Bi. IR-Banden von **I** sind angegeben. Die Valenzschwingungen $\nu_{as}BiGe_3$ u. ν_sBiGe_3 (Symmetrie C_{3v}) lassen sich in die Reihe ν_{as} bzw. ν_sXGe_3 der pyramidenförmigen Tris-[trimethylgermyl]-Verb. der Elemente der V. Hauptgruppe einordnen (Tabelle). E. Schmidt 334

0835 **Komplexbildung zwischen Molybdationen und Tellursäure.** Günther Wiese und Joachim Fuchs. (Z. Naturforsch. **22b** (1967) 2, 124—26; Inst. für Anorg. Chem. der Freien Univ. Berlin; dt.) — Durch mathemat. Auswertung der gleichzeitig thermometr., konduktometr. u. potentiometr. untersuchten Titration von Molybdationen mit Tellursäure unter Variation der Acidifikation wurde die Existenz der evtl. strukturwasserhaltigen Komplexionen $[TeMo_6O_{24}]^{6-}$, $[HTeMo_7O_{28}]^{7-}$, das besser als $[TeMo_7O_{27}(OH)]^{7-}$ zu formulieren ist, u. $[TeMo_{12}O_{45}]^{12-}$ festgestellt. G. Heller 336

0836 **Paramagnetische Elektronenresonanz in Lösungen reduzierter Molybdatokieselsäuren.** Paul Rabette,

Claude Ropars und Jean-Philippe Grivet. (C. R. hebd. Séances Acad. Sci., Sér. C **265** (1967) 3, 153—55; Labor. de Chim. des Solides, Paris; franz.) — Für red. Molybdatokieselsäuren folgt aus Messungen der paramagnet. Elektronenresonanz (bei 77 u. 296°K) die Existenz definierter Verbindungen. Die paramagnet. Elektronenresonanz stellt einen Zugang zum Verh. der ungebundenen, in das Anion $[SiMo_{12}O_{40}]^{4-}$ eingetretenen Elektronen dar. Aus den g-Werten folgt, daß in den untersuchten Verb. 5wertiges Mo vorliegt. H. Riemer 336

0837 **Reaktionen von Metallchloriden und von Chlorometallaten mit rotem Phosphor.** Sally M. Horner, F. N. Collier jun. und S. Y. Tyree jun. (J. Less-common Metals [Amsterdam] **13** (1967) 1, 85—90; Chapel Hill, N.C., Univ. of N.C., Dep. of Chem.; engl.) — Durch Erhitzen der Rk.-Mischungen in geschlossenen Gefäßen untersuchten Vf. die Red.-Wrkg. von rotem P auf nachst. Verb. des Nb, Ta, Mo u. W: $NbCl_4$ entsteht aus $NbCl_5$, $MoCl_3$ aus $MoCl_5$, purpurfarbenes Cs_2NbCl_6 aus $CsCl$ (**I**) + $CsNbCl_6$, Cs_2TaCl_6 aus **I** + $CsTaCl_6$, Cs_2MoCl_6 aus **I** + $MoCl_5$ u. $CsWCl_6$ aus **I** + WCl_6. $TaCl_5$ reagiert kaum mit rotem P. G. Gattow 337

0838 **Darstellung und Eigenschaften von $WOBr_3$.** J. Tillack und R. Kaiser. (Angew. Chem. **80** (1968) 7, 286, dt., int. Edit. **7** (1968) 294—95; engl.; Philips Zentrallabor., Aachen.) — Beim Erhitzen stöchiometr. Mengen von W, WO_3 u. Brom im evakuierten, beidseitig abgeschmolzenen Rohr erhält man blauschwarz glänzende, schwerflüchtige Nadeln von analysenreinem $WOBr_3$, das in Ggw. eines kleinen Bromüberschusses im Temp.-Gefälle transportiert werden kann. Von konz. HCl, verd. u. konz. CH_3COOH, NaOH- u. NH_3-Lsg. wird $WOBr_3$ weder in der Hitze noch bei Raumtemp. merklich angegriffen. Mit kochendem W., A. u. einigen Elektrolytlsg. (z. B. $ZnSO_4$) reagiert $WOBr_3$ innerhalb weniger Sek. unter Bldg. einer intensiv blauen Lsg. u. eines voluminösen dunklen Niederschlags. Zur röntgenograph. Charakterisierung werden die d-Werte u. die geschätzten Intensitäten angegeben. Die pyknometr. D. beträgt $D._{25}$ 5,87 g/cm³. Autorreferat 337△

0839 **Darstellung der rhomboedrischen Molybdän- und Wolframdichalkogenide bei ultrahohem Druck und hoher Temperatur.** Meyer S. Silverman. (Inorg. Chem. [Washington] **6** (1967) 5, 1063—64; King of Prussia, Pa., Pennsalt Chem. Corp., Res. and Dev. Dep.; engl.) — Durch Umsetzung von Mo u. S im Verhältnis 1:2 entsteht bei Drücken > 47 kbar u. Temp. > 1050° rhomboedr. MoS_2 (r-I]; bei einem Verhältnis von 1:1 bildet sich bei 10—75 kbar u. 800—2200° das bekannte Mo_2S_3. Hexagonales MoS_2 wandelt sich bei 40—75 kbar u. 1900—2000° in r-**II** um. Aus Mischungen von Mo u. Se entsteht bei 17—78 kbar u. Temp. < 800° hexagonales $MoSe_2$ (h-**II**), bei 47—70 kbar u. > 1700° rhomboedr. $MoSe_2$ (r-**II**). r-**II** geht beim Erhitzen im Vakuum bei etwa 1000° in h-**II** über. Rhomboedr. WS_2 (r-**III**) entsteht bei 45 kbar u. 1800°. WSe_2, $MoTe_2$ u. WTe_2 konnten nicht in der rhomboedr. Modifikation hergestellt werden. Die röntgenograph. d-Werte u. Intensitäten von h-**II**, r-**II** u. r-**III** sind tabelliert. G. Gattow 337

0840 **Tris-[dimethylamino]-boran-tricarbonyl-wolfram.** G. Schmid, H. Nöth und J. Deberitz. (Angew. Chem. **80** (1968) 7, 282—83, dt., int. Edit. **7** (1968) 4, 293; engl.; Inst. für anorg. Chem., Univ., Marburg.) — $B[N(CH_3)_2]_3$ u. $(CH_3CN)_3W(CO)_3$ setzen sich in Dioxan bei 80° im Verlauf von 8 Std. in 5—10% Ausb. zum gelben $B[N(CH_3)_2]_3W(CO)_3$, Subl. 30—40°/Hochvakuum, Zers. 60°, um. Das IR-Spektrum zeigt 2 CO-Banden bei 1982 u. 1930 cm⁻¹, das UV-Spektrum zwei Max. bei 28571 u. 30581 cm⁻¹, während das ¹H-NMR-Spektrum die Methylprotonen durch das Auftreten eines einzigen Signales bei —2,59 ppm [gegen $Si(CH_3)_4$] als magnet. äquivalent ausweist. Das ¹¹B-NMR-Signal erscheint bei —21,2 ppm (gegen BF_3 · Äther). Auf Grund dieser Eig. werden der Verb. im Gegensatz zu reinen σ-Donator-Komplexen π-komplexe Bindungseig. zugeordnet. Autorreferat 337△

0841 **Einlagerungsreaktion an der Carbonylgruppe in Übergangsmetallkomplexen unter der Wirkung eines dritten Liganden: Synthese der Derivate von π-Cyclopentadienyl-acetyl-tricarbonylmolybdän und -wolfram.** Ginette Capron-Cotigny und René Poilblanc. (C. R. hebd. Séances Acad. Sci., Sér. C **263**, 885—87, 1966; Toulouse, Fac. des Sci., Dep. de Chim. inorg.; franz.) — Einige Lewis-Basen PR_3[R = C_2H_5, $N(CH_3)_2$, OCH_3] bewirken bei π-Cyclopentadienyl-methyl-tricarbonylen von Mo u. W. die Bldg. von Acetylderiv.: $\pi C_5H_5Me(CO \cdot CH_3)(CO)_2(PR_3)$. Die neue Verb. (gelbe Krist.) wurden IR-spektroskop. u. durch ihre NMR-Spektren identifiziert; der Bldg.-Mechanismus wird diskutiert.

Versuche: *π-Cyclopentadienyl-acetyl-dicarbonyl-triäthylphosphin-molybdän*, F. 98°; *π-Cyclopentadienyl-acetyl-dicarbonyl-(tris-[dimethylamino]-phosphin)-molybdän*, F. 120°; *π-Cyclopentadienyl-acetyl-dicarbonyl-trimethylphosphit-molybdän*, F. 61°; *π-Cyclopentadienyl-acetyl-dicarbonyl-triäthylphosphin-wolfram*, F. 42°. J. F. Cordes 337△

0842 **Neue Metallkomplexe des Tetracyanäthylens.** M. Herberhold. (Angew. Chem. **80** (1968) 8, 314—15, dt.; int. Edit. **7** (1968) 4, 305—06; engl.; Anorg.-chem. Labor., TH, München.) — Bei der UV-Bestrahlung von $M(CO)_6$ (M = Cr, Mo, W) u. Tetracyanäthylen (TCNE) in Bzl. entsteht $(TCNE)M(CO)_5$. Nach IR-, UV- u. Massenspektren wird im blauvioletten $(TCNE)Cr(CO)_5$ (Zers. > 102°) (I) der Ligand TCNE über die C=C-Doppelbindung π-komplex an den $Cr(CO)_5$-Rest gebunden. **I** ist in Lsg. lichtempfindlich; Donatoren (Amine, CH_3CN, $P(C_6H_5)_3$ verdrängen TCNE aus dem Komplex. Autorreferat 337△

0843 **Darstellung und Untersuchung einiger Eigenschaften von Plutoniummonocarbid.** F. G. Rešetnikov, V. V. Artamonov, M. G. Gurvič, V. I. Kutajcev, V. G. Kuznecova, V. I. Bagrova, O. A. Alekseev, N. T. Čebotarev und N. I. Kuzin. (Atom. Énerg. **22** (1967) 6, 445—50; russ.) — PuC wurde durch die Umsetzung von Pu-Hydrid mit Kohlenstoff (40% Acetylenruß u. 60% Graphit) im Vakuumofen bei 900—1200° während 1 Std. dargestellt. Zugaben von Ni verbessern die Wärmeleitfähigkeit, elektr. Leitfähigkeit u. Wärmestabilität von PuC. PuC wurde zerkleinert, gepreßt u. im Vakuum bei 1600° während 1 Std. gesintert, die Proben wurden röntgenograph. u. auf ihre Mikrohärte hin untersucht. Die therm. Ausdehnung von PuC wurde mit Hilfe eines differentiellen Dilatometers bestimmt, die Ergebnisse in Ggw. von 4,4 Gew.-% C u. 0,3% Ni sind tabelliert. Die hohe Härte der Diffusionsschicht u. die relativ kleine Durchdringungsfähigkeit des Pu in Diffusionspaaren von Nb, Mo, Ta u. W mit PuC lassen annehmen, daß die Wechselwrkg. von PuC mit diesen Metallen vorwiegend durch Diffusion des Kohlenstoffes verläuft. J. J. Pohl 343

0844 **Elektrochemische und katalytische Reaktionsfähigkeit von Mangandioxiden.** Khan Le Tran und Jean Brenet. (C. R. hebd. Séances Acad. Sci., Sér. C **264** (1967) 18, 1517—19; Strasbourg, Fac. des Sci., Labor. d'Electrochim. et de Chim. phys. du Corps Solide; franz.) — Vf. schlagen zur Ermittlung der Rk.-Fähigkeit von MnO_2 die Best. der OH-Gruppen an der Oberfläche durch Umsetzung mit KJ in wasserfreiem DMF vor. Dabei laufen formal die folgenden Rk. ab: $MnO_x(OH)_{2z} + 2zK^+ \rightleftharpoons MnO_x(OK)_{2z} + 2zH^+$, $MnO_x + H^+ + e^- \rightleftharpoons MnO_xH$ u. $J^- \rightleftharpoons J + e^-$. E. Winkler 350

0845 **Rhenium(VII)-trioxidnitrat.** C. C. Addison, R. Davis und N. Logan. (J. chem. Soc. [London], Sect. A **1967**, 9, 1449—51; Nottingham, Univ.; engl.) — Durch Kondens. von N_2O_5 auf ReO_3Cl bei —78° u. anschließendes Erwärmen auf Zimmertemp. konnte gelbes ReO_3NO_3 (**I**) hergestellt werden. Beim Erwärmen zersetzt sich **I** bei etwa 70—75° unter Bldg. von Re_2O_7, NO_2 u. O_2; Hydrolyse von **I** liefert HNO_3 u. $HReO_4$. **I** krist. tetragonal mit a = 21,70 u. c = 6,48 Å (± 0,05). Aus den IR-Spektren folgt, daß in **I** kovalent gebundene NO_3-Gruppen vorliegen. Massenspektrometr. Unters. der Gasphase über **I** zeigten das Vorliegen dimerer Spezies $Re_2O_6(NO_3)_2$. **I** ist in CCl_4 u. H_2CCl_2 unlösl.; es reagiert mit Bzl. oder Nujol. Aus den physikal. Unters. wird geschlossen, daß **I** polymeren Aufbau besitzt. G. Gattow 352

0846 **Jodotetracarbonylferrat-Anion.** E. W. Abel, I. S. Butler und C. R. Jenkins. (J. organometallic Chem. [Amsterdam] 8 (1967) 2, 382—84; Dep. of Inorg. Chem., Univ., Bristol, England; engl.) — Durch Umsetzung von Trieisendodekacarbonyl (**I**) oder Eisenpentacarbonyl (**II**) mit Tetraäthylammoniumjodid (**III**) ist rotes krist. *Tetraäthylammonium-jodotetracarbonylferrat* (**IV**) erhalten worden. Unter N_2 ist **IV** im Dunkeln stabil, zersetzt sich aber schnell an der Luft u. in Lösung. Das Anion besitzt wahrscheinlich die Struktur einer trigonalen Bipyramide mit dem Jodidion in axialer Position (Symmetrie C_{3v}), da im IR-Spektrum nur 3 CO-Valenzschwingungen auftreten.

Versuche: *Tetraäthylammonium-jodotetracarbonylferrat* (**IV**), $C_{12}H_{20}FeJNO_4$, 1. aus **I** u. **III** in Diäthylenglykol-dimethyläther bei 60° unter N_2 am Rückfluß; Ausb. 10%; 2. in gleicher Weise aus **II** u. **III** bei 90° Rk.-Temp.; 3. aus **II** u. **III** durch UV-Bestrahlung in Methanol bei Zimmertemperatur. G. Stolze 354

0847 **Reaktion von Kohlenstoffdisulfid mit dem Pentacyanocobaltat(II)-Komplex.** Taiichi Mizuta, Tetsumi Suzuki und Takao Kwan. (J. chem. Soc. Japan, pure Chem. Sect. [Nippon Kagaku Zasshi] 88 (1967) 5, 573 bis 574; Div. of Physicochem. Technol., Fac. of Pharm. Sci., Univ. of Tokyo; Bunkyo-ku, Tokyo; jap., Auszug: engl. S. A 35.) — CS_2 reagiert quant. mit dem Komplex nach: $2K_3[Co(CN)_5] + CS_2 \rightarrow K_6[Co(CN)_5 \cdot CS_2 \cdot Co(CN)_5]$ in wss. Lösung. Die UV-Spektren u. die Spektren im Sichtbaren wiesen Max. bei ca. 258 u. 293 mμ auf. Außerdem wurden IR- u. ESR-Unters. des entstehenden Komplexes durchgeführt. Es wird angenommen, daß 2 S-Atome des CS_2 an 2 Co-Atome gebunden sind, wobei sich ein zweikerniger Komplex bildet, der durch eine –SCS-Gruppe verbunden ist. D. Hoene 355

0848 **Tris-[organometall]-phosphin-pentacarbonyl-chrom und -dicarbonylnitrosyl-kobalt.** H. Schumann und O. Stelzer. (Angew. Chem. 80 (1968) 8, 318, dt.; int. Edit. 7 (1968) 4, 300; engl.; Inst. für anorg. Chem., Univ., Würzburg.) — Tricarbonylnitrosylkobalt u. Hexacarbonylchrom reagieren in THF bei Raumtemp., die Cr-Verb. unter UV-Bestrahlung, mit Tris-[trimethylsilyl]-, Tris-[trimethylgermyl]- u. Tris-[trimethylstannyl]-phosphin unter Bldg. von $(NO)(CO)_3CoP[Si(CH_3)_3]_3$ (**I**) (Zers. 100°), $(NO)(CO)_3CoP[Ge(CH_3)_3]_3$ (**II**) (Zers. 132°), $(NO)(CO)_3CoP[Sn(CH_3)_3]_3$ (**III**) (Zers. 190°), $(CO)_5Cr \cdot P[Si(CH_3)_3]_3$ (**IV**) (Zers. 100°), $(CO)_5CrP[Ge(CH_3)_3]_3$ (**V**) (Zers. 150°) u. $(CO)_5CrP[Sn(CH_3)_3]_3$ (**VI**) (Zers. 190°), die bis auf **IV** im Gegensatz zu den Ausgangsphosphinen erstaunlich beständig gegen Sauerstoff sind. Die IR-Spektren von **I**, **II** u. **III** zeigen 2 CO- u. eine NO-Valenzschwingung, die von **IV**, **V** u. **VI** die für die Symmetrie C_{4v} geforderten 3 CO-Valenzschwingungen, die sich mit zunehmender Größe des Phosphinliganden nach längeren Wellenlängen verschieben sowie die Banden der νPM_3, νCoP sowie νCrP. Autorreferat 355△

0849 **Zusammensetzung von Komplexverbindungen, die im System Cystein-Nickel(II) entstehen.** Józef Ceynowa und Antoni Basiński. (Roczniki Chem. [Ann. Soc. chim. Polonorum] 41 (1967) 10, 1837—39; Dep. of Phys. Chem., N. Copernicus Univ., Toruń; engl.) — Durch Yoe-Jones-Titration wurden Ni(II)-Cystein-1:2- u. 1:1-Komplexe sowie ein mehrkerniger 2:3-Komplex nachgewiesen. Rolf Heyer 356

0850 **Phenylkupferkomplexe mit tertiären Phosphinen und mit Triphenylboran.** G. Costa, A. Camus, N. Marsich und L. Gatti. (J. organometallic Chem. [Amsterdam] 8 (1967) 2, 339—46; Ist. di Chim., Univ. degli Studi di Trieste (Italy); engl.) — Vgl. C. **1967**, 29-0772. — Phenylkupfer (CuPh) bildet mit PPh_3, $P(C_4H_9)_3$ u. BPh_3 isolierbare diamagnet., in Toluol monomere Komplexe, nicht aber mit $AlPh_3$, NPh_3, $AsPh_3$, $SbPh_3$ oder $BiPh_3$. Bei der Rk. von $CuBrPPh_3$ mit LiPh werden nur partiell phenylierte Prod. erhalten. Die an Cu gebundenen Phenylgruppen sowie alle Phenylgruppen in $CuBPh_4$ lassen sich leicht hydrolysieren, wobei Biphenyl entsteht. Die IR-Banden der PPh_3-Komplexe u. von $CuBPh_4$ zwischen 1600 u. 700 cm^{-1} wurden zugeordnet, mit denen ähnlicher Verb. verglichen u. diskutiert.

Versuche: $(CuPh)_2PPh_3$, durch Zutropfen von PPh_3 in Toluol zu einer Suspension von CuPh (molares Verhältnis 1:1) in Toluol bei 0°, unter Rühren u. Aufarbeiten. — $(CuPh)_3PPh_3$, analog aus PPh_3 in Toluol u. CuPh (1:3,75) in Toluol bei 0°. — $(CuPh)_2PBu_3$, (Bu $= C_4H_9$), analog aus Bu_3P u. CuPh (1:3,75) in n-Pentan bei 0°; leuchtendgelbe, sehr luftempfindliche Kristalle. — $CuBPh_4$, F. 110°, analog aus BPh_3 u. CuPh (1,1:1) in Ae. bei 0°, gräulichweißes mikrokrist., luftempfindliches Pulver, 75% Ausbeute. — $CuBPh_4 \cdot 4$ *Pyridin*, durch Lösen vorst. Verb. in Pyridin, Fällen mit W., Waschen mit W. u. Trocknen im Vakuum. G. Heller 358

0851 **Anorganische Koordinationskomplexe von o-Aminophenol mit einigen Metallen der ersten Übergangsperiode.** 1. Mitt. **Komplexe von Kupfer(II), Mangan(II) und Eisen(III).** Padmaja Rewa Shukla. (J. inorg. nuclear Chem. 29 (1967) 7, 1800—01; Chem. Labor., Univ. Lucknow, Lucknow; engl.) — Für die paramagnet. Verb. werden angegeben elektrolyt. Leitfähigkeit (in Nitrobenzol), NH-Valenzschwingung, effekt. magnet. Moment u. Absorptionsmax. (340—625 nm). Die Strukturen werden diskutiert.

Versuche: *Bis-[o-aminophenolato]-kupfer(II)*, *Bis-[o-aminophenolato]-mangan(II)* u. *Tris-[o-aminophenolato]-eisen(III)*, durch Erhitzen von o-Aminophenol mit Metallsulfaten in Aceton unter Rückfluß. E. Daltrozzo 358

0852 **Synthese von Cu(II)- und Ni(II)-Komplexen mit koordiniertem Amidstickstoffanion und einige ihrer Eigenschaften.** 2. Mitt. **Synthese von N.N'-Bis-[picolinoyl]-äthylendiaminato-Cu(II), -Ni(II), von N.N'-Bis-[picolinoyl]-1.2-propandiaminato-Cu(II), -Ni(II) und von N.N'-Bis-[picolinoyl]-1.3-propandiaminato-Cu(II), -Ni(II) und einige ihrer Eigenschaften.** Heijiro Ojima. (J. chem. Soc. Japan, pure Chem. Sect. [Nippon Kagaku Zasshi] 88 (1967) 3, 333—39; Dep. of Chem., Aichi Univ. of Educ., Okazaki-shi; jap., Auszug: engl. S. A 22.) — Die aus Methylpicolinat u. Äthylendiamin, 1.2- bzw. 1.3-Propandiamin (Molverhältnis 2:1) bei 180—200° hergestellten Verb. *N.N'-Bis-[picolinoyl]-äthylendiamin* (H_2A), *-1.2-propandiamin* (H_2B) u. *-1.3-propandiamin* (H_2C) reagieren mit Cu(II)- oder Ni(II)-Acetat in Ggw. von NaOH zu *[CuA]*, *[CuB]*, *[CuC]*, *[NiA]*, *[NiB]* u. *[NiC]*. Die Komplexe sind Nichtelektrolyte, die Ni-Komplexe sind diamagnetisch. Angabe der IR-Spektren. H. J. Schönherr 358

0853 **Synthese und Eigenschaften von Metallkomplexen mit Amidgruppen.** 4. Mitt. **Synthese und Eigenschaften von N.N'-Bis-[hydroxyacetyl]-alkandiaminatocupraten (II).** Heijirō Ojima. (J. chem. Soc. Japan, pure Chem. Sect. [Nippon Kagaku Zasshi] 88 (1967) 9, 952—57; jap., Auszug: engl.) — 3. vgl. ibid. 88 (1967) 329; vgl. vorst. Referat. — *N.N'-Bis-[hydroxyacetyl]-äthylendiamin* ($H_4 \cdot L$), *N.N'-Bis-[hydroxyacetyl]-1.2-diaminopropan* (H_4L') u. *N.N'-Bis-[hydroxyacetyl]-1.3-diaminopropan* (H_4L'') werden durch Kondens. der Amine mit Glykolsäure dargestellt. Durch Rk. von $Cu(OH)_2$ in N_2OH mit H_4X werden erhalten: $Na_2[CuL]$ (**I**), $Na_2[CuL']$ (**II**) u. $Na_2 \cdot [CuL'']$ (**III**) (z. T. nur in verunreinigter Form). Die Elektronenabsorptions- u. die IR-Spektren sowie die Beweise für die Bldg. der Cuprat-Ionen werden diskutiert. Die d–d-Banden der Komplexe werden bestimmt, die Ladungsübertragungsbande liegt für alle bei ≈ 40000 cm^{-1} ($\log \varepsilon = \approx 3{,}6$). Die Stabilität ist **III** $\gg$ **II** $>$ **I**. D. Hoene 358

0854 **Aromatenkomplexe von Metallen.** 96. Mitt. **Über einen kationischen Bis-[naphthalin]-π-Komplex des Rutheniums(II).** Ernst Otto Fischer, Christoph Elschenbroich und Cornelius Gerhard Kreiter. (J. organometallic Chem. [Amsterdam] 7 (1967) 3, 481 bis 485; Anorg.-chem. Labor., TH München; dt.) — 94. vgl. C. **1968**, 16-0708. — Nachdem Vers. zur Darst. von Bis-[naphthalin]-chrom erfolglos waren oder nur zu hydrierten Komplexprod. geführt hatten, wird über die Darst. des hellgelben *Bis-[naphthalin]-ruthenium(II)-dihexafluorophosphats* (**I**) durch Rk. des Syst. $RuCl_3$/$AlCl_3$/Al/Naphthalin (**II**) mit katalyt. Mengen Hexamethylbenzol (**III**) berichtet. **I** ist diamagnet., luftbeständig, unbegrenzt lagerfähig u. spaltet erst bei

$>200°$ **II** ab. Der Strukturbeweis gründet sich auf die gaschromatograph. Unters. des abgespaltenen Liganden u. das ^{1}H-NMR-Spektrum, das ausführlich diskutiert wird. IR-Daten sind gegeben. Bei entsprechenden Vers. mit $FeCl_2$ ist wieder teilweise Ligandenhydrierung festzustellen, jedoch wird die Darst. eines Bis-[phenanthren]-ruthenium(II)-kations als möglich angesehen.

Versuche: *Bis-[naphthalin]-ruthenium(II)-dihexafluorophosphat*, $C_{20}H_{16}F_{12}P_2Ru$, durch 4std. Schmelzen eines innigen Gemisches von 1,04 g $RuCl_3$, 4,9 g $AlCl_3$, 0,08 g Aluminiumstaub u. 2,68 g **II** sowie einem Mikrospatel **III** bei 105° unter N_2, Hydrolyse mit 10 ml Methanol u. 30 ml W., nach Filtration Fällung mit wss. NH_4PF_6, Reinigung durch zweimaliges Lösen in Aceton u. Fällung mit Ae., Ausb. 3%. G. Stolze 363

0855 **Durch Rhodiumkomplexe katalysierte Decarbonylierung aromatischer Carbonylverbindungen.** Jochanan Blum, Edna Oppenheimer und Ernst D. Bergmann. (J. Amer. chem. Soc. **89** (1967) 10, 2338–41; Dep. of Org. Chem., Hebrew Univ., Jerusalem; engl.) — Beschreibung der Decarbonylierung der folgenden Aroylchloride, -bromide u. -cyanide mit Hilfe von *Chloro-tris-[triphenylphosphin]-rhodium* (**I**). Ein Rk.-Mechanismus wird, insbesondere im Hinblick auf die Bldg. von **I** u. seine Dimerisierung zu **II**, diskutiert. Außerdem wird die Bldg. der anschließend angeführten Rh-Komplexe beobachtet. Rk.-Zeiten der Decarbonylierung u. Ausb. sind tabellar. zusammengestellt: *Benzoyl-, 3-Brombenzoyl-, 4-Brombenzoyl-, α-Naphthoylbromid, 3-Toluoyl-, 4-Äthylbenzoyl-, 4-Methoxybenzoyl-, 4-Äthoxybenzoyl-, 4-Cyanobenzoyl-, 4-Nitrobenzoyl-, 4-Acetamidobenzoyl-, Benzol-1.2-, Benzol-1.3-, Benzol-1.4-dicarbonsäure-, 3.4-Dichlorbenzoyl-, 2.4.6-Trimethylbenzoyl-, Phenylacetyl-, Diphenylacetylchlorid; Acenaphthen-5-, Fluoren-2-, Anthracen-2-, Anthracen-9-, Phenanthren-2-, Phenanthren-9-, Fluoranthen-3-, Chrysen-6-, Pyren-1-, Benzo[c]phenanthren-6-carbonsäurechlorid; Phenanthren-9-* u. *Pyren-1-carbonsäurebromid; Benzoyl-, 4-Chlorbenzoyl-, α-Naphtoylcyanid; α-, β-Naphtaldehyd.* — *cis-* u. *trans-Chloro-carbonyl-bis-[triphenylphosphin]-rhodium* (**II**), F. 204–205° bzw. 209 bis 210°; *Hydrido-dichloro-carbonyl-*, Erweichung bei 195°; *Dibromo-p-bromphenyl-carbonyl-*, F. 185–86°, *Dichloro-phenylcarbonyl-*, F. 215–18°, *Dibromo-α-naphthoyl-*, F. 174–76°, *Dichloro-α-naphthoyl-*, F. 220–22°, *Dichloro-β-naphthoyl-* (**I**), F. 145°, *Dichloro-β-naphthylcarbonyl-*, (**II**), F. 177–80°, *Chloro-(9-anthr)-(9-chloranthracen)-carbonyl-bis-[triphenylphosphin]-rhodium*, F. 195°. H. Markert 364

0856 **Vollständige Elektronenübergangsreihe des Typs [M-N$_4$].** Alan L. Balch und R. H. Holm. (J. Amer. chem. Soc. **88**, 5201–09, 1966; Harvard Univ., Cambridge, Mass.; engl.) — Die fünf Glieder der Reihe von Elektronenübertragungs-Komplexen des Typs $[M\text{-}N_4]^z$ mit z = −2 bis +2 wurde mit dem Dianion von o-Phenylendiamin (**I**) als Ligandensyst. u. mit M(II) = *Co(II)*, *Ni(II)*, *Pd(II)* u. *Pt(II)* untersucht. Ähnliche Rk. mit Cu(II), Zn(II), Fe(II), Mn(II) u. Ag(I) ergaben die entsprechenden Komplexe nicht. Das Zentralglied der Reihe mit z = 0 ist der dunkelblaue diamagnet. Komplex $\{Ni[C_6H_4\cdot(NH)_2]_2\}$ (**II**) für M = Ni, der nach Leitfähigkeitsmessungen in DMSO ein Nichtleiter ist. Die Elektronenspektren in DMSO-Lsg. besitzen viele Max. u. können zum Vgl. der Reinheit dieser Komplexe herangezogen werden. Nach IR-Spektren für Kristalle u. Lsg. u. Massenspektren besitzen die neutralen Komplexe Strukturen, wie sie für ein Glied dieser Reihe erwartet werden. Polarograph. Unters. in DMSO, Aceton oder CH_2Cl_2 beweisen für M = Ni, Pd u. Pt die Existenz aller fünf möglichen Glieder u. für M = Co der Glieder mit z = −2, −1, 0 u. +1. Die Komplexe mit z = −2 u. -1 konnten wegen ihrer Instabilität präparativ nicht isoliert werden. Die Komplexe mit z = −1, die in Lsg. durch Elektrolyse bei definiertem Potential hergestellt wurden, besitzen hohe anisotrop. g-Tensoren (ESR-Spektren). Der Komplex mit z = +1 wurde durch Ox. mit 1 Val J_2 dargestellt; die paramagnet. Kationen (M = Pd u. Pt) besitzen die gleichen Eig. wie die elektrochem. erzeugten; der Co-Komplex ist diamagnet.; beim Schütteln mit Hg werden in DMSO-Lsg. die Farben der neutralen Komplexe erhalten. Die Komplexe mit z = +2 wurden nicht synthetisiert. Die neutralen Komplexe können auch aus $Ni(CO)_4$ u. dem α-Diimin, erhalten werden. Mit einem der wenigen bekannten stabilen α-Diimine, dem Diacetyldianil (**III**), wurde eine analoge Reihe von Elektronenübertragungskomplexen mit den Gliedern z = +2, 0, −1 u. −2 entwickelt. Das bekannte $\{Ni[(CH_3CNC_6H_5)_2]_2\}J_2$ (**IV**) ist Endglied dieser Reihe. Das Glied mit z = 0 konnte isoliert werden. In der Diskussion wird eine qual. Deutung des Trends der oxydativen Stabilität der Komplexe $\{Ni[C_6H_4XY]_2\}^z$ mit X = Y = O; X = Y = NH; X = Y = S; X = NH, Y = S u. X = O, Y = S gegeben.

Versuche: **II** a) durch Zugabe einer Lsg. von $NiCl_2\cdot 6H_2O$ in W. u. konz. Ammoniak (Vol.-Verhältnis 1:1) zu einer Lsg. von **I** in warmem W., blaues Rohprod. (ca. 70% Ausb.), Aufarbeitung; b) durch Aufgeben einer Lsg. von **I** in Ae. bei 0° auf eine Kolonne mit PbO_2, Zugabe dieser Lsg. unter N_2 zu einer Lsg. von $Ni(CO)_4$ in Ae., 12std. Stehenlassen bis zum Aufhören der Gasentw., Aufarbeitung. — $\{Pd[C_6H_4(NH)_2]_2\}$, durch Zugabe einer Lsg. von **I** in warmem W. zu einer Lsg. von $PdCl_2$ u. KCl in W., Zugabe von wss. Ammoniak bis pH 9, blaues Rohprod. (18–90%), Aufarbeitung: diamagnet. rote Krist., die beim Mahlen ein blaues Pulver ergeben. — $\{Pt[C_6H_4(NH)_2]_2\}$, wie vorst. aus **I** u. K_2PtCl_4 bei pH 10, violettes Rohprod. (91%); diamagnet. Krist. mit blauem oder metall. grünem Glanz. — $\{Co[C_6H_4(NH)_2]_2\}$, durch Ox. von $CoCl_2\cdot 6H_2O$ in W. u. konz. Ammoniak (4:1) mit Luft, Zugabe einer Lsg. von **I** in warmem W., Aufarbeiten unter Luftausschluß, luftunempfindliche schwarzviolette Krist., (μ_{eff} = 2,20 (BM). — $\{Ni[4\text{-}iso\text{-}C_3H_7C_6H_3(NH)_2]_2\}$, analog **II** aus 4-iso-Propyl-o-phenylendiamin; aus CH_2Cl_2 tiefblaue Kristalle. — $\{M[C_6H_4(NH)_2]_2\}J$, (M =) *Ni*, durch Zugabe von 1 Val J_2 in Aceton zu einer Suspension von 1 Mol **II** in Aceton innerhalb von 2 Std., braunschwarzes Pulver, μ = 1,18; *Pd*, paramagnet., *Pt*, paramagnet., *Co*, Reinigen durch Extrahieren mit Acetonitril, grüne diamagnet. Kristalle. — $\{Ni[(CH_3CNC_6H_5)_2]_2\}$, durch Zugabe von $Ni(CO)_4$ zu einer Lsg. von **III** in einem sauerstofffreien Gemisch von Bzl. u. n-Pentan (5:8) unter N_2, vorsichtiges Erhitzen unter Rückfluß u. Gasentw., Aufarbeiten des Rohprod. (45%), tiefviolettschwarze diamagnet. Kristalle. — **IV**, durch Zugabe einer Lsg. von $NiJ_2\cdot 6H_2O$ in Aceton zu einer Lsg. von **III** (1:2) in Aceton, Aufarbeiten, dunkelrotbraune Kristalle, μ = 3,02. — $\{Ni[(CH_3CN\cdot C_6H_5)_2]_2\}(NO_3)_2\cdot\{Ni[C_6H_4(NH)_2]_2\}J_2$, durch langsame Zugabe einer Lsg. von J_2 in peroxidfreiem THF zu einer Suspension von **II** (2:1) im gleichen Lsgm., graugrünes Pulver, μ = 3,12. — $\{Ni[CH_3CNCH_3)_2]_3\}J_2$, nach Figgins u. Busch (1960). G. Heller 368

0857 **N-Thiocarbamoyl-N'-phenylguanylhydrazin und seine Metallkomplexe.** A. Dutta Ahmed und P. K. Mandal. (Inorg. chim. Acta [Padova] **1** (1967) 1, 185 bis 188; Inorg. Chem. Labor., Indian Assoc. for the Cultivat. of Sci., Calcutta; engl.) — Der im Titel genannte *Ligand* (H_2L), $C_8H_{11}N_5S$, F. 146–148°, entsteht aus Phenylcyanamid u. Thiosemicarbazid in salzsaurem Medium u. bildet mit den entsprechenden Metallsalzen in wss. Lsg. nachst. Komplexe: $[Ni(HL)]_2SO_4\cdot 4H_2O$, grau, diamagnet.; $[CuL]$, F. 135°, schwarz, μ_{eff} 1,53 BM; $[Zn(HL)]_2SO_4\cdot 6H_2O$, F. 185°, weiß; $[Cd(HL)]_2\cdot SO_4\cdot 4H_2O$, F. 250° (Zers.), weiß; $[PdL]$, F. 165° (Zers.), orange, diamagnet.; $[Bi_2L_3]$, F. 152°, violett. Die Komplexe wurden durch Spektren im IR-, sichtbaren u. UV-Bereich sowie magnet. u. Leitfähigkeitsmessungen charakterisiert. A. Blaschette 369

A–9. Kosmochemie, Geochemie

0858 **Extraterrestrische Mineralogie.** Brian Mason. (Amer. Mineralogist **52** (1967) 3/4, 307–25; Washington, D.C., U.S. Nat. Mus.; engl.) — Vf. gibt einen Überblick über die extraterrestr. Mineralogie u. stellt die bis 1955 u. nach 1955 in Meteoriten entdeckten Mineralien tabellar. zusammen. In einer Klassifikation der Meteorite werden für jeden Typ die Hauptmineralien angegeben. Im einzelnen werden besprochen: *Olivin*, *Pyroxen*,

Plagioklas u. *Serpentin* sowie an Nebenmineralien *Schwefel, Cohenit, Troilit, Cubanit, Valleriit, Cristobalit, Merillit, Spinell* sowie die zweifelhaften u. unvollkommen beschriebenen Mineralien *Moissanit, Gold, Phosphor, Orthoklas, Lonsdaleit* u. eine Phase $(Fe, Ni)_2P$. Ferner werden Mineralien, die durch terrestr. Effekte gebildet werden, zusammengestellt. — 66 Literaturangaben. E. Schulte 374△

0859 **Steinmeteorite: Fallzeit und Ursprung.** G. W. Wetherill. (Science [Washington] **159** (1968) 3810, 79—82; Inst. of Geophys. and Planetary Phys., Univ. of Calif., Los Angeles, Calif.; engl.) — Die Zahl der Fälle von Chondriten hat am Nachmittag (Ortszeit) ein Maximum. Eine theoret. Unters. mit Hilfe der Monte-Carlo-Meth. zeigt, daß eine solche Verteilung erreicht werden kann, wenn die Bahnen der Chondrite ein Aphel von 4,5 a.u. u. ein erdnahes (1 a.u.) Perihel haben, also Bahnen, die den Hilda- bzw. Troja-Asteroiden-Bahnen ähnlich sind. Bei der Entstehung der Chondrite auf Mond oder Mars-Asteroiden würde man Bahnen erhalten, die zu keinem Max. bei Fällen am Nachmittag führen würden. L. Schultz 374

0860 **Reste von kosmischem Eis als Ursache für Astrobleme?** Keith A. W. Crook. (Nature [London] **213** (1967) 5080, 999—1000; Dep. of Geol., Australian Nat. Univ., Canberra; engl.) — Die kreisförmige Struktur des Gosses Bluff, 150 km westlich Alice Springs, N-Australien, mit über 14 km Durchmesser wird in ihrer Entstehung auf den Einschlag eines kosm. Körpers zurückgeführt. In der Nähe des Gosses Bluff wurden Gas enthaltende Hohlräume festgestellt, obwohl die Pertnjara-formation, in der sich diese „Gasblasen" befinden, wegen mangelnder Porosität nicht als natürliches Gasreservoir bekannt ist. Kennzeichnend ist auch das völlige Fehlen meteorit. Materials. Vf. ist deshalb der Ansicht, daß ein Bolid mit einem Eiskern auftraf u. beim Zusammenprall explodierte. Der dabei entstandene „Dampf" wurde zusammen mit Luft in das umliegende Gestein injiziert u. führte so zur Entstehung der Gashohlräume. Ein zu diesem Zweck vorgenommener Vgl. der Zus. von Kometen u. Bluffgasen ergab für erstere Geh. an CN, C_2, C_3, NH, OH, NH_2, CH, O, CO^+, N_2^+, CO_2^+, CH^+, OH^-, NH_3, H_2O u. $CH_4 \cdot 6H_2O$ u. für letztere, 7 km vom Bluff entfernt H 2,8 (%); O 11,2; N 78,5; CO 2,6; CO_2 4,2; CH_4 0,7; höhere KW-Stoffe < 20 ppm u. 10 km vom Bluff entfernt O 16,7 (%); N 74,2; CO_2 6,7; H_2O 1,5; CH_4 0,85; C_2H_6 420 (ppm); C_3H_8 20; C_4H_{10} < 2. Das Vork. von CO in natürlichem Gas ist ungewöhnlich u. auf kosm. Ursprung zurückzuführen. Die Stickstoffverb., die in Kometen beobachtet wurden, sind dagegen in den Bluffgasen nicht nachzuweisen. H. Bornmann 374

0861 **Abkühlraten von 27 Eisen- und Stein-Eisen-Meteoriten.** Joseph I. Goldstein und James M. Short. (Geochim. cosmochim. Acta [London] **31** (1967) 6, 1001—23; Labor. for theoret. Studies, Goddard Space Flight Center, Md.; engl.) — Durch Best. der Ni-Verteilung in Kamazit-Taenit-Grenzgebieten mit Hilfe einer Elektronenmikrosonde konnte im Temp.-Bereich 700—300° die Abkühlzeit der Meteorite nach ihrer Bldg. bestimmt werden, wobei eine Theorie der Ni-Diffusion in Grenzschichten entwickelt wird. Hierbei wird die Kamazit-Bandbreite u. der Ni-Geh. durch die Abkühlraten quant. verbunden. Es werden 3 Gruppen festgestellt, deren Mitglieder gleiche Abkühlraten haben: die feinen Oktaedrite der Ge–Ga-Gruppe IVa mit 9—40 (Grad/10^6 Jahre), die anderen feinen u. mittleren Oktaedrite mit 1—5 u. die Pallasite mit 0,4—1,0. Diese Daten zeigen, daß viele Meteorite sich in unterschiedlichen therm. Umgebungen entwickelten. L. Schultz 374

0862 **Verteilung kernaktiver Teilchen mit der Tiefe in Eisenmeteoriten.** A. K. Lavruchina, L. D. Revina, T. A. Ibraev und L. V. Jukina. (Geochimija **1967**, 1, 20—30; Inst. geochim. i anal. chim. im. V. I. Vernadskogo AN SSSR, Moskva; russ., Auszug: engl.) — Berechnung der Tiefenverteilung kernakt. Teilchen in Eisenmeteoriten verschiedener Form (Neutronen, Protonen, π-Mesonen). M. Hähnert 374

0863 **Isotopenanalyse von Edelgasen mit einer Laser-Mikrosonde.** G. H. Megrue. (Science [Washington] **157** (1967) 3796, 1555—56; Smithonian Astrophys. Observat., Cambridge, Mass.; engl.) — Auf polierte Teile der uredelgashaltigen Meteorite Fayetteville u. Kapoeta wurde durch einen gepulsten Rubinlaserstrahl Material verdampft. Die hierbei extrahierten primordialen Edelgase He u. Ne wurden in einem stat. arbeitendem Massenspektrometer analysiert. Der Vorteil dieser Meth. ist geringer Substanzverbrauch u. genaue Lokalisierung der untersuchten Probe. Wegen der geringen Edelgasmengen treten für ^{3}He u. ^{20}Ne größere Korr. auf (bis 60% bzw. bis 30%). Bei der Konz.-Best. der Edelgase tritt als weitere Fehlerquelle die Unsicherheit in der Menge der verdampften Probe auf. L. Schultz 374

0864 **Spallogenes und fissionogenes Xenon und Krypton bei stufenweiser Entgasung des Achondriten Pasamonte; der Fall des ausgestorbenen Plutonium-244 in Meteoriten; Relative Alter von Chondriten und Achondriten.** C. M. Hohenberg, M. N. Munk und J. H. Reynolds. (J. geophys. Res. **72** (1967) 12, 3139—77; Dep. of Phys., Univ. of Calif., Berkeley, Calif.; engl.) — Massenspektrometr. wurde Geh. u. Isotopenzus. von Kr u. Xe bestimmt, die bei einer stufenweisen Erhöhung der Entgasungstemp. beim Steinmeteoriten Pasamonte extrahiert werden. Aus diesen u. ähnlichen Messungen ergibt sich für die Verhältnisse von Xe u. Kr in der spallogenen Komponente ^{124}Xe : ^{126}Xe : ^{128}Xe : ^{130}Xe : ^{131}Xe : ^{132}Xe = 0,58 : 1.00 : 1,34 : 0,73 : 2,76 : 0,08 u. ^{80}Kr : ^{82}Kr : ^{83}Kr : ^{84}Kr = 0,52 : 0,75 : 1.00 : 0,42. Für die aus schweren Kernen durch Kernspaltung entstandene fissionogene Komponente wird angegeben: ^{131}Xe : ^{132}Xe: ^{134}Xe : ^{136}Xe = 0,31 : 1,00 : 0,98 : 1,02. Zwischen den bei verschiedenen Entgasungs-Temp. erhaltenen Verhältnissen ^{124}Xe/^{130}Xe u. ^{126}Xe/^{130}Xe bzw. ^{134}Xe/^{132}Xe u. ^{136}Xe/^{132}Xe bestehen lineare Zusammenhänge, die auch für Einzelmessungen von Chondriten gelten. Die Entstehung der fissionogenen Komponente kann nur durch den ausgestorbenen radioakt. Kern ^{244}Pu gedeutet werden. Aus der Menge des fissionogenen Xe wird gefolgert, daß die gewöhnlichen Chondrite mindestens $168 \cdot 10^6$ Jahre, die kohligen Chondrite mindestens $416 \cdot 10^6$ Jahre früher als die Achondrite abgekühlt sind. L. Schultz 374

0865 **Tritiumverlust aus Eisenmeteoriten durch Wasserstoff des Sonnenwindes.** K. Wagener. (Z. Naturforsch. **22a** (1967) 10, 1483—88; Univ. of Calif., San Diego, La Jolla, Calif.; engl.) — Die Diffusion von ^{3}H aus Fe-Meteoriten im Weltraum ist wegen der geringen T-Konz. im Meteoriten nicht mit terrestr. Diffusionsvers. vergleichbar. Es wird ein Modell angegeben, bei dem H_2 des Sonnenwindes in den Meteoriten eindringt u. die T-Diffusion beeinflußt. Die Berechnungen zeigen, daß bei einer Temp. von $\geqq 0°$ spallogenes T vollständig entweichen kann, wenn der Korndurchmesser in Fe-Meteoriten nicht einige mm übersteigt. L. Schultz 374

0866 **K/Rb-Verhältnisse in Australiten.** S. R. Taylor, A. J. Erlank und J. J. Gurney. (Geochim. cosmochim. Acta [London] **31** (1967) 6, 953—60; Dep. of Geophys. and Geochem., Australian Nat. Univ., Canberra; engl.) — Zwischen dem K- u. Rb-Geh. in 7 Tektiten aus Australien besteht eine lineare Beziehung. Der mittlere Rb-Geh. beträgt 100 ppm, das K/Rb-Verhältnis ist 186. Dieses kleine Verhältnis wird auf ein kleines K/Rb in der Muttersubstanz der Australite, die die Zus. von Subgrauwacken haben sollte, zurückgeführt. Das K/Rb-Verhältnis anderer Tektitarten ist von dem der Australite verschieden. L. Schultz 374

0867 **Zusammensetzung des durch Meteoriteneinfall entstandenen Glases im Streufeld des Henbury-Kraters.** S. R. Taylor. (Geochim. cosmochim. Acta [London] **31** (1967) 6, 961—68; engl.) — Vgl. vorst. Referat. — Die chem. Zus. der Gläser des Meteoritenkraters bei Henbury ist über einen weiten Bereich ihrer Fundstelle sehr ähnlich, wenn man die meteorit. Beimischungen berücksichtigt. Mittlere Zus. 74,5 (%) SiO_2, 13,1 Al_2O_3, 4,0 FeO, 2,3 MgO, 0,6 CaO, 1,0 Na_2O, 3,4 K_2O, 1,0 TiO_2. Die Zus. ist vergleichbar mit Sedimentgesteinen, wie sie im Nordwesten des Kraters gefunden werden. L. Schultz 374

0868 **Verteilung von Spurenelementen in chondritischen Meteoriten.** 2. Mitt. **Antimon, Arsen, Gold, Palladium und Rhenium.** L. F. Fouché und A. A. Smales. (Chem. Geol. [Amsterdam] **2** (1967) 2, 105—34; Analyt. Sci. Div., AERE, Harwell; engl.) — Vgl. Geochim. cosmochim. [London] **31** (1967) 5, 673. — Durch Neutronenaktivierung wurde in der magnet. u. unmagnet. Phase von Steinmeteoriten (8 Bronzit-, 9 Hypersthen- u. 4 Enstatitchondrite) der Geh. an Spurenelementen bestimmt. Aus den Proben wurde nach der Bestrahlung ^{75}As, ^{102}Pd, ^{109}Pd, ^{108}Pd, ^{121}Sb, ^{123}Sb, ^{185}Re, ^{187}Re u. ^{197}Au radiochem. separiert u. die α- bzw. β-Aktivität gemessen. Die hier untersuchten Spurenelemente sind bevorzugt siderophil, mit Ausnahme von Sb. Alle Elemente sind in den Hypersthenchondriten gegenüber den Bronzitchondriten abgereichert. Nach diesen Messungen sollten die kosm. Häufigkeiten der Elemente im Massenbereich 105—185 erhöht werden. L. Schultz 374

0869 **Verteilung von Germanium in den Metallphasen einiger Eisenmeteorite.** J. I. Goldstein. (J. geophys. Res. **72** (1967) 18, 4689—96; Goddard Space Flight Center, Greenbelt, Md.; engl.) — Mit einer Elektronenmikrosonde wurde der Ge-Geh. von 10 Fe-Meteoriten bestimmt. Es ergaben sich Konz. zwischen 8,7 u. 2000 ppm. Im *Kamazit* des meteorit. Fe ist der Ge-Geh. ziemlich konst., während im *Taenit* an den Grenzflächen zum Kamazit doppelt so große Konz. auftreten können. Der Ge-Geh. in Einschlüssen (*Troilit, Schreibersit, Cohenit*) liegt unter 40 ppm. Ge zeigt ein dem Ni in Fe-Meteoriten ähnliches Verhalten. L. Schultz 374

0870 **Sulfideinschüsse in Meteorit-Legierungen: Seigerung von Chrom.** Paolo Giordano Orsini und Luigi Cento. (Ricerca sci. **37** (1967) 9, 725—30; Ist. di Chim. Industriale, Univ. di Napoli; ital.) — Die ungewöhnliche Struktur eines Sulfideinschlusses in dem Gibeon-Eisen-Meteorit wird durch Mikroskopie hoher Auflösung geklärt u. im einzelnen dargestellt. *Eisen, Troilit* u. *Daubréelith* werden mit der Elektronensonde identifiziert. Kristallisation von Daubréelith aus fl. Phase u. Troilit-Eisen-Seigerung im festen Zustand werden angedeutet. E. Otto 374

0871 **Chromit aus „äquilibrierten" Chondriten.** Kenneth G. Snetsinger, Klaus Keil und T. E. Bunch. (Amer. Mineralogist. **52** (1967) 9/10, 1322—31; Ames Res. Center, NASA, Moffet Field, Calif.; engl.) — Mit der Elektronenmikrosonde wurde die chem. Zus. von *Chromit*-Körnern in 7 äquilibierten Chondriten bestimmt. Meß- u. Korrektur-Techniken werden angegeben. Es wurden folgende Geh. gefunden: Cr_2O_3 54,6—57,0(%), Al_2O_3 5,2—6,3, TiO_2 2,08—2,98, FeO 30,5—33,9, MgO 1,54—2,48, MnO 0,65—1,05, V_2O_3 0,65—0,77. Daraus wurde die mittlere Formel ber. $[(Fe_{6,93}Mg_{0,87}Mn_{0,20})\cdot(Cr_{12,64}Al_{1,90}V_{0,16}Fe_{0,74}Ti_{0,61})]O_{32}$. In ein- u. demselben Chondriten ist die Zus. der Chromite konst., ein Zonarbau tritt nicht auf. Beim Übergang von der H- zur L- u. LL-Gruppe der Chondrite nimmt der Fe-Geh. zu u. der Mg-Geh. ab. Da die Silicate den gleichen Trend zeigen, stehen die Chromite wahrscheinlich im chem. Gleichgew. mit den Silicaten. F. Wlotzka 374

0872 **Olivin-, Pyroxen- und Metallgehalte von chondritischen Meteoriten als eine Konsequenz der Prior-Regel.** R. W. T. Wilkins. (Mineralog. Mag. J. mineralog. Soc. **36** (1967) 279, 311—18; Chicago, Ill., Univ. of Chicago, Dep. of Geophys. Sci.; engl.) — Es ist eine Folge der Prior-Regel, daß mit Wachsen des Ox.-Zustands der Meteorite auch der Olivingeh. relativ zu Pyroxen u. metall. Fe zunimmt. Für diese Folge wurde eine strenge Beziehung abgeleitet u. gefunden, daß auch bei der quant. Auswertung Beobachtungsdaten eine befriedigende Übereinstimmung besteht. E. Schulte 374△

0873 **Organische Verbindungen in Meteoriten.** 1. Mitt. **Aliphatische Kohlenwasserstoffe.** D. W. Nooner und J. Oró. (Geochim. cosmochim. Acta [London] **31** (1967) 9, 1359—94; Dep. of Chem., Univ. of Houston, Houston, Tex.; engl.) — Die Bzl.-Methanol-Extrakte von 30 Meteoriten wurden gelchromatograph. fraktioniert u. die Fraktion der aliphat. KW-Stoffe mit Hilfe der Gaschromatographie u. Massenspektroskopie untersucht. 1. Aliphat. KW-Stoffe von C_{14} bis C_{32} wurden in allen untersuchten Proben gefunden. Der Geh. variiert stark, aber im Mittel nimmt er in folgender Reihe zu: a) 5 normale Chondrite, 1,8 ppm, b) 2 Graphit-Troilit-Knollen von Eisenmeteoriten 8,9 ppm, c) 3 kohlige Chondrite (kCh) Typ I 7,3 ppm, d) 9 kCh Typ II 49,9 ppm, e) 8 kCh Typ III 100,3 ppm. 2. Die Isoprenoide Phytan, Pristan u. Norpristan wurden in den meisten der untersuchten Meteorite gefunden. Die Geh. betragen für die oben genannten Gruppen: a) 0,06, b) 0,79, c) 0,35, d) 9,3, e) 7,68 ppm. 3. Es wurde kein allg. Überwiegen der ungeraden C-Zahlen über die geraden in den untersuchten KW-Stoffen gefunden, mit Ausnahme einer Probe von Orgueil im C_{22}—C_{27}-Bereich. 4. Verschiedene Proben von Orgueil lieferten verschiedene KW-Stoff-Chromatogramme. Auch verschiedene Meteorite der gleichen Klasse zeigten unterschiedliche Verteilungen, nur die kCh Typ II lieferten alle qual. ähnliche Chromatogramme. 5. Die meisten gefundenen KW-Stoff-Verteilungen waren ähnlich denen von fossilen KW-Stoffen aus präkambr. Sedimenten, Rohöl, Graphit u. a. ird. Proben. F. Wlotzka 374

0874 **Tafeliger Magnetit in den kohligen Chondriten Alais, Iruna und Orgueil.** Jacques Jedwab. (Earth Planetary Sci. Letters [Amsterdam] **2** (1967) 5, 440—44; Labor. de Géochim., Univ. Libre de Bruxelles, Bruxelles; franz.) — In den genannten kohligen Chondriten kommt der Magnetit in runden Täfelchen (Durchmesser einige μ) vor, die sich zu runden bis ellipt. Körpern zusammenlagern können. Zum Teil zeigen sie extraterrestr. Korrosion. Ihre Gestalt entspricht damit den nichtkugeligen Kornformen, die von der Theorie für die ersten Kondensate des solaren Urnebels gefordert wurden. F. Wlotzka 374

0875 **Verteilung des Kohlenstoffs in zwei kohligen Chondriten.** Jean Orcel und Boris Alpern. (C. R. hebd. Séances Acad. Sci., Sér. D **265** (1967) 13, 897—99; Muséum national d'Histoire naturelle, Paris; franz.) — An Anschliffen der kohligen Chondrite Orgueil u. Cold Bokkeveld wurde durch Unters. mit einer Elektronenmikrosonde festgestellt, daß C homogen in der Silicat-Matrix verteilt ist. F. Wlotzka 374

0876 **Ausnahmsweise große Chondrulen im Parnallee-Meteoriten.** D. S. Sutherland. (Mineralog. Mag. J. mineralog. Soc. **36** (1967) 279, 319—24; Armidale, N. S. Wales, Univ. of New England, Dep. of Geol.; engl.) — Der ca. 4 cm große Chondrul wird beschrieben u. die chem. Analyse angegeben. E. Schulte 374△

0877 **Chemische Zusammensetzung des Steinmeteoriten St. Severin.** O. Müller. (Z. Naturforsch. **23a** (1968) 1, 48—51; MPI für Kernphys., Heidelberg; dt.) — In 6 Aufschluß- u. Analysengängen wurde eine chem. Analyse des am 27. 6. 1966 bei St. Severin gefallenen Chondriten durchgeführt: (1) Na_2CO_3-Schmelze: Best. von Si, Fe, Cu, Ni, Co, Mn, Ca, Mg. (2) Na_2CO_3–$NaNO_3$ (1:4)-Schmelze: S, P. (3) HF–$HClO_4$-Aufschluß: Na. (4) Na_2O_2-Schmelze: Cr, Al, Ti. (5) $HgCl_2$-Aufschluß: Fe (metall.). (6) Neutronenaktivierung, HF–HNO_3-Aufschluß: K. Die chem. Analyse stimmt gut mit der Zus. der Amphoteritchondrite überein, welche durch ein kleines Verhältnis von metall. Fe zum Gesamt-Fe ausgezeichnet sind (St. Severin: 0,096, Mittel der Amphoteritchondrite: 0,08). L. Schultz 374

0878 **Winona-Meteorit.** Brian Mason und E. Jarosewich. (Geochim. cosmochim. Acta [London] **31** (1967) 6, 1097—99; U.S. Nat. Museum, Washington, D.C.; engl.) — Eine chem. Analyse dieses Meteoriten, der sehr stark verwittert ist, klassifiziert ihn als zwischen Bronzit- u. Enstatitchondrite liegenden Steinmeteoriten. Angabe der Analysenwerte sowie der Brechungsindizes von im Meteorit enthaltenem Olivin, Enstatit, Diopsid u. Plagioklas. L. Schultz 374

0879 **Zusammensetzung des Olivins in Chondriten:** Ergänzung zu ibid. **27** (1963) 1011. Brian Mason. (Geochim. cosmochim. Acta [London] **31** (1967) 6, 1100 bis 1103; engl.) — Vgl. vorst. Referat. — In 122 Steinmeteoriten wurde der Geh. von Fe_2SiO_4 bestimmt u. die Gruppen verschiedenen Metamorphismus festgestellt. Damit sind im ganzen 975 Steinmeteorite untersucht u. klassifiziert worden. Es sind davon 1,6% Enstatit-, 44,1% Bronzit-, 50,9% Hypersthen- u. 2,4% kohlige Chondrite. L. Schultz 374

0880 **Chemische Analysen von 7 Steinmeteoriten und einem Eisenmeteoriten mit Silicateinschlüssen.** Eugene Jarosewich. (Geochim. cosmochim. Acta [London] **31** (1967) 6, 1103–06; engl.) — Vgl. vorst. Referat. — Naßchem. wurden die Steinmeteorite Bununu, Cumberland Falls, Forest Vale, Goodland, Grady **(1937)**, **Leedy** u. Mezö Madaras, sowie der Fe-Meteorit Woodbine untersucht. Von diesem Fe-Meteoriten mit Silicateinschlüssen wurde der in HCl lösl. u. unlösl. Teil gesondert untersucht. Woodbine enthält 8,6% SiO_2 u. 5,19% MgO. L. Schultz 374

0881 **Radioaktivität ozeanischer Suspensionen.** 2. Mitt. **Uran in ozeanischen Suspensionen.** Ju. V. Kuznecov, V. K. Legin, A. P. Lisicyn und Z. N. Simonjak. (Radiochimija **9** (1967) 4, 489–97; russ.) — 1. vgl. C. **1965**, 23-0746. — Vf. bestimmten nach einer Lumineszenz-Meth. die Konz. von U in der festen Phase von dem Ind. Ozean entnommenen Suspensionen zu $0{,}1 \cdot 10^{-6}$ bis $2{,}0 \cdot 10^{-6}$ g/g. Untersucht wurden 42 Proben, Genauigkeit 15–20%. Der durch den U-Geh. in den Suspensionen bedingte U-Geh. im Liter W. beträgt $0{,}1 \cdot 10^{-9}$ bis $1{,}2 \cdot 10^{-9}$ g/Liter. Im Vgl. zur U-Konz. des W. (im Mittel $2 \cdot 10^{-6}$ g/Liter) beträgt dieser Anteil nur 0,08–0,003% des allg. U-Geh. im W. des Ozeans. Es besteht keine Korrelation zwischen dem U-Geh. der Suspensionen einerseits u. dem Anteil in der Suspension an terrigenem Material, dem Anteil der kleinsten Fraktion der Teilchengröße (Ausschluß der Adsorption), dem Geh. an C_0, Fe u. P biogenen Ursprungs sowie dem Geh. an Kieselgur andererseits. Es besteht eine Korrelation ($r = 0{,}50$; $t = 2{,}71$) zwischen dem U-Geh. u. dem $CaCO_3$-Geh. in der festen Phase der Suspension. G. Ewald 378

0882 **Radioaktivität ozeanischer Suspensionen.** 3. Mitt. **Radium in Suspensionen.** Ju. V. Kuznecov, V. K. Legin, Z. N. Simonjak, A. P. Lisicyn und S. M. Graščenko. (Radiochimija **9** (1967) 4, 497–500; russ.) — 2. vgl. vorst. Referat. — Vf. bestimmten nach der Emanationsmeth. u. unter Verw. eines Elektrometers u. eines Szintillationsemanometers die Ra-Konz. in der festen Phase von dem Ind. Ozean entnommenen Proben zu $0{,}2 \cdot 10^{-13}$ bis $12 \cdot 10^{-13}$ g/g (Mittelwert: $2{,}1 \cdot 10^{-13}$ g Ra/g). Der Ra-Geh. in der Suspension hat in einem bestimmten Festlandabstand sein Maximum. Unter Berücksichtigung der mittleren Ra-Konz. im W. des Ind. Ozeans ($0{,}8 \cdot 10^{-13}$ g Ra/Liter) u. der mittleren Konz. der Suspension (1,2 g/m³) beträgt der durch den Ra-Geh. in der Suspension bedingte Ra-Geh. im ozean. W. ca. 0,3% ($0{,}1 \cdot 10^{-16} - 22 \cdot 10^{-16}$ g Ra/Liter). In der Mehrheit der Proben liegt das Verhältnis Ra/^{230}Th unter dem Gleichgew.-Wert. G. Ewald 378

0883 **Stabilität der Al_2SiO_5-Modifikationen.** W. S. Fyfe. (Chem. Geol. [Amsterdam] **2** (1967) 1, 67–76; Manchester, Univ.; engl.) — Es wurde versucht, verschiedene Gleichgew.-Best. zwischen den Al_2SiO_5-Modifikationen (*Sillimanit, Andalusit, Cyanit*) auszuwerten. Es wurde ein Phasendiagramm konstruiert u. die Freien Energien aus Daten von Newton u. Weill abgeschätzt. Werden Unsicherheiten mit in Betracht gezogen, so sind die Ergebnisse vieler Autoren vergleichbar. E. Schulte 380△

0884 **Kinetik und Mechanismus der Dehydroxylierungsprozesse.** 1. Mitt. **Temperatur- und Dampfdruckabhängigkeit der Dehydroxylierung von Kaolinit.** G. W. Brindley, J. H. Sharp, J. H. Patterson und B. N. Narahari. (Amer. Mineralogist **52** (1967) 1/2, 201–11; Univ. Park, Pa., Pa. State Univ., Materials Res. Labor.; engl.) — Die Dehydroxylierung eines Fla.-Kaolinits nahezu idealer Zus. wurde bei 400–540° u. W.-Dampfdrücken $< 10^{-3}$ bis 175 Torr gravimetr. unter isothermen u. isobaren Bedingungen verfolgt. Die Vers. stimmen mit der Annahme überein, daß die Rk. durch Diffusion bestimmt wird u. nicht einer Kinetik erster Ordnung gehorcht. Die Aktivierungsenergie ($p_{H_2O} < 10^{-3}$ Torr) beträgt 51 kcal/Mol, sie nimmt mit p_{H_2O} zu (bei p_{H_2O} 47 Torr: 112 kcal/Mol). Vers. an vier anderen Kaoliniten ergaben keine stark abweichenden Werte, so daß auch bei ihnen der gleiche Mechanismus anzunehmen ist. C. Gottfried 382△

0885 **Chemie der Bodenmineralien.** 4. Mitt. **Synthetische Alkylammoniummontmorillonite und -hectorite.** R. M. Barrer und L. W. R. Dicks. (J. chem. Soc. [London], Sect. A **1967,** 10, 1523–29; Chem. Dep., Imp. Coll., London; engl.) — 3. vgl. C. **1967,** 38-0870. — Alumo- u. Gallosilicatmontmorillonite wurden in Ggw. großer organ. Kationen $> 200°$ dargestellt. Die partielle Hydrolyse unter hydrothermalen Bedingungen wurde bestimmt. Der Geh. an organ. Zwischenschichtionen ist vergleichbar mit dem an anorgan. Ionen in natürlichen Montmorilloniten. Die organ. Ionen gleichen im Ionenaustausch-Verh. den K^+-Ionen. Oberhalb 100° gelang die Synth. nicht hydrolysierter Alkylammoniumhectorite. Die organ. Ionen sind in mit natürlichen Hectoriten vergleichbaren Mengen vorhanden (quant. jedoch weniger). In synthet. Mg-Hectoriten sind die organ. Ionen jedoch schwieriger auszutauschen als in Hectoriten, die durch Ionenaustausch von $[R_4N]OH$ mit natürlichen Mineralien erhalten werden. Die Gitterabstände in der Basisfläche u. die Quellungseig. von synthet. u. natürlichen Hectoriten sind ebenfalls verschieden. Synthet. u. natürliche Organohectorite verhalten sich jedoch gleich bei der Bldg. oberflächenreicher Adsorbienten.

Versuche: *Montmorillonite,* durch Umsetzung von Alumo(Gallo)-silicatgelen mit $[R_4N]OH$ im Autoklaven, R = C_2H_5, C_3H_7, C_4H_9 (für Al) u. CH_3, C_2H_5 (für Ga). — *Hectorite,* durch Erhitzen von $Mg(OH)_2$-, Silicasol-, LiF- u. $[R_4N]OH$-Suspensionen am Rückfluß, R = CH_3, C_2H_5, C_3H_7, C_4H_9, n-C_6H_{13}. Quellung in *CH_3CN, Glykoll, Bzl.,* Vgl. mit Bentonit. D. Hoene 382

0886 **Chemische Bestandteile von Fossilienschalen.** 3. Mitt. **Gehalt an Kupfer und Zink in Fossilienschalen.** Naoichi Ohta, Minoru Terai und Masae Omori. (J. chem. Soc. Japan, pure Chem. Sect. [Nippon Kagaku Zasshi] **88** (1967) 8, 859–63; Tokyo Metropolitain Univ., Setagaya-ku, Tokyo; jap., Auszug: engl.) — 2. vgl. C. **1968,** 9-0826. — Best. an Ablagerungen aus dem Oligozän, Miozän, Pliozän u. Pleistozän für Pelecypoda-Arten (*Pectinidae, Glycymeridae* u. *Tellinidae*). D. Hoene 384

B. Physikalische organische Chemie

B–1. Optische, elektrische und magnetische Eigenschaften, Spektren

0887 **Optisches Mischen in erzwungenen Brillouin-Spektren.** T. A. Wiggins, R. V. Wick, N. D. Foltz, C. W. Cho und D. H. Rank. (J. opt. Soc. America **57** (1967) 5, 661–65; Dep. of Phys., The Penn. State Univ., Penn; engl.) — Es wird über opt. Mischen in *Schwefelkohlenstoff, Tetrachlorkohlenstoff, Glycerin, W., Bzl., Brombenzol, Nitrobenzol, Anilin, Toluol, Benzaldehyd, Cyclohexan, m-* u. *o-Nitrotoluol, p-Xylol, p-Dichlorbenzol, Py., Methanol, Essigsäure, Methylenjodid, Chloroform, Aceton, symm. Tetrabrommethan* u. *Octanol* sowie in den Gläsern *BSC-2* u. *DF-3* berichtet. Die Unters. erfolgt mit einem hochaufls. Gitterspektrographen mit einer Auflsg. von 300000 bzw. 400000. Als Lichtquelle dient ein von 8–40 n sec. gepulster Rubin-Laser mit 0,7 J Leistung pro Impuls. Dieses Licht spaltet beim Durchgang durch obige Verb. in mehr Stokessche Linien auf als erwartet. Zusätzlich werden anti-Stokessche Linien beobachtet. Ihre Frequenzverschiebungen entsprechen denen für die 180°-Brillouin-Streuung. Die ber. Schallgeschw. stimmen mit jenen aus der erzwungenen u. spontanen Streuung überein. Aus den Schallgeschw.-Messungen bei verschiedenen Temp. u. für 2-Komponenten-Syst. lassen sich Voraussagen über die Haupteig. obiger Fl. gewinnen. Es wird eine Anzahl von Unters. beschrieben, welche die Bedingungen u. Parameter für den Einfl. auf die opt. Mischungen aufzeigen. G. Buttgereit 402

0888 **Fortpflanzung eines Lichtimpulses in Medien mit nichtlinearer Absorption.** V. S. Zuev und V. A. Ščeglov. (Ž. prikl. Spektroskopii **5**, 604–08, 1966; russ., Auszug: engl.) — Die Resonanzwechselwrkg. monochromat. Strahlung mit Medien vom Typ einer Phthalocyaninlsg. wird über die Änderungen von Form, Amplitude u. Halbwertsbreite eines Lichtimpulses im Hinblick ihrer Anwendung als nichtlineares opt. Filter für Laser untersucht. W. Herfurt 402△

0889 **Über nicht-lineare Änderungen des Brechungsindex von Flüssigkeiten als Folge der Elektrostriktion und des elektrokalorischen Effektes.** B. Kasprowicz und S. Kielich. (Acta physica polon. **31** (1967) 4, 787–90; Dep. of Mol. Physics, A. Mickiewicz Univ., Poznan; engl.) — Die Beziehungen werden quantitativ von thermodynamischen Gleichungen u. experimentellen Daten her betrachtet. Die Änderungen des Brechungsindexes als Folge von Druck, Optikostriktion, Doppelbrechung u. des optikokalorischen Effektes werden für folgende Flüssigkeiten ber.: *Bzl., Toluol, Cyclohexan, Isooctan, n-Hexan, -Octan, -Decan, -Hexadecan,* CCl_4, CS_2, *Methyläthylketon, W., Nitrobenzol, Chloroform, Aceton.* W. Schramm 402

0890 **Röntgen-Absorptionsspektren einiger Kohlenwasserstoffe im Bereich der C–K-Kante.** H.-U. Chun und H. Gebelein. (Z. Naturforsch. **22a** (1967) 11, 1813 bis 1814; Inst. für Physikal. Chem., Univ. Frankfurt a. M.; dt.) — Vgl. C. **1967**, 3-0860. — Messung der Feinstruktur an der C–K-Kante der gasf. KW-Stoffe CH_4 (**I**), *Cyclohexan* (**II**), *Cyclohexen* (**III**), *Cyclohexadien-(1.4)* (**IV**), *Cyclohexadien-(1.3)* (**V**), *Bzl.* (**VI**) u. Angabe der Lage der Feinstrukturkomponenten in der Form eines Termschemas. Die gesätt. KW-Stoffe **I** u. **II** zeigen eine sehr ähnliche Termfolge, desgl. die olefin. Verb. **III** u. **IV** sowie die Verb. mit konjugierten Doppelbindungen **V** u. **VI**. Bei Anwesenheit von Doppelbindungen tritt in allen Fällen ein tiefliegender Term (langwellige Absorption) auf, der dem Übergang eines 1s-Elektrons in unbesetzte, nichtbindende $2\pi^*$-MO zugeordnet wird, die aus der Linearkombination von $2p_z$-Atomfunktionen des C-Atoms entstehen. Die 1s-Ionisierungsenergie (K-Term) von **I** ergibt sich aus der beobachteten Termfolge zu 288,9 eV. H.-U. Chun 402

0891 **Optischer Zirkulardichroismus.** 15. Mitt. **Aminosäuren.** Maurice Legrand und Roger Viennet. (Bull. Soc. chim. France **1965**, 679–81; Centre de Rech. Roussel-Uclaf, Romainville, Seine; franz.) -- 12. vgl. C. **1968**, 11-0864. — Mit Hilfe des neuen App. von Grosjean wurde der Zirkulardichroismus (ZD) nachst. Aminosäuren bei pH 1, 7 u. 13 bis 1850 Å bestimmt: *Alanin, Butyrin, Norvalin, Valin, Leucin, Isoleucin, Serin, Glutaminsäure, Lysin, Cystein, Threonin, γAminobutyrin, Asparagin, Asparaginsäure, Methionin, Arginin, Prolin, Hydroxyprolin, Phenylalanin, Tyrosin, Histidin, Tryptophan, Cystin.* Aus dem Vorzeichen des ZD der Verb. in saurer Lsg. kann die abs. Konfig. bestimmt werden. J. Richter 404

0892 **Über den Einfluß der Temperatur auf den Anisotropiegrad des Fluoreszenzlichtes fester Lösungen.** A. Kawski, P. Czyż und B. Cieślak. (Z. Naturforsch. **22a** (1967) 10, 1507–11; Physik. Inst. der P. H., Gdańsk; dt.) — Die Unters. des Anisotropiegrades (Polarisationsgrades) des Fluoreszenzlichtes von *1.1.4.4-Tetraphenylbutadien, 4.4'-Diphenylstilben* u. *2-(1-Naphthyl)-5-phenyloxazol* in Polymethylmethacrylat bei verschiedenen Temp. (von ca. 293°K bis ca. 80°K) wurden mit Hilfe einer sehr empfindlichen photoelektr. App. durchgeführt. Es wurde beobachtet, daß der Emissionsanisotropiegrad mit Erniedrigung der Temp. anfangs steil abfällt u. ab 263°K ungefähr eine konst. Wert erreicht. Das Verh. des Emissionsanisotropiegrades von festen Fluoreszenzlsg. in Abhängigkeit von der Temp. wurde mit Hilfe des inneren Depolarisationsmechanismus erklärt u. durch Messung der Absorptionsspektren bei verschiedenen Temp. bestätigt. K. Krüger 408

0893 **Thermolumineszenz γ-bestrahlter Lösungen aromatischer Verbindungen in starren organischen Gläsern.** B. Brocklehurst, R. D. Russell und M. I. Savadatti. (Trans. Faraday Soc. **62**, 1129–38, 1966; Sheffield, Univ., Chem. Dep.; engl.) — Die Lumineszenz γ-bestrahlter Lsg. aromat. Verb. in aliphat. KW-Stoff-Gläsern (Lsgm.: 3-Methylpentan, Isopentan + Methylcyclohexan, fl. Paraffin, gereinigt, entgast; ^{60}Co-γ-Strahlung, Dosis 10^3 bis $3 \cdot 10^5$ rad) wurde während u. nach der γ-Bestrahlung bei 77°K, während IR-Bestrahlung bei 77°K u. anschließendem Erwärmen (Thermolumineszenz) untersucht. Lsg. von *Naphthalin* wurden eingehend untersucht; die relativen Intensitäten seiner Fluoreszenz u. Phosphoreszenz ändern sich beträchtlich. Bei der Thermolumineszenz von *Toluol* wird bei 77°K keine Benzylemission beobachtet. Eingefangene Ionen u. Elektronen werden durch ihr Absorptionsspektrum nachgewiesen u. die Lumineszenz auf ihre Rekombination zurückgeführt. Maria Schenk 408

0894 **Thermolumineszenz bei der Rekombination organischer Ionen.** B. Brocklehurst und R. D. Russell. (Nature [London] **213** (1967) 5071, 65; engl.) — Vgl. vorst. Referat. — Ionenrekombination in Lsg. von *Naphthalin* (**I**) in einem KW-Stoff-Glas (Methylcyclohexan/Isopentan 2:3) führt zu Lumineszenz beim Erwärmen (Thermolumineszenz, TL) bzw. durch IR-Bestrahlung (IRSE). Der verbesserte G-Wert für die emittierten Quanten der TL beträgt ca. 0,1, der G-Wert für die eingefangenen Ionen ca. 1. Das Emissionsspektrum zeigt neben **I**-Fluoreszenz u. **I**-Phosphoreszenz Emission des Excimeren $(C_{10}H_8)_2^-$, die im TL stärker als im IRSE ist. Nach der Bestrahlung wurde im Absorptionsspektrum (im sichtbaren Bereich) $C_{10}H_8^+$ neben $10_{10}H_8^-$ u. dem Radikal $C_{10}H_9$ gefunden; bei niedrigen **I**-Konz. (10^{-4} m) können in harten Gläsern eingefangene Elektronen durch ihr IR-Absorptionsspektrum nachgewiesen werden. Lumineszenz dürfte mithin auf Rekombination von $C_{10}H_8^+$ mit $C_{10}H_8^-$ beruhen, die beim Erwärmen der Gläser ineinander diffundieren, wobei $C_{10}H_8^-$ möglicherweise in $C_{10}H_8 + e^-$ dissoziiert. Eine Rk. zwischen $C_{10}H_8^-$ u. einem Lsgm.-Kation kann nicht ausgeschlossen werden. Zusatz von CO_2 hat keinen Einfl. auf diese Ergebnisse. In Ggw. sehr großer Mengen CO_2 (mehrere hundert mm Hg) verschwindet die Absorption durch $C_{10}H_8^-$, die TL wird etwas geschwächt u. besteht nur noch aus Phosphoreszenz, d. h. Rekombination von $C_{10}H_8^+$ mit CO_2^- kann zu Anregung führen, jedoch reicht die Energie nicht aus zur Bldg. des angeregten Singulett-Zustandes (3,9 eV). Maria Schenk 408

0895 **Phosphoreszenz und Spin-Polarisation.** Vorl. Mitt. M. S. de Groot, I. A. M. Hesselmann und J. H. van der Waals. (Molecular Physics **12** (1967) 3, 259–64; Koninklijke/Shell-Labor., Amsterdam; engl.) — *Chinoxalin* u. sein Perdeutero-Deriv. wurden in einem Einkristall von *Durol* in ihrer $^1A_1$–$^1A_1$-Absorption durch Blitzlich angeregt u. der Phosphoreszenzabfall bei 4,2 u. 1,56°K gemessen. Es tritt Spinpolarisation auf. Vers. in einem Magnetfeld von 10 kg, das entlang der x- oder z-Achse gerichtet war, ergaben unabhängig von der Richtung des Magnetfeldes fast gleiche Ergebnisse wie bei der opt. Anregung ohne Feld. W. Schramm 408

0896 **Elektronenstruktur und Lumineszenzeigenschaften von Phenazinderivaten.** Noboru Mataga und Kiyoshi Ezumi. (Bull. chem. Soc. Japan **40** (1967) 6, 1350–54; Dep. of Chem., Fac. of Engng. Sci., Osaka Univ., Toyonaka, Osaka; engl.) — Die Absorptions- u. Fluoreszenzspektren von *1.5-Dichlor-, 1.5-Dimethoxy-, 1.5-Dihydroxy-* u. *1.5-Diaminophenazin* in verschiedenen Lsgm. werden untersucht u. Lsgm.-Einfl. auf die Spektren ermittelt, die durch quantenmechan. Berechnungen der π-Elektronenzustände der Mol. gedeutet werden. Aus diesen u. den Fluoreszenzeig. ergibt sich, daß der niedrigste angeregte Singulettzustand ein $^1(\pi-\pi^*)$-Zustand ist, während es bei unsubstituiertem Phenazin $^1(n-\pi^*)$ ist. Der Mechanismus der beobachteten Fluoreszenzlöschung

wird auf Grund von strahlungsloser Vibronenkopplung zwischen Elektronenzuständen diskutiert.
W. Sobieski 408

0897 **Quantenausbeuten der Triplettbildung in Chlorophyllösungen.** P. G. Bowers und G. Porter. (Proc. Roy. Soc. [London], Ser. A **296** (1967) 1447, 435—41; Sheffield, Univ., Dep. of Chem.; engl.) — Die Quantenausb. der Triplettbldg. Φ_T in verd. Lsg. ($< 10^{-6}$ m) von Chlorophyll wurden bei 23° direkt mit Hilfe einer modifizierten Blitzphotolysetechnik gemessen. In Ae. beträgt $\Phi_T = 0{,}64$ bzw. 0,88 für *Chlorophyll a* bzw. *b*, $\Phi_T + \Phi_{Fluorescenz} = 1$; strahlungsloser Übergang von angeregtem Singulett- zum Grundzustand findet höchstens in sehr geringem Umfang statt. In 3-Methylpentan (I) nimmt Φ_T um mindestens den Faktor 5 ab. Die Abklingzeit von Triplett-chlorophyll b beträgt 500 μs in beiden Lsgm., die von Triplettchlorophyll a 500 μs in Ae. bzw. < 100 μs in I. Vf. nehmen an, daß Desaktivierung des angeregten Singulett-Dimeren durch Dissoziation in zwei monomere Chlorophyllmol. im Grundzustand erfolgt.
Maria Schenk 408

0898 **Strahlungslose Übergänge bei Cyaninfarbstoffen.** A. V. Buettner. (J. chem. Physics **46** (1967) 4, 1398—01; Res. Labor., Eastman Kodak Co., Rochester, N.Y.; engl.) — Der Teil der angeregten Mol., die vom Singulett-Zustand in den Grundzustand strahlungslos übergehen, beträgt für *1.1'-Diäthyl-2.2'-cyaninjodid* 0,86 ± 0,05; für *1.1'-Diäthyl-6-brom-2.2'-cyaninjodid* 0,82 ± 0,04; u. für *1.1'-Diäthyl-6-jod-2.2'-cyaninjodid* 0,64 ± 0,06.
D. Schmitt 408

0899 **Nichtlineare Polarisierbarkeiten von alternierenden Kohlenwasserstoffen.** J. R. Gott, M. J. P. Musgrave und J. N. Murrell. (Molecular Physics **12** (1967) 3, 295—97; Div. of Mol. Sci., Nat. Phys. Labor., Teddington, Middlesex; engl.) — Es werden vorläufige Beobachtungen über Einfl., die die Größe nichtlinearer Polarisierbarkeiten alternierender KW-Stoffe bestimmen, mitgeteilt. Vers. zur Messung der Erzeugung der 2. Harmon. unter Einfl. von 10 MV-Pulsen einer „Q-sproiled" Rubin-Lasers an einem Mol.-Krist. von *Phenanthren* (I) zeigten nur 1/10000 der Intensität, der von Quarz oder KH_2PO_4 erzeugten; orientierte Einkrist. von *1.2-Benzanthracen* zeigen 15mal soviel wie I, *Benzil*-Krist. erzeugen Harmonische, die mit solchen von Quarz vergleichbar sind. Danach ist es wahrscheinlich, daß bei alternierenden KW-Stoffen nur eine geringfügige Erzeugung 2. Harmonischer zu beobachten sein wird. W. Schramm 410

0900 **Dipolmoment und Polarisierbarkeit im angeregten n-π*-Zustand von Aceton aus der Lösungsmittelverschiebung von Spektren.** Takehiro Abe. (Bull. chem. Soc. Japan **39**, 936—39, 1966; Coll. of General Educ., Tohoku Univ., Kawauchi, Sendai; engl.) — Es werden Ausdrücke für die Frequenzverschiebung u. Daten des n-π*-Übergangs von Aceton (I) in verschiedenen Lsgm. angegeben. Das Dipolmoment von I im angeregten Zustand wird nach der vorgelegten Theorie zu 0,86, nach McRae zu 1,84 D ber., was beides niedriger als im Grundzustand ist. Die Polarisierbarkeit im angeregten Zustand beträgt $163{,}1 \cdot 10^{-25}$ cm³, die Solvatationsenergien der untersuchten Lsgm. sind größer als im Grundzustand.
K. Krüger 410

0901 **Dielektrische Polarisationen von Ameisensäure und anderen Carbonsäuren in Benzol.** R. J. W. Le Fèvre, R. K. Pierens und D. V. Radford. (Austral. J. Chem. **19**, 1325—29, 1966; Univ. of Sydney, School of Chem.; engl.) — Zu deren Best. wurden an Ameisensäure, *Essig-*, *Propion-*, *n-Butter-*, *Stearin-*, *Benzoe-*, *Zimt-* u. *Phenylessigsäure* IR-Absorptionsmessungen im Bereich 3500 cm⁻¹ durchgeführt. Die „Quantität" $Q = HW/w_2$ mit H = Höhe des Absorptionsmaximums, W = Bandbreite der halben Höhe u. w_2 = Konz. wurde auf die Konz. = O extrapoliert. Q/Q_0 steht danach im nahezu ganzen Konz.-Bereich in linearer Beziehung zur partiellen Molpolarisation. M. Knaack 410

0902 **Berechnung der Frequenzen und Formen der Normalschwingungen des Isoprenmoleküls C_5H_8.** S. Džessati, G. S. Koptev, V. I. Tjulin und V. M. Tatevskij. (Vestnik Moskovskogo Univ., Ser. II **21**, Nr. 5, 3—6, 1966; Kaf. fiz. chimii; russ.) — Frequenz u. Form der Normalschwingungen von *trans-Isopren* (Symmetrie A' bzw. A'') im Bereich 165—3090 cm⁻¹ werden berechnet. Die geometr. Parameter des Mol., die Kraftkonst., die theoret. sowie die im IR- u. Raman-Spektrum auftretenden Frequenzen sind tabelliert.
W. Herfurt 415△

0903 **Berechnung der Ladungsverteilung und des Spektrums von Perylen.** V. N. Močalkin. (Teoret. ėksper. Chim. **2**, 729—33, 1966; Novgorodskij gos. pedagog. inst.; russ.) — Unter Anwendung der Meth. von Pariser, Parr u. Pople werden die Frequenzen u. Intensitäten von Singulett-Übergängen im Elektronenspektrum von Perylen ber. u. mit den experimentellen Ergebnissen sowie mit den nach anderen Verf ermittelten Werten verglichen. W. Herfurt 415△

0904 **Elektronenabsorptionsspektren der Dämpfe von 2-, 4-, 6- und 7-Methylchinolin.** M. A. Shashidhar und K. Suryanarayana Rao. (Current Sci. [Bangalore] **35**, 230, 1966; Dharwar, Karnatak Univ., Dep. of Phys.; engl.) — Mit Schichtdicken von 25—200 cm wurden die UV-Spektren von *2-*, *4-*, *6-* u. *7-Methylchinolin* zwischen Zimmertemp. u. 200° photograph. aufgenommen (O,O-Banden: 31999, 32152, 31759 bzw. 31836 cm⁻¹). Jedes Spektrum hat zwischen 3200 u. 2800 Å 10—15 Banden. Die Banden werden einem ^1L_b–^1A ($^1A'$–$^1A'$)-Übergang zugeschrieben. Die Grundschwingungen sind tabellar. angegeben. G. Cleve 418

0905 **Experimentelle Untersuchung des Einflusses von Alkylsubstituenten auf die Lage der K- und R-Absorptionsbanden von Acroleinderivaten.** A. F. Moskvin, O. P. Jablonskij und L. F. Bondar'. (Teoret. ėksper. Chim. **2**, 635—40, 1966; Naučno-issledov. inst. monomerov dlja sintet. kaučuka, g. Jaroslavl'; russ.) — Die UV-Spektren (180—400 mμ) von *Acrolein* (I), *Methylvinylketon*, *Methacrolein*, *Mesityloxid*, *cis-* u. *trans-Crotonaldehyd* im dampfförmigen u. gelösten Zustand (Lsgm. Isooctan, A., W.) werden untersucht (λ_{max} u. ε der K- u. R-Banden sind tabelliert). Das Ausmaß der durch Alkylsubstitution von I bewirkten bathochromen Verschiebung der R-Bande ist im Gegensatz zur gleichartigen Verschiebung der K-Bande weitgehend vom Lsgm. abhängig.
W. Herfurt 418△

0906 **Absorptionsspektren von chlorierten p-Benzochinonen im nahen UV.** S. C. Srivastava und R. S. Singh. (Indian J. pure appl. Physics **5** (1967) 7, 284—87; Dep. of Spectroscopy, Banaras Hindu Univ., Varanasi; engl.) — Die Spekten von *Chloranil* (I) bei 105°, von *2.5-Dichlor-p-benzochinon* (II) bei 65° u. von *2.6-Dichlor-p-benzochinon* (III) bei 40° werden untersucht u. die Frequenzen zugeordnet (Tabellen). Die Banden von I bei 3300 bzw. 2700 Å gehören zum $B_{1g} \rightarrow A_{1g}$- bzw. $B_{2u} \rightarrow A_{1g}$-Elektronenübergang, die von II bei 2400—2750 Å zum $B_u \rightarrow A_g$- u. die von III bei 2600 Å zum $B_2 \rightarrow A_1$-Übergang. Die Schwingungsfrequenzen werden bez. der Raman-Frequenzen u. bez. **I**, **II** u. **III** diskutiert.
W. Sobieski 418

0907 **Chemilumineszenz von Acylluminolen.** Yoshimori Omote, Takeo Miyake, Seiya Ohmori und Noboru Sugiyama. (Bull. chem. Soc. Japan **39**, 932 bis 935, 1966; Dep. of Chem., Tokyo Kyoiku Univ., Otsuka, Tokyo; engl.) — Aus dem Chemilumineszenzspektrum nachst. Verb. u. den Fluoreszenzspektren von Rk.-Prod. wird angenommen, daß das emittierende Chemilumineszenzzentrum der Acylluminole in 3:1 DMF W. das entsprechende 3-Acylaminophthalat-Ion im angeregten Zustand ist. Untersucht wurden: *Luminol* u. die Phthalhydrazide: *3-Acetylamino-* [$C_{10}H_9O_3N_3$, F. 320° (Zers.), IR- u. UV-Daten), *3-Propionylamino-* [$C_{11}H_{11} \cdot O_3N_3$, F. 278° (Zers.), IR- u. UV-Daten], *3-[Undecen-(10)-oylamino]-* ($C_{19}H_{25}O_3N_3$, F. 275°, IR- u. UV-Daten). Dargestellt wurden außerdem *3-Acetylamino-O-acetyl-* [$C_{12}H_{11}O_4N_3$, F. 251° (Zers.), UV-, IR-Daten] u. *3-Undecen-(10)-oylamino]-O-undecen-(10)-oylphthalhydrazid* ($C_{30} \cdot H_{43}N_3O_4$, F. 142°, IR-, UV-Daten). K. Krüger 418

0908 **Lumineszenzeigenschaften der Kondensationsprodukte von Naphthalsäureanhydrid mit 3.4-Diaminoanisol.** B. M. Krasovickij, É. A. Ševčenko und L. D. Ščerbak. (Ž. vses. chim. Obšč. im. D. I. Mendeleeva **11**.

705, 1966; VNII monokristallov; russ.) — Das Absorptions- (250—500 nm) u. Lumineszenzspektrum (450 bis 630 nm; monochromat. Anregung bei 365 nm) der Lsg. in Toluol des bei Kondens. von Naphthalsäureanhydrid mit 3.4-Diaminoanisol in 63 bzw. 37%ig. Ausb. entstehenden *11-Methoxy-* (**I**) bzw. *10-Methoxy-7-oxo-7H-benzimidazo*[*2.1*:*a*]*benz*[*d.e*]*isochinolin* (**II**) werden untersucht. Die Quantenausb. der Lumineszenz ist für **I**, das infolge geringer Löslichkeit aus den Kondens.-Prod. leicht durch Umkrist. aus Bzl. abgetrennt werden kann, etwa 1,6mal höher als für **II**. W. Herfurt 418△

0909 **Ramanspektren einiger mono- und disubstituierter cis-Pentalane (cis-Bicyclo[3.3.0]octane).** A. N. Kislinskij, N. S. Vorob'eva und A. A. Petrov. (Ž. prikl. Spektroskopii **5**, 660—65, 1966; russ., Auszug: engl.) — Die Raman-Spektren folgender cis-Bicyclo[3.3.0]-octane (cis-Pentalane; in Klammern Anteile der Isomeren am untersuchten Gemisch in %) im Bereich 200—3000 cm^{-1} werden untersucht (Tabelle): *unsubstituiert, 1-Methyl-* (Gemisch a: endo- 92, exo- 8, Kp. 152,5 bis 153.5°; Gemisch b: endo- 36, exo- 64, Kp. 149,5 bis 150,5°), *1.3-Dimethyl-* (endo.endo- 84, endo.exo-6, exo.exo-10, Kp. 169—171°), *1-Methyl-3-äthyl-* (endo.endo- 90, exo.exo- 10, Kp. 191—192°), *1-Methyl-3-hexyl-* (endo.endo 57, exo.endo- 21, exo.exo- 22, $Kp._5$ 130°), *1-Methyl-3-cyclohexyl-* (endo.endo- 56, endo.exo- 20, exo.exo- 24, $Kp._6$ 149—150°), *2.5-Diäthyl-* (endo.endo- 88, exo.exo- 12, Kp. 224°). Möglichkeiten der spektrometr. Unterscheidung einzelner Isomerer werden am Beispiel einiger Linien diskutiert. W. Herfurt 420△

0910 **Mechanismus der BF_3-Katalysereaktion. IR- und UV-Spektren einiger Komplexe.** Yoshihira Nakane, Toshisuke Ōyama und Akiko Nazubori. (Shokubai [Catalyst, Tokyo] **8**, 312—16, 1966; Inst. for Phys. Chem.; jap.) — Bei —105° wurden die IR-Spektren von fl. $^{10}BF_3$, $^{11}BF_3$, C_2H_5F, C_2D_5F, von den Komplexen: $^{10}BF_3 \cdot C_2H_5F$, $^{11}BF_3 \cdot C_2H_5F$, $^{10}BF_3 \cdot C_2D_5F$ u. $^{11}BF_3 \cdot C_2D_5F$, sowie bei —70° von $C_6H_5CH_3$, $C_6D_5CD_3$, sowie von den Komplexen: $C_6H_5CH_3 \cdot C_2H_5F \cdot {}^{10}BF_3$, $C_6H_5CH_3 \cdot C_2H_5F \cdot {}^{11}BF_3$, $C_6D_5CD_3 \cdot C_2D_5F \cdot {}^{10}BF_3$ u. $C_6D_5CD_3 \cdot C_2D_5F \cdot {}^{11}BF_3$ aufgenommen. Aus den Spektren kann abgeleitet werden, daß es sich bei den Komplexen um koordinative π-Komplexe handelt. Dasselbe Ergebnis schlossen Vf. aus den UV-Spektren von *Xylol-tert.-Butylchlorid-BF_3*. Weiterhin fanden sie, daß die Stabilität des p-Xylol-Komplexes niedriger ist als die des m-Xylol-Komplexes. Bei Bldg. von tert.-Butyltoluol aus tert.-Butylchlorid–BF_3 enthielt das Prod. bei 95° 100% das para-Isomer, während bei Raumtemp. 92,6% para- u. 7,4% meta-Isomer entstanden. H. S. Park 420

0911 **IR-Untersuchungen heterocyclischer Verbindungen.** 1. Mitt. **Intensitätsmessungen der CH-Valenzschwingungen einiger unsubstituierter heterocyclischer Fünfringe des Typs C_4H_4X und deren Benzologen.** R. Joeckle, E. Lemperle und R. Mecke. (Z. Naturforsch. **22a** (1967) 3, 395—402; Inst. für Elektrowerkstoffe der Frauenhofer-ges., Freiburg i.Br.; dt.) — Folgende Verb. werden untersucht: *Cyclopentadien, Thiophen, Pyrrol, Furan, Inden, Benzothiophen, Indol, Benzofuran, Fluoren, Diphenylensulfid, Carbazol, Diphenylenoxid, Pyrazol, Thiazol, Imidazol, Benzothiazol, Benzimidazol, Benzoxazol, 1.2.4-Triazol* u. *1.2.3.4-Tetrazol.* Die CH–Intensitäten heterocycl. Fünfringe sind bedeutend kleiner als die der entsprechenden homocycl. Verb., außerdem tritt eine Verschiebung des Bandenschwerpunktes ins Kurzwellige ein. Diese Resultate werden durch Änderung der Hybridisierungsverhältnisse in den CH-Orbitalen u. durch die unterschiedliche Elektronensaugwrkg. der Heteroatome erklärt. Die Spektren sind im Bereich von 3300—2800 cm^{-1} abgebildet, u. es werden die Wellenzahlen, die Maximalextinktionskoeff., die Bandenschwerpunkte u. die integralen Intensitäten angegeben. D. Schmitt 420

0912 **IR-Untersuchungen heterocyclischer Verbindungen.** 2. Mitt. **Substituentenabhängigkeit der Intensitäten der aromatischen CH-Valenzschwingungen 2-substituierter Thiophenderivate.** R. Joeckle, E. Lemperle und R. Mecke. (Z. Naturforsch. **22a** (1967) 3, 403—06; dt.) — 1. vgl. vorst. Referat. — Folgende Thiophene werden untersucht: *2-Äthyl-, 2-Methyl-, 2-Acetyl-, 2-Formyl-, 2-Brom-* u. *2-Chlor-*. Es besteht ein funktioneller Zusammenhang zwischen Intensität der CH-Valenzschwingung u. den Taftschen Substituentenparametern. Die Intensität nimmt mit wachsender Elektronenakzeptorwrkg. des Substituenten ab. D. Schmitt 420

0913 **Untersuchungen in der Pyridinreihe.** 22. Mitt. **Beitrag zu den IR-Spektren der 3-Piperideine.** M. Ferles und M. Holik. ((Z. Chem. **7** (1967) 1, 19—20; Inst. für organ. Chem. der T. H. für Chem., Prag; dt.) — 21. vgl. C. **1968**, 53-0416. — Wellenzahl u. Extinktionskoeff. der Banden bei 900 cm^{-1} werden von folgenden 1.2.5.6-Tetrahydro-2-methylpyridinen angegeben: *unsubstituiert, 1-Methyl-, 4-Methyl-, 1.4-Dimethyl-, 5-Äthyl-* u. *1-Methyl-5-äthyl-*; außerdem von 1-Methyl-4-methylen-piperidinen: *unsubstituierte, 3-Methyl-* u. *2-Methyl*:; von *1-Methyl-3-methylenpiperidin, Methylencyclohexan* u. *4-Methylcyclohexen.* D. Schmitt 420

0914 **Schwingungsspektrum von Piperidin und seinen einfacheren Derivaten.** O. S. Anisimova, A. N. Kost, Ju. A. Pentin und L. G. Judin. (Vestnik Moskovskogo Univ. **21**, Nr. 4, 19—23, 1966; Kaf. fiz. i organ. chimii; russ.) — Die IR- u. Raman-Spektren (100—3400 cm^{-1}) von Piperidin (Kp. 104,5—105°), *N-Methyl* (Kp. 105,2 bis 105,5°) u. [*N-D_1*]*-Piperidin* (Kp. 104,2—104,8°) in fl. u. krist. Phase werden untersucht (Abb.). Auf Grund der Spektren wird das Gleichgew. zwischen den Konform.-Isomeren mit axialer u. äquatorialer Stellung des Substituenten am N diskutiert. W. Herfurt 420△

0915 **Chemie der Dipyridyle. Strukturbeweis substituierter Dipyridyle mit Hilfe der IR-Spektren.** V. B. Leont'ev, Ju. S. Mangutova, O. S. Otroščenko und A. S. Sadykov. (Chim. geterocikličeskich Soedinenij **1966**, 575—78; Taškentskij gos. univ.; russ.) — Die IR-Spektren folgender Dipyridyle wurden untersucht: α.α'-Dipyridyle (**I**): *unsubstituiert, 5-Cyan-, 5-Carboxy-*; α.β'-Dipyridyle (**II**): *unsubstituiert, 5-Cyan-, 5-Hydroxy-, 5-Carboxy-, 5-Sulfo* u. ihr *Ba-* u. *K-Salz*; *β.β'-Dipyridyl* (**III**); γ.γ'-Dipyridyle (**IV**): *unsubstituiert, 3-Cyano-, 3.3'.5.5'-Tetrasulfo-*, ihr *Ba-Salz* u. *-Anhydrid.* Für die Ermittlung der Lage der Substituenten erwiesen sich die Banden nichtplanarer CH-Schwingungen als brauchbar; sie liegen für die vorst. Verb. im Bereich 950—650 cm^{-1}. Die Intensität der Banden der planaren CH-Schwingungen ist nur gering. N. Kucharczyk 420△

0916 **Physikochemische Untersuchung über die 6-substituierten 2.4-Diamino-1.3.5-triazine.** Goro Morimoto. (Rev. physic. Chem. Japan **37** (1967) 1, 54—61; The Nippon Synthetic Chemical Ind. Co Ltd., Osaka, Japan; dt.) — Es wurden die Substituenteneffekte des am $C_{(6)}$ substituierten *2.4-Diamino-1.3.5-triazin*, auf die UV- u. IR-Spektren sowie auf die Dissoziationskonst. untersucht. Die π–π^*-Absorption im Bereich von 2300—2600 Å zeigt durch Substitution am $C_{(6)}$ eine hypsochrome Verschiebung, was möglicherweise auf die Veränderung der Molekularsymmetrie von C_{2v} nach D_{3h} zurückgeführt wird. Unter Annahme einer Protonisierung am $C_{(3)}$ wurde insbesondere bei den Alkoxyderivaten kein regelmäßiges Verhältnis zwischen dem σ_p-Wert u. pK_a beobachtet, bei o-substituierten Pyridinen, 6-Alkoxy-2.4-diamino-1.3.5-triazin wurde dagegen eine regelmäßige Beziehung beobachtet, was auf eine Protonisierung am $C_{(1)}$ zurückgeführt wird. Die charakterist. IR-Banden bei 780 u. 1700 cm^{-1} in den Salzen wurden der γ-Schwingung des Triazinringes bzw. der $C{=}N^+$-Valenzschwingung zugeordnet. Die letztere zeigte eine regelmäßige Abhängigkeit vom Hammett-Parameter σ_p. Untersucht wurden nachst. 2.4-Diamino-1.3.5-triazine: unsubstituiert, 6-Methyl-, 6-Äthyl-, 6-Methoxy-, 6-Äthoxy-, 6-Phenoxy-, 6-Chlor-, 6-Amino- u. 6-Hydroxy-. UV- u. IR-Bandentabellen vgl. Original. G. Malow 420

0917 **Spektroskopische Untersuchungen an Si-F-Verbindungen.** 3. Mitt. Kurt Licht. (Z. Chem. **7** (1967) 11, 443; Arbeitsbereich für phys. Meth. der analyt. Chem., Inst. für Phys. Chem., DAW, Berlin-Adlershof; dt.) —

2. vgl. C. **1968**, 31-0091. — Die IR- u. Raman-Spektren von *Trimethylfluor-, Dimethylphenylfluor-, Methyldiphenylfluor-, Triphenylfluor-, Dimethyläthylfluor-, Methyldiäthylfluor-* u. *Triäthylfluorsilan* werden untersucht (Tabellen). W. Sobieski 420

0918 **Spektroskopische Untersuchung des Verhaltens von Anthrachinon in Schwefelsäure und Oleum.** I. E. Ovčarenko und N. P. Vinogradova. (Teoret. èksper. Chim. **2**, 687—90, 1966; NII organ. poluprod. i krasitelej, g. Moskva; russ.) — Untersucht werden das UV-Spektrum (220—500 mμ; in A., 96%ig. H_2SO_4 u. 23%ig. Oleum) sowie Lage u. Intensität der Banden der Valenzschwingungen der CO-Gruppen (1668—1679 cm^{-1}) u. des aromat. Syst. (1580—1589 cm^{-1}) im IR-Spektrum (in CCl_4, $CHCl_3$, KBr, Vaseline, 95,8%ig., 100%ig. H_2SO_4 u. 16,2%ig. Oleum) von Anthrachinon. Sowohl in H_2SO_4 als auch in Oleum läßt sich die Bldg. eines mol. SO_3-Komplexes des Chinons („Sulfonoxid") nicht nachweisen. W. Herfurt 420△

0919 **Absorptionsspektren von Aminoanthrachinonen in Lösung.** Mitsuhiko Hida. (J. chem. Soc. Japan, ind. Chem. Sect. [Kōgyō Kagaku Zasshi] **69**, 874—81, 1966; Tokyo, Tokyo Univ. Fac. of Engng.; jap., Auszug: engl.) — Im Bereich von 400—550 nm wurden die Absorptionsspektren von *1-Amino-* (**I**) u. *2-Aminoanthrachinon* (**II**) in A.- u. Bzl.-Lsg. von ca. 1,9—3,1 · 10^{-4} Mol/l untersucht. Aus der Änderung der in Gaußformen zerlegten Banden werden Aussagen über Aminoanthrachinone gemacht. Die erste Bande von **I** in A. bei 500 nm, die in Bzl.-Lsg. nicht beobachtet wurde, ist auf die H-Brückenbindung zwischen **I** u. A. zurückzuführen. Bei Zusatz von Ae. zur Bzl.-Lsg. von **I** tritt keine Änderung im Spektrum auf. Daraus folgt, daß zwischen dem H der Aminogruppe u. dem O im Alkohol bei 2-Amino-Deriv. eine H-Brückenbindung entsteht, während dies bei 1-Amino-Deriv. nicht der Fall ist. Die Spektren von **II** in Ae. wurden aus den Spektren von **II** in Bzl.–Ae. berechnet. Die 1. Absorptionsbande der Ae.-Lsg. stimmt mit der 2. Absorptionsbande der A.-Lsg. überein. Daraus geht hervor, daß die 2. Bande mit der erwähnten H-Brücke in Zusammenhang steht. H. S. Park 420

0920 **Protontunnelung in Essigsäuredimeren.** S. G. W. Ginn und J. L. Wood. (J. chem. Physics **46** (1967) 7, 2735—40; engl.) — Durch die Anwendung der Gruppentheorie nichtstarrer Syst. auf die Wrkg. der Protontunnelung im Schwingungsspektrum von Carbonsäuredimeren $(R–COOH)_2$, insbesondere *Essigsäure* (**I**), läßt sich zeigen, daß das Dublett, das im fernen IR des Dampfes von $(I)_2$ beobachtet wird, wahrscheinlich nicht auf Protontunnelung zurückzuführen ist. Das Dublett bleibt auch im Spektrum von $(CH_3–COOD)_2$ erhalten. W. Schramm 420

0921 **IR-Absorption von aliphatischen Estern im Bereich von 550—350 cm^{-1}.** Shigeyuki Tanaka, Seiichiro Higuchi und Hitoshi Kamada. (J. chem. Soc. Japan, pure Chem. Sect. [Nippon Kagaku Zasshi] **87**, 399—401, 1966; Tokyo, Tokyo Univ., Fac. of Engng.; jap., Auszug: engl.) — Untersucht wurden im Bereich von 700 bis 260 cm^{-1} die IR-Absorptionsspektren von nachst. Estern: *Ameisensäure-, Essigsäure-, Buttersäuremethylester, -äthylester, -n-propylester, -n-butylester, -n-pentylester* u. *-n-hexylester; Propionsäureäthylester, -n-propylester, -n-butylester, -n-pentylester* u. *-n-hexylester; Essigsäureisobutylester.* Die Lage der beiden im Bereich von 550—350 cm^{-1} gefundenen Banden δ_1 u. δ_2 hängt nicht von der Alkylgruppe der Ester, sondern von der Alkoxygruppe ab. Es besteht zwischen den δ_1, δ_2 u. der σ^*-Konst. von Taft, sowie der Zers.-Energie der C–O-Bindung, die beide vom elektron. Effekt der Alkylgruppe in der Alkoxygruppe abhängige Parameter sind, ein linearer Zusammenhang. Daraus wurde geschlossen, daß sich δ_1 u. δ_2 durch den induktiven Effekt der Alkylgruppe verschieben u. daß das an der Alkylgruppe befindliche O für den induktiven Effekt eine große Rolle spielt. H. S. Park 420

0922 **Untersuchungen im nahen Infrarot. Norbornene und verwandte Verbindungen.** P. G. Gassman und W. M. Hooker. (J. Amer. chem. Soc. **87**, 1079—83, 1965; Columbus, O., O. State Univ., Dep. of Chem.; engl.) — Vf. untersuchten den Bereich des 1. Obertons der ν(C–H) bei 1,645—1,675 [μ], der auf die Gerüststruktur, den Grad der Substitution u. die elektron. u. stereochem. Effekte der Substituenten bezogen werden kann, von folgenden Verb. in CCl_4-Lsg.: Norbornene (**A**): *unsubstituiert, endo-cis-5.6-Dimethyl-, trans-5.6-Dimethyl-, trans-* u. *endo-cis-5.6-Bis-*[*hydroxymethyl*]*-, endo-5.6-Propeno-, 6-endo-Hydroxy-, 6-Methylen-, exo-cis-5.6-Bis-*[*hydroxymethyl*]*-, endo-cis-* u. *exo-cis-5.6-Bis-*[*carbomethoxy*]*-, 5-endo-Carboxy-, 5-endo-Cyan-, 5-exo-Cyan-, exo-cis-5.6-dicarbonsäureanhydrid, 6-Oxo-, -endo-cis-5.6-dicarbonsäureanhydrid, -trans-5.6-dicarbonsäuredichlorid, anti-7-Hydroxy-, 7-Methylen-, 7.7-Dimethoxy-, 7-Hydroximino-, 7-Oxo-, 2.3-Dimethyl-, 3-Methyl-, 3-Deutero-, 3-Carbomethoxy-, 3-Carboxy-, 3-Chlor-* u. *3-Brom-; 5-Chlornorbornen-endo-cis-5.6-dicarbonsäureanhydrid;* Norbornadiene: *unsubstituiert, 2.3-Dimethyl-7.7-dimethoxy-, 7-Hydroxy-, 2-Carboxy-, 2.3-Bis-*[*carbomethoxy*]*-, 2.3-Dicyan-* u. *1.2.3.4-Tetrachlor-7.7-dimethoxy-;* Nortricyclane: *unsubstituiert, 2.3-exo-Dimethyl-, 3.3-Dimethyl-, 3-exo-Hydroxy-, 3-exo-Acetoxy-, 3-exo-Carboxy-, 3-exo-Brom-, 3-Oxo-* u. *2-Carboxy-,* Quadricyclane (**C**): *unsubstituiert, 2.3-Dimethyl-7.7-dimethoxy-* u. *2.3-Bis-*[*carbomethoxy*]*-*. Folgende charakterist. Banden, die zur Identifizierung im nahen IR dienen können, wurden gefunden: **A**: 1,644—1,673; **B**: 1,656—1,671; **C**: 1,652—1,667. U. Radlbeck 420

0923 **Integrale Intensitäten der IR-Banden der Valenzschwingungen der N–H-, C=O- und C=C-Gruppe von Vinca-Alkaloiden.** M. R. Jagudaev. (Chim. prirodnych Soedinenij **2**, 185—92, 1966; Inst. chimii rastitel'nych vescestv AN Uzb. SSR; russ.) — Die integralen Intensitäten der ν(N–H), ν(C=O) u. ν(C=C) in den IR-Spektren der nachst. Indolin-, Indol- u. Oxindol-Alkaloide: *Norharman, Harman, Vincanin* (**I**), *19.20-Dihydro-, 17-Nor-16-cyan-, 2.16-Dihydro-17-nor-16-hydroxymethyl-, 17-Desoxo-2.16-dihydro-, 17-Desoxo-2.16.19-20-tetrahydrovincanin; Akuammicin* (**II**), *Vinervin-n-methyläther* (*11-Methoxyakuammicin*, **III**), *2.16-Dihydroakuammicin, 2.16-Dihydrovinervin-O-methyläther, O-Acetyltombozin, Ervamin, Kopsinin, 17-Nor-16-cyanvincanin, Reserpinin, Maidin, Vinerin, Vineridin* u. *Hydroxyindolreserpinin* sowie zum Vgl. von *Indol* werden ermittelt (Tabelle). Auf Grund der Intensitätsveränderungen in **I—III** u. in deren Dihydroderiv. wird auf eine Chelatbindung in **I—III** geschlossen. Die Banden von 1500—1700 cm^{-1} werden zugeordnet. W. Herfurt 420△

0924 **Beziehungen zwischen der NQR-Frequenz von $RC^{14}N$-Molekülen und der Induktionskonstanten σ^* des Substituenten R.** I. P. Birjukov, V. P. Fešin und M. G. Voronkov. (Doklady Akad. Nauk SSSR **171**, 645—47, 1966; Inst. organ. sinteza AN Latv. SSR; russ.) — Die Abhängigkeit der Frequenz (in MHz) der NQR-Signale von der Induktionskonst. σ^* wird für *HCN, Trichlormethyl-, Cyanmethyl-, Chlormethyl-, Phenyl-, Isopropyl-, Äthyl-* u. *Methylcyanid* gut durch die Beziehung $\nu_m = 2{,}847 + 0{,}72\,\nu_m \pm 0{,}007$ beschrieben (Korrelationskoeff. etwa 0,861). Für *Chlor-, Brom-* u. *Jodcyan* gilt entsprechend $\nu_m = 7{,}926 - 1{,}917\,\sigma^* \pm 0{,}030$ (Korrelationskoeff. 0,771). W. Herfurt 422△

0925 **Wirkung aromatischer Lösungsmittel in der NMR-Spektroskopie.** T. Ledaal. (Tetrahedron Letters [London] **1966**, 1653—58; Kjem. Inst. Blindern, Oslo, Univ.; engl.) — Es wurde an einfach gebauten Verb. die Lsgm.-Verschiebung $\Delta\delta = \delta_{(CCl_4)} + \delta_{(C_6H_6)}$ bei NMR-Messung in CCl_4 unter Zusatz von Bzl. bestimmt. (in ppm bezogen auf TMS). Die $\Delta\delta$-Werte folgen etwa dem aciden u. elektrophilen Charakter der Protonen u. zeigen keine einfache Beziehung zu den Dipolmomenten. Für *p-Benzochinon* bzw. *Cyclohexandion-(1.4)* ist $\Delta\delta$ mit 0,69 bzw. 0,38 unerwartet hoch. — Weiter wurde der Einfl. auf die chem. Verschiebung in *Acetonitril* (**I**) bei Ersatz von Bzl. durch 19 andere Aromaten als Lsgm. untersucht: *Toluol* u. *Pyrrol* haben etwa die gleiche Wrkg. wie *Bzl.*, während der Effekt von polaren Lsgm. geringer u. z. B. von *p-Nitroanilin, Py.* u. *Nitrobenzol* prakt. gleich Null ist. — Die Wrkg. von Bzl. auf $\Delta\delta$ von **I** steigt mit wachsender Bzl.-Konz., ebenfalls der Temp.-Einfl.: in Bzl./**I** im Verhältnis

1:1 ist $\Delta\delta$ zwischen 10 u. 70° konst., nimmt aber bei steigender Verdünnung von I mit höherer Temp. ab. Untersuchte Verb.: *Phenol, $CHCl_3$, $CHBr_3$, Acrylnitril, CH_2Cl_2, Cyclohexanol, Methyljodid, Nitromethan, γ-Butyrolacton, Benzalchlorid, α.α.α-Trichlortoluol, Nitrobenzol, Anilin, Chlorbenzol, DMSO, Äthylmethylketon, Benzylchlorid, Essigsäure, Benzonitril, 1.4-Dioxan, THF*, Pyrrol. Untersuchte Lsgm.: *Thiophen, Anilin, m-Xylol*, Benzalchlorid, *Mesitylen, Anisol*, Benzylchlorid, *Furan*, Chlorbenzol, α.α.α-Trichlortoluol, *Hexafluorbenzol*/Bzl. 1:1, *Brom-* u. *Jodbenzol. Benzonitril.*

W. Damerau 424

0926 **Wirkung der Relaxation auf die Kern-Doppelresonanzspektren schwach gekoppelter Spin-Systeme; Proton-Doppelresonanz in Äthylfluorid.** B. D. Nageswara Rao und L. Lessinger. (Molecular Physics **12** (1967) 3, 221–32; Dep. of Chem., Harvard Univ., Cambridge, Mass.; engl.) — Die Dichtematrix-Meth. zur Unters. von Relaxationseffekten der Kerndoppelresonanz wird auf die Fälle großer Mol., die mehrere Gruppen äquivalenter Kerne enthalten u. Einzelresonanzspektren 1. Ordnung geben, erweitert. Dabei wird angenommen, daß die Relaxation durch ein isotropes Zufälligkeitsfeld bei vollständiger Korrelation zwischen Wechselwrkg. innerhalb jeder Gruppe u. dem Fehlen der Korrelation der Wechselwrkg. zwischen verschiedenen Gruppen stattfindet. Die Anwendung der Meth. auf C_2H_5F ergibt, daß die Spinrelaxation von F. im Mol. etwa 4mal so groß wie die der Protonen ist. W. Schramm 424

0927 **^{13}C-Aufspaltungen von Proton- und Fluorresonanzspektren. Substituierte Fluorbenzole.** S. Mohanty und Putcha Venkateswarlu. (Molecular Physics **12** (1967) 3, 277–81; Physics Dep., Indian Inst. of Technol., Kampur, India; engl.) — Aus den ^{13}C-Satelliten wurden die ^{13}C–H- u. ^{13}C–F-Kopplungskonst. für die *o-, m-* u. *p-Isomeren* von *Fluoranilin, -phenol, -anisol, Difluorbenzol* u. *Fluorbenzaldehyd* ermittelt. Der Wert von $J_{^{13}C-H}$ nimmt mit dem Hammettschen σ-Wert zu, bei den ^{13}C–F-Kopplungskonst. wird eine solche Beziehung nicht beobachtet.

W. Schramm 424

0928 **Spindichte von Polyazin-Anionen.** P. J. Black und C. A. McDowell. (Molecular Physics **12** (1967) 3, 233–42; Dep. of Chem. Univ. of British Columbia, Vancouver, engl.) — Für die *Anion-Radikale* von *Pyrazin, Pyridazin, symm.-Tetrazin, Chinoxalin, Phthalazin, 1.5-Diazanaphthalin, Phenazin, 1.4.5.8-Tetraazaanthracen, Benzo*[c]*cinnolin* u. *trans-Azobenzol* wurden unbeschränkte Hartree-Fock-Wellenfunktionen berechnet. π-Elektron-Spindichten werden durch Projektion der Dublettzustände erhalten. Die Ergebnisse deuten darauf hin, daß die McConnell-Beziehung $a = \varrho \cdot Q$ weniger zuverlässig ist, wenn Protonenaufspaltungen heterocycl. Mol. zu berücksichtigen sind. W. Schramm 424

0929 **^{13}C-Spinkopplung zu Elementen der VI. Gruppe.** W. McFarlane. (Molecular Physics **12** (1967) 3, 243 bis 248; Div. of Mol. Sci., Nat. Phys. Labor., Tecklington, Middlesex; engl.) — Mit Hilfe der Heterokern-Doppelresonanz wurde für $(CH_3)_2Se$, $(CH_3)_2Se_2$, $(CH_3)_2Te$, $(CH_3)_3Se^+J^-$ [aus $(CH_3)_2Se$ u. CH_3J] u. $(CH_3)_3Te^+J^-$ die Vorzeichen u. Größen der red. Kopplungskonst. zwischen C, Se u. Te bestimmt. Die red. Kopplungskonst. K_{C-X} war stets negativ u. $K_{H\cdots X}$ positiv.

W. Schramm 424

0930 **^{1}H-NMR-Untersuchung der Eigenschaften der Si–H-Bindung in Monoorganosilanen.** V. O. Rejchsfel'd und L. N. Gubanova. (Teoret. ėksper. Chim. **2,** 629 bis 634, 1966; Leningradskij technol. inst. im. Lensoveta; russ.) — Zur Charakterisierung der Eig. der Si–H-Bindung wird die Abhängigkeit der chem. Verschiebung der Signale der Protonen der CH_3- u. SiH_3-Gruppen von *Butyl-, Phenylsilan* u. *Toluol* von der Natur des Lsgm. bei unendlicher Verdünnung in 17 verschiedenen Lsgm. untersucht. Die Abschirmungskonst. der SiH_3-Protonen verhalten sich gegen eine Feldveränderung empfindlicher als CH_3-Protonen. Infolge π–d-Konjugation des aromat. Ringes mit dem Si-Atom beeinflussen Ringstromeffekte nicht die chem. Verschiebung der SiH_3-Protonen von Phenylsilan. W. Herfurt 424△

0931 **Chemische Verschiebung von ^{13}C der Carbonylgruppe.** 2. Mitt. **Beziehung zur Polarität der CO-π-Bindung.** Gary E. Maciel. (J. chem. Physics **42,** 2746–51, 1965; Dep. of Chem. Univ. of Calif., Davis, Calif.; engl.) 1. vgl. C. **1967,** 5-0955. — Die genannte Verschiebung in Mol. des Typs XCOY wird auf der Grundlage der von Karplus et al. [vgl. Molecular Phys. **7** (1964) 301] entwickelten Gleichungen für das Glied der lokalen paramagnet. Abschirmung für ^{13}C-Verschiebungen untersucht. Unter der Annahme 1. eines unveränderlichen, unpolaren Sigma-Gerüstes, 2. einer konst. durchschnittlichen Anregungsenergie u. 3. unter Vernachlässigung der durch Nachbaratome bedingten magnet. Anisotropie u. der intramol. Dispersionseffekte wird eine Formel abgeleitet, die eine Beziehung zwischen chem. Verschiebungen u. der Polarität der CO-π-Bindung wiedergibt. Wenn die durch 1. u. 3. bedingten Beschränkungen durch eine auf den ^{13}C-Verschiebungen symm. disubstituierter Äthylene basierende Korrektur minimal gehalten werden, ergibt sich aus der resultierenden semiempir. Theorie, daß die „korr." CO-Verschiebungen mit der Polarität der CO-π-Bindung bzw. mit den Substituentenparametern in Wechselbeziehung stehen. Dies ist für die experimentellen Daten u. Tafts σ_I tatsächlich der Fall. Die experimentellen ^{13}C-Verschiebungen wurden größtenteil der Literatur entnommen, einige Werte sind angegeben für *Acetyljodid* sowie *cis-* u. *trans-Buten-(2)*.

J. Richter 424

0932 **Chemische Verschiebung von ^{13}C der Carbonylgruppe** 3. Mitt. **Lösungsmitteleffekte.** Gary E. Maciel und J. John Natterstad. (J. chem. Physics **42,** 2752–59, 1965; engl.) — 2. vgl. vorst. Referat. — Vf. bestimmten die ^{13}CO-Verschiebungen für *Aceton, Pinakolin, Di-tert.-butylketon, Fenchon, Äthylacetat, Methylformiat, Dimethylcarbonat* u. *Hexachloraceton* in einer Anzahl polarer, nichtpolarer, protonenhaltiger u. aprot. Lösungsmittel. Einfache Ketone sind in Ggw. von Protonendonatoren sehr umgebungsempfindlich, dagegen wenig in aprot. Lösungsmitteln. Die relativen Empfindlichkeiten spiegeln wahrscheinlich die Reduzierung der CO-Basizität durch elektronenziehende Substituenten wieder. Die Ergebnisse werden auf der Basis der durch H-Bindung, polare u. van der Waals-Wechselwrkg. mit dem Lsgm. beeinflußten Polarität der CO-π-Bindung gedeutet. In Protonendonatoren spielt die H-Bindung die größte Rolle. Die mögliche Verw. von Dimethylcarbonat als Lsgm. u. innerer Standard wird diskutiert.

J. Richter 424

0933 **NMR-Untersuchungen der Hydratation und der Hemiacetalbildung bei einigen Carbonylverbindungen.** D. L. Hooper. (J. chem. Soc. [London], Sect. B **1967,** 3, 169–70; School of Chem. Sci., Univ. of East Anglia, Norwich; engl.) — Das Hydratationsgleichgew. wird untersucht bei *Methyl-* (**I**), *Äthyl-*, *Isopropyl-* (**II**) u. *tert.-Butylcarbaldehyd* (**III**), bei *Aceton, Chloraceton* (**V**), *1.3-Dichloraceton, 2.3-Dioxobutan* (**IV**) u. *Benzil.* Gemessen wird das Gleichgew. der Na-Hydrogensulfit-Additionsverb. bei *Aceton, Methyl-äthyl-, Methyl-isopropyl-, Methyl-isobutylketon, Chloraceton* u. *1.3-Dichloraceton.* Das Gleichgew. der Rk. von *Trimethylacetaldehyd* mit nachst. Verb. wird festgestellt: *Methyl-, Äthyl-, n-Propyl-, n-Butyl-, Isobutyl-, tert.-Butyl-* u. *Amylalkohol.* Die Heminacetalbldg. von **I, II, III, IV** u. **V** mit den Alkoholen: Methanol, Benzylalkohol u. nachst. Äthanolen: *2-Fluor-, 2-Chlor-, 2-Brom-* u. *2-Hydroxy-* u. Propen-(1)-ol-(3) wird untersucht. Die Rk.-Unterschiede werden auf Grund von ster. u. elektr. Effekten diskutiert. D. Schmitt 424

0934 **EPR-Spektrenanalyse von Fluorkohlenwasserstoffradikalen in bestrahltem Tetrafluoräthylen.** V. I. Muromcev, M. A. Bruk, I. G. Achvlediani, R. A. Asaturjan, G. M. Židomirov u. A. D. Abkin. (Teoret. ėksper. Chim. **2,** 679–84, 1966; Naučno-issledov. fiziko-chim. inst. im. L. Ja. Karpova, g. Moskva; russ.) — EPR-spektrometr. wird das Auftreten von Radikalen in bei 4,2 u. 77°K ^{60}Co-γ-bestrahltem (1,2–3,6 Mrad) Tetrafluoräthylen untersucht. Bei den beobachteten zwei Typen von Radikalen handelt es sich nach der Feinstruktur der Signale vermutlich um CF_3–CF_2·-Radikale u. atomares F. W. Herfurt 426△

0935 **EPR-Spektren von 1-Amino-4-hydroxyanthrasemichinon.** A. E. Luckij und I. S. Romodanov. (Teoret. èksper. Chim. **2,** 830—32, 1966; Char'kosvkij politechn. inst. im. Lenina; russ.) — Die Hyperfeinstruktur des EPR-Spektrums der Titelverb. (dargestellt aus der Leukoverb. durch Ox. mit Luft-O_2 in alkal. wss.-methanol. Lsg.) wird untersucht. Die beobachtete Aufspaltung der Signale läßt sich unter der Annahme einer starken innermol. H-Bindung eines Protons der NH_2-Gruppe an das Carbonyl-O erklären. W. Herfurt 426△

0936 **Temperatureinfluß auf das EPR-Spektrum von 1.4.5.8-Tetrahydroxyanthrasemichinon.** A. E. Luckij und I. S. Romodanov. (Teoret. èksper. Chim. **2,** 832—34, 1966; russ.) — Vgl. vorst. Referat. — Die Temp.-Abhängigkeit der Aufspaltung des EPR-Spektrums der Lsg. der Titelverb. in DMF wird im Bereich 15—175° untersucht. Zwischen 160 u. 175° sind prakt. alle intramol. H-Bindungen eliminiert. W. Herfurt 426△

0937 **ESR-Spektren einiger freier Arylsulfonylradikale.** M. McMillan und William A. Waters. (J. chem. Soc. [London], Sect. B **1966,** 422—23; Dyson Perrins Labor., Oxford; engl.) — Durch Ox. von *Benzolsulfinsäure* (**I**) sowie von ringsubstituierten **I**-Deriv. (*p-Carboxy-, p-Nitro-, p-Fluor-, p-Methoxy-, p-Methyl-, p-Äthyl-, o-Chlor-*) mittels Ce(IV) entstehen Radikale, deren ESR-Spektren hauptsächlich eine Kopplung mit ortho-Protonen zeigen (bei **I** wurden z. B. $a_{H(2.6)} = 1{,}23$, $a_{H(4)} = 0{,}6$ u. $a_{H(3.5)} = 0{,}17$ Gauß bestimmt). Das bedeutet, daß das ungepaarte Elektron hauptsächlich an der SO_2-Gruppe lokalisiert ist u. die Radikale beträchtlichen σ-Charakter besitzen. W. Damerau 426

0938 **Massenspektren und Molekülstruktur von Kohlenwasserstoffen.** A. A. Poljakova, R. A. Chmel'nickij und A. A. Petrov. (Usp. Chim. **35,** 1671—1702, 1966; Vses. naučno-issledov. inst. po pererabotke nefti, Moskva; russ.) — Zusammenhänge zwischen Struktur u. Massenspektrum werden an Hand zahlreicher Beispiele für Paraffine, Naphthene, Monoolefine, Alkadiene-(1.3), -(2.3) u. -(3.4) der Zus. C_nH_{2n-2}, ungesätt. KW-Stoffe der allg. Zus. C_nH_{2n-4}, Alkadiine-(1.5) u. -(2.4), Alkenylvinylacetylene u. Alkylbenzole diskutiert. — 115 Literaturhinweise. W. Herfurt 428△

0939 **Massenspektrometrische Untersuchung von Kohlenhydraten. Massenspektren von α-Methyl-3.4.6-tri-O-methyl-2-desoxy-2-acetamido-D-glucopyranosid.** N. K. Kočetkov, O. S. Čižov und B. M. Zolotarev. (Ž. obšč. Chim. **36(98),** 2105—11, 1966; Inst. chimii prirodnych soedinenij AN SSSR; russ.) — Die Massenspektren ($73 \leq m/e \leq 246$) von α-Methyl-3.4.6-tri-O-methyl-2-desoxy-2-acetamido-D-glucopyranosid sowie seinem $D_{3[3\text{-O-Methyl}]}$-, $D_{[3.6\text{-O-Dimethyl}]}$- u. $D_{12[1.3.4.6\text{-Tetramethyl}]}$-Deriv. werden untersucht. Wahrscheinliche Fragmentierungsmechanismen werden diskutiert. W. Herfurt 428△

0940 **Untersuchungen an Depsipeptiden.** 44. Mitt. **Massenspektrometrische Untersuchung von Cyclodidepsipeptiden (2.5-Diketomorpholinen).** M. M. Šemjakin, V. A. Pučkov, N. S. Vul'fson, V. N. Bočkarev, Ju. A. Ovčinnikov, A. A. Kirjuškin, V. T. Ivanov, E. I. Vinogradova und M. Ju. Fejgina. (Izvest. Akad. Nauk SSSR, Ser. chim. **1966,** 1539—43; Inst. chimii prirodnych soedinenij AN SSSR; russ.) — 43. vgl. Tetrahedron Letters **1964,** 951. — Die Massenspektren ($0 < m/e < 250$; graph. Darst.) folgender 2.5-Dioxomorpholine werden untersucht, mögliche Fragmentierungsrk. diskutiert: *[3L.6D]-3-sek.-Butyl-4-methyl-6-isopropyl-, [3D.6D]-3-Isobutyl-4-methyl-6-isopropyl-, [3D.6D]-3.6-Diisopropyl-4-methyl-, [3D.6D]-3.6-Diisopropyl-, [6DL]-4-Methyl-6-iso-propyl-, [3DL]-3-Isopropyl-4-methyl-*. W. Herfurt 428△

B–2. Strukturforschung

0941 **Propagatoren für alternierende KW-Stoff-Moleküle.** Yngve Öhrn und Jan Linderberg. (Physic. Rev. [2] **139,** A 1063—68, 1965; Quantum Chem. Group, Uppsala Univ.; engl.) — Vf. ber. Greens-Funktionen für Elektronen- u. Teilchen-Loch-Fortpflanzung in alternierenden KW-Stoffen. Unter Verw. von 3 Parametern wird Übereinstimmung zwischen ber. u. beobachteten Spektren von *Äthylen, Bzl., Naphthalin* u. *Anthracen* erzielt. J. Richter 432

0942 **Tabellen quantenchemischer Daten.** 4. Mitt. **Molekülorbitale von Kohlenwasserstoffen der Pentalen-, Azulen- und Heptalenreihe.** R. Zahradník und J. Michl. (Collect. czechoslov. chem. Commun. **30,** 3173—88, 1965; Prague, Czech. Acad. of Sci., Inst. of Phys. Chem.; engl.) — 3. vgl. C. **1966, 14**-0743. — HMO-Koeff., -Energien u. -Symmetrien folgender KW-Stoffe sind tabelliert: *Pentalen, Benzo[9]-, Dibenzo[a.f]-* u. *Dibenzo-[a.e]pentalen, Azulen, Benz[a]-, Benz[e]-, Benz[f]-, Dibenz[a.h]-, Dibenz[a.g]-* u. *Dibenz[a.e]azulen, Heptalen, Benzo[a]-* u. *Benzo[b]-heptalen.* V. Kratochvíl 432△

0943 **Elektronenstruktur nichtalternierender Kohlenwasserstoffe, ihrer Analoga und Derivate.** 3. Mitt. **Ionen des Polyenylcyclopentadienyl-Typs.** R. Zahradník, J. Michl und J. Pancíř. (Collect. czechoslov. chem. Commun. **30,** 2891—99, 1965; Prague, Czechoslov. Acad. of Sci., Inst. of Phys. Chem.; engl.) — 2. vgl. C. **1968,** 36-0913. — Mit Hilfe der HMO-Meth. untersuchten Vf. die Kationen u. Anionen folgender Verb.: Cyclopentadiene: *Äthenyl-, Butadien-(1.3)-yl-, Hexatrien-(1.3.5)-yl-, Octatetraen-(1.3.5.7)-yl-,* Indene: *1-Äthenyl-, 1-[Butadien-(1.3)-yl]-, 1-[Hexatrien-(1.3.5)-yl-], 1-[Octatetraen-(1.3.5.7)-yl]-*; Fluorene: *9-Äthenyl-, 9-[Butadien-(1.3)-yl]-, 9-[Hexatrien-(1.3.5)-yl]-, 9-[Octatetraen-(1.3.5.7)-yl]-,* 1.2-Benzofluorene: *9-Äthenyl-, 9-[Butadien-(1.3)-yl]-, 9-H[exatrien-(1.3.5)-yl]-*; 2.3-Benzofluorene: *9-Äthenyl-, 9-[Butadien-(1.3)-yl]-, 9-[Hexatrien-(1.3.5)-yl]-*; 3.4-Benzofluorene: *9-Äthenyl-, 9-[Butadien-(1.3-yl]-, 9-[Hexatrien-(1.3.5)-yl]-*; 4H-Cyclopenta[d.e.f]-phenanthrene: *4-Äthenyl-, 4-[Butadien-(1.3)-yl]-, 4-[Hexatrien-(1.3.5)-yl]-*. Die Energieparameter der Ionen sind angegeben. Ferner werden Elektronenspektren ($N \rightarrow V_1$-Übergänge), Mol.-Diagramme u. Säure–Base-Eig. diskutiert. V. Seitlová 432△

0944 **Die optimalen empirischen Parameter für die SCF–MO–CI-Theorie. Benzolmolekül, einschließlich aller doppelt angeregten Konfigurationen.** J. Karwowski. (Bull. Acad. polon. Sci., Sér. Sci. math., astronom. physiques **14,** 319—24, 1966; Dep. of Theoretic. Phys., N. Copernicus Univ., Toruń; engl.) — Es werden die Möglichkeiten der Berechnung aufgezeigt. R. Junge 432

0945 **SCF-Berechnungen an Pyridin und monosubstituierten Benzolen.** B. R. Russell, R. M. Hedges und W. R. Carper. (Molecular Physics **12** (1967) 3, 283—86; Dep. of Chem., Calif. State Coll., Los Angeles, Calif.; engl.) — Eine Modifizierung der Mataga-Näherung für SCF-Berechnungen wird auf *Fluor-, Chlor-, Brom-, Jodbenzol, Phenylphosphin* u. *Pyridin* angewendet. Ionisationspotentiale, Elektronenaffinitäten u. Dipolmomente sind tabelliert. W. Schramm 432

0946 **Bemerkung zur Abhängigkeit der Nernst-Zahl von Perfluorkohlenwasserstoffen von der Molekülform.** Kurt Altenburg. (Z. Chem. **7** (1967) 11, 445—46; Inst. für Phys. Chem., Dt. Akad. Wiss., Berlin-Adlershof; dt.) — Es wird gezeigt, daß die Abhängigkeit der Nernst-Zahl von dem auf die Länge einer C–C-Einfachbindung a_1 bezogenen quadrat. Mittelwert der Radien R^2/a_1^2 bei den n-Alkanen C_2 bis C_8 bei folgenden Perfluor-KW-Stoffen linear ist: *Perfluormethan, -äthan, -n-propan, -n-butan, -n-hexan, -n-heptan, -cylobutan, -cyclohexan, -cyclohexylmethan* u. *-benzol.* W. Sobieski 432

0947 **Elektronenstruktur einiger nichtbenzolischer Azoverbindungen.** N. Tyutyulkov, K. Daskalov und I. Nikolov. (Doklady bolgarskoj Skad. Nauk **20** (1967) 2, 105—08; Inst. of Organ. Chem., Bulg. Acad. of Sci.; engl.) — Nach der LCAO-Hückel-MO-Meth. werden Elektronenparameter von *Azocyclopropenylidenmethan, Azofulven, Azoheptafulven, Azobenzol, Cyclopropenylidenmethylazofulven* u. *Heptafulvenylazofulven* ber. (Tabellen). W. Sobieski 432

0948 **Struktur von p-Nitrobenzoesäure.** T. D. Sakore und L. M. Pant. (Acta crystallogr. [Copenhagen] **21,**

715–19, 1966; Poona, India, Nat. Chem. Labor.; engl.) – Mit Hilfe von dreidimensionalen Meth. wurde die Struktur von p-Nitrobenzoesäure verfeinert (End-R-Wert 0,112). Atomparameter, Strukturfaktoren, Bindungslängen u. -Winkel sind angegeben, die Struktur ist in Abb. dargestellt, sie wird mit den Strukturen von p-Nitroanilin u. p-Nitrophenol verglichen. Die Abweichungen werden einem kleineren Beitrag der chinoid. Struktur in der letzteren Verb. zugeschrieben. Ernst Schulte 432

0949 **π-Elektronentheorien konjugierter linearer Ketten.** Gentaro Araki. (Suppl. Progr. theoret. Physics [Kyoto] **40** (1967) 106–35; Dep. of Nuclear Eng., Kyoto Univ., Yosida, Kyoto, Japan; engl.) – Diskussion der Elektronengas- u. LCAO–MO-Modelle konjugierter π-Elektronensyst. u. neue Interpretation der Theorie der *Carotinoide* (ca. 200 Literaturangaben). R. Blank 432

0950 **Rolle der van der Waals-Wechselwirkung mit der gehinderten Rotation um Einfachbindungen in einfachen Molekülen.** J. L. De Coen, G. Elefante, A. M. Liquori und A. Damiani. (Nature [London] **216** (1967) 5118, 910–13; Centro Naz. di Chim. delle Macromol. del C. N. R., Ist. di Chim. Fis., Univ. di Roma; engl.) – Aus Literaturdaten werden Potentialfunktionen zwischen C–C-, H–H-, C–H-, C–F-, F–F-, C–Cl- u. Cl–Cl-Atomen tabelliert u. daraus der van der Waals-Beitrag zur Rotationsbarriere von verschiedenen Äthan-ähnlichen Mol. ermittelt. Dargestellt sind die Potentialenergiekurven von zwei CH_4-, zwei CCl_4 u. zwei CF_4-Molekülen. W. Sobieski 434

0951 **Konformationsisomerie bei 1-substituierten 3.3-Dimethylbutanen.** George M. Whitesides, John P. Sevenair und Rudolp W. Goetz. (J. Amer. chem. Soc. **89** (1967) 5, 1135–44; Dep. of Chem., Mass. Inst. of Technol., Cambridge, Mass.; engl.) – Aus den Kopplungskonst. der Methylenprotonen wird die Energiedifferenz ΔE zwischen den gauche- u. trans-Konformeren folgender 3.3-Dimethylbutane bestimmt: *unsubstituiert, 1-Fluor-, 1-[p-Brombenzolsulfonyl]-, 1-Phenoxy-, 1-Hydroxy-, 1-Cyan-, 1-N-Dimethylamino-, 1-N-Formylamino-, 1-Chlorcarbonyl-, 1-Methoxycarbonyl-, 1-Acetyl-, 1-Carboxy-, 1-Amino-, 1-Chlor-, 1-Brom-, 1-Phenyl-, 1-Jod-, 1-Trimethylsilyl-; Tris-[3.3-dimethylbutyl]-aluminiumätherat, Bis-[3.3-dimethylbutyl]-magnesiumätherat, Bis-[3.3-dimethylbutyl]-zinkätherat, Bis-[3.3-dimethylbutyl]-quecksilber, 3.3-Dimethylbutylquecksilberchlorid, Biphenyl-3.3-dimethylbutylphosphin, 3.3-Dimethylbutylkaliumcarboxylat, 3.3-Dimethylbutyldimethylammoniumhydrogensulfat, 3.3-Dimethylbutylammoniumhydrogensulfat, 1-[D_2(CH₂)-Hydroxymethyl]-3.3-dimethylbutan, 3.3-Dimethylbutylmethylsulfid, 3.3-Dimethylbutylthiocyanid, 3.3-Dimethylbutylphenylsulfid, 1-Aminocarbonyl-3.3-dimethylbutan* u. *1-Phthalimid-3.3-dimethylbutan.* D. Schmitt 434

0952 **Beweis eines Inversionsfreiheitsgrades bei cis-5.10-Thianthrendioxid.** K. F. Purcell und J. R. Berschied jun. (J. Amer. chem. Soc. **89** (1967) 7, 1579–82; Dep. of Chem., Wake Forest College, Winston-Salem, N.C.; engl.) – Aus der Temp.-Abhängigkeit der ^1H-NMR in 1.1.2.2-Tetrachloräthan wird ein Inversionsfreiheitsgrad der Titelverb. abgeleitet. Die Inversionsgeschw. kann als $> 100\ sec^{-1}$ angenommen werden. D. Schmitt 434

0953 **Konformationsanalyse.** 54. Mitt. **Die 2-Bromderivate von 4-tert.-Butylcyclohexanon, 4.4-Dimethylcyclohexanon, 6.6-Dimethylcyclohexanon und 2.6.6-Trimethylcyclohexanon.** Norman L. Allinger, Janet Allinger, Libby Wang Chow und Grace L. Wang. (J. org. Chemistry **32** (1967) 3, 522–25; Dep. of Chem., Wayne State Univ., Detroit, Mich.; engl.) – 53. vgl. C. **1967,** 59-0085. – Aus Lsgm.-Abhängigkeit des Dipolmomentes leiten Vf. ab, daß *trans-2-Brom-4-tert.-butylcyclohexanon* nicht in der Bootform vorliegt, während das cis-Isomere ca. 10% davon enthält. Die Wechselwrkg.-Energie zwischen der syn-axialen Methylgruppe in 4- oder 6-Stellung mit dem Brom in 2-Stellung beträgt 2,2 kcal/Mol. Die Energie der Wechselwrkg. der 2.6-syn-axialen Methylgruppen ist größer als 2 kcal/Mol. D. Schmitt 434

0954 **Konformation des Ringes A einiger 2β-Methyl- und 2β-Acetoxy-19-nortestosterone.** Y. Yamato und H. Kaneko. (Tetrahedron [London] **21,** 2501–08, 1965; Res. Labor., Dainippon Pharmaceut. Co., Ltd., Fukushima-ku, Osaka, Japan; engl.) – Das NMR-Signal der zur Carbonylgruppe benachbarten axialen 2β-Methylprotonen von 2β-Methyl-19-nortestosteronen wird beim Übergang vom Lsgm. $CDCl_3$ zu Bzl. um ca. 0,05–0,22 ppm nach höheren Feldern verschoben, während bei den äquatorialen 2α-Methylprotonen von 2α-Methyl-19-nortestosteronen eine Verschiebung von ca. 0,1 ppm nach niederen Feldern gefunden wird. **III** u. **V** geben in Bzl. u. $CDCl_3$ nahezu die gleichen Signale. Während **VI** u. **VII** ein den unsubstituierten 19-Nortestosteronen ähnliche Rotationsdispersion (ORD) zeigen, werden bei **III** u. **VIII** multiple Cotton-Kurven gefunden. Das abweichende Verhalten von **III, V** u. **VIII** wird durch die Annahme einer 1.3-diaxialen Wechselwrkg. der 2β-Methyl-Gruppe mit dem 10β-H, welche zu einer Twistform im Ring A führt, gedeutet. Das 2α-Proton von **VIII** zeigt im NMR-Spektrum ein Quartett mit den Kopplungskonst. $J_{2\alpha,1\alpha} = 9{,}3$ Hz u. $J_{2\alpha,1\alpha} = 6{,}9$ Hz, die nach einer von Williamson u. Johnson modifizierten Formel von Karplus zu den Winkeln $\Theta_{2\alpha,1\beta} = 131-135°$ u. $\Theta_{2\alpha,1\beta} = 11-15°$ führen; diese stehen mit der Twistkonform. im Einklang. – Röm. Ziffern s. Vers.-Teil. Für die mit * gekennzeichneten Verb. sind die ORD-Werte angegeben.

Versuche: *2α-Methyl-19-nortestosteron** (**VI**), $C_{19}H_{28}O_2$, F. 175–178° (Hexan–Ae.), $[\alpha]_D$ +81,3° (c = 0,89), aus 2-Methylöstradiol mit Li/fl. NH_3 in Ae. über 2-Methyl-1.4-dihydroöstradiol-3-methyläther (**I**) u. dessen Behandlung mit konz. HCl in CH_3OH. – *2β-Methyl-19-nortestosteron** (**III**), $C_{19}H_{28}O_2$, F. 155–158° (Hexan–Ae.), $[\alpha]_D$ –34,3° (c = 1,05), neben vorst. Verbindung. – *2ξ-Methyl-17β-hydroxy-$\Delta^{5,10}$-östren-3-onacetat,* $C_{21}H_{30}O_3$, F. 144–147° (CH_3OH), $[\alpha]_D$ +180° (c = 1,18), aus 500 mg **I** durch Kochen mit CH_3OH u. Essigsäure u. Acetylieren der 300 mg Öl mit Py.–Essigsäureanhydrid; 170 mg. – *2α.17α-Dimethyl-17β-hydroxy-Δ^4-östren-3-on** (**IV**), $C_{20}H_{30}O_2$, F. 125–127° (Hexan–Ae.), $[\alpha]_D$ +59° (c = 0,95), aus 500 mg 2.17α-Dimethylöstradiol über 2.17α-Dimethyl-1.4-dihydroöstradiol-3-methyläther (**II**); 250 mg. – *2β.17α-Dimethyl-17β-hydroxy-Δ^4-östren-3-on** (**V**), $C_{20}H_{30}O_2$, F. 138–140° $[\alpha]_D$ –72° (c = 1,01), neben vorst. Verb.; 70 mg. – *2ξ.17α-Dimethyl-17β-hydroxy-$\Delta^{5,10}$-östren-3-on**, $C_{20}H_{30}O_2$, F. 128–131° (Hexan–Ae.), $[\alpha]_D$ +155°, aus 560 mg **I** u. CH_3OH in Ggw. von Essigsäure; 152 mg. – *2α-Methyl-17β-hydroxyöstran-3-onö,* F. 133–136°, $[\alpha]_D$ +47,6°. – *2β-Methyl-17β-hydroxyöstran-3-on**, $C_{19}H_{30}O_2$, F. 152–154° (Aceton–Hexan), $[\alpha]_D$ +129° (c = 0,59), aus 171 mg **III** mit Li/fl. NH_3; 100 mg. – *2α.17α-Dimethyl-17β-hydroxyöstran-3-on**, $C_{20}H_{32}O_2$, F. 149–151° (Hexan), $[\alpha]_D$ +49° (c = 0,96), aus 100 mg **IV** wie vorst.; 80 mg. – *2β.17α-Dimethyl-17β-hydroxyöstran-3-on**, $C_{20}H_{32}O_2$, F. 156,5–159° (Hexan), $[\alpha]_D$ +98° (c = 0,56), aus 90 mg **V** wie vorst.; 60 mg. – *2.2.17α-Trimethyl-17β-hydroxyöstran-3-on,* F. 142–145°, $[\alpha]_D$ +96° (c = 0,52). – *2.2.17α-Trimethyl-17β-hydroxy-Δ^4-östren-3-on** (**VII**), $C_{21}H_{32}O_2$, F. 150–153° (Ae.–Hexan), $[\alpha]_D$ +34° (c = 0,53), aus 300 mg vorst. Verb. durch Bromierung mit $Br_2/NaOOCCH_3$ in Essigsäure u. Dehydrobromierung mit $LiCl/LiCO_3$ in DMF in der Wärme; 70 mg. – *2α.17β-Diacetoxy-Δ^4-östren-3-on**, $C_{22}H_{30}O_5$, F. 240–242° (CH_3OH), $[\alpha]_D$ +25° (c = 1,0), aus 17β-Acetoxy-Δ^4-östren-3-on durch Behandeln mit Pb-Tetraacetat u. frakt. Kristallisation; 11%. Daneben 2,2% *2β.17β-Diacetoxy-Δ^4-östren-3-on** (**VIII**), $C_{22}H_{30}O_5$, F. 188–190,5° (Hexan), $[\alpha]_D$ –101,3° (c = 0,71). – Zur Charakterisierung der Verb. werden UV-, IR- u. NMR-Spektren benutzt, die Werte sind angegeben. H.-G. Kuball 434

0955 **Kristallstruktur von Bicyclopropyl.** Jan Eraker und Chr. Rømming. (Acta chem. scand. **21** (1967) 10, 2721–26; Blindern, Oslo, Univ. kjem. Inst.; engl.) – Die Krist.-Struktur von *Bicyclopropyl*, C_6H_{10}, F. –83°, wurde mit Hilfe dreidimensionaler Röntgenmeth. bestimmt. Die Verb. ist ortho-rhomb. mit der Raumgruppe Cmca, u. a = 8,904 ± 0,007 (Å), b = 5,137 ± 0,004, c = 11,807 ± 0,005. Z = 4. D_{ber} = 1,035 g · cm^{-3} (bei –100°), R = 0,066. Die Mol. haben trans-Konform.

mit 2/m Symmetrie. Im Gegensatz zur Gasphase zeigen die Mol. in Krist. keine großen Amplituden von Torsionsschwingungen um die zentrale C–C-Bindung. Die mittlere Cyclopropyl C–C-Bindungslänge beträgt 1,506 Å, u. die zentrale Bindung hat eine Länge von 1,487 (je ± 0,004). Atomkoordinaten, Strukturfaktoren, Bindungslängen u. -Winkel sind tabellar. angegeben, die Struktur ist in Abb. dargestellt. Ernst Schulte 438△

0956 **Kristallstruktur von Carbazol.** Masayasu Kurahashi, Makoto Fukuyo, Akira Shimada, Akio Furusaki und Isamu Nitta. (Bull. chem. Soc. Japan **39**, 2564, 1966; Sumiyoshi-ku, Osaka, Osaka City Univ., Fac. of Sci., Dep. of Chem.; engl.) — Carbazol-Einkrist. (F. 237°) wurden röntgenograph. untersucht. Die Krist. sind orthorhomb. mit a = 7,76 (Å), b= 19,15, c = 5,74. Z = 4. Raumgruppe $Pn2_1a$ oder Pnma. $D._{exp}$ = 1,29 (g · cm^{-3}), $D._{ber}$ = 1,31. R = 0,14 für hko-, 0,15 für Okl- u. 0,14 für hol-Reflexe. Das Mol. ist eben, eine kristallograph. Spiegelebene normal zur b-Achse geht durch das N-Atom u. liegt senkrecht zu der Mol.-Ebene. Der N ... N Abstand beträgt 3,09 Å. Die Struktur ist in Projektionen dargestellt. Ernst Schulte 438△

0957 **Kristallstruktur von 2-Phenylimino-3-phenyl-4-thioxothiazol-[3.2-a]-tetrahydro-1.3.5-triazin, $C_{17}H_{14}N_4S_2$.** J. Karle, J. Flippen und I. L. Karle. (Z. Kristallogr., Kristallgeometr. Kristallphysik, Kristallchem. **125** (1967) 1—6, 201—19; Washington, D.C., Naval Res. Labor.; engl.) — Die in neuerer Zeit synthet. dargestellte, als Strahlungsschutzmittel wirksame Titelverb. $C_{17}H_{14}N_4S_2$ ist orthorhomb. mit der Raumgruppe, $P2_12_12_1$ u. a = 17,25 (Å); b= 9,70; c = 9,46. Z = 4. $D._{exp}$ = 1,402 (g · cm^{-3}), $D._{B}$ = 1,419. Der hohe F., 299°, entspricht der starken intermol. Annäherung S ... N auf ca. 3,4 Å. Zu Vgl.-Zwecken wurde die Struktur nach drei unabhängigen Meth. bestimmt: der Schweratommeth. dem Verf. der symbol. Addition für nichtzentrosymm. Raumgruppen u. der Anwendung der Tangensformel auf Phasen, die vom S allein herrühren. Strukturfaktoren,. Atomkoordinaten, Bindungslängen u. -Winkel sind tabellar. angegeben, die Struktur ist in Abb. dargestellt. Ernst Schulte 438△

0958 **Kristallstruktur von 3.6-Diphenyl-1.2.4.5-tetraoxacyclohexan.** P. Groth. (Acta chem. scand. **21** (1967) 10, 2711—20; Blindern Oslo, Univ. kjem. Inst.; engl.) — *3.6-Diphenyl-1.2.4.5-tetraoxacyclohexan* ist monoklin mit der Raumgruppe $P2_1/c$, mit a = 6,09 (Å), b = 7,85, c = 12,37, β = 93,9°. Z = 2. D_{exp} = 1,36 (g · cm^{-3}), $D._{B}$ = 1,38. R = 9,0%. Der O–O-Abstand beträgt 1,48 (Å), die beiden C–O-Bindungslängen sind 1,41 u. 1,43. Die Benzolringebenen liegen angenähert senkrecht zur Ebene, die durch die vier O-Atome definiert ist. Atomkoordinaten, Strukturfaktoren, interatomare Abstände u. Winkel sind tabellar. angegeben, die Struktur ist in Projektionen dargestellt. Ernst Schulte 438△

0959 **Kristallstruktur von 3.6-Spiro-dicycloheptyliden-1.2.4.5-tetraoxacyclohexan (Dimeres Cycloheptanon Peroxid).** P. Groth. (Acta chem. scand. **21** (1967) 10, 2631 bis 2646; Blindern, Oslo, Univ. kjem. Inst.; engl.) — Die Krist. von 8.9.17.18-Tetraoxadispiro-[6.2.6.2]-octadecan $C_{14}H_{24}O_4$, sind monoklin, mit der Raumgruppe $P2_1/c$, u. a = 9,399 ± 0,002 (Å), b = 6,396 ± 0,001, c = 11,682 ± 0,002, β = 102,39 ± 0,02°. Z = 2. $D._{exp}$ = 1,25 (g · cm^{-3}), $D._{B}$ = 1,24; R = 7,4%. Das Phasenproblem wurde mit Hilfe eines auf direkten Meth. basierenden Rechen-Verf. gelöst. Der O–O-Abstand beträgt 1,47 (Å), die C–O-Abstände betragen 1,44 bzw. 1,43. Die Umgebung des Spiro-C-Atoms ist asymm.; die Verzerrung kann möglicherweise durch intramol. Abstoßung der H-Atome von den O-Atomen erklärt werden. Die Konform. des Cycloheptan-Ringes entspricht der Sessel-Form, der mittlere Wert für die C–C–C-Winkel ist 115,3°. Ernst Schulte 438△

0960 **Kristallstruktur von 3.6-Spiro-dicyclooctyliden-1.2.4.5-tetraoxacyclohexan („Dimeres Cyclooctanon Peroxid").** P. Groth. (Acta chem. scand. **21** (1967) 10, 2695—2710; Blindern, Oslo, Univ. kjem. inst.; engl.) — Krist. von 9.10.19.20-Tetraoxadispiro-[7.2.7.2] eicosan, $C_{16}H_{28}O_4$, sind monoklin mit der Raumgruppe $P2_1/c$, u. a = 9,791 ± 0,002 (Å), b = 7,334 ± 0,001, c = 11,779 ± 0,003, β = 114,19 ± 0,03°. Z = 2. $D._{exp}$ = 1,21 (g · cm^{-3}), $D._{B}$ = 1,22; R = 5,7%. Das Phasenproblem wurde mit Hilfe eines auf direkten Meth. basierenden Rechen-Verf. gelöst. Der O–O-Abstand ist 1,47, die beiden C–O-Längen betragen 1,44 bzw. 1,44 Å. Die asymm. Umgebung des Spiro-C-Atoms wird wahrscheinlich durch intramol. H–O-Abstoßungskräfte bewirkt. Die Konform. des Cyclooctyliden-Ringes entspricht der „Wannen-Sessel"-Form. Der Mittelwert des Winkels C–C–C beträgt 116,5°. Einige kurze intramol. H–H-Kontakte wurden beobachtet. Atomkoordinaten, Strukturfaktoren, Bindungslängen u. -Winkel sind tabellar. angegeben. Ernst Schulte 438△

0961 **Kristallstrukturen von zwei Komplexen, die Guanin und Cytosin-Derivate enthalten.** E. J. O'Brien. (Acta crystallogr. [Copenhagen] **23** (1967) 1, 92—106; Cambridge, England, Labor. of Molecular Biol.; Cambridge, Mass., MIT, Dep. of Biol.; engl.) — Die Krist.-Strukturen von zwei Komplexen, einem 1:1-Komplex von *9-Äthylguanin* mit *1-Methylcytosin* (**I**) u. ein 1:1-Komplex von *9-Äthylguanin* mit *1-Methyl-5-fluorcytosin* (**II**) werden beschrieben. Die Krist. sind isomorph. Krist.-Daten: **I**: a = 8,838 ± 0,008 (Å), b = 11,106 ± 0,010, c = 7,391 ± 0,006, α = 107°49′ ± 5′, β = 87°3′ ± 5′, γ = 91°27′ ± 5′. Raumgruppe P$\bar{1}$. $D._{exp}$ = 1,473 ± 0,003 (g · cm^{-3}); R = 11,2%. **II**: a = 8,745 ± 0,008, b = 11,227 ± 0,010, c = 7,513 ± 0,009, α = 109°1′ ± 5′, β = 84°58′ ± 5′, γ = 90°59′ ± 5′; R = 12,9%. Die Strukturbest. des ersten Komplexes erfolgte mit Hilfe von dreidimensionalen Patterson u. Fourier-Meth., sowie der Meth. der kleinsten Quadrate, die des zweiten Komplexes aus der Kenntnis des ersten. Der Vgl. der Bindungslängen u. Winkel ergab gute Übereinstimmung in beiden Strukturen. Die Anordnung der H-Brückenbindungen ist die gleiche wie in dem Guanin–Cytosin-Basenpaar im verfeinerten Watson-Crick-Modell von DNS. Die Strukturen sind in Abb. dargestellt, Positions- u. Temp.-Parameter, beobachtete u. ber. Strukturfaktoren, Bindungslängen u. Winkel sind tabellar. angegeben. Ernst Schulte 438△

0962 **Kristall- und Molekularstruktur von 1-Methylamino-7-methyliminocycloheptatrien-(1.3.5).** Paul Goldstein und Kenneth N. Trueblood. (Acta crystallogr. [Copenhagen] **23** (1967) 1, 148—56; Los Angeles, Calif., Univ. of Calif., Dep. of Chem.; engl.) — *1-Methylamino-7-methyliminocycloheptatrien-(1.3.5)*, $C_9H_{12}N_2$, bildet orthorhomb. Plättchen der Raumgruppe Iba2, mit Z = 8 u. a = 14,518 ± 0,010 (Å), b = 19,49 ± 0,02, c = 5,982 ± 0,004. $D._{ber}$ = 1,163 (g · cm^{-3}), $D._{exp}$ = 1,174 ± 0,005. Die Struktur wurde mit Hilfe dreidimensionaler Patterson-Synth. bestimmt u. nach der Meth. der kleinsten Quadrate verfeinert. Die intermol. Kontakte sind normal. Die Struktur ist in Abb. dargestellt, beobachtete u. ber. Strukturfaktoren, Atomparameter, Bindungslängen u. Winkel sind tabellar. angegeben. Ernst Schulte 438△

0963 **Zwillingskristall von α-Nitronaphthalin.** Kazuhide Ogawa und Hatsue Kobayashi. (Sci. Rep., Coll. gen. Educat., Osaka Univ. 15, 11—16, 1966; Osaka Univ., Coll. of General Education, Inst. of Chem.; engl.) — Der nadelförmige, aus einer Lsg. von *α-Nitronaphthalin* in wss. A. oder Essigsäure hergestellte Krist. von α-Nitronaphthalin (F. 60°) ist monoklin mit a = 31,7 (Å), b = 13,33, c = 3,86. Z = 8. Die Symm. des Krist. ist eine Zwillingsraumgruppe von $P2_1/a$. Die atomaren x- u. y-Parameter wurden aus einer Elektronendichte-Projektion entlang der c-Achse geschätzt u. nach der Meth. der kleinsten Quadrate verfeinert. Ernst Schulte 438△

0964 **Kristall- und Molekularstruktur von o-Fluorbenzoesäure.** George Ferguson und K. M. S. Islam. (Acta crystallogr. [Copenhagen] **21**, 1000, 1966; Glasgow, Scotland, Univ., Chem. Dep.; engl.) — Bei der Strukturbest. von o-Fluorbenzoesäure von Krausse et al. (vgl. C. **1967**, 6-0913) ist die C(1)-y-Koordinate 0,255 u. nicht 0,225. Bei der Koordinationstransformation errechnet sich der Winkel zwischen der Ebene der Carboxyl-Gruppe

u. dem Benzolring zu 6,7° u. nicht 21°. Tabellar. sind die Abweichungen von den mittleren Ebenen angegeben. E. Schulte 438

0965 **Wasserstoffbrückenbindungen. 1. Mitt. Die Äthinyl-H ... O-Wechselwirkung in Kristallen von Propargyl-2-brom-3-nitrobenzoat.** J. C. Calabrese, A. T. McPhail und G. A. Sim. (J. chem. Soc. [London], Sect. B **1966,** 1235–41; Urbana, Ill., Univ. of Ill., Dep. of Chem.; engl.) — Propargyl-2-brom-3-nitrobenzoat ($C_{10}H_7Br \cdot NO_4$) ist monoklin mit a = 4,07 (Å), b = 17,99, c = 7,24, β = 91°30'. Z = 2. $D_{\cdot exp}$ = 1,76 (g · cm⁻¹); $D_{\cdot röngt}$ = 1,78. Raumgruppe $P2_1$. R = 6,5%. Die Struktur wurde mit Hilfe von Fourier-Meth. bestimmt. Der Krist. enthält einen intermol. H (Äthinyl) ... O(Carbonyl) Abstand von 2,39 Å, der Winkel C–H ··· O ist 156°. Liegt der Ester in verd. CCl_4-Lsg. vor, so liegt die C–H-Valenzfrequenz der Äthinylgruppe bei 3313 (cm^{-1}). Die Absorption verschiebt sich zu 3262 bei Zugabe von Äthylacetat zur Lsg. u. nach 3200 bei Zugabe von DMSO, eines stärkeren Protonen-Acceptors. Im festen Zustand erscheint die acetylen. C–H-Valenzschwingung bei 3266. Die Struktur ist in Abb. dargestellt, Atomkoordinaten, Strukturfaktoren, Bindungslängen u. -Winkel sind tabellar. angegeben. E. Schulte 438

0966 **Kristallstruktur von L-Valinhydrochlorid.** O. Ando, T. Ashida, Y. Sasada und M. Kakudo. (Acta crystallogr. [Copenhagen] **23** (1967) 1, 172–73; Inst. for Protein Res., Univ. of Osaka, Osaka Univ., Kita-ku, Osaka, Japan; engl.) — Die Krist.-Struktur von L-Valinhydrochlorid, $C_5H_{12}ClNO_2$, wurde bestimmt. Z = 2, Raumgruppe $P2_1$, a = 10,394 (Å); b = 7,072; c = 5,430; β = 91,42°; R = 0,068. In der Konform. der Carboxylgruppe u. den Eig. der H-Bindungen wurden Unterschiede gegenüber den von Parthasarathy (vgl. Acta Crist. **21** (1966) 422) gefunden. Atomkoordinaten, Temp.-Parameter sind tabellar. angegeben. Ernst Schulte 438△

0967 **Kristallstrukturen von L-Tryptophan-Hydrochlorid und -Hydrobromid.** Takaji Takigawa, Tamaichi Ashida, Yoshio Sasada und Masao Kakudo. (Bull. chem. Soc. Japan **39,** 2369–78, 1966; Kita-ku, Osaka, Osaka Univ., Inst. for Protein Res.; engl.) — Das Hydrochlorid u. das Hydrobromid von L-Tryptophan krist. in der monoklinen Raumgruppe $P2_1$. Z = 2. Hydrochlorid: a = 7,45 (Å), b = 5,30, c = 14,67, β = 98,80°. R = 0,087. Hydrobromid: a = 7,64, b = 5,41, c = 14,58, β = 100,47°. Beide Verb. sind isomorph. Die Krist.-Struktur des Hydrobromids wurde nach der Schweratom-Meth. aus zweidimensionalen Daten bestimmt. Die Struktur wird hauptsächlich für das Hydrochlorid beschrieben. Der Mittelwert der sechs C–C-Bindungen im Benzolring ist 1,396, der der C–N-Bindungen im Indolring 1,384. In der Carboxylgruppe sind die eine C–O Bindungslänge mit 1,147 u. die zwei O–C–C Winkel 106,8° u. 125,7° beträchtlich verschieden von denen in bisher untersuchten Amino- u. Carbonsäuren. Das Mol. enthält zwei Ebenen, die der Carboxylgruppe u. die des Indolrings, beide bilden einen Winkel von 70,6° miteinander. Die Mol. sind in Doppelschichten parallel zur ab-Ebene angeordnet. Die polare Schicht wird durch drei N–H ··· Cl⁻-Bindungen mit 3,17 (Å); 3,19 u. 3,24 u. einer O–H ··· Cl⁻-Bindung mit 3,04 zusammengehalten. Die Indolringe werden hauptsächlich durch Van der Waalssche Kräfte verbunden, die kürzesten C ··· C- u. C ··· N-Abstände betragen 3,7, 4 bzw. 3,42. Die Struktur ist in Abb. dargestellt, Atomkoordinaten, Strukturfaktoren, Bindungslängen u. -Winkel sind tabellar. angegeben. Ernst Schulte 438△

0968 **Verfeinerung der Struktur von β-Tricaprin.** L. H. Jensen und A. J. Mabis. (Acta crystallogr. [Copenhagen] **21,** 770–81, 1966; Seattle, Wash., Univ. of Wash., Dep. of Biolog. Structue; engl.) — Die β-Phase von Tricaprin, $C_{33}H_{62}O_6$, ist triklin mit a = 5,488 ± 0,01 (Å), b = 12,176 ± 0,03, c = 26,93 ± 0,07, α = 85,35 ± 0,15°, β = 87,27 ± 0,15°, γ = 79,28 ± 0,15°. Raumgruppe $P\bar{1}$, R = 5,1%. Die Struktur ist in Abb. dargestellt, Atomparameter, Strukturfaktoren, Bindungslängen u. -Winkel sind tabellar. angegeben. Ernst Schulte 438

0969 **Verfeinerung der Kristallstruktur von Taurin, 2-Aminoäthylsulfonsäure. Ein Beispiel für durch Rechenmaschinen kontrolliertes Experimentieren.** Y. Okaya. (Acta crystallogr. [Copenhagen] **21,** 726–35, 1966; Yorktown Heights, N.Y., IBM Watson Res. Center; engl.) — Die Krist.-Struktur von Taurin, 2-Aminoäthylsulfonsäure, wurde mit Hilfe dreidimensionaler Daten, die von einem Computer-gesteuerten Diffraktometer gesammelt wurden, verfeinert. Die Verb. ist monoklin mit a = 5,28 [Å], b = 11,64, c = 7,93, β = 94,1°. Raumgruppe $P2_1/c$. Die Positionen aller H-Atome wurden durch dreidimensionale ($F_0 - F_c$)-Synth. ermittelt. Das Mol. besitzt zwitterion. Konfig. mit der Formel NH_3^+–CH_2–CH_2–SO_3^-. Alle Bindungslängen u. -winkel der Zwitterionen haben normale Werte. Die Struktur ist in Abb. dargestellt. Das Diffraktometersteuerprogramm wird erläutert. Ernst Schulte 438

0970 **Kristall- und Molekularstruktur von N.N-Dimethyldiphenylphosphinamid, Ph_2PONMe_2.** Mazhar-Ul-Haque und Charles N. Caughlan. (Chem. Commun. **1966,** 921–22; Bozeman, Mont., Mont. State Univ., Dep. of Chem.; engl.) — *N.N-Dimethyldiphenylphosphinigsäureamid* ist orthorhomb. mit a = 7,670 (Å), b = 11,141, c = 15,644. Z = 4, Raumgruppe $P2_12_12_1$. Die Struktur wurde nach der Patterson- u. Fourier-Meth. bestimmt. R = 6,4%. Die P-Bindungswinkel sind nahezu tetraedr. u. liegen zwischen 104,3 u. 117,6°. Die N- u. P-Atome u. die zwei Methyl-C-Atome liegen nicht in einer Ebene. Die Struktur ist in einer Abb. dargestellt. Ernst Schulte 438△

B-4. Phasengleichgewichte, chemische Gleichgewichte und ihre Energetik

0971 **Flüssig-fest-Übergang bei hohem Druck.** 2. Mitt. **Monochlorbenzol und Toluol bei 0°.** Jiro Osugi, Kiyoshi Shimizu, Kazuo Yasunami und Akifumi Onodera. (Rev. physic. Chem. Japan **37** (1967) 1, 10–15; Lab. of Phys. Chem., Dep. of Chem., Fac. of Sci., Kyoto Univ., Kyoto, Japan; engl.) — Die fl.–fest-Umwandlungsdrücke bei 0° wurden für Monochlorbenzol zu 2799,0 (± 1,2) kg/cm² u. für Toluol zu 6440,4 (± 1,2) kg/cm² bestimmt. G. Malow 452

0972 **Relative Flüchtigkeit von Hexan-C_6-Olefin-Systemen in N.N-Dimethylformamid.** R. N. Hollenshead und Matthew Van Winkle. (J. chem. Engng. Data **11,** 420–23, 1966; Univ. of Tex., Austin, Tex.; engl.) — Fl.–Gas-Gleichgew.-Daten bei einem Druck von 400 bis 760 mm Hg wurden für die tern. Mischungen von *n-Hexan* mit *Hexen-(1)* (**I**), *4-Methylpenten-(1)* (**II**) u. *2-Methylpenten-(1)* (**III**) bei vorher festgelegten Konz. an *DMF* bestimmt. Damit soll die Wrkg. eines Lsgm. auf die Änderung der relativen Flüchtigkeiten der Komponenten in Mischungen untersucht werden. Mit zunehmender DMF-Konz. nimmt die Selektivität, hervorgerufen hauptsächlich durch Wechselwrkg. von DMF mit der Doppelbindung, in allen Systemen zu. Am selektivsten wirkt das Lsgm. im System mit **III**, dann folgen die Systeme mit **II** u. **I**. A. Kratochwill 454

0973 **Hochdruckphasengleichgewichte und Kompressibilität des Systems SO_2–Diäthyläther.** A. C. Zawisza. (Bull. Acad. polon. Sci., Sér. Sci. chim. **15** (1967) 7, 291 bis 297; Inst. of Phys. Chem., Polish Acad. of Sci.; engl.) — Im Syst. SO_2–$(C_2H_5)_2O$ (33,44–73,71 Mol-% SO_2) wurden die krit. Daten PVT, die Dampfdrücke der Kp. u. die D. an den 90°-, 110°-, 130°-, 150°- u. 170°-Isothermen gemessen. Eine zweite Meßreihe umfaßt die vollständigen P–V-Isothermen bei 100, 150, 200 u. 225° u. die Kompressibilitäten der Fl. u. des Dampfes. Tabellen u. graph. Darst. der Meßwerte vgl. Original. G. Malow 454

0974 **Thermodynamische Überschußfunktionen für das System SO_2–Diäthyläther.** A. C. Zawisza. (Bull. Acad. polon. Sci., Sér. Sci. chim. **15** (1967) 7, 299–305; engl.) — Vgl. vorst. Referat. — Es wird das Temp.-Verh. der thermodynam. Überschußfunktionen im Syst. SO_2–$(C_2H_5)_2O$ unterhalb u. oberhalb der krit. Temp. bis zu 50 atm u. 225° berechnet. Die Überschußenthalpie g^E ist stark druckabhängig. Der Einfl. von Druck u. Temp.

auf die Überschußfunktion nimmt mit steigendem Druck zu. Wertetabellen u. graph. Darstellungen vgl. Original. G. Malow 454

0975 **Hochdruck-Dampf–flüssig-Gleichgewichte und der kritische Zustand im System Trifluoressigsäure–Perfluorbutan.** A. C. Zawisza. (Bull. Acad. polon. Sci., Sér. Sci. chim. **15** (1967) 7, 307—11; Inst. of Phys. Chem., Polish Acad. Sci.; engl.) — Vgl. vorst. Referat. — Es wurden die Dampf-fl.-Gleichgew. im Syst. Trifluoressigsäure–Perfluorbutan (17,77—79,32 Mol-% CF_3COOH) u. der reinen Komponenten von 70° bis zum krit. Zustand u. die Kompressibilität der Dampfphase von 1 atm bis zum Taupunkt einer gegebenen Mischung bestimmt. Die große überschußfreie Energie des Syst. wird auf die Assoziation von CF_3COOH zurückgeführt. Die mit der Temp. abnehmende Dimerisationskonst. bewirkt eine Abnahme von g^E mit ansteigender Temperatur. Tabellen u. graph. Darst. vgl. Original. G. Malow 454

0976 **Salzeffekte in Flüssigkeit–Flüssigkeit-Gleichgewichten im Äthylacetat–Äthanol–Wasser-System.** M. U. Pai und K. Madhusudana Rao. (J. chem. Engng. Data **11**, 353—56, 1966; Nat. Chem. Labor., Poona, India; engl.) — Der Salzeffekt wurde bei 30° mit K- u. Na-Acetat, KCl, NaCl, K_2SO_4, Na_2SO_4 untersucht. Die Löslichkeitsdaten wurden für das salzfreie tern. u. für die quatern., jeweils mit Salz gesätt., Syst. bestimmt u. sind tabellar. aufgeführt. A. Kratochwill 454

0977 **Spektroskopische Untersuchungen der Selbstassoziation durch Wasserstoffbindung.** Surjit Singh und C. N. R. Rao. (J. physic. Chem. **71** (1967) 4, 1074—78; Dep. of Chem., Indian Inst. of Technol., Kanpur, India; engl.) — Aus IR- u. NMR-spektroskop. Daten wird die Thermodynamik der Dimerisation nachst. Verb. untersucht: *Äthylalkohol, 2.2.2-Trifluoräthyl-, n-Propyl-, 2.2.3.3-Tetrafluorpropylalkohol; Phenol, p-Chlor-, p-Methoxy-, 2.6-Diisopropylphenol; 1.1-Diisopropyl-n-propylalkohol, Di-n-butylamin, Thiophenol, Chloroform* u. *Bromoform.* Die Dimerisationsenergie steigt in der Reihe an: Mercaptane, Haloforme, Amine, Amide, Phenole, Alkohole u. Carbonsäuren (ca. 10 kcal/Mol). D. Schmitt 458

0978 **Die Basizität aromatisch substituierter Epoxide.** F. Fischer, H. Koch und H. Fritzsche. (Z. Chem. **7** (1967) 1, 14—15; Inst. für Pflanzenchem. der TU, Dresden; dt.) — Es wurde die Assoziation der Epoxide mit Phenol in CCl_4 gemessen. Die Stärke der sich dabei bildenden Wasserstoffbindung zwischen der Hydroxylgruppe des Phenols u. dem Epoxidsauerstoff wird als relatives Basizitätsmaß angenommen u. aus der Wellenzahlverschiebung $\Delta\nu_{OH}$ abgeleitet. Untersucht wurden: *Cyclohexenoxid, cis-* u. *trans-Methylphenyläthylenoxid, cis-* u. *trans-Stilbenoxid,* $\Delta\nu$OH, K_{ass}, ΔG^0, ΔH u. ΔS^0 sind tabelliert. D. Schmitt 458

0979 **Die N–H-Gruppe als Protonendonator und -akzeptor in der Wasserstoffbrückenbildung.** 1. Mitt. **Autoassoziierung sekundärer Amine.** A. E. Luckij und E. I. Gončarova. (Ž. fiz. Chim. **40,** 2735—42, 1966; Char'kovskij politechn. inst. im. Lenina; russ.) — Über die Konz.-Abhängigkeit von Lage u. Intensität der ν_s(NH) freier u. assoziierter Aminogruppen im IR-Spektrum von *Pyrrol, Indol, Carbazol, Piperidin, Pyrrolidin, Anilin, N-Methylacetamid, N-Äthylbenzamid* u. von nachst. Aminen: *n-Hexyl-, Cyclohexyl-, Diphenyl-* u. *Diäthyl-* (Lsgm. CCl_4) wird die Autoassoziation sek. Amine untersucht. Bei ungesätt. Aminen herrschen in der H-Bindung kovalente Kräfte vor, bei gesätt. stehen Dipol–Dipol-Wechselwrkg. im Vordergrund. Von der Konz. abhängige Änderungen der Halbwertsbreiten der Banden werden hauptsächlich auf anharmon. Schwingungen der Aminogruppen zurückgeführt. W. Herfurt 458△

0980 **H-Bindung zwischen substituierten Nitrobenzolen und Phenol.** Zen-ichi Yoshida und Fumiki Takabayashi. (J. chem. Soc. Japan, pure Chem. Sect. [Nippon Kagaku Zasshi] **87,** 452—56, 1966; Kyoto; Kyoto Univ., Fac. of Engng., Dep. of Synthetic Chem.; jap., Auszug: engl.) — Bei der H-Bindung von Phenol (**I**) mit Nitrogruppen nachst. Nitrobenzole: *unsubstituiert, 2-* (**A**) u. *4-*(**B**) *Methyl-, 2-* u. *4-Fluor-, 2-* u. *4-Chlor-, 2-* u. *4-Brom-, 2-* u. *4-Jod-,* von *Nitromethan* u. von *Nitrodurol* wurden in CCl_4 die Frequenzverschiebung ν_{OH} u. die Assoziationskonst. mit Hilfe des IR-Absorptionsspektrums untersucht. Bei **I** u. den 4-X-Nitrobenzolen besteht bei unendlicher Verdünnung des Protonenakzeptors zwischen der ν_{OH} u. der Hammett-Konst. σ ein linearer Zusammenhang. ν_{OH} von **A** ist kleiner als die von **B,** was auf ster. Hinderung der Nitrogruppe u. dem Substituent in Stellung 2 zurückzuführen ist. Daraus folgt, daß ν_{OH} hauptsächlich von der Elektronendichte am O-Atom der Nitrogruppe beeinflußt wird. H. S. Park 458

0981 **Ausmaß der Hydratation von Äthern in wäßrigen Lösungen.** Hans Schott. (J. chem. Engng. Data **11,** 417—18, 1966; Res. Center, Lever Brothers Co., N.J.; engl.) — Die Hydratation wurde mittels der Abweichung der gemessenen Fluiditäten bei verschiedenen Konz. von den nach der Kendall-Gleichung ber. Werten bestimmt. Die Assoziation zweier fl. Komponenten bewirkt, daß die beobachteten Werte geringer sind als die berechneten. Für *Dioxan, Äthylenglykoldimethyläther* u. *Diäthylenglykoldimethyläther* geht diese Abweichung der Eig. von den additiven Werten durch ein Max. bei einer Zus., die 2,03 ± 0,05 W.-Mol. pro Ätherbindung entspricht. Daraus folgt, daß die größte Äther-Hydratation durch 2 Mol. H_2O gegeben ist. Die D. wurden bei (25,00 ± 0,01)° mit einem Sprengel-Oswald-Pyknometer, die Viskosität bei dieser Temp. mit einem Cannon-Fenske-Viskosimeter (Durchflußzeit 286,4 s für W.) gemessen. A. Kratochwill 458

0982 **Aus Methyl-α-D-glucopyranosid, Methyl-α-D-mannopyranosid und Phenyl-β-D-glucopyranosid mit dem Borat-Ion gebildete Komplexe.** Solange Lormeau und Monique Ahond. (Bull. Soc. chim. France **1965,** 505 bis 510; Labor. d'electrochim. de la Fac. des Sci. de Paris; franz.) — Die Existenz solcher Komplexe wird durch Leitfähigkeitsmessungen nachgewiesen, ihre Formeln u. Bldg.-Konst. wurden potentiometr. bestimmt u. polarimetr. bestätigt. Im erst- u. letztgenannten Glykosid sind es die 4- u. 6ständigen OH-Gruppen, im zweitgenannten die 2- u. 3ständige OH-Gruppe, die die Komplexbldg. eingehen. Das Mannopyranosid bildet einen 1:1- u. einen 2:1-Komplex, die beiden anderen nur einen 1:1-Komplex. J. Richter 458

0983 **Adsorption und Reaktion des Wasserstoffs an Ladungsübertragungs-Komplexen.** Hamao Iguchi, Tamotsu Kondo, Nobuzura Wakayama und Yoshihiro Mori. (Shokubai [Catalyst. Tokyo] **8,** 299—302, 1966; Inst. für Quantenchem., Tokyo, Univ.; jap.) — An Komplexen *1.3.6.8-Tetracyanpyren–Cs* (**I**), *1.3.6.8-Tetranitropyren–Cs, Violanthren B–Cs* (**II**), *Graphit–Cs* (**III**), *Phthalsäuredinitril–Na* (**IV**), *Terephthalsäuredinitril–Na* u. *Tetracyanäthylen–Na* wurden die Rk. Orthowasserstoff ⇌ Parawasserstoff (**A**), $H_2 + D_2 \rightleftharpoons 2\,HD$ (**B**) u. $H_2 \rightleftharpoons D_2$ (**C**) untersucht u. die Gleichgew.-Konst. bestimmt. Mit Hilfe der Gleichgew.-Konst. wurden die Aktivierungsenergien E berechnet. Es ergab sich für **I, A** **3,7** [**kcal/Mol**]; für **II, A** 10,0; für **II, C** 17,2; für **III, A** ~ 0,6; für **III, B** ca. 0,6; für **IV, A** 4,4; für **IV, B** 6,6 u. für **IV, C** 17. H. S. Park 458

0984 **^{17}O-NMR-Untersuchungen des Gleichgewichts der Enolformen von β-Diketonen.** Malka Gorodetsky, Zeev Luz und Yehuda Mazur. (J. Amer. chem. Soc. **89** (1967) 5, 1183—89; Org. Chem. and Isotope Dep. of the Weizmann Inst. of Sci., Rehovoth, Israel; engl.) — Untersucht wurden *$^{17}O_2$-Acetylaceton, $^{17}O_2$-ω-Aectylacetophenon, $^{17}O_{(a)}$-ω-Acetylacetophenon, $^{17}O_2$-1.7.7-Trimethyl-3-formylbicyclo-[2.2.1]-heptanon-(2),* das *$^{17}O_{(CHO)}$-Deriv.; $^{17}O_2$-1.7.7-Trimethyl-3-acetylbicyclo-[2.2.1]-heptanon-(2);* das *$^{17}O_{(CH_3CO)}$-Deriv.; $^{17}O_2$-2-Formylcyclohexanon; $^{17}O_2$-2-Acetylcyclohexanon,* das *$^{17}O_{(1)}$-Deriv.; $^{17}O_2$-2-Phenylcarbonylcyclohexanon,* das *$^{17}O_{(1)}$-Deriv.; $^{17}O_2$-2-Acetylcyclopentanon,* das *$^{17}O_{(1)}$-Deriv.; $^{17}O_2$-2-Phenylcarbonylcyclopentanon.* Sechsgliedrige Ringe bevorzugen eine endocycl. Doppelbindung, die fünfgliedrigen Ringe eine exocyclische. D. Schmitt 460

0985 **Orthoeffekt.** 1. Mitt. **Additiver Effekt der Orthosubstituenten auf die Dissoziation von Benzoesäuren.**

Masaru Hojo. (J. Soc. org. synth. Chem., Japan **23**, 341—49, 1965; Kyoto-Daigaku, Kôgakubu; jap.) — Vf. diskutiert Literaturdaten der Dissoziation von 3.4-, 2.4-, 2.5-, 2.3- u. 2.6-disubstituierten Benzoesäuren u. schließt, daß der Orthoeffekt hauptsächlich aus der direkten Wechselwrkg. zwischen der Ladung der ionisierenden Carboxylgruppe u. dem elektr. Feld der Orthosubstituenten besteht. E. Maekawa 462△

0986 **Orthoeffekt.** 2. Mitt. **Orthoeffekt auf die Dissoziation von substituierten Benzoesäuren.** Masaru Hojo. (J. Soc. org. synth. Chem., Japan **23**, 350—55, 1965; jap.) — 1. vgl. vorst. Referat. — Vf. diskutiert Literaturdaten der Dissoziation kernsubstituierter Benzoesäuren im Vgl. mit den nachst. 5-Aminobenzoesäuren: *unsubstituiert, 2-Methoxy-, 2-Methyl-, 2-Chlor-* u. *2-Brom-*. Daraus folgt, daß der Orthoeffekt der Substituenten hauptsächlich aus der direkten Wechselwrkg. zwischen der Ladung der ionisierenden Gruppen u. dem elektr. Feld der Orthosubstituenten besteht, während eine ster. Störung der Resonanz keine wesentliche Rolle spielt. E. Maekawa 462△

0987 **Orthoeffekt.** 3. Mitt. **Orthoeffekt auf die Dissoziation von substituierten Aniliniumionen.** Masaru Hojo. (J. Soc. org. synth. Chem., Japan **23**, 356—60, 1965; jap.) — 2. vgl. vorst. Referat. — Vf. bestimmt die Dissoziationskonst. von nachst. 3-Aminobenzoesäuren: *unsubstituiert, 4-Methoxy-, 4-Methyl-, 4-Chlor-* u. *4-Brom-* in W. bei 25° u. schließt, daß die Dissoziation viel stärker durch die direkte Wechselwrkg. zwischen der Ladung der ionisierenden Aminogruppe u. dem elektr. Feld der Orthosubstituenten beeinflußt wird als durch die ster. Störung der Resonanz. E. Maekawa 462△

0988 **Spektrophotometrische Bestimmung der Ionisationskonstante schwacher Elektrolyte in einem Ionenaustauscher.** P. S. Nys und E. M. Savickaja. (Doklady Akad. Nauk SSSR **176** (1967) 4, 873—75; VNII antibiotikov; russ.) — Die Extinktion von Gemischen aus Dowex 50 × 1 u. wss. Lsg. von m-Nitroanilin (**I**) wurde in Abhängigkeit vom pH gemessen. Durch Subtraktion der auf den Austauscher u. auf die Gleichgew.-Lsg. entfallenden Anteile wurde die molare Extinktion des sorbierten **I** ermittelt (Neutralform 85, Kation 6,5). Der pK_a des sorbierten **I** betrug 2,75 ± 0,15, während in der Lsg. pK_a = 2,51—2,58 gefunden wurde. H. Gümbel 462

0989 **Sterische Effekte von o-Methyl-Gruppen auf die Ionisationskonstanten von Phenolen. Der Einfluß des Lösungsmittels.** C. L. de Ligny. (Recueil Trav. chim. Pays-Bas **85**, 1114—16, 1966; Labor. for anal. chem., State Univ., Utrecht; engl.) — Bei Anwendung der Meth. von McDaniel u. Brown für die Trennung der polaren u. ster. Effekte wurden für Methylphenole in CH_3OH 0,33 ± 0,01 pK-Einheiten erhalten. Diese Werte, die viel größer als die in W. mit 0,14 ± 0,01 erhaltenen sind, zeigen, daß der o-Effekt stärker abhängig vom Lsgm. ist, was zur Annahme einer ster. Hinderung bei der Solvatisierung führt. M. Knaack 462

0990 **Dissoziationskonstanten von D_4-Essigsäure in Deuteriumoxid bei 5—50° und die sich herleitenden Isotopeneffekte.** Maya Paabo, Roger G. Bates und R. A. Robinson. (J. physic. Chem. **70**, 2073—77, 1966; Washington, D.C., Nat. Bureau of Standards; engl.) — Die Messungen wurden nach der EMK-Meth. durchgeführt. Aus der Änderung der Dissoziationskonst. mit der Temp. wurde auf die Enthalpie- u. Entropieänderungen schlossen. Die 4 Dissoziationsprozesse von D_4-Essigsäure u. CH_3COOH in W., CD_3COOD u. CH_3COOH in Deuteriumoxid wurden miteinander verglichen. M. Knaack 462

0991 **Einfluß der Ionenstärke und Temperatur auf die Dissoziationskonstanten von Salicylsäure.** V. P. Vasil'ev, P. S. Muchina und A. F. Beljakova. (Izvest. vysšich učebnych Zavedenij [Ivanovo], Chim. i chim. Technol. **9**, 879—84, 1966; Ivanoskij chimiko-technol. inst.; russ.) — Vgl. C. **1963**, 10768. — Auf Grund der UV-Spektren werden die Dissoziationskonst. K_1 u. K_2 von Salicylsäure (**I**) bei 25° in Ggw. von $NaClO_4$, NaCl, $NaNO_3$, KCl u. KNO_3 bei verschiedener Ionenstärke der Lsg. bestimmt. Die thermodynam. Werte sind pK_1^0 = 2,93 ± 0,05 u. pK_2^0 = 13,65 ± 0,05. Die Best. der elektr. Leitfähigkeit wss. Lsg. von **I** u. *Na-Salicylat* bei 5—70° ergibt ein Max. der K-Werte bei 40°. Für die Auswertung der experimentellen Daten kann die Gleichung von Harned u. Embree [1934] verwendet werden. Für die 1. Dissoziationsstufe von **I** ist $\Delta H^0_{298,15}$ = 450 ± 300 cal u. ΔS^0 = —12 ± 1 EE. Die beste Übereinstimmung mit den experimentellen Werten ergibt die Gleichung log K = 8,63 — (1780,14/T) — 0,01899 T. R. K. Müller 462

0992 **Bestimmung der Löslichkeit und Säuredissoziationskonstanten von Thionalid.** P. Ja. Jakovlev und R. D. Malinina. (Zav. Labor. **33** (1967) 3, 267—69; CNII černoj metallurgii im. Bardina; russ.) — Gravimetr. u. jodometr. wird die Löslichkeit von Thionalid (**I**) in wss. Lsg. von A., Essigsäure, Aceton, NH_3, NaOH u. KOH bestimmt. Aus der pH-Abhängigkeit der Löslichkeit in alkal. Lsg. (pH 9,2—9,8) wird der pK_a-Wert für **I** zu 8,38 ± 0,06 berechnet. W. Herfurt 462△

0993 **Das Äthanol–Essigsäure-Veresterungsgleichgewicht mit saurem Ionenaustauscher als Katalysator.** Alan Darlington und Wiliam B. Guenther. (J. chem. Engng. Data **12** (1967) 4, 605—07; Univ. of the South, Sewanee, Tenn.; engl.) — Für verschiedene Mischungen von Essigsäureäthylester, W., Essigsäure u. A. werden die Gleichgew.-Konst., ausgedrückt in Molenbrüchen, bei 15, 25, 35 u. 50° bestimmt. Als Katalysator dient ein stark saures sulfoniertes Polystyrolcopolymer. Die Konst. liegt für den untersuchten Mischungsbereich bei 25° zwischen 1,91 u. 4,58 u. ist geringfügig temperaturabhängig. Die Gleichgew.-Einstellung erfolgt ungefähr so schnell wie an homogenen Katalysatoren, die jedoch höhere K-Werte ergeben. D. Novak 462

B–5. Elektrochemie

0994 **Elektrolytische Leitfähigkeit in Alkohol–Wasser-Gemischen.** 5. Mitt. **Dissoziationskonstante von Essigsäure in Propanol-(1)–Wasser-Gemischen bei 15, 25 und 35°.** Mario Goffredi und Theodore Shedlovsky. (J. physic. Chem. **71** (1967) 13, 4436—42; New York, N.Y., Rockefeller Univ.; engl.) — 4. vgl. C. **1968**, 13-0616. — Aus Leitfähigkeitsmessungen an verdünnten Lsg. von Essigsäure u. *Na-Acetat* werden die Grenzleitfähigkeit u. die Dissoziationskonst. der Essigsäure über den gesamten Mischungsbereich des Lsgm. bestimmt. D. Novak 468

0995 **Anisotropie der elektrischen Leitfähigkeit bei Imidazolkristallen.** K. Pigoń und H. Chojnacki. (Acta physica polon. **31** (1967) 6, 1069—73; Dep. of Phys. Chem., Wroclaw Technical Univ.; engl.) — Die Winkelverteilung der elektr. Leitfähigkeit (L) von Imidazol wurde in 2 kristallograph. Ebenen bei verschiedenen Temp. bestimmt. In der (100)-Ebene ist L. isotrop. In der (010)-Ebene liegt die maximale L. in Richtung der c-Achse, d. h. längs der unendlichen H-Bindungs-Kette. Vf. erklären dieses Verh. mit der zwischenmol. Wechselwirkung durch H-Bindungen u. z. T. mit der Wechselwrkg. der π-Elektronen benachbarter Moleküle. G. Schatz 470

0996 **Elektrochemische Oxydation aromatischer Kohlenwasserstoffe in Methylenchlorid.** John Phelps, K. S. V. Santhanam und Allen J. Bard. (J. Amer. chem. Soc. **89** (1967) 7, 1752—53; Dep. of Chem. Univ. of Tex., Austin, Tex.; engl.) — *9.10-Diphenylanthracen* (**I**), *Rubren* (**II**), *1.3.6.8-Tetraphenylpyren* (**III**) u. *Tetracen* (**IV**) wurden in Methylenchlorid mit Tetra-n-butylammoniumperchlorat mittels cycl. Voltametrie u. Coulometrie bei kontrolliertem Potential oxydiert. Vf. schließen auf Entzug eines Elektrons u. damit auf Bldg. von Kationradikalen, wobei die Radikale von **I, II** u. **III** stabiler sind als von **IV**. Die ESR-Spektren der elektrochem. u. der chem. oxydierten Lsg. waren identisch. B. Hempel 476

0997 **Elektrolytische Darstellung von Bernsteinsäure.** R. Kanakam, M. S. V. Pathhy und H. V. K. Udupa. (J. electrochem. Soc. India **16** (1967) 3, 98—101; Central Elektrochem. Res. Inst., Karaikudi — 3 S. Ry, Indien;

engl.) — Bei der polarograph. Red. von *Maleinsäure* ohne u. mit verschiedenen Grundelektrolyten fanden Vf. im Gegensatz zu Literaturangaben nur eine Stufe u. in 1 M H_2SO_4 ein Halbstufenpotential von 0,57 V gegen die gesätt. Kalomelelektrode. An der Rk. sind zwei Elektronen beteiligt. Mechanismen werden diskutiert. Vf. benutzen die ermittelten Daten zur präp. Darst. der Bernsteinsäure in größerem Maßstabe mittels Elektrolyse bei kontrolliertem Potential (Ausb. 75—95%).
B. Hempel 476

0998 **Kinetische Parameter der Elektroreduktion von Nitrobenzol und Natur des Kathodenmaterials.** N. E. Chomutov, K. Š. Mansurova und T. N. Skornjakova. (Ž. vses. chim. Obšč. im. D. I. Mendeleeva **11**, 589—90, 1966; Mosk. chimiko-technol. im Mendeleeva; russ.) — Vgl. C. **1966**, 10-0908. — Für die Red. von Nitrobenzol an verschiedenen Metallen werden die polarograph. Daten graph. dargestellt. Die Max. des Halbstufenpotentials $E_{1/2}$ beobachtet man an Metallen der Ga- u. der V-Nebengruppe, ein Minimum an Metallen der Cu-Nebengruppe. Die negativsten Werte von E_{12} treten an Metallen mit der niedrigsten freien Enthalpie der Bldg. einfach-geladener Kationen in der Gasphase u. der kleinsten Arbeitsfunktion der Freisetzung von Elektronen auf. Es ergibt sich also eine Beziehung zwischen der Stellung eines Metalls im Periodensyst. u. seinem polarograph. Red.-Vermögen. Die Zahl der an der potentialbestimmenden Rk. teilnehmenden Elektronen besitzt ein Max. an Ga, In, Tl, Zn, Sn u. Pb.
R. K. Müller 478

0999 **Elektrochemische Untersuchungen des Chinolins und Isochinolins.** B. Lovreček und D. Cipriš. (J. elektroanalyt. Chem. [Amsterdam] **11**, 44—53, 1966; Zagreb, Yugoslavia, Univ., Fac. of Technol., Inst. of Electrochem. and Elektrochem. Technol.; engl.) — Es werden Syst. verschiedener Chinolin(**I**)- u. Isochinolin-(**II**)-Konz. in 0,1 n HCl bei 21 ± 2° polarograph. an der Hg-Tropfelektrode untersucht u. die Polarogramme wiedergegeben. Die Unters. beweisen, daß bestimmte I-Konz. eine gut markierte Adsorptionswelle geben, die für **II** weniger ausgeprägt ist. Aus den Daten wird die Oberflächenbedeckung mit adsorbierten Mol. ermittelt. **I** u. **II** geben ebenfalls eine katalyt. H_2-Entwicklung. Die Abhängigkeit dieses Effektes von der **I**- u. **II**-Konz. wird untersucht. Messungen der elektr. differentiellen Doppelschichtkapazität bestätigen die Existenz des senkrechten Adsorptionsbereichs. Eine quantitative Behandlung der differentiellen **I**-Kapazitätskurve u. eine Analyse der elektrochem. Erscheinungen am Syst. Hg/**I** in 0,1 n HCl werden durchgeführt. Unterschiede im elektrochem. Verh. von **I** u. **II** sind auf den Einfl. der ster. Faktoren zurückzuführen (Diagramme).
H. Pehlmann 478

1000 **Polarographie von m-substituierten Phenylisothiocyanaten und Kinetik ihrer Reaktion mit Hydroxyl-Ionen.** A. M. Kardos, J. Volke und P. Kristián. (Collect. czechoslov. chem. Commun. **30**, 931—39, 1965; Praque, Czechoslov. Acad. of Sci., J. Heyrovský Inst. of Polarography; engl.) — Untersucht wurden folgende m-substituierte Phenylisothiocyanate: *m-Methyl-*, *m-Hydroxy-*, *m-Methoxy-*, *m-Acetamido-*, *m-Phenyl-*, *m-Carbomethoxy-*, *m-Carbäthoxy-*, *m-Pentyloxycarbonyl-*, *m-Hexyloxycarbonyl-*, *m-Octyloxycarbonyl-*, *m-Acetyl-*, *m-Benzoyl-*, *m-Jod-*, *m-Chlor-*, *m-Benzoyloxy-*, *m-Nicotinoyloxy-*, *m-Isothiocyanato-* u. *m-Cyan-*. Vf. untersuchten die Abhängigkeit des Halbstufenpotential u. der RGK der nucleophilen OH^--Addition an die NCS-Gruppe von der Hammett-Konst. σ_m. Bei der polarograph. Red. in stark saurem Medium werden 4 Elektronen, im alkal. 2 Elektronen verbraucht; bei den meisten untersuchten Verb. verläuft die Red. im sauren Medium in 2 Stufen. In alkal. Lsg. bleibt die Rk. nach dem 2-Elektronenübergang bei Thioformanilidderiv. infolge Protonenmangels stehen. Bei niedrigerem pH-Wert geht die Red. bis zu N-Mercaptomethylanilinen. Aus $E_{1/2} = f(\sigma_m)$ in alkal. Lsg. ergibt sich $\varrho_{\pi,R} = 0{,}22$ V, u. aus log RGR $= f(\sigma_m)$ der Additionsrk. (20% Dioxan-, 40% CH_3OH, 40% wss. NaOH/KCl, 30°) wurde $\varrho = 1{,}57$ gefunden.
J. Seitlová 478△

1001 **Polarographie konjugiert ungesättigter Lipoide.** Edwin J. Kuta und Mary Yu. (Lipids [Chikago] 2 (1967) 5, 411—18; Dep. of Food and Nutrition, Cornell Univ. Ithaca, N.Y.; engl.) — Es wurden die Halbstufenpotentiale von α- u. *β-Eläostearin-*, *Linolen-*, *Arachidon-*, *Parinar-*, *Lican-*, *Isan-* u. *Isanolsäure* sowie *Vitamin D_2* u. *D_3*, *all-trans-Retinol*, *13-cis-Retinol*, *all-trans-Retinylacetat*, *all-trans-Retinal* u. *all-trans-β-Carotin* in 10% wss. Dioxan mit 0,1 M Tetrabutylammoniumhydroxid bestimmt u. bez. der Anzahl der konjugierten Doppelbindungen u. ihrer Konfig. untersucht. In neutraler Lsg. ergab der Logarithmus der Anzahl der konjugierten Doppelbindungen (log C) gegen erstes $E_{1/2}$ die Gerade: $E_{1/2} = 2{,}98 - 1{,}6$ log C. Drei konjugierte Doppelbindungen waren immer für die Red. erforderlich. UV-Spektren u. Millicoulometrie zeigen schrittweise Red. Der Mechanismus wird diskutiert. Vf. schlagen Polarographie zur quant. Best. konjugiert ungesättigter Fettsäuren in natürlichen Ölen vor.
B. Hempel 478

1002 **Sukzessive Ein-Elektron-Reduktionspotentiale von Porphinen und Metallporphinen in Dimethylformamid.** D. W. Clack und N. S. Hush. (J. Amer. chem. Soc. **87**, 4238—42, 1965; Bristol 8, Engl., Univ. of Bristol, Dep. of Inorganic Chem.; engl.) — Vf. untersuchten die Red. einiger Porphine u. ihrer Metallkomplexe an der Quecksilbertropfelektrode durch Strom-Potential-Messungen bei (20 ± 1)° im Lsgm. DMF mit 0,1 m Tetra-n-propylammoniumperchlorat. Es wurden drei oder vier Ein-Elektron-Stufen gefunden, die dem mono-, di-, tri- u. tetranegativen Porphinionen entsprechen. Die freien Energien der Disproportionierung der Ionen sind positiv u. bemerkenswert konst. für einen gegebenen Ionisationszustand. Die Ergebnisse werden bez. der Elektronenstruktur diskutiert. Untersuchte Verb.: *α.β.γ.δ-Tetraphenylporphin*, dessen *Zn-* u. *[(n-Propyl)$_4$N]$_2$-Salz*, *Ätioporphyrin I*, dessen *Zn-Salz*, *Cu-Ätioporphyrin IV*, *Tetrabenzoporphin*, dessen *Zn-Salz*, *Oktaphenyltetraazaporphin*, dessen *Mg-Salz* u. *Hämatoporphyrin*.
K.-E. Müller 478

B–6. Kinetik, Katalyse

1003 **Metallionen und -komplexe in organischen Reaktionen. 4. Mitt. Kupferaktivierte Darstellung von Diaryläthern und konkurrierende Wasserstoffübertragungen.** R. G. R. Bacon und O. J. Stewart. (J. chem. Soc. [London] **1965**, 4953—61; Dep. of Org. Chem., Queen's Univ., Belfast; engl.) — 3. vgl. C. **1965**, 9-0841. — Dialyläther (**A**) werden aus 1-Halogennaphthalinen (**B**) u. Phenolen (**C**) in 2.4.6-Kollidin (**I**) oder Dimethylacetamid (**DMA**) in Ggw. von Cu_2O bei 170° in präp. brauchbarer Ausb. erhalten (Tabellen). Cu_2O fungiert als Reagens u. Katalysator u. kann durch Cu oder CuO ersetzt werden. Bei Verw. von Alkaliphenoxiden wird Cu_2O nicht verbraucht u. die Rk. verläuft besonders in DMA rascher als mit dem freien Phenol, wobei sie der herkömmlichen Ullmann-Kondens. in vielen Fällen überlegen ist. Die Halogenid-Reaktivität verläuft in der Ordnung J > Br > Cl, wobei Substituenteneffekte eine Rolle spielen. Cu-katalysierte Red. zum KW-Stoff findet besonders in Pyridin-N-oxid oder Chinolin statt u. wird mit wirksamen H-Akzeptoren bzw. -Donatoren, wie z. B. o-Bromnitrobenzol bzw. o-Nitrophenol, zur Hauptrk., wobei das übertragene H aus OH- oder NH_2-Substituenten oder aus dem aromat. oder heterocycl. Ring stammt. Als Nebenrk. werden Decarboxylierung, Halogenaustausch, Kupplung zum Diaryl oder Halogensubstitution durch andere Nukleophile als das Phenol beobachtet.

Versuche: Aryl-α-naphthyläther: Durch Sieden aus den entsprechenden **B**, **C** u. Cu_2O in **I** bzw. DMA auf 144—170° unter N_2: *Phenyl-*, F. 55° (Propanol-(2) oder wss. A.), aus o- (32%) oder p-Hydroxybenzoesäure; 71%. Daneben in Benzylamin als Lsgm. *N-Benzyl-1-naphthylamin* [$C_{17}H_{15}N$, F. 66—67°; *1.3.5-Trinitrobenzol-Addukt*, F. 174—175°]. — *p-Tolyl-*, $C_{17}H_{14}O$, F. 38,5—39,5° (A.); 62% bzw. 24%. — *4-Methoxyphenyl-*, $C_{17}H_{14}O_2$, F. 77° (A.); 72% bzw. 39%. — *4-Chlorphenyl-*, $C_{16}H_{11}ClO$, $Kp._{0,1}$ 148—149°; n_D^{18} 1,6460; 49%. — *3-Nitrophenyl-*, $C_{16}H_{11}NO_3$, $Kp._{0,3}$ 178—180°; 12% bzw. 23%. — *4-Nitrophenyl-*, $C_{16}H_{11}NO_3$, F. 141—142° (A.);

12% bzw. 5%. — Diaryläther: Durch Sieden (16 bis 48 Std.) aus den entsprechenden Arylhalogeniden, C u. Cu_2O in Kollidin bzw. DMA bei 170° unter N_2: *Phenyl-p-tolyl-*, Kp.$_{13}$ 140°; 43%. — *Di-p-tolyl-*, F. 50°; 41% bzw. 81%. — *o-Tolyl-p-tolyl-*, Kp.$_{14}$ 144°; 42%. — *p-Methoxyphenyl-p-tolyl-*, F. 45—46°; 54%. — *Phenyl-o-methoxyphenyl-*, F. 78° (A.); 96%. — *o-Methoxyphenyl-p-tolyl-*, F. 53° (A.); 96%. — *p-Nitrophenyl-p-tolyl-*, F. 69° (A.); 81% bzw. 85%. — *o-Nitrophenyl-p-tolyl-*, F. 48° (A.); 48%; daneben 3% *2.2'-Dinitrobiphenyl*, F. 124° (A.) u. 3% nachst. Verbindung. — *5.5'-Dimethyl-2.2'-bis-[o-nitrophenoxy]-biphenyl*, $C_{26}H_{20}N_2O_6$, F. 186—188°, aus 2.2'-Dihydroxy-5.5'-dimethylbiphenyl; 30%. Daneben 50% Nitrobenzol. G. Kirsten 481

1004 **Metallionen und -komplexe in organischen Reaktionen. 5. Mitt. Oxydation primärer und sekundärer Amine mit Silberpikolinat.** R. G. R. Bacon und W. J. W. Hanna. (J. chem. Soc. [London] **1965,** 4962—68; engl.) — 4. vgl. vorst. Referat. — Darst. u. Ox.-Rk. von Ag(II)-Pikolinat (I) mit einer Anzahl prim. (A) u. sek. (B) Alkyl- u. Arylalkylamine bei 0—70° in I-Suspensionen in W. oder polaren organ. Lsgm. werden beschrieben (Tabellen). Ox. unsymm. B der allg. Zus. $ArCH_2NHCR_3$ (Ar = Aryl) aus Arylalkylhalogeniden führt zu Aldehyden der allg. Zus. ArCHO. I erweist sich in den untersuchten Fällen Hg(II)-Acetat oder AgO überlegen. Einige andere Übergangsmetall-Oxidantien sind unwirksam. Mechanist. Aspekte der Ox.-Rk. werden diskutiert. Untersuchte Amine: *Isopropyl-* u. *Diisopropyl-* [→ Aceton; 16% bzw. 31% (Ausb.)], *n-Butyl-* u. *Di-n-butyl-* (→ Butyraldehyd; 14% bzw. 67%), *sek.-Butyl-* u. *Bis-[2-methylpropyl]-* (→ 2-Methylpropanal; 9% bzw. 73%), *Butyl-(2)-* u. *Bis-[butyl-(2)]-* (→ Methyläthylketon; 26% bzw. 62%), *Äthylhexyl-* u. *Bis-[2-äthylhexyl]-* (→ 2-Äthylhexanal; 1% bzw. 9%), *Cyclohexyl-* u. *Dicyclohexyl-* (→ Cyclohexanon; 41% bzw. 61%), *Benzyl-* u. *Dibenzyl-* [→ Benzaldehyd (II); 51% bzw. 76%] sowie die im Vers.-Teil mit * gekennzeichneten Amine.

Versuche: *1-Cyan-2.4.4-trimethylpentan*, $C_9H_{17}N$, Kp.$_{10}$ 90°, aus 3.5.5-Trimethylhexylamin* u. I in W. bei 70° u. Zusatz von 2 n HCl im Überschuß; 10% (Ausb.). — *3.5.5-Trimethylhexansäurechlorid*, Kp. 185°, aus der freien Säure u. $SOCl_2$; 90%. *Säureamid*, F. 94°; 98%. *Nitril*, Kp.$_{15}$ 95—100°; 86%. — *3.5.5-Trimethylhexyliden-3'.5'.5'-trimethylhexylamin*, $C_{18}H_{37}N$, Kp.$_{0,7}$ 95—100°, aus Bis-[3.5.5-trimethylhexyl]-amin* u. I; 78%; bei Dampf-Dest. entsteht stattdessen 3.5.5-Trimethylhexanal. — *2.5-Dimethylpyrrolidin**, Kp. 110—115°, durch Red. aus 2.5-Dimethylpyrrol u. Zn/HCl u. Red. des erhaltenen Gemischs (40%) von 2.5-Dimethyl-Δ^1- u. -Δ^3-pyrrolin an PtO_2 bei 5 atm in Methylacetat. *Hydrochlorid*, F. 190°. — *2.5-Dimethyl-Δ^1-pyrrolinpikrat*, $C_{12}H_{14}N_4O_7$, F. 135°, aus vorst. Pyrrolidin u. I u. Behandeln mit Pikrinsäure-Lsg.; 28%. — *2-Benzylamino-2.4.4-trimethylpentan*, Kp.$_{0,01}$ 110 bis 120°, durch Sieden aus 2-Amino-2.4.4-trimethylpentan (Kp.$_{0,05}$ 35—40°) u. $C_6H_5CH_2Cl$; 98% (→ II; 89%). *Hydrochlorid*, $C_{15}H_{26}ClN$, F. 237° [Propanol-(2)]. — *N-Benzyl-tert.-butylamin**, Kp.$_{0,05}$ 50—56°, analog vorst. Meth.; (→ II; 64%). *Hydrochlorid*, $C_{11}H_{18}ClN$, F. 246° [Propanol-(2)]. — *N-Benzyltriphenylmethylamin**, $C_{26}H_{23}N$, F. 91° (PAe.), durch Sieden aus Chlortriphenylmethan u. $C_6H_5CH_2NH_2$ in Dioxan; 98% (→ II; 15% bzw. 36% in A.). — *N-[p-Nitrobenzyl]-tert.-butylamin**, $C_{11}H_{16}N_2O_2$, F. 28°, aus p-Nitrobenzylbromid u. tert.-Butylamin in sd. Dioxan u. 40%ig. NaOH; 54% (→ p-Nitrobenzaldehyd; 81%; 2.4-Dinitrophenylhydrazon, $C_{13}H_9N_5O_6$, F. 328° (Dioxan)]. — *N-[1-Brom-2-naphthylmethyl]-2-amino-2.4.4-trimethylpentan**, $C_{19}H_{26}BrN$, F. 46° (PAe.), aus 1-Brom-2-brommethylnaphthalin u. 2-Amino-2.4.4-trimethylpentan in sd. Dioxan; 69% (→ 1-Brom-2-naphthaldehyd, F. 117°; 95%). G. Kirsten 481

1005 **Umwandlungsmechanismus von p-Alkyl-o.o'-di-tert.-butyl-phenoxyradikalen.** A. I. Brodskij, V. D. Pochodenko, V. A. Chižnyj und N. N. Kalibabčuk. (Doklady Akad. Nauk SSSR **169,** 339—42, 1966; Inst. fiz. chim. im. Pisarževskogo AN USSR; russ.) — Die Kinetik des Zerfalls von *4-Methyl-* (I) u. *4-Äthyl-2.6-di-tert.-butylphenoxyl* (II; beide Radikale dargestellt durch PbO_2-Ox. entsprechender Phenole) in benzol. Lsg. bei 21—47° wird EPR-spektrometr. untersucht. Der Zerfall von I (II) erfolgt bei 25° (26°) als Rk. 1. Ordnung mit einer Halbwertszeit von 51 (88) Sek., von II bei 47° als Rk. 2. Ordnung mit $t_{1/2}$ 24 Sekunden. Die Ergebnisse bestätigen, daß Radikale wie I u. II mit α-ständigem Proton am p-Substituenten eine vergleichsweise geringe Stabilität besitzen. C. Kozák 482△

1006 **Selektive Hydrierung von Acetylen. 3. Mitt. Kinetik und Mechanismus der Reaktion von Palladium auf α-Aluminiumoxid und Palladiumschwarz-Katalysator.** Toshiaki Kabe und Iwao Yasumori. (J. chem. Soc. Japan, pure Chem. Sect. [Nippon Kagaku Zasshi] **86,** 385—89, 1965; Tokyo, Japan, Tokyo Inst. of Technol., Labor. of Phys. Chem.; jap., Auszug: engl.) — 2. vgl. ibid. 86 (1965) 39; 1. vgl. C. **1966,** 40-0770. — Es wird die Kinetik der Hydrierung von C_2H_2 in Ggw. von Pt-Katalysatoren bei Temp. von 30—200° u. Drucken unterhalb 50 mm Hg unter Verw. der Zirkulationsmeth. u. Gasgemischen stöchiometr. Zus. untersucht. Bei Verw. von Pt auf α-Al_2O_3 u. geringem C_2H_2-Umsatz entstehen C_2H_4 u. C_2H_6 auf verschiedenen Wegen mit E = 10,1 bzw. 8,9 kcal/Mol. Der Mechanismus wird dadurch gestützt, daß sich anfangs zugesetztes C_2D_2 wie ein Verdünnungsmittel verhält u. unter vorst. Bedingungen kaum hydriert wird. Die Bldg. von Polymeren — vorwiegend C_4-KW-Stoffe — bei der Hydrierung wird beobachtet. Bei Pt-Schwarz nimmt mit dem Sinterungsgrad die Aktivität ab u. die Selektivität zu. Die Ergebnisse werden diskutiert u. ein Rk.-Mechanismus vorgeschlagen. G. O. Jäger 483

1007 **Einfluß der Korngröße eines Nickelkatalysators auf die Geschwindigkeit und Selektivität der Hydrierung von Anilin.** P. Moravec, P. Schneider und M. Kraus. (Collect. czechoslov. chem. Commun. **30,** 2908—19, 1965; Prague-Suchdol, Czechoslov. Acad. Sci., Inst. of Chem. Process Fundamentals; engl.) — Vff. untersuchten die Hydrierung von Anilin bei 200° u. unter atmosphär. Druck an mit Al_2O_3 aktiviertem Ni. Demzufolge werden Cyclohexylamin, Dicyclohexylamin u. Phenylcyclohexylamin durch Simultan- u. Folgerk. gebildet. Die Rk.-Kinetik wurde an drei verschiedenen Katalysatorkorngrößen gemessen. Die Verbrauchsgeschw. von Anilin entspricht einer Rk. 1. Ordnung. Mit dem nach Wheeler (Advances in Catalysis **3** [1951] 313) ber. Wrkg.-Grad u. mit Hilfe der scheinbaren RGK wurde die tatsächliche RGK berechnet. Der Einfl. der Katalysatorkorngröße auf die Selektivität u. Hydriergeschw. wurde im guten Einklang mit der Theorie gefunden. L. Bartovská 483△

1008 **Reduktive Aminierung von Δ^2-2-Äthylhexenal.** Nobuhiro Nakamizo, Kazuo Shiozaki und Shirô Kudô. (J. chem. Soc. Japan, pure Chem. Sect. [Nippon Kagaku Zasshi] **86,** 419—23, 1965; Osaka, Japan, Kyowa Hakko Kogyo Co., Ltd.; jap., Auszug: engl.) — Der Mechanismus der reduktiven Aminierung von Δ^2-2-Äthylhexenal (I) in Ggw. von Ni-Katalysatoren ähnelt dem der katalyt. Hydrierung von Nitrilen. Die Bldg. der Hauptprod. — 2-Äthylhexylamin (II) u. Bis-[2-äthylhexyl]-amin — führen Vf. auf die Hydrierung oder Hydrogenolyse verschiedener polymerer Zwischenprod. zurück, die sich über das durch Kondens. von I mit NH_3 entstandene Aldimin gebildet haben. Eines dieser Zwischenprod. — N-[2-Äthylhexyliden]-2-äthylhexylamin — wird isoliert. Bessere Ausb. an II werden erhalten, wenn das bei der vorgelagerten Kondens. gebildete W. vor der Hydrierung entfernt wird. Neben den Hauptprod. werden wechselnde Mengen an 1.3-Diamino-2-äthylhexan isoliert, das wahrscheinlich durch Addition von NH_3 an die α.β-Doppelbindung von I gebildet wird. G. O. Jäger 483

1009 **Messung der adsorbierten Kohlenwasserstoffe auf NiO mit Hilfe der Konkurrenzoxydationsreaktion.** Yoshihiko Morooka und Atsushi Ozaki. (Shokubai [Catalyst, Tokyo] **8,** 316—20, 1966; Tokyo, TH; jap.) — Bei 260 bzw. 230° wurden auf dem NiO-Katalysator die Konkurrenzox. zwischen *Propylen* (I) u. *Butylen-(1)* (II) bzw. zwischen *Acetylen* u. I (oder II) untersucht. Daraus wird geschlossen, daß das Adsorptionsvermögen von II größer ist als von I. Bei Ox. der Butenisomeren II, *cis-* u. *trans-Buten-(2)* u. *Isobuten* wurde die Ox.-Geschw. bestimmt. Ferner wurden bei der Konkurrenzox. zwischen cis-Buten-(2) u. **II** die Rk.-Geschw. gemessen. Im allgemeinen erhöht sich das Adsorptionsvermögen mit Vergrößerung der Anzahl der C-Atome bei derselben Gruppe u. mit abnehmendem Sättigungsgrad bei gleichem C-Geh. wie z. B. Acetylen–Äthylen. H. S. Park 484

1010 **Oxydation von ungesättigten carbocyclischen KW-Stoffen mit Persäuren. 4. Mitt. Oxydation von Methylencycloheptan mit organischen Persäuren.** Akira Endō, Masumi Saitō, Takeji Ogura und Yasaburō Fusezaki. (J. chem. Soc. Japan, pure Chem. Sect. [Nippon Kagaku Zasshi] **86**, 426–28, 1965; Osaka, Japan, Univ. of Osaka Prefecture, Fac. of Eng.; jap., Auszug: engl.) — 3. vgl. ibid. **86** (1965) 108. — Es wird die Ox. von Methylencycloheptan (**I**) mit Peressigsäure (**II**) u. Perbenzoesäure (**III**) untersucht. Als Hauptprod. entsteht bei der Rk. von **I** mit **II** Methylencycloheptanglykolmonoacetat, mit **III** Methylencycloheptanoxid. Die Bldg. von Aldehyden oder Ringerweiterungsprod. wird nicht beobachtet. Die Rk. ist 2. Ordnung; die Rk.-Geschw. nehmen mit sinkender Polarität des Lsgm. zu. Die Reaktivität von **I** ist größer als die der mehr gespannten Syst. von Methylencyclobutan oder Camphen. Diese Ergebnisse deuten an, daß die Rk. auf einem Wege ähnlich der normalen Epoxidierung abläuft. G. O. Jäger 484

1011 **Kinetik der Oxydation von Benzylalkohol durch Cer-Ionen in wäßrigen Lösungen.** M. Rangaswamy und M. Santappa. (Current Sci. [Bangalore] **35**, 332–33, 1966; Madras, Univ., Dep. of Phys. Chem.; engl.) — Die Rk. zwischen *Ce*$^{4+}$ (**I**) u. Benzylalkohol (**II**) verläuft bei 10–20° u. [**II**]/[**I**] = 3–8 in $HClO_4$ nach der 2. Ordnung; RG ~ [**I**][**II**]. Bei konst. Ionenstärke nimmt die RG mit steigender H^+-Konz. zu. 1/RG ändert sich linear mit 1/[H^+] u. aus dem Ordinatenabschnitt dieser Geraden folgt, daß Ce^{4+}(aq) kinet. akt. ist. Dies wird durch den Verlauf der Geraden $1/k_{beob.}$ gegen 1/[**II**] bestätigt. — Ein Mechanismus, der auf der Spaltung einer OH-Bindung von **II** beruht u. von der Ladungsübertragung zu **I** gefolgert wird, steht mit den Beobachtungen in Einklang. W. Pusch 484

1012 **Metallsulfatkatalysatoren bei der Reaktion von Benzylchlorid und substituiertem Benzol.** Kazushi Arata, Tsunekazu Takeshita und Kozo Tabe. (Shokubai [Catalyst, Tokyo] **8**, 226–29, 1966; Hokkeido, Hokkeido Univ., Inst. f. Katalysator; jap.) — Mit bei 250–450° gerösteten Katalysatoren $NiSO_4 \cdot 7H_2O$, $CoSO_4 \cdot 7H_2O$, $ZnSO_4 \cdot 7H_2O$, $CuSO_4 \cdot 5H_2O$, $MnSO_4 \cdot 7H_2O$, $FeSO_4 \cdot 7H_2O$, Al_2O_3 u. $SiO_2 \cdot xH_2O$ wurde die Rk. zwischen Benzylchlorid u. *Toluol* untersucht. Dabei wurden die Zus. der Prod. (o-, m- u. p-Benzyltoluol) u. die relative Reaktivität k_{rel} z. T. aus der Literatur zusammengestellt. Ferner wurden die Anfangsgeschw.-Konst. bei den verschiedenen Katalysatoren, sowie die Acidität der Katalysatoren bestimmt. Die stärkste Aktivität von $FeSO_4$ ist vermutlich auf die leichte Bldg. von Fe^{3+} auf der Katalysatoroberfläche zurückzuführen. H. S. Park 486

1013 **m-Alkylierung von Phenol.** Tatsuo Nakagara und Saburo Enomoto. (Shokubai [Catalyst, Tokyo] **8**, 230–34, 1966; Hujiyama Univ., Fac. of Pharm.; jap.) — Die m-Alkylierung des Phenols mit den Katalysatoren H_3PO_4, mit BF_3 behandelte H_3PO_4, $Ni_3(PO_4)_2$, $Cd_3(PO_4)_2$, $Co(PO_4)_2$, $FePO_4$, $Zn_3(PO_4)_2$, $Hg_3(PO_4)_2$, H_2SO_4, $Al_2(SO_4)_3$ u. $ZnCO_3$- bzw. $Sn(OH)_2$-haltige H_3PO_4 auf den Trägern Kieselgur, SiO_2–Al_2O_3, Kaolin, α-Al_2O_3, Talk u. SiO_2 wurde untersucht. Dabei wurden als Alkylierungsmittel *Äthylen, Propylen, Isobuten* u. *Buten-1* benutzt. Die Ausb. der Alkylierung mit H_3PO_4 auf Kieselgur sind mit Äthylen bei 420°, mit Propylen bei 330° am größten, während sie bei Isobuten u. Buten-1 mit steigender Temp. abnehmen. Dagegen läßt der mit BF_3 behandelte Katalysator diese Wrkg. nicht erkennen: die m-Alkylierung verläuft mit zunehmender Konz. an H_3PO_4 günstiger. Aus der alkal. Titrationskurve des H_3PO_4-Katalysators (auf SiO_2) geht hervor, daß beim Verhältnis H_3PO_4/SiO_2 = 4,25 H_3PO_4 in wasserfreier Form (kondensierter Form) vorliegt. Ferner wurde festgestellt, daß die m-Alkylierung ohne Zwischenrk. verläuft. H. S. Park 486

1014 **Kinetik der Additionsreaktion von HJ an Butadien in der Gasphase.** 1. Mitt. Hironobu Kubota. (Rev. physic. Chem. Japan **37** (1967) 1, 25–31; Dep. of Chem. Engng., Fac. of Engng., Univ. of Kobe, Rokkodai Nada-ku, Kobe, Japan; engl.) — Die Kinetik der Gasphasenrk. Butadien + 2 HJ = Buten + J_2 wurde bei 180–230° untersucht. Der Rk.-Mechanismus verläuft über zwei Stufen: $C_4H_6 + HJ \xrightarrow{k} C_4H_7J$ (langsam) u. $C_4H_7J + HJ \rightarrow C_4H_8 + J_2$ (schnell). k ist die Konst. einer Rk. 2. Ordnung: log k = 8,59–18,3/4,575 T. G. Malow 487

1015 **Kinetik der Additionsreaktion von HJ an Butadien in der Gasphase.** 2. Mitt. Hironobu Kubota. (Rev. physic. Chem. Japan **37** (1967) 1, 32–42; engl.) — 1. vgl. vorst. Referat. — Die Kinetik der Gasphasenaddition von HJ an Butadien wurde zwischen 190 u. 230° in Abhängigkeit der J_2-Bldg. photometr. untersucht. Die Rk. verläuft homogen u. quant. unter Bldg. von Buten u. J_2. Der geschwindigkeitsbestimmende Schritt ist die Rk. $C_4H_6 + HJ \rightarrow C_4H_7J$. Die Geschw.-Konst. k_1 hängt über log k_1 = 9,04–19,2/4,575 T von der Temp. ab. In Gegenwart von Ar (1,5–21,3 Torr) beträgt log k_1' = 6,57–13,9/4,575 T. G. Malow 487

1016 **Relative Reaktivitäten vielkerniger aromatischer Systeme. 4. Mitt. Bromierungsgeschwindigkeiten vielkerniger aromatischer Kohlenwasserstoffe.** Lili Altschuler und Ernst Berliner. (J. Amer. chem. Soc. **88** 5837–45, 1966; Marion Edwards Park Labor. of Bryn Mawr Coll., Bryn Mawr, Pa.; engl.) — Für die Bromierung von *Phenanthren, Fluoranthren, Chrysen, Pyren, 1.2-Benzanthracen* u. *Anthracen* durch mol. Br bei 25° in wss. Essigsäurelsg. werden die RGK bestimmt u. tabellar. mitgeteilt. Aus den RG werden Partialfaktoren der Geschw. u. die Hauptrk.-Prod. ermittelt. Die Partialfaktoren der RG werden zu MO-Rk.-Parametern in Beziehung gesetzt u. mit den Geschw. anderer eltktrophiler Substitutionsrk. verglichen. Bei der Bromierung von Phenanthren u. Anthracen tritt neben der Substitutionsrk. auch Additionsrk. auf. W. Pusch 487△

1017 **β-Bromsäuren.** 2. Mitt. **Solvolyse von cyclischen β-Bromsäuren.** Wyman R. Vaughan, Ronald Caple, Josef Csapilla und Peter Scheiner. (J. Amer. chem. Soc. **87**, 2204–13, 1965; Ann Arbor, Mich., Univ. of Mich., Dep. of Chem.; engl.) — 1. vgl. C. **1966**, 33-0774. — *cis*- ($C_6H_9BrO_2$, F. 100,0–100,5°, aus Cyclopenten-(1)-carbonsäure mit 30%ig. HBr/Essigsäure oder Toluol, 8 Tage bei Raumtemp.] bzw. *trans-2-Bromcyclopentancarbonsäure* [**I**; $C_6H_9BrO_2$, F. 42–43° (PAe.), analog cis-**I**, jedoch 12std. Erwärmen im Rohr] ergeben bei der Solvolyse mit $KHCO_3$ in W.–Chlf. (½std. Erwärmen, Dampfbad) unter cis- bzw. trans-Abspaltung 35 bzw. 36% Cyclopenten. *2-exo-Brombicyclo*[*2.2.1*]*heptancarbonsäure-(1)* (**II**) u. -*(2)* (**III**) liefern mit wss. $NaHCO_3$-Lsg. (20 Min. bei 60–70°) Nortricyclencarbonsäure-(1), 2-exo-Hydroxybicyclo[2.2.1]heptancarbonsäure-(2) (F. 113–114°) u. -(1) im Verhältnis 1:4:11,5. Die Rk. von **II** u. **III** verlaufen offenbar über ein gemeinsames Ion. Analog (2 Std. bei 80°) ergeben *2-Brombicyclo*[*2.2.2*]- [**V**; $C_9H_{13}BrO_2$, F. 169,5–170,0° (Hexan), aus dem Methylester mit HBr/Essigsäure; 100%] u. *2(a)-Brombicyclo*[*3.2.1*]*octancarbonsäure-(1)* [**VI**; $C_9H_{13}BrO_2$, F. 188° (Bzl.)] hauptsächlich Bicyclo[3.2.1]octen-(2)- (**VII**), *2*(*a*)- u. *3*(*a*)-Hydroxybicyclo[3.2.1]octancarbonsäure- [2(e)] (**VIIIa**) sowie 2(a)-Hydroxybicyclo[2.2.2]octancarbonsäure-(1) im Verhältnis 53:13:13:20, ferner sehr geringe Mengen von Bicyclo-[3.2.1]octen-(3)-carbonsäure-[2(e)] (**IX**) u. **VIIIe**. **VIe** [$C_9H_{13}BrO_2$, F. 218,5–219,5° (Hexan, Bzl.–PAe.), aus **IV** oder **IV**-Methylester (s. Vers.-Teil) mit 48%ig. HBr; ~70%] liefert nur 2(e)-Hydroxybicyclo-[3.2.1]-octancarbonsäure-[2(a)] [$C_9H_{14}O_3$, F. 215° (Hexan–Äthylacetat 2:1)]. Die Solvolyse von *3*(*e*)*-Brombicyclo*[*3.2.1*]*octancarbonsäure*-[*2*(*e*)] (**X**) führt zu den gleichen Prod. wie diejenige von **V** u. **VIa** unter bevorzugter Bldg. von **VIIIa** u. **VIIIe**. Mit steigendem pH-Wert wird bei der Solvolyse von **X** die Relativausb. an **VII** u. **IX** vermindert, diejenige von **VIIIa** auf Kosten derjenigen von **VIIIe** erhöht. Offenbar wird die Inversion der Konfig. durch steigenden pH-Wert begünstigt. Mittels automat. Titrator wird die Kinetik der Solvolyse von *Cyclopentyl*-, *exo-Norbornyl-* u. *Bicyclo[2.2.2]octyl-(2)-bromid*, **II**, **III**, **V**, *cis-* u. *trans-2-Bromcyclohexancarbonsäure* (**XI**) in 80 Vol.-%ig. A. in Ggw. von HCO_3^- bei Temp. zwischen ca. 32 u. 85° sowie die Rk. von **V**, **VIa** u. **VIe**, **X**, *cis-* u. *trans-***XI** sowie *cis-***I** in wss. HCO_3I-Lsg. verfolgt (E- u. ΔS-Werte angegeben). In wss. A. zeigen die β-Bromsäuren eine 8—42fache RG als die einfachen Bromide, in W. reagieren sie noch rascher. Die Daten werden in Zusammenhang mit Mediumeffekten, den scheinbaren pK_a-Werten [in 80%ig. A. bei 20°: **II** 6,93, *Bicyclo[2.2.1]-heptancarbonsäure-(1)* 7,59, **V** 7,15, *Bicyclo[2.2.2]octancarbonsäure-(1)* 7,91], den Konform. u. möglicher anchimerer Beteiligung der Carboxylgruppe diskutiert. Die rasche Rk. der β-Bromcarbonsäuren ist offenbar in den meisten Fällen auf Unterschiede der Solvatisierung von Grund- u. Übergangszustand zurückzuführen. — **III** läßt sich durch Erwärmen auf den F. zu 90% in **II** umwandeln, mit **V** gelingt die Rk. nicht. Die Struktur u. Konfig. von **VIa** u. **VIe** werden spektroskop. überprüft u. diskutiert.

Versuche: *2-Brombicyclo[2.2.2]octancarbonsäure-(1)-methylester*, $Kp._{0,15}$ 75—77°, a) aus 1-Carbomethoxybicyclo[2.2.2]octancarbonsäure-(2) u. KOH/CH_3OH, Einw. von $AgNO_3$ (→ 86,5% *Ag-Salz* + KNO_3) u. von Be_2/CCl_4; 43% (Ausb.); b) analog a) mit Br_2/HgO in CCl_4; 94%. — *Bicyclo[2.2.2]octancarbonsäure-(1)*, F. 140 bis 141° (W.), a) aus 0,5 g vorst. Verb. u. H_2 an 5%ig. Pd/Kohle in KOH/wss. A.; 0,4 g. b) analog a) aus **V**. — *Bicyclo[2.2.2]octencarbonsäure-(1)* (**IV**), $C_9H_{12}O_2$, F. 117 bis 118,5° (wss. HCl), aus 1-Carbomethoxybicyclo[2.2.2]-octandicarbonsäure-(cis-2.3)-anhydrid u. 20%ig. wss. KOH [→ 82,5% der *Dicarbonsäure*, F. 162—163° (Zers.)], Einw. von Pb(IV)-Acetat/Py. (→ 59% **IV**-*Methylester*, $C_{10}H_{14}O_2$, $Kp._{1,3}$ 62°) u. Hydrolyse mit KOH/wss. CH_3OH; 97%. — *3-Brombicyclo[2.2.2]octancarbonsäure-(1)*, $C_9H_{13}BrO_2$, F. 144,0—144,5° (Hexan), aus **IV**-Methylester u. 50%ig. HBr/AcOH; 91,5%. — *Bicyclo[3.2.1]octancarbonsäuremethylester*, $C_{10}H_{16}O_2$, F. 73,5—74,5° (subl.), durch Hydrogenolyse von **VIe**. — *2(e)-Brombicyclo[3.2.1]octan*, $C_8H_{13}Br$, $Kp._{10}$ 75—80°, aus 2(e)-Hydroxybicyclo[3.2.1]octan u. 48%ig. HBr; 84%. Liefert durch Acetolyse, Hydrolyse u. Ox. *Bicyclo[3.2.1]octanon-(2)*. — *Bicyclo[3.2.1]octancarbonsäure-[2(a)]*, unscharfer F., aus vorst. Bromid über die Grignard-Verb. mit CO_2; 48%, daneben *KW-Stoff*, $C_{16}H_{26}$, F. 75—76°. — *Norcampher*, F. 69—85°, durch Hydrolyse von **II** oder **III** mit 5%ig. wss. NaOH u. $KMnO_4$-Ox. des Hydrolysats; 37%. Daneben *Nortricyclencarbonsäure-(1)* [F. 115,5—117,5° (Pentan)] u. 51—57% *2-Oxobicyclo-[2.2.1]heptancarbonsäure-(1)* [$C_8H_{10}O_3$, F. 128,0—128,5° (PAe.); *Semicarbazon*, F. 198°]. — *2-exo-Hydroxybicyclo-[2.2.1]heptancarbonsäure-(1)*, $C_8H_{12}O_3$, F. 79—80° (Hexan), durch neutrale Hydrolyse von **II**; 63%. — *3-Hydroxybicyclo[2.2.2]octancarbonsäure-(1)*, $C_9H_{14}O_3$, F. 153 bis 154° (Bzl.–Äthylacetat, 3:1), durch neutrale Hydrolyse von **IV**; 77%. — e = äquatorial, a = axial.

Bernhard Gnauck 488△

1018 **Säurehydrolyse von Glycosiden. 2. Mitt. Einfluß von $C_{(5)}$-Substituenten.** T. E. Timell, W. Enterman, F. Spencer und E. J. Soltes. (Canad. J. Chem. **43**, 2296—2305, 1965; Syracuse, N.Y., State Univ. Coll. of Forestry, Dep. of Forest Chem.; engl.) — 1. vgl. C. **1965**, 29-0930. — Die RGK 1. Ordnung bei 60, 70 u. 80° sowie E_a- u. ΔS^+-Werte der Säurekatalyse einer Anzahl $C_{(5)}$-substituierter Methylglucopyranoside (**A**) bzw. Glycopyranosiduronsäuren (**B**) werden in verd. H_2SO_4 bestimmt (Tabellen). Obwohl $C_{(5)}$-Substitution die Säurestabilität von Methyl-α- u. -β-D-glucopyranosiden erhöht, besteht keine Beziehung zwischen Polarität oder Substituentengröße u. der Hydrolysengeschwindigkeit. Methyl-α- u. -β-D-Glucopyranosiduronsäuren (**C**) bzw. Methyl-α-D-Galactopyranosiduronsäuren sind nur wenig säurestabiler als deren **A**-Analoga, während die *Benzyl-β-D-glucopyranosiduronsäure* 3mal stabiler ist. Eine COO · CH_3-Gruppe erhöht die Stabilität der Glucyronidbindung. Isopropyl-, n-Butyl-, Isobutyl- u. Neopentyl-β-D-Glucopyranosiduronsäuren hydrolysieren 2mal, die entsprechende Cyclohexyl-Verb. 5mal rascher als die entsprechenden **A**. E_a- u. bes. ΔS^+-Unterschiede lassen verschiedene Hydrolyse-Mechanismen vermuten.

Versuche: Glucopyranoside: *Methyl-6-desoxy-α-D-(Methyl-α-D-chinovosid)*, F. 96—98°, aus Methyl-α-D-glucopyranosid u. p-Toluolsulfonylchlorid in Py. u. Red. des erhaltenen *Methyl-6-O-toluolsulfonyl-α-D-glucopyranosids* [**I**; F. 122—124°; $[\alpha]_D$ +95° (c = 1,0 in W.)] mit $LiAlH_4$ in THF; $[\alpha]_D$ +145° (c = 1,0 in W.). — *Methyl-6-amino-6-desoxy-α-D-, Hydrochlorid*, F. 180—190° (Zers.), aus **I** in methanol. NH_3 bei 120°; $[\alpha]_D$ +136° (c = 1,0 in W.). *Methyl-6-chlor-6-desoxy-α-D-*, F. 108—110°, $[\alpha]_D$ +141° (c = 1,0 in W.). — *Methyl-6-desoxy-6-jod-α-D-*, F. 136—137° (A.–Essigester), durch Acetylieren von **I** in Py., Behandeln des gebildeten *Methyl-2.3.4-tri-O-acetyl-6-O-p-toluolsulfonyl-α-D-glucopyranosids* [F. 169—170°; $[\alpha]_D$ +7,4° (c = 3,7 in Chlf.); 41% (Ausb.)] mit NaJ in sd. Cyclopentanon u. Hydrolyse des gebildeten *Methyl-2.3.4-tri-O-acetyl-6-desoxy-6-jod-α-D-glucopyranosids* [F. 148,5 bis 149,5°; $[\alpha]_D$ +111° (c = 1,3 in Chlf.); 70%] mit alkohol. HCl; $[\alpha]_D$ +102° (c = 1,0 in W.); 50%. — *Methyl-6-O-methyl-α-D-*, $C_8H_{16}O_6$, F. 146—149°, $[\alpha]_D$ +143,5° (c = 1,0 in W.). — *Methyl-6-O-methyl-β-D-*, $C_8H_{16}O_6$, F. 133—135° (Äthylacetat), durch 24std. Methylieren aus 14 g 1.2;3.5-Di-O-methylen-D-glucofuranose (F. 57—58°; $[\alpha]_D$ +51° in W.) bei 20°, Sieden von 13 g der gebildeten *6-O-Methyl-bis-methylenglucose* [$C_9H_{14}O_6$; $[\alpha]_D$ +52° (c = 1,4 in W.)] in 1 n H_2SO_4, Acylieren von 4,0 g der gebildeten *6-O-Methyl-D-glucose* [F. 141—143,5° (A.); $[\alpha]_D$ +55° (c = 1,0 in W.); 5,5 g], Behandeln von 6,0 g der gebildeten *1.2.3.4-Tetra-O-acetyl-6-O-methyl-β-D-glucose* [F. 92 bis 94° (A.); $[\alpha]_D$ +20° (c = 1,0 in Chlf.); 5,1 g] mit HBr in Eisessig bei 0°, Behandeln von 6,0 g der gebildeten *6-O-Methylacetobromglucose* (6,4 g) in CH_3OH mit Ag_2O u. J_2 u. Desacetylieren von 4,2 g des gebildeten *Methyl-2.3.4-tri-O-acetyl-6-O-methyl-β-D-glucopyranosids* [F. 103 bis 105° (Ae./PAe.); $[\alpha]_D$ −14,8° (c = 1,0 in Chlf.); 4,3 g]; $[\alpha]_D$ −27,8° (c = 1,0 in W.); 1,5 g. — *Methyl-6-O-äthyl-β-D-*, F. 125,5—127,5°, aus 14 g Bis-methylenglucose u. C_2H_5J in DMF, Hydrolysieren mit 1 n H_2SO_4, Acetylieren von 7,5 g der gebildeten *6-O-Äthyl-D-glucopyranose* [F. 163—167° (abs. A.); $[\alpha]_D$ −51,6° (c = 1,3 in W.); 7,9 g], Überführen von 4 g der gebildeten *1.2.3.4-Tetra-O-acetyl-6-O-äthyl-β-D-glucose* in das Acetobromderiv., Kondens. mit CH_3OH zu *Methyl-2.3.4-tri-O-acetyl-6-O-äthyl-β-D-glucosid* [F. 102—102,5°; $[\alpha]_D$ +1,2° (c = 1,3 in Chlf.); 2,7 g] u. Desacetylieren von 1,5 g dieser Verb.; $[\alpha]_D$ −25,5° (c = 1,5 in W.); 0,8 g. — *Methyl-6-O-isopropyl-β-D-*, F. 83,5—84° (Äthylacetat/PAe.), aus 20 g Bismethylenglucose analog vorst. Verb., Überführen der gebildeten *6-O-Isopropyl-D-glucose* [F. 128—130° (A.); $[\alpha]_D$ +49° (c = 1,1 in W.; 4,9 g] in das *1.2.3.4-Tetra-O-acetylderiv.* [F. 120—121° (A.); $[\alpha]_D$ +16,6° (c = 1,0 in Chlf.)], Kondens. von 3,0 g des Acetobromderiv. zu *Methyl-2.3.4-tri-O-acetyl-6-O-isopropyl-β-D-glucosid*, [F. 57—59° (Ae./PAe.); $[\alpha]_D$ 12,2° (c = 1,5 in Chlf.); 1,8 g] u. Desacetylieren von 1,7 g dieser Verb.; $[\alpha]_D$ −24,1° (c = 1,0 in W.); 1,0 g. — Glucopyranosiduronsäuren: *Methyl-α-D-*, $C_7H_{12}O_7$, durch Ox. aus Methyl-2.3.4-tri-O-benzoyl-α-D-glucopyranosid mit $KMnO_4$ in Aceton/wss. CH_3COOH u. Desbenzoylieren; $[\alpha]_D$ +129° (c = 1,0 in W.). — *Methyl-β-D-*, $C_7H_{12}O_7$, F. 68—70° (Aceton/CH_3OH), aus 1.2.3.4-tetra-O-acetyl-α-D-glucuronsäuremethylester [F. 111—112°; $[\alpha]_D$ +98° (c = 1,0 in Chlf.)], Überführen in das *2.3.4-Tri-O-acetyl-1-brom-1-desoxy-Deriv.* [**II**; F. 104—105,5°; $[\alpha]_D$ +198° (c = 1,0 in Chlf.); 82%], Umsetzen von 18 g mit Ag_2CO_3 zu *Methyl-2.3.4-tri-O-acetyl-β-D-glucopyranosiduronsäuremethylester* [F. 153—154° (A.); $[\alpha]_D$ −30° (c = 1,0 in Chlf); 10,5 g] u. Behandeln von 5,2 g mit $Ba(OH)_2$ bei 60°; $[\alpha]_D$ −55,3° (c = 1,0 in W.); 3,1 g. *Methyluronat*, $C_8H_{14}O_7$, $[\alpha]_D$ −45° (c = 1,0 in W.). — Galactopyranosiduronsäuren: *Methyl-α-D-*, F. 107—108° (Sintern bei 88—90°; A.), aus D-Galacturonsäure; $[\alpha]_D$ +128° (c = 1,4 in W.); 50%. *Methyluronat*, $C_8H_{14}O_7$, F. 147 bis 148° (CH_3OH); $[\alpha]_D$ +128° (c = 2,0 in W.). — *Methyl-β-D-*, F. 161—163° (Aceton/Chlf.), durch Verseifen des 2.3.4-Tri-O-acetylmethylesters mit $Ba(OH)_2$; $[\alpha]_D$ −40,2° (c = 1,1 in W.). *Methyluronat*, $[\alpha]_D$ −27,5° (c = 1,0 in W.). — *Methyl-α-D-mannopyranosiduronsäure*, F. 114 bis 115°, durch Ox. aus dem 2.3.4-Tri-O-acetylderiv. mit $KMnO_4$; $[\alpha]_D$ +57° (c = 1,4 in W.). *K-Salz*, $C_7H_{11}O_7K$; $[\alpha]_D$ +52° (c = 1,0 in W.). — β-D-Glucopyranosiduronsäuren: *Cyclohexyl-*, F. 168—170° (A.), aus **I**, Ag_2CO_3 u. J_2 in Cyclohexanol im Dunkeln u. Verseifen von 10,3 g des gebildeten *2.3.4-Tri-O-acetyluronsäuremethylesters* {F. 140—141,5° (abs. A.); $[\alpha]_D$ —31,7° (c = 1,5 in Chlf.); 83%} mit $Ba(OH)_2$; $[\alpha]_D$ —59° (c = 1,0 in W.); 4,0 g. — *Neopentyl-*, F. 149—151°, analog aus 12,0 g **I** über den *2.3.4-Tri-O-acetyluronsäuremethylester* {F. 153—154° (A.); $[\alpha]_D$ —51,3° (c = 3,0 in Chlf.); 11,0 g}; $[\alpha]_D$ —51,3° (c = 3,0 in Chlf.); 5,1 g. — *Isopropyl-*, analog über den *2.3.4-Tri-O-acetyluronsäuremethylester* {F. 143,5—145,5°; $[\alpha]_q$ —33,4° (c = 1,5 in Chlf.); 71%}; $[\alpha]_D$ —45° (c = 1,0 in W.). — *n-Butyl-*, analog über den *2.3.4-Tri-O-acetyluronsäuremethylester* {F. 92 bis 93°; $[\alpha]_D$ —26,1° (c = 1,3 in Chlf.); 68%}; $[\alpha]_D$ —44° (c = 1,0 in W.). — *Isobutyl-*, analog über den *2.3.4-Tri-O-acetyluronsäuremethylester* {F. 138,5—139,5°; $[\alpha]_D$ —24,3° (c = 1,4 in Chlf.); 38%}; $[\alpha]_D$ —51,8° (c = 1,4 in W.). G. Kirsten 488

1019 **Nucleophile Substitutionen in Lösungsmittel-Gemischen. 1. Mitt. Allgemeine Betrachtungen.** R. F. Hudson. (J. chem. Soc. [London] Sect. B **1966,** 761—65; Cologny, Geneva, Switzerland, Cyanamid European Res. Inst.; engl.) — Es wird angenommen, daß die Änderung der freien Aktivierungsenergie von Reaktionen stärker mit der Änderung des Lsgm. verbunden ist als die Änderung der entsprechenden Aktivierungswärme mit der Solvatation des Übergangszustandes. Obwohl die freie Energie der Solvatation des Grundzustandes sich beträchtlich mit der Zus. des Lsgm. ändern kann, werden diese Abweichungen vom Idealverh. im allg. auch im Übergangszustand auftreten. Die spezif. Solvatation des polaren Übergangszustandes in OH-haltigen Lsgm. wird diskutiert. A. Kratochwill 489

1020 **Nucleophile Substitutionen in Lösungsmittel-Gemischen.** 2. Mitt. **Säurechloride und Alkohole in CCl_4.** R. F. Hudson und G. W. Loveday. (J. chem. Soc. [London], Sect. B **1966,** 676—69; engl.) — 1. vgl. vorst. Referat. — Durch Vgl. der RGK der Rk. von *Octanoylchlorid* (**I**) mit *n-Octanol* in CCl_4 (40°, Alkoholkonz. 0,01—0,1 m), n-Octanol in monomerer Form vorliegend, mit der entsprechenden Rk. der Alkoholtrimeren wurde die spezif. Solvatationsenergie des Übergangszustandes (ÜZ) bestimmt. ΔH_S = —6,1 kcl/mol. Dabei wird angenommen, daß die Art der H-Brücken im ÜZ dieselbe ist wie die im ursprünglichen Assoziat. Die Äthanolyse von Säurechloriden (*Acetylchlorid*, **I**) in CCl_4 wird durch Zugabe polarer Mol. erniedrigt (Äthyl- bzw. n-Butylbromid, n-Hexylfluorid, Aceton). Die Abnahme der RG durch zugesetztes Aceton ist mit einer Abnahme der Konz. des selbstassoziierten A. verknüpft. Die Resultate werden unter Zugrundelegung eines spezif. solvatisierten ÜZ, gebildet durch Wechselwrkg. des Säurechlorids mit assoziierten Alkoholgruppen, diskutiert. Die RG ist ungefähr proportional der Konz. an selbst assoziiertem Alkohol. A. Kratochwill 489

1021 **Nucleophile Substitutionen in Lösungsmittel-Gemischen. 3. Mitt. Äthanolyse von Säurechloriden in solvolytischen Medien.** R. F. Hudson, G. W. Loveday, S. Fliszár und G. Salvadori. (J. chem. Soc. [London], Sect. B **1966,** 769—74; engl.) — 2. vgl. vorst. Referat. — Die Geschw. der Äthanolyse von *p-Nitrobenzoylchlorid*, gemessen in den nicht assoziierenden Lsgm. CCl_4, *Cyclohexan, Bzl.* u. den assoziierenden Lsgm. *Ae., Dioxan, Aceton, Acetonitril* u. *Nitromethan* ist annähernd proportional der Konz. an assoziiertem Alkohol. Eine endgültige Entscheidung zwischen einer molaren Skala oder einer Molenbruch-Skala ist nicht möglich, obwohl für hohe Grade an Assoziation Molaritäten befriedigender sind. Dies ist hauptsächlich auf die Bldg. größerer Aggregate zurückzuführen. In assoziierenden Lsgm. ergibt die scheinbare Ordnung in bezug auf Alkohol die Solvatationszahl im solvolyt. Bereich an. Die RGK in einem Lsgm. fester A.-Konz. nimmt mit der DK des Mediums zu. Eine Änderung der DK von ~ 2 auf ~ 37 ergibt eine 3fache Zunahme der Geschwindigkeit. Verglichen mit der spezif. Solvatation des ÜZ ist die über große Strecken reichende elektrostat. Solvatation ein Effekt zweiter Ordnung. A. Kratochwill 489

1022 **Nucleophile Substitutionen in Lösungsmittel-Gemischen. 4. Mitt. Reaktion zwischen Diäthylamin und Alkylhalogeniden.** R. F. Hudson und I. Stelzer. (J. chem. Soc. [London], Sect. B **1966,** 775—78; engl.) — 3. vgl. vorst. Referat. — Die RG zwischen Diäthylamin u. *Benzylbromid* (RBr) in Cyclohexan kann durch die Gleichung RG = $k_2\,[RBr][Et_2N] + k_3\,[RBr][Et_2N]^2$ ausgedrückt werden. Bei der entsprechenden Rk. mit Äthyljodid kann der erste Term vernachlässigt werden. Messungen des Aktivitätskoeff. zeigen, daß die Mischung von Et_2N u. Cyclohexan sich annähernd wie eine ideale Lsg. verhält. Daher drückt obige Gleichung aus, daß der bimol. ÜZ spezif. durch ein Amin-Mol. solvatisiert wird. Die Rk. werden durch dipolare Mol. katalysiert (untersucht wurden A. u. Aceton), die den negativen Pol des ÜZ spezif. solvatisieren. Die experimentellen Ergebnisse können auch durch die Gleichung $k_1 = k_2\,[A_1] + k\Sigma i\,[A_i]$ beschrieben werden, die eine Rk. mit Monomeren A_1 u. Assoziaten A_i annimmt. Die Verteilung der Mol. ist bei 25° ziemlich zufällig, durch die in Wechselwrkg. mit dem ÜZ befindlichen Mol. sind durch H-Brükken stark geordnet. A. Kratochwill 489

1023 **Stereochemische Untersuchungen.** 34. Mitt. **Reaktivität von Verbindungen mit großen Ringen. Verlauf von intramolekularen Substitutionen in cyclischen Systemen.** M. Svoboda und J. Sicher. (Collect. czechoslov. chem. Commun. **30,** 2948—59, 1965; Prague, Czechoslov. Acad. of Sci., Inst. of Organ. Chem. and Biochem.; engl.) — **33.** vgl. J. chem. Soc. [London] **1965,** 2513; 32. vgl. C. **1966,** 15-0839. — Vf. bestimmten die RGK der Δ^2-Oxazolin-Bldg. (k_H) aus *trans-2-Benzamidocyclopentyl-* (**I**; $C_{13}H_{17}NO_4S$, F. 66—69°), cis- (cis-**II**; $C_{34}H_{59}\cdot NO_4S$, F. 92—94°) u. *trans-2-Benzamidocyclohexakosyl-* (trans-**II**; F. 90—92°) sowie *trans-* ($C_{16}H_{21}NO_4S$, F. **133** bis 134°) u. *cis-3-Benzamidobicyclo-*[*2.2.2*]*-octyl-*(*2*)*-methansulfonat* (F. 170—174°), ferner diejenigen (k_{NO_2} aus *cis-* u. *trans-2-p-Nitrobenzamidocyclohexyl-*, *cis-* ($C_{15}H_{20}\cdot N_2O_6S$, F. 122—123°) u. *trans-2-p-Nitrobenzamidocycloheptyl-* (F. 89—90°), *cis-* ($C_{18}H_{26}N_2O_6S$, F. 137—139°) u. *trans-2-p-Nitrobenzamidocyclodecyl-* (F. 120—123°), *cis-* ($C_{22}H_{34}N_2O_6S$, F. 152—153°) u. *trans-2-p-Nitrobenzamidocyclotetradecyl-* (F. 129—131°) u. *trans-3-p-Nitrobenzamidobicyclo-*[*2.2.2*]*-octyl-*(*2*)*-methansulfonat* ($C_{16}H_{20}\cdot N_2O_6S$, F. 120—122°). Erwartungsgemäß reagiert **I** von allen bisher untersuchten 2-Benzamidocycloalkylmethansulfonaten (**B**) am schnellsten. Bei den trans-**B** sind die k_H-Werte des Cycloeikosylderiv. u. von trans-**II** prakt. gleich u. erreichen fast denjenigen des offenkettigen Analogons(threo-6-Benzamidodecyl-(5)-methansulfonats). Im Gegensatz zu den Cycloeikosylderiv. reagiert cis-**II** ~ 3mal schneller als trans-**II**, aber ~ 5mal langsamer als das offenkettige erythro-Isomere. Die Quotienten k_H/k_{NO_2} werden hinsichtlich der Geometrie des Übergangszustands diskutiert.

Versuche: *2-Hydroxycyclohexakosanon*, $C_{26}H_{50}O_2$. F. 55—57° (PAe.), aus Tetrakosan-1.24-dicarbonsäurediäthylester u. Na in Xylol bei 110—120°; daneben die *dimere* (?) *Verb.* (F. 93—96°). 60% (Ausb.); *Oxim*, $C_{26}H_{51}\cdot NO_2$, F. 88—92° (Essigester u. PAe.). — *cis-2-Aminocyclohexakosanol*, $C_{26}H_{53}NO$, F. 84—86° (A.), aus vorst. Oxim in A. an Pt; 41%. — *cis-2-Benzamidocyclohexakosanol*, $C_{33}H_{57}NO_2$, F. 112—113° (A.), aus vorst. Verb.; 100%. — *2-Phenyl-3.4-trans-tetrakosamethylen-Δ^2-oxazolinpikrat*, $C_{39}H_{58}N_4O_8$, F. 106—107°, aus vorst. Verb. mit $SOCl_2$ u. alkohol. Pikrinsäure-Lsg.; 89%. — *trans-2-Aminocyclohexakosanol*, $C_{26}H_{53}NO$, F. 78—80° (Essigester), aus 6,35 g des vorst. Pikrats mit wss. alkohol. HCl; 2,97 g. — *trans-2-Benzamidocyclohexacosanol*, $C_{33}\cdot H_{57}NO_2$, F. 99—100°, aus vorst. Verbindung. — *cis-3-Benzamidobicyclo-*[*2.2.2*]*-octanol-*(*2*), $C_{15}H_{19}NO_2$, Doppel-F. 128—129 u. 149—150° (Bzl.–PAe.), aus dem Amin. — *trans-3-p-Nitrobenzamidobicyclo-*[*2.2.2*]*-octanol-*(*2*), $C_{15}H_{18}N_2O_4$, F. 217—217,5° (wss. A.), aus dem Amin. A. Emr 489△

1024 **Mechanismus der Hydroborierung von Butadien-(1.3).** B. M. Michajlov, A. Ja. Bezmenov und L. S. Vasil'ev. (Doklady Akad. Nauk SSSR **167,** 590—93, 1966; Inst. org. chim. im. Zelinskogo AN SSSR; russ.) — Die Rk. von *Diboran* (**I**) mit Butadien-(1.3) (**II**) liefert ein

Isomerengemisch von *Di-[boracyclopentyl]-alkanen* (**A**) u. *1-Alkenylboracyclopentanen* (**B**). **B** besteht hauptsächlich aus *1-Crotonylboracyclopentan* (**III**) [Hydrolyseprod. Buten-(1)]. *1-[Buten-(3)-yl]-boracyclopentan* (**IV**) als weiteres mögliches **B** hydrolysiert selbst in sd. W. nicht. Bei der Hydroborierung von **II** entstehen zunächst **B**, die dann mit überschüssigem **I A** bilden. Die Anlagerung erfolgt an die endständigen C-Atome der C=C-Bindung bevorzugt. Die endständige C=C-Bindung in **B** reagiert schneller weiter als die mittelständige.

Versuche: *1-[Buten-(3)-yl]-boracyclopentan* (**IV**), $C_8H_{15}B$, Kp.$_{32}$ 59—61°, durch Zusatz von *1-Methoxyboracyclopentan* zu *4-MgBr-buten-(1)* in abs. Ae. u. 5std. Erhitzen zum Sieden; n_D^{20} 1,4465; 47% (Ausb.). — *1-Crotylboracyclopentan* (**III**), $C_8H_{15}B$, Kp.$_{10}$ 39°, durch Zusatz von *1-Butoxyboracyclopentan* zu *Sesqui-crotonylaluminiumbromid* in abs. Ae. u. 3std. Erhitzen zum Sieden; n_D^{20} 1,4776; 71%. L. Berseck 489△

1025 **Katalytische Umsetzung von Chlorsilicohydriden mit Naphthalin in der flüssigen Phase.** E. A. Černyšev, E. V. Vangnic und E. D. Lubuž. (Izvest. Akad. Nauk SSSR, Ser. chim. **1966,** 1817—20; Inst. org. chim. im. Zelinskogo AN SSSR; russ.) — Bei der Rk. von Naphthalin (**I**) mit 2 Mol *Trichlorsilan* in Ggw. von BCl_3 bei 300° entstehen etwa 57% eines Gemisches aus gleichen Teilen *Naphthyltrichlorsilan* u. *Hydronaphthyltrichlorsilan,* 16% isomere *Bis-[trichlorsilyl]-naphthaline* u. *-hydronaphthaline* sowie 5,5% *Tetralin* (**II**). Analog erhält man durch Rk. von **I** mit *Methyldichlorsilan* unter den angegebenen Bedingungen etwa 25% *Naphthyl-* u. *Hydronaphthyl-methyldichlorsilan* sowie 10% eines Gemisches isomerer *Bis-[methyldichlorsilyl]-naphthaline* u. ihrer *Hydrierungsprod.* neben **II. I** besitzt gegenüber Chlorsilanen höhere Reaktivität als Bzl. u. Diphenyl. J. J. Pohl 489

1026 **Spektrophotometrische Kinetik der Reaktion von 2.4-Dinitro-1-halogennaphthalinen mit Ammoniak.** R. C. Krauss und J. D. Reinheimer. (Canad. J. Chem. **45** (1967) 1, 77—79; Wooster, O., College of Wooster, Severance Chem. Labor.; engl.) — Die Kinetik der Rk. von *2.4-Dinitro-1-chlor-* (**I**, F. 146—148°), *-brom-* (**II**, F. 160 bis 162°) bzw. *-jodnaphthalin* (**III**) mit NH_3 wurde in CH_3OH bei Temp. zwischen 25,10 u. 54,95° unter pseudomonomol. Bedingungen ([I] bzw. [II] = 10^{-4} m, $[NH_3]$ = 0,334 m) spektralphotometr. untersucht. Wie bei der Rk. von NH_3 mit 2.4-Dinitrohalogenbenzolen (Reinheimer, Taylor u. Rohrbaugh, C. **1962,** 6358) nimmt die Reaktivität der 2.4-Dinitro-1-halogennaphthaline in der Reihenfolge Cl > Br > J ab. Die Aktivierungsgrößen betragen (ΔE[kcal/Mol], ΔS^* [cal/Grad · Mol]): **I,** 13,9, —31,7; **II,** 13,9, —31,7; **III,** 16,0, —27,1; die Werte werden mit den entsprechenden Werten für die Rk. der Dinitrohalogenbenzole mit NH_3 bzw. Anilin verglichen. Maria Schenk 489

1027 **Mechanismus der nucleophilen Substitutionen an Bis-chlornitrosoverbindungen und α-Chloroximen.** Wilhelm Pritzkow, Hans Schaefer, Peter Pabst, Axel Ebenroth und Jörg Beger. (J. prakt. Chem. **[4] 29,** 123—41, 1965; Inst. für Chem. u. Technol. der organ. Grund- u. Zwischenprod., TH für Chem. „Carl Schorlemmer"; dt.) — Durch kinet. Messungen konnte nachgewiesen werden, daß Bis-chlornitrosoverb. (**A**), die aus NOCl u. Olefinen zugänglich sind, sowie die entsprechenden α-Chloroxime (**B**) mit prim. u. sek. Aminen, Alkoholaten, Thiophenolaten u. anderen nucleophilen Agentien nach einem Eliminierungs-Additions-Mechanismus reagieren. Konkurrenzrk. der **A** u. **B** mit Piperidin (**I**) u. Na-Methylat zeigten, daß bei den untersuchten Rk. der geschwindigkeits- mit dem produktbestimmenden Schritt nicht ident. ist. Bei der Umsetzung der aus Styrolen gewonnenen **A** mit Tri-n-butylamin in THF bilden sich ω.ω'-Azostyrol-N.N'-dioxide (**C**), welche mit **I** α-Piperidinooxime (**D**) bilden u. mit $LiAlH_4$ zu β-Aryläthylaminen red. werden. Die Rk. der **A** mit Tri-n-butylamin wird UV-spektroskop. verfolgt (Banden bei 306 u. 337 mm).

Versuche: Die **A** erhält man durch Umsetzung der entsprechenden Olefine in Methylenchlorid bei —10° mit NOCl; Umkristallisation aus Methylenchlorid/Methanol, $CHCl_3$/Methanol oder Cyclohexan. — Die RGK 1. u. 2. Ordnung bei 0 u. 30° u. die Aktivierungsparameter ΔH^* u. ΔS^* von den mit * gekennzeichneten Verb. mit Diisobutylamin, Diäthylamin u./oder **I** sind tabelliert, ebenso die UV-Maxima. — N.N'-Dioxide (Summenformeln für die monomeren Verb. angegeben): *1.1'-Azo-[2-chlor-2-methylpropan]-**, C_4H_8ClNO, F. 104 bis 105°; 66% (Ausb.). — *2.2'-Azo-[3-chlorbutan]-**, C_4H_8ClNO, F. 116—118°; 31%. — *1.1'-Azo-[2-chlor-2-methylbutan]-**, $C_5H_{10}ClNO$, F. 36—37°; 27%. — *2.2'-Azo-[2-methyl-3-chlorbutan]-**, $C_5H_{10}ClNO$, F. 74—75°; 41%. — 1.1'-Azo-[2-chlor-2-methylpentan]-*, $C_6H_{12}ClNO$, F. 54,5°; 56%. — *1.1'-Azo-[2-chlorcyclopentan]-**, C_5H_8ClNO, F. 128—130°; 20%. — *1.1'-Azo-[2-chlorcyclohexan]-**, $C_6H_{10}ClNO$, F. 149—151°; 15%. — *1.1-Azo-[2-chlorcycloheptan]-**, $C_7H_{12}ClNO$, F. 117—118°; 59%. — *2.2'-Azo-[3-chlornorbornan]-**, $C_7H_{10}ClNO$, F. 155—159°; 82%. — *1.1'-Azo-[2-chlor-2-phenyläthan]-**, C_8H_8ClNO, F. 109—110°; 24%. — *1.1'-Azo-[2-chlor-2-p-tolyläthan]-*, $C_9H_{10}ClNO$, F. 101—104°; 60%. — *1.1'-Azo-[2-chlor-2-(p-äthylphenyl)-äthan]-*, $C_{10}H_{12}ClNO$, F. 110—111°; 70%. — *1.1'-Azo-[2-chlor-2-(p-isopropylphenyl)äthan]-*, $C_{11}H_{14}$ · ClNO, F. 102°; 65%. — *1.1'-Azo-[2-chlor-2-mesityläthan]-*, $C_{11}H_{14}ClNO$, F. 110—111° (Zers.); 30%. — *1.1'-Azo-[2-chlor-2-(p-methoxyphenyl)-äthan]-*, $C_9H_{10}ClNO_2$, F. 104°; 72%. — *1.1'-Azo-[2-chlor-2-(p-chlorphenyl)-äthan]-*, C_8H_7 · Cl_2NO, F. 122°; 40%. — *1.1'-Azo-[2-chlor-2-(p-bromphenyl)-äthan]-*, $C_8H_7BrClNO$, F. 129°; 28%. — *1.1'-Azo-[2-chlor-2-phenylpropan]-**, $C_9H_{10}ClNO$, F. 85—87°; 46%. — *2.2'-Azo-[3-chlor-3-phenylpropan]-**, $C_9H_{10}ClNO$, F. 115 bis 119°; 46%. — *1.1'-Azo-[2-chlor-2-α-naphthyläthan]-*, $C_{12}H_{10}ClNO$, F. 113—114°; 64%. — *1.1'-Azo-[2-chlor-2-(3.4-tetramethylenphenyl)-äthan]-*, $C_{12}H_{14}ClNO$, F. 122°; 60%. — α-Chloroxime (**B**) werden aus den Olefinen mit NOCl in HCl-gesätt. Ae. bei 0° erhalten: *Methyläthylketon-*, C_4H_8ClNO, hochviskoses Öl; 61%. — *Methylisopropylketon-*, $C_5H_{10}ClNO$, F. 42—46°; 61%. — *Cyclopentanon-*, C_5H_8ClNO, F. 49—52°; 60%. — *Cyclohexanon,* $C_6H_{10}ClNO$, F. 78—79°; 80%. — *Cycloheptanon-*, C_7H_{12} · ClNO, F. 38—40°; 73%. — *Phenylaceton-*, $C_9H_{10}ClNO$, F. 86—88°; 90%. — Die **C** erhält man aus **I** in Ae. mit Triäthylamin u. Abtrennen des Triäthylaminchlorhydrats durch Verrühren des Filterkuchens mit W.; Reinigung erfolgt durch mehrfaches Ausrühren mit Methanol u. Bzl.: ω.ω'-Azo-[X]-N.N'-dioxide (Summenformel der monomeren Verb. angegeben): *X* = *styrol,* F. 180° (Zers.); 81%. — *p-methylstyrol,* C_9H_9NO, F. 143—144°; 84%. — *p-äthylstyrol,* $C_{10}H_{11}NO$, F. 132°; 57%. — *p-isopropylstyrol,* $C_{11}H_{13}NO$, F. 132—133°; 78%. — *2.4.6-trimethylstyrol,* $C_{11}H_{13}NO$, F. 141°; 72%. — *p-methoxystyrol,* $C_9H_9NO_2$, F. 139—140°; 33%. — *p-chlorstyrol,* C_8H_6ClNO, F. 152—153°; 47%. — *p-bromstyrol,* C_8H_6 · BrNO, F. 157—159°; 25%. — *2-α-naphthyläthylen,* $C_{12}H_9NO$, F. 152—153°; 44%. — *3.4-tetramethylstyrol,* $C_{12}H_{13}NO$, F. 140—142°; 65%. α-Aryl-α-piperidinoacetaldoxime (**D**) erhält man durch exotherme Rk. der entsprechenden **C** in Bzl. mit **I**; Umkristallisation aus Methanol: *Aryl* = *α-Phenyl-*, $C_{13}H_{18}N_2O$, F. 142°; 23%. — *α-p-Tolyl-*, $C_{14}H_{20}N_2O$, F. 164°; 93%. — *α-[p-Äthylphenyl]-*, $C_{15}H_{22}N_2O$, F. 145°; 91%. — *α-[p-Isopropylphenyl]-*, $C_{16}H_{24}N_2O$, F. 157°; 100%. — *α-[p-Methoxyphenyl]-*, $C_{14}H_{20}N_2O_2$, F. 161—162°; 93%. — *α-[p-Chlorphenyl]-*, $C_{13}H_{17}ClN_2O$, F. 154°; 92%. — *α-[p-Bromphenyl]-*, $C_{13}H_{17}BrN_2O$, F. 162°; 83%. — *α-[Naphthyl-(1)]-*, $C_{17}H_{20}N_2O$, F. 159—160°; 75%. — *α-[3.4-Tetramethylenphenyl]-*, $C_{17}H_{24}N_2O$, F. 136—137°; 72%. — Nachst. α-Piperidinoverb. wurden aus den **A** mit **I** hergestellt: *-isobutyraldoxim,* $C_9H_{18}N_2O$, F. 138—139°; 59%. — *-α-methylbutyraldoxim,* $C_{10}H_{20}N_2O$, F. 147—148°; 58%. — *-isopropylmethylketoxim,* $C_{10}H_{20}N_2O$, F. 98—99°; 60%. — *-cyclopentanonoxim,* $C_{10}H_{18}N_2O$, F. 159—161°, 53%. — *-α-methylvaleraldoxim,* $C_{11}H_{22}N_2O$, F. 135—136°; 81%. — *-cyclohexanonoxim,* $C_{11}H_{20}N_2O$, F. 119—121°; 35%. — *-phenylacetaldoxim,* $C_{13}H_{18}N_2O$, F. 136°; 16%. — *-phenylacetonoxim,* $C_{14}H_{20}N_2O$, F. 110—111°; 60%. — Red. der **C** mit $LiAlH_4$ führt zu den β-Aryläthylaminen: *Aryl* = *β-Phenyl-*, 10%; *Benzoylderiv.* (Bz.), $C_{15}H_{15}NO$, F. 117°. — *β-p-Tolyl-*, 40%. *Bz.,* $C_{16}H_{17}NO$, F. 89—90°. — *β-[p-Äthylphenyl]-*, 43%; *Bz.,* $C_{17}H_{19}NO$, F. 94—95°. — *β-[p-Isopropylphenyl]-*, 40%; *Bz.,* $C_{18}H_{21}$ · NO, F. 87—88°. — *β-Mesityl-*, 44%; *Bz.,* $C_{18}H_{21}NO$, F.

138°. — *β-[p-Methoxyphenyl]-*, 43%; *Bz.*, $C_{16}H_{17}NO_2$, F. 125°. — *β-[p-Chlorphenyl]-*, 28%; *Bz.*, $C_{15}H_{14}ClNO$, F. 152°. — *β-[p-Bromphenyl]-*, 40%; *Bz.*, $C_{15}H_{14}BrNO$, F. 155—157°. — *β-[Naphthyl-(1)]-*, 22%; *Bz.*, $C_{19}H_{17}NO$, F. 100—101°. — *β-[3.4-Tetramethylenphenyl]-*, 25%; *Bz.*, $C_{19}H_{21}NO$, F. 78—79°. H. Cnobloch 489

1028 **Deuterium-Wasserstoff-Austausch in einer cis-Lactamamid-Gruppe.** Irving M. Klotz und Philip L. Feidelseit. (J. Amer. chem. Soc. **88**, 5103—05, 1966; Dep. of Chem., Northwestern Univ., Evanston, Ill.; engl.) — Die Geschw. des D–H-Austausches werden an *Pyrrolidon-(2)* (**II**) bei 11,0 u. 19,5° gemessen u. mit den Werten für zwei trans-Amide, N-Methyl- u. N-Äthylacetamid, verglichen. Das cis-Amid zeigt einen wesentlich schnelleren Austausch, eine höhere Aktivierungsenergie u. eine größere Aktivierungsentropie. Das N des Amids ist anscheinend im cis-Amid zugänglicher, während die Energie für das Anbringen von D^+ größer ist.
W. Pusch 489△

1029 **Einfluß der Struktur von Arylsulfochloriden auf die Geschwindigkeit ihrer Reaktion mit aliphatischen Aminen.** L. M. Litvinenko und A. F. Popov. (Ž. obšč. Chim. **36(98)**, 1517—24, 1966; Charkovskij gos. univ.; russ.) — Die Kinetik der unter Bldg. entsprechender *N.N-Diäthylsulfamide* verlaufenden Rk. von *Diäthylamin* (**I**) mit folgenden Benzolsulfochloriden in Bzl. wird untersucht: *unsubstituiert, m-Chlor-, p-Chlor-, o-Nitro-, m-Nitro-, p-Nitro-*. Die RGK (25°), z. T. auch die Aktivierungsenergien u. -entropien, sind tabelliert. Die Rk. wird durch entstehendes **I** · HCl katalysiert (Autokatalyse). Die RGK erfüllen die Taft-Hammett-Gleichung $\log k^R = \log k^H + \varrho^0\sigma^0$ (σ^0 = Konst. für den Induktionseffekt der Substituenten), wobei für die nichtkatalyt. Rk. $\varrho^0 = +0{,}98$, für die katalyt. Rk. $\varrho^0 = +0{,}92$. Die Rk. von **I** u. dem Arylsulfochlorid verläuft über ein Zwischenprod. $ArSO_2Cl \cdot NHR_2$, das mono- oder bimol. in Sulfamid u. HCl zerfällt.
Versuche: *p-Chlorbenzol-N.N-diäthylsulfamid*, $C_{10}H_{14}ClNO_2S$, F. 37,5°. *m-Chlorbenzol-N.N-diäthylsulfamid*, $C_{10}H_{14}ClNO_2S$, F. 24—25°.
N. Kucharczyk 489△

1030 **Stabile Phosphor-Ylide.** 10. Mitt. **Trialkoxyalkylidenphosphorane durch Reaktion von Trialkylphosphiten mit cis- und trans-Dibenzoyläthylen. ^{31}P-NMR-Spektren.** Fausto Ramirez, O. P. Madan und C. P. Smith. (J. org. Chemistry **30**, 2284—90, 1965; Dep. of Chem., State Univ. of N.Y., Stony Brook, N.Y.; engl.) — 11. vgl. C. **1967**, 19-1066. — Die Rk. von trans-Dibenzoyläthylen (trans-**I**) u. Trimethylphosphit (**II**) bei 20° in CH_2Cl_2, CH_3CN bzw. CH_3OH sowie in sd. Xylol wird IR- u. ^{1}H- sowie ^{31}P-NMR-spektroskop. untersucht. Zunächst entsteht unter Addition des P von **II** an das $C_{(\beta)}$-Atom von trans-**I** ein instabiles C-Phosphoniumbetain, das unter rascher Protonenverschiebung in das etwas stabilere Ylid *Trimethoxy-[benzoylphenacylmethylen]-phosphoran* (**III**) übergeht. Nach 6tägiger Rk. bei 20° bildet sich schließlich aus **III** durch CH_3-Verschiebung ca. 30% *[1-Phenacyl-2-phenyl-2-methoxyvinyl]-phosphonsäuredimethylester* [**IV**; $C_{19}H_{21}O_5P$, Kp.$_{0,1}$ < 150° (Badtemp.)]. In OH-freien Medien tritt als Nebenprod. (5—10%) *2.5-Diphenylfuran* (**V**; F. 81—83°) auf, das bei höheren Temp. Hauptprod. ist. Bei 180°/0,1 mm geht **IV** in *2.5-Diphenylfuryl-(3)-phosphonsäuredimethylester* [$C_{18}H_{17}O_4P$, F. 72—74°; 80%] über. Mit überschüssigem trans-**I** bildet sich aus **II** ein 2:1-Addukt der Formel $C_{32}H_{24}O_3$ unbekannter Struktur. In A. bilden sich aus trans-**I** u. **II** *1.2.3.4-Tetrabenzoylbutan* [**VI**; meso-Form: F. 201 bis 202°; 24%], *Trimethylphosphat* (**VII**) u. *1.2-Dibenzoyläthan* (**VIII**; F. 146—147°). **VII** u. **VIII** bilden sich auch bei Zugabe von CH_3OH zu **III** in CH_2Cl_2. Durch Zusatz von **I** in CH_3OH zu **III** in CH_2Cl_2 bildet sich **VI. VIII** u. trans-**I** kondensieren ohne Ggw. von Base nicht. Durch Hydrolyse von **III** erhält man ca. 55% **VIII** u. ca. 15% *1.2-Dibenzoyläthylphosphonsäuredimethylester* [$C_{18}H_{19}O_5P$, F. 121—122° (Bzl./Hexan)]. cis-**I** reagiert mit **II** analog trans-**I** jedoch erheblich schneller.
Versuche (F. korr.): *1-Phenacyl-2-phenyl-2-benzyloxyvinylphosphonsäuredimethylester*, $C_{25}H_{25}O_5P$, F. 122 bis 123° (Bzl.–Hexan), aus trans-**I** u. **II** in CH_2Cl_2 in Ggw. von Benzylbromid; 56%.
Bernhard Gnauck 489△

1031 **Katalytische Desalkylierung alkylaromatischer Verbindungen.** 12. Mitt. **Kinetik der hydrierenden Desalkylierung von Alkylnaphthalinen an einem Nickelkatalysator.** H. Macháček und K. Kochloefl. (Collect. czechoslov. chem. Commun. **30**, 2935—47, 1965; Prague-Suchdol, Czechoslov. Acad. of Sci., Inst. of Chem. Process Fundamentals; engl.) — 10. vgl. C. **1968**, 29-1014. — Bei der hydrierenden Desalkylierung von *1-Methylnaphthalin*, Kp.$_{10}$ 107°, *2-Methylnaphthalin*, Kp.$_{10}$ 104°, F. 34,5°, *2-Äthylnaphthalin*, Kp.$_{10}$ 118°, u. *1-Propylnaphthalin*, Kp.$_{10}$ 131°, an Ni–Al_2O_3-Katalysatoren erwiesen sich am wirksamsten Katalysatoren mit 50—60% Ni. Bei Temp. von 350° u. 430° u. Normaldruck verläuft die Rk. als selektiver Abbau der Alkylkette. Isomerisierung u. Disproportionierung wurden nicht beobachtet. Aus den kinet. Messungen folgt, daß der geschwindigkeitsbestimmende Vorgang die Oberflächen-Rk. des mol. adsorbierten Alkylnaphthalins mit H_2 darstellt. Unentschieden bleibt, ob H_2 auch in adsorbierter Form oder lediglich in der Gasphase an der Rk. teilnimmt.
A. Emr 490△

1032 **HCl-Abspaltung in chloriertem Äthan durch feste Säuren und Basen.** Tadashi Mochida, Junichiro Take, Yasukazu Saito und Sachio Yoneda. (Shokubai [Catalyst, Tokyo] **8**, 242—45, 1966; Tokyo, Tokyo Univ., Fac. of Engng.; jap.) — Mit SiO_2–Al_2O_3, SiO_2–Al_2O_3–NaOH, Al_2O_3–B_2O_3, SiO_2–MgO, $Al_2(SO_4)_3$–SiO_2, $MgSO_4$–SiO_2, SiO_2, Al_2O_3, Al_2O_3–NaOH, Al_2O_3–NH_4F, NaOH–SiO_2, KOH–SiO_2, MgO, CaO, SrO, K_2CO_3, $BaCO_3$ u. NH_4–10X wurden bei 300° die HCl-Abspaltungsrk. von *1.1-* u. *1.2-Dichloräthan*, *1.1.1-* u. *1.1.2-Trichloräthan* (**I**), sowie *1.1.2.2-Tetrachloräthan* untersucht. Es wurde mit verschiedenen Katalysatoren die Abspaltungsrk. von **I** untersucht. Je nach der Katalysatorart ist bei dieser Rk. die Zus. der Prod. 1.1-Dichloräthylen (**II**), cis- bzw. trans-1.2-Dichloräthylen (cis- bzw. trans-**III**) unterschiedlich: bei einem festen bas. Katalysator **II**/**III** > 1, trans-**III**/cis-**III** > 1; bei einem festen sauren Katalysator **II**/**III** ≪ 1, trans-**III**/cis-**III** < 1. Die Werte von **II**/**III** u. trans-**III**/cis-**III** liegen beim Al_2O_3-Katalysator etwa zwischen denen der beiden Katalysatorarten. Mit steigender Rösttemp. nehmen die Werte zu u. bei 1000° sind sie etwa gleich groß wie bei festen bas. Katalysatoren. Diese Wrkg. läßt sich aber beim SiO_2–Al_2O_3-Katalysator nicht feststellen. H. S. Park 490

1033 **Untersuchung der Wasserabspaltungsreaktion von Äthanol auf Aluminiumoxid-Katalysatoren mit Hilfe von Infrarotspektren.** Hiromichi Arai, Junichiro Take, Yasukazu Saito und Sachio Yoneda. (Shokubai [Catalyst, Tokyo] **8**, 246—50, 1966; Tokyo, Tokyo Univ., Fac. of Engng.; jap.) — Nach einstündigem Evakuieren u. Erhitzen auf 70° folgt, daß A. auf einem SiO_2-Katalysator physikal. u. auf einem Al_2O_3-Katalysator z. T. chem. adsorbiert wird. Mit Hilfe der IR-Spektren deuten die auf Al_2O_3 adsorbierten A.-Mol. auf eine C_2H_5O–Al< Bindung hin. Von den IR-Spektren, die zwischen 650 u. 4000 cm^{-1} aufgenommen wurden, wurden die Extinktion in Abhängigkeit von der auf dem Al_2O_3 adsorbierten A.-Menge untersucht. Zwischen 60 bis 210° wurde die Verteilung der aus C_2H_5O–Al< gebildeten C_2H_4-, C_2H_5OH- u. $C_2H_5OC_2H_5$-Mol. bestimmt u. ein Mechanismus für ihre Bldg. vorgeschlagen.
H. S. Park 490

1034 **Reaktionen von α-Oxiden.** 9. Mitt. **Säurekatalysierte Reaktion von Äthylenoxid mit Alkoholen und anderen sauerstoffhaltigen Verbindungen.** N. N. Lebedev und V. M. Kozlov. (Kinetika i Kataliz **7**, 455—63, 1966; Mosk. chimiko-technol. inst. im. Mendeleeva; russ.) — 8. vgl. C. **1968**, 14-0941. — Die Kinetik der Rk. von Äthylenoxid (**I**) mit *Methanol, A., n-Octanol* u. *Phenol* in Ggw. von $HClO_3$, HNO_3, Pikrinsäure oder p-Toluolsulfonsäure als Katalysator wird untersucht. Im Rk.-Gemisch erfolgen nebeneinander als Rk. 1. Ordnung (bezogen auf **I**) eine Addition der Hydroxylverb. an protonisiertes **I** u. als Rk. 0. Ordnung die Bldg. von

Glykolestern; letztere unterliegen einer als Rk. 1. Ordnung (bezogen auf Glykolester) verlaufenden Alkoholyse. C. Kozák 490△

1035 **Reaktionen von α-Oxiden.** 10. Mitt. **Kinetik und Mechanismus der Reaktion von Äthylenoxid mit Alkoholen unter den Bedingungen der basischen Katalyse.** N. N. Lebedev und Ju. I. Baranov. (Kinetika i Kataliz **7,** 619—26, 1966; russ.) — 9. vgl. vorst. Referat. — Die Kinetik der durch K- oder Na-Äthylat katalysierten Rk. von Äthylenoxid (**I**) mit *n-Butyl-, Hexyl-, Octylalkohol* (**II**), *Methyl-, Äthylcellosolve* (**III**), *Butandiol-(1.4)* u. *Triäthylenglykol* wird untersucht. Für die Rk. von **I** mit **II**, **III** u. **IV** werden die Aktivierungsenergien ermittelt. In allen Fällen erfolgt zugleich ein Angriff von Alkoholat bzw. Alkohol auf das C- bzw. O-Atom von **I**. Zwischen der Reaktivität u. der Acidität der Alkohole beobachtet man eine deutliche Abhängigkeit. C. Kozák 490△

1036 **Mechanismus der katalytischen Synthese von Picolinen.** 1. Mitt. **Katalytische Umwandlung von Äthanal an SiO_2–Al_2O_3.** Claude Hugueny, Louis de Mourgues, Yves Trambouze und Marcel Prettre. (Bull. Soc. chim. France **1965,** 497—501; Inst. de Rech. sur la Catalyse du CNRS, Lyon-Villeurbanne; franz.) — Vf. arbeiten nach der Meth. der „Injektionschromatographie" (vgl. ibid. **1962,** 1918). Die Vers.-App. wird beschrieben. Die Rk. ist > 200° eine Zers., die zu C_4- u. C_5-KW-Stoffen, Crotonaldehyd (**I**) u. Polykondensaten führt. Bei < 200° wurden nur Kondens.-Rk., bes. $2CH_3CHO \rightarrow CH_3$–CH=CH–CHO + H_2O, beobachtet. Parallel dazu verlaufende Polykondens. finden um so weniger statt je weniger sauer der Katalysator ist. Die maximale Ausb. an **I**, dessen Bldg. für die Picolinsynth. wichtig scheint, wurde an partiell neutralisiertem Katalysator erhalten. J. Richter 491

1037 **Mechanismus der katalytischen Synthese von Picolinen.** 2. Mitt. **Mechanismus der Bildung von α- und γ-Picolin durch Einwirkung von NH_3 auf Äthanal in Gegenwart eines SiO_2–Al_2O_3-Katalysators.** Claude Hugueny, Louis de Mourgues, Yves Trambouze und Marcel Prettre. (Bull. Soc. chim. France **1965,** 501—04; franz.) — 1. vgl. vorst. Referat. — Vf. zeigen, daß Crotonaldehyd (**I**) ein notwendiges Intermediärprod. bei der Picolinsynth. aus Äthanal u. NH_3 ist, die sich entweder an $C_{(1)}$ von **I** in klass. Weise addieren oder nach Art der Mannich- u. Michael-Rk. an $C_{(3)}$. Dies schließt die Bldg. von β-Picolinen aus, was experimentell bestätigt wurde. Dagegen wurden höhere homologe Basen erhalten, deren Bldg. auf der Kondens. von 2 Mol **I** mit NH_3 beruht. J. Richter 491

1038 **Kondensation von Trichloräthylen mit Benzol in Gegenwart von Aluminiumchlorid.** M. M. Gusejnov, T. A. Kambarova, Z. K. Mechtieva und Z. G. Jarieva. (Doklady Akad. Nauk Azerbajdž. SSR **22,** Nr. 8, 38—40, 1966; russ.) — Einem Gemisch von Bzl. u. $AlCl_3$ wird Trichloräthylen zugetropft u. bei 0—70° 30 Min. lang gerührt. Hauptprod. der Rk. sind *Phenyläthane*. Mit steigender Temp. nimmt die Bldg. von *Tetraphenyläthan* ab u. die Bldg. von *Triphenyläthan* u. *Diphenyläthan* auf 27 bzw. 18% bei 70° zu. Bei < 0° findet prakt. keine Kondens. statt. R. K. Müller 491

1039 **Sogenannte anomale Claisen-Umlagerung.** 2. Mitt. A. Habich, R. Barner, W. von Philipsborn und H. Schmid. (Helv. chim. Acta **48,** 1297—1316, 1965; Org.-Chem. Inst., Univ., Zürich; dt.) — 1. vgl. C. **1963,** 15384. — Unter Verw. von D-Markierung wird der Mechanismus der Isomerisierung von o-Allylphenolen (anomale Claisen-Umlagerung) untersucht u. Einbau sowie Verteilung der Markierung mittels H- u. D-NMR-Analyse bestimmt. In einer Reihe von Vers. mit *2-[1-Methylallyl]-4-methylphenol* wird nachgewiesen, daß durch Erhitzen in D_2O eingebautes D intramol. zwischen phenol. OH, endständigem CH_2 u. der α-Methylgruppe ausgetauscht wird, wobei Methylen rascher als α-Methyl reagiert. Die Ergebnisse werden über 2 stereoisomere Spirocyclopropylcyclohexadienone als Zwischenstufen erklärt, was durch das Markierungsverh. von *3.5-Dimethyl-2-[1-methylallyl]-phenol* (**I**) erhärtet wird. **I** läßt sich außerdem noch zu 3.5-Dimethyl-4-buten-(2)-ylphenol isomerisieren. Ein analoger Mechanismus läßt sich zur Erklärung der Dakin-Rk. finden, wobei ein Spiroepoxycyclohexadienon als Zwischenstufe auftritt. Folgende Verb. werden außerdem untersucht: *3-[2-Hydroxy-4.6-dimethylphenyl]-2-methylpropen-(1)* [$C_{12}H_{16}O$, Kp.$_{0,03}$ 60—90° (Luftbad)], *3-[2-Methoxy-5-methylphenyl]-buten-(1)*, *o-Allylphenol, Allylmesitol, 2.6-Dimethyl-4-allylphenol, 3.5-Dimethyl-4-[3-methylallyl]-phenol, 1-Allylnaphthol-(2), 2-Allyl-5-methoxynaphthol-(1)*. — *3.5-Dimethylphenyl-[3-methylallyl]-äther*, $C_{12}H_{16}O$, Kp.$_{11}$ 112 bis 113°, aus 3.5-Dimethylphenol in DMF u. wss. NaOH u. mehrstd. Rk. mit Buten-(2)-ylbromid; 32% (Ausb.), daneben das *1-Methylallylisomere*. — *3-[2-Hydroxy-4.6-dimethylphenyl]-buten-(1)*, $C_{12}H_{16}O$, Kp.$_{0,05}$ 70—90° (Luftbad), aus vorst. Äther u. N.N-Diäthylanilin bei 185° im verschlossenen Rohr. — *3.5-Dimethylphenyl-[2-methylallyl]-äther*, $C_{12}H_{16}O$, Kp.$_{0,03}$ 45—55° (Luftbad), aus 3.5-Dimethylphenol u. 3-Chlor-2-methylpropen-(1) analog vorvorst. Meth.; 95,4%. — *2-Hydroxy-3-[2-hydroxynaphthyl]-propan*, $C_{13}H_{14}O_2$, F. 116°, aus 1-Allylnaphthol-(2) u. W. bei 200° unter O_2-Ausschluß; 14%. *[1.7.1-D_3]-Isotopes*, F. 116° (Ae./PAe.), Kp.$_{0,01}$ 125°. *O.O-Diacetylderiv.*, $C_{17}H_{18}O_4$, Kp.$_{0,01}$ 130°. G. Kirsten 492

1040 **Wasserstoff-Verschiebungen.** 3. Mitt. **Thermische Isomerisierung von cis-Hexadien-(1.4).** Wolfgang R. Roth und Joachim König. (Liebigs Ann. Chem. **688,** 28—39, 1965; Inst. für Org. Chem., Univ., Köln; dt.) — 2. vgl. C. **1965,** 11-0889. — Das therm. Verh. von *cis-* (**I**) u. *trans-1-Methyl-2-vinylcyclopropan* (**II**), die aus cis- bzw. trans-Pentadien-(1.3) u. CH_2N_2 unter CuCl-Katalyse dargestellt werden, wird untersucht. **I** lagert sich bei 170—190° quant. zu cis-Hexadien-(1.4) (**III**) um; in diesem Temp.-Bereich gilt die Beziehung $k = 9{,}0 \cdot 10^{10} \cdot \exp[-(31{,}1 \pm 0{,}6)$ kcal/RT] s^{-1}; $\Delta H^{\neq}$ [kcal/Mol] 30,2 ± 0,6; $\Delta S^{\neq}$ [cal/Grad · Mol] — 11. Bei 280° liefert **II** ein Isomerengemisch aus 92% **III** u. 8% 4-Methylcyclopenten (**IV**). Diese Rk. sind 1. Ordnung, werden nicht durch die Gefäßwand katalysiert u. lassen sich durch $k_1 = 4{,}1 \cdot 10^{13} \exp[-(45{,}7 \pm 0{,}6)$ kcal/RT] ($\Delta H^{\neq} = 44{,}6 \pm 0{,}6$; $\Delta S^{\neq} = 1$) bzw. $k_2 = 3{,}5 \cdot 10^{12} \exp[-(45{,}7 \pm 0{,}6)$ kcal/RT] s^{-1} ($\Delta H^{\neq} = 44{,}6 \pm 0{,}6$; $\Delta S^{\neq} = -4$) beschreiben. Bei ~ 400° lagert sich **III** zu **IV** um. Dieser Isomerisierung ist ein Gleichgew. mit **I** vorgelagert, aus welchem die Bldg. von intermediär auftretendem **II** sowie von **IV** wahrscheinlich ist. Die Darst. folgender KW-Stoffe, die gaschromatograph. getrennt u. durch ihre IR- (teilweise Abb.), NMR-, UV- u./oder Massenspektren charakterisiert werden, sind beschrieben: **I, II, III,** *[6.6.6-D_3]-cis-***III, IV,** *trans-Hexadien-(1.4), cis-* u. *trans-Cyclopropylpropen, cis-* u. *trans-1-Methyl-2-cyclopropylcyclopropan*. G. Kirsten 492

1041 **IR- und UV-Spektren von tertiären β-Acetylenalkoholen und ihren Isomerisierungsprodukten.** G. K. Magomedov, G. G. Dvorjanceva, N. E. Kolobova und K. N. Anisimov. (Izvest. Akad. Nauk SSSR, Ser. chim. **1966,** 1837—40; Inst. ėlementoorg. soedin. AN SSSR; russ.) — Die Vf. untersuchten IR- u. UV-spektrometr. die Isomerisierung von *2-Hydroxypentin-(4)-yl-(2)-* (**I**), *3-Hydroxyhexin-(5)-yl-(3)-* u. *1-Hydroxy-1-phenylbutin-(3)-yl-(1)-cyclopentadienylmangantricarbonyl* (**II**), von *2-Hydroxypentin-(4)-yl-(2)-ferrocen* u. von *2-Phenylpentin-(4)-ol-(2)*, die bei Einw. von $KHSO_4$, $HgSO_4$ oder P_2O_5 zu folgenden Enonen führte: *Penten-(2)-on-(4)-yl-(2)-* (**III**), *Hexen-(3)-on-(5)-yl-(3)-* u. *1-Phenylbuten-(1)-on-(3)-yl-(1)-cyclopentadienylmangantricarbonyl, Penten-(2)-on-(4)-yl-(2)-ferrocen* u. *2-Phenylpenten-(2)-on-(4)*. Bei der Einw. von $HgSO_4$ auf **II** in wss. A. gelang es, *1-Hydroxy-1-phenylbutanon-(3)-yl-(1)-cyclopentadienylmangantricarbonyl* zu isolieren. Die Isomerisierung von **I** führte in Ggw. von $KHSO_4$ zur Bldg. von trans-**III**, in Ggw. von P_2O_5 von cis-**III**. N. Kucharczyk 492△

1042 **Organische Reaktionen unter hohem Druck.** 1. Mitt. **Druck- und Lösungsmittel-Effekte auf die Wanderungsfähigkeit der o-Anisylgruppe.** Ryozo Goto, Tsutomu Asano, Kiyoshi Matsumoto und Akira Sera. (Rev. physic. Chem. Japan **37** (1967) 1, 16—24; Lab. of Organic Chem., Dep. of Chem. Fac. of Sci., Kyoto Univ., Kyoto, Japan; engl.) — Die Wanderungsfähigkeit der

o-Anisylgruppe bei der Pinakolumlagerung des *2.2'-Dimethoxybenzpinakols* wird durch den Einfl. von Druck u. Lsgm. verändert. Zunehmender Druck behindert die Wanderung der o-Anisylgruppe in Essigsäure u. Acetonitril. Die Wanderungsfähigkeit steigt in der Reihenfolge der Lsgm. Essigsäure < Acetonitril < Toluol.
G. Malow 492

1043 **Kinetische Untersuchungen schneller Reaktionen in Lösung. 2. Mitt. Reaktion zwischen 1.3.5-Trinitrobenzol und Diäthylamin in Aceton.** Jiro Osugi und Muneo Sasaki. (Rev. physic. Chem. Japan **37** (1967) 1, 43—53; Lab. of Phys. Chem., Dep. of Chem., Fac. of Sci., Kyoto Univ., Kyoto, Japan; engl.) — Die Rk. zwischen 1.3.5-Trinitrobenzol (TNB) u. Diäthylamin (DEA) bei Zimmertemp. in Aceton verläuft über zwei aufeinanderfolgende Stufen; eine ist mäßig schnell u. die andere langsam. Das stöchiometr. Zwischenprod. besitzt ein Absorptionsmax. bei 470 mμ u. kann aus einem Mol. TNB u. DEA bestehen. Ein „Altern" des DEA in Aceton macht sich deutlich in einer Zunahme der Rk.-Geschw. bemerkbar. Aus der Elementaranalyse u. dem IR-Spektrum folgt, daß der Prod.-Komplex mit einem Absorptionsmax. bei 520 mμ die stöchiometr. Zus. 1 TNB : 2 DEA : 1 Aceton besitzen kann. G. Malow 494

1044 **Kinetik der Bildung und Zersetzung von organischen Carbonpersäuren. 4. Mitt. Kinetik der Bildung und Zersetzung von Trichlorperoxyessigsäure.** Tsutomu Suzuki und Sadao Suzuki. (J. chem. Soc. Japan, pure Chem. Sect. [Nippon Kagaku Zasshi] **87**, 476—79, 1966; Tokyo; Tokyo Inst. of Technol., Res. Labor. of Resouces Utilization; jap., Auszug: engl.) — 3. vgl. ibid. **86** (1965) 1318. — Die O_2-Menge bei der Bldg. u. der Zers. der Titelverb. (**I**) ist größer als die bei *Mono-* u. *Dichlorperoxyessigsäure*, was auf aufeinanderfolgende Zers. von **I** zurückzuführen ist. Die Geschw.-Konst. für Chlorperoxyessigsäurebldg. nimmt mit zunehmender Zahl der Cl-Atome zu. Vf. fanden für Aktivierungsenergien von **I**-Bldg. u. **I**-Zers. jeweils 13,3 u. 7,5 [kcal/Mol]. H. S. Park 494

1045 **Kinetik der Bildung und Zersetzung von organischen Carbonpersäuren. 5. Mitt. Kinetik der Bildung und Zersetzung von Monoperoxymalonsäure.** Tsutomu Suzuki, Katsuhide Mitsui und Sadao Suzuki. (J. chem. Soc. Japan, pure Chem. Sect. [Nippon Kagaku Zasshi] **87**, 479—82, 1966; jap., Auszug: engl.) — 4. vgl. vorst. Referat. — Bei Rk. zwischen der *Malonsäure* (**I**) u. der Titelverb. (**II**) entstehen CO_2 u. O_2, die sich bei der Rk. mit mehreren anderen Persäuren nicht bilden. O_2 entsteht bei Zers. von **II** zu **I**, CO_2 bei der Rk. von **II** mit gebildetem H_2O_2. Die bei Versuchstemp. von 35, 50 u. 65° gefundenen Meßwerte stimmen gut mit ber. Werten überein. Die Aktivierungsenergien wurden für die Bldg.-Rk. von **II** zu 10,9 [kcal/Mol] für die O_2-Bldg.-Rk. zu 14,5 u. für die CO_2-Bldg.-Rk. zu 20,1 gefunden.
H. S. Park 494

1046 **Methanolsynthese aus Kohlenmonoxid und Wasserstoff.** Masanavi Tani und Yoshisada Ogino. (Shokubai [Catalyst, Tokyo] **8**, 250—53, 1966; Tohoku Univ., Fac. of Engng.; jap.) — Mit einem ZnO–Cr_2O_3–SiO_2–Al_2O_3-Katalysator wurde bei 290—370° die Methanolsynthese aus CO u. H_2 durchgeführt, wobei das Verhältnis Cr:Zn = 1:3 u. der SiO_2–Al_2O_3-Geh. (Gew.-%) 0, 0,68, 1,36, 2,06, 2,76 u. 3,45 betrugen. Im allg. steigt die Aktivität des Katalysators mit zunehmendem SiO_2–Al_2O_3-Geh. u. steigender Temp. bis ca. 330—345°. Weiterhin wurden die spezif. Oberfläche, Dichte u. Porenstruktur der Katalysatoren gemessen. Zwischen der Aktivität u. der Oberflächenacidität des Katalysators besteht eine lineare Abhängigkeit. H. S. Park 495

1047 **Geschwindigkeit der Synthese von Vinylacetat, katalysiert durch Zinkacetat aktivierte Holzkohle und die kapillare Porenstruktur des Katalysators.** Ariyuki Nakamura, Shōji Kubota, Jun-ichi Kobayashi und Izumi Higuchi. (J. chem. Soc. Japan, pure Chem. Sect. [Nippon Kagaku Zasshi] **87**, 1042—48, 1966; Hamamatsu-Shi, Shizuoka Univ., Fac. of Engng., Dep. of Synthetic Chem.; jap., Auszug: engl.) — Zur Best. des Zusammenhangs zwischen katalyt. Aktivität u. kapillarer Porenstruktur des Katalysators wurden bei der mit verschiedener Menge Zn-Acetat (**I**) behandelten Holzkohle die RGK der Vinylacetat-Synth. sowie die spezif. Oberfläche u. die kapillare Porenstruktur des Katalysators untersucht. Aus dem experimentellen Zusammenhang zwischen dem Konversionsfaktor x u. der Durchflußgeschw. F bzw. W/F (W: Gew. des Katalysators) von Essigsäure (**II**) wurde ein Rk.-Mechanismus mit einem Übergangskomplex vorgeschlagen, der aus Acetylen, **I** u. **II** entsteht. Die RGK bei Katalysatoren mit unterschiedlicher **I**-Menge sind unabhängig von der spezif. Oberfläche des Katalysators. Wie SiO_2, befinden sich die meisten **I**-Mol. in den kapillaren Poren von < 15 Å Durchmesser. Bei Vergrößerung der Oberfläche des Katalysators um das 100fache ist die RGK unverändert. Daraus folgt, daß das in den Poren über 100 Å Durchmesser abgesetzte **I** die entscheidende katalyt. Wrkg. für die Synth. zeigt. H. S. Park 495

1048 **Atomstrahl-Untersuchung der Energieabhängigkeit von Reaktionen heißer Atome.** Michael Menzinger und Richard Wolfgang. (J. Amer. chem. Soc. **89** (1967) 23, 5992—93; Dep. of Chem., Yale Univ., New Haven, Conn.; engl.) — Die Rk. von *Cyclohexan, n-Hexan* u. *Hexen* mit T_2^+ (durch 150-eV-Elektronenbeschuß von T_2-Gas) u. T^+ wird bez. der tritiierten Prod. untersucht (Kurven). Die Ergebnisse zeigen, daß heiße T-Atome aus T_2^+ u. T^+ durch Oberflächenrk. der beschossenen Mol. entstehen [Rückstoß-$^3\Sigma_u^+$-Zustand u. $T_2(^1\Sigma_g^1)$-Mol.], die zu den T-Deriv. führen. W. Sobieski 496

1049 **Bildung von angeregtem Äthan bei der Markierung mit Tritium-Rückstoßatomen.** A. J. Johnston, D. Malcolme-Lawes, D. S. Urch und M. J. Welch. (Chem. Commun. **1966**, 187—88; London, Queen Mary Coll.; engl.) — Die bei der Rk. mit T-Rückstoßatomen gebildeten angeregten C_2H_5T-Mol. zerfallen in unimol. Rk. zu $CH_2T\cdot$-Radikalen, wenn die Anregungsenergie > 3,7 eV beträgt. Die Vers. wurden mit Br_2 als Radikalfänger durchgeführt.
E. Kluge 496

1050 **Strahlungsinduzierte Bromierung von 2.3-Dimethylbutan.** Owen H. Wheeler und Hilda Batlle de Pabon. (Canad. J. Chem. **44**, 407—09, 1966; Mayaguez, Puerto Rico, Nuclear Center.; engl.) — Die durch ^{60}Co-γ-Strahlung induzierte sowie die photochem. (W-Lampe) Bromierung von 2.3-Dimethylbutan führt ausschließlich zu 2.3-Dibrom-2.3-dimethylbutan (**I**, identifiziert durch F. u. NMR-Spektrum). Der hohe G-Wert der **I**-Bldg. (2760 ± 130) zeigt, daß die Rk. über einen Kettenmechanismus verläuft. Maria Schenk 498

1051 **γ-Radiolytische Oxydation von Cyclohexan.** R. Blackburn und A. Charlesby. (Trans. Faraday Soc. **62**, 1159—68, 1966; Shrivenham, Swindon, Wilts., Royal Military College of Sci.; engl.) — Die Ausb. an Cyclohexanol (**II**) u. Cyclohexanon (**III**) bei der Radiolyse von Cyclohexan (**I**) durch ^{60}Co-γ-Strahlen (Dosisleistung 0,2—2,5 Mrad/Std.) in Ggw. von Luft ([O_2] — 1,8 mMol/Liter) bei 23° sind proportional der Dosis (bis 15 Mrad), die G-Werte betragen (auch bei 50°) G(**II**) = 2,3, G (**III**) = 2,1; die Bldg. von **II** u. **III** erfolgt überwiegend durch Bldg. u. Disproportionierung von Cyclohexylperoxyradikalen (**IV**). Durch Zusatz von J_2 (bis 25 mMol/Liter) werden die **II**- u. **III**-Ausb. in annähernd gleichem Maß vermindert, die Differenz beider Ausb. ist unabhängig von [J_2]; der G-(Dicyclohexyl-)Wert bleibt auch in Ggw. von J_2 (bzw. Schwefel) unverändert ca. 0,29. Die niedrigen Restausb. bei hohen [J_2] lassen erkennen, daß nicht-radikal. Prozesse nur in geringem Umfang zur Rk. beitragen, was auch durch eine kinet. Analyse der Ergebnisse bestätigt wird. Durch Zusatz von Schwefel ([S_8] bis 15,5 mMol/Liter) wird die **III**-Ausb. stark vermindert, die **II**-Ausb. infolge bevorzugter Bldg. von **II** durch Rk. S-haltiger Zwischenprod. mit oxid. Radikalen u. Prod. weniger beeinflußt. In festem **I** (77 °K) sind die **II**- u. **III**-Ausb. geringer als in fl. **I**, was auf die im festen Zustand geringere Gleichgew.-Konz. des O_2 sowie eine möglicherweise geringere Beweglichkeit von O_2 u. Radikalen zurückgeführt wird. Die relativ stärkere Verminderung der **II**-Ausb. wird auf die durch das starre Gitter erzwungene, die Disproportionierung der **IV** behindernden ster. Effekte zurückgeführt. Die Anwendbarkeit der Gaschromatographie als Analysenmeth. in derartigen Unters. wird diskutiert. Maria Schenk 498

1052 **Markierte Produkte bei der internen Radiolyse von flüssigem, mit Tritium-Gas gesättigtem Cyclohexan.** A. L. Odell, J. E. Packer und G. R. White. (Nature [London] **209,** 72–73, 1966; Auckland, New Zealand, Univ., Urey Radiochem. Labor.; engl.) — Die bei der Selbst-Bestrahlung von Cyclohexan(I)–T_2-Gemischen (0,3 ml **I** bei 44 mm mit T_2 gesätt., 2 Tage bei Zimmertemp.) in fl. Phase gebildeten markierten Rk.-Prod. wurden gaschromatograph. identifiziert als (u. a.) 2-Methylbutan, n-Pentan, 2-Methylpentan, n-Hexan, Methylcyclopentan, (C_6), Cyclohexan, Methylcyclohexan, Cyclohexen, Äthylcyclohexen, div. C_8- oder C_9-Verbindungen. Die exakten G-Werte wurden nicht bestimmt, die Gesamtausb. betrugen $> 0{,}02$, d. h. nur ein geringer Teil der Markierung erfolgt durch T-Rückstoß, der weitaus größere Teil durch interne T-β-Radiolyse von **I**. Es folgt, daß die Markierungsrk. in diesem Syst. nicht über freie Radikale verlaufen, die Bldg. der Nebenprod. vorwiegend über Ion–Mol.-Rk. erfolgt. Aus der Fülle der Rk.-Prod. schließen Vf. auf eine weitaus höhere Anzahl von Primärprod. als bisher bekannt. **I** wird auch in fl. Phase fragmentiert, in geringem Maß auch in mehr als zwei Spaltstücke. Maria Schenk 498

1053 **Ein mögliches gemeinsames Zwischenprodukt bei den photochemischen Reaktionen von Benzol.** E. Farenhorst. (Tetrahedron Letters [London] **1966,** 6465–69; Amsterdam, Koninklijke/Shell-Labor (Shell Res. N. V.); engl.) — Verschiedenartige neue photochem. Rk. des Benzolkerns (Isomerisierung unter Wanderung von Substituenten, Bldg. nicht-aromat. Isomerer, wie Dewar-Bzl., Prisman, Benzvalen u. Fulven sowie Photork. mit verschiedenen Substraten bei —196° oder in viskosen Lsgm.) scheinen über ein gemeinsames, hochaktives Zwischenprod. zu verlaufen, das mit den bekannten angeregten Singulett- u. Triplett-Zuständen nicht ident. ist. Vf. schlagen eine Möbius-Struktur vor u. diskutieren die Bldg. von Valenz-Tautomeren unter Anwendung elementarer **HMO.** Maria Schenk 498

1054 **Strahlungsinduzierte cis-trans-Isomerisierung von Stilben in Methanol.** Ayako Torikai, Kenji Fueki und Zen'ichiro Kuri. (J. chem. Soc. Japan, pure Chem. Sect. [Nippon Kagaku Zasshi] **87,** 391–94, 1966; Nagoya, Nagoya Univ., Fac. of Engng., Dep. of Synthetic Chem.; jap., Auszug: engl.) — Die cis-trans-Isomerisierung von Stilben ($\mathbf{I} = 2 \cdot 10^{-5}$ bis $2 \cdot 10^{-3}$ Mol/l) in Methanol durch ^{60}Coγ-Bestrahlung ($6{,}9 \cdot 10^4$ rad/Std.) wurde untersucht. Für die Anfangskonversion von trans- zu cis-**I** ergab sich G_{cis} zu 0,02–1,0, während der G-Wert für Abnahme von trans-**I** 0,07–1,8 betrug; daraus werden Bldg. von Nebenprod. abgeleitet. $FeCl_3$ vermindern die Isomerisierung zu cis-**I** u. die Bldg. von Nebenprod., während Bzl., CCl_4 u. Piperidin keinen Einfl. ausüben. Zwischen —96 u. 30° nimmt G_{cis} mit sinkender Temp. ab. In fester Phase findet die Isomerisierung zu cis-**I** nicht statt. Es wurde festgestellt, daß für Isomerisierung zu cis-**I** freie Radikale eine große Rolle spielen. Das Nebenprod. wurde als eine Bibenzylverb. identifiziert. Eine Isomerisierung zu trans-**I** findet aber nicht statt, obwohl sich dabei das Nebenprod. bildet. H. S. Park 498

1055 **UV-Photochemie von Triphenylmethanderivaten.** H. G. Lewis und E. D. Owen. (Chem. Commun. **1966,** 216–18; Cathays Park, Cardiff, Univ. College, Dep. of Chem.; engl.) — *Triphenylchlormethan* (**I**) wurde in Cyclohexan bei Zimmertemp. unter Ausschluß von O_2 mit UV bestrahlt u. die Rk.-Prod. nach 85% Umsatz als Triphenylmethan (50,0–70,1%), 9-Phenylfluoren (**II**) (15,0 bis 16,0%) u. **9.9'**-Diphenylbifluorenyl (0–10,0%) spektralphotometr. bestimmt. Die Quantenausb. der **II**-Bldg. ist unabhängig von [**I**] (10^{-5}–2.10^{-4} m) u. proportional J_{absorb}. Der Einfl. von Triplett-Sensibilisatoren (Triphenylen) u. -Löschern (Anthracen, Azulen) beweist das Auftreten von Triplett-**I** im Verlauf der Photolyse, für die folgender Mechanismus vorgeschlagen wird: $R_3C \cdot Cl + h\nu \rightarrow {}^1R_3C \cdot Cl^*$; ${}^1R_3C \cdot Cl^* \rightarrow {}^3R_3C \cdot Cl^*$; ${}^3R_3C \cdot Cl^* \rightarrow R_3C\cdot^* + Cl\cdot$; $R_3C\cdot + RH \rightarrow R\cdot + R_3C{-}H$; $R_3C\cdot^* + R_3C\cdot^* \rightarrow R_3CH$ + cycl. Zwischenprod. → **II**-Radikal. Maria Schenk 498

1056 **Mechanismus photochemischer Reaktionen in Lösung. 1. Mitt. UV-Photolyse von Diphenylacetylen.** R. C. Henson, J. L. W. Jones und E. D. Owen. (J. chem. Soc. [London], Sect. A **1967,** 1, 116–22; Cardiff, Univ. College, Chem. Dep.; engl.) — Bei der UV-Bestrahlung (Hg-Mitteldrucklampe) verd. Lsg. von Diphenylacetylen (**I**, F. 62,5°, $5 \cdot 10^{-6}$–$5 \cdot 10^{-5}$ m) in Hexan entsteht als Hauptprod. Benzoesäure, daneben Hexylhydroperoxid u. 2- bzw. 3-Hexylbenzoat. Die spektralphotometr. (bei 280, 1 nm) ermittelte Rk.-Geschw. ist proportional $J_{absorb.}$, die Quantenausb. der Abnahme von **I**; u. die der Bldg. der Rk.-Prod. ist unabhängig von [**I**], jedoch abhängig von [O_2]. Als reaktives Zwischenprod. nehmen Vf. ein durch Anlagerung von O_2 an ein Triplett-**I** gebildetes Radikal an; Photoaddition eines weiteren Mol. O_2 u. Spaltung der resultierenden Verb. führt zu zwei Benzoyloxyradikalen. Die beobachteten Rk.-Prod. können durch Abtrennen von H-Atomen des Lsgm. durch das Benzoyloxyradikal oder (nach Abspaltung von CO_2) durch das Phenylradikal gebildet werden. Die sensibilisierende Wrkg. von Acetophenon u. Triphenylen sowie die hemmende Wrkg. typ. Triplett-Löscher (Anthracen, Azulen) auf die Bldg. von Benzoesäure bestätigen die Beteiligung des Triplett-**I**. In hydroxyl. Lsgm. (CH_3OH, A., iso-C_3H_7OH, tert.-C_4H_9OH) entsteht Desoxybenzoin in beträchtlichen Mengen, ebenfalls über angeregte Triplett-**I**, dessen Beteiligung auch durch den Einfl. des Lsgm. auf die Rk.-Geschw. erwiesen wird. Maria Schenk 498

1057 **Freie Radikale bei der Radiolyse von Benzylhalogeniden.** B. Brocklehurst und M. I. Savadatti. (Nature [London] **212,** 1231, 1966; Sheffield, Univ., Dep. of Chem.; engl.) — Nach γ-Radiolyse in Methylcyclohexan/Isopentan 2:3 (MP) bei 77°K zeigen *Toluol, Benzylchlorid* (**I**), *Benzalchlorid* (**II**) bzw. *Benzotrichlorid* UV-Absorptionspeaks. Nach längerem Erwärmen verschwinden die Spektren; dies wird durch prim. Bldg. von $C_6H_5CH_2\cdot$ u. Cl^- u. Entweichen von Cl^- aus dem Lsgm.-Käfig beim Erwärmen gedeutet. **I, II** u. *Benzylbromid* (**III**) wurden in härterem Glas (MP 2:1) bei 77°K bestrahlt u. die Änderung der Spektren isotherm bei 87°K (fl. Ar) bzw. 90°K (fl. N_2) untersucht. Bandenlagen u. Veränderung der Banden vgl. Original. Maria Schenk 498

1058 **Polaritätseffekte bei der Radiolyse von n-Alkoholen.** R. A. Basson und H. J. van der Linde. (J. chem. Soc. [London], Sect. A **1967,** 1, 28–32; Pretoria, South Africa, Atomic Energy Board, Chem. Division; engl.) — *A., n-Propanol* u. *n-Butanol* wurden mit ^{60}Co-γ-Strahlen (Dosisleistung $1{,}1 \cdot 10^{17}$ eV/ml·Min.) bestrahlt u. die G(e^-)- [e^- = solvatisiertes Elektron] sowie G(H)-Werte für die reinen Alkohole (Dosis 2 bis $13 \cdot 10^{17}$ eV/ml) sowie in Ggw. von Aceton (10^{-5} bis 1 m, Dosis $1{,}1 \cdot 10^{18}$ eV/ml) gemessen u. hieraus das Verhältnis der Geschw.-Konst. der Rk. von e^- mit Aceton bzw. Alkohol u. von H mit Aceton bzw. Alkohol berechnet. Sowohl G(e^-) wie G(e^-)/G(H) nehmen mit steigender DK des Rk.-Mediums linear zu. Die aus k(e^- + Aceton)/k(e^- + Alkohol) ber. Halbwertszeiten der solvatisierten Elektronen in den Alkoholen nehmen in n-Alkoholen mit abnehmender DK ab. Maria Schenk 498

1059 **Radiolyse verdünnter wäßriger Lösungen von Thioharnstoff.** A. Charlesby, P. M. Kopp und J. F. Read. (Proc. Roy. Soc. [London], Ser. A **292,** 122–33, 1966; Shrivenham, Swindon, Wilts, The Royal Military College of Sci., Physics Dep.; engl.) — Die spektralphotometr. (bei 236 nm) verfolgte Zers. verd. wss. Lsg. von Thioharnstoff (**I**) durch γ-Strahlen erfolgt im Vakuum mit einem Anfangs-G-Wert zwischen 0,34 u. 0,61, der prakt. unabhängig von Konz. (10, 50 bzw. 500 mg/Liter) u. Strahlenintensität (10, 100 bzw. 1000 krad/Std.) ist. Hieraus folgt, daß **I** sogar in sehr geringen Konz. ein sehr effektiver Einfänger für wenigstens eines der Radiolyseprod. des W. ist. Die bei dieser Rk. entstehenden Spaltstücke von **I** reagieren in Konkurrenz zu **I** mit den Radiolyseprod. des Wassers. Als Rk.-Prod. treten zunächst Cyanamid, Guanylthioharnstoff (**II**), Dicyanamid, Guanidinsulfat u. (G-Werte in Klammern) SO_4^{2-} (0,07—0,09), NH_4^+- (0,09—0,14), Schwefel (0,03—0,05), CO_2 (0,03) unter Abnahme des pH der Lsg. auf; fortgesetzte Bestrahlung (0,02 c Mrad, c = mg/Liter) führt zu Zers. eines Teils dieser Rk.-Prod. unter Zunahme des pH. In Ggw. von O_2 verschwindet **I** mit G(–I) = ca. 0,8 unter Bldg. anderer Rk.-Prod., von denen nur **II** u. Thioharnstoffdioxid identifiziert werden konnten. Die vergleichsweise niedrigen G(–I)-Werte bestätigen die Annahme einer auf dem Gleichgew. Thiol–Thion beruhenden Schutzwrkg. von **I** gegenüber Strahlung in Lsg. von Makromolekülen. Maria Schenk 498

1060 **Durch Ultraviolett- und Elektronenstrahlung induzierte Addition von Formamid an Olefine.** D. P. Gush, N. S. Marans, F. Wessells, W. D. Addy und S. J. Olfky. (J. org. Chemistry **31**, 3829—31, 1966; Clarksville, Md., Washington Res. Center, W. R. Grace and Co.; engl.) — Die G-Werte der durch Elektronenstrahlung (5—20 Mrad) induzierte Rk. von Formamid (**I**) mit *Hexen-1* (**II**) zu Heptanamid (**III**) wurden in Aceton, tert.-Butanol u. Dioxan bei 15—45° bestimmt. Die niedrigen G(+ **III**)-Werte (0,20 ± 0,02 bis 1,86 ± 0,09) nehmen mit abnehmendem Verhältnis **I**/**II** (2,06 bis 1,4 · 10^3) ab, mit steigender Temp. zu; Dioxan als Lsgm. vermindert die G-Werte. Die die hohen G(–**II**)-Werte (3,5—14,2) bewirkenden Nebenrk. wurden nicht untersucht. Die Quantenausb. der **I**-Bldg. bei UV-Bestrahlung (310 bis 450 nm) von **I**–**II**-Gemischen in tert.-Butanol/Aceton beträgt 0,07 unabhängig vom Verhältnis **I**/**II** (15,2—50,0); jedoch bewirkt Zunahme von **I**/**II** (bis 250) Zunahme der **III**-Ausb., bezogen auf umgesetztes **II** infolge Abnahme von Nebenreaktionen. Bestrahlung von **I**–**II**-Gemischen allein (Zusatz von 1—2% Aceton als Sensibilisator) ergab nach kurzer Induktionsperiode der Rk.-Dauer linear proportionale **III**-Bldg., die durch steigende Zusätze von Aceton gehemmt wird. Maria Schenk 498

1061 **Zwei-Photonen-Sensibilisierung des Zerfalls von Alkyljodiden bei 77 °K durch Porphyrine.** V. V. Ryl'kov, V. E. Cholmogorov und A. N. Terenin. (Doklady Akad. Nauk SSSR **169**, 1373—74, 1966; russ.) — EPR-spektrometr. wird der durch *Tetraphenylporphyrin* (**I**) u. *Zn*-**I** (**II**) sensibilisierte Zerfall von *Methyl-* (**III**) u. *Äthyljodid* (**IV**) untersucht. In 1—3 m Lsg. (A., Ae.) erfolgt bei Bestrahlung mit Licht der Wellenlänge > 290 mμ eine Aufspaltung der C–J-Bindung von **III** u. **IV** erst in Ggw. von 10^{-5}—10^{-3} Mol/Liter **I** oder **II**. Die Geschw. der Radikalbldg. ist dem Quadrat der Lichtintensität proportional. Die Vermutung, daß der Sensibilisator zur Erreichung seines akt. Zustandes ein 2. Photon absorbieren muß u. sich im Triplettzustand befindet, wird bestätigt. Zur Spaltung der C–J-Bindung von **III** u. **IV** in Ggw. von **I** (**II**) genügt Licht mit λ > 350 (> 320) mμ. P. Šimak 498

1062 **Photochemische Zersetzung von Methoxyoxiden.** T. I. Temnikova und I. P. Stepanov. (Z. org. Chim. **2**, 1525—26, 1966; Leningradskij gos. univ.; russ.) — Untersucht wird die Photolyse von *1-Methoxy-1.2-epoxy-1.2.2-triphenyläthan* (**I**) u. *1-Methoxy-1.2-epoxy-1-phenyl-2.2-dimethyläthan* (**II**). Aus **I** entstehen in Methanol Benzhydrolmethyläther, Diphenylmethan (**III**), Methylbenzoat (**IV**) u. Benzophenon, in Trimethyläthylen **III**, Tetraphenyläthan u. **IV**. Bei der Photolyse von **II** entsteht lediglich **IV**. Heidrun Kühn 498

1063 **Radiolyse von Aceton in flüssiger Phase. Quantitative Untersuchung.** J. Kučera. (Collect. czechoslov. chem. Commun. **30**, 3080—86, 1965; Řež near Prague, Inst. of Nuclear Res.; engl.) — Es wurden die Strahlungsausb. von Acetonylaceton, Essigsäure, Acetaten, Acetylaceton, Isopropylalkohol, Pinakol, Formaldehyd, Acetaldehyd, Butandiol-(2.3), Diacetonalkohol, 2-Methylpentandiol-(2.4) u. Diacetyl bei ^{60}Co-γ-Bestrahlung von Aceton bestimmt. Auf Grund der Analyse der relativen Menge der Prod. u. der Unters. möglicher Rk. folgt, daß neben den bekannten radiolyt. Rk. des Acetons eine weitere Rk., $CH_3COCH_3^* \rightarrow CH_4 + CH_2 = CO$, angenommen werden muß, die einen Teil der Gesamtmenge des CH_4 liefert. Es müssen noch weitere, bisher nicht bekannte Rk., die zur Bldg. von H-Atomen führen oder bei denen Acetonylradikale abgefangen werden, angenommen werden. V. Růžička 498△

1064 **Photochemie von 5-Fluoruracil-Analogen, -Glykosiden und Poly-FU.** Magdalena Fikus, K. L. Wierzchowski und D. Shugar. (Photochem. and Photobiol. **4**, 521—36, 1965; State Inst. of Hygiene, Dep. of Biochem., Warsaw; engl.) — Das prim. Photoprod. von *1.3-Dimethyl-5-fluoruracil* [**I**; F. 128—130° (Ae.–CH_3OH), aus 5-Fluoruracil u. CH_2N_2/Ae. in abs. CH_3OH; 70—80% (Ausb.)] in wss. Medium ist das Hydrat, 1.3-Dimethyl-4.5-dihydro-4-hydroxy-5-fluoruracil (**II**, F. 130°, Zers.), das durch Bestrahlung (< 270 mμ) unter Abspaltung von HF hauptsächlich in 1.3-Dimethylbarbitursäure (**III**, pK ca. 4,8) übergeht. **III** ist bei pH 5,5 selbst lichtempfindlich. Bei Raumtemp. ist **II** in neutralem u. saurem Medium ziemlich stabil, wandelt sich aber nach 1std. Erwärmen auf 100° in n HCl quant. in **I** um. Diese Rk. folgt der 1. Ordnung, die Aktivierungsenergie beträgt 37 kcal/Mol (88,0—93,5°) u. der Isotopeneffekt k_{D_2O}/k_{H_2O} 2,6 (bei 88°). Bei pH 10 wird **II** zu 5—10% in **I** umgewandelt, ferner tritt Ringöffnung unter Bldg. von N.N'-Dimethylharnstoff u. Monofluormalonaldehydsäure auf. Bei Bestrahlung (> 270 nm) von **I** in Methanol bildet sich 1.3-Dimethyl-4.5-dihydro-4-methoxy-5-fluoruracil, das durch Bestrahlung bei 254 mμ in 1.3-Dimethyl-4-methoxyuracil übergeht. Ähnlich **I** verhalten sich die neutralen u. anion. Formen von *5-Fluoruracil*; bei Bestrahlung in W. geben sie überwiegend das Hydrat, das bei weiterer Bestrahlung (253,7 mμ) bei pH 5,5 zu > 50% in Barbitursäure sowie in andere Prod. übergeht. Qual. analoge Ergebnisse werden mit *5-Fluoruridin*, *5-Fluordesoxyuridin* (**IV**), *3-Methyl-5-fluoruracil*, *N-Methyl-5-fluordesoxyuridin* (**V**), *2'.3'-O-Isopropyliden-5-fluoruridin*, *5-Fluorarabinosyluracil*, *5-Fluoruridin-5'-phosphat* u. *Poly-5-fluoruridin* (Poly-FU) erzielt. Die Quantenausb. Φ für die photochem. Rk. bei pH 5,6 u. 9,5 (Bestrahlung bei 253,7 mμ) sind angegeben. Die Isotopeneffekte Φ_{H_2O}/Φ_{D_2O} (pH 5,6; 253,7 mμ) betragen für **I**, **IV** u. **V** 1,37—1,43, für Poly-FU aber 1,00. Es wird angenommen, daß durch UV-Strahlung inaktivierte, virulente oder infektiöse RNS, die die Fluoruracil-Gruppe enthält, eine biolog. Reaktivierung unter Lichtausschluß erfahren kann. Das Ausmaß dieser „Dunkel-Reaktivierung" dürfte mit zunehmender Wellenlänge der Bestrahlung anwachsen, wenn sich als prim. Photoprod. nur das Hydrat bildet. Weitere potentielle biolog. Anwendungen der Befunde werden diskutiert. Bernhard Gnauck 498△

1065 **Molekulare Mechanismen bei der Photochemie von Nucleinsäuren. 1. Mitt. Sensibilisierte photochemische Spaltung von dimerem Thymin.** Angelo A. Lamola. (J. Amer. chem. Soc. **88**, 813—19, 1966; Notre Dame, Ind., Univ., Dep. of Chem. and Rad. Labor.; engl.) — Die photochem. Spaltung von dimerem Thymin (**TT**) [durch Photolyse von Thymin (**T**) in Eis] in 10^{-3} m wss. Lsg. durch UV-Strahlung (Hg-Mitteldrucklampe 450 W) wird durch Na-Triphenylensulfonat-(2) (**I**) u. Di–Na-naphthalindisulfonat-(2.6) (**II**) sensibilisiert; 2-Hydroxymethylnaphtho-[2.1-d]-imidazol u. Naphtho-[2.1-d]-imidazol wirken ebenfalls sensibilisierend auf ^{14}C–**TT**, während Eosin u. 3-Benzophenonsulfonsaures Na die Photork. verhindern. Durch Zusatz von Isopren wird die sensibilisierende Wrkg. von **I** u. **II** vollständig unterdrückt, d. h. die sensibilisierte photochem. Spaltung des Thymins verläuft über den Triplett-Zustand des Sensibilisators. Vf. diskutieren mögliche Rk.-Mechanismen einschließlich solcher mit „nicht-vertikaler" Energieübertragung der Triplettanregung vom Sensibilisator auf das Substrat u. die Folgerungen aus ihren Ergebnissen hinsichtlich der Enzym-sensibilisierten Photo-Reaktivierung von UV-inaktivierter DNS. Maria Schenk 498

1066 **Photochemie von Thymin und Uracil in Lösung.** Angelo A. Lamola und Jai P. Mittal. (Science [Washington] **154**, 1560—61, 1966; engl.) — Vgl. vorst. Referat. — Die Photodimerisierung von Thymin (**I**) in Acetonitril (**AN**) wird durch kleine Mengen Isopren (**III** 0,7 · 10^{-3} m) völlig unterbunden, die von Uracil (**II**) in **AN** wird durch Zusatz von **III** stark gehemmt, das Ausmaß der Hemmung ist unabhängig von [**III**] (0,7 · 10^{-3}

bis $3{,}0 \cdot 10^{-3}$ m). Vf. schließen, daß die Photodimerisierung von I ausschließlich, die von II teilweise über den Triplett-Zustand verläuft. Die anfänglichen Quantenausb. betragen für I ($0{,}7 \cdot 10^{-3}$ m in AN) 0,005 (bzw. 0,00 in Ggw. von III); I (10^{-3} m in entgastem W.) 0,000; II ($0{,}7 \cdot 10^{-3}$m in entgastem AN) 0,05 bzw. 0,005 in Ggw. von III; II (10^{-3} m in entgastem W.) 0,01. Die Quantenausb. der Triplettbldg. (Anregung durch 2537 Å) betragen 0,18 für I ($2 \cdot 10^{-3}$ m in AN) bzw. 0,40 für II ($1{,}3 \cdot 10^{-3}$ m in AN). Die unterschiedlichen Ausb. an Dimeren können nicht ausschließlich durch die verschiedenen Quantenausb. der Triplett-Bldg. gedeutet werden; ster. Hinderung der CH_3-Gruppe dürfte ein wesentlicher Faktor bei I sein. Bei Photolyse von II in W. entsteht neben dem Dimeren das Photohydrat, das Verhältnis der Ausb. Hydrat/Dimeres nimmt mit steigender [II] ab, in Ggw. von Luft (O_2) oder 2.4-Hexandiol zu. Neben dem durch Photolyse von II in Eis gebildeten Dimeren wurde von Vf. aus den photolysierten Lsg. von II in W. u. AN ein weiteres Dimeres isoliert, dessen relative Menge in Ggw. eines Triplett-Löschers abnimmt. Das aus I in AN gebildete Photodimere ist nicht ident. (IR-Spektrum, Chromatographie) mit dem bei der Photolyse von DNS oder Thymin in Eis gebildeten cis-„Kopf-an-Kopf"-Dimeren; es dürfte trans-Kopf-an-Schwanz-Struktur besitzen.

Maria Schenk 498

C. Präparative organische Chemie, Naturstoffe

1067 **Bildung der C–C-Bindung in der angularen Stellung von kondensierten Ringsystemen.** Yoshifumi Maki und Kosaku Kishida. (J. synth. org. Chem., Japan **23,** 475–86, 1965; Gifu, Gifu Coll. of Pharmacy; jap.) — Übersicht. — 96 Literaturangaben.

E. Maekawa 510△

1068 **Methylierung einfacher ungesättigter Kohlenwasserstoffe durch Dimethylsulfoxid.** P. A. Argabright, J. E. Hofmann und A. Schriesheim. (J. org. Chemistry **30,** 3233–35, 1965; Linden, N.J., Esso Res. and Engng. Co.; engl.) — DMSO reagiert unter dem Einfl. von Basen mit ungesätt. KW-Stoffen unter Methylierung. Die Rk. gelang mit Butadien (I), 1.3-Pentadien (II), Anthracen (III), Naphthalin (IV) u. 1.3-Cyclohexadien (V), wogegen 1.3-Cyclooctadien, Norbornadien u. Bzl. nicht reagierten. Der Rk.-Mechanismus wird diskutiert.

Versuche: *Gemisch von 80% trans- u. 20% cis-1.3-Pentadien,* durch 1std. Rk. aus I bei 55° unter N_2 in Ggw. von K-tert.-Butylat; 50% (Ausb.). — *Gemisch isomerer Hexadiene,* durch 17std. Rk. aus II; 40%. — *Gemisch von 82% 9-Methyl-* u. 18% *9.10-Dimethylanthracen,* durch 1std. Rk. aus III; 55%. — *Gemisch von 96% 1-* u. 4% *2-Methylnaphthalin,* durch 92std. Rk. aus IV; 15%. — *Gemisch von Methylcyclohexanen, Methylcyclohexadienen, Toluol u. a.,* durch 24std. Rk. aus V; 10%.

K. Gröbe 510△

1069 **Aromatische Photonitrierung.** Christopher S. Foote, Paul Engel und Thomas W. Del Pesco. (Tetrahedron Letters [London] **1965,** 2669–71; Dep. of Chem., Univ. of Calif., Los Angeles; engl.) — Beim Bestrahlen einer Lsg. von Nitrobenzol in 70%ig. HNO_3 unter Durchleiten von N_2 wird neben *p-* (I) u. *m-Dinitrobenzol* (II) *Pikrinsäure* zu ca. je 20% erhalten. Bei Zugabe von Harnstoff oder K-Sulfamat wird mit der Verringerung der Stickoxidkonz. eine erhöhte Ausb. an I, bei Unterbrechung des N_2-Stroms jedoch eine Erhöhung der Ausb. an II beobachtet. P. Westermann 510△

1070 **Milde Hydroformylierung von Olefinen an Rhodiumkatalysatoren.** J. A. Osborn, G. Wilkinson und J. F. Young. (Chem. Commun. **1965,** 17; London, Imperial Coll., Inorg. Chem. Res. Labor.; engl.) — Durch Rk. von Hexen-(1) mit H_2/CO (1:1) bei 55° u. 90 atm. in A./Bzl. (1:1) in Ggw. von 1,2 3-$[Ph_3P]_3RhCl_3$ (I) werden 70% *Heptaldehyd* (II) u. 20% *2-Methylhexanal* erhalten. Ähnlich wirken auch 1,2 6-py_3RhCl_3 u. $Rh_2Cl_2 \cdot (SnCl_2, C_2H_5OH)_4$ (III) in Äthanol. II wird in Ggw. von I oder III bei 110° u. 50 at H_2 zu *Heptanol* hydriert. Ein Rk.-Mechanismus wird diskutiert.

P. Westermann 510△

1071 **Weg zu Aldehyden und Ketonen durch eine Vierelektronen-Decarboxylierungs-Oxydation unter Verwendung von Pyridin-N-oxid.** Theodore Cohen, Il Hwan Song und John H. Fager. (Tetrahedron Letters [London] **1965,** 237–41; Pittsburgh, Pa., Univ. of Pittsburgh, Dep. of Chem.; engl.) — Durch 10–48std. Kochen einiger Carbonsäureanhydride bzw. Carbonsäuren/Acetanhydrid(I)-Gemische mit Pyridin-N-oxid (II) werden *Aldehyde* oder *Ketone* dargestellt. So reagieren 4 Mol II mit Phenylessigsäureanhydrid in Bzl. zu 69% *Benzaldehyd* (III) u. wenig *Diphenylmaleinsäureanhydrid,* mit Phenylessigsäure u. I in Bzl. zu 68% III, mit Diphenylacetanhydrid in Bzl. zu 68% *Benzophenon* (IV), mit Diphenylessigsäure u. I in Bzl. zu 62% IV, mit Isobuttersäureanhydrid in Toluol zu 39% *Aceton,* mit Buttersäureanhydrid in Xylol zu 12,4% *Propionaldehyd* u. mit I in Xylol zu *2-Acetoxypyridin.* Vf. diskutieren einen mehrstufigen Rk.-Mechanismus unter Annahme einer Vierelektronen-Decarboxylierungs-Reaktion.

K. Zieloff 510△

1072 **Die Spaltung von Kohlenstoff–Kohlenstoff-Doppelbindungen durch Photoaddition von N-Nitrosodialkylaminen an Olefine.** Y. L. Chow. (J. Amer. chem. Soc. **87,** 4642–43, 1965; Edmonton, Alberta, Univ. of Alberta; engl.) — Bei der Photoaddition (Ph.-Ad.) von N-Nitrosodialkylaminen addiert sich die Dialkylaminogruppe an das weniger stark substituierte C-Atom. Aus N-Nitrosopiperidin (I) u. Styrol entsteht quant. ein Gemisch der *Stereoisomeren des α-Piperidinoacetophenonoxims* [*syn-Form,* F. 117–117,5°; *anti-Form,* F. 136 bis 138°]. Bei der Tosylierung in Ggw. von Triäthylamin kam es zur Spaltung unter Bldg. von *Benzonitril* [91% (Ausb.)]. Falls bei der Ph.-Ad. an ein asymm. substituiertes Olefin eine Umlagerung zum Oxim nicht möglich ist, spaltet sich die C–C-Doppelbindung. α-Methylstyrol u. I gaben derart: 91% *Acetophenonoxim* u. 82% *Dipiperidinomethan* [II, $Kp._{0,2}$ 48°]; Tetramethyläthylen u. I: *Aceton* u. *Acetonoxim* (gesamt 87%); 1-Methylcyclohexen u. N-Nitrosodimethylamin in 30%ig. wss. Tetrahydrofuran: *6-Oxoheptanal* [$Kp._{13}$ 102–105°; 59%. *2.4-Dinitrophenylhydrazon,* F. 181–182°]; 10 g DL-Camphen u. I in methanol. HCl: *DL-Camphenilonoxim* [F. 102 bis 103°; 14,6 g] u. 67% II. K. Gröbe 510△

1073 **Organische Synthesen mit Hilfe von Edelmetallverbindungen. 17. Mitt. Reaktion von π-Allylpalladiumchlorid mit Nucleophilen.** Jiro Tsuji, Hidetaka Takahashi und Masanobu Morikawa. (Tetrahedron Letters [London] **1965,** 4387–88; Bas. Res. Labor., Toyo Rayon Co., Ltd., Kamakura, Japan; engl.) — 16. vgl. ibid. **1965,** 3027; 19. vgl. C. **1967,** 29-0968. — Vf. untersuchte die Rk. von 3,7 g π-Allylpalladiumchlorid [I, $(CH_2\text{:::}CH\text{:::}CH_2)_2Pd_2Cl_2$] mit Acetessigester (→ *α-Allyl-* u. *α.α-Diallylacetessigester*), mit 3,6 g Malonsäurediäthylester + 0,5 g Na in A./DMSO bei Raumtemp. (→ 1,5 g *Allyl-* u. 1,9 g *Diallylmalonsäurediäthylester*) u. mit 3,5 g 1-Morpholinocyclohexen-(1) in A./DMSO auf dem W.-Bad [→ 1,1 g *2-Allylcyclohexanon* (*2.4-Dinitrophenylhydrazon,* F. 143–144°)]. Damit ist bewiesen, daß die Carbanionen C-Atome von I unter Bldg. von Allylderiv. angreifen können. Acetat- bzw. Alkoholatanionen geben dagegen mit I *Allylacetat* bzw. *Äther.*

R. Henning 510

1074 **Über die Reaktionsfähigkeit von Carbodiimiden und ihre Anwendung zur Darstellung von Amiden.** André Buzas, Françoise Canac, Christian Egnell und Pierre Fréon. (C. R. hebd. Séances Acad. Sci. **260,** 2249–51, 1965; Orsay, Seine-et-Oise, Fac. des Sci., Labor. de Synthèse organique; franz.) — Die Darst. von Amiden aus Aminen mit Hilfe von Bicyclohexylcarbodiimid (I) verläuft in 2 Stufen, dabei tritt ein sehr reaktionsfähiges, nicht faßbares Zwischenprod. auf. Da die Rk. mit der Anlagerung eines Protons an I einsetzt, konnten Vf. die Amidausb. erhöhen, wenn sie anstatt bei pH 8—8,9 bei pH 7,5 arbeiteten. Zum Ansäuern bes. geeignet waren Trifluor- u. Trichloressigsäure. Die Ausb. an *Diäthylacetamid* stieg von 33 auf 67% bei Ggw. von Trichloressigsäure. Außer Diäthylamin setzten Vf. n-Butylamin, Methylamin, Dimethylamin, Cyclohexylamin, Phenyläthylamin u. Benzylamin mit **I** um. Die Ausb. betragen 72—89%. H. Henze 510

1075 **Einwirkung von Metallen auf α-Halogenäther.** 2. Mitt. **Bildung und Zerfall der Grignard-Verbindungen von α-Chloräthern.** E. Taeger, Ch. Fiedler, A. Chiari und H. P. Berndt. (J. prakt. Chem. [4] **28**, 1—12, 1965; Halle (Saale), Inst. für techn. Chemie, Martin-Luther-Univ.; dt.) — 1. vgl. C. **1964**, 52-0674. — Es wurden die Bldg. u. der Zerfall der Grignard-Verb. von *Methyl-, Äthyl-, n-Propyl-, Isopropyl-, n-Butyl-, Cyclohexyl-, Phenyl-* (**II**), *Benzyl-, Phenyläthylchlormethyläther, Methyl-α-chloräthyl-* u. *Methyl-α-chlorbenzyläther* in Methylal (**I**) als Lsgm. untersucht. **I** ist für eine schnelle Grignardierung dieser Äther geeignet; das Auftreten einer Carbenzwischenstufe beim therm. Zerfall der Grignard-Verb. ist unwahrscheinlich. — *1.1-Diäthylglykol-2-phenyläther*, $Kp._{13}$ 140—141°, aus **II** u. Aceton; 40% (Ausb.). D. Strauch 520

1076 **Einwirkung von Metallen auf α-Halogenäther.** 3. Mitt. **Reaktion von Carbonylverbindungen mit grignardierten α-Chloräthern.** E. Taeger, E. Kahlert und H. Walter. (J. prakt. Chem. [4] **28**, 13—20, 1965; dt.) — 2. vgl. vorst. Referat. — Unters. der Rk. der Grignard-Verb. von *Methyl-, n-Butyl-* u. *Isopropylchlormethyläther* in Methylal mit den Carbonylverb. *Aceton, Methyläthyl-, Methylphenyl-, Diäthyl-, Methyl-p-tolyl-, Diphenylketon, Cyclohexanon, Cyclopentanon, CO_2, Benzaldehyd, m-Chlor-, p-Methoxybenzaldehyd, n-Butyraldehyd, Benzoesäureäthylester* u. *Essigsäureäthylester*. Als Prod. wurden folgende Äthanole isoliert: *2-Methoxy-1.1-dimethyl-* [Kp. 117°; 28,8% (Ausb.)], *2-Methoxy-1-methyl-1-äthyl-* (Kp. 137 bis 138°; 40,9%), *2-Methoxy-1-methyl-1-phenyl-* ($Kp._5$ 96,5 bis 97,5°; 23,1%), *2-Methoxy-1.1-diäthyl-* (Kp. 157,5 bis 158,5°; 73,5%), *2-Methoxy-1-methyl-1-p-tolyl-* ($Kp._3$ 109,5 bis 110,5°; 19,1%), *2-n-Butoxy-1.1-dimethyl-* ($Kp._{13}$ 58 bis 60°; 51%), *2-n-Butoxy-1-methyl-1-äthyl-* ($Kp._4$ 68—70°; 37,6%), *2-n-Butoxy-1.1-diäthyl-* ($Kp._{12}$ 85—86,5°; 95%), *2-n-Butoxy-1-methyl-1-phenyl-* ($Kp._3$ 110—111°; 68,3%), *2-Isopropoxy-1.1-dimethyl-* ($Kp._{13}$ 43—45°; 58,8%), *2-Isopropoxy-1-methyl-1-äthyl-* ($Kp._4$ 44—46°; 43,8%), *2-Isopropoxy-1.1-diäthyl-* ($Kp._8$ 57—59°; 84,9%), *2-Isopropoxy-1-methyl-1-phenyl-* ($Kp._3$ 81—83°; 83,6%), *2-Isopropoxy-1.1-diphenyl-* (F. 46—48°, $Kp._2$ 141—142°; 59,7%), *2-Methoxy-1-phenyl-* ($Kp._2$ 69—71°; 30,2%), *2-Methoxy-1-m-chlorphenyl-* ($Kp._2$104—105°; 20,8%), *2-Methoxy-1-p-methoxyphenyl-* ($Kp._3$ 136—137°; 50,8%), *2-n-Butoxy-1-n-propyl-* ($Kp._3$ 60—61°; 38,3%), *2-n-Butoxy-1-phenyl-* ($Kp._2$ 91—93°; 54,8%), *2-Isopropoxy-1-n-propyl-* ($Kp._1$ 32—33°; 61%) u. *2-Isopropoxy-1-phenyl-* ($Kp._3$ 91—92°; 52,5%). — Propanole-(2): *2-Phenyl-1.3-dimethoxy-* ($Kp._2$ 96—97°; 48,8%), *2-Phenyl-1.3-di-n-butoxy-* ($Kp._{19}$ 163—165°; 65,8%), *2-Phenyl-1.3-diisopropoxy-* ($Kp._3$ 101 bis 103°; 98%), *2-Methyl-1.3-di-n-butoxy-* ($Kp._3$ 90—92°; 91%) u. *2-Methyl-1.3-diisopropoxy-* ($Kp._3$ 51—52°; 70%). — *1-n-Butoxymethylcyclohexanol* ($Kp._{15}$ 118—119°; 47%) u. *1-Isopropoxymethylcyclohexanol* ($Kp._3$ 79—81°, 54,8%). — *1-n-Butoxymethylcyclopentanol* ($Kp._2$ 84—85°; 40%) u. *1-Isopropoxymethylcyclopentanol* ($Kp._3$ 78—80°; 45,7%). — *n-Butoxyessigsäure* ($Kp._{21}$ 135—136°; 28,8%). D. Strauch 520

1077 **Neue Synthese von Chlorsulfonylchloriden.** E. J. Goethals und M. Verzele. (Bull. Soc. chim. belges **74**, 21—28, 1965; Ghent, Belgium, State Univ. of Ghent, Labor. of Org. Chem.; engl.) — Durch Chlorieren von ω-Hydroxyalkanthiolen in Ggw. von W. erhält man *ω-Chloralkansulfonsäurechloride*, die sich in *Sultame* überführen lassen, u. *Sultone*. Der Rk.-Mechanismus wird diskutiert.

Versuche: Mercaptane: *5-Hydroxypentyl-*, $C_5H_{12}OS$, $Kp._{15}$ 100—105°, durch 4std. Kochen von 5-Chlorpentanol u. Thioharnstoff in W., W.-Dampfdest. 3std. Kochen des Rückstands mit NaOH u. Neutralisieren; 43% (Ausb.). — *6-Hydroxyhexyl-*, $C_6H_{14}OS$, $Kp._{15}$ 121—122°, analog vorst. Verb.; 25%. — *2.2-Bis-[hydroxymethyl]-propan-1.3-disulfonsäuredisulton*, F. 244° (Dioxan), durch Sättigen der Suspension von 4.4-Bis-[hydroxymethyl]-1.2-dithiacyclopentan in Sodalsg. bei 15° mit Cl_2 unter Rühren; 51%. — *2.2-Bis-[chlormethyl]-propan-1.3-disulfonsäuredichlorid*, F. 126° (Bzl./Ae.), analog vorst. Verb. in W. bei Temp. < 20° aus 4-Hydroxymethyl-4-chlormethyl-1.2-dithiacyclopentan; 50%. — Sulfonsäurechloride, analog vorst. Verb. aus den entsprechenden ω-Hydroxymercaptanen: *3-Chlorpropan-*, $Kp._{12}$ 115—118°; 78%. — *4-Chlorbutan-* (**I**), $Kp._{0,3}$ 96 bis 100°; 70%; daneben 5% *Butansulton*. — *5-Chlorpentan-*, $Kp._{0,03}$ 100—108°; 31%. — *6-Chlorhexan-*, $Kp._{0,1}$ 118—122°; 44%. — *Butansultam-(1.4)*, F. 115°, durch Rk. von **I** mit NH_3 in Ae., Filtrieren u. Kochen des Eindampfrückstands mit NaOH in CH_3OH; 65%. J. Voss 520

1078 **Thermische Zersetzung eines Azidoameisensäureesters unter Konfigurationserhalt.** Shun-ichi Yamada, Shiro Terashima und Kazuo Achiwa. (Chem. pharmac. Bull. [Tokyo] **13**, 751—53, 1965; Tokyo, Bunkyo-ku, Univ., Fac. of Pharmaceut. Sci.; engl.) — Das aus (R)-(—)-Isovalin erhältliche *(R)-(+)-4-Äthyl-4-methyloxazolidinon-(2)*, entsteht auch durch therm. Zers. von *(S)-(+)-Azidoameisensäure-[2-methylbutylester]* (**I**), womit erwiesen ist, daß die dabei erfolgende Nitren-Einschubrk. unter Konfig.-Erhalt verläuft.

Versuche: *(R)-(+)-Isovalinol*, durch Red. von (R)-(—)-Isovalinäthylesterhydrochlorid mit $NaBH_4$ in A.; $[\alpha]_D^{15}$ +1,2° (c = 7,21; A.). — *(R)-(+)-4-Äthyl-4-methyloxazolidinon-(2)*, a) durch 4,5std. Kochen vorst. Verb. mit Kohlensäurediäthylester u. CH_3ONa; $[\alpha]_D^{12}$ 1,0° (c = 5,92; A.), 67% (Ausb.) [*N-Acetylderiv.*, $C_8H_{13}NO_3$, F. 56—61°; $[\alpha]_D^{12}$ —6,9° (c = 2,06; A.); 87%]; b) durch Zers. von aus (S)-(—)-2-Methylbutanol-(1) in 64% Ausb. erhaltenem **I** in Diphenyläther bei 190—210°; $[\alpha]_D^8$ +2,0° (c = 11,1; A.) [*N-Acetylderiv.*, $C_8H_{13}NO_3$, F. 72,5—74°, $[\alpha]_D^9$ —10,8° (c = 1,83, A.)]. J. Voss 520

1079 **Antineoplastische Agentien.** 16. Mitt. **Reaktion von Aminen mit Dimethylthioformamid.** George R. Pettit und Lorrin R. Garson. (Canad. J. Chem. **43**, 2640—44, 1965; Orono, Maine, Univ., Dep. of Chem.; engl.) — 15. vgl. ibid. **43** (1965) 1798. — Dimethylthioformamid (**I**) reagiert mit α-Naphthylamin (**II**) in Ggw. von Na-Methylat zu *N-[Naphthyl-(1)]-N'.N'-dimethylformamidin* (**IV**), das auch durch Umsetzung von DMF mit α-Naphthylisocyanat (**III**) erhalten wird. Analog werden Anilin, 2.3-Dimethylanilin, n-Butyl- u. Cyclohexylamin durch **I** in die entsprechenden *Formamidine* übergeführt. IR-Maxima u. Massenspektrum von **IV** s. Original.

Versuche (F. korr., nach Kofler): *Dimethylthioformamid* (**I**), C_3H_7NS, $Kp._{3,4}$ 77—77,6°, aus DMF u. P_2S_5 nach Willstätter u. Wirth (1909); 56% (Ausb.). — N'.N'-Dimethylformamidine: *N-[Naphthyl-(1)]-, Trinitrobenzol-Komplex*, $C_{19}H_{17}N_5O_6$, F. 142—142,5° (A.), durch 1,5std. Kochen eines Gemischs aus **I**, **II** u. Na-Methylat, Gießen in W., Extrahieren mit Ae., Einengen im Vakuum (Meth. **A**), Lösen in abs. A. u. Zugabe von äthanol. 1.3.5-Trinitrobenzol; 94%; b) analog a) mit NaOH; 90%; c) analog a) ohne Alkali; 97%; aus abs. A. rote Nadeln. *Freie Base* (**IV**), $C_{13}H_{14}N_2$, F. 39,5—40,5°, a) durch Zugabe von 5%ig. HCl zum Trinitrobenzol-Komplex, Alkalisieren u. Extrahieren mit Ae.; aus Propanol-(2)/W. Nadeln; b) aus **III** u. DMF nach Jovtscheff u. Falk [vgl. J. prakt. Chem., **13** (1961) 265 Meth. **B**]; 82%. *Pikrat*, $C_{19}H_{17}N_5O_7$, F. 212—213°; aus abs. A. gelbe Nadeln. *Styphnat*, F. 214—215°; aus abs. A. gelbe Nädelchen. — *N-Phenyl-, Styphnat*, F. 169 bis 170°, nach **A** u. **B** u. Rk. mit Styphninsäure (**V**) in abs. A.; aus A. gelbe Plättchen; 18% (nach **A**). — *N-[2.3-Dimethylphenyl]-, Pikrat*, $C_{17}H_{19}N_5O_7$, F. 177 bis 178°, aus 2.3-Dimethylanilin nach **A** u. Rk. mit äthanol. Pikrinsäure; aus abs. A. gelbe Plättchen; 16%. — *N-Butyl-*, $Kp._{15}$ 61—62°, a) aus Butylamin u. DMF/$POCl_3$ nach Bredereck et al. [vgl. Chem. Ber. **92** (1959) 837 u. Angew. Chem., **73** (1961) 493]; 31%; b) durch 48std. Rk. nach **A**; 12%. — *N-Cyclohexyl-, Styphnat*, F. 186 bis 187°, analog vorst. Verb. u. Rk. mit **V**. — *4.4'-Bis-[N'.N'-dimethylaminomethylenamino]-diphenylsulfon*, $C_{18}H_{22}N_4 \cdot O_2S$, F. 149—150° (THF/Ae.), a) durch $^1/_2$std. Zutropfen von 13 g $POCl_3$ in THF zu 12,4 g DMF in THF, ½std. Rühren bei Raumtemp., Zutropfen von 7 g 4.4'-Diaminodiphenylsulfon in THF, Filtrieren, Lösen des Nd. in W., Alkalisieren mit KOH u. Extrahieren mit $CHCl_3$; 8,1 g; b) aus **I** u. 4.4'-Diaminodiphenylsulfon nach **A**; < 30%.

K.-P. Hilgetag 520△

1080 **Grignard-Reaktionen von B-Trichlor-N-tri-[p-bromphenyl]-borazol.** Fan-chieh Tseng und Li-chin Chiang. (Scientia sinica **14,** 1756–63, 1965; Peking, Acad. Sinica, Inst. of Chem.; engl.) – Die aus BCl_3 u. p-Bromanilin (**I**) erhältliche Titelverb. bildet mit Toluol einen *2:1-Komplex* (**II**). Grignard-Reagenzien überführen **II** in *B.B.B-Trialkyl (aryl)-N.N.N-tri-[p-bromphenyl]-borazole.*

Versuche: *B.B.B-Trichlor-N.N.N-tri-[p-bromphenyl]-borazol*, $C_{18}H_{12}B_3Br_3Cl_3N_3$, F. 315–319° (Zers.); a) durch Zutropfen von **I** in Chlorbenzol zu BCl_3 in Chlorbenzol bei –45° u. 14std. Kochen unter N_2; 94,6% (Ausb.); b) durch 2std. Zutropfen von **I** zu BCl_3 in Toluol bei –70°, 30std. Kochen unter N_2 u. Pyrolyse des erhaltenen *2:1-Komplexes mit Toluol* [**II**, $C_{43}H_{32}B_6Br_6Cl_6N_6$, F. 315–318° (Zers.); 90,4%] bei 200° im Vakuum. – B.B.B-Trialkyl(aryl)-N.N.N-tri-[p-bromphenyl]-borazole, durch 2std. Kochen von **II** mit dem entsprechenden Alkyl(aryl)-MgBr in Ae.: *Triphenyl-* (**III**), $C_{36}H_{27}B_3Br_3N_3$, F. 333–338° (Zers., abs. Bzl.); 50%. – *Trimethyl-*, $C_{21}H_{21}B_3Br_3N_3$, F. 310–314° (Zers., CH_3OH/Ae.); 56,1%. – *Tributyl-*, F. 178–178,5°; 57%. – *Triisobutyl-*, F. 200–201°; 47%. – *Tri-sek.-butyl-*, $C_{30}H_{39} \cdot B_3Br_3N_3$, F. 268–272° (Zers., $CHCl_3$/A.), durch 17std. Kochen; 18,9%. – *Triallyl-*, F. 184–185°; 36%; 3std. Erhitzen ohne Katalysator auf 255° im Vakuum → *gelbliches Glas vom F. 75–80°*; Erhitzen unter Zusatz von 10% Di-tert.-butylperoxid → *gelbliches Glas vom F. 80–85°*; Erhitzen mit 30% Initiator → *gelbliches Glas vom F. 165–170°*. – *Phenylboronsäureanhydrid*, $C_{18}H_{15} \cdot B_3O_3$, F. 218–220° (Bzl.), durch 10std. Einw. von Luft auf das rohe Rk.-Prod. bei **III**; daneben *Phenol* u. **I**.

J. Voss 520

1081 **Über die Isomerenverteilung bei der Darstellung substituierter Aryldichlorphosphine mit Aluminiumchlorid.** H. Schindlbauer. (Mh. Chem. **96,** 1936–42, 1965; Wien, Techn. Hochsch., Inst. für Chem. Technologie Organ. Stoffe; dt.) – Vf. bestimmen IR-spektroskop. das Verhältnis der bei der Darst. von *Alkyl-* bzw. *Halogenaryldichlorphosphinen* aus PCl_3 u. substituierten Arylhalogeniden in Ggw. von $AlCl_3$ auftretenden Isomerengemische. Neben den in beiden Fällen hauptsächlich entstehenden 4-substituierten Aryldichlorphosphinen fallen bei den Halogenbenzolen wenig 2- u. 3-substituierte Verb. an; aus Alkylbenzolen bildet sich bis zu 40% 3-Alkylphenyldichlorphosphin neben wenig der 2-substituierten Verbindung. Die zum Vgl. benötigten reinen Isomeren der *Tolyl-* u. *Chlorphenyldichlorphosphine* sowie *4-Fluorphenyldichlorphosphin* (**I**) wurden über die entsprechenden *Phenylphosphonigsäurebis-[diäthylamide]* hergestellt. IR-Maxima sowie IR-Spektrum von **I** s. Original.

Versuche: Phosphonigsäure-bis-[diäthylamide] (PDA), durch langsames Zutropfen des entsprechenden Aryl-MgBr in Ae. zu Bis-[diäthylamino]-chlorphosphin (**II**) in Ae. unter Rühren bei –16° u. Erwärmen auf Raumtemp.: *2-Methylbenzol-*, $Kp._{10}$ 155–157°; 74% (Ausb.). – *3-Methylbenzol-*, $Kp._{12}$ 159–161°; 62%. – *4-Methylbenzol-*, $Kp._{12}$ 154–156°; 71%. – *2-Chlorbenzol-*, $Kp._{10}$ 164–167°; 31%. – *3-Chlorbenzol-*, $Kp._{11}$ 168–172°; 41%. – *4-Chlorbenzol-*, $Kp._{10}$ 163–168°; 32%. – *4-Fluorbenzol-*, $Kp._9$ 148 bis 151°, durch Zugabe von **II** zu 4-Fluorphenyl-MgBr in Ae. bei –10°, ½std. Kochen u. Dest.; 53%. – Dichlorphosphine, durch Einleiten von HCl in die Lsg. des entsprechenden PDA in PAe. bei –35° unter Rühren: *o-Tolyl-*, $Kp._{10}$ 108–109°; n_D^{20} 1,5914; 80%. – *m-Tolyl-*, $Kp._9$ 102–104°; n_D^{20} 1,5883; 64%. – *p-Tolyl-*, F. 24°, $Kp._{11}$ 106–109°; n_D^{20} 1,5875; 76%. – *2-Chlorphenyl-*, $Kp._9$ 113–117°; n_D^{20} 1,6118; 40%. – *3-Chlorphenyl-*, $Kp._9$ 113–116°; n_D^{20} 1,6082; 73%. – *4-Chlorphenyl-*, $Kp._9$ 115–118°; n_D^{20} 1,6078; 68%. – *4-Fluorphenyl-* (**I**), $Kp._{10}$ 82–93°; n_D^{20} 1,5688; 48%. – Aryldichlorphosphinisomerengemische, durch Zutropfen des entsprechenden Benzolderiv. zu $AlCl_3$ in sd. PCl_3 unter Rühren, 3std. Kochen u. Zutropfen von $POCl_3$ bei 60°: 6% *o-Tolyl-*, 32% *m-Tolyl- u.* 62% *p-Tolyl-*, $Kp._{10}$ 107–111°; n_D^{20} 1,5896. – 40% *3-Äthylphenyl- u.* 60% *4-Äthylphenyl-*, $Kp._{10}$ 121–123°. – 5% *2-Fluorphenyl-*, 2% *3-Fluorphenyl- u.* 93% *4-Fluorphenyl-* (**I**), $Kp._{11}$ 85–87°; n_D^{20} 1,5690; 64,6%. – 8% *2-Chlorphenyl-*, 6% *3-Chlorphenyl- u.* 86% *4-Chlorphenyl-*, $Kp._{17}$ 130–131°; n_D^{20} 1,6080. – 8% *2-Bromphenyl-*, 5% *3-Bromphenyl- u.* 87% *4-Bromphenyl-*, $Kp._9$ 130–131°; n_D^{20} 1,6397.

H. J. Jahns 520△

C–1. Acyclische Verbindungen

1082 **Oxydationen mit Nickelperoxid.** 5. Mitt. **Bildung von cis.cis-1.4-Dicyan-1.3-butadienen bei der Oxydation von o-Phenylendiaminen.** Kunio Nakagawa und Hiroshi Onoue. (Tetrahedron Letters [London] **1965,** 1433–36; Osaka, Shionogi Co., Ltd., Shionogi Res. Labor.; engl.) – 4. vgl. C. **1966,** 04-0914. – Durch Zugeben von Ni-Peroxid zu o-Phenylendiamin in Bzl. oder Ae. unter Rühren, Filtrieren, Konzentrieren u. Chromatographie an Al_2O_3 wird *cis.cis-1.4-Dicyan-1.3-butadien* [$C_6H_4N_2$, F. 128–129° (CCl_4). *Cyclopentadien-Diels-Alder-Addukt*, F. 100–101°] in 14,2%ig. Ausb. erhalten, das bei katalyt. Hydrierung an PtO_2 *Adipinsäuredinitril* liefert. Analog wurden *1-Methyl-* (F. 70,5–71°; 8,2%), *2-Methyl-* (F. 56,5–57,5°; 9,2%), *2.3-Dimethyl-* (F. 107 bis 108°; 13,4%), *1.2-Dimethyl-* (F. 47–48°; 5,8%), *1.3-Dimethyl-* (F. 55,5–56°; 7,2%), *1.4-Dimethyl-* (F. 137–138°; 6,6%), *2-Methoxy-* (F. 116–117°; 11,6%) u. *4-Chlor-cis.cis-1.4-dicyan-1.3-butadien* (F. 89–90°; 6,1%) sowie aus 1.2-Diaminonaphthalin *o-Cyan-zimtsäurenitril* (F. 70–70,5°; 25,8%) dargestellt.

P. Westermann 570△

1083 **Ozonolyse.** 7. Mitt. **Faktoren, die die Stabilität der cis- und trans-Molozonide von geradkettigen Alkenen beeinflussen. Die Rolle von nukleophilen Lösungsmitteln bei Alken-Ozon-Reaktionen.** Fred L. Greenwood. (J. org. Chemistry **30,** 3108–11, 1965; Medford, Mass., Tufts Univ., Chem. Dep.; engl.) – 6. vgl. Tetrahedron Letters [London] **1965,** 631. – Ozonierung von cis-Buten-(2) (**I**), trans-Buten-(2) (**II**), Buten-(1) (**III**) u. Äthen in äther. Lsg. bei 110° u. Rk. mit Isopropyl-Mg-Halogenid bei –110° führt zu *Propen, Propan* u. *Isopropanol*. Daneben entstehen aus cis-Buten-(2) *3-Methylbutanol-(2)*, aus trans-Buten-(2) *3-Methylbutanol-(2)* u. *dl-Butandiol-(2.3)*, aus Buten-(1) *Isobutanol*, *2-Methylpentanol-(2)* u. *Butandiol-(1.2)* u. aus Äthen *Isobutanol*. Die Ergebnisse zeigen, daß sowohl ein ster. Faktor als auch Lsgm.-Effekte die Stabilität der Molozonide beeinflussen.

Versuche: *dl-Butandiol-(2.3)*, $Kp._1$ 50°, nach Emmons et al. (1954) aus **I**. *Bis-[4-nitrobenzoat]*, F. 129–129,5°. – *meso-Butandiol-(2.3)*, $Kp._1$ 45°, analog vorst. Verb. aus **II**. – *Butandiol-(1.2)*, $Kp._1$ 56°, analog vorst. Verb. aus **III**. *Bis-[4-nitrobenzoat]*, $C_{18}H_{16}N_2O_8$, F. 95–96°. Molozonide: *Äthen-*, Zers. ab –68°. – *cis-Buten-(2)-*, Zers. ab –95°. – *trans-Buten-(2)-*, Zers. ab –68°. – *cis-Penten-(2)-*, Zers. ab –90°. – *trans-Penten-(2)-*, Zers. ab –60°. – *Penten-(1)-*, Zers. ab –66°. – *cis-Hexen-(3)-*, Zers. ab –70° u. –68°. – *trans-Hexen-(3)-*, Zers. ab –67°.

P. Becker 600△

1084 **Einwirkung von Quecksilber(II)-sulfat auf 3-Methylpentin-(1)-ol-(3).** Kiyoshi Kono, Kosuke Tachikawa und Tatsuo Takeshima. (Rep. liberal Arts Sci. Fac., Shizuoka Univ., Sect. natur. Sci., **3,** 297–301, 1965; Shizuoka Univ., Chem. Inst., Fac. of Liberal Arts and Sci.; engl.) – Durch Erhitzen von 10 g der Titelverb. in Eisessig mit $HgSO_4$ bis zum Eintritt der exothermen Rk., Rk. des Rohprod. (RP) mit 2.4-Dinitrophenylhydrazin u. fraktionierte Kristallisation des eutekt. *Gemischs aus ca. 15% 3-Methyl-Δ²-pentenal- u. ca. 20% 3-Methyl-Δ³-pentenon-(2)-DPH* (DPH = 2.4-Dinitrophenylhydrazon) ($C_{12}H_{14}N_4O_4$, F. 164–165°; rote Plättchen) wurde *3-Methyl-Δ²-pentenal-DPH* ($C_{12}H_{14}N_4O_4$, F. 186–187°; rote Plättchen) erhalten. Es wurde auch aus dem *freien Aldehyd* (**I**, $Kp._{10}$ 35–40°) dargestellt, der durch fraktionierte Dest. von RP isoliert wurde. Wird die Rk. in Ggw. von W. durchgeführt, so lassen sich außerdem bei Kp. 170—185° noch 2—3 g eines *Gemischs aus 3-Methyl-3-acetoxy-* ($C_8H_{14}O_3$) *u. wenig 3-Methyl-3-hydroxypentanon-(2)* ($C_6H_{12}O_2$) isolieren. IR-Daten s. Original.

H. J. Jahns 660△

1085 **Reaktionen von Äthern mit ungesättigten Resten. 3. Mitt. Spaltung von 1.4-Dialkoxybutinen-(2).** G. M. Mkrjan und Š. L. Mndžojan. (Izvest. Akad. Nauk Arm. SSR, chim. Nauki **18,** 44—49, 1965; VNII polimernych prod.; russ.) — 2. vgl. C. **1968,** 25-1082. — Bei Einw. von KOH auf 1.4-Dimethoxy- (**I**), 1.4-Diäthoxy- (**II**) u. 1.5-Di-n-butoxybutin-(2) (**III**) entstehen *1-Methoxy-, 1-Äthoxy-* u. *1-n-Butoxybuten-(1)-in-(3).* Als Nebenprod. werden *1.1-Dimethoxy-, 1.1-Diäthoxy-* u. *1.1-Di-n-butoxybutin-(2)* erhalten. Letztere sind bei der Spaltung von **I**, **II** u. **III** in Ggw. der entsprechenden Alkohole Hauptprodukte.

Versuche: *1.4-Di-n-butoxybutin-(2)* (**III**), $C_{12}H_{22}O_2$, Kp.$_5$ 119—120°, durch Einleiten von 30 Litern C_2H_2 in 1 Mol Äthyl-MgBr in abs. Ae. in 8 Std. bei 20°, Zugabe von 0,1 g Cu_2Cl_2, Zugabe von 1 Mol Chlormethyl-n-butyläther in 2 Std. u. 12std. Stehen; D_4^{20} 0,8880; n_D^{20} 1,4429; 32,4% (Ausb.). — *1-n-Butoxybuten-(1)-in-(3),* Kp.$_{11}$ 60—62°, durch 5std. Erhitzen von 84,5 g KOH mit 99 g **III** auf 100—110°; D_4^{20} 0,8766; n_D^{20} 1,4680; 17,9%. Daneben 25,2% *n-Butanol* u. 36,1% nachst. Verbindung. — *1.1-Di-n-butoxybutin-(2),* Kp.$_{11}$ 102—105°, durch 5std. Erhitzen von 79 g **III** mit 45 g KOH in 30 g n-Butanol auf 110—120°; D_4^{20} 0,8853; n_D^{20} 1,4390 bis 1,4380; 48,5%. — *1-Methoxybuten-(1)-in-(3),* Kp.$_{54}$ 52—54°, aus **I** u. KOH (5 Std., 120°); D_4^{20} 0,9120; n_D^{20} 1,4750; 49,2%. Daneben *1.1-Dimethoxybutin-(2),* Kp.$_{12}$ 52—53°; D_4^{20} 0,8978; n_D^{20} 1,4339; 26,7%. — *1-Äthoxybuten-(1)-in-(3),* Kp.$_{50}$ 60—62°, aus **II**; D_4^{20} 0,8963; n_D^{20} 1,4747; 57,2%. Daneben *1.1-Diäthoxybutin-(2),* Kp.$_{50}$ 85—88°; D_4^{20} 0,9063; n_D^{20} 1,4372; 28,5%.

Helmut Schäfer 670△

1086 **Funktionelle Derivate von Malondialdehyd und ihre Reaktionen. 15. Mitt. Kondensation einiger Allyl-α-chloräther mit Alkenyläthern.** R. Ja. Popova, T. V. Protopopova, V. S. Trvickaja und A. P. Skoldinov. (Probl. org. Sinteza **1965,** 44—49; Inst. farmakologii i chimioterapii Akad. medicinskich nauk SSSR; russ.) — Durch Rk. von [1.3-Dichloralken-(2)-yl]-alkyläthern (**A**) mit [Alken-(1)-yl]-äthyläthern (**B**) werden [*1.5-Dichlor-3-alkoxyalken-(4)-yl*]*-äthyläther* (**C**) erhalten, die sich leicht zu *5-Chlor-3-alkoxyalken-(4)-alen-(1)* spalten lassen. Folgerk., IR- u. UV-Daten sind angegeben.

Versuche: 1.5-Dichlor-1-äthoxypentene-(4) (**C**; roh), durch Zugabe von **B** zu **A** bei 3—7°, ½std. Rühren bei 3—7° u. bei Raumtemp. u. ½std. Durchleiten von trockenem N_2 bei 20—25°/1—2 Torr: *3-Äthoxy-4-methyl-* (**I**), $C_{10}H_{18}Cl_2O_2$, Kp.$_{2-2,5}$ 86—91,5°; D_4^{20} 1,0810, n_D^{20} 1,4605; 87,6% (Ausb.). — *3-Äthoxy-2.4-dimethyl-*, $C_{11}H_{20}Cl_2O_2$; n_D^{20} 1,4600; 92,7%. — *3-Äthoxy-2-äthyl-4-methyl-*, $C_{12}H_{22}Cl_2O_2$; D_4^{20} 1,0457, n_D^{20} 1,4580; 90%. — *3-Methoxy-2-methyl-*, $C_9H_{16}Cl_2O_2$; n_D^{20} 1,4640; 88,19%. — *3-Methoxy-2-äthyl-*, $C_{10}H_{18}Cl_2O_2$; n_D^{20} 1,4670; 85,2%. — 5-Chlorpenten-(4)-ale-(1), durch 1std. Rühren von **C** mit W. oder 2%ig. $NaHCO_3$-Lsg. u. Extrahieren mit Ae.: *3-Äthoxy-4-methyl-* (**II**), $C_8H_{13}ClO_2$, Kp.$_2$ 64,5—65,5°; n_D^{20} 1,4640; 46,9%. *Diäthylacetal,* $C_{12}H_{23}ClO_3$, Kp.$_{1,5-2}$ 86,5—87,5°, durch 24std. Stehen von **I** in abs. A. bei Raumtemp., Gießen in gesätt. Sodalsg. u. Extrahieren mit Ae.; D_4^{20} 0,9863, n_D^{20} 1,4425; 72,4%. *Semicarbazon* (*SC*), $C_9H_{16}ClN_3O_2$, F. 135—137° (wss. A.). *2.4-Dinitrophenylhydrazon* (**III**), $C_{14}H_{17}ClN_4O_5$, F. 102,5—103° (A.). — *3-Äthoxy-2.4-dimethyl-*, $C_9H_{15}ClO_2$, Kp.$_1$ 63,5—64,5°; n_D^{20} 1,4620; 58%. *SC,* $C_{10}H_{18}ClN_3O_2$, F. 161—162° (wss. A.). *2.4-Dinitrophenylhydrazon* (*DNP*), $C_{15}H_{19}ClN_4O_5$, F. 123 bis 124° (A.). — *3-Äthoxy-2-äthyl-4-methyl-*, $C_{10}H_{17}ClO_2$, Kp.$_2$ 80—82,5°; D_4^{20} 1.0246, n_D^{20} 1,4630; 55,1%. *SC,* $C_{11}H_{20}ClN_3O_2$, F. 150,5—152,5° (wss. A.). *DNP,* $C_{16}H_{21}ClN_4O_5$, F. 118—119° (A.). — *3-Methoxy-2-methyl-*, $C_7H_{11}ClO_2$, Kp.$_1$ 54—56°; n_D^{20} 1,4760; 50,3%. *SC,* $C_8H_{14}ClN_3O_2$, F. 148—150° (wss. A.). *DNP,* $C_{13}H_{15}ClN_4O_5$, F. 135—137° (A.). — *3-Methoxy-2-äthyl-*, $C_8H_{13}ClO_2$, Kp.$_{1,5}$ 66—68°; D_4^{20} 1,1070, n_D^{20} 1,4670; 57,1%. *DNP,* $C_{14}H_{17}ClN_4O_5$, F. 93—95° (A.). — *5-Chlor-4-methylpentadien-(2.4)-al-(1),* C_6H_7ClO, F. 48—49,5° (PAe.), durch ¼std. Einleiten von W.-Dampf in **II** u. 85%ig. H_3PO_4, W.-Dampfdest. u. Extrahieren mit Äther. *SC,* $C_7H_{10}ClN_3O$, F. 162—163° (wss. A.). *DNP,* $C_{12}H_{11}ClN_4O_4$, F. 207—208° (Zers.; Äthylacetat), a) durch Zugabe von H_2SO_4 (1:1) zu **III** in A. bei 40—50°; hellrote Nadeln; b) neben **III**. — Analog nach a): *5-Chlor-2-methylpentadien-(2.4)-al-(1), DNP,* $C_{12}H_{11}ClN_4O_4$, F. 184—186° (Zers.; Äthylacetat + A.); rote Nadeln. — *5-Chlor-2-äthylpentadien-(2.4)-al-(1), DNP,* $C_{13}H_{13}ClN_4O_4$, F. 191—192° (Zers.; Äthylacetat + A.); rote Nadeln.

H. J. Graubaum 690△

1087 **Bisoximsulfonate und bisquaternäre Hydrazone.** William A. Remers, Gabriel J. Gibs und Martin J. Weiss. (J. med. Chem. **10** (1967) 2, 274—76; Process and Preparations Res. Sect., Lederle Labor. Div., Amer. Cyanamid Co., Pearl River, N.Y.; engl.) — *Bis-sulfonate von Diketoximen* werden durch Rk. mit Methan- bzw. p-Toluolsulfonylchlorid (**I**) in Py. dargestellt. *2.5-Bis-[p-toluolsulfonyloxyimino]-hexan* entsteht aus dem Di-Na-Salz von Hexandion-(2.5)-dioxim (**II**) u. **I** in C_6H_6. Aus Dialdoximen konnten keine Bis-sulfonate erhalten werden. Diketone bzw. Dialdehyde geben mit 1.1-Dimethylhydrazin (**III**) *Bis-[dimethylhydrazone]*, die in die *Methojodide* umgewandelt werden. Glyoxal-bis-[dimethylhydrazon] gibt nur ein *Monomethojodid.* Die dargestellten Verb. zeigen keine Antitumorwirkung. Die bisquatern. Hydrazone haben keine hypotensiven Eigenschaften.

Versuche (F. korr.): *2.3-Bis-[p-toluolsulfonyloxyimino]-butan,* $C_{18}H_{20}N_2O_6S_2$, F. 183—185° (CH_2Cl_2/Hexan), aus Butandion-(2.3)-dioxim u. 2 Val **I** in abs. Py. bei 0° u. Raumtemp.; 60% (Ausb.). — Analog: *1.2-Bis-[methansulfonyloxyimino]-cyclohexan,* $C_8H_{14}N_2O_6S_2$, F. 160° (CH_2Cl_2/Hexan); 30%. — *1.4-Bis-[methansulfonyloxyimino]-cyclohexan,* F. 134—135° (CH_2Cl_2/Hexan); 56%. — *2.5-Bis-[p-toluolsulfonyloxyimino]-hexan,* $C_{20}H_{24}N_2O_6S_2$, F. 126—127° (CH_2Cl_2/Hexan), aus **II** u. 2 Val $NaOCH_3$ in Bzl. u. Rk. mit **I** bei 0°; 20%. — *1.5-Bis-[dimethylhydrazono]-pentandimethojodid,* $C_{11}H_{26}J_2N_4$, F. 183°, aus Glutardialdehyd u. 2 Val **III** in abs. Bzl. am W.-Abscheider u. Rk. mit CH_3J; 86%. — Analog: *2.5-Bis-[dimethylhydrazono]-hexandimethojodid,* $C_{12}H_{28}J_2N_4$, F. 221—224°. — *1.2-Bis-[dimethylhydrazono]-äthanmonomethojodid,* $C_7H_{17}JN_4$, F. 195°. — *Terephthalaldehyd-bis-[dimethylhydrazon],* $C_{12}H_{18}N_4$, F. 162—163° (Aceton/W.).

Hans Köhne/Berlin 720△

1088 **Kondensationen an der endständigen Methylgruppe von 1.3.5-Triketonen mittels Natriumamid in flüssigem Ammoniak.** K. Gerald Hampton, Thomas M. Harris Constance M. Harris und Charles R. Hauser. (J. org. Chemistry **30,** 4263—66, **1965;** Dep. of Chem., Duke Univ., Durham, N.C.; engl.) — Die durch Umsetzen von 1-Phenyl- bzw. 1-[p-Methoxyphenyl]-hexantrion-(1.3.5) mit $NaNH_2$ in fl. NH_3 gewonnenen Tri-Na-Deriv. (**I** bzw. **II**) werden zahlreichen Rk. unterworfen. Vers. zur endständigen Kondens. mittels KNH_2 oder $LiNH_2$ waren erfolglos. UV-Maxima vgl. Original.

Versuche: *1-Phenylhexantrion-(1.3.5),* aus Acetylaceton mit Benzoesäuremethylester in Ggw. von NaH; 55—60% (Ausb.). *Tri-Na-deriv.* (**I**), mit $NaNH_2$ in fl. NH_3. — *1-[p-Methoxyphenyl]-hexantrion-(1.3.5),* $C_{13}H_{14}O_4$, F. 85—86° (A.), aus Acetylaceton mit Anissäuremethylester/NaH; 72%. *Tri-Na-deriv.* (**II**), $NaNH_2$ in fl. NH_3. — *1.7-Diphenylheptantrion-(1.3.5),* $C_{19}H_{18}O_3$, F. 50,5—53° (Hexan/Bzl.), a) aus **I** mit Benzylchlorid; 63%; b) aus 6-Phenylhexandion-(2.4) mit Benzoesäuremethylester/NaH; 61%. — *2-[β-(p-Hydroxysulfonylphenyl)-äthyl]-6-phenyl-γ-pyron,* $C_{19}H_{16}O_5S$, Zers.-P. 285—287° (A.), aus vorst. Verb. mit konz. H_2SO_4; 78%. — *2-Phenyl-6-[2-phenyläthyl]-4 H-pyron-(4),* $C_{19}H_{16}O_2$, F. 85—86,5° (Hexan), aus vorvorst. Verb. mit fl. HF; 90%. — *1.15-Diphenylpentadecanhexaon-(1.3.5.11.13.15),* F. 84—85° (Methanol), aus **I** mit 1.3-Dibrompropan; 27%. — *1.16-Diphenylhexadecanhexaon-(1.3.5.12.14.16),* $C_{28}H_{30}O_6$, F. 115,5—116,5° (Bzl.), aus **I** mit 1.4-Dibrombutan; 53%. — *1.16-Di-[p-methoxyphenyl]-hexadecanhexaon-(1.3.5.12.14.16),* $C_{30}H_{34}O_8$, F. 120—121° (Bzl.), aus **II** mit 1.4-Dibrombutan; 46%. — *Hexamethylen-bis-[6-phenyl-1H-pyridon-(4)-yl-(2)],* $C_{28}H_{28}N_2O_2$, F. 247—248°, aus vorvorst. Verb. mit fl. NH_3/abs. A.; 65%. — *Hexamethylen-bis-[6-(p-methoxyphenyl)-1H-pyridon-(4)-yl-(2)],* $C_{30}H_{32}$ ·

N_2O_4, F. 300—301°, aus vorvorst. Verb. analog vorst. Verb.; 70%. — *7-Hydroxy-1.7.7-triphenylheptantrion-(1.3.5)* (**III**), $C_{25}H_{22}O_4$, F. 85—86° (Methanol), aus **I** mit Benzophenon; 62%. — *7-Hydroxy-1-[p-methoxyphenyl]-7.7-diphenylheptantrion-(1.3.5)* (**IV**), $C_{26}H_{24}O_5$, F. 120 bis 121°, aus **II** mit Benzophenon; 41%. — *2-Phenyl-6-[β-phenylstyryl]-4H-pyranon-(4)*, $C_{25}H_{18}O_2$, F. 133,5—135° (verd. A.); a) aus **III** mit konz. HCl/sd. Methanol; 69%; b) aus **III** mit konz. H_2SO_4 bei 0°; 62%. — *2-Phenyl-6-[2.2-diphenyl-2-hydroxyäthyl]-1H-pyridon-(4)*, $C_{25}H_{21}NO_2$, F. 205,5—206°, aus **III** mit fl. NH_3; 84%. — *2-[p-Methoxyphenyl]-6-[2.2-diphenyl-2-hydroxyäthyl]-1H-pyridon-(4)*, $C_{26}H_{23}NO_3$, F. 211,5—212,5°, aus **IV** analog vorst. Verb.; 53%. — *1-Phenyl-7-hydroxy-7-[p-methoxyphenyl]-heptantrion-(1.3.5)*, $C_{20}H_{20}O_5$, F. 87—88° (Methanol), aus **I** mit Anisaldehyd; 45%. — *2-Phenyl-6-[p-methoxystyryl]-4H-pyron-(4)*, $C_{20}H_{16}O_3$, F. 148—149° (verd. A.), aus vorst. Verb. mit sd. methanol. HCl; 78%. — *2-Phenyl-6-[2-(p-methoxyphenyl)-2-hydroxyäthyl]-1H-pyridon-(4)*, F. 191 bis 192°, aus vorvorst. Verb. mit A./fl. NH_3; 83%. — *1.7-Diphenylheptantetraon-(1.3.5.7)*, F. 91—92,5 (A.), durch Benzoylierung von **I**; 12%. — *7-Phenyl-3.5.7-trioxoheptansäure*, $C_{13}H_{12}O_5$, F. 98—99° (Zers.), aus **I** mit CO_2; 38%. — *[6-Phenyl-4H-pyranon-(4)-yl-(2)]-essigsäure*, $C_{13}H_{10}O_4$, F. 115—115,5° (Zers.), aus vorst. Verb. mit HF; 100%. — *2-Methyl-6-phenyl-4H-pyranon-(4)*, F. 83—84° (Hexan), aus vorst. Verb. durch Decarboxylierung; 100%. W. Hampel 720△

1089 **Gemischte Carbonsäureanhydride. 5. Mitt. Synthese von Alkylformiaten.** A. van Es und W. Stevens. (Recueil Trav. chim. Pays-Bas **84**, 704—09, 1965; Univ. Leiden; engl.) — 4. vgl. C. **1966**, 47-0882; 6. vgl. C. **1967**, 9-1041. — Vf. untersuchten die Wrkg. verschiedener Gemische aus Ameisensäure (**I**) u. Essigsäureanhydrid (**II**) sowie den Einfl. von Temp., Lsgm. u. Katalysatoren auf die Veresterung prim., sek. u. tert. Alkohole. Durch Erhöhen der Rk.-Temp. auf 50° wurde bei der Veresterung von Propanol das Verhältnis von gebildetem Acetat zu Formiat nicht verändert, auch ein Wechsel des Lsgm. blieb ohne merklichen Einfluß. Beim Molverhältnis 0,9:1:1,5 (Propanol: **II**:**I**) entsteht ein 99:1-Gemisch aus Formiat u. Acetat. Das gemischte Anhydrid aus **I** u. Essigsäure reagierte mit Propanol bzw. sek.-Butanol bei < 20° unter ausschließlicher Bldg. der *Formiate*. Prim. u. sek. Alkohole wurden durch ein Gemisch aus **I** u. **II** bei 20° in Ggw. von tert.-Stickstoffbasen oder Na-Formiat beschleunigt formyliert; die Katalysatoren waren wie folgt akt.: Py. > Imidazol > Na-Formiat. In Ggw. saurer Katalysatoren, z. B. p-Toluolsulfonsäure, entstanden als Nebenprod. die Acetate. Für tert.-Alkohole konnte kein Rk.-Beschleuniger gefunden werden. Die Formiate von tert.-Butanol, tert.-Amylalkohol, 3-Äthylpentanol-(3) u. 2-Methylhexanol-(2) wurden mit einem Gemisch aus **I** u. **II** bei 50° in 90%ig. Ausb. erhalten.

Versuche: *Phthalylformiat*, F. 43—44°, durch Zutropfen von 0,9 Mol Phthalylalkohol unter Rühren bei 20° zu einem Gemisch aus je 1 Mol **I** u. **II** in Pyridin. — Analog: *cis-2-Chlorcyclohexylformiat*, Kp.$_{12}$ 101°. — *trans-2-Chlorcyclohexylformiat*, Kp.$_{15}$ 96°. — Die Formiate von Propyl-, Butyl-, sek.-Butyl- u. Cyclohexylalkohol wurden analog in ≈ 85%ig. Ausb. erhalten. H. Nürnberger 810

1090 **Synthese von isomeren vic.-Bromfluorpropionsäuremethylestern.** F. H. Dean und F. L. M. Pattison. (Canad. J. Chem. **43**, 2415—18, 1965; Dep. of Chem., Univ. of Western Ontario, London, Ontario; engl.) — Es wurden dargestellt: *2-Brom-3-fluorpropionsäuremethylester*, $C_4H_6BrFO_2$, Kp.$_{10,5}$ 49,5°, durch Zutropfen von Acrylsäuremethylester zur Lsg. von 1.3-Dibrom-5.5-dimethyl-hydantoin u. HF in $CHCl_3$ bei —40° u. 4std. Rühren bei —30° (Meth. **A**); 40% (Ausb.); liefert mit $NaOCH_3$ ein Gemisch aus *α-Brom-* u. *α-Fluor-acrylsäuremethylester*. — *2-Äthoxy-3-brom-propionsäuremethylester*, $C_6H_{11}BrO_3$, Kp.$_{3,7}$ 70°, analog vorst. Verb. mit N-Bromsuccinimid u. HF in Ae./Py. (Meth. **B**); 6%. — *3-Brom-2-fluor-2-methyl-propionsäuremethylester*, $C_5H_8BrFO_2$, Kp.$_{14}$ 80,5°, nach **A** aus Methacrylsäuremethylester; 78%. — *3-Brom-2-fluor-propylacetat*, $C_5H_8BrFO_2$, Kp.$_{12}$ 85°, nach **B** aus Allylacetat; daneben nachst. Verbindung. — *3-Brom-2-fluorpropanol-(1)*, C_3H_6BrFO, Kp.$_{12}$ 73—75°, durch Hydrolyse vorst. Verbindung. — *3-Brom-2-fluorpropyltrichloracetat*, $C_5H_5BrCl_3FO_2$, Kp.$_{0,025}$ 60°, durch Verdünnen von HF mit Py. in Ae. u. Rk. mit Allyltrichloracetat nach **B**; 69%. — *3-Brom-2-fluor-propionsäuremethylester*, $C_4H_6BrFO_2$, Kp.$_{3,5}$ 65°, durch 32std. Erwärmen vorst. Verb. in Eisessig u. HNO_3 auf 50°, Einengen u. Zugeben von Methanol, 2.2-Dimethoxypropan u. p-Toluolsulfonsäure; 42%. P. Westermann 810△

1091 **Untersuchungen der Chlorierung von Carbonsäuren mit tert.-Butylhypochlorit.** Yasuo Shigemitsu, Yoshinobu Odaira und Shigeru Tsutsumi. (Bull. chem. Soc. Japan **38**, 1450—55, 1965; Fac. of Engng., Osaka Univ., Miyakojima-ku, Osaka; engl.) — Bei der Bestrahlung von Essigsäure in Ggw. von tert.-Butylhypochlorit (**VII**) entstehen 16,2% (bez. **VII**) *tert.-Butylalkohol* (**I**), 78,1% *Aceton* (**II**), 2,9% *Monochloraceton* (**III**), 0,6% *Chlor-tert.-butylalkohol* (**IV**) u. 6,4% *Monochloressigsäure* (**V**) neben CO_2 u. CH_3Cl. In Bzl. bzw. in CCl_4 werden dagegen 35,1% **I**, 60,4% **II**, 1,6% **III**, 3,2% **IV**, 3,5% *Chlorbenzol* (**VI**) u. Spuren **V** neben CO_2 u. CH_3Cl bzw. 32,5% **I**, 50,4% **II**, 1,1% **III**, 8,3% **IV** u. 4,2% **V** neben CO_2 u. $CHCl_3$ gebildet. Propionsäure liefert analog ohne Lsgm. 59,4% **I**, 27,6% **II**, 5,8% **III**, 8,0% **IV** u. 41,6% eines *Gemischs* aus 61,2% α- u. 38,8% *β-Chlorpropionsäure* neben CO_2, CH_3Cl u. *Äthylchlorid* bzw. in Bzl. 45,3% **I**, 56,8% **II**, Spuren **III**, 0,5% **IV**, 5,5% eines *Gemischs aus* 63,2% α- u. 36,8% *β-Chlorpropionsäure* u. 4,9% **VI** neben CO_2, CH_3Cl u. *Äthylchlorid*. Buttersäure gibt ohne Lsgm. 52,3% **I**, 29,9% **II**, 2,2% **III**, 1,8% **IV** u. 52,7% eines *Gemischs* aus 20,6% α-, 46,4% β- u. 33,0% *γ-Chlorbuttersäure* neben CO_2, CH_3Cl u. *n-Propylchlorid*. Die analoge Rk. von **V** in Bzl. führt zu 32,4% **I**, 49,1% **II**, 1,6% **III**, 4,6% **IV**, 0,4% *chlorierte* **V**, 6,4% **VI**, CO_2 u. CH_3Cl. Trichloressigsäure liefert in Bzl. bzw. CCl_4 41,9% **I**, 41,8% **VI**, Spuren **II**, Spuren **III** u. *Isobuten* bzw. 12,6% **I**, 27,1% **II**, 28,1% **III**, 12,3% **IV** u. CH_3Cl. Bestrahlung von Bzl. in Ggw. von **VII** gibt 41,8% **I**, 49,1% **II**, 1,1% **III**, 1,4% **IV**, 2,2% **VI** u. CH_3Cl. W. Hampel 810△

1092 **Synthese und Eigenschaften von Derivaten des cyclischen Maleinsäurehydrazids.** Z. Prześdiecki und A. Chrząszczewska. (Soc. Sci. Lodziensis, Acta chim. **10**, 109—36, 1965; Łódź, Univ., Dep. of Organ. Chem.; engl.) — IR-spektroskop. wird die Existenz dreier tautomerer Formen des *Pyridazindions-(3.6)* (**I**) bewiesen. Die Synth. von *1.2-Dimethyl-* (**IV**), *1.2-Diäthyl-* bzw. *1.2-Diacetyl-1.2-dihydropyridazindion-(3.6)*, von *1.2-Dihydropyridazindion-(3.6)-diessig-säure-(1.2)* (**VI**) u. einer Reihe von *3-Hydroxy-* bzw. *3-Alkoxypyridazonen-(6)* auf verschiedenen Wegen werden beschrieben. Succinylierung von **I** führt zu einer *bicycl.* u. Rk. von **I** mit Äthylenchlorid zu einer *tricycl. Verbindung*. Die Pyridazdione-(3.6) lassen sich mit Ausnahme der bicycl. Verb. in die entsprechenden *Dioxime* überführen. Die IR-Spektren von **I**, dem Diacetylderiv., **VI** u. der bicycl. Verb. sind abgebildet u. werden diskutiert.

Versuche: 1.2-Dihydropyridazindione-(3.6): *Unsubstituiert* (**I**), $C_4H_4N_2O_2$, F. 290° (A.), durch 5—10 Min. lange Zugabe von 40%ig. Hydrazinhydrat zu Maleinsäureanhydrid (**II**) in 60° heißer konz. H_2SO_4 unter Rühren u. Stehen über Nacht; 70—80% (Ausb.). — *1.2-Dimethyl-*(**IV**), $C_6H_8N_2O_2$, F. 137—138° ($CHCl_3$), a) durch 2std. Rk. von 11,2 g **I** u. Dimethylsulfat (**III**) bei 140—150° unter Rühren, Kühlen u. Zugabe von W. u. Na_2CO_3; 5,6 g; daneben 4,2 g **VII**; b) durch 3std. Erhitzen von 9,9 g Dimethylhydrazin u. 9,8 g **II** auf 90—100°; 6,5 g; c) durch 6std. Erhitzen von 6,3 g **V** u. **III** auf 120° unter Rühren; 2,4 g; daneben **VII**. — *1.2-Dimethyl-4.5-dibromhexahydropyridazindion-(3.6)*, $C_6H_8Br_2N_2O_2$, F. 160—161° (Methanol), durch 2std. Zutropfen von Br_2/Eisessig zu 70 g **IV** in Eisessig in Ggw. von $AlCl_3$ bei 70° unter Rühren u. Stehen über Nacht bei 70°; 132,4 g. — *1.2-Diäthyl-*, $C_8H_{12}N_2O_2$, F. 173—175°, analog **IV** nach a). — *1.2-Bis-[carboxymethyl]-*(**VI**), $C_8H_8N_2O_6$, F. 205—206° (A.), a) durch 10std. Erhitzen von 11,2 g **I** u. Monochloressigsäure auf 180°; 15 g; b) durch 4std. Erhitzen von Hydrazin-1.2-diessigsäure u. **II** auf 100—110°. *Anhydrid*, $C_8H_6N_2O_5$, F. 132 bis 135° (Aceton oder A.), a) durch 3std. Erhitzen von

4,6 g **VI** u. Acetanhydrid auf 140°; 2,2 g; b) durch 10std. Kochen von **VI** u. P_2O_5 in Benzol. — *1.2-Diacetyl-*, $C_8H_8N_2O_4$, F. 65—66° ($CHCl_3$), a) durch 3std. Erhitzen von 5,6 g **I** u. Acetylchlorid auf 51—52° u. 3 Std. auf 150—180° 7,8 g; b) durch 3std. Erhitzen von 11,2 g **I** u. Acetanhydrid auf 120—130° u. danach 3 Std. auf 150 bis 180° unter Rühren; 15,2 g. — Pyridazone-(6): *1-Methyl-3-hydroxy-* (**V**), $C_5H_6N_2O_2$, F. 210—211° (W. oder $CHCl_3$), a) analog **IV** nach a) in Ggw. von 5%ig. wss. NaOH; b) durch 2½std. Kochen von 14,7 g **II** u. Methylhydrazinsulfat in W. unter Rühren; 14 g. — *1-Methyl-3-chlor-*, $C_5H_5ClN_2O$, F. 92—94° (A.), durch ½std. Kochen von 12,6 g **V** u. $POCl_3$; 6,5 g. — *1-Methyl-3-methoxy-* (**VII**), $C_6H_8N_2O_2$, F. 65—66° (Hexan), $Kp._{10}$ 110°, a) durch 6std. Erhitzen vorst. Verb. u. Na in Methanol auf 130 bis 140° im Bombenrohr; b) durch 1std. Kochen von 6,3 g **V**, **III** u. methanol. KOH; 2,5 g; c) durch 6std. Erhitzen von 14 g **VIII** u. CH_3J auf 120—130°; 11,2 g; d) durch 5std. Erwärmen von 70 g **VIII** u. **III** auf 100°, Zugabe von W. u. 10—15 Min. langes Erwärmen auf 60—80°; 60 g; e) analog d) in 6 Std. bei 150°; 30—40°; daneben **IV**; f) analog d) in 8 Std. bei 150—180° in Ggw. von HJ, $AlCl_3$, $FeCl_3$ oder p-Toluolsulfonsäure. — *1-Äthyl-3-äthoxy-*, $C_8H_{12}N_2O_2$, F. 31—32°, analog **VII** nach d). — *6.-Oxo-3-hydroxy-pyridazinyl-(1)-essigsäure*, $C_6H_6N_2O_4$, F. 240—241°, a) aus 11,2 g **I** u. 9,5 g Chloressigsäure wie **VI** nach a) in 8 Std. bei 150—160°; 9,5 g; daneben 2 g **VI**; b) durch 4std. Erhitzen von 9 g Hydrazinmonoessigsäure u. 9,8 g **II** auf 100—110° u. Lösen mit warmem A.; 12,1 g. — Pyridazine: *3.6-Dimethoxy-* (**VIII**), $C_6H_8N_2O_2$, F. 108° (W.), durch 6std. Erhitzen von 14,9 g **3.6**-Dichlorpyridazin u. CH_3ONa in Methanol auf 120—130°; 12 g. — *3.6-Diäthoxy-*, $C_8H_{12}N_2O_2$, F. 52—53°, analog **VIII**. — *1.4.6.9-Tetraoxo-1.2.3.4.6.9-hexahydropyridazino-[1.2:a]-pyridazin* $C_8H_6N_2O_4$, F. 233—234° (W.), a) durch 15std. Kochen von 11,2 g **I** u. Succinylchlorid in Dioxan unter Rühren, Gießen auf Eis u. Neutralisieren mit NH_4OH; 12,5 g; b) in 10 Std. bei 120—130° aus 5,6 g **I** u. Bernsteinsäureanhydrid; 7,1 g; c) durch 22std. Kochen von 5,6 g **I** u. Bernsteinsäurediäthylester in Nitrobenzol; 7,2 g. — *6-Hydroxyimino-1-methyl-3-methoxy-1.2-dihydro-*, $C_9H_9N_3 \cdot O_2$, F. 98—100° (A., Methanol oder W.), durch 2std. Kochen von **VII**, $NH_2OH \cdot HCl$ u. Na-Acetat in Methanol. — 3.6-Bis-[hydroxyimino]-**1.2.3.6-tetrahydropyridazine**: *Unsubstituiert*, $C_4H_6N_4O_2$, F. 222—223°, analog vorst. Verbindung. — *1.2-Dimethyl-*, $C_6H_{10}N_4O_2$, F. 100—103°. — *1.2-Diäthyl-*, $C_8H_{14}N_4O_2$, F. 123—125°. — *1.2-Bis-[carboxymethyl]-*, $C_8H_{10}N_4O_6$, F. 281—283°. — 6.7.14.15-Tetrahydrodipyridazo-[a.e-]-tetrazocine: *1.4.7.10-Tetraoxo-*, $C_{12}H_{12}N_4O_4$, F. 110—112° (A.), durch 10std. Kochen von 5,6 g **I** u. Äthylenchlorid in Dioxan; 5,2 g. — *1.4.7.10-Tetrahydroxyimino-*, $C_{12}H_{16}N_8 \cdot O_4$, F. 270—272°, analog vorvorst. aus vorst. Verbindung.

K. Stühmer 820

1093 **Synthese von Herbiciden.** 14. Mitt. **Alkylester von O-Chloracetyl- und O-Trichloracetylglykolsäuren.** V. V. Dovlatjan, T. O. Čakrjan und K. A. Ėliazjan. (Izvest. Akad. Nauk Arm. SSR, chim. Nauki **18, 39—43,** 1965; Armjanskij sel'skochozjajstvennyj inst., kafedra obšč. chim.; russ.) — 12. vgl. C. **1968, 18-1051.** — Es werden *O-Chloracetyl-* u. *O-Trichloracetylglykolsäurealkylester* dargestellt. Die Verb. sind Getreideherbicide, deren Wirksamkeit sich mit Vergrößerung des Alkylrestes erhöht. Bes. akt. ist *O-Trichloracetylglykolsäure-n-amylester*, der viel wirksamer als Na-Trichloracetat ist.

Versuche: Glykolsäureiminoalkylesterhydrochloride: Alkyl = *Methyl* (**I**), $C_3H_8ClNO_2$, Zers. 84°, durch Sättigen von 0,1 Mol Glykolsäurenitril u. 0,15 Mol CH_3OH in 15—20 ml abs. Ae. mit HCl unter Eiskühlung u. 12std. Stehen; 88,4% (Ausb.) — Analog: *Äthyl*, $C_4H_{10}ClNO_2$, Zers. 103°; 89,8%. — *n-Propyl*, $C_5H_{12}ClNO_2$, Zers. 81°; 95,9%. — *n-Butyl*, $C_6H_{14}ClNO_2$, Zers. 100°; 97,0%. — *n-Amyl*, $C_7H_{16}ClNO_2$; 80,0%. — O-Chloracetylglykolsäurealkylester: Alkyl = *Methyl*, $C_5H_7ClO_4$, $Kp._{17}$ 116—118°, durch 4—5std. Stehen von 0,1 Mol **I** mit 10 ml W. bei 20° (→ *Glykolsäuremethylester*; 40—60%), Lösen von 0,1 Mol des erhaltenen Esters u. 0,1 Mol Chloracetylchlorid in 20 ml abs. Ae., tropfenweise Zugabe von 0,1 Mol Pyridin u. 4—5std. Erhitzen auf dem W.-Bad; $D._4^{20}$ 1,3363; n_D^{20} 1,4480; 52,7%. — Analog: *Äthyl* (**II**), $C_6H_9ClO_4$, $Kp._3$ 90°; $D._4^{20}$ 1,2629; n_D^{20} 1,4390; 39,7%. — *n-Propyl*, $C_7H_{11}ClO_4$, $Kp._2$ 104°; $D._4^{20}$ 1,2155; n_D^{20} 1,4430; 58,4%. — *n-Butyl*, $C_8H_{13}ClO_4$, $Kp._2$ 112°; $D._4^{20}$ 1,1722; n_D^{20} 1,4420; 70,1%. — *n-Amyl*, $C_9H_{15}ClO_4$, $Kp._2$ 127°; $D._4^{20}$ 1,1310; n_D^{20} 1,4450; 80,9%. — O-Trichloracetylglykolsäurealkylester: Alkyl = *Methyl*, $C_5H_5Cl_3O_4$, $Kp._{11}$ 116°; $D._4^{20}$ 1,4494; n_D^{20} 1,4650; 32,1%. — *n-Propyl*, $C_7H_9Cl_3O_4$, $Kp._{27}$ 150—152°; $D._4^{20}$ 1,3223; n_D^{20} 1,4600; 52,9%. — *n-Butyl*, $C_8H_{11}Cl_3O_4$, $Kp._{20}$ 154—156°; $D._4^{20}$ 1,3111; n_D^{20} 1,4630; 52,3%. — *n-Amyl*, $C_9H_{13}Cl_3O_4$, $Kp._{19}$ 169 bis 171°; $D._4^{20}$ 1,2701; n_D^{20} 1,4610; 57,9%. — *Glykolsäureäthylester*, $Kp._{680}$ 152—156°, durch 1std. Erhitzen von **II** mit alkohol. KOH auf dem W.-Bad; n_D^{20} 1,4180; 50%.

Helmut Schäfer 850△

1094 **Eine C_{26}-Ketosäure aus dem Öl von Cuspidaria.** C. R. Smith jun. und R. W. Miller. (Chem. and Ind. **1965,** 1910; Peoria, Ill., Northern Regional Res. Labor.; engl.) — Durch Verseifung der aus dem Samen von *Cuspidaria* gewonnenen Öle mit 1 n äthanol. KOH, Verestern mit 1%ig. methanol. H_2SO_4 u. Gegenstromverteilung im Syst. Acetonitril/Hexan (4:1) werden 4 Hauptkomponenten erhalten, von denen eine als *Hexakosen-(cis-20)-on-(17)-säuremethylester* [**I**, $C_{27}H_{50}O_3$, F. 44—45° (Methanol); 16% des Gesamtfettsäuregeh.] NMR-spektroskop. u. wie folgt identifiziert wird: H_2-Red. an Pt in A. liefert *Hexakosanon-(17)-säuremethylester* ($C_{27}H_{52}O_3$, F. 71,0—71,5°), wie durch CrO_3/Essigsäure-Ox. zu *Nonan-* u. *Dekansäure* sowie *Tetra-* u. *Pentadekandicarbonsäure* bewiesen wird. Dessen Red. mit $NaBH_4$ in Methanol, danach mit HJ/P u. dann mit $SnCl_2$/HCl führt zu *Hexacosansäuremethylester* (F. 61,5—62°). Red. von **I** mit $NaBH_4$ in Methanol liefert einen *ungesätt. Hydroxycarbonsäureester* ($C_{27}H_{52}O_3$, F. 46—47°), der durch MnO_4^-/JO_4^--Ox. *Hexansäure* liefert, wodurch die Lage der C=C-Bindung fixiert ist.

K. Stühmer 870

1095 **Synthese von Monoalkylurethanen unter Verwendung von Katalysatoren.** B. A. Dadašev, O. G. Seidbekova und G. G. Alimamedov. (Azerbajdžanskij chim. **Ž. 1965,** Nr. 4, 21—27; aserbaidshan.) — Unter Verw. von $SnCl_4$ oder $(CH_3COO)_2Zn$ als Katalysator werden *n-Butyl-*, *n-Amyl-*, *Isoamyl-* u. *n-Hexylurethan* synthetisiert. Durch die Ggw. des Katalysators wird die Dauer der Rk. zwischen *Carbamid* u. *Alkohol* stark herabgesetzt. Die Ausb. des Fertigprod. wird erhöht. Bei n-Butylurethan wird die Rk.-Zeit durch den Katalysator von 30 auf 3 Std. verkürzt. Die Aktivität von $SnCl_4$ ist höher als die von $(CH_3COO)_2Zn$. Die Rk.-Bedingungen u. die physikal.-chem. Eig. der erhaltenen Urethane werden tabellar. aufgeführt.

O. Lebtag 880△

1096 **Neue bequeme Methode zur Synthese von tert.-Butyloxycarbonylhydrazin.** Yul. A. Ovchinnikov, A. A. Kiryushkin und A. I. Miroshnikov. (Experientia [Basel] **21,** 418—19, 1965; Moscow, USSR Acad. of Sci., Inst. of Chem. of Natural Prod.; engl.) — Durch Lösen von K in tert.-Butanol, Einengen u. Trocknen bei 100°/10 mm Hg wurde $C_4H_9OK \cdot C_4H_9OH$ [30% (Ausb.)] erhalten u. portionsweise zu einer Lsg. von $COCl_2$ bei —60° in abs. Ae. gefügt. 3std. Rühren bei —30°, Einengen bei 0°, Aufnehmen in Ae. u. Zugabe von N_2H_4 in Ae. während ½ Std. bei —60° u. Erwärmen auf Raumtemp. unter Rühren gab 32% *tert.-Butyloxycarbonylhydrazid* [F. 41—42°, $Kp._{15}$ 120—122°].

K. Gröbe 880△

1097 **Perfluoralkylderivate des Stickstoffs.** 17. Mitt. **Reaktion von N-Brombis-[trifluormethyl]-amin mit Olefinen.** R. N. Haszeldine und A. E. Tipping. (J. chem. Soc. [London] **1965,** 6141—49; Dep. of Chem., Fac. of Technol., Univ. of Manchester; engl.) — 16. vgl. ibid. **1965,** 4714. — N-Brombis-[trifluormethyl]-amin (**I**) reagiert mit halogenierten Olefinen unter milden Bedingungen zu den entsprechenden *1:1-Additionsverb.*, während aus **I** u. Hexafluorcyclobuten bzw. Octafluorbuten-(2) die entsprechende *Dibromverb.* u. *Tetrakis-[trifluormethyl]-hydrazin* (**II**) entstehen. IR-, KMR- u. Massenspektren vgl. Original.

Versuche: Bis-[trifluormethyl]-amine: *N-Brom-* (**I**), Kp. 21,5—22,5°, aus CCl_4, Br_2 u. Hg-Bis-[trifluormethyl]-amid; 98% (Ausb.). — *2-Bromtetrafluor-*

äthyl-, $C_4BrF_{10}N$, aus I u. Tetrafluoräthylen; 96%; daneben < 1% *1.2-Dibromtetrafluoräthan.* — *2-Brom-2.2-difluoräthyl-*, $C_4H_2BrF_8N$, aus I u. 1.1-Difluoräthylen; 95%. — *2-Bromäthyl-*, $C_4H_4BrF_6N$, aus I u. Äthylen, 95%; daneben Spuren *Äthylendibromid.* — *2-Brom-1.2-difluoräthyl-*, $C_4H_2BrF_8N$, aus I u. cis-1.2-Difluoräthylen; 96%. — *2-Brom-2-chlortrifluoräthyl-*, C_4BrClF_9N, aus I u. Chlortrifluoräthylen; 92%. — *2-Brom-1.2-dichlordifluoräthyl-*, $C_4BrCl_2F_8N$, aus I u. 1.2-Dichlordifluoräthylen 92%. — *2-Bromhexafluorpropyl-*, $C_5BrF_{12}N$, aus I u. Hexafluorpropen; 86%. — *Unsubstituiert*, a) durch Bestrahlen von I u. Isopentan; 97%, daneben eine nicht identifizierte *Verb.* ($C_5H_{11}Br$), *COF* u. SiF_4; b) durch Photolyse von Hg-Bis-[trifluormethyl]-amid; 97%. — *N-Chlor-*, Kp. −9 bis −7°, aus Hg-Bis-[trifluormethyl]-amid, Cl_2 u. CCl_4. — *Gemisch aus 78% 2-Brom-1.2.2-trifluoräthylbis-[trifluormethyl]-amin u. 22% 2-Brom-1.1.2-trifluoräthylbis-[trifluormethyl]-amin* (C_4HBrF_9N), a) aus I u. Trifluoräthylen; 95%; b) wie a), jedoch im Dunkeln; 15%. — *1.2-Dibromhexafluorcyclobutan*, $C_4Br_2F_6$, aus I u. Hexafluorcyclobuten; 41%; daneben 40% *Tetrakis-[trifluormethyl]-hydrazin* (II). — *2.3-Dibromoctafluorbutan*, a) neben 91% II aus I u. Oktafluorbuten-(2); 86%; b) aus Hexafluorcyclobuten u. Br_2; 78%.

Gottfried Schreiber 910△

1098 **Amine und Ammoniumverbindungen.** 28. Mitt. **Alkalische Spaltung von 1.5-Bis-[trialkylammonio]-pentenen-(2).** A. T. Babajan, K. C. Takmazjan und E. S. Ananjan. (Izvest. Akad. Nauk Arm. SSR, chim. Nauki **18**, Nr. 3, 262—68, 1965; Inst. org. chimii Akad. nauk Arm. SSR; russ.) — 27. vgl. C. **1968**, **35-1031**. — Die alkal. Spaltung von 1.5-Bis-[trialkylammonio]-pentenen-(2) (Stehen über Nacht mit 25%ig. wss. KOH bei 20 bis 25° u. Abdest. der entstandenen Amine im Vakuum) verläuft vorwiegend unter 1.2-Eliminierung zu den entsprechenden *Trialkylaminen* u. *Trialkyl-pentadien-(2.4)-ylammoniumbromiden.* Letztere werden bei 100—110° zu *Aminen* u. *Penten-(2)-al* (IV) gespalten.

Versuche: cis-1-Trimethylammonio-5-methyldiäthylammonio-penten-(2)-dibromid gibt bei der alkal. Spaltung bei 20—25° 88 (Mol-%) *Methyldiäthylamin* (I); bei 100—110° 95 Amine, davon 82 *Trimethylamin* (II), 9 I u. 7 *Dimethylamin* (III); daneben 10 *Penten-(2)-al* (IV; C_5H_8O, Kp.$_{60}$ 53—54°; n_D^{20} 1,4410; D_4^{20} 0,8576; *2.4-Dinitrophenylhydrazon*, $C_{11}H_{12}N_4O_4$, F. 145°). — cis-1-Diäthylmethylammonio-5-trimethylammonio-penten-(2)-dibromid (V) gibt bei 20—25° 91 Amine, davon 83 II u. 17 I; bei 100—110° 102 Amine, davon 53 I, 32 *Diäthylamin* (VI) u. 8,5 II, daneben 24 IV, 12 einer *Verb.* $C_{10}H_{14}O$ (Kp.$_{11}$ 90—92°; n_D^{20} 1,5172; D_4^{20} 0,9469), 4 *Penten-(4)-in-(2)* u. 4 *Pentadien-(2.4)-ol-(1).* — trans-V gibt bei 20—25° 99 Amine, davon 86 II u. 14 I; bei 100 bis 110° 81, davon 77 I, 11 II u. 7 VI, daneben 11 IV. — cis-1-Trimethylammonio-5-[N-methylpiperidinio]-penten-(2)-dibromid gibt bei 20—25° 88 *N-Methylpiperidin* (VII); bei 100—110° 87 Amine, davon 82 II, 8 III u. 8 VII, daneben 10 IV. — cis-1-[N-Methylpiperidinio]-5-trimethylammonio-penten-(2)-dibromid bei 20—25° 80 Amine, davon 86 II u. 14 VII; bei 100—110° 114 Amine, davon 70 VII, 16 II u. 12 *Piperidin* (VIII), daneben 7 IV. — cis-1-[N-Methylpiperidinio]-5-methyldiäthylammonio-penten-(2)-dibromid gibt bei 20—25° 93 I; bei 100—110° 94 Amine, davon 75 VII, 9 VIII u. 7 I, daneben 7 IV.

N. Kucharczyk 910△

1099 **Amine und Ammoniumverbindungen.** 29. Mitt. **Alkalische Spaltung von Piperaziniumsalzen, die eine Allylgruppe enthalten.** A. T. Babajan, M. G. Indžikjan und G. B. Bagdasarjan. (Izvest. Akad. Nauk Arm. SSR, chim. Nauki **18**, 347—50, 1965; russ.) — 28. vgl. vorst. Referat. — Die alkal. Spaltung von N.N'-Diallylpiperazindimethobromid (Erhitzen in 25%ig. KOH im Ölbad u. Abdest. der Spaltprod.) lieferte 90,6% *N.N'-Dimethyl-N'-allyläthylendiamin* ($C_7H_{16}N_2$, Kp.$_{680}$ 154 bis 155,5°, n_D^{20} 1,4432; D_4^{20} 0,8187; *Pikrat*, F. 156 bis 157°), neben 6,3% *Penten-(4)-al* (I; identifiziert als *2.4-Dinitrophenylhydrazon*, F. 118—119°) u. 43,3% eines Prod. der Crotonkondens. von I, Kp.$_{12}$ 91—94°; n_D^{20} 1,4828; *2.4-Dinitrophenylhydrazon*, F. 100—111°. — Analog aus N.N'-Dimethallylpiperazindimethochlorid: 74,4% *N.N'-Dimethyl-N'-methallyläthylendiamin* (C_8H_{18}-N_2, Kp.$_{45}$ 84—86°; n_D^{20} 1,4440; D_4^{20} 0,8187; *Pikrat*, F. 159—160°), neben 5,1% *4-Methylpenten-(4)-al* (*2.4-Dinitrophenylhydrazon*, F. 87—88°) u. 59,2% einer *Verb.* $C_{12}H_{18}O$, Kp.$_9$ 105—108°; n_D^{20} 1,4828; D_4^{20} 0,8654; *2.4-Dinitrophenylhydrazon*, $C_{18}H_{22}N_4O_4$, F. 147,5—148°. — Aus N.N'-Bis-[3-methyl-5-methoxypenten-(2)-yl]-piperazindimethochlorid: 32,6% *N.N'-Dimethylpiperazin* (II; *Pikrat*, F. 275°) u. 54,6% *N.N'-Dimethyl-N'-[3-methyl-5-methoxypenten-(2)-yl]-äthylendiamin* ($C_{11}H_{24}N_2O$, Kp.$_{40}$ 151—153°; n_D^{20} 1,4630; D_4^{20} 0,8851; *Pikrat*, F. 117—118°), neben 32,2% *3-Methyl-5-methoxypentadien-(1.3)* (Kp.$_{680}$ 131—133°; n_D^{20} 1,4620) u. 56% *3-Methyl-3-[β-methoxyäthyl]-penten-(4)-al* (Kp.$_{30}$ 117 bis 120°; n_D^{20} 1,4470; *2.4-Dinitrophenylhydrazon*, F. 116 bis 117°). — Aus N.N'-Bis-[γ.γ-dimethylallyl]-piperazindimethochlorid: 68,8% II u. 18% *N.N'-Dimethyl-N'-[γ.γ-dimethylallyl]-äthylendiamin* ($C_9H_{20}N_2$, Kp.$_{82}$ 120 bis 122°; n_D^{20} 1,4558; D_4^{20} 0,8401; *Pikrat*, F. 155—156°) neben 17,8% *3.3-Dimethylpenten-(4)-al* (Kp.$_{680}$ 128—130°; *2.4-Dinitrophenylhydrazon*, F. 110°) u. *Isopren.*

N. Kucharczyk 910△

1100 **Optische Aufspaltung von DL-Asparaginsäure, DL-Glutaminsäure, DL-Asparagin und DL-Glutamin durch bevorzugte Kristallisation.** Kaoru Harada. (Bull. chem. Soc. Japan **38**, 1552—55, 1965; Inst. of Molecular Evolution, Univ. of Miami, Coral Gables, Fla.; engl.) — DL-Asparaginsäure, DL-Glutaminsäure, DL-Asparagin bzw. DL-Glutamin werden durch Zugabe der reinen L- u. D-Isomeren zu ihren übersätt. Lsg. in Ammoniumformiat/W. in die opt. Isomeren aufgetrennt.

Versuche: *Asparaginsäure, L-Form*, $C_4H_7NO_4$, durch Lösen von 14,0 g DL-Form in Ammoniumformiat/W. bei 80°, Zugabe von 0,50 g L-Form u. 1/4std. Stehen bei 23°; $[\alpha]_D^{25}$ +24,6° (c = 2,13; 6 n HCl); 1,28 g (Ausb.); daneben durch Zugabe von 0,50 g D-Form zur Mutterlauge die *D-Form*, $[\alpha]_D^{25}$ −23,6° (c = 2,03; 6 n HCl); 1,39 g. — Analog *Glutaminsäure, L-Form*, $C_5H_9NO_4$, aus 5,0 g des Monohydrats der DL-Form durch Zugabe von 0,25 g L-Form; $[\alpha]_D^{25}$ +28,5° (c = 2,05; 6 n HCl); 0,97 g; daneben durch Zugabe von 0,25 g D-Form zur Mutterlauge die *D-Form*, $[\alpha]_D^{25}$ −27,5° (c = 2,10; 6 n HCl); 1,04 g roh. — *Asparagin, L-Form, Monohydrat*, $C_4H_{10}N_2O_4$, aus 10,0 g des Monohydrats der DL-Form durch Zugabe von 0,50 g des Monohydrats der L-Form; $[\alpha]_D^{25}$ +28,6° (c = 3,10; 3,6 n HCl); 1,98 g; daneben durch Zugabe von 0,50 g der D-Form zur Mutterlauge die *D-Form*, $[\alpha]_D^{26}$ −29,7° (c = 2,93; 3,6 n HCl); 2,54 g. — *Glutamin, L-Form*, $C_5H_{10}N_2O_3$, aus 10,0 g DL-Form durch Zugabe von 0,5 g L-Form; $[\alpha]_D^{25}$ +32,8° (c = 2,22; 1 n HCl); 1,65 g; daneben durch Zugabe von 0,5 g der D-Form zur Mutterlauge die *D-Form*, $[\alpha]_D^{25}$ −31,4° (c = 2,31; 1 n HCl); 1,86 g.

W. Hampel 950△

1101 **Trennung stereoisomerer Verbindungen durch Verteilung.** 5. Mitt. **Trennung diastereomerer Dipeptide.** H. Feltkamp und H. Pfrommer. (Pharmazie **20**, 312—14, 1965; Tübingen, Univ., pharmazeut-chem. Inst.; dt.) — 4. vgl. C. **1966**, **17-2048**. — Eine Trennung diastereomerer Aminosäuren durch Verteilung gelingt über diastereomere Dipeptide, die durch Umsetzung von rac. Aminosäure mit opt.-akt. Aminosäure erhalten werden. Vers. erfolgen mit den Dipeptiden *Leucyl-leucin, Leucyl-tyrosin, Leucyl-phenylalanin, Phenylalanyl-leucin, Alanyl-leucin* u. *Alanyl-valin.* Letzteres kann nicht in die diastereomeren Formen getrennt werden. Die für die jeweilige Verteilung günstigen Phasen, die Verteilungskoeff. u. die β-Werte sind angegeben. Ebenso können Aminosäuren durch Verteilung von Dipeptiden abgetrennt werden.

Versuche: *Carbobenzoxy-DL-leucyl-L-leucinbenzylester*, durch Zugabe von Triäthylamin zu Carbobenzoxy-DL-leucin in THF bei −12°, Zutropfen von Chlorameisensäureäthylester, Zugabe von L-Leucinbenzylester. — *DL-Leucyl-L-leucin*, durch Hydrieren vorst. Verb. an Pd; 61% (Ausb.). — *Carbobenzoxy-L-leucyl-L-leucin-benzylester*, aus Carbobenzoxy-L-leucin, L-Leucinbenzylester u. Dicyclohexylcarbodiimid; 64%. — *L-Leucyl-L-leucin*, durch Hydrieren vorst. Verb. an Pd; 77%. — *DL-Leucyl-L-phenylalanin*, a) aus L-Phenylalanin, Benzylalkohol u. p-Toluolsulfonsäure über das *DL-Leucyl-L-phenylalanin-*

p-toluolsulfonat; 48%; b) durch Hydrieren von Carbobenzoxy-DL-leucyl-L-phenylalaninbenzylester an Pd; 69%. — *DL-Phenylalanyl-L-leucin*, durch Zugabe von Carbobenzoxychlorid zu DL-Phenylalanin in 2 n NaOH; 75%. G. Zessin 950

1102 **Synthesen von und mit Alkinylboranaten.** P. Binger und R. Köster. (Tetrahedron Letters [London] **1965**, 1901—06; Mülheim/Ruhr, Max-Planck-Inst. für Kohleforschung; dt.) — Durch Rk. von Na-Trimethylboranat mit 1-Alkinen in Hexan oder Bzl. werden nachst. Na-Trimethyl-alkin-(1)-yl-boranate (**A**) gewonnen) *-propin-*, F. 163°; 68% (Ausb.). — *-butin-*, F. 166°; 65%. — *-phenyläthin-*, F. 146° (Zers.); 78%. Analog wurden dargestellt: Na-Triäthyl-alkin-(1)-ylboranate: *-propin-* (**I**); F. 89°; 89%. — *-butin-*, F. 65°; 87%. — *-phenyläthin-*, F. 129°; 98%. — Na-Tripropylalkin-(1)-ylboranate: *-propin-*, F. 120°; 95%. — *-butin-*, F. 134°; 97%. — *-phenyläthin-*, F. 177°; 77%. Durch Rk. von **I** mit Tetraäthyldiboran entsteht neben *Triäthylboran* *Na-Diäthylpropinylboranat* (75%), das mit Phenylacetylen 70% *Propin* u. 30% H_2 liefert. Die Rk. der **A** mit Dialkylchlorboranen in Ae. oder THF führt in 70—80%ig. Ausb. zu: *2.3-Bis-[diäthylboryl]-penten-(2)*, $Kp._{0,001}$ 39—40°; 75%. — *3.4-Bis-[diäthylboryl]-hexen-(3)*, $Kp._{0,001}$ 45—47°; 81%. — *1.2-Bis-[diäthylboryl]-1-phenylbuten-(1)*, $Kp._{0,001}$ 58—60°; 65%. — *2-Diäthylboryl-3-dipropylborylhexen-(2)*, $Kp._{0,001}$ 46 bis 49°; 72%. Beim Abbau dieser Verb. mit W. oder A. werden *cis-Alkene* u. *Tetraalkyldiboroxid* bzw. *Alkyläthoxyborane* erhalten. Werden die **A** dagegen mit äther. HCl oder Alkylierungsmitteln umgesetzt, so entstehen nach der Hydrolyse *cis-* u. *trans-Alkene*, z.B. aus **I** *cis-* u. *trans-Hexen*. Ein Rk.- Mechanismus wird diskutiert. IR-Maxima s. Original. P. Westermann 980△

1103 **Konstitution der Produkte der Anlagerung von Thioharnstoff an Dialkylphosphite.** M. G. Imaev, V. M. Gorina und V. G. Maslennikov. (Ž. obšč. Chim. **35(97)**, 372—77, 1965; Baškirskij gos. univ.; russ.) — Phosphorigsäuredialkylester bilden mit Thioharnstoff (**I**) Salze der Struktur $[(RO)_2PO]^{(-)}$ $[NH_3CSNH_2]^{(+)}$, die beim Erhitzen mit S in Aceton, Dioxan oder Toluol die *Thiuroniumsalze* der entsprechenden *Thiophosphorsäuredialkylester* bilden. UV-Spektren der Prod. werden diskutiert.

Versuche: Phosphorigsäuredialkylesterthiuroniumsalze: *-dimethyl-*, $C_3H_{11}N_2O_3PS$, F. 116 bis 116,5° (Aceton), durch $1^1/_2$—7std. Erhitzen äquivalenter Mengen Phosphorigsäuredimethylester (**II**) u. **I** in Dioxan; 79,0% (Ausb.). — Analog: *-di-n-pentyl-*, $C_{11}H_{27}N_2O_3PS$, F. 103—104°; 78%. — *-di-n-hexyl-*, $C_{13}H_{31}N_2O_3PS$, F. 108 bis 109°; 58,6%. — *-di-n-heptyl-*, $C_{15}H_{35}N_2O_3PS$, F. 109 bis 110,5°; 91,7%. — *-di-n-octyl-*, $C_{17}H_{39}N_2O_3PS$, F. 106 bis 107°; 71,8%. — *-di-n-nonyl-*, $C_{19}H_{43}N_2O_3PS$, F. 107 bis 108°; 50,0%. — *-di-n-decyl-*, $C_{21}H_{47}N_2O_3PS$, F. 110 bis 112°; 49,6%. — *-methyl-n-propyl-*, $C_5H_{15}N_2O_3PS$, F. 84 bis 85°, 37,5%. — *-methyl-n-butyl-*, $C_6H_{17}N_2O_3PS$, F. 64 bis 65°, durch $3^1/_2$—$10^1/_2$std. Erhitzen äquivalenter Mengen Phosphorigsäuremethyl-n-butylester u. **I** im Rohr auf 100°; 92,1%. — Analog: *-methyl-n-pentyl-*, $C_7H_{19}N_2O_3 \cdot PS$, F. 72—73°; 51,5%. — *-methyl-n-hexyl-*, $C_8H_{21}N_2O_3 \cdot PS$, F. 76—77°; 94,1%. — *-methyl-n-heptyl-*, $C_9H_{23}N_2O_3 \cdot PS$, F. 81,5—82°; 91,2%. — *-methyl-n-octyl-*, $C_{10}H_{25}N_2O_3 \cdot PS$, F. 89—90°; 92,5%. — *-methyl-n-nonyl-*, $C_{11}H_{27}N_2O_3 \cdot PS$, F. 53—57°; 56,0%. — *-methyl-n-decyl-*, $C_{12}H_{29}N_2O_3 \cdot PS$, F. 83—84°; 92,0%. — Thiophosphorsäuredialkylesterthiuroniumsalze: *-dimethyl-*, $C_3H_{11}N_2O_3PS_2$, F. 113—113,5°, durch Kochen von **II** mit S in Toluol; 68,2%. — Analog: *-di-n-heptyl-*, $C_{15}H_{35}N_2O_3PS_2$, F. 114 bis 115°, in Aceton/Dioxan; 86,2%. — *-di-n-octyl-*, $C_{17}H_{39}N_2O_3PS_2$, F. 116—117°, in Dioxan; 62,5%. — *-di-n-nonyl-*, $C_{19}H_{43}N_2O_3PS_2$, F. 112—113°, in Toluol; 86,2%. — Phosphorigsäuredialkylesteruroniumsalze: *-di-n-nonyl-*, $C_{19}H_{43}N_2O_4P$, F. 114—115,5° (Toluol), durch 12std. Erhitzen von Phosphorigsäuredinonylester u. Harnstoff auf 100—160° im Rohr; 6%. — *-diäthyl-*, $C_5H_{15}N_2O_4P$, F. 119—121° (Toluol), durch 9std. Erhitzen von Diäthylphosphit mit Harnstoff auf 100 bis 110°; 5,5%. C. Kirschke 980△

1104 **Reaktion von Thionylaminophosphorsäuredialkylestern und Thionylaminen mit Trialkylphosphiten. Neuer Weg zu Phosphorimidsäurederivaten.** J. Wieczorkowski. (Bull. Acad. polon. Sci., Sér. chim. **13**, 155—60, 1965; Łódź, Polish Acad. of Sci., Inst. of Organ. Chem.; engl.) — Thionylaminophosphorsäuredialkylester reagieren mit 3 Äquivalenten Trialkylphosphiten zu *N-[Dialkylphosphat]-phosphorimidsäuretrialkylestern*, *O.O.O-Trialkylthiophosphaten* u. *Trialkylphosphaten*. Die Phosphorimidsäureester liefern durch Einw. von HCl-Gas *N-[Dialkylphosphat]-phosphorimidsäuredialkylester*, bei denen eine Imid–Amid-Tautomerie nachgewiesen wird. Analog, wenn auch unter schärferen Rk.-Bedingungen, führt Thionylanilin mit Triäthylphosphit (**III**) zu *O.O.O-Triäthylthiophosphat* (**I**), *Triäthylphosphat* (**II**) u. *N-Phenylphosphorimidsäuretriäthylester*. Letzteres liefert mit HCl *N-Phenyl-phosphorsäurediäthylesteramid*. Die Rk.-Mechanismen werden diskutiert.

Versuche: *N-[Diäthylphosphat]-phosphorimidsäuretriäthylester*, $C_{10}H_{25}NO_6P_2$, $Kp._{0,05}$ 95°, durch Zutropfen von Thionylaminophosphorsäurediäthylester in Bzl. zu **III** in Bzl. unter Rühren bei 10—12° u. $^1/_4$std. Rühren; n_D^{20} 1,4369; 95% (Ausb.); daneben 93% 1:1-Gemisch aus *Triäthylphosphat* (**II**) u. *Triäthylthiophosphat* (**I**). — *N-[Diäthylphosphat]-phosphorimidsäuretri-n-butylester* (**IV**), $C_{16}H_{37}NO_6P_2$, $Kp._{0,01}$ 113°, analog vorst. aus Tri-n-butylphosphit; n_D^{20} 1,4398; 86%; daneben 97% 1:1-Gemisch aus *Tributylphosphat* u. *Tributylthiophosphat*. — *N-[Di-n-butylphosphat]-phosphorimidsäuretriäthylester* (**V**), $C_{14}H_{33}NO_6P_2$, $Kp._{0,005}$ 104°, aus Thionylaminophosphorsäuredi-n-butylester u. **III**; n_D^{20} 1,4386; 39%; daneben 89% **I** u. **II**. — *N-Phenylphosphorimidsäuretriäthylester*, $C_{12}H_{20}NO_3P$, $Kp._{1}$ 112°, durch Zutropfen von Thionylanilin zu sd. **III**; n_D^{20} 1,5024; 72%; daneben 91% **I** u. **II**. — *N-Phenylphosphorsäurediäthylesteramid*, F. 95°, durch $^1/_4$std. Einleiten von HCl in vorst. Verb. in Bzl. bei 20°; 100%. — *N-[Diäthylphosphat]-phosphorimidsäuredi-n-butylester*, $C_{12}H_{29}NO_6P_2$, $Kp._{0,005}$ 110° (Badtemp.), a) analog vorst. aus **IV**; n_D^{20} 1,4425; 91%; b) aus **V**; 88%. *Dicyclohexylaminderiv.*, F. 79° (PAe.). — *N-[Diäthylphosphat]-phosphorimidsäurediäthylester*, $C_8H_{21}NO_6P_2$, $Kp._{0,02}$ 123°, analog vorst. Verb.; 95%. K. Stühmer 980

1105 **Anlagerung von S-Chlordiäthylthiophosphat an Divinyl.** A. N. Pudovik und E. A. Išmaeva. (Ž. obšč. Chim. **35(97)**, 2080—81, 1965; russ.) — Bei der Anlagerung von S-Chlordiäthylthiophosphat an Divinyl in Bzl. bei —5° werden nach Fraktionierung des Rk.-Gemisches neben wenig *Thiophosphorsäure-di-o-äthylester* 60% einer Verb. erhalten ($C_8H_{16}ClO_3PS$, $Kp._{0,5}$ 98—100°; n_D^{20} 1,4830; $D._4^{20}$ 1,1730), für die auf Grund des chem. Verh. u. der physikal. Daten (u. a. Hydrolyse-Geschw.) die Struktur des *3-Chlor-4-[di-o-äthylphosphorylmercapto]-buten-(1)* angenommen wird. L. Austenat 980

C-2. Isocyclische Verbindungen

1106 **Bortrifluorid-katalysierte Alkylierungen von Phenol. 1. Mitt. Alkylierung mit isomeren Octanolen, Octenen und Octylbromiden.** H. R. Sonawane, V. G. Naik und B. C. Subba Rao. (Indian J. Chem. **3**, 260—65, 1965; Nat. Chem. Labor., Poona; engl.) — Äquimol. Mengen Phenol u. Octanol-(1), Octanol-(2), Octanol-(3), Octanol-(4), Octen-(1), Octen-(2), 2-Brom-, 3-Brom- sowie 4-Bromoctan reagieren in Ggw. von BF_3 in Abhängigkeit von der Temp. zu Gemischen von *2-Octyl-*, *4-Octyl-*, *2.4-Dioctyl-*, *3.4-Dioctyl-* u. *2.6-Dioctylphenolen*, dabei wird Octan an den C-Atomen 2,3 u. 4 substituiert (Isomerenverhältnisse s. Orig.). *p-Octylphenole* entstehen durch Acylierung von Anisol, Grignardierung des dabei entstandenen Ketons, Dehydratisierung des tert. Alkohols, Hydrierung des Äthenderivates u. Demethylierung des p-Octylanisols. Die Auftrennung der Isomerengemische erfolgt chromatograph., die Strukturaufklärung durch IR-Spektren (R_F-Werte bzw. Maxima s. Orig.).

Versuche: *Octanol-(1)*, Kp. 192—193°; n_D^{25} 1,4292. — *Octanol-(2)*, Kp. 177°; n_D^{25} 1,4260. — *Octanol-(3)*, $Kp._{29}$ 81—83°, aus n-Pentyl-Mg-bromid u. n-Propionaldehyd; n^{25}_D 1,4358. — *Octanol-(4)*, $Kp._{16}$ 79—80°, aus n-Butyl-Mg-bromid u. n-Butyraldehyd; n_D^{25} 1,4263. —

1-Bromoctan, Kp.$_{22}$ 91—93°; n_D^{25} 1,4497. — *2-Bromoctan*, Kp.$_{10}$ 73°; n_D^{25} 1,4623. — *3-Bromoctan*, Kp.$_{20}$ 82°; n_D^{25} 1,4523. — *4-Bromoctan*, Kp.$_{20}$ 80°, n_D^{25} 1,4467. — *2-[p-Methoxyphenyl]-octanol-(2)*, Kp.$_2$ 143—145°; 94,1% (Ausb.). — *3-[p-Methoxyphenyl]-octanol-(3)*, Kp.$_2$ 140—141°; 80,52%. — *4-[p-Methoxyphenyl]-octanol-(4)*, Kp.$_2$ 140—141°; 77,29%. — *2-[p-Methoxyphenyl]-octen-(2)*, Kp.$_2$ 125—126°; n_D^{25} 1,5142; 62,35%. — *3-[p-Methoxyphenyl]-octen-(3)*, Kp.$_{1,5}$ 121—122°; n_D^{25} 1,5135; 75 bis 78%. — *4-[p-Methoxyphenyl]-octen-(4)*, Kp.$_2$ 12—7128°; n_D^{25} 1,5131; 70,36%. — Octane: *1-[p-Methoxyphenyl]-*, Kp.$_3$ 140—141°; n_D^{25} 1,4909; 78,3%. — *2-[p-Methoxyphenyl]-*, Kp.$_2$ 120—121°; n_D^{25} 1,4901; 75,62%. — *3-[p-Methoxyphenyl]-*, Kp.$_2$ 115—117°; n_D^{25} 1,4915; 79,29%. — *4-[p-Methoxyphenyl]-*, Kp.$_{1,5}$ 110—111°; n_D^{25} 1,4903; 76,29%. — *1-[p-Hydroxyphenyl]-*, Kp.$_1$ 135—136°; n_D^{25} 1,4905; 60,21%. — *2-[p-Hydroxyphenyl]-*, Kp.$_2$ 125°; n_D^{25} 1,5010; 53,38%. — *3-[p-Hydroxyphenyl]-*, Kp.$_2$ 123°; n_D^{25} 1,5012; 58,25%. — *4-[p-Hydroxyphenyl]-*, Kp.$_2$ 124°; n_D^{25} 1,5029; 59,87%. G. Westphal 1060△

1107 **Synthese von optisch aktivem Benzolthiosulfinsäurephenylester.** John L. Kice und George B. Large. (Tetrahedron Letters [London] **1965**, 3537—41; Corvallis, Oregon State Univ., Dep. of Chem.; engl.) — Durch Zugeben von Diphenyldisulfid in $CHCl_3$ zu einer äquimol. Menge (+)-Percamphersäure in $CHCl_3$ unter Rühren bei —10°, 2std. Stehen, Filtrieren, Eindampfen u. Krist. aus Hexan/Chlf. wird *Benzolthiosulfinsäurephenylester* [F. 67—68°; $[\alpha]_D^{25}$ +5,11° (c = 5; $CHCl_3$)] von unbestimmter opt. Reinheit in 60%ig. Ausb. erhalten, der in 0,56 m Essigsäure/0,2 m H_2SO_4 in Ggw. von Alkylsulfiden leicht zu *Diphenylsulfid* u. *Benzolthiosulfonsäure-S-phenylester* disproportioniert. P. Westermann 1090△

1108 **Struktur und Reaktionsfähigkeit von Lösungen des Benzoylchlorids und Schwefelsäure.** Robert Corriu, Camille Coste und Guy Dabosi. (C. R. hebd. Séances Acad. Sci. **261**, 3632—35, 1965; Poitiers, Fac. des Sci., Labor. de Chim. org. phys.; franz.) — H_2SO_4 u. CH_3COX (X = F, Cl, Br) ergeben höhere Ausb. an p-Methoxybenzolsulfonsäure aus Anisol (**I**) als H_2SO_4 allein, das Gemisch H_2SO_4 u. CH_3COOH geringere. C_6H_5COCl (**II**) u. H_2SO_4 ergeben ein Addukt (**III**, F. 52°), das nach dem Raman-Spektrum die Struktur C_6H_5–C–(OH) (Cl)OSO_3H ⇌ [C_6H_5–C(=OH)Cl]$^+SO_4H^-$ besitzt. Bei der Rk. zwischen **I**, **II** u. H_2SO_4 tritt zur Sulfonierung, die gleichartig verläuft wie mit CH_3COCl, noch eine mit steigender Temp. u. steigender H_2SO_4-Konz. zunehmende Benzoylierung von **I** ein. **III** verhält sich daher wie ein gemischtes Anhydrid. W. Holland 1090

1109 **Synthese der Zink-, Calcium- und Magnesiumsalze des p-Chlorbenzolsulfonsäure-N-chloramids.** A. Chrząszczewska und W. Strzyżewski. (Soc. Sci. Lodziensis, Acta chim. **10**, 59—64, 1965; Łódź, Univ., Dep. of Organ. Chem.; engl.) — Zur Synth. der Salze ist die Umsetzung von p-Chlorbenzolsulfonsäure-N.N-dichloramid (**I**) u. p-Chlorbenzolsulfonsäureamid (**II**) mit dem entsprechenden Hydroxid oder Oxid am geeignetsten. Die Salze krist. mit W. u. lassen sich partiell entwässern. Diese Salze nehmen beim Stehen wieder W. auf. Völlige Entwässerung führt zur Zersetzung. Rk. von **I** mit Mg·$(OH)_2$ liefert nur das *Mg-Salz* der *p-Chlorbenzolsulfonsäure* ($C_{12}H_8Cl_2MgO_6S_2 \cdot 6H_2O$).

Versuche: Salze des p-Chlorbenzolsulfonsäure-N-chloramids: *Zinksalz, Tetrahydrat*, $C_{12}H_8Cl_4 \cdot N_2O_4S_2Zn4H_2O$, durch vorsichtiges Erwärmen von **I**, **II** u. ZnO in W. auf 65° unter Rühren, 3std. Rühren bei 80°, Kühlen, Filtrieren, Eindampfen unter Vakuum u. Trocknen an der Luft; 87,9% (Ausb.). *Trihydrat*, durch Trocknen des Tetrahydrats über $CaCl_2$. *Calciumsalz, Heptahydrat*, $C_{12}H_8CaCl_4N_2O_4S_2 \cdot 7H_2O$; 70,3%. *Magnesiumsalz, Oktahydrat*, $C_{12}H_8Cl_4MgN_2O_4S_2 \cdot 8H_2O$, aus $Mg(OH)_2$; 65,2%. K. Stühmer 1090

1110 **Chemie von α-Diazosulfonen. Synthese von α-Diazo-β-carbonylsulfonen.** A. M. van Leusen, P. M. Smid und J. Strating. (Tetrahedron Letters [London] **1965**, 337—40; Groningen, Univ., Dep. of Chem.; engl.) — Durch Rk. von p-Toluolsulfonsäureazid (**I**) mit Tosylaceton bzw. Tosylacetophenon in Ggw. von Triäthylamin erhält man *α-Acetyl-α-tosyl-* [F. 109—110° (Zers.); gelb; 70% (Ausb.)] bzw. *α-Benzoyl-α-tosyldiazomethan* [F. 101 bis 102° (Zers.); gelb; 60%]. Durch Umsetzung von **I** mit Tosylessigsäureäthylester u. Na-Äthylat in abs. A./Ae. (1:1) bei 0° entsteht an Stelle des erwarteten α-Äthoxycarbonyl-α-tosyl-diazomethans in 70%ig. Ausb. das *Na-Salz von α-Tosyl-α-[tosylaminocarbonyl]-diazomethan* [**II**, Zers. > 175° (A.)]. Analog entsteht durch Rk. von **I** u. tert.-Butylsulfonylessigsäureäthylester in 60%ig. Ausb. das *Na-Salz von α-[tert.-Butylsulfonyl]-α-tosylaminocarbonyl]-diazomethan* [**III**, Zers. 165° (A./CH_3OH); schwach gelb]. Vf. diskutieren einen Mechanismus für die Bldg. von **II** u. **III**. IR- u. NMR-Daten s. Original. K. Zieloff 1090△

1111 **Einfache Methode zur Darstellung einiger Methylphenylsulfoniumnitrate.** J. van der Veen. (Recueil Trav. chim. Pays-Bas **84**, 540—44, 1965; Eindhoven, Netherlands, N.V. Philips' Gloeilampenfabrieken; engl.) — Eine einfache Synth. von *Methylphenylsulfoniumnitraten* durch Rk. der entsprechenden Thioäther mit CH_3J über die *Trijodmercurate* u. Anionenaustausch wird beschrieben. Die NMR-Spektren werden tabellar. u. graph. mitgeteilt.

Versuche: Trijodmercurate (A): *Methyldiphenylsulfonium-*, F. 97—98° (Aceton/A.), durch 50 Min. langes Kochen von Diphenylsulfid u. HgJ_2 in CH_3J unter Rühren; 62% (Ausb.). — *Dimethylphenylsulfonium-*, F. 88—89° (Aceton/A.), durch Zugabe von HgJ_2 zu Thioanisol in CH_3J unter Rühren; 71,5%. — *Dimethyl-p-chlorphenylsulfonium-*, F. 123—125,5° (Zers.; Aceton/A.), aus p-Chlorthioanisol; 62%. — Nitrate, durch Ionenaustausch der **A** an einer mit NO_3^- beladenen Dowex 1 X 4-Anionenaustauschersäule in wss. Aceton: *Methyldiphenylsulfonium-*, $C_{13}H_{13}NO_3S$, F. 109—109,5°; 57%. — *Dimethylphenylsulfonium-*, $C_8H_{11}NO_3S$, F. 94—94,5°; 83%. — *Dimethyl-p-chlorphenylsulfonium-*, $C_8H_{10}ClNO_3S$, F. 103—104° (Zers.); 67%. K. Stühmer 1090

1112 **Ein stabiles Sulfoniumylid.** H. Nozaki, K. Kondô und M. Takaku. (Tetrahedron Letters [London] **1965**, 251—54; Kyôto, Kyôto Univ., Dep. of Ind. Chem.; engl.) — Durch Rk. von Methylphenacylphenylsulfoniumbromid (**I**) mit 2 Mol Triäthylamin (**II**) in 98%ig. A. bei 0—5°, Zugeben von W., Extrahieren mit $CHCl_3$ u. Eindampfen der organ. Phase im Vakuum entsteht in 70%ig. Ausb. *Methylphenylsulfoniumphenacylid* [**III**, $C_{15}H_{14}OS$, F. 113—114° (Bzl.)], das auch aus **I** mit 1%ig. Na-Äthylat in A. bei 0—5° in 63%ig. Ausb. u. mit 8%ig. wss. NaOH bei 0—5° in 75%ig. Ausb. erhalten wird. **I** reagiert mit **II** in Bzl. bei Raumtemp. nicht, während bei 40—50° *Phenacylbromid* u. *Thioanisol* gebildet werden. Aus **I** u. **II** entstehen in 98%ig. A. bei 20—30° 33% **II** u. 10% *1.2.3-Tribenzoylcyclopropan* (**IV**). Durch Rk. von **I** u. **II** in sd. A. entsteht ausschließlich in 25%ig. Ausb. **IV**, das durch 2std. Kochen von 1 Mol **I** u. 4 Mol **III** in 45%ig. Ausb. entsteht. **III** reagiert mit wss. HBr in A. zu **I**. **III** ist therm. sehr stabil u. reagiert weder mit 2 Mol wss. NaOH in Abwesenheit oder in Ggw. von 1 Mol NaBr, noch in sd. THF. Für die **IV**-Bldg. wird ein Mechanismus angegeben. IR-, UV- u. KMR-Maxima s. Original. K. Zieloff 1090△

1113 **Synthese von Cyclamenaldehyd.** Etsuko Horiuchi und Tatsuo Takeshima. (Rep. liberal Arts Sci. Fac., Shizuoka, Univ., Sect. natur. Sci. **3**, 293—96, 1965; Shizuoka Univ., Chem. Inst., Fac. of Liberal Arts and Sci.; engl.) — Die Synth. der Titelverb. (**I**) aus Cumol (**II**) wird beschrieben.

Versuche: *p-Isopropylbenzaldehyd* (**III**), Kp.$_{33-36}$ 132—140°, durch 10std. Einleiten von CO u. HCl in ein Gemisch aus **II**, Bzl., $AlCl_3$ u. CuCl; 40% (Ausb.). — *7-[2-Oxobutanyliden-(3)]-p-cymol* (**IV**), $C_{14}H_{18}O$, Kp.$_{17}$ 169—170°, durch Einleiten von HCl in **III** u. Methyläthylketon (**VI**) bei 0°, 10std. Stehen bei 0° u. 10std. Stehen bei Raumtemp.; 45% [*2.4-Dinitrophenylhydrazon*, $C_{20} \cdot H_{22}N_4O_4$, F. 205—206°, aus Py. rote Platten. *Semicarbazon*, $C_{15}H_{21}N_3O$, F. 200—201° (CH_3OH, langsames Erhitzen), 215—217° (schnelles Erhitzen)]. *Isomeres* vom Kp.$_{16}$ 176—178° (**V**), durch 1std. Zugabe von 20%ig. wss. NaOH zu 60 g **III** u. 88 g **VI** in W. bei 60—70° u. 6std. Rühren; 17 g [*2.4-Dinitrophenylhydrazon*, $C_{20}H_{22} \cdot N_4O_4$, F. 210° (langsames Erhitzen), 224—226° (schnelles

Erhitzen); aus Py. rote Nadeln]. — *7-[2-Oxobutyl-(3)]-p-cymol*, $Kp._{38}$ 155°, durch Hydrieren von **IV** oder **V** an Pd. *2.4-Dinitrophenylhydrazon*, $C_{20}H_{24}N_4O_4$, F. 92—93° (langsames Erhitzen), 97—98° (schnelles Erhitzen); aus Py./A. gelbe Nadeln. — *p-Isopropyl-α-methylzimtsäure*, $C_{13}H_{16}O_2$, F. 91—93°, durch 1std. Zugabe von **IV** zu KOCl-Lsg. bei 60—65°, 1std. Rühren u. mehrstd. Stehen; aus CH_3OH Platten oder Prismen; ca. 90%. — *p-Isopropyl-α-methyl-dihydrozimtsäurechlorid*, $Kp._{24}$ 170°, durch Hydrieren vorst. Säure an Pd bei Raumtemp. u. Rk. mit sd. $SOCl_2$; ca. 70%. — *Cyclamenaldehyd* (**I**), $Kp._{20}$ ca. 150°, durch Hydrieren vorst. Säurechlorids an Pd/$BaSO_4$ in Xylol in Ggw. von Chinolin/S; 12%. *Semicarbazon*, $C_{14}H_{21}N_3O$, F. 171—172°; aus A. Platten. J. Voss 1120

1114 **Neue Methode für die selektive o-Formylierung von Phenolen.** G. Casnati, M. Crisafulli und A. Ricca. (Tetrahedron Letters [London] **1965,** 243—45; Milano, Centro del C.N.R. per la Chimica delle Sostanze Naturali, Istituto di Chimica del Politecnico; engl.) — Durch Rk. von Phenolen mit Äthyl-MgBr u. Orthoameisensäuretriäthylester (**I**) wurde eine Reihe von *Benzaldehyden* dargestellt, wobei ausschließlich o-Formulierung eintritt. Während Alkylphenole leicht reagieren, lassen sich Chlorphenole nach dieser Meth. nur schwer formylieren, u. o-, m- u. p-Carbmethoxy-, sowie Nitrophenole reagieren überhaupt nicht.

Versuche: Benzaldehyde, durch Rk. von 0,1 Mol Phenol mit 0,1 Mol Äthyl-MgBr in Ae. bei Raumtemp., Zugeben von 20—30 ml **I**, Dest. bis 100°, Zugeben von 10%ig. wss. HCl zum Rückstand, Ausäthern u. W.-Dampf-Dest.: *2-Hydroxy-*, aus Phenol; 7% (Ausb.). — *2-Hydroxy-3-methyl-*, aus o-Kresol; 42%. *2.4-Dinitrophenylhydrazon*, F. 251—252°. — *2-Hydroxy-4-methyl-*, aus m-Kresol; 22%. — *2-Hydroxy-5-methyl-*, aus p-Kresol; 30%. — *2-Hydroxy-3.6-dimethyl-*, aus 2.5-Xylol; 55%. — *2-Hydroxy-4.5-dimethyl-*, aus 3.4-Xylol; 25%. — *2-Hydroxy-4.6-dimethyl-*, aus 3.5-Xylol; 35%. — *2-Hydroxy-5-tert.-butyl-*, aus p-tert.-Butylphenol; 15%. — *2-Hydroxy-3-methyl-5-tert.-butyl-*, aus 2-Methyl-4-tert.-butylphenol; 37%. — *2-Hydroxy-3-isopropyl-6-methyl-*, aus Thymol; 45%. — *2-Hydroxy-3-methyl-6-isopropyl-*, aus Carvacrol; 4,5%. — *2-Hydroxy-3-methoxy-*, aus o-Methoxyphenol. — *2-Hydroxy-4-methoxy-*, aus m-Methoxyphenol; 18%. — *2-Hydroxy-5-methoxy-*, aus p-Methoxyphenol; 12%. — *2-Hydroxy-3-chlor-*, aus o-Chlorphenol; 1,5%. — *2-Hydroxy-5-chlor-*, aus p-Chlorphenol; 4,5%. K. Zieloff 1140△

1115 **Über die Herkunft von Benzolpolycarbonsäuren aus oxydierten Holzligninen.** Gösta Brunow. (Finska Kemistsamfundets Medd. **74,** 20—23, 1965; Helsinki-Helsingfors, Univ., Dep. of Chem.; engl.) — Durch Behandeln mit konz. HCl bzw. 72%ig. H_2SO_4, Lösen in 2,5%ig. KOH, 24std. Ox. mit $KMnO_4$ bei 80—90°, Ansäuern, Kochen, Isolierung über die Ba-Salze, Kochen der freien Säuren mit konz. HNO_3, Veresterung mit CH_2N_2 in Methanol, säulenchromatograph. Abtrennung u. Nachw. durch Dünnschichtchromatographie werden aus D-Pinoresinol (**I**) 1,2—2,2% *Benzolpentacarbonsäure* (**A**) bzw. 3,4% **A** u. 0,05% *Benzolhexacarbonsäure* (**B**) u. aus dem Diacetat keine bzw. 0,65% **A** u. 0,35% **B** erhalten. Behandeln von **I** mit konz. Alkali u. Ox. liefert keine **A** u. **B**. Daraus wird geschlossen, daß derartige Verb. in Ggw. von Mineralsäuren intramolekulare Kondens. unter Bldg. von Phenylnaphthalinstrukturen eingehen, wodurch sich der Geh. von 0,57% **A** eines käuflichen Lignins erklärt. Hydroxylgruppen fördern die Bldg. cycl. Zwischenprodukte. K. Stühmer 1240

1116 **Alkoholyse von 5-Nitrosalicylhydrazid.** G. L. Gupta. (J. Proc. Instn. Chemists [India] **37,** 62—64, 1965; Datia, M. P., Government Degree Coll.; engl.) — *5-Nitrosalicylsäurehydrazid* (**I**) liefert durch Kochen in A. bzw. CH_3OH das A.- (**II**) bzw. Methanolsolvat (**III**), die sich durch Kochen in CH_3OH bzw. A in einander überführen lassen u. die durch Kochen in W. wieder entsolvatisiert werden.

Versuche: *5-Nitrosalicylsäurehydrazid* (**I**), $C_7H_7N_3O_4$, F. 178° (Zers.), a) durch 20minütiges Kochen von 2 g 5-Nitrosalicylsäuremethylester in CH_3OH mit 60%ig. $N_2H_4 \cdot H_2O$; 1,8 g (Ausb.); b) durch 10minütiges Erwärmen von 0,5 g **III** auf 100° unter Rühren-; 0,28 g; c) analog b) aus **II**; 0,45 g; aus W. rötlichgelbe Rhomben. *Methanolsolvat* (**III**), $C_7H_7N_3O_4 \cdot CH_3OH$, F. 154° (Zers.), a) durch 20minütiges Kochen von 0,5 g **I** in CH_3OH; 0,48 g; b) durch Kochen von 0,5 g **II** in CH_3OH; 0,33 g; aus CH_3OH gelbe Nadeln. *Äthanolsolvat* (**II**), $C_7H_7N_3O_4 \cdot C_2H_5OH$, F. 163° (Zers.), a) durch Kochen von 0,5 g **I** in abs. A.; 0,42 g; b) durch 1/4std. Kochen von 0,5 g **III** in A.; 0,46 g; gelbe Nadeln. K. Gröbe 1250△

1117 **Mannichkondensation von Sulfinsäuren, Aldehyden und Äthylcarbamat.** 2. Mitt. **Anwendung höherer Aldehyde.** J. B. F. N. Engberts und J. Strating. (Recueil Trav. chim. Pays-Bas **84,** 942—50, 1965; Groningen, Univ., Dep. of Organ. Chem.; engl.) — Durch Lösen von Na-p-Methylbenzolsulfinat u. Äthylcarbamat in W., Zugeben des Aldehyds in Methanol, Ansäuern mit Ameisensäure (pH 2—3) u. mehrstd. Stehen (Meth. **A**), oder durch Zugeben des Aldehyds in Ameisensäure (Meth. **B**) bzw. analog **B** durch 1std. Erhitzen auf 70° u. 3std. Stehen bei 0° (Meth. **C**) werden nachst. N-[α-Alkyl(oder Aryl)-tosylmethyl]-urethane dargestellt: *α-Phenyl-*, F. 132—135° (70%ig. A.), a) nach **A** durch 28tägiges Stehen; 70% (Ausb.); b) nach **C**; 70%. — *α-[p-Methoxy-phenyl]-*, F. 131—134°, a) nach **A** durch 5tägiges Stehen; 49%; b) nach **B** durch 6tägiges Stehen; 90%; c) nach **C**; 20%. — *α-[p-Tosyl]-*, F. 122 bis 124° (60%ig. A.), a) nach **A** durch 7tägiges Stehen; 37%; b) nach **A** durch 14tägiges Stehen; 43%; c) nach **B** durch 2tägiges Stehen; 72%; d) nach **C**; 58%. — *α-[m-Chlor-phenyl]-*, F. 136—137° (Bzl.), a) nach **B** durch 2tägiges Stehen; 81%; b) nach **C**; 74%. — *α-[m-Nitro-phenyl]-*, F. 139—140°, a) nach **A** durch 14tägiges Stehen; 45%; b) nach **C**; 76%. — *α-[p-Nitro-phenyl]-*, F. 127 bis 130°, a) nach **A** durch 14tägiges Stehen; 50%; b) nach **C**; 90%. — *α-Methyl-*, F. 106,5—108°, a) nach **A** durch 5tägiges Stehen mit 36%ig. wss. Acetaldehyd; 46%; b) nach **B** durch 2tägiges Stehen; 79%; c) nach **C**; 83%. — *α-Äthyl-*, F. 82—83° (Bzl.), a) nach **A** durch 13tägiges Stehen; 47%; b) nach **C**; 88%. — *α-Propyl-*, a) F. 95—96° (Bzl.), nach **A** durch 5tägiges Stehen; 50%; b) F. 103 bis 104,5°, nach **C**.

Urethane: *N-[α-(p-Methoxy-phenylsulfonyl)-benzyl]-*, F. 129—130°, nach **A** durch 4tägiges Stehen; 54%. — *N-[α-(Benzylsulfonyl)-benzyl]-*, F. 138—139,5°, a) nach **B** durch 2tägiges Stehen; 58%; b) nach **C**; 66%. — *N-[α-Propyl-benzylsulfonylmethyl]-*, F. 65—67°, nach **C**; 86%. — *N-[Benzylsulfonylmethyl]-*, F. 114,5—115° (CCl_4), nach **C**; 85%. — *N-[p-Methoxy-phenylsulfonylmethyl]-*, F. 104 bis 105°, a) nach **A** durch 30std. Rk.; 64%; b) nach **C**; 88%. — *N-[p-Tosyl-methyl]-*, F. 109—110,5°, a) nach **A** durch 14tägige Rk.; 61%; b) nach **B** durch 2tägige Rk.; 66%; c) nach **C**; 79%. — *N-[Phenylsulfonylmethyl]-*, F. 95—96°, nach **A** durch 30tägige Rk.; 72%; b) nach **B** durch 2tägige Rk.; 76%; c) nach **C**; 95%. — KMR-Maxima s. Original. P. Westermann 1280△

1118 **Radiosynthese von ^{14}C-markiertem 4-Dimethylamino-3.5-xylyl-methylcarbamat.** Elinor A. Williams, Richard W. Meikle und Carl T. Redemann. (J. agric. Food Chem. **13,** 210—13, 1965; Bioproducts Department, The Dow Chemical Co., Walnut Creek, Calif.; engl.) — Titelverb. wird mit ^{14}C an 3 Stellen markiert. Die Carbonylgruppe wird mit 40%ig. Ausb. (an Radioaktivität) durch Überführung von $^{14}C_{2(1.1)}$-Essigsäureanhydrid (**II**) in markiertes CH_3NCO u. Rk. von diesem mit 4-Dimethylamino-3.5-xylenol markiert. Die 1-Stellung im Ring wird durch Addition von ^{14}C–CO_2 zum Di-Grignard-Reagens von 1.5-Dibrom-2.4-dimethylpentan u. katalyt. Überführung zum 3.5-Xylenol, Nitrosierung, Hydrierung, Methylierung u. Rk. mit CH_3NCO mit 3% Ausb. markiert. Die Di-Grignard-Verb. wird in 7 Stufen, vom Diäthylmalonat ausgehend, synthetisiert. Die 3-Stellung im Ring u. die 3-Methylgruppe werden durch Rk. von $^{14}C_{2(1.2)}$-Acetaldehyd mit Äthylacetoacetat u. Überführung zum 3.5-Xylenol mit 10% Ausb. markiert.

Versuche: *Methylisocyanat-^{14}C* (**I**), C_2H_3NO, durch 7,5std. Erhitzen von NaN_3, **II** u. abs. Bzl. auf 100° im Bombenrohr. — *4-Dimethylamino-3.5-xylyl-methyl-*

carbamat [*Carbonyl-^{14}C*], $C_{12}H_{18}N_2O_2$, F. 81—83°, analog **I** aus **I**, 4-Dimethylamino-3.5-xylenol u. 1% $(C_2H_5)_3N$ in abs. Bzl. durch 18,5std. Stehen des verschlossenen Bombenrohres bei Raumtemp., Zugabe von 1,5 n NaOH, Waschen der Bzl.-Schicht mit W. u. Entfernung des Bzl.; 35% (Ausb. an Radioaktivität). — *Diäthyl-2.4-dicarbäthoxyglutarat,* $C_{15}H_{24}O_8$, $Kp._{0,4}$ 120°, durch 2std. Kochen von Na in abs. A., Diäthylmalonat u. CH_2J_2, Kühlen u. Eingießen in Eis, W. u. KH_2PO_4 u. Extraktion mit Ae.; 40%. — *2.4-Dimethylglutarsäure,* $C_7H_{12}O_4$, durch 2,5std. Kochen von Na in abs. A., Zugabe von CH_3J u. 106 g vorst. Verb., Zugabe von 6 n NaOH, 19std. Kochen, HCl-Zugabe, Filtrieren, HCl-Zugabe zu den Ae.-Extrakten u. 18std. Kochen; 50 g. *Dimethylester,* $C_9H_{16}O_4$, $Kp._{1,9}$ 79—88°, durch 17std. Kochen mit CH_3OH u. H_2SO_4; n_D^{22} 1,4252; 62%. — *2.4-Dimethylpentandiol-(1.5),* $C_7H_{16}O_2$, aus vorst. Ester in abs. A. u. Na, Verdünnen mit W. u. Entfernung des A. im Vakuum; n_D^{20} 1,4553; 42%. — *1.5-Dibrom-2.4-dimethylpentan,* $C_7H_{14}Br_2$, aus vorst. Verb. u. PBr_3; n_D^{20} 1,5050; 37%. *Di-*Grignard-*Reagens,* $C_7H_{14}Br_2Mg_2$, durch 6,5std. Kochen mit Mg in Ae.; 52%. — *3.5-Dimethylcyclohexanon-(1)-^{14}C,* $C_8H_{14}O$, durch 10 Min. langes Rühren vorst. Grignard-Verb. mit 2 mMol ^{14}C–CO_2 (aus ^{14}C–$BaCO_3$ u. H_2SO_4) u. CuCl in Ae. bei 1,5 atm u. 40—50°, Entfernen des Ae., u. Dampf-Dest.; 50 mg. — *3.5-Xylenol-(1)-^{14}C* (**III**), $C_8H_{10}O$, durch katalyt. Aromatisierung (Ni-Katalysator) vorst. Verb. bei 320° in 48 Std.; 36%. — *4-Nitroso-3.5-xylenol-(1)-^{14}C,* $C_8H_9NO_2$, durch Zugabe wss. $NaNO_2$ zu **III** in A. u. konz. HCl. — *4-Dimethylamino-3.5-xylenol-(1)-^{14}C,* $C_{10}H_{15}NO$, durch Zugabe von Pd/C u. CH_3OH in H_2-Atmosphäre zu vorst. Verb. u. Na-Acetat in CH_3OH, Zugabe von 37%ig. CH_2O in CH_3OH, Extraktion der gefilterten, gewaschenen u. von CH_3OH befreiten Lsg. mit CH_2Cl_2 u. Subl. im Vakuum. — *4-Dimethylamino-3.5-xylyl-(1)-^{14}C-methylcarbamat* (**IV**), durch 24std. Stehen vorst. Verb., CH_3NCO u. Hexan mit 1% $(C_2H_5)_3N$; 3%. — *Acetylen-$^{14}C_{2(1.2)}$,* durch Schmelzen von ^{14}C–$BaCO_3$ mit überschüssigem Ba unter Ar, Zersetzung des Carbids mit W., Trocknung des Gases mit $CaCl_2$ u. P_2O_5 u. Auffangen bei —194°. — *Acetaldehyd-$^{14}C_{2(1.2)}$,* durch katalyt. Hydratisierung ($HgSO_4$ u. H_2SO_4 in W.) vorst. Verb. im Bombenrohr, Erhitzen auf 100°, Abkühlung mit fl. N_2 u. Dest. unter N_2. — *3.5-Dimethyl-$^{14}C_{(5)}$-Δ^2-cyclohexenon-(1),* $C_8H_{12}O$, durch 24std. Stehen vorst. Verb., Äthylacetoacetat, Piperidin u. abs. A. bei 0°; 23%. — *3.5-Xylenol-C$_{(3.\alpha^s)}$,* analog **III** aus vorst. Verb.; 16 mg. — *4-Dimethylamino-3.5-xylyl-C$_{2(3.\alpha^s)}$-methylcarbamat,* analog **IV** aus vorst. Verb. 10%. W. Kohl 1280

1119 **Synthese von Trifluormethyl-substituierten Phenylendiisocyanaten.** Kan Inukai und Yasuo Maki. (J. chem. Soc. Japan, ind. Chem. Sect. [Kōgyō Kagaku Zasshi] **68**, 315—18, 1965; Nagoya-Kitaku, Nagoya-Kogyo-Gijutsu-Shikenjo; jap.) — Aus 2.4-, 2.5- u. 3.4-Dibrombenzotrifluorid werden über die *Dicyan-Verb.* die entsprechenden *Trifluormethyl-benzoldicarbonsäuren* (**A**) hergestellt. *4-Trifluormethyl-phthalsäure* wird auch aus 3-Amino-4-brom-benzotrifluorid (**I**) über *3-Cyan-4-brombenzotrifluorid, 2-Brom-5-trifluormethyl-benzosäure* u. *2-Cyan-5-trifluormethyl-benzoesäure* hergestellt. Aus den **A** werden über die *Säurechloride* wie üblich *Trifluormethyl-phenylendiisocyanate* erhalten.

Versuche: *2.5-Dibrom-benzotrifluorid,* F. 34—35°, aus 2-Brom-5-amino-benzotrifluorid. — Dicyan-benzotrifluoride (**B**), aus Dibrombenzotrifluoriden u. CuCN in DMF durch 3std. Erhitzen auf 150° (bei 3.4-Dibromid 6std. auf 120°) u. Gießen in die Lsg. von $FeCl_3$ in verd. HCl: *2.4-,* F. 106—107° (80%ig. A.); 93% (Ausb.). — *2.3-,* F. 101—102° (90%ig. A.); 68,3%. — *3.4-,* F. 113—114° (durch Sublimation); 10,2%. — Phthalsäuren (**A**), aus **B** durch 10—15std. Erhitzen in einem Gemisch aus konz. HCl u. Essigsäure (**II**) (2:1,5) im Einschlußrohr auf 135 bis 140°: *4-Trifluormethyl-iso-,* F. 240—241° (A.); 72%. — *2-Trifluormethyl-tere-;* 67,5%. — *4-Trifluormethyl-* (**III**), F. 264—265° (A.); 73,6%. — *3-Amino-4-cyan-benzotrifluorid,* $Kp._7$ 108—110°, F. 24—25°, aus **I** in DMF durch 4std. Erhitzen mit $Cu_2(CN)_2$; 26,3%. — *3-Cyan-4-brombenzotrifluorid,* F. 43—44° (PAe.), aus **I** in einem auf 20° gekühlten Gemisch aus konz. H_2SO_4 u. $NaNO_2$ durch Gießen auf Eis/NaCl-Lsg. nach 1std. Umrühren, Absaugen, Zusatz von $ZnCl_2$ in W. zum Filtrat, Absaugen des *Diazoniumsalzes* u. durch dessen Tropfen in ein Gemisch aus W., $Cu_2(CN)_2$ u. $NaHCO_3$ u. PAe. unter Erwärmen; 40%. — *2-Brom-5-trifluormethyl-benzoesäure,* F. 116—117° (Bzn.), aus vorst. Verb. durch 13std. Erhitzen in konz. HCl u. **II** im Einschlußrohr auf 140°; 48,5%. — *2-Cyan-5-trifluor-benzoesäure,* F. 169—170° (A.), aus vorst. Verb. in DMF durch 6std. Kochen mit $Cu_2(CN)_2$; 88,9%. — **III**, aus vorst. Verb. durch 10std. Kochen in konz. HCl u. **II** im Einschlußrohr auf 140°; 95%. — Phthalsäuredichloride (**C**), aus **A** durch 5std. Erhitzen mit $SOCl_2$: *4-Trifluormethyl-iso-,* $Kp._{10}$ 119 bis 120°; n_D^{20} 1,5136; $D._4^{20}$ 1,5154; 68,2%. — *2-Trifluormethyl-tere-,* $Kp._{10}$ 115—116°; n_D^{20} 1,5137; $D._4^{20}$ 1,5087; 92%. — *4-Trifluormethyl-,* $Kp._{10}$ 108—109°; n_D^{20} 1,5174; $D._4^{20}$ 1,5002; 69,4%. — Phenylendiisocyanate, aus **C** u. NaN_3 in Xylol durch 12—13std. Erhitzen im N_2-Strom: *4-Trifluormethyl-m-,* $Kp._5$ 104—105°, F. 36 bis 37°; 57,6%. — *2-Trifluormethyl-p-,* $Kp._5$ 103—104°; n_D^{20} 1,5202; $D._4^{20}$ 1,4398; 32,1%. — *4-Trifluormethyl-o-,* $Kp._{11}$ 111—112°; n_D^{20} 1,5298; $D._4^{20}$ 1,4491; 80%.

E. Maekawa 1290△

1120 **N.N'-Dimethyl-1-phenylpropandiamin-(1.2). Ein bisher nicht beschriebenes Produkt bei der Ephedrinsynthese.** Seymour Hyden, Santo Emmanuele, Henry Wetstein und Godfrey Wilbert. (J. med. Chem. **10** (1967) 5, 953—54; Nepera Chem. Co., Harriman, N.Y.; engl.) — Bei der Hydrierung von Acetylbenzoyl (**II**) u. 2,5 Val CH_3NH_2 in CH_3OH an 5% Pt–Kohle-5%ig. Pd-Kohle (1:1) bei Raumtemp. entstehen *Ephedrin* u. *N.N'-Dimethyl-1-phenylpropandiamin-(1.2)* (**I**) im Verhältnis 1:1. Mit 1 Val CH_3NH_2 werden bei Raumtemp. 3%, bei 60° 8% **I** erhalten. Bei der Hydrierung an 5%ig. Pd–Kohle, 5%ig. Pt–Kohle bzw. PtO_2 werden *Ephedrin* u. **I** etwa im Verhältnis 4:1 gebildet. Mit Raney-Ni als Katalysator wird **I** nicht erhalten. **I**-Dihydrochlorid hat schwache sympathomimet. Eigenschaften.

Versuche: *N.N'-Dimethyl-1-phenylpropandiamin-(1.2)* (**I**), $C_{11}H_{18}N_2$, $Kp._{20}$ 143—145°, aus dem Dihydrochlorid u. NH_4OH. *Dihydrochlorid,* $C_{11}H_{20}Cl_2N_2$, F. 250 bis 252° (Zers.; Isopropanol/W.), durch Hydrieren von **II** u. ca. 2,5 Val CH_3NH_2 in CH_3OH an 5%ig. Pd-Kohle-5%ig. Pt–Kohle u. Rk. mit methanol. HCl; 28% (Ausb.); daneben 27% *Ephedrinhydrochlorid* (F. 188—189°).

Hans Köhne/Berlin 1310△

1121 **In 3-Stellung halogenierte Thyronine.** Paul Block jun. (J. med. Chem. **10** (1967) 5, 950—52; Dep. of Chem., Univ. of Toledo, Toledo, O.; engl.) — Die Darst. von *3-Jod-, 3-Chlor-, 3.3'-Dichlor-* bzw. *3.3'.5'-Trichlor-dl-thyronin* (**I**) wird beschrieben. **I** ist kein Antagonist von Thyroxin.

Versuche: *3-Nitro-4-[4-methoxyphenoxy]-benzaldehyd,* F. 65—66° (95%ig. A.), aus 3-Nitro-4-chlorbenzaldehyd, p-Methoxyphenol, K_2CO_3 u. $NaHSO_3$ in sd. W.; 76% (Ausb.). — *3-Nitro-4-[4-methoxyphenoxy]-α-benzoylaminozimtsäure,* $C_{23}H_{18}N_2O_7$, F. 222—223° (CH_3·COOH), aus vorst. Verb., Hippursäure u. $KHCO_3$ in Acetanhydrid u. Rk. mit sd. wss.-äthanol. NaOH; 75%. *Äthylester* (**II**), $C_{25}H_{22}N_2O_7$, F. 128—129°, aus der Säure u. sd. abs. A. in Ggw. von Na_2CO_3; 75%. — *3-Amino-4-[4-methoxyphenoxy]-α-benzoylaminozimtsäure,* $C_{23}H_{20}N_2O_5$, F. 188° (A./Pentan), durch Hydrieren von vorvorst. Verb. in verd. NaOH an 10%ig. $PdCl_2$–Kohle bei 2,1 kg/cm² u. 20°; 87%. — *3-Jod-4-[4-methoxyphenoxy]-α-benzoylaminozimtsäure* (**III**), F. 213,5—214,5° (n-Propanol), nach Chalmers et al. (J. chem. Soc. [London] **1949**, 3431) aus vorst. Verb.; 75%. *Äthylester,* $C_{25}H_{22}JNO_5$, F. 128—129° (75%ig. A.), a) durch Hydrieren von **II** an $PdCl_2$–Kohle in CH_3COOH u. analog **III**; 50%; b) aus vorst. Verb. u. warmem Acetanhydrid u. Rk. mit sd. abs. A. in Ggw. von Na_2CO_3; 80%. — *3-Chlor-4-[4-methoxyphenoxy]-α-benzoylaminozimtsäure,* F. 193—195° (60%ig. A. u. Bzl./CH_3CN), aus drittvorst. Verb. nach Chalmers et al. (l.c.) u. Rk. mit CuCl in W./$CHCl_3$ bei 40°. — *3-Jod-dl-thyronin,* F. 235—237°, aus **III** bzw. **III**-Äthylester, 57%ig. HJ u. 48%ig. HBr in sd. CH_3COOH in Ggw. von rotem P; 83%. — *N-Acetyl-3-chlortyrosin, l-Form,* $C_{11}H_{12}ClNO_4$, F. 165° (W.), aus 3-Chlor-l-tyrosin u. Acetanhydrid in 2 n NaOH bei 5—10°; $[\alpha]_D^{26}$ +62° (c = 1; A.); 66%. Analog: *dl-*

Form (IV), F. 173—174° (W.); 65%. — *N-Acetyl-3-jod-tyrosin, l-Form, Monohydrat*, $C_{11}H_{12}JNO_4 \cdot H_2O$, F. 102 bis 103° (20%ig. A.), aus l-3-Jodtyrosin; $[\alpha]_D^{26}$ +54° (c = 1,034; A.). *dl-Form*, $C_{11}H_{12}JNO_4$, F. 190—192° (33%ig. A.), aus 3-Jod-dl-tyrosin; 75%. — *N-Acetyl-3-chlor-tyrosinäthylester, dl-Form*, $C_{13}H_{16}ClNO_4$, F. 126—127° (33%ig. CH_3OH), a) aus N-Acetyl-dl-tyrosinäthylester u. SO_2Cl_2 in CH_3COOH bei Raumtemp.; 65%; b) aus **IV** u. A. in sd. CH_3OH in Ggw. von p-Toluolsulfonsäure. Analog: *l-Form* (V), F. 99—100° (33%ig. CH_3OH), nach a) bzw. b); $[\alpha]_D^{26}$ +27° (c = 1; A.). — *N-Acetyl-3-jod-dl-tyrosinäthylester*, $C_{13}H_{16}JNO_4$, F. 138,5—140,5° (wss. A.), nach b); 75%. — *3-Chlor-dl-thyronin*, $C_{15}H_{14}ClNO_4$, F. 221—223° (verd. HCl/CH_3COOH) verd. NH_4OH), aus Bis-[p-methoxyphenyl]-jodoniumbromid u. Ag_2SO_4 in W. u. Rk. mit NaCl (→ 83% *Bis-[p-methoxyphenyl]-jodoniumchlorid*, F. 202—203°), Rk. mit **V** u. $NaOCH_3$ in DMF bei 50—55° u. mit 48%ig. HBr in sd. CH_3COOH; 75%. — *3.3'-Dichlor-dl-thyronin*, $C_{15}H_{13}Cl_2NO_4$, F. 226 bis 228°, aus vorst. Verb. u. ca. 1 Val SO_2Cl_2 in CH_3COOH; 80%. — *3.3'.5'-Trichlor-dl-thyronin* (I), $C_{15}H_{12}Cl_3NO_4$, F. 224—225° (20%ig. A./CH_3COOH/NH_4OH), aus vorvorst. Verb. u. ca. 3 Val SO_2Cl_2 in CH_3COOH; 65%.
Hans Köhne/Berlin 1350△

1122 **Über die IR-Spektren von Phenoxysilanen und Kresoxysilanen.** I. Földesi und F. Török. (Int. Sympos. Organosilicon Chem. sci. Commun., Prague **1965**, 216 bis 219; Budapest, Eötvös Univ., Inst. für Allgem. u. Anorgan. Chem.; engl.) — Die IR-Spektren der Verb. $(RO)_{4-n}SiCl_n$ mit n = 0, 1, 2, 3 u. R = Phenyl, -o, -m oder p-Kresyl werden angegeben u. diskutiert. Bes. charakterist. ist die ν_{as} Si—Cl, die für $(RO)SiCl_3$ bei 620 u. 605 cm^{-1} für $(RO)_2SiCl_2$ bei 612 cm^{-1} liegt. Die ν_{as} Si—O variiert zwischen 972—1000 cm^{-1}, wobei die Werte von R = o- über p- u. m-Kresoxy zu R=Phenoxy abnehmen. Die Frequenzen der SiO u. CO-Bindung zeigen bei den untersuchten Verb. höhere Werte als bei den Methoxychlorsilanen. K. Rühlmann 1380

1123 **Silylazide.** N. Wiberg und B. Neruda. (Int. Sympos. Organosilicon Chem. sci. Commun., Prague **1965**, 232—35; München, Univ., Inst. für Anorgan. Chem.; engl.) — Die IR-Spektren von aus Halogensilanen u. NaN_3 in Py. oder LiN_3 in Tetrahydrofuran (THF) gewonnenen Azidosilanen (**A**) werden zur Deutung der hohen therm. Beständigkeit der **A** herangezogen. Die $\nu_{as}(N_3)$-Werte lassen außer beim Trimethoxyazidosilan nicht auf $(p \rightarrow d)\pi$-Anteile der SiN-Bindung schließen. Da die Geschw. der Umsetzungen von Silylaziden mit Phosphin viel geringer sind als die der Rk. von Organosilylaziden werden auch positiv induktive oder mesomere Effekte ausgeschlossen. Als Grund für die Beständigkeit wird deshalb ein Ausbleiben der bei Organosilylaziden vorhandenen Nachbargruppeneffekte auf Grund des größeren Bindungsabstandes zwischen Si u. N angenommen.

Versuche: Silylazide: *Trimethyl-*, Kp. 92°. — *Triäthyl-*, $Kp._{95}$ 100—104°. *Tri-n-butyl-*, $Kp._{0,01}$ 86,5°. — *Triphenyl-*, F. 81—82°; Nadeln. — *Dimesitylmethyl-*, F. 65—68°. — *Tris-[dimethylamino]-*, $Kp._{10}$ 60—75°. — *Trimethoxy-*, Kp. 135—136°. K. Rühlmann 1380

1124 **Synthese von Terephthalsäure-bis-[triorganosilyl]-estern.** Minoru Abe. (J. chem. Soc. Japan, ind. Chem. Sect. [Kogyo Kagaku Zasshi] **68**, 1623—24; 1965; Gunma Univ., Technol. Fak.; jap.) — Durch 1std. Zutropfen von 0,2 Mol Trimethyl-chlor-silan in der 3fachen Menge abs. Ae. zu 0,1 Mol Dikalium-terephthalat in 300 ml abs. Ae. unter Rühren, anschließendes 24std. Kochen, Filtrieren unter N_2, Einengen des Filtrats im Vakuum, Kühlen mit Trockeneis–Aceton, Waschen der erhaltenen Krist. mit kaltem n-Hexan u. Krist. aus Ae. werden ca. 83% *Terephthalsäure-bis-[trimethyl-silyl]-ester* (F. 74 bis 75°) erhalten. Analog werden dargestellt: *Terephthalsäure-bis-[butyldimethyl-silyl]-ester*, $Kp._3$ 195—196°; n_D^{20} 1,4800. — *Terephthalsäure-bis-[phenyl-dimethyl-silyl]-ester*, F. 86 bis 87°. — Für alle Verb. sind die IR-Spektren abgebildet u. Röntgendaten tabelliert. L. Lamza 1380△

1125 **Notiz über die Darstellung der isomeren Diphenyl-[carboxyphenyl]-phosphine und deren Oxide.** H. Schindlbauer. (Mh. Chem. **96**, 1021—24, 1965; Wien, TH, Inst. für Chem. Technol. Organ. Stoffe; dt.) — Durch Ox. der entsprechenden Tolylphosphine mit $KMnO_4$ sind *Tris-[o-carboxyphenyl]-* ($C_{21}H_{15}O_7P$, F. 280—285°), *Tris-[m-carboxyphenyl]-* (F. 313—319°) bzw. *Tris-[p-carboxyphenyl]-phosphinoxid* (F. 331—335°) sowie *o-Carboxyphenyl-* ($C_{19}H_{15}O_3P$, F. 242—249°), *m-Carboxyphenyl-* (F. 230—232°) bzw. *p-Carboxyphenyldiphenylphosphinoxid* (F. 270—271°) zugänglich. *m-Carboxyphenyldiphenylphosphin* ($C_{19}H_{15}O_2P$, F. 157—160°) wird durch Zutropfen von m-Chlorbenzoesäureäthylester (**II**) zu Diphenylphosphin-K (**I**; aus Diphenylchlorphosphin u. K) in sd. THF, 50std. Kochen u. Hydrolyse mit W. bei Raumtemp. mit 41% Ausb. synthetisiert. Daneben tritt Rk. zwischen **I** u. **II** zu 20% *Äthyldiphenylphosphin* (**III**; $Kp._{10}$ 159 bis 161°; *Methojodid*, F. 180—182°) u. 26% *m-Chlorbenzoesäure* ein. Daneben werden bei der Aufarbeitung 25% *Diphenylphosphinsäure* (**IV**) erhalten. Analog wird mit 60%ig. Ausb. *p-Carboxyphenyldiphenylphosphin* (F. 156—158°) neben 4% **III**, 8% *p-Chlorbenzoesäure* u. 18,5% **IV** gebildet. K. Stühmer 1380

1126 **Trialkyl- und Triarylphosphazosulfonylphenyle.** E. S. Levčenko und B. N. Ugarov. (Ž. obšč. Chim. **35(97)**, 2080, 1965; Inst. org. chim. Akad. Nauk SSSR; russ.) — *Trialkyl(aryl)-benzolsulfonylimino-phosphorane* (**A**; *Trialkyl(aryl)-phosphazosulfonylphenyle*) (**A**) werden durch Erhitzen stöchiometr. Mengen Trialkyl- u. Triarylphosphinoxiden mit N-Thionyl-phenylsulfonamid (**I**) oder $(C_6H_5SO_2N)_2S$ (**II**) erhalten.

Versuche: Benzolsulfonylimino-phosphorane: *Trimethyl-*, $C_9H_{14}NO_2PS$, F. 111—112° (A.), durch Rk. von Trimethylphosphinoxid mit **I** bei 100—110° oder mit **II** bei 120—130°; Plättchen. — *Triäthyl-*, $C_{12}H_{20} \cdot NO_2PS$, F. 100—101° (PAe.), aus Triäthylphosphinoxid u. **I** bei 110—120°; Plättchen. — *Tributyl-*, $C_{18}H_{32}NO_2PS$, F. 42—43° (PAe.), aus Tributylphosphinoxid u. **I** bei 125—150° oder mit **II** bei 170—175°; Plättchen. — *Tribenzyl-*, $C_{27}H_{26}NO_2PS$, F. 172—173° (A.), aus Tribenzylphosphonoxid u. **I** bei 180—190° oder mit **II** bei 190—200°; Plättchen. — *Triphenyl-*, F. 157—158° (Bzl.), aus Triphenylphosphinoxid mit **I** bei 170—180°; Prismen. L. Austenat 1380

1127 **Struktur von Bis-[2-chlor-1-nitrosocyclohexan].** Zen-ichi Yoshida. (Tetrahedron Letters [London] **1965**, 2763—66; Dep. of Synth. Chem., Univ. of Kyoto; engl.) — Durch Zugeben von NOCl zu Cyclohexen in fl. SO_2 bei —50° wird die Titelverb. [F. 137—138° (Zers.)] in 76%ig. Ausb. erhalten u. die Struktur IR-spektroskop. u. durch $LiAlH_4$-Red. zu Cyclohexylamin u. trans-2-Chlorcyclohexylamin als die eines *trans-2.2'-Dichlorazocyclohexan-N.N'-dioxids* festgelegt.
P. Westermann 1800△

1128 **Oxydation von Cyclopentan mit Stickstoffdioxid in flüssiger Phase.** Mitsuo Asaka. (J. synth. org. Chem., Japan **23**, 589—95, 1965; Niigata, Nippon Gasu Kagaku Kogyo K.K.; jap.) — Cyclopentan (**I**) ergibt durch Ox. mit fl. NO_2 im Autoklaven bei 55—85° *Adipinsäure* als Hauptprod. u. daneben wenig *Bernsteinsäure* u. *Oxalsäure*; die Ausb. an den Dicarbonsäuren beträgt bei 65° 91%. Unterhalb 70° ist die Geschw. des NO_2-Verbrauchs proportional dem Prod. der Konz. von NO_2 u. **I**. Oberhalb 75° treten verschiedene Nebenrk. ein, die hauptsächlich zu den Nitroverb., bes. *Nitrocyclopentan*, führen.
E. Maekawa 1810△

1129 **Stereochemie der Reduktion von cyclischen Ketonen mit dem Pyridin/n-Butyllithium-Addukt: Beeinflussung durch sterische Annäherung und Produktentwicklung.** R. A. Abramovitch, W. C. Marsh und J. G. Saha. (Canad. J. Chem. **43**, 2631—33, 1965; Saskatoon, Univ. of Saskatchewan, Dep. of Chem.; engl.) — Red. des 4-tert.-Butylcyclohexanons mit dem Pyridin/n-Butyl-Li-Addukt liefert ein Gemisch von 91—96% *trans-* u. 9—4% *cis-4-tert.-Butyl-cyclohexanol*. Durch Zutropfen von n-Butyl-Li in Ae. zu gekühltem Py. in Ae. unter N_2 u. Rühren, Zugabe von 3.3.5-Trimethylcyclohexanon u. 12std. Rühren bei Raumtemp. werden dagegen 12,3% Gemisch, bestehend aus 79% *cis-* u. 21% *trans-3.3.5-Trimethylcyclohexanol*, gebildet. Daraus wird geschlossen, daß die Red. nicht über eine ster. Annäherung durch axialen Angriff eines Hydridions, sondern mittels „product development control" über einen „transition state" mit dem Addukt verläuft. Die Meth. ist daher für die Red. zu den äquatorialen Isomeren unter Nichtgleichgew.-Bedingungen von solchen Ketonen geeignet, bei denen der axiale Angriff ster. schwierig ist.

K. Stühmer 1850

1130 **Zur Umsetzung von Cyclohexyl- und Hexahydrobenzylbromid mit Thioharnstoff.** Georg Richard Schultze, Jürgen Schellhorn und Friedrich Boberg. (Mh. Chem. **96**, 778–83, 1965; Hannover, Inst. für Erdölforschung; dt.) — Bei der Rk. von Cyclohexylbromid (**I**) mit Thioharnstoff (**II**) in A. wird nicht das zu erwartende Cyclohexylisothiuroniumbromid (**III**), sondern die *Einschlußverb. 12* $(NH_2)_2C{=}S \cdot 3\,C_6H_{11}Br \cdot C_6H_{10}$ erhalten, die auch direkt aus **I**, **II** u. Cyclohexen zugänglich ist. Rk. ohne Lsgm. führt zur *Einschlußverb. 4* $(NH_2)_2C{=}S \cdot NH_4Br$. Rk. von **II** zu Cyclohexylmercaptan über **III** gelingt mit Cyclohexanol in wss. HBr, Behandlung mit Lauge u. Reinigung über das *Disulfid*. Analog erfolgt Darst. des *Hexahydrobenzylmercaptans*.

Versuche: *Thioharnstoffeinschlußverb.* mit *Cyclohexylbromid* u. *Cyclohexen*, 12 $CH_4N_2S \cdot 3\,C_6H_{11}Br \cdot C_6H_{10}$, Zers. um 150°, a) durch Zugabe von 90 g **I** zu 42 g **II** in heißem A., 10std. Kochen u. Stehen über Nacht; 31,8 g (Ausb.); b) durch 1/2std. Kochen von 24,5 g **I**, 45 g **II** u. 4,1 g Cyclohexen in A.; Nadeln; 42,5 g (Zers. mit W. zu **I**, **II** u. Cyclohexen). — *Thioharnstoffeinschlußverb.* von *Ammoniumbromid*, 4 $CH_4N_2S \cdot NH_4Br$, F. 176°, a) durch Erhitzen von **I** u. **II** (1:4) auf 150°; b) durch 10 Min. langes Kochen von **II** u. NH_4Br in Methanol; Nadeln. — *Cyclohexylmercaptan*, $Kp._8$ 47°, a) durch 50std. Erhitzen von 30,4 g **II** u. 300 g Cyclohexanol in wss. 48%ig. HBr auf 120°, Einengen im Vakuum unter N_2 u. 1/2std. Erhitzen mit konz. wss. NaOH auf 100°; 20 g (Reinigung über nachst. Verb.): b) durch Einleiten von NH_3 in eine Lsg. von 8 g nachst. Verb. in Ae. u. Na in fl. NH_3 bei −70° u. Zugabe von Na nach der Entfärbung bis zur Blaufärbung; 0,5 g. — *Dicyclohexyldisulfid*, $C_{12}H_{22}S_2$, $Kp._{20}$ 193°, durch Stehen vorst. Verb. u. $FeCl_3 \cdot 6H_2O$ über Nacht; n_D^{20} 1,5468; 67%. — *Hexahydrobenzylalkohol*, $Kp._{16}$ 87°, durch Red. von Cyclohexancarbonsäure mit $LiAlH_4$; 66%. — *Hexahydrobenzylmercaptan*, $C_7H_{14}S$, $Kp._{65}$ 40°, durch 50std. Kochen von 40 g vorst. Verb. u. 26,7 g **II** in 48%ig. HBr u. Zers. der nichtisolierten nachst. Verb. durch 2std. Erwärmen mit wss. NaOH auf 100°; 8,3 g. — *Hexahydrobenzylisothiuroniumbromid*, $C_8H_{17}BrN_2S$, F. 153°; aus A. Nadeln. — *Dihexahydrobenzyldisulfid*, $C_{14}H_{26}S_2$, $Kp._{24}$ 190°, aus 6,1 g vorst. Rohprod.; n_D^{20} 1,5319; 4,8 g.

K. Stühmer 1890

1131 **Diphenylcyclopropenon.** Ronald Breslow, Theo Eicher, Adolf Krebs, Ruth A. Peterson und Judd Posner. (J. Amer. chem. Soc. **87**, 1320–25, 1965; New York, N.Y., Columbia Univ., Dep. of Chem.; engl.) — Die bisher bekannten Meth. zur Darst. von *Diphenylcyclopropenon* (**I**) werden zusammengefaßt. Die bequemste Synth. erfolgt über die Bromierung von Dibenzylketon (**II**), wobei im Gegensatz zu Ruggli et al. [1946] ein Gemisch von *meso-* u. *d.l.-α.α'-Dibromdibenzylketon* erhalten wird u. Eliminierung von HBr zu **I**. Die physikal. u. chem. Eig. von **I** zeigen, daß die Carbonylgruppe durch Stabilisierung zum aromat. Cyclopropenylkation stark polarisiert ist. Pyrolyse bei 190° führt zu *Diphenylacetylen* u. CO ($t_{1/2}$ 5 Min.), während bei 145 bis 150° daneben ein *Dimeres* von **I**, möglicherweise ein cycl. Ester, gebildet wird. Bei der bas. Hydrolyse mit 0,1 n NaOH bei 24° wird **I** schnell ($t_{1/2}$ 5 Min.) zu *cis-1.2-Diphenylacrylsäure* (**III**) aufgespalten. Katalyt. Red. mit H_2 liefert **II**, das weiter zum *Diphenylcyclopropanol* hydriert werden kann; Diphenylcyclopropanon kann nicht isoliert werden. Die Rk. mit Phenyl-MgBr führt nach Zers. mit W. u. Einw. von $HClO_4$ wahrscheinlich über den dimeren Äther zu *Triphenylcyclopropenyliumperchlorat*. In undurchsichtiger Rk. werden bei der Umsetzung von **I** mit NH_2OH *Desoxybenzoinoxim* u. *3.4-Diphenylisoxazolon* gebildet. Durch Anlagerung von CH_2N_2 an die C=C-Bindung von **I** entsteht unter Umlagerung *3.5-Diphenyl-4-methoxypyridazin*. Weiterhin reagiert Py. leicht mit 2 Molen **I** unter Bldg. einer *Verb.* $C_{35}H_{25}NO_2$, deren KOH-Hydrolyse zu **III** führt. Äthylierung von **I** ist mit Triäthyloxoniumfluoborat (**IV**) zu *Äthoxydiphenylcyclopropenyliumfluoborat* möglich. Dieses reagiert mit Dimethylamin leicht unter nucleophiler Substitution zu *1.2-Diphenyl-3-dimethylaminocyclopropenyliumfluoborat*.

Versuche: *meso-* u. *dl-α.α'-Dibromdibenzylketon, Isomerengemisch* (1:1), $C_{15}H_{12}Br_2O$, F. 79–97° (Ligroin), durch 1/4std. Zugabe von Br_2 in Eisessig zu **II** in Eisessig unter Rühren, 5 Min. langes Rühren, Gießen in W., Zufügen von Na_2CO_3 bis zum Farbumschlag u. 1std. Stehen; Nadeln; 108 g (Ausb.; Trennung der Isomeren (F. 96 bis 96,5° bzw. 115–116°) durch Kristallisation aus Cyclohexan). — *meso-* u. *dl-α.α'-Dichlordibenzylketon, Gemisch*, $C_{15}H_{12}Cl_2O$, F. 48–80°, aus **I** u. SO_2Cl_2 in Eisessig. — *Diphenylcyclopropenon* (**I**), F. 119–121°, a) durch 1std. Zugabe vorvorst. Gemischs in CH_2Cl_2 zu Triäthylamin in CH_2Cl_2 unter Rühren bei Raumtemp., 1/2std. Rühren, Extraktion mit 3 n HCl, Eiskühlung der organ. Phase, Zutropfen von 66%ig. H_2SO_4, Abtrennen des Bisulfats, Aufnehmen in CH_2Cl_2 u. W., Zugabe von Na_2CO_3, Eindampfen der organ. Phase u. Extraktion mit sd. Cyclohexan; 45% (bezogen auf **II**); b) analog aus vorst. Gemisch; 12%; c) durch 3std. Rk. von 60,2 g Diphenylacetylen u. K-tert.-Butylat mit $CHBr_3$ in Hexan unter N_2 bei −11°; 17,0 g; d) durch 1std. Zutropfen von Benzalchlorid unter N_2 u. Eiskühlung zu einer Mischung (2:1) aus Phenylketendimethylacetal u. Orthophenylessigsäuremethylester (nach McElvain et al. [1959]) u. K-tert.-Butylat in Bzl. u. 19std. Erhitzen auf 70–80°; 80,5%. — *Diphenylacetylen*, durch 14std. Pyrolyse von **I** unter N_2 bei 160–162°; 80%; b) analog in 36 Std. bei 145–150°; 20%; daneben 40% *Dimeres* **I**, $C_{30}H_{20}O_2$, F. 181–182° (Zers.). — *Dibenzylketon* (**II**), durch Red. von **I** in abs. A. in Ggw. von Pt; 75%. — *Triphenylcyclopropenyliumperchlorat*, F. 238–240°, durch Zutropfen von **I** in Bzl. zu Phenyl-MgBr in eiskaltem Ae., 1/2std. Stehen u. Behandeln mit $HClO_4$ in Acetanhydrid nach Aufarbeiten; 49%. — *Desoxybenzoinoxim*, F. 94–96° (wss. A.), durch 1/2std. Kochen von **I** in A. u. $NH_2OH \cdot HCl$ u. Na-Acetat in W.; 31%; daneben 61,5% *3.4-Diphenylisoxazolon*, F. 158 bis 159,5°. — *3.5-Diphenyl-1.4-dihydropyridazon-(4)*, $C_{16}H_{12} \cdot N_2O$, F. 336–338° (Py.), durch Rk. von **I** in Bzl. mit $CH_2 \cdot N_2$ in Ae. bei 0° u. 15std. Stehen; 58%. — *3.5-Diphenylpyridazin*, F. 141–141,5° (wss. A.), durch 1/2std. Erhitzen vorst. Verb. u. $POCl_3$ auf 100°, Aufarbeiten, Aufnehmen in A. u. wenig NH_3-W. u. H_2-Red. in Ggw. von Pd/Kohle; 74%. — *4-Methoxy-3.5-diphenylpyridazin*, $C_{17}H_{14}N_2O$, F. 171 bis 172,5°, a) durch Behandeln vorst. Verb. mit CH_2N_2 u. $AlCl_3$ in Ae.; b) analog aus **I**; 50%. — *Verb.* $C_{35}H_{25}NO_2$, F. 187–187,5° ($CHCl_3$/A.), durch 1,5std. Kochen von 3 g **I** u. Py. in Methanol; 1,0 g. — *cis-1.2-Diphenylacrylsäure* (**III**), F. 172–173°, durch 12std. Hydrolyse vorst. Verb. in sd. 20%ig. äthanol. KOH. — *1.2-Diphenyl-3-äthoxycyclopropenyliumfluoborat*, $C_{17}H_{15}BF_4O$, F. 195,5 bis 196°, durch 1std. Stehen von **I** mit **IV** in CH_2Cl_2; 80 bis 96% (Schütteln mit W. ergibt **I**). — *1.2-Diphenyl-3-dimethylaminocyclopropenyliumfluoborat*, $C_{17}H_{16}BF_4N$, F. 236–236,5° (Acetonitril/A.), durch 5 Min. lange Zugabe von Dimethylamin in CH_2Cl_2 zu vorst. Verb. in CH_2Cl_2 u. 1/2std. Stehen; 65%.

K. Stühmer 1960

1132 **Isolierung des Azins bei der Zersetzung des Tosylhydrazons von Cyclododekanon.** A. P. Krapcho und J. Diamanti. (Chem. and Ind. **1965**, 847–48; Burlington, Vt., Univ. of Vermont; engl.) — Bei der Zers. des Tosylhydrazons von Cyclododekanon durch Kochen in Diglym **nach Zugabe zu NaH oder CH_3ONa in Diglym** werden neben 45–50% *cis-trans-Isomerengemisch* von *Cyclododecen* (1:3) 30–35% *Cyclododekanonazin* gebildet. Bei der Zers. anderer Cycloalkanone konnten dagegen keine Azine nachgewiesen werden, jedoch ergaben gaschromatograph. Unters. der Rk.-Prod. aus dem Tosylhydrazon von Aceton 2% *Acetonazin*. Die Bldg. von Azinen auf diesem Wege wurde hiermit erstmalig beobachtet. Der Rk.-Mechanismus wird diskutiert.

K. Stühmer 1960

1133 **Synthese von Carbonsäurederivaten aus Kohlenoxid, Olefinen und acylierbaren Verbindungen unter Bedingungen der sauren Katalyse.** 17. Mitt. **Synthese von Estern aus Cycloolefinen und Alkoholen der Cyclopentan-**

und Cyclohexanreihe mittels Ameisensäure. Ja. T. Ėjdus, T. A. Kaal, M. B. Ordjan und B. K. Nefedov. (Probl. org. Sinteza **1965**, 14—18; Inst. org. chim. im. Zelinskogo Akad. nauk SSSR; russ.) — 14. vgl. C. **1966, 33-0859**. — Cyclopenten oder Cyclopentanol liefern durch Rk. mit HCOOH in 96%ig. H_2SO_4 bei 2—3° u. nachfolgendem Zusatz von CH_3OH (1:2:7,6:7,5 bzw. 1:2:9,6:7,5) mit 50% Ausb. *Cyclopentancarbonsäuremethylester*; cis-Dekalin-9-carbonsäuremethylester fällt nur in geringer Menge an. Aus Cyclohexen werden *Cyclohexan-* u. *1-Methylcyclopentancarbonsäuremethylester* im Verhältnis 1,8:1 gebildet. 1-Methyl-, 1-Äthyl- u. 1-n-Propylcyclohexen bzw. -cyclohexanol geben entsprechend mit 15—30% Ausb. *1-Methyl-* (**I**; $Kp._5$ 42—45°, n_D^{20} 1,4443), *1-Äthyl-* [**II**; $Kp._5$ 59—60°, $D._4^{20}$ 0,9616, n_D^{20} 1,4500; → *Amid*, F. 70° (n-Hexan)] bzw. *1-n.* — *Propylcyclohexancarbonsäuremethylester* [$Kp._4$ 67—68°, $D._4^{20}$ 0,9493, n_D^{20} 1,4512; → *Amid*, F. 93° (n-Hexan)], In sehr geringer Menge (2—4%) werden **I** bzw. **II** bei der Carbomethoxylierung von 1-Äthylcyclopenten oder -cyclopentanol bzw. von 1-n-Propylcyclopenten erhalten; hauptsächlich fallen dabei hochmol. Prod. an.

H.-E. Toussaint 2010

1134 **Synthese von Methyl(Dimethyl)cyclopentylphosphonsäuredichloriden.** I. A. Šichiew, M. I. Aliew und S. Z. Israfilowa. (Doklady Akad. Nauk Azerbajdz. SSR **21**, Nr. 7, 7—9, 1965; russ.) — Methyl- u. Dimethylcyclopentan (roh; 15—20% Verunreinigungen) werden bei 50° in Ggw. von PCl_3 (2 Mol/Mol) durch Einleiten von 2—3 Litern O_2/Std. zu *x-Methyl-* u. *x.x-Dimethylcyclopentylphosphonsäuredichlorid* umgesetzt. — *x-Methylcyclopentylphosphonsäuredichlorid*, $C_6H_{11}Cl_2OP$, $Kp._8$ 110 bis 113°; 22% (Ausb.); $D._4^{20}$ 1,2691; n_D^{20} 1,4918. — *Dimethylcyclopentylphosphonsäuredichlorid*, $C_9H_{13}Cl_2OP$, $Kp._{1,5}$ 101—102°, $D._4^{20}$ 1,2454; n_D^{20} 1,4880; 20%.

Hubert Hoffmann 2180

1135 **Die Darstellung von Amiden aus Homoveratrylamin und substituierten Jodphenylessigsäuren.** Albert und Charles Lespagnol und Patrick Leroy. (Chim. thérapeut. **1965**, 14—16; Labor. de Pharmacie Chimique, Fac. mixte de Médecine et de Pharmacie, Lille; franz.) — Im Hinblick auf die Neigung der Amide des Homoveratrylamins (**II**), sich durch eine Bischler-Napieralski-Rk. zu Isochinolin-Deriv. zu cyclisieren, haben Vf. *N-(2-[3.4-Dimethoxyphenyl]-äthyl)-4'-jodphenylacetamid* (**I**), *N-(2-[3.4-Dimethoxyphenyl]-äthyl)-4'-acetoxy-3'.5'-dijodphenylacetamid* sowie *N-(2-[3.4-Dimethoxyphenyl]-äthyl)-4'-amino-3'.5'-dijodphenylacetamid* dargestellt.

Versuche: *N-(2-[3.4-Dimethoxyphenyl]-äthyl)-4'-jodphenylacetamid* (**I**), $C_{18}H_{20}JNO_3$, F. 127—128° (A.), durch Rk. von p-Jodphenylessigsäure u. $SOCl_2$ zu *p-Jodphenylessigsäurechlorid*, Zugabe von **II** in Bzl., Zutropfen von 1 n NaOH bis zur schwach alkal. Rk.; 70% (Ausb.). — *4-Acetoxy-3.5-dijodphenylessigsäure*, $C_{10}H_8J_2O_4$, F. 122—123° (Bzl./Cyclohexan), aus 4-Hydroxy-3.5-dijodphenylessigsäure, Essigsäureanhydrid, Eisessig u. 2 Tropfen konz. H_2SO_4; 70—75%. — *N-(2-[3.4-Dimethoxyphenyl]-äthyl)-4'-acetoxy-3'.5'-dijodphenylacetamid*, $C_{20}H_{21}J_2NO_5$, F. 151—152° (A.) analog **I** aus vorst. Verb., $SOCl_2$ u. **II**; 70—75%. — *N-(2-[3.4-Dimethoxyphenyl]-äthyl)-4'-amino-3'.5'-dijodphneylacetamid*, $C_{18}H_{20}J_2 \cdot N_2O_3$, F. 180—181° (A.), durch 3std. Rk. von 4-Amino-3.5-dijodphenylessigsäure mit 1,8 g **II** bei 180—185°; 80%.

H. Henze 2450

1136 **Chromsäureoxydation einiger tertiärer Indanole-(1).** S. Nizamuddin, M. Ghosal und D. N. Chaudhury. (J. Indian chem. Soc. **42**, 569—70, 1965; Chem. Labor., Bihar Univ., L. S. Coll., Muzaffapur; engl.) — 1-Phenylindanol-(1) (**I**) wird von CrO_3 in Eisessig zu *2-Benzoylphenylessigsäure* ox., die nach Huang-Minlon zu *2-Benzylphenylessigsäure* red. wird. 1-Benzyl- (**II**) bzw. 1-Phenyl-5.6-dimethoxyindanol-(1) werden mit CrO_3 in Eisessig zu *2-[Phenylacetyl]-phenylessigsäure* bzw. *2-Benzoyl-4.5-dimethoxyphenylessigsäure* oxydiert.

Versuche: *1-Phenylindanol-(1)* (**I**), $C_{15}H_{14}O$, $Kp._1$ 134—135°, aus 25,1 g Indanon-(1) (**III**) u. C_6H_5MgBr in abs. Ae.; 25,5 g (Ausb.). — *1-Benzylindanol-(1)* (**II**), $C_{16}H_{16}O$, $Kp._2$ 155—156°, aus 24,4 g **III** u. Benzyl-MgCl in abs. Ae.; 22,4 g. — *1-α-Naphthylindanol-(1)*, $C_{19}H_{16}O$, F. 134—135° (Bzl./PAe.), aus 31 g **III** u. a-Naphthyl-MgBr in abs. Ae.; 21 g. — *1-Phenyl-5.6-dimethoxyindanol-(1)*, $C_{17}H_{18}O_3$, F. 122—123° (Bzl.), aus 10 g 5.6-Dimethoxyindanon-(1) u. C_6H_5MgBr in THF; 4,5 g. — *2-Benzoylphenylessigsäure*, $C_{15}H_{12}O_3$, F. 130—131° (Essigester/PAe.), aus 5,6 g **I** u. CrO_3 in Eisessig; 5 g. — Analog: *2-[Phenylacetyl]-phenylessigsäure*, $C_{16}H_{14}O_3$, F. 118—119° (PAe.), aus 2 g **II** bei 50°; 0,5 g. — *2-Benzoyl-4.5-dimethoxyphenylessigsäure*, $C_{17}H_{16}O_5$, F. 168—170° (Essigester), aus 2,4 g drittvorst. Verb. bei 30°; 0,3 g. — *2-Benzylphenylessigsäure*, F. 89—90° (PAe.), aus 5 g drittvorst. Verb., 80%ig. $N_2H_4 \cdot H_2O$ u. NaOH in Diäthylenglykol bei 150—215°; 3,8 g.

Hans Köhne/Berlin 2470△

1137 **2-Amino-1.4-naphthochinon-N⁴.2-naphthylimin, ein Photooxydationsprodukt des 2-Aminonaphthalins.** E. Brill und J. L. Radomski. (Experientia [Basel] **21**, 368—69, 1965; Coral Gables, Fla., Univ. of Miami, School of Medicine; engl.) — Bestrahlung von 2-Aminonaphthalin (**I**) in CH_3OH mit UV (254 mμ) u. Chromatographie (Chr.) an Al_2O_3, Bestrahlen von mit **I** imprägniertem Filterpapier mit Sonnenlicht sowie Extrahieren einer gealterten Lsg. von **I** u. Chr. an Silicagel G mit Bzl.-Aceton (8:1) gab *2-Amino-1.4-naphthochinon-N⁴-naphthyl-(2)-imin* [F. 136—138° (PAe.)]. Diese Rk. spielt möglicherweise bei der Cancerogenität von **I** eine Rolle.

K. Gröbe 2700△

1138 **Die Konfiguration von Communsäure.** Torbjörn Norin (Acta chem. scand. **19**, 1020—22, 1965; Stockholm, Royal Inst. of Technol.; engl.) — An Hand der UV- u. KMR-Spektren wurde für *Communsäure* die trans-Struktur der Seitenkette festgelegt (Struktur vgl. V. P. Arya et al., Acta chem. scand. **15**, [1961], 225), wobei die Spektren mit denen verschiedener Ocimene verglichen wurden.

Versuche: *Communsäure*, aus der Rinde von *Juniperus arizonica*. *Methylester*, F. 105—106°, durch Methylieren mit Diazomethan in Ae.; $[\alpha]_D + 48°$ ($CHCl_3$).

K. Gröbe 2700△

1139 **Tumorinhibitoren.** 9. Mitt. **Synthese von 10-Nitro-phenanthren-1-carbonsäure.** S. Morris Kupchan und Henry C. Wormser. (J. org. Chemistry **30**, 3933 bis 3935, 1965; Dep. of Pharmaceut. Chem., Univ. of Wis., Madison, Wis.; engl.) — 8. vgl. C. **1967**, 25-1212. — Über eine mehrstufige Synth. der Titelverb. wird berichtet. IR-Maxima vgl. Original.

Versuche: *2-Brom-2'-nitro-cis-stilben-α-carbonsäure*, $C_{15}H_{10}BrNO_4$, F. 195—197° ($CHCl_3$/Skellysolve B), aus 23 g Na-2-Bromphenylacetat, o-Nitrobenzaldehyd u. Essigsäureanhydrid; 25 g (Ausb.). — *2-Brom-2'-amino-cis-stilben-α-carbonsäure*, $C_{15}H_{12}BrNO_2$, F. 227—228° (abs. A.), aus vorst. Verb. mit $Fe(OH)_2$; 65%. — *1-Bromphenanthren-10-carbonsäure*, F. 215—217° (verd. A.), aus vorst. Verb. durch Diazotieren u. Pschorr Phenanthrencyclisierung; 61%. *Methylester*, $C_{16}H_{11}BrO_2$, F. 69 bis 70°, mit Diazomethan; 100%. — *1-Brom-10-isocyanatophenanthren*, F. 142—145°, aus vorst. Verb. mit NaN_3; 85%. — *1-Brom-10-aminophenanthren*, $C_{14}H_{10}BrN$, F. 126—128° (verd. A.), aus vorst. Verb. über das *Hydrochlorid* (F. ~200°); 85%. — *10-Amino-phenanthren-1-carbonsäurelactam*, $C_{15}H_9NO$, F. 235° ($CHCl_3$/Skellysolve B), aus 0,1 g vorst. Verb. mit n-Butyl-Li u. Carbonisieren; 15%; daneben *9-Aminophenanthren*; F. 137 bis 138°; 0,023 g. — *N-Acetyl-1-brom-10-aminophenanthren*, $C_{16}H_{12}BrNO$, F. 210—210,5° (verd. A.), aus vorvorst. Verb. mit Essigsäureanhydrid; 73%. — *10-Nitrophenanthren-1-carbonsäure*, $C_{15}H_9NO_4$, F. 268—270° (Essigsäure u. A.), durch Kochen von 0,022 g vorvorst. Verb. mit 5%ig. NaOH, Diazotieren u. Rk. mit $NaNO_2/CuSO_4/Cu_2O$/wss. $NaHCO_3$-Lsg.; 2 mg. W. Hampel 2850△

1140 **Tumorinhibitoren.** 11. Mitt. **Überprüfung der Struktur von Aristolochiasäure-C durch Totalsynthese des Methylestermethyläthers.** S. Morris Kupchan, Henry C. Wormser und Mariano Sesso. (J. org. Chemistry **30**, 3935—37, 1965; Dep. of Pharm. Chem., Univ. of Wis., Madison, Wis.; engl.) — 10. vgl. C. **1968, 36-1064**; 9. vgl. vorst. Referat. — Folgende Verb. werden dargestellt: *2-Nitro-4-hydroxytoluol*, F. 74—75°, nach Suvorov et al. (1960); 65% (Ausb.). — *2-Nitro-4-methoxytoluol*, $Kp._{25}$ 108—115°, nach Suvorov et al. (l.c.); 66%. — *2-Nitro-4-methoxybenzaldehyd*, F. 93—94°, nach Suvorov et al.

(l.c.). — *2-Nitro-4-methoxybenzaldoxim*, F. 124–125°, nach Boon; 96%. — *2-Amino-4-methoxybenzaldoxim*, F. 144–145°; 30%. — *2-Azido-4-methoxybenzaldehyd*, $C_8H_7N_3O_2$, F. 72,5–73° (Bzl./Skellysolve B), aus 0,2 g vorst. Verb. durch Diazotieren u. Rk. mit KJ; 0,195 g. — *2-Amino-4-methoxytoluol*, F. 41–43°, durch Hydrieren der Nitroverb.; 92%. — *2-Jod-4-methoxytoluol*, nach Roberts u. Smiles; (1929); 85%. — *2-Jod-4-methoxybenzylbromid*, aus vorst. Verb. mit N-Bromsuccinimid; 96% (daneben *Succinimid*, F. 122–125°). — *1-[2-Jod-4-methoxybenzyl]-pyridiniumbromid*, $C_{13}H_{13}BrJNO$, F. 200 bis 201° (A./Ae.), aus vorst. Verb.; 87%. — *2-Jod-4-methoxyphenyl-N-[p-dimethylaminophenyl]-nitron*, $C_{16}H_{17}\cdot JN_2O_2$, F. 154–155° (Bzl./Skellysolve B), aus vorst. Verb. mit N.N-Dimethyl-p-nitrosoanilin; 43%. — *2-Jod-4-methoxybenzaldehyd*, F. 112–113° (Skellysolve B), durch Hydrolyse vorst. Verb.; 82%. — *2-Carbomethoxy-4.5-methylendioxy-2'-jod-4'-methoxy-α-nitro-cis-stilben*, $C_{18}H_{14}\cdot JNO_7$, F. 172–173° (A.), aus der n-Propylidenbase vorst. Verb. mit 2-Carbomethoxy-4.5-methylendioxyphenylnitromethan; 57%. — *Aristolochiasäure-C. Methylestermethyläther*, F. 258–260° (A.), durch Photolyse vorst. Verb.; 45%. W. Hampel 2850△

1141 **Synthese von 2.3-Dihydrophenalen-2-carbonsäure (Perinaphthan-2-carbonsäure).** Göran Bergson und Anna-Lena Pikas. (Acta chem. scand. **19,** 755, 1965; Uppsala, Univ., Chem. Inst.; engl.) — Durch $LiAlH_4$-Red. von Naphthalin-1.8-dicarbonsäureanhydrid zu *1.8-Bis-[hydroxymethyl]-naphthalin*, Überführung mit PBr_3 in *1.8-Bis-[brommethyl]-naphthalin*, tropfenweise Zugabe in A. zu Diäthylmalonat-Na (I) in sd. A., gleichzeitiges Zutropfen von I u. 2std. Kochen, Hydrolyse des isolierten Esters durch 3std. Kochen in wss. NaOH zu *2.3-Dihydrophenalen-2.2-dicarbonsäure* [F. 206–208° (Zers.)] u. Decarboxylierung durch 1std. Erhitzen auf 210° wird *2.3-Dihydrophenalen-2-carbonsäure* ($C_{14}H_{12}O_2$, F. 175 bis 177° (Bzl.); 62% Ausb.) gebildet. K. Stühmer 2900

1142 **Konformation von 9.9'-Bianthryl.** Hanna Weiler-Feilchenfeld, Ernst D. Bergmann und Amiram Hirschfeld. (Tetrahedron Letters [London] **1965,** 4129–31; Dep. of Organ. Chem., Hebrew Univ., Jerusalem; engl.) — Durch Red. von 2-Chloranthron wird *2.2'-Dichlor-9.9'-bianthryl* (**I**, F. 289°) u. analog *2.2'-Difluor-* [**II**, $C_{28}H_{16}F_2$, F. 283° (Cyclohexan); 61% (Ausb.)] u. *2.2'-Dibrom-9.9'-bianthryl* [**III**, $C_{28}H_{16}Br_2$, F. 300–302° (Bzl./Cyclohexan); 51%] dargestellt. Durch Messung der Dipolmomente konnte eine Verdrehung der Mol.-Hälften um 62° bei **I**, um 85° bei **II** u. um 76° bei **III** nachgewiesen werden. P. Westermann 2910△

1143 **Reduktion des Fenchons. Epimerisierung der Fenchole.** Alain Coulombeau und André Rassat. (Bull. Soc. chim. France **1965,** 3338–45; Grenoble, Isère, Centre d'Études Nucléaires, Labor. di Chim. org. phys.; franz.) — Bei der Red. des Fenchons (**I**) mit Li, Na, K, Ca oder Ba in fl. NH_3 entsteht hauptsächlich (endo)-*α-Fenchol* (**II**) neben nur 1–5% (exo)-*β-Fenchol* (**III**). Diese Ergebnisse ändern sich in Ggw. von A. nicht wesentlich. Pinacole werden nicht erhalten. Bei der Red. von **I** mit Li, Na, K oder Ca in Dioxan fallen Geh. von 10–40% **III** an, in Ggw. von tert.-Amylalkohol etwas höhere als ohne. Bei der Red. mit $LiAlH_4$ u. $NaBH_4$ schwankt die Ausb. an **III** je nach Lsgm. zwischen 5,5 u. 11%, Al-Isopropylat ergibt in Isopropanol 76% **III**. Ausgehend von reinem **II** werden nach Erhitzen auf 170° in Ggw. von Fluoren-Na 72% **II** u. 28% **III** gefunden. In Ggw. von $AlCl_3$ u. $LiAlH_4$ in sd. Ae. findet keine Epimerisierung statt. Damit ist **II** das stabilere Isomere. W. Holland 2950

C–3. Heterocyclische Verbindungen

1144 **Herstellung von Arylthioglycidäthern und 3-Aryloxythietanen.** M. Sander. (Mh. Chem. **96,** 896–908, 1965; Frankfurt/Main, Battelle-Inst.; dt.) — Rk. von Alkaliphenolaten mit 3-Chlorpropylensulfid (**I**) liefert Gemische aus *Arylthioglycidäthern* u. *3-Aryloxythietanen*, wobei, wie mit Na-Phenolat untersucht wird, in polaren protonenfreien Lsgm. vorwiegend erstere u. in polaren proton. Lsgm. vorwiegend letztere gebildet werden. Die Isolierung ersterer ist allerdings schwierig u. mit Verlusten verbunden. Es wird eine spezielle jodometr. Meth. zur Best. des Thiiran-S in Eisessig entwickelt. Die Rk.-Mechanismen werden diskutiert.

Versuche: Thioglycidäther: *Phenyl-*, $C_9H_{10}\cdot OS$, F. 19,5° (PAe.), durch 24std. Stehen von Na-Phenolat u. **I** in abs. Diglyme bei 30–35°; 16% (Ausb.). — *p-Bromphenyl-*, C_9H_9BrOS, F. 36° (PAe.), $Kp._{0,2}$ 105–108°, durch Zugabe von Na zu p-Bromphenol in Methanol, Eindampfen, Lösen in Diglyme, Zutropfen von 64,3 g **I** bei 20–40° u. 3std. Erwärmen auf 70°; 11,8 g. — *p-Chlorphenyl-*, C_9H_9ClOS, F. 27,5° (PAe.), $Kp._{0,2}$ 125–130°, aus 83,5 g **I**; 31,8 g. — *m-Chlorphenyl-*, $C_9H_9\cdot ClOS$, aus 84,6 g **I**; n_D^{21} 1,5826; gelbes Öl; 17,4 g. — *2.4-Dichlorphenyl-*, $C_9H_8Cl_2OS$, F. 32° (PAe.), a) analog vorst. aus 81,4 g **I**; 10%; daneben 7,5 g **II**; b) durch 70std. Stehen bei Raumtemp. u. $^1/_2$std. Stehen bei 60° mit 80 g 2.4-Dichlorphenylglycidäther u. KCNS in 60%ig. wss. A.; 18 g. — *3.4-Dichlorphenyl-*, $C_9H_8Cl_2OS$, $Kp._{0,05}$ 110–114°, aus 25,5 g **I**; n_D^{21} 1,5930; gelbes Öl; 7,7 g. — *3.5-Dichlorphenyl-*, $C_9H_8Cl_2OS$, $Kp._{0,1}$ 116–117°, aus 15,8 g **I**; n_D^{21} 1,5910; gelbes Öl; 8,6 g. — *m-Trifluormethylphenyl-*, $C_{10}H_9F_3OS$, $Kp._{0,2}$ 72–73°, aus 64,5 g **I**; hellgelbes Öl; 32,0 g. — *o-Brom-p-kresyl-*, $C_{10}H_{11}BrOS$, $Kp._{0,1}$ 112–115°; aus 64 g **I**; n_D^{23} 1,5930; gelbes Öl; 30,5 g. — *2.4-Dichlor-o-kresyl-*, $C_{10}H_{10}Cl_2OS$, F. ca. –3° (PAe.), aus 54,6 g **I**; n_D^{21} 1,5787; hellgelbes Öl; 18 g. — *p-Nitrophenyl-*, $C_9H_9NO_3S$, F. 93,5° (PAe.), aus 0,6 Mol **I** in Dimethylsulfoxid; 25,2 g. — *p-Methoxyphenyl-*, $C_{10}H_{12}\cdot O_2S$, F. 67° (PAe.), aus 104,2 g **I**; 25 g. — *o-Allylphenyl-*, $C_{12}H_{14}OS$, $Kp._{0,05}$ 96–98°, aus 41,5 g **I**; n_D^{21} 1,5652; hellgelbes Öl; 25,7 g. — *1-Brom-β-naphthyl-*, $C_{13}H_{11}BrOS$, F. 65° (PAe.), aus 24,4 g **I** u. 5std. Rk. bei 70°; 10 g. — *p-tert.-Butylphenyl-*, $C_{13}H_{18}OS$, F. 17,5° (PAe. bei –30°), $Kp._{0,2}$ 121–125°, aus 85,8 g **I**; 24 g. — 3-Phenoxythietane, durch $^1/_2$std. Zutropfen von **I** zum entsprechenden Phenol u. NaOH in W. u. 5std. Rühren bei 70°: *Unsubstituiert*, $C_9H_{10}OS$, F. 39° (A.), aus 108,5 g **I**; 43 g. *Monoxid*, $C_9H_{10}O_2S$, F. 90–95° (A.), durch Zutropfen von 30%ig. H_2O_2 zu 30 g des Thietans in Eisessig unter Rühren bei < 25°; 12,5 g. *Dioxid*, $C_9H_{10}O_3S$, F. 147° (A.), durch Zugabe von 3 Mol 30%ig. H_2O_2 zum Thietan in Eisessig oder A. u. $^1/_2$std. Kochen; 63%. — *4-Chlor-*, C_9H_9ClOS, F. 53° (PAe./$CHCl_3$; A.); 23%. *Dioxid*, $C_9H_9ClO_3S$, F. 190° (A.); 43%. — *2-Chlor-*, C_9H_9ClOS, F. 27° (PAe.); 41,5%. — *2.4-Dichlor-* (**II**), $C_9H_8Cl_2OS$, F. 62° (PAe.); 46,8%. *Monoxid*, $C_9H_8Cl_2O_2S$, F. 124–128° (A.); 42%. *Dioxid*, $C_9H_8Cl_2O_3S$, F. 134° (A.). — *2.4.5-Trichlor-*, $C_9H_7Cl_3OS$, F. 72,5°; 38,4%. — *2.6-Dichlor-*, $C_9H_8Cl_2OS$, F. 62° (A.); 61%. — *4-Nitro-*, $C_9H_9NO_3S$, F. 105° (A.); 49%. *Monoxid*, $C_9H_9NO_4S$, F. 118–122° (A.); 51%. *Dioxid*, $C_9H_9NO_5S$, F. 154° (A.); 50%. — *4-tert.-Butyl-*, $C_{13}H_{18}OS$, F. 25,5° (PAe.); 25%. — *4-Methoxy-*, $C_{10}H_{12}O_2S$, F. 65° (PAe.); 19%. — *3-[α-Naphthyloxy]-thietan*, $C_{13}H_{12}OS$, F. 85° (A.); 12%. — *3-[α-Brom-β-naphthyloxy]-thietan*, F. 125° (A.); 19%. K. Stühmer 3040

1145 **Elektrophile Substitutionen in der Reihe des Benzofurans. Nitrierung und Chlormethylierung des 2-Phenylbenzofurans.** Annino Sante Angeloni und Maurilio Tramontini. (Ann. Chimica **55,** 1028–36, 1965; Bologna, Ist. di Chim. degli Intermedi, Univ.; ital.) — Bei der Nitrierung von 2-Phenylbenzofuran (**I**) mit rauchender HNO_3 in CH_3COOH wird neben wenig *5-Nitrosalicylsäure* ein Gemisch aus dem *3-* (**II**) u. *6-Nitroderiv.* (**III**) erhalten, deren Strukturen durch Abbau zur Benzoylsalicylsäure bzw. Umsetzung zu 6-Chlor-2-phenylbenzofuran bestimmt werden. Bei Nitrierung in Ggw. von Essigsäureanhydrid (**IV**) entsteht *3.6-Dinitro-2-phenylbenzofuran*, das auch aus **II** oder **III** erhalten werden kann. Die Chlormethylierung von **I** führt zum *3-Chlormethylderiv.* (**V**), daneben zu einer Verb., die wahrscheinlich *Bis-[2-Phenylbenzofuranyl-(3)]-methan* darstellt.

Versuche: 2-Phenyl-benzofurane: *3-Nitro-* (**II**), $C_{14}H_9NO_3$, F. 110–111° (PAe.), durch Zutropfen von rauchender HNO_3 in CH_3COOH zu 9,7 g **I** in $CH_3\cdot COOH$ bei 50–60° u. 12std. Stehen; 6 g (Ausb.). — *6-Nitro-* (**III**), $C_{14}H_9NO_3$, F. 150–151°, neben **II**; 1,8 g. —

3-Acetylamino- (**VI**), $C_{16}H_{13}NO_2$, F. 202—203° (A.), durch Red. von 5 g **II** in CH_3COOH u. **IV** mit Fe; 3,5 g. — *6-Amino-*, $C_{14}H_{11}NO$, F. 200—201° (A.), durch Red. von 5 g **III**; 3,2 g. — *6-Chlor-*, $C_{14}H_9ClO$, F. 133—134° (A.), a) durch Diazotieren vorst. Verb. u. Rk. mit CuCl; b) aus 4-Chlorsalicylaldehyd u. α-Bromphenylessigsäureäthylester. — *3.6-Dinitro-*, $C_{14}H_8N_2O_5$, F. 192—193° (CH_3COOH), a) durch langsame Zugabe von **I** in **IV** zu rauchender HNO_3 in **IV** bei 80—90°; b) analog a) aus **II** oder **III**. — *3-Chlormethyl-* (**V**), $C_{15}H_{11}ClO$, F. 74—75° (PAe.), durch Einleiten von HCl in ein Gemisch aus Trioxymethylen, Bzl. u. konz. HCl bei —2° u. Zugabe von 10 g **I**; 8 g. — *3-Methyl-*, F. 35—36°, $Kp._{0,8}$ 139—141°, durch Red. von **V** mit Sn u. HCl. — *O-Benzoylsalicylsäure*, F. 130—131° (PAe.), durch 12std. Kochen von 5 g **VI** mit 10%ig. H_2SO_4 u. A.; 0,5 g. — *Verb. vom F. 177—178°* (*Bis-[2-phenylbenzofuranyl-(3)]-methan?*), a) neben **V**; 2 g; b) durch 2std. Kochen von **I** u. **V** in Toluol in Ggw. von $ZnCl_2$. W. Holland 3061

1146 **Acetylierung von 2-[Naphthyl-(1)]-thiophen.** N. V. Stulin und N. I. Putochin. (Chim. geterocikličeskich Soedinenij **1965,** 822—24; Kujbyševskij politechn. inst. im. Kujbyševa; russ.) — Durch Rk. von 2-[Naphthyl-(1)]-thiophen (**II**) mit Acetylchlorid u. $SnCl_4$ in Bzl. oder mit Acetanhydrid in Ggw. von H_3PO_4 entsteht *5-Acetyl-2-[naphthyl-(1)]-thiophen* (**I**). Die Clemmensen-Red. von **I** ergibt *5-Äthyl-2-[naphthyl-(1)]-thiophen* (**III**), dessen Struktur durch Synth. aus 5-Äthyl-thienyl-(2)-magnesiumbromid u. α-Tetralon über *5-Äthyl-2-[3.4-dihydronaphthyl-(1)]-thiophen* (**V**) u. dessen Dehydrierung bewiesen wird.

Versuche: *5-Acetyl-2-[naphthyl-(1)]-thiophen* (**I**), $C_{16}H_{12}OS$, F. 130—131° (A.), a) durch Zugabe von 3,73 g $SnCl_4$ zu 3 g **II** u. 1,12 g Acetylchlorid in abs. Bzl. (Kühlung) u. 30—50 Min. langes Stehen; 3—3,1 g (Ausb.); b) durch Zugabe von 0,15—0,2 ml 85%ig. H_3PO_4 (D. 1,689) bei 70—75° zu 7 g **II** in 4,25 g Acetanhydrid, 40 Min. langes Erhitzen auf 90° u. 2std. auf 100—103°; 7,56—7,7 g. *Semicarbazon*, F. 226—227° (A.). — *5-Äthyl-2-[naphthyl-(1)]-thiophen* (**III**), $C_{16}H_{14}S$, $Kp._{12}$ 205—207°, a) durch 4std. Kochen von 5 g **I** mit 10 g Zn-Amalgam in 18%ig. HCl; gelbliches Öl; 0,5 g; b) durch 1/2std. Erhitzen von 0,55 g S mit 3,5 g **V** auf 240—250°; 2,6 g. — *3.4-Bis-[acetoxymercuri]-5-äthyl-2-[naphthyl-(1)]-thiophen*, $C_{20}H_{18}Hg_2O_4S$, F. 217—219° (Zers.), durch 1 1/2std. Erhitzen von 0,25 g HgO mit 0,1 g **III** in Eisessig u. Verdünnen mit W.; quant. Ausbeute. — *5-Äthyl-2-[3.4-dihydronaphthyl-(1)]-thiophen* (**V**), $C_{16}H_{16}S$, $Kp._{12}$ 207 bis 209°, durch Zugabe von 6,9 g α-Tetralon zu einer Grignard-Lsg. 10,9 g 5-Äthyl-2-bromthiophen, 1,4 g Mg, abs. Ae. u. 1std. Stehen; Öl; 4,45 g. L. Austenat 3071

1147 **Kondensation von o-Phenylendiamin mit Acetonylaceton.** N. V. Subba Rao, K. Sudarsana Rao und C. V. Ratnam. (Current Sci. [Bangalore] **34,** 403—04, 1965; Hyderabad, Osmania Univ.; engl.) — o-Phenylendiamin u. Acetonylaceton (**I**) reagierten im Verhältnis 1:2 u. 2:1 bei Raumtemp. in Essigsäure unter Bldg. von gelbem *1-[o-Aminophenyl]-2.5-dimethylpyrrol* (analog entstand aus **I** u. Anilin *1-Phenyl-2.5-dimethylpyrrol*). Beim Kochen reagierte ein weiteres Mol. **I** unter Bldg. von *1.1'-o-Phenylen-bis-[2.5-dimethylpyrrol]*. IR-Banden vgl. Original. K. Gröbe 3081△

1148 **Pharmakologisch aktive Acetylenverbindungen. 1. Mitt. Strukturelle Modifikationen von Oxotremorin.** John L. Neumeyer, Urve V. Moyer, Janice A. Richman, Frank J. Rosenberg und David G. Teiger. (J. med. Chem. **10** (1967) 4, 615—20; Arthur D. Little, Inc., Cambridge, Mass.; engl.) — Verb. mit dem Oxotremorin verwandten Strukturen werden durch Mannich-Kondens. von Acetylenderiv. u. sek. Aminen mit HCHO in Dioxan dargestellt. Beim Erhitzen von N-[4-Aminobutyl]-pyrrolidin bzw. N-[6-Aminohexyl]-pyrrolidin mit γ-Butyrolacton (**I**) auf 250° entstehen *1-[2-Oxopyrrolidino]-4-pyrrolidinobutan* bzw. *1-[2-Oxopyrrolidino]-6-pyrrolidinohexan.* **I** läßt sich nicht analog mit 4-Pyrrolidinobutin-(2)-ylamin (**V**) umsetzen. Oxotremorin wird nicht durch Kondens. von N-Chlormethyl-2-oxopyrrolidin mit dem Na-Salz von N-Propargylpyrrolidin erhalten. *N-[4-Pyrrolidinobutin-(2)-yl]-phthalimid* (**II**) wird besser aus N-Propin-(2)-ylphthalimid (**III**) durch Mannich-Kondens. als durch Kondens. von *N-[4-Chlorbutin-(2)-yl]-phthalimid* (**IV**) mit Pyrrolidin dargestellt. **II** bzw. N-[6-Pyrrolidinohexin-(4)-yl]-phthalimid geben mit N_2H_4 *1-Amino-4-pyrrolidinobutin-(2)* (**V**) bzw. *1-Amino-6-pyrrolidinohexin-(4).* Durch Acylierung von **V** werden *1-Acetylamino-*, *1-Stearoylamino-*, *1-Cyclopropylcarbonylamino-* bzw. *1-[m-Chlorphenyl-ureido]-4-pyrrolidinobutin-(2)* dargestellt. o-Aminotoluol (**VI**) bzw. Benzylamin bilden mit **I** *1-o-Tolyl-* bzw. *1-Benzyl-2-oxopyrrolidin*, aus denen durch Nitrierung u. anschließende katalyt. Hydrierung *1-[2-Methyl-4-aminophenyl]-* (**VII**) bzw. *1-p-Aminobenzyl-2-oxopyrrolidin* (**VIII**) entstehen. **VII** bzw. **VIII** liefern mit 1.4-Dibrom- (**IX**) bzw. 1.4-Dichlorbutan *1-[2-Oxopyrrolidino]-2-methyl-4-pyrrolidinobenzol* bzw. *N-p-Pyrrolidinobenzyl-2-oxopyrrolidin.* p-Aminophenol (**X**) reagiert mit **I** zu *1-p-Hydroxyphenyl-2-oxopyrrolidin* (**XI**), das mit N-2-Chloräthylpyrrolidin (**XII**) bzw. Acetanhydrid zu *N-[4-(2-Pyrrolidinoäthoxy)-phenyl]-2-oxopyrrolidin* bzw. *N-p-Acetoxyphenyl-2-oxopyrrolidin* umgesetzt wird. *4-Pyrrolidinobutin-(2)-ol* (**XIII**) wird aus 4-Chlorbutin-(2)-ol (**XIV**) u. Pyrrolidin erhalten. **XIII** gibt mit den entsprechenden Isocyanaten *Carbaminsäure-*bzw. *N-m-Chlorphenylcarbaminsäure-4-pyrrolidinobutin-(2)-ylester.* Alle dargestellten Verb. sind weniger akt. als Oxotremorin.

Versuche (F. korr.): *N-Propin-(2)-yl-2-oxopyrrolidin* (**XV**), $Kp._{0,01}$ 57—58°, nach Bebbington u. Shakeshaft (C. **1966,** 2-0915). — Analog: *N-Pentin-(4)-yl-2-oxopyrrolidin*, $C_9H_{13}NO$, $Kp._{3,5}$ 123°, aus 2-Oxopyrrolidin u. 5-Chlorpentin-(1). — *N-Propin-(2)-ylphthalimidin*, $C_{11}H_9NO$, F. 84—85° (Essigester/PAe.), aus 10 g Phthalimidin u. NaH in sd. abs. Toluol u. Rk. mit 3-Brompropin; 1,6 g (Ausb.). — *N-Propin-(2)-ylphthalimid* (**III**), F. 149—150° (A.), aus K-Phthalimid u. Propargylbromid in sd. DMF; 80%. — Analog: *N-Pentin-(4)-ylphthalimid*, $C_{13}H_{11}NO_2$, F. 85—86° (A./W.); 93%. — *cis-Hexahydro-4.7-methanoisoindolin*, $C_9H_{15}N$, kein F. (CH_3CN), aus Norbornandicarbonsäureimid u. $LiAlH_4$ in Ae.; 52%. — *2-[4-(2-Oxopyrrolidino)-butin-(2)-yl]-cis-hexahydro-4.7-methanoisoindolin*, $C_{17}H_{24}N_2O$, $Kp._{0,01}$ 130—131°, aus **XV**, vorst. Verb. u. HCHO in sd. Dioxan; 23%. — Analog: *1-[2-Oxopyrrolidino]-6-pyrrolidinohexin-(4)*, $C_{14}H_{22}N_2O$, $Kp._{0,005}$ 118—121°. — *1-[2-Oxopyrrolidino]-4-[3a.4.7.7a-tetrahydroisoindolino]-butin-(2)*, $C_{16}H_{22}N_2O$, $Kp._{0,05}$ 103°. — *1-Phthalimidino-4-pyrrolidinobutin-(2)-hydrogenfumarat*, $C_{20}H_{22}N_2O_5$, F. 152—156°. — *4-Pyrrolidinobutyronitril*, $Kp._{20}$ 112—113°, aus 4-Brombutyronitril u. Pyrrolidin in sd. Ae.; 85%. — *N-[4-Aminobutyl]-pyrrolidin*, aus vorst. Verb. u. $LiAlH_4$ in Ae.; 74%. — *N-4-Pyrrolidinobutyl-2-oxopyrrolidin*, $C_{12}H_{22}N_2O$, $Kp._{0,01}$ 125—130°, aus vorst. Verb. u. **I** bei 110—130, 200 u. 225°; 65%. — *N-5-Cyanpentyl-2-oxopyrrolidin*, $Kp._2$ 165—173°, aus ω-Aminocapronitril u. **I** bei 110—130° u. 250°; 80%. — *N-[6-Aminohexyl]-pyrrolidin*, $Kp._6$ 108—115°, aus vorst. Verb. u. $LiAlH_4$ in Ae.; 31%. — *N-Hydroxymethyl-2-oxopyrrolidin*, F. 82—83°, nach Ssidelkowskaja et al. (C. **1961,** 2621); 40%. — *N-Chlormethyl-2-oxopyrrolidin*, $Kp._5$ 107°, nach Ssidelkowskaja (l.c.); 80%. — *N-[4-Pyrrolidinobutin-(2)-yl]-phthalimid* (**II**), $C_{16}H_{16}N_2O_2$, F. 107—109°, a) aus **III**, Pyrrolidin u. HCHO in sd. Dioxan; 87%; b) aus 4,6 g **IV** u. Pyrrolidin in DMF bei 75°; 0,5 g. *Hydrochlorid*, $C_{16}H_{17}ClN_2O_2$, F. 198—200°. — Analog nach a): *1-[2-Oxopyrrolidino]-6-pyrrolidinohexan*, $C_{14}H_{26}N_2O$, $Kp._3$ 146°. — *1-Amino-4-pyrrolidinobutin-(2)* (**V**), $C_8H_{14}N_2$, $Kp._{15}$ 61—62°, aus **II** u. 100%ig. $N_2H_4 \cdot H_2O$ in sd. A.; 53%. — Analog: *1-Amino-6-pyrrolidinohexin-(4)*, $C_{10}H_{18}N_2$, $Kp._{0,5}$ 61—62°; 78%. — *1-Stearoylamino-4-pyrrolidinobutin-(2)*, $C_{26}H_{48}N_2O$, F. 80—83° (A.), aus **V** u. Stearylchlorid in $CHCl_3$ bei 0°; 98%. — Analog: *1-Acetylamino-4-pyrrolidinobutin-(2)*, $C_{10}H_{16}N_2O$, $Kp._{0,03}$ 97—105°. — *1-Cyclopropylcarbonylamino-4-pyrrolidinobutin-(2)*, $C_{12}H_{18}N_2O$, F. 65—67° (A.). — Analog **II** nach b): *1-Phthalimido-6-pyrrolidinohexin-(4)-hydrochlorid*, $C_{18}H_{21}ClN_2O_2$, F. 164—165°. — *1-[m-Chlorphenylureido]-4-pyrrolidinobutin-(2)*, $C_{15}H_{18}ClN_3O$, F. 200—205° (Zers.; CH_3OH/W.), aus 1 g **V** u. m-Chlorphenylisocyanat in sd. Ae.; 1,8 g. — *1-o-Tolyl-2-oxo-pyrrolidin*, F. 43—46°, $Kp._{0,2}$ 125°, aus **VI** u. **I** bei 300°; 88%. — Analog: *1-p-Hydroxyphenyl-2-oxo-*

pyrrolidin (**XI**), F. 161—163° (Dioxan/W.), aus **X**. — *1-[2-Methyl-4-aminophenyl]-2-oxopyrrolidin* (**VII**), F. 142 bis 144° (W.), aus vorvorst. Verb. u. konz. HNO_3 in konz. H_2SO_4 bei 0—5° u. Hydrieren an 5%ig. Pd-Kohle in CH_3OH bei 3,29 kg/cm²; 42%. — *1-[2-Oxopyrrolidino]-2-methyl-4-pyrrolidinobenzol*, $C_{15}H_{20}N_2O$, F. 120—121° (PAe.), aus **VII** u. **IX** in sd. abs. A. in Ggw. von K_2CO_3; 72%. — Analog: *N-p-Pyrrolidinobenzyl-2-oxopyrrolidin*, $C_{15}H_{20}N_2O$, F. 110—115° (Hexan). — *N-p-Acetoxyphenyl-2-oxopyrrolidin*, $C_{12}H_{13}NO_3$, F. 114—116°. — *N-[4-(2-Pyrrolidinoäthoxy)-phenyl]-2-oxopyrrolidin*, $C_{16}H_{22}N_2O_2$, F. 96,5—97° (W.), aus **XI**, **XII**-Hydrochlorid u. wasserfreiem K_2CO_3 in sd. abs. Aceton; 56%. — *4-Pyrrolidinobutin-(2)-ol* (**XIII**), Kp.$_{0,05}$ 95—98°, aus **XIV** u. Pyrrolidin in Ae.; 41%. — *N-3-Chlorphenylcarbaminsäure-4-pyrrolidinobutin-(2)-ylester*, $C_{15}H_{17}ClN_2O_2$, F. 88,5—89,5° (Hexan/Bzl.), aus **XIII** u. 3-Chlorphenylisocyanat in Ggw. von Py. in sd. Bzl.; 98%. — *Carbaminsäure-4-pyrrolidinobutin-(2)-ylester*, $C_9H_{14}N_2O_2$, F. 105—107° (Ae./Ae.), aus 10 g **XIII**, Triäthylamin u. Chlorameisensäurephenylester in Ae. bei 0° u. Rk. mit fl. NH_3; 0,7 g. — Analog: *N-Methylcarbaminsäure-4-pyrrolidinobutin-(2)-ylester*, $C_{10}H_{16}\cdot N_2O_2$, F. 39—41°, Kp.$_{0,2}$ 123,5°. — *N.N-Dimethylcarbaminsäure-4-pyrrolidinobutin-(2)-ylester*, $C_{11}H_{18}N_2O_2$, Kp.$_{0,05}$ 80°. — *1-Acetoxy-4-pyrrolidinobutin-(2)*, $C_{10}H_{15}\cdot NO_2$, Kp.$_3$ 108—110°. — *1-Acetoxy-4-[Δ³-pyrrolino]-butin-(2)*, $C_{10}H_{13}NO_2$, Kp.$_{0,04}$ 60—62°.

Hans Köhne/Berlin 3081△

1149 **Chemische Untersuchungen über die schwarze Fäulniskrankheit von süßen Kartoffeln. 17. Mitt. Abnorme Semicarbazone von Ipomeanin und verwandten Verbindungen.** Takashi Kubota, Teruo Matsuura und Yasuzo Kakuno. (Bull. chem. Soc. Japan **38**, 1191—94, 1965; Osaka, Sumiyoshi-ku, Osaka City, Univ., Fac. of Sci.; engl.) — 16. vgl. J. chem. Soc. Japan, pure Chem. Sect. (Nippon Kagaku Zasshi) **79** (1958) 490. — Vf. bestimmten durch chem. u. IR-spektroskop. Unters. die Struktur des durch Rk. von Ipomeanin mit Semicarbazid unter Abspaltung von 2 Molen W. erhaltenen Prod. als *{2-Methyl-5-[furyl-(3)]-pyrrolo}-harnstoff*. UV u. IR-Daten s. Original.

Versuche: *3-Phenylcyclopenten-(2)-on*, F. 83 bis 84° (W.), durch 1,5std. Kochen des Semicarbazons mit 5%ig. H_2SO_4 unter Schütteln; 74% (Ausb.). — *1-Phenyl-1.4-dioxopentansemicarbazon-(4)*, F. 191°, durch Zugabe von Semicarbazidhydrochlorid (**II**) u. K-Acetat in W. zu Phenacylaceton (**I**) in A. unter Rühren (Meth. **A**); aus A. Nadeln; 48%. — *1-Carbamoyl-3-methyl-6-phenyldihydropyridazin*, $C_{12}H_{13}N_3O$, F. 218—219° (A.), a) durch 10 Tage langes Stehen eines Gemisches aus vorst. Verb., K-Acetat, Essigsäure, W. u. A. vom pH 4,7 bei Raumtemp. u. Einengen; 45%; daneben wenig *[2-Methyl-5-phenylpyrrolo]-harnstoff* (F. 208—210°); b) durch 10 Tage langes Stehen eines Gemischs aus **I**, **II**, K-Acetat, W. u. Py. bei Raumtemp. u. Einengen; 57%; c) analog b) unter 5std. Kochen mit überschüssigem **II** in wss. A.; 78%. — *Acetonylacetonbis-[semicarbazon]*, F. 225—226° (W.), aus 1,9 g Acetonylaceton nach **A**; 71%; daneben 20 mg *Verb.* $C_7H_{11}N_3O$ [F. 215—217° (wss. A.)]. — Harnstoffe: *[2.5-Dimethylpyrrolo]-*, $C_7H_{11}N_3O$, F. 235 bis 236° (A.), durch 3 Min. langes Erwärmen vorst. Verb. mit 50%ig. Ameisensäure auf 70°; 40%. — *[2-Phenyl-3-äthoxycarbonyl-5-methylpyrrolo]-*, $C_{15}H_{17}N_3O_3$. F. 219 bis 221,5°, a) durch Zugabe von **II**, K-Acetat u. W. zu Acetonylbenzoylessigsäureäthylester in A. u. 1std. Stehen; 39%; b) analog a) durch 5std. Kochen mit überschüssigem **II**; 13%; daneben wenig *[3-Phenyl-5-oxo-Δ²-pyrazolinyl-(4)]-acetonsemicarbazon*, $C_{13}H_{15}N_5O_2$, F. 230 bis 231° (Zers., wss. A.)]; aus W. Nadeln. — *[2.5-Dimethyl-3-äthoxycarbonylpyrrolo]-*, $C_{10}H_{15}N_3O_3$, a) F. 233 bis 234°, durch Krist. von **III** aus A. oder W.; b) F. 222 bis 223°, neben **III**; 13%. Nadeln. — *Acetonylacetessigsäureäthylesterbis-[semicarbazon]* (**III**), $C_{11}H_{20}N_6O_4$, F. 186 bis 187°, aus Acetonylacetessigsäureäthylester nach **A**; 34%. — *5-Phenylpyrazolon-(3)*, F. 239—240° (Zers.), nach House et al. [vgl. J. Am. Chem. Soc. **80** (1958) 6386].

K.-P. Hilgetag 3081△

1150 **Alkylierung von cyclischen 1.3-Diketonen mit Mannichbasen aus Indolen.** S. Swaminathan und V. T. Ramakrishnan. (Proc. Indian Acad. Sci., Sect. A **61**, 294—300, 1965; Madras, Univ., Dep. of Organ. Chem.; engl.) — Die Alkylierung cycl. 1.3-Diketone mit Gramin (**I**) bzw. substituierten Graminen zu *2-Methyl-[indolyl-(3)-methyl]-cycloalkandionen-(1.3)* bzw. zu *2.2-Bis-[indolyl-(3)-methyl]-cycloalkandionen-(1.3)* sowie die von 2-Carbäthoxycyclohexanon u. -cycloheptanon mit **I** wird beschrieben. In wenigen Fällen ist die Anwendung von NaOH als Katalysator erforderlich. Vers. zur Cyclisierung blieben erfolglos.

Versuche: *2-Methyl-2-[indolyl-(3)-methyl]-cyclohexandion-(1.3)* (**III**), $C_{16}H_{17}NO_2$, F. 168—169° (A.), a) durch 30std. Kochen von **I** u. 2-Methylcyclohexandion-(1.3) (**II**) in Bzl. (Meth. **A**); 86% (Ausb.); b) analog a) durch 15std. Kochen in Toluol in Ggw. von gepulvertem NaOH (Meth. **B**); 57%; daneben 15% nachst. Verbindung. — *5-Oxo-6-[indolyl-(3)-methyl]-önanthsäure*, $C_{16}\cdot H_{19}NO_3$, F. 115—116° (Bzl./PAe.), durch 3std. Kochen von 2,0 g **III** in 4%ig. wss. NaOH; 1,7 g. — *2.2-Bis-[indolyl-(3)-methyl]-cyclohexandion-(1.3)*, $C_{24}H_{22}N_2O_2$, F. 197,5—198° (Bzl.), nach **A** aus **I** u. Cyclohexandion-(1.3); 76%. — *2.2-Bis-[indolyl-(3)-methyl]-5.5-dimethylcyclohexandion-(1.3)*, $C_{26}H_{26}N_2O_2$, F. 162—163° (Äthylacetat–PAe.), nach **A** aus **I** u. 5.5-Dimethylcyclohexandion-(1.3); 55%. — *2-Methyl-2-[indolyl-(3)-methyl]-cyclopentandion-(1.3)*, $C_{15}H_{15}NO_2$, F. 129—130° (Äthylacetat/PAe.), nach **A** aus **I** u. 2-Methylcyclopentandion-(1.3); 61%. — *2-Methyl-2-[1-methylindolyl-(3)-methyl]-cyclohexandion-(1.3)*, $C_{17}H_{19}NO_2$, F. 92—93° (PAe.), nach **B** in Xylol aus 1-Methylgramin u. **II**; 10%. — *2-Methyl-2-[2-methylindolyl-(3)-methyl]-cyclohexandion-(1.3)*, $C_{17}H_{19}\cdot NO_2$, F. 174—175° (Bzl.), nach **A** aus 2-Methylgramin u. **II**; 85%. — *2-Carbäthoxy-2-[indolyl-(3)-methyl]-cyclohexanon*, $C_{18}H_{21}NO_3$, F. 97—98° (Bzl./PAe.), nach **B** in Xylol aus **I** u. 2-Carbäthoxycyclohexanon; 91%. — *2-Carbäthoxy-2-[indolyl-(3)-methyl]-cyclopentanon*, $C_{17}H_{19}NO_3$, F. 76—77° (Bzl./PAe.), analog vorst. aus **I** u. 2-Carbäthoxycyclopentanon; 57%; daneben 5% einer *neutralen Verb.* vom *F. 188—189°* (Bzl.). — *cis-2-Methyl-trans-2-[indolyl-(3)-methyl]-cyclohexan-cis-diol-(1.3)*, $C_{16}H_{21}NO_2$, F. 143 bis 144° (Bzl./PAe.), durch 1std. Zutropfen von 3,0 g **III** zu $LiAlH_4$ in THF unter Rühren u. 2std. Kochen unter Rühren; 1,8 g. — *Epimeres* (?), $C_{16}H_{21}NO_2$, F. 199—200° (Bzl.), durch 5std. Kochen vorst. Verb. mit p-Toluolsulfonsäure in Bzl.; 10%.

K. Stühmer 3081

1151 **Darstellung einiger disubstituierter Derivate von p.p'-[Sulfamyl]-carbaniliden, und deren Hydrolyse zu entsprechenden Sulfonamiden.** B. Glunčić, A. Junašević-Holjevac, D. Grgurić und E. Guštac. (Croat. chem. Acta **37**, 111—13, 1965; Zagreb, Croatia, Yugoslavia, Pharmaceut. and Chem. Works, Res. Dep. „Pliva"; engl.) — Carbanilid (**I**) wird mit Chlorsulfonsäure in *Carbanilid-p.p'-disulfonsäuredichlorid* (**II**) übergeführt, das mit heterocycl. Aminen nach verschiedenen Meth. zu entsprechenden *p.p'-[Aminosulfonyl]-carbaniliden* umgesetzt wird. Alkal. Hydrolyse liefert hieraus die entsprechenden *Sulfonamide*. *p.p'-Bis-[1-phenylpyrazolyl-(5)-aminosulfonyl]-carbanilid* zeigt eine schwache bakteriostat. Wrkg. gegenüber *Str. haemolyticus*. IR-Daten s. Original.

Versuche: *Carbanilid-p.p'-disulfonsäuredichlorid* (**II**), durch anteilweise Zugabe von 32 g **I** zu Chlorsulfonsäure unter Rühren, 2std. Erwärmen auf 55—60° u. Gießen auf Eis; 45 g (Ausb.; feucht). — Carbanilide: *p.p'-Bis-{[3.4-dimethylisoxazolyl-(5)]-aminosulfonyl}-* (**III**), $C_{23}H_{24}N_6O_7S_2$, F. 241—243°, durch Zugabe von feuchtem **II** zu Methyläthylketon, Versetzen der organ. Phase mit 3.4-Dimethyl-5-aminoisoxazol (**IV**), 3std. Zutropfen von abs. Py. bei 8—10°, mehrstd. Stehen bei Raumtemp., Dekantieren des Lsgm., Lösen in 10%ig. NaOH u. Einstellen auf pH 1 mit verd. HCl; 100%. — *p.p'-Bis-{[5-methylisoxazolyl-(3)]-aminosulfonyl}-* (**V**), $C_{21}\cdot H_{20}N_6O_7S_2$, F. 249—251° (wss. Äthoxyäthanol), aus 14,7 g 3-Amino-5-methylisoxazol analog **III**; 40 g. — *p.p'-Bis-{[1-phenylpyrazolyl-(5)]-aminosulfonyl}-*, *Monohydrat* (**VI**), $C_{31}H_{26}N_8O_5S_2\cdot H_2O$, Doppel-F. 172—175°/218 bis 220° (A.), aus 1-Phenyl-5-aminopyrazol analog **III**; 30,5%. — Sulfanilsäureamide: *N¹-[3.4-Dimethylisoxazolyl-(5)]-amid*, F. 194—196°, a) durch 5std. Kochen von **III** in 12%ig. NaOH, Lösen des Nd. in W. u. Ansäuern mit Essigsäure (Meth. **A**); 49%; b) durch Suspendieren von **II** in Aceton, Gießen in W., 2—3std. anteilweise Zugabe des Nd. zu einem Gemisch aus **IV**, Py. u. Aceton bei 25—30°, 8std. Rühren, Zugabe von 1%ig. NaOH u. Gießen in 1 n HCl; 65%; c) durch 2std. Zugabe von $NaHCO_3$ u. $CaCO_3$ zu einem Gemisch aus **II** u. **IV** in Aceton bei 6—8° unter Rühren, mehrstd. Stehen bei Raumtemp. u. Hydrolysieren; 14,45%. — *N*[1]-*[5-Methylisoxazolyl-(3)]-amid*, F. 169—171° (verd. A.), aus **V** nach **A**; 90%. — *N*[1]-*[1-Phenylpyrazolyl-(5)]-amid*, F. 180 bis 183° (A.), aus **VI** nach **A**; 74,8%.

K.-P. Hilgetag 3100△

1152 **Chemie der N-Cyanimidodithiokohlensäure.** R. Jerome Timmons und Lawrence S. Wittenbrook. (J. org. Chemistry **32** (1967) 5, 1566—72; Chem. Res., O. M. Scott and Sons Co., Marysville, O.; engl.) — Das Di-K-Salz von N-Cyanimidodithiokohlensäure (**I**) gibt mit CH_3J *N-Cyanimidodithiokohlensäuremonomethylester-K-Salz* (**II**), das mit CH_3J weiter zu *N-Cyanimidodithiokohlensäuredimethylester* reagiert. **II** läßt sich auch mit anderen Alkylhalogeniden alkylieren. Mit Acrylnitril bzw. Paraformaldehyd in Ggw. von HCl reagiert **II** nicht. Mit 4-Chlor-3.5-dinitrotoluol in sd. Aceton gibt **II** keine definierte Verbindung. **II** bildet mit Thiophosgen bzw. Chlorameisensäureäthylester (**III**) *Trithiokohlensäure-bis-[N-cyanimido-(methylmercapto)-methylester]* bzw. *N-Cyan-S-äthoxycarbonylimidodithiokohlensäuremonomethylester*. **II** reagiert nicht mit Äthylisocyanat, N.N-Dimethylcarbaminsäurechlorid bzw. Acetylchlorid. Aus **I** u. Brombenzol in sd. Lutidin in Ggw. von Cu_2Br_2 entstehen *Diphenylsulfid* u. *Diphenyldisulfid*. Mit 1.2-Dibromäthan (**IV**) bzw. 1.3-Dibrompropan (**V**) gibt **I** in wss. Aceton bei Raumtemp. *2-[N-Cyanimino]-1.3-dithiolan* (**VI**) bzw. *2-[N-Cyanimino]-1.3-dithian*. Aus **I** u. CH_2Br_2 wird in sd. CH_3CN *2-[N-Cyanimino]-1.3-dithiacyclobutan* erhalten. **VI** wird von konz. HCl zu *2-[N-Carbamoylimino]-1.3-dithiolan* (**VII**) hydrolysiert. Mit A. u. HCl in Ae. gibt **VI** einen *Iminoäthyläther*, der schon bei Raumtemp. in *2-Ureido-1.3-dithiolanhydrochlorid* (**VIII**) übergeht. Mit NH_4OH bildet **VIII VII**. Aus **VI**, Thiolessigsäure (**IX**) u. HCl entsteht *2-[N-Thiocarbamoylimino]-1.3-dithiolan*. Aus 2-Imino-1.3-dithiolanhydrochlorid (**X**) u. Isocyanaten bzw. Carbaminsäurechloriden werden *2-[N-(N.N-disubstituierte Carbamoyl)-imino]-1.3-dithiolane* dargestellt. Mit Phenylisothiocyanat bzw. Chlorameisensäureester gibt **X** *2-[N-(N-Phenylthiocarbamoyl)-imino]-1.3-dithiolan* bzw. *2-[N-Alkoxy(Aryloxy)-carbonylimino]-1.3-dithiolane*. **II** liefert mit Perchlormethylmercaptan (**XI**) *3-Chlor-5-methylmercapto-1.2.4-dithiazol* (**XII**), das von H_2O_2 zu *3-Chlor-5-methansulfonyl-1.2.4-dithiazol* ox. wird. **XII** wird von sd. NH_4OH bzw. CH_3SNa in sd. CH_3OH nicht angegriffen. **XII** entsteht auch aus **II** u. SO_2Cl_2 in sd. $CHCl_3$.

Versuche (F. korr.): *N-Cyanimidodithiokohlensäure, Monomethylester-K-Salz* (**II**), $C_3H_3KN_2S_2$, F. 214 bis 216° (Essigester/Ligroin), aus **I** u. 1 Val CH_3J in wss. Aceton unterhalb von 0°; 95% (Ausb.). *Dimethylester*, $C_4H_6N_2S_2$, F. 51—52,5° (Aceton/W.), aus **II** u. CH_3J in Aceton unterhalb von 10°; 58%. *Monomethylmonomethoxymethylester*, $C_5H_8N_2OS_2$, aus **II** u. 1 Val Monochlordimethyläther in Aceton; 68%. Analog: *Monomethylmono-[dimethylcarbamoylmethyl]-ester*, $C_7H_{11}N_3OS_2$, F. 102,5 bis 103° ($CHCl_3$/Kohle); 44,7%. *Monomethylmono-[äthylcarbamoylmethyl]-ester*, $C_7H_{11}N_3OS_2$, F. 125—126° (Aceton/Kohle); 46%. *Monomethylmono-[carbamoylmethyl]-ester*, $C_5H_7N_3OS_2$, F. 152—154,5° (A.); 40%. *Monomethylmono-[äthoxycarbonylmethyl]-ester*, $C_7H_{10}N_2O_2S_2$, F. 34 bis 36° (Ae. u. CS_2); 36%. *Monomethylmonocyanmethylester*, $C_5H_5N_3S_2$, F. 59—60° (A./W.); 58%. *Monomethylmonoallylester*, $C_6H_8N_2S_2$; 75%. *Monomethylmono-2-chlorallylester*, $C_6H_7ClN_2S_2$; 56%. *Monomethylmonocarboxymethylester*, $C_5H_6N_2O_2S_2$, F. 104—109° (A./W./Kohle); 9%. — *Trithiokohlensäure-bis-[N-cyanimino-(methylmercapto)-methylester]*, $C_7H_6N_4S_5$, F. 199—202°, aus **II** u. Thiophosgen in abs. Diglyme; 10%. — *N-Cyan-S-äthoxycarbonylimidodithiokohlensäuremonomethylester*, $C_6H_8N_2O_2S_2$, aus **II** u. **III** in Aceton unterhalb von 10°; 78%. — *2-[N-Cyanimino]-1.3-dithian*, $C_5H_6N_2S_2$, F. 99—102° (A.), aus **I** u. **V** in wss. Aceton bei Raumtemp.; 41%. — *2-[N-Cyanimino]-1.3-dithiacyclobutan*, $C_3H_2N_2S_2$, F. 93,5 bis 94,5° (A./Kohle), aus **I** u. CH_2Br_2 in sd. CH_3CN; 29%. — 1.3-Dithiolane: *2-[N-Cyanimino]-* (**VI**), $C_4H_4N_2S_2$, F. 79,2—81,2° (A./W.), aus **I** u. **IV** in wss. Aceton bei Raumtemp.; 75%. — *2-Carbamoylimino-* (**VII**), $C_4H_6N_2OS_2$, F. 157,7—162,7° (A.), a) aus **VI** u. konz. HCl u. Neutralisieren mit 10%ig. NaOH; 46%; b) aus dem Hydrochlorid u. 3,6 n NH_3 in abs. A.; 44%. *Hydrochlorid*, F. 158—173° (Zers.), aus **VII** u. trockenem HCl-Gas in abs. Ae. bei Raumtemp.; 86%. — *2-Thiocarbamoylimino-*, $C_4H_6N_2S_3$, F. 135,7—138,1° (5%ig. NaOH/3 n HCl), aus **VI**, **IX** u. trockenem HCl-Gas in abs. Ae. bei 0°; 37%. — *2-Imino-, Hydrochlorid* (**X**), $C_3H_6ClNS_2$, F. 215,4 bis 220,4° (W./Aceton), aus 2-Chloräthylthiocyanat u. Thiolbenzoesäure in sd. abs. Bzl.; 62,8%. — *2-[N-Phenylcarbamoylimino]-*, $C_{10}H_{10}N_2OS_2$, F. 171—173°, aus **X**, Phenylisocyanat u. $NaHCO_3$ in sd. Aceton; 66%. — Analog: *2-[N.N-Dimethylcarbamoylimino]-*, $C_6H_{10}N_2OS_2$, F. 65,9—67,9° (Erweichen bei 58,9°; Subl. bei 60°/0,005 Torr); 35%. — *2-[N-2-Chlorphenylcarbamoylimino]-*, $C_{10}H_9ClN_2OS_2$, F. 150,3—152,3° (A.); 80%. — *2-[N-3-Chlorphenylcarbamoylimino]-*, F. 134,6—136,1° (A.); 70%. — *2-[N-4-Chlorphenylcarbamoylimino]-*, F. 191—193° (A.); 72%. — *2-[N-3.4-Dichlorphenylcarbamoylimino]-*, $C_{10}H_8Cl_2N_2OS_2$, F. 191—192° (Essigester); 72%. — *2-[N-3-Nitrophenylcarbamoylimino]-*, $C_{10}H_9N_3O_3S_2$, F. 168 bis 170,5° (A.); 21%. — *2-[N.N-Diphenylcarbamoylimino]-*, $C_{16}H_{14}N_2OS_2$, F. 191—191,5° (A.); 49%. — *2-[N-Phenylthiocarbamoylimino]-*, $C_{10}H_{10}N_2S_3$, F. 116,9—118,5° (A.); 86%. — *2-n-Hexyloxycarbonylimino-*, $C_{10}H_{17}NO_2S_2$; 78%. — *2-Phenoxycarbonylimino-*, $C_{10}H_9NO_2S_2$, F. 110,5 bis 111°; 51%. — *2-m-Chlorphenyloxycarbonylimino-*, $C_{10}H_8ClNO_2S_2$, F. 128,1—129,1° (A.); 20%. — *2-[4-Chlorphenyloxy-carbonylimino]-*, F. 136,1—138,1° (A.); 35%. — *3-Chlor-5-methylmercapto-1.2.4-thiadiazol* (**XII**), $C_3H_3ClN_2S_2$, F. 54—55° (Ligroin), a) aus **XI** u. **II** in W. bei 5°; 50%; b) analog a) in Aceton; 16%; c) aus **II** u. SO_2Cl_2 in sd. $CHCl_3$; 26%. — *3-Chlor-5-methansulfonyl-1.2.4-thiadiazol*, $C_3H_3ClN_2O_2S_2$, F. 82—83° (Ligroin/Ae.), aus **XII** u. 30%ig. H_2O_2 in Eisessig/Acetanhydrid bei 0°; 55%.

Hans Köhne/Berlin 3112△

1153 **Synthese von Dithiolan-oxim-carbamat-Insektiziden.** Roger W. Addor. (J. agric. Food Chem. **13**, 207 bis 209, 1965; Chemical Research and Development Laboratories, Agricultural Division, American Cyanamid Co., Princetown, N.J.; engl.) — *2-Methylcarbamoyloxyimino-1.3-dithiolan* (**I**) ist ein neues Breitband-Insektizid. Die Darst. verläuft über das *2-Imino-1.3-dithiolanhydrochlorid* (**IV**) aus Äthandithiol u. Chlorcyan (R. W. Addor, J. org. Chemistry **29** (1964) 738) u. Umsetzung desselben mit NH_2OH zum Oxim. Letzteres wird mit CH_3NCO zu **I** umgesetzt. Das Oxim ist auch aus 2-Alkylimino-1.3-dithiolan durch Rk. mit Hydroxylaminhydrochlorid (**V**) darstellbar. Analoge Verb., in denen ein Ring-S-Atom durch O ersetzt ist bzw. der Ring durch eine Methylengruppe erweitert ist, werden dargestellt.

Versuche: 1.3-Dithiolane: *2-Isopropylimino-* (**VI**), $C_6H_{11}NS_2$, Kp.$_{0,3}$ 81—83°, durch Zugabe von Isopropylammonium-isopropyldithiocarbamat innerhalb 1 Std. zu Äthylenbromid (**II**) u. K_2CO_3 in abs. A. bei 35—40°, 10 Min. langes Kochen, Filtrieren u. Verdünnen des Filtrats mit der 3fachen Menge W., Extraktion mit Ae. u. Dest.; n_D^{25} 1,5671. *Pikrat*, F. 125—127° (A.); 74% (Ausb.). — *2-Methylimino-*, $C_4H_7NS_2$, Kp.$_{0,15}$ 61°, analog **VI** aus Methylammonium-methyldithiocarbamat (**III**) u. **II**; n_D^{25} 1,6051; 55%. — *2-Methylimino-4-methyl-*, $C_5H_9NS_2$, Kp.$_{0,04}$ 54°, durch 1std. Zugabe von **III** zu 1.2-Dibrompropan in A. bei 40° u. 1std. Erhitzen auf 50°; n_D^{25} 1,5781; 22%. — *2-Oximino-* (**VII**), $C_3H_5NOS_2$, F. 126,8—128,2°, a) durch 1std. Rühren von **IV**, **V** u. CH_3CO_2Na in W. bei 70—80°; 88%; b) durch 2std. Erhitzen von **V** u. **VI** in W./A. (3:1); 80%. — *2-Oximino-1.3-dithian*, $C_4H_7NOS_2$, F. 92,4—94,8° (Bzl.–Hexan, 4:1), analog **VII** aus 2-Imino-1.3-dithianhydrochlorid durch Extraktion mit Bzl.–Ae. u. chromatograph. Aufarbeitung der Mutterlauge; 56%. — 1.3-Oxathiolane: *2-Oximino-*, $C_3H_5NO_2S$, F. 116,4—117,2° (Bzl.–Hexan), durch Zugabe von CH_3CO_2Na zu 2-Imino-1.3-oxathiolan u. **V** in W. innerhalb 2 Std., 24std. Stehen, Zugabe von $NaHCO_3$, Filtrieren, Verdünnen mit gesätt. Salzlsg., Extraktion des abgedampften Ae.-Extraktes mit Bzl. u. Ausfällen mit Hexan; 32%. — *2-Oximino-5-methyl-*, $C_4H_7NO_2S$, F. 94—95,2° (Bzl.–Ae.), analog vorst. Verb. aus 2-Imino-5-methyl-1.3-oxathiolanhydrochlorid; 25—40%. — *2-Methylcarbamoyloxyimino-1.3-dithiolan* (**I**), $C_5H_8N_2O_2S_2$, F. 82,2—83,4° (Bzl./Hexan), durch Rühren einer 10—20%ig. aceton. Lsg. des entsprechenden Oxims mit Methylisocyanat in Ggw. von Triäthylamin bei Raumtemp.; 94 bis 97%. — *4-Methyl-2-methylcarbamoyloxyimino-1.3-dithiolan*, $C_6H_{10}N_2O_2S_2$, Molekulardest. bei 100—110°, a) analog **VII**; b) analog **I**; n_D^{25} 1,5826—1,5853; 68%. — *2-Methylcarbamoyloxyimino-1.3-dithian*, $C_6H_{10}N_2O_2S_2$, F. 92,8 bis 93,8° (Bzl./Hexan), analog **I**; 68%. — *2-Methylcarbamoyloxyimino-1.3-oxathiolan*, $C_5H_8N_2O_3S$, F. 89,6—90,8° (Isopropanol/Hexan), analog **I**; 58%. — *2-Methylcarbamoyloxyimino-5-methyl-1.3-oxathiolan*, $C_6H_{10}N_2O_3S$, F. 96,6 bis 97,6° (Bzl./Hexan); 92—95%. W. Kohl 3112

1154 **N-[α-Halogenalkyl]-carbonsäureamide.** 10. Mitt. **Umsetzung von Dimethylketazin mit Carbonsäurechloriden.** H. Böhme und S. Ebel. (Pharmazie **20**, 296—99, 1965; Marburg/Lahn, Univ., Inst. für Pharmaz. Chemie u. Lebensm.-Chemie; dt.) — 9. vgl. Chem. Ber. **98** (1965) 1463. — Benzoylchlorid (**I**) reagiert mit Dimethylketazin (**II**) oder 3.5.5-Trimethylpyrazolin (**III**) normalerweise in exothermer Rk. zu *N.N'-Dibenzoylhydrazin.* Unter Feuchtigkeitsausschluß entsteht in beiden Fällen *1-Benzoyl-3.5.5-trimethylpyrazolin* (**IV**) (vgl. Kosst et al., C. **1962,** 1601); aus **I** u. **II** wird hierbei ein nicht definiertes Zwischenprod. erhalten, das beim Behandeln mit Triäthylamin **IV** liefert. Analog reagiert Chlorameisensäureäthylester (**V**) mit **II** zunächst zu *N-Carbäthoxydimethylketaziniumchlorid*, das mit Triäthylamin in *1-Carbäthoxy-3.5.5-trimethylpyrazolin* (**VI**) umgewandelt wird. Das Hydrochlorid von **VI** entsteht auch durch Rk. von **V** mit **III**. IR-Spektren s. Original. — 8. vgl. C. **1967,** 47-0919.

Versuche: *1-Benzoyl-3.5.5-trimethylpyrazolin* (**IV**), $C_{13}H_{16}N_2O$, F. 89—91° (Bzl.), a) durch Zutropfen von **I** zu einer Lsg. von **II** in abs. Ae. unter N_2, Einengen der Lsg. u. Extraktion des Rückstandes mit Bzl.; 5% (Ausb.); daneben *N.N'-Dibenzoylhydrazin* (F. 235°); b) durch Zugabe von Triäthylamin zu vorst. Nd. u. Bzl.-Extraktion; c) nach Kosst et al. (l.c.); 15%; d) durch Zutropfen von **I** zu einer Lsg. von **III**; 45%. — *N-Carbäthoxy-dimethylketaziniumchlorid*, $C_9H_{17}ClN_2O_2$, durch Zutropfen von **V** zu einer Lsg. von **II** in abs. Äther. — *1-Carbäthoxy-3.5.5-trimethylpyrazolin* (**VI**), $C_9H_{16}N_2O_2$, Kp.$_{12}$ 112 bis 114°, n_D^{20} 1,4748, a) aus vorst. Verb. durch Zutropfen von überschüssigem Triäthylamin u. Dest.; 56%; b) aus dem Hydrochlorid von **VI** durch Zugabe von Triäthylamin; 57%. *Hydrochlorid*, $C_9H_{17}ClN_2O_2$, aus **III** u. **V**. B. Schobess 3122

1155 **1-[5-Arylfurfurylidenamino]-hydantoine. Eine neue Klasse von Muskelrelaxantien.** Harry R. Snyder jun., Charles S. Davis, Robert K. Bickerton und Robert P. Halliday. (J. med. Chem. **10** (1967) 5, 807—10; Res. and Developm. Dep., Norwich Pharmacal Co., Norwich, N.Y.; engl.) — Aryldiazoniumchloride werden mit Furan-2-carbaldehyd (**I**) u. $CuCl_2$ in wss. Aceton zu *5-Arylfuran-2-carbaldehyden* gekuppelt, die mit 1-Aminohydantoinhydrochlorid (**II**) zu *1-[5-Arylfurfurylidenamino]-hydantoinen* kondensiert werden. *5-Phenylfuran-2-carbaldehyd* wird durch Formylierung von 2-Phenylfuran dargestellt. *1-[5-p-Aminophenylfurfurylidenamino]-hydantoin* entsteht bei der katalyt. Hydrierung von *1-[5-p-Nitrophenylfurfurylidenamino]-hydantoin* (**III**). Das Na-Salz von **III** reagiert mit 2-Bromäthanol (**IV**) bzw. n-Butylbromid zu *3-[2-Bromäthyl]-* bzw. *3-n-Butyl-1-[5-p-nitrophenylfurfurylidenamino]-hydantoin.* **III** läßt sich mit 4-Vinylpyridin (**V**) in sd. Py. zu *1-[5-p-Nitrophenylfurylidenamino]-3-[2-(pyridyl-(4))-äthyl]-hydantoin* kondensieren. **III** hat als Muskelrelaxans die stärkste Wirkung. Jede Veränderung der Struktur vermindert die Aktivität.

Versuche (F. korr.): Hydantoine: *1-[5-p-Cyanphenylfurfurylidenamino]-*, $C_{15}H_{10}N_4O_3$, F. 281 bis 285° (Zers.; DMF/60%ig. wss. A.), aus p-Aminobenzonitril u. $NaNO_2$ in HCl bei 0°, Rk. mit **I** u. $CuCl_2$ in wss. Aceton u. anschließend mit **II** in wss. DMF; 65% (Ausb.). — *1-[5-m-Nitrophenylfurfurylidenamino]-*, $C_{14}H_{10}N_4O_5$, F. 246—247°; 33%. — *1-[5-o-Nitrophenylfurfurylidenamino]-*, F. 224—226°; 32%. — *1-[5-(2-Methyl-4-nitrophenyl)-furfurylidenamino]-*, $C_{15}H_{12}N_4O_5$, F. 256—259° (DMF); 45%. — *1-[5-(2-Chlor-4-nitrophenyl)-furfurylidenamino]-*, $C_{14}H_9ClN_4O_5$, F. 267—269° (DMF/60%ig. wss. A.); 44%. — *1-[5-p-Chlorphenylfurfurylidenamino]-*, $C_{14}H_{10}ClN_3O_3$, F. 275—277°; 44%. — *1-[5-(3.4-Dichlorphenyl)-furfurylidenamino]-*, $C_{14}H_9Cl_2N_3O_3$, F. 274—276°; 62%. — *1-[5-(2-Chlor-3-trifluormethylphenyl)-furfurylidenamino]-*, $C_{15}H_9ClF_3N_3O_3$, F. 244—246° (CH_3CN); 97%. — *1-[5-p-Bromphenylfurfurylidenamino]-*, $C_{14}H_{10}BrN_3O_3$, F. 284—285° (DMF); 42%. — *1-[5-p-Fluorphenylfurfurylidenamino]-*, $C_{14}H_{10}FN_3O_3$, F. 264—265° (DMF/95%ig. A.); 14%. — *1-[5-m-Trifluormethylphenylfurfurylidenamino]-*, $C_{15}H_{10}F_3N_3O_3$, F. 205—207° (DMF/W.); 40%. — *1-[5-p-Acetylphenylfurfurylidenamino]-*, $C_{16}H_{13}N_3O_4$, F. 269—270° (DMF/W.); 57%. — *1-[5-p-Carboxyphenylfurfurylidenamino]-*, $C_{15}H_{11}N_3O_5$, F. 320° (Zers.; DMF); 31%. — *1-[5-p-Nitrophenylthenyliden-(2)-amino]-*, $C_{14}H_{10}N_4O_4S$, F. 295—298° (DMF/95%ig. A.); 13%. — *1-[α-Methyl-5-p-nitrophenylfurfurylidenamino]-*, $C_{15}H_{12}N_4O_5$, F. 287—288° (Zers.; DMF/95%ig. A.); 38%. — *1-[5-p-Nitrophenylfurfurylidenamino]-* (**III**), F. 279—280° (DMF/W.), aus 5-p-Nitrophenylfuran-2-carbaldehyd u. **II** in wss. DMF; 16%. *Na-Salz, Tetrahydrat*, $C_{14}H_9N_4NaO_5 \cdot 4H_2O$, F. 229—231° (Zers.), aus **III** u. $NaOCH_3$ in abs. CH_3OH; 61%. — Analog: *1-[5-(Furyl-(2))-furfurylidenamino]-*, $C_{12}H_9N_3O_4$, F. 241—243° (DMF/95%ig. A.); 83%. — *1-[5-(Biphenylyl-(4))-furfurylidenamino]-*, $C_{20}H_{15}N_3O_3$, F. 297—302° (DMF/W.); 92%. — *3-[2-Hydroxyäthyl]-1-[5-p-nitrophenylfurfurylidenamino]-*, $C_{16}H_{14}N_4O_6$, F. 245,5—247° (DMF), aus **III** u. NaH in DMF u. Rk. mit **IV**; 92%. — Analog: *3-n-Butyl-1-[5-p-nitrophenylfurfurylidenamino]-*, $C_{18}H_{18}N_4O_5$, F. 201,5—202° (95%ig. A.); 92%. — *1-[5-p-Nitrophenylfurfurylidenamino]-3-[2-(pyridyl-(4))-äthyl]-*, $C_{21}H_{17}N_5O_5$, F. 227—230° (DMF/95%ig. A.), aus **III** u. **V** in sd. Py.; 98%. — *1-[5-p-Aminophenylfurfurylidenamino]-*, $C_{14}H_{12}N_4O_3$, F. 269 bis 270° (DMF/W.), durch Hydrieren von **III** an 5%ig. Pd–Kohle in A. in Ggw. von W. bei 2,8 kg/cm²; 52%. — *1-[5-p-Nitrophenylfurfurylidenamino]-imidazolidinon-(2)*, $C_{14}H_{12}N_4O_4$, F. 283—284° (DMF), analog **III** aus 1-Aminoimidazolidinon-(2); 45%. — *1-[5-Phenylfurfurylidenamino]-hydantoin*, $C_{14}H_{11}N_3O_3$, F. 258—260°; 94%. Hans Köhne/Berlin 3122△

1156 **Thiazol-Entwicklungs- und Azodispersionsfarbstoffe des Acetacetylaminothiazols.** Luciano Pentimalli. (Boll. sci. Fac. Chim. ind. Bologna **23,** 7—13, 1965; Ist. Chim. della Fac. di Ing. dell'Univ., Bologna; ital.) — Die Acetacetylarylamide der 2-Aminobenzo- u. -naphthothiazole wurden zur Azofärbung von Cellulosefasern u. zur Darst. von unlösl. bas. Azodispersionsfarbstoffen verwendet. Vers. zeigten eine gute Anfärbbarkeit von Baumwolle u. Nylon u. eine weniger gute der Polyesterfasern.

Versuche: *2-Acetacetylamino-thiazol* (**I**), F. 165 bis 167° (Xylol), durch Kondens. von Acetessigsäureester mit 2-Aminothiazol bei 140—150°. — *2-Acetacetylamino-benzothiazol* (**II**), $C_{11}H_{10}N_2O_2S$, F. 209—210° (Xylol), analog **I** mit 2-Aminobenzothiazol. — *2-Acetacetylamino-α-naphthothiazol* (**III**), $C_{15}H_{12}N_2O_2S$, F. 286—287° (Py.), analog **I** mit 2-Amino-α-naphthothiazol. — *2-Acetacetylamino-β-naphthothiazol* (**IV**), $C_{15}H_{12}N_2O_2S$, F. 262—264° (Xylol), analog **I** mit 2-Amino-β-naphthothiazol. — *1-[Thiazolyl-(2)-amino]-2-benzolazo-butandion-(1.3)*, F. 225—226° (Bzl./Ligroin); gelb. — *1-[Thiazolyl-(2)-amino]-2-[p-nitrobenzolazo]-butandion-(1.3)*, F. 253 bis 254° (Py.); gelb. — *1-[Thiazolyl-(2)-amino]-2-[p-methoxybenzolazo]-butandion-(1.3)*, F. 158—159° (Bzl./Ligroin); gelb. — *1-[Thiazolyl-(2)-amino-2-[p-dimethylaminobenzolazo]-butandion-(1.3)*, F. 178—179° (Bzl./Ligroin); orange. — *1-[Benzothiazolyl-(2)-amino]-2-benzolazo-butandion-(1.3)*, F. 234° (Bzl./Ligroin); gelb. — *1-[Benzothiazolyl-(2)-amino]-2-[p-nitrobenzolazo]-butandion-(1.3)*, F. 191—193 (Py.); gelb. — *1-[Benzothiazolyl-(2)-amino]-2-[p-methoxybenzolazo]-butandion-(1.3)*, F. 218—219° (Bzl./Ligroin); senffarben. — *1-[Benzothiazolyl-(2)-amino]-2-[p-dimethylaminobenzolazo]-butandion-(1.3)*, F. 234—235° (Bzl./Ligroin); mattiert. — *1-[α-Naphthothiazolyl-(2)-amino]-2-*

benzolazo-butandion-(1.3), F. 263–264° (wss. Py.); gelb. — *1-[α-Naphthothiazolyl-(2)-amino]-2-[p-nitrobenzolazo]-butandion-(1.3)*, F. 310–311° (Py.); orange. — *1-[α-Naphthothiazolyl-(2)-amino]-2-[p-methoxybenzolazo]-butandion-(1.3)*, F. 254–255° (wss. Py.); orange. — *1-[α-Naphthothiazolyl-(2)-amino]-2-[p-dimethylaminobenzolazo]-butandion-(1.3)*, F. 265–266° (wss. Py.); mattiert. — *1-[β-Naphthothiazolyl-(2)-amino]-2-benzolazo-butandion-(1.3)*, F. 244–245° (Bzl./Ligroin); gelb-orange. — *1-[β-Naphthothiazolyl-(2)-amino]-2-[p-nitrobenzolazo]-butandion-(1.3)*, F. 186–187° (Bzl./Ligroin); orange. — *1-[β-Naphthothiazolyl-(2)-amino]-2-[p-methoxybenzolazo]-butandion-(1.3)*, F. 215–216° (Bzl./Ligroin); orange. — *1-[β-Naphthothiazolyl-(2)-amino]-2-[p-dimethylaminobenzolazo]-butandion-(1.3)*, F. 258–259° (Bzl./Ligroin); mattiert.
Heidrun Kühn 3142

1157 **Analoge des Glühwürmchen-Luciferins.** Emil H. White, Helmut Wörther, George F. Field und William D. McElroy. (J. org. Chemistry **30**, 2344–48, 1965; Baltimore, Md., Johns Hopkins Univ., Dep. of Chem. and Biol.; engl.) — Vgl. C. **1963**, 19225. — Die in l.c. beschriebene Synth. von *Luciferin* aus p-Anisidin verläuft über *2-Cyan-6-methoxybenzothiazol* (**I**), Entmethylierung zur Hydroxyverb. (**II**) u. Kondens. mit Cystein. **I** ist leichter aus 2-Chlor-6-methoxybenzothiazol (**III**; F. 52,5–53°, nach Stuckwisch (1949); 35–45% Ausb.) mit KCN zugänglich, wie an der Synth. von $^{14}C_{(2}$-*Luciferin* gezeigt wird. **III** kann ferner direkt durch Entmethylierung u. Rk. mit KCN in **II** übergeführt werden. Die Synth. von *O-Methylluciferin* aus **I**, von *5.5-Dimethyl-* u. *Decarboxyluciferin* aus **II** u. von *Deshydroxyluciferin* bzw. *2-[Pyridyl-(4')]-Δ²-thiazolin-4-carbonsäure* durch Kondens. von Cystein mit 2-Cyanbenzothiazol bzw. 4-Cyanpyridin werden beschrieben.

Versuche: *2-Chlor-6-hydroxybenzothiazol* (**IV**), C_7H_4ClNOS, F. 175–176° (Sinterung ab 130°), durch 3,5std. Erhitzen von **III** u. Pyridinhydrochlorid auf 170°; Prismen durch Sublimation; 14,9% (Ausb.). — *2-Cyan-6-methoxybenzothiazol* (**I**), F. 129–130°, durch Lösen von KCN in Dimethylsulfoxid bei 130–140°, Zugabe von Bzl. bei 70°, ¼std. Kochen zur Entfernung des Bzl., Zugabe von **III** u. 1std. Erhitzen auf 140°; 73%. $^{14}C_{(CN)}$-*Verb.*, analog mit $K^{14}CN$; 40%. — *2-Cyan-6-hydroxybenzothiazol* (**II**), F. 205–209°, a) durch 1std. Erhitzen von **I** u. Pyridinhydrochlorid auf 170–190° im geschlossenen Rohr (Vakuum); 81,6%; b) durch ¼std. Rühren von KCN in Dimethylsulfoxid bei 150°, Zugabe von **IV** u. 2std. Rühren bei 140–150°; 66%. $^{14}C_{(CN)}$-*Verb.*, a) analog a) aus vorst. $^{14}C_{(CN)}$-Verb.; 32,3%; b) analog b) mit $K^{14}CN$; 24%. — $^{14}C_{(2)}$-*Luciferin*, durch 1std. Stehen vorst. $^{14}C_{(CN)}$-Verb. in Methanol u. Cystein in W. im Dunkeln (Lsgm. mit N_2 gesätt.; pH 8,5), Äthylacetat-Extraktion, Verdünnen mit W. u. Ansäuern mit 1 n HCl; 77%. — *2-[6'-Hydroxybenzothiazolyl-(2')]-Δ²-thiazolin* (*Decarboxyluciferin*), $C_{10}H_8N_2OS_2$, F. 289–292° (A.; Sublimation 200°/Vakuum), durch 18std. Kochen von **II** u. 2-Aminoäthylmercaptan in abs. A. unter N_2; 76%. — *2-Cyanbenzothiazol*, $C_8H_4N_2S$, F. 79,5–80,5° ($CHCl_3$; Sublimation 60–70°/Vakuum), durch ½std. Erhitzen von 2-Chlorbenzothiazol u. KCN in Dimethylsulfoxid u. Bzl. auf 120–128°, Zugabe zu Eis/W. nach Abkühlen, Einstellen von pH 5 u. Ae.-Extraktion; 67%. — Δ²-Thiazolin-4-carbonsäure: *2-[Benzothiazolyl-(2')]-*, (*Deshydroxyluciferin*), $C_{11}H_8N_2O_2S_2$, F. 166–167° (Methanol), durch 1¼std. Stehen von Cystein in W. bei pH 7,5 u. vorst. Verb. in Methanol, Zugabe von W., Abdampfen des Methanols im Vakuum, Einstellen von pH 9 mit 10%ig. NaOH u. Äthylacetat-Extraktion; 89%. — *2-[6'-Methoxybenzothiazolyl-(2')]-* (*O-Methylluciferin*), $C_{12}H_{10}N_2O_3S_2$, F. 176–177° (Zers.; Aceton/Cyclohexan unter N_2), analog vorst. aus Cystein u. **I** in W. u. Methanol; Nadeln; 89%. — *2-[6'-Hydroxybenzothiazolyl-(2')]-5.5-dimethyl-*, (*5.5-Dimethylluciferin*), $C_{13}H_{12}N_2O_3S_2$, F. 194–196° (Zers.; Aceton/Cyclohexan), durch 1½std. Stehen von **II** in Methanol unter N_2 u. Penicillamin in W. (pH 8 mit NaOH); 90,5%. — *2-[Pyridyl-(4')]-*, $C_9H_8N_2O_2S$, F. 178–179,5° (Zers.; Methanol unter N_2), analog vorst. aus Cystein u. 4-Cyanpyridin u. Stehen über Nacht; 58,5%. K. Stühmer 3142

1158 **Thiazolo-[3.2:a]-benzimidazole.** Anne E. Alper und A. Taurins. (Canad. J. Chem. **45** (1967) 23, 2903–12; Dep. of Chem., McGill Univ., Montreal, Quebec; engl.) — Benzimidazolinthion-(2) (**I**) gibt mit Chloracetaldehyd (**II**) in Butanon-(2) *3-Hydroxy-2.3-dihydrothiazolo-[3.2:a]-benzimidazol* (**III**), das von $POCl_3$ in Py. zu *Thiazolo-[3.2:a]-benzimidazol* (**IV**) dehydratisiert wird. Analog werden *5.8-* bzw. *6.7-Dimethylthiazolo-[3.2:a]-benzimidazol* aus 4.7- (**V**) bzw. 5.6-Dimethylbenzimidazolinthion-(2) (**VI**) dargestellt. **V** wird durch Kondens. von 2.3-Diamino-p-xylol (**VII**) u. Kaliumäthylxanthogenat erhalten. **III** wird zum Strukturbeweis mit CrO_3 in Py. zu *2.3-Dihydrothiazolo-[3.2:a]-benzimidazolon-(3)* oxydiert. **I** bildet mit α-Brompropionaldehyddiäthylacetal (**VIII**) *3-Hydroxy-2-methyl-2.3-dihydrothiazolo-[3.2:a]-benzimidazol* (**IX**), das mit $POCl_3$ in Py. zu *2-Methylthiazolo-[3.2:a]-benzimidazol* reagiert. Mit Chloraceton (**X**) reagiert **I** zu *3-Hydroxy-3-methyl-2.3-dihydrothiazolo-[3.2:a]-benzimidazol* (**XI**), das mit verd. Säure *3-Methylthiazolo-[3.2:a]-benzimidazol* liefert. Aus **I** u. Bromacetophenon (**XII**) entsteht *α-[Benzimidazolyl-(2)-mercapto]-acetophenon* (**XIII**), das von konz. HBr in *3-Phenylthiazolo-[3.2:a]-benzimidazol* umgewandelt wird. **III** bzw. **IX** geben mit Acetanhydrid bei Raumtemp. bzw. mit sd. äthanol. HCl entsprechende *3-Acetoxy-* bzw. *3-Äthoxyderivate*. **XI** bzw. **XIII** geben mit Acetanhydrid *N-Acetylderivate*. **XI** bildet mit Acetanhydrid in heißem Py. *2-Acetyl-3-methylthiazolo-[3.2:a]-benzimidazol* (**XIV**), das auch durch Kondens. von **I** mit 3-Chlorpentandion-(2.4) (**XV**) zu *3-[Benzimidazolyl-(2)-mercapto]-pentandion-(2.4)* (**XVI**) u. anschließende Dehydratisierung mit verd. HCl dargestellt wird. **XVI** entsteht auch beim Erhitzen von [1-Acetylbenzimidazolyl-(2)-mercapto]-propanon-(2) (**XVII**) in Py. auf 100°. Mit Acetanhydrid in Py. gibt **XVI** **XIV**. **III** bildet mit Acetanhydrid in sd. Py. *2-Acetylthiazolo-[3.2:a]-benzimidazol*, das zum Strukturbeweis mit $NaBH_4$ zu *2-[1-Hydroxyäthyl]-thiazolo-[3.2:a]-benzimidazol* red. wird. Zum Strukturvgl. wird *2-Hydroxymethyl-3-methylthiazolo-[3.2:a]-benzimidazol* durch Red. von 2-Äthoxycarbonyl-3-methylthiazolo-[3.2:a]-benzimidazol mit $NaBH_4$ dargestellt. Aus 2-Aminothiazol (**XVIII**) u. 2-Chlorcyclohexanon (**XIX**) wird *5.6.7.8-Tetrahydrothiazolo-[3.2:a]-benzimidazol* synthetisiert, das sich aber nicht zu **IV** dehydrieren läßt.

Versuche (F. korr.): *4.7-Dimethylbenzimidazolinthion-(2)* (**V**), $C_9H_{10}N_2S$, kein F. bis 350° (A.), aus **VII**, KOH u. CS_2 in sd. A.; 81% (Ausb.). — *α-[Benzimidazolyl-(2)-mercapto]-acetophenon* (**XIII**), $C_{15}H_{12}N_2OS$, F. 165,5–167,5° (Bzl.), aus 0,37 g **I** u. **XII** in sd. Butanon-(2) (→ 100% *Hydrobromid*, F. 205–207°) u. Rk. mit Triäthylamin in sd. A.; 0,45 g. *N-Acetylderiv.*, $C_{17}H_{14}N_2O_2S$, F. 167–168° (Bzl./PAe.), aus 0,5 g **XIII** u. Acetanhydrid bei Raumtemp.; 0,49 g. — *3-[Benzimidazolyl-(2)-mercapto]-pentandion-(2.4)* (**XVI**), F. 178–179° (A.), a) aus **I** u. **XV** in sd. Butanon-(2); 90%; b) aus 50 mg **XVII** in Py. bei 100°; 45 mg. — Thiazolo-[3.2:a]-benzimidazole: *3-Hydroxy-2.3-dihydro-* (**III**), $C_9H_8N_2OS$, Zers. bei 180–205° (THF), aus 1,1 g Hydrochlorid u. $NaHCO_3$ in W.; NMR-Spektrum; 0,93 g. *Hydrochlorid*, $C_9H_9ClN_2OS$, F. 180–180,5° (Zers.; A.), aus **I** u. **II** in sd. Butanon-(2)/W.; 100% (Ausb.). — *3-Acetoxy-2.3-dihydro-*, $C_{11}H_{10}N_2O_2S$, F. 102–103° (Hexan), aus **III** u. Acetanhydrid bei Raumtemp.; 92%. — *Unsubstituiert* (**IV**), $C_9H_6N_2S$, F. 135,5–136,5° (Hexan), aus **III** u. $POCl_3$ in abs. Py.; UV-, NMR-Spektrum; 77%. — *3-Oxo-2.3-dihydro-*, F. 177–179°, aus **III** u. CrO_3 in Py. bei Raumtemp.; 24%. — *5.8-Dimethyl-3-hydroxy-2.3-dihydro-*, $C_{11}H_{12}N_2OS$, F. 191,5 bis 193,5° (THF), aus **V** u. **II** in sd. Butanon-(2)/W.; 88,9%. — *5.8-Dimethyl-*, $C_{11}H_{10}N_2S$, F. 134–135° (Hexan), analog **IV** aus vorst. Verb.; 93%. — *6.7-Dimethyl-3-hydroxy-2.3-dihydro-*, $C_{11}H_{12}N_2OS$, F. 185–202° (Zers.; THF), analog vorvorst. Verb. aus **VI**; 88%. — *6.7-Dimethyl-*, $C_{11}H_{10}N_2S$, F. 164–165° (Bzl.), analog **IV** aus vorst. Verb.; 78%. — *3-Hydroxy-2-methyl-2.3-dihydro-* (**IX**), $C_{10}H_{10}N_2OS$, F. 201–203° (THF), aus **VIII** u. sd. 20%ig. HCl u. Rk. mit **I** in sd. Butanon-(2); 100%. — *3-Acetoxy-2-methyl-2.3-dihydro-*, aus vorst. Verb. u. Acetanhydrid bei Raumtemp.; 95%. — *2-Methyl-*, $C_{10}H_8N_2S$, F. 158–159° (Hexan), a) analog **IV** aus vorvorst. Verb.; 93%; b) aus vorst. Verb. bei 174°/

3 Torr. — *3-Hydroxy-3-methyl-2.3-dihydro-* (**XI**), $C_{10}H_{10}N_2OS$, F. 111—112° (Ae.), a) analog **III** aus **I** u. **X**; NMR-Spektrum; 97%; b) aus 1,5 g **I** u. **X** in 85%ig. äthanol. KOH; 1,7 g. — *3-Methyl-*, F. 160—161° (Hexan), aus **XI** u. sd. 4%ig. HCl; 100%. — *3-Phenyl-*, $C_{15}H_{10}N_2S$, F. 140—142° (A.), aus **XIII** u. sd. rauchender HBr; 43%. — *5.6.7.8-Tetrahydro-*, $C_9H_{10}N_2S$, F. 72—73° (PAe.), Kp.$_{12}$ 146°, aus 10 g **XVIII** u. **XIX**; 2,8 g. — *2-Acetyl-3-methyl-* (**XIV**), $C_{12}H_{10}N_2OS$, F. 164—165° (A. bzw. Bzl.), a) aus 0,3 g **XVI** u. sd. 5%ig. HCl; 0,25 g; b) aus 0,25 g **XVI** u. Acetanhydrid in Py. bei 100°; 0,2 g; c) aus **XI** u. Acetanhydrid in Py. bei 100°; 95%. — *[1-Acetylbenzimidazolyl-(2)-mercapto]-propanon-(2)* (**XVII**), $C_{12}H_{12}N_2O_2S$, F. 121—122° (Hexan), aus **XI** u. Acetanhydrid bei Raumtemp.; 100%. — *2-Acetyl-*, $C_{11}H_8N_2OS$, F. 227—228° (A.), aus **III** u. Acetanhydrid in sd. Py.; 72%. — *2-Äthoxycarbonyl-3-methyl-*, F. 120—122°, nach D'Amico et al. (C. **1966**, 28-0898) aus **I** u. Chloracetessigsäureäthylester; 82%. — *2-Hydroxymethyl-3-methyl-*, $C_{11}H_{10}N_2OS$, F. 194—195° (A./W. u. Dioxan), aus 1,6 g vorst. Verb. u. $NaBH_4$ in sd. A.; 0,7 g. — *2-[1-Hydroxyäthyl]-*, F. 116—118° (Bzl.), aus 1,2 g drittvorst. Verb. u. $NaBH_4$ in sd. A.; 1,1 g. — *2-[1-Acetoxyäthyl]-*, $C_{13}H_{12}N_2O_2S$, F. 104—105° (Hexan), aus 0,22 g vorst. Verb. u. Acetanhydrid bei Raumtemp.; 0,16 g.

Hans Köhne/Berlin 3142△

1159 **Aromatische Nitriloxide.** M. S. Chang und J. U. Lowe jun. (J. org. Chemistry **32** (1967) 5, 1577—79; Res. and Developm. Dep., Naval Ordnance Station, Indian Head, Md.; engl.) — o- (**I**), m- (**II**) bzw. p-Nitrobenzonitriloxid reagieren mit 1- (**III**), 2-Methyl-5-vinyltetrazol, 1- (**IV**) bzw. 2-Methyl-5-cyantetrazol (**V**) zu entsprechenden *3-[Nitrophenyl]-5-[methyltetrazolyl]-Δ²-isoxazolinen* bzw. *-oxadiazolen*. **IV** bzw. **V** reagieren nicht mit **I** bzw. 2.4-Dinitrobenzonitriloxid.

Versuche: Δ²-Isoxazoline: *3-m-Nitrophenyl-5-[1-methyltetrazolyl]-*, $C_{11}H_{10}N_6O_3$, F. 104—105° (CH_3OH bzw. Bzl.), aus **II** u. **III** in Ae. bei Raumtemp.; 75%. — Analog: *3-p-Nitrophenyl-5-[1-methyltetrazolyl]-*, F. 187 bis 188° (CH_3OH bzw. Bzl.); 70%. — *3-o-Nitrophenyl-5-[1-methyltetrazolyl]-*, F. 99—100° (CH_3OH bzw. Bzl.); 39%. — *3-m-Nitrophenyl-5-[2-methyltetrazolyl]-*, F. 77 bis 78° (CH_3OH bzw. Bzl.), in sd. Bzl.; 69%. — *3-p-Nitrophenyl-5-[2-methyltetrazolyl]-*, F. 145—146° (CH_3OH bzw. Bzl.), in sd. Bzl.; 72%. — *3-o-Nitrophenyl-5-[2-methyltetrazolyl]-*, F. 57—58° (CH_3OH bzw. Bzl.), in Bzl. bei Raumtemp.; 10%. — 1.2.4-Oxadiazole: *3-m-Nitrophenyl-5-[1-methyltetrazolyl]-*, $C_{10}H_7N_7O_3$, F. 178—179° (A.), aus **II** u. **IV** in Ae. bei Raumtemp.; 35%. — Analog: *3-p-Nitrophenyl-5-[1-methyltetrazolyl]-*, F. 200—201° (A.); 37%. — *3-m-Nitrophenyl-5-[2-methyltetrazolyl]-*, F. 134—135° (A.); 31%. — *3-p-Nitrophenyl-5-[2-methyltetrazolyl]-*, F. 209—210° (A.); 29%. — *3-[2.4-Dinitrophenyl]-5-[1-methyltetrazolyl]-Δ²-isoxazolin*, $C_{11}H_9N_7O_5$, F. 165—166° (A.); 85% — *3-[2.4-Dinitrophenyl]-5-[2-methyltetrazolyl]-Δ²-isoxazolin*, F. 95—96° (A.); 12%.

Hans Köhne/Berlin 3184△

1160 **Nichtsteroide hypocholesterinämische Agentien. 1. Mitt. Synthese und serumsterinerniedrigende Eigenschaften von substituierten 4-[2-Dialkylaminoäthoxy]-diphenylaminen und verwandten Verbindungen.** Frederick L. Bach, John C. Barclay und Elliott Cohen. (J. med. Chem. **10** (1967) 5, 802—06; Organ. Chem. Res. Sect., Lederle Labor., Amer. Cyanamid Co., Pearl River, N.Y.; engl.) — 4-[2-Dialkylaminoäthoxy]-4′-nitro-, -2′.4′-dinitro- bzw. -2′-nitro-4′-aminodiphenylamine haben die höchsten hypocholesterinäm. Effekte. Analog substituierte Diphenylsulfide bzw. -äther zeigen keine Wirkung. Die p-Nitrophenylgruppe läßt sich durch 3- bzw. 5-Nitropyridyl-(2)-gruppen ersetzen. N-[Pyridyl-(4)]-p-2-diäthylaminoäthoxyanilin ist dagegen inaktiv. Verb. mit 2.6-Dichlor-, 5- bzw. 2-Chlorpyrimidylgruppen sind ebenso wirksam wie 4′-Nitro-4-[2-dialkylaminoäthoxy]-diphenylamine. Eine hohe hypocholesterinäm. Aktivität besitzen N-[5-Chlorpyrimidyl-(2)]-p-2-piperidinoäthoxy- bzw. -p-[2-dimethylamino-2-methylpropyloxy]-anilin.

Versuche: *4-p-Nitroanilinophenol* (**I**), F. 166 bis 171°, aus 2-Chlor-5-nitrobenzolsulfonsäure u. p-Aminophenol in sd. W. in Ggw. von $BaCO_3$ u. CO_2-Gas u. Rk. mit KCl (→ *K-Salz* von *2-p-Hydroxyanilino-5-nitrobenzolsulfonsäure*) u. Rk. mit sd. konz. HCl; 91% (Ausb.). — *N-[p-2-Diäthylaminoäthoxyphenyl]-5-nitroanthranilsäure*, $C_{19}H_{23}N_3O_5$, F. 229—230° (A./Ae.), aus dem Monohydrochlorid von p-2-Diäthylaminoäthoxyanilin (**II**), K_2CO_3 u. dem K-Salz von 2-Chlor-5-nitrobenzoesäure in sd. wss. A.; 34%. — *4-[2-Diäthylaminoäthoxy]-4′-nitrodiphenylamin* (**III**), $C_{18}H_{23}N_3O_3$, F. 87—88° (Cyclohexan bzw. Aceton), a) analog **I**; b) aus 4-Hydroxy-4′-nitrodiphenylamin (**IV**) u. NaH in abs. DMF bei 95—100° u. Rk. mit 2-Diäthylaminoäthylchlorid (**V**) in sd. abs. Bzl.; 22%; c) aus vorst. Verb. in einer Glasschmelze bei 180—200°/0,1—0,2 Torr; 40%. — *4-Amino-4′-[2-diäthylaminoäthoxy]-diphenylamin*, $C_{18}H_{25}N_3O$, F. 65—66° (Cyclohexan), durch Hydrieren von **III** in A. an Pt bei 1,5 kg/cm² u. 25—30°; 20%. — *4-β-Chloräthoxy-4′-nitrodiphenylamin*, $C_{14}H_{13}ClN_2O_3$, F. 125—126° (A./W.), a) analog **I**; b) aus **IV**, p-Toluolsulfonsäure-2-chloräthylester u. NaOH in sd. W.; 71%. — Analog nach a) bzw. b): *4-Äthoxycarbonylmethoxy-4′-nitrodiphenylamin*, $C_{16}H_{16}N_2O_5$, F. 133 bis 135°; 26%. — *4-Allyloxy-4′-nitrodiphenylamin*, $C_{15}H_{14}N_2O_3$, F. 92—93°; 95%. — *4-[2.3-Dihydroxypropyloxy]-4′-nitrodiphenylamin*, $C_{15}H_{16}N_2O_5$, F. 138 bis 139°, analog **I** bzw. **III** nach b); 75%. — *4-[2-Diäthylaminoäthoxy]-2′.4′-dinitrophenylamin*, $C_{18}H_{22}N_4O_5$, F. 70 bis 71° (A./W.), aus **II** u. 2.4-Dinitrofluorbenzol in A. bei 50°. — Analog: *2-[2-Diäthylaminoäthoxy]-2′.4′-dinitrodiphenylamin*, $C_{18}H_{22}N_4O_5$, F. 101—103°; 12%. — *4-[2-(4-Äthoxycarbonylpiperazino)-äthoxy]-2′.4′-dinitrodiphenylamin*, $C_{21}H_{25}N_5O_7$, F. 132—134°; 44%. — *4-[2-Diäthylaminoäthoxy]-2′-nitro-4′-aminodiphenylamin*, $C_{18}H_{24}N_4O_3$, F. 179—181°. *Dihydrochlorid*, aus drittvorst. Verb. u. $(NH_4)_2S$ in sd. A. u. Rk. mit äthanol. HCl; 40%. — *p-[p-Nitroanilino]-benzoesäure*, $C_{13}H_{10}N_2O_4$, F. 290° (Zers.), aus p-Fluornitrobenzol (**VI**), p-Aminobenzoesäure, KOH u. Cu-Pulver in sd. n-Amylalkohol; 20%. *2-Diäthylaminoäthylester*, $C_{19}H_{23}N_3O_4$, Kp.$_{0,5-0,6}$ 175 bis 180°, aus dem K-Salz der Säure u. **V** in sd. Ae.; 34%. — *4-Hydroxy-4′-nitrodiphenyläther*, F. 172—174° (A.), aus **VI** u. p-Hydrochinon in sd. wss.-äthanol. NaOH; 37%. — *4-[2-Diäthylaminoäthoxy]-4′-nitrodiphenyläther*, $C_{18}H_{22}N_2O_4$, Kp.$_{0,2}$ 170—175°, analog **III** nach b) aus vorst. Verb.; 37%. — *4-Hydroxy-4′-nitrodiphenylsulfid*, F. 148 bis 149° (Eisessig), aus 4.4′-Dinitrodiphenyldisulfid u. Cl_2-Gas in CCl_4 (→ *p-Nitrophenylsulfenylchlorid*, F. 73 bis 76°) u. Rk. mit Phenol in Ae. bei 25—30°. — *4-[2-Diäthylaminoäthoxy]-4′-nitrodiphenylsulfid*, $C_{18}H_{22}N_2O_3S$, Kp.$_{0,5}$ 250—260°, analog **III** nach b) aus vorst. Verb.; 20%. — *p-[2-Dimethylamino-2.2-dimethyläthoxy]-nitrobenzol*, F. 68 bis 73°, aus NaH u. 2-Dimethylamino-2-methylpropanol-(1) in abs. DMF u. Rk. mit **VI**. — *p-[2-Dimethylamino-2.2-dimethyläthoxy]-anilin*, Kp.$_{0,2-0,3}$ 124—126°, durch Hydrieren von vorst. Verb. in A. an 10%ig. Pd-Kohle bei 3,46 kg/cm²; 70%. — *N-[5-Chlorpyrimidyl-(2)]-p-2-diäthylaminoäthoxyanilin*, $C_{16}H_{21}ClN_4O$, F. 93—95°, aus **II** u. 2.5-Dichlorpyrimidin bei 95—100°; 37%. — Analog: *N-[3-Nitropyridyl-(2)]-p-2-diäthylaminoäthoxyanilin*, $C_{17}H_{22}N_4O_3$, F. 47—48°; 50%. — *N-[5-Nitropyridyl-(2)]-p-2-diäthylaminoäthoxyanilin*, F. 143—145°; 72%. — *N-[5-Nitropyridyl-(2)]-p-diäthylaminoäthylmercaptoanilin*, $C_{17}H_{22}N_4O_2S$, F. 111—113°; 28%. — *N-[5-Nitropyridyl-(2)]-p-[1-diäthylaminopropyl-(2)-oxy]-anilin*, $C_{18}H_{24}N_4O_3$, F. 59—61°; 58%. — *N-[Pyridyl-(4)]-p-2-diäthylaminoäthoxyanilin*, $C_{17}H_{23}N_3O$, F. 124—125°; 36%. — *N-[Benzothiazolyl-(2)]-p-2-diäthylaminoäthoxyanilin*, $C_{19}H_{23}N_3OS$, F. 93—95°; 3%. — *N-[2-Chlorpurinyl-(4)]-p-2-diäthylaminoäthoxyanilin*, $C_{17}H_{21}ClN_6O$, F. 229—231°; 31%. — *N-[4-Chlor-6-methylmercaptopyrimidyl-(2)]-p-2-diäthylaminoäthoxyanilin*, $C_{17}H_{23}ClN_4OS$, F. 97—99°; 25%. — *N-[2.4-Dichlorpyrimidyl-(6)]-p-2-diäthylaminoäthoxyanilin*, $C_{16}H_{20}Cl_2N_4O$, F. 104—106°; 28%. — *N-[2-Chlorpyrimidyl-(4)]-p-2-diäthylaminoäthoxyanilin*, $C_{16}H_{21}ClN_4O$, F. 75—77°; 41%. — *N-[5-Chlorpyrimidyl-(2)]-p-[1-diäthylaminopropyl-(2)-oxy]-anilin*, $C_{17}H_{23}ClN_4O$. *Sesquihydrat*, F. 106—108°; 31%. — *N-[5-Chlorpyrimidyl-(2)]-p-2-piperidinoäthoxyanilin*, $C_{17}H_{21}ClN_4O$, F. 119 bis 121°; 49%. — *N-[5-Chlorpyrimidyl-(2)]-p-[2-dimethylamino-2-methylpropyloxy]-anilin*, $C_{16}H_{21}ClN_4O$, F. 120 bis 122°; 28%.

Hans Köhne/Berlin 3200△

1161 **Cyclisierung von 2.3-Dimethoxy-β-phenoxyzimtsäure zu Indon- und Flavonderivaten.** Pinchas Moses und Richard Dahlbom. (Acta chem. scand. **19,** 823 bis 832, 1965; Kungl. Farmaceut. Inst., Stockholm; engl.) — Das höher schmelzende Isomere (**III**) der 2.3-Dimethoxy-β-phenoxyzimtsäure ergibt beim Behandeln mit PCl_5 u. $AlCl_3$ *4.5-Dimethoxy-3-phenoxyindon* (**I**), das niedriger schmelzende Isomere (**IV**) außerdem *2'-Hydroxy-3'-methoxyflavon* (**II**) u. je nach den Rk.-Bedingungen zusätzlich *4.5-Dihydroxy-3-phenoxyindon* (**V**). Daraus ergibt sich, daß die Carboxyl- u. Phenoxygruppe in **III** trans-ständig zueinander sind u. in **IV** cis-ständig. **IV** isomerisiert sich leicht mit $AlCl_3$ zu **III**, während **III** unter gleichen Bedingungen unverändert bleibt. **I** liefert mit einem großen Überschuß an HJ *4.5-Dihydroxyindandion-(1.3)* (**VI**), während mit einem geringeren Überschuß **V** u. *4-Hydroxy-5-methoxyindandion-(1.3)* (**VII**) erhalten wurde. Rk. von **VII** mit Dimethylsulfat ergibt *3.6-Dimethoxy-7-hydroxyindon* (**VIII**). Methylierung von **VI** führt je nach den Rk.-Bedingungen zu **VII**, **VIII** bzw. *6.7-Dihydroxy-3-methoxyindan* (**IX**). **II** wird auch durch Rk. von SeO_2 mit 2.2'-Dihydroxy-3-methoxychalcon (**X**) oder aus o-[2-Acetoxy-3-methoxybenzoyloxy]-acetophenon (**XI**) erhalten. 3'-Hydroxy-2'-methoxyflavon konnte aus dem 3'-Aminoderiv. über das Diazoniumsalz nicht erhalten werden.

Versuche: *2.3-Dimethoxy-β-phenoxy-cis-zimtsäure* (**III**), F. 192—193° (A.), a) aus 2.3-Dimethoxyphenylpropiolsäure nach Ruhemann (1920) u. durch frakt. Krist.; daneben *2.3-Dimethoxy-β-phenoxy-trans-zimtsäure* (**IV**), F. 137—138°; b) durch 20 Min. lange Rk. von **IV** in Bzl. mit $AlCl_3$; 48% (Ausb.). — *4.5-Dimethoxy-3-phenoxyindon*(**I**), F. 198—200°, durch kurzes Erwärmen einer 20—40%ig. Suspension von **III** in Bzl. mit PCl_5, Zugabe von $AlCl_3$ unter Eiskühlung u. 20 Min. langes Rühren; 88—91%. — *2'-Hydroxy-3'-methoxyflavon* (**II**), $C_{16}H_{12}O_4$, F. 208—209,5° (A./Dioxan), a) analog **I** mit **IV** u. frakt. Krist.; 19%; daneben 22% **I**; b) durch 13std. Kochen von **X** in Amylalkohol mit SeO_2 bei 150°; 14%; c) durch Behandeln von 3,77 g **XI** in abs. Py. mit KOH bei 65° unter Rühren u. 0,5std. Rühren bei 65—75°; 1,84 g; d) durch 30 Min. langes Stehen von 2'.3'-Dimethoxyflavon in Bzl. mit $AlCl_3$ u. Hydrolyse; 93%. — *2'.3'-Dihydroxyflavon*, F. 247,5—251,5°, durch 30 Min. langes Erwärmen von **II** mit 67%ig. HJ auf dem W.-Bad. — *4.5-Dihydroxy-3-phenoxyindon* (**V**), $C_{15}H_{10}O_4$, F. 250—252° (A./Dioxan), a) analog **I** in konz. Lsg. oder bei Zugabe des Säurechlorids zu $AlCl_3$ in Bzl.; daneben **I** u. **II**; b) durch 20 Min. langes Erwärmen von **I** in Bzl. mit $AlCl_3$; 84%. — *2.3-Dimethoxy-β-äthoxyzimtsäure*, $C_{13}H_{16}\cdot O_5$, F. 145—146° (A.), durch Zutropfen von 2.3-Dimethoxy-β-chlorzimtsäureäthylester zu Na-Äthylat in A., 3std. Kochen u. 1std. Kochen des erhaltenen Öls mit 3 n äthanol. KOH; 73% (roh). Ringschlußvers. führten nicht zu 4.5-Dimethoxy-3-äthoxyindon. — *4.5-Dihydroxyindandion-(1.3)* (**VI**), F. 270—272° (A./W.), a) durch 30 Min. langes Erwärmen von **I** mit ≈ 7 Mol 67%ig. HJ auf dem W.-Bad; 91%; b) analog a) mit 4,5 Mol HJ; daneben **I**, **V** u. **VII**; c) durch Erwärmen von **V** mit 67%ig. HJ; 92%. *Monophenylhydrazon*, $C_{15}H_{12}N_2O_3$, F. 187 bis 188° (A.). — *4-Hydroxy-5-methoxyindandion-(1.3)* (**VII**), $C_{10}H_8O_4$, F. 246—247,5° (A.), durch Zutropfen von Dimethylsulfat zu 7,12 g **VI** in 5 n NaOH/Aceton/W. u. 1,5std. Rühren bei 45—55°; 7,3 g (roh); daneben wenig **IX**. *Monophenylhydrazon*, $C_{16}H_{14}N_2O_3$, F. 183—184° (A.). — *4.5-Dimethoxyindandion-(1.3)-bis-phenylhydrazon*, $C_{23}H_{22}N_4O_2$, F. 182° (A./Dioxan). — *6.7-Dihydroxy-3-methoxyindon* (**IX**), $C_{10}H_8O_4$, F. 232,5—234,5° (A.), durch Zugabe von $NaHCO_3$ u. Dimethylsulfat zu **VI** in Aceton, 5std. Kochen u. Rühren über Nacht; 84% (roh). — *3.6-Dimethoxy-7-hydroxyindon* (**VIII**), $C_{11}H_{10}O_4$, F. 177 bis 178,5° (A.), a) durch Zugabe von Dimethylsulfat zu **VI** in 5 n NaOH u. Aceton u. Rühren über Nacht; 87% (roh); b) durch 24std. Schütteln von **VII** in Aceton/W. mit 5 n NaOH u. Dimethylsulfat; c) aus **IX** mit Dimethylsulfat mit 5 n NaOH in wss. Aceton. — *2.2'-Dihydroxy-3-methoxychalkon* (**X**), $C_{16}H_{14}O_4$, F. 183,5—184,5° (A.), durch 4,5std. Kochen von o-Vanillin, o-Hydroxyacetophenon, Piperidin u. Eisessig in abs. A. u. Stehen über Nacht; 52%. — *2-Acetoxy-3-methoxybenzoesäure*, $C_{10}\cdot H_{10}O_5$, F. 138,5—140° (Bzl.), durch Erwärmen von 2-Hydroxy-3-methoxybenzoesäure mit Acetylchlorid u. Py. auf dem W.-Bad; 66% (roh). — *o-[2-Acetoxy-3-methoxybenzoyloxy]-acetophenon* (**XI**), $C_{18}H_{16}O_6$, F. 113,5 bis 115,5° (CH_3OH, abs. A.), durch 2std. Kochen von vorst. Verb. mit $SOCl_2$, Zugabe des erhaltenen Prod. zu o-Hydroxyacetophenon in abs. Py. u. 45 Min. langes Stehen; 54% (roh). — *2'.3'-Dimethoxyflavon*, $C_{17}H_{14}O_4$, F. 72—76° (Bzl.) u. F. 87,5—88,8° (dimorph; A./W.), durch Zugabe von Dimethylsulfat zu **II** in 2,5 n NaOH u. A., 1std. Rühren auf dem W.-Bad, zweimalige Zugabe von NaOH u. Dimethylsulfat u. je 45 Min. langes Erwärmen u. Rühren über Nacht; 95%. — *2-Methoxy-3-nitrobenzoylchlorid*, $C_8H_6ClNO_4$, F. 67,5—68,7° (Bzl./PAe.), durch 2,5std. Kochen von 2-Methoxy-3-nitrobenzoesäure mit $SOCl_2$; 84—98%. — *o-[2-Methoxy-3-nitrobenzoyloxy]-acetophenon*, $C_{16}H_{13}NO_6$, F. 102,8 bis 104° (A.), durch Zugabe von vorst. Verb. zu o-Hydroxyacetophenon in Py. u. 15 Min. langes Erhitzen bei ≈ 75°; 88%. — *1-[2-Hydroxyphenyl]-3-[2-methoxy-3-nitrophenyl]-propandion-(1.3)*, $C_{16}H_{13}NO_6$, F. 116,2 bis 117,7° (abs. A.), durch Behandeln von vorst. Verb. in Py. mit KOH unter Rühren bei 50°, 30 Min. langes Rühren bei 50—60°; 38%. — *2'-Hydroxy-3'-nitroflavon*, $C_{15}H_9\cdot NO_5$, F. 331—332° (DMSO/A.), analog vorst. Verb., jedoch durch 10—15 Min. langes Erwärmen auf 85°; 76%. — *2'-Methoxy-3'-nitroflavon*, $C_{16}H_{11}NO_5$, F. 102 bis 103,5° (Bzl./Ligroin), durch 1,5std. Erwärmen von vorvorst. Verb. in Eisessig mit konz. H_2SO_4 auf dem W.-Bad; 86%. — *3'-Amino-2'-methoxyflavon*, $C_{16}H_{13}NO_3$, F. 125—125,6° (Bzl.), durch 30 Min. lange Red. von vorst. Verb. in 96%ig. A. u. konz. NH_3 mit H_2 in Ggw. von 5%ig. $Pd/CaCO_3$ bei 2,1 kg/cm²; 98%.

S. Ganschow 3211

1162 **Zur Kenntnis der Cumarine.** 5. Mitt. **Darstellung von Cumarinylisocyansäureestern.** W. Schmollack und L. Reppel. (Pharmazie **20,** 276—78, 1965; Halle/S., Martin-Luther-Univ., Pharmaz. Inst.; dt.) — 4. vgl. Arch. Pharmaz. **297** (1964) 711. — Die Darst. der Cumarinylisocyanate (**A**) erfolgt durch Erhitzen von in inerten Lsgm. gelösten Aminocumarinen [3-Amino- (**I**), 6-Amino- (**II**), 8-Amino- (**III**), 3-Amino-6-nitro- (**IV**) u. 3-Amino-8-nitro-cumarin (**V**)] mit phosgenhaltigem Bzl. oder Xylol. Die Haltbarkeit der erhaltenen **A** ist unterschiedlich. Die Synth. des 4-Hydroxycumarinyl-(3)-isocyanats gelang nicht.

Versuche: *Cumarinyl-(3)-isocyanat* (**VI**), $C_{10}H_5\cdot NO_3$, F. 134—135° (Bzn.), durch 2std. Erhitzen von **I** u. Phosgen in Xylol bei 135°; 82% (Ausb.). — *Cumarinyl-(6)-isocyanat*, $C_{10}H_5NO_3$, F. 168° (Bzn.), wie **VI** aus **II** (Rk.-Temp. 115°); 89%. — *Cumarinyl-(8)-isocyanat*, $C_{10}H_5NO_3$, F. 123—124° (Bzn.), wie **VI** aus **III**; 85%. — *6-Nitrocumarinyl-(3)-isocyanat*, $C_{10}H_4N_2O_5$, F. 169—171° (Bzn., gelbliches Pulver), wie **VI** aus **IV** (Rk.-Temp. 120°); 88%. — *8-Nitrocumarinyl-(3)-isocyanat*, $C_{10}H_4N_2O_5$, F. 133—135° (Bzn., hellgelbes Pulver), wie **VI** aus **V**; 93%.

W. Schmollack 3211

1163 **Die mit 1-Methylnicotinsäurenitril verwandten Pyridone-(2), -(4) und -(6).** Trevor Robinson und Carl Cepurneek. (Phytochemistry **4,** 75—79, 1965; Amherst, Mass., Univ. of Mass., Chem. Dep.; engl.) — Die Darst. der *1-Methyl-3-cyanpyridone-(2)*, *-(4)* u. *-(6)* wird beschrieben. Die letzten beiden Verb. sind ident. mit 2 bei der enzymat. Ox. von Nicotinsäurenitrilmethojodid (**I**) gebildeten Produkten. Die Pyridone wurden durch Überführung in die entsprechenden *Amide* charakterisiert. Bei der Rk. des 1-Methyl-3-carboxyamidopyridons-(4) mit Acetanhydrid wurde nicht das erwartete Nitril, sondern eine nicht näher untersuchte *Verb. vom F. 218—220°* gebildet.

Versuche: *1-Methyl-3-cyanpyridon-(2)* (*Ricinidin*), $C_7H_6N_2O$, F. 145—146°, durch $^1/_2$std. Stehen von 450 mg **I** in W. u. $K_3Fe(CN)_6$ in 1 n NaOH u. $CHCl_3$-Extraktion; 77 mg (Ausb.); daneben 6 durch Papierchromatochraphie nachgewiesene unbekannte Verbindungen. — *1-Methyl-3-carboxamidopyridon-(2)*, F. 219—220° (A.), aus vorst. Verb. nach Galat (1948). — *1-Methyl-3-cyanpyridon-(6)*, $C_7H_6N_2O$, F. 160—161°, nach Patton (1961) u. Chromatographie an Al_2O_3. — *1-Methylpyridon-(2)-carbonsäure-(5)*, F. 240—241,5°, aus vorst. Verb. nach Bradlow u. Vanderwerf (1951). — *1-Methyl-3-cyanpyridon-(4)*, $C_7H_6N_2O$, F. 179—181° (Aceton), durch Zugabe von 20%ig. wss. $NaNO_2$ zu 1,25 g 1-Methyl-3-aminopyridon-(4) in 2 n HCl bei 0°, 1std. Stehen im Eisbad, Filtrieren, Neutralisieren mit K_2CO_3, Zufügen von CuCN u. KCN in W. bei $< 0°$, langsames Erwärmen auf dem Dampfbad u. Chromatographie an Al_2O_3 in Aceton/PAe.; 0,55 g. — *1-Methyl-3-carboxamidopyridon-(4)*, F. 179—181°, nach Galat (l.c.); 100%.

K. Stühmer 3231

1164 **Anwendung von Nitriliumsalzen in der Synthese heterocyclischer Aminosäuren. 3. Mitt. Synthese von Derivaten der 3.4-Dihydroisochinolyl-(1)-alkylessigsäuren.** S. G. Agbaljan, L. A. Nersesjan und A. O. Nšanjan. (Izvest. Akad. Nauk Arm. SSR, chim. Nauki **18,** 83—87, 1965; Inst. org. chim. AN ArmSSR; russ.) — 2. vgl. C. **1968,** 25-1154. — Durch Cyclisierung der aus α-Cyanalkansäurealkylestern u. $SnCl_4$ erhaltenen Nitriliumsalze mit β-Chloräthylbenzol (**I**) werden *α-[3.4-Dihydroisochinolyl-(1)]-alkansäurealkylester* (Alkyl = *Methyl, Äthyl*) dargestellt. Die Ester werden in die *Hydrazide* u. deren *Hydrochloride* übergeführt. Aus den IR-Spektren folgt für die Ester die tautomere Form der *α-[1.2.3.4-Tetrahydroisochinolinyliden-(1)]-alkansäureester.* Bei der Verseifung erfolgt gleichzeitig Decarboxylierung unter Bldg. von *1-Alkyl-3.4-dihydroisochinolinen.*

Versuche: α-[3.4-Dihydroisochinolyl-(1)]-alkansäuren: Alkansäure = *-propionsäure, Methylester,* $C_{13}H_{15}NO_2$, Kp. 130—135°, durch 3—4std. Erhitzen von 0,02 Mol α-Cyanpropionsäuremethylester mit 0,02 Mol **I** u. 0,02 Mol $SnCl_4$ auf 110—115° u. Behandeln mit 400 ml 40%ig. KOH; D_4^{20} 1,1010; n_D^{20} 1,5520; 20,8% (Ausb.). *Äthylester,* $C_{14}H_{17}NO_2$, Kp. 152—155°, Darst. nach vorst. Meth.; D_4^{20} 1,1102; n_D^{20} 1,5380; 22,1%. *Hydrazid,* $C_{12}H_{15}N_3O$, F. 124—126°, durch 18std. Kochen der Ester mit Hydrazinhydrat (1:2 Mol) in abs. A.; 43,1% (*Hydrochlorid,* F. 99—100°). — Analog: *-n-buttersäure, Methylester* (**II**), $C_{14}H_{17}NO_2$, Kp. 135 bis 140°; D_4^{20} 1,1073; n_D^{20} 1,5460; 21,5%. *Äthylester,* $C_{15}H_{19}NO_2$, Kp. 144—146°; D_4^{20} 1,1076; n_D^{20} 1,5480; 21,2%. *Hydrazid,* $C_{13}H_{17}N_3O$, F. 125—130°; 40,5% (*Hydrochlorid,* F. 100—105°). — *-n-valeriansäure, Methylester,* $C_{15}H_{19}NO_2$, Kp. 144—145°; D_4^{20} 1,0936; n_D^{20} 1,5440; 26,6%. *Äthylester,* $C_{16}H_{21}NO_2$, Kp. 160°; D_4^{20} 1,0732; n_D^{20} 1,5295; 28,9%. *Hydrazid,* $C_{14}H_{19}N_3O$, F. 115 bis 120°; 41,5% (*Hydrochlorid,* F. 100°). — *-n-capronsäure, Methylester,* $C_{16}H_{21}NO_2$, Kp. 162°; D_4^{20} 1,0704; n_D^{20} 1,5545; 27,7%. *Äthylester,* $C_{17}H_{23}NO_2$, Kp. 170°; D_4^{20} 1,0785; n_D^{20} 1,5425; 23,2%. *Hydrazid,* $C_{15}H_{21}N_3O$, F. 114—115°; 38,1% (*Hydrochlorid,* F. 125—130°). — *1-n-Propyl-3.4-dihydroisochinolin,* durch 12std. Kochen von **II** mit 10%ig. wss. KOH; Öl. *Pikrat,* F. 172° (Ae.). — Analog: *1-n-Butyl-3.4-dihydroisochinolin, Pikrat,* F. 153°.

Helmut Schäfer 3231△

1165 **Über 7.8-Dimethoxyisocarbostyril. Ein Fall von Umesterung unter Einschluß einer aromatischen Alkoxylgruppe.** J. N. Chatterjea, B. K. Banerjee und H. C. Jha. (Tetrahedron Letters [London] **1965,** 2281—83; Patna, Univ., Dep. of Chem.; engl.) — Die von Bain et al. [1914] durch Erhitzen von 7.8-Dimethoxy-isocarbostyril-3-carbonsäure erhaltene *Verb. vom F. 233°* konnte als *7-Methoxy-8-hydroxy-isocarbostyril-3-carbonsäuremethylester* (**I**) identifiziert werden. **I** liefert bei der Rk. mit Methyljodid u. K_2CO_3 in Aceton *N-Methyl-7.8-dimethoxy-isochinolon-(1)-carbonsäuremethylester-(3)* (F. 160—161°), der auch durch Methylierung von 7.8-Dimethoxy-isocarbostyril-3-carbonsäuremethylester entsteht. Durch Hydrolyse von **I** mit wss. K_2CO_3 wird die *freie Säure* (F. 315°) u. aus dieser durch Decarboxylierung an Cu-Bronze in Chinolin *7-Methoxy-8-hydroxy-isocarbostyril* (F. 209 bis 210°) gewonnen, das auch aus 7-Methoxy-8-hydroxy-isocumarin (F. 150—151°) durch Rk. mit NH_3 entsteht. Durch eine sorgfältige Nacharbeitung der Decarboxylierung von 7.8-Dimethoxy-isocumarin-3-carbonsäure konnten neben *7.8-Dimethoxy-isocumarin* (**II**; F. 115°) *7-Methoxy-8-hydroxy-isocumarin, 7.8-Dimethoxy-isocumarin-3-carbonsäuremethylester* (F. 174—176°) u. *7-Methoxy-8-hydroxy-isocumarin-3-carbonsäuremethylester* (F. 194°) nachgewiesen werden. Das nunmehr rein isolierte **II** konnte in *7.8-Dimethoxy-isocarbostyril* (F. 178—179°) *Pikrat,* F. 150—151°, übergeführt werden.

P. Westermann 3231△

1166 **Zur Kenntnis der Acyloine des Chinolizidins.** K. Winterfeld und K. Nonn. (Pharmazie **20,** 337—39, 1965; Pharmazeut. Inst., Univ., Bonn; dt.) — Vf. unternehmen Vers. zur Darst. der 3 theoret. möglichen Acyloine des Chinolizidins durch Acyloinringschluß entsprechender Piperidin-1.2-dicarbonsäureester. Die Dieckmann-Kondens. als Konkurrenz-Rk. ist dabei wesentlich bevorzugt. *Chinolizidin-1.2-acyloin* (**I**) entsteht in sehr mäßiger Ausb. bei Kondens. N-[β-Carbäthoxyäthyl]-pipecolinsäureäthylesters. *Chinolizidin-2.3-acyloin* entsteht in etwas besserer Ausb. (neben Dieckmann-Kondens.) durch Acyloinringschluß von *1.2-Bis-[carbäthoxymethyl]-piperidin* (**II**). Vers., den für die Synth. von Chinolizidin-3.4-acyloin geeigneten β-[1-Carbäthoxy-piperidyl-(2)]-propionsäureäthylester darzustellen, führten zu *Indolizidon-(3).*

Versuche: *Pipecolinsäureäthylester,* $Kp._8$ 85—86°, durch Schütteln von Picolinsäureäthylester in A. mit Raney-Ni bei 110° u. einem H_2-Druck von 120 at, Filtrieren, Abdest. des A. u. Fraktionieren; Öl; 69%. — *N-[β-Carbäthoxyäthyl]-pipecolinsäureäthylester,* $Kp._{0,1}$ 105 bis 107°, durch Zutropfen einer Lsg. von β-Brompropionsäureäthylester in abs. Toluol zu einer auf 0° gekühlten Mischung vorst. Verb., K_2CO_3 u. abs. Toluol, 5std. Erwärmen auf 70°, Abkühlen auf 0° u. Zutropfen von Eis-W. bis zur Lsg. von KBr u. K_2CO_3; 19%. — *Chinolizidin-1.2-acyloin* (**I**), durch 10std. Zutropfen vorst. Verb. in Toluol zur Suspension von Na in Toluol bei Siedetemp., 2std. Erhitzen unter Rühren, Eintropfen von W., 4std. Rühren, Abtrennen, Waschen mit W., Einstellen auf pH 6,5—6,8, zehnmaliges Extrahieren mit $CHCl_3$, Hochvakuumdest.- u. Subl. bei 150—220°. — *Pyridyl-(2)-essigsäureäthylester,* $Kp._2$ 86—90°, durch Einleiten von HCl in Pyridyl-(2)-acetonitril ($Kp._{0,5}$ 74—76°) in abs. A. u. abs. Äther. — *Piperidyl-(2)-essigsäureäthylester,* $Kp._{11-12}$ 101—102°, durch Hydrierung vorst. Verb. an PtO_2 in Eisessig; 85%. — *1.2-Bis-[äthoxycarbonylmethyl]-piperidin* (**II**), $Kp._{0,2}$ 105—106°, durch langsames Zutropfen von Chloressigsäureäthylester unter Rühren zu vorst. Verb. u. K_2CO_3, Zusatz von abs. Bzl., 15std. Rühren bei Siedetemp., Abkühlen, Zugabe von W. bis zur Lsg. von KBr u. K_2CO_3 u. 3maliges Ausschütteln mit Bzl.; 89%. — *Chinolizidin-2.3-acyloin,* $C_9H_{15}NO_2$, Kp. 265° (Zers.), a) analog **I** aus Na in Toluol u. **II**, Einstellen auf pH 6,6—6,7, 10maliges Extrahieren mit $CHCl_3$ u. Hochvakuumdest.; 2,9%; b) analog a) aus K in abs. Bzl. u. **II**; 3,1%; c) analog a) aus K-Na-Leg. in Toluol u. **II** bei 40—43° innerhalb 40 Std. u. 15std. Rühren; 3,1%. — *β-[Pyridyl-(2)]-propionitril,* $Kp._{0,1}$ 72—74°, aus 2-Vinylpyridin u. KCN; 79%. — *β-[Pyridyl-(2)]-propionsäureäthylester,* $Kp._{0,3}$ 76—79°, durch 3std. Einleiten von HCl-Gas in vorst. Verb. in A./Ae. unter Eiskühlung, Erwärmen bis zum Sieden, 7std. Einleiten von HCl-Gas u. 12std. Stehen im Kühlschrank; 89%. — *β-[Piperidyl-(2)]-propionsäureäthylester,* durch 48std. Hydrieren vorst. Verb. in Eisessig (PtO_2); beim Vers. zur Dest. Bldg. von nachst. Verb.; 82% (Rohausb.). — *Indolizidon-(3),* $Kp._{0,02}$ 67—68°, a) durch tropfenweise Zugabe von Chlorameisensäureäthylester zu vorst. Verb. u. K_2CO_3 u. 1std. Erhitzen auf dem W.-Bad; 49%; b) durch langsame Zugabe von Chlorameisensäureäthylester in abs. A. zu vorst. Verb. in abs. Ae. unter Eiskühlung u. 1std. Erwärmen; 71%.

H. Ziebandt 3231

1167 **Pyrrocolin-Azofarbstoffe.** Luciano Pentimalli. (Boll. sci. Fac. Chim. ind. Bologna **23,** 15—19, 1965; Ist. Chim. della Fac. di Ing. dell'Univ., Bologna; ital.) — Es wurden Azofarbstoffe in rosa u. gelben Farbtönen durch Diazokupplung von aromat. Aminen mit 2-Phenyl-, 1-Methyl-2-phenyl- u. 2.3-Dimethylpyrrocolin dargestellt, die als Azodispersionsfarbstoffe für Nylon u. Polyesterfasern Verw. fanden. Ausführliche Vers. zur Haltbarkeit u. Lichtechtheit s. Original.

Versuche: *3-Phenylazo-2-phenylpyrrocolin,* F. 141 bis 142° (A.); purpurrot. — *3-[p-Chlorphenylazo]-2-phenylpyrrocolin,* F. 135—136° (A.); orangerot. — *3-[2.4-Dichlorphenylazo]-2-phenylpyrrocolin,* F. 162—163° (A.); rot. — *3-[p-Dimethylaminophenyl-azo]-2-phenyl-pyrrocolin,* F. 121—122° (Bzl./Ligroin); bordeaux. — *3-[p-Methoxyphenylazo]-2-phenylpyrrocolin,* F. 105—106° (A.); orange-

rot. — *3-Phenylazo-1-methyl-2-phenylpyrrocolin*, F. 130 bis 131° (A.); orange. — *1-Methyl-2-phenyl-3-[p-chlorphenylazo]-pyrrocolin*, F. 194—195° (Ligroin); bordeaux. — *1-Methyl-2-phenyl-3-[2.4-dichlorphenylazo]-pyrrocolin*, F. 180—181° (Ligroin); orangerot. — *1-Methyl-2-phenyl-3-[p-dimethylaminophenylazo]-pyrrocolin*, F. 149—150° (Bzl./Ligroin); braun-grün. — *1-Methyl-2-phenyl-3-[p-methoxyphenylazo]-pyrrocolin*, F. 107—108° (A.); orange. — *1-Phenylazo-2.3-dimethyl-pyrrocolin*, F. 117—119° (A.); mattiert. — *1-[p-Chlorphenylazo]-2.3-dimethyl-pyrrocolin*, F. 124—125° (A.); orange. — *1-[2.4-Dichlorphenylazo]-2.3-dimethyl-pyrrocolin*, F. 159—160° (A.); kardinalrot. — *1-[p-(N-Dimethyl)-phenylazo]-2.3-dimethyl-pyrrocolin*, F. 156—157° (A.); dunkelrot. — *1-[p-Methoxyphenylazo]-2.3-dimethyl-pyrrocolin*, F. 89—90° (A.); orangerot. — UV-spektroskop. Daten s. Original.
Heidrun Kühn 3231

1168 **Synthese von [6.7-T]-Tropin.** W. Hespe, W. J. F. Klopper und W. Th. Nauta. (Recueil Trav. chim. Pays-Bas **84**, 476—80, 1965; Amsterdam, N. V. Koninklijke Pharmaceut. Fabrieken, Res. Dep.; engl.) — Die Synth. von 6.7-Ditritiotropin aus 2.5-Dimethoxy-2.5-dihydrofuran (**I**) wird beschrieben.

Versuche: *2.5-Dimethoxy-3.4-ditritiotetrahydrofuran*, durch Rk. von **I** mit T_2 in Dioxan in Ggw. von Pt bei Raumtemp. bei vermindertem Druck. — *6.7-Ditritiotropinon*, durch $^1/_2$std. Kochen vorst. Lsg. nach Verdünnen mit 5 g inakt. Verb. in W. mit 1 n HCl, Einstellen von pH 6 mit $KHCO_3$, Versetzen mit Acetondicarbonsäure u. Methylaminhydrochlorid u. 15std. Rühren bei 30° sowie 1 Std. bei 35°; 3,5 g (Ausb.); spezif. Akt. 16 mC/mMol. — *6.7-Ditritiotropin*, F. 59—62°, durch Hydrieren vorst. Verb. an Raney-Ni in CH_3OH; 86%; spezif. Aktivität 16,5 mC/mMol. J. Voss 3231

1169 **Aromatische Verbindungen mit Stickstoffbrückenkopfatomen. 1. Mitt. Das Dipyrido-[1.2:c;2'.1':e]-imidazoliumkation und verwandte Kationen.** I. C. Calder und W. H. F. Sasse. (Austral. J. Chem. **18**, 1819—33, 1965; Univ. of Adelaide; engl.) — Durch Rk. von 2.2'-Bipyridyl mit CH_2J_2 entsteht in 25%ig. Ausb. *Dipyrido-[1.2:c;2'.1':e]-imidazolium-(5)-jodid* (**V**) neben *2.2'-Bipyridylmonohydrojodidhydrat* u. *6.6'-Methylen-bis-[dipyrido-[1.2:c;2'.1':e]-imidazolium-(5)-jodid]-monohydrat* (**I**). Die Struktur von **I** wird durch Pyrolyse bzw. Photoox. zu *2.2'-Bipyridyl* bewiesen. Analog entsteht aus 4.4'- (**II**) bzw. 5.5'-Dimethyl-2.2'-bipyridyl (**III**) in 29 bzw. 25%ig. Ausb. *2.10-* bzw. *3.9-Dimethyldipyrido-[1.2:c;2'.1':e]-imidazolium-(5)-jodid*. 4.4'-Diphenyl- bzw. 5.5'-Diäthoxycarbonyl-2.2'-bipyridyl oder 2.2'-Bichinolyl reagieren mit CH_2J_2 nicht zu den entsprechenden Salzen. Mit Benzalchlorid reagiert 2.2'-Bipyridyl zu 44% *6-Phenyldipyrido-[1.2:c;2'.1':e]-imidazolium-(5)-chlorid* (**IV**). Mit anderen gem.-Dihalogeniden gibt 2.2'-Bipyridyl nur komplexe Gemische. Photolyse von **IV** liefert *2.2'-Bipyridyl*. Bromierung von **IV** in heißer Essigsäure führt in guter Ausb. zu *2.10-Dibrom-6-phenyldipyrido-[1.2:c;2'.1':e]-imidazolium-(5)-bromid*, dessen Photoox. *4.4'-Dibrom-2.2'-bipyridyl* gibt. Im Gegensatz zu Calder et al. (C. **1966**, 9-1032) stellen Vf. fest, daß **V** mit CH_3J in sd. Acetonitril bei 130° zu *6-Methyldipyrido-[1.2:c;2'.1':e]-imidazolium-(5)-trijodid* (**VI**) reagiert. Mit sd. NaOH gibt **VI** 25% *2.2'-Bipyridyl*. Bei Vers., aus **VI** Salze mit anderen Anionen darzustellen, zersetzt **VI** sich. Bei der Behandlung von Dipyrido-[1.2:c;2'.1':e]-imidazolium-(5)-chlorid mit 1-Benzoyl- bzw. 1-Acetylpyridiniumchlorid bilden sich die *6-Benzoyl-* bzw. *6-Acetyldipyrido-[1.2:c;2'.1':e]-imidazolium-(5)-salze*, die mit Säuren oder Basen die *Dipyrido-[1.2:c;2'.1':e]-imidazolium-(5)-salze* geben. Michael-Addition von Methylvinylketon an Dipyrido-[1.2:c;2'.1':e]-imidazolium-(5)-bromid (**VII**) liefert *6-[3-Oxobutyl]-dipyrido-[1.2:c;2'.1':e]-imidazolium-(5)-bromid*. **VI** reagiert mit wss. Lsg. von Alkalihydroxiden zu *2.2'-Bipyridyl*. **IV** gibt nur mit überschüssigen Basen bis zu 37% *Benzoesäure* u. *2.2'-Bipyridyl*. Mit $NaOCH_3$ unter Luftausschluß reagiert **IV** dagegen nicht. Die Darst. von 6-Nitrodipyrido-[1.2:c;2'.1':e]-imidazolium-(5)-salzen gelingt nicht. Die Dipyrido-[1.2:c;2'.1':e]-imidazolium-(5)-salze werden durch Licht u. Luft in wss. Lsg. zu 70% *2.2'-Bipyridylhydrochlorid* abgebaut. Unter Luftausschluß bzw. in Ggw. von starker H_2SO_4 finden diese Abbaurk. nicht statt.

Versuche: *Dipyrido-[1.2:c;2'.1':e]-imidazolium-(5)-jodid* (**V**), F. 255,5—256,5° (Zers.), durch 6tägiges Kochen von 15 g 2.2'-Bipyridyl mit CH_2J_2 in Acetonitril unter N_2; 25% (Ausb.); daneben **I** u. 1,8 g *2.2'-Bipyridylhydrojodidmonohydrat. Chloridmonohydrat*, $C_{11}H_9BrN_2 \cdot H_2O$, F. 220—225° (Zers.; A.), aus **V** mit Amberlite IRA 400 (Cl^--Form). *Pikrat*, $C_{17}H_{11}N_5O_7$, F. 218—219° (wss. A.), aus **V**. — *6.6'-Methylen-bis-[dipyrido-[1.2:c;2'.1':e]-imidazolium-(5)-jodid]-monohydrat* (**I**), $C_{23}H_{18}J_2N_4 \cdot H_2O$, F. 268—269° (Zers.; W.), durch 3tägiges Erhitzen von 15 g 2.2'-Bipyridyl u. CH_2J_2 auf 150° unter N_2; 8,5 g; daneben 1,7 g **V**. — *6.6'-Methylen-bis-[dipyrido-[1.2:c;2'.1':e]-imidazolium-(5)-bromid]-monohydrat*, $C_{23}H_{18}Br_2N_4 \cdot H_2O$, F. 270—290° (Zers.; W./CH_3OH). — *6.6'-Methylen-bis-[dipyrido-[1.2:c;2'.1':e]-imidazolium-(5)-pikrat]*, $C_{35} \cdot H_{22}N_{10}O_{14}$, F. 215—216,5° (Aceton/W.), aus **I** in A. u. Pikrinsäure. — *6.6'-Methylen-bis-[dipyrido-[1.2:c;2'.1':e]-imidazolium-(5)-trijodid]*, $C_{23}H_{18}J_6N_4$, F. 155—160° (Zers.; A.), durch 24std. Erhitzen von 0,5 g **VII** u. CH_2J_2 in Benzonitril auf 160° unter N_2; 0,3 g. 24std. Bestrahlen in W. in Ggw. von Luft → 47% *2.2'-Bipyridyl*. — *2.10-Dimethyldipyrido-[1.2:c;2'.1':e]-imidazolium-(5)-chlorid*, *Sesquihydrat*, $C_{13}H_{13}ClN_2 \cdot 1{,}5H_2O$, F. 225—228° (Zers.; CH_3OH), durch 5tägiges Kochen von **II** u. CH_2J_2 in Acetonitril unter N_2; 29%. — *3.9-Dimethyldipyrido-[1.2:c;2'.1':e]-imidazolium-(5)-jodid*, $C_{13}H_{13}JN_2$, F. 273—275° (Zers.; DMF/Aceton), analog vorst. Verb. aus **III**; 25%. *Chloridhemihydrat*, $C_{13}H_{13}ClN_2 \cdot 5H_2O$, F. 285—286° (Zers.; Verfärbung ab 260°). — *6-Phenyldipyrido-[1.2:c;2'.1':e]-imidazolium-(5)-chlorid* (**IV**), *Sesquihydrat*, $C_{17}H_{13} \cdot ClN_2 \cdot 1{,}5H_2O$, F. 277—279° ($CHCl_3$), durch 6tägiges Erhitzen von 2.2'-Bipyridyl mit Benzalchlorid auf 130° unter N_2; 44%. *Pikrat*, $C_{23}H_{15}N_5O_7$, F. 209—210° (CH_3OH/W.). *Tribromid*, $C_{17}H_{13}Br_3N_2$, F. 188—192° (Zers.), aus **IV** u. Br_2 in CH_3COOH. Analoge Rk. von **III** mit Benzalchlorid bzw. 4.4'-Diphenyl-2.2'-bipyridyl mit CH_2J_2, 5.5'-Diäthoxycarbonyl-2.2'-bipyridyl mit CH_2J_2 oder CH_2Br_2, 2.2'-Bipyridyl mit 1.1-Dibromäthan, 2.2'-Bichinolyl mit CH_2J_2, 2.2'-Bipyridyl mit Dichloressigsäuremethylester oder 2.2'-Bipyridyl mit 1.1.2.2-Tetrabromäthan gibt nur die Ausgangsverb. zurück. — *6-Methyldipyrido-[1.2:c;2'.1':e]-imidazolium-(5)-trijodid* (**VI**), $C_{12}H_{11}J_3N_2$, F. 168—170° (Zers.; A.), durch 3tägiges Erhitzen von 0,25 g **VII** mit CH_3J in Acetonitril auf 130°; 0,155 g. 10 Min. langes Kochen von **VI** mit KOH → 25% *2.2'-Bipyridyl*. 7tägiges Kochen von **V** mit CH_3J in Acetonitril gibt nur **V** zurück. — *6-Benzoyldipyrido-[1.2:c;2'.1':e]-imidazolium-(5)-pikrat*, $C_{24}H_{15}N_5O_8$, F. 186 bis 188° (Aceton/W.), durch 5 Min. langes Kochen von 0,035 g Dipyrido-[1.2:c;2'.1':e]-imidazolium-(5)-chlorid mit Benzoylchlorid in Py. u. Rk. mit Na-Pikrat in W.; 0,04 g. *Bromid* (**VIII**), $C_{18}H_{13}BrN_2O$, F. 267—270° (Zers.; A.); 4wöchiges Bestrahlen von 0,5 g **VIII** in W. mit Sonnenlicht → 0,19 g *2.2'-Bipyridyl* u. 0,085 g *Benzoesäure* (F. 121°); Rk. von 0,1 g **VIII** mit 48%ig. HBr → 0,01 g *Benzoesäure* u. 0,057 g **VII**. — *6-Acetyldipyrido-[1.2:c;2'.1':e]-imidazolium-(5)-chlorid*, *Semihydrat*, $C_{13} \cdot H_{11}BrN_2O \cdot {}^1/_2H_2O$, F. 278—280° (Zers.; CH_3OH/Aceton), durch $^1/_4$std. Kochen von 0,05 g **VII** mit Acetylbromid in CH_3COOH/Py.; 0,027 g. 5 Min. langes Erhitzen von 0,065 g mit HBr/W. auf 100° → 0,051 g **VII**. — *6-[3-Oxobutyl]-dipyrido-[1.2:c;2'.1':e]-imidazolium-(5)-bromid*, $C_{15}H_{15}BrN_2O$, F. 216—218° (Zers.; CH_3OH/Aceton/Ae.), durch 2std. Kochen von 0,4 g **VII** u. Methylvinylketon in CH_3OH; 0,275 g. *Pikrat*, $C_{21}H_{17}N_5O_8$, F. 184—185° (A./Aceton). — *6-Bromdipyrido-[1.2:c;2'.1':e]-imidazolium-(5)-tribromid*, F. 146—148° (Zers.), aus **VII** u. Br_2 in CH_3COOH. Gibt mit NaOH 58% *2.2'-Bipyridyl*. Durch Erhitzen von Dipyrido-[1.2:c;2'.1':e]-imidazolium-(5)-chlorid mit Br_2 in Ggw. von $NaOOCCH_3$ in W./CH_3COOH auf 90° entstehen nur 43% *2.2'-Bipyridyl*, F. 70—71°. — *6.6-Diphenyl-6H-dipyrido-[1.2:c;2'.1':e]-imidazoldiiumdipikrat*, $C_{35}H_{22}N_8O_{14}$, F. 218—219° (A.), durch 14tägiges Erhitzen von 2.2'-Bipyridyl u. Dichlordiphenylmethan auf 160°. *Dichlorid*, hygroskopisch. — *2.10-Dibrom-6-phenyldipyrido-[1.2:c;2'.1':e]-imidazolium-(5)-bromid*, $C_{17}H_{11}Br_3N_2$, F. 358—361° (W.), durch 24std.

Kochen von **IV** mit Br_2 in Essigsäure. *Acetat*, $C_{17}H_{11}Br_3N_2 \cdot C_2H_4O_2$, F. 345—348° (Zers.; CH_3COOH). 5tägiges Bestrahlen mit Sonnenlicht → *4.4'-Dibrom-2.2'-bipyridyl*, F. 140—141°; 51%. H. Scholten 3231

1170 **Alkoxyverbindungen.** 13. Mitt. **Synthese von 2-Alkyl(aryl)-5-alkyl-5-[α-methoxyäthyl]-1.3-dioxanen.** A. V. Bogatskij und N. L. Garkovik. (Probl. org. Sinteza **1965**, 42—44; Odesskij gos. univ. im. Mečnikova; russ.) — Durch Kondens. von 2-Alkyl-2-[α-methoxyäthyl]-propandiolen-(1.3) mit Aldehyden in Ggw. von p-Toluolsulfonsäure (**I**) werden *2-Alkyl(aryl)-5-alkyl-5-[α-methoxyäthyl]-1.3-dioxane* dargestellt. — 14. vgl. C. **1967, 28**-1037.

Versuche: 5-[α-Methoxyäthyl]-1.3-dioxane: *2.5-Diisopropyl-*, $C_{13}H_{26}O_3$, Kp.$_2$ 98°, a) durch Erhitzen von 2-Isopropyl-2-[α-methoxyäthyl]-propandiol-(1.3) (Kp.$_3$ 115—116°; D.$_4^{20}$ 1,0252, n_D^{20} 1,4654) mit Isobutyraldehyd in abs. Bzl. in Ggw. von **I** unter Abtrennen des Rk.-W. u. Eindampfen; D.$_4^{20}$ 0,9597, n_D^{20} 1,4472; 66% (Ausb.); b) analog in Ggw. des Kationenaustauschers KU-1 (H^+) u. Filtrieren; 75%. — Analog nach a): *2-Methyl-5-isopropyl-*, $C_{11}H_{22}O_3$, Kp.$_5$ 83—85°; D.$_4^{20}$ 0,9850, n_D^{20} 1,4478; 89%. — *2-Äthyl-5-isopropyl-*, $C_{12}H_{24}O_3$, Kp.$_6$ 100—101°; D.$_4^{20}$ 0,9740, n_D^{20} 1,4488; 78%. — *2-Phenyl-5-isopropyl-*, $C_{16}H_{24}O_3$, Kp.$_7$ 179—180°; D.$_4^{20}$ 1,0565, n_D^{20} 1,5108; 80%. — *2-Benzyl-5-isopropyl-*, $C_{17}H_{26}O_3$, Kp.$_2$ 146—148°; D.$_4^{20}$ 1,0397, n_D^{20} 1,5058; 65%. — *2-Styryl-5-isopropyl-*, $C_{18}H_{26}O_3$, Kp.$_4$ 195—196°; D.$_4^{20}$ 1,0584, n_D^{20} 1,5358; 70%. — *2.5-Dimethyl-*, $C_9H_{18}O_3$, Kp.$_{760}$ 194—196°, mit 2-Methyl-2-[α-methoxyäthyl]-propandiol-(1.3) (Kp.$_{0,5}$ 90 bis 92°; D.$_4^{20}$ 1,0366, n_D^{20} 1,4550); D.$_4^{20}$ 0,9822, n_D^{20} 1,4346; 67%. — *2-Äthyl-5-methyl-*, $C_{10}H_{20}O_3$, Kp.$_7$ 71 bis 73°, analog vorst. Verb.; D.$_4^{20}$ 0,9709, n_D^{20} 1,4360; 60%. H.-J. Graubaum 3252△

1171 **Adrenergische neuronblockierende Agentien.** 2. Mitt. **Dioxansubstituierte Derivate von Guanoxan.** A. M. Monro, G. W. H. Potter und M. J. Sewell. (J. med. Chem. **10** (1967) 5, 880—83; School of Chemical Sci., Univ. of East Anglia, Norwich, Norfolk, England; engl.) — 1. vgl. C. **1966, 34**-1015. — Brenzcatechin reagiert mit 2.3-Dibrombuttersäureäthylester in Aceton in Ggw. von K_2CO_3 zu einem *Gemisch* von *cis-* (**I**) u. *trans-2-Äthoxycarbonyl-3-methyl-1.4-benzodioxan* (**II**), das mit $LiAlH_4$ zu einem *Gemisch* von *cis-* (**III**) u. *trans-2-Hydroxymethyl-3-methyl-1.4-benzodioxan* (**IV**) red. wird. **IV** wird in *trans-2-Tosyloxymethyl-3-methyl-1.4-benzodioxan* umgewandelt, das mit Guanidin *trans-2-Guanidinomethyl-3-methyl-1.4-benzodioxan* (**V**) gibt. Von $LiAlD_4$ wird das Gemisch von **III** u. **IV** zu einem *Gemisch* von *cis-* (**VI**) u. *trans-2-Hydroxydideuteromethyl-3-methyl-1.4-benzodioxan* (**VII**) reduziert. Die Konfig. von **VI** u. **VII** werden aus den NMR-Spektren bestimmt. Aus Brenzcatechin u. 2-Methylepichlorhydrin (**VIII**) wird *2-Methyl-2-hydroxymethyl-1.4-benzodioxan* dargestellt, das in *2-Methyl-2-tosyloxymethyl-1.4-benzodioxan* (**IX**) umgewandelt wird. **IX** reagiert nicht mit Guanidin. Mit NH_3-Gas bildet **IX** *2-Methyl-2-aminomethyl-1.4-benzodioxan*, aus dem mit 1-Guanyl-3.5-dimethylpyrazolsulfat (**X**) *2-Guanidinomethyl-2-methyl-1.4-benzodioxan* erhalten wird. Aus 2-Methylen-1.4-benzodioxan (**XI**) u. Diazoessigsäureäthylester (**XII**) entsteht ein *Gemisch* von *syn-* u. *anti-1.4-Benzodioxan-[2-spiro-1']-cyclopropan-2'-carbonsäureäthylester*. Entweder wird das Estergemisch gaschromatograph. getrennt oder zum *Gemisch* von *syn-* (**XIII**) u. *anti-1.4-Benzodioxan-[2-spiro-1']-cyclopropan-2'-carbonsäure* (**XIV**) verseift. **XIII** u. **XIV** lassen sich durch fraktionierende Kristallisation isolieren. Ihre Konfig. werden aus den NMR-Spektren abgeleitet. **XIII** bzw. **XIV** werden durch Curtius-Abbau u. nachfolgende alkal. Hydrolyse in *syn-* (**XV**) bzw. *anti-2'-Amino-1.4-benzodioxan-[2-spiro-1']-cyclopropan* (**XVI**) übergeführt. Neben **XV** entsteht dabei viel *N.N'-Bis-[syn-1.4-benzodioxan-[2-spiro-1']-cyclopropyl-(2')]-harnstoff* (**XVII**). **XVII** liefert mit Phthalsäureanhydrid (**XVIII**) *syn-2'-Phthalimido-1.4-benzodioxan-[2-spiro-1']-cyclopropan* (**XIX**), das von N_2H_4 zu **XV** gespalten wird. **XV** bzw. **XVI** reagieren mit **X** zu *syn-* (**XX**) bzw. *anti-2'-Guanidino-1.4-benzodioxan-[2-spiro-1']-cyclopropan* (**XXI**). **XV**-Hydrochlorid gibt mit p-Toluolsulfonsäure (**XXII**) das *N-Tosylderiv.*, das mit Cyanamid in sd. 95%ig. A. in **XX**-*Tosylat* übergeht. **XXI** zeigt keine adrenerg. neuronblockierende Eigenschaften. **XX** ist dagegen aktiv. **V** verhält sich wie das entsprechende cis-trans-Gemisch.

Versuche (F. korr.): *trans-2-Hydroxymethyl-3-methyl-1.4-benzodioxan* (**IV**), $C_{10}H_{12}O_3$, F. 91—92,5° (PAe.), aus dem Gemisch von **I** u. **II** mit $LiAlH_4$ in sd. abs. Ae.; 50% (Ausb.). — *trans-2-Tosyloxymethyl-3-methyl-1.4-benzodioxan*, $C_{17}H_{18}O_5S$, F. 118,5—119,5° (A.), aus **IV**. — *trans-2-Guanidinomethyl-3-methyl-1.4-benzodioxan* (**V**), *Tosylat*, $C_{18}H_{23}N_3O_5S$, F. 161—163° (Umwandlung bei 93—98°; W.), aus vorst. Verb. u. Guanidin; 22%. — *2-Hydroxydideuteromethyl-3-methyl-1.4-benzodioxan, cis-Form* (**VI**), aus 400 mg **I** u. $LiAlD_4$ in sd. abs. Ae.; 300 mg. *trans-Form* (**VII**), aus einem Gemisch von **I** u. **II** u. $LiAlD_4$ in sd. abs. Äther. — *2-Hydroxymethyl-2-methyl-1.4-benzodioxan*, $C_{10}H_{12}O_3$, F. 64—65° (PAe.), Kp.$_{0,05}$ 90—100°, aus Brenzcatechin u. **VIII**. — *2-Methyl-2-tosyloxymethyl-1.4-benzodioxan* (**IX**), $C_{17}H_{18}O_5S$, F. 77,5 bis 79° (A.), aus vorst. Verbindung. — *2-Aminomethyl-2-methyl-1.4-benzodioxanhydrochlorid*, $C_{10}H_{13}NO_2 \cdot HCl$, F. 210—216°, aus **IX** u. NH_3 in A. bei 150° u. Rk. mit äther. HCl; 49%. — *2-Guanidinomethyl-2-methyl-1.4-benzodioxantosylat*, $C_{11}H_{15}N_3O_2 \cdot C_7H_8O_3S$, F. 182,5—184,5° (W. u. Butanol), aus vorst. Verb. u. **X** u. Umwandeln in das Tosylat. — *Gemisch* von *syn-* u. *anti-1.4-Benzodioxan-[2-spiro-1']-cyclopropan-2'-carbonsäureäthylester*, Kp.$_{0,01-0,07}$ 120—180°, aus **XI** u. **XII**; 59%. — *1.4-Benzodioxan-[2-spiro-1']-cyclopropan-2'-carbonsäure, anti-Form* (**XIV**), $C_{11}H_{10}O_4$, F. 158—162° (W.), aus vorst. Gemisch u. sd. verd. NaOH; 48%; daneben 20% *syn-Form* [**XIII**, F. 110—113° (W.)]. — *2'-Amino-1.4-benzodioxan-[2-spiro-1']-cyclopropan, anti-Form* (**XVI**), *Hydrochlorid*, $C_{10}H_{11}NO_2 \cdot HCl$, F. 211—213° (Isopropanol), aus **XIV** durch Umwandeln in das *Azid*, Pyrolyse, alkal. Hydrolyse u. Rk. mit HCl; 45%. *syn-Form* (**XV**), *Hydrochlorid*, F. 220—222°, a) aus **XIII** analog **XVI** u. Hydrolyse mit konz. HCl; 62%; b) aus **XIX** u. 1 Val N_2H_4 in sd. A. u. Rk. mit HCl-Gas in Ae.; 79%. — *N.N'-Bis-[syn-1.4-benzodioxan-[2-spiro-1']-cyclopropyl-(2')]-harnstoff* (**XVII**), $C_{21}H_{20}N_2O_5$, F. 213—216° (A.), aus **XIII** durch Umwandeln in das *Azid*, Pyrolyse u. alkal. Hydrolyse; 53%; daneben 6% **XV**-*Hydrochlorid*. — *syn-2'-Phthalimido-1.4-benzodioxan-[2-spiro-1']-cyclopropan* (**XIX**), F. 164—167° (A.), aus **XVII** u. 2 Val **XVIII**; 69%. — *2'-Guanidino-1.4-benzodioxan-[2-spiro-1']-cyclopropan, anti-Form* (**XXI**), *Sulfat*, $C_{11}H_{13}N_3O_2 \cdot 0{,}5 H_2SO_4$, F. 288—290° (W.), aus **XVI** u. 1 Val **X** in W. bei 90°; 13%. *syn-Form* (**XX**), *Tosylat*, $C_{11}H_{13}N_3O_2 \cdot C_7H_8O_3S$, F. 175—177° (W.), aus **XV**-Hydrochlorid u. 1 Val **XXII** in W. u. Rk. mit Cyanamid in sd. A.; 80%. Hans Köhne/Berlin 3252△

1172 **Niementowski-Synthese von 4-Oxochinazolin.** 1. Mitt. **Modifizierung und Mechanismus.** V. S. Patel und S. R. Patel. (J. Indian chem. Soc. **42**, 531—35, 1965; Chem. Dep., Vallabhbhai Vidyapeeth, Vallabh Vidyanagar; engl.) — N-Acylanthranilsäuren geben beim Erhitzen mit Formamid *2-substituierte 4-Oxo-3.4-dihydrochinazoline*. N-o-Chlorphenylanthranilsäure (**I**) gibt mit Formamid bei 160° *N-o-Chlorbenzoylanthranilsäureamid* (**II**). **II** läßt sich in Ggw. von $ZnCl_2$ bei 250° nicht cyclisieren. In verd. heißen Alkalilsg. geht **II** in *2-o-Chlorphenyl-4-oxo-3.4-dihydrochinazolin* über.

Versuche: 4-Oxo-3.4-dihydrochinazoline, aus N-Acylanthranilsäuren u. 1,5 Val Formamid: *2-Methyl-*, $C_9H_8N_2O$, F. 238—239° (A.), bei 150°; 83% (Ausb.). — *2-Äthyl-*, $C_{10}H_{10}N_2O$, F. 235° (A.), bei 160°; 60%. — *2-n-Propyl-*, $C_{11}H_{12}N_2O$, F. 206—207° (A.), bei 160°; 60%. — *2-Phenyl-*, $C_{14}H_{10}N_2O$, F. 236° (A.), bei 165°; 65%. — *2-Benzyl-*, $C_{15}H_{12}N_2O$, F. 254° (A.), bei 160°; 79%. — *2-Phenäthyl-*, $C_{16}H_{14}N_2O$, F. 210—211° (A.), bei 100°; 75%. — *2-Styryl-*, $C_{16}H_{12}N_2O$, F. 249° (A.), bei 150°. — *2-p-Nitrophenyl-*, $C_{14}H_9N_3O_3$, F. 352° (A.), bei 180°; 73%. — *2-p-Methoxyphenyl-*, $C_{15}H_{12}N_2O_2$, F. 245—246° (A.), bei 180°; 68%. — *2-o-Chlorphenyl-*, $C_{14}H_9ClN_2O$, F. 186—187° (CH_3COOH), aus **II** u. heißer 10%ig. NaOH. — *2-o-Chlorphenyl-4H-3.1-benzoxazinon-(4)*, $C_{14}H_8ClNO_2$, F. 139—140° (Bzl./PAe.), aus **I** u. sd. Acetanhydrid. — *N-o-Chlorbenzoylanthranilsäureamid* (**II**), $C_{14}H_{11}ClN_2O_2$, F. 200—202° (A.), a) aus **I** u. 1,5 Val

Formamid bei 160°; b) aus vorst. Verb., Ammoniumcarbonat u. fl. NH_3 in sd. C_2H_5OH.
Hans Köhne/Berlin 3272△

1173 **Synthese von Uridylyl-(5′ → N)-phenylalanyl-3′(2′)-O-adenosin.** V. D. Smirnov, Z. A. Šabarova und M. A. Prokof'ev. (Doklady Akad. Nauk SSSR **160,** 845–48, 1965; Moskva, Lomonosov-Univ.; russ.) — Durch 3std. Rühren des Trioctylammoniumsalzes der Uridyl-(5′)-säure mit Diphenylchlorphosphat in abs. Dioxan–Bzl.–Toluol, Einengen im Vakuum u. 40std. Rk. des erhaltenen Pyrophosphorsäurederiv. mit 3′(2′)-O-Phenylalanyladenosin in abs. Dioxan wird mit 15% Ausb. *Uridylyl-(5′ → N)-phenylalanyl-3′(2′)-O-adenosin* erhalten, dessen Struktur durch die saure Hydrolyse bestätigt wird. Die Verb. ist als Modellsubstanz für die Biosynth. von Proteinen von Interesse.
H.-E. Toussaint 3272

1174 **N-Thymidylglycin und p-N-Thymidylaminobenzoesäureäthylester.** Mathias P. Mertes und Quentin Gilman. (J. med. Chem. **10** (1967) 5, 965–66; Dep. of Med. Chem., School of Pharmacy, Univ. of Kan., Lawrence, Kan.; engl.) — Aus 5-Hydroxymethyluracil (**I**) u. Glycinhydrochlorid (**II**) bzw. p-Aminobenzoesäureäthylester (**III**) werden *N-Thymidylglycin* (**IV**) bzw. *p-N-Thymidylaminobenzoesäureäthylester* (**V**) dargestellt. **IV** bzw. **V** inhibieren Desoxyuridin-5′-monophosphat nicht; Dihydrofolsäure wird von **IV** zu 20%, von **V** zu 10% inhibiert.

Versuche (F. korr.): *N-Thymidylglycin* (**IV**), $C_7H_9N_3O_4$, kein F. bis 340° (W.), aus **I** u. **II** in W. bei 90°; 7% (Ausb.). — *p-N-Thymidylaminobenzoesäureäthylester* (**V**), $C_{14}H_{15}N_3O_4$, F. 261–262° (A.), aus **I**, **III** u. 1%ig. HCl in sd. 30%ig. A.; 36%.
Hans Köhne/Berlin 3272△

1175 **Synthese von 8-Hydroxypurinnucleosiden.** Morio Ikehara, Hiroshi Tada und Kei Muneyama. (Chem. pharmac. Bull. [Tokyo] **13,** 1140–42, 1965; Sapporo, Hokkaido Univ., Fav. of Pharmaceut. Sci.; engl.) — 8-Bromguanosin (**I**) gab bei 3std. Erhitzen in Eisessig in Ggw. von Na-Acetat auf 118° (Meth. **A**) *8-Hydroxyguanosin* [**II**, *Hemihydrat*, $C_{10}H_{13}N_5O_6 \cdot {}^1/_2H_2O$, F. > 180° (Zers.)], das nur schwer vom Na-Acetat zu trennen war. Günstiger war es daher, das 2′.3′-Isopropylidenderiv. von **I** analog **A** zur Rk. zu bringen u. das entstandene *2′.3′-Isopropylidenderiv.* von **II** (glasartig) zu **II** zu hydrolysieren [38% (Ausb.)]. Bei der Rk. von **II** mit $NaNO_2$ in 20%ig. H_2SO_4 entstand *Harnsäure-9-ribosid.* 8-Brom-5′-O-acetyl-2′.3′-O-isopropylidenadenosin gab analog **A** ein *8-Hydroxyadenosinderivat.* Spektren vgl. Original.
K. Gröbe 3272△

1176 **asymm.-Triazine.** 1. Mitt. **5-Sulfanilamidoderivate und Zwischenverbindungen.** W. E. Taft und R. G. Shepherd. (J. med. Chem. **10** (1967) 5, 883–87; Organ. Chem. Res. Sect., Lederle Labor. Div., Amer. Cyanamid Co., Pearl River, N.Y.; engl.) — 3-Amino-, 3-Amino-5-methyl- bzw. 3-Amino-5.6-dimethyl-asymm.-triazin geben mit p-Nitro- bzw. p-Acetylaminobenzolsulfonylchlorid nur wasserlösl. Prod., vermutlich infolge von Ringöffnung. Bei der Darst. von 5.6-Dimethyl-3-methylmercapto-asymm.-triazin nach Buu-Hoi et al. (vgl. C. **1957,** 1420) bzw. Klosa (vgl. C. **1957,** 7652) wurden nur *Diacetyl-mono-* (**I**) bzw. *-bis-[thiosemicarbazon]* erhalten. Diacetyl-mono-S-methylthiosemicarbazon läßt sich nicht in sd. K_2CO_3-Lsg. bzw. durch Erhitzen auf 180° cyclisieren. 6-Methyl-2.3.4.5-tetrahydro-asymm.-triazindion-(3.5) (**II**) gibt mit $POCl_3$ in Ggw. von Triäthylamin *3.5-Dichlor-6-methyl-asymm.-triazin,* das mit $NaOCH_3$ in CH_3OH zu *3.5-Dimethoxy-6-methyl-asymm.-triazin* (**III**) reagiert. **III** bildet mit Na-Sulfanilamid (**IV**) in sd. CH_3OH *5-p-Aminobenzolsulfonylamino-3-methoxy-6-methyl-asymm.-triazin* (**V**). 3-Thiono-5-oxo-6-methyl-2.3.4.5-tetrahydro-asymm.-triazin (**VI**) wird von Raney-Ni in *5-Oxo-6-methyl-4.5-dihydro-asymm.-triazin* umgewandelt, das mit P_2S_5 in Py. bei 105° *6-Methyl-4.5-dihydro-asymm.-triazinthion-(5)* (**VII**) liefert. In sd. Py. erfolgt Zersetzung. **VII** wird mit Dimethylsulfat (DMS) zu *5-Methylmercapto-6-methyl-asymm.-triazin* (**VIII**) methyliert. Aus **VIII** u. **VI** entsteht *5-p-Aminobenzolsulfonylamino-6-methyl-asymm.-triazin* (**IX**). **VI** bzw. 3-Methylmercapto-5-oxo-6-methyl-4.5-dihydro-asymm.-triazin (**X**) geben mit P_2S_5 *3.5-Dithiono-6-methyl-2.3.4.5-tetrahydro-asymm.-triazin,* aus dem mit DMS *3.5-Bis-[methylmercapto]-6-methyl-asymm.-triazin* (**XI**) erhalten wird. **XI** reagiert mit **IV** zu *3-Methylmercapto-5-p-aminobenzolsulfonylamino-6-methyl-asymm.-triazin* (**XII**), das von Raney-Ni zu **IX** entschwefelt wird. Aus **XII** wird mit $NaOCH_3$ **V** dargestellt. Die neuen 5-p-Aminobenzolsulfonylamino-asymm.-triazine zeigen keine oder geringe antibakterielle Aktivität.

Versuche (F. korr.): asymm.-Triazine: *3.5-Dichlor-6-methyl-*, $C_4H_3Cl_2N_3$, F. 44,5–45,5° (Subl. bei 80–90°/1 Torr), aus **II** u. sd. $POCl_3$ in Ggw. von Triäthylamin; 35% (Ausb.). — *3.5-Dimethoxy-6-methyl-* (**III**), $C_6H_9N_3O_2$, F. 107–108° (Hexan), aus vorst. Verb. u. $NaOCH_3$ in CH_3OH; 63%. — *3-Methoxy-6-methyl-5-p-aminobenzolsulfonylamino-* (**V**), $C_{11}H_{13}N_5O_3S$, F. 172 bis 173° (A./Hexan), a) aus **III** u. **IV** in sd. abs. CH_3OH; 40%; b) aus 357 mg **XII** u. $NaOCH_3$ in sd. CH_3OH; 122 mg. — *5-Oxo-6-methyl-4.5-dihydro-*, $C_4H_5N_3O$, F. 211 bis 212° (Subl. bei 140°/0,05 Torr), aus **VI** u. Raney-Ni in sd. wss. NH_4OH; 84%. — Analog: *5-Oxo-6-äthyl-4.5-dihydro-*, $C_5H_7N_3O$, F. 154,5–155,5° (CH_3OH); 59%. — *5-Oxo-6-n-propyl-4.5-dihydro-*, $C_6H_9N_3O$, F. 144,5–145,5° (CH_3OH); 60%. — *5-Thiono-6-methyl-4.5-dihydro-* (**VII**), $C_4H_5N_3S$, F. 180,5° (Zers.; Heptan/A.), aus drittvorst. Verb. u. P_2S_5 in Py. bei 105°; 90%. — Analog: *5-Thiono-6-äthyl-4.5-dihydro-*, $C_5H_7N_3S$, F. 184–185° (CH_3OH); 80%. — *5-Thiono-6-n-propyl-4.5-dihydro-*, $C_6H_9N_3S$, F. 152,5–153,5° (CH_3OH); 94%. — *5-Methylmercapto-6-methyl-* (**VIII**), $C_5H_7N_3S$, F. 56,5–57,5° (Hexan), aus **VII** u. DMS in 2 n NaOH bei 0°; 27%. — Analog: *5-Methylmercapto-6-äthyl-*, $C_6H_9N_3S$, F. 36–37,5° (Subl. bei 50°/0,05 Torr); 36%. — *5-Methylmercapto-6-n-propyl-*, $C_7H_{11} \cdot N_3S$, Kp.$_{1,2}$ 105–107°; 53%. — *5-p-Aminobenzolsulfonylamino-6-methyl-* (**IX**), $C_{10}H_{11}N_5O_2S$, F. 251,5° (Zers.; A./W.), a) aus **VIII** u. **IV** in DMF bei 95–110°; 53%; b) aus **XII** u. Raney-Ni in sd. verd. NH_4OH; 33%. — Analog nach a): *3-Methylmercapto-5-p-aminobenzolsulfonylamino-6-methyl-* (**XII**), *Monoäthanolat*, $C_{11}H_{13}N_5O_2S_2 \cdot C_2H_5OH$, F. 207–208° (A./Hexan); 42%. — *3-Methylmercapto-5-p-aminobenzolsulfonylamino-*, $C_{10}H_{11}N_5O_2S_2$, F. 206–207° (Zers.; A.); 53%. — *3-Methoxy-5-p-aminobenzolsulfonylamino-*, $C_{10}H_{15}N_5O_3S$, F. 196–196,5° (A.); aus vorst. Verb. u. sd. 1 n methanol. $NaOCH_3$-Lsg.; 52%. — *3-Methylmercapto-5-p-aminobenzolsulfonylamino-6-äthyl-, Monoäthanolat*, $C_{12}H_{15}N_5O_2S_2 \cdot C_2H_5OH$, F. 134°, Verfestigung u. F. 198–199° (A.), aus 6-Äthyl-3.5-bis-[methylmercapto]-asymm.-triazin u. **IV** in DMF bei 105 bis 110°; 22%. — *5-p-Aminobenzolsulfonylamino-6-äthyl-*, $C_{11}H_{13}N_5O_2S$, F. 232–233° (CH_3OH), analog **IX** nach a); 37%. — *5-p-Aminobenzolsulfonylamino-6-n-propyl-*, $C_{12}H_{15}N_5O_2S$, F. 235–236° (CH_3OH), analog **IX** nach a); 42%. — *Diacetyl, Monothiosemicarbazon* (**I**), $C_5H_9N_3OS$, F. 180,5–181° (A.), aus Diacetyl u. ${}^1/_{10}$ Val Thiosemicarbazid; 53%. *Bis-[thiosemicarbazon,* F. ca. 270° (Zers.), a) nach Klosa (l.c.) aus Diacetyl u. 1 Val Thiosemicarbazid in sd. A.; 56%; daneben 12% **I**; b) nach Buu-Hoi et al. (l.c.) in sd. CH_3COOH; 34%. *Mono-S-methylthiosemicarbazon*, $C_6H_{11}N_3OS$, F. 141–142° (A.), aus Diacetyl u. ${}^1/_{10}$ Val S-Methylthiosemicarbazid; 72%. — *3.5-Dithiono-6-methyl-2.3.4.5-tetrahydro-asymm.-triazin*, $C_4H_5N_3S_2$, F. 221° (Zers.; 50%ig. A./Kohle), aus **X** u. P_2S_5 in sd. Py.; 85%. Hans Köhne/Berlin 3313△

1177 **ω-[6-Azauracilyl]-alkancarbonsäuren.** 2. Mitt. **Synthese von γ-[6-Azauracilyl-(5)]-buttersäure und δ-[6-Azauracilyl-(5)]-valeriansäure.** K. Nálepa und J. Slouka. (Pharmazie **20,** 75–76, 1965; Inst. für organ., analyt. u. physikal. Chem., Palacky-Univ., Olomouc, CSSR; dt.) — 1. vgl. Pharmazie **19** (1964) 696. — Die Thiosemicarbazone der α-Ketoadipinsäure (**Ia**) u. der α-Ketopimelinsäure (**Ib**) cyclisieren sich bei alkal. Hydrolyse zu *γ-[2-Thio-6-azauracilyl-(5)]-buttersäure* (**IIa**) bzw. *δ-[2-Thio-6-azauracilyl-(5)]-valeriansäure* (**IIb**). Die daraus durch Methylierung erhaltenen *S-Methyl-deriv.* (**IIIa** u. **b**) werden mit $KMnO_4$ zu *γ-[6-Azauracilyl-(5)]-buttersäure* (**IVa**) u. d-*[6-Azauracilyl-(5)]-valeriansäure* (**IVb**) oxydiert. Die **IV** entstehen auch bei Hydrolyse von **II** mit Monochloressigsäure u. von **III** mit Salzsäure.

Versuche: *α-Ketoadipinsäurethiosemicarbazon* (**Ia**), $C_7H_{11}N_3O_4S$, F. 191–192° (W.), durch Einengen äquimol. Mengen α-Ketoadipinsäure u. Thiosemicarbazid in W., Absaugen nach einigen Tagen; 79% (Ausb.). — *γ-[2-Thio-6-azauracilyl-(5)]-buttersäure* (**IIa**), $C_7H_9N_3O_3S$, F. 186–188° (W.), aus **Ia** durch 3std. Erhitzen mit überschüssiger KOH in W., Ansäuern mit HCl u. Stehen über Nacht; 80%. — *γ-[S-Methyl-2-thio-6-azauracilyl-(5)]-buttersäure* (**IIIa**), $C_8H_{11}N_3O_3S$, F. 175–176° (W.), aus äquimol. Mengen **IIa**, Na_2CO_3 u. Methyljodid durch 12stfd Stehen bei Raumtemp. unter Schütteln, Kochen mit Kohle, Filtrieren u. Ansäuern mit HCl; 75,4%. — *γ-[6-Azauracilyl-(5)]-buttersäure* (**IVa**), $C_7H_9N_3O_4$, F. 199 bis 201° (W.), a) aus **IIa** u. Monochloressigsäure durch 2std. Kochen, Reinigen mit Kohle, Filtrieren, Einengen u. Abkühlen; 83,2%; b) durch 10 Min. lange Rk. aus **IIa**, KOH u. $MnKO_4$ in W. in der Wärme, Abtrennen vom MnO_2, Ansäuern mit HCl auf pH 1 u. Einengen; 72,1%; c) aus **IIIa** durch 2std. Kochen mit konz. HCl, Reinigen mit Kohle u. Einengen; 89,3%. — *α-Ketopimelinsäure-thiosemicarbazon* (**Ib**), $C_8H_{13}N_3O_4S$, F. 182–183° (W.), aus α-Ketopimelinsäure u. Thiosemicarbazid analog **Ia**; 94,3%. — *δ-[2-Thio-6-azaurazilyl-(5)]-valeriansäure* (**IIb**), $C_8H_{11}N_3O_3S$, F. 193–194° (W.), aus **Ib** u. KOH analog **IIa**; 88,9%. — *δ-[S-Methyl-2-thio-6-azauracilyl-(5)]-valeriansäure* (**IIIb**), $C_9H_{13}N_3O_3S$, F. 173–175° (W.), aus **IIb**, Na_2CO_3 u. Methyljodid analog **IIIa**; 85,6%. — *δ-[5-Azauracilyl-(5)]-valeriansäure* (**IVb**), $C_8H_{11}N_3O_4$, F. 183–184° (W.), a) aus **IIb** u. Monochloressigsäure analog **IVa** nach a); 73,2%; b) aus **IIb**, KOH u. $KMnO_4$ analog **IVa** nach b); 79,8%; c) aus **IIIb** u. konz. HCl analog **IVa** nach c); 91,8%. H. Ziebandt 3313

1178 **O-Alkylierung von N-Hydroxydialkylaminen.** 20. Mitt. **Hydroxylaminderivate.** G. Zinner, W. Ritter und W. Kliegel. (Pharmazie **20,** 291–96, 1965; Inst. für pharmazeut. Chem., Univ. Marburg (Lahn); dt.) — Aus N-Hydroxy-dialkylaminen (**A**) u. HCHO (**I**) werden *N-Hydroxymethoxydialkylamine* (**B**) vom O-Halbacetaltyp dargestellt, die durch Veresterung mit Diphenylborinsäure (**II**) stabilisiert werden. Die entstehenden Verb. werden als Heterocyclen (*Dihydro-1.2.4.5-boradioxazole,* **C**) formuliert. Aus den **B** u. Aminen bzw. Hydrazinen erhält man Acetale, die auch aus den **A** u. N-Hydroxy-methylverb. zugänglich sind. Beim Einsatz von Chloralhydrat (**III**) kommt man zu *N-[2-Trichlor-1-hydroxy-äthoxy]-dialkylaminen,* die mit Arylisocyanaten acyliert werden. Die Umsetzung der **A** mit höheren Aldehyden führt ebenfalls zu Deriv. der **C**. Auch Alkylenoxide reagieren zu *N-[2-Hydroxy-alkoxy]-dialkylaminen,* deren Ester mit **II** als *Tetrahydro-1.2.5.6-boradioxazine* angesehen werden. Michael-artige Addition der **A** an aktivierte Vinylgruppen ist eine weitere Möglichkeit der O-Alkylierung. Die resultierenden Verb. enthalten noch reaktionsfähige Gruppen. — 18. vgl. C. **1966,** 28-0897.

Versuche: 5.5-disubstituierte 1.1-Diphenyl-dihydro-1.2.4.5-boradioxazole, durch Erwärmen der **A** mit **I** auf dem W.-Bad, Dest. bzw. Aussalzen mit K_2CO_3, Lösen in A. u. Versetzen mit einer Lsg. von Tetraphenyldiboroxid (**IV**): *5.5-Dimethyl-,* $C_{15}H_{18}BNO_2$, F. 191–192° (A.), aus N-Hydroxydimethylamin. — *5.5-Diäthyl-,* $C_{17}H_{22}BNO_2$, F. 149–150° (A.), aus N-Hydroxydiäthylamin (**V**). — *5.5-Pentamethylen-,* $C_{18}H_{22}BNO_2$, F. 165–166° (A.), aus N-Hydroxypiperidin (**VI**). — *5.5-[3'-Oxa-pentamethylen]-,* $C_{17}H_{20}BNO_3$, F. 168° (A.), aus N-Hydroxymorpholin (**VII**). — *5.5-Dibenzyl-,* $C_{27}H_{26}\cdot BNO_2$, F. 159–160° (A.), aus N-Hydroxydibenzylamin (**VIII**). — *5.5-Diisopropyl-,* $C_{19}H_{26}BNO_2$, F. 160° (A.), aus N-Hydroxydiisopropylamin, Versetzen mit Diphenylborinsäureaminoäthylester. — 3.5.5-trisubstituierte 1.1-Diphenyl-dihydro-1.2.4.5-boradioxazole, durch kurzes Erwärmen der **A** mit einem höheren Aldehyd in A. u. Zusatz von **IV** nach dem Abkühlen. — *3.5.5-Triäthyl-,* $C_{19}H_{26}BNO_2$, F. 145° (A.), aus **V** u. Propionaldehyd. (**XI**). — *3-Propyl-5.5-diäthyl-,* $C_{20}H_{28}BNO_2$, F. 135–136° (A.), aus **V** u. Butyraldehyd (**XII**). — *3-Phenyl-5.5-diäthyl-,* $C_{23}H_{26}BNO_2$, F. 132–133° (A.), aus **V** u. Benzaldehyd. — *3-Propyl-5.5-pentamethylen-,* $C_{21}H_{28}BNO_2$, F. 175° (Bzl.), aus **VI** u. **XII**. — *3-Äthyl-5.5-[3'-oxa-pentamethylen]-,* $C_{19}H_{24}BNO_3$, F. 158–160° (A.), aus **VII** u. **XI**. — *3-Propyl-5.5-[3'-oxa-pentamethylen]-,* $C_{20}H_{26}\cdot BNO_3$, F. 160–163° (A.), aus **VII** u. **XII**. — N-[2-Trichlor-1-hydroxy-äthoxy]-dialkylamine: *-dibenzylamin,* $C_{16}H_{16}Cl_3NO_2$, F. 83–85° (PAe./CH_2Cl_2), durch Erhitzen von **VIII** u. **III** in abs. Ae./$CHCl_3$ (3:1) unter Zugabe von wasserfreiem Na_2SO_4. — *-piperidin* (**XIX**), $C_7H_{12}Cl_3NO_2$, F. 85° (PAe./CH_2Cl_2), analog vorst. Verb. aus **VI** u. **III**. — *-morpholin,* $C_6H_{10}Cl_3NO_3$, F. 106° (PAe./CH_2Cl_2), aus **VII** u. **III**; 37% (Ausb.); gibt mit Phenylisocyanat in CH_2Cl_2 *N-[Phenylcarbamoyloxy]-morpholin* [$C_{11}H_{14}N_2O_3$, F. 136° (Bzl./PAe.)] neben *N-[2-Trichlor-1-(phenylcarbamoyloxy-äthoxy)]-morpholin* [$C_{13}H_{15}Cl_3N_2\cdot O_4$, F. 55° (Bzl./PAe.)] bzw. mit p-Chlorphenylisocyanat (**XIII**) *N-[p-Chlorphenylcarbamoyloxy]-morpholin* ($C_{11}H_{13}ClN_2O_3$, F. 139° (Bzl.); 63%] neben *N-[2-Trichlor-1-(p-chlorphenylcarbamoyloxy)-äthoxy]-morpholin* [F. 69 bis 70° (Bzl./PAe.); 23%]. — *N-[p-Chlorphenylcarbamoyloxy]-piperidin,* $C_{12}H_{15}ClN_2O_2$, F. 114° (Nzl.), durch ½std. Erwärmen von **XIX** u. **XIII** in CH_2Cl_2; 47%. — *N-[2-Hydroxypropyloxy]-piperidin* (**XIV**), $C_8H_{17}NO_2$, F. 179–181° (CCl_4), durch 3–5std. Erwärmen aus **VI** u. Propylenoxid (**X**); 25%. — *N-[2-Hydroxybutyloxy]-piperidin* (**XV**), $C_9H_{19}NO_2$, F. 172–173° (Bzl.), aus **VI** u. Butylen-(1)-oxid (**IX**); 36%. — *N-[2-Hydroxypropyloxy]-morpholin* (**XVI**), $C_7H_{15}NO_3$, F. 170° (Essigester), aus **VII** u. **X**; 44%. — *N-[2-Hydroxybutyloxy]-morpholin* (**XVII**), $C_8H_{17}NO_3$, F. 148° (Essigester), aus **VII** u. **IX**; 60%. — 1.1-Diphenyl-tetrahydro-1.2.5.6-boradioxazine, durch Erwärmen von N-[2-Hydroxyalkoxy]-dialkylaminen mit **IV** bzw. dem Hydrat von **II**: *3-Methyl-6.6-pentamethylen-,* $C_{20}H_{26}BNO_2$, F. 149–150° (A.), aus **XIV**; 80–90%. — *3-Äthyl-6.6-pentamethylen-,* $C_{21}H_{28}BNO_2$, F. 143 bis 144° (A.), aus **XV** u. **IV**; 98%. — *4-Methyl-6.6-[3'-oxa-pentamethylen]-,* $C_{19}H_{24}BNO_3$, F. 139–140° (A.), aus **XVI**; 90%. — *3-Äthyl-6.6-[3'-oxa-pentamethylen]-,* $C_{20}\cdot H_{26}BNO_3$, F. 129–130° (A.), aus **XVII**; 80%. — *3-Methyl-6.6-diäthyl-,* $C_{19}H_{26}BNO_2$, F. 151° (A.), durch 10std. Erhitzen von **V** u. **X**, Lösen des Rohprod. in A. u. Zusatz von **IV**; 20%. — *3.6.6-Triäthyl-,* $C_{20}H_{28}BNO_2$, F. 138–139° [A.), analog vorst. Verb. mit **IX**; 35%. — *N-[3-Oxo-butyloxy]-diäthylamin,* $C_8H_{17}NO_2$, Kp.$_{11}$ 73 bis 75°, durch mehrstd. Erhitzen von **V** u. Methylvinylketon; n_D^{20} 1,4311. — Analog: *N-[3-Oxo-butyloxy]-piperidin,* $C_9H_{17}NO_2$, Kp.$_{10}$ 98°, mit **VI**. — *N-[2-Cyanoäthoxy]-diäthylamin,* $C_7H_{14}N_2O$, Kp.$_{10}$ 80–82°, aus **V** u. Acrylnitril. — *N-[2-Cyanoäthoxy]-piperidin,* $C_8H_{14}N_2O$, Kp.$_{14}$ 112–114°, aus **VI** u. Acrylnitril. — *N-[2-Äthoxycarbonyl-äthoxy]-diäthylamin,* $C_9H_{19}NO_3$, Kp.$_{13}$ 90–92°, aus **V** u. Acrylsäureäthylester (**XVIII**); n_D^{20} 1,4242. — *N-[3-Acetoxy-propyloxy]-diäthylamin,* $C_9H_{19}NO_3$, Kp.$_{12}$ 94°, durch Einleiten von Keten bei 0° in eine $CHCl_3$-Lsg. von *N-[3-Hydroxy-propyloxy]-diäthylamin* (Kp.$_{13}$ 88°, in 60%ig. Ausb. durch Red. vorvorst. Verb. mit $LiAlH_4$). — *N-[2-Äthoxycarbonyl-äthoxy]-piperidin,* $C_{10}H_{19}NO_3$, Kp.$_8$ 112–114°, aus **VI** u. **XVIII**; n_D^{20} 1,4522. — *N-[3-Hydroxy-propyloxy]-piperidin,* $C_8H_{17}NO_2$, Kp.$_8$ 110–112°, aus vorst. Verb. mit $LiAlH_4$ in abs. Ae.; 40%. M. Kaspras 3354

1179 **Beiträge zur Chemie der Polysilazane: Polysiloxazane.** Ionel Haiduc. (Int. Sympos. Organosilicon Chem. sci. Commun., Prague **1965,** 301–05; Cluj, Rumänien, Univ., Chem. Fakultät; engl.) — *Permethylcyclopolysiloxazane* werden durch gemeinsame Ammonolyse von *1.3-Dichlortetramethyldisiloxan* (**I**) bzw. *1.5-Dichlorhexamethyl-trisiloxan* (**II**) mit *Dimethyldichlorsilan* (**III**) gewonnen. Ihre IR- u. NMR-Spektren werden diskutiert u. die Si–O–Si- u. Si–N–Si-Winkel aus den IR-Spektren berechnet. Mit 1% KOH lassen sich die Cyclopolysiloxazane unter Si–O–Si u. teilweise Si–C-Spaltung (Methan-Entw.) in viskose Fl. überführen.

Versuche: *Hexamethylcyclotrisildiazoxan,* $C_6H_{20}\cdot N_2OSi_3$, F. 47–48°, durch Zutropfen von **I** u. **III** (Molverhältnis 1:1) in Toluol zu fl. Ammoniak; Nadeln; 29% (Ausb.). — *Oktamethylcyclotetrasiltriazoxan,* $C_8H_{27}\cdot N_3OSi_4$, F. 63°, a) analog aus **I** u. **III** im Molverhältnis 1:2; 30%; b) analog aus **I** u. **III** im Molverhältnis 1:3; 44%. — *Oktamethylcyclotetrasildiazadioxan,* F. 46°, analog aus **II** u. **III**; 26%. K. Rühlmann 3354

1180 **Heterocyclische Siebenringsysteme.** 15. Mitt. **Zur Kenntnis des Bis-[5H-dibenzo-[d;f]-[1.3]-diazepinyls-(6)].** Walter Ried und Akhileswar Sinharay. (Chem.

Ber. 98, 3532—36, 1965; Inst. für Organ. Chem., Univ. Frankfurt am Main; dt.) — 14. vgl. ibid. 98 (1965) 3523. — Durch therm. Kondens. von o-Amino-o'-acylamino-biphenyl entsteht nicht das von Ried et al. (Chem. Ber. **95** (1962) 459) angenommene 14gliedrige Ringsyst., sondern das auch aus o.o'-Diamino-biphenyl (**I**) u. Oxal-diimidsäurediäthylester (**II**) erhältliche *Bis-[5H-dibenzo-[d;f]-[1.3]-diazepinyl-(6)]*. Max. der IR-Spektren vgl. Original. — 13. vgl. C. **1964, 51-0853**.

Versuche: *Bis-[5H-dibenzo-[d;f]-[1.3]-diazepinyl-(6)]*, $C_{26}H_{18}N_4$, F. 285—286° (Toluol oder Py.), a) aus **I** u. **II** in Eisessig; 92% (Ausb.); b) aus **I** u. **II**-Hydrochlorid in sd. Methanol; 3,1%; c) aus **I** u. p-Toluolsulfonyloxy-acetimidsäuremethylester-hydrochlorid in sd. Methanol; 2,6%. G. Westphal 3370△

C-4. Naturstoffe

1181 **Mechanismus der Perjodat-Thiobarbitursäure-Reaktion von Sialsäuren.** G. B. Paerels und J. Schut. (Biochem. J. **96**, 787—92, 1965; Weesps, Netherlands, N. V. Philips-Duphar Res. Labor.; engl.) — Bei der Perjodat-Ox. von N-Acetylneuraminsäure in Ggw. von Thiobarbitursäure (**II**) wird prim. *2-Acetylamino-4-desoxyhexos-5-uluronsäure* (**I**) gebildet, die sek. in heißer saurer Lsg. in Ggw. von **II** unter Aldolspaltung zwischen $C_{(4)}$ u. $C_{(5)}$ die chromogene *β-Formylbrenztraubensäure* liefert. Daraus wird abgeleitet, daß $C_{(7)}$-geschützte Sialsäuren wie N-Acetyl-7-O-acetylneuraminsäure in diesem Sinne nicht reagieren können, da die Bldg. des „Prächromogens" nicht möglich ist. Die tautomere Verb. zu **I**, Methyl-β-L-threo-hexosen-(4)-pyranodisuronsäuremethylester, reagiert direkt mit **II** unter Bldg. von Kondensaten ohne Perjodat, die mit den aus N-Acetylneuraminsäuremethylester erhaltenen Pigmenten ident. sind. In neutraler Lsg. ist auch $C_{(7)}$-Methoxyneuraminsäure der Rk. zugänglich, während in saurer Lsg. durch Protonisierung der Aminogruppe Ox. nicht eintritt. K. Stühmer 3400

1182 **Konfiguration, Konformation und Süßigkeitsgrad von Hexoseanomeren.** R. S. Shallenberger, T. E. Acree und W. E. Guild. (J. Food Sci. **30**, 560—63, 1965; New York State Agricult. Exp. Stat. Cornell Univ., Geneva, N.Y.; engl.) — Bei der Unters. von α- u. *β-D-Glucose* (**I**), α- u. *β-Galaktose* (**II**) u. α- u. *β-D-Mannose* (**III**) durch 12 Geschmacksprüfer auf den Süßigkeitsgrad erwiesen sich α-D-**II** u. α-D-**III** statist. signifikant süßer als die β-Anomeren. β-D-**III** wurde als bitter empfunden. Sofortige Beurteilung sprach für größere Süße von β-D-**I**, verzögerte zugunsten von α-D-**I** (Konform.-Änderung beim Lösen). K. Maier 3400

1183 **Aspekte der Stereochemie. 19. Mitt. Isopropylidenderivate mehrwertiger Alkohole. Hydrolytisches Verhalten und Wanderung cyclischer Acetale.** N. Baggett, K. W. Buck, A. B. Foster, R. Jefferis, B. H. Rees und J. M. Webber. (J. chem. Soc. [London] **1965,** 3382—88; Univ. Edgbaston, Birmingham; engl.) — 18. vgl. C. **1967,** 11-1018. — Im Verlauf der sauren Hydrolyse von O-Isopropylidenderiv. mehrwertiger Alkohole wird die Wechselbeziehung zwischen den ster. Verhältnissen u. den NMR-Signalen der CH_3-Protonen der Acetalgruppen untersucht. Eine wesentliche Acetalwanderung unter hydrolyt. Bedingungen wird nicht beobachtet. 1.2;5.6-Di-O-isopropyliden-D-mannit (**I**) hydrolysiert sich in CH_3OH/W. in Ggw. von tert.-Butylalkohol u. p-Toluolsulfonsäure bei 25—26° zu *D-Mannit* (**IV**); 3.4-O-Isopropyliden-D-mannit wird dabei nicht gebildet. Während der Hydrolyse von **I** wird keine Wanderung der Acetalgruppen oder Rekondens. mit Aceton beobachtet. Dagegen wird bei der Hydrolyse von 1.2;3.4-Di-O-isopropyliden-L-threit die Bldg. von ~ 6% *2.3-O-Isopropyliden-L-threit* festgestellt. Aus 1.2;4.5-Di-O-isopropyliden-D-mannit entsteht unter hydrolyt. Bedingungen nur **IV**; 1.2;3.4-Di-O-isopropyliden- oder 1.2;5.6-Di-O-isopropyliden-D-mannit (**I**) konnten nicht entdeckt werden. Kondens. von Xylit mit Aceton in Ggw. von $H_2SO_4/CuSO_4$ bzw. H_2SO_4 oder $ZnCl_2$ führt zu einem *1:3-, 1:2,3-* bzw. *1:11-Gemisch* aus *1.2;4.5-Di-O-isopropylidenxylit* (**II**; Nachw. als *3-O-Benzoylderiv.*) u. *1.2;3.4-Di-O-isproopyliden-DL-xylit* (**III**) u. nicht, wie von Valentin u. Tomkuljak [Chem. Zvesti **3** (1949) 146] berichtet, zu 1.3;4.5-Di-O-isopropylidenxylit. Nach Behandeln des 1:3-Gemisches aus **II** u. **III** mit Tritylchlorid in Py. wird *1.2;3.4-Di-O-isopropyliden-5-O-trityl-DL-xylit* nachgewiesen.

Versuche: Gemische aus 1.2;4.5-Di-O-isopropylidenxylit (**II**) u. 1.2;3.4-Di-isopropyliden-DL-xylit (**III**): *1:3-Gemisch*, Kp.$_{0,3}$ 102°, durch 48std. Schütteln von Xylit mit abs. Aceton in Ggw. von wasserfreiem $CuSO_4$ u. Konz. H_2SO_4 bei Raumtemp., Neutralisieren mit $Ca(OH)_2$ u. Dest.; 73% (Ausb.). Fraktionierung an Carbowax 20 M gibt **II** (*Benzoat*, $C_{18}H_{24}IO_6$, F. 114—116°) u. dann **III** (*Benzoat*, F. 60 bis 61°). — *1:2,3-Gemisch*, Kp.$_{0,4}$ 102—104°, analog vorst. Gemisch durch 17std. Schütteln von Xylit mit Aceton in Ggw. von konz. H_2SO_4 bei Raumtemp.; 70%. — *1:11-Gemisch*, Kp.$_{0,3}$ 103°, durch 2std. Schütteln von Aceton mit einem Überschuß an $ZnCl_2$, 16std. Behandeln mit Xylit bei Raumtemp., Zugabe von 20%ig. wss. NaOH, Extrahieren mit $CHCl_3$ u. Dest.; 52%. Umkristallisation aus Hexan gibt **III** (F. 36°). — *1.2;3.4-Di-O-isopropyliden-5-O-trityl-DL-xylit*, $C_{30}H_{34}O_5$, F. 73—75° (A.), durch 2std. Rk. des 1:3-Gemisches aus **II** u. **III** mit Tritylchlorid in Py. bei ≈ 100° u. Vakuumdest.; 60%. Hydrogenolyse an 5%ig. Pd-Kohle gibt **III** (enthält ≈ 5% **II**). — *1.3-O-Isopropylidenglycerin*, Kp.$_{38}$ ≈ 130°, durch mehrstd. Schütteln von 2-O-Benzylglycerin mit Aceton in Ggw. von wasserfreiem $CuSO_4$ u. konz. H_2SO_4, Gießen in konz. NH_4OH, Dest. [→ *2-O-Benzyl-1.3-O-isopropylidenglycerin*, $C_{13}H_{18}O_3$, Kp.$_{0,4}$ 140—160°; 77%], Lösen in A., Hydrogenolyse an 5%ig. Pd-Kohle u. Dest.; 42%. *p-Phenylazobenzoat*, $C_{19}H_{20}N_2O_4$, F. 145—147,5° (A.). — *Methyl-4.6-O-isopropyliden-2.3-di-O-methyl-α-D-galaktopyranosid*, $C_{12}H_{22}O_6$, F. 132—134° (PAe.), durch mehrstd. Schütteln von Methyl-2.3-di-O-methyl-α-D-galaktopyranosid mit Aceton in Ggw. von wasserfreiem $CuSO_4$ u. konz. H_2SO_4 bei Raumtemp., Gießen in NH_4OH, Extrahieren mit $CHCl_3$ u. Dest.; $[\alpha]_D$ +199° (c = 1,1; $CHCl_3$); 78%. W. Kohl 3400

1184 **Aspekte der Stereochemie. 21. Mitt. Absolute Konfiguration von Benzylidenderivaten einiger acyclischer mehrwertiger Alkohole.** N. Baggett, K. W. Buck, A. B. Foster, M. H. Randall und J. M. Webber. (J. chem. Soc. [London] **1965,** 3394—3400; engl.) — 20. vgl. Foster et al., ibid. **1965,** 3388; 19. vgl. vorst. Referat. — Eine Reihe von 2-Phenyl-1.3-dioxan-Deriv. mit äquatorialen Substituenten am $C_{(4)}$ u./oder $C_{(6)}$ zeigt ein Einzelsignal für Benzylprotonen im Bereich τ 4,72 bis 5,02 bei der NMR-Spektroskopie. Die 4-Alkyl-2-phenyl-1.3-dioxolane [dargestellt aus den 2-Alkyläthandiolen-(1.2) durch säurekatalysierte Benzylidenierung] zeigen jeweils zwei Benzylproton-Signale vergleichbarer Intensität in den Bereichen τ 4,62—4,67 bzw. 4,46—4,52, welche den 4r-Alkyl-2c-phenyl- bzw. den 4r-Alkyl-2t-phenyl-1.3-dioxolanen entsprechen. Auf Grund dieser Ergebnisse wird das Isomere vom F. 143—144° [$[\alpha]_D$ +26,5° (in $CHCl_3$)] bzw. das Isomere vom F. 112—116° [$[\alpha]_D$ +25° (in $CHCl_3$)] des 2.4;5.6-Di-O-benzyliden-3-O-methyl-D-glucits als die Verb. bestimmt, in der sich der Benzylwasserstoff des 5.6-O-Benzylidenrings in cis- bzw. trans-Stellung zur $C_{(4)}$–$C_{(5)}$Bindung befindet. Analog wird das nach Benzylidenierung von 2-O-Benzyl-D-arabit in Ggw. von $ZnCl_2$ erhaltene Isomere vom F. 123 bis 124° bzw. Isomere vom F. 96—97° des 1.3;4.5-Di-O-benzyliden-2-O-benzyl-D-arabits als die Verb. erkannt, in der der Benzylwasserstoff des 4.5-O-Benzylidenrings in cis- bzw. trans-Stellung zur $C_{(3)}$–$C_{(4)}$-Bindung ist. Von 1.6-Di-O-benzoyl-2.3;4.5-di-O-benzyliden-D-galaktit gibt es vier mögliche Isomere, u. zwar die beiden meso-Isomeren A u. B, in denen der Benzylwasserstoff der beiden 2.3-O- u. 4.5-O-Benzylidenringe in cis- bzw. trans-Stellung zur benachbarten CH_2–O-Benzoyl-Gruppe ist, u. die beiden DL-Isomeren C u. D, in denen sich der Benzoylwasserstoff des 2.3-O-Benzylidenrings in cis- bzw. trans-Stellung u. der Benzylwasserstoff des 4.5-O-Benzylidenrings in trans- bzw. cis-Stellung zur benachbarten CH_2–O-Benzoyl-Gruppe befindet. Die nach Rk. von 1.6-Di-O-benzoylgalaktit mit Benzaldehyd in Ggw. von $ZnCl_2$ erhaltenen Formen vom F. 119—120° bzw. F. 146—147° des 1.6-Di-O-benzoyl-2.3;4.5-di-O-benzylidengalaktits werden als die DL-Isomeren C u. D bzw. als das meso-Isomere A oder B erkannt. Benzylidenierung von meso-glycero-gulo-Heptit in Ggw. von $ZnCl_2$ gibt ein *Di-O-benzylidenderiv. vom F. 149°*, das als 1.3;5.7-Di-O-benzylidenderiv. bestimmt wird, in dem sich die Substituenten an den beiden 1.3-Dioxanringen in äquatorialer Stellung befinden.

Versuche: *2-O-Benzyl-D-arabit*, $C_{12}H_{18}O_5$, F. 73 bis 78° (Bzl.–A.), durch 18std. Rk. von 2-O-Benzyl-4-O-formyl-D-arabinose mit $NaBH_4$ in W. bei Raumtemp. u. Behandeln mit Amberlite IR-120 (H^+-Form); $[\alpha]_D$ −4,5° (c = 2,7; CH_3OH); 74% (Ausb.). — *2-O-Benzyl-1.3;4.5-di-O-benzyliden-D-arabit*, $C_{26}H_{26}O_5$, *Isomeres vom F. 123 bis 124°*, durch 3tägiges Rühren von 2 g der vorst. Verb. mit $ZnCl_2$ u. Benzaldehyd bei Raumtemp., Schütteln mit W. u. PAe., Waschen der organ. Phase mit wss. $NaHCO_3$ u. W., Eindampfen u. Umkristallisation aus A.; $[\alpha]_D$ +10,8° (c = 0,8; $CHCl_3$); 0,12 g; daneben aus der Mutterlauge nach Eindampfen u. Umkristallisation aus CH_3OH *Isomeres vom F. 96—97°*, $[\alpha]_D$ −4,5° (c = 0,07; $CHCl_3$); 63 mg. — *2-Phenyl-1.3-dioxepan*, $C_{11}H_{14}O_2$, $Kp._{15}$ 110 bis 120°, durch Kochen von Butandiol-(1.4) u. Benzaldehyd in Toluol in Ggw. p-Toluolsulfonsäure unter azeotroper Entfernung von W. u. Dest.; 20%.

W. Kohl 3400

1185 **Aspekte der Stereochemie.** 22. Mitt. **Struktur, Konformation und absolute Konfiguration einiger Kohlenhydrat-Benzalacetale mit kondensierten Ringsystemen.** N. Baggett, K. W. Buck, A. B. Foster und J. M. Webber. (J. chem. Soc. [London] **1965**, 3401—07; engl.) — 21. vgl. vorst. Referat. — Es wird die Wechselbeziehung zwischen den ster. Verhältnissen u. den NMR-Signalen des Benzylprotons der Benzalacetalgruppen folgender Kohlenhydrat-Deriv. untersucht, die a) zwei cis-kondensierte fünfgliedrige Ringe [z. B. 2.3-O-Benzyliden-1.4-anhydroerythrit (**III**)], b) cis-kondensierte fünf- u. sechsgliedrige Ringe [z. B. Methyl-3.4-O-benzyliden-β-L-arabinopyranosid (**I**), 1.2;3.4-Di-O-benzyliden-D-galaktopyranose bzw. Methyl-2.3;4.6-di-O-benzyliden-α-D-mannopyranosid (**II**)], c) trans-kondensierte sechsgliedrige Ringe (z. B. Deriv. von Methyl-4.6-O-benzyliden-D-glucopyranosid u. 1.3;2.4-Di-O-benzylidenerythrit) bzw. d) cis-kondensierte sechsgliedrige Ringe [z. B. Deriv. von Methyl-α-D-galaktopyranosid u. 1.3;2.4-Di-O-benzyliden-L-threit (**IV**)] enthalten. Säurekatalysierte Benzylidenierung von cis-Cyclohexandiol-(1.2) gibt ein *Gemisch* aus *8α-Phenyl-* u. *8β-Phenyl-7.9-dioxa-1β(H).6β(H)-bicyclo-[4.3.0]-nonan*. Durch Benzylidenierung von Methyl-β-L-arabinopyranosid nach der Meth. von Oldham u. Honeyman (ibid. **1946**, 986) u. nachfolgende Benzoylierung des erhaltenen rohen **I** wird ein Prod. (mit den Benzylproton-Signalen bei τ 4,18 u. 4,53) erhalten, aus dem das *Diastereomere A* (F. 119—120°, $[\alpha]_D$ +224° (in $CHCl_3$); Vorliegen als 4α-Methoxy-5α-benzoyloxy-8β-phenyl-3.7.9-trioxa-1α(H).6α(H)-bicyclo-[4.3.0]-nonan) des *Methyl-2-O-benzoyl-3.4-O-benzyliden-β-L-arabinopyranosids* isoliert wird. Das von Oldham u. Honeyman (l.c.) nach Benzoylierung von **I** erhaltene Benzoatgemisch vom F. 100—102° {$[\alpha]_D$ +214,9° (in $CHCl_3$)} enthält vermutlich 82% des Diastereomeren A, das wahrscheinlich dem von Oldham u. Honeyman (l.c.) isolierten Diastereomeren vom F. 120—122° ident. ist. Rk. von D-Galaktose mit Benzaldehyd in Ggw. von $ZnCl_2$ gibt das *4.6-O-Benzylidenderiv.* u. daneben *1.2;3.4-Di-O-benzyliden-α-D-galaktopyranose*, die wahrscheinlich als Gemisch aus den vier möglichen Isomeren vorliegt. Den nach Kondens. von Methyl-α-D-mannopyranosid mit Benzaldehyd in Ggw. von $ZnCl_2$ u. Fraktionierung des rohen Rk.-Prod. neben *Methyl-4.6-O-benzyliden-α-D-mannopyranosid* erhaltenen *Isomeren vom F. 180—181°* {$[\alpha]_D$ −1° (in $CHCl_3$)} bzw. *vom F. 97—99°* {$[\alpha]_D$ −63° (in $CHCl_3$)} von **II** wird die Struktur von 4α.12α-Diphenyl- bzw. 4α.12β-Diphenyl-9-methoxy-3.5.8.11.13-pentaoxa-1α(H).2β(H).7α(H).10α(H)-tricyclo-[8.3.0.0$^{2.7}$]-tridecan zugewiesen. Nach säurekatalysierter Benzylidenierung von 1.4-Anhydroerythrit wird ein *Isomerengemisch* von **III** erhalten, woraus das Krist. *Isomere vom F. 57—58°* {Vorliegen als 3β-Phenyl-2.4.7-trioxa-1β(H).5β(H)-bicyclo-[3.3.0]-octan} isoliert wird. Durch Ausführen der Benzylidenierung von 1.4-Anhydroerythrit in einem Benzaldehyd–Nitromethan–p-Toluolsulfonsäure-Gemisch bei ≈ 25° wird das *Isomere vom F. 73—75°* (Vorliegen als 3α-Phenyl-2.4.7-trioxa-1β(H).5β(H)-bicyclo-[3.3.0]-octan) von **III** erhalten. Vf. beweisen, daß **IV**, in dem die Benzalacetalringe cis-verknüpft sind, in der bereits von Mills (C. **1957**, 3817) diskutierten „O-inside"-Konform. mit äquatorialen Phenylgruppen vorliegt. Für das nach Kondens. von Xylit mit Benzaldehyd in Ggw. von p-Toluolsulfonsäure erhaltene 1.3;2.4-Di-O-benzylidenxylit (F. 167—168°), in dem die sechsgliedrigen Ringe cis-verknüpft sind, wird ebenfalls eine „O-inside"-Konform. mit äquatorialen Phenylgruppen u. einer äquatorialen Hydroxymethylgruppe angegeben. Eine analoge Konform. wird für 5.6-Di-O-benzoyl-1.3;2.4-di-O-benzyliden-D-glucit (Wolfe et al., J. Amer. chem. Soc. **64** (1942) 1493) erkannt. Für das nach Benzylidenierung von 1.6-Di-O-benzoyl-D-mannit im Gemisch (85% Ausb.) mit dem 3.4-O-Benzylidenderiv. erhaltene Di-O-benzylidenderiv. (vgl. Haskins et al., J. Amer. chem. Soc. **65** (1943) 1419) wird die Struktur eines 2.4;3.5-Di-O-benzylidenderiv. mit cis-verknüpften Benzalacetalringen angenommen, das in einer „O-inside"-Konform. mit äquatorialen Phenylgruppen u. axialen Benzoyloxymethylgruppen vorliegt. Das von Zissis u. Richtmyer (C. **1953**, 4185) durch Benzylidenierung von 1.6-Didesoxy-L-mannit erhaltene Di-O-benzylidenderiv. vom F. 159—160° [$[\alpha]_D$ −47,5° (in $CHCl_3$)] wird ebenfalls als das in einer „O-inside"-Konform. vorliegende 2.4;3.5-Di-O-benzylidenderiv. erkannt. Für das nach säurekatalysierter Kondens. von Galaktit mit Benzaldehyd unter azeotroper Entfernung von W. isolierte Tri-O-benzylidenderiv. vom F. 160 bis 161° bzw. für das Isomere vom F. 174—177° wird die Struktur eines 1.3;2.4;5.6-Tri-O-benzylidengalaktits postuliert, das in einer „O-inside"-Konform. mit äquatorialen Phenylgruppen u. einer zum 2.4-O-Benzylidenring axialer $C_{(4)}$–$C_{(5)}$-Bindung vorliegt u. in der sich der Benzylwasserstoff der 5.6-O-Benzylidengruppe in cis- bzw. in trans-Stellung zur $C_{(4)}$–$C_{(5)}$-Bindung befindet.

Versuche: *Methyl-2-O-benzoyl-3.4-O-benzyliden-β-L-arabinopyranosid*, $C_{20}H_{20}O_6$, F. 119—120° (Dioxan–PAe.), durch 3,5std. Erhitzen von 5 g Methyl-β-L-arabinopyranosid u. Benzaldehyd auf 135°, Dest. u. mehrst. Rk. mit Benzoylchlorid/Py. bei Raumtemp.; $[\alpha]_D^{30}$ +224° (c = 1,0; $CHCl_3$); 0,66 g (Ausb.). — *1.4-Anhydro-2.3-O-benzylidenerythrit* (**III**), $C_{11}H_{12}O_3$, *Isomeres vom F. 57—58°* (*3β-Phenyl-2.4.7-trioxa-1β(H).5β(H)-bicyclo-[3.3.0]-octan*), durch 2,5std. Kochen von 1.4-Anhydroerythrit mit einem Benzaldehyd–Toluol–p-Toluolsulfonsäure-Gemisch unter azeotroper Entfernung von W. (→ *Isomerengemisch* von **III**, $Kp._{0,05}$ 160—165°; 70%) u. Umkristallisation aus Äthanol. *Isomeres vom F. 73—75°* (*3α-Phenyl-2.4.7-trioxa-1β(H).5β(H)-bicyclo-[3.3.0]-octan*), durch 4 Min. lange Rk. von 1,02 g 1.4-Anhydroerythrit in einem p-Toluolsulfonsäure–Nitromethan–Benzaldehyd-Gemisch bei 25—30°, frakt. Dest. u. Umkristallisation der bei 160 bis 164° u. 12 Torr erhaltenen Fraktion aus Ae.–PAe.; 1,13 g.

W. Kohl 3400

1186 **Radiochemie von Kohlenhydraten.** 6. Mitt. **Radiolyse wäßriger Lösungen von β-Methyl-, β-Phenyl- und β-Benzyl-D-glucosid.** N. K. Kočetkov, L. I. Kudrjašov und M. A. Členov. (Ž. obšč. Chim. **35(97)**, 2246—51, 1965; Inst. chimii prirod. soedin. Akad. nauk SSSR russ.) — 4. vgl. ibid. **35** (1965) 2246. — Vf. untersuchten die Radiolyse von β-Methyl- (**I**), β-Phenyl- (**II**) u. β-Benzyl-D-glucopyranosid (**III**) in wss. Lsg. (10^{-2} m) durch Bestrahlung mit 1,25—11 · 10^{19} eV/ml ^{60}Co-γ-Strahlen (Dosisrate 4,3 · 10^{16} eV/ml · s) in einer N_2-Atmosphäre. Der Zers.-Grad ist unabhängig von dem Aglykon u. beträgt für **I** G = 3,16 ± 0,47 (Mol/100 eV), **II** G = 3,1 ± 0,6 (zum Vgl.: α-Methyl-D-glucopyranosid G = 2,61 ± 0,16). Als prim. Prod. der Radiolyse entstand aus **I**—**III** Glucose (**IV**) in folgenden Ausb.: aus **I** G = 0,10 ± 0,02, aus **II** 0,33 ± 0,03 u. aus **III** 0,94 ± 0,07. In der Lsg. von **II** wurde Phenol u. von **III** Benzylalkohol nachgewiesen, Benzaldehyd wurde nicht gefunden. Säuren entstanden in geringer Ausb. (G = max. 0,04) als sek. Prod. der oxydativen Hydrolyse durch Einw. von H_2O_2. Bei der Radiolyse wird die Beteiligung des solvatisierten Elektrons e^-_{ag} vorausgesetzt, das mit **I**—**III**-Ionen gibt,

die in ein Radikal u. RO^- zerfallen; das Radikal kann mit ·OH **IV** geben oder auf andere Weise reagieren.
N. Kucharczyk 3450△

1187 **Synthese der O.S-Bis-[β-D-glucopyranoside] des 3- und 5-Mercapto-2-hydroxybenzoesäuremethylesters.** G. Wagner und H. Lahr. (Pharmazie **20**, 240—41, 1965; Pharmazeut. Inst., Karl-Marx-Univ., Leipzig; dt.) — Es werden dargestellt: *2-Hydroxy-5-mercaptobenzoesäuremethylester* (**I**), durch Rk. von 5-Chlorsulfonyl-2-hydroxybenzoesäure über 5-Mercapto-2-hydroxybenzoesäure mit CH_3OH in Ggw. von H_2SO_4. — *2-Hydroxy-5-mercaptobenzoesäuremethylester-S-[tetra-O-acetyl-β-D-glucosid]* (**II**), F. 97° (Methanol), durch Rk. von **I**, α-Acetobromglucose (**VI**) u. KOH in Aceton/W. bei Raumtemp. nach dem Sabalitschka-Verf.; $[\alpha]_D^{20}$ —28,6° (c = 3,0; $CHCl_3$); 70%. — *2-Hydroxy-3-mercapto-benzoesäuremethylester* (**III**), durch Rk. von 2-Hydroxy-3-aminobenzoesäure über das krist. Diazoniumsalz mit Na_2S, Red. mit Zn u. HCl u. Rk. mit CH_3OH. — *2-Hydroxy-3-mercaptobenzoesäuremethylester-S-[tetra-O-acetyl-β-D-glucosid]* (**IV**), F. 112—113°, durch Rk. analog **II** mit **III**; $[\alpha]_D^{20}$ —17,9° (c = 5,0; $CHCl_3$); 50—60%. — *2-Hydroxy-5-mercaptobenzoesäuremethylester-S-[β-D-glucosid]*, Sinterung ab 80° (W.), durch Rk. von **II** mit Na-Methylat; $[\alpha]_D^{20}$ —31° (c = 3,0; CH_3OH). — *2-Hydroxy-3-mercapto-benzoesäuremethylester-S-[β-D-glucosid]*, F. 133—134° (Methanol/W.), durch Rk. von **IV** mit Na-Methylat; $[\alpha]_D^{20}$ —67,8° (c = 1,0; CH_3OH); 85%. — *2-Hydroxy-5-mercapto-benzoesäuremethylester-O.S-bis-[tetra-O-acetyl-β-D-glucosid]* (**V**), F. 198 bis 199° (A.), durch Rk. von **II**, **VI** u. KOH; $[\alpha]_D^{20}$ —36,1° (c = 5,0; $CHCl_3$); 30—40%. — *2-Hydroxy-3-mercaptobenzoesäuremethylester-O.S-bis-[tetra-O-acetyl-β-D-glucosid]*, amorph aus $CHCl_3$/Bzn., durch Rk. von **IV**, **VI** u. Ag_2O in Ggw. von Chinolin, Reinigung durch Entacetylieren, Entfernen von *2-Hydroxy-3-mercapto-benzoesäuremethylester-O.S-bis-[β-D-glucosid]* u. Acetylieren; $[\alpha]_D^{20}$ —17,2° (c = 1,5; $CHCl_3$); 10—15%. — *2-Hydroxy-5-mercaptobenzoesäuremethylester-O.S-bis-[β-D-glucosid]*, F. 208—210° (A.), durch Rk. von **V** mit Na-Methylat; $[\alpha]_D^{20}$ —82,8° (c = 1,0; W.); 80%.
Heidrun Kühn 3450

1188 **Synthese von Gentisinsäuremethylester-bis-[β-D-glucopyranosid].** G. Wagner und H. Lahr. (Pharmazie **20**, 45, 1965; Pharmazeut. Inst., Karl-Marx-Univ., Leipzig; dt.) — *Gentisinsäuremethylester-bis-[β-D-glucopyranosid]* wird aus 5-O-Acetylgentisinsäuremethylester-2-tetra-O-acetyl-β-D-glucopyranosid durch partielle Entacetylierung mit Na-Methylat, Umsetzung des erhaltenen *Gentisinsäuremethylester-2-tetra-O-acetyl-β-D-glucopyranosids* mit α-Acetobromglucose zum acetylierten Bis-glucosid u. anschließende katalyt. Entacetylierung gewonnen.

Versuche: *Gentisinsäuremethylester-2-tetra-O-acetyl-β-D-glucopyranosid* (**I**), F. 147—149° (Methanol/W.), durch 5 Min. langes Stehen einer methanol. Lsg. von 5-O-Acetylgentisinsäuremethylester-2-tetra-O-acetyl-β-D-glucopyranosid mit Na-Methylat; $[\alpha]_D^{20}$ —31° ($CHCl_3$); 50—55°% (Ausb.). — *Gentisinsäuremethylester-bis-[tetra-O-acetyl-β-D-glucopyranosid]* (**II**), F. 186—188° (Methanol), durch Rk. von **I**, α-Acetobromglucose u. Ag_2O in Chinolin; $[\alpha]_D^{20}$ —30,1° ($CHCl_3$); 40—50%. — *Gentisinsäuremethylester-bis-[β-D-glucopyranosid]* (**III**), F. 217—222° (n-Propanol), durch katalyt. Entacetylierung von **II**; $[\alpha]_D^{20}$ —86,5° (W.); 70%. — *Gentisinsäure-bis-glucosid, amorph*, durch Verseifung von **III**; $[\alpha]_D^{20}$ —75,0° 60%.
G. Zessin 3450

1189 **Glykoside von Heterocyclen.** 10. Mitt. **Synthese von Glucosiden von Mercaptochinolinen.** G. Wagner und R. Schmidt. (Pharmazie **20**, 549—53, 1965; Pharmazeut. Inst., Karl-Marx-Univ., Leipzig; dt.) — 9. vgl. **C. 1966, 39-1109.** — *S-[Tetra-O-acetyl-β-D-glucopyranoside]* von Mercaptochinolinen werden nach dem Sabalitschka-Verf. aus äquimol. Mengen des entsprechenden Aglykons, KOH u. α-Acetobromglucose (α-**ABG**) dargestellt. Die freien *S-[β-D-Glucopyranoside]* (**A**) sind daraus durch katalyt. Entacetylierung mit CH_3ONa zugänglich. Bei Einsatz von 4-Mercaptochinolin sowie 1-Mercaptoisochinolin lassen sich neben den **A** papierchromatograph. geringe Mengen *1-[β-D-Glucosyl]-thiochinolon-(4)* oder *2-[β-D-Glucosyl]-thioisochinolon-(1)* nachweisen. Die Bldg. läßt sich auf das Auftreten der tautomeren Thioamidstruktur zurückführen. 3- u. 8-Mercaptochinolin können nicht in der Thioamidstruktur reagieren. Das *2-[Tetra-O-acetyl-β-D-glucosyl]-thioisochinolon-(1)* läßt sich durch S→N-Umglucosidierung von 1-[Tetra-O-acetyl-β-D-glucosylmercapto]-isochinolin mit $HgBr_2$ in sd. Toluol darstellen. Bei Einsatz von 4-Mercaptochinolin-1-oxid (**VIII**), α-**ABG** u. KOH nach Sabalitschka entsteht *4-[Tetra-O-acetyl-β-D-glucosylmercapto]-chinolin-1-oxid* (**IV**), das auch aus 4-Chlorchinolin-1-oxid (**XI**), 2.3.4.6-Tetra-O-acetyl-1-desoxy-1-mercaptoglucose (**TATG**) u. KOH zugänglich ist. Das freie Glucosid läßt sich durch Entacetylieren von **IV** u. durch Rk. von **XI** mit Na-Thioglucose (**NaTG**) darstellen. **IV** läßt sich mit Raney-Ni zu **II** hydrieren. Die Ox. acetylierter S-[β-D-Glucoside] mit Benzopersäure lieferte in einigen Fällen neben den entsprechenden *Chinolinsulfonsäuren* die *acetylierten Sulfonglykoside.*

Versuche: 2-[Tetra-O-acetyl-β-D-glucosylmercapto]-chinoline: *Unsubstituiert* (**IX**), $C_{23}H_{25}\cdot NO_9S$, F. 158° (CH_3OH), durch 1tägiges Schütteln der Lsg. äquivalenter Mengen 2-Mercaptochinolin u. KOH in W. nach Mischen mit α-**ABG** in Aceton; Nadeln; $[\alpha]_D^{20}$ ± 0° (c = 5,0; $CHCl_3$); 45% (Ausb.). — *4-Methyl-*, $C_{24}H_{27}NO_9S$, F. 183—185° (CH_3OH), analog **IX** aus 4-Methyl-2-mercaptochinolin; Nadeln; $[\alpha]_D^{20}$ + 3,6° (c = 5,0; $CHCl_3$); 15—20%. — 2-[β-D-Glucosylmercapto]-chinoline: *Unsubstituiert* (**V**), $C_{15}H_{17}NO_5S$, F. 139 bis 140° (Essigester), aus **IX** u. katalyt. Mengen CH_3ONa durch kurzzeitiges Erhitzen in abs. CH_3OH u. Neutralisieren der gelben Lsg. unter kräftigem Rühren mit Wofatit KPS; Nadeln; $[\alpha]_D^{20}$ —58,7° (c = 2,0; DMF); 90%. — *4-Methyl-*, $C_{16}H_{19}NO_5S$, F. 151—152° (Butanol), aus vorvorst. Verb. analog **V**; Nadeln; $[\alpha]_D^{20}$ —82,1° (c = 1,0; CH_3OH); 60%. — *3-[Tetra-O-acetyl-β-D-glucosylmercapto]-chinolin* (**I**), $C_{23}H_{25}NO_9S$, F. 121—122° (CH_3OH), aus 3-Mercaptochinolin analog **IX**, Ausfällen nach 2tägigem Schütteln durch Zugabe von W., Reinigung über **VII** u. Reacetylierung mit Py./Essigsäureanhydrid; Nadeln; $[\alpha]_D^{20}$ —22,5° (c = 5,0; $CHCl_3$); 30—35%. — *3-[β-D-Glucosylmercapto]-chinolin* (**VII**), $C_{15}H_{17}NO_5S$, F. 183—184° (CH_3OH), aus unreinem **I** analog **V** durch mehrmaliges Extrahieren mit heißem W. u. Einengen im Vakuum; Nadeln; $[\alpha]_D^{20}$ —36,4° (c = 1,5; DMF); 75%. — 4-[Tetra-O-acetyl-1-β-D-glucosylmercapto]-chinoline: *Unsubstituiert* (**II**), $C_{23}H_{25}NO_9S$, F. 68° (CH_3OH/W.), a) aus 4-Mercaptochinolin analog **IX**; b) durch Rk. von **IV** u. H_2 (Raney-Ni) in abs. CH_3OH bei Normaldruck u. Raumtemp. u. Einengen des Filtrates; Nadeln; $[\alpha]_D^{15}$ —54° (c = 5,0; $CHCl_3$); 90%. — *1-Oxid* (**IV**), $C_{23}H_{25}NO_{10}S$, F. 81° (W.), a) aus **VIII** analog **IX**; Nadeln; $[\alpha]_D^{20}$ —47,5° (c = 5,0; $CHCl_3$); 25%; b) aus äquimol. Mengen **XI** u. KOH in W. u. **TATG** in Aceton durch 1tägiges Schütteln u. Fällung im Filtrat durch Zugabe von W.; Nadeln; 70%. — 4-[β-D-Glucosylmercapto]-chinoline: *Unsubstituiert*, $C_{15}H_{17}NO_5S$, F. 193—193,5° (W.), aus **II** analog **V**; Prismen; $[\alpha]_D^{20}$ —100,2° (c = 1,0; DMS); 90%. — *1-Oxid*, $C_{15}H_{17}NO_6S$, F. 185° (Zers., CH_3OH), a) aus **IV** analog **V**; Nadeln; $[\alpha]_D^{20}$ —89,3° (c = 1,0; DMS); 80%; b) aus **XI** in A. u. **NATG** in W. u. 20std. Stehen bei Raumtemp.; Nadeln; 55%. — *8-[Tetra-O-acetyl-β-D-glucosylmercapto]-chinolin* (**III**), $C_{23}H_{25}NO_9S$, F. 108—109° (CH_3OH), neben *Bis-[S-chinolyl-(8)]-disulfid* (F. 206°) bei Rk. von 8-Mercaptochinolin-dihydrat analog **IX**; Nadeln; $[\alpha]_D^{20}$ —42,0° (c = 5,0; $CHCl_3$); 60%. — *8-[β-D-Glucosylmercapto]-chinolin*, $C_{15}H_{17}NO_5S$, F. 198—199° (A.), aus **III** analog **V**; Nadeln; $[\alpha]_D^{20}$ —81,6° (c = 1,0; DMF); 70%. — *1-[Tetra-O-acetyl-β-D-glucosylmercapto]-isochinolin*, $C_{23}H_{25}NO_9S$, F 138—140° (CH_3OH), aus 1-Mercaptoisochinolin analog **IX**; Nadeln; $[\alpha]_D^{20}$ ± 0° (c = 5,0; $CHCl_3$); 40%. — *1-[β-D-Glucosylmercapto]-isochinolin*, $C_{15}H_{17}NO_5S$, F. 88—92° (Butanol), aus vorst. Verb. analog **V** in nicht reiner Form; Nadeln; $[\alpha]_D^{20}$ —43° (c = 1,0; CH_3OH); 30%. — *2-[Tetra-O-acetyl-β-D-glucosyl]-thioisochinolon-(1)*, $C_{23}H_{25}NO_9S$, F. 87—89° (Butanol), durch 4std. Erhitzen vorvorst. Verb. u. $HgBr_2$ in abs. Toluol; gelbe Nadeln; $[\alpha]_D^{20}$ + 47,7° (c = 1,0; $CHCl_3$); 15%. — *8-[Tetra-O-acetyl-β-D-glucosylsulfonyl]-chinolin* (**VI**), $C_{23}\cdot H_{25}NO_{11}S$, aus **III** u. Benzopersäure in $CHCl_3$ durch 3std.

Stehen bei Raumtemp., Abfiltrieren von auskrist. *Chinolin-8-sulfonsäure* [$C_9H_7NO_3S$, F. 300° (Zers.); 10%], mehrmaliges Ausschütteln des Filtrates mit 10%ig. Na_2CO_3, Waschen mit W., Trocknen, Einengen u. Abscheiden durch Eintropfen von PAe.; amorphes Prod.; $[\alpha]_D^{20}$ $-27{,}6°$ (c = 2,5; $CHCl_3$); 70%. — *8-[β-D-Glucosylsulfonyl]-chinolin*, $C_{15}H_{17}NO_7S$, aus **VI** u. katalyt. Mengen CH_3ONa in CH_3OH durch 12std. Stehen bei Raumtemp., Neutralisieren mit Wofatit KPS u. Eindampfen im Vakuum; aus Butanol amorphes Prod.; $[\alpha]_D^{20}$ $+14{,}6°$ (c = 1,0; DMF). — *2-[Tetra-O-acetyl-β-D-glucosylsulfonyl]-chinolin*, $C_{23}H_{25}NO_{11}S$, F. 179—182° (CH_3OH), aus **IX** analog **VI**, Abfiltrieren von auskrist. *Chinolin-2-sulfonsäure* [$C_9H_7NO_3S$, F. 300° (Zers.); 10%], Ausschütteln des Filtrates mit 10%ig. $KHCO_3$, Waschen mit W., Trocknen u. Eindampfen im Vakuum; $[\alpha]_D^{20}$ $-73{,}7°$ (c = 5,0; $CHCl_3$); 35%. — *4-[Tetra-O-acetyl-β-D-glucosylsulfonyl]-chinolin-1-oxid*, $C_{23}H_{25}NO_{12}S$, F. 165—168° (Zers., $CH_3 \cdot OH$), aus **IV** analog **VI**, Abfiltrieren von auskrist. *Chinolin-1-oxid-4-sulfonsäure* [$C_9H_7NO_4S$, F. 270° (Zers.) 30%] u. Aufarbeitung des Filtrates; Nadeln; $[\alpha]_D^{24}$ $+89{,}8°$ (c = 4,0; $CHCl_3$); 10—15%. — *Chinolin-3-sulfonsäure*, $C_9H_7NO_3S$, F. 270° (Zers.), aus **I** analog **VI**; 15 bis 20%. — *Chinolin-4-sulfonsäure*, $C_9H_7NO_3S$, F. 270°; 20%. — R_F-Werte der Glucoside s. Original.

H. Ziebandt 3450

1190 **Ein Vakuumsystem für die Synthese von Nucleotidzuckern im Mikromaßstab.** J. H. Nordin, W. L. Salo, R. D. Bevill und S. Kirkwood. (Analyt. Biochem. [New York] **13**, 405—11, 1965; St. Paul, Univ. of Minn., Dep of Biochem.; engl.) — Beim Übergang von Milli- auf Mikromolmengen sinkt die Ausb. der Rk. von Nucleosidmonophosphatmorpholidat mit Tri-n-oktylammoniumsalz, die in trockenem Py. ausgeführt wird, von 50—60 auf 3%. Vf. beschreiben eine Vakuumapparatur, die einen abs. Feuchtigkeitsausschluß garantiert u. deshalb eine 10—50fache Steigerung der Ausb. ermöglicht. Das Rk.-Gemisch wird papierchromatograph. getrennt. Folgende Rk.-Partner wurde zur Rk. gebracht: Uridin-5′-monophosphatmorpholidat mit D-Glucose-1-phosphat (**I**), D-Mannose-1-phosphat, D-Fucose-1-phosphat, 3-O-Methyl-**I**, 4-O-Methyl-**I** u. D-Xylose-1-phosphat sowie Adenosin-, Guanosin-, Inosin-, Cytidin- u. Thymidin-5′-monophosphatmorpholidat mit **I**.

Guntram Seltmann 3450

1191 **Jodierung von Purinnucleosiden.** Dorothea Nowotny und David Lipkin. (Mh. Chem. **96**, 125—30, 1965; St. Louis, Mo., Washington Univ., Chem. Inst.; dt.) — Die Jodierung von Xanthosin (**I**) bzw. 2′-Desoxyguanosin (**II**) mit N-Jodsuccinimid (**III**) in Ggw. katalyt. Mengen n-Butyldisulfid (**IV**) liefert *Jodxanthosin* bzw. *8-Jod-2′-desoxyguanosin*. Erstere Verb. wird mit HF zu *Ribose* u. *Jodxanthin* (**V**) abgebaut u. gibt mit H_2S wieder **I**. UV-Daten s. Original.

Versuche: *Jodxanthosin, Dihydrat*, $C_{10}H_{11}JN_4O_6 \cdot 2\,H_2O$, durch 17std. Stehen von 3,5 mMol **I** mit 35 Mol **III** u. 0,31 mMol **IV** in abs. Dimethylsulfoxid (DMS) bei Raumtemp. (Meth. **A**); aus Methanol Nadeln; $[\alpha]_D$ $-40°$ (c = 2; DMS); 70% (Ausb.). — *Ribose*, durch 1std. Rk. vorst. Verb. mit 60%ig. HF bei Raumtemp.; daneben **V**. — *8-Jod-2′-desoxyguanosin*, $C_{10}H_{12}JN_5O_4$, nach **A** aus **II**; aus W. Nadeln; 20%.

R. Gnauck 3450△

1192 **Darstellung des Piperidids von Adenosin-5′-monophosphat. Verbesserte Synthese von P^1-D-Hexose-P^2-adenosindiphosphaten.** Eduardo Recondo, Marcelo Dankert und Susana Passeron. (Biochim. biophysica Acta [Amsterdam] **107**, 129—31, 1965; Inst. de Invest. Bioquím. „Fundación Campomar", Buenos Aires; engl.) — Durch 3—4std. Erhitzen von Adenosin-5′-monophosphat mit 3,3 Val Dicyclohexylcarbodiimid u. 2,6 Val Piperidin in Acetonitril/W. auf 100—105° im Rohr wird in > 80%ig. Ausb. das *Piperidid* (**I**) von *Adenosin-5′-monophosphat* dargestellt. Kondens. von **I** mit D-Glucosyl-, D-Mannosyl-, D-Galaktosyl- bzw. 2-Acetylamino-2-desoxy-D-glucosylphosphat liefert in 65—70%ig. Ausb. *P^1-D-Glucose-* (**II**), *P^1-D-Mannose-* (**III**), *P^1-D-Galaktose-* (**IV**) bzw. *P^1-[2-Acetylamino-2-desoxy-D-glucosyl]-P^2-adenosindiphosphat* (**V**). Durch Alkalien werden **II** bzw. **IV** in *Adenosin-5′-monophosphat* u. das entsprechende *cycl. 1.2-Phosphat* zersetzt. Dagegen sind **III** u. **V** im alkal. Medium stabil.

K. Maier 3450

1193 **Teilsynthese von Corotoxigenin-3-β-D-glucosid.** V. T. Černobaj. (Chim. prirodnych Soedinenij **1965**, 229 bis 233; Char'kovskij NI chim.-farmacevt. inst.; russ.) — Durch Kondens. von Corotoxigenin (**I**) mit Acetobromglucose (**II**) wird *Corotoxigenin-3-β-D-glucosid* dargestellt. **I** wird in sein *Dimethylacetal* übergeführt. Während **I** in saurem Medium durch $NaBH_4$ nicht red. wird, wird Strophanthidin (**III**) zu *Strophanthidol* reduziert. Die Red. von **I** in alkal. Medium liefert *Coroglaucigenin*.

Versuche: *Corotoxigenin-3-β-D-glucosid*, $C_{29}H_{42} \cdot O_{10}$, F. 263—265° (A.–W.), durch Zugabe von 1,5 g **II** in 100 ml Dichloräthan zu 0,5 g **I**, 3 g Ag_2CO_3 u. 1,5 g CaO in 100 ml Dichloräthan in 1 Std. in der Hitze u. Chromatographie an Al_2O_3; $[\alpha]_D^{18}$ $-12{,}3 \pm 2°$ (c = 0,80; CH_3OH); 45 mg (Ausb.). — *Corotoxigenin* (**I**), F. 218 bis 224° (CH_3OH–Ae.). *Dimethylacetal*, $C_{25}H_{38}O_6$, F. 204 bis 206° (CH_3OH–Ae.), durch 2 Tage langes Stehen von 200 mg **I** mit 30 ml abs. CH_3OH u. 12 ml Eisessig; $[\alpha]_D^{18}$ $+30{,}0 \pm 2°$ (c = 1,00; $CHCl_3$); 160 mg. — *Strophanthidol*, F. 218—224° (Aceton–Ae.), durch 2std. Stehen von 500 mg **III** mit 500 mg $NaBH_4$ in Dioxan–Eisessig bei 0°; $[\alpha]_D^{18}$ $+36{,}0 \pm 2°$ (c = 1,52; CH_3OH). — *Coroglaucigenin*, F. 246—249° (CH_3OH), durch $^1/_2$std. Stehen von 50 mg **I** mit 10 mg $NaBH_4$ in 4 ml CH_3OH unter Kühlung; 43 mg.

Helmut Schäfer 3450△

1194 **Glykoside aus den Wurzeln von Acanthopanax sessiliflorum.** L. A. Eljakova und G. B. Eljakov. (Izvest. Akad. Nauk SSSR, Ser. chim. **1965**, 555—56; Inst. biol. akt. veščestv Dal'nevostočnogo filiala Sibirskogo otd. AN SSSR; russ.) — Aus den Wurzeln von *Acanthopanax sessiliflorum* wird durch 10tägige Extraktion mit sd. CH_3OH, Abdampfen, Ausschütteln des sirupösen Rückstandes mit $CHCl_3$/A. (2:1), Abdampfen des Lsgm. u. chromatograph. Trennung an Al_2O_3 ein Glykosidgemisch (*Acanthoside A, B, C, D*) erhalten. Die Hydrolyse von *A, B, C* u. *D* mit 5%ig. HCl im Rohr bei 100° ergibt in allen Fällen *Glucose*. *D* bildet ein kristallines *Acetyl-Derivat*. Auf Grund der Elementaranalyse u. der Methoxygruppenbest. wird die Zus. von *D* zu $C_{3?\pm1}H_{44\pm2}O_{17\pm1}$, zuzüglich des Genins $C_{20\pm1}H_{23\pm2}O_{7\pm1}$, angegeben. Die IR-Spektren sind angegeben.

Versuche: Trennung des Gemisches: Die *Acanthosid*-Fraktion (13 g) wird über Silicagel mit $CHCl_3$/CH_3OH chromatographiert; 20 ml des Eluates werden an Silicagel mit $CHCl_3$/CH_3OH (4:1) getrennt: *A*, F. 110°, $[\alpha]_D^{20}$ $-42°$ (c = 2,4; CH_3OH); 0,1 g (Ausb.). *B*, F. 159° (CH_3OH); $[\alpha]_D^{20}$ $-36{,}0°$ (c = 5,5; CH_3OH). *C*, F. 125—128° (CH_3OH), $[\alpha]_D^{20}$ $-51{,}5°$ (c = **3**,7; CH_3OH). *D*, F. 230° (CH_3OH/W;A.), $[\alpha]_D^{20}$ $-33°$ (c = 2,0; Py.). *D-Acetyl-Deriv.*, F. 167° (A./W. 9:1), durch 48std. Rk. von D mit Acetanhydrid bei 25°, Zerlegen des Rk.-Prod. mit Eis u. Extraktion mit Toluol.

D. Henning 3450

1195 **Glykoside aus Eleutherococcus senticoccus Max. 1. Mitt. Isolierung und einige Eigenschaften der Eleutheroside B und E.** Ju. S. Ovodov, R. G. Ovodova, T. F. Solov'eva, G. B. Eljakov und N. K. Kočetkov. (Chim. prirodnych Soedinenij **1965**, 1, 3—7; Dal'nevostočnyj filial Sibir. otdel. Akad. nauk SSSR; russ.) — Im Ae.-Extrakt der Wurzel wurden chromatograph. 6 Glykoside (*Eleutherosid A, B, V, G, D* u. *E*) nachgewiesen. Krist. ließen sich die opt. inakt. *Eleutheroside B* [F. 182° (A.)] u. *E* [(F. 235° (CH_3OH)] fassen; beide sind Glukoside (B ein Monosid oder Biosid, E ein Tri- oder Tetraosid) eines Genins noch zu klärender Struktur.

H.-E. Toussaint 3450

1196 **Einige Gesichtspunkte der Chemie des Catharanthins und Cleavamins.** James P. Kutney, Richard T. Brown und Edward Piers. (Canad. J. Chem. **43**, 1545—52, 1965; Vancouver, Brit. Columbia, Univ. of Brit. Columbia; engl.) — Vf. untersuchten den Mechanismus der säurekatalysierten Umlagerung von *Catharanthin* (**I**) in *Cleavamin* (**II**). Der Bldg.-Mechanismus des als Nebenprod. entstehenden *Descarbomethoxycatharanthins* (**III**) sowie von α- (**IVa**) u. *β-Dihydrocleavamin* (**IVb**) (epimer am $C_{(4)}$) werden diskutiert. Die Bldg. von **III** wird durch eine neue transannulare Cyclisierungsrk.

erklärt. Ein derartiger Rk.-Mechanismus wird auch durch die Bldg. von *Coronaridin* u. *Dihydrocatharanthin* bei der Ox. von Carbomethoxydihydrocleavamin (**V**) bestätigt. IR-, UV- u. KMR-Spektren vgl. Original.

Versuche: *Cleavamin* (**II**), $C_{19}H_{24}N_2$, F. 117—119°, durch 1¹/₄std. Kochen von 40 g **I**-Hydrochlorid mit $SnCl_2$ u. Sn in konz. HCl unter N_2 u. Chromatographie (Chr.) an Al_2O_3 mit Bzl.–PAe. (1:1); $[\alpha]_D^{26}$ +73° ($CHCl_3$); aus CH_3OH Nadeln; 2,4 g (Ausb.). *Methojodid*, $C_{20}H_{27}JN_2$, F. 244—245° (Zers.; CH_3OH/Ae./PAe.). — *Descarbomethoxycatharanthin* (**III**), $C_{19}H_{22}N_2$, F. 103—104°, neben **II**; aus Ae. Nadeln, 1,0 g. — *Dihydrocleavamin*. *α-Epimeres* (**IVa**), $C_{19}H_{26}N_2$, a) durch Rechr. von **II** an Al_2O_3 mit Bzl.–PAe. (1:2); 55 mg; daneben **IVb**; b) durch 8std. Kochen von 500 mg **V** in 5 n HCl unter N_2; 340 mg. *β-Epimeres* (**IVb**), $C_{19}H_{26}N_2$, F. 136—138°, durch 50 Min. langes Hydrieren von 1,5 g **II** in Äthylacetat an Adams-Katalysator; aus CH_3OH Prismen; 1,2 g. — *Coronaridin*, durch 40std. Rühren von 4,5 g **V** mit Hg-Diacetat in Eisessig unter N_2, Filtrieren, 5std. Kochen des Filtrats u. Chromatographie; 450 mg, daneben 1,15 g eines vincadifforminähnlichen Produktes. *Hydrochlorid*, F. 221—223° (Zers.); aus Aceton–Ae. Nadeln. — *Dihydrocatharanthin*, F. 143—145,5°, neben vorst. Verb.; $[\alpha]_D^{23}$ +49° ($CHCl_3$); aus PAe. Prismen; 440 mg. K. Gröbe 3500△

1197 **Reaktion von Diazomethan mit Carbinolaminen.** S. Pfeifer und B. Göber. (Pharmazie **20**, 112, 1965; Pharmazeut. Inst., Humboldt-Univ., Berlin; dt.) — Cotarnin (**I**) u. Hydrastinin (**II**) ergeben in Ae.–Methanol-Lsg. nach Einw. von Diazomethan eine Anzahl dragendorffpositiver Rk.-Produkte. Die Hauptstoffe konnten durch Ae.-Extraktion als papierchromatograph. reine, viskose Öle abgetrennt werden. Es wird angenommen, daß auch Cotarnolin wie **I** u. **II** reagiert.

Versuche: *1-Methyl-1-methoxy-hydrocotarnin*, $C_{14}H_{19}NO_4$, *Chloroplatinat*, F. 204—206° (A.). *Methojodid*, $C_{15}H_{22}JNO_4$, F. 191—192° (Aceton). — *1-Methyl-1-methoxy-hydrohydrastinin*, $C_{13}H_{17}NO_3$. *Methojodid*, $C_{14}H_{20}$·JNO_3, F. 181—182° (Aceton). L. Harnisch 3500

1198 **Synthetische Arbeiten in der Reihe der aromatischen Erythrina-Alkaloide.** 8. Mitt. **Die Synthese der „Prelog-Base $C_{18}H_{21}NO_2$ aus Dihydroerysotrin".** Albert Mondon, Hans Jürgen Nestler, Heinz-Georg Vilhuber und Manfred Ehrhardt. (Chem. Ber. **98**, 46—64, 1965; Univ., Kiel; dt.) — 7. vgl. C. **1968**, 12-1011. — Vf. beschreiben die Eig. u. Rk. von cis-6α-Brom-15.16-dimethoxyerythrinandion-(7.8) (**I**; Zählung vgl. C. **1960**, 2878). **I** wird durch $NaBH_4$ zu *cis-6α-Brom-7α-hydroxy-15.16-dimethoxyerythrinanon-(8)* (**II**) red., das mit Zn-Staub in Eisessig *15.16-Dimethoxy-6.7-didehydroerythrinanon-(8)* ergibt. Die katalyt. Hydrierung von **II** an $Pd/SrCO_3$ liefert als Hauptprod. *cis-7α-Hydroxy-15.16-dimethoxyerythrinanon-(8)* (**XI**); das *7β-Isomere* (**VI**) wird durch katalyt. Hydrierung von **I** erhalten. Durch verd. Alkali wird aus **II** leicht HBr abgespalten unter Bldg. des *Enols* (**III**) von cis-15.16-Dimethoxyerythrinandion-(7.8). **I** bildet kein 2.4-Dinitrophenylhydrazon u. ergibt mit Äthylenglykol kein Ketal; ein Austausch des Broms gegen die Acetylgruppe mit Ag-Acetat in Eisessig gelingt ebenfalls nicht. Die Einw. von KOH u. Diäthylenglykol bei 150° führt unter Red. der Ketogruppe zu einem *Gemisch* aus den *Stereoisomeren* **A** u. **B** von *6.7-Dihydroxy-15.16-dimethoxyerythrinanon-(8)* (**X**). Durch Erhitzen von **I** mit Kollidin auf 185° wird **III** erhalten; dessen *Dimethylphosphorsäureester* (**IV**) aus **I** u. Trimethylphosphit in Xylol. Erfolgt die Abspaltung des Broms in **I** mit Triphenylphosphin in Bzl., so bildet sich *15.16-Dimethoxy-6-triphenylphosphonio-7.8-dioxoerythrinan-bromid*, das durch CH_3OH in **III**, CH_3Br u. *Triphenylphosphinoxid* gespalten wird. **IV** wird durch $LiAlH_4$ zu *cis-15.16-Dimethoxyerythrinanon-(7)* (**V**) red., das auch aus **II** erhalten wird. $NaBH_4$-Red. von **V** bzw. $LiAlH_4$-Red. von **VI** liefern *cis-7β-Hydroxy-15.16-dimethoxyerythrinan*. Einw. von LiCl auf **I** in DMF bei 100 nach R. P. Holysz (C. **1955**, 6039) führt zu **III**, *6-Hydroxy-15.16-dimethoxyerythrinandion-(7.8)* (**VII**), *4-Chlor-7-hydroxy-15.16-dimethoxy 4.5.6.7-tetradehydroerythrinanon (8)* (**VIII**) u. *11 Chlor-2.3-dimethoxy-5.6.8.9-tetrahydro-7H-dibenz-[d;f]-azonindion-(8.9)* (**IX**). **VII** wird auch aus **III** durch Ox. mit Pb(IV)-Acetat u. anschließende Verseifung erhalten; es wird durch $NaBH_4$ zum Stereoisomeren **A** von **X** reduziert. Die katalyt. Hydrierung von **VIII** führt zu **VI**. Das Chloratom ist in **VIII** sehr fest gebunden, es läßt sich beim Erhitzen weder mit $AgNO_3$ noch mit Kollidin nachweisen; mit 2.4 Dinitrophenylhydrazin in CH_3OH/H_2SO_4 bildet sich ein chlorfreies *Bis-2.4-dinitrophenylhydrazon*, dessen Struktur nicht bekannt ist. **VIII** wird durch $NaBH_4$ zu *cis-4-Chlor-7α-hydroxy-15.16-dimethoxy-4.5-didehydroerythrinanon-(8)* (**XII**) u. dem *7β-Isomeren* red., die bei der Hydrierung **XI** bzw. **VI** ergeben. Eine selektive Red. des Chlors in **XII** mit Li in tert. Butanol u. THF gelingt nicht, dagegen kann die OH Gruppe über das Mesylat u. Jodid durch H ersetzt werden unter Bldg. von *cis-4-Chlor-15.16-dimethoxy-4.5-didehydroerythrinanon-(8)* (**XIII**). $LiAlH_4$-Red. von **XIII** ergibt als Hauptprod. *cis-4-Chlor-15.16-dimethoxy-4.5-didehydroerythrinan* neben *cis-15.16-Dimethoxy-4.5-didehydroerythrinan*. **XIII** ergibt mit konz. H_2SO_4 *cis-15.16-Dimethoxyerythrinandion-(4.8)*, das auch durch Chromsäureox. von cis-15.16-Dimethoxy-4-hydroxyerythrinanon-(8) (**XVI**) erhalten wurde. **IX** ist ein Folgeprod. von **VIII** u. wird unter den Bedingungen der Holysz-Rk. aus diesem gewonnen. Die katalyt. Hydrierung von **IX** an Raney-Ni in Ggw. von Alkali führt zu *9-Hydroxy-2.3-dimethoxy-5.6.8.9-tetrahydro-7H-dibenz-[d;f]-azoninon-(8)*, das mit $SOCl_2$ das *9-Chlorderiv.* bildet, das zu *2.3-Dimethoxy-5.6.8.9-tetrahydro-7H-dibenz-[d;f]-azoninon-(8)* (**XIV**) hydriert wird. Die $LiAlH_4$-Red. von **XIV** ergibt *2.3-Dimethoxy-5.6.8.9-tetrahydro-7H-dibenz-[d;f]-azonin*, das auch von Prelog et al. (C. **1957**, 2208) aus Dihydroerysotrin erhalten wurde.

Versuche: *cis-6α-Brom-15.16-dimethoxyerythrinandion-(7.8)* (**I**), $C_{18}H_{20}BrNO_4$, F. 202 (Zers.; CH_3OH), durch Zutropfen von Br_2 in Eisessig unter Rühren zu **III** u. K-Acetat in Eisessig bei 18—20 innerhalb 1 Std. u. 45 Min. langes Stehen; 93—96% (Ausb.). *6α-Chlorderiv.* (**XVII**), $C_{18}H_{20}ClNO_4$, F. 208 (Zers.; CH_3OH). *6α-Jodderiv.*, $C_{18}H_{20}JNO_4$, F. 173 (CH_3OH). — *cis-7β-Hydroxy-15.16-dimethoxyerythrinanon-(8)* (**VI**), F. 163° (Bzl./PAe.), a) durch Hydrierung von **I** in CH_3OH u. 4n NaOH an Raney-Ni; b) durch 4std. Red. von ≈ 5 g **E** mit $NaBH_4$ in 0,4 n NaOH unter Rühren bei 20°, Isolierung des Neutralteiles u. Chromatographieren an Al_2O_3; 16%; daneben 3,7% **XI**, 8% *Gemisch* aus **VI** u. **XI** u. 0,13 g Stereoisomeres **A** von **X**. — *cis-6α-Brom-7α-hydroxy-15.16-dimethoxyerythrinanon-(8)* (**II**), $C_{18}H_{22}$·$BrNO_4$, F. 163° (Bzl.), durch 25 Min. langes Rühren von **I** in 95%ig. A. mit $NaBH_4$; 80—84%; daneben **III**. — *cis-7α-Hydroxy-15.16-dimethoxyerythrinanon-(8)* (**XI**), F. 174° (Ae.), durch 20std. Schütteln von **II** in A. mit 30%ig. $Pd/SrCO_3$ u. H_2 u. Chromatographieren an Al_2O_3; daneben **III** u. *Verb. vom F. 220°*. — *15.16-Dimethoxy-6.7-didehydroerythrinanon-(8)*, F. 130° (Ae.), durch Zugabe von Zn-Staub u. W. zu 2 g **II** in Eisessig, 8std. Rühren, Isolierung des Neutralteiles u. Chromatographieren an Al_2O_3; 0,096 g. — *6.7-Dihydroxy-15.16-dimethoxyerythrinanon-(8)* (**X**), *Stereoisomeres* **A**, $C_{18}H_{23}NO_5$, F. 187° (Bzl./PAe.), a) durch Lösen von 2 g **I** bei 100° in Diäthylenglykol u. KOH, 20 Min. langes Erhitzen auf 150° u. Chromatographieren an Kieselgel; 0,98 g; daneben 0,21 g *Stereoisomeres* **B**, *Benzolsolvat*, $C_{18}H_{23}NO_5$·$^1/_3C_6H_6$, F. 152° (Bzl./Ae.); b) analog **VI** nach b) aus **VII**. — *15.16-Dimethoxy-7-hydroxy-6.7-didehydroerythrinanon-(8)* (**III**), F. 178° [Subl. bei 180° (Badtemp.)/0,01 Torr; Ae.], a) durch 2std. Erwärmen von **II** mit 2 n NaOH auf dem W.-Bad; b) durch 70 Min. langes Erhitzen von **I** in Kollidin unter N_2 auf 185°, Abtrennung des *Kollidinhydrobromids* (85%) u. Erhitzen des erhaltenen Filtrats bei 100° u. 12 Torr; 79%; c) durch 1std. Kochen von **I** in abs. Bzl. mit Triphenylphosphin in abs. Bzl. u. Erhitzen einer methanol. Lsg. des erhaltenen *15.16-Dimethoxy-6-triphenylphosphonio-7.8-dioxoerythrinan-bromids*; daneben *Triphenylphosphinoxid*, F. 155° [Subl. bei 130° (Badtemp.)/0,05 Torr]; d) analog **VIII** mit LiCl u. Li_2CO_3; 34%; daneben 8,6% **IX** u. wenig **I**; e) analog **VIII**, jedoch mit Li_2CO_3; 10,5%; daneben 2% **VII** u. 55% **I**; f) analog **VIII** u. Zugabe von Hydrochinon; 21,7%; daneben 2,6% **VII**, 10% **VIII**, 3,6% **IX** u. 16,9% **I**. Rk. von **III** mit LiCl in abs. DMF (6 Std. bei 160°) u.

Reinigung des Neutralteiles an Florisil ergibt 1,3% **XVII**. *Methyläther*, F. 132° (Ae./Pentan), analog **III** nach b) u. 15std. Stehen der nach Abtrennung von **III** erhaltenen Mutterlauge mit CH_2N_2-Lsg., Isolierung des Neutralteiles u. Chromatographie an Al_2O_3; 14%. *Dimethylphosphorsäureester* (**IV**), $C_{20}H_{26}NO_7P$, F. 123° ($CHCl_3$/Ae.), durch 2std. Kochen von **I** in abs. Xylol mit Trimethylphosphit, Abdest. des Xylols u. Erhitzen des erhaltenen Rückstandes bei 100° u. 10 Torr; 100%. — *cis-15.16-Dimethoxyerythrinanon-(7)* (**V**), $C_{18}H_{23}NO_3$, F. 143° (Ae.), a) durch 24std. Rühren von **IV** in abs. Dioxan mit $LiAlH_4$; 84%; b) analog a) aus **II** (15std. Rühren). *Pikrat*, F. 181° (CH_3OH). — *cis-7β-Hydroxy-15.16-dimethoxyerythrinan*, $C_{18}H_{25}NO_3$, F. 124° (Ae.), a) durch 2std. Kochen von **VI** in abs. Dioxan mit $LiAlH_4$; 73%; b) durch 2std. Rühren von 0,2 g **V** in 95%ig. A. mit $NaBH_4$ bei 20° u. Chromatographieren an Al_2O_3; 0,11 g. — *4-Chlor-7-hydroxy-15.16-dimethoxy-4.5.6.7-tetradehydroerythrinanon-(8)* (**VIII**), $C_{18}H_{18}ClNO_4$, F. 246° (Bzl., CH_3OH), a) durch 25 Min. langes Erhitzen von **I** u. LiCl in abs. DMF unter N_2 auf 110°, 185 Min. langes Erhitzen auf 142°, Trennung in alkalilösl. (**C**) u. neutrale (**D**) Rk.-Prod. u. Ansäuern von **C** mit 2 n H_2SO_4; 14%; daneben ein harziges *Gemisch* (**E**); b) analog a) u. Zugabe von Azoisobuttersäuredinitril bei 142°; 19,5%; daneben 8% **IX**. *Acetat*, $C_{20}H_{20}ClNO_5$, F. 171° (CH_3OH), durch 2tägiges Stehen von **VIII** u. Acetanhydrid in Py.; 54%. — *Bis-(2.4-dinitrophenylhydrazon* $C_{30}H_{27}N_9O_{11}$, F. 258° ($CH_3OH/CHCl_3$), durch mehrtägiges Stehen von 0,1 g **VIII** mit 2.4-Dinitrophenylhydrazin in CH_3OH/H_2SO_4 u. Dünnschichtchromatographie der erhaltenen 0,17 g an Al_2O_3. — *6-Hydroxy-15.16-dimethoxyerythrinandion-(7.8)* (**VII**), F. 234° (Ae.), durch Chromatographieren von 1,05 g **E** an Florisil; 0,12 g; daneben 28% **III**, 0,038 g **VIII** u. 0,07 g einer roten Substanz. *Acetat*, $C_{20}H_{23}NO_6$, F. 224° (Bzl.), durch 6std. Kochen von **E** mit Acetanhydrid u. p-Toluolsulfonsäure u. Chromatographieren des Neutralteiles an Al_2O_3; 4,8%. — *cis-4-Chlor-7α-hydroxy-15.16-dimethoxy-4.5-didehydroerythrinanon-(8)* (**XII**), F. 162° (Ae.; Chromatographieren an Al_2O_3), durch 5std. Rühren von **VIII** in 0,1 n NaOH mit $NaBH_4$ bei 20°. *Mesylat*, $C_{19}H_{22}ClNO_6S$, F. 178° (Ae.), durch Mischen von **XII** in abs. Py. mit Mesylchlorid in abs. Py. unter Eiskühlung u. 2tägiges Stehen im Kühlschrank; 70%. Die Hydrierung von **XII** in CH_3OH u. Na-Acetat an Pt innerhalb von 30 Min. liefert **XI**. — *cis-4-Chlor-7β-hydroxy-15.16-dimethoxy-4.5-didehydroerythrinanon-(8)*, F. 142° (Ae.), durch Chromatrographieren von 0,18 g des nach **XII** erhaltenen Rohprod. an Al_2O_3; 0,06 g; daneben 0,11 g **XII**. Die katalyt. Hydrierung liefert, analog der von **VII**, **VI**. — *cis-4.5-Dibrom-15.16-dimethoxyerythrinanon-(8)*, $C_{18}H_{21}Br_2NO_3$, F. 192° (A.), durch Zugabe von Br_2 in $CHCl_3$ zu cis-15.16-Dimethoxy-4.5-didehydroerythrinanon-(8) (**XV**) in $CHCl_3$ u. 2std. Stehen; 65%. — *cis-4-Chlor-15.16-dimethoxy-4.5-didehydroerythrinanon-(8)* (**XIII**), $C_{18}H_{20}ClNO_3$, F. 138° (Aceton/Ae.), $Kp._{0,01}$ 170° (Badtemp.), a) durch 4std. Erhitzen von vorst. Verb. u. LiCl in abs. DMF unter N_2 auf 150°; 55%; b) durch 45std. Kochen des Mesylats von **XII** mit wasserfreiem NaJ in abs. Aceton, 15std. Kochen des erhaltenen Harzes in 95%ig. A. mit Zn-Staub; 75%. — *cis-15.16-Dimethoxyerythrinanon-(8)*, F. 117° (Ae.), durch Hydrierung von **XIII** in CH_3OH an Pt. — *cis-4-Chlor-15.16-dimethoxy-4.5-didehydroerythrinan*, durch 3,5std. Kochen von 0,059 g **XIII** mit $LiAlH_4$ in abs. Dioxan u. Dünnschichtchromatographie des erhaltenen Öls; 0,022 g; daneben 0,01 g *cis-15.16-Dimethoxy-4.5-didehydroerythrinan*; auch aus **XV**; *Pikrat*, F. 204° (CH_3OH). *Pikrat*, $C_{18}H_{23}ClNO_2 \cdot C_6H_3N_3O_7$, F. 170° ($CH_3OH$). — *cis-15.16-Dimethoxyerythrinandion-(4.8)*, $C_{18}H_{21}NO_4$, F. 163° (Bzl./Ae.), a) durch 24std. Stehen von **XIII** in konz. H_2SO_4 u. Chromatographieren an Al_2O_3; 75%; b) durch 16std. Stehen von **XVI** in Py. mit CrO_3 in Py.; 70%. — *11-Chlor-2.3-dimethoxy-5.6.8.9-tetrahydro-7H-dibenz-[d;f]-azonindion-(8.9)* (**IX**), $C_{18}H_{16}ClNO_4$, F. 271° [Subl. bei 215° (Badtemp.)/0,01 Torr; CH_3OH], a) aus **D**; 6,1% b) analog **VIII** aus 0,21 g **VIII**; 0,007 g; c) durch 4std. Erhitzen von **VIII** mit Li-Tosylat in DMF unter N_2 auf 140°; 10,8%. *2.4-Dinitrophenylhydrazon*, F. 269° ($CHCl_3$/CH_3OH). — *11-Chlor-2.3-dimethoxy-8(9)-hydroxy-9(8)-oxo-5.6.8.9-tetrahydro-7H-dibenz-[d;f]-azonin*, $C_{18}H_{18}ClNO_4$, F. 235° (Ae.), durch 3std. Rühren von **IX** mit $NaBH_4$ in Isopropylalkohol. — *9-Hydroxy-2.3-dimethoxy-5.6.8.9-tetrahydro-7H-dibenz-[d;f]-azoninon-(8)*, $C_{18}H_{19}NO_4$, F. 245° (Ae.), durch Hydrierung von **IX** in CH_3OH u. 4 n NaOH an Raney-Ni; 76%. *9-Chlorderiv.*, F. 258° (CH_3OH), durch 12std. Rk. von vorst. Verb. mit $SOCl_2$ u. Py.; 85%. — *2.3-Dimethoxy-5.6.8.9-tetrahydro-7H-dibenz-[d;f]-azoninon-(8)* (**XIV**), $C_{18}H_{19}NO_3$, F. 177,5° (Essigester/Ae.), durch Hydrierung vorst. Verb. in CH_3OH u. 2 n NaOH an $Pd/CaCO_3$; 100%. — *2.3-Dimethoxy-5.6.8.9-tetrahydro-7H-dibenz-[d;f]-azonin*, F. 91° (Subl. bei 180°/0,0005 Torr; Ae.), durch 30 Min. langes Kochen von 0,042 g **XIV** in abs. Ae. mit $LiAlH_4$; 0,039 g. *Pikrat*, $C_{18}H_{22}NO_2 \cdot C_6H_2N_3O_7$, F. 243° ($CH_3OH$).

Eberhard Reichelt 3500

1199 **Steroidalkaloide der Rinde von Holarrhena floribunda (G. Don) Dür und Schinz. Struktur des Holalins.** Maurice-Marie Janot, Philippe Devissaguet, Qui Khuong-Huu und Robert Goutarel. (C. R. hebd. Séances Acad. Sci. **260**, 6631—33, 1965; Inst. de Chim. des Substances naturelles du C.N.R.S., Gif-sur-Yvette, Seine-et-Oise; franz.) — *Holalin* ist das 11. Alkaloid aus der Rinde von *Holarrhena floribunda (G. Don) Dür u. Schinz.* Seine chem. Struktur wird durch Teilsynth. aus *Dihydroxy-dihydro-conessin*, einem *3β-Dimethylamino-5α.6β-dihydroxy-conanin*, gesichert.

Versuche: *3β-Dimethylamino-5α.6β-diacetoxy-conanin*, $C_{28}H_{46}N_2O_4$, F. 273°, durch Rk. von Dihydroxy-dihydro-conessin mit CH_3COOH-Acetanhydrid (1:1) in Ggw. von Toluolsulfonsäure; $[\alpha]_D$ −50° (c = 0,85; $CHCl_3$). — *3β-Dimethylamino-5β.6β-epoxy-conanin*, $C_{24}H_{40}N_2O$, F. 137°, durch Rk. vorst. Verb. mit Na-Äthylat in A.; $[\alpha]_D$ +30° (c = 0,87; $CHCl_3$). — *3β-Dimethylamino-6β-hydroxyconanin*, $C_{24}H_{42}N_2O$, F. 212°, durch Red. vorst. Epoxids mit $LiAlH_4$ in THF; $[\alpha]_D$ +33° (c = 0,85; $CHCl_3$); daneben *3β-Dimethylamino-5β-hydroxy-conanin*, $C_{24}H_{42}N_2O$, F. 142°; $[\alpha]_D$ +100° (c = 0,82; $CHCl_3$). — *3β-Dimethylamino-5α.6α-epoxy-conanin*, $C_{24}H_{40}N_2O$, F. 146°, durch Rk. von Dihydroxy-dihydro-conessin mit Mesylchlorid u. anschließender Alkalibehandlung; $[\alpha]_D$ −33° (c = 0,88; $CHCl_3$). — *Holalin* (*3β-Dimethylamino-5α-hydroxyconanin*), $C_{24}H_{42}N_2O$, F. 267°, durch Red. vorst. Verb. mit $LiAlH_4$ in THF; $[\alpha]_D$ +39°.

B. Pollok 3500△

1200 **Versuche zur Darstellung morphinähnlicher Verbindungen.** W. Schneider, R. Menzel und J. Hoyer. (Pharmazie **20**, 281—83, 1965; TH Karlsruhe, Pharmazeut. chem. Inst. dt.) — Durch Verseifung u. Decarboxylierung von Benzyl-[cyclohexen-(1)-yl]-cyanessigsäureäthylester (**I**) wird *Benzyl-[cyclohexen-(1)-yl]-acetonitril* erhalten, das mit $LiAlH_4/AlCl_3$ bei Raumtemp. zu *2-Benzyl-2-[cyclohexen-(1)-yl]-äthylamin* red. wird. Durch Cyclisierung mit HCHO/HCOOH entsteht ein Prod. (**III**), dessen genaue Struktur nicht gesichert werden konnte (vermutlich ein 10-Hydroxy-decahydro- bzw. $\Delta^{9.10}$-Octahydroisochinolin). **III** liefert beim Erhitzen mit HBr eine neue, ebenfalls nicht definierte Base (**IV**). Ein weiteres Cyclisierungsprod. (**V**) wurde bei der Behandlung von 2-Methyl-4-allyl-4-hydroxymethyl-10-hydroxy-decahydro-isochinolin-hydrochlorid (**II**) mit konz. HCl erhalten. Die erhaltenen Cyclisierungsprod. lassen sich nicht hydrieren u. verhalten sich gegenüber Ox.-Mitteln indifferent. Zur Konstit.-Ermittlung wurden IR-Spektren herangezogen.

Versuche: *Benzyl-[cyclohexen-(1)-yl]-acetonitril*, $C_{15}H_{17}N$, F. 48° (A.), durch 2std. Erhitzen von **I** mit äthanol. KOH; 87% (Ausb.). — *2-Benzyl-2-[cyclohexen-(1)-yl]-äthylamin*, $C_{15}H_{21}N$, F. 78° (Ligroin), durch Zutropfen vorst. Verb. in abs. Ae. zur Suspension von $LiAlH_4/AlCl_3$ in Ae.; 85%. *Hydrochlorid*, $C_{15}H_{22}ClN$, F. 207—208° (abs. Ae.), aus der Base mit äthanol. HCl. — *Cyclisierungsprodukt* (**III**), aus vorst. Base, 99%ig. HCOOH u. 35%ig. HCHO. *Hydrochlorid*, F. 221—222° (A.), aus vorst. Verb. u. äthanol. HCl. — *Cyclisierungsprodukt* (**IV**), aus dem Hydrochlorid von **III** u. 40%ig. HBr durch 20std. Erhitzen auf 150° u. Versetzen mit 30%ig. NaOH. *Methojodid*, F. 256—258° (Aceton/A.). *Perchlorat*, $C_{17}H_{23}N \cdot HClO_4$, F. 237—239° (A.). *Pikrat*,

F. 130—132° (A.). — *Cyclisierungsprodukt vom Kp.$_3$ 130—132°* (**V**), durch 10std. Erhitzen von **II** mit konz. HCl, Alkalisieren u. Destillation. M. Kaspras 3500

1201 **Struktur des Alkaloids Renardin.** 3. Mitt. **Struktur von Dihydrodesoxyotonecin.** N. I. Koreckaja, A. V. Danilova und L. M. Utkin. (Chim. prirodnych Soedinenij **1965**, 1, 22—27; VNI chim.-farmacevt. inst. im. Ordžonokidze; russ.) — 2. vgl. C. **1963**, 18850. — α-Methyl-γ-butyrolacton ($C_5H_8O_2$, Kp. 200—202°, durch 20std. Erhitzen von Methylmalonsäurediäthylester mit Äthylenoxid u. Piperidin im Autoklaven auf 100°, Ansäuern mit 10%ig. HCl, Ausäthern, Eindampfen u. 3std. Kochen mit 20%ig. NaOH; $D._4^{23}$ 1,060, n_D^{23} 1,432) wird durch 24std. Einw. von 57%ig. HBr u. nachfolgende Veresterung in *γ-Brom-α-methylbuttersäureäthylester* ($C_7H_{13}BrO_2$, Kp.$_5$ 77—78°, $D._4^{23}$ 1,2335, n_D^{23} 1,441) umgewandelt, den man mit β-Methylaminopropionsäureäthylester ($C_6H_{13}NO_2$, Kp.$_6$ 53—54°, $D._4^{23}$ 0,9491, n_D^{23} 1,421) in sd. A. in Ggw. von K_2CO_3 (7 Std.) zu *N-Methyl-N-[β-carbäthoxyäthyl]-γ-amino-α-methylbuttersäureäthylester* (**I**; $C_{13}H_{25}NO_4$, Kp.$_7$ 140—142°, n_D^{23} 1,441, $[\alpha]_D^{20}$ 0°) kondensiert. **I** erwies sich im IR-Spektrum als ident. mit dem Diäthylester ($D._4^{21}$ 0,988, $[\alpha]_D^{20}$ +7,64°) des Prod. der CrO_3-Ox. von *Dihydrodesoxyotonecin* (**II**). Für **II** wird danach eine Struktur als *1.4-Dimethylazacyclooctanol-(6)-on-(5)* angegeben; Otonecin, das mit dem Necin des Retusamins ident. ist, stellt *1-Methyl-4-hydroxymethylazacycloocten-(3)-ol-(6)-on-(5)* dar, u. bei der Bldg. von *Anhydrootonecin* tritt H_2O zwischen der CH_2OH-Gruppe u. dem 6-ständigen OH aus.
H.-E. Toussaint 3500

1202 **Synthese von DL-Physovenin.** R. B. Longmore und B. Robinson. (Chem. and Ind. **1965**, 1297—98; Manchester, Univ.; engl.) — Die Synth. von *DL-Physovenin* [**I**, F. 142—143° (Sublimation ab 139°)] gelang ausgehend vom 5-Methoxy-1.3-dimethyloxindol (**II**), dessen Rk. mit überschüssigem Äthylenoxid in Ggw. von Na-Äthylat in abs. A. *3-[β-Hydroxyäthyl]-5-methoxy-1.3-dimethyloxindol* (**III**; F. 67—69°) neben **II** u. *5-Methoxy-1.3-dimethyldioxindol* (F. 148—152°) ergab. Red. von **III** mit Na in 95%ig. A., Ansäuern u. Alkalisieren lieferte *2.3.3a.8a-Tetrahydro-5-methoxy-3a.8-dimethylfuro-[2.3:b]-indol* [Kp.$_{0,1}$ 110—120° (Bad). *Pikrat*, F. 136—139° (Zers.; Sublimation ab 125°)]. Dessen Umsetzung mit $AlCl_3$ u. Na sowie mit Methylisocyanat ergab **I**.
K. Gröbe 3500△

1203 **Untersuchungen über die Struktur des (+)-Rubremetiniumkations. Neue Synthese des C-Bisnorrubremetiniumkations und seiner Modellverbindung.** Yoshio Ban und Masanao Terashima. (Chem. pharmac. Bull. [Tokyo] **13**, 775—85, 1965; Hokkaido, Univ., School of Medicine; engl.) — Vf. beschreiben die Synth. von *C-Bisnorrubremetiniumsalzen* (**B**) u. analoger Verb., ohne daß im Verlauf der Synth. ein Ox.-Schritt erforderlich wird. Hierdurch konnte der Strukturvorschlag von A. R. Battersby et al. (1949) für die **B** gesichert werden. UV-, IR- u. KMR-Spektren vgl. Original.

Versuche: 2-Methyl-8.9-dimethoxy-5.6-dihydropyrrolo-[2.1-a]-isochinoline: *Unsubstituiert*, $C_{15}H_{17}NO_2$, F. 110—110,5°, a) durch 3std. Kochen von **I** in Bzl.; aus Hexan Prismen; 99% (Ausb.); durch 1½std. Erhitzen von **III** auf 205° in Xylol unter N_2; ca. 100%. — *3-Carboxy-* (**I**), F. 160—162° (Zers.), durch 3std. Kochen nachst. Esters mit 10%ig. äthanol. KOH; 97%. *Äthylester*, $C_{18}H_{21}NO_4$, F. 91—92°, durch 2std. Kochen von 1-Methyl-6.7-dimethoxy-3.4-dihydroisochinolin (**II**) mit α Chloracetessigsäureäthylester u. Stehen über Nacht bei Raumtemp.; aus wss. A. Nadeln; 94%. *Hydrazid*, $C_{16}H_{19}N_3O_3$, F. 197—199°, durch 10std. Erhitzen vorst. Verb. mit N_2H_4 auf 150°; aus A. Prismen. — *3-[3-(3.4-Dimethoxyphenäthyl)-ureido]-*, $C_{26}H_{31}N_3O_5$, F. 195,5—197°, durch Diazotieren von 0,5 g vorst. Hydrazids in 15%ig. Essigsäure unter Eiskühlung, Aufnehmen des Azids in Ae., Zugabe von 3.4-Dimethoxyphenäthylamin (**IV**) in Ae. unter Eiskühlung, Einengen u. nach Zugabe von Bzl. 3std. Kochen; aus A. Nadeln; 0,22 g. — *3-[N-(3.4-Dimethoxyphenäthyl)-carbamoyl]-*, $C_{26}H_{30}N_2O_5$, F. 171—173°, durch 3tägiges Stehen von **I** u. **IV** in $CHCl_3$ mit Dicyclohexylcarbodiimid (**V**) bei Raumtemp.; aus abs. A. blaßrosa Nadeln; 23%. — *3-[6.7-Dimethoxy-3.4-dihydro-isochinolyl-(1)]-*, $C_{26}H_{28}N_2O_4$, F. 165—167°, durch mehrstd. Kochen vorst. Verb. in Toluol unter mehrmaliger Zugabe von P_2O_5 (Meth. **A**); aus Bzl.–PAe. blaßgelbe Prismen; 46%. *Methomethylsulfat*, $C_{28}H_{34}N_2O_8S$, F. 176 bis 178°, aus 100 mg vorst. Verb. durch 2std. Kochen mit Dimethylsulfat in Bzl.; aus A./Bzl. rote Prismen; 127 mg. — 8.9-Dimethoxy-5.6-dihydropyrrolo-[2.1:a]-isochinolyl-(2)-essigsäuren: *3-Carboxy-* (**III**), F. 160—161° (Zers.), durch 1std. Kochen nachst. Verb. mit 10%ig. äthanol. KOH (K-Salz; 91%) u. Neutralisation; 81%. *Diäthylester*, $C_{21}H_{25}NO_6$, F. 95 bis 97°, durch Zugabe von 2-Chlor-3-oxo-glutarsäurediäthylester in abs. A. unter Eiskühlung zu **II** in abs. A. u. ½std. Kochen; aus Hexan-A. (1:2) Prismen; 54%. *Cycl. Anhydrid*, F. 215—216° (Zers.), durch 20 Min. langes Kochen von **III** in abs. Bzl. mit Acetanhydrid; blaßgelbe Nadeln; 90,6%. *3-[N-(3.4-Dimethoxyphenäthyl)-carbamoylmethyl]-8.9-dimethoxy-5.6-dihydropyrrolo-[2.1:a]-isochinolin, 3.4-Dimethoxyphenäthylammoniumsalz*, F. 142—143° (Zers.), durch 1½std. Kochen von 40 mg vorst. Anhydrids mit **IV** in $CHCl_3$; aus Bzl. Nadeln; 50 mg. *2-Monoäthylester*, $C_{19}H_{21}NO_6$, F. 148° (Zers.), durch ¼std. Kochen vorst. Anhydrids in A.–Py. (1:1) u. Stehen über Nacht; aus A. blaßrosa Nadeln; 79,3%. — *3-[(3.4-Dimethoxyphenäthyl)-carbamoyl]-*, *Äthylester*, $C_{29}H_{34}N_2O_7$, F. 132°, durch 24std. Stehen von **III** u. **V** in $CHCl_3$, Zugabe von **IV** u. 15std. Stehen; aus Hexan/A. Nadeln; 66%. — *3-[6.7-Dimethoxy-3.4-dihydroisochinolyl-(1)]-*, *Äthylester*, $C_{29}H_{32}N_2O_6$, F. 136°, aus vorst. Verb. analog Meth. **A**; aus A. blaßgelbe Prismen; 47,2%. — *3-[6.7-Dimethoxy-3.4-dihydro isochinolyl-(1)]-8.9-dimethoxy-5.6-dihydropyrrolo-[2.1:a]-isochinolyl-(2)-äthanol*, $C_{27}H_{30}N_2O_5$, F. 163—164°, durch Red. vorst. Verb. mit $LiAlH_4$ in Ae.; aus Äthylacetat blaßgelbe Nadeln; 66%. — *Bisnorrubremetiniumsalze* (**B**). *p-Toluolsulfonat*, *Dihydrat*, $C_{34}H_{36}N_2O_7S \cdot 2H_2O$, F. 192—194°, durch Rk. vorst. Verb. mit p-Toluolsulfochlorid in abs. Bzl. bei Raumtemp. über Nacht; aus W. orangegelbe Nadeln; 97%. *Bromid*, *2½-Hydrat*, $C_{27}H_{29}BrN_2O_4 \cdot 2\frac{1}{2}\,H_2O$, F. 215°, durch Rk. von 200 mg vorst. Verb. mit KBr in W.; aus 4%ig. KBr-Lsg. u. W. orangegelbe Nadeln; 100%.
K. Gröbe 3500△

1204 **Einige 16-Alkoxystrychnine.** N. G. Bisset, C. G. Casinovi, C. Galeffi und G. B. Marini Bettolo. (Ric. sci., Parte II, Sez. B [2] **6**, 273—74, 1965; Roma, Ist. Superiore di Sanita, Labor. di Chim. Biol.; ital.) — Durch Gegenstromverteilung eines Extraktes mit 1%ig. $CH_3 \cdot COOH$ aus Holz von *Strychnos ignatii* zwischen CH_2Cl_2 u. 1%ig. CH_3COOH wird neben *Strychnin 16-Äthoxystrychnin* [$C_{23}H_{26}N_2O_3$, F. 224—225° (A.); $[\alpha]_D^{20}$ −55°] isoliert, dessen Struktur durch NMR- u. UV-Spektrum sowie durch Vgl. mit authent. Material gesichert wird. *16-Methoxystrychnin* [F. 214—218° (Zers.; Methanol); $[\alpha]_D^{20}$ −62°] u. *16-Propoxystrychnin* [$C_{24}H_{28}N_2O_3$, F. 174 bis 175° (Propanol); $[\alpha]_D^{20}$ −54°] werden aus Pseudostrychnin u. Methanol bzw. Propanol dargestellt.
W. Holland 3500

1205 **Alkaloide aus Veratrum album subsp. lobelianum Bernh. Suessenguth.** 9. Mitt. **Isolierung einiger neuer Alkaloide.** J. Tomko und A. Vassová. (Pharmazie **20**, 385 bis 387, 1965; Chem. Inst., Slowak. Akad. der Wiss., Bratislava CSSR; dt.) — 8. vgl. C. **1966**, **34-1048**. — Aus *Veratrum album subsp. lobelianum* Bernh. Suessenguth wurden die neuen Alkaloide *Veralobin* [**I**, $C_{27}H_{41}NO_2$, F. 238° (Aceton); $[\alpha]_D^{26}$ +67° (c = 0,1; Methanol)] u. *Veramarin* [**II**, $C_{27}H_{43}NO_3$; $[\alpha]_D^{25}$ −77° (c = 0,7; A.)] durch Gegenstromverteilung u. chromatograph. Trennung isoliert. Daneben wurde *Solanidin* [$C_{27}H_{43}NO$, F. 218° (Aceton); $[\alpha]_D^{23}$ −23° (c = 0,12; A.). *Monoacetylderiv.*, F. 208°] gewonnen. Weiterhin wurde ein klin. geprüftes hypotensiv wirksames Estergemisch *Veralest* isoliert, das u. a. *Veratroylzygadenin*, *Germitetrin*, *Protoveratrin A* enthält. IR-Spektren von **I** u. **II** sowie ihre Strukturdeutung s. Original.
P. Schröder 3500

1206 **Die Autoxydation von Retinol in wäßrigem Medium und deren Verhinderung.** J. A. Lucy. (Biochem. J. **96**, Nr. 1, Sonderteil: Proc. biochem. Soc. 12P—13P, 1965; Cambridge, Strangeways Res. Labor.; engl.) — Durch Zufügen von *Salzen* erhaltene kolloidale Dispersionen von *Retinol* (I) in A. oder W. werden leicht durch O_2 oxydiert unter Bldg. einer Retroverb. mit 4 konjugierten Doppelbindungen (UV-Maxima bei 310, 325 u. 340 mμ), wobei die Ox.-Geschw. umgekehrt proportional der Zugabegeschw. von I war. Hydrochinon inhibiert die Ox. nicht im Gegensatz zu α-Tocopherol u. seinem Acetat, 2.6-Di-tert.-butyl-p-kresol, Phytol, Squalen, Vitamin K_1, K_3 (II) u. K_5 (III), wobei II u. III wahrscheinlich die Struktur der kolloidalen Partikel beeinflussen. Wahrscheinlich wird die ungesätt. Kette von I durch die umhüllende Isoprenoidkette geschützt. K. Gröbe 3600△

1207 **Darstellung von Aldehydderivaten des Camphenilons.** Marcel de Botton. (C. R. hebd. Séances Acad. Sci. **260,** 4783—86, 1965; Labor. de Synthese organ., Fac. des Sci., Paris; franz.) — Über *Camphenilon* werden aus Camphen der gesätt. *Aldehyd* (I) u. der *Aldehyd mit einer Äthylenseitenkette* (III) dargestellt. Durch Autox. entsteht aus I das *3-Carboxy-2.2-dimethylnorbornan.*

Versuche: *Camphenilon*, $C_9H_{14}O$, F. 38,5—39°, Kp.$_{17}$ 77—79°, durch Rk. von Camphen mit Ozon in methanol. Lsg. u. Zers. des Ozonids durch eine methanol. Lsg. von NaJ–CH_3COOH bei —30° nach Bailey (1955); $[\alpha]_{578}^{23}$ —29,22° (c = 12; Bzl.); 70% (Ausb.). *2.4-Dinitro-phenyl-hydrazon*, $C_{15}H_{18}N_4O_4$, F. 158—159° (A.). — *3-Hydroxy-3-äthoxymethyl-2.2-dimethylnorbornan*, $C_{12}H_{22}O_2$, Kp.$_{13}$ 113—114,5°, durch 24std. Rk. von vorst. Verb. mit Äthoxy-methylchlorid u. Mg in THF bei —10 bis —15°; D.$_{23}^{23}$ 0,986, n_D^{25} 1,4710; $[\alpha]_{578}^{24}$ —80,87°; 57%. — *3-Formyl-2.2-dimethylnorbornan* (I), $C_{10}H_{16}O$, F. 80—82°, Kp.$_{18}$ 94—95°, durch 7—8 Min. langes Kochen vorst. Verb. mit 98%ig. HCOOH; $[\alpha]_{578}^{25}$ —19,95° (c = 5; Bzl.); 98%. *2.4-Dinitro-phenyl-hydrazon*, $C_{16}H_{20}N_4O_4$, F. 154—155° (A.). — *3-Carboxy-2.2-dimethylnorbornan*, $C_{10}H_{16}O_2$, F. 118° (PAe.), durch Autox. von I beim Schmelzen; $[\alpha]_{578}^{25}$ —9,98° (c = 3; Bzl.). — *3-Diäthoxymethyl-2.2-dimethylnorbornan* (II), $C_{14}H_{26}O_2$, Kp.$_{10}$ 116,5—117°, durch Rk. von I mit Orthoameisensäure-äthylester; D.$_{23}^{23}$ 0,936, $n_D^{20,5}$ 1,4575; $[\alpha]_{578}^{25}$ —2,91°; 75%. — *3-[1'-Äthoxy-3'.3'-diäthoxy-n-propyl-(1')]-2.2-dimethylnorbornan*, $C_{18}H_{34}O_3$, Kp.$_{0,4}$ 122—125°, durch Rk. von II mit Vinyl-äthyl-äther in Ggw. von äther. BF_3 bei 45°; D.$_{22}^{22}$ 0,961, $n_D^{21,5}$ 1,4600; $[\alpha]_{578}^{25}$ +1,59°; 69%. — *3-[2'-Formyl-vinyl]-2.2-dimethylnorbornan* (III), $C_{12}H_{18}O$, Kp.$_{0,4}$ 90—93°, durch ½std. Kochen vorst. Verb. mit 75%ig. CH_3COOH; D.$_{24}^{24}$ 0,986, n_D^{23} 1,5064; $[\alpha]_{578}^{23}$ —6,88°; 85%. *2.4-Dinitrophenylhydrazon*, $C_{18}H_{22}N_4O_4$, F. 177,5—178° (A.). — *1-[Camphenyl-(3')]-buten-(1)-on-(3)*, $C_{13}H_{20}O$, Kp.$_{10}$ 137 bis 140°, durch Rk. von I mit Aceton in Ggw. von 3 n CH_3OK; D.$_{24}^{24}$ 0,962, $n_D^{20,5}$ 1,4994; $[\alpha]_{578}^{19}$ —12,85 (c = 3; Bzl.); 52%. *2.4-Dinitro-phenyl-hydrazon*, $C_{19}H_{24}N_4O_4$, F. 158° (A.). — *1-[Camphenyl-(3')]-$\Delta^{1,3}$-hexadienon-(5)*, $C_{15}H_{22}O$, Kp.$_1$ 113—117°, durch Rk. von III mit Aceton in Ggw. von 3 n CH_3OK; D.$_{23}^{23}$ 0,991, n_D^{23} 1,5265; $[\alpha]_{578}^{25}$ —8,91° (c = 5; Bzl.); 56%. *2.4-Dinitro-phenyl-hydrazon*, $C_{21}H_{26}N_4O_4$, F. 173,5—174° (A.).
B. Pollok 3600△

1208 **Die Struktur von β-Kessylketon mit β-Kessylalkohol.** Hiroshi Hikino, Yasuyoshi Takeshita, Yasuko Hikino, Tsunematsu Takemoto und Shô Itô (Chem. pharmac. Bull. [Tokyo] **13,** 520—22, 1965; Kita-bancho, Sendai, Tohoku Univ., School of Medicine, Pharmaceut. Inst.; Katahira-cho, Sendai, Tohoku Univ., Fac. of Sci., Dep. of Chem.; engl). — Vf. untersuchen die Struktur von *β-Kessylketon* [I, $C_{15}H_{24}O_2$, F. 109—110°; $[\alpha]_D$ —182,7° ($CHCl_3$)], das aus *α-Kessylketon* (III) mit äthanol. HCl entsteht. I wird durch Na u. A. zu *β-Kessylalkohol* [II; $C_{15}H_{26}O_2$, F. 150,5—151°; $[\alpha]_D$ —15,1° ($CHCl_3$)] red., der mit CrO_3 I zurück ergibt. Dehydrierung von II liefert *S-Guajazulen.* Basenkatalysierter Austausch der akt. H-Atome von I liefert *Trideuterio-β-kessylketon* (F. 108—109°), Baeyer-Villiger-Ox. ein *σ-Lacton* (IV) [$C_{15}H_{24}O_3$, F. 156,5—157,5°; $[\alpha]_D$ —2,5° ($CHCl_3$)] unter Ringerweiterung des Cyclopentanonringes. Huang-Minlon-Red. von I liefert *β-Kessan* [$C_{15}H_{26}O$; n_D^{25} 1,476; $[\alpha]_D$+5,6° ($CHCl_3$)], das noch O als inerten Ätherring enthält, das KMR-Spektrum deutet auf ein 7.10-Oxidoguajan hin. Anwendung der Benzoatregel auf II u. sein *Benzoat* [$C_{22}H_{30}O_3$, F. 56,5—57°; $[\alpha]_D$ —70,4° ($CHCl_3$)] zeigt, daß die OH-Gruppe am $C_{(2)}$ β-orientiert ist; die CH_3-Gruppe am $C_{(4)}$ besitzt α-Konfig. {KMR-Spektrum u. Verlauf der Umlagerung von III; KMR-Spektrum des Acetats [$C_{17}H_{28}O_3$; n_D^{25} 1,475; $[\alpha]_D$ —67,5° ($CHCl_3$)]}. Die cis-Konfig. der H-Atome am $C_{(1)}$ u. $C_{(5)}$ ergibt sich aus dem KMR-Spektrum von IV, die opt. Rotationsdispersion von I mit negativem Cotton-Effekt beweist die β-Konfig. am C_1 u. C_5. Die ster. Struktur der O-Brücke zwischen C_7 u. C_{10} konnte noch nicht geklärt werden. K. Gröbe 3600△

1209 **Untersuchungen über die Bestandteile von Atractylodes.** 10. Mitt. **Korrelierung von Hinesol und β-Vetivon.** Itiro Yosioka und Takeatsu Kimura. (Chem. pharmac. Bull. [Tokyo] **13,** 1430, 1965; Osaka, Univ., Fac. of Pharmac. Sci., Toneyama, Toyonaka Osaka-fu; engl.) — 9. vgl. ibid. **12 (1964)** 755. — Vf. synthetisierten *4-Oxo-$\Delta^{9,11}$-hinesen* (III) aus Hinesol (I) über *4-Oxohinesol* (II) u. dessen *Acetat* (V). III erwies sich als Enantiomeres von β-Vetivon (IV). Demzufolge, auf Grund von IR-, UV- u. NMR-Daten sowie der ORD-Kurve (s. Orig.) von III u. IV besitzt I S-Konfiguration am $C_{(1)}$, $C_{(6)}$ u. $C_{(7)}$, während die abs. Konfig. der Hydroxyisopropylgruppe am $C_{(9)}$noch ungeklärt ist. IV weist S-Konfig. am $C_{(6)}$ u. R-Konfig. am $C_{(1)}$ u. $C_{(7)}$ auf.

Versuche: *4-Oxohinesol* (II), $C_{15}H_{24}O_2$, F. 73,5°, durch 1 Monat lange Rk. von 0,7 g I in Py. mit CrO_3 in Py. bei Raumtemp., Zugabe von W. u. Extrahieren mit Ae.; aus Hexan Nadeln; $[\alpha]_D$ —91,3° (c = 3,56; $CHCl_3$); 0,38 g (Ausb.); 2std. Erhitzen mit $KHSO_4$ auf 190—210° → IV-*haltiges Öl* vom Kp.$_5$ 160—180° (Bad). *Acetylderiv.* (V), Kp.$_3$ 150—165°, durch 4std. Kochen von 117 mg II in Acetanhydrid; 100 mg [*Semicarbazon*, $C_{18}H_{29}N_3O_3$, F. 178°; Platten]. — *2-[2-Hydroxypropyl-(2)]-4-formyl-8(S)-methyl-Δ^4-octahydroazulen*, durch 4std. Kochen von I mit SeO_2 in Dioxan, Filtrieren u. Einengen im Vakuum. — *Gemisch aus* IV, *6-Oxo-2-isopropyl-4.8(S)-dimethyl-$\Delta^{1,4}$-* (VII) *u. -$\Delta^{2,4}$-hexahydroazulen* (VIII), Kp.$_2$ 110—120° (Bad), durch 1std. Kochen von II mit 90%ig. Ameisensäure, Neutralisieren mit Na_2CO_3 u. Extrahieren mit Ae.; gelbes Öl. — *Gemisch aus* IV, VII, VIII u. *6-Oxo-2-isopropenyl-4.8(S)-dimethyl-Δ^4-octahydroazulen*, Kp.$_2$ 135—140° (Bad), durch 1std. Stehen von V u. BF_3-Ätherat in Ae. bei Raumtemp., Zugabe von 5%ig. K_2CO_3 u. Extrahieren mit Ae.; gelbes Öl. *Semicarbazon* (VI) von III, $C_{16}H_{25}N_3O$, F. 222°; aus A. Nadeln; $[\alpha]_D$ +62,2° (c = 4,28; Essigsäure). — *4-Oxo-$\Delta^{9,11}$-hinesen* (III), Kp.$_3$ 140—143° (Bad), durch 9std. Kochen von 260 mg VI u. Phthalsäureanhydrid in W., Neutralisieren mit Na_2CO_3 u. Extrahieren mit PAe.; $[\alpha]_D$ +38,03° (c = 0,66; A.); 66,5 mg. *2.4-Dinitrophenylhydrazon*, $C_{21}H_{26}N_4O_4$, F. 188—191°. — *β-Vetivon* (IV), *2.4-Dinitrophenylhydrazon*, $C_{21}H_{26}N_4O_4$, F. 188—191°, durch Abrennen der Keton-Fraktion vom Kp.$_4$ 140 bis 160° aus Vetiveröl nach Pfau u. Plattner (1939) u. Rk. mit 2.4-Dinitrophenylhydrazin; aus A. rote Platten.
K.-P. Hilgetag 3600 △

1210 **Holzinhaltsstoffe.** 3. Mitt. **Gaschromatographische Trennung der Harzsäuren vom Pimarsäure-Typ.** Henrik H. Bruun und Göran Pensar. (Acta chem. scand. **19,** 531 bis 33, 1965; Åbo, Finland, Åbo Akad., Inst. of Wood Chem.; engl.) — 2. vgl. Acta Acad. Aboensis, Math. Physica **24** (1964) 3. — Die Trennung der Harzsäuremethylester in N_2 bei 210° an Äthylensuccinat auf Chromosorb W wird untersucht u. die relativen Retentionswerte u. Trennfaktoren für die Methylester von *$\Delta^{13,14}$-Dihydropimarsäure*, *$\Delta^{13,14}$-Isopimarsäure*, *Dihydropimarsäure*, *Dihydrosandaracopimarsäure*, *Tetrahydroabietinsäure*, *Pimarsäure*, *Sandaracopimarsäure*, *Dihydroabietinsäure*, *Dihydroisopimarsäure*, *Lävopimarsäure*, *Palustrinsäure* u. *Isopimarsäure* tabellar. gegeben. Die Trennung ist für einige Säuren unbefriedigend. F. Heller 3600

1211 **Tohogenol und Tohogeninol.** Yasuo Inubushi, Yoshisuke Tsuda und Takehiro Sano. (Chem. pharmac. Bull. [Tokyo] **13,** 750—51, 1965; Toyonaka, Osaka, Osaka Univ., Fac. of Pharmaceut. Sci.; engl.) — Bei der Ox. von *Tohogenol* (I; *Hemihydrat*, $C_{30}H_{52}O_3 \cdot {}^1/_2 H_2O$, F. 242—244°. *3.21-Diacetat*, $C_{34}H_{56}O_5$, F. 305—306°; $[\alpha]_D$ +28°) entstand ein *Diketon* [III, F. 235—237°; $[\alpha]_D$ +99° ($CHCl_3$)], bei dessen Red. mit Na u. Propanol wieder **I** zurückgebildet wurde. ½std. Kochen von **III** in 3%ig. äthanol. HCl ergab eine Anhydroverb., *Serratendion* ($C_{30}H_{46}O_2$, F. 209—210°). Daraus sowie aus IR- u. KMR-Spektrum folgt für **I** die Struktur eines *Serratan-3β.14β.21α-triols*. Für das neu aus *Lycopodium serratum* isolierte *Tohogeninol* [$C_{30}H_{52}O_4$, F. 311—312°. *Triacetat* (**II**), 256—258°; $[\alpha]_D$ +118° (Chlf.)] folgt die Struktur eines *Serratan-3β.14β.21α.24-tetraols*, da **II** die Anhydroverb. *Serratriol* [F. 247—249°] lieferte.

K. Gröbe 3600△

1212 **Terpenoide.** 69. Mitt. **Absolute Konfiguration von (—)-α-Curcumen.** V. K. Honwad und A. S. Rao. (Tetrahedron [London] **21,** 2593—2604, 1965; Poona, Indian, Nat. Chem. Labor.; engl.) — 68. vgl. ibid. **21** (1965) 1521. — Verf. bestätigen die 3(S)-Konfig. von (+)-*3-[p-Tolyl]-butansäure* [(+)-**I**] durch die Überführung von (—)-3-Phenylbutansäure in (—)-*3-[p-Carboxyphenyl]-butansäure,* die mit dem aus **I** erhaltenen Ox.-Prod. enantiomer ist. Die 4(S)-Konfig. von (+)-*4-[p-Tolyl]-pentansäure* [(+)-**II**] ergibt sich durch deren Synth. aus (+)-**I**. Der Beweis, daß (—)-*α-Curcumen* [(—)-**III**] die Struktur von 2-Methyl-6(R)-[p-tolyl]-hepten-(1 oder 2) besitzt, wird aus den $[\alpha]_D$-Werten der durch Abbau von (—)-**III** erhaltenen **II** sowie durch die Synth. von (+)-**III** aus (+)-**I** erhalten. Analog wird die Struktur von (+)-γ-Curcumen als 2-Methyl-6(S)-[4-methylcyclohexadien-(1.3)-yl]-hepten-(2) aus den $[\alpha]_D$-Werten der aus ihm synthetisierten **II** bestimmt. Die von Marvell u. Wiman [vgl. J. org. Chemistry **28** (1963) 1542] berechnete 4(S)-Konfiguration von (+)-*4-[p-Tolyl]-pentanol* wird bestätigt. IR-, UV- u. NMR-Daten s. Original.

Versuche: Butansäuren: (—)-*3-Phenyl-*, Kp.$_1$ 130—135° (Bad), aus 14,8 g (±)-3-Phenylbutansäure, l-Menthol, Bzl. u. konz. HCl u. Rk. des erhaltenen *Menthylesters* [Kp.$_{0,75}$ 140—150°; $[\alpha]_D$ —66° (c = 5; Bzl); 2,17 g (Ausb.)] mit äthanol. KOH; $[\alpha]_D$ —37° (c = 7,4; Bzl.); 1,19 g; enthält 16% (+)-Enantiomeres. *Äthylester* (**IV**), Kp.$_2$ 120—125° (Bad), aus 1,19 g der Säure u. A./konz. H_2SO_4 (50:1); $[\alpha]_D$ —25° (c = 2,4; $CHCl_3$); 1,2 g. — (—)-*3-[p-Acetylphenyl]-*, $C_{12}H_{14}O_3$, F. 75° (PAe./Ae.), aus 1,12 g **IV**, Acetylchlorid u. $AlCl_3$ u. Rk. des erhaltenen *Äthylesters* [1,26 g] mit äthanol. KOH; $[\alpha]_D$ —41° (c = 5,7; $CHCl_3$); 1 g. *S-Benzylisothiuroniumsalz,* $C_{20}H_{24}N_2O_3S$, F. 145° (A.). — *3-[p-Carboxyphenyl]-*, (—)-*Form* [(—)-**V**] $C_{11}H_{12}O_4$, F. 219—220° (A.), aus 850 mg vorst. Verb. u. Br_2 in wss. NaOH (Meth. **A**); $[\alpha]_D$ —20° (c = 2,4; A.); 775 mg. *Racemat,* F. 223°, nach **A**. (+)-*Form* [(+)-**V**], F. 221—222° (A.), aus 1,01 g (+)-**I** u. $KMnO_4$/gesätt. wss. Na_2CO_3; $[\alpha]_D$ +36° (c = 4,1; A.); 130 mg. — *3-[p-Methoxycarbonylphenyl]-*, *Methylester,* [(—)-*Form,* $C_{13}H_{16}O_4$, Kp.$_1$ 150—160° (Bad), aus 662 mg (—)-**V** u. CH_2N_2; $[\alpha]_D$ —24° (c = 7,2; $CHCl_3$); 664 mg. (+)-*Form,* analog der (—)-Form aus 95 mg (+)-**V**; $[\alpha]_D$ +37° (c = 7; $CHCl_3$); 88 mg. — (+)-*Dihydro-ar-turmeron,* $C_{15}H_{22}O$, Kp.$_1$ 100—102°, aus (+)-ar-Turmeron (**VI**) u. H_2 an 5%ig. Pd–Kohle; $[\alpha]_D$ +31° (c = 7,2; $CHCl_3$). — (+)-*Dihydro-ar-curcumen* (**VII**), $C_{15}H_{24}$, Kp.$_1$ 100—105° (Bad), a) aus 2,64 g vorst. Verb. durch Huang-Minlon-Red. (Meth. **B**); $[\alpha]_D$ +24° (c = 4,7; $CHCl_3$); 1,67 g; b) aus (+)-ar-Curcumen u. H_2 an 5%ig. Pd-Kohle. — (+)-3-[p-Tolyl]-butane: *1-Brom-*, $C_{11}H_{15}Br$, Kp.$_1$ 110—120° (Bad), aus 4,52 g (+)-3-[p-Tolyl]-butanol u. PBr_3; $[\alpha]_D$ + 109° (c = 2,27; $CHCl_3$); 4,69 g. — *1-Cyan-*, $C_{12}H_{15}N$, Kp.$_{0,75}$ 110—120 (Bad), aus vorst. Verb. u wss. äthanol. KCN; $[\alpha]_D$ +106° (c = 1,9; $CHCl_3$. — (+)-*4-[p-Tolyl]-pentansäure* [(+)-**II**], Kp.$_1$ 130—140° (Bad), aus vorst. Verb. u. 10%ig. äthanol. KOH; $[\alpha]_D$ +29° (c = 12,92; A.); 2,97 g. *S-Benzylisothiuroniumsalz,* $C_{20}H_{26}N_2O_2S$, F. 14° (A.). *Äthylester,* Kp.$_1$ 120—130° (Bad), aus 2,5 g (+)-**II** u. A./konz. H_2SO_4; $[\alpha]_D$ +32° (c = 6; $CHCl_3$); 2,6 g. — (+)-*4-[p-Tolyl]-pentanol,* Kp.$_2$ 130—135° (Bad), aus 2,5 g vorst. Ester u. $LiAlH_4$; $[\alpha]_D$ +30° (c = 3,5; A.); 2,1 g. — (+)-*4-[p-Tolyl]-1-brompentan,* $C_{12}H_{17}Br$, Kp.$_1$ 110—120° (Bad), aus 3,1 g vorst. Verb. u. PBr_3; $[\alpha]_D$ +85° (c = 5; $CHCl_3$); 3,4 g. — (+)-6-[p-Tolyl]-2-methylheptane: *2-Hydroxy-*, $C_{15}H_{24}O$, durch aufeinanderfolgende Rk. von 1,45 g vorst. Verb. mit Mg u. Aceton; $[\alpha]_D$ +36° (c = 1; $CHCl_3$); 0,88 g. — *2-Chlor-*, aus vorst. Verb. u. HCl. — (+)-*α-Curcumen* (*Gemisch aus 2-Methyl-6-(S)-[p-tolyl]-Δ¹- u. -Δ²-hepten*) [(+)-**III**], $C_{15}H_{22}$, Kp.$_1$ 105—110° (Bad), aus 0,76 g vorst. Verb., Eisessig u. Na-Acetat; $[\alpha]_D$ +40° (c = 3,3; $CHCl_3$); 210 mg. — *Gemisch aus* (+)-**III** *u. 2-Methyl-6(S)-[p-tolyl]-Δ³-hepten* (**VIII**), $C_{15}H_{22}$, aus (+)-**VI**-Hydrazon [aus 5 g (+)-**VI** u. N_2H_4 in A.] u. K-tert.-Butylat; $[\alpha]_D$ +38,3° (c = 1,1; $CHCl_3$); 160 mg. — *Gemisch aus* **VII**, (+)-**III** u. **VIII**, Kp.$_{10}$ 140—150° (Bad), aus 3,2 g (+)-**VI** nach **B**; $[\alpha]_D$ +30° (c = 3,1; $CHCl_3$); 365 mg.

K.-P. Hilgetag 3600△

1213 **Grandifolion: Ein neues Tetranortriterpenoid.** J. D. Conolly, K. L. Handa, R. McCrindle und K. H. Overton. (Chem. Commun. **1966,** 867—68; Dep. of Chem., Univ. of Glasgow; engl.) — *Grandifolion* [**I**, $C_{30}H_{40}O_8$, F. 233—235°, $[\alpha]_D$ —35° ($CHCl_3$)] wird aus dem Holz von *Khaya grandifoliola* isoliert. **I** gibt bei der Ox. *1α.3α-Diacetoxy-7.16-dioxo-13α-methyl-14β.15β;21.23-diepoxy-30-nor-tetra-nor-Δ$^{20.22}$-17α-dammarolanostadien* ($C_{30}H_{38}O_8$, F. 229—230°). Bei der Acetylierung von **I** entsteht *1α.3α.7α-Triacetoxy-13α-methyl-14β.15β;21.23-diepoxy-16-oxo-30-nor-tetra-nor-Δ$^{20.22}$-17α-dammarolanostadien* ($C_{32}H_{42}O_9$, Öl). Von Cr(II)-Acetat wird **I** zu *1α.3α-Diacetoxy-7α-hydroxy-13α-methyl-16-oxo-21.23-epoxy-30-nor-tetra-nor-Δ$^{14.20.22}$-17α-dammarolanostatrien* ($C_{30}H_{40}O_7$, F. 206 bis 207°) reduziert. **I** ist daher 1α.3α-Diacetoxy-7α-hydroxy-13α-methyl-14β.15β;21.23-diepoxy-16-oxo-30-nor-tetra-nor-Δ$^{20.22}$-17α-dammarolanostadien. Neben **I** werden das ölige *7-Desacetylkhivorin* [$C_{30}H_{40}O_9$, $[\alpha]_D$ —32° ($CHCl_3$)], *Angolensinsäuremethylester,* *6-Hydroxymethylangolensasäuremethylester* [F. 237—239°, $[\alpha]_D$ +85° ($CHCl_3$)] u. *7-Oxo-7-desacetoxykhivorin* isoliert.

Hans Köhne/Berlin 3600△

1214 **Digitanolglykoside.** 13. Mitt. **Massenspektrometrische Untersuchungen am Kondurangogenin A.** R. Tschesche, P. Welzel und H.-W. Fehlhaber. (Tetrahedron [London] **21,** 1797—1807; 1965; Organ.-Chem. Inst. der Univ. Bonn; dt.) — 12. vgl. ibid. **21** (1965) 1777 — Die Massenspektren (s. Orig.) einiger Deriv. des *Kondurangogenins A* (**I**) werden diskutiert. Für **I** werden eine 14β-OH- u. eine 17β-Acetylgruppe, unsubstituierte $C_{(15)}$- u. $C_{(16)}$-Positionen sowie die Veresterung der Zimtsäure mit der 11α- u. die der Essigsäure mit der 12β-OH-Gruppe nachgewiesen. Bei *14β-Hydroxy-20-oxosteroiden* wird die Fragmentierung des Ringes D durch die Konfig. am $C_{(17)}$ stark beeinflußt, so daß charakterist. Unterschiede in den Massenspektren der Stereoisomeren auftreten. Es wird versucht, das Massenspektrum des *Kondurangogenin-monosids* zu deuten.

G. Fischer 3700△

1215 **Synthese von α-Methyl-DL$_{(Glu)}$-glutathion.** Daniel F. Veber, Karl Pfister und Ralph Hirschmann. (J. med. Chem. **10** (1967) 5, 968—69; Merck Sharp and Dohme Res. Labor., Rahway, N.J.; engl.) — *S-Benzyl(Bzl)-Cys-Gly* (**I**) wird aus Glycin u. N-Carboxy-S-Bzl-L-cysteinanhydrid (**II**) in W. bei pH 11 dargestellt. *N-Benzyloxycarbonyl(Z)-α-methyl-DL-Glu-S-Bzl-Cys-Gly* (**III**) wird aus **I** u. Z-α-methyl-DL-glutaminsäureanhydrid in wss. Dioxan bei pH 8 erhalten. **III** gibt mit Na in fl. NH_3 *α-Methyl-DL$_{(Glu)}$-glutathion* (**IV**). **IV** unterscheidet sich in seinen cytotox. Eig. wenig von Glutathion. Glutathionreduktase wird von **IV** in Ggw. von Glutathion inhibiert.

Versuche: *Z-α-methyl-DL-glutaminsäureanhydrid,* $C_{14}H_{15}NO_5$, F. 113—113,5° (CH_2Cl_2/Ae.), a) aus Z-α-methyl-DL-glutaminsäure (**V**) u. Acetanhydrid; 76% (Ausb.); b) aus **V** u. Dicyclohexylcarbodiimid in Dioxan; 100%. — *S-Bzl-Cys-Gly* (**I**), aus Glycin u. **II** in K-Boratpufferlsg. bei pH 11 u. 0°; $[\alpha]_D^{25}$ +28,8° (c = 2; 1 n NaOH; 57%. — *Z-α-methyl-DL-γ-Glu-S-Bzl-Cys-Gly* (**III**), a) aus **I** u. vorvorst. Verb. wss. Dioxan bei pH 8; 47%; b) analog **I**, Ansäuern bis pH 2,5 u. Rk. mit vorvorst. Verb. in wss. Dioxan bei pH 8; 73%. — *α-Methyl-DL$_{(Glu)}$-glutathion* (**IV**), $C_{11}H_{19}N_3O_6S$, aus **III** u. Na in fl. NH_3; 72%.

Hans Köhne/Berlin 3800△

1216 **Synthese von p-Acylanalogen von Chloramphenicol und ihre antimikrobiellen Eigenschaften.** Maximilian von Strandtmann, George Bobowski und John Shavel jun. (J. med. Chem. **10** (1967) 5, 888—90; Dep. of Organ. Chem., Warner-Lambert Res. Inst., Morris Plains, N.J.; engl.) — DL-threo- (**I**) u. D-threo-2-Acetamido-1-p-cyanphenylpropandiole-(1.3) (**III**) geben mit

Organolithium- bzw. Grignard-Verb. *2-Acetamido-1-p-acylphenylpropandiole-(1.3)*, die durch Hydrolyse u. Rk. mit Dichloressigsäuremethylester (**II**) in *2-Dichloracetylamino-1-p-acylphenylpropandiole-(1.3)* übergeführt werden. D-threo-N-[p-Acetyl-β-hydroxy-α-(hydroxymethyl)-phenäthyl]-2.2-dichloracetamid (**IV**; Cetophenicol) ist die aktivste Verb. u. zeigt starke antimikrobielle Eig. gegen gram-positive u. gram-negative Organismen. Die Wirksamkeit der p-Acylanalogen von Chloramphenicol nimmt mit wachsendem Molekulargew. der Acylgruppe ab.

Versuche: *D-threo-2-Acetamido-1-p-cyanphenylpropandiol-(1.3)* (**III**), $C_{12}H_{14}N_2O_3$, F. 122,5°, nach Morris u. Smith (vgl. C. **1956**, 135); $[\alpha]_D^{25}$ +4,1° (c = 3; CH_3OH). — *1-p-Acetylphenyl-2-[2.2-dichloracetamido]-propandiol-(1.3), D-threo-Form* (**IV**), $C_{13}H_{15}Cl_2NO_4$, F. 125 bis 127° (Essigester/Hexan), a) aus 8 g **III** u. 0,8 n äther. CH_3Li-Lsg. in THF bei 40°, Rk. mit 10%ig. heißer H_2SO_4 u. mit **II** in sd. CH_3OH; $[\alpha]_D^{25}$ +13,4° (c = 1,25; CH_3OH); 2,8 g (Ausb.); b) aus 1,5 g **III** u. sd. äther. 1 n CH_3MgJ-Lsg. u. analog nach a); 0,46 g. *DL-threo-Form*, F. 130°, analog **IV** aus **I**. — *D-threo-1-p-Acetylphenyl-2-acetamidopropandiol-(1.3)*, $C_{13}H_{17}NO_4$, F. 166—167°, aus **III** u. CH_3Li in Ae./THF; $[\alpha]_D^{25}$ +7° (c = 0,5; CH_3OH). — *D-threo-1-p-Acetylphenyl-2-aminopropandiol-(1.3)* (**V**), $C_{11}H_{15}NO_3$, F. 139—140° (Essigester), aus 2,5 g **IV** u. heißer 10%ig. H_2SO_4; $[\alpha]_D^{25}$ —24,5° (c = 1,55; CH_3OH); 1,05 g. — *D-threo-1-p-Acetylphenyl-2-[2.2-dichloracetamido]propandiol-(1.3)-thiosemicarbazon*, $C_{14}H_{18}Cl_2N_4O_3S$, Zers. ab 176°, kein F. bis 320°, aus 0,132 g **IV** u. Thiosemicarbazid in sd. CH_3OH; 0,11 g. — *D-threo-1-p-Acetylphenyl-2-[2.2-dichloracetamido]-3-β-carboxypropionyloxypropanol-(1)*, $C_{17}H_{19}Cl_2NO_7$, F. 123—124° (Essigester), aus 2 g **IV** u. Bernsteinsäureanhydrid in abs. Py. bei 80°; 1,9 g. — *D-threo-1-p-Acetylphenyl-2-[2.2-dichloracetamido]-3-palmitoyloxypropanol-(1)*, $C_{29}H_{45}Cl_2NO_5$, F. 81—82° (Ae./Hexan), aus 8 g **IV** in abs. Py. u. Palmitoylchlorid; 10,5 g. — *D-threo-1-[p-(p-Acetylcinnamoyl)-phenyl]-2-[2.2-dichloracetamido]-propandiol-(1.3)*, $C_{22}H_{21}Cl_2NO_5$, F. 187—189° (Essigester), aus 1,5 g **V**, p-[2-Methyl-1.3-dioxolanyl-(2)]-benzaldehyd u. NaOH in 70%ig. CH_3OH, Rk. mit verd. HCl u. mit **II** in sd. Isopropanol; $[\alpha]_D^{25}$ +9,5° (c = 0,45; CH_3OH); 0,35 g. — *D-threo-1-p-Cinnamoylphenyl-2-[2.2-dichloracetamido]-propandiol-(1.3)*-$C_{20}H_{19}Cl_2NO_4$, F. 155—156° (Essigester/Cyclohexan), aus 1,5 g **V**, Benzaldehyd u. 10%ig. wss. NH_4OH-Lsg. in CH_3OH u. analog vorst. Verb.; $[\alpha]_D^{25}$ +5,5° (c = 0,65; CH_3OH); 0,05 g. — *D-threo-1-p-Isobutyrylphenyl-2-acetamidopropandiol-(1.3)*, $C_{15}H_{21}NO_4$, F. 138—139°, aus 8 g **III** u. Isopropyl-MgBr in Ae./THF bei 50°; $[\alpha]_D^{25}$ +2° (c = 1,15; CH_3OH); 7 g. — *D-threo-1-p-Isobutyrylphenyl-2-aminopropandiol-(1.3)*, $C_{13}H_{19}NO_3$, F. 108—109° (Essigester), analog vorst. Verb. aus 8 g **III** u. Rk. mit heißer 10%ig. H_2SO_4; $[\alpha]_D^{25}$ —22° (c = 1,05; CH_3OH); 7,2 g. — *D-threo-1-p-Isobutyrylphenyl-2-[2.2-dichloracetamido]-propandiol-(1.3)*, $C_{15}H_{19}Cl_2NO_4$, F. 97—99°, aus 4,4 g vorst. Verb. u. **II** in sd. CH_3OH; $[\alpha]_D^{25}$ +14° (c = 0,8; CH_3OH); 3,8 g. — *D-threo-1-[p-(α-Iminobenzyl)-phenyl]-2-acetamidopropandiol-(1.3)*, $C_{18}H_{20}N_2O_3$, F. 186—187° (Isopropanol/Aceton), aus 1,5 g **III** u. C_6H_5Li in Ae./THF bei 35°; $[\alpha]_D^{25}$ +3,2° (c = 0,95; CH_3OH); 0,9 g. — *D-threo-1-p-Benzoylphenyl-2-acetamidopropandiol-(1.3)*, $C_{18}H_{19}NO_4$, F. 139—140° (Essigester/Ae.), aus 0,25 g vorst. Verb. in sd. W.; $[\alpha]_D^{25}$ +5,6° (c = 0,95; CH_3OH); 0,15 g. — *D-threo-1-p-Benzoylphenyl-2-[2.2-dichloracetamido]-propandiol-(1.3)*, $C_{18}H_{17}Cl_2NO_4$, F. 160—161° (Essigester/Cyclohexan), aus 0,8 g vorst. Verb. u. heißer 10%ig. H_2SO_4 u. Rk. mit **II** in sd. CH_3OH; $[\alpha]_D^{25}$ +7,8° (c = 0,9; CH_3OH); 0,55 g. — *D-threo-1-[p-(α-Hydroxybenzyl)-phenyl]-2-[2.2-dichloracetamido]-propandiol-(1.3)*, $C_{18}H_{19}Cl_2NO_4$, F. 129—130° (Ae./Cyclohexan), aus 0,5 g vorst. Verb. u. KBH_4 in CH_3OH); $[\alpha]_D^{25}$ +5,5° (c = 1,1; CH_3OH); 0,32 g. — *D-threo-1-p-Cyclohexylcarbonylphenyl-2-acetamidopropandiol-(1.3)*, $C_{18}H_{25}NO_4$, F. 184—185°, aus 8 g **III** u. Cyclohexyl-MgBr in Ae./THF; $[\alpha]_D^{25}$ +3° (c = 1; CH_3OH); 0,45 g. — *D-threo-1-p-Cyclohexylcarbonylphenyl-2-[2.2-dichloracetamido]-propandiol-(1.3)*, $C_{18}H_{23}Cl_2NO_4$, F. 163—164° (Essigester), analog vorst. Verb. aus 8 g **III**, Rk. mit heißer 10%ig. H_2SO_4 u. mit **II** in sd. CH_3OH; $[\alpha]_D^{25}$ +10,5° (c = 1,05; CH_3OH); 5,15 g. — *D-threo-1-{p-[2-Cyclohexyl-1.3-dioxolanyl-(2)]-phenyl}-2-[2.2-dichloracetamido]-propandiol-(1.3)*, $C_{20}H_{27}Cl_2NO_5$, F. 112—113° (Ae.), aus 0,75 g vorst. Verb., Äthylenglykol u. p-Toluolsulfonsäure in sd. Bzl. am W.-Abscheider u. Rk. mit **II** in sd. A.; 0,55 g.

Hans Köhne/Berlin 3900△

1217 **Struktur von Canescin.** A. J. Birch, Lucy Loh, A. Pelter, J. H. Birkinshaw, P. Chaplen, A. H. Manchanda und M. Riano-Martin. (Tetrahedron Letters [London] **1965**, 29—32; Dep. of Chem., Univ., Manchester; engl.) — Das in *Penicillium canescens* u. *Aspergillus malignus* vorkommende Antibiotikum *Canescin* (**I**, $C_{15}H_{14}O_7$, F. 200—202°; $[\alpha]_D^{23}$ +17,8°) liefert in Ae. mit CH_2N_2 ein *Monomethyl-* (**II**), in CH_3OH dagegen ein *Dimethylderiv.* (**III**). Durch Rk. von **I** oder **II**, nicht aber **III**, mit CH_3J u. K_2CO_3 in Aceton entsteht ein *Trimethylderiv.* (**IV**, $C_{18}H_{20}O_7$, F. 123—124°; $[\alpha]_D$ —113°), dessen Ox. mit $KMnO_4$ zu *3.5-Dimethoxybenzoltricarbonsäure-(1.2.4)* führt. Pyrolyse von **I** unter N_2 ergibt neben CO_2 u. CH_3OH *Pyrocanescin* (**V**, $C_{13}H_{10}O_4$, F. 143—144°; $[\alpha]_D$ 0°; + $FeCl_3 \rightarrow$ Blaufärbung). Auf Grund dieser Rk., sowie von IR-, UV- u. NMR-Daten (s. Orig.) von **I**, **IV**, **V** u. einiger ihrer Deriv. kommt **I** die Struktur von *3-Methyl-6.8-dihydroxy-7-[2-oxo-3-methoxytetrahydrofuryl-(5)]-* u. **IV** die von *3-Methyl-6.8-dimethoxy-7-[3-methoxycarbonyl-3-methoxypropen-(1)-yl]-isocumarin* zu.

H. J. Jahns 3900△

1218 **Rimocidin.** 1. Mitt. **Kohlenstoffskelett, Teilstruktur und absolute Konfiguration am C-27.** Arthur C. Cope, Elizabeth P. Burrows, Michael E. Derieg, Sung Moon und Wolf-Dieter Wirth. (J. Amer. chem. Soc. **87**, 5452—60, 1965; Cambridge, Mass., Mass. Inst. of Technol., Dep. of Chem.; engl.) — Durch oxydativen Abbau u. auf Grund von Massenspektren, IR-, UV- u. NMR-Daten sowie von ORD-Messungen (s. Orig.) wurde für das Aglykon von Rimocidin die Partialstruktur von *(27R)-2-[1-Hydroxyäthyl]-4.27-dihydroxytriakontatetraen-(18.20.22.24)-säurelacton-(→27)* ermittelt u. die Kohlenhydratkomponente als Glycosid von *D-Mycosamin* erkannt. Die Anordnung der O-Funktionen im $C_{(5)}$—$C_{(17)}$-Bereich des Aglykons konnte noch nicht aufgeklärt werden.

Versuche (F. nach Kofler; korr.): *Rimocidin*, $C_{38}H_{63-65}NO_{13}$, durch aufeinanderfolgende Rk. von 9,96 g Rimocidinsulfat (**I**) mit wss. $BaCl_2$ u. NaOH; 7,7 g (Ausb.). — *Oktahydrorimocidin* (**II**), $C_{38}H_{71-73}NO_{13}$, F. 210—213° (Zers.), aus 2,027 g **I**-Trihydrat u. H_2 an PtO_2; 1,312 g. *Hemisulfat*, $C_{38}H_{71-73}NO_{13} \cdot 0{,}5H_2SO_4$, a) aus 97 mg **II** u. 1 n H_2SO_4; 71 mg; b) aus 2,01 g **I** u. H_2 an PtO_2; 1,51 g. — *Perhydrorimocidin* (**III**), aus 2,675 g **I** u. H_2 an PtO_2; 2,22 g. — *Methyl-α-D-mycosaminidhydrochlorid*, F. 196—198° [Zers.; Hexan/A. (2:1)], aus 1,65 g **I** u. abs. methanol. HCl; 0,356 g. — *Methyltriacetyl-α-D-mycosaminid*, F. 140—142° (Pentan/Ae.), wie vorst. Verb. aus 1,75 g **I** u. folgende Rk. mit Acetanhydrid/Py.; $[\alpha]_D^{23}$ +33 ± 2° (c = 1,0; A.); 0,42 g. — *3-Methylhentriacontan*, $C_{32}H_{66}$, a) durch aufeinanderfolgende Rk. von **III** mit $LiAlH_4$, HJ/P, $LiAlH_4$ u. H_2 an PtO_2; 34%; b) aus **II** oder **III** u. $NaJO_4$ u. folgende Rk. analog a); c) aus **IV**, 1-Jodoctadecan u. Na. — *1-Brom-10-methoxydecan*, $C_{11}H_{23}BrO$, Kp.$_{3}$ 117—118°, aus 100 g 1.10-Dibromdecan u. Na-Methylat; 36,1 g. — *1-Methoxy-11-methyltridecan* (**V**), $C_{15}H_{32}O$, Kp.$_{1,2}$ 108 bis 111°, durch aufeinanderfolgende Rk. vorst. Verb. mit Mg, Butanon-(2), 10%ig. H_2SO_4, p-Toluolsulfonsäuremonohydrat u. H_2 an PtO_2. — *1-Jod-11-methyltridecan* (**IV**), $C_{14}H_{29}J$, aus vorst. Verb. u. KJ in H_3PO_4/P_4O_{10}; 99%. — *3-Methylnonadecan*, a) durch aufeinanderfolgende Rk. von **I** mit O_3, H_2 an PtO_2, $LiAlH_4$, P/HJ, $LiAlH_4$ u. H_2; daneben *3-Methylheneicosan*; b) aus 1-Bromhexadecan analog **V**; 82%. — *Hexen-(2)-al-[2.4-dinitrophenylhydrazon]*, F. 148° (A.), durch aufeinanderfolgende Rk. von **I** mit O_3, Zn u. W. u. 2.4-Dinitrophenylhydrazin; 12%. — *(—)-Hexandiol-(1.3)*, durch aufeinanderfolgende Rk. von **I** mit O_3 u. $NaBH_4$; $[\alpha]_D$ —11,1 ± 0,5° (abs. A.); ca. 60%. — *(R)-(—)-3-Hydroxyhexansäuremethylester*, durch aufeinanderfolgende Rk. von **I** mit O_3 u. 10%ig. NaOH/30%ig. H_2O_2, 6 n HCl u. CH_2N_2; $[\alpha]_D$ —18,0 ± 1°; ca. 10—15%. — *α-Äthylglutarsäuredimethylester*, F. 53 bis 60° (Ae.), a) durch aufeinanderfolgende Rk. von **I** mit O_3, H_2, 90%ig. HNO_3 u. CH_2N_2; daneben *α-Äthyl-*

bernsteinsäuredimethylester, Glutarsäuredimethylester, Adipinsäuredimethylester u. *Pimelinsäuredimethylester*; b) durch aufeinanderfolgende Rk. von α-Äthylcyanessigsäureäthylester mit K-tert.-Butylat, Acrylnitril u. konz. HCl; 36%. P. Becker 3900△

1219 **Zusätzliche Beobachtungen zur chemischen Natur von Neutramycin.** M. P. Kunstmann und L. A. Mitscher. (Experientia [Basel] **21,** 372—73, 1965; Pearl River, N.Y., Amer. Cyanamid Co.; engl.) — Massen-, IR- u. UV-Unters. an *Neutramycin* (I) führten zur Formel $C_{34}H_{54}O_{14}$. **I** enthält *Chalcose, Mycinose* u. *4-O-Acetylarcanose*, die nicht untereinander verknüpft sind. Außerdem enthält **I** eine α,β-ungesätt. Lacton- (oder Ester)-Gruppe u. eine α,β-ungesätt. γ.σ-Epoxyketofunktion. K. Gröbe 3900△

D. Makromolekulare Chemie

D-1. Allgemeine makromolekulare Chemie und Physik

1220 **Einfluß der Viskosität des Reaktionsmediums auf die Initiierungsgeschwindigkeit der Radikal-Polymerisation.** P. E. Messerle und G. P. Gladyšev. (Vysokomolekuljarnye Soedinenija **8,** 1818—20, 1966; Inst. für chem. Wiss. der Akad. der Wiss. der Kaz. SSR; russ.) — Die Initiierungsgeschw. der Radikal-Polymerisation ist porportional dem Prod. aus der Zerfallskonst. des Initiators, seiner Konz. u. der Wirksamkeit der Initiierung f. Untersucht wurde die Zers. von Azodiisobuttersäurenitril in benzol. Lsg. von Polystyrol; sie verlief stets 1. Ordnung. Die Zers.-Konst. hing nicht von der Konz. ab, sie sank bei steigender Viskosität. Der f-Wert fiel bei steigender Viskosität stark ab. M. Wiedemann 4001

1221 **Untersuchung von Lösungen von Makromolekülen durch Abnahme der polarisierten Fluoreszenz.** Philippe Wahl. (C. R. hebd. Séances Acad. Sci. **260,** 6891—93, 1965; Strasbourg, Centre de Rech. sur les Macromol.; franz.) — Die Unters. der Abnahme der Komponenten $I_{\parallel}$ u. $I_{\perp}$ der durch die Makromol. emittierten polarisierten Fluoreszenz soll es erlauben, die Zeiten der Relaxation der Brownschen Streuung zu bestimmen, falls diese Relaxationszeiten nicht sehr verschieden sind von den Zeiten der Abnahme der Gesamtfluoreszenz. C. Gottfried 4005△

1222 **Wechselwirkung kolloider Teilchen unter besonderer Berücksichtigung der Rolle von Makromolekülen bei der van der Waalsschen Wechselwirkung.** S. N. Srivastava. (Indian J. Chem. **3,** 376—84, 1965; Agra Coll., Agra; engl.) — Vf. untersuchte zuerst quant. die Wechselwrkg. koll. Teilchen mit bes. Berücksichtigung der Emulsionstropfen (Radius ∼ 1,24 μ) im Lichte der Theorie der kolloiden Stabilität, der sog. DVO-Theorie. Es wurde zuerst versucht, die Konst. von Hamaker der dispersen Phase theoret. aus den opt. Daten zu berechnen sowie experimentell aus Ausflockungsergebnissen. Dazu wurden Emulsionen von *Paraffinen* u. von *Rinderserumalbumin* dargestellt (vgl. Orig.). Die Zählung der Teilchen erfolgte mit Hilfe eines Hämocytometers. Hierauf wurde der pH-Wert auf den gewünschten Wert eingestellt. Die elektrophoret. Messungen wurden bei 20° in einer geschlossenen zylindr. Mikrozelle durchgeführt. Da die beobachteten Teilchen große Radien im Vgl. zu dem Debye-Hückelschen Parameter hatten, konnte das ζ-Potential mit Hilfe der Gleichung $\zeta = 4\pi\eta/\varepsilon X \times U$ ber. werden, wo ζ das Zetapotential, η u. ε die Gesamtviskosität u. die DK, U die elektrophoret. Beweglichkeit u. *X* die angewandte Feldstärke bedeuten. Unter der Annahme, daß vorübergehend in dem Syst. ein Singulett-Dublett-Gleichgew. besteht, läßt sich das Ausmaß der Ausflockung aus der Formel D = Anzahl der Dubletts/Anzahl der Dubletts + Anzahl der Singuletts, worin D die Angabe der Teilchen ist, die mit einem spezifizierten Teilchen in Beziehung steht, d. h. dem Grad der Aggregation. Indirekt wurde aus den Ausflockungsergebnissen die Konst. von Hamaker für die disperse Phase der Emulsion bestimmt. Ganz allg. wurde gefunden, daß die experimentelle Anziehungskonst. des Proteins mit dem aus den opt. Daten erhaltenen ber. Wert übereinstimmt. C. Gottfried 4008△

1223 **Hydrodynamisches Verhalten von Makromolekülen in laminarer Strömung mit geringem Geschwindigkeitsgradienten.** Ju. Ja. Gotlib und Ju. E. Svetlov. (Vysokomolekuljarnye Soedinenija **8,** 1517—23, 1966; Akad. Nauk SSSR, Inst. vysokomol. soed.; russ.) — Bei kleinen Geschw.-Gradienten einer laminaren Strömung verhält sich eine Vielzahl deformierbarer Makromol. mit beliebigem intramol. Potential wie eine Vielzahl kinet. starrer Teilchen mit gleicher Verteilung der Konformationen. Die erhaltene Funktion der Verteilung der Orientierungen der Makromol.-Glieder kann als Unterlage zur Berechnung der dynamoopt. Konst. für Mol. beliebiger Struktur u. ihres Verhältnisses zur Viskositätszahl dienen. R. K. Müller 4008

1224 **Untersuchung des Fließens einiger Polymerer in zylindrischen Kanälen.** V. G. Litvinov. (Mech. Polimerov. **1966,** 421—28; Kiev, Inst. für Mechanik der Akad. der Wiss. der Ukrain. SSR; russ.) — Das Fließen von geschmolzenen Polymeren in Kanälen mit beliebigem Querschnitt wird unter der Annahme mathemat. abgeleitet, daß das Polymere ein isotropes visko-elast. Medium ist. Die in der abgeleiteten Gleichung vorkommenenden Koeff. sind Funktionen der 2. Invarianten des Tensors der Deformationsgeschw. u. sind experimentell bestimmbar. M. Wiedemann 4008

1225 **Statistische Interpretation rheologischer Gleichungen.** A. K. Malmejster. (Mech. Polimerov **1966,** 197 bis 213; Riga, Akad. nauk Latv. SSR, Inst. mech. polim.; russ.) — Die elementaren Mikromechanismen der irreversiblen oder hochelast. Deformationen beim Biegen von Polymerketten mit nichtfreier innerer Rotation werden erörtert. In statist. Gleichungen wird ihre Beeinflussung durch Temp.-Schwankungen, Spannung, Spannungsgeschw., den mittleren hydrostat. Druck u. die Komponenten der Makrodeformation behandelt. Dabei wird der Begriff der dissymm. Medien verwendet u. ein Koeff. der Dissymmetrie des struktur-mechan. Zustandes eingeführt, wodurch das mathemat. Modell des polymeren Materials präzisiert u. eine Behandlung der rheolog. Gleichungen von Maxwell bzw. von Kelvin u. Maxwell-Thomson ermöglicht wird. R. K. Müller 4008

1226 **Fortpflanzung von Störwellen in einem langen Polymerstab.** S. M. Kokošvili. (Mech. Polimerov **1966,** 253—62; Riga, Akad. nauk Latv. SSR, Inst. mech. polim.; russ.) — Bei der Fortpflanzung von Störwellen in Längsrichtung eines halbunendlichen Stabes spielen die viskos-elast. bzw. viskos-plast. Eig. des Polymeren eine Rolle. Zur Berücksichtigung der Fließverzögerung ist die Einführung eines Zeitfaktors erforderlich. Für die abgeleiteten Gleichungen mit dimensionslosen Variablen werden asymptot. Lsg. angegeben. In beiden Stadien der Deformation erfolgt eine charakterist. Dämpfung der Spannungen. Die Grenze des viskos-plast. Zustandes verschiebt sich mit variabler Geschw. längs des Stabes. R. K. Müller 4009

D-2. Spezielle synthetische Hochpolymere

1227 **Eigenschaften und Übergangserscheinungen von Oberflächenadsorptionsfilmen in Lösungen von Hochpolymeren.** Giulio Natta, Enzo Ferroni und Gabriella Gabrielli. (Chim. e Ind. [Milano] **47,** 1—9, 1965; Ist. di Chim. ind., Politecnico, Milano; ital.) — Vf. untersuchten die Oberflächenspannungen von Lsg. von *Marlex 50* u. handelsübl. *Paraffin* in Vaselinöl, von *Polystyrol* in Xylol u. Decalin, von *Polyäthylen* verschiedenen Ursprungs u. verschiedenem Verzweigungsgrades in Vaselinöl, von verschiedenen Fraktionen von

Polypropylen, u. zwar eine in sd. Ae. lösl. amorphe Fraktion, Fraktionen von durch Behandlung mit sd. n-Pentan, n-Hexan u. n-Heptan erhaltenen „Fraktionen" mit Stereoblöcken sowie dem Rückstand der n-Heptanfraktion, der „isotakt. Polymeres" genannt wird, alle Fraktionen ebenfalls in Vaselinöl sowie schließlich von Lsg. von Polypropylen, das durch therm. Zers. u. anschließende Extraktion mit Methylalkohol erhalten worden war; untersucht wurde auch der Rückstand der Methylalkoholfraktion. Gemessen wurden die Oberflächenspannungen, d. h. die Veränderungen der Oberflächenspannungen als Funktion der Zeit u. der Konz., in den meisten Fällen jedoch als Funktion der Temp., wobei der therm. Gradient der Erwärmung variierte. In Übereinstimmung mit der Übergangstemp. erster Ordnung des festen Polymeren wurden relative Maxima der Oberflächenspannung beobachtet, wenn die Lsg. genügend konzentriert waren oder aber Stufen, wenn die Lsg. verdünnter sind. Der Übergang von einer Stufe zu einem Max. erfolgt beim Übergang eines monomol. Films zu einer plurimol. Schicht. In den verd. Lsg. ist die Temp. des Beginns der Stufe eine Funktion der Temperatur.

C. Gottfried 4010△

1228 **Katalytische Aktivität von Chrom-π-Komplexen bei der Äthylen-Polymerisation.** Yoshio Tajima, Kazuhide Tani und Sadao Yuguchi. (J. Polymer Sci., Part B **3**, 529–36, 1965; Toyo Rayon Co., Otsu, Shiga; engl.) — Folgende Cr-π-Komplexe wurden auf ihr katalyt. Verh. bei der *Äthylen*-Polymerisation (Pol.) untersucht: Bis-aryl-Cr-Verb., Bis-aryl-Cr-Kationen, *Bis-cyclopentadienyl-Cr, Bis-cyclopentadienyl-Cr-Kation, Cyclopentadienyl-Cr-acetylacetonat-bromid, Cyclopentadienyl-Cr-dinitrosyl-Kation.* Substituenten am Aryl waren: –H (**A**), –CH_3 (**B**), –$(CH_3)_3$ (**C**), C_6H_5– (**D**). Die verwendeten Bis-aryl-chrom-Verb. waren das Jodid u. das Tetrathiocyanatodiamminchromat. Die Pol. wurden mit Triisobutyl-Al in Ggw. von Toluol bei verschiedenen Temp. u. einem C_2H_4-Druck von 40 atü durchgeführt. Die Aktivität der Bis-aryl-chrom-π-Komplexe nahm in folgender Reihe ab: 1. für J^-: **A** > **B** > **C** > **D**; 2. für $[(NH_3)_2Cr(SCN)_4]^-$: **D** > **C** > **B** > **A**. Das Ox.-Prod. des Bis-(diphenyl)-Cr hatte geringere katalyt. Aktivität als das des Bis-phenyl-Cr. Als Bis-(cyclopentadienyl)-Cr-Kationen wurden verwendet: Jodid, Tetrathiocyanatodiamminchromat u. Tetraphenylborat. Als Al-Komponente war das $(C_2H_5)_2AlCl$ aktiver als das $(C_2H_5)_3Al$ oder das $(C_2H_5)Al \cdot Cl_2$. Die Aktivität der Bis-(π-cyclopentadienyl)-Cr-Komplexe nahm in folgender Reihe ab: $(C_2H_5)_2Cr(NH_3)_2 \cdot Cr(SCN)_4$ > $(C_2H_5)_2CrJ$ > $(C_2H_5)_2CrB(C_6H_5)_4$. Cyclopentadienyl-Cr-acetylacetonatbromid besaß in Ggw. von $(C_2H_5)_2AlCl$ die größte Aktivität. Zu Cyclopentadienyl-Cr-dinitrosyl-Kation wurden eingesetzt: Chromat, Thiocyanat u. Perchlorat. Als Al-Komponente wurde das $(C_2H_5)_2AlCl$ benutzt. Die Aktivität des Komplexes nahm in der angegebenen Reihenfolge ab.

Versuche: ***Bis-(aryl)-Cr-Verb.***, durch Rk. von $CrCl_3$ mit den entsprechenden Bzl.-Deriv. (Bzl., Toluol, Mesitylen u. Biphenyl) in Ggw. von Al u. $AlCl_3$ im verschlossenen Rohr bei 150°. Nach der Zers. des Rk.-Prod. mit Methanol u. W. wurde mit $Na_2S_2O_3$ reduziert. — *Bis-(aryl)-Cr-Kationen*, durch Behandlung vorst. Verb. mit den entsprechenden K-Salzen an Stelle des $Na_2S_2O_3$. — *Bis-(cyclopentadienl)-Cr* durch Rk. von $CrCl_3$ mit C_5H_5Na in THF unter N_2. — *Bis-(cyclopentadienyl)-CrJ*, durch Behandlung vorst. Verb. mit Allyljodid in Bzl. unter N_2. *Bis-(cyclopentadienyl)-Cr-tetrathiocyanatodiamminchromat* u. *Bis-(cyclopentadienyl)-Cr-tetraphenylborat* wurden aus den wss. Lsg. von Bis-(cyclopentadienyl)-CrJ u. Tetrathiocyanatodiamminchromat bzw. K-Tetraphenylborat hergestellt. — *Cyclopentadienyl-Cr-acetylacetonat-bromid* wurde erhalten durch Rk. äquimol. Mengen von C_5H_5MgBr mit Chromacetylacetonat. *Cyclopentadienyl-Cr-dinitrosyl-Verb.* wurden durch Behandlung von Cyclopentadienyl-Cr-dinitrosylchlorid mit $AgNO_3$ u. anschließende Umsetzung mit NaSCN, $KClO_4$ oder K_2CrO_4 hergestellt. *Cyclopentadienyl-Cr-dinitrosylchlorid* wurde erhalten durch Einleiten von NO in eine Lsg. von $CrCl_3$ u. C_5H_5Na in Tetrahydrofuran.

Rudolf Heinrich 4010

1229 **Kettenübertragungsreaktionen bei der stereospezifischen Polymerisation von Butadien.** Jaromír Zachoval, František Mikeš, Budimír Veruovič und Jaroslav Kálal. (Chem. Průmysl **15(40)**, 606–10, 1965; Vysoká škola chemickotechnol., Praha; tschech.) — Es wurde die Einw. von *Olefinen* auf die Kettenübertragung bei der stereospezif. Polymerisation von Butadien-(1.4) (**I**) mittels komplexer Co-Katalysatoren untersucht.

Versuche: (Zu Arbeitsweise vgl. B. Veruovič, ibid., **15(40)** (1965) 33.) Alle Vers. wurden in Bzl. unter nachst. Bedingungen ausgeführt: Konz. von **I** = 1,56, Konz. von $CoCl_2 \cdot 2Py$ = $1{,}67 \cdot 10^{-5}$, Konz. von $(C_2H_5)_2 \cdot AlCl$ = $1{,}66 \cdot 10^{-2}$ u. Konz. von H_2O = $1{,}88 \cdot 10^{-3}$ Mol/l, Temp. 20°. — Verwendete Überträger: Allen (**II**), Butadien-(1.2) (**III**), Isobutylen (**IV**), Styrol (**V**), Propylen, Butylen-(2), Chloropren u. Vinyläther. Die wirksamsten Überträger sind **II** u. **III**. Mit steigender Konz. des Überträgers [S] sinkt der Polymerisationsgrad (PG), aber gleichzeitig erniedrigt sich der Umsatz. Aus der Gleichung $1/PG = 1/PG + c_s \cdot [S]/[M]$ ([M] ist die Konz. des Monomeren) wurden die scheinbaren Übertragungskonst. c_s abgelesen. Aus der Temp.-Abhängigkeit von c_s bei **II** wurde der Wert der scheinbaren Aktivierungsenergie der Übertragung E = 0,65 kcal/Mol berechnet. **IV** beeinflußt den Polymerisationsprozeß prakt. nicht. Von den übrigen Substanzen hat **V** den größten Einfl. auf die Polymerisation von **I**. Die Best. der Werte von c_s für die Kettenübertragung des **I** bietet die Möglichkeit der Berechnung der Konz. des Überträgers, die unter den gegebenen Bedingungen zur Herst. eines Polymeren der gewünschten Mol.-Masse erforderlich ist.

B. Jadrníček 4010△

1230 **Stereospezifische Polymerisation konjugierter Diene mittels neuer löslicher Katalysatoren.** A. Takahashi und S. Kambara. (J. Polymer Sci., Part B **3**, 279–82, 1965; Labor. of Pol. Chem., Tokyo Inst. of Technol., Tokyo; engl.) — Die Polymerisation (Pol.) von *Butadien* (**I**) zu Polymeren mit einem hohen Anteil an *cis*-Struktur wurde bei 0° unter N_2 in Toluol mittels $(C_2H_5)_2AlCl$-Co-Chelat-Katalysatoren in 40–150 Min. mit Ausb. von 54–100% durchgeführt. Die eingesetzten Co-Chelate waren: Bis-(Salicylaldehyd)-Co(II), Bis-(α-Hydroxyacetophenon)-Co(II), Bis-(Chinizarin)-Co(II), Bis-(o-Vanillin)-Co(II), Bis-(5-Hydroxy-1.4-naphthochinon)-Co(II), Bis-(8-Hydroxychinolin)-Co(II), Bis-(Salicylaldehydimin)-Co(II), Bis-(Salicylaldehyd)-äthylendiimin-Co(II), Tris-(α-Nitroso-β-naphthol)-Co(III), Bis-(Mercaptobenzthiazol)-Co(II), Bis-(Mercaptobenzoxazol)-Co(II), Bis-(Mercaptobenzimidazol)-Co(II). Bei 30° in Bzl. wurden Viskositätswerte von 1,67–4,06 gefunden.

K. Pfleghar 4010

1231 **Nachweis einer Strukturänderung eines Polymeren durch Gleichgewichtssedimentation im Dichtegradienten.** Marcel Jacob, Claude Reiss und Henri Benoit. (C. R. hebd. Séances Acad. Sci. **260**, 6894–97, 1965; Strasbourg, Centre de Rech. sur les Macromol.; franz.) — Untersucht wurden *isotakt.* (**I**) u. *atakt.* (**II**) *Polystyrol* mit Molgew. von 940000 bzw. 900000. ~0,3 g/l eines Gemisches beider Polymeren wurden in einem Gemisch von 380 g/l Bromoform in Bzl. bei einer Umdrehungsgeschw. von 29500/Min. bei 87° bis zum Gleichgew. ultrazentrifugiert. Wiedergegeben ist graph. die Änderung von dc/dr als Funktion von r, wo c die Konz. des Polymeren u. r den Abstand zur Rotationsachse bedeutet. Integriert man diese Kurve, dann erhält man die Konz.-Verteilung in der Zelle. Diese Kurve hat keine Gaußsche Form, sondern ist symm., woraus hervorgeht, daß die in der ersten Kurve für jede Probe gebildeten Maxima gleiche Symmetrieachsen haben. Dieses Gleichgewicht bei 87° wurde nach 41 Std. erreicht. Hierauf wurde unter kontinuierl. Drehen der Zentrifuge die Probe innerhalb 24 Std. auf 20° abgekühlt. In diesem Fall waren auf der Verteilungskurve deutl. 2 Maxima zu erkennen. Aus der Lage jedes Max. wurde das partielle spezif. Vol. $\bar{v}_s$ für beide Proben errechnet. Hierbei ergab sich für **II** $\bar{v}_s$ = 0,8680 u. für **I** $\bar{v}_s$ = 0,8596, d. h. eine Differenz von $\Delta\bar{v}_s$ = 0,0084 cm^3/g. Hieraus wird geschlossen, daß bei gewöhnl. Temp. **I** eine Helixkonform. hat, in der die stereoregulären Sequenzen mehr oder weniger lange

Subeinheiten bilden; diese Sequenzen haben eine geordnete Struktur u. damit ein partielles spezif. Vol., das verschieden ist von dem von **II**. Bei Erhöhung der Temp. verschwindet die Helixkonform. von **I** u. die Konform. der Ketten von **I** u. **II** werden ähnlich.

C. Gottfried 4010△

1232 **Synthese und Eigenschaften von Polymeren von p-Vinylphenol.** Ferdinando Danusso, Paolo Ferruti, Cisella Gazzaniga Marabelli. (Chim. e Ind. [Milano] **47,** 493–96, 1965; Ist. di chim. ind. Politecnica, Milano; ital.) — *Poly-p-vinylphenol* mit einem relativ niedrigen Molgew. wurde auf verschiedene Arten erhalten: durch 12std. Erhitzen einer 10 Gew.-%ig. Lsg. des Monomeren in n-Butylalkohol auf 100° in N_2-Atmosphäre in geschlossenem Gefäß u. Ausfällen durch einen Überschuß von n-Heptan. Das erhaltene braune Pulver hatte eine spezif. Viskosität [η] von 0,06. Bei einem zweiten Vers. wurde eine 40%ig. Lsg. des Monomeren in Methyläthylketon in Ggw. von 1 Gew.-% Azo-bis-isobutyronitril (bezogen auf das Monomere) 24 Std. auf 60° erhitzt. Durch Ausfällen mit n-Heptan wurde ein weißes Pulver mit [η] = 0,09 erhalten. Zwei weitere Proben wurden durch nahezu plötzliche Polymerisation bei Zimmertemp. durch Eingießen einer 20%ig. Lsg. des Monomeren in A. oder in wss. NaOH in konz. HCl erhalten. Die unmittelbar ausgefallenen türkisfarbenen Polymeren wurden ausgiebig mit H_2O gewaschen u. bei einem Druck von 0,5 mm Hg getrocknet. Die rosa gefärbten Pulver hatten [η] = 0,05. Eine weitere Probe wurde durch Behandeln einer Lsg. des Monomeren in A. mit 1,5 Äquivalenten Na-Äthylat zuerst bei Zimmertemp. u. anschließendes 24std. Erhitzen erhalten. Das rohe Rk.-Prod. wurde in überschüssiges W. gegossen u. mit CO_2 behandelt. Das hierbei erhaltene weiße Pulver wurde in Methyläthylketon gelöst u. durch n-Heptan ausgefällt; es hatte [η] = 0,06. Von sämtlichen Proben sind die IR-Absorptionsspektren angegeben. Ein Poly-p-vinylphenol mit einem hohen Molgew. wurde durch Hydrolyse von *Poly-p-acetoxystyrol* in alkal. oder saurer Lsg. erhalten. Die [η]-Werte einer Probe betrugen in 95%ig. A 1,50. Das Polymere ist nur oberhalb 200° schwierig zu glasigen, durchsichtigen Blättchen preßbar. In N_2 zersetzt sich das Polymere unter Braunfärbung bei ~300°. DTA-Vers. unter N_2 ergaben eine endotherme pyrolyt. Bande, die bei etwa 320° beginnt u. ein Max. bei 380–390° hatte. Messungen mit der Thermowaage ließen keinen Gewichtsverlust zwischen 105 u. 200° erkennen. C. Gottfried 4020△

1233 **Kapillaraktivität von Polyvinylalkohol.** Wacław Wójciak. (Poznańskie Towarzystwo Przyjaciół Nauk, Wydział mat.-przyrodniczy Prace Komisji mat.-przyrodniczej **10,** 27–35, 1965; Uniw. Poznań, im. A. Mickiewicza, Kat. Chem. Fiz.; pol.) — Durch Messung der Kapillaraktivität (γ) von *Polyvinylalkohol* (**I**) mittels der Doppelkapillarmeth. wird der Polymerisationsgrad (PG) des **I** von je 2 auf 3 verschiedene Arten erhaltenen Fraktionen einer ursprünglich 2%ig., wss. **I**-Lsg. bestimmt. Nach 15tägiger Sedimentation in 40 cm hohen Glaszylindern von 1200 ml werden Proben aus der obersten u. untersten Schicht mittels einer Pipette entnommen. Ein anderer Lsg.-Anteil wird 2 Std. entsprechend zentrifugiert u. danach Proben wie vorst. genommen. Der 3. Teil der Lsg. wird nach der Schaumanalysenmeth. in **3** Fraktionen geteilt u. aus **1.** u. **3.** Fraktion werden Proben genommen. Alle Proben werden vor der γ-Messung bis zu 0,1% **I** verdünnt. Die Fraktionen aus untersten Schichten haben stets größeres γ, was größerem PG des **I** entspricht. Die Unterschiede zwischen den γ-Werten der entsprechenden Fraktionen werden nach Erwärmen oder UV-Bestrahlung geringer. Die γ-Werte hängen vom pH der Lsg. ab: die 1. Fraktionen geben bei pH 6 ein Minimum von γ, die 2. Fraktionen geben 2 Minima, bei pH 3 u. 9; bei pH 4,7 treten geringste Unterschiede der γ-Werte der Fraktionen auf. Demnach unterscheiden sich die **I**-Mol. in den Fraktionen in Struktur u. Eig. voneinander. A. Jackowski 4020△

1234 **Synthese optisch aktiver Polymerer durch asymmetrische Katalysatoren. 5. Mitt. Trennung von Poly-DL-propylenoxid in optischen Antipoden.** Teiji Tsuruta, Shohei Inoue und Isao Tsukuma. (Makromolekulare Chem. [Basel] **84,** 298–99, 1965; Bunkyo-ku, Tokyo, Univ. of Tokyo; engl.) — 3. vgl. C. **1965,** 44-1077. — *Poly-(—)-menthylglycidäther* [**I**; $[\alpha]_D^{20,5}$ —90° (Bzl.)], dargestellt durch Rk. von (—)-Menthol mit Epichlorhydrin zu (—)-*Menthylglycidäther* {$[\alpha]_D^{23}$ —93,5° (Bzl.)} u. Polymerisation in Bzl. bei 30° in Ggw. von Diäthyl-Zn/W. (1:1). Unter gleichen Bedingungen wurde bei 10° *Poly-DL-propylenoxid* (**II**) erhalten. **I** u. **II** wurden in Bzl. gelöst u. nach Zugabe von Methanol über Nacht bei 30° stehengelassen, filtriert, das Filtrat eingeengt u. der Gefriertrocknung unterworfen. Das so erhaltene **II** war opt. akt.: $[\alpha]_D^{15}$ —6,7 ± 1,7° (Bzl.); $[\alpha]_D^{15}$ +6,4 ± 1,1° (Chlf.). K. Gröbe 4020△

1235 **Prüfung von Variablen bei der strahlungsinduzierten Polymerisation von Trioxan in festem Zustand.** Nelson S. Marans und Forrest A. Wessells. (J. appl. Polymer Sci. **9,** 3681–3700, 1965; W. R. Grace and Co., Clarksville, Md.; engl.) — Die durch 2 MeV Elektronen eines Van de Graaff-Elektronenbeschleunigers induzierte Polymerisation (Pol.) von *Trioxan* in festem Zustand wurde untersucht. Nach der gewünschten Rk.-Zeit bei konst. Temp. wurde das *Polyoxymethylen* isoliert. Die Ausb. war der red. spezif. Viskosität (RSV) bei gegebener Dosis direkt proportional. Ansteigen der Dosis u. Abfall der Teilchengröße ergaben bei gleicher Umwandlung niedrigere RSV-Werte. Die Umwandlung stieg linear mit der Bestrahlungsdosis an (15–60% bei 4 Std. Pol. u. 55° mit Dosen von 0,05–0,5 Megarad. Wenn der W.-Geh. des Monomeren 400 ppm übersteigt, werden nur 0–50% des entsprechenden Umsatzes mit W.-freien Proben erhalten. Der Einfl. von Luft war unter den angewendeten Bedingungen vernachlässigbar. Zusatz von Comonomeren (4,15–4,91%) hatte z. T. starken Einfl. auf die Pol.: *1.2-Epoxy-3-phenoxypropan* u. *1.2-Epoxyäthylbenzol* erhöhten z. T. den Umsatz, während *3.3-Bis-[chlormethyl]-oxetan*, *β-Propiolacton*, *Hexamethylencyclotrisilan*, *3-Chlor-1.2-epoxypropan* u. *n-Heptaldehyd* ihn herabsetzten. Die RSV wurde durch alle Monomere erniedrigt. U. Stürzer 4020

1236 **Nachweis der Kettenstruktur von aus p-Kresol und Formaldehyd aufgebauten Mehrkernverbindungen.** 4. Mitt. **Vollständige Methylierung phenolischer Hydroxylgruppen von struktureinheitlichen Mehrkernverbindungen.** Hermann Kämmerer und Heinz Schweikert. (Makromolekulare Chem. [Basel] **83,** 188–95, 1965; Mainz, Univ., Organ.-chem. Inst.; dt.) — **3.** vgl. ibid. **67** (1963) 173. — Die phenol. OH-Gruppen von aus p-Kresol u. Formaldehyd hergestellten *Mehrkernverb.*: *(1-HO)(4-CH$_3$)-C$_6$H$_3$(2)-[-CH$_2$-(6)(1-HO)(4-CH$_3$)C$_6$H$_2$(2)-]$_n$ -CH$_2$-(6)C$_6$H$_3$(1-HO)(4-CH$_3$)* (*n* = *0–6*) ließen sich nicht mit CH_3J oder CH_2N_2 vollständig methylieren. Löslichkeitsvers. zeigen, daß die untersuchte Mehrkernverb. weder als Krypto- noch als behinderte Phenole anzusehen sind, vielmehr zeigen sie nur ein außergewöhnliches Rk.-Verhalten. Durch Rk. der Verb. mit Na u. Dimethylsulfat in Dioxan entstanden die *Permethyläther*, wodurch ein weiterer Beweis für die Kettenstruktur der Mehrkernverb. gegeben ist. Der Vers., halogenhalt. Mehrkernverb. an den OH-Gruppen zu permethylieren, gelang nur beim *2.2'-Dihydro-3.3'-dichlor-5.5'-dimethyl-diphenylmethan* (**I**), da bei den höhermol. Verb. gleichzeitig Halogenabspaltung stattfand.

Versuche: Permethylverb.: *n* = *2*, F. 46 bis 48°, durch Lösen der entsprechenden Hydroxyverb. (n = 2) in Dioxan, Zugabe von metall. Na u. nach Beendigung der H_2-Entw. von Dimethylsulfat, 8std. Schütteln unter mehrmaliger Zugabe von Na u. Dimethylsulfat, Zugabe von Methanol u. Fällen mit W.; 80% (Ausb.). — *n* = *3*, $C_{44}H_{50}O_5$, F. 60–62°; 78%. — *n* = *4*, $C_{53}H_{60}O_6$, F. 94°; 78%. — *n* = *5*, $C_{62}H_{70}O_7$, (F. 73 bis 80°); 88%. — *n* = *6*, $C_{71}H_{80}O_8$, F. 76–78°; 19%. — *2.2'-Dimethoxy-3.3'-dichlor-5.5'-dimethyl-diphenylmethan*, $C_{17}H_{18}Cl_2O_2$, F. 52° (PAe.), durch 14std. Schütteln von **I** unter Zutropfen von Dimethylsulfat in methanol. NaOH, Aufschlämmen mit W. u. Einrühren in Eiswasser; 64%. K. Gröbe 4020△

1237 **Photovernetzung von auf anionischem Wege dargestellten linearen Polyacroleinen.** Jean Golé und Henri Calvayrac. (C. R. hebd. Séances Acad. Sci. **260,** **163** bis

165, 1965; Labor. de Chim. macromol. Inst. Nat. des Sci. Appl., Villeurbanne; franz.) — *Polyacrolein* wurde nach Schulz et al. (Makromoleculare Chem. [Basel] **60** (1963) 139) dargestellt u. mit Hexan ausgefällt. Nach 24std. Trocknen wurde es in THF, DMF oder Toluol gelöst u. diesen Lsg. die nachst. Sensibilisatoren in 20%ig. Konz. zugesetzt: Benzaldehyd, Acetophenon, Benzophenon, Anisaldehyd, Benzoin, Anthrachinonsulfonsäure-(2.6), β-Naphthol, Azo-bis-isobutyronitril, p-Nitroanilin, m-Dinitrobenzol u. p-Nitrophenol. Die so sensibilisierten Lsg. wurden hierauf mit fernem u. nahem UV bestrahlt. Nach verschieden langen Expositionszeiten entstanden Gele, die in den verwendeten organ. Lsgm. unlösl. waren. Die carbonylhaltigen Sensibilisatoren waren am wirksamsten. Die photochem. induzierte Vernetzung tritt bei kurzen UV-Wellen ein. Für Acetophenon als Sensibilisator wurde als Funktion der Konz. c die Zeit bis zur Erreichung des Gelpunktes gemessen; die Geschw. der Vernetzung ist angenähert linear mit $\sqrt{c}$.

C. Gottfried 4020△

1238 **Synthese und Eigenschaften von Poly-m-acetoxystyrol und Poly-m-oxystyrol mit hohem Molekulargewicht.** Paolo Ferruti. (Chim. e Ind. [Milano] **47,** 496—99, 1965; ital.) — *Poly-m-acetoxystyrol* erhält man sehr leicht durch Polymerisation von m-Acetoxystyrol in Ggw. von 1% Azo-bis-isobutyronitril ohne Lsgm. in N_2-Atmosphäre im geschlossenen Gefäß nach 3—4std. Erhitzen auf 60°. Das Rk.-Prod. wurde in Chlf. gelöst u. durch überschüssiges n-Heptan ausgefällt u. bei 60° u. einem Druck von 0,1 mm Hg getrocknet. Das Polymere ist ein weiße Pulver, stark elektrisierbar, schwer mit W. benetzbar u. hat bei 30° in Chlf. $[\eta] = 2,67$. Das Polymere ist in verschiedenen Lsgm. lösl., dagegen nahezu unlösl. in aromat. KW-Stoffen in der Kälte. Das Polymere läßt sich schwer pressen; oberhalb 170° erhält man jedoch homogene u. durchsichtige Blättchen, die bei gewöhnl. Temp. glasig, hart u. brüchig sind. Bei 2 bis 3std. Kochen in N_2-Atmosphäre einer Lsg. des Polymeren in 10%ig. wss. A.-Lsg. tritt Hydrolyse unter Bldg. von *Poly-m-hydroxystyrol* ein. Die Reinigung erfolgt durch Auflösen in Dioxan oder Äthylacetat u. Ausfällen durch überschüssiges n-Heptan u. anschließendes Trocknen bei einem Vakuum von 0,1 mm Hg. Die $[\eta]$-Werte bei 30° sind in Dioxan 2,99, in 95%ig. A. 2,90 u. in Äthylacetat 2,33. Die Löslichkeitsverhältnisse sind tabellar. zusammengestellt. C. Gottfried 4020△

1239 **Struktur und Eigenschaften hydrophiler Polymerer und ihrer Gele. 3. Mitt. Einfluß von Wasser auf das Relaxationsverhalten von Polyäthylenglykolmethacrylat, Polydiäthylenglykolmethacrylat und Polytriäthylenglykolmethacrylat unterhalb der Einfriertemperatur.** J. Janáček und J. Kolařík. (Collect. czechoslov. chem. Commun. **30,** 1597—1603, 1965; Prague, Czechoslov. Acad. Sci., Inst. of Macromol. Chem.; engl.) — 2. vgl. ibid. **30** (1965) 833. — *Polyäthylenglykolmethacrylat* (I), *Polydiäthylenglykolmethacrylat* (II) u. *Polytriäthylenglykolmethacrylat* (III), die nach Wichterle u. Lím (C. **1959,** 10408) dargestellt worden waren, wurden mittels *Äthylenglykol-bis-methacrylat* vernetzt (Vernetzungsdichte (0,2—0,8) · 10^{-4} Mol/cm³). Die in dest. W. gequollenen Proben wurden nach Aufnahme der berechneten Menge W. 14 Tage in zugeschmolzenen Ampullen bei 70° konditioniert u. dann die Komponenten des komplexen Schubmoduls mittels des Torsionspendels nach Janáček u. Kolařík (ibid. **29** (1964) 492) unterhalb der Einfrier-Temp. gemessen. — Bei niedrigem Geh. an W. (bis 1 Mol W. je 2 Mol. Monomereinheiten von I) ist der γ-Relaxationsprozeß bemerkbar, bei höherem W.-Geh. wird er durch den β-Relaxationsprozeß überdeckt, dessen Maximum bei höheren Temp. liegt. Mit steigendem W.-Geh. verschiebt sich das Maximum des β-Relaxationsprozesses zu niedrigeren Temp. u. erreicht höhere Werte. — Das gleiche Verh. wurde bei II u. III gefunden, wobei der Einfl. des W.-Geh. mit steigender Länge der Seitenketten sinkt u. die Temp. der Maxima bei II u. III gleich sind.

O. Horák 4020△

1240 **Struktur und Eigenschaften hydrophiler Polymerer und ihrer Gele. 4. Mitt. Dielektrische Relaxation bei niedrigen Temperaturen von Polyäthylenglykolmethacrylat, Polydiäthylenglykolmethacrylat und Polytriäthylenglykolmethacrylat.** J. Bareš und J. Janáček. (Collect. czechoslov. chem. Commun. **30,** 1604—10, 1965; engl.) — 3. vgl. vorst. Referat. — *Polyäthylenglykolmethacrylat* (I), *Polydiäthylenglykolmethacrylat* (II) u. *Polytriäthylenglykolmethacrylat* (III) wurden nach Wichterle u. Lím (vgl. l.c.) zwischen 2 parallelen Platten bereitet, durch 40std. Kochen in W. von niedrigmol. Anteilen befreit, zuerst an der Luft u. dann 14 Tage über P_2O_5 getrocknet. Im Vakuum wurden auf beide Seiten der ~0,5 mm dicken Proben Al-Elektroden aufgedampft u. im Vakuum (10^{-2} mm) der Verlustfaktor zwischen 10^2 u. 10^7 Hz bei —140—0° gemessen. Die Grenz-DK ε_0 u. ε_∞ u. der Parameter n, der die Breite der Verteilung der Relaxationszeiten charakterisiert, wurden nach Cole u. Cole berechnet. Ferner wurden die Aktivierungsenergien, u. zwar U_f aus der Abhängigkeit der Verlustfaktors von der Frequenz u. U_T von der Temp. bestimmt. Das effektive Dipolmoment μ_{ef} wurde nach Fröhlich berechnet. — Bei —90° sind bei I: ε_0 6,1, ε_∞ 2,6, U_f 8,7 u. U_T 9,0 kcal/Mol u. μ_{ef} 1,1 elektrostat. Einheiten; bei II: 3,1, 2,0, 8,7, 9,0 u. 1,4; bei III: 4,6, 2,2, 8,7, 9,0 u. 1,4. — Das dielektr. Verh. von I ist sehr ähnlich dem des Poly-(β-chloräthylmethacrylat) (vgl. Michailow u. Borisova Hochmolekulare Verb. [UdSSR] **2** (1960) 1772 u. 1779), das von II u. III wurde durch das Verh. der Polyäthylenoxid-Ketten erklärt. — Der Einfl. der Struktur u. die Unzulänglichkeit der Meth. von Cole u. Cole werden diskutiert. O. Horák 4020△

1241 **Struktur und Eigenschaften hydrophiler Polymerer und ihrer Gele.** 5. Mitt. **Diffusion in Gelen.** M. Kubín und P. Špaček. (Collect. czechoslov. chem. Commun. **30,** 3294—3302, 1965; engl.) — 4. vgl. vorst. Referat. — Vf. bestimmten die Diffusionskoeff. D von O_2 bei dessen Diffusion durch mit W. gequollene Membranen, die durch Polymerisation von Gemischen des *Äthylenglykolmethacrylats* u. *Diäthylenglykolmethacrylats* mit *Äthylenglykol-bis-methacrylat* als Vernetzungsmittel u. in Anwesenheit von W. bereitet wurden (Darst. s. O. Wichterle u. D. Lím, C. **1959,** 10408). — Die zu den Messungen benutzte App. wird beschrieben, die Best. des durchdiffundierten O_2 erfolgte polarograph. (Elektrolyt 0,1% NaCl). Die Ableitung der Berechnung des D wird angegeben. — Mit steigendem Vernetzungsgrad sinkt D schneller als der Quellungsgrad γ (Gew. der gequollenen / Gew. der trockenen Membran), während bei konst. Vernetzungsgrad mit steigendem Geh. an W. in der Polymerisationsmischung D u. γ nahezu konst. bleiben. — Mathemat. Analyse der Resultate zeigte, daß der Fehler des D ~10% ist, was der Genauigkeit der polarograph. Meth. entspricht. O. Horák 4020△

1242 **Einfluß der Methode des Synthese von ungesättigten Fettsäure-modifizierten Harzen auf das Vernetzungsverhalten von Vorpolymeren: Beziehung zwischen der Molekulargewichtsverteilung des Vorpolymeren und dem Vernetzungsgrad des abgeleiteten Films.** L. W. Chen und Ju. Kumanotani. (J. appl. Polymer Sci. **9,** 3649—60, 1965; Fac. of Engng. Univ., Tokyo; engl.) — Aus *Ölsäure* (I), *Glycerin* (II) u. *Phthalsäureanhydrid* wurden nach verschiedenen synthet. Verf. *ungesättigte Vorkondensate* hergestellt, deren Eig. untersucht wurden. Durch Umsetzung eines Gemischs aus I, II u. III wurden stärker vernetzte Filme mit einer höheren Glasumwandlungstemp. erhalten als durch Umsetzung von I u. II zu einem Monoglycerid u. dessen Rk. mit III. Unters. des Verhältnisses $[\eta]/\overline{M}_n$ ergaben, daß nach der zweiten Meth. erhaltene Vorkondensate eine breitere Molgew.-Verteilung aufweisen. Unterschiede der viskoelast. Eig. der Filme wurden auf die Molgew.-Verteilung u. die Verteilung der zur Vernetzung geeigneten Gruppen zurückgeführt.

U. Stürzer 4020

1243 **Anwendung der UV-Spektrophotometrie auf die vergleichende Untersuchung von statistischen- und Sequenzcopolymeren** Claudine Noël und Lucien Monnerie. (C. R. hebd. Séances Acad. Sci. **260,** 5270—72, 1965; École Sup. de Phys. et de Chim., Paris; franz.) — Mit der Meth. von H. Kamogawa et al. (J. Polymer Sci. Part A **2** (1964) 2409) wurde *2-Vinylpyridin-Styrol-Copolymeres* in Chlf. untersucht. Es erwies sich, daß Sequenzcopolymere u. Gemische von Homopolymeren nicht unterschieden werden können. Dagegen unterscheiden sich statist. Copolymere sowohl durch den Koeff. der spezif. Extinktion als auch der Wellenlänge der Absorption von den Sequenzcopolymeren u. Gemischen von Homopolymeren. C. Gottfried 4030△

1244 **Polyhexaallylmelamin und verwandte Polymere.** John K. Gillham und John C. Petropoulos. (J. appl. Polymer Sci. **9**, 2189—2207, 1965; American Cyanamid Co., Stanford, Conn.; engl.) — Durch schrittweise Rk. von Cyanurchlorid (**I**) mit sek. Aminen [Diallylamin (**II**), Piperidin (**III**) Di-n-propylamin (**IV**), Allyl-n-propylamin (**V**)] werden in Ggw. eines HCl-Akzeptors erhalten: *2.4.6-Tris-(diallylamino)-symm.-triazin* (**VI**) (aus **I** u. 3 **II**), *2.4-Bis-(diallylamino)-6-piperidinyl-symm. triazin* (**VII**) (aus **I**, 2 **II** u. **III**), *2.4-Bis-(diallylamino)-6-di-n-propylamino-symm.-triazin* (**VIII**) (aus **I**, 2 **II** u. **IV**), *2.4.6-Tris-(allyl-n-propylamino)-symm.-triazin* (**IX**) (aus **I** u. 3 **V**), *2-Diallylamino-4.6-bis-(di-n-propylamino)-symm.-triazin* (**X**) (aus **I**, **II** u. 2 **IV**), *2.4-Bis-(diallylamino)-6-chlor-symm.-triazin* (**XI**) (aus **I** u. 2 **II** u. *2-Chlor-4.6-bis-(di-n-propylamino)-symm.-triazin* (**XII**) (aus **I** u. 2 **IV**). Die elektr. Eig. der Cl-haltigen Triazine unterscheiden sich wesentlich von denen der völlig substituierten Triazine. Die DK beträgt für **VI** 2,62 u. für **XI** 12,7. Die Verb. **VI** bis **XII** sind Öle von etwa gleichem Kp. ($Kp._{0,1}$ ~160°). Die Substituenten erhöhen in folgender Reihenfolge den Brechungsindex: Dipropylamino- < Allylpropylamino- < Diallylamino- < Chlor- = Piperidinyl-. Durch jeweils 2—10% Di-tert.-butylperoxid (**XIII**) bzw. 2.5-Dimethyl-2.5-di-(tert.-butylperoxy)-n-hexan (**XIV**) wird **VI** im Vakuum bei 130° in 24 Std. in Substanz polymerisiert. Die Polymerisation von **VI** unter N_2 bei 130° mit 2% **XIV** wird durch IR-Spektroskopie u. eine dynam.-mechan. Meth. zeitlich verfolgt. Es bildet sich ein glasartiges Material mit linearem Ausdehnungskoeff. $4{,}52 \cdot 10^{-5}$ °C^{-1} für —30° bis +30°. Die Härte beträgt 120 (Rockwell-M-Skala), die Biegefestigkeit 3500 psi bei 23° u. der Biegemodul $0{,}4 \cdot 10^6$ psi bei 23°. Die therm. Beständigkeit von polymerem **VI PVI**, untersucht durch DTA, Thermogravimetrie, Steifigkeit u. mechan. Dämpfung, ergibt, daß bis ~370° in N_2 kein Abbau eintritt, > 300° polymerisieren noch vorhandene Allylgruppen, > 400° tritt exothermer Abbau unter Gew.-Verlust auf. Isotherme Thermogravimetrie bei 370° von **PVI** zeigt, daß dieses in N_2 prakt nicht abgebaut wird; in Luft beträgt der Gew.-Verlust in 120 Std. ~20%. Gegenüber einem kommerziellen hitzebeständigen Polyester (mit Cyanursäuretriallylester als Vernetzer) ist **PVI** thermobeständiger. **VII**, **VIII**, **IX** u. **XI** lassen sich analog **VI** durch **XIII** bzw. **XIV** bei 130° unter N_2 polymerisieren. Polymeres **VII** (**PVII**) u. polymeres **VIII** bsitzen in N_2 gegenüber **PVI** eine höhere Thermobeständigkeit, während polymeres **IX** weniger stabil ist. **PVII** ist bei 200° ein guter Isolator u. hat gewisse Vorteile gegenüber Siliconen. E. Koßmehl 4030

1245 **Struktur und Eigenschaften von Polyamiden. 17. Mitt. Interpretation der IR-Spektren von Polyamiden in der planar gedehnten Kettenkonformation.** J. Jakeš, P. Schmidt und B. Schneider. (Collect. czechoslov. chem. Commun. **30**, 996—1008, 1965; Prague, Czechoslov. Acad. of Sci., Inst. of Macromol. Chem.; engl.) — 16. vgl. ibid. **30** (1965) 692. — Vf. interpretierten IR-Spektren von *Nylon-3*, *Nylon-4*, *Nylon-5*, *Nylon-6*, *Nylon-7*, *Nylon-8* u. *Nylon-11* mittels der Theorie der Wechselwrkg. der Polymethylenkette u. der Amidgruppe. Filme der *Polyamide* wurden durch Verdunsten von Lsg. bereitet; um höheren Kristallinitätsgrad zu erhalten wurden die Filme im Autoklaven mit H_2O oder D_2O nahe dem F. temperiert. Es gelang, alle Frequenzen der Spektren zuzuordnen mit Ausnahme der Regionen von (C–C)-Valenzschwingungen u. (C–C–C)-Knickschwingungen, auf die die oben angeführte Theorie nicht angewendet werden kann. O. Horák 4030△

1246 **Polyurethane.** 3. Mitt. **Einfluß aromatischer Ringe auf die Struktur und die Eigenschaften von Polyurethanen auf der Basis von Äthylenglykol.** Donald J. Lyman, Jorge Heller und Malcolm Barlow. (Makromolekulare Chem. [Basel] **84**, 64—79, 1965; Menlo Park, Calif., Stanford Res. Inst.; engl.) — 2. vgl. C. **1963**, 22743. — Durch Rk. von *Äthylen-bis-[chlorformiat]* (**I**) mit *1.9-Diaminononan* (**II**), *1.10-Diaminodecan* (**III**), *4.4'-Diaminodiphenylmethan* (**IV**), *-äthan-(1.2)* (**V**), *-propan-(1.3)* (**VI**) u. *-n-butan-(1.4)* (**VII**) wurden *Polyurethane* (**A**) erhalten, deren F., Glasübergangstemp. (T_g) sowie Kettenstrukturen untersucht wurden. Das **A** aus **I** u. **IV** (**B**) zeigte eine zickzackförmige gewundene Kettenkonform. infolge Knickung an der Methylengruppe von **IV**, was zu einer wesentlichen Verkürzung der Identitätsperiode (IP.) führte. Ber. wurde für 2 chem. Einheiten 36,3 Å, gefunden für 1 chem. Einheit 15,7 ± 0,1 Å. Diese Konform. ist in eine langgestreckte Konform. überführbar, wie sie bei den *Polyamiden* (**C**) vorkommt u. auch bei **A** mit **III**, **V**, **VI** u. **VII** vorliegt. Das **A** mit **II** zeigte ebenfalls eine gewundene Struktur (ber. IP. für 2 Einheiten 40,9 Å, gefunden 36,2 ± 0,2 Å). Das **A** mit **V** (**D**) aus DMF hatte einen hohen Kristallisationsgrad. Das **A** mit **III** (**E**) gab in verstreckten Filmen zwei Krist.-Formen, eine mit beinahe völlig gestreckter Kette (IP. 21,8 Å), die andere mit geringer Verkürzung (IP. 18,9 Å), die der α- u. der γ-Form der **C** entsprechen. Die Anteile beider Formen schwankten mit der Temp. u. der Belastung bei der Verstreckung. Die Verwindungen der Ketten der **A** sind durch H-Brücken bedingt. Einbau aromat. Kerne erhöht die F. u. die T_g, die Ketten werden versteift. Die Methylengruppen in **B**, die zwischen den aromat. Kernen sitzen, vermögen nicht zu rotieren, jedoch ist die Kette durch die Zickzackstruktur sehr flexibel, während **D** trotz rotierenden Methylgruppen nur wenig flexibel ist. Die **A** von hexagonaler Struktur zeigen untereinander ein ähnliches Verhältnis T_g:F., auch die **A** von trikliner Struktur verhalten sich ähnlich, jedoch ist der Wert T_g:F. kleiner (höherer F.). Nur **E** zeigte ein größeres Verhältnis.

Versuche: *Äthylen-bis-[chlorformiat]* (**I**), $Kp._{29}$ 80—82°, durch Einleiten von Phosgen in Äthylenglykol bei 0—5° u. Erwärmen auf 35°; 76% (Ausb.). — *Methylen-bis-[4-phenylisocyanat]* (**XI**), $Kp._{0,2}$ 148—150°. — *1.3-Diphenylpropan*, $Kp._{2,9}$ 126—128°, durch $1^1/_2$std. Kochen von 1.3-Diphenylpropanon-(2), Diäthylenglykol, Hydrazinhydrat u. KOH, Abdestillieren bis ~200°, weiteres 2std. Kochen, Zugabe von W. u. Aufnehmen in Ae.; n_D^{25} 1,5575; 81%. — *1.3-Bis-[4-nitrophenyl]-propan* (**VIII**), F. 134—143° (A.), durch Nitrieren vorst. Verb. in Acetanhydrid, konz. H_2SO_4 u. konz. HNO_3. — *p-Nitrobenzylphosphoniumbromid, Hydrat* (**IX**), $C_{25}H_{21}BrNO_2P \cdot H_2O$, durch 3std. Kochen von p-Nitrobenzylbromid u. Triphenyl-P in DMF; Krist. aus 95%ig. A.; 53%. — *p-Nitrocinnamaldehyd*, F. 137—143°, durch Zutropfen von 20%ig. methanol. KOH zu p-Nitrobenzaldehyd u. Acetaldehyd bei 0°, 1std. Rühren, nach Zugabe von Acetanhydrid $^1/_2$std. Erhitzen auf dem Dampfbad u. Eingießen in W.; aus 30%ig. wss. Essigsäure gelbe Nadeln; 81%. — *1.4-Bis-[p-nitrophenyl]-butadien-(1.3)* (**X**), $C_{16}H_{12}N_2O_4$, F. 269—271°, durch Zugabe von Li in A. zu **IX** u. vorst. Verb. in abs. A., 1std. Schütteln u. Zugabe von W.; aus Äthylacetat gelbe Plättchen; 81%. — α.ω-Bis-[4-aminophenyl]-deriv.: *-äthan* (**V**), F. 141—142° (Sublimation bei 140°/0,01 Torr), durch Hydrieren von 4.4'-Dinitrodibenzyl in DMF bei Raumtemp. u. 60 p.s.i. in Ggw. von Pd/Kohle; 94%. — *-propan* (**VI**), F. 103,5—105° (n-Hexan), analog aus **VIII**. — *-butan* (**VII**), $C_{16}H_{20}N_2$, F. 88—89° (Sublimation bei 165°/0,02 Torr), analog aus **X**. *1.2-Bis-[4-isocyanatophenyl]-äthan* (**XII**), F. 92—92,5° (Äthylacetat), durch Zutropfen von Phosgen in Äthylacetat bei 0° zu **XI** im gleichen Lsgm. u. Stehen über Nacht; 87%. — Polyurethane aus: *Methylen-bis-[4-phenylisocyanat] u. Äthylenglykol*, F. 239°, T_g 92,7°, a) durch Zufügen von Äthylenglykol in Dimethylsulfoxid zu **XI** in 4-Methylpentanon-(2), $1^1/_2$std. Erhitzen auf 115° u. Eingießen in W.; $D.^{30}$ 1,3233; $\eta_{inh.}$ 1,01 (DMF, 0,5%, 30°); prakt. quant.; b) durch Grenzflächenkondens. von **I** in Tetrahydrofuran (THF) u. **IV** in W./THF (1:1). — *1.2-Bis-[4-isocyanatophenyl]-äthan u. Äthylenglykol*, F. 312°, T_g 116,9°, a) durch Zugabe von **I** in THF zu einem Gemisch von **V** u. Na_2CO_3 in W./THF unter gutem Rühren, 5 Min. Rühren u. Eindampfen; $D.^{30}$ 1,3055; $\eta_{inh.}$ 0,63 (H_2SO_4, 0,5%, 30°); 90%; b) durch Lsg.-Polymerisation aus *Äthylenglykol*

u. **XII.** – *1.3-Bis-[4-isocyanatophenyl]-propan u. Äthylenglykol*, F. 207°, T_g 74,1°, analog **A** aus **VI** in CH_2Cl_2; η_{inh} 0,36 (H_2SO_4); 51%. – *1.4-Bis-[4-isocyanatophenyl]-butan u. Äthylenglykol*, F. 274°, T_g 105,7°, analog **A** aus **VII**; η_{inh} 0,46 (DMF); 91%. – *Nonandiisocyanat-(1.9) u. Äthylenglykol*, F. 168°, T_g 44,0°, analog **A** aus **II**; $D.^{30}$ 1,1750; η_{inh} 0,77 (m-Kresol); 74%. – *Decandiisocyanat-(1.10) u. Äthylenglykol*, F. 174°, T_g 60,8°, analog **A** aus **III**; $D.^{30}$ 1,1750; η_{inh} 0,79 (m-Kresol); 75%. – Polyamide aus Adipoylchlorid u.: *Nonandiamin-(1.9)*, durch Zugabe von Adipoylchlorid in abs. **Bzl.** zu **II** in wss. NaOH; η_{inh} 1,37 (m-Kresol); 81%. – *Decandiamin-(1.10)*, analog; η_{inh} 0,93 (m-Kresol); 82%. K. Gröbe 4030△

1247 **Polyimide.** C. E. Sroog. (J. Polymer Sci., Part C **16,** 1191–1209, 1965; E. I. du Pont de Nemours and Co., Wilmington, Del.; engl.) – Es werden Darst.-Meth. verglichen u. Betrachtungen über die Abhängigkeit der Eig. von Details der chem. Struktur angestellt. Im einzelnen werden behandelt: *Polyimide* (**PI**) aus aliphat. Diaminen u. aromat. Dianhydriden, **PI** aus aromat. Diaminen u. aromat. Dianhydriden, Synth. von *Polyaminosäure* (**PAS**), Umwandlung von **PAS** in **PI** (therm. u. chem.), Eig. von **PAS,** Eig. von **PI** (**PI** von aliphat., **PI** von aromat. Diaminen), therm. Stabilität, hydrolyt. Stabilität, Strahlungsresistenz, Lsg.-Eig., Farbe, Kristallinität u. mechan. u. elektr. Eig. aromat. *Polypyromellitimide.* H. Czech 4030△

1248 **Synthese von Polyhydrazonen und Polypyrazolen durch Polycyclisierungs-Reaktion.** V. V. Korshak, E. S. Krongauz und A. M. Berlin. (J. Polymer Sci., Part A **3,** 2425–39, 1965; Acad. of Sci., Moscow, Inst. of Elemento-Organ. Compounds; engl.) – Durch Rk. von *4.4′-Bis-[acetoacetyl]-diphenyloxid, 4.4′-Bis-[acetoacetyl]-diphenyläthan, Sebacoyl-bis-acetophenon, Tetraacetyläthan, Tetraacetylpropan, 1.4-Bis-[2′.2′-diacetoäthyl]-benzol, 4.4′-Bis-[2″.2″-diacetoäthyl]-diphenyl, 4.4′-Bis-[2″.2″-diacetoäthyl]-diphenyloxid* mit Dihydraziden von Adipinsäure u. Isophthalsäure oder mit Dihydrazinen, wie *p-Phenylen-* u. *Hexamethylendihydrazin* wurden neue hochmol. Verb. mit Pyrazolringen in der Hauptkette hergestellt. *Polypyrazole* mit einer freien NH-Gruppe im Pyrazolring wurden durch Rk. von Bisdiazoalkanen mit Diacetylenen dargestellt.

Versuche: *Lineare Bis-[β-diketone]*: *4.4′-Bis-[acetoacetyl]-diphenyläthan* u. *4.4′-Bis-[acetoacetyl]-diphenyloxid* durch direkte Acetylierung von Diphenyläthan u. Diphenyläther mit Acetanhydrid in Ggw. von BF_3. *Verzweigte Bis-[β-diketone]*, durch Rk. von Na-Acetylacetonat mit dem entsprechenden Dibrommethylderiv. bei 100° in 60–70%ig. Ausbeute. *Bis-pyrazole* wurden durch Umsetzung von Hydrazinhydrat mit Bis-[β-diketonen] hergestellt: *4.4′-Bis-[5(3)-methylpyrazolyl-3(5)]-diphenyläthan*, Ausb. 78%; F. 252–254°. – *4.4′-Bis-[5(3)-methylpyrazolyl-3(5)]-diphenyloxid*, 86%; F. 239 bis 240°. – *1.4-Bis-[3.5-dimethylpyrazolyl-(4)]-xylol*, 89%; F. 318–320°. – *4.4′-Bis-[3.5-dimethylpyrazolyl-(4)]-methyldiphenyloxid*, 79%; F. 234–236°. – *4.4′-Bis-[3.5-dimethylpyrazolyl-(4)]-methyldiphenyl*, 88%; F. 292 bis 294°. *1.8-Di-[5(3)-phenylpyrazolyl-3(5)]-octan* 84%; F. 179°. *Bis-[3.5-dimethylpyrazolyl-(4)]*, 80%, F. 297 bis 298°. *4.4′-Bis-[5(3)-methylpyrazolyl-3(5)]-diphenyldisulfid*, 80%; F. 251–252°. Aus diesen Bispyrazolen wurden mit Diisocyanat in Chlorbenzol bei Raumtemp. *Polypyrazole* hergestellt. R. Heinrich 4030

1249 **Polyimidazopyrrolone; ein neuer Weg zu Leiterpolymeren.** Vernon L. Bell und George F. Pezdirtz. (J. Polymer Sci., Part B **3,** 977–84, 1965; Nat. Aeron. & Space Admin., Langley Res. Center, Hampton, Va.; engl.) – Aus aromat. Dianhydriden, wie *Benzophenontetracarbonsäure-(3.3′.4.4′)-dianhydrid* oder *Pyromellitsäuredianhydrid* (**I**) u. aromat. Tetraminen, wie *3.3′-Diaminobenzidin, 1.2.4.5-Tetraaminobenzol* (**II**) u. *3.3′.4.4′-Tetraaminodiphenyläther* (**III**) lassen sich *Polyimidazopyrrolone* (*Pyrrone*), die den Aufbau von Leiterpolymeren haben, herstellen. Dabei bildet sich zunächst unter Ringöffnung des Dianhydrids u. Rk. mit dem Tetraamin ein in DMF lösl. *Poly-(aminosäureamid)* (**ASA**), das beim Erhitzen eine zweimalige W.-Abspaltung erleidet u. in das *Pyrron* übergeht. Der Rk.-Verlauf ermöglicht es, aus Lsg. von **ASA** unter Verdampfen des Lsgm. bei 125° Filme, Überzüge u. Formkörper herzustellen, die beim Erhitzen (1 Std. bei 225°, 3 Std. bei 325°) unter Schwarzfärbung cyclisiert u. kondensiert werden. Die Pyrrone sind weder entzündlich noch schmelzbar. Stärkerer Gew.-Verlust tritt erst oberhalb von 500° ein. Sie sind gegen ionisierende Strahlung ungewöhnlich beständig.

Versuche: *Polyamid aus* **I** *u.* **III** (**ASA**), $(C_{22}H_{16}\cdot N_4O_7)_n$, aus **I** u. **III** in DMF bei bis zu 40°, anschließend Fällung mit Aceton. – *Poly-{oxy-7H.15H-2.10-bis-benzimidazo-[1.2-a:1′.2-a′]-benzo-[1.2-c:4.5-c′]-dipyrrol-7.15-dion}*, $(C_{22}H_8N_4O_7)_n$ aus **ASA** durch 1std. Erhitzen auf 425°. – *Polyamid* aus **I** u. **II**, aus **I** in DMF u. dem Tetrahydrochlorid von **II** in DMF u. Pyridin. W. Willenberg 4030

1250 **Amphotere Ionenaustauscherharze.** **3.** Mitt. G. Manecke und A. Grohmann. (Makromolekulare Chem. [Basel] **82,** 146–55, 1965; Berlin-Dahlem, Max-Planck-Ges., Fritz-Haber-Inst.; dt.) – 2. vgl. ibid. **59** (1963) 106. – Amphotere *Ionenaustauscher* mit den Eig. polymerer Komplexbildner wurden durch Copolymerisation (Copol.) von *2.4.6-Tris-[äthylenimino]-1.3.5-triazin* (**I**) oder *1.4-Bis-[β-äthyleniminoäthyl]-benzol* (**II**) mit *β-Äthyleniminobuttersäuremethylester* u. *Äthyleniminobernsteinsäurediäthylester* (**III**), weiterhin durch Copol. von **I** mit *Äthyleniminoessigsäureäthylester* (**IV**), *β-Äthyleniminopropionsäuremethylester* u. *-äthylphosphonsäurediäthylester* (**V**) mit anschließender alkal. Verseifung der Estergruppen erhalten. Das Molverhältnis **I**:Ester betrug (1,0–1,5):10, die Pol.-Temp. lag $>90°$. Das Basenbindungsvermögen betrug maximal 10,54 mÄquiv./g (Harz aus **I** u. **III**), das Säurebindungsvermögen maximal 10,8 mÄquiv./g (Harz aus **I** u. **IV**) u. das Cu-Bindungsvermögen maximal 6,84 mÄquiv./g (Harz aus **I** u. **III**). Das Bindungsvermögen u. die Aufnahmegeschw. der Harze für Mg^{2+}-, Zn^{2+}- u. Cu^{2+}-Ionen wurde in Abhängigkeit vom pH-Wert untersucht. Es zeigte sich, daß die Art der Aminosäure das Komplexbldg.-Vermögen bedingt, daher sind die Aufnahmekurven relativ unabhängig von der Art des Vernetzers (dagegen ist die Aufnahmegeschw. vom Vernetzer abhängig). Die geringe Aufnahme des Harzes aus **I** u. **V** ist auf die unvollständige alkal. Verseifung bei der Darst. (nur bis zum Halbester) zurückzuführen. Bei dem pH-Wert der geringsten Quellbarkeit des Harzes fand die langsamste Aufnahme an Me^{2+}-Ionen statt.

Versuche: *Äthylenimin-N-äthylphosphonsäurediäthylester* (**V**), $Kp._{0,005}$ 53°, durch zügiges Zutropfen von *β*-Chloräthylphosphonsäurediäthylester zu 4 n Tetramethylammoniumhydroxid u. Äthylenimin (**VI**) bei 75°, 3std. Rk. bei 45°, Versetzen mit 30%ig. NaOH u. Aufnehmen in Bzl.; n_D^{20} 1,4450; 19,6% (Ausb.). – *4-[β-Äthyleniminoäthyl]-styrol*, $C_{12}H_{15}N$, $Kp._{0,001}$ 49°, durch Rk. von Na mit 1.4-Divinylbenzol ($Kp._{11}$ 74°; n_D^{40} 1,5810), Zutropfen von **VI** u. 3std. Rühren bei 30°, n_D^{20} 1,5516; 39%. – *1.4-Bis-[β-äthyleniminoäthyl]-benzol* (**II**), $C_{14}H_{20}N_2$, F. 34°, $Kp._{0,001}$ 84°, analog vorst. Verb. durch weiteren Zusatz von **VI** u. Na; n_D^{20} 1,5206; 90%. – Copolymere des 2.4.6-Tris-[äthylenimino]-1.3.5-triazins: *β:Äthyleniminobuttersäuremethylester-Copol.*, durch Lösen von **I** in *β*-Äthyleniminobuttersäuremethylester bei 83°, Zugabe von Diäthylsulfat in Bzl. u. $1^1/_2$std. Rk.; glasiges hellgelbes Produkt. – *Äthyleniminoessigsäure-Copol.*, analog vorst. Verb. durch 4std. Erwärmen auf 90°; dunkles Harz. K. Gröbe 4030△

1251 **Struktur und Eigenschaften Vinylpolymerer und ihrer Modelle.** 5. Mitt. **Analyse der Winkelabhängigkeit der Streulichtintensität in den Lösungen von Polyvinylchloridproben, die Mikrogele enthalten.** P. Kratochvíl. (Collect. czechoslov. chem. Commun. **30,** 1119–28, 1965; Prag, Tschechoslov. Akad. der Wiss., Inst. für makromol. Chem.; engl.) – 4. vgl. ibid. **30** (1965) 683. – Unfraktioniertes *Polyvinylchlorid* u. seine Fraktionen höheren Molgew. enthalten Mikrogelteilchen, die eine starke Vergrößerung der Streulichtintensität im Kleinwinkel-Bereich verursachen. Im Weitwinkel-Bereich wird die Lichtstreuung durch die Mikrogelteilchen nicht beeinflußt; man kann also aus diesen Messungen das durchschnittliche Molgew. berechnen, das die Mikrogele nicht einschließt. Aus der Analyse der Winkelabhängigkeit der Streulichtintensität folgt, daß die Mikrogele ungefähr kugelige Teilchen mit einem Durchmesser von 200 bis 300 nm u. einem Molgew. von $\sim 10^8$ sind. Ihre Konz. in den untersuchten Proben bewegten sich zwischen 10^{-2} u. 10^{-3}%. J. Skalský 4040△

1252 **Synthese photosensitiver Polymerer, die Dithiocarbamat-Gruppen enthalten, und das photochemische Verhalten ihrer Modellsubstanzen.** Makoto Okawara, Hisao Yamashina, Kunihiko Ishiyama und Eiji Imoto. (J. chem. Soc. Japan, ind. Chem. Sect. [Kōgyō Kagaku Zasshi] **66**, 1383—89, 1965; Dep. of Appl. Chem., Univ. of Osaka Prefecture, Sakai-shi, Osaka; jap.) — Zur Unters. von Synthese u. Eig. eines neuen Typs von photosensitiven Harzen, die *Dithiocarbamat*-Gruppen (**I**) enthalten, wurden zwei Modellsubstanzen $C_6H_5CH_2 \cdot SCSN(C_2H_5)_2$ (**II**) u. $(CH_3)_2CHOCOCH_2SCSN(C_2H_5)_2$ (**III**), dargestellt u. ihr photochem. Verh. untersucht. **II** ergab bei der UV-Bestrahlung in Bzl. -Lsg. Dibenzyl, **III**, Isopropylphenylacetat u. $(C_2H_5)_2NHHSCSN(C_2H_5)_2$ (Formel so Orig.). Die Spaltung tritt demnach vorwiegend an der C–S-Bindung ein. **II** u. **III** haben beschleunigende Wrkg. auf die Photo-Polymerisation (Pol.) von *Methylmethacrylat* (**IV**), Rk.-Geschw. u. Kettenübertragungskonst. wurden bestimmt. Weder **II** noch **III** hemmten die therm. Pol. von **IV**. Einige Polymere, die $-SCSN(C_2H_5)_2$ im Gerüst von *Polystyrol* (**V**) bzw. *Polyvinylalkohol* enthalten, wurden synthetisiert. Das Prod. mit einer $-CH_2SCSN \cdot (C_2H_5)_2$-Gruppe am Phenylkern von **V** (**VI**) konnte mit **IV** photochem. gepfropft werden. **VI** erwies sich als Film dem Polyvinylcinnamat bez. der Photosensitivität überlegen. K. Pfleghar 4050

1253 **Synthese von Polythiomethylen mit einer neuen Kristallform.** Mario Russo, Luigi Mortillaro, Carlo De Checchi und Lino Credali. (Gazz. chim. ital. **95**, 448—54, 1965; Padova, Univ., Ist. di Chim. organ.; ital.) — *Polythiomethylen* wurde dargestellt durch Einleiten von CH_2Cl_2 im N_2-Strom in eine Lsg. von NaSH in A. u. anschließendes 9std. Kochen zwischen 2,53 u. 0,5 CH_2Cl_2/NaSH. Die höchste Ausb. mit 99% wurde bei dem Verhältnis 1,93 erhalten; in keinem der Fälle war die Ausb. < 90%. Alle dargestellten Polymeren hatten eine in heißem Bzl. lösl. Fraktion. Die in Bzl. lösl. Fraktion hatte stets ein niedrigeres Schmelzintervall als der in Bzl. nicht lösl. Rest; bei der lösl Fraktion handelt es sich demnach um ein Polythiomethylen mit sehr niedrigem Molgewicht. Es wurde eine neue krist. Form nachgewiesen, die metastabil ist u. bei $\sim 153°$ irreversibel in die hexagonale Form übergeht, was aus der DTA ersichtlich war. Durch Erwärmen des Polymeren mit niedrigem Molgew. tritt Umwandlung in höher schmelzende Prod. ein. Zur Prüfung der Beobachtung, daß diese Prod. sich vom Kettenende her zersetzen, wurden die Endgruppen durch Acetylieren geschützt. Auf dem IR-Absorptionsspektrum der acetylierten Verb. war die Absorptionsbande der Gruppen SH (3,85 μ) verschwunden; dagegen trat neu die Absorptionsbande der Gruppe $SCOCH_3$ (5,9 μ) auf. Die acetylierten Verb. sind noch bei 250—260° stabil. C. Gottfried 4050△

1254 **Strahlungsstabilität von sulfonierten Styrolharzen, die mit verschiedenen Divinylbenzolisomeren und deren Mischungen vernetzt wurden.** Richard H. Wiley und Giovanni Devenuto. (J. appl. Polymer Sci. **9**, 2001 bis 2007, 1965; College of Arts and Sci., Univ. of Louisville, Louisville, Ky.; engl.) — *Vernetzte sulfonierte Styrolharze* (**A**) werden durch Copolymerisation von Styrol (**I**) mit handelsüblichem *Divinylbenzol* (**II**), reinem *p*-**II**, *m*-**II** bzw. einem Gemisch aus **m-II**:**p-II** = 2:1 in Ggw. von 0,5% Dibenzoylperoxid bei 80° hergestellt u. bei 100° sulfoniert. Die trockenen bzw. angefeuchteten Proben werden mit einer ^{60}Co-γ-Quelle unter N_2 (290000 r/h) bestrahlt. Die Kapazitäten der ausgewaschenen Proben werden durch Behandlung mit KCl u. Rücktitration bestimmt. Bei **A** mit 4 bzw. 8% **II** beträgt der Gew.-Verlust im angefeuchteten Zustand bei 0,91 · 10^8 rad 2,0—6,5%, bei 1,9 · 10^8 rad 4,9—7,9%. Der Kapazitätsverlust schwankt zwischen 5% u. 12,8%, er ist bei **A** mit geringerer Vernetzung größer (für **A** mit 4% **II** bzw. 8% **II** 12,3% bzw. 10,2%). Der Kapazitätsverlust von 11,2—11,9% bei **A**, die mit handelsüblichem **II** vernetzt sind, liegt gegenüber den mit reinem *m*- bzw. *p*-**II** vernetzten Prod. (10,2—10,7%) höher. Der Feuchtigkeitsgeh. nimmt bei der Bestrahlung zu (bei 8% **II** um 13 bis 16%, bei 4% **II** um 2,7—3% bei einer Dosis von 1,9 · 10^8 rad), die Zunahme ist bei den *m*-**II** vernetzten **A** geringer (bei 8% um 1,5%, bei 4% um 0,8%). Bei Bestrahlung der trockenen **A** mit einer Dosis von 0,85 bis 1,75 · 10^8 rad beträgt der Gew.-Verlust 2—3,5%, der Kapazitätsverlust 2,1—6,2%, die Werte liegen bedeutend niedriger als die der in feuchtem Zustand bestrahlten **A**; bei Vernetzung mit 4% **II** beträgt der Kapazitätsverlust 2,1—5,1%, bei 8% **II** 3,1—6,2%. Der Feuchtigkeitsgeh. nimmt mit zunehmender Dosis ab. Die geringe Strahlungsresistenz der mit handelsüblichem **II** vernetzten **A** (Kapazitätsverlust von 11,2—11,9% bei Bestrahlung im feuchten Zustand mit 1,9 · 10^8 rad gegenüber 6% bei Bestrahlung im trocknen Zustand) wird auf den Äthylvinylbenzol-Geh. von **II** zurückgeführt. Zwischen den mit *m*- bzw. *p*-**II** vernetzten **A** tritt kein Unterschied im Kapazitätsverlust auf; Sulfonierung u. strahlungsinduzierte Desulfonierung werden durch die gleichen strukturellen Faktoren bestimmt. Die geringe W.-Abspaltung bei *m*-**II**–**I**-**A** wird auf eine geringere Geschw. der strahlungsinduzierten Hydroxylierung u. der Spaltungsrk. der *m*-Vernetzungen zurückgeführt. Die geringe Zunahme des Feuchtigkeitsgeh. bei Bestrahlung von trocknen **A** resultiert aus der größeren Stabilität der Vernetzungsstellen im trocknen Zustand u. der Bldg. von zusätzlichen Sulfon-Vernetzungen. K. Bühler 4050

1255 **Oligomere Siliciumverbindungen mit funktionellen Gruppen.** 17. Mitt. **Herstellung und Polyadditionsreaktionen des 1.1'-Bis-(dimethylhydrosilyl)-ferrocens.** Gerd Greber und Manfred L. Hallensleben. (Makromolekulare Chem. [Basel] **83**, 148—60, 1965; Freiburg i. Br., Univ., Inst. für makromol. Chem.; dt.) — 16. vgl. **77** (1964) 13. — Durch Red. des 1.1'-Bis-[dimethyläthoxysilyl]-ferrocens (**V**) mit $LiAlH_4$ wurde *1.1'-Bis-[dimethylhydrosilyl]-ferrocen* (**I**) erhalten, das sich an Acetylen zum *1.1'-Bis-[dimethylvinylsilyl]-ferrocen* (**II**) (neben Bldg. eines höheren *Oligomeren*) u. an 1-Allyldisiloxan (**III**) zum *1.1'-Bis-[5-trimethylsiloxy-1.1.5.5-tetramethyl-1.5-disilapentyl]-ferrocen* (**IV**) addiert. Durch Rk. von **I** mit Partnern, die zwei endständige Vinyl- oder Äthinyl-Si-Gruppen besitzen, entstehen durch Polyaddition Makromol. mit Ferrocenylresten in der Hauptkette. Liegt die eine Rk.-Komponente im Überschuß vor, so enthält das Polyaddukt zwei Vinyl-Si- oder H–Si-Endgruppen. Analog gibt 1.3-Diäthinyl-disiloxan (**VI**) Polymere mit kettenständigen Vinylengruppen. Analog wurde ein Polyaddukt aus **II** mit **I** erhalten. Die meisten erhaltenen Prod. zersetzen sich schon bei 350° merklich, wobei die Polymeren mit den meisten Ferrocenylgruppen am instabilsten sind, was auf eine bevorzugte Spaltung der Ferrocen-Si-Bindung hindeutet. Die Polymeren aus **I** u. **II** sowie aus **II** u. 1.3-Dihydro-disilphenylen zersetzen sich dagegen unter N_2 erst ab $> 370°$ merklich.

Versuche: *1.1'-Bis-[dimethylhydrosilyl]-ferrocen* (**I**; IR-Spektrum), $C_{14}H_{22}FeSi_2$, Kp.$_{0,1}$ 85—86°, durch Zutropfen von **V** in abs. Di-n-butyläther (**VII**) zu einer 100° warmen Suspension von $LiAlH_4$ in **VII**, 8std. Erhitzen auf 100°, Einengen u. Dest.; D_4^{20} 1,1255; n_D^{20} 1,5637; rotbraune Fl.; 94% (Ausb.). — *1.1'-Bis-[5-trimethylsiloxy-1.1.5.5-tetramethyl-1.5-disilapentyl]-ferrocen* (**IV**; IR-Spektrum), $C_{30}H_{62}FeO_2Si_6$, Kp.$_{0,003}$ 122°, durch 60std. Erhitzen von **I** u. **III** unter N_2 in Glykoldimethyläther (**VIII**) in Ggw. von H_2PtCl_6 in einer Ampulle auf 110°; D_4^{20} 1,0194; n_D^{20} 1,4979; rotbraune Fl.; 80,3%. — *1.1'-Bis-[dimethylvinylsilyl]-ferrocen* (**II**; IR-Spektrum), $C_{18}H_{26}FeSi_2$, Kp.$_{0,003}$ 104°, durch Einleiten von Acetylen in Ggw. von H_2PtCl_6 in ein Gemisch von THF u. **VIII** unter N_2 innerhalb von 3 Std. Zutropfen von **I** in THF bei 25—26° u. 1std. Einleiten von Acetylen; D_4^{20} 1,1019; n_D^{20} 1,5627; 84,6% neben einem *Oligomeren*, $(C_{32}H_{48} \cdot Fe_2Si_4)_n$; 10,2%. — Polyadditionsprod. von 1.1'-Bis-[dimethylhydrosilyl]-ferrocen mit: *1.3-Di-*

vinyldisiloxan (IR-Spektrum), $(C_{22}H_{40}FeOSi_4)_{\sim 7}$, a) durch 20std. Erhitzen von 0,01 Mol I u. 0,0098 Mol 1.3-Divinyldisiloxan (IX) auf 120°; 66%; b) $(C_{22}H_{40}FeSi_4)_{\sim 7}$, durch 72std. Erhitzen von 0,01 Mol I u. 0,011 Mol IX auf 120°; 70,5%. — *1.3-Diallyl-disilmethylen*, $(C_{25}H_{46}FeSi_4)_{\sim 7}$, analog 65 Std. bei 120°; 59%. — *1.3-Diäthinyl-disiloxan* (IR-Spektrum), $(C_{22}H_{36}FeOSi_4)_{\sim 11}$, analog durch 36std. Erhitzen auf 120°; 78%. — *1.1'-Bis-[dimethylvinylsilyl]-ferrocen* (IR-Spektrum), $(C_{32}H_{48}FeSi_4)_{\sim 5}$, Erweichungspunkt (Ewp.) 92—94°, durch 54std. Erhitzen auf 120°; 79%. — Polyadditionsprod. von 1.1'-Bis-[dimethylvinylsilyl]-ferrocen mit: *1.3-Dihydro-disilphenylen*, $(C_{28}H_{44}FeSi_4)_{\sim 6}$, Ewp. 69—74°, durch 46std. Erhitzen auf 120°; 78%. — *1.5-Dihydro-trisilmethylen* (IR-Spektrum) $(C_{26}H_{50}FeSi_5)_{\sim 8}$, durch 70std. Erhitzen auf 120°; 73%. — *1.5-Dihydro-trisiloxan*, $(C_{24}H_{46}Fe\cdot O_2Si_5)_{\sim 10}$, durch 65std. Erhitzen auf 120°; 85%.

K. Gröbe 4050△

1256 **Ferrocen enthaltende Polymere. 4. Mitt. Polymere Äther als Zwischenstufen bei der Selbstkondensation von Ferrocenylcarbinolen.** Eberhard W. Neuse und Edward Quo. (Bull. chem. Soc. Japan **38**, 931—35, 1965; Douglas Aircraft Co., Inc., Santa Monica, Calif.; engl.) — 3. vgl. J. Amer. chem. Soc. **85** (1963) 1952. — Die HCl-katalysierte Polykondens. von *Ferrocenylphenylcarbinol* (I) unter milden Bedingungen gibt ein Prod., in dem nach Deutung der IR- u. KMR-spektrometr. Befunde u. der CHFe-Analyse niedrigmol. *Polyäther* vom Typ $R'C_{10}H_8\cdot FeCH(C_6H_5)OCH(C_6H_5)FeC_{10}H_8R''$ (II) vorkommen, die bei Kondens. unter schärferen Bedingungen als Zwischenstufen vermutet, aber nicht gefunden wurden. Daneben enthält das Prod. O-freie Polymere u. das Diastereomerengemisch des monomeren Äthers (R' = R'' = H) (III). Unterwirft man das Prod. nachträglich den üblichen Kondens.-Bedingungen, so erhält man mit den aus früheren Kondens.-Vers. resultierenden Polymeren ident. Produkte.

K. Heyns 4050

1257 **Ferrocen enthaltende Polymere. 5. Mitt. Polykondensation von N.N-Dimethylaminomethylferrocen.** Eberhard W. Neuse und Edward Quo. (J. Polymer Sci., Part A**3**, 1499—1514, 1965; engl.) — 4. vgl. vorst. Referat. — Die optimalen Bedingungen für eine Selbstkond. von *N.N-Dimethylaminomethylferrocen* (I) in der Schmelze bietet das Gemisch: $I/ZnCl_2/HCl = 2:1:2$. Es resultieren lösl. Polymere mit methylengruppenverknüpften Ferrocenylenbausteinen vom Molgew. 4000—8000. Elementaranalyse, IR-Spektroskopie u. viskosimetr. Daten (Mark-Houwink-Beziehung: $[M] = 8{,}2\cdot 10^{-4}\ M^{0{,}40}$) der einzelnen Fraktionen des Polymeren zeigen keine Unterschiede zu einem früher beschriebenen aus Hydroxymethylferrocen erhaltenen Polymeren. Die Polymerisation des I ($Kp._3$ 130—132°), wurde bei 170° unter N_2 durchgeführt. Bei Unterbrechung der Polykondens. nach 15 Min. wurde ein Komplex aus I, $ZnCl_2$ u. HCl isoliert u. nach 7 Std. Rk.-Zeit als Nebenprod. *Dimethylammoniumtetrachlorzinkat* erhalten.

K. Heyns 4050

D-3. Spezielle natürliche Hochpolymere

1258 **Modifizierung von Styrol–Butadien-Kautschuk durch tert.-Nonylmercaptan als Regler.** C. A. Uraneck und J. E. Burleigh. (J. appl. Polymer Sci. **9**, 1273—83, 1965; Philips Petrol. Co., Bartlesville, Okla.; engl.) — Aus der für den Viskositätsmittelwert des Polymerisationgrades, $\overline{P}_v$, bei Zusatz von Reglern aufgestellten Modellgleichung folgt, daß in der Kurve, bei der $\overline{P}_v$ gegen den Umsatz aufgetragen wird, ein Minimum auftreten muß. Bei Zusatz von tert.-Dodecylmercaptan (I) zu *Styrol–Butadien*-Kautschuk-Mischungen bei 5° wurde statt dessen ein Max. erhalten. Durch Zusatz von tert.-Nonylmercaptan (II) ändert sich die Molgew.-Verteilung u. es wird 34 Gew.-% weniger Regler benötigt als beim Arbeiten mit I. Die Labor.-Vers. lassen sich auf den techn. Maßstab übertragen. Für die Spannungs-, Dehnungs- u. Mischungs-Eig. des Syst. Styrol–Butadien ist es gleich, ob I oder II als Regler zugesetzt wird.

E. Koßmehl 4060

1259 **Untersuchung der Anreicherung von paramagnetischen Teilchen bei der Polykondensation von Kohlehydraten mit Hilfe der paramagnetischen Resonanz.** V. A. Kuz'menko. (Fiziol. Ž. **13** (1967) 4, 546—49; Kiiv, inst. fiziol. im. O. O. Bohomol'cja AN URSR; ukrain.) — Die Unters. über die Anreicherung von paramagnet. Teilchen während der Polykondensation von *Adenosin, Guanosin, Ribose, Xylose, Lyxose, Arabinose, Talose* u. *Mannose* ergaben, daß bei den Pentosen die Polykondensation viel rascher verläuft als bei den Hexosen. In Vers. mit *Aldehyden* u. *mehrwertigen Alkoholen* kann eine Polykondens. nicht beobachtet werden. Dieser Prozeß ist spezif. für die Zucker. Für die Polykondens. der Zucker ist die Ggw. eines Furanoseringes erforderlich.

O. Lebtag 4070△

1260 **Photolyse von Nitrocellulose.** I. M. Jarmolenka und H. M. Savascenka. (Izvest. Akad. Nauk BSSR, Ser. chim. Nauk **1966**, Nr. 3, 29—33; Inst. für allg. u. anorgan. Chem. der Akad. der Wiss. der Beloruss. SSR; beloruss.) — Bei Bestrahlung von *Nitrocellulose* (0,1 bis 6% N) mit UV im Vakuum ist die Bldg. flüchtiger Verb. nicht proportional dem N-Gehalt. Im Gebiet von ~ 0,75 bis 1,5% N hat man ein Minimum. Die Geschw. der photolyt. Rk. ändert ich bei Präp. mit geringem N-Geh. nur wenig mit der Strahlungsmenge, verringert sich jedoch bei höherem N-Gehalt. Die Umwandlung des Polymeren selbst während der Photolyse wurde an Hand der Veränderung des IR-Spektrums beurteilt. Danach nimmt die Menge der NO_2-Gruppen im Verlaufe der Bestrahlung ab.

M. Ulmann 4070

1261 **Synthese eines Mercaptoäthyläthers von Dextran.** O. A. Zavada, A. D. Virnik, K. P. Chomjakov und Z. A. Rogovin. (Chim. prirodnych Soedinenij **2**, 437—38, 1966; Moskva, Tekstil'nyj inst.; russ.) — Durch Rk. von 15 g Dextran (I, aus 45 ml 18%ig. NaOH mit CH_3OH gefällt u. getrocknet) mit 300 ml Äthlensulfid (20°, 4 Std., Rühren) wird ein 32% S, aber nur 0,2% SH-Gruppen enthaltendes Prod. erhalten. Die SH-Gruppen der Alkylreste u. der gepfropften Ketten sind also prakt. vollständig oxydiert. Zur Red. der S–S-Bindungen wird 24 Std lang bei 20° mit 250 ml 5%ig. $Na_2S_2O_4$-Lsg. behandelt. Bei der Filtration verbleibt ein 30% I-Copolymeres u. 70% Polyäthylensulfid enthaltender Rückstand. Aus dem Filtrat wird nach Ansäuern mit HCl durch CH_3OH ein in W. lösl. I-Deriv gefällt u. durch Umfällen mit CH_3OH aus W. gereinigt. Der S-Geh beträgt 20%, das Elektronenaustauschvermögen 6,2 mg-Äquivalent/g, woraus sich 20,4% SH-Gruppen ergeben. Das Prod. stellt einen I-*Mercaptoäthyläther* $[C_6H_7O_2(OH)_{1,35}(OCH_2CH_2\cdot SNa)_{1,65}]_n$ dar. Der Filterrückstand beträgt ca. 50 Gew.-% dieses Produkts.

R. K. Müller 4070

1262 **Einfluß der Temperatur auf die Molekulargewichtsbestimmung nach der Methode der Gelfiltration.** O. Kirret, I. Arro und H. Heinlo. (Izvest. Akad. Nauk Est. SSR Ser. biol. **1966**, Nr. 3, 414—17; Eesti NSV Tead. Akad., Keem. Inst.; estn., Auszug: russ.) — Für die Best. des Molgew. von Proteinen wird eine mit Sephadex G-100 beschickte Kolonne von 1,2 cm ⌀ u. 140 cm Länge verwendet. Zum Auswaschen dient eine Acetatpufferlsg. (pH 6,0), deren Ionenstärke durch NaCl auf $\mu = 0{,}5$ erhöht ist. Der Einfl. der Temp. hängt vom Molgew. ab: mit abnehmendem Molgew. nimmt der Einfl. der Temp. auf das Auswaschvol. zu, das Trennvermögen der Kolonne u. die Genauigkeit der Molgew.-Best. nimmt mit abnehmender Temp. zu, die Tangente des Steigwinkels der Kurve hängt linear von der Temp. ab. Die Eichkurven schneiden sich beim Molgew. 150000, der oberen Grenze der Fraktionierung der Globuline.

R. K. Müller 4080

1263 **Desoxyribonucleinsäuren in Lösung. 6. Mitt. Molekulargewichte von Desoxyribonucleinsäurefraktionen an Hand von hydrodynamischen Messungen.** J. Šponar M. Boublík und H. Votavová. (Collect. czechoslov. chem. Commun. *30*, 2920—27, 1965; Prague, Czechoslov. Acad. of Sci., Inst. of Org. Chem. and Biochem.; engl.) — 5. vgl. ibid. **30** (1965) 2645. — Die Sedimentationskonst. (*S*) u. die Intrinsic-Viskosität hoch- u. niedriger mol. *DNS* aus Kalbsthymus wurden bestimmt. Die Konz.-Beziehungen von *S* u. die Abhängigkeit der red. Viskosi-

täten einiger nichtfraktionierter Proben u. fraktionierter Proben werden diskutiert. Die Molgew. (M) wurden nach Mandelkerns u. Florys Gleichung an Hand des $S^0_{20,w}$, u. $[\eta]$-Wertes der Fraktionen ber. u. die Abhängigkeit von $S_{20,w}$, von M, sowie die von $[\eta]$ von M wurden für die einzelnen Fraktionen in verschiedenen Molgew.-Bereichen bestimmt. Bei einigen Fraktionen wurde auch die tatsächliche Länge des hydrodynam. Segmentes, welche die Flexibilität des Mol. bestimmt, ber.; ein höheres Biegungsvermögen wurde bei Mcl. von niedrigermol. DNS beobachtet.
V. Knesslová 4090△

E. Biologische, physiologische und medizinische Chemie

E-1. Allgemeine Biologie und Biochemie

1264 **Evolutionsbiochemie und Ursprung des Lebens.** V. G. Kočerėžkin. (Izvest. Akad. Nauk SSSR, Ser. biol. **1967**, 2, 310—13; russ.) — Übersicht.
O. Lebtag 4100△

1265 **Elektronenmikroskopische Untersuchung der Eigenschaften lipoider Zweischichtenmembranen, die zwei wäßrige Phasen trennen.** F. A. Henn, Glen L. Decker, J. W. Greenawalt und T. E. Thompson. (J. molecular Biol. **24** (1967) 1, 51—58; Dep. of Physiol. Chem., Johns Hopkins School of Med., Baltimore, Md.; engl.) — Durch Fixieren mit $La(NO_3)_3$ u. $KMnO_4$ können synthet. lipoide Membranen aus Phosphatidyläthanolamin (aus *Escherichia coli* B isoliert) u. Cholesterin elektronenmkr. untersucht werden. Die Membranen erscheinen danach trilamellar, ihre Dicke wird zu ca. 100 Å bestimmt.
Helmut Schulze 4100

1266 **Zweites internationales Symposium über Chemie und Biologie der Pyridoxalkatalyse.** Ju. M. Torčinskij. (Izvest. Akad. Nauk SSSR, Ser. biol. **1967**, 2, 321—24; russ.) — Bericht über Vorträge u. Diskussionen des 2. Internationalen Symposiums in Moskau vom 15. bis 22. September 1966. O. Lebtag 4100△

1267 **Quantitative chromatographische Bestimmung einer synthetischen Aminosäure auf Ionenaustauscherharz: α-Aminoisobuttersäure.** G. Esposito und A. Faelli. (Boll. Soc. ital. Biol. sperim. **43** (1967) 8, 439—41; Milano, Univ., Ist. die Fisiol. Gener.; ital.) — Es wird die chromatograph. Trennung auf einer Ionenaustauscherharzsäule (Amberlit CG 120 AS) u. anschließende automat. kolorimetr. Analyse (Ninhydrinrk.) von Aminosäuren beschrieben, wobei die Anwendung radioakt. *α-Aminoisobuttersäure* (**I**) vermieden wird. **I** kann aus einem Gemisch mit 20 Aminosäuren getrennt werden, wobei auch Cystin u. Alanin nicht stören. F. Kren 4100

1268 **Migration der Elemente mit natürlicher Radioaktivität und ihre Verteilung auf die biotischen und abiotischen Komponenten der Umgebung.** I. N. Verchovskaja, P. P. Vavilov und V. I. Maslov. (Izvest. Akad. Nauk SSSR, Ser. biol. **1967**, 2, 270—85; Moskva, inst. biochimii im. A. N. Bacha AN SSSR; russ.) — Durch Unters. in verschiedenen Zonen der nördlichen Taiga mit erhöhter natürlicher Radioaktivität (radioakt. Gestein bzw. radioakt. Quellen) wird festgestellt, daß die Verteilung von *Ra*, *U* u. *Th* auf die einzelnen Horizonte des Bodenprofils vom Bodentyp, von der Art der Bodenbldg. u. von der Pflanzenassoziation abhängig ist. Die aus dem Boden in die Pflanze eintretenden Mengen der Radioelemente entsprechen nicht den Mengenverhältnissen im Boden. Am stärksten bzw. schwächsten ist der Eintritt bei Ra bzw. Th. In den älteren Organen der Pflanze ist deren Geh. erhöht. Selbst bei dem beweglichsten Ra erfolgt in der Pflanze keine Wiederverwertung. Durch Unters. des Geh. an Radioelementen in den Organen der in diesem Gebiet lebenden wilden Tiere wird deren Anteil an der Eliminierung der Radioelemente aus dem Boden u. an deren räumlicher Streuung ermittelt u. erörtert. O. Lebtag 4102△

1269 **Mitogenese durch Quecksilber-I-Chlorid.** E. Schoepf und K. H. Schulz. (Lancet **1967/II**, 7520, 840; Univ. Hamburg; engl.) — In menschlichen peripheren Lymphozyten, welche 5 Tage lang bei 37° im Medium T.C. 199 (Difco) gezüchtet wurden, löste HgCl eine Umwandlung u. Mitose aus. Die Spender dieser Lymphozyten zeigten bei Hauttesten keine Empfindlichkeit gegen HgCl. Die Wrkg. war am stärksten bei einer Konz. von $0{,}74 \cdot 10^{-4}$ m HgCl. K. Zingraf 4130

1270 **Vergleich der Wirkung von Äthylmethansulfonat und HNO_2 auf die Mutation von E. coli K 12 zur Streptomycin-Resistenz.** W. G. Verly, H. Barbason, J. Dusart und A. Petitpas-Dewandre. (Biochim. biophysica Acta [Amsterdam] **145** (1967) 3, 752—62; Dep. of Biochem., Univ., Montreal, Canada; engl.) — Die Bedingungen, um eine maximale Ausb. an Mutanten zu erhalten, wurden ausgearbeitet. Die meisten Mutanten sind Streptomycin-abhängig. Im Protein der 30S-Untereinheit der Ribosomen von *E. coli* dürften 2—3 Aminosäuren geändert worden sein. Im Falle von Äthylmethansulfonat dürften in der *DNS* einige spezif. Guaninreste alkyliert worden sein. M. Wiedemann 4130

1271 **Konfigurationsänderung von Oberflächen-Sialsäure während der Mitose.** Paul M. Kraemer. (J. Cell Biol. **33** (1967) 1 Part 1, 197—200; Los Alamos, N.Mex., Univ. of Calif., Los Alamos Scient. Labor., Biomed. Res. Group; engl.) — Die Best. der Oberflächen-*Sialsäure* als Funktion der Zelloberfläche bei parasynchronen CHO-Zellen (Chines. Hamster, Ovar) nach 9 Std. Hemmung durch Thymidin deutet darauf hin, daß die zelluläre elektrokinet. Oberfläche (deren Ladungsdichte die elektrophoret. Beweglichkeit bestimmt) u. die Oberfläche (trägt Sialsäuremol., die für Neuraminidase zugänglich sind) nicht ident. sind. Vermutlich beruht die vorübergehende Zunahme der elektrophoret. Beweglichkeit vor der Zellteilung auf Änderungen von Konform. oder Terminalkomplex von Sialoglykolipiden oder Sialoglykopeptiden, die sich an der Zelloberfläche befinden.
K. Maier 4130

1272 **Mutation in Drosophila durch Methylazoxymethanol, dem Aglykon von Cycasin.** Howard J. Teas und Joan G. Dyson. (Proc. Soc. exp. Biol. Med. **125** (1967) 3, 988—90; Div. of Biol. Sci., Univ. of Ga., Athens, Ga.; engl.) — Es wird die Mutationshäufigkeit in *Drosophila* nach Fütterung mit *Cycasin* (**I**; Methylazoxymethanol-β-D-glucosid), *Methylazoxymethanol* (**II**) u. *Methylazoxymethanolacetat* (**III**) untersucht. **I** wirkt nicht mutagen. **II** u. **III** wirken in starkem Maße mutationsauslösend für geschlechtsgebundene, rezessive Letalmutationen.
W. Hiller 4130

1273 **Chromosomenabweichungen in Mitosen von Weizen bei der Behandlung des Korns mit Nitrosoäthylharnstoff und Dimethylsulfat.** I. D. Lišenko. (Citologija **9** (1967) 4, 475—78; Belaja cerkov', sel'skochoz. inst.; russ.) — *Triticum monococcum* zeigt sich als widerstandsfähig gegen die mutagene Wrkg. von Nitrosoäthylharnstoff (**I**), die in einer Bldg. von Chromosomenabweichungen besteht, ist aber sehr empfindlich gegen Dimethylsulfat (**II**). Schon in schwachen Konz. (0,016%) wirkt **II** auf den Einkornweizen vernichtend, u. zwar infolge starker Chromosomenstörung. Viel Chromosomenumbau beobachtet man bei *Tr. vulgare*. M. Gordienko 4130

1274 **Isolierung und Eigenschaften einer Euglena-Mutante, der gegenüber der abtötenden und bleichenden Wirkung von N-Methyl-N'-nitro-N-nitrosoguanidin und einiger anderer Agenzien resistent ist.** D. R. McCalla. (Biochim. biophysica Acta [Amsterdam] **142** (1967) 1, 219—27; Ontario, Canada, McMaster Univ.; engl.) — Von bei hohen Konz. an *N-Methyl-N'-nitro-N-nitrosoguanidin* (**I**) u. bei CO_2 als einziger C-Quelle gewachsenen Zellen der *Euglena gracilis* überstehen die tötende u. bleichende Wrkg. des **I** nur solche, die eine 2- bis 4fache Resistenz gegenüber **I** aufwiesen. Das Wachstum einer typisch resistenten Mutante wird auch bei niedrigen Konz. des **I** schneller inhibiert als das Wachstum eines verwandten sensitiveren Stammes z. Es zeigt sich, daß **I**-resistente Zellen die durch **I** induzierten Schäden besser überstehen. In resistenten Mutanten ist die Fähigkeit zur Bldg. von Chloroplasten kreuzweise widerstandsfähig gegenüber Nitrofurantoin, nicht aber gegen UV-Bestrahlung; die Fähigkeit zur Bldg. von Kolonien ist gegenüber den beiden letzterwähnten Agenzien beständig, wobei diese zwei Fähigkeiten wohl durch unabhängige Mutationen erworben wurden. Überdies ist die Fähigkeit zur Koloniebildung gegenüber γ-Strahlung, Senfgas (Lost) u. den nichtbleichenden Agenzien resistent.

L. Macher 4130

1275 **Transkription des Tryptophan-Operons in Polaritätsmutanten von Escherichia coli. 1. Mitt. Charakterisierung der Tryptophan-mRNS polarer Mutanten.** Fumio Imamoto und Charles Yanofsky. (J. molecular Biol. **28** (1967) 1, 1—23; Dep. of Biol. Sci., Stanford Univ., Stanford, Calif.; engl.) — Für verschiedene polare Mutanten des Tryptophan-Operons von *E. coli* wurden die Trp-mRNS isoliert u. durch Hybridisierung mit *DNS* (aus *Φ*80 transduzierenden Phagen) untersucht. Ferner wurden auch die Sedimentationsprofile festgestellt. Die Trp-mRNS-Typen der stark polaren Mutanten waren defekt in den mRNS-Bereichen, die Genen auf der Operator-distalen Seite des mutierten Gens entsprachen.

M. Wiedemann 4130

1276 **Transkription des Tryptophan-Operons in Polaritätsmutanten von Escherichia coli. 2. Mitt. Beweis für normale Produktion der Tryptophan-mRNS-Moleküle und für vorzeitige Beendigung der Transkription.** Fumio Imamoto und Charles Yanofski. (J. molecular Biol. **28** (1967) 1, 25—35; Dep. of Biol. Sci., Stanford Univ., Stanford, Calif.; engl.) — 1. vgl. ibid. **28** (1967) 1. — Vf. zeigen, daß normale Anzahlen von Tryptophan-mRNS Mol. durch die polaren Mutanten erzeugt werden u. daß die kurzen Mol. von vorzeitiger Beendigung der Transkription u. nicht vom selektiven Abbau der intakten Tryptophan-mRNS-Mol. herrühren. M. Wiedemann 4130

1277 **Repressionsänderung bei der Purin-Biosynthese.** Alfred P. Levin. (Biochim. biophysica Acta [Amsterdam] **138** (1967) 2, 221—29; Knoxville, Tenn., Univ. of Tenn., Dep. of Biochem.; engl.) — Rückmutanten von einem *Salmonella typhi murium*-Stamm mit einem Mangel an *Inosin-5'-phosphatdehydrogenase* (E. C. 1.2.1.14; **I**) wurden isoliert u. der Enzymgeh. bestimmt. 2 Revertanten eines solchen Stammes mit 10%ig. **I**-Geh. im Vgl. zum Wildstamm LT-2 mit gleicher Wachstumsgeschw. wie der Wildstamm im Minimalmedium zeigten nach Züchtung in Ggw. der Guaninanalogen (Thioguanin u. 8-Azaguanin) bei 2 verschiedenen Temp. (24 u. 37°) einen höheren **I**-Spiegel als der Wildstamm. Diese Ergebnisse sprechen für eine Affinitätsabnahme des Effektors für den Co-Repressor. Die Affinitätsänderung ist temperaturabhängiger als der Gesamt-Zellumsatz, da die Wachstumsgeschw. bei Fließgleichgew.-Bedingungen bei Umsetzen der Zellen von 37 auf 24° nur annähernd um den Faktor 2 verringert wird, während die spezif. Aktivität von **I** um mehr als den Faktor 2 ansteigt. Dieser Affinitätswechsel des Effektors für den Co-Repressor wird als Mutationsfolge angesehen.

B. Puschendorf 4130

1278 **Lipide als zytochemisches Substrat der Bindungsorte basischer Vitalfarbstoffe in Blut-, Epithel- und Tumorzellen.** E. Morgenstern, R. Müller und E. Weber. (Histochemie **10** (1967) 4, 309—20; Pharmak. Inst. der Univ. Heidelberg; dt.) — Die Supravitalfärbung der Blut- oder Zellsuspensionen erfolgte mit Acridinorange (1:10000 bis 1:20000), Neutralrot (1:10000) u. Nilblausulfat (1:5000 bis 1:10000) in 0,1% phosphatgepufferter 0,9% NaCl-Lsg. (pH 7,3). Zytochem. erfolgte der Nachw. verschiedener Lipide, Polysaccharide u. Proteine sowie von Nucleinsäuren. Nach der Vitalfärbung traten die Farbstoffe als feine Granula in den Blutplättchen auf sowie auch im Plasmaleib der anderen Zellen. Diese Granula entsprechen beim zytochem. Nachw. Phospholipiden oder Phospholipidproteinen. Diese stellen das Substrat der Farbstoffbindung dar. Hieraus wird geschlossen, daß die Supravitalfärbung mit bas. Farbstoffen zum zytochem. Lipidnachw. geeignet ist, wenn entsprechende Kontrollunters. durchgeführt werden.

A. Hecht 4150

1279 **Lipidzusammensetzung der Mitochondrien aus Rinder-Herz, -Leber und -Niere.** Sidney Fleischer, George Rouser, Becca Fleischer, Anna Casu und Gene Kritchevsky. (J. Lipid Res. **8** (1967) 3, 170—80; Nashville, Tenn., Vanderbilt Univ., Dep. of Mol. Biol.; engl.) — Wegen der Bedeutung der konstituierenden Lipide für die mitochondriale Funktion wird unter Hinweis auf die präparativen Schwierigkeiten bei der Darst. einheitlicher Mitochondrien über eine Meth. zu ihrer Isolierung im reinen Zustand berichtet. Festgestellt wird die Fähigkeit zur oxydativen Phosphorylierung, Cytochrom-c-Reduktaseaktivität u. der Geh. an Cytochrom. Über die chromatograph. u. spektrophotometr. Charakterisierung der isolierten Lipidklassen wird berichtet. Nach den Ergebnissen liegt der Lipidgeh. bei den Herzmitochondrien am höchsten, bei den aus Leber am niedrigsten. Herz-Mitochondrien enthalten gleiche Konz. an Coenzym Q u. Cholesterin (1%); der höchste Cholesteringeh. wird mit 4,7% in den Nierenmitochondrien gefunden. Der Geh. an Phospholipiden ist bei den 3 Präp. qual. u. quant. sehr ähnlich. Die wichtigsten der polaren Lipide (Cardiolipin, Äthanolamin- u. Cholinglycerophosphatid) sind jeweils im mol. Verhältnis 1:4:4 vorhanden. An Hand biochem. Betrachtungen wird gefolgert, daß die Mitochondrien je nach ihrer Herkunft charakterist. Lipide, vor allem Phospholipide enthalten, von denen das Cardiolipin auf das liefernde Organ hinweist.

K. Täufel 4150

1280 **Hirnmitochondrien.** 6. Mitt. **Zusammensetzung von Rinderhirnmitochondrien.** P. Parsons und R. E. Basford. (J. Neurochem. [London] **14** (1967) 8, 823—40; Dep. of Biochem., Univ. of Pittsburgh, School of Med., Pittsburgh, Pa.; engl.) — Rinderhirnmitochondrien wurden auf ihren Geh. an *Pyridinnucleotiden, Flavinen, Adeninnucleotiden, Cytochromen, Lipiden, Fe* u. *Cu* untersucht. Zusammenfassend konnte festgestellt werden, daß sich die Zus. der Hirnmitochondrien an diesen Stoffen nicht wesentlich von der von Mitochondrien anderer Gewebe unterscheidet.

Joachim Schmidt/Magdeburg 4150

1281 **Fraktionierung der Ribosomen-Proteine aus Escherichia coli.** Wim Möller und Jean Widdowson. (J. molecular Biol. **24** (1967) 3, 367—78; Dep. of Biophysics, Johns Hopkins Univ. School of Med., Baltimore, Md.; engl.) — Die ribosomalen Proteine aus *E. coli* wurden an Carboxymethyl-Cellulose in 8 m Harnstoff pH 8,0 u. einem Salzgradienten chromatographiert u. die Fraktionen durch Scheiben-Elektrophorese in Polyacrylamid-Gel u. Best. der Aminosäurezus. sowie die trypt. Peptide charakterisiert. Es ergaben sich 4 Klassen chem. unterschiedlicher Proteine, die aber ihrerseits heterogen waren. Ein saures Protein wurde isoliert u. näher charakterisiert, jedes 70S-Ribosom dürfte hiervon 2—3 Mol. enthalten.

M. Wiedemann 4150

1282 **Biosynthese des Kollagens. Biochemische und physikochemische Charakterisierung Kollagen synthetisierender Polyribosomen.** F. Fernández-Madrid. (J. Cell Biol. **33** (1967) 1 Part 1, 27—42; Miami, Fla., Howard Hughes Med. Inst., Labor. for Cardiovascular Res.; engl.) — Die Synth. von *Kollagen* (**I**) an Polyribosomen wurde in vitro in Hühnerembryocorium durch Isotopeneinbau (^{14}C-Prolin; **II**), Zonensedimentation in Saccharosegradienten u. analyt. Ultrazentrifugierung nachgewiesen. Die **I**-Synth. erfolgt an Polyribosomen von 180—1600 S. Das meiste neugebildete **I** fand sich an den größten Polysomaggregaten (ca. 350—1600 S), die auf Grund des ^{14}C-**II**/^{14}C-Hydroxyprolin-Verhältnisses u. der Spaltungswrkg. von Kollagenase (**III**) anscheinend vorzugsweise an der **I**-Synth. beteiligt sind. Die großen Polyribosomen werden weitgehend von **III**, aber nur teilweise von Ribonuclease u. Trypsin aufgespalten. Sie sind vermutlich durch die Wechselwrkg. mit neu sich bildenden **I**-Ketten stabilisiert u. entstehen durch Aggregation kleiner 180—200 S-Polyribosomen durch die Einw. von **I**-Polypeptiden. Möglicherweise sind diese kleinen

Polyribosomen an der Synth. von Untereinheiten der I-α-Kette beteiligt. K. Maier 4150

1283 **Wirkung von Streptomycin und Neomycin auf die physikalischen Eigenschaften des Ribosoms.** Shalom A. Leon und Thomas D. Brock. (J. molecular Biol. **24** (1967) 3, 391—404; Dep. of Microbiol., Ind. Univ., Bloomington, Ind. 47401; engl.) — Die Wärmeempfindlichkeit der 70S-Ribosomen aus *E. coli* u. ihrer Untereinheiten mit 30 u. 50S sowie der Einfl. von *Streptomycin* u. *Neomycin* hierauf im Falle der Herkunft aus empfindlichen wie resistenten Stämmen wurde untersucht u. im Hinblick auf die falsche Lesung des genet. Codes diskutiert, die diese Antibiotika infolge Änderung der Ribosomen-Konformation induzieren. M. Wiedemann 4150

1284 **Reversible Dissoziation von E. coli Ribosomen durch p-Chlormercuribenzoat.** Fumio Miyazawa und Taiki Tamaoki. (J. molecular Biol. **24** (1967) 3, 485 bis 489; Univ. of Alberta, Cancer Res. Unit, Edmonton, Alberta, Canada; engl.) — Die Dissoziation der 70S Ribosomen durch p-Chlormercuribenzoat kann durch Behandlung mit Mercaptoäthanol bei erhöhter Temp. völlig umgekehrt werden, es bilden sich wieder 70S Ribosomen, die bei der Polypeptidsynth. in vitro akt. sind. M. Wiedemann 4150

1285 **Bindung der RNS des gelben Mosaikvirus der Rübe an Ribosomen aus Escherichia coli.** James E. Dahlberg und Robert Haselkorn. (J. molecular Biol. **24** (1967) 1, 83—104; Dep. of Biochem. and Biophysics, Univ. of Chicago, Chicago, Ill.; engl.) — Ribosomen (Ri) aus *Escherichia coli* binden *RNS* (I) des gelben Mosaikvirus der Rübe nur bis zu einer bestimmten maximalen Menge; die Gleichgew.-Konst. der Rk. wird zu K $\approx 10^8$ l/Mol berechnet, die Bindungsenthalpie beträgt $\Delta H^0 = -12$ kcal/Mol. Im Bereich von pH 6,8—8,2 ist die Bindungsfestigkeit vom pH-Wert unabhängig. Bei niedrigen K^+-Konz. nimmt K_{eq} mit steigender Mg^{2+}-Konz. stark zu, der Effekt verschwindet aber bei höheren K^+-Konz., bei weiter erhöhter K^+-Konz. wirken die K^+-Ionen antagonist. zum Mg^{2+}. Offensichtlich wird die Stabilität der Bindung von I an die Ri durch eine unspezif. Neutralisation negativer Ladungen erhöht; unabhängig davon wirkt Mg^{2+} aber auch direkt stabilisierend auf den gebildeten Komplex. An Stelle von I kann auch *Polyuridylsäure* an die Ri gebunden werden, wobei die Gleichgew.-Konst. in der gleichen Größenordnung liegt wie für I. I wird ausschließlich an die 30S-Untereinheiten der Ri gebunden, während die 50S-Teilchen inakt. sind; neue akt., I bindende Stellen entstehen bei der Rekombination der 30S- u. 50S-Teilchen nicht. Die Anlagerung von I an die Ri verläuft nach einer Kinetik erster Ordnung sowohl in bezug auf die Ri wie auf I. Helmut Schulze 4150

1286 **Verteilungsbild der nuklearen RNS in Rattenleber und Hepatomen.** Jürgen Drews, George Brawerman und H. P. Morris. (Naturwissenschaften **54** (1967) 23, 619—20; Med. Univ.-Klinik, Heidelberg; engl.) — Die *RNS*-Arten in normaler Rattenleber u. in Hepatomen wurden durch Hybridisationsvers. mit *DNS* u. durch Kompetitionsvers. geprüft. Kern-RNS-Präp. aus Hepatomen vermochten die Bindung von Leber-RNS an DNS nicht vollständig zu hemmen, es fehlt ihnen also ein Teil der Spezies der Kern-RNS, die in normaler Leber vorliegen. M. Wiedemann 4150

1287 **Reinigung von Histidin-spezifischer tRNS aus Hefe.** Keiichi Takeishi, Susumu Nishimura und Tyunosin Ukita. (Biochim. biophysica Acta [Amsterdam] **145** (1967) 3, 605—12; Fac. of Pharmaceut. Sci., Univ. of Tokyo, Tokyo; engl.) — Aus Bäckerhefe wurde die Histidin-spezif. *tRNS* durch DEAE-Sephadex-Chromatographie angereichert u. in zwei Komponenten getrennt. Die Komponente 1, die nahezu rein gewonnen wurde, akzeptierte Histidin mit der Aminoacyl-tRNS-Synthetase aus *E. coli* nicht, dagegen die Komponente 2. M. Wiedemann 4150

1288 **Freisetzung von mRNS aus Polyribosomen von Kaninchenretikulozyten bei niederen Konzentrationen divalenter Kationen.** G. Huez, A. Burny, G. Marbaix und B. Lebleu. (Biochim. biophysica Acta [Amsterdam] **145** (1967) 3, 629—36; Fac. of Sci., Univ. of Brussels, Belgium; engl.) — Aus den Polyribosomen von Retikulozyten konnte mit Äthylendiamintetraacetat oder CM-Cellulose eine *RNS* mit 9S freigesetzt werden, die leicht markiert wurde, gegen Ribonuclease sehr empfindlich war u. als mRNS identifiziert wurde. Vermutlich war sie mit Protein assoziiert. Auch 5S-RNS wurde freigesetzt. M. Wiedemann 4150

1289 **Tumor-Virus-Ribonucleinsäuren.** William S. Robinson, Harriet L. Robinson und Peter H. Duesberg. (Proc. nat. Acad. Sci. USA **58** (1967) 3, 825—34; Dep. of Mol. Biol. Univ. of Calif., Berkeley, Calif.; engl.) — Rous-Sarkom-Virus (Bryan-Stamm; RSV) u. das assoziierte Helfer-Virus(HV), Geflügelmyeloblastosis-Virus (BAI-Stamm; MV), Mäuseleukämievirus (Rauscher) u. Mäuse-Mamma-Tumorvirus wurden gereinigt, u. es wurde mittels Dodecylsulfat u. Phenol die *RNS* gewonnen. Sedimentationsvers., Einw. von Enzymen, Basenanalyse, Markierungen mit ^{32}P u. ^3H ergaben Sedimentationskoeff. zwischen 69 u. 74S (etwa $12 \cdot 10^6$ Molgew.) für eine Einstrang-RNS. Bei RSV, HV u. MV konnte kein Unterschied gefunden werden, diese Viren sind also sehr nahe verwandt. M. Wiedemann 4150

1290 **Komplementäre RNS des Virus der „Newcastle disease": Beziehung zum Virusgenom und Akkumulation in Gegenwart oder Abwesenheit von Actinomycin D.** D. W. Kingsbury. (Virology **33** (1967) 2, 227—33; St. Jude Children's Res. Hosp., Memphis, Tenn.; engl.) — Die aus dem Virus isolierte *RNS* (^3H) wurde mit der aus infizierten Hühnerembryonalzellen isolierten RNS verschmolzen, u. es wurde festgestellt, daß zu etwa 80% des Virusgenoms das komplementäre Gegenstück vorliegt, unabhängig davon, ob die Zellen mit Actinomycin inkubiert wurden oder nicht. M. Wiedemann 4150

1291 **Intrazelluläre Umwandlung der RNS des Sindbis-Virus in eine Doppelstrangform.** E. R. Pfefferkorn, Boyce W. Burge und Helen M. Coady. (Virology **33** (1967) 2, 239—49; Harvard Med. School, Boston, Mass.; engl.) — Durch Infektion der Hühnerembryo-Fibroblasten in Ggw. von ^3H-Uridin u. Actinomycin D wurde markiertes Sindbis-Virus erhalten. In der ersten Std. nach der Infektion wurde die markierte *RNS* zum Teil in einer langsamer (20S) sedimentierenden Form gefunden, die Ribonuclease-resistent war u. demnach Doppelstrang-RNS darstellte. Der Übergang der elterlichen RNS in diese Form fand nicht statt bei Hemmung der Proteinsynth. mit Cycloheximid oder in Mutanten mit einem Temp.-empfindlichen Block bei der Synth. der Virus-RNS. M. Wiedemann 4150

1292 **RNS-Synthese in normalen und elektrisch erregten Hirnrindenschnitten in vitro.** F. Orrego. (J. Neurochem. [London] **14** (1967) 8, 851—58; Rockefeller Univ., New York; engl.) — Hirnrindenschnitte von Ratten sind zum Einbau von *^{14}C-Uridin* in *RNS* (I) befähigt. Elektrische Reizung vermindert die I-Synth. um 40%. Joachim Schmidt/Magdeburg 4150

1293 **Nichtspezifische Bindung von ribosomaler RNS an Ribosomen aus Escherichia coli.** James E. Dahlberg und Robert Haselkorn. (J. molecular Biol. **24** (1967) 1, 105—12; Dep. of Biochem. and Biophysics, Univ. of Chicago, Chicago, Ill.; engl.) — Mit Hilfe der Filtrationstechnik u. durch Verw. von ^{32}P-markierter *ribosomaler RNS* (rRNS) wird gezeigt, daß rRNS sich an Ribosomen (Ri) aus *Escherichia coli* bindet, die endogene *Messenger-RNS* (mRNS) enthalten; es werden dabei sowohl die 16S- wie die 23S-rRNS gleichartig gebunden. Diese Bindung von rRNS wird verringert, wenn die Ri mit 10^{-4} m Mg^{2+} inkubiert werden, wodurch anhaftende mRNS entfernt wird, während Zusatz von RNS (I) des gelben Mosaikvirus der Rübe die Bindung von rRNS an die Ri erhöht. Daraus folgt, daß die Bindung der rRNS an die Ri durch mRNS vermittelt wird, wobei die Bindung von rRNS an die mRNS nicht spezif. ist. Inkubation der Ri mit Mg^{2+} erhöht die Bindung von I an die Ri etwa auf das 5fache. Diese Bindung wird durch rRNS auf E. coli nicht beeinflußt, so daß die Bindung von mRNS an freier RNS nicht mit der Bindung von mRNS an die Ri zusammenhängt. Helmut Schulze 4150

1294 **Komplex der Poliovirusreplikation als Ort der Synthese der Poliovirus-RNS.** Marc Girard, David Baltimore und James E. Darnell. (J. molecular Biol. **24** (1967) 1, 59—74; Salk Inst. for Biol. Studies, San Diego, Calif.; engl.) — Bei 1—3 Min. langer Inkubation von mit Poliovirus infizierten u. mit Actinomycin behandelten HeLa-Zellen mit *^{3}H-Uridin* findet sich ein großer Teil der Radioaktivität in dem Virus-*RNS synthetisierenden Komplex* (**I**), der im Rohrzuckergradienten mit 250S sedimentiert u. wahrscheinlich an Membranen gebunden ist. Polyribosomen sind in **I** nicht enthalten, da weder durch Puromycin noch durch Behandlung mit NaCl/Na-Citrat in Ggw. oder bei Ausschluß von Mg^{2+} **I** zerstört wird. Ebenso kann bei Zellen, die hochmarkierte ribosomale RNS (rRNS) enthalten, keine Anlagerung von rRNS an **I** beobachtet werden. Dagegen führt die Einw. von Pronase auf **I** zu einem starken Abbau, so daß Proteine Hauptbestandteile von **I** sein müssen. Der Proteinbestandteil ist ausschließlich oder überwiegend *RNS-Polymerase*. **I** besteht danach aus der sich bildenden Kette von Virus-RNS, die an ihre Matrize u. die RNS-Polymerase gebunden ist; **I** ist zur RNS-Synth. befähigt. Aus der Kinetik der radioakt. Markierung der Virus-RNS folgt, daß **I** die Stelle ist, an der die Nucleotide in die Virus-RNS eingebaut werden.
Helmut Schulze 4150

1295 **Wirkung erhitzter Ribonucleinsäuren von Leber und Retikulozyten auf die zellfreie Synthese von Hämoglobin.** Jacques Kruh. (Biochim. biophysica Acta [Amsterdam] **145** (1967) 3, 814—24; Hôpital des Enfants Malades, Paris; franz.) — *RNS* aus Kaninchenretikulozyten (KR), aus Kaninchenleber (KL) u. aus Meerschweinchenleber (ML) sowie die im Saccharose-Gradienten erhaltenen Fraktionen, wurden für 30 Min. auf 90° erhitzt u. ihr Einfl. auf die Hämoglobinsynth. in zellfreien Syst. aus Retikulozyten untersucht. Bei KR erhöhte das Erhitzen der RNS die stimulierende Wrkg., das Erhitzen der Ribosomen-RNS hemmte deren unterdrückende Wrkg., das Erhitzen der mRNS-Fraktion änderte ihre stimulierende Wrkg. nicht. Bei KL u. ML waren die Wrkg. gering. Zwischen mRNS von Kaninchenhämoglobin u. Ribosomen-RNS von KR dürften spezif. Bindungen bestehen, nicht aber zur Ribosomen-RNS aus Rattenleber oder Meerschweinchenleber.
M. Wiedemann 4150

1296 **Regulierung der Synthese von Phagen-mRNS in mit temperierten Phagen infizierten Zellen.** S. Toyama, S. Ikawa und H. Uetake. (Virology **33** (1967) 2, 234 bis 238; Dep. of Serol. and Immunol., Inst. f. Virus Res., Kyoto Univ., Kyoto, Japan; engl.) — *Salmonella anatum* wurde mit temperierten Phagen infiziert. Wurde die Proteinsynth. mit Chloramphenicol oder Puromycin gehemmt, wurde noch mindestens 30 Min. lang Phagen-*mRNS* mit konst. Geschw. synthetisiert, auch wenn die Zellen zur Lysogenie führten. Durch die Inhibitoren der Nucleinsäuresynth. Fluoruracil u. Fluordesoxyuridin wurde die Geschw. der Phagen-mRNS-Synth. nicht geändert, die Synth. der Immunitätssubstanz ist also von RNS- u. *DNS*-Synth. unabhängig. Proteinsynth. ist nötig für die Synth. dieser Substanz.
M. Wiedemann 4150

1297 **Synthese von Glycyl-L-phenylalanyl-sRNS.** Y. Lapidot, N. De Groot, M. Weiss, R. Peled und Y. Wolman. (Biochim. biophysica Acta [Amsterdam] **138** (1967) 2, 241—48; Jerusalem, Hebrew Univ., Dep. of Biol. Chem. u. Dep. of Organ. Chem.; engl.) — Vf. geben eine Meth. zur Herstellung von *Glycyl-L-phenylalanyl-sRNS* unter Verwendung von *L-Phenylalanyl-sRNS* (hergestellt aus Hefe-sRNS) u. dem N-geschützten *N-Hydroxysuccinimidester* (**I**) von *Glycin* (**II**) an, wobei lediglich die NH_2-Gruppe des sRNS gebundenen *L-Phenylalanin* reagiert, während keinerlei Rk. mit anderen funktionellen Gruppen der sRNS stattfindet. Die NH_2-Gruppe von **II** wurde durch *Mono-p-methoxytriphenylmethyl* geschützt. Die geschützte NH_2-Gruppe ist während der Acylierungs-Rk. stabil u. kann unter sehr milden Bedingungen von der *Dipeptidyl-sRNS* (**III**) durch 5%ig. Trichloressigsäure (5 Min. bei 4°) entfernt werden, wobei die intakte sRNS erhalten bleibt. Auch durch die *Triphenylmethyl-* u. *tert. Butyloxycarbonyl*-Gruppen kann die NH_2-Gruppe von **II** geschützt werden, jedoch war keine Trennung von **III** ohne Schädigung der sRNS möglich. Mit AMP oder CMP geht **I** keine Rk. ein; daraus folgern Vf., daß die oben untersuchte Rk. spezif. ist u. zur weiteren Klärung der biolog. Protein-Synth. herangezogen werden kann. Der Rk.-Mechanismus wird diskutiert.
B. Puschendorf 4150

1298 **Ein angeregter Zustand-Vorläufer des Thymin-Dimeren.** J. Eisinger und A. A. Lamola. (Biochem. biophysic. Res. Commun. **28** (1967) 4, 558—65; Bell Telephone Laboratories, Murray Hill N.J.; engl.) — In Thymidyl-3′.5′-thymidin-Lsg. konnte die Dimerisation mit Triplett-Zustand-Löschern (2.4-Hexadienol u. Isopren) nicht gelöscht werden. Ferner wurde die Fluoreszenzemission von Dimethylthymin gemessen, wenn die Mol. voneinander isoliert sind u. wenn sie in der richtigen relativen Orientierung für die Dimerisation sind. Aus den Ergebnissen ergibt sich, daß die Dimerisation ein rascher Prozeß im Vgl. zur Fluoreszenzemission ist, wenn ein angeregtes Pyrimidinmol. einen Nachbarn in geeigneter Position findet. Ein Excimer ist ein wahrscheinlicher Vorläufer, konnte aber nicht bewiesen werden.
M. Wiedemann 4150

1299 **Nucleinsäurekomponenten und deren Analoge.** 85. Mitt. **Synthese von 5-Cyanuracil-, 5-Nitrouracil- und 5-Aminouracil-5-glykosylderivaten.** M. Prystaš und F. Šorm. (Collect. czechoslov. chem. Commun. **31**, 3990 bis 4001, 1966; Prague, Czechoslovak Acad. of Sciences, Inst. of Org. Chem. and Biochem.; engl.) — 84. vgl. ibid. **31** (1966) 2973. — Es wurden *5-Cyan-*, *5-Nitro-* u. *5-Acetamidouridine* u. *1-[2-Desoxy-D-ribofuranosyl]-Deriv.* von 5-Cyanuracil (**VI**) u. 5-Acetamidouracil synthetisiert. Die Hilbert-Johnson-Rk. von 5-Cyan-, 5-Nitro- u. 5-Acetamido-2.4-dimethoxypyrimidin (**IV**) mit 2.3.5-Tri-O-benzoyl-D-ribofuranosylchlorid (**I**) in Acetonitril lieferte *5-Cyan*(**II**)-, *5-Nitro-* u. *5-Acetamido-1-[2.3.5-tri-O-benzoyl-β-D-ribofuranosyl]-4-methoxy-2(1H)-pyrimidon* als einziges Produkt. Kondens. von 5-Cyanuracilyl-Hg (**III**) mit **I** in Toluol oder Acetonitril gab *2′.3′.5′-Tri-O-benzoyl-5-cyanuridin*, ident. mit dem Entmethylierungsprod. von **II**. Kondens. von **III** mit 3.5-Di-O-p-toluyl-2-desoxy-D-ribofuranosylchlorid (**V**) führte zu einem anomeren Gemisch der geschützten Nucleoside *3′.5′-Di-O-p-toluyl-2′-desoxyuridin* u. seines *α-Anomeren*. **I** u. **IV** gaben vorwiegend *5-Acetamido-1-[3.5-di-O-p-toluyl-2-desoxy-α-D-ribofuranosyl]-4-methoxy-2(1H)-pyrimidinon*.

Versuche: *Ureidomethylenmalodinitril*, $C_5H_4N_4O$, Dunkelfärbung > 205° (DMF–W., 2:1) aus Malodinitril, Harnstoff u. Äthylorthoformiat durch Erhitzen im Bad (130°) bis Reaktionsbeginn, nach 10 Min. noch 20 Min. unter Rückfl.; 79% (Ausb.). — *5-Cyancytosin*, $C_5H_4N_4O$, Zers. 340° (W.), aus vorst. Verb. in 1,5 m methanol. CH_3ONa u. Ansäuern der wss. Lsg. des Na-Salzes mit Eisessig; 86%. — *5-Cyanuracil*, $C_5H_3N_3O_2$, F. 319—320° (W.), aus vorst. Verb. mit sd. 2,8 n HCl (2 Std.); 79%. — *5-Cyanuracilylquecksilber* (**III**), $C_5HHgN_3O_2$, aus vorst. Verb. in sd. W. mit heißer methanol Lsg. von Hg(II)-Acetat; 95%. — *2′.3′.5′-Tri-O-benzoyl-D-ribofuranosyl-5-cyanuridin* (**VII**), $C_{31}H_{23}N_3O_9$, F. 209—213° (A.), a) aus vorst. Verb. u. 0,16 m **I** in Toluol unter Rückfl. (4,5 Std.) u. Zusatz von Molekularsieb Potassit, Waschen mit 25%ig. wss. KJ u. 7%ig. wss. $KHCO_3$ u. Chromatographie an Silicagel (mit 8% W. entaktiviert) (Bzl., Bzl.–Äthylacetat 9:1 u. 3:1); 10%; b) in Acetonitril bei 100°, 4 Std., im Einschlußrohr; 41%. — *5-Cyanuridin*, $C_{10}H_{11}N_3O_6$, F. 191—192° (A.), aus vorst. Verb. in 0,1 m methanol. CH_3ONa bei Raumtemp. (7 Std.) u. Neutralisieren mit Dowex 50 W(H^+); 78%. — *3.5-Di-O-p-toluyl-2′-desoxyuridin* u. α-Anomeres, $C_{26}H_{23}N_3O_7$, F. 204—207° (A.), aus **III** u. **V** u. Acetonitril in Ggw. von Potassit im Einschlußrohr (1 Std., 95°) u. Silicagelchromatographie, 5,4%. — *5-Cyan-2.4-dimethoxypyrimidin*, $C_7H_7N_3O_2$, F. 143,5° (A.), aus **VI**, $POCl_3$ u. N.N-Dimethylanilin unter Rückfl. (1,5 Std.), Behandeln des rohen 5-Cyan-2.4-dichlorpyrimidins mit methanol. 1 m $NaOCH_3$ (20 Min. Rückfl.) u. Al_2O_3-Chromatographie; 42%. — *5-Cyan-1-[2.3.5-tri-O-benzoyl-β-D-ribofuranosyl]-*

4-methoxy-2(1H)-pyrimidinon, $C_{32}H_{25}N_3O_9$, F. 183–185° (Ae.), aus vorst. Verb., **I** u. Potassit in Acetonitril im Einschlußrohr (70°, 95 Std.) u. Al_2O_3-Dünnschichtchromatographie (Bzl.–Äthylacetat, 17:3); 16%. — *5-Cyan-2'.3'.5'-tri-O-benzoyluridin*, $C_{31}H_{23}N_3O_9$, F. 209 bis 212° (abs. A.), aus vorst. Verb. HCl-gesätt. (0°) Chlf. bei Raumtemp. (10 Std.), ident. mit **VII**. — *1-Methyl-4-methoxy-5-nitro-2-(1H)-pyrimidinon*, $C_6H_7N_3O_4$, F. 151 bis 152° (A.), aus 5-Nitro-2.4-dimethoxypyrimidin u. CH_3J bei Raumtemp. (1 Monat) u. Al_2O_3-Chromatographie; 13%. — *5-Nitro-1-[2.3.5-tri-O-benzoyl-β-D-ribofuranosyl]-4-methoxy-2(1H)-pyrimidinon*, $C_{31}H_{25}N_3O_{11}$, F. 178–180° (Ae.), aus 5-Nitro-2.4-dimethoxypyrimidin (**VII**), **I** u. Potassit in sd. Acetonitril (50 Std.) u. Al_2O_3-Chromatographie, 2%. — *5-Nitro-3.2'.3'.5'-tetrabenzoyluridin*, $C_{37}H_{27}N_3O_{11}$, F. 203–205° (A.), a) aus 43 mg 5-Nitrouridin u. Benzoylchlorid in Pyridin (Raumtemp., 15 Std.) u. Silicagelchromatographie; 65 mg; b) aus 10 mg vorst. Verb. durch Stehenlassen mit HCl-gesätt. Chlf. (Raumtemp., 6 Std.) u. Benzoylieren des Eindampfrückstands; 10 mg. — *5-Amino-2.4-dimethoxypyrimidin* (**VIII**), $C_6H_9N_3O_2$, F. 89° (Cyclohexan), aus **VII** mit H_2-Pd–Kohle in Dioxan–A. (1:1) bei Raumtemp.; 96%. — *Acetamido-2.4-dimethoxypyrimidin*, $C_8H_{11}N_3O_3$, F. 101 bis 102° (Toluol), aus vorst. Verb. u. Acetanhydrid in sd. Bzl. (2 Std.) u. Al_2O_3-Chromatographie; 91%. — *1-Methyl-4-methoxy-5-acetamido-2(1H)-pyrimidinon*, $C_8H_{11}\cdot N_3O_3$, F. 230–232° (CH_3OH), aus 100 mg vorst. Verb. u. CH_3J (Raumtemp., 80 Std.); 80 mg. — *5-Acetamido-1-[2.3.5-tri-O-benzoyl-β-D-ribofuranosyl]-4-methoxy-2(1H)-pyrimidinon*, aus **I**, 403 mg **VIII** u. Potassit in Acetonitril (4 Tage, 50°) u. Al_2O_3-Chromatographie; 1,24 g. — *2'.3'.5'.-Tri-O-benzoyl-5-acetamidouridin*, $C_{32}H_{27}N_3O_{10}$, F. 233 bis 234° (A.), aus vorst. Verb. mit HCl-gesätt. Chlf. (Raumtemp., 10 Std.); 83%. — *5-Acetamidouridin*, $C_{11}H_{15}N_3O_7$, F. 223–225,5° (A.), a) aus vorst. Verb. mit 0,1 m methanol. CH_3ONa (Raumtemp., 10 Std.); 88%; b) aus 77 mg 5-Nitrouridin durch Hydrieren mit 10%ig. Pd–Kohle bei Raumtemp. in A. (6 Min.), Acetylieren zum *2'.3'.5'-Tri-O-acetyl-5-acetamidouridin* u. Verseifen mit methanol. 0,02 m CH_3ONa; 20 mg. — *5-Acetamido-1-[3.5-di-O-p-toluyl-α-D-ribofuranosyl]-uracil*, $C_{28}H_{29}N_3O_8$, F. 230 bis 233° (A.), aus **VIII**, **V** u. Potassit in trock. Acetonitril (Raumtemp., 6 Tage), Al_2O_3-Dünnschichtchromatographie u. Einw. von HCl in Chlf. bei 0°; 14%.

K. Maier 4150

1300 **Nucleinsäurekomponenten und deren Analoga.** 86. Mitt. **Synthese von *1-β-D*-Arabinofuranosyl-6-azacytosin.** J. Farkaš, J. Beránek und F. Šorm. (Collect. czechoslov. chem. Commun. **31,** 4002–08, 1966; engl.) — 85. vgl. vorst. Referat. — 5'-O-Trityl-6-azauridin (**I**) gab mit Thiocarbonyldiimidazol (**II**) *1-[O².2'-Cyclo-5'-O-trityl-β-D-arabinofuranosyl]-6-azauracil*, dieses bei Enttritylierung *1-[O².2'-Cyclo-β-D-arabinofuranosyl]-6-azauracil*. Alkal. Hydrolyse des letzteren lieferte *1-β-D-Arabinofuranosyl-6-azauracil*. Dessen 2'.3'.5'-Tri-O-acetylderiv. ging mit $SOCl_2$ unter DMF-Katalyse in das nichtisolierte 4-Chlorderiv. über, das mit NH_3 u. nach anschließender Ammonolyse der Acetylgruppen in *1-β-D-Arabinofuranosyl-6-azacytosin* überging.

Versuche: 6-Azauracile: *1-[O².2'-Cyclo-5'-O-trityl-β-D-arabinofuranosyl]-* (**III**), $C_{27}H_{23}N_3O_5\cdot C_2H_5OH$, F. 120° (A.), aus **I** u. in sd. Toluol (4 Std.); Nadeln (A.); 48% (Ausb.). — *1-[O².2'-Cyclo-β-D-arabinofuranosyl]-*, $C_8H_9N_3O_5$, F. 194–195° (A.), aus vorst. Verb. mit sd. 50%ig. wss. Essigsäure (15 Min.); 36,5%. — *1-β-D-Arabinofuranosyl-* (**IV**), aus 92,8 mg vorst. Verb. mit 0,05 m NaOH bei 25° (über Nacht); Sirup, $[\alpha]_D^{20}$ −52,4° (c = 0,25, W.); 68,1 mg. — *1-[2'.3'.5'-Tri-O-p-toluyl-β-D-arabinofuranosyl]-*, $C_{32}H_{29}N_3O_9$, F. 214–215° (Bzl.–PAe.), aus vorst. Verb. mit p-Toluylchlorid in Pyridin u. Silicagelchromatographie; $[\alpha]_D^{20}$ −85,7° (c = 0,21, Äthylacetat). — *1-[2'.3'.5'-Tri-O-acetyl-β-D-arabinofuranosyl]-*, $C_{14}H_{17}N_3O_9$, F. 178,5–180° (Isopropanol), a) aus **IV** mit Acetanhydrid-Pyridin (5°, über Nacht); 85%; b) aus **III** durch Stehenlassen mit 5%ig. äther. HCl (12 Std., 5°), Stehenlassen der Lsg. des Nd. in 0,1 m NaOH (4 Std., Raumtemp.), Dowex 50 (H^+-Form)-Passage u. Acetylierung mit Acetanhydrid-Pyridin (5°, über Nacht); $[\alpha]_D^{20}$ −67,2° (c = 0,32, Chlf.); 62%. — *1-β-D-Arabinofuranosyl-6-azacytosin*, $C_8H_{12}N_4O_5$, F. 231 bis 233° (CH_3OH), aus vorst. Verb. mit $SOCl_2$ + DMF in sd. Chlf. (7 Std.), Fällen der Chlf.-Lsg. des Eindampfrückstands mit 2 m NH_3 (in Chlf.), Lösen des Nd. in 10 m methanol. NH_3 (3 Tage, Raumtemp.) u. Eindampfen, $[\alpha]_D^{20}$ −35,5° (c = 0,29, W.); 51,3%.

K. Maier 4150

1301 **Hybridmoleküle von Nucleinsäuren.** 1. Mitt. **DNS–DNS-Hybride auf Nitrocellulose-Filtern.** J. Legault-Démare, B. Desseaux, T. Heyman, S. Séror und G. P. Ress. (Biochem. biophysic. Res. Commun. **28** (1967) 4, 550–57; Inst. du Radium, Radiobiol., Orsay; engl.) — Die Bldg. von DNS–DNS-Hybriden auf Nitrocellulose-Membranen wurde ausgearbeitet. Dabei wurde die Beobachtung benützt, daß in Ggw. mäßiger Mengen von Dimethylsulfoxid denaturierte DNS nicht von der Nitrocellulose zurückgehalten wird, sie kann aber noch renaturieren oder mit homologer DNS hybridisieren. Es wurde mit ^3H markiert u. T 2-DNS benutzt.

M. Wiedemann 4150

1302 **Temperaturabhängige Extraktion von zwei schnell markierten, DNS-ähnlichen RNS-Fraktionen aus Rattenleber.** W. W. Morrison und R. H. McCluer. (Biochim. biophysica Acta [Amsterdam] **138** (1967) 3, 649–51; Dep. of Psychiatry and Physiol. Chem., O. State Univ., Columbus, O.; engl.) — Nach Impuls-Markierung (15 Min.) mit ^3H-Orotsäure (500 μc i.p.) lassen sich aus Leber erwachsener Ratten nach der Phenolmeth. durch stufenweise Extraktion bei 5–95° mit 0,9%ig. NaCl/0,1% Versene, Zugabe von 1% Na-Dodecylsulfat (**I**) u. erneuter Extraktion bei 5–95° 3 *RNS*-Fraktionen (Fr. 1–3) isolieren (Fr. 1 bei 5°, Fr. 2 um 65°, Fr. 3 nach Zugabe von **I** oberhalb 75°), von denen Fr. 2 u. 3 schnellmarkiert sind u. *DNS*-ähnliche Basenzus. haben.

M. Schütt 4150△

1303 **DNS- und RNS-Synthese in Kulturen mononuclearer Leukozyten aus peripherem Blut von normalen Kühen und solchen mit Lymphosarkom.** Tsu-Ju Yang, W. C. D. Hare und D. A. Abt. (Brit. J. Haematol. **13** (1967) 6, 855–61; School of Vet. Med., Univ. of Pa., Philadelphia, Pa.; engl.) — In Kulturen mononuclearer Leukozyten aus Rinderblut wurde *DNS*- u. *RNS*-Synth. untersucht. Zwei von 7 Kühen mit Lymphosarkom zeigten eine höhere Rate der spontanen RNS- u. DNS-Synth., bei den übrigen 5 war die DNS- wie RNS-Synth. mit wie ohne Zusatz von Phytohämagglutinin nicht verändert gegenüber normalen Kühen.

M. Wiedemann 4150

1304 **Deproteinisierung von DNS.** Robert S. Yolles und Gustave Freeman. (Biochim. biophysica Acta [Amsterdam] **138** (1967) 3, 506–12; Stanford Res. Inst., Menlo Park, Calif.; engl.) — Bei der Isolierung von *DNS* aus 9 differenten Geweben (in Kultur gezüchtete u. transformierte Hamsternormal- u. -tumorzellen, Hamsterleber, humane embryonale Lungenfibroblasten) mit Hilfe verschiedener Deproteinisierungsagenzien (Dag.): Phenol, Na-Dodecylsulfat, Na-Trichloracetat, 8-Hydroxychinolin, Chlf./Octanol, p-Hydroxybenzoesäure, 2-Naphthalinsulfonat) werden optimale Ausb. nur nach vielstd. Kontakt mit den Dag. erzielt. Die Deproteinisierung folgt einer Michaelis-Menten-Kinetik (mit den Dag. als Katalysator).

M. Schütt 4150△

1305 **Alkylierte DNS: Dichteänderungen und Arten des Zerfalls.** Kurt W. Kohn und Carlos L. Spears. (Biochim. biophysica Acta [Amsterdam] **145** (1967) 3, 720–33; Nat. Cancer Inst., Bethesda, Md.; engl.) — Alkylierung der *DNS* mit N-Methyl-bis-[2-chloräthyl]-amin·HCl bewirkte eine Verringerung der Dichte, die in CsCl, CsCl–LiCl (2:1) u. Cs_2SO_4 nach Meselson et al. (Proc. nat. Acad. Sci. USA **43** (1957) 581) gemessen wurde. Die Änderung wird auf eine Zunahme der Hydratation zurückgeführt, die wohl durch die Anwesenheit eines NH_4^+-Ions bedingt ist. Beim Erhitzen der alkylierten DNS geht zunächst die ^{14}C-Markierung (aus N-Lost) verloren, dann wird die DNS zu kleinen Fragmenten abgebaut. Es könnte sich um einen Zerfall in 2 Stufen handeln: Elimination von Alkylguanin u. Spaltung der Stränge.

M. Wiedemann 4150

1306 **Analyse der Heterogenität der Zusammensetzung zweier Proben von Desoxyribonucleinsäure mittels Ultrazentrifugation.** M. Jacob und G. Pouyet. (J. molecular Biol. **24** (1967) 3, 355—65; Centre de Rech. sur les Macromol., Inst. de Physique Biol. de la Fac. de Méd. de Strasbourg; franz.) — Die Heterogenität der chem. Zus. zweier DNS-Proben aus Kalbsthymus wurde mittels Gleichgew.-Ultrazentrifugation im Dichtegradienten untersucht. Mathemat. wurden die Verteilungskurven für die partiellen spezif. Volumina erhalten. Das Ausmaß der Polydispersität u. das mittlere Molgew. (Zahlenmittel) ergaben sich umgekehrt proportional.
M. Wiedemann 4150

1307 **Basenzusammensetzung und Vorkommen methylierter Basen in DNS aus der blaugrünen Alge Plectonema boryanum.** Alvin M. Kaye, Raphael Salomon und Bertold Fridlender. (J. molecular Biol. **24** (1967) 3, 479—83; Dep. of Exp. Biol., Weizmann Inst. of Sci., Rehovoth; engl.) — Die Basenzus. der *Plectonema*-DNS wurde bestimmt. Es wurde eine Satelliten-DNS mit niedrigerer Dichte u. niedrigerer Schmelztemp. nachgewiesen. Ferner wurde der Einbau der ^{3}H-Methylgruppe aus Methionin in 6-Methylaminopurin u. 5-Methylcytosin bewiesen. M. Wiedemann 4150

1308 **Modell der DNS-Struktur.** F. M. Pohl. (Naturwissenschaften **54** (1967) 23, 616; Max-Planck-Inst. für physikal. Chemie, Göttingen; dt.) — Die opt. Rotationsdispersion nativer u. denaturierter *DNS* aus Kalbsthymus u. T 4 wurde gemessen. Die Unterschiede werden als Umkehr des Drehsinns der Helix gedeutet. Es wird ein Modell entwickelt, bei dem die native DNS eine Doppelhelix bildet mit Abschnitten, die abwechselnd in einer Rechts- u. einer Linkskonform. vorliegen, zwischen beiden befindet sich ein Knäuelbereich mit mindestens 8 Basen. Auch die Replikation der DNS u. die Synth. der *RNS* an ihr werden erörtert. M. Wiedemann 4150

1309 **Wirkung der Superhelix-Struktur auf die Sekundärstruktur von DNS-Ringen.** Daniel Glaubiger und John E. Hearst. (Biopolymers **5** (1967) 8, 691—96; Dep. of Chem., Univ. of Calif., Berkeley, Calif.; engl.) — Es wird eine Größe, die sog. Verkettungszahl (linking number), definiert, die die Gesamtzahl der Verdrillungen in einer ringförmigen Helix angibt. Ihre Best. wird erörtert, sie gibt Aufschluß über den Einfl. der Superhelix-Strukturen auf die sek. Helix eines ringförmigen Moleküls. So wird für jede 180°-Verdrillung in einer linkshändigen Superhelix eine rechtshändige 360°-Verdrillung entfernt, was zu einer lokalen Aufwicklung führt.
M. Wiedemann 4150

1310 **Isolierung und physikochemische Untersuchung der Tl Bakteriophagen-DNS.** S. E. Bresler, N. A. Kiselev, V. F. Manjakov, M. I. Mosevitsky und A. L. Timkovsky. (Virology **33** (1967) 1, 1—9; Inst. of High Molecular Weight Compounds of the Acad. of Sci. of UdSSR, Leningrad; engl.) — Unter milden Bedingungen, mittels Na-Dodecylsulfat, konnte die DNS so isoliert werden, daß sie noch mit der Phagenhülle zusammenhing. Elektronenmkr. Abb. sind wiedergegeben. Erhöhung der Temp., des pH, der Ionenstärke oder Phenol bewirkten die vollständige Trennung. Die DNS hatte s_{20} = **33,5** S u. eine Eigenviskosität von 120 dl/g. Das Molgew. ergab sich zu **31—32** · **10**^{6}.
M. Wiedemann 4150

1311 **Viskositäts- und Temperaturwirkungen auf die Geschwindigkeit der DNS-Strangtrennung in Alkali.** Peter F. Davison. (Biopolymers **5** (1967) 8, 715—21; Mass. Inst. of Technol., Cambridge, Mass.; engl.) — An *DNS* von λ-Bakteriophagen wurde gezeigt, daß die für die vollständige Trennung der Stränge notwendige Zeit in stark alkal. wss. Lsg. von Glycerin der Viskosität des Lsgm. direkt proportional war. Demnach dürfte der Geschw.-bestimmende Schritt bei der Denaturierung die Aufknäuelung der Stränge sein, wobei die elektrostat. u. entrop. Kräfte den hydrodynam. viskosen Zug des Lsgm. überwinden müssen. M. Wiedemann 4150

1312 **Saure Denaturierung von DNS.** R. Barber. (Biochim. biophysica Acta [Amsterdam] **134** (1967) 1, 207—09; Worcester Found. of Exp. Biol., Shrewsbury; Mass.; engl.) — Zwischen dem „Schmelz"-pH u. dem negativen Logarithmus der Gegenionenkonz. ergab sich eine lineare Beziehung, deren Neigung sich für Mg^{2+}, Na^+, K^+ u. Rb^+ von der für Li^+ u. Cs^+ unterschied.
M. Wiedemann 4150

1313 **Altersunterschiede bei der Assoziation der DNS des Gehirns und des nuclearen Proteins.** D. I. Kurtz und F. M. Sinex. (Biochim. biophysica Acta [Amsterdam] **145** (1967) 3, 840—42; Boston Univ. School of Med., Boston, Mass.; engl.) — Im Desoxyribonucleoprotein aus Mäusehirn wurden mit dem Alter Änderungen der therm. Stabilität (Schmelzpunkt) u. des Protein/DNS-Verhältnisses gefunden. Beide zeigten beim Alter von etwa 13 Monaten ein Minimum. M. Wiedemann 4150

1314 **Charakterisierung zweier Fraktionen von Desoxyribonucleoprotein mit verschiedener Histon-Zusammensetzung.** Toyozo Sekiguchi, Fumiko Sekiguchi und Hiromichi Matsudaira. (Biochim. biophysica Acta [Amsterdam] **145** (1967) 3, 693—707; Radiobiol. Div., Nat. Cancer Center Res. Inst., Tsukiji, Tokyo; engl.) — Aus Aszites-Hepatom-Zellen u. normaler Rattenleber wurden zwei Desoxyribonucleoproteinfraktionen isoliert, die sich im Verhältnis N/P, der Aktivität der *DNS* u. *RNS* u. des Proteins u. dem Geh. der Histone an bas. Aminosäuren unterschieden. Die Histone wurden auch elektrophoret. charakterisiert.
M. Wiedemann 4150

1315 **Funktion von Desoxyribonucleinsäuren und die Theorie der Regulation der Genwirkung.** Alfred Gierer. (Naturwissenschaften **54** (1967) 15/16, 389—96; Tübingen, Max-Planck-Inst. für Virusforsch.; dt.) — Übersicht. Genwrkg. am Beispiel der Bakterien, formale Eig. entwicklungsphysiol. Grundprozesse, Zusammenhang zwischen Regulationsvorgängen u. entwicklungsphysiol. Grundprozessen, Problem des Induktionsmechanismus, Theorie der Regulation der Genaktivität. — 30 Literaturangaben. K. Maier 4150

1316 **Schicksal in sich entwickelnde Amphibien-Eier mikroinjizierter heterologer DNS.** 2. Mitt. **Untersuchungen mit Hilfe von Zentrifugalchromatographie an DEAE-Zellulosepapierbrei, Ultrazentrifugation im CsCl-Gradienten und DNS–DNS-Hybridisierung in Agargel.** E. Sempińska und L. Ledoux. (Biochim. biophysica Acta [Amsterdam] **138** (1967) 3, 570—86; Univ. Libre de Bruxelles; engl.) — 1. vgl. Progress in Nucleic Acid Res. and Mol. Biol., Vol. IV, Acad. Press, New York [1965] 231. — *Pleurodeles*-Eiern im 2. oder 4. Zellstadium injizierte hochmol. ^{3}H-DNS (**I**; 0,01 μg/0,05 μl) von *Escherichia coli* läßt sich nach **24** Std. zu 90% in unveränderter Form reisolieren. Im Blastula-Stadium ins Blastocoel injizierte **I** bleibt bis zu **72** Std. intakt, wird aber im Verlaufe der Entw. zur Gastrula zunehmend in Ei-DNS inkorporiert. Die Identitätsbest. der reisolierten DNS mit **I** erfolgte durch Mol.-Gew.-Best. an DEAE-Zellulose (fraktionierte Zentrifugalchromatographie), Dichtebest. im CsCl-Gradienten u. Hybridbldg. in Agar-Gel. M. Schütt 4150△

1317 **Einbau von tritiiertem Thymidin in die mitochondriale DNS von Leber- und Nierenzellen von Hühnchen und Mäusen in der Gewebekultur.** T. Nagata, O. Shibata und T. Nawa. (Histochemie **10** (1967) 4, 305—08; First Dep. of Anat., Shinshu Univ. School of Med., Matsumoto, Japan; engl.) — In die Zellkulturen wurde ^{3}H-Thymidin für 10, 30 u. 60 Min. sowie 4 Std. gegeben. Von dem Material wurden historadioautograph. Schnitte hergestellt u. elektronenmkr. untersucht. Die Expositionszeit betrug 2 Wochen. Nach 10 u. 30 Min. fand sich das Radioisotop im Chromatin der Kerne. Nach 60 Min. ließ es sich auch in den ersten Mitochondrien nachweisen, nach 4 Std. hatten 20% der Mitochondrien das Radioisotop eingebaut. Nach Behandlung der Zellen mit DNAse verlief der Nachw. negativ. A. Hecht 4150

1318 **DNS-Synthese in isolierten Chloroplasten.** Donald Spencer und Paul R. Whitfeld. (Biochem. biophysic. Res. Commun. **28** (1967) 4, 538—42; Div. of Plant Industry, Canberra; engl.) — Isolierte Chloroplasten aus Spinat bauten ^{3}H-Thymidin-triphosphat in ein säurelösl.

alkali-stabiles Produkt ein, das von DNS nicht zu unterscheiden war, sich wie diese in CsCl verhielt u. denaturiert u. renaturiert werden konnte. Der Einbau benötigte dGTP, dCTP u. dATP, wurde durch Desoxyribonuclease u. Actinomycin D gehemmt, nicht aber durch Ribonuclease. M. Wiedemann 4150

1319 **Wirkung der Methylierung der Cytosin-Reste auf die Dichte von DNS in Cäsiumchlorid-Lösung.** J. T. O. Kirk. (J. molecular Biol. **28** (1967) 1, 171–72; Dep. of Biochem. and Agric. Biochem., Univ. Coll. of Wales, Aberystwyth, Wales; engl.) — Vf. berechnet, daß die Methylierung der Cytosinreste in der *DNS* eher zu einer Abnahme als zu einer Zunahme der D. in CsCl-Lsg. führt. M. Wiedemann 4150

1320 **Mögliche Wiederverwendung von DNS der Follikelzellen durch Mäuse-Oozyten.** R. D. A. Peterson, K.-E. Fichtelius und S. Lidén. (Exp. Cell Res. **48** (1967) 1, 118–24; Inst. of Human Anatomy, Univ. of Uppsala, Sweden; engl.) — Auf oder über dem Thymidin-Niveau wird die in den Kernen von Mäuse-Ovar-Follikelzellen synthetisierte *DNS* von den Oozyten nicht wiederverwendet. Ein direkter Einbau von Thymidin konnte nicht nachgewiesen werden. Eine Informationsübertragung von der Mutter auf diesem Wege ist daher unwahrscheinlich. M. Wiedemann 4150

1321 **Morphologische Änderungen in Escherichia coli (Stamm c) durch die DNS-Synthese beeinflussende Behandlungen.** Joan C. Suit, Theresa Barbee und Sandra Jetton. (J. gen. Microbiol. **49** (1967) 1, 165 bis 173; Univ. of Tex. M. D. Anderson Hosp., Houston, Tex.; engl.) — Inkubation mit *Mitomycin*, ohne Thymin, u. Exposition gegen UV-Licht führten zu geschwollenen u. verzweigten Zellformen bei *E. coli c.* M. Wiedemann 4150

1322 **Wechselwirkungen von Aflatoxin mit Histonen und DNS.** Homer S. Black und Bruno Jirgensons. (Plant Physiol. **42** (1967) 5, 731–35; Dep. of Biochem., Univ. of Tex. M. D. Anderson Hosp. Tumor Inst., Houston, Tex.; engl.) — Die Bindung von *Aflatoxin* (**I**), einem cancerogenen Metaboliten von *Aspergillus flavus*, an die lysinreichen Histonfraktionen F2b u. F1 sowie an DNS wurde mit Hilfe der Gleichgew.-Dialyse u. Viskositätsmessungen untersucht. **I** erhöht die Viskosität von F2b beträchtlich, die von F1 nur in geringem Maße. Nach Gleichgew.-Dialyse wurden als Assoziationskonst. für die **I**-Komplexe gefunden: F2b — 1000, F1 — 700, d. h. Bindung von 35 Mol. **I** an 1 Mol. F2b (bezogen auf ein mittleres F2b-Molgew. von 14000) bzw. von 65 Mol. **I**/Mol. F1 (bezogen auf ein mittleres F1-Molgew. von 21000). Die unterschiedliche **I**-Bindung steht im Zusammenhang mit der verschiedenen mol. Konformation beider Histonfraktionen. — Die Viskosität der DNS-Lsg. wird durch **I** erhöht. Nach Gleichgew.-Dialyse wurde eine **I**-DNS-Assoziationskonst. von 5500 ermittelt, d. h. eine Bindung von 1800 Mol. **I** an jedes DNS-Mol. oder 1 Mol. **I** an jedes 5. Nucleotid. Das DNS-„Schmelzprofil" wird durch **I** nicht verändert. **I** zeigt aber eine 8- bis 9mal größere Affinität zu denaturierter als zu nativer DNS. Auf die Viskosität von RNS hatte **I** keinen Einfl., obwohl **I** an RNS gebunden wird. Der mögliche Einfl. von **I** auf den Vorgang der Informationsübertragung wird diskutiert. K. D. Schwenke 4150

1323 **Polynucleotide.** 74. Mitt. **Direkte Translation einsträngiger DNS-ähnlicher Polymere mit sich wiederholenden Nucleotidsequenzen in vitro bei Anwesenheit von Neomycin B.** A. R. Morgan, R. D. Wells und H. G. Khorana. (J. molecular Biol. **26** (1967) 3, 477–97; Univ. of Wis., Madison; engl.) — 73. ibid. **26** (1967) **449**. — In Analogie zu entsprechenden Polyribonucleotiden wird durch die einsträngigen Polydesoxyribonucleotide (Pdrn.) *Poly-dT*, *Poly-d(CA)* bzw. *Poly-d(TG)* im Aminosäureinkorporierenden Syst. (*Escherichia coli*) bei Ggw. von *Neomycin B* (**I**) die Synth. folgender Polypeptide stimuliert: Polyphenylalanin, alternierende Copolymere aus Threonin u. Histidin bzw. Cystein u. Valin. *Poly-dA* ist inaktiv. Von Poly-dT bzw. Poly-d(TG) wird in geringem Maße auch der Einbau von Leucin bzw. Alanin, Arginin, Glutaminsäure u. Glycin codiert („misreading"). Die Messenger-Aktivität der Pdrn. ist **I**-abhängig. *Humatin*, *Hygromycin B*, *Kanamycinsulfat*, *Streptomycinsulfat* u. *Viocinsulfat* sind ohne Wrkg., lediglich *Gentamicin* stimuliert den Poly-dT-codierten Phenylalanineinbau. Poly-dA ausgenommen erfolgt die Pdrn.-stimulierte Bindung spezif. Aminoacyl-tRNS an die Ribosomen auch bei Abwesenheit von **I**. Die Bindung von Formylmethionyl-tRNS an die Ribosomen unter der Wrkg. von Poly-d(TG) erhöht dessen Messenger-Aktivität. M. Schütt 4150△

1324 **Empfindlichkeit von an Nucleohistonprimern synthetisierter DNS gegen Nucleasen.** Sigmund Schwimmer und Arlene Aronson. (Biochim. biophysica Acta [Amsterdam] **134** (1967) 1, 59–68; U.S. Dep. of Agric., Albany, Calif.; engl.) — Die Empfindlichkeit der im DNS-Polymerasesyst. synthetisierten DNS-Prod. sowie der verwendeten Primer (Kalbsthymus-, Bohnenkeim-DNS [K.-B.-DNS] bzw. Bohnenkeimnucleohiston [B.-Nh.]) gegenüber *Pankreas-Desoxyribonuclease* (**I**) bzw. *Schlangengiftphosphodiesterase* (**II**) wurde bestimmt. K.-B-DNS sowie die mit K.-B-DNS u. B.-Nh. synth. DNS-Prod. sind gegenüber **I** instabil; B.-Nh. wird nur langsam angegriffen. Durch **II** wird K.-B-DNS langsam, nach Hitzedenaturierung (Hd.) sehr schnell abgebaut; die Stabilität von B.-Nh. ist nach Hd. etwas vermindert. Die Empfindlichkeit der K.-B-DNS synth. DNS-Prod. gegenüber **II** erhöht sich mit der Primerkonz. u. nach Hitzedenaturierung. Mit B.-Nh. synth. DNS-Prod. ist z. T. an B.-Nh. gebunden (bei 105000 · *g* sedimentierbar). Gebundene DNS-Prod. ist gegen **II** resistenter als nicht gebundenes. Nach Extraktion des Histons ist die Sensibilität beider Fraktionen gleich. M. Schütt 4150△

1325 **Biologischer Test für Polynucleotid-Ligase: Wiedergewinnung der Markeraktivität in der DNS-Transformation.** Ekkehard K. F. Bautz. (Biochem. biophysic. Res. Commun. **28** (1967) 4, 641–46; Inst. of Microbiol., State Univ., New Brunswick; engl.) — Gereinigte *Polynucleotid-Ligase* aus mit T4 infizierten *E. coli* vermochte die Marker-Aktivität von Transformations-DNS wiederherzustellen, die vorher durch Brüche (nicking) mit Pankreas-Desoxyribonuclease inaktiviert worden war. M. Wiedemann 4150

1326 **Wirkung von Hydroxylamin auf DNS in vitro.** Hirohisa Omura und Kazuo Yamaguchi. (Enzymologia [Den Haag] **33** (1967) 1, 1–18; Dep. of Food Sci. and Technol., Kyushu Univ., Fukuoka, Japan; engl.) — Als Beitrag zur Aufklärung der Ursachen für die durch Hydroxylamin (**I**) induzierte Mutation untersuchen Vf. die Wrkg. von **I** auf DNS des Kalbsthymus in vitro durch Verfolgung der opt. D.-Veränderung der DNS-Lsg. bei 260 nm nach Zusatz von **I** bei verschiedenen pH- u. Temp.-Werten sowie Rk.-Zeiten. — Aus den Veränderungen der opt. D. folgt, daß DNS unter geeigneten Bedingungen durch **I** abgebaut wird. Die Abbauprod., die im UV-Gebiet absorbieren, lassen sich durch aufsteigende Papierchromatographie u. Papierelektrophorese sowie Dialyse von dem DNS-Rest abtrennen. Am Startfleck des Papierchromatogramms lassen sich mit Angeli-Rimini-Reagens NOH u. NHOH-Gruppen nachweisen. Durch wiederholte Papierchromatographie werden diese Prod. als Adenin u. Guanin bzw. ihre Deriv. identifiziert. Abschließend diskutieren Vf. die sich aus den Vers. ergebenden Rückschlüsse auf den Mechanismus der durch **I** induzierten Mutation. H. Köditz 4150△

1327 **Spezifische Hemmung der DNS-abhängigen RNS-Synthese durch Rifamycin.** Guido Hartmann, Karl Otto Honikel, Fritz Knüsel und Jakob Nüesch. (Biochim. biophysica Acta [Amsterdam] **145** (1967) **3**, 843–44; Inst. f. Biochemie, Univ., Würzburg; engl.) — *Rifamycin B* u. die Deriv. *Rifampicin* u. *3-Morpholinorifamycin* hemmten spezif. die *RNS*-Synth. mit RNS-Polymerase u. *DNS* oder Poly d(A-T) oder Poly d(G) + Poly d(C) als Primer. Die DNS-abhängige DNS-Synth. wurde nicht gehemmt. M. Wiedemann 4150

1328 **Akzeptor für Thiomethyl-Galaktosid in Escherichia coli K 12.** H. Dellweg, E. Lodemann, D. Drahovsky und A. Wacker. (Biochem. biophysic. Res. Commun. **26** (1967) 1, 71–74; Univ. Frankfurt a. M., Inst. f.

Therap. Biochem.; engl.) — Mittels Plattengel-Elektrophorese nach Markierung mit ^{32}P-*Phosphat* (**I**), ^{14}C-*Adenin* (**II**) u. ^{14}C-*Uracil* (**III**) wird die Struktur des Akzeptors für den Effektor zur *β-Galaktosidase*-Synth. am „lac-operon", *Methylmercaptogalaktosid* (**IV**), untersucht. Durch Trypsin wird der Akzeptor zerstört, während Ribo- u. Desoxyribonuclease keinerlei Einfl. auf die Bindungskapazität besitzen. **I**, **II** u. **III** werden in Akzeptorsubstanz eingebaut, so daß der Akzeptor nach den vorliegenden Unters. ein Nucleoprotein darstellen muß. Es wird diskutiert, daß der Repressor der β-Galaktosidase wahrscheinlich ebenfalls ein Nucleoprotein ist. Es kann aber z. Z. noch nicht entschieden werden, ob der **I**-Akzeptor mit dem Repressor ident. ist. B. Puschendorf 4150

1329 **Konservierung von Ehrlich-Aszites-Tumorzellen mit Dimethylsulfoxid.** Fred Miya, Gilbert A. Hill und Stanley Marcus. (Appl. Microbiol. **15** (1967) 2, 451; Salt Lake City, Ut., Latter-Day Saints Hosp., Dep. of Path., and Univ. of Ut., Dep. of Microbiol.; engl.) — Um die Virulenz eines Ehrlich-Aszites-Tumor(EAT)-Stammes zu erhalten, wurden Vers. zur Konservierung der Zellen durchgeführt. Frühere Vers., eine Stammsuspension in der Aszitesfl. oder in Glycerin einzufrieren, ergaben nach dem Auftauen Zellen ohne maligne Aktivität. Daraufhin wurde den Zellen *Dimethylsulfoxid* (**I**) in Konz. von 2,8 u. 5,6% zugefügt. Sie wurden bei −57° aufbewahrt u. nach 75 Tagen oder 7 Monaten aufgetaut u. auf ihre Infektiosität geprüft. Nach Zugabe einer Fibrinkomponente wurden die Mäuse mit verschiedenen Mengen der aufgetrennten Zellsuspension i.p. beimpft. Bei $^3/_5$ — $^5/_5$ der Tiere trat zwischen 7 u. 34 Tagen der Tod ein. Die Lebensfähigkeit der EAT-Zellen wird durch die **I**-Behandlung erhalten. G. Kampf 4160

1330 **Mitoseaktivität des Ehrlich-Aszites-Karzinoms der weißen Maus nach intraperitonealen Hyaluronidase-Gaben.** H. Seipelt und O. Kohlheb. (Arzneimittel-Forsch. **17** (1967) 4, 513—15; Univ.-Kinderklin., Charité, Berlin; dt.) — Hohe Dosen *Hyaluronidase* i.v. bewirkten bei Albinomäusen eine mehrere Std. vorhaltende Erhöhung der Mitoserate von Ehrlich-Aszites-Karzinom. K. Zingraf 4160

1331 **Abbau von $^{14}C_{(4)}$-Progesteron durch Nebennieren von Ratten mit einem transplantierbaren mammotropen Hypophysentumor in vitro.** Daniel Francois, Robert W. Bates und David F. Johnson. (Endocrinology **81** (1967) 2, 246—50; Nat. Inst. of Arthritis and Metab. Dis., Nat. Inst. of Health, Bethesda, Md.; engl.) — Nebennierengewebe von Ratten wandelte in vitro 30mal mehr $^{14}C_{(4)}$-Progesteron um als gleiche Mengen von Nebennierengewebe von Ratten mit einem transplantierbaren mammotropen Hypophysentumor. Als Umwandlungsprod. von normalem Gewebe wurden Corticosteron u. 18-Hydroxydesoxycorticosteron (**I**) identifiziert, während nach Inkubation mit den Drüsen der Tumortiere nur **I** identifiziert werden konnte. K. Zingraf 4160

1332 **RNS-Synthese in Ehrlichschen Aszites Zellen in Gegenwart geringer Konzentrationen von Actinomycin D.** W. K. Roberts und J. F. E. Newman. (J. molecular Biol. **20**, 63—73, 1966; Berkeley, Calif., Dep. of Med. Biol. and Virus Lab. Univ. of Calif.; engl.) — Bei niedrigen Konz. (0,04 u. 0,004 μg/ml) Actinomycin D wird im Kern von Ehrlichschen Aszites-Tumorzellen die Bldg. der markierten u. unmarkierten 45S- u. 35S-RNS gehemmt. In gleicher Weise ist im Zytoplasma die Bldg. der ribosomalen 18S- u. 28S-RNS vermindert. Unter diesen Bedingungen wird sowohl im Kern als auch im Zytoplasma eine neu synthetisierte RNS gefunden, die eine DNS-ähnliche Basenzus. aufweist. Die DNS-ähnliche RNS des Kernes unterscheidet sich in ihrer Basenzus. von der des Zytoplasmas, indem sie weniger A u. mehr U enthält, ein unterschiedliches Sedimentationsverh. zeigt u. bei „chase"-Vers. (vgl. Roberts et al., J. molecular Biol. **15** [1966] 92) nicht in das Zytoplasma wandert. K. Grade 4160

1333 **Hemmung der Thymin-Nucleotid-Synthese durch Azaserin.** Alan C. Sartorelli und Barbara A. Booth. (Molecular Pharmacol. **3** (1967) 1, 71—80; New Haven, Conn., Yale Univ. School of Med., Dep. of Pharmacol.; engl.) — Neben der bereits an anderen Syst. beschriebenen Hemmung der Glutamin-abhängigen Rk. u. der Purinnucleotid-de-novo-Synth. durch *Azaserin* (*O-Diazoacetyl-L-Serin*; **I**), einem Antibiotikum aus einer Streptomycesart mit antineoplast. Wrkg., mit einem Abfall der Adeninnucleotide auf 60% fanden Vf. im Sarkom 180 Aszites-Tumorzellen von ♀ CD-1-Mäusen eine Einbauhemmung für *^{3}H-Thymidin*, *^{14}C-Formiat* u. *^{3}H-Desoxycytidin* in *DNS-Thymin*, während die Verwertung von *^{14}C-Orotsäure* u. *^{14}C-Leucin* für die Synth. der RNS u. der Proteine unbeeinflußt blieb. **I** beeinflußt nicht den *^{14}C-Adenin*(**II**)-Einbau in die Purinnucleotide der DNS u. RNS; daraus folgt, daß die Polymerisation durch **I** nicht angegriffen wird. Bei der weiteren Unters. der Thymin-DNS-Synth.-Hemmung in **I** behandelten Zellen ergab sich eine deutliche Hemmung der *Thymidinkinase* (E.C. 2.7.1.21; **III**) u. der *TMP-Kinase* (E.C. 2.7.4.9; **IV**), während die *TMP-Nucleotidase* (E.C. 3.1.3.5) unbeeinflußt blieb. Durch Zusatz von **II** u. in geringerem Ausmaß auch durch *Hypoxanthin* kann über die **II**-Nucleotide die **I** bedingte Hemmung von **III** u. **IV** wieder rückgängig gemacht werden. *Guanosin* u. *Azapurine* (2-Azaadenin, 8-Azaadenin u. 8-Azaguanin) können die **I**-Hemmung nicht aufheben. Nach diesen Unters. üben **II**-Nucleotide eine Regulationswrkg. auf **III** u. **IV** in intakten Zellen aus, wobei ATP wahrscheinlich die intrazelluläre Enzym-Stabilität gewährleistet. Es wird der Zusammenhang zwischen Zellwachstum u. zellulärer Kontrolle dieser Enzyme diskutiert. B. Puschendorf 4160

1334 **Hypothese über den Wirkungsmechanismus von 6-Thioguanin.** R. P. Miech, R. E. Parks jun., J. H. Anderson jun. und A. C. Sartorelli. (Biochem. Pharmacol. **16** (1967) 11, 2222—27; Div. of Biol. and Med. Sci., Brown Univ., Providence, R. I.; engl.) — Es wurde gezeigt, daß *6-Thioguanosin-5'-phosphat* die Enzyme *Phosphoribosylpyrophosphatamidotransferase*, *Inosin-5'-phosphat-dehydrogenase* u. *ATP:GMP-Phosphotransferase* hemmt. Vf. vermuten, daß hierdurch die Wachstumshemmung von Tumoren durch *6-Thioguanin* (**I**) zusammen mit kompetitiver Substrat-Wechselwrkg. zwischen Guanin u. **I** mit *Guanylpyrophosphorylase* sowie Hemmung dieses Enzymes durch **I** über eine Herabsetzung der Biosynth. von Guaninnucleotiden zustandekommt. M. Wiedemann 4160

1335 **Zellproliferation in Rattenleber: Nucleinsäure-relationen und Thymidinaufnahme in Beziehung zur Mesidin-Giftdosis.** Junius M. Webb, Juan B. Brouwer und Emilio A. Brouwer. (Toxicol. appl. Pharmacol. **10** (1967) 2, 300—12; Bureau of Sci., Food and Drug Administration, U.S. Dep. of Health, Education, and Welfare, Washington; engl.) — Bei Rattenleber werden nach 6monatiger Fütterung einer *Mesidin*(**I**)-haltigen Diät (0,01—0,1% **I**) folgende dosisabhängigen Veränderungen beobachtet: Erhöhung des DNS-Geh. um ca. 250%, Verringerung des Gesamt-N-Geh., des Trockengew., der N/DNS- u. der RNS/DNS-Relationen (von > 4 auf < 2). Gleichzeitig treten makroskop. u. mkr. patholog. Veränderungen auf (Verdreifachung des Lebergew., Knötchenbldg., irreguläre Gallengangsvermehrung u. a.). Bereits nach 1wöchiger **I**-Einw. (0,075% im Futter oder 5 bzw. 20 mg/kg i.p.) läßt sich die **I**-induzierte Steigerung der DNS-Synth. (≙ vermehrter Zellproliferation) an Hand des mehrfach erhöhten $^{14}C_{(2)}$-Thymidineinbaus in die DNS nachweisen. M. Schütt 4160△

1336 **Lysogenie und virale Kanzerogenese.** E. Geissler. (Arch. Geschwulstforsch. **29** (1967) 4, 355—72; Inst. für Mikrobengenetik, Univ. Rostock; dt.) — Übersicht. — 66 Literaturhinweise. W. Damerau 4160△

1337 **Aktivierungsmechanismus in vivo von N.N'-Bis-[2-chloräthyl]-N.O-propylendiamidphosphat auf coffeinbehandelte Weizenwurzeln.** Rodica Oteleanu. (Farmacia [București] **15** (1967) 9, 525—31; Inst. de cercetări farmaceut., București; rum.) — Die akt. Form des *Cyclophosphamids* (*N.N'-Bis-[2-chloräthyl]-N.O-propylendiamidphosphat*) ist der Propanolamidester des Stickstofflost-phosphats. W. Hiller 4160

1338 **Malignität und andere Schäden nach Thorotrast-Verabreichung. Nachuntersuchungen an 147 Fällen in**

Japan. Takesaburo Mori, Toshiharu Sakai, Yushin Nozue, Takashi Okamoto, Tatsuo Wada, Toshihiko Tanaka und Akira Tsuya. (Strahlentherapie **134** (1967) 2, 229–54; 2nd Dep. of Pathol., Yokohama City Univ. School of Med., Yokohama; engl.) — Der Personenkreis, der vor 22–27 Jahren *Thorotrast* (*Thoriumdioxid*) als Kontrastmittel erhalten hatte, zeigte eine höhere Mortalitätsrate auf Grund maligner Lebertumoren u. von Leber-Zirrhose. Als Vgl. dienten 160 Personen, die ein anderes Kontrastmittel erhalten hatten, u. 1679 Personen, die niemals ein Kontrastmittel erhalten hatten. W. Hiller 4160

1339 **Mechanismus der Wirkung von 4-Hydroxylaminochinolin-1-oxid auf den Bakteriophagen T 4.** Minoru Ishizawa und Hideya Endo. (Biochem. Pharmacol. **16** (1967) 4, 637–46; Cancer Res. Inst., Fac. of Med., Kyushu Univ. Fukuoka, Japan; engl.) — *4-Hydroxylaminochinolin-1-oxid* (**I**) bewirkte in Ggw. von O_2 bei pH 7,0 innerhalb von 10 Min. in vitro eine deutliche Inaktivierung des Phagen T4. Es wurde zu *4.4'-Azoxychinolin-1.1'-dioxid* (**II**) oxydiert. Rezeptor im Phagenpartikel ist nicht der Proteinschwanz, sondern die *DNS*, da die Phagen ihre Bindungskapazität an die Wirtszelle behielten, die Plaquebildungsfähigkeit aber verloren u. da im Kreuztest durch Infektion von *E. coli* mit **I**-behandelten Phagen T4rII u. T4rII$^+$ u. Ausgießen auf *E. coli* K 12 (λ) nur rII$^+$ wuchsen. Was die Frage anbelangt, ob **I** bei der Karzinogenese eine somat. Mutation bewirkt oder das Zytoplasmaprotein verändert, so scheint der 1. Schritt zur Karzinogenese durch das in der Zelle produzierte **II** zu erfolgen. F. Friedl 4160

1340 **Epidermale Karzinogenese bei der Maus, induziert durch Applikation von 7.12-Dimethylbenz-[a]-anthracen und Crotonöl.** A. C. Ritchie und H. Shinozuka. (J. nat. Cancer Inst. **38** (1967) 4, 573–79; Univ. of Toronto, Canada; engl.) — Das Auftreten von Papillomen (Pa.) der Mäusehaut nach Einw. von *7.12-Dimethylbenz-[a]-anthracen* (**I**; 0,1 bzw. 1,5%ig. Lsg. in Nujol-Mineralöl) u. nachfolgende Behandlung mit *Crotonöl* (**II**; 5%ig. Lsg. in Nujol) hängt wesentlich von der Applikationsweise des **I** ab; 3malige **I**-Behandlung induziert doppelt so viele Pa. wie einmalige Einw. der Gesamtdosis. Die Zahl der Pa. steigt mit der Dosis, ist jedoch bei mehrfacher Applikation von 1,5%ig. **I**-Lsg. (nicht bei 0,1%ig. Lsg.) unabhängig von den zwischen den einzelnen Behandlungen liegenden zeitlichen Intervallen (1 Tag, 1 Woche bzw. 1 Monat). Die Verkürzung der Latenzzeiten mit wachsendem Zeitintervall spricht für eine **II**-analoge tumorealisierende Wrkg. von **I**. M. Schütt 4160△

1341 **Einfluß des Dipins auf die Neurosekretion der Kerne des vorderen Hypothalamus.** A. S. Sokolova und V. A. Černov. (Farmakol. i Toksikol. **30** (1967) 3, 348 bis 351; Moskva, VNIChFI; russ.) — Bei Ratten mit Sarkom 45 wird durch Zufuhr von 0,4 mg (je 1 kg) *Dipin* (**I**; *1.4-Bis-[N.N-diäthylenphosphorsäureamid]-piperazin* das Geschwulstwachstum etwas gehemmt, durch 2 mg **I** zu 91% unterdrückt. Nach Zufuhr von **I** in den Dosen 0,4; 1,5; 2,0 mg bleibt die mittlere Kerngröße der Neuronen unverändert. Der Geh. an Neurosekret im paraventrikulären Kern des Hypothalamus wird durch **I** in den Dosen 0,75 u. 1,0 mg erhöht. Erhöhung der **I**-Dosis auf 1,5–2,0 mg führt zu starken Unterschieden der neurosekretor. Aktivität. O. Lebtag 4160△

1342 **Benzo-[d.e]-testosteronacetat: Ein neues synthetisches Steroid mit einer Dissoziierung der biologischen Aktivitäten.** G. Briziarelli. (Endocrinology **81** (1967) 2, 390–94; Vister Res. Labor., Casatenovo (Como); engl.) — Benzo-[d. e]-testosteronacetat-(17β-Acetoxybenzo-[d. e]-Δ^4-andostanen-3-on; **I**) besitzt in viel höheren Dosen als *Testosteronpropionat* (**II**) eine antigonadotrope, geringe myotrope u. geringe androgene Wirkung. Die Antiöstrogenwrkg. von **I** ist der von **II** etwa gleich, ist jedoch nicht uterotropisch. Hormonabhängige Mammatumoren infolge von *7.12-Dimethylbenz-[a]-anthracen* bei Ratten wurden durch **I** stärker gehemmt als durch **II** u. in gleicher Stärke wie durch Ovarektomie u. Hypophysektomie. K. Zingraf 4160

1343 **Prüfdaten aus den Untersuchungslaboratorien des National Service Centre für Krebschemotherapie. 39. Mitt. Pflanzenextrakte.** B. J. Abbott, J. L. Hartwell, J. Leiter, R. E. Perdue jun., J. R. Price und S. A. Schepartz. (Cancer Res. **27** (1967) 2 Part II, 1–178; Bethesda, Md., Nat. Cancer Inst. and Nat. Library of Med.; engl.) — 38. vgl. C. **1967**, 49/50-1126. — 1422 Pflanzenextrakte wurden orientierend gegenüber Sarkom 180, Adenokarzinom 755, Leukämie 1210 u. KB-Zellkulturen, vereinzelt auch gegenüber Dumming-Leukämieaszites, Lewis-Lungenkarzinom, Walker 256 (i.m.), Humansarkom HS 1, Friend-Virusleukämie, P-1798-Lymphosarkom u. melanot. Melanom getestet. Kein Material zeigte weitere Prüfung gerechtfertigende Aktivität. K. Maier 4160

1344 **Sarcomycin und analoge Verbindungen: Beziehung zwischen der antiplastischen Aktivität und der chemischen Struktur.** A. Ermili, A. Caputo und M. Brunori. (Farmaco [Pavia], Ediz. sci. **22** (1967) 6, 463–76; Ist. di Chim. Farmaceut. e Tossicol., Univ. di Roma; ital.) — Übersicht. — 14 Literaturangaben. K. Zingraf 4160

1345 **Unterschiede im Wirkungsmechanismus verschiedener alkylierender Zytostatika.** Eberhard Liss und Gerhard Palme. (Sonderbände z. Strahlentherapie **63** (1967) 145–51; Univ. Berlin, Med. Klinik, nuclearmed. Abt.; dt.) — Vf. zeigen an der DNS- u. RNS-Synth. von Ehrlich-Aszites-Tumorzellen den Unterschied im Wrkg.-Mechanismus verschiedener alkylierender Zytostatika vom *N-Lost-Typ* (*Mitomen* u. *Endoxan*) u. vom *Äthyleniminyp* (*Trenimon*), nachdem nach Grunicke et al. ein prim. Angriff alkylierender Substanzen an der Glykolyse über NAD-Senkung ausgeschlossen werden kann. Durch die verschiedenen oben angegebenen alkylierenden Verb. wird der ^{3}*H-Thymidin*(**I**)- u. ^{3}*H-Cytidin*-Einbau in DNS u. RNS, der **I**-Einbau in DNS mit u. ohne *Glucose*-Zusatz, die Transplantierbarkeit u. das Wachstum von Tumorzellen in unterschiedlichster Weise beeinfußt. Von klin. Bedeutung ist, daß in einem weiteren Vers. an einem Endoxan-resistenten Tumor eine unvollständige Kreuzresistenz zwischen *Trenimon* u. *Endoxan* trotz des verschiedenen Wrkg.-Mechanismus beider Substanzen festgestellt wurde. Vf. sind nach den obigen Unters. der Meinung, daß sich unter dem gemeinsamen Begriff der alkylierenden Zytostatika recht heterogene Verb. versammeln, die sich nicht nur chem., sondern auch hinsichtlich ihres Einfl. auf den Zellstoffwechsel erheblich voneinander unterscheiden. Der für die zytostat. Wrkg. ursächliche, prim. Angriffspunkt scheint nicht für alle alkylierenden Zytostatika der gleiche zu sein. B. Puschendorf 4160

1346 **Wirkungsmechanismus der zytostatischen Podophyllumderivate.** Jörg Pohl und Karl-Dietrich Paeschke. (Sonderbände z. Strahlentherapie **63** (1967) 130 bis 132; Univ. Frauenklinik Göttingen; dt.) — Bei ^{60}Co-Bestrahlung von Kollumkarzinomen kommt es in der ersten Stunde zu einer deutlichen Aktivitätszunahme der Milch- u. Apfelsäuredehydrogenase (LDH u. MDH), danach fallen die Enzymaktivitäten wieder ab. Bei alleiniger Anwendung des Zytostatikum *Proresid* (**I**), einem gereinigten, halb synthet. Podophyllumextrakt, kommt es zu einem allmählichen Anstieg der Enzymaktivitäten über 9 u. mehr Stunden. Zusätzliche **I**-Beh. vor ^{60}Co-Bestrahlung zeigte weder den ^{60}Co-Effekt noch die Wrkg. der alleinigen **I**-Gabe an MDH u. LDH. Bei **I**-Injektion nach ^{60}Co-Bestrahlung kommt es dagegen zu einem anhaltend hohem Enzymanstieg. Bei der Unters. der **I**-Wrkg. auf die Spermiogenese von Mäusen (0,5 mg **I**/Tier i.p. wurde festgestellt, daß **I** kein Mitosehemmer ist, sondern ein Mitotisierungsgift ist, das durch sein Eingreifen in die energieliefernden Prozesse der RNS- u. DNS-Synth. deren Rhythmus stört. Auf dieser Basis lassen sich auch die bisher unterschiedlichen Ergebnisse der kombinierten Strahlentherapie u. die geringen Nebenwrkg. auf gesunde Gewebe bei **I**-Zusatzbeh. erklären. Auch die Ergebnisse der Enzymkontrollen lassen sich daraus ableiten. In der Krebstherapie verspricht **I** wegen seiner außerordentlich geringen Nebenwrkg., seiner guten Applizierbarkeit u. seiner guten Kombinationsfähigkeit mit der Strahlentherapie gute Anwendungsmöglichkeiten.

Jedoch erscheint I-Gabe unmittelbar vor ^{60}Co-Bestrahlung wegen eines zytotox. Antagonismus ungünstig zu sein.
B. Puschendorf 4160

1347 **Vergleichbare Wirkungen von Streptonigrinderivaten auf Kulturen von Gewebezellen.** N. S. Mizuno. (Biochem. Pharmacol. **16** (1967) 6, 933; Minneapolis, Minn., Univ. of Minn. Med. School, Veter. Administr. Hosp.; engl.) — Vf. inkubiert Kulturen von Milchdrüsenaszitestumorzellen der Maus in Ggw. von $^{14}C_{(2)}$*-Glycin* (I), ^{3}H-Thymidin (II) u. ^{3}*H-Uridin* (III) mit *Streptonigrinmethylester* (IV) bzw. *Isopropylidenazastreptonigrin* (V) u. bestimmt den ^{14}C- u. ^{3}H-Einbau in die Nucleinsäuren u. Proteine der Zellen. IV inhibiert in einer Konz. von 10^{-5} m das Zellenwachstum u. die Aufnahme von I in die Nucleinsäuren u. Proteine. Auch der Einbau von II in Ribonucleinsäure u. der von III in Desoxyribonucleinsäure wird durch IV gehemmt. Die IV-Wrkg. ist dosisabhängig; 10^{-6} m IV sind ohne Einfluß. Dünnschichtchromatograph. Unters. zeigen, daß IV in den Zellen nicht unter Bldg. von freiem Streptonigrin, das ca. 100mal stärker als IV wirksam ist, hydrolysiert wird. V besitzt nur eine geringe Zytotoxizität in einer Konz. von 10^{-3} m u. ist ohne Einw. auf den ^{14}C- u. ^{3}H-Einbau in die Nucleinsäuren u. Proteine. Vers. mit ^{3}H-IV u. ^{3}H-V zeigen, daß V etwa 70mal schwächer von den Zellen gebunden wird als IV; V ist jedoch auch nach Entfernung der Zellmembran (durch Ultraschallbehandlung) wirkungslos. Aus den Ergebnissen wird geschlossen, daß die o-Aminochinonhälfte des IV-Mol. für die zytotox. Wirksamkeit verantwortlich ist.
P. Fahrnlaender 4160

1348 **Biologische Eigenschaften einiger Mikroorganismen nach der Adaption an Antigeschwulstpräparate.** I. M. Golubeva. (Ž. Mikrobiol., Epidemiol. Immunobiol. **44** (1967) 6, 103—04; Moskva, n.-i. onkolog. inst. im. Gercena; russ.) — *Escherichia coli* u. *Staphylococcus aureus* behalten bei wiederholten Passagen in Ggw. steigender Konz. von *Thio-TEPA* (I) u. *Cyclophosphan* (II; *Endoxan*) ihre biochem. Eig. u. ihre Virulenz. In Ggw. von II treten bei E. coli geringe Veränderungen der antigenen Struktur ein; bei St. aureus verändert sich die Empfindlichkeit gegenüber *Streptomycin*, *Terramycin*, *Tetracyclin* u. *Monomycin*. Nach therapeut. Behandlung der Ratte mit I oder II ist der Staphylokokkenstamm aus der Lunge resistent gegenüber *Penicillin* u. Terramycin u. hochempfindlich gegenüber Monomycin.
O. Lebtag 4160△

E–2. Enzymologie

1349 **Fällung von Enzymen und ihre Stabilität in hochkonzentriertem Alkohol.** S. Bauer und G. Avigad. (Israel J. Chem. **5** (1967) 3, 117—19; Hebrew Univ. of Jerusalem, Jerusalem, Israel; engl.) — Um Einblick in die Beziehung zwischen Aktivität u. Fällung durch A. zu erhalten, untersuchen Vf. die Aktivität von gereinigter *Fructanohydrolyse* aus *Arthrobacter sp.*, *α-Amylase* aus Pankreas, *Invertase* der Hefe u. *Penicillinase* aus *Bacillus cereus* in Abhängigkeit von der A.-Konz. bei der Fällung aus wss. Lösungen. — Die untersuchten Enzyme sind in 80%ig. A. beständig, werden aber bei Konz. von 10—70% schnell inaktiviert. Die mit 60—90%ig. A. gefällten Proteine besitzen nur einen Teil der ursprünglichen Aktivität, während bei der Fällung mit 90—95%ig. A. der größte Teil der Aktivität im Nd. erhalten bleibt. Aus Vers. folgt, daß eine Reihe von Enzyme aus wss. Lsg. durch schnellen Zusatz von A., 2-Propanol oder Aceton bis zu einer Konz. $>$ 90% bei Zimmertemp. ohne größere Aktivitätsverluste gefällt werden können.
H. Köditz 4200△

1350 **Eine für Enzympräparate geeignete Konzentrierungstechnik.** Herman Falter und Richard A. Day. (Arch. Biochem. Biophysics **120** (1967) 1, 231—32; Univ. of Cincinnati, O. 45221; engl.) — Vf. beschreiben eine neuartige Meth. für die Konzentrierung von Lsg. hitzeempfindlicher Stoffe, die durch Luft nicht ox. werden u. durch relativ große W.-Luft-Phasengrenzschichten nicht beeinflußt werden. Das Verf., das auf der Bldg. einer großen, mit einem Film der zu konzentrierenden Lsg. bedeckten Fläche beruht, ermöglicht die Einengung von 30 l Fl. auf 1,5 l l in 24 Stunden.
H. Köditz 4200△

1351 **Die Verwendung von Thiazolylblau zum Nachweis von Dehydrogenasen auf Stärkegel.** Stanly Meizel und Clement L. Markert. (J. Histochem. Cytochem. [Baltimore] **14**, **737—38**, **1966**; Biol. Dep., Yale Univ., New Haven, Conn.; engl.) — Es wird nachgewiesen, daß das Monotetrazoliumsalz *Thiazolylblau* (I) als Farbreagenz zum Nachw. von elektrophoret. getrennten Dehydrogenase-Isoenzymen besser geeignet ist als das *Ditetrazoliumsalz* (II). *Lactatdehydrogenase* (LDH; Pferd) wird auf nach Markert u. Ursprung (Develop. Biol. **5** [1962] 363) dargestellten Stärkegel in einem vertikalen Gelapp. elektrophoret. getrennt, Gelschnitte (2,5 mm dick) hergestellt u. bei 37° in einer Lsg. bestehend aus Trispuffer (pH 8), Lithiumlactat, NAD, I bzw. II (5 ml, 1 mg/ml) u. Phenazinmethosulfat (5 ml/1,6 mg/ml) inkubiert. I ist wesentlich empfindlicher als II. Zum Nachw. von 1,65 · 10^{-3} I.E. LDH sind bei Ggw. von II 80 Min., bei Ggw. von I jedoch nur 45 Min. erforderlich. Vf. empfehlen zur Stabilisierung des Monoformazans von I ein 3maliges Einlegen des Gels in dest. W. u. anschließendes Aufbewahren in 0,05 m $CoCl_2$.
A. Täufel 4210

1352 **Zytochemischer Nachweis von Dehydrogenasen bei Pilzen.** 2. Mitt. **Nachweis einzelner Dehydrogenasen.** Jürgen Reiss. (Arch. Mikrobiol. **57** (1967) 4, 307—34; Inst. für Spezielle Botanik, Univ. Mainz; dt.) — 1. ibid. **57** (1967) 285. — Mit Hilfe einer zytochem. Methodik (vgl. l.c.) zum Dehydrogenasen-Nachw. mit *Tetrazoliumsalzen* wurden bei *Neurospora crassa*, *Oospora lactis* u. *Saccharomyces cerevisiae* folgende *Dehydrogenasen* (DH) nachgewiesen: 1. Für den Embden-Meyerhof-Weg: *L-Glycerin-3-phosphat*: *NAD-Oxydoreduktase* (EC 1.1.1.8), *Alkoholdehydrogenase* (EC 1.1.1.1), *D-Milchsäure*:*Cytochrom-c-Oxydoreduktase* (EC 1.1.2.4) sowie nur in *N. crassa D-Milchsäure*:*NAD-Oxydoreduktase* (EC 1.1.1.28). — 2. Für den Hexosemonophosphatweg: *Glucose-6-phosphatdehydrogenase* (EC 1.1.1.49), *6-Phosphogluconsäuredehydrogenase* (EC 1.1.1.44). — 3. Für den Citronensäurezyklus: *Isocitronensäure-NAD-* u. *NADP-Oxydoreduktase* (EC 1.1.1.41 u. 1.1.1.42), *Glutaminsäure-NAD-* u. *NADP-Oxydoreduktase* (EC 1.4.1.2 u. 1.4.1.4), sowie je eine für *NAD* bzw. *NADP* spezif. *Äpfelsäuredehydrogenasen*. — Ferner die $NADH_2$- u. die $NADPH_2$:*Cytochrom-c-Reduktasen* (EC 1.4.3.3 u. 1.4.3.4), sowie bei *N. crassa* eine schwache *L-Aminosäuredehydrogenase*. In keiner der 3 Pilzspezies war D-Aminosäuredehydrogenase oder Monoaminoxydase nachzuweisen. *Nitro-BT* u. *Tetranitro-BT* erwiesen sich als gleichgute Indikatoren, bei der *MTT-$CoCl_2$-Technik* störten die Co^{2+}-Ionen z. T. den DH-Nachweis. Die Formazangranula waren gleichmäßig im Zytoplasma verteilt, bei *Saccharomyces* traten z. T. mitochrondrienartige Strukturen auf. Die Spezifität der DH-Nachw. konnte durch Kontrollen weitgehend gesichert werden, einige Nachteile der *Tetrazol-Technik* werden gezeigt.
E. Seidler 4210

1353 **Mechanismus der Hemmung von Dehydrogenasen durch Salicylat.** P. D. Dawkins, B. J. Gould, J. A. Sturman und M. J. H. Smith. (J. Pharmacy Pharmacol. **19** (1967) 6, 355—66; London, England, King's Coll. Med. School; engl.) — Aus mathemat. Berechnungen über die Kinetik (Michaelis-Konst.), Diagrammen u. Tabellen (im Orig.) folgt, daß *Kaninchenmuskellactat-*, *Pferdeleberalkohol-*, *Schweineherzmalat-* u. *Schweineherzisocitratdehydrogenase* durch *Salicylat* (mit dessen Konz. zunehmend) in vitro reversibel gehemmt werden. Dialyse hebt die Hemmungen auf. Salicylat u. NAD bzw. NADP wirken kompetitiv. Diese Wrkg. des Salicylats wird mit einigen bekannten Wrkg. in vivo (bei Tieren u. Menschen) verglichen. — 23 Literaturangaben.
Georg Vogel 4210

1354 **Nachweis für Lactatdehydrogenase in Anaplasma marginale.** Dianne L. Darré, W. R. Wallace und G. T. Dimopoullos. (J. Bacteriol. **93** (1967) 3, 806—10; La. State Univ., Baton Rouge, La.; engl.) — Extrakte aus z. T. gereinigten Aufbereitungen von *Anaplasma marginale* enthalten wenig *Lactatdehydrogenase* (I). Auf Grund der Enzymhemmung durch Immunsera muß I aus

A. m. die gleiche Proteinkomponente besitzen wie **I** aus normalen roten Blutzellen. Durch Elektrophorese der Extrakte werden 2 NAD-abhängige Isoenzyme nachgewiesen, von denen das eine zur Kathode, das andere zur Anode wandert. Die Heterogenität der Isoenzyme aus Parasiten- bzw. den roten Blutzellen Wirtszellen wird durch Zonenelektrophorese an Celluloseacetat-Streifen bewiesen. M. Ebert 4210

1355 **Verlust kathodischer Isoenzyme bei der Enzym-Elektrophorese an Celluloseacetat.** S. B. Rosalki und A. Montgomery. (Clin. chim. Acta [Amsterdam] **16** (1967) 3, 440—41; St. Mary's Hosp., London, W 2; engl.) — Trennt man *Milchsäuredehydrogenase* aus Skelettmuskelhomogenat elektrophoret. auf Agargel (A), so findet man für die langsam wandernden Isoenzyme (die kathod.) die größten Konz.; erfolgt die Trennung auf Celluloseacetat (C), so sind diese Isoenzyme nicht oder nur schwach nachweisbar. Man erhält jedoch mit C ähnliche Ergebnisse wie mit A, wenn man dem Puffer, mit dem die C-Streifen getränkt werden, 1% *Rinderserumalbumin* zusetzt. Der Befund zeigt, daß die langsam wandernden Isoenzyme bei der Elektrophorese auf C labil sind, wogegen Albumin schützt. Ähnliche Ergebnisse wurden für *Kreatinphosphokinase* aus Muskelhomogenat beobachtet. — Den Verlust auf C beobachtet man nicht bei der Trennung von Serum, vermutlich wegen der schützenden Wrkg. der gleichfalls kathod. *γ-Globuline.* K. Bormann 4210

1356 **Einflüsse von Ionen sowie Gefrieren–Tauen auf Äpfelsäuredehydrogenase aus Überstand und Mitochondrien.** D. J. Blonde, E. J. Kresack und G. W. Kosicki. (Canad. J. Biochem. **45** (1967) 5, 641—50; Dep. of Chemistry, Univ. of Windsor, Windsor, Ontario; engl.) — Sowohl *Äpfelsäuredehydrogenase aus dem Überstand* (Übst.) als auch *aus den Mitochondrien* (Mi.) von Schweineherz werden von > 50 mm $MgCl_2$, $MnCl_2$ oder $CaCl_2$ gehemmt, während geringe Konz. auf Übst. leicht stimulierend wirken. KCl stimuliert Übst. u. Mi. in geringen Konz. etwas u. wirkt in größeren Konz. leicht hemmend. 4—6 mm Zn^{2+} stimulieren Mi. stark, während Übst. erheblich gehemmt wird. Steigende Konz. Phosphat u. Arsenat stimulieren Mi. u. haben auf Übst. kaum Einfluß. Die PO_4^{3-}-Wrkg. auf Mi. wird durch Mg^{2+} in eine Hemmung umgewandelt. — Der Einfl. von Gefrieren–Tauen ist vom Medium abhängig. In Kaliumphosphatpuffer sowie Natriumphosphatpuffer bei Ggw. von Serumalbumin u. Mercaptoäthanol (**I**) wird Übst. fast völlig gehemmt, Mi nicht. Abwesenheit von **I** bedingt weitgehende Aktivität von Übst.; der in Ggw. von **I** + PO_4^{3-} beobachteten Hemmung wirken NADH, Oxalessigsäure, NAD oder Apfelsäure entgegen. Tris-Acetat-Puffer wirkt in Ggw. von **I** kaum hemmend auf das Überstandenzym. Mi. werden in den untersuchten Puffersyst. in Abwesenheit von **I** leicht gehemmt, während in **I**-Ggw. eher Stimulierung gefunden wird. — Schließlich wird für Mi gefunden, daß o-Phenanthrolin auf die Aktivität kaum Einfl. hat, weswegen die Rolle von Zn^{2+} für die Aktivität weiterhin unklar ist. K. Bormann 4210

1357 **Elektrophoretische Trennung der Magnesium abhängigen Glucose-6-phosphatdehydrogenasen in Rattengeweben.** Samuel H. Hori, Tsutomu Kamada und Sei-ichi Matsui. (J. Histochem. Cytochem. [Baltimore] **15** (1967) 7, 419—20; Dep. of Zoology, Hokkaido Univ., Sapporo, Japan; engl.) — Es ist festgestellt worden, daß die B-Banden der Glucose-6-phosphatdehydrogenasen (**I**) Mg^{2+}-abhängig sind. Die elektrophoret. Trennung der Enzyme wird beschrieben. Das Inkubationsmedium enthält: *Glucose-6-phosphat, NADP, KCN, Nitro-blau-tetrazolium, Trimalatpuffer u. Phenazinmethosulfat.* Zusatz von Mg^{2+} ($5 \cdot 10^{-3}$ m) zum Inkubationsmedium, zeigt, daß die B-Banden auch in Milz, Nebennieren u. roten Blutzellen zu finden sind, in Leber, Niere, Lunge, Darm, Magen u. Hoden ist die Reaktivität der B-Banden dadurch gesteigert. Andererseits bewirkt ein äquimol. Zusatz von EDTA zum Inkubationsmedium das Verschwinden der B-Banden in allen untersuchten Organen. Wird zum EDTA haltigen Medium dann wieder Mg^{2+} gegeben, so wird die Reaktivität der B-Banden wieder hergestellt. Stimulative Effekte der Mg^{2+}Ionen werden nur sehr gering, wenn überhaupt beobachtet. Ähnliche Unters. bei Mäusen ergeben, daß eine ähnliche **I**-Fraktion vorliegt. H.-J. Haink 4210

1358 **Quantitative Histochemie des Hypothalamus. 1. Mitt. Pentose-Schaltenzyme im aktivierten supraoptischen Kern der Ratte.** Johan F. Jongkind. (J. Histochem. Cytochem. [Baltimore] **15** (1967) 7, 394—98; Netherlands Central Inst. for Brain Res., Amsterdam; engl.) — Die Aktivitäten zweier Enzyme des oxydativen Teils des Pentosezyklus u. ein glykolyt. Enzym werden mit Hilfe von quant. histochem. Meth. sowohl in histolog. reinem nucleus supraopticus als auch in der angrenzenden Zone des Vorderhypothalamus von Ratten ausgemessen. Während einer Durstperiode von 6 Tagen wächst im nucleus supraopticus die *Glucose-6-phosphat* Aktivität um 34%, während die *6-Phosphogluconatdehydrogenase*-Aktivität um 9% abnimmt, *Lactatdehydrogenase*-Aktivität ändert sich nicht merklich. Die nicht supraopt., angrenzende Vorderhypothalamus-Zone zeigt unter diesen Bedingungen keine bemerkenswerte Aktivitätsänderung bez. eines der untersuchten Enzyme. H.-J. Haink 4210

1359 **Repression der Enzymbildung beim Hydrogenomonas-Stamm H 16 G+ durch molekularen Wasserstoff und Fructose.** H. G. Schlegel und H. G. Trüper. (Antonie van Leeuwenhoek **32**, 277—92, 1966; Göttingen, Univ., Inst. f. Mikrobiol.; engl.) — Die Glucose (**III**) verwertende Mutante *Hydrogenomonas* H 16 G+ unterscheidet sich vom Originalstamm H 16 durch eine größere spezif. Aktivität der *Glucose-6-phosphatdehydrogenase.* Bei Inkubation beider Stämme in anorgan. Salz-Fructose(**I**)-Nährlsg. unter 80% H_2 + 20% O_2 findet weder Wachstum noch Bldg. von Enzymen des Entner-Dondoroff-Syst. statt. H_2 reprimiert die Bldg. dieser Enzyme selbst in Ggw. von CO_2, Pepton oder *Lactat* (**II**). Unter Luft wird die Bldg. dieser Enzyme von **II**, Acetat, Glutamat oder Pyruvat nicht reprimiert. Bei Stamm H 16G+ unterdrückt **I** die Adaptation an **III**. **III** reprimiert nicht die Bldg. einer **I**-*Permease.* **II** unterdrückt auch die Adaptation an Glutamat u. Asparagat sowie deren Verwertung, nicht aber die von **II**. In chemolithotroph. oder auf I-Acetyl-CoA-Kinase gewachsenen Zellen werden *Malatsynthase* u. *Isocitratlyase* unter Luft nach Acetatzusatz rasch gebildet. Die Bldg. dieser Enzyme wird von H_2 oder **I** ebenfalls völlig gehemmt. K. Maier 4210

1360 **Histochemischer Nachweis der Δ^5-3β- und 17β-Hydroxysteroid-Dehydrogenase-Aktivitäten im Ovar des Schweins.** Lars Bjersing. (Histochemie **10** (1967) 4, 295—304; Inst. of Path., Univ. of Umea, Umea 6, Schweden; engl.) — Neben der *Δ^5-3β-Hydroxysteroiddehydrogenase* (**I**) u. der *17β-Hydroxysteroiddehydrogenase* (**II**) erfolgte eine Darstellung der *NAD-* u. *NADP-Diaphorase.* Als Red.-Indikator wurde TNBT verwendet. Die topohistochem. Verteilung der Enzyme im Schweineovar wird beschrieben. **I** findet sich in der Theca interna. **I** u. **II** konnten nicht in den Granulosazellen nachgewiesen werden. Dies beruht nicht auf einem Mangel an Diaphorasen, die sich hier durch eine deutliche Aktivität auszeichneten. Nur im Östrus u. in der Pubertät konnten **I** u. **II** in dieser Lokalisation nachgewiesen werden. **I** war außerdem in den Corpora lutea vorhanden. A. Hecht 4210

1361 **Eigenschaften eines durch Proteolyse von Hefe-L-Lactat: Cytochrom-c-Oxydoreduktase erhaltenen Cytochrom-C_2-Kerns.** Françoise Labeyrie, Olga Groudinsky, Yvette Jacquot-Armand und Liliane Naslin. (Biochim. biophysica Acta [Amsterdam] **128**, 492—503, 1966; Paris, Inst. de Biol., Physico-chim.; Orsay, Fac. des Sciences d'Orsay, Lab. de Biol. Physicochimique; franz.) — Die trypt. Spaltung von krist. *Cytochrom C_2* (Hefe-*L-Lactat: Cytochrom-c-Oxydoreduktase,* EC 1.1.2.3) (**I**) liefert ein *Polypeptid* (**II**), das durch Gelfiltration (Sephadex G-100) abtrennbar ist. **I**, „*Cytochromkern C_2*", mit Molgew. ca. 11000 ist mit einer Hämgruppe verbunden, besitzt spektrale Eig., die im Sichtbaren denen von **I** sehr ähneln, hat keine katalyt. Aktivität bez. Lactatox., ist autoxydabel u. wirkt als

Akzeptor bei der von Lacticodehydrogenase katalysierten Lactatox., das Redoxpotential ist $-0{,}028$ V (30°, pH 7). Elektrophoret. sind mehrere Komponenten nachweisbar. Strukturelle Fragen des akt. Mol. von Lactatdehydrogenase werden diskutiert. K. Maier 4210

1362 **Einfluß verschiedener Faktoren an der Steroidgenese beteiligten Testisenzyme.** Hiroshi Inano, Hideki Nakano, Mikio Shikita und Bun-ichi Tamaoki. (Biochim. biophysica Acta [Amsterdam] **137** (1967) 3, 540—48; Nat. Inst. of Radiolog. Sci. Chiba-shi, Japan; engl.) — Vf. untersuchen den Einfl. von Inhibitoren u. Pregnenderiv. auf die Aktivität von Testisenzymen, die an der Umwandlung von Steroiden in der Ratte beteiligt sind, um einige der enzymat. Eig. der Mikrosomen- u. lösl. Fraktionen der Rattentestis kennenzulernen, u. Einblick in die Rolle von *20α-Hydroxysteroiddehydrogenase* (**I**) für die Androgensynth zu gewinnen. — Die 17α-Hydroxylierung von *Δ^4-Pregnen-3.20-dion* (**II**) durch die Mikrosomenfraktion der Rattentestis wird durch Zusätze von 17α.20β-Dihydroxy-Δ^4-pregnen-3-on (17α.20β-**III**), 20β-Hydroxy-Δ^4-pregnen-3-on (20β-**IV**) sowie von EDTA u. p-Chlormercuribenzoat (**VII**) zum Medium inhibiert. Die Spaltung der Seitenkette von *17α-Dihydroxy-Δ^4-pregnen-3.17-dion* (17α-**V**) durch die Mikrosomenfraktion wird durch 17α.20α-**III**, 17α.20β-**III**, 20α-**IV**, 20β-**IV**, 21-Hydroxy-Δ^4-pregnen-3.20-dion (21-**VI**) u. **VII** inhibiert. Die 17β-Red. von *Δ^4-Androsten-3.17-dion* durch die Mikrosomenfraktion wird durch **VII**, nicht aber durch Jodacetamid u. NaCN inhibiert. Die **I**-Aktivität wird durch **VII** inhibiert u. durch EDTA stimuliert. Die Red. der 20-Ketogruppe von 17α-**VI** wird unter anaeroben Bedingungen auch in Ggw. der Mikrosomenfraktion signifikant stimuliert. Hieraus folgt, daß mol. O der entscheidende Faktor bei der Spaltung der Seitenkette u. der Red. der 20-Ketogruppe von 17α-**VI** ist. Die Aktivität der Lyase für die Spaltung der Seitenkette von 17α-**VI** wird kompetitiv durch 20α-**IV** gehemmt, das aus 17α-**VI** durch Einw. von **I** entsteht. Aus diesen Unters. folgt, daß **I** eine wesentliche Rolle bei der Kontrolle der Androgensynth. spielt, in dem es mit der Mikrosomenlyse um die Verwertung des gemeinsamen Substrats, 17α-Hydroxyprogesteron, konkurriert u. die Lyaseaktivität kompetitiv inhibiert. H. Köditz 4210△

1363 **Homoserinfreie bradytrophe Neurospora: Nachweis einer veränderten Asparaginsäurealdehyddehydrogenase.** M. B. Jenkins und H. R. Garner. (Biochim. biophysica Acta [Amsterdam] **141** (1967) 2, 287—95; Purdue Univ., Lafayette, Ind.; engl.) — Um einen Einblick in die Adaptationsprozesse zu gewinnen, die als Folge von Mutationen ablaufen, untersuchen Vf. die von einer Mutante von *Neurospora crassa*, Stamm G 184-IA (Allelezahl 51504), die in einer Minimalnährlsg. nur nach einer langen „lag"-Periode sehr langsamen Wachstums wächst u. auf *Homoserin* (**I**), *Asparagat-β-semialdehyd* oder *Methionin* (**II**) plus *Threonin* (**III**) als einzige Ergänzung reagiert, gebildeten Aminosäuren u. Enzyme. — Aus der Analyse der freien Aminosäuren im Nährmedium folgt, daß die Mutante einen prakt. normalen Spiegel an **III** u. *Isoleucin* aufrechterhält. **II** läßt sich weder in der Mutante noch im Wildtyp nachweisen, während *Cystathionin* während der „lag"-Phase des Mutantenwachstums fast vollständig fehlt. Durch Kombination der Allele 51504 mit dem Stamm 9666, der **I** akkumuliert, wird die **I**-Akkumulation unterbunden; hieraus folgt, daß die **I**-Synth. durch den Stamm G184-IA während des Wachstums langsam ansteigt bis eine maximale Synth.-Geschw. erreicht ist. Während die Konz. von *β-Aspartokinase* des untersuchten Stamms im Rohextrakt u. im Wildtyp unverändert ist, ist die von Asparaginsäure-β-semialdehyddehydrogenase (**IV**) stark verringert. Die Gesamtaktivität von **IV** steigt bei der Reinigung an. **IV** der Mutante weist gegenüber **IV** des Wildtyps eine unterschiedliche Löslichkeit in $(NH_4)_2SO_4$, ein anderes pH-Optimum sowie eine geringere Stabilität bei höherer Temp. auf. Seine Aktivierungsenergie ist geringer als die des Wildtyps. Vf. führen das Wachstumsverh. der Mutante auf prim. u. sek. Effekte der Veränderungen von **IV** zurück. H. Köditz 4210△

1364 **Bildung von Harnsäure durch Leber-Xanthindehydrogenase.** E. Domingo, J. Bozal und F. Calvet. (Rev. españ. Fisiol. **23** (1967) 3, 145—54; Dep. de Bioquím., Fac. de Ciencias, Barcelona; span.) — Ein Überschuß an den Substraten (Xanthin oder Hypoxanthin) hemmte die Xanthindehydrogenase (**I**) reversibel. *Adenin* scheint die Umwandlung von Xanthin in Harnsäure kompetitiv zu hemmen. Adenosin, Inosin u. Harnsäure hemmten **I** nicht, wohl aber *Histamin*. M. Wiedemann 4210

1365 **An Plasmamembrane gebundene Succinatdehydrogenase in Salmonella typhosa.** M. M. Raza Nasir. (Indian J. Biochem. **4** (1967) 1, 55—56; Lucknow (Indien), Central Drug Res. Inst.; engl.) — Durch Lysozyme u. durch Differential-Zentrifugieren erhaltene subzelluläre Fraktionen der *Salmonella typhosa* (*NCTC 8385*) zeigten, daß 75% der Succinatdehydrogenase EC 1.3.99.1 (**I**) in der Plasma-Membran-Fraktion enthalten sind. Vers., die **I** aus der Membran durch Ultraschallwellen, n-Butanol, Schlangengift-Lipase, Triton X-100, Trypsin oder Desoxycholat freizusetzen, scheiterten, woraus man folgerte, daß **I** auch an der Lipoprotein-Membran der *Salmonella* lokalisiert ist. Unter Anwendung eines intakten Membran-Präp. werden einige Eig. der **I** ermittelt. **I** wurde durch Sulfhydryl-Reagenz u. Schwermetalle gehemmt. Bei Ggw. von Succinat wurde der O_2-Verbrauch des Membran-Präp. von den künstlichen Elektronenakzeptoren, am besten durch Phenazinmethosulfat, stimuliert u. weniger aktiv durch Dichlorphenolindophenol, Methylenblau oder K-Ferricyanid. L. Macher 4210

1366 **Wechselwirkung zwischen Glutamatdehydrogenase und Farbstoffen.** G. H. Dodd und G. K. Radda. (Biochem. biophys. Res. Commun. **27** (1967) 4, 500—04; Univ. of Oxford, Oxford, England; engl.) — Um einen Einblick in die Bindung von Effektoren an alloster. Proteine zu gewinnen, untersuchen Vf. die Bindung von *1-Anilino-8-naphthalinsulfonat* (**I**) u. sorgfältig gereinigtem *Eosin* (**II**) an Glutamatdehydrogenase (**III**). — **II** stimuliert in hohen Konz. die Dissoziation von **I** in Monomere; diese Dissoziation wird durch NADH verstärkt. In niedrigen Konz. hat **II** nur einen relativ geringen Einfl. auf **I**, obwohl es an **I** gebunden wird. Der mit dieser Bindung einhergehende Fluoreszenzanstieg wird durch NADH oder GTP nicht beeinflußt; er wird jedoch verstärkt, wenn **III** mit NADH bzw. GTP in Ggw. von GTP bzw. NADH titriert wird. Die Veränderung der **I**-Bindung wird auf Konform.-Änderungen im Protein zurückgeführt. **II** wird nur an relativ wenigen Stellen des **III**-Mol. gebunden. Von den untersuchten Effektoren hat nur ADP einen signifikanten Einfl. auf die **II**-Bindung. Die Inhibierung von **III** durch **II** wird durch ADP, Verdünnung oder Gelfiltration aufgehoben. H. Köditz 4210△

1367 **Hemmung von Glutamatdehydrogenase durch Pyridoxal-5'-phosphat.** Bruce M. Anderson, Constance D. Anderson und Jorge E. Churchich. (Biochemistry [Washington] **5**, 2893—2900, 1966; Knoxville, Tenn., Univ. of Tenn., Dep. of Biochem.; engl.) — Rinderleber-*Glutamatdehydrogenase*(*L-Glutamat*: *NAD⁺(P)-Oxydoreduktase, desaminierend*; EC 1.4.1.3; **I**) wird durch Inkubation mit *Pyridoxal-5'-phosphat* (**II**) bei 34° inkubiert. **I**- u. *Alanindehydrogenase*-Aktivität von **I** gehen gleichzeitig verloren. Ggw. von **II** verhindert **I**-Aggregation bei hohen Proteinkonzentrationen. Wiederherst. der katalyt. Aktivität u. die Aggregationsfähigkeit lassen sich durch Dialyse des inaktivierten Enzyms erreichen. Auf Grund spektraler Befunde verläuft die Inaktivierung über Bldg. einer Schiffschen Base mit NH_2-Gruppen des Enzyms. $NaBH_4$-Red. von **II**-inaktiviertem **I** liefert ein stabiles Pyridoxyl-**I**-Deriv., das durch Dialyse nicht reaktivierbar ist. Pyridoxyl-**I** wurde fluoreszensspektroskop. untersucht. In sauren Hydrolysaten von Pyridoxyl-**I** wurde *ε-Pyridoxyllysin* identifiziert. **I** wird ferner von substituierten Benzaldehyden inaktiviert. Substituenteneffekte auf den Inaktivierungsvorgang wurden untersucht. K. Maier 4210

1368 **D-Asparagatoxydase aus Schweineniere.** C. De Marco, M. T. Graziani und D. Bognolo. (Ital. J. Biochem. **15**, 402—06, 1966; Ist. die Chim. Biol. Univ. di

Roma; engl.) — Vf. beschreiben eine einfache Meth. für die Isolierung von D-Asparagatoxydase aus Schweineniere durch Acetonpulverextraktion, $(NH_4)_2SO_4$-Fraktionierung (0,3—0,55 Sättigung), Erwärmen auf 55° bei pH 5, Fällen bei pH 2,8 mit $(NH_4)_2SO_4$ (0,35 Sättigung) u. Dialyse gegen Na-Pyrophosphatpuffer, pH 8,3. Die dialysierten Lsg. lassen sich bei —20° mehrere Tage aufbewahren. H. Köditz 4210 △

1369 **Trinitrophenylierung von D-Aminosäureoxydase.** Kunio Yagi, Minoru Harada und Akira Kotaki. (Biochim. biophysica Acta [Amsterdam] **122**, 182—92, 1966; Nagoya (Japan), Univ. of Nagoya, Fac. of Med., Inst. of Biochem.; engl.) — Zur Gewinnung eines weiteren Einblicks in Konfig.-Unterschiede zwischen Apoenzym-, Holoenzym- u. Enzym-Substrat-Komplex-Zustände der *D-Aminosäureoxydase* (D-Aminosäure: O_2-Oxydoreduktase (entaminierend), EC 1.4.3.3) (**I**) wurden die NH_2-Gruppen mittels 2.4.6-Trinitrobenzol-1-sulfonsäure chem. modifiziert. Alle 3 Zustände von **I** besitzen NH_2-Gruppen, die anfangs rasch pikryliert werden (Apo-**I** 4, Holo-**I** 3, **I**-Substrat-Komplex 2 Reste). Der Unterschied in der Zahl dieser NH_2-Reste beruht vermutlich vorwiegend auf Konfig.-Unterschieden zwischen den 3 **I**-Formen. Diese NH_2-Gruppen sind nicht immer für die **I**-Aktivität wesentlich. Im Falle von Apo-**I** ist die Enzymaktivität um so niedriger, je größer die Pikrylierung u. geht völlig verloren, wenn die Hälfte der gesamten NH_2-Gruppen pikryliert ist. Bei Holo-**I** u. **I**-Benzoat-Komplex beeinflußt die Pikrylierung von 1—6 NH_2-Resten die **I**-Aktivität nicht. Benzoesäure ist auf die Inaktivierung durch Pikrylierung prakt. ohne nachweisbaren Effekt. K. Maier 4210

1370 **Irreversible Enzym-Inhibitoren.** 71. Mitt. **Irreversible Inhibitoren der Dihydrofolsäure-Reduktase.** 5. Mitt. **Derivate des 6-Phenylpyrimidins.** B. R. Baker und Howard S. Shapiro. (J. pharmac. Sci. **56** (1967) 1, 33—38; Dep. of Chem., Univ. of Calif., Santa Barbara; engl.) — 70. bzw. 4. vgl. ibid. **56** (1967) 28. — Vf. synthetisieren eine Reihe von *2-Amino-4-hydroxy-5-anilinopropyl-6-phenylpyrimidinen mit p-Chloracetyl-*, *o-[4-Chlorbutanon-(3)-yl]-* (**I**), *p-[4-Chlor-Δ¹-butenon-(3)-yl]-* u. *p-[Bromacetamidoäthyl]*-Gruppen am Anilino-Rest. Lediglich das durch **I** substituierte Pyrimidin inaktiviert Dehydrofolsäure-Reduktase nach vorangegangener gemeinsamer Inkubation bei 37°. Der Wrkg.-Mechanismus wird diskutiert. IR- u. UV-Maxima vgl. Original.

Versuche (F. korr.): 2-Amino-4-hydroxy-6-phenylpyrimidine: *5-[p-Acetamidoäthylanilinopropyl]-* (**III**), F. 243—246° (wss. A.), durch 20 Min. langes Rühren eines Gemischs aus 2-Acetamino-4-hydroxy-5-[γ-formylpropyl]-6-phenylpyrimidin (**I**) u. N-[p-Aminophenäthyl]-acetamid (**II**) in DMF, Zugabe von Methanol u. $NaBH_4$, 18std. Rühren, Einengen im Vakuum, Lösen in W., Einstellen auf pH 8 mit 3 n wss. HCl u. Kühlen bei 0° (Meth. **A**); 83%. — *5-[p-Acetamidoanilinopropyl]-*, F. 275° (wss. 2-Methoxyäthanol), analog **A** (N-[p-Aminophenyl]-acetamid: **I** = 5); 21%. — *5-[p-Acetamidomethylanilinopropyl]-*, F. 243—246° (wss. A.), analog **A**; 55%. — *5-[p-Acetamidobutylanilinopropyl]-*, F. 223—226° (wss. A.), analog **A**; 85%. — *5-[p-Aminoäthylanilinopropyl]-*, *Hydrochlorid*, F. 285—288° (Zers.; wss. 2-Methoxyäthanol), durch 3std. Erhitzen von **III** in 10%ig. wss. NaOH, Filtrieren, Kühlen, Neutralisieren mit 3 n HCl u. Filtrieren; 70%. — *5-[p-2'-(Chlormethyl)-1.3-dioxolanyl-(2')-anilinopropyl]-*, F. 189—191° (wss. A.), analog **A**; 51%. — *5-[p-2'-(Chlormethyl)-1.3-dioxolanyl-(2')-äthylanilinopropyl]-*, F. 222—224° (Zers.), analog **A**; 80%. — *5-[p-2'-(Chlormethyl)-1.3-dioxolanyl-(2')-äthenylanilinopropyl]-* (**IV**), F. 218—221° (Zers.; wss. 2-Methoxyäthanol), analog **A**; 47%. — *5-p-(4-Chlor-3-oxobuten-(1)-yl-anilinopropyl]-*, F. 220—225° (A./W.), durch 1std. Kochen von **IV** in 1 n wss. HCl, Zugabe von W., Alkalisieren mit 10%ig. wss. NaOH unter Kühlen (Meth. **B**); 62%. — *5-[p-(Chloracetyl)-anilinopropyl]-*, F. 220° (Zers.; wss. 2-Methoxyäthanol), analog **B**; 76%. — *5-[p-(4-Chlor-3-oxobutyl)-anilinopropyl]-*, F. 201—203° (Zers.; wss. 2-Methoxyäthanol), analog **B**; 49%. K.-P. Hilgetag 4210△

1371 **Reduktion von Ubichinon durch das Sarcosindehydrogenasesystem.** Alicja K. Drabikowska. (Acta biochim. polon. **14** (1967) 2, 241—47; Inst. of Biochem. and Biophys., Polish Acad. of Sci., Warszawa; engl.) — In Fortsetzung früherer Arbeiten (ibid. **12** (1965) 387) über die Eignung von $Ubichinon_6$ (**I**) als Elektronenakzeptor für Fe-haltige Flavoproteinenzyme untersuchen Vf. das aus Rattenlebermitochondrien isolierte Sarcosin (**II**) oxydierende Syst. gegenüber **I**. — Durch **II**-Zusätze zu mit Phosphatpuffer gewaschenen Rattenlebermitochondrien wird **I** in Ggw. von CN^- reduziert. Diese Red. wird durch Semicarbazid (**III**) nicht beeinflußt, durch Acetat jedoch vollständig aufgehoben. Formaldehyd red. ebenfalls **I**, allerdings in etwas geringerem Ausmaß als **II**; diese Red. wird jedoch durch **III** inhibiert. Zusatz von Cholin potenziert nicht die Red.-Wrkg. von **II**. In NAD-freien Mitochondrien ist der Grad der Red. von **I** durch **II** ebenso groß wird in den mit Phosphatpuffer gewaschenen Präparaten. Mitochondrien, mit Ultraschall behandelte Präp. u. der 100000·*g*-Überstand reduzieren **I** in Ggw. von **II**. Die durch $(NH_4)_2SO_4$-Fraktionierung erhaltenen Präp. sind inakt.; durch Vereinigung der mit 0,4—0,6 u. 0,6—0,8 Sättigung erhaltenen Präp. wird wieder ein akt. Präp. erhalten. H. Köditz 4210△

1372 **Prolinoxydasekomplex.** Robert Kramar. (Enzymologia [Den Haag] **33** (1967) 1, 33—37; Inst. of Med. Chem. Univ. of Vienna, Vienna, Austria; engl.) — Vf. beschreiben die Isolierung von *L-Prolin:(Akzeptor)-Oxydoreduktase* (Prolinoxydase; **I**) aus Mitochondrien der Rattenleber durch Extraktion mit Triton X-100 u. die 7fache Anreicherung von **I** durch Gelfiltration. — Das erhaltene **I**-Präp. enthält noch Succinatdehydrogenase u. TD-Transhydrogenase. Als Akzeptor dient neben unphysiolog. INT auch O_2. **I** wird in allen Reinigungsphasen durch *Menadion* stark aktiviert, während weder NAD noch NADP im untersuchten Konz.-Bereich ($\leq 0{,}002$ m) einen Einfl. auf die **I**-Aktivität ausüben. Dieses Ergebnis steht im Widerspruch zu der von Lang et al. (Biochem. Z. **329** (1958) 577) beschriebenen NAD- u. NADP-Abhängigkeit von **I**. H. Köditz 4210△

1373 **Lipoyldehydrogenase: Regionale und subzelluläre Verteilung in sich entwickelnden und reifen Gehirnen verschiedener Spezies.** S. A. Millard, A. Kubose und E. M. Gál. (J. Neurochem. [London] **14** (1967) 8, 847—50; Dep. of Psychiatry, Coll. of Med., Univ. of Ia., Iowa City, Ia.; engl.) — Bei Ratte, Kaninchen, Taube u. Meerschweinchen enthält das Cerebellum ausgereifter Tiere die höchste *Lipoyldehydrogenase*(EC 1.6.4.3)-Aktivität. Zum Zeitpunkt der Geburt zeigen Cerebellum, Cortex, Subcortex u. Medulla die gleiche Aktivität. Die Enzymaktivität ist überwiegend in den Mitochondrien nachweisbar. Joachim Schmidt/Magdeburg 4210

1374 **Ultrastrukturelle Darstellung der Cytochromoxydase-Aktivität durch die Nadi-Reaktion mit osmiophilen Reagentien.** Arnold M. Seligman, Robert E. Plapinger, Hannah L. Wasserkrug, Chandicharan Deb und Jacob S. Hanker. (J. Cell Biol. **34** (1967) 3, 787 bis 800; Dep. of Surg. Sinai Hosp. of Baltimore 21215; engl.) — Ausgehend von der Feststellung, daß Indoaniline osmiophile Eig. besitzen, haben Vf. ein neues Phenylendiaminderiv., das *N-Benzyl-p-phenylendiamin* (**I**) synthetisiert. Mit *5-* (**II**) u. *6-[N-Methylthioureido]-1-naphthol* ergibt **I** bei der Nadi-Rk. hellbraune oder blaue Indoaniline. Auch reagiert es mit 1-Naphthol. Ebenso können zwei Mol. von **I** unter der Bldg. von Indoanilin reagieren. Dies wird durch OsO_4 in Osmiumschwarz überführt. Als Gewebe fanden Herz, Leber u. Niere Verwendung. Das Rk.-Prod. war in den Mitochondrien lokalisiert, gelegentlich auch im endoplasmat. Retikulum. A. Hecht 4210

1375 **Methode zur elektronenmikroskopischen Darstellung der Cytochromoxydase in frischen und Formalinvorfixierten Geweben.** S. Kerpel-Fronius und F. Hajós. (Histochemie **10** (1967) 3, 216—33; Dep. of Anat., Univ. Med. School, Budapest; engl.) — Folgendes Inkubationsmedium wurde verwendet: 1. 10—15 mg p-Aminodiphenylamin in 0,3 ml 96%ig. A., 9 ml W., 4 ml 0,2 m Tris-Puffer pH 7,4, Saccharose (Endkonz. 0,44 m) (Medium I). 2. Formol-Maleat-Lsg.: Formalin gelöst in 0,1 m Na-Maleat-Puffer pH 6,0 u. verdünnt auf 4%, Saccharose (Endkonz. 0,44 m) (II). 3. Kupfer-Maleat-Lsg.: 0,5% Cu-Sulfat, gelöst in Lsg. II, (Lsg. III). 4. Maleat-Lsg.: 0,1 m Na-Hydrogenmaleatpuffer pH 6,0, Saccharose zu 0,44 m Endkonz. (Lsg. IV). 5. Ferrocyanid-Maleat-Lsg.: 0,5% $K_4[Fe(CN_6)]$, gelöst in Lsg. IV (Lsg. V). Inkubation in Lsg. I 40—60 Min. bei Zimmertemp., 10 Min. Spülen in Lsg. II bei 4°, dann 60 Min. bei 4° in Lsg. III u. über Nacht in Lsg. IV. Dann 60 Min. in Lsg. V. Das Rk.-Prod. war in der Matrix der Mitochondrien lokalisiert. Die Ultrastruktur des Gewebes war jedoch nicht optimal erhalten. A. Hecht 4210

1376 **Charakterisierung von Tyrosinase aus Fusarium vasinfectum Atk.** K. Ramakrishna Rao und E. R. B. Shanmugasundaram. (Canad. J. Microbiol. **13** (1967) 4, 427—30; Univ. of Madras, Madras, India; engl.) — Vf. untersuchen Eig. u. Aktivität der Tyrosinase (I) aus *Fusarium vasinfectum* Atk., um die Beziehungen zwischen I-Aktivität u. Pathogenität zu klären. — Gereinigtes I entwickelt maximale Aktivität bei pH 6,5 u. 28°, optimale Substratkonz. $2{,}8 \cdot 10^{-4}$ μm; K_m wird zu $1{,}33 \cdot 10^{-4}$ μm bestimmt. Die I-Aktivität wird durch Ascorbinsäure, Cystein u. Glutathion stimuliert u. durch EDTA, Diäthyldithiocarbamat, p-Chlormercuribenzoat u. Jodosobenzoesäure inhibiert. Zn^{2+}, Mn^{2+}, Ca^{2+} u. Mg^{2+} beeinflussen die I-Aktivität nur wenig, während Cu^{2+} u. Fe^{2+} I aktivieren. Abschließend diskutieren Vf. die sich aus diesen Vers. ergebenden Schlußfolgerungen für die Pathogenität von I. H. Köditz 4210△

1377 **Kristallisation von Katalase in Form von Röhren mit monomolekularen Wänden.** N. A. Kiselev, C. L. Shpitzberg und B. K. Vainshtein. (J. molecular Biol. **25** (1967) 3, 433—41; Inst. of Crystallography, Acad. Sci. USSR, Moscow; engl.) — *Katalase* (I) aus Erythrozyten kristallisiert aus 1,5 m Ammoniumsulfat (pH 6,5 bis 7) in zur Helix (23 Mol. pro Windung) gewundenen Röhrchen (⌀ 420 Å, Wanddicke 65 Å); Ochsenleber-I kristallisiert unter diesen Bedingungen (pH 6,0) in gleicher Weise, lediglich der Röhrchendurchmesser beträgt 310 ± 15 Å. — Kristallisiert man Ochsenleber-I in üblicher Weise aus Natriumacetat, so findet man dreidimensionale Kristalle. — Die beobachteten Unterschiede werden ausführlich, bes. hinsichtlich der Wrkg. der Ionenstärke, diskutiert (12 Abb.). K. Bormann 4210

1378 **Bestimmung der Katalaseaktivität mit der Clark-Sauerstoffelektrode.** Mikael Rørth und P. K. Jensen. (Biochim. biophysica Acta [Amsterdam] **139** (1967) 1, 171—73; Inst. of Exp. Med., Univ. of Copenhagen, Copenhagen, Denmark; engl.) — Vf. zeigen, daß die Messung des bei der katalyt. Rk. entwickelten O_2 mit der Clark-O_2-Elektrode die schnelle u. zuverlässige Best. der Katalase-Aktivität in gereinigten u. nicht gereinigten Proben ermöglicht, wenn die die Pt-Oberfläche der Elektrode bedeckende Membrane für H_2O_2 relativ undurchlässig ist u. die Rk. in einem dicht geschlossenen Syst. durchgeführt wird, das die Best. der O_2-Konz. über einer mit Luft gesätt. Lsg. während der kurzen Anfangsperiode ermöglicht. H. Köditz 4210△

1379 **Inhibierung von Leber-Katalase durch Pestizide und ihren Kombinationen.** V. Krčméry und L. Rosíval. (Collect. czechoslov. chem. Commun. **32** (1967) 6, 2392 bis 2395; Fac. of Med., Komensky Univ., Bratislava; engl.) — Vf. untersuchen den Einfl. von *Heptachlor* (I), *Malathion* (II), *Metathion* (III), *Intrathion* (IV), *Acarithion* (V), *Imidan* (VI) u. *DDVP* (VII; *Dimethyldichlorvinylphosphat*) auf die Aktivität von Leber-Katalase (VIII) des Rindes. VIII wird zu 50% bei 30 Min. langer Inkubation von 8 (μg/ml), 60 II, 75 III, 120 IV, 210 V, 230 VI bzw. 250 VII inhibiert; von den untersuchten Pestizidkombinationen beeinflußt die Kombination IV + III die VIII-Aktivität nur wenig, die von I + V u. I + VI am stärksten. Aus den Vers. folgt, daß I der stärkste Inhibitor von VIII ist u. die Hemmwrkg. der anderen Verb. potenziert. V, VI u. VII hemmen die VIII-Aktivität nur wenig. Strukturell nicht verwandte Verb. geben aktivere Kombinationen (z. B. III mit VII oder VI). H. Köditz 4210△

1380 **Inhibierung der Biolumineszenz von Renilla reniformis durch Licht: Einfluß auf Luciferase und deren Substrate.** Paul Kreiss und Milton J. Cormier. (Biochim. biophysica Acta [Amsterdam] **141** (1967) 1, 181 bis 183; Univ. of Ga., Athens, Ga.; engl.) — Vf. bestimmen die Luciferase(I)-Aktivität sowie die Substratspiegel in licht- u. dunkel-adaptierter *Renilla reniformis*, um einen Einblick in den Mechanismus der durch Licht inkubierten Lumineszenz von *R. reniformis* zu erhalten. — Es bestehen keine signifikanten Unterschiede im Geh. an I, *Luciferin* u. *3'.5'-Diphosphoadenosin* bei den licht- u. dunkeladaptierten *R. reniformis*. Aus diesen Unters. schließen Vf., daß die Inhibierung der Lumineszenz durch Licht durch Beeinflussung der Verb. zwischen Nerven-lichtempfindliche Zellen erfolgt. H. Köditz 4210△

1381 **Wirkungen der Bioflavonoide und des Strophantins auf die O-Methyltransferase und Analyse der Resultate.** A. Raineri, M. Palazzoadriano und A. Battaglia. (Boll. Soc. ital. Biol. sperim. **43** (1967) 8, 401—04; Palermo, Univ., Ist. di Patol. Med. e Farmacol.; ital.) — In vitro wird der enzymat. Abbau des *Adrenalins* (I) durch *Brenzcatechin-O-methyltransferase* (II) in Ggw. von *Strophantin* (III; 10^{-5}) oder durch III + Bioflavonoide (IV; 10^{-5} u. 10^{-4}) untersucht. II wird aus dem Überstand des Rattenleberhomogenats erhalten. 10^{-4} IV blockiert den I-Abbau, während ihn III verstärkt; dieser Effekt wird durch Zugabe von 10^{-5} IV verhindert; 10^{-4} IV verhindert nicht nur den III-Effekt, sondern schützt I noch vor dem normalen Abbau durch das Substrat. F. Kren 4220

1382 **Vergleich von vier Methoden zur Bestimmung der γ-Glutamyltranspeptidase-Aktivität in biologischen Flüssigkeiten.** Detelin M. Dimov und Václav Kulhánek. (Clin. chim. Acta [Amsterdam] **16** (1967) 2, 271—77; 3rd Div. of Int. Diseases, J. Ev. Purkyne Univ., Brno; engl.) — Die Best. von *γ-Glutamyltranspeptidase* erfolgte in normalen (N) u. pathologischen (P) menschlichen Seren nach folgenden Meth.: a) mit *γ-L-Glutamyl-α-naphthylamid* (I) in Tris-Puffer, pH 9,0; b) mit *γ-L-Glutamyl-p-nitroanilid* (II) in Tris-Puffer, pH 9,0; c) mit I in *Glycyl-glycin*, pH 7,4; d) mit II in *Glycyl-glycin*, pH 7,4. Setzt man für die Empfindlichkeit a = 100% (für N u. P), so ist b für P schlechter, während c u. d für N oder P empfindlicher sind. Nach eingehender Diskussion über Arbeits- u. Zeitaufwand sowie Reproduzierbarkeit der einzelnen Meth. sind Vf. der Ansicht, daß die Glycyl-glycin als Co-Faktor u. Puffer verwendenden Meth. zukunftsreicher sind. K. Bormann 4220

1383 **Anzahl von SH-Gruppen in Kaninchen-Muskel-Phosphorylase.** S. Damjanovich und K. Kleppe. (Biochem. biophysic. Res. Commun. **26** (1967) 1, 65—70; Oslo, Norsk Hydro's Inst. for Cancer Res.; engl.) — An 4mal rekristallisierter *Kaninchen-Muskel-Phosphorylase b* (E.C. 2.4.1.1.) wurde mittels *p-Chlormercuribenzoat* (pCMB) u. *5.5'-Dithio-bis-(2-nitro-benzoesäure)* (DTNB) in Ggw. u. in Abwesenheit von Protein denaturierenden Verb. die Anzahl der SH-Gruppen bestimmt. In Ggw. von *Laurylsulfat* (I) werden 20 SH-Gruppen pro Mol. u. in Abwesenheit lediglich 9 SH-Gruppen mit der pCMB-Meth. festgestellt. Mit dem spezif. wirksameren DTNB wurden mit I 18—22 SH-Gruppen u. nur 6 ohne I nachgewiesen. In Ggw. von *Harnstoff* (II) wird die SH-Gruppen-Anzahl herabgesetzt; diese Unterschiede werden auf den verschiedenen Denaturierungsmechanismus von I u. II zurückgeführt. Für die unterschiedlichen Angaben in der Literatur über die Anzahl der SH-Gruppen wird die Nichtanwendung von Peptidketten entfaltenden Verb. wie I u. II verantwortlich gemacht. Nach den vorliegenden Unters. kann keine bindende Aussage über Disulfid-Bindungen in der Muskel-Phosphorylase gemacht werden. Nach vorläufigen Unters. mit *Mercaptoäthanol* oder *Cystein* scheinen solche Bindungen nicht zu bestehen. Weiterhin wurde durch DTNB- u. pCMB-Beh. eine Dissoziation in Untereinh. beobachtet. B. Puschendorf 4220

1384 **Einfluß von Puromycin auf die Glykogensynthetase.** O. Sövik. (Biochim. biophysica Acta [Amsterdam] **141** (1967) 1, 190—93; Inst. of Med. Biochem., Univ. of Oslo, Oslo, Norway; engl.) — Vf. bestimmt die Aktivität von Glykogensynthetase (I) u. *α-Glucanphosphorylase* (II) im Muskelgewebe von mit Puromycin (III) behandelten

Ratten, um einen Einblick in den Einfl. von **III** auf die Glykogensynth. zu gewinnen. — **III** senkt die Aktivität der von Glucose-6-phosphat (**IV**) unabhängigen Form von **I** von 18,5 auf 13,6% der Enzymgesamtaktivität bei einer **III**-Konz. von 1 mm. In Ggw. von **IV** wird die **I**-Aktivität durch **III** nicht signifikant beeinflußt. Die bei diesen Vers. beobachtete niedrige **II**-Aktivität wird durch **III** nicht beeinflußt, durch Adrenalin jedoch stimuliert (von 5 auf 25%). Abschließend diskutiert Vf. die sich aus kinet. Unters. ergebenden Schlußfolgerungen für den Einfl. von **III** auf **I**. H. Köditz 4220△

1385 **Biosynthese der Stärke.** 10. Mitt. **Reaktionskinetische Untersuchung der Phosphorolyse. Erforschung von Polysacchariden.** 62. Mitt. J. Holló, E. László und J. Juhász. (Stärke **19** (1967) 9, 285—90; Budapest, Techn. Univ., Inst. f. Landw.-Chem. Technol.; dt.) — 9. vgl. ibid. **19** (1967) 246. — Bei der Phosphorolyse der α-1.4-Glucosidbindungen zersetzt *Phosphorylase* (**I**) Amylose, Amylopektin (**I**) u. Glykogen (Donatorsubstrate) in Ggw. von P_i (Akzeptorsubstrat) zu Glucose-1-phosphat. Unters. der Bedingungen der Bindung von Donator- u. Akzeptorsubstrat zeigte, daß beide sich hinsichtlich der Bindung weder kompetitiv noch ster. behindern. Auf Grund der ermittelten *pK*-Werte wird bei der Bldg. von **I-II-Komplexen auf α-NH_2-Gruppen. bei der Bldg.** von Komplexen aus P_i u. **I** auf Imidazolgruppen als funktionelle Gruppen geschlossen. Die Funktion der Imidazolgruppe ließ sich durch Best. der Ionisationswärme bestätigen. K. Maier 4220

1386 **Hirnphenylalaninaminotransferase: eine Bestimmungsmethode.** H. George, R. Turner und S. Gabay. (J. Neurochem. [London] **14** (1967) 8, 841—45; Biochem. Res. Labor., Vet. Adminstr. Hosp., Brockton, Mass.; engl.) — Eine neue Meth. zur Best. der Hirn-*Phenylalaninaminotransferase* (L-Phenylalanin: 2-Oxoglutarat-Aminotransferase) wird beschrieben, die auf der durch *Arsenat* katalysierten Bldg. eines *Enol–Borat*-Komplexes beruht. Die Reaktionsmischung, bestehend aus *Phosphatpuffer* (pH 8,0, 185 μMol), 10 μMol α-*Oxoglutarat*, 90 μMol *Pyridoxalphosphat*, 15 μMol *Phenylalanin* u. Enzym in einem Endvol. von 0,80 ml, wird 1 Std. bei 37° inkubiert. Die Rk. wird gestoppt durch 0,20 ml einer 25%ig. Lsg. von *Trichloressigsäure*. Präzipitiertes Protein wird abzentrifugiert u. 0,50 ml Überstand mit 2,5 ml *Borat-Arsenat* (1,0 Mol) gemischt. Nach 20 Min. bei Raumtemp. Stehenlassen wird spektrophotometr. bei 300 mμ bestimmt. Joachim Schmidt/Magdeburg 4220

1387 **Rolle der RNS bei der hormonalen Induktion von Tyrosinaminotransferase in Gewebekulturen von Säugetierzellen.** Thomas D. Gelehrter und Gordon M. Tomkins. (J. molecular Biol. **29** (1967) 1, 59—76; Inst. of Arthritis and Metabolic Diseases, Bethesda Md.; engl.) — Unter den Bedingungen, unter denen *Dexamethasonphosphat* (**I**; synthet., lösl. Glucocorticoid) die *Tyrosinaminotransferase* auf das 3—15fache erhöhte, wurden weder die gesamte *RNS* noch einzelne Fraktionen, wie zytoplasmat. Ribosomen-RNS oder tRNS oder rasch markierbare mRNS, erhöht oder ihre Synth. beschleunigt. Höchstens die rasch markierte zytoplasmat. RNS, die mit Ribosomen assoziiert ist u. mit 45S-Teilchen sedimentiert, wurde durch **I** im Sinne einer schnelleren Synth. beeinflußt. M. Wiedemann 4220

1388 **Regulationsmechanismus der Desoxythymidinkinase von Escherichia coli.** 1. Mitt. **Wirkung regulierender Desoxynucleotide auf den Aggregationszustand des Enzymes.** Norio Iwatsuki und Reiji Okazaki. (J. molecular Biol. **29** (1967) 1, 139—54; Dep. of Chem., Fac. of Sci. Nagoya Univ., Nagoya, Japan; engl.) — Mittels Zonensedimentation wie Gelfiltration wurde gezeigt, daß der Rückkopplungsinhibitor dTTP u. die Aktivatoren dCTP, dCDP, dADP der *E. coli-Desoxythymidinkinase* (**I**) eine Dimerisation induzieren können. Das Monomere hat ein Molgew. von etwa 42000, das Dimere von 89—91000. Bei Zugabe eines Aktivators stieg der Sedimentationskoeff. von 3,4—3,5S auf 5,3—5,5S, bei Zugabe von dTTP auf 5,9—6,0S.
M. Wiedemann 4220

1389 **Regulationsmechanismus der Desoxythymidinkinase von Escherichia coli.** 2. Mitt. **Wirkung der Temperatur auf die Enzym-Aktivität und Kinetik.** Norio Iwatsuki und Reiji Okazaki. (J. molecular Biol. **29** (1967) 1, 155—65; engl.) — 1. vgl. vorst. Referat. — Das Enzym erwies sich in Abwesenheit regulierender Desoxynucleotide als sehr Temp.-empfindlich, es liegt überwiegend in einem wenig akt. Zustand vor, der durch geringe Substrat-Affinitäten u. eine sigmoide Sättigungskurve für ATP charakterisiert ist. In Ggw. von dCDP oder dTTP, die das Enzym dimerisieren, wurde diese reversible Inaktivierung durch die Temp. nicht beobachtet. M. Wiedemann 4220

1390 **Mechanismus der Reaktion der Phosphoenolbrenztraubensäuresynthetase.** R. A. Cooper und H. L. Kornberg. (Biochim. biophysica Acta [Amsterdam] **141** (1967) 1, 211—13; Univ. of Leicester, Leicester, Great Britain; engl.) — Vf. untersuchen die Bldg. von *Phosphoenolpyruvat* (**I**) aus *Pyruvat* (**II**) durch *Escherichia coli*, die in Medien mit **II** als einzige C-Quelle wachsen. Vf. zeigen, daß die Gesamtrk.: ATP + **II** $\rightleftharpoons$ AMP + P_i + **I**, die durch Phosphoenolbrenztraubensäuresynthetase (**III**) katalysiert wird, folgende Rk.-Folge umfaßt: 1. **III** + ATP $\rightleftharpoons$ **III**-P-O-P + AMP, 2. **III**-P-O-P + H_2O $\rightleftharpoons$ **III**-P + P_i u. 3. **III**-P + **II** $\rightleftharpoons$ **III** + **I**. Aus den Ergebnissen folgt, daß eine direkte Übertragung einer Pyrophosphorylgruppe von ATP an **II** nicht erfolgt, da der ATP/AMP-Austausch in der Abwesenheit von **II** erfolgt, der **I**/**II**-Austausch in der Abwesenheit von AMP u. P_i erfolgt, u. für den ATP/AMP-Austausch eine hohe Konz. von P_i erforderlich ist. H. Köditz 4220△

1391 **Induktion der NAD-Kinase durch DDT bei Triatoma infestans.** M. Agosin, Jovita Ilivicky und S. Litvak. (Canad. J. Biochem. **45** (1967) 5, 619—26; Chair of Chem., Univ. of Chile School of Med., Santiago; engl.) — Behandelt man Larven von *Triatoma infestans* mit *DDT*, erfolgt Induktion der *NAD-Kinase* (**I**, *EC 2.7.1.23*). Die **I**-Isolierung erfolgte aus Überstand von Larvenhomogenat durch Fraktionierung mit Ammoniumsulfat (65—75% Sättigung) u. Reinigung an Hydroxylapatit, DEAE-Cellulose u. DEAE-Sephadex. So gewonnenes **I** aus induzierten Larven zeigte eine Aktivität von 595 E/mg Protein. — Diffusionsanalyse auf Agar-Gel mit einem aus Kaninchen gewonnenen **I**-Antiserum ergaben, daß das gewonnene **I** hoch spezif. ist. — Behandelt man die Larven mit DL-$^{14}C_{(1)}$-*Leucin*, so wird **I** sowohl in induzierten als auch in Kontrollinsekten markiert; die Markierung ist jedoch bei DDT-Gabe größer. Weiterhin wurde gefunden, daß die spezif. **I**-Aktivität bei induzierten Larven erhöht ist; daraus ist zu schließen, daß DDT neben der Proteinsynth. die Synth. von **I** speziell bevorzugt. — Wenngleich isoliertes **I** chromatograph. nicht einheitlich war, zeigte das Antiserum keinen Unterschied bei der Rk. mit den einzelnen Fraktionen. K. Bormann 4220

1392 **Pyrimidin-spezifische Carbamatkinase aus Neurospora.** M. F. Lou und R. L. Herrmann. (Biochim. biophysica Acta [Amsterdam] **139** (1967) 1, 199—201; Harvard Med. School, Boston, Mass.; engl.) — Vf. beschreiben die Isolierung u. teilweise Reinigung einer in *Neurospora* vorkommenden pyrimidinspezif. Carbamatkinase (**I**). Gereinigtes **I** benötigt ATP u. Mg^{2+}; Substrat NH_4^+ kann durch Glutamin (**II**) teilweise ersetzt werden. Mit **II** als N-Donator ist die Synth.-Geschw. von *Citrullin* in der gekoppelten Rk. nur $\approx$ $^1/_4$ so groß wie bei Verw. von NH_4^+. Als K_m-Werte wurden $2{,}94 \cdot 10^{-3}$ m für Hidrogencarbonat u. $5{,}37 \cdot 10^{-4}$ m für NH_4^+ erhalten. Vf. vergleichen abschließend die von ihnen beobachteten Eig. von **I** mit denen die Davis (Science **142** (1963) 1652) beschrieben hat u. kommen zu der Auffassung, daß es sich um 2 verschiedene **I** handelt. H. Köditz 4220△

1393 **Tetrazoliumtechnik für die histochemische Lokalisation von ATP: Kreatin–Phosphotransferase.** K. Sjövall. (Histochemie **10** (1967) 4, 336—40; Dep. of Anat. and Histol., Univ. of Lund, Lund, Schweden; engl.) — Der Nachw. der Phosphokreatinkinase erfolgt indirekt über die Bldg. von Glucose-6-phosphat, wobei durch die entsprechende Dehydrogenase NADP zu NADPH red. wird.

Dieses wird durch Phenazinmethosulfat zu NADP oxydiert. $NADPH_2$ bildet aus NBT das entsprechende Formazan. Das Inkubationsmedium hatte folgende Zus.: Triäthanolamin–Essigsäure-Puffer 0,2 m, pH 6,9, Mg-Acetat 0,02 m u. Glucose 0,02 m. Diese Lsg. enthielt auf 3 ml: 12 mg Phosphokreatin, 4 mg ADP, 2 mg NAD, 5 µl (2 mg/ml) Hexokinase, Glucose-6-phosphatdehydrogenase 5 µl (1 mg/ml), Phenazinmethosulfat 1 mg u. 1 mg NBT. Die Inkubationszeit betrug 30 Min. bei Zimmertemperatur. Die Muskelfasern mit hoher Succinodehydrogenase-Aktivität wiesen auch reichlich Phosphokreatinkinase auf. A. Hecht 4220

1394 **Mechanismus der oxydativen Phosphorylierung.** Elena Cristea. (Studii Cercetări Biochim. [Bucureşti] **10** (1967) 1, 53–67; Lab. de chimic biologica, I. M. F., Bucuresti; rum.) — Übersicht. — Bestandteile der Atmungskette, ihre Sequenz u. Organisation, Mechanismus der Phosphorylierung, Stöchiometrie u. Phosphorylierungspunkte der Atmungsketten, Hemmung des Elektronentransportes u. der Energieübertragung. — 78 Literaturangaben. V. Bigl 4220△

1395 **Kohlenhydrate umwandelnde Enzyme.** 15. Mitt. **Enzymatische Synthese einiger O-D-Glucosylpentose-disaccharide.** D. J. Manners und J. R. Stark. (Carbohydrate Res. [Amsterdam] **3**, 102–12, 1966; Dep. of Chem., Univ. of Edinburgh, Edinburgh; engl.) — Ein Carbohydrasen enthaltender Extrakt von *Tetrahymena pyriformis* (0,2%) wird mit *Phenyl-α-D-glucopyranosid* (**I**) in 1%ig. Lsg. u. als Akzeptoren 1% *D-Galaktose*, *D-Mannose*, *D-Xylose* (**II**), *D-Ribose* (**III**), *D-Lyxose* (**IV**), *D-Arabinose* (**V**), *L-Arabinose*, *D-Mannit*, *D-Sorbit*, *Xylit*, *D-Arabit*, *Erythrit*, *Glycerin* oder *Äthylenglykol* inkubiert u. die mit **II**, **III** u. **IV** erhaltenen Transglykosidierungszucker charakterisiert. Es wird festgestellt, daß D-Fructose, L-Fucose, L-Rhamnose, D-Glucuronsäure, Saccharose u. Methyl-α-D-glucopyranosid keine Akzeptoren sind. Aus **I** u. **II** wird Glucosylxylose, $[\alpha]_D^{16}$ +101° (10 Min.) → +97° (c = 0,89 W.) gebildet u. durch Perjodatox., Methylierung u. Hydrierung als 4-O-α-D-Glucopyranosyl-D-xylopyranose identifiziert. Aus **I** u. **II** werden zwei Glucoseribosen nachgewiesen, als Hauptkomponente 4-O-α-D-Glucopyranosyl-D-ribose, $[\alpha]_D^{16}$ +93° (c = 0,95 W.) u. in geringer Ausb. ⟨1 → 2⟩ gebundene Glucosylribose. Mit **V** entstehen vier O-D-Glucosyl-D-arabinosen, wobei ein Transfer des α-Glucoserestes auf C-Atom 2, 3, 4 u. 5 von **V** erfolgt. In Ggw. von **IV** werden 3 Saccharide nachgewiesen, 2.3 bzw. 4-O-α-D-Glucopyranosal-D-lyxose. β-Glucosidopräp. der Gerste übertragen den β-Glucosylrest von Salicin auf **II**, wobei vorzugsweise O-β-D-Glucosyl-⟨1 → 3⟩- u. -⟨1 → 4⟩-D-xylosen entstehen. A. Täufel 4220

1396 **Mit einer Michael-Addition eines β-Kohlenstoffatoms an eine elektrophile Doppelbindung gekoppelte enzymatische Eliminierung aus einer substituierten Vierkohlenstoff-Aminosäure. Konstitution des Reaktionsprodukts.** Martin Flavin und Clarence Slaughter. (Biochemistry [Washington] **5**, 1340–50, 1966; Bethesda, Md., Nat. Heart Inst., Labor. of Biochem.; engl.) — Bei Pyridoxalphosphat (**I**)-aktivierten Enzymrk. vom γ-Eliminierungstyp (Rk. 1) wurde beobachtet, daß bei Zusatz von *N-Äthylmaleimid* (**II**) (oder eines anderen Maleimidderiv.) zu Reaktionsgemischen, die β- oder γ-substituierte C_4-Aminosäuren u. **I**-Enzyme enthielten, NH_3 u. der elektronegative Substituent A in der erwarteten Mengen abgespalten wurden (Rk. 2), aber ein Großteil des α-Ketobutyrats nicht erschien. An dessen Stelle trat *α-Keto-3-[N-äthyl-2.5-dioxopyrrolidyl-(3)]-buttersäure* (**III**) auf. Die Konst. deutet 1. $ACH_2CH_2CH\cdot(NH_2)COOH + H_2O \rightarrow AH + NH_3 + CH_3CH_2COCOOH$; 2. $ACH_2CH_2CH(NH_2)COOH + H_2O +$ **II** → $AH + NH_3$ + **III** auf eine neue **I**-Enzym-Rk. hin: Eliminierung eines elektronegativen Substituenten aus einer C_4-Aminosäure, gekoppelt mit einer Michael-Addition des 3. C-Atoms an die elektrophile Doppelbindung von **II**. Rk. wurde mittels des aus *Neurospora* angereicherten Cystathionin-γ-Spaltungsenzyms (AH = Cystein bei Rk. 1 u. 2) u. O-Succinyl-DL-Homoserin als Substrat durchgeführt.

Versuche: *α-Methyl-α-carboxy-β-carboxyglutarsäuretetraäthylester*, $Kp._{1,2}$ 153°, aus Fumarsäurediäthylester, Methylmalonsäurediäthylester u. Na-Äthylat in sd. A. (2 Std.); n^{25} 1,4408; 63% (Ausb.). — *α-Methyl-β-carboxyglutarsäure*, $C_7H_{10}O_6$, Form F. 145–147,5°, aus vorst. Ester mit sd. 6 n HCl (7 Std.) unter zeitweiligem Entfernen des kurzen Luftkühlers zwecks Verdampfung des A.; rechteckige, rautenförmige oder hexagonale Platten aus Eisessig, dann aus Acetonitril; geringer Geh. an hochschmelzender Form); 93%; Form F. 181–183° (W.), wie vorst. durch 10tägiges Erhitzen bei konst. Vol.; 38%. *[¹⁴C]-α-Methyl-β-carboxyglutarsäure-p-bromphenacyltriester*, F. 125–126,5°, aus der markierten niedrigschmelzenden, in W. neutralisierten Form (pH 6,4) u. p-Bromphenacylbromid in sd. A. (3 Std.); 47%. — *DL-β-Carboxyadipinsäure*, F. 122,5–124,5° (Aceton–CCl_4), aus Acetylbernsteinsäurediäthylester u. Acrylnitril; 20%. — *2-[N-Äthyl-2.5-dioxopyrrolidyl-(3)]-propionsäure*, aus **III** durch oxydative Decarboxylierung mit H_2O_2 bei pH 5 u. 25° oder mit Ce(IV)-Sulfat in m H_2SO_4 (30 Min., 25°) unter Durchleiten von He. — Angabe von R_F-Werten u. elektrophoret. Beweglichkeiten. K. Maier 4220

1397 **Verteilung von Esterasen in der myoneuralen Verbindung des gestreiften Muskels der Ratte.** O. Eränkö und H. Teräväinen. (J. Histochem. Cytochem. [Baltimore] **15** (1967) 7, 399–403; Dep. of Anatomy, Univ. of Helsinki, Siltavuorenpenger, Helsinki, Finnland; engl.) — Die Verteilung von Esterasen (**I**) in der myoneuralen Verb. des gestreiften Muskels der Ratte wird an den Substraten *Acetylthiocholin*, *Butyrylthiocholin* u. *α-Naphthylacetat* unter Verw. von selektiven Inhibitoren untersucht. Acetylcholin-**I**-Aktivität wird im peripheren Komplex der synapt. Falten beobachtet. Unspezif. Cholin-**I** wird im peripheren Komplex der synapt. Falten u. der teloglia in angenähert gleichen Aktivitäten beobachtet. Unspezif. **I**-Aktivität in Geweben, die mit Eserin inkubiert werden, wird im terminalen axon registriert u. findet sich auch in der teloglia u. den synapt. Falten. H.-J. Haink 4230

1398 **Hydrolyse menschlicher Leukozyten-Phospholipide durch Schlangengifte.** Ch. Klibansky, J. Shiloah und A. de Vries. (Experientia [Basel] **23** (1967) 5, 333–34; Rogoff-Wellcome Med. Res. Inst., Tel-Aviv; engl.) — Chromatograph. Unters. der Phospholipide (P) aus Leukozyten (L) nach Inkubation der L mit Gift von *Vipera palestinae* (G-V) ergab keine P-Spaltung oder Zerstörung von L; Gift von *Naja naja* (G-N) bewirkt dagegen sowohl Zerstörung von L als auch Spaltung von P (*Phosphatidsäure*, *Phosphatidyläthanolamin*, *Phosphatidylserin*, *Lecithin*). Aus G-V oder G-N isolierte *Phospholipasen* (**I**) spalten P bei L nicht. Lagert man L über Nacht bei 4° u. suspendiert sie dann in hyperton. Lsg., so bewirkt G-N, nicht aber G-V P-Spaltung mit L-Zerstörung. — Weitere Vers. ergaben, daß P aus L nach Homogenisieren von L dem Angriff der **I** aus G-V u. G-N zugänglich sind. Der aus G-N isolierbare „*lyt. Faktor*“ bewirkt selbst keine P-Spaltung, macht jedoch L der P-Spaltung durch **I** aus G-V oder G-N zugänglich. — Es wird betont, daß die Phagozyten-Aktivität von L nur durch G-N oder durch **I** aus beiden Giften in Ggw. des lyt. Faktors zerstört wird. K. Bormann 4230

1399 **Homologie der Peptide des aktiven Gebiets der Leber-Carboxylesterase.** Robert L. Blakeley, John De Jersey, Edwin C. Webb und Burt Zerner. (Biochim. biophysica Acta [Amsterdam] **139** (1967) 1, 208 bis 211; Univ. of Queensland, Brisbane, Queensland, Australia; engl.) — Vf. vergleichen die Aminosäuresequenz in unmittelbarer Nähe des mit ³²P-DFP markierten Ser-Restes von Carboxylesterasen (**I**) der Leber von Schwein, Pferd, Küken, Rind („schnelle“ u. „langsame“ **I**) u. Schaf sowie von Orangenschalen-**I**, Trypsin (**II**) u. α-Chymotrypsin (**III**) unter Verw. von p-Nitrophenylacetat u. N-Benzyloxycarbonylglycin-p-nitrophenylester als Substrat für **I** bzw. **II** u. **III**, um einen Einblick in die Beziehungen zwischen diesen Resten u. den physikal. Eig. sowie der katalyt. Wirksamkeit von **I** zu gewinnen. — Aus der Hochspannungselektrophorese der bei der Hydrolyse von **I**, **II** u. **III** mit HCl erhaltenen Fragmente folgt, daß Leber-**I** prakt. ident. Peptidmuster besitzen, die von den Peptidmustern von **II**, **III** u. Orangenschalen-**I** stark abweichen. Die 2-dimensionale Elektrophorese der Hydrolyseprod. von Pferde-I ergibt ein Ionogramm, das mit dem von Rind-I, Schweine-I u. Kücken-I ident. ist. Chromatographie der pept. Verdauungsprod. der mit ^{32}P-DFP inhibierten I läßt darauf schließen, daß die Hauptpeptide, die von Schaf-I, Pferde-I u. Schweine-I erhalten werden, ident. sind u. sich von denen der beiden Rinder-I unterscheiden. Bei der partiellen Säurehydrolyse der mit ^{32}P-DFP markierten Leber-I werden ident. radioakt. Peptide erhalten; die Aminosäuresequenz in der Nähe des markierten Ser-Restes stimmt bei diesen I also überein. Dagegen gibt Orangenschalen-I ein etwas abweichendes Peptidmuster. H. Köditz 4230△

1400 **Isolierung und Reinigung von Staphylokokkenlipase.** D. V. Vadehra und L. G. Harmon. (Appl. Microbiol. **15** (1967) 2, 292—95; East Lansing, Mich., Mich. State Univ., Dep. of Food Sci.; engl.) — Aus der zellfreien Kulturfl. einer 24std. Kultur von *Staphylococcus aureus*, der in Trypticase-Soja-Bouillon bei 37° gewachsen war, wurde eine extrazelluläre Lipase isoliert. Sie wurde mit A. gefällt u. durch Differentialpräzipitation bei pH 8,6 u. 4,3 gereinigt. Weitere Reinigung mit Sephadex G 200 u. Bio-Gel 300 ergab ein Präp. mit der 350—450fachen Aktivität der originalen zellfreien Kulturflüssigkeit. Die gereinigte Lipase war auf einer Bio-Gel-300-Säule homogen u. zeigte einen einzigen Elektrophoresegipfel in Veronalpuffer vom pH 8,6. G. Kampf 4230

1401 **Reaktion von Organophosphorverbindungen mit hydrolytischen Enzymen. 2. Mitt. Hemmung von Citrus-Acetylesterase.** A. J. J. Ooms, J. C. A. E. Breebaart-Hansen und B. I. Ceulen. (Biochem. Pharmacol. **15**, 17—30, 1966; Rijswijk, Netherlands, Nat. Defence Res. Organ.; engl.) — 1. Mitt. noch nicht veröffentlicht. — Aus Preßsaft zerkleinerter Orangenschalen wurde durch Fällen mit Na-Oxalat, $(NH_4)_2SO_4$-Fraktionierung u. Acetonfällung ein Präp. von *Acetylesterase* (**I**) hergestellt u. diese mittels 2.6-Dichlorbenzolindophenylacetat (Messung der Blaufärbung bei 605 mμ) als Substrat bestimmt. Die Best. der Geschw.-Konst. der I-Hemmung durch Organophosphorverb. (**II**) der Zus. R' · R'' · P(O)X bei pH 7,5 u. 25° ergab einen Zusammenhang zwischen Hemmungsrate u. Stärke der PX-Bindung (charakterisiert durch alkal. Hydrolyse u. pK_a-Werte von HX). Der Einfl. der Konstit. von R' u. R'' auf die Hemmungsrate geht der Rk.-Fähigkeit, gemessen als Geschw. der alkal. Hydrolyse, parallel, wobei jedoch mehrfach Ausnahmen bestehen. Bei einigen *Alkyl-p-nitrophenylmethylphosphonaten* nimmt die Geschw. der I-Hemmung mit steigender Kettenlänge zu, die Geschw. der alkal. Hydrolyse ab. Bei den *Dialkyl-p-nitrophenylphosphaten* sank die Rk.-Fähigkeit des Inhibitors mit wachsender Kettenlänge ab (ähnlich bei *Dialkylphosphorylfluoriden*). In der Reihe der *Isopropyl-p-nitrophenylalkylphosphonate* nahm die Rk.-Fähigkeit mit zunehmender Kettenlänge ebenfalls ab (Minimum bei der n-Butylverb.), ebenso sehr deutlich bei den *p-Nitrophenyldialkylphosphinaten*. Der Vgl. isoster. Phosphate u. Phosphinate in der p-Nitrophenylreihe ergibt, mit wenigen Ausnahmen, größere Geschw.-Konst. der ersteren. Der pH-Einfl. auf die Hemmung war ziemlich gering. Durch *Sarin* gehemmte I wurde innerhalb der ersten 24 Std. durch *Monoisonitrosoaceton* zu ca. 50% reaktiviert. Geprüfte **II**: O.O-Dialkyl-O-p-nitrophenylphosphate: *Dimethyl, Diäthyl, Di-n-propyl, Diisopropyl, Di-n-butyl, Diisobutyl, Di-sek.-butyl, Di-n-amyl.* O-Alkyl-O-p-nitrophenylmethylphosphonate: *Methyl, Äthyl, n-Propyl, Isopropyl, n-Butyl, Isobutyl, sek.-Butyl, n-Amyl, Cyclohexyl, 1.1.1.2-Tetramethyläthyl.* O-Isopropyl-O-p-nitrophenylalkylphosphonate: *-methyl, -äthyl, -n-propyl, -isopropyl, -n-butyl, -isobutyl, -sek.-butyl, -tert.-butyl, -n-amyl.* Dialkylphosphinsäure-p-nitrophenylester: *Diäthyl, Di-n-propyl, Diisopropyl, Di-n-butyl, Diisobutyl, Di-sek.-butyl, Di-n-amyl, Diisoamyl, Di-n-hexyl.* Aryl-O.O-dimethylphosphonate: *o-, m-, p-Nitrophenyl, m-Dimethylaminophenyl.* Aryl-O.O-diäthylphosphonate: *o-, m-, p-Nitrophenyl, m-Dimethylaminophenyl.* Aryl-O-methylmethylphosphinate: *o-, m-, p-Nitrophenyl, m-Dimethylaminophenyl.* Aryl-O-äthyläthylphosphinate: *o-, m-, p-Nitrophenyl, m-Dimethylaminophenyl. O.O-Diäthyl-S-[p-nitrophenyl]-thiolphosphat; O-Äthyl-S-[p-nitrophenyl]-äthylthiolphosphinat.* O.O-Dialkylphosphorylfluoride: *Dimethyl, Diäthyl, Di-n-propyl, Diisopropyl.* O-Alkyl(Cycloalkyl)-methylphosphonsäureester-fluoride: *Isopropyl, 2-Methylbutyl-(3), 2.2-Dimethylbutyl-(3), 2-Methylpentyl-(4), Cyclopentyl-, Cyclohexyl, Cycloheptyl. O-Äthyläthylphosphonsäureesterfluorid, O-Cyclohexyläthylphosphonsäureesterfluorid, O-Äthyldimethylamidophosphorsäurefluorid, O.O-Diisopropylphosphorsäureesterazid, O-Isopropylthionomethylphosphonsäureesterfluorid, O-Äthyldimethylamidophosphorsäureestercyanid.* K. Maier 4230

1402 **Acetylcholin-Esterase.** N. Engelhard, K. Prchal und M. Nenner. (Angew. Chem. **79** (1967) 13, 604—16; dt.; int. Edit.; engl.; Göttingen, Univ., Physiol.-chem. Inst., Strahlenbiol. Lab.) — Übersicht. — Allg. Eig.: Entdeckung, Charakterisierung (Vork., analyt. Best., Herst. von Acetylcholinesterase(I)-Präp., physikal. Eig. u. kinet. Daten); Wrkg.-Zentrum u. Rk.-Mechanismus (Substratfixierung u. Spezifität [„anion. Wirkstelle"], Substratspaltung [„esterat. Wirkstelle"], chem. Natur der Wirkstellen u. Wirkgruppen, räumlicher Bau des akt. Zentrums); Hemmung: durch Substrat u. reversible Inhibitoren, durch irreversible Inhibitoren; Reaktivierung: Entw. von Reaktivatoren, deren Wrkg.-Weise (Rk.-Komplex, Ablsg. des Phosphorylrestes von **I**, **I**-Rephosphorylierung). — Zahlreiche Literaturangaben. K. Maier 4230

1403 **Zymogramme von Aliesterasen und Cholinesterase aus löslichen Proteinen aus Kaninchen-Rückenmark.** L. Venkov, M. Eskenazi und G. Gulubov. (Doklady bolgarskoj Akad. Nauk **20** (1967) 5, 497—500; Bulgarian Acad. of Sc., Regeneration Res. Labor.; engl.) — Unter Zuhilfenahme verschiedener Substrate u. Inhibitoren wird die Verteilung von *Aliesterasen* (**I**) u. spezif. bzw. nichtspezif. *Cholinesterasen* (**II**) aus Kaninchen-Rückenmark untersucht. Aus dem isolierten Rückenmark werden die H_2O-lösl. Proteine extrahiert. Die Fraktionierung der Proteine erfolgt durch Agargel-Mikroelektrophorese. Die Aktivitätsmessung von **I** wird mit *α-Naphthylacetat, β-Naphthylacetat* u. *Indoxylacetat*, die von **II** mit *Acetylthiocholinjodid* u. *Butyrylthiocholinjodid* als Substrate durchgeführt. Das Zymogramm für **I** läßt 6 Banden erkennen (A1, A2, A3, S, K1, K2), von denen A2 am stärksten ist. Das Zymogramm für **II** zeigt 3 Banden (X1, X2, X3). Bei Zugabe von *Parathion, Chlorothion, Phosdrine* u. *Mipafox* als Inhibitoren von **I** verschwinden je nach Konz. u. Substrat einige Banden, während andere geschwächt werden. Die A2-Bande ist jedesmal betroffen, während die A1-Bande am widerstandsfähigsten ist. U. Harding 4230

1404 **Wechselwirkung eines Amitonanalogen mit echter Cholinesterase.** P. Bracha. (Israel. J. Chem. **5** (1967) 3, 121—24; Div. of Biolog. Sci., Cornell Univ., Ithaca, N.Y.; engl.) — Vf. diskutiert die Rk. zwischen Cholinesterase u. *O.O-Diäthyl-S-[3-äthyl-1-pentyl]-phosphorothiolat*, das eine hohe Anticholinesteraseaktivität (I_{50} = $3.0 \cdot 10^{-7}$ m) besitzt u. für Mäuse sehr giftig ist (7,0 mg/kg).

Versuche: *O.O-Diäthyl-S-[3-äthyl-1-pentyl]-phosphorothiolat*, $C_{11}H_{25}O_3PS$, Kp.$_{0,3}$ 110—111°, durch Eintragen von 3-Äthyl-1-pentanthiol in eine Dispersion von Na in Bzl. bei Zimmertemp., Kochen am Rückfluß bis zur Lsg., Zusatz von Diäthylchlorphosphat unter Eiskühlung, 4std. Kochen am Rückfluß u. Eintragen des Rk.-Gemischs in W., sowie Extraktion der wss. Schicht mit Ae.; Ausb. 78%. H. Köditz 4230△

1405 **Wirkung von DTPA auf histochemisch nachweisbare unspezifische alkalische Phosphatase.** U. Brunk und G. Sköld. (Acta histochem. [Jena] **27** (1967) 1, 55—61; Dep. of Forensic Med., Univ., Lund; engl.) — Gibt man Ratten i.p. *Na_3Ca-Diäthylentriaminpentaessigsäure* (Na_3 · Ca-DTPA), so beobachtet man, maximal nach 6—12 Std., eine ausgeprägte Verminderung der histochem. nachweisbaren Aktivität von *alkal. Phosphatase* (unspezif.), wie Vers. mit Nierenrinde (Tubularzellen des mittleren Teils), Nebennierenrinde, Kapillarwänden vom Herz

sowie der Schicht unmittelbar über den Nuclei des Duodenums zeigten. Nach 3—5 d ist die beobachtete Wrkg. ohne Nachwrkg. verschwunden.
K. Bormann 4230

1406 **Alkalische Phosphatase in HeLa-Zellen.** J. Hugon, M. Borgers und M. C. Loni. (J. Histochem. Cytochem. [Baltimore] **15** (1967) 7, 417—18; Laboratoire de Microscopie Electronique, Dép. de Radiobiol., Centre d'Etude de l'Energie Nucléaire, Mol, Belgium; engl.) — Je nach Vorbehandlung findet sich alkal. Phosphatase in verschiedenen Zellbestandteilen. Die Inkubation erfolgt im Fall a) u. b) mit einem von den Autoren entwickelten Medium, bei c) in einem modifizierten Gomori Medium. a) Bei pH 9 inkubierte Zellen ohne vorausgehendes Einfrieren zeigen Fällungen von Bleiphosphat lokalisiert am äußeren Teil der Zellmembran, intrazelluläre Stellen werden nicht angefärbt. b) Nach dem Einfrieren bleibt die Rk. an der äußeren Zellmembran, zusätzlich sind in jeder Zelle ein bis zwei dichte Körper stark angefärbt. c) Eine Anfärbung wird in den dichten Körpern gefrorener u. nicht gefrorener Zellen entdeckt, jedoch nicht an der Zellmembran.
H.-J. Haink 4230

1407 **Phosphatasen des Serums. 5. Mitt. Nichtspezifische menschliche alkalische Phosphatase und Fructose-1.6-diphosphatase unter normalen und pathologischen Bedingungen.** R. L. Nath und N. K. Ghosh. (Enzymologia [Den Haag] **32** (1967) 4—5, 278—90; School of Tropical Med., Calcutta, India; engl.) — In Fortsetzung früherer Arbeiten (ibid. **26** (1963) 297) über die Energieänderungen während der Enzym-Substrat-Komplexbldg. zwischen alkal. Phosphatase (**I**) des menschlichen Serums u. substituierten Phenylphosphaten (**V**) untersuchen Vf. die Aktivität von **I** aus normalen u. patholog. Seren gegen *p-Methylphenylphosphat* (**II**), *16β-Methyl-9α-fluorprednisolonphosphat* (**III**) u. *Fructose-1.6-diphosphat* (**IV**) im Vgl. zu **V** als Modellsubstrat. Aus den Vers. folgt, daß **II** u. **III** als Substrat für die Best. von **I** verwendet werden können. Das durch die kinet. Meth. mit **IV** u. **V** als Substrat bestimmte Verhältnis der beiden **I**-Aktivitäten ist bei Hb-E-Thalassämie 3mal so groß wie bei anderen patholog. oder normalen Seren. H. Köditz 4230△

1408 **Lokalisation von Veränderungen der Aktivität der sauren Phosphatase in Lysosomen in der Zona fasciculata der Nebenniere von intakten und hypophysektomierten Ratten nach Gabe von ACTH.** D. Szabó, E. Stark und B. Varga. (Histochemie **10** (1967) 4, 321—28; Inst. of exp. Med. Ung. Akad. der Wiss., Budapest; engl.) — Es handelt sich um eine elektronenmkr. histochem. Untersuchung. Nach Gabe von ACTH wurden mehr u. große Lysosomen, meist in Gruppen angeordnet, gefunden. Nach Hypophysektomie war die Zahl der Lysosomen deutlich vermindert (Unters. 4 Wochen u. 6 Monate nach der Operation). Erhielten die Tiere ACTH, dann waren wieder reichlich Lysosomen vorhanden. Die Aktivität der sauren Phosphatase verhält sich in gleicher Weise. Es wird angenommen, daß die Lysosomen der Zona fasciculata von Bedeutung sind bei der Elimination oder Mobilisation von Steroidvorstufen oder Steroiden.
A. Hecht 4230

1409 **Disk-elektrophoretische Trennung von Isoenzymen der sauren Prostata-Phosphatase.** R. Kaschnitz. (Z. klin. Chem. klin. Biochem. **5** (1967) 3, 126—28; Inst. für allg. u. exp. Pathol., Univ. Wien; dt.) — Vf. beschreibt die analyt. Auftrennung der sauren Prostata-Phosphatase durch Disk-Elektrophorese in ein aus 4 Zonen bestehendes Isoenzymmuster sowie eine App., die eine intensive Kühlung des Trenngels ermöglicht u. dadurch die therm. Inaktivierung des Enzyms während der Auftrennung verhindert. H. Köditz 4230△

1410 **Hemmung von Schafshirn-5-nucleotidase durch Nucleosidtriphosphate.** P. L. Ipata. (Biochem. biophysic. Res. Commun. **27** (1967) 3, 337—43; Pisa, Univ. Inst. of Biol. Chem.; engl.) — *5-Nucleotidase* (**I**) aus Schafhirn (pH-Optimum 7,3 in Tris-HCl-Puffer) wird durch *ATP*, *UTP* u. *CTP* stark gehemmt bzw. durch *anorgan. Pyrophosphate* (P_i), *Ribose-5-phosphat*, *Purin*, *Pyrimidinribonucleoside* u. *-basen* u. *Nucleosid-2'*(oder *3'*)*-phosphate* nicht gehemmt. Auch *GTP* wirkt nicht auf **I**. Die Hemmung verläuft bis zu einem Grenzwert asymptot. u. ist unbeschränkt reversibel, da die Aktivität nach einer maximalen Hemmung mit ATP oder UTP durch Verdünnung bzw. nach einer Behandlung mit Nucleosidtriphosphaten durch intensive Dialyse wiederhergestellt wird. Eine S-Form der Hemmungskurve, d. h. eine kooperative Bindung von Substrat u. **I** ist auch in Ggw. von Hemmstoffen nicht zu beobachten. Aus den Lineweaver-Burk-Kurven folgt, daß die Hemmung bez. AMP vom gemischten kompetitiv-nichtkompetitiven Typ ist. Eine kooperative Wrkg. zwischen Hemmstoffmol. tritt jedoch ein, wenn **I** mit ATP, UTP oder CTP in zunehmender Konz. behandelt wird. Da die Form der Substratsättigungskurve durch Zugabe von Hemmstoffen nicht verändert wird, sind am **I**-Mol. unabhängige Bindungsstellen vorhanden. Aus der Kinetik folgt, daß ein **I**-Mol. mit mehr als einem Mol. des Hemmstoffs reagiert. Die Hemmung des **I** durch ATP wird bei Zugabe von P_i völlig aufgehoben, während diese Wrkg. bei der Hemmung durch CTP u. UTP nicht eintritt. Bei Zugabe steigender Mengen *p-Chlormercuribenzoat* wird **I** gegen die hemmende Wrkg. von ATP u. UTP, aber nicht von CTP fast völlig unempfindlich, so daß CTP vermutlich andere Bindungsstellen als ATP u. UTP besitzt. Die Existenz verschiedener Bindungsstellen für die verschiedenen Nucleoisdtriphosphate wird auch dadurch bestätigt, daß durch ein Gemisch von Nucleosidtriphosphaten eine die Summenwrkg. der einzelnen Verb. übersteigende Hemmung erfolgt. Georg Vogel 4230

1411 **Alkalische Isophosphatasen von Escherichia coli. Trennung, kinetische und strukturelle Eigenschaften.** C. Lazdunski und M. Lazdunski. (Biochim. biophysica Acta [Amsterdam] **147** (1967) 2, 280—88; Marseille, Fac. des Sci., Inst. de Chim. Biol.; franz.) — Die Heterogenität der *alkal. Phosphatase* von *E. coli* bei *Polyacrylamid-* u. Stärkegelelektrophorese beruht auf der Existenz von 3 *Isophosphatasen* (**I**), die an DEAE-Cellulose trennbar sind. **I** bilden 2 dimere AA u. BB aus ident. Untereinheiten u. 1 Zwitterdimeres AB. Die Untereinheiten haben gleiche Aminosäurezus. u. sehr ähnliche kinet. u. strukturelle Eigenschaften. Die Umwandlung des akt. AB-Dimeren in inakt. Monomere bei niedrigem pH verläuft in 3 Etappen. K. Maier 4230

1412 **Glucose-6-phosphatase-Aktivität in Opuntia ficus indica.** A. Sisini und A. Satta. (Ital. J. Biochem. **15,** 407—19, 1966; Ist. di Chim. Biol., Univ. di Torino e Sassari; engl.) — Vf. untersuchen die Eig. der aus Chloroplasten des Parenchyms von *Opuntia ficus indica* isolierten rohen Extrakte von Glucose-6-phosphatase (**I**). — **I** entwickelt maximale Aktivität bei pH 4,8 u. 57°. In Abwesenheit von Substrat wird **I** beim Aufbewahren bei 37° bzw. bei pH-Werten, die von den optimalen pH-Werten abweichen, durch Dialyse, Ggw. von Cu u. Zn, Monojodacetat, p-Chlormercuribenzoat, 2.3-Dimercaptopropanol, Na-Azid, Dimedon, Hydroxylamin, CN^- u. F^- sowie durch Fructose, Mannose u. Äpfelsäure (**II**) inhibiert u. durch EDTA stimuliert. Die **I**-Aktivität ist von der Jahres- u. Tageszeit abhängig; diese Veränderungen der **I**-Aktivität stehen wahrscheinlich mit den Veränderungen des pH-Wertes u. des **II**-Geh. des Zellsaftes in Beziehung. H. Köditz 4230△

1413 **Wirkung von Cellulase auf die Cellulose der Rotalgen.** Michio Hachiga und Kaneo Hayashi. (Hakko-Kogaku Zasshi [J. Fermentat. Technol.] **44,** 753—57, 1966; Fac. of Agric., Univ. of Gifu, Gifu; jap.) — Aus Rotalgen (Gelidium tenuis, G. japonicum) dargestellte Cellulose wird mit einem Cellulasepräp. von *Trichoderma* inkubiert u. der Abbau bei pH 4,2 untersucht. Er erreicht bis zu 42% (bezogen auf die gebildete Menge an red. Zuckern) u. ist bei einzelnen Proben beträchtlich. Weiter werden die Veränderungen nach Cellulaseeinw. mkr. verfolgt u. der Einfl. chem. Agenzien geprüft.
A. Täufel 4230

1414 **α-Amylase-Bildung und Calciumstoffwechsel in Bacillus subtilis.** Nobutake Hamada, Takehiko Yamamoto und Juichiro Fukumoto. (Agric. biol. Chem. [Tokyo] **31** (1967) 1, 1—6; Osaka City Univ., Sumiyoshi, Osaka; engl.) — Um den Einfl. von Metallionen auf die Bldg. von *α-Amylase* (I) zu untersuchen, wurden Zellen von *Bacillus subtilis var. amyloliquefaciens* in Ggw. von Galaktose in Phosphat-Puffer pH 6,7 unter Zusatz von Be^{2+}, Mg^{2+}, Ca^{2+}, Sr^{2+} oder Ba^{2+} bei 37° inkubiert u. danach die I-Aktivität bestimmt. Obwohl alle Metallionen die I-Bldg. stimulierten, war die Wrkg. bei Ca^{2+}-Zusatz am größten. Wurden die Zellen in Ggw. von EDTA inkubiert, so wurde von den Zellen kein I produziert. Jedoch setzt durch Zugaben von Ca^{2+} u. in geringeren Maßen auch durch Sr^{2+} die I-Bldg. wieder ein. Vf. weisen nach, daß der Ca-Geh. der Protoplasten in Ggw. von Ca^{2+} oder EDTA fast unverändert bleibt. Exogen angebotenes Ca^{2+} wird nur in der gegen Lysozym empfindlichen Zellfraktion angereichert u. wird durch *EDTA* wieder herausgewaschen. Die Vers. beweisen, daß Ca^{2+} für die I-Bldg. essentiell ist, daß aber der Ca-Geh. der Protoplasten keinen Einfl. auf die I-Produktion ausübt. P. Ziska 4230

1415 **Bindung von Chitinoligosacchariden an Lysozym.** F. W. Dahlquist, L. Jao und M. Raftery. (Proc. nat. Acad. Sci. USA **56**, 26—30, 1966; California of Technol., Gates and Crellin Labs. of Chem.; engl.) — *Lysozym* (I; EC 3.2.1.17) zeigt bei Rk. mit einem Substrat (Glykolchitin) oder Inhibitor (N.N'-Diacetylchitobiose) im UV eine Rotverschiebung (Störung des Tryptophanspektr.). Diese wird zur quant. Messung von Bindungsgleichgew. von Substraten (Chitinoligosaccharide) u. Inhibitoren sowie zur Berechnung von Bindungskonst. herangezogen. K. Maier 4230

1416 **Lokalisierung der Lysozymaktivität in einer Paneth-Körnerzellenfraktion.** Raf J. Deckx, Gaston R. Vantrappen und Monique M. Parein. (Biochim. biophysica Acta [Amsterdam] **139** (1967) 1, 204—07; Univ. Hosp. St. Rafaël, Leuven, Belgium; engl.) — Vf. beschreiben die Isolierung einer Paneth-Zellen enthaltenden Fraktion aus der Darmschleimhaut der Maus, die durch Paneth-Zellen ähnelnde Körner charakterisiert ist u. ein Max. an Lysozym(I)-Aktivität aufweist. In einer entsprechenden Fraktion der Darmschleimhaut der Katze, die keine Paneth-Zellen enthält, wurden weder Paneth-Zellen ähnelnde Körner noch eine signifikante I-Aktivität gefunden. Aus diesen Ergebnissen schließen Vf., daß I ein Bestandteil der Paneth-Zellen ist. H. Köditz 4230△

1417 **Methode zur Bestimmung von Antineuraminidase-Aktivitäten.** Roland B. Wagner, Bernard A. Steinberg und Isaac Ruchman. (Appl. Microbiol. **15** (1967) 2, 239—42; Cincinnati, O., The Wm. S. Merrell Comp.; engl.) — Es wird ein Test zur Prüfung von Substanzen auf ihre *Antineuraminidase*-Aktivität (Influenza-*Sialidase*-Aktivität) in vitro beschrieben. Als Substrat wird ein Gangliosidpräp. aus Kalbshirn verwendet; dazu wird Neuraminidase (I) aus *Vibrio cholerae* 4 Z gegeben. Das Syst. soll einen pH-Wert zwischen 6 u. 7 haben, damit Sialsäure (II), ein Spaltprod. der Rk., nicht zerstört wird. Das Auftreten von II ist das Maß für die Aktivität der geprüften Substanz; sie wird kolorimetr. mit Hilfe von Warren's Thiobarbitursäuretest nachgewiesen, nachdem die Substanz zugegeben wurde, die die Wrkg. von I auf das Kalbshirnpräp. verhindern soll. Substanzen, die die Farbbldg. beeinflussen, können in einem Folgetest bei Zusammenbringen mit reiner II unter ähnlichen pH-Bedingungen entdeckt werden. Mit diesem Test können innerhalb von 24 Std. eine große Anzahl Substanzen auf Antineuraminidase-Aktivität geprüft werden. G. Kampf 4230

1418 **Reinigung und Eigenschaften der Neuraminidase aus Kaninchenniere.** Zofia Kuratowska und Teresa Kubicka. (Acta biochim. polon. **14** (1967) 2, 255—59; Inst. of Nuclear Res., Warszawa-Zerań; engl.) — Vf. beschreiben eine Modifikation des von Cassidy et al. (J. biol. Chemistry **240** (1965) 3501) entwickelten Verf. für die Isolierung von Neuraminidase (I) aus Kaninchenniere durch $(NH_4)_2SO_4$-Fraktionierung des 105000 · g-Überstandes u. Gelfiltration mit Sephadex G-75 u. untersuchen einige Eig. von I. — Die geringe I-Aktivität der Überstandsfraktion wird auf die Ggw. von N-Acetylneuraminatlyase zurückgeführt. Die I-Aktivität wird durch Ca nicht beeinflußt. Das pH-Optimum liegt bei Verw. von *Seromucoid* (II) u. *N-Acetylneuraminlactose* (III) bei pH 5,5; die Rk.-Geschw. ist der Enzymkonz. proportional. Unter den gewählten Vers.-Bedingungen ist I gegenüber III aktiver als gegen II. H. Köditz 4230△

1419 **Dextrangelfiltration von α-Glucosidase der Rattenleber.** F. Auricchio und V. Sica. (J. Chromatogr. [Amsterdam] **28** (1967) 1, 26—29; Inst. of Gen. Pathol., Univ. of Naples, Naples, Italy; engl.) — Vf. untersuchen das Verh. der aus Rattenleber isolierten neutralen u. sauren α-Glucosidase (**In** bzw. **Is**) an Dextrangel (II) u. beschreiben die Trennung von **In** u. **Is** durch II-Filtration. Die geringe, in **Is** enthaltende Dextranaseaktivität führt zu einer Wechselwrkg., zwischen **Is** u. II, wodurch die Eluierung von **Is** aus der Gelsäule etwas verlangsamt wird. Die auf diese Weise erfolgte Trennung von **Is** von den an II nicht adsorbierten Proteinen führt zu einer 700fachen Anreicherung von **Is** bei einer Rückgewinnung von 20% der ursprünglichen Aktivität des Rohextraktes. H. Köditz 4230△

1420 **Bildung einer aktiven β-Galaktosidase durch mit 5-Fluoruracil behandelten Escherichia coli.** Jack Horowitz und Vivian Kohlmeier. (Biochim. biophysica Acta [Amsterdam] **142** (1967) 1, 208—18; Ames, Ia., Univ., Dep. of Biochem. and Biophysics; engl.) — Eine starke Hemmung der Synth. von *β-Galaktosidase* (I) durch *5-Fluoruracil* (II) in *E. coli* erfolgt in Medien, die als C-Quelle *Glycerin* (III) enthalten. Bei Ggw. von Lactat oder Succinat bzw. bei einer völligen Entfernung des III kann mit II behandelte *E. coli* I extensiv synthetisieren, so daß die Wrkg. des II auf I die Folge einer den Abbau betreffenden Repression sein dürfte. In ähnlicher Weise erfolgt bei Ggw. von *Fluorpyrimidin* (IV) ebenfalls eine Synth. der I in *E. coli.* Eine kurze Zeit dem II ausgesetzte Zellen inkorporieren viel IV in die RNS-Fraktion. Die Vers. zeigen, daß die für I spezif. mRNS bei Ggw. von II synthetisiert werden kann. L. Macher 4230

1421 **DNS-gesteuerte Peptidsynthese.** 2. Mitt. **Synthese des α-Bruchstückes von β-Galaktosidase.** JoAnne K. DeVries und Geoffrey Zubay. (Proc. nat. Acad. Sci. USA **57** (1967) 4, 1010—12; Columbia Univ.; engl.) — Vf. beschreiben die zellfreie Synth. eines Bruchstückes von β-Galaktosidase (I), die von DNS des Virus ⌀80d*lac* gesteuert wird. Dieses Bruchstück enthält 300—400 Aminosäurereste u. stellt ungefähr ein Drittel der Polypeptidkette von I dar. H. Köditz 4230△

1422 **Bestimmung der Aminotripeptidase-Aktivität mit einer spektrophotometrischen Schnellmethode.** J. F. Eccleston. (Biochim. biophysica Acta [Amsterdam] **139** (1967) 1, 186—87; Midland Centre for Neurosurgery and Neurol., Smethwick, Great Britain; engl.) — Vf. beschreibt die Best. der Aktivität von aus Pferdeerythrozyten isolierter Aminotripeptidase (I) durch Verfolgung des Hydrolyseverlaufs von Triglycin-Cu-Komplexe (vgl. Schroeder et al., Analytic. Chem. **22** (1950) 760) bei 550 u. 640 nm. Die Meth. ermöglicht die leichte u. schnelle Best. des pH-Optimums von I. Die Abnahme des Triglycin-Geh. u. die Zunahme des Geh. an Hydrolyseprod. gibt für das pH-Optimum genau übereinstimmende Werte. Die Meth. eignet sich daher für Routinebest. der I-Aktivität durch Messung der Absorptionsabnahme bei 550 nm für den Cu-Komplex als einzigen Parameter. H. Köditz 4230△

1423 **Reinigung einer hochaktiven Protease aus einer Microsporum-Art.** F. F. Roberts und R. N. Doetsch. (Antonie van Leeuwenhoek **33** (1967) 2, 145—52; College Park, Md., Univ. of Md., Dep. of Microbiol.; engl.) — Ein aus zellfreiem Extrakt von *Microsporum*, bes. nach 12—16tägiger Inkubation bei 28° mit optimalem Enzymgeh. gewonnener Rohextrakt wird durch Dialyse gegen eine 25%ig. „Carbowax"-Lsg., Fraktionierung mit 60%ig., dann 40%ig. u. 45%ig. gesätt. $(NH_4)_2SO_4$-Lsg., Dialyse gegen W., Reinigung des Dialysats mit Holzkohle + „Celit", Absorption an Ca-Phosphatgel, Elution mit Phosphatpuffer, pH 7, Dialyse gegen W., Chromatographie an „G-75-Sephadex" u. Elution mit Phosphatpuffer in einer Ausb. von 15% ca. 200fach angereichert, so daß die Aktivität 300 Einheiten/ml gegen *Casein* als Substrat beträgt u. anscheinend auch gegen *Rinderserumalbumin*, *Lactalbumin* u. *Zein* gleich hoch ist.

Die Aktivität ist mit der Substratkonz. direkt proportional. Das pH-Optimum liegt bei 6,8 u. das Temp.-Optimum bei 35°. Die ca. 50%ig. Hemmung durch *Äthylendiamintetraessigsäure* läßt auf die Beteiligung eines (nichtbestimmten) Metallions u. die ca. 43%ig. Hemmung durch *p-Chlormercuribenzoat* auf eine freie SH-Gruppe schließen. Da beide Verb. nichtkompetitiv hemmen, liegt weder die metallionenfordernde Gruppe noch die SH-Gruppe am akt. Rk.-Ort. Da die Aktivität des Enzyms in Ggw. von *2.3-Dimercaptopropanol-(1)* u. *L-Cystein* verdoppelt ist, ist die Protease in der red. Form vermutlich am aktivsten. Das (aus der Gelfiltration ber.) Molgew. beträgt 51000—69000. Georg Vogel 4230

1424 **Die Proteasen der Sojabohne.** Jair Weil, Alex Pinsky und Shlomo Grossman. (Cereal Chem. **43**, 392—99, 1966; Bar-Ilan Univ., Ramat-Gan, Israel; engl.) — Aus Sojabohnen (Ogden Varietät) wird unter Verhütung von Überhitzung durch Homogenisieren, Extraktion mit W. u. Zentrifugieren der Suspension (15000 · *g*) ein Extrakt gewonnen u. daraus die Protease(I)-Aktivität durch Messung der Absorption des Trichloressigsäure lösl. Extraktes bei 280 nm ermittelt. Das pH- u. Temp.-Optimum von **I** betragen 5,5 u. 50°. Bez. der Temp.-Stabilität wird nachgewiesen, daß bei 30 Min. dauernder Inkubation bei 40° noch keine Inaktivierung eintritt, bei 50° sind noch 27% der Aktivität vorhanden, höhere Temp. führen zur raschen Zerstörung von **I**. Jodessigsäure hemmt **I**, während NaF, $MgCl_2$, EDTA ohne Wrkg. sind. Durch säulenchromatograph. Trennung von **I** (Gradientelution mit Acetatpuffer pH 5,6; 0,05 bis 1 m) werden 6 Fraktionen isoliert, deren Michaelis-Konst. der ersten 4 Fraktionen K_M % 0,46; 0,50; 0,81 u. 1,12 betragen. A. Täufel 4230

1425 **Kernmagnetische Resonanzuntersuchungen des aktiven Zentrums von Carboxypeptidase A.** R. G. Shulman, G. Navon, B. J. Wyluda, D. C. Douglass und T. Yamane. (Proc. nat. Acad. Sci. USA **56**, 39—44, 1966; Murray Hill, N.J., Bell Telephone Labors.; engl.) — Der Metallionenbereich in Carboxypeptidase A, in der Zn durch Mn ersetzt ist [(CPD)Mn], wurde durch Relaxationserhöhung der W.-Protonen kernresonanzmagnet. untersucht, die Wechselwrkg. zwischen Mn^{2+} u. W. durch Messung der Relaxationszeiten T_1 u. T_2 der Wasserprotonen. Die Befunde deuten darauf hin, daß Mn^{2+} ein austauschbares W.-Mol. in der Hydratationshülle besitzt. Mn^{2+} in [(CPD)Mn] setzte T_1 u. T_2 der W.-Protonen stärker herab als der Hexaaquo-Mn^{2+}-Komplex. Diese Wirksamkeit wurde bei Bindung eines Inhibitors an [(CPD)Mn] beträchtlich verringert. K. Maier 4230

1426 **Zwei Oligomere der 6-Aminocapronsäure hydrolysierende bakterielle Enzyme.** Takashi Fukumura. (J. Biochemistry [Tokyo] **59**, 537—44, 1966; Tebiro, Kamakura, Toyo Rayon Co., Ltd., Basic Res. Labs.; engl.) — Aus einem Zellextrakt von *Corynebacterium aurantiacum* B-2(R) wurden 2 Enzyme, die *6-Aminocapronsäure-Oligomere* (I) hydrolysieren, isoliert u. durch $(NH_4)_2SO_4$-Fraktionierung u. DEAE-Cellulose-Chromatographie teilweise gereinigt. Eines spaltet cycl. **I** u. lineare **I** in lineare dimere Einheiten. Das andere spaltet lineare **I** zu *6-Aminocapronsäure* auf. Das pH-Optimum des 1. war für das cycl. Tetramere 7,6, für das lineare Tetramere 8,1, das des 2. Enzyms 8,6. Beide Enzyme benötigen keinen Cofaktor. K. Maier 4230

1427 **Methodik der Pepsinogenbestimmung im Serum und Urin.** H. Schmidt und H. Kehrel. (Z. klin. Chem. klin. Biochem. **5** (1967) 3, 123—26; II. Med. Klin. u. Poliklin., Univ.-Krhs. Hamburg-Eppendorf; dt.) — Die Meth. der *Pepsinogen*-Best. in Blut u. Harn wurden experimentell überprüft. Die bisher gebräuchlichen Verf. täuschen auf Grund ungenügender Leerwerte nicht vorhandene proteolyt. Aktivitäten vor. Es wird ein neues Verf. beschrieben, das exakte Leerwerte liefert. Bei Inkubation einer Hb-Lsg. mit Serum, das 10 Min. lang auf 65° erhitzt worden war, wurden die proteolyt. Enzyme inaktiviert; dabei behielt das Serum jedoch seine Adsorptionswrkg. gegenüber den zu messenden Tyrosin-artigen Substanzen. K. Zingraf 4230

1428 **Wirkung von Rennin auf κ-Casein: Die Heterogenität und die Entstehung des löslichen Produkts.** C. E. Armstrong, A. G. Mackinlay, R. J. Hill und R. G. Wake. (Biochim. biophysica Acta [Amsterdam] **140** (1967) 1, 123—31; Dep. of Biochem. Univ. of Sydney, Sydney; engl.) — *κ-Casein* (**I**) bzw. S-Carboxyamidomethyl-κ-casein (**II**) werden mit Rennin inkubiert, die Lsg. mit Trichloressigsäure auf eine Konz. von 2% gebracht, die Lsg. dialysiert, das Dialysat gefriergetrocknet u. das in W. gelöste Prod. durch Papier- u. Stärkegelelektrophorese charakterisiert. Von **I** u. **II** werden bei Papierelektrophorese (17 V/cm) eine Haupt- u. vier Unterfraktionen nachgewiesen, wobei die Hauptfraktion am langsamsten zur Anode wandert. Die Hauptfraktion ist ein kohlenhydratfreies Makropeptid, während die Unterfraktionen Kohlenhydrate enthalten. Durch Fraktionierung der Lsg. mit 12%ig. Trichloressigsäure, bei der die kohlenhydratreichen Fraktionen in Lsg. bleiben, werden diese Fraktionen identifiziert. Je stärker die negative Ladung der Komponente, desto größer der Kohlenhydratanteil. Es wird weiter festgestellt, daß Pyridin/Acetatpuffer (pH 4,7) die von κ-Casein A u. B stammenden lösl. Komponenten klar unterscheidbar macht. A. Täufel 4230

1429 **Hemmwirkung der Arabinose gegenüber der Trypsinaktivität.** M. Kerekes, Eugenia Goian, A. Kovacs und A. Toth. (Studii Cercetări Biochim. [București] **10** (1967) 2, 141—44; Baza de cercetari stiintif. Tirgu Mures a Acad. R. S. R.; rum.) — *D-* u. *L-Arabinose* (**I**) hemmen die Trypsinaktivität mit *Azocasein* als Substrat. Die Hemmung steigt linear mit steigender **I**-Konz. u. steht bis 0,8 m in ebenfalls linearer Abhängigkeit von der Viskosität der **I**-Lösung. V. Bigl 4230△

1430 **Wechselwirkung zwischen Trypsin und Natriumdodecylsulfat.** A. Lauwers. (Arch. int. Physiol. Biochim. **75** (1967) 3, 564—65; Rijksuniv. te Gent, Gent; engl.) — Vf. untersuchen die Rk. zwischen Trypsin (**I**) u. Na-Dodecylsulfat (**II**) durch chem. Analyse der Rk.-Prod. u. Messung der Aktivität von **I** bei Verw. von chromatograph. reinem *Benzoyl-L-argininäthylester* (**III**) als Substrat. — **III** bildet mit **II** bei Konz. unterhalb der krit. Mizellenkonz. (KMK), < 8,3 mm, in salzfreiem Medium u. bei pH < 12,5, dem pK-Wert der Guanidingruppe, einen unlösl. Komplex, der als Substrat für **I** dient. **I** wird durch **II** in Abhängigkeit von der **II**-Konz. inaktiviert; bei KMK ist **I** vollständig inhibiert. Die Inaktivierung hängt vom pH-Wert, Ionenstärke u. Inkubationsdauer ab; sie wird durch Serum-Albumin teilweise aufgehoben. Aus den Unters. folgt, daß das akt. **I**-Zentrum 1 Mol. **II** bindet; **II**-Mol. werden aber auch durch die nichtakt. **I**-Gebiete gebunden, maximal 20 **II**-Moleküle. Der Komplex aus **I** u. 20 **II**-Mol. ist bei pH-Werten unterhalb des isoelektr. Punktes unlösl., bei Konz. oberhalb von KMK wird der Komplex solubilisiert, bleibt jedoch inaktiv. H. Köditz 4230△

1431 **Nachweis für N → O-Transfer bei der Desacylierung eines Acyl-α-Chymotrypsins.** Keith Brocklehurst und Kenneth Williamson. (Biochem. biophysic. Res. Commun. **26** (1967) 2, 175—80; London, St. Bartholomew's Hosp.; engl.) — *4-cis-Benzyliden-2-phenyl-2-oxazolin-5-on* (**I**), eine acylierende Verb., die die β-Phenylgruppe von *α-Benzamido-cis-zimtsäuremethylester* besitzt, aber nicht die N-Acylamino-Seitengruppe, acyliert *α-Chymotrypsin* (**II**) schnell in einem pH-Bereich von 5—11 zum Acyl-**II** (**III**), wobei unter nachfolgender Desacylierung *α-Benzamido-cis-zimtsäure* entsteht. Nach den vorliegenden Unters. wird durch **I** bei pH 5 die Imidazolgruppe eines Histidinrestes von **II** u. bei pH 8 die OH-Gruppe eines Serinrestes von **II** acyliert. Das **III**-Präp. hat bei pH 3 mit 285 mμ ein nur gering höheres Extinktionsmax. als *O-Cinnamoyl-N-acetylserinamid* mit 281,5 mμ; ebenso liegt das pH 5-Präp.-**III** (λ_{max} 305 mμ) nur um 2 mμ im Extinktionsmax. niedriger als *N-trans-Cinnamoylimidazol* (λ_{max} 307 mμ). Die Best. der Rk.-Konst. 1. Ordnung in Abhängigkeit vom pH-Wert bei der **III**-Desacylierung ist komplex. Im pH-Bereich 5—7 ist sie von der bas. Form einer einzelnen ionisierten Gruppe mit pK_{app} ca. 7,7 abhängig, während sie oberhalb pH 7 durch die saure Form einer einzelnen ionisierten

Gruppe mit pK_{app} ca. 6,4 bedingt ist. Diese Ergebnisse bei pH 5–8 lassen keine gemeinsame Rk.-Gleichung für die Säure/Base-Katalyse zu. Es wird ein N → O-Transfer einer Acylgruppe von Histidin auf Serin bei der Acylierung von **II** durch **I** mit anschließender Desacylierung von **III** am Serinrest nachgewiesen. Der Rk.-Mechanismus wird diskutiert.

B. Puschendorf 4230

1432 **Mikromethode zur Bestimmung der Kathepsin-Aktivität unter Verwendung der Papierchromatographie.** D. Lebez und M. Kopitar. (Clin. chim. Acta [Amsterdam] **16** (1967) 2, 267–70; Nuclear Inst. „Jozef Stefan", Ljubljana; engl.) — Zur *Kathepsin*(**I**)-Best. inkubiert man die Proben mit *Rinderhämoglobin* als Substrat in Acetatpuffer bei 37° für 15 Min. u. unterbricht die Rk. durch Erhitzen auf 100° (10 Min.). Nach Zentrifugieren werden 5 μl des Überstandes mit 6%ig. A. als Laufmittel aufsteigend 2 Std. chromatographiert, wobei nichtabgebautes Substrat am Startpunkt bleibt u. gebildete Peptide einheitlich wandern. Die Chromatogramme werden zunächst mit Ninhydrin besprüht u. getrocknet, anschließend mit Cu-Reagens nach Bode. Die Auswertung erfolgt densitometr., wobei die Fläche in cm^2 unter der Intensitätskurve ein Maß für die **I**-Aktivität darstellt. Von der erhaltenen Fläche wird die bei Verw. einer Blindlsg. erhaltene Fläche subtrahiert. Man erhält eine Eichkurve, wenn man die gewonnenen Werte in cm^2 gegen die entsprechenden nach dem klass. Verf. gewonnenen Anson-Einheiten aufträgt. Die Kurve ist für 0,1–0,9 Anson-Einheiten linear. — Gegenüber dem klass. Verf. ist die beschriebene Meth. einfacher bei gleicher Reproduzierbarkeit; der Enzymbedarf ist geringer, der Zeitaufwand größer. K. Bormann 4230

1433 **Derivate von Subtilisin Carlsberg mit erhöhter proteolytischer Aktivität.** J. T. Johansen, M. Ottesen und I. Svendsen. (Biochim. biophysica Acta [Amsterdam] **139** (1967) 1, 211–13; Carlsberg Labor., Copenhagen, Denmark; engl.) — In Fortsetzung früherer Arbeiten (vgl. Gounaris et al., C. R. Trav. Lab. Carlsberg **35** (1965) 37) über die Bedeutung der funktionellen Seitenkettengruppen von Subtilisin (*Subtilopeptidase A*) untersuchen Vf. den Einfl. der Nitrierung von *Subtilisin Carlsberg* (**I**) mit Tetranitromethan. — Die Nitrierung führt zu einer 6–7fachen Erhöhung der **I**-Aktivität bei Verw. von *Clupein* (**II**) als Substrat. Aus der Aminosäureanalyse folgt, daß 6 der 13 Tyr-Reste nitriert sind, während andere Aminosäurereste nicht nitriert waren. Analoge Ergebnisse werden erhalten, wenn **I** mit J unter Bedingungen behandelt wird, die außer Tyr die anderen Aminosäuregruppen wenig beeinflussen. Succinylierung von **I** führt ebenfalls zu einer 6–7fachen Erhöhung der **I**-Aktivität gegenüber **II**. Andererseits wird die Aktivität von *Subtilisin Novo* weder durch Nitrierung noch durch Jodierung beeinflußt. Die Aktivität von modifiziertem **I** ist gegenüber Casein u. N-Benzoyltyrosinäthylester unverändert u. gegen Gelatine etwas erhöht.

H. Köditz 4230△

1434 **Wirkung der Temperatur auf die Penicillinase-Synthese durch B. cereus.** V. Csányi. (Acta biochim. biophys., Acad. Sci. hung. **1**, 219–24, 1966; Budapest, Univ., Med. School, Inst. of Med. Chem.; engl.) — Längeres Wachstum von *B. cereus* bei höheren Temp. bewirkt erhöhte Geschw. der „basalen" *Penicillinase*(**I**)-Synthese. Diese Änderung bleibt während einer Anzahl von Generationen erhalten. Eine weitere Temp.-Wrkg. ist die beträchtliche Verkürzung der Latenzperiode bei der Induktion mit Penicillin. Die Geschw. der „induzierten" **I**-Synth. blieb bei 26–39° von der Temp. im wesentlichen unbeeinflußt. K. Maier 4230

1435 **Lösliche, durch einwertige Kationen stimulierte ATPase aus Bohnenwurzeln.** J. Neumann und N. Gruener. (Israel J. Chem. **5** (1967) 3, 107–16; Technion-Israel Inst. of Technol., Haifa; engl.) — In Fortsetzung früherer Arbeiten (Physiol. Plantarum [Copenhagen] **19** (1966) 678) über eine lösl., durch Na u. K stimulierte ATPase aus Bohnenwurzeln untersuchen Vf. die Eig. dieser ATPase. — Diese ATPase-Aktivität ist überwiegend in der lösl. Fraktion lokalisiert. Die enzymat. Hydrolyse von ATP hängt von der Ggw. von Mg oder Ca ab, die durch Cu oder Zn nicht ersetzt werden können. Die Stimulierung durch Mg u. Ca ist maximal bei einer Konz. von 4 mm, höhere Konz. hemmen die ATPase-Aktivität etwas. In Ggw. von Mg nimmt die Stimulierung durch einwertige Kationen in der Reihenfolge Rb > Na, NH_4 > K ab; Li u. Cholinchlorid beeinflussen die Aktivität prakt. nicht. AMP, Pyrophosphat u. p-Nitrophenylphosphat werden nicht hydrolysiert, während die Hydrolysegeschw. von ADP u. ITP prakt. mit der von ATP ident. ist; allerdings wird nur die letztere durch Na stimuliert. Die untersuchte ATPase wird durch Ouabain, Dinitrophenol, NaF u. p-Hydroxymercuribenzoat nicht inhibiert. Abschließend diskutieren Vf. die Ähnlichkeit dieser ATPase mit der „Transport"-ATPase, die in Membranen verschiedener tier. Gewebe lokalisiert ist, u. mit anderen ATP hydrolysierenden Enzymsystemen.

H. Köditz 4230△

1436 **Wirkung des Papaverins auf die Reaktionen der Energieübertragung in Mitochondrien der Rattenleber.** S. Luciani, C. Bortignon und R. Santi. (Boll. Soc. ital. Biol. sperim. **43** (1967) 8, 410–13; Padova, Univ., Ist. di Farmacol.; ital.) — Es wird die Wrkg. des *Papaverins* (**I**) auf die durch Dinitrophenol stimulierte *Adenosintriphosphatase* (**II**) u. die Austauschrk. P_i–ATP untersucht. Es zeigt sich, daß steigende **I**-Mengen allmählich **II** hemmen; die Hemmung ist bei 1 mm **I** vollkommen. **I** besitzt auch einen hemmenden Effekt auf die durch ATP gelieferte Energie, was durch die deutliche Hemmung der Austauschrk. P_i–ATP bestätigt wird.

F. Kren 4230

1437 **Charakteristik einer „solubilisierten", und mit einer Cellulosematrize verbundenen ATPase in Membranpartikel.** Harry Darrow Brown, S. K. Chattopadhyay und A. Patel. (Enzymologia [Den Haag] **32** (1967) 4–5, 205–12; Univ. of Tex., Med. Branch, Galveston, Tex.; engl.) — Um Einblick in den Mechanismus des Ionentransports in Pflanzen zu gewinnen, untersuchen Vf. den Einfl. von Ouabain (**I**), Mg^{2+}, Na^+ u. K^+ auf eine aus Gerstenwurzeln isolierte ATPase (**IIa**), die durch Behandlung mit Hexadecyltrimethylammoniumbromid solubilisiert wurde (**IIb**) u. dann auf eine Cellulosematrize aufgebracht wurde (**IIc**). — Das pH-Optimum von **IIa**, **IIb** u. **IIc** liegt bei pH 6,8; **IIb** weist die höchste, **IIc** die geringste Aktivität auf. Während **IIa** u. **IIb** durch **I** inaktiviert werden (zu 97 bzw. 69%), wird **IIc** etwas stimuliert (18,7%). Die **IIa**-Aktivität wird durch Na^+ u. Mg^{2+} prakt. nicht beeinflußt. **IIb** wird von K^+ inhibiert u. durch Na^+ u. Mg^{2+} geringfügig stimuliert; die **IIc**-Aktivität wird dagegen durch K^+ stark stimuliert. Die Eig. der 3 ATPase-Präp. entsprechen denen eines Transportenzyms, wenn sie auch nicht vollständig mit ihnen übereinstimmen.

H. Köditz 4230△

1438 **Statistische Berechnungen der Genauigkeit der Michaelis–Konstanten aus viskosimetrischen Bestimmungen der Polymetaphosphatase- und Dextranase-Aktivität.** Eskil Hultin. (Acta chem. scand. **21** (1967) 6, 1575–80; Los Angeles, Calif., UCLA School of Med.; engl.) — Die bei verschiedenen Präp. polymerer homologer Substrate (Polymetaphosphate, **I**) erhaltenen Werte der Michaelis-Konst. K_m sind mittels statist. Standardmeth. vergleichbar, wenn die Genauigkeit bekannt ist. Die meisten Verf. zur K_m-Berechnung eignen sich nicht zur Berechnung der statist. Genauigkeit nach der Meth. der kleinsten Quadrate. Die Gleichung von Hanes, $[S]/_v = K_m/V + (1/V) \cdot [S]$, ist für diese Zwecke brauchbar ([S] Substratkonz., v gemessene Enzymaktivität, V Grenzwert der Enzymaktivität bei zunehmender Substratkonz.). Für *Aspergillus niger-Polymetaphosphatase* zeigten die K_m-Werte für 3 **I**-Präp. keinen signifikanten Unterschied, für ein 4. mit hohem Anteil niedermol. Materials dagegen ein abweichendes Ergebnis.

K. Maier 4230

1439 **Vergleichende Untersuchung von bakteriellen Alaninaminohydrolasen.** Francis J. Behal und James D. Folds. (Biochem. biophysic. Res. Commun. **27** (1967) 3, 344–49; Augusta, Ga., Medical Coll. of Ga., Dep. of Microbiol.; engl.) — Eine aus einem Extrakt von *Neisseria catarrhalis* (*ATCC 8176*) säulenchromatograph. von *Arylamidase* (**I**) u. *Leucylglycylglycinpeptidase* getrennte u.

mit einer Ausb. von 25% ca. 50fach angereicherte *Alanylglycindipeptidase* (II) erfordert wie *Leucinaminopeptidase* (III) Mn^{2+} oder Mg^{2+} zur Stabilisierung, besitzt ein pH-Optimum von 7,6, wird durch Puromycin(IV)-Konz. bis 10 μMol/ml nicht, jedoch durch Chelatbildner (EDTA u. Citrat) u. p-Mercuribenzoesäure kräftig gehemmt. Während die C-endständige Gruppe eine Beziehung zur Hydrolyse aufweist, muß die N-endständige Gruppe L-Konfig. besitzen, so daß zwischen **II** u. **I** Vgl. möglich sind. Nach einer noch unveröffentlichten Arbeit der Vf. besitzt **I** folgende Eig.: kein Erfordernis von Metallionen, ein scharfes pH-Optimum bei 7,3 in mehreren Puffern, Hydrolyse von Substraten (in der Reihenfolge abnehmender Rk.-Fähigkeit) Alanin-, Leucin- bzw. Methionin-, α-Asparaginsäure-, Arginin-β-naphthylamin, Glycin u. Phenylalanin-β-naphthylamin, keine Hydrolyse von Isoleucin-, Valin-, Serin-, α- u. β-Glutaminsäure-, β-Asparaginsäure-, Threonin-, Histidin-, Prolin- u. Cystein-β-naphthylamin u. verschiedene Di- u. Tripeptide, kräftige Hemmung durch **IV** u. p-Chlormercuribenzoesäure u. keine Hemmung durch EDTA. Daraus u. aus dem chromatograph. Verh. wird geschlossen, daß **II** u. **I** verschiedene Enzyme darstellen. Ferner wird durch Elektrophorese mit Stärkegel bestätigt, daß bakterielles **II** u. **I** u. authent. **III** nicht ident. sind. Von der **II**-Aktivität sind 70% in der Membran, 6% in Ribosomen u. 24% in der lösl. Fraktion verteilt, während **I** lösl. ist. Ein spezif. Antiserum gegen bakterielles **I** hemmt **I** in vitro, während es **II** weder hemmt noch mit **II** auf Geldiffusionsplatten (nach Ouchterlony) reagiert. Gegen Aminosäure-β-naphthylamine mit einer β-Seitenkette (Valin oder Isoleucin) besitzt **I** eine geringe oder keine, **II** dagegen gegen Isoleucylvalylglycin eine beträchtliche Aktivität, so daß sich bakterielles **II** u. **I** trotz der Ähnlichkeit bez. des Erfordernisses eines N-endständigen Aminosäurerestes unterscheiden. Die biolog. Rolle des **I** bleibt unklar u. ist anscheinend eine andere als die einer einfachen Peptidspaltung. Georg Vogel 4230

1440 **Extraktion von löslichen Blattenzymen durch Thiole und andere reduzierende Agenzien.** J. W. Anderson und K. S. Rowan. (Phytochemistry **6** (1967) 8, 1047–56; Victoria, Australia, Univ. of Melbourne, Botany School; engl.) — Bei Anwendung von Thiolen oder anderer reduzierender Agenzien lag die aus Tabakblättern extrahierte *Peptidase* (I) in höherer Aktivität vor. Die minimale, d. h. die krit. Konz. des reduzierenden Extraktionsmittels war, um **I** mit maximaler Konz. zu erhalten, umgekehrt proportional zu der Stärke des reduzierenden Mittels. Chlorogensäure hemmt die **I**-Aktivität nur in mit krit. Konz. von *Thioglykolat* (II) bereiteten Extrakten, nicht aber in solchen, die mit krit. Konz. von *Metabisulfit* (III) erhalten werden. Die krit. Konz. von **III** war unabhängig von der **I**-Konz.; die krit. Konz. von **II** steigerte sich mit ansteigender **I**-Konzentration. Der Mechanismus, bei dem **II** oder andere Stoffe Extrakte mit hoher **I**-Aktivität sichern, wird mit der Hemmung der Synth. von o-Chinonen u. Tannin durch endogene o-Diphenole in Zusammenhang gebracht. L. Macher 4230

1441 **Hemmung der Histidindecarboxylaseaktivität in vitro durch Norepinephrin und verwandte Verbindungen.** Robert J. Levine und Doris E. Watts. (Biochem. Pharmacol. **16** (1967) 6, 993–1000; New Haven, Conn., Yale Univ. School of Med., Dep. of Med. and Pharmacol.; engl.) — Die Aktivität von *Histidindecarboxylase* (I) aus Rattenfetus oder Magenschleimhaut erwachsener Ratten wird in vitro unter Normalbedingungen durch $5 \cdot 10^{-3}$ m *Norepinephrin* (II) bzw. *Dopamin* 95%ig. bzw. 83%ig. gehemmt. Die Hemmung ist reversibel, kompetitiv mit dem Cofaktor *Pyridoxalphosphat* (III) u. auch mit dem Substrat. Hemmende Verb. weisen gewöhnlich die Struktur von m-Hydroxyderiv. von *Phenyläthylamin* (IV) mit unsubstituierten prim. Aminendgruppen in der Seitenkette auf. Durch Einführung einer CH_3- oder COOH-Gruppe am α-C-Atom wird die Hemmwrkg. nur wenig verändert, durch Einführung beider Gruppen aber völlig inaktiviert, während die Wrkg. eines Hemmstoffs durch β-Hydroxylierung leicht erhöht wird. Obwohl **I** gegen L-Histidin stereospezif. ist, wirken *D-Dopa* u. *L-Dopa* als Hemmstoffe. Hemmend wirkt ferner *α-Methyldopamin*, schwach hemmend *Serotonin*, während die Wrkg. von *Histamin*, *Tryptamin*, *Tyramin*, *Epinephrin* u. *α-Methyldopa* unsignifikant ist. Ident. Strukturen für Deriv. von **IV** sind ferner zur Bldg. von Tetrahydroisochinolin-Kondensationsprod. mit **III** erforderlich. Vermutlich ist die Bldg. solcher Verb. eine wesentliche Stufe bei der Hemmung des **I** u. verwandter Substanzen. Georg Vogel 4240

1442 **Aldolase-Aktivitäten in der Leber der Eltern von Patienten mit erblicher Fructose-Intoleranz.** K. Raivio, J. Perheentupa und E. A. Nikkilä. (Clin. chim. Acta [Amsterdam] **17** (1967) 2, 275–79; Children's Hosp., Univ. of Helsinki; engl.) — Bei 5 Elternteilen von 5 Patienten mit erblicher Fructose-Intoleranz wurden normale Aktivitäten der *Fructose-1-phosphataldolase* u. *Fructose-1.6-diphosphataldolase* in der Leber nachgewiesen. K. Zingraf 4240

1443 **Wechselwirkung zwischen Azlactonen und Aldolase.** M. Kochman und T. Baranowski. (Acta biochim. polon. **14** (1967) 2, 221–33; Med. School, Wrocław; engl.) — In Fortsetzung früherer Arbeiten (Materialy III Krajowego Sympozjum, Kazimierz, 29–30. IX. 1964, S. 11) über die Bindung von *2-[p-Nitrobenzoylvalin]-2-oxazolin* (I) an Aldolase (II; EC 4.1.2.13) untersuchen Vf. die Inaktivierung von **II** aus Kaninchenmuskel durch **I** mit dem Ziel, den Prozeß der **II**-Modifizierung durch **I** u. die Natur der gebildeten Bindungen näher zu untersuchen. — Die Aktivität von **II** wird bei der Inkubation mit **I** bei pH 10 mit steigender **I**-Konz. zunehmend gehemmt; sie beträgt nur 10% der ursprünglichen Aktivität bei einer **I**-Konz. von 1 mm. Bei pH 7,4 ist der Aktivitätsverlust dagegen nur gering. Bei der Inkubation von 4 mm **I** bei pH 10 in Carbonatpuffer mit 40 u. 0,67 μm **II** nimmt die Aktivität zunächst schnell u. dann langsamer ab; der Aktivitätsverlust beträgt nach 2,5 Std. 70 bzw. 100%; ein Aktivitätsverlust wird in Abwesenheit von **I** im pH-Bereich 6–11,5 nicht beobachtet. **II** wird gegen die Inaktivierung durch **I** durch Thioglykolat > Lysin > Glysin > Prolin > Phosphat geschützt. Temp.-Erhöhung, auch um wenige Grad, führt in Ggw. von **I** zu einer schnellen Inaktivierung von **II**, während die **II**-Aktivität in Abwesenheit von **I** zwischen 0 u. 20° relativ stabil ist. Die Löslichkeit von **II** in $(NH_4)_2SO_4$-Lsg. nimmt mit der Inkubationsdauer ab: der in W. unlösl. Nd. ist in 4 m Harnstoff löslich. Aus der Unters. der freien Aminosäure- u. Thiolgruppen von nativer **II** u. bei pH 7,4 u. 10 mit **I** modifizierten **II** folgt, daß der Einbau von p-Nitrobenzoylvalin-Gruppen in das Protein von der Bindung von ε-Aminogruppen von Lysin u. Thiolgruppen begleitet wird. Die Modifikation bei pH 7,4 führt zu einem Verlust von 3 Thiol- u. 7 Aminogruppen; bei pH 10 beträgt der Verlust 11 Thiol- u. 21 Aminogruppen. H. Köditz 4240△

1444 **Kontrolle dreier Isoenzyme, 7-Phospho-2-oxo-3-desoxy-D-arabinoheptonat-D-erythrose-4-phosphat-Lyasen von Escherichia coli W und abgeleiteten Mutanten durch repressive und „induktive" Effekte der aromatischen Aminosäuren.** K. D. Brown und C. H. Doy. (Biochim. biophysica Acta [Amsterdam] **118**, 157–72, 1966; Kensington, N.S.W. (Australia), Univ. of New South Wales, Dep. of Microbiol.; engl.) — Es wurde die Repression dreier Isoenzyme von *7-Phospho-2-oxo-3-desoxy-D-arabino-heptonataldolase* (EC 4.1.2.15) (I), dem ersten Enzym des aromatischen Synthesewegs von *Escherichia coli W*, durch Phenylalanin (II), Tyrosin (III) u. Tryptophan (IV) unter verschiedenen Wachstumsbedingungen bei *E. coli W* u. abgeleiteten Mutanten untersucht. Isoenzym *arom 1a* (**II**-hemmbar) wird stark von **II**, *arom 1b* (**III**-hemmbar) stark von **III**, *arom 1c* (nicht hemmbar) von **IV** reprimiert. Gleichfalls fand sich weitgehende „Kreuzrepression": mäßige Repression von *arom 1a* durch **IV**, starke von *arom 1b* durch **II**, mäßige durch **IV**. **III** antagonisiert die Repression von arom 1a durch **II** oder **IV**. Der *arom 1a*-Spiegel in der mehrfachen auxotrophen Mutante 83-1, die Ggw. begrenzender Mengen aromat. Aminosäuren, wird bei Ergänzung der Nährlsg. durch einen **III**-Überschuß angehoben; am stärksten während der exponentiellen Phase. Konz. u. Isoenzymzus. von **I** bei der exponentiell in Grundmedium + Shikimisäure (V)

wachsenden aromat. auxotrophen Mutante 83-1 ähneln weitgehend denen des exponentiell wachsenden *W*-Stammes. Nach V-Erschöpfung dereprimiert *arom 1b* bevorzugt, während *arom 1a* u. *1c* unverändert bleiben.
K. Maier 4240

1445 **^{18}O-Untersuchungen mit Citratsynthetase.** C. H. Suelter und Sandra Arrington. (Biochim. biophysica Acta Amsterdam **141** (1967) 2, 423—25; Mich. State Univ., East Lansing, Mich.; engl.) — Um weitere Informationen über den Weg von W. während der von Citratsynthetase (I) katalysierten Rk. zu erhalten, untersuchen Vf. den Einbau von ^{18}O aus $H_2{}^{18}O$ in decarboxylierte $^{14}C_{(1,5)}$-Citronensäure (II). — Aus den Ergebnissen folgt, daß das an der Hydrolyse der Acyl–CoA-Bindung beteiligte W. während der II-Synth. in die Carboxylgruppe, die sich von Acetyl–CoA ableitet, eingebaut wird. Dieses Ergebnis bestätigt die von Eggerer (Biochem. Z. **343** [1965] 111) angenommene Bldg. des II-Anhydrids an der Enzymoberfläche. In Abwesenheit von CoA ließ sich jedoch der Einbau von ^{18}O in II nicht nachweisen.
H. Köditz 4240△

1446 **Vereinfachte Herstellung von Cysteindesulfhydrase.** Elena Teodoru und Stela Gheție. (Studii Cercetări Biochim. [București] **10** (1967) 2, 2, 161—65; Inst. de cercetari chimice, București; rum.) — Es wird eine vereinfachte Darst. von *Cysteindesulfhydrase* (I), die den Isotopenaustausch zwischen nichtmarkiertem *Cystein* u. $Na_2{}^{35}S$ katalysiert, aus dem Dottersack bebrüteter Eier beschrieben. Das Enzym zeigt gleiche Reinheit u. spezif. Aktivitäten (0,39 mc/mMol) wie das nach der Originalmeth. dargestellte I. I ist bei Aufbewahrung nur unter —10° stabil. Der I-Geh. des Dottersackes scheint jahreszeitlich unterschiedlich zu sein. V. Bigl 4240△

1447 **Methode zur Bestimmung der Decarboxylase aromatischer Aminosäuren.** Christian Steffer. (Biochim. biophysica Acta [Amsterdam] **139** (1967) 1, 193—95; Univ. Freiburg, Radiol. Inst.; dt.) — Die aus *DL-5-Hydroxytryptophan* (I) u. *L-Dihydroxyphenylalanin* (II) durch Aminosäuredecarboxylase aus Mäuseleber gebildeten biogenen Amine ließen sich durch Umsetzung mit 2.4.6-Trinitrobenzolsulfonsäure in die N-2.4.6-Trinitrophenylderiv. überführen u. durch deren Extinktion bei 340 mμ quant. bestimmen. Die Decarboxylierung von I wird durch II kompetitiv gehemmt u. umgekehrt.
G. Zankl 4240

1448 **Geschlechtsunterschiede des Einflusses von Äthionin auf die Aktivität von Urocanase der Rattenleber.** Harold M. Kolenbrander. (Biochim. biophysica Acta [Amsterdam] **141** (1967) 1, 184—86; Central College, Pella, Iowa; engl.) — Vf. zeigt, daß s.c. Injektionen von Äthionin (I) die Aktivität der Urocanase (II) in der Leber ♀ Ratten schneller erniedrigt als in der ♂ Tiere u. daß die Aktivität der *Histidase* u. II in der ♀ Rattenleber größer ist als in der ♂. Die erhaltenen, geschlechtsbedingten Unterschiede der I-Wrkg. werden abschließend diskutiert.
H. Köditz 4240△

1449 **D-Glucose isomerisierende Aktivität von in D-Xylose gewachsenen Zellen von Bacillus coagulans, Stamm HN-68.** 2. Mitt. **Reinigung und Eigenschaften des D-Glucose isomerisierenden Enzyms.** Gen-ichi Danno, Sadahiko Yoshimura und Masato Natake. (Agric. biol. Chem. [Tokyo] **31**, (1967) 3, 284—92; Lab. of Food Chem. and Applied Microbiol., Hyogo Univ. of Agric., Sasayama Hyogo Prefecture; engl.) — *Bac. coagulans* Stamm HN-68 wird 16 Std. bei 40° in einem 2% D-Xylose u. Salze enthaltenden Medium kultiviert, die Zellen durch Behandlung mit Lysozym (40 Std. bei 35°) aufgeschlossen u. aus dem zellfreien Extrakt nach Entfernung des mit $MnSO_4$ (1 m) erhaltenen Nd. die obenstehende Lsg. bei pH 5,0 mit Ammoniumsulfat (Sättigung auf 0,4) fraktioniert u. danach die erhaltene Lsg. bei pH 4,5 mit Ammoniumsulfat (Sättigung 0,45) gefällt. Diese Fraktion, in der sich das *D-Glucose isomerisierende Enzym* (I) befindet, wird nach vorausgegangener Dialyse an DEAE Sephadex unter Elution mit dem Gradienten (0,05—0,4 m Natriumacetatpuffer, pH 6,0) fraktioniert. I wird im Bereich von 0,1—0,13 m eluiert. Das 60fach gereinigte I ist bei Gelelektrophorese an Polyacrylamidgel u. Ultrazentrifugation homogen u. frei von D-Glucose-6-phosphatisomerase. Das pH-Optimum von I beträgt 7,0, das Temp.-Optimum 75°. I erfordert Co^{2+} (10^{-3} m). In Ggw. von Co^{2+} wird I durch 10^{-2} m Cu^{2+} u. Zn^{2+} vollständig, durch 10^{-2} m Ni^{2+}, Mn^{2+} teilweise, durch Ca^{2+} nur wenig u. durch Mg^{2+} bzw. Ba^{2+} nicht gehemmt. I bildet D-Fructose aus D-Glucose, D-Xylose u. D-Ribit, während L-Arabinose, L-Rhamnose, D-Mannose, D-Galaktose, D-Sorbit, D-Mannit, D-Glucose-6-phosphat oder Methyl-α-D-glucosid nicht isomerisiert werden. K_M von I für D-Glucose bzw. D-Xylose betragen $9 \cdot 10^{-2}$ bzw. $7{,}7 \cdot 10^{-2}$ m. Die Isomerisierung durch I bleibt beim Saccharidverhältnis 1:1 stehen. A. Täufel 4250

1450 **Reaktion der mikrosomalen Δ^5-3-Ketosteroidisomerase aus verschiedenen steroidbildenden Geweben auf Nicotinamidadenindinucleotide.** Nancy L. Oleinick und Seymour B. Koritz. (Biochim. biophysica Acta [Amsterdam] **122**, 333—40, 1966; Pittsburgh, Pa., Univ. of Pittsburgh, School of Med., Dep. of Biochem.; engl.) — Die *Δ^5-3-Ketosteroidisomerasen* (*3-Ketosteroid Δ^4-Δ^5-isomerase, EC 5.3.1.1*) aus der Mikrosomenfraktion mehrerer steroidbildender Säugergewebe sprechen auf NAD^+ u. NADH an. Die aus Mäuse- u. Meerschweinchennebennieren sowie aus Rattenhoden werden von diesen Pyridinnuceotiden (I) aktiviert, die Enzyme aus Rindernebennierenrinde u. Rinder-Corpus-luteum nur schwach, unter bestimmten Bedingungen jedoch gleichfalls stark. Zum Beispiel wird Acetonpulverpräp. bei erhöhten Temp. oder in Ggw. von p-Chlormercuriphenylsulfonsäure mehrfach aktiviert. I hemmen Kaninchennebennierenisomerase, aktivieren aber bei saurem pH. NaDP + u. NADPH sind als Aktivatoren von Rattennebennierenisomerase ca. 10^3fach weniger wirksam als NAD^+ u. NADH.
K. Maier 4250

1451 **Zucker-isomerisierendes Enzym: Bildung und Verwendung von Glucose-Isomerase aus Streptomyces sp.** Yoshiyuki Takasaki. (Agric. biol. Chem. [Tokyo] **30**, 1247—53, 1966; Fermentation Res. Inst., Ministry of Internat. Trade and Ind., Inage-Higashi, Chiba City, Japan; engl.) — Vf. beschreiben einen für die prakt. Anwendung interessanten Weg zur Herst. von *D-Fructose* aus *D-Glucose*. Züchtet man *Streptomyces sp.*, *Stamm YT-Nr. 5* in einem Medium, das 3% Weizenkleie (*Xylan*-haltig), 2% Maisquellwasser u. 0,024% $CoCl_2 \cdot 6H_2O$ enthält, so wird optimal *Glucose-Isomerase* gebildet, die die Rk. zwischen D-Glucose u. D-Fructose katalysiert. Eingehende Unters. der Rk. ergab folgende optimale Bedingungen: pH 7,0; 65—70°, Glucose-Konz. bis zur Sättigung. Aktivierend wirken Mg^{2+} u. Co^{2+}, wobei die Mg^{2+}-Wrkg. mit steigender Glucose-Konz. abnimmt.
K. Bormann 4250

1452 **Isolierung von ^{32}P-Phosphohistidin aus verschiedenen Rattenleberzellfraktionen nach Inkubation mit ^{32}P-Adenosintriphosphat.** Örjan Zetterqvist und Lorentz Engström. (Biochim. biophysica Acta [Amsterdam] **113**, 520—30, 1966; Uppsala, Univ., Inst. of Med. Chem.; engl.) — Mikrosomale Partikelfraktion u. lösl. hochmol. Material aus Zellsaft-, Kern- u. Mitochondrialfraktion von Rattenleber wurden 15 Sek. bei 0° mit stark ^{32}P-markiertem ATP inkubiert. Nach alkal. Hydrolyse ließ sich aus allen Zellfraktionen *^{32}P-Phosphohistidin* (I) durch Dowex-1-Chromatographie isolieren. Die höchste I-Ausb. lieferte der Zellsaft. Die I-Menge aus Kern-, Mitochondrien- u. Mikrosomenfraktion war ca. 5-, 50- u. 100fach kleiner. Im Zellsaft war keine Succinyl-CoA-Synthetase (EC 6.2.1.4)-Aktivität feststellbar. Sie fand sich nur in Mitochondrien- u. Kernfraktion. Im Zellsafthydrolysat war eine säureempfindliche ^{32}P-markierte Komponente enthalten, die bei alkal. Behandlung kein I lieferte. K. Maier 4260

1453 **Repression und Inaktivierung von Glutaminsynthetase in Escherichia coli durch NH_4^+.** Dieter Mecke und Helmut Holzer. (Biochim. biophysica Acta [Amsterdam] **122**, 341—51, 1966; Freiburg i. Br., Univ., Biochem. Inst.; dt.) — NH_4^+ als N-Quelle reprimiert die Synth. von *Glutaminsynthetase* (L-Glutamat–Ammoniak–Ligase [ADP], EC 6.3.1.2) (I) in *E. coli* bei Züchtung in NH_4^+-haltiger Nährlsg., während NH_4^+-Entzug u. erneute Suspendierung in Glutamat-haltigem Nährmedium Derepression hervorrufen. Diese wird durch

Inhibitoren der Eiweißsynth., wie p-Fluorphenylalanin, 5-Methyltryptophan, Chloramphenicol, Puromycin, verringert. 10^{-4} m NH_4^+ bewirkt, dereprimierten Kulturen zugesetzt, schnelle **I**-Inaktivierung. Repression u. Inaktivierung sind verschiedenartige Vorgänge. *Glutamyltransferase*, wahrscheinlich das gleiche Enzym wie **I**, wird von NH_4^+ nicht oder nur wenig inaktiviert. Die Inaktivierungsrk. von NH_4^+ ist sehr spezif., denn alle untersuchten NH_3-Deriv. u. andere Aminosäuren waren wirkungslos. K. Maier 4260

1454 **Strukturelle Voraussetzungen der Substratbindung an Propionyl-CoA-Carboxylase.** C. S. Hegre und M. Daniel Lane. (Biochim. biophysica Acta [Amsterdam] **128,** 172–80, 1966; Blacksburg, Va., Va. Polytechnic Inst., Dep. of Biochem. and Nutrition; engl.) — *Propionyl–CoA-Carboxylase* (*Propionyl–CoA* : CO_2-*Ligase* (*ADP*), EC 6.4.1.3 (**I**) aus Rinderlebermitochondrien wurde weiter gereinigt (314fach, 4% Ausb., Reinheit 90%). Die Bindung von Acyl–CoA-Substraten durch **I** erfolgt durch die CoA-Hälfte. Die rel. Maximalgeschw. von Propionyl–CoA-(**II**), Propionyl-dephospho–CoA u. Propionylpantethein-Carboxylierung waren 1,0, 0,29 u. 0,014; ihre K_m-Werte $2{,}6 \cdot 10^{-4}$, $2{,}8 \cdot 10^{-3}$ u. $2{,}4 \cdot 10^{-2}$ m. Enzymat. Carboxylierung von Propionyl-N-acetylcysteamin war nicht nachweisbar. Coenzym A u. 3′-AMP hemmten die Carboxylierungsrk. bez. **II** kompetitiv, während die Hemmung durch 2′-AMP u. 5′-AMP einem Mischtyp entsprach. Bei der Bindung von Acyl–CoA-Substrat an **I** sind anscheinend 3′-Phosphat-, Adenin- u. Pantoyl-Komponente des Substrats beteiligt. **II** schützt **I** gegen p-Chlormercuribenzoat-Hemmung, während ATP–$MgCl_2$ diese Hemmung fördern. K. Maier 4260

1455 **Enzyme des zentralen Nervensystems.** 1. Mitt. **Ribonucleinsäuremethylase.** Lionel N. Simon, Alvin J. Glasky und T. H. Rejal. (Biochim. biophysica Acta [Amsterdam] **142** (1967) 1, 99–104; Chicago, Ill., State Pediatric Inst.; engl.) — Ribonucleinsäuremethylase, die Aktivitäten für die Methylierung heterologer sRNS aufweist, wird aus rohen Hirnkomponenten der Ratte u. Katze isoliert u. etwa 25fach partiell gereinigt. Sie ist auch im fetalen Hirn zugegen u. erreicht ihre höchste Aktivität bei der Geburt. In der partiell gereinigten Ammonsulfat-Fraktion sind 3 oder 4 separate u. unterscheidbare Methylierungsaktivitäten zugegen u. der Hauptteil dieser Aktivitäten ist mit der sRNS der Zelle assoziiert. pH-Optima des Einbaus von CH_3-Gruppen in RNS konnten bei pH 8,2 u. 10,0 festgestellt werden; bei pH 8,2 war die CH_3-Gruppe hauptsächlich mit 2′.3′-Guanosinmonophosphat u. bei pH 10,0 hauptsächlich mit 2′.3′-Adenosinmonophosphat assoziiert. L. Macher 4260

1456 **Anaerobe Glykogenolyse und Aktivität der Glykogenphosphorylase und Phosphoglucomutase des menschlichen Plazenta-Gewebes.** S. Di Bella, E. Revelli, A. Panazzolo und F. Scarpa. (Boll. Soc. ital. Biol. sperim. **43** (1967) 7, 359–61; Torino, Univ., Ist. Ostetr. e Ginecol.; ital.) — Rohextrakte der Plazenta bauen *Glykogen* u. *Milchsäure* mit maximaler Ausb. ab, wenn dem Syst. ATP u. NAD, 5-AMP u. Cystein in optimalen Konz. zugegeben werden. Der gleiche Effekt wird erzielt, wenn Cystein durch red. Glutathion (10 mm) ersetzt wird. Die *Phosphoglucomutase*-Aktivität ist sehr gering, während die der *Glykogenphosphorylase* im Plazentaextrakt der Aktivität der Leberhomogenate von Säugetieren entspricht. F. Kren 4270

1457 **Bestimmung glykolytischer Gewebsenzyme.** P. Cartier, J.-P. Leroux und J.-Cl. Marchand. (Ann. Biol. clin. **25** (1967) 1–2, 109–36; Paris, Hôpital des enfants-malades; franz.) — Vf. beschreiben von ihnen standardisierte Meth. zur Best. glykolyt. Enzyme in klin. interessierenden Geweben. Die dabei behandelten Enzyme sind Glycerinaldehyd-3-phosphatdehydrogenase, Pyruvatkinase, Phosphofructokinase, Enolase, Phosphoglyceratkinase, Hexokinase–Glucokinase, Glucose-6-phosphatdehydrogenase, 6-Phosphogluconatdehydrogenase, Phosphohexosemutase, Phosphohexoseisomerase, Milchsäuredehydrogenase u. Phosphoglyceratmutase. L. Macher 4270

1458 **Wirkung von Purinnucleosidtriphosphaten auf den Aminosäureeinbau in einem zellfreien System aus mit 8-Azaguanin behandeltem Bacillus cereus.** Philip Klubes und H. George Mandel. (Biochim. biophysica Acta [Amsterdam] **129,** 594–600, 1966; George Washington Univ. School od Med., Washington, D.C.; engl.) — Der Einbau von L-^{14}C-Phenylalanin in die 30S-Fraktion aus normalen Zellen von *Bacillus cereus* wurde durch Zugabe von *Guanosintriphosphat* stärker angeregt als der Einbau in die 30S-Fraktion von mit *8-Azaguanin* (**I**) vorbehandelten Zellen. Durch *8-Azaguanosintriphosphat* wurde der Aminosäureeinbau in den 30S-Fraktionen beider Zellarten nicht stimuliert. Im Gegensatz zu den mit **I** behandelten Zellen, deren 30S-Fraktion von vornherein einen höheren ATP-Geh. aufwiesen, erhöhte sich der Aminosäureeinbau in den 30S-Fraktionen normaler Zellen auch nach ATP-Zugabe. G. Zankl 4270

1459 **Multiplizität der Aminosäurepermeasen bei Sacharomyces cerevisiae.** 3. Mitt. **Hinweis auf ein spezifisches Methionin-Transportsystem.** J. J. Gits und M. Grenson. (Biochim. biophysica Acta [Amsterdam] **135** (1967) 3, 507–16; Bruxelles, Univ., Lab. de Microbiol., and C. E. R. I. A., Inst. de Rech.; engl.) — Die Anfangsgeschw. des Eintritts von *^{14}C-L-Methionin* (**I**) in Hefezellen hängt nach dem Lineweaver-Burk-Diagramm offensichtlich von 2 Funktionen ab. **I** gelangt durch mindestens 2 verschiedene Syst. in die Zelle. Mutanten ohne **I**-Permease-Aktivität mit hoher Affinität zu **I** (K_m 12 μm) u. mit **I**-*Permease*-Aktivität von niedriger Affinität (K_m 0,77 mm) wurden isoliert u. erwiesen sich als resistent gegen niedrige Dosen von L-Äthionin (**II**). Unters. über die Aminosäureaufnahme dieser Mutanten (met-p_1) sowie Konkurrenzvers. mit dem Wildtyp zeigten, daß die *Permease* mit großer **I**-Affinität sehr spezifisch ist. Nach der genet. Analyse der met-p_1-Mutation ist diese rezessiv, zeigt einen Gen-Dosis-Effekt u. segregiert normal als Einzelgen, das weder mit der arg-p_1- noch mit der lys-p_1-Mutation gekoppelt ist. Die 3 permeasedefekten Mutationen betreffen demnach 3 verschiedene Loci. Die restliche **I**-Aufnahme in eine met-p_1-Mutante wird von einigen wenigen strukturell ähnlichen Aminosäuren (L-**II**, DL-Selenomethionin, L-Threonin, L-Serin) gehemmt. K. Maier 4270

1460 **Enzymatische Inaktivierung von Oxytocin.** 5. Mitt. **Reinigung und Eigenschaften von Enzymen des menschlichen Retroplazentaserums.** T. Barth, V. Pliška, I. Rychlík und F. Šorm. (Collect. czechoslov. chem. Commun. **32** (1967) 6, 2327–36; Inst. of Organ. Chem. and Biochem., Csechoslovak Acad. of Sci., Prague; engl.) — 4. vgl. ibid. **26** (1961) 2632. — Vf. beschreiben die Isolierung u. Reinigung von 2 Oxytocinasen (**Ia u. Ib**) aus dem Retroplazentaserum u. untersuchen die Eig. dieser Enzyme. — **Ib,** das viel stabiler ist als **Ia,** wurde 3000fach angereichert. **Ib** hydrolysiert Oxytocin (**II**) zunächst durch Spaltung der Bindung zwischen Halbcystin in 1-Stellung von **II** u. Tyr. u. dann die der anderen Peptidbindungen. **Ia** u. **Ib** werden *Leucinarylamidase*-Aktivität auf, pH-Optimum 6,5–7,5. Die Aktivität beider Enzyme wird durch Cd^{2+} u. Zn^{2+} sowie durch *Dimedon* bei pH 5–7 signifikant inhibiert. Strukturfragmente von **II** hemmen die Hydrolyse von Leucin-p-nitroanilid (**III**) durch **Ib.** Die größte Hemmwrkg. zeigen Peptide, die benzylierte Cysteinreste in der Peptidkette enthalten. Behandlung von **Ib** mit EDTA gibt eine inakt. **Ib**-Form, die durch Ca bzw. Mn reaktiviert wird. Die **III**-Hydrolyse wird durch KCN u. Na-Pyrophosphat bei pH 7–9 stimuliert. H. Köditz 4270△

1461 **Wirkung von Anthocyanin-Pigmenten auf gewisse Enzyme.** John A. Carpenter, Yeng-Ping Wang und John J. Powers. (Proc. Soc. exp. Biol. Med. **124** (1967) 3, 702–05; Athens, Ga., Univ. of Ga., Dep. of Food Science; engl.) — Die Aktivitäten von *α-Glucanphosphorylase* (**I**) u. *Glutaminsäuredecarboxylase* (**II**) erfuhren durch ansteigende Mengen (0,01–0,1–0,5%) von vieraus Trauben gewonnenen Anthocyan-Pigmenten, *Petunidin-3-monoglucosid* (P-3-M), *Delphinidin-3-monoglucosid* (D-3-M), *Malvidin-3-monoglucosid* (M-3-M) u. einem unidentifizierten Pigment eine Steigerung. Die Aktivitäten von *Glycerindehydrogenase* (**III**), *Malatdehydrogenase* (**IV**) u. *Hexokinase* (**V**) wiesen mit Ausnahme der Anthocyaninkonz. von 0,01% eine Abnahme auf. Bei der in mg-% P_i ausgedrückten Aktivitätssteigerung der **I** dürfte es sich um eine Umwandlung der inakt. b-Form der **I** in die akt. a-Form handeln, wobei M-3-M die höchste Steigerung von allen Pigmenten bewirkte. Die in μl CO_2 ausgedrückte Aktivität der **II** wurde durch D-3-D am meisten gesteigert, wobei aber die Wrkg. der anderen Pigmente nicht wesentlich differierte. Die in opt. Dichte bei 340 mμ ausgedrückte Aktivität der **III** u **IV** erfuhr nur mit 0,01% M-3-M eine Steigerung. Die in opt. Dichte bei 560 mμ ausgedrückte Aktivität der **V** wurde durch alle Pigmente gehemmt. Diese inhibitor. Wrkg. der Pigmente könnte durch eine Chelatbldg. mit Mg^{2+} erklärt werden; sie enthalten überdies reaktive OH- u. CH_3-Gruppen, die O_2-Brücken mit dem Substrat bilden u. so die Enzymsyst. inhibieren. L. Macher 4270

E–3. Mikrobiologie, Bakteriologie

1462 **Trennung mitochondrieller Membranen. Reinigung und enzymatische Kennzeichnung der externen Membran.** Marianne Lévy, Renée Toury und Jean André. (Biochim. biophysica Acta [Amsterdam] **135** (1967) 4, 599—613; Paris, Fac. des Sci., Labor. de Physiol. de la Nutrit.; franz.) — Mittels Digitonin u. Ultraschall konnte eine Trennung der externen mitochondriellen Membran von der internen erreicht werden, worauf die rohe Fraktion der externen Membran durch Zentrifugieren mit einem Saccharose-Gradienten gereinigt wurde. Die interne Membran unterscheidet sich von der externen in ihren ultrastrukturellen Aspekten, in ihrer Dichte u. enzymat. Aktivitäten. Die externe Membran besitzt keine phosphorylierenden Enzyme der Atmungskette u. weist bloß eine nichtphosphorylierende Aktivität an NaDH:Cytochrom-c-Reduktase auf, die gegenüber der Hemmwrkg. von 20 μg Rotenon, 1 μg Antimycin oder 0,4 μ/Mol KCN je mg Protein unempfindlich ist. Die gereinigte externe Membran wies wenig Succinat-Oxydase u. β-Hydroxybutyrat-Oxydase, mäßige Mengen an NADH- u. Cytochromoxydase u. viel NADH:Cytochrom c Reduktase auf. L. Macher 4300

1463 **Aktivierung der Lucigenin - Chemilumineszenz durch Serratia marcescens.** W. S. Oleniacz, M. A. Pisano und R. V. Insolera. (Photochem. and Photobiol. **6** (1967) 9, 613—20; Dep. of Biol., St. Johns Univ., Jamaica, N.Y.; engl.) — Zellfreie Extrakte u. intakte Zellen von *S. marcescens* aktivieren die Chemilumineszenz von *Lucigenin* (*10.10'-Dimethyl-9.9'-biacridyliumnitrat*; **I**) in Abwesenheit von H_2O_2 oder Alkali. Die Lumineszenz ist am stärksten in Methanol, dann folgen Propanol, A., Butanol, Butanol-(3), 2-Methyl-butanol-(2) u. Propanol-(2). In Heptanol ist die Lumineszenz nur 1% im Vgl. zu Methanol. Die Chemilumineszenz nimmt logarithm. zu mit steigender Methanolkonz.; KOH hat im Bereich von 10^{-4}—10^3 m keinen Einfluß. Zugabe von Fluorescein zur neutralen Methanollsg. verstärkt die bakterielle Aktivierung der **I**-Chemilumineszenz. W. Hiller 4300

1464 **Tryptophanbildung durch mutante Stämme von Escherichia coli K 12.** Milena Bandiera, G. Morpurgo und Roberta Ricci. (Experientia [Basel] **23** (1967) 9, 724—25; Roma, Univ., Ist. di Genet., Centro Naz. di Radiobiol. appl.; engl.) — 60 spontan mutierte, 220 durch Röntgenstrahlen u. 35 durch UV-Bestrahlung induzierte Mutanten von *E. coli* K 12, die in einem Minimalmedium gezüchtet wurden, bildeten *Tryptophan* (**I**) in Mengen von 0—4 γ/ml u. Indol 0—0,2 γ/ml. Fünf Mutanten, die 5-Methyltryptophan (**II**) gegenüber resistent waren u. empfindlich gegen 5-Fluortryptophan (**III**), erzeugten spontan u. nach mutagener Behandlung resistente Kolonien. Die Bldg. von **I** durch doppelt mutierte *E. coli*, die gegenüber **II** u. **III** resistent waren, steigerte sich bis zu einem Faktor von ca. 10. Parallel wurde versucht in Plattenkulturen mit 10^9 Zellen auf direktem Wege Stämme zu gewinnen, die **III** gegenüber resistent sind; doch auch bei Behandlung mit UV- oder Röntgenstrahlen ergaben sich keine **III**-resistenten **I** erzeugende Mutanten, so daß vermutet wird, daß die zweite Mutation zu Stämmen führt, die für die reversible Hemmung der Enzymaktivität unempfindlich sind, die durch **I** induziert wird. L. Macher 4300

1465 **Ausnutzung von Calcium und Magnesium und Säureproduktion durch Rhizobium spp. aus einigen kultivierten Leguminosen.** K. G. Gupta. (Folia microbiol. [Praha] **12** (1967) 5, 413—16; Dep. of Microbiol., Punjab Univ., Chandigash, India; engl.) — Die untersuchten je 40 Stämme von 4 verschiedenen Leguminosen weisen eine Säureproduktion von 8,8—127,6 mg/100 ml (bezogen auf Essigsäure) auf. 88 Stämme besitzen eine Produktion von 20—60 mg/100 ml. Die Mengen des ausgenutzten Ca liegen zwischen 26,5 u. 452,0 mg/100 ml u. die des ausgenutzten Mg zwischen 4,9 u. 54,0 mg/100 ml. Das Kulturmedium bestand aus 0,5 g K_2HPO_4, 2,5 g $MgSO_4$, 0,2 g NaCl, 15,0 g $CaCO_3$, 0,5 g Asparagin, 10,0 g Mannit u. 1000 ml Wasser. W. Hiller 4310

1466 **Wirkung von Natriumnitrit auf das Wachstum von Micrococcus denitrificans.** Carlton Bovell. (Arch. Mikrobiol. **59** (1967) 1—3, 13—19; Hopkins Marine Stat. of Stanford Univ., Pacific Grove, Calif.; engl.) — Erfolgt Kultur unter $H_2 + CO_2 + O_2$, so hat Hefeextrakt keinen Einfl. auf das Wachstum, auch O_2-Erschöpfung zeigt geringen Einfluß. Bei Kultur in $H_2 + CO_2 + NO_3^-$ erfolgt anfangs keine Beeinflussung durch Hefeextrakt. Nach 80 Std. kommt es zu einem abrupten Abfall des Wachstums, was auf eine NO_2^--Anhäufung zurückzuführen ist. Hefeextrakt hebt diese Hemmung auf. Bei Kultur unter H_2 u. O_2 hemmt NO_2^- nicht zwischen $5 \cdot 10^{-5}$ u. 10^{-3} m, bei $5 \cdot 10^{-3}$ m erfolgt eine 74%ig. u. bei 10^{-2} m eine völlige Hemmung. Bei Kultur in Saccharose u. O_2 ist keine Hemmung bei 10^{-2} m, aber völlige Hemmung bei $5 \cdot 10^{-2}$ m festzustellen. Bei Wachstum unter H_2 ist die NO_2^--Hemmung verstärkt. W. Hiller 4310

1467 **Wachstumsreaktion von Lactobacillus casei (ATCC 7469) auf Riboflavin, FMN und FAD.** Bernardt W. Langer jun. und Surin Charoensiri. (Proc. Soc. exp. Biol. Med. **122**, 151—52, 1966; U.S. Army Med. Component, Clin. Res. Center, Bangkok (Thailand), SEATO; engl.) — Die Wachstumsrk. von *L. casei*, nephelometr. bestimmt, auf *Riboflavin*, *FMN* u. *FAD* ist signifikant verschieden. Für die Best. des Flavingeh. saurer Gewebsextrakte empfiehlt sich als Standard *FMN*. K. Maier 4310

1468 **Trehalose-Synthese im zellularen Schleimpilz Dictyostelium discoideum.** R. Roth und M. Sussman. (Biochim. biophysica Acta [Amsterdam] **122**, 225—31, 1966; Waltham, Mass., Brandeis Univ., Dep. of Biol.; engl.) — Aus synchron wachsenden *D. discoideum*-Populationen (haploider Stamm NC-4) wurden durch Ultrabeschallung Extrakte (10000·*g*-Überstand) hergestellt, die *Trehalosesynthetase* (*UDP-Glucose-D-glucose-6-phosphat-1-glucosyltransferase*, EC 2.4.1.15)-Aktivität enthielten. Die spezif. Aktivität ist in frühen Entw.-Stadien sehr niedrig u. nimmt im Verlauf der Fruchtkörperbldg. beträchtlich zu. K. Maier 4315

1469 **Isolierung und Identifizierung von Trehalose aus Pullularia pullulans.** Emanuel Merdinger und Paul Kohn. (Canad. J. Microbiol. **13** (1967) 8, 1126—28; Biochem. Res. Labor., Roosevelt Univ., Chicago, Ill.; engl.) — Aus *P. pullulans* Stamm NRRL-YB 4515 isolieren Vf. *Trehalose*. Die Identifizierung erfolgt als *Dihydrat*, $C_{12}H_{22}O_{11} \cdot 2H_2O$, F. 96,5—98°; *Hemihydrat*, $C_{12}H_{22}O_{11} \cdot {}^1/_2H_2O$, F. 138—141° u. als wasserfreie Trehalose, $C_{12}H_{22}O_{11}$, F. 206—209°, $[\alpha]_D^{22}$ +199° (c = 2,09; W.) (*Octaacetyl-trehalose*, F. 101—103°, [α] +162,5° [c = 1,5; $CHCl_3$]). Die Identifizierung von Trehalose gelingt nicht, wenn die Zellen lange mit NaCl u. W. gewaschen werden. Trehalose wird dagegen erhalten, wenn der größte Teil der Lipide mit $CHCl_3$–CH_3OH extrahiert wird. Aus gewaschenen, lyophilisierten Zellen wird Trehalose nicht durch 80% A. beseitigt. Vf. nehmen eine lockere Bindung des Zuckers an die Lipide an. W. Hiller 4315

1470 **Isolierung und Identifizierung von O-α-D-Mannopyranosyl-myoinosit aus Saccharomyces cerevisiae.** W.

Tanner. (Z. Pflanzenphysiol. **57** (1967) 5, 474—76; Inst. für Angewandte Bot. der TH München; engl.) — Aus dem wasserlösl. Extrakt von *Saccharomyces cerevisiae* isoliert Vf. *O-α-D-Mannopyranosyl-myoinosit* (**I**). Aus 2,5 kg Preßhefe werden 206 mg freier Inosit u. 52 mg **I** isoliert. W. Hiller 4315

1471 **Spezifische Natur der Pflanzenzellwandpolysaccharide.** Donald J. Nevins, Patricia D. English und Peter Albersheim. (Plant Physiol. **42** (1967) 7, 900—06; Dep. of Chem., Univ. of Colo., Boulder, Colo. 80302; engl.) — Die Zellwände werden mit 2 n Trifluoressigsäure hydrolysiert, die freigesetzten Zucker zu den entsprechenden Alditen reduziert. Die Aldite werden zu den Acetaten acetyliert u. gaschromatograph. getrennt. Vf. bestimmen Rhamnose, Fucose, Arabinose, Xylose, Mannose, Glucose u. Galaktose in Zellwänden von *Phaseolus*-Arten, *Glycine max.*, Gerste, Mais u. *Acer pseudoplatanus*-Zellkulturen. Die Zellwandpolysaccharidzus. von Varietäten innerhalb einer Art ist weitgehend identisch. Zellwände verschiedener Arten u. Gattungen zeigen Unterschiede in der Zuckerzus. der Polysaccharide. Vf. nehmen eine genet. Steuerung der Zellwandzus. an. Die Zuckerzus. der Zellwände von in Suspension kultivierten Zellen von *Acer pseudoplatanus* kann durch die C-Quelle verändert werden. W. Hiller 4315

1472 **Kefiran, ein neues in den Kefirkörnern durch Lactobacillus brevis produziertes Polysaccharid.** J. W. M. la Rivière, P. Kooiman und Karin Schmidt. (Arch. Mikrobiol. **59** (1967) 1—3, 269—78; Labor. of Gen. and Technical Biol., Technological Univ., Delft, The Netherlands; engl.) — Die Kefirkörner enthalten ein Polysaccharid, das als *Kefiran* bezeichnet wird. Kefiran besteht zu gleichen Teilen aus Galaktose u. Glucose u. besitzt eine opt. Drehung von $[\alpha]_D^{20}$ +68,0° (c = 1; W.). W. Hiller 4315

1473 **Biochemische und immunochemische Untersuchungen an Pilzen. 6. Mitt. Isolierung, Reinigung und chemische Eigenschaften von Glykoprotein im Kulturfiltrat von Aspergillus fumigatus.** Osamu Sakaguchi, Katsushi Yokota und Masuko Suzuki. (J. pharmac. Soc. Japan [Yakugakuzasshi] **87** (1967) 1, 82—87; Inst. of Hygienic Chem., Tohoku Coll. of Pharm., Odawara-Nankosawa, Sendai; jap.) — Das Glykoprotein wird isoliert aus dem Kulturfiltrat u. gereinigt durch Chromatographie an Sephadex G 50, DEAE-Cellulose u. Papierchromatographie. Das Glykoprotein enthält 95% Kohlenhydrat. Das Kohlenhydrat besteht aus äquimolaren Mengen Galaktose u. Mannose u. geringen Mengen Hexosamin (weniger als 0,5%) mit 0,38% N u. weniger als 0,1% P. Im Glykoprotein werden die 8 Aminosäuren Asparaginsäure, Glutaminsäure, Glycin, Valin, Threonin, Phenylalanin, Lysin u. Arginin gefunden. W. Hiller 4315

1474 **Eine verbesserte Herstellung des Kapselpolysaccharids von Diplococcus pneumoniae.** C. P. J. Glaudemans und H. P. Treffers. (Carbohydrate Res. [Amsterdam] **4** (1967) 2, 181—84; New Haven, Conn. 06510, Yale Univ. School of Med., Dep. of Biochem.; engl.) — Formalinabgetötete Zellen von *D. pneumoniae* werden mit 0,9%ig. NaCl-Lsg. gewaschen, bis der Überstand frei von Protein ist, in Acetatpuffer (Ionenstärke 0,1; pH 6,0) mehrfach ultraschallbehandelt, die vereinigten Überstände mit *1.1.1-Trichlor-2.2.2-trifluoräthan* behandelt, der Überstand im Vakuum eingeengt, dialysiert u. lyophilisiert. Das erhaltene *Polysaccharid* enthält 0,2 bis 0,5% C-Substanz, ist frei von Nucleinsäure, gibt in der Ultrazentrifuge einen einzigen scharfen Gradienten u. besitzt ein $[\alpha]_D^{20}$ von —19° (c = 0,5; W.). Guntram Seltmann 4315

1475 **Lipopeptide der Mycobakterien und Nocardia.** Georges Michel. (Protides biol. Fluids, Proc. thirteenth Colloquium, Bruges, **1965**, 297—300, 1966; Lyon, Fac. des Sci., Labor. de Chim. Biol.; franz.) — Die Unters. der Lipopeptide von Mycobakterien u. Nocardia spricht für die Existenz für eine Spezies oder Speziesgruppe spezif. *Peptidolipid*(Fortuitin, Peptidolipin NA)- u. *Peptidoglykolipid*-Komponenten (Wachs D, C-Mycoside). Diese Lipide sind Endprod. des Stoffwechsels oder Zwischenprod. der Biosynth. komplexer aufgebauter Molekülstrukturen. K. Maier 4315

1476 **Entfernung von Begleitstoffen der Sphingolipide aus Präparaten des Hefe-Phosphatidylinositids.** William E. Trevelyan. (J. Lipid Res. **8** (1967) 3, 281—82; Great Burgh, Epsom, Surrey (England), Distillers Company (Yeast) Ltd.; engl.) — Wie früher (J. Lipid Res. **7** (1966) 445) wird das *Natriumsalz von Phosphatidylinosit* (**I**) aus Bäckerhefe in etwa 90%ig. Reinheit isoliert, wobei noch 0,20% stickstoffhaltige Begleitstoffe auch nach vollzogener Autolyse (Harrison et al., Nature [London] **200** (1963) 1189) zugegen sind. Es werden Vers. zur Abtrennung dieses begleitenden, komplexen, Mannose u. Inosit enthaltenden Sphingolipides durchgeführt. Angaben über die Extraktion der autolysierten Hefe, die Abtrennung des begleitenden Sphingolipides in einer Kieselsäuresäule u. dessen Charakterisierung; durch Wiederholung der Säulenchromatographie an Al_2O_3 wird das reine **I**-Präp. gewonnen (< 0,03% N); daneben wird die Ggw. von Diphosphatidylglycerin mit dem theoret. P-Geh. von 4,29% erwiesen. K. Täufel 4315

1477 **Wiedervereinigung von gereinigtem Lipopolysaccharid und Phospholipid aus Bakterienzellwänden: Elektronenmikroskopie und Untersuchungen monomolekularer Schichten.** L. Rothfield und R. W. Horne. (J. Bacteriol. **93** (1967) 5, 1705—21; Yeshiva Univ. New York, N.Y.; engl.) — Nach Mischen von *Phosphatidyläthanolamin* (**I**) u. *Lipopolysaccharid* (**II**) aus den Zellwänden von *Escherichia coli* u. *Salmonella typhimurium* unter Erwärmen u. langsamem Wiederabkühlen erstreckten sich **II**-Sphäroide in die lamellaren **I**-Strukturen. **II** durchdringt monomol. **I**-Schichten auf einer Luft—Wasser-Grenzfläche. G. Zankl 4315

1478 **Darstellung von Aflatoxinen und Bestimmung ihrer UV- und Fluoreszenz-Eigenschaften.** J. A. Robertson, W. A. Pons jun. und L. A. Goldblatt. (J. agric. Food Chem. **15** (1967) 5, 791—801; Southern Regional Res. Labor., New Orleans, La.; engl.) — Durch Extraktion mit $CHCl_3$ wurden aus Kulturen von *Aspergillus flavus* Gemische der Aflatoxine erhalten, mit PAe. gefällt u. mittels Silicagelsäule gereinigt. Mittels Säulenchromatographie wurden B_1 zu G_1 isoliert u. aus $CHCl_3$-PAe. u. $CHCl_3$-Methanol umkristallisiert. B_2 u. G_2 wurden aus B_1 bzw. G_1 durch Hydrierung erhalten. In Methanol u. Acetonitril wurden die UV-Spektren aufgenommen, ferner wurde die Fluoreszenzausb. in Methanol, in 95%ig. A. u. in $CHCl_3$ bestimmt. M. Wiedemann 4315

1479 **Lokalisierung von Enzymen und Endotoxin in L-Formen von Proteusbakterien und in den Elternbakterien.** C. Weibull. (Folia microbiol. [Praha] **12** (1967) 3, 214—19; Roy. Inst. of Pharm., Stockholm; engl.) — Vf. untersucht die Verteilung von *NADH-Oxydase* (**I**), *Succinatdehydrogenase* (**II**), *Glucose-6-phosphatdehydrogenase* (**III**), *Isocitratdehydrogenase* (**IV**), *Fumarase* (**V**), saurer *Phosphatase* (**VI**), *Catalase* (**VII**) in normalen *Proteus mirabilis* u. den Stämmen L VI, L 9 u. L D 52 in Abhängigkeit von Meth. der Zertrümmerung der Zellwände. — Aus den Vers. folgt, daß das Ergebnis von Fraktionierungsvers. mit zerstörten Bakterienzellen stark von den Meth. für die Zerstörung der Zellwände abhängt. **I** u. **II** sind in den Membranen beider Bakterientypen lokalisiert, während **III**, **IV**, **V**, **VI** u. **VII** überwiegend im lösl. Protoplasma lokalisiert sind. — Diskussion. H. Köditz 4315△

1480 **Einfluß der Adsorbenten auf die Entwicklung und Aktivität der Mikroorganismen.** D. G. Zvjagincev. (Nauč. Doklady vysšej Školy, biol. nauki **10** (1967) 3, 97—110; Moskva, Univ. im. Lomonosova; russ.) — Übersicht. — 73 Literaturangaben. M. Gordienko 4320

1481 **Kupfersulfidausfällung aus saueren Grubenwässern durch Hefen.** H. L. Ehrlich und Sally I. Fox. (Appl. Microbiol. **15** (1967) 1, 135—39; Rensselaer Inst., Troy, N.Y.; engl.) — Zwei in saueren Grubenwässern vorkommende *Rhodotorula*-Stämme u. ein Stamm *Trichosporon* fällten Cu-Salze aus ihren Lsg. mit aus elementarem S u. Glucose gebildetem H_2S. Fe^{3+} stimulierte die aerobe Fällung im Falle von *Rhodotorula* Stamm L bei Cu-Konz. von 18 aber nicht bei Konz. von 180 μg/ml, während anaerob für die Fällung von 180 μg/ml die Anwesenheit von Fe^{3+} notwendig war. Dieser Stamm fällte anaerob fünfmal soviel Cu wie aerob. Nach der Fällung aus Cu-Konz. von 18 μg/ml zugefügtes Fe^{3+} löste den Nd. jedoch wieder auf. G. Zankl 4320

1482 **Umwandlung linearer Alkohole verschiedener Kettenlängen durch eine Pseudomonas-Spezies.** Joy P. Williams, W. R. Mayberry und W. J. Payne. (Appl. Microbiol. **14,** 156–60, 1966; Athens, Ga., Univ. of Georgia, Dep. of Bacteriol.; engl.) — *Pseudomonas* C12B wuchs auf *linearen prim. Alkoholen* (**I**) mit gerad- u. ungeradzahliger C-Kette von C_2-C_{11} u. ox. **I.** Zellfreie Extrakte enthielten eine NAD-gekoppelte *Dehydrogenase*, die diese **I** sowie prim. u. lineare sek. Alkohole angriff. Die gaschromatograph. Analyse von Hexanextrakten der Kulturfiltrate, die geradzahlige **I** von $C_{10}-C_{18}$ enthielten, ergaben schnelle Verwertung von Decanol. Die übrigen wurden 19 Std. lang langsam, dann in wenigen Std. abgebaut. K. Maier 4320

1483 **Verwertung von Glycerin durch Acetobacter acetigenum unter verschiedenen Kulturbedingungen.** K. Ramamurti und C. P. Jackson. (Canad. J. Microbiol. **12,** 795–98, 1966; Manchester, Univ., Coll. of Sci. and Technol.; engl.) — *A. acetigenum* wurde in Lactat(**I**)-gepufferter *Glycerin*(**II**)-Nährlsg. unter verschiedenen Bedingungen gezüchtet, *Cellulose* (**III**), das gebildete Hauptprod. abgetrennt u. Rest-**II** bestimmt. In Schüttelkulturen wurde **II** besser als in stationären verwertet, wo die **III**-Ausb. erheblich vermindert war. K. Maier 4320

1484 **Bildung organischer Säuren durch Basidiomyceten. 3. Mitt. Kulturbedingungen für die Produktion von l-Äpfelsäure.** Yuji Sasaki und Shoichi Takao. (Appl. Microbiol. **15** (1967) 2, 373–77; Sapporo, Japan, Hokkaido Univ., Fac. of Agricult., Labor. of Appl. Microbiol.; engl.) — *Schizophyllum commune* u. *Merulius tremellosus* bilden *l-Äpfelsäure* (**I**) als Hauptprod. in $CaCO_3$-enthaltendem Medium in Schüttelkultur. Die günstigsten N-Quellen sind 0,3% $(NH_4)_2SO_4$ u. 0,18% NH_4Cl. An anorgan. Salzen sind 0,1% KH_2PO_4, 0,05% $MgSO_4 \cdot 7H_2O$ u. 0,05% KCl erforderlich, die günstigsten Glucose(**II**)-Konz. sind 5–10%. Durch einige nichtion. oberflächenaktive Substanzen wurden das Myzelwachstum u. die Säureprod. gefördert. So wurden mit Tween 80 in einer Konz. von 0,3% bei *S. commune* nach 10–14 Tagen Inkubation bei 27° Ausb. von über 50% **I**, bezogen auf die verfügbare **II** erreicht. *M. tremellosus* wurde am stärksten durch 0,5% Carbowax 4000 (Polyäthylenglykol) stimuliert u. ergab Ausb. von über 40% **I.** G. Kampf 4320

1485 **Mikrobielle Bildung von Zimtsäure aus Phenylalanin.** Koichi Ogata, Kazuko Uchiyama und Hideaki Yamada. (Agric. biol. Chem. [Tokyo] **30,** 311–12, 1966; Dep. of Agric. Chem., Kyoto Univ., Kyoto; engl.) — Rhodotorula Spezies werden in einem Medium bestehend aus KH_2PO_4, K_2HPO_4, $MgSO_4$, Hefeextrakt u. als einziger Kohlenstoff- u. Stickstoffquelle L-Phenylalanin (20 g/l) bei pH 6,0 als Schüttelkultur kultiviert u. auf die Bldg. von *trans-Zimtsäure* (**I**) untersucht. Es werden im Kulturfiltrat von *Rhodotorula glutinis 559* beträchtliche **I**-Mengen (1900 μg/ml) nachgewiesen. **I** wird in krist. Form dargestellt, durch F. 131,5 bis 132° u. durch Aufnahme des UV u. IR-Absorptionsspektrums identifiziert. A. Täufel 4320

1486 **Durch Glucosegärung bei Escherichia coli gebildete Aldehyde und Ketone.** Donald W. Thayer und James E. Ogg. (J. Bacteriol. **94** (1967) 2, 488–89; Fort Collins, Colo., State Univ., Dep. of Microbiol.; engl.) — Zwei Stämme von *E. coli* (Pb u. 82/r) wurden in einem 0,3 m Glucose u. 5 μg Adeninsulfat/ml enthaltenden Nährsalzmedium 24 Std. kultiviert. Papierchromatograph. konnten neun verschiedene, neutrale Carbonyle nachgewiesen werden; neben Methanol, A., Propanol, Butanol wurden von den beiden Stämmen größere Mengen an 2-Butanon u. bes. 3-Pentanon gebildet; weniger dagegen an 2-Propanon, 3-Hydroxy-2-butanon u. kein Glycerinaldehyd. L. Macher 4320

1487 **Struktur des Kapselpolysaccharids von Klebsiella pneumoniae Typ 2 (B).** Seung Hahm Park, Jorunn Eriksen und Sverre Dick Henriksen. (Acta pathol. microbiol. scand. **69** (1967) 3, 431–36; Oslo, Norway, Oslo Univ., Kaptein W. Wilhelmsen og Frues Bakteriol. Inst.; engl.) — Durch Extraktion von *K. pneumoniae* Typ 2 (B) Stamm Amsterdam mit W. u. Reinigung mit Cetylpyridiniumchlorid wurde das (saure) *Kapselpolysaccharid* (**I**) gewonnen. **I** gab nach Hydrolyse mit 1 n H_2SO_4 (3 Std. 100°) *Glucose* (Glc), *Mannose* (Man), eine *Uronsäure* (**II**), eine *Aldobiuronsäure* (**IV**) u. eine weitere Komponente (**III**) mit einem R_f zwischen **II** u. Glucose. Nach Trennung des Hydrolysegemisches an Cellulosepulver (Whatman) konnte **II** als *Glucuronsäure* u. **IV** als *Glucuronidoglucose* identifiziert werden. Die Perjodatox. macht eine 1 → 6-Bindung im **IV** wahrscheinlich. Die meiste Glc scheint 1 → 3-gebunden zu sein, daneben liegt ein Teil in 4- u. 6-Bindung (Verzweigungsstelle) vor. **III** enthält Man u. Glucose. Guntram Seltmann 4320

1488 **Mikrobielle Polysaccharide. Eine Rückschau.** K. L. Smiley. (Food Technol. **20,** 1206–10, 1966; Fermentation Labor., Northern Utilization Res., and Dev. Div., Agric. Res. Service, U.S.D.A., Peoria, Ill.; engl.) — Übersicht über Eig. u. Verwendung von Polysacchariden aus Mikroorganismen. — 29 Literaturangaben. Reinhold Böhm 4320

1489 **Fettsäuren in der Gattung Bacillus.** 1. Mitt. **Iso- und Anteiso-Fettsäuren als charakteristische Lipidbestandteile in 10 Spezies.** Toshi Kaneda. (J. Bacteriol. **93** (1967) 3, 894–903; Edmonton, Res. Council of Alberta, Canada; engl.) — Die *Fettsäuren* (**I**) mehrerer Stämme von *Bacillus alvei, brevis, cereus, circulans, licheniformis, macerans, megaterium, polymyxa, pumilus* u. *subtilis* wurden mittels Gaschromatographie analysiert. Außer *B. cereus* bilden alle Stämme insgesamt 8 **I**, davon 6 verzweigte *Anteiso-C_{15}*, *Anteiso-C_{17}*, *Iso-C_{14}*, *Iso-C_{15}*, *Iso-C_{16}* u. *Iso-C_{17}*) u. 2 unverzweigte (*n-C_{14}* u. *n-C_{16}*). Ungesätt. **I** wurde nicht entdeckt, der Anteil der 6 verzweigten **I** lag über 60% des Gesamt-**I**-Gehaltes. *B. cereus* bildete neben diesen zusätzlich 3 verzweigte (*Anteiso-C_{13}* *Iso-C_{12}* u. *Iso-C_{13}*) u. *1-monoenolische* (*n-C_{16}*) **I.** Die Quantität der gebildeten **I** ist von der Art des Kulturmediums [Glucose-Hefeextrakt, Pennassay Broth (Difco) oder Nutrient Agar (Difco)] abhängig. G. Siefert 4320

1490 **Glycinstoffwechsel durch Pansenmikroorganismen.** D. E. Wright und R. E. Hungate. (Appl. Microbiol. **15** (1967) 1, 152–57; Univ. of Calif., Davis, Calif., Dep. of Bact.; engl.) — Mikroorganismen aus Rinderpansen setzten *Glycin*(**I**)-Mengen von 0,014–0,241 μMol/ml Panseninhalt in der Min. um, wobei hauptsächlich *CO_2*, *Essigsäure* (**II**) u. *NH_3* gebildet wurde, während nur wenig **I** in Bakterienprotein eingebaut wurde. Verw. von carboxyl- u. methylenmarkiertem **I** deutete auf die Herkunft des CO_2 von der **I**-Carboxylgruppe, während beide **II**-C-Atome sowohl aus der Methylen- als auch aus der Carboxylgruppe von **I** stammten. Der **I**-Einbau in Bakterienproteine ohne vorherige Desaminierung wurde durch Inkubation mit ^{15}N, ^{14}C-**I** nachgewiesen. G. Zankl 4320

1491 **Arginin-Biosynthese durch Streptococcus bovis.** R. A. Niederman und M. J. Wolin. (J. Bacteriol. **94** (1967) 4, 1002–06; Dep. of Dairy Sci. and Microbiol., Univ. of Ill., Urbana, Ill.; engl.) — Die Bakterien wuchsen anaerob mit $^{14}CO_2$, zum Vgl. auch mit Asparaginat, Glutamat u. Lysin. Das Protein wurde hydrolysiert u. ^{14}C-Arginin mittels Säulenchromatographie isoliert. Dann wurde es mit Arginindecarboxylase u. mit Arginase-Urease behandelt. 50% der Markierung fanden sich im Carboxyl-C, 50% im Guanido-C. Die Resultate sprechen für eine Synth. über Glutamat (aus dem Tricarbonsäure-Zyklus) → Ornithin → Citrullin. M. Wiedemann 4320

1492 **Wirkungen von Valin auf Proteinsynthese und -umsatz bei Pseudomonas saccharophila unter „unfreiwilligen“ Bedingungen.** H. L. Young und H. P. Klein. (J. Bacteriol. **93** (1967) 3, 830–34; Ames Res. Center,

Nat. Aeronautics and Space Admin., Moffett Field, Calif.; engl.) — Wird *Pseudomonas saccharophila* in einem Nährmedium an Stelle von Lactat Rohrzucker als C-Quelle geboten, hemmen *L-Val* (**I**) u. *L-Ile* die reine *Protein*(**II**)-Synthese. Bei von 0,5 μMol **I** oder mehr pro mg Bakterienprotein sinkt die **II**-Synth. um annähernd 70%, wobei der Hemmeffekt der **I**-Außenkonz. proportional ist. Unters. über Einbau u. Abscheidung der ^{14}C-Aminosäure durch vorbehandelte Zellen zeigten, daß **I** den **II**-Umsatz steigert. M. Ebert 4320

1493 **Proteinsynthese bei Bacillus stearothermophilus.** B. Bubela und E. S. Holdsworth. (Biochim. biophysica Acta [Amsterdam] **123**, 376, 1966; Adelaide, Univ., Biochem. Dep.; engl.) — Bei Einbau von ^{14}C-*Aminosäuren* (**I**) durch *B stearothermophilus* (**S**)-Protoplasten erschien die höchste spezif. *Protein*(**II**)-Aktivität in den Zytoplasmamembranen. Der 20000 · *g*-Überstand eines Präp. lysierter Zellen enthielt Enzyme, die **I** aktivierten u. auf tRNS übertrugen. Das Syst. verlor beim Erhitzen auf 60°, 10 Min., 50% der Aktivität. Der isolierte **I**-tRNS-Komplex war ebenfalls hitzeempfindlich. Der 20000 · *g*-Überstand baute **I**, auch bei Zusatz künstlicher mRNS (Poly-U), nur beschränkt in **II** ein. Der aktivste Ort des Einbaus in zerkleinerten Protoplasten waren die zytoplasmat. Membranen. Bei diesen ist die Optimaltemp. des Einbaus 65°. Sie verloren beim Erhitzen auf 65°, 20 Min., nur 20% ihrer Aktivität für den **I** → **II**-Einbau. Für die Fähigkeit von **S** zum Wachstum bei 60° könnten folgende Faktoren bestimmend sein: Höhere Aktivierungsenergie der Enzyme von Thermophilen als bei Mesophilen; schnellerer P Umsatz von **II** u. Nucleinsäure bei **S** als bei *E. coli*, so daß Hitzeschäden leichter reparabel sind; Beitrag zur Hitzestabilität durch Strukturen vom Membrantyp. K. Maier 4320

1494 **Steroid-Derivate.** 46. Mitt. **Mikrobielle 7β.11α-Dihydroxylierung der Steroide.** V. Schwarz, J. Martínková, J. Protiva und K. Syhora. (Collect. czechoslov. chem. Commun. **31**, 4703—09, 1966; Forschungsinst. f. Naturarzneimittel, Prag; dt.) — 45. Mitt. noch nicht veröffentlicht. — Die mikrobielle Umwandlung von 16α.17α-Epoxy-16β-methyl-Δ^4-pregnen-3.20-dion (**I**) durch *Beauveria bassiana* liefert hauptsächlich *16α.17α-Epoxy-7β.11α-dihydroxy-16β-methyl-Δ^4-pregnen-3.20-dion* (**II**). Der Strukturbeweis an Hand der charakterist. Rk. der 7β-Hydroxylgruppe wird beschrieben.

Versuche: Mikrobielle Hydroxylierung von **I** auf Nähragar (1% Glucose, 1,8% Maisextrakt, 0,2% KH_2PO_4, 0,2% krist. $MgSO_4$ pH 5,5) liefert **II**, $C_{22}H_{30}O_5$, F. 264—266° (Äthylacetat), $[\alpha]_D^{19}$ +54,4° ± 3° (Py., c = 2,1); 42% (Ausb.). *Diacetat* (**III**), $C_{26}H_{34}O_7$, F. 191 bis 192° (Nadeln aus CH_3OH), $[\alpha]_D^{19}$ +74° ± 2° ($CHCl_3$, c = 1,1); 76%. — *16α.17α-Epoxy-11α-hydroxy-16β-methyl-$\Delta^{4,6}$-pregnadien-3.20-dion* (**IV**), $C_{22}H_{28}O_4$, F. 224—225° (Nadeln aus Äthylacetat), $[\alpha]_D^{19}$ +49° ± 3° ($CHCl_3$, c = 0,4), a) aus **III** + K_2CO_3/CH_3OH (Raumtemp.); 79%; b) F. 220—224° (Äthylacetat), aus **II** oder **III** + KOH/CH_3OH. *Acetat* (**V**), $C_{24}H_{30}O_5$, F. 105—107° (Tafeln aus CH_3OH), $[\alpha]_D^{19}$ +21° ± 3° ($CHCl_3$, c = 1,3); 81%; aus **IV** + Acetanhydrid/Pyridin. Hydrierung von **IV** in vorhydrierter Suspension von 5% Pd auf $CaCO_3$ in 0,005 m KOH in CH_3OH ergibt *16α.17α-Epoxy-11α-hydroxy-16β-methyl-Δ^4-pregnen-3.20-dion* (**VI**), F. 206 bis 208° ($CHCl_3$), $[\alpha]_D^{21}$ +103° ± 4° (Py., c = 0,9). *Acetat* (**VII**), $C_{24}H_{32}O_5$, F. 156—157° (Prismen aus CH_3OH), $[\alpha]_D^{21}$ +79,6 ± 3° ($CHCl_3$, c = 2,1), 91%; aus **VI** + Acetanhydrid/Pyridin. — **II** wird mit CrO_3/Essigsäure bei Raumtemp. oxydiert zu *16α.17α-Epoxy-7β-hydroxy-16β-methyl-Δ^4-pregnen-3.11.20-trion*, $C_{22}H_{28}O_5$, F. 265 bis 267° (Äthylacetat), $[\alpha]_D^{21}$ +159° ± 7° ($CHCl_3$, c = 0,3). — Aus *6β-Acetoxy-16α.17α-epoxy-16β-methyl-Δ^4-pregnen-3.20-dion* + Zn/Essigsäure erhält man **I**. In analoger Rk. gewinnt man **I** aus **III**. A. Méthou 4320

1495 **Steroidtransformationen durch Cephalosporiumarten und andere Pilze.** Joseph L. Sardinas und Michael A. Pisano. (Appl. Microbiol. **15** (1967) 2, 277—84; Jamaica, N.Y., St. John's Univ., Dep. of Biol.; engl.) — Insgesamt 58 Kulturen wurden auf ihre Fähigkeit, Progesteron (Δ^4-Pregnen-3.20-dion, **I**) u. Reichsteins Substanz S (Δ^4-Pregnen-17α.21-diol-3.20-dion, **II**) umzuwandeln, untersucht. Das Steroid wurde der Kultur in einer Endkonz. von 0,025% zugesetzt. *Cephalosporium ciferrii* 21 C wandelt **I** in *Δ^4-Androsten-3.17-dion* um, *Geotrichum* sp. 51 C transformiert Kendalls Substanz F (Δ^4-Pregnen-11β.17α, 21-triol-3.20-dion) in ihr 20β-ol-Analoges. *Cephalosporium* sp. 27 C bildet das Δ^1-Analogon von **II**, u. *C. sclerotigenum* 31 C u. *Verticillium aphidum* wandeln **II** in das 6β-Hydroxyderiv. um. *Paecilomyces persicinus* 22 C transformiert **II** in ein dihydroxyliertes Derivat. G. Kampf 4320

1496 **Thymidin-Abbau und Thymin-Aufnahme durch verschiedene Escherichia coli-Mutanten.** Agnete Munch-Petersen. (Biochim. biophysica Acta [Amsterdam] **142** (1967) 1, 228—37; Copenhagen, Univ., Inst. of Biol. Chem.; engl.) — Vers. zum Einbau von ^{14}C-Thymin (**I**) in *E.-coli*- (BM^-, BMT^-, K_{13}, B_3T^-, B usw.) Stämme zeigen, daß **I** mehr durch eine trans-N-Desoxyribolase-Rk. am Stoffwechsel der Zelle teilnimmt als via *Thimidinphosphorylase* (**II**). Der zelluläre Spiegel von **I** u. **II** wurde in Zellen u. Zellextrakten verschiedener Mutanten von *E. coli* unter verschiedenen Bedingungen geprüft. In den **I**-bedürftigen Mutanten war der Spiegel von **I** u. **II** höher als in verwandten Stämmen des Wildtyps. Daraus, daß **I** u. **II** durch osmot. Schock aus der Zelle freigesetzt werden, folgt, daß sie an oder in der Nähe der Zelloberfläche lokalisiert sind. L. Macher 4320

1497 **Wachstum von Lancefield-Gruppe D-Streptokokken in Gegenwart von Natriumfluorid.** R. A. D. Williams. (Arch. oral Biol. **12** (1967) 1, 109—17; London, London Hosp. Dent. Inst.; engl.) — Werden die Streptokokkenstämme *HT 25* u. *680* aus Zahnplaques des Menschen u. *Streptococcus zymogenes NCIB 8886*, *Streptococcus faecalis NCDO 580* sowie *Streptococcus faecalis NCTC 370* je 5 Tage in einem Medium mit 0,002, 0,01, 0,033 u. 0,1 m *NaF* kultiviert, so wachsen die derart „trainierten" Kulturen in hohen F^--Konz. besser als Kontrollkulturen der gleichen Stämme, jedoch weniger dicht' als Kontrollen ohne F^-. Die F^--Resistenz geht verloren, wenn die „trainierten" Stämme 2—3 Tage in F^--freien Medien kultiviert wurden. Bei der taxonom. Identifizierung der „trainierten" u. Kontrollstämme bestehen nur unbedeutende Unterschiede (der „trainierte" Stamm 8886 führt nicht zu Gerinnung u. Peptonisierung von Milch; die Saccharose-Fermentation durch Stamm 8886 u. 580 tritt nicht regelmäßig auf. U. Tausendfreund 4330

1498 **Mikrobenzerstörung in alkalischem und angesäuertem Wasser durch niedrige Konzentrationen an Hypochlorit und von jodhaltigen Germiciden.** Helen Hays, P. R. Elliker und W. E. Sandine. (Appl. Microbiol. **15** (1967) 3, 575—81; Corvallis, Oreg., Univ., Dep. of Microbiology; engl.) — Bei der Prüfung der mikrobiziden Wrkg. von *Hypochlorit* (**I**) u. von *jodhaltigem Germiziden* (**II**) bei der sanitären Spülung von Molkerei- u. lebensmitteltechn. Gegenständen sowie von Trinkgefäßen in Mengen von 3 bis 50 ppm, wurden als Testorganismen *Escherichia coli*, *Streptococcus lactis*, *Lactobacillus plantarum*, *Pediococcus cerevisiae* u. *Saccharomyces cerevisiae* verwendet. Mit Ausnahme von stark alkal. **I** verhielten sich **I** u. **II**, in äquivalenten Konz. angewandt, gleichartig in ihrer mikrobiziden Wirkung. Bei pH 5 neigte **I** zu einer stärkeren Wrkg. als **II**. **I** mit Überschuß an Alkali ist aktiver. **II** wirkt sich auf Hefezellen destruktiver aus als **I**. Eine Vorbehandlung mit 6 ppm **II**, der eine Nachbehandlung mit 12 bis 25 ppm **I** folgte, hatte eine hohe strukturzerstörende Wrkg. zur Folge. Die Möglichkeiten, Trinkgefäße auf diese Weise hygien. zu spülen, werden diskutiert. Da *Sacch. lactis* eine hohe Resistenz aufwies, sollen halogenhaltige Mittel gegen sie angewendet werden. L. Macher 4330

1499 **Wachstumshemmung einer Pseudomonas-Spezies durch Kohlendioxid.** A. Douglas King jun. und Charles W. Nagel. (J. Food Sci. **32** (1967) 5, 575—79; Pugallup, Wash., Fruit and Vegetable Prod. Labor.; engl.) — Bei O_2-Abnahme trat Wachstumseinschränkung von *Ps. aeruginosa* erst bei Ersatz von > 75% Luft durch N_2

ein. Die Generationszeit (GZ) nahm mit der Ionenstärke des Milieus zu. Im Bereich 6,0—7,4 war der Einfl. des pH auf die Wachstumsgeschw. unbedeutend. Es bestand eine lineare Beziehung zwischen GZ u. CO_2-Zus. der Gasphase.[1] Bei 70% CO_2 verdoppelte sich GZ annähernd, d. h. CO_2 hemmt den Stoffwechsel von *Pseudomonas*. K. Maier 4330

1500 **Wirkung der Monofluoressigsäure auf den Glucose-Stoffwechsel von Saccharomyces cerevisiae.** R. V. Brunt und G. G. Stewart. (Biochem. Pharmacol. **16** (1967) 8, 1539—1545; Bath Univ., School of Biol. Sciences, Biochem. Group; engl.) — Bei der Prüfung der Wrkg. der *Monofluoressigsäure* (**I**) auf den Glucose-Stoffwechsel von Hefesuspensionen hinsichtlich des Inhibitionsgrades der Respiration, der Äthanolerzeugung u. Polysaccharid-Synth. sowie auch der Glucose-Aufnahme bei Ggw. von **I**, übte pH 2,2 eine stärkere Hemmung aus als pH 6,8. Hierbei dürfte sich die prim. Wrkg. der **I** auf die Glucose-Aufnahme beziehen, so daß die Wrkg. auf die Respiration, Äthanolerzeugung u. Polysaccharid-Synth. nur eine Folge dessen bildet, wie der Mechanismus der Glucose-Aufnahme vor sich geht. Ein oxydativer Alternativ-Weg bei pH 6,8 fehlt entweder, oder aber wird bei pH 2,2 weitgehend gehemmt. L. Macher 4330

1501 **Sporizide Wirkung von Peressigsäure und β-Propiolacton bei Temperaturen unter 0°.** Lynwood A. Jones jun., Robert K. Hoffman und Charles R. Phillips. (Appl. Microbiol. **15** (1967) 2, 357—62; Frederick, Md., Fort Detrick, Dep. of the Army; engl.) — Eine Meth. zur Messung der sporiziden Wrkg. von *Peressigsäure* (**I**) u. *β-Propiolacton* (**II**) bei Temp. bis —40° wird beschrieben. Als Testorganismus wurden Sporen von *Bacillus subtilis* var. *niger* verwendet. Beide Substanzen waren bei niedrigen Temp. sporizid, **I** jedoch stärker als **II**. Unter —20° stiegen die Temp.-Koeff. der geprüften Substanzen stark an. G. Kampf 4330

1502 **Dechlorierung von 1.1.1-Trichlor-2.2-bis-[p-chlorphenyl]-äthan durch Aerobacter aerogenes.** 1. Mitt. **Stoffwechselprodukte.** Gary Wedemeyer. (Appl. Microbiol. **15** (1967) 3, 569—81; Columbia, Mo., Fish. Pesticide Res. Lab., U.S. Fish and Wildlife Service; engl.) — Je nach dem, ob Zellen oder zellfreie Extrakte von *A. aerogenes* den Abbau von 1.1.1-Trichlor-2.2-bis-[p-chlorphenyl]-äthan katalysieren, können bei von 6,0 mit 8,0 schwankenden pH-Werten des Inkubationsgemisches die folgenden 7 Abbauprodukte in vitro in nicht zu stark schwankenden Mengen auftreten: 1.1-Dichlor-2.2-bis-[p-chlorphenyl]-äthylen, 1.1-Dichlor-2.2-bis-[p-chlorphenyl]-äthan, 1-Chlor-2.2-bis-[p-chlorphenyl]-äthylen, 1-Chlor-2.2-bis-[p-chlorphenyl]-äthan, unsym-Bis-[p-chlorphenyl]-äthylen, 2.2-Bis-[p-chlorphenyl]-acetat, 4.4'-Dichlorbenzophenon. Diese Verb. konnten gaschromatogr. nachgewiesen werden. Die Anwendung den Stoffwechsel hemmender Substanzen, sowie pH u. Temp. weisen darauf, daß bei diesem Abbau ein mit Tyrosin-Stoffwechsel verbundenes Oxydase-Syst. eine Rolle spielt. Die Dechlorierung wurde durch lichtaktivierte Flavinmononucleotide begünstigt. L. Macher 4320

1503 **Antimikrobenwirkung einiger Dialkylaminophenyl- und Dialkylaminostyrylpyridine.** L. R. Kolomijcev, N. I. Gevnja, A. K. Sejnkman und A. N. Rozenberg. (Mikrobiol. Ž. **28**, Nr. 3, 67—72, 1966; Doneckij medyčnyj inst.; ukrain.) — Für die nachst. Verb. wird die Wrkg. auf grampositive, gramnegative u. säurefeste Bakterien sowie auf pathogene Pilze untersucht: *4-p-Dimethylaminophenylpyridin*, *4-* bzw. *2-Dimethylaminostyrylpyridin* (**I** bzw. **II**), *3-*, *2-* bzw. *4-Methyl-6-dimethylaminostyrylpyridin*, *2-p-Dimethylaminostyrylchinolin*, *4-p-Dimethylamino-β-methylstyrylpyridin*, *4-Styrylpyridin*, *2-p-Nitrostryrylpyridin*, *1-Benzoyl-2-dimethylaminophenyl-1.2-dihydrochinolin*, *1-Isopropyl-6-[pridyl-(4')-1.2.3.4-tetrahydrochinolindihydrochlorid*, *1-Isopropyl-5-[pyridyl-(4')-2.3-dihydroindolhydrochlorid*, *4-Dimethylaminophenylpyridinchlorbenzylat* bzw. *-brombenzylat*, *4-p-Äthylbenzylaminophenylpridinbrombenzylat*, *1-Isopropyl-6-[pyridyl-(4')-1.2.3.4-tetrahydrochinolinbrombenzylat*, *4-p-Diäthylaminophenylpyridinchlornonylat*, *1-(2'.4'-Dinitrophenyl)-*, *1-β-Oxäthyl-*, *1-Methyl-*, *1-Carboxymethyl-4-p-dimethylaminostyrylpyridinium* (*-chlorid*, *-chlorid*, *-jodid*), *1-Methyl-4-p-Dimethylaminostyrylpyridiniumdimethojodid*. Die höchste Aktivität zeigen **I** u. **II**. Alle Verb. mit einem Dialkylaminophenylrest besitzen eine Antimikrobenaktivität, die von der Stellung dieses Restes abhängig ist. Steht er direkt am Pyridinkern, so ist die Aktivität des Präp. nur gering. Sind Pyridinkern u. Dialkylaminophenylrest durch eine Vinylgruppe voneinander getrennt, so steigt die Aktivität sehr stark an. Bes. wirksam sind die Präp. gegenüber *Bacillus tuberculosis avium*. O. Lebtag 4330△

1504 **Wirkung verschiedener Agarpräprate des Handels auf die Hemmwirkung von Phenolen.** J. G. Sands und E. O. Bennett. (Appl. Microbiol. **14**, 196—202, 1966; Houston, Tex., Univ., Dep. of Biol.; engl.) — Der Vgl. der unteren Hemmkonz. 11 phenolischer antimikrobieller Hemmstoffe in 5 Proben von Handelsagar u. in Nährbouillon zeigte, daß das jeweils verwendete Agarprop. den Endpunkt eines Hemmstoffs beeinflußte. Der Grad des Antagonismus schwankte je nach Phenolverbindung. Agar enthält mindestens 2 schädliche Faktoren, darunter eine in W. lösl., der mit warmem W. auswaschbar ist. K. Maier 4330

1505 **Antibiotika. Beziehung zwischen ihrer Wirkung und ihrer Struktur.** Károly Magyar. (Kem. internac. [Montevideo] **2**, 209—14; 1966; Budapest; esperanto) — Übersetzung der ungar. Fassung (Magyar Kémikusok Lapja [Ung. Bl. Chemiker] **1** (1966) 13) in Esperanto. R. K. Müller 4340

1506 **Aufspaltung von Rattenleber-RNS nach Actinomycin-D-Behandlung.** Herbert S. Schwartz und M. Garofalo. (Molecular Pharmacol. **3** (1967) 1, 1—8; New York, N.Y., Sloan Kettering Inst. for Cancer Res., Div. of Exp. Chemotherapy; engl.) — *Actinomycin D* (**I**) (2 mg/kg) wurde Sprague-Dawley-Ratten nach Gabe der RNS-Ausgangsverb. *^{14}C-Orotsäure* (**II**) (8 $\mu c/\mu$Mol) gegeben u. anschließend die Kern- u. Zytoplasma-RNS von Leberfraktionen durch Saccharose-Dichtegradienten-Zentrifugation dargestellt. Nach **I**-Behandlung ist die neu-synth. RNS (Markierung mit **II** 40 oder weniger Min. vor **I**-Gabe) deutlich erniedrigt; markierte RNS läßt sich unter diesen Bedingungen im Zytoplasma nicht nachweisen. Diese Ergebnisse werden an adrenalektomierten Tieren bestätigt. Die „ältere" RNS (d. h. **II**-Markierung 3 Std. vor **I**-Gabe) wird nicht aufgespalten, ebensowenig findet sich eine Zerstörung der unmarkierten Ribosomen u. Polysomen. Vf. nehmen daher an, daß der Transfer von markierter RNS vom Kern zum Zytoplasma wahrscheinlich durch **I** bedingte Zerstörung der Vorstufen der ribosomalen RNS möglicherweise im Bereich des Nucleolus blockiert wird. Andererseits ist die Möglichkeit gegeben, daß die neu-synthetisierte RNS nach Austritt aus dem Kern, bevor sie jedoch die stabilere ribosomale Konfig. angenommen hat, im Zytoplasma aufgespalten wird. Die **I**-Wrkg. in der Leber ist somit nicht allein auf die Zytotoxizität nach Hemmung der Nucleinsäuresynth. beschränkt, sondern führt auch zur Aufspaltung der neusynthetisierten RNS u. den damit verbundenen Änderungen in der Ribosomen-Bildung. Diese hier beschriebene **I**-Wrkg. scheint nach neueren Unters. der Vf. für **I** empfindliche Tumore von Bedeutung zu sein. B. Puschendorf 4340

1507 **Isolierung des Bromanalogen von Caldariomycin aus Caldariomyces fumago.** E. L. Patterson, W. W. Andres und L. A. Mitscher. (Appl. Microbiol. **15** (1967) 3, 528—30; American Cyanamid Co., Pearl River, N.Y.; engl.) — Nach Ersatz von Cl^- durch Br^- im Nährmedium von *Caldariomyces fumago* wird durch Essigester-Extraktion u. Chromatographie an Al_2O_3 eine Substanz isoliert u. durch Elementaranalyse, Massen-, NMR- u. IR-Spektrum als Bromanaloges des normalen Stoffwechselprod. *Caldariomycin* identifiziert. G. Zankl 4340

1508 **Vergleich der invitro-Wirkung von Cephaloridin und Cephalothin.** Robert L. Perkins, Samuel Saslaw und Joseph Mackett. (Amer. J. med. Sci. **253** (1967) 3, 293—99; O. State Univ., Coll. of Med., Columbus, O.; engl.) — *Cephalothin* (**I**) u. *Cephaloridin* (**II**) waren in vitro gegen grampositive Kokken u. gegen einzelne gramnegative Bazillen akt., die Wrkg. von **II** war jedoch bes. im Hinblick auf den bakteriziden Effekt stärker. Nach i.m. Gaben gleicher Mengen ergab **II** im Menschen bedeutend höhere u. längeranhaltende Serumspiegel als **I**. Die antibakterielle Aktivität von Serum- u. Urinproben der Vers.-Personen deutet ebenfalls auf **II** als erheblich stärkeres antibakterielles Agens. G. Zankl 4340

1509 **Actinomyceten. 2. Mitt. Reinigung und pharmakologische Eigenschaften von Champamycin-B aus Streptomyces champavatii.** Uma K. Rao und P. L. Narasimha Rao. (Indian J. exp. Biol. **5** (1967) 1, 39—43; Indian Inst. of Science, Bangalore; engl.) — 1. vgl. Golden Jubilee Res. Vol., Indian Inst. of Sci., Bangalore. — Ninhydrinpositives Material u. *Vitamin* B_{12} (**I**) wurden aus den *Champamycin-B* (**II**; vgl. Nature **182** (1958) 115) enthaltenden feuchten Butanol-Extrakten aus *Streptomyces champavatii* durch Verd. mit Ae. u. wiederholtes Ausschütteln mit kleinen Mengen einige Tropfen konz. HCl enthaltendem W. entfernt. Das **I**-freie Präp. (Zers. 150°) ist lösl. in CH_3OH, Pyridin, Äthylenglykolmonomethyläther u. 0,1 $NaHCO_3$, schwach lösl. in Eisessig u. abs. A. u. unlösl. in W., Ae., PAe., Chlf., Aceton, Bzl. u. Essigester. UV-Spektren sind angegeben. **II** verliert in Lsg. bei pH 7 oberhalb 75° seine Aktivität u. ist von pH 2—11 unter Luftabschluß bei 0° 1 Std. haltbar; als Trockenpulver bleibt die Aktivität 20 Tage bei 0° unter N_2 unverändert. Die DL_{50} beträgt bei Mäusen akut s.c. > 500 mg/kg, akut i.p. > 400 mg/kg, akut i.v. $354 \pm 4{,}5$ mg/kg, akut oral > 600 mg/kg; DL_{100} akut i.v. > 400 mg/kg, chron. i.p. wurden 100 mg/kg pro Tag gut toleriert. Dosen bis 25 mg/kg waren in Hunden ohne Einfl. auf Blutdruck, Atmung u. auf die Wrkg. von Adrenalin u. Acetylcholin (3 μg/kg). Dosen von $> 3{,}3$ μg/ml riefen am isolierten Meerschweinchen- oder Rattendarm leichte Kontraktionen hervor, gleiche Konz. zeigten antagonist. Wrkg. zu Histamin u. Acetylcholin. 80 mg/kg verhinderten bei Mäusen subletale Infektionen mit *Candida albicans* u. reduzierten letale Infektionen auf subletale Ausmaße. G. Zankl 4340

1510 **Messung der Chloramphenicolbindung an intakte Zellen.** Charles Hurwitz und Catherine B. Braun. (J. Bacteriol. **93** (1967) 5, 1671—76; Albany Medical College, Albany, N.Y.; engl.) — Die Bindung von *Chloramphenicol* (**I**) an intrazelluläre Bestandteile intakter Zellen von *Escherichia coli* ML 35 wurde mit einer Silicon-Wasch-Technik (ibid. **90** (1965) 1692) unter Verw. von ^{14}C-**I** bestimmt. Die Zahl der stereospezif. gebundenen **I**-Mol. nahm mit der äußeren Konz. bis zu einem Sättigungswert zu, der der Ribosomenzahl pro Zelle entsprach. **I** dürfte durch eine schwache Bindung an einen einzigen Bezirk der 50S-Ribosomen gebunden sein. Die Bindung ist temperaturabhängig u. scheint für die Hemmung der Proteinsynth. verantwortlich zu sein. G. Zankl 4340

1511 **Einfluß von Chloramphenicolanaloga auf die Proteinbiosynthese in zellfreien Systemen von Escherichia coli B.** G. N. Telesnina, M. A. Nováková, G. L. Zhdanov, M. N. Kolosov und M. M. Shemyakin. (Experientia [Basel] **23** (1967) 6, 427—28; Inst. für Chem. of Natural Prod., USSR Acad. of Sci., Moscow; engl.) — In Fortsetzung früherer Arbeiten (vgl. Pure appl. Chem. **6** (1963) 305) über die Struktur-Aktivitätsbeziehungen von Chloramphenicol (**I**) u. **I**-Analoga untersuchen Vf. den Einfl. von **I** u. **I**-Analoga, die unterschiedliche mikrobizide Aktivitäten besitzen, auf den Einbau von Aminosäuren in Protein in einem zellfreien Syst. von *E. coli* B, wodurch ein besserer Einblick in die Struktur-Aktivitätsbeziehung ermöglicht wird. — Die untersuchten **I**-Analoga *1-[p-Nitrophenyl]-2-dibromacetylaminopropandiol-(1.3)*, *1-[p-Nitrophenyl]-2-chloracetylaminopropandiol-(1.3)*-, *1-[p-Nitrophenyl]-2-trichloracetylaminopropandiol-(1.3)*, *1-[p-Nitrophenyl]-2-[4-dichlorcrotonyl-(2)]-acetylaminopropandiol-(1.3)*, *1-[p-Nitrophenyl]-2-acetylaminopropandiol-(1.3)*, *1-[p-Methylsulfonyl]*-, *1-[p-Sulfonyl)*- u. *1-(p-Acetamino)-2-dichloracetylaminopropandiol-(1.3)* hemmen alle eindeutig den Einbau von Aminosäuren in Protein des zellfreien Systems. Modifikation verschiedener Teile des **I**-Mol. beeinflußt jedoch unterschiedlich die mikrobizide Aktivität u. die Inhibierung der Proteinbiosynthese in Ribosomen. Aus den Vers.-Ergebnissen folgt, daß der Acylrest von **I** eine wesentlichere Rolle für die Durchdringung der Zellwand spielt als bei der Wechselwrkg. mit dem proteinsynthetisierenden Syst., das durch Substitution im aromat. Teil des **I**-Mol. stärker beeinflußt wird. H. Köditz 4340△

1512 **Einfluß von Kobalt auf die fermentative Methylierung.** C. A. Claridge, V. Z. Rossomano, N. S. Buono, A. Gourevitch und J. Lein. (Appl. Microbiol. **14**, 280—83, 1966; Syracuse, N.Y., Bristol-Myers, Bristol Labors.; engl.) — *Streptomyces rishiriensis* bildet mindestens 5 eng verwandte Antibiotika. Selektion führt zu einer Kultur, die nur die wirksamste Verb., *Coumermycin A* (**I**) bildet. **I**-Hydrolyse mit $Ba(OH)_2$ gibt *5-Methylpyrrol-2-carbonsäure* u. *Pyrrol-2-carbonsäure*. **I** besteht aus 2 Fraktionen, A_1 u. A_2, je nach Pyrrolcarbonsäurekomponente. 0,01 μg Co-Zusatz/ml zum Kulturmedium, wobei anorg. Co wirksamer als Vitamin B_{12} ist, vorschieht die Fermentation ausschließlich nach der A_1-Bildung. Andere Ionen, ausgenommen Ni (Co-Verunreinigung?), sind unwirksam. K. Maier 4340

1513 **Novobiocin und die Bindung von Magnesiumionen.** A. Morris, A. D. Russell und I. L. Thomas. (Experientia [Basel] **23** (1967) 4, 244—45; Welsh Coll. of Advanced Technol., Cardiff, Wales; engl.) — Nach UV-Spektrophotometr. u. titrimetr. Unters. bilden *Novobiocin* (**I**) u. *Mg^{2+}* keinen Komplex. Die antibiot. Wrkg. von **I** dürfte deshalb nicht auf der Induktion eines intrazellularen Mg^{2+}-Mangels beruhen. G. Zankl 4340

1514 **Tetracyclin-Wirkung auf die Kurzmarkierung von Polysomen mit ^{3}H-Uridin in intakten Zellen von Bacillus megaterium KM.** I. H. Maxwell. (Biochim. biophysica Acta [Amsterdam] **138** (1967) 2, 329—36; Univ. of Cambridge, Engl., Dep. of Biochem., Sieb-Dep. of Chem. Micorbiol.; engl.) — ^{3}H-*Uridin*(**I**)-Kurzmarkierung über 30 Sek. von *Bacillus megaterium* KM-Zellkulturen zeigte eine Markierung der Polysomen-Extrakte bis 30 Min. nach *Tetracyclin*(**II**)-Zusatz, während die max. Hemmung der Proteinsynth., gemessen über den *^{14}C-Phenylalanin*-Einbau, bereits 1—2 Min. nach **II**-Zusatz auftritt. Durch Dichtegradienten-Zentrifugation u. zusätzliche Markierung mit ^{32}P-Orthophosphat wird nachgewiesen, daß durch **I** die mRNS in Polysomen-Extrakten markiert wird. Aus den vorliegenden Ergebnissen schließen Vf., daß **II** die Proteinsynth. in vivo nicht durch Blockierung der Bindungsstelle der m-RNS an den Ribosomen während der Polysomenbldg. oder über Reduzierung der mRNS Biosynth. hemmt. B. Puschendorf 4340

1515 **Wirkung von Vancomycin auf das Wachstum von in Eiern und Zellkulturen gezüchteten Psittacosis-Trachom-Erregern.** Howard M. Jenkin und S. C. Hung. (Appl. Microbiol. **15** (1967) 1, 10—12; Univ. of Wash., Seattle, Wash.; engl.) — *Vancomycin*(**I**)-Konz. von 2 mg per Ei oder 800 μg/ml Zellkulturmedium verhinderten das Wachstum von grampositiven Bakterien, die Unters. über Psittacosis- u. Trachom-Erreger störend beeinflussen. Dieselben Konz. waren auf das Wachstum von 12 Stämmen dieser Erreger ohne Einfluß. **I** war in Konz. von 80 mg pro Ei für Hühnerembryonen oder in Konz. von 3200 μg/ml Kulturmedium für HeLa-229-Zellen nicht toxisch. 1600 μg/ml waren jedoch tox. für LLC-MK2-Zellen. G. Zankl 4340

1516 **Synthese von RNS, DNS und Protein während des Wachstums normaler, Viomycin-behandelter und revertierter Kulturen von Aerobacter aerogenes.** K. C. Agarwal und J. P. Shukla. (Indian J. Biochem. **4** (1967) 1, 59—60; Kanpur, Indien, Nat. Sugar Inst., Dep. of Biochem.; engl.) — Die an Viomycin adaptierten Kulturen wurden aus normalen erhalten, wobei *A. aerogenes* durch Passagen in Glucose-Salz-Medien ansteigender Konz. von *Viomycin* (**I**) ausgesetzt wurde; die revertierten Kulturen ergaben sich durch 100fache Rückpassagen der adaptierten Kulturen in **I**-freien Medien. Ein maximales Wachstum des *A. aerogenes* wurde mit normalen u. revertierten Kulturen nach 10 Std. erreicht, während die **I**-adaptierten hierzu 14 Std. nach einer längeren lag-Phase benötigten; sie synthetisierten zwar eine höhere

Zellmasse, aber weniger Protein, RNS u. DNS als in normalen oder revertierten Kulturen.
L. Macher 4340

1517 **Ein neues, aus einem Streptomycetenstamm isoliertes, antibakterielles Agens (U-20.661).** M. E. Bergy und F. Reusser. (Experientia [Basel] **23** (1967) 4, 254 bis 255; Upjohn Co., Kalamazoo, Mich.; engl.) — Durch CH_2Cl_2-Extraktion einer Kulturlsg. von *Streptomyces steffisburgensis* wurde ein in vitro nur gegen grampositive Bakterien wirksames *Antibiotikum vom F. 257—265°* (U-20661), $C_{28}H_{30}O_{13}$, $[\alpha]_D^{25}$ 85° (c = 0,05% in Methanol) isoliert. Röntgenkristallograph. ergab sich ein Molgew. von 568 ± 8, massenspektrometr. eines von 574, UV- u. IR-Spektren sowie papierchromatograph. Daten in 9 Syst. sind angegeben. Die Substanz ist extrem zytotox. in Gewebekulturen, aber ungiftig für Mäuse.
G. Zankl 4340

1518 **Einfluß von Antibiotika auf das Staphylokokkenwachstum in Plasmaklumpen.** Richard W. Joos, Vernon H. Kading und Wendell H. Hall. (Amer. J. med. Sci. **253** (1967) 3, 305—11; Univ. of Minn., Mineapolis, Minn.; engl.) — Die für eine 50%ig. Wachstumshemmung von *Staphylococcus albus* in Plasmagerinnseln notwendigen Dosen an *Chloramphenicol, Streptomycin, Methicillin, Novobiocin, Bacitracin, Cephalosporin, Cephaloridin, Oxytetracyclin, Tetracyclin, Erythromycin, Penicillin G, Protaminchlorid* u. *Sulfadiazin* unterschieden sich nicht wesentlich von den zur Erzielung der gleichen Wrkg. in Nährlsg. notwendigen Mengen. Diese Antibiotika dürften somit zur Behandlung von in Fibrin eingeschlossenen Infektionsherden in vivo geeignet sein.
G. Zankl 4340

1519 **Erfahrungen mit Kaliumtellurit in der mykologischen Laboratoriumspraxis.** Christina Schönborn. (Zbl. Bakteriol., Parasitenkunde, Infektionskrankh. Hyg., I. Abt., Orig. **201,** 406—11, 1966; Leipzig, Karl-Marx-Univ., Hautklinik; dt.) — K_2TeO_3 hemmt in Konz. von 0,01—0,1% in Pilznährböden die Entw. von Bakterien ohne Beeinträchtigung des Dermatophyten- u. Sproßpilzwachstums. Derartige Nährböden bieten Vorteile gegenüber antibiotikahaltigen (gut abgegrenztes Wachstum von Hefepilzen mit charakterist. Farbton der Kolonien (Te-Speicherung!), leichte Erkennbarkeit von Milchkulturen auf Grund verschiedener Pigmentierung).
K. Maier 4350

1520 **Mikrobielle Zersetzung von Pektinsubstanzen. 5. Mitt. Nachweis der Rolle von Micrococcus sp. beim Rösten von Sisal- und Kokosnußfaser.** N. P. Jayasankar, A. D. Agate und J. V. Bhat. (J. Indian Inst. Sci. **49** (1967) 1, 10—18; Bangalore, Indian Inst. of Sci., Fermentation Technol. Labor.; engl.) — Aus dem Röstwasser von Sisal- u. Kokosfaser wurden pektinolyt. wirksame *Micrococcus*-Arten isoliert. Die beiden isolierten Stämme unterschieden sich morpholog., physiolog. u. hinsichtlich der pektinolyt. Enzymaktivität (*Pektinmethylesterase, Pektin-* oder *Polygalakturonsäure-trans-Eliminase, Polygalakturonase*). K. Maier 4350

1521 **Anwendung des Desxoyxribonuclease-Testes auf gewisse gramnegative Bakterien.** W. J. Martin und W. H. Ewing. (Canad. J. Microbiol. **13** (1967) 5, 616—18; Atlanta, Ga., U.S. Dep. of Health, Educ. and Welfare, Publ. Health Serv., Comm. Disease Center; engl.) — 978 gramnegative Mikroben wurden mittels der Agarplattenmeth. nach Jeffries et al. auf *DNase*-Aktivität geprüft. Die Verw. von Petrischalen mit Abmessungen von 150 mm zu 25 mm ermöglichte, daß 32 Kulturen auf einmal untersucht werden konnten. Schwach mesophile Bakterien wurden bei 15—30°, alle anderen bei 37° bebrütet. Nach einer Bebrütungsdauer von 18—24 Std. wurde die DNase-Aktivität durch Überfluten des Mediums mit 10 ml n HCl/l bestimmt. Man fand, daß alle 218 Arten von *Serratia marcescens* u. S. marcescens var. kiliensis DNase-Aktivität aufweisen, wobei 135 klare, breite Zonen von > 2 mm u. 71 von > 1 mm gaben. Desgleichen verhielten sich mit zwei Ausnahmen 62 Kulturen von *Enterobacter liquefaciens*, die gleich Serratia DNase erzeugte. Von der Familie Enterobacteriaceae zeigten noch 6 Kulturen von *Proteus vulgaris* u. drei Arten von *Pectobacterium* eine Aktivität an DNase. Von anderen gramnegativen Bakterien zeigten 139 Kulturen von *Vibrio cholerae* u. Vibrio spp. DNase in wechselnder Aktivität, desgleichen Aeromonas mit Ausnahme von A. shigelloides. In Alcaligenes u. Flavobacterium fand man nur mäßige DNase-Aktivitäten.
L. Macher 4350

1522 **Urease-Aktivität bei Acinetobacter lwoffii und A. anitratus.** A. Henderson. (J. gen. Microbiol. **46** (1967) 3, 399—406; Res. Dep., Glasgow Royal Maternity Hosp., Rottenrow, Glasgow; engl.) — Wie an 11 Stämmen von A. lwoffii u. 8 Stämmen von A. anitratus gezeigt werden konnte, sind alle Stämme in der Lage, *Urease* zu synthetisieren, so daß dieses Kriterium nicht zur Unterscheidung beider Arten herangezogen werden kann. Unters. weiterer 40 Stämme, von denen 37 Urease synthetisierten (unabhängig von einer saccharolyt. Aktivität) erhärteten den Befund. — Durch die Ergebnisse konnten Meinungsverschiedenheiten über die Fähigkeit der untersuchten Stämme, Urease zu synthetisieren, beseitigt werden; die Gründe für anderslautende Befunde werden kurz diskutiert. K. Bormann 4350

1523 **Propylenglykol enthaltende Sonderzweckkulturmedien.** Irving Olitzky und Kay G. Mattly. (Appl. Microbiol. **15** (1967) 1, 202; Bio-Sci. Labor., Van Nuys, Calif.; engl.) — 6 oder 12% *Propylenglykol* (**I**) enthaltender Agar ist zur Differenzierung von *Staphylokokken* oder *Streptokokken* von motilen gramnegativen Bakterien geeignet. Das Wachstum von *Bordetella bronchiseptica, Escherichia coli, Hafnia, Mima-Herellea, Pseudomonas, Proteus* u. *Serratia* wird im Gegensatz zu *Staphylococcus aureus* vollständig gehemmt. 12% **I** hemmt allerdings auch das Wachstum von *Staphylococcus epidermis, Gaffkya, Sarcina* u. *Streptococcus pyogenes.*
G. Zankl 4350

1524 **Morphologie der Escherichia coli-Kolonien auf Tergitol-7-Medium.** Rhodes K. Scherer. (Appl. Microbiol. **14,** 152—55, 1966; Ames, Ia., U.S. Dep. of Agric., Agric. Res. Serv., Nat. Animal Disease Labor.; engl.) — Auf Tergitol-7-Nährmedium mit Zusatz von 2.3.5-Triphenyltetrazoliumchlorid gezüchtete *E. coli*-Kulturen bildeten 3 Haupttypen von Kolonien: rauh, intermediär, mukoid. Die Kolonien waren gelb bis bräunlich. Ein 4. Typ war rot mit umgebendem blauem Medium.
K. Maier 4350

1525 **Biologische Eigenschaften und chemische Natur der Antigene der Paratyphusbakterien.** L. K. Stepanova, R. N. Uvarova, N. S. Sergeeva und K. K. Ivanov. (Ž. Mikrobiol., Èpidemiol. Immunobiol. **44** (1967) 6, 38—42; Moskva, inst. èpidemiol. i mikrobiol. im Gamalei AMN SSSR; russ.) — Durch vergleichende Unters. über die biolog. Eig. u. die chem. Natur der gereinigten *K-* u. *O-Antigene* der Paratyphusbakterien u. der nach Westphal u. Boivin erhaltenen O-Antigene wird festgestellt, daß das von Vf. erstmalig isolierte K-Antigen sich vom 5. Antigenfaktor des Syst. Kauffman-White unterscheidet u. als selbständiges Antigen anzusehen ist. K- u. O-Antigen unterscheiden sich voneinander nach der elektrophoret. Beweglichkeit u. nach der immunolog. Spezifität. Qual. Unterschiede in der Aminosäure-Zus. bestehen nicht. Das K-Antigen enthält die gleichen *Polysaccharide* wie das O-Antigen des komplexen Antigens mit Ausnahme von *Rhamnose* u. des *Zuckers* hoher elektrophoret. Beweglichkeit. Gemeinsam sind ihnen *Heptose, Hexosamin, Galaktose, Glucose, Mannose* u. *Xylose.* O. Lebtag 4370△

1526 **Natur und Eigenschaften des σ-Toxins der Staphylokokken.** E. V. Rusakova. (Ž. Mikrobiol., Èpidemiol. Immunobiol. **44** (1967) 77—80; Moskva, inst. èpidemiol. i mikrobiol. im. Gamalei AMN SSSR; russ.) — Übersicht. — 24 Literaturangaben. O. Lebtag 4370△

1527 **Bestimmung der Aktivität der Toxine von Clostridium histolyticum in der Gewebskultur.** S. A. Šamraeva, E. V. Vlasova, G. F. Šemanova und Z. A. Pyleva. (Ž. Mikrobiol., Èpidemiol. Immunobiol. **44** (1967) 5, 102—05; Moskva, inst. èpidemiol. i mikrobiol. im. Gamalei AMN SSSR; russ.) — Von 16 geprüften Gewebskulturen erwies sich das Gewebe von 11 Tage alten Hühnerembryonen als am empfindlichsten gegenüber

dem Toxin von *Clostridium histolyticum*. Diese Gewebskultur besitzt eine 20—1000mal höhere Empfindlichkeit als die weiße Maus. Die Unterschiede sind um so größer, je konzentrierter u. gereinigter das Toxin ist.
O. Lebtag 4370△

1528 **Bestimmung der Aktivitäten der antitoxischen Seren zu Clostridium oedematiens in der Gewebskultur.** S. A. Šamraeva und E. V. Vlasova. (Ž. Mikrobiol., Èpidemiol., Immunobiol. **44** (1967) 6, 116—19; Moskva, inst. èpidemiol. i mikrobiol. im. Gamalei AMN SSSR; russ.) — Die Gewebskultur des Hühnerembryos kann für die Aktivitätsbest. des antitox. Serums zu *Clostridium oedematiens* verwendet werden. Die Ergebnisse der Titration decken sich mit den Ergebnissen von Vers. an Mäusen. O. Lebtag 4370△

1529 **Reinigung des Anatoxins von Clostridium perfringens durch elektrophoretische Konvektion.** V. S. Samsonova, V. D. Nikitina, N. V. Cholčev und Z. M. Volkova. (Ž. Mikrobiol., Èpidemiol., Immunobiol. **44** (1967) 6, 93—97; Moskva, inst. èpidemiol. i mikrobiol. im. Gamalei AMN SSSR; russ.) — Bei der Reinigung des *Anatoxins* (I) von *Clostridium perfringens* durch elektrophoret. Konvektion im Multimembranelektrodekantator wird unter optimalen Bedingungen ein Reinigungskoeff. von 1,6—2,1 bei 50%ig. Ausb. erzielt. Die Aktivität des gereinigten **I** beträgt 10—100 E./mg Eiweiß-N. Im Elektrokonvektions-App. wird ein **I**-Präp. der Aktivität 7—30 E./mg Eiweiß-N bei 36%ig. Ausb. erzielt. Der Reinigungskoeff. beträgt 2,7—3,6. Durch 4-Stufenreinigung (Säure + A. + 2 Stufen der Elektrokonvektion) wird ein **I**-Präp. von 1340—1600 E./mg erzielt. Die elektrophoret. Konvektion wird für die zusätzliche Reinigung nach der einstufigen (Fällung mit HCl bei pH 3,8—4,0) oder 2stufigen Reinigung (Fällung mit HCl, anschließend mit A.) empfohlen. O. Lebtag 4370△

1530 **Aktivierung des Σ-Prototoxins von Clostridium perfringens des D-Typs durch Proteinasen der Typen A und D.** G. F. Šemanova und E. P. Zemljanickaja. (Ž. Mikrobiol., Èpidemiol., Immunobiol. **44** (1967) 6, 74—77; Moskva, inst. èpidemiol. i mikrobiol. im. Gamalei AMN SSSR; russ.) — Das *Σ-Protoxin* (I) von *Clostridium perfringens* (D-Typ) kann durch die Proteinasen (**II**) von Cl. perfrigens A bzw. D aktiviert werden. Die **I**-Aktivität wird durch **II** aus A- bzw. D-Typ um 200 bzw. 100% erhöht. Die **II**-Wrkg. auf die **I**-Aktivität erreicht nach 2std. Inkubation das Max. u. bleibt danach unverändert. Dies erklärt sich daraus, daß **II** rasch inaktiviert wird; schon nach 2 Std. erreicht die Aktivitätsabnahme 40%.
O. Lebtag 4370△

1531 **Mycotoxin aus Penicillium puberulum.** Benjamin J. Wilson, Thomas M. Harris und A. Wallace Hayes. (J. Bacteriol. **93** (1967) 5, 1737—38; Vanderbilt Univ., Nashville, Tenn.; engl.) — Aus *P. puberulum* NRRL A 12538 u. 845 wurde durch Extraktion mit Aceton oder Ae. u. chromatograph. Reinigung ein natriumcarbonatlösl. säureunlösl. Toxin in Form grüner fluoreszierender > 200° schmelzender Krist. (aus Ae. oder Hexan) mit 6—7% Stickstoffgeh. isoliert. NMR-, IR- u. UV-Spektren deuten auf eine Carbonylgruppe sowie aromat. u. aliphat. Protonen. Die Verb. ist tox. für Mäuse u. Küken, hemmt das Wachstum von *Bacillus subtilis* u. *Staphylococcus aureus* u. ist antibiot. unwirksam gegen *Escherichia coli, Pseudomonas aeruginosa* oder *Neisseria catarrhalis*. G. Zankl 4370

1532 **Physikalische Zustände von Staphylococcus-α-Toxin.** John P. Arbuthnott, John H. Freer und Alan W. Bernheimer. (J. Bacteriol. **94** (1967) 4, 1170—77; New York Univ. School of Med., New York, N.Y.; engl.) — Bei dem α-Toxin wurden mindestens 3 Formen nachgewiesen: eine lösl. akt. (**I**; 3 S), eine unlösl., inakt. (**II**) u. eine lösl., inakt. (**III**, 12 S). **III** zeigte im Elektronenmikroskop Ringe von etwa 100 Å äußerem ⌀, die 6 ± 1 Untereinheiten enthielten. **II** konnte durch Erhitzen auf 60° erhalten werden, es dissoziierte in 8 m Harnstoff unter Wiedergewinnung der Aktivität.
M. Wiedemann 4370

1533 **Molekulargewichtsbestimmung einer Protease und eines bakteriellen Exotoxines durch die Ausschluß-Chromatographie-Methode.** G. Szegli, unter techn. Mitarbeit von Mioara Ungureanu. (Studii Cercetări Biochim. [București] **10** (1967) 2, 151—54; Sectia de biochimie generale si immunochimie, Inst. „Dr. I. Cantacuzino", București; rum.) — Durch Chromatographie an Sephadex G 100 wird das Molgew. einer Protease u. eines Exotoxins (Letalfaktor) aus Kulturfiltrat einiger *Citrobacter* (Bethesda-Ballerup) zu 40000 bzw. 75000 bestimmt. V. Bigl 4370△

1534 **Salzabhängiges, hämagglutinierendes Teilchen aus Masern-infizierten Zellen.** Ann Schluederberg und Masao Nakamura. (Virology **33** (1967) 2, 297—306; Yale Univ. School of Med., New Haven, Conn.; engl.) — Aus mit Masern-Virus infizierten Zellen (Hep 2) wurde ein *Agglutinin* (I) isoliert, das an Erythrozyten nur in hypertonen Lsg. adsorbiert wurde. Es sedimentierte mit 22S, D. 1,30 g/ml. **I** agglutinierte nur diejenigen roten Blutkörperchen, die für Masern Hämagglutinin-empfindlich waren. Es wurde durch Rekonvaleszentenserum spezif. gehemmt. **I** erzeugte bei Injektion in Meerschweinchen Hämagglutinationshemmung u. neutralisierende Antikörper. Es dürfte sich um Masern-spezif. Hüllproteine handeln. M. Wiedemann 4370

1535 **Wachstum des Rubella(Röteln)-Virus in BHK 21-Zellen.** 1. Mitt. **Produktion, Nachweis und Adaptation des Virus.** A. Vaheri, W. D. Sedwick und S. A. Plotkin. (Proc. Soc. exp. biol. Med. **125** (1967) 4, 1086—92; Wistar Inst. of Anat. and Biol., Philadelphia, Pa.; engl.) — Die Züchtung von Röteln-Virus auf Hamsternieren-Fibroblasten, vor allem in Suspension, u. die Plaque-Bldg. wurden untersucht. Es wurde ein Fall von Desadaptation beobachtet. M. Wiedemann 4374

1536 **Wachstum des Rubella-Virus in BHK21-Zellen.** 2. Mitt. **Verstärkende Wirkung von DEAE-Dextran, Semicarbazid und niederen Dosen von Stoffwechselinhibitoren.** A. Vaheri, W. D. Sedwick und S. A. Plotkin. (Proc. Soc. exp. biol. Med. **125** (1967) 4, 1092—98; engl.) — 1. vgl. vorst. Referat. — Untersucht wurden Plaque-Bldg., Virusausb. u. zytopathogene Wirkung. DEAE-Dextran u. Semicarbazid förderten das Wachstum, ebenso in geringem Maße Fluordesoxyuridin u. Actinomycin D. Cytosinarabinosid, Colchicin, Hydrocortison u. Prednisolon waren ohne Wirkung.
M. Wiedemann 4374

1537 **Wachstum des Rubella-Virus in BHK21-Zellen.** 3. Mitt. **Erzeugung von Komplement-bindenden Antigenen.** T. Furukawa, A. Vaheri und S. A. Plotkin. (Proc. Soc. exp. biol. Med. **125** (1967) 4, 1098—1102; engl.) — 2. vgl. vorst. Referat. — Es wurden zwei Antigene nachgewiesen: eines, das mit dem Virusteilchen assoziiert ist, u. ein lösl., das spät im Infektionszyklus auftritt. M. Wiedemann 4374

1538 **Säure–Base-Titrationen von Tabakmosaikvirus und Tabakmosaikvirusprotein.** Robert B. Scheele und Max A. Lauffer. (Biochemistry [Washington] **6** (1967) 10, 3076—81; Dep. of Biophys. and Microbiol., Univ. of Pittsburgh, Pittsburgh, Pa.; engl.) — Tabakmosaikvirus (TMV) wurde zwischen pH 2,5 u. 9,5 reversibel titriert u. sein *RNS*-freies Protein zwischen 2,7 u. 11. Einige funktionelle Gruppen des Proteins sind demnach dem Lsgm. nicht ausgesetzt. Die Unterschiede zwischen 4° u. 20° zeigen, daß bei der Polymerisation ein Wasserstoffion je Protein-Monomeres gebunden wird.
M. Wiedemann 4374

1539 **Mischinfektion von Escherichia coli durch RNS- und DNS-Bakteriophagen.** 1. Mitt. **Hemmung der Multiplikation der RNS-Phagen durch Superinfektion mit DNS-Phagen.** Joseph Huppert, Lise Blum-Emerique und Marie-Madeleine Breugnon. (Virology **33** (1967) 2, 307—16; Inst. Gustave Roussy, Villejuif, France; engl.) — Wenn *E. coli* erst mit dem *RNS*-Phagen FH5 u. dann mit einem der *DNS*-Phagen T6 oder ΦX 174 infiziert wird, wird der zweite Phage nicht ausgeschlossen, u. die Entw. des ersten wird blockiert oder gehemmt. Es konnten einzelne Zellen isoliert werden, die beide Phagen erzeugten, wenn die Superinfektion mit dem DNS-Phagen um 15—25 Min. verzögert wurde.
M. Wiedemann 4374

1540 **5-Fluoruracil enthaltender Coliphage MS 2.** 2. Mitt. **In Gegenwart von 5-Fluoruracil gebildete RNS-defekte Teilchen.** Yoshiro Shimura, Robb E Moses und Daniel Nathans. (J. molecular Biol. **28** (1967) 1, 95 bis 102; Johns Hopkins Univ. School of Med., Baltimore, Md.; engl.) — 1. vgl. ibid. **12** (1965) 266. — Wurde *E. coli* mit dem Phagen MS 2 infiziert u. 5-Fluoruracil zugegeben, so wurden Teilchen mit höherer u. mit geringerer Dichte als die normalen gefunden. Die letzteren waren nicht infektiös, im Hüllprotein scheinen sie aber den normalen Teilchen zu entsprechen. Sie enthielten 65% der normalen *RNS*, ihre RNS war heterogen mit etwa 20 S. Ihre RNS war ebenfalls nicht infektiös, aber sehr akt. bei der Lenkung der Synth. Phagen-spezif. Proteine in zellfreien Extrakten. Dem RNS-Fragment scheint also ein spezif. Teil der Phagen-RNS zu fehlen.
M. Wiedemann 4374

1541 **Interferenz des Bakteriophagen T4 bei der Reproduktion des RNS-Phagen M12.** Stanley Hattman und Peter Hans Hopfschneider. (J. molecular Biol. **29** (1967) 1, 173—90; Max-Planck-Inst. für Biochem., München; engl.) — In gemischtinfizierten Zellen (T4- oder T4am-Mutanten u. M12) wurden kaum M12-Phagen vermehrt. Ein einzelnes T4-Teilchen war zu diesem Ausschluß fähig. Es wurde auch nur wenig oder keine infektiöse Einstrang- oder Doppelstrang-*RNS* gebildet. Der Ausschluß war aber nicht mit Abbau der M12-RNS verbunden. Auch die Synth. des Hüllproteinantigens von M12 war gehemmt. Wurde T4 erst 20 Min. nach der M12-Infektion zugegeben, so wurde kaum Synth. von Zell-RNS beobachtet, M12-RNS wurde jedoch gebildet, aber keine infektiösen Phagen.
M. Wiedemann 4374

1542 **Induktoren von Interferon und Wirtsresistenz.** 2. Mitt. **Vielsträngige synthetische Polynucleotid-Komplexe.** A. K. Field, A. A. Tytell, G. P. Lampson und M. R. Hilleman. (Proc. nat. Acad. Sci. USA **58** (1967) 3, 1004—10; Merck Inst. for Therapeut. Res., West Point, Pa.; engl.) — 1. vgl. Lampson et al., ibid. **58** (1967) 782. — Komplexe aus Polyinosinsäure u. Polycytidylsäure (I:C), aus Polyadenylsäure u. Polyuridylsäure (A:U) u. ein Gemisch aus Polyinosinsäure u. Cytidylcytidin (I + CpC) induzierten in Kaninchen *Interferon* in mg-Mengen. (I:C) induzierte auch in Mäusen Resistenz gegen Virusinfektionen u. war auch in der Gewebekultur aktiv. Weitere Homo- u. Copolymere, Oligonucleotide, Dinucleotide, Nucleotide, Nucleoside u. freie Basen waren inaktiv. M. Wiedemann 4374

1543 **Wirkung von Statolon auf Friend-Virusleukämie bei Mäusen.** E. Frederick Wheelock. (Proc. Soc. exp. Biol. Med. **124** (1967) 3, 855—58; Dep. of Preventive Med. and Med., School of Med., Western Res. Univ. and Univ. Hospitals, Cleveland, O.; engl.) — Statolon, ein anion. Polysaccharid, das bei Mäusen Interferon-Zirkulation in Gang setzt, hemmt die Friend-Virus-Leukämie (**A**), wenn es zwischen dem 6. Tag vor u. dem 7. Tag nach der Virusinokulation angewendet wird. Die Mehrzahl der Statolon-behandelten Mäuse ist gegen **A** vollständig geschützt u. resistent gegen Wiederinfektionen mit dem Friend-Virus. U. Drehmann 4374

1544 **Antivirale Aktivität des Guanidins und D-Penicillamins.** 1. Mitt. **Hemmung der Synthese der Ribonucleinsäure des Polio-Virus durch Guanidin und D-Penicillamin.** A. Tagliamonte, P. Mazzucato, B. Scarpa und B. Loddo. (Boll. Soc. ital. Biol. sperim. **43** (1967) 11, 643—44; Cagliari, Univ., Ist. di Igiene Microbiol. e Farmacol. e Centro di Virol.; ital.) — Die selektive u. markante Hemmwrkg. von *D-Penicillamin* (**I**) auf die Vermehrung des Poliovirus in vitro ist an die Hemmung der Synth. der RNS des infizierenden Virus gebunden. Da dies jedoch nicht die Synth. einer anderen anomalen RNS ausschließt, wird der Einfl. von **I** auf die RNS-Synth. durch Einbau von ^{3}H-Uridin untersucht. Die Unters. werden an mit *Actinomycin D* behandelten von Polio befallenen Zellen durchgeführt. Es zeigt sich, daß die Antipolio-Wrkg. von **I** analog der von *Guanidin* an die Hemmung der RNS-Synth. des Virus gebunden ist.
F. Kren 4374

1545 **Antivirale Aktivität des Guanidins und D-Penicillamins.** 2. Mitt. **Vergleichende Untersuchung der Antagonisten des Guanidins und D-Penicillamins.** P. Mazzucato, A. Tagliamonte, B. Scarpa und B. Loddo. (Boll. Soc. ital. Biol. sperim. **43** (1967) 11, 645—47; ital.) — 1. vgl. vorst. Referat. — Die Unters. werden an Zellkulturen durchgeführt, denen 1 Std. nach der Polio-Infektion *D-Penicillamin* (**I**) bzw. *Guanidin* (**II**) sowie deren Antagonisten (L-Leucin, L-Phenylalanin, $CuSO_4$, Cholin usw.) zugesetzt wurden. **I** wird leicht antagonisiert, wenn der Antagonist gleichzeitig zugegeben wird. Wenn der Zusatz jedoch (oder das Waschen) Std. später erfolgt, dann verspätet sich der Antagonismus um viele Std.; mit **II** ist diese verspätete antagonist. Wrkg. in allen Fällen vorhanden. F. Kren 4374

1546 **Stoffwechsel freier Aminosäuren in gewaschenen Suspensionen des Pansensaft-Ciliaten, Entodinium caudatum.** G. S. Coleman. (J. gen. Microbiol. **47** (1967) 3, 433—47; Babraham, Cambridge, Agr. Res. Council, Inst. of Animal Physiol., Biochem. Dep.; engl.) — Vgl. auch nachst. Referat. — Gewaschene Suspensionen der im Pansensaft vorkommenden *Entodiniumcaudatum-Organismen*, die anaerob bei Ggw. von Penicillium u. Neomycin inkubiert wurden, inkorporieren einfache, intakte *Aminosäuren* (**I**), wie Alanin, Arginin, Asparaginsäure, Glutaminsäure, Isoleucin, Leucin, Lysin, Phenylalanin, Prolin, Serin, Valin usw. in das Zellprotein unverändert u. ohne andere **I** umzuwandeln. Die ^{14}C-Komponenten des Protozoen „Pools" u. des Mediums zeigten keinen extensiven Abbau der **I**. In niedriger Konz. wurden die **I** im Verlauf eines „akt". Prozesses aufgenommen; über einer krit. Konz. treten die **I** durch eine passive Diffusion in die Zellen. Je nach der vorhandenen krit. Konz. konnte man hierbei die **I** in zwei Gruppen einteilen, wobei diese Konz. ungefähr bei 0,0001 m oder 0,001 m lagen. Die Ggw. bes. inerter Stoffe beeinflußte die Aufnahmegeschw. der **I** nicht. Von dem 75%ig. Fl.-Inhalt des Zellvol. war $^2/_3$ frei für **I** verfügbar. L. Macher 4380

1547 **Stoffwechsel der Aminosäuren von Escherichia coli und anderer Bakterien durch den Ciliaten des Pansensaftes, Entodinium caudatum.** G. S. Coleman. (J. gen. Microbiol. **47** (1967) 3, 449—64; Babraham, Cambridge, Agr. Res. Council Inst. of Animal Physiol., Biochem. Dep.; engl.) — Vgl. auch vorst. Referat. — Anaerob bebrütete, sich nicht vermehrende Suspensionen von *Entodinium caudatum* nehmen Escherichia-coli-Zellen zu sich u. bauen deren mit ^{14}C markierte *Aminosäuren* (**I**) unverändert in das Protozoen-Protein ein. Das Medium u. der Pool der Zisterne enthalten die freien **I** sowie auch zusätzlich N-Acetyl oder N-Formyl-Derivate. Die Komponenten des Pools dürften Stoffwechselnebenprod. der Bakterien gewesen sein u. keine Zwischenprod. von bakteriellen u. Protozoenprotein. Ein extensiver Abbau der bakteriellen **I** bestand bei den Protozoen nicht, obwohl bakterielles Leucin, Isoleucin u. Valin zu Isovaleriansäure, α-Methylbuttersäure u. Isobuttersäure abgebaut wurden. Setzt man dem Medium die ^{12}C-Form der in *E. coli* vorhandenen ^{14}C-**I** zu, dann sinkt der Einbau der ^{14}C-**I** in die Protozoen um die Hälfte der getesteten **I**. Der Vitalitätsverlust verschiedener anderer Bakterien, nachdem sie von Protozoen aufgenommen worden sind, war unabhängig von der Größe, dem Verh. gegen Gramfärbung oder dem sonstigen Verhalten.
L. Macher 4380

1548 **Äthanolamin- und Phosphonsäure-Komplexe in hitzebehandelten Tetrahymena-Zellen.** S. C. Chou und O. H. Scherbaum. (Exp. Cell Res. **45** (1967) 1, 31—38; Dep. of Zool., Univ. of Calif., Los Angeles, Calif., 90024, USA; engl.) — Bei supra-optimaler Temp. (34°) inkubierte Kulturen von *Tetrahymena pyriformis G 1* akkumulieren 3 säurelösl. phosphathaltige Verb. (**I, II** u. **III**). Diese werden chromatograph. isoliert u. ihre Bestandteile nach saurer Hydrolyse verschiedenen Ausmaßes in verschiedene chromatograph. Syst. getrennt. **I** u. **III** enthalten Benzidin-positives Material, wahrscheinlich Glycerin, einen unbekannten Zucker u. ein Zuckerphosphat, das durch Phosphorylase gespalten wird. **I** enthält außerdem noch Äthanolamin, **III** ist Nynhidrin-negativ. **II** enthält 3 Zucker u. 2 Amino-Phosphor-Verb., von denen eine als *2-Aminoäthylphosphorsäure* bestimmt wird. Nach Zentrifugation eines Homogenates der untersuchten Zellen finden sich alle 3 Verb. im Überstand, im Nd. nur I u. III. V. Bigl 4380

E-4. Pflanzenchemie, Pflanzenphysiologie, Pflanzenpathologie

1549 **Kationenaustauscher in Sphagnum spp.** J. S. Craigie und W. S. G. Maass. (Ann. Botany [N. S.] **30**, 153–54, 1966; Halifax, Nat. Res. Council of Canada, Atlantic Regional Lab.; engl.) — Die Kationenaustauschkapazität (**A**) des unlösl. Rückstandes junger *Sphagnum*-Pflanzen lag zwischen 1,1 u. 1,7 mVal/g Trockengew.; bis zu 90% davon konnten unveresterten Polyuronsäuren (**B**) zugeschrieben werden (papierchromatograph. Nachw. von *D-Galakturonsäure* in Hydrolysaten). Der **B**-Geh. ging nach Entfernen der Pektine um 20% zurück, stieg nach Delignifizierung stark an u. sank nach Entfernen der Hemicellulosen nur wenig ab; 70% des initialen Restes blieben unlöslich. Da der Hauptteil der **A** durch Extraktion nicht gelöst wurde, nehmen Vf. an, daß er an die Cellulosefraktion der Zellwand gebunden ist. I. Heidenbluth 4400

1550 **Lichtenergetik der Pflanzen.** A. A. Šachov. (Izvest. Akad. Nauk SSSR, Ser. biol. **1967**, 2, 240–49; Moskva, inst. fiziol. rastenij im. K. A. Timirjazeva AN SSSR; russ.) — Übersicht. — 18 Literaturangaben. O. Lebtag 4404△

1551 **Einfluß der vorsaatlichen Strahlung auf Lupinensamen mit γ-Strahlen ^{60}Co auf die Ansammlung von Alkaloiden.** A. V. Mironenko und N. E. PolišČuk. (Doklady Akad. Nauk Beloruss. SSR **11** (1967) 1, 71–73; Inst. ėksper. bot. AN BSSR; russ.) — Vorsaatliche Strahlung auf das Saatgut von alkaloidreicher schmalblättriger Lupine bewirkte eine Verminderung des Alkaloidgeh. in den Blättern in Abhängigkeit von der Strahlungsdosis um 22–26% u. in den Samen um 7–17%. Gelbe Lupine reagierte auf die Strahlung mit einer Verminderung des Alkaloidgeh. in den Blättern um 36–50%. M. Gordienko 4044

1552 **Konjugierte Fettsäuren in einigen Curcurbitaceen-Samenölen.** Mary J. Chisholm und C. Y. Hopkins. (Canad. J. Biochem. **45** (1967) 7, 1081–86; Div. of Pure Chem., Nat. Res. Council of Canada, Ottawa, Canada; engl.) — Von 8 untersuchten Curcurbitaceen-Arten zeigten 4 Arten konjugierte Säuren. In *Momordica dioica* fand sich 55,2% *α-Eleostearinsäure*, in *Cyclanthera explodens* 25,7% *Punicinsäure* u. in *Cayaponia africana* 38,2% Punicinsäure. In *Bryonia alba* fand sich eine nicht identifizierte konjugierte Säure. Von den Samenölen sind Brechungsindex u. JZ. angegeben sowie der Ölgeh. der Samen. Die taxonom. Bedeutung der Bldg. von konjugierten u. nicht konjugierten Ölen wird diskutiert. Konjugierte Säuren enthaltende Öle produzieren die Gattungen *Trichosanthes, Momordica, Ecballium, Cayaponia, Apodanthera* u. *Fevillea*. Konjugierte u. nichtkonjugierte Säuren enthaltende Öle werden gebildet von *Telfairia, Cucurbita* u. *Cyclanthera*. Nichtkonjugierte Säuren enthaltende Öle finden sich in *Cucumis, Citrullus* u. *Luffa*. W. Hiller 4420

1553 **Stereospezifische Analyse von Triglyceriden: eine abgewandelte Methode.** H. Brockerhoff. (J. Lipid Res. **8** (1967) 3, 167–69; Halifax, Nova Scotia (Canada), Fisheries Res. Board of Canada, Halifax Labor.; engl.) — Bei früheren Arbeiten zur Strukturaufklärung von Triglyceriden wird auf die dabei auftretenden Schwierigkeiten (J. Lipid Res. **6** (1965) 10; Arch. Biochem. Biophysics **110** (1965) 586) hingewiesen. Es wird nun mit Maiskornöl ein abgewandeltes Verf. ausgearbeitet. Es geht, wie an einem Rk.-Schema veranschaulicht, so vor, daß das Triglycerid prim. mit Methylmagnesiumbromid zum 1.3-Diglycerid abgebaut wird; dieses wird isoliert u. in die L-2-Phosphatidylphenolverb. überführt, aus der Phospholipase A die Fettsäure am $C_{(1)}$ abspaltet. Das verbleibende Lysophosphatid liefert die an $C_{(3)}$ des ursprünglichen Triglycerids veresterte Fettsäure. Die Fettsäure am $C_{(2)}$ wird durch Hydrolyse mit pankreat. Lipase ermittelt. Diese Arbeitsweise, die sich ausschließlich auf experimentelle Daten gründet, wird durch Angabe der Arbeitsweise in allen Einzelheiten u. den angewandten präparat. u. analyt. Verf. unter Hinweis auf mögliche Störungen, eingehend erörtert. K. Täufel 4420

1554 **Optisch aktive Trihydroxysäuren der Chamaepeuce Samenöle.** K. L. Mikolajczak und C. R. Smith jun. (Lipids [Chicago] **2** (1967) 3, 261–65; North. Regional Research Labor. Peoria, Ill.; engl.) — Durch Extraktion mit PAe. wurden aus zerriebenen *Chamaepeuce afra* (Jacq.) DC Samen 24,4% Öl gewonnen. Es ist opt. akt.: $[\alpha]_D^{26}$ +2,1° (c = 12,7, $CHCl_3$), welches vermutlich verursacht wird durch die Aktivität der Trihydroxysäure-Teile. Zwei Trihydroxysäuren sind aus Chamaepeuce afra (Jacq.) DC Samenöl isoliert worden u. identifiziert als (+)*threo-9.10.18-Trihydroxyoctadecansäure* (*Phloinolsäure*, 9%), F. 102–103° u. das ungesätt. Δ^{12}-cis-Analoge, (+)*threo-9.10.18-Trihydroxy-Δ^{12}-cis-octadecensäure* (14%, F. 76–76,5°). Die ungesätt. Säure ist natürlich vorkommend vorher nicht gefunden worden. Kernmagnet. Resonanz, IR, Dünnschicht-Chromatographie, opt. Drehung u. Identifizierung der Ox.-Spaltungsprod. zeigen, daß diese 2 Trihydroxysäuren die angezeigten Strukturen haben. *Chamaepeuce-hispania*-DC-Samenöl u. das Samenöl einer nicht-identifizierten *Chamaepeuce*-Art enthalten offenbar diese gleichen 2 Säuren, aber in verschiedenen Anteilen von C.-*afra*-Öl. H. Gentes 4420

1555 **Veränderungen innerhalb der nichtflüchtigen organischen Säuren von Tomaten während des Reifens.** J. N. Davies. (J. Sci. Food Agric. **17**, 396–400, 1966; Glasshouse Crops Res. Inst., Rustington, Sussex; engl.) — Vgl. Winsor et al., ibid. **13** (1962) 108 u. Davies, ibid. **15** [1964], 665. — Tomaten der Sorten „Potentate", „Moneymaker" u. „Immuna" von 5 verschiedenen Reifegraden werden durch Extraktion mit A., Fraktionierung an Dowex-IX8-Anionenaustauschersäulen u. Titration auf ihren Geh. an nichtflüchtigen organ. Säuren untersucht. Der Geh. an *Glutamin-* (**I**) u. *Asparaginsäure* (**II**) nimmt mit zunehmender Reife stark zu, der Geh. an *Äpfelsäure* (**III**) ab. Der *Citronensäure*(**IV**)-Geh. ist je nach Sorte bei grüngelben oder gelborangen Tomaten am größten. Der Geh. an *Pyrrolidoncarbonsäure* unterliegt statist. nicht erfaßbaren Schwankungen. Die **I**, **II**-, **III**- u. **IV**-Konz. ist in den Tomatenschalen in jedem Reifezustand größer als im Zellinhalt. Der Geh. der Tomaten an alkoholunlösl. Feststoffen nimmt beim Übergang von grünen zu grüngelben Früchten stark, danach nur noch langsam ab. Reinhold Böhm 4420

1556 **Pflanzensubstanzen.** 26. Mitt. **Isolierung von Bestandteilen von gewöhnlichen Polypodium-Rhizomen (Polypodium vulgare L.).** J. Jizba und V. Herout. (Collect. czechoslov. chem. Commun. **32** (1967) 8, 2867–74; Inst. of Organic Chem. and Biochem., Czechoslovak Acad. of Sci., Prague; engl.) — 25. vgl. Naturwissenschaften **52** (1965) 591; 24. vgl. C. **1966,** 44-1234. — Aus den Rhizomen von *P. vulgare* isolieren Vf. *Saccharose, Polypodin A*, $C_{27}H_{44}O_7 \cdot 3H_2O$, F. 150–151°, danach Verfestigung u. wiederholtes Schmelzen bei 233–236° (aus wss. Methanol), F. 243–247° (wasserfreies Aceton), $[\alpha]_D^{20}$ +62° (c = 0,19; CH_3OH), *Polypodin B*, $C_{27}H_{44}O_8 \cdot {}^1/_2H_2O$, F. 244–246° ($CH_3OH$), $[\alpha]_D^{20}$ +93° (c = 0,18; CH_3OH), *Glucokaffeesäure*, $C_{15}H_{18}O_9 \cdot H_2O$, F. 133–135° (wss. Methanol), $[\alpha]_D^{20}$ −80,4° (c = 0,22; CH_3OH), *Polydin*, $C_{20}H_{22}O_{10} \cdot H_2O$, F. 191–193° (W.), $[\alpha]_D^{20}$ −121,6° (c = 0,24; CH_3OH), *Osladin*, F. 201–203° (wss. CH_3OH), F. 252 bis 254° (A.), *Saponin I*, F. 199–201° (wss. CH_3OH), *Saponin II*, F. 213–214° (A.) u. *Samambain*, F. 251 bis 252°. Aus der Triterpenfraktion wird *Fernen* isoliert. W. Hiller 4420

1557 **Chemische Untersuchung von Boucerosia aucheriana Done: Isolierung des Dibehenats von 1.26-Hexacosandiol.** A. Chatterjee und A. K. Chakraborty. (J. Indian chem. Soc. **44** (1967) 2, 87–90; Dep. of Chem., Univ. Coll. of Sci. and Technol., 92 Acharya Rafullachandra Road, Calcutta 9; engl.) — Aus den oberird. Teilen von *B. aucheriana* isolieren Vf. *1.26-Hexacosandiol* (**I**), $C_{26}H_{54}O_2$, F. 110°, ein neues Wachs, das als *Boucerosin* bezeichnet wird, $C_{70}H_{138}O_4$, F. 89°, u. ein Saponin, F. 210 bis 220° (Zers.) (Genin des Saponins, F. 110–120° [Zers.]). Hydrolyse von Boucerosin ergibt Behensäure u. I.

W. Hiller 4420

1558 **Isolierung eines neuen Cytokinins aus unreifen Samen gelber Lupinen.** Koichi Koshimizu, Satoshi Matsubara, Toshiatsu Kusaki und Tetsuo Mitsui. (Agric. biol. Chem. [Tokyo] **31** (1967) 7, 795–801; Dep. of Agricult. Chem., Kyoto Univ., Kyoto; engl.) — Aus unreifen Samen von *Lupinus luteus* isolieren Vf. ein neues Cytokinin u. identifizieren es als (—)-*6-N-[4-Hydroxy-3-methylbutylamino]-purin* (**I**; (—)-*Dihydrozeatin*), $C_{10}H_{15}N_5O$, F. 167–168° [*Pikrat*, $C_{16}H_{18}N_8O_8$, F. 188 bis 190° (Sintern über 176°)]. **I** wird auch erhalten durch Hydrieren von Zeatin über PtO_2. Die Extrakte aus Samen, die **I** enthalten, wurden an Tabakgewebe getestet. Sie verstärkten in starkem Maße die Zellteilungsaktivität. IR- u. NMR-Spektren sind angegeben.

W. Hiller 4420

1559 **Bestandteile der Wurzeln von Bryonia dioica Jacq.** G. Biglino und G. M. Nano. (Farmaco [Pavia], Ediz. sci. **22** (1967) 2, 140–51; Inst. die Chim. Farmaceut. e Tossicol. dell' Univ. di Urbino; ital.) — Übersicht über eigene Arbeiten über Bestandteile von *B. dioica* wie Bryonolsäure, Sterin $C_{29}H_{50}O$, F. 144,5°, Aglykon F. 157°, Aglykon F. 178°. — 59 Literaturangaben.

W. Hiller 4420

1560 **Chemische Untersuchung indischer Flechten.** 27. Mitt. **Chemische Bestandteile von Flechten aus großer Höhe des Westhimalayas.** P. S. Rao, K. G. Sarma und T. R. Seshadri. (Indian J. Chem. **5** (1967) 5, 177–79; Dep. of Chem., Univ. of Delhi, Delhi; engl.) — *Dermatocarpon moulinsii* enthält 0,06% Ergosterin, 0,057% einer unbekannten Fettsäure vom F. 183–187°, 0,01% D-Volemitol u. D-Arabit. *Lecanora rubina* enthält 1,25% (—)-Usninsäure, 0,08% Psoromsäure u. 0,11% D-Mannit. *Parmelia caperata* enthält 1% (+)-Usninsäure, 0,4% Caperatsäure, 5,2% Protocetrarsäure, 0,1% D-Arabit. In *P. stenophylla* findet sich 1,79% (+)-Usninsäure, 2,77% Salazinsäure, 0,2% D-Mannit. In *Sticta nylanderiana* werden gefunden: 0,005% eines unbekannten Triterpens vom F. 242–244°, 0,38% Gyrophorsäure, 0,07% einer Fettverb. vom F. 212–214° u. 0,48% D-Arabit. *Umbilicaria pustulata* enthält 0,036% Ergosterin, 0,28% Gyrophorsäure, 0,84% Secanorsäure, 0,36% D-Mannit u. Arabit. — 28. vgl. ibid. **5** (1967) 6, 280.

W. Hiller 4420

1561 **Der Gehalt an Polyphenolverbindungen in einigen Obstbäumen im Zusammenhang mit ihrer Winterfestigkeit.** K. Kask. (Izvest. Akad. Nauk Ėst. SSR, Ser. biol. **16** (1967) 1, 24–31; Inst. ekspiment. biol. Akad. nauk Est. SSR; estn. — Pflaumensämlinge (*Prunus domestica* L.) sind viel winterfester als Aprikose (*Armeniaca vulgaris* Lam.-**A**), während *Cerasus tomentosa* (Thunb.) Wall.-**B** in dieser Beziehung eine mittlere Stellung einnimmt. Der Geh. an Polyphenolen bei diesen Arten zeigte jedoch deutliche Unterschiede nur im harten Winter 1962/63 bzw. bei kaltem u. regnerischem Wetter im Sommer 1962. Analysen zu anderen Perioden ergaben, daß für Aprikose niedriger Polyphenolgeh. keinesfalls chrakterist. ist. Geh.-Unterschiede zwischen **A** u. **B** waren nicht groß. Sie waren bedeutend größer zwischen den auf günstigeren Standortverhältnissen den Winter gut überstandenen Stämmen von **B** u. solchen unter schlechten Verhältnissen, die durch den Winter gelitten hatten. Dies zeigt, daß der Geh. an Polyphenolen vor allem vom physiolog. Zustand der Stämme abhängig ist. Eine Korrelation zwischen der Winterfestigkeit der Obstbäume u. dem Geh. an Polyphenolverb. in ihren Blättern u. Trieben kann also nicht als nachgewiesen betrachtet werden.

M. Gordienko 4420

1562 **Fehlende Bitterkeit in Navel-Orangen von bodenständigen Ablegern.** B. V. Chandler, J. F. Kefford und F. Lenz. (Nature [London] **210**, 868–69, 1966; C.S.I.R.O. Div. of Food Preservation, North Ryde, N.S.W., Australia; engl.) — Saft von Navelorangen, die von auf Wurzeln ihrer eigenen Sorte gepfropften Ablegern stammen enthält weniger als 6 ppm *Limonin* (**I**) u. ist daher nicht bitter, während Säfte gleicher Früchte, die von auf Wurzeln anderer Orangensorten gepfropften Ablegern stammen, mehr als 9 ppm **I** enthalten u. damit bitter sind.

Reinhold Böhm 4420

1563 **Acylwanderungen bei Protoäscigeninestern.** Irmentraut Löw. (Hoppe-Seyler's Z. physiol. Chem. **348** (1967) 7, 839–42; Heidelberg, Max-Planck-Inst. für Med. Forsch., Inst. für Chemie; dt.) — In schwach alkal., saurer u. wss.-alkohol. Lsg. finden folgende wechselseitige Umlagerungen statt: *Protoäscigenin-3.***22**.*24.28-tetraacetat* ⇌ ...-*3.***21**.*24.28-tetraacetat*, Protoäscigenin-3.**21**.*24-triacetat* ⇌ ...-*3.***28**.*24-triacetat*, *Protoäscigenin-***21**-*tiglinsäureester* (im Gemisch mit *Angelicasäureester*) ⇌ ...-**28**-*tiglinsäureester*. Die Umesterung verläuft alkal. am schnellsten, wss.-äthanol. am langsamsten.

Versuche: Protoäscigenin-Deriv.: *3.22.24.28-Tetra-O-acetyl-* (**I**), $C_{38}H_{58}O_{10} \cdot 0{,}5H_2O$, F. 208–210° ($CH_3OH$), $C_{38}H_{58}O_{10} \cdot 1{,}5H_2O$, F. 235° (feuchtes CH_3OH), aus Protoäscigenin u. Acetanhydrid-Py. (Raumtemp., 4 Std.); $[\alpha]_D^{20}$ +10,0° ($CHCl_3$). — *16.22-O-Isopropyliden-3.21.24.28-tetra-O-acetyl-*, $C_{38}H_{58}O_{10}$, F. 150–151° (feuchtes CH_3OH), a) aus 16.22-O-Isopropyliden-3.21.24.28-tetra-O-acetylprotoäscigenin (F. 130°) durch Abspalten des Acetonrestes; b) aus **I** durch Chromatographieren auf alkal. Al_2O_3 in $CHCl_3$ + 1% CH_3OH; $[\alpha]_D^{20}$ +39,5° ($CHCl_3$). — *22.28-O-Isopropyliden-3.21.24-tri-O-acetyl-*, $C_{39}H_{60}O_9 \cdot H_2O$, F. ca. 165° ($CH_3OH$), aus 22.28-O-Isopropylidenprotoäscigenin mit Acetanhydrid-Py., $[\alpha]_D^{20}$ +24,0° ($CHCl_3$). — *3.21.24-Tri-O-acetyl-* (**II**), $C_{36}H_{56}O_9$, F. 238–241° (feuchtes CH_3OH), aus vorst. Verb. durch Acetonabspaltung, $[\alpha]_D^{20}$ +25,0° ($CHCl_3$). — *3.24.28-Tri-O-acetyl-*, $C_{36}H_{56}O_9$, F. ca. 145°, a) aus rechtsdrehendem 16.22-O-Isopropylidenprotoäscigenin mit sd. Acetanhydrid u. Chromatographie auf alkal. Al_2O_3: mit Bzl.-Ae. (1:1) 16.22-O-Isopropyliden-3.21.24.28-Tetraacetat, mit Bzl. +1% CH_3OH 16.22-O-Isopropyliden-3.24.28-triacetylprotoäscigenin, das entacetoniert wird; b) aus **II** durch Chromatographie auf alkal. Al_2O_3; $[\alpha]_D^{20}$ +30,0° ($CHCl_3$).

K. Maier 4420

1564 **Alkaloide von Acacia.** 1. Mitt. **$N_b.N_b$-Dimethyltryptamin in Acacia phlebophylla F. Muell.** B. Rovelli und G. N. Vaughan. (Austral. J. Chem. **20** (1967) 6, 1299–1300; Victorian Coll. of Pharm., Parkville, Vic.; engl.) — Aus getrockneten Blättern von *A. phlebophylla* wird in 0,3%ig. Ausb. *$N_b.N_b$-Dimethyltryptamin*, $C_{12} \cdot H_{16}N_2$, F. 44° (unkorr., PAe.), isoliert. *Pikrat*, $C_{12}H_{16}N_2 \cdot C_6H_3N_3O_7$, F. 169° (gelbe Kristalle).

H. Nürnberger 4420

1565 **Isolierung und Chemie der Alkaloide einiger Papaverarten.** 32. Mitt. **Isolierung weiterer Alkaloide aus Papaver orientale L.** Vl. Preiniger und F. Šantavý. (Acta Univ. Palackianae Olomucensis Fac. Med. **43**, 5–14, 1966; Inst. für med. Chem., Univ. Olomouc, CSSR; dt.) — 31. vgl. Int. Symp. Biochem. Physiol. Alkaloide, Halle (1965) **Tagungsbericht** 319. — Aus *Papaver orientale* (ganze Pflanzen) werden die Alkaloide *Isothebain* (**I**), *Thebain*, *Nuciferin* (**II**), *Mecambridin* (**III**), *Salutaridin* (**IV**), *Oxysanguinarin* (**V**), *Orientalidin* (**VI**) sowie 3 noch unbenannte Alkaloide (PO-3, PO-4, PO-5) säulenchromatograph. isoliert u. durch Farbrk., F., UV-Absorptions- u. IR-Spektren identifiziert. Dünnschichtchromatograph. waren geringe Mengen von *Koptisin* nachzuweisen. **I** ist das Hauptalkaloid. **II** bis **V** waren bisher aus *p. orientale* nicht beschrieben; **VI** ist ein bisher unbekanntes Alkaloid. PO-3 wird auch erhalten, wenn reines **I** in Chloroform-Lsg. 2 Monate am Licht stehen bleibt.

Versuche: *Orientalidin* (**VI**), $C_{22}H_{23}NO_6$, F. 196–198° (Äthylacetat-Ae.), Farbrk.: mit H_2SO_4 gelb, dann violett; mit HNO_3 gelb. IR- u. UV-Spektrum. $[\alpha]_D^{22}$ = −259° ± 4° (c = 0,444, Chlf.). — PO-3, $C_{19}H_{16}NO_4^{\oplus}$, F. 251–253° (Methanol u. Aceton-Ae.), amethystfarbene Nadeln, Farbrk.: mit H_2SO_4 braun, dann orange, mit HNO_3 gelb. IR- u. UV-Spektrum. — PO-4, $C_{22}H_{20}NO_6^{\oplus}$, F. > 300° (Aceton-Ae.), gelbe Krist.; Farbrk.: mit H_2SO_4 grün, dann hellbraun, mit HNO_2 gelb, dann orange. IR- u. UV-Spektrum. $[\alpha]_D^{22}$ = 0° (c = 0,228, A.). — PO-5, $C_{22}H_{22}NO_6^{\oplus}$, F. > 300° (Methanol-Ae.), gelbe Krist.; Farbrk. wie PO-4, IR- u. UV-Spektrum.

U. Kull 4420

1566 **Meteloidin aus Erythroxylum australe F. Muell.** S. R. Johns und J. A. Lamberton. (Austral. J. Chem. **20** (1967) 6, 1301; Div. of Appl. Chem., CSIRO Chem. Res. Labor., Melbourne; engl.) — Aus getrockneten Blättern von *E. australe* wird *Meteloidin* (*6β.7β-Dihydroxy-3-tigloyloxytropan*), $C_{13}H_{21}NO_4$, F. 141—142° (Aceton, Prismen), isoliert. H. Nürnberger 4420

1567 **Verteilung der Aktivität der Polyphenoloxydase bei der Chromatographie des Proteins der Kartoffelpflanze.** A. S. Večer, V. N. Rešetnikov und O. K. Vasil'kevič. (Doklady Akad. Nauk Beloruss. SSR **11** (1967) 3, 257—59; Inst. eksperiment. bot. AN BSSR; russ.) — Das Protein der Kartoffelknollen verschiedener Sorten wurde chromatograph. untersucht. Die Ggw. der Polyphenoloxydase verteilt sich auf viele Proteinzonen. M. Gordienko 4420

1568 **Probleme der Ablagerung von Reservesubstanzen in den Organen der Pflanzen.** A. A. Prokof'ev. (Izvest. Akad. Nauk SSSR, Ser. biol. **1967**, 2, 210—15; Moskva, inst. fiziol. rastenij im. K. A. Timirjazeva AN SSSR; russ.) — Übersicht. — 46 Literaturangaben. O. Lebtag 4460△

1569 **Verwertung von Zuckern durch Chlorella-Algen unter verschiedenen Bedingungen.** M. Rodríguez-López. (J. gen. Microbiol. **43**, 139—43, 1966; Inst. „G. Marañon" Velazquez 138, Madrid; engl.) — Eine Unters. der Aufnahme u. Verwertung einer Reihe von Kohlenhydraten durch *Chlorella pyrenoidosa* unter verschiedenen Kulturbedingungen ergab, daß nur Glucose, Fructose u. Mannose rasch verbraucht wurden; Galaktose wurde nur in kleinen Mengen aufgenommen, Licht begünstigte die Aufnahme der Zucker stark. Die assimilierten Kohlenhydrate wurden zu Stärke polymerisiert; dies bewirkte Riesenwuchs der Pflanzen u. eine erhebliche Zunahme des Trockengew., dagegen eine Behinderung der Zellteilung. Th. Marsson 4460

1570 **Einbau von ^{14}C-D-Glucuronat und D-Galaktose in Segmente der Wurzelspitze von Mais.** R. M. Roberts. (Phytochemistry **6** (1967) 4, 525—33; Oxford, Botany School, South Parks Road.; engl.) — An den ersten Zentimetern der Primärwurzeln von 3 Tage alten Maissetzlingen (*Zeamais, Orla 266*) wird segmentweise der Einbau von D-*Glucuronat-^{14}C* (**I**) über *Uronsäuren* (**II**) u. *Pentosen* (**III**) in die Zellwandpolysaccharide untersucht. Die **III**-Bldg. geht mit Verlust des $C_{(6)}$-Atoms von **I** als CO_2 einher, jedoch werden auch sehr geringe CO_2-Mengen aus dem übrigen C-Skelett abgegeben. Die **II**-Synth. war am stärksten in den ersten 2 mm ausgeprägt, jedoch schwach bez. des **I**-Einbaus in *Xylose* u. *Arabinose*. Am höchsten ist die **II**-Synth. im 4. Segment, in dem sich die Zellen in einem frühen Stadium der Elongation befinden; in den nachfolgenden älteren Segmenten fällt die **II**-Synth. deutlich ab. *D-$^{14}C_{(1)}$-Galaktose* (**IV**) wurde hauptsächlich als **IV**-Einheit als spezif. Vorstufe der Zellwandzucker eingebaut. Bezogen auf die vorhandene Polysaccharid-Menge erfolgt der **IV**-Einbau in bereits elongierte Segmente des 5. u. 6. Milimeters am stärksten. Demnach finden alle Wachstumsvorgänge in den ersten 7 mm der Wurzelspitze statt, so daß alle Stoffwechselvorgänge, die für die Ausdehnung der Zellwand verantwortlich sind, in der 1-cm-Region der Wurzelspitze lokalisiert sind. Nach Ansicht der Vf. spiegeln diese Einbauunterschiede von **I** u. **IV** den Kontrollmechanismus der physikal. Eig. der Zellwand — besonders ihrer Dehnbarkeit — wieder. B. Puschendorf 4460

1571 **Akkumulation von freiem Prolin in Weizenblättern unter dem Einfluß von Trockenheit.** T. Kudrev und S. Istatkov. (Doklady bolgarskoj Akad. Nauk **20** (1967) 7, 711—13; Inst. of Genetics and Plant Selection, Sofia 13; engl.) — Unter dem Einfl. der Trockenheit steigt der Geh. an freiem Prolin auf 165%. Die Neusynth. des Prolins ist auf $^1/_{10}$ vermindert, wie Vers. mit $^{14}CO_2$ ergaben. Die Erhöhung des Prolingeh. ist auf eine Veränderung des Proteinstoffwechsels zurückzuführen. W. Hiller 4460

1572 **Naphthochinon-Biosynthese in höheren Pflanzen. 2. Mitt. p-Hydroxybenzoesäure als Vorstufe von 2-Hydroxy-1.4-naphthochinon in Impatiens balsamina L.** Bruce A. Bohm. (Biochem. biophysic. Res. Commun. **26** (1967) 5, 621—24; Dep. of Bot., Univ. of Brit. Columbia, Vancouver; engl.) — 1. vgl. Canad. J. Biochem. Physiol. **44** (1966) 1389. — Pflanzen des Springkrauts *I. balsamina* wurden über die Stengel 24 Std. mit $^{14}C_{(n)}$-*Shikimisäure* (**I**), $^{14}C_{(n)}$-p-Hydroxybenzoesäure (**II**), $^{14}C_{(n)}$-*p-Hydroxybenzaldehyd* u. $^{14}C_{(2.3.4.6.)}$-*Hydrochinon* (**III**) gefüttert u. auf Grund der in das *2-Hydroxy-1.4-naphthochinon* (**IV**) eingebauten Aktivität der Biosynth.-Weg **I** → **II** → **IV** wahrscheinlich gemacht. **II** wird nur in den Chinonring von **IV** eingebaut. Freies **III** fungiert nicht als Vorstufe. U. Kull 4460

1573 **4-Aminobuttersäuresystem in normalen und Tumor-(Crown gall)-Geweben von Helianthus tuberosus.** Pilar Gonzalez und Maria Cascales. (An Real Acad. Farmac. **32**, 215—23, 1966; Premio Alter, S.A.; span.) — Durch Fütterung von $^{14}C_{(1)}$-*4-Aminobuttersäure* (**I**) an Gewebekulturen aus Knollen von *Helianthus tuberosus*, die **I** als einzige N-Quelle erhielten, wird dessen Bedeutung für das Wachstum der Knollen festgestellt. **I** wird rasch, vorwiegend unter Decarboxylierung, in den Stoffwechsel einbezogen, was mit früheren Befunden an gesundem u. Crown-gall-Tumor-Gewebe in Einklang steht. Unter den Aminosäuren sind *Alanin, Prolin, Asparaginsäure* u. *Glutaminsäure* am stärksten markiert, unter den Carbonsäuren *Äpfelsäure*. Die Befunde werden hinsichtlich einer bes. Rolle von **I** für den Stoffwechsel bestimmter Entwicklungsphasen interpretiert. U. Kull 4460

1574 **Zeitlicher Verlauf der Steroidbiosynthese und Stoffwechsel bei Haplopappus heterophyllus.** Raymond D. Bennett, Ellen Ruth Lieber und Erich Heftmann. (Plant Physiol. **42** (1967) 7, 973—76; Western Region Res. Labor., Albany, Calif.; engl.) — 2 Monate alte Pflanzen erhalten eine einzelne Dosis $^{14}C_{(2)}$-Mevalonsäure u. nach 3 Tagen bis 6 Monaten wird die Verteilung der Radioaktivität bestimmt. Die Konz. der 4.4-Dimethylsterine bleibt in den ersten 2 Monaten konst. u. erhöht sich bei 6 Monate alten Pflanzen. Die Konz. der 4-Methylsterine liegt unterhalb der Nachweisgrenze durch Dünnschichtchromatographie. Die Δ^7-Sterine nehmen in ihrer Konz. von der 2. Woche an zu. Die Konz. der Δ^7-Steroide bleibt während der ganzen Zeit niedrig. Vf. finden ein radioakt. phenol. Material, das nur in 6 Monate alten Pflanzen vorhanden war, die geblüht hatten. W. Hiller 4460

1575 **Ausscheidung von Protoporphyrin IX durch Euglena.** P. J. Dubash und D. V. Rege. (Biochim. biophysica Acta [Amsterdam] **141** (1967) 1, 209—11; Bombay (India), Univ., Dep. of Chem. Technol.; engl.) — Vers. zeigen, daß in Kulturen von *Euglena gracilis* bei Licht eine Exkretion von *Protoporphyrin-IX-dimethylester* (**I**) stattfindet, die noch 13fach gesteigert wird, wenn die Zellen im Dunkeln wachsen. **I** wird auch durch bei Ggw. von Mg^{2+} von hungernden oder durch Hitze gebleichten Zellen in größeren Mengen ausgeschieden. Dieser Vorgang dürfte mit der *Chlorophyll*-Synth. in dieser Alge zusammenhängen. L. Macher 4460

1576 **Beteiligung der Phytochrome an der induktiven Wirkung niedriger Temperatur auf die Dunkelkeimung von Lactuca-Samen bei superoptimaler Temperatur.** Nurit Roth-Bejerano, D. Koller und M. Negbi. (Plant Physiol. **41**, 962—64, 1966; The Hebrew Univ. of Jerusalem, The Negev Institute for Arid Zone Research; engl.) — Die Induktion der Dunkelkeimung von *Lactuca sativa* bei superoptimaler Temp. (30°) durch Kältebehandlung (**A**) wurde durch anschließende Infrarotbestrahlung teilweise aufgehoben. Abermalige **A** stellte sie wieder her. Die fördernde Wrkg. kurzer Rotlichteinw. wurde durch Einlegen einer **A** noch gesteigert. Vf. vermuten, daß die bereits in den Samen vorhandene akt., infrarotabsorbierende Form der Phytochrome (**B**) mit einem während der Hemmung gebildeten Cofaktor zusammenwirkt; seine Bldg.-Rate u. die Dunkelinaktivierung des akt. **B** steigen mit der Temp., die Prod. des Zusammenwirkens passieren eine photolabile u. eine thermostabile Phase, bevor sie photostabil werden. J. Heidenbluth 4460

1577 **Regulationsmechanismus der Anthocyanin-Biosynthese in den ersten Internodien von Sorghum vulgare: Wirkung mutmaßlicher Inhibitoren der Proteinsynthese.** Helen A. Stafford. (Plant Physiol. **41,** 953—61, 1966; Portland, Oreg., Reed Coll., Biol. Dep.; engl.) — Mit W. infiltrierte Internodien bildeten im Licht 12—24 Std. nach dem Schneiden *Apigenidin* (**I**), das langsam weiter produziert wurde; nach 24 Std. bildeten sich *Luteolinidin* (**II**)-Deriv. (Aglykon u. unidentifizierte Form), die rasch zunahmen u. die **I**-Menge überstiegen. *Cyanidin* (**III**) (acyliertes Glykosid) entwickelte sich langsamer, erreichte aber innerhalb von 4 Tagen die **II**-Menge. In nichtinfiltrierten, in Luft gehaltenen Internodien war die **III**-Produktion, beginnend bei etwa 6 Std., stark beschleunigt; **I** u. **II** wurden später u. langsamer akkumuliert. Vers. mit Inhibitoren (**A**), die die Proteinsynth. (**B**) an verschiedenen Stellen beeinflussen, lassen vermuten, daß **B** für die maximale Produktion aller 3 Anthocyanine nötig ist u. auf verschiedenen Stufen geschwindigkeitsbegrenzend wirkt. Die lichtunabhängige Synth. von **I** u. **II** wurde durch *Chloramphenicol* (**IV**) u. *L-Äthionin* (**V**) gehemmt, nicht durch Actinomycin *D* (**VI**) u. *8-Azaguanin* (**VII**); durch *Puromycin* wurde sie teilweise leicht stimuliert. Die lichtinduzierte Synth. von **III** wurde bes. gehemmt durch **VI** u. **VII**, weniger durch **IV** u. **V**; **VI** war nicht wirksam, wenn es nach 6 Std. Inkubation in Luft zugesetzt wurde. Alle **A** waren in verschiedenem Ausmaße fähig, die Inkorporation von $^{14}C_{(2)}$-Uracil in die RNS-Fraktion, bzw. von $^{14}C_{(1)}$-Leu in die Proteinfraktion zu hemmen. Aus den Hemmvers. wird geschlossen, daß die lichtunempfindliche Synth. von **I** u. **II** auf der Ribosomenstufe über stabile mRNS kontrolliert wird, während die lichtinduzierte **III**-Produktion von der Bldg. von mRNS ursprünglich abhängig ist. I. Heidenbluth 4460

1578 **Wirkung von Ferredoxin auf die Photooxydation von Hydroxylamin in isolierten Chloroplasten.** S. Vaklinova, E. Nikolova-Tsenova und S. Anghelova. (Doklady bolgarskoj Akad. Nauk **19,** 1191—94, 1966; Bulgarian Acad. of Science, Inst. of Plant Physiol.; engl.) — *Ferredoxin* (**I**) (aus Spinatblättern) aktiviert die Photooxydation von *Hydroxylamin* durch isolierte Chloroplasten. Oxydiertes **I** spielt offensichtlich hierbei eine akt. Rolle als Elektronenakzeptor, der Elektronen auf mol. O_2 überträgt. K. Maier 4460

1579 **Hemmung photosynthetischer Reaktionen in isolierten Chloroplasten und in Chlorella durch Disalicylidenpropandiamin.** A. Trebst und M. Burba. (Z. Pflanzenphysiol. **57** (1967) 5, 419—33; Pflanzenphysiol. Inst. der Univ. Göttingen; dt.) — Vf. verwenden *N.N'-Disalicyliden-propandiamin-(1.2)-5'.5''-disulfonsäure* (**I**) u. *N.N'-Disalicyliden-propandiamin-(1.3)* (**II**). 10^{-3} m **I** hemmen die NADP- u. Nitritred. in isolierten Chloroplasten (Ferredoxin-abhängige Rk.). Die nicht Ferredoxin-abhängige Hill-Rk. mit Ferricyanid u. Chinonen u. die cycl. Photophosphorylierung mit Methylphenazoniummethosulfat u. Menadion werden durch **I** nicht beeinflußt. Der Hemmort von **I** liegt daher zwischen Lichtrk. 1 u. Ferredoxin. Die durch Nitritreduktase bewirkte Nitritred. im Dunkeln wird durch **I** nicht gehemmt. **I** hemmt die Nitratreduktase in *Chlorella.* 10^{-3} m **II** hemmen die photosynth. CO_2-Assimilation um 50% u. $5 \cdot 10^{-4}$ m **II** hemmen die lichtabhängige Glucoseaufnahme von *Chlorella* unter N_2 um 80—100%. **II** hemmt nicht die photosynthet. Nitritred., wohl aber die Nitratred. in *Chlorella.*

Versuche: *N.N'-Disalicyliden-1.6-diamino-hexan,* $C_{20}H_{24}N_2O_2$, F. 70°, durch Kochen von 1 mMol 1.6-Diaminohexan mit 2 mMol Salicylaldehyd in abs. A.; Ausb. 30%. — *N.N'-Disalycyliden-1.3-diaminopropan-5.5'-disulfonsäure-Na-Salz,* $C_{17}H_{16}Na_2N_2O_8S_2$, durch Kondens. von 2 mMol 5-Sulfosalicylaldehyd u. 1 mMol 1.3 Diaminopropan in heißem A., 10% Ausbeute. W. Hiller 4460

1580 **Einfluß von Phenylmercuriacetat und Phosphat auf die lichtbedingte Schrumpfung und auf andere Reaktionen in Chloroplasten.** Paul André Siegenthaler. (Physiol. Plantarum [Kopenhagen] **19,** 437—47, 1966; Dep. of Physiol., Univ. of Calif., Berkeley, Calif.; engl.) — Phenylmercuriacetat (PMA) stimulierte die licht-induzierte Schrumpfung von Spinat-Chloroplasten bei Konz., die zykl. u. nicht-zykl. Photophosphorylierung u. NADP-Red. vollständig verhinderten, während Ferricyanidred. aktiviert wurde. Wenn PMA auch die NADP-Red. behindert, kann es doch als Entkoppler angesehen werden, wenn Ferricyanid der Elektronenakzeptor ist. Phosphat steigert die Schrumpfung. Im Gegensatz zu anderen Entkopplern, wie NH_4Cl, Carbonylcyanid, m-Chlorphenylhydrazon, Pentachlorphenol u. Dicumarin, die alle Photophosphorylierung u. Formveränderungen in Chlorplasten hemmten, hatte PMA eine spezif. Wrkg., indem es zwar die Photophosphorylierung hemmte, die Schrumpfung aber stimulierte. — Anscheinend kann in einem Syst. mit zykl. Elektronenfluß, in dem die ATP-Synth. (z. B. durch PMA) blockiert ist, die Schrumpfung als indirekte Meth. zur Messung des Elektronenflusses dienen. Th. Marsson 4460

1581 **Mineralische Ernährung der Pflanzen.** Z. I. Žurbickij. (Izvest. Akad. Nauk SSSR, Ser. biol. **1967,** 2, 216—25; Moskva, inst. fiziol. rastenij im. K. A. Timirjazeva AN SSSR; russ.) — Übersicht. — 24 Literaturangaben. O. Lebtag 4470△

1582 **Wirkung der mineralischen Ernährung auf Wachstum und HF-Empfindlichkeit von Gladiolus.** D. C. McCune, A. E. Hitchcock und Leonard H. Weinstein. (Contr. Boyce Thompson Inst. **23,** 295—99, 1966; Boyce Thompson Inst. for Plant Res.; engl.) — Die Wrkg. einer HF-Begasung (2,1 μg F/m³ in 24 Std.) auf 2 in vollständigen u. in Mangel-(K, Ca, Mg, P, N, Mn, Fe)-Nährlsg. wachsenden *Gladiolus*-Varietäten wurde untersucht. Bei K-, P- u. Mg-Mangel traten verstärkt Nekrosen auf, während Ca- u. N-Mangel bei einer Varietät verringerte Schädigungen hervorriefen. U. Kull 4470

1583 **Einfluß von Kupfer und Kobalt auf den Hämoglobingehalt der Knöllchen von Lupine und Ackerbohne.** G. Ja. Žiznevskaja, M. I. Dmitrieva, B. A. Iagodin und A. V. Vasil'eva. (Izvest. Akad. Nauk SSSR, Ser. biol. **1967,** 2, 203—09; Moskva, inst. fiziol. rastenij im. K. A. Timirjazeva AN SSSR; russ.) — Im Feld- u. Gefäßvers. wird festgestellt, daß in den Knöllchen von Ackerbohne u. Gelblupine der *Hämoglobin*(**I**)-Geh. mit fortschreitendem Alter zunimmt u. während der beginnenden Blüte ein Max. erreicht. Mit fortschreitender Samenreifung nimmt der **I**-Geh. stark ab. Durch Behandlung des Saatgutes mit *Cu^{2+}* oder *Co^{2+}* oder durch Einbringung von Cu^{2+} oder Co^{2+} in den Boden wird die Zers. des **I** während der Samenreifung stark verzögert. O. Lebtag 4470△

1584 **Verteilung von drei Auxinprotektorsubstanzen in Samen und Schossen von Pharbitis nil.** Y. Yoneda und T. Stonier. (Plant Physiol. **42** (1967) 7, 1017—20; Labor. of Plant Morphogenesis, Manhattan Coll., Bronx, New York 10471; engl.) — In Schossen von *Pharbitis nil* wird die Existenz von Substanzen nachgewiesen, die die enzymat. Zerstörung von Auxin verhindern. Die Konz. dieser Protektorsubstanzen fällt von der Spitze der Sprosse zur Basis hin ab. Neben den 2 bisher bekannten Protektorsubstanzen (Protektor I u. II) wird noch eine dritte Protektorsubstanz (Protektor A) gefunden, die sehr akt. ist in Samen u. Schoßspitzen von reifen Pflanzen. In keimenden Samen wird nicht Protektor I u. II gefunden, in Stengelspitzen ist kein Protektor II, u. es sind nur geringe Mengen von Protektor I vorhanden. Altes Gewebe enthält geringe Mengen an Protektor A, enthält aber Protektor I u. II. Vf. nehmen an, daß Protektor A in Protektor I u. II abgebaut u. in dieser Form transportiert wird. Protektor A hat vermutlich ein Molgew. von 200000. W. Hiller 4485

1585 **Hormonale Regulierung der Enzymsynthese. Wirkungsart von Gibberellsäure und Abscisin in Aleuronschichten von Gerste.** Maarten J. Chrispeels und J. E. Varner. (Plant Physiol. **42** (1967) 7, 1008—16; Plant Res. Labor., Mich. State Univ., East Lansing, Mich. 48823; engl.) — *Gibberellsäure* beschleunigt die Synth. von *α-Amylase* u. *Ribonuclease* in isolierten Aleuronschichten. Diese Synth. wird gehemmt durch *Abscisin.* Zugabe von *6-Methylpurin* oder *8-Azaguanin* hemmt die Synth. der α-Amylase innerhalb von 3—4 Stunden. Actinomycin D zeigt keine Wirkung. *Cycloheximid* hemmt die Enzymsynth. sofort nach der Zugabe. Die Kinetik der Hemmung von Abscisin einerseits u. von 8-Azaguanin oder 6-Methylpurin andererseits lassen vermuten, daß Abscisin durch Hemmung der Synth. einer Enzym-spezif. RNS wirkt oder durch Verhinderung ihres Einbaues in eine akt. Enzym-synthetisierende Einheit.

W. Hiller 4485

1586 **Aufnahme, Transport und Stoffwechsel von $^{14}C_{(1)}$-Diphenamid durch Sämlinge der Tomate.** A. J. Lemin. (J. agric. Food Chem. **14,** 109–11, 1966; Kalamazoo, Mich., Upjohn Co.; engl.) — Sämlinge von *Lycopersicon esculentum Mill. var. Rutgers* werden in einer Hoagland-Nährlsg. herangezogen, die 5,5 ppm des Herbizids *Diphenamid* (*2.2-Diphenyl-N.N-dimethylacetamid,* **I**) enthält. Die papierchromatograph. Unters. der Bzl.- u. W.-Extrakte der Pflanzen ergibt nach 7 Std. nur **I**; nach 12 u. 24 Std. zeigen sich jedoch außerdem schon Stoffwechselprodukte. Nach 7 Tagen sind 59% **I**, 36% *2.2-Diphenyl-N-methylacetamid* (**II**), 5% *2.2-Diphenylacetamid* (**III**) u. etwas *Diphenylessigsäure* (**IV**) nachzuweisen. — Bei Topfvers. mit 14,525 mg **I**/50 g Erde im Gewächshaus werden nach 21 Tagen in den oberen Blättern 10 ppm, in den unteren 11,8 ppm **II** gefunden. — In nach 77 u. 97 Tagen grün bzw. reif geernteten Tomatenfrüchten kann weder **I** noch eines seiner Stoffwechselprod. nachgewiesen werden. Die Tomatenpflanze vermag demnach **I** zu resorbieren, zu transportieren u. im Blattgewebe zu **II** u. **III** zu demethylieren. — Die Synth. von $^{14}C_{(1)}$-**I** erfolgte ausgehend von $K^{14}CN$ bis zum Diphenylacetylchlorid nach der Meth. von Murray u. Williams (Organic Syntheses with Isotopes **1** (1958) 927; Interscience, New York). Zusatz von 2 Mol.-Äquivalenten Dimethylamin (in Bzl. gelöst), Filtration u. Absaugen des Lsgm. ergab ungereinigtes $^{14}C_{(1)}$-**I** (0,8 mc/mm). Die radioakt. Ausb. aus $K^{14}CN$ betrug 34%. $^{14}C_{(1)}$-**I** · wurde absteigend papierchromatograph. mit n-Butanol–NH_4·OH–W. (100:3:18) gereinigt. Die Darst. von **II** u. **III** erfolgte durch Verdünnung von $^{14}C_{(1)}$-**IV** mit 250 mg unmarkierter **IV** u. Umwandlung der verdünnten Säure in **I**. Zusatz von Methylamin ergab **II**, Zusatz von konz. NH_4OH ergab **III**. **II** u. **III** hatten eine spezif. Aktivität von 0,03 mc/mm.

Horst G. W. Gleiß 4485

1587 **Thiaminbedarf in Beziehung zum Cytokinin im Kallus von „normalen" und „Mutanten"-Tabakstämmen.** Elfriede M. Linsmaier-Bednar und Folke Skoog. (Planta [Berlin] **72** (1966, herausgeg. 1967) 2, 146–54; Madison, Wis., Univ., Dep. of Bot.; engl.) — Kallusgewebe von „normalem" Tabak (*Nicotiana tabacum var. Wisconsin* Nr. 38) wächst in Ggw. hoher Konz. von *Kinetin* (**I**, 400–2000 μg/l) bei Abwesenheit von exogenem *Thiamin* (**II**) ohne Veränderungen der Charakteristika des Wachstums. Die optimale Konz. von **I** beträgt 1000 μg/l. Da bei Übertragung des Gewebes in ein Medium mit geringem **I**-Geh. bei Fehlen von **II** kein Wachstum mehr stattfindet, ist ein mutagener Effekt auszuschließen. Bei Mangel an **I** kann das Gewebe nur bei hohen Konz. von **II** (>500 μg/l) wachsen. Gewebe von Mutanten, die kein exogenes **I** zum Wachstum benötigen, wachsen bei Licht auch ohne Zufuhr von **II**, in der Dunkelheit ist jedoch die Anwesenheit von **II** erforderlich. Hierbei beeinflußt der Geh. an endogenem **I** den Bedarf an **II**. Der große Unterschied der minimalen **I**-Konz., die für ein Wachstum des Gewebes bei Ggw. bzw. bei Abwesenheit von **I** erforderlich ist, gibt einen Hinweis, daß die wachstumsfördernde Wrkg. von **I** in den beiden Fällen auf verschiedenen Rk. beruht.

J. Elich 4485

1588 **Herbizidrückstände.** H. Maier-Bode. (Mitt. biol. Bundesanst. Land- u. Forstwirtsch. Berlin-Dahlem **1967,** 121, 203–09; Rhein.-Friedrich-Wilhelms-Univ., Bonn., Pharmakol. Inst.; dt.) — Verschiedene Ernteprod. wurden auf Rückstände von amtlich zugelassenen Herbiziden untersucht. Bei Anwendung gemäß der Gebrauchsanweisung bleiben keine oder nur ganz geringe Rückstände. Größere Rückstände von Diquat stammen wahrscheinlich von Bodenpartikelchen, die den Kartoffeln anhängen; Rückstände, die an Hopfen festgestellt wurden, waren offenbar vom Reifestadium beim Sprühen beeinflußt.

K. Zingraf 4485

1589 **Wirkung von Simazin auf Chloroplasten-Ribonucleinsäure und Proteinstoffwechsel.** R. P. Singh und S. H. West. (Weeds **15** (1967) 1, 31–34; engl.) — Nach 6tägiger Einw. von *Simazin* (**I**; *2-Chloro-4.6-bis-[äthylamino]-symm.-triazin*; $1 \cdot 10^{-6}$%ig. Lsg.) ist bei Haferpflanzen (*Avena sativia L. var. Seminole*) der Geh. an Chloroplastenproteinen (A) u. Chlorophyll (um 40%) erniedrigt. Der Geh. an mitochondrialem, mikrosomalem u. zytoplasmat. Protein wird erst nach 10 Tagen beeinflußt. Der Einbau von ^{14}C-Leucin in A ist nach 6 Tagen >50%, nach 10 Tagen nicht signifikant gehemmt. **I** hemmt auch die A-Synth. dunkelkultivierter Pflanzen. Der **I**-Effekt kann durch Glucose z. T. aufgehoben werden. 9tägige **I**-Behandlung hemmt den Einbau von ^{32}P-Phosphat in rRNS fast vollständig.

M. Schütt 4490△

1590 **Aktivierungsenergie der Phosphatase- und Apyrase-katalysierten Reaktionen in Tabakblättern bei Befall mit Tabakmosaikvirus oder mit dem Pilz Erysiphe cichoracearum DC.** V. Eşanu. (Studii Cercetări Biochim. [Bucureşti] **10** (1967) 2, 135–36; Inst. de Biol. al Acad. R. S. R. Bucureşti; rum.) — In mit Tabakmosaikviren oder Erysiphe cichoracearum DC befallenen Blättern steigt die Aktivierungsenergie (μ) der Phosphatase- u. Apyraserk. an. Dies wird als Verminderung der Enzymqualität durch die Infektion gedeutet.

V. Bigl 4495△

E–5. Tierchemie, Tierphysiologie, Tierpathologie

1591 **Reduktion von Wollkeratin durch tertiäre Phosphine.** B. J. Sweetman und J. A. MacLaren. (Austral. J. Chem. **19,** 2347–54, 1966; Parkville, Vic., CSIRO Wool Res. Labor., Div. of Protein Chem.; engl.) — Die Unters. der Red. der S–S-Gruppen in Wollkeratin durch verschieden substituierte Phosphine zeigte, daß *Tri-[hydroxymethyl]-phosphin* u. *Tri-[diäthylaminomethyl]-phosphin* beträchtliche Red. bewirken, daneben jedoch auch Nebenrk. auftreten. Sie beruhen wahrscheinlich auf CH_2O-Bldg., da in wss. Lsg. Hydrolyse dieserPhosphine stattfindet. Mit *Tri-n-butylphosphin* verläuft die Red. offensichtlich spezif. u. fast quant., wobei nur ein geringer Überschuß an Red.-Mittel erforderlich ist.

K. Maier 4520

1592 **Stellungsverteilung von Isomeren der Monoenfettsäuren in tierischen Glycerolipiden.** H. Brockerhoff und R. G. Ackman. (J. Lipid Res. **8** (1967) 6, 661–66; Halifax, Nova Scotia, Canada, Fisheries Res. Board of Canada; engl.) — Vgl. Brockerhoff, Comparat. Biochem. Physiol. **19** (1966) 1. — Unter Hinweis auf die bisher bekannte, jeweils bevorzugte Verteilung der gesätt. mono- u. polyungesätt. Fettsäuren (**I**) in Stellung 1 bzw. 2 des Glycerins bei Phospholipiden u. Triglyceriden (**II**) werden Vers. mit der Zielsetzung durchgeführt, aufzuklären, ob eine ähnliche selektive Verteilung bei monoenen, isomeren **I** der gleichen Gruppe besteht. Untersucht werden die Lipide einiger Fische (Leber, Körper), vom Wal (Milchfett), von Ratte, Hund, Schwein, die mit Makrelen gefüttert worden sind, sowie vom Ei. Angaben über die Tiere, über die Isolierung der Lipide u. ihre Differenzierung in **II** u. Phospholipide, über die gesteuerte enzymat. Hydrolyse mit Pankreaslipase bzw. mit Phospholipase A, über die dünnschichtchromatograph. Trennung der Prod. der partiellen Hydrolyse, über die gaschromatograph. Best. der freien **I** in Form ihrer Methylester. Nach den eingehend diskutierten Ergebnissen, wobei jeweils verschiedene isomere Monoenfettsäuren der C_{16}-, C_{18}-, C_{20}- u. C_{22}-Reihe einbezogen worden sind, unterliegen die Isomeren einer **I**-Reihe verschiedener Stellungsverteilung; dies wird am Beispiel der isomeren C_{18}-Vertreter dargelegt. Es wird abgeleitet, daß die Struktur dafür bestimmend ist; die Δ^9-Isomeren treten vor allem in Stellung 2 auf; bei **II** scheint auch die Herkunft der **I** orientierend zu wirken, insofern, als die alimentären monoenen Vertreter in Stellung 1 u. 2 verestert werden; allg. theoret. Ausführungen über die Ursachen dafür, daß die monoenen Isomeren anderer Gesetzmäßigkeit unterliegen als die gesätt. u. die polyungesätt. **I**; dabei dürfte auch die native 9.10-Dehydrierung von gesätt. Vertretern eine Rolle spielen.

K. Täufel 4520

1593 **Struktur und Stoffwechsel von Glykosaminoglykan-Proteinen.** 2. Mitt. **Die Chondroitin-4-sulfat-Peptide der Rinder-Cornea.** Helmut Greiling, Helmut W. Stuhlsatz und Lotte Plagemann. (Hoppe-Seyler's Z. physiol. Chem. **348** (1967) 2, 121—28; Rheumaforschungsinst., Landesbad, Aachen; dt.) — 1. vgl. C. **1968, 5-1521.** — *Chondroitin-4-sulfat-Peptide* (**I**) im Proteolysat der Rindercornea wurden durch kombinierte Chromatographie an Ecteola-Cellulose u. Cetylpyridiniumchlorid-Cellulose von Keratansulfat-Peptiden abgetrennt u. durch Säulenchromatographie an Ecteola-Cellulose fraktioniert. Das *Uronsäure*:*Hexosamin*(**II**)-Verhältnis; nicht dagegen das Sulfat:**II**-Verhältnis war in allen Fraktionen einheitlich. **I** war elektrophoret. u. in der analyt. Ultrazentrifuge einheitlich. Der prozentuale *Aminosäuren*(**III**)-Anteil war bei allen 3 Fraktionen gleich u. die vorherrschenden **III** waren *Asparaginsäure, Glutaminsäure, Serin, Alanin* u. *Glycin*. Als Neutralzucker kamen *Xylit* u. *Galaktose* vor. **I** der Cornea wurde durch Chondroitinsulfat-Lyase aus *Proteus vulgaris* gleich schnell zu Uroniden abgebaut wie **I** aus Trachealknorpel. In vitro konnte ein Einbau von $^{35}SO_4^{2-}$ in **I** nachgewiesen werden. K. Zingraf 4520

1594 **Kollagenolytische Aktivität in Geweben der Mundhöhle.** A. Bennick und A. M. Hunt. (Arch. oral Biol. **12** (1967) 1, 1—9; Toronto, Fac. of Dent., Univ.; engl.) — Lebende Explantate von Zahnfleisch, Zahnwurzelhaut u. Gaumendach junger Meerschweinchen sind in der Lage, ein *Kollagen*(**I**)-Fasergel bei pH 7,3—7,9 abzubauen. Gefrorene u. wiederaufgetaute Explantate zeigen keine kollagenolyt. Eig.; ebenso sind lebende Explantate von erwachsenen Tieren in 47 von 48 Fällen inaktiv. Debris u. Zahnfleischgewebe aus der Mundhöhle des gesunden Menschen bauen **I** nicht ab. Dagegen weist chron. entzündetes, lebendes menschliches Zahnfleischgewebe, bes. nach Kultivierung, kollagenolyt. Eig. auf; ferner lebendes u. gefroren-wiederaufgetautes Zahnfleischgewebe von Patienten mit akuter nekrotisierender Gingivitis (auch ohne Kultivierung). U. Tausendfreund 4520

1595 **Röntgenbrechungsanalyse des menschlichen Zahnschmelzes mit unterschiedlichem Fluoridgehalt.** P. D. Frazier, Marguerite F. Little und F. S. Casciani. (Arch. oral Biol. **12** (1967) 1, 35—42; Bethesda, Md., Nat. Inst. of Dent. Res.; engl.) — An pulverisiertem Zahnschmelz von Personen verschiedenen Alters u. aus Gegenden mit verschiedenem F^--Geh. des Trinkwassers (< 10 bis 5,0 ppm) läßt sich bei Röntgenbrechungsunters. eine Beziehung zwischen F^--Geh. des Schmelzes u. F^--Zufuhr über das Trinkwasser erkennen (F^--Geh. des W. u. Alter der Probanden). Der Korrelationskoeff. beträgt für die (002)-Reflektion —0,9, für (211) u. (300) — 0,7, für (202) —0,1. U. Tausendfreund 4520

1596 **Aufnahme von ^{14}C-Harnstoff und ^{14}C-Prilocain in isoliertes Harnblasengewebe.** F. K. Ohnesorge und O. Wassermann. (Naunyn-Schmiedebergs Arch. Pharmakol. exp. Pathol. **258** (1967) 4, 309—20; Inst. für Pharmakologie, Univ. Kiel; dt.) — *Prilocain* (**I**; pK_a = 7,7 bei 36°) dringt als freie Base (pH des Mediums 9,0) rascher in isolierte Harnblasenstücke von Meerschweinchen ein als in protonisierter Form (pH 6,4). **I** wird im Blasengewebe angereichert, jedoch nimmt die relative Anreicherung mit steigender Konz. (0,156—39 mm) im Medium ab; dem Medium wird **bevorzugt** freie Base entzogen. Im Blasengewebe werden ca. 3,5 μMol *Harnstoff* (**II**)/g Feuchtgew. fest gebunden u. beteiligten sich nicht an Austauschvorgängen. Bei Inkubation in Lsg. von ^{14}C-**II** (0,2—39 mm) erreichte die Konz. im Gewebe immer ca. 75% der Konz. im Medium. Aufnahme-Geschw. u. Konz. im Gewebe im Gleichgew.-Zustand sind vom pH des Mediums unabhängig. K. Zingraf 4550

1597 **Synthese von extrazellulärem Dextran durch kariogene Bakterien und sein Vorkommen in Zahnplaques beim Menschen.** R. J. Gibbons und S. B. Banghart. (Arch. oral Biol. **12** (1967) 1, 11—24; Boston, Mass., Harvard School of Dent. Med.; engl.) — Beim Menschen kariogen wirkende Streptokokken des Stammes *GS 5* [maximales Wachstum in 2%ig. Saccharose (**I**)] bilden in 10%ig. **I**-Nährböden ein *dextranartiges Polymer* (**II**); Ggw. freier Glucose u. Fructose (je 2%) stören diese **II**-Synth. nicht entscheidend. Durch den GS 5-Stamm synthetisiertes **II** verhält sich immunolog. ähnlich wie von anderen Streptokokken [*PK 1, 120* (beide humankariogen), *GF 71* (rattenkariogen), *E 49* u. *HS 6* (meerschweinchenkariogen)] u. von *Lactobacillus acidophilus* synthetisiertes **II**. Das extrazelluläre **II** ist relativ resistent gegenüber dem Einfl. von Mundhöhlenbakterien; mit Kaninchenserum, klarer Speichelfl. des Menschen, Eialbumin-Lsg., Schweinemagenmucin-Lsg. u. Gelatine-Lsg. bildet **II** unlösl. Nd.; **II** haftet nach 30 Min. Inkubation mit *Hydroxyapatit*(**III**)-Pulver bei 35° fest an **III**. An menschlichen Zähnen vorkommende Plaques enthalten ca. 1,8% **II** im Trockengewicht. U. Tausendfreund 4552

1598 **Anorganisches Pyrophosphat im Parotisspeichel und seine Beziehung zur Zahnsteinbildung.** J. J. Vogel und B. H. Amdur. (Arch. oral Biol. **12** (1967) 1, 159—63; Boston, Forsyth Dent. Center; engl.) — Es wird das Vork. von *Pyrophosphat* (**I**) im menschlichen Parotisspeichel bestätigt (kolorimetr. u. papierchromatograph. Best.). Bei Erwachsenen mit Zahnstein-Bldg. finden sich höhere Orthophosphat- u. niedrigere **I**-Konz. im Parotisspeichel als bei Kindern u. Personen ohne Zahnstein-Bldg., was auf einen Zusammenhang zwischen **I** im Speichel u. der Tendenz zur Zahnstein-Bldg. schließen läßt. Der PO_4/**I**-Quotient ist bei Zahnstein-Bildnern erhöht. U. Tausendfreund 4555

1599 **Sialsäuren in Speicheldrüsen, Speichel und Pankreas von Wirbeltieren.** L. C. U. Junqueira, F. Fava-De-Moraes und A. M. Toledo. (Arch. oral Biol. **12** (1967) 1, 151—57; São Paulo, Fac. of Med., Univ.; engl.) — Bei Prüfung des *Sialsäuren*(**I**)-Geh. in Speicheldrüsen, Speichel u. Pankreas verschiedener Wirbeltierarten läßt sich keine direkte Beziehung zwischen **I**-Geh. u. phylogenet. Position erkennen. Amphibien (1 untersuchte Art) enthalten mehr **I** in Speicheldrüsenstrukturen als im Mundschleimhautepithel. Reptilien (12 Arten) enthalten niedrige **I**-Konz. im Pankreas u. stark schwankende, höhere **I**-Konz. in den Speicheldrüsen u. im Gift (Schlangen). Bei Säugetieren (66 Arten) enthalten die Submandibularspeicheldrüsen meist mehr **I** als die Parotisdrüsen (durchschnittlich 2,55 im Vgl. zu 1,24 mg/g); im Pankreas sind im Mittel 0,77 mg **I**/g nachweisbar. U. Tausendfreund 4555

1600 **Regenerierung der Aktivität des antibakteriellen Speichelfaktors (S.A.-Faktor) in ausgewählten Medien.** M. Inoue, S. Saji, K. Hamada, Y. Iwamoto, T. Morioka und T. Matsumura. (Arch. oral Biol. **12** (1967) 1, 167—69; Kitaku, Osaka, Dep. of Prevent. Dent., Osaka Univ. Dent. School; engl.) — An der Depression der Aktivität des *antibakteriellen Speichelfaktors* (*S.A.-Faktor*) durch Serum sind reakt. –SH-Gruppen beteiligt. Durch –SH-Reagens *$CuSO_4$* wird die Aktivität des S.A.-Faktors in Trypticase-Soja-Bouillon fast vollständig regeneriert (in Nährbouillon u. Sabouraud-Maltose-Bouillon gleichfalls starke Regeneration); die Regeneration durch $CuSO_4$ wird durch Mercaptoäthanol wieder rückgängig gemacht. Ähnliche, jedoch schwächere Ergebnisse wie mit $CuSO_4$ werden mit anderen –SH-Reagenzien ($AgNO_3$, $CdSO_4$, Monojodessigsäure, p-Chlormercuribenzoesäure) erzielt. — In Todd-Hewitt-Bouillon wird keine u. in Hirn–Herz-Infusion-Bouillon nur geringe S.A.-Faktor-Regeneration durch $CuSO_4$ beobachtet. U. Tausendfreund 4555

1601 **Kohlenhydrathaltige Komponenten der Parotisdrüse und des pilocarpinstimulierten Parotisspeichels der Ratte.** J. P. Waterhouse und R. A. D. Williams. (Arch. oral Biol. **12** (1967) 1, 99—108; London, London Hosp. Med. Coll. Dent. School; engl.) — In der Parotisdrüse der Ratte läßt sich histolog. nach i.p.-Injektion von 0,33—3 mg Pilocarpinnitrat(**I**)/100 g die Wanderung von *Perjodsäure*-Schiff-*positivem zytoplasmat. Material* (**II**) nachweisen. **II** enthält kaum Glykogen, saures Mucopolysaccharid oder Glykolipid u. ist vorwiegend als *Glykoprotein* anzusehen. Im nach **I**-Injektion gewonnenen Parotisspeichel lassen sich elektrophoret. 2 Haupt-**II**-Fraktionen erkennen; die kathodenwärts wandernde Fraktion weist eine Wandergeschw. wie Hühnerei-Lysozym (Brit. Drug House) auf; die Wandergeschw. der anodenwärts wandernden Fraktion entspricht der von Ratten-Serum-β-Globulin. — **II** aus Rattenserum ist in elektrophoret. Albumin- u. α_1-Globulin-Bereichen zu finden. — Die anodenwärts wandernde **II**-Fraktion ergibt positive Rk. beim p-Anisidin–Zucker-Nachw. u. beim Elson-Morgan-Amino- u. N-Acetylaminozucker-Nachweis. U. Tausendfreund 4555

1602 **Fettsäurezusammensetzung von Kuhmilchfett nach intravenöser Infusion von Propionat oder Glucose.** L. J. Fisher, J. M. Elliot und D. A. Corse. (J. Dairy Sci. **50** (1967) 1, 53—56; Cornell Univ., Ithaca, N.Y.; engl.) — Die i.v. Infusion von Propionat-Lsg. bei 6 Milchküken führte zu einer Verminderung der Synth. der Haupt-Milchfettsäuren außer 16:0-Fettsäure. Die Infusion von Glucose-Lsg. steigerte die Ausscheidung von 10:0- u. 12:0-, verminderte die von 18:0-, 18:1- u. 18:2- u. beeinflußte die von 14:0- u. 14:2-Fettsäure nur geringfügig. Die Befunde werden zu deuten versucht. W. Wesly 4555

1603 **Sulfhydrylgruppenoxydierendes Enzym in der Milch. 1. Mitt. Isolierung und Charakterisierung des Enzyms.** Friedrich Kiermeier und Ernst Petz. (Z. Lebensmittel-Unters. u. Forsch. **132** (1967) 6, 342 bis 352; Milchwiss. Inst., Techn. Hochsch. München; dt.) — Um Einblick in die Ursachen für die wechselnde Stabilität der durch Denaturierung der Proteine in der Milch entstehenden SH-Gruppen zu gewinnen, versuchen Vf. nachzuweisen, ob für die Instabilität der SH-Gruppen ein Enzym verantwortlich sein könnte. — Aus der pH-Abhängigkeit des Verschwindens der SH-Gruppen — zwischen pH 4,5 u. 9,0, optimaler pH-Wert bei pH 7,0 — dem Einfl. der Temp. u. aus Inaktivierungsvers. durch Hitzeeinw. mit Harnstoff, CN^--Ionen, Ascorbinsäure u. Guanin schließen Vf. auf die enzymat. Natur der Ox. der SH-Gruppen in der Milch. Eine Isolierung dieses Enzyms, von Vf. *Sulfhydryloxydase* genannt, scheiterte; es gelang nur eine Anreicherung in der Globulinfraktion. H. Köditz 4555△

1604 **Kininartige Aktivität in Rindermilch.** B. E. Leach, C. R. Blalock und M. J. Pallansch. (J. Dairy Sci. **50** (1967) 5, 763—64; EU-ARS US Dep. of Agric., Washington, D.C.; engl.) — Vf. beschreiben die teilweise Reinigung eines in Rindermilch in signifikanten Mengen enthaltenen Proteins, das bei der Inkubation mit Trypsin oder Schlangengift einen Stoff freisetzt, der wie Kinin die Fähigkeit besitzt, im glatten Muskel eine Kontraktion auszulösen. Diese Verb. ist an die Proteinfraktion der Molke gebunden u. besitzt ein Molgew. von ≈ 70000. Eine saisonbedingte Schwankung des Geh. der Rindermilch an dieser Verb. wurde nicht beobachtet. H. Köditz 4555△

1605 **Pharmakologische Analyse der Bedeutung der chemischen funktionellen Gruppen von Oxytocin auf seine wehenanregende Aktivität und des Einflusses von Magnesium auf die wehenanregende Aktivität von Hormonen des Hypophysenhinterlappens in vitro und in vivo.** W. Y. Chan und Nancy Kelley. (J. Pharmacol. exp. Therapeut. **156** (1967) 1, 150—58; Cornell Univ. Med. College, New York, N.Y.; engl.) — Vf. untersuchen die Bedeutung der 6 im Oxytocin(**I**)-Mol. enthaltenden funktionellen Gruppen — 1-Amino-, 1 phenol. OH- u. 3 Carboxamidgruppen sowie 1 Disulfidbindung — auf die wehentreibende Wrkg. von **I** durch Analyse der Dosiskumulation-Rk.-Kurve einer Reihe von **I**-Deriv. — Desamino-**I** (in amorpher u. krist. Form), Desoxy-**I**, Desaminodesoxy-**I**, 4-, 5- u. 9-Decarboxyamid-**I** u. Lysinvasopressin —, denen je eine bestimmte funktionelle Gruppe des **I**-Mol. fehlt. — Aus den Vers. folgt, daß die phenol. OH-Gruppe u. die Carboxyamidgruppen in 5- u. 9-Stellung die Affinität u. Anfangsaktivität beeinflussen, während die 4-Carboxamidgruppe nur die Affinität beeinflußt. Die Aminogruppe übt keinen signifikanten Einfl. aus. Die Disulfidbindung ist zwar wichtig, aber nicht für die **I**-Wrkg. erforderlich. Aus der Unters. des potenzierenden Einfl. von Mg auf die wehentreibenden Aktivität dieser **I**-Deriv. in vitro u. in vivo folgt, daß die wehentreibende Wrkg. in vivo durch Mg des normalen Serum beeinflußt wird. H. Köditz 4559△

1606 **Phenylalanin–Lysin–Vasopressin-Test für die Ausschüttung von ACTH.** Charles A. Strott, Koji Nakagawa, Howard Nankin und Charles A. Nugent. (J. clin. Endocrinol. Metabolism **27** (1967) 3, 448—51; Univ. of Ut. Coll. of Med., Salt Lake City, Ut.; engl.) — Vf. beschreiben die indirekte Abschätzung der ACTH-Ausschüttung nach Phenylalanin^2–Lysin^8–Vasopressin (PLV) durch Messen der Corticosteroidrk. im Plasma bei gesunden u. an verschiedenen Krankheiten leidenden Vers.-Personen. — Aus den Vers. folgt, daß PLV die ACTH-Ausschüttung stark stimuliert. Bei einigen Patienten mit bekannter Anomalie der ACTH-Ausschüttung u. gestörter Rk. auf Metyrapon wird eine Rk. auf diesen Test beobachtet, die sich nur wenig von der gesunder Vers.-Personen unterscheidet. Abschließend diskutieren Vf. den möglichen Wrkg.-Mechanismus von PLV. H. Köditz 4559△

1607 **Radioimmunbestimmung des menschlichen follikelstimulierenden Hormons.** C. Faiman und R. J. Ryan. (J. clin. Endocrinol. Metabolism **27** (1967) 3, 444—47 Univ. of Ill., College of Med., Chicago, Ill. 60612; engl.) — Vf. beschreiben eine spezif. u. empfindliche in vitro Best. des menschlichen follikelstimulierenden Hormons (FSH), die auf dem Prinzip der Radioimmunbest. von Yalow et al. (Nature [London] **184** (1959) 1648) beruht u. die von Feinberg entwickelte Antikörpertechnik (Federat. Proc. **13** (1954) 493) verwertet. Die Meth. ist ≈ 1000 mal so empfindlich wie die übliche FSH-Best. u. ermöglicht den Nachweis von mμg FSH. Die Spezifität der Meth. wird an Vers. mit Luteinisierungshormon, menschlichem Wachstumshormon u. gereinigtes ACTH des Schweins überprüft. H. Köditz 4559△

1608 **Biosynthese von 11-Ketotestosteron und 11β-Hydroxytestosteron durch Gewebe aus atlantischem Lachs in vitro.** D. R. Idler und H. C. Macnab. (Canad. J. Biochem. **45** (1967) 4, 581—89; Halifax Labor., Fisheries Res. Board of Canada, Halifax, Nova Scotia; engl.) — Interrenales Gewebe (iG), Gonaden (G) sowie Spermien (S) des atlant. Lachs wurden mit *$^{14}C_{(4)}$-Testosteron* (**I**) u. *[1.2-^3H]-Adrenosteron* (**II**) in Ggw. von Glucose-6-phosphat, Schwein-ACTH, NADP, Glucose-6-phosphatdehydrogenase u. Phosphatdehydrogenase als Cofaktoren inkubiert. Nach Zugabe von nichtradioakt. *11-Ketotestosteron* (**III**) u. *11β-Hydroxytestosteron* (**IV**) (pH 9,0) erfolgte Extraktion mit Dichlormethan. Der Extrakt wurde mit 0,1 n NaOH, 0,1 n Essigsäure u. W. gewaschen, mit 1% Methanol versetzt u. unterhalb 40° eingeengt. Die Isolierung von **III** bzw. **IV** erfolgte durch Dünnschichtchromatographie (Hexan–Äthylacetat, 4:1; Bzl.–Äthylacetat, 1:4), wonach **III** u. **IV** durch Acetylierung u. Hydrolyse mit NaOH mit jeweils dazwischengeschalteter Papierchromatographie gereinigt wurden. Der Reinheitsgrad wurde radiometr. (Zähltechnik) verfolgt. Schließlich wurden **III** u. **IV** mittels CrO_3 zu *Adrenosteron* (**V**) oxydiert. Die Reinigung von **V** erfolgte gleichfalls chromatographisch. — Es wurde gefunden, daß bes. durch S, weniger durch iG oder G **III** gebildet wird; aus dem Verhältnis $^3H/^{14}C$ konnte geschlossen werden, daß **II** die Vorstufe für **III** darstellt. **IV** wird mehr in iG als in G gebildet, wobei weiter gefunden wurde, daß **I** die Vorstufe darstellt. — Es wird betont, daß **IV** durch normale Gonaden des Lachs gebildet werden kann, was bei Säugetieren nicht gefunden wurde. K. Bormann 4560

1609 **Biosynthese von 11β-Hydroxytestosteron und 11-Ketotestosteron in den Testis der Regenbogenforelle.** Ryoichi Arai und Bun-ichi Tamaoki (Canad. J. Biochem. **45** (1967) 7, 1191—95; Nat. Sci. Museum, Tokyo; engl.) — Vf. untersuchen die bei der Inkubation von Testis der Regenbogenforelle, *Salmo gairdneri*, u. ^{14}C-Δ^4-Androsten-3.17-dion (**I**) entstehenden Rk.-Prod., um einen Einblick in den Stoffwechselweg von **I** zu gewinnen. — Aus den Ergebnissen folgt, daß 11-Ketotestosteron aus **I** über Testosteron u. 11β-Hydroxytestosteron in der Testits der Regenbogenforelle gebildet wird. H. Köditz 4560△

1610 **Sexualcharakteristika des Stoffwechsels von Testosteron in der perfundierten Rattenleber.** Herbert Schriefers, Werner Cremer und Margot Otto. (Hoppe-Seyler's Z. physiol. Chem. **348** (1967) 2, 183—93; Univ. Bonn; dt.) — Innerhalb der freien im Ring A gesätt. *Testosteron*(**I**)-Intermediärstoffe betrug das mol. Verhältnis der $C_{19}O_2$-Steroide zu den $C_{19}O_3$-Steroiden 1:3 bei männlichen u. 1:1 bei weiblichen Sprague-Dawley-Ratten. Bei Männchen war der Spiegel der hydroxylierten Verb. mit einer Δ^4-3-Oxo-Gruppierung innerhalb der $C_{19}O_3$-Fraktion 40mal höher als bei Weibchen. Da Androstandion u. Androsteron im Männchen nicht gefunden wurden, muß dort die Bldg. von im Ring A hydrierten $C_{19}O_2$-Verb. ausschließlich über die sog. 17β-Hydroxystoffwechselkette verlaufen. Während 17β-Hydroxy-5α- u. -5β-androstan beim Männchen im Verhältnis 1:1 auftraten, enthielten Weibchen prakt. ausschließlich die 5α-Form. Die Leber des Weibchens bildet von den 4 möglichen Konfig. des Androstan-3.17-diol nur die cis-3α.5α-Form, während die männliche Leber beide trans-Konfig. (3β.5α u. 3α.5β) u. eine 3β-Hydroxysteroiddehydrogenase enthält, die 3mal aktiver als die entsprechende 3α-Dehydrogenase ist. In den Perfusaten männlicher Tiere stellen **I** u. *Androstendion* (**II**) 50% der Gesamt-Δ^4-3-Oxosteroide, der Rest besteht aus Hydroxylierungsprod. mit Sauerstoff-Funktionen in C (2, 6, 7 u. 16). Davon wurden 2β-, 6β- u. 7α-Hydroxy-**II**, 2β-, 6β- u. 16α-Hydroxy-**I** sowie 2-Oxo-**I** isoliert u. identifiziert. Da bei Weibchen nur ein derartiges Prod. (vermutlich 7α-Hydroxy-**I**) gefunden wurde, ist die massierte Bldg. hydroxylierter Δ^4-3-Oxosteroide als typ. männliches Sexualcharakteristikum anzusehen. G. Zankl 4560

1611 **Bildung von Dehydroepiandrosteronsulfat durch noch nicht lebensfähige menschliche Feten.** Ronald J. Pion, Robert B. Jaffe, Nils Wiqvist und Egon Diczfalusy. (Biochim. biophysica Acta [Amsterdam] **137** (1967) 3, 584—87; Univ. of Wash., School of Med., Settle, Wash.; engl.) — In Fortsetzung früherer Arbeiten (Acta endocrinol. [Copenhagen] **48** (1965) 234) über den Stoffwechselweg der Bldg. von Dehydroepiandrosteronsulfat (**I**) in Fetus-Plazenta untersuchen Vf. die Verteilung der bei der Perfusion von ♂ Feten (18—20 Wochen alt) mit $^3H_{(7\alpha)}$-17α-*Hydroxypregnolon* (**II**) gebildeten konjugierten u. nicht-konjugierten Produkte. — Aus der chromatograph. Analyse des zurückgewonnenen radioakt. Materials folgt, daß Feten während der Schwangerschaft die Seitenkette von **II** abspalten u. **II** in **I** umwandeln können u. daß die Nebennieren ein wichtiges Gebiet der Seitenkettenabspaltung für C_{21}-Steroide mit einer 3β-HO-Δ^5-Struktur sind. Der sich aus diesen Unters. ergebende wahrscheinliche Synth.-Weg von **I** in menschlichen Feten während der Schwangerschaft wird diskutiert. H. Köditz 4560△

1612 **Bestimmung der relativen androgenen Aktivität einiger anabolischer Steroide durch den Kükenkammtest.** Alfred Boris und Chuck Ng. (Steroids **9** (1967) 3, 299—305; Hoffmann-La Roche, Inc., Nutley, N.J.; engl.) — Vf. untersuchen die androgene Aktivität von *Oxymetholon, Oxandrolon* (*17β-Hydroxy-17α-methyl-2-oxa-5α-androstan-3-on*), *Methandrostenolon, Nandrolonphenylpropionat, Norbolethon* (± *13β.17α-Diäthyl-17β-hydroxy-4-gonen-3-on*), *Äthylöstrenol, Bolasteron* (*7α.17α-Dimethyl-17β-hydroxy-Δ⁴-androsten-3-on*), *Norethandrolon, 4-Hydroxy-17α-methyltestosteron, Methenolonacetat, 4-Chlortestosteronacetat, Testosteron* u. *Stanozolol* (*17β-Hydroxy-17α-methyl-5α-androstano[3.2-c]pyrazol*). — Alle untersuchten Verb. zeigen sowohl bei s.c. als auch bei top. Applikation androgene Effekte. Die Größe dieser Effekte wird in Abhängigkeit von der Struktur der untersuchten Verb. diskutiert. H. Köditz 4560△

1613 **Pharmakologische Aktivität eines neuen synthetisierten progestativen Mittels.** A. Carraro, R. Klinger und M. Motta. (Boll. Soc. ital. Biol. sperim. **43** (1967) 8, 427—31; Milano, Univ., Ist. di Farmacol., Labor. di Endocrinol. sperimen.; ital.) — Die Unters. werden an *6.17α-Dimethyl-6-dehydroprogesteron* (**I**) durchgeführt. Zu diesem Zweck wird noch nicht geschlechtsreifen Kaninchen s.c. 6 Tage lang täglich 2,5 μg Östron u. dann 5 Tage oral täglich 25 u. 100 μg **I** gegeben. **I** besitzt eine gute progestative Wrkg., androgene Effekte fehlen weitgehend. **I** stört kaum die Sekretion von ACTH noch die des Follikel-stimulierenden Hormons; demgegenüber wird durch **I** die Produktion des LH-Hormons herabgesetzt. Durch die 17α-Stellung der CH_3-Gruppe ist **I** bei oraler Gabe sehr aktiv. F. Kren 4560

1614 **Wirkung progestativer Steroide auf die Schilddrüsenfunktion bei Rhesusaffen.** S. K. Roy, Amiya B. Kar und B. S. Setty. (Indian. J. exp. Biol. **4**, 173—74, 1966; Lucknow, Central Drug Res. Inst.; engl.) — *17α-Hydroxyprogesteroncaproat* (*Delalutin*) u. *16α.17α-Dihydroxyprogesteronacetophenid* (*Deladroxone*) bewirken bei Rhesusaffen eine Zunahme des Geh. an serumgebundenem Jod ohne Schilddrüsengew. oder ^{131}J-Aufnahmegeschw. merklich zu beeinflussen. K. Maier 4560

1615 **Hemmung der Aufnahme von 17β-Östradiol durch den Mäuseuterus durch Derivate von Doisynolsäure und Allenonsäure: Unterscheidung in vitro zwischen echten Östrogenen und Proöstrogenen.** Lars Terenius. (Acta pharmacol. Toxicol. [Köbenhavn] **25** (1967) 3, 313 bis 322; Univ. of Upsala, Dep. of Pharmacol.; engl.) — *DL-1-Äthyl-1.2.3.4-tetrahydro-7-methoxy-2-methylphenanthren-2-carbonsäure* (*Fenocyclin*) u. *DL-3-[6-Methoxynaphthyl-(2)]-2.2-dimethylpentansäure* (*Vallestril; Methallenestril*) hemmten die Aufnahme von 17β-Östradiol durch den unreifen Mäuseuterus in vitro nicht, während sie nach Desmethylierung eine starke Hemmwrkg. zeigten. K. Zingraf 4560

1616 **Endokrine Wirkung einiger substituierter Dibenzodiazoline.** A. Boris. (Arch. int. Pharmacodynam. Thérap. **166** (1967) 12, 374—81; Res. Division, Hoffmann-La Roche Nutley, N.J.; engl.) — *2.8-Dichlor-*, (**I**), *2.8-Dimethoxy-* (**II**), *2.8-Dinitro-* (**III**), *2.8-Bistrifluormethyl-* (**IV**), *2.8-Difluor-* (**V**), *2.8-Dibrom-* (**VI**), *2.3.8.9-Tetrachlor-* (**VII**), *2.4.8.10-Tetrabrom-* (**VIII**), *3.9-Dichlor-* (**IX**), *1.7-Dichlor-* (**X**), *4.10-Dichlor-* (**XI**) u. *6.12-Diphenyl-dibenzo-5.11-diazocin* (**XII**) sowie *2.8-Dichlor-6.12-[p-fluorphenyl]-* [**XIII**), *2.8-Dichlor-6.12-bis-[o-methoxyphenyl]-* (**XIV**), *2.8-Dichlor-6.12-bis-[m-chlorphenyl]-* [**XV**), *2.8-Dichlor-6.12-di-o-tolyl)-* (**XVI**) u. *2.8-Dichlor-6.12-di-[o-chlorphenyl]-dibenzo-5.11-diazolin* (**XVII**) wurden bei Ratten auf antigonadotrope, uterotrope u. antiöstrogene Wrkg. untersucht u. mit Diäthylstilböstrol verglichen. Alle Verb. zeigen uterotrope (bes. **I, VI, X, XVI**) u. keine antiöstrogene Wrkg., Verb. **I, IV, V, VI, X, XVI, XVII** auch antigonadotrope Wrkg. (bes. **I, IV, VI, XVI**). Vf. schließt, daß die strukturellen Erfordernisse an den Rezeptoren in den Rückkopplungszentren der Hypophyse u./oder des Hypothalamus spezif. sein müssen als am Uterus. Die antigonadotrop u. uterotrop aktivsten Verb. haben ca. 1% der antigonadotropen Wrkg. des Stilböstrols u. ca. 1,6% der uterotropen Wrkg. des Diäthylstilböstrols. B. Hempel 4560

1617 **Aktivität der 3β-Hydroxysteroid-Dehydrogenase und der „sek.-Alkoholdehydrogenase" im ovariellen Zyklus der Ratte.** W. Burkl und E. Slezak-Klemencic. (Acta histochem. [Jena] **28** (1967) 1, 100—11; Univ. Graz, Inst. für Histologie u. Embryologie; dt.) — Die Lokalisierung u. die Aktivitätsschwankungen von *3β-Hydroxysteroiddehydrogenase* (**I**) u. *sek.-Alkoholdehydrogenase* (**II**) bei Ratten mit regelmäßigem Zyklus wird untersucht. Wistarratten mit verschiedenen Zyklusstadien werden nach dem Abtöten die Ovarien entnommen u. in 15 μm dicke Schnitte zerlegt. Diese werden zur Messung der Enzymaktivität inkubiert. Dabei wurde **I** während der einzelnen Phasen sowohl in der Theca-Zwischenzellformation als auch in den Gelbkörpern gefunden. Innerhalb der Phase ist die Aktivität von **I** u. **II** in den voll entwickelten Zwischenzellverbänden am stärksten. Auch bei den corpora lutea sind die 2. oder älteren Generationen am aktivsten an **I, II** ist schwächer vertreten. Die Zwischenzellen u. corpora lutea sind im Proöstrus deutlich aktiver an **I** als im Diöstrus u. Metöstrus. Auch **II** läßt zykl. Schwankungen in beiden endokrinen Zellverbänden erkennen: Bei den Zwischenzellen analog **I**, bei den corpora lutea ist **II** ab der 2. Generation in Metöstrus u. Diöstrus aktiver. Die NAD- u. NADP-gebundene *17β-Östradioldehydrogenase* ist nur im Oberflächenepithel des Rattenovars vorhanden. Dagegen ist die *NADH-Cytochrom-C-Reduktase* in den Zwischenzellverbänden am aktivsten. Die Rk. auf freie SH-Gruppen fiel in den verschiedenen Zyklusstadien gleich stark aus. U. Harding 4560

1618 **Einfluß von Nebennierenhormonen auf die DNS-Synthese in regenerierender Rattenleber und in Tumoren.** Keiko Sakuma und Hiroshi Terayama. (J. Biochemistry [Tokyo] **61** (1967) 4, 504—11; Dep. of Biophys. and Biochem., Fac. of Sci., Univ. of Tokyo, Bunkyo-ku, Tokyo; engl.) — Vf. untersuchen den Einfl. von *Cortison* (**I**) u. *Adrenalin* (**II**) auf die DNS-Synth. in regenerierender Leber ♂ Ratten u. in Hepatomaschnitten sowie auf die Aktivität einiger relevanter Enzyme. — Injektion von **I** (5 mg/100 Körpergew.; i.m.; 5 Tage lang vor partieller Hepatektomie) hemmt die DNS-Synth. sowie die Induktion von *Thymidinkinase* (**III**) u. *Thymidylatkinase(n)* in regenerierender Rattenleber. Injektion von **II** (15—25 μg; s.c.; std.; 1. Injektion 1 Std. vor partieller Hepatektomie) hemmt ebenfalls die DNS-Synth. u. die **III**-Induktion. Bei Hepatoma-Zellen wird diese Wrkg. nicht beobachtet. Die **II**-Wrkg. ist am ausgeprägtesten, wenn die Applikation zu Beginn der Regenerierung erfolgt. In Leberschnitten ist der Einbau von ^{14}C-Aminosäuren (ein durch Hydrolyse von ^{14}C-Chlorellaprotein erhaltenes Gemisch) bei mit **I** u. **II** behandelten Ratten nur wenig geringer als bei den Kontrollen. Aus diesen Vers. folgt, daß **I** u. **II** irgendwie in die Regulierung der Genaktivität eingreifen u. daß die Wrkg. von **II** direkter ist als die von **I**. H. Köditz 4561△

1619 **Einfluß von Cortison auf ^{131}J-Thyroxin der Leber und Galle.** B. Blomstedt und J. Einhorn. (Acta radiol. [Stockholm], Therapy, Physics, Biol. [N.S.] **4**, 437—45, 1966; Karolinska Sjukhuset, Stockholm, Sweden; engl.) — In Fortsetzung früherer Arbeiten (Acta endocrinol. [Copenhagen] **46** (1952) 427) über den Einfl. von Cortison (**I**) auf den peripheren Abbau von Thyroxin (**II**) untersuchen Vf. den Einfl. von **I** auf den Gesamtgeh. der Rattenleber an **II**, die Ausscheidung von **II** mit der Galle sowie auf die Beziehung zwischen Gesamt-**II** u. der Menge an Glucuronsäure-**II**-Konjugat in Leber u. Galle der Ratte. — Aus den Vers. folgt, daß große **I**-Dosen **II** aus Glucuronsäure in der Leber freisetzen u. den Geh. der Leber an **II** verringern. **I** beeinflußt jedoch die Radioaktivität der Gallenausscheidung nicht. Abschließend diskutieren Vf. die Ursachen für die Verringerung des **II**-Spiegels in der Leber. H. Köditz 4561△

1620 **Wirkung von Cortisol an der isoliert durchströmten Rattenleber.** Hans G. Meiers, Karl-Heinz Rudorff, Gerd Albaum und Wolfgang Staib. (Hoppe-Seyler's Z. physiol. Chem. **348** (1967) 7, 944—46; Physiolog.-Chem. Inst., Univ. Düsseldorf; dt.) — Zur Klärung unterschiedlicher Angaben in der Literatur über die hormonelle Enzyminduktion durch Corticosteroid-Glykoneogenese untersuchen Vf. das Verh. der Leber ♂ Inzuchtratten unter der Einw. von Cortisol (**I**) in einer größeren Zahl von Perfusionsversuchen. — **I**-Zusatz zu isoliert perfundierter Rattenleber führte zur Erhöhung der *Tryptophanoxydase* (EC 1.13.1.12)-Aktivität. Anzeichen einer glykoneogenet. **I**-Wrkg. wurden jedoch nicht beobachtet. Der Geh. an Protein u. Glykogen, die Glucosebilanz u. die Bldg. von Harnstoff in der Leber wird durch **I** nicht beeinflußt. Die Ergebnisse sprechen dafür, daß das Substrat für die Glykoneogenese in vivo aus dem extrahepat. Bereich stammen muß. Die beobachtete Zunahme der Cholerese kann unter **I** durch eine stärkere Organdurchblutung bedingt sein. H. Köditz 4561△

1621 **Hemmung der extrarenalen Wirkung von d-Aldosteron durch Actinomycin D.** H. K. Bartelheimer, W. Losert, G. Senft und R. Sitt. (Naunyn-Schmiedebergs Arch. Pharmakol. exp. Pathol. **258** (1967) 4, 372 bis 382; Pharmakolog. Inst., Freie Univ., Berlin; dt.) — Bei nephrektomierten adrenalektomierten Ratten verringert 1 μg *d-Aldosteron*(**I**)/150 g Körpergew. s.c. die intrazelluläre Konz. von Na^+ in der Leber u. erhöht den Konz.-Quotienten des extrazellulären u. intrazellulären Na^+ nach einer Latenzzeit von 90 Minuten. Eine Vorbehandlung mit Actinomycin D (300 μg/150 g i.p.) verhütet die Beschleunigung des zellulären Nettotransportes von Na infolge von **I** die Zunahme des tubulären Na-Transportes. K. Zingraf 4561

1622 **Bindung von Aldosteron in der Krötenblase.** Geoffrey W. G. Sharp, Constance L. Komack und Alexander Leaf. (J. clin. Invest. **45**, 450—59, 1966; Boston, Mass., Harvard Med. School, Dep. of Med.; engl.) — Gewebe von Krötenblase wurde in Ringer-Lsg. zuerst mit kleinen Konz. von *^{3}H-α-Aldosteron* (**I**) dann mit einem großen Überschuß von nichtmarkiertem **I** inkubiert u. hieraus an das Gewebe adsorbierte oder gebundene Hormon bestimmt. Dieses bestand aus 2 Fraktionen, einer mit hoher Affinität, $K_{Assoziation}$ 1,4 · 10^{14} u. maximaler Bindungskapazität ca. 9 · 10^{-14} Mol **I**/g Gewebe sowie einer mit niedriger Affinität, $K_{Assoziation}$ 4 · 10^{12}, u. einer Bindungskapazität von 3 · 10^{-12} Mol **I**/g. Gebundenes **I** wurde in beiden Fällen von α-**I**, Desoxycorticosteron, Cortisol, Progesteron u. Spirolacton SC 14266, nicht aber von Cholesterin, verdrängt. K. Maier 4561

1623 **Auswirkungen von Veränderungen der renalen Hämodynamik auf die Nebennieren-Steroidsekretion der Ratte.** A. Spät, J. Sturcz, L. Bánki und R. Szigeti. (Acta physiol. Acad. Sci. hung. **30**, 209—14, 1966; Inst. of Physiol., Univ. Med. School, Budapest; engl.) — Konstriktion von Rattenaorten oberhalb der renalen Arterien führten zu erhöhter Steroidsynth. in den Nebennieren, infrarenale Konstriktionen hatten dagegen verringerte Aldosteron- u. Corticosteronproduktion zur Folge. Nach Nephrektomie waren die Werte in beiden Vers.-Gruppen etwa gleich. Die Aldosteronsynth. nach Nephrektomie u. suprarenaler oder infrarenaler Konstriktion war signifikant höher als in Tieren mit Konstriktionen unterhalb der renalen Arterien u. etwas höher als in scheinoperierten Tieren. G. Zankl 4561

1624 **Hemmung der durch Brenzcatechinamine bedingten Freisetzung von freien Fettsäuren aus dem Fettgewebe in vitro.** W. D. Brooker und D. N. Calvert. (Arch. int. Pharmacodynam. Thérap. **169** (1967) 1, 117—30; School of Med., Marquette Univ., Milwaukee, Wis. 53233; engl.) — *Pronethalol* u. *Dihydroergotamin* hemmen die Freisetzung freier Fettsäuren aus Fettgewebe durch *Adrenalin* (**I**), *Noradrenalin* (**II**) oder *Isopropylnoradrenalin* (**III**) annähernd gleich stark. *Phenoxybenzamin* u. *Isopropylmethoxamin* hemmen die Wrkg. von **I** u. **II** etwas stärker als die von **III**. Joachim Schmidt/Magdeburg 4561

1625 **Temperaturveränderungen nach Injektion von Brenzcatechinaminen und 5-Hydroxytryptamin in die Hirnventrikel von nicht narkotisierten Mäusen.** R. T. Brittain und S. L. Handley. (J. Physiology **192** (1967) 3, 805—13; Allen and Hanburys Ltd., Ware, Herts.; engl.) — Injektionen von 1—20 (μg) *Noradrenalin*, 10—160 *Dopamin*, > 2 *Phentolamin*, > 5 *Propanolol* u. 10—160 5-Hydroxytryptamin in die Hirnventrikel von Mäusen führten zur Senkung der Körpertemperatur. Dagegen rief die Injektion von 1—20 *Adrenalin* einen leichten vorübergehenden Anstieg der Körpertemp. hervor, der von einem Absinken gefolgt war. 5—20 *Isoprenalin* führten immer zu einem Anstieg der Körpertemp.; eine Hypothermie trat nur nach sehr hohen Dosen (200 μg) auf. K. Zingraf 4561

1626 **Hemmende Wirkung von Dopamin auf Neuronen des Nucleus caudatus.** D. H. York. (Brain Res. [Amsterdam] **5** (1967) 2, 263—66; Dep. of Physiol., Monash Univ., Clayton, Victoria [Australia]; engl.) — Von 213 Neuronen des Nucleus caudatus von Katzen reagierten 63% auf mikroiontophoret. Applikation von *Dopamin* (**I**) mit einer Aktivitätsminderung u. nur 10% mit einer Aktivitätssteigerung. Von 64 Neuronen, die durch Reizung des Nucleus centromedianus thalami gehemmt wurden, reagierten auf **I**-Applikation 36 mit Hemmung u. 6 mit Erregung. Joachim Schmidt/Magdeburg 4561

1627 **Einfluß von Schilddrüsenunterfunktion Neugeborener und von Thyroxin auf die Ribonucleinsäure- und Desoxyribonucleinsäure-Konzentration der Ratten-Groß-**

hirnrinde. Stanley E. Geel und Paola S. Timiras. (Brain Res. [Amsterdam] 4 (1967) 2–3, 135–42; Berkeley, Calif., Dep. of Physiol., Univ. of Calif.; engl.) — Beitrag zur Frage des Einfl. von Schilddrüsenhormonen auf Proteinsynth. u. Hirnreifungsprozesse. Bei experimenteller Schilddrüsenunterfunktion neugeborener Ratten (J-arme Kost der Muttertiere, ^{131}J-Injektion bei den Neugeborenen) ist die *DNS*-Konz. der Hirnrinde (in μg/mg Feuchtgew.) gegenüber der Norm erhöht; die *RNS*-Konz./Einheit DNS (mittlere RNS-Konz./Zelle) ist verringert; die abs. RNS-Konz. (μg/mg) ist nicht signifikant herabgesetzt. Nach Behandlung mit *L-Thyroxin-Na* (**I**; 10 μg/100 g/Tag) lassen sich keine Normabweichungen in den RNS- u. DNS-Konz. nachweisen. Bei Hypothyreose sind die Zelldichte/Einheit Feuchtgew. erhöht, die Zellgröße verkleinert u. der prozentuale W.-Geh. der Hirnrinde vermehrt. Das Körperwachstum läßt bei Hypothyreose nach 14 Tagen nach. Proteinsynth.-Defekt dürfte demnach der ursächliche Faktor für die Hirnfunktionsstörung bei Kretins sein.

U. Tausendfreund 4562

1628 **Wirkung von Schilddrüsenunterfunktion Neugeborener und von Thyroxin auf den ^{14}C-L-Leucin-Einbau in Protein in vivo und die Beziehung zu Ionenkonzentrationen im sich entwickelnden Hirn der Ratte.** Stanley E. Geel, Theony Valcana und Paola S. Timiras. (Brain Res. [Amsterdam] 4 (1967) 2–3, 143–50; Berkeley, Calif., Dep. of Physiol., Univ. of Calif.; engl.) — Vgl. vorst. Referat. — Als Beitrag zur Frage der biochem. Grundlage u. des Ausmaßes des Spezifität der *Schilddrüsenhormon*(**I**)-Wrkg. auf das sich entwickelnde Zentralnervensyst. wird gezeigt, daß die Beziehung zwischen **I** u. *Protein*-Synth. teilweise auf Veränderungen in Ionenverteilung u. Aminosäurentransport beruht. Bei experimenteller Schilddrüsenunterfunktion neugeborener Ratten ist die Eliminierung von injiziertem *^{14}C-L-Leucin* (**II**) aus dem Plasma zum intrazellulären Bereich u. aus dem freien Aminosäuren-Pool des Hirns (Verwertung) herabgesetzt. Die spezif. Aktivität von an Hirnprotein gebundenem **II** als Funktion der spezif. Aktivität der Markierung im freien Aminosäuren-Pool ist bei Hypothyreose verringert. Bei Hypothyreose ist der prozentuale W.-Geh. der Hirnrinde vermehrt, die K^+-Konz. geringer, die Na^+-Konz. größer als normal, die Cl^--Konz. unverändert. Bei Behandlung der Tiere mit 10 μg *L-Thyroxin*/100 g/Tag entsprechen die Ionenwerte der Norm. Die herabgesetzte Proteinsynth.-Kapazität des Hirns bei **I**-Mangel dürfte demnach auf einem Na–K-Pumpendefekt beruhen.

U. Tausendfreund 4562

1629 **Löslichkeit von Tyrosin.** Wolfgang Rotzsch, Harry Köhler und Hans Martin. (Hoppe-Seyler's Z. physiol. Chem. **348** (1967) 7, 939–40; Physiolog.-Chem. Inst., Univ. Leipzig; dt.) — Zur Klärung unterschiedlicher Angaben in der Literatur über die Löslichkeit von DL-Thyroxin (**I**) untersuchen Vf. die pH-Abhängigkeit der Löslichkeit von **I** in 0,3 osmolaren Lsg. von NaCl. — Aus photometr. u. radiometr. Messungen folgt eine maximale **I**-Löslichkeit in der Größenordnung von 10^{-6} Mol/l im pH-Bereich 1–9. Im pH-Bereich 10–12 steigt die Löslichkeit von 10^{-5} auf 10^{-3} Mol/l. Markiertes **I** weist anscheinend eine bessere Löslichkeit auf als **I**. Beide Verb. zeigen ein Löslichkeitsminimum bei pH 2–6. Die Löslichkeit von *3.3'.5'-L-Trijodthyronin* in 0,3 osmolarer NaCl-Lsg. ist bei pH 7 u. 38° 3–4mal größer als die von **I**. Aus alkal. **I**-Lsg. lassen sich durch Neutralisation mit HCl leicht übersätt. Lsg. herstellen, die mitunter längere Zeit im metastabilen Zustand bleiben.

H. Köditz 4562△

1630 **Wirkungen von 3.5.3'-Trijod-L-thyronin auf den oxydativen Stoffwechsel von Rinde und Mark der Nebenniere des Meerschweinchens.** M. F. Meldolesi. (Boll. Soc. ital. Biol. sperim. **43** (1967) 8, 393–96; Palermo, Univ., Ist. di Clin. Malat. trop. e Napoli, Univ., Ist. di Patol. gener.; ital.) — Meerschweinchen werden i.m. 5 Tage lang täglich 0,5 bzw. 1,0 mg *Trijodthyronin* (**I**)/kg injiziert. Das Gew. der Nebennieren wird durch die **I**-Behandlung erhöht; der O_2-Verbrauch des Marks wird durch 0,5 mg **I** um 47% u. durch 1 mg um 51% erhöht; dagegen verändert er sich in der Rinde kaum.

F. Kren 4562

1631 **Eine vereinfachte Methode für butanolextrahierbares Jod und butanolunlösliches Jod.** Joseph Benotti und Samuel Pino. (Clin. Chem. [New York] **12**, 491–96, 1966; Waltham, Mass., Boston Med. Lab.; engl.) — Es wird eine vereinfachte Meth. zur Best. von butanolextrahierbarem Jod (BEJ) angegeben, mit der man inakt. proteingebundenes J von Hormon-J unterscheiden kann. Die Meth., bei der zunächst anorgan. J restlos entfernt wird, arbeitet ebenso gut wie die Originalmeth. von E. D. Man et al. (J. clin. Invest. **30** (1951) 531). Daneben ist gleichzeitig eine direkt chem. Best. butanolunlösl. Jods in der gleichen Serumprobe möglich.

K. Maier 4562

1632 **Thyreoid-Proteine.** 2. Mitt. **Reinigung humaner Thyreoidproteine durch Gelfiltration und die Isolierung der 19-S-, 7-S- und 4-S-Komponenten.** Sidney Shulman, Gail Mates und Paul Bronson. (Biochim. biophysica Acta [Amsterdam] **147** (1967) 2, 208–21; Dep. of Bacteriol. and Immunol. State Univ. of N.Y., Buffalo, N.Y.; engl.) — Aus menschlichem Schilddrüsengewebe wurden durch Gelfiltration an Sephadex G-200 drei Fraktionen erhalten. Die erste enthielt Thyreoglobulin u. Proteine mit 34-, 27- u. 12-S. Die zweite Fraktion enthielt nahezu reines 7-S-Protein u. die dritte nahezu reines 4-S-Material, sog. *Thyralbumin*. 7-S- u. 4-S-Protein wurden elektrophoret. weiter aufgetrennt, in den Subfraktionen wurde ferner Thyreoid-spezif. Antigenaktivität gefunden.

M. Wiedemann 4562

1633 **Totalsynthese von kristallisiertem Insulin.** Yueh-ting Kuno, Yu-cang Du, Wei-Teh Huang, Chan-chin Chen, Lin-tsung Ke, Shih-chuan Hu, Rong-Qing Jiang, Shang-Quan Chu, Ching-i Niu, Je-zen Hsu, Wei-chun Chang, Ling-ling Chen, Hong-shueh Li, Yu Wang, Teh-pei Loh, Ai-Hsech Chi, Chung-shi Li, Pu-tao Shi, Yuen-hwa Yieh, Kar-lo Tang und Chi-yi Hsing. (Sci. sinica **15**, 544–61, 1966; Shanghai, Acad. Sinica, Inst. of Biochem.; engl.) — Übersicht über die 1965 vollendete Totalsynth. von Rinderinsulin. — 31 Literaturangaben.

K. Maier 4564

1634 **Struktur und Wirkung von Insulin.** 1. Mitt. **Synthetische A-Ketten mit variierter Sequenz.** Ulrich Weber, Friedhelm Schneider, Peter Köhler und Günther Weitzel. (Hoppe-Seyler's Z. physiol. Chem. **348** (1967) 7, 947–49; Physiolog.-Chem. Inst., Univ. Tübingen; dt.) — Um die Beziehungen zwischen Struktur u. Wrkg. von Insulin (**I**) besser kennenzulernen, untersuchen Vf. die Aktivität von 5 Hybrid-**I**, die durch Verknüpfung von 5 abgewandelten A-Ketten (Bezugssyst. die Sequenz der A-Kette des Schafs-**I**) mit der B-Kette von natürlichem Rinder-**I** erhalten worden waren. — Nach Verknüpfung mit natürlicher B-Kette des Rinder-**I** zeigen die [Ala^{12}]A-, [Ala^{12}, Phe^{19}]A- u. [Leu^{10}, Ala^{12}]A-Ketten biolog. Aktivität, während die [Leu^{2}, Leu^{3}, Leu^{10}, Ala^{12}]A-Kette nicht mehr biolog. akt. ist u. die Aktivität der Des-Gly^{1}-[Ala^{12}]A-Kette stark verringert ist. Aus diesen Vers. folgt, daß die Hydroxylgruppe von Ser (A 12) u. der Tyr-Rest (A 19) für die **I**-Aktivität nicht erforderlich sind, daß die Abspaltung der 1. N-terminalen Aminosäure von der A- u. B-Kette die **I**-Aktivität nicht aufhebt, während Hybrid-**I** mit Ile als aminoendständiger Aminosäure vollständigen Wrkg.-Verlust zeigen.

H. Köditz 4564△

1635 **Chemische Synthese von Proteinen.** Helmut Zahn. (Naturwissenschaften **54** (1967) 15/16, 396–402; Aachen, TH, Dt. Wollforschungsinst.; dt.) — Übersicht. — Der Weg zur *Insulin*(**I**)-Synth., 1. **I**-Synth., Verbesserung der Synth., Merrifield-Meth., Ausblick. — 54 Literaturangaben.

K. Maier 4564

1636 **Verminderte Insulinsekretion und Insulinempfindlichkeit von Zinkmangel-Ratten.** J. Quarterman, C. F. Mills und W. R. Humphries. (Biochem. biophysic. Res. Commun. **25**, 354–58, 1966; Rowett Research Inst., Bucksburn, Aberdeen, Scotland; engl.) — Bei mit einer Zn-Mangel-Diät ernährten Ratten führten Glucosegaben (175–700 mg/100 g Körpergew., i.p.) gegenüber normal ernährten Kontrollen zu signifikant höheren Blutglucosespiegeln. Injektionen von Zn-freiem Insulin (1–2 U/100 g Körpergew., i.p.) führten bei den Kontrollen innerhalb 1—2 Std. zum Koma oder zu Krämpfen, während etwa die Hälfte der Zn-Mangel-Ratten nach 2 Std. lediglich letharg. wurde; der Rest wurde nach 3—4 Std. komatös. G. Zankl 4564

1637 **Kollagenolytische Aktivität des Säugerpankreas.** Anwar A. Hakim. (Enzymologia [Den Haag] **30**, 299—329, 1966; Kaukakee, Ill., Armour Pharmaceut. Comp.; engl.) — Eine Bakterienkollagenase wirkte auf gereinigtes Rindercoriumkollagen (Riko.), gereinigtes Stierhautkollagen (Stko.), das Hexapeptid *CBZ-Glycyl-L-prolyl-glycyl-glycyl-L-prolyl-L-alanin* (**I**) u. schwach auf *Glycyl-L-tyrosinamid* (**III**). Ein partiell gereinigtes Pankreasenzym (Al 0534) hydrolysierte Riko., Stko., **I** u. *L-Prolyl-glycin* (**II**). „Bridase"-Extrakte wiesen gegenüber Stko. u. **I** schwache Hydrolyseaktivität auf. Sie spalteten *Glycyl-L-prolyl-glycyl-glycin*, *Glycyl-L-prolyl-L-alanin*, **II**, *Glycyl-L-prolin* u. **III**. Ein Al 0534 enthaltender Pankreasextrakt lieferte bei Fraktionierung an DEAE-Cellulosesäulen mindestens 3 Fraktionen mit kollagenolyt. Aktivität. K. Maier 4564

1638 **Experimentelle Beobachtungen über die Wirkungen der Ketonkörper auf den Blutzucker, die nichtveresterten Fettsäuren und den Koeffizienten der Ausnutzung der Glucose.** M. J. Del Guercio, L. Gardoni, M. Carnelutti und S. Pessina. (Boll. Soc. ital. biol. sperim. **43** (1967) 8, 424—27; Milano, Univ., Ist. di Clin. Ped.; ital.) — An Hunden werden die i.v. Wrkg. von *Acetoacetat* (Na-Salz; **I**) u. *β-Hydroxybuttersäure* (Na-Salz; **II**) auf die Glucose (**III**), nichtveresterten Fettsäuren (**IV**) des arteriellen Bluts u. den peripheren **III**-Ausnutzungs-Koeff. untersucht. Durch **I** u. **II** kommt es zu einer raschen u. signifikanten Abnahme der **III**-Konz. u. von **IV**; der pH des Blutes steht damit in keinem Zusammenhang. Der Ausnutzungs-Koeff. von **III** wird durch **I** u. **II** ebenfalls deutlich herabgesetzt. F. Kren 4564

1639 **Wirkung des lipotropen Pankreasfaktors auf experimentelle Hyperlipämie und Hypercholesterinämie.** I. A. Molnar, M. Simionovici, Eugenia Tucicov, C. M. Georgescu und Janette Winter. (Studii Cercetări Biochim. [București] **10** (1967) 2, 145—49; Inst. de cercetari chimico-farmaceutice, Bucuresti; rum.) — Der lipotrope Pankreasfaktor (LPF) zeigt bei mit Triton-A-20 behandelten Ratten hypocholesteräm. u. hypolipäm. Wirkung. Die Wrkg. des LPF ist am größten bei i.p. Injektion nach der Vergiftung. Zur Erzielung des gleichen Effektes durch orale Applikation muß die LPF-Dosis erhöht werden. Die Wrkg. von LPF auf Serumlipide u. -cholesterin kann nicht auf die Anwesenheit von Sulfomucopolysacchariden zurückgeführt werden. V. Bigl 4564△

1640 **Einfluß hypoglykämischer Wirkstoffe auf die Regeneration der Leber.** Leon L. Gershbein. (Biochem. Pharmacol. **16** (1967) 6, 1117—20; Chicago, Ill., NW-Inst. for Med. Res., Dep. of Biochem.; engl.) — Vf. gibt partiell hepatektomisierten Ratten orale Zufuhren von *Chlorpropamid* (**I**, *N-Propyl-N'-p-chlorphenylsulfonylcarbamid*), *Phenformin-HCl* (**II**, *N'-β-Phenyläthylbiguanid-hydrochlorid*), *Acetohexamid* (**III**, *N-(p-Acetylphenylsulfonyl)-N'-cyclohexylharnstoff*) u. *Tolbutamid* (**IV**, *N-(p-Tolylsulfonyl)-N'-butylcarbamid*) sowie innerhalb von 7 Tagen s.c.-Zufuhren von *Insulin*-NPH (**V**, 3,3 E./kg pro Tag), *Glukagon* (**VI**, 0,33 μg/kg) bzw. *Depropanex*, (**VII**, 0,33 ml/kg) u. bestimmt $10^1/_2$ Tage nach der Operation den Anteil an regenerierten Leberzellen sowie Körpergewichte. **I** u. **III** vermindern die Leberzellenregeneration in Konz. von 0,75 u. 0,15% im Futter u. verursachen Körpergewichtsverluste. **II** inhibiert die Regeneration in Zusatzmengen von 0,075 u. 0,15%; während **IV** erst in hohen Konz. (0,75—1,50%) wirksam ist u. erhebliche Körpergewichtsabnahmen hervorruft. **V**, **VI** u. **VII** sind ohne Einfl. auf die Leberregeneration. Die Ergebnisse zeigen, daß die Sulfoharnstoffe Unterschiede in ihrer inhibitor. Wrkg. zeigen, u. zwar in der Reihenfolge abnehmender Aktivität: **I** → **III** → **IV**. P. Fahrnlaender 4564

1641 **Experimentelle Voreinwirkung von Ozon und Histamin. Wirkung auf die akute Toxizität und die Wirkungen von Histamin auf die Atmungsfunktion bei Meerschweinchen.** Richard E. Easton und Sheldon D. Murphy. (Arch. environment. Health **15** (1967) 2, 160—66; Harvard Univ., School of Publ. Health, Boston; engl.) — Nach Voreinwrkg. von 1—5 ppm *Ozon* (**I**) waren Meerschweinchen empfindlicher gegenüber der letalen Wrkg. von injiziertem *Histamin* (**II**). Diese erhöhte Empfindlichkeit war bis zu 12 Std. nach 2std. Voreinwrkg. von 5 ppm **I** festzustellen. Der Einfl. von **II** auf die Atmung war nach Voreinwrkg. von **I** auch dann noch größer als bei den Kontrolltieren, wenn Eigenwrkg. von **I** nicht mehr feststellbar waren. K. Zingraf 4569

1642 **Herabgesetzte ^{35}S-Sulfataufnahme in Aorta und Leber von Ratten nach Histamininjektionen.** S. A. Khokhar und D. M. Hilker. (J. Atherosclerosis Res. [Amsterdam] **7** (1967) 6, 767—70; Honolulu, Hawaii, Univ. of Hawaii, Div. of Nutrition; engl.) — Unter Hinweis auf die Störung im Mucopolysaccharidstoffwechsel als mutmaßlichen Ausgangspunkt für atherosklerot. Bldg. von lipiden Plaques werden unter Anknüpfung an die Arbeiten von Hauss et al. (ibid. **2** (1962) 50) über die Aufnahme von ^{35}S-Sulfat in das arterielle Gewebe bei einsetzender Atherosklerose erweiternde Vers. durchgeführt; wegleitend sind dabei Angaben von Postnov et al. (Arch. Pathology **25** (1963) 41), wonach große Gaben von *Histamin* auf das Geschehen Einfl. nehmen. Angaben über die Vers.-Ratten u. ihre Haltung bei verschiedener, teilweise fettreicher Diät, teilweise bei i.p. Injektion von Histamindihydrochlorid (**I**) sowie 8 Wochen Injektion von $Na_2{}^{35}SO_4$ (**II**), über die analyt. Unters. von Herz, Aorta, Leber, Nieren, abdominale Haut, über die Best. der Gerinnung des Blutes. Nach den Ergebnissen tritt nach Verabfolgung von **I** eine statist. gesicherte Abnahme in der Aufnahme von **II** gegenüber den Kontrollen in Erscheinung, u. zwar bei Aorta u. Leber; Herz, Nieren u. Haut werden durch **I** nicht beeinflußt. Der Fettgeh. der Diät hat auf die **II**-Aufnahme keinen Einfluß. K. Täufel 4569

1643 **Kontraktionsreaktion des isolierten Rattenuterus auf Prostaglandin E_1.** D. M. Paton und E. E. Daniel. (Canad. J. Physiol. Pharmacol. **45** (1967) 5, 795—804; Edmonton, Alta., Kanada, Dep. of Pharmacol., Univ. of Alta.; engl.) — Der Wrkg.-Mechanismus von *Prostaglandin-E_1* (**I**) wurde am isolierten Uterushorn-Präp. der Ratte untersucht. Vf. fanden, daß die durch **I** verursachte Kontraktion des Präp. nicht auf einer Ausschüttung bekannter Neuroüberträgersubstanzen bzw. auf einer Wechselwrkg. mit deren Rezeptoren beruht. Eine Rk. konnte ebenfalls bei depolarisierten Präp. mit **I** hervorgerufen werden. Die **I**-bewirkte Kontraktion ist Ca^{2+}-abhängig. Bei Anoxie war die Rk. auf **I** deutlich abgeschwächt. Vf. fanden, daß **I** u. Acetylcholin die folgenden Eig. gemeinsam aufweisen; die Wrkg. beider wird durch Entfernung der äußeren Glucose oder durch Erniedrigung der äußeren K^+-Konz. nicht verstärkt; beide sind am depolarisierten Präp. wirksam; Vorbehandlung mit Adrenalin oder 2.4-Dinitrophenol u. Jodessigsäure erniedrigt die Rk. der Präp. auf beide Verbindungen. Vf. schließen, daß **I** auf einen spezif. Rezeptor einwirkt. Die Frage, ob die Rezeptor-**I**-Wechselwrkg. zur Depolarisierung der Membran führt, ist offen. Die Kontraktionsrk. beruht auf einer Wrkg. auf die Ca-Fraktion, u. der zur Ca-Freisetzung führende Vorgang ist deutlich O_2-abhängig. V. N. Nekrassoff 4569

1644 **Wirkungen von Prostaglandin E_1, E_2, A_1 und $F_1\alpha$ auf isolierten glatten Gefäßmuskeln.** Cameron G. Strong und David F. Bohr. (Amer. J. Physiol. **213** (1967) 3, 725—733; Univ. of Mich., Ann Arbor, Mich.; engl.) — Isolierte glatte Muskeln von Aorta oder Coronargefäßen wurden durch die Prostaglandine; E_1, E_2, A_1, $F_1\alpha$ zur Kontraktion gebracht, aber glatte Muskeln von kleinen Arterien aus anderen Gefäßbereichen zeigten eine 2phasige Dosis-Wrkg.-Beziehung. Spiralige Streifen von kleinen Nieren-, Muskel- u. Mesenterialarterien, welche durch Brenzcatechinamine, Plasmakontraktionsfaktor oder KCl partiell kontrahiert waren, wurden durch niedrige Konz. dieser Vasodepressoren erschlafft, während höhere Konz. die Kontraktion verstärken. Diese Wrkg. wurden durch *Phentolamine, MJ 1999, Atropin, LSD-25* oder *Tripelen-*

amine nicht aufgehoben. Die Geschw. der rhythm. Kontraktionen von isolierter Rattenpfortader oder Ureterstreifen des Hundes wurde durch **I** genau so beeinflußt wie durch herabgesetzte Konz. von Ca^{2+}.
K. Zingraf 4569

1645 **Plasmakinine.** E. Werle. (Dtsch. med. Wschr. **92** (1967) 35, 1573–80; Klin.-Chem. Inst., Chirurg. Klin. Univ. München; dt.) — Übersicht über Pharmakologie, Physiologie u. Pathologie der Plasmakinine. — 20 Literaturangaben. K. Zingraf 4569

1646 **Bicarbonat und die Bindung von Eisen an Transferrin.** Philip Aisen, Roland Aasa, Bo G. Malmström und Tore Vänngård. (J. biol. Chemistry **242** (1967) 10, 2484–90; Göteborg, Univ., Dep. of Biochem., and Chalmers Inst. of Technol.; engl.) — Die Fe-Bindung an *Transferrin* (**I**) wurde durch EPR, Absorption u. protonenmagnet. Relaxationsgeschw. unter Ausschluß von CO_2 untersucht. Selbst ohne Ggw. von *Bicarbonat* (**II**) kann spezif. Bindung von Fe^{3+} an **I** stattfinden. *Nitrilotriacetat* (**III**), *Äthylendiamintetraacetat* u. *Oxalat* (**IV**) konnten **II** bei der Bldg. gefärbter Komplexe mit Fe u. **I** ersetzen. Da bes. **III** u. **IV** ähnliche Absorptionsspektren wie der gewöhnliche Fe–**I**–**II**-Komplex hat, muß ihr Nachw. durch EPR- u. opt. Unters. geführt werden. Das EPR-Spektrum des Fe–**I**–**III**-Komplexes besteht aus einer Linie (30 Gauß Breite) mit dem Zentrum in der Nähe des g'-Wertes von 4,25, während der **IV**-Komplex eine breite Absorption von 700–1400 Gauß hat. Der **II**-Komplex hat g' 4,22 (Gesamtbreite 120 Gauß). Dieses Spektrum bleibt bei pH 6,1–10,5 unverändert. Von mehreren geprüften Metallkomplexbildnern konnten nur die mit 2 oder mehr COOH-Gruppen **II** bei der Bldg. ternärer Komplexe mit Fe u. **I** ersetzen. Azid u. Thiocyanat waren unwirksam, während ein 100facher Überschuß Cyanid die spektroskop. Eig. von Fe–**I**–**II** nicht störte. Diese Befunde deuten darauf hin, daß **II** nicht einfach mit Fe koordiniert ist. Messung der Protonenrelaxationsgeschw. ergeben zwischen Fe-**I** u. Fe-**I**-**II** nur geringe Änderung. Cu^{2+} wird in **II**-Abwesenheit spezif. an *Apo*-**I** gebunden, wie das EPR-Spektrum des Cu^{2+}-**I**-Komplexes zeigte, das von dem des Cu^{2+}-**I**-**II**-Komplexes zeigte, das von dem des Cu^{2+}-**I**-**II**-Komplexes völlig verschieden ist. Zwischen Fe^{3+}, **I** u. Chelat erfolgte fast unmittelbar nach Zusatz der Ferrichelate zu *Apo*-**I** in Luft Bldg. der tern. Komplexe. Beim Stehen dieser Komplexe in Ggw. eines **II**-Überschusses wurden sie allmählich durch den **II**-Komplex ersetzt. Wahrscheinlich ist die schnelle u. Anfangsstufe bei Bldg. von Fe-**I**-**II** die Bldg. des tern. Komplexes Fe-**I**-Chelat, während die langsame Rk. im Ersatz des Chelats durch **II** besteht.
K. Maier 4572

1647 **Enzymatischer Einbau von Fucose in die Blutgruppensubstanz H.** Arthur P. Grollman und Donald M. Marcus. (Biochem. biophysic. Res. Commun. **25**, 542–48, 1966; New York, N.Y., Albert Einstein Coll. of Med., Dep. of Med.; engl.) — Es werden Vers. über den Einbau von *Fucose* (**I**) aus Guanosindiphosphat-L-Fucose (GDP-Fucose) in die mikrosomal gebundene Blutgruppensubstanz H beschrieben; dieser Prozeß wird durch ein Präp. aus gastr. Mucosa des Schweines enzymat. katalysiert. Angaben über ^{14}C-GDP-**I**, ^{14}C-**I**-1-Phosphat, C^{14}-**I**, ^{14}C-GDP-Mannose, über die gereinigte H-Subst. aus Schwein, über Aalserum, über Mikrosomen aus gastr. Schweinemucosa. Nach den Ergebnissen inkorporieren die eingesetzten Mikrosomen nicht nur Fucose u. Mannose aus ihren Nucleotidzuckern, sondern auch Galaktose aus ^{14}C-UDP-Galaktose u. Hexosamin aus ^{14}C-UDP-Hexosamin; nach Tuppy et al. (Nature [London] **210** (1966) 316) nehmen solche Mikrosomen Radioaktivität auch aus einem Gemisch von UDP-N-Acetylglucosamin u. UDP-N-Acetylgalaktosamin auf, ohne daß die Prod. immunochem. charakterisiert werden. In der vorliegenden Arbeit wird ein Teil der markierte **I** enthaltenden lösl. Verb. durch Rk. mit anti-H-Substanz als H-Substanz identifiziert. Die H-Spezifität ist nach Lloyd et al. (Biochemistry **5** [1966] 1502) durch eine α-L-Fucosyl-(1 $\rightarrow$ 2)-β-D-Galaktosyl-Bindung bestimmt; die beschriebene enzymat. Transferierung stellt den Endschritt bei der Biosynth. der H-Determinante dar; allg. Erörterungen über die Le^a-Substanz des Menschen. K. Täufel 4572

1648 **Phosphoproteinphosphatase in roten Blutkörperchen des Kaninchens.** T. Fossa. (Ital. J. Biochem. **15**, 387–93, 1966; Torino, Univ., Ist. di Chim. Biol.; engl.) — In den roten Blutkörperchen des Kaninchens kommen zwei Monoester-Hydrolasen vor: Eine Casein gegenüber akt. *Phosphoprotein-Phosphatase* (**I**), die in der lösl. Fraktion der Zellen vorhanden ist u. eine in der Membran lokalisierte *saure Phosphatase*, die die Dephosphorylierung von β-Glycerinphosphat bewirkt. Das pH-Optimum von **I** ist 5,8; **I** wird durch Mg^{2+}, Na^+ u. K^+ aktiviert, durch Cu^{2+}, Ag^+, K-Ferricyanid, o-Jodbenzoat u. Alloxan inhibiert. Cystein hebt die Hemmung durch Alloxan auf. **I** dürfte ein Sulfhydryl-Enzym sein. L. Macher 4573

1649 **Protein der Rindererythrozytenmembran.** A. H. Maddy. (Biochim. biophysica Acta [Amsterdam] **117**, 193–200, 1966; Edinburgh, Univ. Chem. Biol. Unit, Dep. of Zool.; engl.) — Das Protein der Erythrozytenmembran läßt sich mit n-Butanol in Lsg. bringen u. bei $27000 \cdot g$ fraktionieren. Elektrophorese, Säulenchromatographie u. pH-Abhängigkeit der Löslichkeit sprechen für ein Sialprotein (mindestens 90%) neben Spuren Fett u. einer kohlenhydrathaltigen Fraktion (8%). Das Ergebnis steht im Widerspruch zur Beständigkeit der intakten Membran gegen Neuraminidasen.
K. Heyns 4573

1650 **Zusammensetzung der Phospholipide und Phospholipid-Fettsäuren und -Aldehyde von menschlichen roten Zellen.** James T. Dodge und Gerald B. Phillips. (J. Lipid Res. 8 (1967) 6, 667–75; New York, N.Y., Columbia Univ., Coll. of Physicians and Surgeons; engl.) — Unter Hinweis auf die im Schrifttum bestehenden Widersprüche hinsichtlich der Zus. der Lipide menschlicher Erythrozyten u. auf die Ursachen für solche Unstimmigkeiten werden unter Heranziehung der verbesserten Verf. der Dünnschicht- u. der Gaschromatographie erweiternde Vers. durchgeführt. Angaben über die Darst. von normalen Erythrozyten, die Extraktion der Phospholipide u. ihre analyt. Charakterisierung (Dünnschichtchromatographie an Kieselsäure), vor allem hinsichtlich der konstituierenden Bausteine (Fettsäuren, Aldehyde). Nach den Ergebnissen (Tabellen) werden 33 verschiedene gesätt. u. ungesätt. Fettsäuren (C_{15} bis C_{26}) sowie 5 Aldehyde nachgewiesen u. bestimmt; auf das Vork. weiterer Verb. in kleiner Menge wird hingewiesen. Es wird gezeigt, daß die individuellen Phospholipide (Phosphatidyläthanolamin u. -serin, Sphingomyelin, Lecithin) jeweils nach einem charakterist. Fettsäuremuster konstituiert sind; allg. biochem. Betrachtungen.
K. Täufel 4573

1651 **Synthetische Polypeptide (Bradykinin, Kallidin, Eledoisin) und die Bakterien-Phagozytose der Leukozyten.** G. Ludány, J. Vajda und Ilona Bertha. (Acta physiol. Acad. Sci. hung. **32** (1967) 3, 267–73; II. Chirurg. Klinik, Med. Univ., Budapest; dt.) — *Bradykinin* in Konz. von 0,01 μg/ml–0,1 μg/ml u. in schwächerem Maße *Kallidin* u. *Eledoisin* steigerten die Phagozytose (*Staph. pyogenes aureus*) durch Leukozyten aus dem Kreislauf von Mensch u. Hund u. aus der Bauchhöhle von Ratten. M. Wiedemann 4573

1652 **Histochemie der Glykosidasen von Megakaryozyten und Blutplättchen. Vergleichende Untersuchung.** Benito Monis und Hannah Wasserkrug. (Histochemie **10** (1967) 4, 362–68; Dep. of Path., Sinai Hosp. of Baltimore, Md.; engl.) — Es erfolgte der histochem. Nachw. der *α-D-Galaktosidase* (**I**), *β-D-Galaktosidase* (**II**), *β-D-Glucuronidase* (**III**) u. *β-D-Glucosidase* (**IV**). In den Megakaryozyten von Mensch, Ratten, Kaninchen, Meerschweinchen, Maus u. Hund verlief der Nachw. von **II** u. **III** positiv, von **I** u. **IV** negativ (bei der Ratte auch **I** u. **IV** positiv). 30–40% der Blutplättchen von Mensch u. Ratte enthielten **II** u. **III**. Die Lokalisation der Enzyme entspricht der der normalerweise vorhandenen Granula, was für ihre Identität mit Lysosomen sprechen würde.
A. Hecht 4573

1653 **Anreicherung organischer Basen durch menschliche Thrombozyten.** Harvey M. Solomon und Philip D. Zieve. (J. Pharmacol. exp. Therapeut. **155** (1967) 1, 112–16; Baltimore City Hosp., Baltimore, Md.; engl.) — Gewaschene menschliche Thrombozyten wurden mit

Reserpin (I), *Chinidin* (II), *Procain* (III) oder *Histamin* (IV) inkubiert. I wurde durch die Thrombozyten in hohem Grade gebunden; die Aufnahme war bei Inkubation in Plasma oder in einer gepufferten Albumin-Lsg. wesentlich geringer als bei Inkubation in Puffer allein. I wird sehr stark durch Plasmaprotein gebunden. Auch die Bindung von II durch die Thrombozyten war sehr stark. Das Verhältnis der Verteilung von II in Zelle u. Medium war der Anfangskonz. von II im Medium umgekehrt proportional. Die Verteilung von III u. IV durch die Membran der Thrombozyten hindurch, bei einem extrazellulären pH von 6,8 oder 7,4, konnte durch den H^+-Gradienten durch die Membran erklärt werden. Bei einem extrazellulären pH von 8,0 wurden die Arzneimittel partiell durch die Zelle gebunden. K. Zingraf 4573

1654 **Ausmaß der Aufnahme in das Gewebe von $^{14}C_{(1)}$-Palmitinsäure, verknüpft mit Albumin nach zwei verschiedenen Methoden.** Jacques I. Kessler, Margaret Demeny und Harry Sobotka. (J. Lipid Res. 8 (1967) 3, 185–90; New York, N.Y., Mount Sinai Hosp.; engl.) — Unter Hinweis auf die Stoffwechselfunktionen der freien Plasmafettsäuren (f. Pf.) in ihrer Bindung an Albumin werden Vers. durchgeführt, ob die Art der Verknüpfung der f. Pf. mit Albumin ihre Aufnahme durch die Gewebe beeinflußt. Es werden monomol. Schichten der $^{14}C_{(1)}$-*Palmitinsäure* (I) nach Langmuir hergestellt u. ihre Verknüpfung mit Albumin (Präp. A) durchgeführt u. F-Albumin-Komplexe der üblichen Art nach Fillerup et al. (J. biol. Chemistry **233** (1958) 98) (Präp. B) hergestellt. Ergebnissen der Vers. in vitro u. in vivo (Hund) nimmt das Rattenfettgewebe aus A innerhalb 1std. Inkubation 2,5 mal soviel I auf wie aus B; die Veresterungsgeschw. der I aus A u. B ist gleich. Die Umsatzgeschw. der I ist bei an Hunde i.v. verabfolgtem A doppelt so groß wie bei B; die Aktivität der im Plasma vorliegenden veresterten Fettsäuren ist etwa gleich. Zusammenfassend wird gefolgert, daß die Unterschiede in der Bindung (Orientierung) der Fettsäuren an das Albumin metabol. verschiedene Verh. hinsichtlich der Überführung der f. Pf. in die Gewebe nach sich ziehen. K. Täufel 4574

1655 **Polarographisches Verhalten von Humanalbumin, γ-Globulin, Caeruloplasmin und Transferrin.** Ananda S. Prasad, Miroslav D. Poulik und Sigmundur Gudbjarnason. (Proc. Soc. exp. Biol. Med. **122,** 42–46, 1966; Detroit, Mich., Wayne State Univ., School of Med., Dep. of Med. and Paedriatrics; engl.) — Das polarograph. Verh. reiner *Protein*-Fraktionen scheint spezif. zu sein. Die Polarographie stellt ein Hilfsmittel für die Unters. u. anomaler Serumproteine dar. Der Einfl. von Temp. u. Alkalieinw. auf die Stufenhöhe jeder Proteinfraktion wurde untersucht. K. Maier 4574

1656 **Unterschiedliche Reaktionen der Serum-Glykoprotein-Fraktionen auf Gewebeschädigung bei adrenalektomierten Ratten.** Henry E. Weimer und Vally Coggshall. (Canad. J. Physiol. Pharmacol. **45** (1967) 5, 767–75; Los Angeles, Calif., Dep. of Med. Microbiol., School of Med., Univ. of Calif.; engl.) — Die Wrkg. einer *Cortisol*(I)-Verabreichung auf die Humoralrk. auf s.c. Terpentin(II)-Reizung wurde bei intakten (a), adrenalektomierten (b) u. simuliert-operierten (c) Ratten untersucht. Im Vgl. mit II-behandelten a- u. c-Tieren war die α_2-AP(Akutphasen)-Globulin(III)-Rk. bei den b-Tieren stark erniedrigt. Die Seromucoid(IV)-Fraktion war bei den b-Tieren ebenfalls signifikant, jedoch weniger eindrucksvoll erniedrigt; die Rk. des Plasma-Fibrinogens (V) war bei allen 3 Gruppen gleichartig. Die Rk. der III- u. IV-Fraktionen wurde bei den b-Tieren durch Ersatzbehandlung mit I, d. h. durch physiolog. I-Dosen normalisiert. Verabreichung von pharmakolog. I-Dosen bewirkte bei a-, b- u. c-Tieren eine Erniedrigung der III-, IV- u. V-Fraktionen. V. N. Nekrassoff 4574

1657 **Struktur der Lipoproteine.** Th. Kranz und K. Heide. (Protides biol. Fluids, Proc. thirteenth Colloquium, Bruges, **1965,** 281–90, 1966; Behringwerke, Marburg/Lahn; dt.) — Vf. geben einen Überblick über die bisherigen Forschungen auf dem Gebiet der Humanserumlipoproteine. Eigene Unters. unter Verw. der Stärkegel-, Agargel- u. Polyacrylamidgel-Elektrophoresen, der Immuno-Diffusion u. anderer kombinierter Techniken ergaben die Existens von mindestens 2 Komponenten im α_1-Lipoprotein, die immunochem. nicht ident. sind. C. Semper 4574

1658 **Zusammensetzung der Phospholipide und der Phospholipidfettsäuren des menschlichen Plasmas.** Gerald B. Phillips und James T. Dodge. (J. Lipid Res. 8 (1967) 6, 676–81; New York, N.Y., Columbia Univ., Coll. of Physicians and Surgeons; engl.) — Unter Hinweis auf die noch unzureichenden Kenntnisse, bes. über die Zus. der individuellen Fettsäuren (I) definierter *Plasmaphospholipide* (II) werden Vers. an 10 normalen Vers.-Personen durchgeführt. Angaben über die Gewinnung des Blutplasmas u. seine präparativ/analyt. Aufarbeitung, über die Charakterisierung der Substrate mittels Dünnschicht- u. Gaschromatographie (Methylester der I). Nach den Ergebnissen an den definierten II (Tab.) sind gesätt. u. ungesätt. I $C_{16}-C_{27}$ nachweisbar, ähnlich wie bei den roten Blutzellen; die I der II eines Individuums widerspiegeln sich in denen der Phospholipide der Erythrozyten. Jedes individuelle Phospholipid hat ein charakterist. Verteilungsbild an I, das prakt. dem der Erythrozyten trotz gewisser Unterschiede ähnlich ist. Aus dem hohen Geh. des Plasma-Lysolecithins an ungesätt. I wird gefolgert, daß es nicht vollständig durch β-Lipolyse aus Lecithin gebildet wird; allg. biochem. Betrachtungen. K. Täufel 4574

1659 **Enzymatische Triglyceridbestimmungen bei Kindern.** H. Wolf, M. Kochsiek-Schuster und H. Löhr. (Z. klin. Chem. klin. Biochem. **5** (1967) 4, 205–09; Univ.-Kinderklinik, Göttingen; dt.) — Vf. erläutern die von Kreutz et al. (Klin. Wschr. **44** (1966) 262) beschriebene Meth. für die enzymat. Best. von freiem Glycerin u. Serum-Triglyceriden an zahlreichen Beispielen in der Anwendung in der Kinderheilkunde u. beschreiben eine Ultramikromodifikation dieser Meth., die sich für die Unters. des Fettstoffwechsels bei Frühgeborenen eignet. H. Köditz 4574△

1660 **Enzymatische Bestimmung von Galaktose mit Galaktoseoxydase.** H. Förster und M. Haslbeck. (Z. klin. Chem. klin. Biochem. **5** (1967) 4, 198–202; Inst. für vegetative Physiol., Univ. Frankfurt, Frankfurt/Main; dt.) — Mit dem Ziel, eine Meth. für die Best. der Galaktose (I) im Blut zu finden, untersuchen Vf. die quant. Best. von I mit Galaktoseoxydase-Peroxydase (II). Als optimales Puffersyst. empfehlen Vf. Barbital-Na/Na-Acetat u. als H-Donator o-Tolidin. Die II-Rk. wird von Harnsäure (III), red. Glutathion (IV) u. Ascorbinsäure wesentlich gestört; Harnstoff u. Kreatinin stören dagegen sehr wenig. Die III- u. IV-Wrkg. wird darauf zurückgeführt, daß diese Verb. als H-Donatoren für die Peroxydaserk. wirken können. Die Farbentw. der II-Rk. wird durch III proportional der zugesetzten III-Menge gehemmt; jedoch wird auch die höchste zugesetzte III-Menge durch Hg-Acetat (V) quant. ausgefällt. Durch V-Zusatz nimmt die reproduzierbare Extinktion um 10 bis 15% zu. H. Köditz 4574△

1661 **Fermente des menschlichen Blutes.** 15. Mitt. **Einfluß der chemischen Zusammensetzung von Puffern auf die quantitative Bestimmung von Serumenzymen.** W. Pilz und A. T. Boo. (Z. klin. Chem. klin. Biochem. **5** (1967) 4, 173–76; Farbenfabriken Bayer AG, Leverkusen-Bayerwerk; dt.) — 14. vgl. C. **1968,** 6-1274. — Vf. untersuchen systemat. den Einfl. der chem. Zus. von Puffersyst., Tris-Essigsäure, pH 6,7–9,1, Borsäure-KCl–NaOH, pH 8,2–10, Citronensäure–Phosphorsäure–NaOH–Borsäure, pH 2–12, Veronal–Na–HCl, pH 6,8 bis 9,6 u. Na-Tetraborat–K–Biphosphat, pH 5,8–9,2, auf die quant. Best. der Serumenzyme endogene *Lipoproteidlipase, Arylesterase* I, *Acetylcholinesterase* Iμ u. IIμ sowie *Serumaliesterasen* bei optimalen pH-Werten für die Enzyme u. gleicher Ionenstärke der Puffer. — Die Fehlergrenzen der verwendeten Best.-Meth. entsprechen denen der empfindlichen u. sehr genauen analyt. Meth., z. B. Elementaranalyse. Die für die Enzyme gefundenen Aktivitäten hängen stark von der chem. Zus. der Puffer ab. Bei der Best. im Vollserum hängen nicht nur die

Aktivitätswerte sondern auch die Fehlerbreiten von der Art des verwendeten Puffers ab. H. Köditz 4574△

1662 **Modifiziertes Verfahren zur kolorimetrischen Bestimmung von Heparin.** L. B. Jaques und A. Wollin. (Canad. J. Physiol. Pharmacol. **45** (1967) 5, 787–94; Saskatoon; Sask., Kanada, Dep. of Physiol., Coll. of Med., Univ. of Sask.; engl.) — Vf. beschreiben ein empfindliches Verf. zur qual. kolorimetr. Best. von *Heparin* (I) mit Azur-A unter Verw. des Beckman-DK-2-Spektrophotometers. Internationales Standard-I No. 1 ergab mit dem Verf. einen Geh. von 129 ± 3,2 E/mg. Handelsübliche I-Präp., Heparinode u. Mucopolysaccharide (MPS) wurden geprüft. 0,6 E/ml I enthaltende Lsg. können mit diesem Verf. geprüft werden. Der Geh. der Lsg. an anorgan. Salzen darf 0,14g-% (0,02 m) NaCl-Val nicht überschreiten. Chondroitinsulfate u. MPS dürfen 0,0014 mg/ml (≈ 30% des Trockengew.) nicht überschreiten. V. N. Nekrassoff 4574

1663 **Fibrinolyse und der Rinderlungen-Trypsininhibitor („Pulmin").** K. Egeblad und T. Astrup. (Scand. J. clin. Lab. Invest. **18**, 567–76, 1966; Washington, D.C., James F. Mitchell Foundation Inst. for Med. Res.; engl.) — Der aus Rinderlunge isolierbare *Trypsininhibitor, Palmin* (I), verzögert die von Schweine-*Plasmin*, Human-*Urokinase* u. Streptokinase-aktiviertem Human-*Globulin* hervorgerufene Fibrinolyse. Die von Plasminogen-Aktivatoren bewirkten thromboelastograph. Muster weichen von den regulären ab, wenn größere I-Mengen vorhanden sind. I-Ggw. verändert die Steigung der Korrelationskurven zwischen Konz. von akt. Agens u. Lysiszeit. Mit SK-Aktivator wurden die Kurven nichtlinear. Vgl. mit Sojabohnen-Trypsininhibitor zeigen, daß I ein wirksamer Inhibitor der Plasminogenaktivierung u. von Plasmin ist. Bei Auslsg. der Fibrinolyse durch Plasminogenaktivatoren verzögert sich die Lyse infolge einer kombinierten Wrkg. auf Aktivator u. gebildetes Plasmin. Die Hemmwrkg. von I ist in Ggw. von Humanplasma infolge Wechselwrkg. von Plasmainhibitoren relativ verringert. I beeinflußt die Blutgerinnung wenig, außer daß die Thrombinbldg. durch hohe Konz. verzögert wird. K. Maier 4574

1664 **Immunodepressivmittel.** B. S. Utešev und I. E. Kovalev. (Farmakol. i Toksikol. **30** (1967) 3, 361–72; Moskau, med. inst. im N. I. Pirogova; russ.) — Übersicht. — 162 Literaturangaben. O. Lebtag 4575△

1665 **Homologien in der Position der Cystein-Reste bei K- und L-Typ-Ketten von menschlichen Immunoglobulinen.** Corrado Baglioni. (Biochem. biophysic. Res. Commun. **26** (1967) 1, 82–89; Naples, Internat. Labor. of Genetics and Biophys.; engl.) — Bei der Analyse der durch trypt. Verdauung gewonnenen Peptide des *Bence-Jones-Proteins* (BJ 98) vom L-Typ wurde eine auffällige Homologie mit der Aminosäuren(AS)-Zusammensetzung der Peptide der κ-Kette festgestellt. Das S1D1-Peptid der λ-Kette besitzt starke Ähnlichkeit mit einem Peptid der κ-Kette. Der Cystein-Rest, der in der κ-Kette die Position 23 besetzt, findet sich in dem um 1 AS kürzeren Peptid der λ-Kette in Position 22. BJ98S5D3 mit der AS-Sequenz (Ala-Thr-Leu-Val-Cys), BJ98S2D1 u. ebenso BJ98S4D2E3 besitzen starke Homologien mit entsprechenden Peptiden der κ-Kette. Der S5D3-Bestandteil findet sich in allen Peptid-Karten von BJ-Proteinen des Types L, so daß es als „gemeinsames" Peptid betrachtet werden kann. Die Stellungsvariation des S5D3-Peptides macht es möglich, daß alle Cystein-Gruppen der „gemeinsamen" Region der λ-Kette entsprechende Positionen zu denen der κ-Kette einnehmen. Auf diese Weise würden beide Ketten eine gemeinsame Tertiärstruktur besitzen, möglicherweise durch 2 gleichmäßig voneinander entfernte intramol. — eine in der variablen Hälfte, die andere in der „gemeinsamen" Hälfte — gelegene Disulfid-Brücken u. eine intermol. Disulfid-Brücke zwischen Leicht- u. Schwerkette charakterisiert. Die Homologie zwischen den 2 Leichtketten u. zwischen Leicht- u. Schwerketten spricht nach Ansicht des Vf. dafür, daß sich die entsprechenden Gene aus einem gemeinsamen Ausgangsgen — durch Genduplikation u. unabhängige Evolution — gebildet haben. B. Puschendorf 4575

1666 **Abhängigkeit der Tetanusanatoxinbildung beim Menschen von der Antigendosis und von der Zahl der Impfungen.** 1. Mitt. **Reaktogenität und Wirksamkeit des gereinigten sorbierten Anatoxins bei der primären Immunisierung.** N. S. Kašinceva, I. K. Džavrova, I. E. Kireev und I. K. Davydov. (Ž. Mikrobiol., Èpidemiol. Immunobiol. **44** (1967) 5, 84–88; Smolensk, med. inst.; russ.) — In Vers. an 178 Personen im Alter von 17–33 Jahren wird Areaktogenität des gereinigten sorbierten *Tetanusanatoxins* (I) festgestellt. Durch einmalige Zufuhr von 10 oder 20 E. entsteht in den ersten 4 Monaten nach der Impfung keine ausreichende Immunität gegen Tetanus. Nach zweimaliger I-Zufuhr in Abständen von 30–60 Tagen in Dosen von 5 u. 10 E. entsteht 15–60 Tage nach der 2. Zufuhr eine stabile Immunität, die in 87,7–97,8% der Fälle den Tetanus verhindert. O. Lebtag 4575△

1667 **Neurale Regulation der Immunogenese.** 1. Mitt. **Antikörpergehalt bei weißen Ratten in Abhängigkeit vom Typus des Nervensystems.** V. D. Myrza und L. V. Myrza. (Ž. Mikrobiol., Èpidemiol. Immunobiol. **44** (1967) 5, 53–60; Jassy/Rumänien, med. inst.; russ.) — In Vers. an 4 Gruppen von Ratten verschiedenen Typs des Nervensyst. unter Verw. des unbedingten Erregers (a; Vakzinegemisch von Typhus- u. Paratyphus-A- bzw. B-Antigen) oder bedingten Erregers (b; Komplex von propriozeptiv-muskulären Reizmitteln) wird bestätigt, daß die immunolog. Rk. vom Nerventyp abhängig ist. Der mittlere *Antikörpertiter* ist bei a 2–6mal höher als bei b. Bei a entstehen u. verschwinden die Antikörper nur langsam (142 Tage), bei b innerhalb 28 Tagen. Die Unterschiede der immunolog. Rk. in Abhängigkeit vom Nerventyp werden eingehend erörtert. Die immunolog. Rk. ist auch von der Art des Antigens abhängig. Der Titer des H-Antikörpers ist immer höher als der des O-Antikörpers. Die höchsten Titer beobachtet man nach H-Antigen von Paratyphus A, die niedrigsten nach O-Antigen von Paratyphus B. O. Lebtag 4575△

1668 **Faktoren des natürlichen Schutzes des Organismus bei Brucellose.** 1. Mitt. **Einfluß der Vakzinierung und Infektion bei Brucellose auf den Lysozymgehalt des tierischen Organismus.** N. A. Grekova. (Ž. Mikrobiol., Èpidemiol. Immunobiol. **44** (1967) 5, 42–44; Moskva, Inst. epidemiol. i mikrobiol. im. Gamalei AMN SSSR; russ.) — Die Vakzinierung u. Infektion bei der Brucellose des Meerschweinchens ist von einer Aktivitätsabnahme des *Lysozyms* (I) im Blut begleitet. 6 Monate nach 4facher Revakzinierung ist die I-Aktivität in der Leber u. im Gehirn sehr stark vermindert, in der Milz dagegen normal. O. Lebtag 4575△

1669 **Ausscheidung von Hydroxyprolin im Harn.** Karlheinz Stalder und Hermann Stegemann. (Hoppe-Seyler's Z. physiol. Chem. **348** (1967) 2, 242–43; Max-Planck-Inst. für exper. Med., Göttingen; dt.) — Beschreibung einer verbesserten Meth. zur Best. der Ausscheidung von *Hydroxyprolin* im Harn. Durch Vorbehandlung des Harns mit Amberlite IRA 410 werden Störsubstanzen vor Hydrolyse u. Ox. mit Chloramin-T beseitigt. Das entstehende Chromogen ergibt mit p-Dimethylaminobenzaldehyd einen charakterist. Farbstoff. K. Zingraf 4577

1670 **Einfluß des Urin-pH auf die Aktivität von Urinenzymen.** W. Jösch, U. C. Dubach und M. Strobel. (Experientia [Basel] **23** (1967) 5, 342–43; Med. Poliklin., Univ., Basel; dt.) — Die Verschiebung des Urin-pH in vivo erfolgte durch Gaben von NH_4Cl bzw. $NaHCO_3$. Es zeigte sich, daß „Alkalität" (pH 6,6–7,0) die Aktivitäten der *alkal. Phosphatase* u. Lactatdehydrogenase (I) etwa verdoppelt, vgl. mit „saurem" Urin (pH 5,1–5,5). Auf die Aktivität von Arylamidase im Urin haben die pH-Änderungen keinen Einfluß. — Unters. der I-Isoenzyme in Abhängigkeit vom Urin-pH ergab, daß mit abnehmender Acidität die I-Isoenzyme 3–5 deutlich häufiger nachweisbar sind. — Die Befunde wurden durch in vitro-Vers. bei pH-Extremen bestätigt; die Aktivitätsänderungen mit sich änderndem pH wurden statist. ausgewertet (Aufstellung von Regressionsgeraden). K. Bormann 4577

1671 **Phospholipide der Leber beim sich entwickelnden Kükenembryo.** R. C. Noble und J. H. Moore. (Canad. J. Biochem. **45** (1967) 5, 627–39; Nat. Inst. for Res. in Dairying, Shinfield, Reading; engl.) — Den stärksten Anstieg unter den Komponenten der Phospholipide (Plip.) in der Leber von Hühnerembryonen zwischen dem 13. u. 21. Bebrütungstag weist das *Phosphatidylcholin* (**I**; von 2 bis ~ 10 mg/Leber). Es folgen *Phosphatidyläthanolamin* (**II**; 1,5–6,0), *Phosphatidylserin* (**III**; 0,3–2,5), *Diphosphatidylglycerin* (0,15–2,0) u. *Sphingomyelin* (**IV**; etwa gleichbleibend 0,15). Das Verhältnis der Geh. dieser Komponenten, bezogen auf die Gesamt-Plip. ist also grundverschieden, von dem im Eidotter (Noble u. Moore, ibid. **43** (1965) 1677). **I, II** u. **III** in der Leber erhalten allg. höhere Geh. an Stearin-, Arachidon- u. Dokosahexaensäure, als die entsprechenden Fraktionen des Dotter, während die Fettsäureverteilung von **V** in Leber u. Dotter annähernd gleich ist. — Im Verlauf der Inkubation nimmt *α-Palmitoyl-β-arachidonylphosphatidylcholin* ab, dafür steigen *α-Stearoyl-β-linoleoyl-* u. *α-Stearoyl-β-dokosahexaenoylphosphatidylcholin* an.
K. Bormann 4583

1672 **Wirkung von Threonin auf die Toxizität überschüssigen Tyrosins und die Kataraktbildung bei der Ratte.** S. Q. Alam, R. V. Becker, W. P. Stucki, Q. R. Rogers und A. E. Harper. (J. of Nutrit. **89**, 91–96, 1966; Cambridge, Mass., Mass. Inst. of Technol., Dep. of Nutr. and Food Science; engl.) — 3% *L-Tyrosin* (**I**) in einer 6% Casein enthaltenden, beliebig verfügbaren Diät oder 5% L-**I** in derselben mit nur 2std. Fütterung/Tag bewirkte die typ. Symptome (Augen- u. Pfotenschäden) durch die **I**-Toxizität. Zusatz von 0,8–1,25% *L-Threonin* (**II**) verhinderten diese Schäden u. verbesserten das Wachstum. Beim Verfüttern einer **I**- u. **II**-reichen Diät 2 Monate lang treten bei 80% der Ratten Katarakte auf. 0,2% *Tryptophan*(**III**)-Zusatz begünstigten das Wachstum u. verhinderten vollständig die Katarakte. Bei **I**-reicher Diät waren auch in Ggw. von 0,2% **III** die Augen- u. Pfotenschädigungen zu beobachten. Anscheinend erhöht L-**II**-Zusatz den **III**-Bedarf.
K. Maier 4585

1673 **Synthese von 3′-Phosphoadenosin-5′-phosphosulfat durch Netzhaut und Leber von normalen und Vitamin-A-Mangelratten.** Michael O. Hall und Bradley R. Straatsma. (Biochim. biophysica Acta [Amsterdam] **124**, 246–53, 1966; Los Angeles, Univ. of Calif., School of Med., Dep. of Surgery/Ophthalmol.; engl.) — Ein 105000 · *g*-Überstand aus Rattenretinahomogenaten katalysiert die Bldg. von *3′-Phosphoadenosin-5′-phosphosulfat* (**I**) aus ATP u. Sulfat. Das sulfataktivierende Syst. benötigt Mg^{2+} u. ähnelt demjenigen anderer Gewebe (pH-Optimum des Syst. der Netzhaut 8,2 in Tris-HCl-Puffer). p-Chlormercuribenzoat hemmt anscheinend völlig das Enzym *ATP: Adenylylsulfat-3′-phosphotransferase* (EC 2.7.1.25), dagegen *ATP: Sulfatadenylyltransferase* (EC 2.7.7.4) nur teilweise. Vitamin-A-Mangel bewirkte verminderte **I**-Synth. in Leberüberstand aber nicht in der Netzhaut. K. Maier 4587

1674 **Toxokologische und biochemische Untersuchungen von 2 Vitamin-B_1-Derivaten mit größerer oraler Resorption als Thiamin.** 1. Mitt. **Toxizitätskonstante nach oraler und intravenöser Gabe bei Mäusen und der Blutspiegel bei Ratten.** D. Winter, Ingeborg Hädrich, Sanda Sauvard und Cornelia Stanescu. (Studii Cercetări Biochim. [Bucureşti] **10** (1967) 2, 167–72; Inst. de cercetari chimico-farmaceutice, Bucureşti; rum.) — Es werden DL_{50} nach i.v. bzw. peroraler Gabe in mg/kg u. das Verhältnis i.v./p.o. von *Vitamin B_1* (Thiamin-HCl) u. 2 Thiamin-Deriv. mit offenen Thiazolring, *Dithiopropylthiamin* (**I**) u. *S-Äthoxycarbonylthiamin* (**II**), bei Mäusen bestimmt. Diese Werte betragen für Vitamin B_1 89,2, 8224, 1/190, für **I** 302, 2512, 1/8 u. für **II** 339, 4250 u. 1/12. Nach oraler äquimol. Gaben der 3 Verb. ist der Blutgeh. von **I** u. **II** nach 3 Std. 20–50fach gegenüber dem von Vitamin B_1 erhöht. Auch bei einer 10fachen Verminderung der oral applizierten **I**- u. **II**-Dosis ist ihr Blutspiegel gegenüber B_1 erhöht. Vf. weisen auf die Vorteile der Verwendung derartiger B_1-Deriv. als Medikamente zur Erzeugung sehr hoher B_1-Spiegel im Blute bei oralen Gaben hin. V. Bigl 4587△

1675 **Biosynthese von Thiamin. Hemmung der Thiaminphosphatase-Aktivität durch Pyridoxal.** Lawrence M. Lewin. (Proc. Soc. exp. Biol. Med. **124** (1967) 1, 39–43; Dep. of Biochem., Georgetown Univ., Schools of Med. and Dentistry, Washington, D.C.; engl.) — *Pyridoxal* (**I**), bes. in 10^{-2} m Lsg., hemmt die Biosynth. von *Thiamin* (**II**) aus *2-Methyl-4-amino-5-hydroxymethylpyrimidin* u. *4-Methyl-5-[2-hydroxyäthyl]-thiazol* bzw. aus ihren *Pyro-* oder *Monophosphaten*. Durch Verw. eines zellfreien Enzymsyst. aus Bäckerhefe wird gezeigt, daß **I** die Umwandlung von **II**-*Monophosphat* in **II** hemmt. **II** wird durch eine mikrobiolog. Meth. mit *Lactobacillus viridescens* A.T.C.C. 12706 oder durch Thiochromfluorometrie bestimmt.
H. Kadner 4587

1676 **Vitaminstoffwechsel im Geflügel.** 4. Mitt. **Wiederauftauchen von Thiamin nach Gaben einiger neuer Thiaminderivate beim Geflügel im Urin.** Yoshikazu Sahashi, Takao Suzuki und Shoici Masushige. (J. Vitaminol. [Kyoto] **13** (1967) 1, 41–46; Tokyo Univ. of Agriculture, Tokyo; engl.) — Bei mit künstlichem After versehenen Leghornhennen war die Urinausscheidung von *Thiamin* nach s.c. Injektionen von *Isobutyrylthiamindisulfid* (**I**), *Thiamintetrahydrofurfuryldisulfid* (**II**) u. *O.S-Dicarbäthoxythiamin* (**III**) größer als nach oralen Gaben der gleichen Verbindungen. **I** u. **II** ergaben höhere, **III** niedrigere Thiaminausscheidungen als injiziertes oder oral gegebenes Thiaminchlorid–HCl. G. Zankl 4587

1677 **Röntgenstrahleninduzierter Abbau von Vitamin-B_6-Derivate in Lösung.** Karl F. Nakken. (Strahlentherapie **131**, 384–94, 1966; Oslo, Norwegian Radium Hospital, Norsk Hydro's Inst. for Cancer Res.; engl.) — Werden neutrale *Pyridoxal-5-phosphat* (**I**) mit N_2, O_2 oder N_2O durchströmt, dann ist zur Erzielung der gleichen Zahl gespaltener **I**-Mol. ein Röntgendosisverhältnis 4:2:1 notwendig. *Vitamin B_6* (**I**, Pyridoxin, Pyridoxal) wird von OH- u. N_2O-Radikalen ox., O_2-Radikale sind unwirksam. Die Ausb. an gespaltenen Mol. deutet darauf hin, daß die als Zwischenprod. gebildeten *Vitamin-B_6*-Radikale an folgenden Rk. beteiligt sind. 1. Dimerisationen am $C_{(6)}$ des Pyridinkerns (N_2O-, N_2-, O_2-Atmosphäre); 2. Rückrk. durch hydratisierte Elektronen (N_2); 3. Rk. mit O_2, die zur Pyridinkernspaltung führen. Ox. in am $C_{(4)}$ von **I** gab winzige Mengen von *2-Methyl-3.4-dihydroxypyridyl-(5)-methylphosphorsäure*. *4-* u. *5-Pyridoxinsäure* sowie deren Lactone waren in bestrahlten Lsg. nicht nachweisbar.
K. Maier 4587

1678 **Einfluß der Belüftung auf die Vitamin-B_{12}-Biosynthese.** E. Emanuilova. (Doklady bolgarskoj Akad. Nauk **20** (1967) 5, 473–75; Bulgarian Academy of Sciences, Inst. of Microbiol.; engl.) — Durch Schütteln oder Durchblasen belüftete Kulturen von *Azotomonas insolita* enthielten trotz reichlichem Bakterienwachstum nur wenig *Vitamin B_{12}* (**I**). Unter anaeroben oder halbanaeroben Bedingungen nahm die **I**-Konz. um das 1,5- bis 2fache zu, während das Wachstum 1,5mal geringer war. In allen 3 Fällen konnte die Ggw. von *Hydroxybenzimidazolcobamid* u. *Pseudovitamin B_{12}* chromatograph. nachgewiesen werden. G. Zankl 4587

1679 **Bindung von Semidehydroascorbinsäure an Proteine.** Günther v. Foerster, Willi Weis und Hansjürgen Staudinger. (Hoppe-Seyler's Z. physiol. Chem. **348** (1967) 2, 239; Univ. Gießen, Physiolog.-Chem. Inst.; dt.) — Das ESR-Spektrum der *Semidehydroascorbinsäure* (**I**) wird in Lsg. durch Rinderhämoglobin, Rinderserumalbumin, Ribonuclease (je 5 · 10^{-5} m) u. eine Suspension von Lebermikrosomen nicht beeinflußt. Im festen Zustand zeigt sich jedoch ein asymm. verbreitertes Signal, was gegen eine unspezif. Bindung von **I** an das Protein u. für eine anisotrope Wechselwrkg. der festen Radikale mit dem Magnetfeld spricht. G. Zankl 4587

1680 **Vitamin-D-Stoffwechsel bei Tieren.** 5. Mitt. **Isolierung von Vitamin-D-sulfat aus Säugetiermilch.** Yoshikazu Sahashi, Takao Suzuki, Miyato Higaki und Tsutomu Asano. (J. Vitaminol. [Kyoto] **13** (1967) 1, 33–36; Labor. of Biochem. and Nutrit., Tokyo Univ. of Agricult., Setagaya-ku, Chitose, Tokyo; engl.) — Aus enteiweißter Human- u. Kuhmilch konnte wasserlösl.

Vitamin-D-sulfat als wasserunlösl. Ba-Salz isoliert werden. Kuhmilch enthielt 204 I. U./l wasserlösl. u. 36 I. U./l lipidlösl., Humanmilch 950 I. U./l wasserlösl. u. 15,7 I. U. lipidlösl. Vitamin D. G. Zankl 4587

1681 **Vitamin-D-Stoffwechsel bei Tieren.** 6. Mitt. **Physiologische Aktivität von Vitamin-D-sulfat.** Yoshikazu Sahashi, Takao Suzuki, Miyato Higaki, Masayuki Takahashi, Tsutomu Asano, Tadao Hasegawa und Eiko Miyazawa. (J. Vitaminol [Kyoto] **13** (1967) 1, 37—40; engl.) — 5. vgl. vorst. Referat. — Die DL_{50} von *Vitamin-D_2-sulfat* (I) in physiolog. NaCl-Lsg. betrug für ca. 20 g schwere Mäuse etwa 25000000 I.U./kg Körpergewicht. I zeigte dieselbe antirachit. Wrkg. wie *Vitamin D_2* (**II**). Tägliche orale Gaben von 5000 I.U. I oder 10 I.U. **II** pro Maus führten zu einer 15 Tage anhaltenden Gew.-Zunahme, bei täglichen Gaben von 5000 I.U. **II** hörte die Gew.-Zunahme nach 10 Tagen auf. G. Zankl 4587

1682 **Intrazellulare Verteilung von Vitamin D in Rattenleber.** P. P. Nair und Coraton Bucana. (Biochim. biophysica Acta [Amsterdam] **124,** 254—59, 1966; Baltimore, Md., Sinai Hospital, engl.) — Bei normalen ausgewachsenen ♂ Ratten, die i.v., i.p. u. oral *Ergocalciferol* (**I**) u. *Cholecalciferol* erhielten u. in isolierter durchströmter Leber (2 verschiedene **I**-Konz.) wurde die Verteilung von Vitamin D in den subzellularen Fraktionen untersucht. Bei Erhöhung der **I**-Menge von 200 μg auf 2000 μg änderte sich die intrazelluläre Lokalisierung von vorwiegend zytoplasmat. nach nuclear u. mitochondrial, ohne daß die Gesamtaufnahme der Leber proportional anstieg. Unabhängig von der Art der Zufuhr fand sich das Vitamin vorzugsweise im Zytoplasma, wobei unbekannt ist, ob eine Speicherung oder eine frühe Stoffwechselphase nach Resorption u. Transport zum Zielorgan vorliegt. K. Maier 4587

1683 **Einfluß von Vitamin E auf die Phagozytose.** A. M. Kiškov und O. P. Kušnirova. (Ž. Mikrobiol., Epidemiol., Immunobiol. **44** (1967) 5, 63—64; Užgorod, univ.; russ.) — Unter dem Einfl. von *Vitamin E* (**I**) wird die phygozytäre Aktivität der Leukozyten in vitro parallel zur Dosis erhöht. Durch i.m. Zufuhr von 30 mg **I** 24 Std. vor der Staphylokokkeninfektion wird bei Mäusen die phagozytäre Aktivität der Leukozyten ebenfalls erhöht. Die **I**-Wrkg. ist als unspezif. Aktivierungsfaktor der Immunogenese anzusehen. O. Lebtag 4587△

1684 **Vitamin-E-Aktivität und Stoffwechsel der N-Methyltocopheramine.** J. G. Bieri und E. L. Prival. (Biochemistry [Washington] **6** (1967) 7, 2153—58; Bethesda, Md., Nat. Inst. of Arthritis and Metabolic Diseases; engl.) — Bei 2 verschiedenen biol. Best. (Küken) waren *dl-α-Tocopheramin* (-**I**), *dl-N-Methyl-β*-**I** u. *dl-N-Methyl-γ*-**I** auf mol. Basis so wirksam wie *dl-α-Tocopherol* (-**II**), *dl-β*-**I** u. *dl-γ*-**I** erheblich weniger aktiv. Beim Verfüttern an Ratten betrugen die Blutspiegel von *N-Methyl-β*-**I** u. *N-Methyl-γ*-**I** die Hälfte desjenigen von α-**II**, während in der Leber die Konz. von *N-Methyl*-**I** das doppelte der von α-**II** war. Die β- u. γ-**I**-Mengen in Blut u. Leber lagen erheblich niedriger als die von α-**I** u. *N-Methyl*-Derivaten. Die Verteilung von α-**II**, β-**I**, u. *N-Methyl-β*-**I** war in den Leberzellfraktionen ähnlich. Weder **I** noch *N-Methyl*-**I** bewirkten bei Ratten in den Geweben nachweisbare Bldg. der entsprechenden Tocopherole. *N-Methyl-β*-**I** besaß hinsichtlich Stabilisierung von Methyllinolenatemulsionen die gleiche Antioxydanswirksamkeit wie α-**II**, während β-**I** nur halb so aktiv war. K. Maier 4587

1685 **Pantothensäure und verwandte Verbindungen.** 9. Mitt. **Biochemische Untersuchungen.** 4. Teil. **Trennung und Substratspezifität von Pantothenatkinase und Phosphopantothenoylcysteinsynthetase.** Yasushi Abiko. (J. Biochemistry [Tokyo] **61** (1967) 3, 290—99; Central Res. Labor., Daiichi Seiyaku, Co., Ltd., Edogawa-ku, Tokyo; engl.) — Um Einblick in die Biosynth. von CoA in der Rattenleber zu erlangen u. widersprüchliche Angaben in der Literatur über diese Biosynth. zu klären, untersucht Vf. die Spezifität der vollständig getrennten u. gereinigten Pantothenatkinase (**I**) u. Phosphopantothenoylcysteinsynthetase (**II**) der Rattenleber. — Aus den Ergebnissen der Substratspezifität von **I** u. **II** folgt, daß im Verlaufe der Biosynth. von CoA *Pantothenat* (**III**) zunächst phosphoryliert wird u. dann mit *Cystein* (**IV**) unter Bldg. von *Phosphopantothenoylcystein* kondensiert. **I** katalysiert nicht nur die Phosphorylierung von **III** u. Panteth(e)in, sondern auch die von Pantothenoylcyst(e)in. An der **IV**-Kondens.-Rk. ist wahrscheinlich eine aktivierende Rk. beteiligt, wie sie bei der Biosynth. von Glutathion beobachtet wurde. H. Köditz 4587△

1686 **Pantothensäure und verwandte Verbindungen.** 10. Mitt. **Biochemische Untersuchungen.** 5. Teil. **Reinigung und Substratspezifität von Phosphopantothenoylcysteindecarboxylase der Rattenleber.** Yasushi Abiko. (J. Biochemistry [Tokyo] **61** (1967) 3, 300—08; engl.) — 4. Teil vgl. vorst. Referat. — Vf. beschreibt die Reinigung von Phosphopantothenoylcysteindecarboxylase (**I**; EC 4.1.1.36) aus Rattenleber u. untersucht die Eig. von **I**. — Das hochgereinigte **I**-Präp., das keine Phosphatase-Aktivität mehr enthält, decarboxyliert *N-D-Pantothenoyl-L-cystein-4'-phosphat* (**II**), nicht aber *Pantothenoylcystein* (**III**), die Geschw. der Decarboxylierung von **II** wird durch **III** nicht beeinflußt. Gereinigtes **I** wird durch Cystein u. red. Glutathion aktiviert. Das Rk.-Prod. der Decarboxylierung, *D-Pantethein-4'-phosphat* inhibiert (K_i: 4,3 · 10^{-4} m bei pH 8,0 u. 37°) kompetitiv die Decarboxylierung von **II**. Das pH-Optimum von **I** liegt bei pH 8,0; K_m-Wert von **I** für **II** 1,33—1,50 · 10^{-4} m bei pH 8,0 u. 37°. **I** wird merklich von ATP u. UTP (10^{-3} m), nicht aber von ADP u. AMP inhibiert. Die Inhibierung durch Pyridoxalphosphat u. Pyridoxal wird fast vollständig durch Semicarbazid aufgehoben. **I** benötigt offensichtlich keinen dialysierbaren Kofaktor; Mg^{2+} beeinflußt die Decarboxylierungsrk. nicht. H. Köditz 4587△

1687 **Pantothensäure und verwandte Verbindungen.** 11. Mitt. **Biochemische Untersuchungen.** 6. Teil. **Endstufe der Biosynthese von CoA.** Yasushi Abiko, Tadao Suzuki und Masao Shimizu. (J. Biochemistry [Tokyo] **61** (1967) 3, 309—12; engl.) — 5. Teil vgl. vorst. Referat. — Aus Inkubationsvers. mit einem gereinigten Gemisch von *Dephospho-CoA-Pyrophosphorylase* u. *Dephospho-CoA-Kinase* u. mit *Phosphopantothenoylcysteindecarboxylase* folgt, daß in der Endstufe der Biosynth. von CoA nur folgende Stoffwechselumwandlungen eintreten können: *Phosphopantethein* → *Dephospho-CoA* → *CoA*. wie sie bereits von Hoagland et al. (J. biol. Chemistry **207** (1954) 767) vorgeschlagen wurde. Der α-Carboxydephospho CoA-Weg von N-D-Pantothenoyl-L-cystein-4'-phosphat ist auszuschließen, da im Pyrophosphorylase-Kinase-Syst. in Ggw. von ATP keine Freisetzung von Pyrophosphat erfolgt. H. Köditz 4587△

1688 **Fett-Transport und Polypeptide.** Donald S. Fredrickson, Robert I. Levy und Robert S. Lees. (Protides biol. Fluids, Prod. thirteenth Colloquium, Bruges, **1965,** 269—72, 1966; National Heart Inst., Bethesda, Md.; engl.) — Vf. geben einen Überblick über die Zusammenhänge zwischen den für den Fett-Transport verantwortlichen Proteinen u. den Lipoproteinen. — 15 Literaturangaben. C. Semper 4594

1689 **Gallensäuren und Gallenalkohole.** 88. Mitt. **Bildung von Gallensäuren und Gallenalkoholen aus Cholestanol und 7α-Hydroxycholesterin im Karpfen.** Takahiko Hoshita. (J. Biochemistry [Tokyo] **61** (1967) 4, 440 bis 449; Dep. of Biochem., Hiroshima Univ., School of Med., Hiroshima; engl.) — 87. vgl. ibid. **61** (1967) 136. — Um Einblick in die Biosynth. von *5α-Cyprinol* (**I**; *5α-Cholestan-3α.7α.12α.26.27-pentol*) zu gewinnen, untersuchen Vf. die nach i.p. Injektion von $^3H_{(5,6)}$-Cholestanol (**II**) bzw. $^3H_{(7\beta)}$-7α-Hydroxycholesterin (**III**) im Karpfen gebildeten Stoffwechselprodukte. — Nach **II**-Injektion lassen sich aus der Galle radioakt. **I**, *27-Desoxy-5α-cyprinol* u. *Allocholsäure* isolieren, während nach **III**-Injektion außerdem noch radioakt. *Cholsäure* in der Galle gefunden wurde. Aus den Unters. folgt, daß die Karpfenleber ein Enzymsyst. enthält, das **III** in 5α-Steroide umwandelt u. sich daher von dem Enzymsyst. der Säugetierleber unterscheidet. H. Köditz 4594△

1690 **Succinatoxydation durch Homogenate von Phagocata gracilis.** D. W. Kufe und J. L. Howland. (Comparat. Biochem. Physiol. **20** (1967) 1, 323–25; Brunswick, Maine, Bowdoin Coll., Dep. of Biol.; engl.) — Die in Extrakten des Plattwurms *Phagocata gracilis* vor sich gehende Succinatox. wurde durch Cyanide, Malonate u. Antimycin inhibiert. Dies ist ein Hinweis darauf, daß die Ox. auf dem Wege der Respirationskette vor sich geht, ganz auf die Art, wie dies in Säugetiergeweben erfolgt. Es ist wahrscheinlich, daß diese Ox. mit der ATP-Synth. gekoppelt ist in der Art wie im Säugetiergewebe, da die Ox. durch ADP stimuliert u. durch *Oligomycin* (**I**) gehemmt wird, zumal es bekannt ist, daß **I** die mit der ATP-Synth. verbundene Atmung inhibiert. *Ph. gracilis* enthält demnach ein den Säugetierzellen gleiches Respirationssyst., u. auch der Energieumsatz durch die ATP-Synth. unterscheidet sich nicht wesentlich von anderen tier. Systemen. L. Macher 4596

1691 **Charakterisierung eines neuen Phenylalaninmetaboliten bei Phenylketonurie.** Yen Hoong Loo. (J. Neurochem. [London] **14** (1967) 8, 813–21; Lilly Res. Labor., Eli Lilly and Comp., Indianapolis, Ind.; engl.) — Der Stoffwechsel von *Phenylalanin* wurde bei experimenteller Phenylketonurie untersucht. Die Injektion von *^{14}C-Phenylalanin* u. *^{3}H-Pyridoxin* führen zu einem Metaboliten der in seinen Eig. ident. ist mit *2-Methyl-3-hydroxy-5-hydroxymethylpyridyl-(4)-methyliden-β-phenyläthylamin* (**I**). Die Bedeutung von **I** als neurotox. Faktor bei der Phenylketonurie wird diskutiert.
Joachim Schmidt/Magdeburg 4596

1692 **Synthese von Phospholipiden in arteriellen Wandungen. 1. Mitt. Einbau von ^{32}P in die Phospholipide von Aorta und Coronararterien verschiedener Tiere.** M. Nakatani, T. Sasaki, T. Miyazaki und M. Nakamura. (J. Atherosclerosis Res. [Amsterdam] **7** (1967) 6, 747 bis 757; Fukuoka, Japan, Kyushu Univ., Med. School, Res. Inst. of Angiocardiol.; engl.) — Unter Hinweis auf die relative intensive Synth. von Phospholipiden (**I**) in der Arterienwand u. die geringen Kenntnisse über die darauf Einfl. nehmenden Faktoren werden Vers. in vitro an Kaninchen, Hund u. Rind unter Vgl. mit solchen an Ratten durchgeführt. Angaben über die Vers.-Tiere u. ihre Haltung, über die Präparierung der Aorten u. die Herst. von Schnitten, über die Inkubationsvers. in Ggw. von ^{32}P-Orthophosphat, über die Messung der O_2-Aufnahme, über die Aufarbeitung der aus den Substraten extrahierten Lipide u. deren analyt. Charakterisierung. Nach den Ergebnissen wird der anorgan. ^{32}P in signifikanter Weise eingebaut in *Lecithin, Phosphatidylinosit* u./oder *Lysolecithin*; sehr rasch erfolgt der Einbau in die *Phosphatidsäure*, ohne daß deren Menge wegen zu geringer Konz. meßbar ist. *Sphingomyelin* ist in den Präp. in erheblicher Menge vorhanden, zeigt aber nur geringe Radioaktivität; der Einbau von ^{32}P in *Phosphatidyläthanolamin* entspricht etwa dem beim Sphingomyelin. Der Grad des Einbaues von ^{32}P in die **I** der Aorta ist bei den getesteten Tieren unterschiedlich; er ist auch zwischen Aorta u. Koronararterien verschieden, vor allem bei Lecithin u. Phosphatidylinosit. K. Täufel 4596

1693 **Synthese von Phospholipiden in arteriellen Wandungen. 2. Mitt. Wirkungen von Alter und Verabfolgung von Adrenalin sowie Acetylcholin auf den Einbau von ^{32}P in die Phospholipide der Rattenaorta.** M. Nakatani, T. Sasaki, T. Miyazaki und M. Nakamura. (J. Atherosclerosis Res. [Amsterdam] **7** (1967) 6, 759–66; engl.) — 1. vgl. vorst. Referat. — Unter Heranziehung der Arbeitsweise der 1. Mitt. werden Inkubationsvers. mit Präp. aus der Aorta von Ratten verschiedenen Alters in Ggw. von *Adrenalin* (**I**) bzw. *Acetylcholin* (**II**) (Hokin et al., J. gen. Physiol. **44** (1961) 217) durchgeführt. Nach den Ergebnissen sinkt der Einbau von ^{32}P-Orthophosphat in die säurelösl. Fraktion der Substrate u. in die Phospholipide (**III**), ausgedrückt durch die Aktivität, auf Trockenmasse bezogen, mit voranschreitendem Alter der Ratten ab. Der Gesamtgeh. der Aorta an **III** fällt mit ansteigendem Alter ab, nicht aber die durch ^{32}P verursachte Aktivität des Lipid-P, die sogar leichte Erhöhung erkennen läßt. Der Quotient Radioaktivität der Phosphatidylinositfraktion zu der der Totalphospholipide steigt mit dem Alter an, der zu Lecithin fällt ab. **I** u. **II** verstärken die O_2-Aufnahme bei den Inkubaten u. ebenso den Einbau von ^{32}P in die säurelösl. Fraktion u. die **III** der Rattenaorta, vor allem bei jungen Ratten. Der Quotient markierter Phosphatidylinosit/markiertes Totalphospholipid steigt in Ggw. von **I** bzw. **II** an, die Aktivität von Lecithin aber sinkt ab; diese Prozesse scheinen bei jungen Ratten stärker ausgeprägt zu sein als bei alten Tieren; allg. biochem. Erörterungen.
K. Täufel 4596

1694 **Phospholipidsynthese während der Flugmuskelentwicklung bei der amerikanischen Seidenmotte Hyalophora cecropia.** Kurian K. Thomas und Lawrence I. Gilbert. (Comparat. Biochem. Physiol. **21** (1967) 2, 279–90; Evanston, Ill., Northwestern Univ., Dep. of Biol. Sci.; engl.) — Es werden Stoffwechselvers. über die Entw. der Phospholipide im Flugmuskel der Seidenmotte unter Verw. von ^{32}P-Dinatriumphosphat u. ^{14}C-Glycerin durchgeführt. Nach den Ergebnissen stellen die Hauptphospholipide des Flugmuskels u. der Sarkomen Phosphatidylcholin u. -äthanolamin dar. Während seiner Entw. steigt die Konz. der Cardiolipinfraktion von 1,3 auf 11,8% des Lipidphosphors an. In den Phospholipiden überwiegen die ungesätt. Fettsäuren, von denen die Linolensäure rund 70% der Totalfettsäuren ausmacht. Die Zus. der Phospholipide der Motten-Sarkomen ähnelt mehr der der Rinderherz-Mitochondrien als der der Sarkosomen des Muskels der Hausfliege. Die Ergebnisse zeigen, daß die Synth. der Phospholipide während der Entw. zur reifen Motte stattfindet, wofür eine hohe Konz. an Sarkosomen charakterist. ist. Die Steigerung der Phospholipide wird dahingehend gedeutet, daß sie als Konstituenten für die zelluläre u. subzelluläre Membran sowie zur optimalen Sicherung der Aktivität gewisser mitochondrialer Enzyme erforderlich sind.
K. Täufel 4596

1695 **Einfluß von Geschlechtshormonen und Biotinmangel auf die Lipidzusammensetzung und Fettsäureverteilung in der Leber von weiblichen Küken, die mit einer fettfreien bzw. einer fettergänzten Diät gefüttert werden.** D. Balnave und W. O. Brown. (Comparat. Biochem. Physiol. **23** (1967) 3, 917–24; Belfast, Northern Ireland, Queens Univ., Dep. of Agric. Chem.; engl.) — Unter Anknüpfung an das Schrifttum u. eigne Arbeiten über den Einfl. von *Biotin* (**I**) u. *östrogenen Hormonen* auf den Lipidstoffwechsel in der Leber von Küken werden weitere Vers. unter Einsatz fettfreier Diät durchgeführt. Angaben über die 1 Tag alten Küken u. ihre Haltung, über die eingesetzten Diäten, nachdem eine Kontrollgruppe als **I**-Mangelgruppe zu betrachten war, über die Injektion von **I**, *Östradioldipropionat, Testosteronpropionat* bzw. *Äthyloleat*, über die analyt. Unters. der Lebern auf Lipide nach den Verf. der Literatur. Nach den Ergebnissen führt **I**-Mangel zur Bldg. der Fettleber u. zur Erhöhung des Verhältnisses an C_{16}- u. C_{18}-Fettsäuren in der Leber. In der Zus. der Leberlipide hinsichtlich der Fettsäuren treten bei den mit Hormonen behandelten Küken signifikante Unterschiede nicht in Erscheinung; irgendeine Hemmwrkg. von Seiten des **I**-Mangels als Antwort auf die hormonale Stimulierung ist im Lipidstoffwechsel der Leber nicht nachweisbar; allg. Betrachtungen über Stoffwechsel mit Hinweis, daß die Leberlipide vom Futterfett nicht beeinflußt werden.
K. Täufel 4596

1696 **Elektrochemie der Froschhaut in molekularbiologischer Sicht.** H. Springer-Lederer. (Abh. dtsch. Akad. Wiss. Berlin, Kl. Med. **1966**, Nr. 4, 301–04; Wien, Univ., Inst. für Physikal. Chem., Radiochem. Abt.; dt.) — Übersicht. — 21 Literaturangaben.
K. Maier 4597

1697 **Saure Desoxyribonuclease der Niere: Beobachtungen über Verteilung und zelluläre Beziehungen.** Seymour Rosen, Mary Coughlan und Kevin G. Barry. (Proc. Soc. exp. Biol. Med. **124** (1967) 3, 909–12; Washington, D.C., W. Reed Army Inst. of Res., Div. of Med., Dep. of Metabolism; engl.) — In verschiedenen Gewebesegmenten der Rattenniere, d. h. im äußeren Cortex (**A**), im inneren Cortex (**B**), in der äußeren Medulla (**C**), in der inneren Medulla (**D**), sowie in der Papilla (**E**) wurde die Aktivität der *sauren Desoxyribonuclease* (**I**) ermittelt. In **A** befand sich der höchste Geh. an **I**; in **B** war die **I**-Aktivität bedeutend geringer u. **C** u. **D** wiesen die niedrigsten Werte an **I** auf. Sofern keine Gefrier–Tau-Prozeduren angewandt wurden, konnte mit Ausnahme der **E** ein starker Abfall der **I**-Aktivität in **A, B, C** u. **D** festgestellt werden. In **A** u. **B** konnte die **I**-Aktivität gesteigert werden, wenn der Saccharose-Geh. der homogenisierten Medien vermindert wurde. Diese Vers. zeigten, daß angesichts der regional variablen **I**-Aktivität die Beziehungen der **I** zu den Zellen der einzelnen Nierensegmenten unterschiedlich sind. L. Macher 4597

1698 **Enzymatische Untersuchungen an glomerulären Basalmembranen.** G. H. Thoenes. (Naturwissenschaften **54** (1967) 11, 285; Freiburg i. Br., Max-Planck-Inst. für Immunbiol.; dt.) — Zur Identifizierung des nephrotox. Antigens mit enzymat. Meth. werden Kaninchen unter ident. Vers.-Bedingungen gegen folgende Rattenbasalmembranen (BM) immunisiert: 1. intakte BM, 2. mit *Collagenase* (**I**) behandelte BM (Col-BM) u. 3. mit *Hyaluronidase* (**II**) behandelte BM (Hy-BM), dann gleiche Teile individueller Antisera gesammelt, aus diesen Fraktionen von hochgereinigtem *γ-Globulin* (**III**) gewonnen u. mit ^{131}J markiert, dieses mit spezif. Antikörperquoten gegen intakte u. enzymbehandelte BM i.v. an Ratten verabreicht u. die in den Nieren nach 3 Tagen gebundene Radioaktivitäten ausgezählt. Durch den enzymat. Abbau wird die Antigenität der BM im Vgl. zu intakten BM so red., daß nur noch eine Antikörperausb. von ca. 50% der Form erreichbar ist (Immunisierungsdauer 6 Monate!). Durch **II** wird die nephrotox. Qualität des Antigens stärker als durch **I** vermindert. Obwohl mehr Hy-BM als Col-BM injiziert wurde, enthielten die Antisera gegen Hy-BM weniger spezif. Antikörper als die durch Col-BM erzeugten. Über die (teilweise unspezif.) Wrkg. des **I** hinaus führt das sicher spezif. **II** zu einem Abbau antigener Substanzen, die für die Bldg. nephrotox. Antikörper u. deren biolog. Aktivität wichtig sind. Aus den Vers. wird geschlossen, daß das nephrotox. Antigen im wesentlichen vom Polysaccharid verkörpert wird. Georg Vogel 4597

1699 **Zytologische und zytochemische Untersuchungen über gewisse Organellen der durch schwere Vergiftung mit Berylliumchlorid angegriffenen Leberzelle.** L. Malendowicz. (Folia histochem. cytochem. [Kraków] **4,** 297 bis 314, 1966; Dep. of Histol. u. Embryol., Med. Acad., Poznań, Polen; engl.) — 48—72 Std. nach einmaliger i.p. Gabe von 3 mg *$BeCl_2$* an die geschlechtsreife Ratte fand Vf. in einigen Leberzellen Degenerationserscheinungen einschließlich Nekrosen. In derartig angegriffenen Zellen wurden im Golgibereich eine Zytolysombldg. mit saurer Phosphatase-, nichtspezif. Esterase-, Thiaminpyrophosphatase-, Desoxyribonuclease- u. Adenosintriphosphatase-Aktivität nachgewiesen. V. N. Nekrassoff 4597

1700 **Wirkungen von L-Asparagin und verwandten Verbindungen auf die durch Äthionin und Tetrachlorkohlenstoff ausgelöste hepatische Fettinfiltration und Nekrose.** Nicholas M. Alexander, Robert Scheig und Gerald Klatskin. (Biochem. Pharmacol. **16** (1967) 6, 1091—97; New Haven, Conn., Yale Univ. School of Med., Dep. of Int. Med. and Biochem.; engl.) — Vf. untersuchen den Einfl. von *L-Asparagin* (**I**), *L-Asparaginsäure* (**II**), *L-Methionin* (**III**), *Glycin* (**IV**), *L-Lysin* (**V**), *α-Oxoglutarsäure* (**VI**), *L-Glutamin* (**VII**) u. *L-Threonin* (**VIII**) auf die bei Ratten durch Zufuhr von *Äthionin* (**IX**, 100 mg/100 g i.p. oder oral) bzw. CCl_4 (0,20—0,26 ml/100 g s.c.) ausgelöste Lebernekrose u. -verfettung. **I** (200—400 mg (100 g), **III, IV** u. **VII** antagonisieren die **IX**-Wrkg.; **II, V, VI** u. **VIII** sind dagegen ohne Einfl. auf die Fettinfiltration. Die nach CCl_4-Gaben eintretende Leberverfettung läßt sich durch **I**, DL-**III**, **VII** u. *Glutaminsäure*, nicht aber durch **II** u. **IV** verhindern. Nach CCl_4 eintretende Veränderungen der Fettsäurefraktionen im Fettgewebe der Leber (bes. Anstieg der Öl-, Linolen- u. Palmitinsäureanteile) werden durch **I** rückgängig gemacht. **I** ist ohne Einw. auf die nach CCl_4 beobachtete Lebernekrose. Die Ergebnisse zeigen, daß Fettakkumulation u. Bldg. von Nekrosen auf 2 verschiedenen Vorgängen beruhen. P. Fahrnlaender 4597

1701 **Während spontaner und durch Monamin-induzierter Wach- und Schlafzustände ausgelöste Reaktionen.** Charles E. Spooner und Wallace D. Winters. (Brain Res. [Amsterdam] **4** (1967) 2—3, 189—205; Los Angeles, Calif., Brain Res. Inst.; engl.) — Nach i.p.-Injektion von 50—300 mg *DL-Dopa*/kg ähneln die durch Hörreize bei N_2O-narkotisierten Leghorn-Hähnchen (mit implantierten Hirnelektroden) auslösbaren EEG-Rk. denen im natürlichen Wachzustand; der Muskeltonus ist erhöht. Die durch Hörreize auslösbaren EEG-Rk. gleichen nach 0,25—2 mg *L-Noradrenalin* (**I**)/kg s.c. oder 0,5—5,0 mg *5-Hydroxytryptamin* (**II**)/kg s.c. denen im natürlichen, langsamwelligen (leichten) Schlaf. Die durch Dopa bzw. **I** induzierten EEG-Ableitungen entsprechen denen bei Wachsein bzw. Schlaf; die **II**-induzierten Ableitungen zeigen weniger Schwankungen als spontane Schlafableitungen (wahrscheinlich infolge stärkerer Muskelentspannung). *Dopamin* des Gehirns dürfte demnach mit dem Wachzustand, **I** u. **II** des Gehirns mit dem Schlafzustand zusammenhängen. U. Tausendfreund 4598

1702 **Wirkungen ventromedialer Tegumentumschädigungen auf die Verteilung von Dopamin im Nucleus caudatus des Affen.** M. Goldstein, B. Anagnoste, W. S. Owen und A. F. Battista. (Brain Res. [Amsterdam] **4** (1967) 2—3, 298—300; New York, N.Y., Dep. of Psychiat., N.Y. Univ. Med. Center; engl.) — Als Beitrag zur Klärung der biochem. Grundlage der Morbus-Parkinson-artigen Auswrkg. von ventromedialen Tegumentumschädigungen des Hirnstamms werden die Wrkg. der Schädigungen auf Deponierung u. Stoffwechsel von *^3H-Dopamin* (**I**), Bldg. von *^3H-Noradrenalin* (**II**) aus **I** sowie Deponierung u. Stoffwechsel des neugebildeten **II** beim Affen (*Cercopithecus sabaeus*) untersucht. 2—6 Monate nach einseitiger Schädigung erhielten die Tiere 50 μc **I** in beide Hirnseitenventrikel nach vorheriger i.p.-Injektion des Monoaminooxydasehemmers Pheniprazine (Catron); 3 Std. später Tötung. Im Nucleus caudatus der geschädigten Seite beträgt die akkumulierte **I**-Konz. nur 105 mμc (intakte Seite: 1200), die endogene **I**-Konz. 0,5 μg/g (intakte Seite: 4,1), die *3-Methoxy-^3H-tyramin*-(**III**)-Konz. 1100 mμc (intakte Seite: 800), der **II**/**III**-Quotient 0,1 (intakte Seite: 1,5). Die **II**-Konz. des Nucleus caudatus beträgt auf der geschädigten Seite 70 mμc (intakte Seite: 110), die *^3H-Normetanephrin*(**IV**)-Konz. 25 mμc (intakte Seite: 15), der **II**/**IV**-Quotient 2,8 (intakte Seite 2,8). **II** wird offenbar in anderen Neuronen deponiert als **I**; die Tegumentum-Schädigung ergreift vorwiegend die **I**-Neurone im Nucleus caudatus. U. Tausendfreund 4598

1703 **Grundlagen der funktionellen Neurochemie.** A. G. E. Pearse. (Brain Res. [Amsterdam] **4** (1967) 2—3, 125—34; London, Royal Postgraduate Med. School; engl.) — Kurze Übersicht über den gegenwärtigen Stand der funktionellen oder Enzym-Neurohistochemie unter Bezugnahme auf die Meth. zum Nachw. von *Cholinesterasen, sauren Hydrolasen, Dehydrogenasen* u. *Oxydasen.* — 39 Literaturangaben. U. Tausendreund 4598

1704 **Konzentration der N-Acetylasparaginsäure und N-Acetylasparaginylglutaminsäure im Hirn von mit Iproniazid behandelten Tieren.** A. Curatolo und A. Brancati. (Boll. Soc. ital. Biol. sperim. **43** (1967) 11, 652—54; Siena e Roma, Univ., Ist. di Fisiol. Umana; ital.) — Es wird das Verh. vorst. Verb. bei ♂ Mäusen u. Albinoratten untersucht, die 6 Tage lang täglich i.p. 100 mg *Iproniazid*/kg erhalten haben. Bei sämtlichen Tieren kommt es zu keinen signifikanten Änderungen der Konz. beider Säuren im Hirn. F. Kren 4598

1705 **Zymogramme von Aliesterasen und Cholinesterase aus löslichen Proteinen aus Kaninchen-Rückenmark nach Entfernung des plexus brachialis.** M. Eskenazi, L. Venkov, D. Markov und G. Gulubov. (Doklady bolgarskoj Akad. Nauk **20** (1967) 5, 501—04; Bulgarian Acad. of Sci., Regeneration Res. Labor.; engl.) — An Hand von Zymogrammen werden Veränderungen am Aktivitätsmuster von *Aliesterasen* u. *Cholinesterasen* im Kaninchen-Rückenmark nach Sektion des plexus brachialis dargestellt. U. Harding 4598

1706 **Untersuchung der chemischen Natur des α-adrenergischen Rezeptors.** 2. Mitt. **Prüfung des Indizierungs-Vorganges.** M. S. Yong und G. S. Marks. (Biochem. Pharmacol. **16** (1967) 6, 1120; Edmonton, Alberta, Can., Univ. of Alberta, Dep. of Pharmacol.; engl.) — Vf. untersuchen die Brauchbarkeit von 2 Meth. zur Indizierung α-adrenerg. Rezeptoren der Kaninchenaorta mit ^{14}C-*Dibenaminehydrochlorid* (**I**). Beim 1. Vorgang werden die teils mit *Adrenalin* (**II**), teils mit inakt. **I** abgesätt. Rezeptoren nach dem Auswaschen mit ^{14}C-I behandelt; beim 2. wird nach Behandlung mit **II** sofort mit ^{14}C-I indiziert. In den Vers. wird die Entfernung von locker gebundenem ^{14}C-I durch Auswaschen der z. T. mit **II** behandelten Präp. sowie die ^{14}C-I-Aufnahme von den Geweben mittels Aktivitätsmessungen der Fettfraktionen u. fettfreien Anteile bzw. der Gesamtpräp. bestimmt. Nach Indizierung mit ^{14}C-I lassen sich ca. 50% der aufgenommenen ^{14}C-Menge durch 3std. Waschen der Präp. entfernen. Der fettfreie Anteil enthält 31%, die Fettfraktion dagegen 77% locker gebundenes, auswaschbares ^{14}C-I. Ferner wird nachgewiesen, daß sich das Gewebe infolge Inaktivierung des Äthylenimmonium-Ions von **I** durch Hydrolyse auch durch steigende Mengen oder längere Expositionszeiten (bis zu 90 Min.) nicht mit ^{14}C-I vollständig absättigen läßt. Ein scharfer Anstieg des Anteiles an fest gebundenem ^{14}C-I wird bei einer Konz. von $> 3 \cdot 10^{-6}$ g/ml beobachtet; diese Menge ist für die Blockierung der α-adrenerg. Rezeptoren ausreichend. Vorangehende Behandlung der Präp. mit inakt. **I** (1. Meth.) führt zu einer Verminderung der nachfolgenden ^{14}C-I-Aufnahme u. zu Schwierigkeiten beim Auswaschen des locker gebundenen ^{14}C-I. Daher wird für die Indizierung von α-Rezeptoren die 2. Meth. vorgeschlagen, bei der die Präp. 5 Min. vor Behandlung mit ^{14}C-I in **II** ($1 \cdot 10^{-4}$ Mol) exponiert werden.
P. Fahrnlaender 4598

1707 **Bedeutung der Brenzcatechinamine im Gehirn für den durch Pharmaka ausgelösten Tremor.** S. L. Agarwal und D. Bose. (Brit. J. Pharmacol. Chemotherapy **30** (1967) 2, 349—53; M. G. M. Med. College, Indore, M. P., India; engl.) — *D-N-Isopropyl-p-nitrophenyläthanolamin* (I), eine adrenerg., β-Rezeptoren blockierende Substanz, hat im Gegensatz zu *Propranolol* (**II**) keinen Einfl. auf den durch *Harmalin* (**III**) oder *Tremorin* (**IV**) ausgelösten Tremor von Mäusen. Da **II** im Unterschied zu **I** die Spontanmotilität von Mäusen hemmt, wird die Antitremorwrkg. von **II** nicht auf β-Rezeptoren-Blockade zurückgeführt. Vorbehandlung mit *Reserpin* oder *Pargylin* hemmt den **IV**-Tremor u. verstärkt den **III**-Tremor.
Joachim Schmidt/Magdeburg 4598

1708 **Anreicherung überschüssigen Salzes durch Strandinlösungen.** Herbert L. Meltzer. (J. Neurochem. [London] **13**, 423—28, 1966; New York, Columbia Univ., Dep. of Biochem.; engl.) — Vgl. auch nachst. Referat. — Wss. Lsg. von *Strandin* (**I**) reichern bei der Gleichgew.-Dialyse Salz an (NaCl), wobei annähernd ein linearer Zusammenhang zwischen überschüssiger Na-Konz. innen u. **I**-Konz. besteht. Bei Umwandlung von **I** in die saure u. dann wieder in die Salzform geht diese Eig. irreversibel verloren. Vermutlich enthalten wss. **I**-Lsg. eher große Mol. als unzellare Aggregate. K. Maier 4598

1709 **Kationenspezifität von Strandinlösungen.** Herbert L. Meltzer. (J. Neurochem. [London] **13**, 429—32, 1966; New York, Columbia Univ. and New York State Psychiatric. Inst., Dep. of Biochem.; engl.) — Vgl. auch vorst. Referat. — Lsg. von *Strandin* können bei der Gleichgew.-Dialyse zwischen Na^+ u. K^+ unterscheiden. Die Geschw., mit der „inneres" K^+ gegen „äußeres" Na^+ ausgetauscht wird, ist größer als diejenige, mit der inneres Na^+ gegen „äußeres" K^+ austauscht. Vf. diskutiert die Möglichkeit der Existenz bevorzugter Räume für jedes Ion in **I**-Lösungen. K. Maier 4598

1710 **Dichroismus cresyl-violett gefärbter Cerebrosidsulfate.** A. D. Dayan. (J. Histochem. Cytochem. [Baltimore] **15** (1967) 7, 421—22; Dep. of Pathology and Wessex Neurological Centre, General Hospital, Southhampton, U.K.; engl.) — Bei der Unters. zweier Patienten mit *metachromat. Leukodystrophie* wird gefunden, daß die goldbraunen Ablagerungen im polarisierten Licht bei gekreuzten Polarisator u. Analysator einen spezif. lindbis gelbgrünen Dichroismus zeigen. Andere Strukturen, die normalerweise eine leichte Brauntönung aufweisen, sind nicht dichroitisch. H.-J. Haink 4598

1711 **Zusammensetzung von Myelin aus dem peripheren und dem zentralen Nervensystem von Saimiri sciureus.** L. A. Horrocks. (J. Lipid Res. 8 (1967) 6, 569—76; Cleveland, O., Cleveland Psychiatric Inst.; engl.) — Unter Hinweis auf die noch unzureichenden Kenntnisse über die Zus. der am Bau der Zellmembranen beteiligten Myeline des peripheren (Oligodendroglia) u. des zentralen (Schwamm-Zellen) Nervensyst. werden gezielte Vers. durchgeführt. Angaben über die eingesetzten 18 Affen (*Saimiri sciureus*) u. ihre Haltung, über die Präparierung der zu testenden Gewebe, ihre Homogenisierung u. ihre präparativ/analyt. Aufarbeitung nach 3 verschiedenen Methoden. Nach den Ergebnissen enthält das Myelin aus dem brachialen Plexus der Affen eine größere Menge an *Sphingomyelin* u. eine geringere Menge an *Cholesterin*, *Lipidgalaktose*, *Äthanolaminphosphoglycerid*, *Cholinphosphoglycerid* u. *Alk-1-enyläther* als das Myelin aus dem spinalen Strang, wenn man den Vgl. auf der Basis des totalen Lipid-P durchführt. Das periphere Nervensyst. enthält in seinem Myelin eine erhöhte Menge an Protein; alle Ergebnisse sind signifikant. Durch Geh. an Protein u. Lipidzus. unterscheiden sich die Myeline des peripheren u. zentralen Nervensyst. der getesteten Primaten.
K. Täufel 4598

1712 **Betrachtungen zur Konstitutionsermittlung von Gangliosiden.** W. Gielen. (Z. klin. Chem. klin. Biochem. **5** (1967) 3, 97—100; Max-Planck-Inst. für Hirnforsch.; dt.) — Übersicht über Struktur u. Meth. zur Strukturunters. der Ganglioside. — 17 Literaturangaben.
K. Zingraf 4598

E-6. Pharmakologie, Therapie, Toxikologie, Hygiene

1713 **Zusammenhang zwischen chemischer Struktur und pharmakologischer Wirksamkeit.** 2. Mitt. Károly Nádor. (Magyar Kémikusok Lapja [Bl. ung. Chemiker] **22** (1967) 6, 285—92; Budapest, MTA. Kisérl. Orvtud. Kut. Intézet; ung.) — 1. vgl. ibid. 22 (1967) 5, 231. — Vf. weist auf die neuen Wege zur Erkundung des Zusammenhanges unter Verw. mathemat. Methoden. An Beispielen werden die Meth. von Lee u. Wilson, die Berechnung nach Hausch u. Einfl. der physikal.-chem. Faktoren auf das Ausmaß der pharmakolog. Wrkg. erörtert u. wie aus diesen quant. oder halbquant. Folgerungen gezogen werden können. — 41 Literaturangaben.
J. Plank 4600△

1714 **Spezifische Bindungsfähigkeit von Polyvinylpyrrolidon.** H. Jacobi. (Arzneimittel-Forsch. **17** (1967) 4, 458—62; Sanol-Arzneimittel Dr. Schwarz G. m. b. H., Monheim; dt.) — Mit Hilfe der krampferzeugenden u. der temperatursenkenden Wrkg. von *1.5-Pentamethylentetrazol* konnte bei Mäusen eine Depotwrkg. von *Polyvinylpyrrolidon*, nicht dagegen von *Dextran* (*Macrodex*) oder *Polyvinylalkohol* nachgewiesen werden.
K. Zingraf 4600

1715 **Neue Wege des chemischen Strahlenschutzes.** A. Danysz und D. Kocmierska-Grodzka. (Agressologie [Paris] 8 (1967) **3**, 277; engl.) — Ausgehend von der These von Bacq u. Alexander, wonach radioakt. Strahlen intrazelluläre Barrieren abbauen, u. der so ermöglichte intrazelluäre Enzymaustausch zu den radioakt. Schäden wesentlich beiträgt, u. von anderen Arbeiten, denenzufolge u. a. Mercaptanverb. des Cysteins die direkten u. indirekten Wrkg. der Strahlung vermindern, vermuten Vf., daß sowohl antikatabol. wie auch anabol. Substanzen gegen radioakt. Strahlung schützen könnten. Bei den antikatabol. Substanzen müßten vor allem die Inhibitoren proteolyt. Enzyme solche Wrkg. haben. Tests an Ratten mit *Epsicapronsäure*, mit dem *Trypsin-Inhibitor* u. mit *p-Aminomethylbenzoesäure* bestätigen den Ansatz hinsichtlich der DL_{50}, nicht jedoch hinsichtlich des Körpergew. u. der Leukozytenzahl. Die Schutzwrkg. war bei prophylakt. Anwendung größer als bei therapeutischer. Sie trat noch ein, wenn die Behandlung erst 24 Std. nach der Bestrahlung einsetzte. Die bisherigen Forschungen über die Wrkg. anaboler Androgene bei radioakt. Strahlung brachten die Vf. auf den Gedanken, daß der Zellstoffwechsel dabei eine wesentliche Rolle spielen müsse u. daß die Injizierung der Mittel über längere Zeiträume verteilt werden müsse. Sie verwendeten *Methandrostenolon* (Dianabol CIBA), das bei Mäusen u. Ratten beiderlei Geschlechts u. verschiedener Altersstufen verwendet wurde. Die DL_{50} für Radioaktivität stieg dabei stark; der Abfall des Verhältnisses der Lymphozyten zu den Leukozyten, der im Sinne von Šejatonov als Kriterium für die Strahlungsschäden gewählt wurde, der Gew.-Verlust, die Störungen der Peristaltik u. die Schwächung der Muskeln verringern sich, vor allem bei prophylakt. Anwendung. Bei Kombination des Präp. mit Insulin ergab sich erwartungsgemäß eine noch bessere Wirkung. Der Wrkg.-Mechanismus wird gedeutet. D. Stöfen 4601

1716 **Einfluß von Mexamin und Cystamin auf die Blutversorgung der Organe der Maus.** N. M. Dobrovol'skij. (Farmakol. i Toksikol. **30** (1967) 3, 343—45; Suchumi, inst. èksper. patologii i terapii AMN SSSR; russ.) — Durch s.c. Zufuhr von 75 mg *Mexamin* (**I**)/kg wird bei der Maus der Blutkreislauf im Darm u. in der Leber nicht verändert, in Milz, Muskel u. Niere vermindert. Die **I**-Wrkg. ist 5 u. 15 Min. nach der Zufuhr die gleiche; sie nimmt 60 Min. nach der **I**-Injektion ab. Zufuhr von 150 mg *Cystamin*/kg verändert die Blutversorgung der genannten Organe nicht. O. Lebtag 4601△

1717 **Strahlensensibilisierende Wirkung von Na-Cyclohexylsuccinat auf Zellen-bildende Systeme bei Säugetieren.** Y. Ueno. (Studia biophysica, Berlin **2** (1967) 3, 201—05; Fac. of Med. Kyoto Univ., Kyoto; engl.) — Mäuse (dd/YF) wurden während 10 Tagen täglich mit 25 mg einer physiol. Lsg. des *Na-Salzes* der *Cyclohexylbernsteinsäure* (**I**) i.p. injiziert. Am 11. Tag wurden die Tiere röntgentotalbestrahlt (190 kV, FHA 50 cm, Dosisleistung 58 r/min, Gesamtdosis 600 oder 700 r). Den nach 3 Tagen getöteten Tieren wurden Knochenmarkskernzellen aus dem Femur u. a. Gewebeproben entnommen u. ihr Verh. mit dem bei nicht mit **I** behandelten Versuchstieren verglichen. **I** bewirkt eine allg. Strahlensensibilisierung bei den Knochenmarkszellen (Bldg. von Erythrozyten) sowie bei den Zellen von Milz u. Intestinum. Die Zahl der Knochenmarkszellen wird nicht herabgesetzt. W. Reusse 4601

1718 **Wirkungen von Schwefeldioxid auf die Lunge beim Goldhamster.** 1. Mitt. **In Kombination mit virusbedingter Krankheit der Atemwege.** I. P. Goldring, P. Cooper, I. M. Ratner und L. Greenburg. (Arch. environment. Health **15** (1967) 2, 167—76; Albert Einstein Coll. of Med., New York; engl.) — Bei syr. Goldhamstern, welche lange Zeit 650 ppm SO_2 ausgesetzt wurden, war die Verträglichkeit von SO_2 gut, jedoch zeigten sich einige geringfügige patholog. Veränderungen im Vgl. zu den Kontrollen (geringe Gew.-Zunahme, Cilienverlust in der Trachea, geringe Reizerscheinung, Hyperämie u. interstitielles Ödem, Atelektasen u. herdförmiges Emphysem in der Lunge). Nur bei 2 von 78 Tieren zeigte sich eine deutliche Proliferation des Bronchialwandepithels. Die Veränderungen wurden durch 2malige Virusinfektion der Atemwege nicht verschlimmert. K. Zingraf 4606

1719 **Einfluß des Vanadylsulfats auf die Hypercholesterinämie nach einmaliger Zufuhr von Cholesterin.** Z. Ja. Klejnrok und N. G. Strojkova. (Bjull. èksper. Biol. Med. **61(1)**, Nr. 3, 82—86, 1966; Leningrad, inst. eksper. mediciny AMN SSSR; russ.) — Nach s.c. Zufuhr von 1 mg (je 1 kg) $(VO)SO_4 \cdot 2H_2O$ (**I**) 23 Std. nach peroraler Zufuhr von *Cholesterin* (**II**) ist in den ersten 2 Std. der **II**-Geh. des Blutes geringer als in der Kontrolle; 6 Std. nach der **I**-Zufuhr nimmt er allmählich zu, bleibt aber immer geringer als nach **I** allein. Maximal ist der Einfl. von **I** auf den **II**-Geh. des Blutes 72 Std. nach der **II**-Zufuhr. Nach 5 Tage langer täglicher Zufuhr von je 1 mg **I** ist der **II**-Geh. ebenfalls in den ersten Std. vermindert. 240 Std. nach der **II**-Zufuhr ist er um 100% höher als in der Kontrolle. Bei 5 Tage langer täglicher Zufuhr von 5 mg **I** ist der **II**-Geh. nach 96 Std. höher als in der Kontrolle. Das Maximum des **II**-Geh. wird nach 120 Std. erreicht gegenüber 72 Std. in der Kontrolle. Während der gesamten Beobachtungszeit bleibt hier der **II**-Geh. im Vgl. zur Kontrolle erhöht. O. Lebtag 4606△

1720 **Keine Wirkung einer Anwendung von Fluorid auf das Zentralnervensystem der Ratte.** Lyyli Elliott. (Acta pharmacol. toxicol. [Köbenhavn] **25** (1967) 3, 323—28; Food and Drug Directorate, Dep. of Nat. Health and Welfare, Ottawa; engl.) — 4 Monate langer Zusatz von täglich 6,6 μg oder 68 μg F^-/g zum Futter besaß bei Ratten keinen Einfl. auf das Irrgartenverh. oder die Schlafdauer infolge von *Pentobarbiton*. K. Zingraf 4606

1721 **Wirkung von Äthylalkohol auf die Blutgefäße von Hand und Vorderarm beim Menschen.** J. D. Fewings, M. J. D. Hanna, J. A. Walsh und R. F. Whelan. (Brit. J. Pharmacol. Chemotherapy **27,** 93—106, 1966; Adelaide, Univ., Dep. of Human Physiol. and Pharmacol.; engl.) — In die Brachialarterie normaler Personen injizierter A. vermindert die Durchblutung von Hand u. Vorderarm. Haut- u. Muskelgefäße erleiden Kontraktion. Diese erstreckt sich anscheinend direkt auf die Gefäße, da sie in einem sympathektomierten Glied u. in normalen intraarteriell mit Phenoxybenzamin infundierten Gliedmaßen vorhanden war. Oral zugeführter Brandy, Sherry, Rum u. A. bewirkten Vasodilatation der Hand. Ebenso ruft A. oral Erweiterung der Vorderarmhautgefäße hervor. Diese Dilatation fehlt bei sympathektomierten u. denervierten Gliedmaßen. Nach oraler A.-Zufuhr ist die Durchblutung der Vorderarmmuskeln herabgesetzt (wahrscheinlich direkte vasokonstriktorische Wrkg.). Bei der Behandlung peripherer Erkrankung der Gefäße ist intraarterielle A.-Zufuhr kontraindiziert. K. Maier 4607

1722 **Wirkung einer chronischen Äthanolaufnahme auf die Geschwindigkeit des Äthanolstoffwechsels.** 2. Mitt. **Einfluß des Geschlechtes und der Art der Äthanol-Verabreichung.** J. M. Khanna, H. Kalant und G. Bustos. (Canad. J. Physiol. Pharmacol. **45** (1967) 5, 777—85; Toronto, Ont., Canada, Dep. of Pharmacol., Univ. of Toronto; engl.) — 1. vgl. ibid. **44** (1966) 241. — Reife Ratten erhielten gruppenweise bis zu 2 Monate lang eine tägliche A.-Dosis von 9—12 g/kg nach verschiedenen Verabreichungsformen. Bei allen Gruppen wurde eine signifikante Erhöhung der Alkoholdehydrogenase-Aktivität der Leber festgestellt. Die Milchsäuredehydrogenase-Aktivität der Leber wurde durch **I**-Verabfolgung nicht beeinflußt. V. N. Nekrassoff 4607

1723 **Induktion von paradoxem Schlafzustand durch Na-Butyrat bei akuten Hirnstammpräparaten.** Masaji Matsuzaki und Hiromu Takagi. (Brain Res. [Amsterdam] **4** (1967) 2—3, 223—42; Tokyo, Dep. of Neurophysiol., Inst. of Brain Res., School of Med., Univ.; engl.) — *Na-Butyrat* (**I**; 1,5—3 mMol/kg i.v.) u. kurzkettige Fettsäuren (*Na-Isobutyrat, Na-n-Valerianat, Na-Isovalerianat, Na-n-Capronat*) bewirken bei Katzen den paradoxen, tiefen Schlafzustand auch beim Mesencephalon-Tier mit u. ohne Kleinhirn, beim „isolierten Pons-Mittelhirn"-Präp. u. beim „Rhombencephalon"-Präparat. Dieser Tiefschlafzustand ist mit dem natürlichen, paradoxen Tiefschlag identisch. Beim Fehlen der kranial u. kaudal der Pons liegenden Hirnstrukturen ruft **I** den Tiefschlaf über die Brückenstrukturen des Zentralnervensyst. hervor. Der **I**-induzierte paradoxe Schlafzustand läßt sich auch bei diesen Präp. durch 50—60 Min. spätere Wiederholung der **I**-Injektion erneut auslösen. Unwirksam sind *Na-Propionat, Na-Acetoacetat, Na-β-Hydroxy-n-butyrat, Na-α-Hydroxy-n-butyrat, Na-Succinat, Na-Pyruvat* u. *Na-γ-Aminobutyrat*. U. Tausendfreund 4607

1724 **Durch Na-Butyrat bei der Katze induzierter Schlafzustand.** Masaji Matsuzaki und Hiromu Takagi. (Brain Res. [Amsterdam] **4** (1967) 2—3, 206—22; Tokyo, Dep. of Neurophysiol., Inst. of Brain Res., School of Med., Univ.; engl.) — Bei der Katze kann durch i.v.-Injektion von *Na-Butyrat* (**I**) u. a. kurzkettiger Fettsäuren (C_{4-6}) nach kurzer leichter Schlafphase ein paradoxer, tiefer Schlafzustand (Neocortex-EEG wie im Wachzustand) bewirkt werden. Die paradoxe Schlafphase auf 1,5—3 mMol **I**/kg i.v. tritt nach einer 2—6 Min. dauernden leichten Schlafphase ein u. hält 3—10 Min. an; sie gleicht dem natürlich vorkommenden paradoxen Schlafzustand. Die paradoxe Schlafphase kann durch Wiederholung der **I**-Injektionen in 60-Min.-Abständen erneut ausgelöst werden. 0,5—1 mMol **I**/kg führen nur zum leichten Schlaf von höchstens 15 Min. Dauer. Nach 4—5 mMol **I**/kg ist das Auftreten des paradoxen Schlafzustandes verzögert (nach 40—60 Min. leichten Schlafs, Dauer des Tiefschlafs nur 0,5—2 Min.); nach 8—10 mMol **I**/kg folgt einer tiefen Anästhesie von 50—60 Min. nur ein leichter Schlaf. Paradoxer Tiefschlaf kann auch durch Injektion von 0,3—0,5 mMol **I**/kg in die Carotisarterie hervorgerufen werden. 2 mMol **I**/kg i.p. führen nicht zum Tiefschlaf. Nach 3 mMol **I**/kg i.v. beträgt die Plasma-**I**-Konz. zur Tiefschlafzeit 150—300 µg/ml (Norm 10 bis 20 µg/ml); 5—10 Min. nach der Injektion enthält die Cerebrospinalfl. 20—30 µg **I**/ml (Norm prakt. Null). Gleiche Wrkg. wie **I** üben 1—3 mMol *Na-Isobutyrat*/kg, 1—2 mMol *Na-n-Valerianat* u. *Na-Isovalerianat*/kg sowie 0,3—0,5 mMol *Na-n-Capronat*/kg aus. Unwirksam sind *Na-Propionat, Na-Acetoacetat, Na-β-Hydroxybutyrat, Na-α-Hydroxy-n-butyrat, Na-Succinat, Na-Pyruvat* u. *Na-γ-Aminobutyrat.* U. Tausendfreund 4607

1725 **Der Stoffwechsel von ^{14}C-Glutaminsäure und Pyroglutaminsäure bei Tieren.** Winthrop E. Lange und Edward F. Carey. (J. pharmac. Sci. **55**, 1147—49, 1966; Boston, Mass. Coll. of Pharmacy, Dep. of Pharmacy; engl.) — Stoffwechsel von *^{14}C-Glutaminsäure* (**I**) u. *^{14}C-Pyroglutaminsäure* (**II**) wurde durch Kombination von Papierchromatographie (Methyläthylketon–Propionsäure–W., 75:25:20) u. Fl.-Szintillationszählung bei Mäusen verfolgt. *^{14}C*-**II** wird nach oraler Zufuhr resorbiert u. in **I** umgewandelt. *^{14}C*-**I** fand sich dann in Gehirngewebe, *^{14}C*-**II** dagegen nicht. Die Stoffwechselprod. nach **I**-Therapie waren **II**, *γ-Aminobuttersäure* u. *Glutamin.* — Der therapeut. Erfolg kleinerer **II**-Dosen müßte daher die Wrkg. höherer **I**-Dosen erreichen. K. Maier 4607

1726 **Wirkungen langzeitiger Inhalation von Trichloräthylen, Tetrachlorkohlenstoff, 1.1.1-Trichloräthan, Dichlordifluormethan und 1.1-Dichloräthylen auf Versuchstiere.** J. A. Prendergast, R. A. Jones, L. J. Jenkins, Jr. und J. Siegel. (Toxicol. appl. Pharmacol. **10** (1967) 2, 270—89; Bethesda, Md., Nat. Nav. Med. Center; U.S. Navy Toxicol. Unit.; engl.) — Vf. führen an Ratten (a), Meerschweinchen (b), Hunden (c), Kaninchen (d) u. Affen Inhalationsvers. mit *Trichloräthylen* (**I**), *Tetrachlorkohlenstoff* (**II**), *1.1.1-Trichloräthan* (**III**), *Dichlordifluormethan* (**IV**) u. *1.1-Dichloräthylen* (**V**) durch u. beobachten Mortalität, tox. Symptome sowie hämatolog., biochem., patholog. u. Körpergew.-Veränderungen. Die Exposition der Tiere erfolgt intermittierend (30 Expositionen 8 Std. pro Tag an 5 Tagen in der Woche) bzw. kontinuierlich (90 Tage). Wiederholte u. fortlaufende Exposition an **II** (515 bzw. 61 mg/m³) sowie kontinuierliche Einw. von **V** (189; 101 u. 61) ruft merkliche Mortalität hervor; bei Dauerexpositionen an **I**, **II** u. **V** sowie intermittierender Inhalation von **II** werden Wachstumshemmungen u. z. T. Körpergew.-Verluste beobachtet. Veränderungen des Blutbildes oder äußere tox. Symptome treten in keinem Falle auf. Biochem. Unters. ergeben erhöhte Leberfettgeh. bei b nach wiederholter Einw. von **II** (515) u. Steigerungen der Serum-Glutamin-Brenztraubensäuretransaminase- sowie Leber-Alkaliphosphataseaktivitäten bei a u. b nach kontinuierlicher Exposition an **V** (189). Histopatholog. nachweisbare Leberschäden treten nach fortlaufender u. intermittierender Inhalation von **II** (61 u. 515) u. **V** (189 u. 395) sowie nach kontinuierlicher Einw. von **IV** (3997) auf. **III** (12060) zeigt die geringsten Wrkg. (Körpergew.-Abnahme bei c u. d). P. Fahrnlaender 4607

1727 **Unempfindlichkeit der Hoden von Rhesusaffen gegen 1-[N.N-Diäthylcarbamylmethyl]-2.4-dinitropyrrol.** Amiya B. Kar und Harish Chandra. (Indian J. exp. Biol. **4**, 174—75, 1966; Lucknow, Central Drug Res. Inst.; engl.) — Orale Zufuhr von täglich 9 mg *1-[N.N-Diäthylcarbamylmethyl]-2.4-dinitropyrrol* (**I**)/kg, 30 Tage lang, ist auf spermatozytenbildende u. endokrine Funktion der Hoden ausgewachsener Rhesusaffen ohne Wirkung. Die gonatotrope Hypophysenaktivität bleibt ebenfalls ungestört. **I** wirkt bei Ratten antispermatogen. K. Maier 4607

1728 **Freisetzung von 5-Hydroxytryptamin aus isoliertem Hundedarm durch Nicotin.** T. F. Burks und J. P. Long. (Brit. J. Pharmacol. Chemotherapy **30** (1967) 2, 229—39; College of Med., Univ. of Ia., Iowa City, Ia.; engl.) — *Nicotin* (**I**) u. *Dimethylphenylpiperazin* (**II**) verstärken die Freisetzung von *Serotonin* (**III**) aus isolierten, durchströmten Dünndarmsegmenten von Hunden u, führen zur Kontraktion. Die **I**-Wrkg. wird durch *Atropin*, nicht aber durch *Hexamethonium*, gehemmt. Joachim Schmidt/Magdeburg 4607

1729 **Wirkung von Pharmaka auf die Plasma-Lymph-Schranke von Ratten nach Einstellen eines Zustandes gesteigerter Kapillarpermeabilität.** Günther Vogel, Bärbel Wendt und Hildegard Ströcker. (Arzneimittel-Forsch. **17** (1967) 4, 454—58; Biolog. Inst. Madaus, Köln; dt.) — 8 mg *Histamin* (**I**) oder 50 µg *Kallidin* (**II**)/kg i.v. steigerten bei Ratten innerhalb von 1 Std. den Lymphfluß im Ductus thoracicus, die Konz. von *Polyvinylpyrrolidon* (**III**) in der Lymphe u. der lymphat. **I**-Ausscheidung. 1 mm *Calciumgluconat*/kg i.v. hemmte die Wrkg. von **I**, wenn es 1 Std. vorher angewandt wurde, nicht dagegen bei gleichzeitiger Verabreichung. 10 mg *2-[N-Benzyl-N-phenylaminomethyl)-Δ²-imidazolin* (*Antazolin*; **IV**)/kg i.v. blockierten die Wrkg. von **I** vollständig. 50—250 mg *Quercitrin, Naringin* oder *Hesperidinmethylchalkon*/kg i.v. hemmten die Wrkg. von **II** deutlich, wenn sie 1 Std. vorher angewandt wurden. Das gleiche gilt für 1 mm Calciumgluconat/kg i.v. 1 Std. vor **II** oder 10 mg **IV**/kg i. v. gleichzeitig mit **II** verabreicht. *Centaureidin* u. *Hyperosid* waren unwirksam. K. Zingraf 4607

1730 **Einfluß einiger Pharmaka auf die Aufnahme von Acetylcholin durch Mäusehirnrindenschnitte.** J. Schuberth und A. Sundwall. (J. Neurochem. [London] **14** (1967) 8, 807—12; Res. Inst. of Nat. Defence, Dep. 1, Sundyberg 4, Schweden; engl.) — Die Aufnahme von *Acetylcholin* (**I**) durch Mäusehirnrindenschnitte erfolgt gegen den Konz.-Gradienten u. ist z. T. ein akt. Prozeß. Die Aufnahme ist abhängig von der **I**-Konz. im Inkubationsmedium. *Hemicholinium, Eserin, Atropin, Oxotremorin* u. *Morphin* hemmen die Aufnahme. *Pentobarbital, Pentetrazol* u. *Adrenalin* waren ohne Einfl. auf die **I**-Aufnahme. Joachim Schmidt/Magdeburg 4607

1731 **Mannich-Basen.** 2. Mitt. **Synthese von 1-[4-Dialkylaminobutanon-(2)]-theobrominen.** G. Gräfe. (Arzneimittel-Forsch. **17** (1967) 11, 1465—67; Freiburg i. Br., Univ., Pharmazeut. Inst.; dt.) — 1. vgl. Arch. Pharmaz. **300** (1967) 111. — In dem Bestreben, die pharmakolog. Eig. von *Theobromin* (unter Beseitigung seiner Schwerlöslichkeit u. Reizwrkg. auf die Schleimhäute) zu erhalten, wurden, ausgehend von 1-Acetonyltheobromin (**I**) oder 1-Acetonyl-8-bromtheobromin (**II**), Aminhydrochloriden u. Paraformaldehyd, nach Mannich *1-[4-Dialkylamino-2-oxobutyl]-theobromine* hergestellt. Mit den Aminbasen gelang die Synth. der Mannich-Basen nicht.

Versuche: 1-[4-Dialkylamino-2-oxobutyl]-theobrominhydrochloride, aus **I** (bzw. **II**), Paraformaldehyd u. sek. Aminhydrochlorid in Nitrobenzol + $AlCl_3$ durch 48std. Schütteln bei 80—85° im Druckgefäß, Zusatz konz. HCl, Ae.- u. $CHCl_3$-Extraktion, Alkalisieren der wss. Phase unter Eiskühlung, Ae.-Extraktion, Neutralisation u. Eindampfen der wss. Phase (Vakuum), A.-Extraktion u. Konzentrierung, Umkrist. aus A.; *Basen*, aus der konz. wss. Lsg. der Hydrochloride mit 1 n Na_2CO_3-Lsg. u. Umkrist. aus CH_3OH oder Ae.–PAe. — *Dimethylamino*, $C_{13}H_{20}ClN_5O_3$, F. 194—195° (Zers.); 35% (Ausb.). *Base*, F. 59—61°. — *Diäthylamino*, $C_{15}H_{24}ClN_5O_3$, F. 173—175° (Zers.); 33%. *Base*, F. 75—78°. — *Piperidino*, $C_{15}H_{24}ClN_5O_3$, F. 210—212° (Zers.); 46%. *Base*, F. 96—98°. — *Morpholino*,

$C_{16}H_{24}ClN_5O_3$, F. 185—187° (Zers.); 43%. *Base*, F. 160 bis 162°. — *Hexamethylenimino*, $C_{16}H_{24}ClN_5O_3$, F. 183—185° (Zers.); 37%. *Base*, F. 45—46°. — *8-Brom-1-[4-piperidino-2-oxobutyl]-*, $C_{16}H_{23}BrClN_5O_3$, F. 196—198° (Zers.); 48%. *Base*, F. 105—107°. K. Maier 4607

1732 **Toxische Wirkungen von Chlorfenvinphos bei Hunden und Ratten.** D. H. Hutson und D. E. Hathway. (Biochem. Pharmacol. 16 (1967) 6, 949—62; Shell Res. Ltd., Sittingbourne, Kent; engl.) — Bei oraler Gabe des Insektizids *Chlorfenvinphos* (I; *2-Chlor-1-[2.4-dichlorphenyl]-vinyldiäthylphosphat, Compound 4072, SD 7589*) besteht ein großer Unterschied in der Toxizität bei Hunden u. Ratten (DL_{50} bei Hunden > 5000, bei Ratten 10—15 mg/kg). Bei Ratten war eine I-Blutkonz. von größer als $1 \cdot 10^{-8}$ Mol tödlich. Gleiche Blutkonz. waren bei Hunden ohne Wirkung. Die I-Aufnahme in Hirn war bei Ratten größer als bei Hunden. Bei I-Hirnkonz., die bei Ratten die Cholinesterase um 90% hemmten, ergaben sich bei Hunden normale Werte. Es handelt sich bei diesem zwischen Hund u. Ratte recht deutlichen Toxizitätsunterschied um eine artspezif. Wrkg., sie ist nicht durch verschiedene Resorption bedingt. G. Kimmerle 4607△

1733 **Toxikologie von α-Methyltyrosin, einem Hemmer der Tyrosinhydroxylase.** K. E. Moore, P. F. Wright und J. K. Bert. (J. Pharmacol. exp. Therapeut. 155 (1967) 3, 506—15; Dartmouth Med. School, Hanover, N.H.; engl.) — Nach i.p. Injektion von 200 mg *α-Methyltyrosin* (I)/kg wurden 40% der Ratten letharg., hypotherm. u. depressiv. Diese Wrkg. waren bes. nach 20 Std. deutlich, der Tod trat nach 24—48 Std. ein. Eine Dosis von 300 mg I/kg ergab bei 80% der Ratten diese Wirkung. Diese Ratten hatten hohe N-Harnstoffwerte im Blut u. schieden große Mengen Urin mit hohen Glucose- u. Proteingeh. aus. Auch histolog. war der Nierenschaden deutlich. Der Nierenschaden wurde durch wiederholte W.-Gaben verhindert. Die Niere kann somit die hohen I-Dosen nicht ausscheiden. Bei oraler Verabreichung (200 mg I/kg) oder wiederholten kleinen i.p. I-Dosen (50 mg/kg alle 4 Std.) kam es zu einer Entleerung der Brenzcatechinaminspeicher ohne Nierenschaden. G. Kimmerle 4607△

1734 **Pharmakologische Untersuchungen über Lamininmonocitrat.** Hikaru Ozawa, Yasuo Gomi und Isao Otsuki. (J. pharmac. Soc. Japan [Yakugakuzasshi] 87 (1967) 8, 935—39; Pharmaceut. Inst., Tohoku Univ., School of Med.; jap.) — (*5-Amino-5-carboxypentyl)-trimethylammoniummonocitrat* (Lamininmonocitrat; I) DL_{50} Maus i.v. 394 mg/kg), welches aus *Laminaria angustata Kiellmann* extrahiert wird, besitzt bei Urethan-narkotisierten Kaninchen eine vorübergehende blutdrucksenkende Wrkg. u. hemmt die Herztätigkeit in situ u. in vitro, verändert aber die Pulsfrequenz nicht. I unterdrückt die Kontraktion von isolierten glatten Muskeln (Dünndarm der Maus oder des Meerschweinchens, Arterie u. Trachealmuskel von Meerschweinchen), aber die Kontraktion des Vas deferens von Meerschweinchen wird durch 10^{-4}—10^{-3} m I gesteigert. Die Wrkg. von I am Rectusabdominis-Muskel des Frosches ist sehr schwach. K. Zingraf 4608

1735 **Einfluß der Bioflavonoide (Anthocyanoside) auf die Zunahme der durch Cysteamin induzierten SH-Gruppen im Gehirn.** M. Palazzoadriano, A. Battaglia und A. Raineri. (Boll. Soc. ital. Biol. sperim. 43 (1967) 8, 406—08; Palermo, Univ., Ist. di Patol. Med. e di Farmacol.; ital.) — Nach einer Behandlung mit i.p. 200 mg/kg *Anthocyanosiden* aus der Heidelbeere müssen höhere Dosen Cardiazol zur Auslösung von Konvulsionen gegeben werden. Um zu untersuchen, ob hierbei die Übertragung aus dem Blut in die Gewebe gestört wird, wird die konvulsive Wrkg. von *Cysteamin* (I) ausgenützt, die nur auftritt, wenn im Hirngewebe die SH-Gruppen merklich erhöht sind. Dies geschieht bei den tox. Symptomen durch 200 mg I/kg; dagegen sind 180 mg I noch unwirksam. In Ggw. von Anthocyanosiden sind noch höhere I-Dosen erforderlich, um die SH-Gruppen merklich zu erhöhen. F. Kren 4608

1736 **Wirkung der Bioflavonoide auf die Verringerung der Brenzcatechinamine im Herz durch Strophantin und Reserpin.** A. Raineri, A. Battaglia und M. Palazzoadriano. (Boll. Soc. ital. Biol. sperim. 43 (1967) 8, 404—06; Palermo, Univ., Ist. di Patol. Med. e Farmacol.; ital.) — Die Unters. werden an Ratten durchgeführt, die i.p. 300 mg *Bioflavanoide* (I)/kg erhielten u. daneben mit *Reserpin* (II; 2,5 mg) bzw. *k-Strophantin* (III; 0,5 mg) sowie beiden behandelt wurden. Obwohl II u. III in gleicher Weise die Brenzcatechinamine im Blut verringern, muß der Vorgang von verschiedenen Mechanismen abhängen, da I nur in Ggw. von III antagonist. wirkt. F. Kren 4608

1737 **Pharmakologie des Cycleanins.** S. S. Nikitina und E. A. Trutneva. (Farmakol. i Toksikol. 30 (1967) 3, 332—34; Moskva, VILAR; russ.) — In Vers. an Ratten u. Mäusen zeigt das Alkaloid *Cycleanin* (I) aus *Stephania glabra*, ähnlich dem *Tetrandin*, antiphlogist. Wrkg., die auf der aktivierenden Wrkg. auf die Nebenniere beruht. I besitzt außerdem analgesierende Eig., vermindert die Durchlässigkeit der Gefäße u. besitzt antipyret. Eigenschaften. Als Folge der adrenolyt. Eig. wirkt I hypotensiv u. tonisierend auf die glatten Muskeln. O. Lebtag 4608△

1738 **Antiphlogistische Wirkung des Azulens des Eukalyptusöls.** L. V. Lysenko. (Farmakol. i Toksikol. 30 (1967) 3, 341—43; Charkov, farmacevtič. inst.; russ.) — Bei Kaninchen mit therm. Verbrennungen wird durch Verabreichung des *Azulens* des Eukalyptusöls die Stärke des Ödems vermindert. Die Blutgerinnungszeit wird vermindert, die Leukozytose verstärkt. Völlige Heilung der Nekrosen tritt nach Azulen-Behandlung 2—3 Tage früher ein als in der Kontrolle. O. Lebtag 4608△

1739 **Einfluß des Vincamins auf das Zentralnervensystem des Kaninchens.** A. G. Kurmukov. (Farmakol. i Toksikol. 30 (1967) 3, 286—89; Taškent, inst. chimii rastitel'nych veščestv AN Uzb. SSR; russ.) — Nach Zufuhr von 2,0—2,5 mg *Vincamin* (I)/kg i.v. oder 20 mg I/kg i.p. tritt in der Hirnrinde des Kaninchen zunächst Desynchronisation des Rhythmus in der Hirnrinde, Beschleunigung des Rhythmus im retikulären Syst. ein; danach beobachtete man langsame Hochamplitudenpotentiale sowohl in der Rinde wie im subkortikalen Bereich. Durch i.v. Zufuhr von 5 oder 10 mg I/kg werden bei hochfrequentem Rhythmus in der Rinde u. im Hippocampus (seltener im medialen Thalamus u. im Retikulensyst.) „scharfe Zacken" verursacht. In der Dosis 1 mg/kg verlängert I in der 1. Phase seiner Wrkg. die Latenzperiode der Rinden-Rk. auf ununterbrochenen Lichtreiz u. schwächt diese Rk. etwas ab. In der Dosis 5 mg/kg hebt I diese Rk. völlig auf. O. Lebtag 4608△

1740 **Wirkungen von Tabak und verwandten Substanzen auf die Lunge.** 2. Mitt. **Vergleich der Wirkungen von Zigarettenrauch, Nicotin, Histamin bei der narkotisierten Katze.** Frank Palecek und Domingo M. Aviado. (Arch. environment. Health 15 (1967) 2, 194—203; School of Med., Univ. of Pa., Philadelphia; engl.) — 1. vgl. ibid. 15 (1967) 187. — Narkotisierte Katzen sprachen auf Inhalation von Zigarettenrauch meistens mit einer Zunahme des Lungenwiderstandes an, während bei Hunden zunächst eine Zunahme u. dann eine Abnahme des Widerstandes auftrat. Beim Hund genügt ein Zug aus einer Zigarette, um zunächst eine Bronchokonstriktion, dann eine Bronchialerweiterung auszulösen, während bei der Katze zur Herbeiführung einer reinen Bronchokonstriktion 5 Züge notwendig sind. Bei Hunden nimmt bei einem Anstieg des Lungenwiderstandes die Lungenleistung etwa genau so häufig zu wie ab, während eine Zunahme bei der Katze viel weniger häufig auftritt. Die i.v. Injektion von 10 μg—100 μg Nicotin/kg bewirkt bei beiden Tierarten eine Zunahme des Blutdrucks im Körperkreislauf, welche von einer 2phasigen Wrkg. auf den Lungenwiderstand begleitet ist. Die Wrkg. auf den Lungenwiderstand wird beim Hund, nicht dagegen bei der Katze durch *Atropin* (I) blockiert. Wenn *Histamin* (II) i.v. angewandt oder inhaliert wird, so tritt bei beiden Tierarten eine Verringerung der Lungenleistung, eine Zunahme des Lungenwiderstandes u. ein Absinken des Blutdrucks auf. Die Wrkg. von II auf den Lungenwiderstand wird beim Hund viel leichter als bei der Katze durch I verringert. K. Zingraf 4608

1741 **Wirkungen von Tabak und verwandten Substanzen auf die Lunge. 3. Mitt. Hemmung der Histamin-Synthese bei verschiedenen Tierarten.** Frank Palecek, M. Oskoui und Domingo M. Aviado. (Arch. environment. Health **15** (1967) 2, 204—13; engl.) — 2. vgl. vorst. Referat. — Inhalation von Zigarettenrauch, Inhalation oder Injektion von *Histamin* (I) sowie Injektion von *Nicotin* (II) beeinflußte bei Kaninchen den Lungenwiderstand im allg. nicht. Eine Verringerung der Lungenleistung nach Injektion von I oder II war nach der Ansicht der Autoren auf die Gefäßwrkg. der beiden Mittel an den Lungengefäßen zurückzuführen. Bei narkotisierten Katzen lösten Zigarettenrauch, I oder II in den meisten Fällen eine reine Bronchokonstriktion aus, welche von einer unterschiedlichen Wrkg. auf die Lungenleistung begleitet war: Abnahme nach Injektion oder Inhalation von I, unregelmäßiges Ansprechen auf II, keine Veränderung nach Zigarettenrauch. Der Blutdruck zeigte gleichzeitig entweder ein Absinken, keine Veränderung oder zunächst einen Anstieg u. dann ein Absinken. Wahrscheinlich war die Bronchokonstriktion in allen Fällen direkt durch I oder durch seine Freisetzung vermittelt. Nach Anwendung von *α-Hydrazinohistidin* (III (III) trat die bronchokonstriktor. Wrkg. von Zigarettenrauch oder nach i.v. Injektion von I nicht mehr auf, die Wrkg. von II wurde umgekehrt, während die Wrkg. einer Inhalation von I nicht beeinflußt wurde. Bei Hunden bewirkte die Inhalation von Zigarettenrauch u. die i.v. Injektion von II zunächst einen Anstieg u. dann eine Abnahme des Lungenwiderstandes. Nach Vorbehandlung mit III wurde Zigarettenrauch unwirksam, während die Wrkg. von II nicht beeinflußt wurde. Die bronchokonstriktor. Wrkg. von injiziertem oder inhaliertem I blieben auch nach Vorbehandlung mit III erhalten. Ebenso wurde der Einfl. der 4 Verfahren auf die Lungenleistung u. den Blutdruck durch Vorbehandlung mit III nicht beeinflußt. K. Zingraf 4608

1742 **Ein die Samenbläschen hemmender Stoff aus Luzerne.** J. Churý. (Experientia [Basel] **23** (1967) 4, 285—87; Biol. Inst., Fak. für Vet. Med., Brno, ČSSR; dt.) — Aus Luzerne wurden Extrakte mit 0,1 m HCl gewonnen u. nach der Meth. von Adler fraktioniert, das Filtrat mit Bleiacetat gefällt u. der Nd. eingedampft. Der Rückstand nach Extraktion mit kaltem Py. enthielt lange Kristallnadeln, welche in A., Methanol, Ae. u. $CHCl_3$ unlöslich sind. Bei Injektion einer Lsg. dieser Krist. trat bei Ratten eine Abnahme des Gew. der Samenbläschen ein. Bei Mäusen war die Substanz unwirksam. K. Zingraf 4608

1743 **Grundlagenforschung über die pharmakologische Wirksamkeit orientalischer Drogen. 4. Mitt. Synergismus von Bestandteilen in der Rohdroge „Orientalischer Bezoar" bei der cholekinetischen Wirkung. (Untersuchungen über die Funktion von glatten Muskeln. 2. Mitt.)** Masayasu Mimura, Elizaburo Osada, Sóichi Kagami und Den-itsu Shiho. (J. pharmac. Soc. Japan [Yakugakuzasshi] **87** (1967) 5, 550—53; Res. Inst. for Oriental Drugs, Univ. of Toyama; jap.) — 3. vgl. ibid. **86** [1966] 877. — Unters. über die cholagoge Wrkg. von „orientalischem Bezoar" zeigten, daß von den Bestandteilen der Droge die Substanz, welche eine Kontraktion der glatten Muskeln hervorruft, als einzige eine Kontraktion der Gallenblase u. des Sphincter Oddi auslöste, während die anderen Salze von Gallensäuren eine erschlaffende Wrkg. zeigten. Die stärkste erschlaffende Wrkg. am Sphincter Oddi besaß *Desoxycholat* (I) u. dieses schien das Prinzip der cholagogen Wrkg. von Bezoar zu sein. Die Substanz, welche den glatten Muskel kontrahiert, hemmte die erschlaffende Wrkg. von I auf die Gallenblase. K. Zingraf 4609

1744 **Serumeiweißbindung und renale Elimination von isomeren Sulfonamiden (4-Sulfanilamido-3-äthyl-1.2.4-thiodiazol und 5-Sulfanilamido-2-äthyl-1.3.4-thiodiazol).** K. Irmscher, D. Gabe, K. Jahnke und W. Scholtan. (Arzneimittel-Forsch. **16,** 1019—25, 1966; Düsseldorf, Univ., 2. Med. Klin.; dt.) — Von den beiden isomeren Sulfonamiden *5-Sulfanilamido-3-äthyl-1.2.4-thiadiazol* (*Isoglobucid,* I) u. *5-Sulfanilamido-2-äthyl-1.3.4-thiadiazol* (*Globucid,* II), die sich bei starker Bindung an Serumeiweiß durch die biolog. Halbwertszeit unterscheiden, wird bei gesunden Versuchspersonen II entsprechend der kürzeren biolog. Halbwertszeit rascher als I renal ausgeschieden (Ausscheidungsmodus: Filtration, Rückresorption, Sekretion). Nicht umgesetztes II wurde wesentlich stärker sezerniert u. schwächer rückresorbiert als I, d. h. die biolog. Halbwertszeit der Sulfonamide hängt nicht nur von Filtration u. Rückresorption, sondern auch von der tubulären Sekretion ab. Die Umwandlung von I u. II im Gewebe ist von untergeordneter Bedeutung. Die unterschiedliche tubuläre Sekretion der unveränderten Sulfonamide beruht wahrscheinlich auf der verschiedenen Konstitution. Da I die spezif. Drehung von Albuminlsg. stärker ändert als II dürften außer den Atomgruppen des Mol. auch deren Anordnung für die Bindung durch Serumeiweiß eine wesentliche Rolle spielen. K. Maier 4610

1745 **Isoniazidkrämpfe bei der jugendlichen Ratte und der Gehalt von Pyridoxal-5-phosphat im Gehirn.** Nicola Bonasera, Mario Smorto und Vincenzo Bonavita. (Brain Res. [Amsterdam] 4 (1967) 4, 383—86; Dep. of Neurol., Univ. of Palermo; engl.) — Vf. bestimmen den Grenzwert der *Isoniazid*(I)-Krampfdosis bei heranwachsenden Ratten zwischen dem 10. u. 120. Lebenstag. Sie finden, daß die 50%-Dosis abfällt von 700 mg/kg am 10. Lebenstag auf 300 mg/kg am 120. Lebenstag. Weiter bestimmen sie spektrofluorimetr. den Geh. von *Pyridoxal-5-phosphat* (II) im Gehirn der heranwachsenden Ratte u. finden Werte von 130 mμg/100 mg frisches Gehirngewebe am 10. Lebenstag u. etwa 80 mμg/100 mg frisches Gehirngewebe am 120. Lebenstag. Danach ändern sich diese Werte nicht mehr. Diese Ergebnisse stützen die Hypothese, daß der niedrigere Grenzwert der I-Krämpfe in Zusammenhang steht mit dem niedrigeren Gehalt von II im Gehirn. Es wird vermutet, daß II eine ähnliche Wrkg. auf Nervengewebe ausübt wie Vitamin-B_6-Derivate. E. Mehrhof 4610

1746 **Toxizität von Isonicotinsäurehydrazid (Isoniazid) bei jungen Enten.** J. A. Botta jun. und William W. Charlton. (Toxicol. appl. Pharmacol **11** (1967) **1,** 35—48; School of Veter. Sci. and Med., Purdue Univ., Lafayette, Ind. 47907; engl.) — Bei jungen Peking-Enten betrug die DL_{50} von Isonicotinsäurehydrazid bei 7tägigem Zusatz zum Futter 0,13% u. bei 7tägiger i.p. Injektion 57 mg/kg. Rouen-Enten waren gegen orale Verabreichung, nicht dagegen gegen i.p. Injektion weniger empfindlich. Eine Unters. der subakuten Toxizität ergab eine 50%ig. Mortalität bei den folgenden Anwendungsdauern u. -Dosen: 13 Tage mit 0,10%; 18 Tage mit 0,09%; 11 Tage mit 0,08%; 21 Tage mit 0,075% u. 29 Tage mit 0,05%. Keine klin. Symptome einer tox. Wrkg. wurden in den ersten beiden Monaten der Behandlung bei Entengruppen beobachtet, die 0,001% oder 0,005% erhielten. K. Zingraf 4610

1747 **Wirkung von Amphotericin B auf die Permeabilität gegenüber Thioharnstoff durch den Dünn- und Dickdarm der griechischen Schildkröte.** C. Lippe und B. Giordana. (Boll. Soc. ital. Biol. sperim. **43** (1967) 8, 435—37; Milano, Univ., Ist. di Fisiol. Gener; ital.) — Es wird die Wrkg. von *Amphotericin B*(I) auf die Permeabilität von *Thioharnstoff* (II; austretender Fluß von ^{14}C-II durch das Epithel) untersucht. Sowohl beim Dünndarm als auch beim Dickdarm führt I nur zu einer starken Zunahme der II-Permeabilität, wenn es der Mucosa-Fl. zugegeben wird, während es in der Serosa-Fl. keine Wrkg. hat. F. Kren 4611

1748 **Auslegung der Wirkung von Amphotericin B auf die Permeabilität des Dünndarms und Dickdarms der griechischen Schildkröte.** C. Lippe und B. Giordana. (Boll. Soc. ital. Biol. sperim. **43** (1967) 8, 437—39; Milano, Univ., Ist. die Fisiol. Gener.; ital.) — Vgl. vorst. Referat. — Es wird die Wrkg. von *Amphotericin B* (I) auf die Permeabilität der *$^{14}C_{(1)}$-Phenylessigsäure* (II) untersucht. Es zeigt sich, daß I in keinem Fall die Permeabilität gegenüber II in beiden Geweben signifikant beeinflußt. F. Kren 4611

1749 **Wirkung von Puromycin auf die Prothrombinzeit von Ratten.** James B. Polson und Walter D. Wosilait. (Biochem. Pharmacol. **16** (1967) 6, 1113–15; Columbia, Mo., Univ. of Mo., School of Med., Dep. of Pharmacol.; engl.) — Vf. geben ♀-Ratten (Sprague-Dawley-Rasse) i.p. Zufuhren von *Puromycin* (**I**, stündlich 6 Injektionen zu 25 mg/kg) u. beobachteten 4 Std. nach der 1. **I**-Applikation eine Verlängerung der Prothrombinzeit; der Maximaleffekt tritt nach 8 Std. auf. **I** weist auch bei ♂-Tieren der Sprague-Dawley-Rasse seine Wrkg. auf, während ♂-Tiere des Wistarstammes auf **I** nicht ansprechen u. ♀-Tiere erst 24 Std. nach der 1. **I**-Gabe eine maximale Prothombinzeitverlängerung aufweisen. Ferner werden individuelle Unterschiede in der Rk. auf **I** festgestellt. Intrakardiale Zufuhr einer Einzeldosis **I** oder direkt dem Plasma zugesetztes **I** ist auf die Prothrombinzeit ohne Einfluß. Aus den Ergebnissen geht hervor, daß **I** die im Kreislauf befindlichen Fällungsfaktoren nicht hemmt, jedoch ihre Synth. am s-Ribonucleinsäure-ribosomalen Komplex in der Leber stört. P. Fahrnlaender 4611

1750 **Hemmende Wirkung der Streptomycinantibiotika auf die ampollären Rezeptoren des Frosches in vitro.** Y. Harada, E. Musso und E. Mira. (Boll. Soc. ital. Biol. sperim. **43** (1967) 7, 345–48; Pavia, Univ., Ist. di Fisiol. Gener. e Clin. Otorinolaringoiatr.; ital.) — Es wird die Rk. auf die Stimulierung u. spontane Aktivität der mit *Streptomycin, Dihydrostreptomycin, Neomycin* u. *Kanamycin* behandelten ampollären Rezeptoren vom Frosch untersucht. Alle Antibiotika üben in vitro eine hemmende Wrkg. in beiden Fällen aus, die rasch u. reversibel ist u. in vorst. Reihenfolge der Stoffe abnimmt. F. Kren 4611

1751 **Aspekte der antirheumatischen Chemotherapie.** R. Domenjoz. (Chim. thérapeut. **2** (1967) 4, 284–91; Bonn, Univ., Pharmakol. Inst.; franz.) — Übersicht. K. Maier 4617

1752 **Kallikrein: keine Beeinflussung der Kininfreisetzung durch einige entzündungshemmende Pharmaka.** G. E. Davies, G. Holman, T. P. Johnson und J. S. Lowe. (Brit. J. Pharmacol. Chemotherapy **28,** 212–17, 1966; Alderley Park, Macclesfield, Cheshire, Imp. Chem. Ind. Ltd.; engl.) — Eine zuverlässige Meth. zur quant. Best. des durch die Wrkg. von Meerschweinchenserum-*Kallikrein* aus rohem Rinder-*Kininogen* abgespaltenen *Kinins* (**I**) besteht in der Verwendung von Kunststoffgefäßen, Beendigung der Rk. mit Sojabohnen-Trypsininhibitor (**II**) u. sofortige Best. von abgespaltenem **I** am isolierten Rattenuterus. 100 μg/ml der entzündungshemmenden Pharmaka Indomethacin, Flufenaminsäure, Phenylbutazon, Ibufenac, Chlorquin, Aspirin u. Paramethason hemmten die **I**-Freisetzung nicht, wohl aber Trasylol u. **II**. K. Maier 4617

1753 **Untersuchungen über die Wirkung von Arzneimitteln auf das Verhalten kleiner Tiere.** 1. Mitt. **Stimulantien des zentralen Nervensystems und ihre kombinierten Wirkungen.** Keijiro Takagi, Madoka Shibata, Minoru Watanabe und Akira Saito. (J. pharmac. Soc. Japan [Yakugakuzasshi] **87** (1967) 7, 837–43; Fac. of Pharmaceut. Sci., Univ. of Tokyo; jap.) — Der Einfl. von Arzneimitteln mit stimulierender Wrkg. auf das Zentralnervensyst. auf die Motilität von Mäusen wurde mit 2 neuen App. untersucht. *d-Metamphetamin* (**I**) steigerte die Rotationsbewegungen der Tiere deutlicher als *Methylphenidat, Pipradol* oder *Coffein* (**II**). Starke Rotationsbewegungen, welche durch 5 mg **I**/kg ausgelöst worden waren, wurden durch 1 mg *LSD-25*/kg gestört. Die lokomotor. Bewegung von Mäusen wurde durch Anwendung von 50 mg *Dimethylaminoäthanol* (**III**) tägl., 8 Tage lang, gesteigert u. die Wrkg. wurde durch 10 mg **II**/kg erhöht. Die stimulierende Wrkg. von **III** konnte auch durch 1 mg LSD-25/kg gesteigert werden. K. Zingraf 4620

1754 **Wirkung psychotroper Arzneimittel auf die Wachreaktion im EEG der Ratte.** Keijiro Takagi, Yutaka Kasuya und Shiro Tachikawa. (J. pharmac. Soc. Japan [Yakugakuzasshi] **87** (1967) 7, 781–87; Fac. of Pharmaceut. Sci., Univ. of Tokyo; jap.) — Es wurde die Wrkg. von 4 psychotropen Arzneimitteln auf die Wachrk. im EEG von curarisierten, nicht narkotisierten Ratten, welche durch Reizung der retikulären Formation oder des Hypothalamus ausgelöst worden waren, untersucht. *Pentobarbital-Natrium* (**I**) u. *Meprobamate* (**II**) hemmten in der Hauptsache das retikuläre aktivierende Syst., während *Chlorpromazinhydrochlorid* (**III**) u. *Chlordiazepoxidhydrochlorid* (**IV**) das akt. Syst. des Hypothalamus stärker hemmten. **I** u. **III** erhöhten die Schwellen der Wachrk. der Neocortex u. des Hippocampus nach Reizung der retikulären Formation oder des Hypothalamus. **II** u. **IV** hemmten dagegen die Entw. von Thetawellen im Hippocampus nach Reizung des Hypothalamus oder der retikulären Formation u. lösten gleichzeitig eine Wachrk. an der Neocortex aus. K. Zingraf 4620

1755 **Noradrenalin im Blutplasma und Urin des Menschen während physischer Belastung und Chlorpromazinbehandlung.** Carl Carlsson, Sven J. Dencker, Gunnar Grimby und Jan Häggendal. (Acta pharmacol. toxicol. [Köbenhavn] **25** (1967) 1, 97–106; Univ. of Göteborg, Göteborg, Sweden; engl.) — Patienten, die mit 1–3 g Chlorpromazin tägl. behandelt werden, zeigen bei phys. Belastung einen stärkeren Anstieg des Geh. an Noradrenalin im Blutplasma u. Urin als Kontrollpersonen. Joachim Schmidt/Magdeburg 4620

1756 **Einfluß von Chlorpromazin und Lävomepromazin auf Blutzucker bei Kaninchen und auf die Insulinhypoglykämie, Adrenalin-, Noradrenalin- und Postglucosehyperglykämie.** Józef Jeske und Krystyna Stochla. (Farmacja polska **22,** 653–58, 1966; Warszawa, Akademia Medyczna; pol.) — Der Einfl. des *Chlorpromazins* (**I**) u. *Lävomepromazins* (**II**) auf die Glykämie, Hypo- u. Hyperglykämie bei Kaninchen wird untersucht. Der normale Blutzucker wird mit dem Blutzucker nach i.m. Einspritzung eines der Neuroleptika (**A**) u. die Insulinblutzuckerkurve wird mit der Blutzuckerkurve nach Einspritzung eines der **A** u. *Insulins* (**III**) verglichen. Analog wird mit *Adrenalin* (**IV**), *Noradrenalin* (**V**) u. *Glucose* (**VI**) vorgegangen, — **VI** wird i.v. eingespritzt — wobei die entsprechende Blutzuckerkurve nach Einspritzung einer der genannten Verb. u. eines der **A** verglichen wird. Die Hypoglykämie wird mit 0,4 Einheiten **III**/kg (Körpergew.), Hyperglykämie mit 20 μg **IV**/kg oder mit 200 μg **V**/kg oder 2,0 (?) **VI**/kg hervorgerufen. Darauf wird der Einfl. der **A** auf die Körpertemp. der Kaninchen untersucht. Es wird eine Zunahme des Blutzuckers nach Einspritzung von **I** u. statist. eine wesentliche Hyperglykämie nach **II** festgestellt. Es wird kein Einfl. des **I** u. **II** auf die **III**-Hypoglykämie u. auf die **V**- u. Post-**VI**-Hyperglykämie, dagegen aber eine Steigerung der **IV**-Hyperglykämie beobachtet. **I** u. **II** ergeben eine Senkung der Körpertemp. bis 2°. M. Gasiński 4620△

1757 **Einfluß der Inhibitoren der Monoaminoxydase auf den Gehalt an Brenzcatechinaminen in den Hirnbereichen der Katze.** N. B. Vysockaja, N. V. Kaverina, R. S. Mirzojan und Ju. B. Rozonov. (Farmakol. i Toksikol. **30** (1967) 3, 289–92; Moskva, inst. farmakol. i chimioterapii AMN SSSR; russ.) — Verabreichung von *Nialamid* (**I**) an Katzen in der Dosis 40 mg/kg verändert den Geh. an *Adrenalin* (**II**) u. *Noradrenalin* (**III**) im Hypothalamus, verlängerten Hirn u. Rückenmark nicht. Verabreichung von *Transamin* (**IV**) vermindert den **III**-Geh. im verlängerten Hirn 6 Std. nach der Verabreichung, beeinflußt aber sonst die Geh. an **II** u. **III** nicht. Nach früheren Befunden unterdrückt **I** länger u. stärker die reflektor. Rk. als **IV**. Es besteht demnach keine Beziehung zwischen der Fähigkeit von **I** u. **IV**, als Inhibitoren der Monoaminoxydase den Geh. an Monoaminen zu verändern, u. ihrer hemmenden Wrkg. auf die vegetativen Reflexe. O. Lebtag 4620△

1758 **Wirkungen des Thioridazins auf das neurosezernierende System Hypothalamus-Neurohypophyse.** V. Tessitore. (Boll. Soc. ital. Biol. sperim. **43** (1967) 7, 379–81; Palermo, Univ., Ist. di Istol. ed Embriol Gener.; ital.) — Albinoratten erhalten i.m. täglich 20 Tage lang 60 mg/kg *Thioridazin*. Das Syst. Hypothalamus-Hypophyse ergibt gegenüber Kontrollen keine histomorpholog. Veränderungen durch **I**. F. Kren 4620

1759 **Einfluß der β-sympathikolytischen Verbindung Propranolol auf Glykogenspaltung und Glykolyse in Muskel, Hirn und Leber der weißen Maus.** C.-J. Estler und H. P. T. Ammon. (Biochem. Pharmacol. **15**, 2031–35, 1966; Erlangen, Univ., Pharmakol. Inst.; engl.) — 20 mg *Propranolol* (**IV**) i.p. erhöhten den *Glykogen*(**I**)-Geh. von Muskel u. Hirn nach 30–60 Min. wahrscheinlich durch Herabsetzung der Phosphorylaseaktivität. Gleichzeitig sanken *Pyruvat* (**II**)- u. *Lactat*-Geh. infolge des herabgesetzten glykolyt. Kohlenhydratstoffwechsels ab. In der Leber stieg der **I**-Geh. nicht an, sondern sank nach 30 Min. etwas ab. Gleichzeitig erhöhten sich Glucose (**III**), Glucose-6-phosphat-, Fructosediphosphat-, Dihydroxyacetonphosphat- u. **II**-Spiegel der Leber u. **III**- u. **II**-Spiegel des Blutes. **IV** aktiviert in der Leber anscheinend die **I**-Spaltung u. Glykolyse, wobei es in der Art eines Sympathikomimetikums wirkt, während die Wrkg. auf den Kohlenhydratstoffwechsel von Muskel u. Hirn mit dem sympathikolyt. Charakter übereinstimmt. K. Maier 4620

1760 **Aktivitätskonvergenz und -Überschneidung bei tertiären und quartären Tropinaminoestern.** S. L. Friess, R. C. Durant und H. L. Martin. (Toxicol. appl. Pharmacol. **9**, 240–56, 1966; Bethesda, Md., Naval Med. Res. Inst., Div. of Biochem.; engl.) — Aktivitätsvergleiche über funktionelle Wechselwrkg. zwischen Gewebechemorezeptoren u. *Tropin-p-tolylacetat* (**II**) u. *Tropinmethojodid-p-tolylacetat* (**I**) ergaben eine unerwartete Konvergenz von tert. u. quart. Aminstruktur u. biolog. Aktivitäten. **I** durchdringt leicht Membranschranken erregbarer Gewebe u. die Blut-Hirn-Barriere u. erreicht oder übertrifft sogar **II** hinsichtlich einer bestimmten chem. Erregung, Verstärkung oder Hemmwirkung. **I** u. **II** sind hinsichtlich der zentralen tox. Wrkg. bei Maus u. Katze, in der reversiblen Hemmung des in vitro-Acetylcholinesterase–Acetylcholin-Syst. u. der schwachen Verstärkung der „Twitch"-Spannung bei elektr. Reizen des Katzen-Nerv-Muskel-Soleus-Präp. gleich wirksam. **I** übertrifft **II** im Grade der isometrischen „Twitch"-Verstärkung, hervorgerufen aus Ratten-Phrenikusnerv-Diaphragma-Präp. durch Nervreize, während die Aktivitätssequenz (**II** > **I**) beim isoton. Präp., das elektr. Einzelreize erhält, umgekehrt ist. **II** übertrifft **I** in der Kontraktionswrkg. am denervierten Katzen-Gastrocnemius-Soleus-Präp. u. bei der Blockade des Rauvierschen Einzelknotens markhaltiger Nervenfasern. Die Befunde werden durch physikal. Übergangseig. einer quartären Ammoniumfunktion, eingebettet in der kondensierten Ringstruktur des Tropins, gedeutet. K. Maier 4620

1761 **Regionale Untersuchung der Brenzcatechinamine im Rattenhirn. 4. Mitt. Einfluß von Pharmaka auf Verteilung und Stoffwechsel von ^{3}H-Noradrenalin und ^{3}H-Dopamin.** Jacques Glowinski, Julius Axelrod und Leslie L. Iversen. (J. Pharmacol. exp. Therapeut. **153**, 30–41, 1966; Labor. Clin. Sci., Nat. Inst. of Mental Health, Nat. Inst. of Health, Bethesda, Md.; engl.) — 3. vgl. Biochem. Pharmacol. **15** (1966) 7, 977. — Der Einfl. von *Reserpin* (**I**), *Phenylisopropylhydrazin* (**II**), *Amphetamin* (**III**) u. *Desmethylimipramin* (**IV**) auf den Stoffwechsel von *^{3}H-Noradrenalin* (**V**) u. *^{3}H-Dopamin* (**VI**) in Cerebellum, Medulla oblongata, Hypothalamus, Striatum, Mittelhirn, Hippocampus u. Cortex des Rattenhirns wurde untersucht. **I** vermindert die Akkumulation von **V** in verschiedenem Ausmaß in den einzelnen Hirnregionen, erhöht den Geh. an ^{3}H-desaminierten Metaboliten u. verringert den Geh. an *^{3}H-Normetadrenalin* (**VII**) in allen Regionen. **II** erhöht die **V**-Akkumulation in allen Regionen außer dem Striatum, vermindert den Geh. an desaminierten Metaboliten u. erhöht den Geh. an **VII**. **III** u. **IV** vermindern die **V**-Akkumulation in Cerebellum, Medulla oblongata u. Hypothalamus aber nur geringfügig in den anderen Hirnregionen. Der **V**-Geh. nach intraventrikulärer **VI**-Injektion ist nach **III**- oder **IV**-Vorbehandlung vermindert. Der **VI**-Geh. wurde durch **III** u. **IV** nicht beeinflußt oder leicht erhöht. Joachim Schmidt/Magdeburg 4620

1762 **Pharmakologische Untersuchungen über adrenerge und cholinerge Mechanismen im Rückenmark und ihre Beziehung zu physischer Morphinabhängigkeit.** William R. Martin und C. G. Eades. (Psychopharmacologia [Berlin] **11** (1967) 3, 195–223; Nat. Inst. of Mental Health Addition Res. Center, Lexinton, Ky.; engl.) — Die Wrkg. von *Dextroamphetamin* (**I**), *N-Isopropylmethoxamin* (**II**), *Methoxamin* (**III**) ebenso dessen *d*- u. *l-Isomeres, Norepinephrin* (**IV**), *l-Epinephrin* (**V**), *Phenoxybenzamin* (**VI**), der Kombination *Dichlorisoproterenol* (**VII**) + **I**, **I** u. **II** nach *Reserpin* (**VIII**)-Gaben, **I** u. **II** nach **VI**-Infusion, ferner *Atropinsulfat* (**IX**), *Atropinmethylnitrat* (**X**), **IX** gefolgt von *Physostigminsulfat* (**XI**), **X** gefolgt von **XI** auf den Flexorreflex (hervorgerufen durch elektr. Reizung) wurde am chron. Spinalhund untersucht, ebenso **IX**, **IX** gefolgt von **VI**, **VI** gefolgt von **IX**, **X** gefolgt von **VI** am morphinabhängigen u. -abstinenten Spinalhund. **VI** hatte keinen signifikanten Einfl. auf den Flexorreflex. Chron. **VIII**-Gaben verminderten die Erregbarkeit des Reflexes u. waren der Wrkg. von **I** entgegengesetzt. **VI** antagonisierte **I**, **II** u. **III**. **IX** u. **X** hatten keinen Einfl. auf die Amplitude, **XI** + **X** erhöhten den Flexorreflex, während **IX** die Wrkg. von **XI** aufhob. **VI** erniedrigte am abstinenten Spinalhund nicht die Amplitude, während **IX** eine signifikante Erniedrigung hervorrief. Vf. schließen, daß der Reflex durch adrenerge u. muscarincholinerge Hilfsneuronen moduliert wird, obwohl es keine adrenergen u. cholinergen Synapsen im Segment des Reflexbogens gibt. Diese Hilfswege scheinen unabhängig zu sein. Adrenerge Bahnen scheinen nicht an Rückenmarksignalen beim Morphinabstinenzsyndrom am chron. Spinalhund beteiligt zu sein, wohl aber cholinerge Neuronen. B. Hempel 4620

1763 **Wirkung von Adenosinderivaten und Antihistaminika auf die Blutplättchenaggregation.** Roy G. Herrmann und J. D. Frank. (Proc. Soc. exp. Biol. Med. **123**, 654–60, 1966; Indianapolis, Ind., Lilly Res. Labor.; engl.) — Die Blutplättchenaggregation (Kaninchen) durch ADP in vivo u. in vitro wird von einigen *Adenosin*-(**I**)-Analogen gehemmt. Die Hemmwrkg. ist ziemlich spezifisch. Nur *5-Adamantoyladenosin* besaß die gleiche Aktivität wie **I**, *Isoadenosin* (**II**) 1/100. $2{,}6 \cdot 10^{-4}$ m **II**, *Diphosphat* löste keine Aggregation aus (**I** bereits bei $4{,}2 \cdot 10^{-7}$ m). 6 geprüfte Antihistaminika hemmten die Aggregation (*Methapyrilenehydrochlorid, Methilazinehydrochlorid, Promethazinehydrochlorid, Diphenylhydraminehydrochlorid, Trimeprazintartrat, Chlorpheniraminmaleat*). Zwischen Antihistamin- u. Hemmwrkg. bestand kein Zusammenhang. Beide Verb.-Gruppen hemmten auch die von Kollagen ausgelöste Aggregation. K. Maier 4625

1764 **Wirkung von Histamin-freisetzenden Stoffen auf die peritonealen Mastzellen von Ratten und Einfluß der Antirheumatika.** Svend Norn. (Acta pharmacol. toxicol. [Köbenhavn] **25** (1967) 3, 281–89; Univ. of Copenhagen, Dep. of Pharmacol.; engl.) — Mastzellensuspensionen aus der Peritonealfl. normaler Ratten sowie von Ratten, welche 3 Tage lang täglich s.c. Injektionen mit 100 mg *Hydrocortison* (**I**)/kg, 200 mg *Phenylbutazon* (**II**)/kg oder 25 mg *Natriumaurothiosulfat* (**III**)/kg erhielten, wurden in vitro 10 Min. lang bei 37° mit *Compound 48/80* (**IV**), *Polymyxin B* (**V**), *Lecithinase A* (**VI**) oder *α-Chymotrypsin* (**VII**) in verschieden hohen Konz. inkubiert. Die Beziehung zwischen der Arzneimittelkonz. u. der Histamin(**VIII**)-freisetzenden Wrkg. wurde unter Verw. der Mastzellen von normalen Ratten bestimmt. Die Kurven waren fast parallel; es ergaben sich folgende ED_{50} (in μg/ml): **IV** 0,1, **V** 0,4, **VI** 1,0, **VII** 50. Diese Werte waren von der Konz. der Mastzellen unabhängig u. alles mögliche **VIII** wurde innerhalb von 2 Min. freigesetzt. Vorbehandlung mit **I** besaß keinen Einfl. auf die **VIII**-Freisetzung in vitro. Vorbehandlung mit **II** hemmte die Freisetzung durch **VI**, Vorbehandlung mit **III** die Freisetzung durch **VI** u. **VII**. K. Zingraf 4625

1765 **Antibradykininwirkung des Dimedrols.** P. Ja. Gaponjuk und V. I. Ojvin. (Farmakol. i Toksikol. **30** (1967) 3, 321–23, 24; Obninsk, inst. med. radiologii AMN SSSR; russ.) — Die EC_{50} von *Bradykinin* (**I**) beträgt für das Meerschweinchen $7 \cdot 10^{-12}$, für das Kaninchen $1 \cdot 10^{-11}$ g/ml. Durch vorherige Zufuhr von *Dimedrol* (**II**) wird sie auf $7 \cdot 10^{-9}$ bzw. $5{,}6 \cdot 10^{-8}$ g/ml erhöht. Die klin. Wrkg. des **II** beruht sowohl auf der Antihistaminwrkg. wie auf der Inaktivierung von **I**.

O. Lebtag 4625△

1766 **Leberreaktion nach Narkose mit Halothan und Diäthyläther.** Johan Brohult. (Acta anaesthesiol. scand. **11** (1967) 3, 201—20; Danderyd Sjukhuset, Danderyd; engl.) — 34 unter Halothan(**I**)-Narkose u. 14 unter Ae.-Narkose operierte Patienten zeigten am 4.—7. Tag nach der Operation eine signifikante Zunahme der Ornithincarbamoyltransferase(**II**)-Aktivität im Serum. Die Aktivität der Glutaminsäure-Oxalessigsäure-Transaminase war nach 24 Std., die Aktivität der Glutaminsäure-Brenztraubensäure-Transaminase nach 4—7 Tagen signifikant erhöht. Es wurden dabei keine Unterschiede zwischen den beiden Gruppen festgestellt. 24 Std. nach der Narkose mit **I** war kein Anstieg von **II** festzustellen. Während des ersten Tages nach der Operation bestand eine signifikante Korrelation zwischen der Dauer der Narkose mit **I** u. der Ausscheidung von *17*-Hydroxycorticosteroiden im Harn. H. Zingraf 4627

1767 **Lokalisation, Ausscheidung und Stoffwechsel von $^{14}C_{(2)}$-Pentobarbital bei der Ratte und der Katze.** J. Plevova, B. Glasson und A. Benakis. (Arquivos portug. Bioquim. **9**, 36—44, 1966; École de Méd., Genève; port.) — $^{14}C_{(2)}$-Pentobarbital mit einer spezif. Aktivität von 6 mc/mMol wurde in therapeut. Dosen bei Ratten u. Katzen angewandt. Die Verteilung in den Organen war bei beiden Tierarten im wesentlichen die gleiche, aber die Ausscheidung erfolgte bei der Katze viel langsamer als bei der Ratte. Auch wurden bei den beiden Tierarten unterschiedliche Abbauprod. chromatograph. im Harn nachgewiesen. K. Zingraf 4627

1768 **Empfindliche Methode zur Bestimmung und Isolierung von ^{14}C-Pentobarbital-Stoffwechselprodukten und deren Anwendung auf in vitro-Untersuchungen des Pharmakastoffwechsels.** R. Kuntzman, M. Ikeda, M. Jacobson und A. H. Conney. (J. Pharmacol. exp. Therapeut. **157** (1967) 1, 220—26; Tuckahoe, N.Y., Burroughs Wellcome & Co. (USA), Inc., Wellcome Res. Lab.; engl.) — Beschreibung einer extrem empfindlichen papierchromatograph. Meth. zur Best. der in vitro-Umwandlung von *[2-^{14}C]-Pentobarbital* (**I**) in *l*- u. *d*-*Pentobarbitalalkohol*, *5-Äthyl-5-[1-methyl-3-hydroxybutyl]-barbitursäure* (**II**), durch Rattenleberhomogenat oder subzelluläre Fraktionen. Ferner wird eine schnelle Meth. zur Messung der Bldg. von **I**-Stoffwechselprod. angegeben, die bei großer Enzymaktivität anwendbar ist. Der **I**-Stoffwechsel wird durch chron. **I**-Behandlung aktiviert. *l*-**II** der von der Mikrosomenfraktion der Leber gebildet wird, wird von einem Enzymsyst. des 100000·*g*-Überstands, das NAD benötigt, weiter umgewandelt.

K. Maier 4627

1769 **Untersuchungen über die audiogene Hypertension. 1. Mitt. Vorbeugender Effekt des Äthylcrotonylharnstoffs, Meprobamats und Pentobarbitals auf die experimentelle audiogene Hypertension bei der Ratte.** F. Gesmundo. (Boll. Soc. ital. Biol. sperim. **43** (1967) 11, 647—51; Roma, Univ., Ist. di Farmacol. Med.; ital.) — Es wird die Wrkg. von *Äthylcrotonylharnstoff* (**I**), *Meprobamat* (**II**) u. *Pentobarbital* (**III**) auf die hypertensive Wrkg. akust. Reize bei Ratten untersucht. Durch alle Verb. wird der durch audiogenen Reiz auslösbaren Hypertension vorgebeugt. Für sich haben die Verb. keine hypotensive Wirkung. **I** ist schon bei Dosen wirksam, die $^1/_{11}$ der sedativen entsprechen, während es bei **II** $^1/_8$ u. bei **III** $^1/_3$ ist.

F. Kren 4627

1770 **Elektrokardiographische Veränderung während der Narkoseeinleitung mit Thiopental und Propanidid.** A. Salmenperä, M. Scharlin und R. Eerola. (Acta anaesthesiol. scand. **11** (1967) 3, 319—25; Central Hosp., Tampere, Finland; engl.) — Nach einer Narkoseeinleitung mit Propanidid trat häufiger Tachycardie auf als nach einer Einleitung mit Thiopental (**I**). Dagegen zeigten die mit **I** behandelten Patienen andere EKG-Veränderungen, meistens während oder nach der Inkubation.

K. Zingraf 4627

1771 **Vergleich der Wirkungen von Nicomorphin und Pethidin auf die Atmung bei P_{ACO_2} = 45 mm Hg.** P. Henningsen, N. Stephensen, S. H. Johansen und V. Dyrberg. (Acta anaesthesiol. scand. **11** (1967) 3, 277—82; Gentofte Hosp., Copenhagen/Hellerup; engl.) — Normalpersonen, bei denen der alveoläre CO_2-Partialdruck konst. bei 45 mm Hg gehalten wurde, erhielten Nicomorphin u. Pethidin in äquianalget. Dosen. Die Verringerung des Atemvol. war bei beiden Gruppen gleich groß. K. Zingraf 4627

1772 **Embryo-Sinapis-alba(ESA)-Test zum Nachweis wachstumshemmender Wirkungen von Schlafmitteln in vitro im Blindversuch.** Jörn Gleiss und Franz Schwanitz. (Arzneimittel-Forsch. **17** (1967) 11, 1355—59; Düsseldorf, Univ., Kinderklin.; dt.) — Vers. zur Beeinflussung des Wachstums (Wurzelstreckung, Wurzelhaarbldg., Chlorophyllbldg., Aufrichtung der Embryonen u. Phototropie der Keimblätter) von *Sinapis alba*-Embryonen mit Schlafmitteln verliefen positiv. Zum Beispiel ließen sich Lsg. von *Phenobarbital-Na* (10^{-3} u. 10^{-4} mg-%) ohne weiteres richtig beurteilen. Mit Hilfe des ESA-Testes sind wss. Lsg. oder Suspensionen unbekannter Substanzen in einfacher Weise auf wuchsfördernde oder -hemmende Wrkg. zu prüfen.

K. Maier 4627

1773 **Hemmung des Wachstums von Sinapis alba-Embryonen durch N-Phthalylglutaminsäureimid (Thalidomid), Na-Phenyläthylbarbitursäure (Phenobarbital-Na) und α-Äthyl-α-phenylglutarimid (Glutethimid).** Jörn Gleiss. (Arzneimittel-Forsch. **17** (1967) 11, 1360—63; dt.) — Vgl. vorst. Referat. — Die Schlafmittel *Thalidomid* (**I**), Phenobarbital-Na (**II**) u. *Glutethimid* (**III**) wurden in der Konz. von 100 mg-% 375 Embryonen von *S. alba* zugesetzt u. Wurzeltriebstreckung, Chlorophyllbldg. (makroskop. Farbumschlag gelb → grün), Aufrichtung u. Phototropie des Keimes sowie Auftreten von Wachstumsstörungen in 12std. Abständen bestimmt. Alle Verb. bewirkten Wachstumsverzögerung, bes. **III**, am wenigsten **I**. **II** hob die Wurzelhaarbldg. fast völlig auf u. störte stark den Phototropismus. K. Maier 4627

1774 **Synthese einiger N.N'-disubstituierter Piperazine als potentielle Analgetika.** Douglas C. Kriesel und Ole Gisvold. (J. pharmac. Sci. **56** (1967) 3, 325—27; School of Pharmacy, Southwestern State Coll., Weatherford Okla.; engl.) — *N-Substituierte Piperazinonorpethidine* werden entweder durch N-Alkylierung von *Norpethidin* (**I**) oder durch Einw. von *N-(2-Chloräthyl)-norpethidin* (**II**) auf N-monosubstituierte Piperazine erhalten. *N-(4-Benzylpiperazinoäthyl)-norpethidin* u. *N-(4-Methylpiperazinoäthyl)-norpethidin* besitzen analget. Wrkg., die jedoch geringer als die des Pethidins ist.

Versuche: N.N'-Disubstituierte Piperazine: *1-(2-Chloräthyl)-4-benzyl-* (**III**); *Dihydrochlorid*, $C_{13}H_{21}Cl_3N_2$, F. 214—216° (CH_3OH/Ae.), durch Zutropfen von $SOCl_2$ zu 1-(2-Hydroxyäthyl)-4-benzylpiperazin in Bzl. bei 0°, $^1/_2$std. Sieden; 46,5% (Ausb.). — *1-(3-Brompropyl)-4-methyl-* (**IV**); *Dihydrobromid*, $C_8H_{19}Br_3N_2$, F. 253—254° (Zers.; A.), durch Kochen von 1-(3-Hydroxypropyl)-4-methyl-piperazin mit 48%ig. wss. HBr-Lsg.; 95%. — *1-(2-Äthoxyäthyl)-4-benzyl-* (**V**), Kp.$_{2,5}$ 145 bis 146°, durch Rk. von N-Benzylpiperazin (**VI**) mit Bromäthyläthyläther in sd. Bzl.; *Dihydrochlorid*, $C_{15}H_{26}Cl_2N_2O$, F. 234—236°. — *1-(2-Acetoxyäthyl)-4-benzyl-* (**VII**), Kp.$_{0,7}$ 144—147°, durch 16std. Erhitzen von **VI** u. *β*-Chloräthylacetat in DMF in Ggw. von Na_2CO_3 auf 100°; 67,5%; *Dimaleat*, $C_{23}H_{30}N_2O_{10}$, F. 196—198° (85%ig. Alkohol). — N-Substituierte Piperazine: *1-(2-Äthoxyäthyl)-* (**VIII**); *Dihydrochlorid*, $C_8H_{20}Cl_2N_2O$, F. 151—153°, durch Hydrierung von **V** in 10%ig. HCl/A. 1:3 in Ggw. von 10% Pd auf Kohle bei 40 p.s.i. 24 Std.; 48,5%. — *1-(2-Acetoxyäthyl)-* (**IX**), Kp.$_{0,8}$ 81—84°, durch Hydrierung von **VII** in abs. A. in Ggw. von 10% Pd auf Kohle bei 40 p.s.i. 24 Std.; 65,2%; *Dimaleat*, $C_{16}H_{24}N_2O_{10}$ F. 136—139° (abs. A./Äther). — N-Piperazinoäthylnorpethidintrimaleate: *4-Benzyl-*, $C_{39}H_{49}N_3O_{14}$, F. 205—207°, durch Einw. von **III** auf **I** in DMF. — *4-Methyl-*, $C_{33}H_{45}N_3O_{14}$, F. 195—197°, durch Einw. von 1-(2-Chloräthyl)-4-methylpiperazin auf **I** in DMF 18 Std. bei 100°. — *4-(2-Hydroxyäthyl)-*, $C_{34}H_{47}N_3O_{15}$, F. 192 bis 195°, durch Einw. von **II** auf 1-(2-Hydroxyäthyl)-piperazin. — *4-(2-Äthoxyäthyl)-*, $C_{36}H_{51}N_3O_{15}$, F. 187 bis

189° (85%ig. A.), Darst. aus **II** u. **VIII** analog **X**; 39%. — *4-(2-Acetoxyäthyl)-*, $C_{36}H_{49}N_3O_{16}$, F. 180—182°, durch Einw. von **II** auf **IX**. — *N-[γ-(4-Methylpiperazino)-propyl]-norpethidin, Trimaleat* (**X**), $C_{34}H_{47}N_3O_{14}$, F. 198—200° (A.), durch 18std. Erhitzen von **I** u. **IV** in DMF in Ggw. von Na_2CO_3 auf 100° u. Überführen in das Trimaleat; 31%. G. Osske 4627

1775 **Orthosubstituierte β-Phenoxyäthylaminoderivate.** Ivo Setnikar. (Arzneimittel-Forsch. **16,** 1025—30, 1966; Milano, Recordati s. a. s., Res. Div.; engl.) — Der Vgl. von Toxizität u. lokalanästhet. Wrkg. von *2-[N-Diisopropylaminoäthoxy]-1-butyrophenonhydrochlorid* (**I**) (Rec 7-0518; DL_{50}, oral, 147, s.c., 217, i.v. 13,7 mg/kg), *1-[N-Diisopropylaminoäthoxyphenyl]-butanol-(1)-hydrochlorid* (**II**) (Rec 7-0544; DL_{50}, 70, 50, 60) u. *2-[N-Diisopropylaminoäthoxy]-3-amino-1-butyrophenondihydrochlorid* (**III**) (Rec 7-0591; DL_{50}, 80, 60, 60) mit denen von *Cocain, Procain* (**IV**) u. *Lignocain* ergab eine Überlegenheit von **I** bez. der therapeut. Breite seiner Oberflächen- u. Infiltrationsanästhesiewrkg.; während die Leistungsanästhesiewrkg. nur von **IV** übertroffen wurde. Das stärker bas. **III** besitzt starke lokalanästhet. Wirksamkeit, ist aber toxischer als **I** u. hat geringere therapeut. Breite. **II**, die red. Form von **I**, ist von den 3 Verb. anästhet. am wenigsten wirksam. K. Maier 4627

1776 **Vergleich von Antagonisten der Unterdrückung des operativen Verhaltens infolge von Physostigmin.** George E. Vaillant. (J. Pharmacol. exp. Therapeut. **157** (1967) 3, 636—48; Harvard Med. School, Boston, Mass.; engl.) — Bei Affen u. Tauben wurde das operative Verhalten durch Physostigmin (**I**) unspezif. unterdrückt; die beobachteten Wrkg. schienen durch eine Muscarin-ähnliche Wrkg. von **I** auf das Zentralnervensyst. vermittelt zu werden. Diese Unterdrückung wird durch *Scopolamin, Atropin, Trihexyphenidyl, Benztropin, Diphenhydramin* u. *Imipramin* in Dosen, die die periphere Wrkg. von *Acetylcholin* antagonist. beeinflussen oder bei Menschen sedativ wirken, aufgehoben, dagegen waren *Chlorpromazin, Dihydro-β-erythroidin, Mecamylamin* u. *Amphetamin* unwirksam. K. Zingraf 4628

1777 **Antispastische Wirkung des Phenacons.** D. Toreva. (Farmacol. i Toksikol. **30** (1967) 3, 301—03; Moskva, inst. farmakol. i chimioterapii AMN SSSR; russ.) — Die durch Beschallung, elektr. Strom u. *Corazol* verursachten Krämpfe werden durch *Phenacon* (**I**) bei Ratten u. Tauben vermindert, bes. stark nach Beschallung; hier werden sie bei 50% der Tiere verhindert. Die **I**-Aktivität ist nach Beschallungskrämpfen 15mal höher als bei *NaBr* u. 5mal geringer als bei *Phenobarbital*. Bei *Strycnin*-Krämpfen ist **I** unwirksam. Die Hyperkinesen nach *Nicotin* u. *Arecolin* werden durch **I** nur in solchen Dosen verhindert, die eine Muskelerschlaffung hervorrufen. **I** besitzt demnach keine deutliche zentrale cholinolyt. Wirkung. **I** ist wenig tox. u. besitzt eine starke therapeut. Breite; bes. bei Corazol- u. audiogenen Krämpfen. O. Lebtag 4628△

1778 **Einfluß der Ganglienblocker auf die Sauerstoffsättigung des Blutes.** A. I. Beketov. (Farmakol. i Toksikol. **30** (1967) 2, 169—73; Simferopol', med. inst.; russ.) — Bei Hunden mit experimenteller Hypoxämie wird die Blutsättigung mit O_2 durch *Pachycarpin* (**I**), *Gangleron* (**II**) u. *Hexonium* (**III**) erhöht, am stärksten durch **I**. Die O_2-Spannung im Gehirn u. Muskel wird durch **III** stärker vermindert als durch **I** u. **II**. Im Muskel sind die Veränderungen stärker als im Gehirn. Durch i.v. Zufuhr von *Cytiton* (0,15%ig. Lsg. von *Cytisin*) oder *Lobelin* wird der O_2-Geh. des Blutes u. der Gewebe kurzzeitig erhöht. Bei s.c. Anwendung sind diese Präp. unwirksam. O. Lebtag 4628△

1779 **Wirkung der Ganglienblocker bei experimenteller Osteomyelitis.** V. A. Bašinskaja. (Farmakol. i Toksikol. **30** (1967) 3, 307—08; Leningrad, med. inst. im. I. P. Pavlova; russ.) — Bei Kaninchen wird durch Zufuhr von 20 mg (je 1 kg) *Spasmolytin* (**I**), 5 mg *Hexonium* (**II**) oder 20 mg *Pentaphen* (**III**) 2—4 Std. nach der Zufuhr der auslösenden Dosis des Pferdeserums im Gemisch mit Staphylokokken bei 25 Tage langer Wiederholung 2mal täglich der Osteomyelitisbefall von 100 auf 50%; 30%; 6,2% gesenkt. Nach Erhöhung der **II**-Dosis auf 10 mg u. längerer Anwendung tritt die Osteomyelitis nur in 8% der Fälle auf. Bei Zufuhr von **I**, **II** oder **III** 30—50 Tage nach der Zufuhr der auslösenden Serumdosis tritt sie nur in 39% der Fälle auf. O. Lebtag 4628△

1780 **Mechanismus der Potenzierung der Schlafwirkung einiger Barbiturate durch Chlorazizin, Spasmolytin und Aminazin.** Ju. I. Vichljaev und V. M. Avakumov. (Farmakol. i. Toksikol. **30** (1967) 3, 283—86; Moskva, inst. farmakol. i chimioterapii AMN SSSR; russ.) — In Vers. an Mäusen zeigt sich eine Verlängerung der Schlaf-Wrkg. von *Hexenal* (**I**) durch *Chlorazizin* (**II**) u. *Spasmolytin* (**III**). Die Wrkg. von *Medinal* (**IV**) wird durch **II** u. **III** nicht beeinflußt. *Aminazin* (**V**) potenziert die Wrkg. von **I** u. **IV**. In Ggw. von **II** oder **III** wird die Konz. von **I** im Blut erhöht; der Geh. an **IV** wird nicht verändert. Bei der potenzierenden Wrkg. des **V** werden die Konz. von **I** u. **IV** im Blut nicht verändert. O. Lebtag 4628

1781 **Vergleich der Wirkung von Hexafluorodiäthyläther und Pentylentetrazol auf die Erregbarkeit der Skelettmuskelfaser des Frosches.** F. Inoue, C. Pinsky und H. D. Sanders. (Canad. J. Physiol. Pharmacol. **45** (1967) 5, 757—66; Winnipeg, Man. Kanada, Dep. of Pharmacol., Fac. of Med., Univ. of Man.; engl.) — Bei Unters. der Wrkg. von *Hexafluorodiäthyläther* (**I**) bzw. von *Pentylentetrazol* (**II**) auf die Erregbarkeit der Sartoriusmuskelfaser des Frosches fanden Vf., daß **I** den zur Bldg. eines Aktionspotentials benötigten Schwellenstrom u. die dazu benötigte Schwellendepolarisierung erhöht. 7,8 mm **I** hoben die „Overshoot"-Phase des Aktionspotentials auf, u. 23,2 mm **I** blockierten die Aktionspotentialrk. auf extrazelluläre Stimulierung. **II** erwies sich bei der Unterdrückung dieser Parameter weniger wirksam als **I**. Eine $1^1/_2$fache Erhöhung des NaCl-Geh. der verwendeten Ringer-Lsg. war bei der Wiederherst. des „Overshoot"-Potentials nach **I**-Depression wirksamer als bei der Wiederherstellung nach **II**-Depression. Die durch **I** verursachte Erniedrigung der Gesamterregbarkeit beruht wahrscheinlich auf der Störung eines Na-abhängigen Vorgangs, während **II** selbst in hohen Konz. keine derartigen Störungen verursacht. Vf. schließen, daß die **I**- u. die **II**-Wrkg. auf das ZNS über verschiedene Mechanismen verlaufen. V. N. Nekrassoff 4628

1782 **Wirkung des Papaverins auf die Oxydation des Succinats.** S. Luciani, A. R. Contessa und C. Bortignon. (Boll. Soc. ital. Biol. sperim. **43** (1967) 8, 409—10; Padova, Univ., Ist. di Farmacol.; ital.) — Auf Grund der Analogie der Wrkg. des *Papaverins* (**I**) u. des *Amytals* auf die oxydative Phosphorylierung wird der Einfl. hoher **I**-Dosen auf die Ox. des *Succinats* (**II**) in phosphorylierenden Mitochondrien untersucht. Es kann eine Hemmung der **II**-Ox. unter Bedingungen der akt. oxydativen Phosphorylierung durch **I** nachgewiesen werden; das P/O-Verhältnis ist in Ggw. von **I** stark verringert (woraus Vf. schließen, daß hohe **I**-Dosen auch die ATP-Synth. hemmen). F. Kren 4628

1783 **Hemmung der Serumcholinesterase durch Tacrin und verlängerte Wirkung von Succinylcholin.** D. Benveniste, L. Hemmingsen und P. Juul. (Acta anaesthesiol. scand. **11** (1967) 3, 297—309; Central Hosp., Nykobing F.; engl.) — Bei 62 narkotisierten u. mit intermittierenden Dosen von Succinylcholin (**I**) behandelten Patienten bewirkten 30 mg Tetrahydroaminoacridin (Tacrin; **II**) i.m. oder i.v. eine Verlängerung der neuromuskulären Lähmung durch **I**, eine Verringerung der benötigten Gesamtmenge von **I** sowie eine erhöhte Neigung zu Bradycardie, Schwitzen u. Blutdruckveränderungen. Die prozentuale Abnahme der Cholinesterase (**III**)-Aktivität im Serum infolge von **II** betrug bei dieser Patientengruppe sowie bei Normalpersonen bei Best. mit der Titrationsmeth. 22%. Es wurde nachgewiesen, daß diese geringe Abnahme auf den Einfl. der Verd. u. der Substratkonz. zurückzuführen war u. daß die Hemmung durch **II** in vivo wesentlich höhere Werte erreicht, nämlich 70% 15 Min. nach Injektion. K. Zingraf 4628

1784 **Sultroponium (A 118), ein neues Anticholinergikum.** E. C. Savini, M. A. Moulin, G. F. Pariente und M. Herrou. (Thérapie **22** (1967) 4, 843—52; Caen, France, École Nat. de Méd. et de Pharmacie; franz.) — Das durch Addition von Propansulton an Atropin (I) gebildete quart innere Salz, *N-[3-Sulfopropyl]-Atropinium, Sultraponium*, F. ca. 220° (Zers.), besitzt ebenso gute antispasmodische Eig. wie **I**, wirkt aber 7fach schwächer als Inhibitor der Speichelsekretion u. 2fach geringer als Madriatikum. K. Maier 4628

1785 **Serotonin-Inhibitoren. 3. Mitt. Mit 2'-[3-Dimethylaminopropylmercapto]-cinnamoylanilid.** John Krapcho und Chester F. Turk. (J. med. Chem. **9**, 809—12, 1966; New Brunswick, N.J., Squibb for Med. Res.; engl.) — 2. vgl. ibid. **7** (1964) 376. — Von 24 synthetisierten, mit *2'-[3-Dimethylaminopropylmercapto]-cinnamoylanilid* (*Cinanterin*, **I**) verwandten Verb. zeigten 4 im Rattenuterustest hohe Antiserotoninwirksamkeit. Bei Ersatz der $(CH_3)_2$N-Gruppe durch den 4-Methylpiperazinorest wurde z. T. eine das Zentralnervensyst. dämpfende Wirksamkeit beobachtet.

Versuche (FF. korr.): *[o-Nitrophenäthyl]-dimethylamin*, $C_{10}H_{14}N_2O_2$, Kp.$_{0,5}$ 100—105°, aus o-Nitrophenäthylbromid u. $(CH_3)_2$NH-Überschuß in A.; 78% (Ausb.). — *[o-Aminophenäthyl]-*, $C_{10}H_{16}N_2$, Kp.$_{0,3}$ 90 bis 95°, aus vorst. Verb. durch katalyt. Red.; 76%. — *o-Nitro-ω-dimethylaminobutyrophenon*, $C_{12}H_{16}N_2O_3$, Kp.$_{0,3}$ 125—140°, aus o-Nitroacetophenon durch Zusatz zu 1 Äquiv. $NaOCH_3$ in Isopropanol u. anschließend 7 Std. Erhitzen mit 2-Dimethylaminoäthylchlorid; 32%. — *o-Amino-*, $C_{12}H_{18}N_2O$, 95%. — *o-Nitrobenz-β-dimethylaminoäthylamid, Hydrochlorid*, $C_{11}H_{16}ClN_3O_3$, F. 151 bis 153° (Acetonitril) aus o-Nitrobenzoylchlorid u. entspr. Diamin in Chlf.; 64%. — *o-Amino-*, $C_{11}H_{17}N_3O$, Kp.$_{0,1}$ 154—159°, 85%. — *o-Nitrobenz-N-[β-dimethylaminoäthyl]-N-methylamid, Hydrochlorid*, $C_{12}H_{18}ClN_3O_3$, F. 179—181° (Acetonitril), wie vorst.; 71%. — *o-Amino-*, $C_{12}H_{19}N_3O$, F. 69—71°, 45%. — *o-Aminobenzoesäure-β-dimethylaminoäthylester*, $C_{11}H_{16}N_2O_2$, Kp.$_{0,2}$ 119—122°, aus Na-Anthranilat u. 2-Dimethylaminoäthylchlorid in sd. Isopropanol (2 Std.); 75%. — *2'-Nitro-2-chlorpropionanilid*, $C_9H_9ClN_2O_3$, F. 86—88° (A.), aus o-Nitranilin u. 3-Chlorpropionylchlorid. *o-Nitro-ω-dimethylaminopropionanilid*, $C_{11}H_{15}N_3O_3$, aus 2'-Nitro-2-chlorpropionanilid u. $(CH_3)_2$NH-Überschuß in Ggw. von NaJ; 70%. — *o-Amino-*, $C_{11}H_{17}N_3O$, F. 80—82°, 84%. — *N-o-Nitrophenyl-N'-N'-dimethyl-1.3-diaminopropan*, $C_{12}\cdot H_{19}N_3O_2$, Kp.$_{0,1}$ 121—123°, aus äquivalenter Mischung von o-Chlornitrobenzol u. N.N.N'-Trimethyl-1.2-diaminopropan in sd. Toluol (8 Std.); 66%. — *N-o-Aminophenyl-*, $C_{12}H_{21}N_3$, Kp.$_{0,1}$ 98—100°, 89%. — *2-Nitro-4-trifluormethyl-[γ-dimethylaminopropoxy]-benzol*, $C_{12}H_{15}F_3N_2O_3$, Kp.$_{0,1}$ 129—131°, aus Na-Salz von 3-Dimethylaminopropanol u. äquivalenter Menge von 4-Chlor-3-nitrobenzotrifluorid in sd. Toluol (4,5 Std.); 46%. — *2-Amino-*, $C_{12}H_{17}F_3N_2O$, Kp.$_{0,1}$ 109—114°, 93%. — *2-Amino-4-nitro-[γ-dimethylaminopropoxy]-benzol*, $C_{11}H_{17}\cdot N_3O_3$, Kp.$_{0,3}$ 185—195°, aus Na-Salz von 2-Amino-4-nitrophenol u. 3-Dimethylaminopropylchlorid in sd. Isopropanol-DMF (5 Std.); 15%. — *3-Amino-2-[3-dimethylaminopropoxy]-pyridin*, $C_{10}H_{17}N_3O$, Kp.$_{0,2}$ 108 bis 115°, aus 3-Amino-2-chlorpyridin u. Na-Salz von 3-Dimethylaminopropanol in sd. Toluol (7 Std.); 24%. — 2'-substituierte Cinnamoylanilide, Hydrochloride. aus vorst. Aminen u. Zimtsäurechlorid in Chlf. — *Dimethylaminomethyl-, Oxalat*, $C_{20}H_{22}N_2O_5$, F. 131—133° (CH_3OH-Ae.), 43%; Antiserotoninaktivität 2 +. — *β-Dimethylaminoäthyl-*, $C_{19}H_{23}ClN_2O$, F. 189 bis 191° (Acetonitril), 40%; 3 +. — *γ-Dimethylaminopropyl-*, $C_{20}H_{25}ClN_2O$, F. 123—125° (Aceton), 54%; +. — *ω-Dimethylaminopropionyl-*, $C_{20}H_{23}ClN_2O_2\cdot 0{,}5H_2O$, F. 156—158° (A.), 15%; 5 +. — *ω-Dimethylaminobutyryl-*, $C_{21}H_{25}ClN_2O_2$, F. 185—187° (A.), 13%; 2 +. — *[N-(β-Dimethylaminoäthyl)-carbamoyl]-*, $C_{20}H_{24}ClN_3O_2$, F. 165 bis 167° (Acetonitril), 78%; +. — *[N-(β-Dimethylaminoäthyl)-N-methylcarbamoyl]-*, $C_{21}H_{26}ClN_3O_2$, F. 183—185° (Acetonitril), 23%; 2 +. — *Carb-[β-dimethyläthoxy]-*, $C_{20}H_{23}ClN_2O_3$, F. 190—192° (Acetonitril), 39%; 2 +. *Freie Base*, F. 75—77° (Hexan). — *β-Dimethylaminoacetamido-*, $C_{20}H_{24}ClN_3O_2$, F. 194—196° (Acetonitril), 34%; +. — *N-γ-Dimethylaminopropyl-N-methylamino-*, $C_{21}H_{28}ClN_3O$, F. 177—179° (Acetonitril), 78%; +. — *5'-Trifluormethyl-2'-[γ-dimethylaminopropoxy]-*, $C_{21}H_{24}\cdot ClF_3N_2O_2$, F. 125—127° (Acetonitril), 55%; +. — *5'-Nitro-2'-[γ-dimethylaminopropoxy]-*, $C_{20}H_{24}ClN_3O_4$, F. 247 bis 249° (CH_3OH), 44%; +. — *3-Cinnamoylamido-2-[3-dimethylaminopropoxy]-pyridinhydrochlorid*, $C_{19}H_{24}Cl\cdot N_3O_2$, F. 202—204° (Acetonitril), 26%; +. — *2'-[3-Chlorpropylthio]-cinnamoylanilid* (**I**), $C_{18}H_{18}ClNOS$, F. 114—116° (Isopropanol), aus 2.3-Dihydro-2-phenyl-1.5-benzothiazepin-4(5H)-on u. $NaOCH_3$ in sd. Isopropanol (20 Min.) u. Rk. mit 1-Brom-3-chlorpropan unter Rückfl. (5 Std.); 77%. — *2'-[2-Chloräthylmercapto]-*, $C_{17}H_{16}Cl\cdot NOS$, F. 110—112° (Acetonitril), wie vorst. aus 1-Brom-3-chlorpropan; 58%. — *2'-[3-Chlorpropoxy]-*, $C_{18}H_{18}Cl\cdot NO_2$, F. 118—120° (A.), aus o-Hydroxycinnamoylanilid, $NaOCH_3$ u. 1-Brom-3-chlorpropan in sd. Isopropanol; 67%. — Cinnamoylanilide, Mono- oder Dihydro-2'-substituierte Chloride: *3-[4-(o-Methoxyphenyl)-piperazino]-propylmercapto-*, $C_{29}H_{34}ClN_3O_2S$, F. 191—193° (Isopropanol), aus **I** durch 6 Std. Erhitzen mit NaJ in sd. Aceton, Eindämpfen, Lösen in heißem Toluol u. Rk. des Filtrats mit 1-[o-Methoxyphenyl]-piperazin unter Rückfluß (5 Std.); 47%; Antiserotoninaktivität 3 +, CNS-Dämpfende Aktivität 3 +. — *3-Piperazinopropylmercapto-*, $C_{22}H_{29}Cl_2N_3OS$, F. 160—162° (CH_3OH–Ae.), aus **I** u. 3 Äquiv. Piperazin in sd. Xylol (7 Std.); 10%; 2+, 2+. — *3-[4-(β-Hydroxyäthyl)-piperazino]-propylmercapto-*, $C_{24}H_{33}Cl_2N_3O_2S$, F. 222—224° (A.), 23%; 3+, 2+. — *3-[4-Benzylpiperazino]-propylmercapto-*, $C_{29}H_{35}\cdot Cl_2N_3OS$, F. 222—224° (A.), 18%; 5+, 2+; *3-[4-β-Phenäthylpiperazino]-propylmercapto-*, $C_{30}H_{37}Cl_2N_3OS$, F. 219—220° (A.), 31%; 5+, 2+. — *3-[4-Phenylpiperazino]-propylmercapto-*, $C_{28}H_{32}ClN_3OS$, F. 208—210° (CH_3OH), 37%; 4+, +. — *2-[4-(o-Methoxyphenyl)-piperazino]-äthylmercapto-*, $C_{28}H_{34}ClN_3O_2S$, F. 197—199° (A.), 38%; 2+, +. — *3-[4-(o-Methoxyphenyl)-piperazino]-propoxy-*, $C_{29}H_{34}ClN_3O_3$, F. 235—237° (CH_3OH), 61%; 3+, 3+. — *3-[4-Pyridyl-(2)-piperazino]-propylmercapto-*, $C_{27}H_{32}Cl_2\cdot N_4OS$, F. 194—196° (A.), 14%; 5+, +. — *3-[Methylphenäthylamino]-propylmercapto-, Oxalat*, $C_{29}H_{32}N_2O_5S$, F. 138—140° (A.), 28%; 4+, +; *3-Bis-[2-hydroxyäthylamino]-propylmercapto-*, $C_{22}H_{29}ClN_2O_3S$, F. 117—119° (A.), 33%; 3+, 2+. K. Maier 4628

1786 **Durch Tetraäthylammonium induzierte Kontraktionen des Skelettmuskels des Frosches.** 1. Mitt. **Allgemeine Betrachtungen.** G. Beaulieu und G. B. Frank. (Canad. J. Physiol. Pharmacol. **45** (1967) 5, 821—31; Winnipeg, Man., Kanada, Dep. of Pharmacol., Fac. of Med., Univ. of Man.; engl.) — Der Mechanismus der durch Tetraäthylammonium (I) verursachten „Zuck"-Rk. des Sartoriusmuskels des Frosches wurde untersucht. Vf. fanden, daß zwischen dem log der I-Konz. u. dem log der Latenzzeit (LZ.) vor dem Einsatz der Muskelrk. eine lineare Beziehung besteht. Die minimale LZ. betrug 5 bis 10 Sekunden. Die Blockierung der neuromuskulären Übertragung durch d-Tubocurarin, durch Verminderung der extrazellulären Ca^{2+}-Konz. oder durch indirekte Stimulierung in Ggw. von Hemicholinium verhütete die I-induzierte „Zuck"-Rk., woraus Vf. schließen, daß **I** eine Ausschüttung von Acetylcholin aus den intramuskulären Nervenendfasern bewirkt (vgl. Frank, Brit. J. Pharmacol. Chemoterapie **17** (1961) 59). Vorbehandlung der Präp. mit Procain in Konz., die zu niedrig sind, um die neuromuskuläre Übertragung zu blockieren, verhütet die I-induzierte „Zuck"-Rk., woraus geschlossen wird, daß diese Rk. auf einer Wrkg. von **I** auf die nicht myelinhaltigen Nervenendfasern beruht. (Vgl. nachst. Ref.) V. N. Nekrassoff 4628

1787 **Durch Tetraäthylammonium induzierte Kontraktionen des Skelettmuskels des Frosches.** 2. Mitt. **Wirkung auf die intramuskulären Nervenfaserenden.** G. Beaulieu, G. B. Frank und F. Inoue. (Canad. J. Physiol. Pharmacol. **45** (1967) 5, 833—44; engl.) — 1. vgl. vorst. Referat. — Es wurde gefunden, daß eine niedrige *Tetraäthylammonium*(**I**)-Konz. (14,4 mm) ein Feuern der Muskelfasern ohne Leitung von antidromen Impulsen zur Ventralwurzel hin verursacht. Behandlung des Präp. mit höheren

I-Konz. (48 mm) bewirkte ein Aktionspotentialfeuern im Muskel u. in der Ventralwurzel. Behandlung mit d-Tubocurarin verhütet die Muskelfaseraktivität, jedoch nicht das Feuern der Ventralwurzel. Vf. schließen aus weiteren Ergebnissen, daß die I-Wrkg. auf einer Verdrängung des Ca aus den Bindungsorten an den Nervenfaserenden beruht, wodurch diese Fasern übererregbar werden. (Vgl. nachst. Ref.) V. N. Nekrassoff 4628

1788 **Durch Tetraäthylammonium induzierte Kontraktionen des Skelettmuskels des Frosches. 3. Mitt. Wirkungsmechanismus durch Calciumfreisetzung.** G. Beaulieu und G. B. Frank. (Canad. J. Physiol. Pharmacol. **45** (1967) 5, 845—55; engl.) — 2. vgl. vorst. Referat. — Die Wrkg. der Änderung der extrazellulären Ca-Konz. auf die durch *Tetraäthylammonium* (**I**) induzierte „Zuck"-Rk. des Sartoriusmuskels des Frosches wurde untersucht. Erniedrigung der Ca-Konz. der Badfl. erhöhte die Empfindlichkeit des Präp. auf I-Stimulierung. Bei der Erniedrigung der Ca-Konz. auf ~ 0,108 mm waren die Präp. gegenüber **I** völlig unempfindlich. Bei dieser Ca-Erniedrigung wurde eine erhöhte Empfindlichkeit der Präp. gegenüber *Carbachol* (**II**) nachgewiesen. Die Erhöhung der Ca-Konz. verringerte die I-Empfindlichkeit der Präp. wesentlich u. bei 2,16 mm Ca verursachte **I** keine Rk. mehr. Bei dieser Ca-Konz. war die II-Empfindlichkeit erniedrigt jedoch nicht aufgehoben, u. die neuromuskuläre Übertragung war im wesentlichen nicht verändert. Bei Unters. mit Zehenmuskelpräp. fanden Vf., daß **I** die durch Baden des Präp. in einer Ca-freien Lsg. aufgehobenen K-induzierte Kontraktion wiederherstellt. Diese I-Wrkg. war von dem Vorhandensein einer Reserve von gebundenem Ca im Muskel abhängig. Vf. kommen zu den im vorst. Ref. beschriebenen Schlüssen. V. N. Nekrassoff 4628

1789 **Einfluß des Reserpins auf die alimentäre Cholesterinatherosklerose des Kaninchens nach Verabreichung von Östradioldipropionat.** I. D. Nasledova. (Farmakol. i Toksikol. **30** (1967) 3, 346—48; Moskva, inst. fiziol. im. I. P. Pavlova; russ.) — In Vers. an Kaninchen, denen 70 Tage lang täglich je 0,25 g (je 1 kg) *Cholesterin* (**I**) mit dem Futter verabreicht wurde, erhöht sich der Blutserumgeh. an **I** von 97,0 auf 523 mg-%; der Geh. an *Phospholipiden* (**II**) erhöht sich von 121 auf 277 mg-%. Bei 60 Tage langer Verabreichung von *Östradioldipropionat* (**III**) neben den obigen I-Gaben erhöhen sich die Geh. an **I** u. **II** von 80 bzw. 111 auf 345 bzw. 249 mg-%. Nach **I** + *Reserpin* (**IV**) nehmen sie von 53 bzw. 70 auf 583 bzw. 280 mg-% zu. Bei gleichzeitiger Verabreichung von **I**, **III** u. **IV** betragen die Geh. an **I** u. **II** nach 70 Tagen 163 bzw. 142 mg-%. O. Lebtag 4630△

1790 **Neue Reserpin-Wirkung: Akkumulierung von Glykoprotein in der Submaxillardrüse.** Palmer W. Taylor jun., Keith C. Richardson, Patricia M. Roddy und Elwood Titus. (J. Pharmacol. exp. Therapeut. **156** (1967) 3, 483—91; Labor. of Chem. Pharmacol., Nat. Heart Inst., Nat. Inst. of Health., Bethesda, Md.; engl.) — *Reserpin*(**I**)-Verabreichung (i.p.) an Ratten führt zu einer 4—5fachen Anreicherung best. *Glykoproteine* (**II**) im Submaxillardrüsen-Homogenat. Es tritt eine lag-Phase auf, nach der eine langanhaltende Akkumulierung erfolgt. *N-Acetylneuraminsäure* (**III**) u. *Fucose* vermehren sich proportional. Die II-Charakterisierung erfolgte durch die Trichloressigsäure-Löslichkeit u. die nachfolgende Fällung mittels *Phosphowolframsäure*. Parasympath. Dezentralisierung als auch sympath. Denervierung, auch verschiedene Agenzien (Pilocarpin, u. a.) sowie das I-Isomere *Isoreserpin* verursachen keine entsprechende II-Erhöhung. Die I-Wrkg. auf **II** erfolgt bei einer Dosis, die das Hypophysen-Adrenalsyst. noch nicht stimuliert. M. Prehm 4630

1791 **Mögliche Rolle des Gewebe-Calciums bei der Reserpin-Überempfindlichkeit.** Oliver Carrier jun. und Shoji Shibata. (J. Pharmacol exp. Therapeut. **155** (1967) 1, Dep. of Pharmacol., Univ. of Miss. Med. Center, Jackson, Miss.; engl.) — In der Femoralarterie von Hunden u. in der Aorta von Ratten war die Konz. von *Ca* 24 bzw. 48 Std. nach Anwendung von *Reserpin* (**I**) wesentlich verringert. Bei älteren Kaninchen (Gew. 2 kg) trat im Gegensatz zu jüngeren Tieren (Gew. 1 kg) keine Abnahme der Ca-Konz. in der Aorta nach Anwendung von **I** ein. Aortenstreifen der älteren Tiere zeigten auch im Gegensatz zu denen jüngerer Tiere keine Überempfindlichkeit gegen *Noradrenalin*. Keines der Präp. war überempfindlich gegen *KCl*. Wahrscheinlich ist Ca an der Überempfindlichkeit beteiligt. K. Zingraf 4630

1792 **Einfluß von Ouabain und Brenzcatechinaminen auf die Refraktärperiode und die Kontraktion isolierter Vorhöfe.** Kiyoshi Maeda, Keizo Ito, Atsushi Sekiya und Zengo Kanda. (Nagoya J. med. Sci., **30** (1967) 1, 121—28; Dep. of Pharmacol., Nagoya Univ. School of Med.; engl.) — *Brenzcatechinamine* (**I**) führen zu vorübergehender Verminderung der funktionellen Refraktärperiode von Meerschweinchenvorhöfen, während *Ouabain* (**II**) zu einer Erhöhung der Refraktärperiode nach einer Latenz von 5—10 Min. führt. An Rattenvorhöfen führten **I** u. **II** zu einer Verlängerung der Refraktärperiode. *Propranolol* hemmt die Wrkg. von **I** aber nicht die Wrkg. von **II**. Joachim Schmidt/Magdeburg 4630

1793 **Einfluß von Strophanthin K auf Hämodynamik, Lymphenabfluß und Liquordruck bei experimenteller Pathologie des Herz-Gefäß-Systems.** Ja. S. Gudivok. (Farmakol. i Toksikol. **30** (1967) 3, 313—15; Ivano-Frankovckij med. inst.; russ.) — Nach s.c. Zufuhr von 0,1—0,3 E. *Strophanthin K* (**I**) zeigt sich bei Hunden zunächst Zunahme, danach Abnahme des arteriellen Druckes, wobei nach 2 Std. der Druck unter den Ausgangswert absinkt. Der Lymphenabfluß wird durch **I** zunächst um 14—42% erhöht; nach 1 Std. wird der Normalwert erreicht. Der Liquordruck nimmt um 26—50% zu. Der venöse Druck wird durch 0,1 bzw. 0,2—0,3 E. nicht verändert bzw. vermindert. Bei akuter oder chron. Herz-Gefäß-Insuffizienz sind die durch **I** hervorgerufenen Veränderungen bes. stark. O. Lebtag 4630△

1794 **Wirkung des Desacetyllanatosids C auf die Aktivität der Acetylcholinesterase des Rattenmyocards.** A. Raineri, M. Palazzoadriano und A. Battaglia. (Boll. Soc. ital. Biol. sperim. **43** (1967) 8, 398—401; Palermo, Univ., Ist. di Patol. Med. e Farmacol.; ital.) — Bei Albinoratten wird untersucht, ob *Desacetyllanatosid C* (**I**; i.p. 1 mg/kg) auch auf die *Acetylcholinesterase* (**II**) einen Einfl. ausübt. Bei einmaliger I-Gabe ist **II** im Myocard signifikant erhöht, während es nach 8maliger I-Gabe deutlich verringert ist; das Elektrokardiogramm bleibt immer unverändert, so daß die Wrkg. von **I** nicht tox. Natur sein kann. F. Kren 4630

1795 **Veränderungen des Wasser-Salz-Umsatzes bei Ratten nach Einwirkung von Herzglykosiden.** B. A. Pachmurnyj und Ju. I. Ivanov. (Farmakol. i Toksikol. **30** (1967) 3, 337—41; Barnaul, med. inst.; russ.) — Durch lange Verabreichung von *Strophanthin* (**I**) u. *Convalltoxin* (**II**) wird bei gesunden Ratten der W.-Geh. vermindert, bedingt durch die Abnahme der intra- u. extrazellulären Räume. Die Elektrolyt-Konz. werden im Plasma u. in den Erythrozyten durch **I** u. **II** nicht wesentlich verändert. Die Veränderungen des Geh. u. der Verteilung des W. durch **I** u. **II** sind von Zunahme der Diurese u. der Ausscheidung von Na^+ u. K^+ begleitet. O. Lebtag 4630△

1796 **Einfluß des Unithiols auf die toxische Wirkung der Herzglykoside.** T. A. Fedorova. (Farmakol. i Toksikol. **30** (1967) 3, 315—18; Moskva, med. Inst. im. I. M. Sečenova; russ.) — Zufuhr von 700 mg (je 1 kg) *Unithiol* (**I**) verhindert bei Fröschen den Herzstillstand nach *Strophanthin K* (**II**) oder *Digitalis* (**III**). Die tox. Wrkg. von **II** u. **III** wird durch 600 mg **I** stark vermindert. Bei Katzen wird durch i.m. Zufuhr von 300 mg **I** 30 Min. vor der II-Zufuhr der Herzstillstand zeitlich stark verzögert. Bei Hunden verhindert **I** nach II-Intoxikation z. T. die EKG-Veränderungen. Gleichzeitige Verabreichung von **I** mit **II** oder **III** verhindert die Prozesse der Überdosierung. Bei Patienten mit Überdosierungen von **II** oder **III** verhindert **I** z. T. oder völlig die Intoxikation. Die tox. Wrkg. von **II** u. **III** beruhen weitgehend auf der Blockierung der akt. SH-Gruppen, die durch **I** z. T. oder völlig aufgehoben wird. O. Lebtag 4630△

1797 **Wirkungen von Methylguanidin auf die elektrische Aktivität einzelner Schrittmacherfasern im Sinusknoten des Kaninchens.** Norio Taira und Jean M. Marshall. (J. Pharmacol. exp. Therapeut. **155** (1967) 1, 69—75; Dep. of Pharmacol., Harvard Med. School, Boston, Mass.; engl.) — In einzelnen Schrittmacherfasern des Sinusknotens von isolierten Kaninchenvorhöfen beschleunigte *Methylguanidin* die Entw. des Schrittmacherpotentials u. vergrößerte die Dauer des Aktionspotentials. Die erstere Wrkg. beschleunigte die Herzfrequenz, die letztere verzögerte sie. Vorbehandlung der Tiere mit *Reserpin* + Ggw. von *Propanolol* hob die erstere Wrkg. auf, besaß aber keinen Einfl. auf die letztere. K. Zingraf 4630

1798 **Wirkungen von Prenylamine (Segontin) auf das kardiovaskuläre System.** Hopé Obianwu. (Acta pharmacol. toxicol. [København] **25** (1967) 1, 127—39; engl.) — Göteborg, Univ., Dep. of Pharmacol.; engl.) — Vgl. nachst. Referat. — Vf. untersucht den Blutdruck anästhetisierter u. normaler Katzen (a), Kaninchen (b), Ratten (c), Meerschweinchen (d), sowie die myokardiale Kontraktionskraft u. Herzfunktion bei c in situ unter dem Einfl. von *Prenylamine* (**I**) u. dessen Wrkg. auf das isolierte, durchströmte Herz u. Atrium von b. **I** (6—10 mg/kg i.v.) verursacht bei normalen Tieren einen sofortigen Blutdruckabfall, der nach Anästhetisierung ausbleibt. Die Herzarbeit nimmt um 25% ab. Die nach *Isoprenalin* (**II**) eintretende Hypotension wird durch **I** bei a u. c antagonisiert u. bei b u. d in eine Pressor-Rk. umgewandelt. **I** potenziert den durch *Noradrenalin* (**III**) u. *Adrenalin* (**IV**) induzierten Blutdruckanstieg. Diese Rk. ist stereospezif. in der Reihenfolge der Wirksamkeit: L-**III** > L-**IV** > D-**III**. **I**-Infusion bei c in situ vermindert Herzarbeit u. Kontraktionsamplitude. Die positiv inotropen u. chronotropen Rk. auf **II** lassen sich durch **I** antagonisieren, während die auf **III** u. **IV** potenziert bzw. nicht beeinflußt werden. Am isolierten Herzpräp. werden die gleichen Ergebnisse erzielt wie beim Herz in situ. Die Rk. des Atriums auf **II** u. **III** werden durch **I** unterdrückt. Die bei mit **I** vorbehandelten b u. d durch **II**-Zufuhr beobachtete Hypertension wird durch *Phentolamine* (**V**) aufgehoben. In gleicher Weise blockiert **V** auch die Pressor-Rk. nach **III**- u. **IV**-Gaben. Aus den Ergebnissen wird geschlossen, daß **I** z. T. die α-Rezeptoren aktiviert u. die β-Rezeptoren hemmt. P. Fahrnlaender 4630

1799 **Sympathetische und Rezeptorblockade nach Prenylamine (Segontin).** Hopé Obianwu. (Acta pharmacol. toxicol. [København] **25** (1967) 1, 141—53; Göteborg, Univ., Dep. of Pharmacol.; engl.) — Vgl. vorst. Referat. — Vf. untersucht den Einfl. von *Prenylamine* (**I**, *3.3-Diphenylpropyl-β-methylphenäthylamin*; *Segontin*) auf die durch elektr. Stimulation des zervikalen sympathet. Nervenstranges ausgelösten Kontraktionen der Nickhautmembran der Katze (a) u. des Kaninchens (b) sowie des unteren Augenlides der Ratte (c). Ferner wird die Wrkg. von **I** auf die durch elektr. Stimulation des hypogastr. Nerven induzierten Rk. des isolierten Dünndarmes von b (Finkleman-Präp.) u. des Vas deferens des Meerschweinchens (d) ermittelt. **I** (6—10 mg/kg i.v.) zeigt keinen Einfl. auf die a-Nickhautmembran- u. c-Augenlidkontraktionen; die Rk. der b-Nickhautmembran wird nur teilweise antagonisiert. **I** potenziert die Wrkg. von *Noradrenalin* (**II**) auf die Nickhautmembran von a. Nach Vorbehandlung von b mit **I** (7) verursachen **II** u. *Adrenalin* (**III**) eine Dilatation der Nickhautmembran; während die Pressor-Rk. potenziert wird. Auch nach *Reserpin* rufen **II** u. **III** eine Relaxation der Membran hervor; diese Rk. wird weder durch α-(Phentolamine) noch durch β-Rezeptoren blockierende Verb. beeinflußt. Geringe **I**-Mengen (0,4 μg/ml) unterdrücken die durch Stimulation ausgelöste Relaxation des b-Dünndarms bzw. Kontraktion des Vas deferens von d in vitro. Nach Vorbehandlung der Tiere mit **I** (6) zeigen Dünndarm u. Vas deferens keine Rk. auf sympathet. Stimulation. **I** antagonisiert in vitro auch die Rk. auf **II**, **III** u. *Isoprenalin*; höhere Konz. dieser Amine heben diese **I**-Wrkg. auf. Es wird angenommen, daß **I** die Speicherungskapazität von Brenzcatechinaminen in den Granula an den Nervenendigungen verschlechtert. P. Fahrnlaender 4630

1800 **Pharmakologische Eigenschaften von 1-[4'-Nitrophenyl]-2-isopropylaminoäthanol (Inpea), einem neuen Antagonisten für Beta-adrenerge Rezeptoren.** 4. Mitt. **Wirkungen der optischen Isomeren D(—)- und L(+)-Inpea auf den arteriellen Blutdruck und die Pressorreaktionen nach Noradrenalin, Adrenalin und Isoproterenol bei mit Urethan anästhetisierten Ratten.** W. Murmann und A. Gamba. (Boll. chim. farmac. **106** (1967) 2, 101—08; Milan, Res. Dep. Labor. Bioterap. Milanese Selvi e C.; engl.) — Vf. geben mit *Äthylurethan* (1,4 g/kg i.p.) anästhetisierten Ratten nach Vorbehandlung mit *Noradrenalin* (**I**, 4 μg/kg i.v.) *Adrenalin* (**II**, 4) u. *Isoproterenol* (**III**, 4) i.p.-Zufuhren von *D*(—)- (**IV**) u. *L*(+)-*1-[4-Nitrophenyl]-2-isopropylaminoäthanol* (**V**, *Inpea*) u. bestimmen den arteriellen Blutdruck auf kymograph. Wege. **IV** steigert in Dosen von > 25 bzw. > 12,5 mg/kg die Pressor-Rk. auf **I** u. **II** u. antagonisiert den sek. hypotensiven Effekt von **II** bei Zufuhren von 3,125 mg/kg. Die durch **III** ausgelöste Hypotension wird nach Applikation von **IV** (1,56) abgeschwächt. **V** ist in allen Fällen wirkungslos. Die Ergebnisse zeigen, daß nur **IV** eine β-adrenerg. blockierende Wrkg. aufweist u. die α-adrenergen Effekte der Brenzcatechinamine potenziert. P. Fahrnlaender 4630

1801 **Diphenylhydantoin-Wirkung auf schlagende Herzmuskelzellen in vitro.** Edward N. Mercer, William G. Ziegler, Gail F. Wickland und Gordon E. Dower. (J. Pharmacol. exp. Therapeut. **155** (1967) 2, 267—70; Vancouver, Canada, Univ. of British Columbia, Dep. of Pharmacol.; engl.) — Hühnerembryo-Herzmuskelzellen wurden mittels Trypsin in Einzelzellen isoliert u. in vitro gezüchtet. Der Einfl. von *Diphenylhydantoin* (**I**) u. *Digoxin* (**II**) auf diese schlagenden Zellen sowie die wechselseitigen **I**- u. **II**-Wrkg. wurden qual. u. quant. während des ersten 48std. Wachstums untersucht. Die **II** induzierten zellulären Arrhythmien werden durch **I** nicht verringert. Durch **I**-Konz. > 50 μg/ml kommt es jedoch zu einer Abnahme der schlagenden Zellen. **II** hemmt diese **I**-Wirkung. Vf. vermuten auf Grund der Unters., daß die antiarrhythm. **I**-Wrkg. durch eine direkte Depression der Erregungsbldg. in Herzmuskelzellen bedingt ist. B. Puschendorf 4630

1802 **Einfluß des Dicumarins auf den Pasteur-Effekt und auf den Gehalt an energiereichen Phosphorverbindungen im Herzmuskel des Frosches.** Ja. I. Zajdler und R. A. Dulickaja. (Farmakol. i Toksikol. **30** (1967) 2, 195—98; Moskva, med. inst. im. Sečenova; russ.) — Die durch *Dicumarin* (**I**) verursachte Hemmung der Herztätigkeit des Frosches bei Hypoxie ist von einer Abschwächung des Pasteur-Effektes begleitet. Im intakten Herzmuskel bleiben bei Hypoxie ein ausreichender Geh. an energiereichen P-Verb. u. die kontraktilen Eig. lange erhalten. Durch **I** wird der Herzmuskelgeh. an *Kreatinphosphat* gesenkt; die Geh. an P_i u. *ATP* werden durch **I** prakt. nicht verändert. O. Lebtag 4630△

1803 **Diuretische Wirkung von Glycerin bei Hunden.** Milford Fulop und Barry M. Brenner. (Proc. Soc. exp. Biol. Med. **124** (1967) 3, 893—97; Dep. of Med., Albert Einstein Coll. of Med., New York City; engl.) — I.v.-verabreichtes *Glycerin* (**I**) verursachte bei Hunden osmot. Diurese, deren Stärke der erhöhten Urinausscheidung proportional war u. bei der die Urinnatriumkonz. zwischen 50 u. 100 mMol/l lag. Bei gleichzeitiger Verabreichung von **I** u. einem *Hg*-Diuretikum traten zusätzliche Wrkg. bei der W.-Ausscheidung auf, aber die *Na*-Ausscheidung wurde nicht über die durch die *Hg*-Verb. verursachte erhöht. U. Drehmann 4634

1804 **Ausscheidungen von Quecksilberverbindungen durch die Nierentubuli bei dem glomeruluslosen Fisch Lophius americanus.** E. J. Cafruny und R. Z. Gussin. (J. Pharmacol. exp. Therapeut. **155** (1967) 1, 181—86; Dep. of Pharmacol., Univ. of Minn., Minneapolis, Minn.; engl.) — Bei dem glomeruluslosen Fisch *Lophius americanus* betrug der Quotient der ^{203}Hg-Konz. im Harn u. im Plasma des Kaudalvenenblutes nach i.m. Injektion von ^{203}Hg-*Mersalyl* (**I**) rostral zu den Nieren durchschnittlich 19,6, nach i.m. Injektion von *Chlormerodrin* (**II**) dagegen durchschnittlich 0,51. Durch *Probenecid* oder *p-Aminohippurat* wurde der Quotient im Falle von **I**, nicht dagegen von **II**, deutlich verringert. K. Zingraf 4634

1805 **Prophylaktische Anwendung des γ-Globulins bei epidemischer Hepatitis.** L. P. Chramova. (Ž. Mikrobiol., Epidemiol. Immunobiol. **44** (1967) 6, 127—29; Noginsk, gorodskaja sanitarno-épidemiolog. stancija; russ.) — Durch 1malige prophylakt. Anwendung des *γ-Globulins* (**I**) konnte die Erkrankung an epidem. Hepatitis bei Kindern von Kindergärten bzw. Schulen um das 7,6 bzw. 3,2fache verringert werden. Bei **I**-Zufuhr nach dem Auftreten der Hepatitis war die Wirksamkeit 2,2 bzw. 1,4mal geringer als bei der vorbeugenden **I**-Zufuhr. Die Dosierung (1,5 bzw. 3 ml) war ohne Einfl. auf die Wrkg. von **I**. O. Lebtag 4640△

1806 **Metaproterenol, ein neues bronchialerweiterndes Mittel: Vergleich mit Isoproterenol.** Herman H. Pelz. (Amer. J. med. Sci. **253** (1967) 3, 321—24; Wyckoff Heights Hosp., Brooklyn, N.Y.; engl.) — In einem Doppelblindvers. an 22 Patienten mit bronchospast. Krankheiten erwies sich Metaproterenol (Alupent) in Aerosolform in Dosen von 0,65 mg Isoproterenol in gleicher Verabreichungsweise in Dosen von 0,075 mg überlegen. K. Zingraf 4650

1807 **Bewertung der hustenstillenden Wirkung von Noscapin und Codein auf den durch Citronensäure ausgelösten Husten bei Meerschweinchen.** J. E. Idänpään-Heikkilä, K. Jalonen und A. Vartiainen. (Acta pharmacol. toxicol. [Köbenhavn] **25** (1967) 3, 333—38; Univ. of Helsinki, Dep. of Pharmacol.; engl.) — Die Zahl der Hustenstöße bei Meerschweinchen unter Einw. eines Citronensäure-Aerosols wurde durch 30 mg Codeinphosphat bzw. Noscapinhydrochlorid/kg um 33 bzw. 17% u. durch 70 mg/kg um 66 bzw. 40% verringert. K. Zingraf 4650

1808 **Wirkung von Probenecid auf die Gehalte an Monamin-Stoffwechselprodukten im Rattenhirn.** Bengt Werdinius. (Acta pharmacol. toxicol. [Köbenhavn] **25** (1967) 1, 18—23; Göteborg, Univ., Dep. of Pharmacol.; engl.) — Vf. gibt Ratten *Probenecid* (**I**; 200 mg/kg i.p.) bzw. nach Vorbehandlung mit **I** *Haloperidol* (**II**; 2 i.p.) oder *Reserpin* (**III**; 10 i.p.) u. bestimmt nach 3 Std. die Geh. an *5-Hydroxyindolylessigsäure* (**IV**) u. *5-Hydroxytryptamin* (**V**) im Gehirnstamm sowie die Anteile an *Homovanillinsäure* (**VI**) u. *Dopamin* (**VII**) im Corpus striatum. Es zeigt sich, daß **I** einem 2—3fachen Anstieg der **IV**- u. **VI**-Werte hervorruft. Die durch **II** u. **III** induzierten Zunahmen der **IV**- u. **VI**-Geh. werden nach Vorbehandlung mit **I** bis auf das 4- bzw. 10fache der Kontrollwerte gesteigert. **I** ist ohne Einfl. auf die **V**- u. **VII**-Anteile. Es wird angenommen, daß ein akt. Sekretionsmechanismus vorherrscht, der saure Monamin-Stoffwechselprod. aus dem Gehirn entfernt u. der durch **I** inhibiert wird. P. Fahrnlaender 4670

1809 **Einfluß eines oralen Konzeptionsverhütungsmittels auf einige Leberenzyme der Ratte und Maus.** Jyoti R. Padbidri, Usha M. Joshi und Shanta S. Rao. (Indian J. exp. Biol. **4**, 219—21, 1966; Reproductive Physiol. Unit., Seth G. S. Med. College, Bombay; engl.) — Tägliche Verfütterung (4 Monate) von hohen Dosen von *Enovid* führt bei Ratten u. Mäusen zur Zunahme des Lebergewichtes. Gleichzeitig war bei Mäusen die Aktivität der *Asparaginsäureaminotransferase* verringert, während in der Leber von Ratten die Aktivität der *Alaninaminotransferase* zunahm. Die Aktivität der *Succinatdehydrogenase* in der Leber von Mäusen war verringert, in der Leber von Ratten dagegen erhöht. Die Aktivität der alkal. *Phosphatase* nahm nur bei Mäusen zu. K. Zingraf 4670

1810 **Toxizität von Methyläthylketoxim.** Hideo Kurita. (Nagoya J. med. Sci. **29** (1967) 4, 393—418; Nagoya Univ. School of Med.; engl.) — *Methyläthylketoxim* wird zur Verhütung einer Hautbldg. auf Farbe beim Aufbewahren benutzt. Seine s.c. DL_{50} bei der Ratte beträgt 2701—2813 mg/kg. Nach mehrtägiger lokaler Anwendung traten an der Haut der Tiere Erytheme, Papeln, lokale Erosionen oder squamöse Veränderungen auf. Bei Instillation ins Auge wurde Hyperämie beobachtet. Bei chron. Vergiftung wurden Milztumoren, Blutungsneigung verschiedener Organe u. Hemmung der spezif. u. unspezif. Cholinesterase-Aktivität festgestellt. K. Zingraf 4675

1811 **Akute orale Benzinvergiftungen.** I. Szabó. (Arch. Toxikol. **22** (1966, herausg. 1967) 4, 207—08; Gerichtl.-Med. Inst., Univ., Debrecen, Ungarn; dt.) — 2 Kinder (1,5 u. 2 Jahre) tranken versehentlich 0,1 bzw. 0,05 Liter *Benzin*. Nach sofortiger Bewußtlosigkeit trat der Tod nach 1,5 bzw. 1 Std. ein. Der Obduktionsbefund ergab herdförmige Blutungen in der Lunge, Hirnödem, Hyperämie der inneren Organe u. nichtgeronnenes Blut. G. Kimmerle 4675△

1812 **Einfluß von Cystamin, Unithiol und Glutaminsäure auf die Methämoglobinbildung bei Vergiftungen durch Xylidine.** V. D. Tonkopij. (Farmakol. i Toksikol. **30** (1967) 3, 358—61; Leningrad, voenno-med. akademija im. S. M. Kirova; russ.) — Bei Ratten wird durch Zufuhr von **33** mg *Cystamin*(**I**)/kg 1 Std. nach oder 1,5 Std. vor der Applikation von techn. *Xylidin* (**II**) der Blutgeh. an *Methämoglobin* (**III**) etwa verdoppelt. Durch gleichzeitige Zufuhr von *Uninithiol* (**IV**; 100 mg/kg) u. **II** wird die Bldg. von **III** völlig verhindert. Nach **IV**-Zufuhr in der gleichen Dosis 1 Std. nach der **II**-Anwendung ist die **III**-Menge um ca. 50% vermindert. Die gleiche **III**-Abnahme tritt nach s.c. Zufuhr von *Glutaminsäure* gleichzeitig mit **II** ein. Von den untersuchten Präp. zeigt **I** die stärkste antitox. Wirkung. O. Lebtag 4675△

1813 **Pathogenese der durch Clostridium perfringens verursachten Vergiftungen.** M. M. Gasilina. (Gig i San. **32** (1967) 5, 27—30; Moskva, med. inst. im. N. I. Pirogova; russ.) — Durch perorale Zufuhr von *Clostridium perfringens* wird bei weißen Mäusen Intoxikation verursacht, die in 25% der Fälle zu letalem Ausgang führt. Optimal für die tox. Wrkg. ist die Zufuhr von 0,5 ml bei 10 Milliarden Zellen/ml. Die pathogene Wrkg. ist beim Wachstum auf Casein-Nährboden stärker als auf Milch. Bei jungen Mäusen ist die Letalität um 100% höher als bei alten Tieren. Nach Infektion durch das abzentrifugierte Toxin beträgt die Letalität 11% gegenüber 30% nach Infektion durch die unbehandelte Kultur. O. Lebtag 4675△

1814 **Resorption und Ausscheidung von Quecksilber beim Menschen.** 12. Mitt. **Beziehung zwischen Quecksilber im Harn und Proteinurie.** Morris M. Joselow und Leonard J. Goldwater. (Arch. environment Health **15** (1967) 2, 155—59; School of Publ. Health, Administrativ. Med., Columbia Univ., N.Y.; engl.) — Bei Personen, welche dauernd relativ hohen Konz. der Dämpfe u. Stäube von gemischten organ. u. anorgan. Hg-Verb. ausgesetzt waren, wird eine leichte Proteinurie festgestellt. Die Proteinkonz. im Harn steht immer in Korrelation mit der Hg-Konz. im Harn. Es besteht auch eine schwache Korrelation zwischen der Proteinkonz. im Harn u. dem Hg-Geh. im Blut. — 11. vgl. C. **1968, 34-1428.** K. Zingraf 4681

1815 **Biochemische Veränderungen im Blut nach dem Eintritt von Dichloräthandämpfen durch die Haut.** N. M. Petrun' und T. L. Proklina. (Farmakol. i Toksikol. **30** (1967) 3, 356—58; Kiev, n.-i. inst. gigieny truda i profzabolevanij; russ.) — Nach Aufenthalt des Kaninchens in der Kammer mit 10 mg *Dichloräthan*(**I**)-Dämpfen/l werden durch den Eintritt von **I** durch die unbeschädigte Haut Atmung u. anaerobe Glykolyse in den Erythrozyten u. die Durchlässigkeit der Zellmembranen der Leber gestört, wodurch die Aktivitäten von *Transaminase*, *Aldolase* u. *Phosphatase* im Blutserum stark erhöht werden. Die Aktivität der *Cholinesterase* wird durch **I** vermindert. O. Lebtag 4681△

F. Pharmazeutische Chemie

1816 **Zur Ausgabe der 10. Pharmakopoe der UdSSR.** M. M. Buškova, L. I. Raraport, C. I. Šach, O. M. Kogan und A. D. Kostyns'ka. (Farmacevtyčnyj Ž. **22** (1967) 2, 9–12; HAPU MOZ URSR; ukrain.) — Vorschläge zur Best. von *Bi*, *Zn* u. *Mg*. Für die quant. Best. von Bi, Zn u. Mg wird die komplexometr. Meth. empfohlen. Außerdem werden Ergänzungen u. Veränderungen zu den Artikeln „Best. des As", „Best. des Trübungsgrades von Lsg." u. „Best. der Färbung von Flüssigkeiten" vorgeschlagen. O. Lebtag 4800△

1817 **Isolierung und Identifizierung flavonoider Verbindungen aus Blättern von Evonymus Europaea L.** Waleria Olechnowicz-Stępień. (Dissertat. pharmac. pharmacol. [Warszawa] **19** (1967) 1, 91–97; Wrocław, Akad. Med.; pol.) — Aus Blättern von *Evonymus europaea* wurden durch Extraktion u. säulenchromatograph. Trennung an Cellulose 5 Flavonderiv. isoliert. Die Verb. mit F. 244–246° wurde als *Quercetin-7-glykosid* identifiziert, die mit F. 187–189° als *Quercetin-3-rutinosid* u. die mit F. 193–196° als *Quercetin-3-rhamno-7-glykosid*. 2 Verb. mit F. 204–208° u. F. 198 bis 203° wurden nicht identifiziert. — 21 Literaturangaben. M. Gasiński 4810△

1818 **Quantitative Bestimmung von Elatin.** V. L. Bazarnyj. (Farmacevtyčnyj Ž. **22** (1967) 2, 31–34; L'viv, med. inst.; ukrain.) — Die vorgeschlagene quant. Best. von *Elatin* (**I**; Alkaloid aus *Delphinum elatum*) beruht auf Bldg. von *Tropäolinat* bei der **I**-Rk. mit *Tropäolin OO*. Das Tropäolinat wird mit $CHCl_3$ extrahiert u. photoelektrokolorimetriert. Die **I**-Best. nach dieser Meth. dauert 40–50 Min. gegenüber 2,0–2,5 Std. nach der üblichen maßanalyt. Methode. Die Meth. eignet sich für die **I**-Best. in Tabletten u. Pulvern. O. Lebtag 4810△

1819 **Modifikation der Methode von Büchi und Hippenmeier der Bestimmung von Capsaicin in Früchten von Paprika Capsicum annuum L.** Rafał Adamski und Anna Socha. (Farmacja polska **23** (1967) 7/8, 603–06; Poznań, Akad. Med.; pol.) — Die Anwendung frisch hergestellter diazotierter Sulfanilsäure (**I**) erlaubt die Benutzung der gleichen Eichkurve bei den Bestimmungen. Diazotierte **I** reagiert mit *Capsaicin* (**II**) leichter als Phosphormolybdänsäure (**III**) u. gibt in Anwesenheit von NaJ eine dauerhafte Färbung. Die Rk. von **II** mit diazotierter **I** ist empfindlicher als die mit **III**. Die Best. von **II** nach der beschriebenen kolorimetr. Meth. ermöglicht eine einfachere Analyse der Rohstoffe. M. Gasiński 4810△

1820 **Glycerinester einiger höherer Fettsäuren als Hilfsstoffe in der Pharmazie.** 1. Mitt. **Herstellung von Monoestern.** M. Chalabala, I. Lichnerová, L. Štarha und A. Lukáš. (Českoslov. Farmac. **16** (1967) 7, 343–44; Bratislava, Komenského univ., Farmac. fak.; slowak.) — Es wurden *Monoester von Glycerin* u. *Laurin-*, *Palmitin-* u. *Stearinsäure* nach der Meth. von E. Fischer et al. [1920] modifiziert, von H. P. Avril et al. [1929] dargestellt u. charakterisiert.

Versuche: (F. korr., im Kofler-Block): *2.3-O-Isopropylidenglycerin* (**I**), $Kp._{15}$ 80–83°, aus Glycerin u. Aceton in Ggw. von p-Toluolsulfonsäure nach Org. Syntheses (Coll. Vol. III, (1955) 502); 72% (Ausb.). — *Laurinsäure-2.3-O-isopropylidenglycerinester* (**II**), $Kp._{0,2}$ 150–155°, durch langsames Zutropfen von Laurinsäurechlorid zu einer Lsg. von **I** in Chinolin bei 0°; 81%. Analog aus **I** u. den entsprechenden Säurechloriden: *Palmitinsäure-2.3-O-isopropylidenglycerinester*, F. 33° (A.), 80%, u. *Stearinsäure-2.3-O-isopropylidenglycerinester*, F. 37–40° (A.), 70%. — *Laurinsäure-1-glycerinester*, $C_{15}H_{30}O_4$, F. 61–62° (CCl_4–PAe.), bei 0° aus 314 g **II** in 1250 ml Ae. durch Zusatz von 1330 ml konz. HCl, 1/2std. Stehen u. Verdünnen mit 5000 ml W.; 88%. Analog *Palmitinsäure-1-glycerinester*, $C_{19}H_{38}O_4$, F. 75,5 bis 76° (Ae.), 85%, u. *Stearinsäure-1-glycerinester*, $C_{21}H_{42}O_4$, F. 77–79° (Ae.), 75%. A. Emr 4815△

1821 **Saccharoseester als neue Hilfsstoffe in der Pharmazie.** 2. Mitt. **Saccharose-Glyceride als Emulgatoren für pharmazeutische Salben.** Z. Gruntová, M. Mandák und B. Kegel. (Českoslov. Farmac. **16** (1967) 6, 257 bis 262; Bratislava, Komenského univ., Farm. Fak.; slowak.) — 1. Mitt. vgl. Českoslov. Farmac. **14** (1965) 513. — Der Vgl. von *Saccharoseglyceriden* (**A**, aus Palmöl; JZ. 38,9, VZ. 163,5, EZ. 155,7, SZ. 7,8, E., Fließ- u. Tropfpunkt 45,2°, 36,9° u. 41,8°; aus Talg: JZ. 18,9, VZ. 168,6, EZ. 149,7, SZ. 18,9, E., Fließ- u. Tropfpunkt 44,5, 45,2° u. 48,9°) mit *Cetylalkohol* (**I**) bzw. *Emulgator C* (**II**, partielles Glycerid höherer Fettsäuren, JZ. 50, VZ. 173,2, EZ. 169, SZ. 4,2, E., Fließ- u. Tropfpunkt 37°, 37,4° u. 42,5°) hinsichtlich ihrer Brauchbarkeit als W/O-Emulgatoren für pharmazeut. Salbengrundlagen ergab, daß **A** aus Talg keinen geeigneten Emulgator darstellt. Hingegen sind die mit Hilfe von **A** aus Palmöl hergestellten Salbengrundlagen denjenigen mit Hilfe von **I** bzw. **II** hergestellten gleichwertig. Hinsichtlich der Freigabe von Arzneimitteln erwies sich als vorteilhaft Vaseline mit 6% **II** u. 2% oder 4% **A** aus Palmöl. Für wasserfreie Grundlagen eignen sich Grundlagen mit 4% **II** u. 4% **A** aus **Talg.** A. Emr 4815△

1822 **Saccharoseester als neue Hilfsstoffe in der Pharmazie.** 3. Mitt. **Möglichkeit der Verwendung in Salbengrundlagen.** Z. Gruntova, M. Mandák und K. Ducková. (Ceskoslov. Farmac. **16** (1967) 6, 263–68; slowak.) — 2. vgl. vorst. Referat. — Vf. untersuchten die Brauchbarkeit von *Saccharosemonopalmitat* (**I**) u. *-monostearat* als O/W-Emulgatoren für Salbengrundlagen u. geben die nachst. Rezeptur für Trockenkonserven an (in Gew.-Teilen): **A**: **I** 6,0, Glycerin 14; **B**: Cetylalkohol (**II**) 12, weiße Vaseline (oder hydriertes Sonnenblumenöl) 62,0, Weißwachs 6,0, Methylparaben 0,3. Beim Gebrauch werden **A** u. **B** auf 70° erwärmt. vermischt u. bis zum Abkühlen gerührt. Das auf 70–75° erwärmte A-B-Gemisch nimmt 100–150% W. auf. Allg. soll die Konz. von **I** 3% betragen. Die Konz. des als Stabilisator verwendeten **II** soll 15–30% der Ölphase, d. h. 5–6% des Grundlagengew. betragen. Bei weniger **II** erfolgt schnelles Austrocknen, bei zu viel **II** wird die Grundlage körnig. **II** kann durch 9–12% Span 60 ersetzt werden. Die obigen Grundlagen zeichnen sich durch schnelle Freigabe von Arzneimitteln aus. Die Verträglichkeit mit einzelnen Arzneimitteln muß individuell geprüft werden. A. Emr 4815△

1823 **Erhöhung der Löslichkeit einiger Arzneimittel durch nichtionische Stoffe vom Typ der Arylglycerinäther.** 2. Mitt. L. Kňazko, V. Matejeková und Š. Dekan. (Farmac. Obzor **36** (1967) 7, 289–94; Bratislava, Komenského univ., Kat. farm. chem.; slowak.) — 1. vgl. ibid. **36** (1967) 241. — Der solvotrope Effekt von *Resorcin-* u. *Hydrochinonmonoglycerinäther* bzw. *Hydrochinondiglycerinäther* ist wesentlich niedriger als derjenige von Glycerinäthern einwertiger Phenole (vgl. 1. Mitt. l.c.).

Versuche: *Resorcinmonoglycerinäther* (**I**), $C_9H_{12}O_4$, $Kp._1$ 140–240° (roh), F. 90–90,5° (Essigester), durch Zutropfen von 110,5 (g) Glycerinmonochlorhydrin zu einer auf 145–150° erwärmten Lsg. von 110,1 Resorcin u. 56,1 KOH in 100 ml W., 4,5std. Erhitzen auf 145 bis 150°. Einengen im Vakuum u. Dest.; 20% (Ausb.). — *Hydrochinonmonoglycerinäther* (**II**), $C_9H_{12}O_4$, $Kp._1$ 190 bis 200°, F. 120–121° (Essigester), wie **I** aus Hydrochinon u. Glycerinmonochlorhydrin; 24%. — *Hydrochinondiglycerinäther*, $C_{12}H_{18}O_6$, F. 147–148,5° (mehrmals aus W., A. u. Essigester), wie **I** aus 184,2 (g) **II**, 110,5 Glycerinmonochlorhydrin u. 56,1 KOH; 35%. A. Emr 4815△

1824 **Einfluß der aliphatischen Amide auf die Löslichkeit der Benzoesäure.** V. P. Husjakov und A. F. Mynka. (Farmacevtyčnyj Ž. **22** (1967) 2, 13–16; L'viv, med. inst.; ukrain.) — Die Unters. der solubilisierenden Wrkg. von *Formamid*, *Acetamid*, *Butyramid*, *Dimethylformamid*, *Diäthylnicotinamid*, *Diäthylformamid*, *Thioacetamid*,

Thioharnstoff u. *Carbamid* auf *Benzoesäure* (I) ergab eine Zunahme der Wrkg. mit zunehmender Länge der C-Kette. Die Dialkylderiv. u. die Thioamide wirken stärker als die gewöhnlichen Amide. Die Zunahme der I-Löslichkeit in Ggw. der Amide beruht auf der I-Rk. mit diesen Amiden. Die Rolle der Amide als Solubilisatoren der Arzneimittel wird diskutiert. O. Lebtag 4815△

1825 **Isolierung von Aminosäuren aus Eiweißhydrolysaten mittels synthetischer Ionenaustauscher. 1 Mitt. Isolierung von Aminodicarbonsäuren.** Jerzy Jarzebiński und Sganisław Rolski. (Farmacja polska **23** (1967) 3, 311—17; Warszawa, Akad. Med.; pol.) — Es wurde eine pärparative Meth. sukzessiver Isolierung von Aminosäuren mittels Säulenchromatographie unter Verw. von Wofatit KPS-200 u. Amberlite IR-4B als Ionenaustauscher entwickelt u. ihre Brauchbarkeit experimentell festgestellt. *Glutamin-* u. *Asparaginsäure* wurden in hoher Ausb. gewonnen. Die aus A. umkrist. Säuren zeigen chromatograph. mit Standardsubstanzen übereinstimmende Reinheit. Die benutzte App. ist schemat. dargestellt. M. Gasiński 4820△

1826 **Herstellung und Untersuchung von Natriumlactatlösungen zur parenteralen Anwendung.** Krzysztof Kolarski jnd Zbigniew Kubiak. (Farmacja polska **23** (1967) 7/8, 575—79; Kraków, Akad. Med.; pol.) — Äquivalente Mengen von 85%ig. Milchsäure u. 20%ig. NaOH-Lsg. werden 60 Min. zum Sieden erhitzt u. darauf das pH der Lsg. potentiometr. bestimmt. Notwendigerweise wird der pH-Wert mit Säure oder Lauge u. durch nochmaliges Kochen auf 6,8—7,3 eingestellt u. mit W. auf D. 1,096—1,108 verdünnt. Nach Sterilisierung dient die Lsg. zur Bereitung von isoton. Lsg., die auf Trockensubstanzgeh. u., wie die konz. Lsg., auf den *Na- Lactat*-Geh. geprüft werden. Die Unters. erwiesen, daß so hergestellte Lsg. bei 8monatiger Aufbewahrung befriedigend haltbar sind. M. Gasiński 4820△

1827 **Erforschung der Extraktionsbedingungen der Alkaloide als Basen oder Salze. 1. Mitt. Extraktion des Kodeins.** O. A. Akopjan. (Farmacevtyčnyj Ž. **22** (1967) 2, 16—20; L'viv, med. inst.; ukrain.) — Aus saurer oder alkal. Lsg. wird das *Kodein* (I) durch $CHCl_3$ u. Ae. nur in Form der Base extrahiert. Bei der Extraktion des I-Phosphats aus saurer oder alkal. Lsg. geht ein Teil der Phosphationen in $CHCl_3$ oder Ae. über. Beim W.-Entzug mit Na_2SO_4 geht das Phosphation in das W. über. O. Lebtag 4820△

1828 **Theoretische Bestimmung der Stabilität von Mutterkornalkaloiden in ausgewählten Zubereitungen. 1. Mitt. Analytische Bewertung von Ergotamintartrat in Spezialitäten.** Rafał Adamski, Jerzy Lutomski, Anna Socha und Henryk Speichert. (Farmacja polska **23** (1967) 7/8, 571/74; Poznań, Akad. Med.; pol.) — Untersucht wurde die Kinetik der Zerfallsrk. von *Ergotamintartrat* (I). Durch Beobachtung der Präp. bei erhöhten Temp. bestimmte man die Geschw.-Konst. der chem. Rk. von I u. die Beständigkeitsdauer des Heilmittels bei der Voraussetzung, daß isomere u. Aci-Formen des Ergotamins die therapeut. Aktivität des Heilmittels herabsetzen. Die Resultate theoret. Berechnungen werden mit den Ergebnissen experimenteller Unters. verglichen. M. Gasiński 4820△

1829 **Bestimmung von Alkaloidsalzen in Ampullen mittels Ionitpapier. 1. Mitt. Lösungen mit einer Komponente.** Leph Niezgodzki, Witold Manikowski und Jerzy Orłowski. (Farmacja polska **23** (1967) 7/8, 581—84; Poznań, Akad. Med.; pol.) — Zur Best. wurde mit Phenolsulfonkationit getränktes Filtrierpapier von entsprechender Porengröße verwendet. Die Sichtbarmachung des Chromatogramms geschah mit dem durch Munier u. Macheboeuf modifizierten Reagenz von Dragendorff. Die durch die zu bestimmende Substanz besetzte Fläche wurde ber. u. aus der Eichkurve der Alkaloidgeh. abgelesen. Die Meth. ist auch für toxikol.-forens. Best. geeignet. M. Gasiński 4820△

1830 **Salbengrundlagen mit Natriumlaurylsulfat und Cetylalkohol.** Z. Gruntová, M. Mandák und K. Ducková. (Farmac. Obzor. **36** (1967) 10, 433—41; Farm. fak. Univ. Komenského, Bratislava; slowak.) — Für Salben auf der Basis von *Na-Laurylsulfat* (I) u. *Cetylalkohol* (II), die *Salicylsäure* (III) u. *Sulfathiazol* (IV) enthalten, wird vom Gesichtspunkte der Konsistenz, Austrocknungsgeschw. u. Freisetzung von **III** bzw. **IV** die maximale I-Konz. von 1% u. die II-Konz. von 8,1—9% empfohlen, was mit der Brit. Ph. nahezu im Einklang ist. K. Kámen 4820△

Arzneimittel

1831 **Elektrochemische Untersuchungen einiger mittels Iontophorese verabreichten Arzneimittel.** Zenon Lisowski und Danuta Brzezińska-Drygieniec. (Farmacja polska **23** (1967) 7/8, 618—20; Warszawa, Akad. Med.; pol.) — Mit Hilfe einfacher zu elektrochem. Messungen dienender Vorr. kann festgestellt werden, ob das Arzneimittel in wss. Lsg. elektrolyt. Dissoziation unterliegt u. damit zur Anwendung nach der Iontophoresemeth. geeignet ist, ob das pharmakolog. wirksame Ion ein Kation oder ein Anion ist u. in welchem Milieu es die größte Beweglichkeit hat. M. Gasiński 4840△

1832 **Alkylcarbonate.** 1. Mitt. V. I. Kurov und T. S. Curkan. (Farmacevtyčnyj Z. **22** (1967) 2, 34—37; Leningrad, chimiko-farmacevtyčnyj inst.; ukrain.) — Zur Herst. von *Li-Äthylcarbonat* (I; Salz-Ester) werden 0,25 g Li-Metall in abs. A. getaucht, nach beendeter Rk. mit CO_2-Gas behandelt u. filtriert. **I** wird mit überschüssigem abs. Ae. (1:15) gefällt. Man trocknet den abfiltrierten Nd. über $CaCl_2$ u. erhält in 92%ig. Ausb. feinkrist. **I**, das in A. + Ae. (1:1), Methylalkohol u. A. (weniger) leicht lösl., in Bzl., Toluol u. Dioxan unlösl. ist. Von **I** wurden IR-Spektren u. einige physikal.-chem. Eig. bestimmt. **I** besitzt gegenüber den übrigen Li-Salzen (*Benzoat, Citrat, Chlorid*) günstigere pharmakolog. Eigenschaften. O. Lebtag 4846△

1833 **Elektrometrische Feststellung des Reaktionsendpunktes bei Paracetamolbestimmungen.** Zofia E. Kalinowska und Henryk Hasztar. (Farmacja polska **23** (1967) 5—6, 447—50; Łódź, Polska, Akad. Med.; pol.) — *Paracetamol* kann bei elektrometr. Festlegung des Endpunktes nach der von Vf. bearbeiteten Meth. cerimetr. bestimmt werden. Zum Vgl. wurde die Best. auch nach der Nitrit-Meth. durchgeführt. Durch Verw. von 2 polarisierten Pt-Elektroden wird die subjektive Beurteilung des Rk.-Endpunktes ausgeschaltet. Bei der Nitrit-Meth. wird die Best.-Dauer beträchtlich verlängert, ohne dafür genauere Resultate zu geben. M. Gasiński 4846△

1834 **Photometrische Bestimmung von Aminophenazon auf Grund der Reaktion mit Tropäolin 00.** Rafał Adamski und Kazimierz Pawełczyk. (Farmacja polska **23** (1957) 4, 295—98; Poznań, Polska, Akad. Med.; pol.) — Es wurde eine neue chromatograph. Meth. zur Best. von *Aminophenazon* (I) in Millimikromengen entwickelt. Sie beruht auf der Bldg. eines farbigen Komplexes von **I** mit Tropäolin 00 u. erlaubt die Best. dieser Verb. in verschiedenen Arzneimittelformen in Ggw. anderer Substanzen nach vorheriger chromatograph. Trennung. M. Gasiński 4846△

1835 **Analyse des Ortonals.** R. I. Moskalenko und H. I. Savel'jeva. (Farnacevtyčnyj Ž. **22** (1967) 2, 24 bis 28; Perm', farmecevtyčnyj inst.; ukrain.) — Untersucht werden die Salzbldg. des *Ortonals* [I; *2-Methyl-3-(o-tolyl)-chinazolon-(4)*] mit *HCl*, *HJ*, HNO_3, *HBr* u. H_2SO_4 sowie die I-Rk. mit den folgenden Komplexsalzen: $(NH_4)_2[Zn(CNS)_4]$, $(NH_4)_2[Cd(CNS)_4]$, $(NH_4)_2[Co(CNS)_4]$, $K_2[HgJ_4]$, $NH_4[Cr(CNS)_4(NH_3)_2]$, NH_4CNS, $K_2Cr_2O_7$ u. $KMnO_4$. Auf Grund der Ergebnisse wird für die I-Best. die Verw. von $KMnO_4$ oder NH_4CNS empfohlen. O. Lebtag 4846△

1836 **Quantitative Bestimmung von Barbital und optimale Bedingungen seiner Extraktion.** B. I. Popova. (Farmacevtyčnyj Ž. **22** (1967) 2, 28—31; L'viv, med. inst.; ukrain.) — Unters. über die Extraktion von *Barbital* (I) mit *Ae.*, $CHCl_3$, *Bzl.*, *Isoamylalkohol* (II) oder *Dichloräthan* (III) ergaben, daß die maximale Extraktion im sauren Gebiet erzielt wird. Hierbei werden folgende

I-Ausb. erzielt: II pH 1—5, 80—84%; Ae. pH 1,0—3,5, 78—81%; $CHCl_3$ pH 1—2, 38—40%; III pH 1—4, 31 bis 34%; mit Bzl. erfolgt prakt. keine I-Extraktion.
O. Lebtag 4846△

1837 **Kolorimetrische Bestimmung von Ipronal-Polfa.** Zofia E. Kalinowska, Henryk Hasztar und Józef Jurczyk. (Farmacja polska **23** (1967) 3, 261—63; Łódź, Polska, Akad. Med.; pol.) — Es wird eine einfache kolorimetr. Best.-Meth. für *Ipronal* (I) unter Ausnutzung des farbigen Komplexes mit Co^{2+} beschrieben. I wird in alkal. Medium von $Ba(OH)_2$ unter Verw. von $Co(NO_3)_2$ in CH_3OH bestimmt. M. Gasiński 4846△

1838 **Anwendung der Arylsulfonsäuren bei der quantitativen Analyse.** 1. Mitt. **Bestimmung von Alkaloiden.** Stanisław Rolski, Zdzisław Zakrzewski und Teresa Szulczyk. (Farmcaja polska **23** (1967) 3, 251 bis 255; Warszawa, Akad. Med.; pol.) — Aus Unters. geht hervor, daß *3.4-Dichlorbenzolsulfonsäure, 2-Chlor-4.6-dimethylbenzolsulfonsäure, 2-Chlor-3-nitrobenzolsulfonsäure* (I) u. *3.4-Dimethyl-6-hydroxybenzolsulfonsäure* (II) als Reagenzien bei Titration vieler *Alkaloide* (A) in nichtwss. Medien geeignet sind. Sie geben reproduzierbare Resultate sogar bei Best. sehr kleiner Mengen dieser Verb. u. der Fehler ist geringer als bei Best. mittels *p-Toluolsulfonsäure.* Den kleinsten Fehler erhält man bei Titration mit I u. II. Diese Säuren werden auch zur Best. der A in Injektionen u. Tabletten angewandt.
M. Gasiński 4846△

1839 **Nachweis und Bestimmung der N-Methylderivate von Xanthin in der pharmazeutischen Analyse.** M. Struhar. (Farmac. Obzor **36** (1967) 8, 345—51; Farmac. fak., Univ. Komenského, Bratislava; slowak.) — Überblick über die modernen Meth. zur Identifizierung, Trennung u. Best. von N-Methylxanthinen, bes. *Theophyllin, Theobromin* u. *Coffein* in Arzneipräparaten. — 164 Literaturangaben. K. Kámen 4846△

1840 **Chromatographie der Bestrahlungsprodukte von Ergosterin.** 5. Mitt. **Isolierung des 3.5-Dinitrobenzoats von Vitamin D_2 aus Photolysenprodukten des Ergosterins.** Jerzy Tułecki und Zofia Adamczewska. (Dissertat. pharmac. pharmacol. [Warszawa] **19** (1967) 1, 75—79; Poznań, Polska, Akad. Med.; pol.) — 4. vgl. Ann. Pharm. Poznańske Tow. Przyj. Nauk **1966,** 4, 83. — Das ausgearbeitete Säulenchromatographiemodell zur Trennung der Photolysenprod. von *Ergosterin* (I), bes. der Trennung von *Jachysterin* (II) u. *Vitamin D_2* (III), kann auch zur Trennung der Photoisomeren in der Vitamin-D_3-Reihe dienen. Bes. Nachdruck wird auf die chromatograph. Trennung auf Silicagel von beständigen *3.5-Dinitrobenzoaten* (IV) der Photoisomeren gelegt. 100 ml einer 1,5%ig. I-Lsg. in Bzl. wird 2 Std. mit einer Quarzlampe unter ständigem Durchfluß von gereinigtem N_2 bestrahlt. Der Umwandlungsgrad des bestrahlten I beträgt 41,32%. Mittels Dünnschicht- u. Säulenchromatographie mit Al_2O_3 u. SiO_2 werden die Photolysenprod. getrennt. Auf Al_2O_3 werden aus Fraktionen 1—15 38,9% krist. IV von III, F. 146—147° (Aceton), 16—25 öliges IV von II, 26—35 IV von *Lumisterin* (V; F. 126—127°) erhalten, auf SiO_2 aus Fraktionen 1—14 30% krist. IV vom III, 15—23 öliges IV von II, 24—39 IV von V.
A. Babczyński 4847△

1841 **Chemische Derivate der Tetracyclin-Antibiotika und ihre Klassifikation.** P. Aantolík. (Farmac. Obzor **36** (1967) 10, 443—48, Štát. ůst. pre kontrolu liečiv, Bratislava; slowak.) — Klassifikation der Antibiotika auf *Tetracyclin*-Basis nach der chem. Zus. im Zusammenhang mit ihren biolog., pharmakolog. u. therapeut. Eigenschaften. — 24 Literaturangaben.
K. Kámen 4848△

1842 **Titration von Erythromycin in wasserfreien Medien.** Romuald Ceglarski und Andrzej Regosz. (Farmacja polska **23** (1967) 5—6, 437—39; Gdańsk, Polska, Akad. Med.; pol.) — *Erythromycin* (I) wird mit einer Lsg. von Perchlorsäure in 1.4-Dioxan titriert. Als Lsgm. für I dient Propionsäure oder Essigsäureanhydrid. In diesen Lsgm. ist der Potentialsprung der potentiometr. Titration bedeutend größer als in Essigsäure. Bei einfacher Titration gibt Tropäolin 00 als Indikator einen scharfen Umschlagspunkt. Die für beide Lsgm. erhaltenen Resultate unterscheiden sich wenig voneinander.
M. Gasiński 4848△

1843 **Mikrokristalloskopische Reaktionen des Hydrocodons und ihre Anwendung bei der Analyse von Arzneigemischen.** V. T. Pozdnjakova und A. V. Znajevs'ka. (Farmacevtyčnyj Ž. **22** (1967) 2, 21—34; L'viv, med. inst.; ukrain.) — Mit 1%ig. Lsg. des *Reinecke-Salzes,* gesätt. Lsg. von *Stryphninsäure,* gesätt. Lsg. von *3-Nitrokresol* u. mit 10%ig. Lsg. von $K_2Cr_2O_7$ bildet das *Hydroconphosphat* (I) charakterist. krist. Niederschläge. Die kristallopt. Konst. der Rk.-Prod. von I werden ermittelt. Die Möglichkeit der I-Best. in fl. u. pulverförmigen Arzneigemischen wird aufgezeigt. Die Krist.-Formen u. die eben nachweisbaren I-Mengen bei Verw. der obigen Reagenzien werden angegeben. O. Lebtag 4850△

1844 **Chromatographische Analyse einiger komplexer Arzneimittel.** 3. Mitt. **Anwendung der „Reagensglastechnik" der Papierchromatographie zur qualitativen Bewertung des Zersetzungsgrades von Arzneimitteln.** Ewaryst Pawełczyk und Zyta Płotkowiakowa. (Farmacja polska **23** (1967) 7/8, 595—602; Poznań, Akad. Med.; pol.) — Für die Vers. wurden Arzneimittellsg. im Anfangsstadium der Zers. verwendet. Deshalb ist die Zahl der festgestellten Zers.-Prod. verhältnismäßig gering. im Vgl. mit den während längerer Zeit alternden Lösungen. Bedingungen der chromatograph. Trennung, Sichtbarmachung der Zers.-Prod. u. erhaltene Resultate der Unters. zahlreicher Arzneimittel sind in einer Tabelle zusammengestellt. M. Gasiński 4850△

1845 **Polyelektrolytkomplexe: Durchlässigkeit für Wasser und mögliche Verwendung in der Ophthalmologie.** Miguel F. Refojo. (J. appl. Polymer Sci. **11** (1967) 10, 1991—2000; Inst. of Biol. and Med. Sci., Boston, Mass.; engl.) — Da Komplexe von *Polyvinylbenzyltrimethylammoniumchlorid* (I) u. *Polystyrolsulfonat* (II) wasserunlösl., durchsichtig u. flexibel sind, bieten sie interessante Verw.-Möglichkeiten in der Augenheilkunde (Kontaktlinsen, chirurg. Implantate). Die bei Druckgradienten von 20—900 mm Hg bestimmten W.-Permeabilitäten einiger I-II-Komplex-Membranen stimmen mit früher bei $\geq$ 6,9 atm erhaltenen Daten gut überein u. zeigen gute Durchlässigkeit für Wasser. Der bei 25° ermittelte Brechungskomplex n_D ist von der Menge des W. im Komplex abhängig; n_D = 1,40 bei 70% W., n_D = 1,48 bei 45% W. u. n_D = 1,51 bei 35% Wasser. Aus Membranen mit einem W.-Geh. von 60% können durch Variation der Dicke Endothelium der Hornhaut, Korneastroma u. Epithelium simuliert werden.
D. Pankow 4862

1846 Allied Chemical Corp., New York, N.Y. (Erfinder: Louis Gene Anello, Baking Ridge, N.J.), USA, **Herstellung von 2.2.2-Trifluoräthyltrifluoracetat** (Kp. 55°) durch Rk. von CF_3COCl (I) mit 2.2.2-Trifluoräthanol (II) (Kp. 74,5°), dad. gek., daß man in der Dampfphase bei 75—250, bes. 80—100°, in Ggw. von A-Kohle als Katalysator (III) arbeitet, wobei man 0,25—4, bes. 1 Mol I je Mol II verwendet u. die Kontaktzeit der Rk.-Teilnehmer mit III auf 0,5 Sek. bis 5 Min., bes. 1—60 Sek., einstellt. — Zwischenprod., bes. zur Herst. des *Anästhetikums Trifluoräthylvinyläther.* (**D.A.S. 1252654** Kl. 12o vom 14/4. 1965, ausg. 26/10. 1967. U.S. Prior. 20/4. 1964.) — 2 S.
O. Müller-Meiningen 4846

1847 C. F. Boehringer & Soehne G. m. b. H., Mannheim (Erfinder: Erich Haack, Heidelberg, Ruth Heerdt, Mannheim, Johann Daniel Achelis, Heidelberg, und Felix H. Schmidt, Mannheim), **Herstellung von 3-R-Mercapto-2-hydroxybenzoesäuren** durch Rk. eines 2-R-Mercapto-phenols (R = niedermol. Alkyl, Phenyl, Alkylphenyl, Cyclohexyl) mit CO_2 oder durch Diazotierung von 3-Amino-2-hydroxybenzoesäure u. Rk. der Diazoniumverb. mit einem Mercaptan. — Beispiel: Durch Rk. des Na-Salzes von o-Hydroxyphenylbenzylthioäther mit CO_2 erhält man die *3-[Benzylmercapto]-2-hydroxybenzoesäure,* F. 183—186°. — Analog wurden folgende 2-Hydroxybenzoesäuren (I) erhalten: *3-[α-Methylbenzylmercapto]*-I, F. 133—134°; *3-[β-Phenyläthylmercap-*

to]-**I**, F. 131°; *3-Cyclohexylmercapto*-**I**, F. 156—158°; *3-Isopropylmercapto*-**I**, F. 106°; *3-[2-Octylmercapto]*-**I**, F. 64°; *3-Hexahydrobenzylmercapto*-**I**, F. 133°; *3-Phenylmercapto*-**I**, F. 138—140°; *3-[o-Methylbenzylmercapto]*-**I**, F. 160—161°; *3-[α.α'-Dimethylbenzylmercapto]*-**I**, F. 105 bis 107°. — *Antidiabetika*. (**D.A.S. 1253720** Kl. 12q vom 2/3. 1963, ausg. 9/11. 1967.) — 2 S. R. Bauereis 4846

1848 Farbenfabriken Bayer Akt.-Ges., Leverkusen (Erfinder: Ernst Grigat, Köln, und Rolf Pütter, Düsseldorf), **Herstellung von Iminokohlensäureesterderivaten** der allg. Formel R–[O–C[=NH]–N[OH]–$R_1]_x$ (**I**), R = Halogenalkyl, ggf. substituierter aromat. oder heterocycl. Rest; R_1 = ggf. substituierter aromat. oder heterocycl. Rest; x = 1—6. Man setzt Cyansäureester der allg. Formel R–$[OCN]_x$ bei —50 bis +150° mit Hydroxylderiv. der allg. Formel R_1–NHOH, bes. in Form ihrer Salze, ggf. in fl. Medium, z. B. in Äther, Ketonen, Nitrilen, Estern, Amiden, Alkoholen, W. oder aromat. oder aliphat., ggf. nitrierten oder halogenierten KW-Stoffen um. — Hergestellt werden **I**: *x = 1*; *R = 3-Chlorphenyl*; *R_1 = Phenyl*, $C_{13}H_{11}ClN_2O_2$; Hydrochlorid-, F. 169° (Zers.). — *R_1 = 4-Chlorphenyl*, F. 68—69° (Zers.). — *R = 2.4-Dimethylphenyl*; *R_1 = p-Methoxyphenyl*, $C_{16}H_{18}N_2O_3$, F. 88° (Zers.). — *R_1 = p-Tolyl*, $C_{16}H_{18}N_2O_2$, F. 123—124° (Zers.). — *R_1 = p-Chlorphenyl*, F. 110,5° (Zers.). — *R_1 = Phenyl*, F. 120° (Zers.). — *R_1 = Naphthyl*, F. 124° (Zers.). — *R = Cl_3C–CH_2*; *R_1 = p-Tolyl*, $C_{10}H_{11}Cl_3N_2O_2$, F. 112—113° (Zers.). — *R_1 = p-Methoxyphenyl*, F. 91° (Zers.). — *H_3C–O–C_6H_4–N(OH)–C[=NH]–O–C_6H_4–O–C[=NH]–N(OH)–C_6H_4–OCH_3*, $C_{22}H_{22}N_4O_6$, F. 130° (Zers.). — Zwischenprod. zur Herst. von *Pharmazeutika*. (**D.A.S. 1217369** Kl. 12o vom 31/8. 1964, ausg. 26/5. 1966. **Zusatz zu D.A.S. 1212520; C. 1967, 4-1715.**) — 3 S. C. Lüttgen 4846

1849 Farbenfabriken Bayer Akt.-Ges., Leverkusen (Erfinder: Ernst Grigat, Köln, und Rolf Pütter, Düsseldorf), **Herstellung unsymmetrischer Imidokohlensäure-bis-ester** der allg. Formel R–O–C[=NH]–O–R' (**II**) (R = aromat. oder heterocycl. Rest, der als weitere Reste –O–C[=NH]–O–R' enthalten kann; R' = aliphat. araliphat. oder cycloaliphat. Rest, der als weitere Reste –O–C[=N]–O–R enthalten kann), erfolgt durch Rk. eines Cyansäureesters (**I**) mit einer Hydroxylverb. in Ggw. einer Base, dad. gek., daß man **I** der allg. Formel R–$[O–C\equiv N]_n$ (n = 1, 2 oder 3) mit Alkoholen der allg. Formel R'$[OH]_m$ (m = 1 oder 2) oder den entsprechenden Alkoholaten bei 0—100° ggf. in Ggw. eines fl. Mediums u. einer Base, z. B. NaOH oder $[C_2H_5]_3N$, als Katalysator umsetzt. Man tropft 50 (g) (2.4-Dimethylphenyl = *A*) *A*-Cyanat bei 0° zu einer Lsg. von 0,1 Na in 13 CH_3OH, rührt 1 Std. u. dest. im Vakuum → 38 *O-[A]-O'-methyl-B*, $Kp._{0,2}$ 66—68° (*B* = Imidokohlensäure-bis-ester). — Analog: *O-[A]-O'-n Propyl-B*, $Kp._{0,2}$ 91—93°. — *O-[A]-O'-[Propyl-2]-B*, $Kp._{0,2}$ 86—88°. — *O-[A]-O'-Benzyl-B*, $Kp._{0,2}$ 137—138°. — *O-[A]-O'-[4-Nitrobenzyl]-B*, F. 100°. — *O-[3-Chlorphenyl]-O'-[4-nitrobenzyl]-B*, F. 104°. — *O_2N–C_6H_4–CH_2–O–C[=NH]–O–C_6H_4–O–C[=NH]–O–CH_2–C_6H_4–NO_2*, F. 158°. — R–O–C[=NH]–O–CH_2–C_6H_4–NO_2 (R = Chinolinrest), F. 154—155°. — Zwischenprod. zur Herst. von Pharmazeutika. (**D.A.S. 1233853** Kl. 12o vom 23/11. 1963, ausg. 9/2. 1967. **Zusatz zu D.A.S. 1178421; C. 1966, 9-2558.**) — 4 S. C. Lüttgen 4846

1850 A/B Hässle, Apotekare Paul Nordströms Fabriker, Göteborg (Erfinder: Hans Rudolf Conrodi, Mölndal, und Per Arvid Emil Carlsson, Göteborg), Schweden, **Herstellung von Phenyläthanolaminen** durch Rk. von α-Halogenaceto- oder -propiophenonen mit Isopropylamin u. Red. der Carbonylgruppe. — Beispiel: Durch Rk. von 4'-Methyl-α-bromacetophenon mit Isopropylamin → *4'-Methyl-α-isorpopylaminoacetophenon, Hydrochlorid*, F. 160° (Zers.). Durch Red. dieser Verb. mit $NaBH_4$ → *1-[4'-Methylphenyl]-2-isopropylamino-äthanol-[1], Hydrochlorid*, F. 132—134°. Analog folgende Verb.: *3'.4'-Dimethyl-α-isopropylaminoacetophenon, Hydrochlorid*, F. 193—195°, → *1-[3'.4'-Dimethylphenyl]-isopropylaminoäthanol-[1], Hydrochlorid*, F. 158 bis 159°; *4'-Äthyl-α-isopropylaminoacetophenon*, F. 163 bis 165°, → *1-[4'-Äthylphenyl]-2-isopropylaminoäthanol-[1], Hydrochlorid*, F. 94°; *3'.4'-Diäthyl-α-isopropylaminoacetophenon, Hydrochlorid*, F. 199° (Zers.), → *1-[3'.4'-Diäthylphenyl]-2-isopropylaminoäthanol-[1], Hydrochlorid*, F. 132—134°; *4'-Isopropyl-α-isopropylaminoacetophenon, Hydrochlorid*, F. 182°, → *1-[4'-Isopropylphenyl]-2-isopropylaminoäthanol-[1], Hydrochlorid*, F. 122°; *4'-Propyl-α-isopropylaminoacetophenon, Hydrochlorid*, F. 178 bis 180°, → *1-[4'-Propylphenyl]-2-isopropylaminoäthanol-[1], Hydrochlorid*, F. 143—145°; *4'-Methyl-α-isopropylaminopropiophenon, Hydrochlorid*, F. 231—232° (Zers.), → *1-[4'-Methylphenyl]-2-isopropylaminopropanol-[1], Hydrochlorid*, F. 202—204°; *3'.4'-Dimethyl-α-isopropylaminopropiophenon, Hydrochlorid*, F. 247—248°, → *1-[3'.4'-Dimethylphenyl]-2-isopropylaminopropanol-[1], Hydrochlorid*, F. 214°; *4'-Äthyl-α-isopropylaminopropiophenon, Hydrochlorid*, F. 231—232° (Zers.), → *1-[4'-Äthylphenyl]-2-isopropylaminopropanol-[1], Hydrochlorid*, F. 199—200°. — *Mittel gegen Herzrhythmusstörungen*. (**D.A.S. 1249881** Kl. 12q vom 24/9. 1963, ausg. 14/9. 1967. Schwed. Prior. 18/10. 1962 u. 4/6. 1963.) — 4 S. R. Bauereis 4846

1851 John Wyeth & Brother Ltd., Maidenhead, Berkshire, Großbritannien (Erfinder: Leonard Robert Crook, Alexander Bertus Arnold Jansen, Kennerh Eric Vincent Spencer und David Harris Watson), **Substituierte Aminocarbonsäurederivate** der allg. Formel, worin R^1 u. R^2 für die zur Bldg. eines 5- oder

I 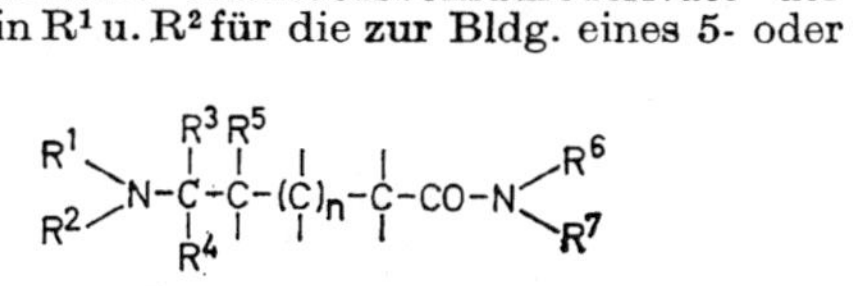

6gliedrigen Ringes erforderlichen Atome; R^3, R^4, R^5 für H, Alkyl, oder Aryl mit ≦ 10 C; n für 0 oder 1; R^6 für Alkyl, Alkenyl, Dialkylaminoalkyl, Aryl oder Aminocarbonyl; R^7 für H, Alkyl, Alkenyl, oder Dialkylaminoalkyl; oder R^6 u. R^7 für die zur Bldg. eines Morpholin- oder Piperidinringes erforderlichen C-Atome stehen, erhält man wie folgt: Durch Rk. von Tetrachlorphthalsäureanhydrid mit γ-Aminobuttersäure → *Tetrachlorphthalimidobuttersäure*, F. 273—275°, über das *Säurechlorid*, F. 160°, mit A. → *Tetrachlorphthalimidobuttersäureäthylester*, F. 125,5°. Analog: (Phthalimidobuttersäure = **I**, Phthalimidovaleriansäure = **II**, Phthalimido = **III**). *4-Phenyl-4-I*, F. 167°, *-äthylester*, F. 71°; *3.6-Dimethoxy-4-I-äthylester*, F. 90 bis 91°; *4-[Phthalylglycyl]-aminobuttersäure*, F. 217,5 bis 220,5°, *-äthylester*, F. 184—185°; *4-Homo-I*, F. 128,5 bis 130°, *-äthylester*, F. 61,5—62,5°; *4-[3.6-Diphenyl-I]*, F. 186,5—188°, *-äthylester*, F. 130—131°; *4-[3.5-Dimethyl-I]*, F. 195—196,5°, *-äthylester*, F. 57—58°; *4-[4-Nitro-I]-äthylester*, F. 67—69°; *4-[4-Amino-I]-äthylester*, F. 73 bis 74°; *4-[3-Nitro-I]*, F. 134—134,5°, *-äthylester*, F. 51—52°; *4-II*, F. 156—158°, *-äthylester*, F. 50°; *4-[3.6-Dimethoxy-I]-benzylester*, F. 102—103,5°, *-isopropylester*, F. 104 bis 105°, *-propylester*, F. 125—126°; *4-[4.4-Diäthylhomo-I]-äthylester*, $Kp._{0,3}$ 154—155°; *4-[3-Acetylamino-I]-äthylester*, F. 54—55°; *4-I-benzylester*, $Kp._{0,0132}$ 198°, F. 57 bis 58°; *4-[3.6-Dimethoxy-I]-p-nitrobenzylester*, F. 140—141°; *-p-chlorbenzylester*, F. 127—128°; *1.3-Di-[3-cyanopropyl]-benzoylenharnstoff*, F. 120—122°, → *3-[3-Cyanopropyl]-benzoylenharnstoff*, F. 181—182°, → *3-[3-Carbäthoxypropyl]-benzoylenharnstoff*, F. 134—134,5°; *4-[3.6-Dimethoxy-I]-methylester*, F. 106—108°, *-allylester*, F. 89,5 bis 90,5°; *N.N-Diäthyl-4-I-amid*, F. 81—82°; *N.N-Diäthyl-4-tetrachlor-I-amid*, F. 107°; *4-Tetrachlor-I-anilid*, F. 248—249°; *4-[4-Nitro-I]-*, F. 166—167°, → *N.N-Diäthyl-4-[4-nitro-I]-amid*, F. 78—79°; *N.N-Diäthyl-4-[4-amino-I]-amid*, F. 139,5—141,5°; *4-[3-Nitro-I]*, F. 134—134,5°, → *N.N-Diäthyl-4-[3-nitro-I]-amid*, F. 74—75°, → *N.N-Diäthyl-4-[3-amino-I]-amid*, F. 96—98°; *N.N-Diäthyl-4-phenyl-4-I-amid*, F. 102°; *N.N-Dimethyl-4-phenyl-4-I-amid*, F. 128—129°; *4-Nitrovaleriansäuremethylester*, $Kp._{0,5}$ 74—76°, → *4-II*, F. 156—158°, $[\alpha]_D$ +20,2°, *-dimethylamid*, $[\alpha]_D$ +15,8°, *-chlorid*, F. 72,5—74,5°, → *N.N-Dimethyl-4-II-amid*, F. 86—87°, $[\alpha]_D$ +15,8°; *N.N-Diäthyl-4-II-amid*, F. 65—66°; *N-[4-III-valeryl]-morpholin*, F. 110°; *N-[4-III-valeryl]-piperidin*, F. 68—70°; *N.N-Diäthyl-4-*

[*3.6-diäthoxy*-**I**]*-amid*, F. 92,5—93,5°; *N.N-Diisopropyl-4-*[*3.6-diäthoxy*-**I**]*-amid*, F. 104—105°; *N.N-Diisopropyl-4-*[*3.6-dibenzyloxy*-**I**]*-amid*, F. 138°; *N.N-Diäthyl-4-*[*3.4-dimethoxy*-**I**]*-amid*, F. 93—94°; *N.N-Diisopropyl-4-*[*3.4-dimethoxy*-**I**]*-amid*, F. 102—103,5°; *N.N-Diisopropyl-4-*[*3.6-dimethoxy-4-methyl*-**I**]*-amid*, F. 129—130°; *N.N-Dimethyl-4-*[*3.6-dimethoxy*-**I**]*-amid*, F. 169—170°; *N.N-Diäthyl-4-*[*3.6-dimethoxy*-**I**]*-amid*, F. 174—175°; *N.N-Di-n-propyl-4-*[*3.6-dimethoxy*-**I**]*-amid*, F. 93—94°; *N.N-Diisopropyl-4-*[*3.6-dimethoxy*-**I**]*-amid*, F. 128—129°; *N-Allyl-4-*[*3.6-dimethoxy*-**I**]*-amid*, F. 169—170°; *N-Isobutyl-4-*[*3.6-dimethoxy*-**I**]*-amid*, F. 170°; *N-*[*β-Dimethylaminoäthyl*]*-4-*[*3.6-dimethoxy*-**I**]*-amid*, F. 136—137°; *4-*[*3.6-Dimethoxy*-**I**]*-anilid*, F. 181—182°; *4-*[*3.6-Dimethoxy*-**I**]*-piperidid*, F. 151—152°; *N.N-Diallyl-4-*[*3.6-dimethoxy*-**I**]*-amid*, F. 110—111°; *N.N-Diäthyl-4-*[*5.6-dimethoxy-3-nitro*-**I**]*-amid*, F. 115,5—116°; *N.N-Diäthylamino-4-*[*3.4.6-trimethoxy*-**I**]*-amid*, F. 138—139°; *N-Diisopropyl-4-*[*3.4-dimethoxy-6-acetylamino*-**I**]*-amid*, F. 159°; *N.N-Diisopropyl-tetrachlor-4-***I***-amid*, F. 171—172°; *N.N-Diisopropyl-4-***I***-amid*, F. 81—82,5°; *N-n-Propyl-4-*[*3.6-dimethoxy*-**I**]*-amid*, F. 189—190°; *4-*[*3.6-Dimethoxy*-**I**]*-ureid*, F. 234°; *4-*[*3.4.6-Trimethoxy*-**I**]*-ureid*, F. 212—213°; *N.N-Diäthyl-4-*[*3-acetylamino*-**I**]*-amid*, F. 86—87,5°; *N.N-Dimethyl-4-***I***-amid*, F. 86°; *4-***I***-Piperidid*, F. 59 bis 60°; *4-***I***-Morpholid*, $Kp._{2,0}$ 255—260°, F. 99,5—100,5°; *N.N-Diallyl-4-***I***-amid*, $Kp._{0,4}$ 204°; *N.N-Diallyl-4-*[*3.6-dimethyl*-**I**]*-amid*, F. 63—64,5°; *N.N-Diäthyl-4-*[*3.6-dimethyl*-**I**]*-amid*, F. 98°; *4-*[*3.6-Dimethyl*-**I**]*-piperidid*, F. 100,5°; *4-*[*3.6-Dinitro*-**I**], F. 141—142°, → *N.N-Diäthyl-4-*[*3-diäthylamino-6-nitro*-**I**]*-amid*, F. 72—74,5°; *N.N-Dimethyl-4-chinolinimido-butyramid*, F. 124—125°; *4-*[*Δ⁴-Tetrahydro*-**I**], F. 99—102°, *N.N-Dimethyl-4-*[*Δ⁴-tetrahydro*-**I**]*-amid*, $Kp._{0,4}$ 192°; *N.N-Diäthyl-cis-4-*[*Δ⁴-tetrahydro*-**I**]*-amid*, $Kp._{3,03-3,05}$ 170—190°; *N-*[*4-Phenyl-4-***I**]*-piperidid*, F. 124,5—125,5°; *N-*[*4-Phenyl-4-***I**]*-morpholid*, F. 151—152°; *N.N-Dimethyl-5-***II***-amid*, F. 72—72,5°; *N-5-***II***-morpholid*, F. 88—89°; *2-*[*1′-Dimethylaminocarbonylbut-3′-yl*]*-1.1-dioxo-4.5-benzisothiazolin-3-on*, F. 106,5—107°; *N.N-Dimethyl-4-***III***-pent-2-enamid*, F. 79,5 bis 80°; *5-Äthyl-2-pyrrolidon*, $Kp._{60-100}$ 160—200°, → *4-Phthalimidohexansäure*, F. 104—105°, → *N.N-Dimethyl-4-phthalimidohexanamid*, $Kp._{0,07}$ 220—240°; *2-*[*1′-Aminocarbonyl-prop-3′-yl*]*-1.1-dioxo-4.5-benzisothiazolin-3-on*, F. 151—153°, → *2-*[*1′-Carboxy-prop-3′-yl*]*-1.1-dioxo-4.5-benzisothiazolin-3-on*, F. 106—108°, → *2-*[*1′-Dimethylaminocarbonylprop-3′-yl*]*-1.1-dioxo-4.5-benzisothiazolin-3-on*, F. 84—85°; *1.4-Methano-1.2.3.4-tetrahydronaphthalin-2.3-dicarbonsäure*, F. 242—244°; *N.N-Dimethyl-4-chlorbutyramid*, $Kp._{15}$ 110°; *1.3-Dioxo-2-*[*3′-dimethylaminocarbonylprop-1′-yl*]*-4.9-methano-3a.4.9.9a-tetrahydrobenz-*[*f*]*-isoindolin*, F. 118—119°; *1.3-Dioxo-2-*[*1′-carboxybut-3′-yl*]*-4.9-methano-3a.4.9.9a-tetrahydrobenz-*[*f*]*-isoindolin*, F. 142,5—143°, → *1.3-Dioxo-2-*[*1′-dimethylaminocarbonylbut-3′-yl*]*-4.9-methano-3a.4.9.9a-tetrahydrobenz-*[*f*]*-isoindolin*, F. 153—153,5°; *4-Phthalimidinovaleriansäure*-, F. 109—109,5°, → *N.N-Dimethyl-4-phthalimidinovaleriansäureamid*, F. 81,5—82,5°; *N-tert.-Butyl-4-***II***-amid*, F. 106—108°; *4-Methyl-2-pyrrolidon*, $Kp._{1}$ 89—92°, → *3-Methyl-4-***I**, F. 141—142°, → *N.N.3-Trimethyl-4-***I***-amid*, F. 82—83°; *Diäthyl-4-methyl-4-nitrovaleramid*, $Kp._{2}$ 144—150°, → *Diäthyl-4-methyl-4-aminovaleramid*, $Kp._{0,8}$ 100—102°, → *N.N-Diäthyl-4-methyl-4-***II***-amid*, $Kp._{0,015}$ 180—190°; *Dimethyl-4-methyl-4-nitrovaleramid*, $Kp._{0,5}$ 108°, → *N.N-Dimethyl-4-methyl-4-***II***-amid*, $Kp._{0,001}$ 160—190°; *2-*[*1′-Carboxyprop-1′-en-3′-yl*]*-1.1-dioxo-4.5-benzisothiazolin-3-on*, F. 191—193°, → *2-*[*1′-Dimethylaminocarbonylprop-1′-en-3′-yl*]*-1.1-dioxo-4.5-benzisothiazolin-3-on*, F. 164—165°; *4-Brompent-2-ensäure*, F. 78 bis 80°, → *2-*[*1′-Carboxybut-1′-en-3′-yl*]*-1.1-dioxo-4.5-benzisothiazolin-3-on*, F. 162—164°, → *2-*[*1′-Dimethylaminocarbonylbut-1′-en-3′-yl*]*-1.1-dioxo-4.5-benzisothiazolin-3-on*, F. 140—140,5°; *2-*[*1′-N-Methyl-N-phenylaminocarbonylbut-1′-en-3′-yl*]*-1.1-dioxo-benzisothiazolin-3-on*, F. 104 bis 105°; *2-*[*1′-Äthylaminocarbonylbut-1′-en-3′-yl*]*-dioxo-4.5-benzisothiazolin-3-on*, F. 106—107°; *4-Bromhex-2-ensäure*, $Kp._{0,4}$ 94—98°, → *2-*[*1′-Carboxypent-1′-en-3′-yl*]*-1.1-dioxo-4.5-benzisothiazolin-3-on*, F. 150—152°, → *2-*[*1′-Dimethylaminocarbonylpent-1′-en-3′-yl*]*-1.1-dioxo-4.5-benzisothiazolin-3-on*, F. 142,5—143°; *2-*[*1′-Carboxypent-3′-yl*]*-1.1-dioxo-4.5-benzisothiazolin-3-on*, F. 85—89°, → *2-*[*1′-tert.-Butylaminocarbonylpent-3′-yl*]*-1.1-dioxo-4.5-benzisothiazolin-3-on*, F. 141—142°; *2-*[*1′-Äthylaminocarbonylpent-3′-yl*]*-1.1-dioxo-4.5-benzisothiazolin-3-on*, *2-*[*1′-Dimethylaminocarbonylpent-3′-yl*]*-1.1-dioxo-4.5-benzisothiazolin-3-on*, $Kp._{0,1}$ 195—205°; *4-Brom-3-methylbut-2-ensäure*, $Kp._{0,8}$ 98—102°, → *2-*[*1′-Carboxy-2′-methylprop-1′-en-3′-yl*]*-1.1-dioxo-4.5-benzisothiazolin-3-on*, F. 182—184°, → *2-*[*1′-Dimethylaminocarbonyl-2′-methylprop-1′-en-3′-yl*]*-1.1-dioxo-4.5-benzisothiazolin-3-on*, F. 135 bis 136,5°; *N.N-Dimethyl-4-chlorvaleramid*, $Kp._{30}$ 45 bis 81°, → *N.N-Dimethyl-4-***II***-amid*, F. 85°; *3-Amino-3-methylbuttersäure*, F. 218—221°, → *3-Methyl-3-***I**, F. 116 bis 118°, *-chlorid*, F. 78—79,5°, → *4-Methyl-4-***II**, F. 134,5 bis 136°; *2-*[*1′-Dimethylaminocarbonylbut-2′-en-3′-yl*]*-1.1-dioxo-4.5-benzisothiazolin-3-on*, F. 119—120°; *N-Methyl-4-***II***-amid*, F. 105—106°; *2-*[*1′-Propylaminocarbonyl-but-1′-en-3′-yl*]*-1.1-dioxo-4.5-benzisothiazolin-3-on*, F. 109 bis 110°; *2-*[*1′-Diäthylaminocarbonyl-but-1′-en-3′-yl*]*-1.1-dioxo-4.5-benzisothiazolin-3-on*, F. 101—102°; *4-***I**, F. 117 bis 118°; *4-***II**, F. 156—158°; *5-***II**, F. 116—118°; *4-Phenyl-4-***I**, F. 167°; *4-*[*3-Amino*-**I**], F. 164—166°; *4-*[*3.6-Dinitro*-**I**], F. 141—142°, *-amid*, F. 213—214°; *4-***I***-amid*, F. 160—164°; *4-*[*3-Amino*-**I**]*-nitril*, F. 91—93,5°, → *-amid*, F. 195—196°; *4-*[*Tetrachlor*-**I**]*-nitril*, F. 192—194°, → *-amid*, F. 248—249°; *4-Trifluoracetamidobutyramid*, F. 108—110°; *γ-1′.8′-Naphthalimido-butyronitril*, F. 115°, → *4-*[*1′.8′-Naphthalimido*]*-butyramid*, F. 233—236°; *4-*[*3.6-Dichlor*-**I**]*-nitril*, F. 143—144°, → *-amid*, F. 200 bis 202°; *γ-Chlorbutyronitril*, F. 167—169°, → *3.6-Dimethoxy-***I***-amid*, F. 208—210°; *4-Phthalylglycylaminobutyramid*, F. 237,5—238,5°; *4-*[*3.6-Diphenyl*-**I**], F. 186,5—188°, → *-amid*, F. 205,5—207°; *4-*[*3.6-Dimethyl*-**I**], F. 195 bis 196,5°, → *-amid*, F. 175,5—176°; *4-***II***-chlorid*, F. 72,5 bis 74,5°, → *-amid*, F. 111—112°; *3.6-Diäthoxyphthalonitril*, F. 197—200°, → *3.6-Diäthoxyphthalsäureanhydrid*, F. 202—203°, → *4-*[*3.6-Diäthoxy*-**I**]*-amid*, F. 179—180°; *4-*[*4.4-Diäthylhomo*-**I**]*-amid*, F. 98—99°; *4-Phenyl-4-***I***-amid*, F. 235° (Zers.) u. 63—164°; *4-***I***-chlorid*, F. 65—68°, → *-äthylester*, F. 71—72°, *3-*[*3-Cyanopropyl*]*-3.4-dihydro-4-chinazolon*, F. 85—86,5°, → *3-*[*3-Carbäthoxypropyl*]*-3.4-dihydro-4-chinazolon*, *Hydrochlorid*, F. 199—203°. — *Hypnotika, Sedativa, Muskelrelaxantien, Antikonvulsiva.* (**Brit.P. 1036694** vom 3/3. 1964, ausg. 20/7. 1966.) — 37 S. R. Bauereis 4846

1852 Benger Laboratories Ltd., Holmes Chapel, Cheshire, Großbritannien (Erfinder: Gwynn Pennant Ellis und John King), **Cyclopentancarbonsäurederivate** der Formel **I** [X u. Y = O, =NH; R^1 — R^8 = H, CH_3,

I 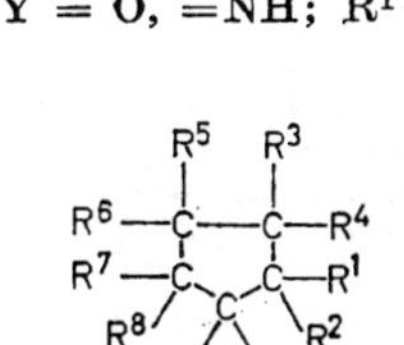

C_2H_5; A = (durch Halogen, Aryl, Aralkyl, Aminoaryl substituiertes) Alkyl mit 1—8 C-Atomen, oder (substituiertes) heterocycl. Aminoalkyl; A′ = H, (durch Halogen, Aralkyl, Dialkylaminoalkyl substituiertes) Alkyl mit 1—8 C-Atomen, (substituiertes) heterocycl. Aminoalkyl, substituiertes Aminoalkoxyalkyl der Formel $B_2N(CH_2)_mO(CH_2)_n$, wobei B = Alkyl mit 1—4 C-Atomen; B_2N = heterocycl. Rest; m u. n = 1—4) erhält man wie folgt: a) X u. Y = O; man verestert eine entsprechende, eine OH- u. eine –COOH-Gruppe enthaltende Verb.; b) X = O u. Y = NH: man verestert in einer eine OH- u. eine –COOH-Gruppe enthaltenden Verb. die OH-Gruppe u. bildet das Carbonsäureamid; c) X = NH u. Y = O: man acyliert in einer eine NH_2- u. eine –COOH-Gruppe enthaltenden Verb. die Aminogruppe u. verestert ggf. die COOH-Gruppe; d) X = NH u. Y = NH: man acyliert in einer eine NH_2- u. eine –COOH-Gruppen enthaltenden Verb. die NH_2-Gruppe u. bildet das Amid der Carbonsäure. — 1-Hydroxycyclopentancarbonsäure wird mit n-Pentanol in Bzl. in Ggw.

von H_2SO_4 erhitzt, bis alles W. abdest. ist → *1-[n-Pentoxycarbonyl]-cyclopentanol*, Kp.$_{13}$ 123—126°; daraus mit α-Chlorpropionylchlorid in $CHCl_3$ in Ggw. von Py. unter Rückfluß → *1-[n-Pentoxycarbonyl]-cyclopentyl-α-chlorpropionat*, Kp.$_{0,25}$ 110—115°; dieses setzt man mit N-[2-Hydroxyäthyl]-piperazin in Bzl. in der Hitze um → *1-[n-Pentoxycarbonyl]-cyclopentyl-α-N-[2'-hydroxyäthyl]-piperazinopropionat, Dihydrochlorid*, F. 178—180°; ferner: *1-Äthoxycarbonylcyclopentyl-α-chlorpropionat*, Kp.$_{14}$ 138 bis 142° → *1-Äthoxycyclopentyl-α-piperidinopropionat, Hydrochlorid*, F. 159—161°, *Jodmethylat*, F. 151—153°; *1-[p-Nitrobenzoylamino]-cyclopentancarboxylat*, F. 126 bis 127° → *Äthyl-1-[p-aminobenzoylamino]-cyclopentancarboxylat, Hydrochlorid*, F. 190—192° (Zers.); *1-[3'-Brompropoxycarbonyl]-cyclopentanol*, Kp.$_{15}$ 155—165° → *1-[3'-Brompropoxycarbonyl]-cyclopentyl-chloracetat*, Kp.$_{0,3}$ 140 bis 160° → *1-[3'-N-1''.2''.3''.6''-Tetrahydropyridyl-propoxycarbonyl]-cyclopentyl-N-1'''.2'''.3'''.6'''-tetrahydropyridylacetat, Dihydrochloridmonohydrat*, F. 221—222°, *Bisjodmethylat*, F. 204—205°. — *Pharmazeutika.* (**Brit.P. 1047135** vom 5/7. 1962, ausg. 2/11. 1966.) — 7 S. H. Roos 4846

1853 Kemicka Institutionen, Karlinska Institutet; Sune Bergstrøm und Jan Sjøvall, Stockholm, Schweden, **Therapeutisch wirksame Verbindungen** der Formel I (X u. Z = $-CH_2CH_2-$, Y = $-CH_2CH_2-$ oder $-CH{=}CH-$; oder X u. Y = $-CH{=}CH-$ u. Z = $-CH_2CH_2-$ oder $-CH{=}CH-$; R = H oder KW-Stoff-

I 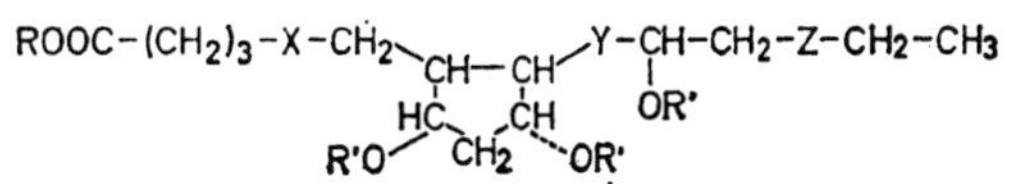

rest mit ≦ 13 C-Atomen; R' = H oder Alkanoyl mit 1—8 C-Atomen) erhält man aus Prostata-Gewebe. Gefrierschnitte werden gemahlen, das Trockenpulver in W. suspendiert, dann A. zugegeben; dann läßt man über Nacht absitzen. Die dekantierte Fl. wird mit Ae. extrahiert, der Extrakt nach Reinigung im Vakuum eingedampft, der Rückstand einer Gegenstromverteilung zwischen Ae. u. einem Phosphatpuffer unterworfen u. die nach Eindampfen der Fl. erhaltenen Rückstände durch Chromatographie getrennt. Es werden folgende 7-[3α.5β-Dihydroxy-2-(3-hydroxy-Verb. erhalten: *-1-octenyl)-cyclopentyl]-heptansäure* u. *Methylester*; *-1-octanyl-cyclopentyl-5-heptensäure* u. *Methylester*; *-1.5-octadienyl-cyclopentyl-5-heptensäure* u. *Methylester*; *-octylcyclopentyl-heptansäure* u. *Methylester*. Durch Red. dieser Verb., z. B. mit $LiAlH_4$, erhält man die entsprechenden *-heptan-1-ole* bzw. *-hepten-1-ole*, aus denen z. B. die *Tetraacetate* hergestellt werden können. — *Stimulierende Wrkg.* auf das *glatte Muskelgewebe, Erniedrigung des Blutdrucks.* (**Brit.PP. 1040544** u. **1040545** vom 29/3. 1962, ausg. 21/9. 1966.) — 18 S. — 5 S. H. Roos 4846

1854 Laboratoires U. P. S. A., Gennevilliers, Seine (Erfinder: Charles Hoffmann, Enghien-les-Bains, Seine-et-Oise), Frankreich, **Herstellung von Benzilsäure-[2-dimethylamino-2-methyl]-propylester, Hydrochlorid**, F. 182°, durch Erhitzen von Benzilsäure mit 2-Dimethylamino-2-methyl-1-chlorpropan für 2—10 Std. unter Rückfluß in Isopropanol. — *Anticholinergika.* (**D.A.S. 1251333** Kl. 12q vom 17/12. 1964, ausg. 5/10. 1967. F. Prior. 18/12. 1963.) — 1 S. R. Bauereis 4846

1855 Heinrich Thies und Helmut Schönenberger, München, **Herstellung von Alkoxybenzhydrylalkylaminen** durch Einw. von Phenyl-Li auf Alkoxybenzylidenalkylamine, Hydrolyse der Rk.-Prod. u. ggf. Überführung der erhaltenen freien Basen in die Säureadditionssalze. — Beispiel: Durch Einw. von Phenyl-Li auf 4-Methoxybenzylidenpropylamin erhält man das *N-Propyl-4-methoxybenzhydrylamin*, Kp.$_{12}$ 199—202°, mit 82,6% (Ausb.), *Hydrochlorid*, F. 164—165°. Analog wurden folgende Benzhydrylamine, Hydrochloride (**I**) erhalten: *N-Propyl-2-methoxy-***I**, F. 193—195°, 61%; *N-Methyl-2-äthoxy-***I**, F. 207—210°, 52%; *N-Propyl-2-äthoxy-***I**, F. 195 bis 197°, 51,3%; *N-Methyl-2-propoxy-***I**, F. 157—158°, 76%; *N-Methyl-2-butoxy-***I**, F. 153—154°, 72%; *N-Propyl-2-butoxy-***I**, F. 123—125°, 77%; *N-Methyl-3-methoxy-***I**, F. 223°, 72,3%; *N-Propyl-3-methoxy-***I**, F. 193°, 75,6%; *N-Methyl-3-äthoxy-***I**, F. 232°, 72,3%; *N-Propyl-3-äthoxy-***I**, F. 200°, 80,7%; *N-Methyl-3-propoxy-***I**, F. 153°, 78%; *N-Propyl-3-propoxy-***I**, F. 175°, 80,2%; *N-Butyl-3-propoxy-***I**, F. 160°, 74,1%; *N-Methyl-2-butoxy-***I**, F. 94—95°, 74%; *N-Propyl-3-butoxy-***I**, F. 170 bis 172°, 77,1%; *N-Äthyl-3-äthoxy-***I**, F. 165°, 78,4%; *N-Butyl-3-äthoxy-***I**, F. 176—177°, 80,6%; *N-Äthyl-3-butoxy-***I**, F. 108°, 75,6%; *N-Butyl-3-butoxy-***I**, F. 152°, 77,9%; *N-Methyl-4-methoxy-***I**, F. 175°, 81,2%; *N-Äthyl-4-methoxy-***I**, F. 104—105°, 81%. — *Lokalanästhetika.* (**D.A.S. 1252700** Kl. 12q vom 27/10. 1961, ausg. 26/10. 1967.) — 2 S. R. Bauereis 4846

1856 Merck & Co., Inc., Rahway, N.J., USA, **Substituierte Indane und Indene** der allg. Formel I [R^1 =

I 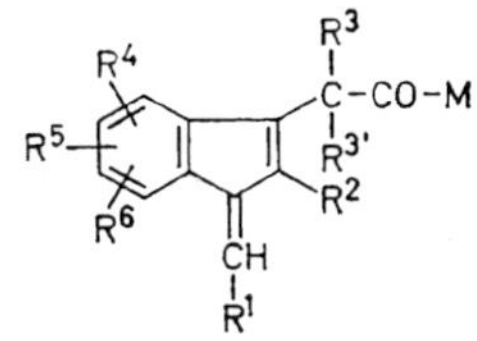

(substituiertes) Aryl, Heteroaryl, R^2 = H, Halogen, Alkyl, Aralkyl, Aryl, Heteroaryl, OH, Alkoxy, Halogenalkyl, NO_2, NH_2, Dialkylamino, Alkylthio, Arylthio, R^3 = H, F, Alkyl, Halogenalkyl, NH_2, Acylamino, N-Morpholino, Dialkylamino, Alkenyl, Aralkylthio, OH, Alkoxy oder mit $R^{3'}$ zusammen Methylen oder Cyclopropyl, R^4, R^5 u. R^6 = H, Halogen, Alkyl, Alkoxy, NO_2, NH_2, Acylamino, Alkylamino, Dialkylamino, Dialkylaminoalkyl, Sulfamoyl, Alkylthio, Mercapto, Alkylsulfonyl, Arylsulfonyl, CN, COOH, Carbalkoxy, Carbamido, Aryl, Halogenalkyl, Alkenoxy, Aralkoxy, Alkenyl, Aryloxy, Cycloalkyl, Cycloalkoxy, M = OH, Phenoxy, (substituiertes) Alkoxy, NH_2, Alkylamino, Dialkylamino, N-Morpholino, Piperidino, (substituiertes) Piperazino, Pyrrolidino, Hydroxyalkylamino, Carboxymethylamino, Polyhydroxyalkylamino, Dialkylaminoalkylamino, Aminoalkylamino] erhält man aus β-Arylpropionsäuren durch Ringschluß, wobei ein Indanonderiv. entsteht, dieses wird mit einem α-Halogencarbonsäureester in Reformatsky-Rk. in ein 3-Hydroxy-3-aliphat. Säurederiv. umgesetzt, das zum entsprechenden Indenderiv. dehydriert, durch Rk. mit einem Aldehyd oder Keton in Ggw. eines stark bas. Katalysators, wie K-tert.-Butylat, NaOH, KOH, $NaNH_2$ wird der 1-Substituent eingeführt; die β-Arylpropionsäure erhält man aus dem entsprechenden Benzaldehyd durch Claisen-Rk. mit einem substituierten Essigester u. anschließende Hydrierung u. Hydrolyse. — Aus 2-Brompropionsäureäthylester durch Rk. mit p-Anisaldehyd u. Zn-Staub in Bzl. u. Ae. → *2-Hydroxy-2-(p-methoxyphenyl)-1-propionsäuremethylester*, Kp.$_{1,5}$ 165—170°, daraus → *6-Methoxy-2-methylindanon*, dann mit Bromessigsäureäthylester u. Zn-Amalgam → *5-Methoxy-2-methyl-3-indenylessigsäureäthylester*, gelbes Öl. Durch Rk. mit p-Chlorbenzaldehyd in Ggw. von K-tert.-Butylat in Dimethoxyäthan → *1-(p-Chlorbenzylidenyl)-5-methoxy-5-methyl-3-indenylessigsäure*, F. 167—168°; ferner beschrieben die Herst. von *1-Benzyliden-5-methoxy-2-methyl-3-indenylessigsäure*, F. 162—163,5°, *1-(p-Methylbenzyliden)-5-methoxy-2-methyl-3-indenylessigsäure*, F. 174—176°, *1-(p-Chlorbenzyliden)-5-hydroxy-2-methyl-3-indenylessigsäure*, F. 175,5 bis 176°, *α-[1-p-Chlorbenzyliden-5-methoxy-2-methyl-3-indenyl)-propionsäure*, $C_{20}H_{19}ClO_3$, *α-[1-(p-Methylthiobenzyliden)-2-methyl-5-methoxy-3-indenyl]-propionsäure* (UV-Spektrum), u. weiterer Verb. ohne Angabe von Kennzahlen. — *Entzündungshemmende Mittel.* (**Brit.P. 1038725** vom 5/6. 1963, ausg. 10/8. 1966. U.S. Prior. 6/6. 1962.) — 22 S. R. Bollinger 4846

1857 T. J. Smith & Nephew Ltd., Kingston-upon-Hull, Großbritannien (Erfinder: David John Drain und John Gordon Bernard Howes), **Benzimidazolderivate** der allg. Formel **I** (R^3 u. R^4 = C_{1-4}-Alkyl oder mit dem N-Atom einen Piperidinring bildend; R^5 u. R^6 = Halogen oder C_{1-4}-Alkoxygruppe; m u. n = 0 oder 1)

I 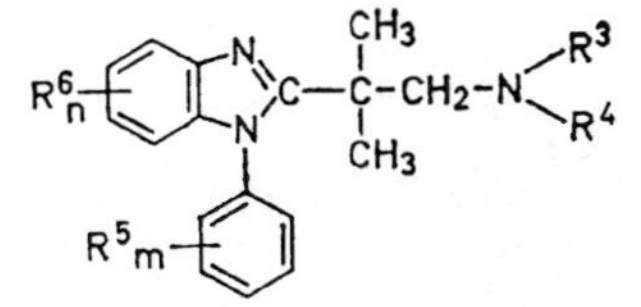

werden hergestellt durch Acylieren von entsprechend substituierten 2-Aminodiphenylaminen mit einer Verb., die die Gruppe R^3R^4N–CH_2–$C(CH_3)_2$–CO– enthält u. Abspalten von W. aus dem Rk.-Prod., bes. durch Erhitzen mit wss. HCl. — Eine Lsg. von 2-Amino-diphenylamin (**III**) in trockenem Pyridin (**II**) tropft man unter N_2 zu einer Lsg. von Dimethylamino-pivaloylchlorid-Hydrochlorid in **II**, erhitzt 2 Std. auf dem Dampfbad, kühlt ab u. gießt in 10%ig. Soda-Lsg. → 2-[Dimethylamino-pivaloylamido]-diphenylamin, F. 104,5—105,5°, das mit 4 n HCl $^1/_2$ Std. gekocht wird → *2-[Dimethylamino-tert.-butyl]-1-phenyl-1H-B* (B = *Benzimidazol*), F. 111,5 bis 112,5°. — Analog: 2-[Dimethylamino-pivaloylamido]-4′-chlordiphenylamin, F. 107—108°, → *2-[Dimethylamino-tert.-butyl]-1-[4-chlorphenyl]-1H-B, Dihydrochlorid* (**IV**), F. 237—238° (aus A.). — 1-Piperidyl-pivaldoxim u. Essigsäureanhydrid → *1-Piperidyl-pivalonitril*, $Kp._{13}$ 102—105°, wird 21 Std. mit HCl gekocht → *1-Piperidyl-pivalinsäure-Hydrochlorid*, F. 208°, mit **III** umgesetzt → *2-[1-Piperidino-pivaloylamido]-diphenylamin*, F. 90°, mit HCl gekocht → *2-[1-Piperidino-tert.-butyl]-1-phenyl-B*, **IV**, F. 214—215°. — Analog: *Diäthylamino-pivalinsäure-Hydrochlorid*, F. 110°, → *2-[Diäthylamino-pivaloylamido]-diphenylamin*, F. 121—122°, → *2-[Diäthylamino-tert.-butyl]-1-phenyl-B*, **IV**, F. 185°; *2-[Dimethylamino-pivaloylamido]-4-nitrodiphenylamin*, F. 152—153°, → *2-[Dimethylamino-tert.-butyl]-5-nitro-1-phenyl-B*, **IV**, F. 225°. — *2-Amino-4-chlor-4′-methoxydiphenylamin*, F. 74—75°, aus 2-Nitro-4-chlor-4′-methoxy-diphenylamin u. $N_2H_4 \cdot H_2O$ in Ggw. von Raney-Ni, → *2-[Dimethylamino-pivaloylamido]-4-chlor-4′-methoxy-diphenylamin*, F. 98—100°, → *2-[Dimethylamino-tert.-butyl]-5-chlor-1-[p-methoxyphenyl]-B*, **IV**, F. 210°; *2-Amino-4-brom-4′-äthoxy-diphenylamin*, F. 82°, → *2-[Dimethylamino-pivaloylamido]-4-brom-4′-äthoxy-diphenylamin*, F. 119°, → *2-[Dimethylamino-tert.-butyl]-5-brom-1-[p-äthoxyphenyl]-B*, **IV**, F. 199 bis 201°. — *Pharmazeutika*. (**Brit.P. 989191** vom 15/2. 1962, ausg. 14/4. 1965.) — 5 S. C. Lüttgen 4846

1858 C. F. Boehringer & Soehne G. m. b. H., Mannheim (Erfinder: Ruth Heerdt, Felix Helmut Schmidt, Kurt Stach, Mannheim, und Rudi Weyer, Frankfurt/M.), **2-[Arylcarbonyl-N-alkylaminoalkyl-benzolsulfonamido]-pyrimidine,** die in 5-Stellung durch R^1, am N der Carbamylgruppe durch R^2 u. an der Arylgruppe durch R^3 substituiert sind, wobei die Alkylengruppe des Aminoalkylbenzolrestes 2—4 C-Atome aufweist, [R^1 = Alkyl- (bis C_4), Cycloalkyl-, Aryl-, Aralkyl-, Alkoxy-, Alkoxyalkyl- oder Alkoxyalkoxyrest; R^2 = niederer Alkylrest; R^3 = H, CH_3-, CH_3O- u./oder Cl] werden nach üblichen Verf. erhalten. — Es werden folgende Pyrimidine hergestellt: [N-Methylaminoäthyl)-benzolsulfonamido = **II**] *2-[4-(β-Benzoyl-**II**]-5-isobutyl-*, F. 170—172° (aus A.). — *2-[4-(β-2-Methoxy-5-chlorbenzoyl-**II**]-5-isobutyl-*, F. 186° (aus Methanol), aus *2-[4-(β-acetyl-**II**]-5-isobutyl-*, F. 193—195°, über *2-[4-(β-**II**]-5-isobutyl-*, F. 213—215°. — *2-[4-(β-2-Methoxy-5-methylbenzoyl-**II**]-5-isobutyl-*, F. 147—149°. — *2-[4-(β-o-Methoxybenzoyl-**II**]-5-isobutyl-*, F. 169—170°. — *2-[4-(β-m-Chlorbenzoyl-**II**]-5-isobutyl-*, F. 174—176°. — *2-[4-(β-2-Methoxy-5-chlorbenzoyl-N-äthylaminoäthyl)-benzolsulfonamido]-5-isobutyl-*, F. 148—150° (aus Isopropanol), aus *2-[4-β-Acetyl-N-äthylamino-äthylbenzolsulfonamido]-5-isobutyl-*, F. 165—168°, über *2-[4-(β-N-Äthylamino-äthyl)-benzolsulfonamido]-5-isobutyl-*, F. 238—240°. — *2-[4-(β-2-Methoxy-5-chlorbenzoyl-**II**]-5-[methoxyäthoxy]-*, F. 71 bis 74°. — *2-[4-(β-2-Methoxy-5-chlorbenzoyl-**II**]-5-methyl-*, F. 173°. — *Antidiabetika*. (**D.A.S. 1254153** Kl. 12p vom 9/10. 1965, ausg. 16/11. 1967.) — 4 S. F. Hirsch 4846

1859 Minnesota Mining and Mfg. Co., St. Paul, Minn., übert. von: William S. Friedlander, Hudson, Wis., und John R. Mattson, Maplewood, Minn., USA, **Schwefelhaltige Barbitursäuren** der allg. Formel **I** [R′ R″ = H, Alkyl, niederes Alkenyl; A = O oder S; X =

I 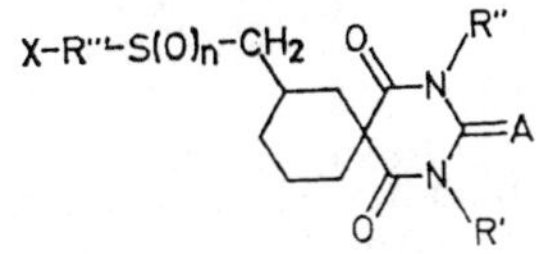

H, HO-, niedere Alkoxy-, Carbalkoxy-, Alkanoyloxy-, Alkylamino-, Dialkylamino-, CN-, NO_2-, NH_2-, CO_2H-Gruppe oder Halogen; R‴ = Alkylenrest $\leqq C_{18}$, der akt. H-Atome, Halogen oder NO_2 vom S durch $\geqq$ 2 C-Atome trennt; n = 0—2] werden erhalten durch Rk. einer entsprechenden 5.5-Diallylbarbitursäure (**II**) mit HS–R‴–X in Ggw. eines Radikalbildners in einem KW. u. ggf. Ox. der erhaltenen **I** (n = 0) mit H_2O_2 in Eisessig. — 2,97 (g) Butylmercaptan (**III**), 7,2 **II** u. 100 ml Bzl. werden unter Rückfluß über einer UV-Lampe erhitzt. Nach 24 Std. werden 2 ml **III** zugesetzt u. weitere 62 Std. erhitzt → *Spiro-[3′-butylmercaptomethyl-cyclohexan-1′.5-(barbitursäure)]*, F. 178—179° (aus A.). — Vorst. Verb. wird ox. zu *Spiro-[3′-butylsulfonylmethyl-cyclohexan-1′.5-(barbitursäure)]*, $C_{14}H_{22}N_2O_5S$, F. ca. 189 bis 190°, bzw. zu *Spiro-[3′-butylsulfinylmethyl-cyclohexan-1′.5-(barbitursäure)]*, $C_{14}H_{22}N_2O_4S$, F. 217—220°. — Ferner werden in 3′-Stellung folgendermaßen substituierte Spiro-[cyclohexan-1′.5-(barbitursäuren)] hergestellt: *Äthylmercaptomethyl-*, $C_{12}H_{18}N_2O_3S$, F. 176 bis 177° (aus A.). — *Äthylsulfonylmethyl-*, $C_{12}H_{18}N_2O_5S$, F. 225—227°. — *Octylmercaptomethyl-*, $C_{18}H_{30}N_2O_3S$, F. 182—183° (aus A.). — *Octylsulfonylmethyl-*, $C_{18}H_{30}N_2 \cdot O_5S$, F. 176—178°. — *β-Hydroxyäthylmercaptomethyl-*, $C_{12}H_{18}N_2O_4S$, F. 108,5—109,5° (aus wss. A.). — *Carbäthoxymethylmercaptomethyl-*, $C_{14}H_{20}N_2O_5S$, F. 130 bis 135° (aus A.). *Hypnotika*. (**U.S.P. 3247204** vom 5/4. 1963, ausg. 19/4. 1966.) — 6 S. F. Hirsch 4846

1860 Minnesota Mining and Mfg., Co., St. Paul, übert. von: John R. Mattson, Maplewood, Minn., USA, **Barbitursäuren** der allg. Formel **I** [R = F,

I 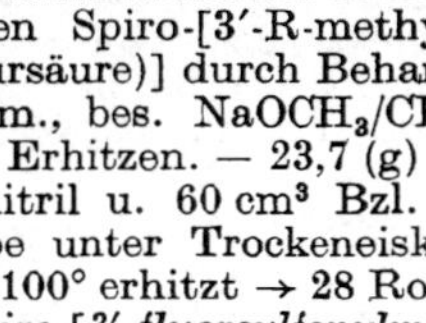

Cl_3C, Perfluoralkyl C_{1-12}; A = O oder S; R^1 u. R^2 = H, niederes Alkyl- oder Alkenyl] werden erhalten durch Rk. der entsprechenden 5.5-Diallylbarbitursäure (**II**) mit ClR in Ggw. eines Radikalbildners u. Dehydrohalogenierung der erhaltenen Spiro-[3′-R-methyl-5-chlor-(cyclohexan)-1′.5-(barbitursäure)] durch Behandlung mit einer Base in einem Lsgm., bes. $NaOCH_3/CH_3OH$; oder bei (R = FSO_2) durch Erhitzen. — 23,7 (g) FSO_2Cl, 20,8 **II**, 1 Azobisisobutyronitril u. 60 cm^3 Bzl. werden in eine 180 cm^3 Stahlbombe unter Trockeneiskühlung gegeben u. dann 16 Std. auf 100° erhitzt → 28 Rohprod., das nach Aufarbeitung *Spiro-[3′-fluorsulfonylmethyl-(cyclohexen-5′)-1′.5-(barbitursäure)]*, $C_{10}H_9FN_2O_5S$, F. 185° (Zers., aus A.), gibt. — Das Zwischenprod. *Spiro-[3′-(α.α-dihydroperfluornonyl)-5′-chlor-(cyclohexan)-1′.5-(barbitursäure)]* schmilzt bei 208—209° (aus A.). — *Hypnotika*. (**U.S.P. 3247205** vom 17/2. 1964, ausg. 19/4. 1966.) — 4 S. F. Hirsch 4846

1861 Minnesota Mining and Mfg. Co., St. Paul, Minn., übert. von: William S. Friedlander, Hudson, Wis., und John R. Mattson, Maplewood, Minn., USA, **Barbitursäuren** der allg. Formel **I** [R^1, R^2 = H, niederes Alkyl oder Alkenyl; R^x = Perhalogenalkylrest C_{1-12},

Cl_3C-, Br_3C-, ClF_2C-, BrF_2C-, JF_2C-, FCl_2C-, $ClBr_2C$-, $BrCl_2C$-, JCl_2C-, ClJ_2C-, ClBrJC-Rest; X^4 = Cl, Br, J mit einer Atomnummer, die mindestens so groß ist,

I 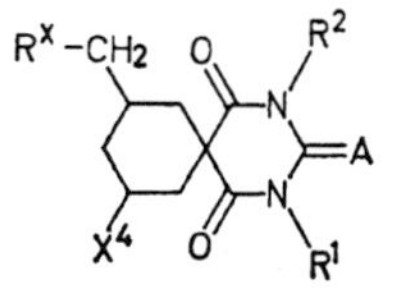

wie die höchste des Halogens von R^x; A = O oder S] werden erhalten durch Rk. von 5.5-Diallylbarbitursäuren mit R^xX^4 in Ggw. eines Radikalbildners. — Zu vorst. Ref. ist nachzutragen: *Spiro-[3'-(β.β.β-trichloräthyl)-5'-brom-(cyclohexan)-1'.5-(barbitursäure)]*, $C_{11}H_{12}BrCl_3N_2O_3$, F. 85—86° (aus Bzl.). — *Spiro-[3'-(β.β.β-tribromäthyl)-5'-brom-(cyclohexan)-1'.5-(barbitursäure)]*, $C_{11}H_{12}Br_4N_2O_3$, F. 105—110° (Zers., aus A u. CCl_4). — *Spiro-[3'-(β-brom-β.β-dichloräthyl)-5'-brom-cyclohexan)-1'.5-(barbitursäure)]*, $C_{11}H_{12}Br_2Cl_2N_2O_3$, F. 101—105° (Zers., aus A.). — *Spiro-[3'-(β-fluor-β.β-dibromäthyl)-5'-brom-(cyclohexan)-1'.5-(barbitursäure)]*, $C_{11}H_{12}Br_3FN_2O_3$, F. 189—196° (Zers., aus A.). — *Spiro-[3'-(β.β.β-trichloräthyl)-5'-brom-(cyclohexan)-1'.5-(2-thiobarbitursäure)]*, $C_{11}H_{12}BrCl_3N_2O_2S$, F. 180—185° (Zers.). — *Spiro-[3'-(β.β.β-trichloräthyl)-5'-brom-(cyclohexan)-1'.5-(1-methylbarbitursäure)]*, $C_{12}H_{14}Br$·$Cl_3N_2O_3$, F. 95—98° (Zers., aus A.). — *Hypnotika.* (**U.S.P. 3250776** vom 5/4. 1963, ausg. 10/5. 1966.) — 7 S. F. Hirsch 4846

1862 Miles Laboratories, Inc., übert. von: Shin Hayao, Elkhart, Ind., USA, **Chinazolin-4-one** der allg. Formel **I** [R^1 = H, Halogen; R^2 = H, niederes Alkyl oder

I 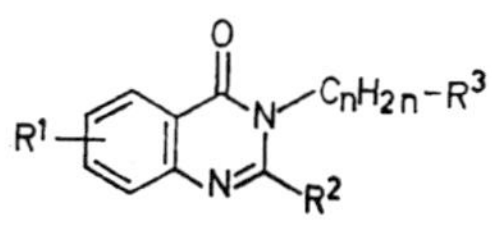

Aryl; R^3 = durch C_6H_5 substituierter N-heterocycl. Rest; n = 0—7] werden erhalten durch Erhitzen eines entsprechenden 1.4H-Benzoxazin-4-ons (**II**) mit H_2N·(C_nH_{2n})–R^3. — 16,1 (g) 2-Methyl-**II** u. 21,9 1-Phenyl-4-[3-aminopropyl]-piperazin werden auf 175—180° erhitzt, in CH_3OH gelöst u. mit HCl gesätt. → 36,8 *2-Methyl-3-[3-(4-phenylpiperazino)-propyl]-chinazolin-4-on* (**III**). — *Hydrochlorid*, F. 246—247° (Zers.); *Trihydrochlorid-Monomethylat*, $C_{22}H_{26}N_4O \cdot 3HCl \cdot CH_3OH$, F. 250 bis 251° (Zers.); freie Base, $C_{22}H_{26}N_4O$, F. 104—105° (aus wss. Aceton). — Es werden folgende 2-Methyl-3-[ω-(4-phenylpiperazino)-alkyl]-chinazolin-4-one hergestellt: *Pentyl-*, F. 83—85° (aus wss. Aceton), *Hydrochlorid*, F. 150—160° (Zers.), *Trihydrochlorid*, $C_{24}H_{30}N_4O \cdot 3HCl$, F. 170—172°. — *Heptyl-*, $C_{26}H_{34}N_4O$, F. ca. 75°, $\lambda_{max.}^{CHCl_3}$ 5,98 μ, *Trihydrochlorid*, $C_{26}H_{34}N_4O \cdot 3HCl$, F. 215—218°. — *Hexyl-*, *Dihydrochlorid*, $C_{25}H_{32}$·$N_4O \cdot 2HCl$, F. 265—268° (Zers.). — Ferner werden in 3-Stellung folgendermaßen substituierte 2-Methyl-chinazolin-4-one hergestellt: *3-[4-o-Chlorphenylpiperazino]-propyl-*, *Oxalat*, $C_{22}H_{25}ClN_4O \cdot C_2H_2O_4$, F. 187—189° (nach vorübergehendem Erweichen bei 140 bis 145°). — *4-Phenylpiperazino-*, $C_{19}H_{20}N_4O$, F. 135—136° (aus wss. CH_3OH), *Dihydrochlorid*, $C_{19}H_{20}N_4O \cdot 2HCl$, F. 251—252° (Zers.). — *3-[4-p-Tolylpiperazino]-propyl-*, $C_{23}H_{28}N_4O$, F. 132—133° (aus wss. CH_3OH), *Trihydrochlorid*, $C_{23}H_{28}N_4O \cdot 3HCl$, F. 228—229° (Zers.), *Methojodid*, $C_{24}H_{31}JN_4O$, F. 252—253° (aus wss. CH_3OH/Ae.). — *3-[4-m-Chlorphenylpiperazino]-propyl-*, *Trihyrdochlorid*, $C_{22}H_{25}ClN_4O \cdot 3HCl$, F. 249—250°, $\lambda_{max.}^{KCl}$ 5,80 μ u. 6,04 μ. — Ferner *6-Chlor-***III**, *Trihydrochlorid-Monomethylat*, $C_{22}H_{25}ClN_4O \cdot 3HCl \cdot CH_3OH$, F. 195—196° (Zers.), *freie Base*, F. 140—142°, aus *1-Phenyl-4-[3-(2-amino-5-chlorbenzamido)-propyl]-piperazin*, $C_{20}H_{25}ClN_4O$, F. 152—155° (aus wss. Dimethylformamid) u. Essigsäureanhydrid unter Erhitzen. — *7-Chlor-***III**, $C_{22}H_{25}ClN_4O$, F. 136—138° (aus $CHCl_3$/Skelly „B"), *Oxalat*, F. 210 bis 212° (aus wss. CH_3OH/Ae.). — *2-Methyl-3-[3-(4-p-chlorphenylpiperazino)-propyl)]-7-chlorchinazolin-4-on*, F. 128 bis 130° (aus Bzl./CH_3OH), *Maleinat*, F. 218—219° (aus CH_3OH). — Ferner folgende 2-Phenyl-3-[ω-(4-phenylpiperazino)-alkyl]-chinazolin-4-one: *Butyl-*, *Oxalat*, F. 200—201,5° (Zers., aus wss. CH_3OH/Essigester/Ae.). — *Propyl-* (**IV**), *Maleinat*, $C_{27}H_{28}N_4O \cdot C_4H_4O_4$, F. 193—194° (aus wss. CH_3OH/Ae.). — *6-Chlor-***IV**, F. 199,5 bis 200,5° (aus Bzl./Skelly „B"), *Maleinat*, $C_{27}H_{27}ClN_4O \cdot C_4H_4O_4$, F. 204—205,5° (Zers.). — *Äthyl-*, $C_{26}H_{26}N_4O$, F. 147—148,5° (aus wss. Aceton), *Maleinat*, $C_{26}H_{26}N_4O \cdot C_4H_4O_4$, F. 207—208° (aus wss. CH_3OH). — Ferner in 3-Stellung folgendermaßen substituierte 2-Phenyl-chinazolin-4-one: *3-[4-p-Chlorphenylpiperazino]-propyl-*, $C_{27}H_{27}ClN_4O$, F. 115,5—117° (aus CH_3OH), *Maleinat*, F. 189—191° (Zers., aus CH_3OH/Essigester/Ae.). — *3-[4-Phenylpiperidino]-propyl-*, *Maleinat*, C_{28}·$H_{29}N_3O \cdot C_4H_4O_4$, F. 205—206° (Zers., aus wss. CH_3OH/Essigester/Ae.). — *3-[4-Hydroxy-4-phenylpiperidino]-propyl-*, $C_{28}H_{29}N_3O_2$, F. 96° (erweicht bei 86°, aus wss. Aceton), *Oxalat*, $C_{28}H_{29}N_3O_2 \cdot C_2H_2O_4$, F. 112,5—115°. — *3-[4-m-Chlorphenylpiperazino]-propyl-*, *Maleinat*, $C_{27}H_{27}$·$ClN_4O \cdot C_4H_4O_4$, F. 185—187° (Zers., aus CH_3OH/Ae.). — *4-Hydroxy-4-phenyl-1-[2-cyanäthyl]-piperidin*, $C_{14}H_{18}N_2O$, F. 87—89°, aus 4-Hydroxy-4-phenylpiperidin u. Acrylnitril. — *4-Hydroxy-4-phenyl-1-[3-aminopropyl]-piperidin*, $C_{14}H_{22}N_2O$, Kp.$_{0,1}$ 160—168°, aus vorst. Verb., NH_3 u. Raney-Ni. — *Heilmittel.* (**U.S.P. 3231572** vom 5/8. 1963, ausg. 25/1. 1966.) — 5 S. F. Hirsch 4846

1863 Sandoz Akt.-Ges., Basel (Erfinder: Jany Renz, Jean-Pierre Bourquin, Hans Winkler, Basel, Conrad Brühschweiler, Birsfelden, und Gustav Schwab, Neu-Allschwil, Basel), Schweiz, **3-Alkylsulfonyl-10-[β-(1-alkylpiperidyl-(2)]-äthyl]-phenthiazine.** Zu Ung.P. 151409; C. **1966**, 47-2737 ist nachzutragen: *3-Äthylsulfonyl-10-[β-(1-methylpiperidyl-(2))-äthyl]-phenthiazin*, F. 105—107° (aus Aceton); *Benzolsulfonat*, F. 147—149° (aus A.). — *p-Äthylmercaptobenzol*, Kp.$_{12}$ 109—112°; *p-Äthylsulfonylchlorbenzol*, F. 37—39°. — *2-Chlor-5-äthylsulfonylnitrobenzol*, F. 98 bis 100°. — *2-Chlor-2'-nitro-4-äthylsulfonyldiphenylsulfid*, F. 144—146°. — *2-Chlor-2'-[β-(1-methylpiperidyl-(2))-äthyl]-amino-4'-äthylsulfonyldiphenylsulfid*, F. 110—112° (aus Aceton). — *Psych. Beruhigungsmittel.* (**D.A.S. 1246742** Kl. 12p vom 18/7. 1963, ausg. 10/8. 1967. Schwz. Prior. 19/7. u. 23/10. 1962.) — 3 S. F. Hirsch 4846

1864 F. Hoffmann-La Roche & Co. Akt.-Ges., Basel, Schweiz (Erfinder: Earl Reeder, Nutley, Leo Henryk Sternbach, Upper Montclair, Oscar Keller, Clifton, und Norbert Steiger, Nutley, N.J., USA), **3H-1.4-Benzdiazepin-(1H)-2-on-Derivate** der allg. Formel **II** erhält man durch Rk. von Verb. der allg. Formel **III**

II 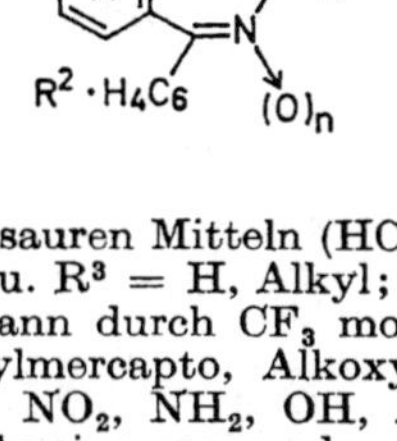 III 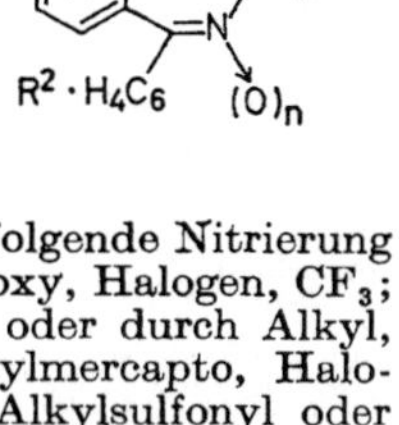

mit sauren Mitteln (HCl) u. ggf. nachfolgende Nitrierung [R^1 u. R^3 = H, Alkyl; R^2 = R^1, Alkoxy, Halogen, CF_3; A kann durch CF_3 monosubstituiert oder durch Alkyl, Alkylmercapto, Alkoxy, Hydroxyalkylmercapto, Halogen, NO_2, NH_2, OH, Alkylsulfinyl, Alkylsulfonyl oder Acylaminomono- oder disubstituiert sein; R^4 = H oder Acyl; n = 0 oder 1]. — 3H-1.4-Benzdiazepin-(1H)-2-on = **I**. 7-Chlor-2-(N-methylacetamido)-5-phenyl-3H-1.4-benzdiazepin-4-oxid → *7-Chlor-5-phenyl-***I***-4-oxid*, F. (Zers.) 235—236° (A.). *7.8-Dimethyl-5-phenyl-***I***-4-oxid*, F. 234—235° (PAe.). — *7-Brom-5-(p-tolyl)-***I***-4-oxid*, F. 237—238° (CH_2Cl_2–PAe.). — *7-Chlor-5-(4'-chlorphenyl)-***I***-4-oxid*, F. 250—252° (CH_3OH). — *7-Chlor-5-(2'-chlorphenyl)-***I***-4-oxid*, F. (Zers.) 248—249° (Bzl.–Ae.). — *9-Nitro-7-chlor-5-phenyl-***I**, F. 234—235° (CH_2Cl_2). — *7-Nitro-5-(2'-trifluormethylphenyl)-***I**, F. 233—234° (Aceton–CH_3OH). — *7-Methyl-5-phenyl-***I***-4-oxid*, F. 226 bis 227°. — *7-Brom-5-phenyl-***I***-4-oxid*, F. 230—231°. — *7-Methyl-5-phenyl-***I**, Prismen, F. 209—210°. — *7.9-Dimethyl-5-phenyl-***I**, F. 210—211°. — *7.9-Dichlor-5-phenyl-***I**, F. 207—208°. — *7-Chlor-5-(4'-chlorphenyl)-***I**, F. 247 bis 248°. — *7-Brom-5-(p-tolyl)-***I**, F. 239—240°. — *7-Chlor-3-methyl-5-phenyl-***I**, F. 220—221°. — *7.8-Dimethyl-5-phenyl-***I**, Prismen F. 255—256°. — *7-Brom-5-phenyl-***I**, Prismen, F. 220—221°. — *7-Trifluormethyl-5-phenyl-***I**, F. 198—199°. — *7-Trifluormethyl-5-phenyl-***I***-4-oxid*, F. 211—212°. — *7-Mercapto-5-phenyl-***I**, gelbe Nadeln, F. 216—218°. — *7-Äthylmercapto-5-phenyl-***I**, *Hydrochlorid*, gelbe Nadeln, F. 273°. — *7-Butylmercapto-5-phenyl-***I***-Hydrochlorid*, gelbe Nadeln, F. 247—249°. — *7-Hydroxymethylmercapto-5-phenyl-***I***-Hydrochlorid*, F. 252—253° (Zers.). — *7-Methylsulfonyl-5-phenyl-***I**, gelbe Nadeln, F. 256—258°. — *7-Chlor-9-methylmercapto-5-phenyl-***I**, gelbe Nadeln, F. 189—191°. — *8-Nitro-5-phenyl-***I**, Prismen, F. 252° (Zers.). — *7-Nitro-5-phenyl-3-methyl-***I**, F. 219—221°. — *5-(p-Chlorphenyl)-***I**, F. 262—263°. — *7-Methylsulfinyl-5-phenyl-***I**, gelbe Nadeln, F. 254° (Zers.). — *8-Chlor-5-phenyl-***I**, Prismen, F. 214—215°. — *8-Trifluormethyl-5-phenyl-***I**, Nadeln, F. 184—186°. — *5-(4-Trifluormethylphenyl)-***I**, Nadeln, F. 219—220°. — *5-(3-Trifluormethylphenyl)-***I**, Nadeln, F. 204—205°. — *5-(2-Trifluormethylphenyl)-***I**, Prismen, F. 187—188°. — *2'.5'-Bis-(trifluormethyl)-5-phenyl-***I**, F. 226—227°. — *6-Chlor-5-phenyl-***I**, F. 243,5—245°. — *9-Chlor-5-phenyl-***I**, F. 174 bis 176,5°. — *7-Chlor-5-(2'-chlorphenyl)-***I**, F. 199—201°. — *7-Chlor-5-(o-tolyl)-***I**, F. 180—181°. — *7-Nitro-5-phenyl-***I***-4-oxid*, gelbe Prismen, F. 218—220° (Zers.). — *7.8-Dimethyl-5-(2'-chlorphenyl)-***I**, Prismen, F. 259—260°. — *8-Methoxy-5-phenyl-***I**, F. 186—188°. — *7-Brom-8-methoxy-5-phenyl-***I**, F. 260,5—261,5°. — *7-Methoxy-5-phenyl-***I**, F. 217—218°. — *7-Hydroxy-5-phenyl-***I**, F. 289—291°. — *7-Chlor-5-(2'-methoxyphenyl)-***I**, F. 205,5—206,5°. — *7-Chlor-5-(2'-hydroxyphenyl)-***I**, F. 286—288°. — *7-Chlor-5-(3'-methoxyphenyl)-***I**, F. 219—221°. — *7-Chlor-5-(4'-methoxyphenyl)-***I**, F. 212—214°. — *9-Nitro-5-phenyl-***I**, gelbe Nadeln, F. 144—145°. — *7-Chlor-5-(2'-fluorphenyl)-***I**, Nadeln, F. 205—206°. — *7-Chlor-5-(3'-fluorphenyl)-***I**, Prismen, F. 200—201°. — *7-Brom-5-(2'-fluorphenyl)-***I**, F. 187—188°. — Vgl. Brit.PP. 972968 u. 972964; C. **1968,** 4-1384. *Sedativa, Muskelrelaxantien, Antikonvulsiva.* (**Schwz.P. 408029** vom 2/12. 1960, ausg. 15/9. 1966. U.S. Prior. 10/12. 1959 u. 27/6. 1960.) A. Jahn 4846

1865 Merck & Co., Inc., Rahway, N.J. (Erfinder: Edward Louis Engelhardt, Plymouth, und Marcia Elizabeth Christy, Perkasie, Pa.), USA, **Herstellung von 6.11-Dihydro-11-[3-alkylaminopropyl]-dibenzo-[b.e]-thiepinen** durch Rk. von 6.11-Dihydro-11-[3-alkylaminopropyl]-dibenzo-[b.e]-thiepinen mit einem Halogenameisensäureester u. Entalkylierung des entstandenen Urethans. — Durch Rk. von 6.11-Dihydrodibenzo-[b.e]-thiepin-11-on, F. 85—86°, mit 3-Dimethylaminopropyl-MgCl erhält man das 6.11-Dihydro-11-[3-dimethylaminopropyl]-11-hydroxydibenzo-[b.e]-thiepin, $C_{19}H_{23}$·NOS, F. 131—132,5°, daraus durch Red. mit HJ → 6.11-Dihydro-11-[3-dimethylaminopropyl]-dibenzo-[b.e]-thiepinhydrobromid, $C_{19}H_{23}NS \cdot HBr$, F. 75—80°; daraus mit Chlorameisensäureäthylester u. Behandlung des entstandenen Urethans mit KOH → *6.11-Dihydro-11-[3-methylaminopropyl]-dibenzo-[b.e]-thiepinhydrochlorid*, $C_{18}H_{21}NS \cdot HCl$, F. 173—175° (Zers.). — *Antidepressiva.* (**D.A.S. 1250833** Kl. 12q vom 23/12. 1963, ausg. 28/9. 1967. U.S. Prior. 26/12. 1962.) — 3 S. R. Bauereis 4846

1866 Sandoz Akt.-Ges., Basel (Erfinder: Alfred Hofmann, Bottmingen, Albert Frey, Riehen und Hans Ott, Reinach), Schweiz, **Herstellung von Lysergsäurederivaten.** (2-Amino-2-methyl-10b-hydroxy-3.6-dioxo-oktahydrooxazolo-[3.2-a]-pyrrolo-[2.1-c]-pyrazin = **I**). Zu einer Suspension von 1 (g) 5-Benzyl-**I**-hydrochlorid (**IV**) (Isomeres A) u. 1 9.10-Dihydro-(+)-lysergsäurechlorid-hydrochlorid in 50 cm³ eines Gemisches von $CHCl_3$ u. tert. Butanol (3:1) tropft man 1,6 Tributylamin in 50 cm³ desselben Lsgm., rührt 15 Min., verdampft das Lsgm. im Vakuum, verd. den Rückstand mit Essigester, schüttelt die organ. Phase mit 5%ig. Essigsäure aus u. stellt sie alkal. mit $NaHCO_3$ → *9.10-Dihydro-(+)-ergotamin* (**II**), F. 239—240°, $[\alpha]_D^{20}$ 63° [c = 0,2 in Py. (**II**)], Ausb.: 1,03. — Analog: *(+)-Ergotamin*, F. etwa 180°, $[\alpha]_D^{20}$ −158° (c = 0,5 in $CHCl_3$), *ein Stereoisomeres von* **II**, $C_{35}H_{37}O_5N_5$, F. 190—198°, $[\alpha]_D^{20}$ −51° (c = 1 in **III**), aus **IV** (Isomeres B). *Ergovalinin*, F. 221—222° $[\alpha]_D^{20}$ +419° (c = 0,3 in $CHCl_3$), Kellersche Farb-Rk. blau, F. des Sulfats 205—206° (Zers.), $[\alpha]_D^{20}$ +100,5° (c = 0,5 in W.), u. *Ergovalin*, F. 177—178° (Zers.), $[\alpha]_D^{20}$ −143° (c = 0,6 in $CHCl_3$), aus 5-Isopropyl-**I**, *9.10-Dihydroergovalin*, F. 221—222°, $[\alpha]_D^{20}$ −5,8° (c = 1 in $CHCl_3$), Kellersche Farb-Rk. violettstichig blau, *Ergostinin*, F. 215—216° (Zers.), $[\alpha]_D^{20}$ +430° (c = 1,15 in Py.), Kellersche Farb-Rk. blau, nach 2—3 Min. grün, *Ergostin*, F. 211—212° (Zers.), $[\alpha]_D^{20}$ −35° (c = 0,7 in Py.), Kellersche Farb-Rk. blau, nach 15—20 Sek. grün, dessen *neutrales Tartrat*, F. 188—191° (Zers.) u. *saures Maleinat*, F. 191—192° (Zers.), u. *9.10-Dihydroergostin*, F. 224—226° (Zers.), $[\alpha]_D^{20}$ −59° (c = 1,8 in **III**), Kellersche Farb-Rk. violettblau, beständig, dessen *neutrales Tartrat*, F. 201—203° (Zers.) u. *saures Maleinat*, F. 203—205° (Zers.). — Vgl. D.A.S. 1194868; C. **1966,** 22-1677. — *Pharmazeutika.* (**D.A.S. 1231708** Kl. 12p vom 8/5. 1962, ausg. 5/1. 1967. **Brit.P. 1011112** vom 7/5. 1962, ausg. 24/11. 1965. Beide Schwz. Prior. 10/5. 1961.) — 5 S. — 13 S. C. Lüttgen 4846

1867 Soc. Farmaceutici Italia, Mailand, Italien (Erfinder: Federico Arcamone), **O-Substituierte 1-Methyl-dihydro-D-lysergsäure- bzw. D-Lysergsäure-α-hydroxyäthylamide** erhält man durch Veräthern von Dihydro-**I**-α-hydroxy-**II** (**I** = D-Lysergsäure) bzw. **I**-α-hydroxy-äthylamid mit einem Alkohol in Ggw. einer Säure, bes. Maleinsäure (**III**), Wein- oder Oxalsäure, Hydrolyse u. Methylieren der Dihydro-**I**-Deriv. mit Methylhalogenid in fl. NH_3 in Ggw. von K. — Aus Dihydro-**I**-α-hydroxy-äthylamid u. [N-Acetylamino]-äthanol u. **III** → *Dihydro-***I***-α-[2'-acetamido-äthoxy]-äthylamid*, das durch Krist. in die Isomeren A, F. 227 bis 230°, u. B, F. 205—210°, zerlegt wird, aus denen man mit CH_3J in fl. NH_3 in Ggw. von K **IV**-*α-[2'-Acetamido-äthoxy)-äthylamid, A*, F. 219—220°, $[\alpha]_D^{20}$ −50° (c = 1 in A.), u. *B*, F. 216—218° $[\alpha]_D^{20}$ −70° (c = 1 in A.) (**IV** = 1-Methyl-dihydro-D-lysergsäure) erhält. Analog: *Dihydro-***I***-α-[2'-phenyläthoxy]-äthylamid*, F. 167—170°, $[\alpha]_D^{20}$ −54° (c = 1 in A.), **IV**-*α-[2'-phenyläthoxy]-äthylamid*, F. 178—180°, $[\alpha]_D^{20}$ −60° (c = 1 in A.), *Dihydro-***I***-α-[3'-hydroxypropoxy]-*, F. 182—183°, $[\alpha]_D^{20}$ −61° (c = 1 in A.), *Dihydro-***I***-α-[2'-chloräthoxy]-*, F. 176°, *-α-cyclohexyloxy-*, F. 181—182°, *-α-benzoxy-*, F. 164 bis 166°, $[\alpha]_D^{20}$ −62°, (c = 1 in A.), *-α-[2'-formylamino-äthoxy]-*, Isomeres B, F. 130—135°, $[\alpha]_D^{20}$ −51° (c = 1 in A.), *-α-[2'-benzamidoäthoxy]-*, F. 193—195°, $[\alpha]_D^{20}$ −53° (c = 1 in A.), *-α.β-[N-carbobenzoxy-L-alanyl-hydrazid]-*, F. 169—170°, $[\alpha]_D^{20}$ −46° (c = 1 in A.), *-α-[2'-nicotinoylamino-äthoxy]-*, *-α-[2'-methoxyäthoxy]-äthylamid*, F. 171—174°, $[\alpha]_D^{20}$ −68° (c = 1 in A.), **IV**-*α-[3'-hydroxypropoxy]-*, F. 186—187°, $[\alpha]_D^{20}$ −79° (c = 1 in A.), *-α-[2'-methoxyäthoxy]-*, F. 101—103°, $[\alpha]_D^{20}$ −84° (c = 1 in A.), *-α-cyclohexyloxy-*, F. 164—166°, $[\alpha]_D^{20}$ −80° (c = 1 in A.), *-α-benzoxy-*, F. 189—192°, $[\alpha]_D^{20}$ −79° (c = 1 in A.) u. *-α-[2'-benzamidoäthoxy]-äthylamid*, F. 192—194°, **I**-*α-äthoxy-*, F. 160—162°, $[\alpha]_D^{20}$ +62° (c = 1 in A.), *-α-propoxy-*, F. 177—179°, $[\alpha]_D^{20}$ 457° [c = 2,12 in Dimethylformamid (**V**)], *-α-[2-hydroxy-äthoxy]-*, F. 186—187°, *-α-cyclohexyloxy-*, F. 200° (Zers.), *-α-[2'-carbobenzoxy-aminoäthoxy]-*, F. des Maleats 143 bis 144°, $[\alpha]_D^{20}$ +30° (c = 1 in **V**), u. *-α-benzoxy-äthylamid*, F. 155—157°, F. des Maleats 178—178°. — *Pharmazeutika.* (**Brit.PP. 1022935** vom 23/10. 1964, ausg. 16/3. 1966. **Zusatz zu Brit.P. 980016; C. 1968, 18-1700** u. **1022936** vom 23/10. 1964, ausg. 16/3. 1966. **D.A.S. 1233407** Kl. 12p vom 23/10. 1964, ausg. 2/2. 1967. Alle It. Prior. 28/10. 1963.) C. Lüttgen 4846

1868 Badische Anilin- & Soda-Fabrik Akt.-Ges. (Erfinder: Horst König, Werner Reif und Horst Pommer), Ludwigshafen/Rh., **Vitamin A-Aldehyd (I)** erhält man durch Ox. von Axerophthol mit Tetrachlor-p-

benzochinon. Ausb. 80% an all-trans-**I**. (**D.A.S. 1254613** Kl. 12o vom 17/5. 1966, ausg. 23/11. 1967.) — 2 S.
A. Jahn 4847

1869 Takeda Chemical Industries Ltd., Japan, **Herstellung von Vitamin B_1-Disulfiden** durch Rk. von Verb. der Formel **II** mit Verb. der Formel Y–S–$(CH_2)_m$–

II 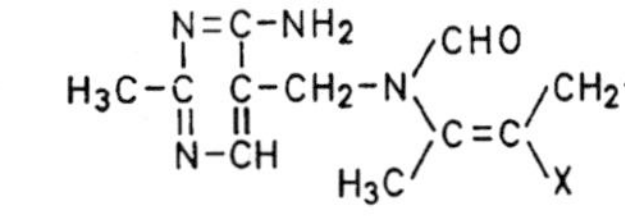

CH(COOR)–NHCO$(CH_2)_nCH_3$ (R' = H oder Säurerest; X = H oder NC; m = 1—3; n = 4—16; R = Alkyl- oder Aryl-Rest; Y = A–SO_2-, A–SO-, NC-, M–SO_3-Rest oder Cl; A = organ. Gruppe; M = Alkalimetall). — Vitamin B_1-Disulfide: *S-[3-Äthoxycarbonyl-3-dodecanamidopropyl]-*, F. 80—82° (Bzl.), aus 1,7 (Teilen) Vitamin B_1-Hydrochlorid (I) in 10 W. u. 0,6 NaOH durch Versetzen mit 2,5 3-Äthoxycarbonyl-3-dodecanamidopropylthiosulfat in 10 W. u. 20 $CHCl_3$, 10 Min. Rühren u. Eindampfen der $CHCl_3$-Phase; 1,5 Teile (Ausb.). *Hydrochlorid*, F. 105° (Zers.), aus 0,5 vorst. Verb. in 5 10%ig. alkohol. HCl durch Versetzen mit 50 Ae.; 0,4 Teile. — Analog: *S-[3-Äthoxycarbonyl-3-hexadecanamidopropyl]-*, F. 83—84° (Zers.; Bzl.), aus 1,9 **I** u. 3 Na-3-Äthoxycarbonyl-3-hexadecanamidopropylthiosulfat; 1,2 Teile. *Hydrochlorid*, F. 130—131° (Zers.), aus 0,2 vorst. Verb.; 0,2 Teile. — *S-[3-Äthoxycarbonyl-3-hexanamidopropyl]-*, F. 79—81° (Zers.; Ae.), aus 4,4 **I** u. 4,7 Na-3-Äthoxycarbonyl-3-hexanamidopropylthiosulfat; 4,2 Teile. — *S-[3-Äthoxycarbonyl-3-octanamidopropyl]-*, F. 96—98° (Zers.; Ae.), aus 4,7 **I** u. 6 Na-3-Äthoxycarbonyl-3-octanamidopropylthiosulfat; 2 Teile. — *S-[3-Äthoxycarbonyl-3-decanamidopropyl]-*, F. 82° (Zers.; Ae.), aus 7,5 **I** u. 8,5 Na-3-Äthoxycarbonyl-3-decanamidopropylthiosulfat; 5 Teile. — *S-[3-Äthoxycarbonyl-3-tetradecanamidopropyl]-*, F. 93—95° (Zers.; PAe.), aus 4,4 **I** u. 6 Na-3-Äthoxycarbonyl-3-tetradecanamidopropylthiosulfat; 4 Teile. — *S-[2-Äthoxycarbonyl-2-dodecanamidoäthyl]-*, F. 82—90° (Zers.; PAe.). (**F.P. 1380845** vom 17/12. 1963, ausg. 12/3. 1965. Jap. Prior. 19/12. 1962.) — 6 S.
G. Colsmann 4847

1870 Shionogi & Co. Ltd., Osaka (Erfinder: Akira Takamizawa, Osaka, und Kentaro Hirai, Kyoto), Japan, **O.S-Dialkoxycarbonyl-Vitamin B_1-Derivate (I).** Zu Brit.P. 944641; C. **1965,** 49-1707 sind folgende **I** nachzutragen: *O.S-Dimethyl-*, $C_{16}H_{22}N_4O_6S$, F. 139° (Zers. aus Aceton), *Hydrochlorid*, $C_{16}H_{22}N_4O_6S \cdot HCl$, F. 135—136° (Zers.). — *O.S-Dibutyl-, Hydrochlorid-Hydrat*, $C_{22}H_{34} \cdot N_4O_6S \cdot HCl \cdot H_2O$, F. 85—88° (aus Essigester). — *O-Äthyl-S-butyl-, Hydrochlorid-Hydrat*, F. 135° (aus Aceton). — *O-Butyl-S-äthyl-, Hydrochlorid-Hydrat*, F. 105 bis 106° (aus Essigester/Aceton). (**D.A.S. 1253717** Kl. 12p vom 3/7. 1962, ausg. 9/11. 1967. Jap. Prior. 7/7., 16/12. 1961 u. 19/2. 1962.) — 6 S. F. Hirsch 4847

1871 Jean Boige, Aulnay, Frankreich, **Herstellung von Hydroxocobalamin** erfolgt durch Red. einer wss. Lsg. von Cyancobalamin u. nachfolgende Ox.; die Red. wird mit einer Fe^{2+}-Ionen enthaltenden Lsg. durchgeführt, wobei das pH von 3—5 durch Zusatz einer starken Base auf > 6,2 erhöht wird, wodurch die CN-Gruppe des Cyancobalamins als Ferroferrocyanid ausfällt. — Zu 48 (g) Cyancobalamin in 6 Liter W. gibt man 64 $FeCl_2$, erhöht, das an pH von 3,4 durch den Zusatz von n-NaOH auf 7,5 u. dann auf 8,8 filtriert die Lsg. u. leitet nach dem Zusatz von HCl, pH 5,5—6, einen Luftstrom durch u. fällt durch Zusatz von Aceton 40 *Hydroxocobalamin*. — *Vitamin B 12b*. (**Brit.P. 1070042** vom 2/2. 1966, ausg. 24/5. 1967. F. Prior. 21/5. 1965.) — 6 S.
O. Schön 4847

1872 Takeda Chemical Industries Ltd., Osaka (Erfinder: Etsunosuke Noda, Osaka, Katsuo Aoki, Amagasaki, Osamu Horisaki, Osaka, und Yoshiharu Matsukura, Toyonaka), Japan, **Stabilisierung von Vitamin B_{12}** in Ggw. von Thiamin oder Thiaminderiv. erfolgt durch Zusatz von Hexamin u./oder HJ oder Maleinsäure bzw. wasserlösl. Na-, K-, Ca-, Mg-, Ammonium- oder Triäthanolaminsalzen dieser Säuren in wss. Lsg. bei pH 3—6. (**D.A.S. 1249453** Kl. 30h vom 13/10. 1964, ausg. 7/9. 1967. Jap. Prior. 14/10. 1963.) — 5 S.
R. Bauereis 4847

1873 Richter Gedeon Vegyészeti Gyár RT (Erfinder: Zoltán Tuba, László Szporny, Budapest, und József Toth, Szeged), Ungarn, **21-Piperazino-1.4-pregnadien-11β.17α-diol-3.20-dione** u. deren Salze erhält man z. B. durch Rk. von Prednisolon-21-tosylat mit N-Methylpiperazin in Tetrahydrofuran unter N_2 → *11β.17α-Dihydroxy-3.20-dioxo-21-N-(N'-methylpiperazinyl)-1.4-pregnadien*, F. 199° (Zers.); Hydrochlorid, F. 246° (Zers.). — Analog: *11β.17α-Dihydroxy-3.20-dioxo-21-N-(N'-β-hydroxyäthyl-piperazinyl)-1.4-pregnadien*, F. 204° (Zers.); Hydrochlorid, F. 235° (Zers.). — Wasserlösl. u. beständige *prednisolonwirksame Heilmittel*. (**D.A.S. 1250823** Kl. 12o vom 21/8. 1963, ausg. 28/9. 1967.) — 3 S.
U. Sievers 4847

1874 N. V. Organon (Erfinder: Hendrik Paul de Jongh), Oss, Niederlande, **Herstellung von 7-Alkyl-19-norsteroiden** der allg. Formel **I** (X = H + Halogen oder

I 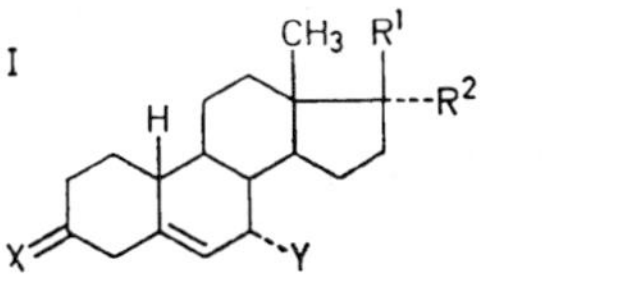 II 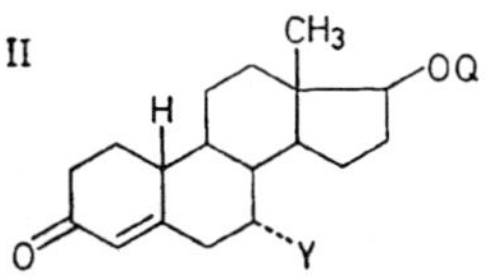

2 H-Atome; Y = Alkylgruppe; R^1 = OH, Acyloxygruppe, R^2 = H, gesätt. oder ungesätt. KW-Stoff-Rest mit 1—4 C-Atomen oder R^1 u. R^2 gemeinsam = Oxogruppe) durch Umsetzung von Verb. der allg. Formel **II** (Q = Ester- oder Äthergruppe, die schwerer verseifbar ist als die Acylgruppe) in das entsprechende Enolacetat, dessen 3.4ständige Doppelbindung red. wird. Die erhaltene 3-Hydroxyverb. wird halogeniert u. ggf. das Halogenatom abgespalten. Die 17ständige Gruppe wird in bekannter Weise in das Endprod. eingeführt. (**Ung.P. 152793** vom 19/11. 1964, ausg. 23/12. 1965. Niederl. Prior. 19/11. 1963.) F. Landsberger 4847

1875 Ciba Akt.-Ges., Basel (Erfinder: Albert Wettstein, Riehen, Georg Anner, Karl Heusler und Peter Wieland, Basel), Schweiz, **Herstellung von Δ^5-3-Oxosteroiden.** Zu U.S.P. 3234245; C. **1968,** 16-1744 ist nachzutragen: *Δ^5-3-Oxo-17β-propionyloxyandrosten*, IR-Banden (in CH_2Cl_2) bei 5,77, 5,82, 8,37, 9,24 u. 9,71 μ. — *Heilmittel*. (**D.A.S. 1237566** Kl. 12o vom 6/7. 1963, ausg. 30/3. 1967. Schwz. Prior. 11/7. 1962.) — 3 S.
W. Gengenbach 4847

1876 E. Merck Akt.-Ges., Darmstadt (Erfinder: Klaus Irmscher, Darmstadt, Karl-Heinz Bork, Griesheim, und Hans-Günther Kraft, Darmstadt), **1α.7α-Dialkylthio-3-keto-4-androstene** erhält man durch Rk. eines entsprechenden $\Delta^{1.4.6}$-3-Ketosteroids mit einem Alkylmercaptan (mit 1—3 C-Atomen) in Ggw. eines bas. Katalysators, wobei dieser vor der Isolierung des Verf.-Prod. aus dem Rk.-Gemisch entfernt wird. — Man schüttelt z. B. 1.6-Bisdehydro-17α-methyltestosteron mit Äthylmercaptan in Ggw. von Piperidin im Bombenrohr 24 Std. bei 90° u. verd. mit Ae.; nach Waschen u. Eindampfen wird der Rückstand in Bzl. an Kieselgel chromatographiert; durch Elution mit Bzl.–Ae. → *1α.7α-Diäthylthio-17α-methyltestosteron*, F. 170—172° (aus Ae.), $[\alpha]_D$ —15° (Dioxan). Analog die *entsprechende 1α.7α-Di-n-propylthioverb.*, F. 143—144°; $[\alpha]_D$ —17° (Dioxan), u. *1α.7α-Dimethylthioverb.*, F. 150—152°; $[\alpha]_D$ —16° (Dioxan); *1α.7α-Diäthylthio-testosteronacetat*, F. 159—161° (aus Hexan); $[\alpha]_D$ +9° (Dioxan); die entsprechende *1α.7α-Di-n-propylthioverb.*, F. 161—162° (aus Hexan); $[\alpha]_D$ —1° (Dioxan), u. *1α.7α-Dimethylthioverb.*, F. 144 bis 145° (Ae.); $[\alpha]_D$ +6° (Dioxan); *1α.7α-Dimethylthiotestosteronpropionat*, F. 156—157° (aus Ae.); $[\alpha]_D$ +19° (Dioxan). — *Anabolika*. (**D.A.S. 1254149** Kl. 12o vom 5/1. 1963, ausg. 16/11. 1967.) — 3 S.
W. Gengenbach 4847

1877 Siegfried Akt.-Ges., Zofingen (Erfinder: Max Roth, Losone, und Theodor Wagner-Jauregg,

Zofingen), Schweiz, **3.16-Dihydroxy-16-methyl-17-amino-Δ^5-androstenverbindungen** erhält man durch Rk. von 3β-Acetoxy-17-acetylamino-16-methyl-5.16-androstadien, F. 217—218°, mit BF_3-Ätherat in Eisessig u. chromatograph. Aufarbeitung → *3β-Acetoxy-16-methyl-(17.16-d)-2′-methyloxazolino-Δ^5-androsten*, $C_{24}H_{35}NO_3$, F. 142—144°, welches sich durch Rk. mit Benzoylchlorid in Ggw. von Na_2CO_3/wss. Dioxan überführen läßt → *3.16-Diacetoxy-16-methyl-17-benzoylamino-Δ^5-androsten*, $C_{31} \cdot H_{41}NO_5$, F. 235—236°. — *Heilmittel*; Zwischenprod. zu deren Herstellung. (**D.A.S. 1244776** Kl. 12o vom 23/2. 1963, ausg. 20/7. 1967. Schwz. Prior. 26/2. 1962.) — 3 S.

U. Sievers 4847

1878 Roussel-Uclaf, Paris, Frankreich, **1′.16β- bzw. 1′.17β-Epoxy-16α-(bzw. -17α)-(1′ξ-hydroxypropyl)-derivate von 3-Keto-4-androsten,** u. deren entsprechende *16-* bzw. *17-Spirolactone*. Zu F.PP. 1334968; C. **1967,** 39-1742 u. 82818; C. **1967,** 39-1743 ist nachzutragen: Man behandelt 17β-Hydroxy-17α-(3′.4′-dihydroxybutyl)-androst-4-en-3-on mit NH_4JO_4 in Dimethylformamid 3 Std. bei Raumtemp.; nach Zusatz von W. wird der Nd. abgesaugt u. in heißem Bzl. aufgenommen; nach dem Filtrieren u. Einengen wird Methanol zugesetzt u. auf 0° gekühlt → Krist. des *1′ξ.ξ1′-Ätheroxids von 1′ξ. 17β-Epoxy-17α-(1′ξ-hydroxypropyl)-androst-4-en-3-on* der Teilformel **III** ($C_{22}H_{31}O_{2,5})_2$, F. 315° (aus Bzl.–Methanol);

III 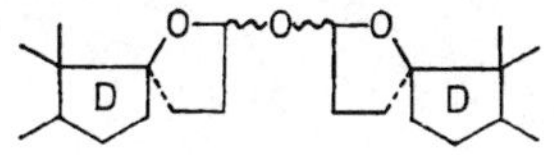

$[\alpha]_D^{20}$ −36° ± 1 (c = 1%, Dioxan); daraus durch Solvolyse mit Methanol in Ggw. von konz. H_2SO_4 → *1′.17β-Epoxy-17α-(1′ξ-methoxypropyl)-androst-4-en-3-on* als Gemisch der Epimeren A u. B (B > A), F. ≈ 123°; $[\alpha]_D^{20}$ +114° ± 1 (c = 1%, Dioxan). — *1′.17β-Epoxy-17α-(1′ξ-acetoxypropyl)-androst-4-en-3-on* (**I**), $C_{24}H_{34}O_4$, erhält man aus dem entsprechenden Alkohol mit Acetanhydrid in Py.; frakt. Umkristallisation aus Isopropyläther–Bzl. → **Ia** (an *Epimerem B* reiches **I**), F. 132—133°; $[\alpha]_D^{20}$ +81 ± 1,5 (c = 0,7%, Dioxan), u. **Ib** (= Gemisch der Epimeren A u. B von **I** zu je 50%), F. 135—136°; $[\alpha]_D^{20}$ +55° c = 0,7%, Dioxan); aus **Ia** durch Umkristallisieren aus Cyclohexan–Isopropyläther → **Ic** (= **I** mit 94% Epimerem B u. 6% Epimerem A), F. 136°; $[\alpha]_D^{20}$ +108° ± 1,5 (c = 0,7%, Dioxan); **Id** (reines *Epimeres A* von **I**), F. 150°; $[\alpha]_D^{20}$ −7,5° ± 1,5 (c = 0,7%, Dioxan). — *1′.17β-Epoxy-17α-(1′ξ-benzyloxypropyl)-androst-4-en-3-on* (**II**), $C_{29}H_{38}O_3$, wird durch Verätherung des entsprechenden Alkohols mit Benzylalkohol in Bzl. in Ggw. von 1 n H_2SO_4 erhalten; *Epimeres A* (aus Cyclohexan), F. 158°; $[\alpha]_D^{20}$ −35° ± 1,5 (c = 0,7%, Dioxan); die Verätherung in Ggw. von konz. HCl fürt nach chromatograph. Aufarbeitung über Mg-Silicat zu einem an Epimerem A reichen **II**, F. 148°; $[\alpha]_D^{20}$ −11,5° ± 1 (c = 1%, Dioxan). Ebenso wird **II** mit Benzylbromid in Aceton hergestellt; nach Chromatographie u. Umkristallisieren aus Cyclohexan → *Epimeres A*, F. 158°; $[\alpha]_D^{20}$ −29° ± 1,5 (c = 0,8%, Dioxan). — Das *Epimere B* von **II** (aus den Mutterlaugen) hat einen höheren opt. Drehwert, wird aber nicht krist. erhalten. — *Heilmittel*. (**Brit.PP. 1036088** vom 18/4. 1963, ausg. 13/7. 1966. F. Prior. 18/4. 1962 u. **1036086** vom 18/4. 1963, ausg. 13/7. 1966. F. Prior. 18/4. u. 7/12. 1962.) — 7 S. — 12 S.

W. Gengenbach 4847

1879 Merck & Co., Inc., Rahway, N.J., USA (Erfinder: Ralph Franz Hirschmann), **17-substituierte 19-Nor-4.9-androstadieno-[3.2-c]-pyrazole** der Teilformel **II** (R = H, Alkyl, Acyl; X = H, Halogen, $-CF_3$) werden

II 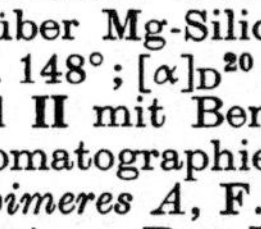

hergestellt durch Rk. eines 3-Keto-19-nor-4.9-androstadiens mit einem Alkylformiat u. NaH; das erhaltene 2-Hydroxymethylen-19-nor-4.9-androstadien-3-on wird mit ggf. monosubstituiertem Hydrazin kondensiert. — Es werden erhalten: *17α-Äthinyl-17β-hydroxy-19-nor-4.9-androstadieno-[3.2-c]-pyrazol* (**I**); dessen *17α-Chloräthinyl-17α-Bromäthinyl-*, *17α-Fluoräthinyl-* bzw. *17α-Trifluorpropionylverbindungen*. Aus dem letzten durch Behandlung mit Acetanhydrid u. Py. → *N′-Acetyl-17β-acetoxy-17α-trifluorpropinyl-19-nor-4.9-androstadieno-[3.2-c]-pyrazol*. Durch Behandlung einer Lsg. von **I** in Bzl. mit 51%ig. NaH (in öliger Suspension) u. Rk. mit CH_3J in Dimethylformamid bei Raumtemp. → **I**-*N′-Methylderiv.*; auch erhältlich durch Kondens. der entsprechenden 2-Hydroxymethylenverb. mit Methylhydrazinsulfat. — Analog erhält man das *N′-Cyclohexyl-* u. *N′-Phenylderiv.* von **I**. — Die Herst. weiterer Verb. ohne Angabe der physikal. Konst. beschrieben. — *Gestagen, östrogen* u. *hypocholesterinäm.* wirkende *Heilmittel*. (**Brit.P. 1037023** vom 24/4. 1963, ausg. 20/7. 1966.) — 10 S.

W. Gengenbach 4847

1880 Schering Akt.-Ges. (Erfinder: Eberhard Schulze), Berlin, **Veresterung von tertiären Steroid-17-alkoholen. Man** setzt z. B. 17α-Hydroxyprogesteron(**I**) mit Adipinsäure u. Trifluoressigsäureanhydrid in Ggw. von Bzl. bei Raumtemp. um → **I**-*17-Hemiadipinat*, F. 202 bis 203,5°. — Analog: *19-Nor-17α-hydroxyprogesteron-17-hemiadipinat*, F. 167,5—168°. — *Hydrocortison-17 hemiadipinat*, F. 201—203,5°. — *19-Nor-17α-hydroxyprogesteron-17-hemisuberat*, F. 142—143,5°. — **I**-*17-Hemibernsteinsäuremethylester*, F. 108—109°. — **I**-*17-Hemiadipinsäuremethylester*, F. 102—104°. — *17α-Äthinyl-19-nortestosteron-17-hemiadipinat*. — *Progestatika*; Zwischenprod. zur Herst. von *Heilmitteln*. (**D.A.S. 1243679** Kl. 12o vom 25/11. 1964, ausg. 6/7. 1967.) — 3 S.

U. Sievers 4847

1881 Farbwerke Hoechst Akt.-Ges. vormals Meister Lucius & Brüning, Frankfurt/M. (Erfinder: Rolf Geiger, Karl Sturm, Frankfurt/M., und Walter Siedel, Bad Soden/Taunus), **Herstellung von Nonadeca- bis Tetrakosapeptiden mit adrenocorticotroper Wirkung.** Nach D.A.S. 1246747 erhält man Nonadeca- bis Trikosapeptide der allg. Formel H-Tyr-Ser-Met-Glu-His-Phe-Arg-Trp-Gly-Lys-Pro-Val-Gly-Lys-Lys-Arg-Arg-Pro-X-R (**I**), wobei die Abkürzungen Val, Lys usw. für die Aminosäurereste in L-Form, X für einen der Reste Val, Val-Lys, Val-Lys-Val, Val-Lys-Val-Tyr oder Val-Lys-Val-Tyr-Pro, R für OH oder NH_2, ferner Boc für den tert.-Butyloxycarbonylrest, Bu für den tert.-Butylrest, R′ für den tert.-Butyloxyrest oder NH_2 stehen, A das Anion einer starken Säure (Carbonsäuren ausgenommen) u. X′ einen der Reste Val, Val-Lys(Boc), Val-Lys(Boc)-Val, Val-Lys(Boc)-Val-Tyr oder Val-Lys(Boc)-Val-Tyr-Pro bedeutet, durch Kondens. eines Nonapeptids der allg. Formel Boc-Tyr-Ser-Met-Glu(OBu)-His-Phe-Arg(H⊕)-Trp-Gly-OH (**II**) · A⊖ mit einer Peptidverb. der allg. Formel H⊕-Lys(Boc)-Pro-Val-Gly-Lys(Boc)-Lys(Boc)-Arg(H⊕)-Arg(H⊕)-Pro-X′-R′ · 3A⊖ (**III**) mittels Dicyclohexylcarbodiimid (**IV**) in Ggw. von 4-Nitrophenol (**V**) zu einer Peptidverb. der allg. Formel Boc-Tyr-Ser-Met-Glu(OBu)-His-Phe-Arg(H⊕)-Trp-Gly-Lys(Boc)-Pro-Val-Gly-Lys(Boc)-Lys(Boc)-Arg(H⊕)-Arg(H⊕)-Pro-X′-R′· 3A⊖ (**VI**) u. übliche Abspaltung der Schutzgruppen.— Aus Boc-Tyr-OH u. H-Ser-OCH_3 · HCl → Boc-Tyr-Ser-OCH_3, 70% (Ausb.) $\xrightarrow{NH_2-NH_2}$ Boc-Tyr-Ser-NH-NH_2, $C_{17}H_{26}N_4O_6$, F. 176—178° (Essigester), 89,5%, $\xrightarrow{HNO_2,\ \text{dann}\ H\text{-}Met\text{-}OCH_3}$ Boc-Tyr-Ser-Met-OCH_3, $C_{23}H_{35}N_3O_8S$, F. 148—150° (A.), $[\alpha]_D$ −15,2° [2% in CH_3OH (**VII**)], 66%, $\xrightarrow{NH_2-NH_2}$ Boc-Tyr-Ser-Met-NH-NH_2, $C_{22}H_{35}N_5O_7S$, F. 166—168° (Zers.; W.), $[\alpha_D]$ −22° (1,5% in 50%ig. **VII**), 81%; daraus durch Rk. mit HNO_2 u. dann mit H-Glu · (OBu)-His-Phe-Arg-Trp-Gly-OH · CH_3COOH · 2 H_2O → Nonapeptidverb. **II**-dihydrat, $C_{65}H_{89}N_{15}O_{16}S \cdot 2 H_2O$, F. 210° (Zers.; 80%ig. **VII**), $[\alpha]_D$ −15,4° (1% in 90%ig. Essigsäure (**VIII**), 56,1%. — Aus **II**-dihydrat u. **III** (X′ = -Val-Lys(Boc)-Val-Tyr-Pro; R′ = NH_2; A = Cl) · 4 H_2O durch 3std. Trocknung bei 60° im Hochvakuum, Lösen des Rückstands in abs. Py. u. 4tägiges Rühren bei Raumtemp. in Ggw. von **V** u. **IV** → rohes **VI** (X′, R′ u. A wie vorst.) $\xrightarrow{CF_3COOH}$ Trifluoracetat; daraus mit einem schwachbas. Ionenaustauscher („Amberlite IR-45“ in der Acetat-

form) → Acetat; daraus durch Chromatographie an Carboxymethylcellulose u. fraktionierende Elution mit NH_4-acetatpuffer → reines *Trikosapeptid*, **I**, $R = NH_2$, *X* = *-Val-Lys-Val-Tyr-Pro*; analog die weiteren Prod. nach Formel **I**, von denen reines Dokosapeptid, **I**, R = NH_2, V = Val-Lys-Val-Tyr, die ACTH-Aktivität ~ 100 I. E./mg besitzt. — Nach D.A.S. 1246748 erhält man analog Eikosa- bis Tetrakosapeptide der allg. Formel H-Ser-Y-Met-Glu-His-Phe-Arg-Trp-Gly-Lys-Pro-Val-Gly-Lys-Lys-Arg-Arg-Pro-X-R (**IX**; X u. R wie oben; Y = -Phe-Ser- oder -Tyr-Ala) durch Kondens eines Decapeptids der allg. Formel Boc-Ser-Y-Met-Glu(OBu)-His-Phe-Arg(H⊕)-Trp-Gly-O⊖ (**X**) mit einer Peptidverb. der allg. Formel **III** (s. oben) mittels **IV** in Ggw. von **V** zu einer Peptidverb. der allg. Formel Boc-Ser-Y-Met-Glu(OBu)-His-Phe-Arg(H⊕)-Trp-Gly-Lys(Boc)-Pro-Val-Gly-Lys(Boc)-Lys(Boc)-Arg(H⊕)-Arg(H⊖)-Pro-X'-R' · 3A⊖ (**XI**) u. übliche Abspaltung der Schutzgruppen. — Aus Z-Phe-Ser-OCH_3 (Z = Carbobenzoxyrest) in methanol. HCl durch Hydrieren in Ggw. von Pd-Schwarz → H-Phe-Ser-OCH_3 · HCl, F. 189—190°, 92%, $\xrightarrow{\text{wss. } NH_3}$ H-Phe-Ser-OCH_3, 85%, $\xrightarrow{\text{Boc-Ser-}N_3}$ Boc-Ser-Phe-Ser-OCH_3, 64%, $\xrightarrow{NH_2-NH_2}$ Boc-Ser-Phe-Ser-NH-NH_2, F. 207° (Zers.; W.), $[\alpha]_D$ —30° (2% in 50%ig. **VIII**), 85%, $\xrightarrow{HNO_2, \text{ dann H-Met-}OCH_3}$ Boc-Ser-Phe-Ser-Met-OCH_3, 58%. $\xrightarrow{NH_2-HN_2}$ Boc-Ser-Phe-Ser-Met-NH-NH_2 · H_2O, F. 214—216° (Zers.; 50%ig. A.), $[\alpha]_D$ —25,9° (1% in 90%ig. **VIII**), 79%, → Azid; daraus durch Rk. mit H-Glu(OBu)-His-Phe-Arg-Trp-Gly-OH · CH_3COOH · $2H_2O$ → Decapeptidverb. der obigen Formel **X** (Y = Phe-Ser) · $2H_2O$, $[\alpha]_D$ —20,4° (1% in 90%ig. **VIII**), 71%; daraus durch Kondens. mit **III** [X' = Val-Lys(Boc)-Val-Tyr; R' = NH_2; A = Cl] · $6H_2O$ → **XI**, Y = Phe-Ser, X' = Val-Lys(Boc)-Val-Tyr, R' = NH_2, A = Cl → Trifluoracetat → Acetat, nach Elution mit NH_4-acetat (pH 8—9) aus Carboxymethylcellulose → reines *Trikosapeptid*, **IX**, *Y* = *Phe-Ser*, *X* = *Val-Lys-Val-Tyr*, *R* = NH_2; analog die übrigen Prod. der Formel **IX**. — Aus Z-Tyr-OH u. H-Ala-OCH_3 · HCl → Z-Tyr-Ala-OCH_3, F. 135—136° (Essigester/PAe.), $[\alpha]_D$ —18,5° (1% in **VII**), 72%, → H-Tyr-Ala-OCH_3 · HCl, 94,5%, → H-Tyr-Ala-OCH_3, 89%, → Boc-Ser-Tyr-Ala-OCH_3, 65,5%, → Boc-Ser-Tyr-Ala-NH-NH_2, F. 186—187° (W.), $[\alpha]_D$ —38,5° (2% in 50%ig. **VIII**), 86%, → Boc-Ser-Tyr-Ala-Met-OCH_3, 64%, → Boc-Ser-Tyr-Ala-Met-NH-NH_2 · H_2O, $[\alpha]_D$ —32° (1% in 80%ig. **VIII**), 81%, → Azid; daraus mit H-Glu(OBu)-His-Phe-Arg-Trp-Gly-OH · CH_3COOH · H_2O → Decapeptidverb., **X** (Y = Tyr-Ala) · $2H_2O$, $[\alpha]_D$ —16,4° (1% in 90%ig. **VIII**), 72%; daraus durch Kondens. mit **III**, X' = Val-Lys(Boc)-Val-Tyr R' = NH_2, A = Cl → Boc-Trikosapeptidamidverb., **XI** Y = Tyr-Ala, X', R' u. A wie vorst., → Trifluoracetat → Acetat → reines *Trikosapeptid*, **IX**, *Y* = *Tyr-Ala*, *X* = *Val-Lys-Val-Tyr*, *R* = NH_2. Die Kondens. zu den End-prod. erfolgt ohne Isolierung der entsprechenden Nitrophenylester in einer Stufe. — Vgl. D.A.SS. 1220433; C. **1967**, 4-1766 u. 1240088; C. **1968**, 12-1672. (**D.A.SS. 1246747** Kl. 12q vom 6/7. 1964 u. **1246748** Kl. 12q vom 23/7. 1964, beide ausg. 10/8. 1967.) — 5 S. — 5 S.
Georg Vogel 4847

1882 Farbenfabriken Bayer Akt.-Ges., Leverkusen (Erfinder: Johann Pütter und Günther Schmidt-Kastner, Wuppertal), **Herstellung von reinen Präparaten des Kallikrein-Inaktivators** durch Behandlung des Kallikrein-Inaktivators in wss. Lsg. bei pH 7—10 mit Elastin, Abtrennung des entstandenen Komplexes, Zerlegung in wss. Medium bei pH 1—6 u. Befreiung der Lsg. von Salzen. (**D.A.S. 1251911** Kl. 30h vom 17/12. 1965, ausg. 12/10. 1967.) — 2 S.
R. Bauereis 4847

1883 Whitefin Holding Soc. An., Lugano, Schweiz, **Herstellung von Thiamphenicol-Derivaten**, z. B. durch Rk. von α-threo-1-[p-Methylsulfonylphenyl]-2-dichloracetamido-3-[aminoacetoxy]-propanol mit N-Acetylcystein in Ggw. eines organ. wasserfreien Lösungsmittels. (**Port.P. 45473** vom 16/3. 1966, Auszug veröff. 27/1. 1967. F. Prior. 29/3. 1965.)
W. Wittholz 4848

1884 American Home Products Corp., New York, N.Y., übert. von: Norman H. Grant, Wynnewood, und Harvey E. Alburn, West Chester, Pa., USA, **6-[α-Aminoacylamino-acylamino]-penicillansäuren** der allg. Formel **I** $R^6NH \cdot C(R^5)(R^4) \cdot CO \cdot N(R^3) \cdot C(R^2)(R^1) \cdot CO \cdot A$ (A = Rest der 6-Aminopenicillansäure über die 6-Aminogruppe gebunden; R^1—R^6 = H, Aryl-, Alkaryl-, Aralkyl-, ggf. ungesätt. Alkyl-, Cycloalkyl- u. heterocycl. Gruppen; R^2, R^5 = außerdem ggf. substituierte Indolylalkylgruppen oder Alkylthioalkyl- oder Amidoalkylgruppen; R^1 u. R^2 bzw. R^4 u. R^5 gemeinsam auch zum KW-Stoff-Ring geschlossen; R^2 u. R^3 bzw. R^5 u. R^6 gemeinsam auch zum heterocycl. Ring geschlossen) werden erhalten durch Rk. von BA (B = $R^3NH \cdot C(R^2)(R^1) \cdot CO$ oder **II**; R^a—R^d = H, Halogen, niederes Alkyl, NO_2,

II 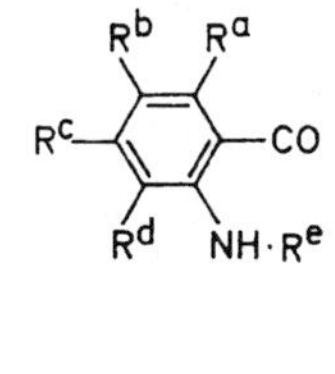

III 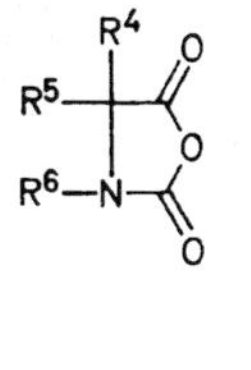

IV 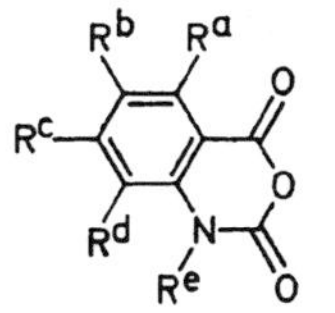

SO_3H, OH; 2 benachbarte Reste R^a—R^d können auch zu einem ankondensierten Bzl.-Ring vereint sein; R^e = H, niederes Alkyl) mit **III** bzw. (falls A = **II**) **IV**, die durch Rk. der entsprechenden Aminosäure mit $COCl_2$ erhältlich sind. — Zahlreiche nicht definierte **I** sind als gegen Gram-positive u. Gram-negative Mikroorganismen wirksam aufgeführt. — *Heilmittel*. (**U.S.P. 3268518** vom 20/3. 1964, ausg. 23/8. 1966.) — 9 S.
F. Hirsch 4848

1885 American Home Products Corp., New York, N.Y., übert. von: Norman H. Grant, Wynnewood, und Harvey E. Alburn, West Chester, Pa., USA, **6-[Aminoacylamino-acylamino]-penicillansäuren** der allg. Formel **I** (A = über die Aminogruppe gebundener Rest der

I 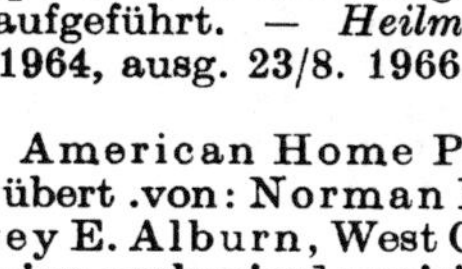

II 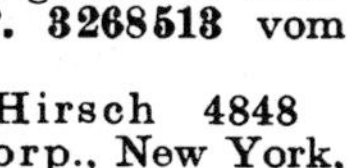

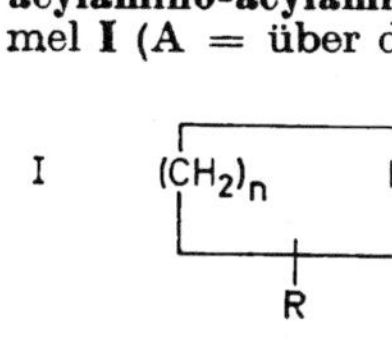

III

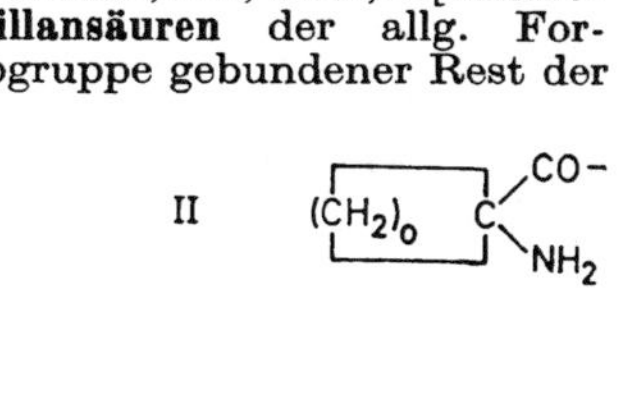

IV

V 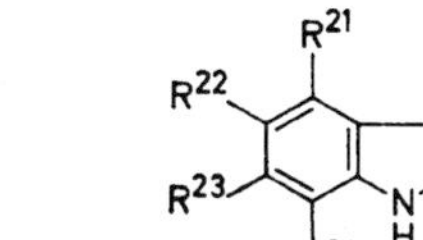

6-Aminopenicillansäure; R = OH, Alkyl; n = 2—7; Y = $R^2NH \cdot CH(R^1)$-CO—; **II**, **III**, **IV**, **V**, R^7-S-$(CH_2)_p$-$CH(NH_2)CO$—, H_2N-CO-$(CH_2)_m$-$CH(NH_2)CO$—; R^1 = H, ggf. substituierter R^2- oder Alkarylrest; R^2 = Alkyl, Aryl; o = 2—9; R^{11}—R^{14} = R^{15}, NO_2, SO_3H, NH_2, Halogen, OH oder zusammen mit einem benachbarten Rest R ein ankondensierter Aryl- oder alicycl. Rest; R^{15} = H, Alkyl; R^{21}—R^{24} = R^{15}, OH, Alkoxy, NH_2, NO_2; R^7 = H, A-CO · $CH(NH_2)$-$(CH_2)_p$-S—; p = 1—5; q = 1—4) werden analog vorst. Ref. erhalten. — *Antibiotika*.

(**U.S.P. 3268516** vom 7/4. 1964, ausg. 23/8. 1966.) — 3 S. F. Hirsch 4848

1886 American Home Products Corp., New York, N.Y., übert. von: Norman H. Grant, Wynnewood, und Harvey E. Alburn, West Chester, Pa., USA, **6-[Amino-acylamino-acylamino]-penicillansäuren** der allg. Formel **I** (A = über die Aminogruppe gebundener

I 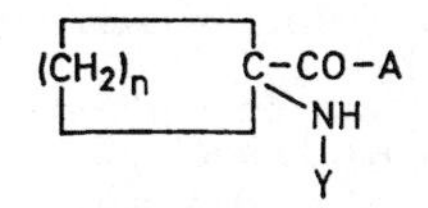 II 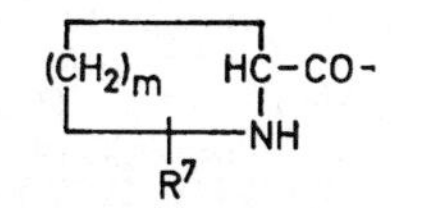

Rest der 6-Aminopenicillansäure; n = 2—9; Y = $R^2NH \cdot CH(R^1)CO$–, 1-Aminocycloalkylcarbonyl-(C_{3-10}), durch $R^{11}-R^{14}$ kernsubstituierter 5-[R^{15}-Amino]-benzoyl-, durch $R^{21}-R^{24}$ kernsubstituierter α-Amino-β-indolyl-(3)-propionyl-, α-Amino-ω-(R-S)-alkylcarbonyl-Rest (Alkyl C_{2-6}), **II**-Rest oder H_2N–CO–Alkyl-$CH(NH_2)$–CO-Rest (Alkyl C_{1-4}); R^1 = H, ggf. substituierte Alkyl-, Aryl-, Alkarylgruppe; R^2 = Alkyl-, Arylgruppe; R^{11} bis R^{14} = H, Alkyl, NO_2, NH_2, OH, Halogen; R^{15} = niederes Alkyl, H; $R^{21}-R^{24}$ = H. Alkyl, OH, NO_2, NH_2, Alkoxy, Halogen; R = H, Alkyl, A-CO-$CH(NH_2)$-alkylmercapto-Rest (Alkyl C_{1-5}), m = 2—7; R^7 = H, Alkyl) werden erhalten entsprechend vorst. Ref. durch Rk. eines in 4-Stellung substituierten 2.5-Oxazolidindions mit einer 6-[Aminoacylamino]-penicillansäure. — *Heilmittel.* (**U.S.P. 3268517** vom 7/4. 1964, ausg. 23/8. 1966.) — 3 S. F. Hirsch 4848

1887 American Home Products Corp., New York, N.Y., übert. von: Norman H. Grant, Wynnewood, und Harvey E. Alburn, West Chester, Pa., USA, **6-[Amino-acylamino-acylamino]-penicillansäuren** der allg. Formel **I**

I 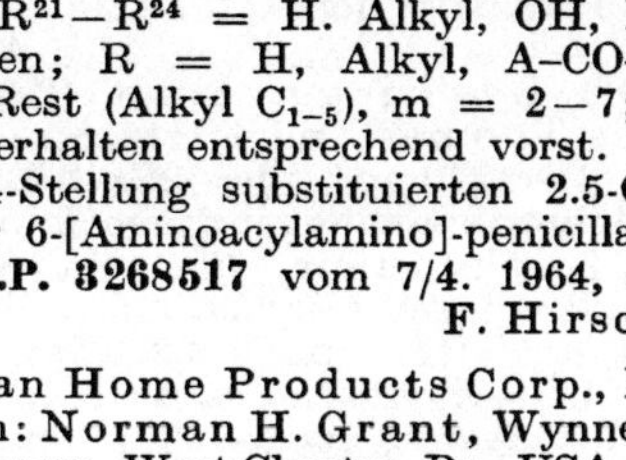

(A u. Y haben die in vorst. Ref. angegebene Bedeutung; X^1-X^4 = H, Alkyl, OH, Alkoxy, NH_2, NO_2) werden analog vorst. Ref. erhalten. — *Antibiotika.* (**U.S.P. 3268514** vom 7/4. 1964, ausg. 23/8. 1966.) — 3 S. F. Hirsch 4848

1888 American Home Products Corp., New York, N.Y., übert. von: Harvey E. Alburn, West Chester, und Norman H. Grant, Wynnewood, Pa., USA, **6-[Amino-acylamino-acylamino]-penicillansäuren** der allg. Formel **I** [A u. Y haben die in vorst. Ref. angegebene

I 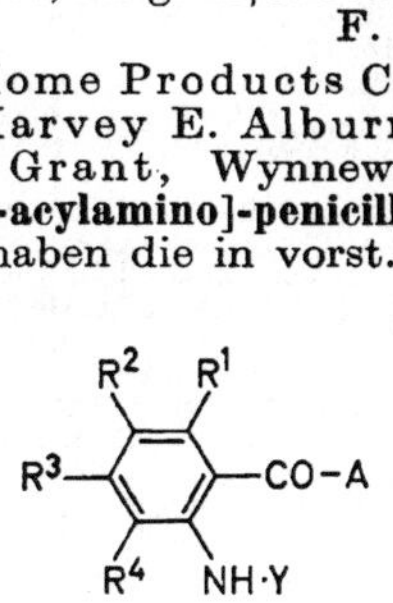

Bedeutung; R^1-R^4 = H, Alkyl, NO_2, SO_3H, NH_2, Halogen, OH oder 2 benachbarte R gemeinsam ein ankondensierter Aryl- oder alicycl. Ring] werden analog vorst. Ref. hergestellt. — *Antibiotika.* (**U.S.P. 3268515** vom 7/4. 1964, ausg. 23/8. 1966.) — 3 S. F. Hirsch 4848

1889 American Home Products Corp., New York, N.Y., übert. von: Norman H. Grant, Wynnewood, und Harvey E. Alburn, West Chester, Pa.,USA, **6-[Amino-acylamino-acylamino]-penicillansäuren** der allg. Formel X–S–$(CH_2)_n$–CH(NH · Y) · CO · A [A u. Y haben die im vorst. Ref. angegebene Bedeutung; X = H, Alkyl; n = 1—4] werden analog vorst. Ref. erhalten. — *Antibiotika.* (**U.S.P. 3268518** vom 7/4. 1964, ausg. 23/8. 1966.) — 3 S. F. Hirsch 4848

1890 American Home Products Corp., New York, N.Y., übert. von: Harvey E. Alburn, Wesf Chester, und Norman H. Grant, Wynnewood, Pa., USA, **6-[Amino-acylamino-acylamino]-penicillansäuren** der allg. Formel H_2N–CO · $(CH_2)_n$–CH(NH · Y) · CO · A [A u. Y haben die in vorst. Ref. angegebene Bedeutung; n = 1—4) werden analog vorst. Ref. hergestellt. — *Antibiotika.* (**U.S.P. 3268519** vom 7/4. 1964, ausg. 23/8. 1966.) — 3 S. F. Hirsch 4848

1891 Soc. Prodotti Antibiotici S. p. A., Mailand, Italien, **Herstellung von Pyrrolidinomethyltetracyclin-Chloramphenicol-Succinat.** Eine Lsg. von Pyrrolidin in CH_2Cl_2 wird zu einer methanol. Lsg. von CH_2O gegeben u. dann eine Lsg. zugesetzt, die durch inniges Vermischen von bas. Tetracyclin mit sauren Chloramphenicolsuccinat in Äthylacetat erhalten wird. (**Port.P. 45461** vom 14/3. 1966, Auszug veröff. 27/1. 1967.) W. Wittholz 4848

1892 Chas. Pfizer & Co., Inc., New York, N.Y. (Erfinder: Walter Daniel Celmer, New London, Conn.), USA, **Herstellung von Amin-N-oxiden von Oleandomycinacylestern** durch Ox. von Oleandomycinacylestern bei —40 bis 25° mit H_2O_2 oder einer Persäure. — Beispiel: Durch Ox. von 1.2.3-Triacetyloleandomycin mit Peressigsäure bei —20° erhält man das *1.2.3-Triacetyloleandomycin-N-oxid*, F. 110—112°, $[\alpha]_D^{25}$ —25°, *Hydrochlorid, Dihydrat*, F. 177—179°, *Mesylat.* Analog wurden erhalten: *1-Monoacetyloleandomycin-N-oxid*, F. 126—128°; *1.2-Diacetyloleandomycin-N-oxid*, F. 117 bis 121°; *1.3-Diacetyloleandomycin-N-oxid*, F. 145—147°; *2.3-Diacetyloleandomycin-N-oxid*, F. 182—185°; *2-Monoacetyloleandomycin-N-oxid*, F. 145—148°; *3-Monoacetyloleandomycin-N-oxid*, F. 190°. — *Reizlose Antibiotika.* (**D.A.S. 1252207** Kl. 12q vom 15/10. 1964, ausg. 19/10. 1967.) — 5 S. R. Bauereis 4848

1893 Upjohn Co. (Erfinder: Alexander Demetrios Argoudelis, John A. Fox und Malcolm Edward Bergy), Kalamazoo, Mich., USA, **Gewinnung des Antibiotikums Lincomycin B.** Man züchtet *Streptomyces lincolnensis var. lincolnensis* in einem üblichen Nährmedium, extrahiert das filtrierte Fermentationsmedium u. extrahiert den getrockneten Extrakt mit einem aus gleichen Teilen bestehenden Lsgm.-Gemisch aus 1-Butanol u. W.; $C_{17}H_{32}N_2O_6S$, pKa'-Wert ca. 7,46—7,68. — IR-Spektren u. Papierchromatogramm. — Die Salze sind beständiger. (**D.A.S. 1241943** Kl. 30h vom 24/3. 1965, ausg. 8/6. 1967. U.S. Prior. 25/3. 1964.) — 7 S. K.-H. Kähler 4848

1894 Upjohn Co., Kalamazoo (Erfinder: Alexander Demetrios Argoudelis, Kalamazoo, und Donald Joseph Mason, Portage), Mich., USA, **Herstellung des Antibiotikums Lincomycin C.** Man züchtet *Streptomyces lincolnensis var. lincolnensis* NRRL 2936 in einer bis zu 4 mg/ml Äthionin enthaltenden Nährfl. unter aeroben Bedingungen, eluiert das Antibiotikum mit Aceton, gefriertrocknet das Eluat u. extrahiert mit Methylenchlorid; Molgew. 490 ± 20; $C_{19}H_{36}N_2O_6S \cdot HCl \cdot H_2O$; Nadeln bzw. Würfel, $[\alpha]_D^{24}$ +140,5° (c = 0,427 in W.) bzw. +143° (c = 0,62 in W.). — Chromatogramm, 2 IR-Spektren. (**D.A.S. 1247550** Kl. 30h vom 20/3. 1965, ausg. 17/8. 1967. U.S. Prior. 25/3. 1964.) — 7 S. K.-H. Kähler 4848

1895 Farbwerke Hoechst Akt.-Ges. vormals Meister Lucius & Brüning (Erfinder: Richard Kreutzfeldt, Karl Kühn und Rolf Höhl), Frankfurt/M., **Fermentative Gewinnung des Antibiotikums Moenomycin.** Die Fermentation des moenomycinbildenden Streptomyceten wird in einem Nährmedium vorgenommen, welches bis zu 15%, bezogen auf Trockenmasse, Mycel von Mikroorganismen enthält. (**D.A.S. 1247549** Kl. 30h vom 25/2. 1965, ausg. 17/8. 1967.) — 3 S. K.-H. Kähler 4848

1896 Takeda Chemical Industries Ltd., Osaka (Erfinder: Motoo Shibata, Toyonaka, Hiroichi Yamamoto, Kobe, Eiji Higashide, Takarazuka, Komei Mizuno, Osaka, Masahiko Imanishi, Takarazuka, und Akira Miyake, Nishinomiya), Japan, **Herstellung des Antibiotikums Gangtokmycin.** Man gewinnt das Antibiotikum durch Züchtung von *Streptomyces gangtokensis ATTC 15665* in einem üblichen Nährmedium unter aeroben Bedingungen. Elementaranalyse: 63,06(%) C, 8,78 H, 1,21 N u. Rest = O. $[\alpha]_D^{25}$ 0 ~ −13° (c = 0,5:1,0 in wss. Py. mit 20 Gew.-% H_2O). UV- u. IR-Spektrum. (**D.A.S. 1249456** Kl. 30h vom 23/10. 1964, ausg. 7/9. 1967. Jap. Prior. 24/10. 1963.) — 8 S. K.-H. Kähler 4848

1897 Upjohn Co. (Erfinder: Curtis Erdmund Meyer und Binjoy Kumar Bhuyan), Kalamazoo, Mich., USA, **Herstellung des Antibiotikums Cirolerosus** durch Züchtung von *Streptomyces bellus var. cirolerosus* NRRL 3107 in üblichem Nährmedium unter aeroben Bedingungen. Empir. Formel: $C_{45-52}H_{62-76}N_2O_{18}$. Molgew. 974 ± 30. UV- u. IR-Spektrum. (**D.A.S. 1252366** Kl. 30h vom 12/3. 1965, ausg. 19/10. 1967. U.S. Prior. 16/3. 1964.) — 9 S. K.-H. Kähler 4848

1898 Ustav sér a očkovacich látek (Erfinder: František Škvařil und Dezidér Grünberger), Prag, ČSSR, **Stabilisieren von menschlichen γ-Globulinlösungen,** die aus Plazentamaterial gewonnen wurden, erfolgt durch Zusatz von *ε-Aminocapronsäure*. — Injektionspräp. zum *Schutz vor Infektionskrankheiten*. — 2 Figuren. (**D.A.S. 1250966** Kl. 30h vom 3/7. 1961, ausg. 28/9. 1967. Tschech. Prior. 4/7. 1960.) — 3 S. R. Bauereis 4849

1899 National Research Development Corp., London (Erfinder: Herbert Williams Smith, Stock, Essex, John Smith, Knaphill, Surrey, George Ernest Shrimpton, Poole, Dorset, und Walter Reginald Wooldrige, Stanmore, Middlesex), Großbritannien, **Herstellung von Impfstoffen gegen Salmonella choleraesuis-Infektionen** erfolgt durch Züchtung eines durch Phagenselektion mit Salmonella-anti-O-Phagen Nr. 1 aus Kulturen von virulenten Salmonella choleraesuis erhaltenen abgeschwächten Stammes A.T.C.C. 15479 von Salmonella choleraesuis oder durch Züchtung eines durch visuelle Selektion aus Kulturen von virulenten Salmonella choleraesuis erhaltenen abgeschwächten Stammes A.T.C.C. 15478 u. Verarbeitung der gezüchteten Viren zum Impfstoff. (**D.A.S. 1249455** Kl. 30h vom 10/9. 1964, ausg. 7/9. 1967. U.S. Prior. 10/9. 1963.) — 3 S. R. Bauereis 4849

1900 Behringwerke Akt.-Ges., Marburg/Lahn (Erfinder: Gisela Enders-Ruckle, Stuttgart, Walter Hennessen, Marburg/Lahn, und Rudolf Mauler, Cappel bei Marburg/Lahn), **Herstellung einer Masern-Vakzine** erfolgt durch Züchtung von Masernviren, die von Menschen gewonnen wurden, in Gewebekulturen von Primaten durch 5—20 Gewebekulturpassagen u. Verarbeitung des Gewebekulturvirus zu einem Impfstoff ggf. unter Zugabe eines Adjuvans. (**D.A.S. 1247548** Kl. 30h vom 28/8. 1965, ausg. 17/8. 1967.) — 4 S. R. Bauereis 4849

1901 Diamond Laboratories, Inc. (Erfinder: Clarence Joseph Welter), Des Moines, Ia., USA, **Gewinnung eines Impfstoffes gegen infektiöse Schweinegastroenteritis** durch Homogenisieren von 1 (Teil) Darmschleimhat infizierter Ferkel mit 4 einer Salzserumlsg., bestehend aus 1 Pferdeserum u. 9 einer Pufferlsg. von 16 g KH_2PO_4, 34 g Na_2HPO_4 u. 8,5 g NaCl in 1000 ml W., Übertragung des Homogenisats auf Gewebekulturen u. Attenuierung der Viren durch wiederholte, ≦ 24std. Passagen u. ggf. Inaktivierung durch Bebrüten. (**D.A.S. 1253412** Kl. 30h vom 2/9. 1965, ausg. 2/11. 1967. U.S. Prior. 22/9. 1964.) — 4 S. R. Bauereis 4849

1902 Farbwerke Hoechst Akt.-Ges. vormals Meister Lucius & Brüning, Frankfurt/M. (Erfinder: Fritz Bauer, Bad Soden, Peter Klatt, Kelkheim, und Kurt Sellhorn, Frankfurt/M.), **Herstellung eines gefärbten antibiotikahaltigen Präparates zur Euterbehandlung von Milchvieh,** durch Zusatz von 100—750 mg, bes. 250—500 mg, Lebensmittelblau Nr. 3 zu antibiotikahaltigen, bes. penicillinhaltigen, wss. oder öligen Suspensionen, wobei das Verhältnis von Penicillin zu Farbstoff zwischen 0,5:1 u. 2:1, bes. 0,8:1 u. 1,2:1, liegt. (**D.A.S. 1250969** Kl. 30h vom 19/8. 1964, ausg. 28/9. 1967.) — 2 S. R. Bauereis 4851

1903 Schering Akt.-Ges., Berlin (Erfinder: Heinz Eberhard Freund, Berlin, und Mahmoud Muftic, Cornavin, Genf, Schweiz,) **Aliphatische Carbonsäureamide** der allg. Formel R–CO–NH–C_6H_3(m-Cl)(p-SCN) erhält man durch Rk. von Verb. der allg. Formel R–COX mit 3-Chlor-4-thiocyananilin (R = C_7-C_{11}-Alkyl; X = Halogen; OR′; R′ = H, R–CO–). — Es wurden erhalten: *Caprylsäure-(3-chlor-4-thiocyananilid)*, F. 78—79° (PAe.–Bzl.); Ausb. 58,2%. — *Pelargonsäure-(3-chlor-4-thiocyananilid)*, F. 98—99° (PAe.–Bzl.). — *Laurinsäure-(3-chlor-4-thiocyananilid)*, F. 71,5—72,5° (PAe.–Bzl.); Ausb. 69,5%. *Heilmittel*, bes. gegen *Staphylokokken*. — Vgl. Tabellen. (**D.A.S. 1250423** Kl. 12o vom 2/11. 1965, ausg. 21/9. 1967.) — 3 S. A. Jahn 4852

1904 Inphar Soc. An., Mesocco, Schweiz (Erfinder: Giangiacomo Massaroli, Mailand, Italien), **N-[5-Nitro-2-furfuryliden]-3-amino-5-methylmercaptomethyl-oxazolidon-(2),** F. 182° (Essigsäure), erhält man durch Rk. von 3-Methylmercapto-2-hydroxypropylhydrazin, $Kp._1$ 128—130°, mit einem Dialkylcarbonat u. weitere Rk. des gebildeten 3-Amino-5-methylmercaptomethyloxazolidons-(2), ggf. ohne Abtrennung, mit 5-Nitrofurfurol. — *Bakterizid*. (**D.A.S. 1247319** Kl. 12p vom 27/7. 1963, ausg. 17/8. 1967. It. Prior. 1/8. 1962.) — 3 S. A. Jahn 4852

1905 C. H. Boehringer Sohn (Erfinder: Walter Ost, Klaus Thomas und Dietrich Jerchel), Ingelheim/Rh., **Herstellung von Bis-1.2.3.4-tetrahydro-9-aminoacridiniumverbindungen** durch Erhitzen von 1.2.3.4-Tetrahydro-9-aminoacridin mit einem Alkyl-ω.ω′-dihalogenid oder einem Alkyl-ω.ω′-di-p-toluolsulfonat. — Beispiel: Durch Rk. von 1.2.3.4-Tetrahydro-9-aminoacridin mit 1.10-Dijoddecan erhält man das *N.N′-Decyl-bis-[1.2.3.4-tetrahydro-9-aminoacridinium]-dijodid*, F. 295°, mit 48% (Ausb.). Analog wurden folgende 1.2.3.4-Tetrahydro-9-aminoacridinium(I)-Verb. erhalten: *N.N′-Decyl-bis-*I*-dibromid*, F. 239—330° (Zers.), 73%; *N.N′-Decyl-bis-*I*-diacetat*, F. 267—270° (Zers.); *N.N′-Decyl-bis-*I*-dichlorid*, F. 342—344° (Zers.); *N.N′-Octyl-1.8-bis-*I*-dijodid*, F. 305—306°, 44%; *N.N′-Decyl-1.10-bis-*I*-di-p-toluolsulfonat*, F. 295—298° (Zers.), 31%; *N.N′-Dodecyl-1.12-bis-*I*-dijodid*. F. 290—295° (Zers.), 43%; *N.N′-Hexadecyl-1.16-bis-*I*-dijodid*, F. 285—290° (Zers.), 40%. — *Antimikrobielle Mittel*. (**D.A.S. 1253269** Kl. 12p vom 18/8. 1965, ausg. 2/11. 1967.) — 3 S. R. Bauereis 4852

1906 **Österreichische Stickstoffwerke Akt.-Ges.** (Erfinder: **Otto Kraup** und **Karl Schlogl**), *Herstellung von basischen Estern*. (**Aust.P. 268 858** vom 20/3. 1963, ausg. 11/8. 1966. Oe. Prior. 22/3. u. 30/3. 1962. — C. **1967,** 22-1712 [Brit.P. 1 024 482].)

1907 **Chemie Grünenthal G. m. b. H.** (Erfinder: **Kurt Flick** und **Heinrich Muckter**), *Herstellung von Estern quaternärer Ammoniumverbindungen*. (**Aust.P. 261 470** vom 30/3. 1962, ausg. 2/9. 1965. — C. **1967,** 2-1804 [Brit.P. 974 899].)

1908 **Hoffmann-La Roche, Inc.**, Nutley, übert. von: **Leo Berger**, Montclair, **Alfred John Corraz**, Packanack Lake, und **John Lee**, Montclair, N. J., USA, *Herstellung von substituierten niedermolekularen Fettsäureamiden*. (**U.S.P. 3 282 949** vom 3/7. 1963, ausg. 1/11. 1966. — C. **1968,** 24-1781 [Brit.P. 1 025 044].)

1909 **F. Hoffmann-La Roche & Co. Akt.-Ges.** (Erfinder: **Hugo Gutmann**), *Substituierte Säurehydrazide*. (**Aust.P. 262 444** vom 29/9. 1959, ausg. 21/10. 1965. Schwz. Prior. 17/10. 1958. — C. **1963,** 17 414 [D.A.S. 1 105 427].)

1910 **Madan Soc. An.** (Erfinder: **Nguyeh Dat Xuong**), *Herstellung von 4.4′-Diisoamyloxythiocarbanilid*. (**Aust.P. 268 978** vom 20/9. 1962, ausg. 18/8. 1966. Belg. Prior. 28/9. 1961. — C. **1965,** 51-1808 [Oe.P. 235 307].)

1911 **Parke, Davis & Co.** (Erfinder: **Alfred Campbell**), *Guanidine*. (**Aust.P. 267 803** vom 5/1. 1962, ausg. 23/6. 1966. U.S. Prior. 6/1. 1961. — C. **1965,** 16-1713 [Brit.P. 934 935].)

1912 **Imperial Chemical Industries Ltd.** (Erfinder: **Ralph Howe, Leslie Harold Smith** und **John Stuart Stephenson**), *2-Alkylaminoäthanolderivate*. (**Aust.P. 269 624** vom 26/3. 1963, ausg. 15/9. 1966. Brit. Prior. 28/3. 1962. — C. **1967,** 41-1712 [Brit.P. 1 005 026].)

1913 **Charles E. Frosst & Co.** (Erfinder: **Irving Levi** und **John William Roy Weed**), *N-Acyl-α-aminosäureamide*. (**Aust.P. 268 983** vom 22/2. 1963, ausg. 18/8. 1966. U.S. Prior. 2/4. 1962. — C. **1966,** 49-1814 [Brit.P. 978 088].)

1914 **Farbenfabriken Bayer Akt.-Ges.**, übert. von: **Wolfgang Wirth, Rudolf Hiltmann** und **Fritz Mietzsch**, Wuppertal, *1-[γ-Dimethylaminopropoxy]-2-alkoxy-alkenylbenzole*. (**U.S.P. 3 095 449** vom 6/8. 1957, ausg. 25/6. 1963. — C. **1966,** 4-1705 [Brit.P. 815 211].)

1915 **C. F. Boehringer & Soehne G. m. b. H.** (Erfinder: **Erich Haack, Rudi Gall, Ruth Heerdt, Johann Achelis** und **Felix Schmidt**), *Salicylsäurederivate*. (**Aust.P. 269 326** vom 12/2. 1963, ausg. 1/9. 1966. D. Prior. 21/3. 13/12. 1962. — C. **1965,** 50-1914 [Brit.P. 966 479].)

1916 **Farbwerke Hoechst Akt.-Ges. vormals Meister Lucius & Brüning,** (Erfinder: **Heinrich Ruschig, Gerhard Korger, Walter Aumüller** und **Werner Schmidt**), *Sulfonylharnstoffe*. (**Aust.P. 269 166** vom 10/4. 1963, ausg. 25/8. 1966. D. Prior. 21/4. 1962. — C. **1966,** 7-1778 [D.A.S. 1 176 130].)

1917 **Farbwerke Hoechst Akt.-Ges. vormals Meister Lucius & Brüning** (Erfinder: **Helmut Weber, Walter Aumüller, Gerhard Korger** und **Rudi**

Weyer), *Sulfonylharnstoffe.* **(Aust.P. 269 344** vom 25/6. 1963, ausg. 1/9. 1966. D. Prior. 10/7. 1962. — C. **1965,** 43-1876 [D.A.S. 1 183 498].)

1918 **Sandoz Patents Ltd.** (Erfinder: **Edouard Frommel** und **Jean-Jacques Gallay),** *N-Methylanilide.* **(Aust.P. 269 403** vom 28/5. 1963, ausg. 1/9. 1966. Schwz. Prior. 29/5. 1962. — C. **1965,** 43-1873 [D.A.S. 1 189 556].)

1919 **Sandoz Akt.-Ges.** (Erfinder: **Ernst Jucker** und **Anton Ebnother),** *Dibenzocycloheptanderivate.* **(Aust.P. 262 834** vom 7/11. 1961, ausg. 4/11. 1965. Schwz. Prior. 9/11., 13/12. 1960 u. 31/1. 1961. — C. **1967,** 19-1804 [Oe.P. 230 373].)

1920 **McNeil Laboratories, Inc.** (Erfinder: **Richard Mohrbacher** und **George Poos),** *Fulvenderivate.* **(Aust.P. 267 907** vom 10/4. 1962, ausg. 30/6. 1966. U.S. Prior. 25/4. 1961 u. 14/3. 1962. — C. **1967,** 47-1648 [Brit.P. 1 009 012].)

1921 **Madan Soc. An.** (Erfinder: **Nguyen Phuc Buu-Hoi, Bui-Quoc-Huong, Tran-Lu-Y** und **Chau-Van-Tuong),** *Herstellung von 6-Aminochrysen.* **Aust.P. 267 649** vom 9/10. 1961, ausg. 16/6. 1966. Belg. Prior. 1/9. 1961. — C. **1966,** 27-1633 [F.P. [Méd.] 1 448].)

1922 **Mead Johnson & Co.,** Evansville, Ind., USA, *3.5-Diarylpyrrolidinole-(3).* **(Brit.P. 1 016 830** vom 1/7. 1963, ausg. 12/1. 1966. — C. **1966,** 3-1673 [U.S.P. 3 095 424].)

1923 **American Home Products Corp.** (Erfinder: **Leonard Rice** und **Meier Freed),** *Polymethylenindole.* **(Aust.P. 267 860** vom 16/10. 1962, ausg. 30/6. 1966. U.S. Prior. 24/10. 1961. — C. **1967,** 49/50-1593 [Brit.P. 1 013 908].

1924 **Merck & Co., Inc.** (Erfinder: **Tsung-Ying Shen** und **Lewis H. Sarett),** *Indolylessigsäurederivate.* **(Aust.P. 269 256** vom 16/8. 1963, ausg. 25/8. 1966. U.S. Prior. 7/9. 1962. — C. **1968,** 8-1666 [U.S.P. 3 242 192].)

1925 **Soc. des Usines Chimiques Rhône-Poulenc** (Erfinder: **Robert Jacob, Gilbert Regnier** und **Cornal Crisan),** *Monoester von Imidazolverbindungen.* **(Aust.P. 257 779** vom 29/6. 1960, ausg. 25/3. 1965. — C. **1966,** 6-1711 [Ind.P. 72 412].)

1926 **Warner Lambert Pharmaceutical-Co.,** Morris Plains, N. J., USA (Erfinder: **Gerhard Satzinger),** *2-Carbalkoxymethylen-3-alkylthiazolidin-4-one.* **(Brit.P. 1 022 047** vom 23/11. 1962, ausg. 9/3. 1966. — C. **1966,** 3-1676 [U.S.P. 3 072 653].)

1927 **Lepetit S. p. A.** (Erfinder: **Vitangelo d'Amato),** *Tetrahydrofurfuryl-3-pyridylacetat.* **(Aust.P. 262 375** vom 14/11. 1962, ausg. 14/10. 1965. Brit. Prior. 23/11. 1961. — C. **1966,** 20-1695 [Brit.P. 961 343].)

1928 **Abbott Laboratories** (Erfinder: **John Anthony Carbon),** *Nitropyridine.* **(Aust.P. 262 084** vom 23/1. 1963, ausg. 30/9. 1965. U.S. Prior. 8/2. 1962. — C. **1964,** 32-1546 [U.S.P. 3 080 374].)

1929 **N. V. Research Laboratorium Dr. C. Janssen** (Erfinder: **Paul Janssen),** *Piperidinderivate.* **(Aust.P. 268 606** vom 4/10. 1962, ausg. 28/7. 1966. U.S. Prior. 10/10. 1961. — C. **1967,** 15-1835 [Brit.P. 992 732].)

1930 **Sandoz Akt.-Ges.,** Basel, Schweiz, *Herstellung von Estern von 1-Alkyl-4-hydroxypiperidin.* **(Niederl.P. 112 184** vom 22/10. 1958, ausg. 15/12. 1965. Schwz. Prior. 23/10. 1957. — C. **1964,** 37-1618 [Schwz.P. 362 074].)

1931 **Roussel-Uclaf** (Erfinder: **André Allais** und **Pierre Girault),** *Phenylaminochinoline.* **(Aust.P. 269 324** vom 29/1. 1963, ausg. 1/9. 1966. F. Prior. 16/2. 1962. — C. **1965,** 2-1837 [D.A.S. 1 173 899].)

1932 **F. Hoffmann-La Roche & Co. Akt.-Ges.** (Erfinder: **Arnold Brossi** und **Hans Bruderer),** *Isochinolinderivate.* **(Aust.P. 268 607** vom 7/1. 1963, ausg. 28/7. 1966. Schwz. Prior. 19/1. 1962. — C. **1967,** 25-1625 [Brit.P. 995 369].)

1933 **Burroughs Wellcome & Co. (USA), Inc.,** Tuckahoe, N. Y., USA, übert. von: **Harry Tacon Openshaw** und **Norman Whittaker,** London, Großbritannien, *Gewinnung der optischen Enantiomeren des 3-Äthyl-1.2.3.4.6.7-hexahydro-9.10-midethoxy-2-oxo-11b-benzo[a]chinolizin.* **(U.S.P. 3 150 141** vom 24/5. 1961, ausg. 22/9. 1964. Brit. Prior. 27/5. 1960 u. 21/2. 1961. — C. **1966,** 12-2508 [Ind.P. 76 647].)

1934 **Sandoz Akt.-Ges.** (Erfinder: **Albert Hofmann, Albert Frey** und **Hans Ott),** *Oktahydrooxazolo-[3.2:a]-pyrrolo-[2.1:c]-pyrazinderivate.* **(Aust.P. 268 362** vom 8/5. 1962, ausg. 21/7. 1966. Schwz.P. 10/5. 1961. — C. **1966,** 22-1677 [D.A.S. 1 194 868].)

1935 **Kyorin Seiyaku K. K.** (Erfinder: **Tsutomu Irikura, Kuniyosi Masuzawa** und **Keigo Nishino),** *Piperazine.* **(Aust.P. 268 612** vom 9/7. 1963, ausg. 28/7. 1966. Jap. Prior. 29/4. 1962. — C. **1968,** 6-1688 [Jap. A.S. 7 197/1965].)

1936 **Sumitomo Chemical Co. Ltd.,** Osaka, übert. von: **Shigeho Inaba,** Takarazuka, **Atsuko Misaki,** Ibaragi, und **Chiharu Saito,** Toyonaka, Japan, *1.4-Bis-[3-äthyleniminopropionyl]-piperazine und deren Alkylderivate.* **(U.S.P. 3 196 156** vom 3/4. 1964, ausg. 20/7. 1965. Jap. Prior. 11/4. 1963. — C. **1967,** 22-1733 [D.A.S. 1 216 313].)

1937 **Sterling Drug, Inc.,** New York, übert. von: **Sydney Archer,** Bethlehem, N. Y., USA, *Herstellung von 1-[1-, 2- und 3-indolyl)-alkyl]-piperazine.* **(U.S.P. 3 188 313** vom 25/9. 1959, ausg. 8/6. 1965. — C. **1966,** 23-1785 [Brit.P. 944 443].)

1938 **Rhône-Poulenc Soc. An.,** Paris, Frankreich, *Bis-(chinolylaminoalkylen)-piperazine.* **(Brit.P. 1 005 893** vom 8/8. 1963, ausg. 29/9. 1965. F. Prior. 13/8. 1962. — C. **1966,** 44-1651 [Oe.P. 242 142].)

1939 **N. V. Koninklijke Pharmaceutische Fabrieken v/h Brocades-Stheeman & Pharmacia** (Erfinder: **Johan Gootjes),** *Chinazoline.* **(Aust.P. 268 170** vom 8/3. 1962, ausg. 14/7. 1966. Niederl. Prior. 27/3. 1961 u. 15/1. 1962. — C. **1967,** 7-1937 [Brit.P. 993 156].)

1940 **Farbenfabriken Bayer Akt.-Ges.** (Erfinder: **Otto Behner, Hans Henecka, Friedrich Hoffmeister, Horst Kreiskott, Werner Meiser, Hans Schubert** und **Wolfgang Wirth),** *Thiazinderivate.* **(Aust.P. 268 696** vom 6/6. 1963, ausg. 4/8. 1966. D. Prior 5/7. 1962. — C. **1965,** 13-1788 [D.A.S. 1 173 475].)

1941 **Jacques Georges Robert,** Sceaux, Frankreich, *Herstellung von Phenthiazinderivaten.* **(Tschech.PP. 122 781** u. **122 783** vom 6/12. 1961, ausg. 15/10. 1966. Beide F. Prior. 15/12. 1960. — C. **1965,** 7/8-1823 [D.A.S. 1 161 902].)

1942 **Cilag-Chemie Akt.-Ges.** (Erfinder: **Ernst Habicht, Hans Müller** und **Karl Koebel),** *Phenothiazine.* **(Aust.P. 269 468** vom 18/10. 1962, ausg. 8/9. 1966. Schwz. Prior. 2/11. 1961. — C. **1964,** 39-1573 [D.A.S. 1 154 804].)

1943 **Rhône-Poulenc Soc. An.,** Paris (Erfinder: **Robert Michel Jakob,** Ablon-sur-Seine, und **Jacques Georges Robert,** Gentilly, Seine), Frankreich, *Herstellung von Phenthiazinderivaten.* **(Schwz.P. 397 686** vom 6/3. 1961, ausg. 28/2. 1966. F. Prior. 19/3. 1960 u. 14/1. 1961. — C. **1966,** 4-1722 [D.A.S. 1 182 237].)

1944 **Rhône-Poulenc Soc. An.,** Paris (Erfinder: **Raymond Jacques Horceols,** Malakoff, und **Pierre Sarret,** Fontenay-sous-Bois), Frankreich, *Herstellung von Phenthiazinen* **(Schwz.P. 402 865** vom 22/1. 1962, ausg. 31/5. 1966. F. Prior. 24/1. 1961. — C. **1965,** 13-1789 [D.A.S. 1 171 922].)

1945 **Rhône-Poulenc Soc. An.,** Paris (Erfinder: **Robert Michel Jacob,** Ablon-sur-Seine, und **Jacques Georges Robert,** Sceaux), Frankreich, *Herstellung von Phenthiazinen.* **(Schwz.PP. 402 866** u. **402 867** vom 8/6. 19)59, ausg. 31/5. 1966. F. Prior. 10/6. 1958. — C. **1961,** 12 564 [D.A.S. 1 095 283].)

1946 **Soc. des Usines Chimiques-Rhône-Poulenc** (Erfinder: **Raymond Jacques Horclois),** *Herstellung von 10-[2'-Methansulfonyloxypropyl-(1')]-phenthiazin.* **(Aust.P. 267 635** vom 6/12. 1961, ausg. 16/6. 1966. F. Prior. 7/12. 1960. — C. **1963,** 18 180 [Ung.P. 150 442].)

1947 **Kyorin Seiyaku K. K.** (Erfinder: **Tsutomu Irikura** und **Seigo Suzue),** *Benzothiadiazin-1.1-dioxide.* **(Aust.P. 268 702** vom 4/1. 1962, ausg. 4/8. 1966. Jap. Prior. 4/3. u. 6/3. 1961. — C. **1966,** 1-1825 [Brit.P. 953 716].)

1948 **Merck & Co., Inc.,** Rahway, N. J., USA (Erfinder: **John Beech Bicking** und **James Maurice Sprague),** *2-R'-6-R-7-N-R'-sulfamoyl-3.4-dihydro-2H-1.2-benzthiazin-1.1-dioxide.* **(Brit.P. 1 049 750** vom 2/10. 1963, ausg. 30/11. 1966. — C. **1965,** 49-1698 [U.S.P. 3 113 075].)

1949 **Boehringer Ingelheim G. m. b. H.,** Ingelheim/Rh., übert. von: **Erich Müller** und **Klaus Hasspacher,** Biberach/Riß, *7-Sulfamyl-3.4-dihydro-1.2.4-benzthiadiazin-1.1-dioxid-Derivate.* **(U.S.P. 3 275 625** vom 23/1. 1961, ausg. 27/9. 1966. — C. **1963,** 9810 [D.A.S. 1 125 938].)

1950 **F. Hoffmann-La Roche & Co. Akt.-Ges.** (Erfinder: **Leo Hendryk Sternbach, Arthur Stempel, George Sidney Sach, Gabriel Saucy** und **Franklin Artell Smith),** *Herstellung von Benzodiazepinderivaten.* **(Aust.P. 262 336** vom 15/3. 1962, ausg. 14/10. 1965. U.S. Prior. 20/3. u. 1/6. 1961. — C. **1967,** 30-1761 [Oe.P. 236 386].)

1951 **F. Hoffmann-La Roche & Co. Akt.-Ges.** (Erfinder: **Oscar Keller, Norbert Steiger** und **Leo Henryk Sternbach),** *Herstellung von Benzodiazepinderivaten.* **(Aust.P. 268 937** vom 20/2. 1963, ausg. 11/8. 1966. U.S. Prior 21/3. 1962. — C. **1966,** 25-1689 [Oe.P. 237 623].)

1952 **SPOFA** (Erfinder: **Miroslav Protiva, Miroslav Rajsner, Zdenek Votava, Jirina Metysova, Edita Adlerova** und **Zdenek Vejdelek),** *Dihydrodibenzthiepinderivate.* **(Aust.P. 268 094** vom 7/6. 1962, ausg. 7/7. 1966. Tschech. Prior. 8/6. 1961 u. 24/3. 1962. — C. **1966,** 26-1712 [D.P. [DDR] 31 380].)

1953 **Olin Mathison Chemical Corp.** (Erfinder: **John Krapcho),** *Benzothiazepine.* **(Aust.P. 262 173** vom 4/9. 1962, ausg. 7/10. 1965. U.S. Prior. 18/9. 1961. — C. **1966,** 18-1745 [U.S.P. 3 075 968].)

1954 **Soc. Farmaceutici Italia** (Erfinder: **Bruno Camerino, Alfredo Glaesser** und **Bianca Patelli),** *Ergolin-derivate.* **(Aust.P. 268 525** vom 17/6. 1963, ausg. 28/7. 1966. It. Prior. 18/6. 1962. — C. **1967,** 9-1894 [D.A.S. 1 206 908].)

1955 **F. Hoffmann-La Roche & Co. Akt.-Ges.** (Erfinder: **Robert Duschinsky, Walter Farkas** und **Charles Heidelberger),** *Nucleotide.* **(Aust.P. 268 127** vom 4/9. 1961, ausg. 7/7. 1966. — C. **1965,** 18-1735 [F.P. [Méd.] 328].)

1956 **Kunio Yagi,** Nagoya, Japan, *Riboflavin-2'.3'.4'.5'-tetrabutyrat.* **(Schwz.P. 414 658** vom 10/8. 1962, ausg. 30/12. 1966. Jap. Prior. 18/10. 1961. — C. **1965,** 19-1650 [Brit.P. 943 078].)

1957 **Merck & Co., Inc.** (Erfinder: **Arthur Oberster** und **Lewis Sarett),** *Steroide.* **(Aust.P. 269 353** vom 6/1. 1964, ausg. 1/9. 1966. — C. **1965,** 15-1584 [Brit.P. 933 105].)

1958 **Sandoz Akt.-Ges.** (Erfinder: **Christoph Tamm** und **Gert Volpp),** *Steroide.* **(Aust.P. 269 277** vom 29/12. 1961, ausg. 25/8. 1966. Schwz. Prior. 30/12. 1960. — C. **1964,** 36-1519 [U.S.P. 3 057 860].)

1959 **Sandoz Akt.-Ges.** (Erfinder: **Christoph Tamm** und **Gert Volpp),** *Steroide.* **(Aust.P. 269 426** vom 29/12. 1961, ausg. 1/9. 1966. Schwz. Prior. 29/12. 1960. — C. **1964,** 49-1557 [D.A.S. 1 161 883].)

1960 **Françesco Vismara S. p. A.** (Erfinder: **Alberto Ercoli** und **Rinaldo Gardi),** *Steroide.* **(Aust.P. 269 357** vom 14/6. 1962, ausg. 1/9. 1966. It. Prior. 24/6. 1961. — C. **1965,** 32-1783 [F.P. 1 332 764].)

1961 **Francesco Vismara S. p. A.** (Erfinder: **Alberto Ercoli** und **Rinaldo Gardi),** *Steroide.* **(Aust.P. 269 393** vom 14/6. 1962, ausg. 1/9. 1966. It. Prior. 13/6. u. 24/6. 1961. — C. **1966,** 46-1745 [D.A.S. 1 195 748].)

1962 **Laboratoires Francaise de Chimiothérapie** (Erfinder: **Gérard Nominé, Robert Bucourt** und **André Pierdet),** *Steroide.* **(Aust.P. 267 365** vom 26/3. 1965, ausg. 9/6. 1966. — C. **1964,** 20-1609 [D.A.S. 1 154 103].)

1963 **Roussel-Uclaf** (Erfinder: **Gerrard Nominé, Robert Bucourt** und **Jean Tessier),** *Steroide.* **(Aust.P. 267 385** vom 16/4. 1962, ausg. 9/6. 1966. F. Prior. 14/4. u. 11/8. 1961. — C. **1965,** 25/26-1750 [D.A.S. 1 178 426].)

1964 **Roussel-Uclaf** (Erfinder: **Georges Muller** und **Jacques Martel),** *Steroide.* **(Aust.P. 269 321** vom 19/6. 1962, ausg. 1/9. 1966. F. Prior. 19/6. 1961 u. 8/1. 1962. — C. **1966,** 1-1840 [D.A.S. 1 192 201].)

1965 **British Drug Houses Ltd.** (Erfinder: **George Cooley, Bernard Ellis** und **Vladimir Petrow),** *Steroide.* **(Aust.P. 269 071** vom 2/10. 1962, ausg. 18/8. 1966. Brit. Prior. 10/10. 1961. — C. **1966,** 33-1717 [Brit.P. 954 568].)

1966 **Syntex Corp.,** Panama, Panama, *Aromatisierung von Steroiden.* **(Belg.A.S. 645 565** vom 23/3. 1964, bekanntgemacht 16/7. 1964. Mexikan. Prior. 27/3. 1963. — C. **1967,** 39-1755 [D.A.S. 1 227 903].)

1967 **E. Merck Akt.-Ges.,** Darmstadt, *Δ^{21}-16,21-Methanosteroide.* **(Belg.A.S. 645 738** vom 26/3. 1964, bekanntgemacht 28/9. 1964. D. Prior. 1/4. 1963. — C. **1967,** 5-1900 [D.A.S. 1 214 225].)

1968 **British Drug Houses Ltd.** (Erfinder: **Vladimir Petrow),** *Herstellung von 6-Methyl-3-oxo-$\Delta^{4,6}$-steroiden.* **(Aust.P. 268 259** vom 18/9. 1962, ausg. 14/7. 1966. Brit. Prior. 27/9. 1961. — C. **1966,** 29-1717 [Can.P. 697 709].)

1969 **G. D. Searl & Co.,** Chicago, Ill., USA (Erfinder: **H. L. Dryden jun.,** und **G. M. Webber),** *Überführung von 19-Methyl-1.4-dien-3-on-steroiden in 19-Nor-3-hydroxy-1.3-5(10)-triensteroide.* **(Belg.A.S. 644 104** vom 20/2. 1964, bekanntgemacht 20/8. 1964. U.S. Prior. 4/3. 1963. — C. **1967,** 21-1915 [D.A.S. 1 226 099].)

1970 **Upjohn Co.,** Kalamazoo, Mich., USA (Erfinder: **D. E. Ayer),** *Herstellung von 16-Halogenverbindungen der Pregnanreihe.* **(Belg.A.S. 656 997** vom 11/12. 1964, bekanntgemacht 11/6. 1965. U.S. Prior. 11/12. 1963. — C. **1967,** 37-1664 [U.S.P. 3 189 623].)

1971 **Roussel-Uclaf Soc. An.,** Paris, Frankreich, *Herstellung von 4-Fluor-3.11.20-triketo-21-hydroxy-Δ^4-pregnenen.* **(Niederl.P. 112 243** vom 15/12. 1961, ausg. 15/12. 1965. F. Prior. 22/12. 1960. — C. **1965,** 25/26-1743 [D.A.S. 1 179 548].)

1972 **Ciba Soc. An.,** Schweiz, *$\Delta^{1,4}$-3.20-Dioxo-6α-fluor-16α-methyl-11β-14α.17α.21-tetrahydroxypregnadien.* **(F.P. 1 331 346** vom 19/12. 1961, ausg. 4/11. 1963. Schwz. Prior. 19/12. 1960. — C. **1967,** 42-1719 [Schwz.P. 396 898.

1973 **Ciba Soc. An.,** Basel, Schweiz, *Herstellung des Undecylensäureesters des Δ^1-5α-Androsten-17β-ol-3-ons.* **(Belg.A.S. 627 279** vom 18/1. 1963, bekanntgemacht 18/7. 1963. Schwz. Prior. 19/1. 1962. — C. **1966,** 11-1801 [F.P. 1 343 410].)

1974 **Roussel-Uclaf** (Erfinder: **Gérard Nominé** und **Robert Bucourt),** *Herstellung von 3-oxo-17β-hydroxy-$\Delta^{5,10}$-östren.* **(Aust.P. 268 270** vom 11/4. 1962, ausg. 14/7. 1966. F. Prior. 12/4. 1961. — C. **1955,** 25/26-1753 [D.A.S. 1 179 202].)

1975 **Roussel-Uclaf,** Paris, Frankreich, *A-nor-B-homo-Östren-Derivate.* (**Brit.P. 965 717** vom 19/6. 1962, ausg. 6/8. 1964. F. Prior. 19/6. 1961 u. 8/1. 1962. **U.S.P. 3 138 635** vom 13/6. 1962, ausg. 23/6. 1964. F. Prior. 19/6. 1961. — C. **1966,** 1-1840 [D.A.S. 1 192 201] u. C. **1966,** 1-1841 [D.A.S. 1 192 200].)

1976 **Merck & Co.,** Rahway, N. J., USA, *Östra-4,9-dien-3-one.* (**Belg.A.S. 651 812** vom 13/8. 1964, bekanntgemacht 15/2. 1965. — C. **1968,** 24-1812 [F.P. 1 422 885].)

1977 **Roussel-Uclaf** (Erfinder: **Gerard Nomine, Robert Bucourt** und **André Pierdet**), *13β-N-Propylgonane.* (**Aust.P. 269 618** vom 1/3. 1962, ausg. 15/9. 1966. F. Prior. 1/3. 1961. — C. **1967,** 13-1925 [U.S.P. 3 119 841].)

1978 **Sandoz Akt.-Ges.** (Erfinder: **Christoph Tamm** und **Gert Volpp**), *Monoanhydroouabagenin.* (**Aust.P. 268 959** vom 29/12. 1961, ausg. 11/8. 1966. Schwz. Prior. 29/12. 1960. — C. **1965,** 2-1866 [D.A.S. 1 168 900].)

1979 **Bristol-Myers Co.** (Erfinder: **Donald Phillips**), *Fermentierungsprozeß.* (**Aust.P. 269 489** vom 11/4. 1963, ausg. 8/9. 1966. U.S. Prior. 16/4. 1962. — C. **1966,** 12-1784 [Brit.P. 960 099].)

1980 **Rhône-Poulenc Soc. An.** (Erfinder: **Denise Mancy, Leon Ninet** und **Jean Preud 'homme**), *Antibiotika.* (**Aust.P. 262 247** vom 8/6. 1962, ausg. 7/10. 1965. F. Prior. 8/6. 1961 u. 24/1. 1962. — C. **1965,** 42-1817 [Oe.P. 230 544].)

1981 **May & Baker Ltd.** (Erfinder: **Arthur Adams** und **Edward Reid**), *Antibiotika.* (**Aust.P. 269 474** vom 1/8. 1963, ausg. 8/9. 1966. Brit. Prior. 3/8. 1962. — C. **1967,** 24-1773 [Brit. P. 1 005 821].)

1982 **Geigy Chemical Corp.**, Ardsley, N. Y., USA, übert. von: **Charles Joseph Morel**, Arlesheim, und **Rolf René Bader**, Riehen, Schweiz, *1.3.4.6-Tetraacetyl-N.N-dimethyl-D-glucosamin.* (**U.S.P. 3 174 962** vom 18/11. 1960, ausg. 23/3. 1965. Schwz. Prior. 19/11. 1959. — C. **1964,** 51-1574 [Brit.P. 908 203].)

1983 **Beecham Research Laboratories Ltd.** (Erfinder: **Maurice Soulal**), *Benzyl-Penicillin.* (**Aust.P. 268 613** vom 1/8. 1963, ausg. 28/7. 1966. Brit. Prior. 18/8. 1962. — C. **1966,** 29-1735 [Brit.P. 975 379].)

1984 **Beecham Research Laboratories Ltd.** (Erfinder: **John Nayler**), *Penicilline.* (**Aust.P. 269 139** vom 19/9. 1963, ausg. 25/8. 1966. Brit. Prior. 17/10. 1962. — C. **1966,** 35-1805 [D.A.S. 1 205 103].)

1985 **Beecham Group, Ltd.**, Brentford, Großbritannien, *Herstellung von Penicillinderivaten.* (**Oe.P. 242 865** vom 7/10. 1963, ausg. 11/10. 1965. Brit. Prior. 17/10. 1962; Zusatz zu Oe.P. 231 612; C. 1968, 24-1908. — C. **1966,** 35-1805 [D.A.S. 1 205 103] u. C. **1967,** 6-1770 [Brit.P. 978 299].)

1986 **Bristol-Myers Co.** (Erfinder: **David Johnson** und **Saul Wolfe**), *Penicilline.* (**Aust.P. 268 748** vom 29/1. 1963, ausg. 4/8. 1966. U.S. Prior. 29/1. 1962. — C. **1966,** 29-1737 [Brit.P. 962 719].)

1987 **Soc. des Usines Chimiques Rhône-Poulenc** (Erfinder: **Paul Gailliot, Jean Baget** und **Pierre Sarret**), *Penicillinsalze.* (**Aust.P. 261 497** vom 7/4. 1961, ausg. 9/9. 1965. F. Prior. 9/4. u. 20/6. 1960. — C. **1963,** 5126 [Ung.P. 149 986] u. C. **1964,** 46-1496 [Brit.P. 898 863].)

1988 **Smith, Kline & French Laboratories** (Erfinder: **Margaret Mary Dolan**), *Penicillansäure.* (**Aust.P. 262 223** vom 28/3. 1962, ausg. 7/10. 1965. U.S. Prior. 31/3. 1961. — C. **1964,** 41-1450 [D.A.S. 1 159 455].)

1989 **May & Baker Ltd.** (Erfinder: **Ronald Slack** und **David Pain**), *Aminopenicillansäurederivate.* (**Aust.P. 267 790** vom 8/12. 1961, ausg. 23/6. 1966. Brit. Prior. 9/12. 1960. — C. **1966,** 10-1826 [F.P. 1 310 843].)

1990 **J. R. Geigy Akt.-Ges.** (Erfinder: **Peter Baumann, Markus Zimmerman** und **Franz Hafliger**), *6-Amino-penicillanderivate.* (**Aust.P. 268 440** vom 8/3. 1963, ausg. 21/7. 1966. Schwz. Prior. 9/3. 1962. — C. **1967,** 1-1882 [D.A.S. 1 210 862].)

1991 **Merck & Co.,Inc.** (Erfinder: **Thomas H. Stoudt** und **Fred Tausig**), *Oxytetracyclin.* (**Aust.P. 262 843** vom 19/12. 1962, ausg. 4/11. 1965. U.S. Prior. 8/1. 1962. — C. **1966,** 25-1703 [Brit.P. 965 856].)

1992 **Upjohn Co.** (Erfinder: **Louis Clarence Schroeter**), *Herstellung von Tetracyclin-Novobiocin-Präparaten.* (**Aust.P. 269 610** vom 11/9. 1963, ausg. 15/9. 1966. U.S. Prior. 15/11. 1962. — C. **1967,** 41-1740 [U.S.P. 3 220 925].)

1993 **Wellcome Foundation Ltd.** (Erfinder: **Walter Duffin** und **Raymond Weddle**), *Polymyxin.* (**Aust.P. 267 870** vom 7/9. 1962, ausg. 30/6. 1966. Brit. Prior. 10/3. 1961. — C. **1965, 43-1914** [D.A.S. 1 188 763].)

1994 **Eli Lilly and Co.** (Erfinder: **Edwin Flynn**), *Cephalosporine.* (**Aust.P. 268 687** vom 26/5. 1962, ausg. 4/8. 1966. U.S. Prior. 8/6. 1961. — C. **1967,** 3-1853 [Brit.P. 982 252].)

1995 **Merck & Co., Inc.** (Erfinder: **Frederick Albert Kuehl, Robert Edward Harman** und **Robert Eugene Ormond**), *N-Acylderivate von 7-Aminocephalosporansäuren.* (**Aust.P. 269 620** vom 31/10. 1962, ausg. 15/9. 1966. U.S. Prior. 22/11. 1961. — C. **1966,** 41-1850 [Brit.P. 992 983].)

1996 **Merck & Co., Inc.** (Erfinder: **Ralph Alfred Reisfeld** und **George Low Tong**), *Gewinnung von Prolactin.* (**Aust.P. 269 723** vom 14/3. 1962, ausg. 15/9. 1966. U.S. Prior. 31/3. 1961. — C. **1965,** 46-1820 [U.S.P. 3 098 792].)

1997 **Paul Curtay** und **Adrienne Curtay,** *Arzneimittel.* (**Aust.P. 269 428** vom 5/2. 1962, ausg. 1/9. 1966. F. Prior. 10/2. 1961. — C. **1966,** 27-1688 [F.P.[Méd.] 1 056].)

1998 **Beecham Research Laboratories Ltd.** (Erfinder: **Frank Harold Buckwalter** und **Alphonse Peter Granatek**), *Arzneimittel.* (**Aust.P. 262 325** vom 22/8. 1961, ausg. 14/10. 1965. U.S. Prior. 2/9. 1960. — C. **1964,** 15-1519 [Brit.P. 910 456].)

1999 **Monsanto Canada Ltd.** und **Ayerst, McKenna & Harrison Ltd.** (Erfinder: **Arthur F. McKay** und **Harold A. Baker**), *Bakteriostatische Mittel.* (**Aust.P. 262 811** vom 23/6. 1961, ausg. 4/11. 1965. Brit. Prior. 24/6. 1960. — C. **1965,** 20-1750 [D.A.S. 1 176 796].)

2000 **Nippon Soda K. K.** (Erfinder: **Koshin Miyazaki, Koichi Hashimoto, Aritsune Kaji, Reiji Sakimoto, Kanji Taniguchi, Terushisa Noguchi** und **Yoshinobu Igarashi**), *Thionocarbamate.* (**Aust.P. 269 303** vom 1/6. 1962, ausg. 1/9. 1966. Jap. Prior. 21/6. u. 25/8. 1961, 9/4. u. 13/4. 1962. — C. **1966,** 38-1784 [Brit.P. 967 897].)

2001 **Norwich Pharmacal Co.** (Erfinder: **George Carlin Wright**), *Nitrofurane.* (**Aust.P. 262 001** vom 3/12. 1962, ausg. 30/9. 1965. U. S. Prior. 6/12. 1961. — C. **1965,** 21-1794 [U.S.P. 3 096 347].)

2002 **Ciba Corp.,** New York, N. Y., USA, übert. von: **Paul Schmidt,** Therwil, **Kurt Eichenberger,** Basel, und **Max Wilhelm,** Allschwil, Schweiz, *Isoxazole.* (**U.S.P. 3 277 105** vom 15/12. 1964, ausg. 4/10. 1966. Schwz. Prior. 24/12. 1963 u. 23/10. 1964. — C. **1968, 24-1821** [Brit.P. 1 045 819].)

2003 **Vitamins Ltd.,** London (Erfinder: **Patrick Mamalis,** Cheam, Surrey), Großbritannien, *2.2-Dimethyl-4.6-diamino-1.2-dihydro-1.3.5-triazin-Derivate.* (**Schwz.P. 403 783** vom 28/11. 1961. ausg. 30/6. 1966. Brit. Prior. 29/11. 1960. — C. **1966,** 6-2503 [D.A.S. 1 193 060].)

2004 **Toyama Kagaku Kogyo K. K.** (Erfinder: **Yataka Kodama, Isamu Saikawa, Toyoo Maeda, Akira Takai, Ikuko Takamichi, Shiro Hirai, Mizuho Haseda, Masae Kanamori, Tatsumi Inagaki** und **Kazuko Watanabe**), *Aminotriazine.* (**Aust.P. 267 956** vom 17/11. 1961, ausg. 30/6. 1966. Jap. Prior. 17/11. u. 24/11. 1960, 13/2., 18/5., 15/7., 17/7., 7/9. u. 2/11. 1961. — C. **1966,** 22-1719 [D.A.S. 1 191 383].)

2005 **FMC Corp.,** San Jose, Calif., USA, *Röntgenkontrastmittel.* (**Brit.P. 991 920** vom 2/6. 1961, ausg. 12/5. 1965. U.S. Prior. 14/7. 1960. — C. **1966,** 8-2015 [Can.P. 694 307] u. C. **1966,** 8-2016 [Can.P. 694 308].)

G. Analytische Chemie, Laboratoriumspraxis

G–1. Allgemeine Verfahren und Apparate

2006 **Einfaches Gaseinlaßsystem zur präzisen Herstellung niedriger Drücke.** D. Müller. (Z. angew. Physik **23** (1967) 6, 467—70; Phys. Inst. der Univ. Bonn; dt.) — App. zur Herst. von Drücken im Bereich 10^{-4}—10^{-7} Torr mit einer Genauigkeit von ca. 2%. Das Verf. benutzt als prim. Meßinstrument ein geeichtes Membranmanometer u. erreicht eine Druckreduzierung durch die Verw. von Sinterglasplatten. Es eignet sich auch für Messungen mit oberflächenakt. Gasen. Die Anlage wurde zur Druckkalibrierung von Massenspektrometern entwickelt. Herbert Weber 5008

2007 **Kühlapparatur mit enger Toleranz für kryobiologische Untersuchungen.** D. E. Pegg. (Lab. Pract. **15,** 772—73, 1966; London, Westminster Hosp.; engl.) — Eine thermostat. Kühlapp. wird beschrieben, in der methanolvergällter A. (JMS) als Umlauf- u. festes CO_2 als Kühlmittel dienen u. mit der Temp. zwischen +10° u. —50° mit einer Toleranz von ±1° u. niedriger erreicht werden. Zum Abkühlen fließt der Spiritus über das CO_2 (direkt oder indirekt über die Behälteroberfläche), zum Erwärmen durch eine Heizkammer, die ein- oder ausgeschaltet sein kann, so daß eine genaue Temp.-Regelung möglich ist. — Auf dem gleichen Prinzip beruht eine Kühlapp. mit kontrollierter Abkühlgeschwindigkeit. A. dient hier als Umlaufmittel, der ebenfalls durch festes CO_2 gekühlt wird. Mit diesem Gerät wurden Abkühlgeschw. zwischen 15°/min u. 0,8°/min bei einem Temp.-Intervall von 100° mit einer Genauigkeit von ± 0,2° erreicht. Fr. Voigt 5012

2008 **Einfacher Flußkryostat für magnetische Resonanz mit stabilem Betrieb zwischen Raumtemperatur und 4,2 °K.** J. Haupt. (Z. angew. Physik **23** (1967) 6, 377—80; Euratom-CCR, Ispra, Italy; engl.) — Verdampfer-Kryostat mit Einsätzen für Kern- u. Elektronenresonanz. Für Temp. unter 4,2 °K kann der Kryostat mittels eines kleinen Ventils am Ende der Heberröhre als Badkryostat verwendet werden. Herbert Weber 5012

2009 **Kryostat, dessen Wirkungsweise auf der Wärme der ^{3}He-Übertragung von einer ^{3}He-reichen zu einer ^{4}He-reichen Lösung beruht.** V. P. Peškov. (Ž. èksper. teoret. Fiz. **51,** 1821—28, 1966; Inst. fiz. problem, AN SSSR; russ., Auszug: engl.) — Berechnungen zu einer App. mit zwei fl. Phasen von ^{3}He-^{4}He. Bei einer ^{3}He-Zirkulation von $1{,}6 \cdot 10^{-4}$ Mol/s könnte eine Temp. von 0,001 °K erreicht werden. Bei dieser Temp. könnten 5 erg/min absorbiert werden (vgl. London et al., C. **1963,** 11 139). Herbert Weber 5012

2010 **Elektromagnetischer Hochtemperaturrührer.** W. C. Johnston und W. A. Tiller. (Trans. Metallurg. Soc. AIME **239** (1967) 11, 1759—62; Westinghouse Res. Labor., Pittsburgh, Pa.; engl.) — Vf. beschreiben einen elektromagnet. Rührapp., der bis 1700° u. in verschiedenen Medien verwendbar ist u. in dem Heizen u. Rühren durch voneinander unabhängig geregelte Energiezuführungen erfolgt. Das Syst. kann zur Homogenisierung oder zur Dispergierung von Perlit in Fe oder von Ag im Syst. Ag–Ni verwendet werden. H.-D. Schenke 5018

2011 **Ultrafilter zur Konzentrierung von Lösungen von Substanzen mit hohem Molekulargewicht.** John Gorton

Davis und Mary B. Wiele. (Analyt. Biochem. [New York] **20** (1967) 2, 363—65; Agricult. Res. Service, U.S. Dep. of Agricult., Albany, Calif.; engl.) — Um größere Lsg.-Mengen von Substanzen mit hohem Mol.-Gew. möglichst rasch zu konzentrieren, wird das Ultrafilter durch eine Dacron-Manschette verstärkt, so daß volles Vakuum an ein großes Dialyserohr angelegt werden kann, ohne daß es bes. belastet wird oder bricht.
H.-D. Schenke 5020

2012 **Effekte von Konzentrationsgradienten in Grenzschicht-Trennzellen.** Max E. Breuer und Karl Kammermeyer. (Separat. Sci. **2** (1967) 3, 319—34; Univ. of Ia., Iowa City; engl.) — Konz.-Gradienten in der Gasphase über u. unter den Trennwänden von Trennzellen wurden gemessen u. die experimentellen Ergebnisse mit den vorhandenen Theorien verglichen, von denen sich keine als über die untersuchten Parameterbereiche gültig erwies. Es wurde eine neue, von der Geometrie der Zelle abhängige Theorie entwickelt, die diffusionsbedingte Mischung an beiden Seiten der Trennwände berücksichtigt u. wesentlich bessere Voraussagen, auch hinsichtlich des Konz.-Profils, liefert. Obwohl die Theorie für Gase entwickelt wurde, kann sie bei Kenntnis der geeigneten Permeabilitäts- u. Diffusionskoeff. auch auf andere Syst. angewendet werden. J. Pickardt 5024

2013 **Gewinnung eines Stroms negativer Wasserstoff-Ionen mit einer Energie bis zu 1,5 MeV und einer Stromstärke bis zu 1 mA.** G. I. Dimov, I. Ja. Timošin, V. V. Demidov und V. G. Dudnikov. (Pribory Techn. Èksperimenta **1967**, 4, 30—34; Inst. jadernoj fiz. SO AN SSSR, Novosibirsk; russ.) — Es wurden Impulsströme negativer Wasserstoffionen mit bis zu 1 mA u. von bis zu 1,5 ms Dauer vom elektrostat. Beschleuniger bis 1,5 MeV erhalten. Die Quelle u. ihre Speisung sowie die Energie-Stabilisierung sind beschrieben.
M. Wiedemann 5030

2014 **Gewinnung vielfach geladener Germaniumionen an der Wand und im Zyklotron.** A. S. Pasjuk und Ju. P. Tret'jakov. (Pribory Techn. Èksperimenta **1967**, 4, 35—36; Ob'edinnenyj inst. jadernych issl., Dubna; russ.) — Es wurde eine Quelle mit GeF_4 aus $BaGeF_6$ entwickelt, die Vorsichtsmaßnahmen wegen der Aggressivität des Gases werden beschrieben. Die Ionen aus der Bogenentladung wurden im Zyklotron beschleunigt. Die Abhängigkeit der Ausb. vom Bogenstrom, von der Bogenspannung u. vom Gasverbrauch wurde untersucht. Die Ausb. an Ge(VI) im Impuls erreichte 100 μA. In der dritten Harmon. wurde ein mittlerer Strom von ^{70}Ge(VIII) von 1 μA erreicht. Auch die Ausb. an ^{40}Ar(VII) wurde bestimmt. M. Wiedemann 5030

2015 **Indiumionenquelle.** Howard L. Daley, Julius Perel und Richard H. Vernon. (Rev. sci. Instruments **37**, 473—75, 1966; Pasadena, Calif., Electro-Optical Syst., Inc.; engl.) — In-Dampf wird auf die Rückseite eines porösen, ox. W-Stückes aus einem Reservoir niedergeschlagen. In gelangt auf die Oberfläche u. wird als Ionen verdampft. Mit Hilfe eines Extraktionssyst. kann die Kapazität der Quelle vergrößert werden. Reservoir u. Ionenquelle können bei Temp. über 1000° u. Spannungen bis zu 20 keV arbeiten. Ein maximaler Ionenstrom von 0,57 mA konnte bei einer Ionenenergie von 10 keV erreicht werden. G. Frischat 5030

2016 **Generator für Nanosekunden-Lichtimpuls.** Ju. V. Vvedenskij. (Pribory Techn. Èksperimenta **1967**, 3, 165—66; russ.) — Es wird ein Generator beschrieben, der glockenförmige Impulse von $3 \cdot 10^{-8}$ s Dauer liefert. Als Lichtuqelle diente eine Korona-Entladungs-Lampe mit Wasserstoff-Füllung. M. Wiedemann 5032

2017 **Kondensator zur Erzeugung kurzzeitiger Licht- und Stromimpulse.** H. Preissinger. (Z. angew. Chem. **22** (1967) 3, 225—28; Wernerwerk für Bauelemente, Siemens AG, München; dt.) — Durch die Funkenentladung eines koaxialen, induktivitätsarmen Kondensators können Licht- u. Stromimpulse mit einer Anstiegszeit von ca. 10 ns u. einer Halbwertsbreite von ca. 100 ns erzeugt werden. Die Leuchtdichte des Funkens beträgt einige 10^8 cd/cm^2. Das vom Funken emittierte Licht reicht vom UV- bis zum IR-Bereich. Die Induktivität des Kondensators wird sowohl aus dem Oszillogramm einer Entladung als auch aus dem Scheinwiderstand zu ca. 1 nH ermittelt u. stimmt mit der Rechnung gut überein. H.-D. Schenke 5032

2018 **Erzeugung eines schnellen Argon-Atomstrahls mit einem Plasmabrenner.** R. W. Kessler und B. Koglin. (Z. angew. Physik **23** (1967) 5, 316—19; Kernforsch.-Zentrum Karlsruhe; dt.) — Die erreichten Maximalwerte betragen 5,5 eV kinet. Energie bei einer Mach-Zahl 7 u. $1{,}2 \cdot 10^{18}$ Atome/cm^2 s in 54 mm Abstand von der letzten Blende. Herbert Weber 5032

2019 **Kaliumresonanzstrahlungs-Hochfrequenzequelle zum Gebrauch in Kilogauß-Magnetfeldern.** W. Berdowski, T. Shiner und L. Krause. (Appl. Optics **6** (1967) 10, 1683—86; Univ. Windsor, Ontario; engl.) — Vf. beschreiben eine elektrodenlose K-Hochfrequenzentladungslampe, die, in ein Kilogauß-Magnetfeld gebracht, intensive u. gut aufgelöste Zeeman-Komponenten der Resonanzlinien 7665 u. 7699 Å emittiert.
J. Pickardt 5032

2020 **Infrarotmodulator mit Anwendung feldinduzierter Absorption freier Träger.** D. W. Peters. (Appl. Optics **6** (1967) 6, 1033—41; Stanford Res. Inst., Menlo Park, Calif.; engl.) — Theorie u. Konstruktion einer derartigen Vorr. werden beschrieben. Die Intensität eines Lichtstrahls kann durch einen spannungsabhängigen Absorptionsprozeß im Modulator variiert werden. Eine Modulationsspannung wird in geeigneter Weise an die Oberfläche eines Halbleiterkrist. gelegt. Das elektr. Feld baut einen Überschuß an Ladungsträgern (Löcher oder Elektronen) an der Halbleiteroberfläche auf. Ein Teil der Oberflächenladung ist in einem quasi-freien Zustand. Photonen des einfallenden Lichtstrahls können einen Teil ihrer Energie auf diese Ladungsträger übertragen. Da die D. der Träger durch die angelegte Spannung bestimmt wird, gestattet eine Spannungsänderung die Variierung der Energieabsorption. — Theorie u. experimentelle Ergebnisse werden verglichen.
J. Pickardt 5032

2021 **Nachweis schwacher Mikrowellenmodulation von Licht.** H. Pursey, Patricia A. Merran und B. Trevelyan. (Nature [London] **210**, 511—12, 1966; Middlesex, Teddington, Nat. Phys. Labor., Div. of Mol. Sci.; engl.) — Vf. geben eine Meth. an, mit der das Vorhandensein einer Mikrowellenmodulation von Laserstrahlen nachgewiesen u. in Verb. mit einem Fabry-Perot-Interferometer die Existenz opt. Seitenbänder sowie diskreter Frequenzen demonstriert werden kann. Das Syst. wendet die Tatsache an, daß im allg. die benachbarten Seitenbänder den Modulator mit einer von der Trägerwelle unterschiedlichen Polarisationsebene verlassen, so daß durch gekreuzte Nicolsche Prismen der Träger unterdrückt wird u. nur die Seitenbänder den Analysator passieren können. Der benutzte Modulator bestand aus einem $Ca(H_2PO_4)_2$-Krist. in einem mit einer 5W-X-Band-Quelle gekoppelten TE-011-Hohlleiter. K.-H. Bielicki 5032

2022 **Hilfseinrichtung zur Messung farbiger Objekte im Teilchengrößen-Analysator TGZ 3.** J. F. Schröder und H. J. Einbrodt. (Zeiss-Mitt. [Stuttgart] **4** (1967) 5, 207—19; MPI für exper. Med., Arbeitsgemeinschaft Silikoseforsch., Göttingen; dt.) — Vf. beschreiben eine Einrichtung, die es ermöglicht, Farbdiapositive auf den Teilchengrößenanalysator zu projizieren. Über dem TGZ 3 ist ein Spiegel montiert, der auf ihn projizierte Diapositive auf den Teilchengrößenanalysator wirft. Der notwendige Projektor ist mit einer Vorr. versehen, die ein Teilchen nach dem anderen mit dem Meßfleck des TGZ 3 zur Deckung bringt. Zur Orientierung im Bild ist letzteres durch ein dem Dia untergelegtes Liniensyst. in Zeilen aufgeteilt, die bei der Auswertung systemat. nacheinander abgesucht werden.
H.-D. Schenke 5042

2023 **Röntgenographische Bestimmung der Korngrößenverteilung im Mikrostrahlbereich.** H. Ebel, A. Wagendristel und G. Radler. (Z. angew. Physik **23** (1967) 6, 464—67; Inst. für Angew. Phys. der TH Wien; dt.) — Unters. im Korngrößenbereich von 1 μm. Ein Vgl. mit der

Korngrößenverteilung im 10-μm-Bereich ermöglicht ein Verständnis des Beugungsbildes grobkrist. Stoffe, das durch das Auftreten von Laue-Reflexen gekennzeichnet ist. Einer möglichen Erweiterung der Meth. auf noch kleinere Dimensionen stehen die erforderlichen langen Belichtungszeiten entgegen. Herbert Weber 5044

2024 **Entwickeln und Dosieren von Schwefelwasserstoff für Prüfungen.** Klaus Efer. (Chem. Techn. **18,** 753—54, 1966; Inst. für Nachrichtentechnik, Berlin/Leipzig; dt.) — Es wird eine Spezialbürette zur Abgabe definierter H_2S-Mengen beschrieben; die damit im Prüfraum eingestellten H_2S-Partialdrücke wurden analyt. mit J–KJ-Lsg. überprüft. G. Seltmann 5044

2025 **Bestimmung der Molmassen von niedermolekularen Substanzen.** 1. Mitt. **Tensometrische Methoden.** Vratislav Velich. (Sbornik vědeckých Praci, Vysoká Škola chem.-technol. Pardubice **15** (1967) 237—56; Pardubice, Kat. fys. chem., VŠCHT; tschech.) — Übersicht. — 50 Literaturangaben. B. Jadrníček 5048△

2026 **Modifizierte Signer-Methode zur Mikrobestimmung des Molgewichts.** Cecil A. Rush, Stewart S. Cruikshank, John J. Schrock und David H. Rosenblatt. (Microchem. J. [New York] **10,** 522—28, 1966; Edgewood Arsenal, Md., Chem. Res. Div.; engl.) — Vf. beschreiben eine Glasapp. zur isothermen Destillation. Während nach Signer die Einstellung des isothermen Gleichgew. abgewartet werden muß (Molgew. 300 ca. 20 Tage, Molgew. 6000 ca. 70 Tage), können nach der modifizierten Meth. vor Erreichen des isothermen Gleichgew. (5—6 Meßwerte) die Molgew. mit befriedigender Genauigkeit bestimmt werden. Probenmengen zwischen 5 u. 15 mg sind ausreichend. Die erforderlichen Berechnungsformeln u. deren Ableitung werden mitgeteilt. Die Meth. eignet sich bes. für Labor., in denen keine serienmäßigen Molgew.-Best. auszuführen sind. Gerhard Vetter 5048

2027 **Bestimmung des Molekulargewichts von Holzzuckerpolyäthern.** I. A. Gamova und N. Ja. Solečnik. (Gidroliznaja lesochim. Prom. **20** (1967) 2, 15; Leningradskij lesotechn. akad. im. Kirova; russ.) — Die zwischen einem mit der Lsg. einer organ. Verb. u. einem mit reinem Lsgm. benetzten Thermistor in einer mit dem Lsgm. gesätt. Atmosphäre auftretende Temp.-Differenz wird zur Molgew.-Best. der gelösten Verb. benutzt. Das Verf. wird am Beispiel der Unters. von Dimethylphthalat, Glucose–Phthalsäure-, Xylose- u. Glucose–Maleinsäure-Polyester demonstriert. W. Herfurt 5048△

2028 **Thermoelement zur Temperaturmessung in elastischen Materialien bei Verformung.** G. V. Nadeždin. (Zav. Labor. **33** (1967) 5, 653—54; NII šinnoj prom.; russ.) H. Roschkowski 5052

2029 **Kryoskopische Messungen mit tschechoslowakischen Thermistoren.** M. Pešak, F. Kopecký und J. Čelechovský. (Českoslov. Farmac. **15,** 287—90, 1966; Bratislava, Komenský-Univ., Pharm. Fak.; tschech.) — Beschreibung einer einfachen App. für kryoskop. Messungen, bei denen an Stelle eines Beckmann-Thermometers ein Thermistor (Typ 12 NR 15, R $\approx$ 10 kΩ bei 0°) in üblicher Brückenschaltung verwendet wird. Infolge der geringen Wärmekapazität spricht das Meßgerät in einem Vol. von etwa 10 cm^3 auf Temp.-Differenzen von $1 \cdot 10^{-4}$° empfindlich an. Bei Temp.-Differenzen von $\geqq 0{,}4°$ liegt der Meßfehler unterhalb 0,2%. A. Emr 5052△

2030 **Anomale Ionenströme in Bayard-Alpert-Ionisationsmeßgeräten.** R. W. Lawson. (Brit. J. appl. Physics **18** (1967) 12, 1763—71; Post Office Res. Station, Dollis Hill, London; engl.) — Vf. entwickelt eine Theorie, die das anomale Ionenstrom-Verh., das bei Bayard-Alpert-Ionisationsmeßgeräten zu fehlerhaften Druckmessungen führt, quant. erklärt. Der anomale Ionen-Gleichgew.-Strom wird als Funktion des Elektronen-Meßstromes u. des Arbeitsdruckes untersucht. Eine theoret. Behandlung der Meßergebnisse führt zu Werten für die Atom- u. Ionendesorptionswahrscheinlichkeit pro Elektron, für die Ionendesorptionswahrscheinlichkeit pro Elektron u. für den Einfangkoeff. der Gasmol. auf der Gitteroberfläche. Vers. zeigen, daß der Fehler durch genaue Wahl des Gittermaterials eliminiert werden kann. So zeigen Ionisationsmeßgeräte für normalerweise in Vakuumsyst. gefundene Restgase mit Mo- u. mit Ta-Gittern anomale Ionenströme, jedoch nicht mit W- u. Pt-Gittern. Eine prakt. Gitterform verwendet einen Pt-verkleideten Mo-Draht. H.-D. Schenke 5054

2031 **Aufstellung und Analyse einer Kurve der Änderungen des Viskositätskoeffizienten einer viskosen Flüssigkeit in Schichten zwischen 50 und 2 μm.** André Marcelin. (C. R. hebd. Séances Acad. Sci., Sér. C **265** (1967) 25, 1356—59; Fac. des Sci. de Paris; franz.) — Es werden verbesserte Meth. der Mikroviskosimetrie kurz beschrieben, mit deren Hilfe Präzisionsmessungen möglich sind u. die z. B. die Feststellung von dünnen Schichten weniger μm Stärke von „blockierten Mol." an Wandungen gestatten, die sich aus der Analyse der Kurven Viskositätskoeff. gegen Schichtdicke ergibt. Es wurden verschiedene viskose Fl. untersucht: Mineralöle, pflanzliche u. tier. Öle sowie Glycerin; die Eig. werden kurz verglichen. Eine Kurve für ein reines Mineralöl (Viskosität 31,2 cPoise bei 21°) ist angegeben. J. Pickardt 5058

2032 **Endkorrekturen von Kapillarviskosimetern für voskoselastische Flüssigkeiten.** Shiro Kuroiwa und Matao Nakamura. (Chem. high Polymers [Tokyo] **24** (1967) 268, 529—37; Inst. of Ind. Sci., Univ. of Tokyo, Azabu-Shinryudo-Cho, Minato-ku, Tokyo; jap.) — Der kapillare Durchfluß einer viskoselast. Fl. wird nach Philippoff durch $P_{corr} = \sigma_{cR}(2L/a + 2n + S_R)$ beschrieben, wobei der aus der Elastizität der Probe abgeleitete Ausdruck S_R für die Endkorrektur gleich der elast. Spannungsbelastung an der Kapillarwand gesetzt wird. Vf. vergleichen das aus dem Kapillardurchfluß erhaltene S_R mit der an einem Rotationsviskosimeter beobachteten elast. Rückgewinnung. Das aus beiden Messungen berechnete S_R ist in der Scherspannungsabhängigkeit dem Wert nach Philippoff ähnlich, aber nicht gleich. Es wird vermutet, daß das schnelle oder plötzliche Ansteigen von S_R mit der Scherspannung in einer Kapillarapp. durch einen thixotropen Energieverlust verursacht wird. H.-D. Schenke 5058

2033 **Neues verbessertes radioaktives Viskosimeter.** H. N. Fuia und I. I. Ponner. (Bull. Inst. politehn. „Gheorghe Gheorghiu-Dej" Bucureşti **29** (1967) 1, 73—78; Polytechn. Inst. „Gheorghe Gheorghiu-Dej", Bucharest; rum.) — Die Genauigkeit der verbesserten Meth. beträgt $< 2\%$. Wegen der stark herabgesetzten Aktivität ist eine bes. Abschirmung nicht notwendig. H.-D. Schenke 5058

2034 **Einfache Versuchsanordnung zur Bestimmung der elektrischen Leitfähigkeit von Schmelzen für eine Höchsttemperatur von 1600°.** Horst Ebel, Walter Lugscheider und Alfred Kaminitschek. (Acta physica austriaca **26** (1967) 1, 71—75; TH Wien; dt.) — Vf. beschreiben eine derartige App. für Vakuum- oder Schutzgasbetrieb, die eine Meßgenauigkeit von $\pm$ 10% zuläßt. J. Pickardt 5066

2035 **Messung der Feldstärkeabhängigkeit der Dielektrizitätskonstante von Flüssigkeiten.** F. Aussenegg. (Acta physica austriaca **26** (1967) 1, 43—50; Univ. Graz; dt.) — Vf. beschreiben eine Meßmeth. zur Unters. der Nichtlinearität der DK im quasistationären Fall (40 MHz) bis zur Feldstärke von 250 kV/cm. — Für n-Hexan, CCl_4 u. CS_2 wurden z. B. Werte für den nichtlinearen Anteil der Suszeptibilität zwischen 10^{-12} u. 10^{-11} elektrostat. Einheiten erhalten. J. Pickardt 5066

2036 **Neues quantitatives, externes Überwachungsverfahren.** M. M. Akcay, D. E. Johnson, G. V. Taplin und C. K. Liu. (Int. J. appl. Radiat. Isotopes **17,** 261—68, 1966; Torrance, Calif.; engl.) — Beschreibung einer neuen Strahlenmeßtechnik zur äußerlichen Best. der Radioaktivität eines Organs. Die veränderliche Entfernung zwischen dem Strahlungsdetektor u. dem Zielorgan wird durch Verw. zweier gleicher Meßeinrichtungen, die in bestimmter Stellung die gleiche Strahlungsmenge empfangen, trigonometr. bestimmt. Die Menge der von dem dazwischen liegendem Gewebe aufgenommenen Strahlung wird nach dem Verhältnis der Zählergebnisse der Strahlung eines Kerns niedriger Energie (^{125}J) u. eines Kerns hoher Energie (^{131}J) bestimmt. Die Zählausb. (Entfernung/Radioaktivität) ist für ein gegebenes Detektor-Aufzeichnungssyst. konst. u. muß experimentell bestimmt werden. Eine Formel für die Berechnung der Mikrocuriezahl der Aktivität innerhalb des strahlenden Organs wird mitgeteilt. U. Drehmann 5068

2037 **Modifizierte Spannungsrelaxationswaage für die chemische Relaxation unter flüssiger Phase.** Mizuho Nisizawa. (J. appl. Polymer Sci. **11** (1967) 8, 1613–15; Dep. of Chem., Defense Acad., Yokosuka, Japan; engl.) — Die modifizierte App., die für automat. Arbeitsweise geeignet ist, gestattet Messungen der chem. Relaxation in der Gasphase in Hochpolymeren mit guter Genauigkeit. H.-D. Schenke 5070

2038 **Normale oder log-normale Verteilungsdarstellungen.** D. F. Heath. (Nature [London] **213** (1967) 5081, 1159 bis 1160; Toxicol. Res. Unit, Med. Res. Council Labor., Carshalton, Surrey; engl.) — Vf. weist auf die Zweckmäßigkeit der normalen u. der log-normalen Verteilungsdarst. hin. H.-D. Schenke 5082

2039 **Analytische Reagenzien.** Kyoji Tôei, Yuroku Yamamoto, Keishi Nakahara, Mikihiko Saito, Keihei Ueno, Shinsuke Takei und Masatoshi Miyamoto. (Japan Analyst **1967**, Annual Rev. 1R bis 17R; jap.) — Literaturübersicht über den Zeitraum von 1964–1966. — 500 Literaturangaben. Gerhard Schulze 5086

2040 **Essigsäureanhydrid als Lösungsmittel bei der quantitativen Bestimmung schwacher Basen und der Analyse ihrer Gemische.** V. P. Georgievskij und N. P. Dzjuba. (Ž. analitičeskoj Chim. **22** (1967) 1, 128–33; Kharkov Sci.-Res. Chem.-Pharm. Inst.; russ., Auszug: engl.) — Vf. finden, daß Essigsäureanhydrid als Rk.-Medium sich besser zur Best. schwacher Basen u. zur Analyse ihrer Gemische eignet als Ameisen- u. Essigsäure. H.-D. Schenke 5086

2041 **Polarographische Analyse.** Mitsugi Senda, Kosuke Izutsu und Reiji Takahashi. (Japan Analyst **1967**, Annual Rev., 75R–96R; jap.) — Literaturübersicht über die in den Jahren 1965 u. 1966 veröffentlichten Arbeiten. — 663 Literaturangaben. Gerhard Schulze 5098

2042 **Ferromagnetische Hall-Sonden.** P. Muth. (Z. angew. Physik **23** (1967) 6, 446–48; Phys. Inst. der Hochschule für Verkehrswesen, Dresden; dt.) — Unters. der 2 Leg. mit 72,2(%) Fe, 22,4 Cr, 4,5 Al u. 0,7 Co bzw. mit 63,8 Fe, 30,3 Cr, 5,6 Al u. 0,3 Mn, die außerordentliche Hall-Konst. mit kleinen Temp.-Koeff. aufweisen. Herbert Weber 5100

2043 **Analyse durch magnetische Resonanz.** Osamu Yamamoto, Kikuko Hayamizu, Kazuo Someno, Toshio Nishikawa und Masahiro Kaise. (Japan Analyst **1967**, Annual Rev., 53R–62R; jap,) — Literaturübersicht über Veröffentlichungen zur kernmagnet. Resonanz (118 Literaturangaben) u. Elektronenspinresonanz (96 Literaturangaben) aus den Jahren 1965 u. 1966. Gerhard Schulze 5102

2044 **Analyse von Kernresonanzspektren.** Patrick Rouillier. (Chim. mod. **12** (1967) 76, 3–20; Soc. Roure et Bertrand, Grasse; franz.) — Ausgehend von der Schrödinger-Gleichung wird unter Anwendung der Heisenbergschen Matrizenmeth. eine Einführung in die Theorie der Deutung von NMR-Effekten gegeben. J. Pickardt 5102

2045 **Kernmagnetische Resonanz. Spektrograph mit unterdrückter Abstimmungsmodulation und Frequenzabtastung zur Untersuchung von Kernabsorptions- und -Dispersions-Signalen in ferromagnetischen Stoffen.** Pierre Veillet. (C. R. hebd. Séances Acad. Sci., Sér. A et B **262**, B 1094–97, 1966; Fac. des Sci., Orsay, Essonne; franz.) — Vf. beschreibt einen Spektrographen vom Q-Meter-Typ zum Abfahren eines genügend breiten Frequenzbereiches (> 5% der Resonanzfrequenz), welcher zum Erfassen der sehr breiten Resonanzlinien erforderlich ist. Durch Einbau eines Kondensators, dessen Kapazität mit 60 Hz oszilliert, in den Schwingkreis des Syst. wird dem Signal eine ebenso große Frequenz überlagert. Sie steuert einen Motor, der in geeigneter Weise die Abstimmung des Schwing-Kreises bewirkt. Als Beispiel wird das Co-Absorptions- u. Dispersionssignal bei 200 MHz gemessen. Das Gerät gestattet die Resonanzmessung in einer Masse von 5 mg Co, die Empfindlichkeit beträgt $\Delta Q/Q \geqq 5 \cdot 10^{-3}$ bzw. $\Delta L/L \geqq 10^{-3}$. J. Pickardt 5102

2046 **Glasgerät zum Nachweis von Sauerstoffspuren in inerten Gasen mit Hilfe von weißem Phosphor.** Iwan Schopov. (Z. analyt. Chem. **222**, 50–52, 1966; Sofia, Bulgar. Akad. der Wiss., Inst. für organ. Chem.; dt.) — Zum Nachw. von O_2-Spuren (> 10^{-3} Vol.-%) aus der Nebelbldg. mit weißem Phosphor wird ein Glasgerät beschrieben, in das das zu prüfende Gasgemisch geleitet wird. Es stören als Verunreinigungen H_2S, SO_2, N_2O_4, C_2H_4 u. Halogene. W. Luchsinger 5104

2047 **System für schnellmessende, einzeln fokussierende Massenspektrometer zur Erzeugung von Digitalwerten für Rechenautomaten.** Ronald A. Hites und K. Biemann. (Analytic. Chem. **39** (1967) 8, 965–70; Dep. of Chem., MIT, Cambridge, Mass.; engl.) — Die Ausgabe des Elektronenvervielfachers des Massenspektrometers wird mit einer Geschw. von 3000 Punktwerten/s in Zahlenwerte umgewandelt u. auf ein Magnetband übertragen. Ein Rechenautomat ber. die Peakzentren, bestimmt die Massenwerte u. Intensitäten, druckt das Spektrum in numer. Form aus u. trägt es graph. auf. H.-D. Schenke 5106

2048 **Verhältnisregistrierung von Massenspektren bei der Kombination von Gaschromatographie und Massenspektrometrie.** Bruce H. Kennett. (Analytic. Chem. **39** (1967) 12, 1506–08; Commonwealth Sci. and Ind. Res. Organization, Div. of Food Preservation, Ryde, N.S.W., Australia; engl.) — Spektrale Störungen durch Konz.-Änderungen in der Ionenquelle während des Messens können vermieden werden, wenn die einzelnen Ionenströme als Bruchteile des gesamten Ionenstromes registriert werden. Vf. beschreibt ein einfaches Syst. zur Erzeugung derartiger Verhältnisse. H.-D. Schenke 5106

2049 **Messung des Brechungsindex im fernen Infrarot.** L. Nemes, H. Ratajczak und W. J. Orville-Thomas. (Spectrochim. Acta [London] **22**, 156–57, 1966; Aberystwyth, Univ. Coll. of Wales; engl.) — Mit p-Einkrist. von Si wird ein Fabry-Perot-Interferometer konstruiert, mit dem Messung der Brechungsindices im Bereich 20–150 μ möglich sind. R. Voigt 5108

2050 **Infrarottransmissionspolarisatoren durch Photolithographie.** J. P. Auton. (Appl. Optics **6** (1967) 6, 1023–27; Marconi Comp. Ltd., Chelmsford, Essex; engl.) — Die Eig. von Gitterpolarisatoren u. der Einfl. des Trägermaterials solcher Gitter werden diskutiert. Eine Meth. zur Herst. auf photolithograph. Wege wird beschrieben u. Meßergebnisse für einen Polarisator für den Bereich 20 bis mehrere Hundert μm gegeben. J. Pickardt 5110

2051 **Modifiziertes Wollaston-Prisma.** Paul Kuttner. (Acta physica austriaca **25** (1967) 1, 58–61; Innsbruck, Br. Willramstr. 18; dt.) — Beschreibung eines modifizierten Wollaston-Polarisators, der auch im Strahlengang von sehr intensivem Laserlicht verwendet werden kann. H. Liepack 5110

2052 **Absorptionsspektralphotometrie.** Ōhiko Kammori, Nacharu Yamaguchi und Kimitaka Sato. (Japan Analyst **1967**, Annual Rev. 18R–34R; jap.) — Übersicht über die in den Jahren 1965 u. 1966 veröffentlichten Arbeiten. — 726 Literaturangaben. Gerhard Schulze 5116

2053 **Auflösungssteigerung registrierter Spektren durch analoge Rechentechnik.** K.-H. Zörner. (Z. angew. Physik **22** (1967) 3, 239–44; Hamburg-Garstedt, Lütjenmoor 30; dt.) — Bei der Registrierung funktioneller Zusammenhänge erfolgt aus meßtechn. Gründen jeweils eine Mittelung der Funktionswerte über ein endliches Intervall. Dadurch wird eine als struktureller Auflsg.-Verlust gekennzeichnete Verzerrung der ursprünglich vorhandenen Funktion verursacht, die sich als

Funktionaltransformation in Form einer Faltungsintegralgleichung darstellen läßt. Um mit Kenntnis der speziellen Verzerrungsfunktion (Gew.-Funktion der Mitteilung) aus einer gegebenen Registrierkurve die zugehörige Originalkurve anzunähern, muß man die Faltungsintegralgleichung numer. lösen. Vf. leitet eine mathemat. Meth. her, die eine automat. Auflsg.-Steigerung experimenteller Registrierkurven durch analoge Rechentechnik ermöglicht u. bei guter Konvergenz den Einfl. statist. Registrierfehler gering hält. Als konkretes Anwendungsbeispiel wird die Auflsg.-Steigerung registrierter Spektren behandelt. H.-D. Schenke 5116

2054 **Hakenmethode.** W. C. Marlow. (Appl. Optics **6** (1967) 10, 1715–24; Palo Alto Res. Labor., Calif.; engl.) — Vf. gibt eine Übersicht über Theorie u. experimentelle Grundlagen der Meth. in einem Interferometer-Spektrometer-System. J. Pickardt 5116

2055 **Apparatur zur Beobachtung optischer Molekülspektren.** A. E. Douglas und G. Herzberg. (Appl. Optics **6** (1967) 10, 1593–95; Nat. Res. Council Ottawa; engl.) — Übersicht über Meth. u. App. zur Unters. der Elektronenspektren zwei- u. mehratomiger Moleküle sowie freier Radikale mit bes. Berücksichtigung von Blitzlichtphotolyse, Funkenentladungen u. Pumpmeth. mit Hochfrequenzentladungen. J. Pickardt 5116

2056 **Filterkeilspektrometer zum Gebrauch im Freien.** W. A. Hovis jun., W. A. Kley und M. G. Strange. (Appl. Optics **6** (1967) 6, 1057–58; Goddard Space Flight Center, Greenbelt, Md.; engl.) — Zwei Spektrometer mit Interferenzfilterkeilen für den Bereich 1,6 bis 5,4 μm bzw. 7,4–14,6 μm bes. robuster Konstruktion, die in Flugzeugen u. Ballons in Höhen bis zu 33 km erprobt wurden, werden beschrieben. J. Pickardt 5116

2057 **Zweirichtungs-Reflexionszusatz für spektroskopische Messungen.** Graham R. Hunt und Howard P. Ross. (Appl. Optics **6** (1967) 10, 1687–90; AFCRL, Bedford, Mass.; engl.) — Vf. beschreiben einen Zweistrahlzusatz, der eine Neigung der Probenebene um + oder –45° gestattet. — Anwendungsbeispiele. J. Pickardt 5116

2058 **Einfache Mikrowellen-Entladungslampe.** E. W. Richards. (Spectrochim. Acta [London] **22**, 158, 1966; Harwell, Didcot, Atomic Energy Res. Establ.; engl.) — Kurze Beschreibung. Die Lampe ist nicht abgeschmolzen, sondern hängt an einem Umpumpsyst. für das Edelgas. R. Voigt 5116

2059 **Atomabsorptionsspektralphotometrie und Flammenspektralphotometrie.** Yoshihiko Ohyagi. (Japan Analyst **1967**, Annual Rev., 68R–74R; jap.) — Literaturübersicht. — 179 Literaturangaben. Gerhard Schulze 5118

2060 **Emissionsspektroskopie.** Tokunosuke Nakajima, Hiroshi Kawaguchi, Kyoichiro Takashima und Hiroyuki Fukushima. (Japan Analyst **1967**, Annual Rev. 35R–45R; jap.) — Übersicht über Veröffentlichungen aus den Jahren 1965 u. 1966. — 206 Literaturangaben. Gerhard Schulze 5118

2061 **Photoelektrische Messung der Verdampfungsgeschwindigkeit bei der Spektralanalyse von pulverförmigen Proben.** O. A. Kul's'ka, S. O. Kozak und S. P. Oleksenko. (Dopovidi Akad. Nauk Ukr. SSR, Ser. B — Geologija, Geofiz., Chim., Biol. **1967**, 5, 436 bis 538; Acad. of Sci., Ukrainian SSR; ukrain., Auszug: engl.) — Vf. untersuchen auf photoelektr. Wege den Einfl. des chem. Zustandes von Elementen auf die Verdampfungsgeschw. an Proben mit unterschiedlicher Gesamtzusammensetzung. H. D. Schenke 5118

2062 **Verminderung des Streulichts bei ebenen Gitterspektrometern.** Claude M. Penchina. (Appl. Optics **6** (1967) 6, 1029–31; Univ. Mass., Amherst; engl.) — Das Streulicht in einem kommerziellen Czerny-Turner-Gitterspektrometer wurde im Wellenlängenbereich 1800 bis 5000 Å untersucht. Es wird eine einfache Meth. beschrieben, um den Teil des Streulichts zu eliminieren, der durch mehrfache Dispersion verursacht wird. J. Pickardt 5118

2063 **Vielseitiges Spektroradiometer und seine Anwendung.** C. L. Sanders und W. Gaw. (Appl. Optics **6** (1967) 10, 1639–47; Nat. Res. Council, Ottawa; engl.) — Ein Gerät zur Messung von Transmissions-Reflexionsspektren, der Spektralverteilung der Strahlung von Lichtquellen usw. wird beschrieben. Das Gerät besteht im wesentlichen aus einem Hilger-Monochromator D 300. Bei jeder Messung erfolgt die Best. des Photomultiplier-Dunkelstroms, der Photoströme, die durch eine Bezugslichtquelle u. durch die zu untersuchende Lichtquelle verursacht werden. Die Wellenlänge wird durch eine Spannung dargestellt; die Daten werden auf Lochkarten gestanzt u. mit Hilfe eines Digitalrechners ausgewertet. Als Beispiele werden die Messung der Strahlung eines schwarzen Körpers beim F. von Pt u. die Aufstellung einer Farbtemp.-Skala angegeben. J. Pickardt 5120

2064 **Methode zur Berücksichtigung von Teilchengröße und Matrixeinflüssen bei der Röntgenfluoreszenzanalyse.** Raymond H. Myers, Donald Womeldorph und Bernard J. Alley. (Analytic. Chem. **39** (1967) 8, 1031 bis 1033; Dep. of Statistics, Va., Polytechnic Inst., Blacksburg, Va.; engl.) — Vf. beschreiben ein statist. Verf. zur Best. der Beziehung zwischen der Röntgenintensität eines jeden Bestandteils u. der Konz. aller Bestandteile in einer Mischung. Die Konst.-Best. ist selbst bei Vorhandensein von Meßfehlern u. Einflüssen der Teilchengröße möglich. Das Verf. wird am Beispiel der Zündmischung „Tichloral", die aus $KClO_4$, Ti- u. Al-Pulver u. einem geringen Prozentsatz eines Binders wie Polyisobutylen besteht, geprüft. H.-D. Schenke 5122

2065 **Reproduzierbare Aufnahme vollständiger Röntgenfluoreszenzspektren zur Spurenanalyse mit stufenweiser Energiediskriminierung.** Klaus Haberer. (Z. analyt. Chem. **227** (1967) 6, 401–09; Inst. für Gastechn., Feuerungstechn. u. Wasserchem., TH, Karlsruhe; dt.) — Vf. versucht, die automat. Goniometeraufnahme von vollständigen Röntgenfluoreszenzspektren mit Szintillationszählern durch eine stufenweise Diskriminierung möglichst empfindlich zu gestalten. Am einfachsten u. jederzeit reproduzierbar geschieht dies durch zweimaliges Verändern der Verstärkerstufe während des Goniometerablaufs. Zuvor wird die am Szintillationszähler anliegende Hochspannung mit Hilfe einer definierten Röntgenlinie ebenfalls reproduzierbar eingestellt. Die in Spurenkonz. vorliegenden Elemente lassen sich nach entsprechenden Eichunters. direkt aus den Spektren ermitteln. Die Genauigkeit ist gegenüber der Messung bei (optimaler) Einstellung des Spektrometers auf die auszumessende Linie nur unwesentlich verschlechtert, wenn man die gleiche Meßdauer an der Röntgenlinie zugrunde legt. H.-D. Schenke 5122

2066 **Kathodenlumineszenzgerät zur schnellen Identifikation von Phasengemischen.** R. T. Greer, W. G. Staley jun. und V. Vand. (Amer. ceram. Soc. Bull. **46** (1967) 9, 829–32; Material Res. Labor., Pa. State Univ.; engl.) — Vf. benutzen ein kleines Kathodenlumineszenzgerät zur Unterscheidung von Phasen bei der Festkörperrk. zwischen MgO u. Enstatit zu Forsterit. Das Verf. kann ein Hilfsmittel bei der zerstörungsfreien Unters. von Homogenitäten, Verunreinigungen, Krist.-Formen u. chem. Rk. sein. H.-D. Schenke 5122

2067 **Röntgenanalyse.** Hiroshi Uchikawa, Toru Inoue, Isoshi Kawashima, Toshio Watanabe, Takuji Ui, Tsutomu Fukasawa und Eiichi Asada. (Japan Analyst **1967**, Annual Rev. 45R–53R; jap.) — Literaturübersicht über die in der Zeit von 1964–1966 veröffentlichten Arbeiten. — 299 Literaturangaben. Gerhard Schulze 5126

1068 **Fortschritte in der Röntgenanalyse.** John B. Newkirk und Gavin R. Mallet. (Advances R-Ray Analysis **10** (1967); IX, 1–558; engl.) — Röntgenbeugungs-Topographie (U. K. Bonse, M. Hart u. J. B. Newkirk; 1–8); Kontrast des Dislokationsbildes bei der Röntgenstrahlen-Transmissions-Topographie (A. Authier; 9–31); Asymm. Bragg-Reflexion u. ihre Anwendung bei der Doppel-Diffraktometrie (M. Renninger; 32–41); Experimentelle Best. des integrierten Beitrages von diffusen therm. Streueffekten bei der Röntgenstrahlen-Reflexion (M. Renninger; 42—45); Röntgenbeugungsbild eines Stapelfehlers (N. Kato, K. Usami u. T. Katagawa; 46—66); Dynam. Theorie der Simultan-Röntgenbeugung (P. Penning; 67—79); Meßmeth. der Parallelstrahl-Beugungsmikrographie (H. Barth; 80—90); Neuere Anwendungen der Röntgenstrahlen-Topographie (A. R. Lang; 91—107); Anomale Röntgenstrahlen-Reflexionen (J. F. McGee u. V. I. Olli; 108 bis 117); Röntgenbeugungs-Mikroskopie von planaren, diffusen pn-Übergangsstrukturen (J. K. Howard u. G. H. Schwuttke; 118—33); Experimentelle Verf. der Röntgenbeugungs-Topographie (St. B. Austerman u. J. B. Newkirk; 134—52); Röntgenbeugungskontrast von Verunreinigungsnd. in CdS-Einkrist. (Jun-ichi Chikawa; 152—58); Lang-Röntgenstrahlen-topograph. Unters. des Rubinwachstums mit Hilfe verschiedener Meth. (F. R. Belt; 159—72); Analyse der Berg-Barrett Querreflexionen u. ihre Anwendungen bei der Beobachtung von verfahrensbedingten Störstellen in (111)-Si-Flächen (E. M. Juleff, A. G. Lapierre u. R. G. Wolfson; 173—84); Einfl. geringer Mg-Zusätze auf das Mitfällungsverh. von Al-Zn-Leg. (R. W. Gould; 185 bis 203); Analyse der diffusen Großwinkelstreuung von kleinen Plättchen (G. L. Liedl; 204—12); Röntgenbeugungsunters. zur Einordnung in zwei σ-Phasen (R. W. Spor, H. Claus u. P. A. Beck; 213—20); Unters. der ungewöhnlichen Linienstruktur in Pulveraufnahmen von pyrolyt. abgeschiedenen Bor-Verb. u. anderen Materialien (R. L. Prickett, R. L. Hough u. D. Early; 221—33); Expansion dicker, auf Kupfersubstraten gewachsener Cu_2O-Filme beim Abkühlen (T. F. Swank u. K. R. Lawless; 234—39); Neue Ergebnisse über das Eisen–Nickel-Gleichgew.-Diagramm. $\gamma/\gamma + \alpha$-Grenze (N. I. Ananthanarayanan; 240—49); Gitterkonst. u. Kristallitgröße von kondens. Golddampf (F. G. Karioris, J. J. Woyci u. R. R. Buckrey; 250—64); Analyse der Linienform von deformierten Cu-Ge-Leg. (M. Ahlers u. L. F. Vassamillet; 265—72); Anomale Restdehnungen (R. E. Ricklefs u. W. P. Evans; 273—83); Röntgen-Restdehnungsmessungen beeinflussende experimentelle Faktoren bei hochfesten Aluminium-Leg. (M. E. Hilley, J. J. Wert u. R. S. Goodrich; 284—94); Röntgenmessung von Restdehnungen in Titanleg.-Blechen (D. N. Braski u. D. M. Royster; 295—310); Anwendung von Röntgenbeugungsmeth. bei Abriebunters. (T. F. J. Quinn; 311—27); Röntgenanalyse von Ermüdungsschäden bei Kupfer (R. G. Baggerly u. R. M. N. Pelloux; 328—41); Verbesserung der Genauigkeit bei der Darst. konventioneller Polformen (K. Aoki, S. Hayami u. M. Matsuo; 342—53); Präzise Best. der Gitterparameter bei Temp. des fl. Heliums mit Hilfe der Doppel-Scan-Diffraktometrie (H. W. King u. C. M. Preece; 354—65); Numer. kontrollierte Röntgen-Pulverdiffraktometrie (R. W. Rex; 366—73); Effekte der elektron. Struktur u. interatomaren Bindung auf die AlK-Emissionsspektren bin. Al-Syst. nach Bestrahlung mit weichen Röntgenstrahlen (D. W. Fischer u. W. L. Baun; 374—88); Strukturen von Multischichten-Seifenfilmen (R. C. Ehlert u. R. A. Mattson; 389—98); Best. des Wrkg.-Grades von Protonen-Bombardment bei der Erzeugung von Röntgen-Emissionsspektren (A. A. Sterk, C. L. Marks u. W. P. Saylor; 399—408); Elektronen-Mikrosonden-Analyse u. Röntgenbeugungsunters. von $SrSi_2$ (G. M. Faulring u. E. S. Malizie; 409—21); Anwendung der Elektronen-Mikrosonde bei der Analyse von Kernbrennstoff-Einschmelzexperimenten (S. J. Stachura u. L. Cooper; 422—30); Darst. von Elektronen-Mikrosonden-Standards unter Verw. einer Quench-Schnellmeth. (J. I. Goldstein, F. J. Majeske u. H. Yakowitz; 431—46); Quant. Mikrosonden-Analyse mit Hilfe von Targetstrommessungen (J. W. Colby, W. N. Wise u. D. K. Conley; 447 bis 461); Vgl. von vier Spaltaperturen für Auswahlflächenanalysen mit dem Röntgen-Sekundäremissions-Spektrometer (E. P. Bertin; 462—73); Röntgenspektrograph. Analyse der leichten Elemente in Ferrotitan-Erzen u. Rückständen stark variierender Zus. (B. S. Sanderson u. J. A. Yeck; 474—88); Glas-Schmelzmeth. für Röntgenfluoreszenzanalysen (J. O. Larson, R. A. Winkler u. J. C. Guffy; 489—93); Quant. Röntgen-Emissionsanalyse von Magnesium durch Fluor mit Röntgen- u. Elektronenanregung (F. Bernstein u. R. A. Mattson; 494—505); Meth. zur Fl.-Analyse mit erhöhter Empfindlichkeit für leichte Elemente (D. W. Beard u. E. M. Proctor; 506—19); Demontierbare Röhre bei der Fluoreszenzanalyse leichter Elemente (M. A. Short u. M. J. H. Ruscoe; 520—33); Charakteristika von Durchfluß-Proportionalzählern für Röntgenstrahlen (N. Spielberg; 534—45). W. Hein 5126

2069 **Intensität von Elektronenstrahlen.** J. C. Helmer (Amer. J. Physics **34**, 222—27, 1966; Palo Alto, Calif., Varian Assoc.; engl.) — Die Theorien von Langmuir (1937) u. Pierce (1939) über die therm. Begrenzungen der Stromdichte eines Elektronenstrahles finden einfache Erklärungen durch die geometr. Optik (Abbes Sinus-Gesetz) u. das Gesetz der photometr. Helligkeit. Sie genügen für fast alle Labor.-Experimente mit niederenerget. Strahlen hoher Intensität, wie sie bei Elektronenbeugungsvers. verwendet werden. G. Frischat 5126

2070 **Fabry-Perot-Spektrometerabtastung mit Hilfe einer Moiré-Beugungsbildmethode.** G. G. Shepherd und L. Paffrath. (Appl. Optics **6** (1967) 10, 1659—63; Univ. of Saskatchewan, Saskatoon; engl.) — Mit Hilfe eines Blendensyst. werden Moirébeugungsbilder erzeugt, bei denen auf einfache Weise Wellenlängenverschiebung u. damit ein Abtasten des Spektrums erzielt werden kann. J. Pickardt 5126

2071 **Einfacher Ordnungssichter zum Gebrauch bei Beugungsgittern für hohe Ordnungen.** E. H. Pinnington. (Appl. Optics **6** (1967) 10, 1655—57; Univ. of Alberta, Edmonton; engl.) — Um das Überlappen der Beugungslinien hoher Ordnung zu vermeiden, wurde eine Vordispersionseinrichtung, die im wesentlichen aus einer Wadsworth-Prismen-Spiegel-Anordnung besteht, konstruiert. Als Anwendungsbeispiel wird ein Ausschnitt des Gd-Spektrums gezeigt, es sind die Ordnungen 14 bis 17 abgebildet. J. Pickardt 5126

2072 **Goniometerkopf für Elektroneninterferenzapparate.** H. Kiendl. (Z. angew. Physik **22** (1967) 3, 244—46; Inst. für Angew. Phys., Univ., Hamburg; dt.) — Vf. beschreibt einen Goniometerkopf für Elektroneninterferenzapp., der präzise Winkeleinstellungen von Einkrist. ermöglicht. H.-D. Schenke 5126

2073 **Einfache und vielseitige Methode zum Fixieren von Standardproben bei der Elektronenmikrosondenanalyse.** G. R. Lachance und A. G. Plant. (Canad. Spectroscopy **12** (1967) 4, 134; Geol. Survey of Canada, Ottawa; engl.) — Die Vorr. ist leicht herzustellen u. ermöglicht ein Polieren der Probe u. ihr Befestigen auf den üblichen Probehaltern. H.-D. Schenke 5126

2074 **Untersuchungen mit einem neuen Hochspannungs-Röntgenmikroskop (XMPJ), das mit einem röntgenempfindlichen Vidicon gekoppelt ist.** R. L. de C. H. Saunders. (Canad. Spectroscopy **12** (1967) 4, 135—40; Anatomy Dep., Dalhousie Univ., Halifax, Nova Scotia; engl.) — Das neue Hochspannungs-Röntgenprojektionsmikroskop, mit dem tiefliegende Blutgefäße im menschlichen Hirn untersucht werden können, besteht aus einer drehbaren Targeteinheit, an die ein röntgenempfindliches Vidicon- u. Fernsehsyst. angeschlossen ist. Durch Röntgen- u. elektron. Verstärkung können auf dem Fernsehschirm photographierbare Bilder erhalten werden. Mit dem Instrument werden viel dichtere, tote oder lebende Proben untersucht als es bisher mit Brennflecken von der Größe einiger weniger μm möglich war. H.-D. Schenke 5128

2075 **Auflösungsvermögen und Kontrast von Oberflächen-Stufen bei der Abbildung mit einem Raster-Elektronenmikroskop** (Stereoscan). K. Schur, Chr. Schulte und L. Reimer. (Z. angew. Physik **23** (1967) 6, 405—12; Inst. für Medizin. Phys. der Univ Münster/Westf.; dt.) — Unters. durch Schrägbedampfung von Polystyrolkugeln mit Ge. Herbert Weber 5128

2076 **Einfache Hilfsapparatur zur Probenauswechslung ohne Zerstörung des Vakuums im Elektronenmikroskop**

ÈM-5. L. B. Gel'dner. (Labor. Delo **1967,** 1, 55–56; Permskogo med. inst.; russ.) W. Herfurt 5128△

2077 **Beitrag zur Fehlertheorie bei der Messung niedriger Aktivitäten.** Jiří Bartošek und Vít Jelínek. (Jaderná Energie **12,** 386–88, 1966; Brno, Inst. für angewandte Geophys.; tschech.) — Die Vergrößerung des Standardfehlers wird für den Fall ber., wenn die optimale Verteilung der gesamten Meßzeit auf die Messung der Probe u. des Untergrunds nicht eingehalten wird. Es wird die optimale Verteilung der Meßzeit für eine Probenreihe abgeleitet. V. Burjan 5130△

2078 **Feldionisationsdetektoren für Molekularstrahlen.** Wilbur D. Johnston jun. und John G. King. (Rev. sci. Instruments **37,** 475–76, 1966; Cambridge, Mass., MIT; engl.) — Die Funktion eines Feldionisationsmikroskops wird zur Entw. von Molekularstrahldetektoren verwendet. He-, Ar- u. N_2-Strahlen wurden mit hoher Empfindlichkeit nachgewiesen. G. Frischat 5130

2079 **Vergleich einer Ionisationskammer und einer Thermosäule als absolute Detektoren im extremen Ultraviolett.** L. R. Canfield, R. G. Johnson, K. Codling und R. P. Madden. (Appl. Optics **6** (1967) **11,** 1886 bis 1888; NBS, Washington, D.C.; engl.) — Durch die Eig. der Edelgase, bei geringen Wellenlängen zu photodissozieren, wobei der Ionenstrom ein direktes Maß des Photonenflusses ist, eignen sich Edelgasionisationskammern als Detektoren für das Vakuum-UV. Sorgfältige Messungen wurden deshalb zum Vgl. der Genauigkeit einer *Ar*-Ionisationskammer mit einer geeichten Thermosäule bei Wellenlängen von 584 u. 735 Å durchgeführt. Danach stimmen die beiden Detektoren innerhalb 3% Meßgenauigkeit überein. R. Blank 5130

2080 **Absorbierte-Dosis-Eichung von Fingerhut-Ionisationskammern mit Elektronen hoher Energie bei verschiedenen Phantom-Tiefen.** H. Svensson und C. Pettersson. (Ark. Fysik **34** (1967) 3–4, 377–84; Radiat. Phys. Dep., Univ. of Umeå, Umeå, Sweden; engl.) — Eichung von kommerziellen zylindr. Ionisationskammern in einem W.-Phantom in Einheiten der absorbierten Dosis pro Ionisationseinheit für 5 bis 30 MeV mit einen Fe_2SO_4-Vgl.-Dosimeter. Herbert Weber 5130

2081 **Kalorimetrische Bestimmung des G-Wertes des Fe_2SO_4-Dosimeters mit Elektronen hoher Energie und ^{60}Co-γ-Strahlen.** C. Pettersson. (Ark. Fysik **34** (1967) 3–4, 385–400; engl.) — Vgl. vorst. Referat. Herbert Weber 5130

2082 **Elektron–Photon-Kaskaden in Blei-Szintillator-Anordnungen für Primärenergien zwischen 100 und 440 MeV.** Klaus-Peter Beuermann und Gerd Wibberenz. (Z. Physik **206** (1967) 3, 247–65; Inst. für Kernphys., Christian-Albrechts-Univ. Kiel; dt.) — Schauerunters. mit Sandwich-Anordnungen. Herbert Weber 5130

2083 **Germanium - Gesamtabsorptionsspektrometer für 100-MeV-Protonen-Streuung.** Y. S. Horowitz und N. K. Sherman. (Canad. J. Physics **45** (1967) 10, 3265–68; Foster Radiat. Labor., Mc Gill Univ., Montreal; engl.) — Unters. über Ge(Li)-Detektoren. Herbert Weber 5130

2084 **Entladungsmechanismus von selbstlöschenden Geiger-Müller-Zählrohren.** Erich Huster, Heinz Günter Franke, Otfried Krafft und Karl Heinz Rohe. (Forsch.-Ber. Landes Nordrhein-Westfalen **1966,** 3–37; Inst. für Kernphys. der Univ. Münster; dt.) — Experimente an selbstlöschenden Zählern ergaben, daß beide Ausbreitungsformen der Entladung durch Photoeffekt im Gas vorkommen, daß aber die Drahtkomponente gegenüber der Mantelkomponente überwiegt. Ein koaxiales Gitter mit negativem Potential in bezug auf den Mantel, wirkte trotz des geringen Bedeckungsgrads als Kathode. Die Verteilung der Laufzeiten der Entladung wies nur ein scharfes Max. auf. Durch Unterteilung der Kathode konnte der Verlauf der Entladung verfolgt werden. Wurde in einem längeren Stück des Zählers die Feldstärke herabgesetzt, so konnten, da das „Filter“ die Drahtkomponente unterdrückt, die beiden Komponenten getrennt werden. M. Wiedemann 5130

2085 **Radiochemische Analyse.** Tomitaro Ishimori, Hirosi Amano, Kaoru Ueno, Eiko Akatsu, Kenju Watanabe, Tatsujiro Ishimori, Shoichi Kawamura, Yoshiyuki Kiso, Toyoaki Kato und Hiroshi Hamaguchi. (Japan Analyst **1967,** Annual Rev., 96R–122R; jap.) — Literaturübersicht über die in den Jahren 1965 u. 1966 veröffentlichten Arbeiten. — 727 Literaturangaben. Gerhard Schulze 5132

2086 **Bewertung der Genauigkeit der früher vorgeschlagenen Korrektionsbeziehung für ihre praktische Anwendung in der Aktivierungsanalyse.** Miloslav Rakovič und Zdeňka Procházková. (Jaderná Energie **12,** 384–86, 1966; Praha, Karls-Univ.; tschech.) — Nach der in Atompraxis **11,** (1965) 151 abgeleiteten Beziehung wird die prakt. Berechnung erläutert. Die Abhängigkeit des Fehlers, wenn noch ein anderes störendes Element in der zu untersuchenden Substanz anwesend ist, wird als eine Funktion des Detektionsverhältnisses (Verhältnis der Zählrate der gegebenen Gew.-Menge des aktivierten Elements A zur Zählrate derselben Menge das aktivierten Elements X) für verschiedene Konz. C_A/C_X dieser Elemente dargestellt. V. Burjan 5132△

2087 **Zählung der α- und β-Strahlungsintensität mit Elektrodenfällungsmethoden.** Stephen M. Kim, John E. Noakes und W. W. Miller. (Nucleonics [New York] **24,** Nr. 3, 66–67, 1966; Oak Ridge, Tenn., Inst. of Nucl. Studies; engl.) — Durch die Herst. dünner Filme von α- u. β-Strahlern kann die Selbstabsorption oft bei gleichzeitiger Zunahme der spektralen Auflsg. vermieden werden. Unter Verw. von A. als Lsgm. bei Filmbldg. an Pt-Oberflächen kann eine nahezu 100%ig. Ausb. u. eine 2%ig. Reproduzierbarkeit der Ergebnisse erreicht werden. Die verwendete App. u. deren Arbeitsweise sind beschrieben. Die optimalen Bedingungen für die Fällung von ^{234}Th, zugegeben in 2 n HCl zu A., sind 150 mA, 60 Min., 25°, die Ausb. beträgt dabei 95 $\pm$ 2%, für die Fällung von ^{233}Pa, zugegeben in 200 μl 2 n H_2SO_4 u. 0,1 n HF zu A. 200 mA, 60 Min. u. 70°, Ausb. 99 $\pm$ 1% u. für U, zugegeben in 200 μl 2 n HCl zu A. 150 mA, 120 Min. u. 65°, Ausb. 97 $\pm$ 2%. Die Vorteile der Verw. von A. statt wss. Salzsyst. als Lsgm. sind: Die Reinheit des verwendeten 95%ig. A. schließt die Verunreinigung der Probe aus. Die Kathodenstromproduktion ist infolge der Verw. des weniger leitfähigen Lsgm. günstiger. Die Reproduzierbarkeit einheitlich dünner Filme von Proben, die in Spurenmengen eingesetzt werden, ist sehr gut. J. J. Pohl 5132

2088 **Rechengerät für radioaktive Chromatographie.** Anonym. (Ind. Vernice **20,** Nr. 4, Sonderteil: Laboratorio 12–14, 1966; ital.) — Die Vorteile des Simultan-Rechners für multiple Geiger-Zählrohre können jetzt für Dünnschichtchromatogramme genutzt werden. Der B. T. L.-Radioactive-Chromatogramm-Counter beschleunigt die Auswertung der Chromatogramme durch Benutzung von 31 Geiger-Zählrohren in einer Einheit, so daß alle Oberflächen des Chromatogramms gleichzeitig ausgewertet werden. Der Aufbau des Geräts wird beschrieben. O. Schulze 5132△

2089 **Thermische Analyse.** Kazuo Amaya. (Japan Analyst **1967,** Annual Rev., 62R–68R; jap.) — Literaturübersicht über die in den Jahren 1965 u. 1966 veröffentlichten Arbeiten. — 201 Literaturangaben. Gerhard Schulze 5136

2090 **Anwendbarkeit des DTA-Apparates 900 von Du Pont in der quantitativen Differentialthermoanalyse.** P. Pacor. (Analytica chim. Acta [Amsterdam] **37** (1967) 2, 200–08; Unilever Res. Labor., Vlaardingen; engl.) — Mit der App. werden einige Probleme der quant. DTA untersucht. Durch Anwendung der Gleichung für den Wärmeübergang können die Formen der Thermogramme in Abhängigkeit vom Wärmeübergang, der spezif. Wärme u. der Wärmeleitfähigkeit interpretiert werden. Befriedigende Ergebnisse werden für Substanzen mit Wärmeleitfähigkeiten $< 10^{-3}$ cal · s^{-1} · g^{-1} erhalten. H.-D. Schenke 5136

2091 **Differentialkalorimeter für die Untersuchung der Kinetik von Polymerisationsreaktionen.** I. G. Gusakovskaja. (Zav. Labor. **33** (1967) 5, 652–53; Inst. chim. fiz. AN SSSR; russ.) H. Roschkowski 5136

2092 **Quantitative Analyse mit Hilfe der Flüssigkeitschromatographie.** Arthur Karmen. (Separat. Sci. **2** (1967) 3, 387–97; John Hopkins med. Inst., Baltimore, Md.; engl.) — Es wird eine Meth. zur schnellen, quant. Analyse beschrieben, mit deren Hilfe μg-Mengen von Lipiden an SiO_2-Halbmikrosäulen durch Eluieren mit einer Folge von Lsgm. getrennt werden konnten. Die Analyse erfolgte unter Verw. eines Fl.-Chromatographie-Detektors, der die Differenz der Flüchtigkeit von nachzuweisender Verb. u. Eluierungsmittel ausnützt: das Eluat benetzt eine sich kontinuierlich bewegende Metallkette; das Lsgm. wird bei einer bestimmten Temp. verdampft u. der Rückstand auf der Kette in ein geheiztes Rohr gebracht, wo er verdampft oder unter N_2 pyrolysiert wird. Die Dämpfe u./oder Pyrolyseprod. werden in einen H_2-Flammenionisationsdetektor geleitet. — Sowohl hochsiedende als auch nichtflüchtige Lipide konnten mit etwa gleicher Empfindlichkeit nachgewiesen werden. J. Pickardt 5138

2093 **Überprüfung eines Gerätes für die automatische Säulenchromatographie.** William F. Blatt und Frank T. Pittman. (J. Chromatogr. [Amsterdam] **24**, 348–56, 1966; Natik, Mass., U.S. Army Res. Inst. of Environmetal Med.; engl.) — Es wird die Brauchbarkeit eines automat. Säulenchromatographen (Spektrochrom Modell 130 der Firma Beckmann) zur Trennung von Blut- u. Harn-Proteinen unter Verw. von DEAE-Cellulose, AG-11A8 sowie Sephadex G 25, G 100 u. G 200 als Adsorptionsmittel getestet. An Hand von Abb. wird die Arbeitsweise des mit Spektralphotometer, Leitfähigkeits- u. pH-Meßvorr. ausgestatteten Gerätes erläutert. J. Wilke 5138

2094 **Dünnschichtchromatographie anorganischer Ionen.** Magrit Lesigang-Buchtela. (Mikrochim. Acta [Wien] **1966**, 408–14; Wien, Univ., Analyt. Inst.; dt.) — Es wird die Trennung anorgan. Kationen des H_2S-Analysenganges an Kieselgel bzw. Cellulosepulver beschrieben. Als Laufmittel dienen verschiedene Gemische von Alkoholen (A., Propanol, Butanol), Ketonen (Aceton, Hexon u. a.) u. anorgan. Säuren. Es wird nach der aufsteigenden Meth. gearbeitet. Die Laufzeit beträgt 1–4 Std. bei einem Wanderungsweg von 16–18 cm. Die Sichtbarmachung erfolgt durch Besprühen mit 2%ig. alkohol. 8-Hydroxychinolinlsg., Behandeln mit NH_3-Dämpfen u. Bestrahlen mit UV-Licht. Die Trennung von Pb, Cd, Bi, Cu u. Hg, von As, Sb u. Sn sowie von Ni, Co, Fe, Mn, Al, Cr, Zn u. U gelingt mit gutem Erfolg. D. Radeck 5138

2095 **Verbesserter Tank zur Entwicklung präparativer Dünnschichtchromatogramme.** R. L. Hoffmann und C. D. Evans. (Lipids [Chikago] **1**, 292, 1966; Peoria Ill., Northern Reg. Res. Lab., ARS, USDA; engl.) — Vf. beschreibt einen flachen Plexiglastank, in dem bis 3 mm dicke Schichten ohne Gefahr des Abgleitens entwickelt werden können, da die Platte um 15° geneigt ist. Der Deckel des Tanks wird mit Papier ausgekleidet u. von oben mit Eis gekühlt, um einen gewissen Temp.-Gradienten u. damit eine gleichmäßige Sättigung des Papiers mit Lsgm. zu sichern. L. Kramar 5138

2096 **Automatisches Gerät zur Zugabe von Lösungsmitteln zu Chromatographietanks.** Clinton A. Nerenberg, Dinesh C. Sharma und Ralph I. Dorfman. (Analyt. Biochem. [New York] **20** (1967) 2, 294–98; Inst. of Hormone Biol., Syntex Res. Center, Stanford Industrial Park, Palo Alto, Calif.; engl.) — Vf. beschreiben ein Gerät, mit dem die mobile Phase in den Trog zu einer vorgegebenen Zeit nach der Gleichgew.-Einstellung automat. zugegeben wird. H.-D. Schenke 5138

2097 **Chromatographie mit flüssigen Anionenaustauschern. 1. Mitt. HCl-Systeme.** U. A. Th. Brinkman, G. de Vries und E. van Dalen. (J. Chromatogr. [Amsterdam] **22**, 407–23, 1966; Free Univ., Amsterdam; engl.) — Papier- u. Dünnschichtchromatographie im HCl-Medium wird an stationären Phasen untersucht, die mit langkettigen Aminen u. substituierten NH_4-Salzen imprägniert sind. Getrennt werden: Ag(I), Ni(II), Mn(II), Co(II), Zn, Cu(II), Pb(II), Fe(III), Sb(III) u. Bi(III). Aus den R_F-Werten kann die Abhängigkeit der Adsorptionsstärke der untersuchten Austauscher abgeleitet werden. Die Ergebnisse sind vergleichbar mit denen, die mit festen Anionenaustauschern oder neutralen Organophosphorverb. erhalten werden. Die Vorteile sowie einige Anwendungen dieser Meth. zu prakt. u. theoret. Unters. werden dargelegt. W. Dedek 5138

2098 **Chromatographie mit variabler Durchflußgeschwindigkeit und Chromatographie mit Umkehrung der Strömungsrichtung des Gases (Backflushing).** Jean-Maurice Vergnaud und Bernard Buathier. (Chim. analytique **49** (1967) 4, 183–99; Centre de Rech., Societé PROGIL; franz.) — Vf. bespricht die Theorie u. die apparativen Bedingungen der Verf. u. diskutiert Ergebnisse der qual. u. quant. Analyse. Ein wichtiger Vorteil ist die entscheidende Verringerung der Retentionszeiten. B. Seifert 5138

2099 **Anwendung eines hochempfindlichen Integrators in der Gaschromatographie.** Ivan Feist und Bohumil Sojka. (Jaderná Energie **12**, 301–02, 1966; Řež, Kernforsch.-Inst. ČSAV; tschech.) — Versuchsweise wird ein Integrator mit Blockoszillator u. Kondensatorladungskompensation in Verbindung mit einem Flammenionisationsdetektor für weitere Anwendungszwecke, bes. bei quant. gaschromatograph. Analysen herangezogen u. mit Erfolg geprüft. Nach Bestätigung der Linerarität durch Ausmessen bekannter Ladungen u. der Empfindlichkeit (10^{-10} Cb/Imp.) ergaben Eichmessungen an n-Pentan/CCl_4-Gemischen eine hohe Genauigkeit bei ausreichender Reproduzierbarkeit. Das Gerät eignet sich bes. für Wiederholungsanalysen bei etwa gleicher Zus. der zu untersuchenden Gemische. R. Tannenberger 5138

2100 **Behelfsmäßiges Densitometer für die quantitative Auswertung von Aminosäurechromatogrammen.** A. S. Saini und Inderbir Singh. (Indian J. med. Res. **54**, 678–81, 1966; Rehtak, India, Med. Coll., Dep. of Physiol.; engl.) — Ein photoelektr. Belichtungsmesser Weston Master III wurde für die Farbdichtemessung benutzt. Dieses Gerät wurde auf den mechan. Teil eines Mikroskopes montiert. Das Licht einer 6-V-Mikroskoplampe fällt durch 4 mm (über der Lampe) bzw. 5 mm (vor der Photozelle) große Löcher, die in Pappscheiben gebohrt wurden, auf die Photozelle. Der Fleck auf dem Chromatogramm wird genau zentriert u. die Ausschläge des Instrumentes gemessen. Hierbei muß die Skala neu kalibriert werden. Dieses Gerät arbeitet ebenso zuverlässig, mit der gleichen Genauigkeit u. Reproduzierbarkeit wie käufliche Densitometer. E. Paul 5138

2101 **Billige Patrone für die Sammlung von radioaktivem Methylester bei der Verteilungs-Gaschromatographie.** Mildred Bennett und Edmund Coon. (J. Lipid Res. **7**, 448–49, 1966; Oakland, Calif., Children's Hosp. Med. Center of Northern Calif., engl.) — Vf. erprobten mit Erfolg den Einsatz von Glaswolle an Stelle von Anthracen als Füllmaterial der Sammelvorr. für radioakt. Fettsäuremethylester im Abgasstrom der gaschromatograph. Analyse. Das Sammelgefäß wird mit Glaswolle (Pyrexbrand) bis 5 mm unterhalb der beiden Enden gefüllt. Nach Beendigung des Sammelvorganges wird die Glaswolle in eine Glasflasche überführt, die mit 14 ml einer Lsg. aus 0,3 g p-Bis-[2-(s-phenyloxazolyl)]-benzol u. 5,0 g 2.5-Diphenyloxazol in 1 l Toluol gefüllt ist, wobei der Ester aus der Glaswolle herausgelöst wird. I. Lindenhahn 5138

2102 **Kontinuierliche Teilchenelektrophorese: Neue analytische und präparative Möglichkeiten.** Allen Strickler. (Separat. Sci. **2** (1967) 3, 335–55; Beckman Instruments Inc., Fullteron, Calif.; engl.) — Vf. beschreibt eine App. für die Meth. sowie ein Beispiel (Trennung anorgan. Farbpigmente). Eine Analyse des Trennsyst. u. seiner Leistung in Abhängigkeit von verschiedenen Parametern, bes. Geräteansprechzeit, Auflösung u. Arbeitsgeschw., wird durchgeführt. Verbreiterung der aufgetrennten Zonen infolge Diffusion u. Geschw.-Profileinfl. werden diskutiert.

Die Einfl. der bei Messung abs. Beweglichkeiten werden untersucht. J. Pickardt 5138

2103 **Polyacrylamidgel-Elektrophorese: einfache Technik zur Herstellung von Dauerpräparaten.** F. Gabl und D. Pastner. (Clin. chim. Acta [Amsterdam] **13**, 753–56, 1966; Innsbruck, Med. Univ.-Klinik; dt.) — Die Herst. jahrelang haltbarer Polyacrylamidgele gelingt durch langsame Trocknung der Gele zwischen Cellophanstreifen bei Zimmertemperatur. Im einzelnen wird das Gel nach völliger Entfärbung auf eine mit dest. W. befeuchtete Cellophanfolie gelegt u. auf eine feste, glatte u. poröse Unterlage, z. B. eine unglasierte Tonplatte, aufgespannt. Eine zweite durchfeuchtete Folie wird über das Gel gelegt, u. unter Spannung werden die Enden beider Folien über die Kanten der Unterlage umgeschlagen u. fixiert. Nach 12–14 Std. ist eine glasklare Cellophandoppelfolie entstanden. Beate Johannsen 5138

2104 **Gerät zur selektiven Untersuchung der Stufen von elektrochemischen Reaktionen.** M. Bonnemay, G. Bronoel, E. Levart, G. Peslerbe und A. A. Pilla. (Métaux **42**, 162–68, 1966; C.N.R.S., Bellevue; franz.) W. Wesly 5144

2105 L. V. Sergeev, I. V. Ivanova, G. I. Moldovanskaja, L. A. Chejfic, G. P. Ilina und I. S. Vydrova, **Synthetisches Immersionsöl** für achro- u. apochromat. Mikroobjektive aus *Methylabietat*, einem Terpenphenolderiv. der Formel **A** (R′ = Norcamphan- u.

A 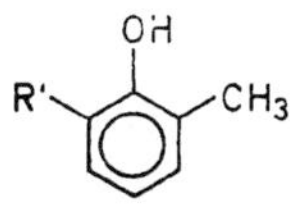

substituierte Cyclohexanon-Reste) mit Zusätzen von techn. *Terpencyclohexanon* (**B**), das aus folgenden Komponenten besteht: 4-, 2-Isobornylcyclohexanon, 4- u. 2-Isocamphylcyclohexanon. — Es wird ein Öl aus 70,89 ±0,07 (g) **A**, 19,15 ± 0,02 2-Methylnorbornylphenol u. 9,96 ± 0,01 **B** bereitet; n_D^{20} 1,5150; SZ. < 6; Zähigkeit bei 20° 300 cSt; Lichtdurchlässigkeit bei 500–720 mμ 95% u. bei 400–480 mμ 92%. (**UdSSR.P. 176029** vom 10/2. 1965, ausg. 20/12. 1965.) – 2 S. F. Eßer 5128

2106 Soc. Nationale des Pétroles d'Aquitaine, Paris (Erfinder: Georges Kulbicki und Flavien Lazarre, Pau, Basses-Pyrénées), Frankreich, **Automatische Wechselung für plakettenförmige Laborproben,** bes. für mikroskop. oder röntgenograph. Unters. besteht aus einem auf einem Sockel in einer Richtung über eine motorgetriebene Kette u. in der anderen Richtung durch eine Rückholfeder beweglichen Tisch u. einem Drücker für den Probentransport, wobei eine genau definierte axiale Probenlage durch einen drehbaren Winkelheber erfolgt, der durch einen Anschlag gegen die Probenplakette am einen Ende anpreßbar ist. Vorr., Zeichnungen. (**D.A.S. 1250160** Kl. 42l vom 10/10. 1961, ausg. 14/9. 1967. F. Prior. 10/10. 1960 u. 13/9. 1961.) — 7 S. H.-W. Wille 5128

G–2. Analyse der Elemente und anorganischen Verbindungen

2107 **Bestimmung von Nitriten und Nitraten nach der Filtrierpapier-Imprägnierungsmethode.** Władysław Kiełczewski und Waldemar Uchman. (Chem. analit. [Warszawa] **11**, 543–545, 1966; Poznań, Landwirtschaftl. Hochschule, Lehrst. für Allg. Chem.; pol.) — Das Verf. beruht auf der Ox. einer gemessenen Menge Ascorbinsäure (**I**) durch NO_2^-. NO_3^- wird durch Mg-Späne zunächst zu NO_2^- reduziert. Zur Best. des **I**-Überschusses wird ein Teil der Lsg. auf Jodstärkepapier gebracht u. der entstehende Fleck ausgemessen. Mengen von 0,032–0,32 mg $NaNO_2$ in 4 ml wurden mit einem Fehler < 3% bestimmt. A. Jaro G 243

2108 **Abtrennung und Bestimmung des Fluorid-Ions mit Hilfe siliciumorganischer Verbindungen.** Rudolf Bock und Hans-Joachim Semmler. (Z. analyt. Chem. **230** (1967) 3, 161–84; Inst. für Anorg. Chem. u. Kernchem., Univ. Mainz; dt.) — F^- läßt sich aus stark sauren wss. Lsg. nach Rk. mit $(C_2H_5)_3SiOH$, $(C_2H_5)_2Si(OH)_2$, $(CH_3)_2 \cdot C_6H_5SiOH$ oder $(C_6H_5)_2Si(OH)_2$ bzw. den entsprechenden Cl-Verb. ausschütteln, wozu viele organ. Lsgm. verwendet werden können. Als Fluorsilan-Verb. in der organ. Phase gelöstes F^- kann mit halbgesätt. $NaHCO_3$-Lsg. aus der organ. Lsg. zurückgewonnen werden. Es ist jedoch einfacher, F^- als $(C_2H_5)_3SiF$ auszuschütteln u. direkt in der organ. Phase gaschromatograph. oder massenspektrometr. zu bestimmen. Dazu werden 10 ml der 0,2 n HCl-sauren F^--Lsg. mit 10 ml 0,05 n $(C_2H_5)_3SiCl$-Lsg. (in C_2Cl_4 oder m-Xylol) 40–50 Min. lang geschüttelt, dann wird die organ. Phase gaschromatograph. getrennt. Die Empfindlichkeit beträgt bei Verw. eines Wärmeleitfähigkeitsdetektors 30–40 μg F^-/ml Lsg., kann jedoch durch Verkleinern des Lsgm.-Vol. wesentlich erhöht werden. Mit Hilfe eines Flammenionisationsdetektors u. bei Zusatz von 2,0 μg Cyclohexan/ml Lsg. als innerem Standard lassen sich noch 0,1 μg F^-/ml nachweisen. Bei 095 μg F^-/ml beträgt die Standardabweichung ca. ±6%. Die massenspektrometr. Best. erfolgt als $(C_2H_5)_3SiF$ in C_6H_6 mit 0,5 μl Lsg. als innerem Standard. Bei Verw. von 1 μl Lsg. beträgt die Empfindlichkeit 50 μg F^-/ml. Die Abtrennung wird durch gebräuchliche Säuren nicht gestört. Durch Al wird sie bei niedriger Säurekonz. beeinträchtigt. Die Störung läßt sich durch Verw. von 3 n HCl beheben. Von vielen untersuchten Zusätzen stören nur Zr u. bei hohen Konz. Th u. V(V). Bei Ggw. größerer Mengen Kieselsäure treten Minderbefunde auf. Aus den Komplexen $NaBF_4$, Na_2SiF_6 u. K_2TiF_6 läßt sich F^- ebenfalls quant. abtrennen. Während die Abtrennung aus Flußspatsuspensionen nicht gelingt, bereitet sie bei frisch gefälltem CaF_2 keine Schwierigkeiten. Als Anwendungen werden W.- u. Phosphatanalysen sowie Kontrolle von F^--Verunreinigungen in p.a. $Be(NO_3)_2$ u. LiCl erwähnt. D. Gerlatzek G 246

2109 **Abhängigkeit der Empfindlichkeit der Spektral-Bestimmung von Mikromengen Fluor von der Bogentemperatur und der Plasmazusammensetzung.** O. B. Troškina. (Dopovidi Akad. Nauk Ukr.SSR, Ser. B. Geologija, Geofiz., Chim. Biol. **1967**, 3, 232–36; Acad. of Sci., Ukrainian SSR; ukrain., Auszug: engl.) — Eine theoret. Unters. der Abhängigkeit des Ionisationsgrades von Na, K, Ca, Mg, Al, Fe u. Si von der Bogentemp. (1000–6500°K) zeigt, daß die Elektronenkonz. prakt. vollständig durch die Konz. der Metallatome bestimmt wird. Es werden die Parameter für ein Plasma aus Luftatomen u. -Mol. u. Na-, K-, Ca-, Mg-, Al-, Fe- oder Si-Atomen u. die der maximalen Intensität der Bogenlinien dieser Elemente entsprechenden Temp. berechnet. Unter Berücksichtigung der die Plasmazus. beeinflussenden Effekte werden die von der Bogentemp. abhängenden CaO- u. CaF-Linienintensitäten bestimmt. H. D. Schenke G 246

2110 **Photometrische Bestimmung von Kieselsäure durch Bildung des β-Molybdatokieselsäure-Komplexes.** Joëlle Guignard und Gérard Hazebrouck. (J. Chim. physique Physico-Chim. biol. **63**, 1351–55, 1966; Paris, Fac. des Sci., Labor. de chim. miner. des solutions; franz.) — Die Best. von SiO_2 läßt sich in 20%ig. A. als β-Molybdatokieselsäurekomplex mit genügender Genauigkeit durchführen. Für die Testvers. wird 1 ml der SiO_2-Lsg., die ca. 0,12 g % SiO_2 enthält, mit 25 ml der Mo-Lsg. versetzt, mit 50%ig. A. auf 50 ml aufgefüllt u. 30 Min. lang auf 50° erhitzt. Von der abgekühlten Lsg. wird bei 4100 Å die Extinktion gemessen. Die Ergebnisse sind gut reproduzierbar. G. Gawalek G 261

2111 **Titration von Phosphorsäure und ihren Gemischen mit Phosphaten in nichtwäßrigen Medien.** A. P. Kreškov, V. A. Drozdov und N. A. Kolčina. (Chim. v sel'skom Choz. **5** (1967) 1, 59–63; Moskovskij chim.-technol. inst. im. Mendeleeva; russ.) — 30–65 mg H_3PO_4 lassen sich in Methanol/Äthylenglykol (**I**) (2:1), A/**I** (2:1) oder Isopropanol/**I** (1:1) durch potentiometr. Titration der ersten beiden Stufen mit 0,1 n methanol. Ba-Methylatlsg. u. stufenweise Rücktitration von HPO_4^{2-} u. überschüssigem Na-Methylat mit 0,1 n $HClO_4$-Lsg. (in A./**I**) mit einem relativen Fehler von maximal 1% bestimmen. Zur Analyse von H_3PO_4–NaH_2PO_4-Gemischen bestimmt man

NaH_2PO_4 durch direkte Titration mit 0,1 n $HClO_4$-Lsg. (in A./I), sodann den summar. P-Geh. wie beschrieben als H_3PO_4. Analog verfährt man zur Analyse von NaH_2PO_4–Na_2HPO_4-Gemischen. W. Herfurt G 264△

2112 **Flammenphotometrische Bestimmung kleiner Lithium-Mengen in einer Tieftemperaturflamme.** B. Karadžova und St. Kalpakčieva. (Izvest. geol. Inst. Balgarska Akad. Naukite, Ser. Geochim., Mineralogija, Petrografija **16** (1967), 53–59; bulg., Auszug: engl.) — Vf. untersuchen die Möglichkeiten, die Empfindlichkeit bei der Best. kleiner Li-Mengen (0,001–0,0001%) in einer Tieftemp.-Flamme (Naturgas + Luft) zu erhöhen. Als günstig erweist sich ein Geh. von 25 Vol.-% A. in der Probelösung. Die Empfindlichkeit der Li-Best. wird verdoppelt u. die Möglichkeit zur besseren Trennung störender Bestandteile geschaffen. Li, Rb u. Cs können aus derselben Ausgangslsg. bestimmt werden; eine Anreicherung ist nicht notwendig. Die Meth. wird an künstlich hergestellten Silicatgemischen, -gesteinen u. -mineralien überprüft. Die Fehler sind um ein Mehrfaches geringer als bei den herkömmlichen Verfahren. H. D. Schenke G 273

2113 **Quantitative massenspektrographische Natriumbestimmung.** H.-J. Dietze. (Z. analyt. Chem. **229** (1967) 1, 31–34; Inst. für stabile Isotope, Leipzig, Dt. Akad. der Wiss. zu Berlin; dt.) — Aus massenspektrograph. u. flammenphotometr. bestimmten Na-Konz. in Al wurde die relative Elementempfindlichkeit für Na in Al zu 60 ± 6 bestimmt. Die Auswertung erfolgte über die Massenlinie $^{23}Na^+$. Unters. an $SrMoO_4$ ergaben eine starke Matrixabhängigkeit der Elementempfindlichkeit für Na; hier wurde ein Wert von 2,3 gefunden. W. Klank G 247

2114 **Trägerfällung von Indium mit Mangandioxidhydrat.** Yusuke Ujihira. (Japan Analyst **16** (1967) 1, 3–7; Tokyo, Bunkyo-ku, Univ., Fac. of Engng.; jap., Auszug: engl.) — In wird im μg-bis mg-Bereich aus 25 ml verd. HNO_3 (< 0,1 n) durch 27,5 mg Mn-Träger quant. mitgefällt. Die Mitfällung läßt sich für In-Geh. > 2 mg/25 ml (Mn-Geh. 27,5 mg), durch die Freundlichsche Adsorptionsisotherme beschreiben. Durch EDTA (> 10^{-6} m), H^+ (> 0,1 n), Pb(II) u. Fe(III) (> 10^{-4} m) wird die Mitfällung im μg-Bereich behindert. I. Degen G 296

2115 **Volumetrische Bestimmung von Thallium(III)-Ionen mit Zinn(II)-chlorid in Gegenwart eines KJ-Stärke-Gemisches.** Halina Basińska und Danuta Tylżanowska. (Chem. analit. [Warszawa] **12** (1967) 1, 27–31; Toruń, Copernicus Univ., Dep. of Inorg. Chem.; pol.) — $TlCl_3$ [0,53 bis 0,00083 g Tl(III)] wird in Ggw. einiger Tropfen eines KJ/Stärke-Gemisches mit $SnCl_2$-Lsg. bis zur Entfärbung der Stärke titriert. Der Fehler ist < 1%. Die Best. ist durchführbar in Ggw. von Cu(II), Zn, As(V) Cl^-, SO_4^{2-} u. NO_3^-. Geringe Mengen H_2SO_4 u. HNO_3 stören ebenfalls nicht. I. Degen G 297

2116 **Photometrische Bestimmung von Scandium, Yttrium und Lanthan mit Murexid als chromogenes Reagenz.** Satendra P. Sangal. (Microchem. J. [New York] **11,** 508–12, 1966; Univ. of Allahabad, Allahabad, India; engl.) — Zur Best. gibt man zur Metallsalzlsg. Reagenz im Überschuß, stellt auf pH 6 ein u. mißt die Extinktion bei 480 nm gegen eine Blindprobe. Der Komplex ist 8 Std. lang stabil. Li, Na, K, Ag, Ca, Sr, Ba, Mg, Hg, Al, As u. Mn stören die Best. nicht. In der Reihenfolge Sc, Y, La ist das Beersche Gesetz erfüllt im Bereich von 0,145–6,5; 0,28–12,8 bzw. 0,44–20,2 ppm; analog beträgt die Empfindlichkeit (nach Sandell) 0,022; 0,045 bzw. 0,070 $\mu g/cm^2$ u. der molare Extinktionskoeff. 14137, 7888 bzw. 5785. K. Henning G 301

2117 **Jodometrische Bestimmung von Cer(IV) in Gegenwart von Eisen(III)-Ionen.** Raluca Ripan und Costa Stanisav. (Studia Univ. Babeş-Bolyai [Cluj], Ser. Chem. **12** (1967) 1, 7–10; franz.) — Das bei der jodometr. Best. von Ce(IV) störende Fe(III) kann durch Rk. mit Na-Polyphosphat (I) in einen farblosen, lösl., aber stabilen Komplex überführt werden. Der entsprechende Ce-Komplex ist weniger stabil, so daß die jodometr. Best. nicht gestört wird. I wird durch Glühen von $NaH_2 \cdot PO_4$ oder $NaNH_4HPO_4 \cdot 4H_2O$ im Pt-Tiegel hergestellt. B. Seifert G 304

2118 **Komplexometrische Bestimmung von Thorium(IV) mit 4-(2-Pyridylazo)-resorcin, Alizarin-3-sulfonat und Sulfohydroxydimethylfuchsondicarboxylsäure als Indikatoren.** G. Sangal, S. P. Sangal und S. P. Mushran. (Microchem. J. [New York] **11,** 513–16, 1966; Univ. of Allahabad, Allahabad, India; engl.) — Die Th(IV)-Titration (0,2–0,0003 m Lsg.) mit EDTA-Lsg. kann mit allen 3 Indikatoren in wss. Lsg. mit 0,1 ml 0,05%ig. Indikatorlsg. pro 5 ml 0,002 m $ThCl_4$-Lsg. zwischen 5–90° mit gleich guten Resultaten ausgeführt werden. Der günstigste pH-Bereich liegt bei pH 2,3–2,8, bei 2,5–3,2 bzw. bei 2,3–2,5 für die einzelnen in der obigen Reihenfolge genannten Indikatoren. K. Henning G 324

2119 **Bestimmung von Vanadin durch Atomabsorptionsspektrometrie.** Sham L. Sachdev, James W. Robinson und Philip W. West. (Analytica chim. Acta [Amsterdam] **37** (1967) 1, 12–19; La. State Univ., Baton Rouge, La.; engl.) — Meth. zur Best. von 0,5 bis 100 mg V/l durch Atomabsorptionsspektrometrie unter Verw. der Absorptionslinie bei 3183,9 Å werden mitgeteilt. Bei Verw. einer O_2/C_2H_2-Flamme wird das V als V-Kupferronat mit einem Gemisch von MJBK/Oleinsäure (78:22) extrahiert u. in die Flamme gesprüht. Die Empfindlichkeit beträgt 0,7 mg V/l in der organ. Phase. Bei Verw. einer N_2O/C_2H_2-Flamme wird die wss. V-Lsg. direkt eingesprüht. Die Empfindlichkeit läßt sich durch Zugabe von MIBK, Al u. Diäthylengylkoldiäthyläther verbessern. Zahlreiche mögliche Störungen werden überprüft u. Meth. zu deren Beseitigung angegeben. K. Henning G 330

2120 **Atomfluoreszenzspektroskopie.** 6. Mitt. **Fluoreszenzeigenschaften und analytische Bestimmung von Wismut mit einer elektrodenlosen Jod-Entladungsröhre als Lichtquelle.** R. M. Dagnall, K. C. Thompson und T. S. West. (Talanta [London] **14** (1967) 12, 1467–75; Chem. Dep., Imperial Coll., London; engl.) — 5. vgl. C. **1968,** 18-1952. — Das Atomfluoreszenzverh. von Bi in kalten N_2/H_2- u. Ar/H_2-Diffusionsflammen, die in Luft brennen, wird untersucht. Angeregt wird mit der J-Linie bei 2061,63 Å (keine Resonanzlinie), die von einer elektrodenlosen mit Mikrowellen (2450 MHz) erregten Entladungsröhre (E.) emittiert wird. Man beobachtet u. a. die Fluoreszenz der Bi-Resonanzlinie bei 2061,70 Å sowie direkte Fluoreszenz bei 2697 u. 3025 Å. Mit Hilfe der intensivsten Linie bei 3025 Å erhält man bei 0,1–200 ppm Bi eine lineare Anzeige, die Nachw.-Grenze liegt bei 0,05 ppm. As, Cd, Fe, K, Na, NH_4^+, Sb, Zn, Cl^-, NO_3^-, PO_4^{3-}, SO_4^{2-} u. Tartrat stören bis zu 100fachem Überschuß nicht. Störende Matrixeffekte von Al u. Mg werden durch Erhöhung der Flammentemp. überwunden. Zur Messung der Atomabsorption von Bi bei 2231 Å in Luft/H_2- oder Luft/Propan-Flammen wird eine mikrowellenerregte elektrodenlose E. als Lichtquelle verwendet. Man erhält eine lineare Anzeige für 10–100 ppm Bi, die Nachw.-Grenze liegt bei 1 ppm. Bei Verw. einer J-E. ist die Nachw.-Grenze bei Atomabsorption (2062 Å) nur 10 ppm Bi. W. Grimmich G 334

2121 **Photometrische Wismutbestimmung mit dem Dinatriumsalz des 1.3-Bis-[8′-mercaptotheophyllinyl-(7′)]-propans.** E. Asmus und G. Marsen. (Z. analyt. Chem. **225** (1967) 2, 252–60; Lehrstuhl für Analyt. Chem., TU Berlin; dt.) — Bi bildet mit dem Dinatriumsalz des 1.3-Bis-[8′-mercaptotheophyllinyl-(7′)]-propans eine 1:2-Verb., die sich aus 5–9 n schwefelsaurer Lsg. mit $CHCl_3$ extrahieren läßt. Die gelben $CHCl_3$-Extrakte können photometriert werden ($\varepsilon = 2 \cdot 10^4$ l/Mol · cm bei 405 nm). Die Best. wird durch Hg, Sn, As, Sb, Cd, In, Pb(II), Ti, Zr, Cr(III), Al, Cu(II) u. Fe(III) gestört, nicht dagegen durch Zn u. Fe(II). W. Klank G 334

2122 **Trennung von Uran und Seltenerdelementen auf dem Sulfon-Kationenaustauscher KU-2.** 1. Mitt. **Versuche zur Verwendung von Fällungsreagentien.** Irena Krawczyk-Obojska. (Chem. analit. [Warszawa] **12** (1967) 1, 13–21; Warszawa, Inst. of Nucl. Res., Dep. of Analytic. Chem.; pol.) — Bei der Trennung von U(VI) u. drei-

wertigen Seltenerdmetallen lassen sich 1 n Lsg. von Oxalsäure, NaF, KF u. NH_4F erfolgreich verwenden. Nicht geeignet sind 1 n Lsg. von $K_4[Fe(CN)_6]$ u. NH_3.
I. Degen G 339

2123 **Spektrophotometrische Untersuchungen des Uran-(VI)-3-benzyl-4.5-dihydroxycumarin-Komplexes.** B. D. Jain und Raj Kumar. (Current Sci. [Bangalore] **35**, 173—75, 1966; Delhi, Univ., Dep. of Chem.; engl.) — U(VI) bildet mit 3-Benzyl-4.5-dihydroxycumarin einen orangefarbenen, in 40% A. lösl. Komplex der Zus. 1:1, dessen Extinktion bei 410 nm zur Best. von U(VI) bis zu 36 ppm in Lsg. verwendet wird. Ce, Th, Ti, Fe, Mo, SO_4^{2-}, $S_2O_3^{2-}$ u. Oxalat stören, dagegen können NO_3^-, Cl^-, JO_3^- u. SCN^- bis zum dreifachen Überschuß vorhanden sein.
L. Kramar G 339

2124 **Analyse von Uranyllösungen mit Hilfe rückgestreuter β-Strahlung.** 1. Mitt. **Analyse reiner Uranylnitratlösungen.** Gheorghe Marcu, Florin Tolea und Viorel Săcelean. (Studia Univ. Babeş-Bolyai [Cluj], Ser. Chem. **12** (1967) 1,51—54; rum.) — Für Lsg. mit Geh. von 0,5—75 g U/l besteht eine direkte Proportionalität zwischen der Konz. u. der rückgestreuten β-Strahlung. U kann in diesem Bereich mit einem Fehler von ±0,5% innerhalb 1—2 Min. bestimmt werden. Bei Konz. zwischen 75 u. 175 g U/l ist eine leichte Abweichung von der Linearität zu beobachten.
B. Seifert G 339

2125 **Trennung von Gallium und Eisen in Gegenwart von EDTA.** Giovanni Lanfranco. (Analytica chim. Acta [Amsterdam] **38** (1967) 4, 523—28; Centro Ricerche Metallurgiche, Torino; franz.) — Die Probelsg. (15—20 ml) wird mit einem Überschuß an EDTA versetzt, erhitzt u. Fe tropfenweise mit 2 n Sodalsg. gefällt, bis ein pH-Wert von 12,5 erreicht ist. Der Nd. wird abzentrifugiert u. zweimal mit 5 ml 0,2%ig. EDTA-Lsg. gewaschen, welche mit Soda auf pH 12,5 eingestellt ist. Bei Verhältnissen von Fe:Ga wie 1:1 bis 1000:1 werden < 0,5% Ga mitgefällt. Ga wird danach aus 3 n HCl mit Tributylphosphat extrahiert u. aus diesem mit W. reextrahiert. Seine Best. kann dann gravimetr. nach Fällung mit Cupferron oder photometr. mit Rhodamin B erfolgen. Die Meth. wird radiochem. überprüft.
G. Wünsch G 354

2126 **Bestimmung von Eisen in Monoäthanolamin-Lösungen.** E. Levin und V. Cioromela. (Rev. Chim. [Bucureşti] **18** (1967) 4, 240; rum.) — Der Komplex aus Fe u. Monoäthanolamin wird durch 20 Min. langes Kochen der Lsg. mit konz. $H_2SO_4/K_2S_2O_8$ zerstört. Nach Verdünnen u. Einstellen auf pH 3,5 (Acetatpuffer) wird Fe mit $NH_2OH \cdot HCl$ red.; die Extinktion der Lsg. wird nach Rk. mit α.α'-Dipyridyl bei 522 nm gemessen. Bei einem Fe-Geh. von 0,02 4% betrug der relative Fehler 1,06%.
B. Seifert G 354

2127 **Grenzen bei der Eisen(II)-Bestimmung nach der Ortho-Phenanthrolin-Methode.** A. R. Ghosh und I. I. Radhakrishnan. J. Instn. Chemists (India) **39** (1967) 4, 168—72; Sanitary Engng. Sect., All India Inst. of Hyg. and Public Health, Calcutta; engl.) — Vf. zeigen, daß die Reproduzierbarkeit der Fe(II)-Best. neben Fe(III) nach der o-Phenanthrolinmeth. mit einem Fe(II)-Geh. von < 1 mg/l ausreichend ist. Ein molares Verhältnis von Fe(II)/o-Phenanthrolin von 1:5 ist angemessen. Die Messung sollte 10—20 Min. nach Zugabe des Reagenzes durchgeführt werden. Bei der Umwandlung Fe(III) → Fe(II) spielt Sonnenlicht eine merkliche Rolle.
H.-D. Schenke G 354

2128 **Photometrische Bestimmung von Mikromengen Phosphor in reinem Eisen.** Ōhiko Kammori, Isamu Taguchi und Takeo Kayama. (Nippon Kinzoku Gakkai-Si [J. Japan Inst. Metals] **30**, 78—81, 1966; Kawasaki, Yawata Iron and Steel Co., Ltd., Tokyo Res. Inst.; jap., Auszug: engl.) — Zur Best. von 0,002—0,01% P wird die Probe (0,1 g) nach dem Auflösen in HNO_3/H_2O_2 mit HNO_3 u. NH_4-Molybdatlsg. versetzt u. zweimal mit einem Lsgm. (25 Vol.-% n-Butanol in Chlf.) extrahiert. Die vereinigten organ. Extrakte werden mit $SnCl_2$-Lsg. versetzt u. anschließend wird bei 700 nm photometriert. Der Fehler der Meth. beträgt 0,0001%. Die Best. von 5 μg P wird durch Anwesenheit von 21 im Fe vorkommenden Elementen in Mengen von 100 μg nicht gestört.
I. Degen G 354

2129 **Extraktion von Kobalt(II) aus wäßrigen thiocyanathaltigen Lösungen mit Tri-n-octylamin.** Hiroto Watanabe und Kunihiko Akatsuka. (Analytica chim. Acta [Amsterdam] **38** (1967) 4, 547—52; Dep. Ind. Chem., Muroran Inst. of Technol., Muroran, Hokkaido; engl.) — Die Verteilung von Co(II) zwischen SCN-haltigen Lsg. u. Tri-n-octylamin, gelöst in verschiedenen Verdünnungsmitteln, wird untersucht, u. zwar in Abhängigkeit von der Co- u. Aminkonzentration. Folgende Verdünnungsmittel werden geprüft: n-Hexan, Cyclohexan, Bzl., Xylol, CCl_4, $CHCl_3$, Chlorbenzol, o-Dichlorbenzol u. Nitrobenzol. In allen Fällen wird Bis-[tri-n-octylammonium]-tetrathiocyanatokobaltat(II) extrahiert. Je kleiner die DK des Verdünnungsmittels ist, desto größer ist meist der Verteilungskoeff. von Co. Ausnahmen bilden Nitrobenzol u. $CHCl_3$.
G. Wünsch G 355

2130 **Oxidimetrische Kobalt- und Manganbestimmung mit einer Hexacyanoferrat(III)-Maßlösung in Lösungen von Aminoalkoholen.** M. Heřman, Z. Šulcek und J. Zýka. (Collect. czechoslov. chem. Commun. **31**, 2005—13, 1966; Prag, Karlsuniv., Geolog. Zentralinst.; dt.) — Bei der oxydimetr. Best. von Co(II) u. Mn(II) mit potentiometr. Indikation im alkal. Medium mit $[Fe(CN)_6]^{3-}$-Lsg. als Maßreagenz wird der Einfl. von *1-Aminopropanol-(3)*, *Tris-[2-propanol]-amin*, *Äthanol-bis-[2-hydroxypropanol]-amin*, *Äthanol-bis-[2-hydroxybutyl]-amin*, *N-(n-Butyl)-diäthanolamin*, *N-Methyldiäthanolamin*, *1-Amino-2-methyl-2-pentanol*, *Äthanol-(1-methylpropanol-2)-amin* u. *Triäthanolamin* als komplexbildende Medien untersucht. Die günstigsten Resultate werden mit alkal. *Triäthanol*lsg. erhalten. Die Best. von Co(II) u. Mn(II) ist mit einer Titration möglich. Mn(II) läßt sich in Ggw. eines zehnfachen Co-Überschusses bestimmen.
G. Gawalek G 355

2131 **Selektive Bestimmung von Silber mit 2-Methylmercaptobenzol.** B. C. Bera und M. M. Chakrabartty. (Z. analyt. Chem., **223**, 169—73, 1966; Durgapur, West Bengal, India, Durgapur Steel Plant; engl.) — Die spezif. Best. von Ag kann durch Ausfällen mit 2-Methylmercaptobenzimidazol erfolgen. Die therm. bis 310° beständige Verb. besitzt die Zus. $C_8H_7N_2SAg$. In Ggw. von EDTA u. Tartrationen bei pH 8,4—10,0 kann Ag von fast allen Ionen außer Hg^+ getrennt werden. Diese Störung kann jedoch durch Ox. von Hg^+ zu Hg^{2+} ausgeschaltet werden.
I. Degen G 359

2132 **Indirekte Methode zur Bestimmung von Pyrophosphat und EDTA.** V. Pandu Ranga Rao und B. V. S. Sarma. (Current Sci. [Bangalore] **35**, 177—78, 1966; Waltair, Andhra Univ., Coll., Dep. of Chem.; engl.) — Zu 10 ml einer 0,025 m Fe(III)-Lsg. werden 2 ml 0,2 n $CuSO_4$- oder $CuCl_2$-Lsg. u. aliquote Anteile einer 0,01 m Pyrophosphat- oder EDTA-Lsg. gegeben. Die Lsg. wird auf pH 1 eingestellt u. potentiometr. mit eingestellter $Na_2S_2O_3$-Lsg. titriert. Als Indikatorelektrode dient eine blanke Pt-Elektrode. Die Titration ist auch unter Verw. von Sulfosalicylsäure als Indikator durchführbar. Der Titrationsendpunkt wird durch einen Farbumschlag von Rot nach Farblos angezeigt. Der Fehler der Best. liegt bei ± 0,5%.
G. Gawalek G 364

2133 **Bestimmung von Palladium und Nickel nebeneinander.** K. C. Trikha, Shri Prakash und R. P. Singh. (Current Sci. [Bangalore] **35**, 175—76, 1966; Delhi, Univ., Dep. of Chem.; engl.) — In Testlsg. von $PdCl_2$ u. $NiSO_4$ werden beide Komponenten gravimetr. mit *2-Hydroxy-5-methylpropiophenonoxim* (HMP) bestimmt. Die Lsg. wird auf pH 3,0 eingestellt u. mit einer 0,5%ig. HMP-Lsg. bei 80° der Pd-Komplex gefällt. Ein zu großer Überschuß des Fällungsmittels ist zu vermeiden. Bei 120—140° wird der abfiltrierte u. ausgewaschene Nd. getrocknet. Das Filtrat engt man ein, gibt NH_4Cl zu, bringt mit NH_3-Lsg. auf pH 9 u. fällt das Ni wie beim Pd. Der grüne Nd. wird bei 110—120° getrocknet. Die Pd-Werte sind oft zu niedrig, die Ni-Werte dagegen zu hoch.
G. Gawalek G 365

2134 **Gravimetrische Bestimmung von Palladium mit Di-2-thienylketoxim.** William J. Holland und Jesse

Gerhard. (Analytic. Chem. **38,** 919–20, 1966; Ontario, Windsor-Univ., Dep. of Chem.; engl.) — Pd(II) wird in saurer Lsg. (pH 1) mit einer 2%ig. Lsg. von Di-2-thienylketoxim in Ä. bei Normaltemp. gefällt. Der Nd. wird ca. 3 Std. lang stehengelassen, anschließend über einen Glasfiltertiegel filtriert, mit HCl-haltigem 5%ig. A. gewaschen, 1 Std. lang bei 110° getrocknet u. gewogen. Die Standardabweichung bei der Best. von 12 mg Pd beträgt 0,45%; CrO_4^{2-}, CN^-, J^-, Ag(I), Au(III) u. Sn(II) stören die Bestimmung. H. Hoffmann G 365

2135 **Allgemeine spektrographische Methode zur Bestimmung von flüchtigen Spurenelementen in Silicaten.** W. C. Tennant. (Appl. Spectroscopy **21** (1967) 5, 282 bis 285; Dep. of Sci. and Ind. Res., Wellington, New Zealand; engl.) — Vf. beschreibt eine Gleichstrombogen-Meth. zur Best. der Elemente *B, Pb, Sn, Ga, Ag, Ge, P, Tl, As, Zn, Hg, Au, Sb, In* u. *Te.* 20 mg Probegut werden mit der gleichen Menge eines Puffergemisches ($7\,Al_2O_3 + 3\,CaCO_3 + 1\,K_2CO_3$) vermengt u. anod. in einer Graphit-Becher-Elektrode abgebrannt. Als innerer Standard wird 0,1% Bi_2O_3 zugesetzt. Die meisten Elemente werden mit einer Nachw.-Grenze von 1 ppm Ag, Au, In u. Te sogar mit 0,1 ppm angegeben. Die relative Standardabweichung schwankt zwischen 10 u. 19%. K. Zinke 5158

2136 **Radiogravimetrische Bestimmung von Kalium. 1. Mitt. Bestimmung von Kalium in Mineralien.** Włodzimierz Rodziewicz und Kapimierz Grzędzicki. (Chem. analit. [Warszawa] **12** (1967) 1, 49–56; Gdańsk, Politechn., Dep. of Inorg. Chem.; pol.) — K wird als $Me_3[Co(NO_2)_6]$ (Me = K + Na) quant. ausgefällt u. ausgewogen. Der K-Geh. des Nd. wird durch Messen der β-Aktivität einer Probe der Fällung in einem Geiger/Müller-Zählrohr bei 0,407 oder 0,122 g/cm² dicken Schichten gemessen. Der abs. Fehler der Best. beträgt 0,02–0,2%. I. Degen 5158

2137 **Die gegen Magnesium reaktionsfähigste Komponente des käuflichen Titangelbs: Ihre Isolierung und Anwendung zur Bestimmung von Magnesium in Silicatmineralien.** H. G. C. King und G. Pruden. (Analyst **92** (1967) 1091, 83–90; Rothamsted Exp. Stat., Harpenden, Herts.; engl.) — Das im Handel befindliche Titangelb weist keine einheitliche Zus. auf. Die gegen Mg reaktionsfähigste Komponente gewinnt man, wenn man den Farbstoff zunächst 12 Std. lang im Soxhlet-App. mit Aceton extrahiert, den Extrakt trocknet u. ihn nach Lösen in W. einer Chromatographie an Sephadex G-10 unterwirft. Bei der Elution mit W. wird zunächst NaCl u. eine weniger reaktionsfähige Komponente herausgewaschen; bei der folgenden Elution mit Aceton/W. (1:1) folgt die akt. Komponente. Arbeitet man mit diesem gereinigten Farbstoff, so kann die Farbstoffkonz. auf $^1/_3$ der sonst üblichen Menge herabgesetzt werden, wodurch man nur eine kleine Blindextinktion erhält. Das Verf. wurde zur Mg-Best. in Silicatmineralien angewendet, gemessen wurde die Extinktion bei 545 nm. W. Klank 5158

2138 **Chemische Analyse von Chrommagnesit und Chromerz.** Stanislav Král. (Hutnické Listy **21,** 496 bis 497, 1966; Kladno, Spoj. ocel., n. p.; tschech.) — Eine neue Meth. zur Best. von SiO_2, Cr_2O_3, FeO, Al_2O_3, TiO_2, CaO u. MgO aus einer Einwaage wird vorgeschlagen. Beim Schmelzen der Probe mit $KHSO_4$ wird SiO_2 teilweise abgeschieden, restliches SiO_2 wird mit Gelatine gefällt. Nach Ox. von Cr(III) durch $(NH_4)_2S_2O_7$ wird Cr(VI) mit $FeSO_4$ red. u. manganometr. zurücktitriert. Fe, Al, Ti, Ca, Mg werden als Hydroxide abgetrennt u. Fe, Al, Mg u. Ca komplexometr. sowie Ti photometr. bestimmt. Die Analyse kann während einer Arbeitsschicht durchgeführt werden. M. Boháček 5158△

2139 **Lagerung und Vorbehandlung von Bodenproben für die Stickstoffbestimmung.** R. R. Storrier. (J. Austral. Inst. agric. Sci. **32,** 106–13, 1966; Agric. Res. Inst., Wagga Wagga; engl.) — Bei der Vorbehandlung u. Lagerung der Bodenproben kann sich der Geh. u. die Zus. der Stickstoffverb. ändern. Es wird der Einfl. von Lufttemp. u. Probenfeuchtigkeit während des Trockenprozesses auf den mineral. Stickstoffgeh. untersucht. Weiter werden der Einfl. des Mahlens u. der Lagerung in Abhängigkeit von der Lagerungsmeth., -zeit, -temp., -feuchtigkeit untersucht. F. Glombitza 5160

2140 **Vergleich einiger Methoden zur Bestimmung von beweglichem Phosphor in bewässerten Böden Tadshikistans.** A. A. Šorina. (Agrochimija **1967,** 2, 130–38; Tadžikskij n.-i. inst. sel'skogo chozjajstva; russ.) — Die Ergebnisse einer Best. des mobilen P nach Macigin, nach Meščerjakov u. nach Čumačenko an speziellen Bodenproben werden vergleichend untersucht. W. Herfurt 5160△

2141 **Lipoide im Seewasser.** Lela M. Jeffrey. (J. Amer. Oil Chemists' Soc. **43,** 211–14, 1966; Tex., Tex. A & M Univ.; engl.) — Angesäuerte u. gefilterte Seewasserproben, mit PAe. u. Äthylacetat extrahiert, zeigten eine Varietät von Lipoid-Verb. von der Größenordnung 0,5 bis 6,0 mg/l. Die getrockneten Lsgm.-Auszüge wurden in einer Kieselsäure-Säule durch Eluieren in 8 Lipoid-Klassen getrennt: Paraffin-KW-Stoffe, ungesätt. KW-Stoffe, Sterin-Ester, Triglyceride u. Fettsäuren, Sterine, Diglyceride, Monoglyceride, Phospholipide sowie ein Rest von bisher nicht identifizierbaren Substanzen. Die mit Lsgm. steigender Polarität eluierten Fraktionen wurden durch Dünnschichtchromatographie, IR- u. UV-Absorption u. Gaschromatographie charakterisiert. Die Lipoid-Komponenten variieren sowohl in der Zus. wie in der Konz. je nach Ort, Saison, Meerestiefe, d. h. in den Oberflächenschichten horizontal u. vertikal. O. Schulze 5162△

2142 **Methoden zur Bestimmung der Luftfeuchte.** R. Hörmann. (Technik **21,** 384–89, 1966; Dresden, KDT; dt.) — Psychometr., Absorptions- u. Kondens.-Meth. zur Feuchtebest. werden ausführlich in Vor- u. Nachteilen, Prinzip sowie Anwendungsbereich beschrieben u. einige andere auf verschiedenen Meßprinzipien basierende Geräte kurz diskutiert. Aspirations-Psychometer sind zwischen −20 u. +100° bei ± 1,5% Fehler zur Best. der Luftfeuchtigkeit in Klimaschränken geeignet. Als Meßfühler zur Regulierung des Feuchtegeh. zwischen −10 u. +100° bei ± 1,5% Fehler können Taupunkthygrometer mit LiCl eingesetzt werden. SO_2 stört die Messungen, O_3 kann anwesend sein. Haarhygrometer sind von −30 bis +60° bei ± 3 bis ± 5% Fehler, Tauspiegelhygrometer von 0 bis −20° bei ± 0,5% Fehler einsetzbar. K. Seyfert 5164

2143 **Bestimmung von Tetraalkylblei-Dampf und anorganischem Bleistaub in der Luft.** R. Moss und E. V. Browett. (Analyst **91,** 428–38, 1966; Ellesmere Port, Cheshire, Assoc. Octel Co. Ltd.; engl.) — Die Luftprobe wird durch Glasfaserfilter u. HCl-saure JCl-Lsg. geleitet. Pb auf dem Filter wird mit HNO_3–H_2O_2 extrahiert u. als Pb-Dithizonat kolorimetr., Pb in der Lsg. kolorimetr. als Dialkyl-Pb-dithizonat oder nach Umwandlung in Pb^{2+} wie Pb auf dem Filter bestimmt. Danach kann Pb herab bis 0,1 mg/10 m³ Luft bei 8-Stunden-Proben, bis 0,3 mg/10 m³ Luft bei 0,5-Stunden-Proben erfaßt werden. Die automat. Analyse mit einem Technicon Auto-Analyzer wird beschrieben. W. Luchsinger 5164

2144 **Schnellmethode zur Probenahme von Dichlorvos-Dampf in Luft.** S. G. Heuser und K. A. Scudamore. (Chem. and Ind. **1966,** 2093–94; Agricultural Res. Council, Pest Infestition Labor., London Road, Slough, Bucks.; engl.) — Zur Analyse von Dichlorvos (**I**) läßt man **I**-haltige Luft durch ein mit 1 g KNO_3 beschicktes Rohr in einen evakuierten Kolben strömen, bis im Kolben Atmosphärendruck herrscht. **I** wird am KNO_3, das 0,1% W. enthalten soll, absorbiert. Das so beladene KNO_3 wird in W. gelöst. In der Lsg. wird **I** durch seine Inhibitoreig. bei der Umwandlung von Acetylcholin in Essigsäure durch Blutplasma-Cholinesterase bestimmt. Die Rk. wird pH-metr. verfolgt u. nach Eichkurven ausgewertet. Mit 1 g KNO_3 können 0,005–1 μg **I**/l erfaßt werden. Bei höheren Konz. werden größere KNO_3-Mengen u. kleinere Gasvol. verwendet. L. Brandt 5164

2145 Mine Safety Appliances Co. (Erfinder: Paul Willis McConnaughey), Pittsburgh, Pa., USA; **Analytischer Chlordioxidnachweis in einem Gasgemisch** erfolgt durch Verfärbung eines Reagenzmaterials in einem durch-

sichtigen Behälter, das aus einem körnigen chem. inakt. Träger, bes. aus Silicagel, besteht, der mit N.N.N'.N'-Tetraphenylbenzidin beladen ist. Bes. wird das Reagenz in einem langgestreckten Bett angeordnet, so daß die Länge des auftretenden Farbumschlages beim Durchströmen des zu analysierenden Gases als Konz.-Maß dient. Es ist auch eine gleichzeitige Cl_2-Best. möglich, wenn dessen Konz. nicht größer als die fünffache ClO_2-Konz. ist, da sonst die bräunliche Verfärbung durch das ClO_2 von einer durch das Cl_2 verursachten Blaufärbung unterdrückt wird. Als oxydationsverhindernde Stabilisatoren können dem Reagenz Pyrogallol, Mn-Oxid oder Mischungen aus $MnCl_2$ u. $LiOH \cdot H_2O$ zugesetzt werden. (**D.A.S. 1250658** Kl. 421 vom 1/10. 1965, ausg. 21/9. 1967. U.S. Prior. 15/10. 1964.) — 2 S.
H.-W. Wille G 247

G–3. Analyse organischer Verbindungen

2146 **Verbesserungen der ^{14}C-Bestimmung in organischen Verbindungen bei trockener Verbrennung.** Masayuki Hamada und Eiko Kawano. (Analytic. Chem. **38**, 943—45, 1966; Sakai, Osaka, Radiation Center of Osaka Prefecture, Masayuki Hamada and Eiko Kawano; engl.) — Durch Modifikation des Verbrenungsvorganges (trockene Verbrennung) wurde die ^{14}C-Best. in organ. Verb. durch Red. der N-Oxide u. durch ein Zählsyst. mit niedrigem Nullwert verbessert. Es wurden Metallkathoden-Zählrohre in *Pt*- u. *Fe*-geschützten Antikoinzidenzschaltungen verwendet. Die ox. Zone der Cu-Gaze dehnt sich nach wiederholten Verbrennungen allmählich zum Ausgang des Verbrennungsrohres hin aus; die red. Gaze bleibt aber noch nach $\geqq$ 20 Verbrennungen verwendungsfähig. Nach der Entgasung kann sie mit Methanol reaktiviert werden. Auch N-haltige Verb. liefern gute Resultate.
U. Drehmann 5176

2147 **Mikrobestimmung von Peroxiden durch kinetische Kolorimetrie.** Thomas C. Purcell und Israel R. Cohen. (Environment. Sci. Technol. **1** (1967) 5, 431—33; Bur. of Disease Prevention and Environmental Control, Public Health Serv., Cincinnati, O.; engl.) — Fe(II)-Thiocyanat (**I**), neutrales KJ (**II**) u. Molybdat-katalysiertes KJ (**III**) werden zur kinet. Kolorimetrie von Mikrogrammengen einer Reihe von peroxid. Verb. benutzt. Ozon u. Peressigsäure ergeben mit **I**, **II** u. **III** sofort eine maximale Farbentw., H_2O_2 nur mit **I** u. **III**, während Acetylperoxid, NO_2, Alkyl-Wasserstoffperoxide u. Peroxyacylnitrate mit **I**, **II** u. **III** nur langsam reagieren. Die Halbwertszeiten dieser kolorimetr. Rk. werden zur Identifikation spezif. Ox.-Mittel verwendet.
H.-D. Schenke 5178

2148 **Nachweis und Bestimmung von Äthylenglykol in Propylenglykol durch Dünnschichtchromatographie.** H. B. S. Conacher und D. I. Rees. (Analyst **91**, 55—56, 1966; London, Lyon Labor., engl.) — Die beschriebene Meth. erlaubt die Best. von 0,1% Äthylenglykol (**I**) bzw. 0,1% Glycerin (**II**) in Propylenglykol (**III**). Eine klare Trennunng aller drei Subst. wird durch 1,5std. Chromatographie an Al_2O_3-G-Schichten mit einem Gemisch $CHCl_3$/Toluol/Essigsäure (77:17:6) als Laufmittel erreicht. Nach Besprühen mit 2%ig. wss. Na-Metaperjodatlsg. u. 1%ig. wss. Lsg. von Rosanilinhydrochlorid erscheinen die Substanzen als dunkelpurpurrote Flecken, 27 mm (**I**), 5 mm (**II**) u. 50 mm (**III**) vom Startpunkt entfernt. Durch visuellen Vgl. der Farbintensitäten der Flecken mit denen von gleichzeitige mitgelaufenen Standardlsg. kann der Geh. an **I** u. **II** bestimmt werden.
E. Leibnitz G 620

2149 **Dünnschichtchromatographie von Homologen und Vinylogen höherer Fettaldehyde, Dimethylacetale und 2.4-Dinitrophenylhydrazone.** V. Mahadevan, C. V. Viswanathan und W. O. Lundberg. (J. Chromatogr. [Amsterdam] **24**, 357—63, 1966; Austin, Minn., Univ. of Minn., The Hormel Inst.; engl.) — Es wird eine Meth. für die Gruppentrennung von Fettaldehyden (**I**), ihren Dimethylacetalen (**II**), u. Methylestern (**III**) durch zweidimensionale Dünnschichtchromatographie an Kieselgel-G-Schichten beschrieben. In der ersten Dimension wird 20 Min. lang mit Toluol u. in der zweiten mit PAe./Ae./Essigsäure (90:10:1) 45 Min. lang entwickelt. Außerdem wird eine Trennung nach Kettenlänge u. Sättigungsgrad bei **I**, **II**, den entsprechenden *2.4-Dinitrophenylhydrazonen* u. den ungesätt. C_{18}-Aldehyden unter Anwendung der Chromatographie mit umgekehrten Phasen beschrieben. Dazu wird eine Schicht aus Kieselgur G, imprägniert mit 10% Silicon, verwendet; als Laufmittel dient 85%ig. Aceton, das zu 90% mit Silicon gesätt. ist. Die hierbei auftretenden Gruppen mit gleichem R_F-Werten können an mit $AgNO_3$ imprägnierten Silicagel-G-Platten unter Verw. von PAe./Ae. (88:12) als Laufmittel getrennt werden. Diese Technik erlaubt auch eine Trennung von cis/trans-Isomeren, wie an 2.4-Dinitrophenylhydrazin-deriv. gezeigt wird.
J. Wilke G 670

2150 **Verwendung von Kohlenstofftetrachlorid als Lösungsmittel für die Silylierung von Submikrogrammmengen Carbonsäuren.** M. Rowland und S. Riegelman. (Analyt. Biochem. [New York] **20** (1967) 3, 463—65; San Francisco, Calif., Univ., Med. Center, Dep. of Pharmac. Chem.; engl.) — Trimethylsilylester sind für die gaschromatograph. Best. von Carbonsäuren wichtige Derivate. Die normalerweise zur Darst. dieser Trimethylsilylester verwendeten Lsgm. (Py., DMF, DMSO u. a.) werden in Flammenionisationsdetektor mit großer Empfindlichkeit registriert, so daß geringe Mengen von Carbonsäuretrimethylsilylestern nicht oder nur mit ungenügender Genauigkeit angezeigt werden. Vf. untersuchen die Möglichkeit, diese Lsgm. durch CS_2 zu ersetzen, für das ein Flammenionisationsdetektor nur eine geringe Empfindlichkeit zeigt.
A.-M. Fretzdorff G 800

2151 **Fraktionierung von Triglyceriden durch Verteilungschromatographie mit umgekehrten Phasen.** E. C. Nickell und O. S. Privett. (Separat. Sci. **2** (1967) 3, 307—18; Univ. of Minn., Austin; engl.) — Vf. beschreiben eine Meth. zur Trennung von Triglyceriden an Säulen mit Heptan auf Celite als stationärer u. Acetonitril/CH_3OH als mobiler Phase. Gemische von Triglyceriden, die sich durch nur eine CH_2-Gruppe oder Doppelbindung unterscheiden, werden gut getrennt. Die Meth. kann zur Trennung von Triglyceriden verwendet werden, die cis- u. trans-ungesätt. Fettsäuren enthalten, u. die mit Hilfe anderer Meth. nicht getrennt werden können.
J. Pickardt G 800

2152 **Quantitative Analyse komplexer Gemische synthetischer Fettsäuren oder Alkohole durch Gas-Flüssigkeits-Chromatographie.** B. P. Kotelnikov. (Abh. dtsch. Akad. Wiss. Berlin, Kl. Chem., Geol. Biol. **1966**, E 213 bis E 218; Allunions-Forsch.-Inst. für synthet. Fettersatzstoffe Schebekino [Bezirk Belgorod], UdSSR; dt.) — Unters. über Fehlerquellen bei der quant. Analyse komponentenreicher Methylester synthet. Fettsäuren u. von Fettalkoholen. Es wird empfohlen, in solchen Fällen die Analyse bei 2 oder 3 verschiedenen Arbeitstemp. durchzuführen. Die dabei eintretenden Änderungen der Signalgrößen der einzelnen Komponenten werden durch Red. der Peakflächen auf eine Standardtemp. berücksichtigt. Auf diese Weise kann der relative Fehler auf weniger als 10% herabgesetzt werden.
K. Metzner G 810

2153 **Einfluß von Wasser auf die Retentionszeiten von Alkoholen und Estern.** R. B. H. Wills und James K. Palmer. (J. Chromatogr. [Amsterdam] **30** (1967) 1, 208—10; C.S.I.R.O., Div. of Food Preservat., Ryde, N.S.W., Australia; engl.) — Die Retentionszeiten eluierter Ester an FFAP-Säulen sind nur dann reproduzierbar, wenn die Ester in gleichen W.-Vol. aufgegeben werden. Die von Alkoholen werden von W.-Mengen bis zu 10 μl nicht beeinflußt. 1-Butanol u. Isoamylacetat, die normalerweise aus einer FFAP-Säule simultan austreten, werden leicht aufgetrennt, wenn sie mit 10 μl W. aufgegeben werden. W. scheint die Verteilungskoeff. relativ polarer Ester, Aldehyde u. Ketone, nicht aber die hochpolarer Alkohole zu erniedrigen.
H.-D. Schenke G 810

2154 **Dünnschichtchromatographie der N-substituierten Maleinimide an Aluminiumoxid: Stereochemische Faktoren.** John V. Dichiaro, Roger A. Bate und Roy A. Keller. (Separat. Sci. **2** (1967) 3, 357—86; Univ. of Ariz., Tucson, Ariz.; engl.) — N-Phenyl-, N-Benzyl-, o-, m- u. p-N-(Methylphenyl)-, o-, m- u. p-N-(Chlorphenyl)-, o- u. p-N-(Methoxyphenyl)- sowie o-, m- u. p-N-(Nitrophenyl)-Maleinimide wurden hergestellt. Mit Hilfe UV-spektroskop. Unters. wurde festgestellt, daß alle o-Isomere ster. gehindert u. nichtplanar vorliegen, während die m- u. p-Isomere planar sind, was sich in einer zunehmenden Delokalisierung der π-Elektronen äußert. Chromatographie in 4 Lsgm.-Syst. [Bzl./Cyclohexan (2:1 u. 1:1); Cyclohexan/Äthylacetat (1:1); Bzl./Hexan (1:1)] an Al-Oxid G zeigte, daß die o-Methyl- u. o-Chlorverb. stärker zurückgehalten werden als die Methoxy- u. Nitroverbindungen. Daraus wurde geschlossen, daß den Wechselwrkg. der delokalisierten π-Elektronen mit der Oberfläche geringere Bedeutung zukommt als spezif. Gruppenwechselwrkg., z. B. daß die herausragenden Imidcarbonylgruppen der o-Methyl- u. o-Chlor-Isomere die Retention begünstigen; bei den Methoxy- u. Nitroverb. werden die planaren m- u. p-Isomere besser adsorbiert, da Carbonyl- u. Substituentengruppe gemeinsam wirken u. sich in einer günstigeren Stellung zur Oberfläche befinden.

J. Pickardt G 820

2155 **Komplexometrische Bestimmung von Oxal-, Citronen- und Weinsäure.** Ioan Al. Crişan und Rachel Krausz. (Studia Univ. Babeş-Bolyai [Cluj], Ser. Chem. **12** (1967) 1, 19—22; rum.) — 3—10 mg Oxal-, 8—25 mg Citronen- u. 6—10 mg Weinsäure können durch Fällung mit Pb^{2+}-Lsg. u. Titration des Pb-Überschusses mit EDTA-Lsg. gegen Brenzcatechinviolett bestimmt werden. Die Fehler sind < 0,9%. B. Seifert G 850

2156 **Bestimmung von Dialkyldimethylammoniumharnstoff-Addukt in Harnstoff durch Röntgenbeugung.** L. M. Chambers. (Analytic. Chem. **39** (1967) 13, 1650—52; Procter and Gamble Co., Cincinnati, O.; engl.) — Vf. bestimmt ein quartern. Ammonium-Harnstoff-Addukt (75% Dimethyldioctadecylammoniumchlorid, 25% Dihexadecyldimethylammoniumchlorid) in Ggw. eines Harnstoff-Überschusses durch Messung der Intensität einer hexagonalen Harnstoffbeugungslinie (Harnstoff krist. hexagonal, wenn es mit KW-Stoffketten verbunden ist) mit CaF_2 als innerem Standard. Das benutzte Max. des Addukts liegt bei 2D = 27,1°, das des CaF_2 bei 28,1°. Störungen des Verf. sind vor allem durch andere Dialkyldimethylammoniumharnstoff-Addukte möglich.

H.-D. Schenke G 880

2157 **Geladsorptionsmikroelektrode als Indikator bei der potentiometrische Titration aliphatischer Amine in nichtwäßrigen organischen Lösungsmitteln.** Bolesław Waligóra, Maria Paluch und Andrzej Karocki. (Zeszyty naukowe Uniw. jagiellońskiego, Prace chem. **1966**, Nr. 11, 271—77; pol.) — Titriert werden *n-Hexyl-*, *n-Heptyl-*, *n-Octyl-*, *n-Nonyl-* u. *n-Decylamin* in Benzin, Bzl., $CHCl_3$ u. CH_3OH mit Pikrinsäure(I)-Lsg. oder Trichloressigsäure (**II**). Die Titration mit **I**-Lsg. ergibt in Bzl., CH_3OH u. Bzn. gute Ergebnisse, während Titrationen mit **II** nur in Bzn. u. CH_3OH zu richtigen Werten führen. I. Degen G 910

2158 **Ergebnisse der quantitativen gaschromatographischen Untersuchungen von Methylaminen und deren wäßrigen Lösungen.** H. Stürtz. (Abh. dtsch. Akad. Wiss. Berlin, Kl. Chem., Geol. Biol. **1966**, 229—40; Leuna; dt.) — NH_3, *Methylamin*, *Dimethylamin* u. *Trimethylamin* werden in einer 3 m langen Trennsäule an 10% Decylalkohol + 3% Butandiol-(1.3) auf Meißner Filterstein (NaOH-behandelt) bei 20° chromatographiert. Bei Verw. einer Wärmeleitzelle werden 4—8 ml der gasförmigen Methylamine dosiert. Bei der Unters. wss. Lsg. wird eine auf 40° temperierte Vorsäule aus mit Alkali behandeltem Sterchamol vorgeschaltet. Salzsaure Methylaminlsg. werden in einer 2. Vorsäule mit festem KOH umgesetzt. Für die Verunreinigungen in den einzelnen Aminproben werden als Nachw.-Grenzen erreicht: NH_3 = 0,05 Gew.-%; Mono-, Di u. Trimethylamin jeweils 0,1 Gew.-%. Die Fehlerquellen der klass. Meth. werden aufgedeckt u. die Vorteile der gaschromatograph. Best. aufgezeigt. K. Metzner G 910

2159 **Nachweis von N-methylierten Äthanolaminen in Phosphatidhydrolysaten durch Dünnschichtchromatographie.** W. Reissmann und Th. Wieske. (Analyt. Biochem. [New York] **19** (1967) 1, 46—49; Hamburg, Unilever Res. Labor.; engl.) — Das Verf. ermöglicht den Nachw. von Äthanolamin, N-Monomethyl-äthanolamin u. N.N-Dimethyläthanolamin nebeneinander. Die Basen werden nach ihrer destillativen Abtrennung aus dem Hydrolysat an Kieselgel G mit Methanol/konz. HCl (95:5) getrennt, mit einer 0,5 n $KMnO_4$-Lsg., die pro 100 ml 0,6 g wasserfreie Soda enthält, besprüht u. bei 60° als gelbe Flecken auf rotviolettem Grund sichtbar gemacht. Weniger als 1 μg der N-Methylderiv. sind in Ggw. von 1000 μg Äthanolamin nachweisbar.

G. Sternkopf G 910

2160 **Trennung des Cholins von einigen Basen an Dowexsäulen.** William K. Gourley, Charles D. Haas und Seymour Bakerman. (Analyt. Biochem. [New York] **19** (1967) 1, 197—200; Kansas City, Kans., Univ. of Kans. Med. Center; engl.) — Die Trennung geschieht an Dowex 50-X 8 im Beckman Spinco Amino Acid Analyzer mit dem Citratpuffer pH 5,28 nach Spackmann, Moore u. Stein, jedoch ohne die Zusätze Caprylsäure, Brij-35 u. Phenol u. unter Anwendung eines Fraktionssammlers. Die Best. der getrennten Basen wird mit der Perjodidmeth. (modifiziert) durchgeführt. Die quant. Abtrennung des Cholins von 10 möglichen Begleitbasen u. von den bas. Aminosäuren ist in < 1 Std. möglich.

G. Sternkopf G 920

2161 **Wechselwirkung von Aminopolycarbonsäuren mit Cer(IV)-Salzen. 1. Mitt. Oxydation und cerimetrische Bestimmung der Nitrilotriessigsäure, Methyliminodiessigsäure und Äthyliminodiessigsäure.** H. Holzapfel und K. Dittrich. (Talanta [London] **13**, 136—39, 1966; Leipzig, Karl-Marx-Univ., Inst. für Anorgan. Chem.; dt.) — Methyl- u. Äthyliminodiessigsäure (**I** u. **II**) sowie Nitrilotriessigsäure (**III**) werden in saurer Lsg. von Ce(IV) ox. u. können so potentiometr. bestimmt werden. **I** u. **II** werden in 0,1—0,5 n $HClO_4$ bei 65—70° in Ggw. von Fe(III)-Salzen, **III** in 1 n H_2SO_4 bei 90° titriert. Bei **I** u. **II** stören größere Mengen Sulfat, bei **III** größere Mengen Bi(III) u. Zr(IV). Die Meth. hat eine Genauigkeit von ± 1% bzw. ± 0,6%. L. Brandt G 950

2162 **Bestimmung des Isotopentrennfaktors für 1-^{14}C-Lysin an Carboxylaustauschern.** I. R. Bellobono und G. Gaiazzi. (Int. J. appl. Radiat. Isotopes **17**, 257—60, 1966; Inst. Tecnico Industriale S. Cannizarro, RHO, Milano; engl.) — Die Gleichgew.-Konst. (elementarer Trennfaktor) der Isotpenaustauschrk. von 1-^{14}C-DL-Lysin an Carboxylaustauschern wird bei 25° bestimmt. Aus dem Gesamtisotopieeffekt u. der Trennstufenhöhe kann der elementare Trennfaktor berechnet werden.

W. Dedek G 950

2163 **Verbesserte automatische Analyse einiger Dinitrophenylaminosäuren.** A. H. Nishikawa, Lily H. L. Wu und R. R. Becker. (Analyt. Biochem. [New York] **18** (1967) 2, 384—88; Dep. of Microbiol. and Chem., Oreg. State Univ., Corvallis, Oreg.; engl.) — Die Chromatographie von DNP-Aminosäuren an Dowex 50W wird durch die starke nichtelektrostat. Wechselwrkg. zwischen DNP-Gruppe u. aromat. Anteil des Ionenaustauschers erschwert u. führt zu diffusen schwer auswertbaren Banden. Diese Schwierigkeiten können durch Zusatz von aromat. Verb. zum Eluationsmittel überwunden werden. Die beim Umsatz von 1-Fluor-2.4-dinitrobenzol mit Proteinen neben DNP-Aminosäuren erhaltenen *Imidazol-DNP-Histidin* (**I**), *DNP-Lysin* (**II**) u. *O-DNP-Tyrosin* (**III**) können an Dowex 50W unter Verw. von zwei Citratpufferlsg. (pH 5,28 u. 6,0), denen p-Hydroxybenzoesäure zugesetzt ist, in der Reihenfolge saure + neutrale Aminosäuren, **I**, *Lysin*, *Histidin*, NH_3, **II**, *Arginin* u. **III** einwandfrei getrennt werden. P. Ziska G 950

2164 **Verbesserte Methode für die Identifizierung von Aminosäuren bei der absteigenden Papierchromatographie.** J. R. Harrison, V. E. Hayes und Kian Eng Chua. (Ohio. J. Sci. **66**, 330—32, 1966; Oxford, O., Miami Univ., Dep. of Zool. and Physiol.; engl.) — Für die Trennung wird eine Papierform, die dem Seitenriß eines Erlenmeyerkolbens ähnelt, vorgeschlagen. Die untere Papierbreite beträgt 22,8 cm, obere Breite 3,5 cm, Länge bis zur Verengung 38,2 cm, Länge der Zunge 10,2 cm. Auf der Zunge — 1,8 cm oberhalb der Verengung — wird aufgetragen. Der Trenneffekt dieser Papierform ist hervorragend. E. Paul G 950

2165 **Kontinuierliche Aminosäureanalyse: Elutionsprogrammierung und automatische Säulenvorwahl mit Hilfe eines rotierenden Ventils.** Karl Dus, Sidney Lindroth, Ronald Pabst und Rosalind M. Smith. (Analyt. Biochem. [New York] **14**, 41—52, 1966; San Diego, Calif., Univ. of Calif., Dep. of Chem.; engl.) — Die Einführung eines Syst. zweier rotierender Ventile erlaubt die kontinuierliche, unbeaufsichtigte Durchführung von 6 vollständigen Analysen in 24 Stunden. Das eine Ventil reguliert das stufenweise 4-Puffer-Elutionsprogramm, während das andere die Auswahl der Säulen kontrolliert. Die automat. Probenzufuhr u. die Säulenregeneration sind ein Teil des Elutionsprogramms. E. Paul G 950

2166 **Quantitative spektroskopische IR-Analyse der Systeme mit multiplen Komponenten. Anwendung der reziproken Matrix in der Analyse der chlorierten Derivate des Benzols.** Z. Lukasiewicz-Ziarkowska. (Ind. Vernice **20**, Nr. 4, Sonderteil: Laboratorio 5—11, 1966; ital.) — Zur Best. von 1.2.4-, 1.3.5-Trichlorbenzol, von 1.2.4.5-Tetrachlorbenzol u. von 1.3-Dichlorbenzol (die in techn. Prod. mit einem Geh. von $\sim$ 70% an 1.2.4-TCB enthalten waren) wurde eine quant. Meth. ausgearbeitet. Die Meth. der reziproken Matrix liefert die besten Ergebnisse, wenn die qual. Zus. der Probe bekannt ist u. man über reine Proben verfügt. Die Vers.-Bedingungen müssen exakt eingehalten werden. O. Schulze G 1010△

2167 **Untersuchungen der Hydrolyse organischer Säureanhydride mit Hilfe der Differentialthermoanalyse.** 2. Mitt. **Maleinsäureanhydrid und Trimellithsäureanhydrid.** J. M. Rosenfeld und C. B. Murphy. (Talanta [London] **14** (1967) 1, 91—96; General Electric Co., Schenectedy, N.Y.; engl.) — 1. vgl. ibid. **13** (1966) 1129. — Setzt man Maleinsäureanhydrid einer Atmosphäre mit einer relativen Feuchtigkeit von 96% aus, so bildet sich Maleinsäure. Bei 22° ist die Hydrolyse nach **21** Std. beendet. Bei einer relativen Feuchtigkeit von 50% tritt hingegen keine Hydrolyse ein. In einer Atmosphäre von 96% relativer Feuchtigkeit ist Trimellithsäureanhydrid für kurze Zeiten recht stabil, hydrolysiert aber langsam. Die Bldg. von Trimellithsäure ist nach **113** Std. vollständig. H.-D. Schenke G 1230

2168 **Titration bestimmter phosphorhaltiger Säuren in Methyläthylketon, tert.-Butylalkohol in Pyridin.** A. P. Kreškov, V. A. Drozdov und N. A. Kolčina. (Ž. analiticeskoj Chim. **22** (1967) 1, 123—27; russ., Auszug: engl.) — Vf. bestimmen durch potentiometr. Titration mit Tetraäthylammoniumhydroxid in Bzl.–Methanol eine Reihe von organ. u. anorgan. P-haltigen Säuren (Methyl-, Dimethyl-, Äthyl-, Di-n-butyl-, Phenyl-, Diphenyl-, Diphenylthiophosphin-, Phenylphosphinig-, phosphorige u. Phosphorsäure) allein oder in Ggw. von HCl (Methyl-, Dibutylphosphin- u. Phenylphosphinigsäure). Als Rk.-Medien werden Methyläthylketon, tert.-Butylalkohol u. Py. verwendet. H.-D. Schenke G 1380

2169 **Synthese von Organosilicium-Verbindungen.** 12. Mitt. **Quantitative Analyse von o-, m- und p-(Trimethylsilyl)-nitrobenzol durch Gaschromatographie.** Tadashi Hashimoto. (J. pharmac. Soc. Japan [Yakugakuzasshi] **87** (1967) 5, 524—27; Shizuoka College of Pharm., Oshika, Shizuoka; jap.) — 11. vgl. ibid. **87** (1967) 3, 291. — Die durch 6std. Erwärmen bei 40° erhaltenen Prod. der Nitrierung von (Trimethylsilyl)-benzol (**I**) in Essigsäureanhydrid mit $Cu(NO_3)_2 \cdot 3H_2O$ werden gaschromatograph. untersucht u. die molaren prozentualen Ausb. von o- (**II**), m- (**III**) u. p-(Trimethylsilyl)-nitrobenzol (**IV**) sowie Nitrobenzol (**V**) angegeben. Die partiellen Geschw.-Faktoren bei 1-/2-/3-/4- u. bei 2-/3-/4-betragen 18/12/17/23 bzw. 15/21/29. Ein 6std. Erwärmen einer Mischung von **I, II, III, IV** u. **V** bei 40° in CH_3COOH in Ggw. von HNO_3 führt lediglich zu einer geringen Protodesilierung von **I**, jedoch zu keiner Zers. der anderen Verbindungen. Daraus folgt, daß die Bldg. von **V** nicht durch Protodesilierung von **III**, sondern durch Nitrodesilierung von **I** erfolgt. H.-D. Schenke G 1380

2170 **Gaschromatographische Trennung isomerer bicyclischer Kohlenwasserstoffe C_9H_{16}.** N. A. Belikova, S. W. Witt und A. F. Platé. (Abh. dtsch. Akad. Wiss. Berlin, Kl. Chem., Geol. Biol **1966**, E 241—44; Moskauer Staatliche Lomonosov-Univ.; dt.) — *Isomere Methylbicyclo-[3.2.1]-octane, Methylbicyclo-[2.2.2]-octane, Methyl-cis-bicyclo-[3.3.0]-octane, 2-Äthylbicyclo-[2.2.1]-heptane, cis-* u. *trans-Bicyclo-[4.3.0]-nonane* u. *Bicyclo-[3.2.2]-nonan* aus Isomerisierungsgleichgew. mit $AlCl_3$ werden in 90 m langen Stahlkapillaren an Squalen u. Polypropylenglykol bei 70 u. 100° getrennt. Auf 1-Methyl-cis-bicyclo-[3.3.0]-octan bezogene relative Retentionsvol. für 20 KW-Stoffe an beiden Trennfl. werden angeführt. Bicycl. KW-Stoffe, die über ein tert. C-Atom verfügen, zeigen größere Retentionsvol. als solche mit quart.; solche ohne CH_3-Gruppen werden noch stärker zurückgehalten. K. Metzner G 2210

2171 **Auswertung von Gas- und anderen chromatographischen Trennungen von Indolmethylestern.** Claus Grunwald, Miguel Vendrell und Bruce B. Stowe. (Analyt. Biochem. [New York] **20** (1967) 3, 484—94; New Haven, Conn., Yale Univ., Dep. of Biol.; engl.) — Vf. untersuchen die Möglichkeit der Trennung u. Reinigung der durch Diazomethylierung gewonnenen Methylester verschiedener Indolcarbonsäuren mit Hilfe von Gas-, Gradientenelutions- u. Dünnschichtchromatographie. Gaschromatograph. erhält man eine gute Auftrennung dieser Verb. an Versamid **900, HI-EFF 8 BP** u. SE 30, während SE 52 unbefriedigende Ergebnisse liefert. Die Trennung durch Gradientenelutions-Chromatographie oder Dünnschichtchromatographie ist weniger befriedigend. Für die gereinigten u. getrennten Verb. eignen sich für den Nachw. der Indolstruktur die UV-Spektroskopie u. die Spektrofluorimetrie. Die Methylester folgender Verb. wurden untersucht: Methylindol-3-carboxylat, -acetat, -propionat, -butyrat, -glyoxylat, -lactat, -acrylat, -2-carboxylat, -5-carboxylat, Methyl-5-hydroxyindolcarboxylat u. Äthylindol-3-acetat. A.-M. Fretzdorff G 3081

2172 **Quantitative Bestimmung einiger heterocyclischer Basen und ihrer N-Oxide durch potentiometrische Titration in nichtwäßrigen Medien.** V. K. Kondratov und E. G. Novikov. (Ž. analitičeskoj Chim. **22** (1967) 4, 587—96; Eastern Sci.-Res. Inst. of the Coal Chem., Sverdlovsk; russ., Auszug: engl.) — Die Best. der Bestandteile eines Gemisches aus einer Base u. ihres N-Oxides ist nur in Essigsäure (**I**) möglich; 2.6-Lutidin-N-Oxid kann in einer Mischung mit anderen N-Oxiden nur in Essigsäureanhydrid (**II**) analysiert werden. Die Analyse von N-Oxiden von 4-Nitroderiv. in einigen Gemischen von 2 u. **3** Bestandteilen ist in **I** u. **II** möglich, desgleichen die Best. von Pyridin-carbonsäuren u. ihrer N-Oxide. Bin. Gemische von Pyridincarbonsäuren u. ihrer N-Oxide können durch Titration zuerst in **I**-Medium, anschließend in **II** bestimmt werden. Die Gemische von Pyridinmonocarbon- u. Pyridindicarbonsäuren werden in **II** analysiert. Vf. analysieren das Gemisch aus einer Base einer Pyridinmonocarbonsäure u. einer Pyridindicarbonsäure. H.-D. Schenke G 3231

2173 **Spektrophotometrische Untersuchung von p-Sulfamidobenzazo-8-hydroxychinolin.** N. I. Krikova und G. M. Pisičenko. (Ž. analitičeskoj Chim. **22** (1967) 10, 1454—58; Pyatigorsk Pharm. Inst.; russ., Auszug: engl.) — Wird Sulfamidobenzazo-8-hydroxychinolin (**I**), dargestellt durch Kupplung von diazotiertem Sulfanilamid mit 8-Hydroxychinolin, mit Dioxan u. Methanol behandelt, so tritt eine Auftrennung in eine dunkelrot (**II**) u. in eine orangegelb (**III**) gefärbte Verb. auf. **II** bzw. **III** haben Absorptionsmax. bei 410—415 nm bzw. 390 bis 395 nm u. Dissoziationskonst. von $0{,}35 \cdot 10^{-9}$ bzw. $1{,}42 \cdot 10^{-9}$. Aus der Ähnlichkeit der Struktur der o- u. p-Form von **I** mit 1-Phenylazo-2-naphthol (λ_{max} = 420 nm u. 4-Phenylazo-1-methoxynaphthalin (λ_{max} = 400 nm) u. unter Berücksichtigung ihrer Dissoziationskonst. wird geschlossen, daß **II** das o-Isomere u. **III** das p-Isomere von **I** sind. H.-D. Schenke G 3231

2174 **Die Infrarot-Unterscheidung von Mono-, Bis- und Trisperfluorphenoxy-s-triazinen.** T. S. Hermann. (Appl. Spectroscopy **20**, 53—54, 1966; Kansas City, Mo., Midwest Res. Inst.; engl.) — *2-Perfluorphenoxy-4.6-bis-[perfluoralkoxy]-2.4-Bis-[perfluorphenoxy]-6-perfluoralkoxy-* u. *2.4.6-Tris-[perfluorphenoxy]-s-triazine* (**II**) zeigen so eine starke Bande bei 1000 cm^{-1} u. eine in der Intensität variable Bande im Bereich 985—975 cm^{-1}. Die **I** absorbieren außerdem bei 965 cm^{-1}. Die Intensität der zweiten Bande entspricht der Anzahl der Perfluorphenoxygruppen im Molekül. Die Banden bei 1000 u. 980 cm^{-1} werden zugeordnet u. die Unterschiede in den Spektren der Lsg. bzw. der Preßlinge werden erörtert. M. Meyer zur Heyde G 3313

2175 **Trennung von Zuckerderivaten durch Verteilungschromatographie an Anionenaustauscherharzen.** Lars-Inge Larsson, Olle Ramnäs und Olof Samuelson (Analytica chim. Acta [Amsterdam] **34**, 394—400, 1966; Göteborg, Chalmers Tekniska Högskola, Dep. of Engng. Chem.; engl.) — Die Trennbarkeit einer Anzahl von Monosacchariden sowie deren *Methyl-*, *Äthyl-*, *Hydroxyäthyl-* u. *Benzyläther* an den Anionenaustauschern T_4 u. T_5B (Sulfatform) wird untersucht, u. die Ergebnisse werden tabellar. mitgeteilt. Mit 94%ig. A. lassen sich bei 75° zahlreiche Verb. trennen. Die Best. der Zucker im Eluat erfolgt automat. nach der Orcinmethode. M. Mörner G 3400

2176 **Potentiometrische Titration einiger organischer Basen in Alkohol–Wasser-Lösungen.** Bolesław Waligóra, Maria Paluch, Zofia Domanasiewicz und Andrzej Karocki. (Zeszyty naukowe Uniw. jagiellońskiego, Prace chem. **1966,** Nr. 11, 263—69; pol.) — Chinin, Chincholin sowie die Sulfate von Chinin, Atropin, Ephedrin u. Spartein werden in 20—99%ig. A. unter Verw. einer Adsorptionsmikroelektrode nach Kamieński mit HCl bzw. NaOH-Lsg. titriert. Aliphat. Amine (n-Hexyl-, Heptyl-, Octyl-, Nonyl- u. Decylamin) werden in 30 u. 90%ig. CH_3OH titriert. I. Degen G 3500

2177 **Indirekte photometrische Mikrobestimmung von Brucin als Bruciniummolybdatophosphat.** Raluca Ripan, Alexandru Şuteu und Zoltan Finta. (Studia Univ. Babeş-Bolyai [Cluj], Ser. Chem. **12** (1967) 1, 75 bis 77; rum.) — Brucin (**I**) wird in 10%ig. alkohol. Lsg. mit $H_3[P(Mo_3O_{10})_4]$-Lsg. gefällt. Der Nd. der Zus. 3:1 wird in 2 n NaOH-Lsg. gelöst u. Mo nach Extraktion von Mo·$(SCN)_5$ mit Amylalkohol bei 465 nm photometriert. 0,5 bis 70 mg **I**/25 ml können mit einem Fehler von $\pm 3\%$ bestimmt werden. B. Seifert G 3500

2178 **Farbreaktionen von Steroiden mit verdünnter Schwefelsäure an Silicagel zum Steroidnachweis auf Dünnschichtchromatographieplatten ohne Erhitzen und Bemerkungen zur Spezifität der sogenannten Oertel-, Allen- und Jensen-Reaktionen.** Hans Carstensen. (J. europ. Stéroides **1,** 233—86, 1966; Univ. Uppsala; engl.) — Die von Oertel für Δ^5-3β-Hydroxysteroide der C-21- u. C-19-Serien vorgeschlagene Rk. mit H_2SO_4/A. wird auch von Δ^4-3α- oder Δ^4-3β-Hydroxy- sowie von einigen gesätt. 3-Hydroxysteroiden u. Pregn-5-en-3.20-dion, nicht aber von Androst-5-en-3.17-dion gegeben. OH- u. Ketogruppen an anderen als C-3-Zentren können die Rk. wesentlich beeinflussen. — Eine ähnliche Rk. wird auch mit W./H_2SO_4 oder Ä./H_2SO_4 (1:2—4) erhalten, die Färbung wird durch H_2O_2 zerstört. Die Lsg. färben die Steroide auf Silicageldünnschichtplatten hellrosa an, die Stabilität der Färbung ist verschieden; Erhitzen ist nicht erforderlich. — Bei Δ^5- oder Δ^4 ungesätt. Steroiden bewirkt Silicagel eine Verschiebung des Absorptionsmax. bei Behandlung mit H_2SO_4/W. oder /A. von 405—408 nm zu 485—88 nm, die Rk. wird gedeutet. Bei nachträglichem Zusatz von Lsgm. wie Ae./A., Äthylacetat zum Rk.-Gemisch tritt eine weitere Absorptionsänderung sowie ein Peak bei 520—50 nm auf, welcher der Rosafärbung auf den Platten entspricht; nach einiger Zeit tritt eine weitere Verschiebung zu $\approx$600 nm (violettblaue Färbung) auf, die auch ohne Silicagel erhalten wurde u. weniger spezif. ist, da sie auch bei Δ^4-3-Ketosteroiden der C-19-Serien, welche am C-17 eine OH-Gruppe tragen u. der C-21-Serien, die in C-20-Stellung eine OH-Gruppe aufweisen, beobachtet wurde. Durch Erhitzen (55—60°) u. darauffolgendes Verdünnen mit Ae. oder A. ergab verstärkte Absorption bei 600 nm, nicht nur, wie von Allen u. Jensen gefunden, bei Δ^5-3β-Hydroxy-C-19-steroiden, sondern auch bei Δ^4-3-Hydroxy- u. Δ^4-3-Keto-C-19-, nicht aber bei Δ^5-3β-Hydroxy-C-21-Steroiden. Erhitzen auf 100° allein bewirkte in einigen Fällen Verschiebung nach Violettblau u. Zerstörung des Peaks bei 405 nm. Pregn-5-en-3.20-dion gibt eine rosa Färbung bei 520 nm. 17-Epitestosteron bildet mit H_2SO_4/A. (2:1) einen stark fluoreszierenden Farbstoff (Absorptionsmax. 299 nm); mit H_2SO_4/A. liegt das Max. bei 422 nm, nach Zugabe von Ae. treten 2 Peaks bei 470 u. 588 nm auf. — Oestradiol-17α gibt mit den Lsg. eine gelbe, grün fluoreszierende Färbung. In 55%ig. H_2SO_4 tritt ein scharfes Max. bei 458,7 nm auf, das in Ggw. von Silicagel nach 465 nm verschoben ist. J. Pickardt G 3700

2179 **Gaschromatographische und massenspektrometrische Untersuchungen von „Natriumpregnandiolglucuronidat“.** H. Adlercreutz, T. Luukkainen und W. Taylor. (J. europ. Stéroides **1,** 117—33, 1966; Univ. Helsinki; engl.) — Zwei gereinigte Proben der Verb. (F. 276—79° u. 278—80°) wurden hergestellt. GLC der hydrolysierten Proben ergab die Zus. 5β-Pregnan-3α.20α-diol, 5α-Pregnan-3α.20α-diol u. 3α-Hydroxy-5-β-pregnan-20-on (relatives Mengenverhältnis 100:1,1:20,4). Die Verb.-Proben wurden unter Verw. von Girard-Reagenz weiter gereinigt; es wurden 2 Proben mit F. 284—85° der Zus. 62,7% C, 8,7% H u. 4,6% Na bzw. 62,5% C, 8,1% H u. 4,6% Na erhalten; mit Hilfe der Gaschromatographie wurde gefunden, daß die oben genannten Verb. u. kleine Mengen 5α-Pregnandiol enthalten waren. Es werden ferner die Massenspektren der Trimethylsilylätherderiv. von einigen der genannten Verb. angegeben. J. Pickardt G 3700

2180 **Massenspektrometrische Untersuchungen von Peptiden. 3. Mitt. Automatische Bestimmung von Aminosäuresequenzen.** Martin Senn, R. Venkataraghavan und F. W. McLafferty. (J. Amer. chem. Soc. **88,** 5593 bis 5597, 1966; Dep. of Chem., Purdue Univ., Lafayette, Ind.; engl.) — Zur Sequenzanalyse von Oligopeptiden wurden die vollständig hochaufgelösten Massenspektren nach folgendem Schema ausgewertet: die N-Endgruppe wird acyliert, alle Peaks, die die Zus. der Acylgruppe (CH_3CO, CD_3CO, CF_3CO) enthalten, werden mit steigender Massenzahl ausgewertet, so daß sich — das Fehlen von Umlagerungen vorausgesetzt — die Sequenz mit einem einfachen Computerprogramm ermitteln läßt. Als Beispiele wurden CD_3CO-Ala-Leu-Ala-Val-Val-Val-OCH_3, CF_3CO-Leu-Gly-Phe-OCH_3 u. CH_3CO-Pro-Gly-Phe-Gly-OCH_3 gemessen. Peptide, die Histidin enthalten u. Methylester als Kettenende, zeigen den Austausch eines H gegen CH_3. H. Bethke G 3800

2181 **Systematische infrarotspektroskopische Studien an Polyphenylen.** S. Sandroni und F. Geiss. (Z. analyt. Chem. **220,** 321—33, 1966; Ispra, Forsch.-Anstalt der Gemeinsamen Kernforsch.-Stelle von Euratom, Hauptabt. Chem.; dt.) — Vf. untersuchten die IR- u. z. T. die Raman-Spektren von mehr als 60 Polyphenylen im Bereich 300—4000 cm^{-1}. Charakterist. Frequenz-Strukturbeziehungen ergaben sich bes. im γ-CH-Bereich. p- bzw. m-substituierte Polyphenyle zeigen mit zunehmender Ringzahl einen batho- bzw. hypsochromen Frequenzgang der p- bzw. m-Bande. Bei den o-substituierten Polyphenylen sind genauere Zuordnungen wegen der Komplexität der Spektren schwierig. Die halbquant. Analyse des o/m/p-Verhältnisses in hochsd. Polyphenylen gelingt nicht. Nach fraktionierter Sublimation können jedoch qual. Aussagen über die Substitutionstypen gemacht werden. M. Meyer zur Heyde G 4010

2182 **Einfache Wasserdampfdestillations-Methode zur Bestimmung von β-Hydroxy-α-aminosäuren.** D. R. Keeney und J. M. Bremner. (Analyt. Biochem. [New York] **18** (1967) 2, 274—85; Dep. of Agronomy, Iowa State Univ., Ames, Ia; engl.) — β-Hydroxy-α-aminosäuren (**I**) u. Verb. mit der Gruppierung –CH(OH)–CH-NH_2- bilden bei der Rk. mit JO_4^- in alkal. Lsg. neben Aldehyd auch NH_3, das wie üblich bestimmt wird. — 10 ml Proteinhydrolysat (ca. 1 mg **I**) werden mit 10 ml Phosphat/Borat-Puffer (PH 11,2) versetzt u. im Kjehldahl-Kolben mit W.-Dampf destilliert. Dadurch wird N aus NH_4^+-Salzen u. Hexosaminen entfernt. Die Probe

wird danach mit 2 ml einer 0,2 m HJO_4-Lsg. u. 2 ml einer 1 m $NaAsO_2$-Lsg. versetzt u. das freigesetzte NH_3 mit W.-Dampf in eine H_3BO_3-Lsg. übergetrieben u. titriert. Das durch Umsatz von JO_4^- mit I freigesetzte NH_3 wird bei *Serin, Threonin, Amino-β-hydroxybuttersäure, Glucosamin, β-Hydroxyasparaginsäure* u. *Phenylserin* zu 100%, dagegen bei *Hydroxylysin* nur zu 50% wiedergefunden. Da auch *Glutamin, Asparagin* u. *S*-haltige Aminosäuren (**II**) etwas NH_3 abgeben, ist das Verf. nur für Totalhydrolysate mit kleinen Mengen an **II** geeignet. Die Meth. wird an Totalhydrolysaten von *Casein, Gelatine, Gliadin, Edestin, β-Lactoglobin, Ovalbumin* u. *Salmin* überprüft. Die gefundenen Ergebnisse stimmen mit denen anderer Autoren überein.
P. Ziska G 4080

2183 **Analyse der chemischen Struktur von Nucleinsäuren.** Shosuke Takemura. (Japan Analyst **1967**, Annual Rev., 139R—56R; jap.) — Literaturübersicht. — 214 Literaturangaben.
Gerhard Schulze G 4090

2184 **Trennung nativer und denaturierter DNA auf Säulen aus Seidenfibroin.** T. Y. Huh und C. W. Helleiner. (Analyt. Biochem. [New York] 19 (1967) **1**, 150—56; Halifax, Nova Scotia, Dalhousie Univ., Dep. of Biochem.; engl.) — Rohseidenfäden von 1—5 mm Länge werden in mehreren Stufen gereinigt, durch Ox. mit H_2O_2 oder durch HCl-Hydrolyse als Säulenmaterial aktiviert, auf pH 3,8 eingestellt u. mit 0,2 m $MgCl_2$-Lsg. (**I**) gewaschen. An einer solchen Säule wird denaturierte DNA (**II**) aus **I** adsorbiert, native DNA nicht. **II** läßt sich dann mit 0,05 m K-Phosphatpuffer (pH 7,4) eluieren. Die Kapazität der Säulenfüllung beträgt 1 mg **II** pro g Seidenfibroin.
G. Sternkopf G 4090

G-4. Analyse biologischer Materialien, forensische Analyse

2185 **Histologische Lokalisierung von Calcium und Strontium in pflanzlichen Geweben mit Hilfe der histoautoradiographischen Methode.** C. Myttenaere und J. M. Mousny. (Int. J. appl. Radiat. Isotopes **17**, 287 bis 291, 1966; Ispra, Italy, Service de Biol. CER Euratom; franz.) — Beschreibung eines Arbeitsverf., das unter Anwendung der Gefriersubstitution u. der Fl.-Emulsion es ermöglicht, Sr u. Ca autohistograph. zu lokalisieren.
U. Drehmann 5406

2186 **Radiometrische Bestimmung von Calciumfraktionen in Pflanzenmaterial.** R. Kastori. (Landwirtsch. Forsch. **19**, 122—27, 1966; Novi Sad, Jugoslawien, Univ., Landwirtschaftl. Fak.; dt.) — Mais u. Weizenpflanzen wurden mit ^{45}Ca behandelt, getrocknet u. auf dem W.-Bad nacheinander mit W., 2 n $NaNO_3$-, 2 n CH_3COOH- u. 2 n HCl-Lsg. 30 Min. lang erhitzt oder mit vorst. Extraktionsmitteln je 24 Std. lang behandelt. Die Extrakte wurden mit NH_3-Lsg./H_2O_2 ox., Ca wurde als Oxalat ausgefällt, der Nd. abfiltriert u. auf 550° erhitzt. Die Aktivität des Rückstandes wurde mit einem GM-Zähler gemessen. Der im Pflanzenmaterial verbleibende Ca-Rest kann vernachlässigt werden. Die Gesamtmenge des extrahierten Ca war demnach bei beiden Meth. annähernd gleich, innerhalb der einzelnen Fraktionen traten jedoch Unterschiede auf.
I. Degen 5206

2187 **Papierchromatographische Trennung, Identifizierung und Bestimmung von Blei.** G. Bönig und H. Heigener. (Landwirtsch. Forsch. **19**, 117—21, 1966; Kiel, Landwirtsch.-Kammer Schleswig-Holstein, Landwirtschaftl. Unters.- u. Forsch.-Anstalt; dt.) — Die Pflanzenprobe wird mit H_2SO_4 verkohlt, verascht, in W./HCl aufgenommen u. bei pH 10,5 mit Dithizon/$CHCl_3$ extrahiert. Der Extrakt wird abgedampft, das Dithizon mit HNO_3/$HClO_4$ zerstört u. der Rückstand rundfilterchromatograph. auf S & S-Papier 2043b mit Ae./CH_3OH/W./HNO_3 (50:30:20:2) getrennt. Der Pb-Ring wird durch Besprühen mit Rubeanwasserstoff/Alizarin/Salicylaldoxim/Dithizon in A. u. Räuchern mit NH_3 sichtbar gemacht. Der Pb-Ring wird ausgeschnitten, verascht u. Pb bei pH 10 mit 4-(2-Pyridylazo)-resorcin (PAR) durch Extinktionsmessung bei 546 nm bestimmt. Pb kann auch in Natriumacetatlsg. bei pH 7,0 in Ggw. von Gelatine oder Gummi arabicum mit Rubeanwasserstoff photometr. bestimmt werden. Die Extinktion der Lsg. wird nach 17 Std. bei 405 nm gemessen. Das Lambert-Beersche Gesetz ist für 0—4 μg Pb/ml erfüllt.
I. Degen 5206

2188 **Enzymatische Bestimmung von ^{14}C-Oxalsäure in pflanzlichem Material.** Bengt L. Bengtsson. (Analyt. Biochem. [New York] **19** (1967) 1, 144—49; Bjuv, Sweden, Nordreco AB; engl.) — Auf der Grundlage der enzymat. Spaltung von Oxalsäure (**I**) in Ameisensäure u. CO_2 durch ein Ferment aus *Collybia velutipes* wird eine manometr. Meth. zur schnellen Best. des Geh. u. der spezif. Aktivität von Gesamt- u. wasserlösl. **I** aus Spinat beschrieben.
G. Sternkopf 5206

2189 **Verteilungsgaschromatographie der Trimethylsilylderivate von N-Arylglucosylaminen.** R. E. Kadunce. (J. Chromatogr. [Amsterdam] **30** (1967) 1, 204—08; Agricult. Res. Service, U. S. Dep. of Agricult., Fargo, N.D.; engl.) — Trimethylsilyl(TMS-)-Deriv. können durch Gaschromatographie an einer Säule mit 5% Carbowax 20 M auf Chromosorb W/AW zur Identifizierung von N-Arylglucosylaminen in Pflanzen, die mit Schädlingsbekämpfungsmitteln behandelt worden sind, benutzt werden. Durch Vgl. der IR-Spektren kann die Identifizierung erleichtert werden. Jedoch bereitet die Identifizierung des aromat. Aminteils wegen der Ähnlichkeit der IR-Spektren der TMS-Deriv. zwischen 1300 u. 400 cm^{-1} Schwierigkeiten. Die aromat. Amine werden daher nach Hydrolyse der N-Arylglucosylamine gaschromatograph. identifiziert.
H.-D. Schenke 5206

2190 **Bestimmung von intracellulärem 2-Deoxy-D-glucose-6-phosphat und Uridindiphosphat-2-deoxy-D-glucose.** P. Biely und Š. Bauer. (Analyt. Biochem. [New York] **80** (1967) 3, 387—93; Bratislava, Slovak. Acad. of Sci., Inst. of Chem.; engl.) — Beschreibung einer papierchromatograph. Meth. mit n-Propanol/25%ig. NH_3-Lsg. (3:2) als Lsgm. für den Nachw. u. die Best. von 2-Deoxy-D-glucose-6-phosphat u. UDP-2-deoxy-D-glucose in der Intracellulärfl. von Hefe. Diese Verb. werden direkt auf dem Chromatogramm mit dem für 2-Deoxyzucker spezif. Reagens von Weidenmann u. Fischer nachgewiesen u. densitometr. bestimmt. Bei Konz. zwischen $20 \cdot 10^{-2}$ m ist die Peakfläche proportional der Menge des Zuckers. Man kann mit der beschriebenen Meth. die genannten Verb. bei Konz. > 0,25 m in der nach Einfrieren der Hefezellen mit fl. N_2 gewonnenen Intrazellulärfl. mit einer Genauigkeit von ±10% bestimmen.
A.-M. Fretzdorff 5206

2191 **Bestimmung der Menge von Lignin–Humin-Stoffen in Hydrolysaten.** I. I. Korol'kov, E. F. Lichonos und G. D. Paramonova. (Gidroliznaja lesochim. Prom. **20** (1967) 1, 8—10; russ.) — Zur Best. des Geh. an Lignin-Humin-Verb. in Cellulosehydrolysaten wird folgendes Verf. angewandt: 1. Best. der Summe der bromierbaren Verb. (**A**) im Hydrolysat. 2. Sorption der **A** an Aktivkohle u. getrennte Best. der mit W. (Furfurol, Hydroxymethylfurfurol) bzw. mit A. desorbierbaren **A** (Lignine, Humine). 3. Dialyse des Hydrolysats u. Best. der koll. vorliegenden **A** (koll. Lignine u. Humine) im Dialyserückstand. Der so ermittelte Geh. an Lignin- u. Humin-Verb. im Hydrolysat von Nadelhölzern (Laubhölzern) beträgt 0,15—0,31% (0,20—0,50%); davon liegen 0,05 bis 0,14% (0,10—0,17%) im koll. Zustand vor.
W. Herfurt 5206△

2192 **Verbesserte Methode zur fluorimetrischen Bestimmung von Spermidin.** Brett Elliott und I. Arthur Michaelson. (Analyt. Biochem. [New York] **19** (1967) 1, 184—87; Cincinnati, O., Univ., Coll. of Med.; eng.) — Es wird eine einfache Meth. mitgeteilt, Spermidin (**I**) aus *Lactobacillus casei* zu bestimmen. Das bisher nötige Abdampfen von HCl entfällt, die Elution von **I** geschieht durch einen HNO_3-Gradienten von der Austauschersäule. Nach erfolgtem Umsatz von **I** mit o-Phthalaldehyd wird nach Anregung bei 350 nm die Fluoreszenzemission bei 400 nm gemessen.
G. Sternkopf 5206

2193 **Bestimmung von Calcium in biologischen Proben durch Röntgenfluoreszenz.** K. P. Champion und R. N. Whittem. (Analyst **92** (1967) 1091, 112—14; Australian

Atomic Energy Commiss. Res. Establ., Sutherland, NSW; engl.) — Die veraschten biolog. Proben werden mit HNO_3 ausgezogen; in den filtrierten Lsg. wird Ca durch Röntgenfluoreszenz mit Cr-Strahlung bestimmt. Die Ergebnisse stimmen mit den titrimetr. erhaltenen gut überein. H.-D. Schenke 5208

2194 **Allgemeine Betrachtungen zur Blutzuckerbestimmung.** Hermann Gubitz. (Dtsch. Apotheker-Ztg. **107** (1967) 38, 1307—11; Heidenheim/Brenz; dt.) — Vf. diskutiert titrimetr., kolorimetr., photometr. u. enzymat. Meth. (**A**) der Blutzuckerbestimmung. **A** u. die o-Toluidinmeth. werden am günstigsten beurteilt. V. Jahn 5212

2195 **Bestimmung von aktivem Isonicotinsäurehydrazid in Blut.** R. A. Ioffe. (Labor. Delo **1967,** 1, 47; Central'nogo inst. usoveršenstvovanija vračej, Moskva; russ.) — 1—5 µg/ml akt. Isonicotinsäurehydrazid (**I**) in Blut lassen sich ohne Störung durch **I**-Metabolite (Acetylierungsprod.), aromat. Amine u. Amide photometr. mit 2.4-Dinitrochlorbenzol (**II**) bestimmen. Man zentrifugiert 2 ml Serum mit 8 ml abs. A. 20 Min. lang u. filtriert durch ein alkoholfeuchtes Filter. Das Filtrat versetzt man mit 0,5 ml 5%ig. alkohol. **II**-Lsg. sowie 100 mg Borax, verd. mit Methanol auf 10 ml u. photometriert (blaues Spektralfilter). Mit Hilfe dieses Verf. wird die Geschw. der Ausscheidung von **I** im Harn in Abhängigkeit von seiner Konz. im Blut untersucht. W. Herfurt 5212△

2196 **Bestimmung von Sulfonamiden.** Elemer Gimes. (Ciencia [Mexico] **25,** 31—32, 1966; Pecs, Hungaria, Univ. de Pecs, Clinica Num. 2 de Med. Interna; span.) — Vf. modifiziert das Verf. nach Werner (1939) u. Hamori (1943) zur schnellen u. genauen Best. von Sulfonamiden. Blutproben werden mit Trichloressigsäure enteiweißt u. Glykosidsulfonamidderiv. hydrolysiert. Die Extinktion der in H_2SO_4 mit p-Dimethylaminobenzaldehyd auftretende Farbe wird bei 434 nm gemessen. Die Standardabweichung beträgt ±0,34%. Die Farbe bleibt ca. 1 Woche lang stabil. I. Degen 5212

2197 **Die Bestimmung von Aminosäuren in 0,1 ml Blutplasma.** E. Mc Evoy-Bowe und S. Sarojini Thevi. (Clin-Chem. [New York] **12,** 144—50, 1966; Singapore, Malaysia, Univ., Dep. of Biochemistry; engl.) — 0,5 ml Blut wird heparinisiert u. die Blutzellen werden abzentrifugiert. 350 mg Sephadex G (mittel) werden in W. aufgequollen u. in eine 30 cm hohe Säule gefüllt, die mit W. gespült wird. Das Serum wird auf die Säule gegeben u. mit W. nachgespült. Mit Sulfosalicylsäure wird das Ende des Proteindurchlaufs getestet. Die Aminosäure-Fraktion (1 ml) wird elektrodialysiert. Das Dialysat wird lyophilisiert, in 0,2 ml 0,1 n HCl aufgenommen u. chromatographiert [1. Py./Butanol/W. (3/2/2); 2. Phenol/W.]. Die Auswertung wird densitometr. durchgeführt. E. Paul 5212

2198 **Gaschromatographische Bestimmung von freiem Östron in Blutplasma mit einem Elektroneneinfang-Detektor.** J. Attal, S. M. Hendeles und K. B. Eik-Nes. (Analyt. Biochem. [New York] **20** (1967) 3, 394—409; Salt Lake City, Ut., Univ. Coll., Dep. of Biol. Chem.; engl.) — Freies Östron im Blutplasma läßt sich gaschromatograph. mit einem Elektroneneinfang-Detektor mit genügender Spezifität u. Genauigkeit bestimmen, wenn der Gaschromatographie eine dünnschichtchromatograph. Reinigung des Rohprod. vorangeht u. Östron anschließend in sein 3-Methyläther-17-pentafluorphenylhydrazon überführt wird, das für den empfindlichen Nachw. mit dem Elektroneneinfang-Detektor geeignet ist. 0,000 14 µg Östron können noch erfaßt werden, jedoch 0,001 µg sind mit angemessener Genauigkeit zu bestimmen. Bei Frauen in der 9.—40. Schwangerschaftswoche finden Vf. 0,5—9,8 µg/l. Diese Werte stimmen gut mit den Ergebnissen anderer zeitraubender Meth. überein. A.-M. Fretzdorff 5212

2199 **Bestimmung der Triglyceride im Serum mit der Hantzsch-Reaktion.** F. Dunsbach. (Z. klin. Chem. **4,** 262—64, 1966; Chem.-Physiolog. Inst., Allgem. Krankenhaus St. Georg, Hamburg; dt.) — Zur Best. der Triglyceride (**I**) im Blutserum werden zwei Verf. kombiniert. Die Abtrennung der **I** von den übrigen glycerinhaltigen Bestandteilen mit Kieselgel, ihre Verseifung u. die Ox. des gebildeten Glycerins mit Perjodat zu CH_2O erfolgt nach van Handel u. Zilversmit (J. Lab. clin. Med. **50** (1957) 152). Die Umsetzung des CH_2O mit Acetylaceton u. NH_3 in schwach essigsaurer Lsg. zu Diacetyldihydrolutidin u. die Messung des gebildeten Farbstoffs bei 400—420 nm erfolgt auf der Grundlage der Hantzsch-Rk. (1882). Letztere Rk. verläuft unter den angegebenen Bedingungen in 10 Min. quantitativ. Das Lambert-Beersche Gesetz besitzt für den mit Amylalkohol extrahierbaren Farbstoff Gültigkeit bis 700 mg **I**/100 ml. Bei Wiedergewinnungsvers. werden ca. 100% der zugesetzten **I**-Mengen aufgefunden. Aus 200 Analysen von Blutseren, deren *Cholesterin*-Geh. < 260 mg/100 ml betrug, wurde ein durchschnittlicher Normalwert von 86 mg **I**/100 ml (40—128 mg **I**/100 ml) ermittelt. J. Winter 5214

2200 **Gaschromatographische Identifizierung und Bestimmung von Barbituraten.** H. F. Martin und J. L. Driscoll. (Analytic. Chem. **38,** 345—46, 1966; R.I. Hospital, Providence, R.I.; engl.) — An einer 4 ft. langen Trennsäule mit 5% Se-30 auf Anachrom ABS werden bei 170—180° isotherm durch Umsetzung mit Dimethylsulfat erhaltene 1.3-Dimethylderiv. der 5.5-disubstituierten Barbitursäure unter Einsatz eines Flammenionisationsdetektors gaschromatograph. getrennt. Zur quant. Auswertung wird Palmitinsäuremethylester als innerer Standard eingesetzt. Mit der Meth. lassen sich *5-Äthyl-5-isoamyl-*, *5-Äthyl-5-(1-Methylbutyl)-* u. *5-Äthyl-5-phenylbarbitursäure* in Serum bestimmen. Die Dosierung der Proben erfolgt als aceton. Lösung. K. Metzner 5214

2201 **Schnellmethode zur quantitativen Bestimmung von Corticosteron in Menschen- und Hundeplasma.** Carol C. Dickson, Jorge Cuchi, Paul Cushman jun. und James G. Hilton. (J. europ. Stéroides **1,** 343—49, 1966; St. Luke's Hosp. Center, New York; engl.) — Vf. beschreiben eine dünnschichtchromatograph. Best.-Meth. an Kieselgel unter Verw. von CH_3OH/Aceton/$CHCl_3$ (1:3:16) als Laufmittel. Die Auswertung der Chromatogramme erfolgt unter Verw. eines UV-Scanners. Die Meth. wurde für Mengen von 0,02—10 µg Corticosteron pro 4 ml Plasma erprobt; der Fehler beträgt 4%. J. Pickardt 5214

2202 **Automatische fluorimetrische Bestimmung von Serum-Magnesium.** 2. Mitt. **Verfahren mit 8-Hydroxychinolin-5-sulfonsäure.** Bernard Klein und Morris Oklander. (Clin. Chem. [New York] **13** (1967) 1, 26—35; Bronx, N.Y., Veterans Admin. Hosp.; engl.) — 1. vgl. C. **1967,** 28-2048. — Vf. haben 2 automat. Strömungssyst. entwickelt für die fluorimetr. Mg-Best. mit 8-Hydroxychinolin-5-sulfonsäure. Das eine Syst. schließt eine Dialyse des Serums mit ein u. bestimmt Mg im Dialysat. Das 2. Syst. führt die fluorimetr. Best. von Mg direkt in 0,1 ml Serum durch. Ca stört u. wird als Ca-Oxalat entfernt. A.-M. Fretzdorff 5214

2203 **Automatische Atomabsorptionsspektrometrie.** 2. Mitt. **Bestimmung von Magnesium im Serum.** Bernard Klein, James H. Kaufman und Morris Oklander. (Clin. Chem. [New York] **13** (1967) 9, 788—96; Veterans Admin. Hospital, Bronx, N.Y.; engl.) — 1. vgl. ibid. **13** (1967) 388. — Die für die Ca-Best. entwickelte Meth. (vgl. l.c.) ist auch zur Best. von Mg (Atomabsorption bei 2852 Å) geeignet. Vgl. mit einer automat. fluorimetr. Mg-Best. gibt übereinstimmende Werte. W. Grimmich 5214

2204 **Automatische Atomabsorptionsspektrometrie.** 3. Mitt. **Calcium in Harn und Rückenmarksflüssigkeit.** Bernard Klein, James H. Kaufman und Morris Oklander. (Clin. Chem. [New York] **13** (1967) 9, 797 bis 805; engl.) — Die Probelsg. werden mit salzsaurer $LaCl_3$-Lsg. verdünnt. Die Atomabsorption von Ca wird in einer C_2H_2/Luft-Flamme bei 4226—4227 Å gemessen. Zur Probe zugesetztes Ca wird quant. wiedergefunden. Manuell u. automat. erhaltene Analysenergebnisse von Harnproben zeigen gute Übereinstimmung. — 2. vgl. vorst. Ref.- W. Grimmich 5224

2205 **Bestimmung von Cadmium in biologischen Materialien durch Atomabsorptionsspektrometrie.** Pablo Pulido, Keiichiro Fuwa und Bert L. Vallee. (Analyt.

Biochem. [New York] **14**, 393–404, 1966; Boston, Mass., Peter Bent Bringham Hosp., Dep. of Med.; engl.) — Die Best. erfolgt durch direktes Versprühen der mit W. verd. Probe (Harn, Serum, Proteine) in eine H_2/Luft-Flamme u. Absorptionsmessung. Der Meßbereich kann durch geeignete Brenner von 0,2 μg bis 0,0002 μg Cd/ml variiert werden. HNO_3, H_2SO_4 u. $HClO_4$ stören die Best. nicht; Phosphate stören nur in Konz. > 0,1 m. Ba, Ca, Co(II), Cr(III), Cu(II), Fe(II), Li, Mg, Mn(II), Ni(II) u. a. stören in Konz. $\leqq$ 100 μg/ml nicht. NaCl stört in Konz. $\geqq$ 0,01 μg/ml, kann aber durch Verw. einer H_2-Lampe statt der üblichen Hohlkathodenentladungsröhre ausgeschaltet werden. Die Standardabweichung beträgt 0,051 μg Cd/ml 6,1%. D. Radeck 5224

2206 **Grundintensität der Phosphoreszenz ätherischer Extrakte von Blut und Harn mit unterschiedlichen pH-Werten.** W. J. Mc Carthy und J. D. Winefordner. (Analytica chim. Acta [Amsterdam] **35**, 120–23, 1966; Gainesville, Fla., Univ. of Fla., Dep. of Chem.; engl.) — Phosphoreszenzintensitäten äther. Extrakte von auf pH-Werte zwischen 0 u. 14 eingestellten verdünnten Harn- u. Blutproben werden gemessen u. in Abhängigkeit vom pH-Wert dargestellt. Die Kurve für Blut zeigt Maxima bei pH 3 u. 11 u. ein Minimum bei pH 6–7; die für Harn nur ein Minimum bei pH 5. Aus den Ergebnissen werden Rückschlüsse auf optimale pH-Werte bei der Extraktion phosphorimetr. zu bestimmender Verb. gezogen. K. Beyer 5224

2207 **Trennung von Cystin, Penicillamindisulfid und gemischtem Cysteinpenicillamindisulfid durch automatische Aminosäureanalyse.** J. C. Crawhall, C. J. Thompson und Kathryn H. Bradley. (Analyt. Biochem. [New York] **14**, 405–13, 1966; London, St. Bartholomew's Hosp.; engl.) — Die Verw. von Aminosäureanalysatoren zur Trennung u. Best. von Cystin, D-Penicillamin- u. Cystein-D-penicillamindisulfid im Harn u. Blutplasma von unter D-Penicillamin-Behandlung stehenden Patienten mit Cystinurie ist nur dann zufriedenstellend, wenn der pH-Wert des Elutionsmittels während der Analyse kontinuierlich erhöht wird. K. Beyer 5224

2208 **Säulenchromatographische Fraktionierung der sauren Mucopolysaccharide im Harn.** W. Teller und A. Ziemann. (Klin. Wschr. **44**, 1142–47, 1966; Univ.-Kinderklinik Marburg a. d. Lahn; dt.) — Zur Best. u. Trennung der sauren Mucopolysaccharide (**I**) wird 24-Std.-Harn gegen physiolog. NaCl-Lsg. dialysiert, das Dialysat auf pH 5,0 eingestellt u. mit 5%ig. wss. Cetarlon-Lsg. zur Fällung der **I** versetzt. Die Fällung wird bei 0–4° über Nacht vervollständigt. Der durch Zentrifugieren isolierte, mit NaCl-gesätt. 95%ig. A. gewaschene, P_2O_5-getrocknete Rückstand wird in 0,05 n NaOH-Lsg. gelöst u. die **I** an einer Anionenaustauschersäule (Dowex 1X2, Cl^--Form) bei 26° gebunden. Die Elution erfolgt mit NaCl-Lsg. steigender Konz. (0,5–3,0 m). Aliquote Teile der Fraktionen werden zur *Hexuronsäure-*, *Hexose-* u. *Hexosamin*-Best. benutzt. Die Identifizierung der getrennten **I** erfolgt papierchromatograph. mit Hilfe von reinen Testsubstanzen. So wird gefunden, daß mit 1,25 m NaCl-Lsg. *Heparansulfat* (**II**), mit 1,5 m NaCl-Lsg. *Chondroitin-4-sulfat* (**III**), mit 3,0 m NaCl-Lsg. *Keratansulfat* (**IV**) u. mit 2,0 m NaCl-Lsg. *Dermatansulfat* (**V**) u. *Heparin* (**VI**) gemeinsam eluiert werden. Die erhaltenen Elutionsdiagramme (Extinktion/Fraktion) werden zur qual. Best. planimetr. ausgewertet. — Für den Arbeitsgang der Ionenaustauschchromatographie werden in Wiederauffindungsvers. (Zweifach-Best.) mit gereinigten **I** folgende Werte ermittelt: für **II** 48–64%, für **III** 63 bis 86%, für **IV** 59–73%, für **V** 79–84% u. für **VI** 48–69%. J. Winter 5224

2209 **Kontinuierliches Registrieren zur Messung von Kohlendioxid und seine Anwendung auf die mitochondrische Oxydation und Decarboxylierungsreaktionen.** D. G. Nicholls, D. Shepherd und P. B. Garland. (Biochem. J. **103** (1967) 3, 677–91; Dep. of Biochem., Univ., Bristol; engl.) — Vf. beschreiben ein Verf. zur kontinuierlichen Registrierung der CO_2-Konz. in mitochondr. Suspensionen. Die Ox. von Palmitoylcarnitin durch Rattenlebermitochondrien hemmt die Ox. von Pyruvat- u. Isocitratox., regt aber die Pyruvat-Carboxylierung an. Diese Einfl. der Palmitoylcarnitinox. werden durch Pentachlorphenol umgekehrt. Vf. messen die Einfl. von Palmitoylcarnitin- u. Pyruvat-Ox. auf die Acylierung des mitochondr. Coenzyms A u. die Red. der Nicotinamid-Nucleotide. Diskutiert werden Kontrollmechanismen für die Wechselwrkg. zwischen der Palmitoylcarnitinox. u. dem Tricarboxylsäurezyklus in Rattenlebermitochondrien. H.-D. Schenke 5228

2210 **Bestimmung der mit Wasserdampf flüchtigen Fettsäuren der Pansenflüssigkeit.** F. G. Youssef und D. M. Allen. (J. Sci. Food Agric. **17**, 536–38, 1966; Reading, Berks., Univ., Dep. of Agricult.; engl.) — Vf. beschreiben eine gaschromatograph. Meth. zur Auftrennung der mit W.-Dampf flüchtigen Fettsäuren der Pansenfl. an 15% Polyäthylenglykoladipat auf Celite 545 oder Chromosorb W als stationärer Phase. A.-M. Fretzdorff 5228

2211 **Probeneinführung bei der gaschromatographischen Analyse flüchtiger Fettsäuren in Pansenflüssigkeit.** P. R. Monk und W. W. Forrest. (J. Chromatogr. [Amsterdam] **30** (1967) 1, 203; Div. of Nutrit. Biochem., C. S. I. R. O., Adelaide, South Australia; engl.) — Vf. beschreiben die Probeneinführung in einen von James u. Martin beschriebenen bes. Säulenaufsatz, der sich innerhalb des Dampfmantels des App. am Kopf der Säule befindet. Durch den Aufsatz können die Säuren in Freiheit gesetzt werden, ohne daß W.-Dampf die Säulenpackung beeinflußt. H.-D. Schenke 5228

2212 **Cytochemische Bleianalyse durch Röntgen-Absorptionsspektrophotometrie.** B. Lindström und B. Philipson. (Exp. Cell Res. **41**, 289–96, 1966; Stockholm, Karolinska Inst., Dep. of Med. Phys.; engl.) — Gewebeschnitte von 20 μ Dicke werden kontaktmikroradiograph. in einem Hochvakuum-Röntgenspektrometer untersucht. Unter Ausnutzung der Absorptionsunterschiede im Bereich der Pb-MV-Absorptionskante, wobei im langwelligen Bereich die Mo $L\beta_1$-Linie (λ = 5,18 Å) u. im kurzwelligen die Ru $L\alpha_1$-Linie (λ = 4,85 Å) verwendet wird, liegt die Nachw.-Grenze bei $5 \cdot 10^{-12}$ g Pb. Der Pb-Geh. errechnet sich nach einer modifizierten Formel für die Röntgenabsorption. K. Nitzl 5230

2213 **Autoradiographische Bestimmung der spezifischen Radioaktivität löslicher Gewebeproteide.** R. V. Čagovec und A. A. Dušejko. (Labor. Delo **1967**, 1, 46; Inst. Biochim. AN USSR, Kiev; russ.) — Zur Best. der spezif. Aktivität der lösl. Gewebeproteide von Ratten nach Gaben von [^{35}S]-Methionin (0,3 μCi/g) oder [^{14}C]-Acetat (0,6 μCi/g) werden die Proteide wie üblich elektrophoret. an Papier oder Agarschichten getrennt. Die Elektrophoregramme werden 2 Wochen lang im Kontakt mit hochempfindlichem Röntgenfilm belassen. Die nach Entw. des Films auftretende Schwärzungsverteilung wird densitometr. untersucht. W. Herfurt 5230△

2214 **Methode zur autoradiographischen Darstellung hydrophiler Substanzen in biologischem Material.** Gottfried Werner, Helga Werner, Pedro G. Bosque und José Carreres Quevedo. (Z. Naturforsch. **21b**, 238–42, 1966; Frankfurt/M., MPI für Hirnforsch.; dt.) — Beschreibung einer autoradiograph. Meth. zum Nachw. wasserlösl. niedermol. markierter Stoffe in Gewebsschnitten sowie ihre Zuordnung zu bestimmten Strukturelementen. U. Drehmann 5230

2215 **Anwendung der Methode von Good und Bessman zur Bestimmung von Glucosamin und Galaktosamin in Gewebehydrolysaten.** D. Glowacka, T. Kopacz-Jodczyk und J. Popowicz. (Analyt. Biochem. [New York] **19** (1967) 1, 1–5; Bialystok, Poland, Med. School, Dep. of Gen. Chem.; engl.) — Vf. berichten über ein Reinigungsverf. der Aminozucker zur Abtrennung störender Begleitsubstanzen. Am Beispiel von Rinder-Cornea u. Corpus vitreum, Rattenleberhomogenat, Humanplacenta u. Schweineserum werden die salzsauren Hydrolysate im Vakuum HCl-frei gemacht u. über Dowex 50-X4 (H^+-Form) von Neutralzuckern u. der Hauptmenge Aminosäuren befreit. Die restlichen Aminosäuren werden an Dowex 50-X8 (NH_4^+-Form) entfernt.

Die Aminozucker werden mit 0,5 m NH_3-Lsg. eluiert, im Vakuum vom Ammoniak befreit u. nach Good u. Bessman bestimmt. G. Sternkopf 5230

2216 **Toxische Einwirkung von Ammoniak auf den Organismus und Schnellverfahren zur Bestimmung in Luft.** Zoriţa Alista. (Rev. Chim. [Bucureşti] **18** (1967) 4, 241–44; rum.) — Vf. bespricht die Wrkg. von NH_3 auf den Organismus u. Meth. zur NH_3-Best. in Luft durch Farbrk. auf Filterpapier u. mit Hilfe von mit einem geeigneten Reagens gefüllten Röhrchen. Für die letzte Meth. wird als Füllstoff Silicagel mit 15 ml 3%ig. $Hg_2 \cdot (NO_3)_2$-Lsg./100 g vorgeschlagen. Die Länge der entstehenden schwarzen Zone ist ein Maß für die NH_3-Konzentration. Bei einem Luftdurchsatz von 1 l/min wurden Proben mit 0,02–0,4 mg NH_3/l untersucht. Die zulässige NH_3-Menge beträgt 0,025 mg/l. B. Seifert 5234

2217 **Vergleich der Methoden zur Isolierung von Galanthamin und Securinin aus biologischem Material.** V. V. Michno. (Farmacevtyčnyj Ž. **21**, 28–29, 1966; Zaporiž'e, med. inst.; ukrain.) — Die Isolierung von Galanthamin (**I**) u. Securinin (**II**) aus Leichenmaterial erfolgt nach 3 Meth.: 1. Extraktion mit A. unter Zusatz von Oxalsäure; 2. Verw. von mit H_2SO_4 angesäuertem W. vom pH 2,5; 3. Verw. von W., das mit Oxalsäure angesäuert ist. Am zweckmäßigsten erfolgt die Isolierung nach Meth. 2. Die Best. von **I** u. **II** erfolgt photometrisch. O. Lebtag 5234△

2218 **Ultraempfindlicher gaschromatographischer Nachweis von Mikroben-Metaboliten.** B. M. Mitruka und M. Alexander. (Analyt. Biochem. [New York] **20** (1967) 3, 548–50; Ithaca, N.Y., Cornell Univ., Dep. of Agronomy; engl.) — Mit Hilfe eines Elektroneneinfang-Detektors lassen sich noch außerordentlich geringe Mengen organ. Verb. gaschromatograph. nachweisen, die im Mikrobenstoffwechsel eine Rolle spielen. Zu diesen Verb. gehören: Methanol, Aceton, A., Diacetyl, n-Propanol, n-Butanol, Crotonsäure, Methylamin, Acetoin, 1.4-Butandiol, Äthylamin, Essigsäure, Phenol, Ameisen-, Propion-, n-Butter-, Brenztrauben-, Valerian-, Isobutter- u. Acrylsäure. A.-M. Fretzdorff 5236

2219 **Papierchromatographisches System zur Identifizierung von Glycerin in Bakterienzellwänden.** Miyoshi Ikawa, James W. Morrow und Sheila J. Harney. (J. Bacteriol **92**, 812–14, 1966; Durham, N.H., Univ., Dep. of Biochem.; engl.) — Das im Hydrolysat von Bakterienzellwänden enthaltene Glycerin läßt sich papierchromatograph. von anderen Kohlenhydraten mit dem Fließmittelsyst. Isopropanol/5%ig. Borsäure (7:1) gut abtrennen, sogar neben Anhydroribit u. Rhamnosen. A.-M. Fretzdorff 5236

2220 **Automatische Bestimmung von Ascorbinsäure.** B. I. Nesset, B. L. Windsor, R. R. Humphrey und M. R. Callantine. (Analyt. Biochem. [New York] **19** (1967) 1, 89–94; Ann Arbor, Mich., Parke-Davis Res. Labor.; engl.) — Vf. beschreiben die Überführung der manuellen Best. des luteinisierenden Hormons über die Best. der ovarialen Ascorbinsäure in der modifizierten Mindlin-Butler-Meth. auf die automat. Durchführung mit dem Technicon Auto-Analyzer. G. Sternkopf 5236

2221 **Biochemie der Sphingolipide.** 4. Mitt. **Einige neue papierchromatographische Systeme für die Charakterisierung von Sphingolipiden.** C. Michalec und Z. Kolman. (J. Chromatogr. [Amsterdam] **22**, 385–90, 1966; Prague, Charles Univ., Fac. of General Med.; engl.) — 2. vgl. C. **1967**, 7-2177. — Zur Zerlegung von Sphingolipidgemischen wird die Chromatographie an silicagelimprägniertem Papier mit verschiedenen Lsgm.-Gemischen untersucht. Zur Kennzeichnung werden 6 verschiedene Reagenzien verwendet, bei Kombination verschiedener solcher Meth. ist eine Charakterisierung aller Bestandteile der Sphingolipide möglich. Beste Ergebnisse werden mit Organfraktionen gemacht, die vorher durch Säulenchromatographie an Florisil, Diäthylaminoäthylcellulose oder SiO_2 gereinigt wurden. M. Finke 5236

2222 **Radioaktivitätsmessung an Kohlenstoff-14- u. Tritium-markierten Proteinen nach scheibenelektrophoretischer Trennung.** James B. Boyd und Herschel K. Mitchell. (Analyt. Biochem. [New York] **14**, 441 bis 454, 1966; Pasadena, Calif., Calif. Inst. of Technol., Div. of Biol.; engl.) — ^{14}C- oder ^{3}H-markierte, scheibenelektrophoret. getrennte Proteine können radiometr. bestimmt werden, wenn durch Ersatz des Gel-W. durch eine Szintillationsfl. auf Toluolbasis die Messungen direkt im Akrylamidgel szintillometr. ausgeführt werden. Hierbei beträgt die Meßausb. für ^{14}C 81 $\pm$ 12% u. für ^{3}H ca. 23%. Mit einem einfachen Einweichverf. können bei geringem Arbeitsanfall in 9–18 Std. 74 Gelschnitte hergestellt werden. U. Drehmann 5236

2223 **Bestimmung von Lysin in Proteinen nach Überführung in Homoarginin.** M. Mourgue, R. Baret und J. Renai. (Ann. pharmac. franc. **23**, 481–87, 1965; Marseille, Fac. de Méd. et de Pharm.; franz.) — An Proteine gebundenes *Lysin* (**I**) wird in ammoniakal. Lsg. mit S-Methylthioharnstoff vollständig in Homoarginin (**II**) überführt, indem durch Zusatz von Harnstoff ein Ausflocken der Eiweiße während der Rk. verhindert wird. Nach Hydrolyse der Proteine vor u. nach dieser Rk. werden Arginin (**III**) bzw. **II** u. **III** kolorimetr. nach Sakaguchi bestimmt, der **I**-Geh. wird aus der Differenz beider Best. ber. u. die quant. Überführung von **I** in **II** papierchromatograph. kontrolliert. Auf diese Weise bestimmte **I**- u. **III**-Geh. verschiedener tier. u. pflanzlicher Proteine sind angegeben. K. Beyer 5236

2224 **Bestimmung oberflächenaktiver Stoffe bei medizinisch-biologischen Untersuchungen.** Ja. V. Ganitkevič. (Labor. Delo **1967**, 1, 27–29; Ivanovo-Frankovskogo med. inst.; russ.) — Beschrieben wird eine App. zur manometr. Best. der Oberflächen- u. Grenzflächenspannung biolog. Fl. nach der Blasenmethode. W. Herfurt 5236△

2225 **Miles Laboratories, Inc.** (Erfinder: **Alfred Henry Free**), Elkhart, Ind., USA, ***Glucosenachweis in Flüssigkeiten, besonders Urin.*** (**D.A.S. 1 255 354** Kl. 421 vom 31/10. 1957, ausg. 30/11. 1967. U.S. Prior. 7/11. 1956. Zusatz zu D.A.S. 1 075 869; C. 1960, 7628. — C. **1964**, 48-1758 [F.P. 72 426].)

G–5. Analyse technischer Produkte

2226 **Materialien für Kernreaktoren.** Kenji Motojima, Hiroshi Okashita und Nori Tamura. (Japan Analyst **1967**, Annual Rev., 122R–30R; jap.) — Literaturübersicht über Veröffentlichungen zur Analyse von Kernreaktormaterialien aus den Jahren 1962 bis Anfang 1967. — 404 Literaturangaben. Gerhard Schulze 5241

2227 **Bestimmung der freien Kohlensäure.** Klaus Wiegleb. (Wasserwirtsch.-Wassertechn. **17** (1967) 5, 157–60; Inst. für Boden- u. Wasserwirtschaft, TU, Dresden; dt.) — Vf. gibt einen Überblick über die Meth. zur Best. von freiem CO_2 u. vergleicht das Deutsche Einheitsverf. mit der Meth. nach Hässelbarth an Standardwässern unterschiedlicher Härtegrade u. CO_2-Gehalte. Die Ergebnisse beider Meth. stimmen gut überein, wenn 0,5 ml einer Phenolphthalein-Lsg. von 0,2 g in 100 ml Methanol als Indikator verwendet u. bereits ab 2,8° Carbonathärte Seignettesalz zur Eliminierung des störenden Einfl. der Carbonathärtebildner zugegeben werden. Diskussion der Best. von freiem CO_2 in Fe-haltigen Wässern u. der Best. der kalkaggressiven Kohlensäure. H.-D. Schenke 5242

2228 **Bestimmung niedriger Aktivitäten von ^{90}Sr in Wässern.** Jiří Křepelka und František Kašák. (Jaderná Energie **12**, 368–71, 1966; Řež, Inst. für Kernforsch. der Tschechoslowak. Akad. der Wiss.; tschech.) — Eine Meth. zur Best. von ^{90}Sr in Trink-, Oberflächen-, Regen- u. Abwasser wird beschrieben. Für die Anreicherung aus größeren Probemengen (50–100 l bei Trink- u. Oberflächenwasser) wird ein Kationenaustauscher nach Bindung des anwesenden Ca mit Chelaton III benützt. Sr wird durch Mitfällung mit $BaSO_4$ im Chelaton-Medium abgetrennt. ^{90}Sr wird durch Messung der Aktivität von ^{90}Yb bestimmt. Nach dem Verf. kann ^{90}Sr in der Größenordnung von 10^{-13}Ci/l bestimmt werden. V. Burjan 5242△

2229 **Radiochemische Bestimmung kleiner Konzentrationen von Radium in Wasser.** Jaroslav Veřmiřov-

ský und Ivan Bučina. (Jaderná Energie **12,** 413–21, 1966; Praha, Inst. für die Unters., Herst. u. Verw. der Radioisotope; tschech.) — Nach einer Übersicht der Meth. der Best. kleiner Konz. von Ra in W. wird eine vervollkommnete radiochem. Meth. beschrieben. Ra wird durch Mitfällung mit $Pb(Ba)SO_4$ abgetrennt. Nach dem Lösen mit EDTA wird es mit $BaSO_4$ mitgefällt u. der Nd. mit dem Luminophor *ZnS(Ag)* gemischt. Anschließend wird die Aktivität des ^{226}Ra gemessen. In einer Probe von 2 l W. können noch 0,12 pg Ra/l mit einem Fehler von ± 25% bestimmt werden.
V. Burjan 5242△

2230 **Kolorimetrische Bestimmung geringer Eisenmengen mit Rhodanid, insbesondere in stark mineralisierten Wässern.** G. Günther. (Fortschr. Wasserchem. Grenzgebiete **1966,** 5, 305–12; Bezirks-Hyg.-Inst., Gera; dt.) — Bei der Ox. mit 3 n HNO_3 u. 3%ig. H_2O_2-Lsg. kann bereits nach 2 Std. NH_4SCN zur W.-Probe zugegeben u. die Extinktion sofort danach abgelesen werden. Die Lsg. sind bei nicht zu starker Belichtung mindestens 3 Tage lang haltbar. Bei Verw. eines lichtelektr. Kolorimeters empfiehlt sich die Benutzung eines blauen oder blauvioletten Filters. Bei höheren Fe-Konz. als 2,0 mg/l sollte verd. werden. Unterhalb dieser Grenze (Gültigkeit des Lambert-Beerschen Gesetzes) ist mit Sicherheit keine Störung durch Fremdelektrolyte zu befürchten, wenn die gemeinsame Konz. der Sulfate u. Chloride in der meßfertigen Zelle 100 mVal/l nicht übersteigt. Höhere Konz. müssen verd. werden. H.-D. Schenke 5242

2231 **Gaschromatographische Analyse von Abwässern.** V. I. Nazarova und M. S. Vigdergauz. (Neftepererabotka i Neftechim. **1967,** 1, 15–17; Novokujbyševskij filial NIISS; russ.) — Möglichkeiten einer gaschromatograph. Analyse industrieller Abwässer werden an folgenden Beispielen gezeigt: Best. von > $2 \cdot 10^{-4}$ Aceton (**I**), Bzl., Äthyl-, Isopropyl- u. Diisopropylbenzol an Apiezon L (Säulenlänge 100, ⌀ 0,2 cm; 90°; N_2 58 ml/min). Best. von Acetaldehyd, Ar., **I**, Diisopropyläther, Methyläthylketon, tert.-Butanol, Methanol u. Isopropanol an Polyäthylenglykol 1500 (20%ig. auf Kieselgur; Säulenlänge 340, ⌀ 0,2 cm; 60°; N_2 21 ml/min). Best. von **I**, α-Methylstyrol, Acetophenon u. Phenol an Polyesterharz PN-3 (30%ig. auf Kieselgur; Säulenlänge 350, ⌀ 0,2 cm; 150°; N_2 58 ml/min). Zur Registrierung sind H_2O-unempfindliche Flammenionisationsdetektoren geeignet.
W. Herfurt 5242△

2232 **Schnellmethode zur Phasenbestimmung bei der Synthese von Chromfarben.** D. S. Gorelik und T. A. Krauzova. (Lakokrasočnye Mater. Primenenie **1967,** 1, 58; russ.) — Die Konz. wss. $Na_2Cr_2O_7$- u. $K_2Cr_2O_7$-Lsg. kann über die D. der Lsg. bei 40° nach $c = 1472 \cdot D.^{40} - 1474$ (Na_2CrO_7) bzw. $c = 1467 \cdot D.^{40} - 1450$ ($K_2Cr_2O_7$) erfolgen (c = Konz. in g/l). Zur Best. des Geh. an freier Säure versetzt man Chromatgemische (zur Herst. von Pb-Pigmenten) mit KJO_3 u. KJ u. titriert nach $KJO_3 + KJ + 3\,H_2SO_4 \rightarrow 3\,J_2 + 3\,K_2SO_4 + 3\,H_2O$ entstehendes J_2 mit 0,1 m $Na_2S_2O_3$-Lösung. W. Herfurt 5143△

2233 **Autoradiographie für Leitisotopenuntersuchungen von Halbleitern.** James F. Osborne. (Int. J. appl. Radiat. Isotopes **18** (1967) 12, 829–33; Dallas, Tex., Tex. Instr. Inc.; engl.) — Beschreibung geeigneter Filmtypen verschiedenen Auflsg.-Vermögens sowie der Anwendung zahnärztlicher Röntgenfilme für autoradiograph. Unters. von Halbleitern. D. Ertel 5243

2234 **Photometrische Bestimmung geringer Fluoridgehalte in Blei- und Borsilicatgläsern nach pyrohydrolytischer Abtrennung.** Joachim Lange und Gerd Onnasch. (Silikattechnik **18** (1967) 6, 178–82; VEB Spezialglaswerk Einheit, Weißwasser/OL.; dt.) — Die beschriebene Meth. wurde zur Best. geringer F^--Mengen in Gläsern für Elektronenröhren entwickelt. Für die meisten untersuchten Gläser ist eine Pyrolysetemp. von 1150° am günstigsten, während sie für hochbleihaltige Gläser 850° nicht übersteigen darf. Die Menge des als Katalysator zugesetzten U_3O_8 muß der Probemenge mindestens gleich sein. Das eingesetzte U_3O_8 muß zunächst nach Anfeuchten langsam im Muffelofen erhitzt u. dann wieder abgekühlt werden, um F^--Spuren zu entfernen (vorher: 0,0015–0,0018%, nachher: 0,0002–0,0003%). Die Korngröße der Probe soll unter 0,06 mm liegen. Im Destillat wird F^- mit La-Alizarinkomplexan (Puffer 4,7) in W./Aceton (4:1) bestimmt, indem nach 2 Std. bei 620 nm gegen die intensiv rote Blindlsg. gemessen wird. Es kann ein Konz.-Bereich von 10–100 μg F/250 ml erfaßt werden. Die Standardabweichungen betragen für die Konz.-Bereiche 0,001–0,01% F^- ± 0,0003% (15 Parallelanalysen), 0,01–0,1% ± 0,001% (9) u. 0,1 bis 1,0% ± 0,01% (50). D. Gerlatzek 5244

2235 **Analyse von Nichteisenmetallen.** Tadao Hattori, Kōichi Mukai, Yasunori Asahi, Michio Takahisa, Toshiaki Kuroha und Iwao Tsukahara. (Japan Analyst **1967,** Annual Rev., 131R–39R; jap.) — Literaturübersicht über Veröffentlichungen aus den Jahren 1965 u. 1966. — 196 Literaturangaben.
Gerhard Schulze 5245

2236 **Beitrag zur Methodik der Berechnung von Ionenüberführungszahlen in komplizierteren Mehrkomponenten-Schmelzen.** Teofil Chlebovský und Jaroslav Kalousek. (Hutnické Listy **21,** 198–203, 1966; Ostrava, Vys. škola báňská; tschech.) — Es wird die Best. von Ionenüberführunszahlen in Vielkomponenten-Syst., wie z. B. in metallurg. Schlacken, erörtert u. neue verallgemeinerte Gleichungen zur Berechnung der Überführungszahlen aus den nach der Hittorfschen Meth. mit Anwendung von Radioisotopen gewonnenes Vers.-Datum abgeleitet.
M. Ryba 5245△

2237 **Thermometrische Schnellanalyse von Martin- und Hochofenschlacken sowie anderen Silicaten.** I. Sajó und B. Sipos. (Z. analyt. Chem. **222,** 23–50, 1966; Budapest, Forsch.-Inst. für die Eisenind.; dt.) — Vf. beschreiben die meßtechn. Weiterentw. u. Ausdehnung ihrer Meth. zur thermometr. Schnellbest. charakterist. Komponenten von Martin- u. Hochofenschlacken. Die Konz. der einzelnen Komponenten wird in einer kalorimetr. Anordnung aus der Temp.-Änderung der Probelsg. bei Zugabe eines selektiven Reagenzes bestimmt. Eine der Konz. proportionale Temp.-Änderung wird durch folgende Reagenzien erreicht: H_2SO_4 für Ba, $(NH_4)_2S_2O_8$ für Fe, H_2O_2 für Ti, HF für SiO_2, $KMnO_4$ für S, $(NH_4)_2MoO_4$ u. H_2O_2 für Phosphat, $KMnO_4$ für Mn, $K_2C_2O_4$ für Ca, $(NH_4)_2HPO_4$ für Mg, Ascorbinsäure für Cr. Die Best. der aufgezählten Komponenten kann ohne Trennung ausgeführt werden. Lediglich zur Al-Best. wird SiO_2 vom Al durch Dehydratisieren mit $HClO_4$ getrennt u. danach Al mit HF bestimmt. — Die Best. einer Komponente dauert im allg. 4–8 Minuten. Aus einer Probelsg. können hintereinander z. B. Ba, Fe, Ti u. SiO_2 oder Mn, Ca u. Mg oder Al u. Cr bestimmt werden. Die Fehlergrenzen der Meth. sind prakt. dieselben wie bei den üblichen Betriebsmethoden. Die Meth. ist auch zur Analyse von Zement u. Klinker geeignet. Waldemar Köhler 5245

2238 **Studium der zwischen Ferrit- und Carbid-Mischkristallen ablaufenden Reaktionen.** Walter Koch und Helmut Keller. (Mikrochim. Acta [Wien] **1966,** Suppl. I, 29–39; Thyssen-Hütte AG, Duisburg-Hamborn; dt.) — Elektronenmkr., mit Hilfe der elektrolyt. Isolierung ausgeführte Unters. von martensit. Stählen bei 10 Min. bis 1000 Std. langem, isotherm. Anlassen > 500° zeigen, daß die Carbide mit steigender Anlaßdauer an Zahl abnehmen u. sich vergrößern. Außerdem reichern sich Mn u. Ca an, wobei eine entsprechende Fe-Menge aus den Carbiden an den Ferrit abgegeben wird. Diese Austauschrk. wird an reinen Fe–Mn–C-Leg. verfolgt. Es zeigt sich, daß die aus den analyt. ermittelten Konz. errechneten, freien, chem. Energien, die dem Ungleichgew. entsprechen, linear mit dem log der Zeit bis zum Gleichgew. abfallen. Bei bekannten Gleichgew. genügt es, 2 kinet. Punkte durch Isolierung festzulegen, um den isothermen Ablauf der Rk. zu beschreiben.
W. Wesly 5245

2239 **Spektrographische Bestimmung von Bor in Kohlenstoff und legierten Stählen.** C. R. Hines und J. K. Hurwitz. (Appl. Spectroscopy **21** (1967) 5, 277–81; U.S. Steel Corp., Monroeville, Pa.; eng.) — Die B-Best. werden im Konz.-Bereich von 5–90 ppm mit einer über den aperiod. Grenzfall hinaus gedämpften Entladung durchgeführt. Die Probe wird als Kathode gegen eine im

Winkel von 15° angespitzte Graphitelektrode geschaltet. Als Analysenlinien dienen B 2496,8 Å u. Fe 2481,6 Å. Alle Meßwerte sind untergrundkorr., u. die relative Standardabweichung beträgt ± 5,8%. Die Best. ist damit wesentlich besser als eine vorgeschlagene Meth. der ASTM auch in Hinsicht auf Übereinstimmung mit den chem. Messungen. Eine wesentliche Rolle bei der Best. spielen Durchmesser u. Dicke des Probestückes, Störungen treten nur bei Co-Konz. > 0,5% auf. K. Zinke 5245

2240 **Störung durch Aluminium bei der spektrometrischen Bestimmung von Kohlenstoff im Stahl mit einem Vakuumspektrometer.** Hidehiro Gotô, Shigero Ikeda und Akira Saito. (Nippon Kinzoku Gakkai-Si [J. Japan Inst. Metals] **30,** 91—94, 1966; Sendai, Tôhoku Univ., Res. Inst. for Iron, Steel and other Metals; jap., Auszug: engl.) — 0,04—0,15% C können im Stahl bei Verw. der Korrekturgleichung $c_c = 1/142(I_t - 20,0) - 0,083\ c_{Al}$ [c_c = C-Geh.; c_{Al} = Al-Geh.; I_t = Ablesewert bei Anregung mit einem Niederspannungsfunken (40 μF, 25 Ω, 50 μH, 860 V)] in Ggw. von 0,02—1,3% Al mit einem Variationskoeff. von 3,5—5,7% emissionsspektrometr. bestimmt werden. Zur Auswertung wird dabei die Cl-Linie bei 1930,9 Å herangezogen. Durch die Korrekturformel werden Störungen durch die benachbarte Al-Linie bei 1931,023 Å ausgeschaltet. I. Degen 5245

2241 **Einfluß einiger zersetzender Säuren auf die analytischen Ergebnisse bei der Zinnbestimmung in Eisen und Stahlproben.** Shizuya Maekawa, Yoshio Yoneyama und Kiyotoshi Kato. (Nippon Kinzoku Gakkai-Si [J. Japan Inst. Metals] **30,** 82—86, 1966; Muroran, Muroran Plant, The Japan Steel Works, Ltd.; jap., Auszug: engl.) — Vf. entwickeln ein jodometr. Verf. zur Best. von Sn in Fe u. Stahl. Beim Auflösen der Probe durch Erwärmen in HCl oder H_2SO_4 an Stelle von HNO_3 geht jedoch ein Teil des Sn verloren. Der Sn-Verlust ist bei Verw. von H_2SO_4 größer als bei Verw. von HCl. Roheisen u. schwach chromlegierte Stähle werden zur Vermeidung einer Passivierung zweckmäßigerweise in einem Gemisch von HNO_3 u. H_2SO_4 gelöst. In HNO_3 unlösl. Stähle mit hohem Cr-Geh. können ohne größere Sn-Verluste in verd. Königswasser gelöst werden. Für die zur jodometr. Best. erforderliche Red. von Sn(IV) zu Sn(II) wird NaH_2PO_2 unter Verw. von $HgCl_2$ als Katalysator empfohlen. I. Degen 5245

2242 **Spektrophotometrische Bestimmung von Kobalt in Eisen und Stahl mit 2-Nitroso-1-naphthol.** Manuel Needleman. (Analytic. Chem. **38,** 915—17, 1966; Maribyrnong, Victoria, Austr., Dep. of Supply, Austr. Defence Sci. Service; engl.) — Die Probe (0,5 g) wird in einem Gemisch von HCl u. HNO_3 gelöst u. vorhandenes SiO_2 mit HF entfernt. Bei Proben mit hohem Cr-Geh. ist ein Abrauchen mit $HClO_4$ notwendig; W-haltige Leg. werden in einem Gemisch von H_2SO_4, HNO_3 u. H_3PO_4 gelöst. Aliquote Anteile der Lsg. werden nacheinander mit Na-Acetatlsg., NH_4F-Lsg. u. aceton. 2-Nitroso-1-naphthollsg. versetzt. Nach 2 Min. wird nach Zusatz von HCl mit Amylacetat extrahiert u. die Extinktion der organ. Phase bei 362 nm gegen eine Blindprobe gemessen. H. Hoffmann 5245

2243 **Titrimetrische Silber-Bestimmung in Blei und seinen Legierungen mit Dithizon als Indikator.** Maria Cyrankowska und Janusz Downarowicz. (Chem. analit. [Warszawa] **11,** 555—61, 1966; Poznań, Akku-Fabrik; pol.) — In 0,5 n HNO_3- oder 2 n $HClO_4$-Lsg. wird Ag^+ mit 0,002 n bzw. 0,0005 n KJ-Lsg. titriert. Als Indikator dienen 2 ml 0,001 bzw. 0,005%ig. Dithizonlsg. in CCl_4, der im Titrationsendpunkt von Gelb nach Grün umschlägt. Bei Ag-Geh. von ca. 0,1% beträgt der relative Fehler ± 1%, bei Spuren-Geh. < 10%. Ohne Einfl. auf die Best. sind: Pb, Sb, As, Cd, Zn Ni, Tl, Al, Fe, Bi u. Cu. Chloride stören. A. Jaro 5245

2244 **Spektrographische Bestimmung von Vanadinspuren in reinem Aluminium.** M. Dutta, P. C. Debnath und B. R. Guha. (Indian J. Chem. **5** (1967) 33—34; Central mechanical Eng. Res. Inst., Durgapur; engl.) — V zwischen 0,001 u. 0,01% kann durch Spektrographie der Oxide oder getrockneten Chloride im Gleichstrombogen mit Fehlern von ± 4,1—10,0 (Oxid) bzw. 4,3—19,0 (Chlorid) bestimmt werden. J. Pickardt 5245

2245 **Elektrographische Bestimmung von Magnesium in Magnesiumlegierungen und von Zirkonium in Zirkoniumlegierungen.** Yai Shiobara. (Trans. Japan Inst. Metals **7,** 292—95, 1966; Fac. of Sci., Tokyo Kyoiku Univ., Tokyo; engl.) — Vgl. C. **1966,** 41-2024. K.-H. Hohl 5245

2246 **Spektrochemische Analyse von Zirkonium und seinen Legierungen.** 1. Mitt. **Spektrographische Bestimmung von Verunreinigungen in Zircaloy-2.** Kyoji Nishizaki, Tetsuo Matsumura und Hisayoshi Miwa. (Nippon Kinzoku Gakkai-Si [J. Japan Inst. Metals] **30,** 94—98, 1966; Kobe, Kobe Steel Ltd., Central Res. and Dev. Labor.; jap., Auszug: engl.) — Zur Best. wird das Oxid-Gleichstrombogenverf. angewendet, bei dem die Oxidprobe mit Graphitpulver u. Y_2O_3 als innerem Standard vermischt u. 15 Sek. lang bei 7 A angeregt wird. Die Durchlässigkeit des erhaltenen Spektrums wird mit einem registrierenden Mikrophotometer gemessen u. mit einem Rechengerät in relative Intensitäten umgerechnet. Der Variationskoeff. der bestimmten Elemente Al, Co, Mg, Mo, Mn, Pb, Ti u. V liegt bei einem Konz.-Bereich von 5—200 ppm zwischen 5 u. 20%. I. Degen 5245

2247 **Zusammensetzung der Chlorierungsprodukte von n-Butylenen.** V. M. Kostjučenko, A. I. Geršenovič und L. A. Tkačeva. (Ž. prikl. Chim. **40** (1967) 1, 238—40; russ.) — Durch Dehydratisierung eines Gemisches von Butanol-(1) u. -(2) dargestellte Gemische von Buten-(1) (**I**), cis- (**II**) u. trans-Buten-(2) (**III**) werden bei 25° in Tetrachlormethan chloriert. Gaschromatograph. Unters. des aus meso-2.3-Dichlorbutan (**IV**) rac. 2.3-Dichlorbutan (**V**) u. 1.2-Dichlorbutan (**VI**) bestehenden Rk.-Gemisches zeigen, daß eine Isomerisierung der Ausgangsverb. nicht stattfindet u. aus **I** (**II** u. **III**) lediglich **VI** (**IV** u. **V**) entsteht. W. Herfurt 5246△

2248 **Einfaches System zur Veresterung von Fettsäuren.** Robert L. Dryer. (Clin. Chem. [New York] **13** (1967) 11, 1014—16; Dep. of Biochem., College of Med., Univ. of Ia., Iowa City, Ia.; engl.) — In dem beschriebenen App. kann eine Methanolyse von Fetten u. die Veresterung der Fettsäuren durchgeführt werden. Die geringen Mengen von Fettsäureestern können nach ihrer vollständigen Darst. dünnschicht- oder gaschromatograph. untersucht werden, ohne daß dabei ein Transport der Substanzen notwendig wäre. H.-D. Schenke 5249

2249 **Die Rückgewinnung der Methylester von kurzkettigen Fettsäuren aus Estermischungen beeinflussende Faktoren.** C. W. Dill. (J. Dairy Sci. **49,** 1276—79, 1966; Lincoln, Dep. of Dairy Sci., Univ. of Nebr.; engl.) — Glyceride werden nach der Bortrifluoridmeth. verestert, die Methylester nach Gander in Babcock-Milchfettbest.-Röhrchen extrahiert u. der Geh. an Fettsäureestern wird gaschromatograph. in einem Gerät mit Wärmeleitfähigkeitsdetektor bestimmt. Auftretende Verluste, bes. von Methylestern niederer Fettsäuren, werden durch Zugabe von NaCl u. Vergrößerung der PAe.-Menge bei der Extraktion der Ester vermieden. Durch Zugabe von 18 g NaCl u. Ausschütteln mit 1 ml PAe. kann die wiedergefundene Menge an Buttersäureester auf 95,9% erhöht werden. Höhere gesätt. Fettsäureester werden zu 98,4 bis 103% wiedergefunden. E. Wiehr 5249

2250 **Bestimmung des Ölgehaltes fetthaltiger Materialien.** Z. S. Sabirov und R. I. Šamsutdinov. (Masložirovsja Prom. **32,** 39—40, 1966; Inst. chim. rastitel'nych veščestv AN UzSSR; russ.) — Zur Best. des Ölgeh. (1—35%) von Baumwollsamen u. dgl. werden 5—30 g der Probe bei Raumtemp. 1—1,5 Std. lang mit 200 ml PAe. (Kp. 40—60°) geschüttelt; in 100 ml des Extraktes wird der Fettgeh. nach Abdampfen des Lsgm. gravimetr. bestimmt. Es werden prakt. gleiche Ergebnisse wie bei Extraktion im Soxleth-App. erhalten. W. Herfurt 5249△

2251 **Nachweis geringer Mengen von Mineralölen in Fetten.** F. G. Sietz. (Fette, Seifen, Anstrichmittel **68,** 314—16, 1966; Mannheim, Verein Dt. Ölfabriken; dt.) —

Trägt man bis zu 5 mg einer 10%ig. Lsg. eines Fettes in PAe. auf eine Kieselgel G-Platte auf u. entwickelt mit Heptan, so werden die gesätt. KW-Stoffe eluiert ($R_F \approx 0,7$), während die polaren Lipide (Fettsäuren, Glyceride, Sterine u. ungesätt. KW-Stoffe) am Start oder in der Nähe desselben verbleiben. An Stelle von Heptan kann auch PAe., Hexan oder CCl_4 Anwendung finden. Nun wird 30 Min. lang bei 150° getrocknet, mit Molybdatophosphorsäure (10%ig. in A.) besprüht u. 20—30 Min. lang auf 150° erhitzt. Noch 0,2—0,5 μg Mineralöl können in Fetten nachgewiesen werden. Das Verf. läßt sich auch als Tüpfeltest mit PAe. in wenigen Min. ausführen.
H. Zöllner 5249

2252 **Potentiometrische Bestimmung von α-Olefin-Natriumsulfonaten nach Ionenaustausch.** Edwin H. Griffin jun. und Edgar W. Albaugh. (Analytic. Chem. **38**, 921—23, 1966; Pittsburgh, Pa., Gulf Res. & Dev. Co.; engl.) — Die α-Olefin-Na-Sulfonate (C_8—C_{20}) werden durch Ionenaustausch an Dowex 50W-X8 (H^+-Form) in die freien Säuren überführt. Diese werden dann mit 0,1 n $N(C_4H_9)_4OH$-Lsg. in Bzl./Methanol (7:3) potentiometr. titriert. H. Hoffmann 5249

2253 **Chemische Untersuchung von „Mumie".** S. B. Davidjanc, L. N. Kiričenko, L. V. Mel'nikova, Ju. V. Valibekov und K. T. Porošin. (Doklady Akad. Nauk Tadž. SSR **9**, 15—18, 1966; Inst. chim.; russ.) — Von dem als komplexe Substanz untersuchten natürlichen Prod. „Mumie" löst sich ein erheblicher Teil in W. unter Bldg. einer rotbraunen Lsg. vom pH ca. 9. Aus der Lsg. fällt beim Neutralisieren mit 10%ig. HCl ein brauner teeriger Nd. aus. Von den in Ae. lösl. 30% sind ca. 90% Benzoesäure. Der in Ae. u. W. unlösl. Anteil (15%) enthält mindestens 6 Aminosäuren (identifiziert Glycin, Valin, Prolin, Leucin, Histidin). Das IR-Spektrum zeigt OH- u. prim. u. sek. Amidgruppen u. Peptidbindungen an. Diese Fraktion enthält auch schwerlösl. Salze u., ebenso wie der in W. lösl. Anteil, Zoomelanoidinsäuren aus Peptiden, Kohlenhydraten u. deren Umwandlungsprodukten. R. K. Müller 5249

2254 **Möglichkeiten der Weiterentwicklung der Differentialthermoanalyse von Polymerisaten.** Pavel Smilek. (Plast. Hmoty Kaučuk **3**, 166—69, 1966; Gottwaldov, Výzk. ústav gum. a plast. technol.; tschech.) — Das Thermogramm von *Polyäthylen* (**I**, Hostalen GF) zeigt den Einfl. des atmosphär. O_2; die durch Wärmeeinw. verursachten Strukturänderungen von **I** (Hostalen GF u. GD), *Polypropylen* (Moplen AD) u. *Polyformaldehyd* (Deldrin 550) kommen durch mehr oder weniger deutliche Spaltung des endotherm. Peaks u. dessen Verschiebung in der Richtung höherer Temp. zum Ausdruck. Das amorphe *Polyäthylenterephthalat* PET Agfa Wolfen unterscheidet sich vom PET der VÚGPT-Produktion durch den Verlauf u. die Lage des exotherm. Maximums. Der DTA nach verlaufen die Änderungen der Wärmeeig. von *Polyvinylchlorid* (Halvic 329, 222 u. PCU-G) in zwei Stufen (bei 50 u. 76,5°). J. Seitlová 5250△

2255 **Simultanbestimmung kleiner Mengen von flüchtigem Schwefel und Chlor als Verunreinigungen in Polyäthylen und anderen Polymeren.** V. R. Negina, E. P. Kraševinnikova, A. T. Michajlina, K. S. Ratnikova und M. T. Dokučaeva. (Ž. analitičeskoj Chim. **22** (1967) 10, 1552—58; russ., Auszug: engl.) — Vf. beschreiben eine App. zur Verbrennung großer Proben (≦ 25 g) von Hochdruckpolyäthylen. Die zerkleinerte Probe wird in einem leeren Quarzrohr im schnellen O_2-Strom (4 l/Min.) verascht. S u. Cl werden in einer verd. Na_2CO_3-Lsg. als SO_4^{2-} u. Cl^- aufgefangen; S kann mit $Pb(NO_3)_2$ u. Dithizon, Cl photometr. u. mercurimetr. bestimmt werden. Der Geh. an flüchtigen S u. Cl wird zu 10^{-3}—10^{-4}% gefunden. Die Meth. kann auch zur Best. von S u. Cl in anderen Kunststoffen verwendet werden. H.-D. Schenke 5250

2256 **Bestimmung des Extraktgehaltes von Nylon-6 durch Differential-Refraktometrie und Bestimmung des Caprolactamgehaltes in Nylon-6-Extrakten durch Infrarotspektrophotometrie.** George C. Ongemach, Victor A. Dorman-Smith und Werner E. Beier. (Analytic. Chem. **38**, 123—25, 1966; Hopewell, Va., Allied Chemical Corp., Fibers Div., Techn. Center; engl.) — Der Brechungsindex wss. Lsg. von Caprolactam (**I**) u. dessen Oligomeren (**II**) ist direkt proportional der Konz. der Lösungen. Zur Best. werden durch 5std. Soxhlet-Extraktion des Polymeren bzw. der präparationsfreien Fasern mit W. gewonnene Lsg. verwendet. Davon wird ein Auszug mit CCl_4, worin die **II** unlösl. sind, hergestellt u. die Absorption bei 3430 cm^{-1} bestimmt. Der Gesamtgeh. an **I** im Extrakt wird aus dem Verteilungsquotienten von **I** zwischen W. u. CCl_4 berechnet. Die Auswertung erfolgt in beiden Fällen mit Hilfe von Eichkurven. Die Fehlergrenzen sind für die refraktometr. Gesamtextraktbest. mit ± 10%, für die **I**-Best. mit ± 2% angegeben.
E. Leibnitz 5251

2257 **Spektrophotometrische Bestimmung von Cyclohexanonoxim in schwefelsaurer Lösung von ε-Caprolactam.** Yoshinari Kobayashi. (Analytic. Chem. **38**, 917—19, 1966; Nagoya, Nagoya Res. Labor., Tôyô Rayon Co.; engl.) — Cyclohexanonoxim (**I**) wird hydrolysiert u. das gebildete H_2NOH mit J_2 zu HNO_2 umgesetzt, das zur Diazotierung von Sulfanilsäure verwendet wird. Die diazotierte Sulfanilsäure wird mit N-(1-Naphthyl)-äthylendiamin gekuppelt u. die Rotfärbung bei 540 nm spektrophotometr. bestimmt. 10—700 ppm **I** lassen sich bestimmen, wobei der Fehler ≦ 8 ppm ist.
H. Hoffmann 5251

2258 **Vergleich verschiedener Methoden zur Dichtebestimmung von Lackfarbenüberzügen.** E. A. Kanevskaja, A. M. Ščepilov und Z. A. Merkur'eva. (Lakokrasočnye Mater. Primenenie **1967**, 1, 71—73; russ.) — Die Ergebnisse einer Best. der D. von Lack- u. Emailleüberzügen durch direkte (mikrometr.) Ausmessung, Pyknometrie, D.-Titration u. hydrostat. Wägung (**A**) werden verglichen. Höchste Empfindlichkeit u. Genauigkeit erreicht man bei Anwendung von **A**.
W. Herfurt 5252△

2259 **Möglichkeiten technischer Instrumente bei der Analyse der Farben und Lacke mit besonderer Berücksichtigung der UV- und IR-Absorptionsspektrophotometrie.** Carlo Parducci. (Pitture e Vernici **42**, 343—45, 1966; Cologno Monzese (Milano), lamcolor s. p. a.; ital.) — Überblick. — 14 Literaturangaben.
O. Schulze 5252△

2260 **Gaschromatographie und ihr Beitrag bei der Analyse der flüchtigen Komponenten der Lackerzeugnisse.** Libero Piva. (Pitture e Vernici **42**, 315—27, 1966; Milano, Vernici Italiane Standard s. p. a.; ital.) — Überblick. — 11 Literaturangaben.
O. Schulze 5252△

2261 **Diskussion über die Bestimmungsmethode des Gesamt-Formaldehyd in der Analyse der „smalti a forno".** Carlo Parducci. (Pitture e Vernici **42**, 360—61, 1966; Cologno Monzes (Milano), lamcolor s. p. a.; ital.) — Schwächen der Meth. u. Verbesserungen in der Handhabung wird aufgezeigt. O. Schulze 5252△

2262 **Trennung und Bestimmung von organischem und anorganischem Sulfat in Bodenextrakten.** L. E. Lowe. (Canad. J. Soil Sci. **46**, 92—93, 1966; Edmonton, Alta., Res. Council of Alberta; engl.) — Durch Sephadex-Filtration über eine 35 cm lange Säule, die mit 0,02 m Na-Tetraborat(**I**)-Lsg. gepuffert ist, werden die Sulfate getrennt. 5 ml des Bodenextraktes werden auf die Säule gegeben u. mit **I**-Lsg. eluiert. Organ. Sulfate treten nach Anfall von 70—85 ml Filtrat aus, anorgan. Sulfate nach 90 bis 105 ml Eluat. Die SO_4^{2-}-Best. erfolgt kolorimetrisch. Bei < 10 ppm SO_4^{2-} im Extrakt werden die Ergebnisse ungenau. G. Gawalek 5253

2263 **Agrochemische Methoden zur Bestimmung beweglicher Kaliumformen unter Fruchtkulturen.** E. F. Kušnirenko. (Agrochimija **1967**, 2, 139—41; Mleevskaja opytnaja stancija sadovodstva Čerkasskaja obl.; russ.) — Vergleichende Unters. der Ergebnisse einer Best. des mobilen K nach unterschiedlichen Verfahren.
W. Herfurt 5253△

2264 **Qualitative Analyse von Mineraldüngern in fester Phase.** P. I. Voskressenskij. (Chim. v sel'skom Choz. **5** (1967) 1, 19—22; russ.) — Ein Schema einfacher Handvers. zur schnellen Identifizierung mineral. Düngemittel wie NH_4NO_3, $(NH_4)_2SO_4$, $NaNO_3$, $Ca(NO_3)_2$, KCl, K_2SO_4, Ammophos, Carbamid, Superphosphat, Thomasmehl u. a. wird vorgeschlagen. W. Herfurt 5253△

2265 **Pestizide.** Shinkō Gotō. (Japan Analyst **1967,** Annual Rev., 164R—72R; jap.) — Literaturübersicht über Veröffentlichungen aus den Jahren 1964—1966 zur Analyse von Schädlingsbekämpfungsmitteln. — 315 Literaturangaben. Gerhard Schulze 5253

2266 **Gaschromatographische Bestimmung von Pestiziden.** 2. Mitt. **Bestimmung von phosphororganischen Pestiziden.** Hiroshi Takehara und Takuya Takeshita. (Agric. biol. Chem. [Tokyo] **40,** 394—400, 1966; Kyushu Sankyo Co. Ltd.; jap.) — Mit 1,0 bzw. 1,5% Hochvakuum-Siliconfett, SE-30, SE-52, QF-1, Neopentylglykolsuccinat bzw. Diäthylenglykolsuccinat (**I**) beladene Chromosorb-G- u. -W-Säulen wurden hinsichtlich der Trennleistung für *DDVP, Diazinon, Dibrom, Dimethoat, EPN, Äthion, Malathion, Methylparathion, Parathion, Phencapton, Sumithion* u. *Thiometon* untersucht. Die Best. erfolgte mit einem H_2-Flammenionisationsdetektor. Als günstigstes Füllmaterial für die Säulen hat sich Chromosorb W mit 1,5% **I** erwiesen. Durch Variieren der Temp. konnten alle P-Ester bestimmt werden. Die gaschromatograph. Best. zeigte bei techn. Prod. von *Dimethoat* u. *EPN* gute Übereinstimmung mit der dünnschichtchromatograph. bzw. kolorimetr. Bestimmung. — 1. vgl. C. **1968,** 19-2265. H. Ackermann 5253

2267 **Schnellmethode zur Bestätigung der Identifizierung von chlorierten Insektiziden durch Dünnschichtchromatographie.** A. N. Crabtree. (Lab. Pract. **15,** 313, 1966; Sittingbourne, Kent, „Shell" Res. Ltd.; engl.) — Die Trennungen werden auf Mikroplatten, die mit Al_2O_3 beschichtet sind (Suspension in $CHCl_3$), mit Hexan als Laufmittel durchgeführt. Zur Sichtbarmachung der Flecke dient eine Reagenzlsg. aus 0,5 g $AgNO_3$ (gesätt. wss. Lsg.), 10 ml Phenoxyäthanol u. 6 Tropfen 30%ig. Perhydrol (mit Aceton ad 200 ml). Auf einer Platte können vier Chromatogramme untergebracht werden, die mehr als sechs Komponenten im Gemisch enthalten. Die Trennung dauert 3,5 Minuten. J. Lauckner 5253

2268 **Verteilungsgaschromatographische Bestimmung von p-Chlorphenyl-p-chlorbenzolsulfonat und Bis-[p-chlorphenoxy]-methan in Acarizidformulierungen.** Shinkō Gotō und Fuzio Itō. (Japan Analyst **16** (1967) 1, 35—38; Tokyo, Kodaira-shi, Ministry of Agric. and Forestry, Agric. Chem. Inspect. Stat.; jap.) — Bis-[p-chlorphenoxy]-methan (**I**) u. p-Chlorphenyl-p-chlorbenzolsulfonat an 15% FS 1265 auf säuregewaschenem Chromosorb W unter Verw. von Benzylbenzoat (**III**) als innerem Standard gaschromatograph. getrennt u. bestimmt. Gearbeitet wird bei einer Säulentemp. von 200° u. mit He (80 ml/Min.) als Trägergas. Die R_t-Werte betragen (auf **III** bezogen) für **I** 2,17 u. für **II** 5,88. Emulgierbare Konzentrate können nach Zusatz von **III** direkt in den Gaschromatographen gegeben werden, benetzbare Pulver werden vorher mit Aceton/Toluol (1:1) in Ggw. von **III** extrahiert. In techn. **I**-Prod. wurden nach Isolierung durch Verteilungschromatographie einige Verunreinigungen nachgewiesen. I. Degen 5253

2269 **Bestimmung des Herbizids 3.4-Dichlorpropionanilid durch Verteilungsgaschromatographie.** Tetuki Kawahara, Jun Kanazawa, Fuzio Itō, Ichiro Sakakura und Hisakazu Yamamoto. (Japan Analyst **16** (1967) 1, 47—49; Tokyo, Kodaira-shi, Agric. Chem. Inspect. Stat.; jap.) — Zur Best. von 3.4-Dichlorpropionanilid (**I**) in techn. Prod. u. emulgierbaren Konzentraten wird die Probe in Toluol gelöst, mit Benzylbenzoat (**II**) als innerem Standard versetzt u. an 30% Apiezonfett L + 1% Emulsogen WS-32 auf Celite 545 getrennt. Als Trägergas wird He verwendet, die Säulentemp. beträgt 230°. Die Eichkurve (Bandenverhältnis **I**:**II** gegen Gew.-Verhältnis **I**:**II**) verläuft für **I**:**II**-Verhältnisse (Gew.) von 0,3—1,6 linear. Die Standardabweichung des Verf. beträgt 1,35% u. zugesetztes **I** wird zu 99,9% wiedergefunden. I. Degen 5253

2270 **Gaschromatographische Zuckeranalyse in Hydrolysaten von Holzbestandteilen.** H. E. Brower, J. E. Jeffery und M. W. Folsom. (Analytic. Chem. **38,** 362—64, 1966; Shelton, Wash., Rayonier Inc., Olympic Res. Div.; engl.) — Zur schnellen u. genauen Best. von Monosacchariden in Holzhydrolysaten werden die Zucker in die Trimethylsilylderiv. überführt u. gaschromatograph. an 3% SE-52 auf Chromosorb W, sowie an 15% u. 14% EGS auf Chromosorb W (säuregewaschen) unter Verw. von i-Inosit als innerem Standard analysiert. Die quant. Auswertung erfolgt auf der Grundlage der Peakhöhen. M. Mörner 5254

2271 **Nahrungsmittel.** Shoji Kubo. (Japan Analyst **1967,** Annual Rev., 156R—64R; jap.) — Literaturübersicht über Veröffentlichungen aus den Jahren 1964 bis 1966 zur Analyse von Nahrungsmitteln. — 151 Literaturangaben. Gerhard Schulze 5255

2272 **Bestimmung von Phosphamid in Geweben durch Dünnschichtchromatographie.** V. V. Kadnikov. (Chim. v sel'skom Choz. 5 (1967) 1, 54—55; Leningradskij veterinarnyj inst.; russ.) — Zur Best. des Phosphamid(**I**)-Geh. von Fleisch u. Innereien werden 4 g einer Probe durch Verreiben mit Quarzsand zerkleinert. Aus einem zunächst hergestellten wss. Extrakt der Probe wird **I** mit Ae. extrahiert u. dünnschichtchromatograph. an Al_2O_3 (mit etwa 10% Gips) mit Hexan–Aceton 4:1 isoliert. Nach dem Besprühen des getrockneten Chromatogramms mit einer schwach sauren $PdCl_2$-Lsg. (0,5%ig.) wird **I** (R_F-Wert 0,4) sichtbar u. durch Vgl. der Fleckengröße mit einer Standardskala (5—240 μg) bestimmt. W. Herfurt 5255△

2273 **Dampfphasen-Vorreinigung für gaschromatographische Bestimmung von Pestizidrückständen in Pflanzenextrakten.** Jason J. S. Kim und C. W. Wilson. (J. agric. Food Chem. **14,** 615—19, 1966; Ontario, Calif., Sunkist Growers, Res. and Dev. Div.; engl.) — Die Extrakte werden mit überhitztem Hexandampf in einer Spezialapp. behandelt. Die flüchtigen Pestizide werden mit dem Hexan mitgerissen, während weniger flüchtiges Pflanzenmaterial (Fette, Wachse) zurückbleibt. Die Meth. wird mit 91,7—107,2% Ausb. an γ-BHC, Kelthane, Ovex, Chlorbenzilat, 2.4.5-Trichlorphenoxyessigsäureisopropylester, Dieldrin, Tedion, Heptachlor, Thiodan, DDT, Methoxychlor u. Aldrin in Zitronen- u. Orangenölen erprobt. L. Kramar 5255

2274 **Einstufige Florisil-Reinigungsmethode mit anschließender gaschromatographischer Trennung mit Elektroneneinfangdetektor zur Bestimmung von Insektizidresten in Milch.** A. R. Stemp und B. J. Liska. (J. Dairy Sci. **49,** 1270—72, 1966; Lafayette, Ind., Dep. of Animal Sci., Purdue Univ.; engl.) — Vf. berichten über eine weitere Anwendung der Meth. von Stemp u. Liska (J. Dairy Sci. **48** (1965) 985) zur Reinigung, Isolierung u. Identifizierung von Insektiziden (**I**) aus Milch u. Milchprodukten. 11 Cl- u. P-haltige **I** werden bei Zusätzen von 1 bis 10 ppm Lu 60—100% wiedergefunden. E. Wiehr 5255

2275 **Säulenchromatographisches Aufbereitungsverfahren zur Isolierung chlorierter Pestizide aus Öl.** Claude E. Tolbert. (J. Assoc. off. analyt. Chemists **49,** 386—88, 1966; Food and Drug Admin., Dallas, Tex.; engl.) — 0,1—2,0 ppm DDT, BHC, Aldrin, Endrin u. Dieldrin werden zu 58—108% aus Margarine wiedergewonnen. Die Probe wird in Ae. gelöst u. auf eine Säule aus Sand, MgO u. Celite überführt. Nach Entfernung des Lsgm. werden die Pestizide mit einer wss. Lsg. von Acetonitril (80%ig.) eluiert, mit PAe. extrahiert u. durch Elektroneneinfang-Gaschromatographie bestimmt. W. Dedek 5255

2276 **Durchführung von Marktkontrollen auf Rückstände von Organophosphaten in Obst und Gemüse.** Chr. Krause. (Z. Pflanzenkrankh. (Pflanzenpathol.) Pflanzenschutz **73,** 335—45, 1966; Stuttgart-Hohenheim, Landwirtschaftl. Hochsch., Inst. für Pflanzenschutz; dt.) — Es werden Meth. beschrieben, mit denen man qual. u. quant. die Rückstände von Diazinon, Dimethoat, Metasystox, Malathion, Phenkapton, Methyl-Parathion, Äthyl-Parathion, Methyl-Gusathion u. Äthyl-Gusathion nachweisen kann. Als Vortest bewährte sich ein Biotest mit *Drosophila melanogaster Meig.* u. als Nachw. ein dünnschichtchromatograph. Verf., das nach Extraktreinigung über eine Al_2O_3-Säule mit anschließender Verteilung zwischen $CHCl_3$ u. W. die Wirkstoffe auf Kieselgel G mit PAe./$CHCl_3$/Methanol (10:10:0,2) bzw. n-Hexan/Aceton/Methanol (8:2:1) gut trennt. Angefärbt wird mit Dichlorchinochlorimid + Dibromchinonchlorimid/Aceton u. 85%ig. Ameisensäure. Die Best. erfolgt nach einer modifizierten H_2S- u. der Zeumer-Fischer-Methode. I. Klee 5255

2277 **Test zur Bestimmung von Stärke in fleischhaltigen Lebensmitteln (anwendbar für die Bestimmung von Getreideprodukten in Wurst).** W. Glover, H. Kirschenbaum und A. Caldwell. (J. Assoc. off. analyt. Chemists **49,** 307—09, 1966; New York, N.Y., U.S. Dep. of Agricult., Consumer and Marketing Service; engl.) — Vf. entwickeln eine Meth. zur Schnellbest. von Stärke in Fleischprod., bes. Wurst, nach der vorhandenes Fett u. Zucker zunächst mit PAe./A. u. dann mit heißem 80%ig. A. extrahiert werden. Die Stärke wird anschließend in verd. $HClO_4$ gelöst u. mit Anthron/H_2SO_4 bei 630 nm photometr. bestimmt. Bei Wurstproben werden zugesetzte Stärkemengen von 1—5% mit einer Standardabweichung von 0,096—0,2% (bei 5% Zugabe) wiedergefunden. Proteine u. Gewürze stören nicht. E. Wiehr 5255

2278 **Milchproteinbestimmung nach dem Amidoschwarz-Verfahren zur Herdenuntersuchung.** J. G. Radcliffe. (Austral. J. Dairy Technol. **21,** 64—68, 1966; Adelaide, South Australian Dep. of Agric.; engl.) — 20 ml einer gepufferten (pH 2,35) Lsg. von Amidoschwarz 10 B mit 0,1% $HgCl_2$ werden mit 1 ml Milch 5 Min. lang kräftig geschüttelt u. nach $\geqq$ 24 Std. Wartezeit zentrifugiert. Bei 610 nm wird die opt. D. der Lsg. gegen W. gemessen, woraus sich der Eiweißgeh. ber. läßt. Die Genauigkeit des Verf. hängt von der Kjeldahl-Best. ab. W. Huhn 5255

2279 **Bestimmung von Protein in Molkereiprodukten durch Farbstoffbindung.** U. S. Ashworth. (J. Dairy Sci. **49,** 133—37, 1966; Pullman, Wash. State Univ.; engl.) — Die für die Best. von Protein in frischer Milch benutzte Farbstoffbindungsmeth. wird auf die Proteinbest. in Molkereiprod. angewendet. Benutzt werden Orange G u. Acid Orange 12. Guntram Seltmann 5255

2280 **Verwendung verschiedener saurer Farbstoffe bei der Bestimmung von Protein in Milch nach der Farbstoffbindungs-Methode.** Tomokichi Tsugo, Masahiro Iwaida und Yutaka Kawaguchi. (J. Dairy Sci. **49,** 455—59, 1966; Tokyo, Univ., Dep. of Agricult. Chem.; engl.) — Untersucht werden Azo-, Anthrachinon-, Fluorescein-, Naphthalin- u. Anilinfarbstoffe. Ermittelt werden die Löslichkeiten in Citratpufferlsg., die Beständigkeit der Lsg., der Absorptionsindex u. die Bindungsfähigkeit mit Proteinen in Milch. Ausgezeichnetes Bindungsvermögen zeigen *Säureorange II* (**I**), *Resorcinbraun, Xylolsäureorange 2G* (**II**) u. *Säurelichtgrün GS* (**III**). Mit diesen Farbstoffen werden Vers. über einen Zeitraum von 6 Monaten durchgeführt. **I, II** u. **III** liefern die sichersten Ergebnisse. E. Boye 5255

2281 **Bestimmung des Fluoridgehaltes in Käse durch eine Mikrodiffusionsmethode.** Feliks Gutmanis und S. L. Chen. (J. Dairy Sci. **49,** 1212—13, 1966; Milwaukee, Wis., Universal Foods Corp.; engl.) — Nach Veraschung der Käseprobe (2 g) mit Mg-Acetat (3 ml 5%ig. Lsg.) wird die Asche in die Mikrodiffusionszelle nach Conway überführt u. mit 1,5 ml 80%ig. H_2SO_4 mit 0,025% Tergitolgeh. vermischt. Als Innenfl. dient 1,0 n NaOH-Lsg. (2 ml). Die Diffusion des freigesetzten F^- erfolgt bei Raumtemp. innerhalb von 18 Stunden. Nach Neutralisation mit 0,25 m Essigsäure u. Zugabe von 20 ml Acetatpufferlsg. (pH 5,4) u. 10 ml 0,001 m La-Alizarin-Komplexonlsg. wird bei 610 nm photometriert. Zahlreiche Proben von italien. Käse enthielten 4—7 μg F^-/g. Zugesetztes F^- wird zu 98,8—105% wiedergefunden. E. Wiehr 5255

2282 **Dünnschichtchromatographische Untersuchung oxydierter Fette und Öle.** J. Pokorný und E. Davídková. (Fette, Seifen, Anstrichmittel **68,** 91—94, 1966; Prag, Chem.-technol. Hochschule, Inst. für Lebenmittelchem.; dt.) — Der Ox.-Grad von reinen Fetten u. Ölen sowie fetthaltigen Lebensmitteln kann dünnschichtchromatograph. schnell bestimmt werden. Bei Verw. von Al_2O_3-Schichten bewähren sich Bzl. oder Chlf. als Laufmittel. Am schnellsten wandern die Triglyceride u. am langsamsten die stark ox. Lipide. Auf Kieselgel-Platten kann mit n-Hexan/Dioxan/tert. Butanol (90:80:2) oder Chlf. entwickelt werden. Die Ox.-Prod. wurden chem. u. spektrograph. untersucht. Zur quant. Analyse der Fraktionen wird der Geh. an Estergruppen nach Überführung in Hydroxamsäuren mit $FeCl_3$ spektrophotometr. ermittelt. H. Zöllner 5255

2283 **Bestimmung von Trockensubstanz- und Aschegehalt als Grundlage für eine quantitative Kontrolle während des Lagerns von Kartoffeln.** Erling Knudsen. (Acta Agric. scand. **16,** 18—20, 1966; Forskningsinst. for Handels- og Industriplanter, Kolding, Danmark; engl.) — Da die in Kartoffeln enthaltene abs. Aschemenge sich im Gegensatz zum Trockensubstanzgeh. beim Lagern nicht ändert, wird vorgeschlagen, den Aschegeh. zur Grundlage aller chem. Unters. im Zusammenhang mit Veränderungen beim Lagern von Kartoffeln zu machen. Durch Best. von Trockensubstanz- u. Aschegeh. lassen sich H_2O- u. Trockensubstanzverluste während der Lagerzeit leicht berechnen. Reinhold Böhm 5255

2284 **Elektrochemische Messung von schwefliger Säure und reduzierenden Zuckerzersetzungsprodukten.** Peter Siewert und Fritz Tödt. (Z. Zuckerind. **16** (91), 255—62, 1966; Berlin, Bundesanst. für Materialprüfung u. Inst. für Zuckerind.; dt.) — Um die Verschiebung des Gleichgew. von gebundenem u. freiem SO_2 bei den üblichen Dest.-Verf. in saurer Lsg. zu verhindern, wird versucht, SO_3^{2-} elektrometr. nach Tödt in alkal. Lsg. allg. u. speziell im Dünnsaft zu bestimmen. In alkal. Puffer- u. reinen Saccharoselsg. läßt sich die Best. mit einer Standardabweichung von 0,495 mg SO_3^{2-}/l durchführen. In Modellsg. (pH = 9) wird die Rk zwischen H_2SO_3 u. O_2, Hydroxymethylfurfurol sowie Methylglyoxal bei 20° gemessen. Im Dünnsaft wird die Messung durch vorhandene Reduktone gestört. E. Wiehr 5255

2285 **Neue Methode zur Untersuchung flüchtiger Bestandteile in Bierwürze und Bier durch Gefriertrocknung und Gaschromatographie.** J. E. A. Van Gheluwe, G. Belleau, A. Jamieson und A. Buday. (Fermentatio [Gand] **1967,** 1, 78—93; Molson Breweries Ltd., Montreal, Quebec; niederl.) — Die flüchtigen Bestandteile im Bier werden innerhalb von 2 Std. durch Gefriertrocknung u. anschließende Gaschromatographie zuverlässig analysiert. H.-D. Schenke 5255

2286 **Bestimmung des Wassergehaltes von gemahlenem Paprika durch Trocknung bzw. nach der Acetylchloridmethode.** J. Palotás, B. Lóránt und D. Mihalik. (Nahrung **10,** 37—43, 1966; Budapest, TH für Lebensmittelind.; dt.) — Trocknen von Paprika (P) bei 105° bis zu 24 Std. im Trockenschrank führt zu falschen Werten bei einer W.-Best., da außer der W.-Verdunstung andere gewichtsvermindernde Rk. (Karamelisierung) ablaufen. Bei Vgl. mit der CCl_4–W.-Best.-Meth. (Delikateß-P 6,3% W., süße P 7,8% W.) zeigt sich, daß entsprechende Trocknungswerte bei 105° nach 90—105 Min., bei 100° nach 150—165 Min. u. bei 95° nach 270 Min. erreicht werden, das letzte Verhältnis Temp.–Zeit wurde für eine Praxis-Meth. vorgeschlagen. Die Brauchbarkeit der Meth. wurde durch Vgl. mit der Acetylchlorid-Meth. nach Smith (1935) bestätigt. W. Rehner 5255

2287 **Methode zur Coffein-Bestimmung in Kaffeeaufgüssen.** Jolanta Zawadzka, Jadwiga Kosłowska, Wojciech Roszkowski. (Przemysł spożywczy **20,** 38—39, 1966; Zentr.-Labor für gastronom. Ind.; pol.) — Eine einfache maßanalyt. Coffein(**I**)-Best. durch Fällung als Perjodid (**II**) u. Zerstörung des Komplexes wird beschrieben. 25 ml Kaffeeaufguß werden mit 3 ml 20%ig. H_2SO_4 5 Min. lang auf 60—70° erwärmt, mit 1,2 ml 15%ig. $K_4[Fe(CN)_6]$-Lsg. auf 100 ml aufgefüllt. 10 ml dieser Lsg. werden mit 4 ml 20%ig. H_2SO_4 10 Min. lang im sd. H_2O-Bad erhitzt. Mit 3 ml 0,1 n J_2-Lsg. wird **II** gefällt, abgesaugt mit 1,5 ml H_2O gewaschen u. 2 Min. lang trockengesaugt. Mit 25 ml Methanol wird **II** zersetzt, mit 25 ml H_2O gewaschen u. J_2 mit 0,01 n $Na_2S_2O_3$ titriert. **I** wird zu 99,7% erfaßt; der Fehler beträgt $\pm 2\%$. L. Redinger 5255

H. Angewandte Chemie

H–1. Allgemeine chemische Technologie, Verfahrenstechnik, Kerntechnik

2288 Gerhard Hesse, Coswig, und Ursula Rössler, Dresden, **Herstellung antikorrosiver Spachtelmassen** auf der Grundlage von Lsg. ungesätt. Polyester in damit mischpolymerisierbaren Monomeren, z. B. Styrol, unter Zusatz von Beschleunigern, Pigmenten u. Füllstoffen, wobei diese Mischung vor der Verarbeitung mit einem organ. Peroxid enthaltenden Härter versetzt wird, dad. gek., daß > 3 Gew.-% Zn-Chromat u./oder Zn-Tetraoxychromat als passivierende Pigmente enthalten sind. (**D.P.[DDR] 51680** Kl. 22h vom 28/2. 1966, ausg. 15/11. 1966 [Wirtschaftspatent].) — 2 S. W. Wittholz 6103

2289 Freya Becher, Erfurt (Erfinder: Carl Becher), **Herstellung von Glaserkitt,** dad. gek., daß man die Schwefelung von Kittöl mit reaktionsfähigen S-Verb., bes. S_2Cl_2, in Verb. mit dem Kollern oder Kneten des Glaskittes vornimmt. (**D.P.[DDR] 46318** Kl. 22i vom 1/11. 1967, ausg. 25/6. 1966 [Wirtschaftspatent]. **Zusatz zu D.P.[DDR] 36099; C. 1967, 7-2244.**) — 2 S. K.-D. Stolp 6103

2290 Farbwerke Hoechst Akt.-Ges. vormals Meister Lucius & Brüning, Frankfurt/M. (Erfinder: Albert Hloch, Rudolf Kohlhaas, Frankfurt/M., Nikolay Medić und Helmut Neises, Kelkheim), **Härten von Wasserglaskitten.** Man verwendet kondensierte Al-Phosphate, die dadurch erhalten worden sind, daß man saure Al-Phosphate mit einem P_2O_5 : Al_2O_3-Verhältnis von 1,1—3 einer therm. Behandlung unterwirft, indem man sie in der 1. Stufe bis zur Gew.-Konstanz auf höchstens 400° u. in der 2. Stufe ebenfalls bis zur Gew.-Konstanz auf höchstens 750° erwärmt. Während die bekannten Alkalisilicofluorid-Härter bei Säureeinfluß HF abspalten, unterbleibt dieses bei den erfindungsgemäß verwendeten Härtern. Die Kitte sind außerdem feuerfest. — Tabellen, Figuren. (**D.A.S. 1252885** Kl. 22i vom 21/5. 1964, ausg. 26/10. 1967.) — 7 S. G. Czerwony 6103

2291 Soc. le Carbone-Lorraine, Paris (Erfinder: Gilberte Mousaud, Wenilly-sur-Seine, Francis Tombrel, Saint-Gratien-Seine-et-oise, und Georges Rodier, Levallois, Seine), Frankreich, **Dichte Ummantelung von Düsen aus pyrolytischem Graphit.** Eine Mischung aus Kohlefasern, Kohlegranulat u. Phenolharzen wird auf die Düsenumkleidung aufgebracht, geformt u. dann verkokt. Das Material ist beständig gegen die Erosion durch heiße Gase. — Vorr., Zeichnung. (**D.A.S. 1228546** Kl. 80b vom 15/11. 1963, ausg. 10/11. 1966. F. Prior. 13/12. 1962.) — 3 S. H. Widmann 6103

2292 Allhag Akt.-Ges., Zug, Schweiz, **Herstellung eines Abdichtungsmaterials aus elastischem Schaumstoff,** erfolgt durch Imprägnieren dadurch, daß man den Schaumstoff durch Quetschwalzen führt u. unmittelbar danach ohne dessen Entspannung diesen in ein Bad aus einer Schmelze aus Ca-Naphthenat, Cumaronharz, Vaseline oder färbbarem Spezialbitumen oder deren Mischungen bringt u. dann in bekannter Weise das Abdichtungsmaterial abkühlt. Ggf. werden der Schmelze Farbpigmente zugesetzt. Das Abdichtungsmaterial kann ein- oder beidseitig eine Klebstoffschicht aus Bitumen oder der bes. härter eingestellten Schmelze enthalten. Das Abdichtungsmaterial aus Schaumstoff hat einen höheren Anteil an Imprägniermitteln in sich aufgenommen, weshalb es eine längere Gebrauchsdauer, eine bessere Abdichtungswirkung u. noch ausreichende Elastizität hat. (**D.A.S. 1245522** Kl. 22i vom 5/7. 1960, ausg. 27/7. 1967.) — 3 S. G. Czerwony 6103

Verfahren, Apparate

2293 **Zerkleinerungsgesetze — verschiedene Wahrscheinlichkeiten.** Tatsuo Tanaka. (Építöanyag [Baumaterial] **19** (1967) 10, 373—78; Sapporo (Japan), Hokkaido Univ.; ung.) — Die Zerkleinerungsgesetze von Rittinger, Kick u. Bond können auf die gemeinsame Form $dE = C \cdot dx/x^n$ gebracht werden, wobei $n = 1,2$ oder 1,5 ist. Durch eingehende Analyse bei verschiedenen Bedingungen wird eine neue empir. Gleichung aufgestellt u. mit experimentellen Ergebnissen verglichen. Es wird bewiesen, daß die oben genannten Zerkleinerungsgesetze Spezialfälle des allg. Zerkleinerungsgesetzes darstellen. I. Náray-Szabó 6112△

2294 **Grundlagen der Filtration.** N. Nemeth. (Canad. Mining metallurg. Bull. **60** (1967) 664, 933—35; Dep. of Energy, Mines and Resources, Ottawa; engl.) — Übersicht über Probleme, Gesetzmäßigkeiten u. Theorie der Filtration. W. Wesly 6118

2295 **Mechanische Flüssigkeitsabtrennung.** Claus Gösling. (VDI-Z. **109** (1967) 30, 1458—63; Farbenfabriken Bayer AG, Leverkusen; dt.) — Fortschrittsbericht über Filtration, Sedimentation, Abwasserreinigung u. Flotation. — 103 Literaturangaben. W. Wesly 6119

2296 **Statische Aufladung von Mineralen.** 1. Mitt. Wiktoria Skudlarska. (Wiadomości chem. **21** (1967) 7, 487—511; Zakł. Technol. Nawozów Mineralnych PAN, Wrocław; pol.) — Übersicht über die wichtigsten Verf. zur Erzeugung von elektr. Ladungen auf der Oberfläche von Mineralkörnern (Induktion, dielektr. Hysterese, Koronaentladung) u. Erörterung der auf ein Teilchen in elektrostat. Feldern einwirkenden Kräfte. W. Wesly 6119

2297 **Schaumbildende Eigenschaften von Natriumoleatlösungen.** G. S. Berger und R. M. Monasypova. (Cvetnye Metally **40** (1967) 12, 18; russ.) — Die schaumbildenden Eig. dieses fettsauren Sammlers bei der selektiven Flotation werden in Abhängigkeit von der jeweiligen Salzkonz. u. dem pH-Wert der Lsg. untersucht. Eine Schaumbldg. wurde nur im Bereich $pH > 9$ beobachtet. Mit steigenden Konz. ($> 6 \cdot 10^{-4}$ g · Mol/dm^3 Na-Oleat) läßt sich ein Schaum bei $pH < 9$ erzeugen. W. D. Heussner 6120

2298 **Mehrkomponentenionenaustausch in Festbetten. Allgemeine Eigenschaften von Gleichgewichtssystemen.** Gerhard Klein, Daniel Tondeur und Theodore Vermeulen. (Ind. Engng. Chem., Fundamentals **6** (1967) 3, 339—51; Richmond, Calif., Sea Water Conversion Labor., Univ. of Calif.; engl.) — Beschreibung einer theoret. Analyse unter der Annahme eines Gleichgew.-Prozesses, gleichartiger Vorsättigung u. konst. Zus. des Zulaufs. Die mit dimensionslosen Parametern formulierten Regeln zur Darst. der Gesamtkonz.-Profile ergeben die Zahl der Änderungen der Zus. (Übergänge) zwischen den Zonen konst. Zus. (Plateauzonen). Die Unterschiede zwischen der Stoffbilanz-Integralgleichung, die auf plötzliche Zus.-Änderungen anwendbar ist u. der integrierten Stoffbilanz-Differentialgleichung für allmähliche Zus.-Änderungen werden diskutiert. Ferner werden Meth. auf der Grundlage dieser Stoffbilanzen für Syst. mit veränderlichem Trennfaktor entwickelt, um die Konz.-Profilkurven, die Stelle der Konz.-Sprünge u. die Zus. der Plateauzonen zu berechnen. Die Auswertung der ber. Konz. ergab, daß in Ggw. sämtlicher Komponenten in einer Übergangszone (Chromatographiegrenze) u. gleichzeitig in den benachbarten Plateauzonen die Extrapolation der Profilkurven einer Komponente bis zur Nullkonz. die Berechnung erleichtert. Die Anwendung dieser Meth. auf Lsg. ähnlich dem Syst. Meerwasser im Kontakt mit *Duolit C-25* wird an 2 Beispielen erläutert. — 14 Literaturangaben. R. Truckseß 6121

2299 **Mehrkomponentenionenaustausch in Festbetten. Gleichgewicht des Konstantentrennfaktors.** Daniel Tondeur und Gerhard Klein. (Ind. Engng. Chem., Fundamentals **6** (1967) 3, 351—61; Richmond, Calif., Sea Water Conversion Labor., Univ. of Calif.; engl.) — Entw. einer allg. analyt. Lsg. sowohl für die Stoffbilanz als auch die Gleichgew.-Beziehungen für den Konst.-Trennfaktor bez. der Zonen verschiedener Zus. in Mehrkomponenten-Festbett-Ionenaustauschkolonnen u. Behandlung der gleichartigen Vorsättigung u. des stufenweisen Wechsels der Zus. des Zulaufs. Für die Best. der Konst. in der analyt. Lsg. u. für die Erlangung der Gesamtkonz.-Profile von 3- u. 4-Komponenten-Syst. werden algebraische u. numer. Meth. verwendet. Die Kriterien für die Klassifizierung tern. Syst. werden entwickelt, um die rasche Konstruktion schemat. Profile zu erlauben. Die Rechenmeth. werden durch numer. Beispiele erläutert. R. Truckseß 6121

2300 **Mehrkomponentenionenaustausch in Festbetten. Verallgemeinerte Gleichgewichtstheorie für Systeme mit konstanten Trennfaktoren.** F. G. Helfferich. (Ind. Engng. Chem., Fundamentals **6** (1967) 3, 362—64; Emeryville, Calif., Shell Dev. Co.; engl.) — Für Bedingungen des lokalen Gleichgew., Abwesenheit der axialen Diffusion u. Dispersion, konst. Trennfaktoren, gleichartiger Vorsättigung u. konst. Zufluß wird eine allg. analyt. Lsg. für Syst. mit einer willkürlichen Zahl von Austauschern gegeben. R. Truckseß 6121

2301 **Art und Mechanismus des Austausches benetzender Flüssigkeiten in Füllkörnerkolonnen.** A. G. Bol'šakov, G. G. Michajlenko und A. V. Skoričenko. (Chim. Prom. Ukrainy **1967**, **6**, 22—23; russ.) — Dank günstigster Bauweise u. einer wirksamen Verteilung von Fl. u. Gas lassen sich in den relativ einfach gebauten Füllkörperkolonnen (üblicherweise mit 30—40 m Höhe bei 6—12 m ⌀) Rk. mit Gasabsorption, Rektifikation u. Extraktion durchführen. Mit Erfolg werden die Füllkörperkolonnen zur Gasreinigung sowie für Syst. mit Stoff- u. Wärmeaustauschprozessen verwendet.
W. D. Heussner 6122

2302 **Stoffaustauscheigenschaften von Bodenkolonnen mit ablauflosen Böden.** M. M. Sharma und R. K. Gupta. (Chem. Engr. Nr. **209** (1967) Trans. Instn. chem. Engr. **45** T 169—T 175; Bombay, India, Dep. of Chem. Technol., Univ. of Bombay; engl.) — Gas- u. flüssigkeitsseitige Stoffübergangskoeff. wurden bei Sieb- u. Turbogridböden für verschiedene Gas- u. Fl.-Ströme gemessen. Es wurden Testsyst. verwendet, bei denen der Stoffübergang entweder gas- oder flüssigkeitsseitig eindeutig gemessen werden konnte. Es wurden Siebböden von 3,18 mm Dicke mit Löchern von 6,35 mm ⌀ bei Teilungen von 12; 7; 11,1 u. 9,5 mm, was einer freien Fläche von 14,5; 21 u. 29,6% entspricht, getestet. Der verwendete Turbogridboden hatte Schlitze von 3,18 × 50,8 mm bei einer freien Fläche von 23,2%. Der Kolonnendurchmesser betrug 10,1 cm u. der Bodenabstand 30 cm. Die effektive Phasengrenzfläche für einen bestimmten gas- u. flüssigkeitsseitigen Belastungsbereich wurde durch Absorption, die einer Rk. 1. Ordnung ähnelt, gemessen. Für perforierte Böden kann ein verallgemeinerter Ausdruck in einem bestimmten Bereich der freien Fläche u. der Belastung benutzt werden.
Jürgen Runge/Merseburg 6122

2303 **Kittel-Überlaufboden.** K. Hoppe, G. Krüger und H. Ikier. (Brit. chem. Engng. **12** (1967) 1381—84; engl.) — Unters. der Überlaufvariante des Kittel-Bodens (**A**) bez. der Wrkg. von Dampf- u. Fl.-Belastung, Druckverlust, Stoffaustauschleistung u. Änderung der Bodengeometrie ergaben, daß die Grenzen der Fl.-Belastung zwischen 8,3 u. 50 m^3/m^2h, die der Gasbelastung zwischen dem Beginn des plötzlichen Druckanstiegs u. dem Flutpunkt liegen, wobei ein Gesamtdruckverlust zwischen 15 u. 37 mm w. g. (W.-Säule) entsteht. Zur näherungsweisen Berechnung der Größenbemessung von **A** werden 2 Gleichungen für die oberen u. unteren Grenzen der Gasbelastung angegeben, die zeigen, daß die Größe des Wrkg.-Bereichs eine 2—3fache Differenz zwischen den beiden Grenzen umfaßt. Wegen der Empfindlichkeit von **A** gegen die gasseitige Unter- u. Überbelastung wird für die Dimensionierung eine Gasgeschw. von 0,6—0,7 der maximalen Geschw. empfohlen. Für die Best. des Druckverlustes in Ggw. von Gas, Gas u. Fl. u. Verw. von Überlaufwehren werden 3 Gleichungen abgeleitet. Die Austauschgeschw. u. der Bodenwrkg.-Grad werden durch zunehmende Fl.-Belastung innerhalb des Wrkg.-Bereichs vergrößert. Dabei verbessern kleine Öffnungsverhältnisse bzw. -winkel u. Überlaufwehre den Stoffaustausch. — 16 Literaturangaben. R. Truckseß 6122

2304 **Neue Methode zur Bestimmung des stationären Verteilungsgrades in Kolonnenapparaten aus kinetischen Werten.** N. M. Žavoronkov, L. P. Cholpanov, D. A. Nikolaev und V. A. Maljusov. (Doklady Akad. Nauk SSSR **174** (1967) 3, 646—49; russ.) — Die entwickelte Beziehung $1/\lg K_t = c/\lg K_\infty \cdot 1/t + 1/\lg K_\infty$ (c = Konst.) erlaubt eine rasche Berechnung des stationären Verteilungsgrades K_t; ein Vgl. zwischen ber. u. experimentellen Werten für den Verteilungsgrad ergibt für die Syst. $NO-N_2O_3$, $NH_4NO_3-NH_3$ u. $^{18}O-CH_3OH$ ausgezeichnete Übereinstimmung. W. D. Heußner 6122

2305 **Einfluß des Mischens auf den Stoffübergang bei der Chlorierung einer MgO-Suspension in einer Chloridschmelze.** A. I. Teterevkov. (Izvest. vyssich učebnych Zavedenij Ivanovo Chim. i chim. Technol. **10** (1967) 2, 248—49; Karagandinsk, Politechn. inst.; russ.) — Angabe einer Berechnungsmöglichkeit für den Stoffübergangskoeff. bei Chlorierung (Cl_2–Luft-Gemisch mit 20—100% Cl_2) von MgO-Suspensionen in geschmolzenem $MgCl_2$ bei 973 °K in Ggw. von Steinkohlenkoks unter bes. Berücksichtigung der mechan. Mischung. Die maximale Abweichung zwischen theoret. u. prakt. Werten beträgt 20%.
W. D. Heußner 6122

2306 **Rektifikation, Absorption und Extraktion.** Walter Hübner. (VDI-Z. **109** (1967) 30, 1440—48; Univ. (TH) Karlsruhe; dt.) — Fortschrittsbericht über Phasengleichgew., Stoffübergang zwischen Gas- u. Fl.-Phasen. Stoffaustausch zwischen fl. Phasen, Planung, Berechnung u. Betrieb von Stoffaustauschapp. u. Betriebserfahrungen mit Stoffaustauschapparaten. — 153 Literaturangaben.
W. Wesly 6122

2307 **Zusammengang zwischen Strukturmerkmalen der Flüssigkeit und dem Tropfenaustrag beim Sieden.** V. G. Glejm, V. M. Vilenskij und V. Ja. Chentov. (Ž. prikl. Chim. **40** (1967) 4, 923—26; Rostov/Don, Inst. inž. železnodorožnogo transporta; russ.) — Neben der Zähigkeit der Fl. wird der Tropfenaustrag aus sd. Medien durch Elektrolytkonz., Ionenladung sowie pH-Wert des Medium beeinflußt. Eine Verminderung des Tropfenaustrages im Bereich mäßiger Elektrolytkonz. (0,001 Mol/l) erfolgt in der Reihe $CNS^- > Br^- > NO_3^- > Cl^- > SO_4^{2-} > PO_4^{3-} > OH^-$, CO_3^{2-} u. läßt sich auf der Grundlage einer negativen Hydratation erklären. Aus den experimentellen Werten des Tropfenaustrages ergeben sich Hinweise auf eine umgekehrte Beziehung zwischen Ionenhydratation u. Austrag. — 22 Literaturangaben.
W. D. Heußner 6123

2308 **Teilkondensation von Dämpfen wäßriger Ammoniaklösungen.** A. V. Vurgaft und V. M. Stefanovskij. (Izvest. vyšsich učebnych Zavedenij [Ivanovo], Chim. i chim. Technol. **10** (1967) 8, 949—50; Astrachanskij techn. inst. rybnoj prom. i choz.; russ.) — Betrachtung von Wärme- u. Stoffaustauschprozessen bei Teilkondens. unter der Annahme eines Zweikomponenten-Gasgemischs mit sehr schwachen chem. Bindungen zwischen den W.- u. NH_3-Molekülen. W. D. Heußner 6123

2309 **Wirkungsgrad von kleinen Turbogrid-Böden.** 2. Mitt. M. Hartmann, K. Grigar und G. Standart. (Chem. Process Engng. **48** (1967) 8, 76—79; Prag, ČSSR, Inst. of Chem. Process Fundamentals; engl.) — 1. vgl. ibid. **48** (1967) 63. — Als wichtigstes Konstruktionsmerkmal von Turbogrid-Böden wurde ihre freie Fläche gefunden, die bedeutenden Einfl. auf Höhe u. Struktur des Schaumes auf dem Boden u. folglich auch auf den Druckverlust u. den Wrkg.-Grad hat. Mit Vergrößerung der freien Fläche u. zu einem geringeren Teil mit Verkleinerung der Schlitzbreite verringert sich der Einfl. der Dampfgeschw. auf den Bodenwrkg.-Grad im Arbeitsbereich. Der Zusammenhang zwischen der Hydraulik des Turbogrid-Bodens u. dem Stoffaustausch wird gezeigt. Die Fragen des Fl.-Holdups u. der Schaumbldg. werden behandelt. Jürgen Runge/Merseburg 6125

2310 **Destillation in Füllkörperkolonnen: Beziehung zwischen HTU-Wert und Schütthöhe.** I. A. Furzer und G. E.

Ho. (A.I.Ch.E. Journal **13** (1967) 3, 614–15; Sydney, Australia, Univ. of Sydney; engl.) — Die Längsvermischung in der Dampf- und Fl.-Phase hat großen Einfl. auf die Beziehung zwischen HTU-Wert u. Füllhöhe. Meßwerte von Testkolonnen geringer Höhe lassen sich nicht direkt auf Industriekolonnen mit großer Höhe übertragen. Eine Berechnungsgleichung wird angegeben.
Jürgen Runge/Merseburg 6125

2311 **Holdup in berieselten Ringfüllkörpertürmen unterhalb des Belastungspunktes.** J. E. Buchanan. (Ind. Engng. Chem., Fundamentals **6** (1967) 3, 400–07; Kensington, N.S.W., Australien, Univ. of N.S.W.; engl.) — Auf Grund von Literaturdaten wird das Betriebsholdup **H** (= Differenz zwischen Gesamt- u. stat. Holdup) unterhalb des Belastungspunktes (= Beginn des Aufbaus der Fl. auf der Füllkörperschicht bei zunehmender Gasgeschw.) u. seine Abhängigkeit von der Strömungsgeschw., D., Viskosität u. Oberflächenspannung der Fl. der Form u. Größenverhältnisse der Füllkörperschicht u. der Schwerkraft untersucht. Die Ergebnisse lassen sich durch die Beziehung von Otake u. Okada in dimensionsloser Form darstellen, deren Ableitung nach empir. Meth. auf eine theoret. Grundlage gestellt wird. Es zeigt sich, daß 2 dynam. Grenzverh. für die Fl.-Strömung in einer berieselten Raschigringfüllung unterschieden werden können: Das Schwerkraft-Viskositätsverh. bei niederen Re- u. das Schwerkraft-Trägheitsverh. bei hohen Re-Zahlen. Die Prüfung einfacher Modelle der beiden Erscheinungen ergibt für jeden Fall die Form der **H**-Gleichung u. die Größenordnung der Koeffizienten. Die experimentellen Ergebnisse für **H** liegen innerhalb der Grenzen der 2 **H**-Gleichungen, werden aber durch eine Interpolationsformel befriedigend zueinander in Beziehung gebracht. — 13 Literaturangaben.
R. Truckseß 6125

2312 **Frequenzverhalten von Mehrkomponenten-Destillationskolonnen.** R. M. Wood. (Chem. Engr. Nr. **209** (1967) Trans. Instn. chem. Engr. **45** T 190–T 195; Swansea, Dep. of Chem. Engng., Univ. College; engl.) — Es wird die Rk. auf Konz.-Änderungen in Mehrkomponenten-Dest.-Kolonnen betrachtet. Diese Übergangsfunktionen können völlig anders sein als die unter gleichen Bedingungen bei Zweistoffgemischen erhaltenen. Die Gleichungen zur Berechnung der Übergangsfunktionen werden nach der Lsg.-Frequenzmeth. gelöst. Dieser Lsg.-Weg hat Vorteile im Vgl. zu den bisher benutzten.
Jürgen Runge/Merseburg 6125

2313 **Aufbau und Leistungsfähigkeit von Regeleinrichtungen mit Störgrößenaufschaltung für Mehrkomponenten-Destillationskolonnen.** T. W. Cadman, R. R. Rothfus und R. I. Kermode. (Ind. Engng. Chem., Fundamentals **6** (1967) 3, 421–31; College Park, Md., Dep. of Chem. Eng., Univ. of Md.; engl.) — Der Aufbau u. die Nachbldg. von Regelsyst. mit Störgrößenaufschaltung u. mit Rückführung für eine einfache Siebbodenkolonne mit fünf Böden u. Seitenzulauf wurden zur Trennung des Stoffsyst. Bzl.–Toluol–Xylol untersucht. Dabei wurde ein lineares, dynam. Modell für die Mehrkomponenten-Dest. entwickelt. Es wurde festgestellt, daß die Regelung nur einer Prod.-Zus. wesentlich einfacher ist als die zweier. Jürgen Runge/Merseburg 6125

2314 **Einstellzeit von Gleichgewichtsdestillationsanlagen.** K. Ridgway und P. A. Butler. (Brit. chem. Engng. **12** (1967) 7, 1095–99; London, School of Pharmacy, Univ. of London; engl.) — Bei der experimentellen Best. von Dampf–Fl.-Gleichgew. kann die Zeit zum Erreichen des Gleichgew. ein bes. Problem darstellen. Die Arbeit beschäftigt sich mit der Best. der Einstellzeit des Gleichgew. bei ein- u. zweistufigen App. u. ihrer Änderung mit den Parametern der App. u. den Syst.-Eigenschaften.
Jürgen Runge/Merseburg 6125

2315 **Besonderheiten der pseudobinären Gleichgewichtskurven in der Kinetik der Rektifikation von Mehrstoffgemischen.** V. B. Bogoslovskij und A. I. Šamolin. (Chim. Technol. Topliv Masel **12** (1967) 6, 3–6; VNIISS; russ.) — Aus pseudobin. Gleichgew.-Kurven von Mehrstoffgemischen bei ihrer Dest. kann die Gleichgew.-Konz. der Komponenten in der Fl. aus der Konz. im Dampf nicht genau bestimmt werden. Zur Ermittlung ihres wahren Wertes müssen die Stoffabgabekoeff. berücksichtigt werden, deren Änderung mit der Kolonnenhöhe für CH_3OH–A.–W.-Gemische im Diagramm gezeigt wird. Aus den Stoffabgabekoeff. β_y u. β_x in der Dampf- bzw. Fl.-Phase u. dem Winkelkoeff. m der Gleichgew.-Abhängigkeit ergibt sich der Gesamtstoffabgabekoeff. im Dampf nach $1/K_y = (1/\beta_y) + (m/\beta)$, ($K_y$ in $kMol/m^2 \cdot Std.$).
R. K. Müller 6125

2316 **Gesetzmäßigkeiten periodischer Rektifikationsprozesse binärer Gemische, die Umsetzungsprodukte in der flüssigen Phase enthalten.** V. V. Zyrjanov und V. B. Kogan. (Ž. prikl. Chim. **40** (1967) 9, 2059–61; russ.) — Es wird eine Differentialgleichung für die Berechnung derartiger Syst. aufgestellt. Die Auswertung dieser Gleichung zeigt, daß period. Rektifikationsprozesse mehr von der Umsetzungsgeschw. abhängen als die kontinuierliche Destillation. Die Lsg. der Gleichung gibt die Möglichkeit, Aussagen über die optimale Dest.-Geschw. u. den optimalen Blaseninhalt zu erhalten. J. Werner 6125

2317 **Berechnung stufenweiser Grundoperationen.** A. Apelblat. (Brit. chem. Engng. **12** (1967) 9, 1378–80; Israel Atomic Energy Comm.; engl.) — Vf. entwickelt die analyt. Lsg. einer Riccati-Differentialgleichung durch Spezialumwandlung u. verwendet diese Lsg., um eine stufenweise Trennung eines bin. Gemischs zu beschreiben. Der behandelte Fall hat eine kurvenförmige Betriebslinie u. eine nichtlineare Gleichgew.-Kurve. Für ein Trennverf., dessen Strömungsgeschw. von Stufe zu Stufe variiert, wird das entstehende Syst. nichtlinearer Gleichungen zur Kennzeichnung der Gleichgew.- u. Stoffbilanzbeziehungen auf eine Reihe linearer Gleichungen mit der tridiagonalen Jacobi-Matrix reduziert. Die Meth. wird an einem Beispiel der *Rektifikation* mit nichtkonst. Fl.- u. Dampfströmen in einem Syst. mit ungleichen molaren Verdampfungswärmen erläutert. — 10 Literaturangaben. R. Truckseß 6125

2318 **Beeinflussung der Selektivität einer komplexen Reaktion bei der Verwendung einer Destillationslokonne als Reaktor.** Thomas E. Corrigan und John H. Miller. (A.I.Ch.E. Journal **13** (1967) 4, 809–10; Columbus, O., Ohio State Univ.; engl.) — Es wird die Herst. von *Äthylenglykol* aus Äthylenoxid u. W. untersucht. Die Hypothese, daß bei der Rk. in einer Dest.-Kolonne 100% Monoäthylenglykol entstehen, wird mit Hilfe eines Computers überprüft. Es werden Vgl. mit der Selektivität eines Strömungsrohres mit Pfropfenströmung gemacht. Die Selektivität ist allg. vom Molverhältnis W. zu Äthylenoxid abhängig. Der Vgl. ergibt, daß bei Molverhältnissen von 1–9 die Kolonne eine bessere Selektivität aufweist als das Strömungsrohr. Dagegen liegt bei Molverhältnissen von 9–20 die Selektivität des Strömungsrohres geringfügig über der der Kolonne.
Jürgen Runge/Merseburg 6125

2319 **Tabellen zur Berechnung der Prozeßparameter von verbundenen Lösungsmittel-Extraktionskolonnen.** Terry R. Johnson. (A.I.Ch.E. Journal **13** (1967) 3, 607; Agonne, Ill., Argonne Nat. Labor.; engl.) — Die bekannte Gleichung von Kremser-Brown für einfache Gegenstrom-Extraktionskolonnen kann auch für Kolonnen, die einen zentralen Zulauf haben, angewendet werden, wenn man die gesamte Kolonne als zwei einfache Kolonnen betrachtet. Jürgen Runge/Merseburg 6126

2320 **Kristallisieren.** Günter Nirschmann. (VDI-Z. **109** (1967) 30, 1449–58; Opt. Werke Ernst Leitz GmbH, Wetzlar; dt.) — Fortschrittsbericht über Kristallisiertechnik, Kristallisatoren, Krist.-Herst.-Verf., Meerwasserentsalzung, Keimbldg., Elektrokristallisation, Krist.-Wachstum u. Einkrist.-Züchtung. — 141 Literaturangaben. W. Wesly 6128

2321 **Gemeinsame Fällung bei der Darstellung aktiver Adsorbentien und Katalysatoren.** N. F. Ermolenko, E. N. Ermolenko und G. A. Popkovič. (Izvest. Akad. Nauk BSSR, Ser. chim. Nauk **1967**, 3, 8–22; Inst. obščej i neorgan. chim. AN Beloruss. SSR; russ.) — DTA-Unters. zeigen an gemeinsam gefällten Verb. der Zus. SiO_2–$Mg(OH)_2$ [Hydrosilicatbldg.]; SiO_2–$Fe(OH)_3$ u. SiO_2–$Cr(OH)_3$ [Autoklavenbehandlung der entstandenen Gele] sowie $Cr(OH)_3$–$Ni(OH)_2$, daß diese Verb. bes.

Adsorptionseig. besitzen u. als Adsorptionssyst. therm. sehr beständig sind. Offensichtlich wird bei gemeinsamer Fällung eine Desaktivierung verhindert. — 32 Literaturangaben. W. D. Heußner 6129

2322 **Zerstörung von synthetischen Zeolithkristallen beim Pressen.** B. Bosaček, M. M. Dubinin, O. Kadlec, K. O. Murdmaa und V. Navratil. (Doklady Akad. Nauk SSSR **174** (1967) 1, 117—20; Inst. fiz. chim. AN ČSSR; russ.) — Ohne Binder zu Tabletten verformte, 1—5 mμ große Krist. von auf hydrothermalem Wege erhaltenen synthet. Zeolithen Typ A (**I**) u. X (**II**) werden Drücken von 700—14000 kg/cm² ausgesetzt. Aus BET-Messungen erhält man eine deutliche Abnahme der Absorptionseig. von **II** für W. (20°), Bzl. (20°) u. Ar (—183°) nach dem Pressen (Verringerung des spezif. Porenvol.). Auch röntgenograph. wird die vollständige Amorphisierung von **II** durch Pressen nachgewiesen. Auch durch Pressen von **I** (maximal bis 1930 kg/cm² untersucht) wird eine Abnahme der Adsorptionseig. erreicht, jedoch ist die Krist.-Zerstörung bedeutend geringer. Die spezif. sek. Porenoberfläche nimmt um 30—40% zu. Eine Verminderung des Adsorptionsvermögens der Zeolithe beim Pressen unter hohen Drücken erfolgt durch Zerstörung von Symmetrie u. Struktur des Krist.-Gitters.
W. D. Heußner 6129

2323 **Absorption von Chlor in einer ruhenden Flüssigkeit in einem einfachen Sperrhahn-Absorber.** Tetsuo Takahashi, Masahide Hatanaka und Ryusei Konaka. (Canad. J. chem. Engng. **45** (1967) 3, 145—49; Osaka, Japan, Shionogi Res. Labor., Shionogi & Co. Ltd., Fukushima-ku; engl.) — Der Absorber ist nach dem Prinzip eines Absperrhahnes aufgebaut. In der Bohrung des Kükens befindet sich die Fl., gehalten durch die Oberflächenspannung. Die Kontaktfläche ist 0,466 cm² groß. Es wurde festgestellt, daß die Absorption bei langen Kontaktzeiten u. Vernachlässigung des Einfl. der freien Konvektion der Fl. nahe der Phasengrenzfläche der Übergangstheorie nach Higbie folgt.
Jürgen Runge/Merseburg 6129

2324 **Kinetik der mit einer chemischen Reaktion kombinierten Gasabsorption in Lösungen.** 1. Mitt. Josef Navrátil, Jaroslav Nývlt und Jaroslav Procházka. (Chem. Průmysl **17**[42] (1967) 3, 125—28; Ústí nad Labem, Výzkumný ústav anorgan. chem.; tschech.) — Krit. Durchsicht von Modellen, welche die mit einer chem. Rk. verknüpfte Gasabsorption beschreiben u. Auswahl derjenigen, die für die Korrelation von Daten geeignet sind, die bei der Unters. der O_2-Absorption in wss. Lsg. von Ammoniumsulfit erhalten wurden.
T. Bartovský 6129△

2325 **Desorptionsprozeß von gasförmigem CO_2 in Schaum-Entgasern.** G. G. Krivošeev. (Izvest. Akad. Nauk Turkm. SSR, Ser. fiz.-techn., chim. geol. Nauk **1967**, **4**, 72—77; Turkmen. politechn. inst.; russ.) — Abhängigkeiten zwischen dem Entgasungseffekt u. der Temp. des zu entgasenden Mediums (hier natürliches, CO_2-haltiges W.) werden für die Entfernung von freiem CO_2 in Desorbern angegeben. W. D. Heussner 6129

2326 **Eigenschaften dynamischer Schaumkolonnen.** Eliezer Rubin, Charles R. La Mantia und Elmer L. Gaden jun. (Chem. Engng. Sci. **22** (1967) 8, 1117—25; New York, Dep. of Chem. Eng., Columbia Univ.; engl.) — Einleitend werden verschiedene Theorien zur Schaumschicht erläutert. Experimentelle Unters. werden beschrieben u. deren Ergebnisse mit den Theorien verglichen. Eine Gleichung für den Vol.-Anteil f der Fl. im Schaum in Abhängigkeit vom mittleren Blasendurchmesser $\bar{d}$, dem Kolonnendurchmesser D_c u. der Schaumgeschw. v_f wurde aufgestellt: $f = K \cdot v_f/\bar{d}^2 \cdot D_c^{0,2} \cdot K$ ist eine Konstante. Die Vers. wurden mit dem Syst. Luft—W., dem ein Schaummittel zugesetzt wurde, durchgeführt.
Jürgen Runge/Merseburg 6130

2327 **Druckgradienten bei der Strömung von inkompressiblen Zweiphasen-Gemischen durch Rohre, Venturirohre und Stauränder.** D. Chisholm. (Brit. chem. Engng. **12** (1967) 9, 1368—71; Nat. Engng. Labor., East Kilbride; engl.) — Für die Druckgradienten der Strömung von 2-Phasengemischen durch Rohre, Venturirohre u. Stauränder wird eine Theorie entwickelt u. eine Gleichung angegeben, die unter bestimmten Umständen ident. mit der Gleichung für homogene Strömung ist. Die angegebene Gleichung bietet eine befriedigende Grundlage für die Korrelation der Werte für die Strömung inkompressibler Gas—Fl.- u. Dampf—Fl.-Gemische durch Venturirohre u. Stauränder. W. Wesly 6138

2328 **Asymptotisches Verhalten von Geschwindigkeitsprofilen bei der Prandtlschen Grenzschichttheorie.** J. Serrin. (Proc. Roy. Soc. [London], Ser. A **299** (1967) 1459, 491—507; Univ. of Minn. engl.) — Die durchgeführten theoret. Unters. zeigen, daß sich bei einer dem Potentgesetz gehorchenden Strömungsgeschw. das Geschw.-Profil, welches sich in stromabwärtiger Richtung ausbildet, asymptot. dem aus der Falkner-Skan-Ähnlichkeitslsg. herrührenden Profil nähert. Die Konvergenz des asymptot. Verh. wurde abgeschätzt. Das Resultat bestätigte die Annahme, daß das Geschw.-Profil von dem anfänglichen Profil annähernd unabhängig ist u. lieferte eine theoret. Rechtfertigung für die Rolle der Ähnlichkeitslsg. in der Grenzschichttheorie. Die Existenz von bei bestimmten Druckgradienten auftretenden konkaven Geschw.-Profilen wurde bewiesen. W. Renker 6138

2329 **Beständigkeit einer laminaren Strömung in zähen Flüssigkeiten.** N. S. Štejn. (Doklady Akad. Nauk Beloruss. SSR **11** (1967) 4, 324—26; Inst. teplo- i massoobmena AN BSSR; russ.) — Eine laminare Strömung innerhalb viskoser Fl. ist nur dann beständig, wenn der D.-Gradient gegen das Beschleunigungsfeld gerichtet ist.
W. D. Heussner 6138

2330 **Verfahren zur Sichtbarmachung von Strömungen unter Verwendung von Lösungen chemischer Indikatoren.** P. J. Street und C. S. Twamley. (Ind. chimique **44** (1967) 7, 558—59; Central Electr. Generating Board, Southampton; engl.) — Bei Unters. über das Verh. von Brennstoff- u. Ascheteilchen im Feuerraum von Dampfkesseln werden die Abgase durch Einspritzen von Säuren oder Alkalien markiert; ihr Strömungsverh. wird durch Einbau eines mit Hopkin-Williamsscher Universal-Indikatorlsg. (rot-gelb-grün-blau-purpurfarben im pH-Bereich 1—12) getränkten Filterpapiers oder Nesseltuches in den Gasstrom verfolgt. W. Wesly 6138

2331 **Hydrodynamisches Gleichgewicht in einer Wirbelschicht aus körnigen Materialien in konischen Apparaturen großen Grundrisses.** N. I. Gel'perin, V. G. Ajnštejn, G. A. Nosov und V. V. Mamoškina. (Chim. Technol. Topliv Masel **12** (1967) 12, 26—29; MITCHT im. Lomonossova; russ.) — Diskussion von Problemen der Schichtausdehnung des körnigen Materials in der Wirbelschicht sowie der Berechnung der Grenzmenge an einsetzbarem festen Material.
W. D. Heussner 6140

2332 **Teilchen verschiedener Größen aus Wirbelschichten.** E.W. Thiele und T. J. Kelly. (Chem. Engng. Sci. **22** (1967) 3, 471—72; Notre Dame, Ind., Univ. of Notre Dame; engl.) — Unters. mit Glaskugeln (3% < 44 μm, 97% ca. 100 μm ⌀) im Wirbelbett ergaben, daß die Minimalfluidisierungsgeschw. 1,22 cm/s betrug, die nach dem Stokes-Gesetz einem Durchmesser von 13 μm entspricht. Mit steigendem Durchmesser tritt zwischen 16 u. 18 μm eine starke Verringerung des Teilchenverlusts aus dem Wirbelbett ein. Dieses Ergebnis deckt sich mit früheren Beobachtungen, nach denen Teilchen mit einer Endgeschw., die niedriger oder nicht viel höher als die Minimalfluidisierungsgeschw. ist, sehr rasch verloren gehen. Bei fortgesetzter Fluidisierung kann das Bett einen Zustand erreichen, in dem keine Teilchen mit geringerer Endgeschw. als der Minimalfluidisierungsgeschw. enthalten sind. R. Truckseß 6140

2333 **Wärmeüberträger und Verdampfer.** Roland Krüger. (VDI-Z. **109** (1967) 30, 1436—40; TU Berlin; dt.) — Fortschrittsbericht über den Wärmeübergang in Wärmeüberträgern, die Berechnung von Wärmeüberträgern u. Bauformen von Wärmeüberträgern. — 136 Literaturangaben. W. Wesly 6146

2334 **Besonderheiten beim Wärmeübergang auf eine turbulente Flüssigkeitsströmung bei überkritischem Druck.**

N. L. Kafengauz. (Doklady Akad. Nauk SSSR **173** (1967) 3, 557—59; russ.) — Für *Diisopropylcyclohexan* (20—60°) zeigen die Wärmeübergangswerte (gemessen in Rohren mit 1,6 mm ⌀ unter Drucken bis 45 at bei einer Fl.-Strömungsgeschw. von 2—15 m/s), daß Phasenübergänge nur bei genügend großen Temp.-Gradienten (hohe Geschw., großer Wärmestrom u. dünne Grenzschicht) erfolgen können. Es ist möglich, daß ohne starke Druckschwingungen bei den betrachteten Bedingungen keine Phasenübergänge erfolgen.
W. D. Heussner 6146

2335 **Neuere Ergebnisse von Ablationsuntersuchungen.** T. S. Laszlo, P. J. Sheehan und R. E. Gannon. (Solar Energy **11** (1967) 1, 62—67; Avco Corp., Space Syst. Div., Wilmington, Mass.; engl.) — Vgl. ibid. **9** (1965) 141. — Drei typ., zur Wärmeabschirmung dienende Polymere u. die Oxide ZrO_2, Al_2O_3 u. *MgO* wurden hohen therm. Strahlungsflüssen (200—1400 Btu/ft² s) ausgesetzt. Als Funktion der eingefallenen Strahlendosis wurden die folgenden Eig. bestimmt: Geschw. der Längenabnahme der Proben, Oberflächentemp., emittierter Wärmestrom u. pro Gew.-Menge verbrauchten Materials absorbierte Strahlungswärme. Al_2O_3 u. MgO weisen hinsichtlich der genannten Eig. anomales Verh. auf.
W. Laqua 6146

2336 **Wärmeaustausch in siedendem Freon-12 in Dampfgeneratoren eines Sonnenkühlers.** M. P. Brdlik, Ch. Il'jasov und K. Taganov. (Izvest. Akad. Nauk Turkm. SSR, Ser. fiz.-techn., chim. geol. Nauk **1967, 4**, 28—32; Fiz.-techn. inst. AN TurkmenSSR; russ.) — Unters. der Einfl. von Druck, Wärmestromdichte sowie des Verhältnisses von Fl. zu Dampf dienen der Formulierung einer verallgemeinerten Gleichung zur Best. des Wärmeübergangskoeff. beim Sieden von Freon-12 in Stahlrohren bei natürlicher Zirkulation. W. D. Heussner 6148

2337 **Gegen- und Kreuzstromkühltürme.** F. Molyneux. (Chem. Process Engng. **48** (1967) 5, 56—60; Swinburne Techn. Coll., Melbourne; engl.) — Kühltürme mit natürlicher Konvektion werden in der Industrie immer mehr durch Kühltürme mit erzwungener Bewegung des zu kühlenden oder des Kühlmediums verdrängt, da sie bei gleicher Leistung bedeutend kleiner sind. Vf. vergleicht die Vor- u. Nachteile von Gegenstromkühltürmen, in die unten Luft eingeblasen wird, die entgegengesetzt zum herabrieselnden W. aufsteigt, mit Kreuzstromkühltürmen, in denen die Luft horizontal auf das W. gerichtet wird. Thermodynam. am wirksamsten sind Gegenstromanlagen. Bei sehr großen Anlagen können, wenn keine Temp.-Annäherungen zwischen kühlendem u. gekühltem Medium auf weniger als 15 °F gefordert werden, Gegenstromkühltürme wirtschaftliche Vorteile bieten, weil unter gewissen Voraussetzungen erhebliche Einsparungen an Pumpkosten erzielt werden können.
A. Meixner 6148

2338 **Kryogene Vorrichtungen nach dem Prinzip der kontinuierlichen Strömung.** H. J. Forth. (Vacuum [Oxford] **17** (1967) 1, 21—22; engl.) — Beschreibung einer kryogenen Pumpe, eines kryogenen Kondensators (erreichbare Temp. 4,2 °K) u. eines Verflüssigungsgerätes.
W. Wesly 6148

2339 **Trocknung.** W. F. Calus. (Chem. Process Engng. **48** (1967) 5, 50—54; Dep. of Chem. Engng., Loughborough Coll. of Technol.; engl.) — Überblick über Trocknung von Festkörpern, Fl. u. Gasen. Die Entw. bestehender Trockner machte bes. in Grundlagenfragen Fortschritte. Bes. wurden Fließbett-, Sprüh- u. Gastrockner behandelt. — 51 Literaturangaben.
A. Meixner 6150

2340 **Trocknungstechnik.** Werner Schnell. (VDI-Z. **109** (1967) 30, 1429—35; Farbenfabriken Bayer AG, Dormagen; dt.) — Fortschrittsbericht über Grundlagen u. Verf. der Trocknungstechnik u. Trocknen in verschiedenen Industriezweigen. — 99 Literaturangaben.
W. Wesly 6150

2341 **Geräte zum Überwachen der Stoffeigenschaften und der Stoffzusammensetzung.** Albrecht Steppuhn. (VDI-Z. **109** (1967) 30, 1448—49; Chem. Werke Hüls AG, Marl, Krs. Recklinghausen; dt.) — Fortschrittsbericht über ein mit Vgl.-Gas bzw. ein nach dem Drehwaageprinzip arbeitendes O-Meßgerät u. Geräte zur Messung von Viskosität, Trübung, D. u. Feuchtigkeit von hochviskosen, schlamm- u. krümelhaltigen Stoffen. — 8 Literaturangaben. W. Wesly 6162

2342 **Beurteilung der Brandgase von Kunststoffen.** S. Ausobsky. (VFDB-Z., Forsch. Techn. Brandschutz **16** (1967) 2, 58—66; Graz; dt.) — In einer Gasflasche werden *Fichtenholz, Kork, Bakelit, Carbamidharz, Polystyrol, Polyurethan, PVC, Polytetrafluoräthylen, Celluloid, Vulkanfiber, Celluloseacetat, Polyäthylen, Polymethacrylsäureester, Polyester „Leguval"* u. *Gummi* nacheinander in einem Überschuß von Luft u. durch N_2-Einleitung auf 10% O_2-Geh. gebrachter Luft nach Zündung durch einen elektr. Glühdraht verbrannt. Danach werden mit Draeger-Prüfröhrchen Gasproben entnommen. Die so ermittelten Konz. an Brandgasen werden tabelliert u. ihre Toxizität diskutiert.
A. Meixner 6166

2343 **Neue Entwicklungen auf dem Gebiet der Löschmittel.** 1. Teil. Mark. (VFDB-Z., Forsch. Techn. Brandschutz **16** (1967) 2, 66—68; Weinheim; dt.) — Zum Legen von Feuerschneisen bei Wald- u. Grasbränden sowie zur Bekämpfung von Glutbränden u. Bränden an senkrechten Flächen mit W. kann man diesem Verdickungsmittel auf *Cellulosebasis* zusetzen. Die in hoher Verdunstungsgeschw. u. niedriger Viskosität liegenden Nachteile von W. als Feuerlöschmittel werden so vermindert. Zusätzliches Beimischen von *K^+-Salzen* erhöht die Löschleistung von W. weiter. Großvers. mit Löschbomben zeigten keinen Vorteil gegenüber normalen Brandbekämpfungsmethoden. Die Löscheig. von Schäumen werden beschrieben. Luftschäume mit Verschäumungszahlen um 10 sind zum Auslegen von Landebahnteppichen auf Flugpisten bei Notlandungen, Luftleichtschäume mit Verschäumungszahlen um 1000 zur Bekämpfung von Bränden der Klassen A u. B in Bergwerkstollen, unzugänglichen Kellerräumen u. ä. geeignet. Letztere werden an Netzen am Stolleneingang erzeugt u. mit der Bewetterung in den Stollen eingeführt; Menschen können, sofern sie sich bewegen, in ihnen atmen. A. Meixner 6166

2344 **Farbenfabriken Bayer Akt.-Ges.**, Leverkusen, übert. von: **Walter Hagge, Günther Naumann**, Leverkusen, und **Otto Schneider**, Köln, *Polyäthylenimin-Anionaustauscherharze von schwammiger Struktur.* (**U.S.P. 3 210 299** vom 11/9. 1962, ausg. 5/10. 1965. D. Prior. 22/9. 1961. — C. **1965**. 17-1866 [D.A.S. 1 174 983].)

2345 **Farbenfabriken Bayer Akt.-Ges.** (Erfinder: **Horst Weber**), Leverkusen, *Herstellung eines Natrium-Zeoliths.* (**Schwz.P. 403 731** vom 31/8. 1959, ausg. 15/6. 1966. D. Prior. 3/10. 1958. — C. **1965**, 15-1930 [Can.P. 635 691].)

2346 **Farbenfabriken Bayer Akt.-Ges.**, Leverkusen, *Molekularsieb-Formlinge.* (**Brit.P. 1 003 266** vom 9/1. 1963, ausg. 2/9. 1965. D. Prior. 19/2. 1962. — C. **1965**, 18-2040 [D.A.S. 1 176 105].)

2347 **Soc. d'Électro-Chimie, d'Électro-Métallurgie et des Aciéries Électriques d'Ugine**, Paris, Frankreich, *Alkylierung von Terphenyl.* (**Brit.P. 1 037 062** vom 10/5. 1963, ausg. 27/7. 1966. F. Prior. 10/5. 1962. — C. **1967**, 47-2005 [F.P. 1 335 526].)

2348 **Monsanto Chemicals Ltd.** (Erfinder: **Terence James Rawlings**), *Herstellung substituierter Dibenzothiophene und -furane.* (**Aust.P. 268 993** vom 5/3. 1962, ausg. 18/8. 1966. Brit. Prior. 7/3. 1961. — C. **1966**, 7-2085 [Brit.P. 957 442].)

2349 **John Emery Lindberg jun.**, Lafayette, Calif., USA, *Vorbehandeln von Metallhydriden.* (**Brit.P. 961 146** vom 25/5. 1960, ausg. 17/6. 1964. U.S. Prior. 25/5. 1959. — C. **1966**, 11-2192 [Ind.P. 80 949].)

Chemische Reaktionstechnik

2350 **Berechnung kontinuierlicher chemischer Reaktoren.** 5. Mitt. **Bestimmung der optimalen Bedingungen zur Durchführung paralleler Reaktionen verschiedener Ordnung.** K. Chartmann und B. V. Passet. (Ž. prikl. Chim. **40** (1967) 7, 1504—11; russ.) — Es werden die Rk.-Syst. $A_1 + A_2 \xrightarrow{k_1} A_3 + \ldots$ (Rk. 2. Ordnung), $A_2 \xrightarrow{k_2} A_4 + \ldots$ (Rk. 1. Ordnung) u. $A_1 \xrightarrow{k_1} A_2 + \ldots$ (Rk. 1.-Ordnung), $A_1 \xrightarrow{k_2} A_3 + \ldots$ (Rk. m.-Ordnung), die in mehrstufigen, ideal durchmischten Reaktoren durchgeführt werden, auf optimale Verweilzeitverteilung hin untersucht mit der Zielfunktion einer maximalen Ausbeute. Die Optimallsg. werden in Form von Gleichungen u. graph. Darst. angegeben. Klaus Hartmann/Schwedt 6170

2351 **Berechnung kontinuierlicher chemischer Reaktoren.** 6. Mitt. **Berechnung von Stufenprozessen in Kaskaden-Reaktoren mit vollständiger Durchmischung.** B. V. Passet und K. Chartmann. (Z. prikl. Chim. **40** (1967) 7, 1511—22; russ.) — 5. vgl. vorst. Referat. — Für das Rk.-Syst. $A_1 + A_2 \xrightarrow{k_1} A_3 + A_4, A_3 + A_2 \xrightarrow{k_2} A_5 + A_6, A_5 + A_2 \xrightarrow{k_3} A_7 + A_8$, wurde die optimale Verweilzeitverteilung in mehrstufigen, ideal durchmischten Reaktoren bestimmt (Zielfunktion: maximale Ausb. von A_3 oder A_5). Die theoret. ermittelten Gesetzmäßigkeiten wurden durch Vers. mit einer Modellrk. (alkal. Verseifung von Malonsäureester) verifiziert. Der Aufbau der Vers.-App. wird beschrieben u. Vers.-Ergebnisse werden mitgeteilt. Klaus Hartmann/Schwedt 6170

2352 **Stabilität chemischer Reaktoren, die aus adiabatischen Abschnitten und Zwischenwärmeübertragern bestehen.** V. I. Mukosej. (Teoret. Osnovy chim. Technologii **1** (1967) 6, 817—24; Gos. NI i proektnyj inst. azotnoj prom. i prod. organ. sint.; russ.) — Es wird die asymptot. Stabilität homogener, adiabat. Reaktoren mit Zwischenwärmeübertragern zur Heizung des Rk.-Gemisches oder des äußeren Wärmeträgers beschrieben. Es werden Gleichungen erhalten, welche die Analyse der notwendigen u. hinreichenden Bedingungen für die Stabilität solcher Reaktoren ermöglichen. Die notwendigen Bedingungen für die Wirksamkeit der stabilisierenden Kräfte wurden auch für heterogene Prozesse untersucht. Es werden Möglichkeiten zur Verallgemeinerung der erhaltenen Resultate gezeigt. Jürgen Runge/Merseburg 6170

2353 **Stabilität von Reaktoren mit äußerem Wärmeaustausch.** J. I. Charkac, L. M. Pis'men und V. I. Mukosej. (Doklady Akad. Nauk SSSR **174** (1967) 6, 1385—88; russ.) — Mathemat. Betrachtung der asymptot. Stabilität von Reaktoren mit äußerem Gegenstom-Wärmeaustausch. W. D. Heußner 6170

2354 **Stationäre Bereiche für chemische Reaktoren mit innerem, äußerem sowie kombiniertem Wärmeaustausch.** V. I. Mukosej, L. M. Pis'men und Ju. I. Charkac. (Inz.-fiš. Ž. **12** (1967) 6, 703—10; Moskva, Inst. elektrochim. AN SSSR; russ.) — Unters. exothermer Rk.-Prozesse in Reaktoren mit innerem u. äußerem Wärmeaustausch für Rk. willkürlicher Kinetik bei einer exponentiellen Temp.-Abhängigkeit der Rk.-Geschw.-Konstanten. Die krit. Werte der dimensionslosen, prozeßbestimmenden Parameter werden berechnet. W. D. Heußner 6170

2355 **Graphische Berechnung der Rezirkulation chemischer Reaktoren.** V. G. Gorskij. (Chim. Technol. Topliv Masel **12** (1967) 12, 34—39; russ.) — Mathemat. Übersicht. W. D. Heußner 6170

2356 **Diagnostische Testung des kinetischen Regimes in einem Füllkörperreaktor.** R. M. Koros und E. J. Nowak. (Chem. Engng. Sci. **22** (1967) 3, 470; Florham Park, N.J., Esso Res. and Engng. Co.; engl.) — Vorschlag einer Vers.-Technik zur Ermöglichung der Entscheidung, ob bei einer kontinuierlich geführten Rk. in einem Füllkörperreaktor die Rk. an den katalyt. Zentren selbst oder die Diffusion zu diesen Zentren bestimmend für den Ablauf der Rk. sind. Gerhard Günther 6170

2357 **Berechnungsverfahren zur Auslegung eines kontinuierlichen, mehrstufigen Wirbelschichtreaktors.** Akira Moriyama. (Nippon Kinzoku Gakkai-Si [J. Japan Inst. Metals] **31** (1967) 5, 617—24; Dep. of Iron and Steel Engng., Fac. of Engng., Nagoya Univ., Nagoya; jap.) — Zur Berechnung der mittleren, treibenden Kräfte der festen u. gasf. Phase in jeder Stufe eines mehrstufigen Wirbelschichtreaktors (für nichtkatalyt. Rk.) werden Gleichungen u. Diagramme angegeben. W. Wesly 6170

2358 **Ionenaustauscher als Katalysatorträger.** R. A. Chajbullina, L. G. Fatkulina und Ch. R. Rustamov. (Uzbekskij chim. Ž. **11** (1967) 1, 65—68; Taškent, Politechn. inst.; russ.) — Der Einfl. des Katalysatorträgers auf die katalyt. Aktivität metall. Ag u. auf den Verlauf der Cannizzarro-Rk. werden untersucht; bes bestimmt wird die Kinetik der Rk. mit Benzaldehyd in Ggw. von gefälltem Ag auf dem starkbas. Anionenaustauscher AW-17. In Ggw. von metall. Ag beeinflußt die Katalysatornatur des Ionenaustauschers (OH-Form) die Rk. Geschw. nicht. W. D. Heußner 6176

2359 **Katalytische Eigenschaften von Zeolithen, die kein ionenausgetauschtes Eisen enthalten.** S. A. Lebina, N. F. Ermolenko und M. L. Saraeva. (Izvest. Akad. Nauk BSSR, Ser. chim. Nauk **1967, 3,** 23—27; Inst. obšč. i neorgan. chim. AN Beloruss. SSR; russ.) — Bei den aus Fe-Salzen, Na-Silicat u. -Aluminat synthet. dargestellten Zeolithen des Typs A, Ch, R u. S werden katalyt. Eig. bei der H_2O_2-Zers., der Bzl.-Bromierung sowie der CO-Ox. überprüft. Die katalyt. Aktivität ist im Vgl. zu reinen Zeolithen (NaA u. NaX) bei den synthet. Zeolithen nicht nur vom Fe-Geh., sondern auch vom Verhältnis $SiO_2/Al_2O_3 + Fe_2O_3$ abhängig. Je größer dieses Verhältnis ist, umso höher ist der Wert der Rk.-Geschw.-Konstanten. Bei gleichem Verhältnis in verschiedenen Zeolithen ist die Aktivität vom höheren Fe^{3+}-Geh. abhängig. Der beim Ionenaustausch mit $Fe(CNS)_3$-Lsg. erhaltene Fe^{3+}-haltige Zeolithtyp katalysiert die Bzl.-Bromierung; dabei ist die X-Form weniger wirksam als die A-Form der entsprechenden Zeolithe. Diese Erscheinung wird durch Oberflächeneinfl. u. -effekte erklärt. Die katalyt. CO-Ox. in Ggw. eines Zeoliths Typ X (mit 1—5% Fe^{3+}) erfolgt mit einer Ausb. von 94%. — 12 Literaturangaben. W. D. Heußner 6176

2360 **Katalytische Eigenschaften binärer Cr_2O_3–CeO_2- und Cr_2O_3–ZrO_2-Katalysatoren.** A. A. Balandin, A. A. Tolstopjatova und M. Ja. Jakusina. (Doklady Akad. Nauk SSSR **174** (1967) 4, 835—38; Moskva, Gos. univ. im. Lomonossova; russ.) — Die für Modellfälle einer Dehydrierung u. Dehydratisierung von *Isopropylalkohol* (**I**; bei 273—400°) u. *Cyclohexan* (**II**; bei 403—572°) untersuchten Eig. von Cr_2O_3–CeO_2 u. Cr_2O_3–ZrO_2-Mischkatalysatoren zeigen, daß sich die Ausb. an Propan zugunsten von dehydriertem A. bei Dehydrierung von **I** durch Zusätze von 30—50% CeO_2 im Katalysator vermindern läßt. Die Ausb. an H_2 (bis 90%) aus **I** läßt sich durch Cr_2O_3–CeO_2-Katalysatoren steigern. Eine ähnliche Selektivität besitzt der Cr_2O_3–ZrO_2-Katalysator. — 12 Literaturangaben. W. D. Heußner 6176

2361 **Filtration reagierender Dämpfe durch die Katalysatorschicht.** V. T. Sumanov und A. T. Pivovarov. (Chim. Technol. Topliv Masel **12** (1967) 8, 1—5; russ.) — Für die Berechnung des Druckverlustes bei der Projektierung von Anlagen, in denen Gase oder Dämpfe filtriert werden, wird eine Meth. vorgeschlagen. Diese wurde durch Analyse der Fahrweise einer katalyt. Crackanlage gefunden. Es wurde festgestellt, daß mit Erhöhung der Bzn.-Ausb. auch der Druckabfall zunimmt u. das Steigen der Gasausb. dem des Druckabfalls umgekehrt proportional ist. Kl. Hartmann/Schwedt 6176

Chemische Kerntechnik

2362 **Rauschanalysen am Nulleistungsreaktor SUR 100 BE.** U. Moritz, H. Vierke, U. Wesser, L. Wolf und W. Zeisset. (Atomkernenergie **12** (1967) 11/12, 415—19; Techn. Univ., Berlin; dt.) — Unters. stochast. Signale des als Übertragungsglied aufgefaßten Reaktors geben Aussagen über sein dynam. Eigenverhalten. Stochast. Signale sind durch Wahrscheinlichkeitsdichte-Verteilungen im Amplitudenbereich, durch Korrelationsfunktionen im Zeitbereich oder durch Leistungsspektraldichtefunktionen im Frequenzbereich gegeben. Unkorrelierte Störgrößen können durch Messung des Kreuzspektrums mit 2 Meßkanälen eliminiert werden. An Hand von Kurven werden die Meßergebnisse für Rossi-α, Rod-drop, gepulste Quelle am SUR 100 BE angegeben, die Kenngrößen α, β, l daraus ermittelt u. mit den Ergebnissen aus Autokorrelationsfunktion u. Leistungsspektraldichte verglichen u. Probleme des geeigneten Meßplatzes diskutiert. M. Gegusch 6180

2363 **Metallurgie, Strukturmaterialien und ihre Anpassung an die Nuklearindustrie.** J. Narcy. (Atompraxis **13** (1967) 11/12, 527—29; SOCIA, Paris; dt.) — Die Vielfalt der Reaktortypen erfordert unterschiedliche Strukturmaterialien, die sowohl hohe Standfestigkeit, gute Korrosionsbeständigkeit u. möglichst geringe Absorp-

tionsquerschnitte gegenüber den Neutronen der jeweiligen Energie aufweisen. Es werden hinsichtlich der oben genannten Eig. die Leichtmetalle *Al, Mg, Be, Zr* in den Leg. *Zircaloy 2, Zircaloy 4* u. *ZrNb 2,5* u. *austenit. Stähle* (Zus. 18(%) Cr, 12 Ni, 0,3 Ti, 69,7 Fe u. 20 Cr, 25 Ni, 0,7 Nb, 54,3 Fe) betrachtet.
M. Gegusch 6180

2364 **Diffusion von β-aktiven Produkten der Kernspaltung in α-Al_2O_3-Sinterkörpern.** W. Fiedler und F. Grass. (Atomkernenergie **12** (1967) 11/12, 420—24; Österr. Hochsch., Wien; dt.) — Für ^{95}Nb, ^{141}Ce, ^{147}Pm u. ^{153}Sm wurden die Diffusionskoeff. der Spaltprod. im α-Al_2O_3 „*Lucalox*" bestimmt. Die Diffusion erfolgte aus Aktivitäten, die in wss. Lsg. aufgetragen waren, bei Temp. von 1200—1500° über Zeiten bis $280 \cdot 10^3$ s. Bei dünnen Absorbern u. weichen β-Strahlern traten Abweichungen von der Geradlinigkeit der gemessenen Absorptionsfunktion auf, die durch Vorschalten einer dünnen Al-Folie eliminiert wurden. Die experimentellen Ergebnisse sind angegeben u. bei ^{147}Pm mit vorherigen Messungen verglichen worden. M. Gegusch 6185

2365 **Herstellung eines Brennelementes für den Reaktor BR 2 durch Strangpressen und Ziehen.** A. J. Flipot und H. Massaux. (J. nuclear Mater. [Amsterdam] **22** (1967) 2, 177—91; Centre d'Et. de l'Energie Nucl. de Mol-Donk, Belgique; franz.) — Eine neue Meth. zur Herst. von Brennelementen mit konzentr. Umhüllung wurde im Hinblick auf die Verw. im Reaktor BR 2 untersucht. Die Unters. der Eig. der Leg. *Al* mit 24 Gew.-% *U* u. des Einfl. der Strangpreß- u. Ziehparameter auf den Aufbau erlaubt eine genaue Aussage über die Struktur der Ausgangssubstanzen, die Gestalt des Preßblockes, seine Aufbauelemente u. die Technologie der Herstellung. Die verschiedenen zerstörenden u. zerstörungsfreien Prüfmeth. sind aufgeführt. Sämtliche Ergebnisse unterstreichen die Qualität der erzielten Prod. u. die Bedeutung der verwendeten Technologie. D. Hoene 6185

2366 **Brennstoffe und ihre Herstellung.** Ph. Courcier, Fuhrmann und Cholin. (Atompraxis **13** (1967) 11/12, 548—50; CERCA; dt.) — Es werden Aufbau u. Herst.-Technologie der 3 industriell gefertigten Element-Typen beschrieben: *Metall. U* für die gasgekühlten Reaktoren G 2 u. G 3 von Marcoule u. vom Typ „EDF 3"; *angereichertes UO_2* für EL IV, PWR u. die krit. Anordnung des Meilers MASURCA; *plattenförmige Elemente* mit hoher Anreicherung (bis 93%) an ^{235}U.
M. Gegusch 6190

2367 **Anreicherung und Reinigung von Uran.** J. Renaud. (Atompraxis **13** (1967) 11/12, 545—48; SIMO, Paris; dt.) — Die U-Extraktion aus dem Erz erfolgt nach dem sauren bzw. alkal. Verf., jeweils in 4 Stufen: Mechan. Konditionierung, Lsg. des U u. Beseitigung der Gangart, selektive Rückgewinnung des U, Endkonditionierung. Das *saure Verf.* ermöglicht die U-Extraktion aus Si-haltigem Erz, der Aufschluß erfolgt nach der Rk. $2H_2 \cdot SO_4 + O_2 + 2UO_2 \rightarrow 2UO_2SO_3 + 2H_2O$, weiterhin zu UO_2SO_4. Die U-Rückgewinnung wird mit Ionentauscherharzen durchgeführt. Mit dem *alkal. Verf.* werden Erze aufgeschlossen, die säurelösl. Mineraloxide in der Gangart enthalten. Der Aufschluß erfolgt nach $UO_3 + Na_2CO_3 + 2NaHCO_3 \rightarrow Na_4UO_2(CO_3)_3 + H_2O$, die Rückgewinnung ohne Ionentauscher durch $Na_4UO_2(CO_3)_3 + 4NaOH \rightarrow Na_2UO_4 + 3Na_2CO_3 + 2H_2O$. Technolog. Details sind diskutiert u. der Einfl. von Druck u. Temp. auf die Rk. beschrieben. Zur Erreichung besserer u. reinerer Konzentrate werden neue Lsgm. erforscht.
M. Gegusch 6190

2368 **Aufbereitung bestrahlter Brennstoffe.** Jacques Couture und René Jouan. (Atompraxis **13** (1967) 11/12, 553—55; CEA, Paris; dt.) — Es werden Unterschiede in den Technologien, bes. der Abfallbeseitigung, u. technolog. Verbesserungen der Anlagen in Marcoule u. La Hague beschrieben. Die Weiterentw. orieniert sich wesentlich auf geringeren Arbeitskräftebedarf u. höhere Sicherheit. In einer Vers.-Anlage AT 1 wird die wss. Aufarbeitung von Brennstoffen schneller Reaktoren mit TBP untersucht. Die umfangreichen Erfahrungen in Frankreich konnten beim Bau der Anlage in Mol genutzt werden. M. Gegusch 6190

2369 **Einfluß der Oberflächendiffusion auf die Trenneffektivität bei Gasdiffusion.** R. Fiocchi. (Energia nucleare **14** (1967) 12, 713—16; Univ., Milano, Ist. di Fis.; engl.) — Auf der Grundlage der Gleichungen von Breton u. Massignon wurden experimentelle Ergebnisse von Higashi mit verschiedenen KW-Stoff-Isotopengemischen untersucht u. auf UF_6-Isotopengemische angewendet. Danach sind Oberflächeneffekte zu vernachlässigen. Die Trennfaktoren für unterschiedliche Porositäten (granulares u. kapillares Modell) u. ζ-Werte sind tabelliert. Die relative Zunahme der Trenneffektivität beim kapillaren Modell beruht auf dem größeren Oberflächenfluß für größere α_F-Werte (α_0 = idealer Trennfaktor nach Knudsen). M. Gegusch 6192

2370 **Verschmelzen radioaktiver Konzentrate in Gläser oder keramische Massen. 3. Mitt. Eignungsuntersuchung von Vulkaniten einheimischer Vorkommen.** G. Sachse und H. Rosenberger. (Kernenergie **11** (1968) 1, 15—23; Zentralinst. für Kernforsch., Rossendorf bei Dresden; dt.) — Zusammenstellung der wegen ihrer günstigen Eig. betrachteten *Basalte, Phonolithe*, u. von *Basalttuffzersatz* u. Pechstein mit ihren chem. Analysen u. mineralog. Untersuchungen. Zur Beurteilung des schmelztechn. Verh. sind die Basalte in bas., intermediäre u. saure unterteilt. Ungünstig sind größere *Olivin*-Geh., die Schmelztemp. steigt mit dem SiO_2-Gehalt. Sie liegt bei den betrachteten Proben bei 1130—1290°. Die Zuführung der akt. Konzentrate beeinflußt die Eig. der Schmelze. Hierzu wurden technolog. Unters. durchgeführt u. beschrieben. Zusammenfassend werden die untersuchten Proben bez. Lagerstättenverh., schmelztechn. Verh., hydrolyt. Beständigkeit der Schmelzen bei 16% K_2O-Zusatz, Gelbldg.-Vermögen als Vorstufe zur Schmelzkörperbldg. u. Auslaugbeständigkeit akt. Schmelzkörper bewertet. M. Gegusch 6194

2371 Werner Bergemann, Berlin, **Stromlose Erzeugung von Metallüberzügen,** bes. für Rohrsyst. *kerntechn. Anlagen*, durch Reinigung der Oberflächen mit Citronensäure, Behandlung mit salzarmem W. u. danach mit bes. $Ni(H_2PO_2)_2$ enthaltendem Elektrolyten. **(D.P. [DDR] 56422** Kl. 48b vom 18/10. 1966, ausg. 5/6. 1967 [Wirtschaftspatent].) — 2 S. M. Knaack 6185

2372 Nukem Nuklear-Chemie und Metallurgie G.m.b.H., Wolfgang bei Hanau (Erfinder: Tibor Görgenyi, Langenselbold), **Herstellung von Urandioxid-Molybdänmetall-Pellets,** dad. gek., daß eine in an sich bekannter Weise aus Lsg. ausgefällte *U-Mo*-Verb. bei Abwesenheit von H_2 oder einem H-abspaltenden Gas in 2 Stufen bei 400—550° zu UO_2–MoO_2 u. bei 800—1000° zu UO_2–Mo-Pulver red. u. dieses zu dichten Pellets heiß verpreßt wird. Als ausgefällte Verb. wird bes. $(UO_2)_3 \cdot [Mo_7O_{24}]$ verwendet. Die Pellets sind als *Brennstoffeinsatz* in sog. thermion. Konvertern geeignet. **(D.A.S. 1249532** Kl. 40b vom 1/10. 1965, ausg. 7/9. 1967.) — 2 S.
V. Zeiler 6190

2373 United States Atomic Energy Commission, Germantown, Md. (Erfinder: James Russell Flanary, Knoxville, Jerry Hammond Goode, Sweetwater, Tenn., USA, und Geoffrey Craig Wall, Sydney, Australien), **Hydrolyse von Uran-, Thorium- oder Plutoniumcarbid enthaltenden Kernbrennstoffen.** Das Carbid wird mit O_2-freiem W.-Dampf bei 700—1150° in C-freies Oxidpulver umgewandelt. — Diagramm. **(D.A.S. 1253256** Kl. 12n vom 4/3. 1965, ausg. 2/11. 1967. U.S. Prior. 8/4. 1964. **U.S.P. 3278278** vom 8/4. 1964, ausg. 11/10. 1966.) — 5 S. — 4 S.
E. Miessgang 6190

2374 Miroslav Kyrš, Brünn, und Jaroslav Beneš, Litol-Lysá nad Labem, ČSSR, **Isolierung von ^{137}Cs-Verbindungen** aus Spaltprod.-Abfällen, die nach Bestrahlung von Kernbrennstoff zurückbleiben. Man fällt ^{137}Cs zusammen mit Schwermetallen (bes. Fe, Zn, Ni, Co, Cu, Pb, Mn) in Form eines Mischferrocyanids aus; zu dem Nd. gibt man eine Lsg. von Äthylendiamintetraessigsäure mit pH 9—11, z. B. als 0,25 m Lösung. Aus dem Nd. wird dann die ^{137}Cs-Verb., z. B. mit 0,1 m Lsg.

von Na-Dipikrylaminat in Nitrobenzol extrahiert. (**Tschech.P. 117266** vom 4/5. 1963, ausg. 15/1. 1966.)
Z. Církman 6190

H-3. Anorganische Industrie, elektrotechnische Werkstoffe, technische Elektrochemie

Erzeugnisse der anorganischen Industrie

2375 **Katalytische Aktivität von Fe–Cr-Legierungen bei der Ammoniaksynthese.** M. V. Tovbin, O. M. Vjaz'mitina und S. S. Silkina. (Chim. Prom. Ukrainy **1967**, 4, 12–14; Kievskij gos. univ.; russ.) — Aus elektrolyt. Cr u. red. Fe [Verunreinigungen 0,01(%) Cr, 0,0063 N_2, 0,001 C, 0,01 Ni, 0,0015 S] wurden im Lichtbogenofen in der Ar-Atmosphäre nach vorheriger Evakuierung bis auf $2 \cdot 10^{-3}$ Torr Fe–Cr-Leg. verschiedener Zus. hergestellt, homogenisiert u. die katalyt. Aktivität bei der NH_3-Synth. bestimmt. Dazu wurde die Leg. einem reinen getrockneten H_2–N_2-Gemisch stöchiometr. Zus. (Geschw. 12 l/h) ausgesetzt. Röntgen- u. Mikrostrukturanalyse, Best. der magnet. Induktion u. der spezif. Oberfläche der Fe–Cr-Leg. vor ihrem Einsatz als Katalysator u. danach zeigen, daß schon bei Zusatz von 5% Cr der Katalysator vergiftet wird. Auf der mit steigendem Cr-Geh. abfallenden Kurve der katalyt. Aktivität treten relative Max. bei 40, 57 u. 67% Cr auf, welche mit der heterogenen Struktur dieser Leg. zusammenhängen. Die Leg. mit minimaler katalyt. Aktivität sind homogen. Aus den Ergebnissen magnet. Messungen geht hervor, daß in den Leg. während der NH_3-Synth. Strukturveränderungen vor sich gehen, welche die magnet. Induktion beeinflussen.
K. Karos H 243

2376 **Einfluß von Temperatur, Säuregehalt und Mischungsgrad der Mutterlösung auf die Korngröße von Ammoniumsulfat.** D. S. Petrenko und L. M. Arabova. (Koks i Chim. **1967**, 2, 22–28; Krivorožskij pedagog. inst.; russ.) — Vers. mit einer mit Rührwerk (200 bis 700 U/Min.) ausgestatteten Labor.-App. ergeben, daß die Konz. an freier Säure in der Mutterlsg. u. die Temp. der Lsg. die Wachstumsgeschw. der $(NH_4)_2SO_4$-Krist. u. ihre Größe beeinflussen. Bei Krist.-Temp. von 55–60° u. einer H_2SO_4-Konz. von 4% in der Mutterlsg. werden maximale Wachstumsgeschw. der Krist. u. größte Ausb. an mittlerer u. grober $(NH_4)_2SO_4$-Fraktion erreicht. Nach der statist. Meth. wurde eine Wechselbeziehung zwischen Temp., Acidität u. Ausb. der einzelnen $(NH_4)_2SO_4$-Fraktionen ermittelt. Die Wachstumsgeschw. der Krist. u. die Menge der sich bildenden Kristallisationskerne wird in großem Maße vom Durchmischungsgrad der Mutterlsg. bestimmt. Die für die Bldg. von grobkörnigem $(NH_4)_2SO_4$ erforderliche Intensität der Durchmischung liegt im engen Bereich (Reynoldssche Zahl = 5850–6450). Bei zu starker Durchmischung der Mutterlsg. ist die Geschw. der Bldg. von Kristallisationskernen größer als die Wachstumsgeschw. der Krist. u. der Anteil der feinen Fraktionen erhöht sich. — 37 Literaturangaben.
K. Karos H 243

2377 **Gehalt an Sauerstoffisotopen in Sulfaten.** 1. Mitt. **Verfahren zur Extraktion von Sauerstoff und seiner quantitativen Umwandlung in Kohlendioxid zur Messung von Isotopenstrahlung.** T. A. Rafter. (New Zealand J. Sci. **10** (1967) 2, 493–510; Inst. of Nucl. Sci., Lower Hutt, New Zealand; engl.) — Zur Gewinnung von O aus Sulfatvork. in der Natur mit dem Ziel der Ermittlung von O-Isotopen wird die Probe in $BaSO_4$ u. dieses mit Graphit in BaS u. CO_2 umgewandelt. Daneben entstehendes CO wird durch elektr. Entladung gemäß der Gleichung $2CO \rightarrow CO_2 + C$ übergeführt. Die Rückgewinnung von O aus $BaSO_4$ ist quant., die Reproduzierbarkeit der Messung der O-Isotopen beträgt ±0,3‰. Bei normalen Fällungsbedingungen (keine Verw. von Filtrierpapier beim Glühen von $BaSO_4$!) ist SO_4^{2-} stabil; dagegen ist die SO_4^{2-}-Gewinnung durch Schmelzen mit Na_2CO_3 nicht von Fehlern frei. Das O-Isotopenverhältnis wird in einer Anzahl von Sulfaten im Bereich +2 bis +14‰, bezogen auf Standard-Meerwasser, ermittelt.
W. Wesly H 253

2378 **Rolle der Kohlenwasserstoffkette bei der anionischen Flotation von Calcit.** M. C. Fuerstenau und J. D. Miller. (Trans. Soc. Mining Engr. **238** (1967) 2, 153–60; Colo. School of Mines, Golden, Colo.; engl.) — Unters. des Ansprechens von *Calcit* (**I**) auf die Flotation mit gesätt. Fettsäuren u. Alkylsulfonaten verschiedener Kettenlänge zeigen, daß die zur Flotation erforderliche Sammlermenge mit steigendem C-Geh. (im Bereich von 8–12 C-Atomen) abnimmt. Dieses systemat. Flotationsverh. steht in Verbindung mit der Löslichkeit der Ca-Salze der Sammler. Von diesem Verh. weichen Sammler mit 14 C-Atomen ab; mit Homologen mit 16 C-Atomen ist keine Flotation möglich. Der Mechanismus der Adsorption weist eine spezif., chem. Rk. zwischen Sammler u. **I**-Oberfläche auf: $CaCO_{3(fest)} + 2R \cdot COO^- \rightleftharpoons Ca \cdot (RCOO)_{2(fest)} + CO_3^{2-}$. Das pH des Syst. spielt eine große Rolle, weil es die Konz. von **I**, Ca^{2+} u. $R \cdot COO^-$ in der Lsg. u. damit das Flotationsverh. bestimmt.
W. Wesly H 260

2379 **Aufkonzentrierung der extraktiven Phosphorsäure unter Anwendung eines getauchten Brenners.** Janina Machej. (Przemysł chem. **46** (1967) 3, 151–55; Gliwice, Inst. Chem. Nieorganicznej; pol.) — In einer kontinuierlichen diaphragmalosen Vers.-Anlage wurde das neue Verf. zur Aufkonzentrierung techn. H_3PO_4 [H_3PO_4 40(%), SO_4 3,5, F 2] unter Verw. von zwei getauchten Brennerarten u. gleichzeitiger Absorption flüchtiger *F-Verb.* erprobt sowie technolog. Prozeßparameter ermittelt. Es wurde eine ≈75%ig. H_3PO_4 mit einem *F*-Geh. von 0,15–0,2% erzielt. Im Absorptionsteil wurden aus dem Dämpfen die *F*-Verb. zu 99% u. das P_2O_5 zu 90% absorbiert.
G. Niechoj H 264

2380 **Viskosität von NaOH-Lösungen bei 25–90°.** N. M. Baron und R. P. Matveeva. (Ž. prikl. Chim. **40** (1967) 3, 673–76; russ.) — In zwei Parallelvers. wird die Viskosität bei 25, 50, 75 u. 90° bestimmt (Einführung einer Korrektur der Ergebnisse wegen der merklichen Rk. zwischen NaOH u. Glas bei Temp. von über 50°). Die relative Viskosität η_{Lsg}/η_v einer 3%ig. NaOH-Lsg. hängt prakt. nicht von der Temp. ab, während sie bei höher konz. NaOH-Lsg. bei Temp.-Erhöhung kleiner wird.
B. Karos H 274

2381 **Bildung und Eigenschaften von Dawsonit.** Tetsuro Seiyama, Makoto Egashira, Eiji Sakamoto und Masako Kono. (J. chem. Soc. Japan, ind. Chem. Sect. [Kōgyō Kagaku Zasshi] **70** (1967) 3, 264–68; Kyushu Univ., Fukuoka-ski; jap.) — Bei der Hydrolyse von Na-Aluminat-Lsg. mit CO_2 wird $NaAl(OH)_2CO_3$ (**I**, Dawsonit) unterhalb eines krit. pH-Wertes ausgeschieden, bei dem die HCO_3^--Konz. in der Lsg. zuzunehmen beginnt, obwohl $Al(OH)_3$ erst bei pH 13 auszufallen beginnt. Elektronenmkr. Unters. zeigen, daß **I** aus der Lsg. auf der Oberfläche von krist. $Al(OH)_3$ abgeschieden wird u. bei >50° stark faserig wächst. Die Faserachse (Faserperiode 5,60 Å) weist wahrscheinlich die Bindung 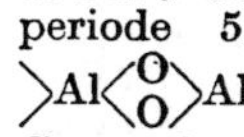 auf. IR-Spektren von **I** zeigen die Ggw. der HCO_3^--Gruppe, entsprechend den Bldg.-Bedingungen für **I**; die **I**-Formel lautet demnach $NaAlO \cdot (OH)HCO_3$. **I** ist in W. schwer lösl., wird in sd. W. in Pseudo-Böhmit umgewandelt u. ist in W. von pH 5–11 beständig. Bei ≈400° spaltet **I** CO_2, bei ca. 700° W. ab.
W. Wesly H 294

2382 **Herstellung von Titan(II)-oxid im technischen Maßstab.** Vladimir Dufek und Vlastimil Brožek. (Chem. Průmysl **17/42** (1967) 4, 185–188; Šumperk Výzk. úst. práškové metalurgie; tschech.) — Es wurde die Herst. des TiO durch Red. des TiO_2 mittels *CO* bei 1350, 1550 u. 1750° in H_2-Atmosphäre erprobt, wobei Prod. der Gesamtformel $TiO_{0,94}$–$TiO_{1,25}$ mit dem Kristallgitter des NaCl gewonnen wurden. Die Zus. des Prod. ändert sich kontinuierlich von Max. zum Minimum. Manche Prod. sind mit ≦5% Ti-Carbid oder -Nitrid verunreinigt. Mit steigender Temp. der Red. nimmt der O-Geh. in den Prod. ab u. ihre Farbe verändert sich. Durch Wahl der Temp. u. der Verweilzeit im Ofen kann man Prod. herstellen, die eine stetige Reihe fester Lsg. mit dem NaCl-Kristallgitter bilden. Die Gitterkonst. des Prod. ist etwas höher als die bekannten Werte. Durch Heißpressen werden gesinterte TiO-Preßlinge hergestellt, welche gegen alle konz. sd. Säuren mit Ausnahme von Königswasser beständig sind. J. Schneider H 321 △

2383 **Gewinnung von Titandioxid hoher Qualität aus unterschiedlichen chromhaltigen Ilmeniten durch alkalische Zersetzung.** N. Š. Safiullin und É. K. Beljaev. (Chim. Prom. Ukrainy **1967**, 4, 6—8; NIOChIM Char'kov; russ.) — Vf. schlagen ein technolog. Schema zur Gewinnung von hochwertigem TiO_2 [Zus. des Prod. 92—96(%) TiO_2, 0,8—1,5 Fe_2O_3, 0,1—0,6 Cr_2O_3, 0,01 V_2O_3] vor, welches auf das Zusammenschmelzen von Cr-haltigem Ilmenitkonzentrat [Zus. 55—62,2(%) TiO_2, 25,1—26,1 Fe_2O_3, 2,0—12,9 Cr_2O_3, 2,4—4,7 Al_2O_3, 0,4—2,3 SiO_2, 0,5—0,8 MnO, 0,7—1,2 CaO + MgO] mit Na_2CO_3 bei 900—950° u. dem damit verbundenen Übergang der Cr-, Al- u. a. Verb. in den wasserlösl. u. der Ti-Verb. in den säurelösl. Zustand beruht. Nach dem Auslaugen der wasserlösl. Verb. (fest/fl. 1/2, 85°, 30 Min.) aus dem Sintergut wird der Rückstand abfiltriert u. bei 105—108° mit Säure behandelt. Dabei werden die Fe-Verb. gelöst u. hochwertiges TiO_2, welches von der Mutterlsg. abfiltriert wird, bleibt zurück. K. Karos 6320

2384 **Größe der Kristallite von TiO_2-Keimsalzen in Abhängigkeit von den Synthesebedingungen.** Ju. Ja. Bobyrenko, A. I. Šejnkman und Ju. D. Dolmatov. (Ž. prikl. Chim. **40** (1967) 4, 716—22; Čeljabinskij filial GIMP; russ.) — TiO_2-Keimsalz-Suspension wurde aus techn. Ilmenitlsg. mit einem TiO_2-Geh. von 150 g/l durch Hinzufügen von 1—4 n NaOH-Lsg. hergestellt u. die Abmessungen der Kristallite aus der Erweiterung der Interferenzlinien berechnet. Die Größen der Kristallite sind unabhängig von den Prozeßbedingungen u. betragen 40—50 Å, wachsen jedoch beim Ansäuern der Suspension bis pH = 0 bis auf 100 Å an. Nephelometr. wurde die Abhängigkeit der Zusammenballung der Keime beim Alterungsprozeß vom pH-Wert, der Temp. u. der Alterungszeit ermittelt. Die Abmessungen von in schwefelsauren Lsg. suspendierten Aggregaten des Sols hängen von seiner Vol.-Konz., seiner Alterungszeit u. der Acidität des Dispersionsmittels ab (Tabelle). B. Karos 6320

2385 **Rolle von basischen Komplexverbindungen in wäßriger Lösung bei der anionischen Flotation von Quarz.** M. C. Fuerstenau und W. F. Cummins jun. (Trans. Soc. Mining Engr. **238** (1967) 2, 196—200; Colo. School of Mines, Golden, Colo.; engl.) — Unters. des Flotationsverh. von Quarz in Ggw. von $CaCl_2$ u. verschiedenen Fettsäuren mit 9—12 C-Atomen zeigen, daß Laurinsäure keine Flotation bewirkt, bis Ca-Laurat ausgefällt wird. Dagegen führt die Ggw. der Fettsäuren mit **9**, **10** u. **11** C-Atomen vor der Ausfällung des betreffenden Ca-Salzes zur Flotation. Als verantwortlich für die Flotation wird die Komplexverb. $Ca(OH) \cdot (RCOO)_{(ag)}$ angesehen. Ein möglicher Adsorptionsmechanismus wird angegeben. W. Wesly 6325

2386 Hasso Meinert und Gerhard Gnauck, Berlin, **Herstellung von Xenon- und Kryptonfluoriden** durch Umsetzen von Xe oder Kr mit Fluor-KW-Stoffen, z. B. CF_2Cl_2, mittels hochfrequenter elektr. Entladungen, die über Außenelektroden am Rk.-Gefäß erfolgen. Die nicht umgesetzten Rk.-Gemische werden im Kreislauf geführt. (**D.P.[DDR] 51302** Kl. 12i vom 27/4. 1965, ausg. 5/11. 1966 [Wirtschaftspatent].) — 2 S. W. Wittholz H 235

2387 Imperial Chemical Industries Ltd., London, Großbritannien, **Katalysatoren.** Zur *Konvertierung von CO* mit W.-Dampf bei <300° wird ein Katalysator verwendet, der ein Zn—Cu-Mischoxid u. ein Metall, z. B. Mn, oder ein Metall der 2.—5. Gruppe des Periodensyst., bes. der 2.—3. Gruppe, enthält, dessen Oxide als Katalysatorträger verwendet werden kann, z. B. Al, Mg. Der Katalysator enthält z. B. 20—70(%) Cu, ≧20 Zn u. 8—20 Zusatzmetall. Herst. durch Lösen der entsprechenden halogen- u. schwefelfreien Metallsalze in W. bei 65—85° u. Fällen bei 80—100° mit Alkalioder NH_4-Carbonat oder -Bicarbonat, Waschen u. Calcinieren. — Verw. zur Herst. von *NH_3-Synthesegas*, von H_2 oder zur *Entgiftung von Brenngas*. (**Port.P. 45106** vom 3/1. 1966, Auszug veröff. 20/12. 1966. Brit. Prior. 5/1., 25/8. u. 3/12. 1965.) W. Wittholz H 238

2388 Siegmar Richter, Eilenburg, **Herstellung von wäßrigen H_2O_2-Lösungen** höchster Reinheit in einem Ionenaustauschermischbett auf Kunstharzbasis in 2 Stufen. Die techn. Lsg. wird in der ersten Stufe von der Hauptmenge der Verunreinigungen befreit u. dann in der zweiten Stufe über frisch aktivierten Austauscher filtriert. Man kann auch in einem Arbeitsgang eine Charge vorgereinigter Lsg. über einen frisch aktivierten Austauscher hochreinigen u. dann bis zur Erschöpfung des Austauschers techn. Lsg. vorreinigen. (**D.P.[DDR] 51025** Kl. 12i vom 8/11. 1965, ausg. 20/10. 1966 [Wirtschaftspatent].) — 3 S. W. Wittholz H 240

2389 Pintsch Bamag Akt.-Ges., Berlin und Butzbach (Erfinder: Wolfgang Nolle, Berlin), **Herstellung von Salpetersäure** durch NH_3-Verbrennung u. Absorption der Stickstoffoxide (**I**) unter Druck, unter Anwendung eines Nitrosegaskompressors u. Teilverflüssigung der **I** ohne Anwendung von Kältemitteln. Ein Teil der bei Anwendung von >10 at entstehenden verflüssigten **I** wird den noch nicht auf den Enddruck komprimierten Gasen zugesetzt. — Verfahrensschema. (**D.A.S. 1250795** Kl. 12i vom 2/5. 1963, ausg. 28/9. 1967.) — 3 S. E. Miessgang H 243

2390 Instytut Chemii Nieorganicznej (Erfinder: Jadwiga Chmiel), Gliwice, Polen, **Herstellung von Fluorwasserstoff** aus NH_4HF_2 u. H_2SO_4 unter Erwärmen bis zu ca. 150° u. Einleiten von W.-Dampf bei gleicher Temp. in das Gemisch, wobei der Druck bis zu ca. 0,3 at herabgesetzt wird. (**D.P.[DDR] 51024** Kl. 12i vom 13/8. 1965, ausg. 20/10. 1966 [Ausschließungspatent], Poln. Prior. 21/8. 1964.) — 2 S. W. Wittholz H 246

2391 Electric Reduction Co. of Canada Ltd. (Erfinder: John Douglas Winfield, Herbert Charles Scribner und James Duncan Mc Gilvery), Toronto, Ontario, Canada, **Herstellung von ClO_2 und Cl_2** durch Rk. von $NaClO_3$, NaCl, H_2SO_4 u. W., wobei aus dem Rk.-Gefäß das W. mit einer solchen Geschw. verdampft wird, daß die Na_2SO_4-Lsg. gesätt. bleibt, u. wobei die Säurekonz. so gehalten wird, daß neutrales Na_2SO_4 ausgefällt wird; Rk.-Temp. ≧30°, so daß keine Zers. des ClO_2 erfolgt. Das ausgefällte Na_2SO_4 wird aus dem Rk.-Gefäß entfernt. — Schemat. Zeichnung. (**D.P.[DDR] 50817** Kl. 12i vom 5/8. 1965, ausg. 5/11. 1966 [Ausschließungspatent]. Brit. Prior. 13/8. 1964.) — 6 S. M. Knaack H 247

2392 Electric Reduction Co. of Canada Ltd. (Erfinder: William Howard Rapson), Toronto, Ontario, Canada, **Kontinuierliche Herstellung von ClO_2 und Chlor** aus Alkalichlorat, Alkalichlorid u. einer starken Säure, z. B. aus $NaClO_3$, NaCl, H_2SO_4 oder H_3PO_4, wobei das W. mit einer solchen Geschw. aus dem Rk.-Gefäß entfernt bzw. verdampft wird, daß die Lsg. im Rk.-Gefäß an Alkalisalz gesätt. bleibt u. festes Alkalisalz aus dem Rk.-Gefäß entfernt wird. Konz. der Rk.-Teilnehmer: Chlorat 0,005—3 mol., Chlorid 0,001—2 mol. u. H_2SO_4 <6 molar. — Zeichnung. (**D.P.[DDR] 52661** Kl. 12i vom 5/8. 1965, ausg. 20/12. 1966 [Ausschließungspatent]. Brit. Prior. 13/8. 1964.) — 5 S. W. Wittholz H 247

2393 Christian Lamm, Horst Schumann und Jürgen Klauß, Coswig, **Abscheidung von stickoxidhaltigen H_2SO_4-Nebeln,** die aus einem H_2SO_4-Verf. stammen, welches auf der Grundlage der therm. Red. von $CaSO_4$ enthaltenden Rohstoffen betrieben wird, indem die Nebel in einer stabilen Schaumschicht aus konz. H_2SO_4 absorbiert werden. (**D.P.[DDR] 50584** Kl. 12i vom 17/4. 1965, ausg. 5/10. 1966 [Wirtschaftspatent].) — 2 S. M. Knaack H 253

2394 Ernst Killenberg und Konrad Sieber, Blankenstein, **Bleichen von organisch verunreinigter Schwefelsäure** durch Einblasen von Luft in Ggw. von HNO_3 oder Nitraten bei ca. 60—70°, wobei ein Teil der sich bildenden N-Oxide abgesaugt u. ein weiterer Teil während der Konz. der H_2SO_4 im Vakuum gewonnen wird.

Die N-Oxide werden für neue Chargen verwendet. (**D.P.[DDR] 51627** Kl. 12i vom 12/2. 1966, ausg. 5/11. 1966 [Wirtschaftspatent].) — 2 S. W. Wittholz H 253

2395 Ciba Akt.-Ges., Basel (Erfinder: Ernst Neuenschwander, Basel, Klaus Schütt, Zollikerberg, und Walter Scheller, Münchenstein), Schweiz, **Herstellung von feinteiligen, nicht pyrophoren Carbiden** von Metallen oder Metalloiden der III., IV., V. oder VI. Gruppe durch Rk. der Halogenide der Metalle, z. B. von BCl_3, $SiCl_4$, $TiCl_4$, $ZrCl_4$, $HfCl_4$, VCl_4, $NbCl_5$, $TaCl_5$, $MoCl_5$, WCl_5, WCl_6, $ThCl_4$, UCl_4 oder einem Gemisch solcher Chloride, mit einem KW-Stoff, z. B. CH_4, C_3H_6, C_4H_{10}, C_2H_2, C_2H_4, Bzl., in Ggw. von H_2, wobei man zur Erzielung einer Teilchengröße der Carbide von 0,01 bis 0,1 μ die Rk. in H_2-Plasma unter Einhaltung einer Rk.-Zeit im Plasma von 10^{-2} — 10^{-4} Sek. u. einer Temp. von 3300 bis 5000° durchführt. Die Carbide werden bes. durch Rotieren verdichtet, in Ggw. von H_2 bei 900—1000° oder ggf. ohne H_2 im Hochvakuum geglüht u. abgekühlt. —Vorrichtung. (**D.A.S. 1250796** Kl. 12i vom 12/8. 1964, ausg. 28/9. 1967. Schwz. Prior. 13/8. u. 29/8. 1963.) — 6 S. H. Roos H 260

2396 Columbian Carbon Co., New York, N.Y. (Erfinder: George Louis Heller, James Wilfred White und Elton Franklin Gunn jun., Monroe, La.) USA, **Feinteiliges amorphes Siliciumdioxid** wird hergestellt durch Hydrolyse von durch Rk. von HF mit krist. SiO_2 erhaltenem SiF_4, wobei man SiF_4 in Mischung mit einem elementaren O enthaltenden Gas u. einem gasförmigen Brennstoff durch Abbrennen der Mischung hydrolysiert u. dabei in Gassuspension neben HF entstehendes SiO_2 der Suspension bei einer Temp. oberhalb des Taupunktes des ebenfalls anwesenden W.-Dampfes entzieht, während man HF zurückgewinnt u. zur Erzeugung von weiterem SiF_4 zurückführt. — Pigment, Kautschukfüllstoff. (**D.A.S. 1245342** Kl. 12i vom 28/5. 1962, ausg. 27/7. 1967. U.S. Prior. 29/5. 1961.) — 13 S. H. Bartsch H 261

2397 Multi Minerals Ltd., Toronto, Ontario, Canada (Erfinder: Linden Wayne Cochran, Basking Ridge, N.J., USA), **Herstellung von Phosphorsäure** durch Aufschluß von Phosphat, z. B. Tricalciumphosphat, mit H_3PO_4, Abtrennen der unlösl. Stoffe, Auskristallisieren des in der Fl. enthaltenen Monocalciumorthophosphats (**I**), Waschen der Krist. mit einer gesätt. wss. Lsg. von **I** u. Umsetzen der in W. oder H_3PO_4 gelösten **I**-Krist. mit einem Kationenaustauscherharz, z. B. Duolit C-20; die Krist. selbst können ebenfalls mit dem Austauscherharz behandelt werden. Auch die Gewinnung von H_3PO_4 aus anderen Phosphaten, z. B. Ba-, Cd-, Mn-Phosphat, ist mit dem Austauscherharz möglich; ebenso H_3AsO_4 aus Ba-Arsenat, H_2SO_4 aus Bi-Sulfat oder Cs-Sulfat u. H_2SO_3 aus Ca-Sulfit. (**D.P.[DDR] 49321** Kl. 12i vom 21/6. 1965, ausg. 5/8. 1966 [Ausschließungspatent]. U.S. Prior. 31/7. 1964.) — 5 S. W. Wittholz H 264

2398 Ministerul Industriei Petroluluişi Chimiei, Bukarest (Erfinder: Ion Ionescu, Tudor Segarceanu, Romulus Badoiu, Maria Ivlieva, Bukarest, und Constantin Stoica, Constanta), Rumänien, **Arsenabtrennung von Selenschlamm.** Das Waschen des As-Schlamms erfolgt in 2 Stufen, wobei in der 1. Stufe W. mit 80—95° (Fl.: Feststoff = 3 : 1 bis 12 : 1) verwendet wird u. die Waschung in der 2. Stufe mit einer Lsg. von 5% Na_2CO_3 bei 80° (Fl.: Feststoff = 2 : 1 bis 6 : 1) vorgenommen wird. (**D.A.S. 1245926** Kl. 12i vom 23/4. 1965, ausg. 3/8. 1967. Rumän. Prior. 30/4. 1964.) — 2 S. E. Miessgang H 265

2399 Wintershall Akt.-Ges., Celle, Kassel (Erfinder: Arno Singewald, Wathlingen, und Gerhard Budaw, Kassel), **Verminderung des Zusammenbackens von Natriumchlorid.** Neben dem Aufbringen von NaCl-oberflächenakt. organ. Rk.-Prod. (**I**) wird nach D.A.S. 1251725 eine Behandlung mit kaltgesätt. $CaCl_2$- oder $MgCl_2$-Lsg. vorgenommen, nach D.A.S. 1244748 werden **I** in geringen Mengen Mineralöl, bes. 10—200 g/t, gelöst verwendet. (**D.A.SS. 1244748** Kl. 121 vom 20/10. 1961, ausg. 20/7. 1967 u. **1251725** Kl. 121 vom 5/7. 1961, ausg. 12/10. 1967. **Zusätze zu D.A.S. 1220838; C. 1967, 44-2104.**) — 2 S. — 2 S. E. Miessgang H 274

2400 Herfried Richter, Wittenberg, Hasso Wichmann, Wittenberg-Piesteritz, und Johannes Jähnert, Berlin, **Gewinnung von Seltenen Erden aus Phosphorofenschlacke** durch Aufschluß mit HNO_3 u., nach Abtrennung der Kieselsäure, Extraktion der Aufschluß-Lsg., die bes. ≧ 200 g CaO/l enthalten u. 0,5—1 n salpetersauer sein soll, mit Trialkylphosphaten, z. B. Tri-n-butyl-, Triisobutyl- oder Tri-[2-äthylhexyl]-phosphat. (**D.P.[DDR] 51027** Kl. 12m vom 8/11. 1965, ausg. 20/10. 1966 [Wirtschaftspatent].) — 2 S. W. Wittholz H 303

2401 Hanns Marcy, Bitterfeld, und Wolfgang Wiedner, Leipzig, **Herstellung von Manganoxid** aus höheren Mn-Oxiden, bes. den bei der $KMnO_4$-Herst. anfallenden, ca. 25% MnO_2 enthaltenden Schlämmen, durch Zusatz des festen Red.-Mittels, z. B. Brikettstaub, zur der mit HCl versetzten MnO_2-Schlamm-Suspension u. anschließende Trocknung u. therm. Red. im Drehrohrofen bei 600—900°, bes. 800°. (**D.P. [DDR] 52356** Kl. 12n vom 25/10. 1965, ausg. 5/12. 1966 [Wirtschaftspatent].) — 2 S. W. Wittholz H 350

2402 Wolfgang Baronius, Hanns Marcy, Bitterfeld, Günter Grünzig, Wolfen, Erwin Albrecht, Friedersdorf, und Rudi Rast, Bobbau, **Elektrolytische Gewinnung von $KMnO_4$** aus einer alkal., unfiltrierten K_2MnO_4-Lsg., wobei die K_2MnO_4-haltige Schmelze in einem kontinuierlich arbeitenden, kühlbaren Schnelllöser mit zerkleinernder Wrkg. in 5—30 Min. gelöst, suspendiert u. die Suspension mit 150—250 g/l K_2MnO_4 u. 100—250 g/l KOH kontinuierlich einer Reihe von 10—50 hintereinandergeschalteten Zellen so zugeführt wird, daß in den Bädern keine Sedimentation der ungelösten Anteile eintritt u. nach einer Verweilzeit von 10—40 Std. bei 30—60° u. Stromkonz. von 1—5 kA/m³ 70—95% des eingesetzten K_2MnO_4 zu *$KMnO_4$* ox. werden. (**D.P. [DDR] 51305** Kl. 12n vom 23/6. 1965, ausg. 5/11. 1966 [Wirtschaftspatent].) — 2 S. W. Wittholz H 350

2403 Bergwerksverband G. m. b. H., Essen (Erfinder: Siegfried Paulsen, Brühl, und Georg Huck, Dortmund), **Herstellung von hochaktivem Eisenoxidhydroxid als Gasreinigungsmittel** durch Ox. von durch Rk. von Fe(II)-salzlsg., bes. Chloridlsg., mit Basen bei 15—20° erhaltenen Fe(II)-hydroxidsuspensionen, Abtrennen, Waschen u. ggf. nach Verformung Trocknen der Fällung. Die Fe(II)-salzlsg. enthält $>$100 g/l eines wasserlösl. Fremdsalzes, bes. das NH_4-Salz. (**D.A.S. 1249241** Kl. 12n vom 20/4. 1960, ausg. 7/9. 1967.) — 4 S. E. Miessgang H 354

2404 Eastman Kodak Co. (Erfinder: John Stephen Perlowski, und William Eugene Sillick), Rochester, N.Y., USA, **Herstellung von γ-Eisen-(3)-oxid (I)** durch Red. von α-$Fe_2O_3 \cdot H_2O$ zu Fe_3O_4 (**II**) u. Reox. des **II** zu **I.** α-Fe_2O_3 (**III**) wird in einem Wirbelschichtreaktor zunächst mittels Druckluft unter Erhitzen auf 315—426° fluidisiert. Die Fluidisierung des Fe-Oxides wird nach Entfernung des Hydratwassers u. Ausspülen des Reaktors durch Einleiten eines Inertgases u. danach eines reduzierend wirkenden Gases bis zur vollständigen Red. des **III** zu **II** fortgesetzt. Schließlich wird unter Abkühlung auf 288—371° mit einem Inertgas u. dann mit einem Inertgas-Luft-Gemisch bis zur vollständigen Ox. des **II** zu **I** weiterfluidisiert. — Vorr., Zeichnung. (**D.A.S. 1250803** Kl. 12n vom 27/1. 1965, ausg. 28/9. 1967. U.S. Prior. 30/1. 1964.) — 4 S. E. Miessgang H 354

2405 Erich Thilo und Wolfgang Geßner, Berlin, **Herstellung von Silberaluminat,** *$AgAlO_2$*, durch 1—2-tägiges Umsetzen von Alkali- oder Erdalkalialuminat mit einem Ag-Salz, z. B. $AgNO_3$ oder $AgClO_3$, in einem geschlossenen Gefäß bei ca. 300° oder durch 2wöchiges Umsetzen der Rk.-Teilnehmer in wss. oder organ. Lsg. (z. B. in Dimethylformamid) unter Schütteln. — Diagramm. (**D.P. [DDR] 51304** Kl. 12n vom 9/11. 1964, ausg. 5/11. 1966 [Wirtschaftspatent].) — 3 S. W. Wittholz H 359

2406 Erich Thilo und Wolfgang Geßner, Berlin, **Herstellung von Silberaluminat** in der Schmelze oder in Lsg. durch Umsetzen von Metallaluminat mit unzersetzt schmelzenden Ag-Salzen oder im Lsgm. lösl. Ag-Salzen. Man schmilzt z. B. Na-Aluminat, $AgNO_3$ u. $AgClO_3$ 24 Std. bei 230° u. laugt die abgekühlte Schmelze mit W. aus, oder man löst z. B. Na-Aluminat, $AgNO_3$, $AgClO_3$ u. $Ca(NO_3)_2 \cdot 4H_2O$ in W. u. schüttelt die Lsg. 3 Wochen bei 20°. (**D.P. [DDR] 52132** K. 12n vom 28/5. 1965, ausg. 5/12. 1966 [Wirtschaftspatent].) — 2 S. W. Wittholz H 359

2407 Hans Witzmann und Heinz Anderson, Greifswald, **Leuchtstoffe** mit ultravioletter und blauer Emission (Emissionsschwerpunkt zwischen 370 u. 400 nm), dad. gek., daß $Ca(NO_3)_2$, Ca-Oxalat, $CaCO_3$ oder CaO u. Zr-Dioxid oder -Oxidhydrat nach inniger Vermischung in Ggw. eines Bi-Salzes durch Glühen bei höheren Temp. in $n\,CaO \cdot (1-n)ZrO_2 : m\,Bi$ übergeführt werden, wobei n von 0,02—0,08 variiert u. m 10^{-3} bis $3 \cdot 10^{-2}$ je g CaO—Zr-Dioxidphase entspricht. (**D.P. [DDR] 56324** Kl. 22f vom 25/6. 1966, ausg 5/6. 1967 [Wirtschaftspatent]. — 2 S. T. Oppermann 6320

2408 Walter Schweter, Reinhardt Schmidt, Joachim Krüger, Berlin, Günter Heinrich, Wolfgang Hartmann, Max Marschalek, Roland Streller und Irene Feldmann, Nerchau, **Naßchemische Herstellung von roten Eisenoxidpigmenten** durch Behandlung von metall. Fe mit O_2 oder O_2 enthaltenden Gasen in Ggw. eines Kristallkeims, dad. gek., daß dieser Keim durch Hydrolyse von $FeCl_3$-Lsg. u./oder mit bas. reagierenden Stoffen versetzten $FeCl_3$-Lsg. bei $>60°$ im Rk.-Gefäß entsteht. (**D.P. [DDR] 57054** Kl. 22f vom 27/10. 1966, ausg. 20/7. 1967 [Wirtschaftspatent].) — 2 S. T. Oppermann 6320

2409 Pittsburgh Plate Glass Co., Pittsburgh, Pa., übert. von: Eugene Julius Mezey, Columbus, und Hans H. W. Schwantje, Wadsworth, O., USA, **Herstellung eines Siliciumcarbidpigmentes** durch Rk. von 0,005—1,5, bes. 0,05—1,5 μ großen C-Teilchen mit SiO_2 in einer strömenden, inerten Gasatmosphäre, z. B. in Ar oder He, bei Temp. $>1150°$, bes. zwischen ca. 1400 u. 1650°. Vorteilhaft werden 4—5 Mol. C je Mol. SiO_2 angewendet. — Verw. als *Pigmentfarbstoff*. (**U.S.P. 3271109** vom 11/4. 1963, ausg. 6/9. 1966. **D.A.S. 1250797** Kl. 12i vom 8/4. 1964, ausg. 28/9. 1967. U.S. Prior. 11/4. 1963.) H. Roos 6320

2410 **M. W. Kellogg Co.** (Erfinder: **Orlando Joseph Quartulli**), *Herstellung eines wasserstoffreichen Gases*. (**Aust.P. 268 884** vom 9/8. 1962, ausg. 11/8. 1966. U.S. Prior. 14/9. 1961. — C. **1967**, 47-2037 [F.P. 1 341 577].)

2411 **M. W. Kellogg Co.** (Erfinder: **Joseph Mickle Fox** und **Thomas E. Lockerbie**), *Gewinnung von Wasserstoff*. (**Aust.P. 262 542** vom 6/2. 1962, ausg. 21/10. 1965. — C. **1966, 37-2244** [U.S.P. 3 106 457].)

2412 **Kali-Chemie Akt.-Ges.**, Hannover, übert. von: **Hans Kunowski** und **Gerhard Fix**, Bad Honningen, *Wasserstoffperoxid*. (**U.S.P. 3 215 497** vom 28/8. 1962, ausg. 2/11. 1965. D. Prior. 30/8. 1961. — C. **1964, 33-1906** [D.A.S. 1 144 240].)

2413 **Dieter Goerrig**, Lohmar, c/o **Farbenfabriken Bayer Akt.-Ges.**, Leverkusen, *Metallborhydride*. (**U.S.P. 3 164 441** vom 20/7. 1959, ausg. 5/1. 1965. D. Prior. 9/8. 1958. — C. **1961**, 12 961 [D.A.S. 1 078 098].)

2414 **Cabot Corp.**, Boston, Mass., USA, *Herstellung von Ruß*. (**Brit.P. 1 007 492** vom 3/8. 1962, ausg. 13/10. 1965. U.S. Prior. 9/8. 1961. — C. **1967**, 27-2225 [D.A.S. 1 220 540].)

2415 **Deutsche Gold- und Silber-Scheideanstalt vormals Roessler**, Frankfurt/M., *Herstellung hydrophober Kieselsäure*. (**Brit.P. 1 005 473** vom 16/1. 1964, ausg. 22/9. 1965. D. Prior. 23/1. 1963. — C. **1965**, 18-2993 [D.A.S. 1 172 245].)

2416 **Knapsack-Griesheim Akt.-Ges.**, Knapsack, übert. von: **Joseph Cremer**, Hermulheim, und **Harri Kribbe**, Knapsack, *Elektrolytische Alkaliphosphatherstellung*. (**U.S.P. 3 269 926** vom 16/10. 1962, ausg. 30/8. 1966. D. Prior. 18/10. 1961. — C. **1964**, 24-2026 [D.A.S. 1 142 345].)

2417 **Israel Mining Industries-Institute for Research and Development**, übert. von: **Alexander Alon, Avraham M. Baniel**, Haifa, **Ruth Blumberg**, Mount Carmel, **Abraham Mitzmager**, Kiriat Bialik, und **Leonard Marshall Shorr**, Romema, Haifa, Israel, *Gewinnung von Metallen aus wäßrigen Lösungen durch Extraktion*. (**U.S.P. 3 251 646** vom 24/8. 1962, ausg. 17/5. 1966. Israel. Prior. 14/9. 1961. — C. **1964**, 47-2175 [D.A.S. 1 162 090].)

2418 **Metallgesellschaft Akt.-Ges.**, Frankfurt/M., *Herstellung von Lithiumfluorid*. (**Brit.P. 1 040 661** vom 27/2. 1964, ausg. 1/9. 1966. D. Prior. 2/3. 1963. — C. **1965**, 35-2274 [D.A.S. 1 183 484].)

2419 **Pittsburgh Plate Glass Co.** (Erfinder: **Byron Priestly Edmonds, James Bowden Dahms** und **Edward Phelps Helvenoton**), *Kaliumchloridgewinnung*. (**Aust.P. 262 601** vom 22/5. 1962, ausg. 21/10. 1965. U.S. Prior. 26/5. 1961. — C. **1965**, 6-2085 [U.S.P. 3 096 969].)

2420 **Soc. d'Études Chimiques pour l'Industrie et l'Agriculture**, Paris, übert. von: **Jean Breiss**, Rueil-Malmaison, **René Kircher**, Argenteuil, und **Jean-Pierre Zimmermann**, Corneilles-en-Parisis, Frankreich, *Alkali- und Erdalkalibromite*. (**U.S.P. 3 223 477** vom 12/6. 1962, ausg. 14/12. 1965. F. Prior. 20/7. 1961. — C. **1964**, 47-1866 [D.A.S. 1 167 316].)

2421 **Soc. d'Études Chimiques pour l'Industrie et l'Agriculture** (Erfinder: **Jean Breiss, Ene Kircher** und **Jean-Pierre Zimmermann**), *Alkali- und Erdalkalibromite*. (**Aust.P. 262 035** vom 5/6. 1962, ausg. 30/9. 1965. F. Prior. 20/7. 1961. — C. **1964**, 47-1866 [D.A.S. 1 167 316].)

2422 **Continental Oil Co.**, übert. von: **William B. Carter**, Ponca City, Okla., USA, *Gewinnung von η-Tonerde*. (**U.S.P. 3 264 063** vom 11/7. 1960, ausg. 2/8. 1966. — C. **1965**, 25/26-2175 [D.P.[DDR] 27 891].)

2423 **Farbenfabriken Bayer Akt.-Ges.**, Leverkusen (Erfinder **H. Zirngibl** und **J. Rademachers**), *Herstellung von Titantetrachlorid*. (**Belg.A.S. 646 956** vom 23/4. 1964, bekanntgemacht 23/10. 1964. D. Prior. 24/4. 1963. — C. **1966**, 22-2041 [D.A.S. 1 201 821].)

2424 **Pechiney Comp. de Produits Chimiques et Électrométallurgiques** (Erfinder: **Paul Rombau** und **Mercel Peltier**), *Thoriumoxide*. (**Aust.P. 269 388** vom 27/6. 1962, ausg. 1/9. 1966. F. Prior. 28/6. 1961. — C. **1965**, 25/26-2188 [D.A.S. 1 178 409].)

2425 **Commissariat à l'Énergie Atomique**, Paris, Frankreich (Erfinder: **J. Devillard** und **M. Peccoud**), *Herstellung von granulierten Metall-, besonders Urancarbiden*. (**Belg.A.S. 649 440** vom 18/6. 1964, bekanntgemacht 16/10. 1964. F. Prior. 21/6. 1963. — C. **1967**, 28-2220 [Brit.P. 1 011 448].)

2426 **Sylvania Electric Products, Inc.**, Wilmington, Del., USA, *Magnesiumorthostannate als Leuchtstoffe*. (**Brit.P. 994 390** vom 31/12. 1962, ausg. 10/6. 1965. U.S. Prior. 2/1. 1962. — C. **1965**, 18-2108 [D.A.S. 1 175 811].)

2427 **E. I. du Pont de Nemours & Co.**, Wilmington, Del., USA, *Leuchtstoffe*. (**Brit.P. 1 015 020** vom 5/6. 1964, ausg. 31/12. 1965. U.S. Prior. 10/6. 1963. — C. **1966**, 17-2200 [D.A.S. 1 200 984].)

2428 **Johns-Manville Corp.** (Erfinder: **Raymond George Riede**), *Calcinieren von Diatomeenerde*. (**Aust.P. 254 240** vom 3/8. 1961, ausg. 1/10. 1964. — C. **1966**, 2-2081 [Brit.P. 949 724].)

Elektrotechnische Werkstoffe

2429 **Herstellung und Kontrolle der Reinheit von W- und Mo-Monokristallen.** V. D. Kapustin, Ju. S. Belomytcev, V. N. Bykov, N. N. Michajlov und V. S. Coj. (Izvest. Akad. Nauk SSSR, Metally **1967**, 2, 71—78; Moskva; russ.) — Nach Herst. von reinen *Einkrist*. (**A**) aus *W* u. *Mo* mittels tiegelfreiem Zonenschmelzen mit Elektronenstrahlen wird der *elektr. Widerstand* (**B**) bei tiefen Temp. gemessen u. damit der Gesamtgeh. an Begleitstoffen bestimmt. Das Schmelzen erfolgt in einer Vers.-Anlage (Schema) mit W- bzw. Mo-Stäbchen von 6—8 mm ⌀ u. 300 mm Länge als feststehende Anode u. durch Abschirmung gebündelte Kathodenstrahlen, aus einer beweglichen W-Kathode. Das Vakuum beträgt $5 \cdot 10^{-5}$—$5 \cdot 10^{-6}$ Torr; die Schmelzzone wird durch Regulierung des Anodenstromes eingestellt u. soll auf einen kleinen Querschnitt begrenzt bleiben. Sowohl die Zahl der Durchgänge, als auch die Bewegungsgeschw. der Kathode wurden variiert. Die Best. von **B** erfolgt durch Messung bei He-Temp. (4,2 °K) mit einer Torsionswaage (Schema) u. Berechnung nach (ϱ_t, Ωcm), $\varrho_t = 10^{-9} (4\pi^2/15) (R^5H^2/\tau M)$, (R — Radius des Körpers; H — Spannung des rotierenden Feldes; τ — Umdrehungsperiode des Feldes; M — Kraftmoment). Neben der Verringerung des Restwiderstandes werden auch die mechan. Eig. von **A** verbessert, bes. die Dehnung u. die Härte. E. Pfluger 6352

2430 **Elektrischer Widerstand von gesinterten, Kohlenstoff enthaltenden Gemischen. 9. Mitt. Einfluß von Sinterdauer, Sinteratmosphäre und Formprozeß auf den Widerstand.** Etsuro Kato und Masaru Hasegawa. (Rep. Government ind. Res. Inst., Nagoya **16** (1967) 5/6, 160—70; jap.) — 8. vgl. ibid. **16** (1967) 85. — Unters. zeigen, daß der elektr. Widerstand ϱ der Sintergemische mit zunehmender Zeit durch Schrumpfen (bis 1200°) u. durch Glasbldg. u. chem. Rk. bei $>1300°$ vermindert wird. Änderungen der Sinteratmosphäre als Folge von C-Verlust durch chem. Rk. beeinflussen ϱ. In H_2 tritt bei ca. 1200° ein beträchtlicher C-Verlust an der Oberfläche der Sinterprod. auf, wodurch ϱ beträchtlich ansteigt. Beim Formpressen wird ϱ durch Druckanstieg vermindert; jedoch erfolgt bei Proben mit geringem C-Geh., die bei 1400° gesintert worden sind, eine Steigerung von ϱ bei zunehmendem Formdruck: Die Anisotropie von ϱ steht nicht mit der Rußsorte u. der Sintertemp., wohl aber mit dem Formprozeß in Beziehung, so daß die Anisotropie der Orientierung der Kaolinteilchen zugeschrieben wird. W. Wesly 6353

2431 **Gesetzmäßigkeiten des Durchschlags der Kautschukisolation bei —40 bis +50°.** Ju. N. Sumilov. (Kautcuk i Rezina **26** (1967) 2, 37—38; russ.) — Vf. stellte an bei höheren Spannungen über lange Zeiträume geprüften Kautschukisolationen eine Einarbeitungsperiode fest. Zeitdauer u. Anzahl der Durchschläge sind von der Betriebstemp. abhängig. A. Pinkowski 6354

2432 Standard Elektrik Lorenz Akt.-Ges., Stuttgart (Erfinder: Woldemar Kadner, Birkenfeld), **Galvanoplastische Herstellung von Hohlleiterbauteilen** mit verlorenem Kern bestehend aus einer Bi/Pb/Sn/In-Legierung, dad. gek., daß das Bauteil in mehreren Schichten auf den Kern aufgalvanisiert wird, wobei die innere u. äußere Schicht aus Ag besteht u. nach Entfernung des Kernes das Bauteil zur Beseitigung der Kernrückstände mit auf etwa 50° erwärmtem Königswasser gespült u. anschließend mit konz., auf etwa 50° erwärmter HCl behandelt wird. (**D.A.S. 1 256 505** Kl. 48a vom 14/3. 1963, ausg. 14/12. 1967) — 2 S. H. Hänle 6352

2433 IBM Deutschland Internationale Büro-Maschinen G.m.b.H., Sindelfingen (Erfinder: Martin Immendörfer, Sindelfingen, und Markus Zügel, Stuttgart), **Herstellung von Siliciumdioxidschichten**, bes. auf Halbleiterelementen, dad. gek., daß die zu beschichtenden Gegenstände in eine Atmosphäre aus verdampftem *Orthokieselsäureäthylester* u. O_2, letzterer unter einem Druck von etwa 5 atü, gebracht werden, daß diese Atmosphäre durch Zündung in ein SiO_2-haltiges Ärosol übergeführt wird u. daß nach Abblasen des Überdruckes die nun oberflächlich mit punktförmigen SiO_2-Keimen versehenen Gegenstände mit einem strömenden Gemisch von überhitztem W.-Dampf u. O_2 behandelt werden. (**D.A.S. 1253550** Kl. 48b vom 20/12. 1962, ausg. 2/11. 1967.) — 3 S. A. Gradl 6352

2434 W. C. Heraeus G.m.b.H., Hanau/M., **Goldlegierung.** Zu F.P. 1421180; C. **1967**, **34**-2326 ist nachzutragen, daß die Leg. bei sonst gleicher Zus. > 10—40% *Cu* u. *Ag* mit der Maßgabe enthält, daß dabei Cu u. Ag im einzelnen in den für Au–Ag–Cu-Kontaktleg. üblichen Geh. vorliegen. (**D.A.S. 1249538** Kl. 40b vom 8/2. 1964, ausg. 7/9. 1967.) — 2 S. C. F. Gross 6352

2435 Deutsche Gold- und Silber-Scheideanstalt vormals Roessler, Frankfurt/M. (Erfinder: Hellmuth Schmidt, Hanau/M.), **Herstellung von Werkstoffen aus Metall**, bes. *Ag*, *Cu*, *Au*, bes. für *elektr. Kontakte*, mit eingebauten feinteiligen nichtmetall. Stoffen, bei dem zunächst ein Vorprod. in Pulverform hergestellt wird. Die feinteiligen nichtmetall. Verb., bzw. Stoffe, wie *Silicide*, *Carbide*, *Boride*, *Nitride* bzw. *Graphit* werden bei der elektrolyt. Gewinnung des Metalls in Pulverform aus der Elektrolytlsg. in das Metall eingebaut. (**D.A.S. 1249536** Kl. 40c vom 8/12. 1964, ausg. 7/9. 1967.) — 1 S. M. Neckermann 6352

2436 General Electric Co., Schenectady (Erfinder: William Joseph Bobear, Latham), N.Y., USA, **Schnellhitzehärtbare Siliconformmassen für Elektroisolierungen**, die in 1—600 Sek. bei 315—500° härten, bestehen aus 1). linearen OH- oder OR′-endmodifizierten Polysiloxanen (R′ = Alkyl- oder SiR_3-Rest; R = ggf. halogenierte KW-Stoffreste oder Cyanalkylreste) mit Polymerisationsgrad 100—10000, 2). $B(OH)_3$, oder B-Oxid, 3). Füllstoffen, 4). organ. Peroxiden, 5). OH- oder alkoxymodifizierten linearen Polysiloxanen mit Polymerisationsgrad 3—70 u. einwertigen, (halogenierten) KW-Stoffresten, 6). Verb. $(R'')_aP(O)(OR''')_{3-a}$ [R″ u. R‴ = einwertige (halogenierte) KW-Stoff- oder Cyanalkylreste, a = 1 oder 2]. (**D.A.S. 1248295** Kl. 39b vom 22/8. 1963, ausg. 24/8. 1967. U.S. Prior. 24/8. 1962 u. 17/6. 1963.) — 4 S. E. Dörfel 6354

2437 Binder Magnete K. G. (Erfinder: Wilhelm Binder), Villingen, **Herstellung eines aus weichmagnetischem Material bestehenden, bes. rotationssymmetrischen Bauteiles** mit wenigstens zwei im Winkel zueinander verlaufenden Wandbereichen zur Verw. für *Magnetkreise*, dessen magnet. Vorzugsrichtung im ganzen Bauteil einschließlich der Übergangsstellen in angrenzende Bauteile des Magnetkreises dem Feldlinienverlauf entspricht, dad. gek., daß als Ausgangswerkstoff ein homogenes Weicheisenteil verwendet wird, das durch Fließpressen, ggf. unter gleichzeitiger magnet. Beaufschlagung, in der Weise verformt wird, daß der Verlauf der bei dem Fließpreßvorgang in dem Kristallgitter des Bauteiles entstehenden magnet. Vorzugsrichtung mit dem Feldlinienverlauf übereinstimmt. — Abbildungen. (**D.A.S. 1253739** Kl. 18c vom 6/3. 1956, ausg. 9/11. 1967.) — 3 S. H. Hochstein 6355

2438 Matake Kurokawa, Tokio, Japan, **Herstellung eines ferromagnetischen Materials mit konstanter Permeabilität durch Anwendung einer Wärmebehandlung im Magnetfeld**, wobei ein Band aus einer Ni–Fe-Leg. mit 30—50(%) *Fe*, 70—50 *Ni* u. ggf. ≦ 1 *Mn* in einem ⊥ zur Bandlängsrichtung gerichteten Magnetfeld von 600° abgekühlt wird. Die Abkühlungsgeschw. beträgt bei 68 Ni etwa 100°/Std., bei 65 Ni etwa 40°/Std., bei 60 Ni etwa 5—10°/Std. u. bei 50 Ni, etwa 1°/ Stunde. Nach dieser Behandlung ist die krist. magnet. Anisotropie fast verschwunden u. eine uniaxiale Anisotropie ⊥ zur Bandlängsrichtung erzielt. (**D.A.S. 1250133** Kl. 40d vom 12/4. 1960, ausg. 14/9. 1967. Jap. Prior. 13/5. 1959.) — 6 S. K. Bayer 6355

2439 **N. V. Philips' Gloeilampenfabrieken**, Eindhoven (Erfinder: **Nico Bram Speyer**, Nijmegen), Niederlande, *Herstellung von Halbleitervorrichtungen unter Verwendung eines Elektrodenmaterials auf Indium-, Zinn-, Blei- oder Wismut-Basis.* (**D.A.S. 1 219 240** Kl. 40b vom 23/5. 1961, ausg. 16/6. 1966. Niederl. Prior. 25/5. 1960. — C. **1966**, 6-2119 [Aust.P. 247 192].)

2440 **General Electric Co.**, Schenectady, N. Y. (Erfinder: **William John Morrissey**, Pittsfield, Mass., und **James William Roy**, West Caldwell, N. J.), USA, *Keramikmaterial.* (**Schwz.P. 431 359** vom 23/9. 1960, ausg. 31/8. 1967. U.S. Prior. 23/9. 1959. — C. **1965**, 15-2164 [U.S.P. 3 022 180].)

2441 **Clevite Corp.**, Cleveland, O., USA, *Ferroelektrische Keramik.* (**Brit.P. 1 059 315** vom 3/9. 1963, ausg. 15/2. 1967. U.S. Prior. 21/9. 1962. — C. **1967**, 7-2390 [F.PP. 1 375 302 u. 1 375 303].)

2442 **Formica Ltd.** (Erfinder: **Ian Blackie**), *Entfernen von Dispergier- und/oder Netzmitteln aus mit besonders Polytetrafluoräthylen überzogenem Material.* (**Aust.P. 253 440** vom 26/6. 1961, ausg. 27/8. 1964. Brit. Prior. 29/6. 1960. — C. **1966**, 10-2190 [Ind.P. 77 413].)

Technische Elektrochemie

2443 **EMK eines thermogalvanischen Elements in geschmolzenem $PbCl_2$.** B. F. Markov und E. B. Kuzjakin. (Ukrainskij chim. Ž. **33** (1967) 2, 222—24; Inst. obščej i neorgan. chim. AN USSR; russ.) — Vf. bestimmten die Thermospannungen der Thermoelemente $Pb_{fl}/PbCl_{2\,geschmolzen}/Pb_{fl}$ u. Graphit, $Cl_2/PbCl_{2\,geschmolzen}/Cl_2$, Graphit zwischen 530 u. 630° zu $-0{,}008 \cdot 10^{-3}$ bzw. $-0{,}620 \cdot 10^{-3}$ V/Grad. A. Pinkowski 6372

2444 **Untersuchung von Siliconharzen mit einem Massenspektrometer.** F. K. Meinel und R. Schleinkofer. (Suppl. Nuovo Cimento **[1] 5** (1967) 1, 198—206; Siemens A.G., Erlangen; engl.) — Bei Verw. von Siliconharzen als Bindemittel für Leuchtstoffe von Fluoreszenzschirmen für Röntgenbildverstärkerröhren müssen u. a. die Zers.-Prod. berücksichtigt werden. Bes. beim Trocknen entweichen den Harzen beträchtliche Gasmengen, was zu einer Zers. des Harzes u. einer Druckzunahme führt. Vf. untersuchten bes. Methyl-phenyl-silicon-Harze, wobei die ganze App. (Schema) während der Messung auf erhöhter Temp. gehalten wurde. Die Ergebnisse sind graph. dargestellt. F. Hochstetter 6375

2445 **Zerbröckeln der Kathoden- und Anodenmaterialien bei der elektrolytischen Raffination von Ti-Legierungen.** Ju. G. Olesov, V. S. Ustinov, A. N. Rubcov und A. B. Suckov. (Ukrainskij chim. Ž. **33** (1967) 2, 211—15; russ.) — Bei der elektrolyt. Raffination von *Ti–Al-* bzw. *Ti–Al–V*-Leg. erfolgt durch die gemeinsame Abscheidung des Al mit dem Ti ein Zerbröckeln des kathod. Nd. Gleichzeitig diffundieren an der Anode Al u. V aus der Oberflächenschicht ins Innere, wodurch ebenfalls die Anode zerstört wird. A. Pinkowski 6385

2446 **Schaumbildung bei der elektrolytischen Gewinnung von Na und Cl_2 aus dem geschmolzenen Chloridelektrolyt NaCl–$CaCl_2$.** E. I. Adaev, V. A. Novoselov und V. Z. Grebenik. (Ž. prikl. Chim. **40** (1967) 2, 454—56; russ.) — Unters. zeigen, daß die Ggw. von $FeCl_2$ in geschmolzenen Elektrolyten der Zus. 42% NaCl; 58 $CaCl_2$ zu Schaumbldg. im Anodenraum führt. Die höchstzulässige *$FeCl_2$*-Konz. wurde zu 0,04 bestimmt. A. Pinkowski 6385

2447 **Dichte und elektrische Leitfähigkeit von geschmolzenen Magnesiumelektrolyten. 1. Mitt. Typische Elektrolyte mit Zusätzen von NaCl, KCl und $CaCl_2$.** D. u. elektr. Leitfähigkeit von $MgCl_2$-Elektrolyten verschiedener Herkunft (zur Mg-Herst.) mit Zusätzen von NaCl, KCl u. $CaCl_2$ werden bestimmt. Die D. der Elektrolyte ändert

sich linear mit der Temp.; die elektr. Leitfähigkeit wird als Funktion der Temp. ausgedrückt. Die günstigsten Werte von D. u. elektr. Leitfähigkeit weist ein Elektrolyt mit 15(%) $MgCl_2$, 30 $CaCl_2$ u. 55 NaCl auf.
W. Wesly 6385

2448 Varta Akt.-Ges., Frankfurt/M. (Erfinder: Fritz Philipp, Hagen), **Poröser Scheider aus Kunststoff für galvanische Elemente.** Man tränkt poröse Elektroden mit einem Lsgm. für das zur Scheiderbldg. vorgesehene Kunststoffpulver, beschichtet sie nach oberflächlicher Austrocknung mit dem Kunststoffpulver, löst dieses durch die entweichenden Lsgm.-Dämpfe an u. läßt zu einer porösen Schicht verfestigen. (**D.A.S. 1249368** Kl. 21b vom 1/8. 1964, ausg. 7/9. 1967.) — 2 S.
F. Laaß 6372

2449 P. R. Mallory & Co. Inc., Indianapolis (Erfinder: Harold Drue Shepherd, Indianapolis, Ind., und James Allen Carter, Huntsville, Ala.), USA, **Elektrolytkondensator.** Der Elektrolyt enthält 2—27(%) Pikrinsäure, 68—97,7 Glykoläther, 0,1—2 wasserfreies NH_3 u. 0,2—3 Wasser. (**D.A.S. 1248807** Kl. 21g vom 26/5. 1964, ausg. 31/8. 1967. U.S. Prior. 3/6. 1963.) — 4 S.
H. Kessel 6379

2450 Milan Bubeníček, Lanškroun, und Luboš Koníček, Česká Třebová, ČSSR, **Gemisch zur Reinigung der Elektroden elektrolytischer Kondensatoren** (aus z. B. Al, Ti, Ta, Ni, Zr) von Metallverunreinigungen (z. B. Fe, Cu, Si) enthält Salpetersäure oder deren Gemisch mit anderen anorgan. Säuren, z. B. HCl, HF, Schwefel-, Phosphorsäure, als Grundbestandteil u. 0,4—20% Citronen-, Oxal- oder Weinsäure. (**Tschech.P. 117294** vom 25/7. 1963, ausg. 15/1. 1966.) M. Březina 6379△

2451 Pittsburgh Plate Glass Co., Pittsburgh, Pa. (Erfinder: Thorowgood Taylor Broun jun., Corpus Christi, Tex. Howard Hail Hoekje, Akron, Aleksandrs Martinsons und Paul Peter Anthony, Wadswork, O.), USA, **Elektrolyse wäßriger Alkalimetallchloridlösungen** erfolgt in einer Alkali–Chlor-Zelle (**I**), deren Anode eine Pt-Oberfläche hat. Die Anode wird bei der Zers. eines Elektrolyten in einer Elektrolysierzelle als Kathode u. dann die behandelte Elektrode in **I** als Anode verwendet. Die Elektrolyse wird bei $pH < 5$ der Alkalichloridlsg. durchgeführt. — Elektrolysezelle, Zeichnung. (**D.A.S. 1226089** Kl. 12l vom 25/5. 1963, ausg. 6/10. 1966. U.S. Prior. 28/5. 1962.) — 6 S.
E. Miessgang 6385

2452 **Yardney International Corp.**, New York, N. Y., USA, *Elektroden für Brennstoffelemente.* (**Brit.P. 1010115** vom 16/8. 1962, ausg. 17/11. 1965. U.S. Prior. 17/8. 1961. — C. **1966,** 33-2145 [F.P. 1346279].)
2453 **Leesona Corp.**, Cranston, R. I., USA, *Brennstoffelement.* (**Brit.P. 1001524** vom 30/3. 1962, ausg. 18/8. 1965. U.S. Prior. 6/4. 1961. — C. **1966,** 25-2148 [F.P. 1321714].)
2454 **Esso Research and Engineering Co.**, Elizabeth, N. J., USA, *Regenerieren der primären Oxydationsmittel für Brennstoffelemente.* (**Brit.P. 980596** vom 10/6. 1963, ausg. 13/1. 1965. U.S. Prior. 14/9., 19/10., 29/10. u. 27/11. 1962. — C. **1967,** 19-2313 [F.P. 1365569].)
2455 **Leesona Corp.**, Cranston, R. I., übert. von: **Harry G. Oswin**, Elmsford, N. Y., USA, *Brennstoffelement.* (**U.S.P. 3180762** vom 24/8. 1960, ausg. 27/4. 1965. — C. **1965,** 49-2084 [F.P. 1298261].)
2456 **Soc. Générale de Constructions Électriques et Mécaniques (Alsthom)**, Paris, Frankreich (Erfinder: **Bernard Warszawski**), *Brennstoffelement.* (**Brit.P. 1083598** vom 7/12. 1964, ausg. 13/9. 1967. — C. **1967,** 33-2295 [F.P. 1379798].)
2457 **Siemens-Schuckertwerke Akt.-Ges.**, Berlin und Erlangen, *Oniumsalzkomplexverbindungen.* (**Brit.P. 1062464** vom 26/3. 1964, ausg. 22/3. 1967. D. Prior. 30/3. 1963. — C. 1966, 26-2150 [D.A.S. 1200817].)

H–4. Glas, Keramik, Baustoffe

Glas

2458 **Kristallkeimbildung durch Verunreinigungen an Blasenoberflächen im Glas und Kristallwachstum.** Douglas M. Mattox. (J. Amer. ceram. Soc. **50** (1967) 12, 683; engl.) — An einem Glas der Zus. 41,0 (Mol-%) *CaO*, 6,0 Al_2O_3, 53,0 B_2O_3 wird die innere, von der Blasenoberfläche abhängige Entglasung beobachtet. Das Glas wurde in Pt-Tiegeln (1300°, 4 Std. u. 1200°, 1 Std.) geschmolzen, in Stahl- bzw. Graphittiegel gegossen (650°) u. auf Zimmertemp. abgekühlt. Innere Entglasung wurde nur bei Proben festgestellt, die in Graphitformen abgekühlt worden waren. Eine anschließende Wärmebehandlung (1 Std. 775°) hat ein Wachstum der schon vorhandenen Krist. zur Folge. Blasenoberflächen, an denen nach der Abkühlung keine Entglasung beobachtet worden war, zeigten keine Krist.-Bildung. Zwischen den Krist. u. den Blasenoberflächen konnte Graphit nachgewiesen werden.
H. Korn 6414

2459 **Struktur von Gläsern und Schmelzen im System $Na_2O \cdot GeO_2 \cdot B_2O_3$.** E. F. Riebling, P. E. Blaszyk und D. W. Smith. (J. Amer. ceram. Soc. **50** (1967) 12, 641—47; Corning, N.Y., Corning Glass Works, Res.. Dev. Labor.; engl.) — An tern. $Na_2O \cdot GeO_2 \cdot B_2O_3$-Schmelzen (600—1300°) u. Gläsern, die mehr als 35 Mol-% Na_2O enthalten, werden D. u. Viskositätsmessungen durchgeführt. Partielle molare Vol.-Modelle ergeben ein breites Stabilitätsgebiet für BO_4-*Tetraeder* in B_2O_3-reichen Schmelzen. Ähnliche Modelle für GeO_2-reiche Schmelzen deuten auf ein kleineres Stabilitätsgebiet für GeO_6-*Oktaeder* hin. Der Ausdehnungskoeff. umreißt u. die Viskositätsisothermen bestätigen die auf dem Vol. beruhenden Schlußfolgerungen über den Fl.-Zustand. Hochtemp.-Vol.-Modelle werden verwendet, um Glasvol.-Modelle zu entwickeln, die mit dem Experiment übereinstimmen. Es wird geschlußfolgert, daß die Schmelzen u. Gläser ähnliche Strukturen besitzen. Die relativ größere Stabilität der GeO_6-Oktaeder bei Ggw. von B_2O_3 (gegenüber Al_2O_3) wird auf die kleinere Anzahl von O-Ionen um das *B(III)*-Ion bei einem fixierten O/Ge-Verhältnis im Vgl. zum *Al(III)*-Ion zurückgeführt. Es wird eine allmähliche Abnahme der therm. Stabilität der GeO_6-Oktaeder in den GeO_2-reichen Schmelzen oberhalb 1000° festgestellt.
H. Korn 6414

2460 **Chemische Reaktion beim Heißpressen von Al_2O_3-Glaszusammensetzungen.** Mark A. Stett und R. M. Fulrath. (J. Amer. ceram. Soc. **50** (1967) 12, 673—76; Berkeley, Calif., Univ. of Calif., Coll. of Engng., Inorg. Mat. Res. Div.; engl.) — Der Einfl. von Temp., Druck, Teilchengröße u. Zeit auf die chem. Rk. in einem Zweiphasensyst. während des Heißpressens wird untersucht. Die Rk. zwischen *Al* u. *Na-Disilicatglas* u. die *Nephelit*-($Na_2O \cdot Al_2O_3 \cdot 2\,SiO_2$)-Bldg. werden durch Röntgenstrahlbeugung, Elektronenmikrosonde u. petrograph. Meth. verfolgt. Nephelit bildet sich an der Oberfläche des Al u. wächst in die Glasmatrix hinein.
H. Korn 6418

2461 **Wärmeimpulseffekte auf Glas.** R. A. Dugdale und S. D. Ford. (J. Mater. Sci. **2** (1967) 3, 260—68; Harwell, Berks., UK, Atom. Engng. Res. Establ.; engl.) — Drei Gläser (*Soda-*, *Borosilicat-* u. *Kieselglas*), die sich hinsichtlich der physikal. Eig. u. des therm. Ausdehnungskoeff. voneinander unterscheiden, werden in einer Gasentladungsröhre Wärmeimpulsen im Temp.-Bereich von 20—600° ausgesetzt. Die Energie nimmt in der Röhre exponentiell mit einer Zeitkonst. von 400 μs ab, dabei wirken bis zu 15 Joule/cm^2 auf die Probenoberfläche ein. Der therm. Schock, der von der Wärmeimpulsintensität u. der Temp.-Höhe abhängt, wirkt auf eine Oberflächenschicht von etwa 10^{-2} cm Dicke. Die elast. Energie pro Flächeneinheit der neuen Oberfläche, die durch die Risse frei wird, beträgt 10^4—10^5 erg/cm^2, wenn sich die Risse schnell ausbreiten. Der Ausdehnungskoeff., die Temp. sowie die Wärmeimpulsdauer u. Wärmeimpulsintensität beeinflussen die Rißbildung. Bei einer Temp. über 500° werden keine Risse beobachtet, u. die Wärmeimpulse, die die physikal. u. chem. Natur der Oberfläche infolge von Verdampfung verändern, rufen Festigkeiten von etwa 70000 lb/in^2 hervor. Diese Effekte werden auf Grund des Spannungsverh. diskutiert. Bei intensiver Behandlung wird Phasentrennung beobachtet, die vom Verdampfungsprozeß abhängig ist. H. Korn 6418

2462 **Kinetik der Verfärbung durch Strahlung und Lumineszenz von Alumophosphatgläsern.** Zdeněk Spurný und Josef Novotný. (Jaderná Energie **13** (1967) 10, 365—69; Ústav jaderného výzkumu ČSAV, Řež bei Prag; tschech.) — Alumophosphatglas (Verw. in der Dosimetrie) wurde auf Strahlungsverfärbung u. Lumineszenzeig. in Abhängigkeit von seiner Zus. (Beimengungen von Ni^{2+}, Mn^{2+}, Fe^{3+}), Schichtstärke (0 bis 4 mm), Temp. (20—300°) u. Art der Anregungsstrahlung (Röntgen u. UV) untersucht. Die Abhängigkeiten werden ausführlich diskutiert. Die Ergebnisse werden für die

Aufstellung eines physikal. Modells der Strahlungsprozesse im Glas ausgewertet.
Václav Kratochvíl 6426△

Keramik

2463 **Blähchemismus einiger Tone.** Pierluigi Martini. (Ind. ital. Cemento **37** (1967) 10, 717—24; ital.) — Zur Ermittlung der Bedingungen eines optimalen Blähgrades werden 10 ital. Tone (**A**) verschiedener Provenienz untersucht. Vers.-Bedingungen: Erhitzen auf 1175, 1200, 1225, 1250, 1275 u. 1300° im Rohrofen in feuchter oder trockener Gasatmosphäre (N_2, H_2, Luft, O_2, CO, CO_2, SO_2) unter Zusatz von organ. (Brennöl), anorgan. (SiO_2, Tonerde) Substanzen bzw. Mischen verschiedener **A** in variablen Anteilen. Opt. Begutachtung des Blähverh. (**B**) zeigt, daß **B** neben der chem. u. mineralog. Zus. von der Ofenatmosphäre mitbestimmt wird. **B** ist eine für jedes Material spezif. Eig., für die die jeweils charakterist. Temp.-Bereiche ermittelt werden. Voraussetzung für ein definiertes **B** ist ein vor dem Brand getrocknetes Material. Die chem., mineralog. u. granulometr. Zus. der **A** muß so beschaffen sein, daß ein pyroplast. Zustand vorliegt, wenn das spontane Gasfreisetzen (**C**) aus dem Innern der Tonpartikel in Gang kommt. Zwischen dem **C** im pyroplast. Zustand u. dem Verglasen des Scherbens soll in der keram. Praxis mindestens ein Temp.-Intervall von 50° bestehen. Die Unters. zeigen, daß es durch vorhergehende Prüfungen möglich ist, unbekannte **A** auf ihr **B** hin zu bestimmen.
W. Anika 6444

2464 **Safonovskij-Vorkommen von feuerfestem Ton.** V. V. Slesarevič und M. G. Suvorova. (Ogneupory **32** (1967) 2, 33—38; russ.) — In der Lagerstätte treten verfestigte, halbverfestigte, sandige, kohlige, stark Fe-haltige (5—10% Fe_2O_3) u. plast. Tone auf. Letztere teilen sich in eine kaolinit. Gruppe mit Hydroglimmern u. eine beidellit. Gruppe. Neben den Tonmineralen kommen noch vor: Quarz, Pyrit, Sidirit, Rutil, Turmalin, Zirkon u. Disthen. Der Al_2O_3/TiO_2-Geh. liegt bei 24—42%. Röntgenograph., DTA-, therm., sedimentationsanalyt., mkr. u. keram. Unters. wurden durchgeführt.
S. Seifert 6444

2465 **Halbsaurer Ton zur Herstellung von Pfannenziegeln.** B. A. Gotfrid. (Ogneupory **32** (1967) 4, 22—26; Geol. upravlenie central'nych rajonov; russ.) — Proben aus Tonlagerstätten im zentralen Teil der SU werden auf ihre Eignung für Schamottesteine u. deren Einsatz in Gießpfannen geprüft. Es erfolgt eine Einteilung in kaolinit., gemischte u. nichtkaolinit. Tone. Bei mehreren Tonen wird während des Brennprozesses ein Quellen beobachtet. Chem. Analysen mehrerer Proben werden angegeben.
S. Seifert 6444

2466 **Chlorierung mit Chlor, Chlorwasserstoff und Ammoniumchlorid von in keramischen Massen enthaltenen melanokratischen Eisenverbindungen bei hohen Temperaturen.** Marin Vancea, Dragoş Chelbea und Gavril Berindean. (Ind. uşoară **14** (1967) 8, 481—84; rum.) — Je 1 g Mineralpulver wurde bei 1000° 15 oder 30 Minuten lang mit Chlorgas behandelt, wobei die Fe-Verunreinigungen in Form von flüchtigen Chloriden entfernt wurden. Für Mineral mit geringem Fe-Geh. eignet sich hierzu NH_4Cl am besten. Vf. empfehlen die Chlorierung beim Brennen des Porzellans vorzunehmen. Dadurch können Rohstoffe minderwertiger Qualität, deren rheolog. Eig. unverändert bleiben, verwendet werden.
J. Philips 6444△

2467 **Hochfeste Porzellane auf Quarz- und Cristobalitbasis.** 2. u. 3. Mitt. K. H. Schüller. (Ber. dtsch. keram. Ges. **44** (1967) 6, 284—93; 8, 387—91; Lauf a. d. Pegnitz, Steatit-Magnesia AG; dt.) — 1. vgl. C. **1968, 3-2329.** — Der Einfl. der Brenntemp. auf die Bldg. von Cristobalit (**I**) im Scherben kann nur im Zusammenhang mit der Korngröße des Ausgangsmaterials betrachtet werden. Je feiner das Korn des Rohstoffs ist, desto leichter bildet sich **I** auch schon bei tiefer Temp., um so schneller wird er aber auch bei hoher Temp. wieder aufgelöst. Durch geringe Korngröße des Quarzes werden die mechan. Eig. auch dann erheblich verbessert, wenn er nicht in **I** übergeht. Zu weitgehende Auflsg. des feinen Quarzes muß durch Verminderung von Feldspat verhindert werden. Auch bei feingemahlenem **I** wird unter abgestimmten Versatz- u. Brennbedingungen eine Biegefestigkeit von 1200 kp/cm² erreicht. Wird er erst im Brand gebildet, liegt er stets in feiner Form vor u. begründet die hohe Festigkeit solcher Massen. — 69 Literaturangaben.
W. Gulbins 6450

2468 **Brennen kaustischen Magnesitpulvers.** N. F. Bugaev, K. V. Simonov, A. G. Belogrudov, A. I. Koržanevskij, E. P. Mezencev, V. A. Perepelicyn und N. N. Baranova. (Ogneupory **32** (1967) 2, 5—14; Zavod „Magnezit"; russ.) — Magnesitstaub mit >90% MgO (geglühte Substanz) zeigt bei verschiedenen Öfen eine starke Streuung im Körnungsaufbau u. in der Phasenzus. ($MgCO_3$, kaust. MgO, totgebranntes MgO). Zur Verbesserung der Sinterung werden 6—12% Chromit (ca. 50% Cr_2O_3) bzw. 3—5% Titanomagnetit-Konzentrat (ca. 45% TiO_2) zugesetzt. Nach der Sinterung werden >90% Periklas, etwas Merwinit, β-$2CaO \cdot SiO_2$ bzw. Monticellit nachgewiesen. Bei Zusatz von Konzentrat läßt sich $2MgO \cdot TiO_2$ röntgenograph. feststellen. Porositäten von <15% werden erreicht (beim Konzentratzusatz 12,6—12,9%).
S. Seifert 6456

2469 **Teer–Dolomit–Magnesit-Ziegel auf Basis von Dolomit des Alekseevskij-Vorkommens.** A. N. Novikov, Ju. S. Rodgol'c, A. V. Nepša, A. L. Nesterova, G. F. Gul'ev, G. N. Kozin, E. F. Vit' und A. P. Kudrina. (Ogneupory **32** (1967) 2, 18—21; VI ogneuporov; russ.) — Der Dolomit (30,65[%] CaO, 21,76 MgO) zeigte nach dem Brennen bei 1700° eine Porosität von 13,4%. Die Analyse ergab: 1,47(%) SiO_2, 3,59 R_2O_3, 57,37 CaO, 37,42 MgO u. 0,18 Glühverlust. Der gebrannte, mit 4—10% Teer vermischte Dolomit wurde zu Steinen verpreßt. Diese Steine hielten im Durchschnitt 203,3 Schmelzen aus. Für Novotroickij Dolomit wurden 179,2 Schmelzen erreicht. Das Roheisen enthielt: 0,61(%) Si, 0,9 Mn u. 0,055 S. Die Schlackenzus. lautete: 45,0 bis 57,5 CaO, 12,1—30,5 SiO_2 u. 4,8—15,8 FeO.
S. Seifert 6456

2470 **Mineralbildung in feuerfesten Cr–Magnesit-Materialien im Drehofen zur Herstellung F_2-freier Phosphate.** P. D. Pjatikop, Z. D. Žukova, G. F. Guzenko und T. A. Zadorožnaja. (Ogneupory **32** (1967) 2, 41—46; Ukrain. NII ogneuporov; russ.) — In der Ausmauerung einzelner Ofenpartien bilden sich z. T. deutlich 5 Zonen aus. Die wenig veränderte Zone enthält Cr-Spinell, Periklas u. wenig Silicate (Forsterit, Monticellit). Sie entspricht der Zus. des Originalsteins. In der Übergangszone sind CaO u. P_2O_5 nachweisbar. In der Infiltrationszone treten keine Poren mehr auf, u. die Silicate Forsterit, Monticellit u. anomal auslöschender Silicocarnotit ($5CaO \cdot P_2O_5 \cdot SiO_2$) sind gleichmäßig verteilt. In den Silicaten ist sek. Spinell nachweisbar. Der MgO-Geh. nimmt ab, u. die CaO-, P_2O_5- sowie SiO_2-Geh. nehmen zu. In der Arbeitszone nehmen die Geh. an Al_2O_3, CaO u. P_2O_5 zu u. an SiO_2 u. MgO ab. Der Periklasanteil geht zugunsten von sek. Spinell zurück. Im Bereich maximaler Temp. tritt Steadit $4(3CaO \cdot P_2O_5) \cdot 3CaO \cdot SiO_2$ auf. In der β-Form tritt meist $3CaO \cdot P_2O_5$ auf. Dieses bildet mit dem Forsterit des feuerfesten Materials ein Eutektikum bei 1308°. Eine Senkung des Silicatanteils im Stein u. eine geringere Porosität erhöhen die Steinhaltbarkeit. In der äußeren Schicht herrscht β-$3CaO \cdot P_2O_5$ vor, daneben treten Silicocarnotit, Spinell u. Glas in Erscheinung. Phosphat liegt bes. in grünlichen Partien vor. Die α—β-Umwandlung von $3CaO \cdot P_2O_5$ erfolgt bei 1400°.
S. Seifert 6456

2471 **Herstellung von Schamotteerzeugnissen aus Safonovskij-Ton.** L. A. Tichonova und N. S. Gaenko. (Ogneupory **32** (1967) 2, 22—25; VI ogneuporov; russ.) — Der Ton brennt bei ca. 1350° dicht. Schamotte (80—90%) aus diesem Ton, gemischt mit 10—20% Ton verschiedener Lagerstätten u. W. sowie Sulfitablauge, ergab Probesteine guter Qualität. Der Al_2O_3/TiO_2-Geh. beträgt 45,5%. Die Festigkeit liegt bei 277—392 kg/cm².
S. Seifert 6456

1472 **Pfannenziegel aus halbsaurem Ton.** A. K. Karklit, V. P. Zegžda, M. F. Lebedeva und R. V. Stepin.

(Ogneupory 32 (1967) 2, 14—17; VI ogneuporov; russ.) — Ton von Časov-Jarsk (20,0% Al_2O_3) u. Družkovsk (25,6% Al_2O_3) werden bei 1200° zu Schamotte gebrannt. Ab 1250° beginnt das Blähen. Aus einem Gemisch von 35(%) Ton u. 65 Schamotte bei 4,5—6% Feuchtigkeit werden Steine hergestellt u. in period. arbeitenden Öfen eingesetzt. Die Standzeit liegt 2—3 Schmelzen höher (12—13) als bei normalen Steinen (10,2). Da die Steine sehr dicht sind, zeigt die Rk.-Zone fast die gleiche Zus. wie die unveränderte Zone. S. Seifert 6456

2473 **Prüfung von Dinas mit Zusatz von Titan–Tonerde-Schlacke im Unterbau von Siemens-Martin-Öfen.** A. A. Bičurina, V. A. Bron, V. A. Perepelicyn, P. S. Mamykin und M. M. Kostomarov. (Ogneupory 32 (1967) 4, 27—29; Vostočnyj inst. ogneuporov; russ.) — Dinas mit 0,6—0,8% Ti–Tonerde-Schlacke zeigen gleiche Eig. wie normal aufbereitete Dinas. Die chem. Zus. lautet: 94,00—95,22(%) SiO_2, 1,22—1,28 Al_2O_3, 1,27—1,45 Fe_2O_3, 1,61—2,86 CaO u. 0,14—0,16 TiO_2. Die Kontaktzone zeigt Zunahme der Tridymitphase sowie deren Rekristallisation, Abnahme der Feuerfestigkeit durch Bldg. leicht schmelzender Phasen u. Zunahme der Dichtigkeit durch Aufnahme von Fe-Oxiden. In der wenig veränderten Zone treten Quarz, Tridymit, Glasphase u. in Rissen Metacristobalit auf. S. Seifert 6456

2474 **Heißpressen von durch thermische Zersetzung gewonnenem MgO.** I. S. Kajnarskij, M. I. Prokopenko und I. G. Orlova. (Ogneupory 32 (1967) 2, 46—53; Ukrain. NII ogneuporov; russ.) — Durch therm. Zers. von $Mg(OH)_2$ bzw. bas. Mg-Carbonat läßt sich aktiviertes, gut durch Heißpressen verdichtbares MgO gewinnen. Die Zers.-Temp. beeinflußt den Verdichtungseffekt. Mit normalem MgO werden beim Heißpressen (1500°) 93% der theoret. Dichte erreicht, bei aktiviertem 99,5%. Die DTA weist für $Mg(OH)_2$ bei 420° einen endothermen Entwässerungseffekt auf. Für bas. Mg-Carbonat — $5MgO \cdot 4CO_2 \cdot 5H_2O$ — treten endotherme Effekte auf bei 325, 430° u. 510°. Bei 505° erscheint ein exothermer Effekt, der die Kristallisation von amorphem MgO anzeigt. Bei 350, 420, 500, 900 u. 1000° hergestelltes MgO wird heiß verpreßt. Bei 500—700° u. 15min. Haltezeit erhaltenes MgO ergibt beim Heißpressen (1300—1600°) eine höhere Verdichtung. Bei niedrigeren Zers.-Temp. wird durch auftretende Diffusionsprozesse eine geringere Verdichtung erreicht. Für höhere Temp. ergeben sich schlechteres Sinterverh. des MgO u. größere Kristallite. Die Halbwertsbreite der Röntgeninterferenzen nimmt ab. Zusätze von 10—20% akt. MgO zu MgO für Leuchtstoffe ergeben eine Senkung der Heißpreßtemp. um 100—300° u. fast theoret. Dichte. Die große Vol.-Änderung (14fach) macht sich erschwerend bemerkbar. S. Seifert 6460

2475 **Selbstpulverisierung von Calciumorthosilicat und -aluminate enthaltenden Sintermassen nach der Theorie der Keimbildung.** Jerzy Grzymek und Jan Maciaś. (Cement-Wapno-Gips 22/34 (1967) 8, 229—32; Katedra Technol. Mat. Wiążących Akad. Górniczo-Hut niczej, Krakow; pol.) — Die die polymorphen Umwandlungen in Sintermassen, die Ca-Silicat u. -Aluminate enthalten, begleitenden Erscheinungen werden erörtert. Auf Grund der Theorie der Keimbldg. werden die besten Bedingungen der Wärmebehandlung ermittelt, die zur kontrollierten Selbstzerkleinerung der Proben führt. W. Wesly 6460

2476 Engelhard Industries, Inc., Newark, übert. von: Peter J. Murphy, Belleville, N.J., USA, **Dekoration von Keramik aus entglastem Material.** Eine Mischung aus organ. Edelmetall-Verb. u. 0,25—10 Molen Flußmittel auf 1 Mol Edelmetall wird mit einem organ. Bindemittel versetzt, auf die Keramik aufgetragen u. bei 900—1300° eingebrannt. (**U.S.P. 3266912** vom 29/3. 1961, ausg. 16/8. 1966.) — 9 S. H. Widmann 6448

2477 Eagle-Picher Co., Cincinnati, O., USA, **Emailfritte,** bestehend aus einem TiO_2-getrübten Borosilikatglas der Zus. 20—50 (Gew.-%) SiO_2, 7—25 B_2O_3, 0—5 P_2O_5, 0—5 ZnO, 0—25 Na_2O, 0—25 K_2O, 0—5 Li_2O, 0—20 F_2, 8—24 TiO_2, 0—4 Al_2O_3 u. 0—3 MgO; $Na_2O + K_2O + Li_2O$ soll 10—30 u. $B_2O_3 + P_2O_5 + F_2$ 10—30 ausmachen; als Rest können neben glasverträglichen Stoffen noch bis 2 V_2O_5, MoO_3 oder PbO vorhanden sein. — Beispiel: 43,20 SiO_2, 18,04 B_2O_3, 1,15 P_2O_5, 0,85 ZnO, 7,76 Na_2O, 7,91 K_2O, 0,84 Li_2O, 2,57 F_2, 18,52 TiO_2 u. 0,23 Al_2O_3. 0,30 Teile SiO_2 können durch V_2O_5 oder MoO_3 ersetzt werden. (**Brit.P. 1021998** vom 22/10. 1964, ausg. 9/3. 1966. U.S. Prior. 15/7. 1964.) — 4 S. Hans Hoffmann 6448

2478 Associated Lead Manufacturers Ltd., London, und James Arthur Gerald Bull, Hoole, Chester, Großbritannien (Erfinder: James Arthur Gerald Bull), **Zirkonhaltige Emailfritte.** Eine Mischung aus $ZrSiO_4$ u. einem Borosilikatglas wird bei >1500° so lange erhitzt, bis prakt. $ZrSiO_4$ in Lsg. gegangen ist, worauf die Masse abgeschreckt wird. (**Brit.P. 1032736** vom 12/11. 1963, ausg. 15/6. 1966.) — 3 S. Hans Hoffmann 6448

2479 Minnesota Mining & Mfg. Co. (Erfinder: Norman Henry Stradley), St. Paul, Minn., USA, **Säurefeste Emailfritte,** bestehend aus 30—45 (Mol-%) SiO_2, 12—22 TiO_2, wobei $SiO_2 : TiO_2$ zwischen 1,8 u. 3,5 liegt u. die Gesamtmenge an $SiO_2 + TiO_2$ 48—60 ist, 6—13 Li_2O, 4—12 K_2O u. 16—22 Na_2O ($Li_2O + K_2O + Na_2O$ = 30—40), 1—7 B_2O_3 u. 3,5 P_2O_5 ($B_2O_3 + P_2O_5$ = 2—8) u. das Verhältnis der Summe der Mol-% an SiO_2 u. TiO_2 zu TiO_2 lösenden Oxiden ≥ 6 ist. Geeignet zum Emaillieren der Oberfläche von Metallen mit hohem Al-Gehalt. (**Schwz.P. 414073** vom 4/12. 1958, ausg. 15/12. 1966.) — 10 S. Hans Hoffmann 6448

2480 Allis-Chalmers Mfg. Co., Milwaukee, übert. von: Ervin Colton, Wauwatosa, Wis., USA, **Feuerfestes Material.** Eine Mischung aus TiN, $MoSi_2$, VSi_2 u. $ZrSi_2$ sowie Si wird geformt u. bei 1500° in einer neutralen Atmosphäre gesintert. Das Material zeigt gegenüber NiN verbesserten Ox.-Widerstand u. ist beständig gegen heißes W. unter Druck. (**U.S.P. 3251698** vom 14/5. 1962, ausg. 17/5. 1966.) — 3 S. H. Widmann 6456

2481 Mineralimpex Magyar Olaj és Bányatermék Külkereskedelmi Vallalat, Budapest, Ungarn, **Feuerfester, basischer Stein.** Feuerfestes Material aus Magnesit und Chromerz wird geformt u. zum Teil zu Steinen gebrannt. Die gebrannten Steine werden mit ungebrannten vereinigt, mit Papier bedeckt, das mit Sulfitablauge getränkt ist, u. dann mit einem Metallblech eingefaßt. Durch die Zwischenlage soll die Steinedehnung bei Erwärmung aufgefangen werden. — Zeichnungen. (**Brit.P. 1032130** vom 31/12. 1962, ausg. 8/6. 1966. Ung. Prior. 30/12. 1961.) — 10 S. H. Widmann 6456

2482 Emilio Tassara, Genua, Italien, **Herstellung von feuerfesten Steinen für die Auskleidung von Metallschmelzöfen.** Die aus Magnesit oder Dolomit u. Teer oder Pech geformten Steine werden in oben offenen Behältern in eine Schicht von pulverförmigen Stoffen (Sand, Koks, Magnesit, Dolomit) eingebettet u. bei 500 bis 600° vorgebrannt, ehe sie in den Ofen eingebaut werden. Man verhindert so die vom Bindemittel herrührenden Störungen beim Anfahren des Schmelzofens. (**It.P. 640226** vom 28/10. 1960.) — 4 S. K. Koebke 6456

2483 E. I. du Pont de Nemours & Co., Wilmington, Del., USA, **Stabilisiertes Zirkonoxid.** Eine Mischung nach der Formel $n_xNb_xZr_{1-2x}O_2$, in der Ln eine Seltene Erde mit einer Ordnungszahl 64 bis 71, einschließlich Y bedeutet, u. x Werte von 0,015 bis 0,15 annehmen kann, wird geformt u. bei 1600° gesintert, bis eine feste Lsg. der Komponenten gebildet ist. Die Prod. bleiben stabil gegen Phasentransformation. (**Brit.P. 1048069** vom 19/10. 1965, ausg. 9/11. 1966. U.S. Prior. 20/10. 1964.) — 4 S. H. Widmann 6460

2484 Aeronca Mfg. Corp., übert. von: Robert E. Wiegert, Middletown, und Thomas J. Byrne, Franklin, O., USA, **Schaumstoffe aus Zirkonoxid.** Eine Mischung aus 76—80 (Teile) ZrO_2, 7—10 Al_2O_3, 0,1—0,2 Al u. 8—10 H_3PO_4 in wss. Lsg. u. überschüssiges W. wird aufgeschäumt, bei Raumtemp. stabilisiert u. dann bei

150—800 °F gehärtet. — Hochtemp.-beständig (2500 bis 3300°). (U.S.P. 3261696 vom 27/10. 1964, ausg. 19/7. 1966.) — 3 S. H. Widmann 6460

2485 **Russell Pearce Heuer**, Bryn Mawr, Pa., USA, *Herstellung von feuerfestem Material.* (Ind.P. 84 869 vom 30/10. 1962. — C. 1965, 25/26-2259 [U.S.P. 3 108 007].)

2486 **Union Carbide Corp.**, New York, übert. von: **Harry J. Brown**, North Tonawanda, N. Y., USA, *Herstellung von dichten, bruch- und spannungsfreien Gegenständen.* (Can.P. 682 541 vom 11/8. 1961, ausg. 17/3. 1964. U.S. Prior. 12/8. 1960. — C. 1966, 6-2398 [Oe.P. 233 269].)

2487 **Metallgesellschaft Akt.-Ges.**, Frankfurt/M. (Erfinder: **Volker Bock, Hugo Westenberger**, Frankfurt/M., und **Gerold Bauer**, Königstein/Taunus), *Schleifkörper.* (Schwz.P. 434 083 vom 29/11. 1962, ausg. 14/10. 1967. D. Prior. 6/12. 1961. — C. 1964, 16-1955 [D.A.S. 1 153 309].)

2488 **Jurid Werke G. m. b. H.**, Glinde/b. Hamburg, *Schleifmittel für Bremsen und Kupplungen.* (Brit.P. 1 064 127 vom 13/3. 1964, ausg. 5/4. 1967. D. Prior. 13/3. 1963. — C. 1967, 35-2646 [D.A.S. 1 230 205].)

Baustoffe

2489 **Dispergierende Wirkung von Lignosulfonat und Kohlenhydratsulfonat in der Ablauge von Sulfitzellstoff.** Akio Kobayashi, Tadaaki Haga und Kôichirô Satô. (J. Japan Wood Res. Soc. [Mokuzai Gakkaishi] **13** (1967) 3, 113—17; Tokyo, Kokusaku Pulp Ind. Co., Ltd.; jap.) — Aus Sulfitzellstoff-Ablauge von Fichtenholz wurden 4 Fraktionen isoliert. 1: Ba-Lignosulfonat (L.S.) mit hohem Molgew.; 2: Ba-L.S. mit verhältnismäßig niedrigem Molgew.; 3: wahrscheinlich Ba-Kohlenhydratsulfonat u. 4: die restlichen Bestandteile. Die Fraktionen 1 u. 2 dispergieren gut Schlämme aus Zement u. $BaSO_4$ bei Mengen von $>0,2\%$ (auf Feststoff bezogen). Die Fraktion 3 dispergiert Zementschlamm gut, Schlamm aus $BaSO_4$ nur wenig. Die Fraktionen 1 u. 2 beeinflussen auch das Lufthaltevermögen von Zementmörtel günstig, während 3 in dieser Hinsicht wenig wirksam ist. Ein Gemisch aus 1 u. 3 beeinflußt die Dispergierung u. das Lufthaltevermögen eines Zementmörtels proportional der Menge im Gemisch, eine gegenseitige Beeinflussung ließ sich nicht feststellen. F. Zeidler 6474

2490 **Wirkung von Lignosulfonat auf die Dispergierung und das Lufthaltevermögen.** Akio Kobayashi, Tadaaki Haga, Isao Yamakawa und Kôichirô Satô. (J. Japan Wood Res. Soc. [Mokuzai Gakkaishi] **13** (1967) 3, 118—22; Tokyo, Kokusaku Pulp Ind. Co., Ltd.; jap., Auszug: engl.) — Lignosulfonat (L.S.) aus Sulfitablauge dient als chem. Zumischung für Beton aus Portlandzement. Es wurden 4 Fraktionen von Ba-L.S. hergestellt, die sich im Molgew. u. Sulfonierungsgrad unterschieden. Der Dispergierungseffekt (A) der L.S. wurde nach ihrer Fähigkeit, die Viskosität von Zementschlämmen zu erniedrigen, bestimmt. Gute **A** hatten Fraktionen mit einem Molgew. von $20 \cdot 10^3 - 8 \cdot 10^3$. Die Adsorption an Zement erhöht sich mit steigendem Molgew. u. ist bei Molgew. $>14 \cdot 10^3$ bes. stark. Der Einfl. auf das Lufthaltevermögen (B) von Zementmörtel wurde an der Menge eingefangener Luft gemessen. Dieser Effekt erhöht sich mit fallendem Molgew. u. ist bes. ausgeprägt im Molgew.-Gebiet $<15 \cdot 10^3$. Bei Fraktionen mit gleichem Molgew. erhöht sich die Wrkg. auf **B** mit fallendem Sulfonierungsgrad. F. Zeidler 6474

2491 **Thermokinetische Untersuchung der Hydratisierung von Zementen.** O. P. Mčedlov-Petrosjan und V. L. Černjavskij. (Ž. neorg. Chim. **12** (1967) 8, 2138—41; russ.) — Auf Grund der thermokinet. Effekte bei der Erhärtung von Zementpasten wurde auf die Kinetik u. die Reihenfolge des Entstehens von Hydratformen geschlossen. Der erste exotherme Effekt an der $dQ/dt = f(t)$-Kurve entspricht der Benetzungswärme, der zweite charakterisiert den Bereich der höchsten Bldg.-Geschw. der hochsulfathaltigen Formen Ca-Hydrosulfoaluminat u. -Hydrosulfoferrit sowie von Ca-Hydroaluminaten verschiedener Basizität, der dritte Effekt fixiert die maximale Hydratationsgeschw. der Silicatphasen von Zement. J. J. Pohl 6476

2492 **Einfluß der Korngrößenverteilung von Zement auf seine Festigkeit.** Kazimierz Cichoń. (Cement-Wapno-Gips **22/34** (1967) 7, 200—04; Inst. Przemysłu Wiążących Mat. Budowlanych, Nowa Huta; pol.) — Der Zusammenhang zwischen der Korngrößenverteilung von Zement u. seiner Festigkeit u. die Abhängigkeit des Zerkleinerungsgrades von der Größe der Alitkrist. werden erörtert. Zemente, die aus Klinkern mit kleineren Alitkrist. hergestellt werden, weisen einen merklich größeren Zerkleinerungsgrad auf. W. Wesly 6476

2493 **Bestimmung der Mikroporenverteilung im Zementstein.** F. Wittmann und G. Englert. (Mater. Sci. Engng. [Amsterdam] **2** (1967) 1, 14—20; Phys.-Labor. des Materialprüfungsamtes für Bauwes., TH, München; dt.) — Für Zementsteinproben wurde aus W.- u. A.-Sorptionsisothermen nach der Meth. von Barrett, Joyner u. Halenda die Porenverteilung berechnet. Das Max. aller Kurven liegt bei etwa 20 Å. Die Porenverteilungskurve nach dem Desorptionsast hat ein höheres Max. als die nach dem Adsorptionsast, während Radien über 100 Å nach dem Adsorptionsast häufiger vorkommen, was sich mit der Modellvorstellung von flaschenförmigen Poren erklären läßt. Die Porenverteilungskurven unterscheiden sich dadurch, daß $\Delta v/\Delta r$ für W.-Sorption im ber. Verteilungsbereich etwa doppelt so groß ist wie für A.-Sorption. Als Erklärung dafür wird eine größere Verdichtung des W. bei der Adsorption u. eine Einlagerung in Zwischenkrist.-Schichten angegeben. Die Porenverteilungskurven für belastete u. unbelastete Proben unterscheiden sich nur durch die Höhe ihrer Maxima. G. Malow 6476

2494 **Erfahrungen und neue Erkenntnisse bei der Warmbehandlung von Beton.** Volker Leupolz. (Betonstein-Ztg. **33** (1967) 3, 114—18; Winnenden; dt.) — Überblick über den heutigen Stand: 1. Erwärmung der Zuschlagstoffe u. des Anmachwassers; 2. Aufheizen des Betons durch direktes Eindüsen von Dampf (Dampfhärtung); 3. Indirekte Erwärmung des Betons durch Strahlungs- u. Konvektionswärme. O. Schulze 6480△

2495 **Untersuchungen des Teilsystems CaO–$CaO \cdot SiO_2$–$CaSO_4$.** W. Gutt und M. A. Smith. (Trans. Brit. ceram Soc. **66** (1967) 11, 557—67; Building Res. Stat., Garston. Watford, Hertshire; engl.) — Mit Hilfe der DTA u. des Abschreckverf. werden isotherm. Schnitte im Syst. CaO–$CaO \cdot SiO_2$–$CaSO_4$ bei 1000 u. 1200° ausgeführt u. 100 Zus. ermittelt. Die Bldg. von Verb. u. festen Lsg. wird an wärmebehandelten u. abgeschreckten Proben mkr., röntgenograph. u. mittels DTA verfolgt. Der Nachw. von $(2CaO \cdot SiO_2)_2 \cdot CaSO_4$, die Polymorphie von $CaSO_4$ sowie bei $>1200°$ verlaufende Rk. werden beschrieben. W. Wesly 6482

2496 **Die neue DIN 1996 — Bitumen und Teer enthaltende Massen für Straßenbau und ähnliche Zwecke.** H. Schmidt. (Bitumen **29** (1967) 1, 1—8; Hamburg; dt.) O. Schulze 6490△

2497 **Weiterentwicklung des Baustoffes Asphalt im holländischen Wasserbau.** R. E. Kerkhoven. (Bitumen **29** (1967) 1, 9—17; Amsterdam, Koninklijke/Shell-Labor.; dt.) — Die für die Verw. im Wasserbau ermittelten wichtigsten Eig. der 4 Asphaltmischungsarten [Bitumensand, Asphaltmastix, dichter Asphaltbeton (Sandasphalt) u. grober Steinasphalt („Bitumarin"-Beton)] werden angegeben u. diskutiert. O. Schulze 6490△

2498 **Bestimmung des Bindemittelgehaltes von bituminösen Massen unter Verwendung eines Rotationsverdampfers.** L. Geldern. (Bitumen **29** (1967) 1, 18—20; Hamburg; dt.) — Der Rotationsverdampfer bildet den Kern der Vakuum-Dest.-App. u. besteht im wesentlichen aus dem beheizbaren, rotierenden 1 l-Dest.-Kolben, dem durch den Motor angetriebenen Dampfdurchführungsrohr, einem Kühler mit Vakuumstutzen u. der Vorlage. In den Vers. wurde Bzl. als Lsgm. eingesetzt. Der Zeitbedarf für die Dest. betrug $\approx 50\%$. Ergebnisse u. Grenzen der Meth. werden angegeben. O. Schulze 6490△

2499 Polysius G. m. b. H., Neubeckum, **Thermische Trocknung von Filterschlamm,** z. B. von Zement-, Kalk-, Magnesit-, Dolomit- u. Rotschlammschlicker, erfolgt mit geringem Energieaufwand durch Zerschlagen des Filterkuchens mit einem Desintegrator zu Teilchen von ≤ 30, bes. 25 mm Größe, wodurch die beim Absaugen entstandenen Porenkanäle bes. an der Oberfläche des

Teilchens erhalten bleiben. — Zeichnung. (**Brit.P. 1053226** vom 11/10. 1963, ausg. 30/12. 1966. D. Prior. 21/11. 1962.) — 4 S. G. Frikell 6476

2500 FMC Corp., New York, N.Y., übert. von: Walter C. Lapple, Mountainside, N.J., USA, **Herstellung von Phosphor- und Calciumsilicat-Zementklinker** erfolgt aus Phosphaterzen, die vorgereinigt u. durch Zumischen von Kalk, SiO_2 u. Al-haltigen Verb. auf ein Gesamtmolverhältnis für CaO/SiO_2 von etwa 3 gebracht werden, wobei das Molverhältnis für freies CaO/SiO_2 mindestens 1,7 u. der Al_2O_3-Geh. des Klinkerprod. 3 bis 9 Gew.-% beträgt. Die agglomerierte Mischung wird in Ggw. von W. zur Fluorentfernung auf 1050 bis 1500° unter Kohlenstoffzusatz in der für die Red. erforderlichen Menge im Fließbett erhitzt. Die Red. erfolgt danach in einer 1200 bis 1500° heißen Zone unter Bldg. von *CO*, *elementarem Phosphor* u. *Calciumsilicat-Zementklinker*. (**U.S.P. 3235330** vom 20/6. 1962, ausg. 15/2. 1966.) — 8 S. H.-W. Wille 6476

2501 Emilio Polzinetti, Florenz, Italien, **Hydraulische Bindemittel,** wie *Zement*. Ein Zusatz von 3% Bentonit beim Vermahlen erhöht die Dichte u. verringert die Hydratationswärme beim Anmischen mit Wasser. (**It.P. 630723** vom 8/3. 1960.) K. Koebke 6476

2502 Emilio Polzinetti, Florenz, Italien, **Feuchtigkeitsbeständiges weißes Bindemittel für Bauzwecke,** verwendbar als *Ersatz* für *Weißzement*, erhält man durch Vermischen u. Vermahlen von 60 (Teilen) $Ca(OH)_2$ mit 40 amorphem SiO_2 oder Kieselgur. (**It.P. 628564** vom 8/3. 1960.) — 1 S. K. Koebke 6476

2503 Aluminum Laboratories Ltd., Montreal, übert. von: Victor A. Braunwarth, Alexander Gordon Nickle und Norman W. F. Phillips, Aroida, Quebec, Canada, **Feuerfester Mörtel.** Eine Mischung aus Al_2O_3 mit —325 Maschen-Körnung, davon mindestens 2% $<1\,\mu$ u. $AlCl_3$, $AlCl_3 \cdot 6H_2O$, $AlPO_4$, $Al_2(SO_4)_3$, $Al(NO_3)_3$ als Bindemittel, wird als Mörtel für feuerfestes Mauerwerk verwendet. (**U.S.P. 3274008** vom 23/12. 1963, ausg. 20/9. 1966.) — 10 S. H. Widmann 6482

2504 STECCO Soc. An. de Technique Chimique, Genf, Schweiz, **Reinigungsmittel für Steine,** bestehend aus NH_4HF_2 oder HF, Oleylamidacetat, oberflächenakt. Mitteln u. als Trägersubstanzen Bentonit u. SiO_2. (**Schwz.P. 402243** vom 22/2. 1962, ausg. 31/5. 1966.) — 3 S. G. Koch 6484

2505 Ronald J. Cooper, **Herstellung von Baumaterial** durch Mischen eines mineral. Füllstoffs, bes. Diatomeenerde, mit fl. Polyesterharz, u. Härten des Harzes durch Zusetzen eines 50—60% Methyläthylketon-Peroxid in Dimethyl-Phthalat enthaltenden Katalysators u. eines 4,5% metall. Co enthaltenden Beschleunigers. (**Aust.P. 264723** vom 18/5. 1961, ausg. 10/2. 1966.) — 10 S. K. Demmler 6486

2506 V. S. Bobrovnickij, V. F. Žigalkovič und L. K. Petrov, **Herstellung von Harz,** das als *Baumaterial* verwendet werden kann, durch Polykondens. von Anilin (**I**), Acetylen (**II**) u. Furfurol (**III**) in Ggw. von CuCl oder NH_3. — 2,25 (g Mol) **I** u. 20,9 g CuCl werden mit **II** gesätt., dann wird mit 10 ml 25%ig. NH_3 u. nach Mischen mit 2,8 **III** versetzt. Die Rk.-Masse erwärmt sich, die Temp. darf 100° nicht überschreiten u. soll durch Kühlen möglichst bei 70° gehalten werden. Nach Ende der Rk. wird 40 Min. auf dem W.-Bad bis zur Bldg. einer pastenartigen Masse erwärmt; nach erneutem Kühlen erhält man ein festes, schwarzes *Harz*, gut lösl. in Aceton, Dichloräthan u. Bzl., unlösl. in A. u. Ae.; Erweichungspunkt 122—125°. Nach Zermahlen u. Trocknen bei 75—80°/40 Torr wird 0,5 Std. auf 170° erwärmt, wobei das Harz in den Resitol-Zustand übergeht: Thermoreaktives *Harz*. — Weitere Beispiele. (**UdSSR.P. 151813** vom 19/3. 1962.) — 2 S. F. Eßer 6486

2507 Roger Michoud, Yverdon, Schweiz, **Verkleben von Siliconelastomeren mit Baumaterial,** wie Beton, Ziegeln, Mischungen von Zement u. synthet. Fasern unter Verw. eines in einem Lsgm., wie a) Ae., b) Methylcyclohexan, c) Cyclohexan oder Mischungen aus a) u. b) bzw. a) u. c), gelösten filmbildenden Silicons in Mengen von 3—30%, wobei das Lsgm. als Träger u. Katalysator dient. (**Schwz.P. 406496** vom 18/9. 1962, ausg. 15/8. 1966.) — 2 S. G. Czerwony 6486

2508 United States Rubber Co., New York, N.Y., übert. von: Charles R. Peaker und Carmine C. Di Maria, Naugatuck, Conn., USA, **Kautschuk-Asphalt-Mischungen, besonders für Straßenbaumassen,** u. deren Herstellung. Man bringt in den fl. Asphalt eine Mischung von 40—60 (Teilen) Synth.-Kautschuk aus 80—50 Butadien (**I**) u. 20—50 Styrol (**II**) u. 60—40 Kunstharz aus 75—90 **II** u. 25—10 **I** ein. — *Vorr.*, *Zeichnung*. (**U.S.P. 3242114** vom 28/8. 1961, ausg. 22/3. 1966.) — 3 S. M. Böttcher 6490

2509 **Klöckner-Humboldt-Deutz Akt.-Ges.** (Erfinder: **Franz Müller, Bernhard Kohlhaas** und **Leonhard Winners**), *Erhitzen und Brennen von Alkali enthaltendem Zementrohmaterial*. (**Aust.P. 253 630** vom 14/10. 1960, ausg. 3/9. 1964. D. Prior. 17/10. 1959 u. 27/2. 1960. — C. **1966,** 3-2928 [Ind.P. 73 792].)

2510 **International Speed Crete Research Corp.** (Erfinder: **Joseph W. Stamps** und **Melvin J. Berthelot**), *Schnell erhärtender Zement*. (**Aust.P. 262 191** vom 18/9. 1962, ausg. 7/10. 1965. — C. **1965,** 3-2124 [D.A.S. 1 171 793].)

2511 **Sauveur Ingrassia,** Tunis, Tunesien, *Baukörper mit gefärbter oder dekorierter Oberflächenschicht*. (**U.S.P. 3 179 730** vom 25/11. 1960, ausg. 20/4. 1965. — C. **1966,** 5-2256 [F.P. 1 245 105].)

2512 **Akt.-Ges. Balmholz,** Oberhofen, Schweiz, *Bituminöse Straßenbaustoffe*. (**Brit.P. 1 002 639** vom 24/1. 1963, ausg. 25/8. 1965. Schwz. Prior. 25/1. 1962. — C. **1966, 12-2203** [F.P. 1 344 787].)

H–5. Metallurgie

2513 **Schwefel in polnischen Eisenerzen und in Krupp-Renneisenschwamm.** Bogusław Barczyk und Henryl Cierpiał. (Hutnik **34** (1967) 1, 23—28; pol.) — Übersicht über den S-Geh. der poln. Fe-Erze u. das Verh. von S beim Waschen u. Rösten. S im Krupp-Rennverf. u. Meth. zur Verringerung des S-Geh. in Fe-Erzen. M. Sidillo 6506

2514 **Anreicherung von Saranov-Chromiten.** V. V. Kljačin und R. L. Gabdulchaev. (Ogneupory **32** (1967) 4, 19—21; Inst. „Uralmechanobr"; russ.) — Das Erz enthält 60—80(%) Cr-Spinell mit Serpentin u. 20—40 Chlorit, Talk u. Carbonat u. hat die chem. Zus.: 33,72 Cr_2O_3, 0,97 CaO u. 9,81 SiO_2. Durch Schweretrennung im Hydrozyklon, Herdaufbereitung u. Einsatz von Spiralklassierern lassen sich Konzentrate mit ca. 40% Cr_2O_3 u. folgenden Fraktionen herstellen: 10—5, 5—3, 3—2, 2—1 u. 1—0 mm. S. Seifert 6506

2515 **Extraktion von brasilianischem Aluminiumphosphat-Erz nach dem Naßalkaliverfahren und einer Kombination von Trocken- und Naßverfahren.** Tsuyoshi Arimori und Saburo Kataoka. (J. chem. Soc. Japan, ind. Chem. Sect. [Kōgyō Kagaku Zasshi] **70** (1967) 3, 274—77; Dep. of Ind. Chem., Tokyo Techn. College, Tokyo; jap.) — Die optimalen Bedingungen zur Extraktion von Al_2O_3 u. P_2O_5 aus brasilian. Al-Phosphaterz nach dem Naßalkaliverf. werden ermittelt. Die Kombination von Trocken- u. Naßverf. zur Extraktion von Al_2O_3 u. zur PO_4^{3-}-Umwandlung in citronensäurelösl. P_2O_5 (Kalzinierung mit $CaCO_3$ u. *NaCl*) führt bei optimalen Arbeitsbedingungen zu einer Ausb. von 88(%) Al_2O_3 u. 40 citronensäurelösl. P_2O_5. Das kombinierte Verf. erscheint weniger erfolgversprechend als das Alkaliverfahren. W. Wesly 6506

2516 **Natur und physikalische Konzentration spanischer uranhaltiger Quarzite.** F. de Lora. (Int. atomic Energy Agency, Vienna, Panel Proc. Ser., Processing Low-Grade Uranium Ores, Vienna **1966** (1967) 143—56; Junta de Energia Nucl., Madrid; span.) — Das radioakt. Vers.-Muster enthielt 130 (ppm) U_3O_8, 300 ThO_2, 4,96% ZrO_2 u. 14,29% TiO_2. Es kann als rutil-zirkon-führender Quarzit bezeichnet werden, dessen Radioaktivität sowohl von dem im Zirkongitter eingeschlossenen U als auch von Monazit stammt. Ti ist hauptsächlich als Rutil vorhanden. Bei Flotationsvers. ergab die Verw. von *Ölsäure* als Sammler gute Zr-Ausbeute. F. Hochstetter 6506

2517 **Spanische radioaktive Lignite; Natur und Löslichkeit des Urans.** J. M. Josa, J. L. Merino und A. Villoria. (Int. atomic Energy Agency, Vienna, Panel Proc.

Ser., Processing Low-Grade Uranium Ores, Vienna **1966** (1967) 157—71; Junta de Energia Nucl., Madrid; span.) — Etwa 70 radioakt. Lignitproben mit 20—1200 ppm U wurden zur Gewinnung von U untersucht (ohne u. nach Rösten des Rohstoffes). Einfl. von Korngröße, Säuremenge, Temp., Zeit u. Ox.-Mitteln wurden geprüft. F. Hochstetter 6506

2518 **Stationäres Auslaugen spanischer Uranerze.** G. Cordero, P. Gasos, J. L. Merino und E. Suarez. (Int. atomic Energy Agency, Vienna, Panel Proc. Ser., Processing Low-Grade Uranium Ores, Vienna 1966 (1967) 172—92; Junta de Energia Nucl., Madrid; span.) — Die untersuchten U-Erze waren sowohl bez. U-Geh. (250—2000 ppm) als auch Gesteins- u. Gangart sehr verschieden. Vers. erstreckten sich auf Verw. verschiedener Lsgm., fester Reagenzien (*Pyrit*), alkal. *Carbonate* u. H_2SO_4. U wurde aus den Lsg. erst durch Fällung, dann durch Ionenaustausch u. Extraktion mit Aminen gewonnen. F. Hochstetter 6506

2519 **Behandlung uranhaltiger Erze Portugals durch natürliches Lösen.** J. De Lacerda. (Int. atomic Energy Agency, Vienna, Panel Proc. Ser., Processing Low-Grade Uranium Ores, Vienna **1966** (1967) 101—18; Junta de Energia Nucl., Lissabon, Portugal; franz.) — Nach Vermischen mit 0,4(%) *Pyrit* bzw. 0,2 $FeSO_4$ wird das aufgeschichtete Erz (mit 0,076—0,150 U_3O_8) intermittierend mit Grubenwasser besprengt. Die Lsg. werden gesammelt; sie enthalten je nach Erz zwischen 0,28 u. 0,81 g/l U_3O_8. Sofern sie nicht in eine nahegelegene U-Fabrik geleitet werden können, wird U mit *Mg* gefällt, Ausb. zwischen 57,7 u. 85,9%. F. Hochstetter 6506

2520 **Gewinnung von Uran aus Grubenwässern.** P. Sugier. (Int. atomic Energy Agency, Vienna, Panel Proc. Ser., Processing Low-Grade Uranium Ores, Vienna **1966** (1967) 96—100; CEA, Chatillon-sur-Bagneux, Frankreich; franz.) — Sofern Gruben mit U-haltigen Abwässern in der Nähe von U-Fabriken liegen, werden die Abwässer zur Aufarbeitung unmittelbar dorthin geleitet. Andernfalls wird bei der Grube mit *Kalkmilch* neutralisiert. Das untersuchte Grubenwasser enthielt 100 mg/l U bei ~1,9 mg/l SO_4. Unter Verw. von *Separan NP 20* erhielt man ein Konzentrat mit 12% U. Einzelheiten gehen aus Übersichten u. Fließbild hervor. F. Hochstetter 6506

2521 **Gewinnung von Uran aus Urangrubenwässern und Lösungen von der Kupfererzlaugung.** D. R. George und J. R. Ross. (Int. atomic Energy Agency, Vienna, Panel Proc. Ser., Processing Low-Grade Uranium Ores, Vienna **1966** (1967) 227—34; Salt Lake City Metallurgy Res. Center, Utah; engl.) — Aus U-Grubenwässern mit 5—15 ppm U_3O_8 werden durch Ionenaustausch ~200 lb U_3O_8/Tag gewonnen. Der Betrieb der Austauschkolonnen wird ausführlich geschildert. In Lsg., die bei der Auslaugung von Cu aus Gestein entstehen, wurden 2—12 ppm U_3O_8 gefunden. Hieraus könnten 6000 lb U_3O_8/Tag gewonnen werden. Für die Fl.-Extraktion kommen tert. Amine mit geraden Ketten (Tricaprylylamin) u. quatern. NH_4-Verb. (Tricaprylyl-methyl-NH_4Cl) in Betracht. Für den Ionenaustausch wurde eine bes. Kolonne entwickelt, die näher beschrieben wird. F. Hochstetter 6506

2522 **Ranstad — eine neue Urangewinnungsanlage.** A. Peterson. (Int. atomic Energy Agency, Vienna, Panel Proc. Ser., Processing Low-Grade Uranium Ores, Vienna **1966** (1967) 193—209; A/B Atomenergi, Stockholm; engl.) — Nach Beschreibung von geolog. Unterlagen u. Förderung (im Tagebau) werden die einzelnen Abschnitte der U-Herst., Mahlen, Lösen, Ionenaustausch, Extraktion u. Fällung beschrieben. Es wird ein U-Konzentrat mit 70,9% U gewonnen. Bilder, graph. Darst. u. Übersichten unterstützen die Ausführungen. F. Hochstetter 6506

2523 **Grundlegende Untersuchungen über die Flotation von Eisensulfid-Mineralien. 4. Mitt. Schwankungen der Flotationsfähigkeit von Pyriten.** Taneomi Harada. (J. Mining metallurg. Inst. Japan **83** (1967) 949, 749—53; jap.) — Unters. über die Schwankung der *Flotationsfähigkeit* (**A**) von Pyriten bei Verw. von *Xanthogenaten* (**I**) zeigen, daß bei den angewandten Arbeitsbedingungen Schwankungen der Flotationsausb. von ≈30% auftreten. **A** steigt mit Abnahme des interplanaren Abstandes, des abs. Wertes des thermoelektr. Potentials u. der Ox.-Geschwindigkeit. Die Beziehung zwischen **A** mit **I** u. der natürlichen **A**, der Einfl. der Ox. auf die Flotationsausb. u. der Einfl. der Aktivierung mit $CuSO_4$ werden erörtert. W. Wesly 6507

2524 **Einblasen von Kohlenstaub an einem großen Hochofen.** A. A. Akberdin, B. V. Archipov, I. P. Belousov, V. G. Voskobojnikov, I. M. Galemin, A. K. Gusarov, N. E. Dunaev, V. V. Emušincev, T. I. Kuchtin, A. G. Michalevič, N. S. Mjačin, B. G. Plastinin, A. K. Ponomarev, R. D. Simbinov, L. M. Chazanov, G. L. Cymbal, N. V. Cytovič und A. B. Glovackij. (Stal' **26** (1966) 9, 776—81; russ.; Stal in Dtsch. **7** (1967) 1, 8—13; CNIIČM, Karaganda; dt.) — Durch Einblasen von Kohlenstaub in das Gestell eines großen Hochofens wird die prinzipielle Möglichkeit des Ersatzes eines Teiles des Kokses durch Kohlenstaub nachgewiesen. Dabei wird die Staubmenge bis auf 80 kg/t Roheisen gesteigert. Der Austauschkoeff. zwischen Koks u. Kohle beträgt 0,61—0,64 kg Koks/kg Kohlenstaub bei 31—34% Asche u. 20—22% flüchtigen Bestandteilen in der Kohle. Die Hochofenleistung steigt dabei um 1,2—2,0%. H. Hochstein 6510

2525 **Sinterung von Eisenoxid.** Junzō Shimoiizaka, Akira Kōnosu und Katund Nakazuka. (J. Mining metallurg. Inst. Japan **83** (1967) 949, 755—58; jap.) — Die Sinterung von Fe_3O_4, Fe_2O_3 u. *FeO* wird durch Messung der linearen Schrumpfung als Funktion der Sinterungszeit verfolgt. Die Kingerysche Gleichung ist auf Fe_2O_3, nicht aber auf Fe_3O_4 u. FeO anwendbar. Die Aktivierungsenergie der Sinterung von Fe_2O_3 beträgt 114 (kcal/Mol) in guter Übereinstimmung mit dem Wert der Selbstdiffusion des Fe-Ions; der Wert für Fe_3O_4 u. FeO beträgt 150 u. ist viel höher als der Wert für die Selbstdiffusion des Fe-Ions. Die Sinterung von Fe_2O_3 wird durch die Diffusion des Fe-Ions, die von Fe_3O_4 u. FeO durch die Diffusion des O-Ions bestimmt. W. Wesly 6516

2526 **Rückgewinnung von Metallen aus den zum Auslaugen von Pyritabbrand verwendeten Lösungen.** Yoshikazu Yamamichi. (J. Mining metallurg. Inst. Japan **83** (1967) 949, 759—64; jap.) — Aus Pyritabbrand werden *Cu*, *Zn* u. *Co* mit verd. H_2SO_4-Lsg. ausgelaugt. Cu wird als Cu_2Cl_2 ausgefällt oder elektrolyt. gewonnen. Die selektive Fällung von Co als *Sulfid* oder *Xanthogenat* wird untersucht. W. Wesly 6517

2527 **Gieß-Fließvermögen von Blei-Antimon-Legierungen.** N. F. Dewsnap und J. Devenport. (J. Inst. Metals **95** (1967) 9, 263—67; South Austral. Inst. of Technol.; engl.) — Unters. über das *Gieß-Fließvermögen* (**GF**) von Pb-Sb-Leg. mit ≦30(%) Sb bei verschiedener Abkühlungsgeschw. u. die Best. der Dauer des **GF** bis zur Erstarrung zeigen, daß ein maximales **GF** bei Leg. mit 17—19 Sb entsprechend der Abkühlungsgeschw. auftritt. Die Befunde werden auf Grund des Nichtgleichgew.-Abkühlungsverh. erklärt. W. Wesly 6520

2528 **Einfluß des Reinheitsgrades auf einige Eigenschaften hochschmelzender Metalle.** E. Raub und E. Röschel. (Metall **21** (1967) 1, 1—9; Schwäbisch Gmünd, Forsch.-Inst. für Edelmetalle u. Metallchem.; dt.) — Nach Erörterung der Unterschiede der plast. Eig. der vier kub. flächenzentrierten *Pt-Metalle* wird am Beispiel von *Pt* gezeigt, daß die Eig. dieser Metalle durch metall. Verunreinigungen bestimmt werden. Für die Eig. der kub. raumzentrierten Metalle der Va-Gruppe des Period. Syst. sind die nichtmetall. Verunreinigungen, wie *O*, *N*, evtl. *C*, von bes. Bedeutung. Durch sie kann der Einfl. von Fremdmetallen auf die mechan. Eig. überdeckt werden. Schmelzen im Elektronenstrahl bewirkt bei den Va-Metallen im allgemeinen Herabsetzung der für die plast. Eig. bes. wirksamen gasförmigen Verunreinigungen. Metalle als Desox.-Mittel wirksame Zusätze, wie *Seltenerdmetalle*, können eine Entgasung herbeiführen u. damit die plast. Eig. verbessern. — 21 Literaturangaben. F. Vier 6521

2529 **Wachstum und Verteilung von aus einer schichtähnlichen Einschlußgruppe bestehenden Einschlüssen bei der Desoxydation von flüssigem Eisen mit Aluminium.** Yoshimoto Wanibe und Kôkichi Sano. (Nippon Kinzoku Gakkai-Si [J. Japan Inst. Metals] **31** (1967) 6, 795—801; Fac. of Engng., Univ. of Nagoya; jap.) — Unters. über das Wachstum u. die Verteilung von schichtähnlichen Al_2O_3-Einschlüssen, die beim Eintauchen eines Al-Stabes in O enthaltendes, fl. Fe entstehen, zeigen, daß die dendrit. wachsenden Einschlüsse (l = langer, d = kurzer Durchmesser) der Näherungsgleichung folgen: $l = 1470\,d^2$ [cm] (d u. $l > 1 \cdot 10^{-3}$ cm). In Proben mit einem O-Anfangsgeh. von $\approx 0{,}05\%$ werden die Abmessungen der größten Al_2O_3-Einschlüsse bestimmt; der Wachstumsmechanismus wird durch Diffusion von Al_2O_3-Mol. erklärt. Mit Zunahme von O-Anfangsgeh. u. Rk.-Dauer nehmen Zahl u. Wachstum der Einschlüsse zu. Der Einfl. der Bldg. der Einschlußgruppe auf den Koeff. der Diffusion von Al in das fl. Fe wird erörtert. W. Wesly 6522

2530 **Viskosität synthetischer Schlacken des Systems $CaO-MgO-SiO_2-Al_2O_3$.** M. K. Zil'ber. (Izvest. Akad. Nauk SSSR, Metally **1967, 4,** 35—43; Čeljabinsk; russ.) — Die Viskosität η des Syst. mit 22—55(%) *SiO_2*, 20—50 *CaO*, 5—15 *Al_2O_3* u. 5—10 *MgO* wurde im Temp.-Intervall zwischen 1250—1500° untersucht, die Übergangstemp. ermittelt u. die resultierenden Diagramme η-Zusammensetzungs-Temp. graph. dargestellt. Mit steigender Basizität steigt η allg. an. Minima erscheinen bei 5(%) Al_2O_3 bei 1250° für Geh. von 55 SiO_2 u. 20—25 CaO (10^4 Poise); bei 10 Al_2O_3 bei 45—60 SiO_2 u. 50—55 CaO (10^{10} Poise); bei 15 Al_2O_3 ist der η-Verlauf kompliziert u. zeigt 3 flache Maxima. Im Vgl. mit natürlichen Schlacken besitzen die synthet. bes. oberhalb 1200° niedrigere η-Werte; die natürlichen sind infolge weiterer Beimengungen zäher u. werden um 1180—1200° schon fest, während die synthet. bei 1120° oft noch flüssig sind. J. Tůmová 6522△

2531 **Elementverteilung bei der Hochofenschmelze von Titanomagnetiten.** I. N. Zacharov, S. V. Šavrin und E. I. Zajceva. (Izvest. Akad. Nauk SSSR, Metally **1967,** 4, 14—20; Sverdlovsk; russ.) — Bei der Hochofenverarbeitung von Titanomagnetiten kommt es zu Verlusten an *Fe, V, Cr* u. bes. *Ti* (Summe in *Roheisen, Schlacke* u. *Flugstaub* nur 70—80% der Beschickung). Es zeigt sich, daß außer Metall u. Schlacke schwerschmelzende Konglomerate entstehen, die aus Koksresten, niereren Ti-Oxiden, Ti-Carbonitrid bzw. Metallteilchen bestehen u. in der Schlacke eingeschlossen sind. Eine Phasenanalyse einzelner Konglomeratkomponenten zeigt als Phasenbestandteile *Melilith* u. *Titanavgit* (HCl-lösl.), *Ti-Carbonitrid* u. *Perowskit* ($KHSO_4$-lösl.), während der unlösl. Rest aus *Baikalit* besteht. J. Tůmová 6528△

2532 **Beschreibung des Verfahrens der Herstellung von Stahl durch Zerstäuben.** Anonym. (Iron Steel Engr. **45** (1967) 1, 124, 129—30; engl.) — Das näher beschriebene Spray-Verf. der BISRA besteht darin, das geschmolzene Gut durch mehrere O_2-Ströme unter Druck zu zahlreichen Tröpfchen zu verteilen u. dabei *C, Si, Mn* u. *P* zu oxydieren. Die Vorteile des Verf. werden erörtert. W. Wesly 6535

2533 **Die Stahlerzeugung in 100 t-Sauerstoffaufblas-Konvertern.** S. G. Afanas'ev, V. O. Kulikov, E. V. Tret'jakov, M. M. Šumov, N. G. Zarubin, Z. D. Ėpštejn, V. Ja. Bušnev, P. Ja. Kravcov, V. K. Didkovskij, A. V. Marinin, V. A. Bol'šakov und E. G. Galaton. (Stal' **29** (1966) 9, 788—91; russ.; Stal in Dtsch. **7** (1967) 1, 21—25; Zentrales Forsch.-Inst. für Schwarzmetallurg.; dt.) — O_2-Aufblasen mittels einer Mehrlochlanze verbessert die technolog. Verhältnisse der Chargenführung u. erhöht das Ausbringen. Im Vgl. zur Verw. einer zylindr. Einlochlanze werden bei der Mehrlochlanze die Entkohlung u. Gasentw. gleichmäßiger, wodurch die Blasintensität erhöht wird, der absol. S-Geh. des Stahles wird bei gleichem Mn-Geh. des Roheisens niedriger als bei Verw. von Einlochlanzen. H. Hochstein 6535

2534 **Schmelzen von Stahl in Großraum-SM-Öfen mit Zusatz des Sauerstoffs in das Bad.** V. T. Garčenko, V. P. Pogorelyj, L. M. Efimov, E. A. Grekov und L. I. Nikitina. (Stal' **26** (1966) 9, 801—02; russ.; Stal in Dtsch. **7** (1967) 1, 36—37; dt.) — Durch O_2-Zusatz in das Stahlbad von Großraum-SM-Öfen wird die mittlere Ofenleistung u. damit das Blockausbringen wesentlich erhöht. Auch wird ein verminderter Verbrauch an Ox.-Mitteln (Erz, Sinter, Walzsinter) festgestellt. H. Hochstein 6535

2535 **Einblasen von Sauerstoff geringer Reinheit in das Bad von SM-Öfen.** M. Ja. Medžibožskij, N. M. Vinogradov, N. M. Blaščuk, I. B. Sukstul'skij, A. Ch. Dymnič, Ju. S. Vil'skij und I. I. Pelipenko. (Stal' **26** (1966) 9, 792—96; russ.; Stal in Dtsch. **7** (1967) 1, 25—31; dt.) — Die Betriebskennziffern von 200 bis 400 t-SM-Öfen werden bei Verw. von O_2 geringer Reinheit nicht verschlechtert. Der im Blasmedium fehlende O_2 wird durch Erhöhung des O_2-Anteils aus der Ofenatmosphäre infolge intensiverer Durchmischung des Bades bei ein- u. derselben Wärmeaufbeschlagung kompensiert. Die Entkohlungsgeschw. bleibt dabei unverändert u. der spezif. O_2-Verbrauch sowie die Entw. des braunen Rauches verringern sich. H. Hochstein 6535

2536 **Mechanismus der Desoxydationsreaktion von geschmolzenem Stahl.** Kazuteru Senda. (Trans. Iron Steel Inst. Japan **7** (1967) 3, 134—43; Kanto Special Steel Works Ltd., Tsujido, Fujisawa; engl.) — Unters. über das Verh. von O in geschmolzenen Stählen mit 0,65 (0,24) (%) *C*, 0,82 (0,03) *Si*, 0,13 (0,05) *Mn*, 0,012 (0,010) *P*, 0,011 (0,011) *S*, 0,16 (0,02) *Cu*, 1,65 (0,53) *Cr*, Spuren (0,095) *Al* u. 0,0115 (0,0237) *O* bei Zusatz von *Al* oder *Si* zeigen, daß Oxideinschlüsse zwischen den Verzweigungen der dendrit. Struktur vorliegen. Alle in festem Stahl vorhandenen Einschlüsse sind aus der Schmelze beim Erstarren ausgeschieden worden. In der Schmelze befinden sich vor der Erstarrung keine suspendierten Desox.-Prod.; diese werden an der Tiegeloberfläche ausgeschieden. In einigen Fällen sind die Desox.-Prod. dendritisch. Aus diesen Befunden werden Schlußfolgerungen auf den Mechanismus der Desox. gezogen. — Diskussion, 27 Literaturangaben. W. Wesly 6535

2537 **Entkohlungsreaktion in einem Sauerstoffkonverter und Möglichkeit einer Computerüberwachung auf ihrer Basis.** Takehiko Fujii, Taiji Araki und Katsukiyo Marukawa. (Tetsu-to-Haganė [J. Iron Steel Inst. Japan] **53** (1967) 8, 973—82; jap.) — Unters. über den Mechanismus der Entkohlung von Stahl mit O_2 im Labor., im Siemens-Martin-Ofen bzw. im O_2-Konverter zeigen, daß die Blasdauer beim Konverter auf Grund der Merkmale der Entkohlungsrk. in 3 Perioden zerfällt. Auf Grund dieser Tatsache wird ein Überwachungssyst. für den Konverter („Entkohlungsmodellsyst.") entwickelt. Die Möglichkeit, den C-Geh. u. die Temp. bei der Entkohlung von einem Computer zu überwachen, wird aufgezeigt. W. Wesly 6535

2538 **Effektivität der Verwendung von Chromerz bei der Erschmelzung von chromlegierten Elektrostählen.** V. A. Romenec, I. A. Lubenec, V. T. Afonin und N. A. Tulin. (Stal' **26** (1966) 9, 803—08; russ.; Stal in Dtsch. **7 (1967) 1,** 38—44; Moskauer Inst. für Stähle u. Leg.; dt.) — Empfohlen wird die Verw. von Cr-Erz im Einsatz beim Erschmelzen von Cr-Stählen im Elektroofen, da hierdurch der Verbrauch an *Ferrochrom affiné* verringert wird. Ein Cr-Erzverbrauch bis zu 20% des metall. Einsatzes ist technolog. möglich, jedoch werden optimale Kennwerte bei einem solchen Verbrauch von 15—17% erreicht. Bei einem höheren Verbrauch an Cr-Erz nehmen Schmelzdauer u. Energieverbrauch zu, u. die erhöhte Schlackenmenge wirkt sich ungünstig auf den Schmelzprozeß aus. H. Hochstein 6536

2539 **Erschmelzung wolframhaltiger Stähle zur Herstellung hochfester Rohre.** V. K. Laptev. (Stal' **26** (1966) 9, 797—99; russ.; Stal in Dtsch. **7** (1967) 1, 31—34; Azerbajdžan. Rohrwalzwerk; dt.) — Durch direktes Legieren von Stahl in der Gießpfanne mit W-haltigen Briketts aus *Scheelit*-Konzentraten wird bei bester W-Ausnutzung ein hochwertiger Stahl erzeugt. Bei der Brikettzugabe (1,2% des Chargengew.) erwärmt sich der fl. Stahl in der Gießpfanne um 5°, hierbei bildete sich eine CaO-Al_2O_3-Schlacke, durch welche der fl. Stahl gefeint wird. S-Geh. u. Geh. an nichtmetall. Einschlüssen nehmen ab. H. Hochstein 6536

2540 **Ultraschallbehandlung von borhaltigen Stählen.** I. I. Teumin, I. S. Lupakov und V. I. Lomakin. (Stal' **26** (1966) 9, 834—36; russ.; Stal in Dtsch. **7** (1967) 1, 71—74; dt.) — Ultraschallbehandlung von Blöcken aus den hochborhaltigen Stählen *Ch18N10R3* u. *Ch18N6* · *G9R3* (mit > 3% B) während der Erstarrung in der Kokille verfeinert die Boridphase im gesamten Block u. erhöht die Gefügegleichmäßigkeit, wodurch die Festigkeitseig. der Stähle erhöht u. ihre Verformbarkeit verbessert werden. H. Hochstein 6536

2541 **Erhöhung der Festigkeit von Baustählen durch Legieren mit Vanadin.** M. I. Gol'dštejn und L. M. Panfilova. (Stal' **26** (1966) 9, 866; russ.; Stal in Dtsch. **7** (1967) 1, 105—06; Uraler wissenschaftliches Forschungsinst. für Schwarzmetalle; dt.) — Die Stähle *20*; *45*; *40Ch* u. *38ChS* mit einem V-Zusatz bis zu 0,1% haben im warmgewalzten u. normalisierten Zustand eine erhöhte Festigkeit. Eine maximale Festigkeitssteigerung um 10—15 kp/mm² wird nach Härten u. hohem Anlassen erzielt. Die plast. u. Zähigkeitseig. ändern sich bei geringen V-Zusätzen nicht wesentlich. Die Festigkeitssteigerung wird durch Ausscheidungshärten mit feindisperser *VC*-Ausscheidung erzielt. Eine weitere Festigkeitssteigerung um 20—30 kp/mm² wird durch Legieren der Baustähle mit V (ca. 1%) u. *N* (0,02—0,04%) erreicht, wobei auch eine wesentliche Verbesserung der Einhärtetiefe u. der Härtbarkeit der Stähle erreicht wird. Empfohlen wird folgende Stahlzus.: 0,32—0,38(%) C, 0,17—0,37 Si, 0,25—0,50 Mn, 1,8—2,4 Cr, 0,08—0,12 V, bis 0,035 S, bis 0,035 P, 0,03—0,05 Al, 0,02—0,04 N. Zweckmäßig wird dieser Stahl von 980° abgeschreckt u. bei 600° angelassen; gute mechan. Eig. werden auch im warmgewalzten Zustand u. nach dem Normalglühen (mit u. ohne Anlassen) erreicht. H. Hochstein 6536

2542 **Struktur und Eigenschaften unterschiedlich erschmolzener Baustähle.** Ja. E. Gol'dštejn, M. B. Balachovskaja, V. G. Kapel'nickij und N. V. Kejs. (Stal' **26** (1966) 9, 837—41; russ.; Stal in Dtsch. **7** (1967) 1, 74—79; Forschungsinst. für Metallurgie Celjabinsk; dt.) — Elektro-Schlacken- u. Vakuum-Lichtbogen-Induktionsschmelzen üben einen günstigen Einfl. auf mechan. u. technol. Eig. der Baustähle *18Ch2N4VA*, *40ChNMA* u. *35Ch2GSMA* aus. Der Einfl. dieser Schmelzverf. ist unterschiedlich u. hängt von der Zus. (C-Geh.) des Stahles u. seiner Warmbehandlung ab. H. Hochstein 6536

2543 **Verteilung von Kohlenstoff und Legierungselementen zwischen Mischkristall und Carbid im Stahl.** L. S. Livšic und V. S. Ščerbakova. (Izvest. Akad. Nauk SSSR, Metally **1967**, **4**, 73—76; Moskva; russ.) — Es wird gezeigt, daß die Gleichgew.-Verteilung von carbidbildenden Elementen im Stahl zwischen Mischkrist. u. Carbid nur bis zu bestimmten krit. Geh. möglich ist, deren Beziehung konst. ist (Me/C = K_{krit}). Oberhalb. K_{krit} kommt es zur Herabsetzung des C-Geh. u. zu akt. Anreicherung des Mischkrist. durch Leg.-Elemente. Die K_{krit}-Werte wurden für folgende Elemente bei 700° bestimmt (durch Diffusion u. Carbidisolierung) *Mn* 5,9(%); *Cr* 4,8; *Mo* 7,9; *W* 14,6; *V* 4,0 u. *Nb* 7,0. J. Tůmová 6536△

2544 **Ziehbarkeit von schwach gekohlten Stickstoff-Aluminium-Stählen.** Nobuhisa Ujiiye, Atsuwo Takahashi, Kazuo Tachimoto und Hajime Nakamura. (Trans. Iron Steel Inst. Japan **7** (1967) 1, 29—44; Res. Inst. Ishikawajima-Harima Heavy Ind. Co. Ltd., Tokyo; engl.) — Unters. über die Ziehbarkeit von schwach gekohlten N-Al-Stählen zeigen, daß Proben mit < 0,03(%) *C*, < 0,05 *Si*, 0,2—0,5 *Mn*, 0,010—0,022 *N* u. dem 2,5—6fachen *Al*-Geh. (bezogen auf den N-Geh.) eine erhöhte Ziehbarkeit aufweisen. Die Herst. erfolgt durch Walzen bei 800—920, vorzugsweise 850°, Anlassen bei 700—850, vorzugsweise 800°, u. Luftabkühlung. Die Ursachen der verbesserten Ziehbarkeit u. die Einfl. von freiem N, freiem Al, Rest- u. rekrist. *AlN* werden erörtert. W. Wesly 6536

2545 **Kriecheigenschaften eines austenitischen Cr-Ni-Mo-Stahles in Abhängigkeit vom Gefüge.** L. M. T. Hopkin und L. H. Taylor. (J. Iron Steel Inst. **205** (1967) Part 1, 17—27; Nat. Phys. Labor., Teddington; engl.) — An von 1050° an Luft abgeschreckten Proben aus zwei Stählen Typ *316* (AN u. BL) unterschiedlicher Festigkeit mit 0,05(%) *C*, 1,38 *Mn*, 16,52 *Cr*, 10,38 *Ni*, 2,18 *Mo*, 0,039 *N* u. 0,003 *B* sowie bzw. 0,039 *C*, 1,50 *Mn*, 16,90 *Cr*, 12,15 *Ni*, 2,50 *Mo*, 0,0275 *N* u. 0,0003 *B* werden elektronenmkr. Beobachtungen zur Unters. des Einfl. des Gefüges (Ausscheidung von $M_{23}C_6$ u. *B*) auf das Verh. in Zeitstandvers. bis 20000 Std. bei 600—700° durchgeführt. Nach der Warmbehandlung bei 1050° ist die Prüfdehngrenze von AN höher als die von BL, wahrscheinlich infolge der größeren Konz. von Einlagerungselementen in fester Lsg. in AN. In AN sind die $M_{23}C_6$-Teilchen u. auch andere, während der Zeitstandprüfung ausgeschiedene Phasen feiner u. zahlreicher als in BL. Eine Regelung der B- u. N-Geh. bei hohen Werten ergibt eine hohe Kriech- u. Zeitstandfestigkeit der beiden Stähle. H. Hochstein 6536

2546 **Technologie der Erzeugung von Manganlegierungen.** Ja. V. Daševskij, N. V. Matveenko und A. M. Samarin. (Izvest. Akad. Nauk SSSR, Metally **1967**, **4**, 21—27; Moskva; russ.) — Darst. der Meth. zur Erzeugung von *Ferromangan*, bzw. *Ferrosilicomangan* mit niedrigem *P*-Geh. unter bes. Berücksichtigung sowjet. Erze. Bes. wird auf die Herst. von Ferromangan mit niedrigem P-Geh. durch schlackenfreies Schmelzen aus Konzentrat mit 48% *Mn* u. 0,15—0,17% *P* (wird durch Mischen von Carbonatkonzentraten verschiedener Herkunft erhalten) hingewiesen; bei dieser Meth. steigt die Ausb. an Mn auf 94—96% im Vgl. zu 70% bei dem Schlackenverf. u. der Energieverbrauch sinkt von 4200 auf 2600 kW/t. — 26 Literaturangaben. J. Tůmová 6537△

2547 **Untersuchungen über Erniedrigung des Kohlenstoffgehalts im Ferrowolfram.** Zdzisław Kuliński, Eugeniusz Gürtler und Bonifacy Loska. (Hutnik **34** (1967) 1, 5—9, 2 Tafeln; pol.) — Vers. ergaben, daß Verw. von hohen Spannungen in der letzten Phase des Schmelzens zu keiner Erniedrigung des C-Geh. in Ferrowolfram führten. Um den C-Geh. von 0,45% zu erreichen, muß mindestens 5,0 Nm³ O_2-Gas mit einem Druck von 8 atü nach dem Schmelzen des letzten Ansatzes in etwa 15 Min. eingeblasen werden. M. Sidillo 6537

2548 **Zur Ferroniobherstellung.** N. P. Ljakišev, V. A. Bogoljubov, G. F. Ignatenko, Ju. L. Pliner, N. I. Subbotin, S. I. Lappo und E. A. Knyšev. (Stal' **26** (1966) 9, 809—10; russ.; Stal in Dtsch. **7** (1967) 1, 45—46; CNIIČM; dt.) — Bei Überprüfung der verschiedenen Herst.-Technologien von Ferroniob (kohletherm., silicotherm. u. aluminotherm. Verf.) zeigt sich, daß die Erzeugung von Ferroniob im Elektroofen mit Abstich der Schmelze günstiger ist als die Erschmelzung außerhalb des Ofens (Blockverfahren). Es wird höhere Nb-Ausb. bei gleichzeitig höherer Qualität der Ferroleg. u. bei geringerem Al-Verbrauch erzielt. H. Hochstein 6537

2549 **Spezialkoks für die Erschmelzung hochsiliciumhaltiger Ferrolegierungen.** V. A. Kravčenko, A. A. Serebrennikov, V. G. Beleckij, L. I. Bojkov, V. S. Zel'din, V. M. Zajčenko und V. Ja. Cepurit. (Stal' **26** (1966) 9, 811—12; russ.; Stal in Dtsch. **7** (1967) 1, 47—48; Forschungsinst. für Spezialstähle der Ukraine; dt.) — Schwachmetamorph umgewandelte Kohlen können bei Mischung von Gaskohlen mit langflammiger Kohle zweckmäßig als Ersatz für die selteneren Sorten zur großtechn. Erzeugung von Spezialkoks für die Herst. von Ferroleg. verwendet werden. Bei Verw. von solchem Koks bei Vers.-Schmelzen von 75%ig. *Ferrosilicium* wird der spezif. Elektroenergieverbrauch um 2,7% gesenkt u. die Elektroofenleistung um 6,2% gesteigert. H. Hochstein 6537

2550 **Einfluß von Verunreinigungen auf die sekundäre Rekristallisation von Ferrosilicium.** Takashi Matsuoka. (Tetsu-to-Hagané [J. Iron Steel Inst. Japan] **53** (1967) 8, 1007—23; jap.) — Unters. über den Einfl. von Verunreinigungen auf die Entw. der sek. *Rekristallisations*(**A**)-

(110)[001]-Textur von Ferrosilicium zeigen, daß *TiC*, *VN*, *NbC* u. *AlN* die **A** fördern, nicht aber *BN* u. *ZrC*. Die erforderlichen Mengen an Verunreinigungen entsprechen 0,04(%) *Ti*, 0,07 *V* bzw. 0,02 *Nb*. Das Löslichkeitsprod. [%M] [%C] bzw. [%M][%N] (M = verunreinigendes Element) der wirksamen Einschlüsse beträgt $10^{-3}-10^{-5}$ bei **A**-Temperatur. Einschlüsse in der Größenordnung von 0,1 μm sind in den Probestreifen nach **A** dichter verteilt, als 10^{12} Teilchen/cm^3.
W. Wesly 6537

2551 **Ausscheidungs- und Aushärtungsverhalten von Kupfer-Nickel-Aluminium-Legierungen.** W. Leo und G. Wassermann. (Metall **21** (1967) 1, 10—14; Clausthal, TH; dt.) — Das Ausscheidungs- u. Aushärtungsverh. von Cu-Leg. mit 6 (%) Ni u. 1,5—5 Al wurde untersucht u. die Änderungen des elektr. Widerstandes während der Auslagerung bestimmt. Die beobachtete Widerstandszunahme bei niedrigen Auslagerungstemp. hängt offenbar mit Ordnungsvorgängen innerhalb der Matrix zusammen. *Ni_3Al* scheidet sich bei der Auslagerung kohärent aus. Ähnliche Vorgänge, wie bei den aushärtbaren Leg. auf Ni-Cr-Basis mit Al-Zusätzen, laufen ab. Zusätzlich treten bei Leg. mit 5 Al zuerst an den Korngrenzen, später im Korninneren *NiAl*-Teilchen auf. Die Bldg. dieser Phase wird durch Verformung vor der Auslagerung beschleunigt.
F. Vier 6545

2552 **Ausscheidungen in Cu-Ni-Zn-Si-Legierungen.** O. Knotek und H. T. Steine. (Metall **21** (1967) 1, 14—16; Lausanne; dt.) — 7 verschiedene *Neusilber*-Leg. mit 3(%) Ni, 0,3 Si, 0,3 Sn u. 41—54 Cu, Rest Zn wurden metallograph. u. durch Thermoanalyse untersucht. Mit zunehmendem Cu-Geh. nahm die Härte ab. Bei Geh. bis 46 Cu wurde nur $\beta + \gamma$-Gefüge beobachtet. Hier treten keine Si-Ausscheidungen auf. Je höher der γ-Anteil im Gefüge ist, umso härter ist die Legierung. Ab 48 Cu besteht das Gefüge aus β + Si-Ausscheidungen. Leg. mit Ausscheidungen der γ-Phase müssen beim Löten vermieden werden, da sonst Brüchigkeit in der Grenzschicht auftritt. Dagegen sind sie für verschleißfeste Auftragungen geeignet.
F. Vier 6545

2553 **Beitrag zur elektrolytischen Abscheidung des Mangans.** László Fekete. (Neue Hütte **12**, (1967) 1, 17—18; Budapest; dt.) — Auf Grund der Ergebnisse von Unters. über die elektrolyt. Mn-Gewinnung bei Verw. von Zellen mit Diaphragmen (dünnes Inlett bzw. dichtes Filtertuch) u. eines $MnSO_4$ u. H_2SO_4 enthaltenden Elektrolyten wird ein Nomogramm angegeben, das den Zusammenhang zwischen Konz. des Frischelektrolyten, Durchlässigkeit des Diaphragmas u. pH-Wert des Katholyten veranschaulicht. Bei Anwendung eines Inlettdiaphragmas wird der pH-Wert des Katholyten nur stabilisiert, wenn der Anolyt ca. 50 g/l H_2SO_4 enthält. Diese Konz. ist nur dann gesichert, wenn bei Verw. von Anoden aus Pb-Leg. mit 1% Ag zwischen den Mn^{2+}-Konz. von Frischelektrolyt u. Katholyt eine Differenz von ca. 27 g/l besteht. Die obere, zulässige Mn^{2+}-Konz. im Frischelektrolyten beträgt 49 (g/l). Die $H_2 \cdot SO_4$-Konz. des Anolyten steigt auf rund 70 g/l, so daß sich das pH des Katholyten auf 6,2 vermindert. Bei Zufuhr eines stärker konz. Frischelektrolyten würde der Katholyt zu sauer werden.
W. Wesly 6549

2554 **Carbidothermische Herstellung von Vanadinmetall und Vanadinlegierungen.** R. Kieffer, H. Bach und H. Lutz. (Metall **21** (1967) 1, 19—22; Wien, TH; dt.) — Es wurde versucht, die bei der Herst. von Nb erfolgreiche Oxid-Carbid-Red. auch bei der Herst. von V-Metall anzuwenden. Bei den Red.-Vers. hatte wiederholtes Indirektsintern mit zwischengeschaltetem Aufmahlen des Rk.-Prod. oder das Arbeiten in schmelzfl. Phase im Lichtbogenofen wenig Erfolg. Hier wirkte sich das Auftreten eines niedrig schmelzenden Eutektikums *V-C-O* störend aus. Am besten eignete sich eine Kombination von zwei Indirektsinterungen mit einer Direktsinterung. Durch Sinterung im direkten Stromdurchgang kann die Rk.-Zeit wesentlich gekürzt werden. Die Herst. von duktilen Leg. von V, z. B. mit *Nb*, ist nach dem beschriebenen Verf. möglich.
F. Vier 6551

2555 **Reinigung von Beryllium durch Zonenschmelzen und Ziehen aus der Schmelze.** V. N. Grinjuk, I. I. Papirov, G. F. Tichinskij und I. G. Djakov. (Izvest. Akad. Nauk SSSR, Metally **1967**, 4, 77—84; Charkov; russ.) — Das Zonenschmelzen von *Be* (99,9%) sowie der *Leg. Be-Y* (0,2 [%]), *Be-Fe* (1), *Be-Mo* (0,2) u. *Be-C* (0,05) wurde an senkrechten Stäben (40 mm/Std., im Vakuum) nach jedem Durchgang metallograph. (Oberflächenätzen in HNO_3 + HF) untersucht. Infolge Verdampfung (*Mg*, *Mn*) u. Anreicherung an der Oberfläche wird 99,96—99,97%ig. Be nach 6 Durchgängen erhalten; begünstigend wirkt Stromdurchgang [Wechselstrom, besser Gleichstrom, 4 A/mm^2 (intensive Rührung der Schmelze)], wobei Einkrist. erhalten werden [Fläche (0001) parallel der Probenachse]. Die Reinigung der Leg. verläuft ohne Störung durch weitere Elemente; nur werden keine Einkrist. erhalten. Die Reinheit von nach Czochralski aus der Schmelze gezogenen Einkrist. gleicht der nach 2 Durchgängen der Zonenschmelzung.
J. Tůmová 6552△

2556 **Raffination von Aluminium. Dichten geschmolzener Elektrolyte des Systems Natriumfluorid-Bariumchlorid-Aluminiumfluorid.** Kentarô Taniuchi und Toshihiko Satô. (J. Mining metallurg. Inst. Japan **83** (1967) 949, 765—69; jap.) — Unters. von Salzschmelzen des Syst. NaF-$BaCl_2$-AlF_3 (F. 700—850°) zeigen, daß die D. der geschmolzenen Salze bei 850° zwischen 2,3 u. 2,8 g/cm^3 liegt u. mit steigendem Geh. an $BaCl_2$ zunimmt. Im bin. Syst. NaF-$BaCl_2$ erfolgt die Rk.: NaF + $BaCl_2$ → NaCl + BaFCl. Bei konst. $BaCl_2$-Geh. zeigt sich die höchste D. bei einem NaF-AlF_3-Molverhältnis von 3:1 nach Ablauf der Rk. zwischen NaF u. $BaCl_2$. Die aus der D. der einzelnen Salze errechneten D. stimmen gut mit den gemessenen Werten überein. Niedrige F. treten auf bei Zus. von 10—40 (%) NaF, 50—70 $BaCl_2$ u. 5—25 AlF_3.
W. Wesly 6556

2557 **Untersuchungen zur Beeinflussung der Preßbarkeit und Grobkornneigung bei AlMgSi1.** G. Scharf, D. Achenbach und W. Gruhl. (Metall **21** (1967) 3, 183—89; Leichtmetall Forsch.-Inst., Vereinigte Aluminium-Werke AG, Bonn, dt.) — Die Vers. zur Beeinflussung von Austrittsgeschw. u. Kornausbldg. von *AlMgSi* durch Barrenglühtemp. u. Preßtemp. zeigen, daß mit steigendem *Mn*- oder *Cr*-Geh. die Neigung zur Grobkornbldg. u. die Preßgeschw. abnimmt. Bei steigendem Cr-Geh. tritt bes. starker Abfall der Preßgeschw. auf; 0,1—0,5% *Fe* zeigt keinen wesentlichen Einfluß. Mit zunehmender Barrenglühtemp. nehmen Preßgeschw. u. Rekristallisationsneigung, d. h. Grobkornbldg. zu.
K. Krone 6556

2558 **Aushärtung von Aluminium-Silber-Kupfer-Legierungen.** H. Borchers und G. Thym. (Metall **21** (1967) 3, 190—95; Inst. für Metallurg. u. Metallkunde, TH München; dt.) — Unters. zur Aushärtung von Al-reichen Al-Ag-Cu-Leg. an *AlAg 10Cu3*, *AlAg20Cu2* u. *AlAg30Cu1* durch Brinell-Härtemessungen ergaben, daß bis 100° Auslagerungstemp. eine Kalthärtung auftritt, die durch den Cu-Geh. infolge Zonenbldg. stark beeinflußt wird. Nach längeren Auslagerungszeiten tritt bei Lagertemp. über 150° Warmhärtung auf, wobei beträchtlich höhere Härtewerte als bei den bin. Al-Ag-Leg., jedoch nach etwa gleichen Zeiten erreicht werden. Eine zusätzliche Belegung der {100}-Ebenen neben den {111}-Ebenen durch ausgeschiedene Cu-reiche Phasen ist hierfür verantwortlich. Die Warmhärtung wird durch vorhergegangene Kalt- oder Warmhärtung bei geringen Temp. nicht beeinflußt, während Kaltverformung nach Abschrecken von der Lösungsglühtemp. durch vermehrte Keimbldg. beschleunigte Ausscheidung u. erhöhte Härtewerte verursacht.
K. Krone 6556

2559 **Neue Entwicklungsrichtungen in der Pulvermetallurgie.** R. Kieffer und G. Jangg. (Chemie-Ing.-Techn, **39** (1967) 1, 43—53; Inst. für chem. Technol. anorg. Stoffe, TH Wien; dt.) — Überblick über die Entw. der Pulvermetallurgie in den letzten 10 Jahren u. die wichtigsten Fortschritte auf dem Gebiet der Pulvergewinnung u. bei der Verarbeitung der Pulver zu Formteilen. Die bisher erzielten Eig. u. neuere Anwendungen der pulvermetallurg. hergestellten Prod., wie z. B. hochschmelzende Metalle, Hartmetalle, zunderfeste Werkstoffe, Auftropf-Leg., Schwitz-Kühl-Leg., gesinterte

Formstücke aus Fe- u. Cu-Leg., metall. Verbundkörper, dispersionsgehärtete Leg., werden behandelt, wobei an Beispielen die Bedeutung aufgezeigt wird, die die Pulvermetallurgie u. a. für den Automobilbau, die Elektroindustrie, die Kerntechnik u. die Raketenentw. erlangt hat. — 146 Literaturangaben.

K. Reichmann 6569

2560 **Einfluß von Wasserdampf und Stickstoff in Sinteratmosphären auf die Korrosionsbeständigkeit von gesintertem rostbeständigem Stahl.** F. Sweett, D. W. Tanner, R. F. G. Gardner und D. W. West. (Brit. Corrosion J. **2** (1967) 1, 25—29; Melbourne, Victoria, Australien; engl.) — Pulvermetallurg. hergestellte Stahlproben Typ *316 L* (16,3 [%] Cr, 13,8 Ni, 1,89 Mo, 0,61 Si 0,35 Mn, 0,033 C) sind in 5% *NaCl*-Lsg. korrosionsbeständig, wenn die Sinterung unter Bedingungen erfolgt, die die Bldg. von *CrN* u. Cr_2O_3 einschränkt. Die Aufheizung der Proben auf Sintertemp. in gespaltenem NH_3 oder H_2 mit je 100 ppm W.-Dampf hat keinen Einfl. auf die Korrosionsbeständigkeit, hingegen ist der Einfl. bei der Abkühlung beträchtlich. Sie sollte 100—200°/min betragen, um die Korrosionsbeständigkeit der Proben zu erhalten. Ein Abschrecken ist nicht erforderlich, wenn die Proben gesintert u. gekühlt werden in H_2-Atmosphären mit < 50 ppm W.-Dampf (Taupunkt —48°). Die Abkühlung erfolgt hier von 1150° auf 300° über 4 Stunden. Der Einfl. des W. beruht auf der Cr-Ox. oberhalb 750°. Die W.-Bldg. wird in einem stahlverkleidetem Ofen mit Stahlschiffchen (25 Cr—20 Ni-Stahl) durch Rk. zwischen den Proben u. H_2 vermieden.

J. Morgenthal 6569

2561 **Elektrostatische Trennung von α-Quarz und α-Siliciumcarbid.** William E. Foreman. (Rev. Ind. minérale **49** (1967) 6, 432—41; Virginia Polytechn. Inst., Blacksburg, Va.; franz.) — Vers. wurden mit einem *Carpco*-Separator bei Spannungen von 4—43 kV durchgeführt. Ergebnisse gehen aus Übersicht u. Diagrammen hervor. Wesentlich für gute Trennung (d. h. Festhaften des Quarzes auf der Trommel) sind Spannung, sowie Feuchtigkeit, Temp. u. Geschw. der Zugabe u. Geschw. der Walze. Die Temp. der zu trennenden Mischung beträgt am besten gegen 200°. Langsamere Umdrehungsgeschw. begünstigt das Festhaften des Quarzes.

F. Hochstetter 6571

2562 **Walzplattieren strukturfreier Aluminiumwerkstoffe.** Wolfgang Bunk. (Z. Metallkunde **58** (1967) 10, 665—70; Wuppertal-Barmen, Julius u. August Erbslöh, Aluminium-Walz- u. Preßwerke; dt.) — Überblick über Verf.-Technik des Walzplattierens nach anod. Ox. strukturfreier Al-Verbundwerkstoffe mit Anwendungsbeispielen. Vers. ergaben, daß Diffusionsvorgänge von wesentlicher Bedeutung für das Verschweißen beim Walzplattieren sind. F. Vier 6572

2563 **Walzplattierung von Aluminium mit Edelstahl.** Wolfgang Thiele, Volker Schumacher und Stefan Werner. (Z. Metallkunde **58** (1967) 10, 670—75; Frankfurt/Main, Metallges. Akt.-Ges.; dt.) — Bei der Herst. von Verbundblechen durch Walzplattieren von Rein-Al mit Edelstahl mit 18 (%) Cr, 9 Ni, wurde der Einfl. von Oberflächenvorbehandlung der Verbundpartner, Glühatmosphäre (Luft oder Ar) u. Plattiertemp. 250—500° bei konst. gehaltenem Grad der Plattierverformung von etwa 27% untersucht. Mit zunehmender Aufrauhung der Stahlbleche wurde auffällige Abnahme der Ox.-Neigung des Stahls festgestellt. Unter bestimmten Voraussetzungen gebildete Oxidfilme wirken sich günstig auf die Haftfestigkeit der Plattierung aus, so daß die Walzplattierung unter bestimmten Bedingungen an Luft vorgenommen werden kann. Die Haftfestigkeit der Plattierung hängt wesentlich von der Dicke der Stahlauflage u. von der Gesamtdicke des Verbundbleches ab. Aus Einbeulvers. wurde eine bekannte rechner. herleitbare Formel für den Austausch von Edelstahlvollmaterial gegen Edelstahl — Al - Verbundblech experimentell bestätigt. Der neue Verbundwerkstoff kann gut tiefgezogen werden. Das Bolzenschweißverf. nach dem Kondensatorentladungsprinzip ist für Verbindungsarbeiten gut geeignet. Die Al-Seite kann einwandfrei eloxiert u. eingefärbt werden. F. Vier 6572

2564 **Gefüge der auf Ventile durch Plasmatechnik aufgetragenen Schichten.** Riša Řiman und Marcela Zezulová. (Hutnické Listy **22** (1967) 5, 334—39; Praha, Výzk. ústav hutn. železa; tschech.) — Die auf Auspuffventile aufgetragenen Leg. hatten die Zus. 79(%) *Ni*, 11 *Cr*, 4 *Si*, 2 *B*, Rest *Fe*. Auf Grund der Ergebnisse wurden Schlußfolgerungen über Feingefüge, Mikrohärte u. chem. Zus. der einzelnen Phasen u. Gebiete zwischen Grundmaterial u. der durch Plasmatechnik aufgetragenen Schicht sowie über den Charakter der Verankerung an der Ventilfläche gemacht. J. Koritta 6572△

2565 **Verstärkung von Nickellegierungen durch hochfeste Wolframdrähte.** A. V. Dean. (J. Inst. Metals **95** (1967) 3, 79—86; Pyestock, Hants., National Gas Turbine; engl.) — Zur Herst. des Verbundmetalles wurde die Ni-Leg. um ein entsprechend angeordnetes Bündel von W-Drähten gegossen. Zug- u. Kriechfestigkeiten bis zu 1100° wurden an Prod., die bis zu 50 Vol.-% W-Draht mit ⌀ von 0,005—0,020 in. enthielten, bestimmt. Wesentliche Verbesserungen der Festigkeit wurden über 900° beobachtet. Das Verbundmetall hat nur schwache Schlagfestigkeit unter 200—300° infolge der Brüchigkeit der W-Drähte bei diesen Temp., die Dauerfestigkeit bis zu 500° war erheblich verbessert. Die Ox. war außerordentlich gering. — 20 Literaturangaben.

F. Vier 6572

2566 **Härte des verformten Metalls.** G. D. Del'. (Izvest. Akad. Nauk SSSR, Metally **1967**, 4, 97—102; Tomsk; russ.) — Es wird vorgeschlagen, die Kurven der Abhängigkeit Spannungsintensität–Härte–Verformungsintensität ohne Rücksicht auf unterschiedliche Spannungsrichtungen des metall. Werkstoffs für jeden Werkstoff als eine charakterist. Kurve anzusehen. Diese steht in direkter Beziehung zu dem Härteverlauf bei der Verformung u. kann für die Best. der Größe der plast. Formänderung in Abhängigkeit von der Spannung benutzt werden. J. Tůmová 6573△

2567 **Wärmeleitfähigkeit, Festigkeit und Gefüge verschiedener Eisengußwerkstoffe.** Erich Meyer-Rässler. (Giesserei **54** (1967) 13, 348—50; Mahle, Komm.-Ges., Stuttgart-Bad Cannstatt; dt.) — Zusammenstellung von Angaben über Beziehungen zwischen Wärmeleitfähigkeit u. Festigkeit von Eisengußwerkstoffen für höhere Temp. sowie Messungen von Vf. bei Raumtemp. an *Gußeisen* mit *Lamellen-* u. mit *Kugelgraphit* sowie *Temperguß* nach unterschiedlicher Warmbehandlung. Trotz gleicher Größenordnung der Wärmeleitfähigkeit aller Werkstoffe ergibt sich deutliche Abstufung der Werte, je nach Grundgefüge u. Graphitausbildung. Höhere Wärmeleitfähigkeit ist innerhalb der einzelnen Werkstoffgruppen jeweils mit höherer Dehnung, aber geringerer Festigkeit u. Härte verbunden. — 20 Literaturangaben.

H. Hochstein 6573

2568 **Versprödung als Kriterium der Widerstandsfähigkeit gegen Alterung von unterschiedlich desoxydierten Stählen.** Jaroslav Vrtel. (Hutnické Listy **22** (1967) 5, 305—12; Praha, Státní výzk. úst. materiálu; tschech.) — Die Änderung von Form u. Lage der Temp.-Abhängigkeits-Übergangskurve der Kerbschlagzähigkeit wurde zur Best. der Versprödung angewandt. Absinken der Kerbschlagzähigkeit wird durch den Alterungsvorgang, hauptsächlich aber durch Verfestigung als Folge der Kaltverformung verursacht, die einen Teil der Deformationsalterung bildet. Der Einfl. der Kaltverformung auf die Versprödung übersteigt wesentlich die Alterungswirkung. Die vorgeschlagene Bewertungsmeth. der Widerstandsfähigkeit gegen Alterung beruht auf Änderung der durch die eigentliche Deformationsalterung verursachten Kerbschlagzähigkeit, ohne Berücksichtigung der vorhergegangenen Deformation.

L. Bartovská 6573△

2569 **Einfluß der Beanspruchungsart auf die Ergebnisse der Dauerschwingprüfung von Stählen.** Pál Réti. (Materialprüfung **9** (1967) 1, 20—22; Budapest; dt.) — Mit Stahl *Cr 135* [0,27(%) *C*, 0,59 *Mn*, 0,22 *Si*, 0,03 *P* u. 1,20 *Cr*] wurden bei Umlauf-, Biege- u. Zug-Druck-Schwingbeanspruchung vollständige Dauerschwingvers.-Serien ausgeführt, die Bruchwahrscheinlichkeitsdiagram-

me aufgetragen u. die Lebensdauerzahlen sowie die Streuung der zugehörigen Spannungen bestimmt.
K. Reichmann 6573

2570 **Sprödbruchverhalten vergüteter Baustähle.** Joachim Degenkolbe. (Materialprüfung 9 (1967) 1, 15—19; Mühlheim/Ruhr; dt.) — An wasservergütetem schweißbarem *Cr–Mo–Zr*-legiertem Baustahl mit 65 kp/mm² Mindeststreckgrenze wird das Bruchverh. untersucht u. nach dem isothermen Robertson-Test die Arrest-Temp. gegen Rißausbreitung ermittelt. Damit ist es für den Werkstoff bez. Temp. u. Spannung ein Gebiet definiert, in dem völlige Sicherheit gegen spröde Brüche bei niedrigen Nennspannungen gegeben ist. Diese Laborvers. lassen sich mit großer Sicherheit auf Bauwerke übertragen. Schweißverb. des Stahls sind gegen Sprödbruch genau so resistent wie der Grundwerkstoff. — 19 Literaturangaben. K. Reichmann 6573

2571 **Korrosionsbeständige austenitische Chrom–Mangan-Stähle für elastische Elemente.** F. Pobořil und M. Zezulová. (Technik **22** (1967) 1, 23—29; Eisenforsch.-Inst. Praha; dt.) — Best. von Zugfestigkeit, Elastizitätsmodul, Zugdauerfestigkeit nach Kaltverformung u. der Rückfederungswinkel zeigen, daß der neue austenit. korrosionsbeständige *Stahl 17471* mit 0,05—0,12(%) *C*, 14,0—17,0 *Mn*, 0,60—1,50 *Si*, 16,0—19,0 *Cr*, 1,20—2,00 *Ni*, 0,32—0,42 *N*, < 0,060 *P* u. < 0,035 *S* sich gut für elast. Elemente eignet u. seine Verw. in Form von dünnen Bändern in der Meß- u. Gerätetechnik möglich ist. Die Eig. des Stahls *17471* sind für diesen Verw.-Zweck besser als beim *Stahl 17241*, einem klass. austenit., nichtrostenden Cr–Ni-Stahl. K. Reichmann 6573

2572 **Verfestigungsmechanismus von Ausforming-Martensit-Stahl.** Isao Gokyu, Junji Kihara und Teruo Kishi. (Nippon Kinzoku Gakkai-Si [J. Japan Inst. Metals] **31** (1967) 10, 1176—80; Fac. of Engng., Univ. of Tokyo, Tokyo; jap.) — Für die Verfestigung von Ausforming-Martensit wird ein Mechanismus vorgeschlagen. Auf Grund von Unters. über Ausforming von *Stahl 4340* im metastabilen Austenit-Temp.-Bereich bei hoher Verformungsgeschw. wird eine Gleichung für die Beziehung zwischen der Vickers-Härte einerseits u. der Fließspannung des Ausforming-Austenits, der chem. Zus. u. der therm.-mechan. Vorbehandlung der Probe andererseits angegeben. W. Wesly 6573

2573 **Kaltverfestigung von kubisch-flächenzentrierten, polykristallinen Metallen. 1. Mitt. Kaltverfestigung von Aluminium-Polykristallen.** Isao Gokyu und Junji Kihara. (Nippon Kinzoku Gakkai-Si [J. Japan Inst. Metals] **31** (1967) 10, 1170—76; Fac. of Engng., Univ. of Tokyo, Tokyo; jap.) — Unters. der *Kaltverfestigung* (**A**) von Al-Polykrist. (Reinheit 99,99, 99,9 bzw. 99,3%) bei 283 °K zeigen, daß das **A**-Verh. weitgehend von der Reinheit der Proben abhängt. Der therm. u. atherm. Anteil der Fließspannung wird bestimmt. Die Reinheit der Proben beeinflußt **A** durch Versetzungsanhäufung bei der Verformung. Die Beziehung zwischen dem atherm. Anteil der Fließspanunng u. der Versetzungsdichte wird durch eine Gleichung ausgedrückt.
W. Wesly 6573

2574 **Korngrenzengleiten beim Scheren von Bikristallen in homogenen Aluminiumlegierungen.** Michitomo Kato. (Nippon Kinzoku Gakkai-Si [J. Japan Inst. Metals] **31** (1967) 10, 1180—85; Univ. Ehime, Matsuyama; jap.) — Schervers. an Bikrist. aus Al mit 0,2% *Cu*, *Zn*, *Ag* oder *Mg* zeigen, daß das *Korngrenzengleiten* (**A**) am geringsten bei Zusatz von Mg ist u. in der Reihenfolge Ag, Zn, Cu zunimmt. Die Abhängigkeit des **A** von der Zeit zeigt für die gelösten Elemente nur geringe Unterschiede; bei Mg-Zusatz erfolgt jedoch eine starke Beeinflussung (eine Seigerung ist in den Proben nicht nachweisbar). Die Aktivierungsenergie für **A** beträgt bei Al 10700, bei Al–Cu 19600, bei Al–Zn 21700, bei Al–Ag 24400 u. bei Al–Mg 28000 cal/Mol. W. Wesly 6573

2575 **Funktion von Zirkonium in Zn–Cu-Legierungen.** Wacław Piotrowski. (Rudy Metale nieżelazne **12** (1967) 1, 2—6; pol.) — Die metallograph. Unters. der Struktur von Kokillenguß u. plast. verformten Zn–Cu–Zr-Leg. sowie die Best. der mechan. Eig. der kalt- u. warmgewalzten Halbzeuge zeigen, daß ein Zr-Zusatz von 0,01—0,04% eine mikrokrist. Struktur des Kokillengusses sichert u. die mechan. Eig. von Cu-haltigen Zn-Leg. günstig beeinflußt. K. Reichmann 6573

2576 **Einfluß von Mangan auf die Eigenschaften von Blechen aus MgZn1R.Z.M.-Legierungen.** B. Bajer, K. Kenke und Ch. Vajland. (Izvest. Akad. Nauk SSSR, Metally **1967**, 4, 109—16; Freiberg, DDR; russ.) — Untersucht wurden Leg. mit 1,2(%) *Zn*, 0,2 *Ce-Mischmetall*, 0, 0,14, 0,45 u. 0,82 *Mn*; 0,03 *Fe*; 0,03 *Si*; Rest *Mg*. Der Mn-Zusatz stabilisiert die Struktur u. erlaubt eine Glühtemp. von 350—400° (300—350° ohne Mn-Geh.) ohne Rekristallisationsgefahr; optimal ist ein Zusatz von 0,5% Mn. Die beste Korrosionswiderstandsfähigkeit in 0,1 u. 3% *NaCl*-Lsg. zeigen Leg. nach der Oberflächenbehandlung mit $NH_4F + K_2Cr_2O_7$ oder $K_2Cr_2O_7 + MgSO_4$ bei 80—100° u. 20 Min. (Verluste der Leg. ohne u. mit 0,84% Mn 2, der anderen 1 g/m²); der Mn-Zusatz kompensiert den ungünstigen Fe-Einfluß.
J. Tůmová 6573△

2577 **Wirkung von Sauerstoff und Kohlenstoff auf die Kriechfestigkeit von Niob.** J. D. W. Rawson und B. B. Argent. (J. Inst. Metals **95** (1967) 7, 212—16; Sheffield, Univ.; engl.) — Über 1050° hatte der Zusatz von 0,01 bis 0,12(%) O wenig Einfl. auf die Kriechfestigkeit im Spannungsbereich von 1500—5000 lb/in.², bei niedrigeren Temp. wurden die Kriechgeschw. herabgesetzt. Die Aktivierungsenergie für das Kriechen von Nb (bestimmt durch Temp.-Wechsel-Vers.) betrug ca. 97 kcal/Mol u. wurde durch O-Geh. oder Spannungen bei 850—1250° nicht beeinflußt. Die Kriechgeschw. von Nb mit 0,06 C betrugen ein Zehntel des Wertes für reines Nb. — 20 Literaturangaben. F. Vier 6573

2578 **Eigenschaften von Zirkoniumlegierungen als Konstruktionswerkstoffe in Kernreaktoren.** 2. Mitt. K. H. Wiedemann. (Metall **21** (1967) 10, 1042—47; Inst. für Reaktorforsch., Würenlingen, Schweiz; dt.) — 1. vgl. ibid. **21** (1967) 113. — Übersicht über das Kriechverh. von Zr u. Zr-Legierungen. W. Wesly 6573

2579 **Praktische Hinweise zur Makroätzung und Ätzmittel zur makroskopischen Untersuchung von Stählen.** Albrecht Karl und Hannelore Böhmert. (Prakt. Metallogr. **4** (1967) 10, 529—40; Stahlinst. Hennigsdorf/Berlin; dt. u. engl.) — Für die Ausführung von Makroätzungen an großen Probestücken u. die Herst. von Baumann-Abdrücken werden Hinweise gegeben. Der Einfl. des Wärmebehandlungszustandes der Beizscheiben bei der Prüfung der Kernporosität von Wälzlagerstahl wird erörtert. Die Ergebnisse der Entw. des Übersichtsgefüges einiger Stähle werden beschrieben. Zur Entw. der Primärstruktur zahlreicher Stähle in Form einer Kornflächenätzung eignen sich wss. Lsg. von HNO_3, HCl, $HNO_3 + HCl$, $HCl + FeCl_3$ u. *V2A-Beize*.
W. Wesly 6574

2580 **Kristallstruktur nichtmetallischer Einschlüsse in Eisen, Stahl, Kobalt und Nickel.** Kiichi Narita. (Tetsu-to-Hagané [J. Iron Steel Inst. Japan] **53** (1967) 8, 1024 bis 1053; jap.) — Übersicht. W. Wesly 6574

2581 **Elektronenbeugunguntersuchung von Perlit.** K. W. Andrewa und D. J. Dyson. (Iron and Steel **40** (1967) 3, 40—45, 93—98; United Steel Co. Ltd., Swinden Labor., Rotherham; engl.) — Auf Grund von Elektronenbeugungsunters. mittels des Elektronenmkr. an dünnen Folien von Stahl mit 0,76% *C* werden Aufschlüsse über die Kornorientierungen in bezug zur Folienoberfläche u. über das Verhältnis zwischen *Zementit* u. *Ferrit* erhalten. An 10 von 13 Perlitbeispielen wird ein Orientierungsverhältnis der {112}- oder {125}-Flächen des Ferrits parallel zum (001)-Zementit ermittelt. H. Hochstein 6574

2582 **Abbau der zuerst ausgeschiedenen β-Phase in Kupfer-Zink-Legierungen.** P. E. J. Flewitt und J. M. Towner. (J. Inst. Metals **95** (1967) 9, 273—80; Univ. of Sheffield; engl.) — Unters. des Abbaus der metastabilen β'-Phase in Cu–Zn-Leg. mit 40,5—44,1% *Zn* zeigen, daß eine stabförmige α-Ausscheidung bei hoher u. eine plättchenförmige α_1-Ausscheidung bei niedriger Temp.

erfolgt. Bei gegebener Leg. besteht eine obere Temp.-Grenze (B_s-Temp.) für die Bldg. der plättchenförmigen α_1-Phase, deren Unters. zu dem Schluß führt, daß die α_1-Plättchen durch einen bainit. Prozeß entstehen. Die Ausscheidung der α-Stäbchen geht mit einer Oberflächenentspannung einher. W. Wesly 6574

2583 **Ausscheidungsart von Cu_2Mg aus festen Lösungen von Magnesium in Kupfer.** T. Moisio und M. Mannerkoski. (J. Inst. Metals **95** (1967) 9, 268—72; Univ. of Oulu, Finnland; engl.) — Metallograph. Unters. über den Einfl. verschiedener Wärmebehandlungen (Temp. der Lösungsbehandlung, Abschreckgeschw., Alterungstemp. u. -dauer) auf die Ausscheidungsart von Cu_2Mg aus Cu-Mg-Leg. verschiedener Zus. zeigen, daß die Bldg. von Mg- u. Fehlstellen-verarmten Zonen an den Korngrenzen erfolgt u. eine Konkurrenz zwischen örtlicher kontinuierlicher, allg. kontinuierlicher u. diskontinuierlicher Ausscheidung stattfindet. Die Breite der verarmten Zonen hängt bes. von Abschreckgeschw. u. Alterungstemp. ab. Die örtlich kontinuierliche Ausscheidung wird durch hohen Mg-Geh. u. hohe Alterungstemp., die allg. kontinuierliche durch hohe Temp. der Lösungsbehandlung, hohe Abschreckgeschw. u. hohe Alterungstemp. begünstigt. Die Rolle der diskontinuierlichen Ausscheidung ist in jedem Fall verschieden. Der Parameter n des kinet. Gesetzes $X = 1 - \exp(- bt^n)$ der diskontinuierlichen Ausscheidung hängt von Leg.-Zus., Abschreckgeschw. u. Alterungstemp. ab. W. Wesly 6574

2584 **Zerstörungsfreie metallographische Untersuchungen von Wolfram- und Molybdänteilen.** Erwin Pink. (Prakt. Metallogr. **4** (1967) 10, 515—21; Metallwerk Plansee AG., Reutte, Tirol; dt. u. engl.) — Mit Hilfe eines „Tampon-Verf." werden Schliff-Flächen von W- u. Mo-Teilen elektrolyt. poliert. Die mkr. Betrachtung von schwer zugänglichen Teilen wird mit Hilfe eines Lackabdruckes ermöglicht. Einphasige Gefüge von beliebigem Verarbeitungszustand gibt der Abdruck in allen Einzelheiten wieder; in mehrphasigen Leg. erschwert das Fehlen der Eigenfarbe die Unterscheidung. W. Wesly 6574

2585 **Gefüge der Bi-Sn-, Bi-Pb- und Bi-Tl-Eutektika.** H. W. Kerr und W. C. Winegard. (Canad. metallurg. Quart. **6** (1967) 1, 55—65; Univ. of Toronto; engl.) — Die Gefüge eutekt. Zus. u. in der Nähe eutekt. Zus. der Syst. *Bi–Sn*, *Bi–Pb* u. *Bi–Tl* hängen von Zus., Temp.-Anstieg u. Wachstumsgeschw. ab. Es wurden dendrit., komplex reguläre u. irreguläre Gefüge festgestellt. Komplex reguläre Gefüge von Bi-Pb-Leg. enthielten Bi-Zwillingsblöcke. F. Hochstetter 6574

2586 **Metallographische Untersuchungen an TiC-Überzügen auf Stahl.** Margarete Zouhar, Paskal Paskaleff und Wolfgang Bernhardt. (Prakt. Metallogr. **4** (1967) 10, 521—28; Bergakad. Freiberg; dt. u. engl.) — Für metallograph. Unters. von Oberflächenschichten von TiC auf Stahl werden Hinweise zur Herst. randscharfer Schliffe u. zur Gefügeentw. der TiC-Schicht u. des Trägerwerkstoffes gegeben. Aus Unters. geht hervor, daß die ausgewachsenen TiC-Schichten über eine Zwischenschicht mit dem Trägerwerkstoff verbunden sind. W. Wesly 6574

2587 **Untersuchung der Seigerung in Stahl mit Hilfe der Röntgenfluoreszenzanalyse.** M. P. Johnson, P. R. Beeley und J. Nutting. (J. Iron Steel Inst. **205** (1967) Part 1, 32—35; Leeds Univ.; engl.) — Anwendung eines abgeänderten Verf. zur Ermittlung u. bildlichen Darst. von Seigerungen in Stählen mit Hilfe der Röntgenfluoreszenzanalyse. Beispiel zur Unters. der Dendritenseigerung von *Cr* in Stahl mit 1% *C* u. 1,7% *Cr*. Erörterung der Anwendung u. Grenzen des Verfahrens. H. Hochstein 6575

2588 **Versprödung austenitischer Stähle mit 20% Cr, 25% Ni und Niobzusatz bei 650° durch Neutronenbestrahlung.** R. B. Roy und B. Solly. (J. Iron Steel Inst. **205** (1967) Part 1, 58—61; Nyköping, Schweden, A/B Atomenergie, Studsvik; engl.) — An Proben aus austenit. Stahl mit 0,03(%) C, 1,7 Mn, 0,55 Si, 19 Cr, 26 Ni u. 0,34 Nb werden Zugfestigkeit, 0,2-Dehngrenze u. Bruchdehnung gemessen sowie elektronenmkr. Gefügeunters. nach Neutronenbestrahlung von $2,7 \cdot 10^{20}$ n/cm² bei 650° durchgeführt. Hieraus werden Folgerungen über den Zähigkeitsabfall in Abhängigkeit von Veränderungen der Carbidausscheidungen (*NbC*, M_6C) durch Neutronenstrahlen gezogen. Es zeigte sich, daß die Bruchdehnung der bestrahlten Proben um 50% verringert waren. Die Streckgrenze wurde beträchtlich erhöht. Es wird angenommen, daß bei 650° der Duktilitätsverlust im bestrahlten Material hauptsächlich auf Ggw. von durch Strahlung modifizierten Ausscheidungen innerhalb der Körner u. an den Korngrenzen zurückzuführen ist. H. Hochstein 6575

2589 **Formänderungswiderstand und Formänderungsvermögen von legiertem Kobalt beim Kalt-Walzen und -Ziehen.** M. Vater und N. Hansen. (Metall **21** (1967) 7, 686—90; Aachen, TH; dt.) — Vers. wurden an vakuumerschmolzenen u. -vergossenen Teilen vorgenommen, die 93,936(%) *Co*, 3,8 *Fe*, 1,7 *Mn*, 0,5 *Si*, 0,05 *C* u. 0,014 *S* enthielten. Die Festigkeit der warmverformten Proben war wesentlich höher als im Gußzustand, Gefügeaufnahmen ergaben für diese Zustände stark abweichende Strukturen. Beim Kaltwalzen vorher warmgewalzter Bänder erreicht der mittlere Formänderungswiderstand $\sim$ 350 kg/mm², bevor Bruch des Bandes eintritt. Die Grenze des Formänderungsvermögens beim Kaltwalzen liegt bei $\varphi_h = 0,9 + 1,1$. Beim Überschreiten dieser Gesamtformänderung zerbricht der Werkstoff senkrecht zur Walzrichtung in schmale Streifen. Vor dem Kaltziehen wurde der Gußblock durch Strangpressen verformt u. danach vor dem Kaltziehen warm gewalzt .Die Fließkurven des Werkstoffs im Gußzustand u. nach Strangpressen zeigten keine großen Unterschiede. Die Vers. ergaben weiter, daß sich das Ziehen mit kleinen Formänderungsstufen auf die Formgebungsverluste ungünstig auswirkt. F. Vier 6576

2590 **Erholung und Rekristallisation von Aluminium beim Strangpressen.** W. A. Wong, H. J. McQueen und J. J. Jonas. (J. Inst. Metals **95** (1967) 5, 129—37; Montreal, Canada, McGill Univ.; engl.) — Zur Erzielung faseriger Mikrostrukturen wurde handelsüblich reines Al oberhalb der Rekristallisationstemp. stranggepreßt. Beim nachfolgenden Glühen rekristallisieren diese Mikrostrukturen nicht. Unter starker Vergrößerung erwiesen sich die Fasern als aus polygonisierten Subkörnern bestehend, deren Mikrohärte genau so niedrig war wie die von vollrekristallisiertem Al. Ein neuer Index für die Bewertung der Erholung unter Warmverarbeitungsbedingungen wird unter der Bezeichnung „residual hardness percent" R.H.P. vorgeschlagen. Durchstrahlungselektronenmkr. ergab sich, daß die Subkorngrenzen aus Versetzungen zusammengesetzt waren, u. daß diese mit steigender Strangpreßtemp. weniger gezackt u. dünner wurden. Die Größe der Subkörner, ihre innere Perfektion u. ihre Mißorientierung wird mit zunehmender Verarbeitungstemp. größer. Mkr. Unters. unter polarisiertem Licht ergaben unwahrscheinlich große Subkörner u. Mißorientierungen verglichen mit den Ergebnissen der Durchstrahlungselektronenmikroskopie. Erhöhte Erholung unter Warmbearbeitungsbedingungen wird im Hinblick auf die Bedeutung der vorliegenden Spannungen u. Dehnungen erörtert. Zwischen Spannungserholung u. dynam. Erholung wird unterschieden, u. die bei der Warmbearbeitung auftretenden Vorgänge werden der dynam. Erholung zugeschrieben. — 37 Literaturangaben F. Vier 6576

2591 **Veränderung des Gefüges und der Härte des Stahles 45 in Abhängigkeit von der Abkühlungsgeschwindigkeit.** S. Z. Nekrasova, Ju. Z. Borkovskij und È. A. Orlov. (Stal' **26** (1966) 9, 842—43; russ.; Stal in Dtsch. **7** (1967) 1, 79—80; dt.) — Der Stahl *45* wird bei ⌀ bis zu 16 mm durchgehärtet wobei über den gesamten Querschnitt ein Martensitgeführt, entsteht. Bei Stäben mit 30 u. 50 mm ⌀ tritt nur eine 2—3 mm dicke martensit. Randschicht auf. In Querschnitten von 80—110 mm erscheint selbst in einer dünnen Oberflächenschicht kein Martensitgefüge. Beim Abschrecken mittelgekohlter Stähle aus Stabmaterial mit 50 mm ⌀ u. darunter ist zur Verminderung von Randhärte u. Restspannungen ein Anlassen notwendig. H. Hochstein 6577

2592 **Rekristallisation von ausgewählten tschechoslowakischen Stählen.** Rudolf Freiwillig, Josef Čadek und Kamil Tykal. (Hutnické Listy **22** (1967) 5, 340–46; Brno Ustav vlastností kovů ČSAV; tschech.) — Die Rekristallisation der kaltgewalzten austenit. Stähle ČSN 17241 u. ČSN 17246 bei Stichabnahme von 5–8%, bei Temp. von 950–1250° u. bei Glühdauer von 30 Sek. bis 2 Std. wurde untersucht. Aus Schaubildern der Korngröße-Glühdauer wurden optimale Kombinationen von Glühtemp., Glühdauer u. Red.-Grad festgestellt. Der Einfl. der Stichabnahme macht sich bei Werten < 20% geltend. Oberhalb dieser Stichabnahme ist die Glühtemp. entscheidend u. liegt für Stahl ČSN 17246 bei 1100 bis 1150° u. für Stahl ČSN 17241 bei 1050–1100°. Die für vollständige Rekristallisation unter diesen Bedingungen erforderliche Glühdauer ist kürzer als 1 Minute.
J. Koritta 6577△

2593 **Aufkohlung von Kohlenstoffstählen und genormten Sonderstählen mit einem Gemisch auf Na_2O_2-Grundlage.** Constantin Ciochină. (Bull. Inst. Politechn. Iasi [N.S.] **12/16** (1967) 1/2, 405–12, 6 Tafeln; rum.) — Mit Aufkohlungsgemischen aus Holzkohle mit einem Zusatz von 2,5 u. von 5,0% Na_2O_2 werden bei den Einsatzstählen *OLC 10* u. *LLC 20* (STAS 880–60) sowie bei den genormten Einsatzsonderstählen *20MoC12* (STAS 792-49), *13N15* (STAS 793-53), *13CN25* (STAS 793-53) u. *16MC10* (STAS 872-49) befriedigende Aufkohlungsergebnisse erzielt. Bei den Vers. wird die Aufkohlungstiefe in Abhängigkeit von Zeit u. Gemischzus. sowie auch von der Dauer nach Zementation u. Härtung festgestellt. Für unlegierte Einsatzstähle werden optimale Ergebnisse bei Temp. von 870–900° erzielt, während für genormte Sonderstähle die Temp.-Bereiche der Aufkohlungsbehandlung in den üblichen Grenzen liegen. Die Zementationsdauer beträgt zweckmäßig 6–10 Std. in Abhängigkeit von der gewünschten Aufkohlungstiefe, die zwischen 1,4 u. 2,0 mm in Abhängigkeit von der Stahlsorte schwanken kann. H. Hochstein 6577

2594 **Neues Cassel-Noskuff-Verfahren zur Herstellung harter und gegen Abrieb und Verschleiß widerstandsfähiger Oberflächen.** F. D. Waterfall. (Metallurgia [Manchester] **76** (1967) 455, 98–100; I.C.I. Cassel Heat Treatment Serv.; engl.) — Nach üblichem Aufkohlen oder Aufkohlen u. Aufsticken werden die Gegenstände aus Stahl noch warm in ein Noskuff-Bad (Salz mit mindestens 5% *NaCNO*) von 700–760° 3–10 Min. getaucht u. danach in Öl oder W. abgeschreckt. Die so behandelten Gegenstände zeichnen sich durch hohe Widerstandsfähigkeit gegen Abrieb u. Verschleiß aus.
F. Vier 6577

2595 **Dispersionshärten von CuSi3Mn1-Bronzelegierungen.** Jerzy Gronostajski. (Rudy Metale nieżelazne **12** (1967) 3, 110–13; pol.) — Durch Best. des Einfl. von Temp., Übersättigung u. Durchwärmzeit auf die mechan. Eig. u. den elektr. Widerstand von Bronzeproben der Type BK31 bei Aushärtung zwischen 300 u. 600° wird festgestellt, daß beste Ergebnisse nach Übersättigung bei 700°, Durchwärmen von 4 Std. u. bei einer Alterungstemp. von 400° erzielt werden.
K. Reichmann 6577

2596 **Neue Aluminiumplattierlötwerkstoffe mit verbessertem Korrosionsverhalten.** Friedrich E. Faller. (Z. Metallkunde **58** (1967) 10, 676–78; Bonn, Vereinigte Aluminium-Werke Akt.-Ges.; dt.) — Überblick unter bes. Berücksichtigung der Dreifach-Verbundwerkstoffe, bei denen zwischen Kernwerkstoff (*AlMn*) u. Lötleg. (*AlSi*) eine *AlZn1*-Plattierschicht eingeschoben wird. F. Vier 6579

2597 **Beziehungen zwischen Wärmebehandlung und Gefügeausbildung beim Schweißen von Gußeisen mit artgleichem Zusatzwerkstoff.** Heinz Jahre. (Schweisstechnik [Berlin] **17** (1967) 1, 28–34; Halle, Saale; 2, 86–89, ZIS der DDR; dt.) — Der Gefügebau von Schweißverbindungen aus Gußeisen in Abhängigkeit von Schweißwärme u. Wärmebehandlung wird erörtert.
F. Vier 6580

2598 **Natriumgluconat in Entfettungs- und Beizbädern.** M. J. Reidt. (Galvano [Paris] **36** (1967) 364, 429–32; franz.) — Die Zus. von Entfettungsbädern wird erörtert. Ein Zusatz von Na-Gluconat bietet auf Grund seiner Eig. (Komplexbildner für Metallionen u. somit auch W.-Enthärtungsmittel, Emulgier- u. Netzmittel) viele Vorteile. W. Wesly 6583

2599 **Beizen des Stahles mit Salzsäure und totale Regenerierung der salzsauren, eisenchloridhaltigen Beizsäure und Spülabwässer.** A. Hake. (Österr. Chemiker Ztg. **68** (1967) 6, 180–85; Ruthner Industrieplanungs AG., Wien; dt.) — Vgl. des Beizens von Warmband oder Walzdraht von Stählen mit HCl oder H_2SO_4. Die Rückgewinnung u. totale Regeneration der Beizsäuren werden erläutert, wobei die Grundlagen der HCl-Regeneration sowie die Verf.-Technik als Kristallisations-, Verdampfungs- u. Sprühröst-Regeneration behandelt werden. Es werden Angaben über Aufbereitung des Beizgutspülwassers, Abluftreinigung, Entfernung der Begleitmetalle aus der Beizsäure sowie über Energiebedarf u. Leistung gemacht. Anlagen zum Beizen mit HCl nach Ruthner werden beschrieben. H. Hochstein 6583

2600 **Metallüberzüge durch Bürstentechnik.** Earl Groshart. (Metal Finishing **65** (1967) 9, 75–78; Seattle, Wash., Boeing Co.; engl.) — Galvan. Verf., bei dem der Elektrolyt durch Bürsten oder Gewebe auf den zu überziehenden Gegenstand aufgebracht wird. Für *Cd*, *Zn*, *Sn*, *Cu*, *Ni*, *Au* u. *Ag* wird die Zus. von Elektrolyten u. die zu verwendende Stromdichte angegeben.
F. Vier 6585

2601 **Metallschichten auf ABS-Pfropfpolymerisaten.** Harold Ebneth und Werner Klimaschewski. (Galvanotechnik **58** (1967) 5, 308–18; Farbenfabriken Bayer AG, Leverkusen; dt.) — Die Theorie der mechan. Haftung chemogalvan. aufgebrachter Metallschichten auf ABS-Pfropfpolymerisaten wird durch eine neue Verf.-Technik bestätigt. Metalle werden auf vorbehandelte, chem. aufgerauhte ABS-Teile aufgedampft; die mechan. Verankerung des Metalls auf der Oberfläche der Pfropfpolymerisate wird bewiesen. — 20 Literaturangaben.
W. Wesly 6585

2602 **Abscheidung von Kupfer auf Polytetrafluoräthylen.** Anonym. (Metall **21** (1967) 1, 36–40; dt.) — Die aufgerauhten Oberflächen der Polytetrafluoräthylenfolien werden mit einem Na-Komplex, z. B. *Na–NH$_3$* oder *Na–Naphthalin*, behandelt, dann wird in üblicher Weise sensibilisiert, aktiviert u. Cu stromlos abgeschieden. Die Cu-Schicht wird dann galvan. verstärkt. Die Cu-Schicht sitzt wahrscheinlich infolge Bldg. eines dünnen C-Films sehr fest auf dem Film. Das Verf. kann bes. zur Herst. von gedruckten Schaltungen verwendet werden. Verschiedene Einfl. auf die Eig. der Cu-Schicht werden untersucht. F. Vier 6585

2603 **Thioharnstoffderivate als Glanzbildner in sauren Verkupferungsbädern.** Teresa Chocianowicz-Biestkowa. (Prace Inst. Mechan. precyzyjnej **15** (1967) 1, 56–61; pol.) — Der Einfl. von *Acetyl-*, *Isobutyryl-* u. *Isovaleryl-Thioharnstoffderiv.* in Cu-Sulfat-Bädern auf die kathod. Polarisation, den Glanz, den Glanzbereich, die Glättfähigkeit u. die innere Spannung der Überzüge wird in Zusammenhang mit der Cl-Konz. des Bades bestimmt. K. Reichmann 6585

2604 **Verhindern von Spannungsrißkorrosion in mit Schrauben versehenen Halterungen.** A. Craig-Hood. (Metal Progr. **92** (1967) 3, 85–88; Jenkintown, Pa., Standard Pressed Steel Co.; engl.) — Spannungsrißkorrosionsvers. ergaben, daß der beste Schutz gegen Spannungsrißkorrosion ein *Cd*-Überzug ist, der auf eine *Ni*-Zwischenschicht aufgebracht wird. Die Ni-Zwischenschicht verhindert die Diffusion von Cd in die Korngrenzen des Grundmetalles u. damit dessen Brüchigwerden. F. Vier 6585

2605 **Hartverchromung bei hoher Stromdichte.** J. Gabriel. (Galvano [Paris] **36** (1967) 364, 413–16; franz.) — Unters. über die Hartverchromung unter Verw. von *CrO_3*-Bädern mit verschiedenen Konz. an *H_2SO_4* zeigen, daß die Stromausb. bei konst. Temp. (50–55°) u. Stromdichte (30–70 A/dm²) mit steigender Säurekonz. abnimmt. Bäder mit 1,2(%) H_2SO_4 ergeben harte, glänzende Cr-Schichten; bei 5,0 H_2SO_4 beträgt die

Härte noch >900 H_v; jedoch ist bei dieser Konz. eine Steigerung von Stromdichte u. Temp. erforderlich. Bei 10% H_2SO_4 sind die Cr-Schichten viel weicher.
W. Wesly 6586

2606 **Verhalten von Nickelanoden in Vernickelungsbädern.** Anonym. (Galvano [Paris] **36** (1967) 364, 407—10; franz.) — Unters. über anod. Auflsg. von Ni-Anoden in Vernickelungsbädern zeigen, daß ein bestimmter Mindest-Cl^--Geh. der Bäder zur Erzielung der erforderlichen Stromdichte vorhanden sein muß. Je höher die Stromdichte, desto höher ist die Anodenausb.; diese beträgt bei 20—30 A/dm² 100%. Bes. bei pH 4 der Ni-Bäder zeigen die Anoden eine schwammige, durchlöcherte Oberfläche, von der sich metall. Teilchen abtrennen. Ni-Anoden mit 0,02—0,03% S werden in Bädern mit $<0,5$ g/l Cl^- u. einer Temp. von 55° bei Stromdichten von <10—20 A/cm² ohne Bldg. metall. Rückstände u. schwammiger Oberflächen zu 100% aufgelöst.
W. Wesly 6587

2607 **Stromlos abgeschiedenes Nickel bei bestimmtem pH-Wert. Mechanische Eigenschaften in Abhängigkeit vom Phosphorgehalt.** J.-P. Randin und H. E. Hintermann. (Plating **54** (1967) 5, 523—32; Neuchâtel, Schweiz, Labor. Suisse de Rech. Horlogères; engl.) — Eig. eines sauren Bades, das *NiCl₂*, *CH₂O*, *CH₂(OH)COOH*, *HOOC·(CH₂)₂COOH*, *NaF* u. *NaOH* enthält u. unter Zusatz einer konz. Lsg. von *Na-Hypophosphit*, zum stromlosen Abscheiden von Ni werden beschrieben. Je nach dem pH-Wert können Überzüge mit *P*-Geh. von 3,5—12(%) erhalten werden. Während der Abscheidung bleiben Ni-Konz. u. pH-Wert des Bades konstant. Kontinuierliche analyt. Unters. des Bades während der Ni-Abscheidung ergibt eine Stütze für den Hydridübertragungsmechanismus für die autokatalyt. Red. von Ni durch Hypophosphit-Ionen. Maximale Härte der Ni-Schicht wird durch Wärmebehandlung bei 400° erhalten u. ist vom P-Geh. unabhängig. Nach Wärmebehandlung von 800° ist die Härte proportional dem Anteil der Ni_3P-Phase in der Leg. in Vol.-%. Der geringste Verschleiß zwischen stromlos abgeschiedenem Ni u. abgeschrecktem geglühtem Stahl wird erhalten, wenn Ni 8—12% P enthielt u. bei 400—600° warmbehandelt war. Der Reibungskoeff. zwischen Ni u. geglühtem, abgeschrecktem Stahl ändert sich nicht mit dem P-Geh. u. nicht mit der Warmbehandlung.
F. Vier 6587

2608 **Bestimmung der Nickelschichtdicke in mit Nickel plattierten Stahlbändern.** Adam Mazur, Edmund Kaliszewski und Andrzej Steiner. (Hutnik **34** (1967) 1, 10—15; pol.) — Diagramme u. Tabellen zur Best. des Ablösens der Ni-Schichtstärke in Abhängigkeit von der Lösungszeit. Bei einer Vers.-Temp. unter 20° u. einer Stärke der Ni-Schicht unter 11,5 μ, kann die Stärke dieser Schicht mit einer Genauigkeit von 1 μ bestimmt werden. Die Lösungszeiten der Ni-Schicht der Stahlbänder im gebogenem Zustand u. nach dem Glühen im H_2-Strom, zeigen, daß das Biegen die Löslichkeitsgeschw. der Oberflächenschicht erniedrigt.
M. Sidillo 6587

2609 **Flußmittelbehandlung beim Feuerverzinken.** Dietrich Horstmann. (Stahl u. Eisen **87** (1967) 21, 1277 bis 1279; dt.) — Überblick über das westliche Schrifttum. — 79 Literaturangaben. M. Gehlen-Keller 6588

2610 **Entwicklung eines Herstellungsverfahrens für hochfesten verzinkten Spezialdraht.** Ju. A. Kašin, I. F. Eryšov, R. B. Nasakina und Z. I. Eryšova. (Stal' **26** (1966) 9, 859; russ.; Stal in Dtsch. **7** (1967) 1, 98; dt.) — Ein Walzdraht von 6 mm ⌀ aus Stahl *U12A* wird normalisiert u. geglüht, nach Vorbereiten der Oberfläche auf 4,5 mm ⌀ gezogen u. patentiert, danach auf 3,5 mm gezogen u. nach nochmaligem Patentieren auf 2,4 mm gezogen, auf 950° erwärmt u. im Salz- oder Pb-Bad bei 500—520° erneut patentiert, anschließend gebeizt u. phosphatiert, sowie bei einer Teilverformung von 10—13% mit Trockenschmierung auf 0,58—0,59 mm ⌀ gezogen. Ein Zn-Überzug wird auf den Fertigdraht mit H_2SO_4 als Elektrolyt u. 10—14 A/dm² Stromdichte ohne Rühren bei max. 40° aufgebracht.
H. Hochstein 6588

2611 **Kathodische und anodische Kunststoffabscheidung auf Metall.** Jürgen Weigel. (Galvanotechnik **58** (1967) 2, 74—83; Hamburger Flugzeugbau GmbH, Hamburg-Finkenwerder; dt.) — Übersicht über Grundlagen, Ausführung u. Anwendung HFB/Ku-Verf. (Hamburger Flugzeugbau Kunststoff), eine elektrochem. Aufbringung von Kunststoffen auf *Al*, *Al*-Leg., *Cu*, *Mg*, *Fe*-Leg., u. a. Metallen als Korrosionsschutz im Flugzeugbau sowie im Maschinen- bes. Kraftfahrzeugbau, Schiffbau u. in der Silberwaren-, Konserven- u. Elektroindustrie. — Diskussion.
W. Wesly 6591

2612 **Aufbereitung von Stahl- und Eisenoberflächen durch eine Mineralschicht.** V. Čupr und B. Cibulka. (Werkstoffe u. Korrosion **18** (1967) 10, 878—82; Brno, ČSSR, Forsch.-Inst. für Baustoffe; dt.) — Vf. beschreiben die Anwendung pastöser Mischungen von H_3PO_4, *Kaolin* u. *Apatit*. Durch zusätzliche mineral. Komponenten soll die Aushärtung zu einer festen u. kompakten Schicht begünstigt werden. Diese Schichten sind geeignet für Bewehrungsstahl, ferner als Grundschicht für Anstriche auf Beton, Mauerwerk u. a. H.-J. Taschow 6591

2613 **Mechanismus der Zunderbildung auf Metallen und binären Legierungen.** S. Mrowec und T. Werber. (Werkstoffe u. Korrosion **18** (1967) 2, 116—23; Inst. f. anorg. Chemie, Berg- u. Hüttenakad. Krakau, Polen; dt.) — Fortschrittsbericht. — 76 Literaturangaben.
A. Wosche 6592

2614 **Einfluß von Li auf die Oxydation der Fe-25Cr-Legierung bei hohen Temperaturen.** C. S. Tedmon jun. (Corrosion Sci. **7** (1967) 8, 525—33; Schenectady, N.Y., Gen. Electr. Res. and Dev. Centre; engl.) — Li wurde in Mengen von 0,1—0,5% der *Fe-25Cr*-Leg. zugesetzt u. bei erhöhtem Druck in Ar geschmolzen. Li trat bes. an den Korngrenzen auf, trotzdem blieb die Leg. verformbar. Bei Temp. von 1000 u. 1360° wurde durch Li-Zusatz die Ox.-Beständigkeit der Leg. deutlich erhöht. Unterhalb 1200° wurde ein zweistufiges Zeitgesetz beobachtet. Bei 1300 u. 1360° trat ein modifiziertes parabol. Zeitgesetz auf. Die Oxidschichten waren dicht, kompakt u. festhaftend. — 20 Literaturangagen.
F. Vier 6592

2615 **Untersuchung der anodischen Oxydation von Aluminium in schwefelsauren Elektrolyten mit Hilfe der Radioindikatormethode.** E. Raub, H. Kawase und A. von Krusenstjern. (Metalloberfläche **21** (1967) 5' 144—46; Schwäbisch Gmünd, Forsch.-Inst. für Edelmetalle u. Metallchem.; dt.) — Die Eignung der Radioindikatormeth. zur Unters. anod. erzeugter Oxidschichten auf Al wurde geprüft u. am Sulfateinbau in die Oxidschicht die Überlegenheit der Radioindikatormeth. gegenüber der üblichen chem.-analyt. Meth. aufgezeigt. Mit steigender Elektrolyttemp. nimmt der Sulfatgeh. der Oxidschicht ab. Mit Zunahme der H_2SO_4-Konz. im Elektrolyten steigt der Sulfatgeh. bei starken Schwankungen der Einzelwerte an. Die Formierungsdauer des Al-Bleches hat deutlichen Einfl. auf den gesamten Ox.-Ablauf bei Herst. dicker Oxidschichten. Im H_2SO_4-Oxalsäure-Elektrolyten ist der Sulfat-Geh. des Oxides geringer als im H_2SO_4-Elektrolyten. Mit steigender Stromdichte nimmt der Sulfateinbau zu.
F. Vier 6592

2616 **Oxydation von Tantal mit Überzügen aus Aluminium und Aluminium–Chrom-Legierungen.** P. Kofstad und S. Espevik. (J. less-common Metals [Amsterdam] **12** (1967) 2, 117—37; Central Inst. f. Ind. Res., Blindern, Oslo; engl.) — Unters. der Ox. von Ta bzw. *Ta-10% W* mit Warmtauchüberzügen von Al bzw. Al–Cr-Leg. bei 800—1600° u. O_2-Drucken von 0,1 Torr bis 1 at zeigen, daß die unlegierten Al-Überzüge bei 0,1 Torr O_2 ausgezeichnete Ox.-Beständigkeit $>1100°$, bei 800 bis 1000° die breakaway-Ox. auftritt. Bei 1 at O_2 ergibt sich keine Schutzwirkung. Dagegen verleihen die Überzüge aus Al-Leg. mit 20 u. 30% Cr eine bessere Schutzwirkung auf Ta. Die Bldg. der verschiedenen Schichten u. ihre Schutzwrkg. wird diskutiert. — 26 Literaturangaben.
W. Wesly 6592

2617 **Schutz von Zirkonium vor Oxydation bei höheren Temperaturen.** R. Darras und P. Koch. (J. nuclear

Mater. [Amsterdam] **23** (1967) 1, 98—102; Commiss. à l'Énergie Atom., Saclay, Gif-sur-Yvette; franz.) — Vf. untersuchten die Ox.-Kinetik von *Zr* u. *Zr–Cu*-Leg. mit 1,6 u. 2,5% Cu in trockener CO_2-Atmosphäre mit u. ohne *Al*-Überzug. Mikrograph. Schnitte zeigen, daß der Al-Überzug prakt. keine Zr-Oxid-Bldg. auf der Oberfläche zuläßt. Die Ox.-Geschw. in CO_2 bei 600° wird also wesentlich verringert. Aus Röntgen- u. Elektronenbeugungsaufnahmen sowie elektronenmkr. Unters. geht hervor, daß eine oberflächlich gebildete α-Al_2O_3-Schicht diesen Schutz bewirkt. Die durch Mikrohärte-Unters. bestimmte Härtung des Grundmetalls, die an die O-Diffusion gebunden ist, wird durch den Überzug nicht wesentlich verändert. D. Hoene 6592

2618 **Oxydation von submikroskopischem, faserigem Siliciumcarbid.** W. W. Pultz. (J. Amer. ceram. Soc. **50** (1967) 8, 419—20; Corning Glass Works, Corning, N.Y.; engl.) — Unters. über die Ox.-Geschw. von SiC-Fasern submkr. Abmessungen in stehender Luft bei 800, 900 bzw. 1000° zeigen, daß mehrstd. Einw. einer Temp. von 800° keine signifikante Ox. verursacht; dagegen werden die Fasern bei 1000° rasch oxydiert. Ein theoret. Modell für die diffusionsbestimmte Ox. der Fasern wird bis zu einer Umwandlung von $> 60\%$ SiC in SiO_2 befolgt. Die Aktivierungsenergie der Ox. beträgt 55,8 bzw. 39,8 kcal/Mol., je nachdem, ob ursprünglich eine amorphe SiO_2-Hülle vorhanden war oder nicht (nach Beseitigung der Hülle mit HF). W. Wesly 6592

2619 **Korrosion durch Auftaumittel auf der Basis von Chlormagnesiumlauge.** W. Philippzig und H.-J. Taschow. (Technik **22** (1967) 1, 20—23; VEB Leunawerke „Walter Ulbricht"; dt.) — Labor- u. Naturvers. zeigen, daß *Stahl, Al* u. seine Leg. u. galvan. *Cr*-Überzüge kräftige Korrosion durch $MgCl_2$-Lsg. erleiden. Die Korrosivität von $MgCl_2$-Lsg. steigt mit wachsender Verdünnung u. erreicht bei 0,24% $MgCl_2$ ein Max., außerdem wird sie stark vom Geh. an gelösten O_2 bestimmt. Damit wird die Behauptung widerlegt, $MgCl_2$-Lsg. hätten keinen schädigenden Einfl. auf metall. Werkstoffe. Möglichkeiten des Korrosionsschutzes durch Inhibitoren werden erörtert. K. Reichmann 6595

2620 **Metallkorrosion im tiefen Ozean.** W. L. Wheatfall. (Naval Engr. J. **79** (1967) 4, 611—18; U.S. Navy Marine Engng. Labor., Annapolis, Md.; engl.) — Unters. über das Korrosionsverh. (allg. bzw. Spaltkorrosion) von *C-Stahl, rostfreien Stählen, Cu, Cu-Leg, Ni-Leg., Ti, Ti-Leg.* u. *Al-Leg.* im Ozean in > 200 ft Tiefe zeigen, daß im allg. die Korrosionserscheinungen keine großen Unterschiede vom Verh. der Werkstoffe in flachem W. aufweisen. Auftretende Unterschiede im Korrosionsverh. beruhen größtenteils auf unterschiedlichen O_2-Geh. des Wassers. Eine mögliche Ausnahme von diesem allg. Verh. bilden Korrosionsvorgänge unter Beteiligung von Sedimenten des Meeresbodens. W. Wesly 6595

2621 **Korrosionsverhalten von rostfreien Stählen in Hochtemperatur-Wasser und -Dampf.** Tatsuo Maekawa, Masaru Kagawa und Nobuo Nakajima. (Nippon Kinzoku Gakkai-Si [J. Japan Inst. Metals] **31** (1967) 10, 1213—19; Mitsubishi Atom. Power Ind., Inc., Saitama; jap.) — Unters. über das Verh. von rostfreiem Stahl *AISI 304* u. *304L* zeigen, daß beide Stähle in entgastem W. bei 250—350° eine maximale *Korrosionsgeschw.* (**KG**) aufweisen, die durch die *Oberflächenzurichtung* (**A**) stark beeinflußt wird. In belüftetem W. wird die **KG** weniger durch Temp. u. **A** beeinflußt. In überhitztem Dampf nimmt **KG** mit der Temp. zu u. wird bei hoher Temp. deutlich von **A** beeinflußt. Die in entgastem W. u. Dampf gebildeten Korrosionsfilme bestehen aus Fe_3O_4 u. *Chromit*, dessen Geh. mit der Temp. zunimmt. In belüftetem W. bestehen die Filme aus γ-Fe_2O_3. Die aus der γ-Phase durch Kaltbearbeitung oder Oberflächenabrieb gebildete *α-Phase* vermindert die Korrosionsbeständigkeit in entgastem W., steigert sie aber in überhitztem Dampf beträchtlich. W. Wesly 6595

2622 **Wasserstoffdurchlässigkeit von stabilem austenitischem, rostfreiem Stahl bei anodischer Polarisation.** J. H. Shively, R. F. Hehemann und A. R. Troiano. (Corrosion [Houston] **23** (1967) 7, 215—17; engl.) — Unters. zeigen, daß bei anod. Polarisation von rostfreiem *Stahl 310* unter Einw. von *NaCl*- bzw. *HCl*-Lsg. bei 21° H in die Probe eindringt, nicht aber bei Anwendung von H_2SO_4-Lösung. Das Eindringen im anod. u. kathod. Bereich steht im Zusammenhang mit Grübchenbldg. u. Unregelmäßigkeiten der Oberfläche u. hängt von den Faktoren ab, die den örtlichen Angriff beeinflussen (pH, aggressive Ionen, Oberflächenbeschaffenheit.) W. Wesly 6595

2623 **Korrosionsverhalten von Aluminium-Gußlegierungen. Einfluß kleiner Beimengungen, insbesondere Kupfer.** Anonym. (Metall **21** (1967) 3, 215—21; dt.) — Krit. Überblick über die Literatur, nach dem Cu-Geh. bis 0,4% das Korrosionsverh. von Al-Leg. nicht oder kaum beeinflussen. Umfangreiche Vers. zeigen, daß Cu-Zusätze in *G-AlSi 12* nach DIN 1725 von 0,01—0,24% ohne Einfl. sind, bei 0,52% verstärkte Korrosion auftritt. F. Reis 6595

2624 **Korrosion von Silber in Chloridlösungen unter hydrothermen Bedingungen.** Josef Liebertz. (Werkstoffe u. Korrosion **18** (1967) 8, 681—82; Aachen, Philips Zentrallabor. GmbH; dt.) — Unters. der Korrosion von *Feinsilber* in 0,1- u. 1 n *HCl*-, NH_4Cl-, *LiCl* u. *NaCl*-Lsg. bei Temp. zwischen 300 u. 450° u. Drücken von 1000 bis 3000 bar zeigten, daß die Proben in der obigen Reihenfolge der Elektrolyte immer weniger angegriffen wurden; am stärksten in 1 n HCl-Lsg. bei höheren Temp.; der Korrosionsvorgang wird bes. durch chem. Transportrk. bestimmt. H.-J. Taschow 6595

2625 **Benzotriazol und verwandte Verbindungen als Korrosionsinhibitoren für Kupfer.** J. B. Cotton und I. R. Scholes. (Brit. Corrosion J. **2** (1967) 1, 1—5; Birmingham, Imp. Metal. Ind. (Kynoch) Ltd.; engl.) — Cu(I) u. Cu(II) u. Benzotriazol bilden Komplexe, welche W. oder OH-Ionen enthalten u. auf der Cu-Oberfläche einen < 50 Å dicken Film von polymerer Struktur bilden. Andere N-haltige heterozykl. Verb. wie *Indazol, Benzimidazol, Indol, Methylbenzotriazol* bilden ebenfalls polymere Komplexe, haben aber keine ausgeprägte Schutzwirkung. Benzotriazol bietet Schutz in wss. u. gasförmiger Umgebung mit SO_2, H_2S u. Salznebeln. Es kann in Lacke u. Poliermittel eingebracht u. als Imprägniermittel für Verpackungspapier dienen. J. Morgenthal 6595

2626 **Nicotinsäure als Inhibitor der Korrosion von Aluminium–Magnesium-Legierungen in salzsauren Lösungen.** D. V. Subrahmanyam und T. L. Rama Char. (Werkstoffe u. Korrosion **18** (1967) 8, 682—84; Bangalore, Indian Inst. of Sci.; dt.) — Vf. haben mittels Tauchstand-Vers. u. Polarisationsmessungen an Al-Blech *DTD 180C* den Inhibitorschutzwert untersucht. Als Angriffspunkt diente *HCl* (0,5, 1,0, 1,25, 1,5 u. 2 n), Temp. 32°, Tauchdauer 0,5, 1, 2, 3, 4 u. 6 Std. Inhibitorzusatz: 0,05—5 g/l. Als Schutzwerte wurden 51—90% gefunden. H.-J. Taschow 6595

2627 **Quantitative röntgenographische Phasenanalyse verschiedener Rosttypen.** Paul Keller. (Werkstoffe u. Korrosion **18** (1967) 10, 865—78; Stuttgart, TH; dt.) — Vf. beschreibt eine röntgenograph. Analysen-Meth., welche auch bei Anwesenheit einer amorphen Phase genaue Ergebnisse liefert. Im Rost wurden neben *Goethit, Lepidokrokit, Magnetit, Siderit* u. *Akaganéit* nachgewiesen. *Hämatit* u. *Maghemit* wurden nicht beobachtet. Mit Hilfe dieser Ergebnisse können unterschieden werden: *Seerost, Waldrost, Industrierost.* Als 4. Typ wird *Siderithaltiger Rost* eingeführt, *Akaganéit-Rost* bildet eine eigene Gruppe. Für die Entstehung von Industrierost sind SO_4^{--}-Ionen, beim Siderit-haltigen Rost HCO_3-Ionen u. beim Akaganéit-Rost Cl-Ionen von Bedeutung. Die „amorphe" Phase wird zu 25% durch Gitterfehler vorgetäuscht. Der Rest ist röntgenamorph. — 20 Literaturangaben. H.-J. Taschow 6596

2628 **Lochfraßindikatortest an Chrom- und Chrom–Nickel-Stählen in chlorid- und bromidhaltigen Lösungen.** G. Herbsleb und W. Schwenk. (Werkstoffe u. Korrosion **18** (1967) 8, 685—94; Duisburg-Huckingen, Forschungsinst. der Mannesmann AG; dt.) — Vf. untersuchen die Aussagefähigkeit des $K_3[Fe(CN)_6]$-Indikator-Testes für die Unters. der Lochfraßanfälligkeit austenit. Cr–Ni- u. Cr–Ni–Mo-Stähle in Cl'- u. Br'-haltigen neutralen Lsg. zwischen 20 u. 90°. Als Indikatoren werden äquimol. Mengen von $K_3[Fe(CN)_6]$ u. $K_4[Fe(CN)_6]$ wegen der zeitlichen Konstanz des Redoxpotentials, dessen pH-Unabhängigkeit in neutralen u. alkal. Lsg. sowie der Lage des Redoxpotentials in der Nähe des Potentials nichtrostender Stähle in neutralen belüfteten Lsg. vorgeschlagen. Da die Indikatoren die Lochfraßkorrosion in verd. Chloridlsg. inhibieren, ist der Indikatortest hier nur für vergleichende Unters. geeignet. In bromidhaltigen Lsg. ist der Angriff schwächer. — 21 Literaturangaben. H.-J. Taschow 6596

2629 **Einfluß von Potential und Zugspannung auf die Zeit bis zum Bruch von austenitischen, rostfreien Stählen in Magnesiumchloridlösungen.** M. Smialowski und M. Rychcik. (Corrosion [Houston] **23** (1967) 7, 218—21; engl.) — Unters. über den Einfl. von kathod. bzw. anod. Polarisation u. Zugspannung auf die Zeit bis zum Bruch von rostfreiem *Stahl 302* u. *304* in sd., 35%ig. $MgCl_2$-Lsg., wobei ein kleiner Teil der Probe unter dem Fl.-Spiegel liegt, zeigen, daß die Bldg. von Spannungskorrosionsrissen durch geringe kathod. Polarisation gehemmt wird. Dagegen führt anod. Polarisation zu verstärkter Korrosion. Bei beiden Stählen unterscheidet sich der Einfl. der Spannung auf die Zeit bis zum Bruch beträchtlich von früheren Beobachtungen. Bei Zugspannungen, die höher als die Knickfestigkeit sind, steigt die Anfälligkeit zur Rißbldg. anfangs mit der Spannung, nimmt dann ab u. steigt schließlich wieder. W. Wesly 6596

2630 **Niedriglegierte gegen Nitrate und Spannungen widerstandsfähige Stähle.** E. Herzog, L. Bäcker, M. Hugo und A. M. Valéro. (Mém. sci. Rev. Métallurgie **64** (1967) 5, 413—21; Soc. des Aciéries de Pompey; franz.) — Angaben über die Veränderungen der Elektrodenpotentiale bei Korrosionsunters. von unlegiertem Stahl mit 2—7% *Cr* u. 0,1—1% *Al* in Abhängigkeit von Zeit, Temp., u. Korrosionsprodukten. Beschreibung der anod. Polarisation u. Vgl. der indirekten u. direkten Methoden. Anwendung des potentiokinet. Verfahrens. Angaben über einen interkristallinen Angriff bei Abwesenheit von Spannungen. Schnelleinteilung der Korrosionsgeschw. nach stetig fortschreitender Verformung u. nach Alterung. H. Hochstein 6596

2631 **Zeitstandverhalten von Werkstoffen und seine Beeinflussung durch Korrosion.** C. M. v. Meysenbug. (Werkstoffe u. Korrosion **18** (1967) 2, 106—12; Dechema-Inst., Frankfurt/Main; dt.) — Begriff u. Meth. zur Best. der Zeitstandfestigkeit u. Bedeutung der Spannungsrißkorrosion für den chem. Apparatebau an Hand von Zeitstandvers. an Metallen (Vorr.). Verformungsbruch-Unters. zeigen von der Oberfläche ausgehende Korngrenzenkorrosion, die beim Zeitstandverh. von *SF–Cu* u. *LC–Ni* in verd. H_2SO_4 erhöhte Dehngeschw. u. verkürzte Bruchzeiten verursacht. Die Bruchzone ist von Rissen durchsetzt. A. Wosche 6596

2632 **Anwendung der Warburg-Technik zur Untersuchung der Korrosion von Nickel in sauerstoffhaltigen, wäßrigen Salzsäurelösungen.** W. Friedemann und K. Fischbeck. (Werkstoffe u. Korrosion **18** (1967) 10, 883—88; Heidelberg, Univ., Angew. Physikal. Chemie; dt.) — Anwendung der *Warburg*-Technik zur Best. des Stoffumsatzes bei Korrosions-Rk., an denen gasf. Reaktanten in einer Menge $> 10^{-8}$ teilnehmen. Die Korrosions-Geschw. von *Reinnickel* wird in O_2-haltiger wss. *HCl*-Lsg. bestimmt. Es konnte gezeigt werden, daß unter den Bedingungen $P_{O_2} = 1$ at; $0 \leq pH \leq 7$ keine H_2-Entw., sondern stets ein O_2-Verbrauch auftrat. O wurde quant. zu H_2O_2 red. unter Auflsg. einer äquivalenten Menge von Ni. H.-J. Taschow 6596

2633 **Korrosionsuntersuchungen an Reaktorwerkstoffen in strömender Natriumschmelze bei hohen Temperaturen.** Hans Ulrich Borgstedt, Günther Drechsler und Günter Frees. (Werkstoffe u. Korrosion **18** (1967) 10, 894—97; Karlsruhe, Inst. f. Material- u. Festkörperforsch. u. Inst. f. Reaktorbauelemente; dt.) — Korrosions-Vers. an *18/9 Cr–Ni-Stahl*, *Ni*-Basis-Leg. vom *Inconel-X*-Typ u. *V–Ti–Nb*-Leg. in einer dynam. Vers.-Anlage mit fl. Na, ca. 600°, 15 ppm Na_2O zeigen, daß Cr–Ni-Stähle bis ca. 650° für Kernreaktoren hoher Leistungsdichte ausreichende Korrosionsbeständigkeit besitzen. Hoch-Ni-haltige Leg. sind gegen Na hoher Strömungs-Geschw. korrosionsanfällig. *V*-Leg. erleiden bei Na_2O-Geh. > 15 ppm starken Abtrag u. Versprödung durch O-Diffusion. H.-J. Taschow 6596

2634 **Einwirkung von Phosphordampf auf technisches Nickel und Wolfram.** H. J. Booss. (Metall **21** (1967) 1, 28—30; Berlin; dt.) — Vers. an Ni- u. W-Drähten ergaben, daß bei 400—700° u. bei Drücken bis 0,1 Atmosphäre P auf Ni einwirkt. Die sich bildende mehrphasige Schicht erhöht den elektr. Widerstand. Infolge Abblätterns der Schicht u. Querschnittsverringerung sinkt die mechan. Festigkeit. Ein *Mn*-Geh. von Ni hat keinen Einfl. auf die Bldg.-Geschw. der Schicht. W wird von P erst $> 1000°$ angegriffen. Zwischen mittlerer Eindringtiefe von P u. Widerstandserhöhung besteht ein funktioneller Zusammenhang. Eindringtiefe u. Widerstand sind temperaturabhängig. F. Vier 6596

2635 **Korrosionsprodukte auf Cadmium in natürlichen und künstlichen Korrosionsmedien.** Tadeusz Biestek und Jan Niemiec. (Prace Inst. Mechan. precyzyjnej **15** (1967) 1, 42—46; pol.) — Mit Hilfe von Röntgenunters. werden auf Cd, das Industrie-, Stadt-, Land- u. Seeatmosphäre sowie Industriegasen ausgesetzt war, die Korrosionsprod.: $Cd(OH)_2$, $CdCO_3$, $2CdCO_3 \cdot 3Cd(OH)_2$, $CdCl_2$, $CdSO_4 \cdot 4H_2O$ u. *CdS* nachgewiesen. K. Reichmann 6596

2636 **Schnellkorrosionsversuche von „rißfreien" galvanischen Chromüberzügen auf Stahl.** Tadeusz Biestek. (Galvanotechn. u. Oberflächenschutz **8** (1967) 1, 1—8; Warschau, Polen, Inst. f. Präzisionsmech.; dt. u. franz.) — Es werden die Abhängigkeit zwischen Schichtdicke „rißfreier" *Cr*-Überzüge u. Korrosionsbeständigkeit untersucht. Zwischen der Korrosionsbeständigkeit „rißfreier" Cr-Überzüge u. derjenigen von Überzügen, die aus konventionellem wie auch selbstregulierendem Cr-Bad abgeschieden werden, wird verglichen. Die Korrosionsprüfverf. werden bewertet u. Schnellprüfungsmeth. u. Freilufttests verglichen. K. Alker 6596

2637 **Zwölfjährige Untersuchungen der atmosphärischen Korrosion von passivierten Zinküberzügen auf Stahl.** Tadeusz Biestek. (Prace Inst. Mechan. precyzyjnej **15** (1967) 1, 47—55, 7 Tafeln; pol.) — Unters. der Korrosionsbeständigkeit von passivierten Zn-Überzügen aus verschiedenen Passivierungsbädern in Industrie, -Stadt-, Land- u. Seeatmosphäre zeigen, daß passivierte Zn-Überzüge in Landatmosphäre beständiger als in Seeatmosphäre sind. Außerdem wird festgestellt, daß die Passivierung von Glanz-Zn-Überzügen gegenüber den Mattüberzügen zu günstigeren Ergebnissen führt. K. Reichmann 6596

2638 **Bedeutung und Messung des Potentials beim kathodischen Korrosionsschutz.** G. Herbsleb und W. Schwenk. (Werkstoffe u. Korrosion **18** (1967) 10, 888 bis 893; Duisburg-Huckingen, Forschungsinst. der Mannesmann AG; dt.) — Vf. führen Unters. der Potentialabhängigkeit der Korrosions-Geschw. von Stahlproben in wss. 0,5 m Na_2SO_4-Lsg., synthet. Bodenlsg. nach Klas u. v. Baeckmann sowie künstlichem Meerwasser durch. In neutralen N_2-durchspülten Lsg. liegen die Meßwerte auf einer Geraden mit einer Tafel-Neigung von 70 mV. In O_2-durchspülten Lsg. sowie in einem sauren Bisulfatpuffer werden kleinere Korrosions-Geschw. gemessen. Wenn keine komplex- u. sulfidbildenden Agenzien vorliegen, ist für Stahl ein kathod. Schutzpotential von $-0{,}85\ MV_{Cu/CuSO_4}$ notwendig u. hinreichend. Die Schutzstromdichte für blanken Stahl in belüfteten Lsg. bei ca. 60 mA $\cdot$ m^{-2}. H.-J. Taschow 6596

2639 **Anodische Passivierung von Eisen in Lösungen inhibierend wirkender Anionen.** I. G. N. Thomas und T. J. Nurse. (Brit. Corrosion J. **2** (1967) 1, 13—20; Teddington, Middlesex, Nat. Phys. Lab.; engl.) — Potentiostat. Polarisationsmessungen bei der anod. Passivierung von Fe in neutralen u. alkal. Lsg. zeigten, daß das krit. Passivierungspotential, krit. Stromdichte u. Stromverlust durch den Passivfilm pH-abhängig ist u. von der Art der anwesenden Ionen beeinflußt werden. Das krit. Passivierungspotential ändert sich mit dem pH im Bereich von 6—12 nach $E_p = +0{,}09 - 0{,}06\,pH$ (Volt). Die pH-Abhängigkeit ist bedingt durch Oxidbldg.; E_p ist geringfügig positiver als das thermodynam. Potential für die Bldg. von FeO u. FeOH, d. h. es ist eine kleine Überspannung erforderlich, um die Bldg. des Passivfilms zu ermöglichen. In entlüfteter 0,1 m Lsg. nimmt die krit. Passivierungsstromdichte in der Reihe $NO_2 < OH < CrO_4 < BO_3 < PO_4 < CO_3 <$ Benzoat $< HCO_3 < NO_3$ zu. Gelöster O_2 ist verantwortlich für den Prozeß der Bldg. u. Erhaltung von Passivfilmen auf Fe in NO_2- u. CrO_4-Lsg.; beide Anionen besitzen gute Passivierungseigenschaften. J. Morgenthal 6596

2640 **Einflußfaktoren der Nutzdauer von polierten Filmen fester Schmiermittel.** J. P. Giltrow. (Brit. J. appl. Physics **18** (1967) 6, 831—38; Royal Aircraft Establishment, Farnborough, Hantshire; engl.) — Auf Scheiben aus Fluß- bzw. Werkzeugstahl werden bei verschiedener Feuchtigkeit Filme aus TaS_2, $TaSe_2$, NbS_2, $NbSe_2$, $MoSe_2$, WSe_2, MoS_2 bzw. WS_2 aufgebracht u. die Filme in einem geschlossenen Raum bei verschiedener Feuchtigkeit auf Reibung (unter Verw. einer Kugel aus Werkzeugstahl) beansprucht. Es zeigt sich, daß hohe relative Feuchtigkeit bei der Filmbldg. die Nutzdauer der Filme erhöht, aber hohe Feuchtigkeit bei der Filmprüfung die Nutzdauer vermindert. Der Reibungskoeff. nimmt mit steigender relativer Feuchtigkeit zu. Optimale Filmnutzdauer ergibt sich bei einer Stahlunterschicht mit einer mittleren Rauhigkeit von 30—40 μ in. Von den angewandten Verb. eignen sich $MoSe_2$, WSe_2, MoS_2 u. WS_2 als Schmiermittel, nicht aber die Ta- u. Nb-Verbindungen. Die Ursachen für das verschiedene Verh. werden zu deuten versucht. W. Wesly 6597

2641 **Einfluß des Phosphideutektikums auf den Reibungsverschleiß von grauem Gußeisen.** Stanisław Korcyl. (Prace Inst. Odlewnictwa **16** (1966, herausgeg. 1967) 4, 317—36; Zakład Konstrukcji i Badán Odlewów; pol.) — Um den Einfl. des Phosphideutektikums auf die Abriebfestigkeit von grauem Gußeisen zu ermitteln, werden an Gußeisen mit 0,2—1,0% *P*, das bei unterschiedlichen Abkühlungsgeschw. erstarrte, der Verschleiß bei Reibung, die Rauhigkeit der Reibflächen, die Schicht unter der Oberfläche u. die Zus. der Abriebprod. bestimmt. K. Reichmann 6597

2642 **Transmissionselektronenmikroskopische Untersuchungen verformter, durch Abrieb an rostfreiem 18-8-Stahl erzeugter Oberflächenschichten.** Noboru Takahashi und Teruzô Shimizu. (Nippon Kinzoku Gakkai-Si [J. Japan Inst. Metals] **31** (1967) 6, 789—94; Fac. of Engng., Yamanashi Univ., Kôfu; jap.) — Die durch Abrieb mit verschiedenen Mitteln an rostfreiem 18-8-Stahl erzeugten Oberflächenschichten werden auf Stapelfehler, Gleitlinien, Phasen sowie Versetzungen untersucht u. (Abb.) wiedergegeben. Aus den Unters. folgt, daß eine verformte Oberflächenschicht schon durch leichten Abrieb gebildet wird u. daß eine Oberflächen-Kaltverfestigung auftritt. W. Wesly 6597

2643 **Verschleißfestigkeit von Cu–Fe-Legierungen als ölgeschmierte Gleitkontakte.** Hisasuke Takeuchi und Toyoji Kobayashi. (Nippon Kinzoku Gakkai-Si [J. Japan Inst. Metals] **31** (1967) 10, 1133—39; Hitachi Ltd., Hitachi; jap.) — Unters. über das Verschleißverh. verschiedener, auf Cu-Blech gleitender Werkstoffe zeigen, daß (auf Grund des Gew.-Verlustes u. der Oberflächenrauheit) Cu–Fe-Leg. (bes. solche mit 40% Cu) eine ausgezeichnete *Verschleißfestigkeit* (**A**) aufweisen; etwas weniger beständig sind *Ag–W-* u. *Cu–W-Legierungen.* Die **A** der Cu–Fe-Leg. wird durch Wärmebehandlung verbessert. Durch Abschrecken u. Tempern entsteht ein hartes Kontaktmaterial mit relativ hoher Leitfähigkeit. Das Gefüge der Cu–Fe-Leg. besteht aus einer Fe-reichen u. einer Cu-reichen Phase. Wärmebehandlung steigert die Härtedifferenz beider Phasen. Der Gleitkontakt von Cu–Fe-Leg. mit Cr–Cu-Leg. führt zu viel geringerem Gesamtgew.-Verlust als ein solcher von Cu–Fe-Leg. mit reinem Cu. W. Wesly 6597

2644 **Verschleißfestigkeit zementierter Carbide.** Tamotsu Fukatsu, Kazuhiko Yuhara und Keiichi Kobori. (Nippon Kinzoku Gakkai-Si [J. Japan Inst. Metals] **31** (1967) 10, 1127—32; Toshiba Tungaloy Co., Kawasaki; jap.) — Unters. über die Beziehungen zwischen *Verschleißfestigkeit* (**A**) u. Eig. von gesinterten WC–Co-Leg. mit verschiedenen Werten von *Co*-Geh., *WC*-Pulver-Teilchengröße, *TaC*-Zusätzen u. Sintertemp. zeigen, daß **A** linear mit steigender Härte u. Koerzitivkraft, mit abnehmendem Co-Geh. u. abnehmender WC-Korngröße der Leg. zunimmt. **A** von Leg. aus grobem WC-Pulver ist besser als die von Leg. aus feinem Pulver. Die unterschiedliche **A** als Folge der WC-Pulverteilchengröße zeigt sich beim Abdrehen von Grauguß deutlicher als bei dem von hydraul. Mörtel. Die Wrkg. kleiner TaC-Zusätze macht sich beim Abdrehen von Stahl, nicht aber bei dem von Grauguß oder hydraul. Mörtel bemerkbar. W. Wesly 6597

2645 **Untersuchung über Risse um Vickers-Einkerbungen in zementierten Carbiden.** Akiyoshi Miyoshi, Akio Hara und Yoshinobu Sugimoto. (Nippon Kinzoku Gakkai-Si [J. Japan Inst. Metals] **31** (1967) 10, 1123—26; Sumitomo Electric Ind. Ltd., Itami; jap.) — Unters. über den Einfl. des Läppens auf die Rißlänge um Vickers-Einkerbungen an verschiedenen, zementierten Carbiden [(W, Ti, Ta)C–Co-Leg.] zeigen, daß die Rißlänge u. die Mikrohärte stark von der Läppzeit bei zementierten Carbiden mit einer WC-Phase abhängt. WC-Einkrist. zeigen eine beträchtliche Abhängigkeit der Mikrohärte von der Läppzeit (Läppen an ihrer Grundfläche). Durch das Läppen wird die Oberfläche der Carbide mehrere μm tief gehärtet. Die Abhängigkeit der Rißlänge von der Läppzeit wird durch die Kaltverfestigung der WC-Phase beim Läppen erklärt. W. Wesly 6597

2646 Ministère des Richesses Naturelles, Quebec, Canada (Erfinder: Charles Édouard Beaulieu), **Magnetisierende Röstung von Eisenoxidhydraten.** Das Röstgut besteht aus einem Gemisch verschiedener Fe-Oxidhydrate wie *Goethit, Limonit* sowie Anteilen von *Hämatit* mit silicatischem Nebengestein. Dieses unmagnet. Ausgangsmaterial wird vermahlen u. auf etwa 225—375° erhitzt u. im Gegenstrom einer reduzierenden Gasatmosphäre ausgesetzt, welche ein CO_2/CO-Verhältnis von 1:1 oder 2:1 aufweist. Das Resultat ist eine feste Lsg. von Magnetit (Fe_3O_4) u. γ-Fe_2O_3 (Maghemit) sowie ca. 31% FeO, die auf Magnetscheidern von der Gangart abgetrennt werden kann. (**F.P. 1459408** vom 2/11. 1965, veröff. 10/10. 1966.) — 6 S. P. Iohn 6516

2647 Battelle Development Corp., übert. von: Arthur R. Elsea, Frank J. Barone und William R. Warke, Columbus, O., USA, **Hochfester Stahl** mit einer 0,2(%)-Streckgrenze von mindestens 250000 psi, einer Bruchfestigkeit von 276000—290000 psi u. einer Bruchdehnung von 5,5—6 besteht aus 0,48—0,52 *C*, 0,75—0,95 *Mn*, 1,90—2,20 *Si*, 0,90—1,10 *W*, 0,10 bis 0,15 *V*, bis 0,04 *P* + *S*, Rest Fe. (**U.S.P. 3298028** vom 18/7. 1962, ausg. 20/12. 1966.) — 2 S. H. Hochstein 6536

2648 Armco Steel Corp., übert. von: Martin F. Littmann und Edwin S. Harris, Middletown, O., USA, **Herstellung von dünnen Blechen aus einer Nickel-Eisen-Legierung** mit verbesserten *magnet. Eigenschaften.* Die Leg. besteht aus ungefähr gleichen Teilen von Ni u. Fe, u. zwar aus 47—49(%), bes. 47,5—48,5 Ni, < 0,035, bes. 0,005—0,019 *C*, 0,30—1,0, bes. 0,35—0,70 *Mn*, < 0,005 *P*, 0,0030—0,010; bes. 0,0040—0,0075 *S*, 0,30 bis 0,50, bes. 0,35—0,45 *Si*, 0,010—0,035, bes. 0,015 bis 0,025 *Al*, Rest Fe. Die Leg. wird in Blöcke gegossen u. zunächst bei 2200—2300°F, dann bei 1850—2050°F u. schließlich bei 1300—1500°F auf 0,125—0,0180 in. warmgewalzt. Nach dem Kaltwalzen auf $^1/_4$—14 mils Dicke werden die Bleche in trockenem H_2 1—4 Std. bei 1800—2200°F geglüht. (**U.S.P. 3247031** vom 14/10. 1963, ausg. 19/4. 1966.) — 3 S. K. Bayer 6547

2649 Blaw-Knox Co., USA (Erfinder: Martin Nathaniel Ornitz und Ray Harper English), **Warmfeste Nickel–Chrom–Wolfram-Legierung,** die bis 1371° gegen Korrosion u. Wärmeschocks beständig ist, besteht aus bis 1(%) *C*, 26—38 Cr, bis 0,2 *Mn*, bis 0,2 *Si*, 10—25 W, Rest Ni einschließlich Verunreinigungen. Die bevorzugten Geh. an C, Cr u. W sind: a) 0,20—0,75, 28—35 u. 13—19, b) 0,5, 31 u. 17. (**F.P. 1441247** vom 26/7. 1965, ausg. 25/4. 1966. U.S. Prior. 5/2. 1965.) — 4 S. K. Bayer 6547

2650 Birmingham Small Arms Co. Ltd., Birmingham, Großbritannien (Erfinder: Henry Cave Child und Adam Dunlop), **Warmfeste Nickel–Wolfram–Kobalt–Chrom-Legierungen.** F.P. 1357899; C. **1966,** 11-2477 ist dahin zu ergänzen, daß die Leg. aus 0,1 bis 0,2(%) *C*, 4—5,5 Cr, 0,01—0,1 *B*, 0,01—0,1 *Zr*, 2—7 *Ti*, 2—8 *Al*, 8—20 W, 0—6 *Mo*, < 0,2 *Si*, < 0,2 *Mn*, 5—15 Co, < 1 *Fe*, 0—3 *Ta*, Rest *Ni* u. Verunreinigungen bestehen, wobei der Geh. an Ti + Al 7—11 u. der an W + 2 Mo 8—20, bes. 8—14, beträgt. (**Brit.P. 1029965** vom 12/5. 1962, ausg. 18/5. 1966.) — 3 S. K. Bayer 6547

2651 Duriron Co., Inc., Dayton, O., USA, **Kobalt-Gußlegierungen.** F.P. 1361560; C. **1966,** 11-2478 ist dahin zu ergänzen, daß die Leg. aus 26—32(%), bes. 28 oder 30 *Cr*, 8—15, bes. 8,5 oder 13 *Mo*, bis 0,10, bes. maximal 0,03 *C*, 1,5—4,5, bes. 3,25 *Cu*, bis 10, bes. 2,0 *Ni*, bis 6, bes. 2,0 *Fe*, ≦ 3 *Desoxydationsmittel* u. dgl., Rest Co bestehen. Die Korrosions- u. abriebbeständigen Leg. können noch je bis 2, bes. 0,5 *Mn* u. *Si* enthalten. (**Brit.P. 1027806** vom 1/4. 1963, ausg. 27/4. 1966. U.S. Prior. 23/4. 1962.) — 10 S. K. Bayer 6547

2652 Garrett Corp., USA (Erfinder: Milton S. Roush), **Korrosionsbeständige Kobaltlegierung,** bestehend aus 1—6(%) *Al*, 0,5—3 *Y*, 0,35—0,50 *C*, höchstens 0,5 *Mn*, höchstens je 0,04 *P* u. *S*, höchstens 0,5 *Si*, 20—22 *Cr*, 9—12 *W*, 1,5—5 *Nb* u./oder *Ta*, 2—5 *Fe*, 0,5—10 *Ni*, 3—10, bes. 5 *Mo*, Rest Co. Die Leg. ist gegen *Ox.* sowie gegen die Einw. von *S-haltigen Verb.* u. von *Pb* bei Temp. bis 1100° beständig. (**F.P. 1418363** vom 6/11. 1964, ausg. 17/2. 1966. U.S. Prior. 7/11. 1963.) — 7 S. K. Bayer 6547

2653 Brush Beryllium Co., Cleveland, übert. von: Keith G. Wikle, Oak Harbor, O., USA, **Herstellung von Berylliumblechen** aus einem im Vakuum warmgepreßten Block, der an den Kanten mit *Stahlprofilen* versehen u. so in eine Hülle aus weichem *Stahlblech* gepackt wird, wobei die Oberfläche des *Be*-Blockes u. die Innenfläche des Stahlbleches vorher mit einer Schicht aus kolloidalem *Graphit* überzogen werden. Der so behandelte Block wird bei 650—860°, bes. 730—790°, in festgelegten Stufen, bes. kreuzweise, auf eine bestimmte Dicke gewalzt. Dann wird die Hülle entfernt, die Oberfläche des Be-Bleches gebeizt u. maschinell bearbeitet u. das so behandelte Blech nach dem gleichen Verf. wie der Block weiterverarbeitet u. schließlich auf die gewünschte Dicke gewalzt. (**U.S.P. 3234052** vom 28/7. 1961, ausg. 8/2. 1966.) — 5 S. K. Bayer 6552

2654 Aluminum Co. of America, Pittsburgh, Pa., übert. von: Edward F. Fischer, Cleveland, O., USA, **Aluminium-Legierungen** bestehen aus 12—30(%) *Si*, 10—30 *Cu*, 2—6 *Mn*, bis 6 *Fe*, wobei Mn + Fe 3—8 beträgt u. der Betrag von Si, Cu, Mn u. Fe mindestens 35 ausmacht. Die Leg. besitzen hohe Widerstandsfähigkeit gegen Verschleiß beim Raum- u. erhöhten Temp. u. haben bei Raumtemp. eine Brinellhärte von mindestens 150. (**U.S.P. 3285717** vom 10/8. 1964, ausg. 15/11. 1966.) — 3 S. C. Götze 6556

2655 Aluminum Co. of America, Pittsburgh, übert. von: William A. Anderson, Verona, Pa., USA, **Wärmebehandlung einer Aluminium-Magnesium-Legierung,** die aus 4—8(%) Mg, Rest Al besteht u. die ggf. noch 0,1—1 *Mn*, 0,1—0,25 *Cr*, 0,1—1 *Zn*, 0,05—0,2 *Ti* u. 0,001—0,05 *Be* enthalten kann, zur Verbesserung der *Spannungskorrosionsbeständigkeit.* Die Leg. wird erst bei 600—800°F geglüht u. nach einer Kaltverformung von mindestens 20% Querschnittsverminderung 2—24 Std. auf 400—525°F gehalten, wobei eine gleichmäßig verteilte Ausscheidung der Al–Mg-Phase erfolgt, wenn nach dem Abkühlen auf Raumtemp. weiter kaltverformt wird (mindestens 10% Querschnittsverminderung). Ggf. kann die Leg. zur Stabilisierung der Festigkeitseig. dann noch 0,5—10 Std. bei 100—350°F wärmebehandelt werden. (**U.S.P. 3232796** vom 21/3. 1962, ausg. 1/2. 1966.) — 3 S. K. Bayer 6556

2656 Westinghouse Electric Corp., Pittsburgh, übert. von: Malcolm J. Fraser, Penn Hills, und Raymond E. Wien, Penn Township, Westmoreland, County, Pa., USA, **Verbesserung der Kaltverformbarkeit von Halbzeug aus einer Nioblegierung.** Zu Brit.P. 1018917; C. **1968,** 15-2301 ist nachzutragen, daß die zu behandelnde Nb-Leg. stets aus 10—65% *Zr*, Rest Nb, besteht. (**U.S.P. 3278344** vom 29/7. 1963, ausg. 11/10. 1966.) — 2 S. C. F. Gross 6558

2657 Giulio Guarnaschelli, Mailand, Italien, **Rückgewinnung von Edelmetallen aus den Abfällen der Gold- und Silberwerkstätten.** Die Abfälle werden mit 1,5 Gew.-Teilen wasserfreiem Na_2CO_3 vermischt, mit 5—10% W. versetzt, bis zum Schmelzen der Metalle erhitzt, die Schmelze in W. verteilt u. vermahlen, wobei sich die Edelmetalle im W. zu Boden setzen. — Vorr., Zeichnung. (**It.P. 648560** vom 4/3. 1961.) — 5 S. K. Koebke 6563

2658 Sherritt Gordon Mines Ltd., Toronto, übert. von: Vladimir Nicolaus Mackiw, Naoyuki Yoshida, Robert W. Fraser, Fort Saskatchewan, und Tibor Krantz, Vancouver, Canada, **Herstellen von Ni-Blechen und Streifen mit nahezu theoretischer Dichte und einer Härte unter 35 Rockwell (30 T Skala).** Ni-Teilchen von weniger als 300 μ Durchschnittsgröße werden durch Walzen zu einem Blech oder Streifen verdichtet, dieses Vorprod. in fließendem, feuchtem H_2 bei 1500—2100°F gesintert, wobei der S-Geh. unter 0,003(%) u. der C-Geh. unter 0,005 abgesenkt wird. Der Streifen wird sodann warmgewalzt u. unter Schutzgas abgekühlt, kalt weiterverarbeitet, schließlich bei 1200—1800°F weichgeglüht. (**U.S.P. 3268368** vom 21/10. 1963, ausg. 23/8. 1966. **F.P. 1412233** vom 21/10. 1964, ausg. 24/12. 1965. U.S. Prior. 21/10. 1963.) — 4 S. — 5 S. W. Schwarzmaier 6569

2659 Associated Electrical Industries Ltd., Großbritannien, **Herstellung eines Werkstoffes,** bes. für Werkzeuge, dad. gek., daß eine Mischung aus 32—48(%) *TiC*, 32—48 *WC*, 6—12 *Ni*, 6—21 *Mo* u. 2—6 *Co* im Vakuum oder in H_2-Atmosphäre u. unter einem Druck von 12 bis 15 kg/mm² gesintert wird. (**F.P. 1442247** vom 10/8. 1965, ausg. 24/8. 1966. Brit. Prior. 27/8. 1964.) — 3 S. A. Gradl 6571

2660 Associated Electrical Industries Ltd., London, Großbritannien (Erfinder: Jeffrey Samuel Stafford), **Schneidwerkzeuge aus einer Wolframcarbid–Titancarbid-Hartlegierung,** bestehend aus 32—48, bes. 38(%) WC, 32—48, bes. 38 TiC, 6—12, bes. 10 *Ni*, 6—12, bes. 10 *Mo*, 2—6, bes. 4 *Co*. (**Brit.P. 1036187** vom 27/8. 1964, ausg. 13/7. 1966.) — 3 S. K. Bayer 6571

2661 Associated Electrical Industries Ltd., London, Großbritannien (Erfinder: Jeffrey Samuel Stafford), **Schneidwerkzeuge aus einer Titancarbid-Hartlegierung,** bestehend aus 53—70, bes. 55—65(%) TiC, 5—15, bes. 8—14 *WC*, 8—16, bes. 10—14 *Ni*, 9—17, bes. 11—15 *Mo*, 2—5, bes. 2—4 *Co*, 0,25—3, bes. 0,25—2 *TaC*, *NbC*, *VC* u./oder Cr_3C_2. (**Brit.P. 1037568** vom 25/8. 1964, ausg. 27/7. 1966.) — 3 S. K. Bayer 6571

2662 E. I. du Pont de Nemours & Co., Wilmington, Del., übert. von: Arnold H. Holtzman, Cherry Hill Township, N. J., und Andrew Pocalyko, Newark, Del., USA, **Explosionsplattieren von Metallen,** bes. von *Ti*, *Ta* oder *Al* auf *Stahl* bzw. von *rostfreiem* Stahl oder *Cu* auf eine *Al-Legierung.* Die zu plattierenden Metalle liegen in Form von Blechen vor, wobei die Unterseite des z. B. auf Stahlblech aufzubringenden Ti-Blechs mit einer Schicht aus *Polystyrol* überzogen ist, auf welche die *Explosivstoffe* aufgetragen sind. Das so vorbereitere Ti-Blech wird auf das mit z. B. *Fe-Pulver* überzogene Stahlblech aufgebracht. Nach der Einw. der Explosivstoffe, durch Schockwellen unter *W.*, auf den Verbund werden die so plattierten Metalle kalt gewalzt u. anschließend geglüht. (**U.S.P. 3238071** vom 9/7. 1963, ausg. 1/3. 1966.) — 4 S. K. Bayer 6572

2663 Dow Chemical Co., übert. von: George A. Johns und John F. Mulloy, Midland, Mich., USA, **Herstellung poröser Metallstücke.** Das geschmolzene Metall (Mg) wird in eine, ein körniges Salz (NaCl) enthaltende Form gegossen. Das Salz–Metall-Gußstück wird nach seiner Verfestigung in W. getaucht, um das Salz auszulaugen, wobei es — als Kathode gegenüber einer Opferanode (Mg) geschaltet — von einem elektr. Strom durchflossen wird, dessen Spannung ausreicht, um an der Kathode (dem Gußstück) Hydroxid zu bilden, einen Ohmschen Widerstand im Stromkreis zu überwinden u. jede durch die Bldg. von H an der Kathode entstehende EMK zu verhindern. (**U.S.P. 3251758** vom 6/8. 1964, ausg. 17/5. 1966.) — 1 S. H. Baur 6576

2664 Teleflex, Inc., North Wales, übert. von: Andrew J. Kompanek jun., Lansdale, Pa., USA, **Herstellung eines metallischen Gegenstandes bestimmter Form mit einem Korrosionsschutzüberzug.** Der vorgewalzte Metallblock wird mit einer Mischung aus festen Metallteilchen, z. B. $\geq$ 0,2 (Mol/Liter) *Al*-Pulver, u. einer wss. Lsg. anorgan. Bestandteile, z. B. $\geq$ 0,5 Phosphat u. $\geq$ 3 *Chromat* u./-oder Molybdat, behandelt u. mit dem Überzug versehen, durch Kaltverformung in die gewünschte Form gebracht. (**U.S.P. 3293896** vom 28/6. 1963, ausg. 27/12. 1966.) — 3 S. H. Baur 6576

2665 Ling-Temco-Vought, Inc., Dallas, übert. von: William L. Aves, Arlington, Tex., USA, **Zementierung von Metallen** unter Verw. eines inerten Packungsmaterials, eines therm. zersetzbaren Salzes, das bei der Zers. ein Trägergas liefert, u. eines mit dem Trägergas reagierenden Zementierungsmaterials, dad. gek., daß das Trägergas liefernde Salz in dem Packungsgemisch derart verteilt ist, daß es mit dem zu zementierenden Metall in keiner direkten Berührung steht. Zweckmäßig ist das Salz als Schicht in einem gewissen Abstand von dem Metallkörper in die Packung eingelagert. (**U.S.P. 3286684** vom 24/12. 1962, ausg. 22/11. 1966.) — 4 S. A. Gradl 6577

2666 Soc. d'Électro-Chimie, d'Électro-Métallurgie et des Aciéries Électriques d'Ugine, Paris, Frankreich, **Stickstoffhaltige Manganlegierungen zum Nitrieren von Stählen.** F. P. 1391109; C. **1967,** 45-2251 ist dahin zu ergänzen, daß die Leg. aus 40—99(%), bes. 70—90 *Mn*, 0,50—10, bes. 2—4 *Al*, 0,5—20, bes. 4—6 *N*, 0—8, bes. 0—3 *C*, 0—2 *Si*, Rest *Fe* bestehen. (**Brit.P. 1036502** vom 18/1. 1965, ausg. 20/7. 1966. F. Prior. 22/1. 1964.) — 3 S. K. Bayer 6577

2667 United States Atomic Energy Commission, übert. von: Ralph G. Gilliland, Oak Ridge, Tenn., USA, **Vanadium–Titan-Lot** besteht aus 5—80(%) V, 5—50 *Ta*, Rest 5—75 Ti. Bevorzugte Zus. 30—50 V, 30—50 Ti, Rest 20—30 Ta. Verw. findet das Lot zum Verbinden von W, Mo, Ta, Nb u. Leg. auf Basis dieser Metalle bei 3000—3400°F in einer nicht oxydierenden Atmosphäre, bes. zur Herst. von Teilen für *Kernreaktoren* u. *Raumfahrzeuge*. — 1 Zus.-F.-Diagramm. (**U.S.P. 3293741** vom 20/4. 1964, ausg. 27/12. 1966.) — 3 S. C. F. Gross 6579

2668 Sergio Toniolo, Mestre, Venedig, Italien, **Eisenpulver,** das für die Herst. von *Schweißelektroden* bestimmt ist, wird gewonnen aus einem Stahl, der im fl. Zustand vor der Überführung in Pulverform dem Vakuum ausgesetzt wurde. (**It.P. 637839** vom 8/10. 1960.) — 3 S. K. Koebke 6580

2669 Union Carbide Corp., USA (Erfinder: Thomas Louis Coless und Kenneth Woodrow Roimer), **Schweißmittel** besteht aus 30—65(%) Al_2O_3, *MgO*, TiO_2, *ZrO* u./oder *CaO*, 0—5 *K-Verb.*, Rest CaF_2, *NaF*, MgF_2, *LiF*, *KF* u./oder Na_3AlF_6 sowie $\leq$ 3 SiO_2. Bevorzugte Zus.: 1. 0—5 Al_2O_3, 25—35 TiO_2, 1—10 MgO, 1—5 CaO, 1—10 ZrO_2, 10—30 *Mn-Erz*, 0—3 SiO_2, 20—40 CaF_2 u. 1—20 Na_3AlF_6; 2. 5—40 Al_2O_3, 5—40 TiO_2, 0—2 oder 1—20 Mn-Erz, 0—3 SiO_2, 20—70 oder 20—40 CaF_2, 0—5 oder 1—20 Na_3AlF_6 u. 0—5 K-Verbindung. Verw. findet das Schweißmittel für das Lichtbogenschweißen, bes. *Unterpulverschweißen*, von Ni-Leg. u. alterungshärtbaren Ni-Stählen, wobei dichte, duktile, feste Schweißungen ohne Si-Aufnahme erzielt werden. (**F.P. 1462718** vom 3/1. 1966, veröff. 7/11. 1966. U.S. Prior. 5/1. 1965.) — 4 S. C. F. Gross 6580

2670 Continental Oil Co., USA (Erfinder: Frederick John Radd und Louis Howard Wolff), **Erhöhen des Widerstandes gegen Spannungskorrosion von Metallen.** Man entfernt die Oxide u. entkohlte Teile enthaltenden Oberflächenschichten durch mechan. Bearbeitung u. erzeugt dann eine Druckspannung in den Metallen durch eine Kaltbearbeitung der Oberfläche. — Diagramme. (**F.P. 1418334** vom 23/10. 1964, ausg. 14/2. 1966. U.S. Prior. 4/11. 1963 u. 3/8. 1964.) — 7 S. F. Markhoff 6582

2671 General Electric Co., Schenectady, N.Y., USA, **Herstellen von Höhlungen beliebiger Richtung in festen Teilen,** bes. Metallen, durch Bestrahlen mit energiereichen Partikeln (^{235}U) durch eine Maske hindurch u. Ausätzen mit HF. (**Brit.P. 1042602** vom 26/2. 1963, ausg. 14/9. 1966. U.S. Prior. 28/2. 1962.) — 7 S. H. Baur 6583

2672 Dow Chemcial Co., Midland, Mich., übert. von: Earl F. Morris, Tulsa, Okla., USA, **Entfernen von Oxidschichten von nichtrostendem Stahl.** Man verwendet eine wss. Lsg., die 1—50(%) F-Ionen, 1—6 Anionen der $HMnO_4$, H_2CrO_4, H_2MnO_4, H_2WO_4 u. ähnlicher Säuren sowie 1—70 HNO_3 enthält, z. B. 4 HF, 25 HNO_3 u. 6 CrO_3. Die Lsg. greift die metall. Grundlage nicht oder nur gering an. (**U.S.P. 3280038** vom 20/3. 1964, ausg. 18/10. 1966.) — 3 S. F. Markhoff 6583

2673 E. I. du Pont de Nemours & Co., übert. von: Richard K. Rathmell, Wilmington, Del., USA, **Behandlung verbrauchter schwefelsaurer Beizflüssigkeiten** der Eisen- u. Stahlindustrie durch kontinuierliches Einleiten getrennter Ströme der Fl. u. Kalkmilch zwischen 180°F u. dem Kp. in ein Rk.-Gefäß (A) in solchem Verhältnis, daß das pH der Rk.-Fl. 7—8 beträgt. Diese wird in A unter Luftdurchblasen $\geq$ 4 Std. gerührt, kontinuierlich abgezogen u. das klare W. von den krist. Feststoffen abgetrennt. Diese können in hoher Reinheit, z. B. magnet., in metallurg. verwertbares Fe_3O_4 u. $CaSO_4$ geschieden werden. — Beispiele. (**U.S.P. 3261665** vom 5/11. 1962, ausg. 19/7. 1966.) — 3 S. E. Kürschner 6583

2674 Dow Chemical Co., Midland, Mich., übert. von: Paul E. Muehlberg und Fred N. Teumac, Lake Jackson, Tex., USA, **Entfernen von Kupferoxidschichten von Metalloberflächen.** Man verwendet eine Lsg. von 2—20(%) eines Hydroxylaminsalzes einer Mineralsäure, wie *Hydroxylaminsulfat*, 5—40 *Polyäthylenimin* mit einem Molgew. von mindestens 500 u. 40—93 W., wobei das Verhältnis des Imins zu Hydroxylaminsalz = 1:5 bis 5:1 beträgt. (**U.S.P. 3282851** vom 5/11. 1962, ausg. 1/11. 1966.) — 2 S. F. Markhoff 6583

2675 Westinghouse Electric Corp., Pittsburgh, Pa., übert. von: Alfons A. Latawiec, Garwood, und George H. Lockwood, Bloomfield, N. J., USA, **Elektropolieren von Wolframdraht** in einer wss. Lsg. mit einem Geh. an 5—25(%) *NaOH* u./oder *KOH* u. 10—40 *Na-* u./oder *K-Tartrat*, wobei der Draht vor der anod. Schaltung zwecks Reinigung zunächst kathod. geschaltet wird. — Abbildung. (**U.S.P. 3287238** vom 7/6. 1963, ausg. 22/11. 1966.) — 4 S. H. Hänle 6583

2676 Pennsalt Chemicals G.m.b.H., Deutschland (Erfinder: Gunther Sperzel), **Oberflächenbehandlung von Aluminiumteilen,** um diesen ein völlig glattes, gleichmäßig mattes Aussehen zu geben, mittels einer wss. Lsg. von 60—70°, die 60—100 (g/Liter) *NaOH* oder *KOH*, 20—50 *Alkalinitrit* u. *-nitrat* in einem Verhältnis 1:1, 1—8 einer F-Verb. (*NaF*), 0,7—4 Alkalichlorat ($NaClO_3$), 4—8 eines Komplexbildners (70%ige Lsg. von $C_6H_8(OH)_6$ oder eines Citrats, Tartrats oder Gluconats) u. 0,8 eines Netzmittels (*Na-Sulforicinoleat*) enthält. (**F.P. 1455351** vom 30/8. 1965, ausg. 29/12. 1966.) — 4 S. H. Baur 6583

2677 Sprague Electric Co., North Adams, Mass., USA, übert. von: Henry Anthony Martin, London,

Großbritannien, **Anodisches Ätzen von Aluminiumfolien zur Vergrößerung ihrer Oberfläche.** Als Elektrolyt wird eine Lsg. verwendet, die Cl- u. SO_4-Ionen u. solche Kationen enthält, die bei Verw. der Folie für Kondensatoren unschädlich sind, wie Alkali- oder NH_4-Ionen. Der Geh. an H-Ionen soll < 10 Mol-% sein, der Geh. an Cl-Ionen soll mindestens dem einer 1%ig. *NaCl*-Lsg., der Geh. an SO_4-Ionen mindestens dem einer 0,1%ig. *$NaSO_4$*-Lsg. entsprechen. Vorzugsweise soll der Gesamtgeh. an Anionen dem einer Lsg. entsprechen, die 10 Teile NaCl + Na_2SO_4 auf 100 Lsg. enthält. Die *Kondensatoren*, die mit solchen Folien hergestellt werden, besitzen eine bes. große Kapazität. (**U.S.P. 3284326** vom 8/4. 1963, ausg. 8/11. 1966. Brit. Prior. 9/4. 1962.) — 3 S.
F. Markhoff 6583

2678 Martin-Marietta Corp., New York, N.Y., übert. von: John W. McGrew, Westminster, und Kurt Jakobson, Annapolis, Md., USA, **Chemisches Abtragen von Oberflächenschichten von Zirkonium und Zirkoniumlegierungen** erfolgt durch Behandeln mit wss. Lsg. von 5—25(%) *Sulfaminsäure* oder Alkalisalzen dieser Säure u. 1—6 Alkalifluorid, z. B. mit einer Lsg. von 10 Sulfaminsäure u. 4 *KF* bei 18—50°. (**U.S.P. 3264219** vom 14/2. 1963, ausg. 2/8. 1966.) — 3 S.
F. Markhoff 6583

2679 V. M. Kočegarov und V. A. Slivina, **Elektrochemisches Ätzen von Ge** in Orthophosphorsäure (**I**) mit Umkehrstrom zur Herst. spiegelnden Glanzes auf den Oberflächen. — Ge-Einkrist. vom „p-Typ" werden in **I** (D. 1,52) mit einer Stromdichte von 15—20 A/dm² bei 20° geätzt. Ge-Lamellen mit aufgelöteten Ni-Kontakten werden als Anoden geschaltet, die Kontakte u. die Ni-Drähte werden sorgfältig gegen den Elektrolyten mit organ. Folien isoliert. Als Kathoden werden Pt-Drähte benutzt. Die Periodizität der Polaritätsänderung des Stromes beträgt bei anod. Polarisation der Lamellen 3 Sek. u. bei kathod. Polarisation $^1/_4$ Sek.; es wird mit gleichmäßiger Geschw. (60—70 μ/Std.) geätzt. (**UdSSR.P. 148700** vom 14/8. 1961.) — 2 S. F. Eßer 6583

2680 Balzers Patent- und Lizenz-Anstalt, Balzers, Liechtenstein, **Herstellung eines festhaftenden, elektrisch leitenden, lötfähigen metallischen Überzugs** auf festem, nichtmetall. Trägermaterial (Glas, Keramik, Porzellan) durch Erhitzen des Trägers auf ≧ 200° in einem Vakuumgefäß u. Aufdampfen in diesem zunächst einer ersten Schicht in oxydierender Atmosphäre bei einem Druck zwischen Vakuum u. 10^{-3} mm Hg aus *Fe, Cr, Sn* u./oder *In* so dünn, daß sie lichtdurchlässig bleibt, dann einer zweiten Schicht aus *Ag* oder *Cu* im Vakuum u. zuletzt eines Lotes (*Sn*), ebenfalls im Vakuum (10^{-6} mm Hg). (**Brit.P. 1051393** vom 18/8. 1965, ausg. 14/12. 1966. Schwz. Prior. 28/8. 1964.) — 2 S. H. Baur 6585

2681 Eutectic Welding Alloys Corp., USA (Erfinder: Daniel Paul Tanzman und Charles Edward Rogers), **Eisen-Chrom-Legierung** enthält neben Fe, Cr u. *C* 0,5—2,0(%) *B*. Bevorzugte Zus.: 22—35 Cr, 3,5 bis 6 C, 0,5—2,0 B, 0—6 *Si*, 0—4 *Mn*, 0—8 *Ni*, Rest Fe. Verw. findet die Leg. zur Herst. verschleißfester, bes. dünner *Überzugsschichten* auf Metalloberflächen, bes. durch *Flammspritzen*, ohne daß ein Schweiß- oder Flußmittel erforderlich ist. — 6 Schliffbilder von Überzugsschichten zeigen Verteilung u. Größe der Carbidteilchen. (**F.P. 1460392** vom 18/12. 1965, veröff. 17/10. 1966. U.S. Prior. 18/12. 1964.) — 7 S. C. F. Gross 6585

2682 Udylite Corp., Warren, übert. von: Hans-Gerhard Creutz, Wayne, und Henry Brown, Huntington Woods, Mich., USA, **Saures galvanisches Kupferbad** enthält ein Homopolymer von 1.3-Dioxolan mit einem Molgew. größer als 296 einer Menge von 0,01—5 g/Liter. Zum Beispiel 150—225 (g/Liter) *$CuSO_4 \cdot 5H_2O$*, 30—75 *H_2SO_4* u. 0,05—0,15 *1.3-Dioxolan-Polymer* mit einem Molgew. von 5000. Das Bad wird bei 20—35° mit einer Stromdichte von 5 A/dm² betrieben. (**U.S.P. 3288690** vom 11/3. 1966, ausg. 29/11. 1966.) — 2 S.
H. Hänle 6585

2683 Day Co. N.V., übert. von: Frederick W. Schneble jun., Oyster Bay, Rudolph John Zeblisky, Hauppauge, John Francis McCormack, Roslyn Heights, und John Duff Williamson, Miller Palce, N.Y., USA, **Bad für die stromlose Kupfer-Abscheidung,** bes. in oberflächlich sensibilisierten Löchern von Isolierstoffen, gek. durch eine wss. Lsg. eines Cu-Salzes (0,002 bis 0,15 Mol/Liter), eines Komplexmittels für Cupri-Ionen (0,5—2,5fache Mol.-Menge des Cu-Salzes), Alkalihydroxid zur pH-Einstellung auf 10,5—14, 0,06—3,4 Mol/l *Formaldehyd*, u. 0,00002—0,06 Mol./l eines Komplexbildners mit Cupro-Ionen. Der Komplexbildner für Cupro-Ionen ist bes. ein Cyan-Salz, ein *α-Hydroxynitril, Thioharnstoff, Allylalkohol* oder *Äthylen*. (**U.S.P. 3269861** vom 21/6. 1963, ausg. 30/8. 1966.) — 12 S.
A. Gradl 6585

2684 Harshaw Chemical Co., Cleveland, übert. von: Arthur H. Du Rose, Euclid, O., USA, **Galvanisches cyanidisches Kupferbad** enthält als Netzmittel einen Phosphorsäureester polyoxyäthylenierter Alkylphenole der allg. Formel **I**, m = 0—1; n = 8—30; A = H oder

I 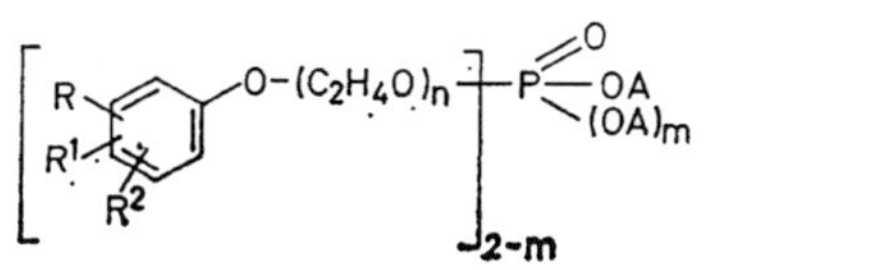

ein Ion, welches den Ester in W. lösl. macht; R = Alkyl mit 4—14 C-Atomen; R¹ u. R² = H, niedrigmol. Alkyl mit 1—3 C-Atomen. Zum Beispiel 68 (g/Liter) *CuCN*, 18 freies *KCN*, 20 *KOH*, 1 *Thioamelin*, 30 *K_2CO_3* u. 0,05 *Mono-nonylphenylester* der *H_3PO_4* mit 15 Äthylenoxid-Einheiten. Es wird bei 155°F mit einer Stromdichte von 10—50 A/sq.ft. gearbeitet. (**U.S.P. 3269925** vom 24/1. 1964, ausg. 30/8. 1966.) — 3 S.
H. Hänle 6585

2685 International Business Machines Corp., New York, übert. von: Eugene E. Castellani, Putnam Valley, und Richard D. De Mars, New Castle, N.Y., USA, **Saures galvanisches Bad** zum Abscheiden von Kobalt–Nickel-Leg.-Überzügen weist einen Geh. an Pyridinium auf. Zum Beispiel 20 (g/Liter) *$CoCl_2 \cdot 6H_2O$*, 31,3 *$NiCl_2 \cdot 6H_2O$* u. 0,0003M—0,003M *Pyridinium*. Der pH-Wert wird auf 6,0 eingestellt. (**U.S.P. 3265596** vom 11/2. 1963, ausg. 9/8. 1966.) — 2 S. H. Hänle 6587

2686 Brown Co., New York, N.Y., übert. von: George G. Rumberger, Portage Township, Mich., USA, **Oberflächenbehandlung von Gießapparaturen,** die häufigen Zustandsänderungen unterworfen werden, um das Anhaften des erkalteten Materials zu vermeiden, mit Perfluorcarbonsäure, um auf der metall. Oberfläche einen zusammenhängenden monomolekularen Film zu bilden. (**U.S.P. 3284248** vom 7/1. 1963, ausg. 8/11. 1966.) — 2 S.
H. Baur 6591

2687 Hooker Chemical Corp., New York, N.Y., übert. von: James I. Maurer, St. Clair Shores, Richard E. Palmer, Farmington, und Vinod D. Shah, Detroit, Mich., USA, **Behandlung chemischer Umwandlungsüberzüge** (Phosphat-, Phosphat-Oxid-, Chromat- oder Arsenat-Überzüge) zur Verbesserung der Haftung organ. Deckschichten mit einer verd. wss. Lsg., die wenigstens 0,001% 3wertiges Cr in Form einer Cr-Komplexverb. enthält u. einen pH-Wert von ca. 3,8—6 besitzt. Eine W.-Spülung ist anzuschließen. (**U.S.P. 3279958** vom 15/10. 1962, ausg. 18/10. 1966.) — 4 S. H. Baur 6591

2688 D. J. Campbell Co., Inc., übert. von: Richard R. Fink, Waukesha, Wis., USA, **Herstellung schwarzer Oxidüberzüge auf Eisen.** Die Werkstücke werden in eine wss. Lsg. einer Salzmischung (1 Teil W. auf 0,77—1,31 Teile Salze) aus 50—90 (Gew.-Teilen) Alkalihydroxid (*NaOH*), Rest starkes Ox.-Mittel (3—20 *$NaNO_2$*, 1—50 *$NaNO_3$*) bei 285—308°F. für 10—25 Min. eingetaucht. Die Lsg. befindet sich in einem Behälter, der während der Behandlung hermet. verschlossen bleibt. (**U.S.P. 3279957** vom 17/10. 1962, ausg. 18/10. 1966.) — 2 S.
H. Baur 6594

2689 Anaconda American Brass Co., übert. von: Donald H. Osborn, Naugatuck, Conn., USA, **Herstellung eines dekorativen Bronzefarbtons** auf Cu-Oberflächen. Diese werden nach ihrer Reinigung ox. mit einer 4–6 (g/Liter) *$KMnO_4$* u. 40–60 *$CuSO_4$* enthaltenden wss. Lsg. mit einem pH-Wert von 2,8–4,1. Nach Entfernung der nicht festhaftenden, durch die Behandlung gebildeten *Cu_2O*-Teilchen wird die ox. Oberfläche mit einer, 4–6 (ml) *$(NH_4)_2S$*, 4–6 $(NH_4)_2S_x$, 0–10 *Glycerin* u. 10–35 *NaOH* pro Liter enthaltenden wss. Lsg. mit einem pH-Wert von 8–10 nachbehandelt. (**U.S.P. 3284249** vom 28/6. 1963, ausg. 8/11. 1966.) – 3 S. H. Baur 6594

2690 Olin Mathieson Chemical Corp., USA (Erfinder: Christian E. Michelson und David C. Montgomery), **Verfahren zur anodischen Behandlung von Aluminium und seinen Legierungen.** Gefärbte anod. Oxidschichten werden erhalten, wenn Al in einem Bad, das 0,1–1(%) *H_2SO_4*, *Sulfaminsäure* in Mengen von 3 bis zur Sättigung u. 0,1–10 *4-Sulfophthalsäure* enthält bei einer Badtemp. von 10–90° mit einer anod. Stromdichte von 1–11 A/dm² behandelt wird. (**F.P. 1468125** vom 11/2. 1966, veröff. 26/12. 1966. U.S. Prior. 15/2. u. 15/2. 1965.) – 6 S. W. Miederer 6594

2691 Martin-Marietta Corp., New York, N.Y., USA, **Einfärben der anodisch oxydierten Oberfläche eines Aluminium-Gegenstandes** durch Berühren mit einem, einen Farbstoff (I) tragenden Bogen (Papier) u. anschließendes Versiegeln mit kochendem Wasser. Der **I** soll unter 120°F nicht sublimieren, eine Sublimationshalbzeit von 0,5–75 Sek. zwischen 140 u. 500°F besitzen u. eine in einem Lsgm. (*Methyl-Äthylketon*) nicht hydrolysierbare Farbe enthalten (Anthrachinon-Farbstoff entsprechender Konstitution, Azofarbstoff, der in Orthostellung zur Azogruppe eine Hydroxylgruppe aufweist, Farbstoffe, die die 1.3-Indandion-Gruppe aufweisen, Chinizarin-Grün, Chinolin-Gelb). (**Brit.P. 1052625** vom 14/1. 1964, ausg. 30/12. 1966. U.S. Prior. 18/1. 1963.) – 4 S. H. Baur 6594

2692 Nippon Gaishi K.K., Nagoya, Japan, **Rostschutzbehandlung von Metallen** (*Fe*, Fe-Leg., *Zn*, *Cu*, *Al*, *Mg*, *Cd*, *Ag*, *Au*, *Ni*, *Cr* oder deren Leg.) 2–60 Sek. mit einer 40–70° heißen, einen pH-Wert von 3–6 besitzenden, wss. Lsg., die ein *Be*-Salz (Hydroxid, Sulfat, Nitrat, Halogenid, bas. Acetat, Oxalat, Citrat) in Mengen entsprechend 0,05–5 (g/Liter) Be, ein oder mehrere Chromate oder Bichromate (*CrO_3*, *Na_2CrO_4*, *$K_2Cr_2O_7$*) in Mengen entsprechend 0,5–30 Cr, ggf. noch bis zu 5% eines nichtion. oberflächenakt. Mittels, ein Red.-Mittel u. ein 3wertiges Cr-Salz enthält, sowie organ. oder anorgan. Salze des Ni, Co, Ti, Zr, Zn, Pb, Cr, Sn, Au, Ag, Rh, Cu, Sb, Cd, Al oder Mg. Wird durch die Lsg. ein elektr. Strom durchgeleitet, so bildet das zu behandelnde Metall die Kathode, die Anode bildet eine eintauchende Platte aus Pb, Graphit, nichtrostendem Stahl oder Be. (**Brit.P. 1051153** vom 19/7. 1963, ausg. 14/12. 1966. Jap. Prior. 27/7., 4/9. 1962, 27/3., 5/6. u. 13/6. 1963.) – 9 S. H. Baur 6595

2693 Socony Mobil Oil Co., Inc., New York, N.Y., übert. von: Perce W. Bolmer, Dallas, und Scotty J. Norton, Austin, Tex., USA, **Korrosionsschutzmittel** für Fe-Metalle gegen Mineralsäuren enthalten als Wirkstoff eine Pyridiniumverb. der allg. Formel **I** u. **II** (R =

I

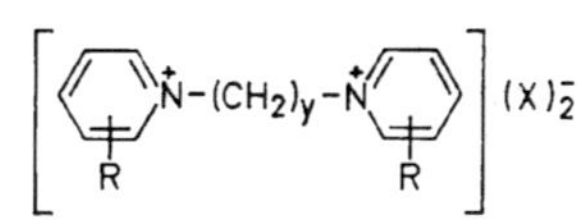

II

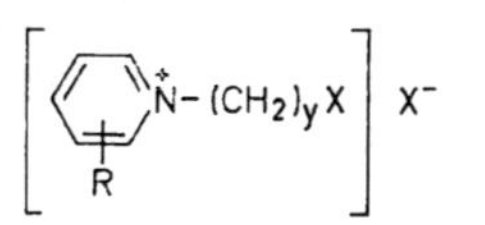

Alkyl mit soviel C-Atomen, daß jeder Pyridylrest mindestens ein Mol-Gew. von 170 hat; y = 1–5; X = J, Br, Cl). **I** u. **II** erhält man z. B. durch Erhitzen eines Alkylpyridins mit Methylenjodid unter Rückfluß. (**U.S.P. 3252980** vom 30/8. 1962, ausg. 24/5. 1966.) – 4 S. R. Bauereis 6595

2694 Geigy Chemical Corp., Ardsley, übert. von: John D. Spivack, Spring Valley, N.Y., USA, **Verhinderung der Korrosion von Eisen** durch wss. Lsg., indem dieser als Inhibitor eine ausreichende Menge eines bis-Propionamids (*2-Äthylhexylimino-bis-propionamid*, *n-Dodecylimino-bis-propionamid*, *Anilino-bis-propionamid*, *Octadecylimino-bis-propionamid*) zugesetzt wird. (**U.S.P. 3230173** vom 3/5. 1962, ausg. 18/1. 1966.) – 3 S. H. Baur 6595

2695 Texaco, Inc., New York, übert. von: Wayne E. Kuhn, Fishkill, und Charles C. Nathan, Bellaire, N.Y., USA, **Inhibitor gegen die Korrosion von Eisen in sauren Medien** besteht aus Octahydrophenanthridin der allg. Formel **I** (R = Alkylgruppe mit 5–10 C-Atomen;

I 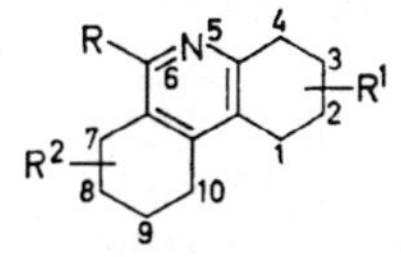

R¹ u. R² = H, Alkylgruppe mit 1–5 C-Atomen). Verw. erfolgt in Beizlsg. oder bei Erdölquellen. (**U.S.P. 3250706** vom 30/8. 1963, ausg. 10/5. 1966.) – 3 S. F. Markhoff 6595

2696 Aluminium Co. of America, Pittsburgh, Pa., übert. von: Herbert C. Rutemiller und Allen M. Montgomery, Cleveland, O., USA, **Anode für den kathodischen Schutz** aus einer 3,5–9,0 (%) *Zn*, 0,05–0,20 *Sn*, 0,02–0,08 *B*, $\leqq$ 0,50 Verunreinigungen, Rest *Al* enthaltenden Leg. wird zur Homogenisierung der Struktur 8 Std. bei 875°F geglüht u. dann auf Raumtemp. abgeschreckt, so daß ihr elektronegatives Lsg.-Potential > ist (–1,230 V) als einer Anode ohne B-Geh. (–1,180 V). (**U.S.P. 3274085** vom 25/4. 1963, ausg. 20/9. 1966.) – 2 S. H. Baur 6595

2697 Koppers Co., Inc., übert. von: John R. Fisher jun., Oakmont, Pa., USA, **Kathodischer Korrosionsschutz eiserner Oberflächen** durch einen als Opferanode wirksamen Überzug, der erzeugt wird, indem auf die Oberflächen eine Mischung aufgebracht wird, die aus 50–75(%) des Opfermetalls (Pulver aus *Zn* oder einer *ZnMg*-Leg. mit einem Geh. an 70–85 Zn u. 30–15 Mg) 10–25 einer ca. 27%ig. Alkalisilicatlsg. u. 2–10 der Emulsion eines zwischenpolymeren Acrylharzes als Bindemittel, 0,1–2,0 eines beim Aushärten des Überzuges an der Luft farblos werdenden Triphenylmethanfarbstoffes (*Dihydroxyphthalophenon*, *Orthokresolphthalein*, *Thymolphthalein*) u. soviel W. besteht, daß die Mischung eine für das Aufbringen, bes. Aufsprühen, geeignete Viskosität besitzt. Das Acrylharz besteht aus (1) $\alpha.\beta$-ungesätt. Vinylidencarbonsäuren, (2) Estern der Acrylsäure mit prim. u. sek. C_{1-18}-Alkanolen, Estern der Methacrylsäure mit prim. u. sek. C_{5-18}-Alkanolen, die weiche Polymerisate ergeben, u. (3) C_{1-4}-Alkyl-, tert.-Amyl-Methacrylaten, tert.-Butyl- u. Amyl-Acrylaten, Cyclohexyl-Acrylaten u. -Methacrylaten, die harte Polymerisate ergeben u. mit (1) 0,5–2,5% des Zwischenpolymers ausmachen. Letzteres enthält (2) u. (1) in einem Verhältnis von 9:1–1:20 u. soviel (2), daß – bei ca. 35° aufgebracht – ein gut haftender u. zusammenhängender Überzug entsteht. (**U.S.P. 3281587** vom 9/10. 1963, ausg. 25/1. 1966.) – 3 S. H. Baur 6595

2698 Union Carbide Corp., übert. von: Hugh F. Schäfer, Lakewood, O., USA, **Inhibitor gegen die Korrosion von Zink in alkalischer Umgebung,** z. B. in *KOH*-Lsg. als Elektrolyt in galvan. Zellen mit Zn-Anoden besteht nach U.S.P. 3281276 aus einen Zusatz von *p-Dicyclohexylbenzol* zum Elektrolyt; – nach U.S.P. 3281277 aus *Triphenylchlormethan* oder *1-Chlor-3-fluorbenzol*; nach U.S.P. 3281278 aus *Terephthalsäure* u. *4-Biphenylcarbonsäure*; nach U.S.P. 3281279 aus *Benzyl-tert.-butanol*; nach U.S.P. 3281280 aus *4-Biphenylcarbonitril*; nach U.S.P. 3281281 aus *N.N-Diäthylcarbanilid*. Die Zusatzmenge beträgt bei allen Inhibitoren 0,01–1% bezogen auf das Gew. der Zn-Anode. (**U.S.PP. 3281276, 3281277, 3281278, 3281279, 3281280** u. **3281281** vom 28/10. 1963, ausg. 25/10. 1966.) – 2 S. 2 S. – 2 S. – 2 S. – 2 S. – 2 S. F. Markhoff 6595

2699 **Hüttenwerk Salzgitter Akt.-Ges.**, Salzgitter, *Betrieb von Hochöfen*. (**Oe.P. 247384** vom 20/4. 1962, ausg. 10/6. 1966. D. Prior. 26/4. 1961 u. 9/4. 1962. – C. **1966**, 1-2349 [Brit.P. 985 577].)

2700 **Stora Kopperbergs Bergslags A/B,** Falun, Schweden, übert. von: **Theodor Kootz,** Hosel, **Erwin Kloth** Dinslaken, und **Walter Wagner,** Duisburg, *Erteilung einer Vermischungsbewegung auf eine sich in einem Konverter befindende flüssige Masse aus Eisen und Schlacke.* (**U.S.P. 3 259 485** vom 11/12. 1962, ausg. 5/7. 1966. D. Prior. 13/12. 1961 u. 13/4. 1962. — C. **1966,** 11-2450 [F.P. 1 343 184].)

2701 **Brown Fintube Co.,** Elyria, übert. von: **John W. Brown jun.,** Lakewood, **Arthur C. Buesing,** North Olmsted, und **Francis T. Kaiser,** Fairviev Park, O., USA, *Einführung eines oder mehrerer Zusatzmittel, z. B. Al, zu geschmolzenem Metall.* (**U.S.P. 3 224 051** vom 31/1. 1962, ausg. 21/12. 1965. — C. **1966,** 5-2402 [F.P. 1 353 672].)

2702 **G. E. Smith, Inc.,** Pittsburgh, Pa., USA, *Kernmasse zur Herstellung von Gießereisandkernen.* (**Belg.A.S. 633 410** vom 10/6. 1963, bekanntgemacht 21/10. 1963. U.S. Prior. 11/6. 1962. — C. **1966,** 12-2363 [F.P. 1 365 554].)

2703 **United Steel Co. Ltd.** (Erfinder: **Harold Arthur Longden**), *Stranggießen unberuhigten Stahls mit vorbestimmtem Kohlenstoff- und Sauerstoffgehalt.* (**Aust.P. 269 736** vom 1/5. 1962, ausg. 22/9. 1966. Brit. Prior. 9/5. 1961. — C. **1966,** 6-2365 [Brit.P. 952 929].)

2704 **Rudolf Nowak, Wilhelm Schuster** und **Max H. Hoepli** (Erfinder: **Rudolf Nowak** und **Wilhelm Schuster**), *Herstellung von Eisen und/oder Eisenoxid.* (**Aust.P. 262 504** vom 27/9. 1961, ausg. 21/10. 1965. D. Prior. 28/9. 1960. — C. **1963,** 14 837 [D.A.S. 1 136 722].)

2705 **Stora Kopparbergs Bergslags A/B** (Erfinder: **Erik Axel Bengtsson**), *Entphosphorung von Roheisen.* (**Aust.P. 262 337** vom 4/4. 1962, ausg. 14/10. 1965. Schwed. Prior. 5/4. 1961. — C. **1965,** 2-2542 [F.P. 1 321 066].)

2706 **Armco Steel Corp.,** Middletown, O., USA (Erfinder: **L. S. Mobley**), *Stahlherstellung mit Sauerstoff-Frischen.* (**Belg.A.S. 666 148** vom 30/6. 1965, bekanntgemacht 18/10. 1965. U.S. Prior. 6/7. 1964. — C. **1967,** 40-2414 [F.P. 1 439 596].)

2707 **Prochirhin Soc. An.,** Strasbourg, Frankreich, *Erhöhung der Haltbarkeit von Stahlwerkskokillen.* (**Belg.A.S. 639 996** vom 18/11. 1963, bekanntgemacht 16/3. 1964. F. Prior. 19/11. 1962. — C. **1966,** 1-2362 [F.P. 1 339 319].)

2708 **Stahlwerke Südwestfalen Akt.-Ges.,** Geisweid, *Verbesserung der Zähigkeit von borhaltigen Einsatzstählen.* (**Brit.P. 1 042 612** vom 21/3. 1963, ausg. 14/9. 1966. D. Prior. 21/3. 1962. — C. **1966, 11**-2468 [F.P. 1 351 241].)

2709 **Allegheny Ludlum Steel Corp.,** Pittsburgh, Pa., USA (Erfinder: **S. Ramachandran**), *Herstellung von nichtrostendem Stahl.* (**Belg.A.S. 666 725** vom 12/7. 1965, ausg. 12/1. 1966. U.S. Prior. 15/7. 1964. — C. **1967,** 40-2418 [F.P. 1 441 028].)

2710 **Jones & Laughlin Steel Corp.,** Pittsburgh, Pa., USA, *Kaltverformter nichtrostender Stahl.* (**Brit.P. 1 029 184** vom 22/4. 1963, ausg. 11/5. 1966. U.S. Prior. 2/5. 1962. — C. **1966, 5**-2412 [F.P. 1 356 050].)

2711 **International Nickel Ltd.,** London, Großbritannien, *Stahl.* (**Niederl.P. 121 566** vom 3/1. 1962, ausg. 15/12. 1966. U.S. Prior. 3/1. 1961. — C. **1965,** 7/8-2552 [Brit.P. 936 557].)

2712 **Inland Steel Co.,** Chicago, Ill. (Erfinder: **Michael O. Holowaty,** Gary, Ind.), USA, *Chromlegierter Automatenstahl.* (**D.A.S. 1 227 666** Kl. 40b vom 19/10. 1962, ausg. 27/10. 1966. U.S. Prior. 31/10. 1961. — C. **1966,** 2-2318 [U.S.P. 3 152 889].)

2713 **Stainless Foundry & Engineering, Inc.,** Milwaukee, Wis., USA (Erfinder: **T. E. Johnson**), *Durch Ausalterung härtbare, korrosionsbeständige, hochfeste und gut verformbare Stahllegierung.* (**Belg.A.S. 664 213** vom 20/5. 1965, bekanntgemacht 22/11. 1965. U.S. Prior. 22/5. 1964. — C. **1967,** 21-2679 [Brit.P. 1 033 450].)

2714 **Erich Pelzel,** Stolberg/Rhld., *Formbare Zn-Legierung.* (**Tschech.P. 120 290** vom 1/8. 1963, ausg. 15/10. 1966. D. Prior. 2/8. 1962. — C. **1966,** 5-2418 [F.P. 1 356 121].)

2715 **Bristol Siddeley Engines Ltd.,** Bristol, Großbritannien (Erfinder: **Gerionydd Llewelyn, Terence Dudley Weaver, Michael James Douglas Weaver** und **Paul Wildgoose**), *Warm- und dauerstandfeste Nickellegierungen.* (**Brit.P. 1 011 785** vom 12/11. 1963, ausg. 1/12. 1965. — C. **1968,** 23-2676 [D.A.S. 1 242 373 und F.P. 1 414 288].)

2716 **International Nickel Ltd.** (Erfinder: **Arthur W. Franklin, Ronald A. Smith** und **Edward G. Richards**), *Nickel–Chrom–Eisen-Legierungen.* (**Aust.P. 262 671** vom 7/8. 1962, ausg. 28/10. 1965. Brit. Prior. 11/8. 1961. — C. **1966,** 10-2435 [Brit.P. 949 101].)

2717 **International Nickel Ltd.,** London, Großbritannien (Erfinder: **C. G. Bieber**), *Nickel–Chrom-Legierung.* (**Belg.A.S. 658 054** vom 8/1. 1965, bekanntgemacht 8/7. 1965. U.S. Prior. 8/1. 1964. — C. **1968,** 24-2437 [Brit.P. 1 019 679 u. F. P. 1 426 415].)

2718 **Union Carbide Corp.,** USA (Erfinder: **Robert Daniel Mc Quillan, William Mark Thomas** und **Elmer Lee Frey**), *Verwendung einer Kobalt-Legierung zur Herstellung von gegen Wärmeschock beständigen Gegenständen.* (**F.P. 1 414 494** vom 20/11. 1964, ausg. 7/1. 1966. **Belg.A.S. 656 083** vom 20/11. 1964, bekanntgemacht 16/3. 1965. U.S. Prior. 21/11. 1963. — C. **1968,** 23-2677 [D.A.S. 1 240 671].)

2719 **Soc. d'Électro-Chimie, d'Électro-Métallurgie et des Aciéries Électriques d'Ugine,** Paris, übert. von: **Paul Mollard,** Sainte-Foy-les-Lyon, und **Gilbert Turpin,** Paris, Frankreich, *Gewinnung von Fluor als Kryolith bei der Aluminiumherstellung.* (**U.S.P. 3 198 600** vom 28/7. 1961, ausg. 3/8. 1965. F. Prior. 10/8. 1960. — C. **1966,** 18-2263 [D.A.S. 1 190 680].)

2720 **Birmingham Small Arms Co. Ltd.** (Erfinder: **Ronald Smith**), *Legierung mit wenigstens 51% Niob.* (**Aust.P. 253 891** vom 12/10. 1960, ausg. 10/9. 1964. Brit. Prior. 17/10. 1959. — C. **1966,** 6-2385 [Brit.P. 970 362].)

2721 **Zentralinstitut für Kernphysik,** Rossendorf bei Dresden (Erfinder: **Fritz Thümmler, Harald Spindler, Egon Strobel** und **Richard Schmidt,** Dresden), *Herstellung warmfester und gleichzeitig korrosionsbeständiger Aluminiumsinterwerkstoffe.* (**Schwz.P. 410 436** vom 17/2. 1961, ausg. 31/10. 1966. D. Prior. 26/10. 1960. — C. **1966,** 8-2299 [D.A.S. 1 179 005].)

2722 **Chromalloy Corp.,** New York, N. Y. (Erfinder: **Eric Gregory,** Bernardsville, N. J., und **Martin Epner,** Yonkers, N. Y., USA, *Verwendung einer auf pulvermetallurgischem Wege hergestellten Legierung aus primärem Carbid und ferritischem Stahl als Werkstoff für verschleißfeste Werkzeuge und Maschinenteile.* (**D.A.S. 1 224 940** Kl. 40b vom 22/4. 1960, ausg. 15/9. 1966. U.S. Prior. 27/4. 1959. — C. **1966,** 10-2443 [Oe.P. 235 326].)

2723 **Armco Steel Corp.,** Middletown, O., USA (Erfinder: **W. H. Minck**), *Teilweise Entkohlung von Eisen und Stahl.* (**Belg.A.S. 669 767** vom 17/9. 1965, bekanntgemacht 11/1. 1966. U.S. Prior. 21/9. 1964. — C. **1967,** 42-2401 [F.P. 1 447 082].)

2724 **United Kingdom Atomic Energy Authority,** London, Großbritannien, *Verbesserte Wärmbehandlung von nichtrostendem austenitischem Stahl.* (**Belg.A.S. 666 594** vom 8/7. 1965, bekanntgemacht 10/1. 1966. Brit. Prior. 8/7. 1964. — C. **1967,** 40-2427 [F.P. 1 439 636].)

2725 **Vincens Seul,** Andernach, **Karlheinz Schmitt-Thomas,** Mainz, und **Walter Fichtl,** Hullenberg, *Erzeugen rauher Metallüberzüge.* (**U.S.P. 3 210 843** vom 9/6. 1960, ausg. 12/10. 1965. D. Prior. 6/10. 1959. — C. **1966,** 1-2406 [Brit.P. 957 173].)

2726 **Pyrene Co. Ltd.** (Erfinder: **Dennis B. Freeman**), *Verkupfern von Metallen.* (**Aust.P. 262 756** vom 3/4. 1962, ausg. 4/11. 1965. Brit. Prior. 18/4. 1961. — C. **1965,** 3-2369 [Brit.P. 927 576].)

2727 **National Beryllia Corp.** (Erfinder: **Allen R. Sheets** und **Gerald W. Hokstra**), *Überzogene Berylliumoxidfasern.* (**Aust.P. 262 909** vom 19/3. 1962, ausg. 11/11. 1965. U.S. Prior. 21/4. 1961. — C. **1965,** 38-2366 [Brit.P. 936 174].)

2728 **Metal & Thermit Corp.** (Erfinder: **Frank Passal** und **John Hartman**), *Elektrolytisches, Nickelsalze enthaltendes Bad.* (**Aust.P. 252 450** vom 17/8. 1960, ausg. 9/7. 1964. — C. **1966,** 4-2311 [U.S.P. 3 041 255].)

2729 **International Nickel Co. (Mond) Ltd.,** London, Großbritannien, *Herstellung von Überzügen aus Metallen der Platin-Gruppe.* (**Ind.P. 80 844** vom 19/2. 1962. Brit. Prior. 21/2. 1961. — C. **1966,** 5-2449 [Brit.P. 952 493].)

2730 **Akt.-Ges. Brown, Boveri & Cie.** (Erfinder: **Johannes Giger**), Baden, Schweiz, *Herstellung einer Grundschicht für keramische Überzüge auf Metallteilen.* (**Schwz.P. 403 440** vom 23/3. 1962, ausg. 15/6. 1966. — C. **1966,** 6-2184 [F.P. 1 351 302].)

2731 **Farbwerke Hoechst Akt.-Ges. vormals Meister Lucius & Brüning,** Frankfurt/M., übert. von: **Eduard Duch,** Frakfurt/M., **Willy Herbst,** Hofheim/Taunus, **Fritz Rochlitz, Hans Scherer,** Frankfurt/M., und **Herbert Vilcsek,** Hofheim/Taunus, *Nachbehandlung von Phosphatüberzügen.* (**U.S.P. 3 202 534** vom 28/8. 1961, ausg. 24/8. 1965. D. Prior. 30/8. 1960. — C. **1966,** 9-2479 [F.P. 80 278].)

2732 **Farbwerke Hoechst Akt.-Ges. vormals Meister Lucius & Brüning,** Frankfurt/M., *Verhütung bakterieller Korrosionen an Erdölförderanlagen.* (**Belg.A.S. 662 099** vom 5/4. 1965, bekanntgemacht 5/10. 1965. D. Prior. 3/4. 1964. — C. **1967,** 46-2433 [F.P. 1 430 615].)

2733 **Aluminum Co. of America** (Erfinder: **Herbert C. Rutemiller**), *Aluminiumanode.* (**Aust.P. 262 049** vom 10/5. 1962, ausg. 30/9. 1965. U.S. Prior. 5/10. 1961. — C. **1965,** 33-2557 [F.P. 1 324 024].)

H–6. Organische Industrie

Verfahren der organischen Industrie

2734 **Elektrochemie — Entwicklungen in der organischen Synthese.** M. E. Peover. (Chem. Engr. Nr. **211** (1967) Trans. Instn. chem. Engr. **45,** 7, CE192—96; Div. of Mol. Sci., National Phys. Labor., Teddington, Middlesex; engl.) — Es werden Beispiele von industriellen elektrochem. Prozessen in neuen Syst. mit organ. Lsgm., die in W. unerreichbare Zwischenstoff-stabilisierende u. dirigierende Eig. haben, gegeben. Neue instrumentelle Meth. ermöglichen Studium u. Kontrolle der Elektrodenprozesse in organ. Lsgm., sowohl vom Einzel- als vom Gesamtvorgang. R. Hintsche 6605

2735 **Messung des Sauerstoffüberschusses an der Oberfläche von Ni-Oxid-Katalysatoren durch Reduktion mit Hydrazin.** Toshio Uchijima, Masamichi Takahashi und Yukio Yoneda. (Bull. chem. Soc. Japan **40** (1967) 12, 2767—72; Dept. of Synthet. Chem. Fac. of Eng., Univ. of Tokyo, Hargo, Tokyo; engl.) — Die Best. kann durch Titration des verbrauchten Hydrazins u. auch durch volumetr. Messung des entstehenden gasförmigen N_2 bei verschiedenen reinen u. mit Li gedopten sowie bei verschiedenen Temp. von 350—900° calcinierten Ni-Oxid-Katalysatoren geschehen. Der O-Überschuß der Oberfläche sinkt mit steigender Calcinierungstemp. u. steigender Li-Konzentration. Er ist verantwortlich für die oxidative Kraft des Katalysators. R. Hintsche 6605

2736 **Ligandeneffekte bei der Kobaltsalz-katalysierten Zersetzung von tert.-Butylhydroperoxid.** Kazuhiko Onuma, Keisuke Wada, Junzo Yamashita und Harukichi Hashimoto. (Bull. chem. Soc. Japan **40** (1967) 12, 2900—03; Dept. of Synthet. Chem., Univ. Tokyo, Tokyo; engl.) — Die Rate der Co-Acetat-katalysierten Zers. von tert.-Butylhydroperoxid in Essigsäure bei 40,4° wird durch Li-Acetat, -Perchlorat, W. u. Li-Halogenide gesenkt. Li-Halogenide verwandeln Co-Acetat in Co-Halogenid. Im Falle von LiBr entsteht elementares Br. Die Mechanismen werden diskutiert. R. Hintsche 6605

2737 **Reduktion gesättigter zweibasischer Säuren an Cu–Cr- und Zn–Cr-Katalysatoren.** V. V. Gromova, V. A. Proskurjakov und V. I. Jakovlev. (Ž. prikl. Chim. **40** (1967) 3, 542—44; Leningrad, Technol. inst. im. Lensoveta; russ.) — Die Red. von 2bas. Säuren an Cu–Cr- u. Zn–Cr-Katalysatoren wird bei 280, 300 u. 320° untersucht. Die höchste Umwandlungsgeschw. wird bei 320° erreicht. Der Umwandlungsgrad der einzelnen Säuren (Bernstein-, Adipin-, Sebacinsäure) u. ihrer Gemische ist am Syst. Zn–Cr > bei Cu–Cr. An den Red.-Prod. werden SZ., EZ. u. OH-Zahl bestimmt. Glykole sind unter den Vers.-Bedingungen stabil, sie können aber durch intra- u. intermol. Dehydratation in ungesätt. Verb. u. Äther umgewandelt werden.

R. K. Müller 6610

2738 **Engelhard Industries, Inc.**, Newark (Erfinder: **Paul N. Rylander**, Newark, und **John H. Koch jun.**, Nutley), N. J., USA, *Trägerkatalysator für Hydrierung organischer Verbindungen.* (**Schwz.P. 401 050** vom 21/2. 1961, ausg. 30/4. 1966. U.S. Prior. 24/2. u. 29/12. 1960. — C. **1966**, 11-2540 [Brit.P. 925 457].)

2739 **Shell Oil Co.**, New York, USA, übert. von: **Willem P. Hendal** und **Pieter Visser**, Amsterdam, Niederlande, *Durchführung von chemischen Reaktionen.* (**U.S.P. 3 081 256** vom 9/5. 1960, ausg. 12/3. 1963. F. Prior. 14/5. 1959. — C. **1966**, 7-2097 [Oe.P. 219 015].)

2740 **Halcon International, Inc.**, New York, N. Y., USA, *Oxydation von Kohlenwasserstoffen.* (**Ind.P. 88 290** vom 5/6. 1963. — C. **1965**, 47-2448 [U.S.P. 3 109 864].)

2741 **Distillers Co. Ltd.** (Erfinder: **Kenneth R. Hargrave** und **Clive G. Cesser**), *Vinylester.* (**Aust.P. 262 771** vom 2/8. 1961, ausg. 4/11. 1965. Brit. Prior. 30/8. 1960. — C. **1966**, 21-2573 [U.S.P. 3 125 593].)

2742 **Deutsche Gold- und Silber-Scheideanstalt vormals Roessler**, Frankfurt/M. (Erfinder: **Walter Neugebauer** und **Lothar Schmidt**, Konstanz), *Hydrolyse von Nitrilen unter Wiedergewinnung des Nitrilstickstoffs.* (**Schwz.P. 433 234** vom 5/6. 1964, ausg. 30/9. 1967. D. Prior. 28/6. 1963. — C. **1966**, 22-2337 [D.A.S. 1 199 266].)

Erzeugnisse der organischen Industrie

2743 **Glas-Übergangsphänomen bei Methanol.** Masayasu Sugisaki, Hiroshi Suga und Syûzô Seki. (Bull. chem. Soc. Japan **40** (1967) 12, 2984; Dept. of Chem., Fac. of Eng. Osaka Univ., Toyonaka, Osaka; engl.) — Bei Wärmekapazitätsmessungen von Methanol im Bereich von 20—120°K an einem krist. u. einem aus unterkühlten Fl. resultierenden glasigen Medium findet sich bei 102°K eine Anomalie des glasigen Zustandes. Kristallisation findet unmittelbar > dieses Punktes statt, wo bis 175°K keine Messungen an den unterkühlten Fl. mehr vorgenommen werden können.

R. Hintsche H 610

2744 **Desulfierung und Reduktion von Epithiofettsäuren und -alkoholen.** R. Kannan, M. W. Roomi, M. R. Subbaram und K. T. Achaya. (Fette, Seifen, Anstrichmittel **69** (1967) 5, 336—37; Regional Res. Labor., Hyderabad; engl.) — Die cis- bzw. trans-Epithio-Fettsäuren u. -Alkohole ergeben mit Raney-Ni die entsprechenden gesätt. Derivate. Bei der Red. der cis-Epithio-Fettsäuren mit $LiAlH_4$ in THF oder Ae. entstehen die beiden isomeren *Thiole*. Das trans-Isomere liefert bei gleicher Behandlung die *Thiole* nur in Ggw. von THF, während in Ae. die Epithio-Gruppe erhalten bleibt. Die isomeren Thiole liefern bei Desulfierung ebenfalls die gesätt. Alkohole.

Versuche: *cis-9.10-Epoxyoctadecansäure*, $C_{18}H_{34}O_3$, F. 58—59°, aus Ölsäure durch Epoxydation. — *trans-9.10-Epoxyoctadecansäure*, $C_{18}H_{34}O_3$, F. 54—55°, durch Epox. von Elaidinsäure mit Peressigsäure. — *cis-13.14-Epoxydocosansäure*, $C_{22}H_{42}O_3$, F. 62—63°, aus Erucasäure. — *cis-6.7-Epoxyoctadecansäure*, $C_{18}H_{34}O_3$, F. 60°, aus Petroselinsäure. — *9.10-Epoxyoctadecanol, cis-Form*, F. 46—47°, durch Epox. von Oleylalkohol mit Peressigsäure. *trans-Form*, F. 49°, aus Elaidylalkohol. — *cis-9.10-Epithiooctadecansäure*, $C_{18}H_{34}O_2S$, F. 57—58°, aus cis-9.10-Epoxystearinsäure. — *cis-6.7-Epithiooctadecansäure*, $C_{18}H_{34}O_2S$, F. 72—73°, aus cis-6.7-Epoxyoctadecansäure. — *cis-13.14-Epithiodocosansäure*, $C_{22}H_{42}O_2S$, aus cis-13.14-Epoxydocosansäure. — *trans-9.10-Epithiooctadecansäure*, $C_{18}H_{34}O_2S$, F. 61—62° (Aceton), aus trans-9.10-Epoxyoctadecansäure durch 2std. Rk. der Dioxan-Lsg. mit Thioharnstoff in 6,25%ig. H_2SO_4 u. 1std. Erhitzen mit 20%ig. Na_2CO_3-Lsg. bei 40° u. Ansäuerung mit verd. H_2SO_4. — *Stearinsäure*, F. 67—68°, aus cis-9.10-Epithiooctadecansäure oder cis-6.7-Epithiooctadecansäure. — *Behensäure* aus cis-13.14-Epithiodocosansäure durch 8std. Red. mit Raney-Ni in A. bei 78°. — *9(10)-Mercaptooctadecanol*, $C_{18}H_{38}OS$, durch $LiAlH_4$-Red. von cis- u. trans-9.10-Epithiooctadecansäure. — *Stearylalkohol*, F. 56—57°, analog vorst. Verb. mit Raney-Ni.

R. Hintsche H 640

2745 **Produktion von Benzoesäure durch Flüssigphasenoxydation von Toluol.** S. Ciborowski. (Ind. chim. belge **32** (1967) 7, 791—92; Inst. of Gen. Chem., Warsaw; engl.) — Toluol wird in fl. Zustand bei 150—160° u. 8 at im kontinuierlichen Verf. bei 50%ig. Umsatz zu *Benzoesäure* in 90%ig. Ausb. oxydiert. Durch 3 aufeinanderfolgende Dest. werden unreagiertes Toluol u. flüchtige Bestandteile, Benzoesäure u. Schwerprod. getrennt.

R. Hintsche H 1210

2746 **Gasphasen-Ammoxydation von Monoalkylbenzolen über Vanadin-Katalysatoren.** Masatomo Ito und Ken-ichi Sano. (J. synth. org. Chem., Japan **25** (1967) 4, 329—36; Central Res. Labor., Showa Denko Co. Ltd., Tokyo; jap.) — Die Rk. führt im Falle von Toluol mit Überschuß O_2 u. NH_3 zu *Benzonitril* u. in Konkurrenzrk. zu CO_2 u. *HCN*. Bei niedrigen NH_3-Konz. wird die Bldg. von Benzoesäure kompetitiv. Die Ox.-Rate von Benzaldehyd wird durch anwesendes Toluol stark zugunsten der Ammox. unterdrückt. Bei der Ammox. von n-Propylbenzol werden *Phthalonitril* u. *Phthalimid* zusätzlich zu *Benzonitril* bis zu 20% Ausb. gebildet.

R. Hintsche H 1210

2747 **Gasphasen-Ammoxydation von o-Xylol über einem Vanadinkatalysator.** Masatomo Ito. (J. synth. org. Chem., Japan **25** (1967) 4, 337—42; Central Res. Labor., Shawa Denko Co. Ltd., Tokyo; jap.) — Die Rk. führt direkt oder über *o-Tolunitril* zu *Phthalonitril* als Hauptprod. u. *Phthalimid*, welches leichter ammox. als ox. wird, als Nebenprod. auf parallelen Wegen.

R. Hintsche H 1220

2748 **Stereoselektive Hydrierung von Xylolen und Tetrahydroderivaten mit einem reduzierten Nickel-Katalysator.** Haruhiko Yamamoto, Hiroyuki Horiguti, Kunio Noda und Takao Kwan. (Chem. pharmac. Bull. [Tokyo] **15** (1967) 8, 1129—37; Div. of Phys. chem. Techn., Fac. of Pharm. Sci., Univ. of Tokyo; engl.) — o-, m-, p-Xylole u. ihre Tetrahydroderiv. werden bei 150—250° über einem reduzierten Ni-Katalysator in der Gasphase hydriert. Die Selektivität für die Bldg. der *trans-Isomeren* ist am größten bei p-Xylol u. am kleinsten bei m-Xylol. Die gleiche Regel gilt für die *Dimethylcyclohexene*. Vf. diskutieren den Horinti-Polanyi-Siegel-Mechanismus für den Übergangszustand u. für hohe Temp. eine π-allyladsorbierte Species.

R. Hintsche H 1810

2749 **Reaktionen mit Komplexkatalysatoren.** 10. Mitt. **Kupferkatalysierte N-Äthylierung von Piperidin mit Äthylen.** Takeo Saegusa, Shiro Kobayashi, Yoshihiko Ito und Toshihiko Waragai. (Bull. chem. Soc. Japan **40** (1967) 12, 2991; Dept. of Synthet. Chem., Fac. of Eng., Kyoto Univ., Sakyo-Ku, Kyoto; engl.) — Piperidin wird mit $CuCl_2$ bei 50 atm Äthylendruck im Bombenrohr auf 190° erhitzt u. 15 Std. geschüttelt. Im Destillat 105—130° ist die Hauptmenge *N-Äthylpiperidin* (49% Ausb.). n-Hexan u. Bzl. als Lsgm. setzen die Ausb. stark herab.

R. Hintsche H 3231

2750 **Elektrolytische Reduktion von D-Ribonolacton zu D-Ribose bei konstanten Strömen.** 1. Mitt. **Verwendung von Ammoniumsalzen als Elektrolyt.** Masatsugu Matsumoto und Michihiko Miyazaki. (J. pharmac. Soc. Japan [Yakugakuzasshi] **87** (1967) 6, 627—30; Res. Coordination Div., Tanabe Seiyaku Co., Ltd. Toda-shi, Kitaadachi-gun, Saitama-Ken; jap.) — Die Verw. von $(NH_4)_2SO_4$, $(NH_4)_2HPO_4$, $NH_4H_2PO_4$, NH_4Cl u. NH_4NO_3 an Stelle der Alkalisalze Na_2SO_4, Li_2SO_4 usw. als Elektrolyte für die Red. von D-Ribonolacton zu *D-Ribose* erhöht die Ausb. infolge Änderung der Übergangsstrukturen an der Kontaktoberfläche zwischen Elektrode u. Elektrolytlösung. Der Zusatz von H_3BO_3 verhindert die Bldg. von D-Ribit.

R. Hintsche H 3400

2751 Ruhrchemie Akt.-Ges. (Erfinder: Helmut Kolling und Nikolaus Geiser), Oberhausen, **Reinigen der Gemische von gesättigten, aliphatischen Kohlenwasserstoffen aus der Kohlenoxidhydrierung,** die als Hilfsfl. bei der Polymerisation von Olefinen eingesetzt werden, dad. gek., daß man diese KW-Stoffgemische bei 230—280° mit H_2 über einen Hydrierkatalysator leitet u. sie dann sehr sorgfältig trocknet, bis ein W.-Geh. von höchstens 15 Teilen je 1 Million Teile erreicht ist. (**D.A.S. 1245525** Kl. 23b vom 22/8. 1958, ausg. 27/7. 1967.) — 3 S.

E. Kahles H 560

2752 Farbwerke Hoechst Akt.-Ges. vormals Meister Lucius & Brüning, Frankfurt/M. (Erfinder:

Otto Scherer, Bad Soden, Jürgen Korinth, Hofheim/Taunus, und Peter Frisch, Schwalheim), **Fluorhaltige Perhalogenäthane** erhält man durch Rk. von C_2Cl_4 mit Cl_2 u. HF, bes. im Molverhältnis 1:0,9–0,98:3–5, bei > 100° bis 500° in Ggw. von Katalysatoren, die durch Rk. von Oxidhydraten des dreiwertigen Cr mit HF unter Erhitzen hergestellt worden sind. Durch Überleiten von 156 g C_2Cl_4, 100 g HF u. 60 g Cl_2 bei 350° über einen Kontakt erhält man ein Gemisch aus 18 (Mol-%) *Hexafluoräthan*, 65 *Pentafluorchloräthan*, 8,2 *Tetrafluordichloräthan*, 3.2 *Trifluortrichloräthan*, 0,4 *Difluortetrachloräthan*, 1 CF_4. (**D.A.S. 1254611** Kl. 12o vom 20/6. 1962, ausg. 23/11. 1967.) – 2 S. A. Jahn H 560

2753 Daikin Kogyo Co. Ltd., Osaka (Erfinder: Kazuo Okamura, Suita-shi, Yutaka Kometani, Hyogo, und Masayoshi Tatemoto, Takatsuki-shi), Japan, **Gewinnung von Tetrafluoräthylen oder Hexafluorpropen** aus diese Stoffe enthaltenden Gasgemischen, dad. gek., daß man die das Tetrafluoräthylen u. die das Hexafluorpropen enthaltenden Fraktionen jeweils für sich bei jeweils wählbarer konstanter Temp. T_1 bzw. T_2 mit einem jeweils geeigneten polaren organ. Lsgm., das bei jeweils T_1 bzw. T_2 ein mindestens 3fach höheres Lösungsvermögen für die abzutrennenden Verunreinigungen hat, im Gegenstrom behandelt. – Vorr., Zeichnung. (**D.A.S. 1247298** Kl. 12o vom 4/3. 1963, ausg. 17/8. 1967.) – 5 S. R. Bollinger H 570

2754 Knapsack Akt.-Ges., Knapsack (Erfinder: Gerhard Rechmeier, Kierdorf, und Armin Jacobowsky, Knapsack), **Aufarbeitung von Rohvinylchlorid**, das durch Rk. von Acetylen mit HCl erhalten wurde u. mit inerten Gasen, Acetylen sowie höherchlorierten C_2-KW-Stoffen verunreinigt ist, durch Einleiten des rohen, vorgetrockneten, gasförmigen, auf 3–10 atü komprimierten u. 50–90° warmen Vinylchlorids in eine 1. Dest.-Kolonne u. Verflüssigung der Hauptmenge des Vinylchlorids sowie der höherchlorierten C_2-KW-Stoffe durch Kühlung in dem dieser Kolonne zugeordneten Kondensator, wobei das anfallende Kondensat in den Sumpf der Kolonne zurückfließt, Abziehen der nicht kondensierten Anteile, bestehend aus inerten Gasen, Acetylen u. dampfförmigem Vinylchlorid vom Kondensator u. Rückgewinnung des dampfförmigen Vinylchlorids durch Auswaschen dieser Anteile mit einem fl. chlorierten KW-Stoff, bes. mit den im Rohgas enthaltenen höher chlorierten C_2-KW-Stoffen in einer Waschkolonne unter Druck, wobei über Kopf der Waschkolonne ein vinylchloridfreies Gas abgeblasen wird, während im Sumpf der Kolonne die vinylchloridhaltige Waschlsg. anfällt, Abtreiben der Hauptmenge des Vinylchlorids aus dem Sumpfprod. der 1. Dest.-Kolonne in eine 2. Dest.-Kolonne, bei einem geringeren Druck als in der 1. Dest.-Kolonne bis die Konz. der höherchlorierten C_2-KW-Stoffe im Sumpf der 2. Dest.-Kolonne höchstens 40 Gew.-% beträgt, wobei über Kopf der Kolonne reines Vinylchlorid abgezogen, durch Kühlung verflüssigt u. in einem Vorratsbehälter gesammelt wird. Rückgewinnung von restlichem Vinylchlorid aus dem Sumpf der 2. Dest.-Kolonne u. der aus der Waschkolonne abströmenden Waschlsg. durch Dest. dieses Gemisches in einer 3. Dest.-Kolonne unter Atmosphären- oder geringem Überdruck, wobei das als Kopf-Prod. entweichende Vinylchlorid mit dem zu reinigenden rohen Vinylchlorid vor dessen Kompression vereinigt wird, während das aus höher chlorierten C_2-KW-Stoffen bestehende Sumpfprod. als Waschlsg. in die Waschkolonne zurückgeleitet wird, dad. gek., daß man das aus der 1. Dest.-Kolonne als Kopfprod. erhaltene Gasgemisch nach Abscheidung des Hauptteils des Vinylchlorids u. der höher chlorierten C_2-KW-Stoffe in 2 Teile teilt, den einen Teil als Verdünnungsmittel für Acetylen bei der Vinylchloridherst. verwendet u. den anderen Teil in einer Waschkolonne bei 5–6 atü u. 10–25° wäscht. Restliches Vinylchlorid u. nicht umgesetztes Acetylen werden aus den noch vinylchloridhaltigen Sumpfprod. der 2. Dest.-Kolonne u. der Waschkolonne derart isoliert, daß man aus dem Sumpfprod. der Waschkolonne in der 3. Dest.-Kolonne Vinylchlorid sowie Restacetylen durch Erwärmen unter Atmosphärendruck oder geringem Überdruck abtreibt u. die aufsteigenden Vinylchlorid-Dämpfe im oberen Teil der Kolonne mit dem auf den gleichen Druck entspannten u. dabei auf etwa 0 bis –10° abgekühlten Sumpfprod. der 2. Dest.-Kolonne im Gegenstrom in Berührung bringt, wobei über Kopf der 3. Dest.-Kolonne dampfförmiges Vinylchlorid im Gemisch mit Acetylen abgezogen u. mit dem zu reinigenden rohen Vinylchlorid vor dessen Kompression vereinigt wird, während das aus höher chlorierten C_2-KW-Stoffen bestehende Sumpfprod. als Waschflüssigkeit in die Waschkolonne zurückgeleitet wird. 80–90 Vol.-% des vom Kondensator der 1. Dest.-Kolonne abströmenden Gasgemisches werden als Verdünnungsmittel für Acetylen bei der Herst. von Vinylchlorid verwendet. Die Temp. der Waschfl. beträgt etwa 18°. Das Sumpfprod. der Waschkolonne wird vor dem Einleiten in die 3. Dest.-Kolonne auf Atmosphärendruck oder einen geringen Überdruck bis etwa 0,1 atü entspannt u. Vinylchlorid sowie Restacetylen bei einer Sumpftemp. von etwa 70 bis 90, bes. 75° aus dem Sumpf der 3. Dest.-Kolonne ausgetrieben. – Fließbild. (**D.A.S. 1254143** Kl. 12o vom 8/3. 1966, ausg. 16/11. 1967.) – 5 S. R. Bollinger H 570

2755 Knapsack Akt.-Ges., Knapsack (Erfinder: Kurt Sennewald, Knapsack, Heinz Erpenbach, Sürth, Wilhelm Vogt, Knapsack, und Herbert Joest, Köln), **Gewinnung von 2-Chlorbutadien-(1.3)** aus einem Gemisch, das bis zu 5 Gew.-% trans-2-Chlorbuten-(2) enthält, dad. gek., daß man das mit einem Polymerisationsverhinderer, wie 0,3‰ N-Nitrosodiphenylamin u. 0,1‰ tert.-Butylbrenzkatechin, versetzte Gemisch kontinuierlich in der 1. Dest.-Stufe verdampft u. von oben im Gegenstrom mit der 5–15fachen Vol.-Menge fl. 20–70° warmem n-Heptan oder Isooctan, berechnet auf das Fl.-Vol. des Gemisches, wäscht, am Kopf der 1. Dest.-Stufe mindestens 99,9% reines 2-Chlorbutadien-(1.3) abdest., am Boden das verunreinigte n-Heptan bzw. Isooctan abzieht u. etwa der Mitte der 2. Dest.-Stufe zuführt, am Kopf ein Gemisch aus trans-2-Chlorbuten-(2) u. 2-Chlorbutadien-(1.3) abdest., oberhalb des Sumpfes das n-Heptan bzw. Isooctan abzieht, kühlt u. kontinuierlich als Waschmittel in den oberen Teil der 1. Dest.-Stufe zurückführt u. aus dem Sumpf der 2. Dest.-Stufe die polymeren Verunreinigungen ausschleust. Man kann jeweils einen Teil der am Kopf der 1. u. 2. Dest.-Stufe gewonnenen Fl. abzweigen u. nach Stabilisierung mit einem Polymerisationsverhinderer als Rücklauf wieder auf den Kopf derselben Dest.-Stufe zurückleiten. – Vorr., Zeichnung. (**D.A.S. 1249254** Kl. 12o vom 19/1. 1966, ausg. 7/9. 1967.) – 3 S. R. Bollinger H 570

2756 Universal Oil Products Co., Des Plaines (Erfinder: Erwin Elmer Meisinger, Elmhurst, Herman Samuel Bloch, Skokie, Ernest Leo Pollitzer, Hinsdale, und George Roderick Donaldson, Barrington), Ill., USA, **Oligomerisation bzw. Mischoligomerisieren von olefinischen Kohlenwasserstoffen** mit 2–4 C-Atomen, bes. von Propylen, oder deren Gemischen bei 50° in Ggw. eines Alkalimetalls u. eines feuerfesten Metalloxidträgers, bes. Tonerde enthaltenden Katalysators, dad. gek., daß man die Oligomerisation bei 50–300°, 5–250 at in Ggw. eines Katalysators durchführt, der mindestens 2 Gew.-% u. bes. höchstens 20 Gew.-% Alkaliamid, bes. KNH_2, auf einem mit einem Alkalioxid, bes. Li_2O, akt. wasserfreien Träger mit einer Oberfläche von 25–500 m^2/g enthält. – Propylen → *2-Methyl-2-penten*, Kp. 67–68°. (**D.A.S. 1248640** Kl. 12o vom 8/11. 1960, ausg. 31/8. 1967.) – 8 S. E. Kahles H 570

2757 Gulf Research & Development Co., Pittsburgh (Erfinder: Alfred Mathias Henke, Springdale Township, Pa., Raymond Camillus Odioso, Morris, N.J., und Bruce Karl Schmid, Pittsburgh, Pa.), USA, **Herstellung von Alkoholen** erfolgt durch Anlagerung von W. an Olefine in fl. Zustand in Ggw. von festen Hydratisierungskatalysatoren u. Lsgm. für die dabei gebildeten Alkohole. Man führt die W.-Anlagerung an das Olefin in Ggw. eines 2. C_2-, C_3- oder Iso-C_4-Olefins durch, das durch W.-Anlagerung in einen von dem bei der Hydratisierung des 1. Olefins verschiedenen Alkohol übergeht, der die Löslichkeit des entstandenen Alkohols

erhöht u. mit den beiden Rk.-Teilnehmern unter Bldg. von 2 ineinander unlösl. fl. Schichten mischbar ist. Die W.-Anlagerung an Methylbutene bzw. an Isobuten aus einem C_4-Erdölraffineriegasstrom wird in Ggw. von Propen durchgeführt. (**D.A.S. 1249844** Kl. 12o vom 11/9. 1963, ausg. 14/9. 1967.) — 3 S.
A. Jahn H 600

2758 Esso Research and Engineering Co., Elizabeth (Erfinder: John Mackinnon, Menlo Park, und Adolph A. Austin, Colonia), N.J., USA, **Herstellung aliphatischer Sulfonsäuren** aus n-Alkanen mit 12—24 C-Atomen u. <10 Mol-% verzweigtkettiger Alkane. Man behandelt die KW-Stoffe (I), z. B. Cetan, mit O_2 u. SO_2 (Mol-Verhältnis 1:5—1:10) in fl. Phase bei 3—20 atü unter Einleiten der Rk. mit einem radikalbildenden Mittel, z. B. durch ionisierende Strahlung mit einer Energie von >30 eV, bis zur Umwandlung von 5—50% der eingesetzten I, red. das Rk.-Gemisch (**II**) unter Aufrechterhalten des bisherigen Drucks mit W., wobei man die SO_2-Konz. in dem auf >1 (Mol) je 1 in der 1. Phase gebildeter Persulfonsäure hält, u. trennt die entstandene Sulfonsäure (**III**) aus **II** ab. Durch das Verf. wird die übliche Verfärbung der **III** vermieden u. ein hellfarbenes Prod. erhalten. (**D.A.S. 1252666** Kl. 12o vom 7/10. 1963, ausg. 26/10. 1967. U.S. Prior. 9/11. 1962.) — 3 S.
C. Lüttgen H 640

2759 Badische Anilin- & Soda-Fabrik Akt.-Ges., Ludwigshafen/Rh. (Erfinder: Rolf Appel und Dieter Hänssgen, Bonn), **Di-N-halogensulfodiimine** der Formel $R^1R^2S(N\text{-}Hal)_2$ (R^1, R^2 = Alkyl, Cycloalkyl; $R^1 + R^2$ = Alkylen mit 4—6 C-Atomen; Hal = Cl, Br, J) werden hergestellt durch Rk. von $R^1R^2S(NH)_2$ mit Cl_2, Br_2, J_2 bei —10 bis +60° in Ggw. eines Lsgm. u. einer bas. reagierenden Verbindung. — *N.N'-Dichlor-dimethylsulfodiimin*, $C_2H_6Cl_2N_2S$, F. 58°, Zers. bei 60°, spontane Zers. bei 0° möglich; *N.N'-Dibrom-dimethylsulfodiimin*, $C_2H_6 \cdot Br_2N_2S$, F. 148°, Zers. bei 150°, 76% (Ausb.), bei Schlageinw. Detonation; *N.N'-Dijod-dimethylsulfodiimin*, $C_2H_6 \cdot J_2N_2S$, ab 115° Zers., 97%. (**D.A.S. 1252200** Kl. 12o vom 15/10. 1966, ausg. 19/10. 1967.) — 2 S.
A. Debo H 640

2760 Soc. Nationale des Pétroles d'Aquitaine, Paris (Erfinder: Bernard Gourdon, Pau), Frankreich, **Herstellung von Thiolpolythioäthern** der allg. Formel $HS(CH_2S)_nCH_2R$ (n = Zahl von 2—7 u. R = Alkenyl mit 3—30 C-Atomen), dad. gek., daß man ein Dithiolpolythioäther der allg. Formel $HS(CH_2S)_nH$ mit einem Diolefin mit 3—30 C-Atomen im Mol-Verhältnis 1:1 bei —20 bis +180° in Ggw. eines ion. oder radikal. Katalysators, bzw. unter Einw. von UV-Strahlung, ggf. in einem Lsgm., bes. einem fl. KW-Stoff, ggf. unter Druck umsetzt. — Durch Rk. von Isopren mit einem fl. Dithiolpolythioäther (n = 3,65) in Ggw. von $AlCl_3$ bei 22° erhält man einen *Pentenpolythioäther*, Brechungsindex = 1,6185. Durch Rk. mit Butadien u. 1-Methylundecadien-(1.3) erhält man ähnliche Polythioäther. — *Weichmacher*. (**D.A.S. 1254621** Kl. 12o vom 9/3. 1965, ausg. 23/11. 1967. F. Prior. 16/3. 1964.) — 3 S.
R. Bollinger H 640

2761 Lummus Co., New York, N.Y. (Erfinder: Salvatore Albert Guerrieri, Rowayton, Conn.), USA, **Reinigung von Abgasen der Olefinoxydation,** die in Ggw. einer wss. Katalysatorlsg. eines mehrwertigen Metallsalzes u. einer Platinmetallverb. erhalten werden. Man setzt das Abgas mit einer wss. Lsg. um (Stufe A), die neben einer anorgan. Säure ein mehrwertiges Metallsalz u. eine Platinmetallverb. im red. Zustand enthält, entfernt aus dem O_2-freien Abgas CO_2 durch Auswaschen (Stufe B) u. organ. Halogenverb. (Stufe C), red. die durch die Behandlung in Stufe A erhaltene aufox. Lsg. mit einem Olefin u. führt die erhaltene Lsg. in Stufe A zurück. Stufe B u. C können in der Reihenfolge vertauscht werden. — Fließbild. (**D.A.S. 1254614** Kl. 12o vom 30/10. 1964, ausg. 23/11. 1967. U.S. Prior. 31/10. 1963.) — 6 S.
A. Jahn H 650

2762 Perstorp A/B (Erfinder: Per Gustaf Magnus Flodin und Carl-Axel Edvard Sjögreen), Perstorp, Schweden, **Herstellung von reinem gasförmigem Formaldehyd** (**I**) durch Absorption von **I** aus Gasen der **I**-Synth. in einem mehrwertigen Alkohol (**II**), therm. Zers. des gebildeten Halbformals u. Rückführung des zurückgewonnenen **II** in die Absorption. Man absorbiert das Gasgemisch in einer 1. Stufe im Gegenstrom mit einer in dieser Stufe zirkulierenden, aus 0,5—3 Gew.-% W., 30—60 Gew.-% **I**, Rest Alkohol, bestehenden Fl. bei 80—130° u. nachfolgend in einer 2. Stufe im Gegenstrom mit einem in dieser Stufe zirkulierenden, gegenüber der 1. Absorptionsfl. wasserhaltigeren **I**-Alkohol-Gemisch bei 40—80°. Das Restgas wird in einer 3. Stufe im Gegenstrom mit W. bei 35—55° u. die Waschfl. aus Stufe 3 zusammen mit dem Rückstand aus der therm. Zers. der aus Stufe 1 abgezogenen Fl.- der Stufe 2 zugeführt. Die Waschfl. aus Stufe 2 wird nach Stufe 1 geführt. — Fließschema. (**D.A.S. 1258259** Kl. 12o vom 5/7. 1965, ausg. 2/11. 1967. Schwed. Prior. 27/8. 1964.) — 4 S.
A. Jahn H 670

2763 Eastman Kodak Co., New York, N.Y. (Erfinder: David Carlock Hull und Hugh John Hagemeyer jun., Longview, Tex.), USA, **Herstellung von Aldehyden** durch Hydroformylierung von C_{2-4}-Olefinen (**I**) in Ggw. eines CoO-Katalysators unter Aufrechterhaltung einer Olefinkonz. von ca. 5—20%, bezogen auf $CO\text{–}H_2\text{–}I$-Gemisch. Aus dem Katalysator wird keine lösl. Co-Verb. oder Co-Carbonyl gebildet. Hohe Raum–Zeit-Ausb., z. B. 8,52 kg Butyraldehyd/Std./m^3. (**D.A.S. 1255097** Kl. 12o vom 23/3. 1965, ausg. 30/11. 1967.) — 8 S.
A. Jahn H 670

2764 Celanese Corp. of America, New York, N.Y. (Erfinder: Max Oscar Robeson, Corpus Christi, Tex.), USA, **Herstellung von Keten** erfolgt durch katalyt. Pyrolyse von Essigsäure im Dampfzustand in Ggw. von 5—15 Gew.-% W.; Ausb. 92%. (**D.A.S. 1250811** Kl. 12o vom 22/3. 1965, ausg. 28/9. 1967. U.S. Prior. 23/3. 1964.) — 2 S.
R. Bollinger H 710

2765 Knapsack Akt.-Ges. (Erfinder: Kurt Sennewald, Wilhelm Vogt und Hermann Glaser), Knapsack, **Vinylacetat** erhält man durch Rk. von Äthylen mit CH_3COOH u. O_2 bzw. Luft im Gaszustand in Ggw. eines Trägerkatalysators, der 0,1—6, bes. 0,5—2 (Gew.-%) Pd, 0,01—1 Au u. 1—20, bes. ca. 2 Alkaliformiat oder -acetat oder Erdalkaliacetat enthält; Ausb. 85,9%. (**D.A.S. 1244766** Kl. 12o vom 25/6. 1965, ausg. 20/7. 1967.) — 3 S.
R. Bollinger H 810

2766 W. R. Grace & Co., New York, N.Y. (Erfinder: Eric Wolfgang Stern, East Orange, und Marshall Louis Spector, Livingston, N.J.), USA, **Ungesättigte Ester** erhält man durch Rk. eines Olefins der allg. Formel $R^1CH{=}CHX$ (R^1 = H, Alkyl mit 1—20 C-Atomen, X = Cl, Br) mit einer aliphat. Carbonsäure der allg. Formel RCOOH (R = H, Alkyl mit 1—3 C-Atomen) unter Ausschluß von W. in Ggw. eines Salzes eines Edelmetalls der VIII. Gruppe des period. Syst. bei —26 bis 204° u. erhöhtem Druck, ggf. in Ggw. eines Lösungsmittels. Die Rk. kann in Ggw. eines Halogenwasserstoffakzeptors, wie eines Alkaliphosphats oder -carboxylats durchgeführt werden. — Aus Vinylchlorid durch Rk. mit Eisessig in Ggw. von $PdCl_2$ u. Na_2HPO_4 in Isooctan *Vinylacetat*, ähnlich *n-Propenylacetat*. (**D.A.S. 1254144** Kl. 12o vom 11/9. 1961, ausg. 16/11. 1967. U.S. Prior. 23/12. 1960.) — 3 S.
R. Bollinger H 810

2767 Knapsack Akt.-Ges., Knapsack (Erfinder: Kurt Sennewald, Knapsack, Günter Legutke, Brühl, und Peter Wirtz, Köln), **Wiederbelebung einer wäßrigen Kupfer(I)-chlorid-Katalysatorlösung,** die noch Komplexbildner, wie KCl u. NH_4Cl, enthält u. zur *Herst. von Acrylsäurenitril* aus Acetylen u. HCN diente, durch Abziehen eines Teiles der Katalysatorlsg., Entfernung des unlösl. Harzanteils, Ausfällen von Cu_2Cl_2 aus der verbleibenden Lsg. durch W., Entfernen der Mutterlauge u. Rückführung des Cu_2Cl_2 in die im Rk.-Raum befindliche Katalysatorstammlsg., dad. gek., daß man das ausgefällte Cu_2Cl_2 in wss. KCl-Lsg. löst, in der HCl in solcher Menge vorhanden ist, daß nach der Rückführung der Frisch-Lsg. in den Rk.-Raum bei einer Komplexbildnermenge von ca. 20—25 (Gew.-%) KCl + NH_4Cl, bezogen auf Stamm-Lsg., im Rk.-Raum ≧ 8 KCl anwesend sind, wobei man ggf. vorher den aus dem Rk.-Raum abgezogenen Teil der Katalysatorlsg. 0,5—2 Std. auf

$\geqq$ ca. 200° unter Eigendruck erhitzt u. den unlösl. Harzanteil entfernt. Bes. stellt man aus ausgefälltem Cu_2Cl_2 mit weiterem Cu_2Cl_2, KCl u. ggf. HCl frische, NH_4Cl-arme Katalysatorlsg. im Molverhältnis Cu_2Cl_2:(KCl + NH_4Cl) = 1:0,7–1:0,75 her. (**D.A.S. 1251309** Kl. 12o vom 20/2. 1964, ausg. 5/10. 1967.) — 9 S.
H.-W. Ebersbach H 810

2768 Distillers Co. Ltd., Edinburgh, Schottland (Erfinder: Leslie Dawson Fish, Hull, East Yorkshire), Großbritannien, **Entwässerung von Gemischen niedermolekularer gesättigter Fettsäuren (I)**, die durch Ox. von C_4–C_8-Paraffinen mit O_2 in fl. Phase gewonnen wurden, unter Verw. von Isopropyläther (**II**) als Extraktionsmittel, dad. gek., daß man nach dem Abdest. niedrig- u. hochsd. Bestandteile aus dem Rohoxydat die zurückbleibende C_1–C_3-**I** enthaltende wss. Fraktion mit **II** extrahiert u. anschließend den Extrakt durch Dest. in ein aus W. u. **II** bestehendes Kopf- u. in ein wasserfreies **I** enthaltendes Bodenprod. trennt. Man führt bes. **II** aus dem Kopfprod. nach Trennen von W. teilweise in die Extraktion zurück, die man bes. im Gegenstrom durchführt. Man geht bes. von einer **I**-Lsg. mit einem W.-Geh. von 20–50 Gew.-% aus, die auch Buttersäure enthalten kann. — Beispiel für Entwässerung eines Gemisches aus 34 (Gew.-%) W., 10 HCOOH, 50 CH_3COOH u. 6 Propionsäure. — Zeichnung. (**D.A.S. 1252651** Kl. 12o vom 8/4. 1965, ausg. 26/10. 1967. Brit. Prior. 9/4. 1964.) — 3 S. O. Müller-Meiningen H 810

2769 Farbwerke Hoechst Akt.-Ges. vormals Meister Lucius & Brüning, Frankfurt/M. (Erfinder: Hans Fernholz, Bad Soden/Taunus, und Hermann Neu, Neu Isenburg), **Sorbinsäure (I)** erhält man durch Zers. der aus Keten (**II**) u. Crotonaldehyd (**III**) in einem inerten, unter normalem Druck zwischen 150 u. 300° sd. Lsgm. gewonnenen Polyester-Lsg., wenn man diese nach Abdest. des nicht umgesetzten **III** dest., bes. bei 5–30 Torr, u. das nach dem Abtrennen der auskrist. **I** entstandene, noch **I** u. isomere Hexadiensäuren (**IV**) enthaltende Destillat als Lsgm. in die Rk.-Stufe des **II** mit **III** in den Kreislauf zurückführt. — In ein Gemisch aus 800 g **III**, 1200 g einer ca. 5 Gew.-% **IV** enthaltenden Petroleumfraktion vom Kp. 220–250° (**V**) u. 10 g Zn-Isobutyrat leitet man bei 25–38° 420 g **II**. Nach Abdest. von 160 g nicht umgesetztem **III** im Vakuum bei 80 bis 100° gibt man 20 g NaOH zu, erhitzt 15 Min. auf 170 bis 180°, gibt weitere 3000 g **V** zu u. dest. bei 10–16 Torr. Aus dem Destillat werden 890 g **I** vom Fp. 133–134° gewonnen; die Mutterlauge wird als **V** wiederverwendet. (**D.A.S. 1252664** Kl. 12o vom 1/2. 1964, ausg. 26/10. 1967. **Zusatz zu D.A.S. 1059899; C. 1960, 10061.**) — 2 S.
H.-W. Ebersbach H 810

2770 Shell Internationale Research Mij. N. V., Den Haag (Erfinder: Gérard Johannes Emil Thijsse, Amsterdam), Niederlande, **Gewinnung von Carbonsäuren und Ketonen** durch mikrobiolog. Ox. von Verb. der allg. Formel R^3–CH[R^2]–CH[R^1]–A (A = Formyl-, Methyl-, ggf. veresterte Hydroxymethyl- oder Carboxylgruppe oder deren Metall- oder NH_4-Deriv. oder Iminoformylgruppe; R^1, R^2, R^3 = H, ggf. durch Halogen, CH_3O- oder Arylreste substituierter aliphat. oder cycloaliphat. KW-Stoff-Rest) mit O_2 u. Mikroorganismen (**I**) oder den aus diesen isolierten Enzymsyst. bei ca. 15–40, bes. 20–37°, dad. gek., daß man die Ox. in Ggw. von ca. $1 \cdot 10^{-6}$ bis $50 \cdot 10^{-6}$, bes. $8 \cdot 10^{-6}$ bis $15 \cdot 10^{-6}$ Mol Acrylsäure u./oder eines ihrer Salze, Ester oder Amide, ber. auf 1 mg Trockengew. von **I**, durchgeführt. Als **I** verwendet man bes. Bakterien, wie *Pseudomonas aeruginosa*, oder Hefen wie *Candida lipolytica* oder *tropicalis*, u. arbeitet bei pH ca. 4–9 bzw. 5–8, bes. 6–7,2. — Beispiele: n-Hexan → *Hexansäure* (**II**) u. 2-*Pentanon* (**III**). — n-Heptan → *Heptansäure, Pentansäure, 2-Hexanon, Octansäure* u. **III**. — 1-Hexanol → **II** u. **III**. (**D.A.S. 1252686** Kl. 12o vom 17/12. 1964, ausg. 26/10. 1967. Niederl. Prior. 19/12. 1963.) — 4 S.
O. Müller-Meiningen H 810

2771 Deutsche Gold- und Silber-Scheideanstalt vormals Roessler, Frankfurt/M. (Erfinder: Kurt Janecka, Offenbach/M.), **Herstellung von α-Hydroxynitrilen** durch Einleiten von HCN-Synth.-Gas (**I**) in fl. oder gelöste aliphat. Aldehyde, wobei man ggf. das Endprod. als Lsgm. verwendet, dad. gek., daß man die Rk. bei pH 6–6,9 u. bei 30–40° durchführt. Als **I** verwendet man bes. ein Gas, das bei der HCN-Synth. aus CH_4 u. NH_3 erhalten wird, arbeitet bes. unter Druck u. verwendet bes. HCOOH enthaltenden Formaldehyd (**II**) in Form einer wss. Lösung. — Beispiele: 1500 ml 29,15%ig. **II** (14,58 Mol) + 15,58 HCN (als 22 Vol.-% enthaltendes **I**) bei pH 6,2–6,3 u. 38° → 98,8 *Glykolsäurenitril* (41,99 Gew.-%). — CH_3CHO + HCN → 98,2% *Milchsäurenitril*. — β-Methylmercaptopropanal + HCN → 98% *γ-Methylmercapto-α-hydroxybutyronitril* (ber. auf Aldehyd, 96,3%, ber. auf HCN). (**D.A.S. 1254615** Kl. 12o vom 29/10. 1960, ausg. 23/11. 1967.) — 3 S.
O. Müller-Meiningen H 850

2772 Deutsche Gold- und Silber-Scheideanstalt vormals Roessler, Frankfurt/M. (Erfinder: Wolfgang Weigert, Offenbach/M.), **α- und β-Formylisobuttersäureester bzw. -nitril** erhält man durch Rk. von Methacrylsäureestern oder Methacrylsäurenitril in Ggw. von Ir u./oder Ru u./oder bes. Rh oder deren Verb. (bes. Oxide) bei 50–250° u. 40–1000 at mit $\geqq$ 1 Mol H_2 u. $\geqq$ 1 Mol CO je Mol Acrylverb., ggf. in Ggw. inerter Lsgm. u. bekannter Beschleuniger. Bei < 100° entstehen bes. die α-Formylverb., > 100° die β-Formylverbindungen. — Zwischenprodukte. (**D.A.S. 1249847** Kl. 12o vom 22/12. 1964, ausg. 14/9. 1967.) — 3 S.
A. Jahn H 860

2773 Chemische Werke Hüls Akt.-Ges. (Erfinder: Ludwig Kuhnen, Erwin Vangermain und Ferdinand List), Marl, **Tertiäre Aminoxide** werden hergestellt durch Rk. von tert. Aminen mit einem organ. Hydroperoxid in Ggw. einer Verb. eines Metalls der IV., V. oder VI. Nebengruppe. — *Dimethylanilinoxid*, F. 132 bis 133°, 64% (Ausb.); *Trimethylaminoxid-dihydrat*, F. 93 bis 95°, 63%; *N.N-Dimethyllaurylaminoxid*, F. 115 bis 120°, 80%; *N-Lauryl-diäthanolaminoxid*, F. 62–64; *N-Myristyl-diäthanolaminoxid*, F. 72–75°, 73%. — (**D.A.S. 1253273** Kl. 12q vom 7/4. 1965, ausg. 2/11. 1967.) — 3 S. A. Debo H 900

2774 Soc. d'Électro-Chimie, d'Électro-Métallurgie et des Aciéries Électriques d'Ugine, Paris (Erfinder: Paul Besson, Albert Nallet, La Chambre, und Gilbert Luiset, Staint-Étienne de Cuines, Savoien), Frankreich, **asymm.-Dialkylhydrazine** erhält man durch Hydrierung von Dialkylnitrosaminen mit H_2 in Ggw. von Raney-Ni, das durch Alkalibehandlung einer Ni–Al-Leg. erhalten wurde, u. in Ggw. eines Metallsalzes oder -hydroxids (NaOH). — Dimethylnitrosamin → *1.1-Dimethylhydrazin*, Ausb. 84,4%. (**Schwz.P. 415671** vom 15/11. 1963, ausg. 13/1. 1967. **D.A.S. 1251328** Kl. 12q vom 15/11. 1963, ausg. 5/10. 1967. Beide F. Prior. 16/11. u. 24/11. 1962.) — A. Jahn H 900

2775 Karl Bredereck und Reinhard Richter (Erfinder: Karl Bredereck), Stuttgart, **Diazapentadienderivate** der allg. Formel [RN(R^1)–C(Cl)=N–C(Cl)=N–C(Cl)=N(R)R^1]⊕Cl⊖ erhält man durch Rk. von Cyanamiden der allg. Formel RN(R^1)–C≡N in einem inerten Lsgm. bei Raumtemp. mit $COCl_2$ im Molverhältnis 1:1 (R u. R^1 = Alkylreste oder gemeinsam mit dem N-Atom = heterocycl. Rest). — Bei der Hydrolyse entstehen N.N'-Bis-carbamoyl-harnstoffe, mit NH_3 entsprechend substituierte Diaminochlor-symm.-triazine. — Beispiele für die Rk. von $COCl_2$ mit Dimethylcyanamid, N-Cyanpiperidin u. N-Cyanmorpholin. — Zwischenprod. für Heilmittel, Farbstoffe, Textilhilfsmittel. (**D.A.S. 1256646** Kl. 12p vom 14/7. 1964, ausg. 21/12. 1967.) — 2 S.
A. Jahn H 910

2776 Sandoz Akt.-Ges., Basel (Erfinder: Roger Boissonnas, Bottmingen, Stephan Guttmann, Allschwil, und János Pless, Basel), Schweiz, **Herstellung eines Pentakosapeptids** der Formel *L-Seryl-L-tyrosyl-L-seryl-L-norleucyl-L-glutamyl-L-histidyl-L-phenylalanyl-L-arginyl-L-tryptophanyl-glycyl-L-lysyl-L-prolyl-L-valyl-glycyl-L-lysyl-L-lysyl-L-arginyl-L-arginyl-L-prolyl-L-valyl-L-lysyl-L-valyl-L-tyrosyl-L-prolyl-L-valinamid*, durch Aktivieren der Carboxylgruppen der geschützten Aminosäuren oder Peptide, Bldg. der Peptidbindungen des entsprechenden Polypeptids, stufenweises Entfernen

der Schutzgruppen u. ggf. Umsetzen des Polypeptids in das Salz. (**Ung.P. 152802** vom 26/6. 1964, ausg. 23/1. 1966. Schwz. Prior. 28/6. 1963.)
F. Landsberger H 950△

2777 Lubrizol Corp., Cleveland (Erfinder: Norman Anthony Meinhard, Lyndhurst), O., USA, **Salze von Säuren des Phosphors** der allg. Formel $R_2P(X)XH$ (R = KW-Stoff-, KW-Stoffoxy-Gruppen, die ggf. durch polare Gruppen substituiert sind; X = O, S) werden hergestellt durch Rk. von bas. Metallverb. mit den entsprechenden Phosphorsäuren in Ggw. einer Mono-, Di- oder Tricarbonsäure mit bis zu 10 aliphat. C-Atomen oder deren Alkali-, Erdalkali-, Zn-, Cd-, Al-, Fe-, Co- oder Cu-Salzen als Katalysator bzw. ggf. mit bis zu 2 Äquivalenten einer KW-Stoffsubstituierten Bernsteinsäure oder deren Anhydrid mit mindestens 50 aliphat. C-Atomen im KW-Stoffsubstituenten, der auch inerte polare Gruppen enthalten kann, je Äquivalent der Phosphorsäureverbindung. — Beispiele, bes. für Zinksalze von Organodithiophosphaten. — Zusätze für Schmieröle, Benzine, Erdöltreib- u. Brennstoffe; Insektizide, Schädlingsbekämpfungsmittel, Erzflotationsmittel, Weichmacher. (**D.A.S. 1255658** Kl. 12o vom 30/6. 1966, ausg. 7/12. 1967. U.S. Prior. 1/7. 1965.) — 8 S.
A. Debo H 980

2778 Imperial Smelting Corp. (N. S. C.) Ltd., London (Erfinder: Julian Frodo Tilney-Bassett, Avonmouth, Gloucestershire), Großbritannien, **1.2.4.5-Tetrafluorbenzol**, Kp. 90°, erhält man durch Rk. von 2.3.5.6-Tetrafluorphenylhydrazin, das in 4-Stellung durch F, Cl oder Br substituiert ist, mit einer wss. Lsg. oder Suspension eines Alkali- oder Erdalkalihydroxids unter rückfließendem Erhitzen oder mit einer Lsg. eines Alkalimetallalkoholats, in dem dem verwendeten Alkoholat entsprechenden Alkohol oder mit festem Alkalihydroxid unter Erhitzen. Ausb. bis 81%. (**D.A.S. 1248682** Kl. 12o vom 10/9. 1964, ausg. 31/8. 1967. Brit. Prior. 13/9. 1963 u. 11/8. 1964.) — 3 S. A. Jahn H 1010

2779 Sterling Drug, Inc., New York, N.Y. (Erfinder: Wayne Benjamin Gitchel, Rothschild, Edmunds Modrins Pogainis und Eugene Wilhelm Schoeffel, Mosinee, Wis.), USA, **3-Alkoxy-4-hydroxybenzaldehyde** erhält man durch selektive Hydrolyse von 4-Alkoxy-3-methoxybenzaldehyden mit konz. Mineralsäure bei 60—110°, Alkylierung des erhaltenen 4-Alkoxy-3-hydroxybenzaldehyds zum 3.4-Dialkoxybenzaldehyd u. dann selektive Hydrolyse mit wss. Alkali bei pH ≧ 9, Temp. > 200° unter Druck. — Veratrumaldehyd + H_2SO_4 → Isovanillin (**I**). **I** + C_2H_5Cl → 3-Äthoxy-4-methoxybenzaldehyd (**II**). — **II** + NaOH-Lsg. + Na · HSO_3 → *Äthylvanillin*. (**D.A.S. 1253697** Kl. 12o vom 11/11. 1965, ausg. 9/11. 1967. U.S. Prior. 19/11. 1964.) — 4 S. A. Jahn H 1140

2780 Shell Internationale Research Mij. N. V., Den Haag, Niederlande (Erfinder: Hans Jürgen Schulze-Steinen, St. Augustin, und Jürgen Friedrich Falbe, Bonn), **2.4- (I) und 2.5-Dichloracetophenon (II) und Trichloracetophenone (III)** erhält man durch Rk. von m- oder p-Dichlorbenzol, bzw. Trichlorbenzolen mit Acetylchlorid (**IV**) im Molverhältnis > 0,75 in Ggw. von $AlCl_3$ bei 90—130°, wobei das Molverh. von $AlCl_3$:**IV** = 1,2—3 beträgt. Die Ausb. an **I** ist ca. 90%; an **II** ca. 80% u. an **III** ca. 78—80%. (**D.A.S. 1247289** Kl. 12o vom 5/4. 1966, ausg. 17/8. 1967.) — 2 S. A. Jahn H 1160

2781 Asahi Kasei Kogyo K. K., Osaka (Erfinder: Naoya Kominami, Tokio, Hitoshi Nakajima, Urawashi, und Nobuhiro Tamura, Tokio), Japan, **Monocyclische aromatische Nitrile** erhält man durch Rk. eines Alkyl- oder Alkenylbenzols, wie Toluol, Xylol, Äthylbenzol, Isopropylbenzol oder Styrol, im Dampfzustand bei 150—600° mit HCN u. O_2 in Ggw. von Cu, einer organ. Cu-Verb. oder eines Cu-Salzes einer organ. Säure als Katalysator. — *Benzonitril* (Ausb.) 81%. *Terephthalsäuredinitril*, 31%. — *Tolunitril*, 31%. (**D.A.S. 1248028** Kl. 12o vom 4/11. 1965, ausg. 24/8. 1967. Jap. Prior. 7/11. 1964.) — 3 S.
L. Stadelmann H 1210

2782 Ube Industries Ltd., Yamaguchi-ken (Erfinder: Tamotsu Murase, Ichiro Mikami und Moriyoshi Tamura, Tokio), Japan, **Herstellung von Alkalisalzen aromatischer Dicarbonsäuren**, dad. gek., daß man Gemische aus Alkalicarbonaten u. Alkalisalzen aromat. Monocarbonsäuren mit CO oder dessen Gemisch mit Inertgas bei 250—500° u. anfangs 50 at bis 400 at in Ggw. von Aktivkohle u./oder Cd, Zn, Pb, Fe, Ti, Cu, Al, Si oder deren Oxiden, Halogeniden, Carbonaten u. Salzen von organ. Säuren oder Gemischen dieser Stoffe reagieren läßt. — K-Benzoat → *Terephthalsäure* u. Gemisch aus Benzoe-, Isophthal- u. Trimesinsäure. (**D.A.S. 1247290** Kl. 12o vom 17/8. 1964, ausg. 17/8. 1967.) — 2 S.
L. Stadelmann H 1210

2783 Farbwerke Hoechst Akt.-Ges. vormals Meister Lucius & Brüning, Frankfurt/M. (Erfinder: Paul Schlack, Leitershofen, und Günter Keil, Lorsbach/Taunus), **Herstellung von Carbodiimiden** der allg. Formel R–CO–N=C=N–R′ (R–CO = sich gegenüber Entschwefelungsmitteln inert verhaltender Rest einer einwertigen Carbonsäure oder eines ihrer inerten Substitutionsprod., eines Deriv. der H_2CO_3 oder ein mehrwertiger Acylrest, der kein bewegliches, an O-, S- oder N-Atome gebundenes H enthält; R′ = Alkyl, Cycloalkyl, der über ein tert.-C-Atom mit dem N-Atom verbunden ist) erfolgt durch Abspaltung von H_2S aus acylierten Thioharnstoffen der allg. Formel R–CO–NH–CS–NH–R′. Die Reinigung der erhaltenen Rohprod. erfolgt bes. durch Behandeln mit akt. Al_2O_3. — Man schüttelt eine Lsg. von N-Benzoyl-N′-(tert.-butyl)-thioharnstoff (**I**) in Bzl. mit einer Dispersion von akt. HgO in W. bei ca. 20° 45 Min., filtriert u. konz. das Filtrat → *N-Benzoyl-N′-[tert.-butyl]-A* (A = Carbodiimid), $Kp._{0,05}$ 115—125° (Ausb.) 85%; auch aus **I** u. NaOCl-Lsg. erhältlich, 69%. — Analog: *N-Isobutyryl-N′-[tert.-butyl]-A*, $Kp._{0,1}$ 61—62°. — *N-Isovaleroyl-N′-[tert.-butyl]-A*, F. 117°. — *N-Carbomethoxy-N′-[tert.-butyl]-A*, $Kp._{0,9}$ 61—63°. — Zwischenprod., *Vernetzungsmittel* u. *Farbverbesserungsmittel* bei Färbungen mit sauren Farbstoffen in der Textilindustrie. (**D.A.S. 1240519** Kl. 12o vom 13/10. 1962, ausg. 18/5. 1967.) — 3 S. C. Lüttgen H 1280

2784 Farbenfabriken Bayer Akt.-Ges., Leverkusen (Erfinder: Ernst Grigat, Köln, und Rolf Pütter, Düsseldorf), **Aromatische Cyansäureester** erhält man durch Rk. von Phenolen mit Halogencyaniden in Ggw. einer unter den Rk.-Bedingungen zur Phenolatbldg. befähigten organ. Base. — Aus n-Kresol erhält man durch Rk. mit Chlorcyan in Bzl. in Ggw. von 45%ig. NaOH bei 13° *3-Methylphenylcyanat*, $Kp._1$ 71—72°; (Ausb. 86%). — *2-Methoxyphenylcyanat*, $Kp._{12}$ 105°. — *Phenylcyanat*, $Kp._2$ 70—74°. — *4-Nitrophenylcyanat*, F. 65°. (**D.A.S. 1248668** Kl. 12q vom 6/4. 1963, ausg. 31/8. 1967. **Zusatz zu D.A.S. 1195764; C. 1966, 9-2576.**) — 2 S. R. Bollinger H 1290

2785 Deutsche Gold- und Silber-Scheideanstalt vormals Roessler (Erfinder: Kurt Thiele), Frankfurt/M., **Herstellung von Aminoalkoholen** der allg. Formel I (R^1 = H, OH, CH_3O, Cl; R^2 = H, CH_3, C_2H_5; R^3 =

I

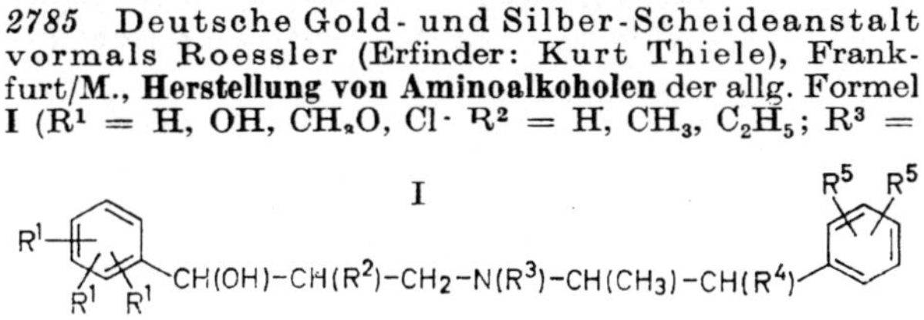

H, CH_3; R^4 = H, OH; R^5 = H, OH, CH_3, CH_3O, Cl) durch katalyt. Hydrierung der entsprechenden Ketoverb. oder durch reduzierende Kondens. eines 3-Phenyl-3-propanolamins mit einem Methyl-benzylketon oder durch Rk. eines 3-Phenyl-3-propanolhalogenids mit einem 1-Phenyl-2-propanamin oder durch Rk. eines 3-Phenyl-3-propanolamins mit einem 1-Phenyl-2-propanhalogenid. — Beispiel: Durch Hydrierung von 3-[1-Phenyl-1-hydroxypropyl-(2)-amino]-1-phenylpropanon-[1], Hydrochlorid, in Ggw. von Pd/$BaSO_4$ → *3-[1-Phenyl-1-hydroxy-propyl-(2)-amino]-1-phenylpropanol-[1], Hydrochlorid*, F. 176 bis 178°. Analog: *3-[1-Phenyl-1-hydroxypropyl-(2)-amino]-1-phenyl-2-methyl-propanol-[1], Hydrochlorid*, F. 239°; *3-[1-Phenylpropyl-(2)-amino]-1-phenyl-propanol-[1], Hydrochlorid*, F. 173°; *3-[1-Phenyl-1-hydroxypropyl-(2)-amino]-1-[m-methoxy-phenyl]-propanol-[1], Hydrochlorid*, F. 155

bis 158°. (**D.A.S. 1250450** Kl. 12q vom 9/5. 1962, ausg. 21/9. 1967.) — 3 S. R. Bauereis H 1320

2786 Dow Chemical Co., Midland (Erfinder: Frederick John Soderquist, Essexville, James Lawrence Amos, Midland, und Harold Darwin Coleman, Mich.), USA, **Herstellung von Styrol und/oder Vinyltoluol** durch katalyt. Dehydrierung von Äthylbenzol u./oder Äthyltoluol bei erhöhter Temp. in Ggw. von W.-Dampf, dad. gek., daß in Ggw. eines Katalysators dehydriert wird, der aus einem Gemisch aus einem größeren Anteil von Fe-, Mg- oder Zn-Oxid oder dessen Mischungen u. einer geringeren Menge eines Alkalioxids besteht, das in Ggw. von Dampf u. einem C-haltigen Material bes. auf 200—650° vorerhitzt u. bei 800—980° calciniert wurde, z. B. aus 30 (%) Fe_3O_4, 30 ZnO, 9 Na-Bichromat (Stabilisator), 9 Cu_2O (Beschleuniger), 9 K_2CO_3 (Beschleuniger), 5,1 Graphit, 4 Methylcelluloseäther u. 3,9 Al-Oxidzement. (**D.A.S. 1247295** Kl. 12o vom 9/7. 1962, ausg. 17/8. 1967.) — 3 S. E. Kahles H 1410

2787 Instytut Przemyslu Organicznego, Warschau (Erfinder: Stanislaw Galinowski, Lódź), Polen, **5-Nitronaphthochinon-(1.4)** erhält man durch Nitrierung von Naphthochinon-(1.4) in konz. wss. HF, bes. 98%ig., mit HNO_3 bei 20° (**D.A.S. 1247288** Kl. 12o vom 13/1. 1966, ausg. 17/8. 1967.) — 1 S. A. Jahn H 2700

2788 Badische Anilin- & Soda-Fabrik Akt.-Ges. (Erfinder: Otto Hertel und Walter Hensel), Ludwigshafen/Rh., **Herstellung von alkalilöslichen Kondensationsprodukten** durch Rk. von aromat. OH-Verb., Harnstoffen u. HCHO im sauren wss. Mittel, dad. gek., daß man a) 2—5 Mol einer Mono- oder Dihydroxyverb. des Bzl., Naphthalins, Diphenyls, Diphenylmethans, Diphenylpropans-(2.2), Diphenylsulfons oder Phenylnaphthylsulfons, die noch Cl oder Alkyl mit 1—4 C-Atomen enthalten können, oder deren Mischungen, b) 1—6 Mol Harnstoff oder eines Mono- oder Dialkyl- oder Alkylenharnstoffs oder Acetylendiharnstoffs oder deren N-Methylolderiv. oder deren Äther mit bis zu 5-C-Atome enthaltenden Alkoholen, c) 1—6 Mol einer OH-gruppenfreien einkernigen aromat. Carbon- oder Sulfonsäure oder einer OH-gruppenfreien einkernigen aromat. Aminocarbon- oder Aminosulfonsäure oder einer Aminophenolsulfonsäure oder der p-Aminosalicylsäure u. d) 9—11 Mol HCHO oder die entsprechende Menge einer HCHO abgebenden Verb. bei 30° bis zur Siedehitze miteinander umsetzt. — *Gerbstoffe* u. *Verlackungsmittel* für bas. *Farbstoffe*. (**D.A.S. 1247328** Kl. 12q vom 20/12. 1963, ausg. 17/8. 1967. **Zusatz zu D.A.S. 1232975; C. 1968, 8-2500.**) — 3 S. R. Bollinger H 2700

2789 F. Hoffmann-La Roche & Co. Akt.-Ges., Basel (Erfinder: Gérard Rey-Bellet und Hans Spiegelberg, Basel), Schweiz, **Herstellung von Dibenzocycloheptatrien-Verbindungen** der allg. Formel I

I 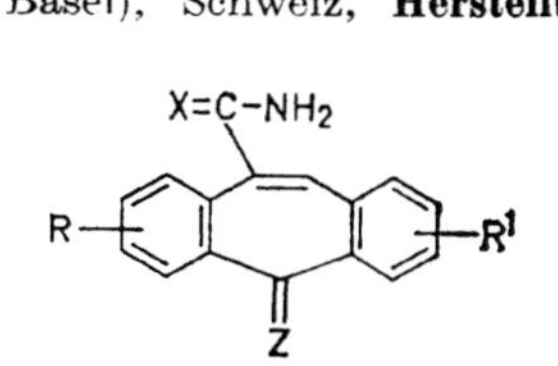

(R, R[1] = H, Halogen,Alkyl-, Trifluormethyl-, Alkoxy-, Alkylmercapto-, Acyl-, Sulfamoyl-, Alkylsulfamoyl-, Alkylsulfonylgruppe; X = O, S, Imidogruppe; Z = Ketal-, Oxo-, niedere Alkylidengruppe) durch Umsetzen von entsprechenden Säuren oder ihrer reaktionsfähigen Deriv. mit NH_3 oder Aminen, Umwandlung des Säureamids in Thiosäureamid, Ketalisieren des Ketons oder Umsetzen mit niederem Alkyl-Mg-Halogenid, folgende Hydrolyse u. Dehydratisieren des erhaltenen Carbinols u./oder Überführen des erhaltenen Ketals in das Keton. (**Ung.P. 152840** vom 18/2. 1965, ausg. 23/2. 1966. Schwz. Prior. 18/2. u. 4/12. 1964.) F. Landsberger H 2910

2790 Dehydag Deutsche Hydrierwerke G.m.b.H., übert. von: Bruno Werdelmann und Gerhard Dieckelmann, Düsseldorf, **Epoxidieren olefinischer Verbindungen** von aliphat., cycloaliphat. oder heterocycl. Konstitution mit einer oder mehreren Doppelbindungen, erfolgt bei 0—100° mit H_2O_2 in Mengen von 1—2 Mol auf 1 Mol der olefin. Verb. u. einem O übertragendem Stoff, wie Mono- oder Disacchariden u. deren Mischung mit Di- oder Polycarbonsäuren, aromat. Monocarbonsäuren, sowie in Ggw. von Katalysatoren oder Aktivatoren, wie niedrigmol. Alkylendiaminpolycarbonsäuren, 1-Oxyäthan-1.1-diphosphonsäure, in Mengen von 3—15 Gew.-%, bezogen auf die olefin. Verbindung. Aus dem Rk.-Gemisch werden mit W. die Carbonsäure u. nicht umgesetztes H_2O_2 ausgewaschen. Die Herst. von: Sojabohnenölepoxid; Polybutadienepoxid; Dodecenepoxid u. die Ox. des Oleylesters der Tetrahydrophthalsäure (SZ. 0,2; VZ. 159,4; OH-Zahl 9,7, JZ. 129,9) in Ggw. von Glucose, Äthylendiamintetraessigsäure u. $H_2O_2 \xrightarrow[15\,Std.]{50-70°}$ zu klarem Öl, SZ. 0,1; JZ. 7,5; Kp. 240°; Ep. —10°, Epoxidgeh. 6,0% wird beschrieben. — *Schmiermittel, Additive für Schmieröle, für Fettbestandteile, Textilöle, Weichmacher, Stabilisatoren für Polyvinylglyceride*; *Zwischenprod.* zur Herst. von *synthet. Harzen* u. *Klebstoffen*. (**U.S.P. 3248404** vom 6/8. 1963, ausg. 26/4. 1966. D. Prior. 11/8. 1962.) G. König H 3030

2791 Monsanto Co., St. Louis, Mo., USA (Erfinder: Walter Fink, Rüschlikon, Schweiz), **Cyclodisilazane** nach D.A.S. 1214683 (M gleich Si) werden hergestellt durch Erhitzen von $X_{3-n}R_nSi–NR'–SiR_nX_{3-n}$ unter O_2-Ausschluß (R = ggf. halogeniertes Alkyl, Alkenyl, Cycloalkyl, Cycloalkenyl-, Aralkyl, Aralkenyl, Aryl mit ≦ 20 C-Atomen, über O gebundener Rest eines einwertigen Alkohols oder Phenols mit ≦ 20 C-Atomen; R + R = Heterocyclus; R′ = Alkyl, Alkenyl, Cycloalkyl, Cycloalkenyl, Aralkyl, Aralkenyl, Aryl, Heterocyclus mit ≦ 20 C-Atomen; X = Halogen; n = 0, 1, 2 oder 3; mindestens 1X muß vorhanden sein). An Stelle der vorst. Verb. können auch Gemische von $R'NM–SiR_3$ mit SiR_mX_{4-m} verwendet werden (M′ = Alkalimetall; m = 0, 1 oder 2). — *1.3-Diphenyl-2.2.4.4-tetramethyl-1.3.2.4-diaza-disiletidin*, F. 252,5° (aus Xylol), 80,5% (Ausb.); aus $(CH_3)_3SiN(C_6H_5) \cdot Si(CH_3)_2Cl$, $Kp._{0,2}$ 71—72°, n_D^{20} 1,4977, 86%; *Hexaphenyl-1.3.2.4-diaza-disiletidin*, F. 355,5° (korr., aus $C_6H_5NO_2$ oder C_6H_5Br), 95%. — (**D.A.S. 1252683** Kl. 12o vom 13/4. 1964, ausg. 26/10. 1967. Schwz. Prior. 15/3. 1963. **Zusatz zu D.A.S. 1214683; C. 1967, 1-2745.**) — 2 S. A. Debo H 3040

2792 Carlo Erba S. p. A., Maland, Italien (Erfinder: Pier Nicola Giraldi, Francesco Lauria, Alessandro Fojanesi, Giuliano Nannini und Willy Loegemann), **Herstellung von Ketocarbonsäuren** der allg. Formel *R-CO-CH₂-CH₂-COOH* (R = Benzofuran-Rest, dessen Bzl.-Kern eine Methoxy-Gruppe enthält, oder 2-Methylbenzofuranrest; der Ketobuttersäure-Rest ist in 4- oder 5-Stellung gebunden) durch Rk. entsprechender der Methoxybenzofurane oder 2-Methylcumaran mit Bernsteinsäureanhydrid oder den Monoestern des Bernsteinsäurechlorids (u. ggf. Verseifung des entstandenen Esters) in Ggw. eines Lsgm. u. eines Friedel-Crafts-Katalysators, z. B. $AlCl_3$ oder $SnCl_4$. (**Port.P. 45665** vom 26/4. 1966, Auszug veröff. 15/2. 1967. It. Prior. 28/4. 1965.) W. Wittholz H 3061

2793 Badische Anilin- & Soda-Fabrik Akt.-Ges., Ludwigshafen/Rh. (Erfinder: Herbert Maisack, Helmut Schlecht, Ludwigshafen/Rh., und Hans Urbach, Lampertheim), **Kontinuierliche Herstellung von Mucochlorsäure** durch Rk. von Furfurol mit gasförmigem Cl_2 in wss.-saurer Lsg. bei 40 bis ca. 130° u. ggf. Überdruck, kontinuierliches Zuführen u. Abziehen der Rk.-Teilnehmer bzw. des Rk.-Prod., dad. gek., daß man das Rk.-Gemisch im Kreislauf durch Röhren führt u. die Rk.-Teilnehmer in solchen Mengen zuführt, daß das Gew.-Verhältnis Furfurol zum aufnehmenden Rk.-Gemisch laufend < 1:100 gehalten wird. (**D.A.S. 1256215** Kl. 12o vom 17/8. 1964, ausg. 14/12. 1967.) — 3 S. H.-W. Ebersbach H 3061

2794 Farbwerke Hoechst Akt.-Ges. vormals Meister Lucius & Brüning, Frankfurt/M. (Erfinder: Otto Scherer, Bad Soden, und Friedhelm Kluge,

Frankfurt/M.), **Herstellung von 2.5-Diacyloxythiophenderivaten** erfolgt durch Rk. von Maleinsäurethioanhydridderiv. mit Zn u. dem Anhydrid einer aliphat. Carbonsäure der allg. Formel CH_3–$(CH_2)_x$–COOH (x = 0–2) bei 70 bis 170°. – Durch Rk. von Dichlormaleinsäurethioanhydrid mit Essigsäureanhydrid u. Zn-Staub erhält man das 2.5-Diacetoxy-3.4-dichlorthiophen, F. 125–127°. 5.7-Diacetoxythieno-[3.4:e]-1.4-dithiacyclohexan-2.3-dicarbonsäurethioanhydrid, F. 185–190°. – 2.4.6.8-Tetraacetoxydithieno-[3.4:e;3.4:b]-1.4-dithiacyclohexan, F. 240° (Zers.). – Zwischenprod. für *Schädlingsbekämpfungsmittel* u. für *Hochpolymere*. (**D.A.S. 1246756** Kl. 12q vom 24/12. 1965, ausg. 10/8. 1967.) – 3 S. R. Bauereis H 3071

2795 Sandoz Akt.-Ges., Basel (Erfinder: Ernst Jucker, Ettingen, Anton Ebnöther, Reinach, Jean-Michel Bastian, André Stoll, Birsfelden, und Erwin Rissi, Basel), Schweiz, **Herstellung von 9.10-Dihydro-4H-benzo-[4.5]-cyclohepta-[1.2-b]-thiophenderivaten** der allg. Formel **I** (R^1 = niedere Alkylgruppe; R^2 u. R^3 = H

I 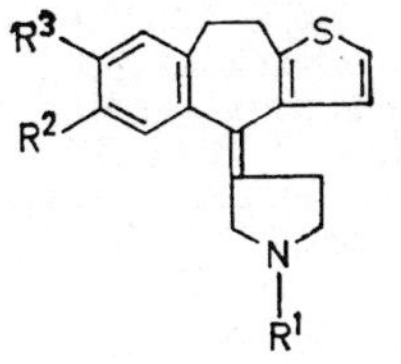

oder eins von beiden = Cl oder Br) u. deren *Säureadditionsprod.* durch Rk. von 9.10-Dihydro-4H-benzo-[4.5]-cyclohepta-[1.2-b]-thiophenon-(4) mit Pyrrolidon-(3)-Deriv. in Ggw. von Alkalimetallamid oder -hydrid u. Abspalten von Wasser. (**Ung.P. 152878** vom 31/3. 1965, ausg. 23/1. 1966. Schwz. Prior. 2/4. 1964 u. 21/1. 1965.) F. Landsberger H 3081△

2796 F. Hoffmann-La Roche & Co. Akt.-Ges., Basel, Schweiz (Erfinder: Max Hoffer, Nutley, N.J., USA), **Herstellung von Oxazol-5-urethanen** der allg. Formel **I** (R = N-substituierter Carbaminsäurerest; R^1

I 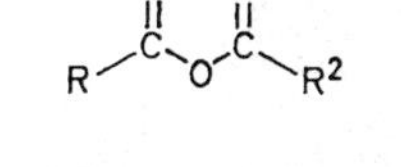

u. R^2 = H, niedere Alkyl-, Alkenyl-, Aralkylgruppe; wenn R = Carbaminsäurebenzylester-Rest, kann von R^1 u. R^2 nur eine Gruppe CH_3 sein) u. deren *Säureadditionssalzen* durch Rk. von entsprechenden Aziden oder Isocyanaten mit Alkoholen (ausgenommen Benzylalkohol); das erhaltene *Urethan* wird ggf. N-substituiert. (**Ung.P. 152838** vom 18/9. 1964, ausg. 23/1. 1966. U.S. Prior. 20/9. 1963.) F. Landsberger H 3132△

2797 Ruhrchemie Akt.-Ges., Oberhausen (Erfinder: Hans Feichtinger, Dinslaken, und Werner Konkol, Oberhausen), **Herstellung von 2-Formylpentachlortetrahydropyran,** Kp.$_{0,01}$ 75°, durch Behandlung von 2-Formyl-2.3-dihydropyran in CCl_4 bei Temp. unter 0° mit Cl_2 bis zur gelbgrünen Färbung der Lsg., Chlorierung des entstandenen 2-Formyl-5.6-dichlor-tetrahydropyrans mit Cl_2 unter UV-Licht bei 50°, u. weitere Chlorierung des entstandenen 2-Formyl-tetrachlortetrahydropyran, Kp.$_{0,5}$ 96–98°, bei 75°. – Zwischenprod. für *Pyranderivate*. (**D.A.S. 1250447** Kl. 12q vom 15/12. 1962, ausg. 21/9. 1967.) – 2 S. R. Bauereis H 3211

2798 Bristol-Myers Co., East Syracuse, N.Y., USA, **Herstellung von substituierten 3.4-Dihydro-2-benzothiopyranen,** z. B. *3.4-Dihydro-7-methoxy-3-phenyl-4-hydroxy-4-[p-[2-pyrrolidinoäthoxy)-phenyl]-1H-2-benzothiopyran*, durch Rk. von 7-Methoxy-3-phenyl-4-isothiochromanon mit p-[2-Pyrrolidinoäthoxy]-phenyl-Mg-Halogenid in Tetrahydrofuran bei Raum- oder erhöhter Temp.; auf gleichem Wege wird die *4-[p-(2-Diäthylaminoäthoxy)-phenyl]*- u. die *4-[p-(2-Pyrrolidinoäthylmercapto)-phenyl]-Verb.* erhalten. (**Port.P. 44520** vom 23/8. 1965, Auszug veröff. 27/1. 1967. U.S. Prior. 24/8. 1964.) W. Wittholz H 3221

2799 Farbenfabriken Bayer Akt.-Ges., Leverkusen (Erfinder: Ernst Grigat, Köln, und Rolf Pütter, Düsseldorf), **Herstellung von N-substituierten Cyanamiden** durch Rk. eines Halogencyans mit einem sek. Amin bei niedrigen Temp. in Ggw. von wenig W. unter Zusatz eines Alkalihydroxids, dad. gek., daß man ClCN mit einer wss. alkal. Lsg. eines Amins der allg. Formel R–NH–R′ (R u. R′, gleich oder verschieden = gesätt. oder ungesätt. aliphat. Reste oder beide mit dem N-Atom zusammen Teile eines, ggf. noch andere Heteroatome enthaltenden, nichtaromat. heterocycl. Ringes; Molverhältnis Amin:ClCN:Alkali = ca. 1:1:1) bei 0–20° in Abwesenheit eines organ. Lsgm. umsetzt u. das gebildete Cyanamid aus der organ. Schicht abtrennt. – Aus einer wss. Dimethylaminlsg. von 0° durch gleichzeitiges Zutropfen von ClCN u. wss. NaOH, $^1/_4$std. Rühren u. Dest. der organ. Schicht → Hauptfraktion *Dimethylcyanamid*, Kp.$_{18}$ 58°; (Ausb.) 70%, weitere 17% aus der wss. Schicht. – *Cyanamide*: *Diäthyl-*, Kp.$_{1,5}$ 45°; 83,7%. – *Di-n-propyl-*, Kp.$_1$ 60°; 94,2%. – *Diisobutyl-*, Kp.$_{0,4}$ 66–68°; 93%. – *Diallyl-*, Kp.$_1$ 67–69°; 95,5%. – *Pentamethylen-*, Kp.$_{0,4}$ 62–65°; 95%, aus Piperidin. – *Tetramethylen-*, Kp.$_{1,8}$ 75–77°; 79,2%, aus Pyrrolidin; analoges Prod., Kp.$_{0,6}$ 71–73°, aus Morpholin, 67%. – *N-Stearyl-N-methyl-*, 86%. – *N-Cyantetrahydrochinaldin*, Kp.$_{1,5}$ 120–125°; 80%. – *N-Cyandekahydrochinolin*, Kp.$_{0,5-1,5}$ 110–116°; 94%. – *N-Cyantetrahydroisochinolin*, F. 38–40°; 96,5%. – *N-Cyandodekahydrocarbazol*, Kp.$_{0,6}$ 144°, 93,5%. – Zwischenprod. u. *Lösungsmittel*. (**D.A.S. 1248030** Kl. 12o vom 22/12. 1962, ausg. 24/8. 1967.) – 3 S. Georg Vogel H 3231

2800 Merck & Co., Inc., Rahway, N.J. (Erfinder: Edward Jethro Cragoe jun. und John Beeh Bicking, Lansdale, Pa.), USA, **Herstellung von Pyrazinoylamidoguanidinen** der allg. Formel **I** (R^1 = H, Halogen,

I 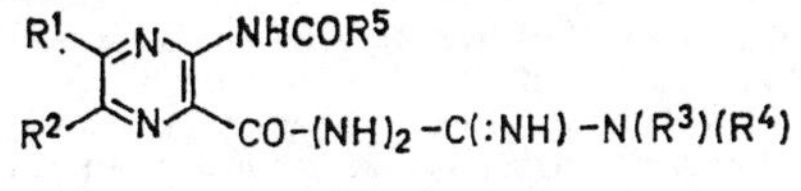

niedere Alkyl-, Cycloalkyl-, einkernige Arylgruppe; R^3 = H, niedere Alkyl-, niedere Hydroxyalkyl-, niedere Aminoalkyl-, Aryl-, Aralkyl-, Acyl-, Alkylidenamino-, Aralkylidenaminogruppe; R^2 = Halogen, niedere Alkyl-, Cycloalkyl-, Alkylmercapto-, Alkylsulfonyl-, Phenylalkylsulfonyl-, Dialkylaminogruppe; R^4 = H, Alkyl-, Arylgruppe; R^5 = H, niedere Alkyl-, halogenierte niedere Alkyl-, Phenylalkylgruppe) u. deren Hydrolysate durch Rk. von entsprechendem, in 2-Stellung durch R^5 substituiertem Pyrazino-[2.3:d]-1.3-oxazinon-(4) mit Verb. NH_2NH–C(=NH)–N(R^3)(R^4) u. Hydrolyse des erhaltenen Produktes. (**Ung.P. 152787** vom 27/4. 1964, ausg. 23/1. 1966.) F. Landsberger H 3272△

2801 Süddeutsche Kalkstickstoffwerke Akt.-Ges., Trostberg (Erfinder: Karl Büchler, Tacherting, und Peter Weber, Trostberg), **Herstellung von Melamin**, Man belädt ein feinteiliges Kieselgel als Katalysator mit geschmolzenem Cyanamid, bis dieses nicht mehr aufgenommen wird u. setzt den beladenen Katalysator mit NH_3 bei > 330° im Wirbelbett unter Kreislaufführung des Katalysators um. – Vorr., Zeichnung. (**D.A.S. 1249875** Kl. 12p vom 29/12. 1960, ausg. 14/9. 1967.) – 3 S. A. Jahn H 3313

2802 Allied Chemical Corp., New York, N.Y. (Erfinder: William P. Moore, Chester, und Charles B. R. Fitz-William, Richmond, Va.), USA, **Herstellung von Cyanursäure.** Man erhitzt ein Gemenge aus 0,84–4,8 mm großen Harnstofftabletten, die bis zu 50 Gew.-% Biuret enthalten können, mit der halb- bis doppeltmolaren Menge Cyanursäure, die fast ausschließlich aus Teilchen mit Korngröße < 0,5 mm besteht, in Drehtrommeln so lange auf 125–160°, bis sich poröse Hohlkugeln bilden, die man so lange auf 190–310° erhitzt,

bis sie im wesentlichen in Cyanursäure umgewandelt sind. (**D.A.S. 1255664** Kl. 12p vom 16/7. 1965, ausg. 7/12. 1967. U.S. Prior. 17/7. 1964.) — 6 S.
A. Jahn H 3313

2803 F. Hoffmann-La Roche & Cie. Soc. An., Basel, Schweiz, **Herstellung von Benzodiazepin-Derivaten** durch Rk. entsprechend substituierter Chinazoline bzw. der 3-Oxide in wasserfreiem Medium mit $\geq$ 2 Mol einer starken Base (tert.-Butoxy-Na oder -K, NaH, Triphenylmethyl-Alkaliverb. oder eine Alkaliverb. eines sek. Amids) u. ggf. anschließende Red. von Alkylidenbindungen oder des gebildeten 4-Oxids mit H_2 in Ggw. von Raney-Ni. (**Port.P. 44967** vom 2/12. 1965, Auszug veröff. 27/1. 1967. U.S. Prior. 3/12. 1964.)
W. Wittholz H 3370

2804 F. Hoffmann-La Roche & Cie. Soc. An., Basel, Schweiz, **Herstellung von Benzodiazepinen** aus Chinazolinverb., z. B. aus 6-Chlor-2-chlormethyl-1.2-dihydro-2-methyl-4-phenylchinazolin-3-oxid, unter Ringerweiterung mit NaOH in wss. Medium, dann Hydrieren der Doppelbindung in 1.2-Stellung u. ggf. Ox. mit MnO_2 zum *4-Oxid*. (**Port.P. 44969** vom 2/12. 1965, Auszug veröff. 27/1. 1967. U.S. Prior. 3/12. 1964.)
W. Wittholz H 3370

2805 F. Hoffmann-La Roche & Cie. Soc. An., Basel, Schweiz, **Herstellung von Benzodiazepinen** durch Behandlung entsprechender Chinazoline, z. B. von 6-Chlor-2-chlormethyl-1.2-dihydro-5-phenylchinazolin-3-oxid, oder der entsprechenden 2-Methyl- bzw. der 2.2-Bis-[chlormethyl]-Verb. mit 1 Mol einer starken Base, z. B. Na- oder K-tert.-Butoxid, Triphenylmethyl-Alkali oder Alkali-sek.-Amid, in wasserfreiem Medium, ggf. Isomerisation, bei 40—150°, Red. des Zwischenprod. mit $LiAlH_4$ oder $NaBH_4$, ggf. Ox. mit HgO oder Sauerstoffentzug mit PCl_3. (**Port.P. 44970** vom 2/12. 1965, Auszug veröff. 27/1. 1967. U.S. Prior. 3/12. 1964.)
W. Wittholz H 3370

2806 Schering Akt.-Ges. (Erfinder: Peter Hocks, Ulrich Kerb und Rudolf Wiechert), Berlin, **20-[1'.4'-Dihydroxy-4'-methylpentyl]-Δ^7-5β-pregnen-2β.3β.14α-triol-6-on,** F. 232—233° (u. 4 Diastereomere), erhält man z. B. durch Hydroxylierung der entsprechenden 14-Desoxyverb. mit seleniger Säure in Essigsäure u. Bzl. oder mit SeO_2 in Dioxan oder durch mikrobiolog. Hydroxylierung mit einer Kultur von *Absidia regnieri* bzw. mit den aus den Stämmen der Gattung *Curvularia* oder *Helicostylum* gewonnenen Enzymen unter üblichen aeroben Bedingungen. — *Insektenmetamorphosehormone*; das *Zentralnervensystem* u. den *Zellstoffwechsel* regelnde *Heilmittel*; *Schädlingsbekämpfungsmittel*. (**D.A.S. 1249272** Kl. 12o vom 13/7. 1964, ausg. 7/9. 1967.) — 5 S.
U. Sievers H 3700

2807 Agripat Soc. An. (Erfinder: Denis Varsanyi), Basel, Schweiz, **Organische Zinn-Bor-Verbindungen** der allg. Formel $[R^1R^1R^3SnO]_{3-x}B(OH)_x$ werden hergestellt durch Rk. von $R^1R^2R^3SnY$ mit H_3BO_3 oder einem ihrer reaktionsfähigen Deriv.; R^1, R^2, R^3 = C_1—C_4-Alkyl; x = 0 oder 1. — *Tris-(tri-n-butylstannyl)-borat*, $Kp._{0,001}$ 192—196°, neben *Bis-(tri-n-butylstannyl)-borat*, $Kp._{0,001}$ 230—235°. — *Tris-(tri-n-propylstannyl)-borat*, $Kp._{0,001}$ 174—178°, neben *Bis-(tri-n-propylstannyl)-borat*, $Kp._{0,001}$ 184—192°. — *Mittel* gegen *Mikroorganismen*; *Herbizide*, *Stabilisatoren* für *Kunststoffe*; *Insektizide*. Tabelle über insektizide Wirkung. (**D.A.S. 1246732** Kl. 12o vom 11/8. 1965, ausg. 10/8. 1967. Schwz. Prior. 12/8. 1964.) — 2 S.
A. Debo 6680

2808 Badische Anilin- & Soda-Fabrik Akt.-Ges., Ludwigshafen/Rh. (Erfinder: Ernst Otto Fischer und Erwin Moser, München), **Cyclopentadienyl-eisen-dicarbonylacrylnitriltetrafluorborat** wird hergestellt durch Rk. von $C_5H_5Fe[CO]_2X$ (**I**) [X = Cl, Br, J] mit $BF_3 \cdot O[C_2H_5]_2$ u. dann Rk. in einem inerten Lsgm. mit Acrylnitril. — $[C_5H_5Fe(CO)_2NCC_2H_3] \cdot BF_4$, $C_{10}H_8BF_4NO_2Fe$, Ausb. 80%. Die Herst. von **I** [X = Cl, Br, J] in Ausb. von 35—65% ist angegeben. — *Katalysator* für Carbonylierungen u. Cyclisierungen acetylen. Verbindungen. (**D.A.S. 1248655** Kl. 12o vom 29/10. 1965, ausg. 31/8. 1967.) — 2 S.
A. Debo 6680

2809 Hans Dietl, Oberwöhr, und Horst Reinheimer, München, **Gold(I)-halogenidkomplexe** werden hergestellt durch Rk. von unsubstituierten cycl. Mono-, Di -u. Triolefinen mit Au(I)-Halogeniden in inerten organ. Lösungsmitteln. — *Au(I)-Chloride*: *Cyclopenten-*, C_5H_8AuCl, Zers. 55—60°; *cis-Cycloocten-*, $C_8H_{14}AuCl$, Zers. 93—96°; *trans-Cyclodecen-*, $C_{10}H_{18}AuCl$, Zers. 90—93°; *Cyclopentadien-*, Zers. < Raumtemp.; *Norbornadien-*, C_7H_8AuCl, Zers. 75—78°; *Dicyclopentadien-*, $C_{10}H_{12}AuCl$, Zers. 90—95°; *Cyclooctadien-(1.5)-*, $C_8H_{12} \cdot Au_2Cl_2$, Zers. 110—114°; *cis.cis.trans-Cyclododecatrien-(1.5.9)-*, $C_{12}H_{18}Au_2Cl_2$, Zers. 102—103°. Die Ausb. sind prakt. quantitativ. — Verw. als Katalysatoren, in der Fotografie bes. zum Tönen, zum Stabilisieren von Emulsionen, zur Herst. von Metallspiegeln, -filmen u. -überzügen. (**D.A.S. 1251760** Kl. 12o vom 3/5. 1966, ausg. 12/10. 1967.) — 2 S.
A. Debo 6680

2810 Badische Anilin- & Soda-Fabrik Akt.-Ges. (Erfinder: Herbert Naarmann und Enno Lübcke), Ludwigshafen/Rh., **Pigmentfarbstoffe** erhält man durch Rk. von Ölen mit Kp. > 300°, die bei der Erdölfraktionierung oder beim Kracken von Erdöl oder Erdgas erhalten werden, ggf. mit aromat., heterocycl. u./oder olefin. KW-Stoffen, z. B. Bzl., Thiophen, Cyclopentadien, Äthylen, Butadien u. Isopren, u. ggf. mit organ. Halogenverb., z. B. Chlorbenzol, CCl_4, Trichloräthylen, Chloral u. Chloropren, in Ggw. von Friedel-Crafts-Katalysatoren, bes. $AlCl_3$, $SnCl_4$ u. $FeCl_3$, u. dehydrierend wirkenden Stoffen, z. B. Cu(II)-, Fe(III)-, Co(III)-, Mn(III)-, Hg(II)- u. Pb(IV)-Salze, bei Temp. bis zu 500°. Die Farbstoffe haben gelblichbraune bis schwarze Farbtöne. — Zur Herst. von *Druckfarben*, *Leimfarben*, *Lacken* geeignet. (**D.A.S. 1256421** Kl. 39c vom 30/5. 1964, ausg. 14/12. 1967.) — 3 S.
L. Stadelmann 6685

2811 **E. I. du Pont de Nemours and Co.** (Erfinder: **Raymond Edward Parsons**), Wilmington, Del., USA, *Herstellung von höhermolekularen Perfluormonojodalkanen*. (**D.A.S. 1 229 506** Kl. 12o vom 14/12. 1963, ausg. 1/12. 1966. **Brit.P. 998 668** vom 19/12. 1963, ausg. 21/7. 1965. Beide U.S. Prior. 20/12. 1962. — C. **1968,** 24-2504 [U.S.P. 3 234 294].)

2812 **Monsanto Co.** (Erfinder: **Keith Mar Taylor**), *Herstellung von Dichloräthanen*. (**Aust.P. 268 867** vom 15/2. 1962, ausg. 11/8. 1966. U.S. Prior 21/2. 1961. — C. **1967,** 6-2563 [U.S.P. 3 166 602].)

2813 **Pittsburgh Plate Glass Co.** (Erfinder: **Floyd E. Benner jun., Douglas H. Eisenlohr** und **Donald A. Reich**), *Methylchloroform*. (**Aust.P. 262 922** vom 16/11. 1961, ausg. 11/11. 1965. U.S. Prior. 8/12. 1960. — C. **1964,** 46-2197 [3 059 035].)

2814 **Monsanto Co.** (Erfinder: **Keith Mar Taylor**), *Chlorieren von Äthan*. (**Aust.P. 268 905** vom 15/2. 1962, ausg. 11/8. 1966. U.S. Prior. 21/2. 1961. — C. **1967,** 6-2563 [U.S.P. 3 166 602].)

2815 **Elprochine Soc. An.**, Freiburg, Schweiz (Erfinder: **Efim Biller**), *Polymerisation von Olefinen*. (**Brit.P. 946 437** vom 30/5. 1960, ausg. 15/1. 1964. — C. **1966,** 23-2575 [F.P. 1 292 469].)

2816 **Laboratori Riuniti Studi e Ricerche S.p.A.**, San Donato Milanese, Italien (**Erfinder: Sergio Ceccotti** und **Marcello Massimauri**), *Herstellung von Isopren* (**It.P. 650 164** vom 3/3. 1961. — C. **1966,** 11-2564 [Brit.P. 935 631].)

2817 **Distillers Co. Ltd.** (Erfinder: **John L. Barclay** und **James Hadley**), *Konjugierte Diolefine*. (**Aust.P. 262 660** vom 6/4. 1961, ausg. 28/10. 1965. Brit. Prior. 26/4. 1960. — C. **1965,** 16-2556 [Brit.P. 902 952].)

2818 **E. I. du Pont de Nemours & Co.**, Wilmington, Del. (Erfinder: **Ted Frank Martens,** West Chester, Pa.), USA, *Stabilisierung von Trichloräthylen*. (**D.A.S. 1 222 492** Kl. 12o vom 25/1. 1962, ausg. 11/8. 1966. U.S. Prior. 26/1. 1961. — C. **1966,** 10-2523 [U.S.P. 3 114 779].)

2819 **Pittsburgh Plate Glass Co.** (Erfinder: **Malcolm Korach** und **James Leverette Guthrie**), *Extraktion aliphatischer gesättigter Chlorhydrine aus wäßrigen Lösungen*. (**Aust.P. 262 411** vom 26/1. 1962, ausg. 14/10. 1965. U.S. Prior. 28/3. 1961. — C. **1967,** 6-2568 [Brit.P. 931 211].)

2820 **Badische Anilin- & Soda-Fabrik Akt.-Ges.** (Erfinder: **Heinrich Pasedach,** Ludwigshafen/Rh., und **Kurt Schneider,** Limburgerhof), *Herstellung von Äthern*. (**Schwz.P. 409 907** vom 9/3. 1962, ausg. 15/10. 1966. D. Prior. 11/3. 1961. — C. **1966,** 6-2707 [D.A.S. 1 182 651].)

2821 **Stamicarbon N. V.**, Heerlen, Niederlande, *Herstellung stabiler Formaldehydlösungen durch Absorption*. (**Brit.P. 1 035 123** vom 2/3. 1964, ausg. 6/6. 1966. Niederl. Prior. 6/3. 1963. — C. **1968,** 23-2767 [D.A.S. 1 229 508].)

2822 **Stamicarbon N. V.** (Erfinder: **Bernard Phielix** und **Jentje Bonnema**), *Methacrolein*. (**Aust.P. 262 045** vom 22/2. 1962, ausg. 30/9. 1965. Niederl. Prior. 28/2. u. 17/11. 1961. — **C. 1964,** 42-2318 [D.A.S. 1 160 839].)

2823 **Distillers Co. Ltd.**, Edinburgh, Schottland (Erfinder: **Brian Walton Harris,** Carshalton, Surrey), Großbritannien, *Herstellung von Methylisobutylketon aus 4 Methyl-1-penten*. (**D.A.S. 1 226 092** Kl. 12o vom 12/5. 1964, ausg. 6/10. 1966. Brit. Prior. 4/6. 1963. — C. **1968,** 23-2770 [Brit.P. 1 024 684].)

2824 **Eastman Kodak Co.**, Rochester, N. Y., übert. von: **Robert H. Hasek** und **Edward U. Elam,** Kingsport, Tenn., USA, *Dialkylketene*. (**U.S.P. 3 201 474** vom 24/9. 1959, ausg. 17/8. 1965. — C. **1966,** 6-2466 [D.A.S. 1 182 652].)

2825 **Ruhrchemie Akt.-Ges.**, Oberhausen, übert. von: **Hans Feichtinger,** Dinslaken, und **Heinz Noeske,** Oberhausen, *Herstellung von Olefinsäureestern*. (**U.S.P. 3 095 432** vom 3/10. 1960, ausg. 25/6. 1963. **Brit.P. 957 979** vom 26/9. 1960, ausg. 13/5. 1964. Beide D. Prior. 8/10. 1959. — C. **1966,** 5-2469 [F.P. 1 268 146].)

2826 **Montecatini Soc. Gen. per l'Industria Mineraria e Chimica,** Mailand, Italien (Erfinder: **Giorgio Sugni, Robert Hugel, Pier Luigi Mandellini**),

Diacylperoxide. (**It.P. 640 244** vom 31/10. 1960. – C. **1967**, 2-2654 [Brit.P. 950 978].)

2827 **E. I. du Pont de Nemours & Co.**, Wilmington, Del., USA, *Herstellung von Acrylnitril.* (**Niederl.P. 112 166** vom 28/1. 1958, ausg. 15/12. 1965. U.S. Prior. 30/1. 1957. – C. **1961**, 14 458 [U.S.P. 2 920 098].)

2828 **Union Carbide Corp.** (Erfinder: **John R. Kilsheimer** und **William H. Hensley**), *Chlorameisensäurearylester.* (**Aust.P. 262 435** vom 24/7. 1962, ausg. 14/10. 1965. U.S. Prior. 17/8. 1961. – C. **1966**, 42-2498 [U.S.P. 3 170 946].)

2829 **Bergwerksgesellschaft Hibernia Akt.-Ges.**, Herne (Erfinder: **E. Rindtorff, K. Schmitt, H. Heumann, W. Pollack** und **M. Schweppe**), *Herstellung von Trialkyladipinsäuren.* (**Schwed.P. 192 661** vom 15/6. 1960, ausg. 17/11. 1964. D. Prior. 26/9. 1959. Zusatz zu Schwed.P. 180 242. – C. **1964**, 37-2425 [F.P. 1 262 501].)

2830 **Scientific Design Co., Inc.**, USA (Erfinder: **Alfred Saffer** und **Harry Olenberg**), *Reinherstellung von Fumarsäure.* (**F.P. 1 321 416** vom 16/6. 1961, ausg. 14/6. 1963. U.S. Prior. 17/6. 1960. – C. **1966**, 43-2738 [Aust.P. 250 667].)

2831 **Scientific Design Co., Inc.**, USA (Erfinder: **Harry Olenberg**), *Reinigung von Maleinsäure.* (**F.P. 1 321 418** vom 16/6. 1961, ausg. 14/6. 1963. U.S. Prior. 17/6. 1960. – C. **1965**, 22-2500 [U.S.P. 3 109 025].)

2832 **Gulf Research & Development Co.**, Pittsburgh, Pa. (Erfinder: **John Kollar**, Hasbrough Heights, N. J.), USA, *Gesättigte aliphatische Dicarbonsäuren.* (**Brit.P. 1 007 987** vom 23/8. 1962, ausg. 22/10. 1965. U.S. Prior. 28/8. 1961. – C. **1968**, 23-2790 [U.S.P. 3 231 608].)

2833 **Halcon International, Inc.**, New York, N. Y., USA (Erfinder: **Jack Feder**), *Gewinnung von Maleinsäureanhydrid.* (**Brit.P. 995 193** vom 20/7. 1961, ausg. 16/6. 1965. **Aust.P. 253 253** vom 20/7. 1961, ausg. 20/8. 1964. Beide U.S. Prior. 21/7. 1960. – C. **1966**, 39-2717 [U.S.P. 3 054 806].)

2834 **Chemical Construction Corp.**, New York, N. Y., USA (Erfinder: **Lucian Harry Cook, Ivo Mavrovic** und **Bernard Rubin**), *Harnstoffsynthese.* (**Belg.A.S. 641 762** vom 24/12. 1963, bekanntgemacht 24/6. 1964. **F.P. 1 386 540** vom 20/12. 1963, ausg. 12/5. 1965. **Brit.P. 1 032 440** vom 12/12. 1963, ausg. 8/6. 1966. Alle U.S. Prior. 24/12. 1962. **Ind.P. 91 251** vom 10/12. 1963. – C. **1968**, 23-2796 [U.S.P. 3 232 985].)

2835 **Produits Chimiques Pechiney-Saint-Gobain**, Neuilly-sur-Seine, übert. von: **Pierre Chassaing**, Paris, und **Jean Colliard**, Saint-Auban, Frankreich, *Äthylendiamin.* (**U.S.P. 3 281 471** vom 10/6. 1963, ausg. 25/10. 1966. F. Prior. 18/6. 1962. – C. **1965**, 43-2636 [D.A.S. 1 189 083].)

2836 **Bombrini Parodi-Delfino S.p.A.**, Rom, Italien (Erfinder: **Giacomo Lemetre**), *Chlorthiophosphorsäure-O.O-dimethylester.* (**It.P. 639 015** vom 7/11. 1960. – C. **1965**, 31-2612 [D.A.S. 1 183 493].)

2837 **C. H. Boehringer Sohn**, Ingelheim (Erfinder: **R. Sehring** und **K. Zeile**), *Herstellung von O.O-Dimethyl-dithiophosphorylessigsäuremonomethylamid.* (**Schwed.P. 191 527** vom 27/6. 1962, ausg. 22/9. 1964. D. Prior. 3/7. 1961. – C. **1964**, 34-2178 [D.A.S. 1 154 085].)

2838 **K. Ziegler**, Mülheim/Ruhr (Erfinder: **K. Zosel** und **E. Holzkamp**), *Umwandlung von Bortrialkylen.* (**Schwed.P. 188 331** vom 5/5. 1961, ausg. 24/3. 1964. D. Prior. 7/5., 4/8. u. 5/8. 1960. – C. **1966**, 3-2386 [Ind.P. 73 286].)

2839 **Stauffer Chemical Co.**, USA (Erfinder: **Eugene H. Uhing** und **Arthur Dock Fon Toy**), *Hydroxymethylenphosphinsäure-Derivate.* (**F.P. 1 346 938** vom 14/2. 1963, ausg. 20/3. 1964. U.S. Prior. 19/2. 1962. – C. **1968**, 23-2806 [Brit.P. 1 023 704].)

2840 **Ciba Ltd.**, Basel, Schweiz, *Herstellung von Aromaten aus acetylenisch ungesättigten Verbindungen.* (**Brit.P. 973 934** vom 15/5. 1961, ausg. 4/11. 1964. Schwz. Prior. 17/5. u. 28/10. 1960. – C. **1966**, 19-2541 [Oe.P. 225 693].)

2841 **Robert Neville Haszeldine**, Disley, und **John Michael Birchall**, Withington, Großbritannien, *Hexafluorbenzol.* (**U.S.P. 3 251 890** vom 30/10. 1961, ausg. 17/5. 1966. Brit. Prior. 17/11. 1959. – C. **1965**, 46-2645 [Brit.P. 936 610].)

2842 **Universal Oil Products Co.** (Erfinder: **Raymond Roy Herber**), *Desalkylierung alkylaromatischer Verbindungen.* (**Aust.P. 268 414** vom 18/6. 1962, ausg. 21/7. 1966. U.S. Prior. 19/6. 1961. – C. **1967**, 51/52-2546 [F.P. 1 325 447].)

2843 **Goodyear Tire & Rubber Co.**, Akron, O., USA, *Stabilisieren von Phenolen.* (**D.A.S. 1 213 847** Kl. 12q vom 18/10. 1960, ausg. 7/4. 1966. U.S. Prior. 28/10. 1959. – C. **1964**, 45-2287 [F.P. 1 270 942].)

2844 **Distillers Co. Ltd.** (Erfinder: **Thomas Bewley** und **Maurice Dudley Cooke**), *Phenolherstellung.* (**Aust.P. 262 353** vom 11/4. 1962, ausg. 14/10. 1965. Brit. Prior. 22/4. 1961. – C. **1966**, 40-2504 [Brit.P. 930 161].)

2845 **Elprochine Soc. An.**, Freiburg, Schweiz, *Alkylphenole.* (**Brit.P. 989376** vom 1/8. 1961, ausg. 14/4. 1965. Oe. Prior. 1/8., 1/8. u. 28/11. 1960. – C. **1967**, 51/52-2556 [Oe.P. 225 698], C. **1967**, 13-2743 [Oe.P. 226 681 u. C. **1966**, 12-2469 [Oe.P. 227 680].)

2846 **Bergwerksgesellschaft Hibernia Akt.-Ges.**, Herne, *Gewinnung von Dihydroperoxiden.* (**Oe.P. 229 861** vom 21/6. 1960, ausg. 25/10. 1963. D. Prior. 31/12. 1959. – C. **1966**, 12-2471 [Brit.P. 920 013].)

2847 **Farbenfabriken Bayer Akt.-Ges.** (Erfinder: **Erich Klauke** und **Engelbert Kühle**), *Sulfenamide.* (**Aust.P. 262 063** vom 26/7. 1962, ausg. 30/9. 1965. D. Prior. 26/7. 1961. – C. **1964**, 38-2411 [D.A.S. 1 161 262].)

2848 **National Smelting Co. Ltd.** (Erfinder: **Michael W. Buxton**), *Pentafluorphenyl enthaltende Amide.* (**Aust.P. 262 798** vom 18/9. 1962, ausg. 4/11. 1965. Brit. Prior. 27/9. 1961. – C. **1967**, 9-2812 [Brit.P. 977 964].)

2849 **E. I. du Pont de Nemours & Co.**, Wilmington (Erfinder: **Jack Austin Snyder**, Claymont), Del., USA, *Herstellung von N.O-Dimethylhydroxylamin.* (**Schwz.P. 409 998** vom 25/5. 1962, ausg. 15/10. 1966. U.S. Prior. 26/5. 1961. – C. **1968**, 23-2799 [U.S.P. 3 230 260].)

2850 **National Research Development Corp.**, London (Erfinder: **Colin Russell Patrick, Maurice Stacey** und **John Colin Tatlow**, Birmingham, Warwickshire), Großbritannien, *Herstellung hochfluorierter aromatischer Verbindungen.* (**D.A.S. 1 202 781** Kl. 12o vom 18/10. 1961, ausg. 14/10. 1965. Brit. Prior. 26/10. 1960. – C. **1966**, 12-2478 [F.P. 1 304 517].)

2851 **VEB Fettchemie** (Erfinder: **Gerhard Moser**), Karl-Marx-Stadt, *Gewinnung hochprozentiger 1.1-Bis-[p-chlorphenyl]-2.2.2-trichloräthan-Konzentrate.* (**Schwz.P. 398 520** vom 16/8. 1961, ausg. 15/3. 1966. D. Prior. 6/12. 1960. – C. **1966**, 6-2490 [D.A.S. 1 195 286].)

2852 **Soc. d'Électro-Chimie, d'Électro-Métallurgie et des Aciéries Électriques d'Ugine** (Erfinder: **Ludovic Parvi**), *Herstellung und Reinigen von Oktachlordihydroxydiphenyl.* (**Aust.P. 267 611** vom 26/1. 1962, ausg. 16/6. 1966. F. Prior. 17/2. 1961. – C. **1966**, 14-2421 [F.P. 1 294 146].)

2853 **Allied Chemical Corp.** (Erfinder: **Logan C. Bostian, William D. Griffin** und **Zalik Oser**), *p.p'-Isopropylidendiphenolkristalle.* (**Aust.P. 262 378** vom 13/2. 1962, ausg. 14/10. 1965. U.S. Prior. 2/5. 1961. – C. **1965**, 2-2709 [Brit.P. 938 691].)

2854 **Farbenfabriken Bayer Akt.-Ges.** (Erfinder: **Heinrich Krimm** und **Hermann Schnell**), *Hydroxyamino-diarylalkane.* (**Aust.P. 268 774** vom 5/6. 1963, ausg. 4/8. 1966. D. Prior. 16/7. 1962. – C. **1967**, 9-2838 [D.A.S. 1 217 971].)

2855 **Roussel-Uclaf Soc. An.**, Paris, übert. von: **Daniel Bertin**, Montrouge, und **Jacques Perronnet**, Paris, Frankreich, *Halogenierte Ketonide.* (**U.S.P. 3 264 322** vom 11/4. 1963, ausg. 2/8. 1966. F. Prior. 18/4. 1962. – C. **1968**, 23-1891 [Brit.P. 1 036 085].)

2856 **Wellcome Foundation Ltd.**, London, Großbritannien, übert. von: **Richard Baltzly**, Tuckahoe, N. Y., **Peter B. Russell**, Bryn Mawr, Pa., und **Nariman B. Mehta**, White Plains, N. Y., USA, *Herstellung von Azabicyclohexanen.* (**Can.P. 683 729** vom 23/10. 1959, ausg. 7/4. 1964. – C. **1966**, 5-1716 [U.S.P. 3 065 230].)

2857 **Imperial Chemical Industries Ltd.** und **Midland Tar Distillers Ltd.** (Erfinder: **Paul Arnall** und **Norman Greenhalgh**), *Herstellung von 2-β-Methoxyäthylpyridin.* (**Aust.P. 256 436** vom 8/1. 1962, ausg. 28/1. 1965. – C. **1966**, 11-2632 [Brit.P. 928 754].)

2858 **Imperial Chemical Industries Ltd.** (Erfinder: **John Anthony Corran** und **Alan Thomas Smith**, Mitchell), *Herstellung von Pyridin und/oder Piperidin.* (**Aust.P. 268 455** vom 19/2. 1963, ausg. 21/7. 1966. Brit. Prior. 21/2. u. 16/5. 1962. – C. **1966**, 44-2438 [Brit.P. 962 691].)

2859 **Imperial Chemical Industries Ltd.** (Erfinder: **Frederick Duxbury**), *Caprolactam.* (**Aust.P. 269 076** vom 9/5. 1963, ausg. 18/8. 1966. Brit. Prior. 16/5. 1962. – C. **1967**, 2-2717 [F.P. 84 271].)

2860 **Hardman & Holden Ltd.**, Manchester, Großbritannien (Erfinder: **John Harry Wallice Turner** und **Samuel Edward Harson**), *Metallorganische Verbindungen.* (**Brit.P. 1 010 074** vom 24/12. 1962, ausg. 17/11. 1965. – C. **1968**, 24-2579 [Ind.P. 91 432].)

2861 **Stauffer Chemical Co.**, USA (Erfinder: **William Edward Smith** und **Amos R. Anderson**), *Herstellung von Metallalkoxiden.* (**F.P. 1 265 752** vom 22/8. 1960, ausg. 3/11. 1961. – C. **1968**, 23-2859 [Schwz.P. 396 902].)

2862 **Union Carbide Corp.**, übert von: **Ernst Otto Fischer**, München, und **Konrad Fichtel**, Starnberg, *Metallorganische Verbindungen.* (**U.S.P. 3 268 565** vom 24/1. 1962, ausg. 23/8. 1966. – C. **1964**, 29-2009 [D.A.S. 1 159 444].)

H–7. Brennstoffe, Erdöl, Mineralöle

2863 **Germanium-Verteilung in Kohle je nach den Beziehungen zwischen den Kohlenflözen und den sie einschließenden Gesteinen.** D. Mincev und Z. Apostolova. (Doklady bolgarskoj Akad. Nauk **20** (1967) 11, 1181–84; Univ. Kliment von Ochrid, Sofia; dt.) – Bei der Unters. der Ge-Verteilung in 2 unterschiedlich mächtigen *Weichbraunkohleflözen* wurde neben den bekannten Abhängigkeiten der Ge-Konz. von der petrograph. Zus. u. dem Aschegeh. folgende Anomalie festgestellt: im kleineren Flöz von 1,5–2,5 m Mächtigkeit mit einer Unterlage aus terrigenen Sedimenten von 40 m ist die durchschnittliche Ge-Konz. größer als im Flöz von ca. 16 m Mächtigkeit mit einer Unterlage von 2 m. Die Abhängigkeit der Ge-Verteilung von der Art des umgebenden Gesteins wird u. a. durch den terrigenen Charakter von Ge u. dessen Löslichkeit u. Migration unter Ox.-Bedingungen sowie mit der Unfähigkeit zur Verb. mit mineral. Sedimenten erklärt. W. Isterheld 6703

2864 **Bildung von dispergiertem Kohlenstoff bei der Propanpyrolyse.** Lazar Milosavljević. (Tehnika [Beograd] **22** (1967) 7, 1246–49; Tehnol. fak., Univ. u Beogradu; kroat.) – Die Wärmeübertragung heller, an C-Partikeln reicher KW-Stoff-Flammen wurde an Hand von Experimenten einer therm. Zers. (1040°) von Propan (96,8–97%) untersucht u. der Einfl. der *Durchflußgeschw.* (G), der Verdünnung mit N_2 bzw. H_2 u. des Rohrdurchmessers untersucht. Eine Vergrößerung von G (0,19 auf 0,63 l/min) bewirkt einen Anstieg der C-Bldg. ($1{,}69 \cdot 10^{-3}$ auf $10{,}94 \cdot 10^{-3}$ mg/ml · s), d. h. mit Anstieg der linearen G steigt die abs. Erwärmungsgeschwindigkeit. Ein N_2-Zusatz (7,4%) zum Gasstrom erhöhte ebenfalls die Bldg. von dispergiertem C (um ca. 34%), während eine Verdünnung mit H_2 (bis zu 50%) keine Änderung bewirkt. A. F. Ledich 6710

2865 **Bewertung von Hochofenkoks.** Hiroshi Joh, Tetu Nishi und Hiroshi Nakama. (J. Fuel Soc. Japan **46** (1967) 484, 582–89; Yawata Iron and Steel Co.; jap.) – Die Bewertung der Eig. von Hochofenkoks ist schwierig. Um hier Abhilfe zu schaffen, wurde von Vf. die Formel $V_c = f(S,M)/f(A)$ aufgestellt; V_c = Index zur Bewertung der Kokseig., S = Härte des Kokses (D_{15}^{150}-Index), M = Mikrohärteindex, A = Aschegehalt. F. Rosendahl 6720

2866 **Gemeinsame Zersetzung gasförmiger und flüssiger Kohlenwasserstoffe in elektrischen Entladungen.** N. S. Pečuro, O. Ju. Pesin und A. A. Ušakov. (Gazovaja Prom. **12** (1967) 4, 39–41; Inst. tonkoj chim. technol. im. Lomonosova; russ.) – In einer elektr. Entladung wird n-Undecan gekrackt. Durch Einführung von *Naturgas*

(**I**, 90,5% CH_4) in die Entladung wird es möglich, den Elektrodenabstand zu vergrößern, die Leistung u. die Ausb. an *Krackgas* zu erhöhen. Durch die Verdünnung der Rk.-Prod. infolge der Einführung von **I** geht die C_2H_2-Konz. im Endgas zurück, die C_2H_2-Ausb. steigt aber auf das 2,5fache. Unter optimalen Bedingungen (**I**-Durchsatz 1—1,5 l/h) werden 70% von **I** umgewandelt, die C_2H_2-Konz. bleibt genügend hoch (ca. 27 Vol.-%) u. der Aufwand an elektr. Energie ist nicht zu hoch (ca. 8,3 kWh/m³ C_2H_2). R. K. Müller 6737

2867 **Biogenese von Methan in Sedimentgesteinen.** P. E. Charitonov. (Izvest. vysšich učebnych Zavedenij [Baku] Neft Gaz **10** (1967) 11, 139—141; Tjumenskij ind. inst.; russ.) — Es werden CH_4-Best. im Grundwasser u. in Mineralsubstraten vorgenommen. Diese Werte vergleicht man mit der Gasbldg. bei Metamorphose von Bioschlamm. G. Tischer 6737

2868 **Untersuchung der mittleren Fraktionen von Arlansk-Erdöl.** G. V. Sevast'janova, P. I. Sanin, I. A. Musaev, E. G. Ivčenko und K. M. Vajsberg. (Neftechimija **7** (1967) 5, 695—702; Inst. neftechim. sint. im. Topčieva AN SSSR; russ.) — Es werden die Kerosin-Gasöl-Fraktionen des Bereichs 180—350° untersucht. Zur Trennung u. Identifizierung dient die Dest., Komplexbldg. mit Harnstoff, Chromatographie an Silicagel u. Al_2O_3, GLC, UR- u. IR-Spektroskopie u. die katalyt. Dehydrierung. Die Vf. erreichen damit eine Grobtrennung in n-KW-Stoffe, monocycl. Aromaten, Naphthalinhomologe, Naphthene u. S-organ. Verbindungen. In diesen Gruppen werden viele Einzelverb. identifiziert. G. Tischer 6745

2869 **Chemische Zusammensetzung der Fraktion aus der Thermodiffusionstrennung des Paraffin–Naphthen-Anteils von Anastas'ev-Erdöldestillaten.** K. I. Zimina, A. A. Poljakova und A. A. Simeonov. (Neftepererabotka i Neftechim. **1967** 2, 5—7; VNIINP; russ.) — Die Analyse der Fraktion 200—400° aus Anastas'ev-Erdöl erfolgt durch Adsorption der Aromaten an Silicagel mit nachfolgender Rektifikation in 50°-Fraktionen. Nach Behandlung der einzelnen Fraktionen mit Harnstoff werden die Isoparaffine u. Naphthene der Fraktionen 300—350 u. 350—420° durch Thermodiffusion getrennt. Die Fraktionen werden massenspektrometr. auf ihre chem. Zus. untersucht. Die Fraktion 300—350° enthält (in Mol-%) 22,9 Isoparaffine, 11,8 monocycl., 20,3 bicycl., 22,6 tricycl., 17,8 tetracycl. u. 5,6 pentacycl. Naphthene. Die Fraktion 350—420° enthält 16,6 Isoparaffine, 11,8 monocycl., 22,3 bicycl., 18,2 tricycl., 7 pentacycl., 3,9 hexacycl. u. 20,2 tetracycl. Naphthene. S. Brändel 6745

2870 **Untersuchung eines Hydrokrack-Katalysators.** Ja. R. Kacobašvili und G. M. Micheev. (Neftepererabotka i Neftechim. **1967** 8, 1—3; Inst. neftechim. sint. AN SSSR; russ.) — Ein *Al–Ni–Mo-Katalysator* (**K**) wird im Dauervers. beim Hydrokracken von Arlansk-Erdöl (3,1%S) in einer Durchlaufapp. getestet. **K**-Eig.: Schüttgew. 0,69 g/ml, Porenoberfläche 250 m²/g, mittlerer Porendurchmesser 44 Å, MoO_3-Geh. 7,5%, NiO-Geh. 3,5. Im Verlauf von 400 h blieb die Aktivität des **K** gleich. Es wird jedoch eine Zunahme des Schüttgew. u. eine Verminderung der Widerstandsfähigkeit von **K** gegen Zerkleinerung u. Abrieb im Druckluftfördersyst. beobachtet. Die Porenoberfläche verringert sich auf 125 bis 100 m²/g. Der Porendurchmesser wuchs auf 40—55 Å. Die Aktivität des **K** wird durch die Veränderung der Porenstruktur nicht beeinflußt. S. Brändel 6747

2871 **Vergleich der Aktivität von W-Ni-Sulfid-Katalysatoren bei der Hydrierung von Aromaten.** I. F. Ionov, E. V. Lavrovskaja, A. V. Lozovoj, S. S. Malkova und D. L. Muselevič. (Neftepererabotka i Neftechim. **1967** 2, 3—5; Inst. gorjučich iskop.; russ.) — Unters. der Aktivität von 2 *Katalysatoren*: (**K**; **A** u. **B**) **A**-**K** *7036* mit $WS_2 \approx 60(\%)$, $NiS \approx 40$ u. $FeS \approx 0{,}5$; **B**-**K** *8376* mit $WS_2 \approx 26$, $NiS \approx 5$, Rest Al_2O_3. Es wurde ein aromatenreicher Pyridinextrakt aus einem *Gasöl* des katalyt. Krackens (Kp. 221—333°), der 27,2% monocycl. Aromaten u. naphthenaromat. KW-Stoffe u. 60% bicycl. Aromaten enthielt, bei 150, 200, 250 u. 300 at u. 300 bis 370° hydriert. Bei 300—350° u. 150 at erreicht man mit **A** eine völlige Hydrierung der monocycl. Aromaten, mit **B** wird nur ein Umsetzungsgrad von 26—40% erreicht. Bei 300° u. 150 at erreicht man mit **A** eine vollständige Hydrierung der bicycl. Aromaten, mit **B** nur zu 93%. Bei 350° sind **A** u. **B** gleich aktiv. S. Brändel 6750

2872 **Pyrolyse von Benzin niedriger Oktanzahl im überhitzten Wasserdampf.** S. P. Gorislavec. (Neftjanaja gazovaja Prom. **1967** 6, 39—42; russ.) — Bei dieser Meth. werden W.-Dampf u. Bzn. getrennt erhitzt u. in einem Mischgefäß anschließend zur Rk. gebracht. Die Daten verschiedener Vers. werden angegeben. Gegenüber der üblichen Pyrolyse steigt die Ausb. um 15—20%. Die Koksbldg. unterbleibt vollständig. G. Tischer 6751

2873 **Herstellung von Düsentreibstoffen aus turkmenischen Erdölen.** D. Ja. Mučinskij und D. N. Machtumov. (Neftepererabotka i Neftechim. **1967** 2, 8—9; russ.) — Es wird die Herst.-Technologie des Treibstoffes *TS-1* aus Erdölen der Lagerstätten Vyška, Kum-Dag u. Kotur-Tepe beschrieben, wobei letzteres zur Treibstoffgewinnung am geeignetsten ist. S. Brändel 6771

2874 **Lagerstabilität von Gasöl.** S. Bentur, M. Babitz, A. Manor und A. Rocker. (Israel J. Technol. **5** (1967) 3, 211—15; Haifa; Technion Res. and Dev. Foundation Ltd.; engl.) — Die Stabilität von Gemisch aus einfach-dest. u. gekrackten *Gasölen* (**G**) verschiedener Konz. wird bei Raumtemp. unter konst. Luftmengen in Behältern untersucht. Als reproduzierbare Meth. zur laufenden Kontrolle der **G**-Qualität ist die Filtration geeignet. Sie erlaubt eine qual. u. quant. Best. der Harzbldg. der **G**. Die Lagerstabilität verschiedener **G**-Typen kann durch beschleunigte Ox. mit einer bestimmten Luftmenge bei 100° festgestellt werden. Der Harzgeh. wird im Verhältnis zur Ox.-Zeit u. zum Krackprod.-Anteil ermittelt u. steigt bis zu einer Ox.-Zeit von 6—8 Std. linear an. P. Bornemann 6773

2875 **Einfluß von Fe-Beimengungen auf die Aktivität und Selektivität von synthetischen Al–Si-Katalysatoren.** A. Ja. Zaitova, L. I. Volkova, T. P. Močal'nikova und N. A. Mel'der. (Chim. Technol. Topliv Masel **12** (1967) 4, 6—7; Baš NIINP; russ.) — Unters. über den Einfl. von Fe-Beimengungen im Al–Si-Katalysator, die durch die Rohstoffe bei der Herst. des Katalysators zugeführt werden, sind beschrieben. Die Selektivität u. Aktivität beim Kracken von *Vakuum-Gasöl* des Arlansk-Erdöles werden untersucht. Es wird gezeigt, daß durch Erhöhung des Fe-Geh. im Katalysator von 0,07 auf 0,105% sich die erhaltene Bzn.-Menge um 10% senkt, die Koksbldg. um 15% u. der H_2-Anteil im Gas um das Dreifache steigen. J. Runge/Merseburg 6773

2876 **Verschleißhemmende Zusätze auf der Basis der Kondensation von Naphthensäuren mit Epichlorhydrin.** A. M. Kuliev und Z. A. Alizade. (Azerbajdžanskoe neftjanoe Choz. **46** (1967) 10, 37—38; russ.) — Als verschleißhemmende Zusätze zu *Transmissionsölen* werden Kondens.-Prod. von *Naphthensäuren* (**A**) mit Epichlorhydrin untersucht. Es wurde eine mittlere Fraktion der **A**, die aus Abfällen der Laugenwäsche von Diesel- u. Gasöl anfallen, zur Gewinnung der Zusätze verwendet. Das mittlere Molgew. dieser Fraktion war 240 u. die SZ. 247. Die untersuchte Fraktion entspricht der Formel $C_{14}H_{27}COOH$. Die Kondens. der **A** mit Epichlorhydrin wird beschrieben. Auf der Grundlage des erhaltenen **A**-Esters wurden verschleißhemmende Zusätze nach drei Verf. synthetisiert: 1. Rk. des **A**-Esters mit P_2S_5 u. Neutralisation des gebildeten Dithiophosphorsäurediesters mit ZnO; 2. Rk. des **A**-Esters mit PCl_3 in Ggw. von Triäthylamin; 3. Anlagerung von S an Phosphit, das aus dem untersuchten **A**-Ester erhalten wurde. Vers.-Beschreibungen u. Analysen der Prod. werden gebracht. Die Zusätze erfolgten zu Transmissionsöl *AK-15*. Die verschleißhemmenden Eig. der gewonnenen Verb. wurden im Vierkugelapp. u. die Antikorrosionseig. im App. *DK-2* (*NaMJ*) in Ggw. von 0,02% eines Cu-Naphthenat-Katalysators bestimmt. Von den untersuchten Zusätzen hat Thiophosphorsäureester hohe verschleißhemmende Eig., in der Aktivität steht Zinkdithiophosphatdiester ein wenig nach. D. Merzdorf 6777

2877 **Schmiermittel für den Einsatz in Kupferkokillen beim Stranggießen von Stahl.** H. Pfingst. (Technik **22** (1967) 8, 497—99; Leipzig, KDT; dt.) — Es wird gezeigt, daß ein Schmiermittel bestehend aus *Spindelöl* mit Zusätzen von *Pflanzenfettsäure* u. koll. *Graphit* in seiner Schmiermittelwrkg. beim Stranggießen von Stahl in Cu-Kokillen dem *Rapsöl* überlegen ist. F. Vier 6778

2878 **Propanbitumen und seine Verwendungsmöglichkeiten.** Pál Zakar. (Bitumen, Teere, Asphalte, Peche verwandte Stoffe **18** (1967) 11, 438—43, Budapest dt.) — *Propanbitumen* (**P**; Provinienz Romaškino) unterscheidet sich von geblasenen bzw. Destillatbitumina durch geringere Penetration, höheren Brechpunkt nach Fraaß u. geringeren Paraffingehalt. **P** entspricht nicht den Anforderungen für Straßenbaubitumen. Es kann jedoch als Bindemittel bei der Brikettierung Verw. finden. Bei Verw. von **P** kann wegen der besseren Bindefähigkeit die übliche Bindemittelmenge verringert werden. Für andere Zwecke ist eine Weiterverarbeitung von **P** nötig, entweder durch Mischen mit anderen Bitumina oder durch Verblasen, wodurch eine Erhöhung von Brech- u. Erweichungspunkt sowie ein Verringern von Duktilität u. Penetration möglich ist. K. Bormann 6785

2879 Esso Research and Engineering Co., Elizabeth, N.J., USA (Erfinder: Gerald Moss und Edward Cyril Stockill), **Aufbereitung von Kohle und anderen Mineralien.** Die wss. Mineralaufschlämmung wird auf ca. pH = 7,6 gebracht u. dann, bezogen auf das Mineralgew., mit etwa 25 Gew.-% eines leicht flüchtigen *Benzingemisches* mit geringen *Heizöl*-Anteilen u. a. bekannten oberflächenakt. Mitteln wie *Ölsäure, Na-Äthylxanthat, Na-Alkylsulfat, Terpineol* usw. versetzt. Das Mineralgemisch wird selektiv getrennt, z. B. Kohle schwimmt auf u. kann abgeschöpft werden, während die Rückstände, z. B. Berge, in der Trübe verbleiben u. mit dieser abgeführt werden. (**Brit.P. 1041547** vom 11/6., 23/12. 1964 u. 29/4. 1965, ausg. 7/9. 1966. **F.P. 1444981** vom 10/6. 1965, veröff. 31/5. 1966. Brit. Prior. 11/6., 23/12. 1964, 29/4. u. 28/5. 1965. **D.A.S. 1244681** Kl. 1a vom 10/6. 1965, ausg. 20/7. 1967. Brit. Prior. 11/6., 23/12. u. 29/4. 1965.) — 10 S. — 9 S. — 7 S. P. Iohn 6714

2880 Herbert Kölbel, Berlin (Erfinder: Herbert Kölbel und Horst Giehring, Berlin), **Entgiften von Kohlenmonoxid und Wasserstoff enthaltenden Gasen** erfolgt durch katalyt. Rk. in Ggw. eines Mischkatalysators u. W.-Dampf, dad. gek., daß man das CO durch gleichzeitige Konvertierung u. Hydrierung in einer Verf.-Stufe bei normalem oder Mitteldruck u. 200—400° in Ggw. eines Fe—Ni-Mischkatalysators, der metall. Fe u. metall. Ni im Verhältnis von Fe:Ni = 2:1—10:1 enthält, zu CO_2, CH_4 u. gasförmigen KW-Stoffen umsetzt. (**D.A.S. 1245028** Kl. 26a vom 28/6. 1962, ausg. 20/7. 1967.) — 5 S. E. Kahles 6726

2881 Heinrich Koppers G.m.b.H., Essen (Erfinder: Willi Rühl, Essen, und Horst Berns, Mülheim/Ruhr), **Kontinuierliche katalytische Spaltung von Kohlenwasserstoffen** mit Kp. ≤ 200°, bes. von Leichtbenzin, in Ggw. von W.-Dampf u. ggf. Luft in außenbeheizten Rohren zur Erzeugung eines Heizgases von Stadtgasqualität. 50—65% der Gesamtmenge an KW-Stoffen werden mit der 3—7fachen Menge an W.-Dampf ggf. in Ggw. von Luft in einer Vorspaltzone katalyt. zu Wassergas umgesetzt, welches unter Zufügung der restlichen Menge KW-Stoff-Dämpfe in einer Hauptspaltzone katalyt. in *Stadtgas* umgewandelt wird. — Vorrichtung. (**Oe.P. 240507** vom 21/6. 1963, ausg. 10/6. 1965. **Belg.A.S. 634733** vom 10/7. 1963, bekanntgemacht 18/11. 1963. Beide D. Prior. 12/7. 1962. **D.A.S. 1226738** Kl. 26a vom 12/7. 1962, ausg. 13/10. 1966.) P. Kühn 6726

2882 Badische Anilin- & Soda-Fabrik Akt.-Ges., Ludwigshafen/Rh. (Erfinder: Helmut Nonnenmacher, Ludwigshafen/Rh., und Wolfgang Rall, Lampertheim), **Katalytische Spaltung von Kohlenwasserstoffen** mit 2—15 C-Atomen unter Anwendung von W.-Dampf bei erhöhter Temp. u. normalem oder erhöhtem Druck in Ggw. eines Ni-Katalysators, wobei die Spaltung in 2 Stufen vorgenommen wird. u. man in der 2. Stufe einen Ni-reicheren Katalysator als in der 1. Stufe verwendet, dad. gek., daß der Katalysator der 1. Stufe 1—10 (Gew.-%) Ni enthält u. silicatfrei ist, dessen Träger aus einem Gemisch aus 10—90 MgO u. 90—10 Gew.-% Tonerde besteht u. der ferner 15—30 eines hydraul. Bindemittels enthält. In der 2. Stufe wird ein von einem hydraul. Bindemittel freier, bei hohen Temp. calcinierter Katalysator verwendet, der 10—70 MgO u. 10—65 Tonerde enthält. (**D.A.S. 1245025** Kl. 26a vom 19/6. 1964, ausg. 20/7. 1967.) — 3 S. E. Kahles 6747

2883 California Research Corp., San Francisco (Erfinder: Robert Harry Kozlowski, Berkeley, Norman Johnstone Paterson, San Rafael, und John Walter Scott, Ross), Calif., USA, **Hydrokracken von Kohlenwasserstoffdestillaten (Kp. 500 bis 1100°F) oder Rückstandsölen** (Kp. 1050°F). In einer 1. Stufe werden 10—50 Vol.-% bei 550—900°F, 0,1—3 Vol./Vol./Std. einem H_2-Partialdruck von 500—3000 psig. mit einem Katalysator, der eine Dehydrierungs-Hydrierungs-Komponente enthält, hydrogekrackt. Die Rk.-Prod. werden abgezogen, mindestens ein Teil der Rk.-Prod. in eine 2. Zone eingeleitet u. dort bei 450—850°F, 0,2—5 Vol./Vol./Std. u. einem H_2-Partialdruck von 350 psig. an einem Katalysator aus einer Dehydrierungs-Hydrierungskomponente auf einem stark sauren Träger hydrogekrackt, wobei mindestens 20 Vol.-% des Einsatzes unter dem Kp. des Einsatzprod. sieden. — Zeichnungen. (**Brit.P. 982610** vom 21/5. 1962, ausg. 10/2. 1965. **D.A.S. 1249429** Kl. 23b vom 23/5. 1962, ausg. 7/9. 1967. Beide U.S. Prior. 31/5. 1961.) E. Kahles 6747

2884 Esso Research and Engineering Co., Elizabeth, N.J. (Erfinder: Charles Newton Kimberlin jun., Elroy Merle Gladrow und Alexis Voorhies jun., Baton Rouge, La).), USA, **Gegebenenfalls hydrierendes Spalten von Kohlenwasserstoffen,** bes. Mineralölen in Ggw. von Katalysatoren, die zu 1—99 Gew.-% aus krist. Aluminosilikatzeolith mit Porendurchmesser zwischen 6 u. 15 Å u. Na_2O-Geh. < 10% u. zum Rest aus Kieselsäure oder Kieselsäure-Tonerde Stoffgemischen bestehen oder solche Stoffgemische enthalten, dad. gek., daß ein krist. Zeolith mit Molverhältnis von Kieselsäure zu Tonerde > 3 verwendet wird. (**D.A.S. 1253889** Kl. 23b vom 11/9. 1963, ausg. 2/11. 1967. U.S. Prior. 11/9. 1962.) — 10 S. E. Kahles 6747

2885 British Petroleum Co. Ltd., London (Erfinder: Paul Anthony Lawrance und John Carruthers, Sunbury-on-Thames), Großbritannien, **Hydrieren von Benzinen,** die durch Kracken in Ggw. von Ni-Katalysatoren gewonnen wurden u. Aromaten u. ungesätt. KW-Stoffe enthalten, bei 70—210 at, 50—200° u. 0,1—5 Vol-%/Vol-%/Std. Geschw., wobei der H_2-Verbrauch pro m^3 Bzn. auf 72—162 Nm^3 H_2 eingestellt wird. Der Ni-Katalysator wird mit ggf. substituiertem Thiophen vorsulfuriert. (**Ung.P. 152816** vom 12/2. 1965, ausg. 23/1. 1966. Brit. Prior. 14/2. 1964.) F. Landsberger 6750△

2886 Socony Mobil Oil Co., Inc., bzw. Mobil Oil Corp., New York (Erfinder: Frank Curry, Fahnestock), Sicamore Lodge, Koslyn Harbor., Nassau), N.Y., USA, **Umwandlung von Kohlenwasserstoffen** im Fließbett an Katalysatoren aus 2 Bestandteilen, einem Träger, der inert oder katalyt. akt. sein kann (Korngröße 74 μ—2,54 mm) u. dem eigentlichen Katalysator auf Al-Silicat-Basis (Korngröße ca. 15 μ), wie Zeolith oder Molekularsieben. (**F.P. 1403438** vom 31/7. 1964, ausg. 2/11. 1965. **D.A.S. 1232687** Kl. 23b vom 15/7. 1964, ausg. 19/1. 1967. **Belg.A.S. 650913** vom 23/7. 1964, bekanntgemacht 25/1. 1965. Alle U.S. Prior. 13/4. 1964.) J. Bardeleben 6751

2887 VEB Leuna-Werke „Walter Ulbricht" (Erfinder: Hermann Kaufmann, Winfried Thielebeule, Leuna, Annelies Lettau, Merseburg, und Gottfried Hey), Leuna, **Herstellung von Kraftstoffen für Ottomotoren mit guter Straßenoktanzahl aus einer Benzinfraktion, deren Hauptteil aus oberhalb 90° siedenden Komponenten besteht,** wobei die Benzinfraktion (**I**) in einer Reformier- u. einer Hydrospaltstufe behandelt wird, dad. gek., daß man I in 1. Stufe bei 30—140 at, 320—420°, Katalysatorbelastungen von 0,2—3 Vol./Vol./Std. u. H_2: KW-Stoff-Verhältnissen von 500—2500 Nm^3/m^3 über einem bekannten Katalysator hydrierend spaltet u. die isomerenreichen Prod. in 2. Stufe bei 15—60 at, 480—530°, Katalysatorbelastungen von 1—6 Vol./Vol./Std. u. H_2:KW-Stoff-Verhältnissen von 500—1500 Nm^3/m^3 über einem bekannten Katalysator reformiert, wobei die Arbeitsbedingungen beider Stufen in Abhängigkeit von den verwendeten Katalysatoren so aufeinander abgestimmt werden, daß gleichzeitig mit dem gewünschten Siedeverlauf eine gute Straßenoktanzahl erreicht wird. — Zeichnung. (**D.A.S. 1254796** Kl. 23b vom 15/5. 1965, ausg. 23/11. 1967.) — 7 S. E. Kahles 6751

2888 Shell Internationale Research Mij. N. V., Den Haag, Niederlande (Erfinder: Marvin Legator, Silver Springs, Md., USA), **Unter Normalbedingungen flüssige Kohlenwasserstoff-Kraftstoffe mit Widerstandsfähigkeit gegenüber Zersetzungen durch Mikroorganismen** aus Erdölmitteldestillaten, gek. durch den Geh. an einer wirksamen Menge eines α,β-ungesätt. Aldehyds der allg. Formel R–CH=C(R°)–CHO oder eines davon abgeleiteten mono- oder dialiphat. Acetals der allg. Formel R–CH=C(R°)–CH(OR')–OR'' oder eines davon abgeleiteten Diesters der allg. Formel R–CH=C(R°)–CH(OOC–R')–OOC–R'', R u. R° = jeweils H, Alkyl mit 1—4 C-Atomen, mit Ausnahme in der Formel für den Aldehyd selbst, in der R stets H ist; R' = Alkyl, Alkenyl mit 1—10 C-Atomen, aber in dem Alkenyl ist das mit dem O-Atom verbundene C-Atom nicht an der olefin. Doppelbindung beteiligt; R'' = entweder H oder R'. — *Düsentreibstoffe.* (**D.A.S. 1247742** Kl. 46a[6] vom 28/4. 1965, ausg. 17/8. 1967.) — 5 S. E. Kahles 6771

2889 Shell Internationale Research Mij. N.V., Den Haag, Niederlande (Erfinder: Ronald Burt, Chester, Cheshire, und John Campbell Moseley, Woking, Surrey, Großbritannien), **Destillierte Dieselöle,** dad. gek., daß sie bis zu 2 Vol.-%, bezogen auf das Dieselölgemisch, eines alkoxysubstituierten Propylnitrates mit höchstens 5 C-Atomen im Alkoxyrest enthalten, z. B. *1-Methoxypropyl-2-nitrat, Cyclohexylnitrat.* (**D.A.S. 1247741** Kl. 46a[6] vom 20/4. 1965, ausg. 17/8. 1967. Brit. Prior. 22/4. 1964.) — 3 S. E. Kahles 6773

2890 Mobil Oil Corp., New York, N.Y. (Erfinder: Robert Hall Davis, Pitman, N.J.), USA, **Metallbearbeitungsflüssigkeit,** bestehend aus einem Alkanolamin, einer Carbonsäure mit 6—12 C-Atomen, einer Alkenylbernsteinsäure bzw. deren Anhydrid, wobei der Alkenylrest gerad- oder verzweigtkettig oder durch H, S u. Halogen substituiert sein kann, u. Wasser. (**D.A.S. 1257381** Kl. 23c vom 12/5. 1964, ausg. 28/12. 1967. U.S. Prior. 17/5. 1963.) — 2 S. W. Räuschl 6777

2891 Farbwerke Hoechst Akt.-Ges. vormals Meister Lucius & Brüning, Frankfurt/M. (Erfinder: Johannes Evangelist Miller, Burgkirchen/Alz, und Wolfgang Knoblauch, Burghausen), **Hydraulische Flüssigkeit** auf Basis von Gemischen von *Alkylenglykolen,* deren Äthern oder Kondens.-Prod. von Fettsäuren mit Alkylenglykolen oder mehrwertigen Alkoholen, enthält solche Komponenten, die als endständiges Glied der Alkylenglykolätherkette eine Propoxy- bzw. Butoxygruppe besitzen. (**D.A.S. 1248206** Kl. 23c vom 7/12. 1962, ausg. 24/8. 1967.) — 2 S. W. Räuschl 6777

2892 Unilever-Emery N.V., Gouda, Niederlande (Erfinder: Robert T. Trites und Phillip A. Froehlich, Cincinnati, O., USA), **Schmieröl** enthält als Antioxydans Amide der allg. Formel [R'][R''']–N–$[CH_2]_{2-5}$–NH–CO · R'', worin R' = C_1—C_4-Alkylrest, R'' = C_{15}—C_{24}-Alkylrest u. R''' = R' oder –$[CH_2]_{2-5}$–NH–CO · R'' sind, z. B. *N.N-Dimethylisostearylamidopropylamin.* — Tabellen. (**D.A.S. 1247526** Kl. 23c vom 22/11. 1963, ausg. 17/8. 1967. U.S. Prior. 23/11. 1962.) — 4 S. W. Räuschl 6778

2893 Mobil Oil Corp., New York, N.Y. (Erfinder: Edward Andrew Oberright, Woodbury, und Herbert Lewis Hepplewhite, Woodbury Heights, N.J.), USA, **Schmierölgemisch,** bestehend aus einem bekannten Antiox.-Mittel auf Amin-, Phenol-, Ester- oder Phosphit-Basis, 1-Salicylalaminoguanidin, einer oder mehreren aliphat. gesätt. oder ungesätt. Carbonsäuren mit 14—18 C-Atomen, ggf. alkylsubstituiertem Polyhydroxyanthrachinon u. einem Trialkyl- bzw. Triarylphosphat bzw. -phosphit. (**D.A.S. 1248205** Kl. 23c vom 6/4. 1964, ausg. 24/8. 1967. U.S. Prior. 8/4. 1963.) — 3 S. W. Räuschl 6778

2894 Lubrizol Corp. (Erfinder: William Monroe LeSuer), Cleveland, O., USA, **Mineralschmieröl** enthält ein Rk.-Prod. aus a) mindestens 1 Äquivalent einer KW-Stoff-substituierten, aliphat. Dicarbonsäure mit mindestens 12 C-Atomen im KW-Stoff-Rest, b) 1 Mol eines Alkylenamins, u. c) mindestens 0,5 Äquivalente CS_2. (**D.A.S. 1254276** Kl. 23c vom 12/6. 1962, ausg. 16/11. 1967. U.S. Prior. 12/6. 1961.) — 5 S. W. Räuschl 6778

2895 British Petroleum Co. Ltd., London (Erfinder: John Frederick Ford und Keith George Allum, Sunbury-on-Thames, Middlesex), Großbritannien, **Schmieröl** enthält zwecks Erhöhung der Druckaufnahmefähigkeit ein Sulfoxid der allg. Formel R–C · $(CH_3)_2$–SO–[–C$(CH_3)_2$–$]_n$–R, worin R = ein niedriger aliphat. Alkylrest, u. n = 0 oder 1 ist. (**D.A.S. 1252347** Kl. 23c vom 4/3. 1964, ausg. 19/10. 1967. Brit. Prior. 11/3. 1963.) — 1 S. W. Räuschl 6778

2896 Rheinpreussen Akt.-Ges. für Bergbau und Chemie, Homberg/Ndrh. (Erfinder: Friedrich Engelhardt, Hamburg), **Schmieröle für Düsenflugzeuge** bestehen aus Estern von Alkylbernsteinsäuren mit 4—10 C-Atomen im Alkylrest u. aliphat., gerad- bzw. verzweigtkettigen Alkoholen mit 6—10 C-Atomen oder deren Gemischen, ggf. zusammen mit anderen Esterölen. (**D.A.S. 1246921** Kl. 23c vom 5/5. 1964, ausg. 10/8. 1967.) — 2 S. W. Räuschl 6778

2897 Dehydag Deutsche Hydrierwerke G.m.b.H. (Erfinder: Manfred Teupel), Düsseldorf, **Mineralölemulgatoren** für Emulsionen aus Mineralölen u. kalten wss. Medien, mit universeller Anwendungsbreite für die verschiedensten Mineralöle sind Kombinationen aus a) einer Mischung von 50—80 Gew.-% eines Petrolsulfonats vom Molgew. 350—550, u. 20—50 Gew.-% eines Rk.-Prod. aus 2—8 Mol Alkylenoxid an Fettalkohole bzw. Alkylphenole mit insgesamt 12—18 C-Atomen, wobei mit steigendem Molgew. des Petrolsulfonates auch der Alkoxylierungsgrad des Fettalkohols bzw. Alkylphenols steigt, u. b) einer Mischung aus 50—80% eines Petrolsulfonates mit Molgew. 350—550 u. 20—50% eines Rk.-Prod. aus 8—30 Mol. Alkylenoxid an Fettalkohole bzw. Alkylphenole mit insgesamt 12—18 C-Atomen, wobei der Alkoxylierungsgrad der Rk.-Prod. mit steigendem Molgew. des Petrolsulfonates größer wird. Als Fettalkohol wird ein Gemisch aus Oleyl–Cetylalkohol mit Jod-Zahl 50—55 bzw. Nonylphenol bevorzugt. (**D.A.S. 1256222** Kl. 12s vom 13/2. 1960, ausg. 14/12. 1967.) — 3 S. E. Dörfel 6778

2898 Shell Internationale Research Mij. N. V., Den Haag, Niederlande (Erfinder: Bennett Morris Henderson, Edwardsville, und Richard Lamar Woodruff, Alton, Ill., USA), **Schmieröl** enthält neben üblichen Zusätzen ein öllösl. Salz aus einem durch Rk. eines monoalkyl- oder monoalkylensubstituierten Bernsteinsäureanhydrids mit 30—500 C-Atomen in diesem Substituenten mit Alkylen- oder Polyalkylen(poly)-aminen hergestellten Imid u. einem sauren Mono- oder Diarylphosphat bzw. -thiophosphat. (**D.A.S. 1257383** K. 23c vom 24/7. 1964, ausg. 28/12. 1967. U.S. Prior. 26/7. 1963.) — 4 S. W. Räuschl 6778

2899 Röhm & Haas G.m.b.H., Darmstadt (Erfinder: Otto Hitzler, Erzhausen, Ulrich Schödel, Darmstadt, Heinz Jost, Messel, und Ernst Koch, Traisa), **Schmieröle** enthalten öllösl. Additionspolymere von Monoolefinen, die durch Rk. von Anhydrid-, Epoxy-, Isocyanat- oder Iminogruppen enthaltenden öllösl. Polymerisaten bzw. Mischpolymerisaten (Molgew. 1000 bis 5000000) mit Säureamid-, Nitril- oder seitenständige Aminogruppen enthaltenden ölunlösl. Polymerisaten oder

Mischpolymerisaten (Molgew. 500—50000) erhalten worden sind. Das Verhältnis der Komponenten beträgt 3:1 bis 30:1. (**D.A.S. 1258535** Kl. 23c vom 22/8. 1963, ausg. 11/1. 1968.) — 3 S. W. Räuschl 6778

2900 Esso Research and Engineering Co., Elizabeth (Erfinder: Arnold J. Morway, Clark, James Nixon, Elizabeth, und Rudolf Kassinger, Westfield), N.J., USA, **Schmiermittel** enthält Alkali- oder Erdalkalisalze von C_2–C_{30}-Carbonsäuren u. zusätzlich eine Alkenylbernsteinsäure, deren Anhydrid oder deren Alkali- oder Erdalkalisalze mit 40—250 C-Atomen im Alkenylrest, bes. einem Polyisobutenylrest. (**D.A.S. 1250951** Kl. 23c vom 31/10. 1963, ausg. 28/9. 1967. U.S. Prior. 30/11. 1962.) — 4 S. W. Räuschl 6780

2901 Robert Tedden, Marienbaum, **Schmierfette** für hohe Drücke u. hohe Temp. enthalten zusätzlich *Bleimolybdat*. (**D.A.S. 1254275** Kl. 23c vom 22/8. 1962, ausg. 16/11. 1967.) — 2 S. W. Räuschl 6780

2902 Shell Internationale Research Mij. N. V., Den Haag, Niederlande (Erfinder: Charles Henry Bailey, Berkeley, Calif., USA), **Schmiermittel für Aluminiumflächen,** bestehend aus einem Mineralöl, einem Erdalkalierdölsulfonat oder einem Mischpolymerisat aus Vinylpyrimidin u. C_{12}–C_{18}-Alkylmethacrylat u. 0,5—5 Gew.-% eines aliphat. Alkohols oder Ketons oder Epoxids mit je 12—22 C-Atomen, wobei der Sauerstoff an das α- u./oder β-C-Atom der aliphat. Kette gebunden ist. (**D.A.S. 1253394** Kl. 23c vom 11/3. 1964, ausg. 2/11. 1967. U.S. Prior. 13/3. 1963.) — 2 S. W. Räuschl 6780

2903 Shell Internationale Research Mij. N. V., Den Haag, Niederlande (Erfinder: John David Stansfield, Stanford-le-Hope, Essex, und Charles Barnes Lancaster, Wirral, Cheshire, Großbritannien), **Schmierfett,** bestehend aus einem Schmieröl, einem wasserfesten Ton, einem Alkylencarbonat u. zusätzlich einem Polyalkohol mit einem Kp. $> 100°$. (**D.A.S. 1253393** Kl. 23c vom 5/2. 1964, ausg. 2/11. 1967. Brit. Prior. 7/2. 1963.) — 3 S. W. Räuschl 6780

2904 Molykote Produktionsgesellschaft m. b. H., München (Erfinder: Geert Werner und Ernst Bernhard Salomon, Den Haag, Niederlande), **Schmiermittel,** bestehend aus bekannten Metallsulfiden der II. Gruppe des Period. Syst., MoS_2 u./oder WS_2 u. metallhaltigen oder metallfreien, halogenierten *Phthalocyaninen*. (**D.A.S. 1255222** Kl. 23c vom 19/1. 1965, ausg. 30/11. 1967.) — 2 S. W. Räuschl 6780

2905 Molykote Produktionsgesellschaft m. b. H. (Erfinder: Wilhelm Sibert), München, **Trockenschmiermittel,** bestehend aus Festschmierstoffen mit Schichtgitterstruktur, welche mit anionenakt. Lsg. von Alkali-, Erdalkali- oder Ammoniumsulfiden, -sulfiten, -sulfaten, -thiosulfaten, -persulfaten, -halogeniden oder -cyanamiden oberflächlich behandelt worden sind. (**D.A.S. 1256345** Kl. 23c vom 22/7. 1964, ausg. 14/12. 1967.) — 3 S. W. Räuschl 6780

2906 Wintershall Akt.-Ges., Celle und Kassel (Erfinder: Walter Baist und Robert Kellner, Rheine), **Einlaufschmiermittel,** bestehend aus ggf. Emulgatoren enthaltenden Emulsionen von Schmierölen, bes. Spindel- oder Maschinenölen, u. Wasser. (**D.A.S. 1247527** Kl. 23c vom 2/4. 1963, ausg. 17/8. 1967.) — 2 S. W. Räuschl 6780

2907 Ruhrchemie Akt.-Ges., Oberhausen (Erfinder: Hans Feichtinger, Dinslaken, Herbert Göthel und Heinz Noeske, Oberhausen), **Schmiermittel,** bestehend aus Orthokieselsäureestern der allg. Formel $Si[OR]_{4-n} \cdot [OR']_n$, worin R = Alkylreste mit wenigstens 8 C-Atomen u. R′ = Reste von Halbestern gesätt. Carbonsäuren mit 6—20 C-Atomen mit Alkylen- oder Oxyalkylendiolen mit 2—20 C-Atomen, n = eine ganze Zahl von 1—3 u. wobei R u. R′ untereinander gleich oder verschieden sein können. (**D.A.S. 1247524** Kl. 23c vom 23/6. 1964, ausg. 17/8. 1967.) — 2 S. W. Räuschl 6780

2908 Hydraulik G. m. b. H. (Erfinder: Hermann Prött), Duisburg, **Schmiermittel-Plattenvorlage** zum Auspressen von Kohlenstoff-Stahlblöcken aus Strangpressen, bestehend aus einer Mischung von koll. Graphit u. Wasserglas von etwa gleichen Teilen. Die Vorlage wird durch Pressen u. Trocknen der Komponenten hergestellt. — Neben gutem Schmiereffekt wird Aufkohlung des Stranggutes erzielt. (**D.A.S. 1257334** Kl. 23c vom 5/5. 1961, ausg. 28/12. 1967.) — 2 S. W. Räuschl 6780

2909 Mobil Oil Corp. (Erfinder: John Edward Schott), New York, N.Y., USA, **Schmierfett** enthält eine Mischung von Ca-Salzen bzw. -Seifen von C_1–C_6-, C_7–C_{12}-Monocarbonsäuren sowie von Monocarbonsäuren mit $\geqq 13$ C-Atomen u. Kokosnußölsäuren u. Bleiseifen. (**D.A.S. 1256826** Kl. 23c vom 17/4. 1957, ausg. 21/12. 1967.) — 4 S. W. Räuschl 6780

2910 Sinclair Research, Inc., New York, N.Y. (Erfinder: Robert W. Schrum, Lancing, Ill., und William H. Borling, Glen Cove, N.Y.), USA, **Schmiermittel** für hohe u. tiefe Temp. besteht aus 60—80 (%) Di-2-äthylhexylazelat, 15—35 Diisodecylazelat u. 0,1 bis 5 Trikresylphosphat auf Petroleumbasis. (**D.A.S. 1258537** Kl. 23c vom 26/7. 1962, ausg. 11/1. 1968. U.S. Prior. 27/7. 1961.) — 3 S. W. Räuschl 6780

2911 Esso Research and Engineering Co., Elizabeth (Erfinder: Arnold J. Morway, Clark), N.J., USA, **Schmierfett** besteht aus einem Schmieröl, einem Kieselsäureverdicker u. zusätzlich noch Calciumacetat. (**D.A.S. 1240610** Kl. 23c vom 13/1. 1960, ausg. 18/5. 1967.) — 3 S. W. Räuschl 6780

2912 Alpha-Molykote Corp., Stamford, Conn., USA (Erfinder: Wilhelm Schanzer und Robert Kufner, München), **Trockenschmiermittel oder Schmierfettzusatz,** bestehend aus einem Gemisch von MoS_2, WS_2, SnS_2, PbS u. ZnS zusammen mit KNO_3, Na- u./oder K-Hexanitrokobaltat, Na-Nitrosopentacyanoferrat, 1.5-Dinitronaphthalin, α-Nitronaphthalin u./oder Nitrobenzol. (**D.A.S. 1249431** Kl. 23c vom 3/2. 1962, ausg. 7/9. 1967.) — 2 S. W. Räuschl 6780

2913 Shell Internationale Research Mij. N. V., Den Haag, Niederlande (Erfinder: Donald Edward Loeffler, Walnut Creek, Calif., USA), **Schmierfett** enthält als Verdicker einen Ton, der auf seiner Oberfläche 0,7—5 Gew.-Teile eines Epoxidharzes, welches mit einem organ. Amin oder Amid bzw. Polyamin oder -amid gehärtet worden ist, enthält. (**D.A.S. 1257332** Kl. 23c vom 23/6. 1964, ausg. 28/12. 1967. U.S. Prior. 25/6. 1963.) — 5 S. W. Räuschl 6780

2914 Mahle K. G. (Erfinder: Erich Meyer-Rässler), Stuttgart, **Galvanische Herstellung von porösen Metallüberzügen,** deren Poren ggf. fl. Schmiermittel enthalten, auf gleitender Reibung ausgesetzten Teilen, dad. gek., daß in den Elektrolyten mit einem Gas oder einem fl. Schmiermittel gefüllte Kunststoffbläschen (Mikrokapseln) eingebracht u. während der galvan. Abscheidung des Metallüberzugs gegen die Oberfläche der Kathode gelenkt werden. (**D.A.S. 1255432** Kl. 48a vom 23/6. 1966, ausg. 30/11. 1967.) — 1 S. H. Hänle 6780

2915 **Gas Council,** London, Großbritannien, *Herstellung methanhaltiger Brenngase aus Kohlenwasserstoffen.* (**Belg.A.S. 644 673** vom 4/3. 1964, bekanntgemacht 1/7. 1964. — C. **1967,** 7-2900 [Brit.P. 994 278].)

2916 **Chemical Construction Corp.,** N. Y., USA (Erfinder: **Sidney Alan Bresler** und **Arthur Wilson Francis**), *Entfernen von Kohlendioxid und Schwefelwasserstoff aus Gasen.* (**Brit.P. 996 543** vom 11/7. 1963, ausg. 30/6. 1965. — C. **1966,** 5-2633 [U.S.P. 3 101 996].)

2917 **Esso Research and Engineering Co.,** Elizabeth, N. J., USA, *Entfernung metallischer Verunreinigungen aus Kohlenwasserstoffen.* (**Niederl.P. 112 175** vom 29/7. 1958, ausg. 15/12. 1965. U.S. Prior. 31/7. 1957. — C. **1963,** 19 877 [U.S.P. 2 971 905].)

2918 **Office National Industriel de l'Azote,** Toulouse, Frankreich, *Umwandlung von Kohlenwasserstoffen in Wasserstoff.* (**Brit.P. 1 009 961** vom 10/12. 1963, ausg. 17/11. 1965. F. Prior. 11/12. 1962. — C. **1967,** 23-2690 [Belg.A.S. 640 818].)

2919 **British Petroleum Co. Ltd.** (Erfinder: **Peter T. White** und **David L. Knights**), *Isomerisation von Paraffinen.* (**Aust.P. 262 110** vom 21/11. 1961, ausg. 30/9. 1965. Brit. Prior. 1/12. 1960. — C. **1965,** 47-2968 [Brit.P. 953 188].)

2920 **Universal Oil Products Co.,** Des Plaines, Ill., USA (Erfinder: **E. J. Bicek**), *Reformieren von Kohlenwasserstoffen.* (**Belg.A.S. 645 402** vom 19/3. 1964, bekanntgemacht 16/7. 1964. U.S. Prior. 25/3. 1963. — C. **1968,** 23-2939 [F.P. 1 392 091].)

2921 **Farbenfabriken Bayer Akt.-Ges.,** übert. von: **Walter Krönig** und **Hans-Joachim Müller,** Leverkusen, *Selektive Hydrierung von Leichtbenzinen.* (**U.S.P. 3 182 015** vom 25/10. 1961, ausg. 4/5. 1965. D. Prior. 28/10. 1960. — C. **1966,** 36-2625 [Brit.P. 934 429].)

2922 **Ionan Ges. für Glimmentladungstechnik G. m. b. H.**, Köln, *Herstellung von Nitrylperchlorat.* (**Brit.P. 1 016 888** vom 11/12. 1962, ausg. 12/1. 1966. D. Prior. 14/12. 1961. — C. **1965**, 31-3153 [D.A.S. 1 177 623].)

2923 **Shell Internationale Research Mij. N. V.** (Erfinder: **John J. Weaver** und **Charles E. Francis**), *Emulgierbare Mineralöle.* (**Aust.P. 262 078** vom 19/12. 1962, ausg. 30/9. 1965. U.S. Prior. 22/12. 1961. — C. **1966**, 29-2762 [Brit.P. 970 680].)

2924 **Castrol Ltd.** (Erfinder: **John Scotchford Elliot** und **Eric Descamp Edwards**), London, Großbritannien, *Mineralschmieröl.* (**Schwz.P. 406 498** vom 2/6. 1960, ausg. 15/8. 1966. Brit. Prior. 5/6. 1959 u. 14/4. 1960. — C. **1964**, 23-2827 [Brit.P. 882 295].)

2925 **Aluminium Laboratories Ltd.**, Montreal, Canada (Erfinder: **Roman Dominik Guminski**, Bloxham, Großbritannien), *Schmieröl.* (**Schwz.P. 404 053** vom 5/12. 1962, ausg. 30/6. 1966. Brit. Prior. 5/12. 1961. — C. **1965**, 47-2982 [Brit.P. 964 268].)

2926 **Shell Internationale Research Mij. N. V.**, Den Haag, Niederlande, *Sulfoxymethylphosphonsäuren, deren Salze und Ester.* (**Brit.P. 1 010 536** vom 21/12. 1961, ausg. 17/11. 1965. U.S. Prior. 23/12. 1960. — C. **1966**, 38-2642 [F.P. 81 706].)

2927 **Ethyl Corp.** (Erfinder: **Thomas H. Coffield** und **Alan H. Filbey**), *Dialkylphenylderivate.* (**Aust.P. 262 017** vom 17/4. 1962, ausg. 30/9. 1965. — C. **1962**, 16 905 [U.S.P. 2 944 086].)

2928 **British Petroleum Co. Ltd.**, übert. von: **John Welford Hyde**, London, Großbritannien, *Gewinnung von weißem Paraffinwachs aus wachshaltigen Kohlenwasserstoffölen.* (**U.S.P. 3 208 932** vom 14/8. 1962, ausg. 28/9. 1965. — C. **1966**, 12-2633 [Brit.P. 977 643].)

H–8. Färberei, Farbstoffe

Textilfärberei und -druck

2929 **Oscillopolarographie und ihre Anwendungsmöglichkeiten in der Textilindustrie. Oscillopolarographische quantitative Bestimmung der Naphtholderivate.** D. F. Péter und I. Ozvald. (Textil-Praxis **22** (1967) 9, 658 bis 662; Forsch.-Inst. für Textilind., Budapest; dt.) — Vf. untersuchen die Möglichkeit der Heranziehung der Oscillopolarographie zur quant. Best. der in der Azofärberei gebräuchlichen Kupplungskomponente Naphthol AS–SG. Auf diesem Weg ist eine mol. Konz.-Best. zwischen 10^{-5} u. 10^{-4} mit einer Genauigkeit von 2,5 bis 3,3% möglich. R. Held 6810

2930 **Neueste Entwicklungen und praktische Aspekte beim Klotz-Verweilverfahren mit Procionfarbstoffen.** W. J. Marshall. (Textilveredlung [Basel] **2** (1967) 5, 228 bis 242; Imp. Chem. Ind. Ltd. Manchester; dt.) — Nach einem kurzen Überblick über die Entw. der Procionfarbstoffe u. die Eignung der verschiedenen Marken für kontinuierl. u. diskontinuierl. Verf. wird die Arbeitsweise von 2 einfachen Mischsyst. für Farbstofflsg./Alkali beim Klotz-Verweilverf. beschrieben. Als Ergebnis umfassender Labor.-Vers. wird ein neues Waschverf. für Reaktivfärbungen vorgestellt, bei dem nicht Durchflußmenge u. -geschw. sondern langsame Diffusion durch Verdrängen entscheidend ist. 3 auf dieser Erkenntnis beruhende Modelle von Baumwaschmaschinen werden ausführlich besprochen. L. Jentgen 6810

2931 **Farbstoffkonzentrationsprofile innerhalb einzelner Nylonfilamente.** J. P. Bell, W. C. Carter und D. C. Felty. (Textile Res. J. **37** (1967) 6, 512—16; Chemstrand Res. Center, Inc. Res. Triangle Park, Durham, N.C.; engl.) — Bestimmt werden Konz.-Profile anion. Farbstoffe in einzelnen verstreckten Filamenten. Die Gestalt des Profils ist im wesentlichen die gleiche, wie sie von Peters, Petropoulos u. McGregor für unorientierte Nylonfilme gefunden wurde. Die Fadenbildungs- u. Orientierungsvorgänge haben augenscheinlich keinen Einfl. auf den Diffusionsmechanismus. Erörtert wird die Verw. von Konz.-Profilen zur Unterscheidung von chem. u. physikal. Ursachen von Unterschieden im Färbeverh.; Änderungen in der Färbebadkonz. beeinflussen weder die Form des Konz.-Profils noch die Eindringungstiefe zu einer bestimmten Zeit. L. Jentgen 6810

2932 **Textiles Färben.** G. S. J. White. (Amer. Dyestuff Reporter **56** (1967) 6, P 176—79; Dyestuffs Div. Imper. Chem. Ind. Ltd., Manchester; engl.) — Besprochen werden europ. Forschungen u. Entw., so bei den Farbstoffen die Reaktivfarbstoffe u. bei den kontinuierl. Färbeverf. das *Standfast-Molten-Metal-*, das *Pad-Roll-* u. *Klotz-Verweilverf.* u. das *HT-Dämpfverf.*; ein Blick in die Zukunft umfaßt die Automation des Färbevorgangs u. die Rezeptur- u. Korrekturberechnung durch elektron. App., die Probleme des Lsgm.-Waschens u. -färbens u. einen kurzen Blick auf die Anwendung von Laser-Strahlen bei Druckverfahren. L. Jentgen 6810

2933 **Färben von Tufting-Teppichen aus Polyamidfasern.** 1. Mitt. Heinz-Josef Huypen und Roland Weber. (Bayer Farben-Rev. **1967**, 13, 36—47; dt.) — Schilderung der chem., physikal. u. techn. Eig. der für diese durch Nadelung (Tufting) hergestellten Gebrauchsteppiche in Frage kommenden Fasern aus einheitlichen, gemischten oder chem. modifizierten Polyamiden. Beschrieben wird die diskontinuierliche Stückfärbung, die hierfür nötige Spezialapp. u. deren Lieferfirmen, die Färbung in Uni- u. Mehrfarben-Nuancen mit Säure- u. Dispersionsfarbstoffen, Nachbehandlung u. Echtheit der Färbungen. Rezepturen werden angegeben. R. Held 6814

2934 **Kettschlichtefärbungen mit unlöslichen Azofarbstoffen.** H. Herzog. (Textilveredlung [Basel] **2** (1967) 4, 205—09; Rohner AG, Pratteln; dt.) — Prinzipiell stehen 2 Verf. zur Verfügung. Bei dem ersten wird der Schlichteflotte ein Naphthanilid zugesetzt, die getrockneten Kettfäden werden verwoben u. die betr. Baumwollgewebe in einer Diazolsg. auf dem Foulard oder Jigger entwickelt. Bei der zweiten werden der Schlichteflotte Mischungen von Naphtaniliden mit Diazoaminoverb., also Farbstoffe des Sinagen oder Ronagen-Typs zugesetzt. Der Einsatz dieser oder jener Färbeweise hängt vom herzustellenden Artikel u. vom Maschinenpark ab. L. Jentgen 6814

2935 **Färben von Baumwoll- und Zellwollgarnen mit Cibacron-Farbstoffen in der Kettschlichte.** M. Peter und J. R. Schrader. (Textilveredlung [Basel] **2** (1967) 4, 209—11; CIBA AG, Basel; dt.) — Das beschriebene Verf. ist für alle Artikel geeignet, bei denen eine gleichfarbige Kette vorliegt. Die benötigten Maschinen u. ein Schlichte-Rezepturbeispiel sowie eine Auswahl geeigneter Cibacronfarbstoffe werden aufgeführt. Arbeitsgang u. Echtheitseig. werden besprochen. L. Jentgen 6814

2936 **Experimentelle Beiträge zur Phänomenologie der Färbung von Polyestersubstraten mit Dispersionsfarbstoffen bei Temperaturen von 200°.** K. V. Datye, P. J. Kangie und B. Miličevič. (Textilveredlung [Basel] **2** (1967) 5, 263—74; CIBA Res. Centre, Goregaon, India; dt.) — Das Thermofixierverf. wird experimentell untersucht. Der Dampfdruck von 10 Farbstoffen wird mit der Effusionsmeth. bestimmt u. unter Berücksichtigung verschiedener Färbebedingungen werden Sorptionsisothermen u. Aufziehkurven für die Dispersionsfarbstoffe auf Polyester bei 150—230° ermittelt. Der Zwischengarn-Farbstofftransport in Polyester- u. Polyester/Baumwollgeweben unter verschiedenen Färbebedingungen u., im Zusammenhang mit dem Färben von Mischungen, die Art der Baumwollanschmutzung durch Dispersionsfarbstoffe werden untersucht. L. Jentgen 6814

2937 **Irga-Pad-Kontinue-Färbeverfahren.** J. A. Leddy. (Amer. Dyestuff Reporter **56** (1967) 2, 34—39; Geigy Dyestuffs, Div. of Geigy Chem. Corp., Ardsley, N.Y.; engl.) — Besprochen wird die Anwendung des *Irga-Pad-Verf.* zum kontinuierlichen Färben von Wollkammzug u. -kabel, erwähnt werden auch die guten Ergebnisse auf Polyamid- u. bas. färbbaren Acrylfasern. Das Verf. beruht auf dem Klotzen der Farbstofflsg. auf das Material u. dessen Weiterleitung mit wenig physikal. Disturbation durch den Dämpfer, Wäscher u. Trockner. Ausführliche Angaben erfolgen über Konstruktion u. Arbeitsweise von 3 grundlegenden App., die speziell für dieses Verf. entwickelt wurden. L. Jentgen 6814

2938 **Thermofixierung von Reaktivfarbstoffen vom Vinylsulfon-Typ auf Baumwolle.** Erik Kissa. (Amer. Dyestuff Reporter **56** (1967) 4, 106—08; organ. Chem. Dep. E. I. du Pont de Nemours u. Co Inc. Wilmington, Del.; engl.) — Untersucht wird die Klotz-Hitze-Anwendung von Vinylsulfon-Reaktivfarbstoffen auf Baumwolle. Hohe Farbstoffixierung u. tiefe Töne werden unter Verw. von NaOH u. Fortlassung des Harnstoffs aus dem Farbbad erzielt. Harnstoff beschleunigt die Spaltung der Faser–Farbstoff-Bindung durch Alkali u. Hitze u. ist deshalb nachteilig für die Thermofixierung von Farbstoffen vom Vinylsulfontyp. Farbstoffhydrolyse oder -ausfällung im Farbbad werden durch ein Doppel-Klotzverf. vermieden, wobei Farbstoff u. Alkali in getrennten Bädern sind u. durch zwei aufeinanderfolgende Klotzvorgänge angewandt werden. L. Jentgen 6814

2939 **Bedrucken von Mischtextilien aus Polyesterfasern/Cellulosefasern nach dem einstufigen Thermosolverfahren mit Levafix P + Resolin-Farbstoffen.** Werner Kühnel. (Bayer Farben-Rev. **1967,** 13, 16—23; dt.) — Schilderung u. Vgl. des ein- u. zweistufigen Thermosol-Druckverf. für *Polyester-Baumwolle-* bzw. *Zellwolle-Mischgewebe* unter Verw. von *Reaktiv-(Lavafix P-)* u. *Dispersions-(Resolin-)Farbstoffen* mit Angabe von Druckvorschriften u. Rezepturen. R. Held 6815

2940 **Levafix P-Farbstoffe: Neuartige Reaktivfarbstoffe für Textildruck und Färberei. — Textildruck.** Karl Bühler, Dietrich Hildebrand und Richard Schwaebel. (Bayer Farben-Rev. **1967** 13, 1—15; dt.) — Angaben über das Verh. dieser Farbstoffe beim Textildruck: Fixiergeschw., Hydrolysekonst. u. Halbwertszeiten bei wechselndem pH, Fixierausb., Auswaschbarkeit, Beständigkeit der Druckpasten beim Lagern u. beim Druck. R. Held 6815

2941 **Wirkung des Lichts auf färbende Substanzen.** K. McLaren. (J. Soc. Cosmet. Chemists **18** (1967) 4, 245 bis 264; Dyestuffs Div., Imp. Chem. Ind. Ltd., Manchester; engl.) — Berichtet wird über die grundlegenden Mechanismen, die bei der Lichtabsorption färbender Substanzen auftreten. Gewöhnlich bewirkt dies Lichtabbau der organ. Farbstoffe, aber nur in sehr wenigen Fällen sind die daraus folgenden chem. Rk. aufgeklärt worden. Die Rk., die erkannt wurden, werden beschrieben. Eine prakt. Meth. zur Best. der Verschießgeschw., Lichtechtheiten wird ausführlich beschrieben. Erwähnt werden auch andere photochem. Rk., die bei bestimmten gefärbten Textilien eintreten, wie Faserschädigung. L. Jentgen 6816

2942 **Wirkung verschiedener Metallsalze auf Direktfarbstoffe.** Béla Mihalik und Éva Farkas. (Magyar Textiltechn. [Ung. Textiltechn.] **19** (1967) 9, 460—62; Budapest, Finomposztó Vállalat; ung.) — Mit Cu nachbehandelte Farbstoffe werden von allen Schwermetallsalzen niedergeschlagen, wodurch in der Farbstofflsg. Verluste auftreten, am Gewebe schlechte Reibfestigkeit verursacht wird. Gewebe, die mit Cu nachbehandelten Farbstoffen gefärbt sind, neigen — in Berührung mit Metall — zur Fleckbildung. Durch Nachbehandlung mit Cu ist die Lichtechtheit hervorragend, mit Ni-Salz gut, bei Verw. anderer Salze gering. J. Plank 6816△

2943 Farbwerke Hoechst Akt.-Ges. vormals Meister Lucius & Brüning, Frankfurt/M. (Erfinder: Rosl Kretsch, Bobingen, und Helmut Zettler, Schwabmünchen), **Färben von Fäden aus Polyestern,** indem man die Farbstoffe auf die Fäden aufbringt, sie verstreckt, trocknet u. durch Erhitzen auf bis 50° unter den F. um mindestens 10% schrumpfen läßt. (**D.A.S. 1252846** Kl. 29b vom 5/3. 1964, ausg. 26/10. 1967.) — 4 S. F. Koch 6814

2944 Badische Anilin- & Soda-Fabrik Akt.-Ges. (Erfinder: Gerhard Lützel und Werner Rohland), Ludwigshafen/Rh., **Färben und Bedrucken von Textilgut,** dad. gek., daß man auf das Gut Farbstoffe, die ein oder mehrere bes. über N, O oder S gebundene akt. H-Atome aufweisen oder solche H-Atome während des Färbe- u./oder Druckverf. bilden können, u. ungefärbte polyfunktionelle Verb., die $\geqq 2$ untereinander verschiedene reakt. Substituenten, nämlich Acryloyl-, α-Halogenacryloyl-, Chlormethylbenzoyl-, 3.4-Dichlorbuten-(2)-, 4-Chlorbutin-(2)-, in β-Stellung durch Äther-, Thioäther-, Sulfon-, durch mit starken O-haltigen Säuren veresterte OH-, SH-Gruppen substituierte Propionylreste, die bes. über N gebunden sind, u./oder Vinylsulfonreste, die bes. über N oder C gebunden sind, u./oder solche Substituenten, die während des Färbe- bzw. Druckverf. in derartige Reste übergehen können, aufbringt u. die Färbung ggf. in Ggw. alkal. wirkender Mittel bei erhöhter Temp. fixiert. Das Verf. dient bes. dem Färben u. Bedrucken von OH-Gruppen enthaltendem Material, wie nativer u. regenerierter Cellulose, ferner Celluloseacetat, Polyacrylnitril, Mischpolymerisaten, Polyäthylenglykolterephthalat, von Textilgut aus natürlichen u./oder synthet. Carbonsäureamidgruppen enthaltenden Stoffen, wie Wolle, Seide, linearen Polyamiden. Geeignete Farbstoffe sind Acridin-, Azo-, Azomethin-, Chinolin-, Naphthochinon- u. indigoide Farbstoffe, Leukoküpenfarbstoffester, Metallkomplex-, Nitro-, Pyrazolon-, Phthalocyanin-, Schwefel-, Stilben-, Thiazin-, Xanthenfarbstoffe, auch Gemische zweier oder mehrerer Farbstoffe. — Zum Beispiel wird Baumwollgewebe mit einer Lsg. von 20 Teilen der durch Rk. von 1 (Mol) Sulfanilsäure-β-chloräthylamid mit 1,2 β-Chlorpropionsäurechlorid erhältlichen Verb. der Formel $ClH_2C–H_2C–HNO_2S–C_6H_4–NH–CO–CH_2–CH_2Cl$ in 1000 Dimethylformamid imprägniert, getrocknet u. mit wss. Lsg. imprägniert, die in 1000 20 des Farbstoffes Acid Violet 9 (C. I., 2. Aufl. 1956, Bd. 3, S. 3385, C. I. Nr. 45, 190) u. 10 32%ig. wss. NaOH enthält. Violette Färbung sehr guter Naßechtheit. (**D.A.S. 1239265** Kl. 8m vom 21/4. 1962, ausg. 22/4. 1967.) — 13 S. I. Möllering 6814

2945 Farbwerke Hoechst Akt.-Ges. vormals Meister Lucius & Brüning, Frankfurt/M. (Erfinder: Helmut Arm, Langen/Hess., und Rudolf Löwenfeld, Buchschlag), **Färbepräparate zur Erzeugung wasserunlöslicher Azofarbstoffe auf Textilien** aus aromat. Polyestern oder Triacetylcellulose bestehen aus a) einem Arylamid der 2.3-Oxynaphthoesäure, b) einem 4-Aminoazonaphthalin, c) einem wasserlösl. Kondens.-Prod. aus einer aromat. Oxyverb. u. einer aromat. ω-Methansulfonsäure u. d) aus Wasser. — Eine Mischung aus 20 (Gew.-Teilen) 4-Amino-1.1′-azonaphthalin (**I**), 10 eines Kondens.-Prod. aus 4.4′-Dioxy-3.3′-dimethyldiphenylmethan, 1-ω-Sulfomethyl-2-oxynaphthalin-6-sulfonsäure u. 50 Vol.-Teilen W. wird in der Kugelmühle gemahlen bis die Teilchengröße von **I** 0,5—2 μ beträgt. Durch Zugabe von 20 1-(2′.3′-Oxynaphthoylamino)-2-methoxybenzol wird ein homogener Teig hergestellt, dessen Viskosität durch Zusatz von 0,5 Stärkeäther erhöht wird. Die Färbepräp. werden mit W. verd., in ein 85—95° warmes alkal. Färbebad eingetragen u. dann wird wie üblich in Ggw. eines Säurespenders gefärbt. (**D.A.S. 1248610** Kl. 8m vom 16/6. 1964, ausg. 31/8. 1967.) — 2 S. A. Jahn 6814

2946 Badische Anilin- & Soda-Fabrik Akt.-Ges., Ludwigshafen/Rh. (Erfinder: Gert Frerker, Frankenthal, Peter Kutschera und Wolfgang Schwindt, Ludwigshafen/Rh.), **Vermeidung der Pigmentwanderung beim Färben von Fasergut mit Pigmentfarbstofflotten (I),** die zusätzlich vernetzbare Bindemittel enthalten, durch Zusatz von Polyvinylcaprolactam, bes. in Mengen von 0,2—2 Gew.-%, bezogen auf **I.** (**D.A.S. 1255628** Kl. 8m vom 11/12. 1963, ausg. 7/12. 1967.) — 2 S. A. Jahn 6814

2947 Badische Anilin- & Soda-Fabrik Akt.-Ges., Ludwigshafen/Rh. (Erfinder: Hans Baumann, Ludwigshafen/Rh., und Wilhelm Federkiel, Frankenthal), **Färben von Textilgut** aus hydrophobem organ. Material, wie Cellulose-$2^1/_2$-acetat, Cellulosetriacetat, lineare Polyamide oder Polyurethane, Polyacrylnitril, bes. linearen Polyestern. Man stellt durch reduktive Spaltung von wasserlösl. Azofarbstoffen, deren aromat. Kupplungskomponenten von SO_3H-Gruppen frei sind, Amine unmittelbar im Behandlungsbad her, läßt diese auf die Faser aufziehen u. ox. sie anschließend. Man erhält satte, echte Schwarztöne. (**D.A.S. 1253666** Kl. 8m vom 21/12. 1963, ausg. 9/11. 1967.) — 3 S. A. Jahn 6814

2948 Cassella Farbwerke Mainkur Akt.-Ges., Frankfurt/M. (Erfinder: Hansjörg Vollmann), **Färben**

I

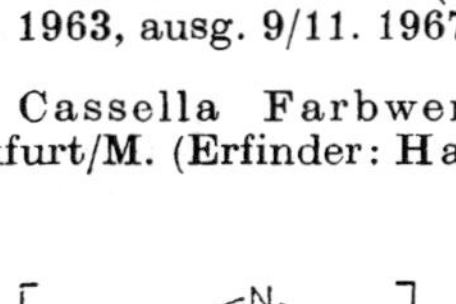

II

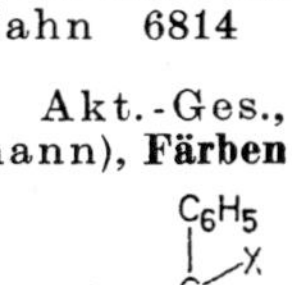

von Polyestermaterialien. Verwendet werden Farbstoffe der allg. Formel **I**, worin Aryl u. Arylen sich von gleichen oder verschiedenen ein- oder mehrkernigen aromat.

Ringsyst., die weitere Substituenten enthalten können, ableiten, zum Färben oder Bedrucken, bes. von Polyterephthalaten. Diese Farbstoffe werden u. a. durch Einw. von Aryl-Mg-Halogeniden auf β-Isoindigo u. seine Deriv. hergestellt. Ausgangsstoffe, aus denen die Farbstoffe durch Kondens. mit Phosphoroxyhalogenid u./oder Phosphorpentahalogenid, ggf. in Ggw. eines Red.-Mittels erhältlich sind, sind Dihydroisoindolonderiv. der allg. Formel **II**, worin die Bzl.-Ringe Substituenten u./oder annellierte Ringe enthalten können; X = H, OH, Alkoxy-, Aryloxy-, Carbonamido-, Ureido-, Carbalkoxyamido-, prim., sek., tert. Aminorest, Halogen, bes. 3-Phenyl-dihydroisoindolon-(1), 4.5.6.7-Tetrachlor-3-(4'-chlorphenyl)-dihydroisoindolon-(1) usw. Die Farbstoffe eignen sich auch zum Spinnfärben; z. B. wird Polyäthylenglykolterephthalatgewebe mit einer Klotzlsg., die pro 1 50 g 10%ig. wss. Teig des Farbstoffs, der durch Kondens. von 3-Phenyldihydroisoindolon-(1) mit $POCl_3$ oder durch Einw. von C_6H_5MgBr auf β-Isoindigo erhalten wird, u. 30 g Alginatverdickung (40%ig.) enthält, behandelt, getrocknet u. bei 210° 40 Sek. thermoisoliert u. nachbehandelt. Leuchtendgelbe Färbung. (**D.A.S. 1235855** Kl. 8m vom 2/8. 1963, ausg. 9/3. 1967.) — 3 S. I. Möllering 6814

2949 Eastman Kodak Co., Rochester, N.Y. (Erfinder: James Madison Straley und Ralph Rae Giles, Kingsport, Tenn., USA, **Färben von Textilgut aus Polyestern oder Cellulosealkylcarbonsäureestern** erfolgt mit Anthrachinonfarbstoffen in dispergierter Form der allgemeinen Formel **I**, R = Alkyl mit 1—8 C-Atomen,

I

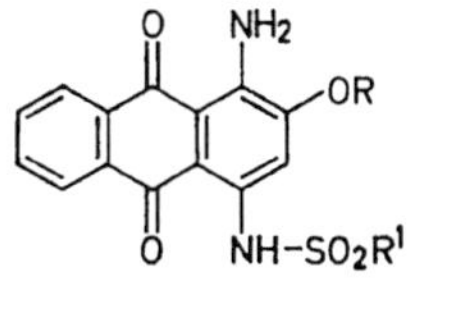

Alkoxyalkyl mit 3—6 C-Atomen, Hydroxyalkyl mit 2—4 C-Atomen, Allyl, Benzyl, Cyclohexyl, Tetrahydrofurfuryl, β-Phenoxyäthyl; R^1 = Alkyl mit 1—8 C-Atomen, Alkoxyalkyl mit 3—6 C-Atomen, Cyclohexyl. Als **I** dient bes. Verb.: R = $-CH_2CH_2OCH_2CH_3$; R^1 = CH_3. — R = $-CH_2CH_2-O-C_6H_5$; R^1 = CH_3. — R = $-CH_2CH_2 \cdot OCH_2CH_2CH_2CH_3$; R^1 = CH_3. — R = CH_3; R^1 = $CH_2 \cdot CH_2CH(CH_3)_2$. — R = $-CH_2-CH-CH_2-CH_2-CH_2$ (Ring über O); R^1 = CH_3. Mit den vorst. Farbstoffen lassen sich Cellulosealkylcarbonsäureester mit 2—4 C-Atomen im Säurerest, sowohl hydrolysierte wie nicht hydrolysierte Celluloseacetate, -propionate, -butyrate u. Polyäthylenterephthalate (vgl. U.S.P. **2465319**) oder andere Polyester (vgl. U.S.PP. **2744088** u. **2901466**) färben; bes. wichtig sind lineare Polyester mit einem F. von mindestens 200°. Das Färben geschieht bes. bei 70—90° bzw. in der Siedehitze unter Verw. bestimmter Färbereihilfsmittel, wie Träger, z. B. Emulsionen chlorierter Bzl. oder o-Phenylphenol. Man erhält Färbungen mit ausgezeichneter Licht-, Gas-, Wasch- u. Sublimationsechtheit. — Vgl. U.S.P. 3072683; C. **1965**, 45-2732 u. F.P. 1312295; C. **1967**, 5-2948. (**D.A.S. 1233818** Kl. 8m vom 29/11. 1961, ausg. 9/2, 1967. U.S. Prior. 30/1. 1961.) — 6 S. I. Möllering 6814

2950 Farbwerke Hoechst Akt.-Ges. vormals Meister Lucius & Brüning (Erfinder: Fritz Meininger und Ernst Hoyer), Frankfurt/M., **Färben und Bedrucken von Cellulosetextilgut mit Reaktivfarbstoffen,** die eine oder mehrere wasserlösl. machende Gruppen der allg. Formel $-SO_2-CH_2CH_2-N(R^1)SO_2R$ enthalten (R u. R^1 = Alkyl-, Cycloalkyl-, Aralkyl- oder Arylreste). Die Fixierung erfolgt bei erhöhter Temp. in Ggw. alkal. wirkender Mittel. Die Farbstoffe gehören z. B. der Azo-, Anthrachinon- oder Phthalocyaninreihe an. Die Färbungen u. Drucke besitzen gute Naßechtheit. (**Schwz.P. 419046** vom 17/8. 1964, ausg. 28/2. 1967. D. Prior. 20/8. 1963. **D.A.S. 1256623** Kl. 8m vom 20/8. 1963, ausg. 21/12. 1967.) — 12 S. — 11 S. A. Jahn 6815

Farbstoffe

2951 Ciba Ltd., Basel, Schweiz, **Monoazofarbstoffe** der allg. Formel **I** (Z u. R = H, Halogen, Alkyl oder Alkoxy C_{1-4}; n = 1 oder 2; ein X = Sulfonsäurerest; das andere X = Rest der Formel $-N{=}N-D$; D = Barbitursäurerest; ein Y = H, Halogen, Alkyl oder Alkoxy C_{1-4}, das andere Y = Rest der Formel **II**; A = prim. oder sek. Aminogruppe) können in bekannter Weise durch Kupplung oder Kondens. hergestellt werden, z. B. durch

I

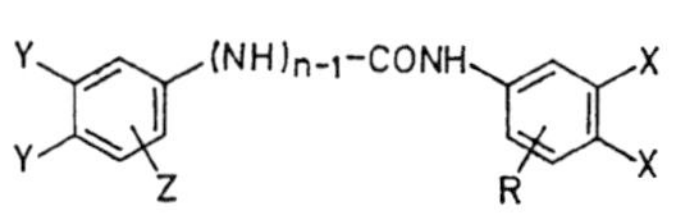

II

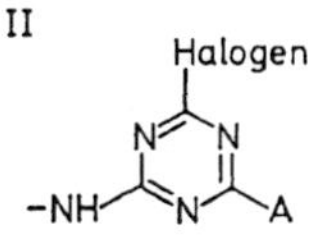

III

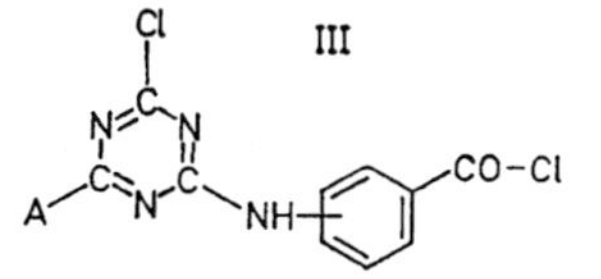

IV

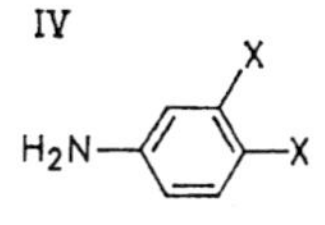

V

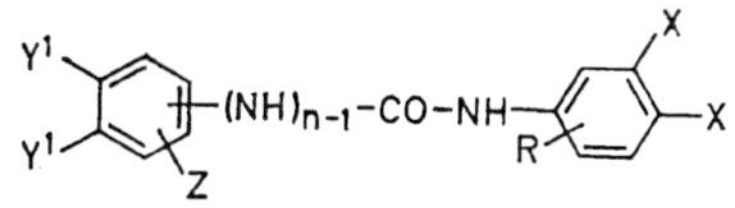

VI

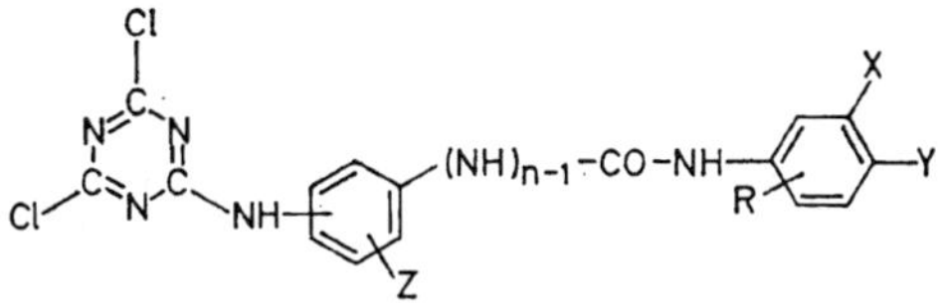

VII

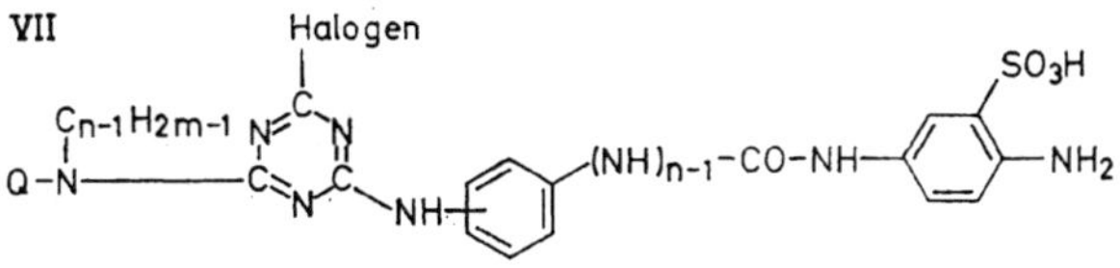

Kondens. eines Triazinderiv. der Formel **III** mit einem Aminoazofarbstoff der Formel **IV**, oder Kondens. eines Trihalogentriazins auf einer Seite mit einem Aminoazofarbstoff der Formel **V**, auf der anderen Seite mit einem Amin der Formel $Q-NH-C_{m-1}H_{2m-1}$ (Q = aromat. Rest mit ≧ 1 sauren Gruppe; m = 1—3), oder durch Kondens. eines Dichlortriazinfarbstoffs der Formel **VI** mit einem Amin der Formel $Q-NH-C_{m-1}H_{2m-1}$, oder durch Diazotieren eines Amins der Formel **VII** u. Kupplung mit einer Barbitursäure, z. B. Barbitur-, Iminobarbitur- oder Cyanbarbitursäure. — Verw. bes. zum *Färben von Materialien aus Naturcellulose.* (**Brit.P. 1016966** vom 8/1. 1964, ausg. 12/1. 1966. **F.P. 1379967** vom 3/1. 1964, ausg. 8/3. 1965. Beide Schwz. Prior. 10/1. u. 26/11. 1963.) — 7 S. — 6 S. A. Dandl 6842

2952 J. R. Geigy Akt.-Ges., Basel, Schweiz, **Herstellung von Azofarbstoffen** der allg. Formel **I** (Z = Phenyl, das mindestens ein NO_2 in o- oder p-Stellung

I

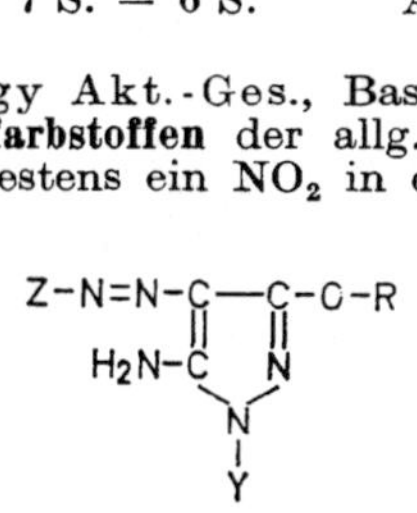

zur Azobindung enthält; Y = ggf. substituiertes Phenyl, Naphthyl; R = niedrigmol. Alkyl), die keine in W. sauer dissoziierende wasserlösl.-machende Gruppen enthalten. Die Kupplung wird bes. in saurem oder schwach saurem Medium vorgenommen. — Dispersionsfarbstoffe, geeignet zum Färben von hydrophoben Fasern, z. B. aus Celluloseacetaten u. bes. Polyestern (**P**). Beim Färben von **P** in Ggw. von Trägern wie Phenylphenol, wird die Lichtechtheit der Färbungen nicht beeinträchtigt. — Der Azofarbstoff *1-Amino-2-nitro-4-methylsulfonylbenzol* → *1-Phenyl-3-methoxy-5-aminopyrazol* (**II**) färbt **P** wasch-, sublimier- u. lichtecht orangefarben. Ebenso färben die Farbstoffe: 1-Amino-2.4-dinitrobenzol, 1-Amino-2-nitrobenzol-4-sulfonsäureamid oder 1-Amino-2-chlor-4-nitrobenzol → **II**. — Weitere Tabellenbeispiele mit Farbstoffen die **P** orange färben. — Färbe- u. Druckbeispiele. (**Brit.P. 1034489** vom 26/8. 1964, ausg. 29/6. 1966. **Belg.A.S. 652304** vom 26/8. 1964, bekanntgemacht 26/2. 1965. Beide Schwz. Prior. 27/8. 1963.) — 11 S. — 21 S.

O. Roick 6842

2953 Badische Anilin- & Soda-Fabrik Akt.-Ges. (Erfinder: Günther Hansen), Ludwigshafen/Rh., **Herstellung von basischen Azofarbstoffen.** Diazo-Verb. von heterocycl. Aminen der allg. Formel **I** in der R^1 für H

I 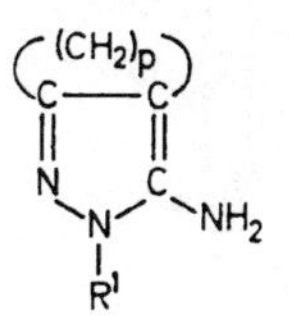

IV 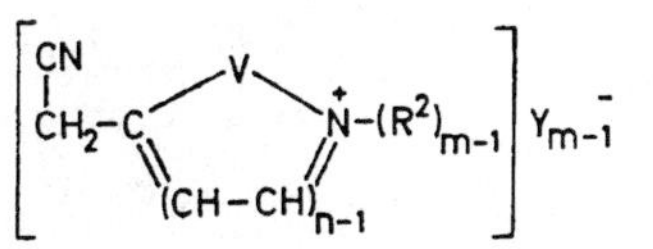

einen ggf. substituierten aliphat., aromat. oder heterocycl. Rest steht u. p die Zahl 3 oder 4 bedeutet, z. B. 4.5-Tetramethylen-3-aminopyrazol (**II**), 2-Phenyl-4.5-trimethylen-3-aminopyrazol (**III**) oder 2-Phenyl-**II**, kuppelt man mit heterocycl. Cyanmethyl-Verb. der allg. Formel **IV** in der V einen zweiwertigen Rest, der zur Vervollständigung eines 5- oder 6gliedrigen, ggf. substituierten, ein- oder mehrkernigen heterocycl. Ring-Syst. notwendig ist, R^2 einen ggf. substituierten aliphat. Rest, Y das Äquivalent eines anorgan. oder organ., einfachen oder komplexen Anions u. m u. n 1 oder 2 bedeuten, z. B. 2-Cyanmethylbenzimidazol (**V**), 2- u. 4-Cyanmethylpyridin (**VI**), 2-Cyanmethylbenzthiazol oder z. B. in Form ihrer Salze 1.3.3-Trimethyl-2-cyanmethylen-indolin (**VII**), in wss. oder organ. Medien oder in Gemischen aus beiden, ggf. unter Zusatz säurebindender Mittel, u. setzt die so erhaltenen Farbstoffe mit alkylierenden Mitteln um. — Die Farbstoffe sind als Quartärsalze gut wasserlösl. u. eignen sich zum *Färben u. Bedrucken von Textilien* aus gebeizter Baumwolle, von Leder u. Gebilden aus synthet. Materialien wie Celluloseestern oder -äthern, Polyamiden, Polyestern u. bes. Polyacrylnitril (**PA**) oder Mischpolymerisaten des Acrylnitrils auf denen sie gut licht- u. naßechte gelbe, orange bis rote Farbtöne liefern. — Der Azofarbstoff **II** → **VII** wird in $CHCl_3$ in Ggw. von MgO mit Dimethylsulfat (**VIII**) methyliert. Man erhält ein gelbes Pulver, das **PA** gelb färbt. Die mit **VIII** hergestellten *Methylierungs-Prod.* aus den folgenden Azofarbstoffen färben **PA** in den angegebenen Farbtönen: **II** → *1-Methyl-2-cyanmethylen-3.4-dihydrochinolin* (**IX**), gelb; *2-Phenyl-***II** → **IX**, scharlachrot; **III** → *1.3-Dimethyl-2-cyanmethylen-benzimidazolin*, gelb; *2-Phenyl-***II** → **VI**, orange; 2-Phenyl-**II** → **V**, gelb. — Weitere Tabellenbeispiele. (**D.A.S. 1238133** Kl. 22a vom 15/6. 1963, ausg. 6/4. 1967.) — 4 S. O. Roick 6842

2954 Westminster Bank Ltd., London, Großbritannien (Erfinder: Jakob Benz, Oberwil, August Schweizer, Muttenz, und Walter Wehrli, Riehen, Schweiz), **Herstellung von wasserlöslichen, Hydraziniumgruppen enthaltenden Reaktivfarbstoffen** der allg. Formel **I** [V = Rest eines wasserlösl. Farbstoffs, z. B. der Azo-, Anthrachinon-, Phthalocyaninreihe, X = –O–, –S–, –N(R)–, R = H, (substituiertes) Alkyl, Aralkyl, Cycloalkyl, Aryl, Y⊕ = Hydraziniumrest, dessen an das C-Atom des Triazinringes gebundenes N-Atom mit 2 (substituierten) KW-Stoffresten verbunden ist, die zusammen mit einem zweiwertigen Rest einen heterocycl. Ring bilden können, n = 1, 2, 3, 4]. Zur Einführung des Hydraziniumrestes sind z. B. geeignet asymm. Dimethylhydrazin (**II**), N-Äthyl-N-isopropyl-, N.N-Di-[β-hydroxyäthyl]-, N-Methyl-N-phenyl-, N-Methyl-N-cyclohexyl-, N.N-Dibenzyl-hydrazin, N-Aminopyrrolidin (**III**), N-Aminopiperidin, N-Aminomorpholin. — Farbstoffe, geeignet zum Färben von tier., Polyamid- oder cellulosehaltigen Fasern. — Aus Di-Na-Salz des Azofarbstoffs

I 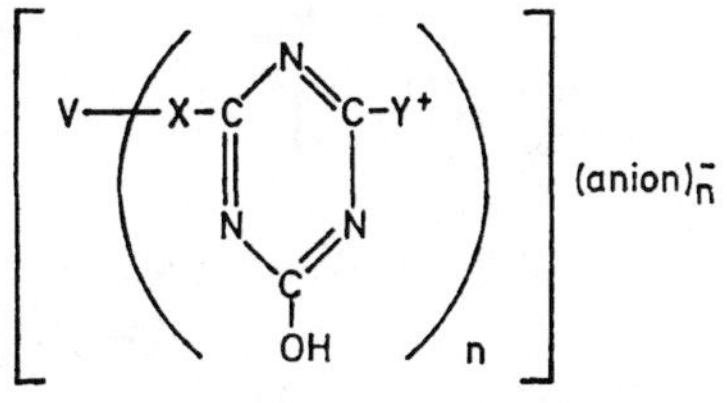

2-Aminobenzol-1-sulfonsäure → 1-Hydroxy-6-[4′-chlor-6′-hydroxy-1′.3′.5′-triazinyl-2′]-aminonaphthalin-3-sulfonsäure u. **II** → Farbstoff, der mercerisierte Baumwolle (**A**) orange färbt. Ein ähnlicher Farbstoff mit **III**. Weitere Farbstoffe aus **II** u.: Monoazofarbstoff 1-[2′.5′-Dichlorphenyl]-3-methyl-4-[3″-(4‴-chlor-6‴-hydroxy-1‴.3‴.5‴-triazinyl-2‴-amino)-phenylazo]-5-pyrazolon-4′.6″-disulfonsäure, in W. gelb lösl. Pulver, färbt **A** grünstichig-gelb; Monoazofarbstoff 1-Hydroxy-2-phenylazo-8-[4″-chlor-6″-hydroxy-1″.3″.5″-triazinyl-2″-amino]-naphthalin-3.6.2′-trisulfonsäure, färbt **A** blaustichigrot; Anthrachinon-Farbstoff 1-Amino-4-[3′-(4″-chlor-6″-hydroxy-1″.3″.5″-triazinyl-2″-amino)-phenylamino]-anthrachinon-2.4′-disulfonsäure, färbt **A** blau. — Färbevorschriften. (**Brit.P. 1045685** vom 31/5. 1963, ausg. 19/10. 1966. Schwz. Prior. 7/6. u. 6/7. 1962. **Zusatz zu Brit.P. 1009432; C. 1967, 23-2768.**) — 7 S. O. Roick 6854

2955 Fabriek van Chemische Producten Vondelingenplaat N. V., Rotterdam (Erfinder: Jan Jacobus Anthonius Moll, Vlaardingen), Niederlande, **Herstellung von Schwefelfarbstoffen.** 4.6-Bis-[benzoyl]-isophthalsäure, 2.5-Bis-[benzoyl]-terephthalsäure, Gemische dieser Phthalsäuren, durch Ringschluß aus diesen Phthalsäuren oder deren Gemischen erhaltene Pentacendichinone u./oder Substitutions- oder Kondens.-Prod. dieser Verb. werden mit einer Polysulfidlsg., bes. mit einer Na-Polysulfidlsg. oder pulverisiertem Schwefel in Abwesenheit eines Lsgm. oder in wss. oder alkohol. Mittel geschwefelt. Es können noch Metallsalze, bes. von Cu, Co, Mn oder Cr dem Rk.-Gemisch zugesetzt werden. *Baumwollfarbstoffe* hoher Wasch- u. Lichtechtheit. (**D.A.S. 1253843** Kl. 22d vom 9/5. 1963, ausg. 9/11. 1967. Niederl. Prior. 11/5. 1962.) — 3 S.

H.-W. Wille 6860

2956 Z. N. Nazarova, Ju. A. Babaev und V. A. Anisimova, **Wasserlösliche Substantivfarbstoffe** erhält man durch Schwefelung mit Na-Polysulfid; dazu werden Acetylderiv. des Furans (**I**) oder **I**-Halogenverb. oder Furfurole, ggf. in Butanol (**II**), geschwefelt. — **II**, S u. NaOH-Plätzchen werden innerhalb einer Std. auf 113° erwärmt u. 3 Std. auf dieser Temp. gehalten. Dann wird auf 75—80° abgekühlt, die Masse mit **I**-Carbonylverb. versetzt u. nochmals 5—20 Std. auf 113—114° erwärmt. Das abgeschiedene H_2S wird in 15%ig. Alkalilsg. absorbiert. Die Mischung wird auf 80—90° gekühlt, **II** mit W.-Dampf abdest., das Harz abfiltriert u. das Filtrat auf dem W.-Bad zur Trockne dest.; der Rückstand ist der *Farbstoff.* — Will man ohne **II** arbeiten, so werden NaOH u. S vermahlen u. bis zum Ende der W.-Dampf-Abscheidung zusammengeschmolzen. Das erhaltene Polysulfid wird gemahlen u. mit der erforderlichen Menge Carbonylverb. vermischt. Die Mischung wird auf dem W.-Bad erwärmt; es entsteht eine feste Masse, die den gleichen Farbstoff wie vorst. ergibt. — 70 ml **II**, 4,8 (g) NaOH, 10,3 S u. 5 Acetofuran werden 5—20 Std. verkocht: Gut wasserlösl. *Farbstoff.* Die wss. Lsg. hat dunkelbraune Farbe, sie färbt Gewebe mit verschiedener Farbe von gelb bis schwarz. Die Farbe hängt nicht nur von der Art der Faser, sondern auch von der Farbstoffkonz. u. der Tränkzeit ab: Bei hoher Konz., langer Verweilzeit u. hoher Temp. tiefe Farbtöne. Der Farbstoff ist nicht mit Seife u. Alkalien auswaschbar, er ist beständig gegen H_2O_2

u. UV-Licht. – Weitere Beispiele. (**UdSSR.P. 157451** vom 12/3. 1962.) – 2 S. F. Eßer 6860

2957 Farbwerke Hoechst Akt.-Ges. vormals Meister Lucius & Brüning, Frankfurt/M., **Herstellung eines Anthrachinon-Farbstoffs** der Formel I [X = H, Na

I

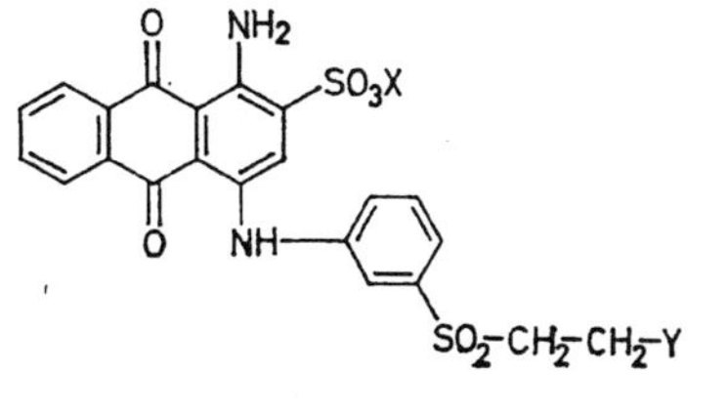

oder K, Y = $-N(C_2H_5)_2$] durch Rk. von I (Y = $-OSO_3X$) mit Diäthylamin in wss. Medium ggf. unter Zusatz eines alkal. wirkenden Mittels. – Der Farbstoff eignet sich zum Färben von Wolle u. Polyacrylnitrilfasern u. gibt auf cellulosehaltigen Fasern, wie Baumwolle, gut licht-, chlor-, wasser- u. reibechte blaue Drucke. – Beispiele, Druckvorschrift. (**Oe.P. 245700** vom 14/8. 1964, ausg. 10/3. 1966. D. Prior. 16/8. 1963.) – 4 S. O. Roick 6864

2958 Badische Anilin- & Soda-Fabrik Akt.-Ges., Ludwigshafen/Rh. (Erfinder: Willy Braun, Heidelberg, und Fritz Guellich, Ludwigshafen/Rh.), **Herstellung von Anthrachinonfarbstoffen** der allg. Formel I

I

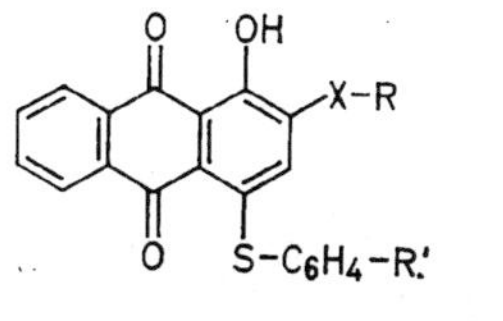

[X = –O– oder –S–, R = (substituiertes) lineares, verzweigtes oder cycl. Alkyl, R′ = H, Halogen, Alkyl, Alkoxy, OH] in üblicher Weise. – Farbstoffe, die synthet. Materialien, wie Polyamide, Polyurethane, Celluloseacetate u. bes. Polyester (**P**) leuchtend scharlachrot bis tief dunkelrot echt färben. – 10 (Gew.-Teile) K löst man in 200 Glykolmonomethyläther, versetzt mit 20 (Anthrachinon = **II**) 1-Hydroxy-2-brom-4-thiophenyl-**II**, rührt das Rk.-Gemisch ca. 6 Std. bei 120° u. säuert mit Essigsäure oder einer Mineralsäure an. Man erhält *1-Hydroxy-4-thiophenyl-***II***-2-methoxyäthyläther* in guter Ausb. u. Reinheit. Ähnlich können z. B. *1-Hydroxy-4-[p-thiokresyl]-***II***-2-äthoxyäthyläther, 1-Hydroxy-4-thiophenyl-***II***-2-butylthioäther, 1-Hydroxy-4-[p-thiokresyl]-***II***-2-äthylhexylthioäther, 1-Hydroxy-4-[p-chlorthiophenyl]-***II***-2-äthoxyäthylthioäther* hergestellt werden. – Durch Kochen von 1-Hydroxy-4-brom-**II**-2-hydroxyäthyläther, K_2CO_3 u. Thiophenol in Isobutanol wird *1-Hydroxy-4-thiophenyl-***II***-2-hydroxyäthyläther* erhalten, der **P** leuchtend rot färbt. – Färbebeispiel. (**Brit.P. 1027759** vom 1/1. 1965, ausg. 27/4. 1966. **F.P. 1420064** vom 31/12. 1964, ausg. 23/2. 1966. Beide D. Prior. 4/1. 1964.) – 5 S. O. Roick 6864

2959 Cassella Farbwerke Mainkur Akt.-Ges., Frankfurt/M. (Erfinder: Hanswilli von Brachel, Ernst Heinrich und Horst Kindler), **Anthrachinonfarbstoffe** der allg. Formel I in der R^1 u. R^2 H, Alkyl,

I

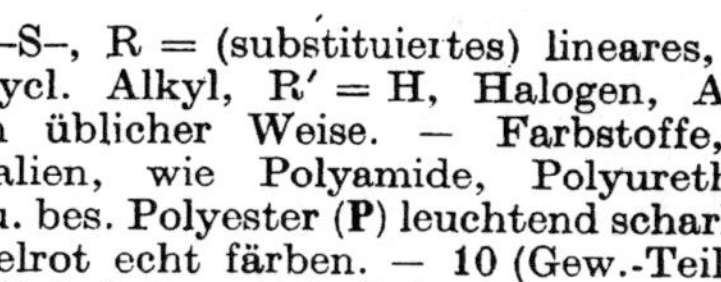

Halogenalkyl oder Alkoxyalkyl, wobei die Alkylreste direkt oder über ein Heteroatom miteinander verbunden sind, bedeuten u. der Bzl.-Kern V weitere Substituenten enthalten kann, werden durch Kondens. von 1.4-Dihydroxyanthrachinon (**II**), seiner Leukoverb. oder einem 1-Hydroxy-4-halogenanthrachinon mit einem Aminophenylsulfamat im mol. Verhältnis ca. 1:1 erhalten. – Die Farbstoffe sind zum Färben u. Bedrucken von synthet. Materialien, wie Celluloseacetaten u. bes. Polyestern (**P**) geeignet, auf denen sie echte Färbungen liefern. – Aus **II**, Leuko-**II** u. 4-Aminophenyl-N.N-dimethylsulfamat in Ggw. von H_3BO_3 bei 110° → Farbstoff, dunkelblaue Krist. aus Eisessig, F. 191–193°, in konz. H_2SO_4 rotstichig blau lösl., der **P** blauviolett färbt. Der aus **II**, Leuko-**II** u. 3-Aminophenyl-N.N-dimethylsulfamat erhaltene Farbstoff, dunkelblaue Krist., gibt auf **P** tief blauviolette Drucke. – Färbe- u. Druckvorschriften. (**Brit.P. 1044150** vom 27/8. 1965, ausg. 28/9. 1966. **F.P. 1445420** vom 27/8. 1965, ausg. 13/10. 1966. Beide D. Prior. 29/8. 1964.) – 3 S. O. Roick 6864

2960 Badische Anilin- & Soda-Fabrik Akt.-Ges. (Erfinder: Fritz Graser und Dieter Weiser), Ludwigshafen/Rh., **Blaue Anthrachinonfarbstoffe** der allg. Formel I worin X eine gerade oder verzweigte aliphat. Brücke

I

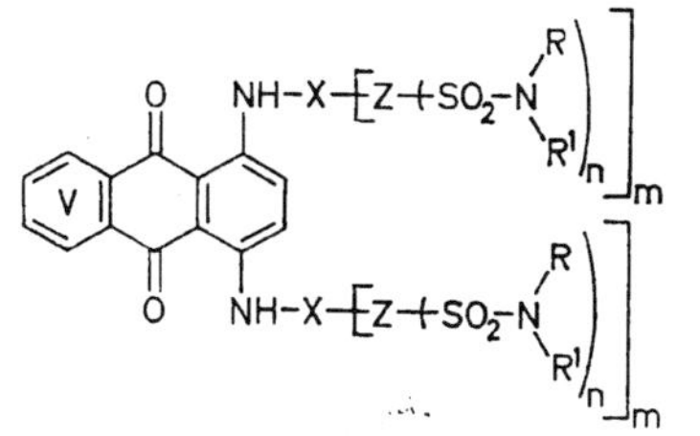

mit 1–5 C-Atomen u. Z einen aromat. Rest, bes. der Benzol- oder Naphthalinreihe bedeutet, R u. R^1 für H, einen (substituierten) Alkyl-, Aralkyl-, Aryl-, Cycloalkyl- oder heterocycl. Rest oder zusammen mit dem N-Atom für einen heterocycl. Ring, n u. m für 1 oder 2 stehen u. der Ring V u. der aromat. Rest Z Substituenten enthalten können, sind zum Färben u. Bedrucken von Wolle, Seide, Celluloseacetaten, Polyestern (**P**), Polyurethanen u. bes. Polyamiden (**N**) in echten, blauen Tönen geeignet. Die Farbstoffe, die mindestens ein H-Atom am Amid-N tragen, können auch zum Färben von cellulosehaltigem Material verwendet werden. Man rührt 1.4-Dibenzylaminoanthrachinon (**II**) mit $ClSO_3H$ 5 Std. bei 40° → Sulfochlorid; aus diesem mit 25%ig. NH_4OH-Lsg. bei 50° in guter Ausb. ein Farbstoff, der **N** rotstichigblau färbt. In gleichen Tönen werden **P** u. Acetatseide u. nach dem Verf. von Brit.P. 923162; C. **1964**, 42-2446 Baumwolle gefärbt. Weitere Farbstoffe: aus dem Sulfochlorid von **II** u. Methylamin; von (anthrachinon = **III**) 1.4-Di-[β-phenyläthylamino)-**III** (**IV**) u. NH_4OH; von **IV** u. Äthylamin; von 1.4-Di-[γ-phenylpropylamino]-**III**, 1.4-Di-[β,γ-diphenylpropylamino]-**III**, 1.4-Di-[β-naphthyl-(1)-äthylamino]-**III**, 1.4-Di-[1′.2′.3′.4′-tetrahydronaphthyl-(2′)-amino]-**III** u. 1.4-Di-[β-phenyläthyl-amino]-5.8- oder -5.6-dihydroxy-**III** u. NH_4OH. – Weitere Beispiele. (**Brit.P. 999127** vom 12/5. 1964, ausg. 21/7. 1965. **F.P. 1410284** vom 16/5. 1964, ausg. 22/12. 1965. Beide D. Prior. 16/5. 1963. **D.A.S. 1238135** Kl. 22b vom 16/5. 1963, ausg. 6/4. 1967.) – 14 S. O. Roick 6864

2961 Badische Anilin & Soda-Fabrik Akt.-Ges., Ludwigshafen/Rh. (Erfinder: Willy Braun, Heidelberg, Dietwulf von Pigenot, Ludwigshafen/Rh., Rudolf Polster, Frankenthal, Ernst Schefczik und Rudolf Schrödel, Ludwigshafen/Rh.), **Modifikationsbeständige und flockungsbeständige Pigmentgemische von Kupferphthalocyaninen der α-Modifikation** enthalten als Zusatz 2–20 Gew.-% eines 4-Monobenzoyl-Cu-phthalocyanins, in dem der Benzoylrest ggf. substituiert ist. (**D.A.S. 1250404** Kl. 8m vom 25/10. 1963, ausg. 21/9. 1967.) – 3 S. A. Jahn 6870

2962 Farbenfabriken Bayer Akt.-Ges., Leverkusen (Erfinder: Edgar Siegel, Leverkusen, und Klaus Sasse, Köln), **Herstellung von Farbstoffen.** Amino- oder amidgruppenhaltige Anthrachinon- oder Phthalocyaninfarbstoffe bzw. amino- oder amidgruppenhaltige Vor-

Prod. für die Herst. solcher Farbstoffe, die mindestens ein reaktionsfähiges H-Atom an der Amino- oder Amidgruppe aufweisen, setzt man mit Verb. der allg. Formel **I** (V = 5- oder 6gliedriger carbocycl. oder heterocycl. Ring, X = H oder Substituent, Y = H, Halogen oder

I

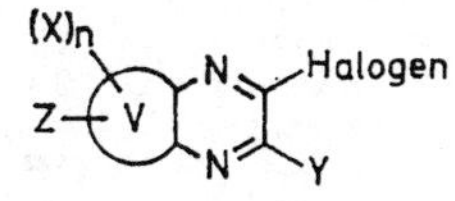

V

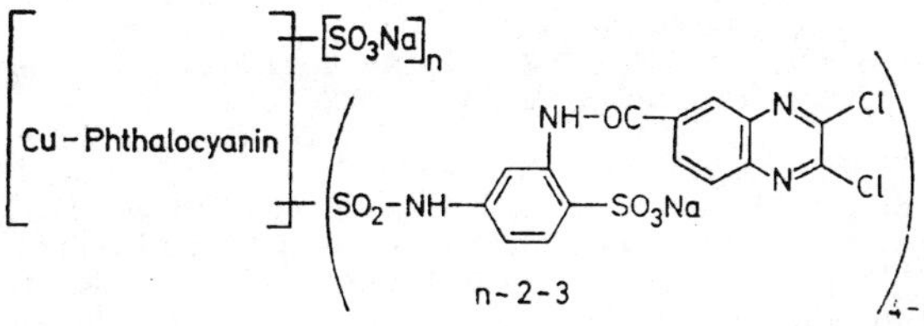

organ. Rest, n = 1—3 u. Z = mit der Amino- bzw. Amidgruppe reaktionsfähiger Substituent, z. B. Carbonsäure- oder Sulfonsäurechlorid-, Isocyanat- oder Urethangruppe) um, wandelt im Falle der Verw. von Farbstoff-Vor-Prod. diese zu den Endfarbstoffen um u. wählt die Ausgangskomponenten so, daß die entstehenden Farbstoffe mindestens eine SO_3H-Gruppe aufweisen. — *Reaktivfarbstoffe.* — Aus Cu-Phthalocyanin-tetrasulfonsäurechlorid (**II**), 1.3-Diaminobenzol-4-sulfonsäure (**III**) u. 2.3-Dichlorchinoxalin-6-carbonsäurechlorid (**IV**) kann der Farbstoff der Formel **V** erhalten werden, der Baumwolle (**A**) u. Regeneratcellulose gut naß-, reib- u. lichtecht klar blau färbt. An Stelle von **III** kann man 1.4-Diaminobenzol-2-sulfonsäure, an Stelle von **IV** 2.3-Dichlorchinoxalin-6-isocyanat oder an Stelle von **II** das Cu- oder Ni-Phthalocyanintrisulfonsäurechlorid verwenden u. erhält ebenfalls klar blau färbende Reaktivfarbstoffe. 4′.4″.4‴.4⁗-Tetraphenyl-Cu-Phthalocyaninsulfochloride führen zu grünen Farbstoffen. Durch Rk. von je 1 Mol 1-Amino-4-bromanthrachinon-2-sulfonsäure, 4.4′-Diamino-diphenyl-2.2′-disulfonsäure u. **IV** wird ein Farbstoff erhalten, der **A** blau färbt. Mit 1-Amino-4-[4′-(4″-amino-2″-sulfophenylamino)-phenyl]-anthrachinon-2.6-disulfonsäure können blaustichiggraufärbende Reaktivfarbstoffe hergestellt werden. Weitere Farbstoffe erhält man aus: 1-Amino-4-[2′-methyl-3′-amino-phenyl]-amino-anthrachinon-2.5′-disulfonsäure u. **IV**, färbt klar blau; dem Kondens.-Prod. von je 1 Mol Cyanurchlorid, 1.4-Diaminoanthrachinon-2-sulfonsäure, Anilin-2.5-disulfonsäure u. Äthylendiamin (halbseitig) u. **IV**, violetter Reaktivfarbstoff; einem Gemisch aus gleichen Molanteilen Cu-Phthalocyanin-trisulfon-säure-[3.3′.3″]-mono- u. -di-[m-amino-p-sulfophenyl]-amid u. **IV**, türkis; 1-Amino-4-[(3′-aminophenyl)-amino]-anthrachinon-2.4′.6′-trisulfonsäure u. **IV**, klar rotstichig blau. — Weitere Beispiele. — Färbe- u. Druckvorschriften. (**D.A.S. 1225791** Kl. 22b vom 7/2. 1961, ausg. 29/9. 1966.) — 7 S.

O. Roick 6870

2963 **Farbwerke Hoechst Akt.-Ges. vormals Meister Lucius & Brüning,** Frankfurt/M., *Herstellung von Monoazofarbstoffen.* (**Belg.A.S. 654 835** vom 26/10. 1964, bekanntgemacht 26/4. 1965. D. Prior. 25/10. 1963. — C. **1967,** 32-2723 [D.A.S. 1 224 857].)

2964 **Ciba Ltd.** (Erfinder: **Karl Ronco**), *Carbonsäureamidderivate von Azofarbstoffen.* (**Aust.P. 262 333** vom 7/12. 1961, ausg. 14/10. 1965. Schwz. Prior. 12/12. 1960. — C. **1965,** 42-2525 [Brit.P. 928 705].)

2965 **Badische Anilin- & Soda-Fabrik Akt.-Ges.** (Erfinder: **Johannes Dehnert**), Ludwigshafen/Rh., *Carbonsäure- und sulfonsäuregruppenfreie Mono- und Disazofarbstoffe.* (**Schwz.P. 396 255** vom 13/3. 1961, ausg. 14/1. 1966. D. Prior. 8/4. 1960. — C. **1966,** 5-2714 [D.A.S. 1 184 438].)

2966 **VEB Farbenfabrik Wolfen,** Wolfen, Kr. Bitterfeld (Erfinder: **Günther Essbach, Hans-Walter Modrow, Erhard Schick** und **Hans Baumann**), *Eisenkomplexverbindungen von Disazofarbstoffen.* (**Brit.P. 1 051 219** vom 10/3. 1964, ausg. 14/12. 1966. — C. **1967,** 26-2904 [D.P.[DDR] 44 754].)

2967 **Ciba Ltd.** (Erfinder: **Ediard Groeder, Christoph Frey** und **Karl Ronco**), *Dioxazinfarbstoffe.* (**Aust.P. 262 779** vom 24/1. 1962, ausg. 4/11. 1965. Schwz. Prior. 3/2. 1961. — C. **1965,** 46-2762 [Brit.P. 932 925].)

2968 **Farbwerke Hoechst Akt.-Ges. vormals Meister Lucius & Brüning** Frankfurt/M., *Azopigmente.* (**Brit.P. 986 116** vom 29/5. 1961, ausg. 17/3. 1965. D. Prior. 28/5. u. 2/12. 1960. — C. **1965,** 7/8-2740 [D.A.S. 1 155 755] u. C. **1965,** 24-2646 [D.A.S. 1 179 908].)

2969 **D. Terzijká,** Brünn, **J. Körbl,** Lysa n. L., und **V. Svoboda,** Brünn, ČSSR, *Herstellung von substituierten Phthaleinfarbstoffen.* (**Schwed.P. 192 500** vom 18/9. 1958, ausg. 10/11. 1964. Tschech. Prior. 18/9. 1957. — C. **1965,** 15-2601 [Brit.P. 896 260].)

H–9. Technische Fette, Waschmittel, Wachse, Naturharze, Parfümerie, Kosmetik, Klebstoffe

Technische Fette

2970 **Verbessertes Verfahren zur Bleichung von rohem Reisschalenöl.** K. Venkateswara Rao, B. Panduranga Rao, R. Mohan, B. A. R. Somayajulu und S. D. Thirumala Rao. (Seifen-Öle-Fette-Wachse **93** (1967) 26, 970—72; Anantapur, Indien, Oil Techn. Res. Inst.; dt.) — Reisschalenöl mit geringem u. hohem Geh. an freien Säuren wurde mit *Tonsil ACA* (**A**) u. aktivierter Kohle (*Darco S-51*; **B**) gebleicht. Um Chlorophyll u. Pigmente aus dem Öl zu entfernen, wurden diese mit wss. Lsg. von 1—5% zweibas. aliphat. Dicarbon- bzw. Hydroxycarbonsäuren (*Oxal-*, *Citronen-*, *Wein-* oder *Malonsäure*) bei Raumtemp. vorbehandelt. Das säurefreie Öl wird bei 110° 20 Min. mit 4% **A** u. 0,4% **B** gebleicht. Zur Messung der Farbe des Öls dient ein Lovibond-*Tintometer* mit blauen Filtern.

G. Gawalek 6910

2971 **Unverseifbares vom „Sei"-Walspecköl.** Tetsutarō Hashimoto und Hideo Mamuro. (Yukagaku [J. Japan Oil Chemists' Soc.] **16** (1967) 12, 657—61; Tokyo, Governm. Chem. Ind. Res. Inst.; jap., Auszug: engl.) — Das Unverseifbare des Specköls vom „Sei"-Wal (*Balaenoptera borealis*, Lesson) wird säulenchromatograph. mit aktivierter Tonerde getrennt. 2 Fraktionen, die KW-Stoffe enthalten, wurden IR-, NMR-, massenspektrometr. u. gaschromatograph. untersucht. Danach enthält das Öl *Pristan* u. *Squalen.*

G. Gawalek 6910

2972 **Eigenschaften des Anionenaustauschers Wofatit SBW und dessen Einsatz bei der Trennung höherer Fettsäuren.** A. Popov und K. Stefanov. (Doklady bolgarskoj Akad. Nauk **20** (1967) 11, 1161—64; Inst. f. organ. Chem., Bulgar. Akad. Wiss.; dt.) — Die Trennung höherer *Fettsäuren* (**I**) läßt sich gut reproduzierbar an *Wofatit SBW* (**A**) vornehmen. Zur Durchführung der Trennung wird **A** auf einem Büchner-Trichter mit W. ausgewaschen u. anschließend mit 5%ig. wss. NaOH behandelt. Nach 1 Std. wird bis zur Neutralität mit W. gewaschen. Eine Behandlung mit CH_3OH u. Bzl. schließt sich an. Eine Glaskolonne (20 mm ⌀) wird mit 10 g **A** gefüllt u. bei 30—35° läßt man die in 30 ml Bzl. gelösten *Lipide* (23 g), die 50—80% freie **I** enthalten, über die Säule laufen. Mit 50 ml Bzl. wird eluiert, wobei die Neutralanteile isoliert werden. Mit 50 ml CH_3OH u. 50 ml 5%ig. HCl werden die **I** freigesetzt u. mit CH_3OH u. Bzl. (je 50 ml) eluiert. G. Gawalek 6910

2973 **Einfluß von Temperatur und Oxydationstiefe der n-Alkane auf Zusammensetzung und Ausbeute an synthetischen Fettsäuren.** Ladislav Forman und Jiři Zajíc. (Sborník Vysoke Školy chem.-technol. Praze, Potraviny **1967,** E19, 69—75; Prag, Inst. of Chem. Technol., Fac. of Food Technol.; engl.) — *Paraffin* (**I**) wird bei 105, 125 u. 145° ox., wobei 12 l Luft/100 g **I** durchgesetzt wurden. Als Katalysator diente $KMnO_4$ (0,05% Mn). Bei 105° lagen die Ausb. höher als bei 125 u. 145°. Die Zus. der Fettsäuren war bei der niederen Temp. günstiger. Bei höheren Temp. treten mehr kurzkettige Fettsäuren auf. G. Gawalek 6915

2974 **Neue polymorphe Form der Elaidinsäure.** James A. Harris, Robert R. Mod, Donald Mitcham und Evald L. Skau. (J. Amer. Oil Chemists' Soc. **44** (1967) 12, 737—39; New Orleans, La., Southern Reg. Res. Labor.; engl.) — Die bekannte krist. Form (**A**) der *Elaidinsäure* (F. 43,7°) ist metastabil. Die Krist. der neuen stabilen Form (**B**) schmelzen bei 44,8° u. sind weniger löslich. Die 2 Modifikationen weisen unterschiedliche Röntgendiffraktionen auf, wobei die von **B** denen der *trans-6-*, *8-*, *10-* u. *12-Octadecensäure* ähnlich sind, während die von **A** denen der *trans-7-* u. *11-Octadecensäure* entsprechen. Von beiden Krist.-Formen sind die Löslichkeiten in Methanol bestimmt worden.

G. Gawalek 6915

Waschmittel

2975 **Synthese und Oberflächenaktivität von Fettaminoxiden.** B. Harinath Babu, P. K. Saraswathy Amma und S. Venkob Rao. (Indian J. Technol. **5** (1967) 8, 262—64; Reg. Res. Labor., Hyderabad; engl.) — Die durch Schmidt-Rk. von Fettsäuren dargestellten *Fettamine* werden nach Überführung in *tert. Dimethyl-alkylamine* zu den *N-Oxiden* (**A**) oxydiert. Die grenzflächenakt. Eig. der **A** übertreffen bis auf das Schäumvermögen die des *Laurylsulfats*; am besten ist das *Tridecyldimethylaminoxid.*

Versuche: Alkylamine (**B**), aus der Fettsäure in Bzl. u. NaN_3 in Ggw. von konz. H_2SO_4 bei 50—60°: *Nonyl-*, Kp. 192—196°, aus Caprinsäure; 70% (Ausb.). — *Undecyl-*, Kp. 228—230°, aus Laurinsäure; 81%. — *Tridecyl-*, Kp. 265—267°, aus Myristinsäure; 80%. — *Pentadecyl-*, $Kp._{1,6-2}$ 136—140°, aus Palmitinsäure; 85%. — *Heptadecyl-*, $Kp._{1,4-1,8}$ 148—156°, aus Stearinsäure; 90%. — Alkyldimethylamine (**C**), aus **B** in 90%ig. HCOOH u. Formaldehyd in sd. W.-Bad: *Nonyl-*, Kp. 210°. — *Undecyl-*, Kp. 255—260°. — *Tridecyl-*, Kp. 280°. — *Pentadecyl-*, $Kp._{1,6}$ 160—161°. — *Heptadecyl-*, $Kp._{3}$ 168—170°. — *Alkyldimethylaminoxide*, aus **C** u. 35%ig. H_2O_2 bei 60—75°. — 26 Literaturangaben.

W. Senf 6925△

2976 **Untersuchungen an Emulsionen.** 3. Mitt. **Für Grenzflächenviskositäts- und Löslichkeitsparameter benötigter HLB-Wert.** Sōichi Hayashi. (Yukagaku [J. Japan Oil Chemists' Soc.] **16** (1967) 10, 554—59; Asahi Electrochem. Co. Res. Labor., Tokyo; jap., Auszug: engl.) — 2. vgl. ibid. **16** (1967) 9, 512. — Bei 25° wurde die Viskosität an der Grenzfläche zwischen W. u. folgenden Lsgm. in Ggw. von 0,10% der früher untersuchten Emulgatoren bestimmt: n-Heptan, Cyclohexan, CCl_4, Xylol, Toluol, Bzl., n-Octanol (**I**) + Bzl. (1:1 Vol.) u. **I**. Der für die Grenzflächenviskosität des jeweiligen Syst. zu benutzende HLB-Wert Y läßt sich für nichtionogene Emulgatoren empir. nach $Y = 6{,}146\ \delta_0 - 46{,}0$ oder nach $Y = 127{,}3 \log \delta_0 - 112{,}2$ erhalten (δ_0 Löslichkeitsparameter; Gültigkeitsbereich δ_0 = 8,3 — 10,0). Die zur Berechnung des δ_0-Wertes nötige Verdampfungswärme $\delta^2 = (\Delta H - RT)/v$ kann empir. nach $\Delta H_T = \Delta H_{T0}\sqrt{T_0/T}$ erhalten werden (vergleichende Tabelle: δ_0 nach verschiedenen Meth. für 23 organ. Lsgm. verschiedener Stoffklassen).

R. Junge 6930

Parfümerie, Kosmetik

2977 Ingeborg Otto, Günther Lucius, Leipzig, und Ernst Alder, Miltitz, **Herstellung von Derivaten des 2.6-Dimethyloctadiens-(2.7)** (**I**), die auch hydriert sein können, durch Rk. von 2.6-Dimethyloctadien-(2.7) (**II**) mit Carbonsäureanhydriden in Ggw. von Friedel-Crafts-Katalysatoren zu 3-Acyl-Verb., die zu 3-Acyl- oder 3-[1'-Hydroxyalkyl]-2.6-dimethyloctanen hydriert oder zu 3-[1'-Hydroxyalkyl]-Verb. von **I** red. werden können, welche ggf. verestert werden. — Man versetzt 408 (g) Acetanhydrid u. 20,8 $ZnCl_2$ bei 60° mit 370 74,5% **II** enthaltendem Pinanpyrolysat u. rührt 9 Std. bei 80°: 204 *3-Acetyl-2.6-dimethyloctadien-(2.7)*, $Kp._{10}$ 100—102°; n_D^{20} 1,4512; $D._4^{20}$ 0,8641. *Semicarbazon*, F. 69,5—70,5°. — 2.6-Dimethyloctadiene-(2.7): *3-Propionyl-*, $Kp._{10}$ 107—109°; n_D^{20} 1,4529; $D._4^{20}$ 0,8647; 40,2% (Ausb.). — *3-[1'-Hydroxyäthyl]-*, $Kp._{10}$ 107°; n_D^{20} 1,4592; $D._4^{20}$ 0,8689; 75%. — *3-[1'-Acetoxyäthyl]-*, $Kp._{10}$ 113°; n_D^{20} 1,4491; $D._4^{20}$ 0,8952; 80%. — 2.6-Dimethyloctane: *3-Acetyl-*, $Kp._8$ 96°; n_D^{20} 1,4332; $D._4^{20}$ 0,8332; 90%. — *3-[1'-Hydroxyäthyl]-*, $Kp._{10}$ 108°; n_D^{20} n_D^{20} 1,4458; $D._4^{20}$ 0,8460; 80%. — *3-[1'-Acetoxyäthyl]-*, $Kp._{10}$ 116°; n_D^{20} 1,4352; $D._4^{20}$ 0,8752; 83,5%. — *Riechstoffe.* (**D.P.[DDR] 50594** Kl. 12o vom 7/2. 1966, ausg. 5/10. 1966 [Wirtschaftspatent].) — 3 S.

K.-D. Stolp 6956

2978 Eberhard Thiele, Leipzig, **Herstellung ungesättigter Ketone** mit *Riechstoffeig.*, dad. gek., daß man Verb. der allg. Formel $CH_3COCH(COOR)CH(R^1)CH\cdot(COOR)COCH_3$ (R = C_{1-5}-Alkylrest; R^1 = H, Alkyl- oder Arylgruppe) alkal. cyclisiert, das Prod. verseift u. nach Decarboxylierung den 3-Alkyl-5-methylcyclenhexen-(5)-on-(1)-carbonsäure-(4)-ester in ein Alkalisalz überführt u. mit einem Halogenalkan umsetzt u. das alkylierte Prod. einer Ketonspaltung unterwirft. — 272 (g) 3.5-Dicarbäthoxyheptandion-(2.6) u. 69 $NaOC_2H_5$ werden in 1,25 l A. 1 Std. bei 70° gerührt. Nach Ansäuern mit Eisessig erhält man 146 5-Methylcyclohexen-(5)-on-(1)-carbonsäure-(4)-äthylester (**I**), $Kp._2$ 109—112°; $D._4^{20}$ 1,078. — 182 **I** setzt man in A. bei 60° mit 160 Amylbromid u. nach 1 Std. mit 68 $NaOC_2H_5$ in A. um: 210 5-Methyl-6-n-amylcyclohexen-(5)-on-(1)-carbonsäure-(4)-äthylester (**II**), $Kp._2$ 145—150°; $D._4^{20}$ 1,017. 252 **II** werden in 500 Eisessig auf 100° erwärmt, mit 160 ml 20% HCl wird versetzt u. bis zum Ende der CO_2-Bldg. gekocht, wobei W. + CH_3COOH abdest. werden. Man verd. mit 2 l W. u. nimmt das Prod. in Toluol auf: 141 *5-Methyl-6-n-amylcyclohexen-(5)-on-(1)*, $Kp._2$ 105—108°; $D._4^{20}$ 0,9525. (**D.P.[DDR] 49831** Kl. 12o vom 3/2. 1966, ausg. 5/9. 1966 [Wirtschaftspatent].) — 3 S.

K.-D. Stolp 6956

2979 Universal Oil Products Co., Des Plaines, Ill. (Erfinder: William Joseph Houlihan, Colonia, N.J.), USA, **Herstellung eines Ketals eines 4.7.7.10.10-Pentaalkylbicyclo-[4.4.0]-decan-3-ons** durch dessen Rk. mit einem aliphat. Alkohol u. ggf. dem entsprechenden o-Ameisensäureester in Ggw. einer katalyt. Menge einer starken Säure. — Aus *4.7.7.10.10-Pentamethylbicyclo-[4.4.0]-decan-3-on*, Orthoameisensäuremethylester u. CH_3OH in Ggw. von konz. HCl bei 24—25° → das *Dimethylketal*, $Kp._2$ 85—87°, n_D^{20} 1,4781—1,4790. Mit Äthylenglykol das *Äthylenketal*, $Kp._2$ 126—130°, n_D^{20} 1,4890—1,4888; mit A. *Diäthylketal*; ferner *Dimethylketal* des entsprechenden *Pentaäthylketons*. — *Aromastoffe* mit moschusfreiem Holzgeruch. (**D.A.S. 1252672** Kl. 12o vom 4/11. 1963, ausg. 26/10. 1967. U.S. Prior. 5/11. 1962.) — 2 S.

H. Roos 6956

2980 International Flavors & Fragrances, Inc., New York, N.Y., übert. von: Jack H. Blumenthal, Oakhurst, Gilbert Stork, Leonia, und Ernst T. Theimer, Rumson, N.J., USA, **Herstellung von Octahydro-1.3a.6-trimethyl-1H.6a-äthanopentaleno-[1.2-c]-furan,** $Kp._{4,5}$ 122°, durch Rk. von Cedrol mit HOCl oder HOBr, Bestrahlung des entstandenen Hypohalogenits mit actin. Licht in inerter Atmosphäre u. Umsetzung des entstandenen Halogenhydrins mit einer Base. — *Riechstoff.* (**U.S.P. 3281432** vom 25/6. 1965, ausg. 25/10. 1966.) — 2 S.

R. Bauereis 6956

2981 Chemische Werke Witten G.m.b.H., Witten/Ruhr (Erfinder: Rudolf Tuma und Fritz Neuwald), **Kosmetika** enthalten als in W. lösl. Fettsubstanz Teilglyceride von Fettsäuren (**I**) mit 8—14 C-Atomen u. 2—8 Mol Äthylenoxid (**II**) pro OH-Gruppe. Badeöl: 29(%) Kiefernnadelöl, 1 3'.6-Dihydroxyfluoran u. 70 Gemisch aus **I** u. 5 Mol **II**. Sonnenöl: 5 Paraffinöl, 5 Dibenzalazin, 40 Gemisch aus Triglyceriden von Säuren mit 8—12 C-Atomen u. 50 Gemisch aus **I** u. 8 Mol **II**. (**F.P. 1396613** vom 8/4. 1964, ausg. 2/8. 1965. **Brit.P. 1018940** vom 18/2. 1964, ausg. 2/2. 1966. Beide D. Prior. 13/4. 1963.) — 2 S.

M. Knaack 6960

2982 Werner Kast, Erding, **Emulsionen** von Pflanzenölen in wss. Lsg. von fettfreiem Milchpulver erhält man unter Verw. von Alkylsulfaten, -sulfonaten, Alkylarylsulfonaten oder Fettalkoholäthersulfaten. — *Kosmetika.* (**Brit.P. 1018385** vom 25/6. 1963, ausg. 26/1. 1966. D. Prior. 29/6. 1962.) — 3 S.

C. Lüttgen 6960

2983 Klaus Dörfel, Leipzig, **Kosmetisches Mittel** zur Pflege der Haut u. des Haarbodens, das zur Regulierung der Talgdrüsentätigkeit oxäthylierten Oleylalkohol sowie Spuren von elementaren S enthält, wodurch die Wirksamkeit noch gesteigert wird. — Haarwasser gegen Seborrhoe: 50 (g) A., 0,5 oxäthyliertes Ocenol, 0,01 S, 0,4 Resorcin, 0,1 Parfüm, W. ad 100. (**D.P.[DDR] 49493** Kl. 30h vom 4/9. 1965, ausg. 5/8. 1966 [Wirtschaftspatent].) — 2 S.

C. Kröger 6960

Klebstoffe

2984 Wolfram Rechenburg und Rolf Lindemann, Halle/Saale, **Phenolharzleime,** die bei einer Preßtemp. > 115° koch- u. tropenfest sind, stellt man im Zweistufen-Kondens.-Verf. bei einem Molverhältnis von C_6H_5OH(**I**) zu HCHO(**II**):NaOH (**III**) = 1:1,5—2:0,2—0,5 her. Zu 20—35%ig. **II**-Lsg. gibt man während 1—2 Std. eine

Lsg. von I u. III bei 50—70°. Nach weiteren 1—2 Std. fügt man bei dieser Temp. eine 20—30%ig. II-Lsg. während 30 Min. hinzu u. erhitzt 3—4 Std. bei 50—70°. Man erhitzt dann rasch auf 90° u. kondensiert bis zu einer Viskosität von 500—3000 cP. Lagerfähigkeit des Harzes 4—6 Wochen. (**D.P.[DDR] 56933** Kl. 39c vom 16/8. 1966, ausg. 5/7. 1967 [Wirtschaftspatent].) — 2 S.
F.-W. Schränkler 6980

2985 Mo och Domsjö A/B (Erfinder: Rolf Erhard Morén), Örnsköldsvik, Schweden, **Klebstoff zur Herstellung von Schichtholzprodukten,** bestehend aus einem wärmehärtbaren, heißabbindenden Klebstoff (I) oder einem Klebstoffgemisch von Harnstoff-, Phenol-, Resorcin-, Melamin- oder Furfurolharzen u. einem Härtungsmittel mit Geh. an 0,5—60 Gew.-%, bezogen auf das Gew. von I, eines Polyalkylenglykols der allg. Formel II,

II 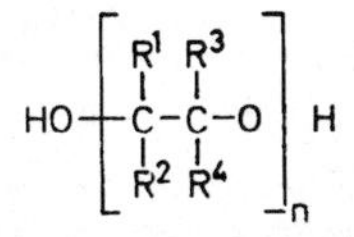

worin R^1, R^2, R^3 u. R^4 für H oder niedrigere Alkylgruppen u. n für eine Zahl von 1—1000 stehen, oder eines Äthers eines solchen Glykols oder eines Gemisches aus solchen Glykolen u./oder Äthern mit wesentlich verschied. Mol.-Gewichten. Ggf. enthält I noch 5—35%, bezogen auf sein Trockengew., wasserlösl. Polysaccharide als Füll- oder Streckmittel. (**D.A.S. 1248842** Kl. 22i vom 9/4. 1964, ausg. 31/8. 1967.) — 4 S.
G. Czerwony 6980

2986 Consortium für elektrochemische Industrie G.m.b.H. (Erfinder: Heinz Winkler, Jürgen Smidt und Hermann Meyer), München, **Klebstoffe** auf Grundlage von Vinylpolymerisat-Dispersionen für die Verleimung von Furnieren oder die Herst. von Sperrholz enthalten als Zusätze Salze, deren Anionen mit Fe-Ionen farblose, gegen Gerbsäure oder Kreidezusatz beständige Komplexe geben, wie Gemische von NaF oder Na_3PO_4 u. Crotonsäure, sowie ungesätt. aliphat. Carbonsäuren, in einen pH-Wert der Dispersionen zwischen 4 u. 6 ergebenden Mengen. Durch Fe verursachte Verfärbungen werden vermieden, ohne daß die Dispersionen unerwünscht hohen Kreidungspunkt haben. — Tabellen. (**D.A.S. 1253849** Kl. 22i vom 29/10. 1955, ausg. 9/11. 1967.) — 4 S. G. Czerwony 6980

2987 Sun Chemical Corp., New York, N.Y., übert. von: Eugene Kraiman, Cedar Grove, N.J., USA, **Lösungsmittelfreier Klebstoff,** bestehend aus den Rk.-Prod. von Polyäthylenglykol mit mittlerem Molgew. 600 u. 3.4-Epoxy-6-methylcyclohexylmethyl-3.4-epoxy-6-methylcyclohexancarboxylaten in Ggw. von 0,05 bis 20 Gew.-%, bezogen auf das Gew. des Glykols u. des Epoxids, eines BF_3-Triäthylamin-Komplexes. Verw. zum Verkleben von Matten aus Polyurethanschaumstoff mit Textilgewebe auf Cellulosebasis. Man erhitzt auf > Zers.-Temp. der Komplexverb., bei der der Klebstoff schnell gehärtet wird. Der Schichtstoff ist beständig bei Trockenreinigung u. Waschen. (**U.S.P. 3227603** vom 2/3. 1962, ausg. 4/1. 1966.) — 4 S.
G. Czerwony 6980

2988 Farbwerke Hoechst Akt.-Ges. vormals Meister Lucius & Brüning (Erfinder: Ludwig Brinkmann und Siegfried Sommer), Frankfurt/M., **Verwendung von Polymischestern als Klebstoff.** Die Polymischester sind hergestellt worden durch Polykondens. von mindestens einem Glykol der Formel $HO(CH_2)_nOH$, worin n eine ganze Zahl von 2—6 ist, u./oder einem Glykol der Formel $HO(CH_2CH_2O)_nH$, worin n eine ganze Zahl von 2—4 ist, mit Cyclobutandicarbonsäure-(1.2), Terephthalsäure u. ggf. Isophthalsäure, ferner ggf. neben den genannten Säuren auch aus anderen Dicarbonsäuren in Mengen < 30 Mol.-%, bezogen auf die Gesamtmenge der Dicarbonsäuren, im Molverhältnis der genannten Säuren innerhalb der Grenzen 15—70 (Mol.-%) Cyclobutandicarbonsäure-(1.2), 30—85 Terephthalsäure, 0—50 Isophthalsäure. Sie eignen sich bes. gut als *Schmelzklebstoffe zum Verkleben von Leder* u. haben als Schmelze einen Verlaufsbeginn im Bereich von ca. 130—140° bzw. noch niedrigeren Temp. u. das Ende des Fadenzuges liegt bei Temp. im Bereich von ca. 210—240°. (**D.A.S. 1254273** Kl. 22i vom 3/6. 1964, ausg. 16/11. 1967.) — 3 S.
G. Czerwony 6980

2989 Armour & Co., Chicago, Ill., USA, **Heißverkleben inerter Kunststoffe,** wie Folien aus einer Polyfluor-C-Verb. oder Polyester, mit sich selbst oder mit Metall, bes. Al, unter Verw. eines Klebstoffes aus 20—100 (Gew.-Teilen) eines thermoplast. Mischpolymerisats aus Vinylacetat u. Äthylen bzw. Propylen, oder Vinylacrylsäureester u. Äthylen, 5—80 eines Esters aus Pentaerythrit oder Glycerin u. einer Säure, wie Naturharzsäure, Terpen-, Polyterpen- oder dimerisierte Harzsäuren, zusammen mit 1—30 eines (niedrigschmelzenden) Wachses u. 100—400 eines Lsgm., wie Hexan, Heptan, Octan, Bzl., Toluol, Xylol, Methyläthylketon. Verw. bes. in der Verpackungsindustrie. (**Brit.P. 1052860** vom 24/11. 1965, ausg. 30/12. 1966. U.S. Prior. 24/11. 1964.) — 4 S.
G. Czerwony 6980

2990 Hercules Powder Co., Wilmington, Del., USA, **Verkleben von Polyolefin mit Metall** unter Verw. einer Zwischenschicht aus mit Maleinsäureanhydrid modifiziertem Polypropylen, wobei die Verklebung unter Hitze u. Druck erfolgt oder beide Schichten nacheinander als Überzüge aufgebracht werden. Als Polyolefine sind genannt ster. reguläres (isotakt.) Polypropylen, Polyäthylen u. als Metall Al-Folie. (**Brit.P. 1020740** vom 18/8. 1964, ausg. 23/2. 1966. U.S. Prior. 29/8. 1963.) — 4 S. G. Czerwony 6980

2991 Karl Buser, Leipzig, Werner Elste, Schafstädt, Peter Heitmann, Weißenfels, und Günther Wicke, Böhlitz-Ehrenberg, **Korrosionsschutzanstrich- und Klebemittel** zum Aufbringen auf wasserfeuchtem Untergrund besteht aus Epoxidharz vom Typ Diphenylolpropan (Epoxyäquivalentgew. 175—225), einem Härter u. ggf. Füllstoffen, Farbpigmenten u./oder Modifikationsmitteln; als Härter wird ein bei 80—180°, bes. 140—160° erhaltenes Rk.-Prod. von Anilin-HCHO-Kondensationsprod. mit einer oder mehreren Dicarbonsäuren verwendet. (**D.P.[DDR] 56879** Kl. 22g vom 23/11. 1966, ausg. 5/7. 1967 [Wirtschaftspatent].) — 3 S.
T. Oppermann 6980

2992 Horst Bohse, Tangermünde, **Modifizierter Glutinleim** enthält ≤ 40 (Gew.-%) klebende Polymere. — Zus. z. B. 85 Glutinleim, 1 Polyvinylalkohol, 4 Polyacrylsäureester, 5 Polyvinylacetat u. 5 Polyvinyläther. — *Furnierklebstoffe.* (**D.P.[DDR] 46517** Kl. 22i vom 25/5. 1965, ausg. 20/3. 1966 [Wirtschaftspatent].) — 2 S.
K.-D. Stolp 6980

H-10. Plastomere, Elastomere

2993 **Neue Polymere.** A. Paris. (Ind. chimique **54** (1967) 597, 91—100; franz.) — Übersicht über Herst., Struktur, Eig. u. Verw. von Phenoxyharzen, Polysulfonen, Polyoxyphenylenen, Polysulfonaten, Polyimiden, Polybenzimidazolen, Polybenzophosphorimidazolen, Polypyrronen, heterocykl., nicht an Bzl.-Kerne gebundenen Polymeren, Polymeren mit Furankern, Ionomeren, Polymethylenglutaronitrilen, Polydiacetonacrylamiden, chlorierten Polyäthern, Polythiocarbonylfluorid u. Hexafluoracetoncopolymeren. W. Wesly 7000

2994 **Mischen loser Werkstoffe in der Kunststofftechnologie.** Włodzimierz Dahlig und Wacław Weigt. (Polimery — Tworzywa wielkocząsteczkowe **12** (1967) 4, 158—62; Politechn., Warszawa; pol.) — Die Leistung von Mischern wird durch kolorimetr. Best. der zu Emulsions-PVC zugesetzten Menge eines Pigments ermittelt. W. Wesly 7000

2995 **Sequenzverteilung in Copolymeren.** H. James Harwood. (Rubber Chem. Technol. **40** (1967) 2, 411—44; Univ. of Akron, O.; engl.) — Überblick über chem. Verf. zur Unters. der Sequenzverteilung in Elastomeren sowie der Beziehung zwischen physikal. Eig. u. Elastomerzusammensetzung. — 144 Literaturangaben.
W. Wesly 7000

2996 **Verbesserung des Spritzgusses von Thermoplasten durch Blähmittel.** Karel Rudolf und Miroslav Skrceny. (Ind. Plast. mod. Élastomères **19** (1967) 3, 103, 105—06, 109, 111—13; Praha; franz.) — Die Herst. von Spritzgußgegenständen aus Thermoplasten unter Zusatz von Blähmitteln, die dazu verwendeten Vorr. u. die Eig. der Prod. werden beschrieben. Die Anwendung der Blähmittel vermindert das Auftreten von Mißbldg. u. Fehlern, gestattet die Herst. von Gegenständen verwickelter Gestalt u. führt zu einer Verminderung der Hygroskopizität u. damit zu einer Verbesserung der elektr. Eig. u. der Maßstabilität. W. Wesly 7000

2997 **Einfluß von Zusätzen auf die Vernetzung und den Abbau von Hochpolymeren durch energiereiche Strahlen.** Franz Zeplichal und Norbert Steiner. (Kautschuk Gummi, Kunststoffe **20** (1967) 8, 451—58; Bundesanstalt für Mater.-Prüfung, Berlin; dt.) — Berichtet wird über Vers. zur Abschwächung der Wrkg. von γ-Strahlen auf Polymere. Das für den Strahlenschutz erfolgreichste Merkmal eines Antirad ist die Zugehörigkeit zu aromat. Verb.; wobei die Schutzwrkg. der bes. elektromeren Struktur des aromat. Rings zugeschrieben wird. Die größten Schutzeffekte wurden bei Polymethacrylat durch 5,5% α-Naphthol, bei Naturkautschuk durch 2.4-Dinitrophenol u. bei synthet. Polyisopren durch 1% Benzanthracen erzielt. In S-Vulkanisaten ist der polysulfid. extrahierbare S_8 für die schützende Wrkg. verantwortlich. — 59 Literaturangaben. J. Gähde 7000

2998 **Veränderungen von Kunststoffen unter dem Einfluß der Umgebung.** C. M. v. Meysenbug. (Werkstoffe u. Korrosion **18** (1967) 5, 411—19; Dechema-Inst., Frankfurt/M.; dt.) — Vf. behandelt in einer Übersicht die verschiedenen Umgebungseinfl. u. die durch sie ausgelösten Veränderungen an Kunststoffen: Physikal. (Wärme, Licht- u. Kernstrahlung, mechan. Beanspruchung, Stoffdiffusion), chem. (oxydierender Abbau, Hydrolyse durch Säuren u. Alkalien sowie red. Abbau) u. biolog. Einw. (Mikroorganismen, Termiten- u. Nagetierfraß, Schimmelpilze). Es werden Parallelen zur Metallkorrosion gezogen. — 12 Literaturangaben. K. Gröbe 7000△

2999 **Chemische Elementarvorgänge bei der Alterung von Kunststoffen.** Werner Kern. (Chemiker-Ztg.-Chem. Apparatur **91** (1967) 8, 255—62; Organ.-Chem. Inst., Univ. Mainz; dt.) — Übersicht über die chem. Einteilung von makromol. Stoffen, ihre Struktur bzw. Konfig. u. Alterung sowie über den Einfl. der Konfig. auf die Alterung. — 23 Literaturangaben. W. Wesly 7000

3000 **Gleitreibung und Abrieb von Elastomeren.** D. Bianca. (Rubber Wld. **156** (1967) 6, 65—67; E. I. du Pont de Nemours and Co.; engl.) — Der Unterschied zwischen der Reibung von Elastomeren u. der von Metallen u. die Meßeinrichtungen für Elastomerenreibung (Best. von Reibungskraft u. Abrieb) werden erörtert. Dabei wird die Gleitreibung zwischen 2 sich bewegenden Feststoffen bei Einw. einer normalen Kraft zugrunde gelegt. — 22 Literaturangaben. W. Wesly 7000

3001 **Messung der Elastizität von Kautschuk bei niedrigen Temperaturen mit der Torsions-Rückfederungs-Apparatur.** Angus Wilson. (Rubber Wld. **156** (1967) 1, 81—87; U.S. Army Natick Labor.; engl.) — Mit der beschriebenen mit visueller Ablesung u. automat. Registrierung arbeitenden App. wurden Probekörper durch Verdrehung um 360° deformiert. Das führte zu einer Dehnung der Proben entlang der Kanten um 5%. Die bei bestimmter Temp. durchgeführten Messungen zeigen, daß bei den meisten Kautschuktypen Elastizität u. Flexibilität innerhalb des niedrigen Temp.-Bereiches erhalten bleiben. Ausnahmen bilden einige Äthylen-Propylen-Dien-Elastomere. J. Gähde 7000

3002 **Gasdurchlässigkeit von Kunststoffen und Kautschuk.** H. J. Huldy. (Plastica [Delft] **20** (1967) 8, 348—57; Centraal Labor. TNO, Delft; niederl.) — Angabe (Zahlentafel) der Durchlässigkeit zahlreicher Polymerer für N_2, O_2, CO_2, He, H_2, CH_4 u. H_2S u. Beschreibung eines Gerätes zur Best. der Gasdurchlässigkeit (auf Grund der Wärmeleitfähigkeit von Gasgemischen). — 21 Literaturangaben. W. Wesly 7000

3003 **Prüfungsmethoden im Zusammenhang mit Alterung und Korrosion von Kunststoffen.** Hildegard Mendrzyk. (Werkstoffe u. Korrosion **18** (1967) 5, 385—93; Bundesanstalt für Metallprüfung, Berlin; dt.) — Vf. behandelt in einer Übersicht die verschiedenen Ursachen der Korrosion u. gibt einen Überblick über Prüfmeth., die der Best. von therm. Alterungsbeständigkeit, therm. Beständigkeit, Beständigkeit unter dem Einfl. verschiedener Medien, Schädigung durch Organismen, Bewitterungs- u. Belichtungsbeständigkeit sowie Wechsel- u. Dauerbelastungsbeständigkeit dienen. K. Gröbe 7000△

3004 **Abbau hochelastischer Polymerisate.** 5. Mitt. **Apparatives zur Messung der diskontinuierlichen Spannungsrelaxation.** Karl-Heinz Hillmer. (Kautschuk Gummi, Kunststoffe **20** (1967) 8, 458—61; Kautschukinst., Techn. Hochsch. Hannover; dt.) — Es werden eine App. mit elektron. Kraftmeßsyst. u. selbsttätiger Aufzeichnung von Kraft- u. Zeitwerten zur Messung der diskontinuierlichen Spannungsrelaxation sowie Konstruktion u. Schaltung des verwendeten Steuer- u. Zusatzgerätes beschrieben. Die Verweilzeit der hochelast. vernetzten Polymerprobe im gedehnten (t_g) u. ungedehnten (t_u) Zustand kann verändert werden, so daß $t_g = t_u$ oder $t_g \lesseqgtr t_u$. J. Gähde 7000

3005 **„Crazing" beim Bruchmechanismus von glasartigen Polymeren.** R. P. Kambour. (Werkstoffe u. Korrosion **18** (1967) 5, 393—400; Gen. Electr. Co. Res. and Dev. Cent. Bldg., Schenectady, N.Y.; dt.) — Bei Belastung unterhalb der Bruchlast bilden Thermoplaste zahlreiche scheinbare Risse, „crazes", aus, die Ausgangspunkt eines späteren Bruches sind. In ihnen ist das Material plast. in der Belastungsrichtung verformt. Die „crazes" stellen ein Aggregat von miteinander verbundenen Löchern (⌀ 200 Å) in einer Matrix aus orientiertem Polymer dar. Im Vgl. zum normalen Polymer besitzt ein „craze" nur einen niedrigen E-Modul; der viskose Verlustfaktor ist wesentlich größer u. die Spannung-Dehnung-Kurve sehr komplex. Er ähnelt einem Schaum von glasartigem Polymer gleicher Dichte. Das Verh. der „crazes" wird mittels der Theorie des Bruchs von glasartigen Polymeren diskutiert, ebenso die Resultate von Interferenzunters. an „crazes" bei *Polymethylmethacrylat* u. *Polystyrol*. Sie geben Hinweise auf die bes. elast. Verformbarkeit der „crazes". Vf. ermitteln die für die Bldg. u. Rückbldg. der „crazes" erforderlichen Energieterme. — 19 Literaturangaben. K. Gröbe 7000△

3006 **Rißbildung und Rißausbreitung in Kunststoffen.** N. A. Brunt. (Plastica [Delft] **20** (1967) 7, 275—85; Central Labor. T. N. O.; niederl.) — Übersicht über Rißausbreitung in Filmen von Hochpolymeren, Vorgänge an einem Riß, statist. Deutung der Elastizität, Rißstabilisierung, Rißbldg. u. Eig. von viskoelast., glasartigen, kautschukartigen, inhomogenen u. anisotropen Stoffen. W. Wesly 7000

3007 **Festigkeitsuntersuchungen an Kunststoffen bei hohen Verformungsgeschwindigkeiten auf einem Rotationsschlagwerk.** Karl Oberbach. (Materialprüfung **9** (1967) 7, 260—67; Farbenfabr. Bayer AG, Leverkusen; dt.) — Für Festigkeitsunters. bei hohen Prüfgeschw. wurde ein Rotationsschlagwerk entwickelt. Die Maschine erlaubt Prüfgeschw. zwischen 1 u. 50 m/s. Mit verschiedenen Kraftmeßdosen können Kräfte bis zu mehreren M_p beherrscht werden. Der größte Dehnweg beträgt 1 m, so daß auch elast. Prüfkörper mit Dehnungen über 1000% geprüft werden können. An PVC wurde festgestellt, daß eine Zuordnung des charakterist. Spannung-Dehnung-Diagrammes (A) zum Kunststoff-Typ nur möglich ist, wenn Temp. u. Prüfgeschw. genau eingehalten werden. Polyurethanelastomere können bei einer Temp. allein durch Variation der Dehnungsgeschw. die für Elastomere, Thermo- u. Duroplaste typ. A aufweisen. Bei Elasten ist auch der anfängliche Bereich von A für Festigkeitsbetrachtungen wichtig, da sich hier die größeren Unterschiede im Materialverh. ergeben. J. Gähde 7000

3008 **Kunststoffe, Werkstoffe für den Ingenieur.** F. Klema. (Seifen-Öle-Fette-Wachse **93** (1967) 24, 925—35; Innsbruck; dt.) — Überblick über Herst., physikal.

Eig. u. Anwendungsgebiete von Polyamiden, Celluloseestern, Polyolefinen, Polyacetalharzen u. PVC. — 47 Literaturangaben. K. Triems 7000

3009 **Vulkanisiertes Polyäthylen.** J. H. Gisolf. (Plastica [Delft] **20** (1967) 4, 131—41; niederl.) — Übersicht über Herst., Eig., Struktur u. Anwendung von vulkanisiertem Polyäthylen. W. Wesly 7012

3010 **Mit aromatischen Ölen gestreckter Carom-Kautschuk.** G. Dressnandt, Valentina Boieşan, T. Crişan, Lucia Biriş, L. Sireteanu und R. Negreţu. (Mater. plast. [Bucureşti] **4** (1967) 1, 19—23; rum.) — Es wird gezeigt, daß durch Strecken von Kautschuk mit aromatenreichen Mineralölen bzw. Ölfraktionen (rumän. Ursprungs) Prod. erhalten werden, die in ihren physikal.-mechan. Eig. bekannten Importkautschuken (Garilex, Europren, J. S. R.) ähneln. Die Strukturunters. (IR-Meth.) ergibt 11,46(%) 1.2- u. 64,0 trans-1.4-Butadien u. 24,50 Styrol. Tabellar. werden die Eig. von 20 Proben „Carom-Kautschuk“ dieser Art mitgeteilt. R. K. Müller 7014△

3011 **Fließkurven und Relaxationsspektrum von Divinylstyrolkautschuken (Europren-1500, SKS-30 ARMK-15).** R. V. Torner, L. F. Gudkova und G. V. Dobroljubov. (Mech. Polimerov **1967**, 1, 177—79; Moskva, Inst. chim. mašst.; russ.) — Die Analyse der Fließkurven des Divinylstyrolkautschuks (DVSK) Europren-1500 (**I**) u. des ölgefüllten DVSK SKS-30 ARKM-15 (**II**) zeigt, daß bei **II** bei 120° u. Schubspannung $\sigma \leqq 0{,}2$ kp/cm² ein Gebiet annähernd Newtonschen Fließens vorliegt, im übrigen zeigen **I** u. **II** klar ausgeprägte Viskositätsanomalien. Die Relaxationsspektren von **I** u. **II** bei 80° haben gleiche Form, aber verschiedene Breite u. Lage des Existenzgebiets. Die Relaxationsfunktion bei 80° von **I** bei $\tau_m = 10^2$ Sek. ist $H(\tau) = 4 \cdot 10^{-2}$, die von **II** bei $\tau_m = 52{,}5$ Sek. $H(\tau) = 1{,}58 \cdot 10^{-2}$ kp/cm². R. K. Müller 7014

3012 **Dispersität des nach der Suspensionsmethode erhaltenen Polystyrols für Schaumbildung.** A. V. Janiševskij und K. V. Voevodin. (Ž. prikl. Chim. **40** (1967) 3, 545—48; russ.) — Es wird versucht, für Schäumzwecke nach der Suspensionsmeth. Polystyrol mit möglichst homogener Dispersität u. möglichst hohem Geh. an Körnern von 0,5—2,0 mm herzustellen. Die Herst. gelingt in Sechsschaufel-, Turbinen- u. Blattmischern. Für die gewählten Bedingungen wird beim Übergang vom Modell- zum techn. Reaktor unter Berücksichtigung von Änderungen der hydrodynam. Verhältnisse u. des „Badmoduls“ eine Gleichung zur Berechnung der mittleren Korngrößen angegeben; sie gilt bei Vergrößerungen bis zum 10fachen Maßstab. R. K. Müller 7014

3013 **Gegenwärtiger Stand der Entwicklungs- und Forschungsarbeiten über Polyphenylene.** Luigi Mortillaro. (Mater. plast. Elastomeri **33** (1967) 8, 800—02, 851; ital.) — Überblick. — 42 Literaturangaben. H.-E. Toussaint 7019

3014 **Kontinuierliches Verfahren zur Herstellung wäßriger Dispersionen von Polyvinylacetat.** I. Cristea, H. Gunesch und J. Brandsch. (Mater. plast. [Bucureşti] **4** (1967) 3, 109—12; rum.) — Zur Herst. von wss. Dispersionen von *Polyvinylacetat* (**I**) mit bestimmter, konst. Viskosität wird der Polymerisationsprozeß in einer Reihe von Autoklaven stufenweise durchgeführt, wobei in die 4 ersten Autoklaven monomere Verb. eingeführt werden, so daß das wss. Medium sich allmählich mit **I** anreichert u. schließlich einen Feststoffgeh. von 50% erreicht. Als Initiator wird $K_2S_2O_8$ verwendet. Die im 1. Autoklaven eingesetzte **I**-Dispersion enthält neben 6(%) **I**, 0,016 $FeSO_4$, 0,25 HCOOH u. 0,5 H_2O_2 (35%ig.). Beim Transport der Dispersion u. bei der Monomerenzufuhr wird ein bestimmter Rhythmus eingehalten. Das Verf. kann weitgehend automatisiert werden. R. K. Müller 7021△

3015 **Beschleunigte Alterung von Methylmethacrylatcopolymeren und -homopolymeren.** J. M. Jordan, R. E. McIlroy und E. M. Pearce. (Mod. Plastics **44** (1967) 8, 156; J. T. Baker Chem. Co.; engl.) — Unters. an *Polymethylmethacrylat* u. einem *Methylmethacrylat-α-Methylstyrol-Copolymer* zeigen, daß ein Weatherometer mit 2 Lichtbögen das relative Verh. im Freien, nicht dagegen das abs. Langzeitverh. im Freien vorherzusagen vermag. K. Gröbe 7022△

3016 **Polyoxyphenylene.** 1. Mitt. Jan Biały. (Polimery — Tworzywa wielkocząsteczkowe **12** (1967) 1, 1—5; Inst. Tworzyw Sztucznych Zakł. Polimer.; pol.) — Die Verf. zur Herst. von Polyoxyphenylen, mit bes. Berücksichtigung der Ox.-Polymerisation von 2.6-Xylenol werden beschrieben (Konstruktionsmaterialien). — 48 Literaturangaben. W. Wesly 7023

3017 **Verfahren der Lösungs-Fällungs-Kondensation.** W. W. Korszak, E. Turska, G. I. Timofiejewa und A. Dems. (Polimery – Tworzywa wielkocząsteczkowe **12** (1967) 4, 168—69; Inst. Elementoorgan. Sojed. AN SSSR, Moskwa; pol.) — Unters. der Kondens. eines *Polyesters* (Polyarylat) aus Bis-(p-hydroxyphenyl)-2.2-propan u. Isophthalylchlorid in α-Chlornaphthalin-Lsg. zeigen, daß bei einer Anfangsmonomer-Konz. von 2,2 Mol/l die schwersten Fraktionen vor Erreichen des Gleichgew.-Zustandes gefällt werden. Diese Beobachtung kann die Grundlage einer neuen Herst.-Meth. von Kondens.-Polymeren mit hohem Molgew. werden. W. Wesly 7025

3018 **Inhibitoren für ungesättigte Polyester.** L. P. Foster und S. B. Miller. (Rev. Plásticos mod. **18** (1967) 131, 341—47, 351; Eastman Chem. Prod. Inc., Chem. Div.; span.) — Als Inhibitoren für ungesätt. Polyester werden verschiedene Hydrochinone u. p-Benzochinone untersucht u. verglichen, insgesamt 10. Die Inhibitorwrkg. nimmt ab in der Reihenfolge Hydrochinon > p-Benzochinon > Tolubenzochinon > Toluhydrochinon > Mono-tert.-butylhydrochinon > Hydrochinonmonomethyläther > 2.5-Di-tert.-butylhydrochinon > 2.5-Diphenyl-p-benzochinon > p-tert.-Butylcatechol. Auch Gemische von Inhibitoren werden verwendet. R. K. Müller 7025

3019 **Schäden durch Wasser in Polyesterharzen.** K. H. G. Ashbee, F. C. Frank und R. C. Wyatt. (Proc. Roy. Soc. [London], Ser. A **300** (1967) 1463, 415—19; Univ. of Bristol; engl.) — Unters. über die Natur der Risse, die in glasfaserverstärkten Polyesterharzen (S. R. 18979, Polymaster 670, Crystic 189) bei Einw. von W. auftreten, zeigen, daß manche Risse im Harz völlig eingeschlossen sind, was auf Bldg. von Taschen bei Wechselwrkg. von eingeschlossenen Verunreinigungen mit W. zurückgeführt wird. In den meisten Fällen wird der auftretende Druck durch Osmose von wasserlösl. anorgan. Verunreinigungen verursacht. Verteilung u. Orientierung der Risse werden erörtert u. auf komplexe, durch die W.-Einw. verursachte laminare Spannungen zurückgeführt. W. Wesly 7025

3020 **Kristallisiertes Polyäthylenterephthalat, ein neuer Werkstoff für die Technik.** Richard Pflüger. (Kunststoffe **57** (1967) 1, 31—37; Techn. Kunststoff Ges. Ensinger & Pflüger, Ehningen; dt.) — Polyäthylenterephthalat (PETP) ist in Form verstreckter Fasern u. Folien bekannt. Beim Extrudieren von dickwandigen Halbzeugen oder beim Spritzgießen in heiße Formen (> 100°) wird ein hochkrist. Werkstoff von großer Härte, Festigkeit u. günstigen Gleiteig. erhalten, der prakt. kein W. aufnimmt u. konst. Eig. hat. Der bei 265° schmelzende Rohstoff ist gut verarbeitbar. Die physikal. u. mechan. Eig. von krist. PETP werden beschrieben u. Anwendungsbeispiele gebracht. — 49 Literaturangaben. J. Gähde 7025

3021 **Schrumpfen von Phenolharz-Mischungen.** Harold D. Jost und David K. Akin. (SPE Journal **23** (1967) 11, 45—48; Gen. Electr. Co., Pittsfield, Mass.; engl.) — Nach ASTM D-955 u. D-796-61T wurde das Schrumpfen einer normalen Phenolharzpreßmasse in Abhängigkeit von Zus., Vorwärmung, Druck u. Gestalt des Formteils untersucht. Die Schrumpfung der Stabproben lag zwischen 3,0—10,3 mils/in. bei Probenlängen von 1—8 inch. Die Schrumpfwerte können zur Qualitätskontrolle der Preßmassen dienen. J. Gähde 7026

3022 **Einfluß der thermoplastischen Umwandlung von ABS-Polymerisaten auf die nachfolgende galvanische Metallabscheidung.** Harold Ebneth und Raúl A. Moll. (Rev. Plásticos mod. **18** (1967) 134, 630—38; Leverkusen,

Farbenfabriken Bayer AG; span.) — Bei ABS-Polymeren (Copolymeren von *Acrylonitril, Butadien* u. *Styrol*) ist vor der Galvanisierung bei Ggw. stärkerer Spannungen eine Vorbehandlung, z. B. mit H_3PO_4 enthaltenden Beizmitteln, erforderlich. Auch mit anderen Beizmitteln werden gute Ergebnisse erzielt. In vergleichenden Unters. wird der Einfl. verschiedener Faktoren auf das Verh. beim Galvanisieren geprüft. R. K. Müller 7031

3023 **Herstellung von Acrylonitril aus Propylen.** M. R. Lichtenberger. (Rev. Assoc. franç. Techniciens Pétrole [N.S.] **1967**, 183, 29—35; Centre de Recherches de Lyon, Ugine Kuhlmann; franz.) — Beschreibung eines neuen Verf. zur Herst. von Acrylsäurenitril aus C_3H_6 u. NH_3 als Rohstoff für die Synth. ölbeständiger Kautschukarten. W. Wesly 7031

3024 **Ternäre Copolymere von Acrylonitril.** 3. Mitt. **Spektrophotometrische Bestimmung von Natriumallylsulfonat in ternären Acrylonitril/Methylacrylat/Natriumallylsulfonat-Copolymeren.** B. Calmanovici. (Mater. plast. [Bucureşti] **4** (1967) 3, 113—15; rum.) — 2. vgl. ibid. **2** (1965) 372. — In den UV-Spektrogrammen der tern. Acrylonitril(**I**)/Methylacrylat(**II**)/Na-Allylsulfonat-(**III**)-Copolymeren bei 280—310 nm wird **III** auf Grund seiner spezif. Absorption bei 300 nm spektrophotometr. bestimmt, indem eine Eichkurve zugrundegelegt wird, in der die Veränderungen des Spektrums des bin. **I**/**II**-Copolymeren bei Zusatz von **III** ($\leq$ 1,5%) eingetragen sind. Als Lsgm. wird in allen Fällen Dimethylformamid verwendet. Der Fehler der spektrophotometr. **III**-Best. beträgt $\pm 5—10\%$. R. K. Müller 7031△

3025 **Modellversuche zur Luftoxydation von Hochpolymeren.** 2. Mitt. **Luftoxydation von ε-Caprolactam und thermische Umwandlung der Oxydationsprodukte.** A. Rieche und W. Schön. (Kunststoffe **57** (1967) 1, 49—52; Inst. für techn. Chem., Univ. Jena; dt.) — 1. vgl. Chem. Ber. **99** (1966). — Bei Einw. von O_2 auf ε-Caprolactam (**I**) konnte **I**-*Hydroperoxid* (**II**) isoliert werden. **II** geht leicht in Adipinsäure(**III**)-halbamid u. -imid über. Der Angriff von O_2 an der dem N benachbarten Methylengruppe wird bei der Peroxydierung von ε-Methyl-**I** bestätigt. Bei der therm. Spaltung des durch Hydrolyse von **III**-Imid entstandenen **III**-Monoamids treten neben einem unschmelzbaren Rückstand W., CO_2, NH_3, Cyclopentanon, **III**-Mono- u. Dinitril sowie **III** als Spaltprod. auf. Diese Verb. wurden auch beim Zersetzen von Polyamid 6 gefunden. Bei labormäßig durchgeführten Polykondens.-Vers. von **I** u. Wiederaufschmelzen des Granulats unter Zusatz von **II** u. der genannten Spaltprod. wurden Qualitätsminderungen des Poly-**I** festgestellt (Verfärbung, Versprödung, geringere Endgruppenstabilisierung). — 12 Literaturangaben. J. Gähde 7032

3026 **Glasfaserverstärktes Nylon 6 als wertvoller Baustoff.** F. J. M. M. Schiphorst. (Plastica [Delft] **20** (1967) 7, 300—09; Verenigd Plastic-Verkoopkantor N. V., Plastrading Ltd., Zeist; niederl.) — Beschreibung der Herst. (Spritzguß), Eig. u. Anwendung von Nylon 6 mit 30 Gew.-% Glasfasern („Akulon" K2-62V) als Baustoff. W. Wesly 7032

3027 **Neue Polyimide: Polyesterpolyimide.** Mario Russo. (Mater. plast. Elastomeri **33** (1967) 8, 810—13, 851; ital.) — Überblick über Herst. u. Eig. (bes. Hitzestabilität) von Polyesterimiden im Vgl. zu Polyamidpolyimiden, Polyestern u. von Polyimiden. H.-E. Toussaint 7032

3028 **Urethankautschuk.** P. A. van Damme. (Plastica [Delft] **20** (1967) 8, 321—27; Rubberfabriek Helvoet N. V., Hellevoetsluis; niederl.) — Übersicht über Struktur u. Eig. von Urethan-Elastomeren u. die Herst. von Gegenständen durch Gießen, Walzen u. Spritzgießen. W. Wesly 7033

3029 **Direkte Formverschäumung von Polyurethan-Hartschaum.** Enrico Speroni und Enzo Busignani. (Mater. plast. Elastomeri **33** (1967) 8, 803—08; ital.) — Angaben über den Einfl. von Treibmittelmenge, Temp. u. Arbeitsverf. auf D. u. sonstige Werte von direkt verschäumten Hartpolyurethan-Sandwichpanels. H.-E. Toussaint 7033

3030 **Stabilisierung von PVC.** 2. Mitt. **Stabilisierung mit Magnesiumoxid.** S. Horun. (Mater. plast. [Bucureşti] **4** (1967) 3, 119—21; rum.) — Bei PVC mit einem Fe_2O_3-Geh. kann an Stelle der chelatisierten Ba–Cd-Zusätze (+ Epoxidverb.) MgO in einer Menge von $\approx$ 1%, bezogen auf PVC, verwendet werden. Die Stabilisierungswrkg. wird auf Grund der therm., mechan. u. elektr. Eig. geprüft. Die Wrkg. von MgO bei der Stabilisierung von PVC mit 1% Fe_2O_3 wird durch Zusatz von $\approx$ 1% Ca-Stearat synergist. unterstützt. Noch besser sind die Ergebnisse bei der Stabilisierung von nicht-weichgemachtem PVC u. bei PVC-Gemischen mit chloriertem Paraffin. R. K. Müller 7042△

3031 **Ledersatz mit dem Aussehen von Antilopenleder aus Polyvinylchlorid-Plastisolen.** Gh. Cotoşman und D. Strava. (Mater. plast. [Bucureşti] **4** (1967) 3, 129—30; rum.) — Luftdurchlässiger Antilopenlederersatz wird aus weichgemachtem PVC mit Einschluß von NaCl verschiedener Korngröße (0,1—1,53 mm) durch Aufbringen in Plastisolgemischen auf widerstandsfähige, schwach widerstandsfähige oder dehnbare (Trikot-) Textilgewebe mit nachträglicher Entfernung des NaCl durch Waschen mit W. oder durch Elektrolyse hergestellt. Die besten Ergebnisse werden mit Plastisolen mit 60% NaCl von 0,25 mm Teilchengröße erzielt. Die Luftdurchlässigkeit beträgt bei diesen Prod. 294 $cm^3/m^2 \cdot s$ bei 10 Torr. R. K. Müller 7042△

3032 **Synthesen polymerer organischer Phosphorverbindungen.** Bogumił Łaszkiewicz. (Polimery — Tworzywa wielkocząsteczkowe **12** (1967) 1, 5—8; Politechn., Łódz; pol.) — Beschreibung der Synth. u. Eig. von polymeren organ. P-Verb. mit P-Atomen in Haupt- u. Seitenkette der Makromol. (Plaste). — 28 Literaturangaben. W. Wesly 7065

3033 **Verbesserung der Eigenschaften von Methylsiliconkautschuk durch Einführung eines Phenylradikals.** Slobodan Radosavljević und Srbislava Radosavljević. (Tehnika [Beograd] **22** (1967) 6, 1050—52; Beograd, Univ., Tehnol. fak.; kroat.) — Durch Hydrolyse von *Phenylmethyldichlorsilan* (**I**) in Ggw. von Ae. u. W. u. durch gemeinsame Hydrolyse von **I** u. Dimethyldichlorsilan werden oligomere *Phenylmethylsiloxane* (**II**) erhalten. Durch Zusatz von **II** zu *Methylsiliconkautschuk* (**III**) werden die mechan. Eig. von **III** nach der Vulkanisation bei 110—115° verbessert. Analoge Prod. werden auch durch Copolymerisation von Dimethyl- u. Phenylmethylsiloxan erhalten. Es gelingt auf diese Weise, *Vulkanisate* mit einer Sprödtemp. von —85 bis —95° zu gewinnen. R. K. Müller 7085

3034 **Rußverteilung in Mischungen von Elastomeren.** W. M. Hess, C. E. Scott und J. E. Callan. (Rubber Chem. Technol. **40** (1967) 2, 371—84; Columbian Carbon Co., Princeton, N.J.; engl.) — Vf. beschreiben ein elektronenmkr. Verf. zur Unters. der Heterogenität von Elastomermischungen u. der Füllstoffverteilung in diesen Mischungen. Vf. zeigen, daß die Homogenität von Mischungen aus Naturkautschuk (NK) u. anderen Elastomeren, bes. Polybutadien (PB) vom Mischverf. u. Polymereig. — Viskosität u. verschiedene Wechselbeziehungen — abhängt. In 50:50-Mischungen von PB mit NK findet sich Ruß hauptsächlich im PB-Anteil. Diese Verteilung hängt von der Polymerviskosität ab. Aus Unters. mit gefälltem SiO_2 u. ox. Ruß folgt, daß Polaritätsfaktoren stärker als die Viskosität die Rußlokalisierung bestimmen können. W. Wesly 7085

3035 **Harte Kunststoffschäume.** P. J. Bakker. (Plastica [Delft] **20** (1967) 6, 228—42; Kunststoffen inst. T. N. O., Delft; niederl.) — Übersicht über Herst.-Verf., Eig. u. Anwendung von Polystyrol- u. Polyurethanschaum. W. Wesly 7085

3036 **Festigkeit hochelastischer Materialien.** G. J. Lake und A. G. Thomas. (Proc. Roy. Soc. [London], Ser. A **300** (1967) 1460, 108—19; The Natural Rubber Producers Res. Assoc., Welwyn Garden City, Herts.; engl.) — Bei wiederholter Belastung können Risse in Kautschukvulkanisaten auftreten, die zum Zerreißen führen. Es wurde festgestellt, daß unterhalb einer krit. Dehnung bei Abwesenheit chem. korrodierender Medien kein

Weiterreißen erfolgt. Diese Dehnung definiert die Ermüdungsgrenze für Wechselbelastung, unterhalb der eine uneingeschränkte Lebensdauer angenommen wird. Die krit. Zerreißenergie T_0 ist $\approx 5 \cdot 10^4$ erg/cm². T_0 kann auch aus der Energie ber. werden, die aufgebracht werden muß, um die quer über dem Riß liegende Polymerkette zu zerreißen. T_0 u. die Festigkeitseig. werden durch verschiedene Strukturparameter beeinflußt. — 22 Literaturangaben. J. Gähde 7085

3037 **Reaktionsmechanismus der mit Kationtensiden beschleunigten Vulkanisation.** Nada Perdih und Anton Perdih. (Kautschuk Gummi, Kunststoffe **20** (1967) 8, 466; Gummiwarenfabrik SAVA, Jugoslawien; dt.) — Vf. beschreiben einen Rk.-Mechanismus über ein Aminpolysulfid $R_4N^{+-}S-S_p-S^{+}[ZnX_mY_n]^{-}$, in dem das Zn als Anion vorliegt. Mit diesem Mechanismus kann der störende Einfl. der polaren, lipophoben $(Äthoxy)_n$-Gruppen verstanden werden. Die Kinetik der Vulkanisation mit Kation-Tensiden entspricht somit der mit anderen Beschleunigern. J. Gähde 7085

3038 **Nichtlinearität der dynamischen Eigenschaften von Gummiarten bei großen inhomogenen Druckdeformationen.** A. I. Lukomskaja, L. T. Kalinova und S. I. Buchov. (Mech. Polimerov **1967**, 1, 66—72; Moskva, NII Šinnoj prom.; russ.) — Für die isotherme, inhomogene harmon. Kompression von Prod. mit nichtlinearen elast. Eig. u. Hyperbelverteilung der Relaxationszeit werden Gleichungen mitgeteilt. Ihre Ergebnisse werden durch Vers. mit Gummiarten bestätigt, bei denen die Elastizitäts- u. Hystereseeig. nicht von einem Formfaktor abhängen, sondern Funktionen des Deformationsgrades sind. — 14 Literaturangaben. R. K. Müller 7085

3039 **Bestimmung der physikalisch-mechanischen Eigenschaften elastisch-viskoser Materialien in orthotropen und isotropen Schichten auf Grund der Ausbreitungsgeschwindigkeiten und der Dämpfungsdekremente von Längs- und Schubschwingungen.** I. A. Spincis. (Mech. Polimerov **1967**, 1, 161—66; Riga, AN Latv. SSR, Inst. mech. polim.; russ.) — Aus experimentell bestimmbaren Größen werden in Gleichungen die Elastizitätskonst. u. die realen u. imaginären Teile der komplexen Moduln u. der Poisson-Koeff. in einer orthotropen u. einer isotropen Schicht bestimmt. Zur Best. der Elastizitätskonst. E_1, E_2, G_{12}, μ_{12} u. μ_{21} in einer orthotropen Schicht müssen die Ausbreitungsgeschw. der Längswellen in den 2 Hauptrichtungen der Elastizität u. der Schubschwingungen in 1 Hauptrichtung u. im Winkel von 45° dazu ermittelt werden. R. K. Müller 7085

3040 **Erweichung gefüllter, nichtkristallisierender Kautschuke bei wiederholten Deformationen.** A. M. Rasulov, M. B. Granovskij und V. L. Majzel'. (Mech. Polimerov **1967**, 1, 170—72; Baku, Azerbajdž. gos. univ. im. Kirova; russ.) — Die Kurven Spannung–Deformation beim Hin- u. Rückgang bei 40—60 Zyklen werden für verschiedene vulkanisierte Kautschukarten mit 40, 50 u. 60% Kanalruß bzw. Ofenruß aus der Verbrennung von Gasen u. Fl. untersucht. Die Mittelwerte der Bindungszerreißenergie $E \cdot 10^{20}$ (J/Bindung) sind bei Kautschuk SKS-30 ARM-15 5,0, SKB-55sr 4,33 u. SKMS-30 ARKM-15 5,8. Die für die Berechnung von E verwendeten Gleichungen werden abgeleitet. R. K. Müller 7085

3041 **Steifigkeit von kordverstärkten Gummi-Konstruktionen.** Eric Gough. (Kautschuk Gummi, Kunststoffe **20** (1967) 8, 469—82; Dunlop Rubber Co. Ltd., Birmingham; dt.) — Vf. erörtert eine Meth. zur Abschätzung der seitlichen Biegefestigkeit von geschichtetem, mit Kord verstärktem Gummi. Diese Gummi-Kord-Syst. werden in Reifen-Gürteln angewendet. Die Theorie zur Berechnung der Gürtelsteifigkeit wird erläutert. Die Ergebnisse dienen als Konstruktionsgrundlagen im Hinblick auf gute Protektorabriebfestigkeit. — 19 Literaturangaben. J. Gähde 7085

3042 **Einfluß der Außenbewitterung auf die Biegefestigkeit verschiedener Glasfaser/Kunststoffe.** H. Wurtinger. (Kunststoffe **57** (1967) 1,56—58; Dt. Kunststoff-Inst., Darmstadt; dt.) — An *Laminaten* (**A**) aus *Epoxid-* (**B**) bzw. *Acrylharz* (**C**) u. Glasseidengewebe mit verschiedenen Ausrüstungen wurde der Einfl. der Außenbewitterung auf die Biegefestigkeit über 4 Jahre untersucht. Trotz teilweiser Erosion zeigten **A** mit gefinishten Geweben keinen Festigkeitsabfall, während die Festigkeit von **A** mit Faden-Schlichte um 25% absank. Mit einer Erosion muß nicht ein Festigkeitsabfall von **A** verbunden sein. **C** zeigte geringere Erosionserscheinungen als **B**. J. Gähde 7090

3043 **Einfluß von zusätzlicher Wärmebehandlung auf die Eigenschaften von Phenol-Formaldehyd-Schichtstoffen.** Tadeusz Sulima, Wolfgang Pohl und Bernd Richter. (Polimery — Tworzywa wielkocząsteczkowe **12** (1967) 4, 163—66; Inst. Elektrotechn.; pol.) — Unters. von Phenol-HCHO-Schichtstoffen bei Wärmebehandlung (25—120°) durch Best. von tang α, dielektr. Durchschlag, Vol.-Widerstand, Schlagfestigkeit, Biege- u. Druckfestigkeit zeigen, daß durch die Wärmebehandlung eine Verbesserung der dielektr. u. eine Verschlechterung einiger mechan. Eig. verursacht wird. W. Wesly 7090

3044 **Alterungsverhalten der glasfaserverstärkten Kunststoffe und Versuche einer mechanisch-technologischen Deutung des Phänomens.** A. Matting und D. Müller. (Werkstoffe u. Korrosion **18** (1967) 5, 401—06; Inst. für Werkstoffkunde, Hannover; dt.) — Überblick über die Ursachen der Alterung glasfaserverstärkter Kunststoffe (GFK). Es werden besprochen: Alterung unter dem Einfl. stat. Langzeitbelastungen u. dynam. Belastungen; Alterung unter dem Einfl. von Temp. u. klimat. Bedingungen, wobei bes. auf die Bedeutung der Haftung zwischen Glas u. Harz eingegangen wird. Die Grenzflächenverhältnisse u. die Rolle der Eigenspannungen erster (während der Härtung durch Schrumpfung auftretender) u. höherer Art (bedingt durch Verformungen im Erweichungsbereich u. Fixierung in der Kälte) werden behandelt. K. Gröbe 7090△

3045 **Beschichten von Textilien mit offenporigen PVC-Schaumstoffen.** Paul Schmidt und Arnold Polte. (Kunststoffe **57** (1967) 1, 25—31; Chem. Werke Hüls AG, Marl; dt.) — Luftdurchlässige u. weitgehend wasserdichte *PVC-Schaumkunstleder* werden nach dem Naß-in-Naß Streichverf. unter Verw. von Diphenylsulfon-3.3'-disulfohydrazid oder Azodicarbonamid als Treibmittel sowie nach dem Begasungsverf. hergestellt. Bei letzterem wird eine emulgatorhaltige PVC-Paste bei 2,5—3,5 atü mit Luft beladen. Beim Entspannen bildet sich ein mikroporöser Weich-PVC-Schaum, der über eine Schlitzdüse auf Textilien aufgetragen werden kann. J. Gähde 7090

3046 **Eigenschaften von Borfasern und borfaserverstärkten Kunststoff-Verbundstoffen.** R. T. Schwartz und H. S. Schwartz. (AIAA Journal **5** (1967) 2, 289—95; Wright-Patterson Air Force Base, O.; engl.) — Übersicht. — 9 Literaturangaben. W. Wesly 7090

3047 **Polymerenbildung und gleichzeitige Formgebung.** P. J. Bakker. (Plastica [Delft] **20** (1967) 5, 187—96; Kunststoffeninst. T.N.O.; niederl.) — Übersicht über Grundlagen, Ausführung u. Anwendung des Verf. der Bldg. von Polymeren unter gleichzeitiger Formgebung sowie über Arten u. Eig. der gewonnenen Produkte. W. Wesly 7099

3048 **Einfluß der Metallvorbehandlungsverfahren auf die Gummi/Metall-Bindung.** Günter Klement. (Kautschuk Gummi, Kunststoffe **20** (1967) 8, 462—65; Henkel & Cie. GmbH., Düsseldorf; dt.) — Nach ASTM 429 B wurden als Bindemittel für die Gummi/Metall-Bindung verschiedene Chemosil-Typen im 1- oder 2-Schichtenverf. geprüft. Die Art der Metallvorbehandlung beeinflußt weniger die Haftfestigkeit, dagegen aber stark die W.-Festigkeit des Verbundes. Mit dem „Kochendwasser-Test" u. der „Schwitzwasser-Prüfung" wurde festgestellt, daß für die mechan. Metallvorbehandlung durch Strahlen nur harte, scharfkantige Strahlmittel zur Herst. wasserbeständiger Bindungen geeignet sind. Chem. vorbehandelte Metalloberflächen erfordern meist den Einsatz des 2-Schichtensyst., wenn hohe W.-Beständigkeit angestrebt wird. Die verschiedenen chem. u. mechan. Metallvorbehandlungsverf. werden diskutiert.

J. Gähde 7099

3049 **Korrosion milchwirtschaftlicher Geräte aus Kunststoffen und ihre Folgeerscheinungen.** Friedrich Kiermeier. (Werkstoffe u. Korrosion **18** (1967) 5, 406—10; Milchwirtschaftliches Inst., TH München, Freising-Weihenstephan; dt.) — Unters. von Polyester für Milchkannen u. von PVC-Schläuchen für Milchleitungen zeigen, daß die techn. Gebrauchsfähigkeit im Verlaufe von 2 Jahren nicht absinkt, durch feine Haarrisse es jedoch zu Eiweiß- u. Fettablagerungen kommt, die Nährböden für Mikrokokken u. Schimmelpilze bilden. Durch die Fettphase der Milch kommt es zu einer Auswanderung von Weichmacher u. Stabilisatoren. Unters. an Polyäthylen zeigen, daß die Auswanderung bes. beim Erwärmen verstärkt wird. Umgekehrt wandert Fett in den Kunststoff u. wirkt dort als Weichmacher. Durch diese Veränderungen, die durch Reinigungsmittel nicht mehr zu beseitigen sind, kann Milch einen Fremdgeschmack annehmen u. der Kunststoff selbst zu einem Nährboden für Mikroorganismen werden. — 23 Literaturangaben.

K. Gröbe 7099△

3050 Shell Internationale Research Mij. N.V., Den Haag, Niederlande, **Herstellung von in 4-Stellung substituierten β-Lactonen** durch Epoxydierung *β.γ*-ungesätt. Carbonsäuren u. Rk. des Epoxids bei pH 1—6,5 unter 50°. — Beispiel: Durch Epoxydierung von 2.2.3-Trimethyl-but-3-ensäure mit Peressigsäure erhält man *3.3.4-Trimethyl-4-hydroxymethyloxetan-2-on*, F. 66°, mit 81% (Ausb.). Analog wurden erhalten: *2-Hydroxyspiro-[cyclohexan-1.4'-oxetan-2'-on]*, F. 117—118°, 70%; *2-Hydroxy-3'-methyl-spiro-[cyclohexan-1.4'-oxetan-2'-on]*, F. 106°, 53%; *2-Hydroxy-3'.3'-dimethyl-spiro-[cyclohexan-1.4'-oxetan-2'-on]*, F. 56°, 95%; *4-[3'-Hydroxy-n-propyl]-oxetan-2-on*; *3.3-Dimethyl-4-hydroxymethyl-oxetan-2-on*; *2-Hydroxy-6-hydroxymethyl-3'.3'-dimethyl-spiro-[cyclohexanoxetan-2'-on]*, F. 151°. — *Vernetzungsmittel* für *Alkydharze, Polyesterharze, Polyätherharze, Epoxidharze. Härtungs-* u. *Verdickungsmittel.* (**Brit.P. 1029047** vom 8/10. 1964, ausg. 11/5. 1966. D. Prior. 10/10. 1963.) — 4 S.

R. Bauereis 7005

3051 Union Oil Co. of California, Los Angeles, Calif., übert. von: John B. Braunwarth und William L. Fierce, Cristal Lake, Ill., USA., **2.4.6-Triaryl-1.3.5-triazine** der allg. Formel **I** (R, R', R'' = H, Phenyl,

I

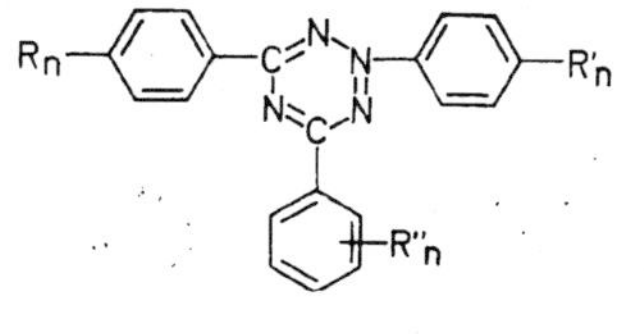

Alkylphenyl, niedermol. Alkyl; n = 0—5) dienen in einer Menge von 0,1—10 Gew.-% einem transparenten Trägerstoff einverleibt als *Schutzmittel bes. für Polymere, Überzüge gegen UV-Licht.* — Kurvenzeichnung. (**U.S.P. 3238138** vom 28/12. 1961, ausg. 1/3. 1966.) — 4 S.

O. Müller-Meiningen 7005

3052 Geigy Chemical Corp., Greenburgh, übert. von: Martin Dexter, Briarcliff Manor, Martin Knell, Ossining, und Eric A. Roskin, Bronx, N.Y., USA, **Schwefelhaltige 1.3.5-Triazine** der allg. Formel **I** erhält

I

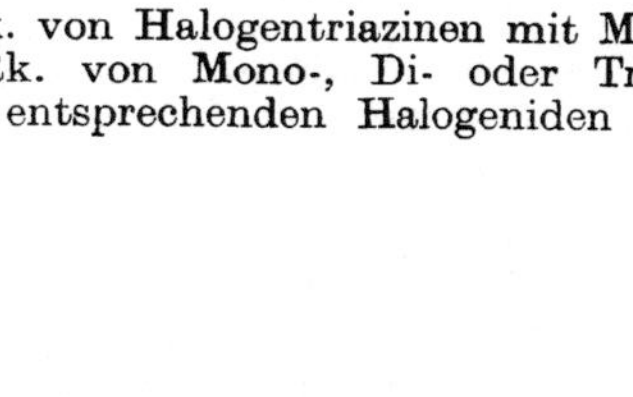

man durch Rk. von Halogentriazinen mit Mercaptanen oder durch Rk. von Mono-, Di- oder Trimercaptotriazinen mit entsprechenden Halogeniden (R^1 u. R^2 = $(C_qH_{2q}S)_p$–C_xH_{2x+i} oder $C_6H_{3-b}(C_yH_{2y}$–$H)(C_zH_{2z}$–$H)\cdot(OH)_b$; X u. Y = O, S oder >$N(C_aH_{2a})$–H; n, m, z u. y = 0—6; a u. x = 0—30; q = 2—6; p = 0—3; b = 0 bis 1). — Na-4-Hydroxy-3.5-di-tert.-butylphenylmercaptid + 2.4-Bis-[n-octylmercapto]-6-chlor-1.3.5-triazin → *6-[4-Hydroxy-3.5-di-tert.-butylphenylmercapto]-2.4-bis-[n-octylmercapto]-1.3.5-triazin*, $C_{33}H_{55}ON_3S_3$. — *Ox.-Schutzmittel für organ. Verb.*, bes. *Polymere.* (**U.S.P. 3250772** vom 20/7. 1965, ausg. 10/5. 1966.) — 5 S.

A. Jahn 7005

3053 Farbwerke Hoechst Akt.-Ges. vormals Meister Lucius & Brüning, Frankfurt/M., **Antielektrostatische Formmassen aus makromolekularen Stoffen.** Makromolekulares organ. Material, wie *Polyolefine* oder *Polystyrol*, enthalten als *Antistatikum* eine kleine Menge wenigstens einer Verb. der allg. Formel $R^1 \cdot CO \cdot N(R^2)(R^3)$ (R^1 = Aryl-, Aralkyl- oder Alkylarylgruppen, deren aromat. Kern ggf. substituiert ist durch Halogen, OH, Alkoxyreste, –$N(R^4)_2$; R^4 = H, Alkyl; –$COOR^4$, –COOMetall, NO_2 (? d. Red.) oder –$OCO\cdot R^5$; R^5 = Alkyl oder Aryl; R_2 = H oder CH_3; R_3 = Alkyl C_{2-26}, wobei R^2, R^4 u. R^5 durch OH oder Alkoxygruppen substituiert sein können). (**Brit.P. 1022958** vom 18/12. 1963, ausg. 16/3. 1966. D. Prior. 18/12. 1962.) — 7 S.

H. Eckmans 7005

3054 Vereinigte Glanzstoff-Fabriken Akt.-Ges., Wuppertal, **Verbesserung der Stabilität von Polyolefinen (I).** Man dispergiert gereinigtes **I**-Pulver in einem inerten ggf. chlorierten KW-Stoff (**II**), mischt 0,01—1 Gew.-% einer B-Verb. der allg. Formel $(R^1R^2BH)_2$ zu (R^1 u. R^2 = H, aliphat. Rest C_{2-18}, cycloaliphat., aromat. oder araliphat. Rest), erhitzt die Mischung unter Rühren **30** Min. bis 5 Std. auf Temp. zwischen Raumtemp. u. dem Kp. von **II**, trennt **I** ab u. wäscht mehrmals mit **II** nach. (**Brit.P. 1023981** vom 25/1. 1965, ausg. 30/3. 1966. D. Prior. 31/1. 1964.) — 3 S. H. Eckmans 7012

3055 Vereinigte Glanzstoff-Fabriken Akt.-Ges., Wuppertal, **Verbesserung der Stabilität von Polyolefinen (I).** Man dispergiert gereinigtes **I**-Pulver in einem inerten KW-Stoff (**II**) oder einem aliphat. Alkohol C_{1-4} (**III**), mischt 0,1—1 Gew.-% eines tert. organ. Hypochlorits oder eines sek. organ. Hypochlorits mit einem aromat. Rest zu, erhitzt die Mischung unter UV-Bestrahlung 30—60 Min. unter Rühren auf Temp. zwischen 20° u. dem Kp. von **II** oder **III**, trennt **I** ab u. wäscht mehrmals mit **II** oder **III** nach. (**Brit.P. 1023250** vom 25/1. 1965, ausg. 23/3. 1966. D. Prior. 31/1. 1964.) — 3 S.

H. Eckmans 7012

3056 E. I. du Pont de Nemours & Co., übert. von: Daniel Edwin Maloney, Wilmington, Del., USA, **Formmassen aus Polyolefinen** mit verbesserter Verarbeitbarkeit. Sie bestehen aus einem Olefinpolymeren oder -mischpolymerisat u. 1—15 Gew.-% eines festen Mischpolymerisats aus Äthylen u. CO im Verhältnis 1:1—30:1. Die Mischung kann Ruß u. ein Antioxydationsmittel enthalten. (**U.S.P. 3248359** vom 27/4. 1961, ausg. 26/4. 1966.) — 4 S. H. Eckmans 7012

3057 Stanley A. Murdock, Concord, Calif., USA, **Stabilisierte Polyolefine.** Polymerisate von Olefinen mit 2—8 C-Atomen enthalten als Stabilisator gegen Hitze u. oxydativen Abbau eine Mischung aus a) 0,05—0,5% einer P-haltigen Polyphenolverb. der allg. Formel RO–[P(=O)(OR)–O–Ar–O]$_n$H, Ar = Hydrochinon-, p.p'-Isopropylidendiphenol-, Bis-(phenyl)-sulfon-, Bis-(phenyl)-sulfoxidrest oder deren Mischungen; R = H, Alkalimetall, p.p'-Hydroxyphenylrest; n = 1—15 u. b) 0,1—0,5% Dilauryl- oder Distearylthiodipropionat. (**U.S.P. 3245949** vom 7/1. 1963, ausg. 12/4. 1966.) — 4 S.

H. Eckmans 7012

3058 American Cyanamid Co., New York, N.Y., übert. von: Haig C. Donoian, Dunellen, und Christos Savides, Somerville, N.J., USA, **Stabilisierte Polyolefine** enthalten als Stabilisator gegen Abbau eine Mischung aus 0,001—4% 2.6-Bis-(2-hydroxy-3-tert.-butyl-5-methylbenzyl)-4-methylphenol u. 0,001—4% einer S-Verb. der allg. Formel R–CO–A–S–A–CO–R', R u. R' = OH, –N(R'')–R''', –O–R^4; R'' u. R''' = H, Alkyl mit 1—6 C-Atomen, A = Alkylen mit 1—2 C-Atomen, R^4 = Alkyl mit 14–18 C-Atomen; bes. 3.3'-Thiodipropionsäure, -amid, -dibutylamid, -dilaurylester. (**U.S.P. 3243408** vom 4/5. 1959, ausg. 29/3. 1966.) — 3 S. H. Eckmans 7012

3059 Vereinigte Glanzstoff-Fabriken Akt.-Ges., Wuppertal, **Verbesserung der Stabilität von Polyolefinen** (I). Man dispergiert gereinigtes I-Pulver in einem inerten KW-Stoff (II), mischt 0,1–1 (Gew.-%) einer organ. S-Verb. der allg. Formel HS–R zu (R = Alkyl C_{1-18}, Aralkyl, Aryl, Cycloalkyl oder Alkylester), erhitzt die Mischung unter Rühren entweder in Ggw. von 0,01–0,1 eines organ. Peroxids auf Temp. zwischen 60° u. dem Kp. von **II** oder unter dem Einfluß von UV-Strahlen auf Temp. zwischen 20° u. dem Kp. von **II** während 30–60 Min., trennt **I** ab u. wäscht mehrmals mit **II** nach. (**Brit.P. 1024270** vom 25/1. 1965, ausg. 30/3. 1966. D. Prior. 31/1. 1964.) — 4 S. H. Eckmans 7012

3060 Vereinigte Glanzstoff-Fabriken Akt.-Ges., Wuppertal, **Verbesserung der Stabilität von Polyolefinen** (I). Man dispergiert gereinigtes **I**-Pulver in einem inerten KW-Stoff (**II**), mischt 0,1–1 (Gew.-%) B-Halogenid oder einer Borhalogenäther-Verb. u. 0,01–0,1 Peroxid zu, erhitzt die Mischung unter Rühren 30 Min. bis 5 Std. auf Temp. zwischen 60° u. dem Kp. von **II**, trennt **I** ab u. wäscht mehrmals mit **II** nach. (**Brit.P. 1024298** vom 25/1. 1965, ausg. 30/3. 1966. D. Prior. 31/1. 1964.) — 4 S. H. Eckmans 7012

3061 Vereinigte Glanzstoff-Fabriken Akt.-Ges., Wuppertal, **Verbesserung der Stabilität von Polyolefinen**, z. B. von Poly-4-methyl-1-penten u. Polypropylen. Man dispergiert gereinigtes Polyolefinpulver in einem aliphat. Alkohol mit 1–4 C-Atomen, versetzt die Dispersion mit 0,01–0,1% eines organ. Peroxids (Dialkyl-, Diacyl- oder Ketonperoxide) u. erhitzt 4–10 Std. auf 80–160° unter Rühren. Die abgetrennten Polyolefine wäscht man einige Male mit aliphat. Alkoholen. (**Brit.P. 1027139** vom 25/1. 1965, ausg. 27/4. 1966. D. Prior. 31/1. 1964.) — 3 S. W. Biedermann 7012

3062 Esso Research and Engineering Co., Del., übert. von: Richard Louia Ray, Baton Rouge, La., USA, **Stabilisierte Polyolefine.** Ein niedriges Olefin wird in Ggw. eines ein Übergangsmetall enthaltenden Katalysators polymerisiert, der Katalysator mit einem einwertigen Alkohol desaktiviert, der Alkohol abgetrennt u. das feuchte oder getrocknete Polymere bei Raumtemp. mit einem Zn-Salz einer Monocarbonsäure von 1–12 C-Atomen (Zn-2-äthylhexanoat) u. wenigstens einem Antioxydans gemischt. (**U.S.P. 3248351** vom 27/12. 1962, ausg. 26/4. 1966.) — 4 S. H. Eckmans 7012

3063 Monsanto Co., Del., übert. von: Aubert Yaucher Coran, Charleston, W.Va., und Constantine Emmanuel Anagnostopoulos, St. Louis, Mo., USA, **Stabilisierte feste Polymerisate von monoolefinischen Kohlenwasserstoffen mit zwei bis vier Kohlenstoffatomen** enthalten als Lichtstabilisator eine Verb. der allg. Formel **I**, worin a u. n = 0–1, Y = Alkyl mit 1–4 C-Ato-

I 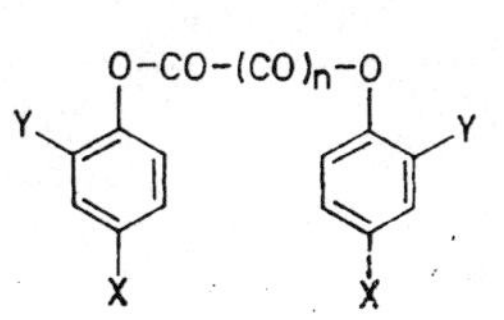

men, X = Alkyl mit 4–18 C-Atomen oder Cumyl, z. B. Di-(4-tert.-butylphenyl)-oxalat, Bis-[4-(1.1.3.3-tetramethylbutyl)-phenyl]-oxalat. (**U.S.P. 3271358** vom 19/6. 1963, ausg. 6/9. 1966.) — 3 S. H. Eckmans 7012

3064 Bell Telephone Laboratories, Inc., New York, N.Y., übert. von: Walter L. Hawkins, Montclair, N. J., und Mary Ann Worthington, Monroe, Conn., USA, **Stabilisieren von Poly-α-olefinen** durch Mischungen aus a) aromat. Disulfiden der allg. Formel R–S–S–R¹, worin R u. R¹ Ringstruktur aufweisen, Alkyldisulfiden der allg. Formel R–S–S–R¹, worin R u. R¹ Alkylreste mit 4–30 C-Atomen sind, aromat. Mercaptanen = R–SH, aliphat. Mercaptanen = $R(SH)_x$, worin R Alkylrest mit 6–30 C-Atomen u. x ≦ 2 ist, aromat. Thioäthern der allg. Formel **I**, worin R eine normale Alkylgruppe mit 6 bis 20 C-Atomen oder eine verzweigte mit 3–6 C-Atomen

I 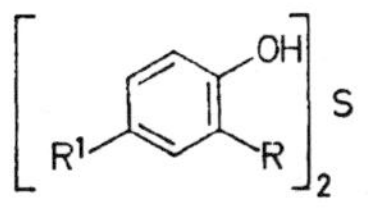 II 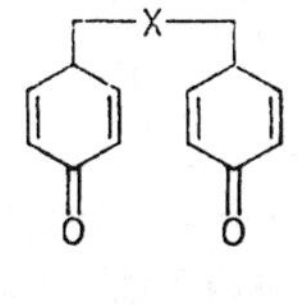

ist u. R¹ = H oder Alkyl mit ≦ 6 C-Atomen ist, wobei die Summe der C-Atome in R u. R¹ ≦ 30, Diarylthioäthern der allg. Formel Ar–S–Ar¹, worin Ar u. Ar¹ verschmolzene Ringsyst. mit ≦ 30 C-Atomen u. wenigstens einem OH- oder NH_2-Substituenten sind oder aliphat. Thiuramdisulfide der allg. Formel R²R¹N–C(S)–S–S–C(S)–NR³R⁴, worin R¹–R⁴ aliphat. Gruppen mit 2–30 C-Atomen in jedem Substituentenpaar sind u. b) konjugierten cycl. Alkenverb. der allg. Formel R–(CH=CH–)ₙ–R¹, worin R u. R¹ konjugierte cycl. Reste u. n = 2, kondensierten mehrkernigen Verb. mit > 3 ungesätt. Ringen oder Chinonverb. der allg. Formel **II**, worin X ein konjugiertes Syst. ist (Diphenochinon). a) ist z. B. 4.4'-Thio-bis-(6-tert.butyl-m-kresol), Didodecyldisulfid, Di-β-naphthyldisulfid, Naphthalinthiol, Tetramethylthiuramdisulfid u. Mischungen davon, b) ist z. B. 3.5.3'.5'-Tetra-tert.butyl-4.4'-diphenochinon, 1.6-Diphenylhexatrien, 1.8-Diphenyl-1.3.5.7-octatetraen, β-Carotin, Perylen, 3.5.3'.5'-Di-tert.butyl-4.4'-diphenochinon oder Mischungen davon. — **Abbildungen.** (**U.S.P. 3259604** vom 24/4. 1964, ausg. 5/7. 1966.) — 10 S. H. Eckmans 7012

3065 Stauffer Chemical Co., New York, übert. von: Silvio L. Giolito, Whitestone, Sheldon Herbstman, Bronx, N.Y., und Adam F. Kopacki, Westwood, N.J., USA, **Stabilisierte Polyolefine.** Polymerisate von α-monoolefin. aliphat. KW-Stoffen C_{1-10} enthalten als Lichtstabilisator eine organ. P-Verb. der allg. Formel **I** (R = H,

I 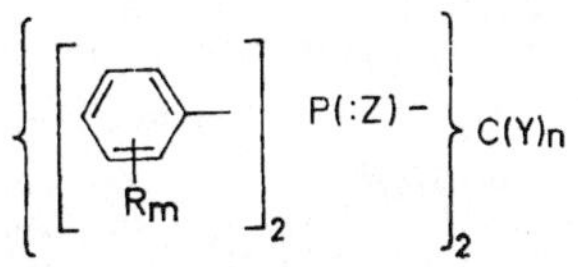

OH, Cl, niederes Alkyl oder Alkoxy; Z u. Y = O oder S; n = 1, wenn Y = O, u. 1–5, wenn Y = S ist; m = 1–5.) (**U.S.P. 3264257** vom 10/7. 1963, ausg. 2/8. 1966.) — 4 S. H. Eckmans 7012

3066 Farbwerke Hoechst Akt.-Ges. vormals Meister Lucius & Brüning, Frankfurt/M. (Erfinder: Kurt Rust, Frankfurt/M., Siegfried Sommer, Unterliederbach, Günther Lehmann, Neuenhain, und Günther Peters, Frankfurt/M.), **Niederdruckpolymerisation oder -mischpolymerisation von Olefinen.** Inhaltlich ident. mit F.P. 1221143; C. **1968,** 17516. (**D.A.S. 1239854** Kl. 39c vom 26/2. 1958, ausg. 3/5. 1967.) M. Maierhauser 7012

3067 Farbwerke Hoechst Akt.-Ges. vormals Meister Lucius & Brüning, Frankfurt/M. (Erfinder: Kurt Rust, Siegfried Sommer, Frankfurt/M. und Günther Lehmann, Neuenhain), **Polymerisate von Olefinen** der Formel CH_2=CHR (R = H oder KW-Stoffrest mit ≦ 8 C-Atomen) oder Mischpolymerisate dieser Olefine untereinander erhält man aus den Monomeren, z. B. Propylen, in inertem Dispergiermittel mit Katalysatoren, die durch Rk. von $TiCl_4$ mit Diäthyl-Al-monochlorid oder Äthyl-Al-sesquichlorid im mol. Verh. 1:0,5 bis 1:2 bei Temp. < 40° in O_2-freien, entschwefelten, getrockneten, olefinfreien Erdölfraktionen, ggf. nach anschließender therm. Behandlung der $TiCl_3$ enthaltenden Suspension bei 40–150°, u. Zugabe von $Al(C_2H_5)_3$ in einer Menge von > 50 bis < 100 Mol.-%, bezogen auf Äthyl-Al-dichlorid, nach vollständiger Red. des $TiCl_4$ zu $TiCl_3$ hergestellt worden sind. Al-Monoäthyldichlorid wird dadurch in das katalyt. aktivere Al-Diäthylmonochlorid übergeführt. (**D.A.S. 1241617** Kl. 39c vom 23/1. 1959, ausg. 1/6. 1967. **Zusatz zu D.A.S. 1239854**; s. vorst. Ref.) — 3 S. M. Maierhauser 7012

3068 American Cyanamid Co., Wayne (Erfinder: Robert Jacob Alheim, Middlesex, und Christos Savides, Piscataway Township), N.J., USA, **Stabilisieren von Polymerisaten aus Olefinen mit 2—4 C-Atomen** gegen Ox. durch eine Mischung aus Dilauryl-, Distearyl- u. Laurylstearylester der Thiodipropionsäure mit Laurylgeh. von 10—90 Mol-%, bezogen auf die gesamten Esteranteile. (**D.A.S. 1253451** Kl. 39b vom 23/8. 1965, ausg. 2/11. 1967. U.S. Prior. 10/9. 1964.) — 3 S.
H. Eckmans 7012

3069 Eastman Kodak Co., Rochester, N.Y. (Erfinder: Clarence Earl Tholstrup, Alan Bell und Charles Jacob Kibler, Kingsport, Tenn.), USA, **Stabilisieren von Homo- oder Mischpolymerisaten aus α-Monoolefinen mit 2—22 C-Atomen** gegen ox. Abbau durch eine Mischung aus Thiodialkansäureestern mit Molgew. 500 bis 4000 der allg. Formeln $R_1'O\text{–}[\overset{O}{\overset{\|}{C}}\text{–}(CH_2)_yS(CH_2)_y\text{–}CO\text{–}O\text{–}R\text{–}O]_nCO\text{–}(CH_2)_yS(CH_2)_y\text{–}CO\text{–}OR_1'$ (**I**) oder $R_1\text{–}\overset{O}{\overset{\|}{C}}\text{–}[O\text{–}R\text{–}O\text{–}\overset{O}{\overset{\|}{C}}\text{–}(CH_2)_yS(CH_2)_y\text{–}CO]_n\text{–}O\text{–}R\text{–}O\text{–}CO\text{–}R_1$ (**II**), worin R_1 = H, Alkyl mit 1—24 C-Atomen, Cycloalkyl mit 4—24 C-Atomen, Aryl mit 6—24 C-Atomen, Aralkyl mit 7—24 C-Atomen, R = bivalente Alkylengruppe mit 2—18 C-Atomen, Arylendimethylen mit 8—12 C-Atomen, Cycloalkylendimethylen mit 6—18 C-Atomen, eine Gruppe $\text{–}CH_2[O\text{–}(CH_2)_2]_x\text{–}O\text{–}CH_2\text{–}$ oder $\text{–}CH_2[S\text{–}(CH_2)_z]_xS\text{–}CH_2\text{–}$ (x = 1—20 u. y = 2—6), $R_1' = R_1$ oder eine –ROH-Gruppe, n ≧ 1, y = 2—3, im Gemisch mit a) phenol. Antioxydantien, b) phenol. UV-Stabilisatoren u./oder c) organ. Phosphiten. (**D.A.S. 1255303** Kl. 39b vom 15/9. 1964, ausg. 30/11. 1967. U.S. Prior. 16/9. 1963.) — 17 S.
H. Eckmans 7012

3070 Imperial Chemical Industries Ltd., London (Erfinder: John Clifford Wilson, Bushey), Großbritannien, **Formmassen zur Herstellung von antielektrostatischen Filmen aus kristallinen α-Olefinpolymerisaten** enthalten als Antistatikum eine Mischung aus a) einer Verb. der allg. Formel $R\text{–}N\left\langle\begin{matrix}(CH_2\cdot CH_2O)_xH\\(CH_2\cdot CH_2O)_yH\end{matrix}\right.$ (x + y = 2—5, R = ein von einer Fettsäure mit 12—22 C-Atomen abgeleiteter Acylrest oder ein aliphat. Rest mit 12—22 C-Atomen) u. b) einem von einer Fettsäure mit 10—22 C-Atomen abgeleitetes Fettsäureamid; z. B. a) Kondens.-Prod. aus Talgfettamin u. Äthylenoxid, b) Ölsäureamid. (**D.A.S. 1252894** Kl. 39b vom 21/1. 1965, ausg. 26/10. 1967. Brit. Prior. 21/1., 4/8. u. 29/12. 1964.) — 3 S. H. Eckmans 7012

3071 General Electric Co., Schenectady, N.Y., USA, **Hitzehärtbare Formmassen aus Äthylenpolymerisaten.** Die Massen enthalten 1. ein Homo- oder Mischpolymerisat von Äthylenen oder deren Mischungen mit bis zu 75 Gew.-%, bezogen auf die Mischung, eines anderen Polymeren (**I**) u. 2. ein Acetylenperoxid der allg. Formel $(R'')_{(2-n)}\ [\text{–}C{\equiv}C\text{–}](C(R)(R)\text{–}O\text{–}O\text{–}C(R)(R')\text{–}R')_n$ oder $H_{(2-n)}\ (R''')\ (C(R)_2\text{–}O\text{–}O\text{–}C(R)_2\text{–}C{\equiv}C\text{–}R'')_n$ (n = 1 oder 2; R, R′ u. R″ = Alkyl, Halogenalkyl, Cycloalkyl, Halogencycloalkyl, Alkaryl, Halogenalkaryl, Aralkyl, Halogenaralkyl, Aryl oder Halogenaryl, mit der Maßgabe, daß jedes R′ auch ein 2wertiger Alkylen-, Alkyliden-, Halogenalkylen- oder Halogenalkylidenrest sein kann, der zusammen mit dem tert. C-Atom, das an das Peroxid-O-Atom gebunden ist, einen Ring bilden u. daß R″ auch = H sein kann; R‴ = Alkylen, Halogenalkylen, Cycloalkylen, Halogencycloalkylen, Alkarylen, Halogenalkarylen, Aralkylen, Halogenaralkylen, Arylen oder Halogenarylen). **I** kann sein ein Polymerisat eines Alkens mit 3—8 C-Atomen, ein Homo- oder Mischpolymerisat von ggf. alkylsubstituiertem Butadien, ein Organopolysiloxan, Polyacrylsäureester, Polystyrol, chlorsulfoniertes Polyäthylen oder ein chloriertes Polymerisat von wenigstens einem Alken mit 2—8 C-Atomen. (**Brit.P. 1015928** vom 16/8. 1962, ausg. 5/1. 1966. U.S. Prior. 21/8. 1961.) — 8 S. H. Eckmans 7012

3072 R. T. Vanderbilt Co., Inc., New York, N.Y., übert. von: Lester A. Brooks, East Norwalk, Homer H. Farmer, Westport, und Robert T. O'Shaughnessy, East Norwalk, Conn., USA, **Härtbare Äthylenpolymerisate.** Äthylenpolymerisate mit mindestens 50 Mol.-% Äthyleneinheiten enthalten 0,1—10 (Gew.-%) eines organ. Peroxidvernetzungsmittels u. 0,05—5 eines Stabilisators der allg. Formel $R_1\text{–}N(R_2)\text{–}C({=}S)\text{–}N(R_3)\text{–}R_4$, R_1 u. R_2 = Alkylreste mit 1—4 C-Atomen; R_3 u. R_4 = Aryl, Alkaryl oder Alkoxyaryl mit 6—14 C-Atomen oder die mit dem N einen heterocycl. Ring bilden. (**U.S.P. 3238176** vom 24/12. 1962, ausg. 1/3. 1966.) — 5 S.
H. Eckmans 7012

3073 Gulf Oil Corp., Pittsburgh, Pa., übert. von: Harry D. Anspon, Kansas City, Mo., und Roger P. Cahoy, Merriam, Kans., USA, **Polyäthylen mit verbesserten Gleiteigenschaften** enthält als Gleitmittel 0,05 bis 1 Gew.-% N.N′-Bis-oleyloxamid, $C_{38}H_{72}N_2O_2$, F. 84 bis 85°; hergestellt aus Oxalylchlorid u. Oleylamin in Bzl. in Ggw. von Py. bei 45—50°. (**U.S.P. 3247156** vom 5/9. 1961, ausg. 19/4. 1966.) — 2 S.
H. Eckmans 7012

3074 Gulf Oil Corp., Pittsburgh, Pa., übert. von: Arthur F. Helin und Gerald J. Mantell, Kansas City, Mo., USA, **Stabile Polyäthylen-Latices.** Eine Vielzahl von festen Teilchen eines hydrophoben, prakt. O- u. S-freien Polyäthylens mit Teilchengröße zwischen 0,02—0,5 μ sind emulgiert in einem wss. Medium, das W. u. 0,9—9 Gew.-% eines anion. Emulgators enthält, wie 1. Salze einer gesätt. Fettsäure mit 12—18 C-Atomen in Kombination mit einem den pH-Wert einstellenden Mittel oder 2. Salze von Sulfaten eines gesätt. Fettalkohols mit 12—18 C-Atomen oder 3. Salze von Sulfaten eines äthoxylierten gesätt. Fettalkohols mit 12—18 C-Atomen u. durchschnittlich 1—5 Äthoxygruppen. (**U.S.P. 3244652** vom 21/4. 1961, ausg. 5/4. 1966.) — 7 S.
H. Eckmans 7012

3075 Dynamit Nobel Akt.-Ges., Troisdorf (Erfinder: Theodor Ploetz, Hösel, Hermann Richtzenhain, Köln, Manfred Simon, Niederkassel, und Rudolf Modic, Lülsdorf), **Thermischer Abbau von Niederdruckpolyäthylenen.** Man erhitzt Niederdruckpolyäthylene, die eine Grenzviskosität ≧ 10 u. einen Verzweigungsgrad haben, nach dem < 1 Verzweigungsstelle auf 500 C-Atome kommt, u. erhitzt 5—180 Min. auf 310 bis 400° derart, daß die D. der Abbauprod. durchschnittlich > 0,95 bleiben. Man erhält Prod. mit geringerer Grenzviskosität, erhöhter Zugfestigkeit u. Dehnung. (**D.A.S. 1245129** Kl. 39c vom 5/2. 1960, ausg. 20/7. 1967.) — 3 S. W. Biedermann 7012

3076 Monsanto Co., St. Louis, Mo. (Erfinder: George Allan Mortimer, La Marque, Tex.), USA, **Aliphatische Azoverbindungen** der allg. Formel $R'CH_2C(R)_2N{=}NC(R)_2\text{–}CH_2R'$ erhält man durch Red. von Azoverb. der allg. Formel $R'''OOC\text{–}C(R)_2N{=}NC(R)_2COOR'''$ mit einem Hydrid von Al oder B oder entsprechenden Komplexen solcher Hydride u. ggf. Veresterung des Bisalkohols mit organ. Säuren in Ggw. von bas. Mitteln (R = C_{1-8}-Alkylreste, R′ = OH oder R″COO-; R″ = Alkyl-, Cycloalkyl-, Aryl-, Aralkyl-, Alkarylrest; R‴ = Alkyl). – Dimethylazo-bis-isobutyrat + $LiAlH_4$ → *Azo-bis-isobutanol* (**I**), F. 108° (Py.-Cyclohexan), Ausb. 67%. — **I** + Essigsäureanhydrid → *Azo-bis-isobutanol-diacetat*, $C_{12}H_{22}N_2O_4$, gelbe Fl., Kp.$_{1,5}$ 90—92,5°, F. 16,5—17°. — *Katalysatoren für die Polymerisation von Äthylen.* (**D.A.S. 1253274** Kl. 12q vom 9/12. 1964, ausg. 2/11. 1967. U.S. Prior. 9/12. 1963.) — 4 S. A. Jahn 7012

3077 E. I. du Pont de Nemours & Co., übert. von: Stanley Tocker, Wilmington, Del., USA, **Äthylen-**

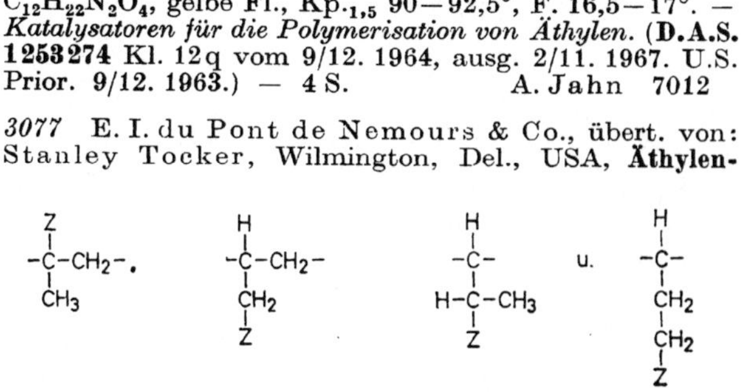

mischpolymerisat aus 65—99 (Mol-%) $CH_2{=}CH_2$ u. 1—35 Propadien, modifiziert durch Rk. mit o-, m- bzw. p-Hydroxybenzoesäure, wobei das Polymere 1—35 an

wiederkehrenden Einheiten enthält (Z = Hydroxybenzoyl). Herst. von selbsttragenden Filmen. (**U.S.P. 3274158** vom 24/5. 1965, ausg. 20/9. 1966.) — 3 S.
H. Eckmans 7012

3078 Phillips Petroleum Co., Del., übert. von: Robert R. Goins, Bartlesville, Okla., USA, **Gewinnung von festen Polymerisaten aus ihren Lösungen.** Eine Lsg. von z. B. Polyäthylen wird in eine Verdampfungszone unter vermindertem Druck gebracht u. bei einer Temp. < dem F. des Polymeren wenigstens ein Teil des Lsgm. verdampft. Das Lsgm. wird zurückgeführt, während gleichzeitig der Polymerenrückstand zu Fadenmaterial extrudiert u. in eine Trocknungszone gebracht wird, wobei sich die D. des Polymeren erhöht. (**U.S.P. 3244688** vom 16/4. 1962, ausg. 5/4. 1966.) — 9 S.
H. Eckmans 7012

3079 General Electric Co., New York, übert. von: Moyer M. Safford, Schenectady, N.Y., USA, **Heißvulkanisierbare Mischungen aus festen Äthylen/Propylen-Mischpolymerisaten** enthalten ein Alkenylpolysiloxan der allg. Formel $[CH_2{=}CH(CH_2)_x]_a(R)_bSiO_{[4-(a+b)]/2}$ u. 0,01—10 Gew.-% eines organ. Peroxids der allg. Formel $R_1R_2R_3C{-}OO{-}CR_4R_5R_6$, worin R einen einwertigen gesätt. Rest, wie Alkyl-, Aryl-, Aralkyl-, Alkaryl-, Halogenarylreste, R_1 u. R_6 = Arylreste, R_2 bis R_5 = H oder Alkyl mit < 4 C-Atomen, x = 0 oder 1 bedeuten; a = 0,05 bis 1,5, b = 0,75—2,5 u. a + b = 1,5—3. (**U.S.P. 3227777** vom 24/1. 1963, ausg. 4/1. 1966.) — 4 S.
H. Eckmans 7012

3080 Sun Oil Co., Philadelphia, Pa., übert. von: Jackson S. Boyer, Northridge, Del., und Charles E. Scott, Yardley, Pa., USA, **Verbesserung der Verarbeitbarkeit von Äthylen/Propylen-Kautschuk vor der Vulkanisation.** Das Mischpolymerisat wird zusammen mit 0,1 bis 1 Gew.-%, d. h. einer für Vernetzung unzureichenden Menge eines organ. Peroxids, u. ggf. 25—75 Ruß bei 250—400°F mastifiziert, bis die Mooney-Viskosität < ist als diejenige, die ohne Mastifizieren in Ggw. des Peroxids erzielt wird. (**U.S.P. 3243405** vom 2/12. 1964, ausg. 29/3. 1966.) — 3 S.
H. Eckmans 7012

3081 Phillips Petroleum Co., Del., übert. von: Kenneth R. Mills und Roger J. Walton, Bartlesville, Okla, USA, **Stabilisiertes Polypropylen** enthält als Stabilisator eine Mischung aus a) Dilaurylthiodipropionat u. b) 2-(3-Carbo-n-amyloxy-4-hydroxybenzyl)-6-(3-carboxy-4-hydroxybenzyl)-p-kresol im Gew.-Verhältnis von 0,1:1 bis 1:0,1. (**U.S.P. 3227676** vom 30/6. 1961, ausg. 4/1. 1966.) — 3 S.
H. Eckmans 7012

3082 Union Carbide Corp., New York, N.Y., übert. von: Marvin P. Weaver, Princeton, N.J., USA, **Stabilisiertes festes Polypropylen** enthält als Stabilisator gegen oxydativen u. therm. Abbau 0,01—2 Gew.-% einer Verb. der allg. Formel p-HO–C_6H_2(m-CH_3)(m'-R)–CH_2–C_6H_2(m-CH_3)(m'-R)-p-OH. R = Alkylrest mit 1—6 C-Atomen. (**U.S.P. 3227678** vom 12/2. 1959, ausg. 4/1. 1966.) — 3 S.
H. Eckmans 7012

3083 Union Carbide Corp., New York, N.Y., übert. von: George M. Bryant, South Charleston, und Nathan L. Zutty, Charleston, W.Va., USA, **Polypropylen-Formmassen** bestehen aus a) 20—99 (Gew.-%) Polypropylen, b) 1—80 eines Mischpolymerisats von Äthylen u. einer N-Vinylverb. der allg. Formel **I**, worin R,

I 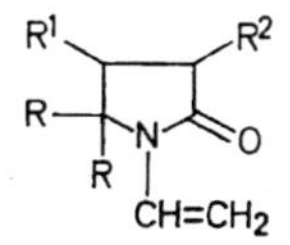

R^1, R^2 = H, Alkyl mit ≦4 C-Atomen u. die beiden R durch O ersetzt sein können. Herst. von Fasern u. Filmen mit verbesserter Anfärbbarkeit. (**U.S.P. 3256364** vom 23/4. 1962, ausg. 14/6. 1966.) — 4 S.
H. Eckmans 7012

3084 Union Carbide Corp., New York, N.Y., übert. von: Christian F. Horn, South Charleston, und Harrison S. Kincaid, Nitro, W.Va., USA, **Polypropylen-Formmassen** bestehen aus 70—99 (Gew.-%) Polypropylen u. 1—30 eines Alkalisulfonats einer Phenoxyalkoxyphenyldicarbonsäure der allg. Formel $MO_3S{-}C_6H_4{-}OC_nH_{2n}O{-}C_6H_3(COOR)_2$ oder eines Alkalisulfonats von 9.9-Di-(carboxyalkyl)-fluoren der allg. Formel **I**, worin

I 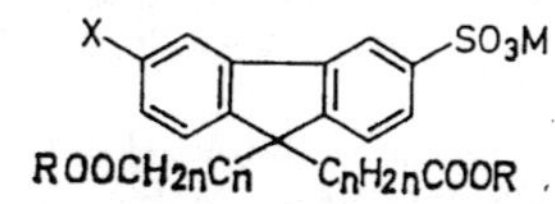

M = Alkalimetall, X = H oder $-SO_3M$, R = Alkyl mit 1—10 C-Atomen u. n = 2—5. Das Alkalisulfonat kann auch in Form eines niedermol. Polyesters mit aliphat. Alkoholen von 2—10 C-Atomen verwendet werden. Herst. von Fäden u. Folien mit verbesserter Anfärbbarkeit. (**U.S.P. 3256363** vom 23/4. 1962, ausg. 14/6. 1966.) — 12 S.
H. Eckmans 7012

3085 Petro-Tex Chemical Corp., Houston, übert. von: Thomas G. Reed jun., La Porte, und Robert E. Hinkson, Houston, Tex., USA, **Stabilisierte Bindemittel aus Buten-(1)-Polymerisaten.** Eine < 25%ig. Lsg. aus isotakt. Polybuten-(1) mit D. > 0,88 in einem organ., halogenhaltigen Lsgm. mit Kp. 80—250° u. Dampfdruck < 150 mm Hg wird mit 3—25 Gew.-% eines aliphat. KW-Stoffs von 5—7 C-Atomen, z. B. n-Pentan oder 2-Methylbuten-(2), gegen Gelierung stabilisiert. (**U.S.P. 3247157** vom 29/3. 1963, ausg. 19/4. 1966.) — 3 S.
H. Eckmans 7012

3086 Shell Oil Co., New York, N.Y., übert. von: Roger H. Mann, Newport Beach, Calif., und Donald F. Hess, Marietta, O., USA, **Stabilisieren von Kohlenwasserstoff-Polymerisaten,** z. B. cis-1.4-Polybutadien oder -Polyisopren, erfolgt durch Zusatz von 0,01—2 (Gew.-%) eines chelatbildenden in KW-Stoffen lösl. Amids der allg. Formel $[Y{-}C({=}O){-}CH_2]_2{=}N{-}(CH_2)_n{-}N(CH_2COOH)CH_2C({=}O)Y$; n = 2—8; jedes Y = OH- oder Alkylaminorest mit 12—20 C-Atomen im Alkyl, mindestens ein Y = Alkylamino, z. B. ein Dialkylamid der Äthylendiamintetraessigsäure mit 14—18 C-Atomen im Alkylamidrest. Ferner können 0,02—2 eines phenol. Alterungsschutzmittels zugesetzt werden. Man kann die KW-Stofflsg. des Amids u. des Polymerisats mit einem wss. Koagulierbad mischen u. das amidhaltige Polymerisat abtrennen. Dem Koagulierbad kann man eine wasserlösl. chelatbildende Verb. zusetzen, z. B. mit der allg. Formel $R_1N(R_2){-}CH_2{-}COO^-D^+$; R_1 = –H, $-CH_2\cdot COO^-D^+$ oder $-(CH_2)_xN(R_3)CH_2COO^-D^+$; x = 2, 3 oder 4; R_2 u. R_3 = –H, $CH_2COO^-D^+$ oder $-CH_2COOR_4$; R_4 = Alkylrest mit 2—5 C-Atomen; D^+ = H^+, Na^+, K^+, Li^+, NH_4^+ oder NH^+A_3; A = H, Alkyl oder $\cdot CH_2\cdot CH_2OH$. — Beispiel: Tetraalkalisalz der Äthylendiamintetraessigsäure. — Diagramm. (**U.S.P. 3234173** vom 15/10. 1962, ausg. 8/2. 1966. **Brit.P. 991282** vom 14/10. 1963, ausg. 5/5. 1965. U.S. Prior. 15/10. 1962.) — 6 S. — 3 S.
W. Overbeck 7013

3087 Badische Anilin- & Soda-Fabrik Akt.-Ges., Ludwigshafen/Rh., **Schwerentflammbare plastische Masse.** Einem Styrolpolymerisat wird eine organ. Br-Verb. u. 2.3-Dimethyl-2.3-diphenylbutan in einer Menge von 0,01 bis 5 Gew.-% zugesetzt, bezogen auf die Menge des Polymerisats. (**Port.P. 45546** vom 30/3. 1966, Auszug veröff. 27/1. 1967. D. Prior. 1/4. u. 1/4. 1965.)
W. Wittholz 7014

3088 Shell Internationale Research Mij. N. V., Den Haag (Erfinder: Jacques Abraham Waterman und Gerardus Engelbertus La Heij, Amsterdam), Niederlande, **Herstellung von in Wasser dispergierbaren feinen Teilchen von kristallinen Kohlenwasserstoffhomo- oder -mischpolymerisaten,** ggf. als Dispersion in einem oder mehreren aliphat. mehrwertigen Alkoholen u./oder Wasser. Man dispergiert die Lsg. der Polymerisate in Ggw. bekannter Emulgatoren in ganz oder überwiegend aus aliphat. mehrwertigen Alkoholen bestehenden Fl. unter Vermeidung von Kristallisation durch Temp.-Regelung, entfernt die Lsgm. der ursprünglichen Polymerenlsg. u. trennt ggf. durch Koagulieren, Waschen u. Trocknen die Polymerisatteilchen ab. (**D.A.S. 1249522** Kl. 39b vom 14/6. 1965, ausg. 7/9. 1967. Niederl. Prior. 15/6. 1964.) — 4 S.
H. Eckmans 7019

3089 Polymer Corp. Ltd. (Erfinder: John Robert Dunn), Sarnia, Ontario, Canada, **Formmassen** enthalten einen Polyäther mit Doppelbindungen in Seitenketten, cis-Polyisopren oder Butylkautschuk mit 0,5—4,5 Mol-% Doppelbindungen u. S. Vulkanisate. (**D.A.S. 1251022** Kl. 39b vom 28/7. 1965, ausg. 28/9. 1967. Can. Prior. 29/7. 1964.) — 3 S. F. Koch 7023

3090 E. I. du Pont de Nemours & Co., (Erfinder: Walter Edwin Mochel), Wilmington, Del., USA, **Photopolymerisation** von kation. polymerisierbaren Monomeren erfolgt bei —100 bis +150° mit Licht von Wellenlängen zwischen 2500 u. 7000 Å u. in Ggw. von Ag- oder Ce-Salzen von substituierten Deka- oder Dodeka-Borverb. der allg. Formel $(M)_2(B_nH_{n-p-q}X_pY_q)_m$ als Katalysator, M = Ag(I), Ce(III); X = Halogen; Y = Hydroxyl, ein von aliphat. Doppelbindungen freies R–O–Alkoxy, R–Carbonyl; R = KW-Stoffrest; n = 10 oder 12; p = ganze Zahl von 1—12; p = n — q, wenn q = >0; q = ganze Zahl von 0—2; p + q = höchstens n; m = Wertigkeit von M; z. B. $Ag_2B_{12}Cl_{12}$, $Ce_2(B_{12}Cl_{12})_3$, $Ag_2B_{12}H_{11}J$, $Ag_2B_{10}Br_9O-CH_2-CH_2-O-CH_3$, $Ag_2B_{10}Cl_9\cdot CO-C_6H_5$. Polymerisiert wurden Trioxan, Vinyl-2-methoxyäthyläther u. Diäthylenglykoldivinyläther. (**D.A.S. 1247024** Kl. 39c vom 16/10. 1963, ausg. 10/8. 1967. U.S. Prior. 25/10. 1962.) — 7 S. L. Stadelmann 7023

3091 General Aniline & Film Corp., New York, N.Y. (Erfinder: Robert Eugene Leary, Somerville, und Leslie Millard Schenck, Mountainside, N.J.), USA, **Herstellung von Al-Polyoxyalkylenätheralkoholen** der allg. Formel $[RO(R'O)_{m-1}(CH_2-CH_2-O)_n]_x-Al(OAr)_y$ (x = 1—3; y = 0—2; x + y = 3; R = C_1-C_{43}-KW-Stoffrest, bes. Alkyl, Aryl, Alkaryl, Arylmethylen, Alkarylmethylen, Acyl, die ggf. 1—5 negative Substituenten, bes. Halogenatome, NO_2- oder CN-Gruppen enthalten können; R' = 2wertiger Rest eines vicinalen Epoxids mit 2—12 C-Atomen; m, n u. m — 1 + n = 1—150; Ar = Aryl), dad. gek., daß man 1 (Mol) eines Al-Phenolats der allg. Formel $[ArO]_3Al$ mit 1—3 eines Polyoxyalkylenäthers der allg. Formel $RO-[R'O]_{m-1}[CH_2-CH_2-O]_nH$ umsetzt u. die abgespaltene Arylverb. aus dem Alkoholat durch Abdampfen bei 130—300°/0,1—50 mm entfernt. Die Verb. dienen *zum Überziehen* u. zur Ausrüstung *für Textilien*, als *Red.-Mittel für bes. hydrophobe Ketone, Vernetzungsmittel, Mittel zum Hydrophobieren von Textilien*, zum Gelieren von Bzn., als Zwischenprod. zur Herst. von Al-Alkoholaten in Kombination mit Chloriden, wie $ZnCl_2$, u. als *Polymerisationskatalysatoren für Äthylenoxid*. (**D.A.S. 1253710** Kl. 12o vom 5/4. 1965, ausg. 9/11. 1967. U.S. Prior. 6/4. 1964.) — 5 S. O. Müller-Meiningen 7023

3092 Allied Chemical Corp., New York, N.Y., USA, **$\alpha^1.\alpha^3.\alpha^5$-Tris-hydroxyphenyl-1.3.5-trialkylbenzole** der allg. Formel **I** (R^1 u. R^2 = H, CH_3 oder C_2H_5; R' = Cl oder

I 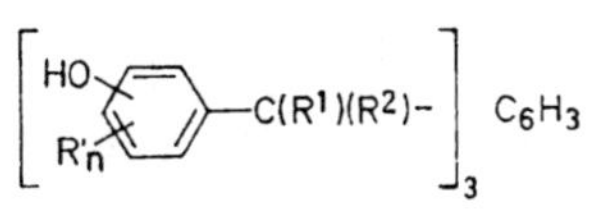

Alkyl C_{1-5}; n = 0, 1 oder 2) erhält man durch Rk. eines 1.3.5-trisubstituierten Benzols der allg. Formel $(HOCR^1\cdot R^2)_3C_6H_3$ oder $(R^1C{=}R^3)_3C_6H_3$ (R^3 = CH_2 oder $CHCH_3$) mit einem entsprechend substituierten Phenol in Ggw. einer Säure als Katalysator bei 40—200°; bei Verw. eines Lsgm. bei 25—200, bes. 40—90°. Epoxy-Deriv. hiervon erhält man durch Rk. dieser Verb. mit Epichlorhydrin in Ggw. von Alkalien. — Phenol gibt mit 1.3.5-Triisopropenylbenzol bei 65° in Ggw. von wasserfreiem HCl *α^1-α^3.α^5-Tris-hydroxyphenyl-1.3.5-triisopropylbenzol*; das *p-Isomere*, F. 183—186°. — Die Epoxy-Verb. können polymerisiert werden. (**Brit.P. 1019130** vom 12/11. 1964, ausg. 2/2. 1966. U.S. Prior. 12/11. 1963 u. 26/8. 1964.) — 15 S. R. Bollinger 7024

3093 Deutsche Gold- & Silber- Scheideanstalt vormals Roessler, Frankfurt/M., **Herstellung von unsymmetrischen Estern von Aldehyden** durch Rk. eines 2.3-Dihydropyran-6-aldehyds mit einem 1.2.5.6-Tetrahydrobenzaldehyd in Ggw. eines Metallalkoholats. — Beispiel: Durch Rk. von 2.3-Dihydropyran-6-aldehyd mit 1.2.5.6-Tetrahydrobenzaldehyd in Ggw. von Al-Isopropoxid erhält man den *2.3-Dihydropyran-6-carbonsäure-1.2.5.6-tetrahydrobenzylester*, $Kp._{0,5}$ 112—113°. Analog wurde erhalten: *2.3-Dihydropyran-6-carbonsäure-[1.4-endomethylen-cyclohex-2-en]-methylester-6*, $Kp._{0,3}$ 114 bis 115°; *2.3-Dihydropyran-6-carbonsäure-trans-2-methyl-4-cyclohexenmethylester-1*, $Kp._{0,4}$ 119°, Säure, $Kp._{11-13}$ 94 bis 102°. — Zwischenprod. für *Epoxyharze*. (**Brit.P. 1028915** vom 7/3. 1963, ausg. 11/5. 1966. D. Prior. 8/3. 1962.) — 5 S. R. Bauereis 7024

3094 S. Z. Levin und A. L. Šapiro, **Herstellung von Polyestern** durch Rk. von Dicarbonsäureanhydriden mit Alkylencarbonaten in Ggw. von Katalysatoren, bes. wasserfreiem $NaHCO_3$, in der Schmelze bei 180—210°. Das Molgew. der *Polyester* wird durch Titration der endständigen Carboxylgruppen bestimmt. — 44 (g) Äthylencarbonat, 74 Phthalsäureanhydrid u. 0,25 $NaHCO_3$ werden auf 200—206° erwärmt. Nach 30—40 Min. ist die CO_2-Abscheidung beendet; es wird insgesamt 3—4 Std. auf 210—220° erhitzt, dann wird zur Entfernung der unumgesetzten Stoffe noch 1 Std. bei 1 Torr auf 210° erwärmt. Das erhaltene Harz wird in Dichloräthan gelöst, mit Ae. gefällt u. im Vakuum getrocknet. — Weitere Beispiele. (**UdSSR.P. 157103** vom 1/8. 1962.) — 2 S. F. Eßer 7025

3095 Kanegafuchi Spinning Co. Ltd., Tokio (Erfinder: Kozo Ide, Amagasaki, Japan, und Kentaro Noguchi, Hamburg), **Lineare Polyester** erhält man durch Rk. von Terephthal-, Isophthal-, Phthalsäure oder deren C_{1-6}-Alkylestern mit Glykolen, sowie p-Dioxan-2.5- oder -2.6-dimethanol oder -diäthanol in der Hitze. Gute Anfärbbarkeit. (**D.A.S. 1251951** Kl. 39c vom 20/9. 1961, ausg. 12/10. 1967. Jap. Prior. 27/9. 1960.) — 3 S. F. Koch 7025

3096 Dr. Kurt Herberts & Co. vormals Otto Louis Herberts, Wuppertal (Erfinder: Arno Kluge, Hamburg, und Hans Peter Wiborg, Wuppertal), **Polyester-Formmassen** enthalten Gemische aus zur Keto-Enol-Tautomerie fähigen Verb., organ. Hydroperoxide u. Co-Salze als Härter. Kurze Aushärtezeit. (**D.A.S. 1252414** Kl. 39b vom 2/8. 1963, ausg. 19/10. 1967.) — 4 S. F. Koch 7025

3097 General Electric Co., Schenectady, N.Y. (Erfinder: James Kwang Soo Kim, Cheshire, Mass.), USA, **Polycarbonate** werden besser flammfest, wenn man sie mit 2.2-Bis-(3.5-dibrom-4-hydroxyphenyl)-propan u. 2.2-Bis-(4-hydroxyphenyl)-propan herstellt u. dieses Mischpolycarbonat in einer Menge von 1—15 Gew.-% in den Formmassen zugegen ist. (**D.A.S. 1245123** Kl. 39b vom 22/1. 1964, ausg. 20/7. 1967. U.S. Prior. 21/2. 1963.) — 3 S. F. Koch 7025

3098 Monsanto Co., Del., übert. von: Van R. Gaertner, Ballwin, Mo., USA, **Tertiär-Alkyl-N-glycidylamine**, deren N-Atome durch Alkyl mit 1—21 C-Atomen u. 2 Alkylreste mit 1—6 C-Atomen substituiert ist, erhält man durch Rk. eines Epihalogenhydrins mit einem tert.-Alkylamin in einem hydroxylgruppenhaltigen Lsgm. bei 0—50° u. Dehydrohalogenierung des Rk.-Prod. mit wss. Alkali- u. Erdalkalihydroxiden. — Durch Rk. von tert.-Butylamin mit Epichlorhydrin in Methanol u. Behandlung des öligen Rk.-Prod. mit wss. KOH erhält man das *N-[2.3-Epoxypropyl]-tert.-butylamin*, $Kp._{10}$ 54 bis 55°. Analog: N-[2.3-Epoxypropyl]-tert.-octylamin, $Kp._1$ 65—67°. — N-[2.3-Epoxypropyl]-tert.-dodecylamin, $Kp._{0,8-1,0}$ 110—115°. — Zwischenprod. für *Polyester*. (**U.S.P. 3262916** vom 24/9. 1962, ausg. 26/7. 1966.) — 4 S. R. Bauereis 7025

3099 Monsanto Co., St. Louis, Mo. (Erfinder: Patrick Henry Hobson und James Bruce Ballentine, Decatur, Ala.), USA, **Poly-(äthylenglykolterephthalat)** entsteht durch übliche Rk., nämlich Umesterung von Dimethylterephthalat mit Äthylenglykol u. Polykondens. des Prod., in Ggw. von Sn(II)-formiat. (**D.A.S. 1254357** Kl. 39c vom 9/4. 1956, ausg. 16/11. 1967. U.S. Prior. 11/4. 1955.) — 3 S. F. Koch 7025

3100 A. A. Berlin und S. I. Bass, **Polymerisationsfähige Oligomere.** Zur Herst. von *Epoxy-* u. *Carboxylharzen* werden als Ausgangsprod. Stoffe eingesetzt, die bei der Dehydrochlorierung von chlorierten Paraffin-KW-Stoffen (Vaselinöl, Paraffin, Ceresin usw.) anfallen; die Prod. werden epox., oder es werden durch Rk. mit α,β-ungesätt. Säuren Carboxylgruppen eingeführt. Zur Darst. Oligomerer mit *anionenaustauschenden Eig.* u. hoher Elektroleitfähigkeit werden die Chlorparaffine mit heterocycl. Verb., wie Py., Chinolin oder Dipyridyl, erwärmt. — 65 (g) Chlorparaffin (Marke „XII-70"; 42,5% Cl) u. 135 n-Na-Butylat in n-Butanol werden im N_2-Strom 3 Std. auf 130° erwärmt: Nach Waschen u. Reinigen 55 dunkelrotes Oligomeres mit 9,65% Cl; Jodzahl 178; Molgew. 450 (kryoskop. in Bzl.); Zähigkeit η^{30} 50 cP; D_4^{20} 0,9873; n_D^{25} 1,5082; nach 30 Min. bei 178° Beginn der HCl-Abspaltung. Bei längerer Rk. erhält man ein Prod., das kein Cl enthält, Jodzahl 225; dieses Prod. härtet bei Raumtemp. oder unter Erwärmen an der Luft aus; bei Zusatz von 0,1% Co-Naphthenat bildet es klare u. elastische *Überzüge* auf Metallen. — Zur Lsg. von 20 des Prod. mit Jodzahl 178 in $CHCl_3$ werden in 2,5 Std. bei 5—10° 375 ml 0,7 n Perbenzoesäure in $CHCl_3$ eingetropft, u. die Lsg. wird 12—15 Std. stehen gelassen; nach Auswaschen der Benzoesäure u. Abdest. des Lsgm. 16 dunkelbernsteinfarbene Fl. mit 8,22% Cl u. 3,75% Epoxid-O; Jodzahl 119; Molgew. 630 (kryoskop. in Bzl.); Zähigkeit η^{30} 725 cP; D_4^{20} 0,9903; n_D^{25} 1,5015; nach 41 Min. bei 178° Beginn der HCl-Abspaltung. Beim Erwärmen des epox. Oligomeren mit 10—35 Gew.-% Maleinsäureanhydrid in 1 bis 5 Std. auf 150—180° hartes, nichtschmelzendes Prod. mit 90% in $CHCl_3$ unlösl. Anteilen. — Weiteres Beispiel. (**UdSSR.P. 151821** vom 5/11. 1961.) — 2 S.
F. Eßer 7029

3101 Monsanto Co., St. Louis, Mo. (Erfinder: Robert E. Kass, Springfield, Albert H. Markhart, Wilbraham, und Charles F. Hunt, Springfield, Mass.), USA, **Herstellung von wäßrigen Dispersionen von Polyspirankondensationsprodukten** mit Teilchengrößen von 1—4 μ u. Molgew. von 300—5000 erfolgt durch Polykondens. von Dialdehyden mit äquimol. Mengen Monopentaerythrit oder Gemischen aus 50—99 (Gew.-Teilen) Monopentaerythrit u. 50—1 Dipentaerythrit in saurem wss. Medium bei 80—100°, dad. gek., daß man als Dialdehyde Glutar-, Succin- u./oder Phthalsäurealdehyd verwendet u. die Polykondens. bei pH 2 u. 3,5 unter geregeltem Rühren durchführt. Die Dispersionen sind thixotrop. (**D.A.S. 1247655** Kl. 39c vom 23/9. 1959, ausg. 17/8. 1967. U.S. Prior. 1/10. 1958.) — 3 S.
M. Overbeck 7029

3102 O. Ja. Fedotova und S. A. Zakoščikov, **Herstellung von Polyamiden** durch Mischen einer wasserfreien Dicarbonsäurechloridlsg. mit Diaminen in organ. Lsgm., wobei die Mischung hydrolysiert wird u. der abgeschiedene HCl an wss. Alkali gebunden wird. — 0,4556 (g) Oxalylchlorid in 30 ml Toluol u. 0,816 4.4-Diamino-3.3-dimethylphenylmethan-Lsg. in Toluol werden gemischt; der Nd. wird mit 60 W., das 8,4 ml 1 n KOH enthält, hydrolysiert: 76% *Polymeres*, D. 1,20. — Weitere Beispiele. (**UdSSR.P. 151810** vom 2/10. 1961.) — 2 S.
F. Eßer 7032

3103 Monsanto Co., übert. von: Jack Preston, Raleigh, und Ralph W. Smith, Durham, N.C., USA, **Poly-p-benzamid bzw. Poly-p-benzolsulfonamid** mit der Struktureinheit (–NH–Y(O)–C_6H_4–(p)–] erhält man durch Polymerisation von Monomeren der allg. Formel **I** in

I 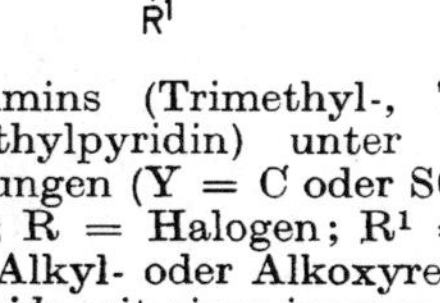

Ggw. eines tert.-Amins (Trimethyl-, Triäthyl-, Triäthylendiamin, Methylpyridin) unter Rühren unter wasserfreien Bedingungen (Y = C oder SO; X = Cl, Br, SO_3H, Arylsulfonat; R = Halogen; R^1 = H, Halogen, Arylrest, NO_2, C_{1-2}-Alkyl- oder Alkoxyrest). Man erhält *thermostabile Polyamide* mit einer inneren Viskosität von ≧ 0,6, gemessen bei 25° u. in H_2SO_4 in Konz. von 5 g/l. (**U.S.P. 3225011** vom 11/9. 1962, ausg. 21/12. 1965. **Brit.P. 1008854** vom 9/9. 1963, ausg. 3/11. 1965. **Belg.A.S. 637260** vom 11/9. 1963, bekanntgemacht 11/3. 1964. Beide U.S. Prior. 11/9. 1962.) — 4 S. — 4 S. — 17 S.
A. Jahn 7032

3104 A. A. Moiseev, T. F. Durasova und T. R. Trok, **Schaumstoffe** auf Polyester- (**A**) u. Isocyanat(**B**)-Grundlage. Zur Rk.-Beschleunigung wird eine Mischung aus üblichen aromat. **B** u. **B**, welche polare Substituenten am Benzolkern besitzen (z. B. Trichlorbenzoldiisocyanat [**I**]) im prozentualen Verhältnis 95:5 bis 80:20 mit **A** umgesetzt. Die Rk. erfolgt ohne Katalysator sehr schnell; die Schaumstoffe besitzen ausgezeichnete mechan. Eigenschaften. — 100 (Gew.-Teile) **A** (mit 7—15% OH-Gruppen; SZ. 5—12 mg KOH), 70—150 Toluylendiisocyanat, 5—20 **I**, 1—2 Emulgator u. 0,3—0,8 W. werden 1—2 Min. gemischt, in Formen gegossen u. geschäumt. Bei 60—100° wird in 0,5—1 Std. gehärtet. Eig.: Vol.-Gew. 0,2 g/cm³; Quetschgrenze 25 kg/cm²; Wärmeleitfähigkeit 0,04 Cal/mh °C; Betriebstemp. 150°. (**UdSSR.P. 157101** vom 2/8. 1962.) — 2 S.
F. Eßer 7033

3105 Union Carbide Corp., New York, N.Y. (Erfinder: William Collier Kuryla, St. Albans, W.Va.), USA, **Gegebenenfalls verschäumte Polyurethane** aus Ansätzen mit guter Löslichkeit für die Polyisocyanate u. gut elast. Eig. bzw. guter Schaumstruktur erhält man in üblicher Weise, jedoch unter Verw. von Polyhydroxylverb., auf die ein vorgebildetes Polymerisat aufgepfropft worden ist (0,5—50 Gew.-%). Die Pfropfung erfolgt bes. in inerten Lsgm. mittels Radikalbildnern, wie organ. Peroxiden. (**D.A.S. 1253450** Kl. 39b vom 15/6. 1965, ausg. 2/11. 1967. U.S. Prior. 17/6. 1964.) — 9 S.
E. Dörfel 7033

3106 Imperial Chemical Industries Ltd., London (Erfinder: John Langrish und Philip David Perry, Blackley, Manchester), Großbritannien, **Polyurethanschaumstoffe** ohne innere Versengungserscheinungen, trotz z. B. Ggw. von Halogenverb., erhält man nach üblichen Verf., wenn man tert. Ester von H_3PO_3 in Mengen von 0,1—5,0% mitverwendet; die organ. Reste sind gleich oder verschieden, u. zwar Alkyl-, Aralkyl-, Cycloalkyl-, Arylreste, die ggf. miteinander Ringe bilden. (**D.A.S. 1256409** Kl. 39b vom 19/10. 1965, ausg. 14/12. 1967. Brit. Prior. 20/10. 1964 u. 30/9. 1965.) — 6 S.
E. Dörfel 7033

3107 Farbenfabriken Bayer Akt.-Ges., Leverkusen (Erfinder: Wolfgang Keberle, Leverkusen, und Hans-Gerhard Hanke, Köln), **Färben von Polyurethandispersionen** für farbintensiv gefärbte Kunststoffe durch Rk. von noch akt. H-Atome aufweisenden Polyurethanen in wss.-dispergierter Form mit Farbstoffen mit ≧ 1 Gruppe –X–NH–CH_2OR (R = H, niederer Alkylrest, X = CO, SO_2). Die Fixierung erfolgt bei pH 7—2 (mit NH_3, Ameisen-, Essig-, Wein-, Oxal-, Maleinsäure) bei Raum- oder erhöhter Temperatur. (**D.A.S. 1255301** Kl. 39b vom 27/11. 1965, ausg. 30/11. 1967.) — 5 S.
E. Dörfel 7033

3108 Dainippon Ink and Chemicals, Inc., Tokio (Erfinder: Hitoshi Kinouchi und Matoyasu Kunugiza, Nishinomya-shi, Hyogoken), Japan, **Homogene Polyurethane** mit gleichmäßigem Eig.-Bild ohne die nachteilige Verw. von Lsgm. erhält man durch Rk. von Polyestern, Polyesteramiden oder Polyäthern u. Polyiso(thio)-cyanaten nach dem Vorpolymerisat-Verf. unter Verw. von Vernetzergemischen von hochschmelzenden Polyaminen, F. < 120°, wobei wenigstens ein Polyamin den F. > 120° hat. (**D.A.S. 1252892** Kl. 39b vom 22/2. 1964, ausg. 26/10. 1967. Jap. Prior. 22/2. 1963.) — 5 S.
E. Dörfel 7033

3109 Continental Gummi-Werke Akt.-Ges., Hannover (Erfinder: Paul Aufleger, Gehrden), **Feinporöse elastomere Polyurethane** erhält man durch Rk. von Polyhydroxylverb. mit Polyisocyanaten, ein- oder zweistufig dadurch, daß den Rk.-Teilnehmern bzw. deren Gemischen a) beim Einstufenverf. ein oder mehrere ggf. halogenierte KW-Stoffe mit Kp. > 100°, oder b) beim Zweistufenverf. in der 2. Stufe ein oder mehrere ggf. halogenierte KW-Stoffe mit Kp. > 50°, einemulgiert, dann unter dem Kp. der ggf. halogenierten KW-Stoffe verformt u. ausgehärtet u. dann die KW-Stoffe ausgetrieben werden. (**D.A.S. 1248926** Kl. 39b vom 14/12. 1964, ausg. 31/8. 1967.) – 3 S. E. Dörfel 7033

3110 V. V. Koršak, E. S. Krongaus, A. M. Berlin und P. N. Gribkova, **Polymere,** die in der Kette Heterocyclen enthalten u. ausgezeichnete Wärme- u. Chemostabilität aufweisen, entstehen durch Polycyclisation von Adipinsäuredihydrazid (**I**) mit Bis-β-diketonen. Die Rk. verläuft in 2 Stufen: Zunächst Bldg. der Polyhydrazone (**A**), dann Bldg. von Polypyrazolen (**B**). – 3,5 g 4.4'-Diacetoacetyldiphenyläthan u. 1,74 g **I** werden 10 Std. in 150 ml sd. abs. A. mit wenig Essigsäure erwärmt. Nach Abdest. des Lsgm. **A**, F. 150–160°. **A** wird 2 Std. bei 1–2 mm u. danach 3 Std. im Hochvakuum erwärmt u. ergibt dann **B**. – Analog aus 4.4'-Bis-[acetoacetyl]-diphenyloxid u. **I A**, F. 185–210°, u. **B**, F. 200–210°. (**UdSSR.P. 157102** vom 3/5. 1962.) – 2 S. F. Eßer 7039

3111 Farbwerke Hoechst Akt.-Ges. vormals Meister Lucius & Brüning, Frankfurt/M. (Erfinder: Alfred Kühlkamp, Hofheim, und Rudolf Nowack, Frankfurt/M.), **Schaumstoffe** erhält man nach D.A.S. 1238205, indem man CH-acide Reste enthaltende Mischpolymerisate in Mengen von 5–95% mitverwendet, bes. aus Vinylacetat, -isobutyrat oder -chlorid u. Acetessigsäureallylester. (**D.A.S. 1248930** Kl. 39b vom 28/12. 1964, ausg. 31/8. 1967. **Zusatz zu D.A.S. 1238205; C. 1968, 10-2781.**) – 3 S. E. Dörfel 7039

3112 S. N. Ušakov und E. F. Panarin, **Copolymere des Vinylalkohols** mit Hydraziden ungesätt. Carbonsäuren erhält man durch Rk. von Copolymeren aus Vinylestern u. Estern ungesätt. Carbonsäuren mit einem Überschuß Hydrazinhydrat (**I**). Während der unter Erwärmen erfolgenden Rk. werden durch **I** einzelne Glieder der Vinylester verseift, u. gleichzeitig reagiert es mit Gliedern der ungesätt. Säuren unter Bldg. von Säurehydraziden. Nach Abdest. des überschüssigen **I** im Vakuum erhält man ein festes Mischpolymerisat, das bis zu 10 Mol-% Hydrazidglieder enthält, in W. u. DMF lösl. ist u. sich durch Umfällen mit A. aus wss. Lsg. reinigen läßt. – 95 (Mol) Vinylacetat u. 5 Methylacrylat werden mit 50% Toluol gemischt. Dann wird in verschlossenen Ampullen in 13 Std. bei 70° polymerisiert: Ausb. 83%; charakterist. Zähigkeit 0,2. Das Mischpolymerisat wird danach auf dem W.-Bad 3 Std. mit 5fachem **I**-Überschuß bis zur Herst. einer homogenen Lsg. behandelt. Der **I**-Überschuß wird im Vakuum abdest., das Polymere in W. gelöst u. in A. gegossen. Das *Copolymere* enthält 3,49% N ≙ 5,7 Mol-% Acrylsäurehydrazid. (**UdSSR.P. 157105** vom 23/4. 1962.) – 3 S. F. Eßer 7039

3113 L. B. Sokolov und A. I. Lebedev, **Polyoxamide** (**A**) erhält man durch Grenzphasen-Polykondens. von Diaminen mit Oxalsäuredichlorid (**I**), u. zwar entweder durch Zerstäuben von Diaminlsg. in gasförmigem **I** oder durch Schäumen der Diaminlsg. mit gasförmigem **I**. – Beim Zerstäuben wird 1 l wss. Hexamethylendiaminlsg. (mit 0,5 Mol/l) in 10 Min. gleichmäßig im Reaktor zerstäubt; Lsg.- u. Reaktortemp. 56°. In die Zerstäubungszone wird in 10 Min. gleichmäßig eine Mischung aus N_2 mit 17 Vol.-% **I** bei Normaltemp. u. Normaldruck aufgegeben: 44,5% Ausb. an **A**. Wss. Diaminlsg. gelangt aus einem Vorratsbehälter über eine Pumpe unter Druck in die Schlange eines Elektroofens, in dem sie aufgeheizt wird; sie wird dann über eine Düse am Deckel des Reaktors (Rundkolben) zerstäubt. Die zweite Komponente gelangt, nachdem sie in einer Waschflasche mit **I** mit N_2 gemischt wurde u. die Mischung in einem Verdampfer verdampft wurde, durch eine zweite Leitung direkt in die Zerstäubungszone. – Beim Schäumen erfolgt die Rk. in einem Rk.-Rohr, in dessen unterem Teil ein poröses Diaphragma angebracht ist. Auf das Diaphragma führt von oben aus einem Vorratsgefäß die fl. Phase (wss. Diaminlsg.), außerdem reicht in die Rk.-Zone ein Thermometer zur Rk.-Steuerung. Die Gasmischung mit ~ 5 Vol.-% **I** gelangt von unten durch das Diaphragma in die Rk.-Zone, in die im Gegenstrom die fl. Phase eingeleitet wird. Die Gasgeschw. wird so eingestellt, das kontinuierlich geschäumt werden kann, der Schaum wird in einer nachgeschalteten Vorlage entschäumt. – 2 Zeichnungen. (**UdSSR.P. 151812** vom 6/12. 1961.) – 3 S. F. Eßer 7039

3114 Chemische Werke München Otto Bärlocher G.m.b.H. (Erfinder: Siegfried August Riethmayer), München, **Herstellung von Lösungen carbonsaurer Metallsalze** durch Rk. einer organ. Metallverb. (**I**) mit einer Carbonsäure (**II**) in einem organ. Lsgm., bes. unter Erwärmen u. Abdest. des Rk.-Wassers, dad. gek., daß man als Lsgm. einen Überschuß einer fl. **II** oder ein Gemisch solcher Säuren verwendet, dem man ggf. noch geringe Mengen bekannter Lsgm. für Metallsalze zusetzen kann. Als **II** dienen z. B. bes. Capron-, Naphthen- u./oder Harzsäuren, als **I** Mg-, Ca-, Sr-, Ba-, Zn-, Cd- u./oder Pb-Oxide, -Hydroxide u./oder -Carbonate. – *Stabilisatoren,* bes. für *halogenhaltige Polyvinylverbindungen.* (**D.A.S. 1252684** Kl. 12o vom 29/6. 1965, ausg. 26/10. 1967.) – 2 S. O. Müller-Meiningen 7040

3115 Z. V. Popova, A. P. Armjaninov, N. B. Tichova und G. K. Tarasova, **Stabilisieren von Polyvinylchlorid** durch Zusatz von Bleiglätte (**I**), Stearin (**II**) u. Hydrochinon (**III**). – **III** ergibt mit Pb-haltigen Stabilisatoren, bes. **I**, eine synergist. Wirkung. Bei Zusatz von 0,027 **III** zu 10 Polyvinylchlorid, die mit 0,2 Pb-Stearat stabilisiert sind, erhöht sich der Erweichungspunkt auf 220°; die Induktionsperiode bis zum Beginn der HCl-Entw. beträgt bei 175° 47 Min. gegenüber 37 Min. ohne **III**. – Tabelle. (**UdSSR.P. 151820** vom 26/2. 1962.) – 2 S. F. Eßer 7042

3116 Dynamit Nobel Akt.-Ges., Troisdorf (Erfinder: Bernhard Kraemer und Werner Trautvetter), **Gießharze auf Basis von nachchloriertem Polyvinylchlorid.** Letzterem werden 2–30 Gew.-% Polyurethane u./oder nicht verzweigte, nur oberflächlich verzweigte oder vernetzte Polyesterurethane zugesetzt. (**Port.P. 45477** vom 16/3. 1966, Auszug veröff. 27/1. 1967. D. Prior. 19/3. 1965.) W. Wittholz 7042

3117 T. A. Krasovskaja, L. V. Sobolevskaja, D. Z. Levina-Štejnblat und O. V. Okolskaja, **Niedermolekulare Polymethylsiloxan-Flüssigkeiten** erhält man durch Co-Hydrolyse verschiedener Organochlorsilane unter Erwärmen u. nachfolgende Behandlung der Hydrolyseprod. mit aktivierter Tonerde „KIL". – Eine Mischung aus 1–2 (Gew.-Teilen) Dest.-Rückständen u. 1–1,5 einer Fraktion mit Kp. 54–58° (beide aus der Herst. von Methylchlorsilanen) werden erwärmt. Das Rk.-Prod. wird von der HCl abgetrennt, mit Soda neutralisiert u. filtriert. Die leichtflüchtigen Prod. werden bei $Kp._{3-5}$ 200–250° abdest., mit 8% (vom Gew. der leichtflüchtigen Anteile) „KIL" 4 Std. bei 80° behandelt, filtriert u. bei 1–3 Torr in Intervallen von jeweils 50° fraktioniert. – Tabelle über Ausb. u. Zähigkeiten bei Ansätzen mit verschiedenen Verhältnissen der einzelnen Komponenten. (**UdSSR.P. 157109** vom 30/8. 1962.) – 4 S. F. Eßer 7061

3118 V. V. Koršak, I. V. Kamenskij und I. K. Sanin, **Thermostabile Furfurolsiloxanharze** mit steuerbarer Zähigkeit erhält man durch therm. Behandlung von Furfuryloxysilanen in Ggw. von Initiatoren sauren Typs u. ion. Katalysatoren. – Unter Feuchtigkeitsausschluß werden Orthokieselsäureester u. Furfurylalkohol (Tetra-[furfuryloxy]-silan, Alkoxy-, Alkyl- oder Arylfurfuryloxysilane) umgesetzt u. dann 120–140 (Min.) bei 240°, 110–130 bei 250°, 90–100 bei 260°, 10–20 bei 280° u. 5–10 bei 300° destilliert. (**UdSSR.P. 149882** vom 19/9. 1961.) – 2 S. F. Eßer 7061

3119 General Electric Co., Schenectady (Erfinder: William Joseph Bobear, Latham), N.Y., USA, **Hitzealterungsbeständige Siliconelastomere** erhält man durch Mahlen einer Mischung aus 0,1–4,5 (Teilen) rotem Fe-Oxid u. 1 alkenylendblockiertem Polysiloxan der Viskosität ≦ 100000 cP/25° aus im wesentlichen R_2SiO- u. endständigen R'-Si (R) (R)-$O_{0,5}$-Einheiten (R = ggf. halogenierter oder CN-substituierter einwertiger KW-Stoffrest, R' = einwertiger, olefin. ungesätt. KW-Stoffrest) bis zum Feinheitsgrad $< 50\ \mu$, u. Dispergieren von

1—200 der Mischung in 100 Polysiloxan $R_aSiO_{(4-a)/2}$ (R wie oben, a = 1,9—2,01, Viskosität ≧ 100000 cP/25°) unter Vermahlen, ggf. mit 10—300 Füllstoff u. Aushärten. (**D.A.S. 1254864** Kl. 39b vom 21/12. 1963, ausg. 23/11. 1967. U.S. Prior. 31/12. 1962.) — 5 S.
E. Dörfel 7061

3120 Farbenfabriken Bayer Akt.-Ges., Leverkusen (Erfinder: Dietrich Gölitz, Klaus Damm, Köln, und Walter Noll, Opladen), **Unter Ausschluß von Wasser lagerfähige plastische Siliconformmassen** zur Herst. von *Isolierungen, Einkapselungen, Gewebebeschichtungen* oder *Fugendichtungsmassen* mit längerer Verarbeitungszeit u. ohne Hautbldg. an der Oberfläche. Sie enthalten als Vernetzer N-haltige Organo-Si-Verb. der allg. Formel $X_{4-a}SiY_a$ oder $X_{m-b}Y_bSiO_{(4-m)/2}$; mindestens 1 Y = Carbonsäureamidrest –N(R″)–C(=O)–R‴ oder –N——CO; R″ = ggf. substituiertes Alkyl, Aryl;
\R⁗/
R‴ = H, ggf. substituiertes Alkyl, Aryl; R⁗ = ggf. substituiertes Alkylen, Alkarylen; die übrigen Y, mindestens aber 1 Y = Alkoxy mit 1—4 C-Atomen. (**D.A.S. 1247646** Kl. 39b vom 16/8. 1965, ausg. 17/8. 1967. **Zusatz zu D.A.S. 1224039; C. 1967, 22-2838.**) — 5 S.
E. Dörfel 7061

3121 M. M. Morgunova, D. Ja. Žinkin und M. V. Sobolevskij, **Polyalkylsilazane** mit hohem Molgew. entstehen durch Rk. von polymeren Alkylcyclosilazanen mit aliphat. Diaminen unter Erwärmen. — 21,9 (g) Hexamethylcyclotrisilazan werden bei 40° allmählich mit 18 Äthylendiamin (**I**) versetzt. Die Temp. wird langsam auf 160° gesteigert. Die Rk. ist nach 10—12 Std. beendet, bei 95—100° erfolgt Abscheidung von NH_3, u. zwar ca. 91% (bezogen auf N im Trimeren). Aus der zähen Rk.-Masse wird im Vakuum der I-Überschuß abdest.; es bleibt ein farbloses, zähes Prod. zurück; Ausb. 98% (Molgew. 2116). (**UdSSR.P. 157107** vom 9/5. 1962.) — 2 S.
F. Eßer 7063

3122 O. M. Nefedov, M. N. Manokov und V. I. Širjaev, **Herstellung linearer, elementorganischer Polymerer** mit Atomen der 2.—6. Gruppe des period. Syst. außer Si in der Hauptkette durch Rk. eines (oder mehrerer) Organodihalogenids dieser Elemente u. einer (oder mehrerer) ungesätt. Verb. mit akt. Mehrfachbindungen mit Alkalimetallen in inerten organ. Lsgm.; als ungesätt. Verb. werden konjugierte Diene, vinylaromat. KW-Stoffe u. α.β-ungesätt. Carbonylverb. u. als Alkalimetalle Li oder Na eingesetzt. Die Rk.-Temp. ist in weiten Grenzen (—30 bis +150°) variierbar; die Rk. erfolgt in Inertgas unter Zusammengießen einer Mischung der Dihalogenderiv. der Elemente mit Olefinen zum Alkalimetall in Lsgm. (Molverhältnis Dihalogenderiv.: Alkalimetall = 2:2,5); Ausb. 60—95%. — 21 (g) $(CH_3)_2GeCl_2$ u. 22 Styrol werden gemischt u. nach 30 Min. bei 20—30° zu 3 Li in 100 THF gegossen. Nach Ende der Rk. u. Abdest. des Lsgm. u. Monomeren 21,5 rohes *polymeres Harz*, nach Trocknen an der Luft glasartiges Prod. mit 25,16% Ge. — Weitere Beispiele. (**UdSSR.P. 157491** vom 31/8. 1962.) — 2 S. F. Eßer 7065

3123 K. A. Petrov, È. E. Nifantev, R. G. Golcova und L. M. Solnceva, **Poly-α.ω-alkylenphosphite und -phosphinite** entstehen bei Glykolyse von äquimol. Mengen Alkyl-(aryl)-phosphinig- u. Alkylphosphorigsäurediamiden u. Glykolen in Inertgas. — 19 (g) Tetraäthylmethylphisphonigsäurediamid u. 11,8 Hexamethylenglykol werden in Inertgas bis zum Ende der Diäthylamindest. (∼14,5 g) auf 100° erwärmt. Dann wird das Prod. 3 Std. bei 10—20 Torr u. 130° stehen gelassen: 16,1 *Polyhexamethylenmethylphosphinit*. (**UdSSR.P. 152571** vom 1/3. 1962.) — 2 S.
F. Eßer 7065

3124 V. I. Goldanskij, V. E. Gul, E. V. Egorov, G. A. Zilberg, V. E. Michlin, V. G. Raevskij und V. B. Rapoport, **Kleben von Gummi auf Gewebe** (z. B. Kapronkord) durch Aufbringen einer Schicht von in Bzn. gelöstem Kautschuk, der 1—2% Li- oder B-Verb. enthält, u. Bestrahlen mit einem Neutronenstrom. — Kaprongewebe mit bereits aufgebrachtem „Epoxidharz-89" wird mit einer Bzn.-Lsg. von „SKS-ZOARM-15"-Kautschuk (**A**; mit 1—2% LiOH) beschichtet (5—10 mg/cm²). Dann wird das Gewebe in einem Kanalrohrreaktor „IRT-1000" mit $5 \cdot 10^{12}$ cm² · Sek. therm. Neutronen bestrahlt. Nachdem die eingestrahlte Aktivität auf den Stand der natürlichen Aktivität abgefallen ist (3—4 Tage) wird auf das Gewebe **A** mit dem Kaliber 0,3 ± 0,02 mm aufkalandriert. Dann wird mit Dampf bei **143°** u. **3** atü in 50 Min. vulkanisiert. Die Kohäsion von Gummi auf Gewebe beträgt beim Abreißen 4,1 kg/cm. (**UdSSR.P. 152565** vom 15/12. 1961.) — 2 S. F. Eßer 7085

3125 A. A. Grinberg und A. A. Potašnik, **Stabilisierung von Gummimischungen** mit Antianvulkanisationsmitteln, bes. 0,01—1 (Gew.-Teil) Trichloriminoisocyanursäure (**I**), ggf. auch in Mischung mit organ. Sulfaten. — **I** (F. >250° [Zers.]) ist unlösl. in W. u. den meisten organ. Lsgm.; zweckmäßigerweise wird es als Mischung mit $ZnSO_4$, $CaSO_4$ u. a. inerten anorgan. pulverförmigen, feingemahlenen Stoffen angewandt: 100 Kautschuk u. 0,01—1 Zusatz aus 10—50% **I** u. 90—50 $ZnSO_4$ oder $CaSO_4$ oder $BaSO_4$. Die Wirksamkeit von **I** bleibt in Ggw. von Vulkanisationsbeschleunigern, wie 2-Mercaptobenzthiazol, Thiuram, Altax, Sulfenamiden, erhalten. (**UdSSR.P. 148511** vom 22/9. 1961.) — 2 S.
F. Eßer 7085

3126 V. G. Èpštejn, V. P. Bugrov, D. P. Emeljanov, E. P. Kopylov, È. G. Lazarjanc, E. Z. Levit und V. L. Cajlingold, **Vulkanisation von Pyridinkautschuk** mit Hilfe von Metallchloriden, wie $ZnCl_2$, $CdCl_2$ u. $CoCl_2$, unter Ausbldg. von Komplexverb. mit den Pyridingruppen. (**UdSSR.P. 157489** vom 13/3. 1961.) — 2 S. F. Eßer 7085

3127 Comp. Générale des Ètablissements Michelin, Michelin & Cie. (Erfinder: Jean-Marie Massoubre), Clermont-Ferrand, Frankreich, **Kautschukregeneratlösungen** erhält man durch Aufquellen von Altkautschuk(**I**)-Schrot in 45—200 Gew.-%, bezogen auf **I**, eines Lsgm., bes. Mineralöl, u. Erhitzen auf 180 bis 220° in Ggw. eines Devulkanisationsmittels, bes. Dixylyldisulfid, u. ggf. einer dehydrierend wirkenden Verb., z. B. eines Cumaronharzes. Verw. der Lsg. als Zusatz zu Frischkautschuk. (**D.A.S. 1251520** Kl. 39b vom 4/1. 1963, ausg. 5/10. 1967. F. Prior. 9/1. 1962.) — 3 S. H. Höllerer 7085

3128 E. S. Lagučeva, E. A. Soldatova, L. V. Salnikova und K. D. Petrov, **Preßmaterial** auf p.p′-Di-[oxazolidyl-(3)]-diphenylmethan (**I**)-Grundlage unter Zusatz von Füll- u. Farbstoffen; **I** wird mit 2.4.6-Tri-[phenylaminomethyl]-phenol (**II**) u. Urotropin (**III**) oder Paraformaldehyd (**IV**) gemischt u. anschließend gewalzt u. gemahlen; ggf. kann auch noch mit Novolaken, Resolen oder Anilinharzen modifiziert werden. Alle Komponenten werden in einer Kugelmühle gemischt u. zu Pulver vermahlen. — 331 (Gew.-Teile) **II**, 126 **I**, 35,2 **IV**, 6,3 MgO, 10 Stearin, 10 „Mumin", 268,3 Kaolin u. 213,2 mit Phenolalkoholen getränktes Holzmehl werden 6 Std. in einer Kugelmühle gemischt; dann wird 3—6 Min. gewalzt u. danach vermahlen. — Weiteres Beispiel. — Es werden Preßlinge (Blöcke u. Scheiben) mit Standardabmessungen bei 170 ± 5° (mit vorher auf 120—140° vorgewärmten Formen) u. einem spezif. Druck von 300—350 kg/cm² gepreßt: Wärmebeständigkeit nach Martens 120°, Biegefestigkeit 600—800 kg/cm², elektr. Durchschlagsfestigkeit bei 20 ± 5° u. 65 ± 5% relativer Feuchte 15,9—16,6 kW/mm. (**UdSSR.P. 157490** vom 1/3. 1962.) — 2 S.
F. Eßer 7090

3129 V. A. Lapickij, I. V. Kamenskij, O. A. Fridman und V. P. Vizirenko, **Preßmischung** hoher Schlagfestigkeit, Wärme- u. Chemostabilität auf Grundlage von Bindemitteln, bes. Furanpolymeren (**A**), die mit chlorsulfonierten Polyäthylenen (**B**) modifiziert sind, Füllstoffen u. Härtern. — **B** wird auf Walzen bei 30—70° in 3—10 Min. plastiziert, dann wird **A** zugesetzt u. 10—30 Min. bei 40—80° gemischt. Danach werden die Füllstoffe einzeln u. schließlich der Härter zugemischt; 10—25 Min. wird gewalzt. Nach dem Kühlen werden die Felle zerkleinert. — Aus 40 (Gew.-Teilen) **A**, **5 B**, 55 Kaolin, 4 $ZnCl_2$ u. 2 Stearinsäure wird ein Granulat bereitet, das bei 150—180° u. 150—450 kg/cm² in

1—3 Min./mm Schichtdicke verpreßt wird. (**UdSSR.P. 167298** vom 9/4. 1964, ausg. 6/8. 1966.) — 2 S.
F. Eßer 7090

3130 **Hans S. Mannheimer** und **John Joseph McCabe jun.**, Irvington, N. J., USA, *β-Hydroxypropansulton.* (**Brit.P. 989 496** vom 5/1. 1962, ausg. 22/4. 1965. U.S. Prior. 30/6. 1961. — C. **1966**, 3-2460 [U.S.P. 3 100 779].)

3131 **Asahi Kasei K. K.**, Osaka, übert. von: **Tadahiro Kobayashi**, Fuji-shi, Japan, *Stabilisierung ungesättigter Verbindungen.* (**U.S.P. 3 274 231** vom 13/6. 1963, ausg. 20/9. 1966. Jap. Prior. 13/9., 10/11., 10/11. 1962, 30/1. u. 10/4. 1963. — C. **1968**, 24-2732 [Brit.P. 1 017 457].)

3132 **Farbwerke Hoechst Akt.-Ges. vormals Meister Lucius & Brüning** (Erfinder: **Felix Schulde** und **Dietrich Schleede**), *Antistatische Ausrüstung von makromolekularen Verbindungen.* (**Aust.P. 269 721** vom 5/12. 1961, ausg. 15/9. 1966. D. Prior. 17/12. 1960. — C. **1965**, 47-2617 [F.P. 1 308 284].)

3133 **VEB Leuna-Werke „Walter Ulbricht"**, Leuna (Erfinder: **Hans-Georg Rosenkranz, Willy Elerig** und **Eberhard Pfeiffer**), *Alkansulfonsäureester.* (**Brit.P. 1 008 578** vom 27/1. 1962, ausg. 27/10. 1965. **F.P. 1 327 488** vom 27/6. 1962, ausg. 2/9. 1963. — C. **1966**, 1-2851 [UdSSR.P. 162 528].)

3134 **Th. Goldschmidt Akt.-Ges.**, Deutschland, *Antistatische Zubereitung.* (**F.P. 1 378 740** vom 7/1. 1964, ausg. 26/2. 1965. D. Prior. 31/1. u. 12/12. 1963. — C. **1965**, 31-2842 [D.A.S. 1 175 643] u. C. **1968**, 24-2731 [Brit.P. 1 020 302].)

3135 **Monsanto Co.** (Erfinder: **John J. d'Amico**), *Sulfenamide.* (**Aust.P. 262 056** vom 15/11. 1962, ausg. 30/9. 1965. U.S. Prior. 17/11. 1961. — C. **1966**, 3-2752 [U.S.P. 3 144 652].)

3136 **Montecatini Soc. Gen. per l'Industria Mineraria e Chimica** (Erfinder: **Piero Manaresi** und **Vincenzo Giannella**), *Antioxydantien für Polyolefine.* (**Aust.P. 268 902** vom 4/12. 1961, ausg. 11/8. 1966. It. Prior. 6/12. 1960. — C. **1965**, 23-2647 [F.P. 1 311 489].)

3137 **Imperial Chemical Industries Ltd.**, (Erfinder: **Arnold Edwin Ambler** und **Arthur Topham**), *Vinyltoluolpolymerisate.* (**Aust.P. 268 794** vom 27/11. 1961, ausg. 4/8. 1966. Brit. Prior. 19/12. 1960. — C. **1966**, 20-2707 [Brit.P. 957 984].)

3138 **B. F. Goodrich Co.** (Erfinder: **David Emanuel Weaver** und **James Edwin Gagen**), *Selbstvulkanisierende kautschukartige Mischpolymerisate.* (**Aust.P. 268 274** vom 5/12. 1962, ausg. 14/7. 1966. U.S. Prior. 18/12. 1961. — C. **1966**, 20-2720 [Brit.P. 965 623].)

3139 **Shell Internationale Research Mij. N. V.** (Erfinder: **Bernard Paulis** und **Johannes Radder**), *Polymerisation von Propylen.* (**Aust.P. 268 479** vom 24/7. 1962, ausg. 21/7. 1966. Niederl. Prior. 26/7. 1961. — C. **1966**, 37-2604 [Brit.P. 969 403].)

3140 **Otto Liethen**, Duisburg, und **Walter Rottig**, Oberhausen, *Herstellung von Polyäthylen-Ruß-Massen.* (**U.S.P. 3 265 658** vom 28/2. 1963, ausg. 9/8. 1966. D. Prior. 16/1. 1958. — C. **1963**, 7193 [F.P. 1 225 683].)

3141 **Montecatini Soc. Gen. per l'Industria Mineraria e Chimica**, Mailand, Italien (Erfinder: **Ettore Giachetti, Renato Serra** und **Giorgio Moretti**), *Polyolefine.* (**It.P. 650 512** vom 29/5. 1961. — C. **1965**, 11-2883 [Brit.P. 938 780].)

3142 **Rexall Drug and Chemical Co.**, Los Angeles, Calif., übert. von: **Michael Erchak jun.**, Ridgewood, N. J., USA, *Polymerisation von α-Olefinen.* (**U.S.P. 3 225 021** vom 3/8. 1962, ausg. 21/12. 1965. — C. **1967**, 17-2810 [Brit.P. 984 815].)

3143 **Montecatini Soc. Gen. per l'Industria Mineraria e Chimica** (Erfinder: **Guilio Natta, Piero Pino** und **Gian P. Lorenzi**), *Abtrennen von optisch aktiven Polyolefinen aus optisch inaktiven Gemischen.* (**Aust.P. 262 029** vom 9/5. 1961, ausg. 30/9. 1965. It. Prior. 13/5. 1960. — C. **1964**, 23-2434 [Ung.P. 150 795].)

3144 **W. R. Grace & Co.** (Erfinder: **Alio Buselli**), *Vernetzen von Äthylen polymeren.* (**Aust.P. 269 425** vom 20/12. 1961, ausg. 1/9. 1966. U.S. Prior. 21/2. 1961. — C. **1966**, 42-2800 [Can.P. 687 414].)

3145 **Farbwerke Hoechst Akt.-Ges. vormals Meister Lucius & Brüning** (Erfinder: **Joachim Lang** und **Walter Brotz**), *Polypropylene.* (**Aust.P. 269 407** vom 4/4. 1962, ausg. 1/9. 1966. D. Prior. 13/4. 1961. — C. **1967**, 4-2823 [Oe.P. 235 020].)

3146 **Halcon International, Inc.**, New York (Erfinder: **John White Colton**, Pelham Manor), N. Y., USA, *Lösungspolymerisation von Monomeren.* (**Schwz.P. 397 250** vom 16/11. 1961, ausg. 15/2. 1966. U.S. Prior. 16/11. 1960. — C. **1965**, 51-2694 [Brit.P. 946 034].)

3147 **Farbenfabriken Bayer Akt.-Ges.** (Erfinder: **Gottfried Pampus, Nikolaus Schon, Josef Witte, Heinz Groene** und **Julius Peter**), *Polybutadiene.* (**Aust.P. 262 567** vom 27/4. 1962, ausg. 21/10. 1965. D. Prior. 28/4., 8/6. u. 8/8. 1961. — C. **1964**, 29-2504 [D.A.S. 1 157 786]. — C. **1964**, 29-2505 [D.A.S. 1 157 787] u. C. **1964**, 19-2453 [D.A.S. 1 154 636].)

3148 **Polymer Corp. Ltd.** (Erfinder: **Hugh J. Bankes** und **Raymond A. Stewart**), *Polymerisation von Mono- oder Diolefinen in Lösung.* (**Aust.P. 262 784** vom 30/4. 1961, ausg. 4/11. 1965. Can. Prior. 8/5. 1961. — C. **1965**, 11-2885 [Brit.P. 940 180].)

3149 **Rütgerswerke und Teerverwertung Akt.-Ges.**, Frankfurt/M., *Polymerisation von α-Methylstyrol.* (**Niederl.P. 120 508** vom 19/12. 1963, ausg. 15/12. 1965. D. Prior. 18/1. 1963. — C. **1965**, 24-2739 [D.A.S. 1 169 134].)

3150 **Deutsche Gold- und Silber-Scheideanstalt vormals Roessler**, Frankfurt/M., *Herstellung polymerer Hydroxycarbonsäuren.* (**Niederl.P. 120 503** vom 3/7. 1959, ausg. 15/12. 1965. D. Prior. 3/7. 1958. — C. **1960**, 15 238 [D.A.S. 1 054 714].)

3151 **UCB Union Chimique — Chemische Bedrijven** (Erfinder: **Eugene Pirotte**), *Stabilisieren von wäßrigen Emulsionen von Vinylpolymeren.* (**Aust.P. 267 619** vom 23/10. 1962, ausg. 16/6. 1966. Brit. Prior. 24/10. 1961. — C. **1967**, 15-2980 [Oe.P. 241 125].)

3152 **Ciba Ltd.** (Erfinder: **David Arthur Thornton** und **Michael Edward Benet Jones**), *Metallchelate von Polyglycidyläthern.* (**Aust.P. 268 803** vom 3/10. 1961, ausg. 4/8. 1966. Brit. Prior. 6/10. 1960. — C. **1965**, 38-2688 [Oe.P. 230 632].)

3153 **Union Carbide Corp.**, New York, N. Y., übert. von: **Edward C. Leonard jun.**, Plainfield, N. J., USA, *Herstellung von elastischen Polymeren aus Äthylen und 1-Olefinen.* (**U.S.P. 3 225 019** vom 30/6. 1961, ausg. 21/12. 1965. — C. **1967**, 20-2947 [Brit.P. 980 756].)

3154 **Union Carbide Corp.**, New York, N. Y., USA (Erfinder: **Georg Bernard Kelly jun.**), *Äthylenoxidmassen.* (**Brit.P. 998 353** vom 20/11. 1961, ausg. 14/7. 1965. U.S. Prior. 5/12. 1960. — C. **1966**, 7-3312 [F.P. 1 308 115].)

3155 **Ciba Ltd.** (Erfinder: **Hans Batzer** und **Arthur Maeder**), *Epoxypolymerisate.* (**Aust.P. 262 216** vom 30/5. 1961, ausg. 7/10. 1965. Schwz. Prior. 2/6. 1960. — C. **1964**, 5-2428 [D.A.S. 1 138 545].)

3156 **Farbenfabriken Bayer Akt.-Ges.**, Leverkusen, übert. von: **Günther Nischk**, Leverkusen, und **Karlheinz Andres**, Köln, *Anthracen enthaltende Polyesterformmassen.* (**U.S.P. 3 258 446** vom 22/8. 1961, ausg. 28/6. 1966. D. Prior. 3/9. 1960. — C. **1964**, 13-2370 [D.A.S. 1 150 523].)

3157 **Vereinigte Glanzstoff-Fabriken Akt.-Ges.**, Wuppertal (Erfinder: **Erhard Siggel**, Laudenbach/M., und **Hilmar Roedel**, Elsenfeld), *Polyester.* (**Schwz.P. 410 413** vom 25/1. 1963, ausg. 31/10. 1966. D. Prior. 9/3. 1962. — C. **1966**, 2-2698 [Brit.P. 964 485].)

3158 **Farbenfabriken Bayer Akt.-Ges.** (Erfinder: **Wolfram Neumann, Hans Holtschmidt, Julius Peter** und **Peter Fischer**), *Stabilisierte Polyester.* (**Aust.P. 262 166** vom 28/11. 1961, ausg. 7/10. 1965. D. Prior. 2/12. 1960. — C. **1967**, 3-2910 [Oe.P. 231 723].)

3159 **Gevaert Photo-Producten N. V.**, Mortsel (Erfinder: **André Jan Conix**, Hove-Antwerpen), Belgien, *Herstellung aromatischer Polyester.* (**Niederl.P. 112 130** vom 25/4. 1958, ausg. 15/11. 1965. Brit. Prior. 13/11. 1957. — C. **1962**, 8084 [F.P. 1 195 311].)

3160 **Soc. d'Électro-Chimie, d'Électro-Métallurgie et des Aciéries Électriques d'Ugine**, Paris, übert. von: **Laszlo Szobel**, Grenoble, Frankreich, *Polyester aus Phosgen und Polyhydroxyperchlordiphenyl.* (**U.S.P. 3 207 777** vom 30/10. 1962, ausg. 21/9. 1965. F. Prior. 2/11. 1961. — C. **1967**, 23-2890 [Oe.P. 239 538].)

3161 **Chemstrand Corp.** (Erfinder: **Jack Gilbert Scruggs** und **Robert Glenn Lewis**), *Manganoacetylacetonat.* (**Aust.P. 253 193** vom 1/2. 1961, ausg. 13/8. 1964. U.S. Prior. 23/2. 1960. — C. **1966**, 7-2552 [D.A.S. 1 189 543].)

3162 **Montecatini Soc. Gen. per l'Industria Mineraria e Chimica**, Mailand, Italien (Erfinder: **Giulio Natta, Adolfo Zambelli, Italo Pasquon** und **Lido Porri**), *Herstellung linearer, amorpher, hochmolekularer Mischpolymerisate.* (**It.P. 650 405** vom 8/3. 1961. — C. **1965**, 38-2676 [F.P. 1 317 001].)

3163 **Badische Anilin- & Soda-Fabrik Akt.-Ges.**, Ludwigshafen/Rh. (Erfinder: **Gerhard Illing**, Neuleiningen/Pfalz, **Herbert Bittermann** und **Hans Wilhelm**, Ludwigshafen/Rh.), *Herstellung von thermoplastisch gut verformbaren transparenten Polyamiden.* (**Schwz.P. 413 356** vom 30/12. 1963, ausg. 15/12. 1966. D. Prior. 4/1. 1963. — C. **1965**, 17-2723 [D.A.S. 1 177 332].)

3164 **Imperial Chemical Industries Ltd.** und **British Nylon Spinners Ltd.** (Erfinder: **Winston Costain** und **Harold J. Palmer**), *Polyamide.* (**Aust.P. 262 584** vom 21/11. 1961, ausg. 21/10. 1965. Brit. Prior. 25/11. 1960. — C. **1965**, 22-2814 [Brit.P. 938 698].)

3165 **British Nylon Spinners Ltd.** (Erfinder: **John Anthony Carter**), *Kontinuierliche Herstellung von Polyamiden.* (**Aust.P. 262 352** vom 24/1. 1962, ausg. 14/10. 1965. Brit. Prior. 28/2. 1961. — C. **1965**, 28-2708 [Brit.P. 924 630].)

3166 **Imperial Chemical Industries Ltd.**, London, Großbritannien, *Färben von linearen, synthetischen Polyamiden.* (**Belg.A.S. 647 696** vom 8/5. 1964, bekanntgemacht 9/11. 1964. Brit. Prior. 8/5. 1963. — C. **1966**, 39-3067 [D.A.S. 1 210 984].)

3167 **Minnesota Mining and Mfg. Co.** (Erfinder: **George Henry Smith**), *Polyäthylenamide.* (**Aust.P. 262 007** vom 16/2. 1961, ausg. 30/9. 1965. — C. **1966**, 13-2746 [F.P. 1 245 833].)

3168 **Metal & Thermit Corp.**, Woodbridge Township, übert. von: **Michael A. Ricciardi**, Fords, und **William J. Considine**, New Brunswick, N. J., USA, *Herstellung von schaumförmigen Polyurethanen.* (**Can.P. 690 727** vom 1/6. 1962, ausg. 14/7. 1964. U.S. Prior. 1/6. 1961. — C. **1967**, 19-3089 [Brit.P. 1 000 084].)

3169 **Farbwerke Hoechst Akt.-Ges. vormals Meister Lucius & Brüning**, Frankfurt/M., *Stabilisierung von zu Polyurethanschaumstoffen verschäumbaren Lösungen.* (**Belg.A.S. 643 890** vom 17/2. 1964, bekanntgemacht 17/8. 1964. D. Prior. 15/2. 1963. — C. **1965**, 47-2737 [D.A.S. 1 191 565].)

3170 **Imperial Chemical Industries Ltd.**, London, Großbritannien, *Herstellung von Polyätherurethanschaumstoffen.* (**Belg.A.S. 644 308** vom 25/2. 1964, bekanntgemacht 25/8. 1964. Brit. Prior. 25/2. 1963 u. 13/2. 1964. — C. **1966**, 1-2875 [D.A.S. 1 193 243].)

3171 **Farbenfabriken Bayer Akt.-Ges.**, Leverkusen (Erfinder: **D. Dieterich** und **E. Müller**), *Herstellung von mit Formaldehyd vernetzten Polyurethanen.* (**Belg.A.S. 645 071** vom 12/3. 1964, bekanntgemacht 1/7. 1964. D. Prior. 13/3. 1963. — C. **1965**, 39-2839 [D.A.S. 1 178 012].)

3172 **Farbenfabriken Bayer Akt.-Ges.**, Leverkusen (Erfinder: **H. Piechota** und **H. Wirtz**), *Polyurethanschaumstoffe.* (**Belg.A.S. 643 504** vom 7/2. 1964, bekanntgemacht 29/5. 1964. D. Prior. 7/2. 1963. — C. **1965**, 13-2878 [D.A.S. 1 173 641].)

3173 **Farbenfabriken Bayer Akt.-Ges.** (Erfinder: **Erwin Muller** und **Karl Dinges**), *Selbstvernetzbare Polymerisate.* (**Aust.P. 268 769** vom 22/1. 1963, ausg. 4/8. 1966. D. Prior. 31/1. 1962. — C. **1967**, 4-2859 [D.A.S. 1 212 729].)

3174 **Soc. An. Argus Chemical N. V.**, Drogenbos, Belgien, *Stabilisierungsmittel für Polyvinylchloridharze.* (**Niederl.P. 121 581** vom 19/9. 1960, ausg. 15/12. 1966. — C. **1965**, 25/26-2823 [Can.P. 648 434].)

3175 **Argus Chemical Corp.** (Erfinder: **Arthur C. Hecker, Mark W. Pollock** und **Seymour Cohen**), *Polyvinylchloridharze.* (**Aust.P. 262 170** vom 12/4. 1962, ausg. 7/10. 1965. — C. **1966**, 45-2931 [Can.P. 688 340].)

3176 **Dow Corning Corp.** (Erfinder: **Loren Andrew Haluska**), *Polysiloxanisocyanate.* (**Aust.P. 268 785** vom 13/11. 1962, ausg. 4/8. 1966. U.S. Prior. 26/3. 1962. — C. **1966**, 46-2815 [Brit.P. 971 682].)

3177 **Dow Corning Corp.** (Erfinder: **Paul L. Brown** und **James Franklin Hyde**), *In Abwesenheit von Wasser lagerfähige Polysiloxanformmassen.* (**Aust.P. 268 781** vom 19/7. 1962, ausg. 4/8. 1966. U.S. Prior. 16/10. 1961. — C. **1965**, 39-2843 (D.A.S. 1 171 615].)

3178 **Chemische Fabrik Kalk G. m. b. H.**, Köln (Erfinder: **Erwin Steininger**), *Polyester.* (Brit.P. 1 023 387 vom 17/6. 1964, ausg. 23/3. 1966. — C. **1966**, 9-2910 [D.A.S. 1 194 579].)

3179 **Chemische Werke Hüls Akt.-Ges.**, übert. von: **Günther Maass, Frederico Engel** und **Paul Bernemann**, Marl, *Kontinuierliche Herstellung von Kautschuk-Kieselsäure-Mischungen.* (**U.S.P. 3 257 350** vom 8/1. 1962, ausg. 21/6. 1966. D. Prior. 12/1. 1961. — C. **1964**, 39-2577 [Brit.P. 924 700].)

3180 **Goodyear Tire & Rubber Co.** (Erfinder: **Richard H. Kline**), *Triarylphosphite als Kautschukstabilisatoren.* (**Aust.P. 262 940** vom 13/4. 1962, ausg. 11/11. 1965. U.S. Prior. 22/5. 1961. — C. **1966**, 45-2948 [Brit.P. 969 370].)

H–11. Textil- und andere Fasern

3181 Établissements Kuhlmann, Paris (Erfinder: Raymond Frey, Creil), Frankreich, **Optische Aufheller für Faserstoffe** (Cellulosebasis, Papier, synthet. Fasern, Leder, Stroh) sind Verb. der allg. Formel **I** (A = dreiwertiger Rest des 1.3.5-Triazins, S, S^1 = übliche lösl. machende Gruppen, X = S, ggf. substituierte Iminogruppe oder zweiwertige gesätt. oder ungesätt. KW-Stoffkette ohne lösl. machende Gruppen, mit Heteroatomen an den Enden, Y = Amino-, Acylamino, ggf.

I 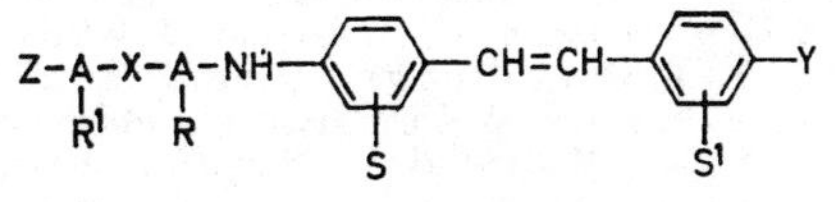

substituierte Ureido-, -NH–A(RR')- oder -NH–A(R)–X–A(RR^1)-Gruppe, R u. R' = Halogen, Oxy-, ggf. substituierte Aminogruppe oder organ. Rest, die an ein C des Triazins durch O oder S gebunden sind, Z = R oder R^1 usw.) auf dem Foulard, in Bleich- oder Färbebädern oder Waschflotten. — Herst.-Angaben. — Vgl. U.S.P. 3045013, Schwz.P. 366552 u. Brit.P. 923122; C. **1965,** 9-3003. (**D.A.S. 1242549** Kl. 8i vom 10/6. 1959, ausg. 22/6. 1967. F. Prior. 11/6. 1958.) — 9 S.
E. Dörfel 7103

3182 Farbenfabriken Bayer Akt.-Ges., Leverkusen, **Optische Aufheller** enthalten als akt. Komponente ein 1.2.3-Triazolyl-(2)-stilben der Formel **I**

I 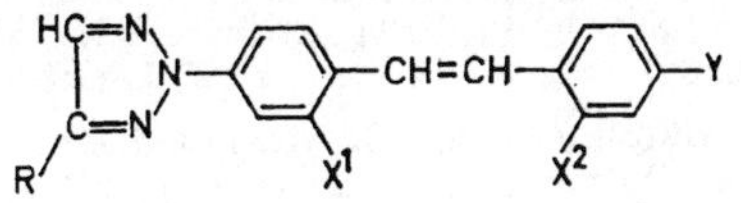

(R = H, Halogen, CN, Acylaminogruppe; X^1 u. X^2 = H, lösl. machende Gruppe, Sulfonamid-, Sulfonsäureester-, Carbonamid-, Carbonsäureester-, Alkyl- oder Arylsulfonsäure- oder CN-Gruppe; Y = H, Halogen, CN, Acylamino- oder 1.2.3-Triazolylrest, ggf. substituiert. (**Port.P. 45125** vom 7/1. 1966, Auszug veröff. 20/12. 1966. D. Prior. 9/1. 1965.) W. Wittholz 7103

3183 Farbenfabriken Bayer Akt.-Ges., Leverkusen (Erfinder: Carl-Wolfgang Schellhammer, Opladen, Eberhard Degener, Leverkusen, Hans-Georg Schmelzer, Köln, und Annemarie Wagner, Bergisch-Gladbach), **Optische Aufheller** für Textilien, Leder, Seife, Kunststoffe, Lacke, bes. synthet. Fasern, sind fast farblose, blau fluoreszierende 7-(s-Triazinylamino)-3-arylcumarinverb. der Formel **I** (R^1 = H, niederer Alkyl-Alkoxyrest, Halogen, R^2 = H, niederer

I 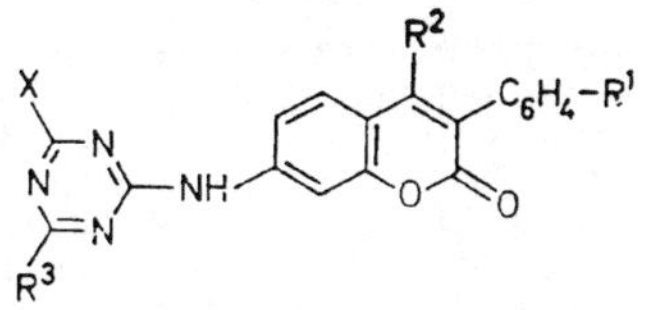

Alkylrest, R^3 = H, Alkyl, Alkenyl, Cycloalkyl, Aralkyl, Aryl, X = Halogen, OH, Alkoxy, Aroxy, Alkyl-Arylmercaptorest oder NR^4R^5 — wobei R^4 u. R^5 unabhängig voneinander H, (substituierte) aliphat.-, cycloaliphat.-, araliphat.-, aromat.-isocycl. Reste sind u. auch mit N einen gesätt. Heterocyclus bilden können) — im allg. <1% vom Gew. der Ware, als Lsg. in W. oder Lsgm., oder als Dispersion, auch als Zusatz zur Schmelze von Gieß- bzw. Spinnmassen. (**D.A.S. 1245306** Kl. 8i vom 11/5. 1963, ausg. 27/7. 1967.) — 3 S.
E. Dörfel 7103

3184 Farbenfabriken Bayer Akt.-Ges., Leverkusen (Erfinder: Edgar Siegel, Leverkusen, und Heinrich Gold, Köln), **Optische Aufheller** (bes. für Fasern aus PVC, Polyamiden, Polyäthylen, ferner für Waschmittel) in wss. oder organ. Lsg., Dispersion, in Spinn- oder Gießmassen oder Wasch- bzw. Bleichflotten sind 3-(p-Triazinylaminophenyl)-cumarine der allg. Formel **I** (R^1, R^2 = H, niederes Alkyl, X, Y = Halogen, (substituierte) Alkoxy- oder Aryloxyreste, Aryl-, Alkylmercaptoreste, NH_2 (substituierte) prim. oder sek. Amin-

I 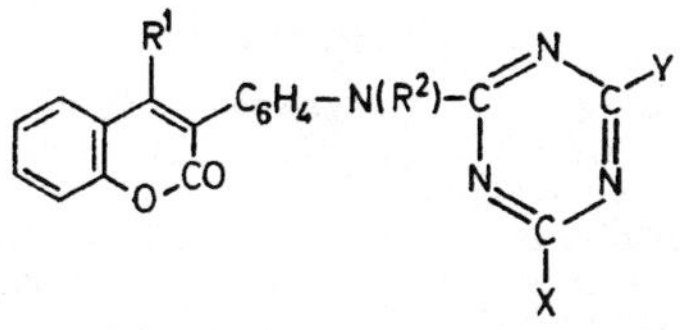

reste; die Bzl.-Kerne können substituiert sein. (**D.A.S. 1249211** Kl. 8i vom 11/9. 1961, ausg. 7/9. 1967.) — 4 S.
E. Dörfel 7103

3185 Chemische Fabrik Pfersee G. m. b. H. (Erfinder: Heinz Enders und Günter Pusch), Augsburg, **Hochveredlung von Textilmaterialien,** die natürliche u./oder regenerierte Cellulosefasern enthalten, mit einer Flotte, die 5—32% W., 1,5—6% HCl u. 65—93% eines Halbacetals von CH_2O mit einem 1—4wertigen niedrigen aliphat. Alkohol enthält. Das Halbacetal kann zu $\leq$2/3 seines Gew. durch Methylolverb. von cycl. Alkylen- u./oder Oxyalkylenharnstoffen ersetzt sein. Behandlungszeit 4—36 Stunden. (**D.A.S. 1233817** Kl. 8k vom 3/10. 1963, ausg. 9/2. 1967.) — 3 S.
H. Bernard 7105

3186 Nobel-Bozel, Paris (Erfinder: Louis Gandon, Petit Quevilly, Seine-Meritime), Frankreich, **Appretieren von Cellulosematerialien** erfolgt mit einer Lsg., die 0,5 bis 5% Saccharid (Galactomannit) u. 1—50 Teile Glyoxal je 100 Teile Galactomannit, ggf. eine schwache Säure oder ein saures Salz als Kondens.-Katalysator enthält. Die Trocknungstemp. liegt zwischen Raumtemp. u. 150°. (**D.A.S. 1238432** Kl. 8k vom 6/2. 1963, ausg. 13/4. 1967. F. Prior. 5/4. 1962.) — 2 S.
H. Bernard 7105

3187 Farbwerke Hoechst Akt.-Ges. vormals Meister Lucius & Brüning, Frankfurt/M. (Erfinder: Ludwig Orthner, Frankfurt/M., Martin Reuter, Kronberg, Erhard Wolf, Frankfurt/M., Franz Jakob, Hofheim, und Albert Klein, Frankfurt/M.), **Wasserabstoßendmachen von fasrigen Stoffen** mit Organopolysiloxanemulsionen, die wasserlösl. Zr-Salze von niedermol. aliphat. organ. Säuren enthalten u. denen außerdem Kunstharzvorkondensate beigegeben werden können. Die Emulsionen enthalten ein Katalysatorsyst. aus: a) einem Zr-Säureester eines aliphat. tert. Amins mit $\geq 2\beta$-Oxyalkylgruppen, b) einem wasserlösl. Salz von Be, Mg, Ca, Zn, Cd oder einem Gemisch dieser Salze, u. ggf. c) einem wasserlösl. Salz von Al oder Zr. (**D.A.S. 1217331** Kl. 8k vom 11/6. 1960, ausg. 26/5. 1966. **Zusatz zu D.A.S. 1201294; C. 1966, 43-3130.**) — 2 S. H. Bernard 7107

3188 Walter Naumann und Hans-Günther Karg, Berlin, **Herstellung von Wäschestärke,** dad. gek., daß man Kartoffelstärke mit 50%ig. KOH aufschließt, 24 Std. trocknet, das zweifach gesiebte Prod. mit 96%ig. CH_3COOH neutralisiert u. ggf. mit 10 (Gew.-%) Polyvinylalkohol u. 0,015 eines opt. Aufhellers vermischt. (**D.P.[DDR] 47176** Kl. 8k vom 1/6. 1965, ausg. 5/4. 1966 [Wirtschaftspatent].) — 1 S. K.-D. Stolp 7107

3189 **Chemische Fabrik Stockhausen & Cie.**, Krefeld (Erfinder: **Richard Heß,** Kapellen, und **Günter Wirtz,** Krefeld), *Entfernen von Formaldehyd-Geruch aus Textilien.* (**D.A.S. 1 222 462** Kl. 8i vom 15/2. 1961, ausg. 11/8. 1966. — C. **1966,** 11-2856 [Brit.P. 972 396].)

3190 **Henkel & Cie. G. m. b. H.,** Düsseldorf, *Neue Perhydrate von stickstoffhaltigen Phosphonsäuren.* (**Brit.P. 1 072 827** vom 24/2. 1966, ausg. 21/6. 1967. D. Prior. 25/2. 1965. — C. **1967,** 9-3220 [D.A.S. 1 217 950].)

3191 **Farbenfabriken Bayer Akt.-Ges.,** Leverkusen (Erfinder: **Walter Hagge, Mathieu Quaedvlieg, Georg Matthaeus, Gerhard Ruhlig,** Leverkusen, und **Günther Boehmke,** Köln), *Behandlung von Textilien.* (**Niederl.P. 112 195** vom 6/5. 1959, ausg. 15/12. 1965. D. Prior. 8/5. 1958. — C. **1962,** 17 612 [F.P. 1 223 793].)

3192 **Union Carbide Corp.,** New York, N. Y., USA (Erfinder: **Howard Mayfield** und **William Franklin Hill jun.**), *Herstellung von selbstvernetzenden Copolymerisaten.* (**Brit.P. 1 072 042** vom 5/11. 1963, ausg. 14/6. 1967. U.S. Prior. 21/11. 1962. — C. **1967,** 13-3321 [D.A.S. 1 222 681].)

3193 **Farbenfabriken Bayer Akt.-Ges.,** Leverkusen (Erfinder: **Carl Boresch, Mathieu Quaedvlieg,** Leverkusen, und **Walter Wunder,** Köln), *Emulsionen.* (**U.S.P. 3 199 998** vom 14/11. 1961, ausg. 10/8. 1965. D. Prior. 16/11. 1960 u. 8/11. 1961. — C. **1966,** 12-2858 [Brit.P. 968 717].)

3194 **Établissements Kuhlmann**, Paris (Erfinder: **Xavier Bilger**, Soisy-sous-Montmorency), Frankreich, *Herstellung von Phosphor-Stickstoff-Verbindungen.* (**Schwz.P. 422 778** vom 4/5. 1964, **ausg.** 29/4. 1967. F. Prior. 10/5. 1963. — C. **1967**, 13-3356 [D.A.S. 1 223 380].)

Spezielle Fasern

3195 **Wichtigste synthetische Faserstoffe.** H. U. Schmidlin und H. J. Stein. (Textilveredlung **2** (1967) 8, 559—634; Binningen; dt.) — Neue Übersicht über nach Faserklassen geordnete synthet. Faserstoffe (einschließlich Triacetat-, Glas- u. Mineralfasern) unter bes. Berücksichtigung der Textilveredlung, da z. B. eine Einteilung der Acrylfasern nach ihrem färber. Verh. günstiger als eine Unterteilung nach dem Acrylonitrilgeh. ist. Else Heinemann 7110

3196 **Pfropfcopolymerisation von Divinylbenzol auf Polypropylen.** Ja. Barton'. (Chim. Volokna **1967**, 3, 33—36; ČSSR, Bratislava, Labor. polimerov SAN; russ.) — Bei der *Pfropfung* (**P**) von *Divinylbenzol* (**DVB**) auf Polypropylenfasern aus A.- bzw. Toluollsg. durch Übertragung von Benzoyloxyradikalen ist die **P**-Wirksamkeit sehr gering (0,04), u. esbildet sich vorwiegend das **DVB**-Homopolymerisat. Die Initiierung durch Ozonierung bei Raumtemp. erhöht die **P**-Wirksamkeit auf 0,69 u. setzt die Homopolymerisatbldg. auf 3% des verwendeten **DVB** herab. Während der Vernetzungsgrad des Polypropylengewebes mit ansteigendem **P**-Grad stetig zunimmt, durchläuft der Elastizitätsmodul bei 24% Gew.-Zunahme durch **P** ein Maximum. T. Lukanoff 7122

3197 **Modifizierung der Eigenschaften von Polypropylenfasern durch Einführung aromatischer Ringe.** M. T. Azarova, V. S. Djurnbaum und M. N. Bogdanov. (Chim. Volokna **1967**, 2, 30—31; VNIIV; russ.) — Die aus Gemischen von isotakt. *Polypropylen* u. 8—12% *Polystyrol* erhaltenen Fasern werden durch Nitrierung mit anschließender Red. der Nitrogruppe modifiziert. Durch Diazotierung u. Kupplung mit verschiedenen Amino- u. Oxyverb. lassen sich daraus gelb, orange, rot, violett u. braun gefärbte Fasern mit hoher Wasch- u. Lsgsm.-Echtheit der Färbung gewinnen. T. Lukanoff 7124

3198 **Strukturveränderungen der Lavsan-Monofilfäden bei der Verstreckung.** V. É. Geller, B. V. Petuchov, Z. P. Vysockaja, S. V. Petuchova und É. M. Ajzenštejn. (Chim. Volokna **1967**, 4, 66—69; VNIISV; russ.) — Durch eine *Nachverstreckung* (**NV**) der bei 100° verstreckten *Lavsanfäden* (**A**) können bei **NV**-Temp. zwischen 70 u. 100° hochorientierte **A** mit ausgeprägter seitlicher Ordnung erhalten werden. Dabei werden Kristallinitätswerte zwischen 30 u. 40% bzw. 20 u. 25% (D. bzw. Röntgenmessungen) u. Orientierungsgrade zwischen 85 u. 90% erreicht. Mit ansteigender **NV**-Temp. nimmt die integrale Lsg.-Wärme von 13 auf 9 bis 7 cal/g ab, während die Phasenumwandlungen bei 100—130° (exotherme Peaks der differential-thermoanalyt. Kurve) verschwinden. Die beobachteten Strukturveränderungen von **A** führen zu einer Reißfestigkeitserhöhung von 30 bis 34 auf 45 Rkm bei gleichzeitigem starkem Abfall der Schrumpfung (von 24—26 auf 8—11%) u. mehrfacher Verbesserung des Ermüdungswiderstandes. T. Lukanoff 7129

3199 **Neues in der Herstellung von Polyacrylonitrilfasern.** A. B. Pakšver. (Chim. Volokna **1967**, 4, 54—59; VNIISV; russ.) — Übersicht über neue Copolymere des Acrylonitrils, Verspinnen u. Nachbehandlung von Acrylfasern sowie über Modifizierung der Fasereig., u. neue Analysenmethoden. — 98 Literaturangaben. T. Lukanoff 7133

3200 **Alterung von Polyamidfasern unter Winterbedingungen.** Ju. S. Pajkačev und L. N. Mizerovskij. (Izvest. vysšich učebnych Zavedenij [Ivanovo] Technol. tekst. Prom. **1967**, 3, 21—25; Ivanovskij chim.-technol. inst.; russ.) — Physikal.-mechan. Kennwerte von Kapronkord- u. Textilfäden (Reißfestigkeit u. -dehnung) nehmen bei Bewitterung unter Winterbedingungen (November—März, Temp. —5 bis —30°) weniger ab als im Frühling (April—Mai, 0—10°). Bei < —10° bleibt die Festigkeit unverändert. Während zwischen Fadenfeinheit u. Alterung kein Zusammenhang besteht, weisen die mattierten Fäden eine höhere Beständigkeit auf als die unmattierten Proben. Die Spinnfärbung mit *α-Aminoanthrachinon* bzw. *Procion Brillant Blue H5GS* ruft dagegen beschleunigte Verschlechterung der Fasereig. hervor. T. Lukanoff 7135

3201 **Dampfphasen-Pfropfpolymerisation von Acrylsäure auf Kapronfasern.** E. F. Mertvičenko, A. A. Kačan und L. L. Červjacova. (Chim. Prom. Ukrainy **1967**, 3, 17—19; Kiev, AN USSR, Inst. chim. vysokomol. soedin.; russ.) — Während die Sorption von *Acrylsäure* (**AS**)-Dämpfen auf bestrahlten Kapronfasern beim Temp.-Anstieg von 20 auf 60° einen Abfall von 13 auf 6% erfährt, nimmt der Grad der *Pfropfung* (**P**) unter gleichen Bedingungen (Strahlungsdosis 1 Mrad, Dampfdruck 4 Torr) von 3,2 auf 4,8% zu. Die **P** erfolgt vorwiegend an der Fadenoberfläche u. verhindert dadurch eine weitere **AS**-Sorption. Eine Erhöhung des **P**-Grades von 3,2 auf 6% (bei 20°) kann durch die Auflockerung der Oberflächenschicht durch Einw. von Methanoldämpfen nach der ersten **P** erreicht werden. Die im Falle von Polyamidfasern in Gegensatz zu Polyolefinen sehr geringen **P**-Grade lassen sich sowohl durch Abschirmung von freien Radikalen durch die gepfropfte Oberflächenschicht als auch durch die Umsetzung zwischen den Endgruppen des Rückgratpolymeren u. **AS** erklären. T. Lukanoff 7135

3202 **Polyvinylchloridfasern.** Ju. V. Vasil'ev. (Tekst. Prom. **27** (1967) 7, 11—13; Kalinin, VNIISV); russ.) — Übersicht. T. Lukanoff 7141

3203 **Entwicklung von Reyonstapelfaser aus Viskose mit hohem Polymerisationsgrad und Fließeigenschaften dieser Viskose.** Takashi Asaeda. (Pure appl. Chem. **14** (1967) 3/4, 279—87; Kyoto, Japan; Tachikawa Res. Inst.; engl.) — Vf. berichtet über Weiterentw. des *Toramomen*-Verf. zur Herst. von polynos. Fasern (Viskose aus hochmol. Cellulose wird in Bäder mit niedrigem Säure- u. Salzgeh. gesponnen). Die Weiterentw. dieses Verf. wird zu einer der Baumwollfaser gleichwertigen Reyonstapelfaser führen. F. Lang 7162

3204 **Sulfit-Zellstoffe für HWM-Fasern.** E. Avela, J. Erva, B. Hackman, E. Kaila, L. Laamanen, R. Räsänen und H. Sihtola. (Pure appl. Chem. **14** (1967) 3/4, 289—301; Helsinki, Finnland; Finn. Pulp Paper Res. Inst.; engl.) — Vf. zeigen (Unters. von 5 Zellstoffen mit unterschiedlichem α-Cellulosegeh.), daß man auch noch mit relativ niedrigen α-Werten Polynosefasern herstellen kann. Im Bereich von 7—13,5% beeinflußt kurzkettiges Material die Eig. nur wenig. Die Festigkeitseig. können durch Variation der Spinntechnik viel stärker beeinflußt werden. F. Lang 7162

3205 **Technologische Prozesse der Herstellung und Aufbereitung von Viskose.** E. M. Mogilevskij, I. G. Šimko und M. A. Ginzberg. (Chim. Volokna **1967**, 4, 9—13; VNIIV; russ.) — An Hand der Literatur wird behandelt: Herst. von *Viskose* (**A**) im App. *VA*, kontinuierliche Verf. der Merzerisation von *Cellulose* (**B**), Vorreife der Alkali-**B**, Xanthogenierung der Alkali-**B** u. Lsg. des Xanthogenates, Filtration der **A** u. der kontinuierliche Prozeß der Xanthogenierung der Alkali-**B**. — 35 Literaturangaben. M. Ulmann 7162

3206 **Struktur und Charakteristika von Polynosefasern.** A. Kawai, Y. Kimura und M. Kubota. (Pure appl. Chem. **14** (1967) 3/4, 409—21; Otake, Hiroshima, Japan. Mitsubishi Rayon Cellulosic Fibre Res. Labor.; engl.) — Die Sprödigkeit u. Neigung zur Fibrillation von *Polynosefasern* (**P**) können durch Verminderung der Orientierung, Kristallinität u. Fibrillarstruktur in den äußeren Faserschichten verbessert werden. Dies wird durch sorgfältige Kombination der Herst.-Bedingungen erreicht. Die gegenwärtigen **P** zeigen unbefriedigenden Griff. Es wird festgestellt, daß der Griff durch Veränderung des Faserquerschnitts, wodurch Kräuselung erzielt wird, wesentlich verbessert werden kann. H. A. Wannow 7162

3207 **Neue Typen von Viskosestapelfasern.** A. A. Konkin und N. S. Nikolaeva. (Chim. Volokna **1967**, 4, 23—28; VNIIV; russ.) — Übersicht an Hand von Vorträgen zum IUPAC-Symposium sowie der Literatur

u. eigener Vers.-Ergebnisse. Besprochen werden die Struktur u. physikal.-mechan. Fasereig., wobei den *HWM-Typen* im Vgl. zu Polynosefasern bessere Aussichten eingeräumt werden. Die in Ggw. von Formaldehyd versponnenen Fasern haben eine große Zukunft auf dem Textilsektor u. als Ersatz für Stahlkord in Radialreifen. T. Lukanoff 7162

3208 **Einige die Verfärbung von Acetat-Zellstoff und Celluloseacetat verursachende Faktoren.** J. Turunen und K. Turunen. (Pure appl. Chem. **14** (1967) 3/4, 555—562; Rauma, Finnland. Rauma Repola Oy, Pulp Mill; engl.) — Dünnschichtchromatograph. Unters. ergaben, daß anorgan. Säuren u. NaOH am stärksten Verfärbungen hervorrufen. Der Effekt von $Ca(OH)_2$ ist gering. Von organ. Substanzen liefert Uronsäure die stärksten Vergilbungen. H. A. Wannow 7163

3209 **Eigenschaften von Triacetatfasern nach Bestrahlung mit Kunstlicht.** A. P. Paulauskas und R. D. Leparskite. (Tekst. Prom. **27** (1967) 7, 19—20; Kaunasskij politechn. inst.; russ.) — Nach einer 5std. Bestrahlung nimmt die spezif. Viskosität der *Triacetatfasern* (**T**) um 65% ab. Gleichzeitig erhöht sich der Geh. an freier u. Gesamtsäure, während der Weißgeh. unverändert bleibt. Die bestrahlten **T** zeigen erhöhte W.-Empfindlichkeit bei $> 50°$. T. Lukanoff 7163

3210 **Einfluß der Thermofixierung von Triacetatfasern. auf deren Orientierungsgrad.** G. P. Veveris, V. V. Paškevičjus und A. K. Dobilene. (Tekst. Prom. **27** (1967) 7, 20—21; Riga, Inst. chim. drevesiny AN Latv. SSR; russ.) — Bei der Thermofixierung mit Heißluft bei 170—205°, gesätt. W.-Dampf bei 105—130° oder Heiß-W. bei 100—130° wird der Orientierungsgrad von Triacetatfasern gleichermaßen um etwa 40% erhöht. T. Lukanoff 7163

3211 **Mechanismus der Celluloseacetylierung.** E. L. Akim. (Pure appl. Chem. **14** (1967) 3/4, 475—80; Leningrad, USSR, Inst. of Text. and Light Ind.; engl.) — Der Mechanismus der katalyt. Wrkg. von H_2SO_4 u. $HClO_4$ bei der Acetylierung von Zellstoff wird mit Hilfe von Leitfähigkeitsmessungen untersucht u. eine Meth. zur Best. der Kinetik der Acetylierung von Cellulose beschrieben. H. A. Wannow 7163

3212 **Naßimprägnierung beim „durable-press"-Verfahren Reaktionen mit Cellulose.** S. James O'Brien, Patricia M. Hagan, William N. Nakajima, Phillip B. Roth und David White. (Textile Res. J. **37** (1967) 4, 288—97; Amer. Cyanamid Co.; Bound Brook, N.J.; engl.) — Es werden Vers. mit folgenden *Melamin*-Verb. bzw. *Reaktantharzen* in Abhängigkeit von den verschiedensten Vorbehandlungs-, Imprägnierungs- u. Fixierbedingungen zur Ermittlung des Einfl. der Ausrüstungsart u. -Bedingungen auf die physikal. (Zugfestigkeit, Knittererholung, Wash- and Wear-Eig.) u. chem. (Best. der Geh. an N_2 bzw. des Vernetzungsgrades mit $NaJO_4$) Eig. von 3 *Baumwollgeweben* beschrieben: Dimethoxymethylmelamin, Dimethoxymethyl-hydroxymethyl-melamin, Tris-[methoxymethyl]-melamin, Tetrakis-[methoxymethyl]-melamin, Pentakis'-[methoxymethyl]-melamin, Hexakis-[methoxymethyl]-melamin bzw. Dimethylol-4.5-dihydroxyäthylen-harnstoff, Dimethyloläthylenharnstoff, Dimethylolhydroxyäthylcarbamat. D. Würthle 7184

3213 **Physikalisch-chemische Untersuchungen zur Reaktion von Baumwollcellulose mit Dimethylolpropylenharnstoff.** E. J. Gonzales, Hilda M. Ziifle, R. J. Berni und Ruth R. Benerito. (Textile Res. J. **37** (1967) 9, 726—35; Southern Regional Res. Labor., New Orleans, La.; engl.) — Folgende Vers.-Ergebnisse für die Rk. von *Baumwollcellulose* (**I**) mit *Dimethylolpropylenharnstoff* (**II**) werden mitgeteilt: 1. Best. der physikal. Eig. (Zugfestigkeit u. Dehnung; Knittererholung trocken nach der Monsanto-Meth. u. naß nach Lawrence u. Phillips) der mit **II** [*Flotte*, (**A**) = 0,55 M] ausgerüsteten Baumwollgewebe unter Verw. eines der folgenden *Katalysatoren* (**B**); (**A** = 0,03 bzw. 0,1 M) $Zn(NO_3)_2$, $ZnCl_2$, $Mg(NO_3)_2$ bzw. $MgCl_2$ (Proben behandelt bis zu einer **A**-Aufnahme von 100%; Aushärtung bei 160°); 2. Ermittlung der Rk.-Breite durch Best. der Geh. an N_2 bzw. CH_2O nach der Rk. von **I** mit **II** (**A** = 0,55 M) ohne bzw. mit vorst. **B** (**A** = 0,03 M) u. Aushärtung bei 45, 55 bzw. 65° in Abhängigkeit von verschiedenen Rk.-Zeiten zwecks Berechnung der Rk.-Konst. (Enthalpie, Entropie, Freie Energie) der vorst. Rk. für Vgl. mit Rk. von **I** mit *Dimethyloläthylen-harnstoff* (**III**), Dihydroxyäthylenharnstoff bzw. Dimethyloldihydroxyäthylen-harnstoff; 3. Interpretation aufgenommener IR-Spektren der unter Pkt. 1 u. 2 beschriebenen Rk.-Prod. mit dem Perkin-Elmer Spektralphotometer Modell 21 (KBr-Technik) zwecks Best. der Rk.-Art u. -Breite im Vgl. zu Rk. von **I** mit Äthylenharnstoffderiv. (bes. **III**). P. Würthle 7184

3214 **Unterschiede der strukturellen und physikalischen Charakteristik von Fasern aus verschiedenen Gegenden und Baumwollsaaten.** V. Sundaram, Jai Prakash, V. G. Munshi, S. N. Pandey und R. L. N. Iyengar. (Indian J. Technol. **5** (1967) 5, 158—61; Bombay, Indian Council of Agric. Res.; engl.) — Aus Messungen der 40%-Röntgenwinkel u. der DP-Werte von Baumwolle folgt, daß aus den einmal gefundenen Unterschieden eine Beziehung zur Faserstärke am ehesten aus den Unterschieden in der fibrillären Orientierung abgelesen werden kann. K. Dorfner 7184

3215 **Chemische Veredlung von Flachsbast.** M. A. Sobolev, A. A. Krasivskaja, V. I. Ščerbina und I. A. Ismailova. (Izvest. vysšich učebnych Zavedenij [Ivanovo] Technol. tekst. Prom. **1967** 3, 30—33; Kostromskoj technol. inst.; russ.) — Unter Verw. von $NaClO_2$ mit anschließender Alkalibehandlung können bei einer Verf.-Dauer von nur 60 Min. gebleichte Flachsfasern mit Ausb. von $\sim$ 60% erhalten werden. Optimale Bedingungen: Einweichen in W. bei 90—95°, 10 Min., Flottenverhältnis 1:20; Behandlung mit 2 g/l H_2SO_4 5 Min. bei 25—30°; Chloritstufe — 15 Min. bei 35—40° u. 7—10 g/l $NaClO_2$-Konz. (als Aktivchlor); Beuchen mit 8 (g/l) NaOH + 5 Na_2SO_3 + 2 Na_2SiO_3 bei $\sim$ 100°, 20 Minuten. Die chem. u. mechan. Kennwerte für fertige Fasern sind wesentlich besser als für die durch Rasenbleiche u. Röste erhaltenen [Cellulose 91,4 bzw. 78,4(%); Lignin 2,2 bzw. 2,2; Pektinstoffe 1,2 bzw. 2,4; Asche 0,2 bzw. 1,2; Festigkeit 21—28 kp bzw. 22 kp; Biegsamkeit 70—80 bzw. 75 mm]. T. Lukanoff 7186

3216 **Ausbildung verschiedenartiger Bindungen in Wolle und ihre Auswirkungen auf die Superkontraktion der Fasern.** W. G. Crewther, L. M. Dowling, A. S. Inglis und J. A. Maclaren. (Textile Res. J. **37** (1967) 9, 736—45; Div. of Protein Chem., CSIRO, Wol Res. Labor., Parkville N. 2 (Melbourne), Victoria, Australien; engl.) — Berichtet wird über Unters. zur Best. des Einfl. der Art der chem. Modifizierung bzw. spezif. eingeführter Brückenbindungen [Umwandlung der Cystinreste durch Red. (bes. mit Benzylmercaptan) u. anschließende Alkylierung (bes. mit 1.2-Dibrommethan) in *1.2-Bis-[S-cysteinyl]-äthan* (**I**) oder in *Lanthionin* (**II**) u. *Lysinoalanin*, **III**, (mit 0,5 M K_2CO_3-Lsg.) bzw. in **II** u. Spuren von **III** (mit 0,1 M KCN-Lsg.) u. Best. der Geh. an **I**, **II** u. **III** teilweise mit einem automat. Spinco-Aminosäure-Analysator] auf die einzelnen Stufen der Superkontraktion (Messung in saurer u. alkal. LiBr.-Lsg. verschiedener Konz.) von Wollfasern (Lincoln 36's, Corriedale 56's u. Merino 64's). — 34 Literaturangaben. P. Würthle 7191

3217 **Filzfreie und schrumpffeste Appretur der Wolle mittels Oxydations-, Reduktions- und hydrolytischer Verfahren.** Ladislav Beníšek. (Textil [Praha] **22** (1967) 7, 265—67; Výzk. úst. vlnařský, Brno; tschech.) — Übersichtlich werden folgende im Betrieb schon eingeführte Meth. beschrieben: Ox.- u. Red.-Meth., ($KMnO_4$ + $NaHSO_3$, H_2SO_5 + $NaHSO_3$, Peressigsäure + $NaHSO_3$), (H_2O_2, $H_2S_2O_5$, $R{-}CO_3M$, O_3, $NaClO_2$); hydrolyt. Meth. (KOH + C_2H_5OH, Enzyme + H_2O_2, + Cl_2 oder + $NaClO_2$). L. Šroll 7191△

3218 **Formbeständigkeit von Wollgeweben.** P. Wittevrongel. (Textile [Gent] **23** (1967) 7/8, 44—48; IWS; franz.) — Die Begriffe der kohäsiven, vorübergehenden u. permanenten Fixierung einzelner Wollfasern werden definiert u. auf Grund der polaren u. Cystin-Bindungen sowie H-Brücken theoret. erklärt. Die bei einzelnen Fasern erhaltenen Ergebnisse gelten nicht im selben

Maße für Gewebe, können jedoch qual. unter Berücksichtigung der Garn- u. Gewebekonstruktion übertragen werden. Prakt. Anwendungen der Fixierungen werden besprochen, wie das *Siroset-* u. *Sironize*-Verf. u. die Vorbehandlung der Gewebe. L. Jentgen 7191

3219 Farbwerke Hoechst Akt.-Ges. vormals Meister Lucius & Brüning, Frankfurt/M. (Erfinder: Herbert Bestian, Frankfurt/M., Wilhelm Happe, Schwalbach, und Rosel Kretsch, Bobingen), **Fäden aus synthetischen Hochpolymeren** wie Polyestern, Polyolefinen, Polyamiden oder Polyacrylnitril, werden in ihren Eig. verbessert, wenn man auf sie α,β-Alkylenimin-verb. (**I**) aus Lsg. oder Emulsionen aufbringt, trocknet, diese Verb. in die Fäden eindiffundieren läßt, die Fäden verstreckt u. die **I** wie üblich polymerisiert. (**D.A.S. 1248858** Kl. 29b vom 17/12. 1963, ausg. 31/8. 1967.) — 5 S. F. Koch 7120

3220 Wacker-Chemie G.m.b.H., München (Erfinder: Joseph Heckmaier, Luitpold Maurer und Hugo Zoebelein, Burghausen), **Fäden** aus Polyvinylalkohol, die nach dem Naßspinnen getrocknet, gestreckt, wärmebehandelt u. hydrophobiert werden, werden reißfester, wenn man die Wärmebehandlung bei steigender Temp. so vornimmt, daß die Endtemp. zwischen 220° u. 230° liegt. (**D.A.S. 1246158** Kl. 29a vom 19/1. 1957, ausg. 3/8. 1967.) — 2 S. F. Koch 7127

3221 Farbwerke Hoechst Akt.-Ges. vormals Meister Lucius & Brüning, Frankfurt/M. (Erfinder: Herbert Kurzke, Kelkheim, und Ernst Riede, Bad Hersfeld), **Faserkabel aus Polyäthylenglykolterephthalat,** das durch Umesterung von Dimethylterephthalat mit Äthylenglykol in Ggw. von 0,3—1,5 g Ca-Acetat u. 0,2—0,7 g Triphenylphosphit (je kg Phthalat) erhalten worden ist. Ggf. wird das Kabel nach dem üblichen Verstrecken mindestens 3 Sek. unter Spannung auf 130—200° erhitzt. (**D.A.S. 1250598** Kl. 29b vom 18/4. 1964, ausg. 21/9. 1967.) — 2 S. F. Koch 7129

3222 Farbwerke Hoechst Akt.-Ges. vormals Meister Lucius & Brüning, Frankfurt/M. (Erfinder: Rosl Kretsch-Hothum, Bobingen, und Adolf Hartmann, Gessertshausen), **Fäden oder Fasern aus linearen Polyestern** werden *besser anfärbbar*, wenn man sie mit Lsg. oder Emulsionen, die wenigstens eine saure Gruppe u. wenigstens einen höher mol. Rest mit 4—20 C-Atomen im Mol. enthalten, behandelt, trocknet, ggf. reckt bei Temp. bis 40° unterhalb des F. des Polymeren schrumpfen läßt u. wieder verstreckt. — Beispiele: Sulfonsäuren bzw. Ester. (**D.A.S. 1251465** Kl. 29b vom 4/1. 1963, ausg. 5/10. 1967.) — 4 S. F. Koch 7129

3223 Dow Chemical Co., Midland (Erfinder: Billy Ernest Burgert, Midland, Mich., Stanley Allen Murdock, Concord, Calif., Ardy Armen, Newport News, Va., und Giles Roy Cokelet, Cambridge, Mass.), USA, **Direkt verspinnbare Polyacrylonitrilmischpolymerisatlösungen** erhält man durch Polymerisation einer Mischung aus ≧ 80% Acrylnitril u. 20—1% mindestens eines Monomeren der allg. Formel **I**, worin **X**, **Y** u. **X**

I

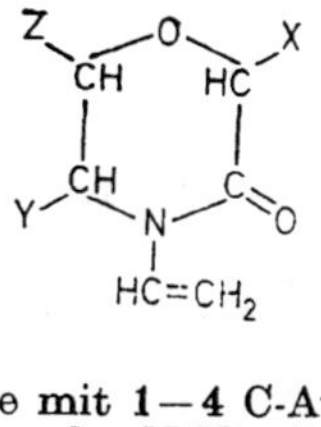

für H oder Alkylreste mit 1—4 C-Atomen stehen, z. B. N-Vinyl-3-morpholon, oder N-Vinyl-5-methyl-3-morpholon, in 55—65%ig. wss., $ZnCl_2$ enthaltenden Salzlsg. bei 20—100°. — Gut färbbare *Faserprodukte*. — Vgl. Brit.P. 929245; C. **1965,** 16-3176. — (**D.A.S. 1234028** Kl. 39c vom 3/3. 1961, ausg. 9/2. 1967. U.S. Prior. 3/3. u. 13/4. 1960.) — 4 S. L. Stadelmann 7133

3224 Farbwerke Hoechst Akt.-Ges. vormals Meister Lucius & Brüning, Frankfurt/M. (Erfinder: Ludwig Orthner, Frankfurt/M., Martin Reuter, Kronberg/Taunus, und Franz Landauer, Frankfurt/M.), **Fäden oder Folien aus regenerierter Cellulose.** Die zu verspinnende Viskose enthält als Modifizierungsmittel in W. lösl. organ. Sulfamide mit mindestens einer bas. Aminoalkylgruppe, die am N-Atom Hydroxyalkylgruppen u./oder Polyglykolätherketten trägt, u. die mindestens einen verzweigten oder unverzweigten aliphat. oder cycloaliphat. KW-Stoffrest mit einem mittleren oder höheren Molgew. besitzen. (**D.A.S. 1243818** Kl. 29b vom 3/11. 1962, ausg. 6/7. 1967.) — 3 S. F. Koch 7162

3225 **Vittorio Cappuccio, Cornelio Caldo** und **Giuseppe Cantatore, Mailand,** Italien, *Erhöhung des Aufnahmevermögens der synthetischen Textilfasern für Farbstoffe.* (**Tschech.P. 120 629** vom 18/7. 1961, ausg. 15/11. 1966. It. Prior. 20/7. 1960. — C. **1966,** 42-2904 [Oe.P. 233 162].)

3226 **Montecatini Soc. Gen. per l'Industria Mineraria e Chimica,** Mailand, Italien (Erfinder: **Vittorio Cappuccio** und **Ubaldo Riboni**), *Material für Textilfasern, Filme und Bänder.* (**It.P. 650 313** vom 3/3. 1961. — C. **1965,** 6-2789 [Brit.P. 929 330].)

3227 **Montecatini Soc. Gen. per l'Industria Mineraria e Chimica** (Erfinder: **Vittorio Cappuccio, Cornelio Caldo** und **Guiseppe Contatore**), *Herstellung färbbarer Textilfasern.* (**Aust.P. 268 252** vom 18/7. 1961, ausg. 14/7. 1966. It. Prior. 20/7. 1960, 3/3. u. 24/5. 1961. — C. **1966,** 42-2904 [Oe.P. 233 162].)

3228 **Montecatini Soc. Gen. per l'Industria Mineraria e Chimica,** Mailand, Italien (Erfinder: **Vittorio Cappuccio, Cornelio Caldo** und **Giuseppe Cantatore**), *Herstellung färbbarer Textilfasern.* (**It.P. 650 312** vom 3/3. 1961. — C. **1966,** 42-2904 [Oe.P. 233 162].)

3229 **Chemstrand Corp.** bzw. **Monsanto Chemical Co.,** St. Louis, Mo., USA (Erfinder: **Herbert Seth Morgan jun.** und **Carl John Setzer**), *Orientierte Polyesterfasern.* (**F.P. 1 316 190** vom 26/2. 1962, ausg. 24/4. 1963. **Brit.P. 932 028** vom 19/2. 1962, ausg. 24/7. 1963. Beide U.S. Prior. 27/2. 1961. — C. **1966,** 12-2883 [Can.P. 691 981].)

3230 **N. V. Onderzoekingsinstituut Research,** Arnheim (Erfinder: **Aart Buurman,** Velp, **Pieter Coenraad Limburg** und **Robbert Aldert Vroom,** Arnheim), Niederlande, *Herstellung von Fäden aus Viskose.* (**Niederl.P. 113 191** vom 18/3. 1958, ausg. 15/9. 1966. Zusatz zu Niederl.P. 112 537; C. 1968, 24-2850. — C. **1961,** 14 147 [Schwz.P. 347 297].)

3231 **Union Financière d'Anvers B.U.F.A. Soc. An.,** Antwerpen, Belgien, *Roher Bast.* (**Brit.P. 992 114** vom 24/5. 1961, ausg. 19/5. 1965. Belg. Prior. 3/6. 1960. — C. **1966,** 7-3012 [Ind.P. 76 887].)

H–18. Agrikulturchemie, Schädlingsbekämpfung

Bodenkunde

3232 **Untersuchung und Verwertung von Torfböden.** I. N. Skrynnikova. (Počvovedenie **1967,** 12, 12—23; Počvennyj Inst. im. Dokučaeva; russ.) — Übersicht — 101 Literaturangaben (1906—1967). S. Baryschnikow 7300△

3233 **Formen anorganischen Phosphors und chemische Verfügbarkeit in Kalksteinböden von Barbados.** N. Ahmad und Robert L. Jones. (Proc. Soil Sci. Soc. America **31** (1967) 2, 184—88; Dep. of Chem. and Soil Sci., Univ. of West Indies, St. Augustine, Trinidad; engl.) — Auf der Koralleninsel Barbados treten in höheren Lagen Terra Rossa-ähnliche Böden (**a**), in tieferen, trockneren hauptsächlich Grumusole (**b**) auf. Beide Typen enthalten etwa gleich große Mengen Gesamt-P von 1600 ppm in den Oberflächenschichten. Dieser Wert sinkt mit der Tiefe bis auf die Hälfte bei **a**, während er bei **b** ansteigt. Bedingt durch den hohen Geh. (6,5%) an freiem Fe_2O_3 sind in **a** 50% des anorgan. P durch Red.-Mittel extrahierbar. In **b** ist die größte Fraktion des anorgan. P an Ca gebunden. Unter den angewandten Meth. zur Best. der P-Verfügbarkeit erwies sich die nach Ohlsen als geeignetste für **a**, die nach Morgan für **b**. U. Marckwordt 7305

3234 **Isoionischer Austausch von Phosphat in Sumpfböden.** Sigurd Larsen. (Plant and Soil [The Hague] **27** (1967) 3, 401—07; Levington Res. Stat., Ipswich; engl.) — Vf. untersuchen die Geschw. des isoion. Phosphataustausches u. die Menge des isotop. austauschbaren Phosphats in Böden unter aeroben u. anaeroben Bedingungen. Werden Bodensuspensionen mit ^{32}P versetzt, so bestehen lineare Beziehungen zwischen log der ^{32}P-Konz. in Bodenlsg. u. log der seit der ^{32}P-Zugabe verflossenen Zeit mit Ausnahme eines Bodens aus Burma (unter anaeroben Bedingungen) u. eines Bodens aus Thailand (unter aeroben u. anaeroben Bedingungen). W. Hiller 7305

3235 **Saisonale Änderungen und Verfügbarkeit des Phosphors in Niederungs-Reisböden von Nordtrinidad.** N. Ahmad. (Trop. Agric. **44** (1967) 1, 21—32; Fac. of Agric., Univ. of West Indies, Trinidad; engl.) — An 4 schwach bis stark sauren, schweren bis sehr schweren

Alluvialböden wird ein Anstieg der an Al, Fe u. Ca gebundenen Phosphat-Fraktion mit dem Einsetzen der Überflutung gemessen, während dithionit-extrahierbarer P abnahm. Nach Abschluß der Reisvegetation fiel mit dem Anstieg des Dithionit-P auch die P-Verfügbarkeit wieder ab. Mit steigendem Geh. der Böden an organ. Substanz vergrößerte sich die Fluktuation der P-Fraktionen zwischen Überflutungs- u. Trockenperiode. Als Meth. zur Best. der P-Verfügbarkeit war (gemessen an der P-Aufnahme durch die Pflanzen) die nach Ohlsen besser geeignet als die nach Truog, Bray u. Saunders. Die Befunde erklären eine nur mangelhafte Wrkg. einer Phosphat-Düngung. U. Marckwordt 7305

3236 **Dynamik der Nitrate und des absorbierten NH_3 in graubraunen Böden von Krcanisi.** N. Aladašvili. (Soobšč. Akad. Nauk Gruz. SSR **47** (1967) 3, 585—90; grusin.) — Der Einfl. der meteorolog. Bedingungen, der Bodennutzung (Gemüsekulturen, Brache) u. der Düngung auf die Nitrifikation von NH_3 u. seine Absorption (graubraune Böden Grusiniens) wird erörtert. Im lysimetr. W. dieser Böden beträgt das Verhältnis ammoniakal. N/Gesamt-N 0,04—0,05. S. Baryschnikow 7305△

3237 **Anaerobe Inkubation von Boden und Bildung von Ammonium.** J. B. D. Robinson. (Nature [London] **214** (1967)/5087, 534; East Afric. Agric. and Forest.; Nairobi, Kenya; engl.) — An einer Anzahl trop. Roterden wurden die Geh. von verfügbarem mineral. N nach aerober bzw. anaerober Inkubation (Meth. nach Bremner bzw. Waring u. Bremner [1965]) als Maß für die N-Nachlieferung bestimmt u. mit Ergebnissen aus Feldvers. verglichen. Sowohl N-Geh. als auch Ertrag von Mais korrelierten besser mit den nach der aeroben als den nach der anaeroben Meth. erhaltenen N-Werten. Als mögliche Ursache für die unbefriedigenden Werte nach anaerober Inkubation wurde gefunden, daß die W.-Dampfdest. aus Boden + Extraktionslsg. von Probe zu Probe wechselnd höhere NH_4-N-Werte ergab als die Dest. aus der filtrierten Lsg. allein. U. Marckwordt 7305

3238 **Umwandlung von Amidstickstoffdüngern in Moorböden.** R. K. Gusejnov und E. G. Achundov. (Doklady Akad. Nauk Azerbajdž. SSR **23** (1967) 8, 76—79; Inst. počvoved. i agrochim.; russ.) — In Gefäßvers. mit überschwemmten, stark lehmhaltigen, leicht alkal., für Anbau von Wasserreis bes. geeigneten Böden, denen 0,02% N als Harnstoff (**I**) bzw. Harnstoff-Formaldehyd (**II**; 37,4% Gesamt- u. 24,7% wasserlösl. N enthaltendes Prod.) zugeführt wurde, wird gezeigt, daß nach längerem Stehenlassen (90 Tage bei 15—25°) 55,5 bzw. 45,6% des **I**- bzw. **II**-N in ammoniakal. N umgewandelt wurden. Die Abwesenheit von NO_3^- (vollständig aufgehobener Nitrifikations-Prozeß) wird bestätigt. S. Baryschnikow 7305△

3239 **Einfluß der Ionen- und Salzaktivität auf die Bildung und Fruchtbarkeit der Böden.** D. S. Orlov. (Nauč. Doklady vysšej Školy, biol. Nauki **1967**, 10, 95—106; russ.) — Auf die Bedeutung der von G. N. Lewis eingeführten Begriffe: „Ionen"- (**A**) u. „Salzaktivität" (**B**) zur Best. des Anteils einzelner Bodenkomponenten im komplexen Syst. der im Boden verlaufenden chem. Rk., der Ermittlung der thermodynam. Aktivität (= chem. Potential, μ) des Substrats, der agrolog. Charakteristik des Bodenprofils u. der Zugänglichkeit der Nährstoffe des Bodens für die Pflanze wird hingewiesen. **A**- u. **B**-Best.-Meth. werden diskutiert. — 59 Literaturangaben. S. Baryschnikow 7305△

3240 **Charakteristik der Ammoniak-Adsorption durch homoionische Tone.** M. C. F. du Plessis und Wybe Kroontje. (Proc. Soil Sci. Soc. America **31** (1967) 2, 176—81; Dep. of Agron., Va. Polytechn. Inst., Blacksburg, Va.; engl.) — Die Sorption aus wss. Ammoniaklsg. durch Al-gesätt. Bentonit u. Kaolinit folgt einer Adsorptionsgleichung nach Langmuir u. erreicht die Werte für die permanente Schichtladung + ph-abhängige Sorptionskapazität der Tone. NH_4^+ wird bis zur vollen Kapazität durch die permanente Ladung sorbiert, während eine Chemisorption vermutlich an den pH-abhängigen Bindungsstellen stattfindet. Austauschbares Al^{3+} u. Hydroxy-Al-Verb. werden bei ausreichenden NH_4^+-Konz. wahrscheinlich als $Al(OH)_3$ gefällt. Bei mit K, Na, Ca oder Mg belegten Tonen beschreibt die Langmuir-Beziehung die NH_4^+-Adsorption nicht befriedigend. Die erhaltenen S-förmigen Adsorptionsisothermen stützen nicht zwingend die Theorie der Mehrschichtadsorption. U. Marckwordt 7305

3241 **Veränderung der Eigenschaften und der K-Formen des Bodens durch anhaltende Düngung.** L. M. Žukova. (Agrochimija **1967**, 7, 30—40; VNII udobrenij i agropočvoved. im. Prjanišnikova, Moskva; russ.) — Anhaltende Düngung mit Stallmist erhöht das Aufnahmevermögen gegenüber Basen u. den Geh. an wasserlösl. u. austauschbaren K-Formen der Kompost-Podsole u. grauen Waldböden (**A**). In **A**, die Hydroglimmer in ihrer „Schlamm-Fraktion" enthalten u. einem period. Austrocknen (warmes Klima!) ausgesetzt sind (alkal. reagierendes Bodenwasser), geht das mit Mineraldüngungen zugeführte K bes. in nicht austauschbare Formen über. S. Baryschnikow 7305△

3242 **Ionenaustausch in Böden aus den Ionenpaaren K–Ca, K–Rb und K–Na.** J. Deist und O. Talibudeen. (J. Soil Sci. **18** (1967) 1, 125—37; Rothamsted Exp. Stat., Harpenden, Hers.; engl.) — Nach thermodynam. Gesichtspunkten werden Austauschisothermen interpretiert, die durch Messung der Radioisotopenverteilung in Gleichgew.-Bodenlsg. mit den Kationenpaaren K–Ca, K–Rb u. K–Na gewonnen wurden. Die bevorzugte Sorption von K gegenüber Na u. von Rb gegenüber K erklärt sich aus der freien Energiebilanz der Austauschrk., nicht aber die Adsorption von Ca vor K. Inkonst. Werte für die gesamten austauschbaren Kationen, vor allem der Abfall der Umtauschkapazität im System K–Ca mit steigender K-Sättigung, werden auf einen Einschluß von Ca-Ionen bei der Schichtgitterkontraktion zurückgeführt. Veränderungen der Aktivitätskoeff. erklären sich durch unterschiedliche Rk. der Ionen im Zwischenschichtraum der 2:1-Gitterminerale u. ihre unterschiedliche Verteilung in Stern- u. Gouy-Schicht. — 26 Literaturangaben. U. Marckwordt 7305

3243 **Kaliumdiffusion aus glimmerähnlichen Tonmineralien.** J. H. Chute und J. P. Quirk. (Nature [London] **213** (1967) 5081, 1156—57; Dep. of Soil Sci. and Plant Nutrit. Inst. of Agric., Univ. of Western Australia; engl.) — Aus experimentellen Beobachtungen der K-Abgabe zweier Illite an NaCl-Lsg. wird die Diffusion als bestimmender Prozeß abgeleitet. Diese wird berechnet an Hand eines Zylindermodells mit radialer Diffusion u. anfangs gleichmäßiger K-Verteilung im Zylinder. Als mittlere Diffusionskoeff. ergaben sich $7{,}7 \pm 2{,}8 \cdot 10^{-20}$ bzw. $1{,}1 \pm 0{,}5 \cdot 10^{-20}$ cm²/s in 0,3 bzw. 0,03 n NaCl-Lsg. Diese Werte sind 10 Größenordnungen kleiner als die der K-Diffusion aus Biotit. U. Marckwordt 7305

3244 **Thermodynamik des K–Ca-Austausches im Boden.** J. Deist und O. Talibudeen. (J. Soil Sci. **18** (1967) 1, 138—48; Rothamsted Exp. Stat., Harpenden, Herts.; engl.) — Bei der Ermittlung von Radioisotopenaustausch-Gleichgew. mit dem Ionenpaar K–Ca ergaben kinet. Unters. an einem clinoptilolithaltigen Boden einen die intrapartikulare Diffusion von K-Ionen hemmenden Effekt von Ca unterhalb einer 40%ig. Sättigung der Minerale mit K. An mehreren Böden wurde die Verminderung der gesamten austauschbaren Kationen mit steigender K-Sättigung durch ansteigende Temp. verstärkt. Obwohl die Bilanz der freien Energie eine stärkere Bindung von K gegenüber Ca ergeben sollte, zeigen die Adsorptionsisothermen eine Präferenz von Ca bei geringen Elektrolytkonz., verursacht durch Entropieänderungen in der Lösung. U. Marckwordt 7305

3245 **Nichtbiologische Reduktion von Fe im Boden.** L. V. Kalakuckij und B. B. Šachobova. (Nauč. Doklady vysšej Školy, biol. Nauki **10** (1967) 9, 106—110; russ.) — An Hand von Unters.-Ergebnissen wird gezeigt, daß Substanzen, deren Kristallgitter an Eckpunkten ungesätt. Bindungen enthält (z. B. Graphit, Aktivkohle, Montmorillonit u. a.), im Kontakte mit verd. Lsg. von Fe(III)-Salzen bei Raumtemp. analyt. erfaßbare Mengen Fe^{3+} zu Fe^{2+} reduzieren. S. Baryschnikow 7305△

3246 **Lösliche Kieselsäure im Boden.** Raymond W. Miller. (Proc. Soil Sci. Soc. America **31** (1967) 1, 46—49; Utah State Univ., Logan; engl.) — Aus zu etwa 100 ppm Bodenproben zugesetzten Na_2SiO_3-Mengen wurden >90% der Kieselsäure (**I**) sofort in wasserunlösl. Formen überführt. Während Bodentrocknung keinen wesentlichen Einfl. auf die **I**-Festlegung hatte, verminderte $CaCO_3$ (pH-Verschiebung) u. erhöhte ansteigende Temp. die W.-Löslichkeit von **I**. Die Ausbildung von Bodenverdichtungen, an der **I** beteiligt ist, wird auf solche von Boden-Horizont zu -Horizont wechselnden u. die Löslichkeit von **I** beeinflussenden Verhältnisse zurückgeführt. — 24 Literaturangaben.
U. Marckwordt 7305

3247 **Veränderung der optischen Dichte von Torf-Huminsäuren während der Humusbildung.** N. N. Bambalov und V. E. Rakovskij. (Izvest. Akad. Nauk BSSR, Ser. chim. Nauk **1967**, 3, 129—31; Inst. torfa AN BSSR; russ.) — Bei der Humifizierung von Torfbildnern (**A**; Schilf- u. Hochmoortorf) bilden sich zuerst hochmol. Komplexverb. (**B**) von Huminsäuren (**I**) mit Kohlenhydraten u. Proteinen. Die Zers. der **B** (Abspaltung von Zuckern u. Aminosäuren) erniedrigt das Molgew. u. steigert die opt. Dichte der freiwerdenden **I**. Es wird bestätigt [V. I. Kasatočkin, Doklady Akad. Nauk SSSR **114** (1957)], daß bei intensiverer Humifizierung von **A** die Zahl der Seitenketten in den entstandenen **I** abnimmt.
S. Baryschnikow 7305△

3248 **Grünhuminsäure und ihr möglicher Ursprung im Pilzmetabolismus.** K. Kumada und H. M. Hurst. (Nature London **214** (1967) 5088, 631—33; Dep. of Agric. Chem., Nagoya Univ., Japan; engl.) — Grünhuminsäure (Typ „P"; **I**) wurde aus japan. Böden isoliert, in denen sie bis zu 10% an der Huminsäurefraktion beteiligt sein kann. In geringerer Menge auch aus europäischen Böden gewonnen, hat **I** typ. Absorptionsbanden nahe 620, 570 u. 450 μm. Die Gewinnung erfolgt durch NaOH-Extraktion, Säurefällung, Gelfiltration u. Elution, wobei eine braune mit für **I** typ. Absorptionsspektren sowie eine grüne Fraktion anfällt. **I** tritt in solchen Böden u. Profilen bes. auf, in denen schwarze Pilzsklerotien von 0,5—1,1 mm Durchmesser gefunden werden, die wahrscheinlich zu *Cenococcum graniforme* gehören. Extrakte dieser Sklerotien ergaben einen höheren Anteil **I** als der Gesamtboden. Das grüne Pigment u. die Huminsäure von **I** können weder durch wiederholte Fällung u. Lsg. voneinander getrennt, noch kann das Pigment durch Hydrolyse entfernt werden.
U. Marckwordt 7305

3249 **Chemische Natur der grünen Fraktion der P-Typ-Huminsäure.** Osamu Sato und Kyoichi Kumada. (Soil Sci. Plant Nutrit. [Tokyo] **13** (1967) 4, 121—22; Water Res. Labors., Fac. of Sci., Nagoya Univ., Nagoya, Japan; engl.) — P-Typ-Huminsäuren sind dadurch ausgezeichnet, daß sie eine grüne Fraktion besitzen. Diese kann abgetrennt werden durch Lösen in wss. Alkali u. Chromatographie an Sephadex oder Cellulose. Der Geh. der grünen Fraktion in P-Huminsäuren kann bis 10% betragen. Die charakterist. Farbe der grünen Fraktion beruht auf der Ggw. eines Deriv. von *4.9-Dihydroxyperylen-3.10-chinon.* Zinkstaubschmelze der grünen Fraktion ergibt *Perylen.* Die grüne Fraktion findet sich auch in Pilzsklerotien.
W. Hiller 7305

3250 **Stabilität von Anthracenöl im Boden.** O. V. Perov. (Gig. i San. **32** (1967) 10, 28—32; Ternopol. med. inst.; russ.) — 1 Jahr nach dem Auftragen von 25—100 ml/m² reinem bzw. emulgiertem Anthracenöl (**I**) betrug der **I**-Geh. im Bodenhorizont 0 u. 20 cm eines podsolierten Waldbodens 203—3590 bzw. 0—0,9 mg%. Das aus dem Boden extrahierte **I** (Bzl.; $CHCl_3$ u. Aceton als Lsgm.) war frei von polycycl. KW-Stoffen; **3**-Indolylessigsäure war nachweisbar. Das anhaltende Verbleiben im Boden veränderte das Absorptionsspektrum u. die photodynam. Eig. (Vers. mit *Paramecium caudatum*) des **I** nicht. Auf die blastomo- u. cancerogene Wrkg. des „Unverseifbaren" von **I** wird hingewiesen.
S. Baryschnikow 7305△

3251 **Retention von Humussubstanzen aus der Kleeblattrotte in montmorillonitischen und allophanischen Böden.** Koji Wada und Takahiro Inoue. (Soil Sci. Plant Nutrit. [Tokyo] **13** (1967) 1, 8—16; Fac. of Agric., Kyushu Univ.; engl.) — Zur Unters. der Rk. frisch zersetzten Pflanzenmaterials mit Bodenbestandteilen wurden W.-Extrakte von **30** Tage lang gerotteten Kleeblättern mit 2 Bodenproben gleichen Tongeh. (40%) versetzt, deren ursprünglicher Humusgeh. durch H_2O_2-Behandlung stark vermindert worden war. Die Bodenprobe (**a**), die 30% Schichtsilicate enthielt, zeigte eine rasche Adsorption der frischen Humusstoffe mit einem deutlichen Max. bei 6,5 mg C/g Boden. Die 20% Allophan enthaltende Probe (**b**) adsorbierte 5mal mehr C, ohne daß ein Adsorptionsmax. erreicht war. Durch anschließendes Waschen u. Inkubation bis zu 9 Monaten verlor **a** 26% des adsorbierten C, **b** nur 10%. Extraktionsvers. ergaben einen höheren Huminifizierungsgrad in **a** als in **b**.
U. Marckwordt 7305

3252 **Reaktion von Fulvosäuren mit aktivem Chlor.** M. A. Ševčenko, P. N. Taran, R. S. Kas'jančuk und E. V. Kravec. (Ukrainskij chim. Ž. **33** (1967) 10, 1086—89; Inst. obšč. i neorgan. chim. AN USSR; russ.) — Kolorimetr. untersucht wurde der Einfl. der Rk.-Dauer (0—240 Min.), des pH-Wertes der Lsg. (2,4—9,1) u. der Konz. von Cl_2 (15—85 mg/l) auf den Verlauf der Ox. von *Fulvosäuren* (**I**) bei 25° durch Cl_2 im wss. Medium. Es wird gezeigt, daß die vorst. (stöchiometr. nicht festgelegte) Umwandlung sich stufenweise vollzieht, u. zwar: 1) sehr rasch sich vollziehender Vorgang (schwer zu bestimmende Rk.-Kinetik!) u. 2) langsame, „limitierende" **I**-Oxydation. Es wird bestätigt, daß (relativ zu Cl_2) die letzte Rk.-Phase monomol. ist.
S. Baryschnikow 7305△

3253 **Beziehungen zwischen chromatographischen Verteilungswerten und der Adsorption einiger Herbizide im Boden.** R. J. Hance. (Nature [London] **214** (1967) 5088, 630—631; Agric. Res. Council, Weed Res. Org., Begbroke Hill, Kidlington, Oxford; engl.) — Von 29 Herbiziden (Phenylharnstoffe, Chlor-, Methoxy-, Methylthio-, Äthylthio-, Cyano-s-triazine, Phenylcarbamate u. Uracilderiv.) wurden die R_F-Werte bei Dünnschichtchromatographie in 40%ig. wss. A. relativ zu N.N-Dimethyl-N'-phenylharnstoff (Fenuron) bestimmt. Diese Werte wurden in Beziehung gesetzt zu ihren Adsorptionswerten aus wss. Lsg. durch 2 Böden. Bei einer Gleichgew.-Konz. von 10^{-4} m besteht zwischen R_F u. dem log mmol adsorbierten Stoff/g Boden eine Korrelation von 0,851 für den Tonboden u. von 0,903 für den stark humosen Sand. Die entsprechenden Werte für Gleichgew.-Konz. von 10^{-5} bzw. 10^{-6} waren 0,911 u. 0,845 bzw. 0,901 u. 0,886.
U. Marckwordt 7305

3254 **Wirkung von Detergentien auf die Auswaschung substituierter Harnstoffherbizide im Boden.** D. E. Bayer. (Weeds **15** (1967) 3, 249—52; Dep. of Bot., Univ. of Calif., Davis, Calif.; engl.) — Eine Reihe von anion., kation. u. nichtion. Detergentien (**A**), in einer Konz. von 1 u. 10% angewandt, ergaben eine größere oder unveränderte Auswaschbarkeit des Herbizids *Diuron* (**I**), das 10 lb/acre entsprechend dem Boden zugegeben war. Die **A** *Aliquat 204* u. *221* dagegen hemmten ganz oder teilweise die Auswaschung von **I**, ferner von *Linuron, Monuron* u. *Neburon.* Als Ursache wird eine Adsorptionsrk. der Herbizide über die **A** mit dem Boden vermutet, die in Korrelation mit dem Dilaurylgeh. der **A** stand. Andere **A** der Aliquatreihe mit Lauryl-, Dioctyl- u. Distearylsubstituenten hatten keinen Einfl. auf das Sorptionsphänomen. — 21 Literaturangaben.
U. Marckwordt 7305

3255 **Artzusammensetzung der die mineralischen Phosphate lösenden Bakterien.** É. I. Gorina. (Izvest. Akad. Nauk Turkm. SSR, Ser. biol. Nauk **1967, 2**, 19—24; Inst. botaniki AN Turkm. SSR; russ.) — In der wurzelnahen Bodenschicht von Luzerne u. Baumwollpflanze u. im Boden ohne Pflanzenbestand kommen sporentragende u. nichtsporentragende Bakterien vor, die *Phosphate* aufzulösen vermögen. Am häufigsten zeigen diese Fähigkeit die *Pseudomonas*-Arten, wie *Ps. fluorescens, Ps. melochlora, Ps. radiobacter, Ps. herbicola.* Weiter findet sich diese Fähigkeit bei *Bacterium nitrificans, Bact. agile* u. *Bacillus mesentericus.* Auf Luzerne-

u. Baumwollschlägen enthält der Boden die gleichen Arten. O. Lebtag 7307△

3256 **Einfluß von Ca-Verbindungen auf die Mikroflora des Bodens und der Rhizosphäre von Mais.** S. A. Samcevič und É. I. Ulasevič. (Agrochimija **1967**, 7, 62—68; AN BSSR, Minsk; russ.) — In Gefäßvers. mit auf Kompost-Podsol gezüchtetem Mais wird gezeigt, daß durch Zufuhr von $Ca(OH)_2$, $CaCO_3$, Mergel, $CaSO_4$ bzw. $CaCl_2$ die Häufigkeit der Actinomyceten u. nichtsporenbildenden Bakterien des Bodens u. der Rhizosphäre um 50—300% erhöht u. die der sporenbildenden Bakterien um 50—250% herabgesetzt wird. Die Veränderung der Mikroflora (positiver Einfl. auf die Entw. der Zerealie) erfolgt infolge der Anreicherung des Bodens an Ca^{2+} u. nicht infolge der evtl. Erhöhung seines pH-Wertes. S. Baryschnikow 7307△

3257 **Mobilisierung schwer assimilierbarer Phosphate durch cellulosezersetzende Pilze und Actinomyceten.** N. N. Naplekova. (Počvovedenie **1967**, 11, 74—81; Biolog. inst. SO AN SSSR; russ.) — Unters. zeigen, daß cellulosezersetzende Pilze u. Actinomyceten der Böden Sibiriens (59 beschriebene Arten) dank ihrer intensiven Sekretion von Phosphatasen das $Ca_3(PO_4)_2$ u. die wasserunlösl. P-Verb. des Bodens intensiv in wasserlösl., für höhere Pflanzen zugängliche Form umwandeln. S. Baryschnikow 7307△

3258 **Erhöhung der Wirksamkeit der organisch-mineralischen Dünger durch Bakterisierung.** M. G. Tjagni-Rjadno und Ju. M. Močalov. (Mikrobiol. Ž. **29** (1967) 4, 293—97; Černihiv, UNDIZ; ukrain.) — Durch Besprühen der organ.-mineral. Dünger mit *Azotobacter chroococcum*, *Bacillus mucilaginosus* u. *Bacillus megatherium var. phosphaticum* u. anschließende kurze Kompostierung wird die Zahl der Mikroorganismen sehr stark vermehrt. Es erfolgt Anreicherung mit leichtbeweglichen u. physiolog. akt. Stoffen. Beim Einbringen der so behandelten Dünger in den Boden erfolgt Intensivierung der Lebenstätigkeit der spontanen Mikroflora u. Erhöhung des Geh. an in W. lösl. Nährstoffen. Auf so gedüngten Maisschlägen erhöht sich der Ertrag an Körnern bzw. an Grünmasse, je nach der Düngerdosis, um 4,2 bis 12,1 bzw. 22,7—23,7 dz/ha. O. Lebtag 7307△

3259 **Bindung von Luft-N_2 durch Blaualgen der Grauböden.** R. Osmanova. (Izvest. Akad. Nauk Turkm. SSR, Ser. Biol. Nauk **1967**, 6, 17—21; Inst. botaniki AN Turkm. SSR; russ.) — In Gefäßvers. mit Grauböden (pH-Wert 7,4) wird gezeigt, daß durch Zufuhr von 5,4 mg *Nostoc punctiforme* zu 190 g Boden (Trockengew.) der N-Geh. des Bodens von 0,043 auf 0,052% erhöht wird. Gleichzeitige Zugabe von weniger akt. *Nostoc muscorum* erhöht den N-Geh. des Bodens um weitere 0,03%. — 31 Literaturangaben. S. Baryschnikow 7307△

3260 **Einwirkung von Herbiziden auf die Mikroflora und den Gehalt des Bodens an assimilierbaren Nährstoffen auf Zuckerrübenaussaaten.** V. E. Lobanov und L. P. Poddubnaja. (Chim. v sel'skom Choz. **5** (1967) 10, 32—34; L'vov. selekc. stancija; russ.) — Untersucht wurde der stimulierende bzw. hemmende Einfl. von *Dichlorharnstoff*, *Na-Trichloracetat* u. *Murbetol* auf die Entw. von Azotobacter, nitrifizierenden u. denitrifizierenden Bakterien, aeroben Cellulosebakterien u. *Clostridium Pasteurianum* in ausgelaugten Schwarzerden (Zuckerrübe als Kulturpflanze) u. den Geh. des Bodens an Nitrat-N u. beweglichen P- u. K-Formen. S. Baryschnikow 7307△

3261 **Wirkung von Nitrat und N_2O auf H_2- und Methanakkumulation in anaerob inkubierten Böden.** D. Laskowski und J. T. Moraghan. (Plant and Soil [The Hague] **27** (1967) 3, 357—68; Dep. of Soils, North Dakota State Univ., Fargo, N.Dak.; engl.) — Zugabe von KNO_3 u. N_2O (500 ppm N) zu Böden verringert die CH_4-Akkumulation u. unterdrückt völlig die H_2-Akkumulation. — 27 Literaturangaben. W. Hiller 7307

3262 **Dehydrogenaseaktivität des Bodens als Merkmal der Mikrofloraaktivität.** N. V. Peterson. (Mikrobiologija **36** (1967) 3, 518—25; L'vov, Selchoz. inst.; russ.) — Bei der Best. der *Dehydrogenase*(I)-Aktivität des Bodens wird in Wirklichkeit die I-Aktivität der in der Bodenprobe enthaltenen Mikroorganismen bestimmt. Im Verlauf der Best. werden die **I** der Mikroflora wirksam. Bei I-Best. müssen jene Faktoren eliminiert werden, die eine qual. u. quant. Veränderung der Mikroflora bewirken können. Es werden folgende Maßnahmen empfohlen: Vermeidung des Toluol-Zusatzes zur Bodenprobe; Best. der I-Aktivität nur in frischen Bodenproben; Abkürzung der Best.-Dauer auf ein Minimum. O. Lebtag 7307△

3263 **Bodenverbessernde Mineralien Grusiniens; ihre Verwertung unter Bedingungen der feuchten Subtropen.** O. V. Naršemašvili und A. E. Beridze. (Agrochimija **1967**, 12, 78—86; VNII čaja i subtrop. kul'tur, Macharadze; russ.) — Die Möglichkeit der Verwertung P, K, Ca, Mg, Spurenelemente u. dgl. enthaltenden Mineralien Grusiniens (Phosphorit, Glaukonit, Serpentit, Dolomit; chem. Zus. wird angegeben) als Bodenverbesserer der sauren u. durch Nd. der feuchten Subtropen stark ausgelaugten Rot- u. Gelberden des Landes (Tee, Citrusarten, Gemüse u. Mais als Hauptkulturen) wird diskutiert. S. Baryschnikow 7310△

3264 **Trennung und Kennzeichnung der in Brennereischlempe anwesenden wirksamen Bodenagglomerierungsmittel.** Raúl Pérez Escolar. (J. Agric. Univ. Puerto Rico **51** (1967) 4, 304—08; Univ. of Puerto Rico, Rio Piedras, P. R.; engl.) — Die in Rum-Brennereischlempe enthaltenen Bodenagglomerierungs- u. -stabilisierungsmittel sind hauptsächlich die Bestandteile der in 80%ig. A. unlösl. Fraktion der Schlempe. Diese Fraktion besteht aus 6(%) eines Mannose enthaltenden Polysaccharids, 7 Eiweiß u. 87 Karamel. W. Wesly 7310

3265 **Phosphatdiffusion im Boden und Aufnahme durch Pflanzen.** 1. Mitt. **Diffusion von Phosphat in Böden.** D. G. Lewis und J. P. Quirk. (Plant and Soil [The Hague] **26** (1967) 1, 99—117; Dep. of Agric. Biochem. and Soil Sci., Waite Agric. Res. Inst., Univ. of Adelaide, South Australia; engl.) — Die scheinbaren Diffusionskoeff. D_e, die an verschiedenen Böden gemessen wurden, zeigen eine starke Abhängigkeit von der Menge des dem Boden zugegebenen Phosphats (**I**). Die abs. Höhe der D_e wird von der Vorbehandlung, z. B. Befeuchtung, beeinflußt. Obwohl auch die I-Konz. in der Bodenlsg. mit der I-Gabe variiert, besteht keine einheitliche Beziehung zwischen D_e u. I-Konz. Die an inerten Medien von der I-Kinz. (bis 200 μg P/ml) unabhängigen Diffusionskoeff. D_p stehen mit D_e in der Beziehung $D_e = D_p$ P in Boden-Lsg./Gesamt-P. Die D_e-Werte stehen in Beziehung zu Kapazitäts- u. Intensitätsfaktoren, die die I-Mobilität charakterisieren. U. Markwordt 7310

3266 **Phosphatdiffusion im Boden und Aufnahme durch Pflanzen.** 2. Mitt. **Phosphataufnahme durch Weizenpflanzen.** D. G. Lewis und J. P. Quirk. (Plant and Soil [The Hague] **26** (1967) 1, 119—28; engl.) — 1. vgl. vorst. Referat. — Im Phytotron bis zur Reife in 800 g Laterit-Podsol („Seddon") kultiviert, nahmen Weizenpflanzen zwischen der 2. u. 12. (Ährenschieben) Woche fast konst. Mengen Phosphat auf. Diese beliefen sich auf 0,29 bzw. 0,53 mg P/Pflanze/Tag bei Gaben von 600 bzw. 2400 μg P/g Boden. Pflanzen im Feldvers. zeigten dagegen eine maximale P-Aufnahme zwischen der 12. u. 15. Woche (Schossen) von 0,15 in einem u. von 0,28 mg P/Pflanze/Tag in einem 2. Versuch. U. Marckwordt 7310

3267 **Phosphatdiffusion im Boden und Aufnahme durch Pflanzen.** 3. Mitt. **^{31}P-Bewegung und -Aufnahme durch Pflanzen, verfolgt durch ^{32}P-Autoradiographie.** D. G. Lewis und J. P. Quirk. (Plant and Soil [The Hague] **26** (1967) 3, 445—453; engl.) — 2. vgl. vorst. Referat. — Autoradiographien vom Profil eines mit ^{32}P versetzten Vers.-Bodens mit darin wurzelndem Weizen zeigten keine Ausdehnung der an Phosphat (**I**) verarmten Bodenzone entlang den Wurzeln mit fortschreitender Zeit (bis 31 Tage) u. über eine Zone von 1 mm parallel zur Wurzeloberfläche hinaus. Selbst bei hohen I-Gaben zum Boden (1 mg/g) konnte die Diffusion, deren mittlere Geschw. 0,26 mm/Tag nicht überschritt, die rasche anfängliche I-Verarmung der 1-mm-Zone nicht erklären.

Vielmehr ergab eine Analyse des Wurzelsyst., daß die Ausbildung von radial zur Hauptwurzel stehenden 1 mm langen Wurzelhaaren in Übereinstimmung mit dem radiograph. Befund steht. Selbst bei kleinen Diffusionskoeff. kann diese Zone von 1 mm durch Diffusion parallel zur Wurzel auf die Wurzelhaare zu rasch an I verarmen.
U. Marckwordt 7310

3268 **Phosphatdiffusion im Boden und Aufnahme durch Pflanzen.** 4. Mitt. **Berechnete Aufnahme durch Modellwurzeln als Resultat des Diffusionsflusses.** D. G. Lewis und J. P. Quirk. (Plant and Soil [The Hague] **26** (1967) 3, 454—68; engl.) — 3. vgl. vorst. Referat. — Auf Grund der gemessenen scheinbaren Diffusionskoeff. D von Phosphat (I) wurde die Abnahme im I-Geh. der Bodenzone radial um I absorbierende Wurzeln für einige Tage berechnet. Die Integration dieser Entzugswerte erlaubte eine Berechnung der Aufnahmerate pro Längeneinheit einer Modellwurzel. Der Vgl. der kalkulierten mit den experimentell gefundenen Aufnahmewerten ergab, daß die Diffusion einen wesentlichen Mechanismus für den I-Transport zur Wurzel hin darstellt.
U. Marckwordt 7310

Düngemittel, Pflanzenwuchsstoffe

3269 **Steigerung der Fluorausbeute bei der Superphosphaterzeugung.** 3. Mitt. **Einfluß des Zusatzes von Carbonaten der Neben- und Spuren-Elemente.** Egon Holländer und Peter Kerényi. (Chem. Průmysl **17/42** (1967) 4, 211—12; Bratislava, Chemické závody J. Dimitrova; slowak.) — 2. vgl. ibid. **1967,** 60—62. — Untersucht wird der Einfl. des Zusatzes von Magnesit, Dolomit u. Mn-Erz bei der Zers. von carbonatfreien Phosphaten. Die Mineralien haben einen günstigen Einfl. auf die Freisetzung von F, auf die Umwandlung von P_2O_5 in wasserlösl. Form u. auf die Qualität des erzeugten Superphosphates, wobei auch der Phosphatdünger um wertvolle Komponenten bereichert wird. Die Verw. von Dolomit ist vorteilhafter als die Verw. von Magnesit. Bei Verw. von Mn-Erz ($MnCO_3$ mit 25,2% Mn, davon 2,7% Mn in Form von MnO_2) wird ein Mn-, Ni- u. Cohaltiges Prod. hergestellt. J. Schneider 7325△

3270 **Abhängigkeit der Eigenschaften flüssiger Harnstoff-Kohleammiakatdünger von Beimengungen an Spurenelementdünger.** S. T. Ganz, R. I. Braginskaja und G. B. Orlovskaja. (Izvest. vysšich učebnych zavedenij [Ivanovo], Chim. i chim. Technol. **10** (1967) 1, 116—18; Dnepropetrovsk, chim.-technol. inst. im Dzeržinskogo; russ.) — In früheren Unters. wurde gezeigt, daß Zugabe von Polyspurenelementen zu fl. Harnstoff-Kohleammiakatdüngern (A) ihre physik.-chem. u. agrarchem. Eig. verbessert. Weitere Unters. zeigten, daß Zugabe von B, Co, Mo, Zn, Cu die Kristallisations- u. Gefriertemp. von A erhöht. M. Gordienko 7327

3271 **Harnstoff-Crotonaldehyd-Kondensat als Grundlage von granulierten komplexen Düngemitteln.** G. A. Kudel'skaja, V. P. Batjuk, L. S. Pachomova, R. Š. Derevjanko, E. A. Malyševa und B. K. Černij. (Chim. Prom. Ukrainy **1967,** 2, 40—41; Ukr. NIINTI; russ.) — Zugabe von 5% Harnstoff-Crotonaldehyd-Kondensat ($C_6H_{12}O_2N_4$) beim Granulieren erhöht die Festigkeit der Körnchen von Superphosphat + K_2SO_4 enthaltenden Mischdüngern. Das Verf. beeinflußt das Keimen von Zerealien (Weizen u. Mais) u. die Mikroflora des Bodens prakt. nicht.
S. Baryschnikow 7333△

3272 **Stoffaustausch bei der Herstellung von granulierten Mischdüngern.** M. Z. Cvik, M. N. Nabiev, N. U. Rizaev und K. V. Merenkov. (Uzbekskij chim. Ž. **11** (1967) 5, 69—71; Taškent. Politechn. inst.; russ.) — Für die gleichzeitige Neutralisation der sauren Lsg. mit NH_3, dem Verdampfen des Neutralisats u. Trocknen des Fertigprod. (Herst. von granulierten Mischdüngern) wurden, in Abhängigkeit von der Leistungsfähigkeit der Anlage, der Temp. (60—70°) u. der Geschw. (1,68 bis 13,00 m/s) des angewandten Luftstroms, Formeln für den volumetr. u. Oberflächen-Stoffaustauschkoeff. sowie den Trocknungskoeff. des Prod. abgeleitet.
S. Baryschnikow 7333△

3273 **Herstellung von flüssigen Mischdüngern durch salpetersaure Zersetzung von Apatit.** Le Van Zi, F. M. Mirzaev und M. N. Nabiev. (Uzbekskij chim. Ž. **11** (1967) 5, 11—13; Taškent, Politechn. inst.; russ.) — Untersucht wurde die Zers. von gepulvertem *Apatit* (I) bei seiner Aufnahme mit HNO_3-Lsg. (nachfolgende Neutralisation des Rk.-Prod. durch gasförmiges NH_3). Bei optimalen (angegebenen) Rk.-Bedingungen wurde ein fl. (D_{20}^{20} 1,64; η_{20} 85,40 cP) 13,5% P_2O_5 u. 11,84% N enthaltendes Düngemittel hergestellt. Berechnet auf I betrug die Ausb. am Düngemittel ≈95%.
S. Baryschnikow 7333△

3274 **Wirksamkeit von Vermiculit als Magnesiumdünger.** O. V. Neugodova. (Agrochimija **1967,** 1, 117—22; Dolgoprudnaja agrochim. st. NIUIF; russ.) — In Vegetationsvers. wurde gezeigt, daß Mg aus Vermiculit von Pflanzen (Winterroggen, Buchweizen, Hirse, Sonnenblumen) aufgenommen wird, jedoch ist seine Zugängigkeit für die Pflanzen geringer als die von $MgSO_4$, Schönit bzw. von Verb., die schwerlösl. Mg-Formen enthalten (Serpentin, Mg-Schmelzphosphate). Mangel an Mg wird hauptsächlich in Sandböden, Roterden, Podsolböden feuchter subtrop. Gebiete beobachtet.
M. Gordienko 7335

3275 **Gewinnung von Mikro-Zusätzen zu Düngern aus Pyritabbränden.** V. I. Gladuško, A. S. Plygunov und N. M. Kornievskaja. (Chim. Prom. Ukrainy **1967,** 2, 37—39; Kiev, Politechn. inst.; russ.) — Vereinfachte Meth. der Gewinnung von 4—5(%) $CuSO_4$; 4,5—5 $ZnSO_4$; 0,2—0,5 $CoSO_4$ u. 0,01—0,02 $PbSO_4$ enthaltenden Salzen. Die chlorierende Röstung der mit 10% NaCl versetzten Pyritabbrände erfolgt bei 550—600°; zur Auslaugung des gerösteten Prod. wird 2—5%ig. H_2SO_4 angewandt. Das Verf. ermöglicht nicht ein Ausbringen von Edelmetallen u. Spurenelementen aus den Abbränden. S. Baryschnikow 7342△

3276 **Spurenelemente der Böden der Belorussischen SSR.** I. S. Lupinovič und G. P. Dubikovskij. Počvovedenie **1967,** 12, 65—74; Beloruss. gosud. univ.; russ.) — Untersucht wurde die Häufigkeit von Spurenelementen (A; Cu, Co, Mn, B, Ni, V, Cr u. Ba) in Kompost-Podsol- u. lehmhaltigen Lößböden der Beloruss. SSR. Die Abweichungen vom Mittelwert der Häufigkeit erreichen 28% bei Cr, während sie bei Cu nur 9% betragen.
S. Baryschnikow 7342△

3277 **Einfluß von Spurenelementen auf die fungiziden Eigenschaften des Baumwoll-Saftes.** A. Ch. Mamadaliev. Chlopkovodstvo **17** (1967) 12, 41; russ.) — In vitro durchgeführte Vers. zeigen, daß im Preßsaft aus Geweben (u. bes. im Wurzelsaft) der Baumwollpflanze (B) Substanzen mit tox. Wrkg. auf die aufkeimenden Sporen von *Verticillium dahliae* (Erreger von „Wilt disease" der Baumwollstaude) vorhanden sind. Zugabe geringer Mengen von Co^{2+} erhöht die tox. Wrkg. des Saftes. In Feldvers. wird bestätigt, daß durch Zufuhr von ≈0,5 kg/ha $CoSO_4$ zum Boden die Häufigkeit der vom „Wilt" betroffenen B von 42 bis auf ≈25% herabgesetzt wird.
S. Baryschnikow 7342△

3278 **Einfluß von an Superphosphat gebundenen Spurenelementen auf die Beständigkeit von Kartoffelknollen gegen Phytophthora infestans (Mont.) de Bary.** A. Mudich. (Acta phytopathol. Acad. Sci. hung. **2** (1967) 4, 295—302; Coll. of Agric., Keszthely; engl.) — 2jährige Unters. zeigen, daß die Anfälligkeit von Kartoffeln für *Phytophthora infestans* durch Spurenelemente, die an Superphosphat gebunden sind, stark vermindert wird. Unter den Spurenelementen Mo, Mn, Cu u. Zn hat Mo die günstigste Wrkg.; Mn wirkt auch im 2. Vers.-Jahr noch günstig. W. Wesly 7342

3279 **Einfluß von Gibberellin auf den Gehalt an Stickstoff, Phosphor und Kali in der Hanfpflanze.** N. I. Jakuškina und V. N. Chrjanin. (Agrochimija **1967,** 1, 130—35; Moskva, Pedagog. inst.; russ.) — In 2jährigen Vers. mit *Gibberellin* (Spritzen auf die Hanfpflanzen) wird eine Steigerung des Höhenwachstums um das 2- bis 2,5fache erzielt. Weiterhin erhöhte sich wesentlich die Intensität der Photosynthese u. der Geh. an N, P u. K in den Blättern u. Stengeln der Pflanzen, was auf eine Verbesserung der Verwertung dieser Stoffe aus dem

Boden bzw. der Düngung hinweist. So vermochten die Pflanzen größere pflanzliche Masse zu bilden u. den Faserertrag um 64% zu erhöhen. Bei ausreichenden Feuchtigkeitsmengen im Boden konnte die Wrkg. von Gibberellin durch Mineraldüngung (NPK) noch weiter erhöht werden. M. Gordienko 7345

3280 **Chemische Regulierung der Blüte bei der Bougainvillea-Sorte „San Diego Red".** Wesley P. Hackett und R. M. Sachs. (Proc. Amer. Soc. horticult. Sci. **90** (1967) 361–64; Univ. of Calif., Los Angeles and Davis, Calif.; engl.) — Bewurzelte *Bougainvillea*-Stecklinge blühen auch unter günstigen Kulturbedingungen nicht vor der Bldg. von 20–30 Knoten. Anwendung von *Cycocel* (*2-Chloräthyl-trimethylammoniumchlorid*) fördert die Blüte im Kurztag, im Langtag erfolgt keine Beeinflussung. Anwendung von *Gibberellin* A_3 verzögert den Blühbeginn u. hebt die Cycocel-Wrkg. auf. B_9 [*Bernsteinsäure-mono-*(*dimethylamid*)] beschleunigt in Konz. von 2500–10000 ppm die Blüte bei Pflanzen unter Kurztagsbedingungen erheblich. W. Hiller 7345

3281 **Wirkung von Alar auf das optimale Erntedatum und die Haltbarkeit von Äpfeln.** G. D. Blanpied, R. M. Smock und D. A. Kollas. (Proc. Amer. Soc. horticult. Sci. **90** (1967) 467–74; Cornell Univ., Ithaca, N.Y.; engl.) — Dreimalige Sprühs von 500–4000 ppm *Alar* [*Bernsteinsäure-mono-*(*dimethylamid*)] im Abstand von ≈4 Wochen bewirken in vielen Fällen eine intensivere Rotfärbung der Früchte, Verschiebung zum besten Erntetermin, erhöhte Festigkeit der Früchte, verspätetes Einsetzen des Atmungsklimakteriums. Der Alterungsprozeß der Früchte ist verlangsamt. W. Hiller 7345

3282 **Physiologisch aktive Stoffe zur Herabsetzung des vorzeitigen Apfelfalls.** A. K. Spolitis. (Izvest. Akad. Nauk Latv. SSR **1967**, **11**, 126–31; Latvijas PSR ZA Biolog. Inst.; lett.) — Unreife Früchte tragende Apfelbäume werden mit 0,006%ig. Lsg. von physiolog. akt. Substanzen „KANU" bzw. „2,4,5-TP" (Zus. nicht angegeben) bespritzt. Das Verf. hemmt die Bldg. der sich verschleimenden Zellen in der Trennungszone des Fruchtstandes, wodurch eine wesentliche Herabsetzung des vorzeitigen Fruchtfalls erreicht wird. S. Baryschnikow 7350△

3283 Badische Anilin- & Soda-Fabrik Akt.-Ges., Ludwigshafen/Rh. (Erfinder: Ottheinrich Detmer, Mannheim, Johann Jung, Heinz Pohlemann, Limburgerhof, Bernhardt Lehmann, Heidelberg, Helmut Heel, Neustadt, und Max Wendt, Heidelberg), **Herstellen langsam wirkender Düngemittel** durch Überziehen von Düngemitteln mit härtbaren Überzugsmitteln die ein Aminoplastvorkondensat sowie einen linearen oder verzweigten Polyester aus mehrwertigen Carbonsäuren u. mehrwertigen Alkoholen enthalten, u. Härten des Überzugsmittels, dad. gek., daß als Überzugsmittel wss. Lsg. verwendet werden, in denen die Aminoplastvorkondensat- u. die Polyesterkomponente in Mengen von 20–80 (Gew.-%) u. 80–20 als Gemisch u. in gelöster Form vorliegen. Ohne Auflösung der Düngemittelkörner, ohne Verkleben derselben u. ohne Verw. organ. Lsgm. werden durch Versprühen oder Aufgießen der wss. Lsg. der Aminoplastvorkondensat- u. Polyesterkomponente Düngemittel mit zeitlich genau regulierbarer Nährstoffanlieferung an die verschiedenen Pflanzensorten hergestellt. Vgl.-Vers., Beispiele u. Kurven. (**D.A.S. 1250456** Kl. 16 vom 3/8. 1962, ausg. 21/9. 1967.) — 14 S. H. Karst 7320

3284 Chemische Werke Albert (Erfinder: Rüdiger Lothar von Reppert), Wiebaden, **Verbesserung der Lösungsgeschwindigkeit von aus Pflanzennährstoffen bestehenden Brechkörnern in der Bodenflüssigkeit** u. zur Beschleunigung des Zerfalls der Brechkörner im Boden, dad. gek., daß *Thomasmehl*, feinstgemahlene, ggf. teilaufgeschlossene *Rohphosphate* für sich, in Mischung miteinander oder in Mischung mit anderen Pflanzennährstoffen vor dem Verpressen oder Komprimieren mit geringen Mengen eines Gemisches aus trockenen, feinverteilten, in wss., saurer Lsg. CO_2-abspaltenden Salzen, bes. Carbonaten oder Bicarbonaten des Na, K, NH_4 oder Ca, mit einer äquivalenten Menge einer feinverteilten, festen, trockenen, in wss. Lsg. sauer reagierenden Verb., bes. saurer Phosphate, Borsäure, Al-Sulfat oder mehrbas. aliphat. Carbonsäuren, innig vermischt werden, das für sich vorher zu Formlingen verpreßt u. dann zu Körnern zerkleinert worden ist. Den Ausgangsstoffen werden 1–10, bes. 3–5 Gew.-%, des verpreßten u. gekörnten Gemisches aus CO_2 abspaltenden u. sauer reagierenden Substanzen beigemischt. Rascher Zerfall der Brechkörner im Boden u. schnelle pflanzenphysiolog. Wirksamkeit der enthaltenen Nährstoffe. (**D.A.S. 1245995** Kl. 16 vom 6/10. 1962, ausg. 3/8. 1967.) — 2 S. H. Karst 7325

3285 Wintershall Akt.-Ges., Celle (Erfinder: Wilhelm Jahn Held), Kassel, **Kalium-Magnesium-Phosphat enthaltende Düngemittel** mit wasserunlösl. u. wasserlösl. Kalinährstoffen, dad. gek., daß diese KMg · PO_4 als wasserfreies Salz u./oder als dessen Monohydrat in Mengen von ca. $^1/_5$ bis ca. $^2/_3$ des Gesamt-K_2O-Geh. als fein- oder feinstteilige Primär-Krist. einer Korngröße $< 100\ \mu$, die in verd. Citronen- oder Ameisensäure lösl. sind, enthalten, u. bes. zu Granulaten einer Körnung von ca. 0,2–1 oder ca. 1–5 mm Korndurchmesser verarbeitet sind. Die Düngemittel weisen ein Nährstoff-Verhältnis von P_2O_5:K_2O:MgO wie ca. 1:1–2:0,5 auf u. enthalten ggf. oberflächenakt. Stoffe. Die Düngemittel enthalten rasch wirkende neben langsam wirkenden Pflanzennährstoffe, wobei durch die Granulation ihre agrikulturchem. Wirksamkeit erhalten bleibt u. die nicht wasserlösl. K-, P- u. Mg-Ionen im Boden nicht festgelegt werden. Beispiele, Tabellen mit Ergebnissen aus Vgl.-Vers. u. Kurven. (**D.A.S. 1252210** Kl. 16 vom 26/2. 1962, ausg. 19/10. 1967.) — 6 S. H. Karst 7325

3286 Dow Chemical Co., Midland, Mich. (Erfinder: Cleve Anthony Ingham Goring, Garden Grove, Calif.), USA, **Unterdrückung bzw. Regelung der Nitrifizierung in Kulturböden** u. Verminderung der N-Verluste bei der Düngung mit NH_3, NH_4-Salzen oder organ. N-Düngemitteln durch Verw. eines oder mehrerer *Trichlormethylpyridine* in Mengen von 0,5–50 (Gew.-Teile) je 1000000 Böden. Die Mittel werden im Gemisch mit oder gemeinsam mit Düngemitteln, die reduzierten u./oder organ.-gebundenen N enthalten, oder kurz vor, gleichzeitig mit oder kurz nach dem Ausstreuen oder Verteilen der Düngemittel auf den Boden verwendet. Die Mittel werden den Düngemitteln in Mengen von 0,25–0,5, bezogen auf den Geh. an red. u./oder organ. gebundenem N in den Düngemitteln, beigemischt. Bes. geeignete Verb. sind: *2.6-Bis-*[*trichlormethyl*]-, *5-Chlor-2-*[*trichlormethyl*]-, *3.4.5-Trichlor-2-*[*trichlormethyl*]-, *3.4-Dichlor-2-*[*trichlormethyl*]- u. *2-*[*Trichlormethyl*]*-pyridin*. Die Hemmung der Nitrifizierung beträgt ca. 80–95%. — Tabellen. (**D.A.S. 1246771** Kl. 16 vom 10/3. 1961, ausg. 10/8. 1967. **U.S.P. 3185594** vom 1/9. 1961, ausg. 2/6. 1964.) — 6 S. — 9 S. H. Karst 7327

3287 Süddeutsche Kalkstickstoff-Werke Akt.-Ges., Trostberg (Erfinder: Franz Kaess, Traunstein, Hermann Kronacher und Hans Wirth, Trostberg), **Herstellung von Kalkstickstoff** aus CaO einerseits u. C- u. N-haltigen, gasförmigen Verb. andererseits bei erhöhter Temp., wobei die Azotierung unterbrochen, entstandenes $CaCO_3$ durch Erhöhung der Temp. unter Inertgasdeckung, bes. mit CO_2, decarbonisiert, dann auf Azotierungstemp. abgekühlt u. weiter azotiert wird, bes. wird die jeweils nachfolgende Azotierung bei ggf. der vorangehenden gesteigerter Temp. vorgenommen, der Feststoff zwischen den Azotier- u. Entcarbonisierungsöfen umlaufen gelassen, bei Verw. mehrerer Azotieröfen Feststoff u. Rk.-Gase im Gegenstrom zueinander geführt u. die Azotierung bei einem Überdruck bis zu 10 atü durchgeführt. — Fließbild. (**D.A.S. 1250417** Kl. 12k vom 4/3. 1965, ausg. 21/9. 1967.) — 4 S. H. Roos 7327

3288 Wintershall Akt.-Ges., Celle und Kassel (Erfinder: Wilhelm Jahn-Held, Kassel, und Otto Braun, Heringen/Werra), **Herstellung granulierter Mischdüngemittel aus Kalkstickstoff und Kalidüngesalz** mit Harnstoff (I) oder dessen Nitrat als Bindemittel, wobei der Bindemittelanteil $< 15\%$ liegt, dad. gek., daß ein erwärmtes (50–120°)-Gemisch aus unhydratisiertem

Kalkstickstoff u. Kalidüngesalz mit **I** oder **I**-Nitrat in Schnecken-, Stempel- oder Walzenpressen bei Preßdrücken bis ca. 300, bes. 150—200 kg/cm² verpreßt u. das Preßgut zerkleinert wird. Ein Gemisch aus 54 (Gew.-Teilen) Kalkstickstoff, 42 Kalidüngesalz u. ca. 3 **I** wird auf 100° erwärmt u. bei 300 kg/cm² verpreßt. Ohne W.-Zusatz u. ohne N_2-Verluste werden nicht staubende, lagerbeständige u. granulierte Düngemittel mit ca. 13(%) N_2-Geh. u. 21 K_2O hergestellt, die wasserlösl. N_2 u. langsam wirkende N-Verb. enthalten. (**D.A.S. 1242249** Kl. 16 vom 14/7. 1961, ausg. 15/6. 1967.) — 4 S.
H. Karst 7333

3289 Walter v. d. Waydbrink, Paulinenaue, **Behandlung von Grünland und Futterbeständen** durch Aufsprühen von verflüssigtem NH_3 auf den Pflanzenbestand 12—24 Std. vor dem Schnitt, z. B. 25—50 kg NH_3/ha. [**D.P.[DDR] 51485** Kl. 451 vom 6/12. 1965, ausg. 5/11. 1966 [Wirtschaftspatent].) — 2S. W. Wittholz 7350

Pflanzenkrankheits- und Schädlingsbekämpfung

3290 **Kombinierte Verwendung von Polymikrodüngungen und Beizmitteln.** A. N. Gjul'achmedov und F. Rzaeva. (Chlopkovodstvo **17** (1967) 12, 21; russ.) — Zusammenfassende Daten, in welchen der positive Einfl. der Behandlung von Baumwollsaatgut (agrotechn. Angaben) mit Gemischen von Fungizid (*Cu-Trichlorphenolat*), Pflanzenwuchsstoff (Präp. *VVu*) u. Mikrodüngung (Mn, Br, J, Mo, S u. dgl. enthaltendes Präp. *IMU*) auf den Ernteertrag der Kultur, die Festigkeit der erzeugten Baumwollfasern u. dgl. gezeigt wird.
S. Baryschnikow 7360△

3291 **Einfluß von 2.4-D auf die Absorption und Verwertung von Nährstoffen durch die Pflanzen verschiedener Systemgruppen.** T. V. Licholat. (Chim. v sel'skom Choz. **5** (1967) 4, 31—35; Kalminsk. gos. ped. Inst. im. Kalinina; russ.) — Gefäßvers. (W.-Kultur) mit 1—3 Paar Blätter tragenden Mais (**A**)- u. Sonnenblumenpflanzen (**B**), die mit $4{,}5 \cdot 10^{-3}$ m Lsg. von *2.4-D* (**I**) bespritzt wurden oder deren Wurzelsyst. in $2{,}25 \cdot 10^{-4}$ m **I**-Lsg. immergiert wurde, zeigen, daß die Absorption von NO_3^- u. PO_4^{3-} aus der Nährlsg. durch Einw. von **I** bei **A** wenig, bei **B** stark gehemmt wird. Der Mechanismus der **I**-Einw. (Verschiebung des P-Geh. im Syst. ADP–ATP?) wird diskutiert.
S. Baryschnikow 7360△

3292 **Einfluß von 2.4-D auf die biochemischen Prozesse im Boden.** A. A. Abueva. (Izvest. Timirjazevskoj sel'skochoz. Akad. **1967**, 6, 103—13; russ.) — Gefäß- u. Feldvers. mit auf Kompost-Podsolboden gezüchtetem Faserlein bestätigen die positive Einw. der Zufuhr (19 Tage vor der Aussaat) von 3,0—5,0 kg/ha *2.4-D* auf die Entw. von ammonifizierenden u. nitrifizierenden Mikroorganismen im Boden. Das Verf. zerstört 80—90% der Unkräuter. Eine gleichzeitige Zufuhr von $(NH_4)_2SO_4$ unterstützt die Einw. des Herbizids auf die Mineralisation der bes. beständigen organ. N-Substanzen des Bodens.
S. Baryschnikow 7365△

3293 **Wirksamkeit von Herbiziden bei verschiedener Mineraldüngung.** G. S. Gruzdev und V. A. Satarov. (Izvest. Timirjazevskoj sel'skochoz Akad. **1967**, 6, 91 bis 102; russ.) — In Feldvers. mit Gerste u. Hafer (podsolierter Boden) wird gezeigt, daß die herbizide Wrkg. (Spritzungen) von *2.4-D* (0,3 kg/ha) u. *Banocid-Kombi* (3,5 kg/ha) bei gleichzeitiger Düngung $N_{45}P_{60}K_{40}$ von bes. hoher Wirksamkeit ist (Zerstörung von *Chenopodium album* L. ist bes. charakteristisch). Die Verw. der vorst. Herbizide beeinflußt den Ertrag u. die technolog. Qualität der Zerealien nicht. — 33 Literaturangaben.
S. Baryschnikow 7365△

3294 **Herbizide auf Teeplantagen.** T. V. Beljaeva. (Izvest. Timirjazevskoj sel'skochoz. Akad. **1967**, 6, 114—25; russ.) — Zufuhr von 8—15 kg/ha *Simazin* (**I**), *Monuron* (**II**), *Dalapon* (**III**), *Atrazin* (**IV**) bzw. (**I** + **III**)- u. (**II** + **III**)-Gemischen zerstört 73,3—99% der Unkräuter in Teeplantagen (lehmhaltige Böden). Das Verf. beeinflußt die Entw. des Teestrauchs sowie die Qualität u. die Zus. (Geh. an Ascorbinsäure, Aktivität der Katalase u. dgl.) des Teeblattes nicht. Agrotechn. Angaben zur Verw. von **I–IV**. S. Baryschnikow 7365△

3295 **Einfluß von Herbiziden auf die Qualität des Haferkorns.** A. A. Petunova, E. M. Kazarina und V. O. Pavlovskaja. (Chim. v sel'skom Choz. **5** (1967) 10, 42—43; VNNI zašč. rastenij; russ.) — Auf lehmhaltigen Kompost-Podsolböden beeinflußt die Zufuhr von *2M-4Ch, 2M-4ChP, 2M-4ChM, Aktryl-M, Banlen*; *2.4-D-Na-Salz* bzw. *2.4-D-Aminsalz* (1,2; 2,0; 2,5; 1,6; 1,2; 1,2 bzw. 0,8 kg/ha) den Körnerertrag, die Keimfähigkeit u. den Proteingeh. des Kornes des angebauten Hafers prakt. nicht. S. Baryschnikow 7365△

3296 **Anwendung neuer Herbizide zur Bekämpfung der Hühnerhirse in Reissaaten.** G. A. Syrbu. (Izvest. Akad. Nauk Kaz. SSR, Ser. biol. **1967**, 1, 38—42; Kzyl-Ordinsk, Risovaja op. st.; russ.) — Die untersuchten Herbizide STAM-F-34, Surkopur, Propanid enthalten 3.4-Dichlorpropionanilid. Sie erweisen sich als gut wirksam bei der Bekämpfung verschiedener Gramineen-Unkräuter (mit Ausnahme von gewöhnlichem Schilf). In Reissaaten war die Wrkg. gut, wenn Spritzen mit ihren Lsg. nach W.-Ablassung vorgenommen u. das W. 2—3 Tage nach der Behandlung wieder eingelassen wurde. Zur Bekämpfung der Hühnerhirse bei 1—2 entwickelten Blättern erwies sich als optimal die Wirkstoffmenge von 5 kg/ha, bei weitgehender Entw. des Unkrautes aber 7,0—7,5 kg/ha.
M. Gordienko 7365

3297 **Phytotoxizität verschiedener Herbizide gegenüber Obstbaumsäumlingen.** A. H. Lange und J. C. Crane. (Proc. Amer. Soc. horticult. Sci. **90** (1967) 47—55; Dep. of Horticult., Univ. of Calif., Agric. Extension Serv., Riverside, Calif.; engl.) — Es wird die Phytotoxizität von 15 Herbiziden bei Wurzelanwendung gegenüber Aprikose, Pfirsich, Pflaume, Mandel, Walnuß u. Birne untersucht. Von den Vorauflaufherbiziden scheinen *Simazin, Diuron* u. *Prometryne* wenig tox. für Walnüsse zu sein. *Isocil* zeigt Vorteile bei Pfirsich. *Trifluralin, Dimethyl-tetrachlorterephthalsäure, Diphenamid* u. *Äthyl-di-n-propylthiolcarbamat* sind relativ sicher als Vorauflaufherbizide, *Dalapon, Amitrole* u. *Paraquat* als Nachauflaufherbizide in Obstplantagen, ebenso Mittel vom Typ der *2.4-Dichlorphenoxyessigsäure. Dicamba* u. *Picloram* wirken zu tox. gegenüber Obstbaumsämlingen.
W. Hiller 7365

3298 **Fungizide Aktivität von N-Trichlormerthylthio-Derivaten cyclischer Carbamide.** E. Czerwińska, H. Stefaniak, A. Ziółkowska, R. Kowalik, J. Plenkiewicz und Z. Eckstein. (Bull. Acad. polon. Sci., Sér. Sci. chim. **15** (1967) 10, 473—77; Mycolog. Labor., Inst. of Organ. Ind. Warschau; engl.) — Vf. prüfen in vitro die fungizide Wrkg. von *Benzoxazolinon-(2)*- (**I**) u. *5-Aryl-1.2.4-oxadioazolinon-(3)-Deriv.* (**II**) gegenüber *Fusarium culmorum, Alternaria tenuis, Rhizoctonia solani, Botrytis fabae* u. *Venturia inaequalis*. Durch Einbau der Trichlormethylmercapto-Gruppe am Imin-Stickstoff bei **I** u. **II** steigt im Vgl. zu den Ausgangssubstanzen die fungitox. Wirkung. Durch Kondens. des heterocycl. Rings mit dem Benzolring steigt ebenfalls die Wirkung. Bei **I** beeinflussen die Substituenten im aromat. Ring die Wrkg.; 7-CH_3, 5-Br, 6-Br u. 5,7-Br_2 vermindern die Fungitoxizität. Als aussichtsreich werden *3-[N-Trichlormethylmercapto]-6-chlorbenzoxazolinon-(2)* u. *5-Benzhydryl-4-[N-trichlormethylmercapto-1.2.4-oxadiazolinon-(3)* genannt.
Hans Lehmann 7370

3299 **Chemische Bekämpfung der Fusariose, Verticillose und Wurzelfäule der Baumwollstaude.** I. M. Poljakov und V. I. Popov. (Chlopkovodstvo **17** (1967) 12, 38—41; russ.) — Als bes. wirksame Substanzen zur Bekämpfung der Fusariose der Baumwollstaude (*Fusarium oxysporum* f. *vasinfectum*) wurden die Deriv. von Dithiocarbaminsäure: *Maneb, Zineb* u. *Thiram* anerkannt. Die (schwierigere) Bekämpfung der Verticillose (sog. „Wilt", *Verticillium dahliae* als Erreger) erfolgt unter Verw. von *Cu-Trichlorphenolat* u. bes. von *Granosan* (*Äthylmethylchlorid*). Gegen die „Wurzelfäule" (Erreger nicht angegeben) von jungen Pflanzen sind *Phenthiuram* u. *Thiram* bes. wirksam. Agrotechn. Angaben zur Verw. der Präparate.
S. Baryschnikow 7370△

3300 **Neue Präparate gegen den Gurkenmehltau.** N. M. Golyšin, M. A. Sanin und L. A. Zinov'eva. (Chim. v sel'skom Choz. **5** (1967) 10, 20—26; VNII chim.

sredstv zašč. rastenij; russ.) — Infolge unspezif. Wrkg. u. erhöhter Toxizität für *Cucurbitaceae* sind die zur Zeit als Fungizide angebotenen Benzoxazolinon-Deriv. (bes. *5-Chlorbenzoxazolinon*) sowie *Phosbutyl*, *Rhodanox* u. *Chloroxan* zur Bekämpfung des Gurkenmehltaus (*Erysiphe cichoracearum*) wenig geeignet. Die Wirksamkeit von *5.4'-Dichlorsalicylanilid* u. *Ca-Tetrathionat* (agrotechn. Angaben) wird bestätigt. — 42 Literaturangaben.
S. Baryschnikow 7370△

3301 **Anreicherung des Bodens und Apfelbaumes an DDT nach anhaltender Anwendung des Insektizids in Obstanlagen.** V. P. Vasil'ev, V. A. Grodskij, A. S. Degtjareva und E. S. Kosmatyj. (Chim. v sel'skom Choz. **5** (1967) 10, 18—19; Ukrain. NII zašč. rast.; russ.) — Nach systemat. (10—12 Jahre lang) durchgeführten Behandlungen der Obstanlagen mit DDT (I), im Verlauf welcher diesen durch Spritzungen u. Bestäubungen der Bäume insgesamt ≈ 200 kg/ha **I** zugeführt wurden, betrug der **I**-Geh. der Erde (Bodenhorizont 0—20 cm) 3,5—2,0 mg/kg (bis ≈ 30 cm tief eindringendes Insektizid). Der maximale **I**-Geh. in Wurzeln, Rinde, Zweigen, Blättern u. Früchten des Apfelbaumes betrug 15,0; 17,0; 15,0; 22,0 u. 1,22 mg/kg.
S. Baryschnikow 7375△

3302 **Aktuelle Probleme des Holzschutzes.** Hans Heinrich Bosshard. (Holz Roh- u. Werkstoff **26** (1968) 1, 10—18; Inst. für Mikrotechnol. Holzforsch., ETH Zürich; dt.) — Unter Auswertung der Literatur wird in theoret. Darlegungen nachgewiesen, daß Holzschutzmaßnahmen um so wirksamer sind, je feinere Strukturelemente von ihnen erfaßt werden. Dem Eindringen der Schutzmittel, bes. öliger Mittel, in die Zellwand ist stärkere Aufmerksamkeit als bisher zuzuwenden. — 30 Literaturangaben. W. Scheele 7385

3303 **Neue Technik für vergleichende Bewertung einiger metallorganischer Holzschutzmittel.** B. A. Richardson. (Int. Pest Control **10** (1968) 1, 14—19; engl.) — Die vorgeschlagene Schnellmeth. bedient sich als Prüfkörper dünner Holzplättchen. Die Pilzresistenz wird nach vierwöchigem Pilzangriff durch manuelles Zerbrechen der Prüfkörper beurteilt. Die Meth. erreicht, wie am Beispiel einiger fixierter Fungizide auf Basis metallorgan. Verb. gezeigt wird, beachtliche Empfindlichkeit u. kann auch zur Prüfung neuer Holzschutzmittel angewendet werden.
W. Scheele 7385

3304 Pennsalt Chemicals Corp., Philadelphia, Pa., USA (Erfinder: Harold Miller und Russell Nelson), **N.N-Dialkyltridecylamine,** z. B. *Dimethyltridecylamin*, u. deren *Salze*, bes. mit *3.6-Endoxohexahydrophthal-*, *2.4-Dichlorphenoxyessig-*, *Tetrachlorterephthal-*, *3-Amino-2.5-dichlorbenzoesäure*, erhält man z. B. durch Rk. des bes. durch Oxo-Synth. hergestellten Tridecylalkohols mit dem Dialkylamin bei erhöhter Temp. u. erhöhtem Druck in Ggw. eines Al_2O_3-Katalysators. — *Herbizide* u. *Fungizide*. (**Brit.P. 1018254** vom 3/9. 1963, ausg. 26/1. 1966. U.S. Prior. 18/9. 1962.) — 9 S. H. Roos 7370

3305 American Cyanamid Co., Wayne (Erfinder: Glentworth Lamb, Trenton), N.J., USA, **Schutzmittel gegen Bakterien- und Pilzbefall** enthalten eine Verb. der allg. Formel HON = C(X)–C_6H_4–C(X) = NOH (X = Halogen), die Gruppen –C(X) = NOH stehen in m- oder p-Stellung zueinander. Die Verb. erhält man durch Rk. der Oxime mit Halogenen. — Genannt sind: Isophthalhydroxamoylchlorid, -bromid; Terephthalhydroxamoylchlorid, -bromid; Schutzmittel für *Pflanzen, landwirtschaftliche Prod., Textilien* u. *fl. Medien*; vgl. Tabellen. (**D.A.S. 1246169** Kl. 30i vom 20/1. 1967, ausg. 3/8. 1967. U.S. Prior. 20/1. 1966.) — 4 S.
R. Bauereis 7370

3306 Fisons Pest Control Ltd., Harston, Cambridgeshire (Erfinder: Alan James Lambie, Geoffrey Tattersall Newbold, Saffron Walden, Essex, und Michael Barry Purdew, Cambridge), Großbritannien, **Herstellung von cyclischen Aminen** erfolgt durch Rk. von 1.2.3.4-Tetrachlor-5.6-dinitrobenzol (I) bei erhöhter Temp. mit einem Amin der allg. Formel $X[(CH_2)_2]_2NH$ (X = O, CH_2, Alkylimino, Arylimino). — Durch Rk. von **I** mit Morpholin erhält man *4-(Trichlor-o-dinitrophenyl)-morpholin*, $C_{10}H_8Cl_3N_3O_5$, F. 123—124°. — Analog: *1-Methyl-4-[trichlor-o-dinitrophenyl]-piperazin*, $C_{11}H_{11}Cl_3N_4O_4$, F. 110—112°. — *1-[Trichlor-o-dinitrophenyl]-piperidin*, $C_{11}H_{10}Cl_3N_3O_4$, F. 107—109°. — *Fungizide*; Zwischenprod. für *Insektizide*. (**D.A.S. 1245966** Kl. 12p vom 8/1. 1965, ausg. 3/8. 1967. **Schwz.P. 427814** vom 8/1. 1965, ausg. 14/7. 1967. Beide Brit. Prior. 11/1. 1964.)
R. Bauereis 7370

3307 Farbwerke Hoechst Akt.-Ges. vormals Meister Lucius & Brüning, Frankfurt/M. (Erfinder: Heinz Frensch, Helmut Goebel, Frankfurt/M., und Kurt Härtel, Hofheim), **Metallfreies Saatgutbeizmittel** enthält als Wirkstoffe 1 (Teil) 3.3.4.4-Tetrachlortetrahydrothiophen-1.1-dioxid u. 1—10 Pentachlornitrobenzol u./oder Tetrachlornitrobenzol u./oder Tetramethylthiuramdisulfid u./oder N-Trichlormethylmercaptotetrahydrophthalimid u./oder Hexachlorbenzol. — Die Wrkg. der Mischung übertrifft die der Einzelstoffe u. die des üblichen Hg-Präp. bei den verschiedenartigen Pilzkrankheiten, vgl. die Tabellen. (**D.A.S. 1249004** Kl. 451 vom 1/9. 1964, ausg. 31/8. 1967.) — 4 S.
H. Nebelsiek 7370

3308 M. L. Fedder und V. M. Cetlin, **Aerosolmischung zur Vernichtung blutsaugender Insekten** auf DDT- oder Pyrethrin-Basis mit Freon-11 u. Freon-12 als Treibmittel; zur intensiveren Zerstäubung werden 25(%) A., 25 Bzn. u. 50 einer Mischung der beiden Freone zugesetzt. (**UdSSR.P. 166861** vom 13/1. 1964.) — 2 S.
F. Eßer 7375

3309 Hooker Chemical Corp., Niagara Falls, übert. von: Edward D. Weil, Lewiston, Emil J. Geering, Grand Island, und Keith J. Smith, Lockport, N.Y., USA, **Mittel zur Bekämpfung von Mikroorganismen,** enthaltend Trichlor- oder Tribromvinylthiocyanat als Wirkstoff. — *Trichlorvinylthiocyanat*, $Kp._{1,5}$ 50—55°, erhält man durch Rk. von KCN mit Tetrachloräthansulfenylchlorid, $Kp._{0,5}$ 53—57°. — *Nematozide, Bakterizide*. (**U.S.P. 3253981** vom 14/2. 1963, ausg. 31/5. 1966.) — 2 S. R. Bauereis 7375

3310 C. H. Boehringer Sohn (Erfinder: Heinz Manfred Becher, Richard Sehring und Karl Zeile), Ingelheim/Rh., **2.4-Dinitro-6-chlormethylphenol** erhält man durch Nitrierung von 4-Nitro-6-chlormethylphenol, das durch Chlormethylierung von p-Nitrophenol hergestellt wurde. — Aus 4-Nitro-6-chlormethylphenol erhält man durch Nitrierung mit rauchender HNO_3 bei —5° in Ggw. geringer Mengen Harnstoff *2.4-Dinitro-6-chlormethylphenol*, F. 93—95°. — *Pflanzenschutz-* und *Schädlingsbekämpfungsmittel*. (**D.A.S. 1210880** Kl. 12q vom 4/3. 1963, ausg. 17/2. 1966.) — 2 S.
R. Bollinger 7375

3311 Shell Internationale Research Mij. N. V., Den Haag, Niederlande (Erfinder: John Edward Larson Davis und Jerome George Kuderna jun., Modesto, Calif., USA), **Behandlung von mit Nematoden verseuchten Böden** durch Verw. von 2.4-Dihalogenphenyl-halogenalkansulfonaten der Formel (p–X)(o–X)·C_6H_3–OSO_2–R (I), in der X für Cl oder Br u. R für einen chlor- oder bromsubstituierten Methyl- oder Äthylrest stehen. — Man erhält Verb. der Formel **I** durch Rk. des entsprechenden 2.4-Dihalogenphenols mit dem jeweiligen Halogenalkansulfonylchlorid in Ggw. eines Säureakzeptors, wie Pyridin. — Beispiele für **I**: *2.4-Dichlorphenylbrommethansulfonat*; *2.4-Dibromphenyl-chlormethansulfonat*; *2.4-Dichlorphenyl-2-chloräthansulfonat*; *2.4-Dichlorphenyl-dichlormethansulfonat*. — Die **I** sind dosiert, nicht phytotox. für lebende Pflanzen u. deren Samen. (**D.A.S. 1256940** Kl. 451 vom 6/3. 1964, ausg. 21/12. 1967. U.S. Prior. 3/5. 1963.) — 3 S. H. Nebelsiek 7375

3312 Farbenfabriken Bayer Akt.-Ges., Leverkusen, **N-Phenylcarbaminsäurepropinylester** der allg. Formel **A–E** (**A** = **I**; x u. y = 0 oder 1, jedoch nicht beide gleich 0; E = –NH–CO–OCH_2–C≡CH) erhält man durch Rk. eines Isocyanats der allg. Formel A–NCO mit Propargylalkohol (**II**) in einem organ. Lsgm. bei 10—80, bes. 20—50°, in Ggw. einer starken Base als Beschleuniger. — Aus 2.3-Dichlorphenylisocyanat u. **II** in Aceton in Ggw. von Triäthylamin durch exotherme Rk. bis 30° u. dann bei 50° → *N-[2.3-Dichlorphenyl]-carbaminsäure-propinylester*, F. 69°. — Analog folgende Ester: *2.4-Cl_2-C_6H_3*-**E**, F. 73°. — *2.5-Cl_2-C_6H_3*-**E**, F. 75°. — *2.4-Cl_2-5-CH_3-C_6H_2*-**E**. F. 82°. — *2-Cl-6-CH_3-C_6H_3*-**E**, F. 102°. —

I 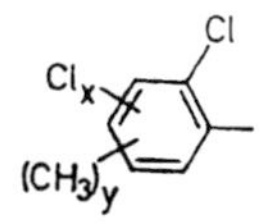

2-Cl-5-CH_3-C_6H_3-**E**, F. 60°. — *Akarizide, Insektizide.* — Mengenbeispiele zur Bekämpfung von *Plutella maculipennis* u. *Tetranychus telarius* auf Gemüsepflanzen u. Wrkg.-Tabellen. (**Brit.P. 1034499** vom 28/5. 1965, ausg. 29/6. 1966. D. Prior. 27/6. 1964.) — 8 S.

Georg Vogel 7375

3313 Badische Anilin- & Soda-Fabrik Akt.-Ges. (Erfinder: Karl-Heinz König und Horst Pommer), Ludwigshafen/Rh., **Herstellung von Acyloxycarbamidsäurehalogeniden** der allg. Formel R^1–(R^2)C(Y)–N(COCl)–C$(R^3)(R^4)$–O–CO–R^5 (R^1–R^4 = H bzw. gleiche oder verschiedene Alkyl- oder Arylreste; R^5 = ggf. substituierter Alkyl-, Alkaryl- oder Cycloalkylrest; Y = H oder –OCOR^5; R^1 u. R^3 zusammen ggf. C_{2-5}-Alkylenrest, in dem eine CH_2-Gruppe ggf. durch ein O- oder S-Atom bzw. die Gruppe N–R^6 ersetzt ist; R^6 = Alkyl, Cycloalkyl oder Phenyl), dad. gek., daß man Carbamidsäurehalogenide der allg. Formel R^1–(R^2)C(Cl)–N(COCl)–C$(R^3)(R^4)$–Z (Z = H, Cl oder Br) mit Carbonsäuren der Formel R^5–COOH, bzw. deren Alkali- oder Erdalkalisalzen, bei −20 bis 55°, ggf. in einem organ. Lsgm. oder Suspensionsmittel, umsetzt. — Aus N-[α-Chloräthyl]-N-methylcarbamidsäurechlorid durch Einrühren von Eisessig bei −10 bis 0°, Durchleiten von trockenem N_2, Erwärmen auf 20—35° u. frakt. Dest. unter Vakuum → *N-Methyl-N-[α-acetoxyäthyl]-carbamidsäurechlorid*, $Kp._{3,5}$ 99—101°, 72% (Ausb.); analog *Carbamidsäurechloride*: *N-Methyl-N-acetoxymethyl-*, $Kp._{23}$ 114—116°, 69%; *N-[α-Propionyloxymethyl]-N-methyl-*, $Kp._1$ 92—94°, 62%; *N-[α-Monochloracetoxymethyl]-N-methyl-*, $Kp._{0,5}$ 88—89°, 74%; *N.N-Bis-[acetoxymethyl]-*, $Kp._{0,8}$ 93—95°, 63,5%. — Zwischenprod. für *Pflanzenschutzmittel*. (**D.A.S. 1253699** Kl. 12o vom 16/1. 1965, ausg. 9/11. 1967.) — 3 S.

Georg Vogel 7375

3314 Farbenfabriken Bayer Akt.-Ges., Leverkusen (Erfinder: Rudolf Heiss, Altenfurt, Wolfgang Behrenz und Ingeborg Hammann, Köln), **Herstellung von Indanyl-N-methylcarbaminsäureestern**, dad. gek., daß man Indanole der allg. Formel **I** (R = H, CH_3.

I 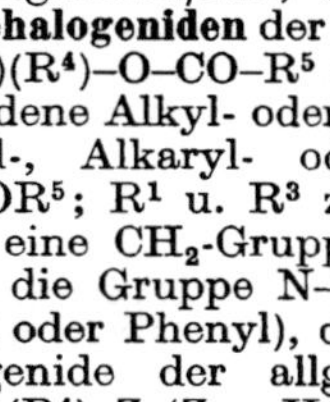 II 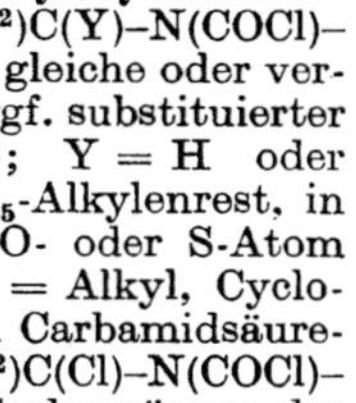

X = H, CH_3, Cl) mit Methylisocyanat oder zunächst mit $COCl_2$ u. den entstehenden Chlorameisensäureester mit Methylamin umsetzt oder zunächst mit der äquivalenten Menge $COCl_2$ umsetzt u. die entstehenden Bis-(indanyl)-carbonate mit Methylamin zu **II** aufspaltet. — Rk. von 1.1-Dimethylindanol-(4) mit Methylisocyanat → *1.1-Dimethylindanol-N-methylcarbamat*, F. 128°, ähnlich *1.1.7-Trimethylindanol-N-methylcarbamat*, F. 131—132°, *1.1-Dimethyl-7-chlorindanyl-N-methylcarbamat*, F. 115—116°. — *Insektizide* u. *Akarizide*. (**D.A.S. 1249261** Kl. 12o vom 18/6. 1966, ausg. 7/9. 1967.) — 3 S.

R. Bollinger 7375

3315 Sumitomo Chemical Co. Ltd., Osaka (Erfinder: Yasuyoshi Oshima, Morifusa Eto und Takeshi Kato, Fukuoka), Japan, **Herstellung von 1.3.2-Benzodioxaphosphoranen** erfolgt durch Rk. von o-Oxybenzylalkohol mit einem Amidophosphorsäure- oder -thiophosphorsäuredichlorid. — Durch Rk. von o-Hydroxybenzylalkohol mit N-Methylphosphorsäureamiddichlorid bei 10—14° erhält man das 2-Methylamino-1.3.2-benzodioxaphosphoran-2-on, F. 87°. Analog: 2-Äthylamino-1.3.2-benzodioxaphosphoran-2-on, F. 67—68°. — 2-Methylamino-1.3.2-benzodioxaphosphoran-2-thion, $Kp._{0,2}$ 120—123°. 2-Äthylamino-1.3.2-benzodioxaphosphoran-2-thion, $Kp._{0,2}$ 110—114°. *System. wirkende Insektizide, Nematozide, Acarizide.* (**D.A.S. 1245977** Kl. 12q vom 6/7. 1964, ausg. 3/8. 1967.) — 4 S.

R. Bauereis 7375

3316 Ciba Akt.-Ges., Basel (Erfinder: Fritz Bachmann, Rieken), Schweiz, **Schädlingsbekämpfungsmittel**, bes. gegen Insekten, Akariden, Nematoden u. Gastropoden, enthaltend als Wirkstoff ein Gemisch aus a) einer Verb. der allg. Formel **I**, in der R^1, R^2, R^3 niedere Alkyl-

I 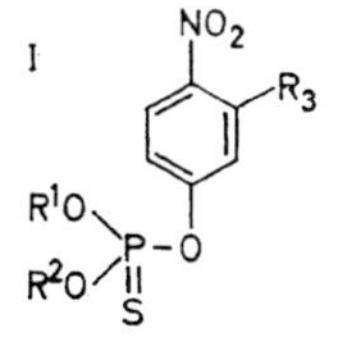 II 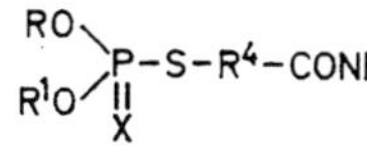

III 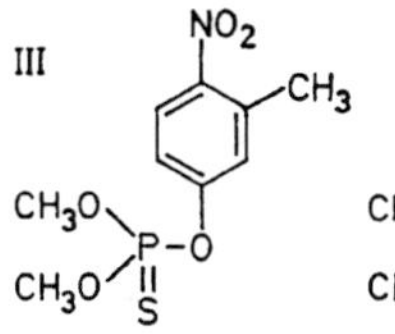 IV 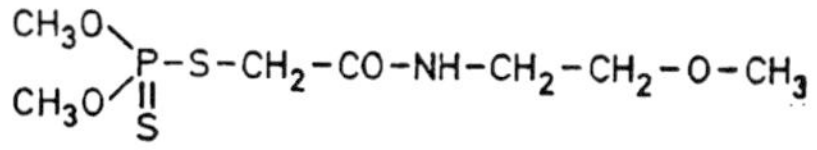

reste sind u. b) einer Verb. der allg. Formel **II**, in der R u. R^1 für ggf. durch Cl-Atome substituierte niedere Alkyl- oder Cyclohexyl-, Benzyl-, Phenyl-, Tetrahydrofurfurylreste stehen, R^2 ein durch ≧1/O-Atom unterbrochenes niederes Alkyl oder den Phenoxyäthylrest darstellt, R^3 für H, niederes Alkyl oder R^2 (**II**) steht, R^4 die Gruppe –CH_2–, –CH_2–CH_2– oder –CH(R^5)– ist, in der R^5 = niederes Alkyl u. X für O oder S steht. — Herst. von **I** u. **II** ist bekannt. — Bes. wirksam ist ein Gemisch aus **III** u. **IV**. Mengenverhältnis: 3:1 bis 1:3. (**D.A.S. 1249002** Kl. 451 vom 14/7. 1965, ausg. 31/8. 1967. Schwz. Prior. 22/7. 1964.) — 3 S.

H. Nebelsiek 7375

3317 Gerald Sydney Poll, Harrow Weald, Roy Vivian Foster, Tring, und Cooper, McDougal & Robertson Ltd., Berkhamstead, Großbritannien, **Organische P-Verbindungen** der Formel **I** (R^1 u. R^2 =

I 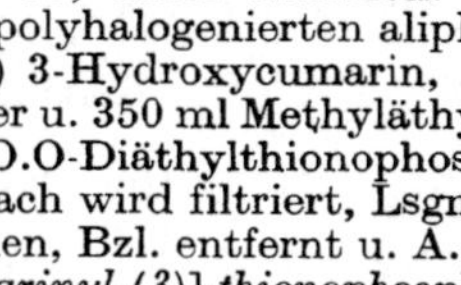

C_1—C_5-Alkylreste; X = O oder S) sind *Pestizide*. Darst. durch Rk. einer Verb. $(R^1O)(R^2O)P(:X)Z$ (Z = Halogen, bes. Cl) mit 3-Hydroxycumarin in Ggw. eines Säurebindemittels, bes. K_2CO_3, ggf. in einem Lsgm., z. B. Aceton, Äthylmethylketon oder Bzl. u. in Ggw. eines Katalysators, z. B. Cu, unter Erhitzen. Die Rk. kann auch in Ggw. eines polyhalogenierten aliphat. KW-Stoffs erfolgen. — 16,2 (g) 3-Hydroxycumarin, 20 wasserfreies K_2CO_3, 0,5 Cu-Pulver u. 350 ml Methyläthylketon werden 1 Std. gekocht u. 20 O.O-Diäthylthionophosphorsäurechlorid zugegeben. Danach wird filtriert, Lsgm. abdest. u. in Bzl. gelöst, gewaschen, Bzl. entfernt u. A. hinzugegeben; *O.O-Diäthyl-O-[cumarinyl-(3)]-thionophosphat*, F. 61—63°. — Ähnlich: *O.O-Dimethyl-O-[cumarinyl-(3)]-thionophosphat*, F. 93—94°. (**Israel A.S. 19660** vom 24/7. 1963, ausg. 28/4. 1966.)

Y. Hess 7375

3318 J. R. Geigy Akt.-Ges., Basel, Schweiz, **Pyrazolylcarbaminsäureester** der Formel **I** (A = geradkettiges oder verzweigtes Alkylen, ggf. substituiert durch Halogen; R^1 = Alkyl mit 1—4 C-Atomen; R^2 = H oder aliphat. KW-Stoffrest; R^3 = aliphat. KW-Stoffrest; R^4 = OR^5; R^5 = H, aliphat. KW-Stoffrest, der ggf. durch Halogen substituiert ist oder in dem die C-Kette durch O oder S unterbrochen sein kann, ein acycl. oder aromat. KW-Stoff, oder die Gruppe $-NR^6R^7$; R^6 u. R^7 = H, aliphat. oder aromat. KW-Stoffreste, oder zusammen mit dem

I 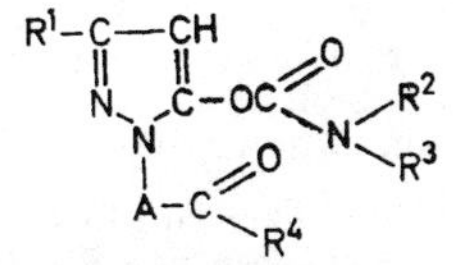

benachbarten N-Atom ein heterocycl. Ring) u. deren Salze mit anorgan. oder organ. Säuren erhält man durch Rk. eines 5-Pyrazolons, das in 3-Stellung durch R^1 substituiert ist (**II**) bei 50—150° mit einer Verb. der Formel $Y–CO–R^4$ (Y = gerad- oder verzweigtkettiges, ggf. halogeniertes Alkenyl, das fähig ist, nach der Additionsrk. die Gruppe A zu bilden) u. Umsetzung des Rk.-Prod. bei 50—150° mit einem Carbaminsäurehalogenid der Formel $Z–CO–NR^2R^3$ (**III**) (Z = Halogen), wonach das erhaltene Prod. in ein Salz überführt werden kann. Man kann auch die Verb. **II** mit der **III** u. das erhaltene Prod. mit der Verb. $Y–CO–R^4$ umsetzen. — Aus 3-Methyl-pyrazolon-(5) u. Acrylsäuremethylester in Dimethylformamid in Ggw. von Eisessig bei 80—95° → *1-[β-(Methoxycarbonyl)-äthyl]-3-methyl-pyrazolon-(5)*, F. 102—106°; hieraus mit Dimethylcarbaminsäurechlorid in Bzl. in Ggw. von K_2CO_3 u. KJ → *1-[β-(Methoxycarbonyl)-äthyl]-3-methyl-pyrazolyl-(5)-N-dimethylcarbaminsäureester*, $Kp._{0,01}$ 152—156°; ferner folgende -3-methyl-pyrazolyl-(5)-N-dimethylcarbaminsäureester: *1-[β-(Äthoxycarbonyl)-äthyl]-*, $Kp._{0,03}$ 170—171,5°; *1-[β-(β'-Chloräthoxycarbonyl)-äthyl]-*, $Kp._{0,03}$ 190—196,5°; *1-[β-(Propoxycarbonyl)-äthyl]-*, $Kp._{0,01}$ 164—165°; *1-[β-(Allyloxycarbonyl)-äthyl]-*, $Kp._{0,02}$ 176—178°; *1-[β-(n-Butyloxycarbonyl)-äthyl]-*, $Kp._{0,006}$ 135—136°; *1-[β-(n-Hexyloxycarbonyl)-äthyl]-*, $Kp._{0,02}$ 163°; *1-[β-(Cyclohexyloxycarbonyl)-äthyl]-*, $Kp._{0,02}$ 200—205°; *1-[β-(β'-Methoxyäthoxycarbonyl)-äthyl]-*, $Kp._{0,005}$ 152—154°; *1-[β-(N-n-Propylcarbamyl)-äthyl]-*, F. 72—75°; *1-[β-(N-Di-n-propylcarbamyl)-äthyl]-*, $Kp._{0,4}$ 170—175°; *1-[β-(N-Phenylcarbamyl)-äthyl]-*, F. 143—144,5°; *1-[β-(Methyloxycarbonyl)-propyl)-*, $Kp._{0,015}$ 151°; *1-[β-(β'-Methylthio)-äthyloxycarbonyläthyl]-*, $Kp._{0,006}$ 180—186°; *1-[β-(N-Dimethylcarbamyl)-äthyl]-*, $Kp._{0,01}$ 152—153,5° u. *weitere Beispiele*. — *Insektizide*. (**Brit.P. 1031490** vom 20/3. 1964, ausg. 2/6. 1966. Schwz. Prior. 22/3. 1963.) — 12 S.

H. Roos 7375

3319 N. V. Philips' Gloeilampenfabrieken, Eindhoven, Niederlande, **Schädlingsbekämpfungsmittel** enthalten Verb. der allg. Formel **I** oder einer tautomeren

I 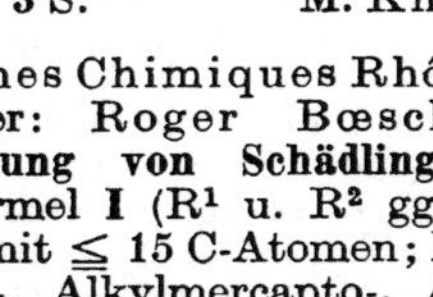

Form (R = Alkylgruppe mit 1—4 C-Atomen, Phenyl-, Chlorphenyl- oder Methoxyphenylgruppe, die eine Methylgruppe enthalten kann; Z = Alkylgruppe mit 2—6 C-Atomen oder Phenylgruppe. — *Insektizide* u. *Akarizide*. (**Oe.P. 248177** vom 8/2. 1963, ausg. 11/7. 1966. Niederl. Prior. 12/2. 1962.) — 3 S. M. Knaack 7375

3320 Soc. des Usines Chimiques Rhône-Poulenc, Frankreich (Erfinder: Roger Bœsch und Jean Métivier), **Herstellung von Schädlingsbekämpfungsmitteln** der allg. Formel **I** (R^1 u. R^2 ggf. verschieden, = H oder Alkylrest mit ≤ 15 C-Atomen; R^3 = H, Aryl-, Aralkyl-, Cycloalkyl-, Alkylmercapto-, Alkyloxycarbonyl-, Alkylcarbamyl- oder Alkylsulfonyl-Rest, wobei die Alkylreste ≤ 4 C-Atome besitzen; X^1 u. X^2, ggf. verschieden, = O oder S). Man läßt Verb. der allg. Formel $Hal–CO–N(R^1)(R^2)$ oder $Hal–COOR^4$ oder R^2NCO mit Hal = Halogen u. R^4 = Alkylrest mit ≤ 4 C-Atomen mit Verb. der allg. Formel **II** reagieren. — *3-Methylcarbamyl-5-propyl-1.3.4-oxadiazolon-(2)*, F. 76°. — *3-Methylcarbamyl-5-tert.-butyl-1.3.4-oxadiazolthion-(2)*, F. 66°. — *3-Dimethylcarbamyl-5-tert.-butyl-1.3.4-oxadiazolthion-(2)*,

I 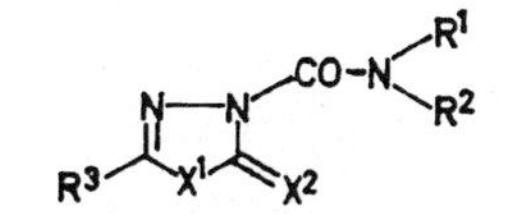

II 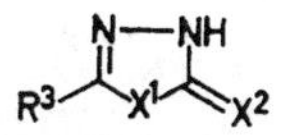

F. 76°. — Zur Bekämpfung der Roten Spinne u. von Blattläusen. (**F.P. 1415605** vom 28/7. 1964, ausg. 28/1. 1966.) — 4 S. M. Knaack 7375

3321 Stauffer Chemical Co., New York, N.Y., USA, **Insektizide, nematozide und akarizide Mittel,** enthaltend als akt. Bestandteil Verb. der allg. Formel **I** (R u. R^1 =

I 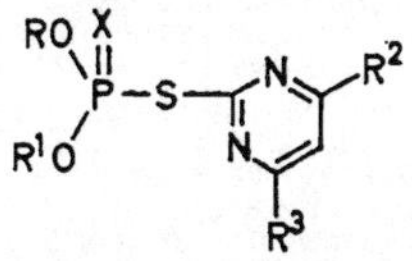

C_1-C_5-Alkyl, X = S oder O, u. R^2 u. R^3 = H oder C_1-C_3-Alkyl), bes. *S-[4.6-Dimethylpyrimidyl-2]-O.O-diäthyl-, -dimethyl-* u. *-diisopropylphosphorodithioat*, hergestellt aus 2-Chlor-4.6-dimethylpyrimidin (**II**) u. Na-O.O-Diäthyl-, bzw. -methyl- bzw. -isopropyldithiophosphat, *S-[4.6-Dimethylpyrimidyl-2]-O.O-diäthylphosphorothiolat*, hergestellt aus Ammonium-O.O-diäthylmonothiophosphat u. **II**, u. *S-Pyrimidyl-2-O.O-diäthylphosphorodithioat*, hergestellt aus Na-Diäthyldithiophosphat u. 2-Chlorpyrimidin. (**Ind.P. 82774** vom 15/6. 1962.) — 4 S.

C. Lüttgen 7375

3322 **E. I. du Pont de Nemours & Co.,** Wilmington (Erfinder: **Henry John Gerjovich,** Clermont, und **Raymond Wilson Luckenbaugh,** Wilmington), Vgl. USA, *Unkrautbekämpfungsmittel*. (**Schwz.P. 405 819** vom 25/8. 1961, ausg. 29/7. 1966. — C. **1966,** 3-2946 [Brit.P. 947 243.])

3323 **J. R. Geigy Akt.-Ges.** (Erfinder: **Werner Perkow, Jurt Gubler, Dragmar Berrer** und **Anton Georg Weiss**), *Unkrautvertilgungsmittel*. (**Aust.P. 262 267** vom 27/10. 1961, ausg. 7/10. 1965. Schwz. Prior. 19/7. 1961. D. Prior. 29/10. 1960 u. 4/2. 1961. — C. **1966, 44**-2921 [Brit.P. 960 649].)

3324 **United States Rubber Co.,** New York, N. Y., USA, *Herbizid*. (**Ind.P. 85 640** vom 15/12. 1962. — C. **1966,** 12-2973 [Can.P. 694 368].)

3325 **Imperial Chemical Industries Ltd.** (Erfinder: **Michael Robert Middleton** und **Joseph Stubbs**), *Herbizide*. (**Aust.P. 269 347** vom 22/3. 1962, ausg. 1/9. 1966. Brit. Prior. 26/5. 1961. — C. **1967,** 44-2981 [Ind.P. 82 378].)

3326 **Monsanto Co.** (Erfinder: **Angelo John Speziale**), *Herstellung herbizider N-Polymethylen-α-halogenacetamide*. (**Aust.P. 268 949** vom 2/4. 1962, ausg. 11/8. 1966. U.S. Prior. 3/4. 1961. — C. **1967,** 12-3136 [Brit.P. 997 038].)

3327 **Th. Goldschmidt Akt.-Ges.** (Erfinder: **Adolf Schmitz**), Essen, *Desinfizierende Zubereitungen*. (**Brit.P. 1 043 148** vom 5/2. 1964, ausg. 21/9. 1966. **U.S.P. 3 290 305** vom 24/1. 1964, ausg. 6/12. 1966. Beide D. Prior. 5/2. 1963. — C. **1965,** 17-1634 [D.A.S. 1 176 319].)

3328 **Farbwerke Hoechst Akt.-Ges. vormals Meister Lucius & Brüning** (Erfinder: **Hans Bruckner, Maximilian Czech** und **Kurt Hartel**), *Fungizide*. (**Aust.P. 262 612** vom 28/8. 1961, ausg. 28/10. 1965. D. Prior. 22/6. 1961. — C. **1964,** 3-2199 [D.A.S. 1 143 668].)

3329 **Farbenfabriken Bayer Akt.-Ges.** (Erfinder: **Erich Klauke, Engelbert Kühle, Ferdinand Crewe, Helmut Kaspers** und **Richard Wegler**), *Fungizide*. (**Aust.P. 262 527**vom 2/11. 1961, ausg. 21/10. 1965. D. Prior. 3/11. u. 25/11. 1960. — C. **1965,** 22-2187 [Brit.P. 927 834].)

3330 **Farbenfabriken Bayer Akt.-Ges.,** Leverkusen, *Herstellung von Sulfensäurederivaten*. (**Brit.P. 931 586** vom 19/4. 1962, ausg. 17/7. 1963. D. Prior. 19/4. 1961. Zusatz zu Brit.P. 927 834; C. **1965,** 22-2187. — C. **1966,** 5-2937 [D.A.S. 1 195 315].)

3331 **Farbenfabriken Bayer Akt.-Ges.** (Erfinder: **Erich Klauke, Engelbert Kuhle** und **Ferdinand Grewe**), *Hydantoinderivate*. (**Aust.P. 268 877** vom 23/4. 1963, ausg. 11/8. 1966. D. Prior. 2/5. 1962. — C. **1966,** 5-2941 [D.A.S. 1 168 914].)

3332 **Rohm & Haas Co.** (Erfinder: **Billy B. Drake** und **Carl V. Smythe**), *Pestizide*. (**Aust.P. 262 546** vom 27/4. 1962, ausg. 21/10. 1965. U.S. Prior. 2/5. 1961. — C. **1965,** 16-2308 [U.S.P. 3 087 865].)

3333 **Shell Research Ltd.** (Erfinder: **Clive B. C. Boyce, Trevor J. Willcox, Thomas W. T. Jones, Payaylotis Nicolaou Manis** und **Willen A. van Tongaren**) *Pestizid wirksame Diphenylmethylamine*. (**Aust.P. 262 250** vom 27/9. 1962, ausg. 7/10 1965. Brit. Prior. 29/9. u. 30/11. 1961. — C. **1967,** 12-3162 [Brit.P. 991 939].)

3334 **Shell Internationale Research Mij. N. V.** (Erfinder: **Eulogio Bordas Costa**), *Pestizide*. (**Aust.P. 269 609** vom 22/8. 1963, ausg. 15/9. 1966. Mexikan. Prior. 24/8. 1962. — C. **1967,** 46-3014 [F.P. 1 369 058].)

3335 **Monsanto Chemical Co.,** St. Louis, Mo., USA, *Insektizide Mittel*. (**Ind.P. 81 417** vom 26/3. 1962. — C. **1965,** 10-2205 [U.S.P. 3 058 878].)

3336 **Ciba Ltd.,** Basel, übert. von: **Gerold Heim,** Gelterkinden, Schweiz, *Mittel zur Bekämpfung von Baumwollschädlingen*. (**U.S.P. 3 264 175** vom 14/1. 1964, ausg. 2/8. 1966. Schwz. Prior. 17/7. 1963. — C. **1965,** 47-2179 [Port.P. 42 501].)

3337 **Farbenfabriken Bayer Akt.-Ges.,** Leverkusen (Erfinder: **Klaus Sasse,** Köln, **Richard Wegler,** Leverkusen, **Bernard Homeyer,** Opladen, und **Paul Ernst Frohberger,** Burscheid), *Herstellung von Polychloralkylrhodanid* *enthaltenden Schädlingsbekämpfungsmitteln.* (**Niederl.P. 112 223** vom 31/8. 1960, ausg. 15/12. 1965. D. Prior. 1/9. 1959. — C. **1961**, 13 695 (D.A.S. 1 098 508].)

3338 **Farbenfabriken Bayer Akt.-Ges.**, Deutschland (Erfinder: **Rudolf Heiss, Ernst Böcker** und **Herbert Jung**), *Phenylcarbamate.* (**F.P. 1 318 079** vom 20/3. 1962, ausg. 10/5. 1963. D. Prior. 21/3. 1961. — C. **1966**, 2-2802 [Brit.P. 937 897].)

3339 **Union Carbide Corp.**, N. Y., übert. von: **John R. Kilsheimer**, Westfield, N. J., und **David T. Manning**, South Charleston, W. Va., USA, *Cyclohexenon-N-alkylcarbamyloxime.* (**U.S.P. 3 256 330** vom 22/9. 1961, ausg. 14/6. 1966. — C. **1968**, 23-3412 [D.A.S. 1 233 863].)

3340 **Montecatini Soc. Gen. per l'Industria Mineraria e Chimica**, Mailand, Italien, *Herstellung von insektizid und akarizid wirkenden Amiden von O.O.-Dialkyldithiophosphorylessigsäuren.* (**It.P. 650 400** vom 2/5. 1961. — C. **1967**, 51/52-3061 [F.P. 1 327 314].)

3341 **Monsanto Co.** (Erfinder: **George Franlin Ludvik, John Paul Chupp** und **Peter Edward Newales**), *Insektizide Methylthiophosphonsäureester.* (**Aust.P. 268 325** vom 27/2. 1962, ausg. 21/7. 1966. U.S. Prior. 1/3. 1961. — C. **1967**, 12-3159 [Brit.P. 989 041].)

3342 **Monsanto Chemical Co.**, St. Louis, Mo., USA, *Herstellung von insektiziden Arylalkylphosphonothioaten.* (**Ind.P. 81 363** vom 22/3. 1962. — C. **1965**, 9-2344 [U.S.P. 3 085 044] u. C. **1967**, 36-2934 [F.P. 1 321 686].)

3343 **Shell Internationale Research Mij. N. V.** (Erfinder: **Charles Henry Tieman, Allan Ramm Stiles** und **Jay Arthur Erikson**), *Herstellung insektizider Phosphorsäureester.* (**Aust.P. 262 269** vom 12/2. 1962, ausg. 7/10. 1965. U.S. Prior. 13/2., 6/3. u. 5/5. 1961. — C. **1966**, 41-3142 [Brit.P. 963 300].)

3344 **C. H. Boehringer Sohn**, übert. von: **Richard Sehring und Karl Zeile**, Ingelheim/Rh., *0.0-Dialkyl-0-[2.5-dichlor-4-bromphenyl]-thiophosphate.* (**U.S.P. 3 275 718** vom 6/11. 1964, ausg. 27/9. 1966. D. Prior. 30/11. 1961. — C. **1966**, 3-2957 [Brit.P. 956 343].)

3345 **American Cyanamid Co.**, Stamford, Conn., übert. von: **Bernard Miller**, Princeton, und **Don Wesley Long**, Hopewell, N. J., USA, *0-2-Pyrazinylthiophosphorsäureesterdichlorid.* (**U.S.P. 3 172 888** vom 17/5. 1960, ausg. 9/3. 1965. — C. **1966**, 50-2994 [F.P. 1 282 807].)

H–14. Holz, Cellulose, Zellstoff, Papier

3346 **Veränderung der Ultrastruktur von Pappelholz im Verlaufe verschiedenartiger Aufschlußprozesse.** Gerhard Casperson, Vazgen Jacopian und Burkart Philipp. (Svensk Papperstidn. **70** (1967) 21, 702—10; Berlin, DAW, Teltow-Seehof, Inst. für Faserstoff-Forsch.; dt.) — Beim alkal. u. sauren Aufschluß von Pappelholz (*Populus enamericana*) erfolgt die Entfernung der Pentosane in unterschiedlicher Menge u. an verschiedenen Zellwandschichten. Beim alkal. Aufschluß greift das Aufschlußmedium vorwiegend vom Lumen her an, wobei die Sekundärwand stark verquillt u. die Mittellamelle große Resistenz zeigt. Beim sauren Aufschluß erfolgt die Substanzauslsg. hauptsächlich aus der Mittellamelle u. der Primärwand, wodurch der Gewebeverband gelockert oder aufgelöst wird u. zwar ohne stärkeren Angriff auf die Sekundärwand. F. Zeidler 7405

3347 **Aminzahl als Maß der Sulfitierung von Sulfitzellstoffen.** W. Nippe. (Papier **22** (1968) 2, 57—59; Zellstoffwerk Maxau, Fa. Ettlingen-Maxau AG; dt.) — Um festzustellen, ob das Steigen der Aminzahl mit der höheren Sulfitierung des Lignins zusammenhängt, werden die Sulfongruppen durch direkte S-Best. ermittelt u. den Aminzahlen gegenübergestellt. Normale CaO-Fichtenholz-*Sulfitzellstoffe* (**I**) werden mit hochpergamentierfähigen *MgO-Zellstoffen* (**II**) verglichen, wobei sich zeigt, daß die Quotienten aus Sulfongruppen in Milliäquivalenten u. Kappa-Zahl bei **I** durchschnittlich 0,314, bei **II** 0,374 betragen. Der Quotient aus Aminzahl u. Kappazahl beträgt 0,3 bzw. 0,335. Nach Best. der OCH_3-Geh. wird festgestellt, daß bei **I** auf 10 OCH_3-Gruppen etwa 3,4 Sulfongruppen, bei **II** etwa 4 gebildet werden. Unters. von nach dem Mitscherlich-Verf. hergestellten Buchenholz-Zellstoffen u. Best. ihrer Amin-Zahl u. ihres Methoxylgeh. zeigen, daß Buchenholzlignin bereits bei geringerer Sulfitierung gelöst wird. Der Quotient aus Amin- u. Kappazahl beträgt durchschnittlich 0,22; bei sehr weichen Zellstoffen steigt er auf 0,3. K. Seifert 7424

3348 **Chemische Eigenschaften von Rinden-Ligninen.** T. Higuchi, Y. Ito, M. Shimada und I. Kawamura. (Cellulose Chem. Technol. [Iaşi] **1** (1967) 5, 585—95; Labor. of Wood Chem., Fac. of Agric., Gifu Univ., Kakamigahara, Gifu, Japan; engl.) — Die Rinde, die daraus extrahierten phenol. Säuren (**A**) u. die extrahierte Rinde von 3 Koniferen sowie 3 großblättrigen Laubbäumen werden im alkal. Milieu durch Nitrobenzol (**I**) ox. sowie der Äthanolyse unterworfen. Die Ausb. der verschiedenen ox. Prod. an gaschromatograph. u. dünnschichtchromatograph. bestimmten *Vanillin, p-Hydroxybenz-* u. *Syringaaldehyd* sowie *Vanilloyl-, Syringoyl-* u. *p-Hydroxybenzoylacetyl* sind tabelliert. Die Bldg. von *Protocatechualdehyd* bei der **I**-Ox. wird auf das Vorhandensein von tanninartigen Stoffen zurückgeführt. Die **A** haben anderen Aufbau als die Lignine u. enthalten Einheiten von Catechin-, Guajacyl- u. Syringaalkohol-Typ. Das Strukturelement des **3.4**-Dihydroxyphenyl-glycerin-β-aryläthers wurde weder im Rindenlignin noch in den **A** gefunden. W. Senf 7428△

3349 **Struktur-Bausteine von Pinoresinol-Typ im Lignin-Molekül. 2. Mitt. Synthese von dl-Pinoresinol und dl-Epipinoresinol.** Kôichi Ogiyama und Tamio Kondô. (J. Japan Wood Res. Soc. [Mokuzai Gakkaishi] **13** (1967) 8, 345—49; Fac. of Agric., Kyushu Univ., Fukuoka; jap.) — 1. vgl. ibid. **11** (1965) 206. → 2.3-Bis-[α-hydroxyvanillyl]-butandiol-(1.4) wird in sd. A. in Ggw. von 3% konz. H_2SO_4 zu einem Gemisch von *dl-Pinoresinol* (**I**), $C_{20}H_{22}O_6$, F. 157—158°; IR-Spektrum; 20% (Ausb.). *Dimethyläther,* $C_{22}H_{26}O_6$, F. 90—91°. *Dimethylätherdibromid,* $C_{22}H_{24}Br_2O_6$, F. 184—185°. *Diacetat,* $C_{24}H_{26}O_8$, F. 162—163°. *Bis-[dinitrophenyläther],* $C_{32}H_{26}N_4O_{14}$, F. 224—225°, mit Dinitrofluorbenzol u. *dl-Epipinoresinol,* F. 144—145°; 10%. *Dimethyläther,* F. 131—132°. *Dimethylätherdibromid,* F. 161—162°. *Diacetat,* F. 151—152°. *Bis-[dinitrophenyläther],* F. 169—170°, neben einem *nichtidentifizierten Prod.* cyclisiert. **I** bildet wahrscheinlich H-Brücken intermol. aus. W. Senf 7428△

3350 **Kontinuierliche enzymatische Umwandlung von Stärke.** F. G. Ewing und H. R. Harrington. (Chem. Engng. Progr. **63** (1967) 3, 65—69; Clinton, Ia., Clinton Corn Processing Co.; engl.) — Mit dem neuen Clinvertor-Verf. läßt sich Stärke mit Enzymen in 35%ig. Bindemittel oder in Ggw. von Kaolin zu Streichmassen bis zu 65% Festgeh. umwandeln. Die Viskosität wird durch die Enzymzugabe gesteuert, die Produktionsmenge kann ohne Veränderung der Viskosität variiert werden. F. Zeidler 7444

3351 **Titandioxid zum Streichen von Papier und Pappe.** W. W. Riches und R. H. Pascal. (Chem. Engng. Progr. **63** (1967) 3, 52—56; Wilmington, Del., E.I. du Pont de Nemours & Co.; engl.) — TiO_2 mit seinem hohen Brechungsindex eignet sich opt. vorzüglich für die Herst. von Streichmassen. Die Verw. von TiO_2 für Papier u. Pappen erscheint um so günstiger, je höhere Anforderungen an Opazität u. Weiße gestellt werden, je fester der Strich sein muß u. je leichter das Gew. des Striches sein soll. F. Zeidler 7448

3352 **Wasserlösliche Spezialschellacke 63 im Flexodruck.** Ernst Ludwig Marx. (Dtsch. Farben-Z. **21** (1967) 9, 441—46; Budenheim, Rhein; dt.) — Vgl. D.B.P. **849 463**; C. **1953**, 776. — Übersicht über Eig. u. Richtrezepturen von schellackhaltigen, pigmentierten Flexodruckfarben, Auflsg. der Spezialschellacke 63 zu Drucklsg., Herst. von schellackhaltigen Pigmentfarben aus der Kugelmühle u. von Flexofarben aus schellackhaltigen Pigmenten, ihre Prüfung u. Anwendung. W. Wesly 7465

3353 Lummus Co., New York, N.Y., übert. von: Adolf W. Gessner, Montclair, N.J., USA, **Imprägnieren der Rohstoffe bei der Zellstofferzeugung,** dad. gek., daß man die Luft in den Poren des Rohstoffs, bes. Holz, durch W.-Dampf ersetzt, das Material in die Imprägnierzone mit Kochlauge von ca. 240—260° mit einem darüberliegenden Dampfraum überführt, in diesen ein inertes Gas (Preßluft) einleitet, so daß der Druck ca. 2—6 psia oberhalb des Drucks in der Lauge liegt u. dann den Druck ca. 1—5 psia unterhalb des Drucks in der Entlüftungszone einstellt, so daß der Dampf in den Schnitzeln kondensiert u. die Lauge in die Poren der Schnitzel eingesaugt wird. — Mengenbeispiel, Zeichnung. (**U.S.P. 3 294 625** vom 28/3. 1963, ausg. 27/12. 1966.) — 4 S. Georg Vogel 7415

3354 International Paper Co., New York, N.Y., übert. von: Amiel W. Brinkley jun., Guthrie S. Mabrey, Mobile, Ala., und John W. Gilbert, Greenwich, Conn., USA, **Herstellung von Kunstseidezellstoff nach dem Sulfatverfahren,** dad. gek., daß man den Rohstoff (Holzschnitzel) bei > 212°F aufschließt, die Ablauge im Kocher kontinuierlich mit Frischlauge bis zu einer Stoffdichte von 1—6% u. einem scheinbaren Geh. von 40—150 g NaOH/Liter verdrängt, die Hemicellulosen in der Verdrängungslauge bei 70—180°F während 5—120 Min. löst, einen Teil der abgezogenen (hemicellulosehaltigen) Lauge wiederholt zur Verdrängung von Ablauge u. den anderen Teil als Kochlauge verwendet. — *Verbesserung der Bleichfähigkeit* [gebleicht 98,5% α-Cellulose nach einer Weiche mit 120 g (scheinbarem) NaOH/Liter bei 120°F]. — Mengenbeispiele, Fließschemata. (**U.S.P. 3294623** vom 23/2. 1966, ausg. 27/12. 1966.) — 9 S. Georg Vogel 7422

3355 Billeruds A/B, Saffle, und Svenska Cellulosa A/B, Sundsvall, übert. von: Carl Arne Bergholm, Sundsvall, und Göran Stahre, Essvik, Schweden, **Gewinnung von Soda und SO_2 aus Pyrolyseabgas von Natriumsulfit- und Sulfatzellstoffablaugen,** dad. gek., daß man das H_2S u. feine Sodaasche enthaltende Gas auf < 300° kühlt, den Hauptteil der Soda trocken abschleudert, die restliche Soda mit einer ≧ 100 g $NaHCO_3$/Liter enthaltenden wss. Lsg. aus dem Gasrest (in einem Skrubber) bei einer Temp. auswäscht, bei der keine wesentliche Kondens. von W.-Dampf erfolgt, wobei man bes. einen Teil der Waschfl. aus der Naßreinigung abzieht, mit CO_2 versetzt u. dann wieder als Waschfl. verwendet, den Hauptteil des W.-Dampfes im Gasrest auf kalten Oberflächen kondensiert u. den kalten, trockenen Gasrest (H_2S) verbrennt. — Mengenbeispiel für ein Abgas aus Natriumsulfitablauge, Zeichnung. (**U.S.P. 3250591** vom 1/7. 1963, ausg. 10/5. 1966. Schwed. Prior. 6/7. 1962.) — 5 S. Georg Vogel 7424

3356 Chemical Investors Soc. An., Luxemburg, Luxemburg, **Oberflächenleimung von Papier** mit einer wss. Fl. bestehend aus oder enthaltend ein Latex eines Äthylen-Homo- oder Copolymeren, ggf. im Gemisch mit einer Stärkedispersion. — Beispiel: Wss. Dispersion von 14% Stärke u. 2—10% Latex. (**Brit.P. 1050762** vom 27/5. 1963, ausg. 7/12. 1966. U.S. Prior. 28/5. 1962.) — 6 S. A. Gradl 7444

3357 Kelco Co., übert. von: William P. Fairchild, San Diego, Calif., USA, **Oberflächen-Leimungsmittel** für die Erzeugung von gegen W. undurchlässigem *Papier*, gek. durch eine wss. Suspension von 2—18% Stärke mit einem Zusatz eines Alkalialginats in einer Menge von $^1/_{20}$—$^1/_2$ der Stärkemenge u. von Na-Aluminat in einer Menge von $^1/_8$—$^1/_3$ der Alginatmenge. (**U.S.P. 3255028** vom 9/8. 1961, ausg. 7/6. 1966.) — 2 S. A. Gradl 7444

3358 Velsicol Chemical Corp., übert. von: Louis P. Wilks, Chicago, Ill., USA, **Schutz von wässerigem Material, besonders Papierstoff, gegen Mikroorganismen,** dad. gek., daß man dem Stoff ein *2.5-Bis-*[*N.N-dialkylaminomethyl*]*-cyclopentanon*, bes. die Dimethyl-, Diäthyl-, Di-n-propyl-, Diisopropyl-, Di-n-butyl- oder N-Methyl-N-äthylaminomethylverb. bzw. 2-[N.N-Dimethylaminomethyl]-5-[N.N-diäthylaminomethyl]-cyclopentanon, als freies Amin bzw. als Hydrochlorid, Hydrobromid, Hydrojodid, Sulfat, Acetat, Tartrat gegen *Aerobacter aerogenes, Bacillus mycoides, Aspergillus niger* u. *Penicillium expansum* zusetzt. — Konz.-Tabelle. (**U.S.P. 3269942** vom 10/4. 1963, ausg. 30/8. 1966.) — 2 S. Georg Vogel 7444

3359 Monsanto Co., Del., übert. von: Albert E. Covey, Springfield, und Forrest H. Norris, Wilbraham, Mass., USA, **Vinylacetat-copolymerisatlatices** mit ultrafeinen Teilchen erhält man durch Einleiten einer Lsg. von Vinylacetat, 1—1,5 (Gew.-%) Acrylsäure (**I**), 0,11, bezogen auf **I**, 5-Hydroxymethyl-bicyclo-[2.2.0]-hepten-(2) u. eines öllösl., O enthaltenden Katalysators, bes. tert.-Butylperoxid, innerhalb 2,5 Std. in eine W.-Menge, die zur Bldg. von 30—55%ig. Latex ausreicht. Das W. enthält die red. Komponente, in gleichen Mengen wie der Katalysator, eines Redox-Initiators, bes. Na-Formaldehydsulfoxylat u. 1—5%, bezogen auf den Latex, eines Emulgators. Es wird bei 35—45° unter O_2-Ausschluß polymerisiert. — *Verw. bes. zur Papierbeschichtung.* (**U.S.P. 3245936** vom 28/9. 1961, ausg. 12/4. 1966.) — 5 S. H. Höllerer 7448

3360 Dynamit Nobel Akt.-Ges., Troisdorf, **Wäßrige Dispersionen von Vinylidenchlorid-Homo- oder Copolymerisaten** mit geringen Anteilen eines anderen Monomeren, bes. Acryl- oder Methacryl-nitril oder deren Estern, Vinylacetat u. -chlorid, mit hohem Feststoffgeh., erhält man durch Emulsionspolymerisation der Monomeren (**I**) in Ggw. von 0,5—5 Gew.-%, bezogen auf **I**, eines 1- oder 2wertigen Alkohols C_{1-3}. — Verw. zum *Beschichten von Papier.* (**Brit.P. 1050220** vom 8/11. 1965, ausg. 7/12. 1966. D. Prior. 6/11. 1964.) — 6 S. H. Höllerer 7448

3361 Vereinigte Glanzstoff-Fabriken Akt.-Ges., Wuppertal, übert. von: Erwin Sommer, Klaus Gerlach, Obernau, und Klaus Boehme, Erlenbach, **Herstellung von Papier aus Polyamidfasern** auf der Papiermaschine, dad. gek., daß man eine Fasersuspension verwendet, deren Fasern aus Copolyamiden von Caprolactam u. Hexamethylenadipamid (im Verhältnis von 2:3 bis 3:1) bestehen, ggf. mit einem Zusatz von ≦ 90% an Polycaprolactam- oder Polyhexamethylenadipamidfasern. Nach der Blattbldg. wird das Papier bis auf den Erweichungspunkt der Copolyamidfasern erwärmt. (**U.S.P. 3271237** vom 15/9. 1964, ausg. 6/9. 1966. D. Prior. 17/9. 1963.) — 4 S. A. Gradl 7460

H-15. Lebensmittel, Futtermittel

3362 **Die Qualität proteinhaltiger Nahrungsmittel beeinflussende Protein-Lipid-Wechselwirkungen.** T. N. R. Varma. (J. Food Sci. Technol. [Mysore, India] **4** (1967) 1, 12—13; Central Food Technol. Res. Inst., Mysore; engl.) — Übersicht über Möglichkeiten von Rk. zwischen Lebensmittelproteinen u. oxydativ veränderten Lipiden u. ihren Einfl. auf die Qualität der Nahrungsmittel. — 14 Literaturangaben. Reinhold Böhm 7504

3363 **Stabilität von Lab beeinflussende Faktoren.** R. Mickelsen und C. A. Ernstrom. (J. Dairy Sci. **50** (1967) 4, 645—50; Univ. of Wis., Madison, Wis.; engl.) — Die *Stabilität* (**A**) krist. *Labpräp.* (**B**) wird durch Best. der Koagulierfähigkeit untersucht. Bei pH-Werten zwischen 5,0 u. 6,0 ist **A** am größten, bei pH-Werten oberhalb 6,0 nimmt **A** je nach Temp. unterschiedlich schnell ab. Bei pH-Werten von 3,0—4,9 ist **A** instabil; das Max. liegt beim pH-Wert 3,8. Mit zunehmender Fremdionenkonz. nimmt die **B**-Aktivität ab, wobei NaCl oder KCl stärker wirken als Na-Citrat, Na-Lactat oder $(NH_4)_2SO_4$. Da die Aktivitätsverluste bei pH-Werten unter 4,5 von einer Zunahme der bei der Rk. mit Ninhydrin gebildeten Farbstoffmenge begleitet sind, wird der Aktivitätsverlust z. T. einer Selbstverdauung zugeschrieben. Reinhold Böhm 7507

3364 **Gehalt an ^{90}Sr in Lebensmitteln.** O. M. Belova, I. K. Dibobes und Z. V. Dubrovina. (Gig. i San **32** (1967) 3, 40—42; russ.) — Alle Sorten des Weizenmehls u. das daraus gebackene Brot besitzen sowohl beim Einbringen von ^{90}Sr in den Boden wie bei dessen Kombination mit der ^{90}Sr-Aufnahme aus der Luft eine 1,5—3mal geringere spezif. Aktivität als das Getreidekorn. Der ^{90}Sr-Geh. je 1 g *Ca* ist im Brot u. in den verschiedenen Mehlsorten prakt. der gleiche. Bei Fütterung der Kühe mit ^{90}Sr ist der ^{90}Sr-Geh. der 20- bzw. 40%ig. Sahne 2—3mal geringer als in der Milch. In der 20%ig. Sahne ist er 1,5mal höher als in der 40%igen. Der ^{90}Sr-Geh. des Quarkes weist, je nach der Art der Herst., Unterschiede bis zu 300% auf. Der ^{90}Sr-Geh. je 1 g Ca ist in allen Milchprod. (mit Ausnahme einer Quarksorte) gleich. Die Aktivitäten der gekochten Gemüse- u. Fleischsorten sind wenig verschieden von denen der der ungekochten Produkte. O. Lebtag 7508△

3365 **Canthaxanthin, ein potentieller neuer Lebensmittelfarbstoff.** R. H. Bunnell und B. Borenstein. (Food Technol. **21** (1967) 3a, 331—34; Food and Agric. Prod. Dev., Hoffmann-La Roche Inc., Nutley, N.J.; engl.) — Vork. u. Eig. von *Canthaxanthin* (**I**) werden beschrieben. Seine Stabilität bei Verw. als roter Farbstoff in einigen Lebensmitteln wird untersucht. Im pH-Bereich von 2—7 ist **I** völlig farbstabil; seine Lichtstabilität ist besser als die anderer Lebensmittelfarbstoffe, wie z. B. β-Carotin. Reinhold Böhm 7510

3366 **Prüfung von Bedarfsgegenständen aus Plasten. Einfluß von Gleitmitteln auf die Migrationstendenz von Organozinn-Verbindungen aus Hart-PVC.** H. Woggon, U. Köhler und W.-J. Uhde. (Nahrung **11** (1967) 7—8, 809—17; Inst. für Ernährung, Potsdam-Rehbrücke; dt.) — Zur Unters. einer möglichen Schlepperwrkg. von als *Gleitmittel* (**A**) dienenden epoxydierten Pflanzenölen bei der Auswanderung von zinnorgan. *Stabilisatoren* (**B**) aus PVC wurden unzerkleinerte PVC-Platten unterschiedlichen **A**-Geh. mit verschiedenen Testfl. in längeren Kontakt gebracht. Für die quant. Erfassung der Migrationstendenz von **B** wurde ein spezielles photometr. Verf. entwickelt. Es zeigte sich, daß eine deutliche Schlepperwrkg. der **A** auf die Auswanderung der **B** erst bei einem **A**-Geh. von > 3% auftrat. Unter Berücksichtigung der toxikolog. Daten der Sn-**B** bestehen gegen den Einsatz von maximal 2,5% **A** neben 2% Di-n-Octylzinn-Verb. zur Herst. von Hart-PVC für Lebensmittelverpackungen u. Bedarfsgegenstände keine gesundheitlichen Bedenken.
F. Zeidler 7512

3367 **Abhängigkeit des ^{90}Sr-Gehaltes in Milch von seiner Konzentration in der Luft und von seiner Ablagerung an der Erdoberfläche.** B. Y. Lalit. (J. sci. ind. Res. [New Delhi] **26** (1967) 9, 372—75; Air Monitoring Section, Health Phys. Div., Bhabba Atomic Res. Centre, Bombay; engl.) — Regressionsanalysen zeigen, daß der ^{90}Sr-Geh. von Milch sowohl in der *^{90}Sr-Konz. in der Luft* (**A**) wie auch von der *am Erdboden abgelagerten ^{90}Sr-Konz.* (**B**) abhängt. Aus **A** u. **B** errechnete ^{90}Sr-Geh. stimmen auf 30% genau mit experimentell gefundenen ^{90}Sr-Geh. von Milch aus der Gegend um Bombay überein.
Reinhold Böhm 7521

3368 **Hygienische Bewertung der Milch von Kühen, die mit Chlorophoslösung behandelt wurden.** V. D. Perelatov, L. V. Achljustina, V. D. Budarina und R. I. Demin. (Gig. i San. **32** (1967) 2, 89—91; Rostov na donu, med. inst.; russ.) — In Unters. an 20 Milchkühen wird festgestellt, daß bei Einhaltung der erforderlichen hygien. Maßnahmen die Behandlung der Kühe mit 1,5- oder 1,0%ig. *Chlorophos*(**I**)-Lsg. ohne Einfl. auf den Milchgeh. an *Fermenten* u. *Fett* ist. In der Milch ist **I** nicht nachweisbar. Für die Bekämpfung von Hyalomma pl. plumbeum wird die 1%ig. Lsg. von **I** empfohlen.
O. Lebtag 7521△

3369 **Nachweis von Kynurenin in Milch.** O. W. Parks, D. P. Schwartz, K. Nelson und C. Allen. (J. Dairy Sci. **50** (1967) 1, 10—11; Dairy Eastern Utilization Res. and Dev. Div., ARS, USDA, Washington, D.C.; engl.) — Durch alkal. Abbau der durch Unterdruckdialyse u. Ionenaustauschextraktion mit NH_4OH an Dowex 50-8X gewonnenen bas. Fraktion von Kuhmilchserum zu o-Aminoacetophenon wird Kynurenin (**I**) in einer Konz. von 1 μMol/Liter Rohmilchserum nachgewiesen. Beim Erhitzen der Milch auf Temp. oberhalb 93,3° nimmt die **I**-Konz. höchstwahrscheinlich ab.
Reinhold Böhm 7521

3370 **Chemische und geschmackliche Eigenschaften eines Milchproteolysates von Pseudomonas fluorescens.** R. Mickelsen, Nancy L. Fish und T. J. Claydon. (J. Dairy Sci. **50** (1967) 2, 172—76; Kan. State Univ., Manhattan, Kan.; engl.) — Rekonstruierte, 10% fettfreie Trockenmasse enthaltende Milch wird 14 Tage mit *Pseudomonas fluorescens*, danach 7 Tage mit *Lactobacillus bulgaricus* u. *Streptococcus thermophilus* fermentiert, dann durch Vakuumdest. konzentriert u. im Autoklaven 4 Min. bei 15 psi behandelt. Nach jedem dieser 4 Teilschritte werden Proteolysatproben an Sephadex G-25 fraktioniert, auf den Geh. an Kohlenhydraten, Phosphat, Aminosäuren, 5-Hydroxymethylfurfurol (**I**) u. neutralen flüchtigen Bestandteilen sowie auf den Geschmack untersucht. Der Geschmack ist anfänglich bitter, zum Schluß dagegen ähnlich dem von Rinderbrühe. Der Brühegeschmack (**A**) ist bes. stark in einer Fraktion des Sephadex-Eluates, in der Asparaginsäure, Threonin, Serin, Glutaminsäure, Prolin, Glycin, Alanin, Valin, Cystin, Methionin, Isoleucin, Leucin, Tyrosin, Phenylalanin, Lysin, Histidin u. Arginin quant. nachgewiesen werden. Auch der Kohlenhydrat-, Phosphat- u. **I**-Geh. des Eluates erreicht in der Nähe der Fraktion mit **A** ein Maximum. Die gaschromatograph. bestimmten neutralen flüchtigen Bestandteile des Proteolysates (Acetaldehyd, Aceton, Methanol, A., Diacetyl sowie 2 weitere Carbonylverb. u. 2 weitere Alkohole) stehen in keiner Beziehung zu **A**.
Reinhold Böhm 7521

3371 **Bestimmung der molekularartenmäßigen Zusammensetzung von Rinder-Milchserum-Lecithin.** L. J. Nutter und O. S. Privett. (J. Dairy Sci. **50** (1967) 3, 298—304; Univ. of Minn., Austin, Minn.; engl.) — Durch Säulenchromatographie an DEAE-Cellulose u. Kieselsäure/Silicat aus Rinder-Milchserum isoliertes Lecithin wird durch Hydrolyse mit Phospholipase C u. anschließende Acetylierung mit Essigsäureanhydrid/Pyridin in die *Aceto-1.2-diglyceride* (**A**) seiner mol. Komponenten übergeführt. Die **A** werden durch Dünnschichtchromatographie an mit $AgNO_3$ imprägniertem Kieselgel G sowie durch Flüssig-Flüssig-Verteilungschromatographie mit Acetonitril/Methanol (85:15) an Heptan auf Celite fraktioniert. Die Einzelfraktionen werden durch Gaschromatographie an 3% JXR auf Gas-Chrom P u. nach Umwandlung der in **A** enthaltenen Fettsäuren in die zugehörigen Methylester durch Gaschromatographie der Ester an 8% Äthylenglykolsuccinatpolyester auf Gas-Chrom P sowie durch Hydrolyse mittels Pankreaslipase identifiziert. Insgesamt werden auf diese Weise 113 der theoret. möglichen 196 Mol.-Arten dieses Lecithins nachgewiesen, von denen 93 in Mengen von über 0,01% vorhanden sind.
Reinhold Böhm 7521

3372 **Einfluß der Oxydation auf die Jodzahl von Phospholipiden in Milch, Butter und Serum von gewaschenem Rahm.** E. G. Pont und Gwenda L. Holloway. (J. Dairy Res. **34** (1967) 3, 231—38; C.S.R.I.O., Melbourne; engl.) — Die *Phospholipide* (**I**) aus Milch, Butter u. Serum von gewaschenem Rahm werden durch Lsgm.-Extraktion (Chlf. u. CH_3OH) isoliert u. durch Gegenstromverteilung u. Dünnschichtchromatographie (unter Verw. von Chlf.–CH_3OH–W.-Gemisch [65:25:4] als mobiler Phase) isoliert. Die Jodzahl (JZ.) der frischen Proben beträgt 70—86 für die Cephalin-, 44—55 für die Lecithin- u. 36—44 für die Sphingomyelin-Fraktion. Im Serum des gewaschenen Rahms führt die Ox. mit Cu u. Ascorbinsäure zu einer Verminderung der Menge des extrahierbaren P, der chromatograph. Beweglichkeit der **I** u. der JZ. der 3 **I**-Fraktionen. In Milch tritt eine geringe Verminderung der **I**-JZ. nach der mit Cu beschleunigten Ox. auf; jedoch ist diese Verminderung nicht immer signifikant. Die JZ. der Butter-**I** bleiben auch nach starker oxydativer Qualitätsverschlechterung unverändert.
W. Wesly 7521

3373 **Zusammensetzung der Granulate in bei niedrigen Temperaturen gelagerter evaporierter Milch.** K. K. Fox, V. H. Holsinger, L. P. Posati und M. J. Pallansch. (J. Dairy Sci. **50** (1967) 7, 1032—37; Eastern Utilization Res. and Dev. Div., USDA, Washington, D.C.; engl.) — Die in mehrere Jahre lang bei 2—4° gelagerter evaporierter Milch vorkommenden *Granulate* (**A**) enthalten etwa 50 Gew.-% PO_4^{3-} u. 21 Gew.-% Ca^{2+}. Sie entsprechen damit etwa der Formel $CaHPO_4$, während aus bei Raumtemp. gelagerter Milch Granulate isoliert werden, die überwiegend aus Tricalciumcitrat bestehen. Nach Auflösen des $CaHPO_4$ in m HCl bleibt von **A** ein peptidartiges Material zurück, das teilweise in NaOH lösl. ist u. viel Glutaminsäure enthält.
Reinhold Böhm 7521

3374 **Fettsäurezusammensetzung und Geschmack von autoxydiertem Milchfett.** K. G. Raghuveer und E. G. Hammond. (J. Dairy Sci. **50** (1967) 8, 1200—1205; Ia. State Univ., Ames, Ia.; engl.) — Unter Hinweis auf eigene Arbeiten [J. Amer. Oil Chemists' Soc. **41** (1964) 180], wonach der Geschmack von autox. Milchfett vor allem auf die Autox. von *Linolsäure* (**I**) u. *Linolensäure* (**II**) zurückzuführen sein dürfte, werden weitere Vers. zur Klärung des Einfl. der Zus. der polyungesätt. Fettsäuren auf den Geschmack von autox. Milchfett durchgeführt. Nach den Ergebnissen wird der typ. Geschmack des autox. Milchfettes durch Desodorierung, Randomisierung, Hydrolyse oder Abtrennung des Unverseifbaren nicht verändert. Daraus wird gefolgert, daß dieser Geschmack nur von der Zus. der Fettsäuren abhängt. Ein Gemisch aus 1,5% **I**,

0,5% **II** u. 0,2% Arachidonsäure in Tridecanoin führt während der ersten Phase der Autox. zum typ. Geschmack. K. Täufel 7522

3375 **Die wichtigsten freien Fettsäuren in Fetakäse.** C. Efthymiou. (J. Dairy Sci. **50** (1967) 1, 20—24; St. John's Univ., Jamaica, N.Y.; engl.) — 10 Proben von *Fetakäse* (**A**) unterschiedlicher Herkunft u. Schärfe werden durch Säulenchromatographie mit n-Butanol–Hexan an SiO_2 auf ihren Geh. an freier *Essigsäure* (**I**), Propionsäure u. *Buttersäure* (**II**), durch Gaschromatographie der entsprechenden Methylester auf ihren Geh. an freien höheren Fettsäuren untersucht. Die milden u. Teleme-**A**-Sorten enthalten nur wenig freie Fettsäuren, davon überwiegend (25—46%) **I**. Scharfe **A**-Sorten enthalten mehr freie Fettsäuren mit nur etwa 5—12% **I**, dafür aber bes. viel **II** neben relativ hohen Mengen Capron-, Capryl-, Caprin-, Laurin-, Myristin-, Palmitin- u. Ölsäure. Die Beziehungen zwischen Käsegeschmack u. Fettsäuregeh. werden diskutiert. Reinhold Böhm 7523

3376 **Untersuchung der Hochdruckspaltung von Kokosfett.** Jiří Zajíc, Ladislav Forman und Drahomíra Jandlová. (Sborník Školy chem.-technol. Praze, Potraviny **1967**, E 16, 55—62; Inst. of Chem. Technol., Prag; engl.) — Der Rk.-Mechanismus der Hochdruckspaltung von 2 Kokosfetten wird untersucht u. bes. die Abhängigkeit der Rk.-Geschw. vom Druck u. von der verwendeten App. ermittelt. Der Geh. an Mono-, Di- u. Triglyceriden wird durch Säulenchromatographie an aktiviertem Silicagel, ihre Zus. durch anschließende Papierchromatographie bestimmt. Es zeigt sich, daß die akt. Hydrolyse nach Einstellung des Gleichgew.-Druckes beginnt u. ihre Geschw. mit steigender Temp. zunimmt. Mit steigendem Druck nimmt die zur Gleichgew.-Einstellung erforderliche Zeit ab. Die Rk.-Bedingungen bleiben ohne Einfl. auf den Rk.-Mechanismus. Der Maximalgeh. an Diglyceriden liegt bei 27—29%, der an Monoglyceriden bei 4—8%. Eine selektive Abspaltung von Fettsäuren erfolgt nicht. Reinhold Böhm 7531

3377 **Spurenelemente in Speisefetten. 13. Mitt. Einfluß der Entmetallisierung auf Olivenöl (Jungfernöl).** A. Vioque, T. Albi und M. A. Albi. (Grasas y Aceites **18** (1967) 1, 5—9; Sevilla, Inst. de la Grasa y sus Deriv.; span.) — Die in Jungfernöl vorhandenen Spurenelemente Fe, Mn, Cu u. Zn werden durch die Kationenaustauschharze Amberlyst 15 u. Amberlyst XN-1005 in der H^+-Form zuverlässig entfernt, wodurch die Neigung der Öle zum Ranzigwerden geringer u. die Haltbarkeit erhöht wird. Allerdings leidet der Geschmack der Öle u. ihr Säuregeh. nimmt zu. Die vorhandenen Hydroperoxide werden prakt. vollständig zerstört, auch die Färbung der Öle verschwindet. In der Na^+-Form sind die entmetallisierenden Eig. der genannten Kationenaustauscher deutlich geringer. R. K. Müller 7531

3378 **Gleichgewichtsfeuchtigkeitsgehalt von Bohnen.** Chuichi Tsutsumi und Hideo Koizumi. (Rep. Food Res. Inst. [Tokyo] Nr. **22** (1967) 130—34; jap.) — Sorptions-Desorptions-Isothermen für den W.-Geh. von 5 japan. Bohnensorten bei 20° u. 11—75,6% relativer Luftfeuchtigkeit werden aufgestellt. Der beobachtete Hysteresiseffekt wird diskutiert. Reinhold Böhm 7541

3379 **Autolytischer Abbau von Cerealienstärken durch arteigene Amylasen.** G. Wahl. (Stärke **19** (1967) 10, 322—27; Dt. Maizena-Werke, Barby, Elbe; dt.) — Die in Weizen- u. Maiskörnern anwesenden Amylasen werden beim Verarbeiten teilweise an den Körnern festgehalten u. können diese verzuckern, wobei die Aktivität der Amylasen in Abhängigkeit vom Rohstoff (Weizen, Mais) verschieden ist. Zwischen der Amylaseaktivität des Rohstoffs u. der der daraus gewonnenen Stärke besteht eine direkte Beziehung. Weizenstärken verschiedener Qualität haben verschiedene Selbstverzuckerungstendenz. Die Fähigkeit zum autolyt. Abbau von Maisstärke wird durch die Quellbedingungen u. -reagenzien beeinflußt. Stärke aus Mais (pH $< 3,2$ in gequollenem Zustand, $> 0,2\%$ SO_2, auf Trockensubstanz bezogen) weist keine oder schwache Eigenverzuckerung auf. Trocknungstemp., die das Stärkekorn therm. schädigen, steigern die Fähigkeit zum autolyt. Abbau. Techn. Trocknungsverf. beeinflussen die enzymat. Aktivität bei Maisstärke nicht, bei Weizenstärke nur geringfügig. W. Wesly 7544

3380 **Konzentration an freien Radikalen in bestrahlter Stärke in Abhängigkeit von der Strahlendosis.** K. Adamić, P. Cevc und K. A. Korotchenko. (Stärke **19** (1967) 10, 336—37; Inst. „Ruder Bošković", Zagreb; engl.) — Unters. der Konz. der stabilsten Radikale in bestrahlter Stärke mit Hilfe des ESR-Verf. zeigen, daß die Sättigungskonz. bei einer Strahlendosis von ca. 50 Mrad auftritt. Dieser Befund stimmt überein mit der Stagnation der Änderung der physikal.-chem. Eig. von Stärke mit steigender Bestrahlungsdosis. W. Wesly 7544

3381 **Eigenschaften von vernetzten Kartoffelstärken.** K. F. Gotlieb und P. Woldendorp. (Stärke **19** (1967) 8, 263—71; AVEBE, Veendam, Niederlande; dt.) — Die Eig. des beim Verkleistern von *Kartoffelstärke* (**A**) entstehenden Syst. hängen von der Behandlungsart u. der angewandten therm. u. mechan. Energie ab. Das **A**-Korn kann auch chem. modifiziert werden, z. B. durch Vernetzung. **A** wird mit verschiedenen Mengen $POCl_3$ umgesetzt u. die Veränderung mehrerer Eig. (Temp. des Quellungsanfangs, Brabender-Viskosität beim Erhitzen, Viskositätsverlauf während der Abkühlung, bestimmte rheolog. Eig. nach der Abkühlung) während u. nach der Verkleisterung bei Änderung des Vernetzungsgrades geprüft. Es wird versucht, Analogien zwischen dem Einfl. des Vernetzungs- u. des Verkleisterungsgrades aufzuzeigen. W. Wesly 7544

3382 **Verwendung von Ascorbinsäure beim Brotbacken.** P. E. Marston. (Bakers Digest **41** (1967) 6, 30—33, 70; Bread Res. Inst. of Australia, North Ryde, N.S.W., Australia; engl.) — Übersicht über Entw. der Brottechnologie u. Zweck u. Vorteile des Zusatzes von L-Ascorbinsäure zum Brotteig. W. Wesly 7545

3383 **Flüchtige Bestandteile des Tomatenaromas. Ihre Veränderungen während der Reifung der Früchte und während der Herstellung von Doppelkonzentrat.** Luigi Giannone und Gianfranco Baldrati. (Ind. Conserve **42** (1967) 2, 86—93; Parma, Staz. sperim. per l'ind. delle conserve alimentari; ital.) — Gaschromatograph. werden in Tomaten nachgewiesen: Äthylen, Acetaldehyd, Dimethylsulfid, Propionaldehyd, Aceton, Äthylacetat, Methyläthylketon, Isopropanol, A. + Isovaleraldehyd, Äthylpropionat, Methyl-n-propylketon, Hexanal, Isoamylacetat u. -alkohol, daneben 3 nicht-identifizierte Verb. (X_1, X_2, X_3). Die Änderung der Zus. während der Reifung u. bei der Herst. von Tomatenmark werden verfolgt. Einige der genannten Carbonyl-Verb. werden als 2.4-Dinitrophenylhydrazone identifiziert. R. K. Müller 7548

3384 **Citrus-Carotinoide. 1. Mitt. Vergleich der Carotinoide von grünen und gelben Zitronen.** Henry Yokoyama und Carl E. Vandercook. (J. Food Sci. **32** (1967) 1, 42—48; Western Utilization Res. and Dev., Div., Agric. Res. Serv., USDA, Padasena, Calif.; engl.) — Die in Schale u. Fleisch fast reifer grüner u. reifer gelber Zitronen enthaltenen Pigmente werden mit Aceton extrahiert, mit alkohol. KOH verseift, durch Säulenchromatographie an Silicagel, MgO u. Microgel fraktioniert u. spektralphotometr. identifiziert. Es zeigt sich, daß beim Reifen der Zitronen Chlorophyll u. α-Carotin verschwinden u. dafür ξ-Carotin u. eine η-Carotin-ähnliche Verb. in Fleisch u. Schale sowie geringe Mengen β-Carotin-5.6- u. -5.8-monoepoxid im Fleisch der gelben Zitronen auftreten. Reinhold Böhm 7551

3385 **Pektinabbau in Guajavasaft mit Pilzpektinase.** Leonard M. Waldt und Robert D. Mahoney. (Wallerstein Lab. Commun. **30** (1967) 101, 45—50; Wallerstein Labor., Staten Island, N.Y.; engl.) — Die Klärung von Guajavasaft mit Hilfe handelsüblicher Pilzpektinase wird bei verschiedenen Temp. untersucht. Die Enzymaktivität wird durch Fällung des nach Bebrüten im Saft verbliebenen Pektins (**I**) mit Isopropanol bestimmt. Ein vollständiger **I**-Abbau liegt vor, wenn in 3 Min. kein Nd. auftritt. Die Zeit–Konz.-Beziehung der Enzymaktivität wird untersucht u. der Temp.-

Koeff. Q_{10} für das Pektinasesyst. ermittelt. Die Korrelation zwischen I-Abbau u. -Flockung wird erörtert. W. Wesly 7554

3386 **Eisen(II)-sulfat als Entfärbungsmittel für Zuckerprodukte.** S. G. Smart. (Int. Sugar J. **69** (1967) 819, 67–68; engl.) — Durch Zugabe von $FeSO_4$-Lsg. zu Rohrzuckermelassen oder -Rohzuckerlsg., Alkalisierung mit CaO, Filtration, Neutralisierung mit $NH_4H_2PO_4$ u. erneute Filtration gelingt es, bis zu 95,5% der farbgebenden Substanzen aus Rohsäften, Zuckerkrist. u. Melassen zu entfernen u. helle, glänzende Zuckerlsg. zu erhalten. Reinhold Böhm 7556

3387 **Rheologisches Verhalten und Viskositätsbeeinflussung von Saccharoselösungen.** 2. Teil. Jorge Drago und H. J. Dalavier. (Z. Zuckerind. **17/92** (1967) 251–61; Inst. für Zuckerind. Berlin; dt.) — 1. Teil vgl. ibid. **17/92** (1967) 185. — Unreine *Saccharose*(**I**)-Lsg. (Extrakte, Säfte u. Melassen aus Zuckerrohr u. Zuckerrüben) werden auf ihr rheolog. Verh. u. ihre Viskosität untersucht. Dabei zeigt sich das Phänomen der Pseudoplastizität; die Fließkurven der Lsg. entsprechen einer von Ostwald angegebenen Gleichung. Reine u. unreine I-Lsg. folgen der Arrheniusschen Gleichung $\lg \eta_r = k \Delta c$ (η_r = Beziehung zwischen Viskosität der ursprünglichen Lsg. mit Zusätzen verschiedener Substanzen u. der ursprünglichen Lsg. ohne Zusätze, c = Konz. des Zusatzstoffes, k = Viskositätszahl). W. Wesly 7557

3388 **Enzymatische Methoden zur Stärkeverflüssigung.** H. Barfoed. (Stärke **19** (1967) 9, 291–95; Kopenhagen, Novo Industri A/S; dt.) — Übersicht über die Verf. zur enzymat. Stärkeverflüssigung, ihre Vor- u. Nachteile. W. Wesly 7559

3389 **Veränderung der Kohlenhydrate und Eiweißstoffe während des Maischens.** Mihályné Mekis. (Söripar [Braugewerbe] **14** (1967) 3, 89–91; Budapest, Orsz. Söripari Vállalat; ung.) — Der Einfl. von stärkespaltenden Enzymen (Amylasen, Grenzdextrinase) sowie von pH-Wert, Maischetemp., Maischekonz. u. a. Faktoren auf das Zucker–Nichtzucker-Verhältnis wird erörtert. Ferner wird die Rolle der Proteinasen u. Pektinasen während des Maischens im Hinblick auf die koll. Stabilität des Bieres behandelt. K. Gärtner 7574△

3390 **Phenolische Bestandteile von Bier und Brauereirohstoffen.** 1. Mitt. **Aus Bier mit Hilfe von Polyamidharzen isolierte phenolische und stickstoffhaltige Bestandteile.** J. W. Gramshaw. (J. Inst. Brewing **73** (1967) **3**, 258–70; Brewing Ind. Res. Foundation, Nutfield, Surrey; engl.) — Durch Behandlung mit kleinen Mengen Nylon 66 oder Polyclar A.T. werden geringe Mengen zahlreicher einfacher Phenole u. Polyphenole, die aus Malz u. Hopfen stammen, zusammen mit einer großen Menge polymerisierter phenol. Materialien, die mit Protein verbunden sind, isoliert. Quercetin, Kämpferol, Isoquercitrin, Rutin, (+)-Catechin u. (+)-Epicatechin werden papierchromatograph. nachgewiesen, gleichfalls Chlorogen-, Neochlorogen-, p-Hydroxybenzoe-, Vanillin- u. Syringa-, p-Cumar- u. Ferulasäure. In den Adsorbaten von Bier an Polyamid finden sich auch Glykoside u. Ester der p-Hydroxybenzoe-, Protocatechu-, Vanillin-, Syringa-, Kaffee-, Ferula-, Sinapin- u. Gentisinsäure. Anscheinend adsorbieren Nylon u. A.T. die gleichen einfachen Phenole aus Bier. Aggregate aus Protein mit polymerisierten Polyphenolen zeigen ausgesprochene Ähnlichkeit mit Trübungen u. sind wahrscheinlich Vorstufen für die Trübungen im Bier. Die Aggregate, die methoxylierte phenol. Bestandteile u. anthocyanogene Reste enthalten, kommen in dialysierbarer u. nichtdialysierbarer Form vor. F. Zeidler 7574

3391 **Verbleib der flüchtigen Hopfenbestandteile im Bier.** Ron G. Buttery, D. R. Black, M. J. Lewis und Louisa Ling. (J. Food Sci. **32** (1967) 4, 414–19; Western Regional Res. Labor., Agric. Res. Serv., USDA, Albany, Calif.; engl.) — Die in gehopftem (**A**), hopfenfreiem (**B**) sowie in hopfenfreiem, jedoch nach Zugabe von Methyldecen-(4)-oat (**C**) in einer Pilotanlage nach typ. amerikan. Verf. hergestelltem Bier enthaltenen flüchtigen Bestandteile werden mit Pentan extrahiert, durch temperaturprogrammierte Kapillarsäulen-Gaschromatographie getrennt u. über ihre Retentionszeiten sowie massenspektrometr. identifiziert. In **A** werden im wesentlichen die gleichen Verb. nachgewiesen, die schon Strating u. Venema [J. Inst. Brewing **67** (1961) 525] fanden u. außerdem noch Heptanon-(2), Furfurylacetat, Äthylbenzoat, Äthyldecen-(4)-oat (**I**), Äthyldecadien-(4.8)-oat (**II**), Benzthiazol u. 3-Methylbutyloctanoat. Die typ. Bestandteile des Hopfenöls, wie Myrcen (**III**), Caryophyllen (**IV**) u. Humulen (**V**) lassen sich nicht nachweisen; nur die in **B** nicht enthaltenen Verb. **I** u. **II** sind mit einiger Wahrscheinlichkeit aus den entsprechenden Methylestern des Hopfenöls entstanden. Zwischen den übrigen flüchtigen Verb. in **A** u. in **B** bestehen nur geringe qual. Unterschiede. **C** enthält außer den in **B** vorkommenden flüchtigen Bestandteilen noch Methyldecanoat sowie Methyldecen-(4)-oat (**VI**) u. **I**, womit bewiesen ist, daß **I** bei der Fermentation aus **VI** entsteht. — Nach Kochen von Hopfen mit W. enthält die durch Celite gefilterte Lsg. hauptsächlich das nichtflüchtige Lupulon sowie freie Fettsäuren, Humulenepoxid, Humulenol u. a. Ox.-Prod. von Hopfenölbestandteilen. **III**, **IV** u. **V** sind nur in Spuren enthalten; ihre Konz. im Filtrat steigt jedoch, wenn die Lsg. statt durch Celite nur grob durch Sinterglas filtriert wird. — Aus diesen Vers. wird geschlossen, daß die Menge der im Bier enthaltenen flüchtigen Bestandteile des Hopfenöls hauptsächlich von den Herst.-Bedingungen des Bieres abhängt. Reinhold Böhm 7574

Redaktionsschluß: 13. Juni 1968

Herausgeber: Prof. Dr. Heinrich Bertsch, Berlin, und Prof. Dr. Dr. h. c. Wilhelm Klemm, Münster
Stellvertretende Herausgeber: Prof. Dr.-Ing. Dr. rer. nat. h. c. Eberhard Leibnitz, 104 Berlin, Schiffbauerdamm 19, Fernsprecher: 425571
und Prof. Dr. Bertold Reuter, 1 Berlin 30, Geisbergstraße 39, Fernsprecher: 2119091
Chefredakteure und verantwortlich für den Inhalt: Dr. Helga Völz, 104 Berlin, Schiffbauerdamm 19, Fernsprecher: 425571
und Dr.-Ing. Christian Weiske, 1 Berlin 30, Geisbergstraße 39, Fernsprecher: 2119091
Stellvertretender Chefredakteur: Dr.-Ing. Günter Pötzscher, 1 Berlin 30, Geisbergstraße 39, Fernsprecher: 2119091

Akademie-Verlag GmbH, 108 Berlin, Leipziger Str. 3–4 (Fernsprecher: 220441, Telex-Nr. 0112020) und Verlag Chemie GmbH, 6940 Weinheim/Bergstr., Pappelallee 3 (Fernsprecher: Weinheim 3635 [Sammelnummer]; Fernschreiber: 465516 vchwh d). Bestellnummer: 1007/139.
Das Chemische Zentralblatt erscheint wöchentlich. Preis des Jahrganges einschl. Schnellreferatedienst, Autoren-, Patent-, Sach- u. Formelregister: 3200,–; einseitig bedruckte Ausgabe: 3700,–. Abgabe der Zeitschrift nur mit sämtlichen Registern. Abbestellungen nur bis spätestens 6 Wochen vor Ablauf des Kalenderjahres.

Satz u. Druck: VEB Druckhaus „Maxim Gorki", Altenburg, und VEB Leipziger Druckhaus, Leipzig.
Veröffentlicht unter der Lizenznummer 1273 des Presseamtes beim Vorsitzenden des Ministerrates.
Printed in Germany.